沈剑英全集

沈剑英 著

上册

上海古籍出版社

图书在版编目(CIP)数据

沈剑英全集 / 沈剑英著. -- 上海 : 上海古籍出版社, 2025. 1. -- ISBN 978-7-5732-1280-1

Ⅰ.B81-53

中国国家版本馆 CIP 数据核字第 2024KR6701 号

沈剑英全集

(全三册)

沈剑英 著

上海古籍出版社出版发行

(上海市闵行区号景路 159 弄 1-5 号 A 座 5F 邮政编码 201101)

(1) 网址: www.guji.com.cn

(2) E-mail: guji1@guji.com.cn

(3) 易文网网址: www.ewen.co

上海中华印刷有限公司印刷

开本 787×1092 1/16 印张 115 插页 62 字数 1,590,000

2025 年 1 月第 1 版 2025 年 1 月第 1 次印刷

ISBN 978-7-5732-1280-1

K·3668 定价: 698.00 元

如有质量问题,请与承印公司联系

沈剑英（涵之）先生近照，2024 年 5 月 6 日摄于还芝斋。

（美）Evan 摄影

沈剑英（涵之）先生近照，2024 年 5 月 6 日摄于还芝斋。

（美）Evan 摄影

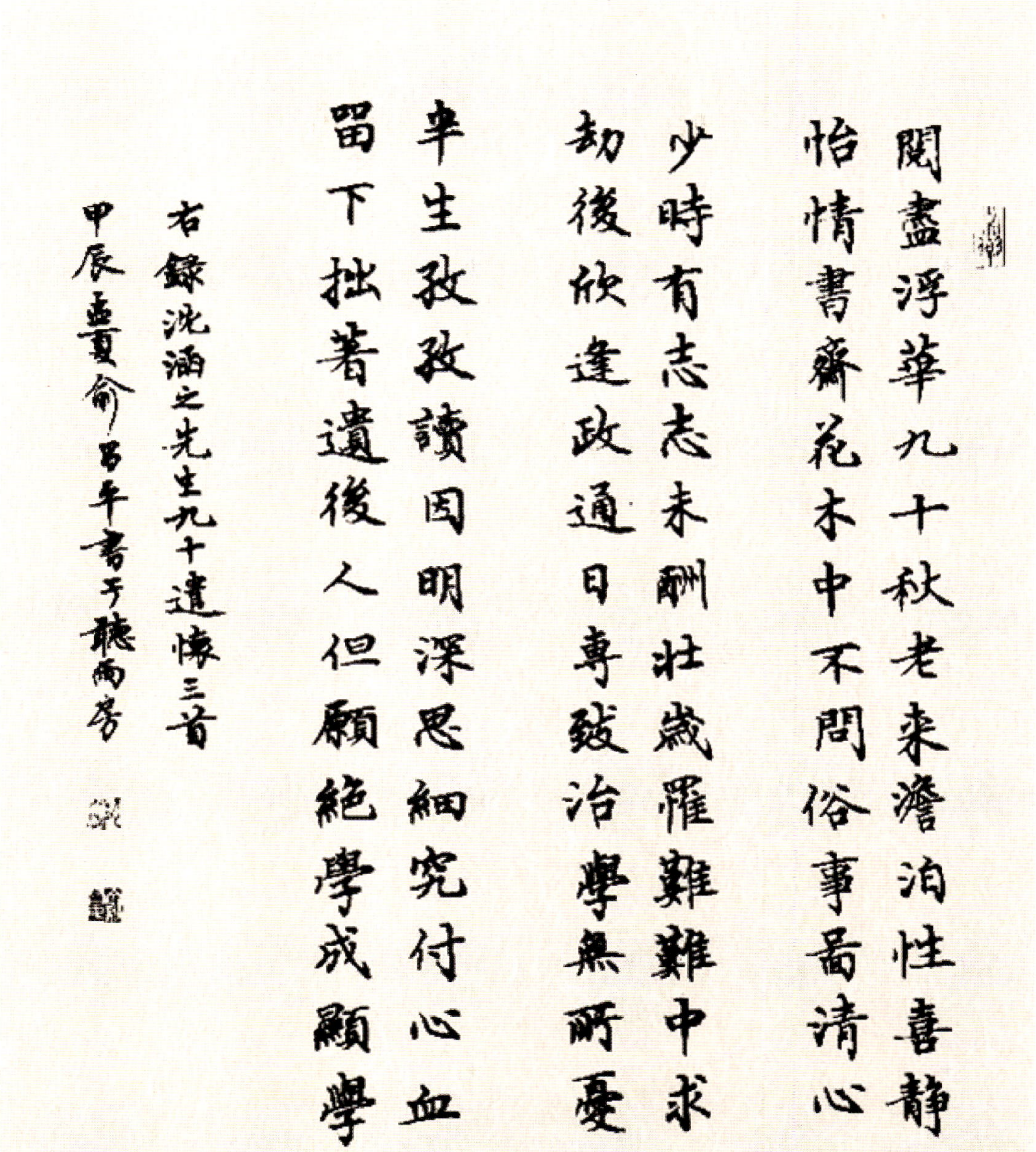

俞昌平录沈涵之先生九十遣怀三首："阅尽浮华九十秋，老来淡泊性喜静。怡情书斋花木中，不问俗事图清心。""少时有志志未酬，壮岁落难难中求。劫后欣逢政通日，专致治学无所忧。""半生孜孜读因明，深思细究付心血。留下拙著遗后人，但愿绝学成显学。"

俞昌平 (1946–)，著名书法家。他的楷书融欧、褚、柳、赵四家为一体，自成风格，尤擅小楷，功力深厚。长期从事书法教育工作，培养出不少获书法大奖的青少年。曾任全国社会艺术水平考级书法专业考官。多次荣获文化部和上海市颁发的园丁奖。著有《少儿毛笔书法三十六技》《俞昌平书朱子家训》以及《成语欧阳询帖》《成语颜真卿帖》《成语柳公权帖》《成语赵孟頫帖》等十余种。

沈剑英先生在女儿沈海燕教授、儿子沈海波教授陪同下参访印度新德里。

（2011 年，印度门前）

夜谒菩提迦耶。菩提伽耶是佛陀悟道之处。身后的大塔即大菩提寺，始建于 4 世纪以前。

现存大塔系 12、13 世纪时重建。玄奘在到达那烂陀寺前曾在此瞻礼菩提树及金刚座。

站在那烂陀寺遗址第二层。遗址高三层，雄姿犹存。
已发掘出的寺院有大寺八座、中寺四座、小寺一座。

登上古讲坛。遥想三藏法师玄奘于此讲《会宗论》，心向往之。

在气势宏伟的真身舍利弗灵塔前。塔高三层，雕有精美图案。
在角楼的壁龛中雕刻着佛陀在菩提伽耶、王舍城和鹿野苑弘法的故事。

参访鹿野苑。背景是答枚克佛塔。鹿野苑在菩提伽耶以西三百公里处，是佛陀初转法轮的胜地。12 世纪后叶曾遭突厥军队的劫掠破坏，唯阿育王时所建的答枚克佛塔幸免。

上灵鹫山。灵鹫山在菩提伽耶以北七十公里的王舍城，佛陀在此说法近五十年。法显、玄奘、义净先后来此朝圣并居住过。

在佛陀说法的讲台前，来自世界各地的朝圣者跪诵《法华经》。右边站立合十者为沈海燕。

在灵鹫山顶，佛陀说法之讲经坛外的山头上，各国来的佛徒在礼佛。

单手致礼者为沈海波。

在灵鹫山上的灵山桥上。桥下是山壑，一块大石横卧在山壑上，建成灵山桥。桥碑由中文书成。

沈剑英教授与夫人朱碧莲教授参访敦煌莫高窟（1983 年）。

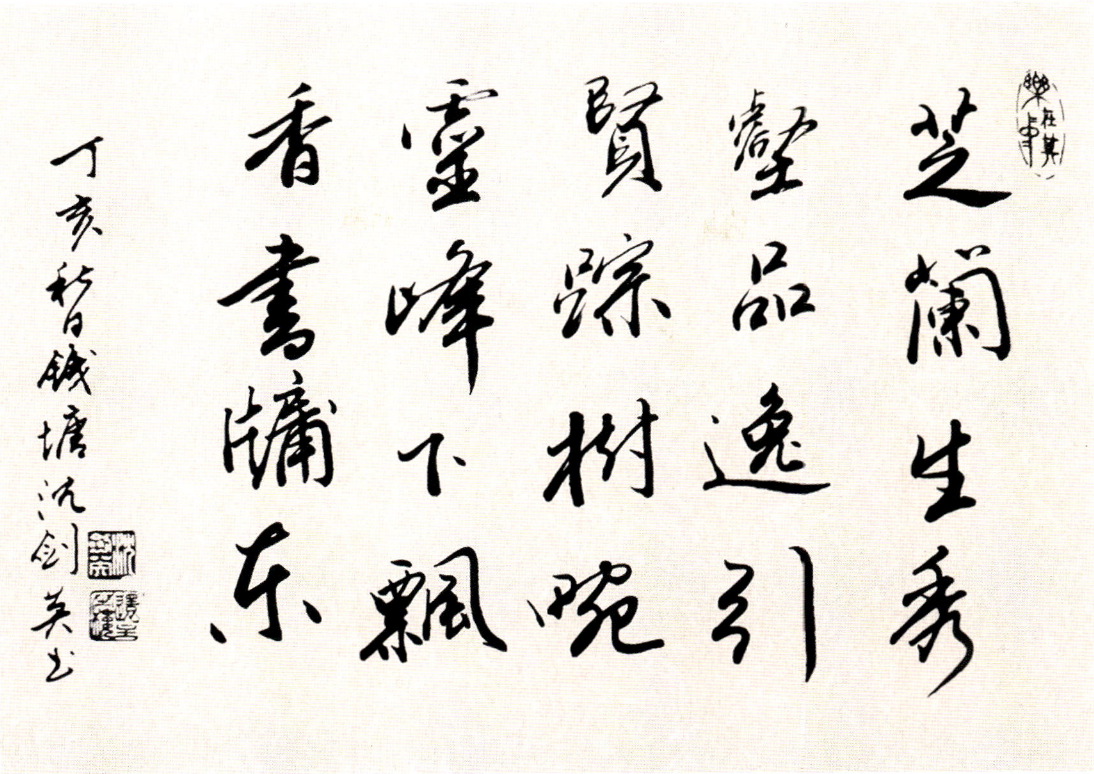

芝兰生秀壑，品逸引贤踪。树畹灵峰下，飘香书牖东。

丁亥秋日钱塘沈剑英撰并书五绝一首。

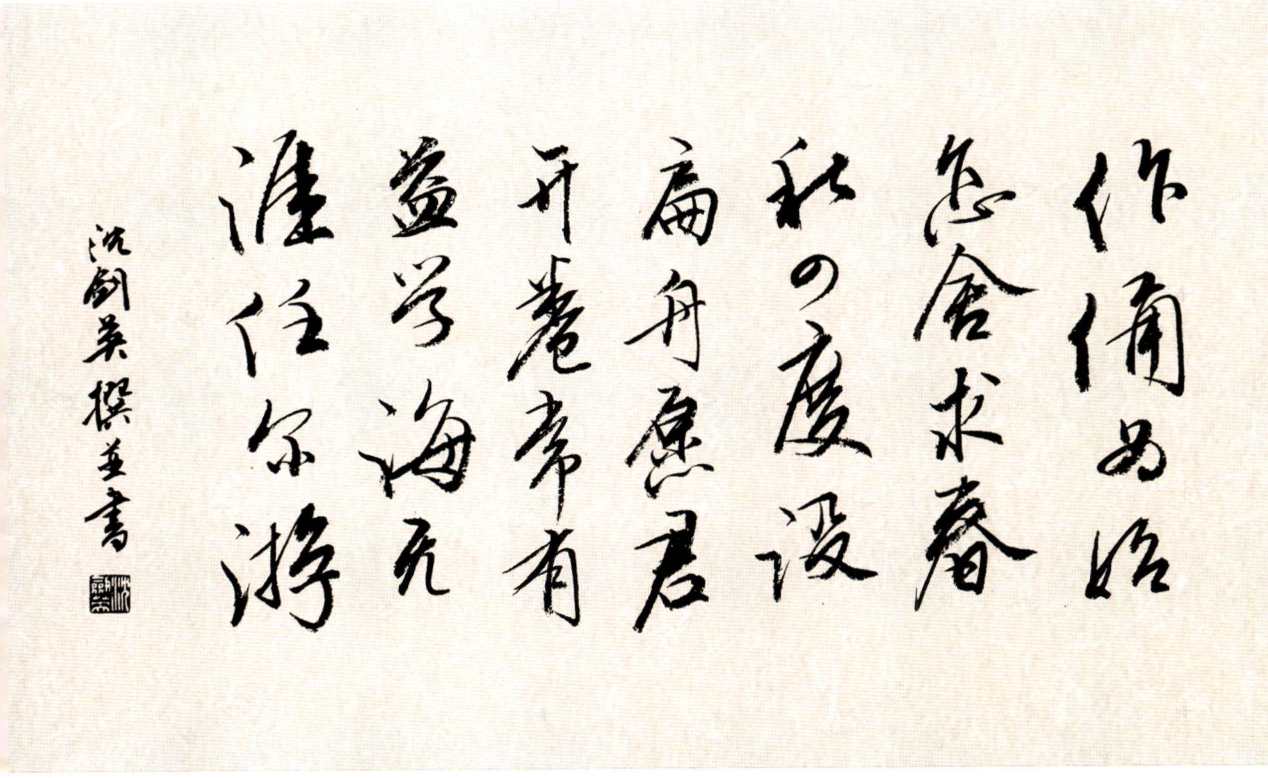

作俑为始怎舍求，春秋四度设扁舟。愿君开卷常有益，学海无涯任尔游。

沈剑英撰并书。1988 年 4 月，为《知识报》创刊 4 周年而题。

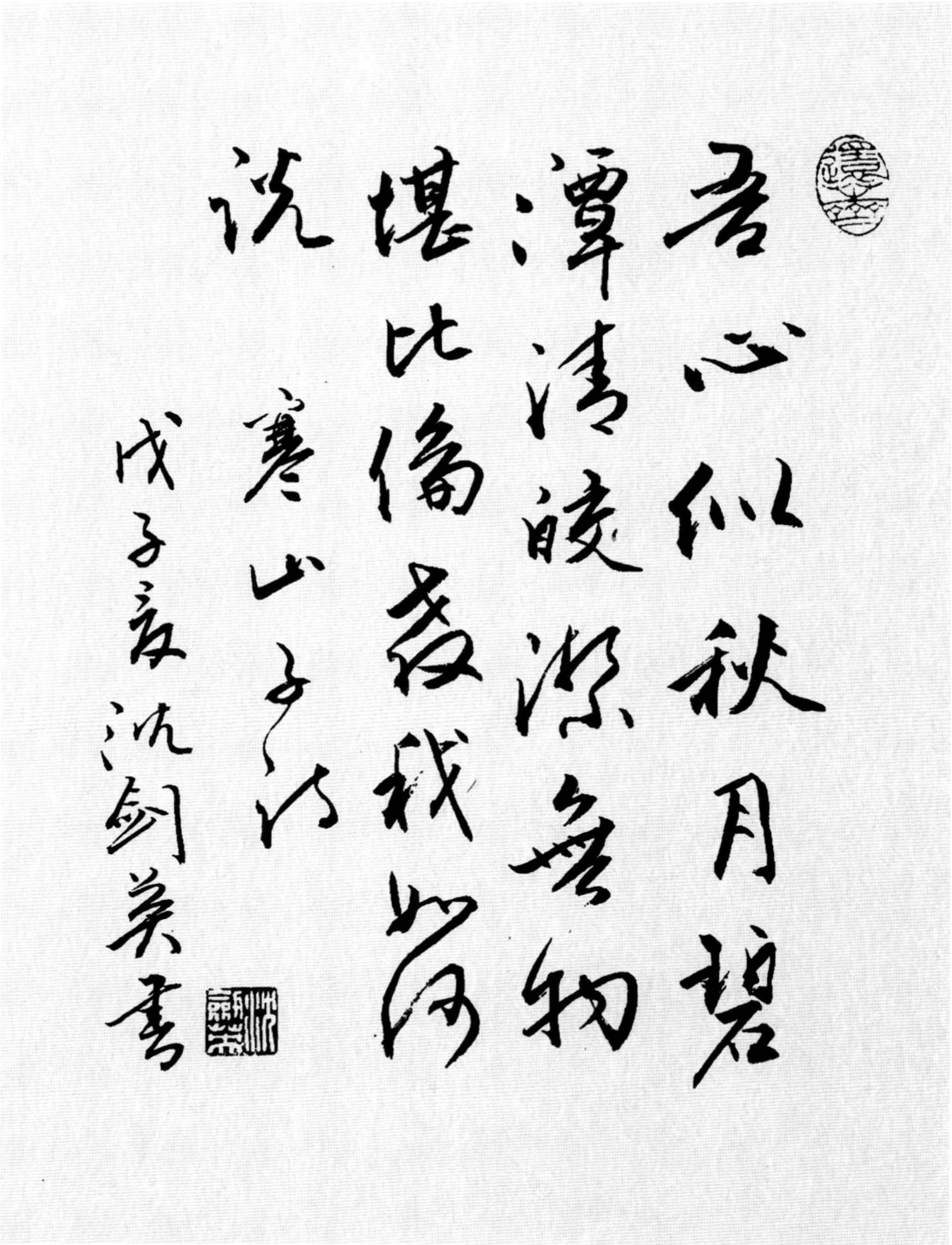

吾心似秋月，碧潭清皎洁。无物堪比伦，教我如何说。——寒山子诗。戊子夏沈剑英书。这是为2008年《觉群》第四期的题字。

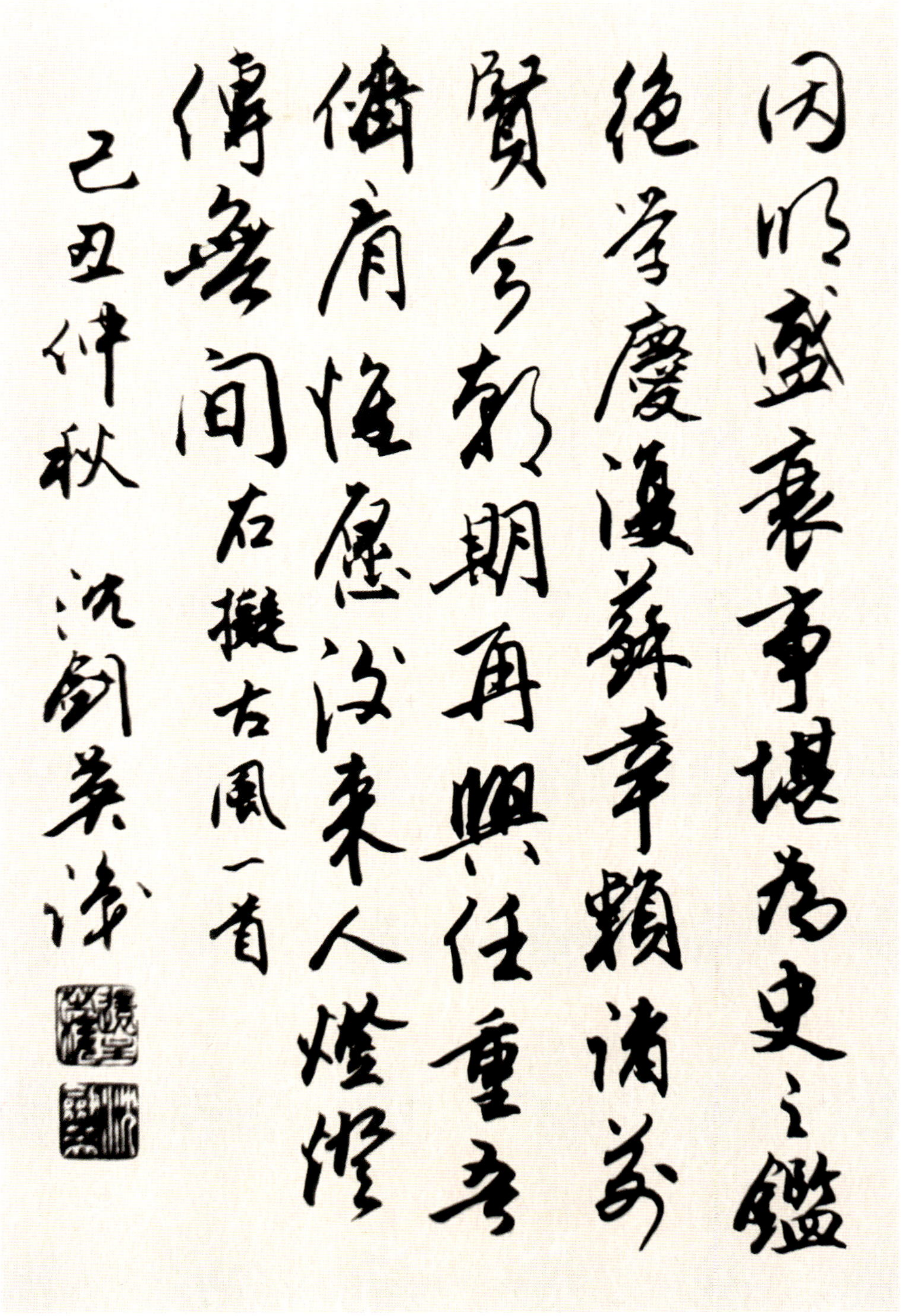

因明盛衰事，堪为史之鉴。绝学庆复苏，幸赖诸前贤。今朝期再兴，任重吾侪肩。惟愿后来人，灯灯传无间。右拟古风一首。己丑中秋，沈剑英识。2010年为《因明》题诗。

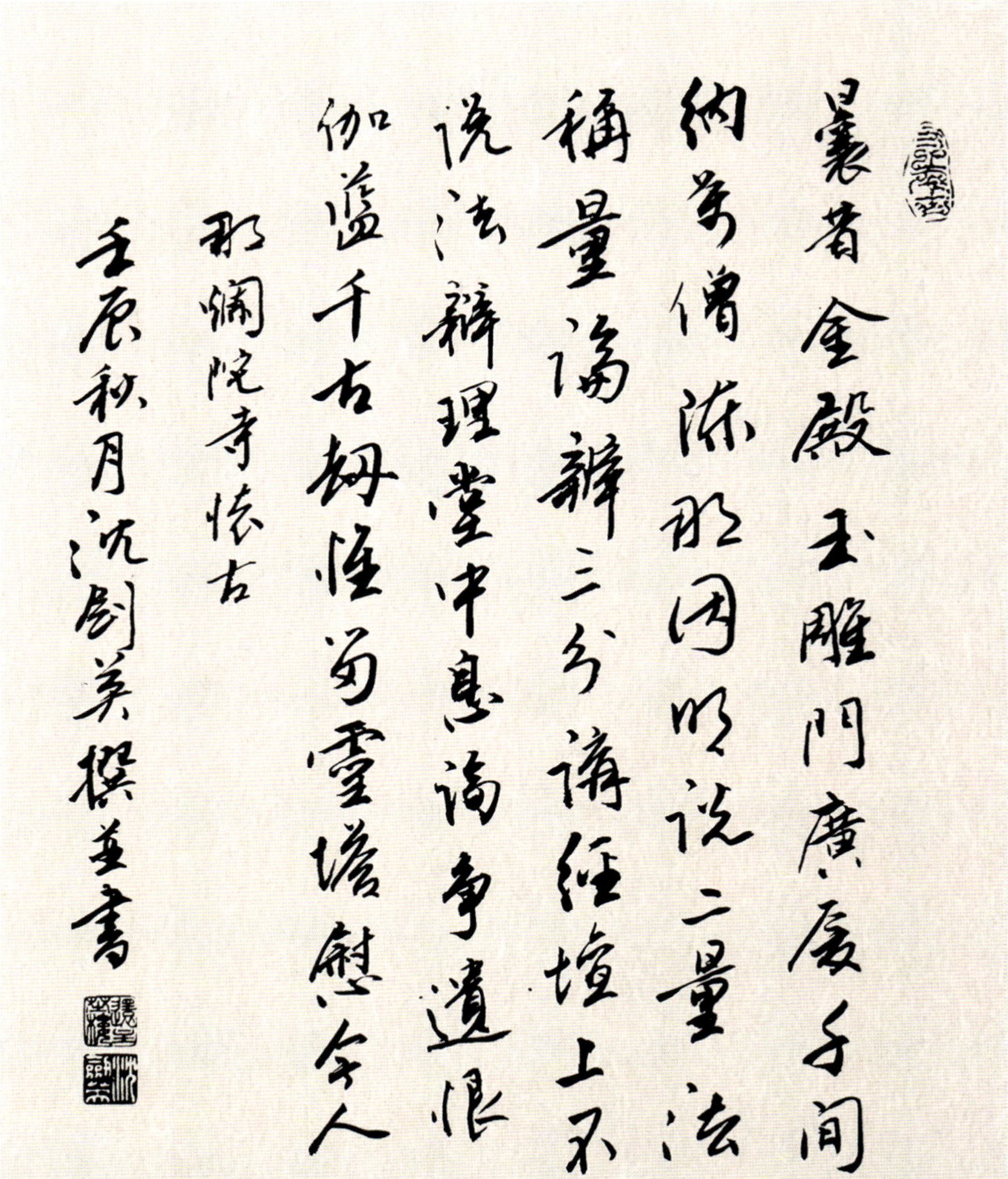

曩昔金殿玉雕门，广厦千间纳万僧。陈那因明说二量，法称量论辨三分。讲经坛上不说法，辩理堂中息论争。遗恨伽蓝千古劫，惟留灵塔慰今人。那烂陀寺怀古。壬辰秋月沈剑英撰并书。

题记：余于辛卯冬(2011年12月)参访那烂陀寺遗址。此寺始建于5世纪初，后经历代扩建，至7世纪玄奘游学天竺时已臻极盛，可容万余僧众研经学法。然8世纪以降，佛教日衰，那烂陀寺更于12世纪末遭突厥军洗劫，僧众逃亡，此寺渐成废墟，唯余舍利弗灵塔犹存焉。有感于沧桑变迁而吟成《那烂陀寺怀古》一首。

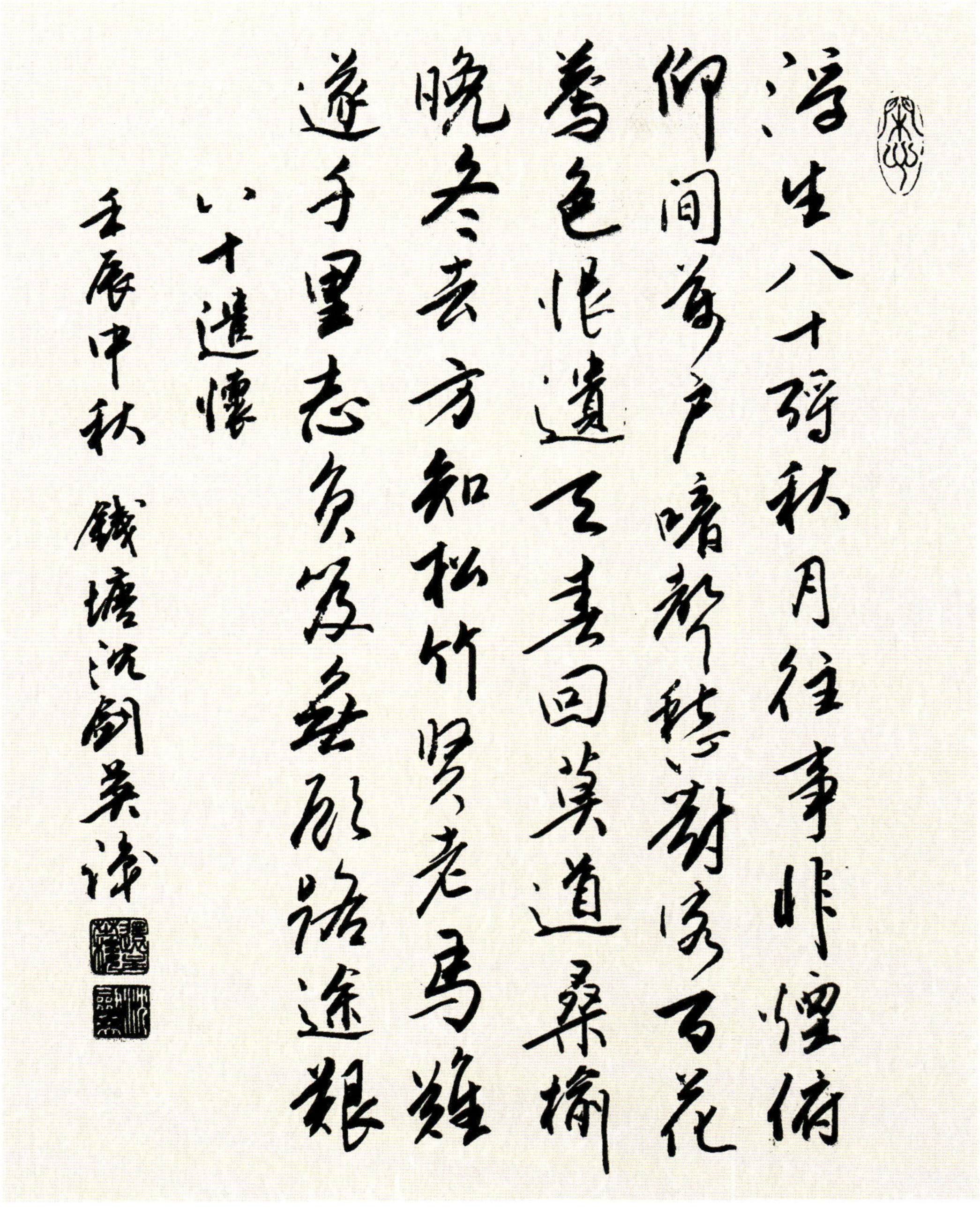

浮生八十酹秋月，往事非烟俯仰间。万户喑声愁对客，百花蔫色恨遗天。春回莫道桑榆晚，冬去方知松竹贤。老马难遂千里志，负笈无顾路途艰。八十遣怀。壬辰中秋钱塘沈剑英识。

总 目 录

上册

敦煌因明文献研究 …… 1

因明正理门论译解 …… 415

中册

佛教逻辑研究 …… 625

下册

论丛 …… 1211

译丛 …… 1523

散文和序跋 …… 1675

附：九十自述 …… 1825

自　序

我少时爱好文学，年轻时曾从事文学创作与研究工作，但遭遇变故，打破了我的文学梦。为避祸，我甚至销毁了心血凝成的几部手稿。后来我得以回归教师行列，便决心改治逻辑与语言，由此我又接触到了因明。唐代因明文献虽然诘屈聱牙，如道旁苦李，乏人问津，但我意识到这毕竟是世界逻辑三大源流之一的印度逻辑，有探索和研究的价值，而且从唐三藏法师玄奘西游东旋译传因明以来，已形成汉传因明的传统，成为中华文化宝库中的一部分，更值得我们去继承和发扬。作为一门绝学，对其发掘的空间很大，投身其中当大有可为。

1985 年拙著《因明学研究》终于问世，在当时似颇有影响。但我对书中的某些不足心存歉疚，于是趁着 1992 年在中国台湾地区出版时作了初步修正。2002 年东方出版中心（原中国大百科全书出版社上海分社）又出版了《因明学研究》修订本。所以《因明学研究》一直被视为我的代表作。随着研究的深入，我在因明的一些重要问题上又作了论述，于是趁着上海古籍出版社盛情邀稿的机会，编成《佛家逻辑研究》一书，将《因明学研究》中的原九章扩展为十四章，改题为《佛教逻辑学》，编为《佛教逻辑研究》一书的下卷。因此本书不再单独列出《因明学研究》。《佛教逻辑研究》便是我研究因明义理的主要成果。同时我也将因明史的研究成果纳入，编为该书上卷。

《敦煌因明文献研究》一书的撰写让我付出了整整七年的时间。净眼的《因明入正理论略抄》和《因明入正理论后疏》早已不传于世，幸而其写本沉睡于敦煌石窟千年。将它整理出来虽然费时费力，却是一件极有价值的事。

《文轨疏》第一卷的写本亦在敦煌藏经洞发现，它比《续藏经》所收录的《文轨疏》第一卷残本篇幅要长许多，非常珍贵，对校补《文轨疏》残本大有裨益。我在“支那”内学院1934年整理出来的《庄严疏》基础上，参照《赵城藏》及日本《明灯钞》《大疏抄》《大疏导》等文献引录的《文轨疏》断片和文句，据诸经录所云，重新校补成三卷本《文轨疏》。并出校记两百余条。

《正理门论》是陈那新因明的奠基之作，玄奘在中土首译此论。但此论文简义奥，极难索解。1989年我为研究生讲解此论时尽力作了疏解，这就是《因明正理门论译解》成书的来历。

此外，我将几种因明译作集合在一起，编为《译丛》；又将散篇论文集合在一起，编为《论丛》；并将散文与序跋合为一编。以上就是本书的主要组成部分。

杜甫《偶题》诗云：“文章千古事，得失寸心知。”我在因明研究上虽然尽了半生绵力，拙著或可为后来者有所借鉴，但也只是添了一砖一瓦而已。期望有更多的学人对因明绝学深入探索，使这一中华文化宝库中的成员不致再度沦为绝学。

我有幸在遐龄之年还能自编这部《全集》，但亦已是强弩之末。毕竟岁月不饶人，我虽然思维能力和健康状况尚可，然视力却日见不济。幸有陈冠良硕士和杨贺淋硕士的技术帮助，才得以顺利完成《全集》的编纂。陈冠良是上海建桥学院设计学院教师，杨贺淋是上海华为公司的技术人员，他们都是电脑高手。尤其是陈冠良硕士，本书中的图片制作和编排均由他完成，花费了他许多时间和精力。两位硕士的热情相助，令我深为感佩！

本书的出版，多承上海古籍出版社二编室曾晓红主任的大力支持和责编徐乐帅博士的辛勤审读，谨此并致谢忱！

钱塘沈剑英涵之写于沪上寓庐还芝楼

2024年7月17日

沈涵之先生学术生平述评[1]

姚南强

沈涵之先生（1932年农历八月十六日—），本名沈剑英，字涵之，笔名周村、钱塘月。沈先生出生于上海，祖籍杭州。1948年2月-1949年5月就读于上海中国新闻专科学校（1949年5月后"中国新专"停办）。1952—1954年在复旦大学中文系修完本科，1956年调入高校任教，先后任教于上海教育学院、上海师范大学、华东师范大学，现为华东师范大学中文系荣休教授。1978年参与创立中国逻辑与语言研究会，当选为理事，1983年当选为副理事长。1979年中国逻辑学会成立时，当选首届理事。1986年中国逻辑学会改组所属研究会为各专业委员会，沈先生任语言逻辑专业委员会主任，后任中国逻辑学会顾问、学术咨询委员。此外，他还任上海逻辑学会副会长、东亚符号学会（EASS）理事、国际符号学会（IASS）理事等。他是上海市九届人大代表、八届政协委员，中国民主促进会上海市委员会第十届、第十一届常委，兼高教委员会主任、顾问，中国民主促进会第八届、第九届中央委员，享受国务院特殊津贴。现任中国逻辑学会因明专业委员会顾问。

沈先生早年从事文学创作和古典文学研究，20世纪70年代以来改治逻辑与语言，并致力于因明学的研究。著有《因明学研究》（获上海市哲学社会科学著作奖）、《佛家逻辑》、《敦煌藏经之净眼法师因明论疏写卷》（线装本，

---

〔1〕 本文原系《中国逻辑家大辞典》"沈剑英"词条，由华东师范大学社会发展学院姚南强教授拟稿，收入本书时略有修改。

一函两册)、《敦煌因明文献研究》(获上海市哲学社会科学著作奖一等奖)、《佛教逻辑研究》、《佛家逻辑丛论》、《因明正理门论译解》、《沈剑英全集》等。主编《逻辑学》《中国佛教逻辑史》、《民国因明文献研究丛刊》(全24册)、《近现代中外因明研究学术史》等。合著有《中国历史上的逻辑家》《中国逻辑思想史教程》《中国逻辑史·唐明卷》《归纳逻辑导引》《玄奘研究》等。沈剑英教授在因明研究上锲而不舍,为当代中国的因明研究作出了巨大贡献,其学术成就主要体现在三个重点方面。

一、因明义理研究

在其名著《因明学研究》中,沈先生以汉传因明所推崇的大、小二论(即陈那的《因明正理门论》和商羯罗主的《因明入正理论》)为主要依据,征引唐代诸疏,又参考古今研究成果,从横剖面上分析探讨了因明的体例、规则、论证格式及逻辑谬误等诸多方面,并与西方形式逻辑进行综合比较。除了按汉传因明的八门体系对因明的真、似能立作了系统阐述外,还特别对表诠与遮诠、全分与一分、有体与无体等问题作了专题阐发,纠正了前人的一些偏差,对因明界一些长期争论不休的问题提出了精辟见解。该书附录部分从日文转译了足目的《正理经》。

沈先生的《佛家逻辑》一书分为上卷、下卷和附篇。其中上卷收录了沈先生的五篇因明专论及弟子的三篇论文。从内容上看大致可以分为三类:第一类是对印度因明发展史的介绍和对新因明(陈那、法称)义理的分析,如"陈那逻辑体系简说""论法称与陈那逻辑思想之差异";第二类是对因明义理的专论,如"印度古典论证式的逻辑本质""关于'因'三相可以缺一吗?""因明三论"。而最有新意是第三类,即"误难论"与"堕负论"。在因明研究史上,以往学者对新因明过失论的研究往往只停留在对三十三过的分析上,而这两篇论文从论辩逻辑的特定角度,从古因明到新因明,从《正理经》到佛家因明,从小乘到大乘,从世亲到陈那,作了分析综合、纵横比较。

在因明原理方面，如陈那以宗因不相离性为推理基础，以因三相为推理规则，这是新因明的核心理论，但个别学者执见不一，对此，沈涵之教授作了澄清和答疑。

二、因明文献研究

对因明文献的整理、译介和研究，沈涵之先生的贡献主要体现在以下几方面：

1. 对《正理经》和《正理经疏》的译介、研究。在《因明学研究》的附录部分，从日本宫坂宥勝的日译本转译了足目的《正理经》，并加了部分注释。窥基曾云此经“劫初足目，创标真似”。《正理经》是古印度正理派的经典，是因明的“源”经典，此译文为因明研究的追本溯源提供了一个依据。之后，沈先生又译出宫坂宥勝的《〈正理经疏〉研究·序论》，此书于2003年由上海古籍出版社出版。

2. 对陈那《正理门论》的译解。《佛家逻辑》下卷是对陈那《正理门论》的译解。沈涵之先依据吕澄和印沧的《正理门论本证文》作逐字逐句的注释详解，又用现代逻辑的语言作详细译解。《正理门论》是陈那的早期因明著作，史称《大论》，是极为重要的因明经典。沈先生仔细审定此论的篇、章、节和句段，弄清每句的文义，不仅解释具体详尽，而且还将玄奘的原译改译为语体文，并对照同样难读的陈那的《集量论》等论，逐字逐句地琢磨，终于破解此论奥义，写出《今译》《详解》，并于1992年由开明出版社出版。

3.《遮罗迦本集》第三编第八章的译介。《遮罗迦本集》是古印度内科学的一部医书，其中第三编第八章专述论议原则，实际上也就是古印度的逻辑和论辩学，这是与佛家《方便心论》同时代的因明文献。1989年，沈先生从宇井伯寿的日译本转译为中文，并参照《正理经》《正理经疏》《方便心论》《如实论》加以诠释和分析，此文初刊于台湾《正观》第八期（1999年），后收录于岳麓出版社出版的《戒幢佛学》第一期（2001年）。

4. 对敦煌因明文献的整理和研究。在敦煌遗书中有唐净眼法师《因明入正理论略抄》和《因明入正理论后疏》,以及文轨的《因明入理论疏》三种手写本。但都是以草书写成,需加点校。第一是点校和释文,沈先生借鉴了日本学者武邑尚邦 1986 年的初步研究,也纠正了他的一些错谬与不足。武邑氏在点校时用的是句读号,而沈先生则一律用新式标点,还点校了文轨的《过类疏》断片,这是武邑氏没有做的。第二是对敦煌因明写卷作全面考察分析,写了七篇考论。其中一篇是总论,概括论述了唐代的因明研究,并对敦煌的全部因明写卷一一作了评介。另一篇专论《文轨及其因明入正理疏》,对《文轨疏》的历史地位、传播和散佚的情况作了考证,并论述了复原《文轨疏》的文献依据。其余五篇则着重考辨净眼二疏的发现和文献价值,净眼对《文轨疏》的批评之长短,净眼对现、比二量以及能、似二破的诠释之贡献与不足等。第三是校补《文轨疏》。文轨所撰《因明入正理论疏》是唐代因明研究鼎盛期较早也是卓有影响的一部文疏,但它在两宋之际即已散佚,流传至日本的《文轨疏》至 18 世纪后半叶也仅存第一卷了。1934 年,南京"支那"内学院依据日本残存的《文轨疏》第一卷和 1933 年在山西赵城发现的《过类疏》,并辑录《明灯抄》《大疏抄》等的大量《文轨疏》引文,初步复原了此疏,这是当时所能整理出来的一个较为完备的文本。随着敦煌因明文献的出土和整理,又发现了不少《文轨疏》的佚文,具备了再次校补《文轨疏》的条件,所以沈先生就着手校补工作。首先,据经录所记,将《文轨疏》按三卷复原(内院本整理成四卷),将新发现的佚文依次辑入各卷。其次,校订内院本《庄严疏》辑自《明灯疏》《大疏抄》《大疏里书》等所引《文轨疏》的佚文,并补入一些漏辑的佚文。第三,出校记 173 条。上述成果汇成《敦煌因明文献研究》,由上海古籍出版社出版。

三、因明学史研究

因明学史的研究,历来是一个短缺。民国时期谢蒙、吕澄等只在著作中有所提及,许地山的《陈那以前中观派与瑜伽派之因明》在因明渊源上有较详论述。沈涵之(沈剑英)教授主编的《中国佛教史》是第一部系统介绍中国佛教逻辑发展历史的著作,对国内因明史的研究起了积极的推动作用。全书分为汉传因明、藏传因明和近现代因明三编,从两汉之际因明传入到当代中国台、港地区的因明研究,将古往今来重要的中国佛教逻辑著作、论文,按历史线索尽数罗列,介绍其观点、内容。对逻辑史上有突出贡献的作品或人物,则按章节品目次序,作详细点评。

附录:沈涵之(沈剑英)教授
主要学术成果目录

一、著作(以下仅列专著和主编的著作)

1.《因明学研究》,北京:中国大百科全书出版社,1985 年初版;台北:智者出版社,1994 年印行;上海:东方出版中心,2002 年修订版。

2.《佛家逻辑》,北京:开明出版社,1992 年;收于《佛学名著丛书》中,台北:商鼎文化出版社,1994 年。

3.《中国佛教逻辑史》(主编),上海:华东师范大学出版社,2001 年。

4.《因明正理门论译解》,北京:中华书局,2007 年。

5.《敦煌因明文献研究》,上海:上海古籍出版社,2008 年。

6.《佛家逻辑丛论》,兰州:甘肃民族出版社,2011 年。

7.《佛教逻辑研究》,上海:上海古籍出版社,2013 年。

8.《民国因明文献研究丛刊》(总主编,共 24 册),北京:知识产权出版社,2015 年。

9.《近现代中外因明研究学术史》(上下两册,主编,国家社科基金重点项目、国家出版基金项目),上海:上海书店出版社,2023 年。

10.《沈剑英全集》,上海:上海古籍出版社,2024 年。

二、逻辑论文(略举)

1.《略论因明的宗》,《哲学研究》1979 年第 12 期。

2.《论三种比量与简别方法》,《社会科学战线》1980年第4期。

3.《"真唯识量"略论》,《哲学史论丛》1980年7月。

4.《因明学简论》,《因明论文集》,兰州:甘肃人民出版社,1982年。

5.《因明学的产生、发展和东渐简论》,《社会科学战线》1982年第4期。

6.《论连珠体》,《中国逻辑史研究》,北京:中国社会科学出版社,1982年。

7.《论因明之有体与无体》,《学习与探索》1983年第2期。

8.《论因明之四种相违》,《学术月刊》1984年第3期。

9.《论因明之喻》,《哲学研究》1984年第4期。

10.《论因三相》,《中国哲学》第13辑,1985年。

11.《堕负论札记》,《学习与探索》1987年第2期。

12.《吕才与因明》,《学术月刊》1989年第1期。

13.《关于〈"因"的三相可以缺一吗?〉》,《因明新探》,兰州:甘肃人民出版社,1989年。

14.《能立三论》,《因明新探》,兰州:甘肃人民出版社,1989年。

15.《〈正理门论〉〈入正理论〉与欧洲及印度的学者》(宇井伯寿著,沈剑英译),《西藏研究》1993年7月。

16.《玄奘是中国逻辑史上的一块里程碑》,《玄奘研究》1994年首刊号。

17.《因明的语用学》,《哲学研究》1998年第1期。

18.《因三相答疑》,《觉群·学术论文集》,北京:商务印书馆,2001年。

19.《敦煌藏经中唐净眼的两种因明写卷》(沈涵之),《寒山寺佛学》第壹辑,南京:江苏古籍出版社,2002年。

20.《净眼所撰两种因明写卷释文》(沈涵之),《寒山寺佛学》第壹辑,南京:江苏古籍出版社,2002年。

21.《〈正理经疏〉研究序论》,《寒山寺佛学》第二辑,上海:上海古籍出版社,2003年。

22.《文轨及其〈因明入正理论疏〉》,《世界宗教研究》2007年第1期。

23.《唐代因明研究与敦煌因明写卷》,《西南民族大学学报》2008 年第 1 期。

24.《〈因明入正理论文轨疏〉校补》,《因明》第一辑,兰州：甘肃民族出版社,2008 年。

25.《舒眉任笔酬——我的因明研究回顾》,《因明》第二辑,兰州：甘肃民族出版社 2008 年。

26.《佛教逻辑的渊源、发展和传入中国的三个时期》,《粤海风》2017 年 4 月。

27.《普遍命题的检证与否证》,《因明》第十一辑,兰州：甘肃民族出版社,2018 年。

28.《因明在古代朝鲜和日本的传承》,《法音》2018 年 3 月。

29.《因明研究的学理要义与现实使命》,《中国社会科学评价》2020 年 9 月。

30.《因明六因理论研究——印度中世纪的言语行为理论》,《哲学与文化》2024 年第 1 期。

另外,有关古典文学、语言文字、古诗格律等论文均未列入。

敦煌因明文献研究

目　　录

引论 …………………………………………………………… 9
一、因明之传入与唐代的因明研究 ………………………… 9
二、敦煌的因明写卷 ………………………………………… 14
三、敦煌因明写卷出土的意义 ……………………………… 20

考论篇 ………………………………………………………… 23
文轨及其《因明入正理论疏》 ………………………………… 25
一、文轨对汉传因明的贡献 ………………………………… 25
二、《文轨疏》早在盛唐时期即已流传日域 ……………… 32
三、《文轨疏》散佚于何时 ………………………………… 33
（一）《文轨疏》在本土散佚的时间 ……………………… 33
（二）《文轨疏》在日本散佚的时间 ……………………… 34
四、《文轨疏》的复原 ……………………………………… 36
（一）《文轨疏》的初步复原 ……………………………… 36
（二）依据敦煌写卷校补《文轨疏》 ……………………… 36
净眼因明疏抄的敦煌写卷 …………………………………… 43
一、敦煌发现净眼所撰的两种因明写卷 …………………… 43
二、《略抄》的著者及写作背景 …………………………… 44
三、《后疏》之题名及文本的研究价值 …………………… 46
四、写卷的文献价值 ………………………………………… 47

《因明入正理论略抄》研究(上)——净眼释能立 …… 58
一、关于能立与能破 …… 58
(一)略解能立、能破义 …… 58
(二)言、义、智三因是否皆为能立 …… 62
(三)破《文轨疏》判"古师以一切诸法自性、差别总为一聚为所成立" …… 65
二、关于宗 …… 68
(一)解宗依中何故言极成有法、成能别 …… 68
(二)能别极成是否有相符极成之过 …… 70
三、关于因 …… 71
(一)何故不以有法成有法及法,不以法成有法 …… 71
(二)以两种相应义为法 …… 75
(三)同品何故不说遍有,异品何故泛说无因 …… 76
(四)说九句因 …… 76
(五)难《文轨疏》"等无我、苦、空"的判语 …… 81
四、关于喻 …… 83
(一)难《文轨疏》解"显因同品决定有性" …… 83
(二)难《文轨疏》中有人解陈那破古师时"但取能同为喻体者" …… 88
五、关于能立的总结 …… 92
(一)同法喻是显所作因随逐宗之同品处有 …… 92
(二)异法喻是显因远离宗之异品 …… 93
(三)关于能立唯三的答疑 …… 94
《因明入正理论略抄》研究(下)——净眼关于因明过失的论议 …… 97
一、关于宗的过失 …… 97
(一)释比量相违的用例 …… 97

（二）似宗“五相违”的总结 …………………………………… 101
二、关于不成因 …………………………………………………… 102
（一）何谓不成因 ……………………………………………… 102
（二）难《文轨疏》释“随一不成” ……………………………… 104
（三）难《文轨疏》释“大种和合火” …………………………… 106
三、关于不定因 …………………………………………………… 107
（一）说不共不定 ……………………………………………… 107
（二）说相违决定 ……………………………………………… 114
四、关于相违因 …………………………………………………… 120
（一）释法差别相违 …………………………………………… 120
（二）说有法自相相违 ………………………………………… 125
五、关于喻过 ……………………………………………………… 136
（一）关于无体俱不成论诤的起由 …………………………… 136
（二）文轨叙声论问并答 ……………………………………… 138
（三）别师与文轨的论难 ……………………………………… 138
（四）净眼对文轨的批评 ……………………………………… 139
《因明入正理论后疏》研究（上）——净眼释现量与比量 ………… 144
一、关于因明八门的次序问题 …………………………………… 144
二、现、比二量概论 ……………………………………………… 146
（一）明立二量意 ……………………………………………… 146
（二）释二量名 ………………………………………………… 153
（三）出二量体 ………………………………………………… 158
三、释《入论》说现、比二量 ……………………………………… 178
（一）释《入论》明立二量意 …………………………………… 179
（二）正解现、比二量 …………………………………………… 179
（三）出二量果并释伏难 ……………………………………… 191

（四）释似现量和似比量 …… 195
《因明入正理论后疏》研究（下）——净眼释能破与似破 …… 199
一、解真能破 …… 199
（一）真能破的界说 …… 199
（二）能破之境 …… 200
（三）能破的结语 …… 203
二、解似能破 …… 204
（一）似能破的界说 …… 204
（二）六类似破 …… 205
（三）似能破的结语 …… 206
三、说十四过类 …… 206
（一）十四过类总叙 …… 206
（二）十四过类 …… 209
（三）十四过类的结语 …… 232
四、解《入论》的结束语 …… 232

释文篇 …… 235
凡例 …… 237
文轨《因明入正理论疏》卷上写卷释文 …… 238
文轨《因明入正理论疏》卷上写卷原件图版（斯 2437 号） …… 250
文轨《十四过类疏》写卷断片释文 …… 260
文轨《十四过类疏》写卷断片原件图版（斯 4328 号） …… 262
净眼《因明入正理论略抄》写卷释文 …… 264
净眼《因明入正理论略抄》写卷原件图版（伯 2063 号） …… 284
净眼《因明入正理论后疏》写卷释文 …… 297
净眼《因明入正理论后疏》写卷原件图版（伯 2063 号） …… 319

校补篇 …………………………………………………………… 335
《因明入正理论文轨疏》校补说明 ………………………………………… 337
《因明入正理论文轨疏》校补卷第一 ……………………………………… 339
《因明入正理论文轨疏》校补卷第二 ……………………………………… 374
《因明入正理论文轨疏》校补卷第三 ……………………………………… 395

引　　论

一、因明之传入与唐代的因明研究

因明是佛家的论辩逻辑，随着佛教之东渐而传入中土。因明传入中土分两个阶段。〔1〕第一阶段在公元5—6世纪，即东晋末以迄南北朝时期，这一阶段传入的因明属古因明系统。

佛家古因明以《方便心论》为最古的专门文献，它最初由佛驮跋陀罗（359—429）于东晋末在建康（今南京）道场寺译出，后又由吉迦夜与昙曜于北魏延兴二年（472）重译。至梁简文帝大宝元年（550），真谛（499—569）又迻译并注释了世亲的《如实论》，这是一部古因明的集大成之作。然而从佛驮跋陀罗到真谛等所译或所释的古因明在当时的思想界中并未引起重视，以致佛驮跋陀罗所译的《方便心论》以及《如实论》的真谛疏释在面世不久即告散佚，连真谛所译的《如实论》最终亦成残本。尽管也有一些文士的事迹与因明有关，如《世说新语》最重要的注释者梁刘孝标（457—521）参与了《方便心论》的重译，〔2〕梁刘勰（约465—约532）作《文心雕龙》深受因明

〔1〕　此指因明传入中原地区的情况，不含宋以后由印度传入中国西藏地区的因明（藏传因明），那是因明传入中国的第三阶段。

〔2〕　吉迦夜与昙曜重译《方便心论》时，刘孝标为笔受。据《大唐内典录》卷四说，此据《宋齐录》所云，见《大正藏》第55卷268c。

方法论的影响,〔1〕但这只是个例而已。

因明传入中土的第二阶段在7世纪中叶,即初唐时期。这一阶段传入的是印度中古逻辑之父陈那(DigMga,约400—480年间人)所创立的新因明系统,以玄奘大师所译传的大、小二论为标志。

玄奘(602—664)是陈那的三传弟子,他西游天竺,携回经卷六百五十七部,其中因明论有三十六部。自贞观十九年(645)至麟德元年(664),玄奘致力于译经凡十九载。在他所译的经论中,与因明有关的共有九种,可约为三类:

古因明论:《瑜珈师地论》(卷十五)、《显扬圣教论》(卷十一)、《阿毗达磨集论》(卷七)、《阿毗达磨杂集论》(卷十六)。

新因明论:《因明正理门论本》《因明入正理论》《观所缘缘论》。

运用新因明的模板:《大乘掌珍论》《大乘广百论释论》。

在以上九种与因明有关的著作中,有的是煌煌巨著,如《瑜珈师地论》长达一百卷,是瑜珈行宗的根本论书,因明只是其中很小的部分。有的却是专门论述因明的,如《因明正理门论本》,尽管只有一卷,却是陈那开创新因明的奠基之作,从因明的角度来说,此论是更为重要的。

大概玄奘有意要倡导这门新兴的佛家方法论,所以在他译经之初的贞观二十一年(649)首先迻译了商羯罗主的《因明入正理论》。商羯罗主是陈那的门人,他的这部论是学习《正理门论》的阶渐之作。此论虽为短篇,翻译费时亦仅一日而已,然译场阵容强大,除译主玄奘外,尚有缀文大德明浚笔并证文,梵文大德玄谟证梵文,字学大德玄应证字,证义大德道洪明琰、慧贵、法祥、文备、道深、神泰详证大义,太子左庶子许敬宗奉诏监译,许敬宗还专为这篇只有二千余字的译文写了近七百字的《后序》,这都是非同寻常的现象,反映了玄奘及其门下乃至朝野对这门佛教方法论重视的

〔1〕《方便心论》重译时,刘勰尚在幼年(约七岁),但成年后他笃信佛教,最后出家为僧。他的《文心雕龙》条分缕析,思虑密察,透出因明方法的影响。

心态。贞观二十三年(649)十二月,玄奘又译《因明正理门论本》,由新罗人知仁笔受。《理门论》(大论)和《入正理论》(小论)是汉传因明的基础文献。

玄奘大师在译经之余,复向译寮僧众传授因明。其门下大德皆为博学卓识之辈,复得以入室请益,咨究疑义,于是各录奘师口义而竞造文疏,一时蔚为大观。稽诸经录、引录和现存所见,奘门大德撰写的因明大、小二论文疏有三十七种之多,兹列如下:

神泰(—646—):《正理门论述记》一卷、《入正理论疏》二卷、《入正理论述记》一卷。

靖迈(646):《入正理论疏》一卷。

明觉(646):《入正理论疏》(卷数不详)

文轨(615? —675?):《入正理论疏》三卷、《正理门论疏》三卷。

净眼:《正理门论疏》三卷、《入正理论略抄》一卷、《入正理论后疏》一卷。〔1〕

文备(646):《理门论疏》三卷、《理门论抄》一卷、《理门论注释》一卷、《入正理论抄》一卷。

灵隽(646):《入正理论疏》(卷数不详)。

普光(大乘光,645—664):《大因明论记》(《对面三藏记》)二卷。

光师之师:《正理门论疏》二卷。〔2〕

玄应(646):《入正理论疏》二卷。

壁公:《入正理论疏》三卷。

利涉(646—695):《入正理论要抄》一卷、《入正理论义疏》三卷。

---

〔1〕 日释藏俊《注进法相宗章疏》记有净眼《入正理论别义抄》一卷,此当为《略抄》之异称;日释永超《东域传灯目录》记有《入正理论疏》一卷,此当为《后疏》之原本。

〔2〕 撰者名号不详,据《东域传灯目录》记:"光师之师亲对三藏记之。"见《大正藏》第55卷1159c。

定宾:《正理门论疏》六卷。

窥基(632—682):《入正理论疏》(《因明大疏》)三卷。

憬兴(681):《正理门论义抄》一卷。

圆测(新罗人,613—696):《正理门论疏》二卷。

元晓(新罗人,617—686):《入正理论记》一卷。

玄范(新罗人,650—683):《正理门论疏》一卷(或上、下二卷)、《入正理论疏》一卷(或云三卷)。

顺憬(新罗人):《入正理论抄》一卷。

胜庄(新罗人,圆测门人,701):《理门论述记》二卷。

道证(新罗人,圆测门人):《正理门论抄》二卷、《理门论疏》二卷、《入正理论疏》二卷。

慧沼(650—714):《因明义断》一卷、《因明入正理论义纂要》二卷、《入正理论略纂》四卷、《二量章》一卷。

在上述诸师中,慈恩宗二祖慧沼系窥基弟子,然其初亦是玄奘门人。新罗僧胜庄和道证都是圆测的弟子,然胜庄因参与玄奘译事,可与奘门大德普光、法宝比肩;道证则参预圆测同窥基的论争,以回护师说而名闻京邑。此三大德都是玄奘时代的人,故一并列名于此。如果将奘门之外的吕才(600—665)所撰《因明立破注解》和法藏(642—712)所撰《因明入正理论疏》六卷也算入,则玄奘时代所出的因明疏记达三十九种。许敬宗云:

> 三藏法师以虚己应物,辟此幽关,义海淼其无源,词峰峻而难仰,异方秀杰,同禀亲承,笔记玄章,并行于世。〔1〕

这是对因明译传初期出现的盛况的概括写照。确实,诸师疏记多为亲承玄奘大师口义之作。如文轨云:

> 轨以不敏之文,慕道肤浅,幸同入室,时闻指掌,每记之汗简,书之

〔1〕《因明入正理论后序》,《大正藏》第32卷13b。

大带。〔1〕

这段话最为清楚地记述了他有幸忝为入室请益之列，得以恭录三藏法师教言的情况，说明他的因明文疏乃是依据奘师口义撰成的。又如日释永超《东域传灯目录》记普光《大因明论记》后注云："永徽三年六月日大乘光对面三藏记。"又在佚名所撰《理门论疏》后注云："光师（即普光）之师亲对三藏记之。"再如神泰的《理门论述记》，胜庄的《理门论述记》，元晓的《入正理论记》，均以"记"为题，其录奘师口义的本旨于此可明。

在奘门诸师众多的因明疏记中，当数文轨与窥基的两种《因明入正理论疏》最为著名。后人为区分这两种同名论疏，习称基疏为《大疏》。轨疏早出，是因明译传初期颇具影响力的一部著作，此时窥基尚年少，师事玄奘未几。而《大疏》是窥基晚年所撰，且未能终篇而卒，后得门人慧沼续成。〔2〕《大疏》较《庄严疏》晚出约三十年，故窥基时称《庄严疏》为"古疏"，大量吸纳《庄严疏》的疏解，却也不时提出批评。由于窥基能博采诸疏之长，故其《大疏》内容富赡，最为引人注目。

嗣后，自慈恩宗三祖智周及其同门道献、道邑以下续有因明疏记问世，亦颇具影响，总有二十种以上，兹列如下：

智周（慧沼门人，668—723）：《因明入正理论疏记》（《前记》）三卷、《入正理论疏后记》三卷（下卷未完）、《入正理论疏抄》（《因明略记》）、《纂要记》《义断记》。

道献（慧沼门人）：《纂要抄》一卷、《入正理论疏记》三卷、《入正理论义心》一卷、《理门论导论抄》一卷。

道邑（慧沼门人）：《入正理论疏记》（《义范》）三卷。

如理（智周门人）：《纂要记》一卷。

〔1〕《因明入正理论庄严疏》（以下简称《庄严疏》）卷一页二左，"支那"内学院辑本（以下简称"内院本"），1934 年。

〔2〕慧沼《续疏》卷二末云："于师曾获半珠，缘阙未蒙全宝，因训刍重之次，举萤而助牺光，其中文理是非，有智幸为详定。"（"支那"内学院，1933 年）

清素（智周门人，—780—）：《入正理论义衡》二卷、《入正理论基疏记》三卷、《纂要记》一卷。

崇俊（智周门人）：《理门论注释》四卷、《正理注释》一卷。

从芳（智周门人?）：《因明疏记》。

净首：《因明纂要记》一卷。

誓空：《入正理论义翼》三卷。

俊清：《因明疏抄》一卷、《因明疏纂要记》一卷。

圆悟：《入正理论粿抄》一卷。

清干：《入正理论疏》三卷。

利明：《入正理论义疏》三卷。

太贤（新罗人，道证门人735—744）：《正理门论古迹记》一卷、《入正理论古迹记》一卷。

智颖（或作智频）：《入正理论疏记》三卷、《入正理论纂要记》一卷。

择邻：《入正理论粿抄》三卷、《义断记》三卷。

林法师（北川茂林?）：《因明入正理论疏抄》二卷、《纂要记》一卷、《义断记》一卷。

另外还有一些因明疏抄因不明撰者的时代，甚至未具著者名号，故均未予列入。然仅从上列书目可知，玄奘时代及其后均出现了不少因明疏家，他们为因明在中土的流衍作出了巨大的贡献。

二、敦煌的因明写卷

唐代的因明研究虽然在当时的思想界掀起了波澜，甚至还引生出一场僧俗之争，令朝野注目，然不过数十年的风光，因明之学即随着慈恩宗的衰落而步入困境。自中唐以降，不仅疏家遽减，至北宋时，许多唐代大德的文疏均已亡佚，仅余十一种而已！其中如窥基的《大疏》三卷尚在；文轨的《庄严疏》则已散剩第一、第二两卷，其第三卷被误题为窥基所撰，并另立题目为

《因明论理门十四过类疏》。〔1〕 至南宋时，北方金熙宗皇统八年（1148）时雕印《大藏经》（《金藏》），只收录了窥基《大疏》中、下二卷（佚失上卷），《过类疏》一卷，其余疏记不幸散佚。然而尘封于敦煌石室的因明论疏却不受世事所扰，终于安然地在洞中长眠了千年，直至清末以后才为世人所初知。

敦煌遗书多达数万卷，其中的汉文文献百分之九十是佛教典籍，因明写卷只是沧海之一粟，就我所知，约有七种，兹逐一简述之。

1.《因明入正理论疏》卷上残本，唐文轨撰。此写卷前半部残缺，故无题名和撰号，然从其尾题可知，应是《因明入正理论疏》卷上，考其内容，复知原系文轨之疏。此疏残本今存172行，约6 000字。写卷以秀逸之行草写出，可惜残损较多，且其背面还书写了昙旷所撰的《金刚般若经旨赞》，由于正、背两面字迹互透，更增加了阅读的困难。此写卷于20世纪初被英国考古探险家斯坦因（MarcAurelStein，1862—1943）收走，入藏大英博物馆，现藏伦敦英国图书馆，编号S2437。

2.《过类疏》断片，唐文轨撰。此写卷无头无尾，前后大段缺失，只剩下中间一小段残文，仅27行，计602字。细检其内容，知原系文轨《因明入正理论疏》第三卷中释十四过类的一小部分文字，即十四过类中第五可得相似和第六犹豫相似的释文，而且是不完整的。过去将此断片拟为《因明入正理论疏释》，不确。今且称此为《过类疏》断片。它以隽秀的行楷书成，风格稳重，是书法中的佳品。此断片亦于20世纪初被斯坦因收走，原藏大英博物馆，现藏英国图书馆，编号S4328。

3.《因明入正理论略抄》（以下简称《略抄》），唐净眼撰。此写卷开首部分残损，所缺部分当为序言之类的文字，正文部分前四行有不少残损的地方，以下可谓完整。《略抄》写卷由于开首残缺，故失题名和撰号，然据尾题

〔1〕 参见《义天录》卷三，《大正藏》第55卷1176a、b。《过类疏》为《文轨疏》第三卷一事，本书《文轨及其因明入正理论疏》有专题论说。

可知此篇为何篇,复据《明灯抄》《大疏抄》的引录而知此篇系净眼所撰。从其内容来看,《略抄》除了诠释《入论》的一些问题外,更多是对文轨的《入论疏》提出批评和作补充解释。净眼的《略抄》不见经录所载,然《永超录》和《藏俊录》均记有净眼《因明入正理论别义抄》一卷,并注云:"或直云'抄'。"〔1〕《略抄》当即《别义抄》之异名,很可能是敦煌写卷的抄写者在录文时省略了一些内容而改题为《略抄》的。《略抄》对文轨《入论疏》的批评瑕瑜互见,但体现了奘门弟子研习因明时善辩的学风。

4.《因明入正理论后疏》,唐净眼撰。此写卷首尾不缺,因此篇题和撰号完在。《永超录》记有净眼《因明入正理论疏》一卷,此或即《后疏》之全本,《后疏》当即此疏之节本,即仅节录其末后部分疏解真、似现量与比量,以及真、似能破的释文。可能是节录者考虑到所录的仅为末后部分,故改题为《因明入正理论后疏》亦未可知。《后疏》除随《入论》文句诠释外,还对现、比二量和十四过类作了专题阐说,这是颇不寻常的。值得注意的是,《后疏》与《略抄》是合写在一个长卷里的,《略抄》在前,《后疏》在后,这似乎是一种有意的安排,因为《略抄》只说能立和似能立二门,而《后疏》则是诠释后六门的,如此正好凑齐了八门。《略抄》现存446行,计12 478字;《后疏》现存508行,计13 364字。全卷由草书高手一人抄录而成,笔法浑厚圆润,风格前后一贯,行款紧密整齐,字体略带隶意而非章草,属草书写卷中的上品。此卷于20世纪初被法国考古探险家伯希和(PaulPelliot,1878—1945)收走,现藏巴黎法国国家图书馆,编号P2063。

5.《因明论三十三过》一卷,此写卷首尾完整,然无撰者名号。此篇内容只是对《入正理论》所说的三十三过稍作梳理而已,用例基本仍旧,偶有双行夹注,亦仅是简单的说明文字。可以说此写卷乃学习笔记之类,并非因明论疏。此写卷系利用废纸的背面写出,其正面写有竺佛念译的《菩萨璎珞经》和实叉难陀译的《八十华严》等经文,然而并不连贯。抄写者将八张废弃的

〔1〕 见《大正藏》第55卷1160b,1143c。

经页粘接起来成为卷子,〔1〕卷高25厘米,卷长263厘米,就在卷子的背面抄写了《因明论三十三过》,计73行,每行约26字;紧接着还抄录了一段《金刚经纂读诵功德记》。〔2〕这段文字既无首题,而且后部缺损,但就是这样一段不起眼的,似乎是随意抄录的文字,却透露出一个重要的时间资讯,它记述说:"天历元年,北山县有一刘氏女子,年十九岁身亡。"天历是元文宗即位时的年号,天历元年即公元1328年,就是说,这个写卷必形成于元代中期之后。由此又可引生出两点启示:第一,至少在元代中、晚期,犹有少数僧人在学习因明的基础知识。第二,这份卷子并非藏经洞出土,因为藏经洞(今第17窟)的封洞时间一般断为1002年—1014年之间,而此卷要晚出一百余年,显然是藏经洞外之物,因此它虽属敦煌遗书,却不是藏经洞遗书。此卷于20世纪初被伯希和收走,现藏于法国国家图书馆,编号3024。〔3〕

6.《因明入正理论》一卷。前部缺失,残卷从宗过"四相违"列名开始,前缺411字。后部完整,有尾题和卷数。现存109行,每行17字左右,以楷书写成,端庄整齐。全篇仅抄错两个字。如第74行"谓应说言'谓(诸)所作者皆是无常'",此中"诸"误写成"谓";又如第101行"显示此言开晓问者,故立(名)能破",此中"立"乃"名"之误。另外,脱字仅有一例,如第85—86行"(不)离者,谓说如瓶,见无常性,有质碍性",此中脱一"不"字。《因明入正理论》自玄奘译出以来,其定本流传至今,未曾佚失,不过此写卷不仅有文物价值,而且从文献学的角度来看,也有其一定意义。此写卷于20世纪初

---

〔1〕在此卷的正面和背面,都有大书的"兑"字,"兑"即"兑换",即凭此因抄写错误而被校经师批上"兑"字而报废的经页,可另兑新纸重抄。然而时人珍惜纸张,这类废纸的背面常被用来抄写其他文本。

〔2〕《因明论三十三过》与《金刚经纂读诵功德记》系同一人抄录,因为抄写两文的笔迹相同。

〔3〕《因明论三十三过》写卷由行楷书成,字迹比较清楚,故本书不再另作释文。而且此写卷只是学习因明的笔记,别无新意,故本书不拟另作专题论析。

由斯坦因收入大英博物馆，现藏伦敦英国图书馆，编号S4956。〔1〕

7.《能立能破俱正智所摄》残卷，此写卷首残，故缺首题和撰号，其尾部复与有关《法华经》的内容相接，不知因何如此。此残卷朽蚀严重，不但缺损甚多，且字迹模糊，释读为难。以往有将此残卷题作《因明正理门论本》者，不确，兹暂以残卷首句“能立能破俱正智所摄”为题。从残卷的内容来看，其中虽引有《因明正理门论》的文句，如“有法非成于有法，及法非成于有法，但由法故成其法，如是成立于有法”（第13—14行），但亦仅此四句颂，别无其他《理门论》文句，故此卷断非《理门论》写本。且此卷似非唐人写本，如上述四句颂，奘门大德皆所熟知，引用时不可能出错，而残卷所引的四句颂却有差错。《理门论》云：“有法非成于有法，及法此非成有法；但由法故成其法，如是成立于有法。”〔2〕对照一下即可发现，在残卷所引的四句颂中，其第二句脱一“此”字，多一“于”字。这说明引用者对颂文并未真正理解。“此”指代因法，“此非成有法”即指因法亦不能直接成立有法，故下二句云：“但由法故成其法，如是成立于有法。”意即须由作为共许法的因法来成立不共许的宗法，然后再间接地成立有法。所以这“此”字在句中是不容忽略的关键字眼，不能脱漏。“于”字的增益则令因法与有法之间的施受关系发生逆转，也不合颂文原旨。〔3〕再从其他勉强可以看清的文句来考察，可以作出如下几点推断：第一，文本的作者缺乏因明的基本理论修养。如云：“违他顺己可成所立宗”（第2行），“违他顺己宗得成”（第3行）。“违他顺己”是因明立宗的原则，但并非宗得以成立的充分条件，所以如上说法欠当。又如：“能立、能破成真智，故唯悟他；似立、似破成似智，〔故唯〕悟自。见此二量成见智。”（第12—13行）这段话问题颇多。如《入正理论》首颂云：“能立

〔1〕本书将不另写专文评介《因明入正理论》写卷。

〔2〕《大正藏》第32卷lc。

〔3〕奘译《因明正理门论本》的四句颂中，其第一句“有法非成于有法及法”的“于”字，以及第四句“如是成立于有法”的“于”字亦均属多余，然奘译如此，已成定译。其第二句原本无“于”，后人不得擅加。

与能破,及似唯悟他。"〔1〕这就是说,不仅能立与能破为悟他而设,似立与似破的作用亦在悟他,当然这里说的似立与似破乃指关于过失的理论,以裨防范,故可悟他。而残卷却说"似立、似破成似智,故唯悟自",显然与《入论》所云相悖,而且既然其所成的是"似智",又如何能"自悟"? 再说"见、比二量成见智",更是大谬不然。"见量"大概就是现量,但不是传统的译名;"见智"大概即是现量智。此句意谓,现、比二量可成就现量智。这一论断与陈那的原旨不符,如《理门论》云:"智从现量生或比量生。"这里所说的"智",指的是比量智,故《理门论》云:"谓智是前智余。"〔2〕"前智"指前文所述的现量智,前智之"余"即是比量智。所以按陈那的论断,比量智乃从现、比二量引生,而非残卷所云的以现、比二量成就现量智。第二,残卷似是信手所写的零散笔记,在现存 57 行文字中,有关因明的有 20 行,每行约 20 字,约占三分之一的篇幅,其余则为《法华经》方面的内容。〔3〕 而且两部分之间无明显界划。如第 19—20 行云:"真见量者,所谓眼、耳、鼻、舌、身、意;真比量者,所谓□□意……"至下半行,却成了"□□击水以成波,□水□一时动何意",其所云似已与因明无涉。这种上句意思未尽即转入不相干内容的下句的情况,在文中其他地方也出现过,如第 15 行云:"□□□□色定非离眼识,因云以许初三摄,由如于……"其中所引的真唯识量只及一半就转到毫不相干的"由如于……"真是莫名其妙! 于此亦可见其书写时带有随意性。第三,此卷必是晚出之作。如上已述,残卷引《理门论》四句颂言时,于第二句脱一"此"字,衍一"于"字,可见其必非直接引自《理门论》。据《义天录》所记可知,《理门论》及其疏记在北宋时已散佚,故本写卷的作者只能据零星的资料而言,人云亦云,以讹传讹。再如上述所引"真唯识量",玄奘的原文应是:"真故,极成色不离于眼识[宗];自许初三摄,眼所不摄故[因];

〔1〕《大正藏》第 32 卷 11a。

〔2〕《大正藏》第 32 卷 3c。

〔3〕似与《法华经・譬喻品》的内容有关。

犹如眼识[喻]。"〔1〕本写卷只引了上半段,腰斩了因支,还将"自许初三摄"说作"以许初三摄"。玄奘所立的"自许初三摄,眼所不摄故"因,前后互相制约,不可或缺,本写卷的作者似未注意及此。这都是因明衰落期出现的迹象。据此可以推断,此写卷当产生于宋以后。〔2〕

三、敦煌因明写卷出土的意义

敦煌因明写卷虽然为数不多,却具有重要的意义,兹略说如下:

第一,敦煌因明写卷的出土,对推动因明文献的整理和研究意义深远。例如文轨的《因明入正理论疏》是唐代因明初传时期卓有影响的一部文疏,然早在南宋时即已散佚,后虽于1934年由"支那"内学院依据日本《续藏经》所收的《文轨疏》第一卷和山西赵城新发现的《金藏》所收的《过类疏》,并辑录日释善珠《明灯抄》、日释藏俊《大疏抄》等所引的《文轨疏》文句,整理出版了《因明入正理论庄严疏》,这是当时所能达到的成果。时至今日,随着敦煌写本《文轨疏》卷上和《过类疏》断片的出土,以及净眼《略抄》中所引录的文轨疏文的发现,就有可能进一步还原《文轨疏》。本书的校补篇即是还原《文轨疏》的新尝试。

第二,敦煌因明写卷的出土为汉传因明史的研究提供了殊为重要的史料。如净眼所撰的三种因明疏抄早在唐代后期即已不传于世,流传日本的这三种疏最晚至南宋时亦先后散佚。所以敦煌出土的《略抄》与《后疏》写卷,实是弥足珍贵。《略抄》主要是与文轨商榷之作,它对《文轨疏》有如下批评:

1. 批评文轨判"古师以一切诸法自性、差别总为一聚为所成立";

〔1〕 窥基《因明大疏》卷五页二左,金陵本,1896年。

〔2〕 此写卷应是敦煌的一件古废品,且朽蚀严重,故本书不再作释文,也不另写专文论析。

2. 批评《文轨疏》关于"等无我、苦、空"的判语；

3. 批评《文轨疏》解"显因同品决定有性"；

4. 批评《文轨疏》对"随同品"的诠释；

5. 批评《文轨疏》关于"遣诸法自相门"的解释；

6. 批评《文轨疏》对"随一不成"的诠释；

7. 批评《文轨疏》对"大种和合火"的解释；

8. 批评《文轨疏》对不共不定因的解释；

9. 批评《文轨疏》对不共不定与共不定的比较性论述；

10. 批评《文轨疏》释"所闻性"因是他不共；

11. 批评《文轨疏》以"众疑"判相违决定为不定；

12. 批评《文轨疏》以现量和圣教量断"声常"宗；

13. 批评《文轨疏》对自相和差别的解释；

14. 批评《文轨疏》对"无体俱不成"似喻的诠释。

净眼对《文轨疏》的上述批评有正确的，也有错误的，我们从中可以了知净眼在因明研究中与文轨有哪些不同的见解，且从引证中可以获悉不少思想资料，更可以从中窥知当时或更早以前的因明思想。

第三，敦煌因明写卷的出土亦有助于因明义理的深入探讨。如上述净眼对文轨的十数项批评，均关涉因明义理的研究。再如《后疏》中对现量和比量的专论，也是十分引人注目的。《入论》对现、比二量的论述甚为简约，故净眼在解释时对现、比二量作详细诠释，并在随文解释前先予概括论述，内容相当丰富。在阐说陈那为什么只立现、比二量和约四分辨能量、所量、量果之分别时，对印度诸哲学派别不同的立量数（从八种至二种）和建立四分说过程中先后出现的六种主张作了概括介绍。并结合唯识理论，从定心位和散心位上分别现、比二量，从二量与八识的关系上来辨识二量之体，联系四分说分别能量、所量、量果，以及对四分说是否会引生无穷之过，见分是否得以两缘，四分是否同种所生，内分缘自之说是否成立等问题，一一作了阐释，这对因明义理的深入探讨，都是大有裨益的。

考 论 篇

文轨及其《因明入正理论疏》

一、文轨对汉传因明的贡献

文轨是唐京师大庄严寺沙门。生卒年不详，但从他是玄奘大师早期弟子的身份来看，他可能生于隋末，复从窥基一再将文轨的《因明入正理论疏》称作“古疏”这一点来看，文轨必远先于窥基而终。我们假定文轨于玄奘译经之初的贞观十九年(645)即入奘门，其时正届而立之年，则文轨当生于隋炀帝大业十一年(615)。与其同门师兄慧立同年(615)，与圆测(613—669)、元晓(617—686)年龄相仿。如果文轨享年六十而寂(此似为当时人的一般寿命)，则其卒年约在高宗上元二年(675)，比窥基的卒年(高宗开耀二年,682)早了许多。

文轨的行状不详，然从其自叙可知，他是玄奘的入室弟子。如云：

> 惟今三藏法师……旋踵东华，颇即翻译。轨以不敏之文，慕道肤浅，幸同入室，时闻指掌，每记之汗简，书之大带。〔1〕

这段自叙说明，他不仅在三藏法师玄奘东归译经之初即已入其门下，而且“幸同入室，时闻指掌”，显得很不一般。当时玄奘的译务甚为繁忙，他除了每日立课程，抓紧时间完成既定计划外，还于每天下午抽两个时辰来给译寮僧众讲解经论和因明等，也为诸州来京问学的僧人释疑解难。到了晚上，寺

〔1〕《庄严疏》卷一页二左，“支那”内学院，1934 年。

内弟子百余人常来请益,有时连廊庑上都站满了人。在这种情况下,得以函丈请益者当是与奘师更为亲近的门下大德。

贞观二十一年(647)和贞观二十三年(649)玄奘先后译出商羯罗主的《因明入正理论》和陈那的《因明正理门论》。由于玄奘的译传倡导,这门新传入的佛教方法论受到奘门大德的极大关注,并均以掌握这门新鲜的学问为荣。所以文轨每次得到奘师指点时,能勤于记录,深入思考。经过数年的研习,他终于写出了《因明入正理论疏》(以下简称《入论疏》)三卷和《因明正理门论疏》(以下简称《理门疏》)三卷。文轨的《入论疏》当属笔于贞观二十三年(649)至永徽五年(654)之间;因为《入论疏》中引用了《理门论》文,可知必属笔于玄奘译出《理门论》以后,而且吕才于永徽六年(655)所作的《立破注解》亦有"差别为性"之说,而此说源自文轨《入论疏》,可知《入论疏》必在此前问世。文轨的《理门疏》三卷当作于《入论疏》之后,然早佚,未见有何影响。此书虽亦传至日域,但流衍不广,影响不大。最早是永超的《东域传灯目录》记有文轨《理门疏》三卷,然其注云"可寻",可见他并未真正见到此书。后来,藏俊在《注进法相宗章疏》中也记有文轨《理门疏》三卷,但他在《大疏抄》卷末书目中却未列此书,说明他并未看过此书。文轨所撰的因明论疏得以流传下来并卓有影响者,唯《入论疏》(残本)一种,故后人常迳称文轨《入论疏》为《文轨疏》;又文轨系大庄严寺僧,故后世亦称此疏为《庄严疏》。〔1〕

在奘门诸师所作的因明文疏中,《文轨疏》是较有影响的一部力作,故"疏既盛行,人多信学,依文诵习,未曾辄改",〔2〕成了早期的代表作。这部文疏由于颇存玄奘口义,加上文轨的用心阐发,内容堪称富赡,其价值不容小觑。兹就其荦荦大者略举数端以明之。

---

〔1〕 文轨还撰有《广百论疏》一种,在敦煌遗书中有僧崇晃于唐中宗神龙三年(707)三月抄写的此疏卷第一。现藏法国国家图书馆,编号 P2101。

〔2〕 窥基《因明入正理论疏》(以下简称《大疏》)卷六页九左。

第一,深刻地揭示了因明的功用和性质。如云:

且内明之用也,为信者而施之;因明之用也,为谤者而制之。夫至理冲邈,非浅识所知,故于奥义之中,诸见竞起……遂使道分九十六种,部析二十不同,并谓握隋侯之珠,冠轮王之宝。然法门不二,岂有殊归?一理若真,诸宗便伪。故欲现形好丑,则鉴以净镜清池;定理正邪,必照以因明现、比。〔1〕

所恨今之学者,立义非宗,难无定例,不崇因明之大典,翻慕委巷之庸谈……词理浑淆,无分胜负,问答蜂起,孰定是非?但以语后者优,不以理前者为正,学徒不悟,习以生常。岂若因明总摄诸论,可以权衡立破,可以楷定正邪,可以褒贬是非,可以鉴照现、比。譬之日月既明,爝火自灭;霖雨已降,灌溉无施。〔2〕

这两段话都说得殊为精彩。第一段意谓,佛学是为信者而施设的,因明则是针对谤者(敌论者)而制备的。由于至真的道理非常高远深邃,非一般人所能把握,故在一些深奥的问题上往往会产生不同的见解……由此而形成九十六种外道,小乘佛教也分成了二十个部派,而且都自称掌握了真理(隋侯之珠即珍宝,轮王之宝则有降伏四方的威力,此处用以比喻真理及其作用)。然而至高的法门只有一个,殊途怎能同归?因为一理若真,诸宗便伪。所以若要决定正邪,必须要借助因明的现量和比量。这一段阐发了因明的功用,乃是针对"谤者而制"的,用以克敌制胜,具体来说就是用以制服九十五种外道和小乘二十种部派。虽说这纯然是站在大乘佛教的立场上而言的,但也确实是大乘佛教汲取外道的论辩方法创制因明的本意。接下来一段则通过列举"今之学者"在"立义"与"非宗"上之"难无定例",不守因明规范而致"词理浑淆,无分胜负"等,甚至对这些弊端麻木不仁、习以为常,以告诫"今之学者"务必认识"因明总摄诸论"的性质,即可以权衡立与破,楷

〔1〕《庄严疏》卷一页一左右,内院本,1934年。
〔2〕《庄严疏》卷一页二左右,内院本,1934年。

定正与邪，褒贬是与非，鉴照现与比。这就将因明的工具性质揭示得很明白。文轨的这些认识当系受教于玄奘而来。

第二，厘清了新、古两种因三相的同异。因三相的理论最早由尼耶须摩(Nydayasoma)或尼耶修摩(Nyaayasaumya)亦即正理派的门徒最早提出，佛家最初对因三相持排斥态度，如无著在《顺中论》卷上引述了因三相说，并断云："一切作法(五支论式)无三种相。"〔1〕但世亲却持相反态度，吸收了三相学说，故云："我立义者依三种相。"〔2〕又云："我立因三种相是根本法，同类所摄，异类相离，是故立因成就不动。"〔3〕这标志着世亲已将因三相学说纳入因明的体系。嗣后，陈那更进一步将因三相的学说发展成演绎法与归纳法相结合的规则，因三相就脱胎换骨成了佛家的创说了。关于新、古两种因三相的同异，文轨有如下一段分析：

> 陈那以前诸师亦有立三相者，然释言相者体也，三体不同，故言三相。初相不异陈那，后之二相俱以有法为体，谓瓶等上所作、无常俱以瓶等为体故，即以瓶等为第二相，虚空等上常、非所作俱以空等为体，故即以空等为第三相。故世亲所造《如实论》云，因有三，谓"是根本法，同类所摄，异类相离"。此论梁时真谛所翻，比寻此论，似同陈那立三相义，同《论式论》；而言陈那以前诸师者，即是世亲未学时所制《论轨论》义。〔4〕

这段论述的内涵很丰富。文轨首先指出古师说的因三相与陈那的因三相学说不同，古师将同喻例"瓶"说为同喻体，将异喻例"虚空"说为异喻体。这一概括正抓住了问题的实质，因为古师所说的同喻和异喻都不以普遍命题为喻体，所以并不显示二喻即因之组成部分，如此，同、异二喻也就难以体现第二相和第三相的逻辑制约关系。然而文轨在阐说这一点时也存在很大的

〔1〕《大正藏》第30卷42b。

〔2〕《大正藏》第32卷31a。

〔3〕《大正藏》第32卷30c。

〔4〕《庄严疏》卷一页十六左、右，内院本，1934年。

不足，即混淆了言与义的界划。同喻和异喻是用言语表达出来的论式中的支分，而因三相是论式所涵蕴的规则，故前者是言而后者是义，二者迥然有别，然而文轨在阐说中却误说古师“以瓶等为第二相”“以空等为第三相”，不免融入了他的错误理解，将古师以喻例为喻体之不当，说成“以喻例为因相”了。另外，文轨关于古师的初相不异陈那的论断是不正确的，二者从字面上看固然无异，然其实质截然不同：古师的初相只揭示有法具有因法所示的属性，仍然是从特殊推导特殊；而陈那的初相是揭示因法与有法之间的真包含关系，是演绎法的规则。

其次，文轨说世亲在未学大乘时所写的《论轨论》中说的因三相乃承袭古师所说，但其《如实论》中说的因三相“似同陈那三相义”。这一评价较有分寸。新因明的因三相虽系陈那的创说，但它并非凭空产生。世亲是古因明的集大成者，在他后期所撰的《如实论》中已有三支式的倾向，还曾在论例中运用普遍命题作前提，并申明：“我说因不为生所立义，为他得信，能显所立义不相离故。”〔1〕这表明此时世亲的逻辑观念已开始转变，故世亲后期的逻辑学说为陈那对因明的改革提供了思想基础。

第三，揭示了同法“正取因同，兼取宗同”的逻辑特点。文轨在解释《入论》所云“同法者，若于是处显因同品决定有性”时云：

> “处”谓有法；“显”谓显说；“因”者，谓即遍是宗法因；“同品”谓与此因相似，非谓宗同名同品也；“决定有性者”，谓决定有所立法性也。此谓随有有法处，有与因法相似之法，复决定有所立法性，是同法喻。此则同有因法、宗法名同法喻。〔2〕

这段释论殊为精当。其所谓之“有法”，指同喻依“瓶”，亦即《入论》所云之“是处”。因为瓶与声一样，都具有所作性和无常性，故瓶虽为喻依，其实也可称作有法。而这里所说的“同品”，乃是因的同品。因法与宗

〔1〕《大正藏》第32卷31c。

〔2〕《庄严疏》卷一页二十二右—二十三左，内院本，1934年。

法之间具有包含关系,故凡真正意义上的因同品必是宗之同品,但宗同品却不一定是因之同品。而同法必须既具有因的性质(因同品),复具有宗的性质(宗同品),故说"非谓宗同名同品也"(单纯的宗同品不符合同法的要求)。"决定有性"则是指"决定有所立法性",亦即定有宗法的属性。所以同法就是"与因法相似之法,复决定有所立法性",也就是说同法必须因、宗双同,而且是"正取所作,兼取无常"(正同因法、兼同宗法)。〔1〕文轨对同法的诠释很有启迪性,他释"同法者,若于是处显因同品决定有性"一句时显然是将"因同品"三字连在一起读的,而当时也有人将此句读作:"同法者,若于是处显因,同品决定有性。"〔2〕这两种读法体现了两种不同的理解:文轨以"显因同品"为读,强调了同法"正取因同,兼取宗同"的特点,符合陈那所说的"说因宗所随"的原旨;而以"显因"为读者,则有偏取宗同,淡化因同之嫌。

第四,正确阐发了能量智与量果的统一关系。因明在说现量和比量时,会涉及量果的问题。《入论》释量果云:"于二量中即智名果,是证相故。"这句话不易理解,智与果为什么是不离的呢?又为什么称作证相呢?文轨解释说:

> 谓现、比证诸法自相、证诸法共相,自、共二相是所量,二量之体为能量,即此能量证二相智,自照明白为量果,故云是证相故。……既于证相一心之上有此能量、所量之义,故此证相量果亦名为量也。〔3〕

这段解释深中肯綮,指出自相与共相就是所量相分,现量与比量则是能量见分,能量之智即是量果,也可称之为证相。证相就是心识的主体(自证分),它变生出见分和相分来,它自己复可成为量果。文轨的这些阐发都是合乎唯识学说的,如《成唯识论》卷一云:

〔1〕《庄严疏》卷一页十五左,内院本,1934年。

〔2〕如净眼就作如此读,他还对文轨以"因同品"为读提出批评,参见《略抄》写卷第148—159行。

〔3〕《庄严疏》卷三页二十二右—二十三左,内院本,1934年。

> 复谓识体转似二分,相、见俱依自证起故。〔1〕

由此可知,相、见二分乃由自证分生起。故《成唯识论述记》卷一本云:

> 护法等云,谓诸识体即自证分。〔2〕

所以心识的主体即自证分,亦即能量智,亦即证相,它既可变生相、见二分,而且“即用此量智,还为能量果”。〔3〕 文轨的解释与此别无二致。

第五,在对十四过类作详解的基础上,厘定似能破的界说。十四过类系陈那所总结阐发,至商羯罗主则将其纳入似宗、似因、似喻和缺减性的过失之中,不再专门阐释十四过类。然而文轨在疏解似能破时依然引入十四过类说并对之一一阐释,这部分内容后来保存在《赵城藏》中,基本完好,是现今能看到的唐人释十四过类的稀有文献。文轨对十四过类的疏解保存了玄奘的不少口义,也提供了不少实例,使之具体化。在阐释十四过类的基础上,文轨复对似能破的界说作进一步的厘定:

> 如上所列十四过类,名似能破。以彼敌愚,于他能立无过量中不能缄言,惑乱立人、证者、听众,欲显已胜,妄施此难,故是似破;亦有于他过量中不知其过,而更妄作余过类难,亦是似破。〔4〕

这一界说殊为精确。文轨在此界说中揭示,似能破包括两方面的情况:一是立者的论证本无过失,难者却妄言有过;二是立者的论证虽有过失,难者却是所破非其过。这是从外延上来界定似能破,较之《入论》仅以无过论证难作有过论证这一种作为似能破的界说,要全面而中肯。不过文轨的补充可溯源于陈那,如《正理门论》云:

> 所言似破……由彼多分于善比量,为迷惑他而施设故,不能显示前宗不善,由彼非理而破斥故。〔5〕

---

〔1〕《大正藏》第31卷la。

〔2〕《大正藏》第42卷241a。

〔3〕《大疏》卷八页二十三左,金陵本,1896年。

〔4〕《庄严疏》卷四页二十七左,内院本,1934年。

〔5〕《大正藏》第32卷9a。

陈那所说的“由彼多分于善比量”，意指似能破所破斥的并非都是无过失的比量。文轨的补充解说即本于陈那所云，然而更为明确。

由上列数点可知，《文轨疏》的价值在于不仅录存了玄奘的许多口义和印度中世纪的一些因明研究的思想资料，而且融入了文轨在深沉思考基础上产生的智慧结晶。这些也就是文轨在因明研究上所作出的贡献。固然，文轨的因明研究也存在一些缺陷，但这在因明初传时期似难避免，连诞生于三十年以后的最具权威性的窥基《大疏》，亦存在许多类似的错讹。

二、《文轨疏》早在盛唐时期即已流传日域

在奘门诸师所作的因明疏记中，早期以文轨所撰的《入论疏》最为盛行，后期则以窥基的《入论疏》影响最大，故世称《大疏》。此两种疏及诸师的因明章疏后来均由日本遣唐学问僧络绎传回日本。

《文轨疏》传至日域的时间应该不会晚于盛唐。据日释永超《东域传灯目录》和藏俊《注进法相宗章疏》所记，日释庆俊（688—778）撰有《因明入正理论文轨疏记》三卷。这是一部以文轨《入论疏》为文本对之作注释的著作。庆俊生活的年代相当于从武则天到唐代宗的时期，他的这部疏记当写于我国盛唐至中唐期间，于此可证，其时文轨疏已传至日本。其实何止文轨的疏，奘门诸师的因明疏记亦已大都传至日本，这是入唐求法的日本学问僧的功劳。

日本法相宗以玄奘和窥基创立的慈恩宗为祖庭，先后有四传。道昭于公元653年入唐师从玄奘八年，归国后住元兴寺，弘传法相教义，是为第一传。公元658年（即道昭入唐后的第五年），智通和智达二人也入唐求法，师事玄奘和窥基，是为第二传。以上二传均为南寺传，也称元兴寺传。上述日释庆俊就是南寺系的佛教学者，他所释的《入论文轨疏》，当系道昭或智通、智达携回。公元703年，智凤、智鸾、智雄三人又奉旨入唐，受教于慈恩三祖智周，归国后住兴福寺，弘扬法相唯识之学，是为第三传。公元717年，智凤

一系的玄昉入唐，师承智周学习法相教义十八年，归国后也住兴福寺弘法，是为第四传。第三、四两传合称北寺传，亦称元兴寺传。北寺系的学者也从中国携回大量经论。如玄昉的传人善珠（723—797）所撰的《因明论疏明灯抄》，煌煌十二卷，其中就广泛引用了文轨、神泰、净眼、文备、定宾、玄应、圆测、壁公、元晓、靖迈、顺憬、慧沼、太贤（圆测的二传弟子）等人的因明疏记，其中引用文轨的释文和观点达数十处之多。可见善殊对文轨的重视程度。善珠生活的年代相当于唐玄宗开元十一年—德宗贞元十三年，这一时期，唐王朝经历了安史之乱，正由盛转衰，因明研究也随着慈恩宗的颓势而渐趋式微，然日本的因明研究却正处在初始阶段，不过其起点甚高，善珠的《明灯抄》即是北寺系学者的代表作。

这之后，日本南寺系学者、元兴寺的愿晓律师亦对文轨的《入论疏》作了专门研究，撰有《因明义骨》三卷。愿晓生年不详，卒于公元874年，其生活的年代相当于我国晚唐时期。《义骨》三卷今已不存，但《圆超录》《永超录》《藏俊录》均有记载，而且圆超（862—925）、永超（1014—1095）、藏俊（1104—1180）均亲见此书，藏俊的《大疏抄》还多次引用《义骨》的文字。圆超特地注明此书为"《庄严疏》末疏也"。〔1〕永超则注云"《轨疏》为本，见行本二卷"。〔2〕这两个脚注使我们了解了《义骨》与《文轨疏》的关系，并且凸显出《文轨疏》的地位。在日本，除了慈恩宗初祖窥基所撰的《因明大疏》受到法相宗学者的普遍推崇外，文轨的《入论疏》也享有普遍关注的特殊地位。

三、《文轨疏》散佚于何时

（一）《文轨疏》在本土散佚的时间

我国的因明研究极盛于玄奘译传因明大小二论之时，嗣后不过三数十

〔1〕《大正藏》第55卷1135a。末疏，注释之书。

〔2〕《大正藏》第55卷1160c。

年,便随着慈恩宗的颓势而式微,唐代诸师的因明疏记也逐渐散佚。据高丽国沙门义天《新编诸宗教藏总录》所记,至北宋末叶,唐代的因明疏记只剩下了十二种。计有:窥基《因明入正理论疏》三卷,慧沼《纂要》一卷、《义断》一卷、《二量章》一卷,智周《记》二卷,〔1〕元晓《入正理论疏》一卷、《判比量论》一卷,文轨《入正理论疏》二卷,靖迈《入正理论疏》一卷,太贤《入正理论古迹记》一卷、《正理门论古迹卷(记)》一卷,窥基《正理门论过类疏》一卷。〔2〕

高丽僧义天于宋哲宗元祐初(元祐元年为公元1086年)来华,先后转益多师。他有感于诸经录"经论虽备而章疏或废",故以搜访教迹为己任,孜孜不倦二十载,将所得新旧章疏编成《诸宗教藏总录》。〔3〕从义天的记载可知,文轨的《入正理论疏》此时已开始散佚。此疏原为三卷,而义天却只看到二卷;另外,义天还记有《过类疏》一卷,并据宋人误题,记为窥基所撰。其实《过类疏》乃文轨《入论疏》第三卷之后半部分。将一部《文轨疏》误析作两部,恐系北宋人所为。

南宋时,北方金熙宗皇统八年(1148)至金世宗大定十三年(1173),于解州(治所在今山西运城西南)天宁寺雕印大藏经(金藏),将宋人误题为窥基所作的《过类疏》一卷收入其中,从而保存了下来,《文轨疏》的其余二卷则不知所终。〔4〕

(二)《文轨疏》在日本散佚的时间

《文轨疏》在日本流衍的时间较久。当《文轨疏》于两宋之际散佚时,

---

〔1〕 智周撰有《前记》三,《后记》三卷,《义天录》只说《记》二卷,不知是《前记》还是《后记》。

〔2〕 此外,《义天录》还记有宋代的因明疏记十七种,详见《大正藏》第55卷1176a。又,关于《过类疏》应是文轨《入论疏》第三卷的一部分,下文有专门说明。

〔3〕 参阅义天《新编诸宗教藏总录・序》,《大正藏》第55卷1165c。

〔4〕 不过,幸而在此之前《文轨疏》上卷的抄本已入藏于敦煌藏经洞,直至近代才被发掘出来。

此疏在日本尚完整存在，且在因明研究中被大量征引，如藏俊所撰煌煌四十一卷《因明大疏抄》，就引录了《文轨疏》上百个片段。《大疏抄》写于日本仁平元年至二年（1151—1152），此时正是南宋高宗绍兴二十一年至二十二年，也是金版《大藏经》开雕后的第四年，这时《文轨疏》在本土已然仅剩收入《金藏》的第三卷之后半部分，还被张冠李戴，说成是窥基所撰的《过类疏》！

《文轨疏》在日本散佚的时间大概在18世纪后半叶。如上已述，南寺传和北寺传均传回过《文轨疏》，所以此疏在日本当有多个抄本。后来历时久远，难免朽蚀损毁，其最后的完本藏于泉州堺天神社，这恐怕与华严宗的凤潭（1654—1738）有关。凤潭所撰的《因明入正理论疏瑞源记》八卷，是日本德川中期因明研究的力作。《瑞源记》引录了诸多唐疏，其中也包括《文轨疏》。在书末所附的书目中，记有文轨《入正理论疏》三卷，这说明他不仅研究过《文轨疏》，并且藏有此疏的完本。其门人觉洲大概从凤潭处继承了此书，还在书上加盖了自己的藏书章，收藏于他所在的天神社。

公元1798年（宽政十年）春，京都智积院的潭影师受邀来天神社讲授《因明大疏》，想起此处乃觉洲旧地，特借来觉洲的藏书目录一阅，果然发现目录里有《因明论文轨疏》三卷，因向寺主求觅，结果仅得第一卷，其余二卷则已佚失。

这一年的秋天，新义真言宗丰山派的快道（林常）（1751—1810）得悉《文轨疏》残卷存世的消息，便向潭影师求借件本，并请富山县僧人慧了抄录下来。快道是丰山派著名的因明学者，撰有因明疏记十二种之多。他有感于“新疏多违轨义论旨”，欲寻求文轨的原疏而不能得，此时有幸得闻《文轨疏》的消息，自然至为欣慰。现在流布于世的《文轨疏》残本就是附有快道《后记》的文本。[1] 快道的《后记》极具史料价值，据快道所记可以断定，

[1] 见《卍续藏经》第53册894a、b。

《文轨疏》在日本的最后散佚年代，当在觉洲在世至潭影师发现仅存第一卷的四十二年间(1756—1798)，此时正值我国的乾嘉时期(乾隆二十年一嘉庆三年)。

四、《文轨疏》的复原

(一)《文轨疏》的初步复原

《文轨疏》是一部依玄奘口义而作的因明章疏，其重要性不言而喻，因此它的散佚是一件殊为遗憾的事。幸而1933年在山西赵城广胜寺发现了《金藏》，其中难能可贵地收有《因明论理门十四过类疏》一卷，据考证实系文轨《因明入正理论疏》第三卷之后半部分，于是南京"支那"内学院的耆宿在日本《续藏经》所收文轨《因明入正理论疏》第一卷和赵城发现的《过类疏》残本的基础上，钩稽善珠《明灯抄》、明诠《大疏里书》和藏俊《大疏抄》所引《文轨疏》的许多片段，"订正残本第一卷文句，并辑出第二、三卷佚文，复依过类疏补其残阙，循论排比，略复其旧"。〔1〕经过"支那"内学院宿学细致而艰辛的研究校补，一部初步复原的《因明入正理论庄严疏》终于问世。这是一项极有意义的工作，是对因明研究的一大贡献。为《文轨疏》的进一步校订增补打下了基础。

(二)依据敦煌写卷校补《文轨疏》

时至今日，随着敦煌相关文献的发现和破解，我们复可对《文轨疏》作进一步校勘和增补。敦煌发现的相关文献有四件：第一件是《因明入正理论疏》卷上残本，第二件是《过类疏》断片，这两件是直接文献，皆为文轨所撰；第三件是《因明入正理论略抄》、第四件是《因明入正理论后疏》，此二件合在一个写卷里，均为净眼所撰，是据以校补《文轨疏》的间接文献。以下分别说明之：

〔1〕《庄严疏》书末附记，内院本，1934年。

1.《因明入正理论疏》卷上于20世纪初被英国探险考古学家斯坦因（Marc Aurel Stein. 1862—1943）从敦煌收走。

《因明入正理论疏》卷上残本现藏英国图书馆，编号斯2437。此卷前半部残损严重，故缺首题和撰者名号，幸尾题残存“正理论疏卷上”六字，据此可知，其完整的题名应是《因明入正理论疏》。

关于此疏的著者，在各种敦煌写卷目录中均未标出，后经日本学者武邑尚邦教授核对，发现此写卷就是文轨《入论疏》的残本。武邑氏对发现经过有一扼要说明：“一个偶然的机会，我得知东京大学人文科学研究所从东洋文库收藏的缩微胶卷中印制出了一批照片，其中有十张照片的尾题是‘□□□正理论疏卷上’，经查对后，发现这第一张照片上的文字与现存于《续藏经》中的文轨《因明入正理论疏》卷一的最后一部分文字相同，其余九张照片上的文字有些曾被其他著作作为文轨的话引述，由此可以确认，这就是《续藏经》所收的文轨《入论疏》所缺失的部分。”〔1〕武邑氏的发现很重要，使这一敦煌写本有了归属，可以确认系文轨所作。

敦煌写卷《因明入正理论疏》卷上残本现存172行（不包括尾题），其前19行与《续藏》所收文轨《入论疏》的末后部分，即释“所依不成”时论及自、他比量等问题的部分基本相同，其余153行文字则为《续藏》中的文轨疏所无，纯系佚文。具体而言，这153行佚文，即是释似因“六不定”的，殊为珍贵！

敦煌写本《入论疏》卷上较《续藏》中的《入论疏》卷一在篇幅上要长多，故武邑尚邦氏断言文轨《入论疏》应有二卷本和三卷本之分，敦煌写本即属二卷本（上、下卷），《续藏》所收的则为三卷本。他并以藏俊的《大疏抄》为例，说《大疏抄》中引文轨疏时既有“文轨疏一云”“文轨疏二云”“文轨疏三云”，也有“文轨疏上云”“文轨疏下云”，以此证明文轨《入论疏》确有两种。

〔1〕　武邑尚邦《因明学——起源与变迁》第219页，法藏馆，昭和六十一年（1986）。

其实文轨《入论疏》分二卷或三卷并不重要，因为这两种本子如果存在，只是从篇幅上作了不同的分割而已，从内容上说则别无二致。而且说藏俊看过两种文轨疏也缺乏根据，因为《大疏抄》书末所附书目中明明只列有文轨《入论疏》三卷一种，而且在藏俊所撰的《注进法相宗章疏》中，所记文轨《入论疏》也是只有三卷本一种。藏俊虽然在《大疏抄》里有两次提到"文轨疏上""文轨疏下"，然而焉知不是卷一、卷三之谓耶？而且在一般情况下，藏俊也没有必要既从三卷本中引文，复从二卷本中引文。

在敦煌写本里，文轨《入论疏》是与慧远《观无量寿经疏》合写在一个卷子里的，现长27.5英寸（约70厘米）。《入论疏》系无名氏以行书抄写，运笔自然，字体秀逸，动有姿态。但从写卷的质地来看却不甚理想，因为其背面还抄录了昙旷的《金刚般若经旨赞》，由于墨透纸背，以致正、背两面互有影响，有碍阅读。

2.《过类疏》断片

此写卷残损严重，没头没尾，仅存27行，计602字，实一小断片而已。此卷亦由斯坦因收走，现藏伦敦英国图书馆，编号斯4328。

此断片既缺题名，亦无撰者名号。曾有猜想其为《因明入正理论疏释》者，然所据不实。经我检校，此断片当系文轨《过类疏》之一部分，仅为十四过类中第五可得相似和第六犹豫相似两大过类，而且还是残损不全的。残片从"此勤发是正因者"开始，前面缺说第五可得相似的八十九个字，至"外人意谓，井水、树根本……"为止，以下缺说第六犹豫相似的三百五十四字。〔1〕

《过类疏》断片虽短小，与赵城藏《过类疏》相比字数不足其十五分之一，但它毕竟是唐写本，更接近原作的面貌，有其文献价值。试比较下面两段话，唐写本云：

第六犹豫相似者，内曰：义本如前。外曰：无常有显、生，勤发或

〔1〕 此据《因明论理门十四过类疏》，《宋藏遗珍》第十一册7917—7921页，1935年。

> 生、显，宗、因各通两，理成犹豫因。此难意云，无常名中通含之义：一、生灭无常，如瓶等；二、隐显无常，如井水等。其声为如瓶等勤勇发故是生灭无常耶，为如井水等勤勇发故是隐显无常耶？此无常宗显、生义别，令勤发成犹豫也。此难于宗显成犹豫，又更约因（依）作犹豫难：一作不成过，二作不定过。（第 17—21 行）

宋刻本的文字与此略有不同：

> 第六犹豫相似者，内曰：义本如前。外曰：无常有显生，勤发或生、显、宗、因各通两，何独证无常？此难意云，汝言无常者为约生灭名无常，如瓶、盆等；为约隐显名无常，如井水等？若约生、灭者，即有不定过。其声为如瓶等勤勇发故是生、灭无常耶，为如井水等勤勇发故是隐显无常耶？若约隐显无常者，还同此过，故无常宗约显，生义，令勤发因成犹豫也。此难约宗显成犹豫，又更约因作犹豫难：一作不成过，二作不定过。（《金藏》原卷第十一张）

对照这两段释第六犹豫相似的文字可以发现，唐写本简洁明了，而宋刻本加入了后人的一些体味增益之言。如唐写本中外道曰："无常有显、生，勤发或生、显，宗因各通两，理成犹豫因。"到了宋刻本，这最后一句改作"何独证无常"反而模糊了文意。本来敌论者的反破是通过分解宗、因二法的差别义以指斥立者的比量有因成犹豫之失，其理虽歪，其意甚明。经改作"何独证无常"以后，其结论反而显得含糊了。又如唐写本中诠释敌论者的上述难意云："无常名中通含二义：一、生灭无常，如瓶等；二、隐显无常，如井水等。"这一段概括式的表达殊为简要，但到了宋刻本，则改作了分解式的诠释，文字上差别颇多，反不及唐写本醒目。由此可知，唐写本尽管已成断片，然在其有限的范围内，依然能显现其文献价值。

然而《过类疏》既与《赵城藏》所收的窥基《因明论理门十四过类疏》的第五可得相似过类和第六犹豫相似过类相同，又为什么要将其纳入文轨的名下呢？这里有几点尚需辨析：

第一，说《过类疏》系文轨《入论疏》第三卷之一部分，乃依据藏俊《大疏抄》所云。《大疏抄》第四十一卷解十四过类时曾六次引用文轨的疏文，即第一同法相似，第二异法相似。第三分别相似，第四无异相似，第十三生过相似，第十四常住相似，每种过类的释文都是整段照录的，而且在引录时均注明系“文轨疏云”，其中引第一同法相似过类的文轨疏文时更进一步注明“文轨疏三云”。〔1〕 而藏俊所引的文轨疏文，与《赵城藏》中的《过类疏》同出一本，故知《赵城藏》中的《过类疏》实即文轨《入论疏》卷三之后半部分。

第二，十四过类乃陈那《理门论》所列，而商羯罗主《入正理论》已不取十四过类说，故宋人将此篇题为《因明论理门十四过类疏》。然而这实在是一大误解！此篇开头明明说：

> 论云：谓于圆满能立，显示缺减性言，于无过宗有过宗言，于成就因不成因言，于决定因不决定因言，于不相达因相达因言，于无过喻有过喻百。
>
> 述曰，此解也。立者三支悉皆圆满，敌者妄言有所缺减，即是似破，此显总似破也。下显别似破，于无过宗有过宗言等者，依《理门论》，十四过类即是似破，今不可具引其文，但略取其意以彰似破。〔2〕

这里的“论云”和“述曰”清楚地表明，此乃对《入论》的疏解，是在疏解似能破时兼释《理门论》十四过类以加强对似破的说明，故将这一部分单独成篇并题为《因明论理门十四过类疏》显然是不妥的。但为指谓的方便，我们不妨将这部分称作《过类疏》，这不是宋人题名的略称，而是有意略去“理门”二字，以免将其当作是《理门论》的疏。

第三，宋人将这部分归为窥基所作更是逞臆而言，毫无根据。窥基并未写过《理门论疏》，故诸经录和章疏均未提及。甚至他所撰的《入论疏》也只

---

〔1〕 见《大正藏》第68卷77a。藏俊还在释第五可得相似时说：“文轨疏三云。”然未引文。

〔2〕 《宋藏遗珍》第十一册第7891页，1935年。

到似喻十过的概说为止,以下自“能立法不成”至全文结束的疏文均为慈恩二祖慧沼所续,故窥基也不可能在释似能立时兼论十四过类。

如上所述,文轨《入论疏》于北宋时已然分作两截,义天看到的文轨《入论疏》二卷,当是前二卷。其时第三卷已花落他处,他人不悉其详,只知其中关于十四过类的解释颇有价值,于是稍加芟薙,令其独立成篇,这就可惜了第三卷中被芟去的前面那部分疏文![1]

3.《因明入正理论略抄》和《因明入正理论后疏》

《因明入正理论略抄》(以下简称《略抄》)和《因明入正理论后疏》(以下简称《后疏》)是敦煌因明写卷中分量最重,篇幅最长而且保存较为完整的。此写卷由法国考古学家伯希和(Paul Pelliot, 1878—1945)于20世纪初从敦煌收走,现藏于巴黎国立图书馆,编号伯2063。

《略抄》与《后疏》合写在一个卷子里,卷首朽蚀,故《略抄》缺首题和著者名号,现存446行,计12 478字。《后疏》则首、尾不缺,为508行,计13 364字,然《后疏》写卷只是节录了原作的末后部分,约为原作五分之一的篇幅。伯2063号写卷现长1 396.4厘米,高约29厘米,通卷由无名氏书手以独草体写成,书法价值甚高。

《略抄》与《后疏》均为奘门大德净眼所撰,《略抄》是净眼为对文轨的《因明入正理论疏》提出批评和注解而作的,故引录了许多文轨的疏文,其中有相当一部分引文系佚文,弥足珍贵!如《略抄》自解不定因以下所引的文轨疏文中有不少堪称佚文。也有许多引文在行世的残本中虽有,然文字略有差异,可用以校补对勘。《后疏》虽非与文轨论争之作,亦未引录文轨的疏文,但在对一些重要概念的诠释上有可资比较之处。如《入正理论》云:“于二量中即智名果,是证相故。”净眼在诠释“即智名果”和“证相”这些概念时,将智分为因智和果智二种,又将见分称作能量智,将自证分视作依智而生者,说明他并未真正理解“智”和“量果”的关系,更不知道

[1] 第三卷前面部分应是现量、比量、量果、似现量、似比量的疏文。

“证相”即自证分的异名。而文轨对这些概念的解释则比较符合论旨。通过比较，当有益于对《文轨疏》价值的评判，有裨于《文轨疏》的整理和校补。〔1〕

由于上述敦煌文献的新发现，我们将可在“支那”内学院于1934年整理出版的《因明入论庄严疏》的基础上作进一步校订增补，以期最大限度地复原《文轨疏》。

〔1〕 关于《略抄》与《后疏》，我另有专文详论，兹姑从略。

净眼因明疏抄的敦煌写卷

一、敦煌发现净眼所撰的两种因明写卷

净眼法师系唐慈门寺沙门，亦玄奘门下大德，身世不详。他对玄奘所传之因明深有研究，撰有《因明正理门论疏》《因明入正理论略抄》和《因明入正理论后疏》。这三种因明疏抄早在唐代即已由遣唐日僧传回东瀛，如完成于公元914年（后梁乾化四年）的《华严宗章疏并因明录》（日释圆超撰）就记有净眼所撰《理门疏》三卷。〔1〕后来日释藏俊的《注进法相宗章疏》除记有净眼《理门论疏》三卷外，更记有净眼《因明入正理论别义抄》（或直云《抄》）一卷。〔2〕日释永超的《东域传灯目录》则除记有上述两种疏抄外，更记有《因明入正理论疏》一卷。〔3〕在以上三种疏抄中，《理门论疏》三卷已亡佚，《因明入正理论别义抄》当即《因明入正理论略抄》（以下简称《略抄》），《因明入正理论疏》现仅存末后部分，并改题为《因明入正理论后疏》（以下简称《后疏》）。〔4〕在日释善珠《明灯抄》和藏俊《大疏抄》等因明疏抄中时见引录《略抄》文字，《明灯抄》并全段引述《后疏》中释十四过类的文

〔1〕《大正藏》第55卷113c。

〔2〕《大正藏》第55卷1143a.c。

〔3〕《大正藏》第55卷1159c，1160a.b。

〔4〕敦煌藏经洞发现的《因明入正理论后疏》乃净眼《因明入正理论疏》的节录本，可能是抄写者只节录了此疏的末后部分，故改题为《因明入正理后疏》。

字。然传至日域之《略抄》与《后疏》最终亦散佚不存。

在中国，唐代因明随慈恩宗的兴起勃然而兴，复随慈恩宗的衰落而渐趋式微，后又经会昌灭佛之劫和唐末、五代时期的战乱兵燹，佛教典籍损毁甚多，因明论疏湮灭更甚，净眼诸疏亦皆遁迹不闻。直至清末发现敦煌藏经洞，净眼法师的《略抄》与《后疏》写卷才重现于世。然二疏的写卷被法国汉学家伯希和（Paul Pelliot，1878—1945）于20世纪初从敦煌取走，现藏于法国国立图书馆。

《略抄》与《后疏》合为一个写卷，写卷的前半部是《略抄》，后半部是《后疏》。此写卷除卷首残破外，保存基本完好，现存954行，共计25 842字。其中《略抄》为446行，计12 478字；《后疏》为508行，计13 364字。此卷全长1 396.4厘米，高约29厘米。通卷由佚名草书高手一人所写，且落笔审慎，脱误涂改之处不多。

此写卷产生的年代当与净眼撰成《略抄》与《后疏》的年代相去不远，即初唐时期。这一点从其所书草字带有隶意可以推知，主要表现在字间不连绵，与章草的风格接近，然而又与章草不甚相同，即书写时已不分波磔，这是今草在普及过程中未能完全摆脱章草影响的一种特殊风格。虽然今草早在东晋二王时代即已形成，但其时章草的势力仍然很大，后来章草逐渐向今草靠近，便有了写卷中今、章相融的草书风格，这种风格的草书大概延续的时间不会太长。加上净眼的因明疏抄在唐代流传的时间也不长，所以此写卷产生的年代当在初唐时期，至迟当不会晚于盛唐。

二、《略抄》的著者及写作背景

由于年代久远，写卷在敦煌藏经洞沉睡了一千年左右，其外层自然朽蚀，致使《略抄》卷首残损，不仅残损了篇名和撰者名号，亦残损了一些文字。无篇名倒无妨，尚有尾题可资了解，无撰号则不知著者为何人，令人一时难明此篇的写作背景。幸而在日释善珠的《明灯抄》、藏俊的《大疏抄》等著作中引录了《略抄》中的一些文句,并明言系净眼法师所云,从而可以确定,《略抄》的著者是净眼法师。〔1〕 如《明灯抄》卷一本云:

眼法师云:西方内道、外道一百余部,皆申立破之义,总号因明。〔2〕

又《明灯抄》卷一末云:

眼法师云:西方内道、外道,总有一百余部,皆申立破之义,总号因明。〔3〕

《大疏抄》据此亦云:

眼法师云:西方内道、外道一百余部,皆申立破之义,总号因明。〔4〕

这几处引文亦见于《略抄》写本第13—15行:

言通名者,且西方内道、外道总有一百余部,皆申立破之义,总号因明,虽是五明之中别名,仍是一明之中通号也。

从上述引例来看,《略抄》为净眼所作当无疑义了。更何况在《明灯抄》和《大疏抄》里还有多处引文明确申明系净眼所云,而查检原文,亦大都出自《略抄》。这一点留待下文比照,此不赘述。

确定了《略抄》的著者为净眼以后,就可以对《略抄》的写作背景作一些分析了。

玄奘于贞观二十一年(647)在长安弘福寺译出商羯罗主的《入正理论》以后,又于贞观二十三年(649)在慈恩寺译出陈那的《正理门论》。商羯罗主的《入正理论》是诠释陈那《正理门论》逻辑体系的,此论篇幅不长,然对

---

〔1〕 日本学者武邑尚邦就是借助《明灯抄》和《大疏抄》的引文来确定《略抄》为净眼所撰的。武邑氏的论述令我深受启迪。参阅武邑尚邦《因明学——起源与变迁》第250—254页,京都市法藏馆,昭和六十一年。

〔2〕《大正藏》第68卷214a。

〔3〕《大正藏》第68卷232a。

〔4〕《大正藏》第68卷440a。

陈那早期的逻辑体系阐说精当,层次分明,因此深受奘门弟子推崇。在玄奘译传倡导之下,诸大德纷纷依据玄奘口义,结合各自的理解,竞造文疏。如神泰、靖迈、明觉、文轨、文备、玄应、定宾、灵隽、净眼、璧公、窥基、利涉、玄范、顺憬、胜庄等均撰有《因明入正理论》的文疏。诸师虽同禀玄奘,然执见并不一致,甚至时有所诤。其中文轨的《因明入正理论疏》由于时久流行,"人多信学",甚至"依文诵习,未曾辄改"〔1〕故遭到同门中一些大德的批评亦更为强烈。如净眼在《略抄》中不仅对文轨在疏中未能说及之处"略作注解",而且在一系列问题上提出不同的见解。后来窥基在《大疏》中也对《庄严疏》提出过许多批评。

三、《后疏》之题名及文本的研究价值

《因明入正理论后疏》一名在诸经录中均未出现,只是敦煌写卷改题为此名,原因恐怕与写卷只是节录了净眼疏的末后部分有关。此疏应该就是《东域录》所记的净眼《因明入正理论疏》,虽然只有一卷,篇幅却不会短,因为就《后疏》写卷所节录的内容来看,其所疏者不及商羯罗主《因明入正理论》五分之一篇幅,而疏文却长达一万三千余字。可惜此疏除《后疏》所录之外,余皆不存于世,不能得窥全豹了。《后疏》中曾归纳说:

> 此一部论,文有三分:初一行颂名总标纲要分;二、"如是"下长行名依标别解分;三、此一行颂(即末尾四句颂)名结略示广分。〔2〕

这就是说,《入正理论》的第一部分为开首的四句颂,旨在揭示全篇的纲要("八门两悟")。第二部分是长行,即用散文的形式来分别解释能立与似能立,现量与似现量,比量与似比量,能破与似能破的。第三部分是末颂,即以四句颂来结略示广。《后疏》的随文解释就是按《因明入正理论》的三个部

〔1〕 窥基《因明入正理论疏》卷六页九左。
〔2〕《后疏》写卷第502行—503行。

分来展开的。这一点亦可从《后疏》的陈述中得到引证，如其在文末结云：

上来总是依标正解，释颂文中“八门”义讫。〔1〕

这一结语清楚地表明，净眼在书中确是按《入论》的论述脉络(“八门二益”)一一诠释下来的，而非仅仅是《后疏》写卷中所节录的这些内容。也可能是抄写者只节录了净眼《入论疏》的末后部分，故将写卷题为《后疏》亦未可知。

《后疏》的写卷虽然只抄录了诠释“如是等宗、因、喻非正能立”以下的文字，但从内容上看，除开头一句系总结似能立外，以下的《论文》却覆盖了“八门”中的六门，即现量与似现量、比量与似比量、能破与似能破。《后疏》除随文疏解外，还对现、比二量和十四过类作了专题阐说，其所涉及的面很宽，包括知识论和逻辑论的诸多问题，引述的思想资料亦颇为丰富，这都是值得细加披剥品味的。

四、写卷的文献价值

《略抄》与《后疏》的写卷具有很高的文献价值，可以从三方面来考察。

第一，它引录了《庄严疏》大量的文句，其中有相当一部分是珍贵的佚文，可用以校勘今本。

初唐时期奘门弟子在因明研究上作出了卓越的贡献。他们虽同禀玄奘口义，然亦时有执见不一之处。如《略抄》对文轨《庄严疏》的注解和批评就充分说明了这一点，这样重要而具体的因明思想资料通过《略抄》写本而得以保存下来。而且由于《略抄》在注解和批评时大量引录了《文轨疏》文句，亦给后世留下了可资校勘和补充《文轨疏》残卷的原始文献。《文轨疏》原本当为三卷，在流传的过程中散佚，后来发现在东瀛尚存此疏第一卷残本，并在我国赵城发现其第三卷残本(此残卷在宋初即被改题为《因明论理门十四过类疏》)。在第一、三残卷的基础上，经“支那”内学院的努力，复据善珠

〔1〕《后疏》写卷第496行。

《明灯抄》、明诠《大疏里书》、藏俊《大疏抄》等书所引文轨疏文句,“订正残本第一卷文句,并辑出第二、三卷佚文,复依《过类疏》补其残缺,循论排比,略复其旧”。〔1〕 这一个本子,就是现今通行的内院本《庄严疏》。净眼法师因明写卷的发现,不仅可据以校勘内院本《庄严疏》,更有一些引文为内院本《庄严疏》所无者,复可用以补阙,以下举例说明之。先看文字略有出入可作对勘的一类:

1.《略抄》写本第181—182行引《疏》解结能立中遮计文云:

问:唯三能立,无异义成;能立唯三,无同得立。答:同喻顺成,无同阙助,异法止滥,无异滥除,故不类也。外道亦具有唯立异喻。以三义证,斥破此计,如《广百论》。

这段引文在《庄严疏》中文字略有出入:

问:唯三能立无异义成,能立唯三,无同宗立?答:同喻顺成,无同阙助,异法止滥,无异滥除,故不类也。外道亦有唯立异喻。以三义证,斥破此计,如《广百论》。〔2〕

将上述两段文字对勘可知,《略抄》引文中的“无同得立”在《庄严疏》中作“无同宗立”,两者虽仅一字之差,意思却颇有不同:“得立”既可指宗的成立,亦可指整个能立得以成立;而“宗立”的意思要单纯一些,只指宗的成立。究竟以何者为是,则须视文轨对能立的全面论述来定。又,《略抄》引云“外道亦具有唯立异喻”,与《庄严疏》的“外道亦有唯立异喻”含义并不完全相同。

2.《略抄》写本第234—236行《疏》解随一不成云:

随一者,此不成中含其三种:或有因唯自不成非他,或有因唯他不成非自,或有因或自、或他更互不成。

这一段引文在《庄严疏》中写为:

〔1〕 见《庄严疏》校者附记,“支那”内学院,1934年。

〔2〕《庄严疏》卷二页三左右,内院本,1934年。

言随一者,此不成中含其三种:或有因唯自不成非他,或有因唯他不成非自,或有因或自、或他更互不成。〔1〕

在这两段话中只有一个字不同,《略抄》引云"含其三种",《庄严疏》中则为"含具三种"。显然,"具"乃"其"之误(《续藏经》文轨《入论疏》亦作"其"),故可据《略抄》校改。

3.《略抄》写本第332—338行引《疏》解四相违云:

此列名也。宗有二种:一、百显宗,有二:一法自相,如无常等;二有法自相,如声等。二、意许宗,亦二:一法差别,谓于前法自相言宗之上有自意许,如大乘唯识所变无常等;二有法差别,谓于前有法自相言宗之上有自意许,大乘无漏声等。……以大乘声唯从识变,无非变者故也。

这段引文与《庄严疏》也有出入:

宗有二种:一、言显宗,有二:(一)法自相,如无常等;(二)有法自相,如声等。二、意许宗,亦二:(一)法差别,谓于前法自相言宗之上有自意许,如大乘唯识所变无常等;(二)有法差别,谓于前有法自相言宗之上有自意许,如大乘无漏声等。……以大乘唯许声从识变,无非变者故也。〔2〕

这两段话在个别词句上亦有所不同,如《略抄》引文开首有"此列名也"四字,而《庄严疏》却无此四字。又《略抄》引文云"以大乘声唯从识变",《庄严疏》则作"以大乘唯许声从识变",从识变声为有法自相的角度说,《略抄》的引文似更切合疏主的本意。由于《庄严疏》的这段文字系从《大疏抄》的引文中辑录下来的,其可靠程度当不及更古的《略抄》写本。

以上均是可作对勘的例子,尚有一些,就不一一胪列了。下面再看可以用作补《庄严疏》之阙的一些佚文。由于内院本《庄严疏》第三卷是取材于

〔1〕《庄严疏》卷二页十五左右,内院本,1934年。

〔2〕《庄严疏》卷三页六左右,内院本,1934年。

《明灯抄》《大疏里书》《大疏抄》所引《庄严疏》的片段文字整理而成,故不完整。而《略抄》自解不定因以下所引的《疏》文,有许多可谓佚文,用以补阙,弥足珍贵,兹列如下:

1.《略抄》写本第252—255行引《疏》解不共过云:

此释义也。此中常宗以虚空等为其同品,以瓶等为其异品,其所闻义遍皆非有。龟毛等无,摄入无常品中复不可言,更于(当为"无"之误)余法有此因义以为同喻,以余常、无常二品法外更无非常、非无常第三品故。

2.《略抄》写本第270—274行引《疏》解共不定过云:

问:"所量"通二品,遍属异品不定收;"所闻"同虽无,不属异品非不定。

答:此因唯属有法之声,不通同、异,故是不定。又如山中草木,无的所属,然有属此人、彼人之义,即名不定。今此所闻性因亦尔,不在余品,若在余品,即空(当系"容"之误)通在同、异品义,故是不定。

3.《略抄》写本第286—289行(疏)问答云:

问:如立宗云"一切声是常",因云"以是声故"。常、无常品皆离此因,常、无常外余复非有,亦应唯是不共过耶?

答:"声"是有法,"常"是法,立因乃云"以是声故"。此因是所立有法,除有法外更无此别义,非宗法故,非不定摄,但是俱不成过。

4.《略抄》写本第317—321行引《疏》中问答云:

问:声论定堕负,应是宗过收。如其离九失,何成达现、教?

答:声论说"声常住",耳等曾不恒闻。胜义虽简宗非,约情终达现、教。此即由言故无宗过,谓就胜义,声是(其)常。举情故理不真,谓达世间现、教二量。

5.《略抄》写本第358—360行又引《疏》中问云:

问:无积聚他所受用宗,数论自许通卧具上,是法差别;其佛弟子对数论师立声灭坏,亦自许灭坏通灯焰上,何故即非法自相耶?若是法自相者,能别应成。

这段引文有问无答,《略抄》特申明:“广答此问如《疏》中解。”说明此下尚有大段答问的文字。

6.《略抄》写本第411—413行引《疏》解有法自相相违文云:

问:夫同、异品望宗法立,其“有一实”等因既于同品“同异性”有,于其异品“龟毛”遍无,何故此中乃约有法作相达过?

7.《略抄》写本第429—431行引《疏》解无俱不成云:

若声论救云:“声上无碍,取遮及表;虚空喻上,唯取其遮;或空与声,唯遮非表。”作此救者,不阙能立。

《略抄》在引文后说:“有余大德不许此,故立破云,如《疏》中述。”这说明在上述引文之后尚有其他大德大段的批评文字,而且《略抄》是同意其他大德之批评意见的,惜未征引。

以上七例均为佚文。此外,尚有既可补阙,复可对勘者,如《略抄》写本第298—301行引《疏》解相违决定云:

此结过也。问:声、胜二论比量皆成,何故复云皆是犹豫?答:此二比量虽无余过,然其证人、结众不测理之是非,谓彼疑云:一有法声,其宗乐反,因、喻各立,何正何耶?故俱犹豫,名为不定。

在这段引文中,“答”字以上皆为内院本《庄严疏》所阙,可以据此补之。“此二比量”以下的文字则二本多有出入,可以对勘。如《庄严疏》云:

此二比量虽无余过,然令证人、听众不测理之是非,谓彼疑云:一有法上其宗互反,因、喻各成,何正何邪?相俱犹豫,名为不定。〔1〕

将这两段文字对勘以后可以发现,二者互有长短,然《庄严疏》的文字更顺当一些:如“听众不测理之是非”一句,《略抄》作“结众不测理之是非”,显然写了错字(“听众”写成“结众”)。又“其宗乐反”,亦不及“其宗互反”好。唯《略抄》中“故俱犹豫”比《庄严疏》的“相俱犹豫”要强一些。

〔1〕《庄严疏》卷三页四左,内院本,1934年。

第二,可作不同版本的比较,印证引文的可靠性。

《略抄》与《后疏》早在唐代即已传至日域,善珠《明灯抄》及藏俊《大疏抄》等都有引用,然其所引文字是全引还是节引,在传抄中文字有何出入,以往难以确定。现在有了这两种疏抄的敦煌写本,便可对勘而知。兹举数例以见一斑。

1.《明灯抄》卷二末云:

净睁疏云:问:第二、第八是正因收,且如不成因亦于同有、异无,应是正因耶?

答:因遍宗法,方论九句,既不成因,何用同有、异无之相?故非第二、第八所收。

问:相达决定及法差别相达因等亦是第二、第八所收,应是正因耶?

答:正因必是第二、第八所收,不说第二、第八皆正因摄,约此义说,亦不相达。〔1〕

又,风潭《瑞源记》卷三页六左—右亦引了此段文字,只是将最后一答中的“不说”错写作“不得”。又,《瑞源记》卷五页三十六左复意引云若依净眼及应法师云,相违决定是二、八摄,具三相故,乃虽正因皆二、八摄,非二、八唯是正因《明灯抄》和《瑞源记》所引的“净眼疏云”,即《略抄》写本第135—140行中语,如云:

问:第二、第八是正因收,且如不成因亦于同有、异无,应是正因耶?

答:因遍宗法,方论九句,既不成因,何用同有,异无之相?故非第二、第八所收。

问:相达决定及法若别相达因等亦是第二、第八所收,应是正因耶?

答:正因必是第二、第八所收,不说第二、第八皆正因摄,约此义说,亦不相达。

上述两段文字应该说完全相同,只是《略抄》写本抄错一字,将“法差别相

〔1〕《大正藏》第68卷272c。

违”抄成“法若别相违”。

2.《明灯抄》卷三末云：

净眼师云：“夫有法自相相违因，不得翻法作，若翻法作者，即有难一切因之过，如言声应非无常声是也。若不翻法、不违共许破有法者，是有法自相相违因，如有性应非大有是也。”〔1〕

这段引文亦见于《略抄》写本第399—402行，如云：

共有法自相相违因，不同翻法作；若翻法作者，即有难一切因过，如言“声应非无常”是也。若不翻法，不违共许破有法者。是有法自相相违因收，即如有性应非有是也。

将这两段文字对照一下，应该说是相同的，只是由于抄人错写，在《略抄》写本中误将“夫”写成“共”，将“不得”写作了“不同”，致使人费解！其他尚有少许出入，如“有性应非大有”，《略抄》写本作“有性应非有”，其中“大有”即“有”，乃同一个概念，故实际上并无出入，

3.《大疏抄》卷二十五云：

西方二师中初师云：“声上无常是别无常，余法无常是总无常，以总合别，总极成、别亦可成，故对声论能别极成。”（已上净眼疏文）〔2〕

又眼□师举西方第二师释云：“如立宗时显别虽夫极成，以立喻时，必极成故，约当说现，故云极成。”〔3〕

这两段引文亦见于《略抄》写本第94—99行：

西方因明释中有两师，一解云：声上无常是别无常，余法无常是总无常，以总合别，总极成故，别亦可成，故对声论能别极戌……一师云，如立宗时能别虽未极成，以立喻时必极成，约当说现，故方极成。

将上面的引文与写本对比，可知同为净眼所云，然《大疏抄》中的引文有错

〔1〕《大正藏》第68卷317c。
〔2〕《大正藏》第68卷627a。
〔3〕《大正藏》第68卷627b。

字,如第二段中"显别虽未极成",应是"能别虽未极成",一字之错,即令句子费解。

4.《大疏抄》卷二十七云:

> 净眼师云:"若言三因共成三法者,一一皆有一分重成已立之过。何者?亦'有一实'因,弟子亦信非德、非业,若亦能成非德、非业,弟子既信,何须重成?'有德'之因,弟子亦信非实、非业,若亦能成非实、非业,弟子既信,何须重成?……故以三因诤成三法,一一皆有一分重成已去之过。"〔1〕

此段引文亦见之于《略抄》写本第368—373行,如云:

> 若言三因共成三法者,一一皆有一分重成已立过,何者?且如"有一实"因,弟子亦信非德、非业,若亦能成非德、非业,弟子既信,何须重成?有德之因,弟子亦信非实、非业,若亦能成非实、非业,弟子既信,何须重成?"有业"之因,弟子亦信非实、非业,〔2〕若亦能成非实、非德,弟子既信,何须重成?故以三因浑成三法,一一皆有一分重成已立过也,故知三因各立一法也。

将上述两段引文对照一下可以发现,《大疏抄》的引文并非全引,删节之处我已加省略号表示。另外还有三处需要说明(均加了着重号):一是"亦有",不如《略抄》的"且如有";二是"诤成",不如《略抄》的"浑成";三是"重成已去之过",当是《略抄》所云的"重成已立过",因为"立"的草书很容易误认为是"去"。

5.《明灯抄》卷二本云:

> 净眼师云:"自相自相中,处、事则为现量境,总处、总事非五识境。"〔3〕

---

〔1〕《大正藏》第68卷652c。

〔2〕此"业"字当为"德"之误。

〔3〕《大正藏》第68卷243a。

此句即是《后疏》写本第56—57行所云：

自相自相中，处、事则为现量所得，总处、总事非五识境。

二者文字完全相同。

另外，《明灯抄》卷六末解十四过类，乃全文抄录《后疏》解十四过类文，达2 500字左右，相当于《后疏》写本第358—496行。也就是说，善珠在《明灯抄》里是以《后疏》解十四过类部分代替自己对十四过类的疏解的，他只在“言十四者”这一总冒之后，插入“集施颂”曰：

同、异、分、无异，可得、犹、义、重，

无说、生、无因、所作、生、常住。〔1〕

这个颂概括了十四过类中各过类的名称，有裨于记忆。此颂为《后疏》所无，善珠取以总说，结合得天衣无缝。在整篇引文中。文字略有出入处时有所见，但意思并无二致。只是善珠有时在个别文字上的笔误，将意思弄反。如说十一无生相似过类中解不定难，原文应是：

同品遍有是正因，未生无因可常住。

同品不遍亦正因，何妨未起是无常？

善珠在引文时却将“无常”错写作“常住”。二者系矛盾关系概念，一错就错到了对立面一方了。

以上引例说明，日释善珠和藏俊所见到的净眼疏，与《略抄》《后疏》的写本出自同一祖本。其中虽有少量文字出入，实由抄人错写，或系引者误书，或系不改文意的文字变动所致，这都是在传抄过程中发生的自然现象，不足为奇。

第三，它提供了不少古代因明研究的思想资料。

在《略抄》和《后疏》中，净眼法师常为阐说某一问题而概括此问题的几个方面，或引述诸师的几种解释，这些古代因明研究的思想资料对今人来说，无疑是具有文献价值的。兹略举例说明：

〔1〕《大正藏》第68卷433a。

1.《略抄》写本第47—58行释能立与能破云：

能立之义西方释有四种：一、真能立，谓三支无过是也。二、真似能立，谓相违决定是也——具三相边，名之为真；为敌量乖反，名之为似故也。三、似能立，谓余不定及相违因并喻过等是也。四、似似能立，谓四不成因过是也，遍宗法因正是能立之主，若阙此相，即是似立之中似也。今言能立者；但是四中真能立也，后三并是似立所收。

能破之中，义亦有四：一、真能破，谓斥失当过，自量无失，故言真能破。二、真似能破，谓当过而斥，所以称真；自不免愆，故名为似，此即相违决定过也。三、似能破，谓无过妄斥，名之为似，如所作相似等是。四、似似能破，谓无过妄斥，名之为似，量复更有失，名为似似，此即同法相似等是也。

上述引文中说四种能破的部分，后来也写入《后疏》，文字上作了更多推敲。如说似能破云：

谓无过妄斥，自虽无咎而有枉害之愆，所以称似，即如所作相似等是也。〔1〕

这里增加了“自虽无咎而有枉害之愆”一句，在界定其内涵上显得更为精确。

2.《后疏》写本第250—258行解释《入正理论》关于比量的界说时引述了西国因明释中的三种解释。如云：

西国因明释论中有三师解此文不同：

一云：“由彼为因”者，显由彼言说为因也。“于所比义”者，明三相义因也。“有正智生”者，辨缘相智因，即是比量体也。“了知有火或无常等”者，显比量果，文中举果显因，故一处合说也，结文可解。

一云，“于所比义”者，显无常等义也。“有正智生”者，即是果智。了知“有火”等者，出果智体。此中虽举果智，欲显因智为比量体也。

一云：乃至有“正智”者，如初师说。“了知有火”等者，重显因智

〔1〕 见《后疏》写本第319—320行。

相，谓因智圆满故，了知有火等也。

净眼列举西国诸师的三种解释，旨在指出诸师“举果显因”的不当，而按陈那说，“此处亦应于其比果说为比量，彼处亦应于其现因说为现量”，故知不须举果显因也。

以上只是在《略抄》和《后疏》中各举一个例子来说明，同类例子还有不少，此不赘述。

《因明入正理论略抄》研究(上)

——净眼释能立

《略抄》如其篇名所示,并非逐句咨释《因明入正理论》,而是择其欲释者而言之,或有与文轨的疏释相左者而评之,〔1〕故又题曰“别义抄”。〔2〕 然《略抄》亦非散漫无序之作,而是沿着一定的诠释路径来展开的。全篇分三大部分: 第一部分总说五明;第二部分解释《因明入正理论》这一题目和著者商羯罗主菩萨;第三部分是有选择地诠释《因明入正理论》的一些文句,并对文轨的疏释提出批评。这第三部分乃是本篇的重心,但它只涉及真、似能立,兼及真、似能破,而未涉真、似现量,真、似比量等,从这个角度说,《略抄》这个题目亦有略而不全之意。以下谨就其第三部分论能立兼及能破的部分作具体论析。

一、关于能立与能破

(一) 略解能立、能破义

关于能立与能破问题,《略抄》没有展开来诠释,而是援引西方论师的概

---

〔1〕《略抄》云:“就第二(此指文轨《庄严疏》中第二依标别解分)判文解释中广如《疏》述,就《疏》无者,略注解之”。这段话婉约地申明他写《略抄》的意趣所在,即他虽在多数情况下同意《庄严疏》的疏解,然于“疏中无者,略注解之”,这只是其一;他还于有异议处一一加以指斥,这一点他虽未说,却占了相当的篇幅。

〔2〕 日释藏俊《注进法相宗章疏》和永超《东域传灯目录》均记为《因明入正理论别义抄》。

括性诠释来说明：

> 能立之义西方释有四种：一、真能立，谓三支无过是也。二、真似能立，谓相违决定是也——具三相边，名之为真；为敌量乖反，名之为似故也。三、似能立，谓余不定及相违因并喻过等是也。四、似似能立，谓四不成因过是也，遍宗法因正是能立之主，若阙此相，即是似立之中似也。今言能立者，但是四中真能立也，后三并是似立所收。
>
> 能破之中，义亦有四：一、真能破，谓斥失当过，自量无失，故言真能破。二、真似能破，谓当过而斥，所以称真；自不免愆，故名为似，此即相违决定过也。三、似能破，谓无过妄斥，名之为似，如所作相似等是。四、似似能破，谓无过妄斥，名之为似，自量复更有失，名为似似，此即同法相似等是也（《略抄》写卷第47—58行）。

这两段话未见其他因明论疏引述，想必出自玄奘口义。然净眼在引述西方释四种能立时是否在理解上有出入，倒是值得推敲的，因为其中存在明显的矛盾：一方面强调作为一个真能立须“三支无过”，即在宗、因、喻三支上均无过失，这说明真能立是包括宗支在内的，换言之，这里说的能立是完整的三支论式；但是另一面又将三种似能立仅仅归结于犯了因和喻的过失，这就又将宗排除在外了！如果说，“真能立，谓三支无过是也”是“西方释”的原意，那么对后三种似能立的引述恐怕就不完全是“西方释”的原意了。那么为什么会产生这种引述上的矛盾呢？主要是净眼在引述“西方释”时夹杂了个人不准确的理解，他将不同的概念混为一谈了！

在陈那的新因明里，“能立”这个语词有二义：第一，当能立与能破相对待时，能立指谓整个论证式，故陈那《正理门论》云：“‘宗等多言说能立’者，由宗、因、喻多言，辩说他未了义。……由此应知有所阙名能立过”。[1] 如果我们将能立的第一义称为能立a的话，那么陈那的这段话就是对能立a的界定。从这一界定可以清楚地看到，能立a指谓的是由宗、因、喻三支组成

〔1〕《大正藏》第32卷1a。

的论证式。而且陈那还反过来强调一句：在宗、因、喻三支中如有所阙，便有能立上的过失。这更具体地指出能立 a 指谓的是整个论证式，而不是论式中的一部分。

第二，当能立与所立相对待时，能立指谓论式中的前提部分，即因和喻，而不包括宗，因为宗是所立，它是因、喻亦即前提所要成立的论题。我们不妨将这一指谓前提的能立称为能立 b。陈那《正理门论》云："乐为所立，谓不乐为能成立性"〔1〕这里所说的"乐"，就是"随自意乐"所成立的宗，"乐为所立"即宗是所立。"不乐"即是因、喻，因为因、喻须为论辩双方所共许极成，非随自意乐所设，故谓"不乐为能成立性"，意即因、喻为能立。这是陈那对能立与所立的厘定。〔2〕

以上能立 a 与能立 b 是两个不同的概念，不得混淆，然而净眼在思想上恰恰混淆了两种不同的能立，所以导致引述上的矛盾。当然，这里存在明显的矛盾净眼并非不知道，他力图通过答问来弥合这一矛盾：

> 问：既取所等因、喻名为能立，何故《论》云"由宗、因、喻多言开示（诸有问者）未了义"耶？
>
> 答：由宗之因、喻开晓问者未了义，故无有过？（《略抄》写卷第83—84行）

在这段答问里，问者提出的问题很尖锐：既然只取因、喻为能立，那么为什么《入论》要说"由宗、因、喻多言……"呢？对此，净眼的回答是没有说服力的，意谓《入论》所说的"宗、因、喻多言……"实乃宗之因喻之谓。但他在这里似乎忘了"多言"（vada）一词，"多言"即指三数，宗、因、喻正合三数，故称"多言"，如按净眼臆解，则能立唯因、喻二支，何来三数？于是

〔1〕《大正藏》第32卷 la。

〔2〕除此两种能立之外，有时"能立"还借用来指称因，这时的"能立"其实是能立法的省称，与其对应的"所立"，则是指宗之法，故亦是所立法的省称。有时还可借来单指因或喻，因为因和喻都是能立 b 的一部分。总之"能立"一词在因明典籍中常有活用、借用的情况，但基本涵义只有两种，且不得混淆。

又作问答云：

问：宗若非能立者，何故《论》文解能立体中释宗耶？

答：为解能立之所立故，又对所立辨能立故，故解能立便释所立也。（《略抄》写卷第85—86行）

这一答问可以说是答非所问，并不能说明为什么《入论》在解释“能立”时要将宗、因、喻三支作为一个整体来说的问题。而且陈那明明说“以一言说能立者，为显总成一能立性”，〔1〕即将宗、因、喻三支合为一个能立，换言之，这个能立就是三支论证式，这显然有别于作为前提的能立b！所以净眼的两段答问，并不能弥合矛盾，令人信服。

从“西方释”说真能立须“三支无过”可以推知，以下所说的三种似能立必是在宗、因、喻三支上出现了过失的。窥基在辨八义同异时也说：“有是能立亦是似立，谓决定相违。”“有是似立而非能立，除决定相违外所余似立。”〔2〕其中“是能立亦是似立”即“西方释”所说的“真似能立”，它是针对决定相违过而言的，因为决定相违之二量各自三相俱足，互相抗衡，令人不能决定，故形式上是真能立，实质是似能立。“是似立而非能立”即“西方释”中的“似能立”和“似似能立”，它涵盖了除决定相违之外的所有过失（其中当然包括宗过）。由此可知，净眼在引述“西方释”时仅以因、喻的过失与三种似能立对应显然是不妥的。

再说净眼引“西方释”将能立分为四种也是不必要的，因为三种似能立实为一种，需以能立与似能立相对待即可。关于这四种能立的划分，稍后的慧沼《义纂要》曾提出过批评：

有解，能立有四：一、真能立；二、真似能立；三、似能立；四、似似能立。以相达决定为真似能立。四不定因（当为“四不成因”之误）为

〔1〕《大正藏》第32卷1a。

〔2〕《大疏》卷一页十七右—十八左，金陵本，1896年。又，《大正藏》第44卷95b、c。

似似能立。今谓不尔,何者?如真似能立,只是似立,何须言真似能立?若如此解,即有自语相达之失。又若似中有似似,亦应真中有真真,此既不尔,彼云何然?故但言真、似,即摄义周,设"真似"及"似似"言,深为无用![1]

此处的"有解"虽未指名,然可知系针对《略抄》而言。净眼引"西方释"来诠释能立与能破,表明他是倾向于将能立与能破各分为四种的。慧沼在《义纂要》中对四种能立的批评颇为深刻,认为"真似能立"之说有自语相违之失,"似似能立"也说不通,因为既然似中有似似,亦应真中有真真,既无真真,何来似似?所以还是应取二分法,分为真能立和似能立两种,其余"真似"和"似似"两种都是无用之言。

慧沼只对四种能立提出否定意见而未涉及四种能破,但由此可以及彼,四种能破的划分自然也是不必要的,只需二分即可,即唯真能破和似能破两种。但从净眼引述的四种能破并例释来看,倒是并未违背"西方释"的原旨。例如说"真似能破"系指相违决定而言,这与"真似能立"一致,因为在"西方释"中,"真似能立"与"真似能破"是一而二的东西。其次如"似能破"以十四过类中的所作相似为例亦无不当,因为所作相似所破的对象其本身并无过谬,是难破者割裂"所作"义"无过妄斥",自陷于似能破之中。再如"似似能破"以同法相似为例亦无不妥,同法相似所破的对象本身亦无过谬,而难破者的自量却有似不定因和似相违决定的过失。这说明净眼在引述四种能破时并未违背"西方释"的原旨。然如上所述,将能破分为四种亦有自相矛盾之失,是无用之举,净眼以此为论,不足为取。

(二)言、义、智三因是否皆为能立

因明有生、了二因,生因又分言生因、义生因和智生因三种,了因亦分言了因、义了因、智了因三种,如此从生、了二因衍生出了六因。六因与能立具有什么样的关系呢?这是一个深层次的问题,《略抄》通过两段答问来阐释

[1] 《大正藏》第44卷159a。

这一问题：

> 问：《论》文既言“宗等多言为能立”，即显言因是其能立，何故智、义非能立耶？
>
> 答：有解云，智因是初，言因是中，义因是后，举中可以显其初、后亦是能立故也。今解云，由智发言，由言诠义，俱益所成理，实三种皆名能立，以言胜故，论偏说之。何以得知？且如未立义前虽有智、义，其宗未立，发言对敌，其义方成，故知言因约胜说也。（《略抄》写卷第58—64行）

问者在提出问题时没有作生、了的区分，但从其问意可知，乃指生因中的言、义、智三因而言。能立既为言生因，为什么义生因和智生因就不是能立了呢？针对这一疑问，净眼先引“有解”来排列三因的次序，即“智因是初，言因是中，义因是后”，并在此基础上提出今解，认为言由智所发，义由言所诠，所以三种因都是能立。至于为什么以言生因为主的问题，净眼指出，智生因和义生因要依靠言生因来显示，故是就其功能而言的。净眼的这一番阐释，当基本符合陈那原旨，然而再深入一层，就出现了问题。

> 问：何以得知智之与义且能立耶？
>
> 答：虽下文释能立体中因有三相，既是义因，故知义亦是其能立。又，虽《对法论》能立有八，现、比二量亦入其中，故知智因亦是能立也（《略抄》写卷第64—66行）

净眼的这一段答问似有不当。第一，将义生因说为因三相似欠妥，他在前面的答问中明明说“由言诠义”，即指义因是言所诠义，怎么转眼又变成因三相了呢？文轨云：“义生因，即立论者言所诠义，……又为境能生敌论解故。”〔1〕窥基亦云：“义生因者，义有二种：一、道理名义；二、境界名义。

〔1〕《庄严疏》卷一页十二左，内院本，1934年。

道理义者,谓立论者言所诠义……境界义者,为境能生敌、证者智”。〔1〕文轨与窥基所言,即是义生因的界说。他们都揭示义生因包含两个方面,一是立论者的言语所蕴涵的义理,一是言语所指谓的对象,这是二而一的事情。净眼本来说“由言诠义”与上述义生因的界说无悖,接下来改说“因三相”是义生因,就不免南辕北辙了!因三相固然可称作义三相,但它只是三支比量的论证规则,而不是具体言语的意义和指谓,怎么能指鹿为马呢?第二,说智生因即现、比二量亦欠妥。文轨云:“智生因,即立论者发言之智……远生他解。”〔2〕窥基亦云:“智生因者,谓立论者发言之智。正生他解,实在多言,智慧起言。”〔3〕这些都是智生因的界说,当然窥基说的要较文轨的更好些。这发言之智是具体的,不同的论证内容有不同的发言之智,故不能笼统地归结为现量和比量。现量和比量只是能引生发言之智,亦即智生因的原因之一。故陈那《理门论》云:“智从现量生或比量生,及忆此因与所立宗不相离念,由是成前举所说力,念因同品定有等故。是近及远比度因故,俱名比量,此依作具、作者而说。”〔4〕陈那的这段论述深刻地揭示比量智的两个原因:远因和近因。其中远因又分两种:现量因和比量因。近因则是“念”,即忆念因法与宗法之不相离,此“念”能令现量因或比量因增强力度,因为“念”是依据因三相来体现的。如以斧伐木,作为工具的斧子是远因,持斧的人则是近因。这充分说明现量和比量本身只是获取知识的途径,是引发智生因的远因,净眼错将原因当作结果了。

其实,生、了二因反映的是立敌对诤的二元关系,生因是就立者一方生成和发出信息来说的,了因则是从敌者一方接受信息至解悟而言的。生、了二因各有言、义、智三因(三要素),从而构成立敌对诤的六元逻辑模型。从

〔1〕《大疏》卷二页十六右,金陵本,1896年。又,《大正藏》第44卷101c。
〔2〕《庄严疏》卷一页十二左,内院本,1934年。
〔3〕《大疏》卷二页十六右,金陵本,1896年。又,《大正藏》第44卷101c。
〔4〕《大正藏》第32卷3c。

这个意义上可以说言、义、智三因皆为能立,是能立的三大要素,但不是各自独立的三种能立,因为“由智发言,由言诠义”是一个统一的整体,是统一在一个由宗、因、喻三支组成的能立之中的。

(三) 破《文轨疏》判“古师以一切诸法自性、差别总为一聚为所成立”

在能立问题上,新、古因明见解不一。古因明家认为一个比量所要成立的是宗上的自性(主词)和差别(谓词),所以宗支也是能立,只有自性和差别才是所立。陈那不同意这样的划分,指出自性和差别仅仅是组成宗体的两个宗依(概念),并非所要成立的论题,只有将这两个宗依组成宗,才是所立;而因喻是用来成立宗的,故是能立。这就是能立的第二种涵义(能立b)。对陈那的这一思想,初习者有不理解者,故文轨释云:

> 古师以诸法自性、差别总为一聚为所成立,于中别随自意所许,取一自性及一差别,合之为宗,宗既合彼总中别法,合非别故,故是能立。今陈那意云,本合别法为宗,欲以因、喻成立,因、喻既是能立,能立必立所宗,故知宗是所成立也。此则古师以宗望其别法,故是能成;陈那以宗望其因、喻,即是所立。〔1〕

文轨意云,古因明师以诸法(一切事物)自性(主体)的总集及差别(属性)的总集为所立,而以自性中某一别法(如声)和差别中的某一别法(如无常)结合起来成为宗,并将宗称之为能立。陈那认为,宗本来就应该合别法而成,但它须由因、喻来成立,所以只有因、喻才是能立,宗只是所立而已。古师以宗相对于别法而言,说宗是能立;陈那则以宗相对于因、喻而言,故说宗是所立。

然而,净眼不同意文轨的这一诠释,他批评云:

> 若作此解古师义者,理恐不然,岂可一切自性、差别皆此宗、因之所成立,即一能立?又,若合法为能立者,宗之所立为合、为离?若言合

〔1〕《庄严疏》卷一页五右,内院本,1934。《略抄》写卷第67—70行引此文略有删节,个别文字有出入。

者,何殊能立?若言离者,何益所成?进退推征,皆成过失,故知不得作此解也。(《略抄》写卷第70—73行)

净眼的责难提出两点:第一,他不同意文轨说古因明家以一切事物的总自性和总差别为所立,从而以宗、因为能立的解释。第二,他也不同意文轨说古因明家合别法(即总集之一分)以为宗,从而以宗为能立的解释。于是他提出自己的解释:

今解,古师言声与无常本不相离,敌论不解,妄谓为常,今立论者以彼宗云显和合之理,能显之言,名为能立,所显之义,名为所立。陈那云,声无常言但显所立,非正能立。又,为因、喻所成立故,亦非能立也。(《略抄》写卷第73—77行)

净眼的解释与文轨不同,他是以"能显之言"亦即显示声无常和合之理的言语为能立的,而以所显之义,亦即声与无常这两个概念为所立。这当然只是古因明的说法,而按陈那的说法,声无常宗只是所立,并且宗是为因、喻所成立的,故不是能立。

净眼的上述论述较之文轨究竟如何呢?其实他们二人虽在这个问题上各持己见,然均有所本。据窥基介绍,关于古因明的宗,陈那以后共有三种不同的解释:

一云,宗言所余义为所立,故《瑜伽论》第十五云,所成立义有二种:一、自性;二、差别。能成立法有八种,其宗能诠之言及因等言、义皆名能立……

二云,诸法总集自性、差别……俱是所立……总中一分,对敌所申,若言、若义,自性、差别俱名为宗,即名能立……

三云,自性、差别合所依义,名为所立;能依合宗,说为能立……〔1〕

净眼的"今解",所本的就是上述第一种解释,文轨所言,则属上述

〔1〕《大疏》卷一页十二左右,金陵本,1896年。又,《大正藏》第44卷94a、b。

第二种解释。〔1〕在这三种解释中,文轨所持的第二种解释似不合古师原旨,因为古师所说的以自性、差别为所立是赋予了具体意义的,如在自性中以“声”为例,差别中则以“无常”为例,也就是说古师所说的自性、差别是实有所指的,而并非如文轨所言的“总为一聚”的自性、差别,这样的自性、差别只能表示主、谓两个空位,空位是不可能成为所立的。〔2〕如果“诸法自性、差别总为一聚”并非如上分析的是两个空位,而是概括了“诸法”的、外延极大的概念范畴,那就更其说不通了。慧沼《义纂要》对此有一段批评:

若无简别,总以“诸法自性、差别总为一聚为所(成)立”者,如别立声为无常宗,既云能立,立彼总聚,总聚之中有常、无常,立常为无常,违自教过等。立无常宗,非遍不许,有相符过。若言诸法但取无常,犹有一分相符之过。若云但别自意所许,一自性、差别,别为所立,合为能立,即不应言以“诸法自性、差别总为一聚为所成立”。〔3〕

这段批评指出以“诸法自性、差别总为一聚为所(成)立”可能出现的种种过失,其中最主要的是两点:一、自教相违。二、自语相违。自教相违是指“诸法自性、差别总为一聚”的外延太大,它将常与无常这样一对矛盾概念都包摄进去了,立论者既立声无常,又包容了常,这无异于“立常为无常”,所以有违自教过。而且这也有不定等因过和不遣等喻过。自语相违是指若持

〔1〕日释秋篠山善珠云:“此三释者是谁所传?第一释者,净眼师之所传也。第二释者,文轨师之所传也。第三释者,大乘基之所传也。前二传者,各见彼疏,第三传者,即此文(指《大疏》)耳”。这是将这三种说法归属于净眼、文轨和窥基三人了(见《明灯抄》卷一末,《大正藏》第68卷226a)。又,《纂要钞》云,言慈恩唯识法师亦有三释,指疏中三解。初、二古师,第三解是陈那解。这是将第一、二释归于古师所说,将第三释归于陈那所说(见《瑞源记》卷一页十五左)。

〔2〕当然,按照陈那的论述,在自性、差别这两个变项上即使赋予了意义,也只是组成宗的两个宗依,而不是所立,因为宗依必是立、敌共许极成的,如果以此为所立,岂不有相符极成之失?故陈那认为所立必是“随自意乐”建立起来的宗。

〔3〕《大正藏》第44卷159c。

论者辩称,我所说的诸法自性、差别,乃取有具体意义的自性和差别,分则为所立,合则为能立。如此,则"不应言以'诸法自性、差别总为一聚为所成立'",因为这会导致自语相违。所以慧沼总结说:"慈恩唯识法师(即窥基)亦有三释(即前引窥基所介绍的三释),初、后无违,中释似过。"〔1〕这"中释"即文轨所持的一种。后来唐道邑《义范》也对"三释"有所评论:"所叙三释,义各不同,源其慈氏、无著大师所说宗为能立,不必具有此之三意,故此所论三释,不可俱契圣心。以余管见所窥,初释理应为当"。然后他对二、三两释均提出批评。〔2〕日释善珠对此三释曾作归结:"此三释中,第一能诠所诠对,亦名言义对;第二总聚一分对,亦名总别对;第三能依所依对,亦名合离对。"他对第二总别对亦持否定态度。〔3〕综上所述,诸师对文轨所释(即第二总别对)均有批评,而净眼是最早提出诘问的。在这个问题上,净眼的难破当是正确的。

二、关于宗

(一)解宗依中何故言极成有法、成能别

作为宗上主词和谓词的宗依,称作自性和差别。自性又名有法、所别;差别又称法、能别。如立"声是无常"宗,主词"声"有三个名称,即自性、有法、所别;谓词"无常"也有三个名称,即差别、法、能别。然而《入论》在阐说立宗准则时云:"此中宗者,谓极成有法、极成能别"。〔4〕此中只以有法与能别对举。本来,有法与法是一对,所别与能别又是一对,《入论》却在其中各取其一,以有法与能别对举,这是出于何种考虑呢?对此《庄严疏》释云:

〔1〕《大正藏》第44卷159c。

〔2〕《义范》已佚,引见日释凤潭《瑞源记》卷一页十五左右,商务印书馆,1928年。

〔3〕《明灯抄》卷一末。《大正藏》第68卷225c—226a。

〔4〕《大正藏》第32卷11b。

> 不简自性及差别，但先陈者为有法及所别，后述者为法及能别。……四名不可并彰，故各举一号。
>
> 问：何不彰所别及法，乃举有法及能别？
>
> 答……能别别于他，有法能有他，胜故偏彰。所别为他别，法不能有他，劣故不举也。〔1〕

文轨在这里提出两条解释：一是“四名不能并彰，故各举一号”，二是“能别别于他，有法能有他，胜故偏彰”。

净眼同意文轨的上述二解，但他又补充说：

> 今更注解云，所言“极成有法”者则显能别亦名为法；言“极成能别”者，则显有法亦名所别，故影略平举，显有两名也。（《略抄》写卷第88—90行）

净眼的这一注解，后来被窥基所吸收，故《大疏》云：“前举有法，影显后法；后举能别，影前所别。二灯二炬，二影二光，互举一名，相影发故。”〔2〕此亦即净眼“影略平举”之谓也。

另外净眼还通过答问对“影略平举”作进一层的解释：

> 问：何故要举此显有两名耶？
>
> 答：有法宗依亦因依，通二法依举有法，能别唯是宗中法，恐滥因法举能别，故要举此二显二名也。（《略抄》写卷第90—92行）

这段答问意谓，有法是宗依亦是因依，举“有法”可以表示它既通及宗法又通及因法。而能别则只是宗法，举“能别”可以避免与因法混淆。愚见以为，这一答问有信口之嫌。在体三名与义三名中唯以有法与能别对举，只不过是一种方便权巧的做法，将之解释为“约胜”而说、“影略平举”等已足够有余，根本不涉及“通二法依”“恐滥因法”等与因法相关的问题，所以净眼的答问不仅多余，且有答非所问之失。

---

〔1〕《庄严疏》卷一页七左右，内院本，1934年。

〔2〕《大疏》卷二页七左，金陵本1896年。又《大正藏》第44卷99b。

（二）能别极成是否有相符极成之过

因明立宗有两条必须遵循的语用规则：一是有法（宗的主词）和能别（宗的谓词）这两个组成宗的宗依（概念）必须得到立论者和敌论者的共许极成。二是由极成的有法和极成的能别组成的宗（论题）则必须是为立论者所主张而为敌论者所反对的，否则就有相符极成（立、敌主张相同）的过失。这两条语用规则是由论辩的需要而作出的规定，其界限十分清楚。但是有的初习者却在"极成"的面前产生迷惘，为此净眼通过问答来解释：

> 问：声上能别若极成，则有相符极成过。若取余法上极成，则有非声能别过，有何义说极成耶？
>
> 答：西方因明释中有两师，一师解云，声上无常是别无常，余法无常是总无常，以总合别，总极成故，别亦可成，故对声论能别极成；若对数论立"声灭坏"，若总若别，皆不极成也。一师云，如立宗时能别虽未极成，以立喻时必极成，约当说现，故言极成；若对数论立"声灭坏"，若当若现，俱不极成，故极成言依斯义说。（《略抄》写卷第92—100行）

从问意来看，问者显然将能别的极成混同于对宗整体的极成了，从而产生了疑惑。本来这是一个不难解疑的问题，只需指出概念的极成与论题之必须不极成并不矛盾即可，然而净眼却引述西方二师的解释来答疑，反而将问题引向歧路，令人如堕五里雾中。这里不妨先对西方二师的解释作一些剖析。

上述第一种解释可以名之为"以总合别"论，它的主要意思是，如以"无常"为能别，则声上无常是别法，余法无常是总法，只要总法上极成，则别法亦极成。这种"以总合别"的解释其实说不通，因为从"声是无常"这个宗来说，其能别无常与有法声在外延上具有真包含关系，无常就是声的属概念，这个作为属概念的无常就是一个"总无常"，而无须再去分什么"别无常"，如果一定要分，那么声就是它的"别无常"，因为声是无常这个集合中的一个分子。那么是否可以说,只要"总无常"为立敌双方所共许极成,声这个"别无常"也就共许极成了呢? 答案是否定的,因为以类为推的形式公理在极成问题上不适用。宗依须极成是语用规则所要求的,所以有法和能别这两个宗依必须分别得到极成。

西方师的第二种解释姑且称之为"约当说现"论。此释同样说不通,因为立宗时能别如不能极成,就有能别不极成过,败局已定,岂容你立喻时补成? 而且宗上能别不极成,立喻时又如何令其极成? 立喻时既然无法补成,又何来"约当说现"? 所以说约计立喻时之极成为当然,以定立宗时能立亦极成,在先立宗后说喻的论辩逻辑里是行不通的。

从上述分析可知,西方二师的解释有误导之嫌,净眼引作答问,说明他对能别极成是否有相符极成过的问题并没有一个清晰、准确的认识。其实能别极成只是对处在能别(谓词)这个位置上的概念的极成,而并非对宗(论题)的极成。如佛家对声论立"声是无常"宗,有法声与能别无常这两个概念虽然必须为立、敌所共许极成,但并不影响整个宗所具有的论诤性质,即立者主张声是无常,而敌者依然主张声非无常,并不会由立、敌对能别的·极成而令宗体相符极成。〔1〕

三、关 于 因

(一) 何故不以有法成有法及法,不以法成有法

在一个三支论证中,有法声上有两种法:一是不成法,亦称不共许法,如无常,因为有法声与宗法无常是否能构成命题暂时还未定;二是极成法,亦称共许法,如所作性,因为有法声上具有所作性是为立、敌双方所共许的所

〔1〕 西方二师在解释中曾一再说及若对数论立声灭坏,则若总、若别,若当、若现,皆不极成。这是说佛家的灭坏概念为数论所不许,因为数论认为事物不会灭坏而只会转变,即由一事物转变为另一事物,继续为神我(灵魂)所受用。这种不能极成的概念,在任何情况下都是不能极成的。

以这里说的不成法和极成法并非是指概念的极成，而是指命题的极成。三支论证就是以共许法来证不共许法的。但是初习者对这一原理往往把握不住，从而产生一些疑问：

问：解因初相何故但以有法之上极成，诸法成立有法上不极成法，不以有法成有法及成法，不以法成法、有法耶？（《略抄》写卷第100—102行）

问者一口气提出了五个问题：a. 何故只以极成法成立不极成法？b. 何故不以有法成立有法？c. 何故不以有法成立法？d. 何故不以法成立法？e. 何故不以法成立有法？上述a为正确论证，b、c、e.均属非正确论证，d的含义则甚模糊。净眼的答问，采用了排除法，对b、c、e三种情况一一排除，在排除之始先总括云："皆是不成因故也"。然后对b.有法成有法作分析说：

有法成有法不成因者，若即用此有法即是所立成能立过，既立为宗，后立为因，故是两俱不成过也。若以余有法成此有法者，既离此有法，亦非因初相也。（《略抄》写卷第102—104行）

意谓用有法来成立有法乃是不成因，是将所立当作了能立，有两俱不成过。净眼的这一分析似欠透彻。其实以有法来成立有法只是问者的误会，事实上是不存在的，兹以例明之。如云"烟下有火，以有烟故"，或云"火有热触，以是火故"，这烟与火原来是宗的有法，却又以之为因，这就是以有法为因来成立宗了，但它成立的并不是有法。净眼似也认识到了这一点，并且正确地指出这是不成因，却又从有法成立有法上来分析，这似乎与陈那的论旨不尽相符，因为陈那在《理门论》中虽引问难者云"若以有法立余有法，或立其法，如以烟立火，或以火立触，其义云何"，但他并没有认许这种现象存在。针对难者的错误发问，陈那批评云：

今于此中非以成立"火""触"为宗，但为成立此相应物。若不尔者，依烟立火，依火立触，应成宗义一分为因。〔1〕

〔1〕《大正藏》第32卷1c。

此谓在一个三支比量中,并非要以“火”“触”等法为成立的对象,而是以与前提相应的论题(即相应物)为成立对象,如果不是如此,而是依烟立火(即立“烟下有火”宗,“以有烟故”为因),或依火立触(即立“此火有热感”宗,“以有火故”为因),〔1〕便是以宗义一分为因。在这里陈那以因明须成立与因、喻相应的宗为理由,全面否定了难者的错误观点,使有法成立有法和法的误解得到澄清。陈那虽未论及“以余有法成此有法”的问题,然准此可知,这也是不能成立的。再看净眼对 c、有法成法的批评:

> 有法成法不成因者,且如法及有法和合为宗,二种俱是因所成立,复指有法以之为因,即是所立成能立过,亦是两俱不成过也。(《略抄》写卷第 104—107 行)

此谓以有法为理由来成立法也是不成因,因为法及有法和合为宗,现在又以有法为因来成立法,还是以所立为能立,有两俱不成之失。以有法来成立法这种错误是存在的,陈那将之称为“宗义一分为因”。“宗义一分”即宗上有法与法二者中的一分,以宗义一分为因亦即逻辑上所说的循环论证。不知为什么,净眼分析有法成有法和有法成法时均不用陈那所说的“宗义一分为因”,而一再强调有两俱不成过。其实这里还是取“宗义一分为因”说为好。以有法成有法这种情况只能说是一种假想,在现实中并不存在,又何来两俱不成之过?以有法成法这种谬证倒是有的,但与其说它是两俱不成过,还不如笼统地说“宗义一分为因”为当,因为一般来说以有法为因来成立法,此因当是为立论者所认许的,故应是随一不成因;如果从有法与因法实乃同一个概念以致因无所依的角度考虑,那就是所依不成过了。由于此中过误非一,说得笼统一点反为合适。接下来净眼又对 e.以法来成立有法的问题作了分析:

---

〔1〕 依烟立火、依火立触皆非以有法来成立有法的例子,而是以有法来成立法的例子。然而神泰《理门述记》卷二、窥基《大疏》卷三均说“烟之与火俱是有法”,令人费解。

以法成有法不成因者，夫极成因必须依极成有法，其有法既不共许，故是所依不成过也。（《略抄》写卷第107—108行）

以法来成立有法这种情况也是不存在的，且在《理门论》的问难中也没有提到此种谬证。兹试以例明之，如立“烟下有火，以有火故”，此即所谓以宗之一分能别为因，但它所要成立的应该是宗法而非宗上有法。净眼批评此因有所依不成过，亦即承认此种谬证的存在，于理不通，不足取也。最后净眼总结说：

故但可以极成之法成有法上不极成法。故《理门论》云：“有法不成于有法及法，此非成有法，但由法故成于法，如是成立于有法。”准此论文，故知但以法成法也。（《略抄》写卷第108—111行）

极成之法即因法，不极成法即有法上不极成的宗法，以极成之因法去证有法上不极成之宗法，这才是正确的论证方法。故净眼引《理门论》“重说颂言”作结。《理门论》的四句颂清楚地提示：有法与法均不能以宗之一分的有法来成立，而且因法也不能直接成立有法。唯由共许法去证成不共许法，从而才能间接证成有法。净眼引此颂作结，却不领会颂中所说的“此非成有法”（因法不能直接成立有法）的含义，认许有法成有法和法成立有法的存在，有误导之嫌。另外，前述问者有何故不以法成立法一问（d），净眼在答问时似乎将其并归a问，故他在引《理门论》的四句颂后归结云：“故知但以法成法也。”这里恐怕存在误解。试想，问者明明说到“何故但以有法上极成诸法成立有法上不极成法”，为什么还有何故“不以法成法”的发问呢？显然，这二问应有差异，一成、一不成，不能混为一谈。那么问者的意思是什么呢？其问意恐怕得从《庄严疏》中去找。《庄严疏》云：

若所作法在无常上者，其无常法既不极成，何得所作在无常上？又，若所作依无常者，即应凡所立因皆有所依不成过失，以彼无常不极成故。又，法但属有法，不可法、法自相摄属。〔1〕

〔1〕《庄严疏》卷一页十四左，内院本，1934年。

文轨意云，如果以极成法“所作”与不极成的“无常”组成命题“无常是所作”的话，这“无常”法既不极成，“所作”又怎能作为“无常”的法？又如果以“所作”为因去依“无常”的话，则此类因皆有所依不成过，因为“无常”是不极成的。又，法只属有法，法与法不得自相摄属。文轨的这一段论述颇混乱，“不可法法自相摄属”的结论更与实际不符，试想喻体的“所作皆无常”不就是因法与宗法“自相摄属”吗？当然，从文轨所举的例来看，像“无常是所作”这样的法法自相摄属在因明中是绝对不允许的，主要是无常的外延大于所作，无常不能作有法来领有所作，而并非如文轨所说的是“无常不极成故”。无常作为一个概念对立敌双方来说并无不极成，说无常是不极成法乃指其在论题中与有法的联系尚不确定，在这里文轨似乎是将命题的不极成混充于概念的不极成了！文轨的这一段论述自是令人费解，故问者向净眼请教。净眼撰《略抄》的主旨之一是与文轨的《庄严疏》商榷，然而净眼在“不可法法自相摄属”的问题上却无所作为！

（二）以两种相应义为法

前文已说及陈那提出因“但为成立此相应物”的思想。此“相应物”净眼称作“相应义”，并且认为相应义有两种，因、宗皆是相应义。如云：

> 以此处灶、烟相应义成立此中灶、火相应义。既以“此处”为有法，用两种相应义为法，还是以法成法，亦无有过。此义亦依《理门论》说。（《略抄》写卷第112—114行）

从净眼所举的例可知，“灶、烟相应义”即指因，亦即此灶有烟，以成立“灶、火相应义”。即此灶有火宗。这就是用两种相应义为法，亦即以法成法之谓。净眼认为他的话乃依《理门论》而言。其实，净眼的这番话并未准确地诠释“成立此相应物”。陈那所说的“相应物”既是为因所成立的，当然是指的宗，亦即宗是因的相应物。陈那也没有将相应物分为两种，更没有以一个相应物去成立另一个相应物的论述，相反陈那曾一再强调以因法与宗法之不相离的关系作论证的基础，反映在论式上就是喻体，这喻体也是因的一部分，所以成立相应物的因笼统地说是一个（前提），细分则有正因和助因之别(因和喻)。成立相应物的前提既然不是一个,将因法和宗法说成是两种相应义,说这就是以法成法,似与陈那的论旨不符。但是,净眼对以所作因这个共许法来成立不共许法无常宗的认识还是深刻的,如《略抄》问答云:

问:无常声家法,法及有法合为宗,所作亦是声家法,何故别取以为因耶?答:敌论不许不相离法及有法合为宗,以法成立其法,故别取所作以为因。(《略抄》第写卷114—117行)

(三)同品何故不说遍有,异品何故泛说无因

关于因的第二、三相,净眼只作了简单的答问,而未展开。如云:

问:何故《论》文解同品中不泛明有因,解异品中泛说无因耶?

答:因于同品不遍亦是第二相,故解不明有因;异品遍无方是第三相,故解异法说无因。(《略抄》写卷第117—120行)

这一番答问主要解释了两点,即因的第二相只要因于宗同品上有即可,哪怕是"不遍"的;而因的第三相则必须是因于宗异品上遍无。净眼的答问虽简略了一些,但富有启迪性:"因于……"清楚地揭示,因三相是从因出发的,而不是从宗出发。这一点非常重要,因为现在一些学者在说因三相时往往忘记须从因出发来看待因与有法、同品、异品的逻辑关系,竟说第二相是指"有些宗同品是因同品",其命题形式是有P是M,将分析的角度倒转了过来,这就偏离了因三相的原旨。

(四)说九句因

九句因胪列了因与同品、异品的九种关系,用以检验因之正与不正。陈那在《正理门论》和《因轮论》中论述了九句因后,唐代诸师灼据以阐释,并无大的出入。如文轨释九句因,净眼并未提出分歧意见,只是从勤勇所发义的两种解释上引出对九句因的一番议论。如文轨释《入论》所云"此中所作性或勤勇无间所发性"两种因时说:

声从众缘所作,故曰"所作性"。"勤勇"者,或云是精进,或云是作意。"无间所发"者,从勤勇起心,从心起寻伺,从寻伺起内风,由内风乃

至击唇口等为声,故云"或勤勇无间所发性"。〔1〕

这里将"勤勇"义解为"精进"或"作意",且未置评,故《略抄》设问云:

西方诸师解"勤发"义,一师以精进数为勤,一师以作意数为勤,何者正耶?(《略抄》写卷第120—121行)

这段话的问意显然是针对《文轨疏》的。净眼进而答云:

作意者正通三性,故前解(精进)不正,瓶等应皆勤发故。(《略抄》写卷第121—122行)

净眼的回答颇简略,然内涵殊为丰富。意谓作意正通遍、依、圆三自性,所作因和勤发因均以瓶为同品,故勤发因亦属作意而非精进。〔2〕 其实,以精进为勤还是以作意为勤只是一个枝节问题,故文轨只列二说而不予置评。净眼设问并作答,并无多大意义,然而他却以此引出九句因:

又,《疏》中解九句,所列宗、因并是陈那所说,故《理门》云:"如是九种,二颂所摄:常、无常、勤勇,恒、住、坚牢性,非勤、迁、不变,由所量等九。所量、作、无常,作性、闻、勇发,无常、勇、无触,依常性等九。"此二颂中,初一颂显九宗,后一颂明九因。〔3〕(《略抄》写卷第122—126行)

净眼首先申明,《文轨疏》中解九句因,其所列的例句皆为陈那所说。既

〔1〕《庄严疏》卷一页十九右,内院本,1934年。

〔2〕精进、作意:精进(virya)亦译作勤,是修行成就的必要条件。《唯识论》卷六云:"勤谓精进,于善恶品修断事中勇悍为性,对治懈怠,满善为业。"作意(manaskam),唯识宗心所法五遍行之一,指令心警动,于所缘境引心为业的精神活动。《成唯识论》卷三曰:"作意,谓能警心为性,于所缘境引心为业"。

〔3〕陈那关于九句因论例的两个四句颂,第一颂列出的九个宗法,实际上仅常、无常、勤勇无间所发、非勤勇无间所发等四个宗法(谓词),因为九宗中的恒、住、坚牢性、不变均为常(永恒)的异说,迁则是无常(非永恒)的异说。其第二颂列出的九个因法,实际上只有六个因法,因为其中的所作性因、无常因、勇发因各重复了一次。虽然如此,其九宗配九因的次序是排定了的,经过一一配对,即成九句论例。九句论例的主词(即有法)均为声。

是陈那所说,则无可厚非,于是引陈那为所示论例而归纳的两个四句颂来作结。这一段阐述没有提出任何值得探讨的问题,徒费笔墨而已。其实在陈那提出的论例中,有些论例似有不当。试看陈那以声无常宗配所作性因来说明第二句同品有、异品非有的情况,同品有即因于宗的同品遍有,然而所作性因并不能遍有于全部宗同品,如雷电等自然界的无常物即是非所作的。然而文轨据陈那的用例,亦谓“所作性因同品遍有,勤勇发因同品不遍”,谬之甚矣!所谓“同品有”,即因于宗的同品遍有,亦即所有的宗同品都具有因的性质,亦即所有的因同品都是宗同品,亦即因法与宗法的外延正好处于同一关系。然所作因与无常宗的外延关系却不是这样,而是真包含关系,即所作被无常包含,如此,所作因就不可能遍及宗的全部同品,故以“声无常,所作性故”作为第二句同品遍有的例子是有所不当的。然而陈那是新因明的鼻祖,此处用例虽欠当,承传者岂敢擅自变更?净眼对此自亦未敢提出异议,甚至当有人提出类似问题时,净眼还为之辩解:

> 问:此九句中第四句云:“声常,所作性故。”其因于同品遍无,于异品瓶等有,于兔角等无,应是第六句,何故乃言是第四句耶?……
>
> 答:若通依有体、无体,异品与第六不殊,今约有体异品说,故是第四句也。(《略抄》写卷第126—132行)

问者提出了一个很中肯的问题,九句因中的第四句是说因于同品非有、于异品有,然陈那的原例“声常,所作性故”虽系“因于同品遍无(非有)”,却“于异品瓶等有,于兔角等无”,这就不是异品遍有,而是异品有非有了,与九句因中第六句的用例应别无二致,又何故要用此例来解说第四句呢?此问与前述将所作性因说为于无常宗的同品遍有的问题如出一辙,因为从第二句的用例来看,所作因与无常宗的外延如同一,则因可于宗同品遍有,然而事实上所作的外延小于无常的外延,二者为真包含关系,故所作不可能遍及宗同品。而从第四句的用例来看,只是将第二句例反过来用,变成“声常,所作性故”,这一来,无常成了宗异品,然正如上面所说的,所作因与异品无常的外延既不完全重合,故因于宗异品并未遍有,这样,所作因与第六句的勤勇无间所发性因均于异品有非有，显然这第四句的用例是难以诠释同品非有、异品有这样的矛盾因的。然而对于这样一个模糊了九句因第四、六两句界限的用例，净眼的答疑是缺乏说服力的，他辩解说，从有体异品（如瓶）和无体异品（如兔角）两方统看，此例确与第六句的异品有非有无异，但如果仅从有体异品来看，所作因可以于异品遍有。净眼的解答实在难以令人信服，因为第四句既说因于异品遍有，应该是包摄一切异品在内的，又何须作有体与无体的分别？这岂非有强词为辩之嫌！至于说约有体异品可合第四句亦有不当，如雷、电、雨、雾皆为有体异品，所作因却不能遍及其上。但净眼似乎不欲展开论述，所以又将话题转到了《庄严疏》判九句因皆据陈那所说上面，意即说既有据，则无须多加深究了。如云：

> 又，《疏》中判九句，第二、第八是正因收，第四、第六是相达因，余之五句是不定摄，此亦依彼陈那所说。故《理门论》云："如是分别名为因、相达、不定，故本颂言：'于同有及二，在异无是因；翻此名相达，所余皆不定。'"（《略抄》写卷第130—135行）

这是将《文轨疏》对九句因所作的归结与《理门论》的论述加以对照，陈那将九句分为三类，即正因（第二、八句）、相违因（第四、六句）、不定因（第一、三、五、七、九句），文轨所说即据此。当然陈那将九句因分为三类是正确的，文轨据此而言自亦不会有错。问题在于在具体用例上将所作与无常的外延关系说为同一，即所作可以遍有无常品，这当是一种误解，虽然文轨的疏解系据陈那的用例穿凿而成，但并不能因之而护短。

下面两组问答是关于似因与正因关系的。正、似是一对矛盾，非此即彼，然问者云：

> 第二、第八是正因收，且如不成因亦于同有、异无、应是正因耶？（《略抄》写卷第135—136行）

意谓九句因中第二句同品有、异品非有和第八句同品有非有、异品非有说的是正因，如果违反第一相的不成因亦于同品遍有或有非有、于异品无，是否亦为正因？净眼答云：

因遍宗法，方论九句，既不成为因，何用同有、异无之相，故非第二、第八所收。(《略抄》写卷第136—138行)

就一般情况而言，净眼的解答是正确的，因为九句因虽然只与因的第二、三相有关而未涉第一相，但"因遍宗法"是首要条件，如果因不能周遍有法，连第一相都不合，那就是不成因了，何用九句因"同有、异无之相"，更遑论二、八正因之数！然因明立量有时难以避免因法或有法不极成的情况，此时只要善于运用简别方法即可避免随一或所依不成等因过，如此，就仍须讲究同有、异无之相了。问者复问：

相达决定及法若(差)别相达因等亦是第二、第八所收，应是正因耶？(《略抄》写卷第138—139行)

相违决定是六不定之一，但它并不在九句因之列。如胜论对声论立："声是无常，所作性故，如瓶。"声论则对胜论反立："声常，所闻性故，如声性。"如此二量各具三相，互相抗衡，由难分胜负而令他不定。然分别而言，相违决定之二因确与九句因之第二、八两句不悖，故问者就此设问。法差别相违是四相违之一，指因法与意许宗法之义相违，但如从字面看，却不易发觉因法与宗法存在矛盾。如数论对佛家立："眼等必为他用，积聚性故，如卧具。"其中宗法"他用"的意许义是"我用"，而"我"，此指神我，即灵魂，非但不为佛家所认许，且是非积聚性的，故因法"积聚性"与宗法中意许的非积聚性的神我相违。问者乃从"他用"的字面意义设问。对此，净眼答云：

正因必是第二、第八所收，不说第二、第八皆正因摄，约此义说，亦不相达。(《略抄》写卷第139—140行)

此答欠当。按其所云，上述相违决定虽含九句中第二、八句而非正因尚犹可说(其实相违决定不属九句因所列)，然法差别相违却是"同无、异有"，怎能归入二、八句中？此其一。其二，在已具备第一相的条件下，如合乎第二、八句所说的情况，则为正因，故可说"正因必是第二、第八所收"，亦可说成"第二、第八皆正因摄"，两者并无区别，又为什么不能说"第二、第八皆正因摄"

呢？净眼此前曾说："《疏》判九句，第二、第八是正因收……此亦依彼陈那所说。"不意此处又说："正因必是第二、第八所收，不说第二、第八皆正因摄。"前后二说，岂非自相牴牾？

（五）难《文轨疏》"等无我、苦、空"的判语

《入正理论》云："此中所作性或勤勇无间所发性，遍是宗法，于同品定有，于异品遍无，是无常等因。"〔1〕文轨在释"是无常等因"一句时云：

> 此之二因（指所作、勤发二因）能成"无常等"者，等取无我、苦、空也。……故所作性正成无常，傍成无我及苦、空也。谓声亦无我、苦、空，所作性故，犹如瓶等。〔2〕

文轨的这段释文，主要在"等"字上发挥，不仅有画蛇添足之嫌，更引出一番讨论。净眼大概是率先对文轨"等取无我、苦、空"的判语提出质疑的，《略抄》云：

> 云"'等'者，等（取）无我、苦、空也"，乃至云"声亦无我、苦、空，所作性故，犹如瓶等"者。此亦不然。若瓶所作故是苦，显声所作亦是苦；亦可圣道等所作非是苦，显声所作非苦耶？乃至成空，亦不定过。故知不得定作此判，但可于中必具三相者等之，不得定判等苦、空也。（《略抄》写卷第141—145行）

净眼在引出《文轨疏》云"等取无我、苦、空"的一段话后，明白表示不同意文轨的诠释，理由是如以"空"为宗法，则因法所作既可成立苦，亦可成立非苦，如此便有不定因过。以"空"为宗法亦是如此，有不定过。这就否定了可以等取"苦、空"，至于"无我"，净眼没有说，当是默认了。净眼对文轨的上述批评后来被窥基部分采纳，如《大疏》云：

> 此上二因（指所作因、勤发因）不但能成宗无常法，亦能成立空、无我等，随其所应，非取一切。若所作因亦能成立言所陈苦等及无常宗意

---

〔1〕《大正藏》第32卷11b。

〔2〕《庄严疏》卷一页二十一右—二十三左，内院本，1934年。

所许苦等一切法者,此因便有不定等过。谓立量云:"声亦是苦,所作性故。"以无漏法而为异品,所作性因于其异品一分上转,应为不定言。此所成声为如于瓶,所作性故,体是其苦;为如自宗道谛等法,所作性故,体非是苦?〔1〕

窥基的这段论述,同意净眼对文轨等取"苦"的批评,还作了补充分析,即认为若"以无漏法而为异品,所作性因于其异品一分上转,应为不定言"。但他没有同意净眼所云"乃至成空,亦不定过"的判语,而将"无我"和"空"列为等取的对象。其实文轨对"等"字的诠释是从苦谛四行相即苦、空、无常、无我的紧密关系作为一串例子加以列举的,虽无多大深意,却也无甚过错,因为苦、空、无常、无我这些概念的外延都大于因法所作,按因明的成法,狭因可以成立狭法,也可以成立宽法,故所作因既可以成立无常宗法,自亦可以成立无我、苦、空。由此可见,净眼认为不能等取"苦、空",窥基认为不能等取"苦",都是有欠考虑的。他们为此所建立的破斥量也是经不住推敲的似能破。试看净眼的破斥量:"若瓶所作故是苦,显声所作亦是苦;亦可圣道等所作非是苦,显声所作非苦耶?"再看窥基的破斥量:"此所成声为如于瓶,所作性故,体是其苦;为如自宗道谛等法,所作性故,体非是苦?"这两个破斥量别无二致,后者显系从前者而来。此二破斥量皆为似能破,其错谬之处在不当分割因义,与十四过类之犹豫相似如出一辙。《正理门论》云:"或复分别因义别异,故名犹豫相似过类。"〔2〕《文轨疏》例释云:"其声为如瓶等勤勇所发故是无常耶,为如井水勤勇所发显故而是常耶?有不定过。"〔3〕这就是敌者分割因义而欲令立者因成不定的误难。上述净眼、窥基二破量与之何其相似乃尔!这里需要澄清一点,即净眼与窥基都提及道谛诸法所作非苦的问题,这恐怕是一大误解。道谛即有为无漏,亦即有为而通于无漏之

---

〔1〕《大疏》卷三页二十四左右,金陵本,1986年。《大正藏》第44卷108b、c。

〔2〕《大正藏》第32卷4b。

〔3〕《庄严疏》卷四页十五右,内院本,1934年。

法。但并不等于说有为法(所作等)亦被无漏法包含。文轨据梵本《理门释论》云:“声从勤勇无间所发者,约近因等起;其择灭涅槃,远因所显。谓由发分求灭,入方便道等,经无量心始显涅槃,故非勤勇所显发也。”〔1〕勤勇因如此,所作因亦是如此。为求解脱而所作(有为),所作只是一种方便道,尚需“无量心”而得入灭脱苦,故并非由所作而能直接通达非苦之境。由此可知,窥基以“无漏法”为异品虽无可厚非,然说“所作性因于其异品一分上转”,则亦是有欠考虑的,因为有为无漏还只是通向无漏的过程,是无漏之因,而非无漏果亦即涅槃本身。〔2〕 由此可见,从无常宗“等取”苦谛其他三相并无不妥,净眼所破,似有不当。然窥基却赞同不能“等取”苦相之说,后复有智周乃至日释善珠等附和,〔3〕这就遮掩了净眼的破斥量乃犹豫相似过类的实质。

四、关 于 喻

(一)难《文轨疏》解“显因同品决定有性”

《入正理论》说同法时云:“若于是处显因同品决定有性”。〔4〕 文轨解释云:

> “处”谓有法;“显”为显说;“因”者,谓即遍是宗法因;“同品”谓与此因相似,非谓宗同名同品也;“决定有性者”,谓决定有所立法性也。〔5〕

〔1〕《庄严疏》卷四页十六右,内院本,1934 年。

〔2〕 涅槃有两种;一、有余涅槃;二、无余涅槃。按佛家的说法,有余涅槃指生死之因的惑业虽已断尽,但有漏依身之苦果尚存;无余涅槃指生死之因的惑业和依身的苦果皆所断尽。所以臻于无余涅槃的无漏境界是非苦永乐的,所作因如何能于其一分异品相通呢?

〔3〕 参见日释凤谭《瑞源记》卷三页二十四右—二十五左,商务印书馆,1928 年。

〔4〕《大正藏》第 32 卷 11b。

〔5〕《庄严疏》卷一页二十二右,内院本,1934 年。《略抄》写卷 146—148 行引此段文字,文字略有出入,文意相同。

对于文轨的这段解释,净眼破云:

若作此解,理即不然。“因同品”言可显瓶上所作,“决定有性”文中不显,云何知是瓶上无常?若言“此下指体”,文言:“‘谓若所作’,即是(前)显因同品(也),‘见彼无常’,即是(前)决定有性也。”据下次第知上必然者,此亦不然。悬解既先言“是处”指体,何因复说如瓶?故知不得以下次第显上亦然。

又,宗同品既不取无常,其因同品云何乃取所作?

又,作此解违《理门论》故,彼论云:“由如是说,能显因同品定有,异品遍无,非颠倒说。”准此文,故知同喻显因同品定有性,异法喻(显)因异品遍无性,故知不得作此解也。

应解云,“若于是处”者,谓于瓶等处也。“显”谓说也。显说何事?谓“显因”也。显因何相?显第二同品定有性也。若作此解,不违《论》文,亦无如上所有过失也。(《略抄》写卷第148—159行)

净眼的这一大段批评文字,有的切中要害,有的则是逞臆之笔。为了论述的方便,兹从其给出的结论亦即“应解云”说起。

净眼的结论系基于文轨的解释而来。文轨将《入论》的“同法者,若于是处显因同品决定有性”一句读作“同法者,若于是处显因同品,决定有性”,故在逐字诠释此句后,复述《论》意云:

此谓随有有法处有与因法相似之法,复决定有所立法性,是同法喻。此则同有因法、宗法名同法喻。〔1〕

这里所说的“随有有法处”即“是处”,亦即同喻依瓶。因为瓶与声一样,都具有所作性和无常性,故瓶虽为喻依,其实也可称作有法。当然这“随有有法处”是指“除宗以外”有与因宗双同者,〔2〕亦即作为同喻依的“有法”,是

〔1〕《庄严疏》卷一页二十二右—二十三左。内院本,1934年。

〔2〕《庄严疏》卷一页十七左解“均等义品”(即同品)云:“除宗以外一切有法俱名义品,不得名同;若彼义品有所立法(即宗法)与宗所立法(即因法)均等者,如此义品,方得名同。”此即同品同于因法和宗法之谓。

在宗上有法之外选定的，它具有因法所作的性质，并且具有宗法无常的性质。净眼不同意文轨的诠释而提出自己的解释，主要有三点不同：第一，他不将“是处”说为有法，而径直解作“于瓶等处”，第二，他不同意将同品释为“与因相似”并“决定有所立法性”，而是按《入论》说因三相时对同品所作的界说解作与宗法相似。第三，他将此句读作“同法者，若于是处显因，同品决定有性”。

在上述三点不同中，第一，同品是否可称作有法只是一个角度问题。文轨将同品称作有法，是从同品瓶与有法声一样，都具有所作性和无常性的角度而名之的。从逻辑的角度考虑，如果我们以 S 代表有法，则瓶、盆、碗、缶等具有所作与无常属性的同类例可以表示为 S^1、S^2、S^3、S^4……S^n。文轨所说与此无异，具有一定的理论意义。净眼不取此说，将有法与同品分别处之，自亦无可厚非。二者应无原则分歧，所以净眼并没有在“有法”二字上做文章，只是在诠释时不予理会罢了。第二，关于同品的界说，《入论》在说因三相时将同品界定为“与所立法均等义品”，亦即同品须同于宗法。在说同法时则倾向于将因与同品联在一起，揭示“说因宗所随”的逻辑关系。后来窥基明确将同品分为宗同品与因同品两种，阐说就益为精确方便。但是文轨在释因二相时就将同品释为“若彼义品有所立法（即宗法）与宗所立法（即因法）均等者”，〔1〕这样来界定同品显然是不妥当的，因为这一界说与第二相同品定有性有矛盾。因于同品须定有，这个同品就是宗同品，要不然就不会说作“同品定有”。如果将此同品视作因同品，“定有”的规定就是多余。而且说同“所立法与宗所立法均等”，词序也不对，应是先因后宗而不能先宗后因，这与其“正取所作，兼取无常”〔2〕的主张亦不相吻合。但是文轨在释同法喻时将同品说为因同品倒是符合《入论》原意的。如《入论》说同

〔1〕《庄严疏》卷一页十七左，内院本，1934 年。
〔2〕《庄严疏》卷一页十五左，内院本，1934 年。

法喻云："若是所作，见彼无常，如瓶等者，是随同品言。"〔1〕这"随同品言"就是随因之同品而言，瓶这个同喻依正是因同品。在正常情况下，因的同品必是宗的同品，因为因法与宗法之间具有真包含关系。陈那云："说因宗所随，宗无因不有。"〔2〕即揭示了这种不相离的关系。然而净眼似乎也没能抓住同品与同法的区别，将《入论》关于同品的界说移到了对同法的理解上，亦是欠缺的。第三，是如何来理解"同法者，若于是处显因同品决定有性"一句。文轨将此句读作"同法者，若于是处显因同品，决定有性"，净眼则将此句读成"同法者，若于是处显因，同品决定有性"。这两种读法有何不同呢？文轨以"显因同品"为读，强调了同法"正取因同，兼取宗同"的特点，是符合《入论》"随同品言"之原意的。净眼以"显因"为读，则有偏取宗同、淡化因同之嫌。下面我们再进一步来检讨他们在这个问题上是如何论述的。文轨在释《入正理论》"谓若所作，见彼无常"一句时云："此下指体（即喻体）……'谓若所作'，即前显因同品也。'见彼无常'，即前决定有性也。"〔3〕将"显因同品，决定有性"与"谓若所作，见彼无常"结合起来诠释，这是合理的，且益显"因同品"三字须连读。净眼反对这种前后对照的做法，认为"不得以下次第显上亦然"，似无道理，因为"谓若所作，见彼无常"是同喻体，这同喻体正是体现了"若于是处显因同品，决定有性"的。净眼的诠释和破斥似是而非，他据《理门论》所云作出"同喻显因同品定有性，异法喻显因异品遍无性"的断语，虽将同、异二喻与第二、三相的逻辑关系诠释得很明白，然在解释"同法者，若于是处显因同品决定有性"一句时却走了样，他将此句的意思理解为于瓶等处显因，即显第二相同品定有性。这样解释虽然显得有点牵强，却又让人难以指其要害，只是觉得其间可能预设着一个前提。果然，他在结能立体的讨论中说到"随同品"的问题时终于解开谜底说："同法喻言是

〔1〕《大正藏》第32卷11b。

〔2〕《正理门论》，《大正藏》第32卷2c。

〔3〕《庄严疏》卷一页二十三左，内院本，1934年。

显所作因随逐宗之同品处有,即是显因同品定有性之言。”〔1〕原来他在讲“同喻显因同品定有性”的时候,那个预设的前提是“因随逐宗之同品处有”,强调的乃是宗同品!然而瓶这个同法首先是因同品,其次才是宗同品;换言之,正由于它是因同品,所以也是宗同品,这也是同法正取因同兼取宗同的缘故。由此说同喻体时须先说其因法,后说其宗法,这是合式归纳的程序,不容颠倒的。

现在再回过头来对净眼的破斥要点略作分析。

第一,净眼难文轨云:“因同品言可显瓶上所作,决定有性文中不显,云何知是瓶上无常?”此言不实,《入论》明明说“谓若所作,见彼无常,如瓶”,怎么能说“决定有性文中不显”呢?又缘何不能与瓶联系起来呢?这可以说是以有为无的难诘。

第二,净眼不许“以下次第显上亦然”,理由是:“悬解既先言是处指体,何因复说如瓶也?”这一难诘令人费解,文轨明明按《入论》先“悬解”后“指体”的,并且在悬解时将“是处”解作“有法”的,何来悬解中指体?更无将“是处”指为体,亦无“复说如瓶”之事,这样的难诘岂非无中生有?

第三,净眼破文轨云:“宗同品既不取无常,其因同品云何乃取所作?”这一批评切中了问题之所在。上文已指出,文轨释同品时没有严格遵照《入论》所界定的须具有宗法的性质这一点来说,而是释为与宗法和因法双同。净眼抓住了这一点来破斥,意谓你释宗同品时既然说要宗、因双同而不是单取宗法无常,那么说因同品时何以又单取因法所作?这一诘问不但很有力度,而且将同品区分为宗同品和因同品两种,富有理论意义。〔2〕

---

〔1〕《略抄》写卷第174—175行。

〔2〕以往学者都说将同品明确地分为宗同品和因同品的是窥基,这一提法需略作修正,因为净眼提出宗同品与因同品的名目早于窥基。但净眼没有展开论述,所以窥基对宗同品与因同品的论述仍然具有领先地位。

第四,净眼斥文轨的诠解有违《理门论》,此言不确。《理门论》云:

(问:)复以何缘第一说因宗所随逐,第二说宗无因不有,不说因无宗不有耶?

(答:)由如是说能显示同品定有、异品遍无,非颠倒说。[1]

问者的质疑意谓,同喻体既是按先因后宗的次序说的,异喻体何不也按先因后宗的次序说呢?陈那答复说唯有如此说才能充分体现因于同品定有、异品遍无,而不能颠倒过来说。这说明同、异喻体要按照合作法和离作法来组织,这样才能准确显示因的第二、三相。而按文轨的解释,正体现了同法喻"说因宗所随"的逻辑次序,所以文轨作此解并不违《理门论》。

(二)难《文轨疏》中有人解陈那破古师时"但取能同为喻体者"

本题涉及的是一桩三重破斥的公案,故净眼云:

《疏》中有人解陈那以声所作、无常能同外瓶所作、无常,但取能同为喻体者,广破如《疏》中述。(《略抄》写卷第159—160行)

此句简略地交代了三重破,即从陈那破古师到有人难陈那再至文轨为陈那反质。净眼既云"广破如《疏》中述",故须先看《文轨疏》的论述:

有释:世亲等云瓶上所作、声上所作二因法合名为同法。陈那破云,若以瓶所作是无常故类声所作亦无常者,亦应瓶是所作可见、可烧,声是所作可烧、见,烧见既不类瓶,何得无常类声?[2]

这是"有释"对陈那就同法喻问题破古师的概括介绍,文中所引陈那破古师的话,均非原话,只是"有释"据《理门论》的意思加以引申而成。但不免断章取义,略去了一些最重要的话。"有释"竟以此难破云:

但取能同不取所同者,此恐不然。若世亲等以瓶所作故无常,类声所作亦无常,即难云,瓶是所作可见、烧,声是所作可烧、见者,陈那既以

[1] 《大正藏》第32卷2c。

[2] 《庄严疏》卷一页二十三右—二十四左,内院本,1934年。

声上所作显无常同瓶上所作显无常，何可声有所作可见、烧，同瓶所作可烧、见？若言世亲等以外瓶所作、无常类内声所作亦无常，故以外瓶可烧、见类声亦尔者，陈那既以内声所作、无常类外瓶所作亦无常，何不以内声所作、可见、烧类瓶亦尔也？若言烧、见是外瓶，不可以声类烧、见，亦应无常是外瓶，何得以声类无常？此则陈那过同旧释，虽分内外，终不能异。

又《集量论》中陈那云，《论轨论》中以瓶有法为同喻者，其论非是世亲所造，或是世亲未学时造，学成以后造《论式论》，即以所作、无常为同喻体，不异我义。《集量论》中既有此说，何得云世亲以瓶所作、无常向内类声，即有类瓶可烧等过?〔1〕

难破者的这一大段话包含如下几层意思：

第一，总说陈那"但取能同，不取所同"。所谓"但取能同"，即要求两个同类事物在一切属性上皆相类；所谓"不取所同"，即不取两个同类事物可据以类比的属性。这显然是不符合事实的。陈那明明说过两个同属一类的事物"不必定有诸品类"，〔2〕如以瓶喻声，二者不必在一切属性上皆相同，而只需在所作与无常上相类即可。如此，又何来"但取能同，不取所同"的问题呢？第二，在所指不实的情况下，"有释"提出了三点难破：其一，陈那既与世亲一样都以声与瓶上的所作、无常相类而为同喻，又为什么陈那竟说世亲之以瓶喻声，其瓶体既可见、可烧（烧制），则声亦应可见、可烧，而不反躬自问一下呢？其二，陈那如破世亲以外瓶类内声，说外瓶可烧、可见而内声亦应如此，则陈那也以内声类外瓶，何不也在可见、可烧上类比呢？可见陈那"过同旧释"。其三，陈那既在《集量论》中说世亲学成以后造《论式论》即以所作、无常为同喻体，不异我义，又为什么要说世亲以瓶向内类声，即有类瓶可烧等过？上述三点难破的中心是一个，即陈那不应采取"但取能同"的手

〔1〕《庄严疏》卷一页二十四左右，内院本，1934 年。

〔2〕《正理门论》说因与喻之关系时破古师语。《大正藏》第 32 卷 3a。

段来破古师如世亲关于喻体的论述。

文轨针对“有释”的难破提出了反破：

今释，可烧等过，但破《论轨论》等以瓶有法为同喻者。此等师云：“瓶有无常，同彼声宗，故名同法。”此即瓶体是同喻也。此师立量云“声是无常”，因云“所作性故”，同喻云“如瓶”，谓如瓶是无常也。陈那破云，若以瓶为同法喻，以瓶体是无常故类声亦是无常者，亦应瓶是四尘，可见、烧，声亦四尘，可烧、见。若如我释，“诸所作者皆是无常”以为喻体，“瓶”等非喻，但是所依，即无此过。〔1〕

文轨的反破殊为精当。他没有逐一对“有释”提出的三点难破作反破，而是抓住古师以瓶为喻体的要害，引述陈那关于喻体的论述来说明。陈那以四尘和可见、可烧，用归谬法责难古师，主要在指出古师以瓶为喻体来类比声会导致一切皆相类的过失。故陈那不以瓶为喻体，而改由一个普遍命题如“诸所作者皆是无常”来担当同喻体的重任，而将瓶置于喻依的地位。文轨的这一反破使被“有释”忽视的陈那以普遍命题为喻体这一点突显了出来，这也正是新、古因明至为重要的区分点。

文轨对“有释”的破斥净眼当表同意，故云“广破如《疏》中述”，不过他又提出助难云：

若取能同为喻体者，则遍宗法因及声所立宗法应即是喻。若是喻云同，应宗、因、喻等应无差别。

又解，无常既为喻体，应是所立不成过收。（《略抄》写卷第160—163行）

这是先从问难者的角度提出两点质疑：第一，若以能同为喻体，则宗、因、喻应无差别。第二，既以无常为喻体，无常乃不共许法，此喻岂非有所立法不

〔1〕《庄严疏》卷一页二十四右—二十五左，内院本，1934年。其中所引陈那的话，当系据《理门论》所云“此说但应类所立义，无有功能，非能立义；由彼但说所作性故所类同法，不说能立、所成立义”（《大正藏》第32卷3a）等论述演化而成。

成的喻过？净眼在设难以后答云：

若言正立声无常时名为宗法，立声所作证无常时名遍宗法，即以声所作、无常外同瓶所作之时名为喻体，何得难言宗、因、喻等全无差别？

又，声所作、无常正同瓶所作、无常时，其声无常亦即极成，何得判云立不成者？（《略抄》写卷第163—167行）

这两点答难似乎没有什么力度，主要是设难陷于枝蔓，所答亦自一般。尤其是第二点答难本可在“不成”上加深分析，指出有法上的宗法无常虽系不共许法，须由共许法来证成其为声上有，但作为宗依之一，它是得到立、敌双方共许极成的，因此不存在所立法不成的问题。但净眼却从声上所作、无常正同瓶上所作、无常而令声无常，亦即极成上来说明，这不仅没有抓住问题的实质，而且又一次显露其在因明理论上的弱点——他没有准确地把握住宗依须极成和立宗须违他顺自这两条陈那早已论述过的立宗原则。〔1〕净眼在作了上述答难后，作结论云：

则应同品定有性体不取瓶（疑为“声”之误）上所作、无常，取瓶上所作、无常为第二相，此相即是同品之体，故知喻体不取能同也。（《略抄》写卷第167—169行）

这一结论颇有问题。首先，说“取瓶上所作、无常为第二相，此相即是同品之体”是不正确的：第一，凡所作者皆无常是一个普遍命题，是从声、瓶等许多个例中归纳出来的，故不能说不取声之所作、无常，而取瓶之所作、无常。第二，同喻体虽是显示第二相的，但不等于第二相，说“此相即是同品之体”，就混淆了体与义的关系。其次，“故知喻体不取能同也”这一结论中的“能同”一词含义不明确。从“有释”用此词的原意来看，似指同类事物在一切属性上相类，而净眼所说的“能同”似指喻例而言，意谓瓶上的所作、无常才是喻体，而瓶并非喻体。两个“能同”，所指乃有不同，何可用以作结？综上所述，

〔1〕 这一点净眼在解能别极成是否有相符极成过时就已显露出来，上文已作分析，兹不赘言。

净眼在同法喻问题上的“助难”可谓意义不大，因为文轨所释所破原本清楚而中肯，无须再加辞费，现经净眼的“助难”，反令问题复杂化。加上其遣辞造句较粗疏，语句间的关系又不甚分明，令人更费索解。

五、关于能立的总结

《入正理论》在阐说了能立以后有一段总结，仍是按宗、因、喻三支能立的次序说下来的。其中在说到同、异喻和能立唯三分时，净眼对文轨的释论提出了“注解”，兹试为分析之。

（一）同法喻是显所作因随逐宗之同品处有

关于同法喻，《入正理论》结云：“若是所作，见彼无常，如瓶等者，是随同品言。”〔1〕这段话中的“随同品”三字，是关键用语。文轨释云：

> 此结同喻也。瓶上所作与声所作同，故名同品；瓶上无常随此同品，故云随同品，由瓶无常随同品故，即显声无常亦随所作因也。或可声上所作、无常随瓶上所作、无常，故名随同品也。〔2〕

文轨将“随同品”解释为无常法追随因同品瓶，亦即无常宗随逐所作因；或可说为声上所作故无常随瓶上所作是无常而成立。这样的解释，大体上符合陈那所揭示的“说因宗所随”之规律。净眼并不同意文轨的解释，他以“助释”的形式来破文轨：

> 今更助释云，同法喻言是显所作因随逐宗之同品处有，即是显因同品定有性之言。若作此解，即显因第二相文并同喻文及此结文皆相随顺，不乖达也。（《略抄》写卷第173—176行）

净眼的解释与文轨相反，他将“随同品”解释为因法随逐宗的同品，与陈那所说的“说因宗所随”正相乖反，其谬甚显！这一点前文说“显因同品决定有

〔1〕《大正藏》第32卷11b。

〔2〕《庄严疏》卷二页一右，内院本，1934年。

性”时已作剖析，兹不赘述。

（二）异法喻是显因远离宗之异品

关于异法喻，《入正理论》结云：“若是其常，见非所作，如虚空者，是远离言。”〔1〕文轨解云：

> 此结异喻也。无所立无常宗处，远离能立所作因也。〔2〕

文轨的这一解释符合陈那说的“宗无因不有”的规律。在异法喻问题上，净眼的看法与文轨似别无二致，但他却要“注解”：

> 今更注解云，同法喻既显因随逐宗之同品，异法喻应显因远离宗之异品，即显异品遍无性也，应解无所立无常宗处所作之因远离也。（《略抄》写卷第178—180行）

净眼将异法喻释为“无所立无常宗处所作之因远离也”，其论述的角度是“因远离宗之异品”，与文轨的论述角度——异品“远离能立所作因”——虽有不同，然其逻辑涵义并无本质上的差别，同为“宗无因不有”的意思，然则净眼何以要作此“注解”呢？原来净眼所要强调的依然在同喻“显因随逐宗之同品”上。他似乎忘记了异喻固然要先宗后因地远离，而同喻却不能由因来随逐宗，因为第二相同品定有性恰恰是通过“说因宗所随”的同法喻得以体现的。这从其命题形式也可以得到证明，同喻体的命题形式是 $p\to q$，异喻体的命题形式是 $\overline{q}\to\overline{p}$，根据异质换位律，二者可以互推，具有等值的逻辑关系：$(p\to q)\leftrightarrow(\overline{q}\to\overline{p})$。由此可见，同喻“说因宗所随”与异喻“宗无因不有”乃是等值关系，其次序是不容改变的，故不能将宗随逐因改作因随逐宗。当然净眼不会不知道同法喻如果先宗后因则有倒合之过，他只是要强调瓶乃宗同品，因既须在瓶上有，故尔是因随逐宗之同品。然而这使他不自觉地陷入同喻以宗同为正的误区。其实同法以因同为正，因为同于因者必同于宗，故瓶这个同法首先是因同品，其次才是宗同品，体现在同喻体上就是先因同、后宗同。而这一点恰恰

〔1〕《大正藏》第32卷11b。

〔2〕《庄严疏》卷二页一右一二左，内院本，1934年。

被净眼忽略了,所以他才会作出强调宗同品的判语,这显然是不正确的。

（三）关于能立唯三的答疑

《入正理论》结能立云:“唯此三分说名能立。”这是顺上文分别对宗、因、喻(同、异二喻)作结以后的归结之言。意即唯此宗、因、喻三分组成的论式才名为能立,这一结论的提出,旨在遮除古师的五支论式,以及八能立等等。然而这句说得明明白白的话却被文轨、净眼乃至后来的窥基等疏家误解了,他们竟将三分能立解作因和同喻、异喻三分,亦即将能立 a 误解为能立 b,混淆了作为论式的能立和作为前提的能立。我们在这里提及这一点意在引起注意:下引《文轨疏》和《略抄》中说到的“三能立”“三义”等均指能立 b。《略抄》云:

> 问:唯三能立,无异义成;能立唯三,无同得(《文轨疏》作“宗”)立?答:同喻顺成,无同阙助,异法止滥,无异滥除,故不类也。外道亦具有唯立异喻。以三义证,斥破此计,如《广百论》。〔1〕(《略抄》写卷第 180—184 行)

这段文字从《文轨疏》“解结能立中遮计文”引来,即《文轨疏》在解释“唯此三分说名能立”一句(此句即“遮计”,即遮遣四分以上的各种考虑)时所作的问答。其问答的背景是,文轨认为能立唯三分,即因和同、异二喻。有人问道:“如立色为空,以缘生故,犹如幻事。”在这个比量中就无异喻,何故要说三分能立?文轨答云:说三分是为了遮遣四分、五分等,并非说能立一定要具此三分。这就是说,在三能立中允许省略异喻,因为为遮异品始立异法喻,有时既然无异品,因法必不致滥行,故省略异喻宗义仍然得以成立。文轨并批评上引的“缘生故”因有相违决定的因过。〔2〕经过了这样的一番问答,才有了上述《略抄》所引的一段问答。亦即问者接着文轨的答问复问:你既说唯三能立,却又说无异喻也可以成立宗,那么在三分能立中无同喻是

〔1〕 引见《庄严疏》卷二页三左、右,内院本,1934 年。

〔2〕 参见《庄严疏》卷二页三左,内院本,1934 年。

否也可以成立宗呢？文轨复答云：同喻是从正面来助成，若无同喻就缺失助成的作用，异喻是从反面来阻止滥失，如果找不出异法，滥失也就除去，所以同喻和异喻的作用不一样。外道亦有唯立异喻的。应以三分能立来论证，从而斥破唯立异喻的做法，如《大乘广百论释论》所斥破的那样。〔1〕针对文轨的这一答问，有人问净眼：

> 此虽顺《广百论》文，仍达《摄大乘论》无姓《摄论》第一卷解不共不有，证文云："不共无明……于五识（中）无容得（说）有；是处无（有）能对治故；若处有能治，必定（此处）有所治。"〔2〕准此文，即是唯以异喻成宗，如何言释？（《略抄》写卷第184—187行）

意谓文轨虽据《广百论释论》来斥破外道唯以异喻为能立，然而违背《摄大乘论释》。无姓所撰《摄大乘论释》第一卷解不共无明不得有时，其所立的论式中，就是只有异喻而无同喻的（"若处有能治，此处有所治"即唯是异喻），这又作何解释呢？此问不取外道的例子而从大乘释论中取例，有一定的反破力。对此，净眼答云：

> 论师意，异不可和言，令不相达于二教中，且明《百论》，以不达其，三相因故。《摄大乘论》若有第二相，何因不作同法喻耶？若无第二相不作同喻者，所闻性因唯作异喻，其义应成——若无同品不作同喻无不定过者。无同品故名同品无，亦是不共不定之过。又，此异喻先说无因，后述无宗，即是似异喻中倒离之过，何妨（疑是"况"之误）不作同喻亦是过也，故且明《百论》所说。（《略抄》写卷第

---

〔1〕 此处所说的《广百论》，当非指圣天所造的《广百论本》，而是指护法所撰的《大乘广百论释论》。此论卷一云："有余执言，唯异法喻即名能立，异法遍故。……此亦不然，……其异法喻二分俱行可名为遍，若无同喻，何所遍耶？不可说言自体自遍。又，诸比量欲遮余义，要有同法然后方成。同法若是无，异法应非有"。（《大正藏》第30卷188a）护法的这段话指出有外道主张唯以异喻为能立。护法认为同喻和异喻相结合才是完善的，如果无同法，也就无异法。

〔2〕 无性《摄大乘论释》，玄奘译。《略抄》所引，在文字上略有出入，今据《大正藏》校订，均以括号标明。见《大正藏》第31卷384a。

187—193 行）

净眼意谓，按论师意，相违不可说作不相违，而使之不相违于两种不同的教义中。他一再推荐中观宗提婆所造的《百论》，认为《百论》对外道（如数论、胜论等）的破斥是符合三相因的。他认为《摄大乘论》中若有因的第二相同品定有性，那么为什么要不说同法喻呢；如果由于没有第二相而不说同喻，那么缺同品的“所闻性”因不就可以唯以异喻来成立宗了吗？——只要由无同品而不作同喻又不会犯不共不定过的情况确实存在。然而无同品即“是不共不定过”。〔1〕净眼最后指出，无性《摄大乘论释》所立的比量中，其异喻先说无因后述无宗，即是似异法喻中的倒离之过，何况不立同法喻也是过失。净眼的这一番答问坚守了三分能立的原则立场，对唯立异喻为能立的批评是比较深刻的。但他以《百论》为规范，似缺乏典型意义，因为中观宗在破外道时虽雄辩滔滔，但并不注重逻辑形式和逻辑理论的总结，何况其时尚无因三相可资遵循，何来不违三相因之说？至于无著《摄大乘论》中有无第二相的问题，净眼虽从有无两方面作了分析，然似不了解无著对因三相所持的反对态度。〔2〕而且其时因三相虽已由正理派的后学提出，仍然只是古因明的因三相，是以喻例为喻体作类比论证的规则，与陈那的新因明以普遍命题为喻体、以事例为喻依的做法有着本质区别。净眼对此未予阐说，似是缺乏了知。

以上是《略抄》有关能立的论说与难破。《略抄》的后半部是有关过失论的阐释与论难，在下篇中再论。

---

〔1〕设数论对佛家立：“声常，所闻性故。”其有法声与所闻性因在概念外延上离于同一关系，故缺同品，属九句因第五句所说的情况：同品非有、异品非有。异品非有不是过，同品非有违反第二相同品定有的规则，从而犯不共不定过。

〔2〕因三相说最先由尼耶须摩（Nyāyasoma）或尼耶修摩（Nyāyasaumya）即正理派的后学最早提出，却遭到大乘瑜伽行宗创始人无著的反对。无著在《顺中论》里破斥说：“彼因三相，若何者法语为缘具（指三相具足），复以何者是因三相？……又如汝说三种相故，是名作法，因及因语，皆是缘具，则不相应……以不成故，一切作法无三种相！”（《大正藏》第30卷42a、b）

《因明入正理论略抄》研究(下)

——净眼关于因明过失的论议

一、关于宗的过失

(一)释比量相违的用例

《入论》云:"比量相违者,如说瓶等是常。"〔1〕这里用一个常识性的例子来说明比量相违过,十分浅显,因为人皆共知瓶子会打碎,应是无常性的,立者却说其常,与人们比量所得的知识相违,故有比量相违之失。文轨解释此过时,为了进一步从自、他、共上来划分,又给出了小乘有部对大乘所立的4例:

①"现在诸法独有力用取等流果。"——违自比量。

②"现在诸法定无力用取等流果,有实体故,如过、未等。"——文轨说此为违他比量例。

③"现在诸法定无力用取等流果,非实有故,犹如过、未等。"

④"现在诸法定无力用取等流果,世所摄故,犹如过、未等。"——以上两例违共比量。〔2〕

以上4例从宗的角度来看其实只有两种,即违反自比量的"现在诸法独

〔1〕《大正藏》第32卷11b。

〔2〕参见《庄严疏》卷二页五左,"支那"内学院,1934年。

有力用取等流果”,和违反共比量的“现在诸法定无力用取等流果”。为什么这么说呢?因为此量相违只是宗自身的问题,不涉及因喻,〔1〕删除因、喻以后,岂不就只是上述两个作为宗的命题了么?那么为什么说前者违自而后者违共呢?原来小乘有部主张一切诸法皆为实有,过去、现在、未来三世亦为实有。有部认为实有的诸法都有其恒常的自性,自性同时还是造果的原因,因此原因也是实有的。三世既同为实有,当然也都有力用取等流果(所谓“等流果”,就是与因有等同性的果,如从善因得善果,从恶因得恶果等)。但是大乘不同意有部的观点,认为在三世中,只有现在可设为实有,过去和未来则均非实有,故只有现在诸法独有力用取等流果。由此可知,有部如说“现在诸法独有力用取等流果”,岂非正合了大乘的意?故说此宗有违自之失。至于“现在诸法定无力用取等流果”,显然与大、小乘的主张皆不相符,故说此宗有违共之失。

文轨的例示,大体上可以说明比量相违中的违自与违共(违他不是过失,兹略),然而有人误读其例,且误解其例。如《略抄》引问者言:

> 问:“独有力用”形何法耶?诸师解云,形过、未说,以过去、未来不取等流果者。理恐不然。此比量过三藏所说,岂可判此无过之宗达有过比量名比量相达?何者?且如大乘、小乘现在诸法形彼过、未实有,独取等流果义,岂可以此正义达不取果不正比量名比量相达?且如《论》举“瓶等是常”,不正之义达初无后,无正比量因,故是比量相达所收,故知不得以正义达不正比量名比量相达也。若尔三藏何故举此解比量相达耶?(《略抄》写卷第196—203行)

问者意云,诸师以“独有力用”来说明过去和未来不取等流果,这是不对的,因为大小乘都认为“现在诸法形彼过、未实有,独取等流果”,是“正义”,“岂可以此正义违不取果不正比量,名比量相违”?此其一,其二,此例乃三藏法

〔1〕 上述例②与例③④的宗相同,文轨通过列举其因之不同来区别其违他与违共。这样的例示方法是不妥当的,会与相违决定、法自相相违等因过相混淆。

师玄奘所说,并咨疑说,三藏法师为何要“判比无过之宗违有过比量名比量相违?”其三,《入正理论》举“瓶等是常”例示比量相违,不正之义只在宗上相违,“无正比量因”(无须列出其因),“故知不得以正义违不正比量名比量相违”。

问者的这一大段话主要有上述三层意思。第一层意思显然误读、误解了《庄严疏》的用例。文轨是以“现在诸法独有力用取等流果”来例示有部犯比量相违中的“违自比”的,问者却将其视作“无过之宗”,还误解说,大、小乘都认为现在诸法和过去、未来均为实有,均可“独取等流果”。问者似乎并未理解,“独取”仅指现在诸法而言,并且不了解大乘只以现在诸法为“实有”,而以过去与未来为非实有,所以会混淆大、小乘在“三世”问题上的不同观点。然而问者的第二层意思倒是提供了一个重要的信息,即文轨解比量相违的用例原系三藏法师玄奘所说。由于问者有前述的误解,故他对三藏亦有质疑。问者的第三层意思总算抓住了关键,即比量相违过只限于宗支自身,“不正之义违初无后”,不涉因、喻,故举例只需列出其宗,“无正比量因”。

对于问者的咨疑,净眼答云:

> 今解三藏意云,现在诸法离因缘扶助独有力用取等流果,如是方名不正之宗,达大、小乘因缘扶助取果之义,故是比量相达所摄也。其所达三比量,如何(“何”字当为衍文)前所说,但宗意云,现在诸法离因缘扶助定无力用取等流果也。若作此解。即显邪宗达正比量,妙扶内教,善顺因明也。(《略抄》写卷第204—208行)

净眼的答问证实了上例确为三藏所说。但其所答不得要领,说什么三藏所举比量相违例含有“离因缘扶助”之义,所以是不正之宗,它与“现在诸法离因缘扶助定无力用取等流果”相违。这样的解释虽可合乎比量相违乃“邪宗违正比量”之义,然不免有横生枝节之嫌,仍未抓住“独有”这一与小乘有部的主张相矛盾的关键字,仍未能从区分大、小乘对“三世”的不同观点上来分析三藏所给出的用例。

（二）似宗"五相违"的总结

似宗中有五种相违过，即现量相违、比量相违、自教相违、世间相违、自语相违。《入论》在分别例释了各种似宗后总结"五相违"云："是遣诸法自相门故。"〔1〕文轨释云：

何故达彼现量等五是宗过者？以此五宗"是遣诸法自相门故"。谓声是诸法自相，其声自相为耳等所闻，通生耳识，即所闻义，名之为"门"，今言"声非所闻"者，不失声之自相，但遣所闻之门，故成过也。余作四种过，类此可知。〔2〕

这段话主要诠解了"自相"和"门"这两个关键性的概念，意谓有法即自相，如声；能别义即为门，如所闻。今言"声非所闻"，即遣自相声上所闻之门。"声非所闻"为现量相违例，文轨以此为例，其余四种则类此可知。

对于文轨的解释，净眼持有异议，如《略抄》云：

更有大德解云，此中五过不达有法，但遣于法，故名为"法"，法之体相名为自相。"门"者方便义，谓立自宗，如说"声非所闻"，即是遣达声上所闻法自相方便也。（《略抄》写卷第213—215行）

这位大德的解释与文轨迥然有别，他将"自相"解为能别法的"体相"，而不是有法自体；将"门"释作"方便"，而不是能别之义。按这样的解释，"遣诸法自相门"就是"非所闻"法遣违"所闻"法的自相方便，也就是以相违之法遣违法之自相。净眼同意"有大德"的诠解，故云：

今解云，即此五种法自相为相达之所遮遣，故言"是遣诸法自相门故"也。何者？且如"声非所闻"宗，即为立、敌耳识现量所闻相达之义，遣非所闻法自相也。"瓶等是常"宗，即为初无、后无三相之因所显无常相达之义，遣常法自相也。胜论立"声为常"，即为自教说声无常相达之义，遣常法自相也。"怀兔非月"等宗，即为世间多人共许是月相达之

〔1〕《大正藏》第32卷11C。

〔2〕《庄严疏》卷二页十二左，内院本，1934年。《略抄》所引与此全同。

> 义，遣非月自相也。“我母是石女”宗，亦即为我母相达之义，遣石女法自相也。此并依彼大因明说。彼论初自分明，不须具引此。既是圣教自判，不劳更非余释也。（《略抄》写卷第215—224行）

净眼的解释与“有大德”所说基本相同，只是避开了“门”字的解释。其实，文轨的疏解还是简洁可取的，而“有大德”的解释则较为繁琐，将“门”释作“方便”虽有所据，然在此处似无此义，故净眼对“门”字未作正面解释。另外，净眼对“五种法自相为相违义之所遮遣”一一作了例释，然在阐说中似乎错用了反义词，在语意上产生混乱。如现量相违的“声非所闻”宗，系“立、敌耳识所闻相违之义”，此相违义所遣违的“法自相”乃“所闻法”，然净眼却说为“非所闻法自相”，这就把话说反了！对以下四种相违例的分析亦莫不如此。净眼说“此并依大因明说”，然而陈那在《正理门论》中并未作如此的诠解。试看陈那所云：

> 为显离余立宗过失，故言“非彼相达义能遣”。若非达义，言、声所遣：如立“一切言皆是妄”；或先所立宗义相达，如獯狐子立“声为常”；又若于中由不共故，无有比量，为极成言相达义遣，如说“怀兔非月，有故”；又于有法，即彼所立为此极成现量、比量相达义遣，如有成立“声非所闻”，“瓶是常”等。〔1〕

陈那在这里强调建立一个真宗须排除“立宗过失”，也就是说立宗若要不违于义，则须在言辞辩说中排除五种似宗。然后陈那举了五种似宗的例子而未开具过名。这些用例基本上为《入论》继用，只是自语相违例由“一切言皆是妄”改作“我母是其石女”。次序上亦作了调整，以现量相违、比量相违领先，而将自语相违殿后。陈那所提示的五种似宗的要害在于立宗出现了“相违义”，商羯罗主《入论》所说的“是遣诸法自相门故”即是由此而产生相违之义的意思，二者阐述的角度虽有不同，论旨则别无二致，都是从宗的整体上来考虑的。由此文轨将“遣诸法自相门”从宗的整体上来诠释，解作遣违

〔1〕《大正藏》第32卷1a。

有法声上所闻之义，是符合因明大、小二论原旨的；而净眼所谓的“五种法自相为相违义之所遮遣”，则仅仅局限在法法相违上面，似不合“圣教自判”。

二、关于不成因

（一）何谓不成因

因过中有“四不成”，即两俱不成，随一不成、犹豫不成、所依不成四种。关于“不成因”，曾有不同的解释，《略抄》云：

> 解不成因中，《（庄严）疏》中引余人“不成”言，以不能成宗故，名不成因。法师破云，若以不能成宗故名“不成”者，所闻性因亦不能成宗，应是不成因；既是成因，故知因体不成，故名“不成”也。〔1〕（《略抄》写卷第224—227行）。

这段话列出了对“不成”的两种解释：有人以因不能成宗名不成因。文轨不同意这种解释，认为不成因乃是因体自身不成，即因体未能取得立、敌的共许极成，所以文轨对“余人解”作了破斥。意谓，若以不能成宗名“不成”者，则如九句因中第五句例中的“所闻性”这样的不共不定因，由于缺同喻而不能成宗，岂非也是不成因了？然而“所闻性”因与有法“声”有包含关系，不缺第一相，并非不成因，故知唯以因体不成（因体上的不极成）方名不成。净眼对文轨的破斥是持支持态度的，故在被破一方为自己的解释作辩护时，他为文轨作助破。如《略抄》云：

> 若作此破者，彼若救云，“所闻性”因虽不得作同喻成宗，亦得作量喻（“量喻”当系“异喻”之误）反显，故不得言不能成宗。其不成因必定不能成宗，故不成名“不成”也。（《略抄》写卷第227—229行）

这是净眼所描述的被破一方的辩解，意谓“所闻性”因虽无同喻来顺成宗义，

---

〔1〕 这段引文中的“法师破云”以下的话，系《略抄》从《庄严疏》意引而来。参见《庄严疏》卷二页十三左右。

然尚有异喻可资反显，故不能说完全不得成宗。而不成因则必定不能成宗，故将这种必定不能成宗的因称之为“不成因”。净眼助破云：

> 若以不能成宗故名不成者，其法自相相违因同品非有，故不得作同喻顺成，异品有因，故不得作异喻反显，应不成宗名不成因？虽不成宗，由遍宗法故是极成因。约因体不成名“不成”也。（《略抄》写卷第230—234行）

净眼的助破针对被破者所说的“所闻性”因尚有异喻可资反显，故非完全不能成宗这一点，进一步用法自相相违因为例来难破。意谓，法自相相违因于同品非有，故无同喻依，不能顺成宗义（违反因的第二相）；其因却于异品上有，故不能通过异喻来止滥（违反因的第三相）。这样，应该是必然不能成宗了，是否可以称之为不成因呢？其实，法自相相违因虽然亦不能成宗，但它犹可周遍于宗上有法（未违反第一相），故是“极成因”。由此可见，还是应以因体之不极成名之为“不成”。净眼的助破在用例上作了改进，以同喻不能顺成、异喻不能反显的相违因为例，使辩者难以为辩。而且他也深刻揭示：相违因犹具“遍宗法”性，即并不违反第一相，这就是说，不成因的实质在违反因的第一相，而不涉及第二、三相。“不成”之名应从因体之不极成来。这一论述较之文轨的《庄严疏》愈见深入。

然而在这之后，窥基虽也承认违反第一相者名“不成”，但他仍持因不成宗为“不成”之说，并破因体不成为“不成”之说云：

> 若因自不成名不成，非不能成宗名不成者，因是谁因？言自不成，离宗独说有因，可因自不成。因既是宗因，有过不能堪为因，明知不能成宗名“不成”。
>
> 又，若因自不成名不成，亦应喻自不成名不成，非不能成宗，因名不成，能立不成等便徒施设。
>
> 又，文说不成之义皆因于宗不成，故知不成非自不成。〔1〕

〔1〕《大疏》卷五页二十二左右，金陵本，1986年。又，《大正藏》第44卷120c。

窥基的这一段反破采用了偷换命题的手法，将文轨和净眼所说的“因体不成”换成了“因自身不成”，须知“因体不成”乃指立敌双方或一方不许此因周遍宗上有法，或疑惑而不能决定此因能周遍宗上有法，或有法无体而令因无从周遍，都是从因与宗的关系上来考虑的，并非孤立地、仅仅从“因自身”的角度上来作衡量。所以窥基此举是以己意强加于人，在此基础上所作的破斥是毫无意义的，本文不作详析。

（二）难《文轨疏》释“随一不成”

《文轨疏》释“随一不成”中云：

> 言“随一”者，此不成中含其三种：或有因唯自不成非他，或有因唯他不成非自，或有因或自、或他更互不成。今此但是唯他不成非自不成，是此不成摄故，名“随一不成，非谓此之一因即有自、他互不成也”。〔1〕

文轨对随一不成的这段诠释，似欠明畅，他说随一不成中包含三种情况，即或自随一不成，或他随一不成，或自、他更互不成。其实既名之为随一不成，就只有自随一不成和他随一不成两种基本形式，这自、他更互不成即两俱不成，怎么能列入随一不成之中呢？尽管此释最后特地指出：“非谓此之一因即有自、他互不成也。”又排除了第三种情况，但开首总括为三种，总是令人费解的，而且徒然造成前后的矛盾！净眼也正是由此而对疏文产生了误解并作难破，如《略抄》云：

> 若作此解，理不必然。难云，若以三不成中随一故名“随一”者，亦应四不成中随一，故两俱不成亦名“随一”。若言一不成中含容三，三中随一者名“随一”者，亦可两俱不成含容二，二中随一名“随一”。言二者谓全分、一分等也。既有斯过，故知不得作此解也。（《略抄》写卷第238—242行）

净眼在这里运用归谬法来难破，从三中随一名“随一”，推导出亦可在四不成中随一，将两俱不成名为“随一”，乃至将两俱不成中的全分、一分之一名为

---

〔1〕《庄严疏》卷二页十五左右，“支那”内学院，1934年。

“随一”,从而否定“三中随一故名‘随一’”的说法。然而净眼所破的这一命题并非文轨所云,而只是由误解所产生的一种假设,由此所作出的归谬自然缺乏针对性。

其实文轨对随一不成的解释并无大的差错,只是不够精练罢了,如在前述释“随一”的文字之后,又云:

> 又释,其所作因有生、有显,生即鸺鹠等计,显即声显论计。今鸺鹠等对声显论言“所作”者,彼便破云,汝言“所作性”者,为生、为显?若生即自成他不成,若显即他成自不成。故言“随一”。〔1〕

这里又通过胜论对声显论的立量来诠释,意谓“所作”因有生出和显发两方面的意义,〔2〕胜论持生出义而声显论持显发义。如果胜论对声显论立“声无常,所作性故”,声显论就反破云:“汝言‘所作’者,为生、为显?若生即自成他不成,若显则他成自不成。”通过声显论的这一番二难式的反破,说明随一即自随一或他随一。这样的解释基本上也就可以了,但他接着又说:

> 若唯他非自,若唯自非他,亦是此中摄也。〔3〕

“唯他非自”,即是“他成自不成”,“唯自非他”即是“自成他不成”,前后重复,似无必要,再加上一句“亦是此中摄也”,令人误以为其间还有什么不同!

不过净眼在文轨解“随一不成”的问题上虽然所破非其处,但他对“随一不成”的诠释却是简单明了,值得称道的。如《略抄》云:

> 今解云,且如两俱不成由立,敌俱不成故,知随一不成由随一人不许故名“随一”也。(《略抄》写卷第242—244行)

---

〔1〕《庄严疏》卷二页十五右,“支那”内学院,1934年。文中“鸺鹠”即鸺鹠仙人,乃胜论之祖。

〔2〕“所作”只有生出义而无显发义,胜论对声显论立“声无常”宗,则需用“显发性故”因,文轨应该知道这一点。此处如是释,可能是勉强设例所致,故后来遭到窥基的批评:“理外浪加,未可依据!”《大疏》卷六页二。

〔3〕《庄严疏》卷二页十五右,“支那”内学院,1934年。

（三）难《文轨疏》释“大种和合火”

《入正理论》说犹豫不成云：“于雾等性起疑惑时，为成大种和合火有而有所说，犹豫不成。”〔1〕文轨在解释这一句话中的“大种和合火”时云：

大种和合者，河水为水大，河岸为地大，于中有风为风大。又，山等中若有河，无河之处有性四大，故云大种和合也。〔2〕

净眼认为文轨的这段解释不正确，故《略抄》破云：

若作此解，理恐不然，以烟成火，岂从河水、岸等为大种和合耶？又，以烟成火，岂论性四大和合火耶？故知不得作此解也。（写卷第246—248行）

此破针对文轨的两层解释提出了两个问题：第一，以烟来成立火，这火怎么是由河水、河岸等为大种（原子）和合而成的呢？第二，既是以烟立火，怎么又论及“性四大和合火”来了呢？这第一问问得好，因为文轨对“大种”的理解确实有误，“大种”是构成一切物质的元素，如《俱舍论》所说的“四大”：地、水、火、风，即是构成一切物质的四种原子，是最小的不可分割的物质，故亦称之为“极微”，由地、水、火、风和合而成的物质（粗色）与“四大”有着根本的区别：“四大”中的火，称作性火；而由“四大”和合而成的燃烧之火，则称作事火。文轨说“河水为水大，河岸为地大，于中有风为风大”，显然是混淆了作为极微的“四大”与由“四大”和合而成的事物之间的关系。但是文轨并非不知道有“性四大”，只是蜻蜓点水似地触及了一下，没有展开，因此净眼的第二个问题提得似乎没有道理。按理说，文轨本应详释“性四大”与“和合火”的关系才是。

为纠正文轨疏释上的缺陷，净眼对“大种和合火”作今解云：

火有两种：一者大种和合事火，如火聚中有地大等共和合故；二者性火，如彼木中有火性故。为简性火，故知大种和合火也。（写卷第

〔1〕《大正藏》第32卷页11c。

〔2〕《庄严疏》卷二页十七右，“支那”内学院，1934年。

248—250行)

净眼的今解很简洁,不仅明确地分别了事火和性火,〔1〕末了还点明《入论》之所以要将“火”说成“大种和合火”,就是为了区别于四大种中的性火。

三、关于不定因

(一)说不共不定

1. 难《文轨疏》释不共不定因

不共不定是六不定因过之一,属“九句因”第五句所说的情况:同品非有、异品非有。故《入正理论》说不共不定云:

> 言不共者,如说“声常,所闻性故”,常无常品皆离此因,常、无常外余非有故,是犹豫因。此“所闻性”其犹何等?〔2〕

《庄严疏》解云:

> 此释义也。此中“常”宗以“虚空”等为其同品,以“瓶”“盆”等为其异品,其“所闻”义遍皆非有,龟毛等无,摄入无常品中,复不可言,更于(“于”当为“无”之误)余法有此因义以为同喻,以除常、无常二品法外更无非常、非无常第三品故。〔3〕

这段话是诠释《入论》所云“常、无常品皆离此因,常,无常外余非有故”的,意谓,在“声常”宗里,常法可以虚空为其同品,以瓶为其异品,然此量的“所闻性”因却与宗同品虚空和宗异品瓶全无联系。如果以龟毛等空类为喻,将其归入无常一类的异品中尚且没有必要,更无其他事物具有“所闻性”的因义而可作其同喻,因为在常和无常法外更无既非常又非无常的第三品。文

〔1〕 从现有因明文献来看,净眼似是最早明确将火分为事火和性火两种的,在此前,神泰虽也说过火有两种,但以“大种和合火”与“性火”对举。之后窥基在《大疏》中也明确将火分事火和性火两种,但较为晚出。

〔2〕《大正藏》第32卷11c。

〔3〕 此段文字为《庄严疏》佚文,引自《略抄》写卷第252—255行。

轨的这段解释基本上是对的，但他又以“龟毛”为例属多余，由此引出了净眼的一番批评，如《略抄》云：

若作此解理恐不然。且如“龟毛”等，若有能立“所闻”之因，及有所立“常住”之义为同法喻，乖不共义可须遮防；既无能立、所立二法，云何立彼以为同喻？故知此解不益斯论。若言龟毛非常、非无常，恐为不同非异品，为遮此故，作此说也；既不乖不共之义，何须此中遮之？若言虽不乖不共，何废遮余品者，何故前解共中不遮，要至不共方遮耶？（《略抄》写卷第255—261行）

净眼在这里提出三点质疑。第一，龟毛若有因法和宗法之义则可为同法喻，因为这与不共不定例相矛盾，可用作否证；现在既不是这样，怎么可以用龟毛来作同喻例？净眼的第一点质疑不免张冠李戴，因为文轨举龟毛例是就以之作异喻尚且无其必要而言的，何来用作同喻之说？第二点质疑是，若言龟毛既非常又非无常，恐不同于异品，可用以遮止“常、无常外余非有故”，现在既然不是这样的情况，又何必在说不共不定的时候作为例子来遮止呢？净眼的这一质疑可谓强加于人，因为文轨举龟毛并无如此复杂的用意在内。第三点质疑是，如果说龟毛例虽与不共不定并不相违，但并不妨碍它去遮止余品（说明在常与无常之外并无余品），然而，为什么在前面解共不定时没有采用这样的遮止方法，而要至解释不共不定的时候来遮止呢？这一质疑亦如同空中楼阁，杜撰他人之意而已！固然，龟毛之例本非必要，但并无净眼所分析的这许多意思，如此质疑，岂不是小题大做了么？可谓“不益斯论”也已！其实文轨以龟毛为例意在说明：按因明成例，虽以杜撰之物如龟毛、兔角为异喻依也是允许的，但在这里却是徒劳无功的，因为别无其他事物可作“所闻性”因的同喻依。文轨这样说并无什么不妥，因为缺异喻依本来就不是过，不违反因的第三相；缺同喻依才是不能允许的，违反了因的第二相。但是这层意思文轨表达得不够清晰，反而引起了别人的误解，似有不值！

接着净眼又批评云：

又，上句云“常、无常品皆离此因”，正解不共。下句举言“常、无常外余非有故”,即是遮余品,不释上不共之句;“故”言即是释上句词,故(“故”疑为“何”之误)须言“余非有”耶? 既有斯过,故知不得作此解也。(《略抄》写卷第261—264行)

此意谓,《入正理论》所云“常、无常品皆离此因,常、无常外余非有故”两句,其上句系正解不共不定因,其下句文轨既释作“遮余品”,就不是释前面的不共之句了,然而此句中的“故”字却是释上句之词,也就是说“故”字可与上句联系起来表示“常、无常品皆离此因”是产生不共不定的原因,如此,又何须再言“常、无常外余非有”呢! 其实这“遮余品”三字并非文轨所说,他在释文中也没有这样的意思。我在上面已说过,龟毛之例并非用以“遮余品”的,而只是顺着“常、无常外余非有故”的意思反过来再强调一遍罢了,所以净眼的批评纯系出于误解。净眼还作出“今解”云:

“常、无常品皆离此因”者,正解不共义;“常、无常外余非有故”,释成不共也。云何释成? 且如问言:“何故‘常、无常品皆离此因’耶?”释成云,如胜论师对佛弟子立“一切因声皆是常”,因云“所闻性故”。除宗以外,佛法、敌论常、无常品是宗余,故非有所闻因也。

此解即显除宗已外余常、无常非有“所闻性”因,故言“常、无常外余非有故”也。若作此解,即是释上句成不共义也。(《略抄》写卷第264—269行)

按照净眼的解释,这上句“常无常品皆离此因”是从正面解释不共不定因的,下句“常、无常外余非有故”则是解释上句以成不共不定之义。也就是说这上下两句是相辅相成,共释不成的。这样的解释其实与文轨别无二致,只是说得更为明确些罢了。因此上述难破乃出自误解,徒费笔墨而已!

2. 难《文轨疏》对不共不定与共不定的比较性论述

净眼复对《庄严疏》关于不共不定与共不定所作的比较提出质疑,如《略抄》云:

又《疏》中问答云:“问:‘所量’通二品,遍属异品不定收;‘所闻’同虽无,不属异品非不定。”广如《疏》说:“答:此因唯属有法之声,不通

> 同、异，故是不定。又如山中草木，无的所属，然有属此人、彼人之义，即名不定。今此‘所闻性’因亦尔，不在余品；若在余品，即空（‘空’系‘容’之误）通在同、异品义，故是不定。”〔1〕
>
> 若作此释，理恐不然。山中草木，虽无的属，然有可属此人、彼人，故许草木有不定义。“所闻性”因唯属声宗，毕竟不通同、异二品，云何同彼解不定耶？故知不得作此释也。若尔，不共不通同、异，如何同共解不定耶？（《略抄》写卷第269—277行）

此中引《文轨疏》的问答，意云，问者谓《入论》说共不定因时所举的“所量”因通向同、异二品，导致同品遍有、异品遍有，正由于它包含了全部异品而成为不定之因；而“所闻”因虽无同品，但它于异品遍无，应是非不定。对此，文轨答复说，“所闻性”因只属于有法声而不及其余，此因既无同品又无异品而成不定。接着又以山中草木为例，说明草木本无所属，而一旦有属此人或彼人之义即会产生不定的因素。“所闻性”因也是这样，它本不在余品，若在余品的话，即是容它通向同、异品，也是不定因。

净眼不同意文轨的这番解释，故破斥说，山中草木虽可属此人或彼人而有不定之义，“所闻性”因则唯属有法声而不及同、异二品，怎能当作共不定因来诠解呢？净眼的质难是正确的。不共不定与共不定虽然同属不定因，但二者在表现形式上却是截然相反：不共不定因是于同、异品遍无，共不定因则是于同、异品遍有，二者不容混淆。文轨释不共因时横生枝节，以山中草木为例作两可的解释，使本来简单易辨的问题复杂化了，实无必要！所以净眼作今解云：

> 共过通彼同、异品，俱为同法；是因不共，不通同、异品，各为异法成不定。（《略抄》写卷第277—279行）

这是对共不定和不共不定二因的确切厘定。也就是说共不定因既通及同品和异品，那么同、异二品即可“俱为同法”成不定；不共不定因既不通同品、异

〔1〕此段引文为《文轨疏》佚文，文字与敦煌本《文轨疏》基本相同。

品，那么如果赋以同、异品，这同、异二品必“各为异法”而成不定。为了作进一步的说明，他还假借设难来作释，如云：

何者？且如共过通彼同品、异品故，即以虚空、瓶等为其同法成常、无常故；是不共之因不通同品、异品中故，还以色等、虚空为异法故，亦显常、无常是不定也。（《略抄》写卷第279—281行）

这里的设难其实一无难破的意味，甚至亦无反质的口气，除了“何者?”是设问外，以下却是回答此问的判断句。意谓共不定因通向同、异二品，如以虚空或瓶作同法，可成立声常宗和声无常宗。不共不定因不通同品、异品，设以色等或虚空为其异法，亦显出此因在常和无常之中不定。这一设难实际上是例示共不定和不共不定在表现形式上的差别。然而共不定过中同、异二品“俱为同法”尚易理解，而不共不定过中设赋以喻例“各为异法”，却不易理解，故净眼又设难作解云：

若用此难，应云色等是无常，色等非所闻，显声有所闻，声即是常住；亦可虚空是常住，虚空非所闻，显声有所闻，声应是无常住。（《略抄》写卷第281—284行）

“色等”即除声以外的色、声、香、味、触、法，即是“常”宗的异品，亦是“所闻性”因的异品，通过“色等”可显“声即是常住”。“虚空”是“常”宗的同品，却是“所闻性”因的异品，通过“虚空”可显“声”应是无常住。这样，两个对于因来说“各为异法”的喻例，却可推出两种不同的结果，而成不定。净眼的这一例析相当深刻，而由此作出的总结更具有理论意义：

准此难，故知共过约同有、异有为同法，故顺成不定；不共过约同无、异无为异法，故反显成犹豫也。（《略抄》写卷第284—285行）

3. 以有法成立有法乃俱不成过，非不共不定

《庄严疏》中有段问答说到以有法为因来成立宗是否也属不共不定过的问题，如云：

问：如立宗言“一切声是常”，因云“以是声故”，常、无常品皆离此因，常、无常外余复非有，亦应唯是不共过耶？答：“声”是有法，“常”是

法,立因乃云“以是声故”。此因即是所立有法,除有法外更无别义,非宗法故,非不定摄,但两是俱不成过也。[1]

问者意谓,如立“一切声是常(宗),以是声故(因),”此因即有法,二者外延为一,既无同品又无异品,是否也是不共不定?文轨答云,此因既是宗上有法充任,就是宗法(非因)。此过非属不定,唯是俱不成过。文轨的这一答疑,得到净眼的回应,如《略抄》云:

此解与《理门论》同,即是有法不得成有法。(《略抄》写卷第290行)

“有法不得成有法”是陈那早就论述过的问题,陈那指出“有法非成于有法及法”,因为若是以宗之一分的有法为因的话,“应成宗义一分为因”。更何况以宗义之一分为因去成立的,也并非是宗上的有法,而是“成立此相应物”,这个与因相应的物件便是宗,而非什么有法!这一点前文已作论析,此不赘述。[2] 以宗义一分为因当然是一种过误,但陈那并未明确将这种以宗义一分为因的过失归属何种因过。前述问者将其归为不共不定过只是从同、异二品“皆离此因”的角度来说的,但是问者似乎忽略了一点:以有法为因是违背立因“唯取立论及敌论者决定同许”[3]之原则的。文轨在答疑时否定了问者的误判,认为“但是俱不成过”,这是比较可取的回答;因为问者以有法为因,仅仅是复述了宗上的有法,两个有法本是同一个概念,而按因第一相的规定,因法必须周遍(真包含)有法,这是两个概念在外延上的关系,而不是有法自身能做到的,如此,文轨认为立论者与敌论者都不会同意此因能周遍有法,应属两俱不成似因。但是,愚见以为或有另一种可能,即立许而敌不许的情况也是可能存在的,这便是随一不成了,所以应将所谓的以有法成有法的过失归属于两俱不成和随一不成为妥。至于净眼所云文轨“此解与《理门论》同”也尚可斟酌,因为如上所述陈那只是指出以有法成立有法

[1] 这段文字系《庄严疏》佚文,引自《略抄》写卷286—289行,与敦煌本《文轨疏》在文字上基本相同,见《〈文轨疏〉校补》卷二。

[2] 以上均系《正理门论》中语,《大正藏》第32卷lc。

[3] 《正理门论》语,《大正藏》第32卷lc。

“应成宗义一分为因”，而没有明确将其划属俱不成，故尚不能说为“此解与《理门论》同”！

4. 难《文轨疏》释“所闻性”因是他不共

《文轨疏》释“声常，所闻性故”云：

> 此即（俱）是他不共过，以声论师对佛弟子立此比量，声论自许声外大有、同异亦是所闻，敌论佛弟子不许故也。……如佛弟子对声论立宗云“声是无常”，因云“所闻性故”，此因望自同、异二品皆悉非有，望他声论即于异品“声性”是有，故是自不共也。〔1〕

文轨的这两段话分自、他两方面来揭示“所闻性”因在此量中的谬误性质。也就是说，《入正理论》在说不共不定时所陈之例乃是声论对佛家所立，因声论在声外自许大有（事物的总和，即概念范畴）和同异（概念的属种关系）也具有所闻性，所以此量对声论来说乃是三相具足，对于敌论佛家来说便有不共不定之过，这就是他共不定。反之，如果佛家对声论立“声是无常，所闻性故”，望自同、异二品全无，望他则是三相具足，因为声论自许在声外尚有声性具所闻性（声论以“声性”为同品，佛家则以“声性”为异品），这就是自不共不定。文轨的这番解释可谓简洁明瞭，并无不当。然而净眼不同意文轨关于他不共和自不共的解释。如《略抄》云：

> 理亦不然。且如他方佛声等，既（疑为“虽”之误）是异品，其“所闻性”因于彼既有，何得名为他不共也。若尔云何名为不共？（《略抄》写卷第 292—294 行）

净眼首先否定了文轨的解释，然后举出“他方佛声”来反破，意谓佛家自许的他方佛声虽是“无常”宗的异品，却是“所闻性”因的同品，怎么能名之为他不共呢？如此，又怎能名之为不共因？净眼以一个“他方佛声”不仅否定了文轨“他不共”的解说，也否定了“所闻”因是不共因的论断。然而《正理门论》和《入正理论》都以“所闻性”为例来阐述不共因，陈那并特地就不共不

〔1〕《庄严疏》卷三页二右，“支那”内学院，1934 年。

定问题与古因明师有过一番论辩。陈那论述了为什么“所闻性”因是不共因的理由。〔1〕这个问题似乎已经成了铁案,现在净眼竟提出“云何名为不共”的问题,岂不是与陈那的定论相悖?那么净眼所给出的“他方佛声”的涵义是什么呢?据大乘佛教说,世外尚有化身佛,化身佛的言语就是他方佛声。他方佛声虽发自无执受之四大种,与有情众生的言语发自有执受之四大种不同,但是均总属于声,所以具有所闻性。既如此,他方佛声并非声外别有,何得以之为同品?故“所闻性”因在立者声论看来虽是三相具足的正因,在佛家看来应是同、异品俱无的不共因,具体来说就是他不共。由此,净眼所破似有不当。

接着,净眼又作了今解。按《略抄》惯例,净眼在作了难破以后,即以“今解云”来正面表述自己的见解与解释,然而这一回却破了例,竟在“今解”中继续难破自不共,而这一点本来应该在破他不共时一起说的。如《略抄》云:

> 今解云,望共同品、异品无,名为不共,准此佛法对声论师立“所闻性”因,既于他方佛声上有,故知亦共同、异品无,名为不共(“亦共同、异品无,名为不共”十字疑为衍文,以与上文不合),《疏》判为自不共者,非也。(写卷第294—297行)

“今解”破自不共仍以“他方佛声”为例,只是立论者换作了佛家,所以成了破自不共的用例,从而否定文轨的说法。但净眼并未表明他的正面见解是什么,也就是说,文轨的自不共说既然有误,那么应该是什么呢?按理净眼当有所论述,而这里却没有!净眼对“所闻性”因为自不共的难破自然也是不对的,理由已如上述,此不赘言。

(二)说相违决定

1. 何谓相违决定

相违决定是“六不定”之一,却不在“九句因”所考察的不定因之列,且其相违之二量各自满足因三相的要求,由于相违决定的这种特殊性,加上古

〔1〕 参见《正理门论》,《大正藏》第32卷2b。藏译《集量论》金本同此。

师、陈那和天主对相违决定之二量如何断胜负的不同论述，更增加了问题的复杂性，由此也引生了众多的论议，文轨与净眼对相违决定的实质所作的不同解释甚具代表性。如《入正理论》说相违决定云："此二皆是犹豫因故，俱名不定。"〔1〕这是说胜论立量云："声是无常，所作性故，同喻如瓶，异喻如空。"声论针锋相对地亦立一量："声常，所闻性故，同喻如空，异喻如电。"如此二量，互相对抗，令人疑惑不定，故俱名不定。文轨释云：

此结过也。问：声、胜二论，比量皆成，何故复云皆是犹豫？答：此二比量虽无余过，然令证人、听众不测理之是非，谓彼疑云："一有法声其宗互反，因、喻各立，何正何邪？"故俱犹豫，名不定也。〔2〕

文轨首先指出《入论》所云"此二皆是犹豫因故，俱名不定"是对相违决定过的结语，以下通过问答来诠释，将声论与胜论所立之二量虽然各自皆成，却复犹豫不定的原因归结为令中证人和听众"不测理之事非"上面。也就是说，此二量的有法皆为"声"，而其能别却互反（"常"与"无常"），二量的因、喻各自能够成立其宗，于是众人就难以断定何正何邪了。文轨认为这就是相违决定过的实质。然而文轨的这一诠释净眼不予认同，故质疑云：

如真能立无有过失，敌不疑亦应邪众（"邪众"当为"听众"之误）、证人疑，故是犹豫因？故知不得以众疑判为不定也。（《略抄》写卷第301—302 行）

此意谓，如果相违决定之二量分别都是真能立，并且不是由敌者产生疑惑而成不定的话，那么难道还是由听众和中证人之疑惑而成为犹豫因的？通过反质，净眼否定了"以众疑判为不定"的做法。然后他又正面提出自己的见解：

〔1〕《大正藏》第 32 卷 lc。

〔2〕"此二比量……名为不定"见《庄严疏》卷三页四左，内院本，1934 年。内院本的这段文字，系据日释藏俊《大疏抄》所引，故不甚完整。兹据敦煌本《文轨疏》校改。

今解云，声、胜二论，虽各立义，然彼此因立、敌皆信各具三相，言中虽复确立自宗，然心皆为彼此因或（惑），言此二皆犹豫因，非约邪众（当为“听众”之误）、证义人心解不定也。何者？且如胜论心犹豫云，为如我所作性因，立、敌皆许具三相证声无常耶？为如他所闻性因，立、敌皆许具三相故能证声常耶？又，声论师心犹豫云，为如我所闻性因，立、敌皆许具三相能证声常耶？为如他所作之因，立、敌皆许具三相故能证声无常耶？故知但约立、敌之心自犹豫故，名不定也。（《略抄》写卷第303—310行）

这段话说得很清楚，也很具体，其主要意思是，相违决定的实质在于立、敌各自的心里产生了疑惑，而不是由于听众和证义人有什么疑惑，还举了例子来作具体说明。净眼的这一“今解”有失偏颇。试想，声论以“所闻性”因来成立“声常”宗，是从自宗教义出发的，一般不会因为胜论的立量而动摇信心；再从胜论来看，既以“所作”因成立“声无常”宗以对抗声论，其信念益显坚定，何来疑惑之有？所以净眼“但约立、敌之心自犹豫”说为不定似有欠当。相比之下，还是文轨“以众疑判为不定”较为合理，因为相违决定之二量何正何邪、孰胜孰负是要由中证人来断的，听众也有从中受到启迪的需要，结果却未能于此明察是非，如此二因，岂不沦堕不定之列？当然先立者惑于后量的因素也是可能存在的，尽管这种可能性较小，文轨未提及这点，似亦有欠完善。

顺便说一下，文轨以证人、听众的疑惑来判不定的说法也遭到同门师兄弟玄应的反对，如云：

此说不然。比量之法立、敌无非，即成能立，如何但约证、听不了解因犹豫？若无证、听，岂可此因非不定摄？〔1〕

玄应对文轨的批评有一定合理性，但是与净眼强调的“立、敌之心自犹豫”殊

〔1〕 玄应的因明论著已佚，这段话引自日释凤潭《瑞源记》卷五页三十三左，商务印书馆，1928年。

为相似,其偏颇之处亦不足为取。

2. 相违决定可有两种难法

对于相违决定量,他人可从两方面来揭示它的不确定性,如《略抄》云:

又,《论》文中先举胜论宗、因、喻,后举声论宗、因、喻者,且依因明法作相达决定难也。若依此因难势因("势因"疑为"斯因"之误),相达决定有二:一总约三相难,应云所作之因具三相,声即是无常;亦可所闻之因具三相,声应是常住。二别约二喻难,难同喻云,瓶有所作故无常,显声所作亦无常;亦可声性所闻是常住,显声所闻即是常。难异喻云,虚空是常无所作,声有所作即无常;亦可电等无常非所闻,声既所闻应是常;若顺此方,应用斯难。(《略抄》写卷第310—317行)

此中所谓"相违决定有二",非指有两种相违决定,而是指他人可从两个方面对相违决定量作问难,此即"总约三相难"和"别约二喻难"。通过这两种难,相违决定疑惑不定的实质就会更清晰地呈现出来。这两种难似乎是净眼最早予以总结阐发的。净眼赋予其名称并予以例示,这是对因明研究的一种贡献。但净眼说"相违决定有二"在表述上易滋误解。

3. 难《文轨疏》以现量和圣教量断"声常"宗

陈那在《正理门论》中曾提出应以现量和圣教量来断相违决定中声论和胜论所立二量孰胜孰负。也就是说,凭借现量,可知声有间断;遵循"一切世间所有言教合其理者"〔1〕的圣教量,可知声乃无常。但是有的问难者曲解了陈那的论意,将违现、教解作现量相违和自教相违,这就将不定因的问题转换到宗的过失上面去了。如《略抄》引《文轨疏》云:

问:声论定堕负,应是宗过收,如其离九失,何成达现、教?〔2〕(《略抄》写卷第317—318行)

〔1〕 神泰《理门述记》卷三页十四左,内院本,1923年。

〔2〕 这段问难在内院本《庄严疏》中漏收,不知何故。然内院本所据的藏俊《大疏抄》卷二十却引录了这段问者的话,与《略抄》所引同,见《大正藏》第68卷573a。

此中难者意云，在相违决定的二量中，声论定然堕负，因为存在宗的过失；如果说它是离开了九句因而导致过失的，那么又如何成其现量相违和自教相违呢？问难者的这一质难存在很多问题。第一，相违决定乃是二因各具三相，却成立互相矛盾的一对宗的过失，属于不定因过，问难者却将其归为宗过，理由是既违现量和自教量，即属宗过。但是说"声是其常"宗违现量尚可，却是并不违自教，又何来自教相违之失？第二，陈那所说的以现、教断胜负与问者以现量相违，自教相违断宗过是两回事，不能混为一谈。第三，相违决定本不在九句因之中，亦非离开九句因造成的过失，所以将"离九失"与"违现、教"对立起来，更令人莫名所以。但是文轨在答难中却未能指出其问题症结之所在，反而顺着问难者的预设来答难，如《略抄》云：

答：声论说"声常住"，耳等曾不恒闻。胜义虽简宗非，约情终达现、教。此即(则)由言，故无宗过，谓就胜义，声是(其)常；据情故理不真，谓达世间现、教二量。[1]（《略抄》写卷第318—321行）

文轨意谓，声论说"声常住"，但是耳朵却不闻恒常之声。声论虽然可以借用胜义谛来简除宗过，然而从情理上终究说不通，有违现量和圣教量。这一答难的要义，可以"胜义虽简宗非，约情终违现、教"两句来概括。说"胜义虽简宗非"，无异承认问难者将"现、教"解作现量相违和自教相违，承认问难者话中的这一预设成分，所以才有"宗非"的问题，才有以"胜义"来"简宗非"的假设。然而"约情终违现、教"又表明他仍坚持陈那以现量和圣教量来断胜负的立场。从中可以看到，文轨的答难有混淆两种"现、教"之嫌，不自觉陷入了自相矛盾的境地！对于《文轨疏》中的这一番问答，净眼认为是多余的，但净眼的难破同样没有抓住要害，反而转移了论题。如《略抄》云：

此中不应作斯问答。且如宗过中现、教相达者，举达自、达共现、教

---

[1] 此段引文与日释藏俊《大疏抄》卷二十所引同(《大正藏》第68卷573a)，今仅据《大疏抄》补入"其"字(用括号表示区别)。内院本《庄严疏》亦据《大疏抄》卷二十辑录了这段文字，但误将"答"刻作"问"。

者，说达他现、教非是宗过。此中现、教既是胜论所用，唯达于他，正顺宗义，故知不合作此问答。(《略抄》写卷第 321—324 行)

净眼意云，《文轨疏》中的这一番问答没有必要，因为说到宗过中的现量相违和自教相违，指的只是违自现量、违共现量以及违自教、违共教等，而违他现量和违他教均不是宗过。胜论若是以现、教说声论立量有宗过，那是唯违于他，正合违他顺自的立宗要求。从净眼的破斥可知，他竟浑然不察自己正顺着问者的思路在说话，并且大谈起违自、违共才是宗过，违他不是过的道理，将讨论引向了另途。但他清楚地知道，问难者所说的“现、教”并非陈那所说的“现、教”。如有人问：

若尔何故《理门》云“今于此中现、教力胜，故应依此思求决定”耶？

答：以文意说，相达决定既不知谁是谁非，但观自家义与诸家现、教相用胜者思求决定，故作是说，非是宗中现、教相达也。(《略抄》写卷第 324—327 行)

这一问答主要在区分两种“现、教”。净眼认为陈那所说的“现、教力胜”是对“不知谁是谁非”的相违决定量作出断定的依据，故与宗过中的现量相违和自教相违不同。净眼对两种现、教的这一诠释是正确的。

4. 关于相违决定因的小结

《略抄》引《文轨疏》中问答云：

问：具足三相，应是正因，何故此中而言不定？答：此疑未决，不敢解之，有通难者，随空为注也(内院本改作“有通释者，随宜为注也”)。〔1〕(《略抄》写卷第 327—328 行)

文轨歉称不敢答问，其实他早已作了解答。〔2〕净眼借机重述己见以作小结，如《略抄》云：

今解云，若具三相，非三相达，又不为彼敌因所可，是正因虽具三

〔1〕 内院本《庄严疏》卷三页四左。

〔2〕 参见本节(1)何谓相违决定的答问。

相,仍为敌量乘反,令彼此心惑(惑),不知谁是谁非,故虽具三相而名不定也。(《略抄》写卷第328—331行)

净眼在这里仍然强调相违决定之所以是不定因,主要在于其因"虽具三相,仍为敌量乖反,令彼此心惑"。这"彼此心惑"就是净眼在前面所说的"但约立、敌之心自犹豫故"。其偏颇之处,如前分析,此不赘述。

四、关于相违因

(一)释法差别相违

1. 难文轨解自相、差别

《入正理论》说相违因云:

相违有四:谓法自相相违因、法差别相违因、有法自相相违因、有法差别相违因等。〔1〕

《略抄》引文轨解云:

此列名也。宗有二种:一百显宗,有二:(一)法自相,如无常等;(二)有法自相,如声等。二、意许宗,亦二:(一)法差别,谓于前有法自相言宗之上有自意许,如大乘唯识所变无常等;(二)有法差别,谓于前有法自相言宗之上有自意许,如大乘无漏声等。

文轨对四种相违中的自相、差别的解释基本上是清晰的,即以言显之义为自相,以意许之义为差别,结合有法与法,成其四种相违。但他举例有所不当,引起他人的问难:

问:如大乘识变声等应是差别,何故不说?

此意谓,既然识变无常是差别义,那么识变声岂不也就是声的差别义了?文轨的解释是:

答:识变声等是有法自相,以大乘声唯从识变,无非变者故也。其

〔1〕《大正藏》第32卷12a。

识变无常该色等，故是法差别。〔1〕

文轨意云，识变之声所以是有法自相，是因为无非识变之声；然而识变无常就不同，因为它包含着色法，所以是法差别。文轨的这一解释似有前后抵牾之嫌，受到净眼的批评。如《略抄》云：

此中解识变无常为法差别，理亦不然。何者？且如因达识变声等共言显有法，即识变声是有法自相；立因达识变无常亦共言显法，何故识变无常非法自相耶？若《疏》该色等故是法差别者，言显无常亦该色等，应非法自相？故知共言显者虽该色上亦法自相，唯失（疑为"其"之误）意许者纵不该余亦法差别，故知不得作此解也。（《略抄》写卷第339—344行）

净眼意谓，文轨解识变无常是法差别于理不合。如因法与识变声等立、敌共许言显的有法相违是有法自相相违，立因与同样为立、敌共许的言显法识变无常相违，为什么就不是法自相相违呢？若是按《庄严疏》所说包含色法的就是法差别，则言显无常亦包含色法等，应非法自相？这就与文轨所说言显者为自相有矛盾了！由此可知，言显者即使包含色法仍然是法自相，意许者纵然不包含余法仍然是法差别，所以文轨的解释不妥。在这里净眼采用归谬法对"识变无常"是法差别的解释作了否定，从反面证明只要是共许言显的就是法自相，而唯有意许的才是法差别，并不问此法是否包含其他概念。净眼对文轨的这一批评是有力的。事实上除专名之外，一般的概念总会有它的下位概念，以"无常"而言，它总该了一切有为法，自然也包含了色法，但不能将这种包含关系理解为差别义。那么究竟应该如何来界定这个差别义呢？《略抄》云：

今更注解云，若识变无常是法自相，以更无非识变无常故。若耳识所变声上无常及赖耶、意识等所变声上无常，随迷一者，即所达无常是

〔1〕 以上所引文轨的疏文系佚文，见《略抄》写卷第332—338行，其中个别文字据《大疏抄》引文改。

法差别,以唯达意许,不共言显故。(《略抄》写卷第344—347行)

意谓此识变无常之所以是法自相,是因为没有非识所变的无常(这就同说识变声是有法自相一样,也是因为声唯从识变)。如果在耳识所变声上无常及阿赖耶识或意识所变的声上无常中"随一者",即是法差别相违了,因为这是违的意许义,不是共许的言显之义。净眼的这一诠解只说明"识变无常"为什么是法自相的缘由,却未能对法差别作出界定,而只是给出三种识变无常。诚然,阿赖耶识所生诸蕴以灭坏而无常,意识依意根缘法境所产生的认识活动亦属无常,耳识所变的声更是人所尽知为无常,但这三种识变无常各有所指,在一般情况下并不构成差别义,何来"随迷一者"即成差别相违?其实相违过所说的差别相违有其特定的内涵和外延,并非指言显宗之外的所有别义均成差别义,均与因相违。在这一点上,后来窥基所作的界说最为确切:

凡二差别名相达者,非法、有法上除言所陈余一切义皆是差别,要是两宗各各随应因所成立意之所许、所诤别义,方名差别。〔1〕

此谓某学派在使用概念时,都限于一定的共许范围,不能将所有言显之外的别义都看作为差别义。相违过中的差别义,须是立、敌各各通过因法来成立的意许之义,并且是立、敌所诤的那一含义。综上所述,文轨对法差别的诠释固然于理不合,净眼的注解也并不准确,唯有窥基的界说才揭示了差别义的实质。

2. 有关法差别相违的问题

以下是一些琐碎的问答。问者喜钻牛角尖,提出一些幼稚的问题来;答者竟不嫌其烦,一一应答,答问自亦无甚价值。如《略抄》云:

解法差别相达因中,问:种积聚性因达无积聚他用,即是法差别相达因,亦应所作性因达一尘无常义,应是法差别相达因。何者?且如佛法对声论师立:"声无常,所作性故,譬如瓶等。"声论师与佛法作

〔1〕《大疏》卷七页五左,金陵本,1896年。

> 法差别相达因过云："声应非一尘无常，所作性故，譬如瓶等，以瓶是四尘无常故也。"若立有此难，如何言释？（《略抄》写卷第347—352行）

问者所提的上述问题虽属浅拙，但要说清其问题的内容却要费一些笔墨。原来，《入正理论》说差别相违过时所举的例子是数论所立的"眼等必为他用，积聚性故，如卧具等"。此谓眼等五知根必为"他"所受用，这个"他"其实意许着"神我"（亦译"我"）因为佛家不承认有"神我"（即常住不灭的灵魂），所以数论才以"他"来暗含"我"，这样"我"就成了"他"的差别义。然而数论的神我是非积聚性的，而眼等五知根和卧具等都是积聚性的，所以佛家说以积聚性因去成立非积聚性的"他用"（即"我用"），即有法差别相违过。问者的提问就是从这样的前提开始的。问者认为，既然数论的"积聚性"因与非积聚性的"他（我）"相违即是法差别相违，那么佛家所立的"声常，所作性故，如瓶"的比量中，其"所作性"因亦"违一尘无常义"，亦"应是法差别相违因"。这样的比附不免穿凿，问者不但偷换了概念，且有强加之嫌。试想，佛家立"声无常"宗，其宗法"无常"是在立、敌共许的情况下使用的，其言显的意义确定，并没有意许什么"一尘无常"在内。问者冒以"一尘无常"为其差别义，岂非强加于人？而且说"声应非一尘无常"，"以瓶是四尘无常故也"，此中的"一尘无常"究系何义？如果说"一尘"即佛家所说的地、水、火、风四尘之一，则不存在无常的问题，因为极微是恒有的。如果"一尘"系指"分析诸色至一极微，故一极微为色极少"，〔1〕则此"一极微"乃指诸色中的一一极微，与"四尘"并不相违。由此问者所设的法差别相违量不能成立。然而净眼的答问却没有指出问者的不足，而是作了如下的解释：

> 答：积聚性因望法自相具足三相，与法差别相达为因，亦（"亦"疑为"非"之误）具三相，故是法差别相达因收。其所作性因望法自相具

〔1〕《俱舍论》卷十二，《大正藏》第29卷62a。

足三相，与法差别相达非一尘无常为因，于异品一尘无常电等上有故，非法差别相达因也。应反与作不定过云，为如电等所作性故是一尘无常耶，为如瓶等所作性故非一尘无常耶？（《略抄》写卷第352—357行）

净眼的这段答问，颇多错乱。首先他说“积聚性”因对于法的自相（即积聚性的“他用”）来说是具足三相的，但又说“积聚性”在与法的差别义（即非积聚性的“他用”，亦即“我用”）相违为因亦具三相，这就难以理解了，因为与法差别相违为因即成同无异有，怎么可能仍具三相呢？因此我怀疑或是书手抄错，误将“非”字抄作“亦”字。其次，他说“所作性”因望“无常”法自相具足三相，这点不错，但说“所作性”因与法差别相违“非一尘无常”为因有不定过，便是不知所云了！何谓“非一尘无常”？是否在“一尘无常”前多加了一个“非”字？看来不是，因为下文说“于异品一尘无常电等上有故”，这“一尘无常”的“电等”既是“所作性”因的异品，则宗法应当是“非一尘无常”。然而电虽属无常却非所作，怎么能将“电等”说为有所作性呢？所以说此量有不定过并无依据。总之，净眼的这段答问问题多多，颇费索解。

《略抄》又引《文轨疏》中有人问云：

无积聚他所受用宗，数论自许通卧具上，是法差别；其佛弟子对数论师立“声灭壤”，亦自许灭怀通灯焰上，何故即非（“非”疑为衍文）法自相耶？若是法自相者，能别应成。（《略抄》写卷第358—360行）

问者意谓，数论立眼等为无积聚性的“他”所受用宗，以“卧具”为其同喻，即成法差别；〔1〕而佛弟子对数论立“声灭坏”，亦自许灭坏通灯焰上，为什么是法的自相呢？比照可知，如果将“他用”视为法自相，其能别也就极成了。此问亦是大有问题，第一，佛家对数论立“声灭坏”，即是能别不极成，因为数

〔1〕“积聚性”因相对于无积聚性的“他用”来说，是同品无、异品有，因此卧具只能是宗异品而非宗同品。以积聚性的“他用”来替代非积聚的“他用”，故是法差别。

论不同意事物有“灭坏”而只主张有“转变”，佛家不可能对声论立“声灭坏”这样能别不极成的论题，而会采用共同认可的“无常”来与“声”组成论题。但事实上佛家不可能与数论讨论“声无常”的问题，因为双方对此所见略同，若就此立宗，则有相符极成之失。设问者有意如此设例以显其过，也还是不能成立，因为“灭坏”虽通“登焰”上，与上例中的法差别却并不相干。净眼对此未加评析，只是同意文轨的答问云：

广答此问如《疏》中解。（《略抄》写卷第360—361行）

文轨是如何答问的，以《文轨疏》残卷无此段文字，今已不得而知，不过净眼在同意文轨的答问后又作了注解，如《略抄》云：

今更助一解云，言显名自相，能别法极成；能别不极成，所以非自相。意许名差别，能别不须成，纵使他不许，不废成差别。两义既是不同，故不得作例也。（《略抄》写卷第361—363行）

这段助解分两层意思：先讲自相与差别，并将之与极成不极成相联系；后指出两例性质不同，不得作例。这后一层意思点到了要害，因为“无积聚他所受用”宗是数论意下暗许的差别义，而“灭坏”则并非差别义，只是随一无体的概念而已，二者并不相同，所以不能作例。但前一层意思却所述不当，有欠考虑，因为自相、差别与是否极成并无必然的联系。如以上设佛家对数论立“声灭坏”为例，“灭坏”虽为数论所不许，故为随一无体的概念，然其在宗中言显的意义，仍属自相。至于差别义，由于系言下暗许之义，并不光明正大，自无共许极成之可言，然差别义所寄寓之言辞，形式上还是要遵循立宗的原则为立、敌所共许的；如果不能极成，则须以简别法标明是自比量或他比量，然如此也就不存在差别义的问题了，因为既可明言，又何必暗许呢？由此可知，自相、差别同极成与否本是两个问题，无须联系起来考虑，净眼所云，不免逗臆。

（二）说有法自相相违

1. 释胜论例——“三因各立一法”

《入正理论》说有法自相相违，以胜论派祖师迦那陀为弟子五顶说“六句义”时所立比量〔1〕为例云:“有法自相相违因者,如说有性非实、非德、非业,有一实故,有德、业故,如同异性。此因如能成遮实等,如是亦能成遮有性,俱决定故。”〔2〕意谓此量中的“有一实故,有德、业故”因若能成立“有性非实、非德、非业”宗,那么也能成立“所言有性应非有性”宗,所以此因与有法的自相相违。〔3〕 由于《入正理论》在引例时对迦那陀所立三比量是合在一起表述的,所以令人产生疑惑。如《略抄》云:

> 问:此“有一实”(写卷误作“异”,今据《入论》改)等因,为以三法别成三法,为用三因共立三宗耶?(《略抄》写卷第364—365行)

问者意谓,《入论》的引例究系“三(因)法别成三(宗)法”而成三个比量呢,还是“用三因共立三宗”而浑成为一个比量呢?对此,净眼释云:

> 答:以三法别成三法,如“有一实”因成“非实”法,“有德、业因”别成“非德”法、“非业”法。何以得立?且如宗云“非实、非德、非业”(写卷误作“义”,今据《入论》改),三法既异,故知因言“有一实”等各成一法也。若言三因共成三法者,一一皆有一分重成已立过。何者?且如“有一实”因,弟子亦信非德、非业,若亦能成非德、非业,弟子既信,何须重成?“有德”之因,弟子亦信非实、非业,若亦能成非实、非业,弟子既信,何须重成?“有业”之因,弟子亦信非实、非德(写卷误作“业”,今据文意改),若亦能成非实、非德、弟子既信,何须重成?故以三因浑成三法,一一皆有重成已立过也。故知三因各立一法也。(《略抄》写卷第365—374行)

净眼的答问很明确:前引比量乃以三因成三宗,是为三比量。然后指

---

〔1〕 迦那陀:佛家称其为“鸺鹠仙人”。传说迦那陀因五顶具备七德而为其说“六句义”,由于五顶对“大有”心存疑惑,故迦那陀立此比量以说明之,令五顶彻悟,迦那陀说法后即入灭,五顶即为其传人。

〔2〕《大正藏》第32卷12a。

〔3〕《入论》对迦那陀所立三比量的批评不足为训,因为迦那陀所立比量并不存在有法自相相违过。请参阅拙著《因明学研究》(修订本)第256—259页,东方出版中心,2002年。旧版《因明学研究》(1985年版、1996年版)及台湾版《因明学研究》(台湾智者出版社,1994年)于此均同。

出，如果理解为以三因浑成三法，便有“一分重成已立过”，此即宗过中的俱符一分过。净眼的这一解释是具体而确切的，并且首尾呼应，最后归结到“三因各立一法”上面。

2. 关于胜论三比量是违有法自相，还是违差别的问答

《入论》引胜论三比量以例示有法自相相违因，有问者认为此例或可作有法差别相违例，如《略抄》云：

> 问：数论一解不许眼等为假他用，由因喻力成立眼等为假他用，虽达真他用，以假他替真他故，因名达差别不名达自相。亦可五顶许有唯离实，弟子难有非难实，以彼即，替离有，应达有法差别收？（《略抄》写卷第 374—377 行）

此问意谓，数论以假他（假我）替代真他（神我），其因名为差别相违；而胜论的五顶许大有离实，其弟子在提问时却以不离于实的大有来替代离于实的大有，这是否也应属于有法差别相违过？问者所云实为稚拙，错将二量合作一量了。迦那陀为弟子五顶所立比量说“有性非实，有一实故”等，五顶由此解悟“六句义”而继承道统，这即是“五顶许有唯离实”之量。然而到了五顶的弟子（传说有五弟子），又有“难有非难实”的主张，另立不离于实的大有，“以彼即，替离有”。然而这是两个不同的比量，各自以言显的自相立量，谈不上差别相违的问题；而差别相违是指在一个比量中其因与暗中意许的差别义相违。所以《略抄》云：

> 答：数论虽达真他用，自有假他替真他，因达差别非自相。五顶达彼离实有，自无即替体离为（此句疑有抄错，“替体”二字似倒置，“为”疑是“有”之误，全句似应为“自无即体替离有”），因达自相非差别。何者？且如卧具，共许为假他用，因、喻力故，成立眼等假他用，以自有假他替真他故，因名达差别。同、异共许非离实有，亦非即实有，由因、喻力故，成立有性非（“非”字当为衍文）离实有。既自无即实有替离实有，故因名达自相也。（《略抄》写卷第 377—383 行）

净眼的答问是分两层来说的，先指出数论的比量乃以假他（假我）替代真他

（神我），故其“积聚性”因系差别相违因。而五顶虽与其弟子所说的即实有相违，坚持其师所立的离实有，却并未以即实有来替代离实有，所以其因只是自相相违而非差别相违。然后净眼又以“何者?”设问，作进一步的阐说，认为“卧具”为假他所用是立、敌共许的，然而数论却通过因、喻成立眼等为假他所用，并以假他来暗寓自有的真他（神我），这就成了差别相违因。而同异性立、敌共许非离实有，亦非即实有，胜论却以因、喻来成立离实的大有，但在他们的立量中并未以即实有来暗寓离实有，故其因只是自相相违。净眼的这一大段答问，虽针对问意区分了自相相违与差别相违之不同，但他按照《入论》所述将胜论三比量说为有法自相相违也是不正确的。另外，说“同异共许非离实有，亦非即实有”也只是一面之词，按胜论的主张，同异与大有一样都是离实而有的，并不存在共许的问题。

3. 关于“有性非有性”的问答

如上所述，迦那陀为五顶立三比量后，佛家认为三比量犯了有法自相相违过，并立“有性应非有性，有一实故，有德、业故，如同异性”来相难。然而为什么有性能有于一一实、德、业而有性竟成非有性了呢？于是有人就此提出质疑：

> 问：有性有一实，有性非同异，不得难彼同异有一实，同异非同异；何得同异有一实，同异非大有，例彼有性有一实，有性非大有耶？（《略抄》写卷第383—385行）

此问意谓，既然有性能有于一一事物，而有性可以不同于同异，且不得因此而难破说，同异也能有于一一事物，所以同异应非同异，那么，怎能以同异能有于一一事物，同异不同于大有，而难破说“有性有一实，有性非大有”呢？问者的这一质疑很尖锐，且有针对性，因为当时确实有人是这样来批评迦那陀三比量的。〔1〕 对于问者的质疑，净眼只作了简单的回应，如《略抄》云：

〔1〕 如《大疏》云：“今立量云：‘所言有性应非有性，有一实故，有德、业故，如同异性。’同异能有于一实等，同异非有性；有性能有于一实等，有性非有性。”这代表了当时佛家的一般观点。见《大疏》卷七页十二右，金陵本，1896年。

答：若以有性难同异，达共许故不成难；以彼同异难大有，达他复成能破也。（《略抄》写卷第385—387行）

净眼意谓，有性非同异乃共许极成的命题，所以不得以此成难；而以同异非大有来难大有（相违量以"有性非有性"为宗，以原量的因、喻为因、喻），这是符合违他顺自原则的真能破。净眼此答回避了何以从同异非有性可以推出"有性非有性"来的，只是强辞为辩而已，并无说服力。然后他将笔锋一转，引出较为平和的问题。《略抄》云：

问："同异有一实、德、业，同异非是离实有，例彼（写卷误作"破"，据下文改）有性有一实、德、业，有性不是离实有"，难破师主之有；亦可"同异不是即实有，例彼有性有一实、德、业，有性不是即实有"，难破弟子之有耶？

答：夫（写卷误作"共"）相达因者，以立论之因达立者之义故，唯难师还之。有不明立者之因达教者之义，故不得破弟子之有也。（《略抄》写卷第387—392行）

以上问者引述了两种破斥量：一是以"同异有一实、德、业，同异非是离实有"为例来破师主（迦那陀）之有（即"有性非实、非德、非业"），其相违量为："有性有一实、德、业，有性不是离实有。"二是以"同异不是即实有"为例来破弟子（五顶的弟子）之有（即"有性应是即实有"），其相违量为：有性有一实、德、业、有性不是即实有。问者引述此二相违量意在明确究以何者为是。净眼依据《入论》的论意，指出相违因就是立论之因与宗相矛盾，迦那陀所立三比量既属有法自相相违，故唯应"难师还之"，而不要去破斥弟子之有。以上问者所问的，从佛家的立场来看，本来是不成问题的问题，因为《入论》早有定论，所以净眼只需按论意来答问即可。

4. 对有法自相相违难的界定

在立敌对诤中，对有法自相相违因应如何来难破，这是一个不容忽视的问题。以下两组问答就是围绕这一主题展开的。《略抄》云：

问：如胜论师破佛法所作比量云："声应非（写卷误作"是"，据下文校改）无常，声所作性故，犹如瓶等。"此既唯达立论有法自相相达，若言是者，一切法因皆斯过，如何言释？若言非者，此既唯达立论有法，又（写卷误作“有”）何所以得知非耶？（《略抄》写卷第392—395行）

问者以声论所出之相违量为例，问其是非。意谓声论以佛家所立之“声是无常，所作性故，如瓶”为有法自相相违量，故出难云：“声应非无常，所作性故，犹如瓶等。”声论出的相违量是否能成立呢？问者认为，如果予以肯定，则一切法的因都成了有法自相相违因，〔1〕如何来解释？如果予以否定，则此相违量既与立论的有法相违，又凭什么来说它不能成立呢？这是一个二难的问题，涉及较深的理论问题。但是此问亦存在两个问题：第一，佛家的立论原本符合因三相的规则，并不存在有法自相相违的过失，问者竟说声论的难破“唯违立论有法自相相违”，这等于承认自宗立论确有如此过失，岂非有自教相违之过？第二，声论出的相违量乃法自相相违量，如《入论》说法自相相违时云：“法自相相违因者，如说声常，所作性故。”〔2〕此中即以声论的立量为法自相相违过的典型例子。问者却以此例作为有法自相相违难的例子，并自处于两难之中，岂不大谬？然而净眼在答问时却没有直指其是非，而是绕了一个并不高明的大弯子。如《略抄》云：

答：应与作不定过云，为如瓶等所作性故非无常瓶（写卷误作*“声”），证声所作性故非无常声耶？为如他方佛声所作性故是无常声，证声所作性故是无常声耶？（《略抄》写卷第395—397行）

净眼此答颇成问题：第一，声论所出的相违量既属法自相相违过，理应运用相违量来出难，怎么能作不定过来破斥呢？第二，不定因难须以原量的组成成分来出难，不得改变原量的成分。而净眼所出的不定因难却增添了“他方佛声”这一为声论所不许有的，因而是随一无体的同喻依，不免有强加之嫌！正由于有上述缺陷，所以此不定过难并不能起到开悟他人的作用，只会令人

---

〔1〕 如以“声应非无常”来难“声是无常”，若作这样简单的否定来难有法自相相违可以成立的话，则一切因都会与否定的宗发生矛盾而不能成。

〔2〕《大正藏》第32卷12a。

徒生疑惑。如《略抄》云：

问：若声论对胜论"所作"因作此过失，既除余极成有法外更无不共许声，如何与他作不定过耶？（《略抄》写卷第397—399行）

此问就是针对"他方佛声"来说的，意谓声论破佛家时，佛家尚可以用"他方佛声"来出难，而如果是声论说胜论的"所作"因犯有法自相相违过，则立、敌双方在共许极成的声外更无其他不共许的声了，又如何作不定过来出难？问者的话说出了部分真理，但作为问难有欠全面。不过经这么一问，净眼总算转上正题来答疑了。如《略抄》云：

答：若有斯过，应更解云，夫（写卷误作"共"）有法自相相达因，不得（写卷误作"同"）翻法作；若翻法作者，即有难一切因过，如言"声应非无常"是也。若不翻法，不达共许破有法者，是有法自相相达因收，即如"有性应非（大）有"是也。〔1〕 若依此解，但可言"有性应非大有"等，即达他许之有；不得言有性_应非离实、离德、离业有，即是以法翻有法作，便成难一切因过也。

又，更解云，若成立法方便显有法者，即须与作有法自相相达因过。如言有性非实等难，虽成立"非实"等法，意欲显离实等别有大有有法，故得与彼作有法自相相这因过。若但成法，不欲方便成立有法者，不合作者（"者"疑为衍文）有法自相相达因。即如"声是无常"等，但欲成立"无常"之法，不是方便成立有法，故不得作有法自相相达。若强作者，即是方便破一切因，何名能破！（《略抄》写卷第399—411行）

净眼的这一大段答问，撇开其对胜论哲学的传统偏见不论，可谓精辟，与上文之错绕弯子截然不同。其意谓，对有法自相相违因的难破，"不得翻法

〔1〕 日释善珠《明灯抄》引净眼师云："夫有法自相相违因，不得翻法作，若翻法作者，即有难一切因之过，如言'声应非无常声'是也。若不翻法、不违共许破有法者，是有法自相相违因，如有性应非大有是也。"（《大正藏》第68卷317c）这段引文与《略抄》写本基本相同，只是由于抄人写错，与《略抄》写本中有数处出入，兹据《明灯抄》校改，并用括号标明。

作”,亦即不得以否定原量的宗法来难破;而如果翻原量的宗法而作,即有难一切因的过失。如说“声应非无常”,就是翻原量的宗法“无常”,而作的,这就不是对有法自相相违的难破了。而且经这么一翻转,宗与因便有了矛盾,所以有否定一切因法的过失。只有在难破中“不翻法”且“不违共许”而作,才是有法自相相违难,如说“有性应非大有”,这就是“违他许之有”,即是对原量中有法自相的否定。但如果说作“有性应非离实、离德、离业有”,就不是对有法自相的否定了,而只是对宗法的否定。然后他又进一步对有法自相相违难作出界定:若在成立宗法时意欲方便显示有法者,如胜论三比量,在成立“有性非实、非德、非业”时,意欲显示有法大有是离实、德、业外别有的,故可与之作有法自相相违难。如果立论只是要成立宗法,而不欲方便成立有法者,则不是有法自相相违过,如果对此强作有法自相相违难者,就是采取权巧的手段来难破一切因法,如此怎能名之为真能破呢?净眼的上述论述之精辟之处就在于:第一,界定有法自相相违与非有法自相相违的外延:凡在成立宗法时连带成立有法自相者,是有法自相相违;凡“但成法,不欲成立有法者”,则非有法自相相违。第二,厘清了有法自相相违难的方法,即“不得翻法作”,而只能对其有法自相作否定。第三,提示“翻法作”的弊病,即是“方便破一切因”,亦即有“难一切因”的过失。这些都是具有理论意义的。

5. 关于异品“龟毛”的讨论

在因明中,常用龟毛、兔角这样的虚概念来作异喻。《文轨疏》中有人在提问中说到,上述有法自相相违例中的异喻也是“龟毛”。

> 问:夫同、异品望宗法立,其“有一实”等因既于同品“同异性”有,于其异品“龟毛”遍无,何故此中乃约有法作相达过?〔1〕

问者意谓,在有法自相相违例中,其“有一实、德、业”因既于同品有,于异品遍无,则合乎于因三相,为什么还要说它是有法自相相违呢?对此文轨作了

〔1〕《庄严疏》卷三页十右—十一页左。内院本,1934年。又,《略抄》写卷第411—413行同此。

两种解答，并未涉及异品“龟毛”的问题。〔1〕净眼在《略抄》中虽对文轨的两种解答未置可否，但似乎并不满意，故另作解释云：

此中既以“龟毛”为异品，或是抄人错写，或是疏主心粗，何者？且如“非实”等宗，宜以即实、德、业为其异品，其“龟毛”等非实、非德、非业，云何乃取为异品耶？故知此言必定错也。（《略抄》写卷第413—416行）

从净眼的这段话中可知，他根本不同意龟毛可作“非实”等宗的异品，他甚至怀疑这是错写或粗心所致，他的理由是对于“有性非实、非德、非业”三个宗来说，其异品须是与之矛盾的“即实、德、业”的事物，而龟毛却非实、德、业中的事物，而只是并不存在的虚概念（甚至是假概念），所以以之为异品，“必定错也”。诚如净眼所云，用龟毛作异品在胜论三比量中不适合，因为龟毛虽可作因的异品（不能一一有于实、德、业），却是宗的同品（非实、德、业），而异品应该是首先异于宗的。其实胜论三比量的异品并不难找，任一具体事物均可作其异品，譬如瓶，既属实、德、业所有（宗异品），又非能有于一一实、德、业者（因异品）。这样的异品可谓俯拾皆是，完全没有必要取龟毛为异品，更何况龟毛并不与宗上能别相排斥，难怪净眼要怀疑“或是抄人错写，或是疏主心粗了”！

6. 难四种相违因

在本节中，净眼主要以偈颂的形式对四种相违予以一一难破，以作总结。《略抄》云：

又以此方难势（疑为“斯”之误），显四相达。

法自相相达难云，所作若于同品有，可许能证声常住；所作唯于异

〔1〕文轨的两种解答是：“答：此所立因虽具三相，违自许故，成相违因。又释：宗言‘有性’者，此即意许离实等外别有有性为有法宗，虽此宗云‘有性’即是离实等有，今望此宗辨同、异品，其‘同异句’即是异品，此所立因唯异品有，故是相违。”（《庄严疏》卷三页十一左）前一种解答说“有一实”因违自许的离实别有的“有性”，是误解了一一有于实的“有一实”，将大有与别有对立起来了。后一种解答则从喻上来破，认为“同异句”只是异品，但并未陈说理由，这也是一大误解。“同异句”乃胜论六句义之一，亦可一一有于实等而非实等，故是同喻。

品转，云何能显是其常？（《略抄》写卷第416—418行）

此难依据《入论》所云作破斥。《入论》在说法自相相违因时所用的例子是声论所立的“声常，所作性故”，《入论》说“此因唯于异品中有”，意即“所作性”因唯于“常”宗的异品“瓶”上有，于其同品“虚空”上却遍无，故是相违因。净眼据此作难破，深中肯綮。

法差别相达难云，卧具积聚性，卧具为他用，例眼积聚性，眼亦为他用，显彼真他用；亦可卧具积聚性，唯为假他用，例彼眼等积聚性，眼等唯为假他用，达彼真他用。（《略抄》写卷第418—421行）

此难据《入论》所云“此因（积聚性故）如能成立眼等必为他用，如是亦能成立所立法差别相违积聚他用”而作，深得其旨趣。

有法自相相达因难云，同异有一实、德、业，同异非异（当为“非实”之误）等，例彼有性有（此脱“一”字）实、德、业，有性非实等；亦可同异有一实、德、业，同异非大有，例彼有性有一实、德、业，有性非大有，（《略抄》写卷第421—423行）

此难亦是据《入论》而作。《入论》说有法自相相违时以胜论三比量为例，并云：“此因如能成遮实等，如是亦能成遮有性。”然而为什么“此因（有一实故，有德、业故）如能成遮实等（有性非实，非德，非业）”，就“亦能成遮有性”（有性非有性）呢？这不是武断么？缺乏充足理由！净眼的难破既是据论意而作，自然也只是似能破而已！试想，为什么同异性能一一有于实、德、业，因此同异性可以是非实、德、业而仍然不失其为同、异性；到了有性能一一有于实、德、业并且是非实、德、业时，却不成其为有性了呢？有性不就是大有、大同吗？不就是同的极限吗？同异性既然可以在实、德、业外别有，有性又为什么不可以在实、德、业外别有呢？这显然是难以自圆的。〔1〕 而且净眼

〔1〕 请参阅拙著《因明学研究（修订本）》第258—259页，东方出版中心，2002年。旧版《因明学研究》（1985年版、1996年版）及台湾版《因明学研究》（台湾智者出版社，1994年）的相关内容均与此同。

从“同异有一实、德、业”来推出“同异非大有”，也缺乏逻辑依据，因为其宗，因之间并无不相离性。从“同异有一实、德、业”可以成立同异非实、非德、非业，但不能成立“同异非有性”；依据这种不能成立的前提来类比，说“有性有一实、德、业”，所以“有性非有性”，岂不更为荒谬？

> 有法差别相违难云，同异有一实等因，同异非实等，例彼有性有一实等因，有性非实等；亦可同异有一实等因，同异不作有缘性，例彼有性有一实因，有性不作有缘性。（《略抄》写卷第423—426行）

净眼此难与有法自相相违难一脉相承，亦据《入论》而作。《入论》说有法差别相违因时说：“有法差别相违因者，如即此因（有一实等），即于前宗有法差别作有缘性；亦成立与此相违作非有缘性，如遮实等。”〔1〕这是仍以胜论三比量为例来说有法差别相违，只是将有法“有性”换成其差别义“有缘性”。何谓“有缘性”？《大疏》说“有缘谓境”，〔2〕这就是说有缘即是境，即是认识对象。“有缘性”即是认识对象的总和，亦即是有性、大有。此谓如立“有缘性非实、非德、非业”宗，仍以“有一实故，有德、业故”为因，以“同异性”为同喻，则此因与有法的差别义“有缘性”相违。净眼据此作有法差别相违因难，其错谬之处具如有法自相相违因难，此不赘言。

净眼在作了四种相违因难以后，又通过问答来说明后三相违难乃约义为难。如《略抄》云：

> 问：后三相违既约有同喻中为难，应是喻过，何故乃说相违因耶？答：约义为过是相违因；不约言为难，故非喻过也^（写卷第426—429行）

净眼意谓，后三相违是从违反因三相来说的，故对其的难破在于指出其因与宗相违，而非从言三支上来难破，故不是喻过。此答将因过与喻过从三相门和三支门上作了区分，言简意赅，深中肯綮。当然如果说得更全面一些的

〔1〕 本小节中所引《入论》关于四种相违因的断语均见《大正藏》第32卷12a。

〔2〕 《大疏》卷七页十五左，金陵本。1896年。又，《大正藏》第44卷131b。

话。还可以指出因过同喻过虽有区别但也有联系的一面,即相违因既然与第二、三相不合,则必然有喻支上的过失,即俱不成和俱不遣,因为相违因中的同品实际上是异品,与能立和所立俱有不成,而其异品实际上是同品,与所立和能立俱不能遮遣。

五、关于喻过

喻的过失有十种,其中似同法喻为五种,似异法喻为五种。净眼在《略抄》中对似喻未作全面阐释,只是就似同法喻中的无体俱不成过对文轨的疏释予以难破。如《略抄》云:

> 《疏》中解无俱不成中云,若声论救云,声上无碍,取遮及表;虚空喻上,唯取其遮;或空与声,唯遮非表。作此救者,不阙能立。有余大德不许此,故立破云,如《疏》中述。此两家义何者正耶?(《略抄》写卷第429—432行)

净眼所概述的《庄严疏》中的这番话,过于简略,不易索解。净眼说文轨对无体俱不成的解释为其他大德所不许,往返论诤的情况俱"如《疏》中述"。然而文轨对无体俱不成的疏文已全部佚失,故内院本《庄严疏》在俱不成条下只能付诸阙如。幸而慧诏的《因明入正理论续疏》(以下简称《续疏》)对文轨释无体俱不成时引起的论诤有较详的记述并予批评,加上其弟子智周《前记》所述,以及智周的二传弟子日释善珠《明灯抄》的注释,关于无体俱不成的论诤起由、过程和内容才具体地呈现了出来。

(一)关于无体俱不成论诤的起由

论诤的起由是《入论》说似喻俱不成时云:"俱不成者,复有二种:有及非有。若言如瓶,有俱不成;若说如空,对无空论无俱不成。"[1]此意谓,俱不成分两种,即有体俱不成和无体俱不成。例如声论立"声常,无质碍故",

---

〔1〕《大正藏》第32卷12b。

若以瓶为同喻，以瓶既非常，复有碍，故是有体俱不成；若以虚空为同喻，则此喻对小乘无空论者（经部师）来说，便是无体俱不成，因为无空论者不承认虚空为实有，虚空既为随一无体，就不能成就能立因法和所立宗法。《入论》对俱不成的阐说是浅显易懂的，疏家本来只需稍加解释即可，然而偏有人提出一些偏执古怪的问题来，将浅显的道理弄得复杂化。如有人问："真如常有，故说为常；虚空恒无，设对无空（论），常何非有？又，虚空无，何非无碍？"〔1〕这是说真如恒常和虚空恒无都是一种常，即使对无空论者说，亦是如此。而且虚空既然是无，岂非无碍？所以以虚空为同喻，并无无体俱不成过。这是典型的诡辩，以偷换概念的手法混淆恒常与恒无的关系，混淆无（不存在）与无质碍（无形的存在）之不同，从所立与能立两方面对《入论》关于无体俱不成的例解作反破。也有人承认无体同喻"虚空"有所立不成之过，但认为应无能立不成之失。如玄应疏中有人问难云："无空论者立'空无'，可说虚空非常住；无体之空非质碍，能立'无碍'应极成。"〔2〕《文轨疏》中亦有此问难："虚空体无，可非常住；无体非碍，能立应成。"〔3〕此二问均承认"虚空"既为无体，便无所立法之"常"性，故为所立不成；但"虚空"既为无体，即无质碍，应与能立法"无质碍故"相合，故无能立不成之失。此说仍然是将"无体"混同于"无质碍"！然当时似并未讨论概念偷换的问题，而是专注于宗、因、喻上的遮、表关系。〔4〕 如慧沼云："夫立宗法，略有二种：一者，但遮而无有表，如言'我无'，但欲遮我，不欲立无，喻亦但遮而不取表；二，遮亦表，如说'我常'，非但遮无常，亦表有常体，喻即具遮、表。依前，喻无体，有遮亦得成；依后，但有遮无表，二立阙。今立'声常'，是有遮、表，对

---

〔1〕 见慧沼《续疏》卷一页八右，内院本，1933年。

〔2〕《明灯抄》卷六本引，《大正藏》第68卷403c。

〔3〕《明灯抄》卷六本引，《大正藏》第68卷403c—404a。

〔4〕《明灯抄》卷六本云"先德皆约具遮、表说二立（能立、所立）有无，乃是同喻俱不成义，除此以外更无异义。"《大正藏》第68卷404a。

无空论,(虚空)但有其遮而无其表,故是喻过。"〔1〕此说代表了当时的一般见解。意谓,宗如果是否定命题,便只有遮(否定)而无有表(肯定),此时用来成立宗的喻依亦须是但遮而无有表的无体概念;宗如果是肯定命题的话,按因明的说法就是"亦遮亦表",即在肯定某物有常性的同时,亦否定某物有无常性,此时的喻依则须是有体的概念(喻依有体即有遮、表)。而上述对无空论者立量时如果以"虚空"为喻依去证成亦遮亦表的"声常"宗,则由于随一无体的"虚空"唯遮不表,故有同喻俱不成之过。此下的论诤即是围绕宗、因、喻的遮表关系展开的。

(二)文轨叙声论问并答

《续疏》引文轨叙声论辩白云:"有云:'声宗上遮、表,虚空喻上遮,别既两俱成,总非能立阙。'"〔2〕声论意谓,"声常"宗上虽亦遮亦表,而"虚空"喻上唯遮不表,然分别而言,所立宗上和能立喻上既然皆有其遮,即是立、敌两俱极成,从总体上看并非能立喻阙无。对此文轨答云:"若声论师作此立者,即是所立不成过。"〔3〕意谓声论师虽辩称无两俱不成过,然考察其立量,确有所立不成过,而能立因得有。文轨此答仍然坚持声论对无空论者的立量只是所立法不成而无能立法不成的解释,换言之,他认为《入论》对无体俱不成所举的例其实应是所立法不成的例子。

(三)别师与文轨的论难

上述文轨的解释引起其他大德的批评:"'声无碍'有遮有表,喻遮非表,喻不似因,亦不得成。"〔4〕此谓声论立量中的能立因"声无碍"是有遮有表的,而"虚空"以是无体而唯遮不表,所以喻依"虚空"与因法也不合,不得助

---

〔1〕 见慧沼《续疏》卷一页八右—九左,内院本,1933年。

〔2〕 见慧沼《续疏》卷一页九左,内院本,1933年。所引文轨疏文,经善珠核对《庄严疏》,仅"总非"二字次序颠倒,"今云'非总能立阙',即似谬也"。见《明灯抄》卷六本,《大正藏》第68卷404c。

〔3〕 同上注。

〔4〕 见慧沼《续疏》卷一页九左,内院本,1933年。

成能立法。文轨对此批评不予同意，提出反破云：“如咽等所作，杖等所作，虽不相似，所作义同，亦得成喻。”〔1〕此谓咽与杖二种所作虽然不同，然所作之义相同，故可用作同喻。意即声既无碍，空亦无碍，岂非与能立相合，亦得成喻？故复转述声论云：“声宗无碍，但取其遮，故空同喻，能立得有。”〔2〕意谓“声无碍”因乃是遮诠，唯遮不表，同喻“虚空”亦是唯遮不表，所以不阙能立。于是更有别师难文轨并声论救：“宗、喻具二，取遮非表，亦无能立者。”〔3〕意谓宗和喻的遮与表应该相应，宗上既亦遮亦表，喻上也应亦遮亦表，今之同喻虚空唯遮非表，故与宗不能相应，不能成为宗的助能立。这一批评似有转换论题之嫌，前面文轨和声论说的是喻与因的关系，此难却转到了喻与宗的关系上了！但文轨并没有理会这一点，只是从能立不成与遮表是否有关系上来反破别师。如云：“亦应小乘对大乘立‘虚空是常，以非作故’，立者许具遮、表，敌者即唯有遮，望自应有随一不成过。故知能立不成者，不约具遮、表。”〔4〕文轨意云，若依汝见须从遮、表关系上来判断同喻“虚空”是否能助成能立因，则小乘对大乘如立“虚空是常，以非作故”，此因立者许有遮、表，敌者则认为唯遮不表，如此便有他随一不成之过，故知不能从遮、表关系上来衡量是否有能立法不成过。文轨此破采用了归谬，旨在破斥从遮、表关系上来检讨同喻依与能立因和所立宗是否相顺相应的做法，这是有意义的；但是他未能从概念的有体和无体上来考察同喻依与因、宗二法的相应关系，故其论述仍不足取。

（四）净眼对文轨的批评

净眼在无体俱不成问题上对文轨的批评就是在上述背景下展开的。由于他对声论师和文轨的言辞取否定的态度，故只作简述，然后明确表态，支持“余大德”对声论和文轨的批评。如《略抄》云：

---

〔1〕 见慧沼《续疏》卷一页九左、右，内院本，1933 年。又，同上注。

〔2〕 见慧沼《续疏》卷一页九右，内院本，1933 年。又，同上注。

〔3〕 见慧沼《续疏》卷一页九右，内院本，1933 年。又，同上注。

〔4〕 见慧沼《续疏》卷一页九右，内院本，1933 年。

答：余师义正，顺理、教故；依疏主解，有达理、教失。（《略抄》写卷第432—433行）

此谓“余大德”的难破顺乎理义和教义，而文轨的解释则于理义和教义上都说不通。然后他从违理和违教上作了具体分析。如《略抄》云：

言达理者，有义宗、因、同法喻体，具取遮、表，遮余表此，显有义故；无义宗、因、同法喻体，唯取其遮不取表者，是无义故。若“虚空”喻是无义喻，可许唯遮，不阙能立；既取“虚空”为有义喻，故“空无碍”，何得唯遮？又，声、瓶上“所作”能立是有义法，不可唯遮；声、空之上“无质碍”法既证有义，如何非表？故不取表达理失也。（《略抄》写卷第433—438行）

这段话分析了为什么是“违理失”。净眼首先对有体、无体和表诠、遮诠的关系作了界定，认为有体的宗、因和同喻体均为亦遮亦表的表诠（肯定命题）；无体的宗、因和同喻体则为唯遮不表的遮诠（否定命题）。然后将话题转回到同喻依“虚空”上，认为“虚空”如果是无体喻，可许其唯遮而能立得成；然而立者既以“虚空”为有体同喻，怎么能说“空无碍”因是唯遮不表的呢？另外，声与瓶上的“所作”因是有体法，所以不能说是唯遮不表；声与空上的“无质碍”因既是有体的，又如何说它是唯遮不表的呢？故取遮不取表是违于理的。净眼此破的基调仍不离遮、表关系，而且还将遮、表与有体、无体联系起来，将二者混为一谈，更是谬之甚矣！如上所述，文轨对无体俱不成的解释虽不正确，而别师对他的批评亦并不正确。净眼的上述破斥更可谓以胶纠让，颇多外错，约其要者，略有二点。第一，净眼对宗、因、喻有体、无体的界定是以表诠还是遮诠为界划的，即以表诠为有体，以遮诠为无体。这显然不正确，因为按这种分法，因明只需讲表、遮即可，又何必另设有体、无体这些名目？其实有体、无体与遮表遣立并不是一回事。以宗的有、无而言，乃决定于有法是否共许极成：若宗上有法为立、敌所共许，即是有体宗；若有法为任何一方所不许，便是无体宗。当然结合遮、表来看，可以划分出有体表宗、有体遮宗、无体表宗、无体遮宗四种，但遮、表只是划分根据，并非有体宗和无体宗的本质属性,所以不能将遮表等同于有、无体,对因和喻的有、无体亦是如此。因的有、无体是看因法是否共许极成,喻的有、无体是看喻依是否共许极成。净眼在说到同喻的有、无体时,总是说“同法喻体”,这是一个差错,因为新因明以普遍命题为喻体,以事例为喻依,喻体本身并不存在有无体的问题,只有喻依才有有体与无体的分别。〔1〕 第二,净眼说:“若‘虚空’是无义喻,可许唯遮,不阙能立;既取‘虚空’为有义喻,故‘空无碍’何得唯遮?”此言亦殊为不当。胜论对无空论者以“虚空”为喻例,“虚空”即为无体,何来有体之说?“虚空”既属无体,又怎能在亦遮亦表的能立因上“唯取其遮”?即使从声论一方来说“虚空”为有体,也只是随一有体,与随一无体并无本质之不同。净眼以随一有体可有遮、表,以难文轨于“空无碍”因上“唯取其遮”,这更是说不通。文轨的“唯取其遮”说本来就是一种误导,现在净眼竟反从声论以“虚空”为有体来相难,于是又出现了新的矛盾:“虚空”既为有体,则因、喻各具遮表,又何来无体俱不成之失?第三,净眼以声与瓶上的“所作性”可有遮、表,去类比声与空上的“无质碍”法亦有遮、表,从而认为取遮不取表有违理之失。这样的类比未免失之牵强,因为声与瓶上有所作性是得到立、敌共许的,而声与空上有无质碍性却得不到完全断定。试想,“虚空”既为无空论者所不许而成随一无体的概念,它与“无质碍”因之间的联系自亦无从确定,复何从谈其遮、表?总之,净眼给出“违理失”的破斥,其本身同样违理,不足为训。以下再看净眼所批评的“违教失”,如《略抄》云:

言达教者,《理门论》云,前取遮、表,后唯取遮〔2〕解云,有义比量喻中前同法喻有义,故具取遮、表,后异法喻异二立故,许取遮故。依彼

〔1〕 关于有体与无体的问题,请参阅拙著《因明学研究》第五章:有体与无体。东方出版中心,2002 年。又,喻体是由因、宗二法组成的,因此喻体的有、无体已在因支和宗支上体现。

〔2〕 此乃意引《理门论》文,原文应是:“前是遮诠,后唯止滥。”见《大正藏》第 32 卷 2C。

《论》，此《论》亦云："此中'常'言，表非无常；'非所作'言，表无所作。"既有义喻，《论》取遮、表，故唯取遮，达教失也。(《略抄》写卷第438—442行)

此谓声论和文轨的言论之所以有违教之失，是由于不合《理门论》的言教。净眼解释"前取遮、表、后唯取遮"时，仍将遮、表与有义、无义结合在一起说，强调"同法喻有义，故具取遮、表"，等等，不通之处，已如前说，此不赘述。净眼在意引了《理门论》的话后，复引《入论》的话来印证，然而他所引的"此中'常'言，表非无常；'非所作'言，表无所作"，乃《入论》说异喻时的一个脚注，引在这里说明什么呢？要引也不应该引这么一段脚注来与《理门论》的话对应！其实《入论》关于同法喻和异法喻都有界说，〔1〕这是对《理门论》说同、异二喻的很好补充，引作印证最为恰当，可惜净眼没有予以重视。关于是否违教的问题，应分两方面来看：先说声论，声论乃外道，陈那的因明理论对其没有约束力，所以后来慧沼批评说："此难亦非，以彼外道不以《理门》为定量故。"〔2〕再说文轨是否违教的问题，《理门率》作为佛家新因明的奠基之作，自属圣教之言，文轨自亦不能违《理门》之教言。然文轨在解释论义时略有偏差，甚至说了一些误导初学的话，并非就是违教，而且类似情况在其他大德身上也普遍存在，这是研习过程中难免会产生的现象，对此据理分析即可，不必以违教论之，更何况净眼所难亦属不当，岂不亦有"违教"之嫌？

净眼虽对文轨关于无体俱不成的阐释作了上述批评，但最后也不得不承认文轨以归谬法反破别师的用例中有随一不成过，如《略抄》云：

问：萨婆多对无空论者立"空是常，非所作故"，敌论"非作"不许有表，此因应有随一不成耶？

答：既用"非作"为有义因，故对无空(论)是随一不成(过)也。

〔1〕《入论》给出的界说是："同法者，若于是处显因，同品决定有性。……异法者，若于是处说所立无，因遍非有。"《大正藏》第32卷11b。

〔2〕慧沼《续疏》卷一页十左，内院本，1933年。

（《略抄》写卷第442—445行）

问者以“空是常，非所作故”为例，与文轨所设的论例相同，净眼承认“非所作”因有随一不成过，此随一不成是指立者既许“非所作”因有遮、表，敌者却认为此因唯遮不表，从而成为随一无体之因。这正好是文轨用以反破别师的理由，净眼承认此因有随一不成过，无异于支持了文轨对别师的反破。其实“非所作”因并非随一无体，因为立、敌双方都不会不承认“非所作”这一负概念。问题在于净眼将表诠等同于有体（有义），将遮诠等同于无体（无义），敌者既认为“非所作”是遮设，净眼便只得承认“非所作”是随一无体之因了。

净眼关于因明过失的论议已如上述，于此可见，净眼对过失理论的研究或详或略，瑕瑜并存，对《文轨疏》的难破亦得失皆有，长短互见。但是他在论议的过程中为我们提供了许多当时的思想资料，这是弥足珍贵的。

《因明入正理论后疏》研究(上)

——净眼释现量与比量

《后疏》与《略抄》合写在一个卷子里,《略抄》在前而《后疏》在后,《略抄》当是全文抄录的,《后疏》则是节录。从写卷起自"《论》云:'如是等似宗、因、喻言非正能立'"来看,前面当有大块文字未录。那么写卷为什么只录末后部分文字呢? 究其原委,恐有三点: 第一,净眼的《因明入正理论疏》全文较长不堪全录。第二,《因明入正理论疏》末尾部分具有引人瞩目的内容,即净眼在疏释《入正理论》的文字之外,结合定心与散心,八识和四分说,对现、比二量作了专题论述,并补叙和例解了十四过类,这些内容份量殊重。第三,如此节录,似有与《略抄》接续互补之意;因为《略抄》只疏解了真、似能立二门,末了连个小结都没有,《后疏》写卷从小结似能立的这句话抄起,恐非偶然,而且自此以下便是论真、似现量,真、似比量,真、似能破六门,这正是《略抄》所未涉及的,二疏写卷具有互补的性质。〔1〕

本篇谨就《后疏》中释真、似现量和比量的问题先作论析。

一、关于因明八门的次序问题

净眼在解释《入论》说现、比二量的文字之前曾对现、比二量作了概论,

〔1〕 请注意,我这里指的是《略抄》与《后疏》两个写卷具有互补的性质,因为《后疏》只节录了释后六门的部分;而非指《略抄》与《后疏》本身。

并在概论前就因明八门的次序问题作了说明。关于因明八门的次序，商羯罗主在《因明入正理论》的首颂中是先说真、似能立和能破，再说真、似现量和比量的，然而在其阐释时，却是说了真、似能立后，随即便说现、比二量的，而将似能破置于最后。所以当《入正理论》说“复次，为自开悟，当知唯有现、比二量”时，净眼释云：

上来已解真似能立，自下“复次”解颂中真、似二量。（《后疏》写卷第11—12行）

此即谓前面已解释了真、似能立，自此“复次”以下解释的是真、似现、比二量。然后借此提出了问题：

问：《论》中先明真、似立、破，复辨真、似二量，何故长行解释诵越偈文？（《后疏》写卷第12—13行）。

这即是就首颂与阐释的文字（长行）不一致处提出质疑。所谓“长行解释诵越偈文”即指《入论》在阐说“八门”时，越过偈文的次序，将现量和比量，似现量和似比量提到真、似能破的前面来说了。这是为什么呢？净眼的解释是：

欲依类结，解就义便。自悟、悟他，是结欲之义；类解真、似，量借二立，以言兴也，故释其比量中云“相有三种，如前以（已）说”，解似比量中云“似因多种，如前已（先）说”，故知长行解义便也。又解，长行之中欲明内有真、似之量，外有正、似之异，若不诵其偈文，不显内外，问失相由也。《集论》云，能立有八，现、比等量亦入其中。故知长行为显内外，德（通“得”）失相由也。（《后疏》写卷13—18行）

此意谓《入论》首颂是依类而言的，即真、似能立与能破均属悟他门，故放在一起先列，而真、似现量和比量均属自悟门，故放在一起后列，然而在长行中则须根据解说的方便来安排先后。要依类解释真、似能立，由于立量须借助现、比二量，然后用言语表达出来，所以须随之阐释现、比二量。如建立一个真能立要借助因三相，这就与比量相同。又如种种似因的过失即与似比量同。由此可知长行是以方便立说的。还可以从另一角度来解释，长行欲明内有用以自悟的真、似二量(现、比),外有用以悟他的正、似立、破,若不先以偈颂加以明确,就不能彰显内(自悟)、外(悟他),不明内、外相从之理。《阿毗达磨集论》中说“八能立”,现、比等量亦在其中。[1] 故知长行为了彰显内、外,以取得失相从而言的方法。净眼的两种解释,较好地说明首颂与长行对“八门”次序的安排均有其合理性,亦即首颂是按悟他门和自悟门来分类陈述的,而长行则从内外相从的关系上考虑次序,二者并不相悖。接着,净眼便对现、比二量作概论。

二、现、比二量概论

净眼云:

将释《论》文,先解现、比二量义,略他三门分别:一明立二量意,二释二量名,三出二量体。(《后疏》写卷第19—20行)

这段话交代得很清楚,他在解释《入正理论》对现、比二量的阐说之前,要对现、比二量作概括性的论说,概说分三方面,即明立意、释量名、出量体。

(一)明立二量意

1. 概述西方诸师立有不同的量数

净眼在阐释陈那为什么只立现、比二量时,先对印度诸哲学派别所立量数作概括介绍,他说:

言立二量意者,依西方诸师,立量数不同:

且如数论师及世亲菩萨等立有三量:一者现量,谓量现境。二者比量,谓借三相比决而知。三者圣教量,谓借圣人言教方知;若无色界等,若不因圣教,何以得知?故离现、比之外,别立圣教量也。

或有立其四量,谓即于前三量之外,别立譬喻量。如世说言,山中

[1] 《集论》云:“能成立有八种:一、立宗;二、立因;三、立喻;四、合;五、结;六、现量;七、比量;八、圣教量。”(《大正藏》第31卷693b、c)

有野牛,余人问言,野牛如何?彼即答言,如似家牛,但角细异,胡与家牛异。此既直譬即解,不因三相而知,故离前三,立此量也。

或有立其五量,谓即于前四量之外更立义准量。如言:声是无常;所作性故;诸所作者皆是无常,譬如瓶等;若是其常,必无所作,如虚空等。因此比量,即知无常,义准亦知无我,诸无常者必无我故,故离前四立此量也。

或有立其六量,谓即于前五量之外,别立有性量。如言房中有物,开门见物,果如所言,既称有为量有,故离前五立此量也。

或有立其七量,谓即于前六量之外别立无性之量。如言房中无物,开门见无,果如所言,既称无而量无,故离前六量外别立此量也。

或有立其八量,谓即于前七量之外别立呼召量。如呼牛牛至,召马马来,既称呼而来,故离前七量外立此量也。(《后疏》写卷第20—37行)

以上净眼列举了印度各哲学派别从主张有三种量至八种量的不同情况,这八种量就是现量、比量、圣教量、譬喻量、义准量、有性量(有体量)、无性量(无体量)、呼召量。其实,印度各派所立的量数并不止这些,净眼所列八种仅是略举而已。而由以上所列诸量可见,其划分依据比较散漫,偏重现象的胪列,而没有抓住问题的实质。由此,陈那在前人所立量数的基础上加以分析,从属性上下手,唯取现量和比量二种。故净眼复云:

若依陈那及商羯罗主菩萨等,唯立二量:一名现量,二者比量。何因唯立二量?至为一切诸法有二种相,一者自相,二者共相,量自相者名为现量,量共相者名为比量,圣教量等皆量共相,故离此量更不立余,若为别知立余量者,别知诸法岂唯有八?今据总摄,立其现,比,故彼八种,此二所收。故《理门论》云:"为自开悟,唯有现量及与比量,彼声、喻等摄在此中,故唯二量。由此能了自、共相故;非离此二别有所量,为了知彼更立余量。"(《后疏》写卷第37—45行)

此谓依陈那意,唯立现、比二量,商羯罗主亦从师说。因为一切事物具有两种相,即自相与共相。在上述八种量中,除量自相的现量外,其余诸相均属量共相的比量,故无须在比量外再立其他的量了。净眼并引《理门论》的话来印证:陈那认为,从自悟门上来看,唯有现、比两种量,声量(圣教量)和譬喻量均包摄于其中,由此二量可以了知自相和共相。也就是说所量唯此自相和共相,非离此自、共二相而另有所量,故不必另立其他的知量。从陈那的论述可知,净眼的解释是符合陈那论意的。

2. 所谓三种自、共相

净眼将自、共相分为三种,如云:

> 此文但约散心,分自、共相为二量境也,言自相、共相者,泛论自、共有其三种;一者处自相,即如色处,不该余处,故言处自相;苦、空、无常等通色、心等皆有,故称共相。二事自相,即处自相中青、黄等别事不同,名事自相;总色自相,转名共相。三自相自相,则于前事自相之中,且如眼识所缘之青,现所缘者不通余青,亦不为名言之所诠及,则是青自相中之自相。前事自相等转名共相,为名言等之所及故,是假共相,且于色处作此宣说,准例,余亦有如此三自、共相,准处既尔,于界及蕴随其所应作此分别,今言自相者,但取第三自相自相、不为名言所及者为现量境;言共相者,俱为名言所验假共相者为比量境。

此谓陈那在《理门论》中将自相和共相说为现量和比量所缘之境,乃是从"散心"(此指名言,种类的分别心)上来说的。净眼认为自、共相有其三种,并且给出了处自相、事自相、自相自相三种名称。首先,他以"色处"来例解"处自相"。所谓"处"即是眼、耳、鼻、舌、身、意六根与色、声、香、味、触、法六境相接,是心、心所(精神活动的主体及其作用)发生作用之处,色处即上述十二处之一。色处与其他处的外延无重合关系,局于自身,故谓之"处自相";而苦、空、无常等有漏果报贯通色、心等有为法,故称之为共相。其次,净眼又以青、黄等颜色来例释"事自相"。佛家称因缘所生之有为法为"事",如色处中,又可分出青色、黄色等,此中每一种颜色亦均局于自身,故称"事自相";而前述总色自相,相对于青、黄等事自相而言,转为上位概念,成了共相。复次,净眼又进一步以“眼识所缘之青”来例释“自相自相”,意谓此“眼识所缘之青”,乃不可言说的现量所缘之青,故是“青自相中之自相”;而前述事自相对于“自相自相”而言,则转为共相,因为事自相仍与名言相涉,故是共相。净眼在此以“色处”为例作了上述诠解后,又将三种自、共相扩展到五蕴、十二处、十八界,认为诸法万有都分三种自、共相。他指出,其中唯有“自相自相”才是现量所缘之境,因为“自相自相”不为名言所及,而为名言所诠的都是共相,故是比量之境。

其实净眼所说的三种自、共相,乃是概念间真包含关系的三重层次。在真包含关系中,可以有多重层次,如某一概念相对于它的上位概念即属概念来说,是下位概念亦即种概念,而相对于它的下位概念来说,则又成了上位概念。净眼所描述的处自相、事自相和自相自相之间的关系,正是这多重包含关系的表现。但多重的包含关系究竟分几层却并没有一定之数,须按具体情况而定,所以净眼将其分为三种未免失诸偏狭。〔1〕 而且净眼的诠释还存在矛盾,如他先说陈那“但约散心,分自、共相为二量境”,又说“今言自相者,但取第三自相自相、不为名言所及者为现量境”。既然陈那新因明所说的自相和共相是散心位的产物,即与大乘佛教所说的自、共相有所不同,其不同处正如窥基所云,因明之“自相唯局自体,不通他上”,共相则“如缕贯华,贯通他上诸法差别义”。而按大乘教义,则“以一切法不可言说”为自相,以“可说为共相”。〔2〕 这也就是说,因明自、共二相的界分在“局、通”二字,局于自体者为自相,通于他上者为共相;而大乘佛教为自、共二相的界分是离言与否,离言者为自相,可说者为共相。二者颇为不同。净眼对这两种不同的自、共相及其与现、比二量的复杂关系似乎缺乏深入的认识,所以会在诠释中陷于自相矛盾。其实关于二相与二量的问题在亲光的《佛地经论》

〔1〕 窥基不取处自相、事自相、自相自相之名,而是按蕴、处、事等作了更多层次的分析,参见《大疏》卷二页三右—四左。金陵本,1896 年。又,《大正藏》第 44 卷 98b。

〔2〕 《大疏》卷二页三右,金陵本,1896 年。又,《大正藏》第 44 卷 98b。

中早有论述,如云:“二量在散心位依二相立,……若在定心,缘一切相皆现量摄”。〔1〕 意谓从散心位上说,现、比二量是以自、共相为所量之境而建立的,但从定心位上来说,则只有现量而无比量,因为自相和共相皆由现量统摄。为什么这么说呢?《佛地经论》进一步分析说:“彼因明论立自、共相与此稍异。彼说一切法上实义,皆名自相,以诸法上自相、共相各附已体,不共他故;若分别心立一种类,能诠、所诠通在诸法,如缕贯花,名为共相。此要散心分别假立是比量境。一切定心离此分别,皆名现量,虽缘诸法苦、无常等,亦一一法各别有故,名为自相。”〔2〕意谓因明论所立的自、共相与此经所云有所不同。因明论说一切事物现象的实义是自相,因为不论其原来是下位概念(自相)还是上位概念(共相),只要“各附已体”,不与他共,就是自相。而共相则是以分别心去建立种类,此时不论原来是能诠的概念(共相)还是所诠的概念(自相),只要它“通在诸法,如缕贯花”,就是共相,这也就是以散心假立的比量之境。而一切定心皆离此分别假立,虽缘诸法如苦、无常等共相,然苦、无常等为定心现量所缘时却是局限于其自体而不通于他的,故属自相。亲光是护法的门人,出身于那烂陀寺,他对大乘教义和因明理论造诣甚深,他的这番论述将两种不同的自、共相以及与现、比二量的关系揭示得很深刻。后来窥基就是依据亲光《佛地经论》所云对两种自、共相加以诠释的,上文已作引述,兹不赘述。

3. 关于自相和共相的答问

如上所述,净眼将自相分为处自相、事自相和自相自相三种,又说“今言自相者,但取第三自相自相、不为名言所及者为现量境”。于是有问者提出质疑云:

处之与事,岂非五识现量所得耶?(《后疏》写卷第55—56行)

问者意谓,你但取自相自相为现量之境,难道处自相和事自相不是五识现量

〔1〕《大正藏》第26卷318a。

〔2〕《大正藏》第26卷318b。

所得的吗？对此，净眼答云：

> 自相自相中处、事则为现量所得，总处、总事非五识境，为此偏约自相自相说也。故《理门论》云："由不共缘，现、现别转，故名现量。"(《后疏》第56—58行)

此谓在自相自相中，处自相与事自相可为现量之境，而总处，总事是共相，故非五识现量之境，为此他偏取自相自相，并引用陈那《理门论》的话来证明上述说法是持之有故的。其实净眼的答疑在逻辑上说不通。第一，他既然将处自相、事自相与自相自相视为并列的三种自相，怎么忽然又将处自相和事自相纳入自相自相之中了呢？自相自相中何来什么"处"与"事"！第二，在三种自相中，他本偏取自相自相为现量之境的，因为他认为只有自相自相才"不为名言所及"，现在却又改口说处自相和事自相"为现量所得"，前后岂不牴牾？第三，所引陈那的话也并不能证成他之所答。陈那意谓，由眼、耳、鼻、舌、身五识（五种主观认识作用）去认识色、声、香、味、触五境（五类认识对象）时，其五识间是互不相杂，互不联系的（即"不共缘"），是依托五根各别活动的（即"现、现别转"），如眼根缘色境，耳根缘声境，鼻根缘香境，舌根缘味境，身根缘触境，各各别缘而不共。陈那对五识现量的这一论述与"处、事"并无关联，故不能引作论据。

但是问者对于上述答问中存在的矛盾以及论据与论点不相干等并未深究，而是就陈那说的"由不共缘、现、现别转，故名现量"的话提出咨疑云：

> 若尔者，何因《对法论》云："问：于一一根门、种种境界俱现在前，于此多境，为有多识次第而起，为俱起耶？答：唯有一识，种种行相俱时而起。"〔1〕此文既达别转之义，如何言释？(《后疏》第58—61行)

问者谓，若五识认识对象时是各别活动的话，那为什么在《对法论》中当有人问到，诸根面对诸境时，其认识活动是先后进行的，还是同时进行的，论主答

〔1〕《对法论》即安慧糅《阿毗达磨杂集论》之别称。引文见该论卷二，《大正藏》第31卷703a。

称是“俱时而起”的呢？这不是有违“现、现别转”之义的吗？对此净眼答云：

> 虽同时取行相，各别不总相缘，故无有过。又《瑜伽论·菩萨地》云，随事取，随如取，不作此念、此事、此如何者。谓随事取者，缘依他性俗净；随自取者，缘圆成实性，其现量观内证，离言故，不分别此事、此如也。〔1〕又《对法论》云：“不待名言，此余根境是实有义……谓待名言，此余根境是假有义”。〔2〕又《法华经》云：“诸法寂灭相，不可以言宣，以方便力故，为五比丘说。”〔3〕又大、小《因明论》皆云：“此中现量谓无分别，若有正智于色等义，离名、种等所有分别，现、现别转，故名现量。”〔4〕准上经论，实法不为名言所诠，复言现量缘离言境，故知自相是离言境。名言所及既是假有，复言比量缘假共相，故知共相是言诠境。
>
> 此即是第一释立二量意。（《后疏》写卷第61—71行）

净眼的这一大段答问只有开头一句是针对问者的咨疑来说的。净眼认为安慧《对法论》所云“种种行相俱时而起”的话并没有错，因眼、耳、鼻、舌、身诸识虽然可以同时以各自的性能分别行于对应的色、声、香、味、触诸境相上，但是行相之间仍是“各别不总相缘”的，这与陈那所云并不相悖。在作了上述简要的答问后，他便将话题转移到了现、比二量的界分上，一口气引述了四段文字，最后据此给出结论：现量所缘的自相是离言之境，比量所缘的共相是言诠之境，二量正是依据二相来设立的。但是，他的引经据典和给出的

〔1〕 此为意引。《瑜伽师地论》卷三十六云：“又诸菩萨由能深入法无我智，于一切法离言自性，如实知已，达无少法及少品类可起分别，唯取其事，唯取真如，不作是念，此是唯事，是唯真如。”（《大正藏》第30卷487b）

〔2〕 引文见无著《大乘阿毗达磨集论》卷二，《大正藏》第31卷667a。

〔3〕 引文见《法华经》卷二，《大正藏》第9卷10a。

〔4〕 引文见商羯罗主《因明入正理论》，《大正藏》第32卷12b。《入正理论》世称“小论”，书中对现量的界说系据《正理门论》而言。《正理门论》世称“大论”。

结论同问者的咨疑并无联系,不免答非所问。最后是一句小结,结束第一释立二量意。

(二) 释二量名

净眼云:

第二释二量名者,初释现量,后释比量。(《后疏》写卷第 72 行)

此下他在对现、比二量的界说作解释时,着重在厘清关于现量的一些误解上面,对比量则所论甚少。

1. 难诸大德对现量的三种诠解

关于现量,陈那和商羯罗主都给出了明确的界说,其要点是:一不迷乱,二离分别,三现、现别转。对于这“现、现别转”,诸大德约有三说,净眼认为均有不妥,一一予以难破。如《后疏》云:

言现量者,《理门论》及《入正理论》皆云:“现、现别转,故名现量。”诸大德等略有三释。(《后疏》写卷第 72—73 行)

这里所引的并非大、小二论对现量所作的完整界说,而只是其中的第三点要义,因为诸大德所释均与此有关。

先看净眼对第一种诠释的难破:

一云,同时心王及心所法各自现影不同故,言“现、现别转”。

此释恐不当其理,夫释现量名,必不得该于比量,其比量上亦有同时心王、心所各自现影别转之义,故知此解不当也。(《后疏》写卷第 73—76 行)

此谓有大德云,在同一时间里,心王(八识的识体,亦即八识的自相,亦即一切精神作用的主体)与心所有法(随着心王的作用而生起的心理活动和精神现象,分六类五十一种),各自现影不同(心缘对境之总相,心所则取其别相,如心王缘色境之青色总相,心所则在青色之总相上取浓、淡变化之别相),这两种不同的现影,即是“现、现别转”之义。对于这种解释,净眼认为“不当其理”,因为释现量名不得包含比量的涵义,而此释所云“同时心王、心所现影不同”的情况却并不限于现量,在比量中亦复如是。这就说明现量界说中的

“现、现别转”并非此释所云乃“同时心王,心所现影不同”之意。净眼的这一批评是正确的。再看他对第二种诠释的难破:

> 一云,五识依现在根量度五尘等,故言“现、现别转。”此则依现之量名为现量,则依仕释也。
>
> 此亦不当理,此释亦该于比量,具如意识起比量时亦依现在末那为根,应名现量?若依小乘可作是释,以彼唯依过去意根。若尔大乘意识亦通依过去意根,何故唯约末那而生此难?若尔五识亦依过去意根,应不名依现之量!若言五识虽(“虽”似为“唯”之误)依过去而就,不共五根为名故名依现者,亦应意识毕竟不得名为现量[宗];以意根故[因];诸依意根者皆非现量,犹如比量[同喻]。是故不得以依现故名为现量,故此解不当也。(《后疏》写卷第76—84行)

此谓又有一释云,眼、耳、鼻、舌、身五识依眼、耳、鼻、舌、身五根去量度色、声、香、味、触五尘(五境),都是在现在时态中发生的事,故言“现、现别转”。净眼指出,这是将现量解释为现在之量,采用了依仕释的方法。〔1〕净眼认为此解亦不当其理,因为“意识起比量时亦依现在末那为根”〔2〕这样,比量岂不也可以名为现量了?本来说到这里也就可以了,因为净眼用以归谬的事例很有说服力。然而他接着又说了一大通不着边际的话,把问题推向复杂化,可谓败笔!兹试为分析之:第一,所谓“若依小乘可作是释,以彼唯依过去意根”的假设乃多余,小乘有部虽以过去意识为现前意识之根,与大乘主张第六意识乃以第七末那识为根不同,但这与现量的界说何涉?小乘又何尝说过现量即现在之量的话?第二,说“若尔大乘意识亦通依过去意根,何故唯约末那而生此难”,好像是用了小乘反质的口气,然而却是净眼说的,

---

〔1〕 依仕释:亦作依主释,六离合释之一。即以所依“现在根”为主体,以能依“量度”为辅臣,释为现在根之量度。

〔2〕 大乘主张有八识,即眼、耳、鼻、舌、身、意、末那、阿赖耶八识,其中前五识分别依眼、耳、鼻、舌、身五根取境,其第六意识识则以第七末那识为根,末那识则以第八阿赖耶识的自相为根。

其逻辑关系殊为模糊：为什么要如此说，此句与上下文具有何种联系，它的真实语意是什么？因为此话既然出自净眼之口，那么从小乘主张意识“唯依过去意根”推出“大乘意识亦通依过去意根”岂不有违教之嫌？当然这后面有“何故唯约末那而生此难”的设问，如果顺着设问进一步说明大乘何以要以末那识为意识之根，其逻辑关系自然就清晰了，然而接下去的文字却并非如此，致令此问游离在语境之外。第三，净眼接着又提出“若尔五识亦依过去意根，应不名为依现之量”的反质，意谓若是依现在时态而名为现量的话，那么五识亦依过去时态的意识为根，就不能名为依现之量了（亦即五识现量应不能称之为现量）。这一反质也很成问题：首先这是在对谁反质？对提出第二种诠释的大德，还是对小乘有部论师？如果是前者，则前者并非小乘论师，何来“过去意根”之说？如果是后者，则后者并非提出第二种诠释的大德，又怎能以之为反质对象？其次，即使作第二种诠释的是小乘论师，净眼的反质亦无道理，因为小乘有部主张意识依过去意根，然而并没有说五识要依过去意根。五识所依的还是眼、耳、鼻、舌、身五根，并以之去认识色、声、香、味、触五尘。由此，净眼所难无的放矢。第四，在上述归谬的基础上，净眼又立三支比量来破斥，但的宗殊为奇特，竟由一个充分条件的假言命题组成，其前件重述了上述归谬的内容，后件则是进一步推出“意识毕竟不得名为现量”，其实这后件才是真正的宗。其因是“依（过去）意根故”，故其同喻体概括说：“诸依（过去）意根者皆非现量。”并举出喻例：“犹如比量。”这仍然是采用反证的方法：既然依过去意根的不能名为现量，那么小乘有部主张现在意识以过去意识为根，所以意识不得名为现量。这一用以反证的比量同样存在所破非其人的问题（如上文第三点所析）。另外，小乘是以过去意识为现在意识所依之根，但意识仍可通于三量，即现量、比量和非量（似现量与似比量的总和），怎么能仅以其依过去意根便反证其不能名为现量呢？由上述四点分析可知，净眼对第二种诠释的难破，中间羼入了大段败笔之论，不仅转移了论题，且至碍难通，令人颇费索解。接下来净眼又对第三种诠解作了难破：

一云，现在五识量现五尘，故言“现、现别转”，名为现量。此则现是量，名为现量，则持业释也。

此释亦不当理，该比量故，意识比知烟下火时，岂非现在？此亦应名现即是量，故此释亦不当理也。（《后疏》写卷第84—87行）

此谓又有大德释云，“现、现别转”就是以现在的五识量度（认识）五尘的意思，所以名为现量。这种诠解用了持业释的方法。〔1〕就是说现是量，故名现量。净眼认为此释亦不当理，因为比量亦可以是这样的：当意识比知烟下有火时，岂非亦是现在之事？这也应说为现即是量。由此可知不当作此解释。净眼的批评简洁而中肯，与对第一种诠释的批评异曲而同工，有不容置辩的力度。至此，净眼已判诸大德的三种诠释皆有不当，于是提出自己的新解。

2. 净眼对现量的解释

净眼的解释有二，其第一释云：

今解云，色等诸法，一一自相不为共相之所覆故，各各显现，故名“现、现”；五识等色（“色”疑为衍字）于显现境各别转，故言“现、现别转”。此则量现之量，故名现量，此即依仕释也。（《后疏》写卷第87—90行）

此释意谓，“现、现”就是色、声、香、味、触诸法的自相各别显现，并且是未经名词概念所分别的。“别转”就是眼、耳、鼻、舌、身五识于所显现的认识物件（相分）上各别有。这就是说现量即量现之量，是依仕释。净眼此释说了两点：第一，所谓“现、现”即五境的自相各自显现；第二，所谓“别转”即五识各别有于所显之境。此释较之以上三说自是略胜一筹，然亦欠善，因为根据梵本和藏译本所云，此处乃指五境于一一根各别而有，互不相杂。〔2〕文轨《庄严疏》解“现、现别转”有二释，其一即按根根别有之义诠解：

---

〔1〕持业释：又名同依释，六离合释之一。这种释词方法是摄用为体，以体能持用故。如以“量”为体，以“现”为其业用，释为“现”即是“量”，故名现量。它与前述依仕释的区别是：如将现量释为现之量，便是依仕释；如释为现即量，便是持业释。

〔2〕参见吕澂：《因明入正理论讲解》第52页，中华书局，1983年。

> 五根照境分明，名之为“现”；五根非一，故云“现、现”；别依五现根，别生五识，故云“别转”。此五识心、心所是现量体，依现根起现之量，故名为现量，此依主释也。〔1〕

文轨此释当最贴近论意，然为净眼所未取。净眼之释，似与文轨的第二释略同。其第二释乃按识识别有之义作解，如云：

> 又释，五识照境明白，名之为“现”；五识非一，故云“现、现”；五识各缘自境而起，故云“别转”。现即是量，名为现量，此持业释也。〔2〕

文轨此释大不如前释，且不说识识别有之义与论意有别，说“五识各缘自境而起”亦不如文备所说的“五识生时各依自根而取自境”为佳。〔3〕故此释应不可取。净眼依此不切之释，似非明智。

再来看净眼所作的第二释：

> 又释，现量之心取二境，分明显现，胜过比量，故称“现、现别转”也。此现即是量，故名现量，此即持业释也。此“别转”言，且据散说，若约定论，总缘亦得，此如后说。（《后疏》写卷第90—92行）

此释意谓，现量之心取二境（或多境）时，各自明白显现，以其无分别而胜过比量，故称“现、现别转”。这是将现量作“现即是量”来解释，是持业释。然后他特地申明：这种“现、现别转”的说法乃是从散心位上来说的，若就定心位而言，则不分自、共相，“总缘亦得”现量。净眼此释似别无新意，与其第一释大同小异，亦是心识各取自境为“现、现别转”之意，只是换了一种说法，将依主释的现之量（第一释），说为持业释的现即量罢了！不过其末了的提示还是正确的，但未展开，要留在后面说。

3. 简说比量

关于比量，净眼于此只以一句话来概括，如云：

---

〔1〕《庄严疏》卷三页二十一左右，内院本，1934年。

〔2〕《庄严疏》卷三页二十一右，内院本。

〔3〕文备（奘门大德）云：“五根明对诸境，名之为现；五识生时各依自根而取自境，故名现、现别转。”（引见《明灯抄》卷六末，《大正藏》第68卷422a。）

言比量者，不能亲证，类度而知，此即是量，故称比量，此即持业释也。

此即第二释二量名。(《后疏》写卷92—94行)

此谓比量并非直接经验，而是凭借以往的经验“类度而知”的。这就是持业释。净眼此释只是对比量的一个简单说明，而非界定，详释如后。最后一句是第二释二量名的结语，下文转入出二量体。

(三) 出二量体

净眼云：

第三出二量体者，于中有三：一约定、散出体，二约八识明性，三约四分及能量、量果等分别。(《后疏》写卷第94—95行)

此谓以下从三方面来阐说现、比二量的体性。

1. 约定、散出体

这是从定心位和散心位上来分别现、比二量。

净眼云：

初约定、散出体者，一切定心皆是现量，以取境明白故。《理门论》云：“诸修定者离教分别，皆是现量。”〔1〕故知定心皆是现量。(《后疏》写卷第95—97行)

这里首先从定心位上来厘定，指出“一切定心皆是现量”，因为定心“取境明白”，并且正如陈那所指出的，定心“离教分别”，故是现量。关于“一切定心皆是现量”的问题，上文曾引亲光《佛地经论》的话作过解析，此不赘述。这里需要对“离教分别”作一些说明。“离教分别”即是“修定者”在得定之后以修习禅定的智慧(修慧)来缘虑诸法自相，从而离开了修定前以闻慧(由见闻经教而生的智慧)和思慧(由思维道理而生的智慧)来分别教义同异的状况。这就是说定心离开了对教义同异的分别，其所亲证的唯是现量之境，也就是诸法自相。

〔1〕《大正藏》第32卷8c。

净眼所云“一切定心皆是现量”是符合大乘教义的。接着,他又通过答问来展开论说。

> 问:定心缘无常、苦等共相之境,为是现量,为是比量?(《后疏》写卷第97—98行)

此问意谓,既云“一切定心皆是现量”,然无常、苦等皆为共相,应是比量之境,定心若缘此共相,究系现量还是比量?

> 答:依西方诸师有两释不同:一、上古诸师释云,无流方便缘苦、无常等未是正证,故非证量。复正体智证得苦等真如,真如非一、非多,俱缘一真如,故是自相境,亦是现量。准此释,顺决择分,定心及后得智缘假共相,亦非现量也。二、戒贤师释云,若约散心分自、共相,是二量境;若约定心,缘自、缘共皆现量收。今详二释,后解为正。若依前释,即达教理。《瑜伽论》说定心是智摄。又云见知是现量,觉是比量,闻是教量,若说定心通现、比量,应说定心通觉、知摄,及现、比收,此即达教也,又,诸佛种智为唯现量,为通比耶?若唯现量,应不缘瓶、衣、军林、舍宅等,何名种智?(“何名种智”四字赘余,或为净眼下笔有误)若许缘者,即是缘假共相,何名现量?若通比量者,诸佛种智◇明觉照,岂可比度方乃决知?故佛之心不通比量。一切诸佛无不定心,佛心缘假既唯现量,故知余定不通比量,此即达理也。由此故知后释为正耳!(《后疏》写卷第98—111行)

净眼针对上问,援引“西方诸师”的两种解释。一是上古诸师所云,意谓无漏[1]方便缘苦、无常等共相并非证量,而以无漏真智证得苦、无常等实相才是证得自相。作为诸法实相的真如虽有多种(非一),实是异名同体(非多),唯一真如而已,真如是自相境,故是现量。在这里上古诸师将无漏法缘苦、无常等共相境分为两种情况,认为当无漏真智方便缘苦、无常等共相时

[1] 无漏:梵字 anasmva,真谛作“无流”。“漏”即漏泄,“流”指流注,指烦恼由六根门泄流不止。无漏即离烦恼垢染之泄流。

非是证量,只有证得苦、无常等真如时,才是自相境,为现量所缘。净眼不赞成此说,指出此释所言就是将以发于见道之无漏真智(决择分)、定心及后得无分别智去缘名言所诠的共相,说为亦非现量。这按大乘的教义来说自然是不对的。净眼援引的第二种解释是戒贤法师所云,意谓从散心位上说,自相是现量之境,共相是比量之境;如果从定心位上说,则无论所缘为自相还是共相,皆属现量之境。净眼赞同此说,批评古师所云有违教与违理之弊。他援用《瑜伽论》关于定心了了自觉为现量以及觉是比量、闻是圣教量的论意来证明上古诸师违教,复指出诸佛具有知一切种子之智(种智),唯以现量缘境,即使所缘的是假名所诠的共相也还是现量,以此指斥上古诸师所云违理。最后净眼作出结论:"以后释(戒贤之释)为正。"于是问者复问:

> 若以后释,定心缘假共相亦名现量者,何故此《论》释似现量中云"由彼于义不以自相为境界故,名似现量"?
>
> 散心暗弱,取境浮浅,缘假共相,必由比知,妄谓现证,故非真量。定心明白,深取所缘,纵取共相,必由现证。《论》约散说,亦不相违。(《后疏》写卷第111—114行)

此答意谓,以散心取境暗弱肤浅,故缘共相境须借比量推知,如果妄言此为现量所得,唯是似现量而已。〔1〕而以定心取境,则明白深刻,纵然所缘的是共相,亦必为现量所得。《入正理论》关于似现量的阐释系从散心而言的,故与"定心缘假共相亦为现量"之说并不矛盾。于是问难者又援引《正理门论》的话提出质疑:

> 《论》文既云"诸修定者离教分别皆是现量"者,佛心既是定心,说法必缘其教,定心不离其教,应非现量所收。(《后疏》写卷第115—116行)

问难者意谓,《理门论》既说"诸修定者离教分别皆是现量",然佛心既是定

〔1〕此处的"非真量"即非真现量,亦即似现量。

心，而佛说法时又不能离开其教，故定心应非现量。这一反质说明，问难者对“离教分别”的理解有误，将“离教分别”解作“离教”，忽略了“分别”二字的涵义。然而净眼却未能指出其错谬，反而顺着“离教”的思路来作答，如云：

> 佛心缘教，唯拟被◇，非是借言方缘定境，故智望定境，终是离教也。若约散心分别现量等，即通现量、比量及非量也。(《后疏》写卷第116—118行)

净眼意云，佛以觉悟之心缘教，不是借着言辞方缘定心之境的，而是以无障碍解脱智来缘定心之境，故“终是离教”。若是从散心位上来分别现量等量，则可分别出现量、比量和非量(似现量和似比量的总和)来。净眼的这一答疑顺着问者所设的“缘教”和“离教”的思路而释，不但令自己误陷其中，且有答非所问之嫌，兹试为分析之。首先，问者将“离教分别”说作“离教”是一个关键性的错误。“离教分别”与“离教”是两个不同的概念，不容混淆。前文已说及“离教分别”是指修定者以修慧缘诸法自相，而不再以闻慧和思慧来分别教相同异。这就是说此时修定者已进入一个更高的层次，而不是什么“离教”。净眼对这两个不同的概念亦未能区别，不能不说是一个失误。净眼的同门大德对“离教分别”就曾作过正确的解释，如定宾《理门疏》卷五云：

> 《论》曰：“诸修定者离教分别……”述曰，第四定心现量也。谓定加行，闻、思位中依教分别；今已得定，在定位中修慧所摄，离前闻、思教相分别，于定心境唯内亲证。〔1〕

意谓在修定前的加行阶段是依据闻慧和思慧来分别教相同异的，故其所缘乃共相；而修定者在定位中则依修慧缘自相，不再以闻、思二慧分别教相，所以定心所缘的唯是自相，亦即现量之境。定宾的这一解释深中肯綮，

〔1〕 定宾《理门疏》早佚，此据日释藏俊《因明大疏抄》卷三十九引，见《大正藏》第68卷760b。

有助于厘清"离教分别"和"离教"之界划。其次,问者以"说法必缘其教"来否证"诸修定者离教分别",净眼顺其问意,从"缘教"与"离教"上来作释,竟说"智望定境,终是离教也"。这样的答问,恐亦与大乘教义不合。如慧沼云:

> "离教分别",非全不缘方名现量;若不尔者,应无漏心皆不缘教,八地以去,何须佛说!〔1〕

此谓"离教分别"并非不缘教才名为现量;如果不是这样,那么无漏心就应该不缘教了,八地以上的菩萨也无须听佛说法了!这里采用反证法来说明"离教分别"不是"离教",深具说服力,因为按照大乘教义,八地以上诸菩萨虽已定心相续,仍须听闻正法,何来离教之说?最后还要说一下"借言"与否的问题。问者的质疑虽未直接提出借言和离言的问题,然其问意中确实涵蕴了如下的意思:定心既离言,而说法须借言,佛心既定心,定心并非皆现量。净眼有鉴于此,故在答疑时说到"借言"与否的问题,本无可厚非,但他对这一问题似乎缺乏清晰深入的思考。如说什么"佛心缘教……非是借言方缘定境",且不说这句话的主谓词缺乏逻辑联系,即其所答而言,亦与所问("说法必缘其教",亦即说法须借言,)不啻南辕北辙!又如净眼说"智望定境,终是离教",不仅回避了佛说法时是否仍为现量的问题,且与上文"佛心缘教"相矛盾。总之,净眼的这番答问文字虽不多,问题却不少。

以上就是约定、散出体,故净眼云:

> 此即是约定、散分别现、比二量。(《后疏》写卷第118—119行)

2. 约八识辨体

此即从八识与二量的关系上来分别。净眼云:

> 第二约八识辨体者,眼等五识及阿赖耶识,若定、若散,若因、若果,若漏、无漏,皆现量摄,以离名言、种类、分别,证自相境故。(《后疏》写卷第119—121行)

〔1〕《续疏》卷二页九右,内院本,1933年。

这段话实际上只是概括地诠释了前五识和第八识与现量的关系，而未涉及第六意识和第七末那识(盖因第六识与第七识情况比较复杂，故留待下文再说)。净眼谓眼、耳、鼻、舌、身五识与第八阿赖耶识无论处亍定心位还是散心位，无论为因还是为果，有漏还是无漏，都属现量所摄；因为前五识和第八识缘境不介入名词概念和种类分别等思维活动，故所缘皆为自相境。净眼的这一诠释似欠精当。按陈那的界定，现量有两个必要条件，即无分别和泰正智，如《正理门论》云："若有智于色等境，远离一切种类、名言、假立、无异、诸门、分别，由不共缘，现、现别转，故名现量。"〔1〕此中虽以无分别为现量的第一要义，但亦同时提出须以正智亦即无迷乱的能量之智〔2〕(见分)去缘对境的自相。于此可知，这两个必要条件是缺一不可的，如果在认识过程中介入了名言、种类等分别活动，即使有正智生，亦非真现量；反之，如果缺乏正智而生迷乱，即使无分别，亦是似现量。故净眼在诠释中只说无分别不说无迷乱，当是不完整的。然而唯识家在说到前五识与现量的关系时，往往只强调"无分别"这一点，所以净眼的阐释本亦无可厚非。不过下面的答难却反映出他对现量须"无迷乱"这一必要条件是缺乏充分认识的。如有人质难云：

> 五识烦恼与无明俱，即迷境起，何名现量？(《后疏》写卷第121行—122行)

此中所云"五识烦恼"即"无明"("烦恼"是"无明"的别名)，"无明"即无智慧，无智慧则生障碍，陷入迷乱之境。故问难者反质说，既如此何以名现量？对此净眼答云：

> 烦恼自缘顺达境起，终不迷色等，谓非色等。迷顺运边，自是无明；

---

〔1〕《大正藏》第32卷3b。

〔2〕商羯罗主《入正理论》关于现量的界说中称之为"正智"(参见《大正藏》第32卷12b)，慧沼释云："此中正智即彼无迷乱，离旋火轮。"(《大疏》卷八页十七右，金陵本，1896年)但是陈那似有意回避"不迷乱"的提法，而代之以"正智"，然其实质与不迷乱无异，故法称又恢复"不迷乱"的提法。

称色等边,终是现量。(《后疏》写卷第122行123行)

净眼意谓,烦恼生于顺缘其境还是与此相违,决非以迷乱之智缘色等境的结果,所以说并非色等境自身有什么问题。在顺与违的范围里迷乱,自是无智慧的表现;而缘色、声、香、味、触等境,终究是现量。净眼的这番答问似乎否定了现量须以无迷乱的正智去缘境这一必要条件,而将缘境的方式即顺违其境当作产生烦恼亦即无明的原因,这实在是颠倒了因果关系!

以上净眼已就前五识和第八识与现量的关系作了诠释和答难,以下转入对第六识和第七识与二量关系的考察。净眼云:

> 末那散位见分唯是非量;自证、证自证分一向现量,以内缘离分别故;若在定位,一向现量,平等性智唯内证故。第六意识若在定位,一向现量;若在散位与率尔五识同时俱运缘境,是现量摄,以离名言、种类、分别,缘自相境故;若起闻、思两慧称境比知,意识见分是比量摄,以比度心缘共相故;若自证分、证自证分,是现量摄,以内缘故;若起人、法二执之心,见分唯是非量所摄。自证、证自证分现量所收,以内缘故(以上"自证……内缘故"14字疑为衍文)。此中八识既如此别,同时心所一准《识论》。(《后疏》写卷第123—131行)

第六意识和第七末那识与现、比二量的关系颇为复杂,故净眼结合四分说来审视,并依据先简后繁的原则,先说第七末那,后说第六意识。净眼指出末那识与现、比二量的关系有三种情况:第一,当末那识处在散心位上,其见分唯是非量(即似现量或似比量);第二,然而其自证分和证自证分总是现量,因为此二分乃内缘自相,离开名言种类等分别活动;第三,当末那识处在定心位时,有漏的末那识转成无漏的平等性智,唯是缘自相不作分别,故亦总是现量。然后净眼指出第六意识与现、比二量的关系有五种情况:第一,意识在定心位中总是现量所摄;第二,意识在散心位上如果与五识同时缘境,亦是现量所摄(即五俱意现量),因为其所缘者为自相境,是远离分别活动的;第三,如果依据闻慧(由见闻经教而生的智慧)和思慧(由思维道理而生的智慧)来推度比知的话,那么意识的见分就属于比量了,因为其所缘者为共相境;第四,若从意识的自证分和证自证分上来说,由于此二分始终内缘自相境,故为现量;第五,意识执着于人我和法我,其见分必是似现量或似比量。末了净眼归结说,八识与二量的关系既如上所判,与八识相应的心所亦一一按《成唯识论》所云。净眼对第六意识和第七末那与现、比二量的关系的判定系依据《成唯识论》作出,分析清晰无误。

3. 约四分及能量、所量、量果分别

净眼云:

> 第三约四分及能量、所量、量果分别者,于中有二:初约诸大、小乘废立四分,后正约四分分别。(《后疏》写卷第131—132行)。

此谓以下分两部分来阐说:先就大小乘认识学说之不同作论介,然后结合四分说来分别能量、所量和量果。

(1)约诸大、小乘废立四分有六义不同

第一、唯立见分,不立相分。净眼云:

> 就初废立四分中总有六义不同:
>
> 初家如廿部小乘之中,正量部中唯立见分,不立相分。何以得知?且如余十九部缘境之时,皆言于心起境行相,缘行相心即名行解。行相即当大乘相分,行解即当大乘见分。若如正量部缘心外境,直缘其境,不起行相,故知有见而无相分。大乘破云:"眼识必定不能缘色[宗];以不作色行相故[因];诸不作色行相者皆不能缘色,犹如耳识[同喻]既有此过,故知缘境必有行相。"(《后疏》写卷第132—139行)

此谓小乘佛教与大乘佛教在认识学说上有六种不同的主张。第一种如小乘二十部之中的正量部唯立见分,不立相分。此说与其余十九部的说法有所不同。其余十九部认为,当认识生起时,心中便映现出外境的行相(影像),这缘虑行相的心即名行解。行相相当于大乘所说的相分(即所缘),行解则相当于大乘所说的见分(认识的主体,即能缘)。如果像正量部那样,认为心缘外境是直缘其境的,而并非在心中映现图像再加了别,就是唯有见分而无相分。大乘对此立量破斥,结论是心缘境时,心上必有行相生起。净眼的这段阐说至少有三点值得检讨,其一,他将正量部与其余十九部对立起来,这恐怕是流行于当时的一种误解。如吕澂先生说:"从前唐代佛学家……常说除正量而外,所有小乘学派都主张心法带相而缘境(见《成唯识论述记》卷十五)。但据梵、藏文资料,只有经部有带相之说,并且此说原来和经部根境为先、后方识了的理论相照应(因为境在过去,所以识了之时须有变带行相以为媒介),余部就没有这样根据。"〔1〕由此可知,净眼所云"余十九部缘境之时,皆言于心起境行相",实为经部的带相说,〔2〕此乃一家之言,不足代表余部。其二,小乘主张色、心分离,本无见分、相分之说,此处将正量部归入有见无相之列,乃从大乘的立场质定。其三,净眼所引大乘破正量部的三支比量乃是似能破,因为其因支所云"以不作色行相故"系他许自不许之因,以其未作简别,有随一不成过。另外,以"不能缘色"作能别,亦有能别不极成之失,因为正量部许有能缘之色,而不许有不能缘之色。总之,此量颇多破绽,似难成立。

第二,唯立相分,不立见分。净眼云:

> 第二,唯相分,不立见分。如大乘中清辨菩萨说,缘境时但似境起,即是能缘,非离似境更有见分名为能缘。《唯识论》中破此义云:"若心心所无能缘相,应不能缘,如虚空等。或虚空等应亦能缘。"〔3〕准此《论》文,此义非正也。(《后疏》写卷第139—142行)

此谓第二种是只立相分,不立见分。如清辨认为缘境时只需有似境的假象生起即是能缘,并非另有一个与似境相对待的见分名为能缘。净眼引《成唯识论》对此义所作的破量云:"若心、心所无能缘相,应不能缘,如虚空等。或虚空等应亦能缘。"并据此对清辨的有相无见说作了否定。然《成唯识论》的破斥量过于简略,幸其给出的概念齐全,稍加整理即可令其还原,原来这里

〔1〕 吕澂:《印度佛学源流略讲》,第318页,上海人民出版社,1979年。

〔2〕 经部认为,心缘境时,应是能缘之心映现出所缘之相(即似境之行相)再加了别,故其心所依的乃是间接的图像,此即谓之带相说。

〔3〕 《成唯识论》卷二,《大正藏》第31卷10a。

包含了两则三支比量：

　　　心、心所应非能缘；（宗）

　　　无能缘相故；（因）

　　　若无能缘相，应非能缘，如虚空。（同喻）

　　　汝虚空等应亦能缘；（宗）

　　　无能缘相故；（因）

　　　若无能缘相，应亦能缘，如心、心所。（同喻）

从上面两则比量可知，《成唯识论》原文所给出的，只是前一比量的同喻（包括喻体和喻依，还附带了有法“心、心所”——这本来在喻体中是不需要出现的，但幸而有了这有法，令还原所需的四个概念齐备了），以及后一比量的宗支（其因、喻可参照前量还原）。这样的省略式从因明的角度来看颇不多见，然又是不难还原的。净眼所引的这两则比量据窥基说是难陀别破清辨之有相无见论的。〔1〕二量反复为破，以反证见分是有。此中“能缘相”即见分。

第三，相、见二分俱不立。净眼云：

> 第三，相见俱不立。如安慧菩萨唯立识自体是依他起，相、见二分是遍计所执，以正智证如，不作能缘、所缘解故。为此安慧菩萨言，八识相、见皆是遍计所执所摄，自证分是依他起所收。护法菩萨等破云，若尔诸佛后得智心亦有身、土等相分，能缘身、土等见分，亦应诸佛未遣遍计执心；诸佛既遣执心，由有相、见分等，故知相、见非遍计所执也。（《后疏》写卷第142—148行）

此谓第三种相分和见分俱不成立者以安慧为代表，安慧主张识性的自体

〔1〕《成唯识论述记》云：“清辨亦云，……识离于境有何体用？故知诸法有境无心。若言心等有缘作用，许有实作用，便非释子，亦违圣教，……故能缘相决定是无。”故难陀立此二量，虽正破安慧，亦“别破清辨”。《大正藏》第43卷318a。

(即自证分)是依他众缘而起的,而以相分和见分为普遍计度分别的产物。并认为如以无分别正智证得真如,则不作能缘(见分)与所缘(相分)的分别。净眼还据《成唯识论》所说,对安慧和护法关于相分及见分的论说作了概括性的引述。如谓安慧说八识的相分和见分都是虚妄分别出来的,所以应该归属于遍计所执性一类,只有自证分是属于依他众缘而生起的。这一概括将安慧的一分说(只承认自证分,不承认相、见二分)突显了出来。在《成唯识论》卷八里有如下一段话,据说是安慧说的:"八识及诸心所有漏摄者,皆能遍计,虚妄分别为自性故,皆似所取、能取现故。"〔1〕又云:"三界(欲界、色界、无色界)心及心所,由无始来虚妄熏习,虽各体一(一个主体),而似二生,谓见、相分,即能、所取。如是二分,情有理无,此相(相、见二分)说为遍计所执。二(相分、见分)所依体(即自证分),实托缘生。此性(相、见二分所依之主体)非无,名依他起,虚妄分别缘所生故。云何知然?诸圣教说,虚妄分别是依他起,二取(即能取、所取)名为遍计所执。"〔2〕净眼意引安慧的话,即是概括这两段话的文意而成的。接着是护法等对安慧不立相、见二分的破斥,也还是意引。谓护法等破云,如果你的主张能成立的话,那么诸佛以后得无分别智去分析具体现象时亦有如佛身和佛土等相分,以及能缘这些佛身和佛土的见分,是否可以因此说诸佛也未能遣除掉遍计所执心呢?诸佛既然不可能有遍计所执心,而又有相、见二分,可知相、见二分并非遍计所执的产物。净眼意引的这段难破,系护法所出的五过难中的第一难,〔3〕如《成唯识论》卷八护法等云:"不尔,无漏后得智品二分应名遍计所执,许应圣智不缘彼生,彼智品应非道谛;不许

〔1〕《大正藏》第31卷45c。窥基《成唯识论述记》卷九本说这是"安惠等师义",见《大正藏》第43卷540c、541a。

〔2〕《大正藏》第31卷46a。窥基《成唯识论述记》卷九本说这段话也是"安惠等多师并说"的,见《大正藏》第43卷544a。

〔3〕窥基《述记》说护法等对安慧的"破斥中有五过难,此为第一"。《大正藏》第43卷544c。

应知有漏亦尔。"〔1〕这段难破文字比较简略,净眼在意引时作了一些润饰,使论意更为清晰,反证的形式也更为突显。窥基《述记》卷九本对护法的一系列过难作了诠释,认为这第一个过难的意思当是:"若诸相分(指相、见二分)非依他者(非依众缘而生),佛等无漏后得智品所变二分(相分、见分)应名所执。应立量云:有漏非染见、相二分,非计所执;是非染心现(相、见)二分故,如无漏心现(相、见)二分等。"〔2〕这一诠释与净眼的敷演基本相同,然不如净眼的简洁明了。

第四,相、见二分俱立。净眼云:

> 第四相、见俱立。如无著菩萨及难陀菩萨等并立有相、见二分,故《摄大乘论本》云:"复次,云何安立如是诸识成唯识性?略有三相:一由唯识无有义故;二由二性有相、有见,二识别故;三由种种行相而生起故。"〔3〕准此文,故知无著菩萨立相、见二分。又《经》云:"一切唯有觉,所觉义皆无,能觉、所觉分,各自然而转。"〔4〕此文既云"能觉、所觉分,各自然而转",故知有其相、见二分。(《后疏》写卷第148—153行)

此谓第四种相分与见分俱立者以无著和安慧为代表。如无著在《摄大乘论本》中说,为什么要安立如是诸识(八识)并说它们唯有识性呢?概括起来有三方面原因:一是诸识唯是内心而无外法;二是诸识皆由能缘和所缘二性合成,故有相、见二分;三是诸识由种种行相(影像)而得以生起。依据此说,可知无著菩萨立有相、见二分。又《厚严经》说,一切唯有觉是真实的,所觉的一切实际上并不存在,能觉(见分)与所觉(相分)二分,乃是觉上自然生起的现象。据此可知有其相、见二分。以上第一段引文为无著的论述,净眼以

〔1〕《大正藏》第31卷46a。护法认为相分和见分与自证分一样,都是依众缘而起的。他不同意安慧主张相、见二分属于遍计所执,只有自证分才是依他起的观点。

〔2〕《大正藏》第43卷544b。

〔3〕《大正藏》第31卷138c。

〔4〕《成唯识论》卷二,《大正藏》第31卷10a.b。

此来无著最早提出。第二段引文是《成唯识论》中难陀论相、见二分时所引《厚严经》的四句颂文。〔1〕 净眼似以此说明难陀亦主张唯有内识而无外境，相、见二分各各自然，从其因缘和合而起，不依赖心外之境。第五、三分说。净眼云：

> 第五，陈那菩萨立有三分。彼云相分为所缘，见分为能缘。其见分既不能自缘，应无有量果；又见分若无能缘，量果应不忆昔曾所更事，故应别立自证分。谓相分为所量，见分为能量，自证分为量果，故陈那菩萨所造《集量论》云："似境相所量，能取相、自证，即能量及果，此三体无别"。〔2〕 解云，"似境相所量"是相分，"能取相"是见分，"自证"是自证分，"即能量"明见分为能量，"量果"明自证分为量果，"此三体无别"明不离识也。(《后疏》写卷第154—160行)

此谓第五种是陈那所立的三分说。陈那说相分是所缘，见分是能缘。然而见分既不能自证其所量的结果，应不能产生量果；又见分若无能缘虑它的成分，其量果就不能忆念以往曾经经历过的事（净眼的这种说法在逻辑上说不通，详下文），故应另立自证分。这样就成了三分：即以相分为所量，见分为能量，自证分为量果。所以陈那菩萨在其所著的《集量论》中说："似境相（相分）是所量，能取相（见分）及自证（自证分），即能量及果（量果），此三（相分、见分、自证分）体无别（是不离于识的，即是识的三种成分）。"净眼引证这四句颂以后所作的解释是正确的，但是他在阐说陈那为什么要在相、见二分说的基础上增立自证分却表述得不够清楚。如《成唯识论》卷二阐述陈那的三分说云："达（通晓）无离识所缘境者，则说相分是所缘，见分名行相，相、见所依自体（自体分）名事，即自证分。此（指自证分）若无者，应不自忆心、心所法（心识与心所有法应不能忆念自己的认识活动），如不曾更境（经

〔1〕 据窥基《述记》卷二本所云，《大正藏》第43卷318a.b。

〔2〕 此处所引《集量论》的四句颂文系从玄奘所译《成唯识论》卷二引来。见《大正藏》第31卷10b。

历过的对境),必不能忆故。"〔1〕这段话对三分说作了简洁的表述,并着重说明确立自证分的意义在于忆念(记忆)心识与心所的活动(心识与心所的活动主要是见分的缘虑活动),因为见分缘境,瞬间即成过去,如无自证分来忆念见分的认识过程(亦即对见分认识过程的自证),则见分的能缘作用无以确认。〔2〕 而且《成唯识论》在表述自证分的忆念作用时,说如果没有自证分,则"应不自忆心、心所法"的活动,并以"如不曾更境,必不能忆故"的譬喻来加强说明。净眼对陈那三分说的阐说显然来自于《成唯识论》,然表述欠严谨,如云"见分若无能缘(自证分),量果应不忆昔曾所更事",此中以"量果"为不能忆念过去所历之事的主词,不合逻辑,因为在这里"量果"即自证分,自证分既无,又何来量果?故此处主词应承上省。

第六,四分说。净眼云:

> 第六,立有四分别,则是亲光菩萨及护法菩萨等义,彼立云,如以见分无能缘立有自证分,我亦以自证分无能缘故,须立证自证分。故彼引《经》文云:"众生心二性,内外一切分。所取、能取缠,见种种差别。"〔3〕解云,"众生心二性"者,心有能缘、所缘或外分、内分二性故也。"内外一切分"者,相分、见分为外分,相分体外故称外,见分缘外故称外;自证、证自是内分,若体、若缘俱是内故。内分、外分俱非一,故称"一切分"也。"所取、能取缠"者,为所取,能取缠缚心故也。"见种种差别"者,于能缘中见分取境,或现、或比,或量、非量,种非一故,称"见种种差别"也。据此经文,立四分义。(《后疏》写卷第160—169行)

此谓第六种是四分说,此为亲光和护法等菩萨所立。彼等认为,若以见分无能缘而立自证分来缘见分,则亦应以自证分无能缘而立证自证分来缘自证分。并引《厚严经》的四句颂来证明其四分说。对这四句颂,净眼作了具体

〔1〕《大正藏》第31卷10b。

〔2〕参见窥基《述记》卷三本,《大正藏》第43卷318c—319a。

〔3〕《成唯识论》卷二,《大正藏》第31卷10b、c。

诠释,基本上依据护法的解释而说,但也略有不同之处。如释“所取、能取缠”一句,净眼释作“为所取、能取缠缚心故也”,这就是说这内二分和外二分缠缚了心性,或者说心性受所取和能取的缠缚。这一解释与护法所云不一,如护法云:“此颂意说,众生心性,二分合成;若内若外,皆有所取、能取缠缚。”意谓此“缠缚”乃指内二分(自证分、证自证分)和外二分(相分、见分)皆交织着所取和能取的情况。“所取”即所缘,“能取”即能缘,这所、能缘如何与四分交织呢?护法有一段很好的阐释:“初(相分)唯所缘,后三(见分、自证分、证自证分)通二(与能,所缘交织):谓第二分(见分)但缘第一(相分)……第三(自证分)能缘第二(见分)、第四(证自证分)证自证分唯缘第三(自证分),非第二者(指缘见分),以无用故。”〔1〕这一阐释具体地呈现出四分与所缘、能缘交织的情况。由此可见,《厚严经》所说的“所取,能取缠”,并非如净眼所说的那样“为所取、能取缠缚心”,而是指四分与所、能取的交织。〔2〕另外,净眼云四分说是“亲光菩萨及护法菩萨等义”,将亲光放在护法之前似有不妥,因为亲光是那烂陀寺的学者,相传系护法门人,哪有弟子越位在前之理?或许净眼以为亲光是护法的前辈论师亦未可知,然与窥基《述记》所说不一。〔3〕

关于护法等所立的四分说,净眼在作了上述论释之后,又通过四组问难答辩,对四分说是否会引生无穷之过,见分是否得以两缘,四分是否同种所生,内分缘自之说是否成立等一系列问题作了进一步阐释。

第一组问答,讨论四分说是否会引生无穷之过。

问:若以自证分无能缘故立证自证分者,亦应证自证无能缘故须立第五分,如是便有无穷之过。

答:证自证分缘自证分时,自证分有其两用,一缘见分用,二有却缘

〔1〕以上护法所说的话,均引自《成唯识论》卷二,《大正藏》第31卷10b.c。

〔2〕四分与能所取的交织,关涉量果的问题,下文有专题论述。

〔3〕《述记》卷一本以护法、亲光为序次。参见《大正藏》第43卷230b。

证自证分用,故不须立第五分也。(《后疏》写卷第169—172行)

问者意谓,如果因为三分说中的自证分缺乏自我证知的能力而要另立一个证自证分来证知它,那么证自证分又由谁来证知它呢,是否还要另立一个第五分来证知第四分呢?如此岂非有无穷增立之失!对此,净眼意谓,证自证分可由自证分来“却缘”(反缘),也就是说自证分有双重功用,它既可以缘见分,复可还缘证自证分,成为证自证分的能缘,故不须另立第五分。净眼此释即据《成唯识论》所说的“第三能缘第二、第四,证自证分唯缘第三”而言。净眼在答问中还作了关系限定:“证自证分缘自证分时。”明确这一点很有必要,因为当证自证分缘自证分时,自证分必是已缘见分,然后又回过头来反缘证自证分。在这重关系中,自证分相对于证自证分来说,既是证自证分的所缘,又是证自证分的能缘(量果)。这一点净眼在后文谈能量、所量及量果时还要具体阐说。

第二组问答,讨论见分是否得以两缘,分三个回合来讨论。

问:若尔见分亦有两用,一缘相分,二缘自证,应不须立第四分也。

答(写卷误抄作“问”):若尔见分缘相分,却缘自证分,即有同一时一分亦是量、非量过。何者?且如见分起我、法执时,不能称其相分解故,故非是量;复能却缘自证分,也即是其量,岂可一分于一时中亦量、非量?为避此过,见分不得却缘自证也。若自证分缘见分时亦是其量,缘证自证分亦是其量,所以自证得两缘也。(《后疏》写卷第173—178行)

这是第一回合。问者意谓,自证分既然可以两缘,则见分亦应两缘:一缘相分,二缘自证分。如此,自证分便有了能缘,可不必另立第四证自证分。净眼意谓,见分不得两缘,若两缘“即有同一时一分亦是量、非量过”,因为见分在认识过程中如起我执和法执,就不能正确认识相分,故不是真现量;此时如令其还缘自证分,由于缘自证分是内缘,故必是现量。如此,就会产生见分在同一时一分为现量、一分为非量的情况。为避免此种不正常的情况出现,所以见分不得还缘自证分。而自证分缘见分、或自证分还缘证自证分,却属内证,故均为真现量,这就是自证分得以两缘的原因。

> 问:若尔见分起非量时可不许两缘,正是量时应得两缘耶?
>
> 答:见分假令是量,不妨或是比量所摄;若缘自证分,定是现量,岂可一分亦名现、比?若自证分缘见分时及缘证自,俱是现量,所以自证得两缘也。(《后疏》写卷第179—182行)

这是第二回合,问者强辞为辩,意谓见分两缘如出现上述量与非量并存的情况可以不许两缘,而如果两缘时得到的均属正量,应该得以两缘。净眼意谓,见分两缘时假令均为正量亦有不许,因为正量也有可能是比量,而见分缘自证分必是现量无疑,岂可一分为现量、一分为比量?而自证分两缘均为现量,由此见分不得两缘而自证分可以两缘。

> 问:若彼见分是比量时不许两缘,五识、赖耶既是现量,应得两缘耶?
>
> 答:见分,相分俱名外分,自证、证自是内外("外"字当为衍字)分收。见分体虽是内缘外,故称外分,若许见分缘彼自证,即有缘内、缘外过。自证分缘见分及缘证自证分时,俱是缘内,故自证分通两缘也。(《后疏》写卷第182—186行)

这是第三回合。问者意谓,见分是比量时虽不许两缘,然前五识和第八阿赖耶识的见分所缘必是现量,此时应可两缘。净眼意谓,见分和相分是外分,自证分和证自证分是内分。若以作为外分的见分去缘作为内分的自证分,就有缘内、缘外过。而自证分缘见分及缘证自证分时,因为均是缘内,故自证分可以两缘。通过以上三个回合的问难答辩,对见分两缘的问题,净眼从一分于一时中亦量亦非量、亦现亦比、缘内复缘外诸失上作了否定的回答,殊为深刻。

第三组问答,讨论四分是否同种所生。

> 问:此之四分,为同种生,为别种生耶?
>
> 答:有本质相分与见分别种生,无本质相分与见分同种起。见分、自证、证自证分据用分三,据体是一,同是识界;若是心所,同是法界,故同种生。若别种生,即有同时同类之识三体并起过也。(《后疏》写卷第

186—190行）

这里讨论四分为同种生还是别种生的问题，净眼作了概括回答。由于四分中的相分与后三分情况不同，故净眼先对相分加以解析："有本质相分与见分别种生，无本质相分与见分同种起。"这一断语很精当，但需要作些解释。何谓有本质相分，何谓无本质相分？窥基说："若除影外别有所托名本质……无之者，如空华、兔角等。"〔1〕这就是说，有本质相分即是除去影像之类的非实质的相分，而别有所依托的实质色法，如五根（眼、耳、鼻、舌、身），五境（色、声、香、味、触）等均为第八阿赖耶识种子所变现的实质色法。由此，第八识、前五识以及五俱意识（与前五识同时生起并参与认识活动的意识），其相分均另有种子，故与其见分不同种。反之，如第六意识思维道理、计度过去或未来之事，乃至幻想空华、兔角等空类，均为无本质相分。无本质相分纯粹依赖见分的分别力量而变现，故与见分同种而生。相分与见分是否同种所生的问题，涉及有漏识变的理论。护法云："有漏识变略有二种：一随因缘势力故变，二随分别势力故变。初必有用，后但为境。"〔2〕此谓有漏识变现的相分分两种情况：第一种是依种子（因缘）的力量变现，即因缘变；第二种依见分的分别力变现，即分别变。第一种因缘变的相分必有实用，因为阿赖耶识种子所变的皆为有本质相分；第二种分别变的相分只能作为认识对象，而无实用，因为依见分的分别力所变的皆为无本质相分。由此可知，相分依因缘变者与见分别种而生，依分别变者与见分同种所生。至于四分中的后三分，净眼认为从功用上虽可分为见分、自证分、证自证分，然而其主体只是一个，同是识界；若从心所有法上说，则同是法界，故见分、自证分、证自证分是同种所生的。若认为后三分是不同种所生，即有将同时同类的识当作三个不同体的错误。确实，见分、自证分、证自证分必是同种所生，这符合唯识学说；但净眼以三分一体，同是识界来作为后三分同种所生

〔1〕《成唯识论述记》卷六末，《大正藏》第43卷456c。

〔2〕《成唯识论》卷二，《大正藏》第31卷11a。

的理由则似有不妥,因为其间并无因果关系。且看护法所云:“如是四分……或摄为一,体无别故。”〔1〕按护法所云,如是四分皆同一主体,难道可以据此而言相分和后三分是同种所生的?可见“据体是一,同是识界”并非是“同种生”的理由。而且“同是识界”即摄心所,〔2〕何须另言“若是心所,同是法界”之类的话!

第四组问答,讨论内分自缘之说是否成立。

问:若三分同体,何因自体还缘自体?如刀不自割,多力不能自负,云何自心还缘自体?

答:心用微细,不可以世事辄比况之,且如世间以灯光照物,亦有自明,何废心虽了境,亦有自缘之义也。

此即明其废立四分也。(《后疏》写卷第190—193行)

这里讨论内分自缘之说是否成立的问题。问者意谓,既然见分、自证分、证自证分同一主体,则自体为什么可反缘自体?如刀之不能自割,力大而不能自负,为什么自心(识)可以还缘自体(识)?这一问题本来是不难解答的,在上述第二组问答的三个回合中已作了反复解释,只需在“据用分三,据体是一”上再作具体诠解即可。然而净眼却采取了回避的方式,只是指出问者譬喻不当而已,对问题本身则以“心用微细”一语带过。世亲在《唯识三十颂》中曾说过阿赖耶识的了别相“不可知”的话,护法释云:“不可知者,谓此行相极细微故,难可了知。”具体来说,是指第八识的所缘内在执受种子的情况极其细微难知,第八识所变现的外部世界其数量之多亦难以测知。〔3〕由此可知,细微难知者乃有专指,而非指后三分自缘的问题。自证分作为见分的能缘,证自证分作为自证分的能缘,而自证分又能还缘证自证分,这在唯识论中都有具体阐说,不难诠解。

〔1〕《成唯识论》卷二,《大正藏》第31卷10c。
〔2〕护法云:“此一心言,亦摄心所。”“一心”即“同是识界”之意。见同上。
〔3〕参见《成唯识论》卷二,《大正藏》第31卷11b。

最后一句是“废立四分”的结语，转入下文。

（2）正明分别现、比二量及能量、量果等义

净眼云：

> 自下第二正明分别现、比二量及能量、量果等义。先明二量，后明能量等。（《后疏》写卷第193—194行）

此谓以下分两方面来阐说，先约四分出现、比二量体，后约四分辨能量、所量及量果等分别。净眼云：

> 明二量者，此四分中相分一向是二量所量，非是量体。见分一种，若是意识，通其现量、比量及非量，如前以（已）说；意识自证分、证自证分皆是现量。其末那识散心见分一向非量，散心自证、证自证分，及平等性智相应见分、自证分、证自证分一向是其现量所摄。其五识及赖耶见分、自证、证自证分一切皆是现量所摄。此则是其约四分出二量体也。（《后疏》写卷第195—200行）

这是从四分上来说现、比二量。首先指出四分中的相分唯是所量，而非现、比二量本身，然后分述其余三分，皆结合八识来谈属何种量。第一，意识的见分可以是现量，也可以是比量，甚至是似现量或似比量，这一点在前文“约八识辨体”中已说过；意识的自证分、证自证分皆是现量。第二，末那识散心位的见分均为似现量或似比量，然而散心位上的自证分和证自证分则是现量；从其定心位看，有漏的末那识已转为无漏的平等性智，故其见分、自证分、证自证分均为现量。第三，前五识和阿赖耶识的见分、自证分、证自证分皆为现量。净眼的这一概括与前文“约八识辨体”别无二致，只是更为简约而已。由于八识的每一识均有四分，所以八识辨体时必然要结合四分来分别；反过来，当约四分来辨二量体时，亦必然要结合八识来作分别。由此，本处与前文所述基本重复，只是详略不同，次序有异罢了。以下转入第二个方面的阐说，净眼云：

> 次约四分辨能量、所量及量果等分别者，相分一向是所量；见分唯通能量、所量，不通量果；自证、证自证分通能量、所量及量果也。且如相分是所量，见分是能量，自证分是量果；见分是所量，自证分是能量，

证自证分是量果；自证分是所量，证自证分是能量，自证分是量果；证自证分是所量，自证分是能量，证自证分是量果也。（《后疏》写卷第200—206行）

这是从四分上来分别能量、所量和量果。总分三类，第一，相分唯是所量；第二，见分可为能量，亦可作所量，但不能作量果；第三，自证分、证自证分既能作能量和所量，亦能作量果。具体来说，可以组成四种关系，如下图所示：

所量	能量	量果
相分	见分	自证分
见分	自证分	证自证分
自证分	证自证分	自证分
证自证分	自证分	证自证分

最后，净眼结云：

上来总约八识，明其四分，出二量体，辨能量、所量、量果分别。准其心王既然，同时心所等亦尔。（《后疏》写卷第206—208行）

此谓以上是结合八识和四分来分别现、比二量，以及结合四分分别所量、能量和量果。净眼并指出，心识上既然应作如此分别，则与心识相应的心所有法亦可准此分别^至此，净眼对现、比二量的概论已告结束，以下转入诠解《入正理论》说现量和比量的部分。

三、释《入论》说现、比二量

净眼云：

上来已明二量义。就解《论》文中分之为二：初明立二量意，二正解真、似二量。（《后疏》写卷第208—209行）

此谓上文已对现、比二量作了概论，以下转入对《入论》说现、比二量的解释。解释按《入论》的结构总分为二：（一）阐明确立现、比二量的用意；（二）解释真、似现量和真、似比量。

（一）释《入论》明立二量意

净眼云：

> 言“复次，为自开悟，当知唯有现、比二量”〔1〕者，此即明立二量意也，谓凡欲悟他，先须自觉，自觉之道不过二量，由证自相、共相境故，遮声、喻等所有余量，故称“唯有现、比（二）量”也。（《后疏》写卷第208—212行）

此处所引“复次……”句，系《入论》说现、比二量时开首的话。净眼在本写卷释现、比二量的开初即引述了这句话，但他并未作正面解释，而是通过答问来解释为什么《入论》要将在首颂中原本排在第五、六、七、八位的真、似现、比二量，却在长行中提到原本居第三、四位的真、似能破前面来说的问题。所以净眼在转入释《入论》说现、比二量时要再次回顾“复次……”句，并予补释。意谓“复次……”句旨在明立二量意，因为凡欲悟他者必先自悟，而悟他和自悟之道只有两种：即证知自相的现量和证知共相的比量。陈那和商羯罗主即以现、比二量为根本，排除了声教量和譬喻量等所有其他的量，故主张“唯有现、比二量”。净眼的这段解释殊为简要，因为他在前文概论“立二量意”时已备列诸家所出的量数，并陈说了陈那和商羯罗主为什么主张唯立现、比二量，故此处不再详释。

（二）正解现、比二量

1. 释现量

《论》曰“此中现量谓无分别”者。〔2〕

〔1〕《因明入正理论》，《大正藏》第32卷12b。

〔2〕《因明入正理论》，《大正藏》第32卷12b。以下《入论》关于现、比量的论述皆同此，不再一一注明。

述曰,自下正明真、似二量,于中有二:初明真量,后有分别;下明似量。就真量中有二:初释二量,后于二量中下("下"字疑为衍字)出二量果。就前文中复为二:初解现量,后解比量。解现量中先总出现量体,后别解释。此即总出现量体也。(《后疏》写卷第212—216行)

这是对正解真、似二量结构的分析,具体落到"解现量"为止:其余已说到的比量和似量等,要待下文作释时再作具体分析。其结构分析堪称细密,最多的达六个层次。然如此划分,不免陷入经院式的繁琐,但这也是唐代佛学家作疏的风气,并非净眼所特有。其实结构分析大都是类似划分,而非严格的逻辑划分,只需理出其主要纲目即可,如此更能令人一目了然,故本文将删繁就简,在"(二)正解现、比二量"的标题下,删去多个层次,直接给出"1. 释现量"的标题,并删去其下不必要的几个层次(至下文可知)。后文释比量、释似量等亦准此办理。

言"此中"者,或简持义,起论端义,此如前解。言"无分别"者,正出现量体。且如五识取五境界,离名言等所有分别,故《理门》云:"有法非一相,根非一切行,唯内证离言,是色根境界。"二、率尔五识同缘意识及第八识,亦离名等所有分别,故《理门》云:"意地亦有离诸分别,唯证行转。"三、一切自证分,四者、一切定心名离分别,故《理门论》云"又于贪等诸自证分,诸修定者离教分别,皆是现量"。〔1〕此显分别之心犹如动水,增减所缘,不名现量;无分别心譬于明镜,称可所取,故名现量。(《后疏》第216—224行)

此下解释《入论》关于现量的界说。《入论》所给出的完整界说是:"此中现量谓无分别,若有正智于色等义,离名、种等所有分别,现、现别转,故名现量。"净眼将这一界说分作五段来解释,这里所释的即是"此中现量谓无分别"。其中,"此中"二字净眼说具有简持义,即从二量中暂时简去比量,专持

〔1〕 以上所引《理门论》文,均见《大正藏》第32卷8c。

现量而论,也有起论端之义。〔1〕“无分别”者,净眼说是“正出现量体”,此说似有不妥。此“体”所指为何?若指现量所依之体,则应是眼、耳、鼻、舌、身五种心识及与其相应的心所有法,故文轨云:“此五识心、心所是现量体,依现根起现之量,故名为现量。”〔2〕或“体”者指现量具有何义(即包含主、谓项的整个命题),则净眼所云亦不完整,因为严格的现量界说应具备两个要素,即无分别和不迷乱,仅以无分别一义尚不足以构成被定义项和定义项外延的同一关系。〔3〕不过他据《理门论》所云将现量分为四种是正确的。第一种是五识现量,净眼解释说前五识缘五境时就是远离名词概念等所有分别活动的。其所引之《理门论》颂意谓,有法如色等有苦、空、无常等众多共相,眼等感官(根)但于诸法自相中行,而不于共相中行。五识缘境虽然只在识体内部进行而且是不带名言的,然而亦须依托色等感官(即眼根等)同缘色等境界。净眼以此颂作为论据,以证五识现量是不带名言的、无分别的认识活动。第二种是五俱意现量,净眼释云,与五识俱时而起、同缘五境的第六意识,也是远离名言种类等一切分别活动的,并引《理门论》的话来佐证。《理门论》的论意是,当五识缘境时,第六意识与五识俱起,并缘同一境界,故亦是“离诸分别”,唯在证知内心的影像上活动的。但是在阐说中却又夹杂了第八阿赖耶识亦无分别这一点,系题外之意。第三种是自证分现量,第四种是定心现量,净眼指出这两种亦“离分别”,并引《理门论》的话来佐证。《理门论》意谓,五识与五根缘境时,即使由于俱时意识引导上的错误而陷入贪、嗔、痴三毒之中,其时见分缘虑相分必为非量,但这并不影响自证分仍为现量,因为自证分总是内证自相的。另外,诸修定者在得定之后是依据修习禅定而生的定智来缘诸法自相的,所以离开了教义同异的分别,从而亲

〔1〕“此中”是与文章结构有关的用词,而非现量的界说组成部分。

〔2〕《庄严疏》卷三页二十一右,内院本,1934 年。

〔3〕逻辑定义(界说)的被定义项(主项)和定义项(谓项)应是等值的,其外延关系为同一关系;否则即有定义过窄或定义过宽之失。

证现量。最后净眼小结说，分别之心犹如浮动的水，它对所缘之境外加了名言、种类等分别，所以不能称作现量；而无分别心犹如明镜一般，能真实地反映对象，故名现量。

《论》云“若有正智”者。

述曰，此下别解，文中有四，此即出无分别体，谓五识等心及心所皆名正智，以慧强故，总名正智也。（《后疏》写卷第224—226行）

上面已经说过，净眼将现量的界说分作五段来诠释，以上释“无分别”是“总出现量体”，以下四段则是别解。本段释“正智”，净眼说，此云正智即是无分别所依之体，即是五识等心王及与其相应的心所有法，因为五识等的智慧力强，所以总称为正智。净眼的这一诠释似亦欠当，因为五识并不等于正智。若以智慧力的强弱为依据来断定是否为正智的话，则前五识的智慧具有局限性，五识中的各识只能各缘己境，不通他上，其势应是较弱的；而第六意识不仅可缘己境（法境），且可以与前五识同缘五境，其独散意识甚至可以独起思构，分别一切法，其慧力不可谓不猛，更应是“正智”了，然而意识通现量、比量和非量，不一定能成现量的正智。由此可见不能以智慧力的强弱作断定的依据。那么何谓“正智”呢？现量界说中的“正智”有其特定的涵义，是相对于邪智而言的，用以救治现量活动中可能出现的迷乱之心（包括有分别的迷乱和无分别的迷乱）。如慧沼云：“‘若有正智’，简彼邪智，谓患翳目见于毛轮、第二月等，虽离名、种等所有分别而非现量。故《杂集》云：‘现量者，自正明了，无迷乱义。’〔1〕此中正智，即彼无迷乱，离旋火轮等。”〔2〕慧沼据《杂集论》对“正智”所作的诠释深中肯綮，他深刻地指出，一个白内障患者视物不清，如视轮子长毛、于一月处见似二月等，这些错乱的认识虽然是离开了名言、种类等所有分别的，却并非现量。然而净眼似乎未曾认识到现量须排除错乱境界的必要性，好像五识缘境，只要无分别，自然就是现量无

〔1〕 安慧糅、无著《杂集论》卷十六，《大正藏》第31卷772a。

〔2〕 《大疏》卷八页十七右，金陵本，1896年。又，《大正藏》第44卷139a。

疑了,不会有异常情况发生。其实在五识依五根缘五境时,有时会陷入迷乱,《瑜伽师地论》卷十五就胪列了现量必须排除的五种错乱境界:一、想错乱,"如于阳焰鹿渴中起于水想"(鹿热渴时误将阳焰当作水)。二、数错乱,"如翳眩于一月处见多月像"(白内障眼疾患者将一个月亮看作多个)。三、形错乱,"如于旋火见彼轮形"(误将旋转的火光当作轮子)。四、显错乱,"如迦末罗病损坏眼根,于非黄色见黄相"。五业错乱,"如结拳驰走,见树奔流"(如有人握拳飞跑,却误认为两旁的树木在向后奔流)。〔1〕这就是现量活动陷入迷乱的种种表现,其中除二、四是无分别的迷乱外,其余均为有分别迷乱。现量陷入迷乱,就成了似现量,故陈那在《集量论》中将似现量分为七种,即与各种错乱有关。

《论》曰"于色等义"者。

述曰,此即第二出所量境。"色"者是眼识所量;"等"者,等取声等,是耳等识所量故也;能益智等,故名为"义",乃至苦、无常等,是定心等现量所量。此中且约散心,但说色等自相境也。(《后疏》写卷第226—229行)

本段解释"于色等义",净眼说此即别解中的"第二出所量境",然后逐字解释"色等义"三字。其实"色等义"即色等境,〔2〕具体而言即指色、声、香、味、触五境,结合上下文,意即若有正智于此五境且远离分别名为现量。由此可见,"色等义"三字并不深奥,无须过多发挥。净眼所释似欠简洁,尤其是说"能益智等,故名为'义'",似有逞臆之嫌;"乃至苦、无常等,是定心现量所摄",〔3〕则离题甚远,失于散漫!

《论》曰"离名、种等所有分别"者。

述曰,此即第三释无分别义,谓若现量必离名言、和类等所有分别。

〔1〕《大正藏》第30卷357c。

〔2〕《大疏》云:"'于色等义'者,此定境也。言'色等'者,等取香等,义谓境义。"(卷八页九左)金陵本,1896年。又,《大正藏》第44卷139a。

〔3〕苦、无常皆为共相,在散心位,非现量所量,在定心位可为现量所量。

离名言分别者，谓若待名言取诸法者皆非现量，缘共相故。言离种类分别者，种类有二：谓有情种类、法种类。有情种类者，即有情上同、异句义；法种类者，即诸法上同、异句义。又，种类有二：谓总种类、别种类。总种类者，即大有句与一切诸法种类作其通体故；别种类者，即同、异句与一切诸法种类作其别体故。此等皆是胜论宗说。又，种类者，即是诸法假种类也，若依如是种类分别缘境界者，皆非现量，以假种类是共相故，若实种类，妄计度故。"等"者，等取瓶等、假智乃至所余缘假分别，皆非现量也。(《后疏》写卷第229—239行)

本段释"离名、种等所有分别"。净眼说此即别解中的"第三释无分别义"，无分别的涵义即谓现量必定是远离名言(概念的语词形式)、种类(概念的属种关系)等思维分别活动的。然后分别诠解"离名言分别"和"离种类分别"。"离名言分别"说得比较扼要，指出在认识过程中如果加入名词概念的分别活动，就是缘共相，不再是现量了。接下来释"离种类分别"则发挥较多，他列举了三种种类说，一种从是否有情上说，可分作有情种类和法种类两种。有情种类即有情感的众生中的同、异关系，法种类则是诸法(一切事物和现象)的同、异关系。另一种是从总，别关系上来考察，分作总种类和别种类两种。总种类即大有句(范畴)，它是一切诸法种类的"通体"；别种类即同、异句，它是一切诸法种类的"别体"。以上所说的两种种类皆胜论的学说。〔1〕 再一种是佛教的种类说，即将种类说为乃诸法的假种类，认为若依如是虚假的种类分别来缘境界，即非现量，因为假种类是共相，只是像实种类而已，实际上是虚妄计度的产物。最后又对"等"字作了诠解，净眼说"等"即"等取瓶等、假智以及所余缘假分别"，此释似与《论》意不合。《入论》乃本《理门论》之意而言，《理门论》谓现量须"远离一切种类、名言、假

〔1〕 同与异是相对而言的，相当于上位概念和下位概念，须视其所对待者而确定其上、下位。如树对于樟树而言是上位概念，对植物而言则是下位概念。同的上限是大有(范畴)，异的下限则是有边异(单独概念)。同、异句是胜论六句义之一。

立、无异、诸门、分别”,〔1〕故《入论》所说的“离名、种等”,应是等取假立(假与立名)、无异(能贯通他法的属概念)、诸门(外道所立的诸哲学范畴)、分别(此指有分别现量和比量),这应该是很明白的。

> 《论》曰“现、现别转故名现量”者。
>
> 述曰,此即第四释名结义。“现、现、别转”者,如前章中解也。(《后疏》第240—241行)

净眼说本段是别解中的“第四释名结义”,即论主以“现、现别转”来释现量名,也是对现量的小结。关于“现、现别转”,在前章中已作了诠释[详二(二)1:“难诸大德对现量的三种解释”]。

2. 释比量

> 《论》曰“言比量者,谓借众相而观于义”。
>
> 述曰,此下第二解比量,文中有二:初约义总明,后指事别解。此即约义明也。“谓借众相”即是比因,谓缘三相之智比解无常智之因也。“而观于义”者,即是比果,谓解无常之智是缘三相智之果也。(《后疏》写卷第241—245行)

此下释《入论》关于比量的界说。《入论》的界说是在陈那界定比量的基础上补充而成的。如陈那《集量论》云:“谓由具足三相之因,观见所欲比度之义。”〔2〕商羯罗主《入论》所作的界说是:“言比量者,谓借众相而观于义。相有三种,如前已说,由彼为因,于所比义有正智生,了知有火或无常等,是名比量。”此谓比量由借于三相义者为因,在共相境上有正智生,能证知“有火”或“无常”这些共相境者。净眼将这一界说分作三段诠释,这一段释“借众相而观于义”。“借众相而观于义”乃比量界说中的要义,故净眼说这是“约义明也”。其中“谓借众相”即是比量因,也就是说缘因三相的智是比解无常的智之因;“而观于义”即是比量果,就是指解无常的智是缘三相智之

〔1〕《大正藏》第32卷3b。

〔2〕法尊译编:《集量论略解》第29页,中国社会科学出版社,1982年。

果。净眼将“借众相”释为比量因,将“观于义”释为比量果是正确的,但他却作了不恰当的引申,说比量因即“缘三相之智是比解无常智之因”,比量果即是“解无常之智是缘三相智之果”,这就将比量因转换成了“缘三相之智”,(净眼又称之为“因智”),将比量果转换成了“解无常之智”(净眼又称之为“果智”),这样的诠释似无经典文献可资依据。陈那曾明确指出“智从现量生或比量生,及忆此因与所立宗不相离念”,〔1〕可知比量智是由现量因和比量因这两个远因及其近因忆念所引生的(详见下文“出二量果”),故不能将比量智与比量因划等号。另外,将比量果说为“解无常之智”亦有不当。何为“解无常之智”?此智在为自比量中能与“缘三相之智”割裂开来吗?为自比量乃内心的推度,施与受繫于一身,故缘得三相因即能“解无常”,唯一比量智而已。此与为他比量(能立)不同,为他比量是为悟他而设,有立与敌、施与受、生与了之别。从立者一方说,首先要有“缘三相之智”,才能施理于人,以生因(能立,即三支论式)开悟他人;从敌者说,则是听受一方,从了因(了悟立者的三支论式)而得“解无常之智”这是立、敌双方各自的比量智,其间的因果关系不言而喻。〔2〕

> 《论》曰“相有三种,如前已说”者。
>
> 述曰,此下指事别解,文中有二:初解众相,显因所观义;后解借相观义,正明指事。此即初也。谓所借众相有其三种,即遍是宗法等,如前解能立因中已说也。(《后疏》写卷第245—248行)

这一段解释所借的“众相”即因三相。关于因三相,净眼说“如前解能立因中已说”。可惜《后疏》解能立因的部分已佚,净眼对因三相的诠释今已不得其

〔1〕《大正藏》第32卷3c。

〔2〕生因与了因并非一般意义上的因(理由),而是刻划了立、敌对待的二元关系。由二因又衍生出六因,即生因有智生因、义生因、言生因三种,这是立者所施于人的论证式涵蕴的三要素;了因亦有言了因、义了因、智了因三种,这是敌者了悟立者论证式过程中所有的三要素,这就构成了论辩的六元逻辑模型,其间有多重因果关系。详见拙文《因明的语用学》(《哲学研究》1999年第一期)。

详;而且净眼在《因明入正理论略抄》中也只是对因的第二、三相作简略的答问,而未展开论析。

> 《论》曰"由彼为因,于所比义有正智生,了知有火或无常等,是名比量"者。
>
> 述曰,此即解借相观义,正明指事也。西国因明释论中有三师解此文不同:
>
> 一云,"由彼为因"者,显由彼言说为因也。"于所比义"者,明三相义因也。"有正智正"者,辨缘相智因("智因"似为"因智"之误),即是比量体也。"了智有火或无常等"者,显比量果,文中举果显因,故一处合说也,结文可解。
>
> 一云,"于所比义"者,显无常等义也。"有正智生"者,即是果智。"了知有火"等者,出果智体。此中虽举果智,欲显因智为比量体也。
>
> 一云,乃至"有正智生"者,如初师说。"了知有火"等者,重显因智相,谓因智圆满故,了知有火等也。(《后疏》写卷第 248—258 行)

本段是例释。净眼援引"西国因明释论"对本段《论》文的三种诠释,意在比较,但未详加评析。西国三师将本段文字分作"由彼为因""于所比义""有正智生""了知有火或无常等"四个词组来解说,兹依次略作评点:

第一,"由彼为因",第一师和第三师释为"由彼言说为因",这应是误解。试想,为自比量并不形之于言语,何来言说之事?《入论》在上文已说"相有三种",此说"由彼为因"应是承上而言,即由三相因之谓也。

第二,"于所比义",第一师和第三师释为"明三相义因也",此亦欠当。"所比"即宗上有法,"所比义"即有法之义,即能别,故应是第二师所说的"显无常等义也",亦即显其量果。

第三,"有正智生",第一师和第三师释为"辨缘相因智",即以正智缘三相因而得了悟之意。第二师则将"正智生"释作"果智",以与因智对举。上文净眼释借相观义时将比量智分解为因智与果智当出于此,不当之处前已分析,此不赘说。

第四,“了知有火或无常等”,第一师释为“显比量果”,意在“举果显因”。第三师说是“重显因智相”,强调由于“因智圆满”而得以“了知有火等”量果。这两种诠释角度虽不同,其意实无别,均着眼于比量智与量果关系的说明。然第二师将“了知有火等”释为“出果智体”,意在指出“虽举果智,欲显因智为比量体”,亦即显示因智与果智之间的因果关系。但陈那只说量果而不言“果智”,因为比量智蕴涵着了果之智,无须另立“果智”之名,更不应割裂比量智。

总之,三师的诠释各有长短,可资参考。净眼在引述三师之释后,即提出自己的解说云:

> 今释,“由彼为因”者,谓因智由用彼三相言(“言”疑为衍字)义为解,显无常等因,即解前文“谓借众相”也“于所比义”者,解上所观无常等义。“有正智生”者,显能观果智体。“了知有火或无常等”者,正果智观义之相。此四(“四”恐系“三”之误)句解上“而观于义”。此即因智、果智皆是比量。然(“然”疑为“故”之误)《理门论》云:“比度因故,俱名比量。”〔1〕西国诸师遂仰此论,举果显因。然《理门》中陈那自言云:“何故此中与前现量别异建立?为现二门,此处亦应于其比果说为比量,彼处亦应与其现因说为现量,俱不遮止”。〔2〕准此文,故知不须言举因(“因”字疑为衍字)果显因也。(《后疏》写卷第258—266行)

净眼的今释也采用第二师的“因智”“果智”“果智体”等概念,但不同意第二师和第一师举果显因的说法,并援引《理门论》的话来支持自己的观点。那么何谓“因智”呢?净眼说就是“用彼三相义为解”,是证知“无常等”的因,这就将“因智”混同于合乎因三相的正因了。〔3〕那么何谓“果智”或“果智体”呢?净眼说就是“能观”,亦即“正智”,换言之,净眼将“比因”解作“缘三

〔1〕《大正藏》第32卷3c。

〔2〕《大正藏》第32卷3c。

〔3〕净眼于上文说“‘谓借众相’即是比因”,此处又说“即解前‘谓借众相’也”,更可知他是将“因智”与“比因”作为同一概念看待的。

相之智”，亦即“因智”；将“正智”解作“能观”，亦即“果智”或“果智体”。这样的诠释其实是割裂了比量智的整体作用，因为比量智在陈那三分说的心识结构里属自体分（诸识自体），亦即自证分，见分和相分即依自证分而生起。关于比量智即自证分的问题，陈那和商羯罗主均有论述，然净眼似未真正理解这些论述中的主要概念，以致诠释中屡有失误（详见下文“出二量果”）。再则，净眼说“因智、果智皆是比量”，并引《理门论》的话为证，亦不免有断章取义之嫌。净眼所引的话出自《理门论》对比量智所由引生的原因的论述：“此有二种：谓于所比审观察，智从现量生或比量生；及忆此因与所立宗不相离念，由是成前举所说力，念因同品定有等故。是近及远比度因故，俱名比量”。〔1〕此谓比量智是由两种原因引生的：一是远因，即在审察宗上有法与能别的关系时，比量智由现量因或比量因引生，这两种因均属远因。二是近因，即能忆及因法与能别之不相离的“念”，此“念”能令上述远因即现量因和比量因增强力度，因为是依据因三相来忆念的。这由近及远的两种因都是引生比量智的原因，故均可称之为比量。净眼的引文舍弃了前述丰富的含义，只节录了最后八个字，将引生比量智的远因和近因均可称作比量的论意，改作“因智、果智皆是比量”，真可称得上是故意偷换概念了！接下来的一段引文是净眼用以反对“举果显因”的，然而细检《理门》论意却无此意。陈那只是指出，为显示现、比二量之差别不同，说比量时着重阐述因的作用而不说量果，说现量时则着重显示其量果不说原因。实际上比量亦有其比果，比果也可称为比量；现量亦有其现因，现因也可称为现量。故强调比量的因并不排斥其量果，突出现量的果也并不排斥它所由产生的因。在陈那的论述里，并无“不须言举果显因”的意思，二者原本无涉，也看不出西国诸师何从“遂抑此论”，故净眼引《理门》文似说明不了什么问题 r 当然如果将“举果显因”说作“举果显智”则更为准确，如慧沼释“了知有火或无常等”云：“此即举果显智，明正

〔1〕《大正藏》第 32 卷 3c。

比量智为了因,〔1〕火、无常等是所了果。”慧沼将“正比量智”说为了果之因,是因为比量智借着现量因和比量因,“忆本先知所有烟处必定有火,忆瓶所作而是无常,故能生智了彼二果”。〔2〕慧沼的诠释是确切的,他只说“比量智”而不说“因智”“果智”,正是他准确把握概念的表现。

以下净眼又通过答疑来解释一些问题。

> 问:既不遮止,何故现偏说果,比属论因耶?
>
> 答:现量果胜,比量因强,约胜就强,故偏说耳。(《后疏》写卷第267—268行)

问者意谓,《理门论》既说因与果互不遮止,何故说现量时要偏重说量果,说比量时要偏重论它的因相呢?净眼意谓,在现量中,量果的问题更重要一些;在比量中,则是因相的问题最为关键,故论述有所侧重。净眼的答问是合乎论旨的。

> 问:何故《论》文已说“了知有火”,说复言“或无常等”耶?
>
> 答:欲显比量,有其二种:一、因事生比量,亦名现量生比量;二、因言生比量,亦名比量生比量。见烟比知有火,即因事生比量也;眼识先量烟,意识比知火,即现量生比量也。闻他成立“声无常”言,后方比解,此即因言生比量也;由立论比量力故,敌者比知无常,此即比量生比量也。欲显因事、因言二种比量,故云“了知有火或无常等”也。故《理门论》云:“此有二种,谓于所比审观察,智从现量生或比量生。”〔3〕准此文,故知显二比量也。(《后疏》写卷第268—276行)

问者意谓,《入论》为什么要将“有火”与“无常”这两个能别并举?净眼答谓,比量有两种:一、因事生比量,亦即现量生比量,如见烟比知有火。

〔1〕 此“了因”乃了果之因的意思,非生、了二因中的了因。

〔2〕 以上的引文见《大疏》卷八页二十一左,金陵本,1896年。又,《大正藏》第44卷140a。

〔3〕 《大正藏》第32卷3c。

二、因言生比量，亦即比量生比量，如闻他成立“声无常”而后比解。净眼的答问只能说是差强人意，经不起推敲，兹试为分析之：第一，净眼所说的两种比量，其实是从两种不同的因，即现量因和比量因去推知两种不同的果。用慧沼的话来说，就是“以其因有现、比不同，果亦两种：火、无常别。了火从烟，现量因起；了无常等从所作等，比量因生”。由此可知，净眼将由现量因和比量因推出火和无常这两种果说为是两种比量，从严格意义上说是不确切的。第二，净眼似乎忘了此处所释的乃是为自比量，即不形之于言语的内在推度，竟提出“因言生比量”这一论断，并举例说：“闻他成立‘声无常’言，后方比解，此即因言生比量也。”这就将为自比量说作为他比量了！第三，所引《理门论》文说的是引生比量智的原因有两种，而不是说比量分“因事生”和“因言生”两种，所以净眼在引文以后说“准此文，可知显二比量也”，不免曲解了论意。

（三）出二量果并释伏难

1. 出二量果

> 《论》曰“于二量中即智名果，是证相故”者。
>
> 述曰，上来解二量讫，自下出二量果。文中有二：初出二量果，后释伏难。此即出二量果也。谓二量中智最为胜，同聚心等，总就智名。智之见分名能量智，自证分名曰量果，见分、自证，用别体同，故言“即智”名为果也。“是证相故”者，现、比二量如其次第，是证自相、共相境故也。（《后疏》写卷第277—282行）

上文已诠释了现、比二量，以下转入释二量的量果。净眼分两段来诠解，先出二量果，后释伏难。本段即先出二量果，着重诠释了“即智名果”“证相”等概念，然似有未当。第一，净眼说在现、比二量中，“智”最为胜妙，但他并没有明确揭示“即智名果”中的“智”究系何物，只是笼统地说“同聚心等，总就智名”，这就是说，智有多种（如前所云有因智、果智等），同聚在阿赖耶识和心所有法中，总名为“智”。但从他将见分称作能量智，将自证分视作依智而生者来看，他对比量智的理解可谓谬之甚矣！他并不理解“即智名果”乃是量果不离量智之意，用慧沼的话来说就是“即用此量智，还为能量果”，〔1〕而这能量智就是自证分，而并非净眼所说的见分。按陈那的三分说，见分唯能缘于相分，而不能反缘自证分，且见分通于现、比、非三量，怎么可能成为自证分的能量智呢？其实净眼于前文释护法四分说时，对见分能不能还缘自证分的问题，从见分于一时中亦量非量、亦现亦比、缘内复缘外三个方面作了详尽的分析，给出否定的回答，殊为深刻，然未知缘何，净眼在这里竟又作出了与前说相牴牾的论断！再说自证分与能量智本系同一概念，同为心识的主体，故“护法等云，谓诸识体即自证分”。〔2〕见分和相分就是作为心识主体的自证分亦即能量智变现的，故《成唯识论》卷一云：“变谓识体转似二分，相、见俱依自证起故。”〔3〕自证分（能量智）与相、见二分具有主从关系于此可明，能量智与自证分同是识体亦从其同为量果可知。第二，净眼将“是证相故”释为按现、比二量的次序来证自相、证共相境，似亦失于肤浅，未能深入究竟。文轨云：“‘于二量中即智名果，是证相故’，谓现、比证诸法自相，证诸法共相，自、共二相是所量（相分），二量之体为能量（见分），即（不离）此能量证二相智，自照明白为量果，故云是证相（自证分）故。”又云：“既于证相一心之上有此能量、所量之义，故此证相量果亦名为量也。”〔4〕从文轨的这两段诠释可知，“证相”一词在这里乃是自证分的异名，这从证相与智和量果的关系可以看出，也可以从证相与能量、所量的关系上看出。

问：阿赖耶识既无别境，云何同聚总就智名耶？

答：据实二量未必以智为名，今显立破之元（缘）故，约智为论。

（《后疏》写卷第282—283行）

这一质疑是就净眼所云：“同聚心等，总就智名”而提出来的。问者意谓，阿

〔1〕《大疏》卷八页二十三左，金陵本，1896年。

〔2〕窥基《唯识述记》卷一本，《大正藏》第43卷241a。

〔3〕《大正藏》第31卷1a、b。

〔4〕《庄严疏》卷三页二十二右—二十三左。内院本，1934年。

赖耶识与别境心所并无关联，为什么要说“智”同聚于阿赖耶识之中？此问切中了净眼诠释中的逞臆之处。原来净眼所云的“同聚心等”，此中“心等”乃指第八阿赖耶识及其心所。〔1〕按大乘的主张，第八阿赖耶识的心所为五遍行，即阿赖耶识只与触、作意、受、想、思这五种普遍存在于认识活动中的心所相应，而不与别境心所相应。别境心所即在各别特定的境界中引生的心理活动，也有五种，即欲、胜解、念、定、慧，问难者显然是将慧心所当作了能量智而有此问的。固然，慧心所具有判别抉择的性质和断除疑惑的作用，〔2〕但并非因明所说的现量智或比量智。净眼在问者的质疑之下并未作出正面的回应，其答殊为勉强，意谓现量智和比量智这些名目其实未必成立，只是为显示立与破的缘故才以“智”为名的。这一答辩可谓答非所问，实际上是默认了问难者的质疑。问者的质难确是切中了净眼诠释中的弊病，然而问者将二量之智理解为别境心所中的慧也是不正确的。如上所述，《理门论》和《入论》所说的现量智和比量智即是识的主体——自证分。唐道献《义心》亦云：“（智）有二解：一云，由智用胜，就智彰名，据实量果，实通同聚诸自证分。二云，证审决定，故名为智，诸自证分等名智何违也?”〔3〕此释直接明了地将当时对智的两种解释介绍出来，以此表明他是赞同智即自证分之说的，此释深中肯綮。

2. 释伏难

《论》曰“如有作用而显现故，亦名为量”者。

述曰，此释伏难也。难云：“若取心外境，可使名为量；既唯取自心，

〔1〕 虽八识皆可泛称心王，以与心所相应，然据胜义，唯第八阿赖耶识可独得“心”之名，故问者直指此处所说的“心”为阿赖耶识，净眼并未否认。

〔2〕《成唯识论》卷五云：“云何为慧？于所观境简择为性，断疑为业。谓观得（德）、失、俱非境中，由慧推求，得决定故。”然而慧心所并非普遍存在的心理现象，如“于非观境、愚昧心中”就不存在慧。（《大正藏》第31卷28c）。

〔3〕 道献乃慧沼门人，所著《义心》早佚。引见日释凤潭《瑞源记》卷八页十七左，商务印书馆，1928年。

应不名为量。”今论主为解云,此中名量者,非如钳押、拘舒、光照物等实有作用,但譬如明镜现众色像,镜不至质,质不入镜,现影似质,故名为照。心缘于境,亦复如是,心不至境,境不入心,心似境现,似有作用,假名为量。故《理门》云:“又于此中无别量果,以即此体似义生故,似有用故,假说为量。”(《后疏》写卷第284—290行)

净眼意谓,《入论》说“如有作用而显现,亦名为量”是针对难破者的质疑而作的解释。难破者问难说,认取心外之境可以称之为量,既然你们认取的只是自己内心中的东西,应不能称之为量。针对这样的质疑,论主解释说,这里所说的量,并非指实有作用的甜押、拘舒、光照物等,而是如同明镜照彩色像,其所现之影像类似于实物而已。心缘于境亦是如此,只是其影像显现于心上,好像心真有能量的作用,故假名为量。然后又引《理门论》来加强说明。

净眼将《入论》的这句话说为“释伏难”并没有错,但不应将其与上文“出二量果”机械地割裂开来。其实《入论》所云“于二量中即智名果,是证相故,如有作用而显现故,亦名为量”,这段话具有整体意义,既是明二量的量果,也是除敌者的伏难,而非前句明量果、后句除伏难,故《文轨疏》卷三、《大疏》卷八均作如是处理。如《大疏》释云明量果也,或除伏难,那么为什么要以明量果来除伏难呢?因为印度诸哲学派别对量的问题有过许多讨论,其中当然也涉及量果的问题。《大疏》卷八曾概括地介绍了三种问难。一是有人难云:“如尺、秤等为能量、绢、布等为所量,记数之智为量果。汝此二量,(以)火、无常等为所量,现、比量智为能量,何者为量果?”二是小乘有部等难云:“我以境为所量,根为能量,……依根所起心及心所为量果。汝大乘中即智为能量,复何为量果?”三是外道数论派等“执境为所量,诸识为能量,神我(灵魂)为量果”,故难云:“汝佛法中既不立(神)我,何为量果?智即能量故。”〔1〕陈那为破诸种问难,故说了净眼在前面所引“又于此中无别

〔1〕《大疏》卷八页二十二右—二十三左,金陵本,1896年。又,《大正藏》第44卷140b。

量果……”的一段话，意谓在现、比二量中，量果不是别的，就是识的主体，亦即自证分，因为“似义生”的相分（所量）和“似有用”的见分（能量）都不离于自证分，故相分、见分、自证分都可称之为量。商羯罗主即据陈那论意而言“于二量中即智名果”等等。文轨解释说，这是指出量果不离量智，因为量智是证相（自证分）。能量见分和所量相分“二量体无实作用，但所量境相于能量心上显现，假名为量，譬如众色于镜上现，假说镜照，即是心之一分，如有能量之用，故言如有作用；心之一分如有所量显现，故云‘而显现故’。既于证相一心之上有此能量、所量之义，故此证相量果亦名为量也”。〔1〕这一诠释完整地体现了论主的思想。

（四）释似现量和似比量

1. 释似现量

> 《论》曰“有分别智于义异转，名似现量”者。
>
> 述曰，上来释真量讫，此下解似量。文中有二：初释似现，后解似比。此即解似现也。文中有二：初总解，后别释。此即总解也，以名言等分别缘故，名“有分别”；不以自相为境界故，名“于义异转”也。（《后疏》写卷第290—293行）

以下释似现量和似比量。本节即是释似现量，净眼将《入论》说似现量的部分分成三段作释，本段先总解似现量的界说。净眼认为现量的界说由两方面构成：一是“有分别”，即以名言等分别心缘境；二是“于义异转”，即不以自相为所缘境。以下两段即分别解释“有分别”和“于义异转”。

> 《论》曰“谓诸有智了瓶、衣等分别而生”者。
>
> 述曰，此下别解，文中有二：初解上“有分别智”，后解上“于义异转”。此即初也，谓诸凡夫、外道所有邪智，以瓶、衣（“瓶、衣”疑为衍字）名言、种类、假立、分别了瓶、衣等，分别而生“瓶”“衣”，是假四尘合成。分别之心，妄谓眼见，故名似现量也。（《后疏》写卷第293—

〔1〕《庄严疏》卷三页二十二右—二十三左，内院本，1934年。

297 行)

净眼谓《入论》的这句话是解释“有分别智”的,意思是凡夫和外道所有的邪智是以名言、种类、假立(假予立名)、分别(有分别现量和比量)来了知瓶、衣等事物的,经过如此分别而生的瓶、衣乃是假四尘所合成。[1] 将这种虚妄分别的认识说成是眼前现见,所以是假现量。这段解释比较简要。

《论》曰“由彼于义不以自相为境界故,名似现量”者。

述曰,此解上“于义异转”也。谓由彼分别之心于境界义,不以实自相为境界,乃用瓶、衣等假共相为境界,故名似现量也。此约散心说,以佛之心亦缘假故。(《后疏》写卷第 297—301 行)

净眼说《入论》的这句话是解释“于义异转”的。意谓由上述分别之心来认识事物,是不以事物的自相为对境的,而以瓶、衣等共相为对境,故名似现量。并说这是就散心位而言的,因为佛心有时亦缘假共相。净眼的这段诠释似有不足,《入论》所云“由彼于义不以自相为境界故”与上文所云“诸有智了瓶、衣等分别而生”具有因果关系,也就是说,不以自相为境界(即以共相为境界)是以分别智了知瓶、衣等的缘由。[2] 然而净眼只是分别诠释了“有分别智”和“于义异转”,忽略了二者之间的因果关系,似未尽合《论》意。另外,末了所云“佛之心亦缘假”,不仅是蛇足之论,且有误导之嫌。佛家以佛心为如来之心,觉悟之心,如来净智乃为现量所摄。然如来“能断世间一切疑惑自、共相愚”,为方便说法断疑,亦“由共相方便所引,缘诸共相,所显理者,就方便说名知共相”[3] 故并非以散心缘共相,这与“诸凡夫、外道所有邪智”以散心缘共相根本不同,怎能相提并论?

---

[1] 大乘不以极微为实有,当然也不同意由极微合成的微尘为实有。大乘唯识家认为一切物质皆由阿赖耶识的种子所变现,而非四尘合成,如《成唯识论》卷一云:“识变时随量大小顿现一相,非别变作众多极微合成一物。……诸有对色皆识变现,非极微成。”(《大正藏》第 31 卷 4b.c)故说四尘为假。

[2] 如《大疏》卷八慧沼释云:“此释所由。”(页二十右)金陵本,1896 年。

[3] 参见《佛地经论》卷六,《大正藏》第 26 卷 318a、b。

2. 释似比量

《论》曰“若似因智为先所起诸似义智,名似比量”者。

述曰,此下解似比量。文中有二:初总出体,后别解释。此则总出体也。谓“若似因智为先”者,显似比之因智也。“所起诸似义智”者,明似比之果智也,若因智、若果智,总名似比量也。(《后疏》写卷第301—304行)

此下释似比量。净眼将《入论》释似比量的话析作三段诠解,先是“总出体”,然后分别解释似因和似比。净眼说,本段即是总出体,他用因智和果智这两个概念诠解“总出体”,将“若似因智为先”说作是“显似比之因智”,将“所起诸似义智”说作是“明似比之果智”,并说似因智与似果智总名似比量。关于因智与果智这种提法之不当,已在“释比量”一节作了分析,此不赘说。这里需要说明的是,《入论》所云的“若似因智为先所起诸似义智,名似比量”,乃是对似比量的界定,在这一界说中,包含了两个要件:一是“似因智为先”,一是由此“所起诸似义智”,二者具有条件关系,即前件“似因智”是后件“所起诸似义智”的充分必要条件。那么何谓“似因智”呢?此即缘似因之邪智,亦即以虚假的理由为因而不自知(或虽知而犹犯,不能自制)。那么又何谓似义“义”即宗义,即在似因智的作用下所产生的似宗之智,亦即以似宗为正宗的惑乱之心。所以似因智和似宗智一对连体儿,是独散意识在随念分别和计度分别中误入歧途,为邪智所摄的产物,其所形成的比量是似比量。

《论》曰“似因多种,如先以(已)说”者。

述曰,此下别解也。文中有二:初解似因,后正解似比。此即初也。谓似因十四种,如前似立中已说也。(《后疏》写卷第304—306行)

此释似因,《论》文略说“似因多种”,净眼略释“似因十四”,因为在前面释似能立中已对十四种似因(四不成、六不定、四相违)作了例析(这部分疏文已佚)。

《论》曰“用彼为因,于所比诸有智生,不能正解,名似比量”者。

述曰,此则正解似比也。言“用彼为因”者,谓似因智用彼似因言义为解,显常等之因,此则解似比之因智也。言“于似所比”者,谓果智所观常等也。“诸有智生”,谓似比果智生也。“不能正解”者,释似果智相,谓非常法妄作常解,由非真故,名似比量也。若准前文,还有三释,翻前可知。(《后疏》写卷第306—311行)

净眼谓此解似比量。但净眼仍以似因智和似果智诠解似因和似宗(似所比),不能正确阐释《论》意,俱如前述。关于此段《论》文,玄应与慧沼的诠释可资参考。玄应云:“谓即用彼似因之智为筹度因,于此所比似宗之义生似宗智。”〔1〕慧沼亦解云:“若似因智及邪忆彼所立宗、因不相离念为先,于雾等谓为烟,于似所比邪证有火,于中智起,言有智生。”〔2〕以上玄应和慧沼的诠释,当系陈那对比量智所由引生的论述而说的,意即这“有智生”,即是在似因之智亦即似现量因和似比量因的作用下,加上独散意识的邪忆增强力度而引生的似宗之智,这似宗之智即是似比量智。似宗之智自“不能正解”,不能给出正确的量果,故于常、无常等法作颠倒解,是为似比量。最后净眼说道:“若准前文,还有三释,翻前可知。”这当是指前文“释比量”一节所引西方三师的三种解说。净眼所谓的因智、果智即从中而来。

〔1〕 奘门大德玄应著有《理门论疏》,早佚。引见日释凤潭《瑞源即》卷八页二十左,商务印书馆。1928年。

〔2〕《大疏》卷八页二十六右—二十七左,金陵本,1896年。又,《大正藏》第44卷141b。

《因明入正理论后疏》研究(下)

——净眼释能破与似破

前已就净眼释现量和比量的部分作了论析。今再就其释真、似能破包括十四过类的部分作具体论析。

一、解真能破

(一)真能破的界说

《论》曰“复次,若正显示能立过失,说名能破”者。

述曰,上来已解真、似二量,即释颂中“现量与比量,及似唯自悟”讫,从此以下,解前颂中真能破及似能破。文中有二:初解真破,后释似破。解真破中有二:初总释能破名、体,二谓初下指事广释。此即初也。谓若能正显示他似能立中所有过失,即说此是真能破也。(《后疏》写卷第311—316行)

本节释《入论》关于能破的界说。《入论》的界说系据陈那对能破的界定而来,但说得更为简洁明白。如《理门论》云:“谓前所说阙等言词、诸分过失,彼一一言皆名能破,由彼能显前宗非善说故。”〔1〕此谓能破即是于阙减等诸种有过失的似能立中能正确揭发其过错者。《入论》据此给出的界说是:“若正显示能立过失,说名能破”后者比前者显然简洁。《入论》的界说

〔1〕《大正藏》第32卷3C。

乃以真能破能够显示敌论所出比量的诸种过失这种关系为种差来界定的,故净眼释云:“谓若能正显示他似能立中所有过失,即说此是真能破也。”这一解释直接将能破与似能立对举,无疑是贴切的。然后净眼又通过胪列四种能破来诠释“若正显示”:

又,能破有四:一真能破,谓斥失当过,自量无瑕,故言真能破。二真似破,谓当过而斥,所以称真;自不免愆,故名为似,此即相达决定过也。三似能破,谓无过妄斥,自虽无咎而有枉害之愆,所以称似,即如所作相似等是也。四似似能破,谓无过妄斥,已称其似,自量有瑕,是以重著似名,此即同法相似等是也。今为简后三,故称“若正显示”等也。或可为简后二,以相达决定望显他过边,亦得称真也。(《后疏》写卷第316—323行)

净眼的四种能破说,源于西方论师所述。〔1〕他在这里援引此说,意在简择分别,以说明“若正显示”乃指第一种真能破,或也可包括第二种似能破。净眼的这段诠释存在两方面的问题,首先,将能破分为四种是不必要的,只需二分即可,即只有真能破和似能破二种;因为上述真似能破和似似能破都不合逻辑,前者不免自相矛盾,后者则不能成立——既然似中有似似,亦应真中有真真,既无真真,何来似似?其次,净眼将“正显示”扩大到“真似能破”亦说不通,既然“真似能破”所指的相违决定是一种似能破,又怎能归在“正显示”的旗下?其实《入论》对“正显示能立过失”有明确的界定,即“谓初能立缺减过性,立宗过性、不成因性、不定因性,相违因性及喻过性”,这些能破之境下文就要讲到,所以净眼通过四种能破说来作简别实属赘余之举。

(二)能破之境

《论》曰“谓初能立缺减过性”者。

述曰,此下指事广释,文中有二:初明所破之过,后正解能破之言。就所

〔1〕 净眼在《因明入正理论略抄》中解能立、能破义时即援引了西方论师所说的四种能立和四种能破,见《略抄》写卷第47—58行。

破中有二：初明缺减失，后显卅三过，此即明缺减过也。何者？西方有两释不同：

一、世亲已(以)前诸师释云，宗、因、喻中随有所阙名为缺减，总有六句：阙一有三句，如有宗、因无喻是一，有宗、喻无因是一，有因、喻无宗是一。阙二有三句，如有宗无因、喻是一，有因无宗、喻是一，有喻无宗、因是一，故有六句也。若缺宗、因、喻三名为一者，应有七句。至为三无，总非能立，何得名阙？故不取阙三也。

二、陈那菩萨云，宗非能立，唯于因三相中随有所阙名缺减也。此亦有六句，于三相中阙一有三句，阙二有三句等，可准前作。亦有大德云，陈那约因、同、异喻三中随有所阙名缺减者，此恐不然。真性有为空等比量，定无异喻，岂名阙一过？故约三相不得有阙一也。(《后疏》写卷第323—335行)

这一段诠释缺减过的文字存在颇多问题，须得细加审查：

第一，所谓世亲以前论师以“宗、因、喻中随有所阙名缺减”，当不确，因为古师乃用五支论式，何来三支之说？这一点在唐代早期即有人提出，如玄应《因明入正理论疏》云：“古师阙过非约三支，古师能立既有五支，如何但说宗、因、喻阙？”〔1〕

第二，所谓陈那“唯于因三相中随有所阙名缺减”的说法亦与陈那的论述不符，陈那不仅重视阙相的过失，也重视阙支的过失。但这里所说的缺减乃是阙支的过失。如《理门论》云：“‘能破阙等言’者，谓前所说阙等言词、诸分过失，彼一一皆名能破，由彼一一能显则宗非善说故。”〔2〕这里明明说的是言词的缺失和诸支分的过失，故商羯罗主据其论旨云：“谓初能立缺减过性、立宗过性、不成因性、不定因性、相违因性及喻过性。”这里所列的六类过失，第一类缺减过性即是指支分的缺失，其余五类则是支分上的过失，其

〔1〕 玄应《入论疏》已佚，引见善珠《明灯抄》卷六末，《大正藏》第68卷431a。
〔2〕《大正藏》第32卷3c。

中包括缺相的过失如不成、不定、相违等。如果将缺减过说为“唯于因三相中随有所阙名缺减”的话，则何必将不成因、不定因、相违因与第一项缺减过并列？

第三，净眼一方面引述说“陈那菩萨云，宗非能立，唯于因三相中随有所阙名缺减”，一方面又说“有大德云，陈那约因、同、异喻三中随有所阙名缺减者”，且并未分辨二者有何不同，这说明在他的心目中，因三相与一因二喻并无分别。这种认识显然混淆了言与义的关系。因和同、异喻是用言语表达出来的论式中的两个支分，是言而不是义，而因三相则是制衡论式的规则，是义而不是言，二者关系密切而又划然有别，是不容混淆的。然而将一因二喻说成即因三相的在唐初诸师中并非个别，后来窥基及其门人慧沼等亦持此说，且后来以讹传讹，颇有影响。〔1〕 不过奘门大德中亦有持否定意见的，如玄应和定宾均明确反对一因二喻说。〔2〕

第四，一因二喻既然与因三相有言义之别，故“有大德”以无异喻的比量为例来否证因三相有阙一过（指阙第三相异品遍无性），也是不能成立的。无异喻（此指无异品）并不违反第三相，故不是缺相的过失；从支分上来说，它也并不影响异喻体的组成，只需以某一空类如兔角、龟毛来满足其形式的需要即可。

在对缺减过的诠解中，一些大德惑于西方论师的误解，如雾中看花，不免逞臆而说。亦有大德不受先德所释左右，如定宾云：“今详其言，乃是谬传，违文、违理。”〔3〕诸说既如此歧异，更令初学者莫衷一是。

> 问：若尔此比量既无异品，应阙异品无相，何得此释耶？
>
> 答：无异品故，必无异喻，因不滥行，故有第三相也。（《后疏》写卷第 335—337 行）

---

〔1〕 参见《大正藏》第 44 卷 94b，167c。

〔2〕 参见《大正藏》第 68 卷 431a，767b、c。

〔3〕 定宾《理门论疏》（已佚），引自《大疏抄》第四十卷，见《大正藏》68 卷 767b。

问者谓，上述大德所云的比量既缺异品，则应是缺第三相，怎能释为缺异喻过？此问将缺异品视为违反第三相显然不正确，但他对将缺第三相说为缺异喻这一点提出质疑却是正确的。为此净眼解答说，既然无异品，就必定无异喻；然而缺异品并不会导致因的“滥行”，故仍有“第三相也”。净眼的这一答疑纠正了问者将无异品说为阙第三相的错误，也否定了缺异喻就是缺第三相的过失，所以大体上是正确的。然而如果深入推敲一下，便会发现存在两个问题：第一，他说“无异品故，必无异喻”，这“异喻”二字显得粗放了一些，精确地说，应是“异喻依”。无异品当然就无异喻依，因为异喻依即异品，亦即异法。当然，在因明中常将异喻依代表异喻，有时也还称异喻依为异喻，故称异喻依为异喻本亦不是什么问题，但这里涉及异品与异喻依的关系，在指谓上理应严谨一些，以免误解。第二，净眼虽然指出在无异品的情况下并不影响第三相的存在，但他并没有指出“有大德”所云“约因、同、异喻三中随有所阙名缺减”的错谬何在。总之，净眼的上述答疑只是停留在浅表的层面上，不够清晰，甚至有些闪烁不定。

《论》曰“立宗过性、不成因性、不定因性、相违因性及喻过性”者。

述曰，此显卅三过：谓宗九过，不成四过，不定六过，相违四过及喻十过也。（《后疏》写卷第 337—339 行）

上文说了能破之境中的缺减过。此下说其余五类过失，即能破之境还包括似宗九种，似因中不成因四种、不定因六种、相违因四种，以及似喻十种。这三十三种论式上的过失均为真能破所要破斥的。

（三）能破的结语

《论》曰“显示此言开晓问者，故名能破”者。

述曰，此即正显能破之言也，谓能显示如前过失，善能开晓邪立之问，以言显示，故称“显示”，此言名能破也。（《后疏》写卷第 339—341 行）

此释《论》文小结能破之用，谓能破的作用在于显示敌论的诸种过失，如上述缺减过和三十三过，以开晓敌论者。

二、解似能破

（一）似能破的界说

《论》曰“若不实显能立过言，名似能破”者。

述曰，此下解似能破。文中有二：初总解名义，二指事别解。此即初也。谓若不能实显示他能立过失，如此之言名似能破，此即是四能破中似能破及似似能破也。（《后疏》写卷第341—344行）。

此下解似能破，分两层来诠解，此即“初总解名义”，亦即先从内涵上界定，给出似能破的界说。这是一个否定式界说，揭示似能破“不实显能立过言”，即不能真正显示能立中的缺减等诸种过失，亦即不具有真能破的本质属性。《入论》的这一界说只取《理门论》所说似能破的第一义。《理门论》说似能破包括两大类型：一是“由彼多分于善比量为迷惑他而施设故，不能显示前宗不善，由彼非理而破斥故……说名过类”。这种类型的似能破是将无过失的能立（真能立）作有过失的能立（似能立）来难破，以迷惑论敌、中证人和听众，如十四过类即是，这是似能破中主要的类型。二是“于非理立比量中如是施设，或不了知比量过失，或即为显彼过失门，不名过类”。〔1〕此类似能破所难破的虽为有过失的能立（似能立），却是所破非其过，未得要领。此类似破不在十四过类之中，故不名过类，是似能破中较为特殊的类型，所以陈那后来在《集量论》中就省而未说。《入论》承袭了上述似能破的第一义，也省去了第二义。净眼诠释《入论》对似能破所下的界说，基本上是照本宣科，亦未涉及其第二义，这本亦无可厚非，然他又作了不当发挥，在似能破中又分出一个似似能破来，其错谬之处如上所述，此不赘说。另外，从比较而言，净眼对似能破的诠释远不及此前即已盛行于世的文轨《因明入正理论疏》（以下简称《文轨疏》）。如《文轨疏》卷三云：“以彼愚敌于他能立无

〔1〕《大正藏》第32卷3c。

过量中不能缄口,乱立人、证者、听众,欲显已胜,妄施此难,故是似破。亦有于他有过量中不知其过而更妄作余过类难,亦是似破。”文轨对似能破的诠释即依据《理门论》所云分作无过而破和有过错破两种类型,并且指出《入论》之所以只说无过而破一种,乃“由多分于无过量中有似破故”,〔1〕即从多数而言的。这样的诠释既不失陈那《理门论》的原旨,又体现出商羯罗主《入正理论》从多为论的本意。

（二）六类似破

《论》曰“谓于圆满能立显示缺减性言,于无过宗有过宗言,于成就因不成因言,于决定因不定因言,于不相达因相达医言,于无过喻有过喻言”者。

述曰,此下指事别解。文中有三:初、指事别#;二、“如是”下修已总结;三、“以不能显”下重释似破所以。此即初也。谓于宗等圆满或三相具足之中妄说阙一、阙二等缺减之言,于宗无九过之处妄说有过宗言,于无四不成成就因中妄说不成因言,于无六不定决定因中妄说不定因言,于无四相达因中妄说相达因言,于无十过吩中妄说有过唆言也。(《后疏》写卷第344—352行)

《入论》将似能破分作六类,此即前述能破之境的反面,也就是说,前述能破的对象均为似能立,此则皆为真能立。如上已述,似能破的对象中另有似能立一类,但《入论》从多为论,只说故意以真能立为破斥对象的六类似能破。这六类似能破原系陈那所概括,即陈那将十四过类归为六类。这六类的次序在《理门论》中和在《集量论》中并不相同,而以《集量论》中的次序为合理,《入论》陈述的即是《集量论》中的排列次序。然而《入论》只取六类似破说,而将十四过类化归于似能立三十三过之中,令十四过类说就此终结。净眼对六类似能破的诠释基本是照本宣科的,但在释“于圆满能立显示缺减

〔1〕 以上《文轨疏》卷三所云均引自《大疏抄》卷四十,见《大正藏》第68卷768b。内院本《庄严疏》卷四页一左亦辑录。

性言”时说“谓于宗等圆满或三相具足之中妄说阙一、阙三等缺减之言”，却将似能破中的所谓缺减扩充到了阙相上面，这就与陈那的分类标准不合。陈那所列的似缺减过破，乃指支分的似缺失而言，故他将十四过类中的至不至相似和无因相似归为似缺因过破，而将似缺第一相的似不成因破，似缺第二或第三相的似不定因破，似缺第二与第三两相的似相违因破均单独立类，并未归入似缺减过破之中，由此可见，净眼的诠释作了不当扩充，是不准确的。

（三）似能破的结语

《论》曰“如是言说名似能破”者。

述曰，此即修已总结也，谓如妄显之言名似能破也。

《论》曰“以不能显他宗过失，彼无过故”者。

述曰，此即重释似破所以也，谓所以名为似能破者，以不能显示他宗之中过失，故名似破也。何以不能显他过失？“彼无过故”，所以不显彼假，令彼宗中有过；而于因等妄言有过者，亦名“彼无过故”也。（《后疏》写卷第353—357行）

此释似能破的结语。《入论》意谓上述诸种谬破的言说即名似能破，而似破之所以不能显示他宗之过失，是因为其所破者本属无过比量即真能立。《入论》的结语简洁明了，不难理解，然而净眼的诠释却有些节外生枝，将“他宗”释为所破比量中的宗支，故复云“而于因等妄言有过者，亦名‘彼无过故’也”。其实“他宗”即所破之对论，即立论者所本、所崇的主旨，非三支中之宗支。

三、说十四过类

（一）十四过类总叙

商羯罗主在《入正理论》中未取十四过类说，净眼据陈那《正理门论》补叙十四过类。其总叙云：

此《论》余义，并皆具足，唯有似破，文中总略。若依余论，更有十四过类等义释其似破,此《论》既无,亦须略分别之。

十四过类者,依《正理门论》,陈那菩萨多分依彼大梵天王化身足目仙人之所说也,此即是释似能破义。论其过类,乃有无量,撮其纲例,不过十四。

何故说此名似能破?《理门论》云:"由彼多分于善比量为迷惑他而施设故。"言"善比量"者,略举二条,约此二条作法而已。准此,于余类例可知随其所应名字改异。言二量者,且如内道对声论师立:声是无常[宗];所作性故[因];诸所作者皆是无常,譬如瓶等[同喻];若是其常必非所作,如虚空等[异喻]。

又,对唯立诠("诠"疑为"论"之误)辨声常者云:内语音声必是无常[宗];勤勇无间所发[因];诸勤发者皆是无常,譬如瓶等[同喻];若是其常必非勤发,譬如空等[异喻]。是名二量。由此二量,宗、因、喻等皆无缺减。又,宗无九过,因无十四过,喻无十过,既无过失,名善能立耶("耶"似为"也"之误)。敌论者离卅三过失之外妄作相似过类诽谤正义,故名似破。(《后疏》写卷第358—372行)

这段总叙包含三层意思。第一,说明补叙十四过类之由,即《入论》说似能破时未及十四过类,故依《理门论》补叙之。第二,阐述陈那十四过类说之所本,即"多分依彼大梵天王化身足目仙人之所说也"。净眼此说系据陈那之自述。如《理门论》云:"如是过类,足目所说多分。"[1]关于多分取自足目的的问题,须说明两点:首先,足目《正理经》胪列的误难有二十四种,陈那将之合并和删简,形成十二过类,复从世亲《如实论》中吸取两种,而成十四过类说,[2]从这个意义上说,十四过类是多分取自足目《正理经》的。其

〔1〕《大正藏》第32卷5c。足目:Aksapaba的意译,音译恶叉波陀。又名乔答摩(Gautama),约1世纪人。正理派的始祖,《正理经》的首作者。不过《正理经》的最后完成当在3世纪前后。

〔2〕请参阅拙著《佛家逻辑》,第104—111页,开明出版社,1992年;第77—82页,商鼎文化出版社,1994年。

次，陈那将《正理经》的二十四种误难演进为十四过类说，这不是一个简单的合并和删简的过程，而是一种革新，是陈那分类思想的产物。陈那指出，此经所说的过类"但由少分方便异故，建立无边差别过类，是故不说"。〔1〕意即《正理经》等所胪列的过类只是由少分的差别建立起来的，这样就会产生无穷的过类，故不为他所取。他的方法则是从形式着眼加以分类，以避免"无边差别过类"的弊病。第三，释十四过类何以名似能破，并引述了两条善比量的基本用例。但是他所引用的《理门论》文并非针对十四过类而言，而是泛说似能破的，故云"由彼多分于善比量为迷惑他而施设故"，这"多分"二字指的是似能破中的多分，而不是十四过类中的多分。但如果说十四过类是为迷惑他人而故意将善比量斥为似能立的，则并没有错。接下来是两条善比量的基本用例，兹列式如下：

如内道对声生论立：

声是无常[宗]；

所作性故[因]；

诸所作者皆是无常，譬如瓶等[同喻]；

若是其常必非所作，如虚空等[异喻]。

如内道对声显论立：

内语音声必是无常[宗]；

勤勇无间所发性故[因]；

诸勤发者皆是无常，譬如瓶等[同喻]；

若是其常必非勤发，譬如空等[异喻]。

以上二善比量即陈那九句因中第二、第八句的范例，以此二善比量为似能立加以破斥，即为似能破中的十四过类。

---

〔1〕《理门论》，见《大正藏》第32卷5c。

（二）十四过类

以下分述十四过类。净眼云：

> 此诸过类若委细解释，稍涉须言，举其横（“横”当系“宏”之误）纲，录其大意，且于一一过中先标过类之名，次举相似之难，后述正解，显难非真。（《后疏》写卷第372—374行）

此谓其说十四过类采取去繁就简的方法，仅“举其宏纲，录其大意”。对每一种过类均先列过名，次作例释，然后提出正解。净眼所列的十四过类，完全按《理门论》的次序，而未取《集量论》的排列次序，这应与当时尚未译出《集量论》有关。十四过类如下：

1. 同法相似过类

同法相似是以异法为同法来颠倒成立矛盾宗的过类。如立论者说：“声是无常，勤勇无间所发性故，同喻如瓶，异喻如空。”此时敌论者如难破云：

> 瓶有所作故无常，显声所作亦无常；亦可空有无碍故是常，显声无碍亦是常。（《后疏》写卷第376—377行）

难破者意谓，立者既以声与瓶都有勤勇无间所发性而说声也与瓶一样是无常的，那么我也可以说，声与空都是无质碍的，故空与声都有常住性。这就是将原量的异法虚空改为破量的同法来颠倒成立与原量相矛盾的宗，以造成原量的因为不定因的假象，此即同法相似过类。故净眼正解云：

> 我以所作证无常，无有所作非无常；汝以无碍证声常，乐等无碍应是常？（《后疏》写卷第378—379行）

此谓立者以所作因证声无常宗，因为没有所作者不具有无常性；而敌者以无碍因证声常宗则行不通，因为无常性的乐（愉悦）也是无质碍的，莫非乐也成了常住了？净眼以这一反质提示：敌者用来破斥的无质碍因既通向常住性的同品虚空，复通及无常性的异品乐（愉悦），故是俱品一分转的不定因。

2. 异法相似过类

异法相似就是以同法为异法来颠倒成立矛盾宗的过类。如立论者云：

"声是无常,所作性故,同喻如瓶,异喻如空。"敌论者破云:

> 虚空是常无所作,声有所作即无常;亦可瓶是无常有质碍,声既无碍应是常。〔1〕(《后疏》写卷第381—382行)

此谓立者以虚空上无所作性故而常住,来反证声既为所作者故是无常;然则我也可以将你的同喻当作异喻,因为瓶既是无常而有质碍的,所以声既无质碍就应常住不灭。这就是以原量的同法瓶改为破量的异法来颠倒成立矛盾宗,以造成立者之因为不定因的假象。故净眼正解云:

> 一切常法皆非作,可显所作证无常;无常不必皆质碍,不显无碍证声常。〔2〕(《后疏》写卷第383—384行)

这前二句是为正因"所作性"辩护的,揭示异喻和同喻之间的逻辑关系。后二句则针对敌论的反破而言,指出无常者并非皆有质碍,不能以显示无碍来证其声常。其实敌论者用以难破立论者的因是一个道地的不定因,可以通及同、异二喻,有俱品一分转之失,故敌论者的破量是似能破。

前述同法相似与此异法相似是一对孪生子:同法如被移作异法用就是同法相似,异法如被移作同法用就是异法相似,故《理门论》云:"示现异品故。"〔3〕此句总贯同法异立(同法立为异法)和异法异立(异法立为同法)两种情况。

3. 分别相似过类

上述异法相似是将同法喻直接移用为异法喻,而分别相似是分别同法喻的差别义来横加破斥。如前同法相似所举立者之量以瓶为同喻,敌者难破云:

---

〔1〕 此例在表述上与文轨《入论疏》近似,文轨云:"虚空是常非勤发,声是勤发即无常;瓶是无常有质碍,声既无碍应是常。"(《庄严疏》卷四页五右)

〔2〕 此四句亦系仿文轨之作,如文轨云:"但是常者非勤发,故得勤发证无常,无常有碍、有无碍,何得无碍证其常!"(《庄严疏》卷四页五右)其中文轨的末句强于净眼的仿句。

〔3〕《大正藏》第32卷3c。

> 声若烧等同于瓶，可使无常亦同瓶；瓶之烧等不同声，云何无常以例声？（《后疏》写卷第386—387行）

意谓声音若亦具有瓶子烧制等属性，则可使之同于瓶等之无常性；然瓶有烧制等属性而声非烧制，怎能以瓶上的无常性例声亦无常？敌者的难破是基于声之“不可烧”这一不定因作出的，是以不定因破定因。故净眼“正解”云：

> 声、瓶烧等异，不许齐无常；亦可声性与声殊，不许齐常住。（《后疏》写卷第388—389行）

此谓汝以声与瓶有不可烧与可烧之不同而不许同有无常性，以此推衍，则声性亦与声不同而不得同有常住性。

4. 无异相似过类

无异相似就是以宗有法与同法的属性应无差异，或以宗有法与因法的属性应无差异，或以二宗无异来相难。由于有上述三种不同情况，故净眼云：

> 于中有三：初是古师，次是陈那，后是古师。（《后疏》写卷第390行）

此谓无异相似分三种：第一无异相似是古因明师所总结，第二无异相似是陈那所总结，〔1〕第三无异相似复为古因师所总结。以下分别释三种无异相似。

第一无异相似是似不定因破。如立者立量：“声无常，所作性故，犹如瓶等。”敌者有如下三种无异难，每种似破之后，净眼均附有简判。

> 初云，声、瓶齐所作，无常亦例同；亦可所作贯声、瓶，烧等应无异。——从初过类至此过，皆是似共不定及相达决定过。（《后疏》写卷第391—392行）。

〔1〕 此说不确，第二无异相似在世亲《如实论》中已有解释，下文还要讲到，此略。

这就是第一无异相似过类的例子。意谓汝既以瓶喻声，则瓶上有可烧，可见等属性，声上亦应一一皆有。净眼对第一无异相似和前述同法相似、异法相似，分别相似作了一个总的判定："从初过类至此过，皆是似共不定及相违决定过。"这一判定存在诸多问题：第一，净眼的判定似据陈那《理门论》所云："由用不定同法等因成立自宗，方便说他亦有此法，由是便成似共不定；或复成似相违决定。"〔1〕然陈那是在判同法相似和异法相似过时说这番话的，净眼却将其扩充至分别相似和第一无异相似过，当不合陈那本旨。第二，陈那在这里所说的"似共不定"有特定的含义，其中的"共不定"三字非指六不定中的共不定，而是指立、敌共有不定过之意。就是说敌者用了不定之因（如"无质碍"），令同法、异法颠倒而成立与立者原量相矛盾的宗，此时立者的决定因"所作性故"亦有不定过，此即所谓共有不定。然立者并未犯不定过，故是"似共不定"。然而净眼在判过时并未对"似共不定"的特殊含义作诠释，令人易滋误解。第三，所谓"似相违决定"是指敌者在同法相似或异法相似难破中说，汝既由同喻瓶成立声无常，则我亦可由异喻虚空之无质碍性而成立声是常。这是以原量的异喻为同喻而给出的相违决定量。或云，汝既由虚空上无所作性从而常住以反证声既为所作即定是无常，则我亦可以瓶之有质碍来反证声既无质碍就必定常住。这是以原量的同喻为异喻而给出的相违决定量。然而这两个相违决定量却不合因三相，其因"无质碍"既一分于同品上有，复一分于异品上有，乃是俱品一分转的不定因，故不能与原量相抗衡，只不过是似决定而已！须注意，陈那是在说同法相似和异法相似时说及此过的，并未延及分别相似和第一无异相似。净眼檀自扩大其所涉范围殊非恰当，因为立、敌对诤，必有正反对决之量，如此岂非一切对决之量皆可视为"似相违决定"？可见陈那所云有其特定对象，须是敌者为破立者之量而给出类似于相违决定量者。〔2〕

---

〔1〕《大正藏》第32卷9c。

〔2〕除同法相似、异法相似外，第二无生相似亦是似相违决定，详下文。

第二无异相似是似不成因破。立量如上，破量并净眼的简判如下：

二云，所作与无常，一种非毕竟；两法齐生灭，宗、因应不殊。——此似不成过也。(《后疏》写卷第393—394行)。

此意谓所作因与无常宗均有"非毕竟"(非恒常，亦即无常)的性质，故以此因证此宗无异于以无常证无常，有宗、因无别异之过(即宗义一分为因)。敌者此破意在诬称立者之因有随一不成过。然立者之因本为正因，故净眼判敌者的第二无异相似难乃似不成因破。

第三无异相似是似不定因破。立量如上，破量并净眼的简判如下：

三云，瓶上无常顺所立，即以所作证无常；亦可瓶之烧、见达所成，所作令声有烧、见。——此似相达过也。(《后疏》写卷第394—395行)。

此谓你以瓶上无常与所立声的属性相同，即以所作因证声亦是无常；我则以瓶有烧制和可见的属性虽与声相违，仍可从所作因去推出声有烧制和可见之属性。敌者的这一难破企图以同一"所作"因双成二宗，即你以所作因证声无常，我则以所作因推出声应可烧、可见。然而这一相违量不能成立，首先立者的比量并未犯相违过，故敌者给出的相违量难以成立。其次，相违量是不改原量的因、喻推出与原量相矛盾的宗，然上述相违量的宗并非原量的矛盾宗，具体地说，声可烧、可见并不是声是无常的矛盾宗，所以敌者的相违量只是似相违而已。净眼所释的第三无异相似过类中的似相违因破，系据文轨所云。〔1〕 陈那所释的第三无异相似乃是似俱品一分转不定因破，如《理门论》云："有说此因如能成立所成立法，亦能成立此相违法。"〔2〕这就是说，立者如立"声无常，勤勇无间所发性故，如瓶。"敌者难破说，声与无常同有勤勇无间所发性因，然声不可烧而瓶可烧，由此可

〔1〕 文轨释第三无异相似云："三云，内曰，义本如前。外曰：'声应可烧，勤勇所发，譬如瓶等。'此以勤发一因，双成两宗，故名无异。"《庄严疏》卷四页十三左，内院本，1934年。

〔2〕 《大正藏》第32卷4b。

知，声是勤勇所发自成其常，瓶是勤勇所发则成无常。然而敌者的上述推论乃基于预设其中的“不可烧”因，此因有不定性，既可通向常住的空，亦可通向无常的瓶，所以有俱品一分转之过。由此第三无异相似有似不定因破和似相违因破两种，前者为陈那所说而后者为文轨所释，净眼取后者而舍前者，似有舍本逐末之失。而且净眼将第三无异相似归为古师所释，亦不知其所据系何！

净眼在简介了上述三种无异相似并作了点评后，复给出相应的三种正解如下：

> 正解初难云，所作、无常为喻体，法、喻两处必齐同，不以瓶等为同喻，云何烧等全无异？（《后疏》写卷第396—397行）。

这是对第一无异相似难的批评。意谓所作皆无常才是真正的喻体，有法与喻依必定同有所作与无常两方面的属性，而不是如古师那样以瓶为同喻体，怎能说声与瓶在可烧制等方面亦应无异？净眼的这一批评殊为高明，抓住了问题的症结之所在：原来无异相似以及前述同法相似、异法相似、分别相似都是从古因明的论式出难的，古因明的同、异二喻均以事例为喻体，而未能以反映因与宗之不可分离的普遍命题作喻体，致令敌者有隙可乘，以同、异喻例中的一分义来难破而成上述四种似能破。在陈那的新因明中，由于同、异二喻皆以普遍命题为喻体，而以事例为喻依，这就限定了“比喻”的范围，不令擅越雷池。净眼对第一无异相似的批评正是通过显示这一理论要义来揭发无异相似等过类之错误的。

> 解第二难云，两法杂取成宗、因，可言二立无差异；宗灭因生成二立，何得说言全不殊？（《后疏》写卷第398—399行）

这是对第二无异相似的批评。此谓宗、因二法乃杂取而成，从总体上说二者固然都有非恒常之义，然无常宗法有灭坏义，所作因法却有生成义，二者皆得成立，怎么能说二者全然无别？净眼此解以区分因、宗二法之生、灭义来反破第二无异相似过类，颇为中肯。然净眼说第二无异相似过类是陈那总结出来的却不确切，因为世亲《如实论》早已对此作过解

释,且举例也略同。〔1〕

解第三难云,成立无常具三相,所作可得显无常;成立烧、见不决定,所作何能证烧、见?(《后疏》写卷第400—401行)。

这是对第三无异相似的批评。意谓以所作因成立无常宗是符合因三相的,而以所作因去成立可烧、可见等宗则与三相不合,所以有不定之失。这一批评较为简单,缺乏深度,且有前后不一之嫌。净眼在前文引述第三无异相似过类时既简判其为似相违过,复在"正解"时判其为不定过,究系合取二者,抑或判后忘前?合取二者并没有错,若是判后忘前,则殊为不当。

5. 可得相似过类

可得相似就是敌者指责立者之宗用他因亦能证得的似能破。陈那据《正理经》和《如实论》所说,将可得相似分为两种,故净眼亦云:

可得相似过类,于中有二。(《后疏》写卷第402行)

以下分别释两种可得相似过类。

第一可得相似是似不定过破。如立者云:"声是无常,勤勇无间所发性故。"敌者的破量如下:

初云,电等非勤发,余因可得证其灭,声虽是勤发何得用此显无常?——此似不定过也。(《后疏》写卷第403—404行)。

这是第一可得相似例,净眼并作了简判。此例意谓,立者所持的勤勇所发因并非正因,如自然界的电光稍纵即逝,由"余因"的现量眼见即可知其无常,所以声音虽系勤勇所发,然并不能以此来推断声是无常。也就是说,既然无常宗可以离勤勇所发因而得有,就说明勤勇所发不一定是无常宗的正因。然而按照因三相的规则,因、宗二法具有包含关系,即因法或被宗法包含,或与宗法相互包含,这两种情况都合乎逻辑,并非只有相互全遍一种情

〔1〕 文轨先主陈那所释之说,如云:"此释无异(指释第二无异相似),是陈那所存。"(《庄严疏》卷四页十三左)未知所据为何?世亲说无异相似,不仅有第一义,也有第二义,见《如实论·道理难品》,《大正藏》第32卷31b.c。

况。故敌者以显示“余因”来否定勤勇所发因,只是似不定因破而已。

第二可得相似是似不成因破。敌者的破量如下:

> 二云,一切无常皆所作(“所作”似为“勤发”之误),遍所立故成能立;电等无常非勤发,不遍所立不成因——此似不成因过也。(《后疏》写卷第405—406行)。

这是第二可得相似例,净眼亦附有简判。此例从因不遍宗之有法上来出难,故净眼判其有似不成因过。此判与上述第一可得相似的简判均据陈那所说。此似不成破意谓,若一切无常之物皆为勤勇所发,则勤勇所发可周遍所立声而成能立因;然事实上并非一切无常之物皆是勤勇所发,故此因未能周遍有法,属不成因。净眼所引述的似不成破,系仿文轨所释例而作,然不及该例明晰。如文轨设外道云:“无常之物并勤发,如此勤发成无常;无常有非勤发生,应此勤发非因证。”并释云:“此难意云,若勤发因遍通一切无常品上,得成正因,既其不遍,便有一分不成因过。”〔1〕文轨在表述上更为清晰,甚至指出敌者的难破旨在将立者之因归于(两俱)一分不成因,此释颇中肯。立、敌相诤,原本限于一定的论域,不能恶意扩大,故敌者指斥勤勇所发因不能成立一切无常法,只是似不成因过破。

净眼在转陈了上述两种可得相似过类并作简判后,复作两条正解如下:

> 正解初难云,本以勤发证无常,不得勤发非无常,不言无常必勤发,何妨电灭有余因?(《后疏》写卷第407—408行)

这是对第一可得相似过类的批评。意谓勤勇所发本是证无常之因,而不能说无常者必为勤勇所发,故电光之灭自可由余因得证。然而在这四句正解中,第二句“不得勤发非无常”的语义令人颇费索解:是否系不得以勤发非难无常之意?然而敌论明明是以无常并非皆由勤发所生来出难的!那么是否为非勤发即非无常之意呢?这又与第三句“不言无常必勤发”的语意

〔1〕《庄严疏》卷四页十四右,内院本,1934年。

不合。其实净眼的四句正解乃拟文轨之例而作,文轨的四句例云:“勤发定是无常因,未见勤发是常者。无常不是勤发因,故见电等非勤发。”〔1〕其第二句“未见勤发是常者”似即净眼所说的“不得勤发非无常”的本义,只是净眼言不及义而已。

解后难云,若立一切灭坏义,不遍所立不成因;唯立声上有无常,何妨电等非勤发?(《后疏》写卷第409—410行)

这是对第二可得相似的批评。此解意谓,如果有法是无常,则勤勇所发以不能周遍有法而不成其因;然而现在立的既是“声上有无常”,则勤勇所发因可以周遍有法声,然则,何妨电光等非勤所发?这就是说,立者之量并无不成过,敌者以因法不能周遍有法来相难,乃是似一分不成因过难。

6. 犹豫相似过类

犹豫相似就是敌者分别立者之量的宗法差别义或因法差别义出难。故净眼云:

犹豫相似过类,于中有二。(《后疏》写卷第411行)

以下分别说两种犹豫相似。

第一犹豫相似是似不定因破。如立者立量云:“声是无常,勤勇无间所发性故,如瓶。”净眼拟敌者的破量并作简判:

初云,无常含生、显,或显或是生。宗法既不定,勤发成何义?——此似不定过也。(《后疏》写卷第412—413行)。

此据《理门论》所云“此中分别宗义别异,因成不定”〔2〕设例,意谓无常有生起和显发等不同的含义,汝言之无常系属何种?宗法既有不同的含义,勤发因成立无常宗的何义也就难以确定。这是以无常的差别义出难,欲令勤发因陷于不定。然而宗法无常的含义在一定语境中应该是确定的,并不会产生歧义,故敌者以“分别宗义别异”来难破,只能是似不定因破。

---

〔1〕《庄严疏》卷四页十四左、右,内院本,1934年。
〔2〕《大正藏》第32卷4b。

第二犹豫相似是似不成因破。立量如上,净眼设破斥例并作简判:

勤发含生、显,或显或是生。其因既犹豫,何能证宗义?——此似不成过也。(《后疏》写卷第 414—415 行)

此据《理门论》例意而拟,〔1〕意谓勤勇所发因含生起和显发二义,此因令所成立的宗法无常为显、为生?其因既存在此种犹豫不定,又怎能证成宗义?这是以分别因法的差别义出难,欲令其因不成。然而如上所述,勤勇所发因在立、敌对诤时的语境里其语义应该是确定的。如佛家对声生论立量时用所作性因,而对声显论立量时才用勤勇所发因,于中可见其立量之严密,根本不存在或生或显的歧义,故敌者的破量乃似不成破。

以下是净眼所作的两种正解:

正解初难云,勤发若于常亦有,可使说此是疑因;生、显既许声无常,如何此因成不定?(《后疏》写卷第 416—417 行)。

这是对第一犹豫相似的批评。意谓勤勇所发因若是通及常住的话,则可说此因犹豫不定;然今此所说之勤勇所发因或生或显皆可证其无常,缘何还说此因为不定因?在这四句判语中,前二句是退一步而言的姿态表示,其重点在后二句,意即无论将勤勇所发因分别为生、为显,均得以证成无常宗,所以并非不定因。净眼此言系据陈那论意而说,如《理门论》云:"由于此中不欲唯生成立灭坏,若生、若显悉皆灭坏,非不定故。"〔2〕

解后难云,生、显不俱成灭坏,可使二种是疑因;两法皆得显无常,如何说此成犹豫?(《后疏》写卷第 418—419 行)

这是对第二犹豫相似的批评。意谓勤勇所发因的生起和显发二义若不能皆成灭坏义,则可以说此因究竟以何义证无常而成犹疑之因;然而生起和显发二义皆得证成无常,怎能将此因斥为犹豫不定之因?净眼此判仍然是据上

〔1〕《理门论》云:"如前成立'声是无常,勤勇无间所发性故。'现见勤勇无间所发或显、或生,故成犹豫:今所成立为显、为生?是故不应以如是因证无常义。"见《大正藏》第 32 卷 4b。

〔2〕《大正藏》第 32 卷 5a。

引陈那论意而言,其要义即是勤发因虽可分解为生起和显发二义,然二义皆得成立无常,故非不定。

第一犹豫相似和第二犹豫相似的相同处虽然都是在分解生起和显发二义上出难,然二者的区别是:第一犹豫相似是恶意分别宗法无常的生、显不同,第二犹豫相似则是恶意分别因法勤勇所发的生、显不同。故《理门论》云:“若以‘生起’增益所立(指宗法无常)作不定过,此似不定;若于所立(无常)不起分别,但简别因‘生起’为难,以似不成。”〔1〕净眼即是据此作解的。

7. 义准相似过类

义准法即普通逻辑所谓之换质位法,亦相当于数理逻辑的假言异质换位律。义准相似则是敌者以颠倒的义准法出难的过类,是似不定因破。如立:“声无常,勤勇无间所发性故。”敌者的破斥和净眼的简判如下:

> 声是勤勇发,声即是无常;电既非勤发,应当体是常。非勤翻于勤,非勤不定有;勤既反非勤,云何定无常?——此似颠倒不定过也。(《后疏》写卷第421—423行)

此谓既然声是勤勇所发而无常,那么电光非勤勇所发就应该是常住了。然而非勤勇所发者与勤勇所发相反,非勤发之物既不定有无常,则勤发之物也不能说定然无常。这就是通过颠倒的义准法(设 $p \to q$,则 $\bar{p} \to \bar{q}$)来否定勤勇所发因与无常宗之间的必然联系,以造成勤勇所发因有不定过的假象。但立者之因本无不定,故敌者的难破是似不定过破。然净眼判此过为“似颠倒不定过”有语病,“似颠倒不定”语意转反,成了并非真有“颠倒不定”之意,然颠倒义准法而成不定者是敌者,故在“颠倒”之前冠以“似”字殊为不妥。准确的说法应如陈那《理门论》所云:“义准相似谓以颠倒不定为难,故似不定。”〔2〕

对义准相似,净眼的批评如下:

〔1〕《大正藏》第32卷4c—5a。

〔2〕《大正藏》第32卷5a。

> 正解云，非勤通常、无常品，可许非勤不定常；勤发不通常处转，云何不许定无常？（《后疏》写卷第424—425行）

这是针对敌者指斥立者之勤勇所发因有不定过而言的，意谓非勤勇所发者可通于常住者（如空），亦可通于无常者（如电），故非勤是不定因；勤勇所发则不通常住之物，为何要说它不定然无常呢？这一批评是点中了要害的。

8. 至非至相似过类

至非至相似就是敌者以立者之因无论是否至于宗均不成其为能立来难破。如立者云："声是无常，勤勇无间所发性故。"敌者与立者有如下对话：

> （敌者：）能立之因为至所立名能立，为不至邪？
>
> （立者：）若尔何失？
>
> （敌者：）二俱有过：若至所立名能立者，应无能立，难云：如池至于海，名海不名池，因既至所成，不得名能立。又难云：所立若极成，何用因相至？所立不极成，因应无所至。若不至名能立者，难云：因若至所成，可使名能立；既不至所成，应非是能立。（《后疏》写卷第427—432行）

净眼所述的敌者破量有三：一是从"若至所立名能立"出难，二是从所立是否极成上出难，三是从"若不至名能立"出难。其中的第二难似与陈那的论意不合。如《理门论》设敌者破云："若能立因至所立宗而成立者，无差别故应非所立，如池、海水相合无异。又若不成，应非相至，所立若成，此是谁因？若能立因不至所立，不至非因无差别故，应不成因。"〔1〕这段话只列有二难，即敌者从"因至所立宗"出第一难，复从"又若不成，应非相至"出第二难。其第一难意谓，因法若与宗相合而得以成立宗者，则因与宗无所差别，犹如池水入海而与海水无异。其第二难意谓，又如果因与宗不合，则为"非相至"；而此时所立宗若成立，则此因是谁家之因？故因法若与宗不合，就与其他由因与宗不合而论为非因者一样，应不成其因。从

〔1〕《大正藏》第32卷5a。

陈那所设的例子可知，至不至相似顾名思义只立至与不至二难。上述净眼所述例子中的第二难和第三难，应即从陈那设例中的第二难衍化而出。然而净眼将陈那原文中的“又若不成”的“不成”误解为“不极成”，并单独设难，插在至与不至二难之间，致使文意不畅。如上所述，陈那所云“又若不成，应非相至”是指因若不能与宗相合，则“应非相至”之意，而非指有法不极成，净眼从极成与否上诠解，显然与上下文意不合。其实净眼将至不至相似的破斥量析为三则系袭自文轨的诠释，但文轨并没有将“不成”释为不极成，如云：“又难：所立若不成，此因何所至；所立若成就，何烦此至因?”〔1〕净眼则改写为：“又难云：所立若极成，何用因相至？所立不极成，因应无所至。”这就将成就与否变作了极成与否！净眼将至不至相似的两则难剖析为三则难破已与陈那原意稍异，再将“不成”解作不极成，更是偏离了陈那的原意。

陈那所说的至非至相似的两则难破量合起来其实是一则二难推理，敌者以此迫使立者处于进退维谷的境地。然而敌者所出的二难式破斥量乃是似能破，故陈那判云：“如是且于言因及慧所成立中有似因阙，于义因中有似不成。”〔2〕意谓敌论者在立论者以言生因（言语所表述的论式）和智生因（推求决定的智慧）所建构的论证中作似因阙难，并从义生因（言语的意义）上作似不成就难。净眼据陈那所判亦云：

> 此于言遍因是似因阙，望于义因是似不成也。（《后疏》写卷第432行）

然而净眼的判语与陈那的原判颇有出入，他将陈那所说的“言因”解释为“言遍因”，“言遍因”即言三支中的因法，因法须周遍宗上有法，故谓之“言遍因”。而如上所述，陈那说的“言因”指的是言三支，即用言语表述出来的整个论证，而不是只指三支论式中的因支。至于“望于义因是似不成也”一句，表面上与陈那所云“于义因中有似不成”的判语别无二致，然而联系前文净

〔1〕《庄严疏》卷四页十九左，内院本，1934年。

〔2〕《大正藏》第32卷5a。

眼对“不成”的解释可知，他并未领悟陈那的意思。在因明的过失论中，“不成”指不成因，净眼大概是囿于这一理解，在前文将陈那所云“又若不成，应非相至”中的“不成”释为“所立不极成”，因此这里说的“望于义因是似不成”，当指不成因中的所依不成而言。而陈那所云“于义因中有似不成”中的“不成”却是因不成就宗之意，故陈那将至非至相似过类列为似因阙一类，而未将其划入似不成因之中。

关于至不至相似，净眼的正解如下：

> 解至难，如灯光至所照，能照、所照殊。因虽至所立，何妨能立、所立异？解不至难，如磁石不至铁，而能吸于铁，何妨因不至所立，而能立所立？（《后疏》写卷第433—435行）

此解以“灯光至所照”作譬，说明所照之物本来存在，只是隐于暗处，经灯光相照而映现，故能照之灯与所照之物有别。由此可知，因虽证宗，因与所证之宗亦有异。复以“磁石不至铁而能吸于铁”作譬，以喻因不至所立依然能成立宗。这一正解意在指出，宗与因原本各自存在，其因果关系与至不至无涉，不可妄为此难。

至不至相似还有自我违害之失，陈那深刻地揭示：“又于此中有自害过，遮遣同故。”〔1〕就是说其自我违害之弊在于敌者之难亦可返难其自身，也就是说敌者的难破实际上陷入了谆论。故净眼作返难云：

> 此因至不至，则说名因阙；余因至不至，应皆不成因。当知即是谤一切，因何名能破？又汝所言应成自害，以于汝自立因中亦有此失故。（《后疏》写卷第436—438行）。

意谓汝以勤勇所发因有“至不至”的问题而指其有阙因过，依此而言，则其余的因亦可从“至不至”上来非难，应该一一皆不成其因，这就否定了一切因。而且这种非难也有自我违害之弊，因为“汝自立因中亦有此失”！于是净眼进一步作“返问言”：

---

〔1〕《理门论》语，《大正藏》第32卷5a。

> 汝破我义,为至我义名为能破,为不至静至我义名能破者,难云:如池至于海,不得名为池;既至所破义,不得名能破。又难:汝许我义立,何须更相破?汝既不许我义成,汝破应当无所立。若不至我义名能破者,难云:若至我义破我义,可使名能破;本来不至于我义,应不名能破,故汝所言有自害过。(《后疏》写卷第438—444)

这是以其人之道还治其人之身,此"返问言"正是前述敌者以"至不至"难立者的翻版。

9. 无因相似过类

无因相似就是敌者以立者之因无论说在立宗目前、立宗后、还是立宗的同时均不成其因相难。如立者以"所作性"因证"声是无常"宗,敌者的破量和净眼的简判如下:

> 能立之因为在无常前名为因,为在无常后名为因,为与无常俱名之为因?若在无常前名为因者,难云:若有无常义,对果可成因;无常义既无,其因应不立。若在无常后名为因者,难云:无常义不立,可("可"当为"何"之误)须能立因?宗义既先成,其因复何用?若与无常同时名为因者,难云:如牛两角同时有,不得名果、名有果(即因)。能立无常时不到,何得名因、名有因(即果)?——此于言遍因是似因阙,望于义因是似不成也。(《后疏》写卷第446—452行)

此敌者难破例系据陈那《理门论》的用例敷衍而成。如《理门论》设例云:"若能立因在所立前,未有所立,此是谁因?若言在后,所立已成,复何须因?若俱时者,因与有因皆不成就,如牛两角。"〔1〕此难者意谓,若所作性因说在声无常宗之前,则所立宗既然尚未建立,能立因便无证成的对象。若所作性因说在声无常宗之后,则所立宗既已建立,能立因即成赘余。若因与宗同时并举,则如牛之双角并存,别无因果之分。然而敌者的这一责难是似能破,故净眼认为其"于言遍因是似因阙,望于义因是似不成"。这一判语与陈

〔1〕《大正藏》第32卷5a。

那的原判不尽相符，与前述至非至相似的判语一样，净眼依然是将陈那所说的“言因”（即言三支）误解为三支论式中的因支，将“不成”（即不成就）误解为四不成因过中的所依不成，详析如上，此不赘说。无因相似与至非至相似同属似因阙过破，而非似不成因破，故陈那将二过合在一起判定。关于无因相似，净眼复作如下正解：

> 正解解宗前、宗俱无因难，过、现若无现在果，可使宗前、宗俱不成因；过、现许有现在果，何废宗前、宗俱得有因？解宗后无因难，唯据相生说名因，后法不得生前果，亦说相显以明证，何妨宗后得有因？（《后疏》写卷第453—456行）

此解从“三世”之因果关系反质“三时”说无因。先解宗前、宗俱无因难，意谓如果承认过去和现在的因能产生现在的果，那么因说在宗前或因与宗同时说均无不可。再解宗后无因难，意谓从因果相生的次序上说，应是先有其因后有其果，然而从显示因果关系上说，先立宗再辨因亦无可非议。

与至非至相似一样，无因相似亦有“非理诽拨”一切因的错误，同样有自我违害之失，故净眼返难云：

> “所作”之因有三难，即说是无因；一切余因有三难，应皆不成证。当知即是谤一切，因何名能破？又汝所言有自害过，以于汝自立因中亦有此失故。（《后疏》写卷第457—459行）。

此谓敌者对“所作”因作三时无因之难，则于一切因法皆可作此三时无因之难，如此，一切因法也就皆不能证成宗义。这就是对一切因法的排斥，所以不能称之为能破。而且敌者的三时无因难也可用以反破其自身，因为其所用之因亦在所破之列。故净眼复作返问言：

> 汝破我义，为在我义前名为能破，为当在后，为俱时耶？若在我义前名能破者，难云：若有所破义，对彼所破名能破；未有所破义，对何辨能破？若在我义后者，难云：我义若不立，汝破名能破；我义既已成，汝破非能破。若与我义同时名者，难云：如牛两角同时有，不名能破及所破；我立、汝破既同时，不名能破及所破。故汝所言有自害过。（《后疏》

写卷第 459—465 行)。

此即以其人之道还治其人之身之谓也。敌者既以三时无因难他人,必深陷于谆论之中,故他人亦可以三时无因反破,致使敌论言无可言、退无可退,再无反击之力。

10. 无说相似过类

无说相似是敌者以未说因前无有因,由此而宗也不能成立来相难。如立者立量云:"声无常,所作性故。"敌者的破量和净眼的简判如下:

立因言所作,声即是无常;立宗未说因,声应是常住。——此似不成或似因阙也。(《后疏》写卷第 467—468 行)

此谓立者以所作因证无常宗,然立宗时尚未说因,故声应是常住。敌者的这一难破从未说因时宗自不成上横加责难,采取了偷换概念的手法,故陈那指出:"今于此中无说相似增益比量,谓于论者所说言词立无常性,难未说前因无有故,此似不成。或似因阙,谓'未说前'益能立故。"〔1〕意谓无说相似是在立者的比量中偷加了"未说(因)前"这一与原比量无关的成分来相难的。敌者谓未说因前此因即不存在,因既不存在,就不能周遍宗上有法,故有所依不成之过。陈那批评这种难破乃是似不成因破,或者说是似因阙过破。净眼的简判正是据此而言的,并作正解云:

唯立言因名所作,未说所作可无因;立宗之时有义因,何得言声是常住?(《后疏》写卷第 469—470 行)

这是对无说相似的批评。意谓论者以"所作"为因,若其立量时不说"所作"因,则可指责其无因,然其立量时明明给出了义因,所以不能以未说前无有因为由成立其矛盾宗"声应是常住"。

11. 无生相似过类

无生相似是敌论者以声音未显生前其因不存在为理由出难。如立者立量云:"声是无常,勤勇无间所发性故。"敌者所出的无生相似难有两种:第

〔1〕《大正藏》第 32 卷 5b。

一无生相似是敌论者以声未显生前无勤勇所发因为由强行难破，故是似不成因破。第二无生相似是敌论更出相违量说，若依勤勇所发可立声无常宗，则声未生前未依勤勇所发，声应是常住。这是运用不正确义准法的一种诡辩，故是似不定因破。这两种无生相似在净眼所设的难例中却被糅合成了一个，并作了简判，如云：

> 已生之声有勤发，可使是无常；未生之声非勤发，应当是常住。——此似不成过，亦似不定，义准分故。（《后疏》写卷第472—473行）。

然而如此糅合设例有模糊两种无生相似之失，虽然净眼于例后对两种无生相似的性质即似不成和似不定都作了简判，但依然未分轩轾，好像似不成与似不定同聚一体，系一身而二任似的。其实第一无生相似和第二无生相似虽有伯仲之谊，却不容糅合为一体，因为第二无生相似乃是在第一无生相似难的基础上再出相违量而形成的。如陈那《理门论》设第一无生相似难云："若如是，声未生已前无有勤勇无间所发，应非无常。"敌论意谓，若如你所云，已显生之声由勤勇所发可使是无常，然声未生前无有勤勇所发，应是非无常。在此难的基础上，敌者复出第二无生相似难，如《理门论》设例云："又，非勤勇无间所发故，应是常。"〔1〕这就是敌者给出的相违量，此量采取颠倒义准的方法，即从 $p\to q$ 推出 $\overline{p}\to\overline{q}$，异质而不换位，所以是不正确的。〔2〕 由此可见，第一无生相似和第二无生相似虽是孪生兄弟，但毕竟是两个个体，宜应分别设例说明。而且从过失的性质上说亦有不同：第一无生相似是以"声未说前"来否定勤勇所发因的存在，因既不存，故有两俱不成之过，也可以说是因阙过；然而这是敌者强加给立者的过失，故敌者的责难是似不成因破或似因阙破。第二无生相似是以似义准的方法出相违量来否定立者之宗，其相违决定量所持之因即"声未生前非勤勇无间所发"，有不定过。由于非勤勇所发者可以是常住的（如虚空），也可以是

〔1〕《大正藏》第32卷5b。

〔2〕 正确的义准法应从 $p\to q$ 推出 $\overline{q}\to\overline{p}$，反之亦然。

无常的（如雷、电），甚或是非有的（如空花），敌者以如此之因证声常住，只是偏取其中之一，故属不定。敌者本欲难立者有不定过，结果自陷于不定之中，故是似不定因破。陈那对这两种无生相似曾作了殊为简明的区分：第一无生相似是以"'声未生前'增益所立，难无因故"；第二无生相似是"未生前以'非勤勇无间所发'难令是常"。〔1〕意即第一无生之难旨在难立论者无因，第二无生之难则是意欲令声是常。陈那的这一判定显示，两个无生相似乃有不同的功用，故净眼将二者糅合在一起例示当是不妥的。

关于无生相似的不成难和不定难，净眼有两条正解。先看其解不成难：

> 正解不成难云，若于已生、未生立宗义，不遍未生不成因；唯约已生立无常，何得言因不成就？（《后疏》写卷第474—475行）

这第一条正解是针对敌者的"不成难"所作的批评，意谓立论者所立之宗若是含蕴已生之声和未生之声两方面，则勤勇所发因由于并不包含未生之声而不成其因；然而立者之量本来只是从已生之声说无常的，所以不能说勤勇所发因有不成过。此解颇为一般，不若文轨解说得透彻。如云："内曰：'声若未生体是有，勤勇发因亦因成；声既未生体是无，今难遣谁令常住？'此解意云，我立一切有义言声皆是无常，何偏就我立论言声约其未生以之为难？以我言声未生之前本自无声，不入宗摄，何容于此知因不成？此即于成就因不成就因言也。"〔2〕此解对第一无生相似的批评殊有力度。以下再看净眼解不定难：

> 解不定难，同品遍有是正因，未生无因可常住；同品不遍亦正因，何妨未起是无常？（《后疏》写卷第476—477行）

这是对第二无生相似的批评，然而不得要领，逻辑上也说不通，兹略作分析：

〔1〕《理门论》语，《大正藏》第32卷5b。

〔2〕《庄严疏》卷四页二十三右，内院本，1934年。

第一,此解说,若是以同品遍有为正因的话,则未生之声在非勤勇所发的情况下可以常住。这是以退为进的虚退说法,为下文的实进作反衬。然而依据九句因,同品遍有或同品有非有(定有)皆可为正因(其异品必须遍无),所以不能将正因遍有于同品的可能作不可能的事来说,更不能以之为反衬的材料。

第二,未生之声应非声,不能作为宗的同品,更不是因的同品,故与因之是否周遍同品无关,也就是说,勤勇因即使周遍全部宗同品,也周遍不到未生之声,更遑论其是否常住了!

第三,此解实际上默许未生之声的存在,所以未能深入剖析其矛盾。试想,“未生时声未有,未有云何常”?〔1〕这一矛盾是显而易见的,若能抓住剖析,就可提高批评的力度。

第四,文字不够严谨,致生歧义。如云“同品不遍亦正因”,其中的“同品不遍”可能指的是同品不全遍,亦即同品有非有之意;然“不遍”亦可从遮遣解,意指非有,这就产生了歧义。另外,“何妨未起是无常”亦令人费解,“未起”指何而言?是指未生之声么?然敌者明明主张未生之声为常住,怎能由同品定有之因推及未生之声亦无常呢?所以这一句的文意令人揣摩不定。

第五,此解既云“解不定难”,却不见揭发其难破如何不定。对此文轨就说得很明确,如云:“汝所立量因有不定,何得与我定因相违?谓其声为如虚空等非勤勇发是其常耶?为如电光等非勤勇发是无常耶?”〔2〕

从以上五点可知,净眼对第二无生相似的解说庶不可取。而且从总体上说,他对无生相似的解说也是不全面的。

12. 所作相似过类

所作相似是敌者以分割因义的手法出难。如立者立量云:“声是无常,

〔1〕《如实论·道理难品》语,《大正藏》第32卷33c。

〔2〕《庄严疏》卷四页二十三右—二十四左,内院本,1934年。

所作性故,如瓶。”敌者破云:

> 瓶之所作异于声,瓶可是无常;声之所作不同瓶,何得是无常?(《后疏》写卷第479—480行)

此难意谓,同品瓶的所作性(即所谓绳轮所作)有别于声之所作(即所谓咽脐所作),故瓶可以是无常;声之所作不同于瓶之所作,故声并非是无常。净眼设此难例旨在说明三种所作相似,故他在例末判云:

> 此以瓶所作于声上无,是似不成。声所作于瓶无,是似相达。若于常亦无,是似不共;若于喻上无,是似能立不成过也。(《后疏》写卷第479—480行)

净眼此判完全是遵照陈那的判定来说的,如《理门论》云:“所作相似乃有三种:若难‘瓶等所作性于声上无’,此似不成。若难‘声所作性于瓶等无’,此似相违。若难‘即此常上亦无,是不共故’,便似不定;或似喻过,引同法故。”〔1〕陈那明确地将所作相似分为三种,并揭示其不同的过失性质,净眼据此阐释,更为具体。兹说明如下:

第一所作相似是“以瓶所作于声上无”,意即瓶乃绳轮所作,声则为咽脐所作,故瓶之可有无常与声无涉。这是以分割所作因的涵义来否定所作因,故是似不成因破。上述净眼所设难例中的第一、二句即是例示第一所作相似者。

第二所作相似是说“声所作于瓶无”,意即声之咽脐所作于瓶上无,难者以此将同品瓶排除在因法之外。根据九句因,在同品非有的情况下,若异品有或有非有,就是第四、第六句,同时违反了因的第二相和第三相,其因法即为相违因。第二所作相似正是以相违因为由横加指责的。然立者之因并非违反第二、三相的相违因,故此难实为似相违因破。上述净眼所设难例中的第三、四句即是例示第二所作相似的。

第三所作相似是以“若于常亦无,是似不共”相难,意即如上所难其同品

---

〔1〕《大正藏》第32卷5b.c。

既非有,若其异品亦非有,则为不共不定因。然此难不实,异品非有本非过失,说立者之因于同品非有亦是敌者强加于人的,故此难是似不定因破,说得具体些,也可以说是似不共破。另外也可以从喻的过失上分析,敌者既认为同品与因法不合,便有能立法不成的喻过,所以第三所作相似又可视为似喻过破。

上述三种所作相似的共同特征是故意分割因义,故陈那指出,立、敌对诤,"唯取总法建立比量,不取别故。若取别义,决定异故,比量应无"。[1]此谓因明立量乃是从总体上来运用概念的,而不能将概念内涵割裂开来取舍。若是割裂概念的内涵来难破,则不再能成立比量。净眼依据陈那的这一判定作正解云:

> 若以别义立比量,可使汝破成能破;但取总法成立义,当知汝难即非真。(《后疏》写卷第481—482行)

此解的第一、二句仍是虚退一步说事,所云"别义"即分别义;第三、四句才切入实处,揭示因义不容分割的原则。

> 又返难云:分别此因有此过,不许此因证无常;分别余因有此难,不许余因显宗义。(《后疏》写卷第482—484行)

这一返难就是依陈那所言"若取别义,决定异故,比量应无"而作出的,意谓敌者既以分别因义的手法否定此因,则其余的因亦可依此法而否定,一切比量也就难以成立。

13. 生过相似过类

生过相似是敌者以立论之同喻尚需证明为由出难。如立者立量云:"声是无常,所作性故,如瓶。"敌者难破云:

> 声上有无常,待因方乃显。亦应瓶上有灭壤,无因义不成。(《后疏》写卷第486—487行)

此难意谓,声上有无常的属性是由所作因来证明的,而说同喻瓶上有无常

---

〔1〕《大正藏》第32卷5c。此中"引同法故"意指涉及同品与因法不合的问题。

性,若无因佐证,则其义不成。敌者此破意在指责立者的比量有所立法不成的喻过。然正如陈那所云:“如现见瓶无常成立,犹相诤者,谓是无所立随行(所立法不成)之似喻故,即彼(生过)相似。”〔1〕这就是说在瓶之无常依现量可知的情况下仍提出责难,说其是所立法不成的似喻,就是生过相似。故净眼据陈那所判云:

此似喻中所立不成过。(《后疏》写卷第487行)

并作正解云:

声上无常不共许,待因方极成;瓶上灭坏两俱成,何须借因显?(《后疏》写卷第488—489行)

此谓声上有无常由于立、敌之不共许而须由因来证成,而瓶上有无常原是各方共许的,故无须借助因来证成。净眼此解与陈那所论别无二致。

14. 常住相似过类

常住相似是敌者从声与无常之恒常不离出难,反推声应是常住的。如立者立“声是无常”宗,敌者难破云:

生、灭迁于声,即立声无常。恒与无常合,应当是常住。(《后疏》写卷第491—492行)

此谓立者以声有生、灭变化而立声无常宗,然声与无常既然恒常不离,则应当说声常住。此据陈那所云设例,如《理门论》云:“谓有难言:‘……此应常与无常性合。诸法自性恒不舍故,亦应是常。’”〔2〕此设难言,意谓声恒常与无常性相合,不舍不离,故声应是常住。敌者的这种难破,陈那判定“是似宗过,增益所立‘无常性’故”。意谓无常相似是似宗过破,它是在声无常宗上外加了一个恒常不变的“无常性”。陈那分析说:“以于此中都无有别‘实无常性’依此常转,即此自性本无今有,暂有还无,故名无常。”〔3〕意即作为

〔1〕 法尊译编:《集量论略解》第146页,中国社会科学出版社,1982年。

〔2〕 《大正藏》第32卷5c。

〔3〕 陈那判无常相似的话见《理门论》,《大正藏》第32卷5c。

声之自性的无常，其涵义是“本无今有，暂有还无”，而非另有一个“实在的无常性”恒守着声体。依据陈那的这一判定，净眼亦云：

此似宗中比量相达过。（《后疏》写卷第 492 行）

这就更为具体地落实到似宗中的比量相违过。正如《如实论》所云：“若已无常，云何得常?”〔1〕意即此中存在着相违的过失。最后净眼复作正解云：据声起、尽立无常，唯显其生、灭。不说体恒生、灭合，云何言是常？（《后疏》写卷第 493—494 行）

意谓依声之生起和坏灭可说其是无常，而不可说其恒有生灭而是常住。此解虽从陈那说，然未突显其“增益所立”的诡辩手法，批评不免缺乏力度。

（三）十四过类的结语

以上就是净眼对似能破包括十四过类的阐释。净眼结云：

良为此论，无文略辨粗相，其委细具在《理门》。此即略明似能破讫。（《后疏》写卷第 495—496 行。）

此谓上述陈那关于十四过类的论说殊为精当，由于《入论》中无十四过类的内容，故此处略作补充，其具体内容备在《理门论》中。

四、解《入论》的结束语

净眼云：

上来总是依标正解，释颂文中“八门”义讫。（《后疏》写卷第 496 行）

此谓上文（指诠释《入论》的全部疏文）依标作解，诠释了首颂所云“能立与能破，及似唯性他；现量与比量，及似唯自悟”中的“八门二益”诸义，至此，《入论》的主要论旨已解讫。于是转入最后对结语的解释。

《论》曰“且止斯事”者。

〔1〕《大正藏》第 32 卷 34a。

述曰，就依标别解分中有三：初、“如是总摄诸论要义”者，显标胜用；

> 二、“此中于宗等”下即依标正解；此云“且止斯事”者，即是第三抑解显略也，谓抑其广解，显此《论》略也。（《后疏》写卷第497—500行）

此谓《入论》第二大部分“依标别解分”中又分三部分：一、“如是总摄诸论要义”一句是长行中的总冒，用以总绾群机；二、“此中宗等多言名为能立”以下这一大块阐说能立与似能立，现量、比量与似现、似比，能破与似能破的文字即是“依标正解”；三、此处所云的“且止斯事”即是表示长行至此结束，不再展开阐说的意思。净眼的解释从分析“依标别解分的结构”着手，点明“且止斯事”的涵义和作用。

> 《论》曰：“已宣少句义，为始立方隅。其间理非理，妙辩于余处。”
>
> 述曰，此一部《论》，文有三分：初一行颂名总标纲要分；二、“如是”下长行名依标别解分；三、此一行颂名结略示广分。谓上来已宣“八门两悟”少分之义，且为始学之徒令识方隅而已，此即结此论略也。于其中间所有显此论之正理，斥余论之非理，或解真立等正理，释似立等非理，妙辩说处在余《集量》《理门》等中，此即示余论广也。（《后疏》写卷第501—507行）

此段解释《入论》的末颂。净眼将《入论》分为三大部分，第一部分即开首四句偈颂，这是《入论》全文的纲要，故称“总标纲要分”。第二部分是长行，即以散文的语言形式分别阐说能立与似能立等“八门”的要义，故称“依标别解分”，是全文的主体。第三部分就是最后四句颂文，这是《入论》全文的结束语，故称“结略示广分”。在这四句颂文中，“已宣少句义，为始立方隅”二句即是“结略”，意谓上文已对“八门二悟”之义作了简明的阐说，旨在为“初学之徒”提供学习的初阶；“其间理非理，妙辩于余处”二句则是“示广”，意谓“所有显此（因明）论之正理，斥余论之非理，或解真立等正理，释似立等非理”，尚有“妙辩”在《集量》《理门》等论中，也就是说，因明的深义和对诸宗学说的批评，均在《集量》《理门》等论，欲深入探求因明奥义者，可进一步学习陈那的因明诸论。

释　文　篇

凡　例

（一）为裨检索对照，释文标以原写本行数，如“[119]第二祖……”其“第”字左上角之“119”，即为原写本之行数，以示119行从此“第”字始（图版中为求方便用汉字数字标之）。

（二）原卷残损之字，均以□示缺，缺损字数则视其空间参照旁行字数约估，如《略抄》原卷第1—6行。

（三）或虽有缺损而据其上下文可猜读者，则猜读之文字以〔〕示之，如《略抄》原卷第4、6、7行。或原卷有残损而可据其他文献的引录予以补正者，亦以〔〕号示之，并出校记。

（四）或有少量难辨之草字，不敢妄读，则以◇示之。

（五）原写卷抄字有误者，或有疑与文意不合之字，或疑写本有脱字、衍文等讹误，均出校记说明。

（六）或在段注中提及本段辑文中某字、某词作何校订时，并在疏文中该字词下加横线提示。

（七）凡原文中自注性的文字，均加□号，以示区别。

（八）个别同音假借字需作说明者，只在此字后附正字并在正字上加（）号提示，不另出校记。

（九）写卷中抄错之字旁加“：”号者，即抄写者已知写错而加“：”号表删去，故释文不再列入此字。

（十）注释序号以①②③示之，以与表行数之1、2、3相区别。

（十一）疏文引用经论之语，本释文皆加注说明出处，以裨查检。

文轨《因明入正理论疏》卷上写卷释文

[1]〔有遮有表，大乘立者〕但许有遮，今但〔取遮为因，故因无依所不成过也。〕

[2]〔问：两俱、随一皆有〕犹豫所依不成，即但二〔种，何故明四？〕

答：古〔因明中亦但立二，[3]然陈那以太隐〕，故开为四也。

问：内道破外道云："我非常住［宗］，以〔动作故［因］，如[4]灯焰等［喻］。〕"然"动作"因内道不许于"我"上有，"我"又是无，何故非即所依随〔一〕[5]不成过收？

答：今此文中，但约立、敌共许比量有此分别：若自比量或他比量，[6]但有不成，无有随一及两俱过。今"动作因"是他比量，故无所依不成过[7]也。

问：如立宗云"我所许我是实有"，即所别不成；亦应立因云"我许德〔所〕[8]依故"，因非极成。

答：此"我许"言唯显自许，敌论虽〔许彼自许"我"为"德所〕[9]依"，望敌论者因无依处，亦不成也。如此之例但是自比量也。

问：〔如立宗〕[10]云"真故，极成色非定离眼识"；因云"自许初三摄、眼所〔不摄故"；同〕〔1〕喻云[11]"如眼识"。此因既云"自许"，应非极成。

答：此云"自许"，不简他许，〔2〕彼云"自许"，即[12]简他许，以他不许

〔1〕 以上〔〕中的文字均据《续藏》本《文轨疏》卷上补，见《续藏经》第86套第5册345页右。

〔2〕 据《文轨疏》，"他许"之后脱十七字："以他亦许极成之色初三所摄，眼所不摄故。"见《续藏经》第86套第5册345页右。

“我”为“德所依”故，故不例也。

问：既不简他许，何须“自[13]许”言耶？

答：〔1〕此为遮他不定过故，谓他作不定难云：“此极成色如眼识，[14]初三所摄、眼所不摄故，非定离眼识耶？为如我宗所许，释迦菩萨实不善[15]色初三所摄、眼所不摄故，定离眼识耶？”

问：但应云极成初三摄、眼所不[16]摄故，亦遮此难，何须别用“自许”避之？

答：虽得避不定过，然不能遮相违[17]难，谓他作相违难云：“此极成色应非即色之识；极成初三摄、眼所不摄[18]故，如眼识。”此难便成也。若言“自许”彼难不成，以得用他方佛色与彼相违[19]作不定过故，用“自许”之言一遮他不定难，遮相违难。

《论》云：不定有六。〔2〕

[20]述曰，此第二解不定有三：一、举数；二、列名；三、弁（辨）体。此即举数也。

《论》云：一、共；[21]二、不共；三、同品一分转异品遍转；四、异品一分转同品遍转；五、俱品一分转；[22]六、相违决定。

述曰，此列名也。因遍同、异故名共，同、异俱无名不共。次[23]三可解。

---

〔1〕　此答以下至第二组问答结束（即至“遮相违难”），写卷与《续藏》本差异颇大。如《续藏》本《文轨疏》云：〔答：此为遮〕相违故，须自许言，谓他作相违难云：“极成之色应非即识之识，自许初三摄、眼所不摄故，如眼识。”今遮此难云：“此极成色，为如眼识自许初三摄、眼所不摄故，非即识之色耶？为如我宗所许他方佛色自许初三摄、眼所不摄故，是即识之色耶？若不云自许，即不得与他作不定过遮相违难。”问：但云“初三所摄、眼所不摄”亦得作不定过，何须自许耶？答：若不言“自许”者，即有他不定过。谓他作不定过云：“极成之色为如眼识初三所摄、眼所不摄，非定离眼识耶？为如我宗释迦菩萨实不善色初三所摄、眼所不摄，定离眼识耶？”为避此过，故云“自许”。若为避此过，言“极成初三摄、眼所不摄”者，即不得与他相违难作不定过，故唯言“自许”也。

〔2〕　六不定以下为《续藏》本《文轨疏》所无，是新发现的疏文。

宗互乖反名相违,因、喻各成名决定。

《论》云:此中共者。

[24]述曰,此下弁(辨)体。六不定为六,今先解初,即九句中第一句也。文有五节:一、[25]牒章;二、举法;三、释义;四、结过;五、审成。此即牒章也。《论》云:如言:"声常,[26]所量性故。"

述曰,此举法也。如声论者立"声是常",因云"所量性故"。言〔此声〕[27]为现、比二量心及心法所量度也,〔1〕此所量因遍声宗上,无不成过。

[28]《论》云:常〔2〕无常品皆共此因。

述曰,此释义也。此中"常"宗以虚空等一切常法[29]为其同品,以瓶、盆等诸无常法为其异品,其"所量"因遍在同、异二[30]品之上,故是共也。

问:龟毛等无,为是何品?

答:此中既以"常住"为宗,龟毛[31]等无,非常住故,即名无常,异品摄也。〔3〕

《论》云:是故不定。

述曰,此结[32]过也。既以空等、瓶等为因同法,故是不定过也。

《论》云:为如瓶等"所量[33]性故",声是无常;为如空等"所量性故",声是其常?

述曰,此审成也。共[34]"所量"因虽通二品,然不明显,故约二品审成不定。此但明自、他、俱共以[35]立、敌许同、异二品有所量故,然以义准,更有自共非他共,他共〔4〕非自共亦是[36]共不定也。自共者,如大乘对小乘成立七、八识云,"六种识身"是有法,"离[37]自体外更有余识"是法,法及有法为宗,

〔1〕"言此声……量度也"为藏俊《大疏抄》十八所引,文字与此全同,《大疏抄》明言系《文轨疏》卷二所云。《大正藏》第68卷558b。

〔2〕此"常"字写卷脱,今据《入论》补。

〔3〕以上一组问答为《大疏抄》十八全引,文字与此全同,且谓是《文轨疏》卷二所云。《大正藏》第68卷558b。

〔4〕"他共"二字写卷脱,今参照《大疏抄》十九引《略纂》文酌补。

“是所知故”为因。此“离识自体外更[38]有余识”宗，以“色”等有法及“龟毛”等无法为共同品，其“所知”因于此遍有，[39]无共异品，唯以自许“八识”为异品，其“所知”因于此亦遍，是故不定肩如[40]色等所知故，六识离自体外更有余识；为如自许八识是所知[41]故，六识离自体外更无余识？他共者，如小乘对大乘立宗云，“极成之声”[42]是有法，“非是唯识所变之声”是法，因云“是所知故”。此“非唯识所变”[43]宗，以“色等”为共同品，其“所知”因于此遍有，无共异品，唯以他许“他方佛声”[44]为异品，其“所知”因于此亦遍，是故不定。此极成声为如色等是所知故，[45]非是唯识所变声耶；为如他许他方佛声是所知故，即是唯识所变声[46]耶?〔1〕

《论》云：言不共者。

述曰，此下第二不定，即第五句也。此亦五节，如前共[47]文。此即牒章也。

《论》云如言：“声常，所闻性故。”

述曰，此举法也。如声[48]论者立宗云“声常”，立因云“所闻性故”。此无同喻，但作异喻，反显云[49]色等无常即非所闻，声既所闻，是故性常。

《论》云：常、无常品皆离此因，[50]常、无常外余非有故。

述曰，此释义也。此中“常”宗以“虚空”等为其同品，[51]以“瓶”“盆”等为其异品，其“所闻”义遍皆非有。龟毛等无，摄入无常品中，复[52]不可言，更于余法有此因义以为同喻，以除常、无常二品法外更无非常、[53]非无常第三品故。

---

〔1〕《大疏抄》引《略纂》释共不定略有三种，于引文末注云：“文轨疏全同之。”（请参阅《大正藏》第68卷560a.b）内院本《庄严疏》即据以辑录，作文轨释共不定的疏文。然勘《略纂》与敦煌本《文轨疏》的相关文字，《略纂》虽袭自《文轨疏》者颇多，亦多有差异。而且《文轨疏》是先顺着《入论》所列“自、他、俱共”的例子作释，指出这是“立、敌俱许同、异二品有‘所量’故”，然后再释“自共非他共”和“他共非自共”的。而《略纂》则是按自共不定、他共不定和自、他共不定的次序疏解的。由此可见，《大疏抄》所谓的“全同之”，乃指《略纂》与《文轨疏》在疏意上别无二致，非云文字之全同也，故不宜将《略纂》释共不定的文字辑为文轨的疏文。

《论》云：是犹豫因。

述曰，此结过也。既除宗已（以）外余一切[54]品并无能立“所闻性”因，故是犹豫不定因也。

《论》云：此“所闻性”其犹何等？

[55]述曰，此审成也。既云以所闻故，声即是常，此犹何等？

问：所量通二品，属异[56]〔品不〕定收，“班闻”同虽无，不属异品非不定。〔1〕为显此难立比量：“所闻”〔因非不[57]定摄〕，异品无故，诸异品无者皆非不定，犹如正因。又，“所闻性”因非不定[58]〔摄，同〕〔2〕品无故，诸同品无〔3〕者皆非不定，如相违因。

答〔4〕：此因唯属有法之声，不通同、[59]异，故是不定。又如山中草木，无的所属，然有属此人、彼人〔5〕之义，即名不定。[60]今此“所闻性”因亦尔，不在余品，若在余品者，即容通在同、异品义，[61]故是不定。又，此“所闻”因若成因者，佛法立“声是无常”，胜论立“声德句摄”，[62]数论立“声三德为性”，皆以“所闻”为因，皆应成立；既立皆不成，当知此因[63]是不定也。前之二量有相违决定过，谓“所闻性”因是不定摄，阙一相[64]故，诸阙一相皆不定摄，犹如是等四不定因，此之四种皆阙异品遍无[65]一相。今“所闻”因亦阙同品定有一相，故是同喻无〔6〕也。

问：如立宗言“一切声〔是常〕〔7〕”，[66]因云“以是声故”，常、无常品皆离此因，常、非常外余复非有，亦应唯是[67]不共过收？

答：“声”是有法，“常”是法，立因乃云“以是声故”，此因即是所立[68]有

〔1〕此问中“所量通二品……非不定”为《略抄》所引，其中“品不”“所”字均据《略抄》写卷第270行补。

〔2〕“因非不定摄”和“摄，同”因原字残损，均据文义补。

〔3〕“无”字脱，今补。

〔4〕此答至“故是不定”为《略抄》所引，其中“答：此因”三字写卷脱漏。

〔5〕“彼人”二字脱，兹据《略抄》第271—272行引文补。

〔6〕“无”字脱，今据文义补。

〔7〕此问中“是常”二字据下答“常是法”而补之。

法，除有法外更无别义，非宗法故，非不定摄，但是两俱不成过也。

69今"所闻"因虽余品非有，然对耳根等有所闻义，成宗法性体非不70成，由不共同、异二品名不共也。若立"内声无常"，因云"以是声故"，此因虽71显相有法，该外声故，即遍"声"宗，非不成过。

复由同品有故非不共72也。此即俱是他不共过，以声论师对佛弟子立此比量，声论自许声外大73有、厘异亦是所闻，〔敌论佛弟子不许故也〔1〕更有自不共、俱不共亦不定摄〕。

74〔自不共者，如佛弟子对声论立宗云"声是无常"，因云"所闻性故"，此因75望自同、异二品皆悉非有，望他声论即于异品"声性"是有，故是76自不共也。〕

问：既唯于他异品中有，何故〔不〕成相违？

答：彼若作相违〔云"声77〕是其常"，因云"所闻性故"，喻云"如同、异者"，此同、异不共成，故非相违也。

问：78若尔应无他不定过，此过如前所述。

答：不定不别立量，故不〔例〕也。〔2〕

俱不79共者，如佛弟子对数论师立宗云"声从识变"，因云"所闻性故"。此因望80自、望他，于同、异品遍皆非有，故是俱不共也。

《论》云：同品一分转异品81遍转者。

述曰，此下第三不定，即第七句也。文亦有五，如前共等。此即82牒章也。

《论》云：如立："声非勤勇无间所发，无常性故〔3〕。"

---

〔1〕"此即俱是……不许故也"为《大疏抄》十九所引，见《大正藏》第68卷562c，其中"此"字、"同"字脱，今据《大疏抄》引文补。

〔2〕以上释自不共的疏文为《大疏抄》十九所引录，并谓出自"文轨疏二"，见《大正藏》第68卷562a。其中"如同、异者"的"者"字系衍字，为《大疏抄》引文所无。"此同、异"中的"此"字脱，兹据《大疏抄》引文补。

〔3〕"性故"，写卷误作"故性"，今据《入论》改。

述曰，〔此举法也。“声”〕[83]是有法，“非勤勇无间所发”是法，〔法及有法〕和合为宗，因云“无常性故”。

[84]《论》云：此中“非〔1〕勤勇无间所发”宗以“电”“空”等为其同品，此无常性于电等[85]有，于空等无。

述曰，此下释义，就中初明同分无，后明异遍有。此即初[86]明同分无也。电、空齐非勤勇所发故是同品，然电速起灭故有〔2〕[87]无常，空体非迁，无常非有，故是同品一分转也。

《论》云：“非勤勇无间〔3〕所发”[88]宗，以“瓶”等为异品，于彼遍有。

述曰：此明异遍有也。瓶由作意展（辗）转[89]乃至手等所发故是同品，于此等上皆有“无常故”因〔4〕，于异品皆遍转也。

[90]《论》云：此因以电、以瓶为同法故，亦是不定。

述曰，此结也。夫定因者，要同[91]有异无，今“无常”因法于宗同、异二品皆有，即是以同、异二品之上无常[92]性义俱为同法，令本“声”宗或是勤发，或非勤发，是故此因成不定也。

[93]《论》云：为如瓶等无常性故，彼是勤勇无间所发；为如电等无常性故，彼[94]非勤勇无间所发？

述曰：此审成也。此即但是俱同品一分转异品遍转，[95]然亦有自同品一分转异品遍转，他同品一分转异品遍转亦此中摄，准[96]前共中类作可解下二不定，亦有他、自并类思之。

《论》云：异品一分转同[97]品遍转者。

述曰：此下第四不定，即第三句也。文有四节：一、牒章；二、举法；三、[98]释义；四、结过。此即牒章也。

〔1〕“非”字写卷脱，今据《入论》补。

〔2〕“有”乃衍字。

〔3〕“无间”二字脱，今据《入论》补。

〔4〕此“因”字脱，今据文意补。

《论》云：如立宗言〔1〕：“声是勤勇无间所发，无常性[99]故。”

述曰，此举法也。“声”是有法，“是勤勇无间所发”是法，法及有法和合为[100]宗，因云“无常性故”。

《论》云：“勤勇无间所发”宗以“瓶”等为同品，其“无常[101]性”于此遍有。

述曰，此下释义也。就中初明同遍有，后明异分无。此即初[102]明同遍有也。

《论》云：以“电”“空”〔2〕等为异品，于彼一分“电”等是有，“空”等是无。

[103]述曰，此明异分无也。

《论》云是故如前亦为不定〔3〕。

述曰，此结过也。其[104]“无常”因既通同、异二品之上，是故如前第三不定，“无常故”因以电、以[105]为同法，故是不定也。略无审成，准例可解，此亦但是俱不定也。

[106]《论》云：俱品一分转者。

述曰，此下第五不定，即第九句也。文亦有四，如前第[107]四。此即牒章也。

《论》云：如说：“声常，无质碍故。”

述曰，此举法也。如声论[108]者对胜论师立宗云“声常”，因云“无质碍故”。如发言语，即有音声，遍[109]在余处，往来不障，故是无质碍也。

《论》云〔4〕：此中“常”宗以“虚空”“极微”[110]等为同品，“无质碍性”于虚空等〔5〕有，于极微等无。

述曰，此下释义也。就[111]中初明同分有，后明异分无。此即明同分有也。胜论师宗极微是常，谓空[112]劫中有细极微，散在处处，后劫成时有情业

〔1〕“如立宗言”，写卷作“如说”，此按《入论》改。

〔2〕此脱“空”字，今据《入论》补。

〔3〕写卷作“无不定”，“无”为衍字，兹据《入论》删。

〔4〕写卷作“论曰”，兹按《文轨疏》“论云”“述曰”的体例改。

〔5〕此脱“等”字，今据《入论》补。

力令诸细微两两相合,各[113]各生一粗子果微,其子微量等二细微,如此粗微复更和合转生粗[114]者,如此渐增乃至和合生器世界也。后劫坏时,极粗大者先为灾[115]坏,渐渐乃至初子果微,如此粗果悉迁灭尽,唯有根本最极细微[116]不为灾坏,故是常也。然可积聚,又有一处,即无第二,故非无碍。其声[117]论师亦同此计,故以极微为其同品,无质碍因于空等转、极微不转,[118]故是同品一分转也。又释,若声论师对佛弟子立此量者,唯以空等为[119]共同品,因俱遍转,常住细微为自同品,若自、若他,因俱不转。今此望[120]自,故是俱品一分转收。若望他、望共,即是第四不定过摄。

[121]《论》云:以瓶、乐等为异品,于乐等有,于瓶等无。

述曰,此明异分无[122]也。乐是起主,故举乐爱,等取所余心、心法也。乐等、俱等俱是无常,[123]故是异品。其"无碍"因于乐等有,于瓶等无,故是异品一分转也。若依[124]前释,是共俱品一分转因,若依后释,即是自同分有、共异分无,合[125]是俱品一分转也。

《论》云:是故此因以乐、以空为同法故,亦名不定。

[126]述曰,此结过也。此无碍因既以生、灭、乐、不变、空为其同法所依事,[127]故名不定也。略无审成,类前可解。

《论》云:相违决定者。

述曰,此下[128]第六不定。文有三节:一、牒章;二、举法;三、结过。此即牒章也。

《论》云:如立[129]宗言:"声是无常,所作性故,譬如瓶等。"

述曰,此下举法也,有二:初举[130]胜论法,后举声论法。此即举胜论法也。胜论立比量云,"声是无[131]常"为宗,"所作性故"为因,"譬如瓶等"为喻。

问:〔1〕前对声显论,"所作"随一不成,今[132]既敌同前,何得名决定?

---

〔1〕 此问至下答中的"故得名决定"为《大疏抄》二十所引,文字全同。以下文字则殊异,《大疏抄》引文为:"又释,总言虽声论,计乃生、显分别,对显不成,今敌生决定。"见《大正藏》第68卷569b。问中"'所作'随一不成"的"随"字脱,又答中亦脱"随"字,均据《大疏抄》补。

答：前对体用常，故是随一过；今敌用生、灭，[133]“所作”两俱成。又释，前据未重立，是随一不成，今约更成因，故得名决定。[134]又，前对声显论，“所作”随一不成，今对声生论，故无随一过。

《论》云：有立：“声[135]常，所闻性故，譬如声性。”

述曰：此举声论法也，即于胜论立量之时[136]立比量云，“声是常住”为宗，“所闻性故”为因，“譬如声性”为喻。

问：前立[137]“所闻”即是不共，何故今此同品有耶？

答：今对胜论立此比量，胜论[138]二师〔1〕皆许声外同、异句义是其声性，谓声同于声，异于色等，名[139]为同、异。此声同、异，唯属于声与声作性，故名声性。如此声性，为耳[140]所闻故，此立因具有三相，非不定也。前对佛法立“所闻”因，佛法不许声外[141]声性，故是不共。

问：大有句义亦为耳闻，何故不名声性？

答：声之同异，[142]唯与声为性，不通余法，故是声性。“有”通一切，不名声性也。〔2〕

《论》云：此二[143]皆是犹豫因故，俱名不定。

述曰，此结过也。

问：声、胜二论，此量皆成，何[144]故复云俱是犹豫？

答：此二比量虽无余过，然令证人、听众不测理之[145]是非，谓彼疑云：“一有法声其宗互反，因、喻各立，何正何邪？”故俱犹豫，[146]名不定也。

问：〔3〕主立宾破，理有是非，岂容俱失而无胜负。

答：前负[147]后胜，如先煞迟棋。又如人相扑，力停不倒，先言我胜，此即

〔1〕“胜论二师”当系“胜、声二师”之误。

〔2〕以上一组问答为《大疏抄》二十所引，然《大疏抄》在上述引文后尚有如下二十八字：“又释，诸所闻者皆悉是常，‘大有’即是同喻，此唯《广百论》意，大有名声性也。”见《大正藏》第 68 卷 570a。

〔3〕此问以下至写卷第 164 行的第一字“也”，为《大疏抄》二十引，见《大正藏》第 68 卷 573a。

堕负。

问：[148]虽分胜负，理未必然，多言显宗，此说何据？

答：论其胜负，一如前弁（辨）；[149]理之是非，依现、教断。何者？现谓现量，教谓佛教，即圣言量。又释，[150]世现证知名现，依现起言名教，现即现量，教即至教量也。依此[151]现、教，断此二因，胜论义是，声论理非，以世间现见音声间断有不[152]闻时，诸佛亦说“声是无常”，世间不见声是其常，佛又不说是常住[153]故。又释，世间现见声是无常，依此现见，言声生、灭，不见是常，不言[154]恒住，故胜论宗同彼世间现见至教，故符实义。声论不同世间现见，[155]故乖正理。

又答：此之二因无论前后，若同现、教，此即为胜；若乖现、教，[156]即堕负门；若俱违顺，依前后断。

问：声论定堕负，应是宗过[157]收，如其离九失，何成违现、教？

答：声论说声常住，耳等曾不恒闻，胜[158]义虽简宗非，约情终违现、教。此则由言，故无宗过，谓就胜义，声[159]是其常。据情故理不真，谓违世间现、教二量。

问：如约胜义立：“色[160]等空，以缘生故，犹如幻事。”此亦约情违世现、教，所立空理亦应不真？

[161]答：望此虽有违现、教义，然“以缘生故”因，“如幻事”喻，不违现、教，以因、[162]喻力令彼世间亦信色等体性是空，无违世间现、教之失。声论所立“声〔1〕[163]性同喻，胜论虽许，然违现、教，不能令宗世间同许，故声常宗理不正[164]也。”

问：具足三相，应是正因，何故此中而言不定？

答：此疑未决，不敢解之，有通释者随空而注。〔2〕

---

〔1〕 此“声”字脱，今据《大疏抄》引文补，见《大正藏》第68卷573a。

〔2〕 以上一组问答为《大疏抄》二十引，见《大正藏》第68卷569a。其中“随空而注”，似为“随宜而注”。

[165]问：此与比量相违何异？

答：前比量相违但立其宗即违其因，今立因[166]已，方违其因，故不同也。又，但相违决定即比量相违，自有比量相违非[167]相违决定。如立宗违其比量，而立因别有余过，故非相违决定也。〔1〕

问：[168]准此但约法自相明相违决定，准相违因，应有法自相、法差别、有[169]法差别相违决定，何不论耶？

答：略故不说，准例可知，又释，此不定过[170]别陈因、喻，非本能立，其力羸故，不能与彼法差别等别作相[171]违决定过失，若相违因即先因、喻，用彼因、喻还违彼宗自相、[172]差别，故不例也。比量相违亦同此释。〔2〕

[173]〔因明入〕正理论疏　卷上

〔1〕 以上一组问答为《大疏抄》二十一所引，见《大正藏》第68卷576a。

〔2〕 以上一组问答为《大疏抄》二十一引，见《大正藏》第68卷578a。其中“本非”敦煌本和《大疏抄》均误作“非本”，今据文义改。

文轨《因明入正理论疏》卷上写卷原件图版(斯2437号)

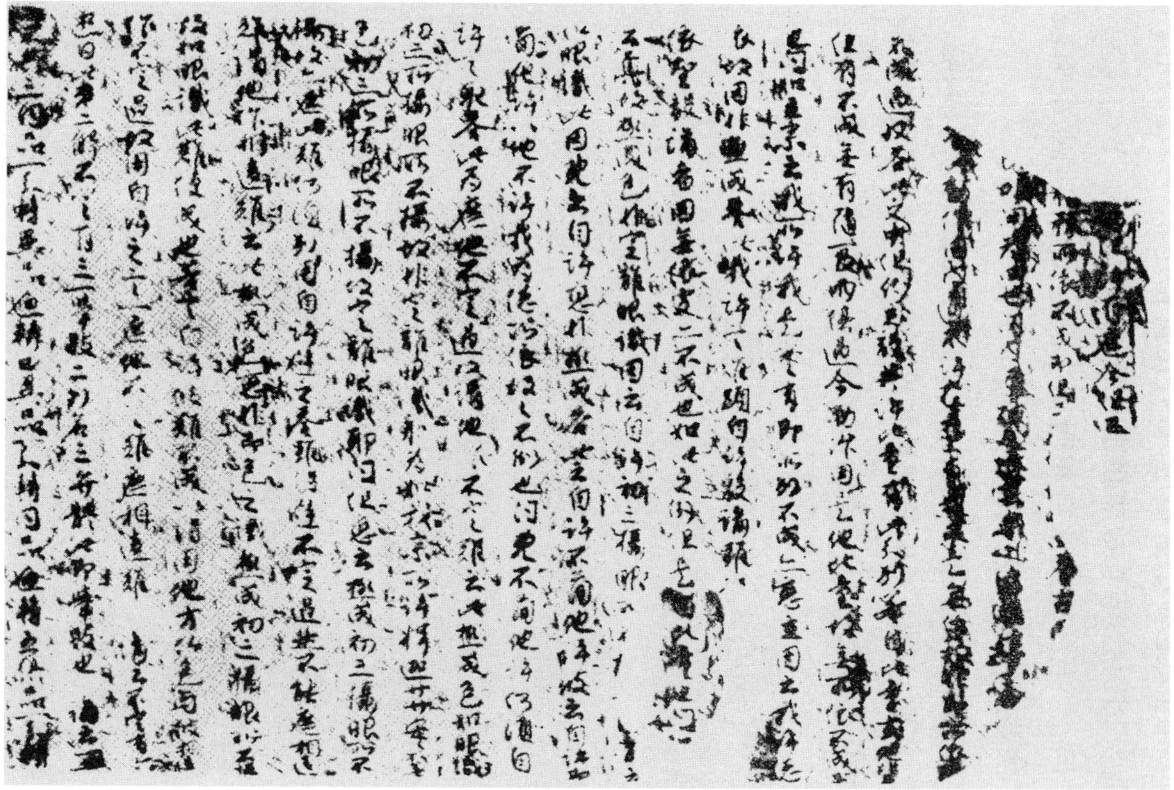

斯2437号　因明入正理论疏卷上(10－1)

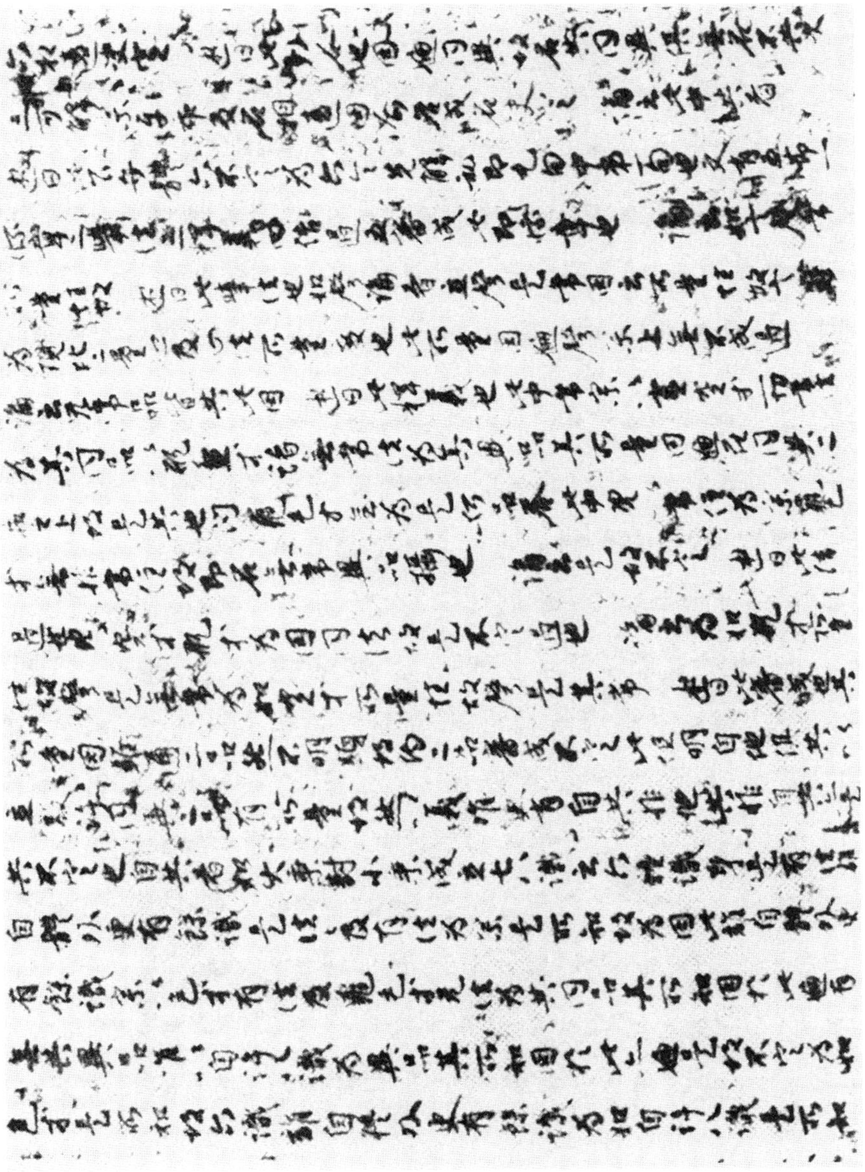

斯 2437 号　因明入正理论疏卷上(10－2)

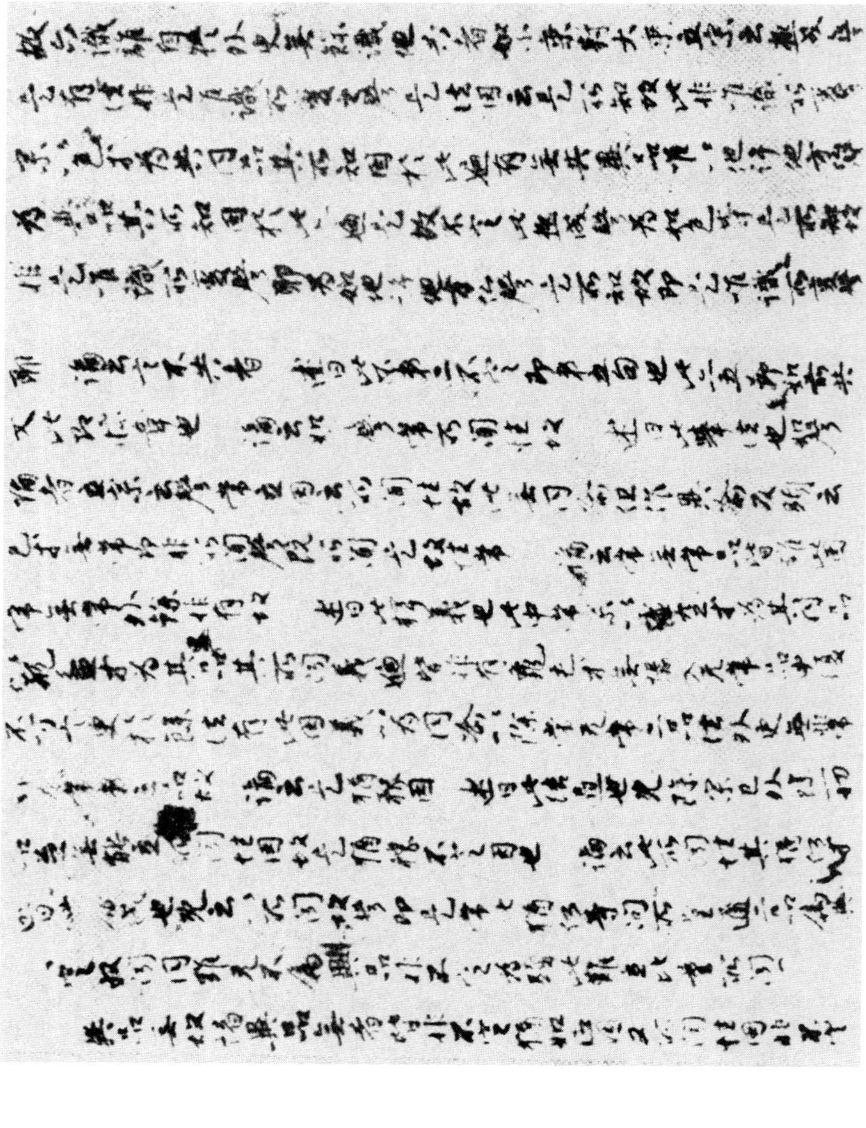

四十一
四十二
四十三
四十四
四十五
四十六
四十七
四十八
四十九
五十
五十一
五十二
五十三
五十四
五十五
五十六
五十七

斯 2437 号　因明入正理论疏卷上(10－3)

五十八 五十九 六十 六十一 六十二 六十三 六十四 六十五 六十六 六十七 六十八 六十九 七十 七十一 七十二 七十三

斯 2437 号 因明入正理论疏卷上(10－4)

七十四 七十五 七十六 七十七 七十八 七十九 八十 八十一 八十二 八十三 八十四 八十五 八十六 八十七 八十八 八十九 九十

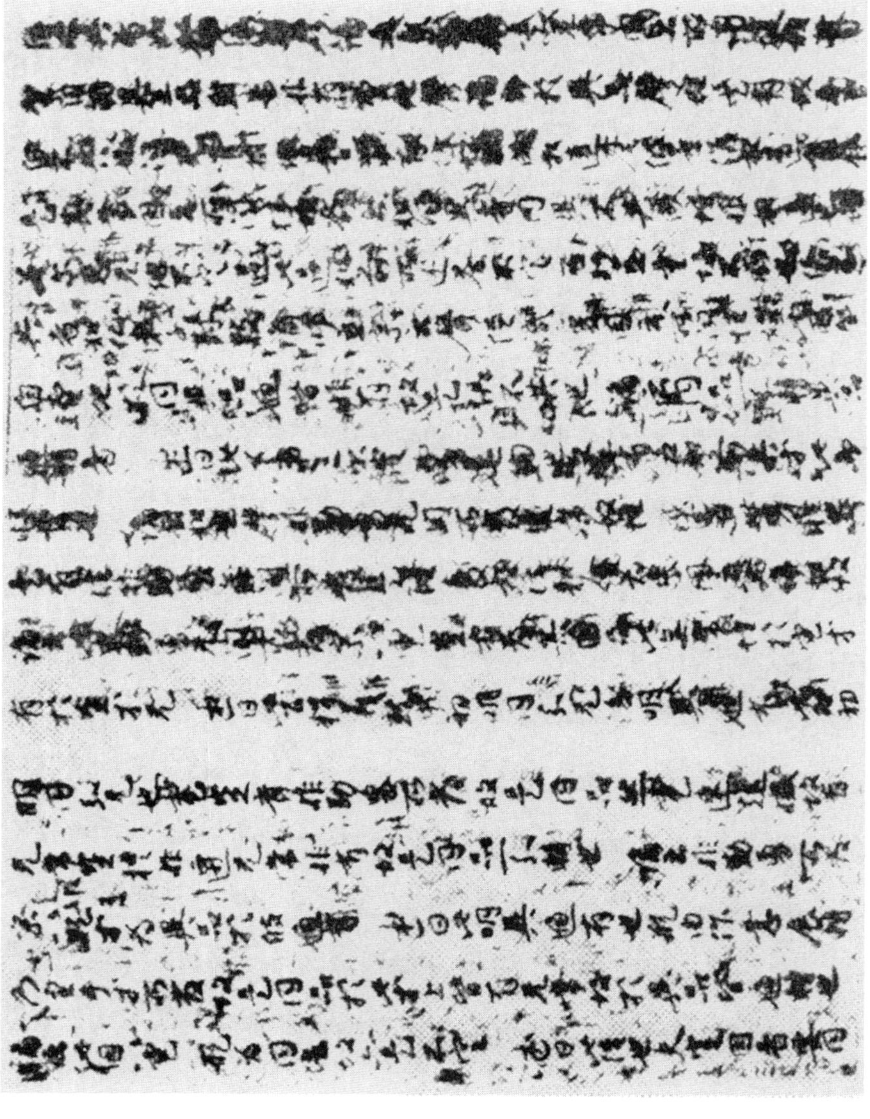

斯 2437 号　因明入正理论疏卷上（10－5）

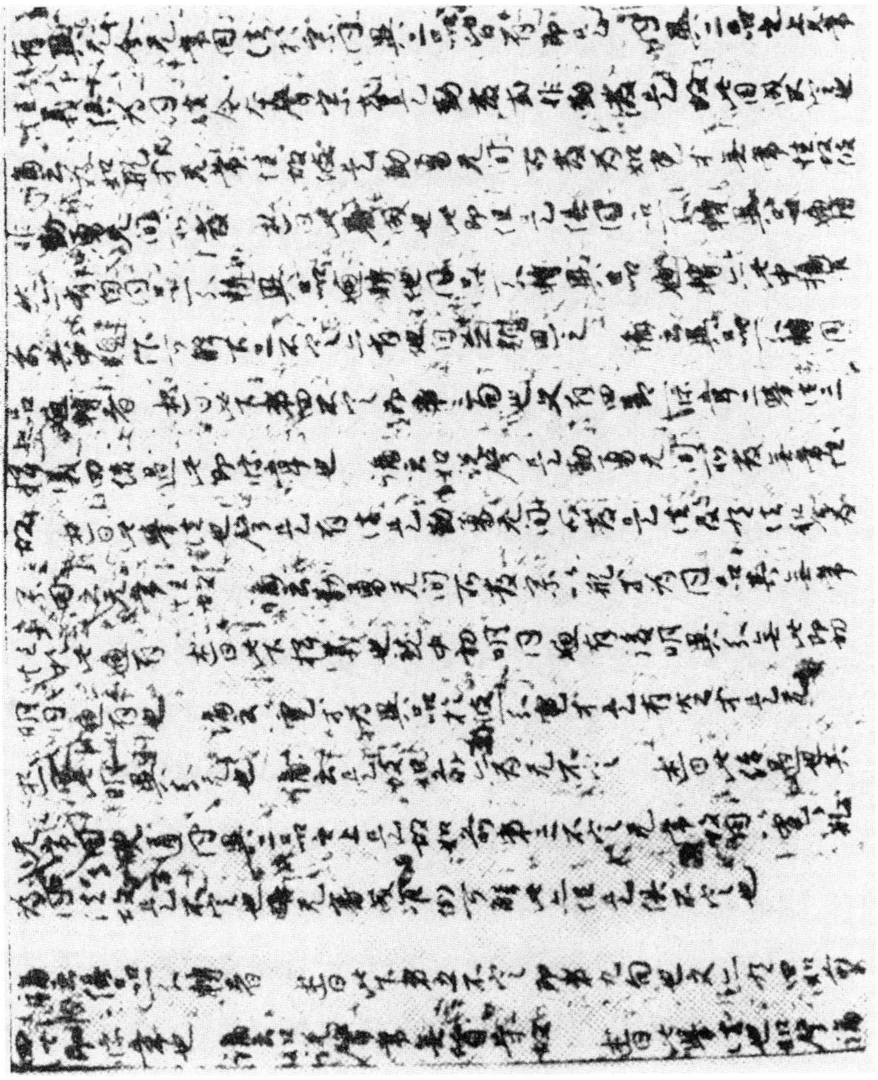

斯 2437 号　因明入正理论疏卷上(10－6)

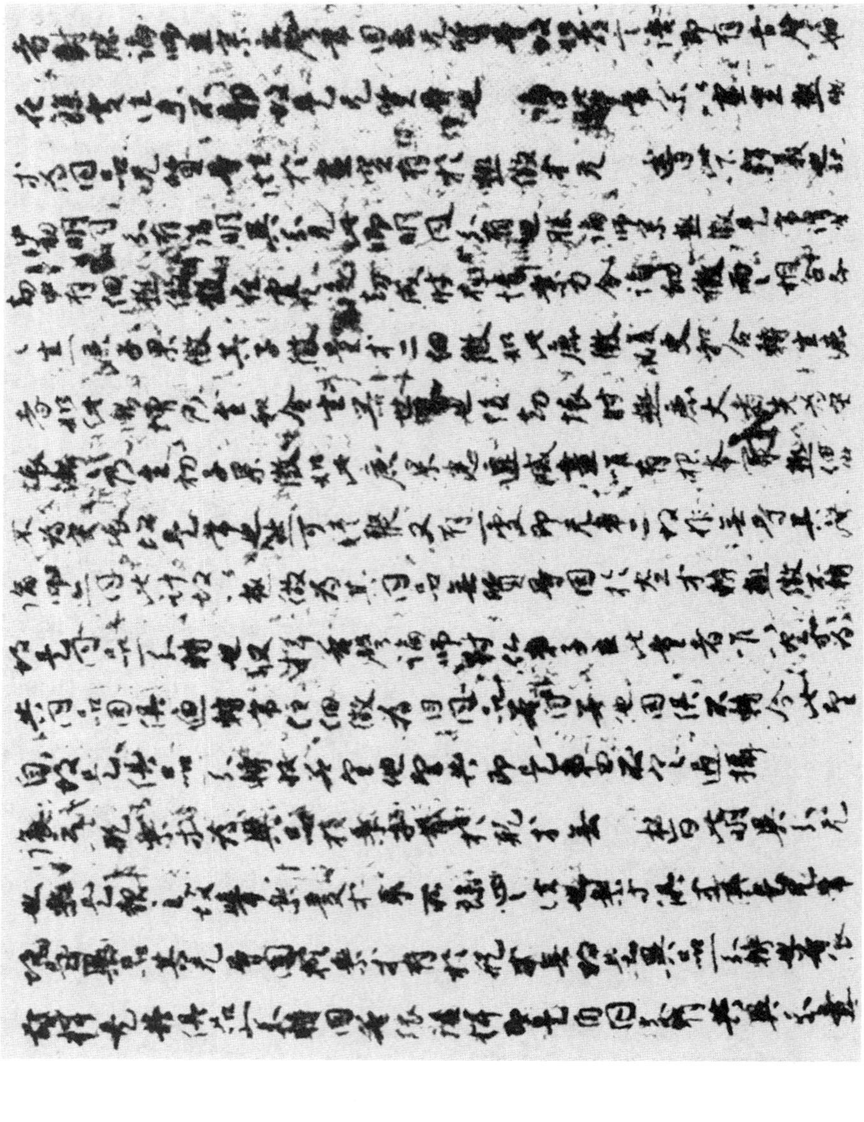

斯 2437 号　因明入正理论疏卷上(10－7)

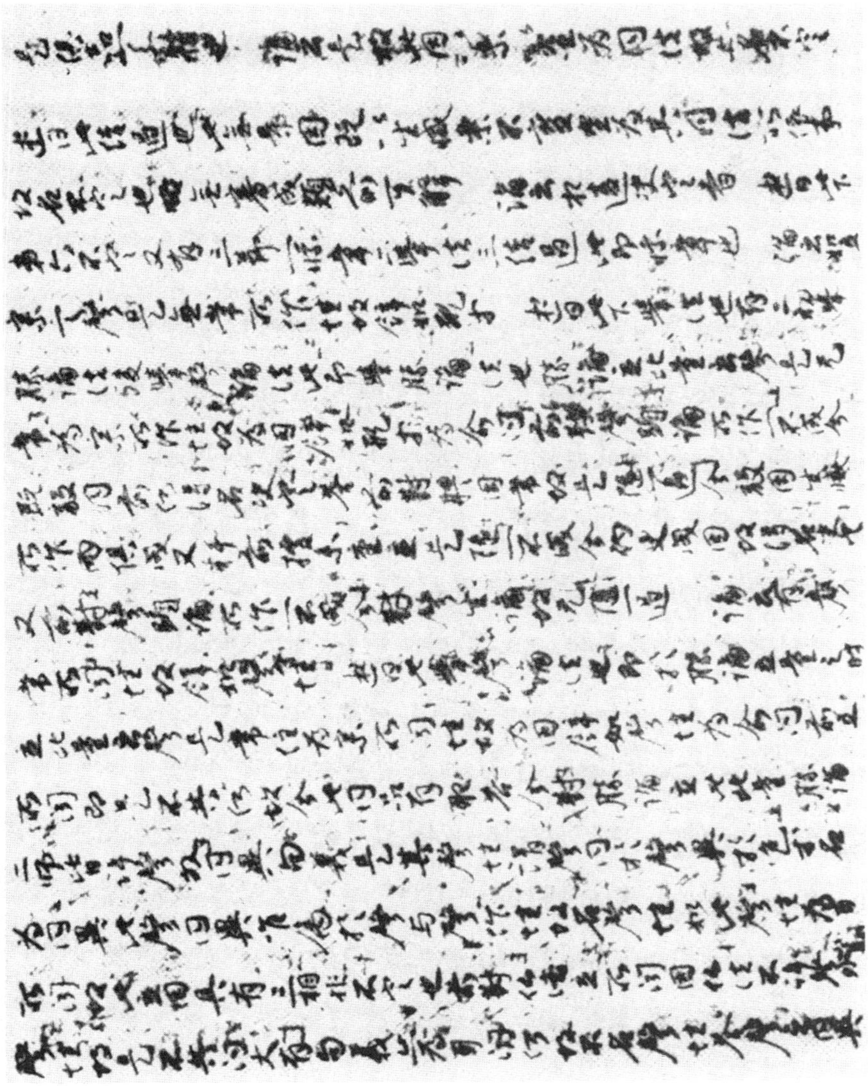

斯 2437 号 因明入正理论疏卷上（10－8）

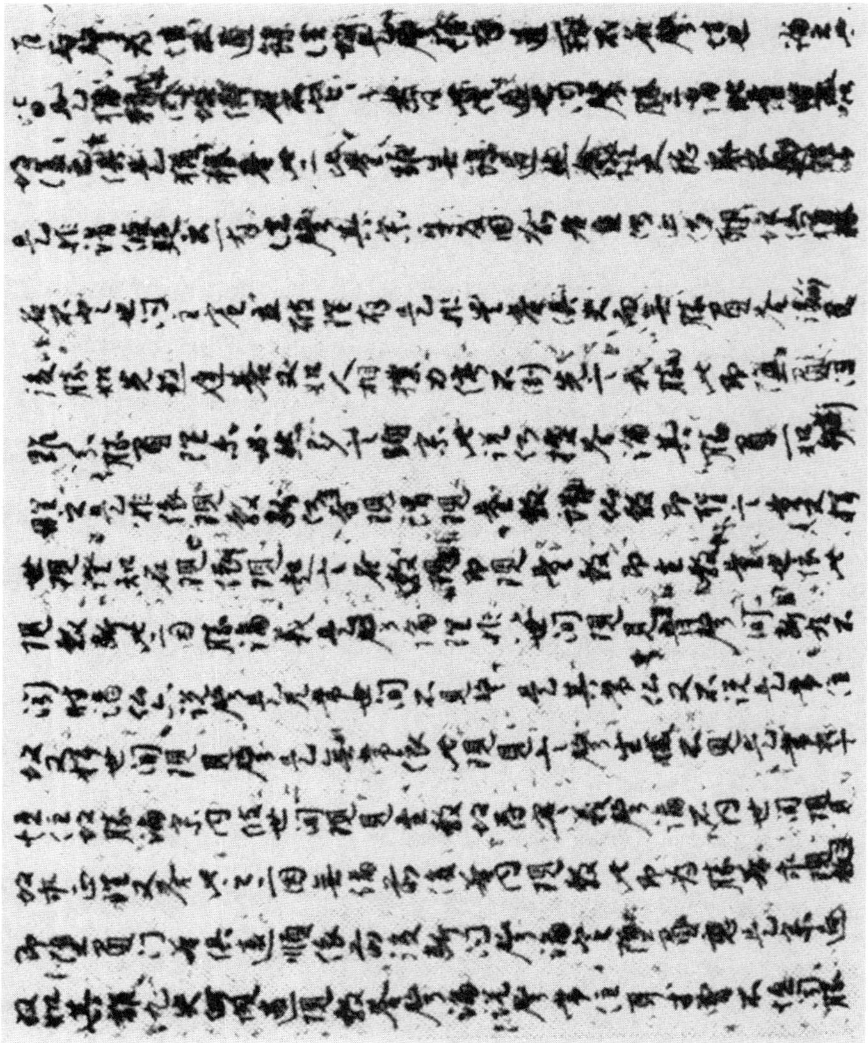

斯2437号　因明入正理论疏卷上（10－9）

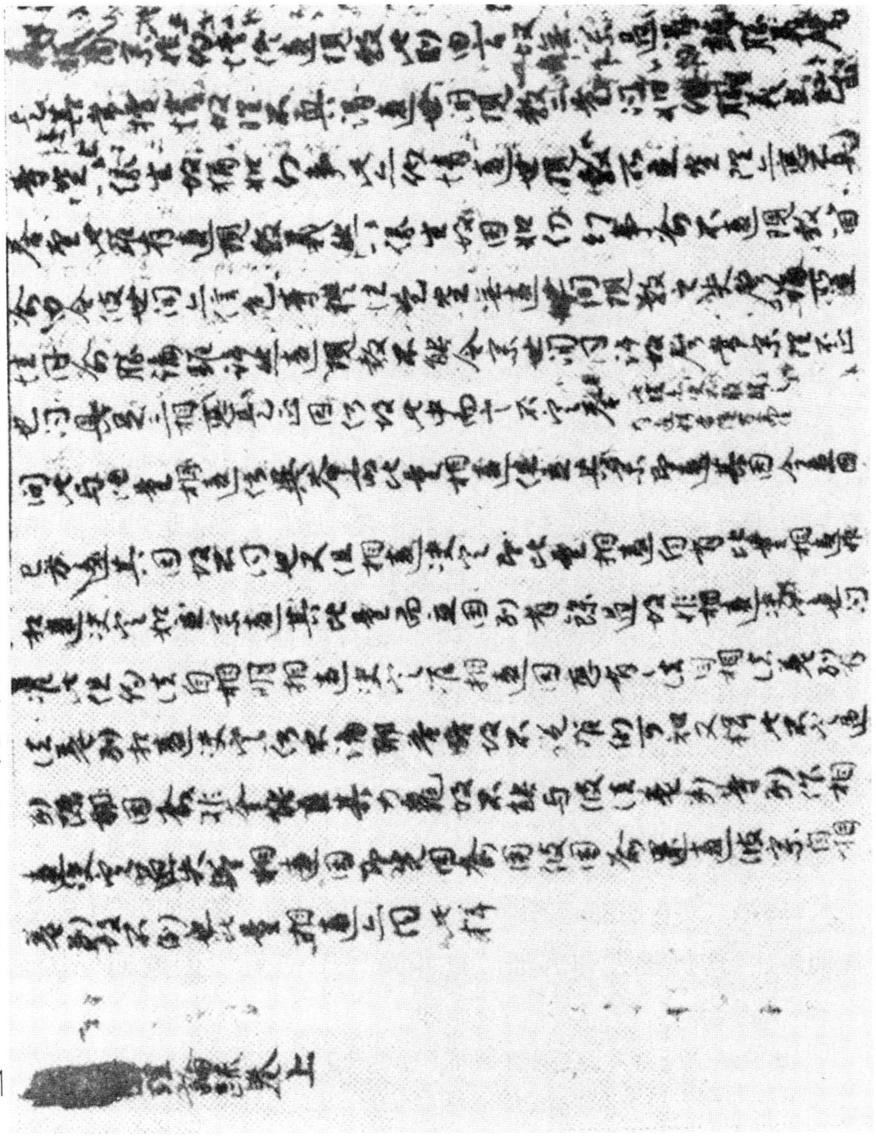

斯 2437 号 因明入正理论疏卷上(10－10)

文轨《十四过类疏》写卷断片释文

〔第五可得相似过类者，有二：

一云，内曰，义本如前。外曰："电、风本非勤勇发，以可见故是无常，是则立声是无常不因勤勇所发性。此难意云，电、风等上无勤勇发因，外以可见因证无常义，既离汝因余因可得，明知勤发非是正因；若〔1〕〕[1]此勤发是正因者，〔无勤勇〕处应无〔2〕无常，譬如见烟知有火，〔不[2]见烟〕不知火。"内曰："勤发定是无常因，未见勤发是〔常〕者；无常〔[3]不〕是勤发因，故见电等非勤发。"此解意云，我不见〔3〕言勤勇[4]发因能显一切无常，余因不能显〔4〕，故电等无常，虽非勤发，自以可[5]见等因显其无常，亦顺我意，俱是正因。譬如欲知有火，即须[6]见烟，虽不见烟，见光亦知有火，同显有火，俱得成因。又若以勤[7]发不遍电等，非定因者，汝可见因亦不遍声，应非定因，两因[8]相望，皆有余因可得义故。又勤发因若在异品，可成能破；既[9]唯在同位〔5〕，但似破也。

二云，内曰，义本如前。外曰："无常之物是勤[10]发，如此勤发成无常，无常有非勤勇生，应此勤发非因证。"此难意[11]云，若勤发因遍通一切无常品上

---

〔1〕 此前疏文断片缺，兹据赵城本《过类疏》补。以下加〔〕号的文字均据赵城本补。

〔2〕 此"无"字断片脱，兹据赵城本补。

〔3〕 此"见"字系衍文，赵城本无此字。

〔4〕 此脱"显"字，兹据赵城本补。

〔5〕 "同位"，赵城本作"同品"。

得成正因，既其不遍，便有[12]一分不成因过。如尼干子立一切草木皆有神识，以有眼〔1〕故，犹[13]如人等，此有眼因唯在尸利沙树，余树则无，以不遍故，有不成过也。又〔2〕[14]内曰："勤发虽不遍无常，然遍所立声宗上，纵使电等无勤[15]发，何妨勤发证无常？其尼干子本立一切草木为宗，有眼[16]之因不遍草木，故因有过，何得为例？"

[17]第六犹豫相似过类者，内曰，义本如前。外曰："无常有显、生，勤发[18]或生、显，宗、因各通两，理成犹豫因。"此难意云，无常名中通含[19]二义：一、生灭无常，如瓶等；二、隐显无常，如井水等。其声为如瓶等[20]勤勇发故是生灭无常耶，为如井水等勤勇发故是隐显[21]无常耶？此无常宗显、生义别，令勤发成犹豫也。此难[22]约宗显成犹豫。又更约因依〔3〕作犹豫难，一作不成过，二作不定[23]过。

不成过者："汝言勤发者为约生故名发，为约显故名发？若约[24]生，勤发即声、瓶等上成，井水上不成；若约[25]显，勤发即井水等上成，声、瓶上不成，有随一不成过。"不定过[26]者："其声为如瓶等勤勇所发生故是无常耶？为如井水勤[27]勇所发显故而是常耶？有不定过。"外人意谓，井水、树根本〔4〕〔来是有，由人工显，体是其常，故作此过也〕。

---

〔1〕“眼”，当系“眠”之误，《如实论》《理门论》《集量论》均作“眠”。

〔2〕此脱“又”字，兹据赵城本补。

〔3〕“依”字疑为衍文。

〔4〕敦煌写卷断片至“本”字断，兹据赵城本补足此句，此下尚残缺大段文字。

文轨《十四过类疏》写卷断片原件图版（斯 4328 号）

二十二 二十一 二十 十九 十八 十七 十六 十五 十四 十三 十二 十一 十 九 八 七 六 五 四 三 二 一

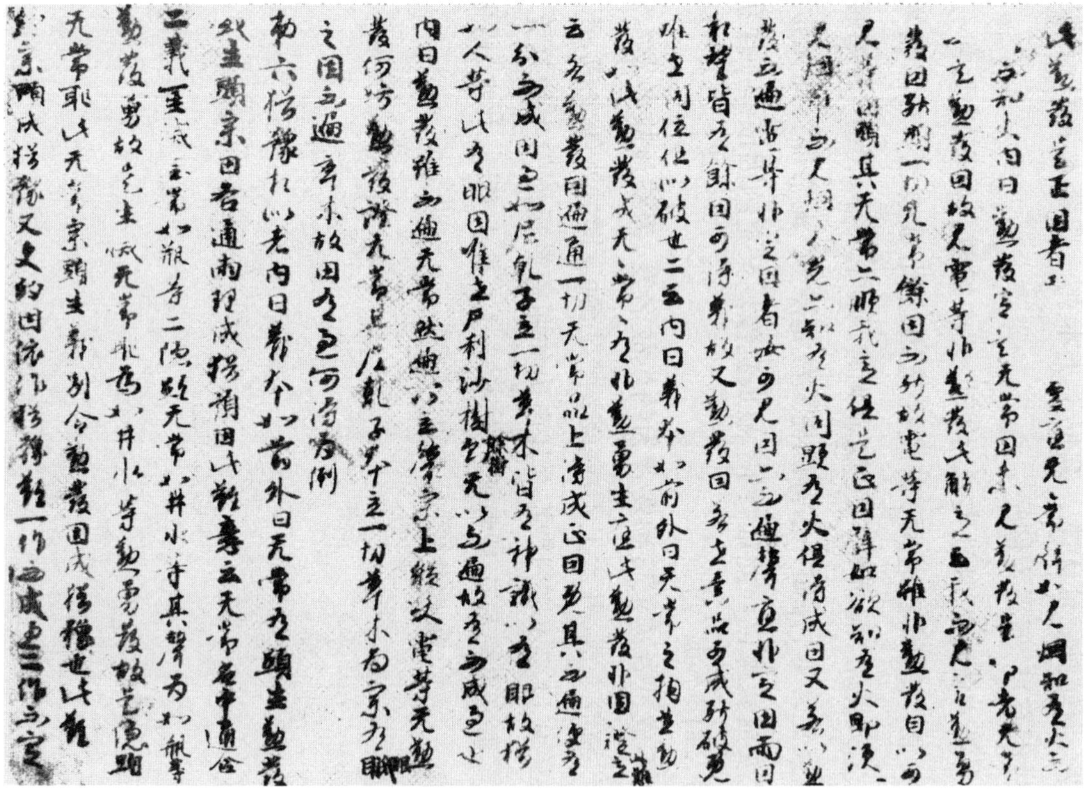

斯 4328 号　十四遇类疏（2－1）

二十三 二十四 二十五 二十六 二十七

斯 4328 号 十四遇类疏（2－2）

净眼《因明入正理论略抄》写卷释文

（卷首阙无：）[1]之要述□□□□□□□□□□□□□□□□□□□□□[2]通人之□观譬□□□□□□□□□□□□□□□□□□□[3]定将释。

此论略作三门：第一〔分文总说五明，第二分文释〕[4]《论》题目，第三分文解释。

言五〔明者，一者内明，谓〕□□□□□[5]藏圣教，广弁（辨）生死，涅槃因果。若别□□□□□□□□□□[6]道之内笺，故曰内明也。二者因明，谓广说能立、〔能破、现、比真、似，此〕[7]摧邪显正之楷模，以生、了之明因，契真宗之〔如〕理，〔故曰因明〕[8]也。三者声明，谓说男声、女声之流，非男非女之类，或明八转[9]解笺，或以六释训名，广辨诸声，号声明也。四者医方明，[10]谓说病因、病相，救疗方策，故号医方明也。五者工巧明，[11]谓说工巧伎术之法则，书算印数之轨模，广述斯事，故曰[12]工巧明也。［此论即五明中因明所摄也。］

第二释《论》题目者。此《论》一部，有其两名：一者"因明"，即[13]是诸论之通名；二者"入正理"，即是此论之别号。

言通名者，且[14]西方内道、外道总有一百余部，皆申立破之义，总号因明，[15]虽是五明之中别名，仍是一明之中通号也。言"因明"者，所以也。[16]如立"声无常"，有〔1〕何所以得知无常？三相等因即是无常所以[17]故也。

又，因言者，所待也，谓无常之理要待因方显故也，了宗之[18]智要待因方

〔1〕"有"当为"又"之误。

生故也。今言因者,显二种因:一、正取了因,正显无[19]常理故;二、兼取生因,通生敌论解宗智故。生因、了因各有[20]三种,谓言、义、智。释此三因及明兼、正,如《疏》中述,故言因也。言[21]明者,西方两释:一云,因即是明,故号因明,即持业释也,由因能[22]显无常理故。二云,因家明故,名曰因明,即依主释也。此中有二[23]大德,各承三藏,解不同一。云无常果知,明解宗理,是因家[24]明,故曰因明;一云无常正理本来明显,由因力故,今得明显,因[25]家明故,名曰因明。今总合为一解云,了宗之智明解,是属[26]生因之明也;无常之理明显,是属了因之明也;即显生、了二果[27]明,是属生、了二因之明也。

问:喻亦能显宗及生敌论智,何故[28]不言喻明,乃说因明耶?

答:因是其主,喻是其助,就主为名,[29]不言喻明也。又解,若言因明,亦摄彼喻,二喻皆是三因摄故;[30]若言喻明不显三相,二喻唯诠后二相故。

言"入正理"者,是别名也。[31]"人"是方便悟人之义,言"正理"者,因明释中有其三解:一云,陈那[32]所造大因明论名《正理门》。何故名为《正理门》耶?西方解云,宗是[33]其正,立论崇重以为正故;因是其理,是彼正理,宗所以理[34]故;喻是其门,由能通显真宗理故。又解云,智因是正,由彼正[35]解三相义故;义因是理,义即理故;言因是门,通显义故。彼《论》[36]广明《正理门》,故名《正理门》也。今商羯罗主为《正理论》文句难解[37]故造论,若学斯论,即能悟入正理也,论文句故言《入正理》也。一[38]云,由学此论即能悟入大因明论所诠正理,故云《入正理》也。一云,[39]由学此论即能以三相之因悟入诸佛所说无常、空等正理,故[40]云《入正理》也。此解通、别两名并是三藏传西方释也。余解如[41]《疏》中释,此不繁述。

言"商羯罗主菩萨"者,"商羯罗主"如《疏》中[42]释。"菩萨"者,略有三解:一云,"菩提"者,此云觉也,"萨埵"者,此云有情也。[43]谓菩萨缘菩提为所求之境,缘萨埵为所救之境,并是从境为[44]名。二云,菩萨有情,缘菩提故名觉有情,即从所求果及能[45]者为名也。三者,萨埵者以勇猛为义,谓勇猛求菩提故,即从[46]境及用为名也。今者"菩萨"者,略去"提""埵"二字故也。

[47]就第二判文解释〔1〕中广如《疏》述，就《疏》中无者，略注解之。

能立[48]之义西方释有四种：一、真能立，谓三支无过是也。二、真[49]似能立，谓相违决定是也——具三相边，名之为真；为敌量[50]乖反，名之为似故也。三、似能立，谓余不定及相违因并喻[51]过等是也。四、似似能立，谓四不成因过是也，遍宗法因正是[52]能立之主，若阙此相，即是似立之中似也。今言能立者，但是[53]四中真能立也，后三并是似立所收。

能破之中，义亦有四：一、真能[54]破，谓斥失当过，自量无失，故言真能破。二、真似能破，谓[55]当过而斥，所以称真；自不免愆，故名为似，此即相违决定[56]过也。三、似能破，谓无过妄斥，名之为似，如所作相似等是。四、似[57]似能破，谓无过妄斥，名之为似，自量复更有失，名为似似，[58]此即同法相似等是也。

问：《论》文既言"宗等多言为能立"，[59]即显言因是其能立，何故智、义非能立耶？

答：有解云，智[60]因是初，言因是中，义因是后，举中可以显其初、后亦是能[61]立故也。今解云，由智发言，由言诠义，俱益所成理，实三[62]种皆名能立，以言胜故，论偏说之。何以得知？且如未立义前虽[63]有智、义，其宗未立，发言对敌，其义方成，故知言因约[64]胜说也。

问：何以得知智之与义且能立耶？

答：虽下文释能立[65]体中因有三相，既是义因，故知义亦是其能立。又，虽《对[66]法论》能立有八，现、比二量亦入其中，故知智因亦是能立也。

[67]又，《疏》中云："古师以一切诸法自性、差别总为一聚为所成立，[68]于中别随自意所许，取一自性及一差别合之为宗，宗既合[69]彼总中别法，合非别故，故是能立。……陈那以宗望因、喻，故是所[70]立。"〔2〕

若作此解古师义者，理恐不然，岂可一切自性、差别皆此[71]宗、因之所成

〔1〕 此指《文轨疏》中第二依标别解分。

〔2〕 这段疏文引自《文轨疏》卷一。其中"一切"是衍文，与"诸法"意义重复；最后一句《文轨疏》作"陈那以宗望其因、喻，即是所立"。净眼引述时脱一"其"字，并改"即"为"故"。见《庄严疏》卷一页五右。

立，即一能立？又，若合法为能立者，宗之所立[72]为合、为离？若言合者，何殊能立？若言离者，何益所成？进[73]退推征，皆成过失，故知不得作此解也。

今解，古师言声与无[74]常本不相离，敌论不解，妄谓为常，今立论者以彼宗云[75]显和合理，能显之言，名为能立，所显之义，名为所立。陈那[76]云，声无常言但显所立，非正能立。又，为因喻所成立故，亦非[77]能立也。

问：古师若救言：宗言必是其能立[宗]；以宗、因、喻三言随一[78]摄故[因]；如因、喻言[同喻]；诸非能立者必非三言所摄，犹如余言(异喻)。[79]若作此救，如何解释？

答：应作相违决定过云：宗支定非[80]能立之言[宗]；以不诠因相故[因]；如能立言[同喻]；诸是能立言者定余[81]因相，如因、喻言[异喻]。若直难云：因、喻所诠是能立，能诠之言亦[82]能立；宗之所诠既所立，能诠之言亦所立，故不得言宗能立也。

[83]问：既取所等因、喻名为能立，何故《论》云“由宗、因、喻多言开示〔诸有问者。〔1〕〕[84]未了义”耶？

答：由宗之因、喻开晓问者未了义，故无有过。

[85]问：宗若非能立者，何故《论》文解能立体中释宗耶？

答：为解[86]能立之所立故，又对所立弁(辨)能立故。故解能立便释所立也。

[87]问：解宗依中何故不言极成所别、极成法，乃言极成有法、[88]极成能别？

答：有二释，如《疏》中〔解〕。今更注解云，所言极成有[89]法者，则显能别亦名为法；言极成能别者，则显有法亦名所[90]别。故影略平举，显有两名也。

问：何故要举此二显有两[91]名耶？

答：有法宗依亦因依，通二法依举有法，能别唯是[92]宗中法，恐滥因法举能别，故要举此二显二名也。

问：声上[93]能别者若极成，则有相符极成过，若取余法上极成，则有[94]非声能别过，有何义说极成耶？

---

〔1〕 此脱“诸有问者”四字，今据《入论》补。

答：西方因明释中有两[95]师，一解云，声上无常是别无常，余法无常是总无常，[96]以总合别，总极成故，别亦可成，故对声论能别极成；若[97]对数论立“声灭坏”，若总、若别，皆不极成也。一师云，如立[98]宗时能别虽未极成，以立喻时必极成，约当说现，故言极[99]成；若对数论立“声灭坏”，若当若现，俱不极成。故极成[100]言依斯义说。

问：解因初相何故但以有法之上极成诸法成立有[101]法上不极成法，不以有法成有法及成法，不以法成法、有法[102]耶？

答：皆是不成因故也。有法成有法丕成因者，若即用此有法即是[103]所立成能立过，既立为宗，后立为因，故是两俱不成过[104]也。若以余有法成此有法者，既离此有法，亦非因初相也。有[105]法成法不成因者，且如法及有法和合为宗，二种俱是因[106]所成立，复指有法以之为因，即是所立成能立过，亦是两俱[107]不成过也。以法成有法不成因者，夫极成因必须依极成有[108]法，其有法既不共许，故是所依不成过也。故但可以极成之[109]法成有法上不极成法。故《理门论》云：“有法丕成于有法及法，[110]此非成有法，但由法故成篮法，如是成立于有法。”〔1〕准此论文，[111]故知但以法成法也。

问：若有法不得成有法者，何故因事[112]生比量，以彼因有法成立火有法耶？

答：以此处竈、烟相应[113]义成立此中竈、火相应义。既以“此处”为有法，用两种相应[114]义为法，还是以法成法，亦无有过。此义亦依《理门论》说。

问：[115]无常声家法，法及有法合为宗，所作亦是声家法，何故[116]别取以为因耶？

答：敌论不许不相离法及有法合为宗，以[117]法成立其法，故别取所作以为因。

问：何故《论》文解同品中不[118]泛明有因，解异品中泛说无因耶？

答：因于同品不遍亦是[119]第二相，故解不明有因；异品遍无方是第三相，

〔1〕《大正藏》第32卷lc。其中“不”流行本作“非”，“于”流行本作“其”。

故解异法[120]说无因。

问：西方诸师解勤发义，一师以精进数为勤，一师[121]以作意数为勤，何者正耶？

答：作意者正通三性，故前解[122]不正，瓶等应皆勤发故。又，《疏》中解九句，所列宗、因并是陈[123]那所说，故《理门》云："如是九种，二颂所摄：常、无常、勤勇，恒、住、[124]坚牢性，非勤、迁、不变，由所量等九。所量、作、无常，作性、[125]闻、勇发，无常、勇、无触，依常性等九。"此二颂中，初一颂[126]显九宗，后一颂明九因。

问：此九句中第四句云："声常，所作性[127]故。"其因于同品遍无，于异品瓶等有，于兔角等无，[128]应是第六句，何故乃是第四句耶？若是第四句者，陈那何[129]故破古师常异无常异品之义，自立兔角是异品收？[130]若是异品，此因应非第四句摄，进退相违，如何言释？

答：若[131]通依有体、无体，异品与第六不殊，今约有体异品说，故是[132]第四句也。又，《疏》中判九句，第二、第八是正因收，第四、第六是[133]相违因，余之五句是不定摄，此亦依彼陈那所说。故《理门论》云：[134]"如是分别说名为因、相违、不定，故本颂言：'于同有及二，在[135]异无是因；翻此名相违，所余皆不定。'"〔1〕

问：第二、第八是正因[136]收，且如不成因亦于同有、异无，应是正因耶？

答：因遍宗[137]法，方论九句，既不成因，何用同有、异无之相，故非第二、第八[138]所收。

问：相违决定及法若〔2〕别相违因等亦是第二、第八[139]所收，应是正因耶？

答：正因必是第二、第八所收，不说第二、[140]第八皆正因摄，约此义说，亦不相违。

《论》云："是无常等因缘。"〔3〕

〔1〕《大正藏》第32卷2b。

〔2〕"若"当为"差"之误。

〔3〕"缘"系衍字，《因明入正理论》无此字。

[141]云"'等'者,等座无我、苦、空也",乃至云"声亦无我、苦、空,所作性故,[142]犹如瓶等"者,〔1〕此亦不然,若瓶所作故是苦,显声所作亦是[143]苦;亦可圣道等所作非是苦,显声所作非苦耶?乃至成空,[144]亦不定过。故知不得定作此判,但可于中必具三相者等之,[145]不得定判"等"苦、空也。

又解喻。《论》云:"谓〔2〕于是处显因同品决[146]定有性。"

《疏》解云:"处谓有法;显谓显说;因谓遍宗法因〔3〕;同[147]品谓与此因相似,非谓宗同名同品也;决定有性者,谓[148]决定有所立法性。"

若作此解,理即不然。因同品言可显瓶[149]上所作,"决定有性"文中不显,云何知是瓶上无常?

若言[150]"此下指体",文言:"'谓若所作',即是前显因同品迤,'见彼无常',即是前[151]决定有性也。"〔4〕据下次第知上必然者,此亦不然。悬解既先言[152]"是处"指体,何因复说如瓶?故知不得以下次第显上亦然。

又,[153]宗同品既不取无常,其因同品云何乃取所作?

又,作此解违[154]《理门论》故,彼论云:"由如是说,能显示因同品定有,异品遍[155]无,非颠倒说。"〔5〕准此文,故知同喻显因同品定有性,异法喻显〔6〕[156]因异品遍无性,故知不得作此解也。

应解云,"若于是处"者,[157]谓于瓶等处也。"显"谓说也。显说何事?谓"显因"也,显因何相?显[158]第二同品定有性也。若作此解,不违《论》文,亦无如上所有过[159]失也。

《疏》中有人解陈那以声所作、无常能同外瓶所作、无常,[160]但取能同为

〔1〕 此引文轨语见《庄严疏》卷一页二十一右—二十三左,内院本,1934年。其中脱"取"字,今据《文轨疏》补。

〔2〕 "谓"《入论》作"若"。

〔3〕 "因谓遍是宗法因"一句,《文轨疏》作"因者,谓即遍是宗法因"。

〔4〕 引文字下有一横者,皆据《文轨疏》补。

〔5〕 《大正藏》第32卷2c。

〔6〕 此脱"显"字,兹据文意补。

喻体者，广破如《疏》中述。

今更助难云，若取能[161]同为喻体者，则遍宗法因及声所立宗法应即是喻。若[162]是喻云同，应宗、因、喻等应无差别。又解，无常既为喻[163]体，应是所立不成过收。若言正立声无常时名为宗法，[164]立声所作证无常时名遍宗法，即以声所作、无常外同瓶[165]所作之时名为喻体，何得难言宗、因、喻等全无差别？又，声[166]所作、无常正同瓶所作、无常时，其声无常亦即极成，何得[167]判云立不成者？则应同品定有性体不取瓶〔1〕上所作、无常，[168]取瓶上所作、无常为第二相，此相即是同品之体，故知喻[169]体不取能同也。

又，结能立体中，《论》云："若是所作见彼无常，[170]如瓶等者，是随同品言。"

《疏》解云："此结同喻也。瓶上所作与[171]声所作同，故趣名同品；瓶上无常随此同品，故云'随同品'。[172]由瓶无常随同品故，即显声无常亦随所作因也。或可声[173]上所作、无常随瓶上所作、无常，故名'随同品'也。"〔2〕

今更助释云，[174]同法喻言是显所作因随逐宗之同品处有，即是显因[175]同品定有性之言。若作此解，即显因第二相文并同喻文[176]及此结文皆相随顺，不乖违也。

《论》云："若是其常，见非所作，[177]如虚空者，是远离言。"

《疏》解云："此结异喻（也）。无所立无常[178]宗处，远离能立所作因也。"

今更注解云，同法喻既显因[179]随逐宗之同品，异法喻应显因远离宗之异品，即显异[180]品遍无性也，应解无所立无常宗处所作之因远离也。

解[181]结能立中遮计文，《疏》中问答云："问：唯三能立，无异义成；能[182]立唯三，无同得〔3〕立？答：同喻顺成，无同阙助，异法止滥，无异[183]滥除，故不类也。外道亦具有唯立异喻。以三义证，斥破[184]此计也，如《广百论》。"

〔1〕"瓶"字疑为"声"之误，次同。

〔2〕此段引文中"知"系衍字，为《文轨疏》所无，"上"字脱，今据《文轨疏》补。

〔3〕"得"，《文轨疏》作"宗"。

问：此虽顺《广百论》文，仍违《摄大乘论》无姓《摄[185]论》第一卷解不共不有，证文云："不共无明……于五识中无容得[186]有；是处无有能对治故；若处有能治，必定有所治。"〔1〕准此文，[187]即是唯以异喻成宗，如何言释？

答：论师意，异不可和言，[188]令不相违于二教中，且明《百论》，以不违其三相因故。《摄大乘[189]论》若有第二相，何因不作同法喻耶？若无第二相不作同喻者，[190]所闻性因唯作异喻，其义应成——若无同品不作同喻无不定[191]过者，无同品故名同品无，亦是不共不定之过。又，此异喻先[192]说无因，后述无宗，即是似异喻中倒离之过，何妨〔2〕不作同喻[193]亦是过也，故且明《百论》所说。

解似宗中以〔3〕比量相违，《疏》云："且如[194]萨婆多〔4〕对大乘云，……现在诸法独有〔5〕力用取后果〔6〕有异体故，〔7〕[195]如过、未等。即此宗义违共比比量。量云：现在诸法定有〔8〕力用[196]取等流果，世所摄故，犹〔9〕如过、未等。"

问："独有力用"形何法耶？诸师[197]解云，形过、未说，以过去、未来不取等流果故者。理恐不然。此[198]比量过三藏所说，岂可判此无过之宗违有过比量，名[199]比量相违？何者？且如大乘、小乘现在诸法形彼过、未实有，[200]独取等流果义，岂可以此正义违不取果不正比量名[201]比量相违？且

〔1〕 这段引文与无性《摄大乘论释》在文字上略有出入，如原文云："不共无明……于五识中无容说有，是处无有能对治故；若处有能治，此处有所治。"见《大正藏》第31卷384a。

〔2〕 "何妨"疑是"何况"之误。

〔3〕 "以"似为"明"之误。

〔4〕 《文轨疏》作"小乘"。

〔5〕 《文轨疏》作"定无"，写本误。

〔6〕 《文轨疏》作"取等流果"。

〔7〕 《文轨疏》作"非实有故"。

〔8〕 《文轨疏》作"定无"，写本误。

〔9〕 此"犹"字脱。以上引文中的差异之处均据《文轨疏》改。

如《论》举“瓶等是常”，不正之义违初无后，无[202]正比量因，故是比量相违所收，故知不得以正义违不正[203]比量名比量相违也。若尔三藏何故举此解比量相违耶？

[204]答：今解三藏意云，现在诸法离因缘扶助独有力用取等[205]流果，如是方名不正之宗，违大、小乘因缘扶助取果之义，[206]故是比量相违所摄也。其所违三比量，如何〔1〕前所说，但宗[207]意云，现在诸法离因缘扶助定无力用取等流果也。若[208]作此解，即显邪宗违正比量，妙扶内教，善顺因明也。

[209]《论》云：“是遣诸法自相门故。”

《疏》云：“何故违彼现量等五是宗[210]过者？以此五宗是遣诸法自相门故。谓声是诸法自相，其声[211]自相为耳等所闻，通生耳识，即所闻义，名之为门。今言声[212]非所闻者，不失声之自相，但遣所闻之门，故成过也。余四种[213]过，类此可知。”

更有大德解云，此中五过不违有法，但遣于[214]法，故名为“法”，法之体相名为自相。“门”者方便义，谓自立宗，如[215]说声非所闻，即是遣违声上所闻法自相方便也。

今解云，即[216]此五种法自相为相违义之所遮遣，故言“是遣诸法自相门[217]故”也。何者？且如“声非所闻宗”，即为立、敌耳识现量所闻相违[218]之义，遣非所闻法自相也。“瓶等是常”宗，即为初无、后无三相[219]之因所显无常相违之义遣常法自相也。胜论立“声为常”，[220]即为自教说声无常相违之义，遣常法自相也。怀兔非[221]月等宗，即为世间多人共许是月相违之义，遣非月自相[222]也。我母是石女宗，亦即为我母相违之义，遣石女法自相也。[223]此并依彼大因明说，彼论初自分明解，不须具引此。既是圣[224]教自判，不劳更非余释也。

解不成因中，《疏》中引余人解“不成”[225]言，以不能成宗故，名不成因。

〔1〕“何”当为衍字。

法师破云：若以不能成宗故名[226]“不成”者，所闻性因亦不能成宗，应是不成因；既是成因，故[227]知因体不成，故名不成也。〔1〕

若作此破者，彼若救云，所闻性因[228]虽不得作同喻成宗，亦得作量喻（“量喻”当系“异喻”之误）反显，故不得言不能成[229]宗。其不成因必定不能成宗，故不成名“不成”也。若作此救，[230]彼义还成，故不得约所闻因难也。

今更助破云，若以不能成[231]宗故名不成者，其法自相相违因同品非有，故不得作同喻[232]顺成，异品有因，故不得作异喻反显，应不成宗，名不成因？[233]虽不成宗，由遍宗法故是极成因。约因体不成名“不成”[234]也。

又，《疏》中解随一不成名之言：“随一者，此不成中含其三种：[235]或有因唯自不成非他，或有因唯他不成非自，或有因或自、[236]或他更互不成。今此中但是唯他不成非自不成，是此不[237]成摄故，名随一不成，非谓此之一因即是〔2〕自、他互不成。”准此[238]《疏》文，即是不成中含三不成，三中随一，故名随一。

若作此解，[239]理不必然。难云，若以三不成中随一故名“随一”者，亦应四不成[240]中随一故，两俱不成亦名“随一”。若言一不成中含容三，三中随一[241]者名“随一”者，亦可两俱不成含容二，二中随一名随一。言二[242]者谓全分、一分等也。既有斯过，故知不得作此解也。

今解云，且[243]如两俱不成由立、敌俱不成故，知随一不成由随一人不许故[244]名“随一”也。

解犹豫不成中，《论》云：“为成大种和合火有。”

《疏》云：[245]“河水为水大，河岸为地大，于中有风为风大。又山等中若有[246]河、无河之处，皆（今本无‘皆’字）有性四大，故云大种和合也。”

若作此解，理恐不[247]然。以烟成火，岂从河水、岸等为大种和合耶？又，

〔1〕 此引《文轨疏》中“余人解‘不成’言”，系意引，文字上差异颇大。
〔2〕 “是”，《文轨疏》卷二作“有”。

以烟成火，岂论[248]性四大和合火耶？故知不得作此解也。

今解云，火有二种：一者[249]大种和合事火，如火聚中有地大等共和合故；二者性火，如彼[250]木中有火性故。为简性火，故知大种和合火也。

解不定过[251]不共文中，《论》云："常、无常品皆离此因，常、无常外余非有故。"

[252]《疏》解云："此释义也。此中'常宗'以'虚空'等为其同品，以'瓶'等为[253]其异品，其所闻义遍皆非有。龟毛等无，摄入无常品中[254]复不可言，更于〔1〕余法有此因义以为同喻，以余常、无常二[255]品法外更无非常，非无常第二品故。"

若作此释，理恐不然。[256]且如龟毛等，若有能立"所闻"之因，及有所立"常住"之义为同法[257]喻，乖不共义可须遮防；既无能立、所立二法，云何立彼以为同[258]喻？故知此解不益斯论。若言龟毛非常、非无常，恐为不同非[259]异品，为遮此故，作此说也，既不乖不共之义，何须此中遮之？若[260]言虽不乖不共，何废遮余品者，何故前解共中不遮，要[261]至不共方遮耶？

又，上句云"常、无常品皆离此因"，正解不共。下句[262]举言"常、无常外余非有故"，既是遮余品，不释上不共之句；"故"[263]言既是释上句词，故（"故"疑为"何"之误）须言"余非有"耶？既有斯过，故知不得作[264]此解也。

今解云，"常、无常品皆离此因"者，正解不共义；"常、无常外余[265]非有故"，释成不共也。云何释成？且如问言："何故'常、无常品皆离此[266]因'耶?"释成云，如声论师对佛弟子立一切音声皆是常，因云[267]所闻性故。除宗以外，佛法、敌论常、无常品是宗余，故非有所闻因[268]也。此解即显除宗已外余常、无常非有"所闻性"因，故言"常、无常[269]外余非有故"也。若作此解，即是释上句成不共义也。

又《疏》中问答[270]云："问：'所量'通二品，遍属异品不定收；'所闻'同虽无，不属异品[271]非不定。"广如《疏》说。"答：此因唯属有法之声，不通同、

〔1〕"于"当为"无"之误。

异,故是不[272]定。又如山中草木,无的所属,然有属此人、彼人之义,即名不定。[273]今此所闻性因亦尔,不在余品,若在余品,即空〔1〕通在同、异品[274]义,故是不定。”

若作此释,理恐不然。山中草木,虽无的属,然[275]有可属此、彼人,故许草木有不定义。“所闻性”因唯属声宗,[276]毕竟不通同、异二品,云何同彼解不定耶?故知不得作此释[277]也。若尔,不共不通同、异,如何同共解不定耶?

今解云,共过通彼[278]同、异品,俱为同法;是因不共,不通同、异品,各为异法,成[279]不定。何者?且如共过通彼同品、异品故,即以虚空、瓶等[280]为其同法成常、无常故;是不共之因不通同品、异品中[281]故,还以色等、虚空为异法故,亦显常无常是不定也。若[282]用此难,应云色等是无常,色等非所闻,显声有所闻,声即[283]是常住;亦可虚空是常住,虚空非所闻,显声有所闻,声[284]应是无常住。准此难,故知共过约同有、异有为同法,故顺成[285]不定;不共过约同无、异无为异法,故反显成犹豫也。

又,《疏》中[286]问答云:“问:如立宗云‘一切声是常’,因云‘以是声故’。常、无常品[287]皆离此因,常、无常外余复非有,亦应唯是不共过耶?答:‘声’[288]是有法,‘常’是法,立因乃云‘以是声故’。此因是所立有法,[289]除有法外更无此别义,非宗法故,非不定摄,但是俱不成过。”[290]此解与《理门论》同,即是有法不得成有法。

又,《疏》中解“所闻性”[291]因是他不共,以声论师对佛弟子立此因故。望自既是三相[292]具足,望他即是除声以外无所闻因,故是唯他不共过者,〔2〕理[293]亦不然。且如他方佛声等,既〔3〕是异品,其所闻性因于彼既有,[294]何得名为他不共也。若尔云何名为不共?

今解云,望共同品、[295]异品中无,名为不共,准此佛法对声论师立“所闻

〔1〕“空”当系“容”之误。

〔2〕此为转述《文轨疏》意,参见《〈文轨疏〉校补》卷二。

〔3〕“既”疑为“虽”之误。

性”因,既[296]于他方佛声上有,故知亦共同、异品无,名为不共,〔1〕《疏》判为[297]自不共者,非也。

解相违决定文中,《论》云:“此二皆是犹豫因[298]故,俱名不定。”

《疏》解云:“此结过也。问:声、胜二论比量皆成,何[299]故复云皆是犹豫?答:此二比量虽无余过,然其〔2〕证人、结众〔3〕不测[300]理之是非,谓彼疑云:‘一有法声,其宗乐〔4〕反,因、喻各立〔5〕,何正何[301]邪?’故〔6〕俱犹豫,名为不定”者。〔7〕 如真能立无有过失,敌不疑亦[302]应邪众〔8〕、证人疑故是犹豫因?故知不得以众疑判为不定也。

[303]今解云,声、胜二论,虽各立义,然彼此因立、敌皆信各具三相,言[304]中虽复确立自宗,然心皆为彼此因或(惑),言此二皆犹豫因,非[305]约邪众、证义人心解不定也。何者?且如胜论心犹豫云,为如我[306]所作性因,立、敌皆许具三相证声无常耶?为如他所闻性[307]因,立、敌皆许具三相故能证声常耶?又,声论师心犹豫云,为[308]如我所闻性因,立、敌皆许具三相能证声常耶?为如他所作之[309]因,立敌皆许具三相故能证声无常耶?故知但约立、敌之心[310]自犹豫故,名不定也。

又,论文中先举胜论宗、因、喻,后举声[311]论宗、因、喻者,且依因明法作相违决定难也。若依此因难势因〔9〕[312],相违决定有二:一总约三相难,应云所作之因具三相,声[313]即是无常;亦可所闻之因具三相,声应是常住。二别约二喻[314]难,难同喻云,瓶有所作故无常,显声所作亦无常;亦可声性[315]所

〔1〕“亦共同、异品无,名为不共”十字疑为衍文。

〔2〕“其”,《文轨疏》卷二作“令”。

〔3〕“结众”《文轨疏》卷二作“听众”。

〔4〕“乐”,《文轨疏》卷二作“互”。

〔5〕“各立”,《文轨疏》卷二作“各成”。

〔6〕“故”,《文轨疏》卷二作“相”,今本非。

〔7〕“者”字于此不通,疑为衍字。

〔8〕“邪众”当为“听众”之误,次同。

〔9〕“势因”,疑为“斯因”之误。

闻是常住,显声所闻即是常。难异喻云,虚空是[316]常无所作,声有所作即无常;亦可电等无常非所闻,声既[317]所闻应是常。若顺此方,应用斯难。

又,《疏》中问答云:"问:声论定[318]堕负,应是宗过收。如其离九失,何成违现、教?答:声论[319]说'声常住',耳等曾不恒闻。胜义虽简宗非,约情终违[320]现、教。此即由言故无宗过,谓就胜义,声是其〔1〕常,举情故理[321]不真,谓违世间现、教二量。"

此中不应作斯问答。且如宗过[322]中现、教相违者,举违自、违共现、教者,说违他现、教,非是宗[323]过。此中现、教既是胜论所用,唯违于他,正顺宗义,故知不[324]合作此问答。

若尔何故《理门》云"今于此中现、教力胜,故应依此[325]思求决定"耶?

答:此文意说,相违决定既不知谁是谁非,但[326]观自家义与诸家现、教相用胜者思求决定,故作是说,非[327]是宗中现、教相违也。

又,《疏》中问答云:"问:具足三相,应是正[328]因,何故此中而言不定?答:此疑未决,不敢解之,有通难者,随空为注也。"〔2〕

今解云,若具三[329]相,非三相违,又不为彼敌因所可,是正因虽具三相,仍为[330]敌量乖反,今彼此心或(惑),不知谁是谁非,故虽具三相而[331]名不定也。

解相违过中,《论》云:"谓法自相相违因、法差别相违[332]因、有法自相相违因、有法差别相违因等。"

《疏》解云:"此列名也。宗[333]有二种:一、言显宗,有二:一法自相,如无常等;二有法自相,如声[334]等。二、意许宗,亦二:一法差别,谓于前法自相言宗之上有自[335]意许,如大乘唯识所变无常等;二有法差别,谓于前有法[336]自相言宗之上有自意许,〔3〕大乘无漏声等。问:如大乘识变声[337]等应

〔1〕 此脱"其"字,今据《文轨疏》卷二补。

〔2〕 这段引文见《文轨疏》卷二,其中"通难"《文轨疏》作"通释"。又,其中"随空为注"当系"随宜为注"之误。

〔3〕 《文轨疏》卷二此下有"如"字。

是差别，何故不说？答：识变声等是有法自相，以大乘[338]声唯从识变，〔1〕无非变者故也。其识变无常该电〔2〕等，故是法[339]差别。"

此中解识变无常为法差别，理亦不然。何者？且如因违[340]识变声等共言显有法，即识变声是有法自相；立因违[341]识变无常亦共言显法，何故识变无常非法自相耶？若《疏》[342]该色等故是法差别者，言显无常亦该色等，应非法自相？故[343]知共言显者虽该色上亦法自相，唯失〔3〕意许者纵不该余亦[344]法差别，故知不得作此解也。

今更注解云，若识变无常是法[345]自相，以更无非识变无常故。若耳识所变声上无常及赖[346]耶、意识等所变声上无常，随迷一者，即所违无常是法[347]差别，以唯违意许，不共言显故。

解法差别相违因中，问：[348]种积聚性因违无积聚他用，即是法差别相违因，亦应所作性因[349]违一尘无常义，应是法差别相违因。何者？且如佛法对[350]声论师立：声无常，所作性故，譬如瓶等。声论师与佛法作[351]法差别相违因过云："声应非一尘无常，所作性故，譬如瓶[352]等，以瓶是四尘无常故也。"若立有此难，如何言释？

答：积[353]聚性因望法自相具足三相，与法差别相违为因，亦〔4〕具三相，[354]故是法差别相违因收。其所作性因望法自相具足三相，与[355]法差别相违非一尘无常为因，于异品一尘无常电等上[356]有故，非法差别相违因也。应反与作不定过云，为如电等所[357]作性故是一尘无常耶？为如瓶等所作性故非一尘无常耶？

[358]又，《疏》中问："无积聚他所受用宗，数论自许通卧具上，是法[359]差别；其佛弟子对数论师立'声灭坏'，亦自许灭坏通灯焰[360]上，何故即非法自相

〔1〕《文轨疏》卷二作"唯许声从识变"。

〔2〕《文轨疏》卷二"电"作"色"。

〔3〕"失"疑为"其"之误。

〔4〕"亦"疑为"非"之误。

耶？若是法自相者，能别应成。”〔1〕广答此[361]问如《疏》中解。

今更助一解云，言显名自相，能别法极成；能别不[362]极成，所以非自相。意许名差别，能别不须成，纵使他不许，不废[363]成差别。两义既是不同，故不得作例也。

有法自相相违文云：“有[364]性非实、非德、非业，有一实故，有德、业故，如同异性。”

问：此“有一[365]异”〔2〕等因，为以三法别成三法，为用三因共立三宗耶？

答：以三法[366]别成三法，如“有一实”因成“非实”法，“有德、业”因别成“非德”法、“非业”[367]法。何以得立？且如宗云“非实，非德，非业”〔3〕，三法既异，故知因言[368]“有一实”等各成一法也。若言三因共成三法者，一一皆有一分重[369]成已立过。何者？且如“有一实”因，弟子亦信非德、非业，若亦能[370]成非德、非业，弟子既信，何须重成？“有德”之因，弟子亦信非实、[371]非业，若亦能成非实、非业，弟子既信，何须重成？“有业”之[372]因，弟子亦信非实、非业，〔4〕若亦能成非实、非德，弟子既信，何须[373]重成？故以三因浑成三法，一一皆有一分重成已立过也。故知[374]三因各立一法也。

问：数论一解不许眼等为假他用，由因、喻力[375]成立眼等为假他用，虽违真他用，以假他替真他故，因名违[376]差别不名违自相。亦可五顶许有唯离实，弟子难有非离[377]实，以彼即，替离有，应违有法差别收？

答：数论虽违真他[378]用，自有假他替真他，因违差别非自相。五顶违彼离实[379]有，自无即替体离为，〔5〕因违自相非差别。何者？且如卧具，共[380]许

〔1〕 此引《文轨疏》卷二语，其中“非”疑为衍字。

〔2〕 “异”当为“实”之误。

〔3〕 “非业”，写本误作“非义”，今据《入论》改。

〔4〕 “非业”，当系“非德”之误。

〔5〕 此句抄写有错乱，“替体”似倒置，“为”似是“有”之误，全句似应写作“自无即体替离有”。

为假他用，因、喻力故，成立眼等假他用，以自有假他替[381]真他故，因名违差别。同异共许非离实有，亦非即实有，[382]由因、喻力故，成立有性非〔1〕离实有。既自无即实有替离[383]实有，故因名违自相也。

问：有性有一实，有性非同异，不[384]得难彼同异有一实，同异非同异；何得同异有一实，同[385]异非大有，例彼有性有一实，有性非大有耶？

答：若以有性难[386]同异，违共许故不成难；以彼同异难大有，违他复成能破[387]也。

问：同异有一实、德、业，同异非是离实有，例破〔2〕有性有一实、[388]德、业，有性不是离实有，难破师主之有；亦可同异不是[389]即实有，例彼有性有一实、德、业，有性不是即实有，难破弟[390]子有耶？

答：共〔3〕相违因者，以立论之因违立者之义故，唯难师[391]还之。有不明立者之因违教者之义，故不得破弟子之有[392]也。

问：如声论师破佛法所作比量云："声应是〔4〕无常，声所作[393]性故，犹如瓶等。"此既唯违立论有法自相相违，若言是者，一切[394]法因皆斯过，如何言释？若言非者，此既唯违立论有法，有〔5〕[395]何所以得知非耶？

答：应与作不定过云，为如瓶等所作性故[396]非无常声，〔6〕证声所作性故非无常声耶？为如他方佛声所[397]作性故是无常声，证声所作性故是无常声耶？

问：若声[398]论对胜论"所作"因作此过失，既除余极成有法外更无不[399]共许声，如何与他作不定过耶？

答：若有斯过，应更解云，共〔7〕[400]有法自相相违因，不同〔8〕翻法作，

〔1〕"非"当为衍字。
〔2〕"破"当为"彼"之误，兹据第389行"例彼"句改。
〔3〕"共"当为"夫"之误。
〔4〕"是"当为"非"之误，见下文401行可知。
〔5〕"有"似为"又"之误。
〔6〕"声"当为"瓶"之误。
〔7〕"共"当为"夫"之误。
〔8〕"同"当为"得"之误。

若翻法作者,即有难一切因[401]过,如言“声应非无常”是也。若不翻法,不违共许破有法者,[402]是有法自相相违因收,即如有性应非有是也。若依此解,但[403]可言“有性应非大有”等,即违他许之有;不得言有性应非[404]离实、离德、离业有,即是以法翻有法作,便成难一切因过[405]也。

又,更解云,若成立法方便显有法者,即须与作有法自相相[406]违因过。如言有性非实等难,虽成立非实等法,意欲显[407]离实等别有大有有法,故得与彼作有法自相相违因过。若但成[408]法,不欲方便成有法者,不合作者〔1〕有法自相相违因。即如“声[409]是无常”等,但欲成立“无常”之法,不是方便成立有法,故[410]不得作有法自相相违。若强作者,即是方便破一切因,何名[411]能破!

又,《疏》中云:“问:夫同、异品望宗法立,其‘有一实’等因既[412]于同品‘同异性’有,于其异品‘龟毛’遍无,何故此中乃约有[413]法作相违过?”〔2〕

此中既以龟毛为异品,或是抄人错写,或是[414]疏主心粗,何者?且如非实等宗,宜以即实、德、业为其异品,[415]其龟毛等非实、非德、非业,云何乃取为异品耶?故知此言[416]必定错也。

又以此方难势,〔3〕显四相违。法自相相违难云,所作若[417]于同品有,可许能证声常住;所作唯于异品转,云何能显[418]是其常?法差别相违难云,卧具积聚性,卧具为他用,例[419]眼积聚性,眼亦为他用,显彼真他用;亦可卧具积聚性,唯[420]为假他用,例彼眼等积聚性,眼等唯为假他用,违彼真他[421]用。有法自相相违因难云,同异有一实、德、业,同异非异〔4〕等,[422]例彼有性有〔5〕实、德、业,有性非实等;亦可同异有一实、德、[423]业,同异非大有,例彼有性有一实、德、业,有性非大有。有法[424]差别相违难云,同异有一实等

〔1〕“者”疑为衍字。

〔2〕此引《文轨疏》卷二语。

〔3〕“势”疑为“斯”之误。

〔4〕“异”当为“实”之误。

〔5〕此脱“一”字。

因,同异非实等,例彼[425]有性有一实等因,有性非实等;亦可同异有一实等因,同异不作[426]有缘性,例彼有性有一实等因,有性不作有缘性。

问:后三相[427]违既约有同喻中为难,应是喻过,何故乃说相违因[428]耶?

答:约义为过是相违因;不约言为难,故非喻过也。

[429]又,《疏》中解无俱不成中云:"若声论救云:'声上无碍,取遮及[430]表;虚空喻上,唯取其遮;或空与声,唯遮非表。'作此救[431]者,不阙能立。"有余大德不许此,故立破云,如《疏》中述。此两家义[432]何者正耶?

答:余师义正,顺理、教故,依疏主解,有违理、教。[433]失。

言违理者,有义宗、因、同法喻体,具取遮、表,遮余表[434]此,显有义故;无义宗、因、同法喻体,唯取其遮不取表者,[435]是无义故。若"虚空"喻是无义喻,可许唯遮,不阙能立;既[436]取"虚空"为有义喻,故"空、无碍",何得唯遮?又,声、瓶上"所作"[437]能立是有义法,不可唯遮;声、空之上"无质碍"法既证有[438]义,如何非表?故不取表违理失也。

言违教者,《理门论》云,前[439]取遮表,后唯取遮。〔1〕解云,有义比量喻中前同法喻有[440]义,故具取遮、表,后异法喻异二立故,许取遮故。依彼《论》,[441]此《论》亦云:"此中'常'言,表非无常;'非所作'言,表无所作。"〔2〕既有[442]义喻,《论》取遮表,故唯取遮,违教失也。

问:萨婆多对无[443]空论者立"空是常,非所作故",敌论"非作"不许有表,此因应[444]有随一不成耶?

答:既用"非作"为有义因,故对无空论〔3〕是[445]随一不成〔4〕过也。

[446]因明入正理论略抄

〔1〕《理门论》原文应是:"前是遮、诠,后唯止滥。"见《大正藏》32卷2c。

〔2〕《大正藏》第32卷11b。

〔3〕此脱"论"字,今据文意补。

〔4〕此脱"成"字,今据文意补。

净眼《因明入正理论略抄》写卷原件图版（伯2063号）

伯2063号 因明入正理论略抄（13－1）

伯 2063 号　因明入正理论略抄(13－2)

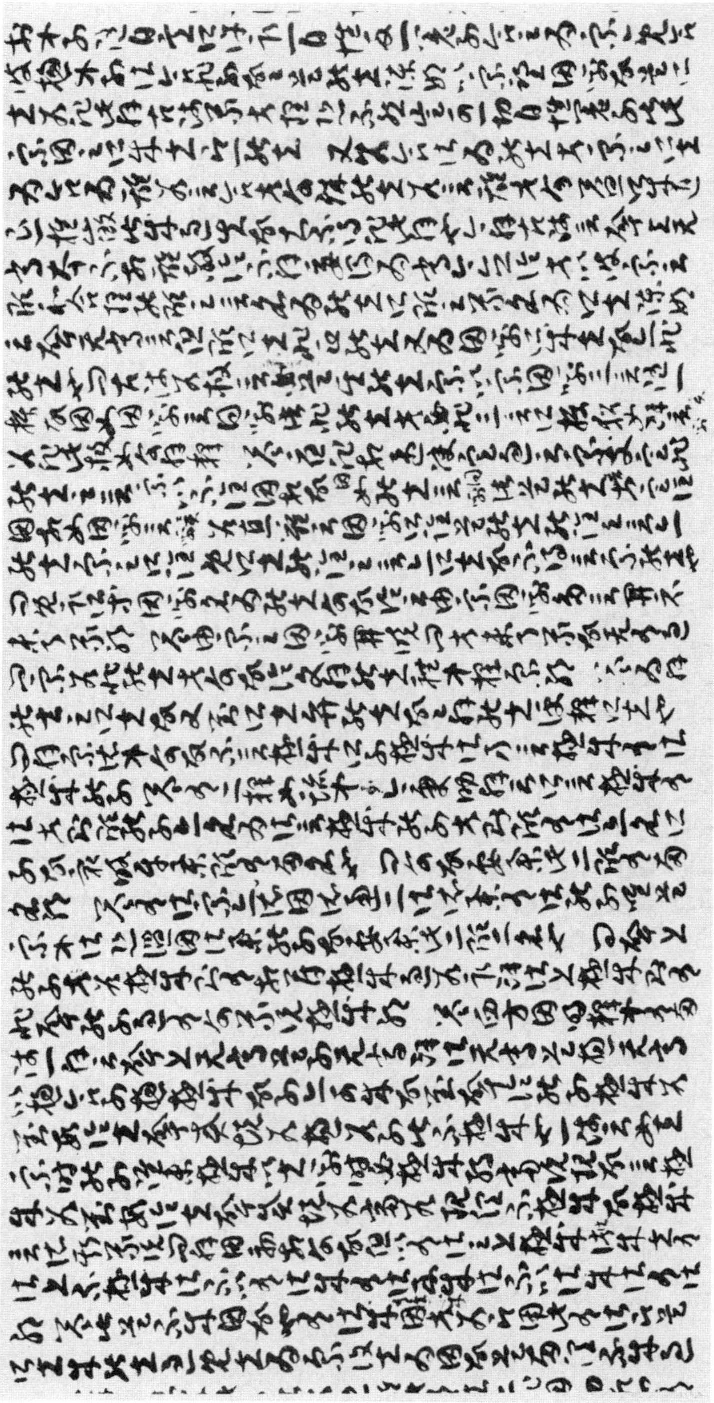

伯2063号　因明入正理论略抄(13-3)

伯 2063 号 因明入正理论略抄(13－4)

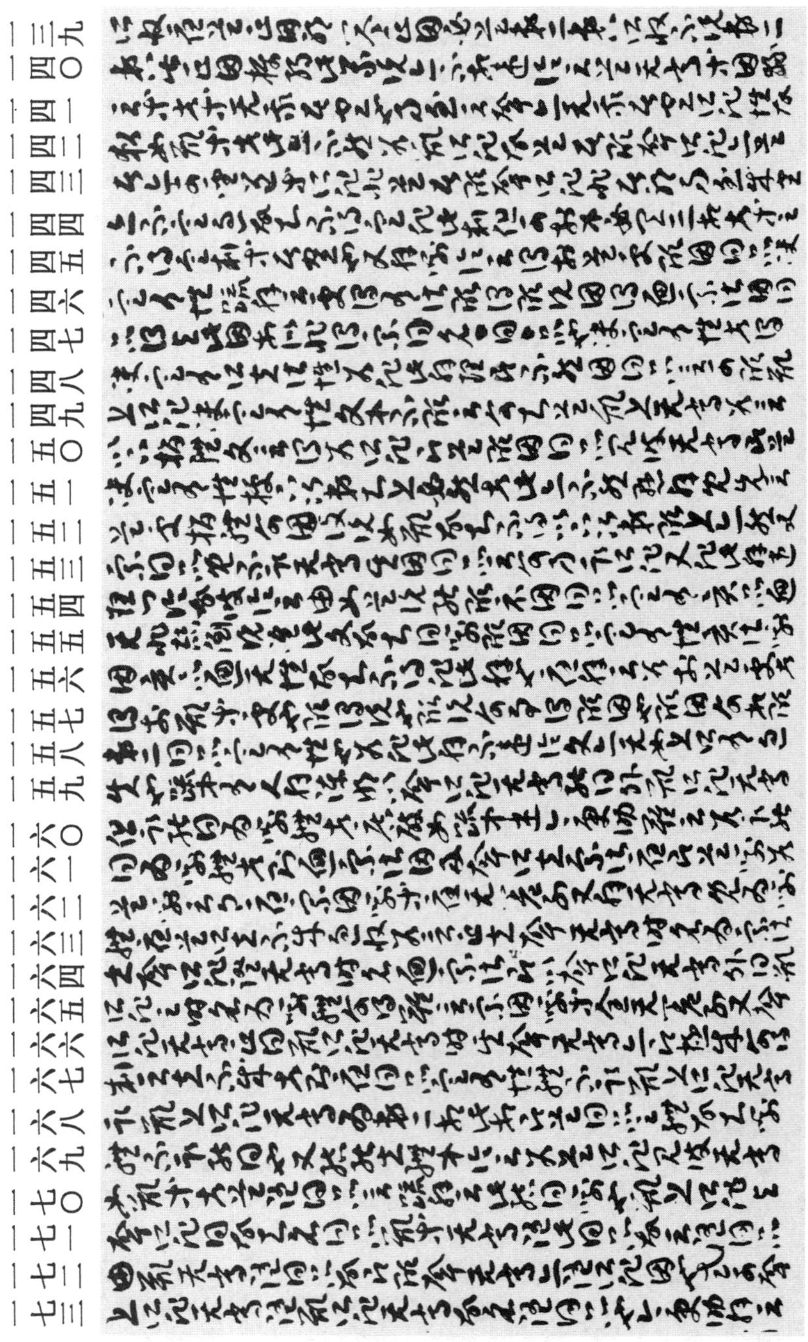

伯 2063 号　因明入正理论略抄（13－5）

伯 2063 号 因明入正理论略抄（13－6）

伯2063号　因明入正理论略抄(13－7)

伯 2063 号 因明入正理论略抄(13－8)

伯2063号　因明入正理论略抄(13－9)

伯 2063 号 因明入正理论略抄(13－10)

伯2063号　因明入正理论略抄(13－11)

伯2063号　因明入正理论略抄(13－12)

伯 2063 号　因明入正理论略抄（13－13）

净眼《因明入正理论后疏》写卷释文

[1]因明入正理论后疏　　　　慈门寺沙门净眼续撰

[2]《论》云:“如是等似宗、因、喻言,非正能立。”

述曰,上来别解说,[3]此即总结也。总指前过,故称“如是”。所言“等”者,略有三释:一云[4]似宗、因、喻是其宗名〔1〕,卅〔2〕过是其别称,举总等别,故称“等”[5]也。一云此中且约声等弁(辨)过,准声、色等弁(辨)失皆然,举此[6]等余,故言“等”也。一云卅三种摄过不周,且如宗中有犯一、犯多[7]等,不成因中有全分、一分等,不定因中有自共、他共等,相违因[8]中有违三、违四等,喻过之中有两俱、随一等,今且举此一途,[9]等余多例,故称“等”也。既所显之理有过,能诠之言称似,故[10]似宗、因、喻非正能立也。

《论》云“复次,为自开悟,当知唯有现、[11]比二量”者。

述曰,上来已解真、似能立,自下“复次”解颂中真、[12]似二量。

问:《论》中先明真、似立、破,复辨真、似二量,何故长行解[13]释诵越偈文?

答:欲依类结,解就义便,自悟、悟他,是结[14]欲之义。类解真、似,量借二立,以言兴也,故释其比量中云“[15]相有三种,如前以(已)说”,解似比量中云“似因多种,如前已(先)说”,故知长[16]行解义便也。又解,长行之中欲明

---

〔1〕“宗”当系“总”之误。

〔2〕“卅”下脱“三”,应是“卅三过”。

内有真、似之量，外有正、[17]似之异，若不诵其偈文，不显内外，问失相由也。《集论》云能立[18]有八，现、比等量亦入其中。〔1〕故知长行为显内外，德〔2〕失相由也。

[19]将释《论》文，先解现、比二量义，略他三门分别：一明立二量意，[20]二释二量名，三出二量体。

言立二量意者，依西方诸师，立[21]量数不同：

且如数论师及世亲菩萨等立有三量：一者现量，[22]谓量现境。二者比量，谓借三相比决而知。三者圣教量，谓[23]借圣人言教方知；若无色界等，若不因圣教，何以得知？故[24]离现、比之外，别立圣教量也。

或有立其四量，谓即于前三量[25]之外，别立譬喻量。如世说言，山中有野牛。余人问言，野牛如何?[26]彼即答言，如似家牛，但角细异，胡与家牛异。此既直譬[27]即解，不因三相而知，故离前三，立此量也。

或有立其五量，[28]谓即于前四量之外更立义准量。如言：声是无常；所作[29]性故；诸所作者皆是无常，譬如瓶等；若是其常，必无所作，[30]如虚空等。因此比量，即知无常，义准亦知无我，诸无常者，[31]必无我故，故离前四立此量也。

或有立其六量，谓即于前五量[32]之外，别立有性量。如言房中有物，开门见物，果如所言。既称[33]有为量有，故离前五立此量也。

或有立其七量，谓即于[34]前六量之外别立无性之量。如言房中无物，开门见无，果如[35]所言。既称无而量无，故离前六量外别立此量也。

或有立[36]其八量，谓即于前七量之外别立呼召量。如呼牛牛至，召[37]马马来。既称呼而来，故离前七量外立此量也。

若依陈那[38]及商羯罗主菩萨等，唯立二量：一名现量，二者比量。何因[39]唯立二量？至为一切诸法有二种相，一者自相，二者共相。量[40]自相者名为现量，量共相者名为比量，圣教量等皆量共[41]相，故离比量更不立余。若为别

〔1〕 参见《阿毗达磨集论》，《大正藏》第31卷693b、

〔2〕 “德”通“得”。

知立余量者，别知诸法岂[42]唯有八？今据总摄，立其现、比，故彼八种，此二所收。故《理门论》云："为[43]自开悟，唯有现量及与比量，彼声、喻等摄在此中，故唯二[44]量。由此能了自、共相故；非离此二别有所量，为了知彼更立[45]余量。"

此文但约散心，分自、共相为二量境也。言自相、共相[46]者，泛论自、共有其三种：一者处自相，即如色处，不该余处，故[47]言处自相；苦、空、无常等通色、心等皆有，故称共相。二事[48]自相，即处自相中青、黄等别事不同，名事自相；总色自相，[49]转名共相。三自相自相，则于前事自相之中，且如眼识所[50]缘之青，现所缘者不通余青，亦不为名言之所诠及，则是[51]青自相中之自相。前事自相等转名共相，为名言等之所[52]及故，是假共相。且于色处作此宣说，准例，余亦有如此三[53]自、共相，准处既尔，于界及蕴随其所应作此分别。今言自[53]相者，但取第三自相自相，不为名言所及者为现量境；言共[55]相者，俱为名言所诠假共相者为比量境。

问：处之与事，岂[56]非五识现量所得耶？

答：自相自相中处、事则为现量所得，总[57]处、总事非五识境，〔1〕为此偏约自相自相说也。故《理门论》云："由不共[58]缘，现、现别转，故名现量。"〔2〕

问：若尔者，何因《对法论》云："问：于一一根[59]门、种种境界俱现在前，于此多境，为有多识次第而起，为俱[60]起耶？答：唯有一识，种种行相俱时而起。"〔3〕此文既违别转之义，[61]如何言释？

答：虽同时取行相，各别不总相缘，故无有过。[62]又《瑜伽论·菩萨地》云，随事取，随如取，不作此念、此事、此如何者。谓[63]随事取者，缘依他性俗净；随如取者，缘圆成实性真净，其[64]现量观内证，离言故，不分别此事、此如也。〔4〕又《对

---

〔1〕 善珠《明灯抄》卷二本引与此文字少异，见《大正藏》第68卷243a。

〔2〕《大正藏》第32卷8c。

〔3〕 安慧《杂集论》卷二，《大正藏》第31卷703a。

〔4〕 此为意引《瑜珈师地论》的话，如此论卷三十六云，"又诸菩萨由能深入法无我智，于一切法离言自性，如实知已，达无少法及少品类可起分别，唯取真如，不作是念，此是唯事，是唯真如。"见《大正藏》第30卷487b。

法论》云:“不待[65]名言,此余根境是实有义……谓待名言,此余根境是假有义。”〔1〕[66]又《法华经》云:“诸法寂灭相,不可以言宣,以方便力故,为五比丘[67]说。”〔2〕又大、小《因明论》皆云:“此中现量谓无分别,若有正智于色[68]等义,离名、种等所有分别,现、现别转,故名现量。”〔3〕准上经论,[69]实法不为名言所诠,复言现量缘离言境,故知自相是离[70]言境。名言所及既是假有,复言比量缘假共相,故知共[71]相是言诠境。

此即是第一释立二量意。[72]第二释二量名者,初释现量,后释比量。

言现量者,《理门论》及[73]《入正理论》皆云:“现、现别转,故名现量。”诸大德等略有三释。

一云,同时[74]心王及心所法各自现影不同故,言“现、现别转”。

此释恐不当其理,[75]夫释现量名,必不得该于比量,其比量上亦有同时心王、心所各[76]自现影别转之义,故知此解不当也。

一云,五识依现在根量度[77]五尘等,故言“现、现别转”。此则依现之量名为现量,则依仕释也。

[78]此亦不当理,此释亦该于比量,具如意识起比量时亦依现在末[79]那为根,应名现量?若依小乘可作是释,以彼唯依过去意根。若[80]尔大乘意识亦通依过去意根,何故唯约末那而生此难?若尔[81]五识亦依过去意根,应不名为依现之量!若言五识〔4〕虽依过去[82]而就,不共五根为名故名依现者,亦应意识毕竟不得名为现[83]量[宗];以依意根故[因];诸依意根者皆非现量,犹如比量[同喻]。是[84]故不得以依现故名为现量,故此解不当也。

一云,现在五识量现[85]五尘,故言“现、现别转”,名为现量。此则现是量,名为现量,则[86]持业释也。

---

〔1〕 引见无著《大乘阿毗达磨集论》卷二,《大正藏》第31卷667a。

〔2〕 引见《法华经》卷二,《大正藏》第9卷10a。

〔3〕 引见商羯罗主《因明入正理论》,《大正藏》第32卷12b。

〔4〕 “虽”似为“唯”之误。

此释亦不当理，该比量故，意识比知烟下火时，岂非[87]现在？此亦应名现即是量，故此释亦不当理也。

今解云，色等诸[88]法，一一自相不为共相之所覆故，各各显现，故名“现、现”；五识等色〔1〕于[89]显现境各别转，故言“现、现别转”。此则量现之量，故名现量，此[90]即依仕释也。

又释，现量之心取二境，分明显现，胜过比量，故称“[91]现、现别转”也。此现即是量，故名现量，此即持业释也。此“别转”言，[92]且据散说，若约定论，总缘亦得，此如后说。

言比量者，不能亲[93]证，类度而知，此即是量，故称比量，此即持业释也。

此即第二[94]释二量名。

第三出二量体者，于中有三：一约定、散出体，二约[95]八识明性，三约四分及能量、量果等分别。

初约定、散出体者，一切[96]定心皆是现量，以取境明白故。《理门论》云：“诸修定者离教分别，[97]皆是现量。”故知定心皆是现量。

问：定心缘无常、苦等共[98]相之境，为是现量，为是比量？

答：依西方诸师有两释不同：一、[99]上古诸师释云，无流方便缘苦、无常等未是正证，故非证量。复[100]正体智证得苦等真如，真如非一、非多，俱缘一真如，故是自相境，亦[101]是现量。准此释，顺决择分、定心及后得智缘假共相，亦非现量[102]也。二、戒贤师释云，若约散心分自、共相，是二量境；若约定心，[103]缘自、缘共皆现量收。今详二释，后解为正。若依前释，即违[104]教理。《瑜伽论》说，定心是知摄。又云，见知是现量，觉是比量，闻[105]是教量。若说定心通现、比量，应说定心通觉、知摄，及现、比[106]收，此即违教也。又，诸佛种智为唯现量，为通比耶？若唯现量[107]，应不缘瓶、衣、军林、舍宅等。何名种智？〔2〕若许缘者，即是缘假[108]共相。何名现量？若通比量者，诸佛种智智

〔1〕“色”疑为衍字。

〔2〕“何名种智”赘余，或为净眼下笔有误。

明觉照，岂可比[109]度方乃决知？故佛之心不通比量。一切诸佛无不定心，佛心缘假既[110]唯现量，故知余定不通比量，此即违理也。由此故知后释为正[111]耳！

问：若依后释，定心缘假共相亦名现量者，何故此《论》释似现[112]量中云"由彼于义不以自相为境界故，名似现量"？

答；散心暗弱，[113]取境浮浅，缘假共相，必由比知，妄谓现证，故非真量。定心[114]明白，深取所缘，纵取共相，必由现证。《论》约散说，亦不相违。

[115]问：《论》文既云"诸修定者离教分别皆是现量"者，佛心既是定心，[116]说法必缘其教，定心不离其教，应非现量所收。

答：佛心缘教，[117]唯拟被◇，非是借言方缘定境，故智望定境，终是离教[118]也。若约散心分别现量等，即通现量、比量及非量也。

此即是[119]约定、散分别现、比二量。

第二约八识辨体者，眼等五识及阿[120]赖耶识，若定、若散，若因、若果，若漏、无漏，皆现量摄，以离名[121]言、种类、分别，证自相境故。

问：五识烦恼与无明俱，既迷境起，[122]何名现量？

答：烦恼自缘顺违境起，终不迷色等，谓非色等。迷[123]顺违边，自是无明；称色等边，终是现量。

末那散位见分[124]唯是非量；自证、证自证分一向现量，以内缘离分别故；若在定[125]位，一向现量，平等性智唯内证故。第六意识若在定位，[126]一向现量；若在散位与率尔五识同时俱运缘境，是现量[127]摄，以离名言、种类、分别，缘自相境故；若起闻、思两慧称境比[128]知，意识见分是比量摄，以比度心缘共相故；若自证分、证[129]自证分，是现量摄，以内缘故；若起人、法二执之心，见分唯是[130]非量所摄。自证、证自证分现量所收，以内缘故。〔1〕此中八识既如此[131]判，同时心所一准《识论》。

第三约四分及能量、所量、量果分别者，[132]于中有二：初约诸大、小乘废

〔1〕"自证、证自证分现量所收，以内缘故"十四字疑为衍文。

立四分,后正约四分分别。就初废[133]立四分中总有六义不同:

初家如廿部小乘之中,正量部中[134]唯立见分,不立相分。何以得知?且如余十九部缘境之时,皆言于[135]心起境行相,缘行相心即名行解。行相即当大乘相分,行解即当[136]大乘见分。若如正量部缘心外境,直缘其境,不起行相,故知有[137]见而无相分。大乘破云:“眼识必定不能缘色[宗];以不作色行相[138]故[因];诸不作色行相者皆不能缘色,犹如耳识[同喻]。”既有此过,[139]故知缘境必有行相。

第二,唯相分,不立见分。如大乘中清辨[140]菩萨说,缘境时但似境起,即是能缘,非离似境更有见分名为[141]能缘。《唯识论》中破此义云:“若心心所无能缘相,应不能缘,如虚空[142]等。或虚空等应亦能缘。”〔1〕准斯《论》文,此义非正也。

第三,相、见[143]俱不立。如安慧菩萨唯立识自体是依他起,相、见二分是遍计[144]所执,以正智证如,不作能缘、所缘解故。为此安慧菩萨言,八识相、见[145]皆是遍计所执所摄,自证分是依他起所收。护法菩萨等破云,若[146]尔诸佛后得智心亦有身、土等相分,能缘身、土等见分,亦应诸[147]佛未遣遍计执心;诸佛既遣执心,由有相、见分等,故知相、见非[148]遍计所执也。

第四,相、见俱立。如无著菩萨及难陀菩萨等并立[149]有相、见二分,故《摄大乘论本》云:“复次,云何安立如是诸识成唯[150]识性?略由三相:一由唯识无有义故;二由二性有相、有见,二识别[151]故;三由种种行相而生起故。”〔2〕准此文,故知无著菩萨立相、见二[152]分。又《经》云:“一切唯有觉,所觉义皆无,能觉、所觉分,各自然而转。”〔3〕[153]此文既云“能觉,所觉分,各自然而转”,故知有其相、见二分。

[154]第五,陈那菩萨立有三分,彼云相分为所缘,见分为能缘。其见分[155]

〔1〕 引见《成唯识论》卷二,《大正藏》第31卷10a。
〔2〕 引见《摄大乘论本》卷中,《大正藏》第31卷138c。
〔3〕 引见《成唯识论》卷二,《大正藏》第31卷10a、b。

既不能自缘,应无有量果。又见分若无能缘,量果应不忆[156]昔曾所更事,故应别立自证分。谓相分为所量,见分为能[157]量,自证分为量果,故陈那菩萨所造《集量论》云:"似境相所量,[158]能取相自证,即能量及果,此三体无别。"〔1〕解云"似境相所量"是[159]相分,"能取相"是见分,"自证"是自证分,"即能量"明见分为能[160]量,"量果"明自证分为量果,"此三体无别"明不离识也。

第六,[161]立有四分别,则是亲光菩萨及护法菩萨等义,彼立云,如以见分[162]无能缘立有自证分,我亦以自证分无能缘故,须立证自证[163]分。故彼引《经》文云:"众生心二性,内外一切分。所取能取缠,见种种[164]差别。"〔2〕解云,"众生心二性"者,心有能缘、所缘或外分、内分二性故也。[165]"内外一切分"者,相分、见分为外分,相分体外故称外,见分缘外[166]故称外;自证、证自是内分,若体、若缘俱是内故。内分、外分俱非[167]一,故称"一切分"也。"所取、能取缠"者,为所取、能取缠缚心故也。"见种种[168]差别"者,于能缘中见分取境,或现、或比,或量、非量,种非一故,称[169]"见种种差别"也。据此经文,立四分义。

问:若以自证分无能缘故[170]立证自证分者,亦应证自证无能缘故须立第五分,如是[171]便有无穷之过。

答:证自证分缘自证分时,自证分有其[172]两用,一缘见分用,二有却缘证自证分用,故不须立第五分也。

[173]问:若尔见分亦有两用,一缘相分,二缘自证,应不须立第四分[174]也。

问〔3〕:若尔见分缘相分,却缘自证分,即有同一时一分亦是量、[175]非量过。何者?且如见分起我、法执时,不能称其相分解故,故[176]非是量;复能却缘自证分,也即是其量,岂可一分于一时中[177]亦量、非量?为避此过,见分不

〔1〕 此处所引《集量论》的四句颂文系从《成唯识论》的卷二引来,见《大正藏》第31卷10a。

〔2〕 《成唯识论》卷二,《大正藏》第31卷10b。

〔3〕 "问"当为"答"之误。

得却缘自证也。若自证分缘见[178]分时亦是其量，缘证自证分亦是其量，所以自证得两缘也。

[179]问：若尔见分起非量时可不许两缘，正是量时应得两缘耶？

[180]答：见分假令是量，不妨或是比量所摄；若缘自证分，定是[181]现量，岂可一分亦名现、比？若自证分缘见分时及缘证自，俱[182]是现量，所以自证得两缘也。

问：若彼见分是比量时不许两[183]缘，五识、赖耶既是现量，应得两缘耶？

答：见分、相分俱名[184]外分，自证、证自是内外〔1〕分收。见分体虽是内缘外，故称外分，若[185]许见分缘彼自证，即有缘内、缘外过。自证分缘见分及缘证自[186]证分时，俱是缘内，故自证分通两缘也。

问：此之四分，为同种生，[187]为别种生耶？

答：有本质相分与见分别种生，无本质相[188]分与见分同种起。见分、自证、证自证分据用分三，据体是一，[189]同是识界；若是心所，同是法界，故同种生。若别种生，即有同[190]时同类之识，三体并起过也。

问：若三分同体，何因自体还缘[191]自体？如刀不自割，多力不能自负，云何自心还缘自体？

答：心用[192]微细，不可以世事辄比况之，且如世间灯光照物，亦有自明，何[193]废心虽了境，亦有自缘之义也。

此即明其废立四分也。

自下第二[194]正明分别现、比二量及能量、量果等义。先明二量，后明能量等。[195]明二量者，此四分中相分一向是二量所量，非是量体。见分一[196]种，若是意识，通其现量、比量及非量，如前已（以）说；意识自证[197]分、证自证分皆是现量。其末那识散心见分一向非量，散[198]心自证、证自证分，及平等性智相应见分、自证分、证自证分一[199]向是其现量所摄。其五识及赖耶见分、自证、证自证分一切[200]皆是现量所摄。此则是其约四分出二

〔1〕“外”当为衍字。

量体也。

次约四分[201]辨能量、所量及量果等分别者，相分一向是所量；见分唯[202]通能量、所量，不通量果；自证、证自证分通能量、所量及[203]量果也。且如相分是所量，见分是能量，自证分是量果；[204]见分是所量，自证分是能量，证自证分是量果；自证分[205]是所量，证自证分是能量，自证分是量果；证自证分是[206]所量，自证分是能量，证自证分是量果也。

上来总约[207]八识，明其四分，出二量体，辨能量、所量、量果分别，准其心王既[208]然，同时心所等亦尔。

上来已明二量义。就解《论》.文中分之为[209]二：初明立二量意，二正解真、似二量。

言“复次，为自开悟，当知[210]唯有现、比二量”者，此即明立二量意也，谓凡欲悟他，先须自觉，[211]自觉之道不过二量，由证自相、共相境故，遮声、喻等所有[212]余量，故称“唯有现、比二〔1〕量”也。

《论》曰“此中现量谓无分别”者。

[213]述曰，自下正明真、似二量，于中有二：初明真量，后有分别；下[214]明似量。就真量中有二：初释二量，后于二量中下〔2〕出二量果。[215]就前文中复分为二：初解现量，后解比量。解现量中先总[216]出现量体，后别解释。此即总出现量体也。言“此中”者，或简持[217]义，起论端义，此如前解。言“无分别”者，正出现量体。且如一、〔3〕五识[218]取五境界，离名言等所有分别，故《理门》云“有法非一相，根非[219]一切行，唯内证离言，是色根境界”。二、率尔五识同缘意识及[220]第八识，亦离名等所有分别，故《理门》云“意地亦有离诸分别，唯[221]证行转”。三、一切自证分。四者，一切定心名离分别，故《理门论》云“又[222]于贪等诸自证分，诸修定者离教分别，皆是现量”。此显[223]分

〔1〕“二”字脱，此据《入论》补。

〔2〕“下”疑为衍字。

〔3〕此脱“一”，兹据下文序数补。

别之心犹如动水，增减所缘，不名现量；无分别心，譬于明镜，[224]称可所取，故名现量。

《论》云“若有正智”者。

述曰，此下别解，文中[225]有四，此即出无分别体，谓五识等心及心所皆名正智，以慧强故，[226]总名正智也。《论》曰“于色等义”者。

述曰，此即第二出所量境。[227]“色”者是眼识所量；“等”者，等取声等，是耳等识所量故也；能[228]益智等，故名为“义”，乃至苦、无常等，是定心等现量所量。[229]此中且约散心，但说色等自相境也。

《论》曰“离名种等所有分[230]别”者。

述曰，此即第三释无分别义，谓若现量必离名言、[231]种类等所有分别。离名言分别者，谓若待名言取诸法者皆[232]非现量，缘共相故。言离种类分别者，种类有二：谓有情种[233]类、法种类。有情种类者，即有情上同、异句义；法种类者，即[234]诸法上同、异句义。又，种类有二：谓总种类，别种类。总种[235]类者，即大有句与一切诸法种类作其通体故；别种类者，即同、[236]异句与一切诸法种类作其别体故。此等皆是胜论宗说。又，种[237]类者，即是诸法假种类也，若依如是种类分别缘境界者，[238]皆非现量，以假种类是共相故，若实种类，妄计度故。“等”[239]者，等取瓶等、假智乃至所余缘假分别，皆非现量也。[240]《论》曰“现、现别转故名现量”者。

述曰，此即第四释名结义。“现、现[241]别转”者，如前章中解也。

《论》曰：“言比量者，谓借众相而观于[242]义。”

述曰，此下第二解比量，文中有二：初约义总明，后指事[243]别解。此即约义明也。“谓借众相”即是比因，谓缘三相之智[244]是比解无常智之因也。“而观于义”者，即是比果，谓解无常[245]之智是缘三相智之果也。

《论》曰“相有三种，如前已说”者。

[246]述曰，此下指事别解，文中有二：初解众相，显因所观义；后[247]解借相观义，正明指事。此即初也。谓所借众相有其三[248]种，即遍是宗法等，如前解能立因中已说也。

《论》曰"由彼为因,[249]于所比义有正智生,了知有火或无常等,是名比量"者。

[250]述曰,此即解借相观义,正明指事也。西国因明释论中[251]有三师解此文不同:

一云,"由彼为因"者,显由彼言说为因也。"[252]于所比义"者,明三相义因也。"有正智生"者,辨缘相智因,〔1〕即[253]是比量体也。了知"有火或无常等"者,显比量果,文中举[254]果显因,故一处合说也,结文可解。

一云,"于所比义"者,显无常[255]等义也。"有正智生"者,即是果智。了知"有火"等者,出果智[256]体。此中虽举果智,欲显因智为比量体也。

一云,乃至"有[257]正智生"者,如初师说。"了知有火"等者,重显因智相,谓因智圆[258]满故,了知有火等也。

今释"由彼为因"者,谓因智由用彼三[259]相言〔2〕义为解,显无常等因,即解前文"谓借众相"也。"于所比义"[260]者,解上所观无常等义;"有正智生"者,黑贞能观果智体;"了知[261]有火或无常等"者,正显果智观义之相,此四〔3〕句即解上"而[262]观于义"。此即因智、果智皆是比量,然〔4〕《理门论》云:"比度因[263]故,俱名比量。"西国诸师遂抑此论,举果显因。然《理门》中[264]陈那自言云:"何故此中与前现量别异建立?为现二门,此[265]处亦应于其比果说为比量,彼处亦应于其现因说为[266]现量,俱不遮止。"准此文,故知不须言举因〔5〕果显因也。

[267]问:既不遮止,何故现偏说果,比属论因耶?

答:现量果胜,[268]比量因强,约胜就强,故偏说耳。

问:何故《论》文已说"了知有[269]火",说复言"或无常等"耶?

---

〔1〕"智因"似为"因智"之误。

〔2〕"言"疑为衍字。

〔3〕"四"疑为"三"之误。

〔4〕"然"疑为"故"之误。

〔5〕"因"字疑为衍文。

答：欲显比量，有其二种：一、因事[270]生比量，亦名现量生比量；二、因言生比量，亦名比量生[271]比量。见烟比知有火，即因事生比量也；眼识先量烟，意[272]识比知火，即现量生比量也。闻他成立“声无常”言，后方[273]比解，此即因言生比量也；由立论比量力故，敌者比知无[274]常，此即比量生比量也。欲显因事、因言二种比量，故云[275]“了知有火或无常等”也。故《理门论》云：“此有二种：谓于所比审[276]观察，智从现量生或比量生，准此文，故知显二比量也。”

[277]《论》曰“于二量中即智名果，是证相故”者。

述曰，上来解二量讫，[278]自下出二量果。文中有二：初出二量果，后释伏难。此即出二[279]量果也。谓二量中智最为胜，同聚心等，总就智名。智之见[280]分名为能量智，自证分名曰量果，见分、自证，用别体同，故[281]言“即智”名为果也。“是证相故”者，现、比二量如其次第，是证自[282]相、共相境故也。

问：阿赖耶识既无别境，云何同聚总就智名[283]耶？

答：据实二量未必以智为名，今显立破之无故，约智为论。

[284]《论》曰“如有作用而显现故，亦名为量”者。

述曰，此释伏难也。难云：[285]“若取心外境，可使名为量；既唯取自心，应不名为量。”今论主[286]为解云，此中名量者，非如钳押、拘舒、光照物等实有作用，但[287]譬如明镜现众色像，镜不至质，质不入镜，现影似质，故名为[288]照。心缘于境，亦复如是，心不至境，境不入心，心似境现，似有作用，假名[289]为量。故《理门》云：“又于此中无别量果，以即此体似义生故，似有用故，[290]假说为量。”

《论》曰“有分别智于义异转，名似现量”者。

述曰，上[291]来释真量讫，此下解似量。文中有二：初释似现，后解似比。此即解[292]似现也。文中有二：初总解，后别释。此即总解也，以名言等分别缘[293]故，名“有分别”；不以自相为境界故，名“于义异转”也。

《论》曰“谓诸[294]有智了瓶、衣等分别而生”者。

述曰，此下别解，文中有二：初解上[295]"有分别智"，后解上"于义异转"。此即初也，谓诸凡夫、外道所有邪[296]智，以瓶、衣〔1〕名言、种类、假立、分别了瓶、衣等，分别而生"瓶、衣"，是[297]假四尘合成。分别之心，妄谓眼见，故名似现量也。

《论》曰"由彼[298]于义不以自相为境界故，名似现量"者。

述曰，此解上"于义异[299]转"也。谓由彼分别之心于境界义，不以实自相为境界，乃用瓶、[300]衣等假共相为境界，故名似现量也。此约散心说，以佛之心亦缘[301]假故。

《论》曰"若似因智为先所起诸似义智，名似比量"者。

述曰，[302]此下解似比量。文中有二：初总出体，后别解释。此则总出体也。谓[303]"若似因智为先"者，显似比之因智也。"所起诸似义智"者，明似比之[304]果智也，若因智、若果智，总名似比量也。

《论》曰"似因多种，如先[305]以(已)说"者。

述曰，此下别解也。文中有二：初解似因，后正解似比。此即初[306]也。谓似因十四种，如前似立中已说也。

《论》曰"用彼为因，于似所比诸有[307]智生，不能正解，名似比量"者。述曰，此则正解似比也。言"用彼为[308]因"者，谓似因智用彼似因言义为解，显常等之因，此则解似比之[309]因智也。言"于似所比"者，谓果智所观常等也。"诸有智生"，谓似比[310]果智生也。"不能正解"者，释似果智相，谓非常法妄作常解，由[311]非真故，名似比量也。若准前文，还有三释，翻前可知。

《论》曰"复[312]次，若正显示能立过失，说名能破"者。

述曰，上来已解真、似二量，[313]即释颂中"现量与比量，及似唯自悟"讫，从此以下，解前颂中真[314]能破及似能破。文中有二：初解真破，后释似破。解真破中有二：[315]初总释能破名、体，二谓初下指事广释。此即初也。谓若能正显[316]示他似能立中所有过失，即说此是真能破也。

〔1〕"瓶、衣"二字疑为衍字。

又，能破有四：一[317]真能破，谓斥失当过，自量无瑕，故言真能破。二真似破，[318]谓当过而斥，所以称真；自不免愆，故名为似，此即相违决定过[319]也。三似能破，谓无过妄斥，自虽无咎而有枉害之愆，所以称[320]似，即如所作相似等是也。四似似能破，谓无过妄斥，已称其似，自量[321]有瑕，是以重著似名，此即同法相似等是也。今为简后三，故称[322]"若正显示"等也；或可为简后二，以相违决定望显他过边，[323]亦得称真也。

《论》曰"谓初能立缺减过性"者。

述曰，此下指事[324]广释，文中有二：初明所破之过，后正解能破之言。就所破中[325]有二：初明缺减失，后显卅三过。此即明缺减过也。何者？西方有[326]两释不同：

一、世亲已（以）前诸师释云，宗、因、喻中随有所阙名为[327]缺减，总有六句：阙一有三句，如有宗、因无喻是一，有宗、喻无[328]因是一，有因、喻无宗是一；阙二有三句，如有宗无因、喻是一，[329]有因无宗、喻是一，有喻无宗、因是一，故有六句也。若阙宗、[330]因、喻三名为一者，应有七句，至为三无，总非能立，何得名阙?[331]故不取阙三也。

二、陈那菩萨云，宗非能立，唯于因三相中随有所[332]阙名缺减也。此亦有六句，于三相中阙一有三句，阙二有三句[333]等，可准前作。亦有大德云，陈那约因、同、异喻三中随有所阙名[334]缺减者，此恐不然。真性有为空等比量，定无异喻，岂名阙一[335]过？故约三相不得有阙一也。

问：若尔此比量既无异品，应阙异[336]品无相，何得此释耶？

答：无异品故，必无异喻，因不滥行，[337]故有第三相也。

《论》曰"立宗过性、不成因性、不定因性、相违因性[338]及喻过性"者。

述曰，此显卅三过，谓宗九过，不成四过，不定六过，[339]相违四过及喻十过也。

《论》曰"显示此言开晓问者，故名能破"者。

[340]述曰，此即正显能破之言也，谓能显示如前过失，善能开晓邪立[341]之问，以言显示，故称显示，此言名能破也。

《论》曰“若不实显能立[342]过言,名似能破”者。

述曰,此下解似能破。文中有二:初总解名义,[343]二指事别解。此即初也。谓若不能实显示他能立过失,如此之言[344]名似能破,此即是四能破中似能破及似似能破也。

《论》曰“谓于圆满[345]能立显示缺减性言,于无过宗有过宗言,于成就因不成因[346]言,于决定因不定因言,于不相违因相违因言,于无过喻有[347]过喻言”者。

述曰,此下指事别解。文中有三:初、指事别解;二、[348]“如是”下修已总结。三、“以不能显”下重释似破所以。此即初也。谓于[349]宗等圆满或三相具足之中妄说阙一、阙二等缺减之言,于[350]宗无九过之处妄说有过宗言,于无四不成成就因中妄说[351]不成因言,于无六不定决定因中妄说不定因言,于无四相[352]违因中妄说相违因言,于无十过喻中妄说有过喻言也。

[353]《论》曰“如是言说名似能破”者。

述曰,此即修已总结也,谓如是妄显[354]之言名似能破也。

《论》曰“以不能显他宗过失,彼无过故”者。

[355]述曰,此即重释似破所以也,谓所以名为似能破者,以不能显示他[356]宗之中过失,故名似破也。何以不能显他过失?“彼无过故”,所以不[357]显彼假,令彼宗中有过;而于因等妄言有过者,亦名“彼无过故”也。

[358]此《论》余义,并皆具足,唯有似破,文中总略。若依余论,更有十四[359]过类等义释其似破,此《论》既无,亦须略分别之。

十四过类者,依[360]《正理门论》,陈那菩萨多分依彼大梵天王化身足目仙人之所说也,[361]此即是释似能破义。论其过类,乃有无量,撮其纲例,不过十[362]四。

何故说此名似能破?《理门论》云:“由彼多分于善比量为迷惑[363]他而施设故。”言“善比量”者,略举二条,约此二条作法而已。准[364]此,于余类例可知随其所应名字改异。言二量者,且如内道[365]对声论师立:“声是无常[宗];所作性故[因];诸所作者皆是[366]无常,譬如瓶等[同喻];若是其常必非所作,如虚空等[异喻]。”[367]又,对唯立诠〔1〕弁(辨)声常者云:内语音声必是无常[宗];勤[368]勇无间所发[因];诸勤发者皆是无常,譬如瓶等[同喻];若是[369]其常必非勤发,譬如空等[异喻]。是名二量。由此二量,宗、因、[370]喻等皆无缺减。又,宗无九过,因无十四过,喻无十过,既无过[371]失,名善能立耶!〔2〕 敌论者离卅三过失之外妄作相似过类诽[372]谤正义,故名似破。

此诸过类若委细解释,稍涉烦言,举[373]其横〔3〕纲,录其大意,且于一一过中先标过类之名,次举相[374]似之难,后述正解,显难非真。言十四者:

[375]一、同法相似过类。

[376]瓶有所作故无常,显声所作亦无常;亦可空有无碍故是[377]常,显声无碍亦是常。

[378]正解云,我以所作证无常,无有所作非无常;汝以无碍证声[379]常,乐等无碍应是常。

[380]二、异法相似过类。

[381]虚空是常无所作,声有所作即无常;亦可瓶是无常[382]有质碍,声既无碍应是常。

[383]正解云,一切常法皆非作,可显所作证无常。无常不必皆质[384]碍,不显无碍证声常。

[385]三、分别相似过类。

[386]声若烧等同于瓶,可使无常亦同瓶;瓶之烧等不同声,云[387]何无常以例声?

[388]正解云,声、瓶烧等异,不许齐无常,亦可声性与声殊,[389]不许齐常住。

[390]四、无异相似异〔4〕类。[于中有三:初是古师,次是陈那,后是古师。]

〔1〕“诠”疑为“论”之误。
〔2〕“耶”似为“也”之误。
〔3〕“横”似系“宏”之误。
〔4〕“异”当为“过”之误。

[391]初云，声、瓶齐所作，无常亦例同；亦可所作贯声、瓶，烧等[392]应无异。——从初过类至此过，皆是似共不定及相违决定过。

[393]二云，所作与无常，一种非毕竟；两法齐生灭，宗、因应不殊。——[394]此似不成过也。

三云，瓶上无常顺所立，即以所作证无常；亦可瓶[395]之烧、见违所成，所作令声有烧、见。——此似相违过也。

[396]正解初难云，所作、无常为喻体，法、喻两处必齐同，不[397]以瓶等为同喻，云何烧等全无异？

[398]解第二难云，两法杂取成宗因，可言二立无差异；宗[399]灭因生成二立，何得说言全不殊？

[400]解第三难云，成立无常具三相，所作可得显无常；成[401]立烧、见不决定，所作何能证烧、见？

[402]五、可得相似过类。［于中有二：］

[403]初云，电等非勤发，余因可得证其灭，声虽是勤发，[404]何得用此显无常？——此似不定过也。

[405]二云，一切无常皆所作，〔1〕遍所立故成能立。电等无常非[406]勤发，不遍所立不成因。——此似不成因过也。

[407]正解初难云，本以勤发证无常，不得勤发非无常。不[408]言无常必勤发，何妨电灭有余因。

[409]解后难云，若立一切灭坏义，不遍所立不成因。唯[410]立声上有无常，何妨电等非勤发。

[411]六、犹豫相似过类。［于中有二：］

[412]初云，无常含生、显，或显或是生。宗法既不定，勤发[413]成何义？——此似不定过也。[414]二云，勤发含生、显，或显或是生。其因既犹豫，何能[415]证宗义？——此似不成过也。

〔1〕“所作”似为“勤发”之误。

[416]正解初难云，勤发若于常亦有，可使说此是疑因。生、[417]显既许声无常，如何此因成不定？

[418]解后难云，生、显不俱成灭坏，可使二种是疑因。两法[419]皆得显无常，如何说此成犹豫？

[420]七、义准相似过类。

[421]声是勤勇发，声即是无常；电既非勤发，应当体[422]是常。非勤翻于勤，非勤不定有；勤既反非勤，云何[423]定无常。——此似颠倒不定过也。

[424]正解云，非勤通常、无常品，可许非勤不定常。勤发[425]不通常处转，云何不许定无常？

[426]八、至不至相似过类。

[427]"能立之因为至所立名能立，为不至耶?""若尔何失?""二俱[428]有过：若至所立名能立者，应无能立，难云，如池至于[429]海，名海不名池，因既至所成，不得名能立。又难云，所立[430]若极成，何用因相至？所立不极成，因应无所至。[431]若不至名能立者，难云，因若至所成，可使名能立，既不[432]至所成，应非是能立。"——此于言遍因，是似因阙；望于义因，是似不成也。

[433]正解云，解至难，如灯光至所照，能照、所照殊。因虽至[434]所立，何妨能立、所立异？解不至难，如磁石不至铁，而[435]能吸于铁，何妨因不至所立，而能立所立？

又，返难云，[436]此因至不至，则说名因阙；余因至不至，应皆不成因。当[437]知即是谤一切，因何名能破？又汝所言应成自害，以于[438]汝自立因中亦有此失故。又应返问言：汝破我义，为至我[439]义名为能破，为不至许耶?〔1〕若至我义名能破者。[440]难云：如池至于海，不得名为池；既至所破能破。[441]又难：汝许我义立，何须更相破？汝既不许我义成，汝破应[442]当无所立。若不至我义名能破者，难云：若至我义破[443]我义，可使名能破；本来不至于我义，

〔1〕"许"为衍文，写卷"许"字旁有"："，表删除。此据吕义《唐净眼因明论草书释校》，中国商业出版社，2015 年。

应不名能破,故汝所[444]言有自害过。

[445]九、无因相似过类。

[446]能立之因为在无常前名为因,为在无常后名为因,为[447]与无常俱名之为因?若在无常前名为因者,[448]难云,若有无常义,对果可成因。无常义既无,其因应[449]不立。若在无常后名为因者,难云:无常义不立,可〔1〕[450]须能立因?宗义既先成,其因复何用?若与无常同[451]时名为因者,难云:如牛两角同时有,不得名果、名有[452]果。能立无常时不到,何得名因、名有因?——此于言遍因是似因阙,望于义因是似不成也。

[453]正解解宗前、宗俱无因难,过、现若无现在果,可使宗[454]前、宗俱不成因;过、现许有现在果,何废宗前、宗俱得[455]有因?解宗后无因难,唯据相生说名因,后法不得生[456]前果,亦说相显以明证,何妨宗后得有因?

又,返难云:[457]所作之因有三难,即说是无因;一切余因有三难,应皆不成[458]证。当知即是谤一切,因何名能破?又,汝所言有自害[459]过,以于汝自立因中亦有此失故。又应返问言:汝破我义,为[460]在我义前名为能破,为当在后、为俱时耶?若在我义[461]前名能破者,难云:若有所破义,对彼所破名能破;未有[462]所破义,对何辨能破?若在我义后者,难云:我义若[463]不立,汝破名能破;我义既已成,汝破非能破。若与我义同[464]时名者,难云:如牛两角同时有,不名能破及所破;我立、[465]汝破既同时,不名能破及所破。故汝所言有自害过。

[466]十、无说相似过类。

[467]立因言所作,声即是无常;立宗未说因,声应是常[468]住——此似不成或似因阙也。

[469]正解云,唯立言因名所作,未说所作可无因;立宗之[470]时有义因,何得言声是常住?

[471]十一、无生相似过类。

---

〔1〕“可”当为“何”之误。

[472]已生之声有勤发，可使是无常；未生之声非勤发，应[473]当是常住。——此似不成过，亦似不定，义准分故。

[474]正解不成难云，若于已生、未生立宗义，不遍未[475]生不成因。唯约已生立无常，何得言因不成就？

[476]解不定难，同品遍有是正因，未生无因可常住；同品[477]不遍亦正因，何妨未起是无常？

[478]十二、所作相似过类。

[479]瓶之所作异于声，瓶可是无常；声之所作不同瓶，何得[480]是无常？——此以瓶所作于声上无，是似不成。声所作于瓶无，是似相违。若于常亦无，是似不共。若于喻上无，是似能立不成过也。

[481]正解云，若以别义立比量，可使汝破成能破；但取总法成[482]立义，当知汝难即非真。又返难云：[483]分别此因有此过，不许此因证无常；分别余因有此难，不许[484]余因显宗义。

[485]十三、生过相似过类。

[486]声上有无常，待因方乃显。亦应瓶上有灭坏，无因义[487]不成。——此似喻中所立不成过。

[488]正解云，声上无常不共许，待因方极成。瓶上灭坏[489]两俱成，何须借因显？

[490]十四、常住相似过类。

[491]生、灭迁于声，即立声无常。恒与无常合，应当是常[492]住。——此似宗中比量相违过。

[493]正解云，据声起、尽立无常，唯显其生、灭。不说体恒[494]生、灭合，云何言是常？

[495]良为此论，无文略辨粗相，其委细具在《理门》。此即略明[496]似能破讫。

上来总是依标正解，释颂文中“八门”义讫。

[497]《论》曰“且止斯事”者。

述曰，就依标别解分中有三：初、“如是总[498]摄诸论要义”者，显标胜用；二、“此中宗等”下即依标正解；此[499]云“且止斯事”者，即是第三抑解显略也，谓抑其广解，显此《论》[500]略也。

[501]《论》曰：“已宣少句义，为始立方隅。其间理非理，妙辩于余处。”

[502]述曰，此一部《论》，文有三分：初一行颂名总标纲要分；二、“如是”下[503]长行名依标别解分；三、此一行颂名结略示广分。谓上来已宣[504]“八门、两悟”少分之义，且为始学之徒令识方隅而已，此即[505]结此论略也。于其中间所有，显此论之正理，斥余论之非理，[506]或解真立等正理，释似立等非理，妙辩说处在余《集量》、[507]《理门》等中，此即示余论广也。

[508]因明入正理论后疏

净眼《因明入正理论后疏》写卷原件图版(伯 2063 号)

伯 2063 号　因明入正理论后疏(15－1)

二十七 二十八 二十九 三十 三十一 三十二 三十三 三十四 三十五 三十六 三十七 三十八 三十九 四十 四十一 四十二 四十三 四十四 四十五 四十六 四十七 四十八 四十九 五十 五十一 五十二 五十三 五十四 五十五 五十六 五十七 五十八 五十九

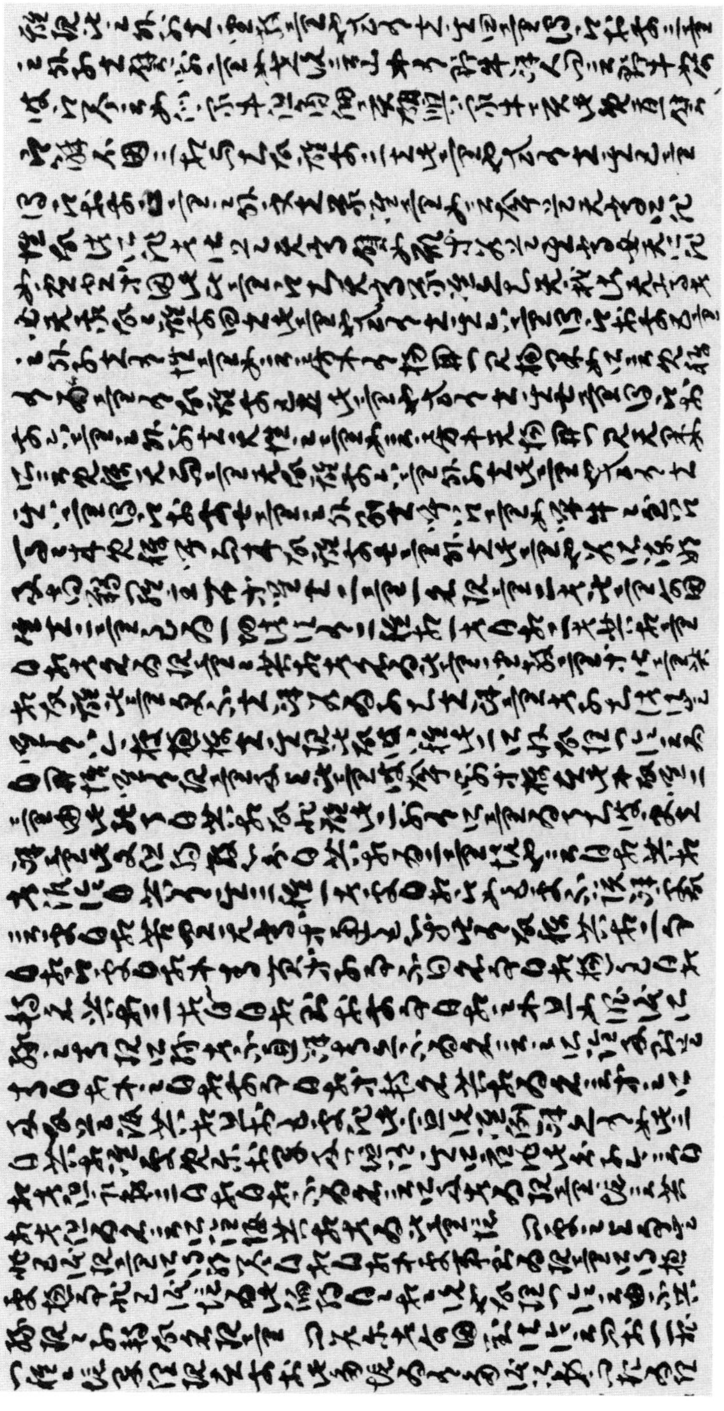

伯 2063 号　因明入正理论后疏(15－2)

伯 2063 号　因明入正理论后疏（15－3）

伯2063号　因明入正理论后疏（15－4）

伯 2063 号　因明入正理论后疏(15－5)

伯2063号 因明入正理论后疏(15－6)

伯 2063 号　因明入正理论后疏（15－7）

伯 2063 号　因明入正理论后疏(15－8)

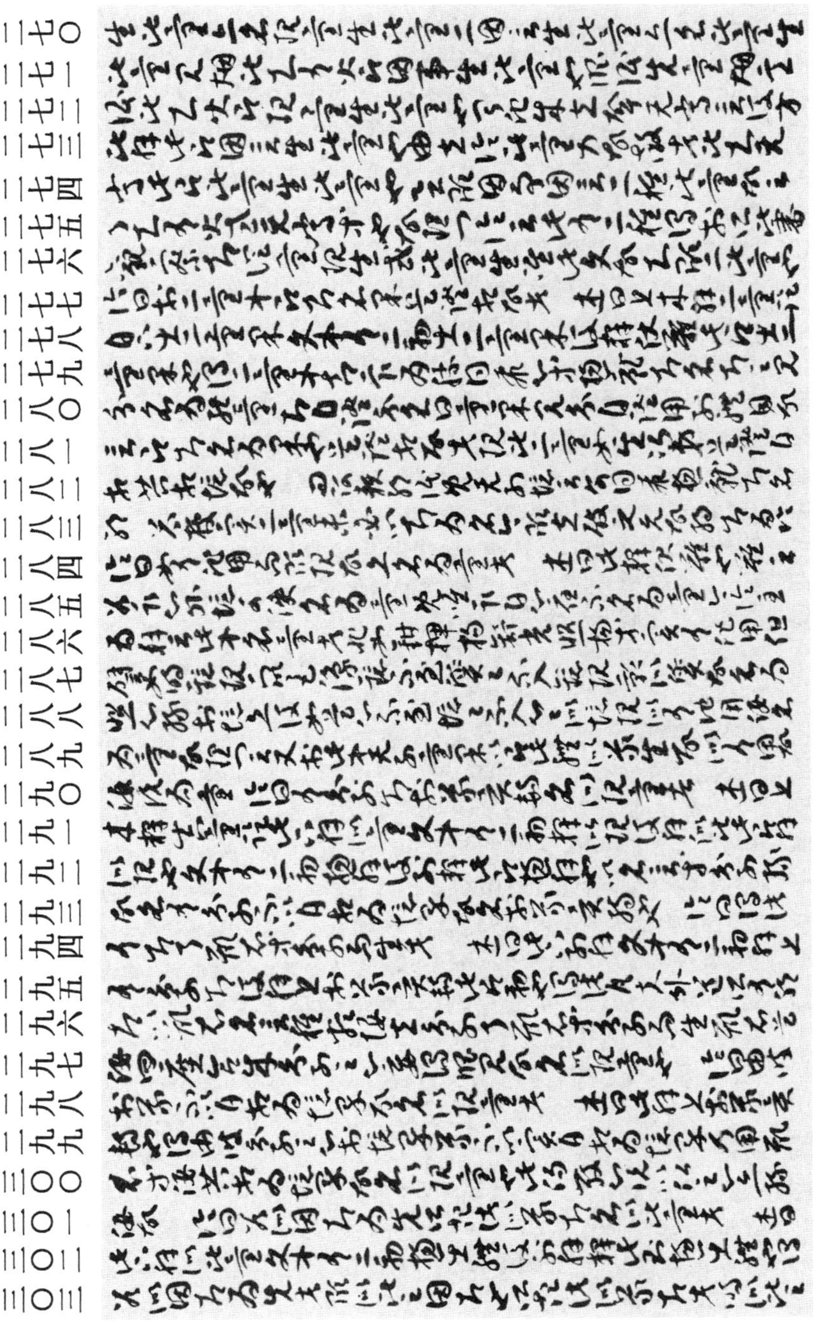

伯 2063 号　因明入正理论后疏(15-9)

伯2063号　因明入正理论后疏（15－10）

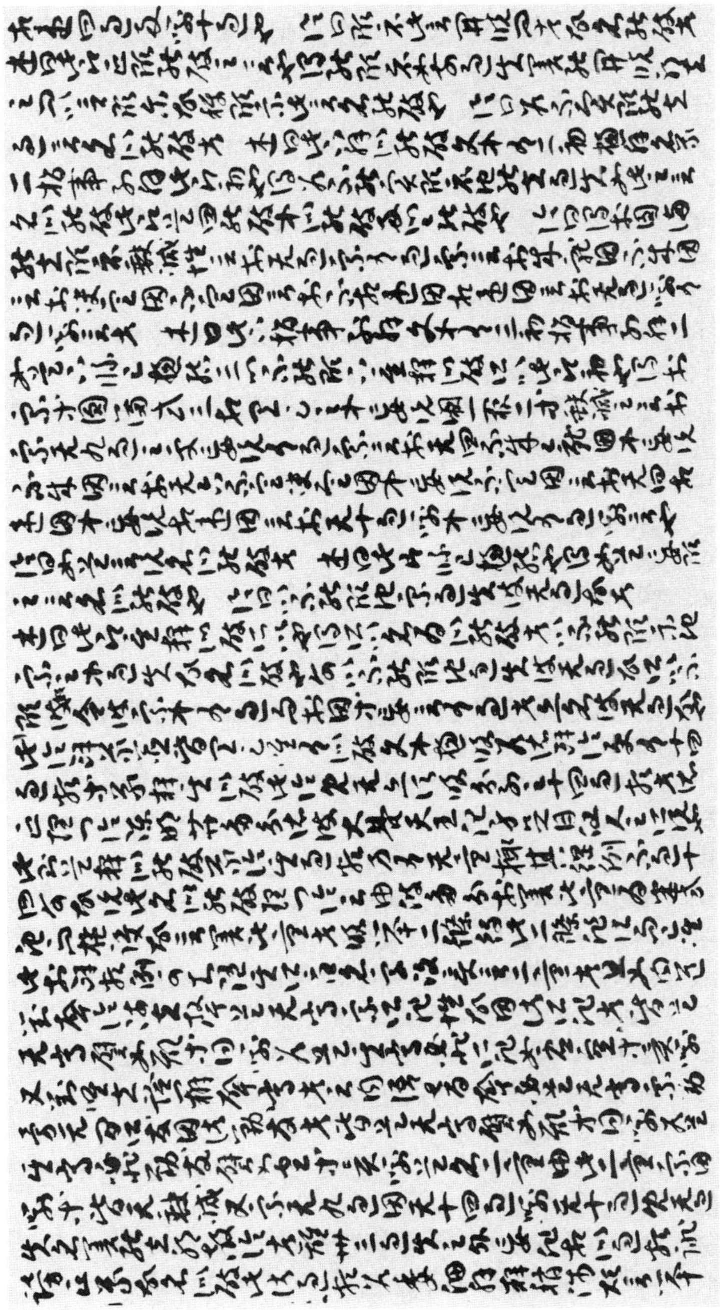

伯 2063 号 因明入正理论后疏(15－11)

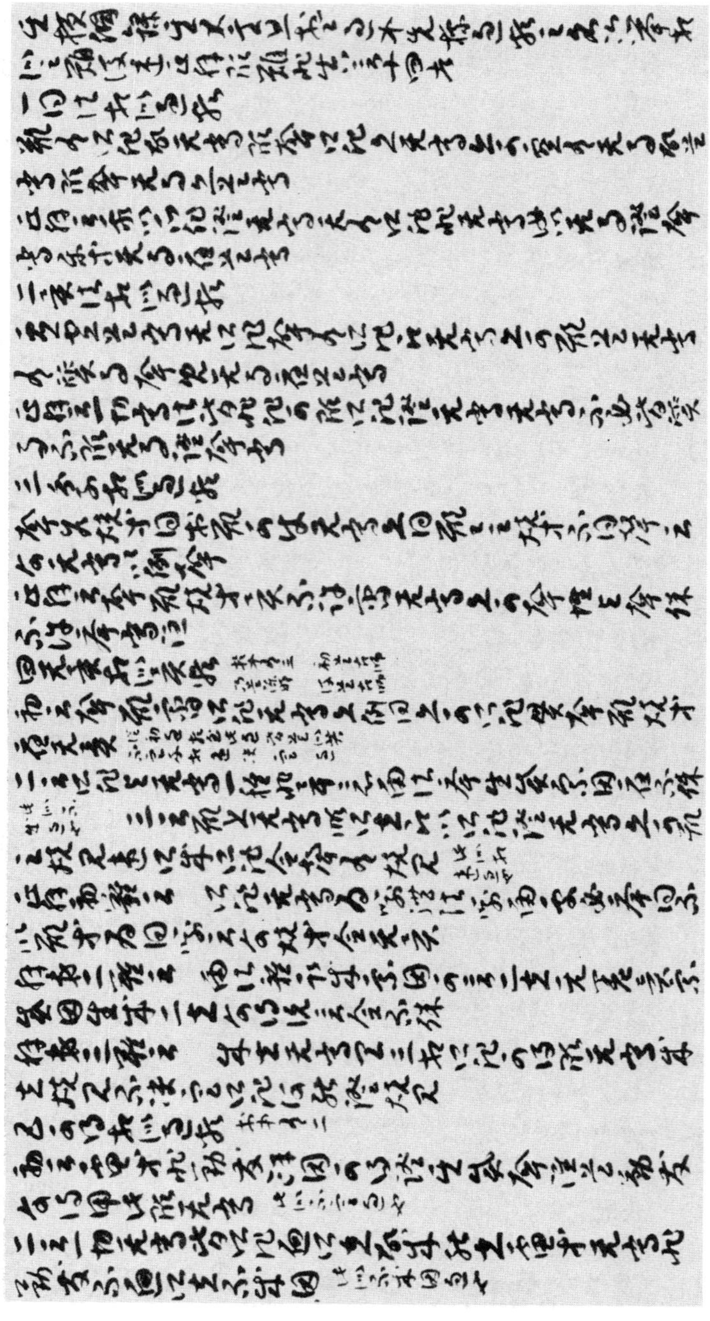

伯2063号　因明入正理论后疏(15－12)

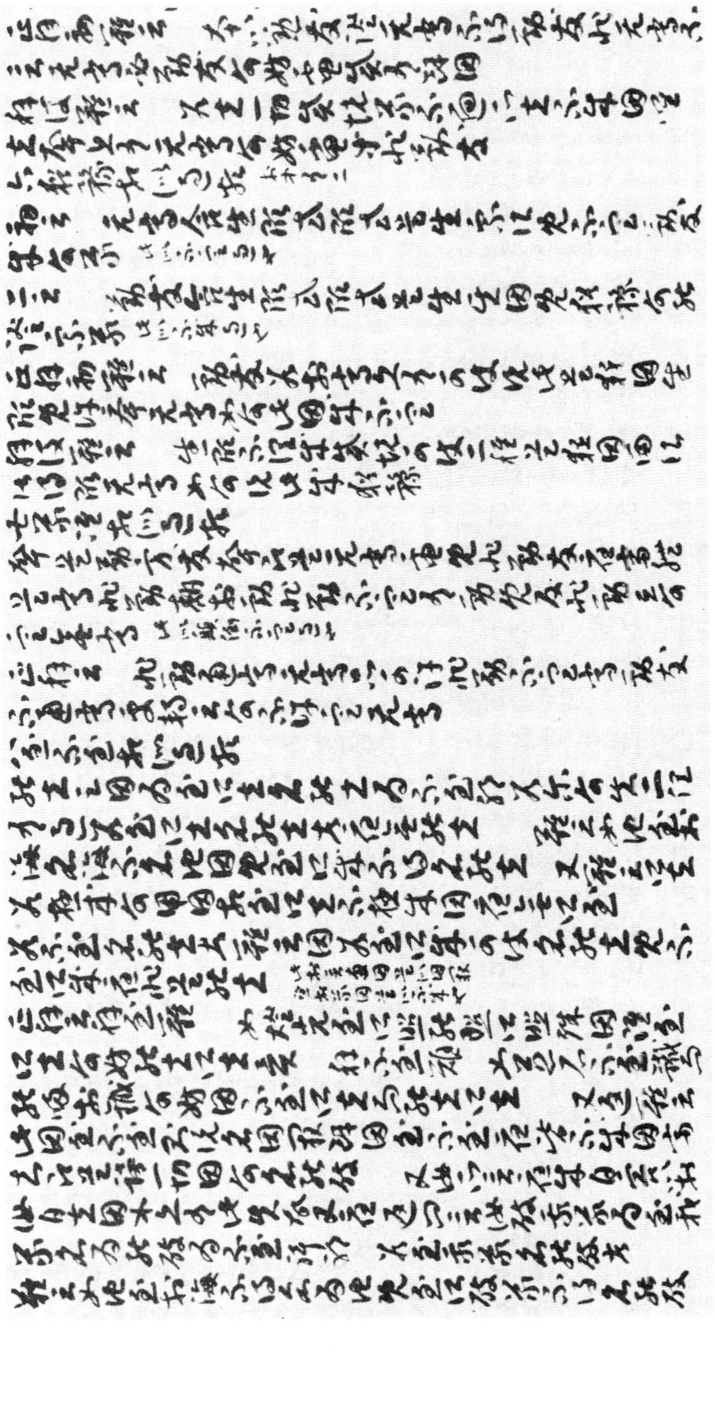

伯 2063 号 因明入正理论后疏(15－13)

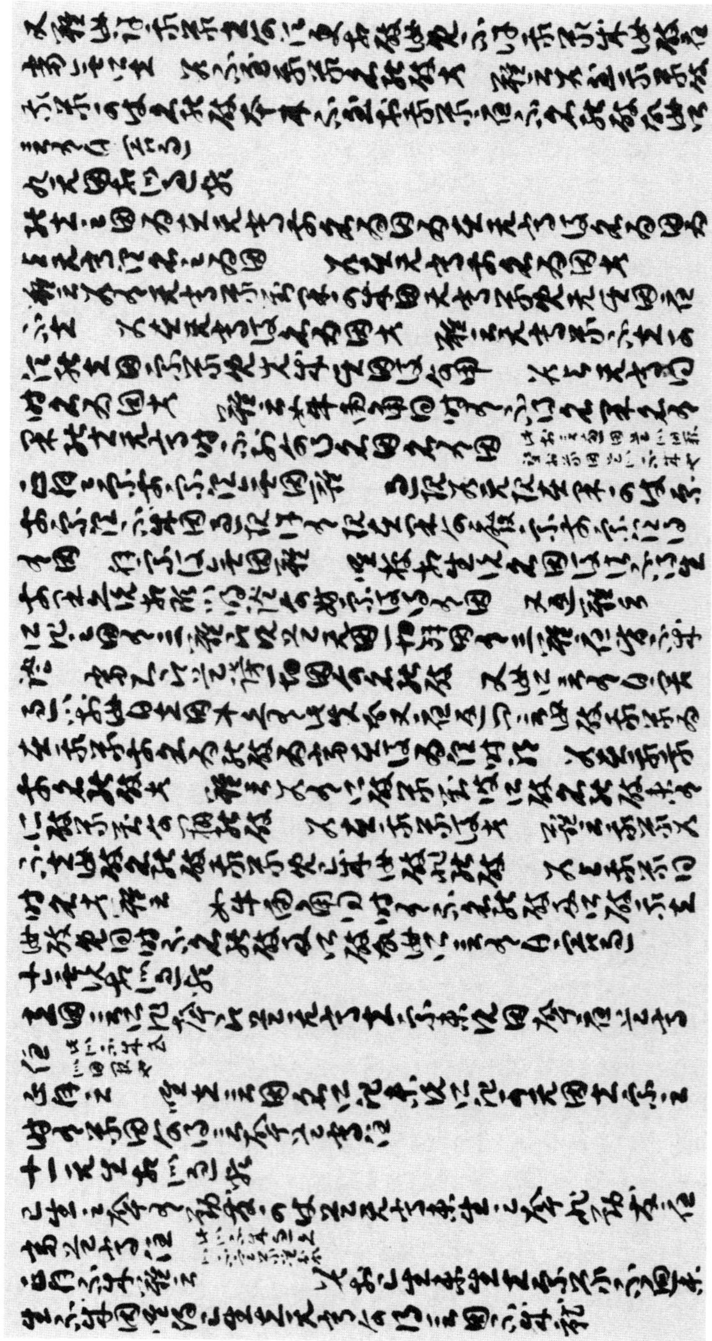

伯2063号　因明入正理论后疏（15－14）

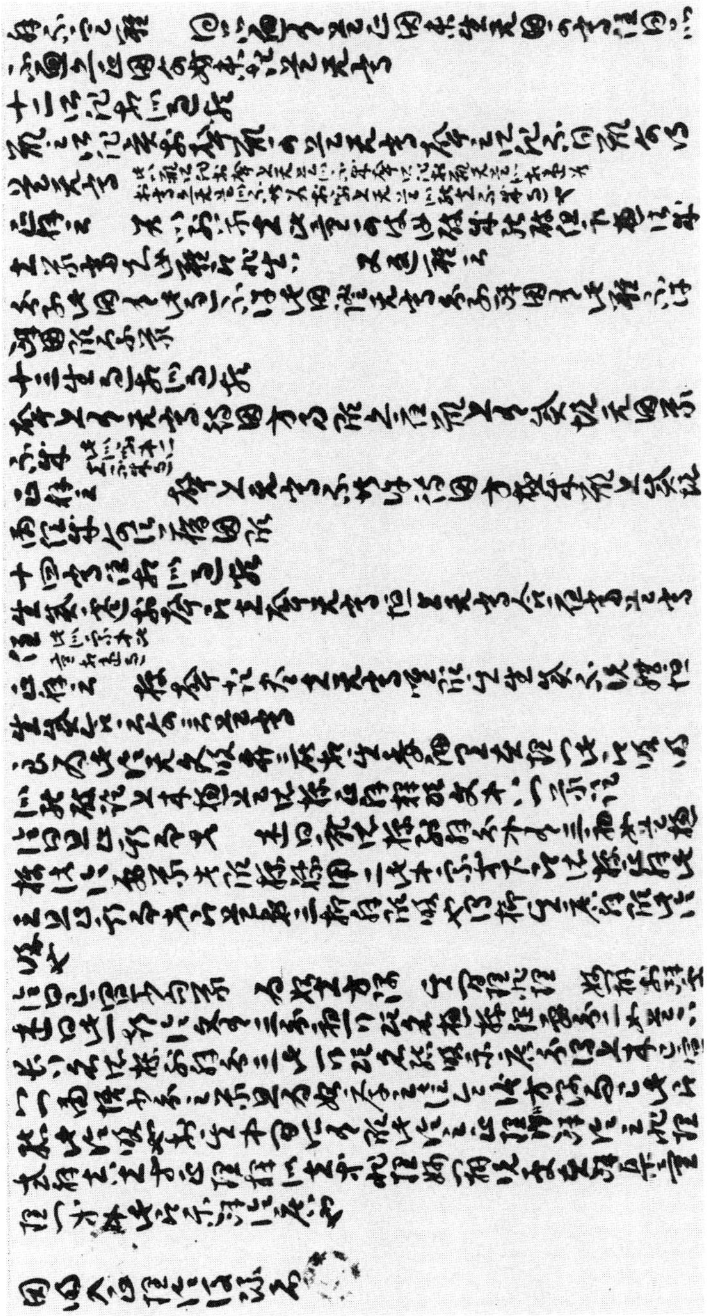

伯 2063 号 因明入正理论后疏(15－15)

校　补　篇

《因明入正理论文轨疏》校补说明

一、《因明入正理论文轨疏》(简称《文轨疏》)旧为三卷,今依此复原。各卷的起讫及用以复原的底、校本如下:

第一卷自开首叙言至释不成因。以《续藏经》所收之《文轨疏》第一卷(简称"《续藏》本")为底本,并据敦煌出土之《文轨疏》卷上(简称"敦煌本")校补。

第二卷自不定因至似喻。其中释"六不定"部分以敦煌本为底本,并据藏俊《大疏抄》校订疏文。文轨释四相违及似喻十过的疏文已散佚,兹以支那内学院整理的《因明入正理论庄严疏》(简称"内院本"或"《庄严疏》")卷三所辑疏本为底本,并据敦煌出土之净眼《因明入正理论略抄》、慧沼《续疏》、善珠《明灯抄》、明诠《大疏里书》、藏俊《大疏抄》等所引文轨疏文重加检校增补。

第三卷自释现、比二量至末颂。其中文轨释现、比二量及能破的疏文已佚失,兹亦以《庄严疏》所辑疏文为底本,并据善珠《明灯抄》、藏俊《大疏抄》重加检校。文轨释似能破十四过类的疏文,则以《金藏》所收之《因明论理门十四过类疏》(简称"《过类疏》"或"《金藏》本","赵城本")为底本,并以敦火皇出土的《过类疏》断片(简称"《过类疏》"断片)和《大疏抄》的引文校订增补。

二、校勘时,如遇异文、衍字、脱漏、错写之处,均出校记说明。

三、凡原文中自注性的文字,均加[ ]号,以示区别。

四、原文本中有缺字、残字而可猜，读者或可据他本补出者，均以〔 〕号标出。无法补出者，则出校记说明缺若干字。

五、文本中若有后人补缀之字或校补者所加的说明性文字，均加( )提示，以区别疏文。

六、个别同音假借字需作说明者，只在此字后附正字并加( )号提示，不另出校记。

七、在段注中提及本段辑文中某字、某词作何校订时，并在疏文中该字词下加横线提示。

八、疏文引用经论之语，本校补皆加注说明出处，以方便查对。

《因明入正理论文轨疏》校补卷第一

因明者，五明之一明也。窃寻五明论名传之尚矣！然声明辨以词韵，方异不可而翻；医方、工巧二明，俗事人多不译；今古所翻经论，多是内明所收，于中《如实论》等，并即因明所摄。而或者管窥，乃言旧无新有，或寻之不晓，便云外道论门，此犹捧土以塞孟津而不知其量！且内明之用也，为信者而施之；因明之用也，为谤者而制之。夫至理冲邈，非浅识所知，故于奥义之中，诸见竞起：或谤空而拨有，或耽断而玩常，或计法自生，或执相由起，或言我作业，或言空是因，或言过、未无，或言三世有，遂使道分九十六种，部析二十不同，并谓握隋侯之珠，冠轮王〔1〕之宝。然法门不二，岂有殊归？一理若真，诸宗便伪。故欲观形好丑，则鉴以净镜清池；定理正邪，必照以因明现比。故《杂心论》云：因明论方便，是即为法辩。〔2〕所以大圣散说因明，门人纂成别部，或以《如实》存号，或以《正理》标名。故世亲习旧五支，鞭骨彰德；陈那创勒三分，吼石表能，其于大业追踪，遗芳难纪。有商羯罗主菩萨者，生知至理，善鉴物机，爰撮广文，制兹略论，欲使始学之徒，识方隅之反，升堂之众，有知十之由。惟今三藏法师器逾瑚琏，道迈舟航，既嗟群闇为心，遂以五明成念，乃问道西域，留意兹文，旋踵东华，颇即翻译。轨以不敏之文，慕道肤浅，幸同入室，时闻指掌，每记之汗简，书之大带。所恨今之学者，

---

〔1〕“轮王”，《续藏》本作“旧王”，此从内院本改。

〔2〕《杂心论》即《杂阿毗昙论》，尊者法救造。此为意引，见《杂心论》卷第七，意即法辩以因明论为方便，亦即应辩时须用因明的论辩方法。“法辩”，《续藏》本误作“法辨”，今据《杂心论》改，见《大正藏》第28卷923b。

立义非宗，难无定例。不崇因明之大典，翻慕委巷之庸谈，乃谓八并、八转为机枢，四门、四非〔1〕为高论，或学初章中假之法，或依龙游蛇势之文，此并词理浑淆，无分胜负，问答蜂起，孰定是非？但以语后者优，不以理前者为正，学徒不悟，习以生常。岂若因明总摄诸论，可以权衡立破，可以楷定正邪，可以褒贬是非，可以鉴照现、比。譬之日月既明，爝火自灭；霖雨已降，溉灌无施。

所言《因明入正理论》者，“因”以利果为义，未生之智令生；“明”以鉴照为功，未显之义令显。显者文称“正理”，生者题标为“入”，此即“入”与“正理”俱是果名；若“因”若“明”并为因称。生果亲赖多言，因名即兼收义、智，显果正由鉴达，明号亦傍及义、言，果既体非多言，入正理〔2〕唯收智、义。“论”者，评也，即评以“八门”，论以“两悟”，以言尽理，故称为论，故云《因明入正理论》。

“商羯罗主菩萨造”者，大自在天化身，接物形如骨琐，号此则以商羯罗，时人慕之，图形敬事。论主诞应，因祈此天，遂主此天以为厥号，此即以商羯罗为主，名商羯罗主也。

《论》云：能立与能破，及似唯悟他。现量与比量，及似唯自悟。

述曰，文有三分：一、总标纲要分；二、依标别解分；三、结略示广分。如其次第，即初颂，次长行，后颂也。此即初分。于中义开八门〔3〕，合为两悟，合前四门为悟他，合后四门为自悟。前四门者：一、能立［善申比量，独现己宗，邪敌屏言，故曰能立］；二、似立［谬缘三支，妄陈伪执，危犹累卵，故名似立］；三、能破［妙斥宗非，或弹因、喻，威同逐北，故名能破］；四、似破［螳螂之臂，欲抗龙〔4〕车，伪难同之，故名似破］。“及似”二字该上立、破，

〔1〕“四非”，《续藏》本误作“中非”，今从内院本改。

〔2〕“入正理”，《续藏》本作“入理”，脱“正”字，兹据内院本补。〔3〕“则”疑为衍字，内院本删“则”字。

〔3〕“八门”，《续藏》本脱“门”字，兹从内院本补。

〔4〕“龙车”，《续藏》本作“降车”，然注云：“疑‘龙’。”今从之。

故有四门。夫立、破之兴，在于言论，言论既起，邪正可分，分在于言，理非自悟。言申立破，明是为他，虽复正、似不同，发言皆为济物，故此四义合为悟他。后四门者：五、现量［证法自相，不带名言，如镜鉴形，故名现量］；六、似现量［目观玄黄，谓见瓶等，犹观旋火，名似现量］；七、比量［托验于显，幽旨可包，类契真宗，故名比量］；八、似比量［图形于影，未尽丽容，拟而失真，名似比量］。“及似”二字该上现、比，亦有四门。夫现、比之兴，在于心识，心识既起，邪正可分，分在于心，理非他悟。心游现、比〔1〕，足明自益，虽复正、似有殊，内鉴皆为晓己，故此四义合为自悟。

问：自疾先救，方可济人，何故此中前陈他悟？

答：余经据行生起次第，必先自后他，此论宗明立、破，故先他后自。有人释此难言，菩萨为怀，先人后己，故此《论》内前述悟他者。不然，岂可为他说无常已（以）后方比知无常义耶？故前解为正。

《论》云：如是总摄诸论要义。

述曰，此下第二分也。〔2〕有三：一、显标胜用；二、“此中”下依标正解；三、“且止”下抑解显略。此即初也。古制因明文义烦杂，纂成此颂括要已周，显此胜能，故云“如是总”等。此则指前一颂“八义两悟”总摄《集量》《理门》等论诸要义也。

论云：此中宗等多言名为能立，

述曰，此下第二依标解有八：一、能立；二、似立；三、现量；四、比量；五、似现量；六、似比量；七、能破；八、似破。此先解能立有三：一、辨名；二、解体；三、结定。辨名有二：一、先约体定；二、就用释成。此即先约体定也。言“此中”者有两义：一、将有所述，泛词曰“此中”；二、取此非彼，简取曰“此中”，即八义中简取能立也。“宗等多言为能立者”，陈那已（以）前

〔1〕“现、比”，《续藏》本作“现在”，与上下文不合。内院本改作“现、比”，今从之。

〔2〕“有三”，《续藏》本作“三”，内院本改作“有三”，今从之。

诸师皆云宗为一言，因为二言，喻为三言，如多名身，言即是名，故云多言。此之多言，总名能立。故《对法》云，所立有二：一、自性，谓色等；二、差别，谓可见等。能立有八：一宗、二因、三喻、四合、五结、六现量、七比量、八至教量。〔1〕陈那云，宗言是所立，因等是能立，举其能等，意取所等，所等之中因一喻二即是多言，如此多言名为能立。能立立其所立，故举所立等之，若不举所立，不知谁之能立也。〔2〕陈那意，以古师云宗、因、喻三俱是能立，不能乖古，故举其宗，言虽同古，意恒异也。

问：宗为能立，诸论备详，今日所成，岂非乖古？

答：据义有别，理亦无违，何者？古师以诸法自性、差别总为一聚为所成立，于中别随自意所许，取一自性及一差别，合之为宗，宗既合彼总中别法，合非别故，故是能立。今陈那意云，本合别法为宗，欲以因、喻成立，因、喻既是能立，能立必立所宗，故知宗是所成立也。此则古师以宗望其别法，故是能成；陈那以宗望其因喻，即是所立。

问：《对法》能立既八，此中何故唯三？

答：今此三分即摄《对法》五支，宗、因两同，喻摄彼喻及合、结也。彼论三量摄入此论自悟门中，故悟他中不摄三量。

问：彼量既三，此何故二？

答：至教即是比量所收，至文当释。

《论》云：由宗、因、喻多言开示诸有问者未了义故。

述曰，此就用释成也。且如无常等义敌、证未明，谓由无知故不知是无常，由疑知故为常、无常耶，由颠倒知故乃谓为常？今立义者以宗等多言开

〔1〕《对法》即《阿毗达磨集论》，无著造。此为意引，见此论卷七，《大正藏》第31卷693b.c。

〔2〕此为意引，然发挥过多，与陈那原意相去甚多。如《理门论》云："宗等多言说能立者，由宗、因、喻多言辩说他未了义，故此多言于《论式》等（即世亲《论式》《论心》等）说名能立。又以一言说能立者，为显总成一能立性，由此应知随有所阙名能立过。"（《大正藏》第32卷1a）

示令解也。“故”者，释成也，谓证、敌解了，功由宗等，故此多言，名为能立。证、敌一闻未解，应更审问，初闻纵解，可有问义，故敌、证人俱名问者。

问：夫证义者谓善诸宗，何故于义仍言未了？

答：证人久解而暂废忘，为令记忆故开示也。又，立、敌纷纭，乱证者神虑，故于义理，解慧不生，故立义人重开示也。

《论》万：此中宗者，

述曰，此下第二解体，有三：一宗、二因、三喻。今先解宗有三：一、牒章；二、悬解；三、指体。此即牒章。即三支中牒初宗也。

《论》曰：谓极成有法，极成能别，

述曰，此下第二悬解，有五：一、辨依；二、明体；三、示则；四、简滥；五、结定。此即初也^言有法、能别者，诸法有二：一、自性，谓色、声、香等；二、差别，谓常、无常等。自性有两名：一、有法；二、所别。差别有两名：一、法；二、能别。常、无常等有轨则义，名之为法；即色、声等能有此法，故名有法。即此色等自性为常、无常之所差别，令殊内外，故名所别；常、无常等既能差别色等自性，故名能别。其犹蜡有方圆印文，印文为能别，能别此蜡成方圆故；亦名为法，有轨则义故。蜡体名所别，为方圆印文所差别故；亦名有法，能有方圆印文法故。此从多释，若据理言之，不简自性及差别，但先陈者为有法及所别，后述者为法及能别。且如思是自性，我与无我是差别，数论立“我为思”，我差别为有法及所别，思自性为法及能别，故知不必要以自性为所别、有法，差别为法、能别也。四名不可并彰，故各举一号。

问：何不彰所别及法，乃举有法及能别？

答：设依此举，还有一难。又释，能别别于他，有法能有他，胜故偏彰。所别为他别，法不能有他，劣故不举也。言“极成”者，主宾俱许名为极成，法及有法或自非他，各有四句。有法四句者，且如大乘对小乘立“一切诸声皆不离识”，若以“他方佛声”为有法者，此即自成他不成也；若以小乘所许“释迦菩萨实恶骂等不善性声”为有法者，此即他成自不成也；若以此方共许之“声”为有法者，此则自、他俱极成也；若以“石女儿声”为有法者，此则自、他俱不成也。前之两句自、他互有，第四一句自、他并无，此之三句不能为彼能别作依，唯第三句极成有法是宗依也。

问："菩萨恶声"自不许，立"不离识"非极成。常住神我唯他有，立言体无非有法，谓大乘立言"神我是无，以非作故，如龟毛等"。

答：一解，如数论者对佛弟子立"我是思"，自成他不成故，则非极成；故知大乘对数论者言"神我是无"，他成自不成故，亦非极成。此是他比量，故不须有法俱极成也。二解，宗法有三：一、有义法，如言"声是无常"，虽复遮常正欲诠表生、灭法故。二、无义法，如言"我无"，此但遮有，不别诠显，无无体故。三、通二法，如言"诸法皆是所知"，若有、若无皆所知故。若有义法，必须有体有法为依；若无义法，若通二法，俱以有体、无体有法为依。

问：有义非是无，无义得依有；无义非是有，有义得依无？

答：有义宗法本赖所依，所依若无，有义不立，故有义法不可依无。无义宗法遮遣共知，所依纵有弥顺宗法，故无义法通依二也。今此所立"释迦菩萨实不善声言不离识"，"不离识"法既是有义，此声无故，所别不成；言立"我无"，无义之法得依有、无，故成有法。能别四句者，如大乘对小乘立"声即真如"，此则自成他不成也；若就胜义立"声实有"，此则他成自不成也，以自约胜义不立"实有"法故；若立"声无常"，此则自、他俱极成也；若就胜义，"声即真如"，此则自、他俱不成也。初、二、第四，不能简别所依有法，唯第三句成宗所依。

问：违现量等并非宗依，何故此中简偏〔1〕三种？

答曰：理应俱简，然宗亲揽法、有法成，故欲明宗，先辨宗所依法。顺现量等六是差别义门，不揽成宗，故依中不说。

《论》云：差别为性。

述曰，此明体也。古因明师或有以"声"为宗，以成立声为无常故。或有以"无常"为宗，以不许声有无常故。或有以"声无常"合以为宗，以声、无常别非宗故。陈那破云，声及无常原来共许，何得为宗，故我但取声及无常不

〔1〕"简偏"，《续藏》本作"简编"，然注云："疑'偏'。"今从之。

相离性以之为宗,以敌论者不许不相离故。谓声是何声,为常、无常声?此以无常别常声。无常是何无常,为色、为声?是声无常,此以声别色无常,故言差别。如言"青莲华",青是何青,为叶、为华?是莲华青。花是何华,为白、为青,是青莲华。青与莲华相差别也。"为性"者,如此更相差别,总合为一不相离性,如此不相离性方是宗体。

问:声与无常既相差别,何故能别独在无常?

答:如其名也,简法实齐;对敌申宗,便为能别。何者?敌论但疑声常、无常,立者即以无常简别声,云"声是无常",故无常为能别。不疑无常是声、非声,不可以声简无常,云"无常是声",故声但所别。设有此疑,其声亦即是能别也。虽以后述者为能别,然名必遮,故但云"声是无常",其声即简色等无常,故声、无常相差别也。

《论》云:随自

述曰,此示则也。宗有三种:一、众共许宗,如"声是所闻"等。二、自所学宗,如鸺鹠子所学六句义等。三、傍显论宗,如立无常兼显空、无我等。夫立论之则,勿顾此三,但随自意善者便立,如鸺鹠子立佛法义等,或佛门人树鸺骑义等。

问:因、喻成宗亦应随自,何故宗内独示此言?

答:宗云随自,因、喻实同,但助而非正,故不俱述。

《论》云:乐为所成立性,

述曰,此简滥也,即简因、喻。一释,宗、因、喻言,俱成己义,理应三种齐得名宗。为去此滥,故以两义简之:一、〔1〕"乐为"简不乐为,谓所立之宗违他顺己,自所尊重是所乐为。能立喻、因,自他共许成宗,故立非所乐为。故乐为是宗,余二非也。二、"所成立性"简能成立性,谓宗义既是所成,即唯自所尊主,因、喻既是能立,共许何得名宗?故所立为宗,余二非也。二释,宗为因、喻所成,即非能立;因、喻更须成立,应得名宗?为简此滥,故云

〔1〕《续藏》误作"二",今改为"一",以与下文"二"配合。

“乐为所成立性”，谓似因、似喻亦是所立，所乐为者即非喻、因，故以“乐为所立”简名宗也。三释，二滥同上。为简前滥，故以所成立性简之，以真因、喻唯能立故；为去后滥，故以“乐为”简之，以似因、喻非所乐故。

问：何者因、喻是所成耶？

答：如对声显论者立“声无常”，因云“所作性故”，其声显论不许声是所作，遂更立云“声是所作”，因云“以随缘变故”，同喻云“如灯焰等”。其同喻等准此可知也。

《论》云：是名为宗。

述曰，此结定也。

《论》云：如有成立“声是无常”。

述曰，此第三指体也。如佛法等对声论立“声是无常”。

《论》云：因有二相：

述曰，此下解因。有二：一、悬解；二、辨体。前中有四：一、举相数；二、依数征；三、随征答；四逐难解。此即举相数也。“因”者所以也；又，利果义也。因有二种：一、生因，如种生芽等；二、了因，如灯焰照物等。生因有三：一、言生因，谓立论者以立因言能生敌论决定之解，故是生因。故此《论》云：“由宗、因、喻多言开示诸有问者未了义故。”二、智生因，即立论者发言之智，生因因故，名为生因；又，远生他解，亦名生因。三、义生因，即立论者言所诠义，生因诠故，名为生因；又为境能生敌论解故，亦名生因。此释既以敌论了宗智为果，故言是正因，智、义依诠通名因也，故《论》唯云由宗等多言开示问者，不言智、义能生他解。然文中云因三相者，欲明言说诠三相义方是正因，故兼举也。了因亦三：一、智了因，谓敌论者有解“所作”等智故，便能显了“无常”等义，故是了因。故《理门》云：“但由智力了所说义。”〔1〕二、言了因，谓由因言了所说义，故名了因；又敌论者了宗之智正是了因，立者言说能生此智，了因因故，亦名了因。故

〔1〕《大正藏》第32卷lb。

《理门》云:“若尔既取智为了因,是言便失能成立义。此亦不然,令彼忆念本极成故。”〔1〕三、义了因,谓以有所作等义,故能显无常等宗,故《理门》云“如前二因,于义所立”〔2〕也。又,敌论智正是了因,其所作义是了因境,亦名了因。此释既以无常等义为所了宗,故敌论智正是了因,言、义因境,通名因也。

问:《理门》云宗法唯取立、敌俱许。〔3〕俱许即是立、敌两解,何故此中唯取敌智?

答:彼言立、敌俱许等者,意取敌论知其因义俱许之智,非谓所知立、敌俱许即是了因。若俱许即是亲了因者,岂可立者自许所作,敌者便了无常宗义?故取敌智为亲了因。上来生、了义虽有六,然意正存生言、了智,由立者言生因故,敌论未生之智得生,由敌者智了因故,本隐真实之理今着,故正取此二,余四相从。“有三相”者,是义相,即一“所作性”望本“声”宗及同、异品有三相也。《论》云:何等为三?

述曰,此依数征也。既云三相,何者为三?

《论》云:谓遍是宗法性,

述曰,此下随征答,三相为三,此即初相也。“宗法”者,若持业释,宗即是法,名为宗法,即“无常”是;若依士释,宗家法故,名为宗法,即“所作”是。今既明因,唯取依士释法也。“性”者,即宗法是性也。

问:宗体是何目宗家法?

答:法及有法和合名宗,广如上释。今言宗者,唯取有法。何以尔者?有法“声”上有二种法:一不成法,谓“无常”;二、极成法,谓“所作”。以极

〔1〕《大正藏》第32卷1b。引文前一句为敌论者的问难,后一句是陈那的答难。其中“能成立义”,《续藏》本作“能成立性”,今据《理门论》改。

〔2〕《大正藏》第32卷10b。这段引文反映的是敌论者的观点,而且说的是三种生因间的关系,此处引来说明义了因似有不当。

〔3〕此为意引。《理论论》云:“此中宗法,唯取立论及敌论者决定同许。”见《大正藏》第32卷1b。

成法在声上,故证其声上不成无常亦令极成。若所作法在无常上者,其无常法既不极成,何得〔1〕所作在无常上?又,若所作依无常者,即应凡所立因皆有所依不成过失,以彼无常不极成故。又,法但属有法,不可法、法自相摄属,故约有法宗释宗法也。

问:法、有法合方得为宗,何故今言宗唯有法?

答:宗是总称,别亦名宗,如见城之一面,亦名见城。

问:一是宗法即应是因,何故一遍?

答:因有四种:一、是遍非宗法,如萨婆多等立云"眼识非见",因云"以四相故"其四相体遍眼识上,故是其遍,以体别故非宗法也。二、是宗法非遍,如立"内、外声是无常",因云"勤勇无间所发性故"。此望内声得是宗法,外声无故而非遍也。三、亦遍亦宗法,如立"内、外声是无常",因云"所作性故"。俱缘起故得名遍,由义别故是宗法。四、非遍非宗法,如下四种不成是也:谓两俱不成元(原)来非有,随一不成互有无,犹豫有无非决定,所依既无无所遍,故四不成俱非遍也,由不成故亦非宗法。若唯言"是宗法"即不遍,滥初相故,以"遍"言简;若唯言"遍"即非宗法,乱真因故,以是宗法言简,故言"遍是宗法性"也。此唯取第三俱句为其初相。又释,此宗法性是因初相,以不遍滥故,故以遍言简去不遍,是宗法性,其遍名唯简去不遍,非因正相,不可以是宗法言简去非宗法性遍也。若作此释,即无初句遍非宗法。此之初句即是第四俱非句摄,以宗、因别体不可言遍故。

《论》云:同品定有性,

述曰,此第二相也。"同品"者,即瓶等,如下释。"定有性"者,其遍是宗法所作性因于同品瓶中定有其性,方是因相。此即正取所作,兼取无常。

问:所作性因是宗家法,何故乃言瓶上亦有?

答:犹如一缕贯黄、赤华,贯黄华缕实非贯赤华缕,相同故言贯黄、赤华。

〔1〕"何得",《续藏》本作"何待",内院本改作"何得",今从其改。

此亦如是,一所作性因通贯声、瓶,声之所作实不生瓶,所作同故说瓶有性,故《掌珍》等论云因义不应分别也。

问:声瓶齐所作,二相并为因,无常贯声、瓶,说宗通两处。

答:所作两处俱成就,故此二相并为因,无常瓶成声不成,何得言宗通两处?

《论》云:异品遍无性。

述曰,此第三相也。"异品"者,即空等,如下释。"遍无性"者,其遍是宗法所作性因于异品空中遍无其性,为第三相。此亦正取所无所作,兼取能无之常。

问:何故同有唯言"定",异无说"遍"也?

答:顺成立同有,但定即顺成;止滥立异无,非遍滥不止。故同言定,异言遍也。

问:何故唯立此三相也?

答:无余相可立故。又,初相为主,正为能立;借伴助成,故须第二;虽有主伴,其滥未除,故须第三异品无相。主、伴、止滥,其义既周,足能显宗,何假余相?陈那已(以)前诸师亦有立三相者,然释言相者体也,三体不同,故言三相。初相不异陈那,后之二相俱以有法为体,谓瓶等上所作、无常俱以瓶等为体故,即以瓶等为第二相。虚空等上常、非所作,俱以空等为体,故即以空等为第三相。故世亲所造《如实论》云,因有三,谓"是根本法,同类所摄,异类相离"。〔1〕 此论梁时真谛所翻,比寻此论,似同陈那立三相义,同《论式论》;而言陈那以前诸师者,即是世亲未学时所制《论轨论》义。

《论》云:云何名为同品、异品?

述曰,此逐难解也。有二:初征问,后解释。此则征问。此问有二:一问名,二问体。"云何名"者,此问名。云何"为"者,此问体。

〔1〕 参见《大正藏》第32卷30c。

《论》云：谓所立法均等义品。

述曰，此下解释有二：初解同，后〔1〕解异。解同中有二：一解名，二解体。解名中初解、后结。此即解也。“所立法”者，宗中能别名之为法，此法为因所成，名所立法。“均等义品”者，除宗以外一切有法俱名义品，不得名同；若彼义品有所立法与宗所立法均等者，如此义品，方得名同，故云“所立法均等义品”。

《论》云：说名同品。

述曰，此结也。

《论》云：如立无常，瓶等无常。

述曰，此下解体，初解、后结。此即解也。如立声是无常，瓶等亦有无常，以所有无常同，故能有瓶等说同品也。若言声、瓶无常，法、法相似，即瓶上无常为同品者，不然岂可彼因于无常上定有性耶？故瓶等有法为同品体。若言声上无常不极成非是因依处，瓶上无常两共许故得是因依者，便违比量。谓“瓶上无常非因依处〔宗〕，是所立法故〔因〕，如声上无常〔喻〕”。《论》云：是名同品。

述曰，此结也。

《论》云：异品者。

述曰，此解异也。有二：初牒，后解。此即牒也。

《论》云：谓于是处无其所立。

《述曰》此下解也，有二：初解名，后解体。此即解名也。“所立”者，即宗中能别法也。“处”者除宗以外一切有法皆名为处，处即是品。若于是有法品处但无所立宗中能别，即名异品。

《论》云：若有是常见非所作，如虚空等。

述曰，此解体也。若有有法无其所立无常即名为常，如此常法所依有法谓虚空等，是异品体也。此中正明异品。而言“见非所作”者，此兼释遍无性

〔1〕《续藏》本作“经解异”，“经”显系“后”之误，今从内院本改。

也。陈那已(以)前一师释云:"如立'声无常',其空上常能害声上无常,常与无常正相违,故名为异品。"陈那破云,若如此释,即令因有非真、似过。何者?如立"虚空是常",因云"非所作故",同喻云"诸非所作者皆悉是常,犹如涅槃",异喻云"若是无常即是所作,如瓶、盆等"。瓶上无常正能违害空上常,故得名异品。然龟毛等非无常故不能害常,即非异品。复非常故不名同品,此非作因于彼亦转,此即具三相故,不可说为似,简滥不尽故,不可说为真,谓此虚空为如涅槃非所作故即是常耶,为如龟毛非所作故非常、非无常耶?若如〔1〕我释,但所立无处名为异品,龟毛既无所立常法,亦是异品。此非所作因既于异品一分转,故是似因也。又,若常法害无常故名异品者,龟毛不能害彼无常即非异品,复〔2〕非无常不名同品,若尔应立非同、异品,其因亦须立有四相,不唯三也。更一师云:"立'声是无常',但异无常即是异品。"陈那破云,若如此释即有毕竟无正因过。何者?如立"声是无常",即声上无我与无常宗异即是异品,其"所作"因既于异品无我中有,便成似因,如此随一有法悉有别义,其因皆于别义中转,此即毕竟无正因也。如我释所立无处名为异品,则声等上虽有无我,由所立有故非异品,因于彼转,得成正因。〔3〕

《论》云:此中所作性或勤勇无间所发性,

述曰,此下辨体有三:一、正指体性;二、约相明体;三、举果显性。此即初也。声从众缘所作,故曰"所作性"。"勤勇"者,或云是精进,或云是作意。"无间所发"者,从勤勇起心,从心起寻伺,从寻伺起内风,由内风乃至击唇口等为声,故云"或勤勇无间所发性"。

---

〔1〕《续藏》本"如"下有"此"字,"此"当系衍字,今从内院本删。

〔2〕"复",《续藏》本误作"后","复"与"后"的草体形似,易滋混淆。今据文义改。

〔3〕以上意引陈那破古师对异品的两种解释——相违说和别异说,然陈那在《理门论》中所言甚为简约,如破相违说云:"若相违者,应唯简别。"如破别异说云:"若别异有,应无有因。"然后复举例论破。见《大正藏》第32卷2a。

问：宗既是一，因何二耶？

答：宗亦有二：一宽，谓立“内、外声是无常”，此即唯以“所作”为因。二狭，谓立“内声无常”，即是“勤勇所发”为因。其所作性望此狭宗虽亦成因，以太宽故，但取勤勇发以为因也。此〔1〕释但约遍是宗法。又释，今此亦望同品有遍、不遍，故有二也。谓所作性因同品遍有，勤用发因同品不遍，此二随一，俱得为因，故宗虽一，因说二也。因此略辨同、异二品遍、不遍义，若总摄之可为四句：一、同有异无，谓第二、第八两句。二、同无异有，谓第四、第六两句。三、同有异有，谓余四句。四、同无异无，谓第五句。此有九句：一、同品有，异品有，如立“声常”，因云“所量性故”。二、同品有，异品非有，如立“声是无常”，因云“所作性故”。三、同品有，异品有非有，如立“声是勤勇无间所发”，因云“无常性故”。四、同品非有，异品有，如立“声常”，因云“所作性故”。五、同品非有，异品非有，如立“声常”，因云“所闻性故”。六、同品非有，异品有非有，如立“声常”，因云“勤勇无间所发性故”。七、同品有非有，异品有，如立“声非勤勇无间所发”，因云“无常性故”。八、同品有非有，异品非有，如立“声无常”，因云“勤勇无间所发性故”。九、同品有非有，异品有非有，如立“声常”，因云“无质碍故”。此九句中第二、第八是正因，第四、第六是相违因，余之五句并不定。今此中言“所作性”者，即第二句；“勤勇无间所发性”者，即第八句。其所作因既以无常为宗，即以瓶等为同品，于彼遍有；以空等为异品，于彼遍无，故是第二同品有，异品非有句。其勤勇发因宗既同前，亦以电、瓶为其同品，于瓶等有，于电等无，以空等为异品，于彼遍无，故是第八同品有非有，异品非有句也。余不定相违，至文自释。

《论》云：遍是宗法，于同品定有，于异品遍无。

述曰，此约相明体也。如此二因，若具三相为正因体，若阙一相即非正因，故约三相明因体也。

---

〔1〕“此”，《续藏》本作“以”，“以”当系“此”之误，今从内院本改。

《论》：是无常等因。

述曰，此举果显性也。此之二因能成“无常等”者，等取无我、苦、空也。既能成立“无常等”，故显是正因。

问：宗但无常，非无我等，何故所作亦是彼因？

答：正成无常，兼立无我，故所作性亦是彼因。何者？其无常宗言中正显，其无我等唯自意许，然顺无常，以无常者必无我故。又与所作性不相违，故所作性正成无常，傍成无我及苦、空也。谓声亦无我、苦、空，所作性故，犹如瓶等。

《论》云：喻有二种。

述曰，此下解喻，有三：一举数，二列名，三别释。此即举数也。本音云达利瑟咤案多，此云见边，谓比度之心为见，宗义究竟名边，以因显宗未极，立喻令义至边，故曰见边。今依旧译，故云喻。

问：所作三相显义已周，何须因外别申两喻？

答：所作性正因唯能诠显初相，后二未了，故以两喻明之，论其体性，即前因也。

《论》云：一者同法，二者异法。

述曰，此列名也。

《论》云：同法者，

述曰，此下别解，有二：一解同法，二解异法。解同法中初牒章，后解释。此即牒章也。

《论》云：若于是处显因同品决定有性，

此下解释，有二：初悬解，后指体。此即悬解也。“处”谓有法；“显”谓显说；“因”者，谓即遍是宗法因；“同品”谓与此因相似，非谓宗同名同品也；“决定有性”者，谓决定有所立法性也。此谓随有有法处，有与因法相似之法，复决定有所立法性，是同法喻。此则同有因法、宗法名同法喻；若同有因法，宗法不同有者，虽名同法而非喻也。故下论云：“此因以乐、以空为同法故，亦是不定。”

《论》云：谓若所作，见彼无常。

述曰，此下指体，初正指体，后举所依。此即正指体也。“谓若所作”即前显因同品也；“见彼无常”，即前决定有性也。谓所作性去处，世间愚、智同知无常必定随去，犹如母牛去处，犊子必随逐也。

《论》譬如瓶等。

述曰，此举所依也，即悬解中若于是处也。此喻意云，所作去至瓶等上，其无常性即在瓶，故知所作至声上，其无常性亦在声。

问：所譬之因体唯所作，何故能喻乃取无常？

答：因体正是所作，故言即兼无常，引喻若阙无常，何得名为同喻？故正取所作、兼取无常为同法喻。

问：故言含无常，因外立宗分；同喻有二立，何故合为支？

答：夫立论先须有宗，故言虽含支别，同喻虽有两，齐助因故同支。有释，世亲等云瓶上所作、声上所作二因法合名为同法。陈那破云，若以瓶所作是无常故类声所作亦无常者，亦应瓶是所作可见、可烧，声是所作可烧、见，烧、见既不类瓶，何得无常类声？陈那解云，声上所作显无常同瓶上所作显无常，以此同彼，故名同法。但取能同不取所同者，此恐不然。若世亲等以瓶所作故无常，类声所作亦无常，即难云，瓶是所作可见、烧，声是所作可烧、见者，陈那既以声上所作显无常同瓶上所作显无常，何可声有所作可见、烧，同瓶所作可烧、见？若言世亲等以外瓶所作、无常类内声所作亦无常，故以外瓶可烧、见类声亦尔者，陈那既以内声所作、无常类外瓶所作亦无常，何不以内声所作可见、烧类瓶亦尔也？若言烧、见是外瓶，不可以声类烧、见，亦应无常是外瓶，何得以声类无常？此则陈那过同旧释，虽分内、外，终不能异。又，《集量论》中陈那云，《论轨论》中以瓶有法为同喻者，其论非是世亲所造，〔1〕或是

〔1〕 文轨所意引的《集量论》当系据玄奘口义而来，因为文轨时《集量论》尚未译出。《集量论》在破异执时曾说：“《论轨》非师造，”并总是将《论轨论》放在首位破斥。参见法尊译编的《集量论略解》第9页和79—81页。中国社会科学出版社，1982年。

世亲未学时造，学成以后造《论式论》，即以所作无常为同喻体，不异我义。《集量论》中既有此说，何得云世亲以瓶所作、无常向内类声，即有类瓶可烧等过？今释，可烧等过，但破《论轨论》等以瓶有法为同喻者，此等师云："瓶有无常，同彼声宗，故名同法。"此即瓶体是同喻也。此师立量云，"声是无常"，因云"所作性故"，同喻云"如瓶"。谓如瓶是无常也。陈那破云，若直以瓶为同法喻，以瓶体是无常故类声亦是无常者，亦应瓶是四尘可见、烧、声亦四尘可烧、见。若如我释，"诸所作者皆是无常"以为喻体，瓶等非喻，(但)是所依，即无此过。〔1〕

问：瓶是所作故无常，即类声有所作亦无常；亦应瓶有所作可烧、可见，声有所作可烧、见。此则过同古师，陈那何故倒破？

答：陈那但取所作无常以为喻体，不取四尘，不可难言声类瓶等可见、可烧。若彼强于喻体之外作此难者，此即自违。古师既取瓶等为喻体，瓶具四尘可烧、可见，故得难云瓶可烧、可见，声亦应尔。

问：若作此难，岂不自违？

答：夫喻况法，法必似喻，古师既以瓶喻于声，此则古师理合自许可烧、可见，非见难者强难类瓶，故作此难，无自违过。

问：《如賨论》中既明因有三相，何故同喻不即第二相耶？

答：其第二相以合支显，谓瓶是所作，瓶即无常，当知声既所作，亦是无常。故同法喻但取瓶等，余破者在《理门》，此中略不繁述。

《论》云：异法者，

述曰，此解异喻也。有二：初牒章，后解释。此即牒章也。

《论》云：若于是处说所立无，因遍非有。

述曰，此下解释，有三：一悬解，二指体，三通难。此即初也。"处"谓有

〔1〕 以上所引陈那的论述均为意引，且作了较多阐发。请参阅《理门论》关于因、喻关系的讨论，《大正藏》第32卷3a。其中"但是所依"一句，《续藏》本原为"是所依"，内院本加了一个"但"字，不改文意而增益了语势，今从之。

法处。“说所立无”者,说所立宗法无也。“因遍非有”者,能立因法遍非有也。此则正取所无因法,兼取能无宗法名异法喻。若但无因法即名异法者,同品非有应是异喻。

《论》云:谓若是常,见非所作。

述曰,此下指体也。初正指体,后举所依。此即初也。“谓若是常”者,即前“说所立无”也。“见非所作”者。即前“因遍非有”。

《论》云:如虚空等。

述曰,此举所依也。“等”者,等取择灭、非择灭,随共许者皆等取之。即悬解中“若于是处”也。此喻意云,虚空等上无有所立无常宗义,即无能立所作性因,声上既有所作性因,故知定有所立无常宗也。

《论》云:此中常言表非无常,非所作言表无所作。

述曰,此通难也。初正通难,后〔1〕引例证。即初也。此中应有难云:“虚空一切立,可得说如空,有宗言体无,应无异法喻。”故今通云,“此中常言表非无常”,而已不欲诠常;“非所作言表无所作”,而已不欲诠非所作。故虽对不立虚空论者亦得以空为异法喻,以无体空亦遮无常故名常,遮所作故说非所作,乃至龟毛得言常,非所作也。

《论》云:如有非有,说名非有。

述曰,此引例证也。此举胜论义例。胜论有六句义,一实、二德、三业、四有、五同异、六和合。今言“有”者,即第四“有”也。“非有”者,即余五句及五句外所不摄法,谓龟毛等。“说名非有”者,此对有之非有,以遮有句,故说名非有,非有名下不必即有非有体性,今言“常”等亦同此说。又释,如“有”者有句也,“非有”者第四“有也”,“说名非有”者,非第四有句,故“说名非有”,不立非有句体。上言“常”等亦同此说,不诠常住及非作体也。

问:异喻但言遮,不别诠有体,同法诠有体,此名应不遮。

答:诸法皆有二相:一自相,二共相。如青自相,唯眼识得,青之共相即

〔1〕《续藏》本作“理”,当系“后”之误,今从内院本改。

意识知。名言但诠青之共相,不诠自相,以青自相离名言故。若诠青共相,要遮黄等方显此青,谓非非青,故名之为青。若不遮非青,唤青应目黄等。故一切名欲取诸法,要遮余诠此,无有不遮而显法也。然有名言但遮余法,无别所诠,如言无青,无别所显,无青体也。今同法喻本为助因证成宗义,言"诸所作"者,必须诠显所作,诠必遮故,即遮非所作。"皆无常"者,必须诠显无常,诠必遮故,即遮常住,故同法喻诠而即遮。其异法喻本为止滥,言常住者但遮无常,不欲诠常。言"非所作"但遮所作,不欲别诠非所作体,故异法喻但遮不诠。陈那已(以)前诸师皆以空等有法为异法喻体,彼立量云"声是无常";因云"所作性故";同喻云"如瓶"谓如瓶是无常也;异喻云"[非]〔1〕如空",谓"[非]如空"是常住也。陈那破云,如第三句云"声是勤勇无间所发",因云"无常性故",同喻云"如瓶",如瓶是勤勇所发也,异喻云"[非]如空",谓[非]如空非勤勇所发。又如第九句云"声常",因云"无障碍故",同喻云"如空",异喻云"[非]如瓶"。若汝指空为异喻者,如此二因,应是正因。既以异品一分转故成不定因,何得但指有法为体?若如我立,但总相云:"谓若是常,见非所作,如虚空等,即简异品一分转因。彼二既于异品转,故非正因也。"

问:何故同品先说其因,宗后随逐;其异法喻先说宗无,因方非有,何不反此耶?

答:因云"所作性故"者,其意云由所作故,故是无常。其同法喻既助此因证无常义,故须先标所作,后述无常;其异法喻本为止滥,故先对宗明异,后方辨因非有。又释,若反此者,所作性因、勤勇发因各有二过。所作性因二过者:一、别成异宗过;二、重立已成过。何者?若以同喻类异喻云"诸无常者皆是所作",又以异喻类同喻云"诸非作者皆是常"者,此即〔2〕别以无常为因立所作宗,非所作为因立常住宗,不证根本无常宗义,此即别成异

---

〔1〕"非"系衍字,特以【】标出,下同。

〔2〕《续藏》本作"则","则"与"即"的草体字极相似,易混淆。今据文义改。

宗过也。又瓶等所作,空等常住本已极成,因〔1〕成立此,即重立已成过也。

问:瓶上所作本极成,即〔2〕是重成已立过,则〔3〕瓶无常两俱许,何用所作因重成?

答:瓶是所作故无常,即证声是所作亦无常,故瓶所作性不别成无常;瓶是无常故所作,不证声是无常亦所作,故瓶上无常重成所作性。勤勇发因二过者:一、别成异宗过;二成非所爱过。何者?若以同喻类异喻云"诸无常者皆是勤勇所发",又以异喻类同喻云"诸非勤勇所发皆是常"者,此即自以无常为因成立勤勇所发宗,以非勤勇无间所发因立常住宗,不证根本无常宗义,此即别成异宗过也。又瓶等无常而是勤勇所发,电等无常而非勤勇所发,何得以同类异,云诸无常者皆是勤发?又,空非勤发而是其常,电非勤发而是无常,何得以异类同,云"诸非勤发皆是常住"?如此二因俱异品有,汝今成立,即是成立非自所爱电等体是勤发及是常住以为宗也,此即成非所爱过也。

《论》云:已说宗等,

述曰,此下第三结定也,有三:一、总结,二、别结,三、遮计。此即总结,谓上来已说宗等能立名及体也。

《论》云:如是多言开悟〔4〕他时说名能立。

述曰,此下别结,有二:一结名,二结体。此即结名也。

《论》云:如说声无常者,是立宗目;

述曰,此下结体,有四:一结宗,二结因,三结同喻,四结异喻。此即结宗也。

《论》云:所作性故者,是宗法言;

〔1〕《续藏》本作"何因","何"当系衍字,今从内院本删。

〔2〕《续藏》本作"则","则"与"即"的草体字极相似,易混淆。今据文义改。

〔3〕《续藏》本作"即",今据文义改。

〔4〕《续藏》本作"开示",然注云:"'示'一作'悟'。"《因明入正理论》流行本即作"开悟",今据以改。

述曰，此结因也。“所作性”者，体是因法，而言“宗法言”者，此就依士声释，宗家法故名宗法也。

《论》云：若是所作见彼无常，如瓶等者，是随同品言；

述曰，此结同喻也。瓶上所作与声所作同，故名同品。瓶上无常随此同品，故云“随同品”。由瓶无常随同品故，即显声无常亦随所作因也。或可声上所作、无常随瓶上所作、无常，故名“随同品”也。〔1〕

《论》云：若是其常见非所作，如虚空等，是远离言。

述曰，此结异喻也。无所立无常宗处，远离能立所作因也。

《论》云：唯此三分，说名能立。

述曰，此遮计也。宗是所立，为立此宗，唯因分、同喻分、异喻分名为能立。既云“唯此”，即遮古师宗及合、结为能立支，亦遮外道立审察支。古师以宗为能立支，如前广辨。今陈那云，宗是能立家所须之具，何得即是能立支耶？其犹能射，但是弓矢、人等，其所射垛，但是能射所须之具，非能射也。古师合云：“声既无常，当知亦是无我。”此即合是类义，以无常者必无我故。陈那云，此是自意所许傍显论宗，言中不立，何须言宗之外别更合显所许义耶？此既太繁，故我不取〔2〕为能立支。又古师及小乘等合云：“瓶是所作瓶即无常，当知声是所作亦是无常。”陈那云，同喻应言诸所作者皆是无常，此即已显声是无常，何须别更立合支耶？古师等结云：“是故声无常。”陈那云，本立无常，以三支证，足知无常，何须结云声是无常？设不结者，岂即为常？故我不立第五结支。外道云，欲立义时须定宗趣，方可兴论立审察支。陈那破云，由有座机乃至由有证义人故方得立论，岂可并是能立支耶？故唯三分即能成立声无常义。此则陈那意存省略，显义即是，何假繁词，故能立支唯有三分。若立论时立合、结者，亦无过失，但别立支数，此即不可。

问：如“立色为空，以缘生故，犹如幻事”。此无异品，何故乃言三分

〔1〕《略抄》曾引录此段文字（敦煌写卷第170—173行），极少差异。

〔2〕“不取”，《续藏》本作“不敢”，当有误。内院本改作“不取”，今从其改。

能立。

答：今言唯者，但遮四等，非谓能立要具此三。

问：此“缘生”因应不显宗，无三相故，如一相等因。

答：为遮异品，立异法喻；既无异品，因不滥行，故无异喻，宗义得立。前所立量有相违决定过，谓“缘生故”因定能显宗具初、二相，不于异品行故，如“所作”因。

问：唯三能立，无异义成；能立唯三，无同宗立。

答：同喻顺成，无同阙助，异法止滥，无异滥除，故不类也。外道亦有唯立异喻。以三义证，斥破此计，如《广百论》，〔1〕此不繁述。

《论》云：虽乐成立，由与现量等相违故，名似立宗。

述曰，此下大文第二解似立，文有二：初别解，后总结。前中有三：一解似宗，二解似因，三解似喻。今先解似宗，有三：一总明，二别解，三结定。此即总明也。乐所成立，义该真、似，虽复乐为所立之宗，然与现量等九义相违，故似非真也。

《论》云：谓现量相违、比量相违、自教相违、世间相违、自语相违、能别不极成、所别不极成、俱不极成、相符极成。

述曰，此下别解有三：一列名，二辨体，三释义。此即列名也。

《论》云：此中现量相违者，如说“声非所闻”。〔2〕

述曰，此下辨体，九过为九，一一过中皆初牒章、后举法。此即初过。现量有三：一自，二他，三共。或有立宗违自现量非他、非共，如胜论者对佛法立义云，“地、水、火、实非眼所见”，因云“异青等故”，同喻云“如香味等”。以胜论自宗计色所依地、水、火、实亦可见故。此虽亦是违自教过，今此且取

〔1〕 此云《广百论》系指护法《广百论释论》。护法在《释论》中指出，同喻和异喻相结合“可名为遍，若无同喻何所遍耶”？ 这是对“外道”唯立异法喻的批评。参见《大正藏》第30卷188a。

〔2〕 《续藏》本作“声是非所闻”，其中“是”为衍字，今据《入论》删。

违现量义，余者例〔1〕然。或有立宗违他现量非自、非共，即如佛法立此比量，唯违他也。或有立宗违共现量非他、非自，如胜论师对佛弟子立义云："色非眼见，以变坏故，犹如香等。"以胜论师及佛弟子俱许色尘为彼〔2〕眼见。若违自共，是此过收；若唯违他，非宗过摄。此违他量如净眼人说眩翳者所见不实，故无过也。今此文中但举违共，略无违自。"声"是有法，"非所闻"〔3〕是法，法及有法总性为宗。声是耳根、耳识现量所闻之境，言"非所闻"便违耳闻声现量，故成宗过。现量名义，可准下释。

《论》云：比量相违者，如说"瓶等是常"。

述曰，此第二过。比量亦有自、他及共。如小乘对大乘立义云："现在诸法独有力用取等流果。"如此立宗违自比量。违他比量〔4〕者："现在诸法定无力用取等流果，有实体故，如过、未等。"即此宗义违他比量。违共比量〔5〕者："现在诸法定无力用取等流果，非实有故，犹如过、未等。"即此宗义违共比量。违共比量者："现在诸法定无力用取等流果，世所摄故，犹如过〔6〕、未等。"此违自及共是宗过摄，违他非过。今此但举违共比量。"瓶"等是有法，"常"是法，法及有法总相为宗，如此立宗，违共初无、后无比量，谓瓶等定是无常，初无、后无故，如灯焰等。准相违因亦有法差别、比量相违等，思之。其比量义，亦准下释。

《论》云：自教相违者，如胜论师立"声为常"。

述曰，此第三过。自教亦有三：谓自、他、共。即如胜论师宗立"声是德

〔1〕"例然"，《续藏》本作"列然"，但注云："'列'疑'例'。"今从之。

〔2〕"彼"，《续藏》本作"故"，然注云："'故'疑'彼'。"今从之。

〔3〕"非所闻"，《续藏》本作"非所量"，当系"非所闻"之误，今据下文改。

〔4〕"违他比量"，《续藏》本作"违自比量"，内院本同此，似有误。今据文义改作"违他比量"。

〔5〕"违共比量"，《续藏》本作"违他比量"，内院本同此，似有误。今据文义改作"违共比量"。

〔6〕"过"，《续藏》本误作"通"，显与文义不合，今据前例改。

句摄,体是无常",若对声论立云"声常",此违自教。若对佛弟子等立此义者,即违共教。若对声论立"声无常",即违他教。此亦违自〔1〕及共是其宗过,若违他教非宗过也。

问:立义违自教即是宗过,证宗引自教何不成因?

答:此犹对他自毁父,即成恶人;引父显自能,不可依信。故违自教是过,引自教非证。

《论》云:世间相违者,如说"怀兔非月,有故"。又如说言"人顶骨净,众生分故,犹如螺贝"。

述曰,此第四过。世间有二:一学者世间,二非学者世间。由学方知名学者,不由学知名非学者,各多人共许,故名世间。学者世间有三:一自,如佛弟子望自同学无我义等;二他,如佛弟子望鸺鹠子所习"我"等;三共,如佛弟子与鸺鹠子更互相望,俱习粗色是无常等。若立义违自,如佛弟子立"有我"等,此但望自所宗名违自教,违世义微〔2〕,非违世间。若立义违他,如〔3〕佛弟子对鸺鹠子立"无我"等,此即非过,以论之兴为破他故。若立义违共如佛弟子等立"粗色是常"等,唯此是违世间过摄。非学者世间者,谓牧牛人等皆共了知有色等性,若随众情就世俗谛立"眼色等体性是空",违俗情故,是宗过摄。若以胜义简别立宗,虽违俗情而非宗过,以胜义谛非俗知故。今此文中但举违非学者世间,以怀兔是月,人顶骨秽,不由习学而了知故。若有立云"怀兔非月"为宗,"有故"为因,"如日"为喻。又结发外道以人顶骨贯以严身,谓之为净,便成立言"人顶骨净"为宗,"众生分故"为因,"犹如螺贝"为喻。此二立宗法及有法虽不相离,然违世俗情,故是过也,以世间人皆号月为怀兔,说顶骨为秽故。

问:此与现量相违何异?

〔1〕"违自",《续藏》本作"违宗",内院本改作"违自",今从其改。

〔2〕"微",《续藏》本作"征",然注云:"'征'疑'微'。"今从之。

〔3〕"如",《续藏》本作"知",有误,内院本改作"如",今从其改。

答：应作四句：或违世间非违现量，即此所立“怀兔非月”等，但反世俗共所传名，不以立言“非月”便违眼见义故。或违现量非违世间，如言“眼等五根非阿赖耶境”等，以世俗人不知别有阿赖耶故。或有俱违，如言“声非所闻”等，以违耳等闻义故，复违世间共知声可闻故。或俱不违，此非二过。

问：若违现量即违世间，何须说二？

答：自有〔1〕别违一者，故开二也。

《论》云：自语相违者，如言“我母是其石女”。

述曰，此第五过。依梵本正翻应云“虚女”，以无产子之功，虚沾女称，故名“虚女”；不改旧翻，且云“石女”也。“我母”是有法，“石女”是法，法及有法和合为宗。然有法之言即违其法，法言复反有法。若言我母即知非虚，既言石女明非我母，更相反故，故名相违。又如外道立言“一切言论”是有法，“皆是妄语”是法。此立宗之言意许非妄有法中摄，若言“一切言论”即意许一分非妄，何得云“皆是妄语”？若云“皆是妄语”，何得言“一切言论”？以一切之言摄此宗意许非妄故。彼若救言“除我言外，余一切言皆悉是妄”者，更有一人闻汝所说便言：“汝语非妄谛实，彼所发言为妄、为实？若言是妄语，则汝语虚；若言是实，即违自语。”若复救云“除我言及说我言实者余言妄”者，若尔，此即与比量相违，谓余一切言不必是妄，是语性故，如汝所言。

《论》云：能别不极成者，如佛弟子对数论师立“声灭坏”。

述曰，此第六过。僧怯〔2〕此云数论，即慧能数度诸法，故名为数，从数起论，故名数论；论能生数，亦名数论。造数论师名劫比罗者，此云黄，以头面黄，世号为黄仙人也。旧云“迦毗罗”者，讹也。此师广有二十五谛：谓自性、大、我慢、五唯量、五大、五知根、五作业根、心根、知者。中则有四：一、本非变，即自性，能生大等，非他生故。二、变非本，即五大、十一根，唯

〔1〕“自有”，《续藏》本作“自在”，文意不通，内院本改作“自有”，今从其改。

〔2〕“僧怯”，《续藏》本作“僧伽”，有误，内院本改作“僧怯”，以与所指之数论相应，今从其改。

从他生，不生他故。三、亦本亦变，即大、我慢、五唯量，此从他生，亦生他故。四、非本非变，即神我谛，不从他生，不生他故。略则为三：谓自性，即初谛；变异，即中间二十三谛；神我，即最后谛。声是五唯量摄，远从自性而起，后变还归自性，故名无常。论其体性恒不失坏。今佛弟子对此论师立"声灭坏"，"声"是所别，此则共许；"灭坏"能别，数论不成，以数论宗无灭坏法故，此但是他能别不成。若佛弟子对数论师立"眼必为神我受用"，此〔1〕即是自能别不成。若对数论立"声体为大有、同异二句所依"，此即是共能别不成。文中略故，但举他也。

《论》云：所别不极成者，如数论师对佛弟子立"我是思"。

述曰，此第七过。

问：此所别不成非宗过摄，阙所依故，如所依不成。

答：所别不成定是宗过，以九摄故，犹如余八，或犹如余五。数论师宗心及心法但是觉慧而非思虑，思虑〔2〕唯是神我之用，故对佛法立宗义云："神我是思。""我"是有法，"思"是法。然"思"是能别，两宗共许"我"是所别，佛法不容，故是所别不极成也。

问：如以"胜义"简宗，即无违世间过，今以自所许言简，"我"所别得极成不？

答：能别、所别极成，可以胜义简过，谓就胜义，眼等体空，其所别"我"，他不共许，设云自许，他终不成，故不例也。此"我许"言但简共比量，显自比量无不成过。此即是他能别不成，若自、若共皆此过〔3〕摄，类思可解。

《论》云：俱不极成者，如胜论师对佛弟子〔4〕立"我以为和合因缘"。

述曰，此第八过。"吠世史迦"此译云"胜"，其论广以因明，申六句义，

〔1〕《续藏》本"此"前有"闻"字，疑为衍字，今删。

〔2〕以上两个"思虑"《续藏》本作"思处"，内院本改作"思虑"，今从其改。

〔3〕"此过"，《续藏》本作"过此"，显系颠倒，今改。

〔4〕《续藏》本脱"对佛弟子"，四字，兹据《因明入正理论》补。

诸论罕匹,故云“胜”也。旧云“卫世师”,或云“鞞世师”,皆讹也。造此论师名媪露迦,广如下叙。此胜论宗有六句义。“我”是初句,“和合”是第六句。诸法共聚即有和合性生,然和合性起赖我为缘。彼对佛法立此义云:“我为和合因缘。”“我”是有法,“为和合因缘”是法,佛法宗中既不许“我”,又无“和合”,故此二别俱不成也。

问:此中能别为取因缘,为取和合?若尔何失?若取因缘,此则极成,佛法许故;若取和合,即非能别,以异体故。

答:今此以和合标取因缘,故因缘亦不成也。此亦但是他俱不成,若自、若共,亦此过收,准类可解。

《论》云:相符极成者,如说“声是所闻”。

述曰,此第九过。夫论之兴,为摧邪义,拟破异宗。声之所闻主、宾咸许,所见既一,岂借言成?故此立宗有符同过。

问:天主既承陈那作论,何故别立后四过耶?

答:此据义别,理亦无乖。陈那不立能别不成过者,以此是似同喻〔1〕中所立不成过故。谓数论宗我性是常,余但转变,无灭坏法,今立宗云“声是灭坏”,因云“以所作故”,同喻云“诸所作者皆悉灭坏,如灯焰等”,其灯焰上但有能立〔2〕“所作性”〔3〕因,所立“灭坏”数论不许。又不立所别不成者,以是因中所依不成过故。《论》立宗云“神我是有”,因云“德所依故”。此“德所依”因无所依,故因是其过;“我”本是无,今立为有,故宗无过。其俱不成全同此二。又不立相符极成者,夫所立宗互相乖反,“声是所闻”元(原)来同许,本自非宗,不可论过,故宗过中无此四种。然天主以理具陈,故加四过。能别不成虽是似同喻中所立不成过,何废复是宗中过?若言数论不信有灭坏,今立“灭坏”正是宗故非宗过者,此义以

〔1〕“以此是似同喻”,《续藏》本作“以此同是似因喻”,当有误,与下文“所立不成过故”之文意不合,今改。

〔2〕《续藏》本“立”下多一“立”字,显系衍字,今删。

〔3〕“所作性”,《续藏》本作“所作住”,“住”当为“性”之误,今改。

无同喻终不立,今加宗过有何失?若言既是喻中过,何须别立宗过者,是宗既取不相离性,既无能别谁不离?故能别不成立为宗过。其所别不成虽是所依不成过,何废复是宗中过?若言即是因中过,不须别立宗过者,宗法、因法齐无所依,何故一过一非过?若言佛法不许“我”,立“我是有”正顺宗者,不相离性方成宗,既无所别谁不离?故所别不成是宗过也。其俱不成即同此二。为欲破他而立宗义,若符他立,故是过收。若言相符本非宗不可说过者,两俱不成本非因,应非是因过,故天主解宗有九过也。

《论》云:如是多言是遣诸法自相门故。

述曰,此下第三释义,有三:一释初五过,二释中三过,三释后一过。此即释前五过也。牒前九过,故云“如是多言”。何故违彼现量等五是宗过者?以此五宗“是遣诸法自相门故”。谓声是诸法自相,其声自相为耳等所闻,通生耳识,即所闻义,名之为“门”,今言“声非所闻”者,不失声之自相,但遣所闻之门,故成过也。余四种过,类此可知。

《论》云:不容成故。

述曰,此释中三过。何故所别不成等三是过失者,以不容成故。夫宗得立,要揽法、有法成。所揽立、敌不容,宗义无所依据,故此三种是宗过失。

《论》云:立无果故。

述曰,此释后一过。何故相符是过者,以立无果故。夫立宗者为除旧疑,令〔1〕起新解。声所闻义有识皆知,对众重申,此无果利,故是过也。

《论》云:名似立宗过。

述曰,此第三结定也。

《论》云:已说似宗,当说似因。

〔1〕“令起新解”,《续藏》本作“登起新解”,“登”当系“令”之误,今从内院本改。

述曰：此下第二解似因，有二：一、结前所〔1〕说；二、正辨似因。此即初也。

《论》云：不成、不定及与相违，是名似因。

述曰，此下正辨似因，有二：一、总明；二、别解。此即初也。具三相因方证宗义，若不善解初相，有不成过；若不善解后之二相，有不定、相违过。何故名不成等者？若所立因于其宗上俱不许有，或随一不许，或复犹豫，或无宗所依，如此之因名为不成。如宗过中俱不成等，此即因体名不成也。若言因体不能成宗名不成者，不然，如“所闻性”因不能成宗，然非四种不成所摄，何得言不成宗故名不成耶？若所立因同有、异有，或同无、异无，或虽同有、异无、仍为敌量乖反，令〔2〕自乐宗性不决定，故名不定。若所立因同无、异有，或虽同有、异无，仍违自意所许之宗，成非所乐，故名相违。

《论》云：不成有四：

述曰，此下别解，有三：一、解不成；二、解不定；三、解相违。不成中有三：一举数，二列名，三辨体。此即举数。

《论》云：一、两俱不成；二、随一不成；三、犹豫不成；四、所依不成。

述曰，此列名也。

《论》云：如成立“声为无常”等，若言是“眼所见性”故，两俱不成。

述曰，此下辨体。四不成为四。就初不成有三：初两句举宗，次两句明体，后一句结成。可知〔3〕此有二种：一、全分；二、一分。全分者，即如此中“声”是有法，“无常”是法，“为无常等”者，等取常等也。立因云“是眼所见性故”。此因虽于同品无常“色”等上有，异品常住“空”等上无，而遍于所立“声”宗之上若自、若他并不许有，故是全分两俱不成。一分者，如立“内、

〔1〕“所”，《续藏本》作“许”，当系“所”之误，兹改。

〔2〕“令”，《续藏》本作“今”，内院本改作“令”，今从其改。

〔3〕“可知”二字疑为衍文。

外声是无常”，因云“勤勇所发性故”。此因但于内声之上立、敌俱有，于外声上他、自并无，故是一分两俱不成。

问：今言“声是眼见”，此即违彼世间、现量、比量、自语、自教，何故但云两俱不成？

答：立宗既违敌论，不可一切皆违，故宗约以违世等过。立因但为令违成顺，因不共许即堕过门。立因不欲成其已顺世间等宗，设违世等，非因过也。

《论》云：“所作性故”，对声显论随一不成。

述曰，此第二不成，有二：初两句辨体，后一句结成。宗同前举，略不重申。此亦有二：一全分，二一分。全分者，即此是也。旧云四“毗陀”论，讹也，应云“吠陀”，此云明也。诸婆罗门计四明论“声是常住”，虽梵王等，随说而是诵者，非是造者。自余内声即非常住。今声论等附此宗而起异计，谓但是内声皆是常住，待咽喉等缘显方闻，故名声显论。又有一师亦计外声体是常住，相击发显，亦是声显论也。今鸺鹠子对声显论立量云“声是无常”，因云“所作性故”。彼声显论虽计声从缘显，其若太虚无所作义，今鸺鹠等云“所作性”者，但是自计声有此义，他声显论不许声有，此则自成他不成也。言“随一”者，此不成中含其三种：或有因唯自不成非他，或有因唯他不成非自，或有因或自、或他更互不成。今此中但是唯他不成非自不成，是此不成摄故，名“随一不成”，非谓此之一因即有自、他互不成也。又释，其所作因有生、有显，生即鸺鹠等计〔1〕，显即声显论计。今鸺鹠等对声显论言“所作”者，彼便破云：“汝言‘所作性’者，为生、为显？若生即自成他不成，若显即他成自不成。”故言随一。若唯他非自，若唯自非他，亦是此中摄也。

问：如云“所作性故”，不可分别为咽喉等所作，为杖轮等所作，若咽喉等所作即无同喻，若杖轮等所作则两俱不成。此既不可，但总相云

〔1〕“计”，《续藏》本作“许”，然注云：“‘许’，疑‘计’，次同。”今据以改。

“所作”即具三相，是其正因，何故此中而不总言“所作性故”通含生、显是正因耶？

答：若自、他俱许声上有咽喉等所作，后俱许瓶上有杖轮等所作，以别许故，可总为因。今生所作，自许、他不许；显所作，他许、自不许。别不俱许，不可总成，故是随一不成过也。

问：如前“所作”对声论立即正因收，何故此中是似因摄？

答：声论自有二计，一云，声体及用俱常；二云，体常，其用无常，用不离体，体有所作。此中但对体、用俱常是似因摄，前对体常、用无常者是正因收。又释，此中且据未更成立是似因收，前据重成是真因摄，谓更成立声是所作。又声是生所作宗，随缘变故因，如灯焰等喻。又释，声论更有一计云，声从缘生，生已即常。若对此立因，即是正因；若对声显，即是似因。一分者，如声论中有计内声有诠常无所作，外声无诠无常有作。对彼立量云：“一切内、外声是无常[宗]，所作性故[因]。”此因于外声上自、他并成，但于内声他许自不许〔1〕，故是一分随一不成。

《论》云：于雾等性起疑惑时，为成大种和合火有而有所说，犹豫不成。

述曰，此第三犹豫不成，有三：初四句举宗，次一句辨体，后一结句成。此有二种：一、两俱犹豫，二、随一犹豫。两俱犹豫有二：一、全分，如立宗云“未种解脱分凡夫有情必定作佛”，因云“有大乘种姓故”，同喻云“如种菩萨解脱分有情”。立之与敌并全不知有之与无，遍宗皆疑，故是全分犹豫不成。二、一分，如立宗云“已种菩萨解脱分及未种有情必定作佛”，立因云“有大乘种姓故”，同喻云“如地上菩萨”。此因于“已种菩萨解脱分有情”立之与敌齐许定有，于“未种有情”并皆犹豫，疑不遍宗，故是一分犹豫不成。

---

〔1〕“他许自不许”《续藏》本作“他、自互许”，与上下文义不合。本段释一分随一不成，既然“所作”因于外声“自、他并成”，若复于内声“他、自互许”，则何来一分随一不成？可知此处文字必有脱误。内院本虽于此处加了一个“不”字，说为“他、自互不许”照顾到了一分不成；却忽略了“随一不成”这一点，依然讲不通。根据上下文义，此句应作“他许自不许”。可能是抄写时的粗疏导致上述错谬，今据文义改。

随一亦二：一、全分，如立者知未种菩萨解脱分有情具种姓相，敌者不知，便立宗云"此之有情必定作佛"，立因云"有种姓故"，同喻如前。此因立者决定知有，敌者犹豫，或即反此，立者不知，敌者知有，此皆遍宗有疑，故是全分犹豫不成。二、一分，即以全分所立更取"已种菩萨解脱分"合之为宗，因、喻同前，此疑不遍宗，故是一分犹豫不成。今此文中但明两俱全分犹豫，略不论余。"雾等性"者，"等"取尘等。"大种和合"者，河水为水大，河岸为地大，于中有风为风大。又山等中若有河、无河之处有性四大，故云"大种和合"也。有人远瞩山泽等中雾等似烟，意欲成立彼处有火，遂立宗云"彼处有火"，立因云"以现烟故"，〔1〕同喻云"如厨等处"立之与敌并不审知彼处有烟，而言"以现烟故"，此遍宗皆疑，故是两俱全分犹豫。

《论》云："虚空实有，德所依故。"对无空论，所依不成。

述曰，此第四所依不成，有三：初一句举宗，次两句辨体，后一句结成。此有三种：一、两俱所依不成；二、随一所依不成；三、犹豫所依不成。两俱有二：一、全分，如小乘对声论等立宗云"他方佛声定是无常"，立因云"所作性故"，同喻云"如瓶、盆等"。此"他方佛声"立之与敌俱不许有，此"所作"因遍无依处，故是全分所依不成。二、一分，即以前所立更取共许音声为宗，因、喻同前。以共许声为因作依，他方佛声因无依处，故是一分所依不成。随一亦二：一、全分，如小乘对大乘立宗云"释迦菩萨实不善声去、来世有"，立因云"以世摄故"，同喻云"如现在声"。或大乘对小乘立此声云"不离耳识"，立因云"第二、三所摄，耳所不摄故"，同喻云"如耳识"。若大乘或小乘以"他方佛声"为宗，因、喻同前。此"释迦菩萨实不善声"及"他方佛声"，立者、敌论互不许有，此"世摄"等因遍互无依，故是全分所依不成。二、一分，即前所立更以共许"音声"为宗，因、喻同前，共许之声为因作依，不共许声因无依处，故是一分所依不成。犹豫有二：一、两俱犹豫所依不

〔1〕"现烟"，《续藏》本误作"现相"，今据下文"以现烟故"改。

成；二、随一犹豫所依不成。两俱有二：一、全分，如大乘对小乘立宗云“佛于某〔1〕处或应说法，如此之声定不离识”，因、喻同前。此有法声立、敌俱疑某〔2〕处时日为说法不，而立为宗，其因所依遍不决定，故是全分犹豫所依不成。二、一分，即以前所立更以共许“音声”为宗，因、喻同前。以决定声为因作依，犹豫之声为依不定，故是一分犹豫所依不成。随一亦二：一、全分，如大乘知佛于某〔3〕处决定说法，小乘敌者不决定知，或大乘立者不知，小乘敌者知定说法，而立此云“定不离识”，因、喻同前。此宗立、敌互不决定许，其因遍互无决定依，故是全分犹豫所依不成。二、一分，即以前所立更以决定“音声”为宗，因、喻同前。以决定声为因作依，互不定声因依不定，故是一分犹豫所依不成。今此中文但明随一分所依不成，略不论余。如胜论义，空是实句摄，声是德句摄，依其空实，方有声德。经部师等不立空体，故对经部立宗云“虚空实有”，立因云“德所依古戈”，同喻云“如火大等”。火大等为色等德依，火等即实有，故空为声德依亦是实有。此空经部不许有体，而言“德所依故”者，便无依处，故因不成。

问：经部既无虚空，胜论立云“虚空实有”，岂非所别不极成过耶？

答：世间共许有虚空名，然各不知实、非实有，故得成宗，无所别过。立因无依，故成因过。虽共说我，我即不遍一切有智、无智，故是所别不极成过。又释，若有因中所依不成过者，必有宗中所别不成过，此且许宗，标其因过，非谓宗无过也。故《理门论》所依不成云“我体周遍”，因云“于一切处生乐等故”。此既以“我”为所依不成，“我”不共许，当知亦即所别不极成过。

问：立“空为实有，德所依故”说不成，立“空为实无，以非作故”非成就。〔4〕

〔1〕“某”，《续藏》本作“其”，内院本改作“某”。今从内院本改。

〔2〕同上注。

〔3〕同上注。

〔4〕“非成就”，《续藏》本作“非成熟”，“熟”乃“就”之误，今从内院本改。

答：不然。因有三种：一、有义因；二、无义因；三、通二因。若有义因，要有所依，依无不立；若无义因，不借所依，依无成就；〔1〕若通二因，通依二法。今立空无，非作为因，此是无义，故空虽无，因得成也。

问：对无空论，有义因无所依；对有空论，无义因非成就。〔2〕

答：如萨婆多敌论之人许〔3〕非作，名〔4〕有遮有表；大乘立者，但〔5〕许有遮，今但取遮为因，故因无依所不成过也。

问：两俱、随一皆有犹豫所依不成，即但二种，何故明四？

答：古因明中亦但立二，然陈那以太隐，故开为四也。

问：内道破外道云："我非常住[宗]，以动作故[因]，如灯焰等[喻]。"然"动作"因内道不许于"我"上有，"我"又是无，何故非即所依随一不成过收？答：今此文中但约立、敌共许比量有此分别；若自比量或他比量，但有不成，无有随一及两俱过。今"动作因"是他比量，故无所依不成过也。

问：如立宗云"我所许我是实有"，即所别不成；亦应立因〔6〕云"我许德所依故"，因非极成？

答：此"我许"言唯显自许，敌论虽许彼自许"我"为"德所依"，望敌论者因无依处，亦不成也。如此之例但是自比量耳。〔7〕

问：如立宗云"真故，极成色非定离眼识"，因云"自许初三摄，眼〔8〕所不摄故"；同喻云"如眼识"。此因既云"自许"，应非极成。

答：此云"自许"不简他许，以他亦许极成之色初三所摄眼所不摄故。

---

〔1〕"依无成就"，《续藏》本作"依无无成熟"，其中"成熟"显系"成就"之误，且多了一个"无"字，以致文义不通。内院本改作"依无成就"，今从其改。

〔2〕"成就"，《续藏》本仍误作"成熟"，今改之。

〔3〕"许"，《续藏》本作"评"，然注云："'评'，疑'许'。"今从之。

〔4〕"名"，《续藏》本作"名下"，"下"当系衍字，今删去。

〔5〕敦煌出土之《文轨疏》写卷从此"但"字始。

〔6〕"立因"，"续藏"本脱"立"字，今据敦煌写卷《文轨疏》补。

〔7〕"耳"，敦煌写卷《文轨疏》残本作"也"。

〔8〕"眼"，《续藏》本作"根"，内院本改作"眼"，今从其改。

彼云“自许”即简他许,以他不许“我”为“德所依”故,故不例也。

问:既不简他许,何须“自许”言耶?

答:〔1〕此为遮相违故,须自许言,谓他作相违难云:“极成之色应非即识之色,自许初三摄、眼所不摄故,如眼识。”今遮此难云:“此极成色为如眼识自许初三摄、眼所不摄故,非即识之色耶?为如我宗所许他方佛色自许初三摄、眼所不摄故,是即识之色耶?若不云‘自许’,即不得与他作不定过遮相违难。”

问:但云“初三所摄、眼所不摄”,亦得作不定过,何须“自许”耶?

答:若不言“自许”者,即有他不定过。谓他作不定过云:“极成之色为如眼识初三所摄、眼所不摄,非定离眼识耶?为如我宗释迦菩萨实不善色初三所摄、眼所不摄,定离眼识耶?”为避此过,故云“自许”。若为避此过,言“极成初三摄、眼所不摄”者,即不得与他相违难作不定过〔2〕,故唯言“自许”也。

---

〔1〕 此答以下文字(两答一问)与敦煌写卷《文轨疏》有较大差异,兹将敦煌本的相关文字录于此(两答一问),以供对照:

答:此为遮他不定过故,谓他作不定难云:“此极成色如眼识,初三所摄,眼所不摄故,非定离眼识耶?为如我宗所许,释迦菩萨实不善色初三所摄、眼所不摄故,定离眼识耶?”问:但应云极成初三摄、眼所不摄故,亦遮此难,何须别用“自许”避之?

答:虽得避不定过,然不能遮相违难,谓他作相违难云:“此极成色应非即色之识;极成初三摄、眼所不摄故;如眼识。”此难便成也。若言“自许”彼难不成,以得用他方佛色与彼相违作不定过故,用“自许”之言一遮他不定难,遮相违难。

〔2〕 “不定过”,《续藏》本作“不定”,“不定”下或脱“过”字。

《因明入正理论文轨疏》校补卷第二

《论》云：不定有六：〔1〕

述曰，此第二解不定有三：一、举数；二、列名；三、弁(辨)体。此即举数也。《论》云：一、共；二、不共；三、同品一分转异品遍转；四、异品一分转同品遍转；五、俱品一分转；六、相违决定。

述曰，此列名也。因遍同、异故名共，同、异俱无名不共。次三可解。宗互乖反名相违，因、喻各成名决定。

《论》云：此中共者，

述曰，此下弁(辨)体。六不定为六，今先解初，即九句中第一句也。文有五节：一、牒章；二、举法；三、释义；四、结过；五、审成。此即牒章也。

《论》云：如言"声常，所量性故"。

述曰，此举法也。如声论者立"声是常"，因云"所量性故"。言〔此声〕为现、比二量心及心法所量度也，〔2〕此所量因遍声宗上，无不成过。

《论》云：常〔3〕无常品皆共此因，

述曰，此释义也。此中"常"宗以虚空等一切常法为其同品，以瓶、盆等诸无常法为其异品，其"所量"因遍在同、异二品之上，故是共也。

问：龟毛等无，为是何品？

---

〔1〕 六不定以下为《续藏》本《文轨疏》所无，是新发现的疏文。

〔2〕 "言此声……量度也"为藏俊《大疏抄》所引，文字与此全同，《大疏抄》明言系《文轨疏》卷二所云。《大正藏》第68卷558b。

〔3〕 此"常"字写卷脱，今据《入论》补。

答：此中既以“常住”为宗，龟毛等无，非常住故，即名无常，异品摄也。〔1〕

《论》云：是故不定。

述曰，此结过也。既以空等、瓶等为因同法，故是不定过也。

《论》云：为如瓶等“所量性故”，声是无常；为如空等“所量性故”，声是其常？

述曰，此审成也。共“所量”因虽通二品，然不明显，故约二品审成不定。此但明自、他、俱共以立、敌许同、异二品有所量故，然以义准，更有自共非他共，他共〔2〕非自共亦是共不定也。自共者，如大乘对小乘成立七、八识云，“六种识身”是有法，“离自体外更有余识”是法，法及有法为宗，“是所知故”为因。此“离识自体外更有余识”宗，以“色”等有法及“龟毛”等无法为共同品，其“所知”因于此遍有，无共异品，唯以自许“八识”为异品，其“所知”因于此亦遍，是故不定：为如色等所知故，六识离自体外更有余识；为如自许八识是所知故，六识离自体外更无余识？他共者，如小乘对大乘立宗云，“极成之声”是有法，“非是唯识所变之声”是法，因云“是所知故”。此“非唯识所变”宗，以“色等”为共同品，其“所知”因于此遍有，无共异品，唯以他许“他方佛声”为异品，其“所知”因于此亦遍，是故不定。此极成声为如色等是所知故，非是唯识所变声耶；为如他许他方佛声是所知故，即是唯识所变声耶？〔3〕

《论》云：言不共者，

---

〔1〕 以上一组问答为《大疏抄》十八全引，文字与此全同，且谓是《文轨疏》卷二所云。《大正藏》第68卷558a。

〔2〕 “他共”二字写卷脱，今参照《大疏抄》十九引《略纂》文酌补。

〔3〕 《大疏抄》引《略纂》释共不定略有三中，于引文末注云：“文轨疏全同之。”（请参阅《大正藏》第68卷560a.b）内院本《庄严疏》即据以辑录，作文轨释共不定的疏文。然勘《略纂》与敦煌写卷《文轨疏》的相关文字，《略纂》虽袭自《文轨疏》者颇多，亦多有差异。而且《文轨疏》是先顺着《入论》所列“自、他、俱共”的例子作释，指出这是“立、敌俱许同、异二品有‘所量’故”，然后再释“自共非他共”和“他共非自共”的；而《略纂》则是按自共不定、他共不定和自、他共不定的次序疏解。由此可见，《大疏抄》所谓的“全同之”，乃指《略纂》与《文轨疏》在疏意上别无二致，非云文字之全同也，故不宜将《略纂》释共不定的文字辑为文轨的疏文。

述曰，此下第二不定，即第五句也。此亦五节，如前共文。此即牒章也。

《论》云：如言“声常，所闻性故”。

述曰，此举法也。如声论者立宗云“声常”，立因云“所闻性故”。此无同喻，但作异喻，反显云色等无常即非所闻，声既所闻，是故性常。

《论》云：常、无常品皆离此因，常、无常外余非有故，

述曰，此释义也。此中“常”宗以“虚空”等为其同品，以“瓶”“盆”等为其异品，其“所闻”义遍皆非有。龟毛等无，摄入无常品中，复不可言，更于余法有此因义以为同喻，以除常、无常二品法外更无非常、非无常第三品故。

《论》云：是犹豫因，

述曰，此结过也。既除宗已（以）外余一切品并无能立“所闻性”因，故是犹豫不定因也。

《论》云：此“所闻性”其犹何等？

述曰，此审成也。既云以所闻故，声即是常，此犹何等？

问：所量通二品，属异〔品不〕定收，“斑闻”同虽无，不属异品非不定。〔1〕为显此难立比量：“所闻”〔因非不定摄〕，异品无故，诸异品无者皆非不定，犹如正因。又，“所闻性”因非不定〔摄，同〕〔2〕品无故，诸同品无〔3〕者皆非不定，如相违因。

答〔4〕：此因唯属有法之声，不通同、异，故是不定。又如山中草木，无的所属，然有属此人、彼人〔5〕之义，即名不定。今此“所闻性”因亦尔，不在余品，若在余品者，即容通在同、异品义，故是不定。又，此“所闻”因若成因者，佛法立“声是无常”，胜论立“声德句摄”，数论立“声三德为性”，皆以“所闻”为因，皆

---

〔1〕 此问中“所量通二品……不属异品非不定”为《略抄》所引，其中“品不”“所”字均据《略抄》写卷第270行补。

〔2〕 “因非不定摄”和“摄，同”因原字残损，均据文意补。

〔3〕 “无”字拖，今补。

〔4〕 此答至“故是不定”为《略抄》所引，其中“答：此因”三字写卷脱漏。

〔5〕 “彼人”二字脱，兹据《略抄》写卷第271—272行引文补。

应成立;既立皆不成,当知此因是不定也。前之二量有相违决定过,谓"所闻性"因是不定摄,阙一相故,诸阙一相皆不定摄,犹如是等四不定因,此之四种皆阙异品遍无一相。今"所闻"因亦阙同品定有一相,故是同喻无〔1〕也。

问:如立宗言"一切声是常〔2〕",因云"以是声故",常、无常品皆离此因,常、无常外余复非有,亦应唯是不共过耶?

答:"声"是有法,"常"是法,立因乃云"以是声故",此因即是所立有法,除有法外更无别义,非宗法故,非不定摄,但是两俱不成过也。

今"所闻"因虽余品非有,然对耳根等有所闻义,成宗法性体非不成,由不共同、异二品名不共也。若立"内声无常",因云"以是声故",此因虽显相有法,该外声故,即遍"声"宗,非不成过。

复由同品有故非不共也。此即俱是他不共过,以声论师对佛弟子立匙比量,声论自许声外大有、同异亦是所闻,敌论佛弟子不许故也。〔3〕 更有自不共、俱不共亦不定摄。

自不共者,如佛弟子对声论立宗云"声是无常",因云"所闻性故",此因望自同、异二品皆悉非有,望他声论即于异品"声性"是有,故是自不共也。

问:既唯于他异品中有,何故不成相违?

答:彼若作相违云"声是其常",因云"所闻性故",喻云"如同、异者",此同、异不共成,故非相违也。

问:若尔应无他不定过,此过如前所述。

答:不定不别立量,故不例也。〔4〕

---

〔1〕 "无"字脱,今据文意补,次同。

〔2〕 此问中"是常"二字据下答"常是法"而补之。

〔3〕 "此即俱是……不许故也"为《大疏抄》所引,见《大正藏》第68卷562c,其中"此"字、"同"字脱,今据《大疏抄》引文补。

〔4〕 以上释自不共的疏文为《大疏抄》十九所引录,并谓出自"文轨疏二",见《大正藏》第68卷562a。其中"如同、异者"的"者"似系衍字,为《大疏抄》引文所无。"此同、异"中的"此"字脱,兹据《大疏抄》引文补。

俱不共者,如佛弟子对数论师立宗云"声从识变",因云"所闻性故"。此因望自、望他,于同、异品遍皆非有,故是俱不共也。

《论》云:同品一分转异品遍转者,

述曰,此下第三不定,即第七句也。文亦有五,如前共等。此即牒章也。

《论》云:如立:"声非勤勇无间所发,无常性故〔1〕。"

述曰,此举法也。"声"是有法,"非勤勇无间所发"是法,法及有法和合为宗,因云"无常性故"。

《论》云:此中"非〔2〕勤勇无间所发"宗以"电""空"等为其同品,此无常性于电等有,于空等无;

述曰,此下释义,就中初明同分无,后明异遍有。此即初明同分无也。电、空齐非勤勇所发故是同品,然电速起灭故有〔3〕无常,空体非迁,无常非有,故是同品一分转也。

《论》云:"非勤勇无间〔4〕所发"宗,以"瓶"等为异品,于彼遍有。

述曰:此明异遍有也。瓶由作意辗转乃至手等所发故是同品,于此等上皆有"无常故"因〔5〕,于异品皆遍转也。

《论》云:此因以电、以瓶为同法故,亦是不定:

述曰,此结也。夫定因者,要同有异无,今"无常"因法于宗同、异二品皆有,即是以同、异二品之上无常性义俱为同法,令本"声"宗或是勤发,或非勤发,是故此因成不定也。

《论》云:为如瓶等无常性故,彼是勤勇无间所发;为如电等无常性故,彼非勤勇无间所发?

述曰:此审成也。此即但是俱同品一分转异品遍转,然亦有自同品一分

〔1〕"性故",写卷误作"故性",今据《入论》改。

〔2〕"非"字写卷脱,今据《入论》补。

〔3〕"有"乃衍字。

〔4〕"无间"二字脱,今据《入论》补。

〔5〕此"因"字脱,今据文意补。

转异品遍转,他同品一分转异品遍转亦此中摄,准前共中类作可解下二不定,亦有他、自,并类思之。

《论》云:异品一分转同品遍转者,

述曰:此下第四不定,即第三句也。文有四节:一、牒章;二、举法;三、释义;四、结过。此即牒章也。

《论》云:如立宗言〔1〕:"声是勤勇无间所发,无常性故。"

述曰,此举法也。"声"是有法,"是勤勇无间所发"是法,法及有法和合为宗,因云"无常性故"。

《论》云:"勤勇无间所发"宗以"瓶"等为同品,其"无常性"于此遍有;述曰,此下释义也。就中初明同遍有,后明异分无。此即初明同遍有也。

《论》云:以"电""空"〔2〕等为异品,于彼一分"电"等是有,"空"等是无。

述曰,此明异分无也。

《论》云:是故如前亦为不定。〔3〕

述曰,此结过也。其"无常"因既通同、异二品之上,是故如前第三不定,"无常故"因以电、以瓶为同法,故是不定也。略无审成,准例可解,此亦但是俱不定也。

《论》云:俱品一分转者,

述曰,此下第五不定,即第九句也。文亦有四,如前第四。此即牒章也。

《论》云:如说"声常,无质碍故"。

述曰,此举法也。如声论者对胜论师立宗云"声常",因云"无质碍故"。如发言语,即有音声,遍在余处,往来不障,故是无质碍也。

---

〔1〕 写卷作"如说",此按《入论》改。

〔2〕 此脱"空"字,今据《入论》补。

〔3〕 写卷作"无不定","无"为衍字,兹据《入论》删。

《论》云〔1〕：此中“常”宗以“虚空”“极微”等为同品，“无质碍性”于虚空等〔2〕有，于极微等无；

述曰，此下释义也。就中初明同分有，后明异分无。此即明同分有也。胜论师宗极微是常，谓空劫中有细极微，散在处处，后劫成时有情业力令诸细微两两相合，各各生一粗子果微，其子微量等二细微，如此粗微复更和合转生粗者，如此渐增乃至和合生器世界也。后劫坏时，极粗大者先为灾坏，渐渐乃至初子果微，如此粗果悉迁灭尽，唯有根本最极细微不为灾坏，故是常也。然可积聚，又有一处，即无第二，故非无碍。其声论师亦同此计，故以极微为其同品，无质碍因于空等转极微不转，故是同品一分转也。又释，若声论师对佛弟子立此量者，唯以空等为共同品，因俱遍转，常住细微为自同品，若自、若他，因俱不转。今此望自，故是俱品一分转收。若望他、望共，即是第四不定过摄。

《论》云：以瓶、乐等为异品，于乐等有，于瓶等无。

述曰，此明异分无也。乐是起主，故举乐爱，等取所余心、心法也。乐等、俱等俱是无常，故是异品。其“无碍”因于乐等有，于瓶等无，故是异品一分转也。若依前释，是共俱品一分转因，若依后释，即是自同分有、共异分无，合是俱品一分转也。

《论》云：是故此因以乐、以空为同法故，亦名不定。

述曰，此结过也。此无碍因既以生、灭、乐、不变、空为其同法所依事，故名不定也。略无审成，类前可解。

《论》云：相违决定者，

述曰，此下第六不定。文有三节：一、牒章；二、举法；三、结过。此即牒章也。

《论》云：如立宗言：“声是无常，所作性故，譬如瓶等。”

---

〔1〕 写卷作“论曰”，兹按《文轨疏》体例改作“论云”。

〔2〕 此脱“等”字，今据《入论》补。

述曰，此下举法也，有二：初举胜论法，后举声论法。此即举胜论法也，胜论立比量云，“声是无常”为宗，“所作性故”为因，“譬如瓶等”为喻。

问：〔1〕前对声显论，“所作”随一不成，今既敌同前，何得名决定？

答：前对体用常，故是随一过；今敌用生、灭，“所作”两俱成。又释，前据未重立，是随一不成，今约更成因，故得名决定。又，前对声显论，“所作”随一不成，今对声生论，故无随一过。

《论》云：有立：“声常，所闻性故，譬如声性。”

述曰：此举声论法也，即于胜论立量之时立比量云，“声是常住”为宗，“所闻性故”为因，“譬如声性”为喻。

问：前立“所闻”即是不共，何故今此同品有耶？

答：今对胜论立此比量，胜、声二师〔2〕皆许声外同、异句义是其声性，谓声同于声，异于色等，名为同、异。此声同、异，唯属于声与声作性，故名声性。如此声性，为耳所闻故，此立因具有三相，非不定也。前对佛法立“所闻”因，佛法不许声外声性，故是不共。

问：大有句义亦为耳闻，何故不名声性？

答：声之同异，唯与声为性，不通余法，故是声性。“有”通一切，不名声性也。〔3〕

《论》云：此二皆是犹豫因故，俱名不定。

述曰，此结过也。

问：声、胜二论，比量皆成，何故复云俱是犹豫？

---

〔1〕 此问至下答中的“故得名决定”为《大疏抄》十八所引，文字全同。以下文字则殊异，《大疏抄》引文为：“又释，总虽言声论，计仍生、显分别，对显不成，今敌生决定。”见《大正藏》第68卷569b。“问”中的“‘所作’随一不成”，的“随”字脱，又“答”中亦脱“随”字，均据《大疏抄》补。

〔2〕 “胜、声二师”，写本误作“胜论二师”，今据文意改。

〔3〕 以上一组问答为《大疏抄》二十所引，然《大疏抄》在上述引文后尚有如下一段文字：“又释，诸所闻者皆悉是常，‘大有’即是同喻，此唯《广百论》意，大有名声性也。”见《大正藏》第68卷570a。

答：此二比量虽无余过，然令证人、听众不测理之是非，谓彼疑云："一有法声其宗互反，因、喻各立，何正何邪？"故俱犹豫，名不定也。

问：〔1〕主立宾破，理有是非，岂容俱失而无胜负。

答：前负后胜，如先煞迟棋。又如人相扑，力停不倒，先言我胜，此即堕负。

问：虽分胜负，理未必然，多言显宗，此说何据？

答：论其胜负，一如前弁（辨）；理之是非，依现、教断。何者？现谓现量，教谓佛教，即圣言量。又释，世现证知名现，依现起言名教，现即现量，教即至教量也。依此现、教，断此二因，胜论义是，声论理非，以世间现见音声间断有不闻时，诸佛亦说"声是无常"，世间不见声是其常，佛又不说声是常住故。又释，世间现见声是无常，〔2〕依此现见，言声生、灭，不见是常，不言恒住，故胜论宗同彼世间现见至教，故符实义。声论不同世间现见，故乖正理。

又答：此之二因无论前后，若同现、教，此即为胜；若乖现、教，即堕负门；若俱违顺，依前后断。

问：声论定堕负，应是宗过收，如其离九失，何成违现、教？〔3〕

答：〔4〕声论说声常住，耳等曾不恒闻，胜义虽简宗非，约情终违现、教。此则由言，故无宗过，谓就胜义，声是其常。据情故理不真，谓违世间现、教二量。

问：如约胜义立："色等空，以缘生故，犹如幻事。"此亦约情违世现、教，所立空理亦应不真？

〔1〕 此问以下共有四组问答为《大疏抄》二十引，见《大正藏》第68卷573a。其中"先煞迟棋"《大疏抄》引文作"先杀持棋"。

〔2〕 以上从"世间不见……声是无常"共二十七字为《庄严疏》漏辑，参见《庄严疏》卷三页四右。

〔3〕 此问为《庄严疏》漏辑，参见《庄严疏》卷三页五左。

〔4〕 此"答"字《庄严疏》误作"问"，见《庄严疏》卷三页五左。

答：望此虽有违现、教义，然“以缘生故”因，“如幻事”喻，不违现、教，以因、喻力令彼世间亦信色等体性是空，无违世间现、教之失。声论所立“声〔1〕性”同喻，胜论虽许，然违现、教，不能令宗世间同许，故声常宗理不正也。

问：具足三相，应是正因，何故此中而言不定？

答：此疑未决，不敢解之，有通释者随空而注。〔2〕

问：此与比量相违何异？

答：前比量相违但立其宗即违其因，今立因已方违其因，故不同也。又，但相违决定即比量相违，自有比量相违非相违决定。如立宗违其比量，而立因别有余过，故非相违决定也。〔3〕

问：准此但约法自相明相违决定，准相违因，应有法自相、法差别、有法差别相违决定，何不论耶？

答：略故不说，准例可知，又释，此不定过别陈因、喻，主非能立，其力羸故，不能与彼法差别等别作相违决定过失，若相违因即先因、喻，用彼因、喻还违彼宗自相、差别，故不例也。比量相违亦同此释。〔4〕

《论》云：相违有四，谓法自相相违因，法差别相违因、有法自相相违因、有法差别相违因等。

述曰：此列名也。宗有二种：一、言显宗，有二：一、法自相，如无常等；二、有法自相，如声等。二、意许宗，亦二：一、法差别，谓于前法自相言宗之上有自意许，如大乘唯识所变无常等；二有法差别，谓于前有法自相言宗之上有自意许，如大乘无漏声等。

---

〔1〕 此“声”字脱，今据《大疏抄》引文补，见《大正藏》第68卷573a。

〔2〕 以上一组问答为《大疏抄》二十引，见《大正藏》第68卷569a。其中“随空而注”，似为“随宜而注”。《略抄》第327—328行引同，唯“通释”作“通难”。

〔3〕 以上一组问答为《大疏抄》二十一所引，见《大正藏》第68卷576a。

〔4〕 以上一组问答为《大疏抄》二十一引，见《大正藏》第68卷578a。其中“本非”敦煌本和《大疏抄》均误作“非本”，今据文义改。又，敦煌本《文轨疏》至此终。

问：如大乘识变声等应是差别，何故不说？

答：识变声等是有法自相，以大乘声唯从识变，无非变者故也。其识变无常该色等，故是法差别。〔1〕此则言中彰者为自相，言中不彰意含许者为差别，非谓色、声等法体为自相，常、无常等为差别也。〔2〕

问：宗亦乖因，岂唯因过？过不在宗，何得名“相”。

答：如言父子相生，子不生父，亦得名相。此则宗因两形为相，因返宗故名违。

问：常义既返所作，何不宗说相违。

答：宗言常住，过失未生，因言所作，方乖所立，故因说违，宗无此过。又释，如立常为宗，无常返常，名为相违，立因为欲成常住宗，其因乃成无常宗义，与相违为因，故名相违因也。〔3〕

若所立因望此四宗，各各别违，故有四种，然更有因违二、三、四，合有十一，略不别辨，故言“等”也。谓或有因违初二。违后二，违一、三、违二、四，违一、四，违二、三。或有因违上三，违下三，除第二违三，除第三违三，或有因通违四种，此则——别违有四，违二有六，违三有四，违四有一，合十五因也。〔4〕《论》云：此中法自相相违因者，如说声常，所作性故，或勤勇无间所发性故。此因唯于异品中有，是故相违。

述曰，此举法也。如声论者对胜论等立宗云“声是常住”，立因云“所作性故”，或云“勤勇无间所发性故”。〔5〕

《论》云：法差别相违因者，如说“眼等必为他用，积聚性故，如卧具等”。

---

〔1〕 辑自《略抄》写卷第332—338行。《大疏抄》卷三十四亦引此段疏文，然无“此列名也”四字。其中“如大乘唯识所变无常等”中的“如”字为《略抄》所无，“该色等”的“色”，《略抄》作“电”，今据《大疏抄》引文改，见《大正藏》第68卷713b、c。

〔2〕 辑自《大疏抄》卷三十四，见《大正藏》第68卷713a。

〔3〕 辑自《大疏抄》卷二十三，见《大正藏》第68卷602b。

〔4〕 辑自《大疏抄》卷二十四，见《大正藏》第68卷602b。

〔5〕 辑自《大疏抄》卷二十四，见《大正藏》第68卷605c。

此因如能成立“眼等必为他用”，如是亦能成立所立法差别相违积聚他用，诸卧具等为积聚他所受用故。

述曰，第一义谛《论》已破此宗。彼论云：问曰：此言“他用”者为是何他？若言真他用，即是能别不成过，又无同喻过；若是假他用，即是立已成。今此且纵许成宗也。〔1〕

问：彼宗眼等岂不亦为假他用耶？此则重成已立，何名相违？

答：彼数论宗诸卧具等为假他用，眼等但为真他受用，以假他即以眼等为体，自体不可用自体故。然佛法宗假实殊途，许彼假他受用眼等，故唯违他，非成已立。又释，彼宗亦执眼等实法为假他用，同佛法宗，然成相违者，此中立宗应云“眼等唯为积聚他用”，因云“积聚性故”，“诸积聚性者皆唯为积聚他用，如卧具等”。“唯”言即简眼等为无积聚他用，故成相违。文中虽无“唯”言，意如此也。

不应于中生异觉云，眼等唯为实他受用。〔2〕

问：卧具若为真他用，同喻不应成；如其但为假他用，不应成我所。

答：眼等亲为真他受用，卧具亲为假他受用，不为真他亲所受用。今据亲用，故卧具等同喻极成，辗转言之，有受用义，故成我所。〔3〕

问：无积聚他所受用宗，数论自许通卧具上，是法差别；其佛弟子对数论师立“声灭坏”，亦自许灭坏通灯焰上，何故即（非）法自相耶？若是法自相者，能别应成。〔4〕

问：同无异有方是相违，今此所立“积聚性”因既于他用卧具等有，于非

〔1〕 辑自《大疏抄》卷二十六，见《大正藏》第68卷640b。

〔2〕 辑自窥基《因明大疏》卷七页八左，金陵刻经处，光绪二十二年（1896）。又《大正藏》第44卷129c。据智周《前记》卷下云：“此一段是轨法师说。”见《卍续藏》第53册828c。

〔3〕 以上两组问答辑自《大疏抄》卷二十六，见《大正藏》第68卷639a。

〔4〕 辑自《略抄》写卷第358—360行，其中“非”疑为衍字。净眼只引录了问者了未引录文轨的答问之言，只是笼统地说：“广答此问如《疏》中解”。

他用龟毛遍无，是则此因应正因摄，具三相故，犹如正因。

答：立义若不违自所许，方是正因，其“积聚”因虽具三相，然违自许无积聚他用，不违他敌意所许故。故敌论者与作相违，具三相因，有不定过，谓为如“所作等”因具三相故，积聚性因即正因摄？为如相违决定因具三相故，积聚性因非正因摄？又释，必为他用言所显宗是法自相，其积聚因望此所立，即具三相，不成相违，以佛法敌论亦许眼等为他用故。若为无积聚他用意所许宗是法差别，望此意许法差别宗即同品无、于异品有。谓意所许宗云“眼等为无积聚他用”，因云“积聚性故”，除宗以外诸卧具等皆不为无积聚他用，无同品故是同品无，其卧具等即是此积聚因于中有，故是异品有。今既不言与言显法自相宗作相违云眼等不为他用，但与意许法差别宗作相违云。“眼等应为积聚他用”，故望意所许宗辨因有、无，以同无异有故得成相违，不望言所显宗辨因有、无，以同有异无非相违也。此释应合因明玄旨，幸有识者详之。〔1〕

《论》云：有法自相相违因者，如说：“有性非实、非德、非业，有一实故，有德业故，加同异性。”

述曰：（成劫之末有外道出，名温露咖，此云鸺鹠，经无量时无具此者，）后住劫初，婆罗痆斯国有婆罗门子名摩纳薄迦，此云儒童，亦名般遮尸怯，彫云五顶，由具七德，彼仙为说六句义法，应时悟解，鸺鹠即日入无余灭。五顶后为其五弟子说此六句。〔2〕

“有性”是有法，“非实、非德、非业”是法，法及有法为宗。五顶云：“实等非无之义，汝我共许为有；此之有性，体非第一实句、第二德句、第三业

〔1〕 辑自《大疏抄》卷二十六，见《大正藏》第68卷461a、b。其中“无同品故是同品无”一句，《大疏抄》作“无同品故是同品有”，显系误写，今从内院本改。

〔2〕 辑自《明灯抄》卷五，见《大正藏》第68卷378c。又，《大疏抄》卷二十七亦引此，( )中语即《大疏抄》补缀之语，见《大正藏》第68卷642b.c。其中“此云五顶”，《明灯抄》误作“以云五顶”，今据《大疏抄》改。

句也。"〔1〕

问：彼散极微及时、方等，皆为大有、同异句含，何不即同含粗微时及同子孙微，名有二实及有多实？

答：其含粗微，大有、同异子孙微所含之实自相和合，望此所含名有一实，不名有二实及有多实也。又释，有及同异有一切实，一一实上皆有大有、同异句含，故说有等名有一实，纵有子孙粗微亦名有一实也。若作此解有及同异唯名有一实也，其子孙微不能有一切实，一一实上不必有子孙微等含，故望所含者名有二实，不名有一实也。若以无实及有二实以为因者，便有两俱不成过失，故此不言无实及有二实也。若以有多实为因者，若依前解有不定过，以其孙微能有多实体是实故，若依后解有不成过，故亦不言有多实也。〔2〕

《论》：此因如能成遮实等，如是亦能成遮有性，俱决定故。

述曰：问：夫同异品望宗法立，其"有一实"等因，既于同品"同异性"有，于其异品"龟毛"遍无，何故此中乃约有法作相违过？

答：此所立因虽具三相，违自许故，成相违因。又释，宗言"有性"者，此即意许离实等外别有有性为有法宗，虽此宗云"有性"即是离实等有，今望此宗辨同、异品，其同异句即是异品，此所立因唯异品有，故是相违。

问：既违意许，应是差别，何故名违有法自相？

答：今言"有性"者意诠离实等有，为有法自相，然以有法须极成故，不可例云离实等有，故虽意许而是言显为自相宗，不同作有缘性是离实等，有差别之义，为意所许差别宗也。此二释中，后释应胜，余义可准法差别中。〔3〕

问：此"有一实等"因应有随一不成过失。谓若就即实有名有一实者，

〔1〕 辑自《大疏抄》卷二十七，见《大正藏》第68卷645c。

〔2〕 辑自《大疏抄》卷三十五，见《大正藏》第68卷719c—720a。

〔3〕 以上两组问答辑自《大疏抄》卷二十八，见《大正藏》第68卷661c。其中第一组问答中的问言，亦见《略抄》所引（写卷第410—413行），文字完全相同。

即弟子成、五顶不成;若就离实有名有一实者,即五顶成、弟子不成。如数论师对佛弟子立宗云“觉慧非思”,因云“以无常故”,同喻云“如色等”。此无常因若就隐显义释,即数论成、佛法不成;若就生灭义释,即佛法成、数论不成,有随一过也。

答:生灭、隐显即是无常,离此二外无无常义,故就此二分别不成,即离本非有一实义,约此分别,因非不成,今此但据一实自体不无之义,自、他俱许名有一实,故此立因无随一过。若即离分别亦是过者,即一切因皆有斯过。何者?且如大乘对小乘等立宗云“过、未体无”,立因云“现在无为所不摄故”,同喻云“如龟毛等”,如此之因应有此过。谓若就识变,现在无为所不摄故,名现在无为所不摄者,即大乘成、小乘不成。若就实有现在无为所不摄故,名现在无为所不摄者,即小乘成、大乘不成,有随一过。此既不可如此分别,故约即、离分别此因,非随一过也。〔1〕

问:五顶弟子信有“有”不?若信有性,陈那菩萨助难令成非有,便违共许,岂是相违?如声论者难胜论云:“声应非声,所作性故,如瓶。”违共许故,非相违也。若不信“有”,此则宗阙有法,因无所依,何容依此竞其即、离作相违过?

答:今立宗云“有性应非有”者,谓五顶执有离实等,弟子执有即实等,今不取此以为有法,但取共许实、德、业上不无之义以为有法,及作因依,故无宗、因二不成过,故言“有性”者,此即有法也。言“应非有”者,谓共许有性应非第四离实等有,此则违他不违自许,故得与彼作相违过,此即法也。

问:有性即实、离实异,唯违离实有,因名违自相,亦应必为他用含真、假,唯违真他用名违自相因。

答:五顶立有唯离实,此有若也成非实等,不无宗即无,故违自相非差别,数论他用通真、假,真他受用义虽无,眼等他用宗不失,故违差别非自相。

问:前一解云,数论师执眼等不为积聚他用,此则于眼等上他用宗无,何

〔1〕 辑自《大疏抄》卷三十三,见《大正藏》第68卷711c—712a。

故不名相违法自相?

答：此因约同喻故，不违自相。谓积聚因、卧具等喻但与真他受用义违，假他用宗眼上自无，不由因、喻方违此义，此乃反由因、喻方故，今眼等上有积聚他所受用义，故积聚因非违自相。〔1〕

《论》云：有法差别相违因者，如即此因。

述曰：此举法也。“如”者即指法之词也，即指前“有一实”等因，故云“如即此因”。因既即前，宗、喻不异，故不具举。

《论》云：即于前宗有法差别作有缘性。

述曰：此即举所违宗也。于前“有性”有法宗上有差别义，谓作有缘性也。〔2〕心及心法，体是缘虑，“有缘性”者，从境为名，名曰“有缘”，其大有性能作有缘境界之性，故言“作有缘性”。〔3〕此“作有缘性”言中不彰，但是意许，于有性上有作有缘境界性义，故非自性名差别也。若言中立宗云“作有缘性非实等”者，此则“作有缘性”是有法自相，不名差别。若即心许此“作有缘性”体是离实等有性者，即是差别，非自相也。此则自相、差别本无的义，但约言显、意许而分此二，若作余解，恐难取异。〔4〕

《论》云：亦能成立与此相违作非有缘性。

述曰：此正明直例也。此“有一实等”因，亦应能成与此意许“作有缘性”之相违宗，谓作非有缘性宗也。

《论》曰：如遮实等，俱决定故。

述曰：此释成也。何以例有性今作非有缘性者，如同异性有一实等故，

〔1〕以上三组问答辑自《大疏抄》卷二十八，见《大正藏》第 68 卷 655b。其中第二组问答亦见引于《大疏抄》卷三十四，“受用”一词卷二十八引作“用受”，今据卷三十四引文改。最后一组问答亦见引于《大正藏》第 68 卷 633b。其中“反”字卷二十八引作“及”，今据卷二十八引文改。

〔2〕以上辑自《大疏抄》卷二十九，见《大正藏》第 68 卷 666a。

〔3〕辑自《大疏抄》卷二十九，见《大正藏》第 68 卷 674b。

〔4〕辑自《大疏抄》卷二十九，见《大正藏》第 68 卷 670c。

即遮实、德、业三，及遮“作有缘性”，俱决定故，故我例有令作非有缘性也。谓相违宗云“有性应作非有缘性”，立因云“有一实故，有德、业故”，同喻云“诸有一实，有德、业者，皆作非有缘性，如同异性”。非是有故名非有，与非有缘心作性故。〔1〕

问“必为他用”宗中含无积聚他用、有积聚他用，其无积聚他用即是法差别，今非实等宗中亦含作有缘性非实等，作非有缘性非实等，何故作有缘性非实等即是有法差别耶？

答：如言显宗自相为有法，共相为法，今意许宗亦尔，若自相者即是有法差别，若共相者即是法差别。其“眼等”上意许无积聚他所受用宗通卧具上，是共相故，是法差别。“有性”之上意许作有缘性宗，唯在有性，不通余法，既是自相，故是有法之差别也。〔2〕

问：“无积聚他所受用”宗数论自许通卧具上，是法差别，其佛弟子对数论师立“声灭坏”，亦自许灭坏通灯焰上，何故即非法自相耶？若是法自相者，能别应成。〔3〕

答：此义无异，何者？谓佛弟子自许灭坏通灯焰上，为法自相，然数论不许有灭坏故，能别法自相不成，能别法自相不成故，即非法自相，今数论自许无积聚他所受用宗通卧具上，是法差别，佛法不许无积聚他受用义，故能别法差别不成，能别法差别不成故，即非法差别，复以积聚性因违彼法差别故，亦非法差别也。此则望自许故得名自相及差别，望敌论不容，即非自相及差别也。〔4〕

---

〔1〕 以上两段释文辑自《大疏抄》卷二十九，见《大正藏》第68卷666a。其第二段释文复见《大疏抄》卷三十引，且明言“文轨疏二云”。见《大正藏》第68卷679c。

〔2〕 此一组问答见《大疏抄》卷二十九引，《大正藏》第68卷670a、b。复见《大疏抄》卷三十引，《大正藏》第68卷683b、c。又，《大疏抄》卷二十九说《略纂》所引“有人者，文轨师也”，并录其所引之上述问答，见《大正藏》第68卷667b。

〔3〕 辑自《略抄》写卷第358—360行，又《大疏抄》卷三十亦引此问，文字与《略抄》全同，并引文轨的答言，见《大正藏》第68卷683c。《大疏抄》所引的文轨答言为《略抄》所未引。

〔4〕 辑自《大疏抄》卷三十，见《大正藏》第68卷683c。

此后二违若别别作，即十五因中违一因摄，若同时作，即是双违二因摄也。〔1〕

《论》曰：已说似因，当说似喻。似同法喻有其五种：一、能立法不成；二、所立法不成；三、俱不成；四、无合；五、倒合。似异法喻亦有五种：一、所立不遣；二、能立不遣；三、俱不遣；四、不离；五、倒离。"能立法不成"者，如说"声常，无质碍故，诸无质碍见彼是常，犹如极微"。然彼极微所成立法常性是有，能成立法无质碍无，以诸极微质碍性故。

述曰：问：所立宗上有四不成，今同喻中何故不说？

答：此中别约二立，故无四种不成。又释，今以义准，亦含四不成过。何者？即此同喻极微之上"无质碍"因若自若他俱不容有，即是两俱能立不成。又如佛弟子对鸺鹠子立宗云"极微无常"，立因云"有质碍故"，同喻云"诸有质碍即是无常，犹如音声"。彼鸺鹠子计声无碍，佛法弟子计声有碍，今言如声无质碍者，即自成他不成，即是随一能立不成。又如立宗云"初发无上菩提心者不堕恶道"，立因云"以发无上菩提心故"，同喻云"诸发无上菩提心者皆不堕恶道，如预流等"。此发心不发不决定知，而言"以发无上菩提心"者并皆犹豫，故是犹豫能立不成。此三不成细解亦有全、分等义，可准前四不成思之。所立既成必有所依，故此过中无第四过。〔2〕

问：能、所二立何故不约所依辨过？

答：能、所二立有其不成，所依定成，故不约辨。〔3〕

是喻中虽无能立，而有所言故，不言所依不成过也，有喻所依故也。问：

〔1〕 辑自《大疏抄》卷二十九，见《大正藏》第68卷667a。复见《大疏抄》卷三十引，见《大正藏》第68卷683b。

〔2〕 辑自《大疏抄》卷三十六，见《大正藏》第68卷731a。本段引文中，"音声""声"等，《庄严疏》辑录时均改作"业"，不知其所据为何。

〔3〕 辑自《瑞源记》卷七页二十右，商务印书馆，1928。《瑞源记》引此问答时标明系《略纂》所言，复注云"庄严亦同"，兹姑辑作文轨的疏文。《大疏抄》卷三十六亦引《略纂》的这段文字，然未注明《文轨疏》与此相同。见《大正藏》第68卷733b.c。

若无俱不成,喻依何耶?

答:所立无亦能立无及喻无,其非比量言也。〔1〕

宗中无因,非但是喻上能立所依不成,喻上所立亦无,故言无俱不成也。〔2〕

《论》云:所立法不成者,谓说"如觉"然一切觉能成立法无质碍有,所成立法常住性无,以一切觉皆无常故。

述曰:既有能立必有所依,故无第四所依不成。〔3〕

《论》云:俱不成者,复有二种:有及非有。若言"如瓶",有俱不成;若说"如空",对无空论无俱不成。

(《疏》中解无俱不成中云:)若声论救云:"声上无碍,取遮及表;虚空喻上,唯取其遮;或空与声,唯遮非表。"作此救者,不阙能立。(有余大德不许此,故立破云,如《疏》中述。)〔4〕

(又有问者云:)"虚空体无,可非常住;无体非碍,能立应成。"〔5〕

有云:"声宗上遮、表、虚空喻上遮,别既两俱成,总非能立阙。"若声论师作此立者,即是所立不成过。〔6〕

(余大德破云:)"声无碍",有遮有表,喻遮非表,喻不似因,亦不得成。(文轨反破云:)如咽等所作,杖等所作,虽不相似,所作义同,亦得成喻。

(文轨并转叙声论意云:)声宗无碍,但取其遮,故空同喻,能立得有。

---

〔1〕 散辑自《大疏抄》卷三十六,见《大正藏》第68卷732c。

〔2〕 辑自《大疏抄》卷三十六,引《略纂》文,见《大正藏》68卷733b、c。《瑞源记》亦引此《略纂》文,并案:"庄严亦同。"见卷七页二十一左,商务印书馆,1928年。

〔3〕 辑自《大疏抄》卷三十六,见《大正藏》第68卷735a,又,733b亦引此段文字。

〔4〕 辑自《略抄》写卷第429—432行,()中语系净眼所述。

〔5〕 辑自《明灯抄》卷六,《大正藏》第68卷403c。

〔6〕 辑自慧沼《续疏》卷一页九左,"支那"内学院,1933。慧沼所引文轨疏文,经曰释善珠核对《文轨疏》,仅"总非"二字颠倒为"非总"。见《明灯抄》卷六,《大正藏》第68卷404b。

(更有别师难文轨并声论之救:)宗、喻具二,取遮非表,亦无能立。(文轨反破云:)亦应小乘对大乘立"虚空是常,以非作故",立者许具遮表,敌者即唯有遮,望自应有随一不成过。故知能立不成者,不约具遮表。〔1〕

设若救言,声、空俱取于遮,不取于表者,可非能立阙不成过。〔2〕

《论》云:无合者,谓于是处无有配合,但于瓶等双现能立、所立二法。如言"于瓶见所作性及无常性"。

述曰:"若诸所作皆是无常,犹如瓶等"者,即所立无常随逐能立所作,能立所作能成所立无常,即更相属著,是有合义。由此合故,即显声上无常、所作亦相合也。"所作性"因敌论许,诸言合故可合因,"声是无常"他所不成,皆是无常言如何合?文言少异,义意无别,今不合者唯在宗言,许因合故。〔3〕

《论》云:倒合者,谓应说言"诸所作者皆是无常",而倒说言"诸无常者皆是所作"。如是名似同法喻品。

《论》云:似异法中,所立不遣者,且如有言"诸无常者见彼质碍,譬如极微"。由于极微所成立法常住不遣,彼立极微是常住故,能成立法无质碍无。

述曰:所立不遣必有所依,故无所依不成义也。〔4〕

《论》云:能立不遣者,谓说"如业"。但遣所立,不遣能立,彼说诸业无质碍故。俱不遣者,对彼有论说"如虚空",由彼虚空不遣常性,无质碍故,以

---

〔1〕 以上均辑自《续疏》卷一页九左右,"支那"内学院,1933年。按:以上辑文中加( )的文字均系我所加,以理清眉目。

〔2〕 辑自《续疏》卷一页十左,内院本,1933年。此"设若"言是《文轨疏》所设声论的救言。但《续疏》未引文轨对声论的反破之言,却引述净眼对声论的破斥之言。

〔3〕 辑自《明灯抄》卷六本和《大疏里书》卷下末,《明灯抄》的引文无前二句,即无"若诸所作……亦相合也"。《里书》则至"皆是无常言如何合"止,无最后一句。其中"诸言合故可合因"一句,《里书》作"诸言合故可合故重出因",语意不够清晰,故取《明灯抄》所引。《明灯抄》所引见《大正藏》第68卷406b,《里书》所引见《大正藏》第69卷232a。

〔4〕 辑自《大疏抄》卷三十七,见《大正藏》第68卷740c。

说虚空是常住故,无质碍故。不离者,谓说“如瓶”,见无常性有质碍性。

述曰:离者,不属着也。若言“诸无常者见彼质碍,如瓶等”者,此即常宗无处,异品无常与无碍因不相属着,即是离义,由此反显声有无碍,定与常义更相属着,故异喻须离。今既但云“于瓶见无常性有质碍性”,此即双现宗、因二无,不明无宗之处因定非有,故是不离。由此不明宗无之处辨因非有,不能反显无质碍因与常住宗更相属着,故是过也。又释,言诸无常即离声上常,言皆质碍即离声无碍,故是其离,今既但于瓶上双现二无,自是别明二无,不欲简彼宗、因,故是不离也。此二释中今存前释,以合不合宗、因,反合为离,离岂离彼宗、因,故别解为正。〔1〕

《论》云:倒离者,谓如说言“诸质碍者皆是无常”。如是等似宗、因、喻言,非正能立。

〔1〕 辑自《大疏抄》卷三十七,见《大正藏》第68卷742c。其中“无常与无碍因不相属着”的“属著”,《大疏抄》作“应著”,“不能反显”句误写作“不能不能反显”,均从内院本改。

《因明入正理论文轨疏》校补卷第三

《论》云：复次，为自开悟，当知唯有现、比二〔1〕量。

述曰，《理门》云："非离此二别有所量，为了知彼，更立余量。"今陈那意，唯存现、比，余之五量，摄在比中。何以尔者？夫能量者要对所量，所量既唯自、共二相，能量何得更立多耶？故自悟中唯有二量等。为了自相，则立现量，为了共相，即立比量，非离此二自、共相外更有余相可为所量，为了知彼须立余量也。〔2〕

自、共相者，一切诸法皆离名言，言所不及唯证智知，此为自相；若为名言所诠显者，此为共相。〔3〕

若诸心识得自相者即是现量，得共相者即是比量。

问：似现、似比得何相？

答：但得共相。

问：若尔即应比量所摄，何故得名似现、似比？

答：由缘共相不异，但是比量所摄，由约所似有殊，别分似现、似比。

---

〔1〕"二"字脱，此据《入论》补。

〔2〕辑自《明灯抄》卷六本和《大疏抄》卷三十七，系由二书的引文契合而成。其中"今陈那意……故自悟中唯有二量"为《大疏抄》所引，并明指系"《文轨疏》三"中语，头尾则为《明灯抄》的引文。《明灯抄》所引见《大正藏》第68卷415a，其中所引《理门论》语见《大正藏》第32卷3b。《大疏抄》所引见《大正藏》第68卷743c。

〔3〕辑自《明灯抄》卷二本，见《大正藏》第68卷242c。其中"应"，《大疏抄》作"立"，今从内院本改。

问：以似似于现，即非现量摄；以似似于比，应非比量摄。为显此难，立比量云："能似比量应非所似量摄[宗]，似所似量故[因]，如似现量[喻]。"此难欲令似比量体是喻量等摄也。

答：对所说能似，名有现、比分，望境但缘共，体同比量摄。前所立量有相违因过，谓能似比量摄[宗]，似所似故[因]，如似现量[喻]。[1]

《论》云：此中现量谓无分别，若有正智于色等义，离名种等所有分别。

述曰，若萨婆多，解五识有自性分别，今言"无分别"者，无余分别，不遮自性分别也。若大乘，一解同萨婆多，一解准《对法论》七分别中五识是任运分别，非自性分别。今言"无分别"者，即无三分别也。[2]

《理门》云："有法非一相，根非一切行。唯内证离言，是色根境界。"此引例欲证现量义。"有法"者，谓色、声等，能一一有常、无常等一切法故。"非一相"者，彼色等上常、无常等众多共相恒沙法门，故云"非一相"也。"根非一切行"者，根谓五根，但于有法自相中行，不于一切常、无常等相中行也。"唯内证离言"者，五识缘自境界但了自相，故云"内证"，不带名缘，故云"离言"。"是色根境界"者，五识缘境与根必同，故约色根境界，以显五识内证。[3]

《论》云：现、现别转，故名现量。

述曰，五根照境分明，名之为现，五根非一，故云"现、现"，别依五现根，别生五识，故云"别转"。此五识心、心所是现量体，依现根起现之量，故名为现量，此依主释也。此即唯约五识释现量名。以同缘意识及定心等虽依第七末那别起，然末那颠倒取境不明，不得名现，其第八识照境虽明得名为现，然能依七识或量、非量，又七、八识非共许故，故此释中但据五识。又释，五

〔1〕 辑自《大疏抄》卷三十八，见《大正藏》第68卷748a。

〔2〕 辑自《大疏抄》卷三十九，见《大正藏》第68卷758c。

〔3〕 辑自《大疏抄》卷三十九，见《大正藏》第68卷760a。其中所引《理门论》小结五识现量的四句颂，见《大正藏》第32卷3b。《大疏抄》原为略引，兹按《文轨疏》的行文风格作全引处理。

识照境明白，名之为现，五识非一，故云现、现。五识各缘自境而起，故云别转，现即是量，名为现量，此持业释也。此释则通一切现量，以同缘意识及定心等照境分明，皆名为现，现即是量，名现量。依《理门论》，比量之因若近、若远，是比量具，俱名比量，准知眼等五根是现量因，现量具故，亦是现量，此中文略，准彼可知。〔1〕

问：《理门》现量既有四种，何故此中唯明五识？

答：此《论》简略，唯明五识，《理门》委言，故有四种。或可此《论》文中通收四种，以同缘意识、自证、定心各无分别，亦是正智，于色等境离名、种等诸分别故。《理门》中以太隐故，于五识文中疏出三种，故有异耳。〔2〕

《论》云：言比量者，谓借众相而观于义。相有三种：如前已说。由彼为因，于所比义有正智生，了知有火或无常等。是名比量。于二量中即智名果，是证相故。如有作用而显现故，亦名为量。

述曰，今陈那云"于二量中即智名果，是证相故"，谓现、比证诸法自相、证诸法共相，自、共二相是所量，二量之体为能量。即此能量证二相智，自照明白为量果，故云是证相故。此二量体无实作用，但所量境相于能量心上显现，假名为量，譬如众色于镜上现，假说镜照。即是心之一分，如有能量之用，故言"如有作用"；心之一分如有所量显现，故云"而显现故"。既于证相一心之上有此能量、所量之义，故此证相量果亦名为量也。若立二分者，本质为所量，相分为能量，见分为量果，或可相分为所量，见分为能量，即此见分审决明白为量果。若立三分者，相分为所量，见分为能量，自证分为量果。若立四分者……如此三师立分虽异，同释此文，并皆无妨。〔3〕

---

〔1〕 辑自《大疏抄》卷三十九，见《大正藏》第68卷762b。

〔2〕 辑自《大疏抄》卷三十九，见《大正藏》第68卷761a。

〔3〕 辑自《大疏抄》卷三十九，见《大正藏》第68卷763b。所引陈那云"于二量中即智名果，是证相故"的话，其实是商羯罗主《入正理论》中的话，错说为陈那所言。又，其中"现、比"二字，《大疏抄》卷三十九引作"现量"，《瑞源记》卷八亦引作"现量"（页十六左），然与下文"证诸法自相、证诸法共相"的文义不合，今从内院本改。

西方三释：一云，依世亲菩萨但立二分……二云，依无性菩萨立有三分：一相分，二见分，三自证分。……三云，若依亲光菩萨等立有四分。〔1〕

《论》云：有分别智于义异转，名似现量。谓诸有智了瓶、衣等分别而生。由彼于义不以自相为境界故，名似现量。若似因智为先，所起诸似义智名似比量。似因多种如先已说，用彼为因，于似所比诸有智生，不能正解，名似比量。

述曰，即前所明，不成、不定、相违为似因也，即并摄似宗、似喻。用彼知似因智为因，于似因所比宗义之中有果智生，解不正故，名似比量。〔2〕

《论》云：复次若正显示能立过失，说名能破。谓初能立阙减过性，立宗过性，不成因性，不定因性。相违因性，及喻过性，显示此言，开晓问者，故名能破。

述曰，立、敌、证者，更相问故，俱名问者。〔3〕

《论》云：若不实显能立过言，名似能破。谓于圆满能立显示阙减性言，于无过宗有过宗言，于成就因不成因言，于决定因不定因言，于不相违因相违因言，于无过喻有过喻言。〔4〕

述曰，此解也。立者三支悉皆圆满，敌者妄言有所缺减，即是似破。此显总似破也，下显别似破。"于无过宗有过宗言"等者，依《理门论》十四过类即是似破，今不可具引其文，但略取其意以彰似破。十四过类者：一、同法相似过类；二、异法相似过类；三、分别相似过类；四、无异相似过类；五、可得相似过类；六、犹豫相似过类；七、义准相似过类；八、至非至相似过类；九、无因相似过类；十、无说相似过类；十一、无生相似过类；十二、所作相似过类；十三、生过相似过类；十四、常住相似过类。同法即是相似，故

〔1〕 辑自《大疏抄》卷三十九，见《大正藏》第68卷764b。

〔2〕 辑自《明灯抄》卷六末，见《大正藏》第68卷430b。

〔3〕 辑自《明灯抄》卷六末，见《大正藏》第68卷432b。

〔4〕 赵城本《过类疏》从"《论》云：谓于圆满能立"始，无"若不實显能立过言，名似能破"一句，今据《入论》补。

名同法相似，余皆例然。此十四种皆于能立非理妄破，故名为过，然似能破，故名为类，此则是能破之类而有过，故名为过类。

第一同法相似过类者，内曰："声无常［宗］；勤勇无间所发性故［因］；诸勤勇无间所发性者皆是无常，譬如瓶等［同喻］，若是其常见非勤勇无间所发，如虚空等［异喻］。"外曰："声常［宗］；无质碍故［因］；诸无质碍皆悉是常，譬如虚空［同喻］；诸无常者见彼质碍，犹如瓶等［异喻］。"此之外量有不定过：其声为如空等无质碍故即是常耶，为如乐等无质碍故是无常耶？此即〔1〕以异法为同法，不以同法为同法，故名相似过类。然外人本作此量有二意：一、不立自宗；二、成立自宗。不立自宗者，欲显内义有共不定过，谓此声为如瓶等勤勇发故是无常耶？为如空等无质碍故即是常耶？此即但是似不定。何以尔者？夫真不定要以本因望同、异品，谓有、谓无是真不定，今此外人以空等上无勤勇发因，乃于勤勇发因外别立无质碍因于异品有，故是似共不定也。成立自宗者，欲显内义有相违决定过，此亦但是似相违决定。何以尔者？夫真相违决定必须定因，今无质碍因空、乐皆有，即是不定，何成能立定因言也。〔2〕此中应以四句分别：一、以定破不定；二、以定破定；三、以不定破不定；四、以不定破定。如勤勇发因成无常宗，定因能破无质碍因成声常宗不定之因，此即以定破不定也。如胜论立"声无常，所作性故"，此因是定。声论复立定因云"声常，所闻性故"，此即以定破定也。如声论立"声常，无质碍故"，此因不定。佛法复立不定因云："声无常［宗］，不可见故。"若声论云，汝"不可见因"通异品空上有，是不定故非能破者，佛法云，汝"无质碍因"亦通异品乐上有故，岂成能立？若汝得成，我亦得成，若我不成，汝亦不成。此则佛法戏调声论，显彼不定。此即以不定破不定也。如声

〔1〕"此即"，赵城本作"此则"，"即"与"则"的草体形似，极易混同。今据《大疏抄》四十一引文改，见《大疏抄》第68卷772a。

〔2〕"何成……"句与《大疏抄》引文有较大差异，兹录《大疏抄》所引如下，以资比较："何能与定作相违决定耶？故是似相违决定也。此谓于定因不定因言，故是似能破也。"这段引文不及《金藏》本简洁，似有增益的痕迹。

论以无质碍因显声是常,破佛法勤勇所发证无常因,此则以不定破定也。前之三句是能破摄,唯第四句是似破也。

问:如立量云:"真故极成色,非定离眼识[宗];自许初三摄、眼根不摄故[因];如眼识[喻]。"有人破此比量作相违决定云:"真故极成色,定离于眼识[宗];自许初三摄,眼识不摄故[因];如眼根[喻]。"此四句中何句所摄?

答:此当第四以不定破定句摄,以眼根非同品故,谓小乘宗自许眼根定离眼识,若大乘自在菩萨六识互用,眼识亦得缘彼眼根现眼根〔1〕相分,及成所作智亦缘眼根现眼根相分,如此相分眼根并是初三之中眼根所摄,此则大乘不许眼根定离眼识,此之眼根望自虽是同品,望他即是异品,然无共同品故是同品无。以眼识为异品,因复非有。此"自许初三摄、眼识不摄"因于同、异品既遍非有,即六不定中不共不定也,复是似喻中他随一所立不成过也。若言大乘虽不许眼根定离眼识,然小乘自许,故是同品得成喻者,如大乘对小乘等立量云:"就胜义谛,眼根是空,以缘生故,犹如耳根。"如此耳根小乘不许,应是同品得成同喻,此既不可,彼亦同尔,此因既是不定所摄,故是第四以不定破定句摄。

问:如成立如来悲智体是涅槃。有人难言:"性净体凝然,可许称寂灭;悲智既迁动,如何名涅槃?"

答:"悲智离染同性净,故得说涅槃。"

难云:"离染同性净,即得说涅,迁动类有为,应得名生死。"如此之难何句所摄?

答:立者意云,悲智是涅槃[宗],以离染故[因],如性净[喻]。此是定因。难者意云,悲智是生死[宗],以迁流故[因],如苦集谛[喻]。此难者因虽是其定,宗自违故,不成相违决定,亦是不定破定句摄。

---

〔1〕 此"根"字脱,兹据《大疏抄》四十一引文补,次同。见《大正藏》第68卷772b。

上释同法相似，颇分论词，要者今略疏出。内曰:“声、瓶既俱勤发，理即并是无常。”内又曰:“空是其常非勤发;声既勤发是无常。”外破曰:“声同瓶勤发，同瓶即无常;声同空无碍，同空应是常。”外又破曰:“声不同空非勤发，即不同空说是常;声既同空是无碍，即应同空说是常。”内曰:“勤发定是无常义，故声类瓶说无常;无碍非唯是常义，何得同空说常住?”

第二异法相似过类者，内、外比量并如同法相似中举，然外人以瓶同法为异法喻，名异法相似，与前异也。内曰:“空是其常即非勤发，声既勤发定是无常。”内又曰:“瓶从勤发既是无常，声亦勤发何容常住?”外曰:“虚空是常非勤发，声是勤发即无常，瓶是无常有质碍，声既无碍应是常。”外又曰:“声同瓶等是勤发，即同瓶等说无常;声不同瓶是有碍，应不同瓶是无常。”内曰:“但是常者非勤发，故得勤发证无常，无常有碍有无碍，何得无碍证其常?”

第三分别相似过类者，内曰:“声无常，勤勇无间所发性故，譬如瓶等。”外曰:“声常，不可烧故，或不见故，如虚空等。”外意云，汝以声同瓶勤发即同瓶无常者，然瓶是可烧、可见，声即不可烧、不可见。可烧、可见可无常，无烧、见者应是常，此于同法喻中分别可烧、不可烧，可见、不可见等之宗义异，名分别相似。前异法相似直望以一同法为异法，不分别差别之义，故不同也。此外人不烧等因通同、异品，有不定过，谓此声为如空等不可烧或不可见故即是常，为如乐等不可烧或不可见故即无常? 此名以不定破定，故是似破也。内曰:“瓶从勤发既也无常，声从勤发何容常住?”外破曰:“声从勤发同瓶等，即同瓶等说无常;瓶是可烧声不烧，瓶自无常声应常。”内曰:“勤发唯在无常中，故得独证无常义;不烧通常、无常内，何得偏成常住宗?”

第四无异相似过类者，有三师释。一言，内曰:“声无常，所作性故，犹如瓶等。外曰: 若言声、瓶同有所作性故，即令声是无常与瓶无异者，声、瓶同有所作性，故其声亦应可烧、见，亦可非所闻性，与瓶无异。”立量云:“声应可烧、可见、非所闻性[宗]，所作性故[因]，如瓶等[喻]。”若许声得同瓶等可烧、可见、非所闻性者，亦应瓶得同声不可烧、见、是所闻性，此则声、瓶一切法同，应成一性，无有声、瓶两物之异。陈那释此无异意云，外人抑令成无异者，意欲返显瓶、声差别，以无异宗违自所许及违世间，不可立故。但返显云，若瓶与声虽同所作，瓶自可烧、可见、非所闻，声自不可烧、不可见、是所闻，不成一者；故知瓶自无常，以可烧、可见非所闻故，声自是常，以不可烧、不可见、所闻性故。陈那解云，若约抑成无异难过，〔1〕少异第三分别相似，然外人意恐违世间，自所许故，不敢强抑立无异宗，若约返显声、瓶差别，与第三分别相似理合不殊，不应别说无异相似。《理门论》云，若现量力强，比量力劣，“不能遮遣其性。如有成立‘声非所闻，犹如瓶等’。以现见声是所闻故”。〔2〕 释云，此明抑成无异成似所以。声之所闻，现量所得，外人虽以瓶为比量遮声所闻，然比量力劣于现量，不能遮遣声之所闻现量境也，故此无异之难违现量，故成似破也。彼《论》又云：“不应以其是所闻性遮遣无常，非唯不见能遮遣故；若不尔者，亦应遣常”。〔3〕 释云，此明返显瓶、声差别成似所以。外人云：“若言声不同瓶非所闻，声自是所闻，亦应声不同瓶是无常，声自是其常。”立量云：“声是常，所闻故。”此无同喻，但立异喻云：“若是无常，即非所闻，犹如瓶等。”瓶等无常，即非所闻；声既所闻，当知是常，故今非之，不应以其是所闻性遮遣无常也。下释“非唯”〔4〕意云，“非唯不见能遮遣古夕”，谓非唯瓶上不见能遮所闻性故瓶有所遮之无常，亦于空上不见能遮所闻性故空有所遮之常，其所闻性虽不于彼瓶、空上有，不废瓶无常、空是常，故知所闻非是能遮无常因也。下重责云：“若不如我所非，尔者，亦应遣常也。”谓若以瓶无能遮无常之所闻瓶即有无常，返显声有能遮无常之所闻声即无无常者，亦可空无能遮常住之所闻空即有其常，返显声有能遮常住之所闻声即无其常，故云亦应遮常也。然《如实论》中无异相似与此少异，彼

〔1〕“无异难过”，《过类疏》作“无异难边”，今按《大疏抄》四十一引文改见《大正藏》第68卷773c。

〔2〕《大正藏》第32卷4c。

〔3〕同上。

〔4〕“非唯”，《过类疏》和《大疏抄》均作“非”，疑脱“唯”字，今据文意补。

《论》意云，瓶、声同有所作性、声、瓶同无常，万物同有所知性，万物应无异。若所知遍万物，万物自体各不同，所作遍声、瓶，常与无常亦应异。立量云：万物之体应无异[宗]，有同法故[因]，如瓶、声无常[喻]。又云：声、瓶之法决定有异[宗]，有同法故[因]，如万物[喻]。彼论明此成相似。破意云，我所作因虽有同法之相，异品无故亦有别相，具三相故得成正因。汝所知因唯有同法之相，异品有故，无有别相，无三相故，故是似因。〔1〕 良为万物，相望有同、有别。若唯就别，外人立又无同喻；若唯就通，无所简别。故我折中兼其通、别，具三相者立为正因，不具三相皆似因摄。

问：八并天地是形，不得两形俱动；阴阳是气，不得两气同生。如此等难，为是能破，为是似破？

答：此是无异相似过类，非是能破。所以尔者，此难宗意，欲令地形同天无异，一种是动，故举阴、阳同生例云，阴阳同气，既同生天地，同形应同动，若使天动地不动，应即天形地不形，此则以形为因，并地令动。此量云："地应动[宗]，以是形故[因]，犹如天形[喻]。"如此之难，违自所宗，以自不许地是动故。若言难者纵横，虽违自许亦成难者，若彼解家还以是形为因，立天不动，亦应成难，谓："天应不动[宗]，以是形故[因]，犹如地形[喻]。"是则形之一因，难家若用，即令其地同天亦是动；解家若用，即令其天同地不动，盖以形非动因，所以有其不动，难家何得偏例动耶？若其难者未晓因明，强以同形令同动者，应返质云："以同形故，应同不动；动不可动，动岂得成?"若其难者例声不见，应以抗答息其忿竞云："若以形解动，未有形非动；不以形解动，故有形非动。"此解甚有道理。然其难者不领所解，别论他事，仍自贡高，应须换句折其我慢。如此四四十六翻换，纵其神彩超拔，必自摧伏，况是中庸之流，敢相凌篾，盖为难者有胜负之心，须用此法，如其不尔，无劳用之。

问：如有难言："将凡以对圣，皆得有佛性；亦可将圣以对凡，皆得见佛

〔1〕 参见《如实论·道理难品》关于第一无异难的论述，《大正藏》第32卷31b。

性。”如此之例是能破不？

答：此等亦是无异相似，何以尔者？此之难意“以有佛性故”为因，令凡亦见，此比量云：“凡夫之人应见佛性[宗]，有佛性故[因]，犹如圣人[喻]。”如此之难亦违自许，故不成难也。若言何论自违，但成并例即是难者，亦可解家还用此因返例圣人亦应不见，应亦成难。谓：“圣人不见佛性[宗]，有佛性故[因]，如凡夫[喻]。”是即一因成见、不见，何得偏成凡夫得见，此即以凡同圣得见，成无异过也。若其难者不晓其意，应以抗解以挫其词云：“若以有解见，未有有非见；不以有解见，故有有非见。”亦有四四十六换句，准前可知。此解理附因明颇有意趣，久措心者方知其妙耳。

问：此方论并颇尚传闻，如前所解理致虽终，更欲续之亦有难不？

答：理致既尽，应须息言，纵其更难，终成似破。似破难言：“不以有解见，则有有非见，不以见解有，应有见非有。”此虽似难，终须解之：见本见其有，无有见非有，有不有其见，故有有非见。又续难曰：“将见以见有，无有见非有，将见以见无，无有见非无。”解曰，本自约有以明见，故言无有见非有，今不约无以明见，何得无有见非无？此虽不成能破，稍相附近，必存往复，用亦无伤，后之学者须辩亲疏，过尔辽落不繁用耳！且如难言：“将戒以望定，戒、定俱是福，将戒以望定，戒、定俱防非，若使戒防定不防，应有戒福定非福。”如此之例必不可用。何以尔者？如言将门以望柱，谓言是其木，将柱以望门，并得通来往，若使门通柱，不通亦应门木柱非木，如此之例岂成难也？若此得成难者，万物总成一体，即是无异相似过类也。

问：如有问言，诸子出宅为求羊、鹿，既到门外应得三车，何意乃云露地而坐？

答曰：本设三车为令出宅，既到门外不假羊、鹿，以得免火宅灾，所以露地而坐。

难曰：“三车诱诸子，出门三竟无。一城引入道，入道应不有。”

答曰：化城息疲怠，城有方息疲。言车令发趣，车无子亦出。

难曰：入城为息疲，城无不息疲。出宅为求车，无车不出宅。

答曰：疲怠入城方得息，若也无城不息疲。子出不由上三车，纵使无车子得出。

问曰：求车故出宅，出宅不得车。求息故入城，入城疲不息。

答曰：三乘有解脱，化城不可无。二圣无智慧，羊、鹿故非有。

难曰：若使断不由智证，城有车是无。今既因智以证断，车既是无城不有。

答曰：因果之道，果有因必不无，为喻之法，随事有无不定。车为逗引所以是无，城为止息所以是有，既引、息有殊，不可为例。

（问曰：〔1〕）此之问答颇堪用不？

答：此难意云，羊、鹿之车决定是有[宗]，权诱事故[因]，如化城[喻]。然权诱之因未必皆有，是不定因，不成能破。然约因难，稍有意况，立论之时颇亦堪用。

二云，内曰："声无常，勤勇无间所发性故，犹如瓶等。"外曰："勤勇发与无常，有无谓不定，并非毕竟性，宗、因应不殊。"此难意云，无常、勤发，有无不恒，谓非常住毕竟之性，此则宗、因无有别异，但指所立一分为因，便是两俱不成之过。如立"声无常，以是无常故"，此因与宗无别义故，但指所立一分为因，有不成过也。内曰："勤发与无常，总虽非毕竟，别据生、灭异，宗、因义自分。"此解意云，宗言无常，意取其灭；因言勤发，意取其生。生既共了，正是因义，灭非共许，理即是宗。今言不成，故是似破，此谓于成就因不成就因言也。此释无异，是陈那所存。

三云，内曰，义本如前。外曰：声应可烧，勤勇所发，譬如瓶等。此以勤发一因，双成两宗，故名无异；或可令宗同喻，名为无异。如此之难则与内义作有法差别相违也。内曰："我立无常之宗，违他不违自；汝立可烧之义，他、自两宗并违，故是似破非能破也。"此谓于不相违因相违因言也。

问：如难无常比量云："声非无常声，勤勇所发故，犹如瓶等。"此唯违他

〔1〕 此似脱"问曰"二字，兹据《文轨疏》行文体例补，以清眉目。

无常之声，不违自许常住之声，如此之难，为是能破，为是似破？若是能破者，则一切比量皆有斯过，是则应无无过比量。若是似破者，如难唯识比量云："极成之色应非即识之色；极成初三摄、眼所不摄故；如眼识，如此比量唯违他许，即识之色不违自许离识之色，亦应即是似破所摄。"

答：此难无常比量，似破所收；难唯识比量，能破所摄。何以尔者？常与无常但是其法，同依一体有法之声，不能别标自、他有法无常之声。若无常声自然非有，违共许故似破所收。即识、离识非是其法，但是别指自、他有法，即识之色若无，离识之色犹在，故唯违他得成能破。此释颇尽精微，学者审自思择。

第五可得相似过类者，有二：一云，内曰，义本如前。外曰："电、风本非勤勇发，以可见故是无常，是则立声是无常不因勤勇所发性，此难意云，电、风等上无勤勇发因，外以可见等因证无常义，既离汝因余因可得，明知勤发非是正因；若此〔1〕勤发是正因者，无勤勇处应无无常，譬如见烟知有火、不见烟不知火。"内曰："勤发定是无常因，未见勤发是常者；无常不是勤发因，故见电等非勤发。"此解意云，我不言勤发能显一切无常、余因不能显，故电等无常，虽非勤发，自以可见等因显其无常，亦顺我意，俱〔2〕是正因。如欲知有火，即须见烟，虽不见烟，见光亦知有火，同证有火俱〔3〕得成因。又若以勤勇不遍电等非定因者，汝可见因亦不遍声，应非定因；〔4〕相望皆有余因可得义故。又勤发因若在异品，可成能破；既唯在同品，但似破也。

二云，内曰："义本如前。外曰无常之物并勤发，如此勤发成无常。无常

---

〔1〕 敦煌《过类疏》断片从"此"字始。此下据断片校改一些影响文意的字词和文句。

〔2〕 "俱"，赵城本作"谓"，今据敦煌《过类疏》断片改。

〔3〕 同上注。

〔4〕 前一"定因"赵城本作"声因"，后一"定因"则作"电因"，今均据写卷断片改。

有非勤发生，应此勤发非因证。”此难意云，若勤发因遍通一切无常品上得成正因，既其不遍，便有一分不成因过。如尼干子等立“一切草木悉有神识，以有眠〔1〕故，犹如人等”，此有眠因唯在尸利沙树，余树即无，以不遍故有不成过也。又内曰：“勤发虽不遍无常，然遍所立声宗上；纵使电等无勤发，何妨勤发证无常？其尼干子本立一切草木为宗，有眠之因不遍草木，故因有过，何得为例？”

第六犹豫相似过类者，〔2〕内曰，义本如前。外曰：“无常有显、生，勤发或生、显，宗、因各通两，理成犹豫因。”此难意云，无常名中通含二义；一、生灭无常，如瓶等；二、隐显无常，如井水等。其声为如瓶等勤勇发故是生灭无常耶，为如井水等勤勇发故是隐显无常耶？此无常宗显、生义别，令勤发成犹豫也。此难约宗显成犹豫。又更约因依〔3〕作犹豫难，一作不成过，二作不定过。〔4〕

不成过者，“汝言勤发者为约生故名发，为约显故名发？若约生，勤发即声、瓶等上成，井水上不成；若约显，勤发即井水上成，声、瓶上不成，有随一不成过也。”不定过者，“其声为如瓶等勤勇所发生故是无常耶？为如井水勤

〔1〕“有眠”，敦煌断片及赵城本均作“有眼”，且此下一一皆为“有眼”，可能是因“眠”与“眼”字形相近而误录。《如实论》《理门论》《集量论》在举及此例时均说为“眠”，而非“眼”，兹据以改。

〔2〕“第六犹豫相似过类……一作不成过，二作不定过”这一段文字辑自写卷断片，开头一句“过类”二字系据赵城本补。

〔3〕“依”疑为衍字。

〔4〕这段疏文与赵城本有较多差异，兹录赵城本的相关释文如下，以裨比较：“第六犹豫相似过类者，内曰，义本如前。外曰：‘无常有显、生，勤发或生、显，宗、因各通两，何独证无常？’此难意云，汝言无常者，为约生、灭名无常，如瓶、盆等；为约隐、显名无常，如井水等？若约生、灭者，即有不定过，其声为如瓶等勤勇发故是生、灭无常耶，为如井水等勤勇发故是隐、显无常耶？若约隐、显无常者还同此过。故无常宗约显、生义，令勤发因成犹豫也。此难约宗显成犹豫。又更约因作犹豫难，一作不成过，二作不定过。”

勇所发显故而是常耶?〔1〕有不定过。”外人意谓，井水、树根本〔2〕来是有，由人工显，体是其常，故作此过也。内曰:“我言无常但据坏灭，汝于宗外妄益〔3〕其生，生尚非宗，何容立显？故此分别，但是妄施。”此解难宗，下解难因。先解不成，后解不定。

解不成云，所作咽喉、杖、轮异，总言所作得成因。勤发生、显虽不同，合言勤发亦成就。此解意云，井下之水亦从人工勤发生，生已即灭，谁言显耶?若以此水虽定是生、灭，然以相类、相似〔4〕、相续本来不见，今由人工勤发得见故，故是显者，如此之显我宗亦许，得成正因，非不成也。

问：所作生、显分，即是随一过；勤发生、显异，何故得成因?

答：唯约声宗明所作，生、显自、他互不成，通就瓶、水论勤发，生、显自、他俱成就，故不同也。

解不定云，井水若是常，勤发显因成不定；井水既生、灭，勤勇发显是定因。故《理门论》云:“若生、若显悉皆灭坏，非不定故。”〔5〕

问：择灭涅槃亦由勤勇之所显发而是其常，何故此因一向是定?

答：梵本《理门》释论解云，声从勤勇无间所发者，约近因等起；其择灭涅槃，远因所显。谓由发分求灭，入方便道等，经无量心始显涅槃，故非勤勇所显发也。

第七义准相似过类者，内曰，义本如前。外曰:“声是勤勇发，既也是无常；电等非勤勇，理应即是常。若使电非勤勇发，然自是无常；声既勤勇发，应当即是常。若言电非勤发尚无常，声是勤勇那得常？亦可电非勤发尚无

〔1〕“其声为如瓶等……而是常耶”二问句据敦煌《过类疏》断片校改，赵城本原句为:“其声为如瓶等勤发生是无常耶？为如井水勤勇发显而是常耶?”

〔2〕敦煌写卷断片至“本”字断，其前文字与赵城本别无二致。

〔3〕“益”，赵城本误作“盖”，兹从内院本改。

〔4〕“相似”，赵城本误作“相以”，兹从内院本改。

〔5〕“非不定故”，赵城本作“非不定因”，今据《理门论》改。见《大正藏》第32卷5a。

常，声是勤发当是常。若是勤发、非勤发并说是无常，亦可常法与无常俱得是勤发，若言常法体凝然，不可从勤发；亦可非勤发体寂，不可说无常。”内曰：“我言勤发者皆无常，未有勤发非无常；不言非勤发者皆是常，故有电等是无常。若言勤勇发者是无常，非勤勇发者定是常，亦可由见烟故知有火，不见烟故知无火。虽复不见烟，未必即无火；虽非勤勇发，何必即有常?”又解：“譬如见雨知有云，因但使见雨必有云；见云非必是雨，因自有见云不必雨。今亦如此，勤发是彼无常因，但使勤发必无常；无常非必勤发因，故有无常非勤发。”又解：“勤勇所发具三相，故得为彼无常因；非勤勇因异品有，何得为彼常之因?”此以非勤发中有其三种：一、常，如虚空等；二、无常，如电等；三、不有，如空华等。何得以此偏证其常？此则以不定因破我定因，是似破也。如此难虽同八并反对之形，然两因相翻，善有意况。若应反对，直以两体不同，反地为并云：“地反天，故有时而暂动；亦可天反地，故天有时而暂息。”如此之流全非道理，但是矫妄论摄，不可教之此并。又如人反畜，故人即有情；畜反人，故畜应无情。又如水反火，故水非名火；火反水，故火应名水。又如声反瓶，故声是无常；瓶反声，故瓶应是常。如此之例触事皆有，岂可总成论难之法？前已略评相望，此复贬其反对，反对既其不可，兔角例成无用。兔角并云，阳生既明；翻例难云，阴灭应闇。并既不殊反对，空为兔角之名。寻其意义，更为疏谬，何者？为阳生有体自可为明，阴灭无形遣谁为闇？然《广百论》云福生既乐，罪灭应苦者，良为大乘无相罪、福俱空，既不许罪灭为苦，亦不许福生为乐，既是不违自宗，故得反例为难，此约胜义为论，非是世事常规，何得以俗阴阳例此以为通论？自余互从，纵横颠倒，名词虽有稍异，难势不异相望，相望既是不分，此等例皆混杂覆却重述前并往还别起问词，虽有八并之名，意无一因之用，有八转之类、四门之流，换易物名，更无别趣。恐繁纸墨，不浮委申，若有雌黄，请详其致。

第八至不至相似过类者，内曰，义本如前。外曰：“此因望宗为至不至。设尔何失？二俱有过。若言至者，立量云：宗之与因应无因果[宗]，以相至故[因]，如池海合[喻]。”此量意云，阿耨达池流入海，但称为海，舍池名；勤勇所发至无常,亦但名宗,废因称。又难:“所立若不成,此因何所至;所立若成就,何烦此至因?若言不至者,即立量云:‘勤勇所发应不成因[宗],不至宗故[因],犹如非因[喻]。如立声常,眼所见故。此因不到声宗,故非因也。’此量意云,眼所见性不至宗,即是两俱不成摄;勤勇发因亦不至,何容即是极成收?”内曰:“我所立因不为至宗,但为显了所立宗义。如色已有用灯显之,何得以望至不至难?”此解意云,勤发、无常,本来自有,然敌论愚闇不了无常,故立义人以勤勇发为因成前所立,令于声上了无常宗,此即宗、因自有,非至不至,妄为此难是似不成。又汝所难有自违害过,为汝前设难亦立宗、因,若至不至还同此过,汝虽难我,乃复自违。又汝所破言为至我义,为当不至?若至我义,即同我义,便不成破;若不至我义,如余不至,亦不成破,故汝设难即是自违。此即至与不至俱非立破之因,约此为难,皆成其似。又池流到海,竟无因果之分;主到于舍,即有人物之异。灯不到闇,而为破闇之因;斧不到薪,而无薪破之果。此即至与不至,或异、或同;因与非因,或到、不到,何得独以池海例彼宗、因,偏以非因齐此因义?若唯同池海,则至舍无人物之分;若偏例非因,则灯光无破闇之用。盖为法体参罗义门,尘算有同、有异,乍合、乍离,不可以一例多,不可全无比例,必须折中。不可不通三相,量之方合其趣。今至不至既非定因,故汝难词似破所摄,此则于成就因不成就因言也。然古来论者多效此难,曾有人问余云:“《广百论》品者名曰《破常》,何知是常,何者是破?”答曰:“常见名常,智慧能破。”彼复问云:“如此智慧既能破常,为到能破为不到耶?”答:“若据无间道则到,故破如斧破薪;若据解脱道此则不到,故破如灯破闇。彼即难云:到故若能破,主到舍应破;不到若能破,近破远亦破”。余当解云:“破中有到、有不到,非到、不到并为破,如门有木、有非木,非木不木并为门。”此解颇有所以,我本不以到与不到解其破义,但云能破之中有是到者,有非到者,何得难言到故若能破,主到舍应破,不到若能破,近、远亦应破?此如门体之中有是木者、有非木者,不以是木、非木解其门义,不可难言木若是其门,窗并是木应是门;非木若是门,水火非木应是门。此则破以毁坏为义,不以到不到为义;门以开通为义,不以木、非木为义。今难者不难毁坏，妄难到与不到；不难开通，妄难木与非木，如此之流，殊乖论道，来诸鉴者，详其理致。

第九无因相似过类者，内曰：义本如前。外曰："此勤勇发为在无常前、为后耶？为俱耶？若在前者，难曰：'所立宗义若旧成，对果立因义，无常先非有，勤发岂名因？'若在后者，难曰：'无常若未成，要资勤发立，宗义先成就，何劳更立因？'若同时者，难曰：'两角俱时生，不可论因果，二立一时有，何容〔1〕辩果因？'"内曰："因有二种：一生，二了。生者如种生芽等，了者如灯照物等。若约胜义难生因言，种若在芽前，种则不名因；种若在芽后，则因无所用；种与芽同时，则不成因果。此则成难，以约胜义谛中诸法无实，能生、所生因果法故。若约世俗因果法门，种在芽前未得因名，芽生已后彰得因号，此则因果之道世间极成，故《维摩经》云'说法不有亦不无，以因缘故诸法生'。〔2〕若约世俗作此三时无因难者，即是诽拨一切因法不成难也。其了因者，唯约世俗言论法门辩其因果，其言、义、智因若望生果，体在果前，名居果后；若望了果，不可定说若后、若前。汝今若以胜义谛中三时之难难此因者，亦是诽拨一切因法不成难也。准此，诸大乘经论约三时破因果者，皆约胜义谛也。若就世俗，因体即在果前，因名即在果后，顺俗说故，此即不遮也。此中外人立比量云：'宗前之因必定非因，无因用故，犹如兔角。'如此比量为不定过：谓此因为如兔角无因用故即非因耶？为如谷种无因用故而是因耶？故汝就世俗谛作三时难者，此不成也。又汝有自害之过，谓汝前设难亦立宗、因，如此宗、因，若前、若后还有此过，汝虽难我，乃是自违。又汝所难言若在我义之前，我义未有，汝何所难？若在我义之后，我义已立，何用难为？若汝复言汝知我难好故，效我难反难于我者，不然，我显汝难还破汝义，不依汝难以立我宗，何得妄云知我难好？此并于我成就因不成就因言也。"

---

〔1〕"何容"，赵城本误作"何客"，今从内院本改。

〔2〕此为鸠摩罗什所译《维摩诘所说经》中语，见《大正藏》第14卷539c。

第十无说相似过类者，内曰，义本如前。外曰："因言勤勇发，声即是无常；未说勤勇前，声应非无常，此难意云，汝以勤勇发言因为无常因，未说此言之前，因即非有；因非有故，即有两俱不成；因既不成，宗义不立，是即此声应非无常。"内曰："以灯了物知物有，不了其物不必无；以因了宗知宗有，不了其宗不必无。"此解意云，我立言因为了无常，不为生彼无常之理。如有灯照物决定知物为有，若无灯照物不定知物是无。言因亦尔，言因若有，无常之宗定具；言因若无，无常未必定无，何得难言未说因前应非无常？若我所立之因为生无常宗者，汝难言因未有，应无无常之宗，此即成难，既不约此，故是似破也。此即于成就因不成就因言也。

第十一无生相似过类者，内曰，义本如前。外曰："声已生者，有勤发可使是无常；声未生前，无勤发应当非无常。"此即声未生前无勤发，因有不成过也。又："前声应是常，非勤发故，犹如虚空。"此即与前内量作相违决定过。内曰："声若未生体是有，勤勇发因亦因成；声既未生体是无，今难遣谁令常住？"此解意云，我立一切有义言声皆是无常，何偏就我立论言声约其未生以之为难，以我言声未生之前本自无声，不入宗摄，何容〔1〕于此知因不成？此即于成就因不成就因言也。此亦兼解相违决定。又，汝所立量因有不定，何得与我定因相违？谓其声为如虚空等非勤勇发是其常耶？为如电光等非勤勇发是无常耶？此即于决定因不决定因言也。前无说相似，外人通许一切有义言声以之为宗，但约言因未说之前因无有，故应不成因，因既不成，声非无常；此无生相似，外人直以立论言声以之为宗，此声未有之前即无勤勇发义因，非有故，应非无常，既非勤发，亦应是常，与前异也。

第十二所作相似过类者，内曰："声无常，所作性故，譬如瓶等。"外曰："瓶借泥轮生，可言有所作；声非泥轮起，应无〔2〕所作。"内曰："若以别相成

---

〔1〕"何容"，赵城本误作"何客"，今从内院本改。

〔2〕赵城本《过类疏》于"应无"下缺一纸（第十八纸），此下据《大疏抄》所引《略纂》文补 22 字，见《大正藏》第 68 卷 775c。以下仍缺 230 字左右。

因支，声阙泥轮无所作，但就总相……”

第十三生过相似者，〔1〕内曰：“声无常，所作性故，譬如瓶等。”外曰：“瓶之无常为有因耶？为无因耶？”若有因者，难云：“声上无常不极成，可用所作因成立；瓶上无常既共许，何烦所作因重成？此则有相符过也。”若无因者，难曰：“瓶之无常因本无，不〔2〕废无常义得立，声之常住因非有，何妨常住义自成？若立常，要借因，无因即不立；无常假因证，无因那得成？又，声上若无所作性，不可以显无常宗；瓶上既也不立因，何得成彼无常义？此即有喻中所立不成过也。”内曰：“声之无常不共许，故得立彼所作因；瓶之无常既极成，何得更立因为证？此即于无过喻有过喻言也。”于无过喻中非理妄生其过，故名生过相似。

第十四常住相似者，内曰：“声无常，所作性故。”外曰：“声应是常［宗］，恒不舍自性故［因］，犹〔3〕如虚空［喻］。”此难意云，此无常声既常与自无常性合，诸法自性恒不舍故，此即是常。比量楷定：汝立无常与此比量相违，有似宗过。内曰：“声外有常性，依之以立常；常性本自无，何名违比量？”此解意云，即此声体本无今有、暂有还无名无常；即此无常与常住异，名之为性。如言果性，以从因生，名之为果；与因位异，名之为性，岂离果外别有其性与之合耶？既无别常性依之而转，所立“恒不舍自性”之因即不成就，非正比量，何名比量相违？此即于无过宗有过宗言也。

虽除此十四过类已外诸因明师虽更建立众多过类，但是名言少殊，并不越此十四，故前似破中更无余过。然更或有极粗难者，如有立言“声是无常”，便即难言：“声体异于瓶，声即是无常；瓶体异于声，瓶应即是常。”如前所引八并之中极粗之者。或有矫妄难者，如有人言“我着新绯衣”，便即难

〔1〕 赵城本《过类疏》第十八纸缺失，故十三生过相似全阙，今据《大疏抄》引文补，共229字。见《大正藏》第68卷776a。

〔2〕 “不废”，《大疏抄》引文脱“不”字，今据文义补。

〔3〕 第十四常住相似至此缺失32字（所缺的32字亦在佚失的第十八纸中），今据《大疏抄》卷四十引文补，见《大正藏》第68卷776b。

言:“绫绢非葱蒜,何因唤作辛,〔1〕衣本无两翅,何因唤作绯〔2〕?”如此等难此中不说,以全非难,不似破故。

《论》云:如是言说名似能破,以不能显他宗过失,彼无过故。

述曰,此结也。如上所列十四过类,名似能破。以彼敌愚,于他能立无过量中不能缄言,惑乱立人、证者、听众,欲显已胜,妄施此难,故是似破;亦有于他过量中不知其过,而更妄作余过类难,亦是似破。由多分于无过量中有似破故,故言“彼无过故”。若立者非理,故作过类之难,返显其非;或立者愚痴,〔3〕不识其过而不正言过,亦返作过类之难,为戏弄故。此等即是能破,非似破也。

《论》云:且止斯事。

述曰,此抑解显略也。上明八门之别流、两悟之总趣,以分邪正,颇隔云泥。然天主造论之怀存乎简省,广文既属他部,略论抑不繁辞,故云“且止斯事”也。

《论》云:已宣少句义,为始立方隅,其间理、非理,妙辨于余处。〔4〕

述曰:此第三结略彰广分。上二句结略,下两句彰广。此《论》义虽苞括辞句简,为始学足反方隅,寻源未为尽究,恐有谬注,故指广文,即指本师摩诃陈那迦菩萨[此云大域龙]所造《集量》《理门》诸广论也。

〔1〕“辛”即“新”的谐音。

〔2〕“绯”即“飞”的谐音。

〔3〕“愚痴”,赵城本脱“愚”字,今据《大疏抄》引文补,见《大正藏》第68卷768b。

〔4〕此四句末颂赵城本节引为“已宣少句义等者”,兹按《文轨疏》的行文风格改作全引处理。

因明正理门论译解

目　　录

序 …… 421
导言 …… 423
例言 …… 434
《因明正理门论》弁言 …… 436

第一编　论真、似能立及立具 …… 437
　第一章　宗与似宗 …… 439
　　第一节　宗与似宗的总叙 …… 439
　　第二节　说能立 …… 440
　　第三节　立宗的准则 …… 441
　　第四节　似宗五种 …… 443
　　第五节　“宗因相违”非宗过 …… 444
　　第六节　本章结语 …… 446
　第二章　因与似因 …… 447
　　第一节　因与似因总叙 …… 447
　　第二节　宗法——因 …… 448
　　第三节　“四不成”似因 …… 451
　　第四节　立宗法之答疑 …… 454
　　第五节　疑因答问 …… 459
　　第六节　同品、异品 …… 464

第七节　九句因 …………………………………………………… 472
第八节　正因与相违因、不定因 ………………………………… 480
第九节　不共不定与其他不定的区别 …………………………… 484
第十节　关于不定因、相违因之小结 …………………………… 491
第十一节　本章结语 ……………………………………………… 494
第三章　喻与似喻 …………………………………………………… 495
第一节　喻与似喻的总叙 ………………………………………… 495
第二节　同法喻、异法喻 ………………………………………… 496
第三节　似喻 ……………………………………………………… 501
第四节　二喻俱说之必要及其省略形式 ………………………… 505
第五节　三支论式的规则——因三相 …………………………… 507
第六节　关于因喻关系的讨论 …………………………………… 509
第七节　能立与似能立旨在悟他 ………………………………… 520
第四章　立具——现量与比量 ……………………………………… 522
第一节　现量与比量的总叙 ……………………………………… 522
第二节　现量 ……………………………………………………… 524
第三节　似现量 …………………………………………………… 532
第四节　比量 ……………………………………………………… 535
第五节　本编结语 ………………………………………………… 541

第二编　能破及似能破 ……………………………………………… 543
第一章　能破 ………………………………………………………… 545
第一节　能破与似能破的总叙 …………………………………… 545
第二节　能破界说 ………………………………………………… 546
第二章　似能破 ……………………………………………………… 548
第一节　似能破总叙 ……………………………………………… 548
第二节　同法相似等七种过类的概说 …………………………… 550

第三节　（一）同法相似 …… 552
第四节　（二）异法相似 …… 556
第五节　（三）分别相似 …… 557
第六节　（四）无异相似 …… 559
第七节　（五）可得相似 …… 565
第八节　（六）犹豫相似 …… 568
第九节　（七）义准相似 …… 571
第十节　对上述七种过类的判定 …… 573
第十一节　至非至和无因相似的概说 …… 586
第十二节　（八）至非至相似和（九）无因相似 …… 587
第十三节　对上述二种过类的判定 …… 593
第十四节　无说相似、无生相似、所作相似的概说 …… 596
第十五节　（十）无说相似 …… 597
第十六节　（十一）无生相似 …… 599
第十七节　（十二）所作相似 …… 602
第十八节　对上述三种过类的判定 …… 604
第十九节　（十三）生过相似 …… 611
第二十节　（十四）常住相似 …… 614
第二十一节　十四过类的小结 …… 617
第三章　论负处 …… 621
第一节　对诸家说负处的总评价 …… 621
第二节　略去负处的理由 …… 622
总结语 …… 624

序

予治因明有年，素感陈那《正理门论》与《集量论》弥足艰涩，籀读为难。然陈那造论四十余部，唯此二论为要最，此中尤以《正理门论》为其逻辑理论奠基之作，彼改五支为三支，变类比为类推，演九句因，衍三相义，概出于兹。由是予久有志于诠释此论〔1〕，唯因缘未合，一时难成。及至一九八三年八月，首届因明学术讨论会于敦煌揭幕，会间，执事诸兄推予注疏此论，顾其后吾以文债在身，而所事亦有更急迫者，故复延宕数载而未果，然耿耿此心，未尝稍忽。迨及一九八八年冬为研究生开《正理门论》研究之课，爰是舍弃琐事，撰、述相济以进，至一九八九年秋，甫成注译之初稿。其间，予日籀深思，使向之迷惘难决之处，胥砉然而解，其快慰何如也！

初稿既出，如释重负。其时欣逢藏汉因明学术交流会于北京召开，余即以此稿呈请与会诸公郢政。感承存注，旋经几番改订，遂成本译解。

此稿最初编为拙著《佛家逻辑》之下卷，由北京开明出版社于一九九二年镂梓初流，后复于一九九四年承台北商鼎文化出版社梨枣重刊。嗣后十数载间，予曾多次披阅《正理门论》，每有所得，即批注其旁，日久而萌修订旧

---

〔1〕 此论梵本早佚，唯玄奘之原译流存于世，吾所欲作者，乃以奘译为底本详为疏解并语译也。近些年来在西藏拉萨等地寺院发现的梵文贝叶经中存有多种在印度已亡佚的梵文因明写本，《正理门论》即在其中。

注之想。近对拙著检校一过,芟其赘余,补其不足,爰令歉怀稍安。

陈那之学,详稽内外,明辨真似,诚佛家思维之工具也。由是立敌对诤,宏昌正理,破谬销疑,舍此无怙。然因明之时代毕竟已成历史,今日研究因明,旨在总结此一历史现象,庶可从中借鉴,汲取教益耳!

拙注虽经修订,讹误疏漏犹然难免,幸诸哲人俯共详览,不吝赐正。

沈剑英叙于沪上寓庐还芝楼

二〇〇七年七月三十日

导　　言

一、著者陈那小传

陈那（Dignāga，亦称作大域龙、域龙、方象，约400—480年间人）生于南印度新叶国（Pallava）邻近首都香至（Kāñci）的星伽薄多城（Siṃhavaktra，意译师子口），属婆罗门种姓。据西藏多罗那他《印度佛教史》说，他初从小乘犊子部的象授出家，但后来他对犊子部关于补特迦罗（Pudgala，意译人我）的教义产生疑惑，因为犊子部认为补特伽罗与五蕴的关系是不即不离的，即既与五蕴不完全相同，又并非与五蕴相异，很难给它下一个定义，所以犊子部称补特伽罗为"不可说"。犊子部的这一主张，就是在事实上承认补特伽罗是实有的，是轮回转世的主体。于是陈那向老师象授乞求教诫，大概象授的解答未能使陈那释疑，于是陈那又通过自身的观察来寻求答案。他白天打开所有的窗子，夜晚在四方点灯，赤身裸体，双目眨动，看遍内外，却不见补特伽罗的影子。老师问他为何如此修行，他说，我理解迟钝、智慧低劣，老师说的补特伽罗是什么我没看到，怕是被什么障碍遮蔽住了，所以这样内外观察。陈那的这番回答暗含着对老师的破斥，故象授以其违自教而将他逐出宗门。陈那本想据理反驳，但又怕违背礼义，只得叩辞。后来陈那改从世亲受业，学习了大小乘所有经典和因明。据说他最终能背诵五百部经典。

陈那一生的大部分时间在南印度羯陵伽（Kaliṅga，今奥里萨邦）的树林深处的山崖洞窟里度过。据《大唐西域记》卷十说，其间他曾在案达罗国（Āndhra）瓶耆罗城西南一座孤山上的石窣堵波处住过一段时间，并于此作《因明正理门论》〔1〕。这是印度逻辑史上值得永远铭志的一件大事。据多罗那他《印度佛教史》说，这期间那烂陀寺还发生与外道的大争论，能言善辩的婆罗门哲学家苏突罗阇耶也来挑战，那烂陀寺的僧众受到严重的理论威胁，因而召请陈那前来相助。陈那果然不负众望，三次击败苏突罗阇耶，并逐一驳斥外道的诸种难诘，使之归服。他在这所佛教最高学府住了较长一段时间，给僧众讲了许多经，并广说《阿毗达磨俱舍论》，还写了许多关于唯识和辩论的小论，据说有一百部之多。后来他又回到羯陵伽丛林中的山洞里潜修，并在这里完成了以《正理门论》为理论主干、汇集自己以前所撰的关于知识论和逻辑论的诸种散论加以扩充而成的煌煌巨著——《集量论》。传说陈那造《集量论》时，先用石笔在岩壁上写了四句归敬颂：

归敬为量利诸趣，示现善逝救护者。

释成量故集自论，于此总摄诸散义。

其时有一位名杰那波的婆罗门教徒乘陈那外出化缘时偷偷擦去颂文；于是陈那又写了第二遍，结果又被擦去。陈那第三次写颂文时附言道："如果出于嬉戏而擦去，则请勿再擦；如认为意义有误，则请出来辩论！"杰那波又来偷擦时看到附言便不好再擦，等陈那返回后即与辩论，但辩输了三次。陈那便按惯例要他归顺，那人却仍不服输，纵火烧毁了陈那的一些资具，逃逸而去。为此陈那曾一度悲观，传说他受到文殊的教诲，才发愿造成《集量论》。他先写了颂文，然后又作了自注。此论共分六品：现量品、为自比量品、为他比量品、观喻似喻品、观遮诠品、观过类品。每一品均分两部分：先立自宗，后破异执，即破外道如《论轨》、正理论、胜论、数论、观行等的邪见异说。后来他又到南方各地周游，与许多外道辩论，一一制伏，从而获得"辩论牛王"

〔1〕《大唐西域记》只说陈那于此作《因明论》，窥基《大疏》卷一则指明写的是《因明正理门论》。

之称。陈那的门徒遍布四方，而无一随身侍从。最后他仍然回到羯陵伽的丛林深处，终了一生。

二、新因明的奠基之作

陈那在印度逻辑史上是一位里程碑式的人物，他创立了新因明的逻辑系统，故被世人誉为印度中古逻辑之父。

陈那的著述甚多，然梵本散佚殆尽，幸在汉译和藏译论藏中尚存有他的多部论著，其中与因明有关的汉译论著有七种，即《因明正理门论》、《无相思尘论》、《观所缘缘论》《观总相论颂》、《取因假设论》、《掌中论》（又译《解卷论》）和《集量论》。另外，在《西藏大藏经》里也收有陈那的因明论著多种，如《集量论》、《观所缘缘论》、《观三时》、《因明抉择》等。在上述论著中，以《正理门论》和《集量论》最为重要，《正理门论》是陈那早年创立新因明的奠基之作，《集量论》则是陈那晚年总结知识论和因明论的巨著。

然而由于玄奘先期译出《因明正理门论》而未译《集量论》，而义净虽译出《集量论》而未能流传下来，故在汉传因明中还是奉《因明正理门论》为圭臬。

《因明正理门论》虽然仅为一卷，但内容富赡，条理井然。全文分两大部分：

第一部分论述真能立（论证）和似能立（错误的论证），以及现量（感觉量）与比量（推理量）。分四方面论述：一、论宗与似宗。其中先总说能立（即是由宗、因、喻三支组成的论式），再说立宗的准则（随自意乐），然后说五种宗过，又对古师所说的“宗因相违”作了剖析，认为这不是宗的过失，而是因的过失。二、论因与似因。先说宗法即因，因须共许极成才能成立。又说因的十四种过失，计有四种不成因、六种不定因和四种相违因，并对同品和异品，以及九句因作了论析。三、论喻与似喻。先说同法喻和异法喻，指出喻须由喻体(普遍命题)和喻依(喻例)两部分组成,再说十种喻的过失,还论述了因三相以及因、喻之间的关系,最后对能立与似能立功在悟他的性质作了论述。四、论现量与比量。先说四种现量和量果以及六种虚假的现量,然后说比量和比量智,指出比量智由两种因引生。

第二部分论述能破(反驳)与似能破(错误的反驳),以及堕负的问题。分三方面论述:一、论能破,主要提出能破的界说。二、论似能破。陈那指出似能破分两类:一类是无过妄斥,这种似能破亦称"过类";一类是斥非其处,这类似破不属于"过类"。然后陈那将过类审订为十四类二十一种,分别论说。三、论负处,陈那不立负处,并提出略去负处的理由。

《正理门论》全面地阐述了陈那早期以论证和反破为核心的逻辑思想,在这里,获取知识的方法即现量与比量只是作为立量的必要条件加以阐说的。这与他晚年的做法不同,在《集量论》里,他一反以立破为核心的格局,而是先说现量和比量(为自比量),再说能立(为他比量)和能破的,这样的论述格局,显然是将逻辑纳入知识论的范畴,侧重点有所不同。

三、梵文题名和汉译书名

《因明正理门论》的梵名据《至元录》说是"弥牙压·涂瓦啰·怛啰迦·沙悉特啰"(Nyāya-dvāra-tarka-śāstra),《至元录》所录存的这一梵名应当是对照蕃本(即藏文本)所录书名而来,不甚正确。其中"弥牙压·涂瓦啰"(Nyāya-dvāra)意即"正理门","怛啰迦·沙悉特啰"(tarka-śāstra)意即"因明论",合在一起即是《正理门因明论》。然"因明"一词的梵语在窥基的《大疏》里却写为"醯都费陀"(Hetu-vidyā),与蕃本及《至元录》不同,故蕃本和《至元录》以"怛啰迦"(tarka)为"因明"一词的原语当系误传。其实此书的原语当为"弥牙压·涂瓦啰"(Nyāya-dvāra)即《正理门》,而无"因明"等字。如陈那在《集量论》中曾说到"根据所有的自论"(Svanibandhavṛndalaḥ)和"《正理门》"(Rigs-Paḥi-Sgo = Nyāya-dvāra)写成《集量论》的话,这里所提及的即为《正理门》〔1〕。

《正理门论》有两个汉译本，一是玄奘于贞观二十三年所译的《因明正理门论本》，一是义净所译的《因明正理门论》。这两个译本都冠以“因明”二字，显然，这是玄奘首先加上去的，以标举其方法论的性质，义净只是套用其名而已。不仅如此，义净的译本除了开头部分加译了一段释文（计338字）外，其余译文均录自玄奘的译本。而且义净所加译的这段释文并非陈那的自释，然义净却在这段释文前冠以“论曰”二字，有与《正理门论》本文混淆之嫌。如果将这部分剔除不计的话，义净的译本就与玄奘所译别无二致了，只是多加了几个“颂曰”“论曰”而已。

再说一下玄奘译题中的“本”字。玄奘和义净的译本大概原来是同名的，后来玄奘的译题中多了一个“本”字，恐系后人所加，意在突显以玄奘所译为本。事实亦是如此，后世均以玄奘所译的《因明正理门论本》为经典，而很少提及义净的译本，而且常常省称玄奘的译本为《因明正理门论》。

四、关于《因明正理门论本》的译年

《大慈恩寺三藏法师传》卷八云：

> （永徽）六年夏五月庚午，法师以正译之余又译《理门论》。又先于弘福寺译《因明论》。以二论各一卷，大明立、破方轨，现、比量门，译寮僧伍竞造文疏。时译经僧栖玄将其论示尚药奉御吕才，才遂更张衢术，指其长短，作《因明注解立破义图》。〔2〕

从这段记载里可以了知三点：第一，玄奘于唐高宗永徽六年（655）夏五月庚午日（初一）译出《理门论》一卷。第二，加上先前译出的《因明论》，亦

〔1〕 此据宇井伯寿说，参见宇氏《印度哲学研究》第5卷513页。又，法尊译编的《集量论略解》云：“为欲成立诸正量故，……从自所著《理门论》等诸部论中，集诸散说汇于一处，造此《集量论》。”这里将“正理门”译作“理门论”，亦无“因明”二字。

〔2〕 《大正藏》第50卷262b。

即于贞观二十一年(647)译出的《因明入正理论》一卷,令译寮僧伍产生研习二论的兴趣,并竞造文疏。第三,其时译场中的缀文大德栖玄法师将“其论”抄示其幼少之旧吕才,吕才研习后作《因明注解立破义图》。

不过栖玄抄示吕才的“其论”究系指何而言,是指玄奘新译的《正理门论》,还是连同其前已译的《入正理论》一起在内〔1〕?而且据《慈恩传》说,从玄奘译出《理门论》到吕才写出《立破注解》,其间只有两个月的时间,这也是难以置信的。如《慈恩传》引吕才《立破注解序》云:

> (栖玄)法师……是以先写一通,故将见遗。……其论既近至中夏,才实未之前闻,耻于被试不知,复为强加披阅,于是依极成而探深义,凭比量而求微旨,反复再三,薄识宗趣,后复借得诸法师等三家义疏更加究习。然以诸法师等……所说自相矛盾,义既同禀三藏,岂合更开二门?……才以公务之余,辄为斯注,至于三法师等所说善者,因而成之,其有疑者,立而破之,分为上、中、下三卷,号曰《立破注解》。其间墨书者,即是论之本文;其朱书注者,以存师等旧说;其下墨书注者,是才今之新撰,用决师等前义,凡有四十余条。……才亦扣其两端,犹拟质之三藏。〔2〕

《慈恩传》在引录这篇序文后又云:

> 秋七月己巳,译经沙门慧立闻而愍之,因致书左仆射燕国于公,论其利害……〔3〕

这译经僧慧立就是《慈恩传》的作者之一,是玄奘译场中的缀文大德。他对吕才敢于著文批评三家法师义疏,甚至欲“质之三藏”立即作出反应,致书左仆射于志宁,攻讦“尚药吕奉御以常人之资,窃众师之说,造因明图,释宗、因义,不能精悟,好起异端,苟觅声誉,妄为穿凿,排众德之正说,任我慢之偏

〔1〕 参与译场工作的缀文大德明浚说吕才“钻穷二论,师己一心”(《大正藏》第50卷265b),说明吕才研习了“二论”。但从吕才的《立破注解序》来看,又似只涉及《入正理论》中的一些问题,可参阅《大正藏》第50卷262b~263b。

〔2〕 《大正藏》第50卷263a、b。

〔3〕 《大正藏》第50卷263b。

心，媒炫公卿之前，嚣喧闾巷之侧，不惭厚颜，靡倦神劳”〔1〕云云。由于慧立是当事人，所以他的记述在时间上很具体，精细到了某月、日。如“七月己巳”即七月初一日。此距所云《理门论》译出的时间“六年夏五月庚午”亦即五月初一日，正好是两个月。在这短短两个月里，栖玄要抄录二论送给吕才，吕才不仅要“钻穷二论”，且要借来三家法师义疏仔细研读比较，而且要写出四十余条批评并注解《论》文。更不可思议的是，三家法师等还必须在吕才研习因明大小二论前即已完成各自的义疏，这肯定是不可能的事。而且据日释永超所撰的《东域传灯目录》记载，慈恩寺普光于永徽三年六月即已写成《大因明记》二卷（此书又名《理门疏》或《对面三藏记》）〔2〕。由此可以推定，《理门论》必是在更早以前译出的，永徽六年（655）夏五月庚午（初一）这一日期恐怕是吕才写出《立破注解》的时间，因为慧立读吕才的《立破注解》并弄清其所画的义图以及写成攻击力很强的长信都需要时间。尽管慧立等所撰的《慈恩传》录存了许多重要的史料，但在《理门论》的译年上，其说却不足为取，故一般皆据《开元录》所记，说《理门论》译于贞观二十三年。这一译年也与后来发生的事件在时间过程上比较吻合。

五、《因明正理门论》的疏解和迻译

《正理门论》一书文简义幽，玄奘的汉译亦复艰涩难解，一般人难以窥其堂奥，故以往治因明者大都依据商羯罗主的《入正理论》来研究陈那所创立的新因明，而且也较少有人直接疏解《正理门论》的。稽诸经录，疏解《正理门论》包括有关《正理门论》事迹的著作在唐代约有十九种，兹列如下：

神泰：《因明正理门论述记》一卷。

文轨：《因明正理门论疏》三卷。

〔1〕《大正藏》第50卷263c。

〔2〕《大正藏》第55卷1159c。

净眼:《因明正理门论疏》三卷。

文备:《因明正理门论疏》三卷、《因明正理门论抄》一卷、《因明正理门论注释》一卷。

普光(大乘光,—645—664—):《大因明论》二卷(外题云《理门疏》,永徽三年六月,大乘光对面三藏记)。

光师之师:《因明正理门论疏》二卷(光师之师亲对三藏记之)〔1〕。

定宾:《因明正理门论疏》六卷。

圆测(613—696,新罗人):《因明正理门论疏》二卷。

元晓(617—686,新罗人):《判比量论》一卷。

玄范(650—683—,新罗人):《因明正理门论疏》一卷或二卷〔2〕。

憬兴(—681—):《因明正理门论义抄》一卷。

道证(圆测门人,新罗人):《因明正理门论疏》二卷,《因明正理门论抄》二卷。

胜庄(—701—,圆测门人):《因明正理门论述记》二卷。

道献(慧沼门人):《因明正理门论抄》一卷。

崇峻(智周门人):《因明正理门论注》四卷。

太贤(—735—744—,新罗人,道证门人):《因明正理门论古迹记》一卷。

然上述十九种疏抄,今唯存神泰《理门述记》一种(残本),余皆散佚不存。在散佚之诸疏中,当数定宾的《理门论疏》六卷分量最重,幸其为善珠《明灯抄》和藏俊《大疏抄》等多所引用,保存之佚文达数万字,于中亦可窥其大概。自中唐以降,便再无有关《理门论》的疏释问世。及至民国时期,始有吕澂与释印沧合撰的《因明正理门论本证文》(《内学》第四辑,1928 年),以及丘檗所著的《因明正理门论校疏》六卷问世,欧阳竟无则撰有《因明正理

〔1〕 撰者名号不详,此据《东域传灯目录》所记,见《大正藏》第 55 卷 1159c。

〔2〕 永超《东域录》记为上下二卷,藏俊《注进法相宗章疏》记为一卷。

门论本叙》(《藏要》一辑,1930年)。宜黄大师师弟的这些著作在因明的复苏期均起到了重要的作用。

另外,日本学者也撰有一些《理门论》疏解,数量更少,如:

护命(750—834):《因明正理门论解节记》六卷,《因明正理门论十四过类记》一卷(以上二种已佚)。

圆澄(1685—1726):《因明正理门论记》二卷(现存)。

德成(1750—1816):《因明正理门论讲义》一卷《因明正理门论闻记》二卷、《因明正理门论科》(以上三种今存)。

荣性(1768—1837?):《因明正理门论注释》三卷(已佚)。

乌水宝云(1791—1847):《因明正理门论新疏》四卷、《因明正理门论新疏闻记》一卷(以上二种今存)。

庆忍(1816—1883):《因明正理门论新疏》(已佚)。

宇井伯寿(1882—1953):《正理门论解说》(1929,现存)、日译《正理门论》(1950,现存)。

此外,意大利学者杜芝(G · Jucci)亦于1930年据玄奘的汉译迻译为英文。

综上所述,古今有关《正理门论》的注释不多,且大都散佚。而且由于《正理门论》的梵本已佚,故此后的遥译只能以奘译为底本,难度甚高。宇井伯寿虽然早在1929年即已写出《正理门论解说》一书,然直至晚年才据奘译转译为日文。另外,杜芝作为一名欧洲的学者,他遥译过程中所遇到的困难当是可以想见的。

六、因三相的涵义与不相离性的性质

因三相是因明的理论核心,陈那对此有具体的论说,必须深刻领悟。在《理门论》中,因三相是这样表述的:

若所比处此相审定,于余同类念此定有,于彼无处念此遍无,是故,

由此生决定解。〔1〕

意思是,(一)有法(小词)被因法(中词)的外延所周遍(真包含);(二)除宗上有法之外的宗同品(具有宗法属性的同类例)中至少有一个被因法(中词)所包含(定有);(三)其宗异品(与宗法外延相排斥的事例)须与因法(中词)也完全排斥(遍无)。这三条规则在《因明入正理论》中玄奘译作:遍是宗法性(第一相),同品定有性(第二相),异品遍无性(第三相)。这三句话与《理门论》所云在涵义上别无二致,且译语简括易记,故后世均取《入正理论》的译语来表述因三相。

因三相是从因出发作出规定的,每一相亦即每条规则的主词都是"因",只是在字面上省略了这个"因"字;因为既然讲的是因三相,自然就可承前省略。换言之,因三相即是因的三个方面:第一相揭示因法(中词)与有法(小词)的关系,即因法须真包含有法,从而成为有法的共许法;第二相从正面揭示因法(中词)与能别(大词)的关系,即因法须定有宗之同品;第三相则从反面揭示因与矛盾宗相排斥,即因法须遍无宗之异品。

与因三相密切相关的还有同品和异品的问题。同品有两种:宗同品和因同品;异品也有两种:宗异品和因异品。第二相中所说的同品即是宗同品,第三相中所说的异品即是宗异品,这从陈那对同、异品所作的界说可以知晓。既然第二相所说的同品是宗同品,那么因与同品的关系就有两种情况:或定有、或遍有。因定有于宗同品的情况是常见的,而遍有于宗同品的情况则是偶见的,所以因的第二相从多为论,规定因法须于同品定有,然定有并不排斥遍有。第三相所说的异品即是宗异品,这就只有一种情况,就是因法于宗异品必须遍无,因为所有的宗异品都是因异品,因法的外延既然包含在宗法的外延之中,就不可能与宗异品发生任何联系。

从上述概括的介绍可知,因三相就是因明三支论式的规则,这三条规则乃是基于宗、因二法之不相离性推演而成的。

---

〔1〕《大正藏》第32卷3a。在本书里,编号为[Ⅰ-3-5A]。

因法和宗法具有不相离的逻辑关系，当是陈那最先明确提出来的，如《理门论》云：

说因，宗所随；宗无，因不有。〔1〕

陈那将因、宗二法这种有无随从的关系称之为“不相离性”，并以此为基础，推衍出因三相这样一组三支因明的规则来。从这个意义上说，因、宗二法具有不相离性应是陈那新因明的初始命题，是其逻辑系统的出发点亦即公理。这一公理与西方传统逻辑的遍有遍无公理不异其趣〔2〕。

《因明正理门论》是一部具有里程碑意义的著作，它开创了印度逻辑史上的一个新纪元，使古因明脱胎为新因明，从古因明的类比法演进为新因明的演绎与归纳相结合的逻辑方法，而且将论辩术一类的成分从系统里清除出去，令其方法论的逻辑性质更为突显。

《因明正理门论》是汉传因明的根本论典，素来奉为“大论”，其门人商羯罗主的《因明入正理论》（玄奘译）是探幽“大论”的阶渐之作，故历来奉为“小论”。大、小二论都是佛教方法论的经典之作，也均为汉传因明的基础文献。

〔1〕《大正藏》第32卷1c。这两句颂在本书中编为［Ⅰ-2-5E］。

〔2〕遍有遍无公理是说：“凡可以肯定或否定一全类的，亦可以之而肯定或否定其类之任一事物。”

例　　言

一、本译解为理清原文论述层次和便于检索，除将原文分为两编并分章节外，还据文意分条，条首均冠以编码，如[Ⅰ－2－2A]，意即第一编第二章第二节A条。

二、本译解在每条《论》文后均附有今译。今译时为疏通文意，常需补入一些文字，补入的文字均以圆括号标明，以区别于原文。

三、今译时采用现代通用的逻辑术语，其古今主要译语对照如下：

能立＝＝＝论证、三支论式、前提（因、喻）。

能破＝＝＝反驳。

似能立＝＝＝错误的论证。

似能破＝＝＝错误的反驳。

现量＝＝＝感觉量。

比量＝＝＝推理量。

似现量＝＝＝错误的感觉量。

似比量＝＝＝错误的推理量。

宗＝＝＝论题。

因＝＝＝理由。

喻＝＝＝譬喻。

自性、有法、所别＝＝＝主词。

差别、法、能别＝＝＝谓词。

同品＝＝＝同类例。

异品===异类例。

四、本译解参考并引用了前人的著作，均已随文注明，为省简文字，标出的书名大都为略称。全称略称对照如下：

《述记》===神泰：《因明正理门论述记》（支那内学院，1923年）。

《大疏》===窥基：《因明入正理论疏》（金陵刻经处，光绪二十二年）。

《庄严疏》===文轨：《因明入正理论疏》（支那内学院，1934年）。

《义断》===慧沼：《因明义断》（《大正藏》第44卷）。

《纂要》===慧沼：《因明入正理论义纂要》（同上）。

《瑞源记》===［日］释凤潭：《因明论疏瑞源记》（商务印书馆，1928年）。

《证文》===吕澂、释印沧：《因明正理门论证文》（《内学》第四辑，1928年）。

《略抄》===吕澂译释：《集量论释略抄》（《内学》第四辑，1928年）。

《略解》===法尊译编：《集量论略解》（中国社会科学出版社，1982年）。

《因明正理门论》弁言

为欲简持能立、能破义中真实,故造斯论①。

【今译】

为了明确和揭示论证与反驳的真实涵义,故撰此论。

【注释】

① 序言申明本论旨在阐发能立与能破及其过失论的真实涵义,这反映陈那前期重于论证形式的逻辑思想。 简持:简通柬,选择的意思;持,取。简持即选取、择取。 能立、能破:因明八门之二,即论证与反驳。此处统指因明的论证形式及其过失论。

第一编

论真、似能立及立具

第一章　宗与似宗

第一节　宗与似宗的总叙

[Ⅰ-1-1]（颂曰：）

宗等多言说能立，

是中唯随自意乐。

为所成立说名宗，

非彼相违义能遣①。

【今译】

由论题等支分组成的论式名为“能立”，

此中建立论题须遵循“随自意乐”的准则。

自己乐意成立的命题才能称为真论题，

并且不是与其相违的主张所能破除者。

【注释】

① 此四句为首段本颂（颂亦称偈）。佛典中常以句式整齐的颂来提纲挈领（本颂）或归纳总结（重颂、摄颂），以便于记诵。此本颂概括了宗与似宗的要旨，其具体内容见下文的阐说。

第二节 说能立

［Ⅰ－1－2］“宗等多言说能立”者[①]，由宗、因、喻多言辩说他未了义[②]，故此多言于《论式》等说名能立[③]。又以一言说能立者，为显总成一能立性[④]，由此应知随有所阙名能立过[⑤]。

【今译】

“宗等多言说能立”者，就是以论题、理由、譬喻三部分组成的论式来论证敌论者所未能明了的道理，因此由三支合成的论证式在（世亲）《论式》等著作中称之为“能立”。这里之所以要由单数名词“能立”来称谓三支论式，是为了显示三支式在论证中的整体性，由此应知在三支论式中任缺何支都会犯论式上的过失。

【注释】

① 此下说能立，意谓能立（此指论式）由三支组成并具有整体性，若有缺支，便成过失。

② 宗、因、喻：论题、理由、譬喻，这是组成新因明三支论式的三个命题。 多言：梵文 Vada 的意译，音译为婆达。梵文名词变化有一数、二数、多数三种。《大疏》卷一云：“依《声明》，一言云婆达南，二言云婆达泥，多言云婆达。”陈那以宗、因、喻三支总为能立（即论式），故称之为“多言”。

③《论式》等：此指世亲《论式》、《论心》等书所言。《大疏》卷一云：“世亲菩萨《论轨》等说能立有三：一宗、二因、三喻。以能立者必是多言。”

④ 神泰《述记》卷一云：“颂中宗等多言总说名能立者，为显……总成一能立性，如椽、梁、壁、户多物，总成一舍，不可以椽等别，故至舍亦多。” 一言：梵文能立（Sādhana）系单数名词，故云。

⑤ 此指宗、因、喻三支中若有缺支即成能立性过失。此种缺支过失计有

六种，即缺一支者可有三种：宗、因、（喻），宗、（因）、喻，（宗）、因、喻；缺二支者亦为三种：宗、（因、喻），（宗）、因、（喻），（宗、因）、喻。世亲时还列有第七种三支全缺的能立过，但古师中有人反对说："前之六句可然，第七句不可；以若有一二少余，可云缺减，第七宗、因、喻俱无，何名阙耶？"（见《述记》卷一页四左）如印度施无厌寺的贤爱论师在唐玄奘抵印前六十年就不取这第七种，自贤爱以后，论者均不说第七全阙句，事见《大疏》卷一页十三左。

第三节　立宗的准则

［Ⅰ-1-3］言"是中"者，起论端义①，或简持义②，是宗等中，故名是中。所言"唯"者，是简别义③。"随自意"显不顾论宗随自意立④。"乐"为所立⑤，谓不乐为能成立性⑥，若异此者说所成立，似因、似喻应亦名宗⑦。

【今译】

（"是中唯随自意乐"者，）"是中"是发语词，无实在的意义；也可以作择取解，即取论题而言之，故名"是中"。"唯"也具有简别之义，以示论题与理由或譬喻不同。"随自意"显示"不顾论宗"随自意而立的准则。"乐"是所立论题的特性，而前提（理由、譬喻）则不是按自意所乐来确立的（即须建立在双方共许极成的基础上）。（这一点必须分清，）如果离开了随自意所乐这一点来谈论建立论题的问题，那么有过失的理由与譬喻也可以称为论题了。

【注释】

① 此下说立宗的准则。意谓按自己的意向来立宗，这是建立"不顾论宗"的准则，而因、喻则不能仅按自己的意向来确立，必须为立敌双方所共许，这一点是不容混淆的。　论端义：即发语之端的意思，作发语词看待，无

实在的意义。

② 简持义：简去因、喻二支，唯取其宗而言。

③ 唯：梵文 Mātratā 的意译，音译“摩怛剌多”。简别于他法谓之“唯”，故本论说“唯者，是简别义”。

④ 不顾论宗：因明有四种悉檀（Siddhānta，即宗义）之说不顾论宗即其中之一，它只随自意所乐立宗，而不须顾及他人会怎样反对，这也是立宗的基本准则。其他三种悉檀为：一、遍所许宗，这种宗为立敌双方所共许，如说“声是所闻”，此为人所共知之事，毋须论辩。二、先业禀宗（亦称“本所习宗”），此以本宗教义还对本派同门立宗，如佛弟子均崇“诸法无我”教义，某佛弟子以此对另一佛弟子立宗，同样无论辩的价值。三、傍凭义宗（亦称“义准宗”），此以宗中之义旁显未说之义，如立“声是无常”，而欲旁显诸法是空、无我等义，这从论辩的角度来说，所诤的中心就未免显得模糊，故亦不合要求。因此在四种悉檀中唯不顾论宗是正宗。

⑤ 所立：宗为所欲成立者，故名所立。按不顾论宗的要求，所立必为随自意所乐而成立者。

⑥ 能成立：亦称能立，此专指因、喻而言，因为因、喻是论证的前提，是能够用来成立宗的（按：能立有两义，一指由宗、因、喻三支组成的整个论证式，如[Ⅰ-1-2]注①所说；二指由因、喻二支合成的前提，如此处所云）。因、喻须为立、敌所共许极成，非随自意乐而设，故此谓“不乐为能成立性”。　性：《证文》云：“《集量》作体性，盖以此义别立宗义一门而说。法称因明亦同。”

⑦ 此指离开了随自意乐立宗的准则来谈所立，那么似因、似喻亦可称作宗了。似因、似喻何以会演变为宗的呢？这是因为有过的因、喻必非立敌所共许，立者如果坚持认为此因、喻无误，就须另外加以论证，此时被论证的似因或似喻，也就成为所要成立的宗了。但这是后一步的事，而并非现时所乐成立之宗。所以如果离开现时所乐这一点来谈立宗，就会将并非现时所乐成立的似因、似喻与现时所乐成立的宗相混淆。

第四节　似 宗 五 种

［Ⅰ-1-4］为显离余立宗过失，故言“非彼相违义能遣”[①]。若非违义，言、声所遣[②]：如立“一切言皆是妄”[③]；或先所立宗义相违，如獯狐子立“声为常”[④]；又若于中由不共故，无有比量，为极成言相违义遣，如说“怀兔非月，有故”[⑤]；又于有法，即彼所立为此极成现量、比量相违义遣，如有成立“声非所闻”、“瓶是常”等。[⑥]

【今译】

为了显示论题的过失从而远离它，故言“非彼相违义能遣”。建立论题而欲无过失，那么在言辞辩说中必须去除下列五种过失：

（一、自语相违过，）如说：“一切言皆是虚妄的。”

（二、自教相违过，）即与本教派先前所立的论题相违，如虽系胜论的门徒，却说“声音是永恒的”。

（三、世间相违过，）即与世人所共许的见解相违，毫无道理地立论，这就不免为世人所共同认可的道理所遣除，如说：“怀兔非月，有体故。”

（四、现量相违，五、比量相违，）即立者于论题的主词上赋予为人所共许的现量（感觉经验）和比量（推理知识）所排斥的谓词，如有人欲成立“声非所闻”（属现量相违过）和“瓶等是常”（属比量相违过）等。

【注释】

① 此下说五种似宗。此释第四句颂文“非彼相违义能遣”是要说明真宗非似宗（即相违义）所能遣除，为此要揭出各种立宗过失，旨在使论者远离此等宗过。（按：似宗有二义，指宗的过失论或宗的过失。）

② 非违义：即无过真宗。　所遣：指宗的过失，亦即为言、声等宗所要排除的相违之义。《述记》卷一云：“谓真宗有所遣。下举五过，望其真宗，但

为所遣。”陈那所说的五种宗过为：（一）自语相违；（二）自教相违；（三）世间相违；（四）现量相违；（五）比量相违。不过陈那在胪列五种宗过时只举例作简要说明，而未开具过名。

③ 此即自语相违过例，“一切言”与“皆是妄”相违。陈那难言：“若如汝说诸言皆妄，则汝所言，称可实事？既非是妄，一分实故，便违有法‘一切之言’。若汝所言自是虚妄，余言不妄，汝今妄说，非妄作妄，汝语自妄，他语不妄，便违宗法言‘皆是妄’。”（见《大疏》卷五页六左右）

④ 此说自教相违过。谓胜论派（Vaiśeṣikaśāstra）原立“声是无常”宗，如其门徒立“声为常”宗，即违自教。 獯狐子：即鸺鹠子，亦即胜论派。

⑤ 此说世间相违过。《大疏》卷五释《理门论》的这段话云：“彼言意显，以不共世间所共有知故，无有道理可成比量，令余不信者信‘怀兔非月’，是故为过。”（页一右）在古代一般印度人的心目中，深信月中的暗影就是怀兔。所以如果有谁企图推翻“怀兔是月”的命题而立“怀兔非月”宗，就是违反了世俗的共识，犯世间相违之过。关于怀兔寄之月轮的神话，可参阅《大唐西域记》卷七《三兽窣堵波》。 有故：有即有体。此量有四名词错误，详见拙著《因明学研究》（修订本）第163页注①。

⑥ 此说现量相违和比量相违。《述记》卷一云：“言‘又于有法’者，是宗有法，如言‘声’或言‘瓶’也。‘即彼所立’者，谓即彼立论入于‘声’有法上立‘非所闻’法，或于‘瓶’上立是‘常’法也。……言‘为此极成现量、比量相违义遣’者，五识（按：即眼、耳、鼻、舌、身五识）是世间共许现量，瓶、盆等是世间共许比量，谓共知未有而有，……而立言‘声等非所闻’等，‘瓶等是常’等，……为世间共许现量、比量相违义所遣也。”（页十一左）

第五节 “宗因相违”非宗过

[Ⅰ-1-5] 诸有说言宗、因相违名“宗违”者①。此非宗过，以于此中立“声为常，一切皆是无常故”者，是喻方便恶立异法，由合喻显“非一切故”②。

此因非有，以“声”摄在“一切”中故[3]。或是所立一分义故，此义“不成”，名因过失[4]。喻亦有过，由异法喻先显宗无，后说因无。应如是言：“无常一切”，是谓非“非一切义故”；然此倒说“一切无常”，是故此中喻亦有过[5]。

【今译】

有人说，论题与理由相违名为“宗违”过。其实这不能算作论题的过失，因为从其所举之例“声为常，一切是无常故”来看，它的理由乃是一个按错误的方式组织起来的异喻体而已，而从以合作法组成的同喻体来看，它的理由应该是“非一切故”。但是此理由不能囿于论题的主词，因为“声”包含在“一切”中。或者可以将它看作是一种循环论证（宗义一分为因），这样的理由仍然有“不成”过，属于理由的过失。（不仅如此，）其譬喻也有过谬，因为异法喻须先离开论题的谓词，再离开理由。应如此来表述（异喻体）：“诸无常者是一切。”这就离开了“非一切义故”这一理由；然而前面却倒说“一切皆是无常”，因此在譬喻上也有过失。

【注释】

① 此下破斥正理论师和小乘论师在上述五种宗过之外更立第六种宗因相违之“宗违”过。　诸有说言：此指正理论师和小乘论师在上述五种宗过之外更立第六宗因相违之“宗违”过。《集量论・为他比量品》亦云：“诸正理者说，宗因相返，名曰宗违，是为宗过。”（《略抄》页二十二）此处直指正理派论师主张立宗违过。

② 陈那认为“宗违”过不是宗过。他剖析了古因明师说宗因相违时的用例，认为“一切皆无常”不是因，而是犯有倒离错误的异喻（即所谓“恶立异法”）混充为因的。此混充成因的异喻既有倒离过，那么按离作法应改为“诸无常者法是一切”，再由此异喻反推，同喻当为“非一切者是其常”，并根据同喻使用的合作法（先因法后宗法的组合程序）可知，“声为常”宗当以“非一切故”为其因。　方便：佛教中常用而多义之词，此处可作权巧方便

解。《法华玄赞》卷三云:“权巧方便,实无此事……故言方便。”

③《述记》卷一云:“此‘非一切故’因于宗(有法)上非有,以即此‘声’上摄在‘一切’中故。音声上彼此不许有其‘非一切’义,即是两俱不成因。”(页十三左)(按:两俱不成因是因过之一种,指立、敌双方均不许此因周遍于有法,是违反因第一相的错误。) 又:丘檗《因明正理门论斠疏》认为,以“非一切故”为因,是犯了所依不成过(见卷一页十一右)。此说恐不当,因为立敌双方对宗上有法“声”并非不极成,有法既为有体,何来所依不成之过?

④ 所立一分义:此指立者或以一分宗义为因。据《述记》卷一说,立者或针对上述批评辩解道:声上亦有“非一切”义,因为此声只是它自己,而并非其他一切,故可以“非一切”为因。神泰认为“此因即是所立一分义故”。(页十三左右)何以如此说呢?因为从立者的辩白,实际上又构成如下循环论证:因为声并非一切,所以声非一切。这种以宗中的一分(宗有两分:有法及法),亦即以宗上的法(谓词)作立宗的因,就是宗义一分为因,亦即是循环论证。从因明过失论的角度看,这仍属于不成因过。 此义不成:即此因义有不成过,属因的过失。

⑤ 这段话指出,从上述论例中看,不但立因有不成过,而且在异法喻上也有倒离过(见本节注②)。非“非一切义故”:《述记》云:“上‘非’字即是能遮,下‘非一切’是所遮也。”(卷一页十四左)即前一个“非”字为排除义,不要与后面的“非一切”合起来作双重否定看待。

第六节 本章结语

[Ⅰ-1-6] 如是已说宗及似宗。

【今译】

以上所述,就是论题和关于论题的过失论。

第二章　因 与 似 因

第一节　因与似因总叙

[Ⅰ－2－1] 因与似因，多是宗法[①]，此差别相今当显示：

宗法于同品，

谓有、非有、俱；

于异品各三，

有、非有、及二[②]。

【今译】

理由与有过失的理由，多分是论题主词的一种谓词。（从理由与论题谓词的同类例和异类例的关系上来考察），有各种不同的情况，今概括如下：

理由与同类例的关系，

或遍有、或遍无、或分有分无；

再结合异类例的三种，

即是九句因所排列的三个三句。

【注释】

① 此谓因与似因多分是宗上有法的法。正因作为宗上有法的一种法，当是毫无问题的；而将似因作为宗上有法的一种法来看待，则要作具体分

析。如犯有“四不成”过的似因,既明言不成其因,自然不在宗法之列;又如相违因中同品遍无、异品遍有的情况,亦无成其宗法的可能。除此之外,就其多分而言,可作宗法,故称“多是宗法”。　似因:此指有过失的因,但这个词也常用来表示因的过失论。这是两个虽有联系却很不相同的概念,不能混淆。

② 此颂概括了因法与宗同品和宗异品的各种可能的关系。　同品:除宗上有法之外,具有宗法(宗的谓词)所示属性的对象,即谓之同品,此亦即宗同品。另外还有因同品的名目,即除宗上有法之外而具有因法所示属性者。凡因同品均为宗同品,而宗同品不一定为因同品。　有、非有、俱:此指因法(《论》文称“宗法”)于宗之同品或遍有、或遍无、或有非有(部分有)三种情况。　异品:即异于宗上之法的对象。因于异品亦有三种情况:遍有、遍无、有非有(这里的“及二”与同品句中的“俱”均指有非有)。　各三:指同品三句结合异品三种情况又各有三句,合为“九句因”,详[Ⅰ-2-7A]和[Ⅰ-2-7D]的注释。

第二节　宗法——因

[Ⅰ-2-2A] 岂不总以乐所成立合说为宗,云何此中乃言宗者唯取有法[①]?

【今译】

(问:)岂不总是以立论者所乐于建立的(命题的主词和谓词)合说为论题的吗,为什么又说“宗法”一词中的“宗”指称的乃是主词?

【注释】

① 此问者就“宗法”一词的用法提出疑问,意谓上文均说以乐所成立的命题为宗,为什么“宗法”一词中的“宗”唯指有法?

［Ⅰ－2－2B］此无有失。以其总声于别亦转，如言“烧衣”，或有宗声唯诠于法[①]。

【今译】

（答：）这没有错。因为“宗”这个总名亦可用来指称它的组成部分（如主词），就好像烧衣之一部分即可称之为“烧衣”，也有将“宗”这个名称去偏指论题谓词的。

【注释】

① 此陈那答问。陈那解释了“宗法”一词中“宗”的涵义，指出可以用“宗”这个总名来偏指有法或法。　总声：宗是总名。　别：别宗，即有法或法。　转：即有，指“宗”这个总名亦能用于别宗，可偏指有法或法。　烧衣：此系比喻，意谓烧衣服之一部分即可称之为烧衣；同理，宗之一部分如有法亦可以宗名之。　宗声：宗这个名称。　唯诠于法：单指宗上的法。

［Ⅰ－2－2C］此中宗法，唯取立论及敌论者决定同许[①]，于同品中有、非有等，亦复如是[②]。何以故？今此唯依证了因故，但由智力了所说义；非如生因，由能起用[③]。

【今译】

（这里说的“宗法”，就是主词的“极成法”，亦即理由。）这个“宗法”（如“所作性”），必须立敌共许才能成立，而且它对于同类例（以及异类例）来说或遍有（互相包含）、或分有（真包含）、或遍无（矛盾），也须得到立敌双方的共同认可。为什么呢？这可以从“了因”（敌论者接收到的论证信息）来证知，因为只有敌论者的智慧了知立论者论证的意义，（“了因”才得以确立；）不像生因，由种子能生芽般地起作用。

【注释】

① 此下释“宗法”(即因法)。《述记》卷一云:“夫宗以有法及和合名宗,其有法宗上有二种法:(一)不成法,即声上无常法;(二)极成法,谓声上所作性,其所作性要共许,始方成其因,证不成无常法令极成也。”(页十五右)本句所谓“宗法唯取立论及敌论者决定同许”,即指“所作”因既为宗上有法的共许法,故必为立敌双方所极成。

② 此谓宗法(因)不仅须立敌同许其为有法所具有,而且于其同品上有(包括遍有和定有)或非有(遍无),也要立敌共许;于其异品,亦复如此。

③ 此意谓,宗法之必须极成,可从了因的要求中证知,因为当敌论者的智慧了知“所说义”时,了因才得以成立,亦即了因是为立敌所共许的;不像生因,如种生芽般地起作用。 生因、了因:因即原因,凡能产生结果的诸要素,均称之为因。原系一般佛教用语,如《大般涅槃经》中就说生因本是法性之理,能发生一切善法,如谷、麦等种子,能发芽萌生;了因以智慧照法性之理,如灯照物,了然可见。后来这生、了二因的用语引入因明论,成了语用因论的用语,指称立敌对待的二元关系,如本《论》所云。陈那将“生因”与“了因”两个用语引入新因明是有重大意义的。他在充分发展因三相说即语形理论的同时,开始注意到论辩时立敌对扬过程中表意和解意的二元基本关系了。这标志着陈那已开始涉足语用因论的领域。但陈那似乎并没有在语用因论上深入下去,因此他对生、了二因没有详加阐说。尽管如此,陈那的新因明论引进生因和了因的概念,当是值得注目的事。 所说义:言生因和义生因。指整个论证式。 由能起用:生因如种子,它能起生芽的作用。

[Ⅰ-2-2D] 若尔,既取智为了因,是言便失能成立义①。

【今译】

(责难者说:)如你所说,既然以敌论者的智慧为了悟之因。则立者的陈述便失去能成立的意义。

【注释】

① 此他人责难而言。　是言：指言语所陈述的理由。

［Ⅰ－2－2E］此亦不然，令彼忆念本极成故，是故此中唯取彼此俱定许义，即为善说[①]。

【今译】

（答：）你的说法不对。（立论者的论证）能使敌论者回想起其理由本系双方所共同认可，所以在论证中应只取彼此共同认可者为理由，这才是正确的论证。

【注释】

① 此为陈那答难之言。意谓言生因能令论敌忆念到其因本系彼此所共许极成，因此在三支论式中，“唯取彼此俱定许义”为宗法（因）。　此中：言生因之中。　善说：正确的论证。

第三节　“四不成”似因

［Ⅰ－2－3］由是若有彼此不同许，定非宗法，如有成立“声是无常，眼所见故。”[①]又若敌论不同许者，如对显论：“所作性故。”[②]又若犹豫，如依烟等起疑惑时成立“大种和合火有，以现烟故”[③]。或于是处有法不成，如成立：“我其体周遍，于一切处生乐等故。”[④]如是所说一切品类所有言词，皆非能立[⑤]。于共同品有、非有等，亦随所应当如是说[⑥]，于当所说因与相违及不定中，唯有共许决定言词说名能立，或名能破[⑦]。非互不成犹豫言词，复待成故[⑧]。

【今译】

由此，如果未得到双方共同认可的（理由），就一定不是正确的理由。假如有人论证说:“声音是非永恒的,因为是眼睛看得见的。”(立敌双方都不会同意这个理由能真包含论题的主词,犯了两俱不成过。)又假若其理由为论敌者所不同意的,如对声显论说:“(声音是)人工造作出来的。”(声显论只同意声音为意志的不间断努力所显发出来,而不承认是人工造作的,所以这个理由犯了随一不成过。)又如果犹豫不能决定,如依据远处尚有疑问的烟(也可能是雾或尘土、蚊群等)即论证说:“远方有事火,因为现见到有烟故。”(这个理由即有犹豫不成的过失)或者是论题的主词没得到立敌双方共同的认许,如(数论派对佛弟子)论证道:“灵魂存在于每个人,因为能于每个人的身上产生愉悦的心情。”(数论的“灵魂”,为佛家所不许。这样,论题的主词就成了“随一无体”的概念,其理由便失去了凭依,有所依不成的过失。)以上所说的这类言辞(属于“四不成”过),都不是正确的论证。(上述四种不成过是从理由与论题主词的关系上来说的,)从它与同类例的关系上来看,亦相应地有此四种不成(即两俱同品不成、随一同品不成、犹豫同品不成、所依同品不成。)有效论证的理由,必须是立敌共许为充足理由的言辞,这样才能构成正确的论证;而对于论证中出现的相违及不定的过失,(敌论者如予以破斥,其理由)亦须为双方所共同认可,这样才能构成正确的反驳。(此种为双方共许的正因)不像自随一不成因、他随一不成因,或犹豫不成因那样,还有待于重新成立。

【注释】

① 此下举例说明宗法(因)如不能为立敌所共许,便有“四不成”之失。此处说两俱不成过,即立论者与敌论者均不同意“眼所见性”因能周遍“声”这个有法。

② 此说随一不成过,即敌论者一方如声显论不同意“所作性”因能周遍有法“声”。声显论认为“声体本有,待缘显之,体性常住”(《法苑义林》卷二),故不同意声具有所作的性质。

③ 此说犯豫不成过,即立论者依据尚有疑惑的宗法(因)如“烟等”去推

断"有火",便犯此过。《大疏》卷六云:"西方湿热,地多丛草,既足蟁虻,又丰烟雾,时有远望,屡生疑惑:为尘、为烟、为蚊、为雾?""此因不但立者自惑不能成宗,亦令敌者于所成宗疑惑不定。"(页五左右)　大种和合火:印度古代的哲学家将火分为两种:一者性火,一者事火。所谓性火即蕴涵于具体事物中的一种原子"火大",是普遍存在的一种潜热;所谓事火即实际燃烧之火,乃由地、水、火、风四大种(四种原子)结合而成。大种和合火即此事火。

④ 此说所依不成过,即宗上有法没有共许极成,从而使宗法(因)失去了所依。如数论派立"我,其体周遍"宗,此宗上有法"我"(Atman)乃数论二十五谛之一,约相当灵魂之意,为佛家所不取(佛家称之为"补特迦罗",即人我)。此有法既不能极成,"于一切处生乐等故"因就失去了所依。

⑤ 陈那在以上讲了四种不成因,至此加以小结。《述记》卷一云:"然外道因明中唯有前二不成,谓两俱不成、随一不成。……其后二并摄于前二不成中,谓两俱犹豫不成及随一犹豫不成,两俱所依不成及随一所依不成。是陈那救别义故,遂开为四也。"(页二十左)　品类:意义类同者的集合。

⑥《大疏》卷六云:"此因于同……喻(依),随应亦有四种不成。……然名'不定'及'相违',不名'不成'。"(页十左)

⑦ 此谓正因必须是共许决定的言辞,这样组成的论式才名之为能立。而针对相违因和不定因所立的相违量,亦须立敌双方俱许,方成能破。《集量论·为他比量品》有类似于此的论说,如颂云:"两俱极成者,乃为破或立。"其长行释云:"若非宗法,必俱许者始成能破,如说声是眼所见性;又俱许乃为能立,如说声由缘别而差异故。异此即非立破。"(《略抄》页二十四)《述记》卷一云:"云何相违及不定说能破邪?谓彼立论人因有相违及不定过,其敌论人俱能现彼立因有相违及不定过失,说此过真,立、敌俱许,即名能破。"(页二十一左),于当所说因:即论证中的正因。　能立:此拍论证的理由。　能破:此拍反驳的理由。

⑧ 此谓非如随一不成或犹豫不成之因,还须重新加以论证。　互不成:即互有随一不成的情况,亦即自随一不成或他随一不成。　复待成:有待于

重新成立因法。例如胜论对声显论立:“声是无常,所作性故。”此“所作性”因对于声显论来说就有他随一不成之失,因为声显论不同意声是所作性的。于是胜论复须成立此因,说“声是显发所作,随缘变故,如灯焰”(此例据《述记》而作了改动,因《述记》原例不当)。又据《述记》卷一云:“犹豫不成,若更成立言:‘彼处决定无火,以有蚊,非烟故,诸有蚊、非烟处必定无火,如余有蚊处。’或云:‘若处定有火,以近见烟故,如余近见有烟处。’”(页二十一右)陈那在这里只说到立因如有随一不成或犹豫不成的问题须“复待成”,而未说及两俱不成和所依不成因,这是因为两俱不成和所依不成不可重成,故此略而不说。

第四节 立宗法之答疑

[Ⅰ-2-4A] 夫立宗法①,理应更以余法为因成立此法。若即成立有法为有,或立为无②,如有成立“最胜为有,现见别物有总类故”③;或立为“无,不可得故”④,其义云何?

【今译】

(问:按你前面所说的,)论题谓词的确立,理应以其余(得到共同认许的)概念为理由来证明它。如果用理由来证明主词存在或不存在,(是否也可以呢?)例如(数论)成立“自性是存在的,因为现见二十三谛总属于自性谛”;又如(佛家)立“(自性)是不存在的,因为是不可得到的”。(此二例中的理由岂不都是用来证明论题主词存在或不存在的,)这又怎么解释呢?

【注释】

① 此下为问者质疑。　宗法:此指宗上之法(能别),非指因法。

② 此问意为:因是否亦用来成立有法(论证有法或有、或无)?下文即

以有、无二例说明。

③ 此以数论(僧佉派)立量为例。　最胜：此指数论二十五谛之首——自性。数论认为自性是万物之本源,但当自性尚未转变时,则为一浑沌之本体(故亦称“冥谛”)。自性之转变,由神我(二十五谛之最后谛)思用之时开始,它按一定的程序转变出二十三谛(即觉,我慢,五唯[色、声、香、味、触],五大[地水、风、火、空],五知根[眼、耳、鼻、舌、皮],五作根[手、足、大遗、男女、语具],心根),为神我所受用。《楞严长水疏》卷二上云:“我既受用,为境缠缚,不得解脱;我众不思,冥谛不变,既无缠缚,我即解脱。”　别物：指二十五谛中除自性、神我这首末二谛之外的二十三谛。别物有总类,即二十三谛均总属于第一自性谛。

④ 此以佛家立量为例。佛家不同意数论所谓自性因神我思用而转变出二十三谛为神我所受用的理论,故说自性为无,为不可得。

[Ⅰ-2-4B] 此中但立“别物定有一因”为宗,不立“最胜”,故无此失。[①]若立为“无”,亦假安立“不可得法”,是故亦无有有法过[②]。

【今译】

(答:)在(数论的)论证中,只是以“二十三谛定有其总因”为论题,而不是要成立“自性”,故不存在以理由来成立论题主词的问题。而如果从(佛弟子)所立“(自性)是不存在的”论题来看,亦是借助于此命题中的“不可得到”(才成为论题的),所以也不存在(以理由去成立)论题主词的问题。

【注释】

① 此处陈那从立为有的方面来答问。“别物定有一因”即“别物(二十三谛)有总类(自性谛)”。陈那正确地指出:即以数论所说的“最胜(自性)为有,现见别物有总类故”而言,并非以因法来成立有法,它成立的乃

是整个的论题。但是从陈那所说的“此中但立‘别物定有一因’为宗的话来看,又显然转移了论题。”因为数论的原论题是“最胜为有”,而非“别物定有一因”。否则,以“别物有总类”因来成立“别物定有一因”,岂不成了同语反复?

② 此处陈那从立为无的方面来答问。陈那意谓,以“不可得法”来成立“最胜为无”,论证的仍是整个论题,而非有法。　假:借。　安立:设立。

[Ⅰ-2-4C] *若以有法立余有法,或立其法,如以烟立火,或以火立触,其义云何[①]?*

【今译】

(问:)若以论题主词为(理由)来成立论题的主词或谓词,如以烟来立火(即谓“烟下有火[宗],因为有烟[因],犹如其他的烟[喻]”),或以火来立有热感(即谓“此火有热感[宗],因为有火[因],犹如其余的火[喻]”),是否可以呢?

【注释】

① 此为问者质疑,意谓:是否也可以有法来成立有法,或以有法来成立法?从问者所提出的实例来看,“以烟立火”并不能作为有法成立有法的例子。《述记》卷二说,此例当为:“烟有火(宗),以是烟故(因),犹如余烟(喻)。”(页三右)这实在是以宗上的有法(烟)为因来成立其宗法(火),而并非以有法来成立有法。但是《述记》卷二、《大疏》卷三均谓“烟之与火俱是有法”不知何意。至于“以火立触(热感)”,《述记》列出的论式是“此火有热触(宗),以是火故(因),犹如余火(喻)。”(同上)此例与“以烟立火”别无二致,均系以作为宗之一部分的有法充当因法来成立其宗法的。这就是以宗义一分为因的过失,详见下文。

［Ⅰ-2-4D］今于此中非以成立“火”“触”为宗，但为成立此相应物。[①]若不尔者，依烟立火，依火立触，应成宗义一分为因[②]。又于此中非欲成立火、触有性，共知有故[③]。又于此中观所成故，立法、有法[④]，非德、有德[⑤]，故无有过。

【今译】

（答：）这里所说的三支论式（乃以类为推），并非是以“火”“热”这一类论题的谓词作成立的对象，而是要成立（与其前提）相应的论题。如果不是这样，而是像你所举的例那样，便是以宗义一分（有法）为理由来论证。另外，这里也不是以成立“有烟必有火”和“有火必生热”这些命题为目的，因为这些命题的真实性人所共知，（不须再加论证。）再说（立论者）须视（论敌）所立的是什么，才能确立论题的谓词与主词，不像（胜论所立的）属性、实体（等“六句义”）那样，（因为是胜论的基本哲学范畴。可以不待视他人如何立论而径自建立，）不致有过。

【注释】

① 此下陈那答问。此谓因明立量并非以“火”“触”等法为宗，而是以类为推。　火、触：“有烟立火”中的火宗和“以火立触”中的触宗。　相应物：与全类相应之物。如以有烟处皆有火这一全称命题为出发点，则可推及其“相应物”：此山有烟，故此山有火。若以有火处必有热触为出发点，则可推至与其相应之处：此炉有火，故此炉有热触。

②《述记》卷二云：“论主破前谬立。……‘烟’是有法，‘火’是法，法及有法合成宗义，汝立因云‘以是烟故’，岂不是以有法一分宗义为因耶？又立量云‘此火有热触’，‘火’是有法分，‘热触’是法分，法及有法二分合为宗义，立因云‘以此火故’，是亦以有法宗义一分为因，故不成也。以宗义二分是所立，因是能立，故不应以所立一分为能立也。”（页四左右）

③ 此处陈那进一步破斥，意谓世人已共知有烟必有火、有火必生热的道

理，所以此论题已无须再立，否则就是“立已成过”（《述记》卷二页五左），亦即犯相符极成之过。　有性：有体性。

④《述记》卷二云：“又于此中立论者要观待前敌论人义，方有所立。谓如佛弟子欲立‘声是无常’，要观待前敌论人立‘声是常故’，方立‘无常’为所立法及有法（声）也。言一切人既不疑烟下有火、无火，火复是热，何得相即成宗？”（页五左）

⑤ 此谓非如德与有德，德与有德为胜论六句义之二，六句义是胜论哲学的基本范畴，可不待观敌论者之所成立而先成立。德即属性。有德即实（实体）；实皆有其属性，故谓“有德”。

［Ⅰ-2-4E］重说颂言①：
有法非成于有法及法②，
此非成有法③；
但由法故成其法④，
如是成立于有法⑤。

【今译】

再以颂言来作一小结：
论题的主词和谓词不依靠主词成立，
且其理由也不直接成立论题的主词；
理由只是论证谓词与主词之不可分，
如此也就间接地成立了论题的主词。

【注释】

① 此颂小结本节所阐述的道理。

② “及法”属上句，这里仅仅出于颂文句式上的整齐（形式上为七字句），将其置于下句。　有法非成于有法及法：意谓不论宗上的有法和法，

皆不能依宗之一分的有法来成立，此句中“于”字系多余，因为有此“于”字，句意即逆转为有法非由有法和法来成立，其所由出正好相反。下文第四句颂“如是成立于有法”句中的“于”亦属多余，理由同此。

③ 意谓因法亦不直接成立有法。

④ 此即以共许法证不共许法的原则。

⑤ 此谓法虽非直接证有法，然通过以共许法证成不共许法，也就间接地证成了有法。

第五节　疑 因 答 问

［Ⅰ-2-5A］若有成立：“声非是常，业等应常故。”“常应可得故。”[①]如是云何名为宗法？

【今译】

（问：）假如有人成立：“声音不是永恒的，（否则）运动等也应该是永恒的了。”“（声音）就应是不间断地可以听到的了。”这样的理由，怎么能看作亦是论题主词的谓词？

【注释】

① 问者又以胜论立量为例提出质疑。意谓如上所述，因法作为宗上有法之法而名之为宗法，但在胜论所立的比量中，“业等应常故”和“常应可得故”都与有法“声”不相关涉，怎么能将它们看作宗法呢？　业：胜论哲学六个基本范畴中的第三个范畴，即运动形式。运动的基本特点是变化无常，而并非常住不变。胜论出此因并非真的主张“业等应常”，而是以此来难破声论的立量，详［Ⅰ-2-5B］注②。　常应可得：此针对声论所云“声是常”而难破，意指声音既为常住，则应在任何时候均能听到，参见［Ⅰ-2-5B］注②。

［Ⅰ-2-5B］此说彼过，由因、宗门[①]。以有所立，说“应”言故；以先立“常，无形碍故”，后但立宗（等），斥彼因过[②]。

【今译】

（答：）此论证是在破斥（声论）的过失，这是从驳论据和论题两方面入手（进行难破）的。因为（声论）立了论题（“声是永恒的”），所以（胜论才驳其论题），说“（如此，声音）就应是（不间断地可以听到的了）”；（又，声论）先说了“声音是永恒的，因为是无形无碍的”，所以（胜论）要以（“声音不是永恒的，否则运动等也应该是永恒的了”）这样的论题（等）来反驳声论的论据。

【注释】

① 以下陈那答问。这里首先指出，胜论的立量旨在揭出声论的错误，它以其因为门和其宗为门进行难破。 因、宗门：《证文》云：“《集量》云因及宗之门。” 按：此即从驳论据和驳论题入手。

② 此谓先有声论立“声是常”宗，所以胜论才以“常应可得故”来驳其论题；又先有声论立“声常，无形碍故”，所以胜论才以“声非是常，业等应常故”来驳其论据。胜论通过其“因门”来难破的意思是，如果声音由于无形碍而是常住的，那么业亦无形碍，业岂非亦应是常住的了？这种破斥方法就是归谬法的运用。 后但立宗：似应为“后但立宗等”，即建立论式。数工人（或苗出

［Ⅰ-2-5C］若如是立：“声是无常，所作非常故，常非所作故。”此复云何[①]？

【今译】

（问：）若是这样建立论式：“声音是非永恒的，因为凡人工造作者皆非永恒，而凡永恒者都不是人工造作的。”如此又怎样呢？

【注释】

① 此再举问者之疑题。详下答问。

［Ⅰ-2-5D］是喻方便[①]。同法、异法，如其次第宣说：其因、宗定随逐，及宗无处定无因故。[②]以于此中由合显示“所作性”因，如是此声定是所作，非非所作，此所作性定是宗法[③]。

【今译】

（答：）这是文义完善的譬喻，它是按同喻和异喻的次第来宣说的。其（同喻指出，）原因出现，则其结果亦必出现；其（晃喻指出，）结果如不出现，则其原因亦必不出现。因为在此喻相中，同喻的合式归纳显示出人工造作的原因，由此而联系到声音亦定是人工所造作，（并可反推出）并非不是人工造作的。（由此可知）人工造作定是论题主词的一种属性。

【注释】

① 此下陈那答问。陈那首先指出上述“所作非常故”“常非所作故”，乃是喻，而不是因。　方便：此指理义方正，言辞巧妙之意。《嘉祥法华义疏》卷四云：“理正曰方，言巧称便。即是其义深远，其语巧妙，文义合举，故云方便。”

② 同法：即同喻，其同喻体须按先因同后宗同的次序组合而成（故云“因、宗定随逐”），如“所作非常”。　异法：即异喻，其异喻体须按先宗离后因离的次第组合而成（故云“宗无处定无因”），如“常非所作”。

③《述记》卷二云：“以此中由同喻合方便显示声上有所作性因，谓法（此指同喻依）所作者即是无常，声既所作，故是无常也。彼立论者文中虽不作此合，意亦有此合故，宗法因在声上，如是由合喻显声定是所作性，非是非所作性故，此所作性定是宗家（即有法）法，故名宗法。”（页八左右）　由合显示：此谓由同喻顺合显示出“所作性”因，可知有法声具有“所作性”，而

"非非所作"。"合",作应用、结合解。

［Ⅰ-2-5E］重说颂言①:

说因,宗所随②;

宗无,因不有③。

依第五显喻④。

由合故知因⑤。

【今译】

重说本颂:

若原因出现则其结果亦必定出现,

若结果不出现则原因亦必不出现。

依第五转声(的理由)显示同、异二喻,

复由(同、异喻的)顺合返显而知原因。

【注释】

① 此为本颂。下文说喻及似喻时将以此为纲。

② 此句颂同喻。由于因法的外延被宗法所包含,故对于某一同品来说,如果具有因法的性质,就必定具有宗法的性质。"说因宗所随"就刻画了因、宗之间的这种不相离的关系。

③ 此句颂异喻。正因为宗法在外延上包含因法,故对于某一异品来说,如果不具有宗法的性质,则必不具有因法的性质。"宗无,因不有"正刻画了宗、因之间那种反面的联系。

④《述记》卷二云:"'依第五显喻'者,喻是初转因声。前云'所作非常故,常非所作故'者,其'故'字结喻因法,是第五转因声,依此第五转因声,说同喻、异喻,故云'显喻'。"(页八右)《证文》云:"'第五显喻',《集量》作有第五转声之喻,此处应谓第五声所显也。"

⑤《述记》卷二云："由同喻顺合，由异喻返显，方知其因。此即依因声显喻，借喻显因也。"（页八右至页九左）

［Ⅰ－2－5F］由此已释反破方便[①]，以所作性于无常见故，于常不见故，如是成立"声非是常，应非作故"[②]。是故顺成、反破方便，非别解因[③]，如破数论，我已广辩，故应且止广诤傍论[④]。

【今译】

（如上所述，同、异二喻须结合起来才能助成理由，成立论题），由此即已说明以唯有异喻而无同喻的论式来取巧，（是难以证成论题的，）因为凡人工造作者皆于非永恒的事物中可见，而于永恒的事物中不见。这样，如（数论）成立"声非永恒，（永恒者）应非人工所造作"（即是不正确的论证），因此，必须同喻顺成与异喻反破（相结合），而不能只取其一部分（即异喻）来说明理由，对此，我在破数论（的六千颂）中已广为辩说，故这里不再展开讨论了。

【注释】

① 此谓由前例（见［Ⅰ－2－5C］）所明须以同、异二喻相结合方能成立宗义的道理，已可说明唯有异喻而无同喻是不能成为有效论证的。　反破方便：反破，指只有异喻而无同喻的论证式。方便，此指取巧而难成的论证手段。此种"反破方便"的论证方式为陈那所不取，陈那主张同、异二喻并举，但为求言语的简洁，经常只说同喻（甚至只说同喻依）而省去异喻，不过不能只说异喻而省去同喻。

② 此以数论立"声非是常，（常）应非作故"为反破方便之例。《述记》卷二云："僧佉（按：即数论派）唯立反喻（即异喻），方便立义不成也。"（页九右）

③ 陈那在这里指出，作为一个正确的论证，须以同喻顺成、异喻反破相

结合的方式才能令因的正确性得到保证,而不能像数论那样唯以异喻反破的方法来成立因。从陈那的这段话可知,他是坚决反对只说异喻而不说同喻这种“反破方便”的做法的。　别解因:别,相对于总体而言,指总体之一部分,此指异喻,异喻乃喻支之一部分。解,通达、说明。此谓以异喻来返显其喻遍充于因。又,神泰解释“非别解因”云:“非如数论,唯以异喻反破方便为别生决定解因也。”(《述记》卷二页九右)此说似欠当。按神泰的解释,“别解因”即“别生决定解因”,以今语译之,即令他人产生解悟之因,这与陈那的原意恐相去甚远。按陈那《集量论·为他比量》颂曰:“若由遮显说,则当成无因,以二喻立故。”(《略抄》页二十六)此谓若由异喻来返显其因,则不能成其因,因为须由同、异二喻结合起来方得成立其因。由此可知,“别”者非他,“解”者非悟。

④《述记》卷二云:“如我(指陈那)造破数论论有六千颂我已广辨,数论唯立返破方便分别解因过故。”(页十左)所以陈那在本论中对此就不再展开讨论了。

第六节　同品、异品

[Ⅰ-2-6A]如是宗法三种差别[①],谓同品有、非有、及俱[②],先除“及”字[③]。此中若品与所立法邻近均等,说名同品,以一切义皆名品故[④]。若所立无,说名异品[⑤]。

【今译】

原因或理由(相对于同类例来说)有三种情况,即于同类例或遍有(互相包含)、或遍无(矛盾)、或分有(真包含),在前面([Ⅰ-2-1]的颂中),省说了(“及俱”)的“及”字(这是由于颂的字数所限)。在事例中,如果具有论题谓词所示之属性的,称之为同品(同类例),因为(属于)一切义类的皆称之为品(事例)。如果(某事例)与论题所示之属性相排斥,则称之为异品（异类例）。

【注释】

① 如是宗法：即如上所述之宗法，上述宗法即因法，亦即理由或原因。

② 同品有：同品遍有。　非有：同品遍无。　及俱：通及有与非有，即部分有。参见[Ⅰ-2-1]注②。

③ 此指前文（[Ⅰ-2-1]条）的颂中省说了一个"及"字（"宗法于同品，谓有、非有、俱"）。据《述记》的解释，前颂之所以要省说一个"及"字，是因为颂的字数所限。《述记》还指出，这个"及"字一般不能除去，因为"若不置'及'字，恐其有与非有即亦为俱，若安'及'字，即显有、非有外，别有其俱。"（卷二页十一左）

④ 此处为同品下定义，意谓同品即与宗法所示之性质相似。同即相似，品即义类，即属性。陈那以相似义类（属性相似）为同品，故说"一切义皆名品"。《集量论·为他比量品》亦云："此中以一切义为品，依所立法共相而相类相似者，是为同品。"（《略抄》页二十六）但属性总是涵蕴于事物之中的，故亦可将上述定义解释为：具有宗法所示之属性的事物名之为同品。《大疏》卷三亦释云："谓若一物有与所立宗中法齐均相似义理体类，说名同品。"（页二十左右）

⑤ 此为异品的定义，语意承上，故更为简略。意谓如不具有宗法所表示的属性，即名异品。异品自然亦为义类（属性）相异，由义类相异转接到事物上，故亦可以异品这个词来指称异类的事物。

[Ⅰ-2-6B] 非与同品相违或异①：若相违者，应唯简别②；若别异者，应无有因③。由此道理，"所作性故"能成"无常"及"无我"等④，不相违故⑤。

【今译】

（上述关于异品的定义和古因明师所说的）与同品"相违"或"别异"的

定义是不同的；因为若以反对概念（即“相违”）为异品，就只是与论题的谓词相排斥，（而不能斥尽中容之品），如果以不同于论题谓词的概念（即“别异”）为异品，那就无理由可言了。正是由于异品并非“相违”或“别异”，所以“人工造作”这一理由，不但能够成立“非永恒”，也可以成立“非永恒之自体”等命题，因为这两个命题并不互相排斥。

【注释】

① 此下就古因明师对异品的两种解释进行论破。陈那首先指出，上述异品的定义与古因明师的相违论和别异论是不同的。

② 此破相违论。　相违：此指以与同品属性相违者为异品，亦即以反对概念为异品。　简别：简去，简除，此可作排斥。解。《集量论》亦有批评相违论的话：“若与同品相违为异品者，应唯所立相简别者知其为异。　如说：‘火有暖触，由彼得知无暖、冷触以为异品。’其非冷、暖即不可知。”（《略抄》页二十七）这段论述比较具体，可借作本句的注脚。陈那意谓，如果与同品相违者就是异品，则只需与所立法（宗之谓词）相排斥就可以了，如说“火是热的”，则可以“冷”为其异品了。但这样一来，处于热与冷之间的非冷非热的情况即中容之品就未能包摄进去。《述记》卷二云：“若准相违异喻，诸有冷处即无有火，其中庸处既非有冷，复应有‘火’，异喻乃返合有‘火’之因，成不定过：为如厨上有火处，以有火故有暖耶？为如中庸处‘火’，故无暖耶？其有火之因不定，故不能定证有暖也。”（页十二右）此即阐发了陈那对相违论的批评。

③ 此破别异论。　别异：此指以不同于宗法的概念为异品，而可不问其外延与宗法是否相容。《庄严疏》卷一举例释别异论云：“如立‘声是无常’，但异无常即是异品。”（页十九左）　应无有因：此指无有正因。如立‘声是无常’宗，按别异论的原则，则异于宗法“无常”的“无我”，可作为异法。但异品“无我”（即非常住不变之我体）与宗法“无常”及因法“所作性”虽为不同的概念，然在外延上却不相排斥。这样，由异品返显的“所作性故”

就成了不定之因，因为未能以此来说明因于异品遍无。

④ 无我：梵语 Anātman 的意译，亦作“非我”。佛家认为，人身乃五蕴和合之假我，实无常一之我体，故称无我。

⑤ 不相违：不排斥。此指异品与宗、因二法不相排斥。《述记》卷二云：“……‘所作性’与‘无我’宗不相违故，亦可‘无我’与‘无常’相不违故，得同以‘所作性’为因也。何者？即声无有常我可得故，亦得言‘无常’，亦得言‘无我’，以一切无常法皆无我故，故不相违也。”（页十三右）

［Ⅰ-2-6C］若法能成相违所立，是相违过①，即名似因。如无违法，相违亦尔②：所成法无，定无有故。③非如“瓶”等，因成犹豫④，于彼展转无中有故⑤，以所作性现见离瓶于衣等有⑥，非离无常于无我等此因有故⑦。

【今译】

如果理由能成立互相矛盾的论题，那就是自相矛盾的论证属虚假理由。例如（数论派的“积聚性”是与其哲学主张）无违论题之理由，却亦能成立与原论题相矛盾的论题：因为（异品于矛盾）论题的谓词遍无，于其理由亦决定遍无。（此类能成立相违论题的理由，）不像“瓶”的例子那样（如立“声是瓶，人工造作故，譬如衣服”），其中的理由有犹豫不定的过失，因为它能循环地与论题的异类例发生包含关系，即可以现见到人工造作亦包含与瓶子相排斥的异类例衣服等，（反之亦然；）而并非像“非永恒”（无常）与“非永恒之自体”（无我）那样，其外延本不互相排斥，而能共有人工造作的属性。

【注释】

① 此下举相违因过。　此意谓，如果因法能成立相违之宗，就有相违过。《述记》卷二云：“如立言‘眼等必为他用’，即以‘积聚性故’为因，以‘卧具’为同喻。今‘积聚性’因亦能成立所立‘眼等必为积聚他用’。”（页十四

右)《述记》所举乃法差别相违例。意谓数论所立“眼等必为他用”中的“他”字,暗中意许的乃非积聚性的神我(即灵魂),佛家不同意有非积聚性的神我,但同意有积聚性的假我,所以就抓住此量因法与宗法的差别义相违进行难破,说此因如能成立非积聚性的他用,就也能成立积聚性的他用。这两个宗是相违的,故此因有相违过。 法:因法。 相违所立:相违之宗。

② 此句意谓,如“无违法”可成立“无违”之宗,亦可成立相违之宗。例如数论派所要成立的“眼等必为他用”宗,乃与其本宗的主张无违的,故名为“无违”,其因即名之为“无违法”。 相违:此指佛家针对数论的立量所出的相违之宗,即“眼等必为积聚他用”。

③ 所成法无,定无有故,即“宗无、因不有”(参看[Ⅰ-2-5E]注③)。此语紧接上文“亦尔”之言,意谓如无违法(积聚性因)能成其无违宗(非积聚之他用)于异品遍无,今亦成其相违宗(积聚性之他用)于异品遍无。

④ 非如瓶等:此相对于前文[Ⅰ-2-6C]中的正例而设的不定因例。意即前文所述“声是无常,所作性故,如瓶”的正例,其因能正成“无常”,旁成“无我”,是决定无误的;非如另设的例子那样,说“声是瓶,所作性故”,以“衣”等为异品,衣虽非瓶,但所作性因却于此异品衣上有,不合第三相异品遍无的要求,其因便成了犹豫不定之因。

⑤ 此指因“于彼展转无中有”,意即因于宗异品上展转有。如上例云“声是瓶,所作性故”,以“衣”为异品,亦可复立“声是衣,所作性故”,以“瓶”为异品;此所作性因即展转于衣、瓶等异品上有。

⑥ 此句说明了“于彼展转无中有故”的道理,即可以现见到离开了宗法瓶的异品衣等上有所作性,反之亦然。

⑦ 无常与无我当为同一关系的概念,因而正如[Ⅰ-2-6B]所指出的,无我并非是与无常相排斥的异品。无常与无我在外延上包含了因法所作性,故凡所作者皆无常或无我,所作性因是决定无疑的。而上述瓶与衣

的关系却完全不同，因为二都在外延上不相容，是反对关系，而且均被所作性因包含，所以衣虽与宗法瓶的外延相斥而为宗之异品，却包含于因法所作性之中而不能成为因的异品。正是由于此，故这里说"非离无常于无我等此因有故"（非如与无常的外延不相排斥的无我上有所性因那样）。此语与上文"非如'瓶'等，因成犹豫"句相呼应，揭示了这样的道理：因法所作性的外延大于宗法瓶，故可将宗异品衣等容纳在因的外延内；而无常与无我的外延同一且大于因法所作性，故无常与无我共有所作性而相互不排斥。

［Ⅰ-2-6D］云何别法于别处转[①]？

【今译】

（问：）为什么（声上的人工造作）这一理由亦能有于（瓶、衣等）同类例？

【注释】

① 此为问者质疑。　别法：此指宗法（因），这是问者一时的用语，非专门术语。问者认为，如所作性因既是宗上有法声的法，就与瓶、衣等同品上的所作性有别，故此以别法称之。　别处：此指同品。　转：有。《述记》卷二云："今问意云，如所作性是声宗家法，云何宗家法乃于瓶上立有耶？"（页十七左）

［Ⅰ-2-6E］由彼相似，不说异名，言即是此，故无有失[①]。

【今译】

（答：）因为（声的人工造作与瓶的人工造作等）极为相似，不必区分它们的差异之处，尽可说为彼即是此，故没有什么问题。

【注释】

① 此陈那答疑。《述记》卷二云:“言瓶上所作性即是(宗)体声上所作性,极相似故,故言‘即是’。犹缕贯两花,其缕一头贯此花,一头贯彼花;此亦如是,总一所作性,一头是声上,一头是瓶上,故无有别法于别处转失,以其如一故。”(页十七右) 相似:指瓶上所作性与声上所作性极为相似。不说异名:不必说其差异之处。

[Ⅰ-2-6F] 若不说异,云何此因说名宗法[①]?

【今译】

(问:)如果不说(声的人工造作与瓶的人工造作)有所不同,那么又为什么要将此理由(归到论题主词的名下),称之为“宗法”?

【注释】

① 此问者复质疑。意谓,若不说瓶上所作性与声上所作性有异,为什么此所作性因要名之为宗法?瓶非是宗有法,此所作性亦应名非宗法。

[Ⅰ-2-6G] 此中但说定是宗法,不欲说言唯是宗法[①]。

【今译】

(答:)此处只说(理由)定是论题的一种谓词(宗法),而并非说它是论题主词的唯一谓词(即外延同一)。

【注释】

① 此陈那答疑。意谓,此因但说定是宗有法之法,而不是要说此因法唯为宗有法之法。按因明的规定,因法在外延上必真包含有法,如此才能在宗法外觅得同品;如果因法与有法的外延同一(即所谓“唯是宗法”),则不能

找出同品来印证,必犯不共不定因过。

[Ⅰ-2-6H] 若尔,同品亦应名宗[①]?

【今译】

(问:如你所说,人工造作这一概念虽遍及于同类例瓶而仍然名之为理由,)如此,则同类例(瓶上有非永恒的属性,)岂非亦应称作论题了?

【注释】

① 此问者复责难。意谓,如你所云所作性因遍及于瓶而仍可名之为因,则宗上无常法亦有于瓶,那么瓶无常亦可名之为宗了?

[1-2-6I] 不然,别处说所成故[①],因必无异,方成比量[②],故不相似[③]。

【今译】

(答:)不然,(人工造作这一理由)是论证论题的主词(声)上有其谓词(非永恒)的,理由须为立敌双方共同认可,论证才能成立,(而瓶是无常原为立敌所共许,并非所欲论证的论题,)故(论题与同喻)并不一样。

【注释】

① 此下陈那答难。 别处:此指宗上有法,如有法声相对于同品瓶而言,是瓶之别处。 说所成:此因法于此有法上成立无常法。所成,即所成立,即所立,亦即宗,这里用来指称宗上的法。

② 此谓以因证宗,因法必须共许极成。由立敌共许声与瓶俱有所作性,论证才得以成立。

③ 此意谓,"声是无常"是一个有争议的问题,故可立为宗;而瓶是无常原为立敌所共许,无须成立,故不能称之为宗。这是宗与同喻之不相似处。

再从因上来看，因法“所作性”须立敌共许于声与瓶上有才能证成宗，这也不同于所要成立的宗。由此几点不相似，故不能由因之遍及同品而仍名之为因，去类推宗法亦通向同品，故同品亦得名宗。由此《大疏》卷三云：“唯别声上有无常义，是其所成，共所诤故；非于瓶上。夫立因者必须立敌宗、喻之上两俱无异，方成比量。故……理不相似。”（页八左）

第七节　九 句 因

［Ⅰ-2-7A］又此——各有三种：谓于一切同品有中，于其异品或有、非有及有非有；于其同品非有及俱，各有如是三种差别①。

【今译】

（答：）又（理由）与同类例和异类例的关系各有三种情况：即以（理由）于一切同类例遍有的情况，与（理由）于异类例或遍有、或遍无、或分有（三种情况相配合，便有三种不同的组合）；（再以理由）于同类例遍无以及（理由于同类例）分有这两种情况，（分别与异类例或遍有、或遍无、或分有三种情况相合，）又各有三种不同的组合。

【注释】

① 此说九句因：先以同品有与异品有、非有、有非有三种情况组合，成第一个三句；次以同品非有与异品有、非有、有非有三种情况组合，成第二个三句；再以同品有非有与异品有、非有、有非有三种情况组合，成第三个三句，合共九句：

同品有，异品有；

同品有，异品非有；

同品有，异品有非有；

同品非有，异品有；

同品非有，异品非有；

同品非有，异品有非有；

同品有非有，异品有；

同品有非有，异品非有；

同品有非有，异品有非有。

九句因的精髓，在于列出因与同、异品的各种可能的关系，以验证因的第二、三相，并从理论上剖析了五种不定过（一、三、五、七、九），二种相违过（四、六句），详见下文。　及俱：及，以及；俱，有非有。

［Ⅰ－2－7B］若无常宗全无异品，对不立有虚空等论，云何说彼处此无[①]？

【今译】

（问：）如果（胜论）立“（声）非永恒”的论题，对于不同意虚空为实有的（小乘经量部）来说，又怎能于彼（虚空）处说此（人工造作的理由）不存在呢？

【注释】

① 此为问者质疑。《证文》云：“勘《集量》宝本，此处文倒，应云：若无常宗对不立虚空等论，全无异品也。”此意谓，若胜论对无空论（小乘经量部）立“声是无常，所作性故”，以“虚空”为异品，此无空论者既不以虚空为实有，又怎么能于彼“虚空”处说此“所作性”无呢？

［Ⅰ－2－7C］若彼无有，于彼不转，全无有疑，故无此过[①]。

【今译】

（答：）若以虚空为非有（亦无妨，因为虚空既为非有，人工造作的理由）

就不能存在于虚空上,从而不会产生疑惑,故无不定的过失。

【注释】

① 此陈那答疑。意谓如果敌论者不许虚空为实有也无妨,因为虚空既为无体异喻依,必不能有图所作性因,故无过失。所以陈那在下文复云:"由是虽对不立实有太虚空等,而得显示无有宗处无因义成。"(见[Ⅰ-3-2A]),《大疏》卷四亦云:"异喻……有体、无体一向皆遮(排斥),性止滥(制止似因混入)故。"(页十一左)

[Ⅰ-2-7D]如是合成九种宗法,随其次第略辨其相[①]。谓立"声常,所量性故"[②];或立"无常,所作性故"[③];或立"勤勇无间所发,无常性故"[④];或立为"常,所作性故"[⑤];或立为"常,所闻性故"[⑥],或立为"常,勤勇无间所发性故"[⑦];或"非勤勇无间所发,无常性故"[⑧];或立"无常,勤勇无间所发性故"[⑨];或立为"常,无触对故"[⑩]。

【今译】

说到这里,(再以九个论题与九个理由相配合,)可以组合成(正与不正的)九种理由,并按"九句因"的排列次序略加辨析:(一)如立:"声是永恒的,因为是可以认识的。"(二)或立:"声非永恒,因为是人工造作的。"(三)或立:"声是意志的不断努力所发,因为是非永恒的。"(四)或立:"声是永恒的,因为是人工造作的。"(五)或立:"声是永恒的,因为是能听见的。"(六)或立:"声是永恒的,因为是意志的不断努力所发的。"(七)或立:"声不是意志的不断努力所发,因为是非永恒的。"(八)或立:"声是非永恒的,因为是意志的不断努力所发。"(九)或立:"声是永恒的,因为触摸不到。"

【注释】

① 此下依据[Ⅰ-2-7A]所述九句因的次序,一一例释。

② 此为第一句同品有、异品有的例子。意谓如立“声常”宗，“所量性故”因，以虚空为同品，以瓶为异品。“所量”者，即认识的对象。世上一切无不是认识的对象，故“所量”因的外延极大，它不仅与宗同品有联系，而且遍及于异品，以“所量”为因，即有因过中“共不定”之失，兹以右图示之。

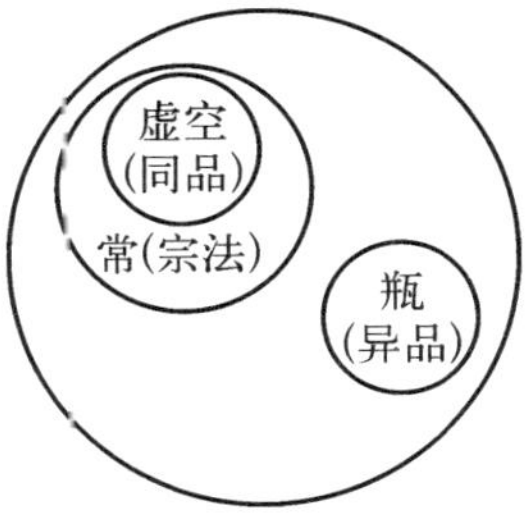

③ 此为第二句同品有、异品非有之例。意谓如立“声无常”宗，“所作性故”因，以瓶为同品，以虚空为异品。此“所作性”因于同品定有，于异品遍无，故为正因。但此例所体现的情况并非同品遍有，因为所作性只是与宗的一部分同品有联系而已，属有非有的情况。故此例与第八句的用例别无二致。如下图一：

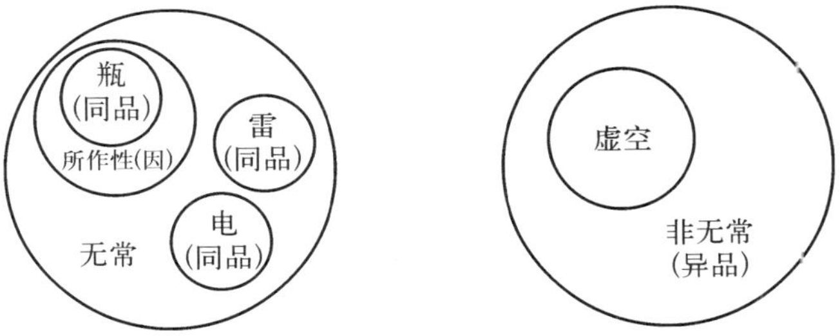

（图一）

由图示可见，所作性因虽与宗同品瓶等有包含关系，却与宗同品雷、电等的外延排斥，因而并不遍有，而只是定有罢了。按第二句同品遍有的要求，因法与宗法须是同一关系才是。如立“树均有死”宗，“生物故”因，以草为同品，石为异品，即合第二句的要求，如下图二：

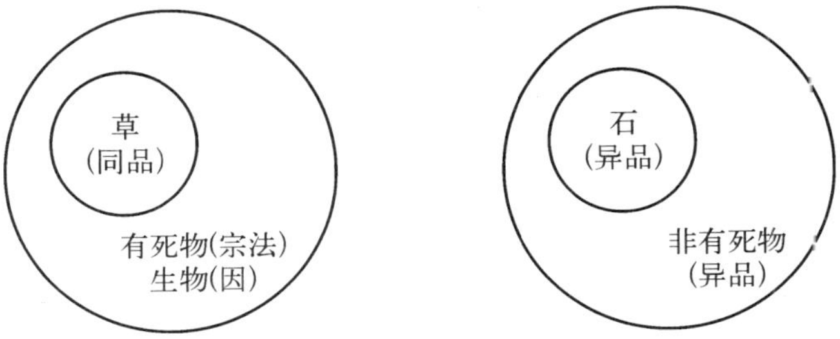

（图二）

④ 此为第三句同品有、异品有非有的例子。如立“声是勤勇无间(意志的不断努力)所发”宗,“无常性”因,以瓶等为同品,以电、空等为异品。此无常性因的外延大于宗法勤勇无间所发性,因此于宗同品遍有;从异品这方面看,无常性因虽与空不相关涉,却通向了电,这就未能做到异品遍无,因此有异品一分转、同品遍转(“六不定”因之一)之失。如左图示。

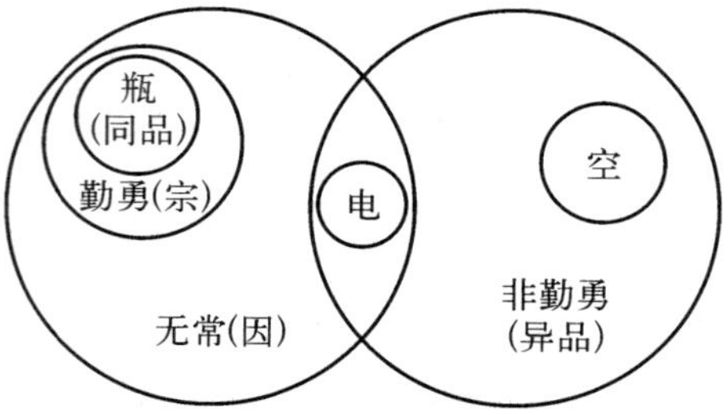

⑤ 此为第四句同品非有、异品有的例子。如立“声为常,所作性故”,以虚空为同品,以瓶为异品。此所作性因于同品虚空等遍无,于异品瓶等定有。此例在异品定有这一点上,与第四句的“异品有(即遍有)”略有出入,因为凡非常住者皆为“常”的异品,而非常住者即无常的外延包含所作性因,这就决定了有一部分无常之品不能被所作性包含,因而所作性只是定有于异品而不是遍有于异品,如下图一:

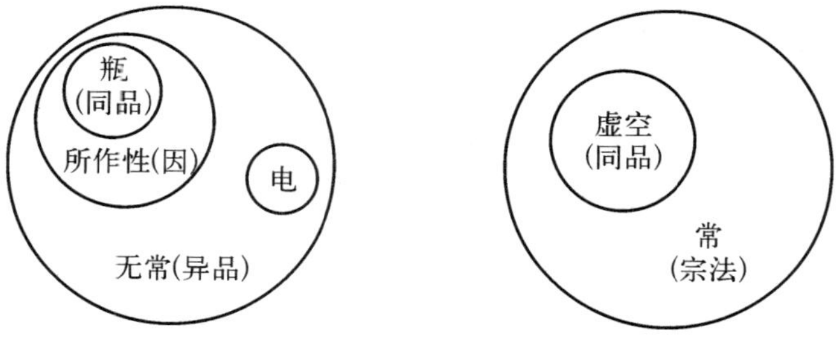

(图一)

由此图示可知,本例实与第六句“同品非有,异品有非有”的例子别无二致,因此不能用以说明第四句的情况。兹按第四句所说的情况,另设新例说明如下:如立“树皆非有死,生物故”,以石为同品,以草为异品。如下页图二。

由此图可知,生物与有死物外延同一,互遍于对方,故凡异品有死物均为因法所有(遍有)。此第四句所述情况同时违反因的第二、三相,属相违因。

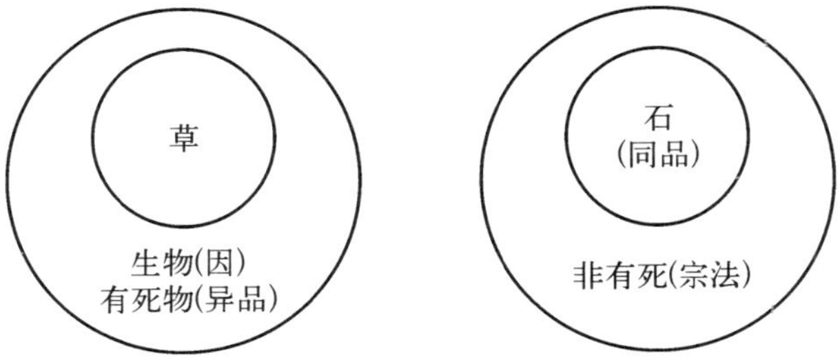

(图二)

⑥ 此为第五句同品非有、异品非有的例子。如立“声为常,所闻性故”,以虚空为同品,以瓶为异品。其所闻性因与有法声外延同一,因为唯有声具有可闻性。这样,此因便无同品,亦无异品。无异品不违反第三相,无同品却不合第二相,故此因有不共不定之过。如图示:

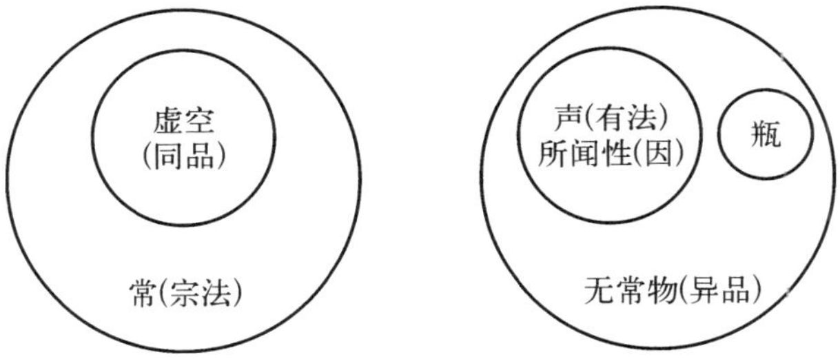

⑦ 此为第六句同品非有、异品有非有的例子。如立“声是常,勤勇无间所发性故”,以虚空为同品,以电、瓶为异品。此勤勇无间所发性因与宗法常的外延相排斥,因为凡勤发者必无常,这样,此因与宗的同品就遍无联系,违反了因的第二相。从因与宗异品的关系来看亦有问题,异品电虽无勤勇无间所发因的性质,而瓶上却有勤发性,这又违反第三相异品遍无的原则。故此,此因系相违因,如图示:

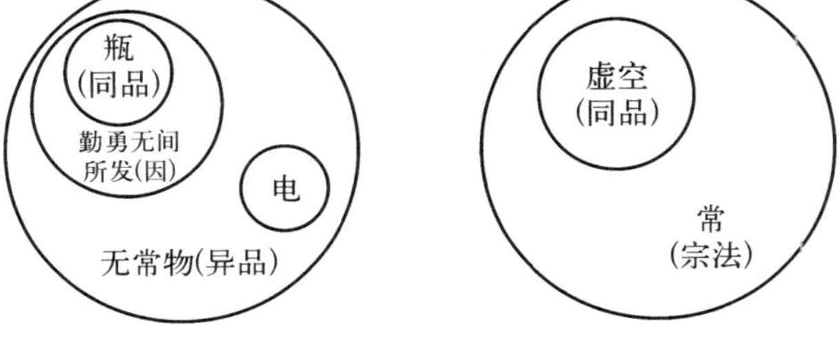

⑧ 此为第七句同品有非有、异品有的例子。如立“声非勤勇无间所发，无常性故”，以电、空为同品，以瓶为异品。此无常因于宗同品电上有，于空上无，合乎第二相同品定有的规则；但其因与宗异品却具有包含关系，亦即遍有于宗异品，这就违反了第三相异品遍无的规则，故此因犯同品一分转、异品遍转之过。如左图示。

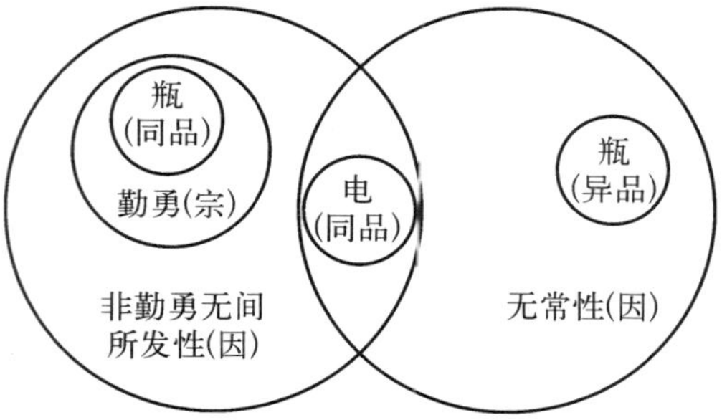

⑨ 此为第八句同品有非有、异品非有的例子。如立“声无常，勤勇无间所发故”，以电、瓶为同品，以虚空为异品。此勤勇无间所发因于同品电上无，于瓶上有，合乎第二相同品定有的规则；于宗的异品虚空等则遍无，合乎第三相异品遍无的规则，故系正因，如前注③图一所示。

⑩ 此为第九句同品有非有、异品有非有之例。如立“声为常，无触对故”，以虚空和极微（原子）为同品，以瓶和乐为异品。此无触对因（即《入正理论》说“俱品一分转”用例中的“无质碍”因）指人的感官所难以感受者。此因于同品虚空有，于极微无，因为印度古代的哲学家认为极微如阳光照射下可见到的微尘，是有质碍的。这合乎第二相同品定有的规则。再从异品来看，此因于瓶非有，因为瓶有质碍；但于乐却有，因为乐是一种精神现象，是无触无碍的。故此因有“六不定”中俱品一分转之过。如下二图所示：

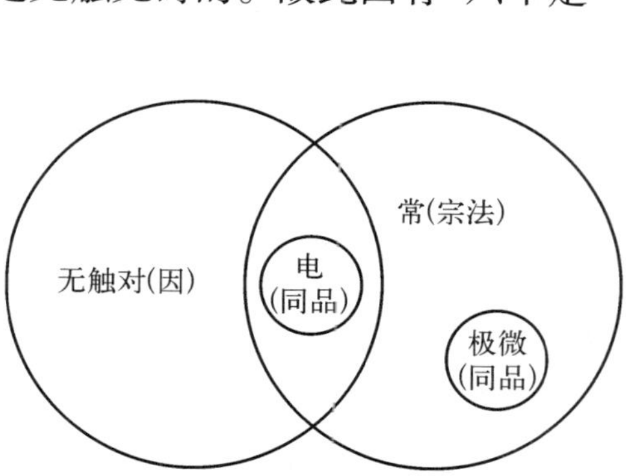

无触对因与同品的关系

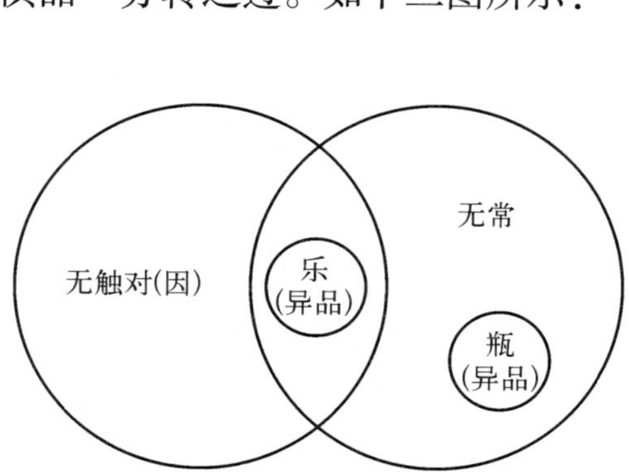

无触对因与异品的关系

［Ⅰ－2－7E］如是九种，二颂所摄：

常、无常、勤勇，
恒、住、坚牢性，
非勤、迁、不变，
由所量等九。

所量、作、无常，
作性、闻、勇发，
无常、勇、无触，
依常性等九[①]。

【今译】

如上所述的九种（理由），可以用两个颂来概括：

常、无常、勤勇，
恒、住、坚牢性，
非勤、迁、不变，
由“所量”等九因证知。

所量、作、无常，
作性、闻、勇发，
无常、勇、无触，
依常性等九宗而立。

【注释】

① 此二颂归纳上述九句因的用例。第一个颂说的是九个宗，第二个颂说的是九个因，以此九因依次配前九宗，便是前述的九个用例。第一个颂所谓的九宗，其实只是常、无常、勤勇无间所发、非勤勇无间所发四个宗法，因

为九宗中的恒、住、坚牢性、不变都是常的异说,迁则是无常的异说。第二个颂所谓的九因其实也只有六个因,因为九因中的所作性、无常、勇发(即勤勇无间所发)各重复了一次。由所量等九:"所量性"是第一个宗的因,意即前之九宗由所量性等九因来成立。依常性等九:"常性"是第一个因所依之宗,意谓此之九因依前之九宗而立。九宗与九因二颂所作的概括近乎文字游戏,令人徒费猜详而无实际的意义。

第八节　正因与相违因、不定因

[Ⅰ-2-8A] 如是分别说名为因、相违、不定①,故本颂言②:

于同有及二,

在异无是因③;

翻此名相违④,

所余皆不定⑤。

【今译】

上述"九句因"可以分为(三类),各为正因、相违因、不定因,故根本论正颂说:

(正因)于同类例遍有或分有,

于异类例则须遍无;

与此相反的即称之为相违因,

其余皆属不定之因。

【注释】

① 此谓由上述九句因所阐说的,可分别为正因、相违因、不定因三种。

② 本颂:据《述记》说"是根本论正颂",故称为"本颂"。又据慧沼《纂要》说,此本颂是从足目所造《因明论》或世亲所造《论轨》中引来。宇井伯

寿认为慧沼此说并无根据。此本颂在陈那提出后才被正理派的乌地阿达克拉（Uddyotakara）在《正理经释补》中引用了上半颂（见 NV.P.129），后来又被正理派的婆恰斯巴堤密斯拉（Vacāspāti-miśra）在《正理经释补疏记》中完整地引用过（见 NVT.P.289，参见宇井伯寿《印度哲学研究》第五卷第 593—594 页）。

③ 此上半颂两句说的是正因，正因的情况是：于同品遍有（有）或有非有（及二），于异品须遍无。此指九句因中二、八两句。

④ 此谓相违因与正因恰好相反，即同品非有、异品遍有或有非有。此指九句因中四、六两句。

⑤ 此谓不定因。　所余：即九句因中除去第二、八句正因和四、六句相违因之外的一、三、五、七、九句，此五句皆说不定之因。　按：不定因总有六种，其中“相违决定”一种不在九句因中说，故此处只说及五种。

［Ⅰ-2-8B］此中唯有二种名因：谓于同品一切遍有，异品遍无；及于同品通有非有，异品遍无。于初、后三各取中[①]。

【今译】

其中只有两种可以称作正因，即（一）理由于同类例遍有，于异类例遍无；以及（二）理由于同品定有，于异品遍无。（这两种正因）属于（九句因中）第一和第三两个组合的中间一句（即第二句和第八句所说的情况）。

【注释】

① 此说九句因中的两种正因。即第二句同品有、异品非有，第八句同品有非有、异品非有。第二句为头三句的中间一句，第八句为末三句的中间一句，故云“于初、后三各取中一”。

［Ⅰ－2－8C］复唯二种说名相违[①]，能倒立故，谓于异品有及二种，于其同品一切遍无[②]。第二三中取初、后二[③]。

【今译】

还有两种名为相违因，因为它能够反过来成立（与原论题相矛盾的论题，同时违反了第二相和第三相），其理由竟于异类例遍有或定有，于同类例却一切遍无。（这两种相违因）属于（九句因中）第二个组合的第一、三句（即第四、六两句所说的情况）。

【注释】

① 此下说九句因中的两种相违因。

② 能倒立：据《述记》说，此有二解：一、“其所立因能返前宗，故云能倒立”；二、“返前二正因，故云能倒立，正释本颂‘翻此名相违’”（见卷三页六右）。其实此二解虽角度不同，含义却无二致。前者所云“因能返前宗”，意指因与宗相违，因所要成立的是与原论题相反的论题；这是从命题本身来说的。后者所云“返前二正因”，意指因、宗间于内在的联系上违反了规则：本来应该是同品定有的，现在却“于其同品一切遍无”；本来应该是异品遍无的，现在却“于异品有（即遍有）及二种（即有非有）”。

③ 此指九句因中第四句和第六句。第四、六两句处于第二个三句中的“初”与“后”，故云“二三中取初、后二”。

［Ⅰ－2－8D］所余五种，因及相违皆不决定，是疑因义[①]。

【今译】

其余（即一、三、五、七、九句所说的）五种，不能决定它们是正因还是相违因，所以是不定因。

【注释】

① 此谓除两种正因(二、八句)和两种相违因(四、六句)外,余下的五句既不能断定它们是否为正因,也不能确定是否相违,故是疑因之义。　因及相违:正因及相违因。此处语句过于简略,模糊了主谓关系,句意实为所余之五种相对于正因及相违因来说皆不能决定也。

[Ⅰ-2-8E] 又于一切因等相中[①],皆说所说一数同类[②],勿说二相更互相违共集一处犹为因等[③];或于一相同作事故,成不遍因[④]。

【今译】

(九句因所概括的)各种理由皆按其类别各以一总名(如正因、相违因、不定因)来称谓。但是这并不意味着可以将互相对抗而同时出现在一处的两个论证中的理由都称之为正因。(如胜论对声论立"声是非永恒的,人工造作故,譬如瓶等";声论亦同时立有"声是永恒的,听得见故,譬如声的传导性"。这两个论证中的理由分别看均为正因,现在既以对抗的形式出现于同一场合,即不能仍以正因名之)。或者(由于将两个并不都能与论题的主词发生真包含关系的理由)合在一起共同来成立论题,这就成为不定之因。

【注释】

① 一切因等相:此指九句因中所概括的三类因相:正因、相违因、不定因。

② 此谓前述三类因相皆各以一总名称谓之:即正因虽有两种,然可总说为一正因类;相违亦有二,可总说为一相违因类;不定有五,可总说为一不定因类。

③ 此谓并非要将于同时同处出现的两个互相矛盾的因总说为一正因。此语过于简略,不易理解。《集量论·为他比量品》所云较此为详,可引为注

释。如云:“若有所说因相两违而一处者,见成犹豫。如所作性及所闻性,两者依声则生疑惑:是常,无常?”(《略抄》页二十九)此意谓,如胜论对声论立“声是无常,所作性故,譬如瓶等”,这是一个三相俱全的比量;而声论也对胜论立有“声是常,所闻性故,如声性”的三相不缺的比量。这两个互相矛盾的比量如非同处一时,其因均为正因相,可总说为一正因类;然而若是同处一时,出现两相抗衡的局面,就是相违决定之因,令人滋生疑惑,难以决定声是常还是无常了。

④ 此句亦过于简略,《述记》对此句竟未作任何解释。《集量论·为他比量品》对此阐说稍详,其颂云:“如是二疑因,独亦不决定。”其自释云:“譬如以非眼所见性及现量性,说声非实、非业,此则不定,故应乐说一性。”(《略抄》页二十九)由《集量论》的这段阐说可知,陈那是以胜论立“声非实、非业”宗,“非眼所见及现量性”因为例,说明若以非属同一事类的二因(如“非眼所见”和“现量性”只是部分外延重合,因为“非眼所见”的外延中当还有非现量的部分)合为独一之因(即作“一数同类”看待),即有因法不能周遍有法声的问题,从而成为不定之因。 按:胜论派的赞足(Prasastapda)将声列为德句所属(二十四德之一)。声既然非实(实体)、非业(机械运动),而是一种德(属性),它就必须依附于某一实体。胜论认为声所依附的实体是空,空是遍满而不可分割的。

第九节 不共不定与其他不定的区别

[Ⅰ-2-9A] 理应四种名不定因,二俱有故①。“所闻”云何②?

【今译】

(问:在九句因中),理应只有(第一、三、七、九句所显示的)四种不定因,因为(在这四句中理由)于同类例和异类例或遍有、或分有。(而第五句的例子)“耳朵能听见的”(是理由与同类例和异类例均相排斥,)这算什么不定呢？

【注释】

① 此下古因明师质疑。意谓在上述五种不定因中，只有四种可名之为不定因，因为这四种不定因（即九句因中第一、三、七、九句）的外延通及同、异二品（二俱有）。

② “所闻”：这是九句因中第五句同品非有、异品非有的用例（参见［Ⅰ-2-7D］注⑥）。意谓“所闻”因既与有法“声”的外延同一，即于同、异二品悉皆非有，与上述四种因于同、异二品皆有的情况不同，又如何说此为不定？《述记》云：“此古因明师不许四不定别有不共不定。”（卷三页九左）

［Ⅰ-2-9B］由不共故[①]。以若不共，所成立法所有差别，遍摄一切，皆是疑因[②]；唯彼有性彼所摄故[③]，一向离故[④]。

【今译】

（答：“耳朵能听见的”之所以是不定因，）正是由于（它与同类例、异类例均）相排斥（不共）。因为若是“不共”，则论题的谓词处无论代入何种概念，（其理由）总是疑惑不定的，因为其谓词（耳朵能听见的）唯为主词（声）所具有，（主、谓词既为同一关系，）就是缺一相（即因的第二相）的过失。

【注释】

① 此下陈那答疑。此为总说，意谓“所闻性”因之所以是不定因，即在于它于同、异二品遍无。　不共：《入正理论》释云：“言不共者，如说‘声常，所闻性故’，常、无常品皆离此因。常、无常外，余非有故，是犹豫因。”

②《大疏》卷六引此句并释云：“谓若不共‘所闻性’因，凡所成立常、无

常等法所有一切差别之义,遍摄一切佛法、外道等宗,于彼宗中随所立宗,此不定因,皆是疑因。"(页十四左)此释有裨于理解原句文意。据此可知,原句意谓若是其因(如"所闻性"因)既无同品亦无异品(按:无异品不是过失),则其宗上之法无论由何概念来充任,其因皆是犹疑不定之因。 所成立法:宗上之法。 所有差别:一切涵义。 遍摄一切:此指无论是佛法或"外道",如果以"声"为有法而以"所闻性"为因,则其宗法无论为常还是无常,抑或其他(设佛家立"声是色界",或云"声是声界",或云"声是法界";又设胜论立"声是实句",或云"声是和合句义";再设数论立"声是自性",或云"声是神我";更设尼犍外道立"声是有命",或云"声是无命"),凡此种种,可随意而立,反正遍摄于不能决定的宗义之列。

③ 此谓"所闻性"因唯"声"之属性。 彼:此指声。 有性:此指所闻性。

④ 此谓以"所闻性"为"声"宗之因,即缺一相(指缺第二相同品定有)。 一向:一面、一边、一相。离一向即缺因三相中之一相。《证文》云:"一向离故,《集量》金本同此,意云任何一边亦远离故,此即《入论》所谓常、无常品皆离此因也。"

[Ⅰ-2-9C] 诸有皆共,无简别因,此唯于彼俱不相违,是疑因性[1]。

【今译】

(这与共不定因的表现形式恰好相反,因为)共不定因于同类例和异类例皆遍有,是不能排除(异类例)的理由,(如立"声是永恒的,可以认识故",)此理由就与彼(同类例和异类例)均不排斥,但仍是疑惑不定之因。

【注释】

① 此区分共不定因与不共不定因的差别。意谓凡立因若于同品有、

于异品亦有，就成为不能简除异品的因。如立“声常，所量性故”，由于“所量”的外延太大，不仅包摄了全部同品，而且囊括了全部异品，这就与同异二品“俱不相违”（均不相排斥），所以是犹疑不定之因。　诸有：此指诸有立因，即凡立因之意。　唯：“唯”在这里有两层意思：一是简除不共不定，因为不共不定因与同、异品皆相违，而共不定因与同、异品均不相违，二者情况恰好相反，此处既说共不定，自然就将不共不定排除在外。二是区分宗法与因法的外延关系，《述记》卷三云：“宗有二种，一宽、二狭。宽宗者，如云‘内身无我’，除宗以外余一切法悉是无我，故是其宽。狭者，如立‘音声是常’，除宗以外即有无常，故是其狭。因亦有二，一宽、二狭。宽者，‘所量性’、所知性’等，除此以外更无非所知等故。狭者，‘勤勇所发性’或‘所作性’等，除此以外更有非勤勇所发性，或非所作性等故。若立狭宗，言‘声是其常’；立宽因，云‘所量性故’。此因（指共不定因的用例‘所闻性’）于其同、异二品皆共此因，唯于彼狭宗望同异二品俱不相违，是疑因性。若望彼宽宗云‘内身无我’，此宽‘所量性’因即是正因；或狭因云‘所作性故’，亦即正因，非不定摄。今简宽宗故言‘唯’，又简狭因故云‘唯’，谓唯此狭宗，其‘所量’宽因即成不定，非于宽宗而成犹豫；又唯此宽因于其狭宗成其犹豫，非彼狭因于彼狭宗、宽宗而成不定也。”（页十一左至十二左）这段话告诉我们：一、宽因可以成立宽宗，狭因亦可成立宽宗。二、宽因不能成立狭宗，因为这样的因必有共不定之失。三、正是基于这样的认识，“唯”字在此就是要突出共不定过并非以狭因来对宽宗，而是以宽因来对狭宗的不正常情况。

［Ⅰ-2-9D］若于其中俱分是有[①]，亦是定因，简别余故[②]。是名差别[③]。

【今译】

（不共不定与同异俱分的不定过在表现形式上也不同，因为理由）若与同类例和异类例均发生交叉（俱分），（如立“声是永恒的，无形质故，同喻如虚空和原子,异喻如瓶子和欢乐”,)在减除其中的一部分异类例(如欢乐)的情况下,即可以转为确定之因。这就是(不共不定与共不定、同异俱分的)不同之处。

【注释】

① 俱分是有:因法的外延涉及同品的一部分和异品的一部分,即不定过中的俱品一分转,亦即九句因中第九句所说的同品有非有、异品有非有。

② 此意谓在俱品一分转的情况下有两种可能,即可以是不定因,也可以是定因。如立“声常,无质碍故”,其宗法“常”以虚空、极微为同品,以瓶、乐为异品。这就是[Ⅰ-2-7D]所说的九句因第九句的用例(参见[1-2-7D]注⑩)。在此例中,宗同品与宗异品均有一部分与“无质碍”因发生联系,如果在上述多项异品中,只举出乐而不说瓶等,“无质碍”因有于异品一分“乐”而成不定;如果只举出瓶而不说乐等,“无质碍”因于异品一分“瓶”非有而成定因。陈那所说“俱分是有,亦是定因”,就是在“简别余故”的条件下形成的,即在排除异品一分有的情况下视作定因的。故《述记》云:“此……不定望异品一分无边即成决定,望异品一分有边即是犹豫。”(卷三页十二右)《述记》还认为“俱分是有”在一定条件下即因于同品一分无时即成相违。这第三种可能从理论上说是存在的,但陈那在此似无意说及转化为相违因的可能,故只说“亦是定因”。这一点在《集量论·为他比量品》中表示得更为清楚,如云:“其依同品俱分者,简别余故,亦得为因。”(《略抄》页三十)陈那在此明确指出,上述同品俱分不定因是在“依同品”的情况下简别其余的。不言而喻,这简除的自然只是异品一分,而不是同品一分;排除异品一分只能是定因,排除同品一分才会是相违。陈那故意将问题限制在简别异品一分有的范围内来讨论,此为明证。

③ 此句小结关于不共不定与四种不定之区别的讨论。 按:由上所述可知,陈那并未将不共不定与四种不定——比较、区分,而只是着重说明不

共因为什么也是不定所摄，以及它与共不定、同异俱分的差别等。陈那为什么要如此来答问呢？这恐怕是出于以下几点缘由：第一，问者提问时先已说及“理应四种名不定，二俱有故”，也就是说四种不定因是于同、异品俱有，而不共因则是于同、异品双无，这一个最主要的不同点已提出来了，问题的焦点即在于为什么同、异双无的不共因也归在不定因一类。陈那在此提问的基础上答问，自然首先剖析不共因作为疑因的实质。第二，不共不定与共不定的表现形式恰好完全相反，不共不定是于同、异品均遍无，共不定则于同、异品悉皆遍有，所以须作比较。二者其实最有共同点，即它们都确定是缺一相（不共不定缺第二相，共不定缺第三相）的不定之因，而不再可能转变为正因（三相齐备）或相违因（同时缺第二、三相）。第三，同异俱分则是另一种类型的不定过，所以亦须提出来讨论、比较。同异俱分在“简别余”的情况下可以转变成正因或相违因。这种情况在同分异全和异分同全两种不定中也存在，所以同分异全和异分同全可以省去不说。当然，如果细细探究起来，它可能转变的情况亦有所不同：同分异全不可能转变为正因，它只能在简除同品一分有的情况下成为相违因；异分同全则可在简去异品一分有的情况下转变成正因，但不可能转变为相违因同异俱分具有同分异全和异分同全的双重转变性能，故陈那唯以此为代表来例余。

［Ⅰ-2-9E］若对许有声性是常，此应成因[①]。

【今译】

（问：上述不共不定的个例）若是（声论）对同意“声性是永恒”（的胜论派所成立），那么这同类例“声性”（便能使“耳朵所闻”）成为正因。

【注释】

① 此问者诘难。　意谓：说不共因恒是不定之因，似亦未必。如以上述声论所立“声常，所闻性故”一例来说，其“所闻性”因本于同、异品悉皆非

有而成不共不定之因，但如果声论对许有“声性”的胜论派立此比量，就可以“声性”为同品而成三相俱全的正因。由此可证不共因亦非恒是不定之因。声性：声论主张声之外别有声性，据《大疏》卷六说，声性即能诠所有的本常。除声论外，胜论亦同意有声性，《胜论经》以声为空相，慧月《胜宗十句义论》更说唯有声为空，空即胜论实句中九种实之一的空大，它是声的载体。因：正因。

[Ⅰ-2-9F] 若于尔时无有显示所作性等是无常因，容有此义[①]；然俱可得一义相违，不容有故，是犹豫因[②]，又于此中现、教力胜，故应依此思求决定[③]。

【今译】

（答：）如果在（声论）论证时，（胜论师）竟不能以“人工造作故”来成立“声非永恒”的论题，那么（声论的理由）就可以成立；然而（事实上胜论）必会在同一主词（声）上赋以（与永恒）相矛盾的（非永恒）来抗衡，因为这是为（胜论）所不能容许的，（这样，“耳朵所闻”）就仍是不定因。又，对于相违决定的双方，当以合乎感觉经验和世间至实可信之理者为优胜，所以应该依据这样的标准来决定胜负。

【注释】

① 此下陈那答难。此谓如果胜论师在声论立量时竟不能针锋相对地以“所作性”因来成立“声是无常”宗，那么声论的比量就容许成立，其“所闻性”因便为定因。

② 此意谓，然而当声论立量之时，胜论必不会缄默不语，定然另立比量与之对抗，以“不容有故”，从而令对立而各具三相的“所闻性”和“所作性”因成为犹豫不定之因。　俱可得：指胜论同时立量抗衡。　一义相违：在同一个有法“声”上另以无常义来与常义相违。《证文》云：“勘《集量》金本，

作一义相违中。”

③ 此意谓对相违决定之双方应依据现量和至教量来定胜负。　现：现量。　教：圣教（佛陀的说教）或至教（世间现有至实可信之说）。　按：关于相违决定量的胜负问题，陈那以前古师的说法是“如杀迟棋，后下为胜”（《大疏》卷六页二十四左）；陈那似不同意这种处理方法，故欲借助现量和至教量之力来断胜负，即凭借现量，人所共知声有间断，依据至实可信之说亦即至教，可知“声逢缘有，暂有还无”，“胜论义胜”（同上页二十四右）。但古师的说法与陈那的说法都存在难以摆脱的矛盾，即相违决定比量中的因既然都是犹豫不定之因，又怎能定胜负？如果能据先负后胜的准则或“现、教力”来“思求决定”，就不应是不定之因了。所以曾有人质疑说：“若尔便决定，云何名不定？”（同上页二十四右）这一矛盾至商羯罗主终于得到解决，认为“此二俱不定摄，故不应分别前后、是非。凡如此二因，二皆不定故”（同上页二十四左）。

第十节　关于不定因、相违因之小结

［Ⅰ-2-10］摄上颂言[①]：

若法是不共、

共、决定相违，

遍一切，于彼皆

是疑因性[②]。

邪证法、有法，

自性或差别，

此成相违因[③]；

若无所违害[④]。

观宗法审察，

若所乐违害，

成踌躇颠倒[5]，

异此无似因[6]。

【今译】

综上所述，可小结如下：

理由若有不共不定以及其余几种不定之失，则对于它所遍及的论题谓词来说，就皆为疑惑不定之理由。

（若理由）颠倒成立谓词和主词，无论是其言陈还是暗许之义，这种理由就是相违因，但它并不违害（论题的结构本身）。

观察审视（论证的）理由，若其所欲成立的论题受到违害，此即不定因或相违因，除此再无别的虚假理由。

【注释】

① 此下三颂，第一颂小结六不定，第二颂小结四相违，第三颂复结不定、相违。《集量论·为他比量品》末亦有相似之三颂，唯第二颂与第三颂次序颠倒。

② 此颂意谓，此因法如属不定之因，则对于它所涉及的任何宗法来说，皆是疑惑不定之因。　若法：指因法，"若"字作指示代词用，相当于"此"。不共、共、决定相违：即六种不定因。其中不共即不共不定；共指共不定、同分异全、异分同全、同异俱分四种不定，由于这四种不定因或全部、或部分地共有同品和异品，故概言之为"共"；决定相违：即相违决定。　遍一切：指不定因所遍及的任一宗法。　于彼皆是疑因性："于彼"与"皆是疑因性"应连读，彼指宗上的法。《大疏》卷六云："此六不定遍一切宗，于彼诸法皆是疑因，不独于上所说宗中（指所列举的六不定之个例）名不定也。"（页二十八左右）

③ 此三句颂意谓，如果因法颠倒成立了法的自相或差别有法的自相

或差别，便成相违之因。　邪证：《证文》云："邪证勘《集量》是颠倒成立之意。《入论》番本四相违因即皆名倒立也。"　自性：此即自相，即言语直接陈述出来的意义。　差别：此指差别义，即言下暗许的意义。如世界模式论者所说的世界由静止不变到运动变化的"第一次推动"，其言下暗含的意义即是外力，这是"代表上帝的另一种说法"（恩格斯《反杜林论》第50页）。

④ 若无所违害：若即此，指代相违因。此谓相违因无所违害。为什么无所违害？此处语焉不详，令人费解。既是相违因，怎能不违害于宗呢？如《大疏》卷五云："能立之因违害宗义，返成异品，名相违。"（页二十一右至二十二左）此明言相违因是"违害宗义"的，可见颂意乃另有所指。《述记》卷三说："若前因法，能邪倒证法自性、差别，有法自性、差别，然不违害宗，(非)如宗五过故，或相违因非宗过也。"（页十四右至十五左）这是将相违因与宗过之五种相违加以区分，指出相违因对宗体的建立并无违害，不像宗过中的五种相违（现量相违、比量相违、自教相违、世间相违、自语相违）直接违害宗自身的建立那样，故相违因属因的过失而非宗的过失。《述记》此解或可成立。

⑤ 此三句颂意谓，观察审视因法，如果本来所要成立的论题受到了违害，即是不定和相违的过失。　所乐：即所立宗。　踌躇：指不定。　颠倒：指相违。

⑥ 异此无似因：似因应有三类：不成、不定和相违。本颂前三句只复结了不定和相违两类似因，第四句却断言"异此无似因"，好像将不成过排除在似因之外似的，亦颇令人费解。《述记》卷三对此作了几种解释，其中有一种说法或可通。如云："又解，今望同、异二品明其真似，不说不成故也。"（页十五右）这是缩小范围来解释此处所谓的似因，意谓此处只是从第二相同品定有和第三相异品遍无的角度来观察审视，故云似因唯不定和相违两类；而不成因系不合第一相遍是宗法的似因，故不在此列。

第十一节　本 章 结 语

［Ⅰ－2－11］如是已辨因及似因。

【今译】

至此,已辨析了理由和虚假的理由。

第三章 喻与似喻

第一节 喻与似喻的总叙

[Ⅰ-3-1] 喻及似喻,今我当说:

说因,宗所随,

宗无,因不有①。

此二名譬喻,

余皆此相似②。

【今译】

这里要阐述的是譬喻与不当的譬喻:

说了原因结果必定相随,

结果非有原因亦必非有。

这就是两种正确的譬喻,

除此之外均为貌似而已。

【注释】

① 见[Ⅰ-2-5E]注②③。

② 意谓上述两句所揭示的乃同、异二喻的正确形式,除此之外皆属似喻。 相似:相似于喻者,即似喻,就是有过失的喻。正理派不说喻的过失,

小乘古因明师及陈那、商羯罗主都说似喻有十种。

第二节　同法喻、异法喻

［Ⅰ-3-2A］喻有二种：同法、异法①。同法者，谓立“声无常，勤勇无间所发性故，以诸勤勇无间所发皆见无常，犹如瓶等”；异法者，谓“诸有常住，见非勤勇无间所发，如虚空等”②。前是遮、诠，后唯止滥；由合及离比度义故③。由是虽对不立实有太虚空等，而得显示无有宗处无因义成④。

【今译】

譬喻有两种：同类譬喻、异类譬喻。所谓同类譬喻，如立“声音是非永恒的，因为是意志的不断努力所发出的”，以“凡意志不断努力所发出的皆非永恒，犹如瓶子等”（为同喻的普遍命题和事例）；所谓异类譬喻，则以“凡永恒的皆非意志的不断努力所发出，如虚空等”（为异喻的普遍命题和事例）。（在上述二喻中，）前者是在排除与谓词相矛盾（或相反对）的概念的同时进行肯定，后者则是（通过否定以）制止虚假理由的滥用；由（同类譬喻的）合式归纳和（异类譬喻的）离式归纳（所提供的普遍命题）可以推出论题。正由于论证是在普遍命题的基础上进行的，所以即使是对不同意“虚空”为实有的（小乘经量部援引“虚空”为异类例，在这个随一无体的异类例上）仍然能显示出结果不存在其原因也必不存在的规律。

【注释】

① 同法即同法喻，异法即异法喻。陈那在本论中没有给同法、异法下严格的定义，只是作了分析性的说明。商羯罗主的《入正理论》根据陈那的分析说明概括成下述定义：“同法者，若于是处显因同品，决定有性。”“异法者，若于是处说所立无，因遍非有。”此谓同喻和异喻揭示了原因如果存在，其结果亦必随之出现；结果如不出现，则其原因亦必不复存在的因

果关系。

② 此为同法喻和异法喻的例示。《人正理论》所举的例与此相似，只是改为对声生论立论，将“勤勇无间所发性”因改为“所作性”因而已。此二例示旨在通过同、异二喻体显示三支因明乃以宗因之不相离性，即宗法与因法的包含关系为论证基础的。这也就是以类为推思想的体现。

③ 此句讲了三层意思：一、在上述二喻中，前一句作为同喻体的普遍命题的质是具有双重性的表诠（凡表诠都是亦遮亦表的，故《论》文径谓之“遮、诠”——此“诠”作表解），即在排除谓词的矛盾概念的同时作出肯定。如同喻体的主词“诸勤勇无间所发”排除了非勤勇无间所发，从而正面显示了勤勇无间所发的法体；其谓词“皆是无常”，即在排除非无常的同时诠显其无常的法体。二、至于二喻的后一句，作为异喻体的普遍命题的质，则为单纯的遮诠（唯遮不表，与否定相当）。如异喻体的主词“诸常住者”（即“非无常”），只是在遮除无常而不是要另外去诠显常住的法体；其谓词“非所作”也只在于遮除“所作”而非欲别诠非所作的法体。因此异喻的作用唯在制止似因的混入（止滥）。三、由是合于因、宗二法而组成的同喻体以及由分离于宗、因二法而组成的异喻体二者相结合，即是论证的基础。这最后一层意思道出了陈那逻辑思想的精髓。　遮诠：一般作否定解，但此处的“遮”与“诠”应分作两个词看待。遮即否定；诠即肯定，即通常说的亦遮亦表。宇井伯寿认为要将此处的“遮、诠”二字与单纯的遮诠（即否定）区别开来（参见《印度哲学研究》第五卷第 611~612 页），甚确。但是吕澂和释印沧据《集量论》金本认为：“‘前是遮诠’二句，……此但就异法喻而言，意云初说‘若是其常’，是以非宗为遮诠也；后说‘见无所作’，是以无因为止滥也。……遮诠一义，不可分读。”（《证文》）。此说似可商榷，因为若如此说，下文“由合及离比度义故”便不可解，此中明言合及离两个方面，怎能舍合而趋离？如唐净眼《因明入正理论略抄》引《理门论》文云“前取遮表，后唯取遮”（《因明入正理论略抄》敦煌写卷第 438~439 行），即是“前是遮、诠，后唯止滥”的意引，可见“遮、诠”即是遮、表之意。由此可知“前是遮、诠”当指同喻而言，上

例中的同喻体既是肯定命题,则其“遮、诠”二字必非单纯的否定,而唯有将“遮”与“诠”分读才讲得通。 止滥:此指异喻的作用在于通过单纯的遮诠来制止似因的滥用,其本质即是利用否证的方法来验证作为异喻体的普遍命题的正确性如何。 合:顺合,从正面求同。 离:逆离,从反面求同。 比度义:推及宗义(论题)。

④ 此进一步以例说明,意谓正由于喻体已显示了普遍的原则,所以上例所举的异喻依“虚空”即使是对不同意虚空为实有的小乘经部说的,其异喻依虽为无体,仍可体现“宗无因不有”的规律。

[Ⅰ-3-2B] 复以何缘第一说因宗所随逐,第二说宗无因不有,不说因无宗不有耶[1]?

【今译】

(问:)为什么说第一是原因出现其结果亦随之出现,第二是结果不出现其原因也相伴不出现;而不说原因若不出现,其结果就不出现呢?

【注释】

① 此问者质疑。意谓同喻体既是按先因同后宗同的次序说的,异喻体为什么不能也按先因后宗的次序说呢?

[Ⅰ-3-2C] 由如是说能显示因同品定有、异品遍无,非颠倒说[1]。

【今译】

(答:)由于这样说能显示出理由于同品定有、异品遍无,而不能颠倒过来说。

【注释】

① 此陈那答疑。意谓只有如此来组织喻体，才能够充分体现因于“同品定有、异品遍无”，而如果颠倒喻体内部的结构，就不能做到这一点。

［Ⅰ-3-2D］又说颂言[①]：

应以非作证其常，

或以无常成所作[②]，

若尔应成非所说，

不遍、非乐等合、离[③]。

【今译】

这里再以颂言来概括（如果颠倒普遍命题的内部结构，则其异类譬喻和同类譬喻）：

应以非人工造作证成永恒，

或以非永恒成立人工造作，

由此而应有（三大弊端）：

即成非所说、不遍和非乐。

【注释】

① 此下陈那以颂的形式概括了颠倒喻体内部结构所可能产生的弊病。

② 此前二句意谓，若是颠倒喻体内部的组织结构，其异喻体就应是“以非作证其常”，须说成“诸非作者皆是常”，其同喻体就应是“以无常成所作”，须说成“诸无常者皆是所作”。《大疏》卷四将上述异喻倒装的情况称之为“以离类合”（亦即倒离），将同喻体倒装的情况称之为“以合类离”（亦即倒合）。

③ 此后二句意谓，若是以离类合或以合类离，都有“成非所说”、“不遍”“非乐”等弊病。先从以离类合的情况来看，即将异喻体的先离于宗后离于因改成先离于因后离于宗，说为“诸非作者皆是常”，这样就会导致：（一）成非所说，因为“以非作证其常”，与自己所欲成立的无常宗正相背反；（二）不遍，因为谓词的外延一般大于主词，而在“诸非作者皆是常”这个命题里，“常”的外延却比“非作者”为小，因为“非作者”中不但有常住之物（如虚空），也有无常之物（如电）；（三）非乐，即成立了自己所不乐意成立的宗，因为非所作外延既然包含常住，也涉及无常之物如电等，电虽然是非所作的，但却是无常的，若以非所作为因来成立常，那么也可以非所作为因来成立无常宗了，这就成了不定之因，用不定因来成立宗，就有成立“己所不乐”之宗的可能。再从以合类离的情况来看，即将同喻体的先同于因后同于宗改为先同于宗后同于因，说为“诸无常者皆是所作”，也会导致下述错误：（一）成非所说，因为若是以无常来成所作，就转换了原来所要成立的论题；（二）不遍，因为在“诸无常者皆是所作”这个命题里，主词“无常”的外延比谓词“所作”为大，无常之物如瓶等是所作的，而自然现象如雷电等虽属无常之物，却是非所作的；（三）非乐，也就是成立了自己所不乐之宗，因为无常的外延既然包含所作之物如瓶等，也部分地包含了非所作之物如自然现象中的雷电等，若以无常成所作，那么亦可以无常成非所作，这就成为不定之因，用这种不定因来成立宗，就有可能成立自己所不乐之宗。　等合、离：等，类似；合，此指同喻体；离，此指异喻体。

［Ⅰ-3-2E］如是已说二法合、离，顺、反两喻[1]。

【今译】

以上所说的就是同类譬喻的合作法和异类譬喻的离作法。

【注释】

① 此句为本节小结。　合、离：指合作法、离作法。　顺、反：指同喻、异喻。

第三节　似　　喻

［Ⅰ－3－3A］余此相似是似喻义[①]。

【今译】

其余与此相类似的譬喻乃是有过失的譬喻。

【注释】

① 意谓除前述按合、离二法组织起来的同、异二喻外，其余与此相类似而犯有过失的名之为似喻。似喻有十种，详下文陈那答问。

［Ⅰ－3－3B］何谓此余？

【今译】

（问：）哪些是其余？

［Ⅰ－3－3C］谓于是处所立、能立及不同品，虽有合、离而颠倒说[①]。或于是处不作合离，唯现所立、能立俱有，异品俱无[②]。如是二法，或有随一不成、不遣[③]；或有二俱不成、不遣[④]。如立："声常，无触对故。"同法喻言："诸无触对见彼皆常，如业。"[⑤]"……如极微。"[⑥]"……如瓶等。"[⑦]异法喻言谓："诸无常见有触对，如极微。"[⑧]"……如业。"[⑨]"……如虚空等。"[⑩]四由此已说同法喻中有法不成，谓对不许常虚空等[⑪]。

【今译】

（答：这其余有过失的譬喻有如下十种，）在（瓶等）同类例上先说有论题谓词（非永恒）的属性，后说有理由（人工造作）的属性，以及于异类例（虚空上先说非人工造作，后说非非永恒），如此，（形式上）虽用了合、离二法，却是颠倒过来说的，（这就是两种普遍命题组织上的过失：倒合和倒离。）或者于喻例上不按顺合、反离二法（概括出普遍命题来），只是说同类例上有论题谓词和理由所示的属性，而异类例上无此属性。（这是两种缺乏普遍命题的过失：无合和缺离。）在同、异二譬喻中，还有或能立法不成、所立法不成，或所立不遣、能立不遣，或俱不成和俱不遣等过失。（上述六种似喻，是关于同类例和异类例的过失，兹举例说明之。先例释同类例上的三种错误；）如立“声是永恒的，因为是触摸不到的”。其同类譬喻为：“凡触摸不到者皆永恒，如运动。”（此例即有所立法不成过。如将例中的同类例改为）“如原子”，（则有能立法不成过。如将例中的同类例再改为）“如瓶等”，（则有俱不成过。再例释异类例上的三种错误：）如其异类譬喻为“凡非永恒者皆可触摸，如原子”，（此例即有所立不遣过。如将例中的异类例改为）“如运动”，（则有能立不遣过。如将例中的异类例改为）“如虚空等”，（即有俱不遣过。此异类例“虚空”在上例中实际上是同喻依，但）在说同法喻时已指出，这“虚空”对于不许虚空为永恒、（为实有的小乘经量部）来说有主词（即同类例）不能共许的问题。

【注释】

① 此下陈那答问，胪列了十种似喻。这里先说倒合和倒离。意谓二喻应在同品上显现宗法和因法，而在异品上则须遍无宗、因二法，现在虽有合、离二喻，却是以合类离或以离类合“颠倒说”的，犯了倒合或倒离的过失。所立：此指宗法。　能立：此指因法。　不同品：即异品。　按：神泰的《述记》残本至此，以下佚失。

② 此谓无合、不离。意谓或于同品上不概括出一个普遍命题作为同喻

体，或于异品上不能概括出一个普遍命题作为异喻体，而只是指出某一同品具有因、宗二法所示之属性，某一异品不具有宗、因二法所示之属性，这种缺乏同、异喻体的情况，即谓之无合和不离。这两种喻过是针对古正理和古因明以实例为喻体而不能以普遍命题为喻体说的，并非指省略式中省去喻体的情况。

③ 此说能立法不成、所立法不成，以及所立不遣、能立不遣四种喻过，前两种是同喻的过失，后两种是异喻的过失。　如是二法：指似同法喻和似异法喻。　随一不成：此指同喻依于能立法（因法）或所立法（宗法）中有随一不合的毛病，即或能立法不成，或所立法不成。能立法不成就是同喻依有宗法（即所立法）的属性而无因法（能立法）的属性，同喻依本应因、宗双同，现在只同于宗法，故是过失。所立法不成则是同喻依有因法的属性而无宗法的属性的过失。本来，同喻依若同于因法就必同于宗法，因为因法的外延包含于宗法，现在同喻依竟然同于因法而不同于宗法，这自然就出现了问题。随一不遣：此指异喻依于所立法（宗法）或能立法（因法）中随一不能排斥的毛病，即或者是所立不遣，或者是能立不遣。所立不遣就是异喻依虽与因法相排斥，却与宗法不相排斥的过失。能立不遣就是异喻依虽与宗法相斥，却与因法不相排斥的过失。按理，异喻依若与宗法相斥，就必与因法相斥，因为宗法包含着因法，现在异喻依竟然与宗法相斥而不能与因法也相斥，这也就失去了异喻止滥的作用。

④ 此说俱不成和俱不遣二过，前者是同喻的过失，后者是异喻的过失。二俱不成：指同喻依与因法、宗法均不合，此即兼具上述能立法不成和所立法不成二种性质的过失。此中的同喻依其实是异喻依。　二俱不遣：指异喻依不能与宗法和因法相排斥，是兼具所立不遣和能立不遣两种性质的过失。有俱不遣过的异喻依，其实是同喻依而不是异喻依。

⑤ 此下首先举例说明似同法喻中的三种不成过。本例说明所立法不成过。此例同喻依“业”乃胜论六句义之一，即物体上下、俯仰、移动等机械运动。运动是无触无碍的（合于因法），却非常住（不合宗法），故是所立法

不成。

⑥ 本例承上省说宗、因和同喻体,用以释能立法不成过。此例同喻依“极微”即原子,它虽极细微,但仍被认为是有质碍的(不合因法),不过它倒是永恒不灭之物(合于宗法),故属能立法不成。

⑦ 本例亦承前省,只说了同喻依“瓶”,用以释俱不成过。瓶子既有质碍(不合因法),又非常住(不合宗法),故系俱不成。 等:丘檗据《入论》所云“俱不成者,复有二种:有(体)及非有(体)。若言如瓶,有(体)俱不成;若说如空,对无空论,无(体)俱不成”,认为此“等”字乃指“空”而言。愚见以为,这种可能性是存在的,但并不意味着陈那已将俱不成明确分为有体俱不成和无体俱不成两种。故《大疏》卷八云:“《理门》但举有(体)喻所依;两俱、随一、犹豫、所依,及喻无(体)依,皆略不明。”(页一右)此谓陈那在说俱不成过时只举了有体喻依的例子,对俱不成过中可分为有体、无体两类,以及每一类中还可进一步从两俱、随一、犹豫、所依四方面来划分(按:无体中没有犹豫过)的问题,皆略而不说。将俱不成明确分为有体俱不成和无体俱不成者,当从《入论》始;进一步从两俱、随一、犹豫、所依来作划分的,当以玄奘和窥基为先。

⑧ 此下例释似异法喻中的三种不遣过。本例承前省,只列异喻体和异喻依,用以释所立不遣过。极微有常住的性质(不离宗法),但有质碍(离于因法),故是所立法不遣。

⑨ 本例承前省,只列异喻依“业”,用以释能立不遣。作为运动形式的业是无常的(离于宗法),却无碍无触(不离因法),故乃能立法不遣。

⑩ 本例承前省,只列异喻依“虚空”,用以释俱不遣过。《大疏》卷八云:“即声论师对萨婆多(有论)等立:‘声常,无碍,异喻如空。’”(页八右)又云:“两宗俱计虚空实有、遍常、无碍,所以二立(即所立法、能立法)不遣也。”(页九左)由于这虚空与宗法和因法俱不排斥,所以反而成了同喻依。

⑪ 此谓异喻依虚空虽然实际上是同喻依,但在说同法喻时就已指出,对

无空论者来说有法(此指喻依)不能极成,因为无空论者不许宗法常住中有虚空,虚空成了无体同喻依。　有法不成:即喻依不极成,因明家将喻依视为一种有法。

第四节　二喻俱说之必要及其省略形式

［Ⅰ-3-4A］为要具二譬喻言词方成能立,为如其因,但随说①?

【今译】

(问:)须具有(同、异)二种譬喻才能使前提完备,还是可以像("人工造作"和"意志的不断努力"这两个)理由那样,(可根据需要)随说其一?

【注释】

① 此问者提问。《大疏》释云:"此问二喻为要具说二,方成能立,成所立宗;为如'所作''勤勇'二因,但随说一,即成能立,成所立宗?"(卷四页十五右)

［Ⅰ-3-4B］若就正理,应具说二,由是具足显示所立不离其因,以具显示同品定有、异品遍无,能正对治相违、不定①。若有于此一分已成,随说一分亦成能立②。若如其声,两义同许,俱不须说。或由义准,一能显二③。

【今译】

(答:)按常理而言,同、异二种譬喻应俱说,如此才能显示论题谓词与理由之间的遍充关系,以全面显示同品定有、异品遍无的规则,从而正治相违、不定之过。如果(敌论者和证义者)于同、异二譬喻已明了其一,则只说另一亦可成为充足理由。如果(敌论者和证义者听了立论者的论题与理由以后),如同知其主词声上的(人工造作和非永恒)两种属性本是彼此所共同认可的那样,(立即解悟到理由与论题谓词之间具有遍充关系,)那么同、异二譬喻也可全部省略。或者立论者认为由一譬喻可推知另一譬喻,(则可省说另一譬喻。)

【注释】

① 此下陈那答问。 此意谓,若就通常的规范而言,同、异二喻应具足,如此才能显示宗因之不相离性,以充分体现同品定有和异品遍无的规则,才能正除相违、不定之过。 正理:此指因明的基本理论和规范形式,非指正理论。

② 此意谓,若敌论者于同喻或异喻已了解其一,则只说另一亦可。 能立:二喻为助能立,故云。

③ 此二句费解。难以理解的地方有二:(一)"若如其声,两义同许",如按字面讲,会陷入相符极成的困境;(二)"或由义准,一能显二",与上文"于此一分已成,随说一分亦成能立"似亦重复。《证文》据《集量论》藏译金本、宝本两种对勘本段文字,认为奘译有误。其云:"勘《集量》两本,皆以此段为例释随说一分之义。宝本意云,以两义俱许故,由随说一义准显二也。"按:《集量论·观喻似喻品》中与此相应的文字是:"喻当说二,若此一分已成者,随说一言亦为能立。如声,分别二义故,或随一义准说二故,不必具说。"(《略抄》页三十五)此谓二喻理当俱说,然若已解异喻,则只说同喻亦可;若已解同喻,则只说异喻亦可,均不会影响它发挥独立的功用。犹如声上有所作性和勤勇无间所发性二义,随说其一可义准其二,故可不必俱说。由此可见,这段话里的"如声,分别二义"等言,就是作为例释出现的,这样来处理其上下文的关系,自然是更为合乎逻辑的。但玄奘于此是否误译仍难以确定,因《理门》与《集量》的梵本均已不传,《证文》所据之《集量》亦系译本,以译勘译,唯供参考而已,更何况《集量》二藏译本相互差别也多,而《理门》汉译又出自大家玄奘之手!因此我们似可另觅合理的解释。幸《大疏》

曾引用这段文字并作了诠解，兹录如下："彼论（指《理门》）又言：'若如其声，两义同许，俱不须说。或由义准，一能显二。声谓有法，所作性因依此声有。若敌、证等闻此宗、因，如其声上两义同许，即解因上二喻之义，同、异二喻俱不许说。或立论者已说一喻，义准显二，敌、证生解，但为说一。'"（卷四页十六左）《大疏》意谓若敌论者和证义者闻此宗、因以后，就如同其声之所作与无常二义本所共许那样，立即解悟到因所涵蕴的二喻之义（按：应是宗、因之不相离性），那么二喻亦可全部省略。或者立论者认为由一喻可推知另一喻，则可省说一喻。《大疏》并小结云："此上意说，二俱不说、或随说一、或二俱说，随对时机，一切皆得。"（同上）《大疏》的诠解和概括，当是合乎陈那原意的。但须注意，这里讲的是二喻须具说而又允许省略的原则，省略不同于取消，故本条所说与［Ⅰ-2-5F］对数论反破方便的批评并无矛盾。

第五节　三支论式的规则——因三相

［Ⅰ-3-5A］又比量中唯见此理①：若所比处此相审定②于余同类念此定有，于彼无处念此遍无③，是故，由此生决定解。

【今译】

在为自比量（推理）和为他比量（论证）中可以发现如下规则：如果（一）论题的主词（小词）被理由（中词）的外延所周遍（真包含，此即第一相遍是宗法性），（二）除论题主词外的同类例中至少有一个被理由（中词）所包含（即第二相同品定有性），（三）其异类例须全部与理由（中词）相排斥（即第三相异品遍无性），由此可以产生确定的解悟。

【注释】

① 此下列出因三相。　比量：泛指为自比量和为他比量，即八门中的

能立(论证)和比量(推理)。 此理:即因三相。

②《大疏》说,此即第一相遍是宗法性(见卷四页十八右夹注)。 所比:anumeya 的意译,指宗上有法。 此相:因相。 审定:据《瑞源记》说,有的本子作“定遍”(见卷四页三左)。

③《大疏》说,此即第二相同品定有性、第三相异品遍无性(见同上)。于余同类:即除有法之外的宗同品。 此:因法。 彼无处:彼,指宗法。彼无处即宗的异品。

[Ⅰ-3-5B]故本颂言①:
如自决定已②,
怖他决定生③,
说宗法、相应、
所立,余远离④。

【今译】

故根本颂曾说:
如果通过为自比量获得自悟,
便欲以为他比量令对方解悟,
唯以理由和譬喻去成立论题,
除此三支之外更无其余支分。

【注释】

① 慧沼门人智周和道邑均以此本颂为足目所造,以足目是根本造因明者,故名本颂。日释音石明诠则认为是世亲《论轨》中的颂,故曰本颂。参见《瑞源记》卷四页三右。然而智周《后记》、道邑《义范》以及音石明诠所云无据,恐系臆测之言。

② 此说为自比量。《大疏》释云:“自比处在弟子之位。 此复有二:

一相比量，如见火相烟，知下必有火；二言比量，闻师所说，比度而知。于此二量自生决定。”（卷四页三右）

③ 此说为他比量。《大疏》释云：“他比处在师主之位，与弟子等作言比量，烯他解生。”（同上）　烯：希望。

④ 这两句颂按文意应为“说宗法、相应、所立，余远离”，以七、三分句，因限于颂的形式，硬写成五字句式。这两句颂文的意思，见下面[Ⅰ-3-5C]条陈那的自释。　宗法：此指因。　相应：此指喻，参看[Ⅰ-3-6F]注“不相应”。　所立：即宗。　余远离：谓除上述宗、因、喻三支外，再无其余支分。

第六节　关于因喻关系的讨论

[Ⅰ-3-6A] 为于所比显宗法性，故说因言；为显于此不相离性，故说喻言；为显所比，故说宗言。于所比中，除此更无其余支分，由是遮遣余审察等及与合、结[①]。

【今译】

（上述后半颂所说的三支有其各自的作用：）为显示理由（中词）于论题主词（小词）上具有真包含关系，故说理由；为显示论题谓词（大词）与理由（中词）有不相离（包含）的关系，故说譬喻；为显示所要论证的问题而说论题。在推理和论证中，除此三支外更无其余支分，这就排除了（外道与古因明师于论证和反驳之前所加的）审察支和（五支论式中的）合、结二支。

【注释】

① 此条自释上颂后二句。意谓建立论式，其各支分均有充分的存在价值，如为显示宗上有法的共许法而说因，为显示宗、因二法之不相离性而说

同、异二喻，为显示所要论证的对象而说宗，在这样的逻辑意义上建立论式，唯三支已足，其余支分均属多余。如外道及古因明师于立、破之前所加的审察支和五支论式中的合、结等支，均可删除。　所比：即所立，即宗；有时亦用来指称有法或整个比量。如在"为于所比显宗法性"句中，所比指的就是有法；在"为显所比，故说宗言"句中则指称宗；在"于所比中，除此更无其余支分"句中，更用来指称整个论式。　不相离性：指宗法在外延上包含因法。通过同喻顺成、异喻返显可以将这种不相离的关系充分地揭示出来，这是三支因明的论证基础。　审察：审察支。《大疏》说："诸外道等立审察支，立、敌皆于未立论前，先生审察，问定宗徒，以为方便言申宗致。"（卷四页十九左）又嵩岳定宾《理门论疏》云："外道、小乘及古师等于立破前加审察支。……如（佛法）审彼声论师云：'汝立声为常耶？'……声论答云：'如是。'佛法反定（诘）他宗云：'汝何所欲！汝岂不见声是无常，所作性故，如瓶等耶？'声论答云：'不尔，声是常住，无解（触）对故，譬如虚空。'如是审定，方乃观察定、不定过。佛法自知比量因定，复知声论因中不定，从此方得说彼因中不定过失，如是审察立之为支。"（见《瑞源记》卷四页四左引录）窥基与定宾并谓陈那在《集量论》中曾破斥审察支云："由汝父母生汝身故方能立论，又由证者、语具、床座等方得立论，皆应名能立。"（《大疏》卷四页十九左。　按：定宾转述《集量》语与此基本相同。）　合、结：古正理论和古因明五支论式中的后二支。陈那改革因明论式，以普遍命题为喻体，以事例为喻依，提高了喻的功能，合支就无存在的必要了；而结支乃宗支的重述，故陈那亦予以删除。

［Ⅰ-3-6B］若尔，喻言应非异分，显因义故[1]。

【今译】

（问：）照你这么说，就不应该在理由之外另设譬喻，因为（你认为）譬喻乃是用来显示因之后二相的。

【注释】

① 此为胜论师问难之言。古因明师在因、喻关系上对陈那进行诘难是有其原因的,原来古因明师认为喻不是因,同、异二喻是离因独立的。陈那认为古因明师仅以事例为喻体,而不以普遍命题为喻体,这样的喻也确实不能视为因的一部分。经陈那改革而成的三支论式中的喻支,以普遍命题为喻体,同、异二喻体统摄于因之后二相,这就成了因的有机组成部分;但同、异事例只是喻之所依(喻依),不是因。于是,古因明师与陈那展开了争论。古因明师的诘问意谓,如果二喻受因三相的统摄,也是显示因义的话,那么就不应该在因外分立喻支,而唯有宗、因二支即可。 因义:因的三相义,即遍是宗法性、同品定有性、异品遍无性。与二喻相应的是因的后二相。

[Ⅰ-3-6C] 事虽实尔,然此因言唯为显了是宗法性,非为显了同品、异品,有性、无性,故须别说同、异喻言[①]。

【今译】

(答:)事情虽确是如此,然而言语陈说的理由只能显示第一相遍是宗法性的功能,而不能充分体现第二相同品定有和第三相异品遍无,故须另设同、异二譬喻(来显示这后二相)。

【注释】

① 此陈那答难。意谓喻体虽然的确是因,然而因支在言语的表层上只能显示第一相遍是宗法性,而难以显示第二相同品定有性和第三相异品遍无性,故须借助于同、异二喻的喻体来显示这因之后二相。 有性:定有性。无性:遍无性。

[Ⅰ-3-6D] 若唯因言所诠表义说名为因,斯有何失[①]?

【今译】

（问：）若是仅以言语所陈述的理由称之为理由，这样又有什么不好？

【注释】

① 此古因明师反问。意谓如果仅仅以因支本身所表述的内容说为因，而不将喻视作因的一部分，亦无不可。

［Ⅰ－3－6E］复有何德[①]？

【今译】

（陈那反问：）如此又有什么好处？

【注释】

① 此陈那反问。　德：长处。

［Ⅰ－3－6F］别说喻分[①]，是名为德！

【今译】

（问者答：）将譬喻与理由分离就是好！异

【注释】

① 此古因明师答。　别说喻分：将因、喻分开说。

［Ⅰ－3－6G］应如世间所说方便，与其因义都不相应[①]。

【今译】

（陈那反破：）那就会如胜论等世间外道所立的譬喻那样，

与同品定有、异品遍无的规则不相配合。

【注释】

① 此陈那反驳。《大疏》云:“此难意云,如世间外道亦说因外别有二喻,汝于因外说喻亦尔。遍宗法性既是正因,所说二喻非是正因,但为方便助成因义,此喻方便既与因别,则与因义都不相应。”(卷四页四右至五左)　世间:即胜论等外道。　方便:此指权宜成分。　不相应:新因明所设之同、异二喻体旨在显现同品定有和异品遍无二因相,此即谓之相应;而古因明所说的喻既不以普遍命题作喻体,自不能显现上述二因义,亦即与因义不相应。

[Ⅰ-3-6H] 若尔何失[①]?

【今译】

(问:)如此又有什么不好?

[Ⅰ-3-6Ⅰ] 此说但应类所立义,无有功能,非能立义[①];由彼但说所作性故所类同法,不说能立、所成立义[②]。又因喻别,此有所立同法、异法,终不能显因与所立不相离性,是故但有类所立义,然无功能[③]。

【今译】

(答:如果像世间外道那样仅以事例瓶等为譬喻,)这样的譬喻便只能类同于论题谓词所示之概念(如非永恒),缺乏(普遍涵盖的)功能,非上述([Ⅰ-3-6C]中所揭示的譬喻作为)前提的那种涵义;由于它只说(如瓶,因瓶上)有人工造作的属性,故与论题主词(声)属于同品类的事物,而不揭示理由(中词)与论题谓词(大词)之间的遍充关系。又如果将理由与譬喻分离,同、异二譬喻也只同、异于论题谓词的概念,就不能显示理由与论题谓词之不相分离(遍充关系),所以仅仅类同于论题谓词(如非永恒)是没有用处的。

【注释】

① 此下陈那破斥古师。此谓若是仅以事例为喻体,这种喻体便只是类同于宗法之义(如无常)而已,缺乏普遍涵盖的功能,非我所说的能立之义。所立义:此指宗法,即论题的谓词。

② 此句进一步指出古因明以事例(如瓶)为喻体时,只是说由于它有所作性,故尔与声同类,不说诸所作者皆无常,不能揭示能立因与所立法之间的遍充关系。 所类:指宗有法。 同法:同品。 能立:此指因法。 所成立义:宗法。

③ 此谓若如古因明师所云因、喻各自独立,而且同、异二喻均只同、异于宗法,便不能显示因法与宗法之不相离性,因此它只是类同于宗法而无功能。 所立:此指所立义,即宗法。

[Ⅰ-3-6J] 何故无能?

【今译】

(问:)为什么无用?

[1-3-6K] 以同喻中不必宗法、宗义相类,此复余譬所成立故,应成无穷①。又不必定有诸品类②,非异品中不显无性有所简别能为譬喻③。

【今译】

(答:)这是由于(你们所立的)同类譬喻中不必揭示理由(中词)与论题谓词(大词)的不相离性(遍充关系),而只是以事例来成立(论题),这就有譬喻辗转无穷的弊端。又(如果以瓶喻声,二者)不必在一切属性上都类同;

亦非（如世间外道在说）异类譬喻时不显示理由于异类例遍无，而只是以反对概念为异类譬喻。

【注释】

① 陈那复答。意谓此乃由于古师不主张在同喻中显示因法与宗法之不相离性，只是以瓶体为同喻。如果有人问瓶又因何而无常，便只能又说如灯。如再要问灯又缘何而无常，便又要举出其他类同的事例来证明，如此辗转，便成譬喻辗转无穷。《大疏》云："我若喻言'诸所作者皆是无常，譬如瓶等'，既以宗法、宗义相类，总遍一切瓶、灯等尽，不须更问，故非无穷成有能也。"（卷四页六右）　宗法：此指因法。　宗义：梵文 Siddhānta 的意译，即宗，此指宗上之法。　无穷：譬喻辗转无穷，即扩充了的循环论证。

② 此句从避免一切皆相类的角度说同喻，意谓若以瓶喻声，二者亦不必在一切属性上皆相类，而只需在所作因与无常法上相类同即成。陈那此说是有其背景的，如文轨《庄严疏》云："此师（古因明师）立量云：'声是无常，因云所作性故，同喻云如瓶。'谓如瓶是无常也。陈那破云，若直以瓶为同法喻，以瓶体是无常故类声亦是无常者，亦应瓶是四尘（即色、香、味、触四种因素）、可烧、见，声亦四尘、可烧、见。若如我释，诸所作者皆是无常以为喻体，瓶等非喻（体），但是所依，即无此过。"（卷一页二十五左）此谓古因明师简单地以瓶体为同喻，以瓶体有无常的属性去类比声上的无常。于是陈那破斥说，如此亦应以瓶所具有的四尘所造、可烧制、能看见等类比出声亦为四尘所造、可烧制、能看见等。而如果以普遍命题"诸所作者皆是无常"为喻体，以瓶为喻依，则以瓶喻声的范围便有了限制，不会产生全面比附的弊病。这种全面比附的可能性，窥基称之为"一切皆相类"（参见《大疏》卷四页五右并六右）。

③ 此句意谓亦非如世间外道在说异喻时不显示因于异品遍无，而只是以相违（反对概念）为异喻。按陈那此谓当是针对异品相违论而言的。关于

相违论,参见[Ⅰ-2-6B]注②。 无性:异品遍无性。 有所简别:《证文》云:"按《集量》意谓世间异喻不显因于异品无性,但反说不同类,故云简别,与前文说异品处所云简别同,又即下颂所谓遮遣也。"

[Ⅰ-3-6L]故说颂言①

若因唯所立②;

或差别相类。

譬喻应无穷③;

及遮遣异品④。

【今译】

故可以颂言来概括(上述古师的错误):言说理由唯为(包含)论题主词(乃弊端之一);或唯以与论题的谓词相类(为同类譬喻),由此而导致譬喻辗转无穷(是弊端之二);及至以反对概念为异品(则为弊端之三)。

【注释】

① 此下陈那以颂概括古师因、喻异分说之主要弊端。

② 弊端之一:此因唯为周遍宗上有法之法。意谓古师既认为喻不是因,未能以同、异二喻去显示因之第二、三相,而因支本身又只能显示第一相,这样古因明的因就只能表明它与宗上有法具有包含关系了。 所立:即宗,此指有法。

③ 弊端之二:譬喻辗转无穷。意谓古师既不以普遍命题为同喻体,而只是以事例(瓶)与有法(声)的属性相类似来论证,便不能摄尽一切,从而可能导致循环论证式的错误。 差别:宗的谓词。

④ 弊端之三:唯以不同类的事例为异品。意即[1-3-6J]末句所云于异喻中不显示宗无因不有的关系,而唯以相违的事例来遮遣。相违的事例在概念外延上多为反对关系,不能斥尽中容之品,故难以止尽似因的混入。

遮遣异品：以外延排斥者为异品。

［Ⅰ-3-6M］世间但显宗、因异品同处有性为异法喻，非宗无处因不有性，故定无能[①]。

【今译】

世间外道（作异类譬喻时说："如虚空，于虚空上可见其永恒性和非人工造作"），这只是并列地显示异品上有与论题谓词和理由相排斥的两种属性，并非在揭示结果不出现原因也不出现（的普遍原则），因而是无能的。

【注释】

① 此处陈那就上颂所说的第三点弊端作补充阐说。意谓世间外道立异喻时说"如空，于空见是常住与非所作"，这只是并列地指出异法喻上有与宗、因相异的两种属性，而不是在显示"宗无处因不有性"（无常宗无处，所作因必定非有）的不相离关系，故不能起助因的作用。　宗、因异品：此指与宗、因相异的属性，如立"声无常，所作性故"，则"常"与"非所作"即是宗、因之异品，与因三相所说之异品有异。　同处有性：指只是将常与非所作并列地合在一处，说它们共存于异喻上。《集量论·观喻似观品》有一段话可作此注脚："若如世间（立喻）方便，说（如空，于空）见常而非作，以非作及常合一处说。此……与（正）因（有）异，唯有类同（而已）。"（《略抄》页三十七）异喻"唯有类同"即成问题，应返显无常宗无处因定遍无才符合正因的要求。

［Ⅰ-3-6N］若唯宗法是因性者，其有不定应亦成因[①]。

【今译】

若是唯以周遍论题主词为理由的职能，（而将同品有、异品无说为是譬喻而非理由之组成部分),则犹疑不定的理由亦可成为正确的理由了。

【注释】

① 此下陈那就因唯为宗法的问题与古因明师展开论难。此句意谓,若唯周遍宗上有法为因之职能,而将同品有、异品无说为是喻而非因,则不定因应亦是正因。故《集量论·观喻似喻品》亦云:"若唯宗法性为因故喻是异分者,因既唯宗法,不定应成因,此即似因亦应得成。"(《略抄》页三十八)

[Ⅰ-3-6O] 云何具有所立、能立及异品法,二种譬喻而有此失[①]?

【今译】

(问:)为什么(同类例)已经同于论题谓词(大词)和理由(中词)以及异类例也完备,还会在同、异二种譬喻中有不定之失?

【注释】

① 此古因明师反问。意谓为什么具有同品、异品而于二喻之中还有不定之失。 具有所立、能立:指同品具有宗因二法所示的属性。 及异品法:此指异品亦具备。

[Ⅰ-3-6P] 若于尔时所立异品非一种类,便有此失[①]如初、后三各最后喻[②]。

【今译】

(答:由于世间外道所说的同、异二譬喻不显示同品定有、异品遍无的制约关系,所以)论证时理由如包含了部分异品,即有不定的过失,例如(九句因中)第三句和第九句(所说的异品有非有的情况)即是。

【注释】

① 此下陈那答疑。此谓正由于古师将因、喻异分，二喻无显示因之后二相的功能，便可能不受同品定有、异品遍无的制约，故此时因若于所立异品亦有、亦非有，便有不定的过失。　非一种类：即因于异品有非有。

② 九句因中以三句为一组，共有三组（参见[1－2－7A]注①）。此指第一组（初三）和第三组（后三）中的各最后句，即第三句同品有、异品有非有，第九句同品有非有、异品有非有。陈那在这里只是以“初、后三各最后喻”亦即其中“异品非一种类”（有非有）的情况为例来说明不定之失。其实从九句因所胪列的情况来看，第一句同品有、异品有，第七句同品有非有、异品有，其中亦都由于异品不合因相而有不定之失。除上述异品或有、或有非有而成不定之外，同品不合因相亦会导致不定，如第五句同品非有、异品非有的情况即是。当然，由同品不合因相而不定者仅此一句，而且这种“不共不定”还不为古因明师所认可。大概正是基于这样的原因，所以陈那侧重在异品上说不定过，并以异品有非有为例。

[Ⅰ－3－6Q] 故定三相唯为显因。由是道理，虽一切分皆为因，显了所立，然唯一分且说为因①。

【今译】

（理由与譬喻之关系已如上述，）因此可以确定因三相唯为显示理由（与论题主、谓词间三方面的关系）。正由于此，所以理由与两种譬喻都称之为“因”（前提），其作用均在于显示论题（是能够成立的），然（从支分上看）唯有其中的一支始称之为“因”。

【注释】

① 此处陈那小结因、喻之关系。意谓综上所述，可确定因之三相唯为显示因的特质。体现因三相的一因二喻虽都是因，都是用来显了所立与能立

不相离之关系的，然而从言三支的角度来说，唯因支方名之为因。 一切分：指一因、二喻。 唯一分：一因、二喻中的一分，此指因支。《大疏》云："于三相中遍宗法性，唯此一分且说为因。"（卷四页七右）这是将"唯一分"解释为三相中的一相，即"遍宗法性"；也就是说，"遍宗法性"即因支。此说出于窥基"因一、喻二即因三相"（《大疏》卷一页十三左）的基本认识。然而上说混淆了言三支与义三相的界说，应加注意（请参阅拙著第《因明学研究》第103~106页）。

第七节 能立与似能立旨在悟他

［Ⅰ-3-7］如是略说宗等及似①，即此多言②说名能立及似能立。随其所应，为开悟他说此能立及似能立③。

【今译】

上面已概括地阐述了论题、理由、譬喻及其过失，这多种支分的（正确组合或错误组合），称为论证和虚假的论证。根据对诤时的不同情况，为开悟敌论者而进行论证或分析错误的论证。

【注释】

① 宗等及似：宗、因、喻及似宗、似因、似喻。

② 多言：此指宗、因、喻三支，见［Ⅰ-1-2］注②。

③ 能立系立敌对诤时用以开悟他人的为他比量。似能立作为一种错误的论式，当然谈不上开悟他人，但立者建立论式的出发点乃在于悟他，而且从论式的错误所引出的过失论，乃是过失理论的总结，具有悟他的作用，故陈那将似能立亦列入悟他门中。《庄严疏》云："言申立、破，明是为他，虽复正、似不同，发言皆为济物，故此四义（指能立、能破、似能立、似能破）合为悟他。"（卷一页三右）此说较合陈那本意。又《大疏》云："能立悟敌（论者）及

证义者，由自发言，生他解故；似立悟证（义者）及立论主，由他显己，证、自解生。……似立、似破不能悟他，……此颂中据其多分皆悟证（义）者，言唯悟他，不言自悟。”（卷一页九左）《大疏》此说有逞臆之嫌，因为他至少忽略了颂中的“唯”字。“唯”有简别义，既言“唯悟他”，必简除自悟的成分，反之亦然，决不会“据其多分”而将自悟说为悟他的，否则要这“唯”字何用？

第四章　立　　具

——现量与比量

第一节　现量与比量的总叙

[Ⅰ-4-1A] 为自开悟唯有现量及与比量[①]，彼声、喻等摄在此中，故唯二量[②]。由此能了自、共相故；非离此二别有所量，为了知彼更立余量[③]。

【今译】

自悟的方法，只有感觉量与推理量二种，(正理派等所主张的)圣教量和譬喻量等都已包含在其中，故知量只有感觉和推理二种。由感觉量可以了知对象的自相，由推理量则可了知对象的共相；(作为所量，唯此自、共二相，)故非除此自相与共相外另有所量，亦无须为了了知此外的什么量而建立其他知量。

【注释】

① 此谓现量及比量的主要作用在于自悟，而能起自悟作用的亦唯此现、比二量。　美为自开悟：慧沼《续疏》云："(现、比)二真量是真能立之所须具。……问：若名立具，应名能立，即是悟他，如何说言为自开悟？答：此造论者欲显文约义繁故也。明此二量亲能自悟，隐悟他名及能立称。"(《大疏》卷八页十一左右)这里指出为自开悟乃现量和比量的主要职能，同时由

于它是建立真能立所必具的要素，故亦隐含着悟他的作用。　现量：梵文 Pratyakṣa 的意译，又译感觉量，是因明八门之一。现量是人的感官接触对象（所量）以后获得的直接知识。　比量：梵文 Anumāna 的意译，又译推理或推理量。作为因明八门之一的比量只是一种内心的推度，故属自悟的一种方法。

② 此谓正理派等所主张的圣教量和譬喻量等均包含在比量之中，故为自开悟唯现、比二量。　声：声量，梵文 Śabda 的意译，又译圣教量、至教量、正教量，即由经典或圣贤的话中获得的知识。　喻：譬喻量，梵文 Upamāna 的意译，即通过比喻而令了悟。《集量论・观遮诠品》云："谓譬喻量者，如家牛以与野牛相似，分别此亦借余得成。"（《略抄》页四十一）意谓若某人闻知野牛之名而不知为何物，他人告以与家牛相似，某人后来在森林中见到一类似家牛的动物，便据此前所闻的形象譬喻而知此动物是野牛。

③ 此句意谓由现量可了知对象的自相，由比量可了知对象的共相。所量唯此自、共二相，故非离此自、共二相别有所量；了知自、共两相者唯现、比二量，故亦不必另立其他的知量，如圣教量、譬喻量等。　自相、共相：自相（Svalakṣaṇa），局限于自身之表征；共相（Sāmānyalakṣaṇa），通及于一类事物的共同表征。熊十力《大疏删注》云："余以为稽诸经论，察类秉要，凡言自、共当分三种……一于量中凡由分别心于境安立分齐相貌者，此为共相，比量境及非量境皆是也……凡离假智及诠，恒如其性，谓之自相。……二于名言中凡概称者为共相，特举者为自相。……三于因明法中立一义类，通在多法，如以因法贯通宗喻，若缕贯华，此为共相；特举一法，匪用通他，是为自相。"（页十一右）熊十力所概括的自相与共相的如许意义，说明自相、共相实是多义词。此处说现量与比量所涉及的自相与共相，当系熊十力所说的第一种意义。其第二、三义均指概念的属种关系，实为一种。关于所量唯有自、共二相的论述，《集量论・现量品》说得更为具体："所量唯有自相、共相，更无其余。当知以自相为境者是现，共相为境者是比。"（《略抄》页六）、按：

印度各哲学派别所说的量计有十种,即:(一)现量,(二)比量,(三)圣教量,(四)譬喻量,(五)假设量,(六)无体量,(七)世传量,(八)姿态量,(九)外除量,(十)内包量。正理论与佛教古因明家都主张立前四种量,数论和瑜伽论只承认前三种,陈那以后的因明家、胜论和耆那教只承认前二种量。陈那认为其他知量均可为现、比二量所包含。

[Ⅰ-4-1B]故本颂言[①]:

现量除分别[②],

余所说因生[③]。

【今译】

故根本颂中(界定感觉量和推理量)云:感觉量必须是与概念和名词一无关涉的,推理量则是其智借三相因以比度共相境。

【注释】

① 这是陈那第三次"引用""根本论颂"。但据宇井伯寿的考查,此二句颂不见于陈那以前的古颂。其中前一句曾为乌地阿达克拉所引用(见NV.P.41),后又为婆恰斯巴堤等引用过(见NVT.P.154)。(参见《印度哲学研究》第五册第634~635页)

② 此句颂文表述了佛家对现量的定义,释文见下文"现量"一节。

③ 此句颂说比量的定义,释文见下文[Ⅰ-4-4A]注②。

第二节　现　　量

[1-4-2A]此中"现量除分别"者[①],谓若有智于色等境[②],远离一切种类、名言、假立、无异、诸门、分别[③],由不共缘,现、现别转[④],故名现量。

【今译】

上面所引本颂中“现量除分别”一句，是说感觉量是以不迷乱的能量之智去认识色、声、香、味、触中的个别对象，并且不介入一切种类、概念等思维分别活动——由五识的见分缘虑其相分是各别进行、互不联系、互不相杂的，故名感觉量。

【注释】

① 此下阐释现量的定义。　除分别：《集量论》作离分别、无分别，《入论》作无分别，即离开名词概念等思维分别活动的纯粹感觉。以离分别作为现量的必要条件，是陈那首倡的。

② 意谓作为真现量的首要条件是以无迷乱的认识主体（见分）去认识对象（相分）。慧沼云：“此中正智即彼无迷乱，离旋火轮。”（《大疏》卷八页十七右）这里指出，正智即无迷乱的能量之智（见分），如以旋转的火光当作轮子，即是感官上的迷乱，故正智必须离开此类迷乱。　色等境：即认知的对象（相分）。佛家认为外境有六种，即色、声、香、味、触，法。色等，主要指前五种。

③ 意谓作为现量的另一必要条件是“无分别”，即不能介入种类、名言等思维分别活动；因为名词概念是理性思维的产物，非事物本身所具有，故佛家认为其本质是错误的。　种类：概念的属种关系。　名言：名词，即概念的语词形式。　假立：佛家认为诸法本无名，假与立名，故谓假立。　无异：反映事物共相、能贯通诸法的概念，亦即外延较大的上位概念，因其较多地抽象出了事物的共同属性，故名为无异。　诸门：指印度各哲学派别所立的诸范畴，如数论的二十三谛和胜论的六句义等。　分别：指有分别现量与比量。佛家只承认无分别现量（无思维现量），而将有分别现量（有思维现量）视为似现量（虚假的感觉知识）或比量。

④ 此意谓五识（主观认识能力）依五根各自认识自己的境（对象），而且五识之间须是没有任何联系的（因为五识间如有联系即是知觉而非感觉了）。按大乘瑜伽行宗的说法，认识其实是主观的识（主要是眼、耳、鼻、舌、

身五识)显现出各自的相分(即所知之境,亦即认识的对象),并以五识的见分(即能知之心,亦即认识的主体)去认识它。当然其中还介入了第六识意识的活动,即当前五识开始个别活动时,必有一意识与之俱起,发挥作用。不共缘:即不共所缘。不共指诸根并非共同认识某一境,而是各根只认识自己的境;所缘即相分,亦即所谓“外境”。 现现别转:即根根别有。《证文》云:“谓于各别根而有,即五根缘境不相杂也。”如眼根缘色境、耳根缘声境、鼻根缘香境、舌根缘味境、身根缘触境,各各别缘而不相杂。

[Ⅰ-4-2B] 故说颂言[①]:

有法非一相[②],

根非一切行[③]。

唯内证离言[④],

是色根境界[⑤]。

【今译】

故说颂言(以小结“五识现量”之义):

主词所指称的事物可以有多种属性,

感官最初只能了知其自相而非共相。

这种感觉知识是内证的且远离名言,

然心识所变的诸境须寄托于诸感官。

【注释】

① 此颂小结现量(五识现量)之义。《庄严疏》《大疏》均说此颂系陈那引用而来,然未明言据何而说。《集量论·现量品》有颂云:“若法有多事,非根悉分别。各自所触证,离名言、根境。”(《略抄》页八)二颂文意基本相同。又此颂末句金本作“色为根行境”(见《略抄》页十二注五)。

② 意谓作为主词的概念可有多种属性。 相:自相与共相。《前记》云:

“如色（即眼所识别的对象）上有苦、空、无常，自、共相等，故云‘有法非一相’。”

③《庄严疏》云：“‘根非一切行’者，根谓五根，但于有法自相中行，不于一切常、无常等（共）相中行也。”（卷三页二十一左）此谓现量是五根唯在某个对象（个体）的自相上各别体察，而不体察其共相。《前记》云：如“眼根但于色处见色体，不见苦、无常等”。

④ 意谓现量其实是以五识所具有的见分（认识主体）亲缘心识所变现的相分（认识对象），而且是远离了名词概念的。《庄严疏》云：“五识缘自境界，但了自相，故云‘内证’；不带名（言）缘（起），故云‘离言’。”（同上）

⑤ 意谓五识的见分缘相分（境），其认识过程虽然是在识体的内部进行的（内证），而不是由五根来直接认知；然由主观的识变现的相分（境）须寄托于五根、显现于五根。如由阿赖耶识的种子变现的色境即寄托于眼根上。从这个意义来说，眼根就是能生，即能生起色的感觉，眼根与眼识是同时作用于相分（境）的。故《庄严疏》云：“‘是色根境界’者，五识缘境，与根必同，故约色根境界，以显五识内识。”（同上） 是色：此色，即此仅以色境为例，可见其余。 根：此指眼根，以与色境相应。 境界：势力所及的范围，此指色境属于眼根能作用于其上的范围。

［Ⅰ-4-2C］意地亦有离诸分别，唯证行转[①]。又于贪等诸自证分[②]，诸修定者离教分别[③]，皆是现量。

【今译】

（除上述五识感觉量外），五俱意识中亦有远离于思维分别活动（的感觉量），（意识感觉量是）唯在知得对象自相的影像上产生的。另外还有陷于贪等（三毒的）自证分感觉量和定心感觉量。（以上四种）都是真感觉量。

【注释】

① 大乘所说的现量有四种：一、五识现量；二、意识现量；三、自证分

现量;四、定心现量。上述[Ⅰ-4-2A]和[Ⅰ-4-2B]两条所说的就是五识现量。本条则列出其余三种。此句说第二种意现量(亦称散意现量)。意谓当眼、耳、鼻、舌、身五识的见分缘阿赖耶识种子所变的相分(境)时,第六意识的一部分与五识俱起缘境,作为现量之一种,它自然是离分别的,是唯在知得对象自相的影像上所生的。　意地:即第六识意识。佛家认为意是支配全身和产生万事的场所,故称之为"地"。　亦有:意识可通于"三量",即现量、比量和非量(似现量和似比量的总和),故句中特地用了"亦有"二字,意在显示此处所说者只是"离诸分别,唯证行转"的五俱意识现量。　证行:《证文》云:"按《集量》,证是证受,行是行相。"证受即知得,行相即显现于心内的影像。

② 此句说自证分现量。意谓五识与五根缘境时,即使由于意识引导上的错误,而陷入贪、嗔、痴等,其时见分缘虑相分必为非量,但这并不影响自证分现量的存在。也就是说,自证分缘见分必是现量,而不可能是非量。　贪等:指贪、嗔、痴三毒。贪,贪取之心;嗔,恚忿、损害之心;痴;迷暗之心。佛教认为三毒是心病,毒中之毒无过此三毒。　自证分:此为陈那所首创。陈那提出三分说,即认为认识生起之时必有认识的主体(能缘)、认识的对象(所缘)以及此二能、所所依之自体。认识的主体即见分,认识的对象即相分,见分与相分所依的自体名自体分,亦即自证分。此自体分的作用在于缘见分的自相,以自证所知,故一般称之为自证分。在上述三分说中,构成了双重的能、所关系:从见分与相分的关系来说,见分是能缘,相分是所缘;从自证分与见分的关系来说,自证分是能缘,见分是所缘。佛家认为自证分以见分的自相为所缘,故必是现量。正因为如此,故尽管见分缘虑相分时由于陷入贪毒而起分别心,所得非量,但从自证分缘见分来说,所缘仍为其自相,故还是现量。

③ 此句说定心现量(亦称定中现量)。《集量论·现量品》说此种现量云:"又诸观行者,离教观唯义(颂)。诸观行者离教分别观察唯义,亦是现量。"(《略抄》页九)文意与此相同。为什么诸修定者得定后所缘虑的会是现量呢?定宾《理门疏》释云:"谓定加行,闻、思位中依教分别;今已得定,在

定位中修慧所摄，离前闻、思教相分别于定心境，唯内亲证。”（见藏俊《因明大疏抄》卷三十九引，《大正藏》第68卷760b）此谓在修定前的“加行”阶段（即入正位前的准备，须加力修行的阶段），是依据“闻慧”（由见闻经教而生的智慧）和“思慧”（由思维道理而生的智慧）来分别教义之同异的，其所缘虑的是共相；而得定之后，修定者在定位中唯依据“修慧”（由修习禅定而生的智慧即定智）来缘虑自相，离开了闻慧和思慧对教义之分别（离共相而缘），所以定心所亲证的是现量境。故善珠《明灯钞》亦云：“若生得慧，及闻、思慧，带教缘故，了共相境，即非现量；若修慧中，一向离教缘自相故，即是现量。”（卷六末，《大正藏》第68卷421b）此谓如依据“生得慧”（生而有之的智慧）以及闻、思二慧去缘虑，而且是带着对教义的分别来观察，其所了知的当是共相境，此即非现量；如果在定中以“修慧”来观察，就定然是离开教义分别而缘自相的，此即现量。定宾和善珠的两段诠释当有助于学者大致了解定心现量的实质。　教分别：即分别教义同异，据佛陀所传的教法按自己的理解加以分别判断。教分别一般称作“教相”，《玄义》卷一上曰：“教者圣人被下之言也，相者分别同异心。”

［Ⅰ－4－2D］又于此中无别量果①；以即此体似义生故。似有用故，假说为量②。

【今译】

又，在感觉量和推理量中，其量果不在别的地方，（就在心中，即自证分；）因为能量与所量都不离自证分，（是于一心之中）假设为有相分之义和见分之用，它们各别都可假称为量。

【注释】

① 此下说量果。此句意谓，在现、比量中无别量果，其量果不离量智。《入论》云：“于二量中，即智名果。”文意与此句相同，“于二量中”，即“此中”；

“即智名果”是量果不离量智的意思，就是“无别量果”的具体化。陈那为什么要提出“无别量果”的问题来讨论呢？这有其背景。在当时，印度各哲学派别对量的问题有过许多讨论，其中也涉及量果的问题。据慧沼说，有人曾提出这样的诘难：“如尺、秤等为能量，绢、布等为所量，记数之智为量果。汝此二量，（以）火、无常等为所量，现、比量智为能量，何者为量果？”小乘有部（萨婆多）也难破道：“我以境为所量，根为能量（有部以感官认知对象，而不同意由识来认知），……依根所起心（指心王，即识体，亦即精神作用的主体）及心所（相应于心王而起的精神现象）而为量果。汝大乘中即智为能量，复何为量果？”数论派则主张以外境为所量，诸识为能量，神我（灵魂）为量果（数论认为神我是能受者、知者，唯神我享用一切），所以他们也提出问难：“汝佛法中既不立‘我’，何为量果？智即能量故。”（以上引文见《大疏》卷八页二十二右至二十三左）对于这种种问难，陈那自须作出答辩，提出“无别量果”的命题，意即量果不离量智，“即用此量智，还为能量果”。（引同上）这一思想，陈那在《集量论·现量品》中说得更为清楚：“此中所说量果，非如外道所计，离能量外别有量果，是即能量心（不离于能量）而为量果。……以识缘境，了境即果。”（《略解》页六）当然这还只是一个总的说法，对量果的具体解释，陈那说有三种：“初说境为所量，能量度境之心为能量，心了证境之作用即为量果。”（同上）陈那解释说量果虽不离能量，但二者也并非没有差别，犹如子貌似父那样，亦似亦不似。“第二说以自证为量果，心之相分为所量，见分为能量。”陈那解释说，这自证分从自相与境相生，从此种角度言，则也可说是以境相为所量，自相为能量，自证为量果。“第三说以行相为所量，能取相为能量，能了知为量果。”这三种解释，本质上一致，故陈那说“此三一体，非有别异。”（以上引文均据《略解》页七）因此说法虽多，一般即以自证分为量果。

② 意谓现、比二量之所以“无别量果”，是因为能量与所量均不离于自证分，故见分、相分和自证分均可假说为量。　即：不离。　此体：指自体分，即自证分。　似义生：陈那假设心的一部分为相分（所缘境的影像），此相分境虽“有实体，令能缘识（见分）托彼而生”（陈那《观所缘缘论》中语），

然仍为心内之物，故谓之“似义（境界义）生故”。　似有用：陈那假设心之一部分为见分，此见分生起之时带着所缘境的行相，如镜照物，能显现其影像，故说它“似有用故”。　假说为量：《庄严疏》云：“此（能量与所量）二量体无实作用，但所量境相于能量心上显现，假名为量，譬如众色于镜上现，假说镜照。……既于证相（指自证分）一心之上有此能量、所量之义，故此证相量果亦名为量也。”（卷三页二十二右至二十三左）这段话不仅解释了“假说”二字的含义，而且指出见分、相分和自证分均可称为“量”。定宾《理门疏》亦云：“《论》文意云，以即于此自证分体，于中即有似义相分转变生故，复有见分似有用故，故不离此相、见分外，说自证分以为量果故。”（见藏俊《因明大疏抄》卷四十引，《大正藏》第 68 卷 764a）

［Ⅰ－4－2E］若于贪等诸自证分亦是现量，何故此中除分别智[①]？

【今译】

（问：如你所说，）陷贪、嗔、痴的诸自证分感觉量仍是真感觉量，那么你为什么又说感觉量应离开思维的分别活动？

【注释】

① 此问者质疑。意谓如前所述自证分现量中即使见分缘虑相分时陷入贪等三毒，其自证分所缘的仍是现量，为什么在现量中却要排除分别智呢？分别智：慧沼云：“有分别智，谓有如前带名（言）、种（类）等分别起之智。”（《大疏》卷八页二十四左）参见［Ⅰ－4－2A］注①。

［Ⅰ－4－2F］不遮此中自证现量，无分别故[①]。

【今译】

（答：）见分缘虑相分境时陷入贪等三毒之中，自然不再是感觉量，但这并不妨碍自证分感觉量的存在,因为(自证分所缘的总是见分的自相),总是无分别的。

【注释】

① 此陈那答。意谓自证分现量乃是无分别的,故不能否定它是现量。《集量论·现量品》亦云:"彼于境义有贪爱等虽非现量,然说自证则无过失,此等(指见分的自相)亦显现故。"(《略抄》页九)义与此同,且更为具体。关于自证分现量可参看[Ⅰ-4-2C]注②。

第三节 似现量

[Ⅰ-4-3] 但于此中了余境分,不名现量①。由此即说忆念、比度、烯求、疑智、惑乱智等②,于鹿爱等皆非现量③,随先所受分别转故④。如是一切世俗有中,瓶等、数等、举等、有性、瓶性等智皆似现量,于实有中作余行相,假合余义分别转故⑤。

【今译】

对于所要认识的对象的自相(如不能如实了知),而是以名词概念作种类的分别甚至陷于虚妄迷乱的境相之中,这就不是真感觉量了。由此而要说及忆念(过去)、比较(现在)、希求(未来)、疑智(不能决定过去、现在、未来之事),以及惑乱智等,如鹿热渴时误以阳焰为水(就是惑乱智的例子)。(以上五种)都不是真感觉量,因为这些都是对以往的经验作了名词、种类的分别而产生的。这种虚假的感觉量还表现在一切世俗人所习有的观念上,(可称之为"俗有智"虚假感觉量。如胜论所立的"六句义"中的)实体、属性、运动方式、范畴、共同性与差异性等(五句义)所体现出来的"俗有智"就都是虚假的感觉量,因为在(世俗见到瓶子、衣服等)实物时,心识如同镜子照物那样生起了种种差别相,假设出(瓶类、衣类等)种类并以名词来指称它们。

【注释】

① 此句意谓在自相境中如不能如实亲证，而分别为虚妄的境相或共相境，即为似现量。似现量梵名 pratyakṡābhāsa。　此中：指所缘境的自相。了余境分：《证文》说此“与《入论》‘于义异转’意同，即于此境而分别为余境也。”　按：《入论》说似现量“于义异转”一句，“义”即境界名义，此处指自相境；“异转”，指于自相境而作虚妄分别，或舍自相境而取共相境。

② 此下说六种似现量，即一、忆念；二、比度；三、希求；四、疑智；五、惑乱智；六、世俗有。本句只列出前五种，第六种世俗有在下文中说。慧沼仅据前五种，便说：“准《理门》言，有五种智，皆名似现。”慧沼并解释说，第一种“忆念”是散心（散乱、放逸之心，与定心相对）缘过去（忆念总是追念过去之事）；第二种“比度”是独头意识（独起而泛缘十八界之意识，专门思构立名，所得必为比量或非量）缘现在（比度即比量，比量总是据共相而进行分别的）；第三种“希求”是散意（即散心中之独头意识）缘未来（希求即对未来的追求）；第四种“疑智”是于三世不决智（于过去、现在、未来三世均不能决定，故为疑智）；第五种“惑乱智”就是于现世诸惑乱智（于现在发生的诸种错乱智）。慧沼在说了上述五种似现量后也引用了《理门论》说“世俗有”的一段文字，但没有将“世俗有”列为似现量的一种（参见《大疏》卷八页二十四左至二十五左）。这恐怕与《理门论》在说似现量时表达层次不够清楚有关。陈那在《集量论·现量品》中则明确地将“世俗有”列为似现量之一。如云：“错乱、俗有智、比量及所生、念、欲似现量，谓于阳焰等。（颂）”（《略抄》页九）这里所列的六种似现量是：一、错乱智（即惑乱智）；二、俗有智（即世俗有）；三、比量智（即比度）；四、比量所生智（《理门论》没有提到）；五、忆念；六、欲（即希求）。但据法尊法师所译编之《集量论略解》说，陈那将似现说为七种，即在上述六种似现量之外又加上第七种“有翳膜”（即因患眼疾而产生视觉上的迷乱）。陈那并对这七种似现量作了说明：“此说七种似现量。前六种是有分别，第七种是无分别。（一）迷乱心，如见阳焰误为水等之有分别迷乱心。（二）世俗心，如见瓶、衣等物，认为有瓶、

衣等实体之心。瓶、衣等唯是由分别心所假立,是世间约定俗成之声义,其实体自相并无所谓瓶、衣等名,故此等心就世俗说,是不错误,是正确智,但约实体观,则属虚妄,是分别心,是似现量。(三)比量与(四)比量后所起心,皆分别先所领受义,皆属分别,(五)忆念缘过去事,(六)希求想未来境,皆无实义,纯属分别皆似现量。(七)有翳膜等所根识,见空华、毛轮、二月等,虽无分别,然非有体,故亦成似现量。由根识不分别执着,故仍是无分别也。"(页五至六) 按:愚见以为七种似现量说比较合理,因为陈那将前六种说为有分别者,将第七种说为虽无分别然而迷乱,这与现量要求无分别和不迷乱正好相反,违反现量的两个方面的错误都提到了。所以如果《集量论》确是说七种似现量的话,那就比《理门论》所说的六种似现量要全面了。

③ 此举例说明。 鹿爱等:慧沼云:"西域共呼阳焰为'鹿爱',以鹿热渴谓之为水而生爱故。"(《大疏》卷八页二十四右)此谓"鹿爱"即误以阳焰为水的似现量,但慧沼没有说明它是哪一种似现例。征之《集量》,则明确以"见阳焰误为水"为"迷乱心"(惑乱智)之例。慧沼又云:"此境(似现量境)言'。等'、,'等"彼见杌谓之为人,病眼空华、毛轮、二月,瓶、衣等故。"(同上)慧沼在释"等"字时补充了一些似现例,但显得杂乱,好像这些例子与以阳焰为水同属一类,其实非是。以阳焰为水属有分别似现量。而将凳子当作蹲伏的人,以及白内障患者好像看见空中的莲花、长毛的轮子(?)和第二个月亮等,这都是视觉上一时的错乱,属无分别现量。这一类似现量在《理门论》说六种似现量时尚未纳入,《理门论》所说的六种似现量均为有分别的,与此不同。至于"瓶、衣等",则属"世俗有"似现量,然而如上所述慧沼还未能将"世俗有"作为一种似现量来对待,这里却举了"世俗有"的例子,未免显得有些盲目。

④ 此谓忆念、比度、希求、疑智、惑乱五种智之所以为似现量,是由于它们皆是有分别于先前所领受的境义而产生的。 转:生起、产生。

⑤ 此说世俗有似现量。意谓如胜论所云实、德、业、大有、同异五范畴就属世俗智,是似现量;因为世俗见了瓶子、衣服等实物,心识便如镜照物起种

种差别相（瓶与衣不同，故有差别相），概括为瓶类和衣类（佛教认为这是一种虚假的和合），并以瓶、衣这些名词来表达概念，世俗有似现量就是这样产生的。　瓶等、数等、举等、有性、瓶性：据慧沼说这是以胜论六句义中的前五句为例。瓶代表实句（实体），数指德句（属性），举乃业句（运动形式），有性即大有（最大的属概念），瓶性表示同异句（共同性和差异性）。（见《大疏》卷八页二十五左）《证文》亦云："瓶等句，指胜论宗实、德、业、同、异五句而言，彼计和合（即第五句）非现量，故不说。"陈那举胜论五句为世俗有的例子，意在指出世俗将名词概念当作了实体而成似现量。其实为说明此理，《集量论》仅以瓶、衣为例，反而简洁明了。　行相：《俱舍论宝疏》卷四云："能缘心法于所缘境品类不同，行解（作用）心上，起品类相，如镜照物类于镜面上有种种像差别之相。"　假合余义：假合余境，即由此瓶或衣假合到其全类。佛教认为有和合就必有离散，和合只是暂时的现象，故称。假合。转：生起产生。

第四节　比　　量

［Ⅰ－4－4A］已说现量①，当说比量。"余所说因生"者，谓智是前智余，从如所说能立因生，是缘彼义②。

【今译】

以上说的就是感觉量（和虚假的感觉量）。现在来阐说推理量。"余所说因生"者，（是对推理量的界说，其中的"余"）是指感觉智之余（即推理之智），此智由如前所说的三相具足的理由所引生，并以此来缘虑共相境。

【注释】

① 此结语说现量已述讫，意即包括似现量在内。

② 此释前引本颂言，即对比量作出界定。意谓前颂"余所说因生"一句

的意思是：比量智是在现量智基础上产生的智；由如前所说的三相具足之能立因所引生，并以此筹虑其共相境，即是比量。此一界定不及《集量论》所下定义赅要，如《为自比量品》云："言自义（为自）者，即自义（为自）比量。其定义，谓由具足三相之因，观见所欲比度之义。"（《略解》页二十九） 按：这一定义为商羯罗主所继承。但他又作了补充说明："由彼为因，于所比义有正智生，了知有火或无常等，是名比量。"（《入论》）此谓由借于三相义者为因，在共相境上有正智生，能了知"有火"或"无常"这些共相境者，才能称之为真比量。对于这一补充说明，慧沼认为其中有"正智生"的限定是十分必要的，因为如不以"正智"为必要条件，则"虽有智"，"彼智或生疑"，如此即使"借三相因而观于境"，仍会有犹豫不定之失，如胜、声二论所立的相违决定量，虽各具三相，却互相对抗，以致"犹豫解起"，成为因过（参见[Ⅰ-2-9F]注②③）。慧沼说商羯罗主正是有鉴于此，故作此补充说明，以示"虽具三相，有正智生方真比量"（《大疏》卷八页二十右）。 前智余：现量智之余。《集量论·为自比量品》云："云'彼余'者，但以前所见色为因而比所触，是则彼色离现量相，别由所触共法以成比量。"（《略抄》页十四）此谓"彼余"即是以过去现量所得之色境的自相为因而比度现在所触之境，如此，便离开了以往所见之色境的自相，结合现庄所触之共相境而成为比量。换言之，现量乃比量的基础，以往的感觉经验一进入比量，即离开了现量无分别的境界，不再是现量了，这现量智之余，就是比量智。 能立因：三相具足的正因。 缘彼义：缘虑、比度其共相境。

[Ⅰ-4-4B] 此有二种①：谓于所比审观察，智从现量生或比量生②；及忆此因与所立宗不相离念，由是成前举所说力，念因同品定有等故③。是近及远比度因故，俱名比量，此依作具、作者而说④。

【今译】

引生推理智的原因有两种：（一）在审察论题主、谓词之关系时，推理智不外从感觉所得的理由（如有烟）和推理所得的理由（如人工所造作）而引生，（这两种理由都是引生推理智的远因。引生推理智的近因是）记忆起理由与论题谓词具有包含关系的“念”，此“念”能增强前述从感觉或从推理所得理由的力度，因为是依据因三相来忆念的。这近因与远因都是引生推理智的原因，所以都可称之为推理。此（近与远的分别）是依据（原因与推理智的关系确定的），（如人以斧伐木，使之倒地，）这人是近因，工具斧子是远因。

【注释】

① 此下说比量智的引生有两种因：远因和近因。　此：指引生比量的原因。

② 此说远因。　远因也有两种：现量因和比量因。一此句意谓，在审察宗上有法与法的关系时，比量智从现量因生或比量因生。兹举例说明之：

一

彼处有火，（宗）

以有烟故，（因）

诸有烟处皆有火，如灶。（喻）

二

声是无常，（宗）

所作性故，（因）

诸所作者皆无常，如瓶。（喻）

在以上二量中，佛家认为“有烟”是眼识亲取自相境而得，故是现量因，“所作”则是意识缘虑共相境所得，故为比量因。比量智就是由此现、比二因引生的，但现、比二因都只是引生比量智的远因。“于所比审观察智从现量生或从比量生”可有两解：一、于“审观察”后以逗号点开，“智”字从下读，文意如上述。二、“于所比审观察智”七字连读，其文意“按前文‘若所比处此相审定’句（见[Ⅰ-3-5A]），应是宗法智”（《证文》）。　从现量生：这是从因的原生状况而言的，其实此现量一旦作为因，即与“名、种”发生联系，这就离开了自相而进入共相,按佛家的说法已不再是现量了。

③ 此说近因。陈那认为引生比量智的近因是“念”,即能回忆起因法与宗法不相离的“念”,此“念”能令前述现量因或比量因有增上之力(强盛的力量),因为作推度的人是依据因三相来忆念的。 念因同品定有等:即忆念因三相。

④ 小结为自比量。意谓近因(念)和远因(现、比二因)都是引生比量智的因,所以均名之为比量。这近因与远因的分别,是根据它与比量智的亲疏关系确定的。 依作具、作者而说:作具,工具,如以斧伐树,这斧子就是作具;作者,即使用工具的人。人操斧砍树而令树倒地,人是近因,斧是远因。

[Ⅰ-4-4C] 如是应知悟他比量亦不离此得成能立[①]。

【今译】

由此当可知晓旨在悟他的推理量(论证)也不能离开因三相来建立论式。

【注释】

① 此句引申至为他比量。 此:指因三相。

[Ⅰ-4-4D] 故说颂言:

一事有多法,

相非一切行,

唯由简别余,

表定能随逐[①]。

如是能相者,

亦有众多法,

唯不越所相,

能表示非余②。

【今译】

故此以颂言（来显示推理量的一些特点）：

重型物论题的谓词常有多种差别相，

理由不能涉及它的所有相状，

只能由排除一些无关的部分，

才能断定二者具有包含关系。

类似的情况在理由上也存在，

即是说理由也常有多种相状，

只要其外延不大于论题谓词，

就可表示理由被谓词所包含。

【注释】

① 此颂意谓，宗法如火等可以有多种差别相，如火的燃烧情况及热度是多样的、变化的，因法烟不可能照了火的一切相状，所以只能排除它所不能及的一些相状，而去断定因、宗间定相随逐的部分。　一事：此指宗法。　相：因法。　行：行相。《唯识述记》卷三曰："相谓相状，行（于）境之相状，名为行相。"　简别余：排除非火。《集量论》有与此内容相同的颂："因于多法义，非了达一切，决知所系属，能得离余法。"陈那自释云："以彼极成之有法，有多种法义，其因非能成立彼一切差别义皆能了知。……不了达何等？曰：如以烟比知有火时，不能比知火之燃烧情况及热度等诸差别义，于彼有错乱故。若尔，能比知何义？曰：'决知所系属，能得离余法。谓除所系属者外，余则非火。'"（《略解》页三十七）陈那的这番自释，亦是本颂的注脚。

② 此颂重谓，因法烟等亦有多种相状，如烟的气味、颜色等，人们可依据烟或烟的个别相状去比知有火。只要因法的外延不大于宗法就可表示因宗之定相随逐，而不能以宽因来证知狭宗。　能相者：因法。　不越所相：不

超越宗法的外延。所相即宗法。　非余：意谓不是因法的外延大于宗法。《集量论》亦有与此意思相类似的颂："如此少分理，不成于有因，彼法虽众多，余者是能得。"陈那自释云："此复所比量者，唯由少分了达。……谓烟唯少分，是从火不错乱。烟性及灰色性（即烟色）等，是能得彼火者。（即唯烟及烟的别法等，能证有火。）非实性等，有错乱故。（实性等宽，不能为因，证明有火。）"（《略解》页三十八）陈那的这一自释，正可作本颂的注释。　按：陈那在释"非余"的涵义时，以"实性"为例，颇难理解。法尊与吕澂对此的理解很不一致，法尊以"实性"为因推证"火"；吕澂则说此"实性"为实性火，即作为物质基本元素的"火"。吕说似是以烟证知实性火，这虽然不能推证，但不是以宽因去证狭法；或是以实性火为因，则以火证火亦滞碍难通。姑从法尊译解。

［Ⅰ－4－4E］何故此中与前现量别异建立[①]？

【今译】

（问：）为什么推理量与前述感觉量有如此之不同？

【注释】

① 此问者咨疑。　此中：指比量。

［Ⅰ－4－4F］为现二门，此处亦应于其比果说为比量，彼处亦应于其现因说为现量，俱不遮止[①]。

【今译】

（答：）为了显现感觉量和推理量的差别，（前面在阐述推理量时强调了原因的作用而不提量果，其实）这里也应从其量果来说推理量；（说感觉量时则强调了它的量果而未提原因，其实）也可以从其量果来说明感觉量。所以原因和量果是互不排斥的。

【注释】

① 此陈那答问。意谓为显示现、比二量之差别不同，说比量时重点阐述因的作用而不说量果，实际上比量亦有其量果；说现量时则突出量果而不说其因，实际上现量的果也有所由产生的因。这比量的果和现量的因也可以称之为比量和现量。故强调了比量的因并不排斥其量果，而渲染现量的果亦并不排斥它的因。　现二门：显现现量和比量二门。　此处：指比量（因承比果：比量的果，参见[Ⅰ－4－2D]上而言，故言“此处”）。注①。又，“比果说为比量”的问题，参见同上注②。　彼处：指现量。　现因：现量的因，即正智，亦即不迷乱、无分别的现量智。由于智与果不相离，且均在心识之中，故亦可“于其现因说为现量”。　不遮止：不排斥。

第五节　本编结语

[Ⅰ－4－5] 已说能立与似能立①。

【今译】

以上阐说了论证和论证的过失等问题。

【注释】

① 此为第一编的结语。由于《理门论》系以立、破为纲，而视现、比二量为能立所必具的要素（即所谓“立具”），故这里结云“已说能立及似能立”即包含了现、比二量。

第二编
能破及似能破

第一章　能　　破

第一节　能破与似能破的总叙

［Ⅱ－1－1］当说能破及似能破[①]，颂曰：

能破阙等言[②]，

似破谓诸类[③]。

【今译】

现在应当阐述反驳和有过失的反驳：

反驳（的对象是犯有）缺减等过失的（论证），

有过失的反驳是指（同法相似等）诸种过类。

【注释】

① 此下说能破与似能破。　能破：梵语 Dūṣaṇa 的意译，即反驳。　似能破：梵语 Dūṣaṇābhāsa 的意译，即错误的反驳。

② 此句颂总说能破的对象，解释见下节。

③ 此句颂概言似能破分诸种类型，解释见下章。

第二节　能 破 界 说

［Ⅱ-2-1］此中“能破阙等言”者，谓前所说阙等言词诸分过失①，彼一一言皆名能破②，由彼一一能显前宗非善说故。

【今译】

上述颂中的“能破阙等言”一句，是说前述缺减（支失）等诸种过失，论者一一加以弹诘者，皆称之为能破，因为它能一一显示对方立量的谬误。

【注释】

① 此下释能破。　此句释颂言，谓能破之境（破斥的对象）即“阙等言词诸分过失”。具体而言，能破之境即：“能立缺减过性，立宗过性，不成因性，不定因性，相违因性及喻过性。（《入论》）

按：据慧沼的解释，上述六种能破之境可约为两类：第一是能立缺减，能立缺减包括两种情况：一、缺支（亦称“无言”），即在三支论式中任缺一支或二支（不属省略式），破坏了论式的完整性。二、缺相（亦称“无义”），即从因三相上来看随缺一相、二相乃至三相俱缺。第二是三支上有过失，即立宗有过、立因有过（不成、不定、相违）、立喻有过。（参见《大疏》卷八页二十七右至二十八左）这两类能破之境其实是交叉的，是以不同的根据所作的划分，故并不严格，但它勾画出了一个大体的轮廓，有助于人们具体了解能破之境。

② 此谓于前述能破之境一一破斥，即是能破。

按一：因明传统的破斥方法有两种：一、显过破（亦称出过破），即以散辞直接破斥对方的过失。二、立量破，即以三支论式来破斥；当然亦可用三支论式的省略式来破斥（即藏传因明中称作“应成论式”者），如《理门论》［Ⅰ-2-5A］中佛家破声论云“声非是常，业等应常”，“常应可得故”就属这类灵活变通的立量破。

按二：据慧沼说，能破可按所破境来立名，如称能立缺减能破，立宗过性能破、不成因性能破、不定因性能破、相违因性能破、喻过性能破等。并说这样分门别类地来指称各种能破，系本于《理门论》之意。（参见《大疏》卷八页二十八右）慧沼此说是缺乏根据的，因为《理门论》不仅没有明白地说过这样的话，连暗示也没有，可见这只是他据《入论》的分类所作的臆想。而且将能破按所破来立名是行不通的，因为上述对似破之境所作的划分存在着交叉现象，支分上的过失同时也可以是缺相的过失。总不能因为它缺支而将其称之为能立缺减能破，又因为缺相复称其为不定因能破，可见按所破境来立能破名是没有意义的。

③ 此显能破之悟他作用即在于“一一能显前宗非善说”。　前宗：论敌所立的论式。《证文》云：“前宗意指敌论者。”此说恐非是。“前宗”应就能立（论式）而言，而非指人；敌论与敌论者是两个不同的概念，不能混淆。

第二章　似能破

第一节　似能破总叙

[Ⅱ-2-1] 所言"似破谓诸类"者,诸同法等相似过类名似能破;由彼多分于善比量为迷惑他而施设故,不能显示前宗不善,由彼非理而破斥故,及能破处而施设故,是彼类故,说名过类。若于非理立比量中如是施设,或不了知比量过失,或即为显彼过失门,不名过类[①]。

【今译】

(前颂中)所说的"似破谓诸类"一句,是说同法相似等十四种过类皆是有过失的反驳,由于它多半是对于无过失的论证出于迷惑论敌(和中证人等)的需要而故设难破,不能真正显示论敌在论证上有什么过失,正是由于它是以站不住脚的理由来破斥的,是使自己同于所破的过失来建立(难破)的,(并且表面上又)是与反驳相类的,所以又称过类。如果它虽是对有过失的论证进行难破,但并未真正把握住这个论证的过失,却匆忙地来揭发(敌论的)过失,(结果是破错了地方,这虽也是有过失的反驳,但)不称作过类。

【注释】

① 此说似能破(即有过失的反驳),包括两方面:一、于无过能立作有过能立来破斥,这大都是出于诡辩的目的而建立起来,以迷惑对方和中证人

的。这一类似破可约为十四种过类。二、有时所破的虽是有过能立,却不能针对别人的过失来破斥。而是隔靴搔痒不得要领。这一类似破不在十四种过类之中。诸同法等相似过类:指"同法相似"等十四种过类。 施设:建立。 及能破处:同于能破处,即由于非理而破斥,反使自己沦为能破的对象。 彼类:类似于能破而非真能破。《证文》云:"彼类,按《集量》及《正理一滴注》(佛教文库本二二〇页),皆指与质难为类而言,'难'通能破,指上而云彼。" 过类:与能破相类而有过。《庄严疏》云:"此十四种(过类)皆于(真)能立非理妄破,故名为过,然似能破,故名为类,此则是能破之类而有过,故名为过类。"(卷四页二左)此说乃本于《集量论》,如《观过类品》云:"若本无过而说(为)缺(减)等者,此则有失,与难(破)相类,名为过类。"(《略抄》页四十二)。 非理立比量:违反因明法式、法则的论证。 一不名过类:此指于有过比量不能如实揭发其过失,而是破错了地方,这虽也是似能破,但不在十四种过类之列。文轨称此为"余过类",即十四过类之外的过类。

按一:对似能破的研究可能始于小乘古师。如在《方便心论》(传为龙树所作,但近人一般认为是公元一至二世纪小乘学者的著作)中,列有相应品二十种,大概这部分内容后来被正理论吸收整理,演成二十四种误难(Jāti),写入《正理经》第五卷第心章。Jāti 一词也译作倒难,至世亲的《如实论》,其《道理难品》的内容与《正理经》V.1 相当,但阐说大为进步,并作了分类,计列三类十六种误难。陈那的十四过类似能破,便是在《如实论》的基础上加以总结删订而成,故更为精审。

按二:关于似能破,陈那在《理门论》中正确地指出包括无过而破和有过错破两方面,但在《集量论》里,却只强调前者而不说后者。商羯罗主在《入论》中也只将破斥无过能立界定为似破,如云:"若不实显能立过言,名似能破。谓于圆满能立显示缺减性言,于无过宗有过宗言,于成就因不成因言,于决定因不定因言,于不相违因相违因言,于无过喻有过喻言,如是言说名似能破,以不能显他宗过失,彼无过故。"这里说的似破的对象与《入论》在说能破时所列的项目是一样的，亦为六类，只是能破的对象必为似能立，而似破的对象则为真能立。然而似破的对象也可以是似能立，商羯罗主却忽略了这一点。文轨在为《入论》作疏时注意到这一点，故取《理门论》之说云："如上所列十四过类，名似能破；以彼敌愚，于他能立无过量中不能缄言，惑乱立人、证者、听众，欲显己胜，妄施此难，故是似破。亦有于他过量中不知其过而更妄作余过类难，亦是似破。"（《庄严疏》卷四页二十六左）文轨一方面补正了《入论》的欠缺之处，一方面又为《入论》辩白说："由多分于无过量中有似破故，故言'彼无过故'。"意谓由于似能破的对象大都是无过能立，《入论》乃就其多数而言，故云"彼（指似能破所破之比量）无过故"。在似破的问题上，后起的窥基反不如文轨，他基本上墨守《入论》的说法，如云："敌者量圆，妄生弹诘，所申过起，故名似破。"但又自释云："此有二义：一者，（于）敌无过量妄生弹诘，十四过类等；二者，自量有过，谓为破他，伪言为胜，故名似破。"（《大疏》卷一页八右）其中第二义既是"自量有过"，则属似能立而非似能破。窥基在似能立的阐说上的不足，后来为他的弟子慧沼所弥补。慧沼《续疏》云："又他过量不如实知，于非过支妄生弹诘，亦是不能显他过失，以无过故。设立量非，不如其非正能显示，亦似能破。"（卷二页二十一右至二十二左）

第二节　同法相似等七种过类的概说

［Ⅱ-2-2］（颂曰[①]：）

示现异品故：

由同法异立，

同法相似[②]；

余由异法[③]。

分别差别名分别[④]。

应一成无异[⑤]。

显所立余因，
名可得相似[⑥]。
难义别疑因，
故说名犹豫[⑦]。
说异品义故非爱，
名义准[⑧]。

【今译】

（先概说七种相似过类，）颂文说：
以异类例为同类例或同类例为异类例，
即由异类为同类颠倒成立（矛盾论题），
（这种颠倒成立的难破）名同法相似；
而由同类为异类来难破则是异法相似。
由分别同类例的异义出难名分别相似。
（说瓶与声属性）应同一为无异相似。
（认为立者的理由不是唯一的理由），
而以存在其他理由未难破名可得相似。
分别（论题谓词或理由的）不同涵义，
以此种手段令理由不定的名犹豫相似。
（歪曲义准法）而以因的异类例出难，
其异类例为立者所不取故名义准相似。

【注释】

① 自本节起至第十五节说十四种过类。这十二句颂概说七种过类，颂文虽取五言形式，然察其文意，多须破句而读。

② 此说同法相似，但首句“示现异品故”总贯同法、异法二种相似，读时须注意。同法相似的颂文的解释见[Ⅱ-2-3]。

③ 此说异法相似,文意顺上而略,释见[Ⅱ-2-4]。

④ 此说分别相似,释见[Ⅱ-2-5]。

⑤ 此说无异相似,释见[Ⅱ-2-6]。

⑥ 此说可得相似,释见[Ⅱ-2-7]。

⑦ 此说犹豫相似,释见[Ⅱ-2-8]。

⑧ 此说义准相似,释见[Ⅱ-2-9]。

第三节 （一）同法相似

[Ⅱ-2-3A] 此中“示现异品故,由同法异立,同法相似”者,颠倒成立,故名异立,此依作具、作者而说[①]。同法即是相似,故名同法相似[②]。一切摄立中相似过类故[③]。言相似者是不男声,能破相应故,或随结颂故[④]。

【今译】

其中“示现异品故,由同法异立,同法相似”(的意思是,以异类例为同类例来)颠倒成立相矛盾的论题,就是“异立”,这是依据(范围极宽泛的)“能作因”来进行难破的。用异类例置换同类例就是“相似”,故称为同法相似。同法相似等过类是从(难破者横加给)立者论式(的过失)中(得名的)。相似(Samā)是中性声,因为要与能破(Dūṣaṇa)这个中性字相应,或与“结颂”的短韵相应。

【注释】

① 此释同法相似乃以异法为同法来颠倒成立相反的宗,这种似是而非的破斥是依据范围极广的“能作因”建立的。如佛家立声是无常宗,勤勇无间所发性因,以瓶为同喻,空为异喻。这是一个正确的比量。但声论难破说:你们是以声与瓶都有勤勇无间所发因而说声与瓶一样也是无常的,那么依我说声与空都是无质碍的,所以声亦与空一样常住不灭。这就是将原量

异法虚空改为破量的同法来颠倒成立与原量相矛盾的宗，但原量的因是没有过失的，而破量的因（无质碍故）却有俱品一分转的过失，是不定因。　示现异品：《证文》据《集量论》说此句“总贯下文同法、异法二种相似，意谓由显示所立法之异类云云，非异品之异品”。　作具、作者：解释已见［Ⅰ－4－4B］注④，但在这里难以理解。《集量论·观过类品》云：“云立异者，即是颠倒成立，此依能作因说。如声无常，勤发性故，异法如空。即此显示空由无触等亦得为同法故，成立其常。如是等因本以瓶为同法，今说与异品空相同，即为同法相似。”（《略抄》页四十五至四十六）在这段关于同法相似的论述里，将“依作者、作具而说”改为“依能作因说”，文意较为容易理解一些。“能作因”当是佛家所说的“六因”之一，亦称“无障因”。《俱舍论》卷六云：“一切有为，唯除自体，以一切法为能作因，由彼生时无障住故。”即某事物对任一事物的产生只要不起阻碍作用，即为其能作因。

② 此谓异立同法即相似过类，故名同法相似。同法相似这一过名取自《正理经》Ⅴ·1 的 Sādharmyasamā，意译为同法相似。《如实论》作同相难（Sādharmyakhaṇḍana）。

③ 此谓同法相似等一切过类皆从难破者横加给立论者论式的过失得名。如《集量论》：“其中吾等说为缺减相似、不成相似等者，是于能诠立所诠名。否则应说为缺减诤相似、不成诤相似等。如是其文太繁，……言相同（即相似）之声，是一切之结句，当知成反断相同也。”（《略解》页一四六至一四七）。

④《证文》云：“不男：《集量》作 ma-nin，谓不能男，即中性声也。此处‘相似’立名从有财释，全作形容词用，其尾转声即应与所形容之字相同，如下所举‘同法相似能破’云云，与能破相应，即形容彼。能破，梵文 Dūṣaṇa，是中性，故此‘相似’亦应中性声为 Samam 也。结颂者，此‘相似’末声当颂中第五韵，应为短韵，不能用他声字也。”

［Ⅱ－2－3B］云何同法相似能破[①]？

【今译】

（问：）什么是“同法相似能破”？

【注释】

① 此问者要求进一步解释“同法相似能破”这一异名。

［Ⅱ－2－3C］于所作中说能作故，转生起故，作如是说[①]。后随所应亦如是说[②]。

【今译】

（答：前述同法相似是从能诠得所诠名，）同法相似能破则是从所诠立能诠名，由此展转立名而有这样的名称。此下诸过类（如“异法相似”和“异法相似能破”）等亦皆如此展转而立名。

【注释】

① 此陈那答问。意谓前说“同法相似”是从能诠得所诠名（参见［Ⅱ－2－3A］注③），今之“同法相似能破”则是从所作（同法相似）立能作（能破）名。由此展转立名而有“同法相似能破”之名。　所作、能作：所作即所诠，能作即能诠。诠即诠显文义，以能显义理为能诠，所显之义理为所诠。

② 意谓此下诸过类如异法相似能破等，亦同此展转立名而成。

［Ⅱ－2－3D］今于此中由同法喻颠倒成立，是故说名同法相似。如有成立“声是无常，勤勇无间所发性故”，此以“虚空”为异法喻。有显“虚空”为同法喻，“无质等故”立“声为常”，如是即此所说因中“瓶”应为同法，而异品“虚空”说为同法，由是说为同法相似[①]。

【今译】

以(异类例为)同类例来成立与原论题相矛盾的论题(作似是而非的难破),这就是同法相似。如(佛家)成立"声音是非永恒的,因为意志不断努力的缘故",此以"虚空"为异类例。(声论)却以"虚空"为同类例,以"无形碍"为理由来成立"声音是永恒的"。本来,按(佛家)所说的理由,"瓶"应该是同类例,(因为瓶和声一样也是人工造作和非永恒的,但声论)却将异类例"虚空"说为同类例,(认为声与虚空都是无形碍的,故可以虚空为同类例以证知声音亦是永恒的。)由此,这种过类称之为同法相似。

【注释】

① 此段文字重说同法相似的定义,并举例说明,其文意参见[Ⅱ-2-3A]注①。

按:关于同法相似,《庄严疏》阐释颇详,兹引录如下:"第一同法相似过类者,内(佛家)曰:'声无常(宗);勤勇无间所发性故(因);诸勤勇无间所发性者皆是无常,譬如瓶等(同喻);若是其常,见非勤勇无间所发,如虚空等(异喻)。'外(道)曰:'声常(宗);无质碍故(因);诸无质碍皆悉是常,譬如虚空(同喻);诸无常者见彼质碍,犹如瓶等(异喻)。'此之外量有不定过:其声为如空等无质障故是常耶,为如乐(即愉悦)等无质障故是无常耶?此则以异法为同法,不以同法为同法,故名相似过类。然外人本作此量有二意:一、不立自宗;二、成立自宗。不立自宗者,欲显内义有共不定过,谓此声为如瓶等勤勇发故是无常耶,为如空等无质碍故即是常耶?此即但是似不定。何以尔者?夫真不定要以本因望同、异品,谓有、谓无,是真不定,今此外人以空等上无勤勇发因,乃于勤勇发因外别立无质碍因于异品有,故是似共不定也。成立自宗者,欲显内义有相违决定过,此亦但是似相违决定。何以尔者?夫真相违决定必须定因,今无质碍因空、乐皆有,即是不定,何能成立定因言也。……如声论以无'质碍因'显'声是常',破佛法'勤勇所发'证'无常'因,此则以不定破定也。……上释同法相似,颇分(费)论词,要者今略疏出。内曰:‘声、瓶既俱勤发,理即并是无常。’内又曰:‘空是其常,非勤发;声既勤发,是无常。’外破曰:‘声同瓶勤发,同瓶即无常;声同空无碍,同空应是常。’外又破曰:‘声不同空非勤发,即不同空说是常;声既同空是无碍,即应同空说是常。’内曰:‘勤发定是无常义,故声类瓶说无常;无碍非唯是常义,何得同空说常住?’”(卷四页二左至五右)

第四节 (二)异法相似

[Ⅱ-2-4A]“余由异法”者,谓异法相似是前同法相似之余[①]。

【今译】

“余由异法”这句颂是说,(在二喻中“示现异品”的情况下),除去同法相似就是异法相似了。

【注释】

① 此句释颂文。意谓异法相似与前述同法相似是一对孪生子:同法如“示现异品”,为同法相似;异法如“示现异品”,即异法相似,由于“示现异品”只有同法异立和异法异立两种情况,故同法相似之余即异法相似。《集量论》云:“‘余由异法’,此谓显示异法而立异者。”(《略抄》页四十六)亦即此意。

[Ⅱ-2-4B]示现异品,由异法喻颠倒而立,二种喻中如前安立瓶为异法,是故说为异法相似[①]。

【今译】

(以同类例)置换异类例,则由异类譬喻颠倒成立与原论题相矛盾的论题,如以前述论例中的同类例瓶作为异类例,(其理由即有“不定”的过失),

因此是异法相似。

【注释】

① 此释异法相似过类。意谓立敌对诤时，敌论者以立者的同喻依为异喻依，颠倒成立相反的宗。如佛家立声是无常宗，勤勇无间所发性因，以瓶为同喻，空为异喻。对这个三相具足的立量，声论难破云："声常，无质碍故。异喻如瓶。"意思是说：你以异喻虚空上没有勤勇无间所发性从而是常住的，来反证声既为勤勇无间所发则定是无常的；但依我之见，你说的同喻瓶倒可作为异喻，因为瓶既是无常而有质碍的，那么声音既无质碍，就应该是常住的。由于这种以原量的同喻作为破量的异喻来颠倒成立与原量相矛盾之宗的手段，是建立在违反因三相要求的"无质碍故"因的基础上的，所以是异法相似过类。异法相似这一过名取自《正理经》V·1 的 Vaidharmyasamā，意译为异法相似。《如实论》作异相难（Vaidharmyakhaṇḍana）。

按：关于异法相似，《庄严疏》的阐释如下："第二异法相似过类者，内（学）、外（道）比量并如同同法相似中举，然外人以瓶同法为异法喻，名异法相似，与前异也。内曰：'空是其常即非勤发，声既勤发定是无常。'内又曰：'瓶从勤发既是无常，声亦勤发何容常住？'外曰：'虚空是常非勤发，声是勤发即无常；瓶是无常有质碍，声既无碍应是常。'外又曰：'声同瓶等是勤发，即同瓶等说无常；声不同瓶是有碍，应不同瓶是无常。'内曰：'但是常者非勤发，故得勤发证无常；无常有碍、有无碍，何得无碍证其常？'"（卷四页五右）

第五节　（三）分别相似

［Ⅱ-2-5A］"分别差别名分别"者，前说示现等故，今说分别差别故，应知分别同法差别[①]。

【今译】

“分别差别名分别”的意思是，前文所说的（异法相似是直接将同类例作为异类例来）示现，而现在所说的（分别相似）则是通过分别差别义（来进行难破，它）所分别的应是同类例上（与原论证无关）的属性（即别相）。

【注释】

① 此释颂文。意谓前文所说异法相似是将同法喻直接示现为异法喻，现在所说的分别相似则是分别同法喻中的差别义来难破。

［Ⅱ－2－5B］谓如前说，瓶为同法。于彼同法有可烧等差别义故，是则瓶应无常；非声，声应是常，不可烧等有差别故[①]。由此分别颠倒所立，是故说名分别相似[②]。

【今译】

这就是说，如前所举例，仍以瓶为同类例。（声论难破说，）在那同类例瓶上既有可烧制等属性，瓶就应是非永恒的；声音则非如此，（并非可烧，可见者，）所以声音应该是永恒的，因为有不可烧等之不同。由于此种分别（是于同相显示别相），能反过来成立（与原论题相矛盾的论题），因此称为分别相似。

【注释】

① 此意谓佛家立量已如前述，声论以立者的同喻依瓶上有可烧制、可看见等差别义，便加以分别，用作难破的依据。声论认为，由于瓶可烧、可见等属性，故瓶无常，而声音却不具有可烧、可见的属性，故声音应是常住的。非声：据《证文》说，勘诸《集量》，“非声”作“声则非是”。《集量论》说分别相似，文意与此基本相同：“如前举例，以瓶同法成无常性。难云：‘虽有同法，然彼可烧、可见性等皆异，此应唯瓶无常，声则是常，非可烧性，又耳所闻故。如是颠倒分别所立，为分别相似。’余复有解：虽同有所作性，而以可

烧、不可烧等分别(声)常、(瓶)无常,是为分别相似。"

② 分别相似与同法相似和异法相似的共同点是"颠倒所立",即颠倒成立与原量相矛盾的宗,其所不同者在于分别相似是企图通过分别差别义来达到"颠倒所立"之目的。但分别相似的因通及同、异二品,有不定过,故是过类。分别相似的名称取自《正理经》V·1 的 Vikalpasamā,意译为分别相似。《如实论》则称 Vikalpakhaṇḍana,意译作长相难。

按:关于分别相似,《庄严疏》阐释云:"第三分别相似过类者,内曰:'声无常,勤勇无间所发性故,譬如瓶等。'外曰:'声常,不可烧故,或不见故,如虚空等。'外意云,汝以声同瓶勤发即同瓶无常者,然瓶是可烧、可见,声即不可烧、不可见。可烧、可见可无常,无烧、见者应是常,此于同法喻中分别可烧、不可烧,可见、不可见等之宗义异,名分别相似。前异法相似直望以一同法为异法,不分别差别之义,故不同也。此外人不烧等因通同、异品,有不定过,谓此声为如空等不可烧或不可见故是常,为如乐等不可烧或不可见故即无常? 此名以不定破定,故是似破也。内曰:瓶从勤发既也无常,声从勤发何容常住?'外破曰:'声从勤发同瓶等,即同瓶等说无常;瓶是可烧声不烧,瓶自无常声应常。'内曰:'勤发唯在无常中,故得独证无常义;不烧通常、无常内,何得偏成常住宗?'"(卷四页五左至六右)

第六节　(四)无异相似

[Ⅱ-2-6A] 所言"应一成无异"者,示现同法前已说故,由此与彼应成一故。彼者是谁? 以更不闻异方便故,相邻近故,应知是宗[①]。成无异者,成无异过。即由此言,义可知故,不说其名是谁与谁共成无异。不别说故,即此一切与彼一切[②]。

【今译】

所说"应一成无异"的意思是,(仍以"声音非永恒的,因为是意志不断地努力所发的”为例，敌论者破斥说，）同类例（瓶上诸属性）已如前说，由此（瓶上的一切属性）与彼（声上的一切属性）应一一相同而成（无异）。“彼”指的是什么？由于再无异类例可资遮除，且此与彼的属性是邻近的，故可知是指论题（的主词声）。（同类例与论题主词）成为一体而无别异，就成了无异过。由无异之言，可知（同类例与论题主词所指称的二物）一切属性（皆应相同），而不必指出是什么与什么共同合成无别异的，（只需总说）即是此一切与彼一切（皆无差别即可）。

【注释】

① 此下释颂文。此处释“应一”。意谓仍如前文所举例，敌论者难破说，其所示现的同喻依瓶上诸属性于宗有法声亦皆应有而成一体。因为更无异喻可资遮除，声与瓶在属性上是相邻近的。应一：《证文》云：“应一成，勘《集量》作应成一，与下释相顺（指与本句中的‘应成一’相符顺），今译（玄奘）改文。”我认为玄奘于此处将“应成一”译改为“应一成”是高明的，“应一成无异”即瓶与声应在一切属性上相同而成无异之谓，译文义顺而精炼。更不闻异：此指瓶与声既应在一切属性上相同。推广来说，便是一切物皆相同，这样就更无异喻可资遮除了。这一点，《集量论》说得更为明白：“瓶上所有一切诸法，声上亦皆应得。由是一切诸法互为同法故，皆应成一性。”（《略解》页一四二）此说与《如实论》同，如《道理难品》云：“外曰：‘若依同相，瓦器等无常、声亦如是者，则一切物与一切物无异。何以故？一切物与异物有同相故。何者同相？有一可知等，是名同相。’”敌论既以“可知”为一切物的同相，将同相推至了极端，自无异法可言了。

② 此释“无异”。意谓瓶与声既应一体而成无异，便成宗、喻无别异之过。由此无异之言，可知二物的一切差别义皆相同。由此无异之言，可知二物的一切差别义皆相同，而不必一一指出是什么与什么无别异，只需总说此一切与彼一切皆相同即可。故《集量论》亦云：“言无别（异）者，谓应无差别。何法与何法无差别？由无差别故一切无别（异）。喻如由显示同法喻瓶

故,与诸余法亦皆无别。故瓶上所有一切诸法,声上亦皆应得。”(《略解》页一四二)

[Ⅱ-2-6B] 如有说言[①],若见瓶等有同法故,即令余法亦无别异,一切瓶法声应皆有,是则一切更互法同应成一性[②]。此中抑成无别异过,亦为显示瓶、声差别,不甚异前分别相似,故应别说[③]。

【今译】

(无异相似有三义。其第一无异相似是说立者论题的主词与同类例无别异,)如有人见(他人以)瓶等为(声的)同类例,便要求(二者)在一切属性上均无别异,即瓶上的一切属性声上也都应该有,(甚至认为,)如此则一切事物可互为同类而成一体。这种看法是为了抑止(立论者的有效论证而有意将对方)说成无别异过的,(其真正的目的则是)为了显示瓶与声(不可能完全一样,而)是有差别的,这就与上述分别相似没有多少差别了,(但二者毕竟有所不同,何况无异相似还另有二义,)故应别说(无异相似过类)。

【注释】

① 无异相似有三义:一、宗喻无异,此即第一无异相似;二、宗因无异,此即第二无异相似;三、二宗无异,此即第三无异相似。[Ⅱ-2-6A]释颂文即主要就宗喻无异的第一无异相似而言,此下复以例明“外道”所谓的宗喻无异。

② 此意谓,如有人说瓶等与声有某种相同的属性,敌论者即要求瓶与声的其余属性(如可烧、可见等)亦皆并有而无别异,如此则一切事物可更互成为同法。　一性:同一体性。

③ 此谓从上例可知“外道”难破之意,即为了阻遏立者无过比量的成立,故意虚言宗喻应无异等等,实际上旨在显示瓶与声的差别,这就与前述的分别相似无大差别,但毕竟有所不同,故仍须另说无异相似过类。　有同

法:《证文》云:"按《集量》是为同法之意,谓瓶等与宗作同法喻也。" 抑成无别异过:抑止、阻遏而使之成无别异过。

按:《庄严疏》释第一无异相似云:"内曰:'声无常,所作性故,犹如瓶等。'外曰:'若言声、瓶同有所作性故,即令声是无常与瓶无异者,声、瓶同有所作性,故其声亦应可烧、见,亦可非所闻性,与瓶无异。立量云:声应可烧、可见、非所闻性(宗),所作性故(因),如瓶等(喻)。若许声得同瓶等可烧、可见、非所闻性者,亦应瓶得同声不可烧、见、是所闻性,此则声、瓶一切法同,应成一性,无有声、瓶两物之异。'陈那释此无异意云,外人抑令成无异者,意欲返显瓶、声差别,以无异宗违自所许及违世间,不可立故。但返显云,若瓶与声虽同所作,瓶自可烧、可见、非所闻,声自不可烧、不可见、是所闻,不成一者;故知瓶自无常,以可烧、可见、非所闻故,声自是常,以不可烧、不可见、所闻性故。陈那解云,若约抑成无异难边;少异第三分别相似,然外人意恐违世间,自所许故,不敢强抑立无异宗;若约返显声、瓶差别,与第三分别相似理合不殊,不应别说无异相似。"(卷四页六右至七右)关于第一无异相似,《庄严疏》此下还有大段论述,恐繁不引。

[Ⅱ-2-6C] 若以勤勇无间所发成立无常,欲显俱是非毕竟性,则成宗因无别异过。抑此令成无别异性,是故说名无异相似。[①]

【今译】

(第二无异相似是说立者的理由与论题的谓词无别异。敌论者认为立论者)如以意志的不断努力所发(为理由)去成立(声音是)非永恒的(论题),想显示论题的谓词与理由都有非恒常的性质,这就有论题谓词与理由无别的过失。敌论者为否定(立者的论证而)强加(给对方)无别异的过失,所以敌论者的这种错误的难破名为无异相似。

【注释】

① 此释第二无异相似（宗因无异）。意谓立者以勤勇无间所发性因成立无常宗，这本是符合因三相的成就因，然敌论者破斥说，勤勇无间所发因与无常宗均有不恒常的意思，以此因证此宗，等于是以无常证无常（即所谓以宗义一分为因），所以有宗因无别异过。敌论者出于抑止立论者的目的强说立论者原本三相具足的立量有过失（所谓两俱不成过），此即似破，名无异相似。　非毕竟性：非至极恒常之性，即无常性。《集量论》说第二无异相似云："此……说无异相似别义。以前（宗喻）类同，（为）分别相似，今别解释，谓宗（无常）与因（所作）两义（俱是非毕竟性），无（有）异故。如前举例，（说声无常，勤发性故。以此声坏灭无常），难（所作）因（同归坏灭，亦复）非有。谓因与所立义无有异故。"（《略抄》页四十九）此说与《理门》意思相同，但更为明确。

按：《庄严疏》阐释第二无异相似较详，如云："内曰：'声无常，勤勇无间所发性故，犹如瓶等。'外曰：'勤勇发与无常，有无谓不定，并非毕竟性，宗因应不殊。'此难意云，无常、勤发，有无不恒，谓非常住毕竟之性，此则宗、因无有别异，但指所立一分为因，便是两俱不成之过。如立'声无常，以是无常常故'，此因与宗无别义故，但指所立一分为因，有不成过也。内曰：'勤发与无常，总虽非毕竟，别据生、灭异，宗、因义自分。'此解意云：宗言无常，意取其灭；因言勤发，意取其生。生既共了，正是因义；灭非共许，理即是宗。今言不成，故是似破，此谓于成就因不成就因言也。"但文轨并认为"此释无异，是陈那所存"。意即在无异相似的三种解释里，这第二义是陈那所说的。然此说不确，因为在世亲《如实论》中已见此义，且举例也略同。如此论《道理难品》云："复次论曰：'声无常，依因缘生故，譬如瓦器等，是故声无常。'外曰：'因与立义（即宗）二无（有）无异，何以故？依因生是何义？因未和合声未生，未生故无有是其义。声无常是何义？声未得生，生已即灭，灭故无有是其义，因与立义（宗）同无有故。'论曰：'是难颠倒。何以故？我立义（宗）无有，是灭坏无有；我立因无有，是未生无有。未生无有者，一切世间都信，故成就立为无常因;灭坏无有者,僧佉(数论)等不信,故不成就,为令成就故立为义(宗)。'"《如实论》说"无异"仅第一、二两义,以下所说的第三无异相似《如实论》未提到。

[Ⅱ-2-6D] 有说此因如能成立所成立法,亦能成立此相违法。由无别异,是故说名无异相似①。

【今译】

(无异相似)还有另外的解释,(即敌论者说立论者的)理由如能成立其论题,则亦能成立与此相矛盾的论题。由于(敌论者以一对矛盾论题强加给立论者,制造了)无别异(的假象),所以(这种错误的难破)也名之为(第三)无异相似。

【注释】

① 此释第三无异相似。意谓立论者立声无常,勤勇无间所发性故,譬如瓶等。敌论者难破道,声与瓶同有勤勇所发性因,然声不可烧而瓶可烧,由此当说,声是勤勇所发则见其常,瓶是勤勇所发则见无常。如此,则同一勤勇无间所发性因,你如能用来成立声无常,我亦可用来成立声常宗。敌论者以一因双成二宗,使之无异,故是无异相似之一种。《因明纲要》云:"(敌论者)亦可方便显相违决定云:'勤发声是常(宗),不可烧故(因),如空(喻)。'然此不可烧因通于乐等异品,因自不定,故此堕于似不定因过能破。"(页五十左右)又,《集量论》说二宗无异云:"无异相似复有异释:勤勇所发如成无常,如是亦成余法(即常)故,是为无异。"无异相似一名,当取之于《正理经》V·1 的 Aviśeṣasamā,意译为无异相似。《如实论》则作无异难(Aviśeṣakhaṇḍana)。

按:《庄严疏》释第三无异相似云:"内曰:'义本如前。'外曰:'声应可烧,勤勇所发,譬如瓶等。'此以勤发一因,双成两宗,故名无异。或可令宗同喻,名为无异。如此之难则与内义作有法差别相违也。内曰:'我立无常之宗,违他不违自,汝立可烧之义,他、自两宗并违,故是似破非能破也。'"(卷四页十三左)

第七节　(五)可得相似

[Ⅱ-2-7A]"显所立余因,名可得相似"者,谓若显示所立宗法,余因可得,是则说名可得相似①。

【今译】

"显所立余因,名可得相似"者,是说如果以(意志的不断努力所发为)理由来论证(声是非永恒的),(敌论者便难破说,你所持的理由不是唯一的),从其他理由也可证得(谓词所说的"非永恒"),(敌论者的这种难破是不正确的,)所以称为可得相似过类。

【注释】

① 此释颂文。意谓立论者若以因法勤勇无间所发性来证成宗法无常,敌论者便难破说,无常宗不一定由勤勇因来成立。由其他因法(如可知等)亦可得到宗法无常。敌论者的此种错误难破名为可得相似。　所立宗法:所立指宗上之法,宗法即因法。　可得相似:此过名当取自《正理经》Ⅴ·1的Upalabdhisamā意译为感觉相似、可得相似。《如实论》则作Upalabdhikhaṇḍana真谛意译为显别因难。

按:关于可得相似,《正理经》Ⅴ·1·27经定义说:"那种认为在不提示原因的时候也可以进行断定(的说法),就是可得相似。"Ⅴ·1·28经并指出:"由于(认为)那一宾辞也可以根据其他原因而来,所以否定不正确。"富差耶那《正理疏》Ⅴ·1·27疏阐释说:"(反对者认为,)作为无常性的原因,即使不提示'勤勇无间所发性故'因,也会在例如风吹断树枝时发出的声音上断定其无常性的。根据即使不提示也可以承认其宗的谓辞(无常)这一点来进行难破,就是可得相似。"《如实论·道理难品》的定义与《正理经》的意思相同:"显别因难者,依别因无常法显故,此则非因,是名显别因难。"

[Ⅱ-2-7B] 谓有说言,如前成立"声是无常",此非正因,于电、光等由现见等余因可得无常成故。以若离此而得有彼,此非彼因①。

【今译】

(可得相似有二义:第一可得相似是从立论者的理由未能遍有同类例的角度来进行破斥的。例如)有人难破说,像上述(以意志的不断努力所发为理由来)成立"声音是非永恒的",这不是正确的理由,因为闪电、日光等(自然现象就不是意志的不断努力所发生的),它们的非永恒性可由上述理由之外的理由如现见等(感觉量)得知。如果离开意志的不断努力这一原因而非永恒性仍然存在,那就说明意志的努力不是非永恒(存在)的(唯一)原因。

【注释】

① 可得相似有二义,此例释第一可得相似。意谓如有人成立"声是无常",以"勤勇无间所发"为因,敌论者难破说,此勤勇因非正因,因为自然界的电、光等可由现量眼见其稍纵即逝等得知是无常的,而并非由勤勇因所显发。既然无常宗可以离勤勇因而得有,就说明勤勇所发不一定是无常宗的正因。难破者以显示余因来难破"声是无常"宗,因此是似能破。此处举例与《正理疏》Ⅴ·1·27疏所举例基本相同,与《如实论》所举例则完全相同。《如实论·道理难品》释第一可得相似云:"外曰:若依功力声无常者,若无功力处即应是常,如电、光、风等不依功力生,亦为无常所摄,是故立无常不须依功力。"此中所说的"功力"(Prayatna)即是勤勇无间所发性(Prayatnānantariyakatva)"功力"只是"勤勇"的异译。

按:《庄严疏》释第一可得相似云:"内曰,义本如前。外曰:'电、风本非勤勇发，以可见故是无常，是则立声是无常不因勤勇所发性。'此难意云，电、风等上无勤勇发因，外以可见等因证无常义，既离汝因余因可得，明知勤发非是正因；若此勤发是正因者，无勤勇处应无无常，譬如见烟知有火，不见烟不知火。内曰：'勤发定是无常因，未见勤发是常者；无常不是勤发因，故见电等非勤发。'此解意云，我不言勤勇发因能显一切无常余因不能显，故电等无常虽非勤发、自以可见等因显其无常，亦顺我意，俱是正因。如欲知有火即须见烟，虽不见烟，见光亦知有火，同证有火谓得成因。又若以勤勇不遍电等非定因者，汝可见因亦不遍声，应非定因；两因相望皆有余因可得义故。又勤发因若在异品可成能破；既唯在同品，但似破也。"（卷四页十四左右）

[Ⅱ-2-7C] 有余于此别作方便，谓此非彼无常正因，由不遍故[①]，如说"丛林皆有思虑，有睡眠故"[②]。

【今译】

（第二可得相似是从理由不能包含论题主词的角度上来进行难破的。例如）有些以其余理由来成立非永恒性的人难破说，意志的不断努力之所以不是非永恒性的正确理由，是由于此理由不能包含论题的主词（声中的外声），譬如（尼虔子）所立的"丛林皆有思虑，有睡眠故"（就是此类例子，因为有眠觉的只是尸利沙树一种而已）。

【注释】

① 此释第二可得相似。意谓在以"余因"来成立无常宗的敌论者中，也有认为立者的勤勇所发因之所以不能成为无常宗的正因，乃是由于因法不能遍及于有法声。敌论者以此指斥立论者的因法有不成过，但立者的因并未违反因三相，故敌者的难破只是可得相似似能破。　别作方便：敌论者利用"余因"来进行难破，如云："勤发因不遍于有法，外声并非勤发故。"　不遍：指不遍于有法，与下文所举例相顺。详见下列《庄严疏》释第二可得相

似的文字。

② 此举例说明。《集量论》亦举相似的例子云："如立草木有情，而以睡眠为因。"此类例子当本自《如实论》，如《道理难品》云："譬如有人立义：'一切树有神识，何以故？树能眠故，譬如尸利沙树。'有人难言：'树神识不成就，何以故？因不遍故。一尸利沙树眠，余树不眠，是眠不遍一切树，是却眠不能立一切树有神识。'依功力（即勤勇）生亦如是，不遍一切无常故，是故不能立无常。论曰：是难颠倒。我说不如此，不说依功力生是因能显一切无常、余因不能，若有别因能显无常，我则欢喜，我事成故，我立因亦能显，余因亦能显。我立义成就，譬如依烟知火；若言是光，火亦成就。我义亦如是，依功力生能显无常，若别有因能显无常，无常义亦成就，是故汝难颠倒。"

按：《庄严疏》释第二可得相似云："内曰，义本如前。外曰：'无常之物并勤发，如此勤发成无常；无常有非勤发生，应此勤发非因证。'此难意云，若勤发因遍通一切无常品上，得成正因，既其不遍，便有一分不成因过。如尼乾子等立'一切草木悉有神识，以有眠故，犹如人等'，此有眠因唯在尸利沙树，余树则无，以不遍故，有不成过也。又内曰：'勤发虽不遍无常，然遍所立声宗上；纵使电等无勤发，何妨勤发证无常，其尼乾子本立一切草木为宗，有眠之因不遍草木，故因有过，何得为例？'"（卷四页十四右至十五左）

第八节 （六）犹豫相似

［Ⅱ-2-8A］"难义别疑因，故说名犹豫"者，过类相应，故女声说。此中分别宗义别异，因成不定，是故说名犹豫相似；或复分别因义别异，故名犹豫相似过类。

【今译】

"难义别疑因，故说名犹豫"者，（是说犹豫相似过类，其"相似"）应与"过类"（在语法上）相应，（jāti［过类］是女声字），故（Samā［相似］亦应作）

女声说。在犹豫相似中，或分别论题（谓词）的不同意义，将（立论者的）理由说成是不确定的理由，因此这种错误的论难称作犹豫相似；或更分别理由的含义，故名之为犹豫相似过类。

【注释】

① 此下释颂文。　此说犹豫相似立名格例。《证文》云："如下举犹豫相似过类，即此相似应与过类相连，从有财释之例，所连'过类'（的梵名）jāti是女声字，此相似（的梵名）亦应用女声 Samā 也。"

② 此谓"难义别"包括两个方面：一、通过分别宗法的异义（如无常有生起和灭坏等异义）来难破；二、通过分别因法的异义（如勤勇无间所发有生起和显发的异义）来难破。敌论者无论从上述哪方面进行难破旨在强令立者之因堕于不定之中。但立者的宗、因意义本确定，故敌论者的难破乃是似能破，名之为犹豫相似过类。　犹豫相似：此过名当取自《正理经》V·1的 Saṁśayasamā，意译为疑惑相似或犹豫相似。然就此过的内容看，则与《正理经》的果相似（Kārya）更为接近。《正理经》V·1·14 经说："（异议）就是来自常和无常的同法上面，这就是疑惑相似。" V·1·37 经说："（认为）勤勇无间所发的结果是多样性的，这就是果相似。" V·1·38 经进一步说："在出现其他许多结果时，无知觉的原因可能存在；因此勤勇无间不能成为声音显现的理由。"从《正理经》对疑惑相似和果相似的阐说来看，《正理门论》的犹豫相似当是二者的合一。在《方便心论》中，有"果同"和"疑"二过，似与《正理经》中的这两种过失相当。《如实论》则是合二为一，名为疑难（Saṁsayakhaṇḍana），《理门论》说犹豫相似，当吸取了《如实论》的成果。

［Ⅱ-2-8B］谓有说言："如前成立'声是无常，勤勇无间所发性故'，现见'勤勇无间所发'或显、或生，故成犹豫：今所成立为显、为生？是故不应以如是因证无常义。"①

【今译】

例如有人难破说："如前述（佛家）所立的'声音是非永恒的，因为是意志的不断努力所发'，（从这个论证中）可以看到'意志的不断努力所发'这一理由有显发义和生起义之不同，故有犹豫不定的弊病：（立论者）是要（以此理由中的显发义来）成立（声音有）由隐而显的（非永恒性呢，）还是（以其生起义来）成立（声音有）生而又灭的（非永恒性呢）？因此不应以这样的理由来证成（非单一的）非永恒义。"

【注释】

① 此例释犹豫相似。意谓有敌论者难破说，如前面佛家所立的"声是无常，勤勇无间所发性故"，其勤勇无间所发性故因有显发和生成等不同的含义，以此因证宗，可令声犹如瓶那样勤勇所生故是生、灭无常呢，还是像井水那样勤勇所显故是隐、显无常？如以井水为同喻，水本来埋藏在地下，只是经过勤勇无间的开发，才显露出来成其为井水的，由此勤发因通向了常；如以瓶为同喻，瓶有生、灭，由此勤发因就通向了无常。敌论者于是下结论说，不应以勤发因来证成无常宗义。上述敌论者以异义令立者之因犹豫不定是一种强加于人的错误论难，因为语词虽往往是多义的，但在一定语境里语词的意义一般是单一的，更何况在论证过程中立者还考虑到了针对性（如"勤勇所发"因是佛家对声显派所说，对声生派则说"所作性"），所以不能随心所欲地分解异义来否定立者的论证。

按：《庄严疏》释犹豫相似过类云："内曰，义本如前。外曰：'无常有显、生，勤发或生、显，宗、因各通两，何独证无常？'此难意云，汝言无常者，为约生、灭名无常，如瓶、盆等；为约隐、显名无常，如井水等？若约生、灭者，即有不定过，其声为如瓶等勤勇发，故是生、灭无常耶？为如井水等勤勇发，故是隐、显无常耶？若约隐、显无常者还同此过。故无常宗约显、生义，令勤发因成犹豫也，此难约宗显成犹豫。又更约因作犹豫难，一作不成过，二作不定过。不成过者，汝言勤发者为约生故名发，为约显故名发？若约生，勤发即声、瓶等上成，井水上不成；若约显，勤发即井水上成，声、瓶上不成，有随一不成过也。不定过者，其声为如瓶等勤勇所发生故是无常耶，为如井水勤勇所发显故而是常耶？有不定过。外人意谓，井水、树根本来是有，由人工显，体是其常，故作此过也。内曰：'我言无常但据灭坏，汝于宗外妄益其生，生尚非宗，何容立显？故此分别，但是妄施。'此解难宗，下解难因。先解不成，后解不定。解不成云，所作咽喉、杖、轮异，总言所作得成因。勤发生、显虽不同，合言勤发亦成就。此解意云，井下之水亦从人工勤发生，生已即灭，谁言显耶？若以此水虽定是生灭，然以相类、相似、相续本来不见，今由人工勤发得见故，故是显者，如此之显我宗亦许，得成正因，非不成也。……解不定云，井水若是常，勤发显因成不定；井水既生、灭，勤勇发显是定因。故《理门论》云：若生、若显，悉皆灭坏，非不定因（原文为'非不定故'。此引文见［Ⅱ-2-10N］）。"（卷四页十五左至十六右）

第九节　（七）义准相似

［Ⅱ-2-9A］"说异品义故非爱，名义准"者①，谓有说言：若以勤勇无间所发说无常者，义准则应若非勤勇所发诸电光等皆应是常，如是名为义准相似②。

【今译】

"说异品义故非爱，名义准"者，是说有人作这样的难破：如果可以意志的不间断努力所发（为理由）来证成（声）非永恒（的论题），那么依据义准就可推出若非意志的不断努力所发，如电光等（理由的异类例）就都应该是永恒的了。（敌论者这种似是而非的难破），名为义准相似。

【注释】

① 此下说义准相似。义准相当于我们今天所说的假言异质换位推理（或换质位法），义准相似则是敌论者歪曲利用义准的方法所作的难破。如

说“若无云必无雨”,根据义准可推出“若有雨则有云”。但是不能推出“若有云必有雨”,因为有云未必有雨。然而敌论者正是如此歪曲利用义准量来作出难破的,故是义准相似能破。　说异品义:指错误地运用义准的方法推出与原宗相矛盾的宗来难破(例见注②)。　非爱:难破者运用义准相似的手段以非勤勇所发为因,但此因不能斥尽宗的异品(如虚空),为立者所不乐,故谓非爱。　义准:此指义准相似。

② 此例释义准相似。如立“声无常(宗),勤勇无间所发性故(因)”,敌论者难破说,既然勤勇所发者是无常的,则非勤勇所发者如电光等就应该是常住的了。敌论者以倒离的手法进行难破,企图制造立者之因不定的假象。故名义准相似。　义准相似:此过名取自《正理经》的 Arthāpattisamā,意译为义准相似。《如实论》作显义至难(Arthāpattikhaṇḍana),义至即义准。

[Ⅱ-2-9B] 应知此中略去后句,是故但名犹豫、义准[1]。

【今译】

须注意,上述(Ⅱ-2-7A 和Ⅱ-2-8A 的)颂文中都省略了“相似”二字,因此只是说为“犹豫”和“义准”。

【注释】

① 此谓在犹豫相似和义准相似的颂文中皆略去“相似”二字,故只说为“犹豫”、“义准”,其实指的是犹豫相似和义准相似。后句:据《证文》说,此指“相似”二字而言。

按:《庄严疏》释义准相似云:“第七义准相似过类者,内曰,义本如前。外曰:‘声是勤勇发,既也是无常;电等非勤勇,理应即是常。若使电非勤勇发,然自是无常;声既勤勇发,应当即是常。若言电非勤发尚无常,声是勤勇那得常;亦可电非勤发尚无常,声是勤发当是常。若是勤发、非勤发并说是无常,亦可常法与无常俱得是勤发。若言常法体凝然,不可从勤发;亦可非勤发体寂,不可说无常。'内曰:'我言勤发者皆无常,未有勤发非无常;不言非勤发者皆是常,故有电等是无常。若言勤勇发者是无常,非勤勇发者定是常;亦可由见烟故知有火,不见烟故知无火。虽复不见烟,未必即无火;虽非勤勇发,何必即有常?'又解:譬如见雨知有云,因但使见雨必有云;见云非必是雨,因自有见云不必雨。今亦如此,勤发是彼无常因,但使勤发必无常;无常非必勤发因,故有无常非勤发。又解:勤勇所发具三相,故得为彼无常因;非勤勇因异品有,何得为彼常之因?此以非勤发中有其三种:一、常,如虚空等;二、无常,如电等;三、不有,如空花等。何得以此偏证其常?此则以不定因破我定因,是似破也。"(卷四页十六右至十七右)

第十节　对上述七种过类的判定

[Ⅱ-2-10A] 复由何义此同法等相似过类异因明师所说次第,似破同故[①]?

【今译】

(问:)为什么这里所说的同法相似等七种过类与(以往)因明师所说的次序不同,而只是在过类的名称上相同呢?

【注释】

① 此下判定七种过类。此问意谓,上述七种相似过类的次第为什么与正理论等古因明师所说不同,唯其过失的名称与《正理经》、《如实论》等相同?　似破同:指过名取自《正理经》等,未有改变。

[Ⅱ-1-10B] 由此同法等,多疑故似彼[①]。

【今译】

(以颂答问:)

由于同法相似等七种多为似不定破,所以将这些相似过类放在一起阐说。

【注释】

① 此陈那举颂答疑。意谓上述同法相似等七种过类有一共同的特点,即所破者多与疑惑不定的过失相似,故放在一起阐说。

[Ⅱ-2-10C]“多”言为显或有异难及为显似不成因过①。

【今译】

所谓“多”,是要显示(上述七过所破虽多为似不定因,但)也还有其他类型的似能破,(如第二可得相似和第二无异相似)所破的乃是似不成因过。

【注释】

① 此释颂文中的“多”,多即多分、大多数,意谓颂中之所以说上述七种相似过类多分是似不定因破,是要显示除此之外尚有“异难”。如在可得相似中,其第一可得相似虽是似不定因破,然第二可得相似却是似不成因破。又如在无异相似中,其第一、第三无异相似是似不定因破,而第二无异相似则是似不成因破。故这里特地说明在似不定因破之外“或有异难”,此“异难”所导致的,就是似不成因破。

[Ⅱ-2-10D]此中前四与我所说譬喻方便都不相应,且随世间譬喻方便,虽不显因是决定性,然摄其体,故作是说①。

【今译】

其中(同法相似、异法相似、分别相似、无异相似)四种过类(都是针对古因明的论式来反驳的。古因明论式中的譬喻只说喻例而未能概括出普遍命题来,故)与我所说的譬喻方法大异其趣,只是因袭世间外道的方法,虽然未能充分显示原因(与结果之间)的必然联系,但它摄取了喻例,(还是体现了两事物间一定的因果关系。然而敌论者却横加责难),故出现了上述几种似能破。

【注释】

① 此总说同法相似、异法相似、分别相似、无异相似乃从古因明的论式出难。如立声无常,勤勇无间所发性故,同喻如瓶,异喻如空。此中的喻唯有喻依而无喻体,与新因明的论式不相应,而是按古因明的论式构成的。尽管这一比量中的因是正因,但由于没有喻体,故不能充分显示因宗间的不相离关系。于是敌论者便以立者同、异喻依中的一分义来难破,而有此四种似能破。　世间:世间外道,如胜论等婆罗门外道。　譬喻方便:譬喻方法。不显因是决定性:不能显示因的同品定有、异品遍无。　摄其体:摄取了喻依。古因明以事例为喻体,新因明则以事例为喻依,而以普遍命题为喻体,二者有很大的不同:古因明用的是类比法,新因明则是演绎与归纳的结合。故作是说,此指敌论者出难而成似能破。《集量论》云:"勤勇发因(故,同喻如瓶),无有不定颠倒,应知。(若立声常,无触性故,同喻)如空,(设为)难言,则有不定,故(彼异)难不成。"(《略抄》页三十九)

[Ⅱ－2－10E] 由用不定同法等因成立自宗,方便说他亦有此法,由是便成似共不定[①];或复成似相违决定[②]。

【今译】

(敌论者)以不确定的同类例(空)和异类例(瓶)以及理由(无形无碍)

来成立自己的论题(声音是永恒的);(若立者指责这种论证以空与声类比有不定过的话,敌者便)诡称立者(以瓶与声类比)也有这样的过失。由此就好像彼此都有不定过似的;或者(敌论者难破说,你既以同类例瓶的非永恒来证成声的非永恒,我亦可以异类例虚空的无形无碍来成立声是永恒的,因为声音也是无形无碍的),这就又成了似相违决定。

【注释】

① 此下判定同法相似和异法相似。意谓敌论者通过同、异喻例的倒立(如以原异喻"空"为同喻,以原同喻"瓶"为异喻),造成立者之因不定的假象,并另以不定因(如无质碍因)来取代立者的正因(如勤勇所发因),企图成立自己的宗义(声常)。若此时有人指出敌论者的破量以空之无质碍与声之无质碍相类比而有不定过,敌论者便以攻为守,反斥立论者以瓶之无常与声之无常相类比同样有不定过,用这种手法造成彼此共有不定过的假象。　自宗:《证文》云:"按《集量》是难者所立之宗。难不定者立量因亦不定也,故下有'若言唯为'一段文。"　似共不定:此共不定乃指彼此共有不定过,不是六不定因过中的共不定。然立论者比量中的勤勇所发因本无过失,而唯敌论者破量中的无质碍因有不定过,如此则非立、敌共有不定之过,故称为似共不定。

②《集量论·观遮诠品》有一段阐说可作此句的注释。"若难意谓,如汝难由同法而得成立,今我亦尔,此似相违决定。"(《略抄》页四十八)此谓敌论者如果破斥说,立者既由同喻瓶具有无常性来成立声无常,那么我亦可以由异喻虚空具有无质碍性来成立声是常。这是出相违决定量来难破。其相违决定之二量可列式如下:

立者立量:

声是无常(宗),

勤勇无间所发故(因),

如瓶(同喻),如空(异喻)。

敌者出难:

声是常(宗),

无质碍故(因),

如空(同喻),

如瓶(异喻)。

但相违决定之二量,其因应是同品定有、异品遍无的决定因,而不能是疑惑不定之因,现在敌论者出难时所用的无质碍因却于异品如乐(即愉悦)等上有,乐虽无质碍却是无常的,故此因成了不定因,只是似相违决定而已。

[Ⅱ-2-10F] 若言唯为成立自宗,云何不定得名能破[①]?

【今译】

(问:)如果说(敌论者出相违决定量)只是为了成立自己的论题,(那就不是为了破斥立者的论题。然而即使是成立自己的论题,其论证本身还是有不能决定的毛病),为什么这种令人疑惑不定的论证竟可以称为反驳?

【注释】

① 此问者咨疑。问者意谓,敌论者所出的相违决定量如果唯为成立自宗,则非为破斥他宗。然而即使如此,其因亦有不定过。为什么这种本身有不定过的比量可以称为能破呢?

[Ⅱ-2-10G] 非即说此以为能破。难不定言,说名不定;于能诠中说所诠故。无有此过[①]。余处亦应如是安立[②]。若所立量有不定过,或复决定同法等因有所成立,即名能破[③]。

【今译】

(答:)并非即以此相违决定为反驳。(敌论者)难破说彼此共有不定之过,(其实立者的论证并无过失,故唯敌者的论证可以)说为不定;这是从敌论的理由和喻例所表明的意思而说其有不定过的。(在似能破中,有似不定因能破等),而无似相违决定能破这样的过类。(从难破者的理由和譬喻来判断其犯有过失这一点,)在断定其他有过失的反驳(如缺减过破、不成因破等)上也适用。如果立者的论证确有不定等过失,而且有时(敌者为反破所建立的论式)又确能从前提必然地推出结论,(这样的难破)才称为反驳。

【注释】

① 此下陈那答问。意谓并非即以此相违决定为能破。正是敌论者出难后又说彼此共有不定之过,所以应该将敌论者的出难说为不定;这是从敌论者的因、喻所阐明的涵义而说其有不定之过的。在似能破中,唯有似不定能破等,而无似相违决定能破过类。"非即说此"的"此"承上指相违决定。能诠:指因和喻。　所诠:因、喻所诠说的意思。

② 此意谓在其他似能破上亦应根据破者的因喻所显现出来的问题设立过名,如难破者通过能诠因喻强加他人以缺减、不减等过,而实际上立者并未犯此等过失,则敌论者的难破为似厥减过破或似不成因过破等。

③ 此意谓,如立者所立之量确有不定等过失,而有时敌者的因、喻又确能成立自宗,此即是真能破。　所立量:指立者所立量。　或复句:指敌者所立量。"或"与"复"在这里均作时间副词用"或"作有时解,"复"指二者同时出现。

[Ⅱ-2-10H] 是等难故,若现见力,比量不能遮遣其性。如有成立"声非所闻,犹如瓶等",以现见声是所闻故①。

【今译】

(对于同法相似、异法相似、分别相似和无异相似)这一类难破,当人们凭借感觉量可以有力地(断定其虚假时),(敌论者用以破斥的)论证就不能作出否定的结论。如有敌论者成立(反论题)说"声音是听不见的",(并引同类例说)“犹如瓶子等”,(这是从故意要求瓶与声的属性一切相同的角度来难破的,有无异相似的过失,)因为人们亲身感受到声音是能听到的。

【注释】

① 此下判定第一无异相似。指出导致第一无异相似的原因之一在于敌论者的难破违反现量。《庄严疏》卷四释云:“此明抑成无异成似所以。声之所闻,现量所得,外人虽以瓶为比量遮声所闻,然比量力劣于现量,不能遮遣声之所闻现量境也,故此无异之难违现量,故成似破也。”(页七右)《证文》云:“是等难,按《集量》是概括同、异法无异相似而言。”据此,则违反现量进行难破亦是同法相似、异法相似、分别相似的原因之一。　现见力:凭借现量就能有力地作出判断。“力”在此作形容词用,表强大、有力。　比量:此指敌论者所出的破量,如下文所举的例。据《庄严疏》说,“声非所闻,犹如瓶等”的完全式应是:“‘声是常,所闻故。’此无同喻,但立异喻云:‘若是无常,即非所闻,犹如瓶等。’”(卷四页八左)然据陈那所说“此中前四与我所说譬喻方便都不相应,且随世间譬喻方便”(见[Ⅱ-2-10D]),敌论者的破量当不应有异喻体,故其完全式是否如《庄严疏》所列,尚须讨论。又《集量论》云:“是等能破,若由现见亦能损害。如有说‘勤发故声无常’者,相违难言彼因不定,应成‘声非所闻’故。是但现见声为所闻性,即能损害。又复因何颠倒比度彼声是常,无所现见故,以有宗过,难前宗非所闻性则不成就。”(《略抄》页四十九)据此则“声非所闻”乃是宗,仍以立者的“勤勇所发”因为因和以“瓶”为同喻。

[Ⅱ-2-10I] 不应以其是所闻性遮遣无常①,非唯不见能遮遣故②;若不尔者,亦应遣常①。

【今译】

(从无异相似可反过来说明分别相似。敌论者以声与瓶在可闻与不可闻上的不同来否定从瓶之非永恒性可以类比声之非永恒性,这便是分别属性的不同来难破的分别相似了。其实,)完全不应该以(声音是)可听见的来排除(声有)非永恒的属性,因为并非仅仅依据(瓶)无可闻性这一点就能否定(声是非永恒的)。(瓶子虽无可闻性,但敌论者成立“声音是永恒的”论题时,其所用的同类例虚空同样也没有可闻性,所以)如果不按照我的主张去做,(而是以无异相似或分别相似的方式去难破,)那么也应该排除(从虚空的永恒性去类比声音的)永恒性。

【注释】

① 此下从第一无异相似返显分别相似之为误难的实质。此句意谓,敌论者说声有所闻性而瓶无所闻性,故瓶虽是无常而声自是其常。敌论者这种以声与瓶在所闻性上的不同来否定声是无常的难破,乃是一种误解,所以此云“不应以其是所闻性遮遣无常。”

② 此意谓非唯瓶上不见所闻性而瓶有无常性,亦于空上不见所闻性而空为常住,其所闻性虽不于彼瓶、空上有,不废瓶无常、空是常,故知所闻非是能遮无常因也(《庄严疏》卷四页八左)。 非唯:并非,仅仅。 能遮遣:此指所闻性,因敌论者欲以所闻性遮遣无常性。

③《庄严疏》卷四释云:“下重责云,若不如我所非,‘尔者,亦应遣常’也。谓若以瓶无能遮无常之所闻瓶即有常,返显声有能遮无常之所闻声即无无常者,亦可空无能遮常住之所闻空即有其常,返显声有能遮常住之所闻声即无其常,故云亦应遮常也。”(页八左右)

[Ⅱ-2-10J] 第二无异相似是似不成因过;彼以本无而生增益所立,为作宗、因成一过故。此以本无而生极成因法证灭后无。若即立彼,可成能破[①]。

【今译】

第二无异相似是似不成因过破;因为敌论者故意将(人工造作这一理由中所包含的)从无有中生出的涵义加到了作为论题谓词(的非永恒)上面,这是为了造成论题谓词与理由之无别异(而强加于立论者)的。其实立者是以从无有中生出这一为双方所共同认可的理由来证成已生之物灭后无有的。如果(立者的比量)真如敌者所说的那样(是以非恒常证成非恒常),则敌者的反驳可以成立。

【注释】

① 此判第二无异相似。意谓第二无异相似属于似不成因过破。如佛家立:“声无常,所作性故,犹如瓶等。”此量中因法所作与宗法无常虽都有非恒常的性质,但有生与灭的不同:所作意指本无然后生,无常意指已生然后灭。这是具有真包含关系的两个概念。敌论者为否定立者的论证,故意在宗法无常上增加“本无而生”的含义,这就抹煞了二者在生、灭上的区别,将本来不完全相同的两个概念说为是同一个概念,亦即是指斥立者以非恒常来证成非恒常。声有非恒常性本来是立许敌不许的,故须以共许的因法来证成,现在敌论者既将因法与宗法说为是同一个非恒常,令宗、因无异,于是所作因就好像成了不成因(随一不成)。但是从立者一方面来说,他原是以共许极成的“本无而生”的所作性因来证成“灭后无”的宗法无常的,故并未犯不成因过。如果立者的比量确如敌者所指斥的那样以宗义分为因(即以无常证无常),那么敌者的破斥就是真能破了。　似不成因过:此指似不成因过破。敌论者指斥立者的比量有不成因过,但立者的因法实未犯过,故只是似不成因;敌论者以似不成因为破斥的对象,故为似不成因过破。　增益所立:在作为宗法的概念上增加一些本不属于它的属性,以此作某种曲解。宗、因成一过:宗法与因法成为同一个概念,即宗、因无异。　证灭后无:《证文》云:“按《集量》宝本云,此因证成所立无常先有而后灭无也。”

[Ⅱ-2-10K] 第三无异相似成立违害所立,难故成似由可烧等不决定故[①];若是决定,可成相违[②]。

【今译】

第三无异相似(指出,据立者的理由)也可以成立与原论题相矛盾的论题,(敌论者的)这种难破是有过失的,因为(其用以破斥的理由如)可烧(和不可烧)等乃是不确定的理由;当然如果其理由确定,还是可以成立矛盾论题的。

【注释】

① 此下判定第三无异相似。此意谓第三无异相似以勤勇无间所发因既可成立声无常宗,又可成立声常宗而成似能破,因为敌论者据以难破的瓶可烧制而声不可烧制乃是不定之因。如说声由于不可烧而常住,然不可烧也通及于“乐”,“乐”却是无常的,可知敌者所据之因并非正因,故是似不定因似破。请参看[Ⅱ-2-6D]注解。 成立违害所立:成立一对相矛盾的宗。难故成似:《证文》云:“谓由不决定故为难而成相似也。” 由可烧等:意指由可烧、不可烧等,其中主要指不可烧,因为可烧者必是无常物,唯不可烧者才通及常与无常两方面,具有不决定的性质。

② 此句退一步说,如果敌者用以难破的因是决定因,则可成立相违之宗。但在以一因成二宗的情况下其实是做不到的,只有在相违决定的二量中才会出现这种情况,不过那是以两个三相具足的因互相对抗,以成立矛盾宗的。

[Ⅱ-2-10L] 可得相似所立不定,故成其似;若所立因于常亦有,可成能破①。

【今译】

(第一)可得相似(是说立者所持的“意志的不断努力所发”)不是其论题(“声是非永恒”)的唯一理由,(因为从其他理由如“可现见”等亦能证成“非永恒性”,如电光的非永恒性就不是意志的不断努力所发的,而可以“现见”为理由去成立它。但敌论者的此种难破是不能成立的,)故是似不定因过破。如果立者的理由也包含具有永恒性的事物(即异类例),则敌论者的反驳可以成立。

【注释】

① 此判第一可得相似。意谓第一可得相似以立者之因不一定是宗的唯一正因为理由进行难破;故是似不定因过破。如立者立“声无常,勤勇无间所发性故”,敌者认为此“勤勇所发”因不一定是“无常”宗的正因,因为如电光等亦系无常之物却非勤勇所发,此电光的无常就可另以“现见故”为因来成立。但是按因明的规则,因于同品只需定有而不必遍有(即因、宗二法间的关系主要是真包含于关系,因法的外延一般小于宗法),在宗的同品中有一部分不具有因的性质乃是正常现象,所以敌论都的难破是不能成立的。陈那最后指出,立者的“勤勇所发”因如果通及于异品常住之物,则敌者的破斥可成真能破。　所立不定:此语过于简略,容易产生歧义。此非指所立宗本身不定,而是指因对于所立宗来说不一定是正因。

[Ⅱ-2-10M] 第二可得虽是不遍,余类无故,似不成过[①]。若所立无,可名能破[②]。非于此中欲立一切皆是无常[③]。

【今译】

在第二可得相似中,(敌论者)虽出难说,(“意志的不断努力所发”这个理由)未能包含(论题主词“声”),因为自然界的声响就不是由意志的努力所发出的,(但立敌双方所讨论的原本限定在人的言说是否永恒上面,故敌论者的难破)是似不成因过破。当然,若是理由没有真包含论题的主词,则敌论者的反驳可以成立。(还须说明的是,意志的不断努力所发确实包含了人声,但立论者)并不是要以此理由成立“一切声音皆是非永恒”的论题。

【注释】

① 此下判定第二可得相似。 此意谓第二可得相似虽以因不遍宗相难,并以外声(自然界的声响)非勤勇所发为因,但由于立敌双方所诤的原是内声(人声)是否无常的问题,故敌论者的难破是似不成因过破。 不遍:敌论者指斥立者之因不遍于宗上有法,违反因的第一相。 余类无:指因于外声无。声分内声与外声二种,勤勇所发因唯遍于内声而不遍于外声,故说因于余类无。

② 此意谓若勤勇所发因不能遍于内声,则敌论者的难破便可成立。所立无:指因于所立法无,即因不遍于有法。

③ 此意谓,勤勇所发因虽遍于内声,但立者并未因此以偏概全,要用勤勇所发因去成立一切声皆无常。 此中:指勤勇所发因。

[Ⅱ-2-10N] 犹豫相似,谓以勤勇无间发得成立灭坏,若以生起增益所立作不定过,此似不定①;若于所立不起分别,但简别因生起为难,此似不成②。由于此中不欲唯生成立灭坏,若生、若显悉皆灭坏,非不定故③。

【今译】

犹豫相似,就是(当立者)以意志的不断努力所发成立(声)非永恒时,(敌者)在论题谓词("非永恒性")上增加生起的属性而指斥(立者)的理由是不确定的,(然立者的理由并非不确定,故敌者的)这种破斥是似不定因过破。(或者,敌论者)不在论题的谓词上分别(本不属于它的涵义),而只是择取理由中的生起义来难破,(说意志的不断努力所发这一理由有生起和显发二义,如取其生起义为理由,则如井水本埋藏在地下,经开掘才显露出来,这是显发而非生出,故其理由与井水当无包含关系,有不成过。然敌者的这种指斥)乃是似不成因过破。由于立者的理由并不是只以生起义来证成(声具有)灭坏的(非永恒性),其生出或显发二义皆可证成(声之)灭坏,故并无不定的过失。

【注释】

① 此下判定犹豫相似的两种情况。　此判犹豫相似的第一种情况，意谓立者以勤勇所发因成立声无常宗，无常本来只具有灭坏之义而无生起之义，然敌者故意以生起之义加于无常，然后分别宗义说，宗法无常有生起和灭坏二义，勤勇所发因将立何义？意在指斥立者之因有犹豫不定的过失，但立者之因并无犹豫不定之失，故敌者的难破是似不定过破。　得：《证文》云："得，依《集量》应属上，云勤勇无间生起可得故。"　所立：此指宗法。

② 此判犹豫相似的第二种情况，意谓亦有不在宗法上分别生、灭之义，而在因法原有的显发义上再分别出生起义来进行难破的，此为似不成因过破。关于以犹豫相似作不成因难破的问题，《庄严疏》释云："不成过者，汝言勤发为约生故名发，为约显故名发？若约生，勤发即声、瓶等上成，井水上不成（按：井水本有于地下，经勤勇的开发始显露，故井水非生成）；若约显，勤发即井水上成，声、瓶上不成。"（卷四页十五右）《集量论》亦云："不成（颂），应知此由增益。若增益勤勇所发因是生作能破者，是似不成。说彼勤发可得为因，非说勤勇所生故。"（《略抄》页五十一）

③ 此意谓由于立者并不欲在勤勇所发因上唯取生起之义来成立灭坏无常之宗法，故勤勇因无论生、显，皆可成立灭坏无常之义。由此立者之因非是不定之因，故敌者的难破乃是似不定因过破。

［Ⅱ-2-100］义准相似谓以颠倒不定为难，故似不定①。若非勤勇无间所发立常、无常，或唯勤勇无间所发无常非余，可成能破②。

【今译】

义准相似就是敌论者以颠倒的方式（诬称立者的）理由不确定所作的难破，故是似不定因过破。当然，如果立者以"非意志不断努力所发"为理由来成立"（声）是永恒的"或"（声）是非永恒的"，或者以为意志不断努力所发是导致非永恒的唯一原因，则敌论者的反驳可以成立。

【注释】

① 此下判义准相似。此意谓义准相似是敌者利用歪曲的义准量来颠倒出难(即用以合类离的方法来义准成难),以制造立者之因不定的假象(参见[Ⅱ-2-9A]注②),故是似不定因过破。

② 此意谓若立者以"非勤勇无间所发"为因来成立常住宗或无常宗,或是认为唯有勤勇无间所发者才是无常的,而非勤勇所发就不可能是无常的,则敌论者的指斥可以成为真能破。

第十一节　至非至和无因相似的概说

[Ⅱ-2-11](颂曰:)

若因至不至、

三时,非爱言,

至非至、无因,

是名似因阙①。

【今译】

(下面以颂言来概括这两种相似过类:)

如果认为立者的理由无论至于或不至于(它的论题),

以及理由无论在三种时态的哪一种里出现(都有过失),

这种立者所不乐接受的难破就是至非至和无因相似,

上述两种相似过类均属于虚假的理由缺减的(误难)。

【注释】

① 此颂概说至非至相似和无因相似二类过类。意谓若难破者以因之至与不至和三时无因为立者己所不乐之言相难,即是至非至相似和无因相似,这两种相似过类均属似缺因过破。

第十二节　（八）至非至相似和（九）无因相似

［Ⅱ－2－12A］“若因至不至、三时，非爱言，至非至、无因”者[①]，于至不至作非爱言[②]：“若能立因至所立宗而成立者，无差别故应非所立，如池、海水相合无异[③]；又若不成，应非相至，所立若成，此是谁因？若能立因不至所立，不至非因无差别故，应不成因[④]。”是名为至非至相似[⑤]。

【今译】

（颂言中所说的）“若因至不至、三时，非爱言，至非至、无因”者，就是（敌论者）在理由（无论）至或不至（论题都不成其为理由）的问题上进行非难：“如果作为前提的理由（按：仅指相当于中词的概念）与论题相合从而能成立（论题）的话，那么（此理由与论题）就无所差异了，所以应非前提，犹如池水入海，汇合在一起以后便不能再加区分了。又如果（理由与论题）不相合，这就是“非相至”，（在这种情况下，）如果说论题仍然成立，则此理由又是谁家的理由呢？所以此理由如果不能与论题相合，就与其他由于不相合而沦为非理由者一样，应不成其为理由。这样的难破就称为至非至相似。

【注释】

① 这三句颂总说至非至相似和无因相似。意谓在敌者看来，若立者之因有至与非至或三时无因之失，则必非立者所乐于示人之因，故名之为至非至和无因。

② 此下敌者从因至于宗和因不至于宗两方面来难破。

③ 此说因至所立宗而为非因，意谓因若与宗相合而能成立宗者，因法即与宗无所差别，犹如池水入海而与海水无异一般。如立者以“勤勇无间所发性”为因成立“声是无常”宗，敌者以勤发因与声宗相合以后便与宗无异为理

由相难,认为此因应不成其因。　应非所立:当系“应非能立”之误。《证文》云:“所立,疑是能立之误,此处本难因也。”此说甚是,《集量论》说至非到的一段文字可资佐证:“敌难云:‘若此因与所立会合,能成立者,则与所立应无差别,如河水与海水会合。’”(《略解》页一三五至一三六)

④ 此说因不至所立宗而非因,意谓因法若与宗不能相合,即为“非相至”,因既非至于宗而所立宗却自成立,则此宗乃不待因法而成立,此因的存在与否便无关紧要了。由此因法若不与宗相结合,便与非因无异,应不成其因。如立“声常”宗,以“眼所见故”为因,此因即与有法“声”无涉。《集量论》说因不至宗与此说无异:“又若不尔,即不相至,云成所立,知是谁因?如是不相至者,与诸(种)由(于)不至(宗法)而(成)非因法(者)曾无异故,应非能立。”(《略抄》页四十二)　又若不成:此不成指因法与宗不相合。《证文》云:“‘又若不成’依《集量》是不成相合无异也,与下‘若成’之指成所立者有异。”

⑤ 陈那将上述至与非至的误难合称为至非至相似(Prāptyaprāptisamā)。此过在《方便心论·相应品》中分作到(Prāpty)、不到(Aprāpti)二过,如云:“汝立‘我常,以非根觉’。(难破者问:)‘到故为因,为不到乎?若不到则不成因,如火不到则不能烧,如刀不到则不能割,不到于我,云何为因?是名不到。……若到因者,到便即是无有因义,是名为到。’”《正理经》亦分为到与不到二过,如Ⅴ·1·7经云:“(难破者指责说:)‘因应同所立结合呢,还是不应结合?如果结合,(因与所立就)没有差别了;如果不结合,因就成为非论证性的东西了。所以说存在到相似和不到相似。’”至《如实论》,到与不到始合为一过,称作至不至难(Prāptyaprāptikhaṇḍana),如云:“至不至难者,(即难者破斥曰:)‘因为至所立义,为不至所立义?若因至所立义,则不成因;因若不至所立义,亦不成因。是名至不至难。’”又云:“外曰:若因至所立义,共所立义杂,则不成立义,譬如江水入海水,无复江水,因亦如是,故不成因。……若因不至,则无所能,譬如火不至不能烧,刀不至不能斫。论曰:是难颠倒。”世亲在《如实论》中将到与不到二过合作至不至一过是正

确的,因为从敌论者的出难来看,其实是企图用一个二难推理来迫使立者处于进退维谷的境地,当然这是一个错误的二难式,所以世亲称之为至不至难。陈那继承世亲的说法,说为至非至相似,连池水入海水的用例亦取自世亲。

按:关于至非至相似,《庄严疏》详释云:"第八至不至相似过类者,内曰,义本如前。外曰:此因望宗为至不至。'设尔何失?''二俱有过。'若言至者,立量云:'宗之与因应无因果(宗),以相至故(因),如池海合(喻)。'此量意云,阿耨达池流入海,但称为海,舍池名;勤勇所发至无常,亦但名宗,废因称。又难:'所立若不成,此因何所至;所立若成就,何烦此至因?'若言不至者,即立量云:'勤勇所发应不成因(宗),不至宗故(因),犹如非因(喻)。如立声常,眼所见故,此因不到声宗,故非因也。'此量意云,眼所见性不至宗,即是两俱不成摄;勤勇发因(如)亦不至,何容即是极成收?内曰:'我所立因不为至宗,但为显了所立宗义。如色已有,用灯照之,何得以望至不至难?'此解意云,勤发、无常,本来自有,然敌论愚暗,不了无常,故立义人以勤勇发为因成前所立,令于声上了无常宗,此即宗因自有,非至不至,妄为此难是似不成。又汝所难有自违害过,为汝前设难亦立宗因,若至不至还同此过。汝虽难我,乃复自违。又汝所破言为至我义,为当不至?若至我义,即同我义,便不成破;若不至我义,如余不至,亦不成破,故汝设难即是自违。此即至与不至俱非立破之因,约此为难,皆成其似,又池流到海,竟无因果之分;主到于舍,即有人物之异。灯不到暗,而有破暗之因;斧不到薪,而无薪破之果。此即至与不至,或异或同,因与非因,或到不到,何得独以池海例彼宗因,偏以非因齐此因义?若唯同池海,则至舍无人物之分;若偏例非因,则灯光无破暗之用。盖为法体参罗义门,尘有同有异,乍合乍离,不可以一例多,不可全无比例,必须折中,不可不通三相,量之方合其趣。今至不至既非定因,故汝难词似破所摄,此则于成就因不成就因言也。然古来论者多效此难。……如此之流殊乖论道,来诸鉴者详其理致。"(卷四页十八右至二十一左。)

［Ⅱ-2-12B］又于三时作非爱言[①]："若能立因在所立前，未有所立，此是谁因？若言在后，所立已成，复何须因？若俱时者，因与有因皆不成就，如牛两角[②]。"如是名为无因相似[③]。

【今译】

（难破者）又在三种时态上（对理由）加以否定："如果理由说在建立论题之前，那么，论题既然还没有出现，这算是哪个论题的理由呢？如果说在（建立论题）之后，那么论题既已成立，又何用理由（来成立它）？如果（二者）同时建立，则理由与论题当无因果联系，犹如牛之两角（并存左右）。"这样的非难称为无因相似。

【注释】

① 此下承上颂释无因相似。　三时：此指因或说在宗前、或说在宗后、或与宗同时说，与过去、现在、未来三种时态有所不同。　非爱言：此指敌论者以三时说因系立论者所不乐言为理由进行难破。

② 难破者意谓，如立论者以勤勇所发性因来证成声无常宗，以勤勇所发因如说在声无常之前，则所立宗既尚未建立，能立因又以何者为证成的对象；而能立因如果说在所立宗之后，则声无常宗既已建立，勤勇所发因便成了蛇足；若因与宗同时并举，则如牛之两角左右并存，二者即无因果关系。　有因：即宗，宗为能有因者。　皆不成就：二者无因果关系之谓。《集量论》说无因相似与《理门论》同，如云："（难破者）又于三时作不爱乐言：'若因在所立前，既无所立，此是谁因？若说在后，所立既成，此亦非因。若复俱时，如牛两角，因与有因者体皆不成。'"（《略抄》页四十三）

③ 无因相似这一过名取自《正理经》Ⅴ·1的Ahetusamā，意译为无因相似。Ⅴ·1·18经云："因为（敌者认为）因在三种时态（的任何一种时态中）都不能成立，所以是无因相似。"这里说的三种时态据富差耶那的解释，就是在立宗前说因、立宗后说因和同时说宗因。正是由于如此，因与非因便没有

差别了(参见《正理疏》V·1·18疏)。此过在《方便心论·相应品》中意译作时同,其梵名亦是Ahetusamā,与《正理经》无异,然其所说之三种时态,乃指现在、过去、未来。如云:“汝立‘我常’,言‘非根觉’,为是现在、过去、未来?若言过去,过去已灭;若言未来,未来未有;若言现在,则不为因,如二角并生,则不得相(互为)因。是名时同。”《如实论》则称此过为无因难(Ahetukhaṇḍana),对198三种时态的说明与《正理经》相同,如云:“无因难者,于三世说无因。……外曰:‘因为在所立义前世,为在后世,为同世耶?若因在前世,立义在后世者,立义未有,因何所因?若在后世,立义在前世者,立义已成就,复何用因为?若同世俱生,则非是因,譬如牛角、种芽等一时而有,不得言左右相生,是故,是同时则无有因。”陈那说无因相似当本于《正理经》和《如实论》。

按一:关于无因相似,《庄严疏》阐释如下:“第九无因相似过类者,内曰,义本如前(指佛家立‘声是无常,勤勇无间所发性故’)。外曰:‘此勤勇发为在无常前,为后耶,为俱耶?若在前者,难曰:所立宗义若旧成,对果立因义,无常先非有,勤发岂名因?若在后者,难曰:无常若未成,要资勤发立,宗义先成就,何劳更立因?若同时者,难曰:两角俱时生,不可论因果,二立一时有,何容辩果因?’内曰:‘因有二种:一生,二了;生者如种生芽,了者如灯照物等。’若约胜义难生因言:种若在芽前,种则不名因;种若在芽后,则因无所用;种与芽同时,则不成因果。此则成难,以约胜义谛中诸法无实,能生、所生因果法故。若约世俗因果法门,种在芽前未得因名,芽生以后彰得因号,此则因果之道世间极成,故《维摩经》云:‘说法不有亦不无,以因缘故诸法生。若约世俗作此三时无因难者,即是诽拨一切因法不成难也。其了因者,唯约世俗言论法门辩其因果,言其言、义、智因若望生果,体在果前,名居果后;若望了果,不可定说若后若前,汝今若以胜义谛中三时之难难此因者,亦是诽拨一切因法不成难也。准此,诸大乘经论约三时破因果者,皆约胜义谛也。若约世俗,因体即在果前,因名即在果后,顺俗说故此即不遮。此中外人立比量云:‘宗前之因必定非因,无因用故,犹如兔角。’如此比量为不定过：谓此因为如兔角无因用，故即非因耶；为如谷种无因用，故而是因耶？故汝就世俗谛作三时难者，此不成也。又汝有自害之过，谓汝前设难亦立宗因，如此宗因，若前、若后，还有此过，汝虽难我，乃是自违。又汝所难言若在我义之前，我义未有，汝何所难？若在我义之后，我义已立，何用难为？若汝复言汝知我难好故，效我难反难于我者，不然，我显汝难还破汝义，不依汝难以立我宗，何得妄云知我难好？'此并成就因不成因言也。"（卷四页二十一左至二十二右）

按二：《如实论》中有一种误难称为自义相违难，这其实是由至非至难和无因难派生出来的。《如实论·相应品》云："自义相违难者，若难他义而自义坏，是名自义相违难。论曰：'声无常，依因缘生故，譬如芽等。'是义已立，外曰：'若因至无常，则同无常；若不至无常，不能成就无常，此因则不成因。'论曰：'汝难若至我立义，与我立义同，则不能破我义；若不至我立义，亦不能破我义，汝难则还破汝义。'复次，外曰：'若因在前立义在后，立义未有，此是何因？若立义在前因在后，立义已成，因何所用？'此亦不成因。论曰：'若汝难在前我立义在后，我义未有，汝何所难？若我立义在前汝难在后，我义已立，汝难复何用？若汝言汝已信我难，故取我难更难我，若作此说，是亦不然。何以故？我显汝难还破汝义，不依汝难以立我义。若有别难与此难同相者，立其过失名相违难。'"从其所论可知，凡敌论者以因至于宗或不至于宗相难诘，以及以三时无因相难诘，必犯自义相违的过失，所以自义相违难实际上包含在至非至难和无因难之中，故无必要单独立为一过类。陈那说十四过类，不取自义相违难，盖有鉴于此。

［Ⅱ-2-12C］此中如前次第异者，由俱说名"似因阙"故。所以者何？非理诽拨一切因故。

【今译】

上述两相似过类的次序之所以与（正理派论师等）前人所说的不同，是因为(二者)都属于“似因阙”一类。为什么这样说呢？因为(此二过类)都不是按正常的道理来破斥一切理由的。

【注释】

① 此意谓,上述第八至非至相似和第九无因相似二过与《正理经》和《如实论》等古师所说的次序不同［按：在《正理经》V·1中的次序是：(9)到相似,(10)不到相似,(16)无因相似;《如实论》的次序则是：(Ⅰ·5)至不至难;(Ⅰ·6)无因难,二难虽接续,但均属第一类,即“颠倒难”］,陈那认为此二过均属似因阙,因为难破者在出难时无理指斥一切因法。关于这一点,在《集量论》中也有相同的论述:“此等与缺减因相同。何义故？以不具正理,一切有喻之因皆遣除故。”(《略解》页一三六)所谓“有喻之因”,就是具有同品的因,亦即三相俱全之因。

第十三节　对上述二种过类的判定

［Ⅱ-2-13A］此中何理唯不至、同故,虽因相相应亦不名因[①]？如是何理唯在所立前不得因名故,即非能立[②]？

【今译】

在上述两种过类中,(难破者究依)何理以(理由与论题)相合或不相合(为由),即使(其理由)合乎因三相的规则也(将之)视作非理由？与此相类似,(难破者又)是何道理以(理由说在)论题建立之前便不得称之为理由的缘故,就(将它斥为)非论据？

【注释】

① 此下陈那反诘。此处先诘问至不至相似,此问意谓,以至与不至相难者是何道理要以因不至于宗或因至于宗为理由将合乎因三相的正因说为非

因？　唯不至同故：唯，与“以”同，以……故，表原因；不至、同，即不至与至，难破者认为因至于宗即与宗相同，故同即至。　虽：即使。　因相相应：与因三相相合。因相，因三相。相应，在［Ⅰ-3-5B］和［Ⅰ-3-6F］中指喻，此处则作相符合解，即与三相义吻合。《集量论》亦有与此相同的诘问：“且此（中汝所设难，究依）何理，（说）唯以不至相类同（非因）法（故），虽成就因相（相应），亦说彼为非因（耶）？”（《略抄》页三十五左）

② 次诘无因相似。此问意谓，以三时无因相难者又是何道理，说于所立前举因不能名之为因之故，就将此因斥为非能立？《集量论》亦有相同的诘问：“（如）是复（依）何理，（因唯）在所立前不得（因）名故，（即）疑彼（为）非因（耶）？”（《略抄》页三十五左）

［Ⅱ-2-13B］又于此中有自害过，遮遣同故[①]。如是且于言因及慧所成立中有似因阙[②]，于义因中有似不成；非理诽拨诸法因故[③]，如前二因于义所立俱非所作、能作性故，不应正理[④]。

【今译】

又，在至非至相似和无因相似中均有自我违害的弊病，因为（此二过类）所持的（至非至和三时无因）的前提，同样适用（于其自身）。就这样，（难破者）竟在（立论者以）正确的论式（言生因）和推求决定的智慧（智生因）所组成的论证中（横加）似因阙难，并对其论式所表述的意义（义生因）作似不成因难，这是因为（难破者）无理地排斥一切事物和现象得以形成的原因，认为上述论证式（言生因）及其推求决定的智慧（智生因）与义生因无因果关系。（这种说法也）是不正确的。

【注释】

① 此下破斥至非至相似和无因相似二过类。这里首先指出至非至难和无因难均有自我违害之弊，因为它们所要破斥的，也存在于它们自身。如对

于至非至相似来说，难破者相难时亦立宗因，按难破者所说的，因至于宗或不至于宗均不成其因。如此，则难破者所立的宗因亦同样有至不至过了。关于至不至相似的自违问题，详见[Ⅱ-2-12A]注释中的按语（即《庄严疏》说至非至有自害过的部分），并参见[Ⅱ-2-12B]注释中的按二（即《如实论》说自义相违难中关于至非至有自违过的部分）。又，对于无因相似来说，难破者所立的宗因或前、或后、或同时并举，亦均不成其因，故其所破者亦存在于其自身。详见[Ⅱ-2-12B]注释中的按一（《庄严疏》说无因相似有自害过的部分）和按二（《如实论》说自义相违难中关于无因难有自违过的部分）。

② 此句意谓，难破者乃是于立者以言生因和智生因所组成的真比量中作似因阙难的。　言因：此指言生因，即用言语表达出来的能立（三支论式）。　慧：此指胜慧，即慧心所中作用殊胜的慧，即能断除疑惑、推求决定的智慧，亦即智生因。陈那在这里特地指出，难破者所欲破斥的正是由言生因和智生因所组成的真比量。

③ 此意谓难破者并对其义生因作似不成因难，连同上述的似因阙难，都是由于无理否定一切事物和现象得以成就的原因之故。　义因：此指义生因，即论式所显示的意义。　诸法因：诸法，泛指一切事物和现象；因，成就一切事物和现象的原因与条件。故《俱舍论》卷六云："因缘合，诸法即生。"

④ 此意谓，难破者认为上述言、智二因与义生因之间均无因果关系，故此说亦不合正理。　如前二因：指上言智生二因，次下亦常以言、义对举也。　于义所立：于义生因。　所作、能作：因果之谓，所作为果，能作为因。

[Ⅱ-2-13C] 若以正理而诽拨时，可名能破①。

【今译】

（当然），如果以真实的理由来破斥，可以称为真确的反驳。

【注释】

①《集量》亦云:“若依道理遣拨,自成能破。”(《略抄》页四十三)

第十四节　无说相似、无生相似、所作相似的概说

[Ⅱ-2-14](颂曰:)

说前无因故,

应无有所立,

名无说相似[①]。

生无生亦然[②]。

所作异少分,

显所立不成,

名所作相似[③]。

多如似宗说[④]。

【今译】

(先以颂言来概说无说相似等三种过类):

由于(理由)未说前便无理由,

故(立者的)论题亦不能成立,

(这样的难破)称作无说相似;

无生相似的难破与此相类似;

(瓶子与声的)造作有所不同,

以显示其理由不能包含主词,

(这种难破)就称为所作相似。

上述三种过类多为似不成破。

【注释】

① 此三句颂说无说相似，详见[Ⅱ－2－15]的解释。

② 此一句颂说无生相似，详见[Ⅱ－2－16]的解释。

③ 此三句颂说所作相似，详见[Ⅱ－2－17]的解释。

④ 此一句颂判定上述三种过类的性质，详见[Ⅱ－2－18]的解释。

第十五节　（十）无说相似

[Ⅱ－2－15]"说前因无故，应无有所立，名无说相似"者[①]，谓有说言："如前所立，若由此因证无常性，此未说前都无所有；因无有故，应非无常。"[②]如是名为无说相似[③]。

【今译】

"说前因无故，应无有所立，名无说相似"三句颂说的是，如(敌论者)难破道："像(立论者)前面所论证的('声音是非永恒的，因为是意志的不断努力所发出的')的那样，如果要由此('意志不断努力所发出')的理由去证成'(声音是)非永恒的'，那么在理由还未说出来以前，(意志不断努力所发)这一理由也就不存在了；理由既然不存在，声音亦应并非非永恒。"这样的难破就称为无说相似。

【注释】

① 此下释第一至第三句颂，以阐说无说相似。

② 此引敌论者的难破之言以说明无说相似。敌者的难破意谓，以立者之前所立之"声是无常，勤勇无间所发性故"的比量来说，立者若欲以此勤勇所发因来证成声无常之宗，则于未说勤勇因之前当无其因；其因既无有，则声应非无常。敌论者的难破显然是转移了论题。立论者(如佛家)说的是声由勤发故是无常，而并非要论证勤勇因能产生声音。而敌论者

(声显论)由于主张声无论是否发出,它总是常住不灭的,只是通过勤勇因可以将其显发出来而已,故反诘说在因未说出前并无勤勇因,此时勤勇因虽不存在而声自存在,故声应非无常,这就将论题转移到了声音是否由勤勇因产生的上面去了,故是似破。《集量论》对此过的阐说与《理门论》相同,如云:“喻说如前(如说:勤勇所发性故,声是无常)。敌难云:‘若由此因是无常者,前未说彼因,由无因故,不能成立无常。’是未说相同(似)。”(《略解》页一三八)

③ 无说相似的过名,当取自《如实论·道理难品》的 Anuktikhaṇḍana,《如实论》的译者真谛译为未说难,《理门论》则改称为 Anuktisamā,玄奘意译为无说相似。《如实论》说未说难云:“未说难者,(难破者谓)‘未说之前未有无常’,是名未说难。”难破者并说:“若说依功力言语(即勤勇所发)为因声无常者,则何所至;未说依功力言语前声是常,是义得至。前世声已常,云何今无常?”对此种难破,论者指出:“是难颠倒。何以故?我立因为显义,不为生、不为灭。若我立因‘坏灭’,汝难则胜;若汝难我未说前未了声无常,是难相似;若以‘坏灭’因难我,是难颠倒。”就《如实论》所云可知,《理门论》对无说相似的阐说与此相同。又,此过不见于《正理经》,《方便心论》亦无此过。

按:《庄严疏》释无说相似云:“第十无说相似过类者,内曰,义本如前(即立:声无常,勤勇无间所发性故)。外曰:‘因言勤勇发,声即是无常;未说勤勇前,声应非无常。’此难意云,汝以‘勤勇发’言因为‘无常’因,未说此言(因)之前,因即非有;因非有故,即有两俱不成,因既不成,宗义不立,是即此声应非无常。内曰:‘以灯了物知物有,不了其物不必无;以因了宗知宗有,不了其宗不必无。此解意云,我立言因为了无常,不为生彼无常之理。如有灯照物决定知物为有,若无灯照物不定知物是无。言因亦尔,言因若有,无常之宗定具;言因若无,无常未必定无,何得难言未说因前应非无常?若我所立之因为生无常宗者,汝难言因未有应无无常之宗,此即成难;既不约此,故是似破也。’”(卷四页二十二至二十三左)

第十六节　（十一）无生相似

［Ⅱ-2-16A］“生、无生亦然”者[①]，“生前无因，故无所立”，亦即说名无生相似[②]。言“亦然”者，“类例声前因无有故，应无所立”[③]。

【今译】

“生、无生亦然”者，（如敌论者破斥说）：“（声）未显生前无（意志不断努力这一）理由，这也就是无生相似过类了。”说“亦然”者，是（敌论者认为）“可以（用无说相似）类例（无生相似），因为声音显生前理由不存在，其论题也就不能成立”。（这就是第一无生相似。）

【注释】

① 此下说无生相似。无生相似有二义，若声显论以声未显生以前无勤勇因来破斥声无常宗，即有似不成因过，是为第一无生相似；若声显论在此基础上更立决定相违量，其因即有不定过，是为第二无生相似。详见下释。生、无生：生，指声已显发；无生，指声尚未显发。无生相似当为声显论在难破中所犯的过失。声显论认为声乃无始无终、常住不灭者，故说声未生（未显出来）以前无勤勇所发因，因虽无而声犹在，故声非无常。由此可知，生与无生乃指是否显发而言，非产生、发生与否之义。若作产生、发生解，就成了声生论对立者的难破。然声生论虽亦主张声是常住的，却执有始无终论，即认为声在未生之前本无有，产生以后永存不灭，如此，就不能从因无而声犹在的角度进行论难了。

② 此例示第一无生相似。意谓，佛家若立“声无常（宗），勤勇无间所发故（因），譬如瓶等（喻）”，声显论即出难云：“声未生前无勤勇无间所发性（因），故声非无常（宗）。”声显论认为，声在显发时虽须依赖勤勇的功力，但在未显发时则无须借助勤勇的功力而存在。因既无有，即有不成过或阙因

过。然立者之因本为正因,并无不成或阙因之失;声显论以“声未生前”增益所立强行难破,结果自陷于似不成过或似阙因过破之中。《集量论》也说,这种难破是由外加“声未生前无勤勇所发”因来谋取胜利的,故是似不成破。如《集量》云:“若未生前,增益(无勤勇所发为)能立(因)故,此似不成。”(《略抄》页四十五)

③ 此处与无说相似比同。意谓颂文所谓的“亦然”是说无生相似与无说相似在形式上十分相似,可以无说相似类例无生相似:前者通过说与无说立难,后者通过生与无生立难,故颂文承前云“亦然”。当然,二者存在明显的不同,《庄严疏》曾加以区别,如云:“前无说相似,外人通许一切有义言声以之为宗,但约言因未生之前因无有,故应不成因,因既不成,声非无常;此无生相似,外人直以立论言声以之为宗,此声未有之前即无勤勇发义因,非有故,应非无常,既非勤发,亦应是常,与前异也。”(卷四页二十四左)此处指二者的主要不同点就在于:无说相似着眼于“言因(此指言陈之因)未说之前因无有”,而无生相似则着眼于“此声未有之前即无勤勇发义因”。 类例声前:《证文》云:“依《集量》应是‘类例生前’。或此处是‘声生’略译。”据此,则“类例声前”即以前例后,是以无说相似类例无生相似之谓。

按:《庄严疏》释第一无生相似云:“内曰,义本如前(即立声无常,勤勇无间所发性故)。外曰:‘声已生者,有勤发可使是无常;声未生前,无勤发应当非无常。’此即声未生前无勤发,因有不成过也。”(卷四页二十三左右)

[Ⅱ-2-16B]“今于此中如无所立,应知亦有所立相违①”。谓有说言如前所立。“若如是,声未生已前无有勤勇无间所发,应非无常;又非勤勇无间所发,故应是常②”。如是名为无生相似③。

【今译】

(敌论者又认为:)“立论者的论题若被否定,则其矛盾论题即可成立”。例如有人建立了前述(声非永恒,因为是意志的不断努力所发出的)论证,

（敌论者就难破说）："若是这样，则声音未显生以前便没有意志不断努力所发（这一理由），故声音应不是非永恒的；同时，既然（声音）不是意志不断努力所发出的，所以就应该是永恒的。"像这样的难破就称之为（第二）无生相似。

【注释】

① 此下说第二无生相以。此意谓，敌者认为既由第一无生难破了立者之宗，便可进而出相违决定量，成立与立论相违之宗。　此中：指立者的比量。无所立：即通过第一无生否定了立者的宗。　所立相违：与所立宗相违之宗。

② 此处例示第二无生相似。如佛家立："声是无常（宗），勤勇无间所发性故（因），如瓶（喻）。"声显论即以第一无生相难，意谓，若如你所云，声已显生者，由勤勇无间所发可使其是无常；然声未生前无勤勇无间所发，声应是非无常。在此难的基础上声显论若进一步出相违决定量云："声常（宗），声未生前非勤勇无间所发故（因），如虚空（喻）。"这就是第二无生相似了。

③ 无生相似的梵名为 Anutpattisamā，《方便心论》的译者吉迦夜意译作不生，其含义是：若立者说"以有因，知有我"，敌者便相难云："娑罗树子既是有故，应生多罗。若以无故而知无者，多罗子中无树形相，不应得生。若有亦不生、无亦不生，（则）我亦如是。若（我）定有者，不须以根不觉为因，我若定无，以根不觉不可令有。"《相应品》《正理经》V·1 也有不生相似（亦译无生相似），然阐说与《方便心论》稍异，举例则完全不同。如［V·1·12］经云："（那种认为在声音）产生以前，（勤勇无间所发性故）因便不存在，就是无生相似。"《如实论》称此过为 Anutpattikhaṇḍana，意译作未生难，其阐说本于《正理经》，如云："（难者以）'前世（声）未生时不关功力（即勤勇），则应是常'，是未生难。"《如实论》并对此过的性质作了分析："是难相违。何以故？未生时声未有，未有云何常？若有人说'石女（的）男儿（皮肤）黑，女儿（皮肤）白'，此义亦应成就。若不有，不得常；若常，不得不有。不有而常，则自相违。"《理门论》说无生相似，本于《正理经》而更多取自《如实论》。

按：《庄严疏》释第二无生相似云："又，'前声应是常，非勤发故，犹如虚空。'此即与前内量作相违决定过。内曰：'声若未生体是有，勤勇发因亦因成；声既未生体是无，今难遣谁令常住?'此解意云，我立一切有义言声皆是无常，何偏就我立论言声约其未生以之为难？以我言声未生之前本自无声，不入宗摄，何容于此知因不成？此即于成就因不成就因言也。此亦兼解相违决定。又，汝所立量因有不定，何得与我定因相违？谓其声为如虚空等非勤勇发是其常耶，为如电光等非勤勇发是无常耶？此即于决定因不决定因言也。"（卷四页二十三右至二十四左）

第十七节 （十二）所作相似

［Ⅱ-2-17］"所作异少分，显所立不成，名所作相似"者[①]，谓"所成立'所作性故，犹如瓶等，声无常'者[②]，若瓶有异所作性，故可是无常何预声事[③]?"如是名为所作相似[④]。

【今译】

"所作异少分，显所立不成，名所作相似"者，是说（敌论都认为）："（立者）所成立的'由于人工造作，犹如瓶子等那样，故声音是非永恒的'（论证中），此瓶（的造作）有异于（声的）造作，所以（瓶之）可有非永恒又与声音有何相干?"像这样的难破名为所作相似。

【注释】

① 此下说所作相似。所作相似有三种：第一所作相似是似随一不成因过破，第二所作相似是似相违因过破，第三所作相似是似不共不定因过破或似喻过破。详［Ⅱ-2-18E、F、G］对三种所作相似的判别。　异少分：《证文》云："《集量》作异分。"

② 此引佛家的立量，此量是下文所述敌者难破的对象。

③ 此敌者之难破。意谓瓶为绳轮所作，声乃咽脐所作，瓶之所作有异于声之所作，故瓶之可有无常与声应无关系。本段是从总体上来说明所作相似（在下一节里，陈那复将所作相似分解为三种），此处所转述的所作相似过破系第一所作相似。

④ 所作相似的梵名据宇井伯寿说应是 Krtakatvasamā，就其过失的内容来看，即《集量论》所说的果相似。《集量论 · 观过类品》释果相似云："如（立者）说'所作性故，如瓶而声无常'，（敌者）若难：'瓶是异法果性故，所作无常何预于声？'是为果相似。"（《略抄》页四十五）此释与《理门论》相同。果相似梵名 Kāryasamā，与《方便心论 · 相应品》中的果同以及《正理经》V · 1 的果相似梵名相同，但这三个"果相似"的内容却各异。从内容上看，《方便心论 · 相应品》所说的增多、损减和因同三种相应倒是与所作相似（即《集量》中的果相似）颇为相同的。如说增多（Utkarṣasamā）云："如（立者）言：'我常，非根觉故，虚空非觉，是故为常，一切不为根所觉者尽皆是常，而我非觉，得非常乎？'（敌者）难曰：'虚空无知故常，我有知故，云何可言常？若空有知，则非道理。若我无知，可同于虚空；如其知者，必为无常。'是名增多。"又说损减（Apakarṣasamā）云："（敌者难曰：）'若空无知而我有知，云何以空喻于我乎？'是名损减。"这似与第三所作相似相通。再如《方便心论》说"因同"时举例云，若立者立"我是常（宗），以非根觉故（因），如虚空（喻）"，敌者便出难云："空与我异，为何都以非根觉为因？"这种难破与第一所作相似颇同。在《正理经》中，亦无所作相似的名目，而且其所说的果相似与《集量论》的果相似以及《理门论》的所作相似风马牛不相及。有的学者（如许地山、宫坂宥胜等）认为《正理经》V · 1 中的可能相似与无常相似同，《如实论》的未生难和《理门论》的所作相似相当或有关。这种看法似有不当，因为《正理经》V · 1 · 25 经说的可能相似（Upapattysamā）是指"（以为）双方（用来证明宗）的理由都可能成立"的那种误难；而 V · 1 · 32 经说的无常相似（Anityasamā）是指"以由于（声）与同法（瓶）存在类似的性质为理由，（类推说）一切都是无常的"那种误难。从《正理经》对可能相似和无常相似的阐

说中,我们很难找到与所作相似的相通之处。有学者说《正理经》中的增益、损减二相似或与所作相似有相通之处,然《正理经》说此二过语焉不详,且陈那明确申明他未取增益、损减二相似(参见[Ⅱ-2-21A]),兹姑存疑。所作相似与《如实论》所云之事异难(Karyabhedakhaṇḍana)最为一致,如《如实论·相应品》云:“事异难者,如敌者难曰:‘事异故,如瓦器,声不如是。’是名事异难。论曰:‘声无常,依因缘生故,譬如瓦器。’是义已立,外曰:‘声事异,瓦器事异,在事既异,不得同是无常。’论曰:‘是难颠倒,何以故?我不说与器同事,故声无常;我说一切物同依因得生,故无常,不关同事。譬如瓦器,故声无常。烟是异物而能显火,瓦器亦如是,能显声无常。复次,他人说事异难有别所以。说:‘声常住,依空故,空是常住。若别有物依空,物即常住,譬如邻虚、圆。邻虚常住,圆依邻虚,圆即常住。声亦如是,依空故常住。复次,声常住。何以故?耳所闻故。譬如声同异性,耳所执故常住,声亦如是,是故常住。是异立义,世师(胜论)曰:‘若常住由因得立,因事故,即无常,是故声无常。’论曰:‘是难颠倒,何以故?我不说因生无常,我说因显无常。他人未知,为他得知,我立因是了因,非是生因,汝以生因难,是难颠倒。复次,论曰:‘汝所说是立义、亦是难,于我不许。何以故?我等不信乐常住义,是故我说是义。’”按:《庄严疏》释所作相似的文字今已不全,兹录残文如下:“第十二所作相似过类者,内曰:声无常,所作性故,譬如瓶等。外曰:‘瓶借泥轮生,可言有所作;声非泥轮起,应无所作。’内曰:‘若以别相成因支,声缺泥轮无所作,但就总相……’(此下缺131字)”(卷四页二十四左右)

第十八节　对上述三种过类的判定

[Ⅱ-2-18A]“多如似宗说”者[①],如是无说相似等多分如似所立说,谓如不成因过[②]。“多”言为显或如似余[③]。

【今译】

“多如似宗说”者，是说上述无说相似等（三种过类中），多数是将（立者）论题的主词说为不存在（亦即与理由无包含关系），看成有不成因过似的，（所以是似不成因过破。）“多”这个词是为了显示（除多分是似不成因破外），还有一些是属于似不定因破（如第二无生相似和第三所作相似）或似相违因破（如第二所作相似）。

【注释】

① 此下释末一句颂，从总体上对前述三种相似过类的实质作出判定。

② 意谓无说相似、无生相似和所作相似三种过类多为似能如似所立：像所立有法不破中的似不成破，如似所依不成等。成。　谓如不成因过：说成似不成因过，当例指似所依不成。

③ 此谓上面之所以只说多数是不成过，为的是要显示还存在似因中的不定和相违过。例如第二无生相似（见［Ⅱ－2－18D］）和第三所作相似（见［Ⅱ－2－18G］）是不定因破，第二所作相似（见［Ⅱ－2－18F］）是似相违因破。　如似余：指的是似不定过和似相违过。上文说到无说相似等三种过类多分是似不成过，故此处所说的“似余”即指似不定和似相违而言。

［Ⅱ－2－18B］今于此中无说相似增益比量[①]，谓于论者所说言词立无常性，难未说前因无有故，此似不成[②]。或似因阙，谓未说前益能立故[③]。若于此中显义无有，又立量时若无言说，可成能破[④]。

【今译】

无说相似是在立者的论证中偷加了（“未说理由以前”这一层与原论证无关的）意思来难破的，即在立论者论证（声音）是非永恒时，（敌论者）破斥说：（如果以意志的不断努力为理由可以证明声音是非永恒的，那么）在未说（理由）前，理由即不存在，（故意志不断努力所发这一理由不能包含主词声音,因而有“不成”过。)然而敌者的指斥实为似不成过破。或者是似因阙过破,因为在立者的论证中增加了“未说(理由)前”(这一层意思)。(当然,立者)如果在论证时不能真正显示其理由的含义,甚至不说明理由,(此时敌论者如加以难破),则可成为真正的反驳。

【注释】

① 以下判定无说相似。此句首先指出,无说相似是在立者的比量中加了一层与原比量无涉的意思来进行难破的。 此中:指立者所立的比量,如立者立量云:“声无常(宗),勤勇所发性故(因),如瓶(喻)。” 增益比量:敌者作无说相似难时所立的破斥量。此量实际上增益了能立因,将立者所说的声由于勤勇所发故是无常,转移为未说勤勇所发因前声应是非无常,在转移中增加了“未说前”这一层与立者比量本无关涉的意思,故谓之增益比量。

② 此判无说相似属似不成因过破。意谓,难破者如对立都的比量破斥说:若由勤勇所发因可证知声无常,则未说勤发因前声应非无常。从难破者的指斥中可以看到,他是以未说勤勇所发因前因即无有来出难的,难者认为既然因未说前非有,便不能遍及宗上有法,故有不成过(两俱不成或随一不成)。然而这是难破者以己意强加于立者。立者以勤勇所发因来证成声无常,意在令对方忆念宗因本不相离,而无以因生宗之意。正如佛家所说的“我立因为显义,不为生、不为灭”(《如实论·道理难品》),故立者之因即使在未说之前,宗因之间本来存在的不可分离的关系是不容抹杀的。敌者以不成过相难,只是似不成过破而已。《集量论》判无说相似为似不成过破云:“若于某义,说者先知自所比,引生定智。次欲令他引发定解,故将彼义向他宣说。彼意若无,则犯不成。他人由说者语,增益宣说,成立彼义。于未说(因)前则无彼义,而诤彼义不成,故是不成相似之似破。”(《略解》页一三八)

③ 此谓也可以将无说相似看作是似因阙过破。 未说前增益能立:难

破者以增益“未说前”这一层与论难并无关涉的意思为破斥的理由（能立因），如云“声非无常，未说勤勇所发因前因无有故，如空”，这就是强行认定立者之因不存在，因既非有，便有阙因过。但如前所述此种指斥乃难破者强加给立者的，故也只是似因阙过破而已。《集量论》判无说相似亦为似因阙过破，云：“若更增益‘说前（非勤勇所发）’即为能立（因），此似因阙。其能立（即立量）时不说因者，虽成因阙；若未说（因）前，则非能立（即尚未立量，又怎能斥彼无有因）。今难（立者之比量）因义决定无有故，应知亦是似（因）言阙过。”（《略抄》页四十四）

④ 此意谓，立者若于立量时不能显示其因义甚或不说因支，此时敌者如加以难破，就能成为真能破。　义：因之义。

［Ⅱ-2-18C］无生相似，“声未生前”增益所立，难因无故，即名似破[①]。若成立时显此是无，可成能破[②]。

【今译】

（第一）无生相似，（是敌论者以）声音未显示出来以前（意志不断努力所发的原因便不存在这一层意思）强加于立者的论证，由于（敌论者）无端指斥（立论者的）理由是不存在的，所以是有过失的反驳。（当然，）如果立者在论证中竟显出自己的理由是可有可无的，则敌论者的反驳即可成立。

【注释】

① 此下判无生相似。此判第一无生相似，意谓第一无生相似是敌论者以声未显前非勤勇所发因强加于立者所立的比量，由此否定立者之因，故是似破。　增益所立：《集量论》作“增益能立”，如云：“若未生前，增益能立故，此似不成。”（《略抄》页四十五）意即敌论者若以声未生前非勤勇无间所发因增益于立者比量之能立（前提），即是似不成破。据此，《理门论》所云之“所立”，当非指宗而言，乃是指所立比量而言的。　似破：一本作“如

彼”，恐误。　难因无：敌论者指斥立论者的理由可以不存在。

② 此意谓，若立者立声无常宗时却显出其勤勇所发因可以无有，敌者的难破即成真能破。

［Ⅱ－2－18D］若未生前以“非勤勇无间所发”难令是常，义准分故，亦似不定①。

【今译】

（第二无生相似是敌论者）以“（声）未生前”出难之后，更以“非意志不断努力所发”（为理由出相违决定量来）难破，欲令“（声音）是永恒”的论题得以成立，由于（敌论者在出难时用了错误的）反推方法，（从而导致结果的）多样化，故也是似不定过破。

【注释】

① 此判第二无生相似。意谓敌者若横生枝节，以“未生前”出过（此即第一无生相似），并进而以“非勤勇所发故”为因立相违决定量进行难破，从而使声宗是常，此即为似不定过破。　义准：敌者难破时所用的义准法其实是似义准。此意谓，立者从勤勇所发因推知声无常，敌者谓，若依勤勇所发可立声无常，则声未生前未依勤勇所发，声应是常了。这种反推的方法即是义准法，但不正确。正确的义准相当于假言异质换位推理：（p q）↔（q→p），现在却是只异质而未换位（从 p→q 推出 p→q）故是似义准。　分：由于难破者用了似义准的反破方法，以“非勤勇所发”为因进行反推，反导致结果的多样化而自陷于不定，正如《如实论》所说的：“‘若不依功力（即非勤勇）则（声）应是常。此义不实。何以故？不依功力（勤勇）者有三种：常、无常、不有。常者如虚空，无常者如雷电等，不有者如空华等，此三种悉不依功力（勤勇），而汝（指难破者）偏用一种为常，是故不实。”《集量论》说第二无生相似云：“声已生者，由勤勇所发故，今立彼灭（坏无常）亦有勤发。若由义准

非勤发故增益为常，此似不定。”（《略抄》页四十五）意与《理门论》同。

［Ⅱ-2-18E］所作相似乃有三种[①]：若“难瓶等所作性于声上无”，此似不成[②]。

【今译】

所作相似有三种：如果（立者论证说，声音是非永恒的，因为是人工所作，譬如瓶子，此时敌论者）难破说，（瓶子是绳轮所作，声音则是咽脐所作，故）瓶子的所作性于声上无，（这就是第一所作相似，）这种所作相似是似不成因过破。

【注释】

① 此下判定三种所作相似依次为似不成因破、似相违因破和似喻过破（或不共不定因过破）。

② 此判第一所作相似。意谓立者立“声无常，所作性故，如瓶”，敌论者若难破说，瓶是绳轮所作，而声是咽脐所作，故瓶上所作于声上无有。由于“此难因于宗无，是随一不成因过。然立量法，唯取总因，不取因上别义，若为差别量悉不成，故此堕于似不成因过能破。”（吕澂：《因明纲要》页四十八）《集量论》说第一所作相似（果相似）与此意同，如云：“若难所说瓶果性于声无有，此似不成。”（《略抄》页四十五）。

［Ⅱ-2-18F］若难“声所作性于瓶等无”，此似相违[①]。

【今译】

如果（敌论者）难破说，声音的所作性于瓶等无，（这就是第二所作相似，）这种所作相似（将同类例排斥在理由之外，故）是似相违因过破。

【注释】

① 此判第二所作相似。意谓敌论若换一个角度来难破,说声上的咽脐所作于瓶上无,亦即将因法所作仅仅看作是声的属性(即所谓咽脐所作),而非同喻瓶的属性(即所谓绳轮所作),这样因法就于同品非有(而于异品有或非有),犯法自相相违过(瓶与所作本应构成主谓关系,现在因法所作既然只是咽脐所作,从而与瓶排斥,故是法自相相违)。但因明立量,所取之因法乃就整体而言,而不能擅作分别,故难破者将所作因分别为咽脐所作和绳轮所作是违背常理的,其破斥即为似相违因破。《集量论》说第二所作相似与此意同:"若难声果性于瓶等无常中无,此似相违。"(《略抄》页四十五)。

[Ⅱ-2-18G] 若难"即此常上亦无,是不共故",便似不定①;或似喻过,引同法故②。何以故?唯取总法建立比量,不取别故。若取别义,决定异故,比量应无③。

【今译】

如果(敌论者进一步)相难说,(不仅同类例瓶子上无此咽脐所作性,而且其异类例上,亦)即具有永恒性质的(事物)亦无(此咽脐所作性),(这就是第三所作相似,这样的难破)便是似不定因过破。也可以(将第三所作相似)看作是似喻过破,因为(第三所作相似)涉及同类例与理由不相容的问题,(但这只是似能立法不成过。)为什么这样说呢?因为(因明)是从总体上来运用概念的,而不能将概念分割开来加以取舍。如果割裂概念的涵义来难诘,便无法进行论证了。

【注释】

① 此下判第三所作相似。此意谓敌者若进一步相难说,不仅同品瓶上无此咽脐所作,即此异品常住空上亦无咽脐所作,这样,因就与同品和异品悉皆非有,故此因有不共不定过。这就是似不定因过破。 常:指异品。

不共：即不共不定。《集量论》云："若难（不唯同品瓶上无咽脐所作，即异品）常住空等（上）如彼亦无，是（二品俱无）不共（有）故，为似（不共）不定因。"（《略抄》页三十六左右）此说与《理门论》相同。

② 此意谓也可以将第三所作相似视作似喻过破，因为牵涉同品瓶上无此咽脐所作的问题，这在敌论者看来是能立法不成过。　引同法：涉及同品与因法不合的问题。《证文》云："按《集量》宝本奈旦版，应作不显同法，与下文方合。"此亦可为一说。按《集量论》云："复次，难于同法故，是似喻过。"（同上注①引）即是由于敌论说因不显于同品，故其难破为似喻过破。

③ 此意谓，为什么以所作性上的差别义相难是似能破呢？这是由于因明立量是从总体上来使用概念的（如总取所作性因），而不别取概念的差别义（如不能将所作因再分为咽脐所作和绳轮所作的不同），若以概念的差别义相难而舍弃概念的共相，则必然各执一端、无法建立比量了。　总法：此指因法所作性的共相。　别：差别义。　决定异：各自决定之意。《集量论》云："唯取（因）法（所作）共相能为比量，非由差别。不然，诸法各自决定，应无比量故。"（《略抄》页四十五）此中"诸法各自决定"即是"决定异"之意。

第十九节　（十三）生过相似

［Ⅱ-2-19A］（颂曰：）

俱许而求因，

名生过相似。

此于喻设难，

名如似喻说。[1]

【今译】

（先以颂言概述生过相似）：

对为双方所共许的(同类例)还要求以理由相证,
(这种无理的指斥)就称为生过相似。
它是在同类例(与论题谓词的联系上)提出难诘,
故生过相似是(似所立不成)喻过破。

【注释】

① 此四句颂说生过相似,释见下文。

[Ⅱ-2-19B]“俱许而求因,名生过相似”者,谓有难言:“如前所立,瓶等无常,复何因证?”①

【今译】

“俱许而求因,名生过相似”者,是说有人难破道:“如(立者)前面所论证的(‘声音是非永恒的,因为是人工所造作,譬如瓶等’),(其中同类例)瓶等的非永恒性,又以何种理由证明之?”

【注释】

① 此举例解颂,以释过名。意谓,如有人难破云:立者立“声是无常”宗,以“所作性故”相证;然其同喻依瓶上之有无常性,复以何因证明之?这种难破即是生过相似。因为声之为无常乃立敌所不共许,所以要以“所作性”因来证成它;而瓶之为无常本立敌所共许,故无须再借助因法来证成。现在难破者横生过难,要求在双方本所俱许的瓶是无常上求因,故名为生过相似。生过相似的内容与《正理经》V·1(8)所立相似(Sādhyasamā)和(11)过相似(Prasaṅgasamā,又译无穷相似)相合,其梵名则与过相似同。《如实论》则称作显不许义难(Prasaṅgakhaṇḍana),其内容与生过相似同。《如实论》说显不许义难云:“于证见处更觅因,是名显不许义难。论曰:‘声无常,何以故?依因缘生故,譬如瓦器。是义已立。’外曰:‘我见瓦器依因缘生,何因令其无常?若无

因立瓦器无常者，声亦应不依常因得常。'论曰：'是难不实。何以故？已了知不须更以因成就，现见瓦器有因非恒，有(又)何须更觅无常因？'"

[Ⅱ-2-19C]"此于喻设难，名如似喻说"者，谓瓶等无常俱许成就，而言不成似喻难故，如似喻说①。

【今译】

"此于喻设难，名如似喻说"者，是说(同类例)瓶等之有非永恒性乃为论辩双方所共同认可，(本不必再加证明的，)而(敌者)却难破说(同类譬喻中有所立法)不成的喻过，这就是似喻破。

【注释】

① 此判生过相似。意谓敌论者虽于同喻瓶等设难，然同喻瓶之为无常乃立敌双方本所共许极成者，无须另以因法加以证成，故敌论者所指斥的由于同喻无因法证成而有所立法不成的喻过，乃是似喻过破。　不成似喻：所立法不成的喻过。《集量论》对生过相似的判定与《理门论》同，如云："彼犹如似喻(颂)。彼如现见瓶无常成立，犹相诤者，谓是无所立随行之似喻故，即彼(生过)相似。前于果相同(即所作相似)中，已说无因随行(即指似能立法不成喻过)。"(《略解》页一四六)《集量论》的这段话有两层意思：第一层意思是指出生过相似为所立法不成喻过破。即难破者如凭现量可感知到瓶具有无常性而仍然以瓶之有无常性须以因证明相难，即是认为立者的同喻有所立法不成的喻过。然同喻瓶之无常是人所共知的，无须再加证明，故难者的破斥是似所立不成喻过破。另一层意思指出，前述第三果相似(即第三所作相似，见[Ⅱ-2-18G])是似能立法不成喻过破。这也就是说，在十四过类中，似喻过破有两种：第三所作相似是似能立法不成过破，生过相似是似所立法不成过破。

按：《庄严疏》说生过相似云："第十三生过相似者，内曰：'声无常，所作性故，譬如瓶等。'外曰：'瓶之无常为有因耶？为无因耶？'若为有因者，难曰：'声上无常不极成，可用所作因成立；瓶上无常既共许，何烦所作因重成？此则有相符过也。'若无因者，难曰：'瓶之无常因本无，（不）废无常义得立；声之常住因非有，何妨常住义自成？若立常，要借因，无因即不立；无常假因证，无因那得成？又，声上若无所作性，不可以显无常宗，瓶上既也不立因，何得成彼无常义？此即有喻中所立不成过也。'内曰：'声之无常不共许，故得立彼所作因；瓶之无常既极成，何得更立因为证？此即于无过喻有过喻言也。'于无过喻中非理妄生其过，故名生过相似。"（卷四页二十四右至二十五左）

第二十节　（十四）常住相似

［Ⅱ－2－2A］（颂曰）：无常性恒随，名常住相似[①]。此成常性过，名如宗过说[②]。

【今译】

（先以颂言来概说常住相似过破）：

以非永恒性恒有（于声来反驳论题），

就称作常住相似过类。

这是（将论题转移为）常住性的过失，

所以也名为似宗过破。

【注释】

① 此下四句颂说常住相似。　此二句颂见［Ⅱ－2－20B］注释。

② 此二句颂见［Ⅱ－2－20C］注释。

［Ⅱ－2－20B］谓有难言："如前所立'声是无常'，此应常与无常性合[①]。诸法自性恒不舍故，亦应是常[②]。"此即名为常住相似[③]。

【今译】

有人难破说："如前所立'声音是非永恒的'，由此（论题可知声）应与非永恒性恒常相合。（因此可作如下反驳：）因为自性是与事物和现象永恒不离的（因），所以（声音）是永恒的（宗）。"这种（以声音与非永恒性恒常不离而反立为"常住"的难破）即名为常住相似。

【注释】

① 此下释常住相似。　此句意谓，立者立"声是无常"宗，敌者便指斥说，此无常之声即应与自己的无常性恒常相合。这也就是颂文中所说的"无常性恒随"。

② 这是难诘者在上文所说的声体与无常性恒常相合即是"常"的基础上诡立的破斥量，即所谓"声应是常（宗），诸法自性恒不舍故（因），如虚空（喻）"。　自性：佛家认为诸法（诸种事物和现象）皆有其不变之性，诸法自体的这种恒常不易的性质，谓之自性。　不舍：指诸法自性与诸法永恒不离。《集量论》说常住相似与《理门论》同，如云："如说'声是无常'，难云：'此应常时成就无常性。诸法不舍自性故，以是说彼（声）是常。'"（《略抄》页四十三）

③ 常住相似一名当取自《正理经》Ⅴ·1 的 Nityasamā，意译常住相似。《如实论》则称作常难（Nityakhaṇḍana）。《理门论》、《集量论》所阐说的常住相似，内容与《正理经》和《如实论》相同。如《正理经》Ⅴ·1·35 经云："（那种认为）由于无常（在声上）恒有，因此从无常本身说就是常住的说法，乃是常住相似。"富差耶那在《正理疏》Ⅴ·1·35 疏中更将敌论者的破斥概括为一个二难推理："所谓'声是无常的'这种无常性在声音上是常住的呢，还是无常的呢？首先如果是常住的话，那么无常性就是恒有的，根据这一点，具有这一性质的声便是恒常的了，因此（应该说）声是常住的。但是无常性如果不在声上常存的话，那么由于无常性的不存在，声音也就成为常住的了。"

［Ⅱ-2-20C］是似宗过，增益所立“无常性”故[①]。以于此中都无有别实无常性依此常转，即此自性本无今有、暂有还无，故名无常[②]。即此分位，由自性缘名无常性，如果性等[③]。

【今译】

（常住相似）是似宗过破，因为它在（立者）所立（“声非永恒”的论题）中偷加了一个（恒常实有的）“非永恒性”。由于并非另有一个恒常实有的“非永恒性”依存于声体，故（立者）所说的声音的自性是指“本无今有、暂有还无”的一种非永恒（的状态），故名无常。而且还可以从（事物生灭变化的）时分与地位上来分析，（声的）非永恒性乃是基于声体（的生灭变化）而言的，犹如“果性”（从因而生，绝不会有离因之果，也不可能离开事物和现象而别有果性存在）。

【注释】

① 此下判定常住相似过类。 此谓难破者以常住相似指斥立者之宗有比量相违的宗过，然立者之宗并未犯宗过，而是难破者在立者所立声无常上外加了一个恒常不变的“无常性”，以致陷于似宗过破之中。

② 此意谓，作为声的自性的无常，乃指“本无今有，暂有还无”而言，而不是除此以外还有一个所谓的恒常实在的“无常性”恒守着声体。 此中：此声无常宗中。此，指有法声。 常转：恒有。《如实论》判常住相似云：“是义相违。何以故？若已无常云何得常？若有人说暗中有光，此语亦应成就；若不尔，汝难则相违不实。何以故？无有别法名无常，……无常者无别体，若物未生得生，已生而灭，名为无常。若无常不实，依无常立常，常亦不实。”从这段判语可以看到，陈那对无常相似的判定当本于此。

③ 此处再从事物生灭的时分和地位上指出，无常性乃是依于声体之生灭变化而言的，犹如果性从因而生，即诸法自体的成就皆由前因之作用而后生之，故名之为果。绝无离因之果，亦非离诸法自体别有果性；由此亦非离

声体而有常住不变的“无常性”。　分位：事物发生变化的时分与地位。自性缘：《证文》云：“自性缘，《集量》作自体之缘，即依事体而言。”　果性：法尊释云：“果性者，谓诸法自体成就，观待前因之作用，而名为果，非离法体别有果性。如是说声无常，亦非离声外别有常恒不变之无常性也。”（《略解》页一三七）《集量论》判无常相似云：“此复是似宗过，增益无常性故，于彼无常转时，本非别有无常性，即彼事体未生而生、生已复灭，以说无常。亦如果性等，于彼分位自性为缘而说为无常性。”（《略抄》页四十三至四十四）

按：《庄严疏》说常住相似云：“第十四常住相似者，内曰：‘声无常，所作性故。’外曰：‘声应是常（宗），恒不舍弃自性故（因），犹如虚空（喻）。’此难意云，此无常声既常与自无常性合，诸法自性恒不舍故，此即是常。　比量楷定：汝立无常与此比量相违，有似宗过。内曰：‘声外有常性，依之以立常；常性本自无，何名违比量？’此解意云，即此声体本无今有，暂有还无名无常；即此无常与常住异，名之为性。　如言果性：以从因生，名之为果；与因位异，名之为性，岂离果外别有其性与之合耶？既无别常性依之而转，所立‘恒不舍自性’之因即不成就，非正比量，何名比量相违？此即于无过宗有过宗言也。”（卷四页二十五左右）

第二十一节　十四过类的小结

［Ⅱ－2－21A］如是过类，足目所说多分[①]。说为似能破性，最极成故，余论所说亦应如是分别成立[②]。即此过类，但由少分方便异故，建立无边差别过类，是故不说[③]。如即此中诸有所说增益、损减、有显、无显、生理、别喻、品类相似等，由此方隅皆应谛察及应遮遣[④]。

【今译】

上述过类，大都是（依据）足目所说的（误难而来）。（将这十四种过类）说为似能破，已获得普遍的赞同，因此其他学派（对过类）的阐说均应如我所论的那样来建构。由于(以往各家所列的过类往往)只是依据某些细小的差别(便加以分立),这就可以建立无数的过类,故为我所不取。例如正理论等诸家所说的增益相似、损减相似、有显相似(即要证相似)、无显相似(即非要证相似)、生理相似(即可能相似)、别喻相似(即反喻相似)、品类相似(即问题相似)等(都是我所不说的),由此,这一类误难均须仔细审察和一一删订。

【注释】

① 此下小结十四过类。此谓上述十四过类大都依据足目所说。 足目:Akṣapada 的意译,音译恶叉波陀。相传他常以目视足,故名。足目又名乔达摩(Gautama),但也有学者说足目与乔达摩是两个人,总之他的生平很不清楚,据说他生活于公元五十年至一百年之间。传说足目是正理论的始祖。其根本经典《正理经》是足目所作(实际上足目当为《正理经》的主要著者)。《正理经》广分(即今第五卷)专论误难(Jāti)和负处(Nigrahasthāna)。多分:此指多分依足目所说。《正理经》V·1 所说的误难有二十四种,陈那将之归并[如合(9)到相似和(10)不到相似为至非至相似、合(14)疑惑相似和(24)果相似为犹豫相似、合(8)所立相似和(11)无穷相似为生过相似]和删减[如删去(3)增益相似、(4)损减相似、(5)要证相似、(6)不要证相似(12)反喻相似、(15)问题相似、(19)可能相似、(21)不可得相似、(22)无常相似]而成十二过,又依据《如实论》所立的未说难和事异难而成无说相似和所作相似二过,组成十四过类说。由上述增删可见,陈那的十四过类确是多分来自足目所说。

② 此意谓陈那以十四过类为似能破已获广泛的赞许,故诸家论师说似能破亦应如此分立过类。

③ 此意谓古因明师仅凭少分差异而分立过类。由于缺乏一定之规,所立过类即无边际,故为陈那所不取。从前面陈那所立的十四过类可见,他是按似不定因破、似不成因破、似相违因破、似缺因破、似喻过破、似宗过破来分类的。

④ 此举例说明。陈那意谓,《正理经》等诸家所立的增益、损减、有显、无显、生理、别喻、品类等相似过类,皆分类不当,故未为我所取。由此,对这方面的例子皆应细加审察并予以删订。　此中诸有所说:指仅以少分差别来划分相似过类的诸家所立的过类。　增益、损减:此二过《正理经》Ⅴ·1列为第三、四种误难。《方便心论·相应品》中列为第一、二种,此二过梵名Utkarṣa(增益)、Apakarṣa(损减)。《如实论》合为"事异难"(Karyabhedakhaṇḍana)一种。　有显、无显:据宇井伯寿说,有显相似即所说相似,无显相似即非所说相似(参见《印度哲学研究》第五卷第690页,下见同),此二过《正理经》Ⅴ·1中列为第五、六种误难。所说相似梵名Varṇyasamā,又译要证相似;非所说相似梵名Avarṇyasamā,又译不要证相似。法尊据藏译《集量论》称此二过为响相同、非响相同(见《略解》页四十六,下见同)。　生理:宇井伯寿说生理相似即可能相似。在《正理经》Ⅴ·1中可能相似列为第十九种误难,梵名Upapattysamā。法尊据藏译《集量论》译为道理相同。　别喻:即《正理经》Ⅴ·1所列第十二种误难反喻相似,梵名Pratidṛṣṭāntasamā。此过即《如实论》的显对譬义难(Pratidṛṣtāntakaṇḍana),显对譬义与反喻的梵文原字相同。　品类相似:据宇井伯寿说,品类相似即问题相似。此过在《正理经》中列为第十五种误难,梵名Prakaraṇasamā。《如实论》中无此过。法尊据藏译《集量论》说为分位相同。　方隅:原作全类中之一部解,即举例以见一般的意思,然宇井伯寿标注其梵文原字为dinmātra,解释为单一方向的意思,亦可通。　谛察:谛视审察。

[Ⅱ-2-21B] 诸有不善比量方便作如是说,展转流漫,此于余论所说无穷,故不更说[①]。

【今译】

(足目《正理经》中)将诸种不正确的反驳按上述方法分立(而析为二十

四种误难),并且辗转流布,此种误难论后来更为其他学派无限止地衍生开去,这里就不再进一步加以评说了。

【注释】

① 此意谓,正理论于诸种似能破由少分差异而一一分立,此类误难(二十四种)且辗转流布于世,其后更为其他论师所无穷衍生,兹不一一赘述。不善比量方便:指似能立。　作如是说:指上文所说根据少分差异分立误难。　余论:指正理论之外的诸论。　不更说:不进一步去判说。《集量论》云:"如是诸所未说过难,应知皆由正理广分展转流漫。诸余说者所作,亦唯此等一分。"(《略抄》页五十三)

第三章 论 负 处

第一节 对诸家说负处的总评价

[Ⅱ-3-1] 又于负处,旧因明师诸有所说,或有堕在能破中摄,或有极粗,或有非理如诡语类,故此不录①。余师宗等所有句义,亦应如是分别建立②。如是遍计所执分等皆不应理,违所说相,皆名无智,理极远故③。

【今译】

又关于负处的问题,以往古因明家们有诸种阐述,(但他们所说的负处),有的(原本是论式残缺或是论题、理由、譬喻上的过失,)属于反破的对象,有的则分类粗杂不当,有的更是不讲道理如同诡辩一类,故此(为我所)不取。一切外道所立的诸基本范畴当亦是如此建立起来的。这一类世俗的见解都不符合真理,有违于所说(事物和现象)的自相,故非(排除一切情念分别的真如之)智,离开真理甚远。

【注释】

① 此处陈那概述他对诸古师所说负处的看法:有人所说的负处原本属于宗、因、喻等论式上的过失,没有必要再作为负处来专论;有的所说负处分类粗疏不当,有的所说负处更是属于不讲道理如同诡辩一类的东西,这些自

亦不足取。 堕在能破中摄：此指能立缺减或三支上有过失，参见[Ⅱ-1-2]注①。 极粗：此指分类极为粗杂而言，如无著说负处，分类就极粗杂。非理如诡语：如《方便心论》所说的“无义语”，《遮罗迦本集》(Carakasaṃhitā)第33目语失中的“无义”和“缺义”，《正理经》Ⅴ·2·8的“无义”和Ⅴ·2·10的“缺义”以及《如实论·堕负处品》的“无义”和“无道理义”即属于“非理如诡语”一类。 不录：不取。

按：关于负处的种类，古因明师有不同的阐说。如《方便心论·明负处品》列有负处十七种，《遮罗迦本集》第44目列有负处十五种，《正理经》Ⅴ·2和《如实论·堕负处品》均列有负处二十二种。陈那不取上述诸论的堕负论。陈那以后的佛家逻辑即承袭这一传统，不再讲负处。

② 此句意谓，一切外道所量诸义当亦是如此以虚妄之分别建立起来的。分别：梵文 Vibhajya 的意译，音译毗婆阇。佛家以思量、识别事物的自性为分别，分别被认为是亘要的认识。 余师：此指一切外道。 宗等所有句义：泛指为陈那广破的外道所立诸根本宗义。

③ 此谓由于上述正理、胜论等外道所量诸义唯是世俗的见解，皆不合真理，违背所说事物的自相，故非无分别智，离开真如之理甚远。 遍计所执分：即遍计所执自性，又称遍计所执性、普观察性，指世俗的认识，因为一般人以万物为各有自性和差别的客观实在。大乘瑜伽行宗认为，凡夫周遍计度(普遍观察思量)一切法(事物)，故名“遍计”；为此遍计之妄情所迷执者，谓之“所执性”。 相：指事物的自相。 无智：无真如之智。佛家认为离一切情念分别的心识为真如之智，而外道现以虚妄的分别为事物的自性，故非无分别智，亦即无真如之智。 理：佛家所说的真如之理。

第二节 略去负处的理由

[Ⅱ-3-2A] 又此类过失言词，我自朋属论式等中多已制伏①。

【今译】

而且此类（被诸因明家说为负处的）有过失的言辞，我大都已纳入论式等的（过失）中去处置了。

【注释】

① 此意谓，我之所以不取诸家所云的负处，是因为已将此类过失言词大都归属于宗、因、喻论式等的过失论中加以阐明。　此类过失言词：指诸家所说的负处。　朋属：归属。　论式等：此指三支论式等。

［Ⅱ-3-2B］又此方隅，我于破古因明论中已具分别，故应且止①。

【今译】

同时，这方面的问题我在破斥古因明的（其他）论述中已全面地加以剖析，故兹不赘述。

【注释】

① 此为关于负处的结语。意谓这方面的问题我在其他破古因明的论述中已加剖析，故应就此结束论述。　具分别：全面地分析辨别。

总 结 语

为开智入慧毒药，
启斯妙义《正理门》，
诸有外量所迷者，
令越邪途契真义[①]。

【今译】

为了智者能深入解悟而开启智慧之门，
故著此《正理门论》以阐发精妙之义理。
对于为诸外道之量论所迷惑的人来说，
(本论)可使之越过邪途而契合于真义。

【注释】

① 此颂为全书之结束语。意谓，我今造《正理门论》，阐述能立和能破的精妙之义，是为智者开启慧门，意在指引众多为外道量论所惑的人越过迷障而契合于真义。　慧毒药：即慧毒门。这是一种比喻的说法，意谓有人若破伤，伤口虽仅沾上些少毒药，须臾即遍满全身，这意味着毒气可依毒门而深入。今陈那造论乃为有智者开慧门，学人依此而深入研究，如毒气依毒门而深入。慧门如毒门，从喻为名，称慧毒门。慧毒门已成为佛教术语，慧毒药是其变语。　启：《证文》云："启，原作破，依《丽本》改正。"　《正理门》：即《正理门论》。　外量：泛指外道的立量理论。

沈剑英全集

沈剑英 著

中册

上海古籍出版社

佛教邏輯研究

自　　序

余治因明凡四十载，深感法门幽邃，难究纵由；因明奥微，探踪亦艰。余罹阳九之厄二十载而东隅已逝，然微志犹存桑榆，唯珍时惜阴，孜孜以追，终由薄积日久而撰成拙著数种并散论若干。数十载遑遑复逝，今岁余已步入耄年，长笋屈于短日，用有风树之叹！爰摭旧作，删夷骈赘，纠偏正谬，增益所阙，乃至补作新篇而成兹帙，以飨读者。

余虽值暮年，犹好潜思，如于三支论式之公理、因三相之性质、推理规则并过失之分类、陈那一系之知识论、学人对陈那因明之诸种歧见等皆有所思，愚见并已一一志入本书相关章节。

晚近二十年因明学者辈出，成果斐然，绝学后继有人，令人欣慰之至。第因明典籍文简义奥，籀读不易，用有望文生义乃至逞臆而解者。如玄奘所译天主《入论》云："因有三相，何等为三？谓遍是宗法性，同品定有性，异品遍无性。"此处明言因之三相若何，"因"乃主语，此下所陈因之三相皆以"因"为主语，衹承前省而已。顾有不识此句法者，竟以"同品"为第二相之主语，以"异品"为第三相之主语，如此之解，殆三相义将为之淆乱乎？是故余妄度之：奘师苟能于后三句一一冠以"因……于"或"因于"，庸有后人辞费哉？然古人行文本所简约，今人披阅古籍宜加精审。

余读古人书，必反复披阅，细究慎思，未敢稍忽；解析文句词义，亦必吮笔再三而书。然即此犹不免偶有舛误，兹举其要者而言之，如陈那所云现量智与比量智之"智"，余尝按常义作"智慧"解，其实大谬不然，案之唯识义，此“智”乃识体之谓,即自证分亦即量果也。后经修正,私心方得稍释。

辱承上海古籍出版社王兴康社长、赵昌平总编辑盛情邀稿,并蒙敦煌西域编辑室府宪展主任之鼎力支持,拙著得以于余八十初度之际付之剞劂,谨此深致谢忱。

时值中秋佳节,皓月当空,用赋七律一首以遣怀:

浮生八十酹秋月,往事非烟俯仰间。
万户喑声愁对客,百花蔫色恨遗天。
春回莫道桑榆晚,冬去方知松竹贤。
老马难遂千里志,负笈无顾路途艰。

沈剑英涵之识于沪上寓庐还芝楼
壬辰年中秋(2012.9.30)夜

目　　录

自序 …… 627

第一编　起源、变迁与东渐 …… 630

第一章　佛教逻辑的渊源与嬗递 …… 637

一、《遮罗迦本集》的论议原则 …… 638

二、正理—胜论派的逻辑 …… 640

三、陈那以前的佛教逻辑 …… 643

四、陈那创立的新因明 …… 650

五、法称及其后的佛教逻辑 …… 659

第二章　佛教的传入与古因明论典之迻译 …… 669

一、佛教在两汉之际传入中土 …… 669

二、魏晋南北朝时期的佛教与古因明论典之迻译 …… 671

三、《方便心论》概要 …… 676

四、《如实论》概要 …… 686

第三章　三藏法师玄奘与唐代的因明研究 …… 698

一、唐代因明研究概观 …… 698

二、玄奘研习因明事略 …… 700

三、玄奘借助因明击败论敌略述 …… 703

四、玄奘所译的因明 …… 708

五、玄奘所传的因明 …… 711

六、玄奘对因明的贡献 …… 714
七、关于《真唯识量》…… 722
第四章　神泰与文轨的因明疏记 …… 731
一、神泰与《正理门论述记》…… 731
二、文轨与《因明入正理论疏》…… 739
第五章　窥基及其《大疏》…… 749
一、《大疏》的产生及其历史地位 …… 749
二、《大疏》概要 …… 752
三、窥基在因明研究上的贡献 …… 761
第六章　净眼的《略抄》与《后疏》…… 771
一、净眼的因明论疏及《略抄》与《后疏》写卷 …… 771
二、关于《因明入正理论略抄》…… 772
三、关于《因明入正理论后疏》…… 791
第七章　唐代诸师关于因明的歧见与论难 …… 802
一、关于“互相差别”的讨论 …… 802
二、关于“是遍而非宗法”的讨论 …… 803
三、关于“同品”的讨论 …… 806
四、关于“异品”的讨论 …… 808
五、关于“不成因”的讨论 …… 810
六、关于“所依不成”的讨论 …… 811
七、关于“相违决定”之二量如何断胜负的讨论 …… 812
八、关于“相违因”的讨论 …… 813
九、关于对过失作再划分的问题 …… 814
十、关于有体与无体的讨论 …… 819
十一、关于似同法喻中“无体俱不成”的论难 …… 825
第八章　吕才与唐代因明的一场僧俗之争 …… 833
一、吕才的行状与撰述 …… 833

二、吕才的义理逻辑 …………………………………………………………… 835
三、关于因明的一场僧俗之争 …………………………………………………… 840
四、论争简析 ……………………………………………………………………… 845
第九章　藏传因明概观 ……………………………………………………………… 852
一、吐蕃佛教的兴废及前弘期的因明传译 ……………………………………… 852
【附表】　前弘期吐蕃赞普世系表……………………………………………… 859
二、后弘期的因明传译和著述 …………………………………………………… 859
【附录】　关于扎仓的组织形式和学僧的学习与生活 ……………………… 874

第二编　佛教逻辑学 …………………………………………………………… 877
第一章　引论 ………………………………………………………………………… 879
一、释名 …………………………………………………………………………… 879
二、因明纲目 ……………………………………………………………………… 880
三、"四真"、"四似"略说 ………………………………………………………… 881
四、新、古因明的差异……………………………………………………………… 888
第二章　立宗 ………………………………………………………………………… 894
一、什么是宗 ……………………………………………………………………… 894
二、体三名与义三名 ……………………………………………………………… 896
三、所谓"互相差别" ……………………………………………………………… 902
四、表诠与遮诠 …………………………………………………………………… 904
五、"全分"、"一分"非量说 ……………………………………………………… 906
第三章　辨因 ………………………………………………………………………… 910
一、什么是因 ……………………………………………………………………… 910
二、因三相 ………………………………………………………………………… 914
三、九句因 ………………………………………………………………………… 946
四、论辩的六元语用理论和模型——生因、了因与六因辨析……… 955
第四章　引喻 ………………………………………………………………………… 961

一、什么是喻 …… 961
二、同法喻、异法喻 …… 968
三、合作法、离作法 …… 985
第五章　有体与无体 …… 990
一、有体宗、无体宗 …… 991
二、有体因、无体因 …… 994
三、有体喻、无体喻 …… 1003
第六章　三种比量与简别方法 …… 1009
一、自比量、他比量、共比量 …… 1009
二、简别 …… 1013
三、三种比量与能立、能破的关系 …… 1019
第七章　谬误论（上）：似宗 …… 1024
一、概说 …… 1024
二、五相违 …… 1026
三、四不成 …… 1035
第八章　谬误论（中）：似因 …… 1042
一、概说 …… 1042
二、四不成 …… 1046
三、六不定 …… 1053
四、四相违 …… 1068
第九章　谬误论（下）：似喻 …… 1085
一、概说 …… 1085
二、似同法喻 …… 1087
三、似异法喻 …… 1097
第十章　公理、规则和谬误性质的探讨 …… 1106
一、三支论法的公理 …… 1106
二、三种不同性质的规则 …… 1108

三、三类不同性质的谬误及其交集…… 1115
第十一章　误难论 …… 1122
一、误难论的递嬗与终结…… 1122
二、误难的过数和次序变化…… 1124
三、陈那的十四过类说…… 1131
四、结语…… 1147
第十二章　堕负论 …… 1149
一、堕负论的提出及其嬗变…… 1149
二、《方便心论》的“明负处品” …… 1151
三、《正理经》与《如实论》的堕负论 …… 1159
第十三章　知识论 …… 1173
一、古印度诸哲学派别的知识论概述…… 1173
二、量与所量之对应关系…… 1175
三、现量与似现量…… 1177
四、比量与似比量…… 1189
五、量果…… 1194
第十四章　印度古典论法的逻辑性质 …… 1198
一、古正理五支论证式的逻辑性质——例证(类比)法 …… 1198
二、新因明三支论式的逻辑性质——演绎与归纳相结合…… 1203
三、余论…… 1208

第一编
起源、变迁与东渐

第一章　佛教逻辑的渊源与嬗递

佛教逻辑即因明(Hetu-Vidyā),它主要是在足目(Akṣapāda,亦称乔答摩 Gautama,约公元 50~100 年间人)所创立的正理论(Nyāyavidyā)的基础上发展起来的。所以窥基《因明入正理论疏》卷一云:"劫初足目,创标真似;爰暨世亲,咸陈规式"。"劫初"是个神话式的概念,不足为信,"创标真似"一句却概括地道出了渊源。"真似"即真假,这正是逻辑的核心问题。足目创标的正理逻辑后来为大乘佛教所吸取并加以发展,演化成了佛家逻辑。佛家逻辑可大分为二:古因明和新因明。

从古因明的发展过程来看,肇始其基者当推小乘。故古因明产生的年代较早,在《正理经》(Nyāyasūtra)尚未最后完成的时候即已初具规模,如诞生于印度贵霜王朝(Kushan)迦腻色迦王(Kaniska,约 129~152)时代的《方便心论》(Upāyakau-śalya-hṛdaya śastra)即是小乘古因明师的代表作,小乘学者针对当时胜论派等在论法上的分歧,"为利益众生,造此正论"〔1〕。此书所说的论法与古医书《遮罗迦本集》(Carakasaṃhitā)中所示的论法近似,甚至在用例上有时竟亦相仿甚至相同,可见二书所处的时代相同。但《方便心论》较《遮罗迦本集》中的论法要成熟一些。这两部

〔1〕《方便心论·明造论品》。《大正藏》第 32 卷 23b。《方便心论》的著者系何人,不见经录。后有具名龙树所作者,宇井伯寿认为不确,提出应为龙树以前的小乘论师所作,见宇井伯寿《印度哲学研究》第 2 卷第 475 页,东京,岩波书店,1968 年。我认为宇井氏所说有理。

书中的部分理论后来被《正理经》所吸收。下面先介绍与佛家逻辑有渊源关系的《遮罗迦本集》的论法和正理—胜论的逻辑，然后再阐述佛家逻辑的嬗递轨迹。

一、《遮罗迦本集》的论议原则

在印度逻辑史上，现存的最古老的逻辑文献当为古医书《遮罗迦本集》第三编第八章。遮罗迦（Caraka，古译“遮勒”）是迦腻色迦王（Kaniṣka）的御医。他认为医生应当懂一点逻辑，所以他在《遮罗迦本集》里将流传于当时的逻辑与辩论术相混合的理论〔1〕作了整理阐说，其中也包含了他本人的一些创见。他将所阐发的理论称为“议论的原则”，共分四十四目。

1. 论议。2. 实。3. 德。4. 业。5. 同。6. 异。7. 和合。8. 宗。9. 立宗。10. 反立量。11. 因。12. 喻。13. 合。14. 结。15. 答破。16. 定说（又译宗义、悉檀多），有四种：（1）所有学说都认可的定说；（2）特殊学说认可的定说；（3）包含其它事项的定说；（4）关于假设的定说。17. 语言，指文字的集合，从语义上分为四种：（1）可见义；（2）不可见义；（3）真；（4）伪。18. 现量。19. 比量。20. 传承量。21. 譬喻量。22. 疑惑。23. 动机。24. 不确定。25. 欲知。26. 决断。27. 义准量。28. 随生量。29. 所难诘。30. 无难诘。31. 诘问。32. 反诘问。33. 语失，就语义而言有五种语失：（1）缺减；（2）增加；（3）无义；（4）缺义；（5）相违。34. 语善，即：（1）不缺减；（2）不增加；（3）有意义；（4）非缺义；（5）不相违。35. 诡辩，分两种：（1）言辞的诡辩；（2）概括的诡辩（又译一般化的诡辩）。36. 非因，即谬误的理由，亦称似因，分三种：（1）问题相似；

〔1〕 这恐怕主要是婆罗门教六论之一的数论的论法，因为遮罗迦十分推崇数论思想，《遮罗迦本集》也是最早对原始数论思想作系统论述的文献。

（2）疑惑相似；（3）所证相似。37. 过时，有两种情况：（1）应该在前面讲的却放到了后面讲，所说的时机已经过去；（2）先时已堕负，后时欲救，为时已晚。38. 显过。39. 反驳。40. 坏宗。41. 认容。42. 异因，即转移理由。43. 异义。44. 负处，有十三种：（1）不了知；（2）对无难诘的诘问；（3）对所难诘无诘问；（4）坏宗（即 40 目）；（5）认容（即 41 目）；（6）过时语（即 37 目）；（7）非因（即 36 目）；（8）缺减（即 33 目[1]）；（9）增加（即 33 目[2]）；（10）离义（即 33 目[4]缺义）；（11）无义（即 33 目[3]）；（12）重言（即 33 目[2]增加的一种）；（13）相违（即 33 目[5]）；（14）异因（即 42 目）；（15）异义（即 43 目）。以上十五种负处仅前三种为新出，其余十二种皆在前述各目中出现过，故只是总结性地重提而已。上述四十四目可归为十个大问题：

第一，论议（1）；〔1〕

第二，论法（2、3、4、5、6、7）；

第三，论证与反驳（8、9、10、11、12、13、14、15、31、32、38、39）；

第四，定说（16）；

第五，知识的来源（18、19、20、21、27、28）；

第六，思择决定（22、23、24、25、26）；

第七，语言问题（17、29、30、33、34）；

第八，诡辩（35）；

第九，虚假理由（36）；

第十，负处（44）。

由上述十类可以看出，44 目基本上是有序的，只需略作调整即可理出头绪，但这也反映出初期论法理论稚拙的面貌。〔2〕

---

〔1〕 括号中的序数即 44 目的原序数，下同。

〔2〕 关于《遮罗迦本集》中的 44 项论议原则的分析，详见本书《〈遮罗迦本集〉的论议学说》。

二、正理—胜论派的逻辑

在古印度,最早致力于系统地研究因明的学派是正理派〔1〕。据说它的创始人是乔答摩(Gautama),此人在我国古代佛学译著中通称“足目”(Akṣapāda)〔2〕。足目的生平不详,唐窥基据传闻,说足目生在“劫初”(见《大疏》卷一)。印度还流传着一些关于足目的神话传说,当然是难以置信的。正理派的经典是《正理经》,传说是足目所作。《正理经》分五卷,其中相当多的篇幅是谈逻辑方法和辩论术的,所以窥基《因明入正理论疏》说:“劫初足目,创标真似。”所谓真似者,即因明之概括;因为因明讲的主要是论证的王确(真)与错误(似)。

其实,《正理经》并非一人一时的作品,它是早期正理派论师的集体论著。大概足目是最早根据当时论辩中的许多情况以及前人积累的逻辑知识作了系统整理的人(一般认为公元前三世纪正理论的主要原理已建立)。之后,其门徒又不断地加以补充,至少在公元三世纪以后,《正理经》才最后完成。因为《正理经》曾反驳佛教中观宗的创始人龙树(Nāgārjuna)的学说,龙树生活的时代约为公元三世纪,可知《正理经》的完成当在公元三世纪以后。《正理经》分5卷,每卷分两章,计602条经。〔3〕 其主要内容如下:

第一卷:第一章总说十六范畴,即1. 量;2. 所量;3. 疑惑;4. 动机;5. 实例;6. 宗义;7. 论式;8. 思择;9. 决定;10. 论议;11. 论诤;12. 论诘;13. 似因;14. 诡辩;15. 误难;16. 负处。然后简释第1至第9范畴。第二章简释第10

〔1〕 梵语“尼耶夜”(Nyāya),意译为“正理”,原义是“引导到一结论的准则”,后来引申为印度古典逻辑的代称。正理论也称“推究学”。

〔2〕 相传乔答摩常以目视足,故称。

〔3〕《正理经》各本经数不尽一致,此据富差耶那《正理疏》的经数而说。拙译《正理经》即据此,详见本书附录。

至第 16 范畴。

第二卷：第一章探讨疑惑和现量、比量、譬喻量和声量。第二章论四种量的确立、声、语言及其能立。

第三卷：第一章论灵魂、身体、感官和知觉的对象。第二章论知觉的无常性、刹那灭、意、身体的形成。

第四卷：第一章论行为与三类过失、世界观的探讨、结果的探讨、苦和解脱的探讨。第二章论真理的认识、部分与全体等。

第五卷：第一章是误难论，提出了 24 种误难（错误的难破）：1. 同法相似；2. 异法相似；3. 增益相似；4. 损减相似；5. 要证相似；6. 不要证相似；7. 分别相似；8. 所立相似；9. 到相似；10. 不到相似；11. 无穷相似；12. 反喻相似；13. 无生相似；14. 疑惑相似；15. 问题相似；16. 无因相似；17. 义准相似；18. 无异相似；19. 可能相似；20. 可得相似；21. 不可得相似；22. 无常相似；23. 常住相似；24. 果相似。第二章是堕负（堕于失败）论，提出 22 种负处（失败的境地）：1. 坏宗；2. 异宗；3. 矛盾宗；4. 舍宗；5. 异因；6. 异义；7. 无义；8. 不可解义；9. 缺义；10. 不至时；11. 缺减；12. 增加；13. 重言；14. 不能诵；15. 不知；16. 不能难；17. 避遁；18. 认许他难；19. 忽视应可责难处；20. 责难不可责难处；21. 离宗义；22. 似因。

从上述简介可知，《正理经》所论述的逻辑系统较《遮罗迦本集》和《方便心论》的逻辑系统有不少进步，其中关于论法、误难和堕负等，有明显吸收《遮罗迦本集》和《方便心论》者。这是一种良好的趋势，说明印度各派逻辑既互相否定，又相互吸收，《正理经》正是在这样批判吸收的过程中发展而成的。它不愧是一部里程碑式的著作。

《正理经》完成后不久，正理论的重要理论家富差耶那（Vātsyāyana）为《正理经》作了释论，对正理论的十六句义（范畴）作了具体的解释，这就是著名的《正理疏》，它是后世各种正理注释的基础。但是这部注疏遭到了佛教逻辑大师陈那（Dignāga，Dinnaga，公元五世纪）的猛烈批评。之后，公元六世纪时，乌地阿达克拉（Uddyotakara）针对陈那的批评作《正理经释补》,维护富差耶那所作的注疏。公元九世纪时,正理—胜论派的领导人是特利劳恰那(Trilocana),他著有《正理花簇》一书(已佚)。他与他的学生婆恰斯巴提〔1〕(Vācāspati)明确提出"无分别现量"的概念。婆恰斯巴提也是著名的哲学家,他作《正理释补疏记》,继承了乌地阿达克拉的论述,非难佛教逻辑家法称(Dharmakīrti,600~680)。与婆恰斯巴提差不多同时的还有加衍德·帕得(Jayanta Bhatta 公元九世纪),据说他在狱中完成了《正理花簇》一书(与特利劳恰那的著作同名)。至十世纪末,乌陀衍那(Udayana)又作《正理经释补疏记补正》,以及《正理花束》等。以上各家注疏均属于正理传统旧时期的作品,乌陀衍那是正理传统旧时期最后一位杰出的代表人物。

从印度古典逻辑的发展史来看,除了正理派外,胜论派。(Vaiśeṣika)也有杰出的贡献。胜论的创始人是迦那陀(Kaṇāda),它的原典是《胜论经》,一般认为该书的完成年代当早于《正理经》。正理和胜论从早期起就结合得很紧,到后来实际上合而为一了,故人们往往将正理派和胜论派结合在一起加以评价,合称"正理—胜论"。胜论的范畴论即六句义(实、德、业、同、异、和合),"六句义"在《遮罗迦本集》和《方便心论》中均列作论法,因为六句义在认识活动中确实具有推导认知的作用。但是胜派的逻辑学说曾遭到陈那的猛烈抨击,如因、喻异分,以事例为喻体等都是为陈那所不取的,陈那认为同、异二喻的喻体是因的一部分,是体现因三相中的后二相的,而事例只是喻之所依(喻依),而不应视作喻体。喻体具有涵盖全类的作用,以此可避免譬喻辗转无穷等弊病。公元五至六世纪,胜论派的重要理论家赞足(Praśastapāda)吸收陈那新因明的某些成果,发展了胜论的逻辑学说,与正理派的逻辑主张已有所不同。例如他与陈那一样,也认为推理的基础是"有烟处必有火"这种中词与大词的"不相离性",谈到过以抽象命题为大前提等。他并且还阐释过因的三相:"在某个特定的地点或时间,确认与推理

〔1〕 又作"婆恰斯巴堤·弥室罗"(Vacāspati Miśra)。

的对象相伴（即因的第一相）；在其他具有作为所证属性的事物中明显存在（即因的第二相）；在一切和所证矛盾的事物中，它决不存在（即因的第三相）。”（《赞足疏》）赞足的概括与陈那的相同。但是赞足毕竟忠实于正理—胜论的传统，仍然坚持五支论证的形式。

三、陈那以前的佛教逻辑

佛教逻辑分古、新两大阶段，陈那以前的佛教逻辑称古因明，陈那创立的因明体系称新因明。

从古因明发展的历程来看，肇始其基者当推小乘古师，其代表作为《方便心论》。小乘古师写作此书的宗旨是：“为开诸论门，为断戏论故。”正是如此，所以其首颂云：“若能解此论，则达诸论法。”

《方便心论》分四品：第一明造论品，第二明负处品，第三辩正论品，第四相应品。其中以第一明造论品最为重要。

第一，明造论品。此品论述了“八种深妙论法”，即 1. 譬喻；2. 随所执（宗义）；3. 语善；4. 言失；5. 知因；6. 应时语；7. 似因；8. 随语难。

第二，明负处品。此品列出十七种负处（败北的情况），但未标明序数，更没有分类。细检原文，这十七种负处约可归为 4 类。第一类是关于理由错乱的负处，有三种：1. 语颠倒；2. 立因不正；3. 引喻不同。第二类是关于论辩时智慧短缺的负处，有六种：4. 应问不问；5. 应答不答；6. 三说法不令他解；7. 彼义短缺而不觉知；8. 他正义而为生过；9. 众人悉解而独不悟。第三类是关于答问缺乏针对性的负处，有两种：10. 违错；11. 不具足。第四类是关于不善于论辩术的负处，有六种：12. 语少；13. 语多；14. 无义语；15. 非时语；16. 义重；17. 舍本宗。

第三，辩正论品。此品主要论列了一些辩正的实例。

第四，相应品。此品胪列了 20 种相应之法：1. 增多；2. 损减；3. 同异；4. 问多答少；5. 问少答多；6. 因同；7. 果同；8. 遍同；9. 不遍同；10. 时同；

11. 不到;12. 到;13. 相违;14. 不相违;15. 疑;16. 不疑;17. 喻破;18. 闻同;19. 闻异;20. 不生。其中大都属误难,乃误难理论最早的概括。

《方便心论》是佛家早期的论法理论,显然是借鉴了"外道"的论法而形成,较《遮罗迦本集》中的论议原则要成熟一些,但仍较为粗放。如第一明造论品胪列八种论法,其中第七似因中的"随言生过"与第八随语难似有雷同。又如第二明负处品所列负处既不标序数,也不分类,甚至往往只有过名而不作例释,显得无序和笼统。再如第四相应品所列二十种相应法,虽然主要是揭示误难的,却混杂了非误难的部分,如第5、13、16、17四种,均系立论者的过误,而非难破者的过误。不过,《方便心论》的论法对后世产生的影响亦是不容忽略的,例如我们从《正理经》第五卷第一章论误难和第二章论堕负中均可看到《方便心论》第二品和第四品的影子,于此可见《方便心论》对正理派逻辑的影响。

继小乘古师之后,大乘学者对古因明亦作出了令人注目的贡献。先是大乘中观派,其始祖龙树(Āryanāgarjuna,约三世纪)曾在那烂陀寺(Nālandā)治学。《正理经》曾多处批评龙树的中观派观点〔1〕,龙树也在《中论》和《回诤论》里对足目的量论提出严厉的批评。相传为龙树所作的《压服量论论》〔2〕里,龙树更批评足目的十六句义。但中观派从龙树到提婆、青目、婆薮诸人虽然也用一些逻辑术语来论说,但都未建立逻辑学说。

大乘佛教逻辑系统的最初形式出现在瑜伽行派大师无著(Ārya Asaṅga,约四世纪)据其师弥勒(Maitreya,约公元270~350年间人)口义所撰的《瑜伽师地论》中,这是一部百卷巨著,此书的第十五卷说"因明处"(Hetuvidyāsthāna),论述了这一系统。"因明处"一般略称为因明

〔1〕 如Ⅱ-1-8~20经、Ⅱ-1-40~44经、Ⅱ-2-31~32经、Ⅳ-1-37~40经、Ⅳ-2-18~22经、Ⅳ-2-26~37经都有可能是针对龙树的中观派观点进行批评的。

〔2〕 此书梵本已佚,在藏文《丹珠尔》里有《压服量论论科文注》。

(Hetuvidyā),因明之为佛家逻辑的专名即出于此。弥勒所建立的佛家逻辑除了汲取“外道”特别是正理派的逻辑学说外,还有自己的特点:“它不为以论辩的形式为中心的五分作法所概括,也不发展得像弥曼差派或胜论派所研究的那种论式,乃是进一步去搜集像在《摩诃波罗多》里的论理家所说的复杂材料。”〔1〕佛教逻辑所以特命名为因明,就在于它具有自己的风格特点。

弥勒在《瑜伽师地论》中所阐说的因明处,包含七方面的内容。第一是“论体性”,“论”即论辩,“体性”指语言和言语的体性。论说的体性分六种:1. 言论;2. 尚论;3. 诤论;4. 毁谤论;5. 顺正论;6. 教导论。以上“言论”是就语言形式上说的,最具逻辑价值,惜未展开;以后五种是从内容上来分析的,且以佛教教义为准则,与逻辑关系不大。第二是“论处所”,即论辩的处所,亦即论辩时的“证义者”所在之地,计有六种处所,这与实际的论诤有关,然于逻辑无涉。第三是论所依,即论辩所依的知识和逻辑形式。这部分的内容可大分为二,先说所成立义,后说能成立义。所成立义有两种:1. 自性,即论题的主词;2. 差别,即论题的谓词。能成立义则有八种:1. 立宗;2. 辩因;3. 引喻;4. 同类;5. 异类;6. 现量;7. 比量;8. 正教量。在上述八能立中,直接作为论式成分的只有五种,即宗、因、喻、同类、异类,但实际上喻支包括了同类和异类,故这五种其实只有三种。另外,现量、比量和正教量是建立论式开悟他人的内在条件,只是间接成分。这反映了大乘初期建立的因明体系还是比较芜杂的。但较之以往亦有明显的进步,如弥勒的知识论(即论辩所依的知识和获取知识的方法)只取现量、比量、正教量,而正理派与小乘古师则在上述三量之外还立有譬喻量。论所依是弥勒因明体系中最主要的部分,故论述所占的篇幅也最多。第四是论庄严,又译言饰。这部分先阐述五种庄严,即1. 善自他宗,2. 言具圆满,3. 无畏,4. 敦肃,5. 应供,这些主要是论辩的语言要求;然后又提出

〔1〕 许地山:《陈那以前中观派与瑜伽派之因明》,载《燕京学报》第9期,1932年。

二十七种称赞功德,这些主要是论辩的技术要求。第五是论堕负,即辩论中堕入负处的种种表现,弥勒将之略分为三:1. 舍言,指论者舍弃原来的主张而服输,弥勒列有十三种表示认输的言辞,其实只是胪列了一些可能会说的认输的话,而并非从逻辑上划分出十三种舍言过。2. 言屈,这是指论者表现出实际上已败北的种种行为,也列有十三种,如托故而退、恶语伤人等,大都与逻辑不相关涉。3. 言过,指论者在论辩中说话不切题、不明了、不连贯等。这也有九种,大都可与《方便心论》和《遮罗迦本集》所说的负处对应,但其中第5种"招集过难"说的乃是误难,即错误的难破,属似能破的范围,本应另立专题阐说才是,现在却归在负处中,显得缺乏条理。第六是论出离,即论者于论辩前须从三方面来观察论端,以权衡是否可以立论:1. 观察得失,考虑于人于己有无损害;2. 观察会众,分析与会众人的素质,是否偏执、贤正和善巧;3. 观察自身的能力,思量是否能建立自论、免堕负处、克敌制胜。经过这三方面的权衡以后,若有利者即可立论,不利者就不应立论。第七是论多所作法,即论者在立论时要多有作为,这也有三方面:1. 能善了知自宗和他宗,如是则于一切法能起谈论;2. 勇猛无畏,如是则在众人前不会怯场;3. 辩才无竭,如是则随所问难皆善酬答。这三方面纯粹是从论辩者的素质上提出要求,与逻辑亦无关系。总之,在弥勒所说的七因明中,逻辑与辩论术混杂在一起,还间有知识论的内容。相对来说,论所依和论堕负当是逻辑系统的主干部分,论体性和论庄严涉及语言问题,而语言与逻辑的关系至为密切,故可视作其系统中的枝叶部分,但其中也间杂着不少辩论术的要求。至于论处所,论出离和论多所作法所述,则基本是辩论术,但其中也包含着一些语用问题。因此大乘佛教早期的逻辑系统是比较芜杂的。

后来,无著祖述师说,撰《显扬圣教论》阐发《瑜伽师地论》要义,其卷十一所述之因明七种论法与弥勒所说完全相同。其所著《大乘阿毗达磨集论》第七卷阐说的因明义理也基本上同于弥勒,只是在八能立上略有出入。《瑜伽师地论》说的八能立为立宗、辩因、引喻、同类、异类、现量、比量、正教量(《显扬圣教论》同此),而《阿毗达磨集论》的八能立为立宗、立因、立喻、合、结、现量、比量、圣教量。在这里,《集论》以合、结替换了《瑜伽》和《显扬》的同类、异类,这样的变化反映出无著对五支式古因明有了深一层的认识;因为同类、异类都是喻的组成部分,将之与喻并列没有必要,而在五支论式中,合与结均有其一定的逻辑功能〔1〕。另外,《集论》还将弥勒的逻辑学说揭示得更为精要清楚。无著的这些新解,后为其弟子师子觉(Buddha Siṃha)所传述〔2〕。

另外,无著在《顺中论》一书中还引述了若耶须摩(正理派后学的一系)所说的因三相,故《顺中论》也是最早说及因三相的重要文献。但无著并不赞同因三相,故云:“彼因三相,若何者法语为缘具(三相具足),复以何者是因三相?”并说:“一切作法(论式)无三种相!”这说明弥勒和无著的逻辑系统是比较保守的,是大乘逻辑系统的最初的形式。

在印度古因明的发展史上,世亲(Vasubandhu,约四世纪人)是集大成者,同时也是为新因明的诞生创造了重要条件的大师。他是无著之弟,原属小乘有部,后从其兄改习大乘瑜伽论。他的因明著作有《论轨》《论式》和《如实论》等。但是这些著作大半散佚,其中《论心》仅见名称而不悉内容,《论轨》〔3〕与《论式》也仅有少量片断被后人引用过。据此少量片断可知,这两部书的“主题是关于辩论的。它们被安排为两部分:论证和破除。在论证之下讨论了知识的途径。将论证缩减为三个步骤”。而且《论轨》“只接受两种知识途径:现量(感性的、自己经验的)和比

〔1〕 合、结两支虽在陈那演绎与归纳相结合的三支因明里被删除,但在五支因明里,合、结是作为类比推理的组成成分出现的,故有其逻辑功能。

〔2〕 师子觉曾注解《集论》,名《阿毗达磨杂集论》,后安慧将它编入本论,成为现在传世的《杂集论》。

〔3〕 陈那在《集量论·现量品》中说:“《论轨》非师说。”并在书中多次批评《论轨》的观点。参见译编的《集量论略解》,中国社会科学出版社,1982 年。吕澂先生认为,《论轨》即藏译佛典《解释道理论》,见《现代佛学》1954 年第2 期。

量(推论的)”。〔1〕但《论轨》是否为世亲所作恐难肯定,据唐文轨云:“《集量论》中陈那云,《论轨论》……非是世亲所造,或是世亲未学时造。学成以后造《论式论》。”〔2〕据此可知,《论轨》写在前而《论式》写在后。而且据文轨说,《论式论》更接近《如实论》。〔3〕《如实论》当是世亲全面论述其因明学说的一部力作,可惜传世的只是一个残本,仅《如实论·反质难品》一卷而已!然从此残本中也可略窥世亲积极的逻辑主张。《反质难品》当是《如实论》的最后部分,其前正面阐说逻辑学说的部分已不存于世。《反质难品》又分三品:

第一无道理难品。此品可能是承接其前佚失的部分,从九个方面展开辩难。

第二道理难品。此品论说了三类十六种误难:第一类是颠倒难,计有十种:1. 同相难;2. 异相难;3. 长相难;4. 无异难;5. 至不至难;6. 无因难;7. 显别因难;8. 疑难;9. 未说难;10. 事异难。第二类是不实义难,有三种:11. 显不许义难;12. 显义至难;13. 显对譬义难。第三类是相违难,有三种:14. 未生难;15. 常难;16. 自义相违难。在论列了上述三类十六种误难后,又提出了五种正难:1. 难所乐义;2. 显不乐义;3. 显倒义;4. 显不同义;5. 显一切无道理成就义。

第三堕负处品。此品论列了二十二种堕负,基本同于《正理经》V-1,即:1. 坏自立义;2. 取异义;3. 因与立义相违;4. 舍自立义;5. 立异因义;6. 异义;7. 无义;8. 有义不可解;9. 无道理义;10. 不至时;11. 不具足分;

〔1〕[英]渥德尔著,王世安译:《印度佛教史》第412~413页。商务印书馆,1987年。

〔2〕《庄严疏》卷一页二十四右。支那内学院刻本(以下简称“内院本”),1934年。又,《〈文轨疏〉校补》卷一,见拙著《敦煌因明文献研究》第333~334页。上海古籍出版社,2008年。文轨所引《集量》云《论轨》非世亲所作之语,当系陈那在现量品中破异执时所说,法尊译云:“论轨非师造,故我当观察。”见《集量论略解》第8页。中国社会科学出版社,1982年。文轨时《集量》尚无汉译,其所引当据玄奘口义而来。这也从侧面印证《集量论》中确有此语。

〔3〕参见《庄严疏》卷一页十六右。又,《〈文轨疏〉校补》卷一,见同上第328页。

12. 长分；13. 重说；14. 不能诵；15. 不解义；16. 不能难；17. 立方便避难；18. 信许他难；19. 于堕负处不显堕负；20. 非处说堕负；21. 为悉檀多（宗义）所违；22. 似因。

从世亲所论可知，他的因明学说在前人的基础上大大推进了一步。第一，在论式上，古因明通常取五支式，世亲初时也习用五支式，但他在《论式论》中即改用宗、因、喻三支，省去合结两支。世亲的三支式是由古因明向新因明过渡的论证形式。第二，世亲首先采纳了外道提出的因三相说。因三相最早见于无著的《顺中论》，但那是作为"外道"的学说加以引述并给予否定的，所以无著说："一切作法无三种相。"世亲却持相反的态度，他采纳了因三相，如《如实论》云："我立义依三种相。"当然，由于世亲的三支式基本上属于例证推理（类比推理）的性质，故其因三相与外道的原旨无大异，而非演绎与归纳的规则。第三，世亲直接从《正理经》汲取养料，其所说的二十二种堕负与《正理经》几无二致，而不取《瑜伽》《显扬》的堕负论。另外，世亲所列的三类十六种误难则是对《正理经》阐说的二十四种误难的删订和增补。陈那的十四过类即是以此为基础加以改订的。

佛教古因明到世亲也就告了终结：世亲一方面将古因明发展到了一个新的层次，开始向新因明过渡；一方面又未能突破类比的性质，其系统也还不够精致细密。他只是作为佛教古因明的最后一位大师完成了对古因明作出总结并提供新思路的任务。其弟子陈那（Dinnāga）就是在这样的基础上成就新因明的。这里可以借用窥基大师的一段话来概括佛家逻辑的发展脉络："劫初足目，创标真似；爰暨世亲，咸陈规式，虽纲纪已列而幽致未分，故使宾主对扬犹疑立破之则。有陈那菩萨，是称命世，……匿迹岩薮，栖虑等持，观述作之利害，审文义之繁约，……于是覃思研精，作《因明正理门论》。"〔1〕这段话提示了三点：第一，因明渊源于足目的逻辑；第二，古因明

〔1〕　窥基：《因明入正理论疏》（下简称《大疏》），卷一页二左～三右。金陵刻经处本（下简称金陵本），光绪二十二年（1896）。

完成于世亲，但它虽立“纲纪”而有欠精致；第三，陈那正是有鉴于此而创立了新因明。窥基的概括是至为中肯的。

四、陈那创立的新因明

陈那（Dinnāga，亦称作大域龙、域龙、方象、童授，约400~480年间人）生于南印度新叶国（Pallava）邻近首都香至（Kāñci）的星伽薄多城（Siṃhavaktra意译师子口），属婆罗门种姓。据西藏多罗那他《印度佛教史》说，他初从小乘犊子部的象授出家，但后来他对犊子部关于补特伽罗（Pudgala，意译“人我”）的教义产生疑惑，因为犊子部认为补特伽罗与五蕴的关系是不即不离的，即既与五蕴不完全相同，又并非与五蕴相异，很难给它下一个定义，所以犊子部称补特伽罗为“不可说”。犊子部的这一主张，就是在事实上承认补特伽罗是实有的，是轮回转世的主体。于是陈那向老师象授乞求教诫，大概象授的解答未能使陈那释疑，于是陈那又通过自身的观察来寻求答案。他白天打开所有的窗子，夜晚在四方点灯，赤身裸体，双目眊动，看遍内外，却不见补特伽罗的影子。老师问他为何如此修行，他说，我理解迟钝、智慧低劣，老师说的补特伽罗是什么我没看到，怕是被什么障碍遮蔽住了，所以这样内外观察。陈那的这番回答暗含着对老师的破斥，故象授以其违自教而将他逐出宗门。陈那本想据理反驳，但又怕违背礼义，只得叩辞。后来陈那改从世亲受业，学习了大小乘所有经典和因明。据说他最终能背诵五百部经典。

陈那一生的大部分时间是在南印度羯陵伽（Kaliṅga，今奥里萨邦）的树林深处的山崖洞窟里度过。据《大唐西域记》卷十说，其间他曾在案达罗国（Āndhra）瓶耆罗城西南一座孤山上的石窣堵波处住过一段时间，并于此作《因明正理门论》〔1〕。这是印度逻辑史上值得永远铭志的一件大事。据

---

〔1〕《大唐西域记》只说陈那于此作《因明论》，窥基《大疏》卷一则指明写的是《因明正理门论》。

多罗那他《印度佛教史》说，这期间那烂陀寺还发生与外道的大争论，能言善辩的婆罗门哲学家苏突罗阇耶（Sudurjaya）也来挑战，那烂陀寺的僧众受到严重的理论威胁，因而召请陈那前来相助。陈那果然不负众望，三次击败苏突罗阇耶，并逐一驳斥外道的诸种难诘，使之归服。他在这所佛教最高学府住了较长一段时间，给僧众讲了许多经，并广说《阿毗达磨俱舍论》，还写了许多关于唯识和辩论的小论，据说有一百部之多。后来他又回到羯陵伽丛林中的山洞里潜修，并在这里完成了以《正理门论》为理论主干、汇集自己以前所撰的关于知识论和逻辑的诸种散论加以扩充而成的煌煌巨著——《集量论》。传说陈那造《集量论》时先用石笔在崖壁上写了四句归敬颂：

归敬为量利诸趣，示现善逝救护者。

释成量故集自论，于此总摄诸散义。

其时有一位名杰那波的婆罗门教徒乘陈那外出化缘时偷偷擦去颂文；于是陈那又写了第二遍，结果又被擦去。陈那第三次写颂文时附言道："如果出于嬉戏而擦去，则请勿再擦；如认为意义有误，则请出来辩论！"杰那波又来偷擦时看到附言便不好再擦，等陈那返回后即与辩论，但辩输了三次，陈那便按惯例要他归顺，那人却仍不服输，纵火烧毁了陈那的一些资具，逃逸而去。为此陈那曾一度悲观，传说他受到文殊的教诲，才发愿造成《集量论》。他先写了颂文，然后又作了自注。此论共分六品：现量品、为自比量品、为他比量品、观喻似喻品、观遮诠品、观过类品。每一品均分两部分：先立自宗，后破异执，即破外道如论轨、正理论、胜论、数论、观行等的邪见异说。后来他又到南方各地周游，与许多外道辩论，一一制伏，从而获得"辩论牛王"之称。陈那的门徒遍布四方，而无一随身侍从，最后他仍然回到羯陵伽的丛林深处，终了一生。

陈那一生的著述虽甚多，然其梵本似已散失殆尽。幸在汉译和藏译论藏中尚保存着他的多种著作，其中与因明有关的著作汉译计有三种，即《因明正理门论》《无相思尘论》《观所缘缘论》。另外他的代表作《集量论》最早由唐义净译出，但不幸未能流传下来，至为可惜！在西藏大藏经的"丹珠尔"

里，收有陈那的因明著作六种，即《集量论》《集量论释》《观所缘缘论》《观所缘缘论释》《观三时》《因轮抉择》。在这些著作中，最重要的是《正理门论》和《集量论》。兹略介如下：

《正理门论》，一卷，未分章节，然内容富赡，条理井然。全文分两大部分：

第一部分论述真能立（论证）、似能立（错误的论证）及现量（感觉量）与比量（推理量）。分四方面论述：一、论宗与似宗。其中先总说何谓能立，再说立宗的准则（随自意乐）；然后说五种宗过，又对古师所说的“宗因相违”过作了论析，认为这不是宗的过失，而是因的过失。二、论因与似因。先说宗法即因，因须共许极成才能成立。又说因的十四种过失，计有四种不成因，六种不定因和四种相违因三类。并对同品、异品和九句因作了论析。三、论喻与似喻。先说同法喻和异法喻，再说十种喻的过失，还论述了因三相以及因喻之关系，最后对能立与似能立功在悟他的性质作了论说。四、论现量（感觉量）与比量（推理量）。先说四种现量与六种似现量，然后说比量。

第二部分论述能破（反驳）与似能破（错误的反驳），分三方面论述：一、论能破，主要提出能破的界说。二、论似能破，陈那将似能破中的误难（即对无过的论证横加论难）部分审订为十四过类：1. 同法相似；2. 异法相似；3. 分别相似；4. 无异相似；5. 可得相似；6. 犹豫相似；7. 义准相似；8. 至非至相似；9. 无因相似；10. 无说相似；11. 无生相似；12. 所作相似；13. 生过相似；14. 常住相似。[①]三、论负处，陈那不立负处，提出略去负处的理由。

《正理门论》全面地阐述了陈那早期以论证和反破为核心的逻辑思想，在这里，获取知识的方法即现量与比量只是作为立量的必要条件加以阐说的。这与他晚年的做法不同，在《集量论》里，他一反以立破为核心的格局，而是先说现量和比量（为自比量），再说能立和能破（为他比量）的，在论说能立与能破之间，穿插了一章对声量和比喻量加以排除的论说，陈那认为此二量亦不外是比量，这样的论述格局，显然是将逻辑纳入知识论的范畴，侧重点有所不同。

《集量论》共分六品，略介如下：

第一现量品。此品先立自宗，后破异执。在立自宗中，先总说现、比二量，陈那认为知识来自现量和比量，因为认识的对象无非是自相和共相，现量以自相为境而比量以共相为境，故古师所说圣教量和譬喻量皆假名为量而已，非真实量。然后论现量，佛家的现量是无分别的，更远离名言种类的分别作用。现量有四种：1. 根现量；2. 意识现量；3. 自证分现量；4. 瑜伽现量。与此相反的是似现量，亦即虚假的现量，有七种：1. 迷乱心；2. 世俗智；3. 比量；4. 比量后所起心；5. 忆念缘过去事；6. 悕求想未来境；7. 有翳膜等所根识。以上前六种属有分别，故是似现量；后一种虽是无分别，却因白内障而导致误看，故亦为似现量。于是又论及量果，陈那认为现量以"自证为果"，"是即能量心而为量果"，〔1〕亦即以自证分为量果。最后是破异执，计破《论轨》、正理论、胜论、数论、观行派五家关于现量的观点，破斥颇详。

第二为自比量品。此品亦是先立自宗，后破异执。在立自宗时，先总说比量有二：为自比量和为他比量。然后分论为自比量，为自比量的界说是"谓由具足三相之因，观见所欲比度之义"；〔2〕如果缺少三相中任何一相，就是似因。最后破异执，仍按破《论轨》、正理论、胜论、数论、观行派的次序一一破斥。

第三为他比量品。此品界定为他比量："令他生有因智故，说三相因。"〔3〕还揭示所立宗的本质：须随自意乐，与现量、比量、自教及世间之理均不相违；反之，即是似宗。随之又破异执，主要是破正理论和《论轨》的说法。接着又辨能立因，释宗因之关系，阐说"九句因"，充分表明其演绎与归纳相结合的逻辑思想。然后又破异执，先破所说因，计破《论轨》、正理论、胜论、数论四家之言；复破所说似因，计破《论轨》、正理论、胜论三家之言。

---

〔1〕 此引《集量论》语，见法尊译编《集量论略解》第6页，中国社会科学出版社，1982年。

〔2〕 《集量论略解》第29页。

〔3〕 《集量论略解》第60页。

第四观喻似喻品，亦是先立自宗，后破异执。在叙自宗中，论述了喻支的作用在体现因之后二相，故从本质上看喻亦是因的组成部分。又论述了合作法和离作法，辨析倒合和倒离的不当。接着又说似喻。然后是破异执，分别破斥《论轨》、正理论、胜论三家的异说。

第五观遣他品。此品旨在遣除声量，认为各家都承认的声量其实不离比量，故可归属于比量。又剖析语言（声）的意义是非真实的，乃由假设而立。也正是如此，声可用以诠释自体和种类差别，并可“遮余义而显示自义”，这也是因明表诠所具有的“亦遮亦表”的特点。语言（声）在分别事物时，也分别了事物的属种关系，此即比量之基础。最后并说及譬喻量也是比量，故可遣除。此品还涉及“声明”中的一些问题，较为难解。此品在论述中不时破斥声论、胜论、数论的异说。

第六观过类品。此品论说了似能破，特别对误难作了全面的考察，仍立为十四过类，但次序与《正理门论》所说不同，这是因为陈那在《集量论》里将十四过类的分类次序作了调整，故十四过类的序次亦相应重新排定如下：1. 似缺因过破：（1）至不至相似；（2）无因相似。2. 似宗过破：（3）常住相似。3. 似不成因破：（4）无说相似；（5）无生相似；（6）果相似（《正理门论》作“所作相似”）。4. 似不定因破：（7）同法相似；（8）异法相似；（9）分别相似；（10）无异相似；（11）可得相似；（12）犹豫相似；（13）义准相似。5. 似相违因破：（6）第二果相似（《正理门论》作“第二所作相似”）。6. 似喻过破：（14）生过相似。而在《正理门论》中，其分类次序为：1. 似不定因破；2. 似缺因过破；3. 似不成因破；4. 似相违因破；5. 似喻过破；6. 似宗过破。这样的分类次序显然不及《集量论》合理。然而从《正理门论》开始，陈那对误难论的论说虽吸取了《正理经》和《如实论》的有关学说，却是作了根本改造的。〔1〕误难论自陈那作了总结以后，在佛家逻辑系统里也就告了终结。

〔1〕参见本书第二编第十一章“误难论”。

陈那在印度逻辑史上的贡献是划时代的,他的功绩在于创立了新因明的逻辑系统。在这方面,撮其要者而言之,可约为三点:

第一,创立了三支论证式。陈那新因明形式上的主要标志是三支式,而在陈那以前的古因明的形式标志是五支式。五支式由宗(论题)、因(理由)、喻(比喻)、合(应用)、结(结论)五部分组成。这种五支式的论证形式后来亦为小乘古师所沿用。至世亲时,五支与三支并用,说明世亲尚未将三支式作为论证的定式。陈那则毅然删去合、结两支,唯以宗、因、喻三支为论式,因为在五支作法中,其主要的部分为宗、因、喻三支,合支只是在前三者基础上的具体应用,可以将它纳入喻支之中,而结支乃是宗支的重复,亦是可以省略的。不仅如此,陈那在删繁就简的同时也改造了喻支,使本来属于例证性质的喻支变成演绎与归纳相结合的前提。具体说来,就是古因明以事例为喻体,陈那则改以普遍命题为喻体,而以事例为喻依。将喻支分为喻体与喻依两部分,反映了陈那外遍充论的立场,亦即在以普遍命题为推论前提的同时,又以同喻依对命题的真理性作检证,而且由于有异喻的“止滥”,更使其对普遍命题达到验证的作用。〔1〕

第二,深化了因三相的理论。因三相说最早由正理须摩(Nyāyasoma,意即正理派的门徒)所提出,对此,无著持反对态度,世亲则持赞成态度。但那时由于以事例为喻体,故因三相说还只是类比的规则。陈那改造了喻支,又提出因与宗不相离性的公理,这就将因三相说大大推进了一层,成了演绎和归纳相结合的规则。值得称道的是,陈那因三相中的第一相揭示的乃是概念间的真包含关系和以类为推的思想;其第二、三相不但进一步体现了其因宗不相离的类推思想,还是其合、离结合的归纳法的规则,具体地说,第二相与合式归纳对应,第三相与离式归纳对应,但二、三两相必须结合运用,不能任意分割,以使不完全归纳法的结论具有必然性。〔2〕

第三,发展了过失的理论。在印度逻辑史上,正理派提出的谬误表是相

---

〔1〕〔2〕　参见本书第二编第十四章:《印度古典论法的逻辑性质·余论》。

当庞杂的,计有五类九种似因、三种曲解、二十四种误难和二十二种堕负等。佛教古因明家在此基础上又提出似宗六种和似喻十种,并将因过增为十四种。至于误难和堕负的问题,古因明家在过数和名称上说法并不统一。对于宗、因、喻三支上的过失,陈那基本上接受古因明家所列的过失表,但认为古师所说的似宗中的"宗因相违"不是宗过,而是因过或喻过,故他将宗过只定为五种。陈那在过失理论上的主要贡献在于对误难和堕负的研究。对于正理派的二十四种误难,世亲曾作了重要的审订,成为三类十六种相应之法,使原本芜杂无序的误难论条理化了。陈那在此基础上再加审订,去芜存菁,重新分类,成其十四过类说。陈那将十四种过类(可细分为二十一种)归为似因缺破、似宗过破、似不成因破、似不定因破、似相违因破、似喻过破六类,这说明陈那已清醒地认识到误难在本质上与三支上的过失相通,是可以划归到阙过和似宗、似因、似喻中去的。后来他的学生商羯罗主在这一启示下就索性去除了十四过类,只说:"于圆满能立,显示缺减性言;于无过宗,有过宗言;于成就因,不成因言;于决定因,不定因言;于不相违因,相违因言;于无过喻,有过喻言。如是言说名似能破。"〔1〕另外,对于《正理经》提出的二十二种负处,世亲全部加以袭用,只是在解释上有所发明。陈那经过精心审视后认为,古因明和正理论所说的负处,有的原本包含在三支的过失之中,有的则在归类上极为粗疏,有的更属诡语一类,所以陈那主张删除那些无关的东西,而将与论诤直接有关的负处归入宗、因、喻三支的过失中去处理。陈那的见解是深刻的,使过失论前进了一大步。自陈那以后佛教逻辑家都承袭这一做法,不再讲堕负的问题。

商羯罗主(śaṅkarasvāmin,意译骨锁主,亦称天主,约五至六世纪时人),是陈那的弟子。他在印度哲学史和逻辑史的著作中几乎是一个被遗忘了的人物,但在汉传因明史上却占有重要的地位,这是因为玄奘逶译了他的《入正理论》一书并且经过文轨和窥基等大师的疏解,他的逻辑思想已为

〔1〕 商羯罗主:《入正理论》,《大正藏》第32卷12c。

许多佛教学者所推崇。

商羯罗主的身世不详，印度似无其身世的记录，在我国，只有窥基说及他取名商羯罗主的缘由和撰《入正理论》的缘起："商羯罗者，此云骨锁，塞缚弥者，此云主。……外道有言，成劫之始，大自在天人间化导，二十四相，匡利既毕，自在归天。事者倾恋，遂立其像，像其苦行，悴疲饥羸，骨节相连，形状如锁，故标此像名骨锁天。……菩萨之亲，少无子息，因从像乞，便诞异灵。用天为尊，因自立号；以天为主，名骨锁主。"〔1〕这就是说，由于其父母求祷大自在天（Mahāiśvara，即婆罗门教三大主神之一的湿婆）而得子，故商羯罗主之亲尊天为主，而取是名。窥基又说："陈那……覃思研精，作《因明正理门论》。……商羯罗主即其门人也。……善穷三量，妙尽二因；启以八门，通以两益；考核前哲，规模后颖；总括纲纪，以为此论。"〔2〕"陈那以外道等妄说浮翳，遂申趣解之由，名为《门论》。天主以旨微词奥，恐后学难穷，乃综括纪纲，以为此论。作因明之阶渐，为正理之源由，穷趣二教，称之为'入'。"〔3〕这就是说，商羯罗主的《入正理论》乃是陈那《正理门论》的入门之作，这也是商羯罗主作《入正理论》的缘起。事实也确乎如此，由于陈那的《正理门论》旨微词奥，索解为难，而义净所译的《集量论》又不复流传，故汉传因明的学者大都通过《入正理论》来研究陈那的因明理论。

《入正理论》是一部极其重要的文献，在汉传因明史上，其地位几可与《正理门论》比肩，故世称前者为小论，后者为大论。它篇幅较短，仅二千五百字左右，不及《正理门论》的三分之一，但条分缕析，要言不繁，不仅将陈那新因明的基本内容清楚地陈说了出来，而且作了补充和修正。全文分三个部分：第一部分是概括"诸论要义"的四句初颂；第二部分是作具体阐释的长行亦即散文；第三部分是结颂，也是四句。其中第二部分是全文的重

〔1〕《大疏》卷一页六右。金陵刻本，光绪二十二年（1896）。

〔2〕《大疏》卷一页三左。

〔3〕《大疏》卷一页五左右。

点，它分六方面来阐说：

第一，论真能立。商羯罗主首先概括地指出，能立即由宗、因、喻三支组成的论式，它的作用在于开悟他人。接着阐释了宗的特性，三相和同品、异品以及同、异二喻与因第二、三相的关系等。最后仍被归结到“唯此三分说名能立”上来。在这一大段的阐述里，商羯罗主对宗、因、喻的分析是精辟简明的，但他略去了九句因，可能是基于不予展开的考虑吧。

第二，论似能立。商羯罗主在这里全面阐释了陈那所说的五种宗过、十四种因过和十种喻过，而且增说了四种宗过，即能别不极成、所别不极成、俱不极成、相符极成，使似能立包含了三十三种过失。商羯罗主对过失的论析比较具体，一一举例说明，所以竟占了全文大半篇幅，这说明他对过失论给予了较多的关注。

第三，说现、比量。这部分写得很简要，表明了他依顺《正理门论》以立、破为重心，而以知识论为辅的思路。

第四，说似现量与似比量。这部分说得极简略，只是界定了似现、比量，而不予例释，更未对似现量再作划分〔1〕。

第五，论能破。这部分先从内涵上界定什么是能破，然后再从外延上界定能破的范围，并指出能破的作用在于悟他，论说很精要。

第六，论似能破。这部分也是先从内涵上来界定似能破，再从外延上来界定似能破，而将陈那所详论的十四过类纳入宗、因、喻的过失之中，这一点虽然是得到陈那的启示而来，但还是特别引人注目的。

总之，商羯罗主忠实地继承了陈那的逻辑学说，在过失论上并有所发展。他的《入正理论》是一部极有价值的逻辑著作，其梵文本至今保存在耆那教哲学家师子贤（Haribhadra，约八世纪）等人所作的注释中，长期流传于

〔1〕 陈那在《正理门论》中说似现量有六种，参见拙释《因明正理门论译解》［Ⅰ-4-3］，中华书局，2007年。陈那在《集量论》中说似现量有七种，见法尊《集量论略解》第5~6页，中国社会科学出版社，1982年。

耆那教徒中。它的最早译本是玄奘的汉译本，后来汉族格西僧祥炬与藏族格西敦寻（教童）合作，将玄奘的汉译转译成藏文，但在署名上出了差错，误题为陈那所造。另外，西藏学者汤吉卿伯松瓦（一切智吉祥护）与萨迦派第三代祖师扎巴坚赞（名称幢，公元 1147～1216）合作，在萨迦寺直接从梵文合译了《入正理论》，但他们将《入正理论》当作了陈那的《正理门论》，故此书的书名与作者均为误译。此后，南宋末帝赵㬎于 1288 年被元世祖忽必烈遣送至吐蕃，从有部出家，法名却吉仁钦（意译为法宝），他在萨迦寺做住持时，曾据玄奘所译的《因明入正理论》译校藏译本，但他未将误题的书名和作者名改正过来。由于西藏学者的误译误传，对商羯罗主更增加了一层扑朔迷离的色彩。

五、法称及其后的佛教逻辑

法称（Dharmakīrti，约七世纪），生于南印度睹摩罗耶（Trimalaya）。据西藏多罗那他《印度佛教史》说，他出身于婆罗门家庭，自幼才智敏捷，精习工艺、吠陀、医术、文法等。十六岁或十八岁时即已通达婆罗门教义，但他后来看了一些佛典后，觉得婆罗门的教义很不合理，而对佛教产生敬仰之心。后来他来到那烂陀寺，师从于陈那的弟子寺主护法，又从陈那的另一位弟子自在军学习《集量论》。传说他听过一遍后即与自在军的水平相等，听了第二遍后即可与陈那比肩，听完第三遍后便能洞察自在军对陈那的意旨未能通达之处〔1〕。法称非常雄辩，在论诤中屡辩屡胜，因而有“辩论牛王”之称。据说他在宾陀山区受到郁普罗布湿波王的礼遇，著名的“因明七论”就是在这里完成的。传说他著“因明七论”时由于过于专注，故国王令人在饭

〔1〕　法称受业于护法和自在军之说恐不确，因为玄奘在那烂陀寺多年，却未提及法称一字，说明在当时尚无法称其人，至少法称在当时尚未成名。在我国的典籍里首先说及法称的是义净所撰的《南海寄归传》，法称或与义净同时。

里放上蒂丁(苦味植物)他也未察觉。又传说他写完七部因明论后曾分送给班智达们看,多数人不能理解他的逻辑理论,少数人虽能理解,然出于嫉妒而持否定态度,甚至将他的著作系在狗尾上,以示轻蔑之意。故法称在他的巨著《释量论》开首第二颂中悲愤地说道:“众生多着庸俗论,由其无有般若力,非但不求诸善说,反由嫉妒起瞋恚。”所以接着他强调说,我并非为这些人写书,我写此书只是为了自我慰藉,并由此论而心生欢喜〔1〕。据说此颂是他在受到指责污辱后添加上去的,他蔑视平庸之辈。但他也为自己的学说得不到知音而哀伤,故在《释量论》结尾处又云:“诸众生中我相等,继持善说不可得,如众河流归大海,吾论隐没于自身。”〔2〕意谓世上能同我一样继持善说的人已不可得,所以我的学说犹如河流入海,将隐没于自身之中。

法称被后世认为是陈那之后最重要的佛教逻辑学家。所著因明七论,即《释量论》、《定量论》、《正理滴论》、《因滴论》、《观相续论》、《诤正理论》、《成他相续论》〔3〕都是在阐释陈那《集量论》的同时宣达法称自己的逻辑主张,因此备受后世的重视,尤其在我国西藏一带,传译和注释法称七论者甚多,法称因明七论终于成为藏传因明的基础文献。藏传因明与汉传因明的主要区别即在于此,因为汉传因明是以陈那和商羯罗主的大小二论为研究基础的。

在法称的因明七论中,以《释量论》最为重要,它系统地阐述了法称的逻辑思想,是七论的主体;其余六论则是从属于这一主体的,故称之为“六足”。“六足”中的第一部《定量论》,乃是《释量论》的略本,它有偈颂也有长行,其偈颂一半以上引自《释量论》,但在形式上它兼有颂文和长行,不

〔1〕〔2〕 参见法尊译《释量论》,中国佛教协会,1982年印行。

〔3〕 除《释量论》第一品和法称的自注以及《正理滴论》有梵文本之外,其余六论都只有藏文本。1982年王森、杨化群分别把梵文、藏文本《正理滴论》译成汉文;1980年,法尊法师将《释量论》的藏译本转译成汉文,同时译出僧成(达赖一世根敦珠巴)的《释量论释》。

像《释量论》全由颂文组成。《定量论》分三品，即现量品、为自比量品和为他比量品。“六足”中的第二部《正理滴论》亦分三品，即：现量品、为自比量品和为他比量品。以上“二足”都是从整体上来阐释《释量论》的。第三部《因滴论》论因的分类和因三相和言三支等问题，并反驳因有六相或三相合一的说法。第四部《观相续论》考察宗因间只有自体即自性因以及因果即果性因两种关系，此文并附有法称的自注。第五部《诤正理论》论述探求真理、破除邪见（常见和断见）中的论辩逻辑。第六部《成他相续论》专论他人心识之存在，以及如何通过立量使他人了悟立论者的心识并使之转变。以上“六足”除第一《定量论》和第二《正理滴论》外，其余四种都是侧重于局部之论。以下再对其主体论著《释量论》略作介绍。

《释量论》是一部用偈颂写成的著作，计 1454 颂半。它虽以阐释陈那《集量论》的名义命世，实质上却是在陈那《集量论》的基础上阐发法称自己的知识论和逻辑论。

《释量论》分四品，简介如下：

第一为自比量品。主要论述了下述三方面内容：一、对因三相的概括表述和对正因三种差别相的分类。“宗法、彼分遍，是因彼唯三。”〔1〕这里的“宗法”也就是第一相“遍是宗法性”，“彼分遍”是讲因法与宗法间的包含关系，把因法作为“分”、宗法作为“遍”，分遍概括了后二相的逻辑要求。关于正因的三种差别相，把自性因分为“观待能作法”和单纯自性因二类。不可得因分为二类五种，即可现见和不可现见两类，前者又分有四种，与《正理滴论》的分类不同。对果性因则未作分类。二、二喻可省一。“故知系属者，说二相随一，义了余一相，能引生正念”，这是法称因明中同、异喻单独立式的依据，对于已了解宗因间具有无则不生系属关系的人，在立论时只要讲

〔1〕　自此以下所引法称《释量论》的颂文，均据法尊译《释量论》，中国佛教协会，1982 年印行。

出后二相中的一相就可以了,因为由此能引出另外一相。三、比量以遮相缘境。“比量亦缘法……是遮遣有境,”“诸法由自性,住各自体故,从同法余法,遮回为所依。”如果比量是从表相(肯定)缘境,同时缘取法上之一切差别义,如声上所作性、暂起性、生灭性、无常性、苦性、空性等,那么就不能决定到底是哪一义。而遮相(否定)缘境,排除该义的一切反义,从而可决定该义,如遣除声常,而决定声是无常。这与佛家的一切名言只能遮诠的思想是一致的,与陈那因明和汉传因明有所不同。另外,本品中还有专门对数论、尼犍子和顺世外道的破斥。

第二成量品。这是把陈那《集量论》的归敬颂发挥扩充而成的,专讲佛何以成为定量(绝对真理),体现了法称因明和内明融合的特点。他分两点阐说:一、什么是量。“量谓无欺智”,“显不知义尔”。一世达赖根敦珠巴解释道:“见青根识是量,以是新生无欺智故。”〔1〕这是说正确的认识一是要无欺诳,二要当下直接的,所以在佛家因明中忆念、犹豫等都不是正智。二、佛何以成为定量。这是从流转门和还灭门进行正反论证的。首先“能立由修悲”,佛由多生多世修习而积累成大悲心,这是因圆满中的意乐圆满。进一步要达到加行圆满,这就是要精勤修习息灭众苦之方便门:“具悲摧苦故,勤修诸方便。”从因圆满又要上升到果圆满,一方面“因断具三德,是为善逝性”,要自身得到解脱;另一方面又要“救护者宣说,亲自所见道”,渡己渡人,才能功德圆满。

第三现量品。论述了四方面的内容:一、“故由二所量,许能量为二。”量有多少种?法称排除三种、一种等说法,提出,因为所量的对象只有自相和共相二种,所以只有现量与比量二种量。二、对现量的界定和分类。如以从一切外境摄心,又无内体心激动安住之时,可由眼识现见诸色,彼觉即是离可见分别根所生识。与陈那一样,法称也把现量分为四种,只是第二种“五俱意现量”,陈那认为是用意根和五根同时缘境而生,而法称则认为有先

〔1〕 法尊译《释量论释》第122页,中国佛教协会,1982年印行。

后，意根是在五根之后“无间缘所生”，称之为意现量。三、对似现量的分类。“似现量四种，三种分别识，从坏所依起，无分别一种。”把似现量分为有分别和无分别两大类，这又与陈那不同。三种有分别似现量是指错乱识、世俗智和比量。而无分别似现量则是一种由主体感官等疾病形成的错觉。四、说量果。

第四为他比量品。此品论及四点：一、何为他义比量？陈那《集量论》云：“他义比量者，善显自见义。”法称分别从为何说自见而不能为他见，“义”是指什么，如何“善显”等作了全面的论证。二、“比量自行境，说不待于教。”古印度的论辩，习惯上是以本宗的教义为依据，而法称重视经验事实，认为论式不必束缚于教义，“此是受方便，虽有亦非支”。教义只是提供一种观察事力的“方便”，不应是妨害支。三、立宗的要求。“体、介、自、乐言，说彼相有四。”这里的“体”是指自体性，“介”是指介词“唯”，“自”是随自，“乐言”是指立者自许。又说：“随自、唯、性声，及不遣等。”不遣有四，即比量不遣、现量不遣。比量中又分为信解量、名称量。信解中又有自语相违与自教相违，统称为“四违害量”，相当于陈那宗过中的四相违。四、对立因的诠说。“诸因差别义，为成易持故，以宗法差别，而总略宣说。”为了区别似因、正因，就要了解九句因。因为因法实际上也是宗法的一种，所以称之为“宗法差别”。“以法介词异，遮不具、余具，及极其非有。”这是说介词“唯”字在句中的不同用法，可以起三种遮的作用。“声唯有所作”是排除在声上有非所作的属性，这叫作排除不具。“所作唯声有”，这是排除在声之外还有具所作性之物，这是排除余具。“唯有牛生犊”，是遮极非有。这是“唯”字“与能别、所别、所作同时说”故。法称又从正因的三种差别相中的二种（自性因、果性因）分别作了正、似的分析。

《正理滴论》是法称的最后一部著作，也是为初学者所写的因明入门之作，故极为简要。它有三品：

第一现量品。此品主要讲述了五个问题：一、因明是研究正确知识的。

“凡得成遂,必以正智为其先导。是故彼智,此论今详。”〔1〕印度新因明是对中观全盘怀疑论的否定。这里的“正智”就是指正确的认识,它能指导人们的行为并达到成功,这就是因明研究的目的和范围。二、对现量的界定。“此中现量,谓离分别,复无错乱”,“分别”是指名言种类的区别,而“错乱”则是指“翳目,急剧旋转,乘舟及诸界不调”等。在现量的界定上,除了“无分别”之外,另立出无错乱的要求。三、现量的种类。共有四种,即“五根智”、“意根智”、“自证”、“定心”,其中“意根智”是在五根缘境的第二刹那才形成的,不是如陈那所说的同时产生。四、自相为“胜义有”。现量所缘的对象是自相,法称认为自相是“实有事之性相”,所以是真实存在的“胜义有”,这是取了经部外境实有之说。五、即智名果。境为所量,心为能量智,而心证境的作用就是量果,认识的结果也就是量智的作用。

第二为自比量品。所论有三点:一、什么是为自比量。“此中为自比量者,谓于所比,籍三相因,所起正智”,这也就是指逻辑思维,是凭藉具有三相的正因来比知所欲了解的问题。而因三相也就是“谓与所比,因唯有性。唯于同品有性。于异品中,决定唯无”。关于异品的定义是“若非同品,说名异品。谓此与彼,相异,相违,或于此中,无彼同义”。这三种情况中,只有第三种才与同品构成矛盾关系的外延,而前二种只不过是交叉和反对关系。在对异品的界定上,法称又倒退到了被陈那批评过的古师的立场。二、正因的三种差别相。具备三相的正因,在其缘得形式上有二类三种。“三相正因,唯有三种。谓不可得比量因、自性比量因及果比量因。”“此中后二,能成实事,前一仅为遮止之因。”这是说三种因分为两类,自性因和果性因是一种立物因,而不可得因只是一种否定因。而所谓不可得因是指“种种可得因缘,悉已圆具”而仍未缘得的情况。对正因三种差别相的分析是法称因明的新创。三、对十一种不可得因具体形式的介绍和分析,并认为后十种都可归并

〔1〕 自此以下所引之《正理滴论》文句,均据王森译《正理滴论》,载《世界宗教研究》1982年第1期。

入第一“自体不可得”中，后十种只不过是论式的具体变形而已。

第三为他比量品。主要有四部分内容：一、同、异喻单独列式：“一具同法，二具异法。除论式不同外，二者之间，都无少许实质差异。”同法式如：“若物是有，彼皆无常，譬如瓶等。（声是有，故声无常。）”异法式如“若非无常，则非实有（声实有，故声无常。）”，同、异喻间“义准自明”。这种三支式是法称的新创。二、宗支可以省略。“此二式中，却不定须显说其宗。”这是因为在因支、喻支中“即已显了”的原因。这也是法称的新创。三、似能立过失。分别从宗、因、喻作了分析。似宗过失只讲四相违，把“自语相违”归并在“自教相违”之中。因过分为“未显”、“不成”、“犹豫”三大类，未见有“不共不定”，只讲“犹豫不定”，明确排除“相违决定”过，认为“三种正因相中，此相违决定，必不容有”，是“诸造论者，由迷谬故，于境凑泊相违义性”。在喻过上，法称又新增了同、异喻各三种“犹豫”过和缺合、缺离过，共成十八种。法称也讲“因喻合一”，但与古师不同，不是指喻支归并到因支中去，而是说“正因三相，如前已说，仅此已足令义显了，是故二喻，初非因外，别能立支。由此不复别说喻相。即于因中，喻义已显故”。四、略说能破与似能破。

法称的因明在佛理上执瑜伽行-经部立场。法称使因明统一于内明，使量论更加佛学化。从逻辑上看，法称有意改造三支论式使其更为简明，又提出三种正因，把推理知识直接与经验联系起来，这些都是应该肯定的。但在概念论（同异品关系）以及过失论上还有不足之处，就其体系的严密性看似乎不如陈那严整。另外，法称也并未真正能够去除喻依，仍未跳出外遍充论的藩篱。但他的成就无疑是举世瞩目的，是大乘佛教的最后一位大师，堪与龙树、提婆、无著、世亲、陈那并称“六庄严”。法称之后，再也没有一位佛教逻辑家能够与之比肩的。

法称的七部量论，为他的后学所遵奉。由于学风的不同和阐发侧重点的相异，形成了三大流派。

第一派是释文派，以法称的及门弟子帝释慧（Devendrabuddhi，又译天主慧,七世纪中)和他的门人释迦慧(Šākyabuddhi)为代表。法称的《释量论》是以颂文的形式写的,之后他自己注释了第一品,并命弟子帝释慧注释第二、三、四品。但帝释慧天分不高,注释了两遍均未获老师认许,在法称的指点下,他又作了第三遍注释,这才勉强通过。法称自注的第一品加上帝释慧所注的其余三品,合为《释量论注》一书。后来,释迦慧又对《释量论注》作注释,这就是《释量论广注》。另外,律天(Vinitadeva,又译调伏天)对法称的另外五种论作了注,即《正理滴论广注》、《因滴论广注》、《诤正理论详解》、《观相续论广释》、《成他相续论广释》,并注释了陈那的《观所缘缘论》,即《观所缘缘论注》。这一派注重对法称著作字面意义的疏解,不剖析其深层的哲学意含。

第二派是阐义派,由于其发源地在迦湿弥罗,故亦称迦湿弥罗派。此派的创始人是法上(Dharmottara,约八世纪)。法上为法称的《定量论》和《正理滴论》作了详细精审的注释,即《定量论详解》(又称《大疏》)和《正理滴论疏》(又称《小疏》)。之后法上的后学又对《定量论详解》作了疏。这一派注疏的旨趣在揭示陈那和法称因明的知识论和逻辑学,并欲使之完善。

第三派是教义派,又称庄严派,其创始人为智生护(Prajñākara Gupta,约七世纪后半叶)。智生护注释了《释量论》除法称自注的第一品外的其余各品,即《释量论庄严释》。他认为法称的《释量论》不仅仅是在讲认识论和逻辑,对佛性、佛身等也均有独到的见解。智生护从佛教徒的立场出发,"将法称的造论目的说为从量论的角度来发挥他对大乘教义的理解"。〔1〕这一派在智生护以后又分为三个支派。

第一支派的代表人物为日护(Ravi Gupta,又译拉毗笈多,约七世纪后期),他是智生护的门生,他依据乃师的《庄严释》,又对《释量论》的第二、三品作了疏解,即《释量论疏》。他对释文派帝释慧有温和的批评,对《释量

〔1〕参见《中国逻辑史·唐明卷》第125页,甘肃人民出版社,1989年。

论》主旨的阐发与其师一致。

第二支派的代表人物是胜者（Jina，约十一世纪初），他著有《释量论庄严释疏》，他对释文派帝释慧的批评甚为激烈。在胜者看来，法称写《释量论》的目的是“为佛教建立一个新的哲学基础，另一个目的是为陈那的《集量论》作注解”。[1]

第三支派的代表人物是耶麻黎（Yamāri，约十一世纪），他是克什米尔因明学者智吉祥贤的及门弟子，他的学术活动似在孟加拉一带。耶麻黎为智生护《释量论庄严释》的三品释文各写了一部疏文，是对《庄严释》最为细致的解释，也是古代印度量论中篇幅最大的一部，共有八十二卷之多，总名《释量论庄严释极圆正疏》。耶麻黎对胜者有许多尖锐的批评。

以上释文派和阐义派对藏传因明有明显的影响，教义派的影响则不明显。

除了上述注疏法称量论的各家外，还有一批在法称量论的基础上直接阐发己见的佛教逻辑家，如寂护、莲花戒师弟，以及宝积静等，堪称其中的杰出者。

寂护（Śantirakṣita，约700～760）是瑜伽中观派的创始人，也是藏传佛教建寺度僧的开创者。他对陈那和法称的量论有深入的研究，不但为法称的《诤正理论》作了详疏，即《诤正理论广显义疏》，还写了《真理要集颂》，以编年体的形式概括了各家对真理要义的诸多讨论，并对数论、胜论、正理论、弥曼差、耆那教以及小乘说一切有部和犊子部等所持的各种实在论一一予以破斥。

莲花戒（Kamalaśīla，约730～800）是寂护的弟子，他撰有《真理要集评注》，以阐发其师的论旨。另外他还写了《正理滴论序品要略》等，反破正理派理论家乌地阿达克拉（Uddyotakara）和弥曼差理论家枯马里拉（Kumārila）对陈那和佛教的攻击。

---

〔1〕 参见《中国逻辑史·唐明卷》第126页，甘肃人民出版社，1989年。

宝积静(Ratnakara santi,十一世纪)是一位内遍满论的首倡者,他在《内遍满论》一书中提出宗因之不相离关系,不必通过喻依来确认,喻依本已包含在喻体中。宝积静的主张使三支论法从外遍满论演进为内遍满论,这就与纯演绎法的三段论别无二致了。

第二章　佛教的传入与古因明论典之迻译

一、佛教在两汉之际传入中土

佛教最初传入中土约在两汉之际，具体时间诸说不一，然其中伊存授经和汉明感梦二说当较为可信。

关于伊存授经说，见于《三国志·魏志》卷三十裴松之注引鱼豢《魏略·西戎传》的一段文字：

> 昔汉哀帝元寿元年，博士弟子景庐受大月氏王使伊存口授《浮屠经》。……《浮屠》所载临蒲塞、桑门、佰闻、疏问、白疏问、比丘、晨门，皆弟子号。

西汉哀帝元寿元年即公元前2年，其时博士弟子景庐（《魏书·释老志》作秦景宪）即已从大月氏王所遣的使者伊存那里听受了《浮屠经》。《浮屠经》所说的临蒲塞、桑门等均系早期译语，后来通译为优婆塞（Ūpāsaka，男居士）、沙门（Śramaṇa，僧人），故鱼豢说这些均为佛弟子的称号。根据此说，佛教似于西汉末年哀帝刘欣时传入我国。

关于汉明感梦说，最初见于《四十二章经序》：

> 昔汉孝明皇帝，夜梦见神人，身体有金色，项有日光，飞在殿前。意中欣然，甚悦之，明日问群臣："此为何神也？"有通人傅毅曰："臣闻天竺有得道者号曰佛，轻举能飞，殆将其神也。"于是上悟，即遣使张骞、羽林中郎将

秦景、博士弟子王遵等十二人，至大月支国，写取佛经四十二章，(藏)在十四石函中，登起立塔寺。于是道法流布，处处修立佛寺，远人伏化，愿为臣妾者不可称(胜)数。国内清宁，含识之类蒙恩受赖，于今不绝也。

这是将东汉初期明帝刘庄夜梦金人(佛)飞在殿前而遣使去西域大月氏国求法说为佛教传入我国的滥觞。汉明感梦和遣使求还的时间约在永平年间(58~75)，具体的时间诸说不一，然均未超出这个时间范围。〔1〕

根据以上两说，佛教初传我国的时间，当在两汉之际，即公元前后的一段时期里。

然而佛教初传以后，流传并不广泛，至公元2世纪中叶，译经亦唯《浮屠经》和《四十二章经》两种而已。

佛教获得初步弘扬的时间当始于桓、灵之世，其时西域的一些高僧和优婆塞先后来到洛阳，译出了一批佛经。值得注意的是小乘佛教和大乘佛教的经典几乎同时有所传译，其中最具代表性的译师是安世高和支娄迦谶。安世高原系安息国王太子，在中土弘扬小乘禅数之学约四十载，译经数十部，门徒甚众，影响深远。支娄迦谶是月支国沙门，他是最早在中土译传大乘经籍的僧人。支娄迦谶和天竺僧人竺佛朔所译的《道行般若波罗蜜经》(史称《小品般若》)，对我国早期大乘思想的形成具有奠基的作用。

其时，除了宫廷奉佛外，佛教在民众中亦开始普及。如民间已开始建佛寺、造佛像，亦有了汉人出家为僧的，见诸记载的有严佛调、朱士行等，其中朱士行是正式受了戒的，且是中土西行求法的第一人。

但是佛教在中土获得真正意义上的发展当是在与汉文化交融的过程中逐步实现的。

---

〔1〕 西晋道士王浮所作的《老子化胡经》说，明帝于永平七年感梦遣使，十八年使还；《汉法本内传》说是永平三年感梦遣使；隋费长房《历代三宝记》说作七年感梦遣使；唐靖迈《图记》说为三年感梦，七年遣使，十年使还；元念常《佛祖历代通载》又改作四年感梦，七年使还。

二、魏晋南北朝时期的佛教与古因明论典之迻译

三国时吴国的支谦(约3世纪)系祖籍月支而出生于中土的佛教居士。他精通汉文,故译笔畅达典雅,能用《老子》的名言来表达佛教义理,首开意译的风气。这也是佛教与汉文化相融合的重要一步,大有利于佛教在中土的普及。支谦的译风在三国至西晋时期产生过重要影响。支谦还依据《无量寿经》等,选取颂扬佛陀事迹的经文制作《赞菩萨连句》,又作偈颂赞佛,是为《梵呗》,均配上乐曲,可作歌咏,这也是大有利于普及佛教的方式。另外,康僧会亦是祖籍天竺而生于中土的,他明解三藏,博览六经,能文善辩。他在吴国首创建初寺,译经传教,并善于用儒家学说来解释佛教义理。他深谙音律,也创作赞颂经文故事的音乐。康僧会的译经传法亦与中土传统文化结合得很紧密,而且形式活泼,使大众更易接受。

西晋的佛教较之三国时期更有发展,除继续传译佛典外,在佛教义学上继承以般若为中心的大乘空宗之学。如西晋译经僧中的佼佼者竺法护(约三四世纪间),继承了支谶和支谦的传统,弘扬般若性空之学。般若性空的学说此时已为曹魏以来的玄学所吸纳,所以竺法护所译的《光赞般若经》十卷与同时期竺叔兰所译定的《放光般若经》二十卷均为时人所盛传。这一时期有一现象值得注意,就是大乘佛教般若性空的学说与当时占主导思想地位的玄学产生融合,而且义学高士也往往具有清谈名流的言行风姿。如竺法护,他祖籍大月支,世居敦煌,梵名昙摩罗刹,曾随师西游而遍习诸国语文三十六种,其言谈似具玄风,故东晋玄言诗人孙绰将他与竹林七贤之一的山涛(205~283)并论,认为“护公德居物宗,巨源(山涛)位登论道,二公风德高远,足为流辈矣”。〔1〕又如竺叔兰祖籍天竺而生于河南,故善汉梵语文,他

〔1〕《高僧传》卷一《竺昙摩罗刹传》,《大正藏》第50卷326c~327a。

是优婆塞，性格狂放，嗜酒如命，言谈举止与清谈名士无异。另外，名僧帛法祖亦是一位清谈人物，他才思俊彻，能文善辩，又通梵言，对方等之学深有研究，还翻译了十六部佛经。他在长安建造精舍，以讲习为务，听讲者竟达数千人。“每至闲晨静夜辄谈讲道德，于时西府初建，俊乂甚盛，能言之士，咸服其远达。”〔1〕时道士祭酒王浮常与帛法祖辩论而总不能胜，于是伪造《老子化胡经》以扬道抑佛。后来帛法祖因避乱陇中，在途中被秦州太守诛杀。孙绰将其与嵇康并论，因为嵇康作为竹林七贤中最具影响的一员，最终被司马氏诛杀，二人的命运相同。孙绰说：“二贤并以俊迈之气，昧其图身之虑，栖心事外，经世招患，殆不异也。”〔2〕于此可见当时名僧和优婆塞与名士合流之一般情况。名僧将般若性空的学说玄学化，名士则吸纳般若学说以充实玄学，于是般若学在魏晋之际产生影响，打下了发展的基础。

佛教在东晋时期有了更大的发展，无论是相继由十六国统治的北方，还是东晋王朝所统治的南方，佛教均达到了前所未有的普及。其中北方的佛教当以后赵、前后秦和北凉最盛。北方的佛教中心在前秦和后秦的首都长安（今西安）。道安（312~385）是前秦佛教的代表人物，门徒甚众，其中以慧远（334~416）最为杰出，慧远后来成为南方佛教的代表人物。鸠摩罗什（344~413）是后秦佛教的代表人物，先后前来从学的僧人达三五千，如僧肇（384~414）、慧观（？~453）、慧严（？~443）等名僧都是他的门徒。鸠摩罗什自后秦弘始三年（401）被姚兴迎请至长安后，先后入西明阁及逍遥园译经讲道，至弘始十一年（409），经过八年的苦译，译出了七十四部大乘的重要经论（今存五十三部），对佛教义学的影响甚大。如所译《法华经》，是天台宗的根本经典；所译《阿弥陀经》，是净土宗所依据的三部经典之一；所译《中论》、《十二门论》、《百论》，是三论宗的主要依据；所译《成实论》，是成实学

〔1〕《高僧传》卷一《帛远传》，《大正藏》第50卷327a。
〔2〕《高僧传》卷一《帛远传》，《大正藏》第50卷327b。

派的主要依据。

当时南方的佛教中心有两个，一是庐山东林寺，由慧远主持；一是东晋首都建康（今南京）的道场寺，佛驮跋陀罗（359～429）与游学印度返国不久的法显（约337～约422）以及慧观、慧严等都在此弘法。

法显于公元399年（东晋隆安三年）西行求法，往返历时十四年，于公元412年（东晋义熙八年）返抵青州（今青岛市），历经三十余国，获得《摩诃僧祇律》、《方等般泥洹经》等不少梵本，在迦毗罗卫（今尼泊尔）的巴连弗邑（阿育王故都）华氏城还遇到智猛（？～453）、昙纂等人，智猛等是公元404年（姚秦弘始六年）离开长安西游求法的。他们一起在婆罗门罗阅宗家里获得《大般泥洹经》。后来法显经南海返国，从青州转辗来到建康道场寺，与佛驮跋陀罗一起译出《大般泥洹经》六卷，并自撰《佛国记》一卷。智猛和昙纂亦获梵本数十种而归，智猛并撰有《天竺游记》一书。另外，智严（358～437？）和宝云（376～449）亦于公元399年西游，他们在大乘佛教的发源地罽宾（约今克什米尔斯利那加附近）遇到佛驮跋陀罗，从受禅法，后邀其一同东归。智严晚年更从海路重游天竺，归途中卒于罽宾。

佛驮跋陀罗是迦毗罗卫国今尼泊尔人。他于公元408年（东晋义熙四年）到达长安，弘传小乘禅数之学，智严、宝云和慧观等均从他受学，后因与鸠摩罗什见解相违，被鸠摩罗什的门人排斥，只得带领慧观等四十余人到庐山东林寺，在慧远的支持下译经，后复转至建康（今南京）道场寺。公元418～421年（东晋义熙十四年至刘宋永初二年），他组织慧义、慧严等百余人译出《华严经》五十卷（后世作六十卷，称《六十华严》或《晋译华严》），这是后来华严宗所依的根本经典。佛驮跋陀罗还是将古因明译传到我国来的第一人，如他在庐山东林寺和建康道场寺译出的十五部佛典中就有古因明专著《方便心论》一部。《方便心论》不仅是佛家最古的因明著作，也是印度逻辑史上最早的文献之一，因此佛驮跋陀罗逐译此论具有极其重要的意义，可惜佛驮跋陀罗对《方便心论》的译传在当时并未受到应有

的重视,其译本竟未能流传下来。〔1〕

东晋的佛教义学继承西晋的传统,还是以般若性空的学说为阐释的中心。然而由于诸家持义之不同,当时有“六家七宗”之分,即:1. 本无宗;2. 本无异宗;3. 即色宗;4. 心无宗;5. 识含宗;6. 幻化宗;7. 缘会宗。其中1、2两宗乃一家,故为六家。这六家实际上可归为三派,即以道安为代表的本无派,以支愍度为代表的心无派,以支道林为代表的即色派(识含、幻化、缘会三宗可归入即色派)。之所以会出现不同的般若学派,主要有两方面的原因:一是由于《般若经》的几种早期译本译义未尽,时有暧昧之处,于是义学高僧只能各抒己见;二是受玄学的影响,一些义学高僧往往从玄学的角度来解释般若学说,不免将玄学的分歧带到对般若学的解说中来。因此“般若学各派的分歧,本质上乃是玄学各派的分歧”,〔2〕也就是说,道安的本无义与王弼、何晏贵无的玄学相契,支愍度的心无义与裴颜崇有的玄学吻合,支道林的即色义则与向秀、郭象冥内游外的玄学相类。〔3〕“我们从这里所看到的是:般若学扩大了玄学的领域,加浓了玄学的内容。因此,玄学的发展促成了般若学的繁荣,并且通过二者的合流,般若学最后成为玄学的支柱。”〔4〕

不过“自罗什以后,经典的传译完备起来了,佛学的暧昧性开始消散了,‘格义’与‘合本’的研究方法成为没有必要的了,印度哲学本身的派别——特别是龙树的中观哲学,被介绍进来了,这时六家七宗便告结束,而由僧肇

---

〔1〕 佛驮跋陀罗所译的《方便心论》早佚,隋费长房撰《历代三宝记》时即已不见此译,仅据梁慧皎《高僧传》而述(《高僧传》说佛驮跋陀罗译有《方便心论》)。此后唐靖迈的《古今译经图记》、明佺等的《大周刊定众经目录》以及智昇的《开元释教录》等都据《高僧传》和《长房录》说佛驮跋陀罗所译的《方便心论》为第一译。道宣《大唐内典录》在说及吉迦夜与昙曜于北魏延兴二年(472)译出《方便心论》时也特地指出是“重译”,即第二译而已。

〔2〕《中国思想通史》第3卷第428页,人民出版社,1957年。

〔3〕《中国思想通史》第3卷第429~433页。

〔4〕《中国思想通史》第3卷第429页。

出来作了批判性的总结”。〔1〕

佛教在南北朝时期达到了全盛的阶段。南朝佛教已成为国教，历经宋、齐、梁、陈四代而不衰。北朝的佛教虽曾遭到魏太武帝和周武帝两次灭佛的打击，但实际禁毁的时间不长，待魏太武帝和周武帝一死，继位的魏文成帝和周宣帝、周静帝复又推行佛教，故从整体上来看，佛教在北朝的地位亦是极高的。在这样的背景下，佛经的翻译事业获得了进一步的成就。值得注目的是，无著和世亲的唯识学说在这一时期译介颇多。如北朝元魏宣武帝永平元年(508)时来洛阳译经的菩提流支，他是世亲的四传弟子，精通瑜伽之学，时人尊为译经元匠，在他近30年的译经生涯中，译出了30部共101卷经论，较有系统地译介了瑜伽行宗的学说，其中如与勒那摩提合译的《十地经论》、于永平二年(509)译出的《金刚般若波罗蜜经论》以及于延昌二年(513)译出的《入楞伽经》均对后世佛学的发展有深远的意义。又如稍后的瞿昙般若流支，于元魏熙平元年(516)来洛阳，从元象元年(538)至武定元年(543)共译出无著的《顺中论》和世亲的《唯识论》等18部，并与他的老师毗目智仙在兴和三年(541)合译了龙树的《回诤论》。另外，在南朝梁、陈之际，真谛(499~569)也译介了不少瑜伽学系的重要经论。真谛是西天竺人，梁武帝委派使者访求名德时由扶南国(位于今柬埔寨)推荐而迎请来华的。真谛携梵本240筴，于大同十二年(546)到达南海(今广东南部)，两年后，即太清二年(548)方抵建康(今南京)，受到武帝的敬重。然而不久即逢侯景之乱，武帝饿死于宫中，真谛不得已而辗转在富春、建康、豫章、新吴、始新、南康等地译经，共译出经、律、论、集49部计142卷，所译无著的《摄大乘论》和世亲的《摄大乘论释》对大乘义学的影响殊深。真谛还于梁简文帝大宝元年(550)译出了世亲的《如实论反质难品》，并撰有《如实论疏》，惜此疏今已不存。据《长房录》载，真谛还译有《反质论》、〔2〕《堕负论》和

---

〔1〕《中国思想通史》第3卷第429页，人民出版社，1957年。

〔2〕《开元释教录》卷十四云：“今疑即藏中《如实论》是，故彼题云《如实论反质难品》。”《大正藏》第55卷637b。

《正说道理论》等古因明论。然今天我们所能看到的唯《如实论》一种而已！《如实论》是佛教古因明中具有总结意义的一部重要著作，因此真谛翻译和阐释此论具有深远的意义。

佛家古因明当以《方便心论》为滥觞，至《如实论》而终结。如前已述，《方便心论》于东晋末由佛驮跋陀罗首译，惜此译未能流传于世。幸相隔半世纪之后又有吉迦夜与昙曜的第二译问世，时在北魏延兴二年(472)。昙曜是北魏文成帝特授的昭玄都统，他的职责在统领僧众、兴隆佛法，因为太平真君七年(446)时北魏太武帝听从司徒崔皓的劝说，拜道士寇谦之为国师，并禁毁佛教，〔1〕但太武帝灭佛并未得到皇室的普遍支持，故七年后文成帝继位，即下诏兴佛，又任昙曜为昭玄都统，命他在平城西武州山开凿石窟，镌造佛像，〔2〕并统领德僧会同天竺和西域高僧在石窟寺翻译经论。西域三藏吉迦夜与昙曜合作，译出《杂宝藏经》、《付法藏因缘传》、《方便心论》等五部，就在此时此地。

三、《方便心论》概要

《方便心论》的著者有传为龙树者，然稽诸经录，均未明言龙树所造。今人一般认为此论当为佛家小乘之作，因为从其所论之体系而言，与产生于迦腻色迦王时代的《遮罗迦本集》第三编第八章相近。而在龙树时代，《正理经》已初具规模，并已吸收《方便心论》的部分内容和用例充实其中，故知《方便心论》当产生于龙树之前，其为小乘论师所造无疑。由此，也可以说《方便心论》是佛家最早的因明论著，它与印度逻辑史上最古的文献《遮罗迦本集》当产生于同一时代，只是略有先后罢了。

《方便心论》的著者说造论的目的唯在“显示善(论)恶(论)诸相”以

〔1〕 这便是中国历史上第一次灭佛事件。

〔2〕 此即云冈石窟，在今山西大同市西16公里处的武周山南麓。

"利益众生"，以免"迷惑者众，为世间邪智巧辩所共诳惑"。

《方便心论》共分四品：第一明造论品，第二明负处品，第三辩正论品，第四相应品。

第一明造论品

此品列出了八种"深妙论法"：

1. 譬喻，即以实例作譬况来证明论题的方法。譬喻分两种：（1）具足喻，（2）少分喻，但《方便心论》没有对这两种譬喻作具体说明。关于作譬的实例，《方便心论》指出必须"凡圣同解，然后可说"，并举例云："如言是心动发，犹如迅风。一切凡夫知风动故，……若不知者不得为喻。"

2. 随所执，即结论。又译宗义、悉檀多。《方便心论》将随所执分为四种：（1）一切同；（2）一切异；（3）初同后异；（4）初异后同。除前两种与其同时代的《遮罗迦本集》以及稍后的《正理经》所说大致相同外，后两种则与之不同。一切同即论辩双方都同意的结论，一切异即仅为一方所认可的结论，初同后异指论辩双方虽持相同的前提却持论各异，初异后同指论辩双方持论虽各异，然归于相同的立场。这后二种宗义唯《方便心论》一家所言，未见诸论采纳。

3. 语善，即言辞不违于理且不增不减者。其中：（1）不违于理即不违背道理；（2）不增不减即言辞不啰唆和无缺损。《方便心论》说言辞的增减各分三种，即因增、喻增、言增和因减、喻减、言减。《方便心论》认为语善必与上述六种增减无涉。

4. 言失，即与上述言善中所云之"不违于理"和"不增不减"的原则相违背的言辞，此外，下列四种情况亦属言失的范围：（1）义无异而重分别；（2）辞无异而重分别；（3）但饰文辞无有义趣；（4）虽有义理而无次第。其中（1）义无异而重分别和（2）辞无异而重分别，即《遮罗迦本集》所云的意思上的重复和言语上的重复。另外，但饰文辞无有义趣，即遮罗迦所说的"无义"，即所列文字本身没有意义（如字母），故其所指不明；虽有义理而无次第，即遮罗迦所说的“缺义”，也就是文辞本身虽有意义，然组合起来缺乏意义上的关联。

5. 知因，知因即获取推理依据的途径，有四种：(1) 现见(现量)；(2) 比知(比量)；(3) 喻知(譬喻量)；(4) 随经书(圣教量)。其中以现见为上，因为现见是比知、喻知和随经书的基础。然而有时现见者可能也并不真实，乃是一时的错觉而已，“如夜见杌，疑谓是人；以指按目，则得二月”。所以《方便心论》指出：“唯有智慧正观诸法名为最上。”即现见时须以正智来观察。至于比知，《方便心论》列有三种：(1) 前比；(2) 后比；(3) 同比。这与《遮罗迦本集》所说相同，后来龙树的《中论》、正理派的《正理经》以及数论派经典《金七十论》亦均说及这三种比量。《方便心论》及诸古师将比量分为如上三种当是比量的原始形态。大致上说，前比即从原因类推结果，后比即从结果类推原因，同比则为一般类比推理，由于这三种比量未形成定式，亦无规则制约，故后来逐渐不为所重。再说喻知，即以譬喻形象地显示另一事物情况，如《方便心论》云：“若一切法皆空寂灭，如幻如化；想如野马；行如芭蕉；贪欲之相如疮如毒，是名为喻。”由此可见《方便心论》所说的喻知还只是修辞上的比喻，而尚未升华为纯粹的逻辑方法。最后是随经书，随经书即是依据经典和圣贤的教言之谓，故亦称“闻见”和“善闻”。如《方便心论》云：“从诸圣贤听受经法，能生知见，是名闻见。譬如良医善知方药，慈心教授，是名善闻。又诸圣贤证一切法有大智慧，从其闻者是名善闻。”

6. 应时语，又称随时而语，指言语要讲究次第，故《方便心论》云：“若善通达言语次第，是则名曰应时语也。”亦指说话要注意对象，要根据听话人的接受能力由浅入深地阐说道理，故《方便心论》又云：“若为愚者分别深义，……如斯深义智者乃解，凡夫若闻迷没堕落，是则不名应时语也。……浅智若闻即便信受，如钻燧和合则火得生，若所演说，应前众生则皆信乐，如是名为随时而语。”

7. 似因，即虚妄谬误的理由。由于因明特别重视因的谬误，故《方便心论》云："凡似因者，是论法中之大过也。"似因略有八种：(1) 随言生过；(2) 同异生过；(3) 疑似因；(4) 过时语；(5) 类同；(6) 说同；(7) 言异；(8) 相违。

(1) 随言生过即随着对方的言语予以曲解而生过失，如"那婆"(nava)一词有新、九、非汝所有、不穿等义，如有人说："我所服者是那婆衣。"意指穿的是新衣，而问难者却故意曲解为"穿了九件衣"、"非汝所有衣"、"不穿衣"等，横生是非而导致过失。《遮罗迦本集》和《正理经》都称此种过失为"言辞的曲解"。

(2) 同异生过是随言生过的另一种形式，亦称同异寻言生过，亦即《遮罗迦本集》和《正理经》所说的概括的诡辩，这种诡辩"就是过于广泛地运用一个词的意义，把不能有的意思说为有"。〔1〕 这就是说难破的人是利用概括的方法将词义无限扩大而成诡辩。

(3) 疑似因就是以疑惑的判断为因，《方便心论》云："如有树杌似于人故，若夜见之便作是念：杌耶？人耶？是则名为生疑似因。"

(4) 过时语指论者于论证时缺因支，经难者指出后方予补救，然而为时已晚，因为"此语过时，如舍烧已尽，方以水救"，已于事无补！

(5) 类同亦译问题相似，就是以宗义一分为因来论证宗义，即循环论证是也。《遮罗迦本集》和《正理经》亦说此过失。

(6) 说同又译所证相似，即以预期理由为因来证明论题。

(7) 言异是一种不定因，由言异之因的范围过宽所致。

(8) 相违分喻相违和理相违两种，喻相违是所举的喻例与因相违，理相违是立论与理相悖。以上八种包含了《遮罗迦本集》所说的全部三种似因和《正理经》所说全部五种似因。

8. 随语难，亦作随言难。《方便心论》对此过没有详说，只在列出过名后略作说明云："随言难者，如言新衣，即便难曰：'衣非是时，云何名新？'"从

〔1〕 参见本书附译一：拙译《正理经》Ⅰ-2-13 经。

此例可知,随言难当是随着对方的言辞强词为辩的表现,与似因中的随言生过很相似,二者的具体区别究竟在何处,由于《方便心论》于此语焉不详,且诸论均不设此过,故难以考释。

第二明负处品

此品列出十七种负处,但多数只说过名而未加例释,且无序数,〔1〕兹试列如下:

1. 语颠倒,即陈述理由舍近求远,不说产生结果的直接原因而说其原因的原因,从而堕入负处。

2. 立因不正,即以似因为论证的根据而致堕负。

3. 引喻不同,是在喻例上将反喻的性质(如瓶上的所作性)作为自己的实例(如虚空,虚空原是非所作的)的性质来承认,从而破坏了自己的宗义而堕负,故后来《正理经》称之为"坏宗"。

4. 应问不问,当指在不明了对方话语的时候未及时发问。

5. 应答不答,指论辩的对方虽然作了三次说明,听众也已理解,而这一方还是答对不出,从而堕入负处。与《正理经》的"不能诵"或"不能难"相类。

6. 三说法不令他解(或自三说法而不别知),指有人尽管把话说了三遍,却仍不能使听众及论辩对方明白理解,从而堕入负处。这与《正理经》的"不可解义"相同。

7. 彼义短阙而不觉知,指论辩的对手已自堕负处而不觉知,从而使自己也堕入负处。此即《王理经》所说的"忽规应可责难处"。

8. 他正义而为生过,即对方所论本无过失而横加诘难,致堕负处。《遮

〔1〕 由此各家所列负处数目和种类不完全相同,如宇井伯寿列有17种负处,许地山列为九类16种,台湾水月法师认为是10种。我说的17种则与宇井伯寿不尽相同。

罗迦本集》称此过为“对无难诘的诘问”,《正理经》则称作“责难不可责难处”,意思相同。

9. 众人悉解而独不悟,此为不悟对方所立的宗义,因此是愚昧的表现。

10. 违错,即违反“说同、义同、因同”的过失。说同者,如一方言“无我”,另一方如不了解此言的涵义,就应“还依此语,后方为问”,然后再加回答;义同者,指对言辞除在音与形上理解一致外,还须在意义上取得同一;因同者,即“知他意趣之所因起”,真正了解对方之所以会如是说的原因。如果问答时完全违反这三个同一,就堕入负处。

11. 不具足,指问答时不能同时满足上述三个同一的要求,三者缺其一,即堕入不具足的负处。但如果答问者事先申明没有把握完全满足三个同一的要求,而问者犹问,则答者即使在三同上有所不足,亦可免过。

12. 语少,指论式不完整,缺少支分而堕入负处。《遮罗迦本集》和《正理经》亦均称此为“缺少”(“缺少”是“语少”的异译)。

13. 语多,指论证过程中理由(因和喻)说得太多,显得啰唆,亦即以一个因和一个喻能说明问题的,如说了两个以上的因和喻就是多余的。这就是语多的负处。《正理经》称此为“增加”。

14. 无义语,即本书前面“第一明造论品”中所述第四种论法中所说的“(3)但饰文辞无有义趣”。

15. 非时语,即本书前面“第一明造论品”中所述第七种论法中所说的“(4)过时语”,《如实论》亦称此负处为“非时语”。

16. 义重,指所言在意义上重复,即本书前面“第一明造论品”中所述第四种论法中的“(1)义无异而重分别”。

17. 舍本宗,指论者在论辩过程中受到对手的责难而放弃本来的论题。《方便心论》通过实例呈示了舍本宗的两种情况:第一种舍本宗是立论者在遭到他人难破时以急速转换论题来应对,出尔反尔,从而舍弃了本宗。第二种舍本宗是将转换论题发挥得更为离奇,变成你说我有错,我说你也同样有错，即在急速转换论题的最后一个层次，反诬对方也犯有违宗的同样错误，这种舍本宗，《方便心论》称之为“以疑为违”。在《遮罗迦本集》里也有“以疑为违”这种舍本宗的雏形，名之为“认容”，但说得过于简略，不及《方便心论》具体。后来《正理经》对此过说得更为清晰，名之为“认许他难”。《如实论》亦列此过，译名“信许他难”。

以上十七种负处可约为四类：

第一类是关于理由错乱的负处，第1~3种负处即属于此。

第二类是关于论辩时智慧短缺的负处，第4~9种负处即属于此。

第三类是关于答问缺乏针对性的负处，第10~11种负处即属于此。

第四类是关于不善于论辩的负处，第12~17种负处即属于此。这十七种负处后来被《正理经》和《如实论》吸收，演化为二十二种负处，至此，关于负处的论述也就告一终结。陈那以后的新因明主张将负处作删并处理，此后不再单列负处一品。

第三辩正论品

此品通过辩正三种错谬的见解（阿罗汉无果、无余涅槃无、神常），呈示出当时论难的常用论法和被难破者节节败北以致最后堕入舍本宗负处的过程。由于本品未作因明理论的概括，较之其余三品当属次要，兹姑从略。

第四相应品

此品列出二十种问答相应之法。一般认为这是最早的关于误难的系统论述，然而本品并非单纯从误难问题上展开论述的，虽然它确实侧重于对误难的论述。

相应一词与误难是有区别的，误难的梵字是jāti，而相应的梵文原字是yukta或yoga，指事物之契合或与真理之契合。问答相应是从正面提出论难双方持论应遵守同一律，应契合于事理。不过《方便心论》虽从正面出题，却是从反面展开论述的。此品胪列了未能遵循问答相应原则的二十种议论之法，并指出："若人能以此二十义助发正理，是人名为解真实论；若不如是，则不名通达议论之法。"这二十种议论之法当然都是错谬的，或属论者（问）的过误，或属难者（答）的过误，而以后者之不相应为多（这就是误难）。故此品并非专从揭示误难立言的，而是对问答双方同时提出必须相应之要求的。

这二十种错讹的议论可大分为二：一异二同。同与异的界限本来应该是很清晰的，但在错误的议论中论者或难者往往刻意模糊其界限，逞臆而言，从而混淆是非、颠倒黑白，企图以乱取胜。以下分别简述这二十种不相应法：

1. 增多。如立者言："我常（宗），非根觉故（因）；[（如虚空，）]虚空非（根）觉，一切不为根觉者尽皆是常（喻）；而我非觉（合）；是故为常（结）。"这是一则宣扬数论派观点的五支式立量，意谓灵魂是永恒不灭的；因为它不是感官所能觉知的；如虚空，虚空就不是感官所能觉知的，一切不为感官所觉知者尽皆永恒不灭；而灵魂就是这样的，故灵魂是永恒不灭的。此例系一完整的五支论式，然其内容不正确。不过此处引此例并非要揭发这一立量有何不妥，而是旨在说明难破者犯增多的过失。如难者云："虚空无知，故常；我有知故。云何言常？若空有知，则非道理。若我无知，可同于虚空；如其知者，必为无常。"难者的反破中增加了"有知""无知"的话，这是立者原量中所没有的内容。原量所说的"非根觉"与"有知""无知"不同，后者乃指知觉而言，故难者有增多之失。

2. 损减。如前立量，难者云："若空无知而我有知，云何以空喻于我乎？"这是在上述难破的基础上进而否定以"虚空"为同喻的合理性，"有知""无知"即为难者增益之辞，复以此为根据否定其喻，故其有损减的过误。

3. 同异。如立前量，仍引"虚空"为同喻。难者破云，空与我若同为一物，"何得以空喻我；若其异者，不得相喻"。此例说明难考欲以同异两难指斥对方，故犯同异过。

4. 问多答少。如立前量，难者云："非根觉不必尽常，何得为证？"此中难者有问多答少过。

5. 问少答多。如立:"我常,非根觉故。"难者破云:"非根觉法凡有二种:微尘非觉而是无常,[1]虚空非觉而是常法。汝何得言非觉故常?"此例指立者犯问少答多过。

6. 因同。如立前量,难者破云:"空与我异,云何俱以'非觉'为因?"此中难者犯因同过。

7. 果同。如立前量,难者破云:"五大(地、水、火、风、空五种物质元素)成者皆悉无常,虚空与我亦五大成,云何言常?"此破有果同过。

8. 遍同。如立前量,难者破云:"然虚空者遍一切处、一切处物,岂非觉也?"难者此言有遍同过。

9. 不遍同。如立前量,难者破云:"微尘非遍,而非根觉是无常法;我非根觉,云何为常?"难破者的话有不遍同的过错。

10. 时同。如立前量,难者破云:"汝立我常,言非根觉,为是现在、过去、未来? 若言过去,过去已灭;若言未来,未来未有;若言现在,则不为因,如二角并生,则不得相(互为)因。"此中难者所言有时同过。此过与《正理经》的无因相似、《如实论》的无因难和《正理门论》的无因相似同。

11. 不到。如立前量,难者破云:"汝立我常,以非根觉。到故为因、为不到乎? 若不到则不成因,如火不到则不能烧,如刀不到则不能割。不到于'我',云何为因?"此中难破有不到过。

12. 到。难者复云:"若到因者,到便即是无有因义。"此难破有到过。

以上两种误难,后被《正理经》列入误难论,《如实论》和《正理门论》则均合为一过,名为至不至难和至非至相似。

13. 相违。立者如立:"一切无常,我非一切故常。"难者破云:"我即是有(一切中之一),故应无常。如少烧,以多不烧,应名不烧。"此例说明立者的

---

〔1〕 这可能是小乘经部论师的观点,因为经部只承认现在为实有,而过去与未来为无有。一般认为微尘(构成物质的元素)虽然可以观察到,然而是恒常不变的。

言论犯相违过。

14. 不相违。立者云:“我非根觉,同于虚空。”难者破云:“虚空不觉,我亦应尔;若我觉者,虚空亦应觉于苦乐。”此例中难者从一切皆相类的角度作破斥,故犯不相违过。

15. 疑。立如前量。难者破云:“我同有故,不定为常,容可生疑为常、为无常?”此难即疑。《如实论》称疑难,《正理门论》作犹豫相似。

16. 不疑。立者云:“我非根觉。”难者斥云:“汝言有我非根所觉,则可生疑。有何障故非根觉耶? 当说因缘,若无因缘,‘我’义自坏!”此例中立者的论断缺乏充足的理由,其义自坏,反致无可生疑,故有不疑过。

17. 喻破。立者云:“我常,非根觉故。”难者破云:“树根、地下水亦非根觉而是无常,‘我’云何是常?”难者以相反的事例说明“非根觉”之因是不定因,故立者有喻破过。

18. 闻同。立者云:“以经说(圣人之言)我非觉故,知是常者。”难者云:经中亦说“无我”与“无我所”,耆那教也主张“我非常”,诸经不该有异有同!这是难破者犯了闻同过。

19. 闻异。立者云:“我只信一经,此经以‘我’为常。”难者破云:“若汝信一经,以‘我’为常,亦应信余经,以‘我’为无常。若二信者,一个‘我’便应亦常亦无常!”这里难者有闻异之失。

20. 不生。立者云:“以有因知有我。”又云:“以无故而知无。”难者云:汝以有因知有“我”者,娑婆罗树子既是有故,应生多罗;若以无故而知无者,多罗子中无树形相,不应得生。若有亦不生、无亦不生,则“我”亦如是。若“我”必定有者,不须以根不觉为因;若“我”必定无者,虽然五根不觉,也不能令其有。此难有不生过。后来的无生相似或源于此。

在以上二十种问答相应中,属于立者的过失只有第 5、13、16、17 四种,其余十六种均为难者有过。可见这一品主要在揭示误难,然又不是纯粹的误难论,这与后来《正理经》、《如实论》和《正理门论》均以专章论误难的做法不同,但它毕竟是最早对误难问题作了探讨的,具有重要的历史地位。

四、《如实论》概要

《如实论》的著者在诸经录中均未提及，只说系南朝陈代真谛所译，真谛还写了《如实论疏》，惜已不存于世。关于此论的著者，唐文轨《庄严疏》明确地说是世亲所造，〔1〕此当系依据玄奘的口义而来，后世学者一般认同此说。

现存《如实论》当非完本。稽诸经录，隋法经《众经目录》记《如实论》为二卷，唐道宣《大唐内典录》记为三卷，唐彦悰《众经目录》、唐明佺等《大周刊定众经目录》、唐智昇《开元释教录》等则记为一卷，不过《开元释教录》明确指出，此书"题云《如实论反质难品》，二十三纸"。由此推想，诸经录所述不同卷数的《如实论》当系由所见详略不同的版本所致。现存《如实论》仅为一卷，题作《如实论反质难品》。《如实论》的梵本今已不存，故无从考知其所佚之内容。

现存之《如实论》分三品：第一无道理难品，第二道理难品，第三堕负处品。

第一无道理难品

此品列举了三十一条辩难，若以文中"我今共汝辩决是处"为标志，则可分作九大辩题。〔2〕

1. 关于无道理的辩难：

（1）你说我的议论无道理，则你的议论亦无道理；若你的议论无道理，

〔1〕《庄严疏》云："世亲所造《如实论》云，因有三，谓是根本法，同类相摄，异类相离。此论梁时真谛所翻。"（卷一页十六右。又，《〈文轨疏〉校补》卷一，见拙著《敦煌因明文献研究》第328页。）按：《如实论》中世亲的原话是："我立因三种相，是根本法，同类相摄，异类相离，是故立因成就不动。"（《大正藏》第32卷30c。）

〔2〕此从许地山说，见《陈那以前中观派和瑜伽派之因明》（《燕京学报》第九期）。

则我的议论便有道理。

（2）所谓的无道理，其自体中应有道理；若其自体无道理，则无道理也应无了。

（3）你若说我的议论无道理，则自显无智，因为无道理则无所有。议论与无道理是相同的还是相异的？若相同，则议论亦无；若相异，则有道理。

（4）你的难破与我的议论是同时的还是不同时的？如同时，则不能破我议论；如不同时，则你的难破在前而我的议论尚未说出，你又何所难？

（5）你的难破是否亦难自义，若难自义，自义自坏，我义自成；若不难自义，则于自义中不成就难。

（6）你说我的议论无道理。无道理就不是议论，若是议论就不得无道理。既然承认是议论，又说它无道理，犹如说"童女有儿"，是自语相违。

（7）与现量相违。你耳闻我言即是现量的成就，现量的作用大于你指责我的议论为无道理，故你的言论自坏。

（8）与比量相违。若你说我的议论由比量而来，则知我的议论有道理。若无道理，言说亦无；若有言说，知有道理。有道理者比量所成就，故你说我无道理其言自坏。

（9）与世间相违。世间中言说为果，道理为因：若见果则知有因，若见言说，则知有道理。因此你的指斥与世间相违。

2. 关于言说相异的辩难：

（1）若言说相异即有过失，则你的立义与我义相异，过失在你，不关于我；若不相异，则同于我，你却说与我相异，此是邪语。

（2）异与异无异，是故无异；若异与异相异，则不是异。

（3）你说我与你共诤，所以我的言说与你有异；若你与我不相异，就不与你共诤。若一切所说皆相异者，你亦有所说，是故你的言说有异，过失在你。若你的言说不异，则我亦不异，你却说我的言说有异，这是邪语。

3. 关于义不成就的辩难：

若所说不成就，则不得说；若得说，所说则应成就。若一切所说皆不成就,你的难破也就不成就。若你的难说非不成就,则我说亦非不成就,你说我不成就就是错的。若不成就的言说能于自体中成就,也就无不成就了;若不成就的言说于自体中亦无成就,也就是无有不成就了。若有成就,则无有不成就,你说我不成就便无有是处。

4. 关于不诵我难,则不得我意、不得难我的辩难:

(1) 你说若未诵我难(未陈说我的辩难)你就不得辩难,你这句话是为诵而难,还是为未诵难而难?若你不诵而得说难,则我亦不诵而得说难;若是必须诵难而得说难,则须恒常诵难,因为难中复生难,无有不诵难时,如此也就无有得说难时。

(2) 从难名更有难名,诵此难名,方得说后难名,如此以后诵前,恒诵不尽。若你不诵而得难名,初难亦应不诵而得难名,第二难亦应不诵而得难名。然而不论初难、二难,必须先诵方得说难名,不应不诵而说。

(3) 若不诵难而说难,则堕负处。若你不诵难而说难不堕负处,则我不诵难而难亦不堕负处。

(4) 若你难我我皆当诵,则我难你时你亦当诵,如此非得互相复述对方的难辞不得立难。若恒相复述,则失正义。

(5) 你的言语皆是音声,出口即灭,不得重还,为何能够重述我语?若音声不灭,则不能诵,以其恒常存在。若音声已失灭,你令我诵,你言即是邪思维。

5. 关于语前破后的辩难:

(1) 你说我语前破后,此本合道理。我语前,你语后,若我前语破后语,我义胜而你语败。

(2) 若你说一切语前者皆破后,你亦应出前语而破后语;若你语前而不破后,我亦语前而不破后。

(3) 所谓"前破后",于语言自体并无前破后。若于自体有前破后,则前后俱无;若于自体无前破后,则无有因,前破后亦是无。故你说我语前破后是邪思维。

6. 关于说别因的辩难：

（1）若人舍前因、立别因而堕负处，你也堕负处，因为你也舍前因而立别因。若你立别因而不堕负处，我亦如是。

（2）我所说因与你所说因异。若我所说因与你相异，则是我的道理；若不与你相异，就是你的因了。你说我说异因是邪思维。

（3）若一切言语皆是别因，则你所说的也是别因。若你出语不堕负处，你说我立因堕负处就不成立。

7. 关于说别义的辩难：

我所立义与你所立义相违是合乎道理的，因为我在与你对诤。若你想我义与你的立义不异，那就不存在对治相违了，你破我义即是自破。

（1）自体中不存在异义，若自体也有异义，异义就不成其为异义了。

（2）若一切所说皆是异义，你之所说亦应是异义；若你之所说非是异义，则你说一切所说皆为异义就不成立。

8. 关于今语犹是前语而无异语的辩难：

（1）在对诤中，我立义与你相违是合乎道理的，然而我在一切处为破你义所说的话却无有异。若我说的异义即是你的异义，你难我就是难你的自义。

（2）如我前说"声无常"，此语说出后即自灭自尽，今更说别语，你说我说的还是前语，此乃邪思维。

（3）你说我所说无异语。若我说异，就是异；若不异，则是不异。如此，并不能成就你的断语。

9. 关于一切所说皆不许的辩难：

你说不许一切言说，此说是否在一切之中？若包含在一切之中，则是你自己否定了自己；若不包含在一切之中，则你不许一切的说法便不成立。如此，我义亦成，你言终坏。

第二道理难品

此品所述，乃是关于误难（似能破）和正难（真能破）的理论，与《正理经》V-1的性质相同,但在论述上大有改进。《正理经》V-1胪列了24种误难,有目无纲,缺乏分类的思想。此品吸收《正理经》的误难论,加以增删分类,确立了3类16种误难,形成了比较系统的误难理论。世亲在《如实论》中提出的误难论,后被陈那所吸收并演化成14过类说,这就又大大推进了一步,为误难理论作了总结。

此品所论的3类误难是:1. 颠倒难;2. 不实义难;3. 相违难。

1. 颠倒难,即立难不与正义相应,此类误难有10种。

(1)同相难,即对物同相立难,亦即以异法为同法来颠倒成立与立者的原宗相矛盾的宗。如立者以瓦器喻声来成立声无常,并以虚空作为声的异喻。敌者采取同相立难的手段,说虚空乃是声之同喻,因为二者皆无形体,故声为常。世亲批评这种同相难说:"汝难不如。何以故?汝因不决定,常、无常遍显故。我立因三种相,是根本法,同类所摄、异类相离,是故立因成就不动。汝因不如是,故汝难颠倒。"这段论述很重要,这是佛家接受正理派后学(尼耶修摩)因三相说的最早宣告。

(2)异相难,即对物不同相立难,亦即以同法为异法来颠倒成立与立者之原宗相矛盾的宗。如立者以瓦器有因缘所生而无常的性质,声亦具有这样的性质,故引为声的同喻;敌者却从瓦器有形而声无形上来立难,说瓦器与声不同相,只是异喻而已,企图以此证明声常宗之成立。此难性质与同相难相同,故世亲对此的批评与对同相难的批评无异。

以上两种误难在《正理经》中称作同法相似和异法相似。

(3)长相难,即从同相显别相的误难,亦即敌者通过分别同喻的差别义来难破。如敌者难云,瓦器与声不同相,前者可烧可见,后者不可烧不可见,"如是别声与瓦器,各有所以:声因功力生常住,瓦器因功力生无常。"世亲批评道:"是难颠倒。何以故?我立因与无常不相离,与常相离……譬如……烟与火不相离,是故我立因成就不可动。"并指出敌者以声不可烧、不可见为理由得出声常之结论不成立,因为不可烧、不可见者如欲、瞋、苦、乐、风等却是公认为无常性的,可见敌者的因既包含部分同品,也包含部分异品，是故不成。

（4）无异难，即敌者故意扩大事物之同相而说一切事物无所异。无异难分两种：a. 以宗喻无异相难；b. 以宗因无异相难。前者系吸收《方便心论》相应品中的（3）同异的部分内容和《正理经》V－1 中的无异相似而来，后者系世亲增说。世亲批评无异难说："唯同相立因则不成就，是故颠倒。"并指出："有人竞胜心，不能成就义，意欲成就而无道理，是义应舍。"

（5）至不至难，即敌者以立者之因无论是否周遍宗之有法都不能成为因来相难。如云："因（法）为至所立义（有法），为不至所立义？若因至所立义则不成因，因若不至所立义亦不成因。"世亲批评道："因有二种：一，生因；二，显不相离因。我说因不为生所立义，为他得信，能显所立义不相离故。……是故说能显因，譬如已有色，用灯显之，不为生之。……是难颠倒。"在这里，世亲不仅批评了至不至难，还论述了生因与显因（即了因）的本质区别。至不至难在《方便心论》和《正理论》中都分为到（至）与不到（不至）二过，《如实论》将其合为一过，并被陈那吸收，立至非至相似的误难。

（6）无因难，即于三时说无因，亦即敌者以立者之因无论说在立宗前、立宗后抑或立宗的同时都不能成为因来相难。对此世亲批评道："前世（时）已生（之事物，始得）依因而生（显），譬如燃灯，为显已有物，不为生未有物。汝以生因难我显因，是难颠倒不成就。"无因难源于《方便心论·相应品》的时同，《正理经》V－1 吸收其内容，立为无因相似，然改过去、未来和现在的三世为立宗前、立宗后和立宗的同时的三时，《如实论》吸收此说，亦改三世为三时。

（7）显别因难，即以立者之宗亦可由他因证得为口实，进一步否定立者之因的误难。如敌者说，如果你以功力（即勤勇无间）为因来论证声无常，则无功力处即应是常。然电、光、风等不依功力生者亦为无常，故功力因为非因。世亲批评此难云："我说声等有依功力生者悉是无常，不说一切无常皆依功力生，是故汝难颠倒。"显别因难与《正理经》V－1 的可得相似相当，《正理门论》吸收世亲的说法，明确演化为两种可得相似（似不定因和似不成因）。

（8）疑难，即于异类同相而说，亦即强行分别因法之义来难破。如敌者说功力因有生、显二义，在“声无常，依功力生故”中，声究竟如瓦器般未生得生呢，还是如树根和井水那样已有得显呢？故依此因令人起疑！世亲对此批评说：“汝难颠倒。何以故？我不说声依功力得显，我说声依功力得生，是故声无常。……一切依功力所得即是无常。何以故？未生得生，已生灭故。是故根、水等亦如是无常，何用汝立显了为常！”疑难是《正理经》Ⅴ-1的疑惑相似与果相似的综合，后陈那在此基础上形成犹豫相似。

（9）未说难，即敌者以未说因前便无有宗来相难。世亲批评此难云：“我立因为显义，不为生、不为灭。……若以坏灭因难我，是难颠倒！”后陈那吸纳此过为十四过类之一，阐发更深刻。

（10）事异难，即敌者以事相异相难。如敌者说声与瓦器不同事，故不得同是无常。对此世亲批评道：“是难颠倒，何以故？我不说与器同事故声无常，我说一切物同依因得生故无常，不关同事。”此过不见《方便心论》和《正理经》。陈那吸纳此过，演为三种所作相似。

2. 不实义难，即以妄语相难。此类误难有3种。

（1）显不许义难，即敌者于证见处更觅因，亦即敌者以立者所用之同喻尚未得到证明来相难。世亲批评云：“此难不实。何以故？已了知（之同喻）不须更以因成就。”例如立者所用的同喻“瓦器”，其无常性是可以凭借现量证明的（掷地即碎），无须更觅他因来证明。所以世亲云：“现见瓦器有因非恒，有（又）何须更觅无常因！”此误难系综合《正理经》Ⅴ-1的过相似和所立相似而成，陈那则据此立生过相似。

（2）显义至难，即敌者以倒离的方法来歪曲义准量。如立者说不可显者即无。敌者歪曲说，那么能显者就是有了，然而如火轮、阳焰和乾闼婆城（海市蜃楼）虽可显却是虚幻不实的（敌者将 $p \to q$ 简单地变换为 $\bar{p} \to \bar{q}$）。对此世亲批评道：“可显物者有两种：有义至有，非义至有。义至者，若有雨必有云，若有云则不定：或有雨，或无雨。由烟知火，于此中不必有义至，……

无烟知无火，是义不至，何以故？于赤铁、赤炭见有火无烟，是故显物义至难不实。”此过在《正理经》V-1中称义准相似，陈那亦作义准相似。

（3）显对譬义难，即是敌者以相反的譬喻（对譬）来设难。如立者以瓦器为声的同喻，以证声是无常；敌者则说异喻虚空亦与声同相（因为二者均无形相），以此来证声常住。世亲批评此难云：“此难不成譬，非譬为譬故，此难不实。”此过与《正理经》V-1的反喻相似及问题相似相同和相近。

3. 相违难，相违即义不并立，亦即矛盾。此类误难有三种。

（1）未生难，即敌者以声未显生前与勤勇因无关，因而是常来相难。对此世亲批评道：“若不依功力（即勤勇）则应是常，此义不实。何以故？不依功力者有三种：常、无常、不有。常者如虚空，无常者如雷电等，不有者如空华等，此三种悉不依功力，而汝偏用一种为常，是故不实。”世亲并指出：“此难与义至难、不实难相似，何以故？非实难故！”此过与《正理经》的无生相似同，《正理门论》亦作无生相似，并演为两种无生相似。

（2）常难，即敌者以声常有无常，故声为常来相难，亦即声与无常既恒常不离，则可反立为常之谓。世亲批评道：“是义相违，何以故？若已无常，云何得常！”此过在《正理经》和《正理门论》中均称常住相似，内容亦同。

（3）自义相违难，即难他义而自义坏。如敌者难破说：“若因在前立义在后，立义未有，此是何因？若立义在前因在后，立义已成，因何所用？此亦不成因。”对此世亲批评说：“若汝难在前，我立义在后，我义未有，汝何所难？若我立义在前，汝难在后，我义已立，汝难复何用？……我显汝难，还破汝义；不依汝难，以立我义。”另外，在至不至的问题上也有一段类似的讨论。此过不见《正理经》，系世亲在至不至难和无因难的基础上新设的误难。但自义相违的问题显已包含在上述二难之中，故未被陈那吸取。

以上就是世亲所论述的3类16种误难。另外，世亲在本品中还论述了5种正难，正难即真能破。世亲以数论师立“有我”为例，从5个方面予以破斥，通过这5方面的破斥，呈示了5种正难的方法。

1. 破所乐义。如数论师立：“有我（宗），聚集为他故（因），譬如卧具和眼等根亦如是为他聚集（喻）。”〔1〕世亲破云：“无我（宗）；定不可显故（因）；若有物定不可显，是物则无，譬如非自在人之第二头（喻）；我亦如是，于眼等根中分别不显（合），是故定无（结）。”世亲以此量破除数论师所乐于成立之义。

2. 显不乐义。设敌者以“我”相不可思维分别而断其为有，由是世亲说第二头亦不可思维分别，亦应是有了。然而双方都不信第二头是有，故“我”亦如是，亦不应信其有。这是通过否定敌者之因来显示其不乐之义。

3. 显倒义。设敌者虽然认为“我”和“第二头”同为不可思维分别者，却不依道理，还是坚持说“我是有”而不说“第二头”是有。世亲说，如此我也可不依道理说“第二头是有”而不说“我”是有。这里采用逆推的方法，即“若我义不成，汝义亦不成”。

4. 显不同义。设敌者虽说“我”与“第二头”同为不可思维分别者，却又说二者不同，则不同的过失便落在自己的头上。因为此说如成立，那么如有人说“石女的女儿有庄严具，石女的儿子无庄严具”也应成立。这里从上述言辞的矛盾处着眼，以显其前后之不同。

5. 显一切无道理得成就义。设敌者强辩说：“不依道理定有我，不依道理定无第二头。”世亲破云：“此言得成就者，一切颠狂小儿无道理语亦应成就；譬如虚空可见、火冷、风可执等，并是颠狂之言，不依道理，如汝所立亦得成就！若不成就，汝义亦如是。”这里运用归谬法来显示一切无道理义如何在荒谬中产生，以证其不能成立。

道理难品所述的3类16种误难和5种正难具有一定的理论意义。更引人注目的是，此品在剖析误难时多次论及因三相，还多次在运用五支论式时于喻支中加入普遍命题，使之具有演绎法的倾向，这些当都是陈那改革因明

---

〔1〕 此量在陈那《正理门论》中作“眼等必为他用（宗），集聚性故（因），如卧具等（喻）”，是法差别相违的用例。

的重要基础。

第三堕负处品

此品胪列了 22 种堕负，与《正理经》V－2 所列堕负在数量和次序上均相同。但此品在阐说上较《正理经》V－2 更为具体，并提出一些不同于《正理经》和《正理疏》的解释。

1. 坏自立义，即于自立义许对立义，亦即损坏自己的主张。

2. 取异义，又作取异自立义，即自义已为他义所破，更思维立异法为义；亦即改变主张转移论题。此过与《方便心论》舍本宗之一种相同。

3. 因与立义相违，即因与立义不得同，亦即因与宗上之法相矛盾。

4. 舍自立义，即他已破自所立义，舍而不救，亦即放弃自己原来的主张。

5. 立异因义，即已立同相因义，后时复说异因；亦即立者转移自己的理由。

6. 异义，说证义与立义不相关，亦即论据与论题不相干。本品对此过的解释与《正理经》和《正理疏》略有不同。

7. 无义，即欲论义时诵咒，亦即在论议时说一些与题旨无关的话。

8. 有义不可解，即在论辩时一方虽说了三遍，对手及听众都听不懂。

9. 无道理义，即有义前后不摄，亦即立论者缺乏统一的义旨，立义前后不一。

10. 不至时，即立义已被破，后时立因；亦即不按顺序说因，经对手指出后再出因，为时已晚。

11. 不具足分，即五分义中一分不具，亦即缺支，令论式残缺。

12. 长分，即说因多、说譬多。世亲云："汝说多因、多譬。若一因不能证义，何用说一因？若能证义，何用说多因？多譬亦如是，多说则无用。"

13. 重说，分 3 种：（1）重声；（2）重义；（3）重义至。世亲释云："重声者如说'帝释、帝释'。重义者如说'眼、目'。重义至者如说'生死实苦、涅槃实乐'。"其中 3 种重义至即重义准，亦即前句的意思已包含了后句的意思，故世亲说："初语应说，第二语不须说，何以故？前语已显义故。"

14. 不能诵，即对方的立义大众都已理解，而且说了三遍，这一方仍不能回答，故此过又称缄默不语。此过即《方便心论》所说的"应答不答"。

15. 不解义，即对方的立义大众都已理解，而且说了三遍，这一方仍不能理解对方的立义，故此过又称愚昧。此过即《方便心论》所说的"众人悉解而独不悟"。不能诵和不解义的性质是一样的，区别仅仅是前者不能回答对方的主张，而后者不能理解对方的主张。

16. 不能难，即见他如理立义不能破，亦即面对敌者正确的立论不知如何答难。不能难与上述不能诵也极相似，都是面对敌论不知如何回答是好。但二者当有区别：不能难的要害在于面对论敌的如理立义不能难破，而不能诵的要害在于面对敌论不能回答。另外，世亲对不能难与上述不解义的本质作了这样的分析："不解义、不能难是二种非堕负处，何以故？若人不解义不能难，不应与其论义。"又说："是二种极恶堕负处，何以故？于余堕负处，若言说有过失，可以别方便救之，此二种非方便能救，是人前时起聪明慢，后时不能显聪明相，是愚夫可耻！"

17. 立方便避难，即知自立义有过失，方便隐避，亦即面临败局，便以种种借口（如假托有病等）逃避论辩。

18. 信许他难，即于他立难中信许自义过失；亦即在敌者的难破下承认自己有过失，然后反诬他人亦犯有同样的过失。

19. 于堕负处不显堕负，即有人已堕负处而不显其堕负，致令自己堕入负处。世亲在说此过时还加入了另一层意思："更立难欲难之"，此即难非其处之意，这层意思与下面所说的"非处说堕负"的第二义相混淆。

20. 非处说堕负，即他不堕负处说言堕负，亦即责难于不可责难之处。世亲说这有两种情况：第一种情况是"他不堕负处说言堕负"，第二种情况是"他堕坏自立义处，若取自立异义显他堕负而非其处"。《方便心论》的"他正义而为生过"和《正理经》的"责难不可责难处"都只说了上述第一种情况，上述第二种情况是世亲增补进去的。

21. 为悉檀多所违，即论辩各方已共同承认宗义（悉檀多）分四种，有人却不如宗义之理而说。这一说明似与《正理经》和《正理疏》有所不同。如《正理经疏》就将此过解释为是溢出论旨。

22. 似因，即不成因、不定因和相违因。

《如实论》所述之22种堕负是佛教古因明堕负论的总结，世亲也是佛教因明家中说堕负的最后一位大师，迨及陈那改革因明，即弃堕负论如敝屣，他将其中粗糙不堪的部分、非理如诡语之类的东西一一删除，而将属于论式上的堕负，分别归摄于宗、因、喻三支的过失论之中，从此佛家因明便不再专论堕负问题了。

第三章　三藏法师玄奘与唐代的因明研究

一、唐代因明研究概观

唐代以前传入中土的因明系古因明。在这些古因明论典译为汉文的期间，印度中古逻辑之父陈那所创的新因明系统亦已诞生，但并未及时译传来华，直至唐初玄奘西游，研习了陈那的新因明，东归时又携回 36 部因明论典，并于译经之初译出了陈那的《正理门论》和商羯罗主的《入正理论》，又向门下讲授因明，新因明才在中土得到传播。

由于玄奘倡导研究的学风，其门下诸大德亦以研习阐发这门时新的工具知识为荣。因明义趣幽隐，索解匪易，故诸大德备记玄奘口义，结合各自的理解，竞作文疏，从而使因明研究蔚为一时之风气。据现存和引录所见，庄严寺文轨、玄奘门人撰写的因明论疏有二十余种之多，如弘福寺文备、总持寺玄应、嵩山镇国道场定宾、〔1〕蒲州栖岩寺神泰、慈门寺净眼、慈恩寺普光、黄龙寺元晓、西明寺圆测及其弟子道证和再传弟子太贤（皆新罗国人）等都对《正理门论》作了疏解；又如总持寺靖迈、唐兴寺灵隽、荐福寺胜庄（新罗国人）、汴周壁公、庄严寺文轨、慈恩寺窥基、安国寺利涉（西域

〔1〕　定宾早年在长安崇福寺从满意学律，后居嵩山镇国寺。故《明灯抄》说他并非三藏入室弟子，乃“员外门徒”，参见《大正藏》第 68 卷 315a。

人)、清禅寺明觉,以及神泰、文备、净眼、玄范(新罗国人)、顺憬(新罗国人)都对《入正理论》作过疏解;再如慈恩寺普光撰有《对面三藏记》,元晓(新罗国人)撰有《判比量论》等。

另外窥基的门人淄州大云寺慧沼(慈恩宗二祖)撰有《因明义断》、《因明入正理论纂要》、《因明入正理论续疏》、《二量章》和《略纂》,以及慧沼的门人濮阳报城寺智周(慈恩宗三祖)撰有《因明论疏前记》、《后记》和《抄略记》,与智周同门的道邑则撰有《义范》,知藏寺道巘撰有《义心》,福聚寺如理撰写有《纂要记》,等等。初唐因明研究的成果甚丰,然留存下来的却不多,今日能见到的唯有十二种而已,如窥基的《因明入正理论疏》(世称《大疏》),文轨的《因明入正理论疏》(残本,世称《庄严疏》),神泰的《因明正理门论述记》(残本),净眼的《因明入正理论略抄》和《因明入正理论后疏》(以上两种均为敦煌写本,残卷),慧沼的《因明入正理续疏》、《义断》、《义纂要》和《二量章》〔1〕,智周的《因明论疏前记》、《后记》和《抄略记》等。

唐初因明研习之风气亦对佛门之外的学者有所影响,如尚药奉御吕才在幼少之旧京师普光寺栖玄法师的激发之下,勉力研习因明,作《因明注解立破义图》,针对神泰、靖迈、明觉三家法师义疏的分歧,提出四十余条意见,结果引发出一场僧俗之争。吕才的《立破义图》亦复不存,只遗存一篇叙文(详见本编第八章)。

在玄奘之后,义净亦赴印游学,历时25年,回国后主持东都洛阳和西京长安的译场。在他所译的佛典中有两部陈那的代表性因明论,一部是早期奠定新因明基础的力作《正理门论》,另一部是晚年总结量论之作《集量论》。其中《正理门论》的汉译除了开首多出三百余字的一段话,其余译文均取自玄奘所译;《集量论》则已佚失,殊为可惜!这是世界上最早,也是唯一直接译自梵文的汉译《集量论》。

〔1〕《二量章》今存慧沼《大乘法苑义林章补阙》卷七,"支那"内学院刻本,1924年。

唐代因明研究的极盛期至此也就基本告一段落。自武周以还，由于武则天主要扶植禅宗和华严宗，加上慈恩宗本身具有经院哲学的繁琐倾向，慈恩宗所倡导的法相唯识理论逐渐失去支持，与唯识论紧密相依的因明论跟着也一蹶不振。其后宗脉细微，传承亦告中断。故至唐末虽历时一个多世纪，所出疏记甚少，且已全部亡佚！据日释凤潭《因明论疏瑞源记》书后所附《震旦著撰目录》开列，计有：天台清平的《因明注钞》二卷，北川传量、恒州明量的《因明论疏》，章敬寺择邻的《因明论疏粿抄》三卷，慧首、智颖以及安国寺清素各人所撰的《纂要记》（各一卷），金城俊清的《义断记》，北川茂林、天台崇俊、维扬法清和总持寺丛芳各人均撰有《因明疏记》，最后，云俨撰有《因明疏抄》8 卷，可说是篇幅较重的一部。这些只是唐代因明研究的余声了！

然而新因明在初唐时期毕竟盛极一时，在中国逻辑史上占有辉煌的一页，这一切与玄奘的译介倡导新因明有着直接的关系。如果说唐代的因明研究是一块丰碑的话，那么玄奘就是树立这块丰碑的第一人！

二、玄奘研习因明事略

玄奘是陈那的三传弟子，故此深得新因明的要旨。但玄奘在印度除师从陈那的二传弟子、那烂陀寺住持戒贤法师受业之外，还转益多师，向不少高僧咨疑因明等论，以下是其研习因明的片断经历。

公元 628 年（贞观二年）冬，玄奘到达北印度的迦湿弥罗国（在今克什米尔）。迦湿弥罗国是小乘说一切有部的发源地，《大毗婆沙》的结集，即产生于此。其王城（今克什米尔的斯利那加）即是佛教史上“第四次结集”之地。国王迎请玄奘入住阇耶因陀罗寺，并请玄奘与该国大德僧称等数十位高僧入宫研讨佛学，先由本国高僧宣讲，然后请玄奘论难。国王钦佩玄奘的才思，所以特别委派书手二十人帮助玄奘抄写经论，又别给五人，供承驱使。这是玄奘进入印度后首次受到的礼遇。大德僧称年已七十，气力已衰，欣逢唐僧,特为之勉力开讲《俱舍论》、《顺正理论》和因明、声明等论。当时该国学人都会聚来听,真是盛况空前! 玄奘随其所说,领悟无遗,因此僧称欢喜叹赏不已。谓于众人:“此支那僧智力宏赡,顾此众中,无能出者,以其明懿,足继世亲昆季之风,所恨生乎远国,不早接圣贤遗芳耳!”〔1〕当时在僧众中有大乘学僧净师子和最胜亲,小乘萨婆多部学僧如来友和世友,僧祇部学僧日天和最胜救等人听了不服,他们自持道业坚贞、才解英富,故纷纷出来向玄奘难诘,玄奘则从容答对,无所蹇滞,终于令众人惭服。玄奘在这里钻研梵文经论,为以后进一步研读梵典和因明论等打下了基础。他在迦湿弥罗国一直住到第二年秋天才离开。

同年(629)岁末,玄奘到达至那仆底国(约今印度旁遮普邦比阿斯河与萨特累季河会合处),造谒突舍萨那寺(乐授寺),寺中大德毗腻多钵腊婆(调伏光)原为北印度王子,仪态丰美,精通三藏,著有《五蕴论释》、《唯识三十论释》等。玄奘在这里住了四个月,从毗腻多钵腊婆学习《对法论》、《显宗论》、《理门论》等。其中《对法论》即无著《阿毗达磨杂集论》的异称,此书第七卷阐说弥勒的逻辑学说,且有发展。《理门论》则是陈那新因明的奠基之作,玄奘日后弘扬的正是《理门论》所阐说的新因明体系。玄奘在僧称处初步学习了因明,此次又进一步学习了《理门论》,逐渐孕育着他对因明逻辑的研究兴趣。

公元631年秋冬之际玄奘终于到达了他西行游学的目的地中印度摩揭陀国那烂陀寺(寺址在今印度比哈尔邦巴特那以东55英里处的巴腊真村)。在玄奘离那烂陀寺不远的菩提树、金刚座瞻仰佛陀成道的圣迹时,寺众闻讯,即派四位大德前往迎接,同至寺庄,稍事休息,复有二百余僧与一千多施主捧着幢盖华香来迎引。玄奘在众人赞叹簇拥之下进入那烂陀寺。那烂陀寺的住持戒贤法师其时已年高,辍讲多年,他感乎玄奘万里来学之诚,特为

〔1〕　唐慧立本、彦悰笺:《大唐大慈恩寺三藏法师传》(以下简称《慈恩传》)卷二,《大正藏》第50卷231b。

开讲《瑜伽师地论》,历时一年零三个月始讲毕。那烂陀寺是印度佛教的最高学府,僧众多达万人,寺内讲座每日有一百多所,研习的范围亦很广泛,除共修大小乘经论外,因明、声明、医方、术数乃至婆罗门经典吠陀等均所涉及。寺中高僧云集,其中能解经论二十部者有一千人,能解三十部者有五百余人,能解五十部者连玄奘在内有十人。戒贤法师则为年高德劭、穷览一切的宗师。玄奘在那烂陀寺一住就是五年,他通读了内外道经论,并精心研习梵文。其间,他听了《瑜伽师地论》三遍,《因明正理门论》和《集量论》两遍,《显扬圣教论》和《对法论》各一遍,在探究大乘真义的同时,也研习了佛教古因明和新因明的理论,尤其对陈那的新因明体系,他用力甚勤。因为因明是大乘有宗立破的工具,是那烂陀寺传统的逻辑论与知识论,从陈那开创新因明以来,其弟子护法、商羯罗主加以继承光大,至戒贤,此学已是二传,玄奘既师事戒贤,自然承继因明的传统,故其因明的造诣非比寻常。

公元636年(贞观十年),玄奘不满于已学,辞别戒贤,复去各地游历问学。他最东到达迦摩缕波(今印度阿萨密省),最西到达狼揭罗(今巴基斯坦俾路支省东南一带),共访问了东、南、西印度凡数十国,瞻仰圣迹,虚心问学。这其间,他于公元637年在南憍萨罗国(其领域包括纳格浦尔以南、钱达全部及其以东康克尔一带地区)参谒龙树和提婆圣迹时,知一婆罗门善解因明,特就停一月余,从其研读《集量论》。并由此进入南印度境内的案达罗国(指哥达瓦里河与克里希那河之间的地区,其时为东遮罗其王朝所统治)。他在瓶耆罗(今艾洛尔西北六英里处)西南二十余里的孤山上,瞻仰陈那在此著《因明正理门论》的石窣堵波遗迹。

公元639年(贞观十三年)冬,玄奘结束远游,返回那烂陀寺。其时他听说寺西不远的底罗择迦寺有一位大德名般若跋陀罗,是小乘"说一切有部"论师,精通有部教义和声明、因明等,玄奘又去向他请教,就停两月,咨决所疑。然后又去附近的杖林山,向胜军居士请教。胜军曾从贤爱论师学习因明,又从安慧论师学习声明及大小乘经论,还从戒贤法师学习《瑜伽论》,对天文、地理、医方、术数无不精通。他在杖林山养徒教授，从学者道俗皆有，常逾数百。玄奘向他请益《瑜伽论》和《因明论》等，就住首尾两年。其间，玄奘曾纠正胜军论师经过四十余年深思熟虑写成的一则比量，将“共比量”修改为自比量，无疑玄奘的这一修改是高明的，说明他在因明的造诣上已是青出于蓝而胜于蓝了！

三、玄奘借助因明击败论敌略述

玄奘博通三藏经论，又深谙因明这一思辨方法，所以他在与论敌的辩难中时操胜券。例如他曾制服师子光与旃陀罗僧诃，又令一顺世外道论师降服，并取胜于无遮大会，获得极大的荣誉。

公元640年（贞观十四年）正月，玄奘再次回到那烂陀寺，戒贤法师命玄奘为僧众讲授《摄大乘论》和《唯识抉择论》等。寺内有一大德师子光，乃中观宗清辩论师的弟子，他先为僧众讲授《中论》、《百论》，在阐说中观宗义的时候，破斥《瑜伽论》的观点。玄奘对中观宗的理论素有研究，又精通本宗瑜伽的学说，认为圣人立言虽各有侧重，然相互并不牴牾，惑者以不能会通，却以为中观与瑜伽教义乖反，实在是传法者的误解，所以玄奘曾多次向师子光征诘。由于师子光不能一一酬答玄奘的诘难，故听讲的人渐渐转到玄奘的讲席一边来了。玄奘为融和中观（空宗）、瑜伽（有宗）二派的学说，用梵文写了《会宗论》三千颂，呈给戒贤法师，并遍示寺众，得到大家的称颂。于是师子光益感羞愧，便出住菩提寺，请了东印度的一位同学旃陀罗僧诃来与玄奘论难，以冀一雪前耻。然而这位东印度学者面对玄奘却默然不敢发言，由此玄奘的声誉益见隆盛了。

在这之前还有一件事也表现了玄奘的智慧和勇气。当时扬威赫赫的戒日王是那烂陀寺的护法，他在寺侧造了一座鍮石的精舍，高十余丈。后来戒日王亲征恭御陀国，经过乌荼国，此国的僧人皆学小乘教理，认为大乘乃空花外道，它的教义非佛所说，与迦波厘外道无异。因此对戒日王说：“闻王于那烂陀寺侧作鍮石精舍，功甚壮伟，何不于迦波厘外道寺造而独于彼也。”语带讥刺。小乘僧人并将南印度王灌顶的老师般若毱多所写的《破大乘论》七百颂呈于戒日王，宣称：“我宗如是，岂有大乘人能难破一字者！”〔1〕并要戒日王出面邀请大小乘两方对决，以定是非。于是戒日王修书与那烂陀寺正法藏戒贤法师云：“弟子行次乌荼，见小乘师恃凭小见，制论诽谤大乘，词理切害不近人情，仍欲张鳞共师等一论。弟子知寺中大德并才慧有余，学无不悉，辄以许之。谨令奉报，愿差大德四人善自、他宗兼内外者赴乌荼国行从所。”〔2〕戒贤得书后便与寺众商量，选派海慧、智光、师子光和玄奘前往论难，然而海慧等三人皆怀忧虑，玄奘就说：“小乘诸部三藏玄奘在本国及入迦湿弥罗以来，遍皆学讫，具悉其宗，若欲将其教旨能破大乘义，终无此理。奘虽学浅智微，当之必了，愿诸德不必烦忧也。若其有负，自是支那国僧，无关此事。”〔3〕经玄奘如此劝导，众人才解除了忧虑。但后来戒日王复来书说“未须即发”，请稍待时日再处。

玄奘等正在待命之时，又有一婆罗门来求论难，此人是顺世论者（印度古代唯物论者），他写了40条论旨悬于寺门，宣称：“若有难破一条者，我则斩首相谢。”如此过了数日，寺内无人出应，于是玄奘命房中杂役出取其人所书论旨，当场毁弃。玄奘与婆罗门在戒贤法师面前进行了论诤，并由诸大德作证义人。玄奘认为这个婆罗门所立的40条论旨乃综合了诸外道宗义，所以批驳道：

> 如铺多外道、离系外道、髅鬘外道、殊征伽外道，四种形服不同；数论外道、胜论外道，二家立义有别。
>
> 铺多之辈，以灰涂体，用为修道，遍身艾白，犹寝灶之猫狸；离系之徒，则露质标奇，拔发为德，皮裂足皴，状临河之朽树；髅鬘之类，以髅骨为鬘，装头挂颈，陷枯块磊，若冢侧之药叉；征伽之流，披服

〔1〕《慈恩传》卷四，《大正藏》第50卷244c。

〔2〕〔3〕《慈恩传》卷四，《大正藏》第50卷245a。

粪衣，饮啖便秽，腥臊臭恶，譬溷中之狂豕。尔等以此为道，岂不愚哉！

至如数论外道，立二十五谛义：从自性生大、从大生我执、次生五唯量、次生五大、次生十一根，以二十四并供奉于我，我所受用，除离此已，则我得清净。胜论师立六句义谓：实、德、业、有、同异性、和合性。此六是“我”所受具，未解脱以来，受用前六，若行解脱，与六相离，称为涅槃。

今破数论所立。如汝二十五谛中，“我”之一种是别性，余二十四展转同为一体，而“自性”一种以三法为体，谓萨埵剌阇答摩，此三展转合成“大”等二十三谛，二十三谛一一皆以三法为体，若使“大”等一一皆揽三成，如众如林，即是其假，如何得言一切是实？又此“大”等各以三成，即一是一切。若一则一切，则应一一皆有一切作用，既不许然，何因执三为一切体性？又若一则一切，应口、眼等根即是大小便路。又一一根有一切作用，应口耳等根闻香见色；若不尔者，何得执三为一切法体，岂有智人而立此义？又“自性”既常，应如“我”体，何能转变作“大”等法？又所计“我”其性若常，应如自性，不应是我，若如自性，其体非我，不应受用二十四谛。是则我非能受，二十四谛非是所受，既能、所俱无，则谛义不立〔1〕。

如是对诤，往复数番，这位顺世论者终于俯首认输，但是玄奘没有依约杀他，说：“我曹释子终不害人，今令汝为奴随我教命。”那时玄奘为去乌荼国与小乘对诤，故方得小乘所制《破大乘义》七百颂，在披阅中有数处疑义不解，就问已收为随侍奴仆的婆罗门是否听过此义。婆罗门告以曾听过五遍，于是玄奘想请他讲解。婆罗门道：“我今为奴，岂合为尊讲？”玄奘曰：“此是他宗，我未曾见，汝但说无苦。”婆罗门曰：“若然请至夜中，恐外人闻从奴学，法污尊名称。”于是至夜摒去诸人，令他讲了一遍，全面了解了《破大乘义》的要

〔1〕《慈恩传》卷四，《大正藏》第50卷245a、b。

旨,从而寻其谬节,以大乘的教义加以破斥,用梵文写了《制恶见论》一千七百颂。玄奘将此文呈于戒贤法师并宣示徒众,众人无不嗟赏。玄奘对婆罗门曰:“仁者论屈为奴,于耻已足。今放仁者,去随意所之。”〔1〕婆罗门幸得获释,即往东印度迦摩缕波国,向鸠摩罗王夸赞玄奘法师德义,于是鸠摩罗王发使来请。

鸠摩罗王派使臣至那烂陀寺邀请玄奘去迦摩缕波国,一连请了三次,第三次甚至以武力相威胁,才将玄奘请了回去。过了一个多月,戒日王讨伐恭御陀国回师,听说玄奘被鸠摩罗王请去,即遣使臣与鸠摩罗王交涉,令其“急送支那僧来”。在戒日王的强硬要求下,鸠摩罗王只得亲自护送玄奘至戒日王处。戒日王读了玄奘所写的《制恶见论》,倍加赞赏,曰:“师论大好,弟子及此诸师并皆信伏,但恐余国小乘外道尚守愚迷,望于曲女城为师作一会,命五印度沙门、婆罗门外道等示大乘微妙之理,绝其毁谤之心,显师盛德之高,摧其我慢之意。”〔2〕于是诏告诸国,在曲女城召开无遮大会,由玄奘座为论主。玄奘与戒日王自冬初乘舟逆水而进,至腊月方到会场。参加这次无遮大会的,计有五印度十八国国王,大小乘学问僧三千余人,婆罗门及尼乾外道二千余人,那烂陀寺僧人千余人,还有许多“博蕴文义,富赡辩才”的学者,为了一聆玄奘的法音,也来会所。加上侍从,乘舆、幢旛各自围绕,峨峨巍巍,若云兴雾涌,充塞数十里间。戒日王先已敕命于会所营建草殿两座,用以安置佛像和徒众,每殿可容纳千余人。戒日王的行宫在会场西面五里处,每日在宫中铸金像一尊,安置在大象上,外罩宝帐。公元641年(贞观十五年)春初,举行了隆重的大会开幕仪式:戒日王作帝释形,手执白拂侍右;鸠摩罗王作梵王形,执宝盖侍左。都戴天冠、披花鬘、垂缨佩玉。又以两大象装载宝花跟在佛像后面,随行随散。玄奘及门师等各乘大象依次排列于王后。又遣三百大象供诸国王、大臣、大德等

〔1〕 以上引文均出自《慈恩传》卷四,《大正藏》第50卷245b、c。

〔2〕 《慈恩传》卷五,《大正藏》第50卷247b。

乘坐。自行宫引向会场，至院门，各令下乘，捧佛像入殿，置于宝座。戒日王与玄奘依次供养，然后命十八国王进入，接着是诸国德高望重、才识赡博者千余人，婆罗门教有名的行者五百余人，诸国大臣二百余依次进入，其余一般道俗令于院门部伍安置。玄奘坐在宝床上，宣讲《制恶见论》，称扬大乘，复立《唯识比量》，宣扬唯识宗义。并遣那烂陀寺沙门明贤法师读示大众，又另写一本悬于会场门外示一切人："若其间有一字无理能难破者，请断首相谢！"〔1〕其《唯识比量》云：

真故，极成色，不离于眼识；(宗)

自许初三摄，眼所不摄故；(因)

譬如眼识。(喻)〔2〕

当日无一人出来诘难，以后数日有人问难，玄奘亲与交论，"往复之间，词气不无高下"，〔3〕至第五日，小乘见毁其宗，结恨于心，欲加谋害。戒日王得到消息后即下令："众有一人伤触法师者，斩其首；毁骂者，截其舌；其欲申辞救义，不拘此限。"〔4〕自此以后，虽"邪徒戢羽"，然而至第十八日大会结束，竟也"无一人发论"。在散会那一天，玄奘作了"称扬大乘，赞佛功德，令无量人返邪入正，弃小归大"的总结性演说。戒日王为玄奘的胜利大为欣喜，赠送玄奘金钱一万、银钱三万、上氎衣一百领，十八国国王亦各施珍宝，然玄奘一概不受。戒日王又命侍臣在大象上施以锦幢请玄奘上座，由贵族大臣陪卫巡行于大众，并高唱晓谕大众：玄奘法师"立义无屈"。这也是印度古来的规矩。于是大众为玄奘"竞立美名"，大乘教徒奉其为"摩诃耶那提婆"(大乘天)，小乘教徒亦尊他为"木叉提婆"(解脱天)！〔5〕玄奘由此德音弥远，独步天竺，取得了无上的荣誉。

---

〔1〕〔4〕《慈恩传》卷五，《大正藏》第50卷247c。

〔2〕　窥基《因明入正理论疏》卷五页二左(以下简称《大疏》，金陵刻经处1896年刊本)。

〔3〕《慈恩传》卷七，《大正藏》第50卷263a。

〔5〕《慈恩传》卷五，《大正藏》第50卷248a。

四、玄奘所译的因明

玄奘从印度携回的经卷，达五百二十夹，计六百五十七部，以二十匹马驮载而归，其中因明论有三十六部（当不计局部含有因明内容的经论）。玄奘自唐太宗贞观十九年（645）五月于长安弘福寺开始译经至唐高宗麟德元年（664）二月五日逝世前一月绝笔，致力于译经事业凡十九载，合共译出佛典七十五部，总计一三三五卷，并口述《西域记》十二卷，付出了极其艰辛的劳动。在他所译的如许经论中，部分或专门论述因明的，约有七种，另有两种可视作运用因明的范例。兹按译年先后予以阐说。

《显扬圣教论》（Āryavācāprakaraṇaśāstra）

玄奘自唐太宗贞观十九年（645）十月一日起翻译无著《显扬圣教论》一书，至贞观二十年（646）正月十五日译完，由智证等人笔受。《显扬论》共二十卷，此书概括了大乘瑜伽行派的根本论书《瑜伽师地论》的要旨，是法相宗所依据的十一论之一，所以玄奘在译经的第一年就先予译出，这也是为全面翻译《瑜伽师地论》所作的一种准备。此论第十卷所说的七种论法与《瑜伽论》所说完全相同。

《阿毗达磨杂集论》（Abhidharmasamuccayavyākhyā）

唐太宗贞观二十年（646），玄奘于正月十七日至闰三月二十九日译出安慧的《阿毗达磨杂集论》，此论共十六卷，由玄赜笔受。此书系无著《阿毗达磨集论》的释论。《集论》原有师子觉（无著弟子）的注释，亦名《杂集论》，但师子觉只是依据《瑜伽师地论》对七种论法的阐说来解释《集论》中的论轨抉择（因明）部分，并无创意；而安慧的《杂集论》第十六卷则颇具独到的见解。由于此论广陈体义，以三科为宗而建立法相之学，故玄奘亦先予译出。

《瑜伽师地论》（Yogācārabhūmiśāstra）

玄奘自贞观二十年（646）五月起率诸大德翻译无著所述的《瑜伽师地

论》，至贞观二十二年（648）五月十五日译完，计一百卷。由弘福寺沙门灵会、灵隽、智开、智仁，会昌寺沙门玄度，瑶台寺沙门道卓，大总持寺沙门道观，清禅寺沙门明觉、承义笔受；弘福寺沙门玄谟证梵语；大总持寺沙门玄应正字；大总持寺沙门道洪、实际寺沙门明琰、宝昌寺沙门法祥、罗汉寺沙门惠贵、弘福寺沙门文备、蒲州栖岩寺沙门神泰、廓州法讲寺沙门道深详证大义；普光寺沙门道智、蒲州普救寺沙门行友、玄法寺沙门玄赜、汴州真谛寺沙门玄忠、简州福众寺沙门靖迈、大总持寺沙门辨机、普光寺沙门处衡、弘福寺沙门明浚受旨缀文；银青光禄大夫行太子左庶子高阳县开国男许敬宗监阅。《瑜伽师地论》是瑜伽行宗的根本论书，是大乘毗昙规模最大、法义齐备、体系完整、组织严密、说理究竟的权威论著，故玄奘于译经之初即组织了如上所述的强大阵营全力以赴地翻译。此书第十五卷阐述了弥勒的因明体系，这当是大乘佛教逻辑的最初形式，书中第一次用了“因明”这一概念。在玄奘之前，《瑜伽师地论》尚无全译本，只有昙无谶节译的《菩萨地持经》十卷，求那跋摩节译的《菩萨善戒经》十卷，真谛节译的《十七地论》五卷和《决定藏论》等数种。玄奘发愿译出了全本，并在翻译此论时向译寮僧众口述真义。

《入正理论》（Nyāyapraveśaśāstra）

玄奘于唐太宗贞观二十一年（647）八月六日在弘福寺译出商羯罗主的《入正理论》一卷，由弘福寺明浚笔受、证文，弘福寺玄谟证梵文，大总持寺玄应正字，实际寺明琰、罗汉寺慧贵、宝昌寺法祥，弘福寺文备、廓州法讲寺道深、蒲州栖岩寺神泰详证大义，银青光禄大夫行左庶子高阳县开国男许敬宗监译。此论阐释陈那《正理门论》的逻辑体系，以立破为方隅，是因明的入门之作。为示本论的性质，玄奘在译题上加了“因明”二字。由于此论按能立与似能立，现量、比量与似现、比，能破与似能破的次序来阐说“八门”，而将重心置于能立与似能立，层次分明，阐说精当，且有发展，故玄奘特予先译。译寮诸大德多为此论倾倒，纷纷记录玄奘口义而撰成疏记，开研究因明蔚然之风气。此论已成为汉传因明的基础文献，其地位几可与陈那的《正理门论》比肩,故世称“小论”(世称《正理门论》为“大论”)。

《大乘掌珍论》(Karatalaratna)

玄奘于贞观二十三年(649)九月初八起翻译清辩《大乘掌珍论》2卷,至十三日译完,由大乘晖笔受。此论旨在弘扬“诸法无相”之论,以批评护法“诸法有相”的观点。其上卷破斥了大小乘内外道18种论难,下卷破斥了毗婆沙论师、有部、经部、铜锞部、相应论师、数论师等的论难。于此论可见,清辩虽在哲学上归宗于龙树的中观派,在逻辑上却深受陈那的影响,采取新因明的立破方法,而不取龙树的纯批判方法。

《正理门论》(Nyāyadvāraśāstra)

玄奘于贞观二十三年(649)十二月二十五日在慈恩寺译出《因明正理门论本》一卷,由新罗人知仁笔受。题中“因明”一词系玄奘所加,以标举其方法论的性质;“本”字亦为原题所无,意指“无注释的本论”。〔1〕此论为陈那早年的作品,相传写于案达罗国瓶耆罗城西南一座孤山上的石窣堵波。此论以立破为纲建立了新因明的体系,而将现、比二量视为立破应具的必要条件。对真似能破的论述,则侧重于似能破的阐发,将正理派的二十二种误难整理成十四种过类。这是一部划时代的逻辑论,它在印度逻辑史和中国逻辑史上均占有重要的地位,汉传因明就是由此论衍生而来的。

《广百论释》(Śata śastravārttika)

玄奘于唐高宗永徽元年(650)六月十日译出圣天(提婆)《广百论本》一卷;同月二十七日起,又译护法《大乘广百论释论》十卷,至十二月二十三日译讫,由敬明等笔受。圣天的《广百论本》是大乘中观宗的主要论书,以五言偈颂的形式破斥“我见”等一切法。护法所作的《大乘广百论释论》则以瑜伽行宗的观点和陈那的逻辑方法来解释《广百论本》对我法二执相表里的破

〔1〕“本”字从宇井伯寿的解释,见宇井伯寿《印度哲学研究》第5卷第511页。

斥。玄奘译出本论和释论,旨在从侧面衬托法相宗的学说,亦以护法的《大乘广百论释论》为运用因明的范例示于后人。

《阿毗达磨集论》(Abhidharmasamuccaya)

玄奘于唐高宗永徽三年(652)正月十六日起翻译《大乘阿毗达磨集论》七卷,至三月二十八日译完,由大乘光笔受。此论为无著总结大乘阿毗昙学的著作。其卷七是对因明的阐说,将弥勒的因明论揭示得更为精要清楚。

《观所缘缘论》(Ālambaṇaparikṣā)

唐高宗显庆二年(657),玄奘从驾洛阳翠微宫,于十二月二十九日在丽日殿翻译《观所缘缘论》一卷,由大乘光笔受。此论以因明三支之法阐说佛家的现量观,为因明立量之所必具。

以上按译年先后胪列了玄奘所译的因明(和含有因明内容的)论典,其中,又可按内容约为三类:

古因明论:《瑜伽师地论》(卷十五)、《显扬圣教论》(卷十一)、《阿毗达磨集论》(卷七)、《阿毗达磨杂集论》(卷十六)。

新因明论:《因明正理门论本》、《因明入正理论》、《观所缘缘论》。

运用新因明的范本:《大乘掌珍论》、《大乘广百论释论》。

玄奘译介的这些论著均极为重要,尤其是《因明入正理论》和《因明正理门论》二书,是汉传因明研究的基础。

五、玄奘所传的因明

玄奘所传的因明,即是陈那早期以立破为轴心的逻辑体系,也包含了商羯罗主加以发展的内容,本文不遑一一详述,兹撮其要者而言之。

如上所述,玄奘所弘传的因明乃陈那所缔造、并经过商羯罗主补充的新因明体系,这一体系在论式上改五支为三支,删除合结二支,并从根本上改造喻支。在陈那的三支新因明里,喻支由喻体和喻依两部分结合而成。

古因明以事例为喻体，陈那则改以普遍命题为喻体，而以事例为喻依，这就大大提高喻支的逻辑功能，使本来属于比较原始的类比论法演进为演绎与归纳相结合的论法。而且就归纳而言，用不完全归纳法推出的结论应是盖然的，但在陈那的三支因明中却可以推出必然的结论，这得力于因三相的论证规则，因为三支论式中的合式归纳与离式归纳结合起来作出的全类概括，是通过第二相“同品定有”和第三相“异品遍无”这两条论证规则得到保证的。

在三支的过失上，陈那总结正理论和小乘等古师的过失论，确立了二十九种过失，即宗五过，因十四过和喻十过；商羯罗主在此基础上补充了四种宗过，成为三十三种过失。

关于获取知识的方法，正理论认为有四种，即现量、比量、圣教量、譬喻量，无著、世亲只取前三种量，陈那则认为圣教量和譬喻量等均包含在比量之中，故只取现、比二量。在陈那早期的逻辑体系里，现量和比量只是作为论证的必要条件加以论述的，因此知识论在体系里不占有重要的位置。而且，陈那一反以往正理论将推理与论证割裂开来的做法，认为推理与论证在本质上是一致的，因此因三相既是推理的规则，也是论证的规则。

关于能破，陈那只是概括指出对缺减等似能立上的过失一一破斥就是能破；商羯罗主则进一步指出于“缺减过性、立宗过性、不成因性、不定因性、相违因性及喻过性”上加以破斥者就是能破。

关于似能立，陈那删订正理论和世亲的误难理论，提出14过类说，使误难理论臻乎成熟。商羯罗主从陈那得到启发，进一步将误难划归到似能立的过失中去，取消了十四过类说。

正理论等还有关于堕负的论说，陈那和商羯罗主均未取。

以上概述了玄奘所传的陈那的新因明体系，这一体系的理论框架如下：

Ⅰ. 论证与论证的过失论以及立论的必要条件：

- A. 论证及其过失论（能立与似能立）
  - 论题（宗）
    - 论题的主词（有法）和谓词（能别）须极成
    - 立论的准则：违他顺自
  - 论题的过失（似宗）
    - 五相违：现量相违、比量相违、自教相违、世间相违、自语相违（陈那立）
    - 四不成：能别不极成、所别不极成、俱不极成、相符极成（商羯罗主立）
  - 理由（因）
    - 论证规则：因三相
    - 同品、异品
    - 九句因
  - 理由的过失（似因）
    - 四不成：两俱不成、随一不成、犹豫不成、所依不成
    - 六不定：共不定、不共不定、同分异全、异分同全、俱品一分转、相违决定
    - 四相违：法自相相违、法差别相违、有法自相相违、有法差别相违
  - 譬喻（喻）
    - 两种喻：同法喻、异法喻
    - 组织喻体的方法：合作法、离作法
  - 喻的过失（似喻）
    - 似同法喻：能立法不成、所立法不成、俱不成、无合、倒合
    - 似异法喻：所立不遣、能立不遣、俱不遣、不离、倒离

- B. 立论必具的条件及其谬误（现量、似现量、比量）
  - 感觉量（现量）与虚假感觉量（似现量）
    - 感觉量：五识现量、五俱意现量、自证分现量、定心现量
    - 虚假的感觉量：忆念、比度、悕求、疑智、惑乱智、世俗有
  - 推理量（比量），推理量的过失即论证的过失

Ⅱ. 反破与误难论(能破与似能破):

A. 反破的对象(能破之境)
- 有能立缺减过性者
- 有立宗过性者
- 有不成因性者
- 有不定因性者
- 有相违因性者
- 有喻过性者

B. 误难
- 误难一:十四过类(实为二十一种)(按:商羯罗主不取十四过类说)
  - 似缺因过破:至不至相似、无因相似
  - 似宗过破:常住相似
  - 似不成因破:无说相似、第一无生相似、第一所作相似、第二无异相似、第二可得相似、第二犹豫相似
  - 似不定因破:第二无生相似、同法相似、异法相似、分别相似、第一无异相似、第三无异相似、第一可得相似、第一犹豫相似、义准相似
  - 似相违因破:第二所作相似
  - 似喻过破:第三所作相似、生过相似
- 误难二:立者虽有过,破者未中的(按:商羯罗主未说及此类误难)

由于玄奘的倡导,陈那早期的逻辑体系不仅在当时为僧俗所盛传,也影响了整个汉传因明的风格,注重于立破的研究而不注重知识论的探讨,这与藏传因明侧重于量理研究的风格相去甚远。

六、玄奘对因明的贡献

玄奘对因明的贡献是杰出的,使得汉魏以来显得空寂的逻辑论坛呈现出一派欣欣向荣的景象。虽然延续的时间不算长,但玄奘及其门人却树起

了一块逻辑的里程碑。玄奘在因明上的贡献主要有以下几方面。

1. 在我国首开研究新因明的风气

新因明是玄奘首传于我国的。在此之前，古因明已自北凉玄始年间起逐渐传入我国，但其影响甚微，流布不广。新因明的输入要归功于玄奘，他不但传译了新因明论，还在译场僧寮为众人讲解因明，阐释疑义。如他每日立课程，除抓紧时间译经外，在午后至黄昏这段时间里总要抽出两个时辰来给门下僧众讲解新的经论和因明等，并解答从诸州专程来问学的僧人提出的各种疑难问题。到了晚上，寺内弟子百余人都来请益，往往连廊庑上也站满了人，而玄奘总是循循善诱，一一酬答，不使遗漏。在这样的学术氛围和学习风气下，深奥的新因明终于在僧众中流传了开来。尤其是玄奘门下诸大德，他们天悟过人、博学卓识，基础条件均属上乘；而且他们与玄奘关系亲密，得以函丈请益而时闻指掌，每将所闻"记之汗简，书之大带"，[1]故获益更非同一般。同时诸大德亦以掌握这门新鲜学问为荣，故竞造文疏、标榜才学，使因明研究盛极一时。如奘门弟子文轨、神泰、靖迈、明觉、文备、玄应、灵隽、净眼、璧公、窥基等人均有因明论疏问世，颇令时人注目，其中尤以窥基的《因明入正理论疏》（世称《大疏》）最得玄奘所传的神髓，对后世影响亦最大。嗣后，窥基的弟子慧沼，以及慧沼的弟子智周亦均精治因明，有多种因明疏记传世。

2. 由于玄奘的悉心倡导，因明还由我国传入日本和朝鲜

日本学问僧道昭于公元653年（唐高宗永徽四年，日本孝谦天皇白雉四年）入唐从玄奘就学八年，归国后在元兴寺开创了日本的法相宗，也将因明传回了日本，这是第一传（也称南寺传），道昭一系的弟子中出了不少因明大家，如护命（第三代弟子）、明诠（第五代弟子）、三修和贤应（第六代弟子）等，于此可见日本法相宗一开始就是很重视因明的。南寺传中还有智通、智达二人于公元658年（唐高宗显庆三年，日本齐明天皇四年）乘新罗船抵唐从玄奘和窥

〔1〕　文轨：《庄严疏·序》。内院本，1934年。又，《〈文轨疏〉校补》卷一，见拙著《敦煌因明文献研究》第318页，上海古籍出版社，2008年。

基受业,这是第二传。以后还有第三、四两传,均属北寺传。北寺二传均从玄奘的三传弟子智周学习,也出了许多因明大家,撰述丰富,此不一一。

在玄奘的门人中还有一批新罗(古朝鲜)高僧,如圆测、玄范、胜庄、顺憬、元晓、智仁、神昉、神廓、道伦、义寂等。圆测是奘门中的"达者",是可与窥基一系抗衡的西明系首座,他不仅本人著有因明论疏,其弟子道证以及二传弟子太贤亦均有因明著述;玄范、胜庄、顺憬、元晓均精探因明,撰有论疏;智仁则参与玄奘译事,玄奘所译《因明正理门论》系由其笔受;神昉亦参与译事,而且是随从玄奘时间最长的新罗僧人,他撰有不少章疏,但似无因明的著述;神廓有《观所缘缘论疏》一卷;道伦、义寂均有唯识学方面的众多著作,但似无因明论疏问世。总之,这批新罗高僧大都在传述唯识学说的同时,也将玄奘所倡明的陈那新因明传回了新罗。

3. 丰富和发展了新因明的理论与方法

玄奘除了迻译因明论典之外,主要是口授徒众,别无因明论著问世,故我们对其发展因明理论上所作的努力很难作全面评价。然从玄奘译传因明的态度和对梵本原文精确的修正中,亦可略知其独到的见解,而且玄奘门下诸大德所撰文疏颇多玄奘口义,从中亦可窥见他在因明理论上的某些贡献,但其中也不免夹杂着撰述者的一些思想,很难一一划清。以下试为论介:

(1)突出因明的工具性,以立破为纲

玄奘所传的因明有其特点,即强调因明的思辨工具性。对于深入领悟大乘经论的要义来说,须借助因明这一工具,因为因明正是"法户之枢机","玄关之钤键";〔1〕而且在内外道的论诤中,因明更有助于佛家"诠论难之旨归,序折邪之轨式",〔2〕因明原为"谤者而制之",故"定理正邪,必照以因明现比"。〔3〕正

〔1〕 窥基:《大疏·序》,金陵本,光绪二十二年(1896)。

〔2〕 《慈恩传》卷八,《大正藏》第50卷263b。

〔3〕 文轨:《庄严疏·序》,内院本,1934年。又,《〈文轨疏〉校补》卷一,见拙著《敦煌因明文献研究》第317页,上海古籍出版社,2008年。

是出于这样的考虑，所以玄奘在译传因明时选择了陈那早期以立破为纲的《正理门论》和商羯罗主的《入正理论》，而未译陈那晚年总结知识论和因明论的代表作《集量论》。但这并不是说玄奘立意要排斥《集量论》，其实玄奘对《集量论》是作过精心探究的，在印度期间他转益多师，一再研读《集量论》并咨难决疑，对《集量论》的精义当有深刻的了解。归国后他在传述因明的过程中，也多次引述《集量论》的话来阐释因明大小二论，这也说明他对《集量论》的重视。只是因为《集量论》较多地论述逻辑哲学方面的问题，不如《正理门论》和《入正理论》主要阐说立破方轨，以论证和反破为纲。玄奘这种工具论的立场，影响着整个汉传因明的风格。

（2）补正因三相在表述上的不足

因三相说是新因明的核心理论，陈那赋予因三相以全新的内容，但是在表述上却沿袭旧说。如商羯罗主的《入正理论》梵本犹在，其第一相的原语是：Pakṣadhamatva（读作“博叉达磨埵”），其中 pakṣa（博叉）即“宗”，dharma（达磨）即“法”，构成复合词即为“宗法”，tva（埵）是语尾，有“性”的意思，合在一起即为“宗法性”。这句话过于简约，故玄奘译作“遍是宗法性”，此中“遍是”为原语所无。“遍”（sambhava）即周遍、包摄，“遍是宗法性”的意思是，因（理由、中词）须有包摄宗（此指论题的主词）的法性（谓词所示的性质）。玄奘的翻译较之原语要完整多了。再说第二相，它的原语是：Sapakṣa sattva（读作“娑博叉萨埵”）或 Svapakṣa sattva（读作“斯婆博叉萨埵”），其中 Sapakṣa（娑博叉）与 Svapakṣa（斯婆博叉）均是“同品”的意思，sattva 即“存在”，即“有”，合在一起即为“同品有”。然而这一表述颇为模糊：因究竟必须存在于所有的同品之中呢，还是只要存在于部分同品中即可？按陈那对第二相的解释，是只须存在于部分同品中即可的。玄奘翻译时根据陈那的原意将第二相表述为“同品定有性”，其中的“定有”（部分存在于）就明确地规定了：因必须存在于部分同品（同类例）之中，当然亦可存在于全部同品之中（遍有）。后来法称在表述中加了限定语“eve”，就与玄奘的译改别无二致了。最后说第三相，它的原语是 Vipakṣa nāstitā（读作“毗博叉那斯地达”），其中 vi（毗）是前缀词，与 Pakṣa（博叉）连成复合词，即成反义，Vipakṣa（毗博叉）即“矛盾宗”之意，亦即“异品”，nāstitā（那斯地达）即“无”，合在一起即为“异品无”。这也同样不够明确：因于异品究竟应该是遍无呢，还是部分无？按陈那的解释，应是遍无，即因必须与全部异品排斥，不能有任一例外。玄奘翻译时按陈那的解释对第三相作了补正，加了一个“遍”（全部）字，说作“异品遍无性”，这就较原语精确多了：“遍”字遣除了一切异品，使语意更为肯定。后来法称也加了限定语“eve”，与玄奘的修改不谋而合。综上所说，玄奘对因三相的表述是更为精审的，他所增益的“遍”（周遍）、“定”（部分）、“遍”（全部）三字，具有深刻的逻辑内容，虽均是依据陈那的思想而来，但玄奘的概括仍不失为一大贡献。

（3）将二因理论敷演为六因的模型

玄奘在传述因明的过程中，也向门人阐说了自己的研究心得，这从其门人记录的口义中略可窥知。兹就玄奘门下弟子对六因理论的建构试作探讨。

六因是从二因衍生出来的。所谓二因，即生因与了因，因的本义即原因，凡能产生结果的诸因素，均称之为因。生因与了因原系一般佛教用语，如《大般涅槃经》中就说生因本是法性之理，能发生一切善法，如谷、麦等种子，能发芽萌生；了因则以智慧照法性之理，如灯照物，了然可见。后来这“生因”与“了因”的名目引入因明，用以区别事物因与逻辑因。如世亲《如实论·道理难品》云：

> 因有二种：一生因，二显不相离因。……我说因不为生所立义，为他得信，能显所立义不相离故。立义已有，于立义中如义智未起，何以故？愚痴故，是故说能显因，譬如已有色，用灯显之，不为生之。〔1〕

世亲以生因与显因（了因）对举，生因即指由 A 生 B 的事物因，显因即指由 A 知 B 的逻辑因。世亲认为论证中的理由即是“显因”，它的功用在于显示小词与大词的不相离关系，而不在于产生这种关系，因这种关系原本就存在，现在以显因显示它，犹如以灯照物一般。从世亲的这段话可知，他是从狭义因论出发来区分生、了二因的，也就是说他只将论证的理由作为论题的显了因。

---

〔1〕《大正藏》第 32 卷 31c。

陈那对生、了二因也有论及，如《正理门论》云：

今此唯依证了因故，但由智力了所说义，非如生因，由能起用。〔1〕

这里明确将了因与生因对举，但没有对二因作出界定。从“非如生因，由能起用”的话来看，陈那似乎认为“了因”是为敌论者所接受的，而生因还只是立者一方的意愿，它是以能启迪敌论者的智慧而起作用的。如此，陈那所说的生、了二因似乎反映了立敌对待的二元关系，与世亲的说法显然不同，陈那已开始涉足语用的领域了。不仅如此，陈那还对生、了二因作进一步的分别，如他在《正理门论》中判定“至非至相似”和“无因相似”二过类时云：

如是且于言因及慧所成立中有似因阙，于义因中有似不成。〔2〕

这段话里的“言因”当指言生因，“慧”即推求决定的智慧，亦即智生因，“义因”即义生因。这一点，从玄奘门人所作的疏记中可以窥知。如文轨云：

因有二种：一、生因，如种生芽等；二、了因，如灯焰照物等。生因有三：一、言生因，谓立论者以立因言能生敌论决定之解……二、智生因，即立论者了言之智……三、义生因，即立论者言所诠义……了因亦三：一、智了因，谓敌论者有解“所作”等智故，便能显了“无常”等义……二、言了因，谓由因言了所说义……三、义了因，谓以有“所作”等义，故能显“无常”等宗。〔3〕

这里明确提出生因与了因相对待的格局，并从生因衍生出言、智、义三因，又从了因衍生出智、言、义三因。

玄奘门人窥基《大疏》所述，在二因对待的二元关系以及六因的次序上与文轨所说相同。玄奘的另一位门人神泰在其所著《因明正理门论述记》中也将因分为生、了二种，并将了因分为义了因、言了因、智了因三种。神泰虽

〔1〕《大正藏》第32卷1b。又，参见拙释《因明正理门论译解》Ⅰ-2-2C，中华书局，2007年。

〔2〕《大正藏》第32卷5a。又，参见拙释《因明正理门论译解》Ⅱ-2-13B。

〔3〕《庄严疏》卷一页十二左右。内院本，1934年。又，见拙著《敦煌因明文献研究》第325页，上海古籍出版社，2008年。不过文轨释六因时，误将言了因释为三支式中的因支，这是不正确的。

未明言生因亦分三种,但由三种了因可以推知。由此可见,他们都有二因与六因的阐发,这当是同禀玄奘所致。

然而文轨、神泰与窥基对六因的阐释并不一致,对基本概念的界说亦有原则的不同,这也说明他们虽然执卷承旨,亲受奘传,但由于理解和见解之差异,发挥自亦有异,其中或以窥基关于六因的阐说最得奘传的神髓(详第五章)。

(4)总结了有体与无体的关系

有体与无体,本是佛教一般术语,用以指称法体之有无,其中包括有形的物体和无形的心识。这对术语用于因明之中,除了以之指称概念之有无外,还反映宗因喻三支之间在有体与无体上的逻辑关系。

区分概念的有体、无体,在于是否取得立论者和敌论者双方的共许极成:凡立敌共许的,即为有体;凡立敌不共许的,即为无体。无体还有随一与两俱之分,凡一方许有而为另一方不许有的,是随一无体;〔1〕凡立敌双方俱不许有的,是两俱无体。这是因明关于有体与无体的传统界说。玄奘及其门人在此基础上又对因明三支的有体与无体之关系作了探索,建构了关于有体与无体的理论。

(5)重视传述简别的方法

因明是论辩的逻辑,在论辩中为开悟论敌而建立的为他比量(能立与能破)计有三种,即自比量、他比量和共比量。按因明的传统做法,在建立他比量或自比量时要加简别语,即自比量须加"自许"、他比量须加"汝执"等简别语,以明确概念和避免强加于人。共比量一般不须简别,有时为标明系依真理而立,亦可加上"真故"、"胜谛"等简别语。然上述简别方法在玄奘以前只是不成文法,虽在论辩实践中遵行,却不见专门的论述。玄奘在向门下弟子传述因明时对三种比量的传统简别方法当作了阐说,故其众门人多有论及三种比量及简别方法问题的,其中以窥基《大疏》的阐说为详。

〔1〕 随一无体的概念,从许有的一方来说,也可以称随一有体,但习惯上以随一无体称之。

玄奘很重视简别的方法，据说他曾通过修改简别语纠正印度胜军居士的一则立量。如《大疏》卷六引胜军的原量云：

诸大乘经皆佛说，（宗）

两俱极成非诸佛语所不摄故，（因）

如增一等阿笈摩。（喻）〔1〕

此量意谓，大乘的经典也是佛说，因为它亦在佛语统摄的范围之内，犹如小乘佛教《增一》等阿含经为佛语所统摄那样。此量的毛病出在"两俱极成"这一简别语上。小乘认为大乘的经典为佛语所不摄，胜军却说"非诸佛语所不摄"，这本应是随一无体之因，胜军偏在因上冠以"两俱极成"，将自比量标榜为共比量，这样就有"他随一不成"的过失。而且从大乘方面来说，虽同意小乘的经典为佛说，然而并不同意小乘有部的根本论《阿毗达磨发智论》等七论为佛说，故此中又有"同全异分"的不定过。再从小乘的内部来看，也有不少部派不同意上述七论为佛说的，因此又存在"一分两俱不成"之过。可见由于将自比量说成共比量，竟会导致一系列的过失。玄奘在杖林山向胜军问业之时读到这则比量，深感难以服人，因此尽管此量是胜军经过四十余年的推敲建立的，玄奘还是提出了自己的修改意见，即将"两俱极成"改为"自许极成"，以此明确自比量的性质，从而避免了上述诸种过失。于此亦可见玄奘对因明立量的严密性有很高的造诣。但玄奘有时也利用简别方法将自比量冒称为共比量，在论辩中模糊敌论者的视线以取胜。如他所立的《真唯识量》就是典型的例子，下文将作专题分析，兹姑从略。

（6）丰富了过失论

过失论是因明逻辑的重要组成部分。正理论重视因过的分析；佛家因明则从宗、因、喻三支上全面展开过失的研究，陈那总结旧说，立有宗五过、因十四过、喻九过，商羯罗主在此基础上又补充了四种宗过，合为三十三过。玄奘在传述这三十三种过失时又加发展，按自、他、共，全分、一分，有体、无体，两

〔1〕《大疏》卷六页三右～四左，金陵本，光绪二十二年（1896）。

俱、随一等对三十三过作了进一步的划分，这从文轨、窥基等人的文疏中略可窥知。但文轨与窥基等人对三十三过的进一步划分不尽相同，文轨的《庄严疏》早出，窥基的《大疏》晚出，二书对过失阐说的差异固然有各自发挥不一的因素，也可能玄奘生前在不同时期有不同的传述，晚年对过失的划分更为精细些，大概窥基所阐发的正是依据了玄奘晚年的口义，并作了尽情的发挥。

综上所述，玄奘在因明的传播与发展上作出了巨大的贡献，为中国逻辑史增添了辉煌的篇章。然而我们对这样一位彪炳中外文化史册的大学者的逻辑思想的研究还是不够深入的，这是由于玄奘东归后主要致力于译经事业，除《大慈恩寺三藏法师传》和《大唐西域记》系玄奘口授、由其弟子整理成书外，别无逻辑理论等著作问世，他在印度时用梵文写成的《会宗论》三千颂和《制恶见论》五千六百颂在他回国时即已亡佚，故今人研究玄奘的哲学和逻辑思想只能从其译籍的字里行间勾稽出一些属于玄奘的思想见解，如对因三相的译改等，或从其门人的著作中去爬梳玄奘的口义，但这一工作有较高难度，主要是不易分辨，从而影响了我们对玄奘逻辑思想作全面深入的研究。

玄奘的辉煌虽是主要的一面，也还存在着不足的一面。如他对待佛门外学者吕才的因明研究采取僧侣主义的排斥态度就是典型的例子。[1] 又如他在无遮大会上所立的《真唯识量》采用了诡辩的手法。以下就《真唯识量》的问题作一些分析。

七、关于《真唯识量》

玄奘的《真唯识量》见于文轨的《庄严疏》和窥基的《大疏》。如窥基云：

且如大师，周游西域，学满将还。时戒日王王五印度，为设十八日无遮大会，令大师立义，遍诸天竺，简选贤良，皆集会所，遣外道、小乘，竞申论诘。大师立量，时人无敢对扬者。大师立《唯识比量》云：

〔1〕 详见本编第八章：《吕才与唐代因明的一场僧俗之争》。

真故,极成色,不离于眼识;(宗)

自许初三摄,眼所不摄故;(因)

犹如眼识(喻)。〔1〕

据说此量曾引起"唐朝高德、蕃国诸贤"的广泛注意,他们对此量"皆动智海",并"各载章疏,争述立破"。〔2〕可惜许多章疏早已散佚;在奘门弟子中,唯《大疏》对"真唯识量"的阐说最为详备,而且经过《大疏》的渲染,"真唯识量"逐渐为法相宗人奉为"万代之通轨"。〔3〕

其实,"真唯识量"并不如窥基及其崇奉者所说的那样至善至美,无懈可击;它不但不是哲学真理,而且在逻辑上也难以成立。

现在让我们来解释这"真唯识量"的涵义。

先说它的宗:"真故,极成色,不离于眼识。"其中"真故"、"极成"都是简别语,容待下文分析。此宗的有法(主词)是"色",此指视觉所能识别的对象。"不离于眼识"是法(谓词),"眼识"即视觉。此宗的意思是,视觉的对象是不能离开视觉而独立存在的。

次说其因:"自许初三摄,眼所不摄故。"其中"自许"亦为简别语。"初三"即佛家所说的"六根"、"六境"、"六识"十八界中的第一个组合。〔4〕"初三摄"意即色是为十八界中的第一个组合(眼根、色境、眼识)所包含的。

〔1〕《大疏》卷五页二左,金陵本,光绪二十二年(1896)。

〔2〕〔3〕 日释善珠《明灯钞》卷三末,《大正藏》第68卷315a、b。

〔4〕 六根系人的六种感觉器官,六境为人的认识对象,六识即六种主观认识能力。六根、六境、六识组成的十八界如下表:

六根	眼根	耳根	鼻根	舌根	身根	意根
六境	色	声	香	味	触	法
六识	眼识	耳识	鼻识	舌识	身识	意识
类别/序数	(初三)	(二三)	(三三)	(四三)	(五三)	(六三)

“眼所不摄”则谓色非眼根所能见。此因的意思是,色是属于眼根、色境、眼识这一组合(初三)的,但它不是眼根所能看到的。换言之,色只与眼识发生直接联系,而与眼根无直接联系。

再说它的喻:“犹如眼识”。“眼识”其实只是同喻依,喻支中的同喻体和整个异喻都省略了。当然这符合三支因明常见的省略形式。如果补上同喻体,此喻支应为:“诸初三摄眼所不摄者,皆不离于眼识,犹如眼识。”意谓:凡为眼根、色境、眼识这一组合所包含而且不为眼根所能见者都是不离于眼识的,犹如眼识(指眼识中的见分离不开眼识中的自证分〔1〕)。

《真唯识量》的涵义略如上述。此量宣扬的是大乘唯识哲学的核心问题:“万法唯识”,取消主、客观之间的对立。其主观唯心主义的实质这里姑置勿论,我们要着重分析的是,“真唯识量”在逻辑上是否真能成为“千圣同遵”的“万代之通轨”。

先来分析它的宗。从表面上看,这宗上有法(主词)“色”的前面叠用了两个简别语:“真故”二字从宗的整体着想,简去了“世间相违”之失;“极成”二字又专从有法着眼,简去了“所别不成”和“自教相违”等过,似乎是很严密了。但在事实上,宗上有法(主词)仍然是不极成的,并不能避开“所别不成”之过。因为玄奘立“色不离于眼识”宗,指的是相分色不离于眼识,而不是指的本质色;小乘只同意有本质色,而不承认有相分色,立敌双方对有法(主词)“色”的理解显然不一致。“极成”二字虽对有法(主词)作了简别,但它只能简除小乘主张的“后身菩萨染污色”、“佛有漏色”和大乘所主张的“他方佛色”、“佛无漏色”等,而不能简除“本质色”,因为一去掉“本质色”,有法(主词)便完全不极成,这简别语“极成”便成了空话。可见在“极成”名下的主词“色”,其实是并不极成的。立宗既有“所别不成”之过,那么到说因时也必有“所依不成”之

〔1〕 陈那将“识”分为三部分:一是相分,即心识所变现的认识对象;二是见分,即心识的识别能力;三是自证分,即心识自体,故亦称自体分。自体分不仅能变现见分和相分,并能自证见分和相分的结果,故亦为量果。据《宗镜录》卷五十一说,宗上的“眼识”指的是自证分,而喻中的“眼识”指的是“见分”。

失,这是一母同胎的孪生子。而要避免这些过失,只能借重于简别语“自许”了;按因明的规定,只要公开标明本宗系依自而立,是自比量,有法不极成也无妨。但玄奘立宗时却偏要以共比量来标榜,而不愿以“自许”来标明是自比量,这就将“色”限制在立敌共许的本质色的范围内了。于是,从言陈的意思(字面上)看,说“色不离于眼识”,就等于说本质色不离于眼识。然而玄奘言下意许的不离于眼识的色是相分色而不是本质色;因为唯识宗认为本质色是阿赖耶识的种子所生的实质色法,如眼根,是离于眼识的,而相分色只是眼识所变现的影像,故不离于眼识。现在言陈的宗既为共许极成的本质色离于眼识,这就有“一分自教相违”的过失。总之,这头一步立宗就有破绽。

其次来分析它的因。玄奘说因时是煞费苦心的,但正如上文所说的,由于宗的主词“色”的涵义有言陈与意许的不同,所以此因实在是“有法差别相违”因。虽然玄奘在因上以“自许”言简,但因上的简别语“自许”并不能简除宗上不共许的部分,而只能简除因法本身的不极成。从玄奘所用的因法来看,色为“初三摄”是立敌共许的,但说色是“眼所不摄”的,则为论敌所不许。按因明的规定,因法须是“共许法”,这样才能用来成立“不共许”的宗,如果立论者所说的因,为论敌所不许,此因就犯“随一不成”之过。要弥补这种过失,可以用“自许”来简别,以表明此因是“随一有体”。所以“初三摄”前面“自许”二字只能用来简别“眼所不摄”这一部分的不极成。由此可见,因上的“自许”只能简除“随一不成”过,并不能简去“有法差别相违”过。而且这“初三摄,眼所不摄故”因也有转弯抹角、故弄玄虚之嫌。在因的组成上,玄奘实际上用了一个排除法:先概说为“初三所摄”,然后又指出是“眼所不摄”的,排除掉眼根摄取外境的作用,排除的结果,无非是说色只与眼识有直接关系,色是不离眼识的。但这样一来问题便明朗化,原来这因法与宗法竟是同一个概念!这在因明看来是“宗义一分为因”(即循环论证);另外还有“他随一不成”之过,即论敌不同意此因能周遍宗的主词“色”。玄奘精心设计的因,却是个似因。

再看它的喻。它省略了的喻体原是一个虚假的命题,这一点从对"真唯识量"思想内容的简介中可知。这里要着重分析的是它的同喻依。这"真唯识量"的同喻依比较特别,在因明比量中,像"真唯识量"那样以与宗法字面上相同的概念作为同喻依的情况确是鲜见的,因为按常规,同喻依必须具有与有法(主词)同样的性质,而现在如果将同喻依"眼识"与宗法(谓词)组成命题的话,就成了"眼识不离眼识",这不是同语反复吗?当然其间可能包含着玄奘的苦衷。本来玄奘可以以"见分"来作"色"的同喻,因为在法相宗来说,"见分"同"相分色"一样也是离不开眼识的。但是这样又行不通,因为无论相分还是见分,小乘及"外道"都不予承认,而按因明的规定,喻依必须立敌双方"共许极成"才能成立。因此玄奘如以"见分"为同喻依,此喻就有"两俱不成"的喻过,要弥补此过失,就须以"自许"来简别,标明此喻依系自许。但是玄奘却偏要给"真唯识量"插上共比量的标签,不承认是自比量,于是就只好以"眼识"来充作同喻依,暗许"见分"为它的差别义,玩弄概念的游戏,而终于使此喻成为似喻!

玄奘以自比量冒说为共比量,这就使他在宗、因、喻三支上普遍犯过。那么玄奘又为什么要以自比量充共比量呢?原来按因明的规定,论辩应有针对性,如一方立的是自比量,另一方则应以他比量来破斥;而回答他比量的,则应是自比量。如果一方立的是共比量,另一方也须以共比量来对应。玄奘在无遮大会上面对的是世人共许的"色定离于眼识"的命题,以此命题为宗义而组织起来的比量,无疑是共比量,因为连唯识宗也承认色中的本质色是可以离开眼识的。根据以共对共的原则,玄奘也必须立共比量来答辩。大概正是出于这样的需要,玄奘只得将原是自比量的《真唯识量》说为共比量,但这样一来,反而破绽百出。总之,"真唯识量"并非如通常所认为的那样,在逻辑上是严谨缜密、无懈可击的;更不是如法相宗人所说的那样,是"万世立量之正轨"。

事实上,当时就有人提出过不同意见甚或提出非议的。如嵩山镇国道场的定宾律师就认为《真唯识量》不过是"一时之用,将以对敌,未必即堪久后流行”。〔1〕 定宾并在《理门论疏》中说:“新罗顺憬师,乾封年中传彼本国元晓师作‘相违决定’来至此国。”〔2〕窥基则说“相违决定”量是顺憬作的,如《大疏》云:“然有新罗顺憬法师者,声振唐番,学苞大小……海外时称独步,于此比量作‘决定相违’,乾封之岁,寄请师释。云:真故极成色,定离于眼识;自许初三摄,眼识不摄故;犹如眼根。”〔3〕此量不论是元晓作的还是顺憬作的,都说明在玄奘的弟子中对“真唯识量”并非没有异议。当然也可能如元晓《判比量论》所说的那样,是小乘之所作,后顺憬得此比量,不能通释,于是寄请师释。但这也说明元晓和顺憬对“真唯识量”的权威性是心存疑问的,并且对小乘的观点持同情的态度。更何况元晓在《判比量论》中还对“真唯识量”提出批评说:“今谓此因劳而无功,由须‘自许’言,更致敌量故。”〔4〕这一批评抓住了问题的关键,意谓:因上的简别语“自许”存在破绽,更导致论敌出相违量来破斥。〔5〕

然而顺憬于乾封之岁(666~668)托新罗使臣捎书问业时,玄奘谢世至少已二载,窥基“念远国之人有兹利慧搪突奘师”,于是“暗中机发,善成三藏之义”,〔6〕作书相答:

凡因明法,若自比量,宗、因、喻中皆须依自;他、共亦尔。立依自、他、共,敌对亦须然,名善因明,无疏谬矣。前云“唯识”,依共比量;今依自立,即一切量皆有此违。如佛弟子对声生论立:“声无常,所作性故,

〔1〕 见日释善珠《明灯钞》卷三末所引,《大正藏》第68卷315a。

〔2〕 见善珠注引。善珠亦认为此“相违决定”量系元晓所作,见《大正藏》第68卷321a。据《宋高僧传·元晓传》云:“元晓……慕三藏慈恩之门,……无何发言狂悖,示迹乖疏,同居士入酒肆倡家……”见《大正藏》第50卷730a。可见元晓虽为奘门弟子,却放纵不羁,由他写出相违量的可能性也是存在的。

〔3〕 《大疏》卷五页四右,金陵本,光绪二十二年(1896)。

〔4〕 上引元晓语,均见善珠《明灯钞》卷三末引,《大正藏》第68卷321a。

〔5〕 “自许”只能简除因中“眼所不摄故”这部分的极成,而不简除此因存在的“有法差别相违”过。前面已有分析。

〔6〕 赞宁:《宋高僧传》卷四《顺憬传》,《大正藏》第50卷728a。

譬如瓶等。”声生论言:“声是其常,所闻性故,如自许声性。”应是前量决定相违。彼皆不成,故依自比,不可对共而为比量。

又,宗依共已言极成,因言自许,不相符顺。

又,因便有随一不成,大乘不许,彼自许眼识不摄故,因于共色转故。

又,同喻亦有所立不成,大乘眼根,非定离眼识,根因识果,非定即离故;况成事智通缘眼根,疏所缘缘,与能缘眼识有定相离义。

又,立言“自许”,依共比量,简他有法差别相违;敌言“自许”,显依自比眼识不摄,岂相符顺?

又,彼比量宗、喻二种皆依共比,唯因依自,皆相乖角。

故虽微词通起而未可为指南,幸能审镜前文,应亦足为理极。〔1〕

窥基在这封信中对上述相违量加以全面批评,一口气列出了六条错误:

第一,以自比量对共比量。

第二,宗依是共许极成的,但因言“自许”,不相符顺。

第三,因有随一不成之失。因为相违因中的“眼识不摄”为大乘所不许。

第四,同法喻有所立不成之失。

第五,立者因上的“自许”,依的是共比量;而敌论者因上的“自许”,则是依的自比量。

第六,宗与喻,依的是共比量,而因却依的是自比量,故两相乖角。

上述六条错误可以说全是窥基站在唯识立场上强加于人的,而并非是相违量本身真正犯有这样的过失。而且窥基在胪列这些过失时,颇多交叉重复,如其中第一与第五重复,第二与第六也基本重复。归纳起来不过四条,兹试为评析:

第一,关于以自比对共比的问题。窥基认为“真唯识量”因支上的“自许”并不是自比量的简别语,而只是用来简除“有法差别相违”过的;而相违

〔1〕《大疏》卷五页四左~五右,金陵本,光绪二十二年(1896)。

量中的“自许”则是自比量的标志，系用来简除大乘所不许的“眼识不摄”的。其实，不论是“真唯识量”还是它的相违量，因中的“自许”只能简除因法本身不极成的部分（大乘说的“眼所不摄”为小乘所不许，小乘说的“眼识不摄”为大乘所不许，故各须以“自许”来简别），而不能简除“真唯识量”的“有法自相相违”过。二量既然都是自比量，那就谈不上以自比对共比的问题了。

第二，关于宗、喻皆依共比量而因法依自比量，以致不相符顺的问题。这一条也不能成立。上述“真唯识量”的决定相违量就一般而言应该是共比量，因为世人共许“色定离于眼识”；只是面对大乘教人时才须用“自许”来简除因法中的“眼识不摄故”，成了自比量。此量既是自比量，那么为什么要在宗上用共比量的简别语“真故”呢？“真故”二字在这里其实不起简别作用，因为世人共知色离识有，无须以胜义来简别；这“真故”的作用主要在针锋相对。“极成”二字是有简别作用的，意在简除“色”上的不极成部分。因为大小乘对“色”的理解很不一致，大乘认为色有相分色和本质色之分，相分色是不离眼识的色，本质色是离于眼识的色。小乘不承认不离眼识的相分色，只承认离于眼识的本质色。从形式上看，大、小乘似乎共许有离于眼识的本质色，但是实际上大、小乘对本质色的界说并不一样。大乘认为本质色是阿赖耶识的种子所变，是心识的产物；而小乘则认为本质色是心外之物。所以这“极成”二字在决定相违量中实在是自比量的标志。由此宗因均系依自而立。至于喻支，由于并无简别语，故不存在与自比量乖角的问题。

第三，关于因有随一不成之失的问题。窥基认为其因中自许“眼识不摄”这一点可以“于共色转”，所以为大乘不许，而有“他随一不成”之失。〔1〕这一条更是难以成立，因为决定相违量的因法已标明“自许”二

---

〔1〕大、小乘共许本质色是离于眼识的色，故称为“共色”。“转”即有。意即小乘所说的“眼识不摄”因可以周遍于本质色，但不能周遍于相分色，故于大乘有“随一不成”之失。

字,它的作用就在于简除“他随一不成过”的,怎么还能指责此因有“随一不成”过呢?

第四,关于同喻亦有“所立不成”的问题。窥基的意思是,决定相违量中的同喻“眼根”,在大乘看来是“非定离眼识”的,因为“大乘认为,根与识是因果关系,根识同时而起,这可以说是‘不离’;但当人们修行还在因位的时候,识缘色,不缘根,这又可以说是‘离’;可是修行达到果位的时候,即具有了成事智(或所作事智)的时候,识不但缘色,而且缘根(通缘),这又可以说是‘不离’;即使是在果位,作为亲所缘的眼根与识不离,而作为疏所缘的眼根(本识的眼根)也还是离识的”。〔1〕 大乘对眼识与眼根关系的解释,乃自宗的见解;小乘则认为根与识分离,所以可用眼根来作色的同喻,这显系依自比量而引喻的。由于因上已标明“自许”,喻支的简别语可承上省,所以窥基说此量同喻为依共而立从而有所立不成之失,是难以成立的。

综上所述,“真唯识量”并非万世立量之楷模,玄奘为维护宗派利益,不惜借助简别的方法进行诡辩,然而仍难以掩饰其破绽。上述决定相违量对“真唯识量”的批判当是有力的,窥基在给新罗高僧顺憬答书时所说的六条错误,无一得以成立,而且前后重复,显出逻辑上的混乱。窥基是传述“真唯识量”并给予崇高评价的慈恩始祖,由于他的传述,为我们保存了这一珍贵的逻辑史和哲学史的资料;但他的评价却不正确,不过其评价本身也是中国佛教逻辑史的重要史料。

玄奘是在中国逻辑史上作出了杰出贡献的重要代表,他不仅是将新因明引入我国的第一人,而且发展了因明的理论与方法,同时也由于他在因明研究上的高深造诣和积极的传授、倡导,激发众多高僧探究这门新学问的兴趣,形成诠解因明的学术氛围,产生了一大批有影响的因明疏记,使我国成为因明的第二故乡。玄奘在中国逻辑史上的丰功伟绩建立起了一座里程碑,值得后人永远瞻仰。

---

〔1〕 吕澂:《因明入正理论疏讲解》第78页,中华书局,1983年。

第四章　神泰与文轨的因明疏记

一、神泰与《正理门论述记》

1. 神泰的行状与著述

神泰是初唐时蒲州(今山西永济县)栖岩寺高僧,〔1〕他谙解大、小乘经论,为时辈所推崇。

公元645年(唐太宗贞观十九年),玄奘西游归国后奉敕入居京师弘福寺,征选各地高僧襄助译经大计。神泰于是年六月奉敕作为证义大德之一参加译场工作,从此开始了长达十九年的译经生涯。公元647年(贞观二十一年)玄奘翻译第一部因明论《因明入正理论》时,他即参与详证大义,〔2〕并在此论译出后不久,又依据玄奘口义撰《入正理论疏》一卷。公元649年(贞观二十三年),玄奘又译《因明正理门论》,嗣后神泰复依据玄奘口义写出《正理门论述记》一卷。

神泰所撰的两部疏记,是较早问世并颇有影响的因明著作。如玄奘译场中的缀文大德栖玄早在公元655年(唐高宗永徽六年)时就将神泰、靖迈、明觉三家法师的因明文疏借给当时在太医署任尚药奉御的吕才参阅。但诸

---

〔1〕 唐许敬宗《因明入正理论后序》谓神泰是蒲州栖岩寺沙门,而《大慈恩寺三藏法师传》卷六说神泰是蒲州普救寺沙门。栖岩寺和普救寺均系名寺,今犹存。

〔2〕 与神泰同证此书大义者还有大总持寺道洪,实际寺明琰、罗汉寺慧贵、宝昌寺法祥、弘福寺文备,廓州法讲寺道深。

师虽同禀玄奘，述作却互有长短，甚至执见不一，所说各异，致令吕才“更张衢术，指其长短，作《因明注解立破义图》”，引起一场僧俗之间的论争，不过神泰本人似并未参与论诘。

神泰的《入正理论疏》今已不存，其《正理门论述记》今仅存残本。〔1〕

《正理门论述记》残本开首有一段引言，解释“因明”与“正理门”的涵义。以下阐释本论的文字，后半佚失。

根据《正理门论》的内容，《正理门论述记》释本论的部分应该分两大部分：第一部分主要阐释真、似能立，兼释现、比二量；第二部分阐释真能破与似能破，重点在阐释似能破的十四种“过类”。在上述第一部分中又分五方面来阐释：一、宗与似宗；二、因与似因；三、喻与似喻；四、现量与似现量；五、比量。《正理门论述记》残本至阐释喻与似喻为止，也就是说至今幸存的残卷基本上是阐释能立与似能立的部分。这里之所以要说“基本上”，是因为残本的末尾在只说到两种似喻（倒合、倒离）时就中断了，以下阐释另外八种似喻以及陈那与外道论辩二喻是否因之一部分的文字均已佚失。

《正理门论述记》虽然只留下了个残本，但它是我们今天唯一能看到的《正理门论》唐疏。当时还有文轨、文备、净眼、定宾、圆测、憬兴、玄范、普光、胜庄、道证、崇俊、太贤诸家的《正理门论》注疏问世，可惜后来皆散佚无存，由此益见《述记》传世之重要了。

2.《述记》的重要价值

《正理门论》是一部文简义幽、颇难索解的著作。《正理门论述记》的疏解，不仅阐释了文意，梳出了条理，而且对陈那的逻辑思想作了阐发。例如《正理门论》开宗明义云：

为欲简持能立、能破义中真实，故造斯论。

〔1〕《大正藏》第44卷仍作一卷，支那内学院1923年刻本分作三卷，均至“而倒说言：若非所作，见彼是常”，以下亡佚。本书所引《述记》语，均据支那内学院三卷本（以下简称“内院本”）。

这是陈那申明作论的要旨。《述记》释云：

自古九十五种外道，大、小诸乘，各制因明，俱申立破。今欲于彼立破义中简智采言，持取真实。谓昔因明，或非过谓过，过谓非过；今显简智持取，此过云是过，非过云非过者。此即若能立、能破似，俱名能立、能破。能立、破名真实义，非一向取无过能立、破。〔1〕

神泰的释文概括指出印度众多哲学流派"具申立破"，本论"简智采言，持取真实"的旨趣即在破"外道"因明中"非过谓过，过谓非过"的不真实部分；并指出陈那所说的"能立、能破义"并非仅仅局限于能立、能破本身，也包括了似能立和似能破。经过神泰这样的阐发，原来过于简括的"序述发起分"就比较具体地呈现在人们的面前了。

又如，神泰释《正理门论》首颂时，阐发了四种悉檀（宗义）：

（宗）有四种：一、共所许宗，如言青莲花香，此有立已成过，故不立。二、本所习宗，于自教中立亦有，已成过，故不立。三、义准宗，如立"声是无常"，准是"空"、"无我"，非本其所立，故不立。四、随自意宗，乃至自教中立余教义，故无过也。〔2〕

神泰概括地指出，"唯随自意乐为"之宗才是正宗，而其余三种均无成立之价值。因为第一，"共所许宗"所立之义既为立敌共许极成，则已无论争之必要；第二，"本所习宗"以本宗的教义对同宗学者立宗，彼此所禀既同，当亦无论辩之价值；第三，"义准宗"，〔3〕则欲凭宗之自相义而显差别义，故亦令人难以确定所要争论的问题；而第四"随自意宗"，不论是对"外道"还是在本宗内部辩论，由于其宗义系"随自意乐为"而成，具有论争的价值，故是正宗。

---

〔1〕《述记》卷一页二右，内院本，1923 年。

〔2〕《述记》卷一页三左。

〔3〕 神泰所说的"义准宗"，文轨《庄严疏》称为"傍显论宗"，窥基《大疏》称"傍凭义宗"。文轨与窥基所用的名称，都较"义准宗"为好，因为"义准"一词在因明中另有所指。

又如,神泰在释异品时批评“相违论”者,他抓住以相违为异品“不能返显宗定随因”的症结进行剖析,甚为深刻。他说:

(相违论者)若云:“此处有暖宗,以有火故因,犹如厨(同)喻,若有冷处即无有火,如雪山处(异喻)。”此以有冷处违有暖处为异喻故。……其异喻不能返显宗定随因。其事云何?若对暖宗,以冷违暖为异法喻者,其非冷、暖处不知定属何品?若虽有暖同喻,其非冷、暖处即无有火。若准相违异喻,诸有冷处即无有火,其中庸处既非有冷,复应有火,异喻乃返合有火之因,成不定过。为如厨上有火处,以有火故有暖耶?为如中庸处火,故无暖耶?其有火之因不定,故不能定证有暖也。〔1〕

这段话清楚地告诉我们,若按照“相违”为异的观点以“冷”作为“暖”的异品,那么作为中庸之品的“温”,既不是“暖”,理应无火,又不是“冷”,复应有火,如此,“温”这个中庸之品竟然可以返回来合成“有火”之因,这也就是说“冷”这个异喻并不能起到返显宗定随因的作用,这样的异喻自然不能成立。神泰的这一大段论述是很深刻的。

再如,神泰在说“共不定”与“不共不定”时,从概念外延关系上作了较有深度的阐发:

宗有二种:一宽,二狭。宽宗者,如云“内身无我”,除宗已外余一切法悉是“无我”,故是其宽。狭者,如立“音声是常”,除宗已外即有无常,故是其狭。因亦有二:一宽,二狭。宽者,“所量性”、“所知性”等,除此以外更无非所知等故。狭者,“勤勇所发性”或“所作性”等,除此以外更有非勤勇所发性或非所作性等故。若立狭宗,言“声是其常”;立宽因,云“所量性故”。此因于其同、异二品皆共此因,唯于彼狭宗望同、异二品俱不相违,是疑因性。若望彼宽宗云“内声无我”,此宽“所量性”因即是正因;或狭因云“所作性故”,亦即正因,非不定摄。今简宽

〔1〕《述记》卷二页十二左右,内院本,1923年。

宗，故言“唯”；又简狭因，故云“唯”。谓唯此狭宗（按：指“音声无常”宗），其“所量”宽因即成不定，非于宽宗而成犹豫；又唯此宽因于其狭宗成其犹豫，非彼狭因于彼狭宗、宽宗而成不定也。此共因望宽、狭宗，有定、不定；至不共因一向恒是不定而非定也，故有差别。〔1〕

这段论述虽然讲的是不定过中“共不定”与“不共不定”的区别，但实际上是根据因三相的理论加以阐发，提出了几条具体的原则。我们且不去分析他所用的论例，而只就其提出的原则来看，如下几点是很引人注目的：

第一，宗有宽宗与狭宗之分，因也有宽因与狭因之分。

第二，不定因的症结就在于以宽因去成立狭宗，因为宽因可以通向同、异二品（因及于同品虽不是过失，然因及于异品则是不允许的），因与异品既未能相违，此因就成了疑因。

第三，作为有效论证，因与宗的配合，有下面三种情况：

以宽因去成立宽宗。

以狭因去成立宽宗。

以狭因去成立狭宗。

在上述三种论证中的因，均属正因。〔2〕

神泰的《述记》问世较早，其阐释多为后出的疏记所吸收。如窥基《大疏》中关于宗因宽狭配合关系的阐述，就基本上取自《述记》，连文句亦颇雷同。《述记》的价值于此可知。

3.《述记》之不足

当然，《述记》成书时因明在中土创行伊始，神泰对因明的一些重要理论问题恐怕还缺乏深刻的认识与深入的研究，这在《述记》中是有所反映的，兹举数例以明之：

〔1〕《述记》卷三页十一左右，内院本，1923年。

〔2〕这自然是从三支论式的角度来说的。三支论式从同喻体为大前提的角度看，只有相当于三段论第一格的AAA和EAE两式；从异喻体为大前提的角度看，则只有相当于第二格的EAE和AEE两式。

第一，神泰关于生、了二因以及由此衍生出来的六因的认识是模糊的。《述记》序云：

> 初言因者，有其二种：一者生因，二者了因。今此所辨，正说了因，兼辨生因。就了因中复有三种：一者义(了)因，谓通是宗法所作性义；二者言(了)因，立论之者所作性言；三者智(了)因，诸敌论之者及证义人解前义(了)因及言(了)因，心心数法，通名为智(了因)。[1]

神泰的阐说虽指出因有生、了二种，但他强调的却只是了因，即以了因为逻辑因，[2]而将生因置于"兼辨"的地位上。同时，他将三种了因一一列出，而未正面提及三种生因。其实生、了二因具有因果关系，互相依存而不能割裂。这说明神泰对生因的地位和生、了二因的因果联系还缺乏认识。

正由于他对生、了二因的认识是肤浅不确的，所以《述记》对了因的解释显得凌乱无序：

> 因有二种：一生因，二了因。今此唯依证了因故。谓如立"声是无常，以所作性故"，此"所作性"谓要立敌决定同许声上有此因义，方成其因。何以如此？如说"所作性"是所说(即宗)义，但由立敌智力共知此义是有，方得成因，故言"但由智力"等也。亦可但由彼此知因智力信知有此"所作性"因，方成所说"声无常"义；若彼不信有所作性，即不了无常宗义也。亦可"但智力"者，谓唯敌论人知声上有所作性因智也，由彼信知有因之力，即了立论人所说"无常"之义。亦可并得了所说"所作性"义，故下文云"令彼忆念本极成故"也。[3]

这段话先总说了因须是立敌共许之因，然后提出四点解释：一，了因是立、敌智力共知此义是有(如共知所作性义为声所有)；二，立、敌智力共信有此因义；三，也可以只是敌论者一方信知有此因义；四，或立、敌共同了知因

[1] 《述记》卷一页一左，内院本，1923年。

[2] 这也是世亲的观点，可见神泰在这个问题上受《如实论》的影响颇深。

[3] 《述记》卷一页十七左右。

义。在上述对了因的四点解释中，其一、二、四点实在是重复的，因为共知、共信、共了并无多大差别，无非是共同了知的意思。只有第三点的说法不同，认为只要敌论者一方了知此因是有即为了因。如此，则上述四点其实只是两点：即了因或须为立敌所共知，或唯为敌论者所了知。神泰将这两点意思分说为四点，即显出其阐述之凌乱无章。

那么了因究竟须立敌共同了知呢，还是唯为敌论者了知即可？神泰似乎偏向于立敌共同了知的，所以他又说：

言了因者，要由共了知故，方得成因也。〔1〕

此说不免大谬。所谓了因，是从敌论者得到了悟的角度来说的，只要敌论者了悟立论者的论证式（即生因），了因就得到确立，故谈不上共同了知的问题。神泰所以会说“要由共了知故，方得成因”，是将因法须共许极成的性质混同于了因的性质了。事实上，神泰也确实是将三支论式中的因法看作就是言了因的。这就将生、了二因的理论局限在了狭义因论的范围内，较之后起的窥基将二因置于广义因论上来阐发，就不免逊色了。

第二，混淆了两种“能立”。“能立”有二义：一指由宗因喻三支组成的整个论式，一指由因和喻组成的前提。如《正理门论》云：“‘宗等多言说能立者’，由宗、因、喻多言辩说他未了义，故此多言于《论式》等说名能立。又以一言说能立者，为显总成一能立性，由此应知随有所阙名能立过。”这段话里出现了五个“能立”，按陈那自己的解释，此中的“能立”均系指“由宗、因、喻多言”组成的立论者的论式。然而神泰在解释时却把握得不准确，如云：

颂中“宗等多言”总说名能立者，为显一因二喻总成一能立性，如椽梁壁户多物，总成一舍，不可以椽别，故至舍亦多。〔2〕

然陈那明言由宗、因、喻三支合为一能立，神泰却解作“一因二喻总成一能立

〔1〕《述记》卷一页十八左，内院本，1923年。

〔2〕《述记》卷一页三右~四左。

性”,显然不合陈那的本意！但他在解“随有所阙名能立过”时却又说:

宗、因、喻三支中随一种缺减名能立性过。〔1〕

在这里,他却又将“能立”解为包含宗、因、喻三支在内的整个论式了。由此可见,神泰对“能立”的解释把握得不够准确,混淆了两种不同的“能立”。

第三,混淆言三支与义三相的差别。言三支是组成论式的前提与结论的要件,义三相则是由前提推出结论的规则,二者划然有别。然神泰在解同喻时却说:

以此同喻即是因三相中之一相故。〔2〕

这就将同喻(实指同喻体)混同于因三相之一相(实指第二相同品定有性)了。同喻的组成受第二相同品定有性的制约,但并不等于第二相;前者是用语言文字表述出来的论式之一部分,后者则是不形之于论式的论证规则之一部分,二者不能淆然！那么异喻的情况如何呢?神泰说得似乎更糟糕:

其异法喻亦正取因无、兼取宗无,一如同喻解释。〔3〕

这里既云“一如同喻解释”,似可认定神泰也将异喻体说为就是第三相了,其错谬一如上述。更不可理解的是神泰竟然混淆同、异二喻喻体的组成方法,他似乎忘记了陈那在《正理门论》中说过“说因宗所随,宗无因不有”,并且自己也对组织同、异喻体的合作法和离作法作过正确的解释,〔4〕却又说异喻乃“正取因无兼取宗无”,这与“宗无因不有”,亦即正取宗无兼取因无的离作法正相牴牾!

第四,将合、离二法混同于同、异二喻。合作法与离作法是组成同、异二喻喻体的方法,但不等于同、异二喻,神泰却将二者混为一谈了,如云:

合即同喻,离即异喻。〔5〕

〔1〕《述记》卷一页四左,内院本,1923年。

〔2〕〔3〕《述记》卷三页十七左。

〔4〕参见《述记》卷二页七右~八左。

〔5〕《述记》卷三页二十左。

同喻名合，名顺喻；异喻名离，名反喻。〔1〕

他将合作法说为同喻，将离作法说为异喻，显然混淆了二者的差别，与陈那的论意不符。

神泰是唐初诸师中早期研究因明的高僧之一，他的《述记》为后人留下了因明研究的一些宝贵的思想资料，虽然他对《正理门论》的阐释有时失于精当，然瑕不掩瑜，《述记》在中国因明研究史上依然具有不容忽视的地位。

二、文轨与《因明入正理论疏》

1. 文轨的行状与著述

文轨是唐京师大庄严寺沙门。生卒年不详，但从他是玄奘大师早期弟子的身份来看，他可能生于隋末，复从窥基一再将文轨的《因明入正理论疏》称作“古疏”这一点来看，文轨必远先于窥基而生。我们假定文轨于玄奘译经之初的贞观十九年(645)即入奘门，其时正届而立之年，则文轨当生于隋炀帝大业十一年(615)。与其同门师兄慧立同年(615)，与圆测(613~669)、元晓(617~686)年龄相仿。如果文轨享年六十而寂(此似为当时人的一般寿命)，则其卒年约在高宗上元二年(675)。他可能比窥基要年长近二十岁。

文轨的行状不详，然从其自敘可知，他是玄奘的入室弟子。如云：

惟今三藏法师……旋踵东华，颇即翻译。轨以不敏之文，慕道肤浅，幸同入室，时闻指掌，每记之汗简，书之大带。〔2〕

这段自敘说明，他不仅在三藏法师玄奘东归译经之初即已入其门下，而且“幸同入室，时闻指掌”，显得很不一般。当时玄奘的译务甚为繁忙，他除

〔1〕《述记》卷三页二十二左，内院本，1923年。

〔2〕《庄严疏》卷一页二左，内院本，1934年。又，《〈文轨疏〉校补》卷一，见《敦煌因明文献研究》第319页，上海古籍出版社，2008年。

了每日立课程，抓紧时间完成既定计划外，还于每天下午抽两个时辰来给译寮僧众讲解经论和因明等，也为诸州来京问学的僧人释疑解难。到了晚上，寺内弟子百余人常来请益，有时连廊庑上都站满了人。在这种情况下，得以函丈请益者当是与奘师更为亲近的门下大德。

贞观二十一年(647)和贞观二十三年(649)玄奘先后译出商羯罗主的《因明入正理论》和陈那的《因明正理门论》。由于玄奘的译传倡导，这门新传入的佛教方法论受到奘门大德的极大关注，并均以掌握这门新鲜的学问为荣。所以文轨每次得到奘师指点时，能勤于记录，深入思考。经过数年的研习，他终于写出了《因明入正理论疏》(以下简称《入论疏》)三卷和《因明正理门论疏》(以下简称《理门疏》)三卷。文轨的《入论疏》当属笔于贞观二十三年(649)至永徽五年(654)之间；因为《入论疏》中引用了《理门论》文，可知必属笔于玄奘译出《理门论》以后，而且吕才于永徽六年(655)所作的《立破注解》亦有“差别为性”之说，而此说源自文轨《入论疏》，可知《入论疏》必在此前问世。文轨的《理门疏》三卷当作于《入论疏》之后，然早佚，未见有何影响。此书虽亦传至日域，但流衍不广，影响不大。最早是永超的《东域传灯目录》记有文轨《理门疏》三卷，然其注云“可寻”，可见他并未真正见到此书。后来，藏俊在《注进法相宗章疏》中也记有文轨《理门疏》三卷，但他在《大疏抄》卷末书目中却未列此书，说明他并未看过此书。文轨所撰的因明论疏得以流传下来并卓有影响者，唯《入论疏》(残本)一种，故后人常径称文轨《入论疏》为《文轨疏》；又文轨系大庄严寺僧，故后世亦称此疏为《庄严疏》。[1]

2.《文轨疏》的地位与价值

在奘门诸师所作的因明文疏中，《文轨疏》是较有影响的一部力作，故“疏既盛行，人多信学，依文诵习，未曾辄改”[2]，成了早期的代表作。这部

〔1〕 文轨还撰有《广百论疏》一种，在敦煌遗书中有僧崇晃于唐中宗神龙三年(707)三月抄写的此疏卷第一。现藏法国国家图书馆，编号P2101。

〔2〕 《大疏》卷六页九左，金陵本，光绪二十二年(1896)。又，《大正藏》第44卷122c。

文疏由于颇存玄奘口义，加上文轨的用心阐发，内容堪称富赡，其价值不容小觑。兹就其荦荦大者略举数端以明之。

第一，深刻地揭示了因明的功用和性质。如云：

> 且内明之用也，为信者而施之；因明之用也，为谤者而制之。夫至理冲邈，非浅识所知，故于奥义之中，诸见竞起，……遂使道分九十六种，部析二十不同，并谓握隋侯之珠，冠轮王之宝。然法门不二，岂有殊归？一理若真，诸宗便伪。故欲现形好丑，则鉴以净镜清池；定理正邪，必照以因明现、比。〔1〕
>
> 所恨今之学者，立义非宗，难无定例，不崇因明之大典，翻慕委巷之庸谈，……词理浑淆，无分胜负，问答蜂起，孰定是非？但以语后者优，不以理前者为正，学徒不悟，习以生常。岂若因明总摄诸论，可以权衡立破，可以楷定正邪，可以褒贬是非，可以鉴照现、比。譬之日月既明，爝火自灭；霖雨已降，灌溉无施。〔2〕

这两段话都说得殊为精彩。第一段意谓，佛学是为信者而施设的，因明则是针对谤者（敌论者）而制备的。由于至真的道理非常高远深邃，非一般人所能把握，故在一些深奥的问题上往往会产生不同的见解，……由此而形成九十六种外道，小乘佛教也分成了二十个部派，而且都自称掌握了真理（隋侯之珠即珍宝，轮王之宝则有降伏四方的威力，此处用以比喻真理及其作用）。然而至高的法门只有一个，殊途怎能同归？因为一理若真，诸宗便伪。所以若要决定正邪，必须要借助因明的现量和比量。这一段阐发了因明的功用，乃是针对“谤者而制”的，用以克敌制胜，具体来说就是用以制服九十五种外道和小乘二十个部派。虽说这纯然是站在大乘佛教的立场上而言的，但也确实是大乘佛教汲取外道的论辩方法创制因明的本意。接下来一段则通过

〔1〕《庄严疏》卷一页一左右，内院本，1934 年。又，《〈文轨疏〉校补》卷一，见拙著《敦煌因明文献研究》第 318 页，上海古籍出版社，2008 年。

〔2〕《庄严疏》卷一页二左右。又，《〈文轨疏〉校补》卷一，见拙著《敦煌因明文献研究》第 319 页。

列举“今之学者”在“立义”与“非宗”上之“难无定例”，不守因明规范而致“词理浑淆，无分胜负”等，甚至对这些弊端麻木不仁、习以为常，以告诫“今之学者”务必认识“因明总摄诸论”的性质，即可以权衡立与破，楷定正与邪，褒贬是与非，鉴照现与比。这就将因明的工具性质揭示得很明白。文轨的这些认识当系受教于玄奘而来。

第二，厘清了新、古两种因三相的同异。因三相的理论最早由尼耶须摩（Nyāayasoma）或尼耶修摩（Nyāayasaumya）亦即正理派的门徒最早提出，佛家最初对因三相持排斥态度，如无著在《顺中论》卷上引述了因三相说，并断云：“一切作法（五支论式）无三种相。”〔1〕但世亲却持相反态度，吸收了三相学说，故云：“我立义者依三种相。”〔2〕又云：“我立因三种相是根本法，同类所摄，异类相离，是故立因成就不动。”〔3〕这标志着世亲已将因三相学说纳入因明的体系。嗣后，陈那更进一步将因三相的学说发展成演绎法与归纳法相结合的规则，因三相就脱胎换骨成了佛家的创说了。关于新、古两种因三相的同异，文轨有如下一段分析：

> 陈那以前诸师亦有立三相者，然释言相者体也，三体不同，故言三相。初相不异陈那，后之二相俱以有法为体，谓瓶等上所作、无常俱以瓶等为体故，即以瓶等为第二相，虚空等上常、非所作俱以空等为体，故即以空等为第三相。故世亲所造《如实论》云，因有三，谓“是根本法，同类所摄，异类相离”。此论梁时真谛所翻，比寻此论，似同陈那立三相义，同《论式论》；而言陈那以前诸师者，即是世亲未学时所制《论轨论》义。〔4〕

〔1〕《大正藏》第30卷42b。

〔2〕《大正藏》第32卷31a。

〔3〕《大正藏》第32卷30c。

〔4〕《庄严疏》卷一页十六左右，内院本，1934年。又，《〈文轨疏〉校补》卷一，见拙著《敦煌因明文献研究》第328页，上海古籍出版社，2008年。

这段论述的内涵很丰富。文轨首先指出古师说的因三相与陈那的因三相学说不同，古师将同喻例“瓶”说为同喻体，将异喻例“虚空”说为异喻体。这一概括正抓住了问题的实质，因为古师所说的同喻和异喻都不以普遍命题为喻体，所以并不显示二喻即因之组成部分，如此，同、异二喻也就难以体现第二相和第三相的逻辑制约关系。然而文轨在阐说这一点时也存在很大的不足，即混淆了言与义的界划。同喻和异喻是用言语表达出来的论式中的支分，而因三相是论式所涵蕴的规则，故前者是言而后者是义，二者迥然有别，然而文轨在阐说中却误说古师“以瓶等为第二相”，“以空等为第三相”，不免融入了他的错误理解，将古师以喻例为喻体之不当，说成以喻例为因相了。另外，文轨关于古师的初相不异陈那的论断是不正确的，二者从字面上看固然无异，然其实质截然不同：古师的初相只揭示有法具有因法所示的属性，仍然是从特殊推导特殊；而陈那的初相是揭示因法与有法之间的真包含关系，是演绎法的规则。其次，文轨说世亲在未学大乘时所写的《论轨论》中说的因三相乃承袭古师所说，但其《如实论》中说的因三相“似同陈那三相义”。这一评价较有分寸。新因明的因三相虽系陈那的创说，但它并非凭空产生。世亲是古因明的集大成者，在他后期所撰的《如实论》中已有三支式的倾向，还曾在论例中运用普遍命题作前提，并申明：“我说因不为生所立义，为他得信，能显所立义不相离故。”〔1〕这表明此时世亲的逻辑观念已开始转变，故世亲后期的逻辑学说为陈那对因明的改革提供了思想基础。

第三，揭示了同法“正取因同，兼取宗同”的逻辑特点。文轨在解释《入论》所云“同法者，若于是处显因同品决定有性”时云：

> “处”谓有法；“显”谓显说；“因”者，谓即遍是宗法因；“同品”谓与此因相似，非谓宗同名同品也；“决定有性者”，谓决定有所立法性也。此谓随有有法处，有与因法相似之法，复决定有所立法性，是同法喻。

---

〔1〕《大正藏》第32卷31c。

此则同有因法、宗法名同法喻。〔1〕

这段释论殊为精当。其所谓之“有法”,指同喻依“瓶”,亦即《入论》所云之“是处”。因为瓶与声一样,都具有所作性和无常性,故瓶虽为喻依,其实也可称作有法。而这里所说的“同品”,乃是因的同品。因法与宗法之间具有包含于关系,故凡真正意义上的因同品必是宗之同品,但宗同品却不一定是因之同品。而同法必须既具有因的性质(因同品),复具有宗的性质(宗同品),故说“非谓宗同名同品也”(单纯的宗同品不符合同法的要求)。“决定有性”则是指“决定有所立法性”,亦即定有宗法的属性。所以同法就是“与因法相似之法,复决定有所立法性”,也就是说同法必须因、宗双同,而且是“正取所作,兼取无常”(正同因法、兼同宗法)。〔2〕 文轨对同法的诠释很有启迪性,他释“同法者,若于是处显因同品决定有性”一句时显然是将“因同品”三字连在一起读的,而当时也有人将此句读作:“同法者,若于是处显因,同品决定有性。”〔3〕这两种读法体现了两种不同的理解:文轨以“显因同品”为读,强调了同法“正取因同,兼取宗同”的特点,符合陈那所说的“说因宗所随”的原旨;而以“显因”为读者,则有偏取宗同,淡化因同之嫌。

第四,正确阐发了能量智与量果的统一关系。因明在说现量和比量时,会涉及量果的问题。《入论》释量果云:“于二量中即智名果,是证相故。”这句话不易理解,智与果为什么是不离的呢?又为什么称作证相呢?文轨解释说:

谓现、比证诸法自相、证诸法共相,自、共二相是所量,二量之体为能量,即此能量证二相智,自照明白为量果,故云是证相故。……既于

〔1〕《庄严疏》卷一页二十二右~二十三左,内院本,1934年。又,《〈文轨疏〉校补》卷一,见拙著《敦煌因明文献研究》第332页,上海古籍出版社,2008年。

〔2〕《庄严疏》卷一页十五左。又,《〈文轨疏〉校补》卷一,见拙著《敦煌因明文献研究》第327页。

〔3〕如净眼就作如此读,他还对文轨以“因同品”为读提出批评,参见《略抄》写卷第148~159行(《敦煌因明文献研究》第250~251页)。

证相一心之上有此能量、所量之义，故此证相量果亦名为量也。〔1〕

这段解释深中肯綮，指出自相与共相就是所量相分，现量与比量则是能量见分，能量之智即是量果，也可称之为证相。证相就是心识的主体（自证分），它变生出见分和相分来，它自己复可见证见分认识相分的结果，故亦为量果。文轨的这些阐发都是合乎唯识学说的，如《成唯识论》卷一云：

复谓识体转似二分，相、见俱依自证起故。〔2〕

由此可知，相、见二分乃由自证分生起。故《成唯识论述记》卷一本云：

护法等云，谓诸识体即自证分。〔3〕

所以心识的主体即自证分，亦即能量智，亦即证相，它既可变生相、见二分，而且“即用此量智，还为能量果”。〔4〕文轨的解释与此别无二致。

第五，在对十四过类作详解的基础上，厘定似能破的界说。十四过类系陈那所总结阐发，至商羯罗主则将其纳入似宗、似因、似喻和缺减性的过失之中，不再专门阐释十四过类。然而文轨在疏解似能破时依然引入十四过类说并对之一一阐释，这部分内容后来保存在《赵城藏》中，基本完好，是现今能看到的唐人释十四过类的稀有文献。文轨对十四过类的疏解保存了玄奘的不少口义，也提供了不少实例，使之具体化。在阐释十四过类的基础上，文轨复对似能破的界说作进一步的厘定：

如上所列十四过类，名似能破。以彼敌愚，于他能立无过量中不能缄言，惑乱立人、证者、听众，欲显已胜，妄施此难，故是似破；亦有于他过量中不知其过，而更妄作余过类难，亦是似破。〔5〕

---

〔1〕《庄严疏》卷三页二十二右～二十三左，内院本，1934年。又，《〈文轨疏〉校补》卷三，见拙著《敦煌因明文献研究》第376页，上海古籍出版社，2008年。

〔2〕《大正藏》第31卷1a。

〔3〕《大正藏》第42卷241a。

〔4〕《大疏》卷八页二十三左，金陵本，1896年。又，《大正藏》第44卷104b。

〔5〕《庄严疏》卷四页二十七左。又，《〈文轨疏〉校补》卷三，见拙著《敦煌因明文献研究》第392～393页。

它揭示,似能破包括两方面的情况:一是立者的论证本无过失,难者却妄言有过;二是立者的论证虽有过失,难者却是所破非其过。这一界说殊为精确,较之《入论》仅以无过论证难作有过论证这一种作为似能破的界说,要全面而中肯。不过文轨的补充可溯源于陈那,如《正理门论》云:

所言似破……由彼多分于善比量,为迷惑他而施设故,不能显示前宗不善,由彼非理而破斥故。〔1〕

陈那所说的"由彼多分于善比量",意指似能破所破斥的并非都是无过失的比量。文轨的补充解说即本于陈那所云,然而更为明确。

由上列数点可知,《文轨疏》的价值在于不仅录存了玄奘的许多口义和印度中世纪的一些因明研究的思想资料,而且融入了文轨在深沉思考基础上产生的智慧结晶。这些也就是文轨在因明研究上所作出的贡献。

3.《文轨疏》之不足

当然文轨也有论述欠当的地方,兹为略述一二。如文轨亦以因一喻二为多言,为能立。如云:

因一喻二即是多言,如此多言名为能立。能立立其所立,故举所立等之,若不举所立,不知谁之能立也。〔2〕

这段话与上文神泰所说的"为显一因二喻总成一能立性"别无二致,错谬之处已如前述。然而陈那《正理门论》明言"由宗、因、喻多言辩说他未了义",商羯罗主《入正理论》也说"由宗、因、喻多言开示诸有问者未了义故",都明确将宗、因、喻多言说为能立,这又作何理解呢?文轨解释说:

陈那意以古师云宗、因、喻三俱是能立,不能乖古,故举其宗,言虽同古,意恒异也。〔3〕

这番解释实属牵强。陈那改革因明,在一系列问题上与古师多有辩难,似无

〔1〕《大正藏》第32卷9a。又,参见拙释《因明正理门论译解》Ⅱ-2-1,中华书局,2007年。

〔2〕〔3〕《庄严疏》卷一页五左,内院本,1934年。又,《〈文轨疏〉校补》卷一,见拙著《敦煌因明文献研究》第321页,上海古籍出版社,2008年。

必要迎合古师而曲为其辞，还是应该从字面意义去理解和把握。归根到底，乃是文轨混淆了两种能立，未能正确领会陈那的原旨。

又如，文轨关于六因的论述虽较神泰丰富和全面，但仍然囿于狭义因论的范围。如他认为“立论者以立因言，能生敌论决定之解”者，就是言生因，〔1〕而没有将言生因看作用言语表述出来的包括宗、因、喻三支在内的整个论式。这一点与他混淆两种能立有关，因为他只看到能立与所立相对待的一面，没有真正理解由宗、因、喻三支组成的能立（论证式）。由此，他自然也只认为言生因唯是三支中的因支了，而未认识到言生因乃是指的整个论式，此时“因”已不再是狭义之因，而是用以指称整个论式的概念。这一点从文轨与窥基对同一问题的诠解中亦可了知。窥基说：

> 言生因者，谓立论者立因等言，能生敌论决定解故。

此言与文轨所说相似，然窥基在“因”下加了一个“等”字，其含义就发生了较大的变化，“等”字可以将喻摄入，亦可扩大到宗上。总之，窥基已跳出狭义因论的藩篱，〔2〕而文轨则没有。

另外，还须交代一下“差别为性”的问题。文轨在疏释《入正理论》时将“谓极成有法、极成能别、差别性故”一句中的“差别性故”改作“差别为性”，引起了众多的批评。然据嵩山镇国道场定宾律师云：

> 轨法师本亲禀承三藏译论，云“差别为性”；后有慈恩法师（即窥基）亦云亲承三藏论本，应云“差别性故”。今详梵本，盖有两异。……两本会通，不相异也。〔3〕

事实是否真如定宾所述不得而知，但“差别性故”与“差别为性”译意别无二

---

〔1〕《庄严疏》卷一页十二左，内院本，1934年。又，《〈文轨疏〉校补》卷一，见拙著《敦煌因明文献研究》第325页，上海古籍出版社，2008年。

〔2〕详见本编第五章窥基关于六因的论述。引文见《大疏》卷二页十六左，金陵本，光绪二十二年（1896）。

〔3〕转引自日释善珠《明灯抄》卷二本，《大正藏》第68卷249c~250a。

致，而且勘之梵本，原意应是“极成能别之所差别”，意即命题的主词是由谓词来揭示其属性的。藏译本即按这样的意思翻译。〔1〕 作如是之译，译意很明确；而上述“差别性故”和“差别为性”的语意反而较为含糊，可以作如上解，也可以解释为主词与谓词互相差别（互相具有区别作用），如窥基就主张主词与谓词具有互相差别的作用。〔2〕 文轨亦主张“更相差别”，但他指的是另一种性质的互相差别。在互相差别这个问题上文轨所论无误，而窥基却前后牴牾，有所不当，先记于此，后再详论。〔3〕

《文轨疏》是一部重要的因明论疏，在当时产生过广泛的影响，如窥基的《大疏》就吸取了《文轨疏》的不少文字。尤其是《文轨疏》释十四过类的部分，是研究陈那十四过类说的最具权威的文献。

---

〔1〕 参见支那内学院《藏要》第二辑第二十四种《入论》的校勘。

〔2〕 参见《大疏》卷二页十左右，金陵本，光绪二十二年（1896）。

〔3〕 见本编第七章关于“互相差别”的讨论。

第五章　窥基及其《大疏》

窥基(632~682),俗姓尉迟,字洪道,京兆长安(今陕西西安)人。其先祖为鲜卑人,属尉迟部,与后魏同起,进入中原以后即以部为姓。基出身于将门,唐左金吾将军松州都督尉迟敬宗之子,开国将军鄂国公尉迟敬德之侄。基九岁丧母,渐疏浮俗。少时博习儒经、善于属文。后与玄奘邂逅相遇,玄奘见其眉秀目朗,举止不俗,便有意度为弟子。公元648年(贞观二十二年),基十七岁时奉敕受度为玄奘弟子,不久即入选大慈恩寺躬事玄奘学习古印度语。公元654年(高宗永徽五年)复有朝命度窥基为大僧。公元656年(高宗显庆元年)基应诏跟从玄奘先后在慈恩寺、西明寺、玉华寺等译场译经,执卷承旨,备受玄奘厚爱。公元664年(高宗麟德元年),玄奘圆寂。窥基继承师教,在慈恩寺致力著述,阐扬法相唯识学说和因明论等。窥基著作等身,人称"百部疏主";其一生著作实为43种,今尚存31种。后世公认窥基为慈恩宗的开创者之一。

一、《大疏》的产生及其历史地位

在窥基众多的著作中,就有一部煌煌巨著《因明入正理论疏》,此书以其内容富赡而受世人推崇,更为法相唯识一派奉为圭臬,因此被后人尊称为《大疏》。

《大疏》的写作年代不详,但书中记述了新罗(古朝鲜)高僧顺憬法师于乾封年间(666~668)寄书问业的事,〔1〕可知此书的写作或在乾封年以

〔1〕 见《大疏》卷五页四右,金陵本,光绪二十二年(1896)。

后；也可能是他晚年所作，因为此书未能终篇，至喻过“能立法不成”以下即无疏文，很可能是窥基未及完成此书就与世长辞了。现在传世的《大疏》系完本，原缺的部分已由窥基的大弟子慧沼补撰。慧沼《因明入论续疏》卷二末云：

> 于师曾获半珠，缘阙未蒙全宝。因训刍重之次，举萤而助曦光，其中文理是非，有智幸为详定。

这里清楚地说明慧沼从其师手中得到的只是一部未终篇的著作，所以有此续疏之举。〔1〕

《大疏》是一部较为晚出的论疏。在窥基作疏之前，先有神泰、靖迈、明觉、文轨、文备净眼等注疏以及吕才的立破注解问世。窥基的论疏即在这些著作的基础上写成，因此得以充分吸收前人的研究成果，生发出新的见解。我们只要将《大疏》与文轨的《庄严疏》加以对照便可看出，《大疏》在许多地方采纳了《庄严疏》的说法，也在不少地方提出不同的见解，其扬弃的痕迹是很明显的。当然，并非晚出者必定能超过前人，玄应等人的注疏写于《大疏》之后，〔2〕影响就不如《大疏》恢宏。

《大疏》的富赡，当得益于玄奘对窥基的深入传授。据传，玄奘译《唯识论》，特命窥基与神昉、嘉尚、普光润色执笔、捡文纂义，窥基私下要求单独助译，玄奘答应了他的请求，并向他个别讲解《唯识论》，谁知玄奘的新罗弟子圆测暗中买通看门人，潜入讲堂窃听，每次听毕回来即辑录所闻，等

〔1〕 支那内学院刻《因明入正理论续疏》，其校者附记云：“《因明大疏》流传日域，凡有数本：一、阙卷本，《论》文‘能立不成’以下无疏，附注云，后阙未得，且获半珠……二、补卷广本，‘能立不成’下有疏，而文繁，篇末并有诏师识语……三、补卷略本，‘能立不成’下有疏，而文约，篇末无识……大抵基师撰述，原末终篇，诏续纂文，乃成足本，故其门人道邑、智周，皆遵以注记，不复区分。迨后另行略本，则从诏疏删订以成之也。”金陵刻经处于光绪二十二年刻印的《大疏》卷七“能立不成”以下疏文即慧沼《续疏》之略本。

〔2〕 玄应《入正理论疏》有文轨、璧公、窥基等四家说同品的概括（见《瑞源记》卷三引），可知此书晚于《大疏》。

到玄奘讲完《唯识论》，圆测便抢先于西明寺鸣钟召众宣讲。窥基得知后，惭居其后，不胜怅快，又请玄奘为己讲《瑜伽论》，谁知又被圆测偷听先讲。玄奘劝慰道："测公虽造疏，未达因明。"于是又为窥基讲因明论，因此"基大善三支，纵横立破，述义命章，前无与比"。〔1〕 此说虽不尽可信，但窥基在因明上独得玄奘详尽的指点，更多地领悟玄奘的逻辑思想，恐怕是没有问题的。

由于《大疏》较之其他疏记更为精详，更能体现玄奘对因明的贡献，所以为诸疏之冠；加上其门人慧沼对它的续疏纂解，以及慧沼的传人智周对它的详解，《大疏》终于成为公认的汉传因明的纲要性著作，影响甚大。

但是《大疏》一书于南宋时在国内便已散佚不全，只剩下了两卷，这就是南宋绍兴年间，北方金熙宗皇统八年（1148）至金世宗大定十三年（1173）所雕印的《大藏经》（金藏）中所收的残本《大疏》。而在北宋末年，在高丽僧义天所撰的《新编诸宗教藏总录》中还记窥基《大疏》为三卷。

不过《大疏》在日本的境遇却很好，日本古代佛教学者所撰研究《大疏》的著作不下数十种，如道昭（629~700，玄奘的日本弟子）的五传弟子音石明诠的《大疏里书》六卷、《大疏導》三卷，智周的二传弟子秋篠山善珠的《明灯钞》十二卷，以及藏俊的《大疏钞》四十卷，基辨的《大疏融贯钞》九卷，凤潭的《瑞源记》八卷等，都是有影响的著作。而且《大疏》本书亦借着日本学者的孜孜研读而得以完整地保存下来。《大疏》在我国亡佚了一千年以后，终于在清末由东瀛回归重刊，〔2〕再度流布于故土。

〔1〕 参见《宋高僧传》卷四《窥基传》，又见《圆测传》。

〔2〕 《大疏》松岩跋云："客春，本局仁山杨君初由东瀛取回出示于岩，拜读之下喜不自胜，遂募资雠校锓板，亟亟流通，以公众好，期年甫蒇其事。"《大疏》于光绪二十二年（1896）冬十月由金陵刻经处刊行，其取回时间在前一年，即光绪二十一年（1895）春。

二、《大疏》概要

《大疏》原本分三卷,〔1〕后分为六卷,〔2〕我国今之通行刊本分为八卷。〔3〕

《大疏》体大思深,索解颇难,往往令披读者惧而却步。为便于初学者了解该书结构和要旨,有裨披阅,兹述介如下:

《大疏》一书,就其内容结构而言可分为两大部分:一、绪论;二、阐释商羯罗主《因明入正理论》的本文。〔4〕

绪论部分(卷一页二左~七右)。主要谈了三方面的问题:第一是"叙所因",简叙因明的源流和世亲、陈那、商羯罗主的师承关系,以及《因明正理门论》、《因明入正理论》的著述缘起,最后简述玄奘游印时曾从僧称、戒贤学习本论,返国后即予弘扬,用训初学等。第二是"解题目",对《因明入正理论》这个题目作梵汉对译说明,并列出五种解释。前四种分别采取了神泰、文备、文轨、靖迈四家之说,〔5〕第五释当为窥基所补充。在解释了题目以后,还说明本论著者商羯罗主这个名字的涵义和由来。第三是"明妨难",即针对当时关于"因明"的七个疑难问题进行解答。

释本文的部分(卷一页八左~卷八末)。这是《大疏》的主体,名为"释本文",其实是融会了陈那《因明正理门论》,兼及《集量论》等因明论,禀承玄

〔1〕《大正藏》据唐本作三卷,见该书第44卷。

〔2〕《续藏经》分为六卷。

〔3〕我国之通行刊本为金陵刻经处于光绪二十二年刊行,后皆据此翻印。

〔4〕窥基在《大疏》卷一中云:"今此论中略以四门分别:一、叙所因;二、释题目;三、彰妨难;四、释本文。"此中一、二、三门即绪论,最后"释本文"部分即第二大部分,是全书的主要部分。

〔5〕据日释善珠《明灯钞》卷一本所说,见《大正藏》第68卷212c~214a。

奘口义,结合自己的见解而写成的释论。〔1〕 释论中也吸收和批评了诸家注疏,并搜集了当时僧众研习因明所提出的各种问题和质疑,一一作了回答,有时则取几说并存的方法。

释本文又分三部分:〔2〕第一部分释初颂;〔3〕第二部分释长行;〔4〕第三部分释末颂。

第一部分释初颂(卷一页八左~十九右)。窥基根据初颂"举类标宗"所示的"八门"(亦称"八义": 真能立、真能破,似能立、似能破,真现量、真比量,似现量、似比量)和"二益"(悟他、自悟),分别作了概括的说明;然后又进一步从三方面来辨别"八义",即一明古今同异,二辨八义同异,三释体相同异;最后还概述了从慈氏、无著、世亲到陈那、商羯罗主等的因明论之嬗递的轨迹,其中特别指出世亲所造"法虽全备",然"文繁义杂",至陈那"虽教理纶焕",而其所著仍"旨幽词邃,令初习者莫究其微",故商羯罗主作本论以"纂二先之妙"。

第二部分释长行(卷一页十九右~卷八页三十左)。长行即论文的展开部分,对初颂所标明的"八门"作进一步的论述和例析。长行的释论又分六大段: 一、释能立;二、释似能立;三、释现量与比量;四、释似现量与似比量;五、释能破;六、释似能破。由于《入正理论》所本的是《正理门论》的体系风格,仍以立破为纲,故其释论之主要篇幅放在论式结构、规则和过失论的阐释与发明上。

第一大段释能立(卷一页十九右~卷四页十九右)。先追叙上述六大段

〔1〕 窥基也称自己的疏为论,如其绪论所云:"今此论中,略以四门分别。"

〔2〕 窥基将释本文分为两部分,故《大疏》卷一云:"释本文者,大文有二: 初一颂及长行,标宗随释分;末后一颂,显广指略分。"我们则将初颂单独列出,故分为三部分。因末颂既单独为一部分,首颂当也应单独作一部分看待。

〔3〕 颂: 梵语称伽陀(Gatha),亦音译为"伽他",意译为"颂"或"偈"。佛典中常以颂来提出纲目或加以归结,以便记颂。

〔4〕 长行: 相对于颂而言的散文。论述的展开一般用散文的形式。

的次序为什么这么安排，指出本应在说了能立与似能立后接着就说能破与似能破，而现在却将现、比二量提到能破前来说，这是因为现、比二量系能立之所依，是建立论式所必具的——故称现量与比量为“立具”，然后比较古今能立之异同，再分别从宗、因、喻三方面来论释。

首先示宗相。区别宗依与宗体的不同逻辑要求——宗依必须“共许极成”，而宗的整体则“非极成”。阐释宗之体三名与义三名。论宗体之不相离性在于有法与能别之“互相差别”，指责文轨等“辄改论文”，将“差别性故”改为“差别为性”。明确四种不同性质的宗，以“不顾论宗”为正宗，以其余三种为不可建立的宗。

其次示因相。先释因，论说因有生、了二种及由此衍生出来的言生、义生、智生和言了、义了、智了六因；再释相，指出古、今因明所说“三相”之“相”的涵义实不相同；然后具体论释因三相。在释第一相“遍是宗法性”时，说明“以因体共许法成宗中不共许法”的原则，指出不得以“宗义一分为因”，并对因是否作为宗法和是否遍及有法的四种可能的组合加以论析，认为必无“是遍非宗法句”。在释第二相“同品定有性”时，阐释了同品的涵义，指出同品不是“全同于有法上所有一切义”，并首次将同品划分为因同品与宗同品两种。接着批评文轨的同品同于有法说，也批评璧公的同品同于宗法说；认为同品应同于有法与法之二不相离，指出同品应以因同为正。并阐释了“定有性”的逻辑涵义。又进一步引申，阐释了“九句因”，指出以“九句因”中的二、八句为正因，其四、六句为相违因，一、三、五、七、九句皆属不定因。在释第三相“异品遍无性”时，先释“异品”的涵义，批判古因明家对异品的解释（相违论和别异论），首次将异品分为宗异品和因异品两种（但他将因异品说成就是“异法”）。接着批评文轨的异品异于有法说，也批评璧公的异品异于宗法说；认为异品应异于有法与法之二不相离，指出“遍无性”即“无此宗处，定遍无因”，异品应以宗异为正。并解释为什么不能“但言遍无不言异品”，也不能“但言异品不言遍无”的道理。并根据“九句因”来分析是否“异品”与是否“遍无”之间组成的四种情况，证明“异品遍无性”这一规则的完整性。又进一步指出因之三相不可以缺无(缺无异品亦成正因)。最后又谈阙过分有体阙、无体阙两种。在有体阙中,又分少相阙(因过)和义少阙(喻过)两种,并以"四句例"排列出各种阙过的种种可能的组合。

在阐释了因之三相以后,《大疏》又随文别释同品、异品的定义和个例,然后解释"所作性"和"勤勇无间所发性"为什么是两种正因,并进一步揭示"因狭若能成立狭法,其因亦能成立宽法","因宽若能成立宽法,此必不能成立狭法"的原则。

再次示喻相。先说明"喻"这个译名的由来,再揭示同法、异法的内涵,认为同法、异法各有两种涵义:一,因的同、异品称同、异法,宗的同、异品称同、异品,这是从能立与所立之不同来区分的。二,因、宗二同、异名同、异法,别同、异(指单独同、异于宗或因)名同、异品。然后分别阐释同法与异法。在释同法喻中,先诠释同法的定义,指出同法即正取因同品兼取宗同品。接着以四句例来分析"同品"与"定有性"在各种组合下会产生的正误情况。再诠释同喻体之组成次序必为先因后宗(合作法)。然后依据《正理门论》,具体阐释陈那与古因明师关于喻是否因的组成部分的一场辩论,指出古因明师只是以喻例为喻体,而陈那以后的新因明则以喻例所有之义为喻体,而只以喻例为喻依,并进一步阐释陈那对古因明的批判,说明古因明师以喻例为喻体的弊病有两方面:第一是"一切皆相类",第二是"譬喻展转无穷"。还解释了为什么喻分同、异却又合作一支的道理。在释异法喻中,先诠解异法的定义,接着批评文轨对异法的错误解释,回答为什么要强调"因遍非有异品",指出因如不遍无异品,便会成立"异法",并以四句例来分析"所立无"和"因遍非有"在各种组合下会产生的正误情况。然后诠解异喻体的组成次序必为先离宗后离因(离作法),论述喻依的有体、无体与有体宗、无体宗之配合关系,认为从同喻来说,成立有体宗须用有体同喻依,成立无体宗则须用无体同喻依,而异喻则不然,异喻依不论有体、无体,都是对宗因二法的否定,因为异喻的性能在于制止似因的混入。并指出古因明师只是以异喻例为异喻体,而不按"宗无处因不有性"的法式来组织异喻体,故其异喻无有功能。又引述陈那《理门论》所述，阐释如不按合、离二法式来组织喻体，而是“以离类合”或“以合类离”，就会产生四种错误：一、成非所说；二、相符极成；三、不遍；四、非乐。又据《理门论》阐释为什么同、异二喻在法式上须具足，而在具体使用时则可根据对方解悟的程度全部省略或省去其一的道理。

在阐释了宗相、因相和喻相以后，即对能立的问题加以归结，强调这里所说的能立唯由宗、因、喻三支组成。古因明所说合、结二支，在陈那看来系“离因、喻无”，故不别立。

第二大段释似能立（卷四页十九右～卷八页十一左），分似宗、似因、似喻三大方面来阐释。

首先释似宗。指出宗过中现量相违、比量相违、自教相违、世间相违、自语相违五种过失系陈那所确认，而能别不极成、所别不极成、俱不极成、相符极成四种过失则为商羯罗主所补充。然后一一举例别释，并从自、他、共，全分、一分上作进一步的划分和例释。其中在说“世间相违”过时，引入玄奘的《真唯识量》作分析评价，并对新罗高僧顺憬“寄请师释”的相违量加以批评，认为此量存在六种错误，分析中还概述了因明简别的方法。又在说“能别不极成”过时，介绍了数论始祖劫比罗（黄赤仙人）及数论派的二十五谛；在说“俱不极成”过时，介绍了胜论始祖嗢露迦（鸺鹠仙人）及胜论派的六句义。最后加以归纳，指出似宗虽分九种，但可以在一个宗上或少或多地交叉出现，从二过同现至九过同现，可以合成二百四十六种四句，加上每一种似宗还可从自、他、共和全分、一分来划分，这样每一种四句又可敷演成六十四种四句。仅以二过相合者为例来说，应可敷演成二千三百零四种四句。故《大疏》亦云“恐忧文繁，所以略止”，不再计算下去了。〔1〕

其次释似因。先总释不成、不定及相违三类似因，认为在因三相上犯

〔1〕 如以二过相合至九过相合的总数二百四十六种四句乘以六十四种四句，则合共为一万五千七百四十四种四句。

过，就都不能成立宗，因此皆可名“不成”过；但这里还是分别情况区分为三类过失。接着批评文轨关于“不成”因的定义。在总释“四不成”时，说及因、宗之间有体与无体的配合关系，但与卷四释异法喻时说到的因、宗间有体与无体的配合模式相乖角。〔1〕然后一一别释四种不成因，并按有体、无体，自、他、共，全分、一分对四种不成因作进一步的划分和例释。在释“随一不成”过时，记述胜军论师经过四十年的推敲所立的一则比量有随一不成之失，后经玄奘大师修正而免过的事。在释“所依不成”过时，表示不同意文轨所说的“所依不成”中又有“犹豫所依不成”的过失。然后追说此“四不成”过系陈那所划定，若依外道古因明师，“不成”过唯有“两俱”、“随一”两种。接下来释“六不定”过，先总释六种不定过，指出在第一到第五种不定过中，除第二种不共不定是违反因第二相的过失，其余四种则系违反因第三相的过失，而第六种“相违决定”过则并非缺相的过失，然后一一别释六种不定因，并按自、他、共对六种不定过作进一步的划分和例释。在释“共不定”过时，论述了因、宗二法在外延关系上宽狭配合的问题，指出宽因唯可成立宽宗，狭因则既可成立狭宗，亦可成立宽宗；如果以宽因去成立狭宗，因于同、异二品皆有涉及，便成不定。在释“不共不定”过时，引《正理门论》所述，指出古因明师不同意“不共”为不定过，古师认为不定因当是因通及同、异二品的过失，而“不共”却是因于同、异二品皆无。陈那不同意这种看法，认为“不共”因既然同、异二品皆无，便“无定所属”，故应是不定过之一。在释“俱品一分转”过时，简释了“极微”，并说明可参考《唯识二十论述记》（按：下卷，窥基撰）中关于“极微”之说。在释“相违决定”过时，指出相违决定之二量虽各具三相因，应均属不定之量。而不应如古因明师所说的“如杀迟棋，后下为胜”；也不同意《理门论》所说的，以现量和圣教量来断其是非的做法。并区分相违决定与比量相违的差别。又对相违决定作进一步的划分，指出除按自、他、共来划分可以复成九种外，还可按有法与法的自相和差别来分，

〔1〕可与《大疏》卷四页十右~十一左的阐述相比较。

计有四过。最后小结不定过，指出“六不定”共复成五十四种；其中每种都可与四种不成复合，计可合成二百一十六种；如果以五十四种不定过去与“四不成”的子目二十七种复合，则可复成一千四百五十八种。再下来释“四相违”过。先释相违因的涵义，窥基取文轨释“相违因”时所说的第二种涵义，即与相违宗为因的意思；明确表示不同意文轨的第一种解释，即相违因指因与宗相违的意思。简说宗过比量相违与“四相违”中法自相相违之不同。诠释“自性”与“差别”的涵义，并归纳指出，从“所乖返宗”的角度来说，相违过只有四种，但从“能乖返因”的角度来说，一个相违因可同时犯各种相违过，如此可以复成十五类过。然后一一别释四种相违过。在释“法自相相违”时指出，此一似因，乃不改其因，返成相违之宗，在喻支上只需将同、异二喻依对换一下即可；而其余三种相违过连喻依也不必置换。在释“法差别相违”时指出此所指的差别义，并非指除言陈的意思以外的一切涵义，而只限于立敌双方通过因法来成立的意许之义。在释“有法自相相违”时讲述鸺鹠仙人（迦那陀）对其弟子五顶立三比量的神话传说，其中迦那陀对三比量的解释着重区分了概念的属种关系，其上位概念之最，即“大有”（范畴）。在分别论析了四种相违过后，又有一大段总结性的论述，其中特地引用了他的至交兴隽法师一段质疑的话。兴隽认为相违过的本质在于同品无、异品有，但只有法自相相违过是这样的，其余三种相违因皆于同品上有、异品上无，不同于九句因中第四、第六句所说的情况。针对这一质疑，窥基进一步分析法自相相违与其余三种相违的特点，即第一种相违是将异喻当作了同喻，故出相违量时须将同、异二喻置换过来，而后三种相违则以原量的同喻为同喻，以原量的异喻为异喻。然后指出四相违与自、他、共九种结合，可复成三十六种，再与两俱，随一、犹豫、所依结合，更可复成一百四十四种相违过。最后归纳全部三类似因，计为不成过二十七种，不定过五十四种，相违过三十六种，总计一百十七种似因。

再次释似喻（卷七页二十二右～卷八页十右）。先总释五种似同法喻，指出似喻中所说的“能立”即指因，“所立”即指宗法，而同喻必须具有能立与所立的性质，才能成立宗义、显示因义。如今同喻不具有能立或所立的性质，所以会产生能立法不成、所立法不成、俱不成三种喻过；而如果同喻不能让因义与宗义结合，使所立宗义不明，便有第四种无合之过；如果先宗后因，"有宗以因其逐"，就犯第五种倒合之过。再总释五种似异法喻，指出"异喻之法，须无宗因"。如果异喻依具有所立或能立的性质，就会犯所立不遣、能立不遣、俱不遣三种过失。如果异喻体缺无，就犯第四种不离过。如果异喻体不按先离宗后离因的次序组织，而是先离因后离宗，就犯第五倒离之过。接着举例别释五种似同法喻。在释"能立法不成"时，将此过划分为两俱、随一、犹豫、所依四种，并将能立犹豫不成分为三种情况：一、犹豫在因上；二、犹豫在喻上；三、因和喻俱犹豫。批评文轨不同意有能立所依不成之过的说法，指出所依有二：自体依（即喻依自体）和所助依（此指依因法），此所依不成即指所助依不成，即因法无体而使同喻依无所依的过失。在释"所立法不成"时，亦将此过分为两俱、随一、犹豫、所依四种。指出其中所立犹豫不成也有犹豫在因、犹豫在喻和俱犹豫三种情况；并对文轨不同意有所立所依不成的说法提出批评。在释"俱不成"时指出，有体俱不成可按两俱、随一、犹豫、所依来划分，其中随一有体俱不成又分自、他两种。至于无体俱不成，则只能按两俱、随一、所依三方面来划分，而无犹豫可言。因为同喻依既属无体，"决无二立，疑决既不异分，故无此句"。其中随一无体俱不成亦分自、他两种。在阐释了五种似同法喻以后，又加以归纳，指出前三种还可按自、他、共，全分、一分来划分，可复成十二种，后两种一般不再划分，如此合共为十四种。将这十四种过再按自、他、共作第二层划分，可复成四十二种。如果再从全分、一分来细分，甚至"以似因问似喻过数，数乃无量"，故《大疏》不再细分下去了。接下来再举例别释五种似异法喻。在释"所立不遣"时认为此过可分为两俱、随一、犹豫、无依不遣四种，又说如从异喻"但遮非表"的角度来说，"依无非过"，故也可以说没有"无依不遣"这种过失。这是采取二说并存的态度，并交代所立不遣还可从自、他、共、全分、一分上来划分。以下释"能立不遣"和"俱不遣"亦均如此划分。但在说"俱不遣"时又指出，似同法喻的俱不成过分有体俱不成和无体俱不成两种，而似异法喻却不分两种，因为异喻无体不是过失。问难者反诘说，如果说异喻的作用在于遮除（否定），故异喻无体不是过失，那么当异喻遇到“遮有立异”的无体遮宗时，异喻无体难道也无过失？并举了例子来说明。《大疏》的回答是：立有体宗而以有体为异喻依，就有不能遮遣宗上有法的可能；若是以无体为异喻，那就一定能遮遣宗法。如立无体宗而以无体为异喻，也有不能遣除宗法的可能；若以有体为异喻，则一定能遮除宗法。在阐释了似异法喻五种后，又加以归结，指出上述五过亦可复成四十二种，与似同法喻中所说相同。

第三大段释现量与比量（卷八页十一左~二十三右）。先交待现量与比量为能立所必具，故说了真似能立后即说此二量，而与首颂所说的次序不同。并指出陈那主张依自相而立现量，依共相而立比量，而将古师所说的圣教量、譬喻量、义准量、无体量等均归入比量之中。因为所量唯自相、共相二种，故能量亦唯现量与比量二种。但《大疏》又说“若顺古并诠，可开三量”，这就是认为也可以在现、比量外再加上圣教量了。接着释现量，诠说现量须以“正智简彼邪智”、“离诸膜障”。“须离此名言分别、种类分别、诸门分别”等。并据《理门论》说明离分别现量略有四类：一、五识身；二、五俱意；三、诸自证；四、修定者。指出离分别现量中的五识现体各别，由此非一的现体“各各别缘”，故名现量。接着再释比量，指出因有两种，即现量因和比量因。如从烟知火，是现量因，如从所作而知无常，是比量因。又指出因有远、近之分，现、比二量皆为远因，“缘因之念”才是近因。最后又解释“量果”，先列出三种质难，然后阐述陈那和商羯罗主的说法：所谓“量果”，即智的自身，智既为能量，又为能量之果；或云自证分即是“量果”。

第四大段释似现量和似比量（卷八页二十四左~二十七左）。先释似现量的定义，指出似现量即以名词概念来分别事物，所以“不称实境，别妄生解”。并按《理门论》所言，将似现智分为五种：一、散心缘过去；二、独头意识缘现在；三、散意缘未来；四、于三世诸不决智；五、于现世诸惑乱智。《大疏》解释说上述五种似现智，即《正理门论》中所说的“忆念、比度、悕求、疑智、惑乱智”五种，可依其次第，一一对应(《大疏》漏说了“世俗智”似现量)。次释似比量的定义，指出似比量的实质在于“妄起邪智，不能正解”。其所说的“邪因”，即似能立中说的十四种似因及其似喻。由于“前已广明”，故不再一一重申。

第五大段释能破(卷八页二十七左~二十九左)。指出能破的对象有二：一、阙支，即缺少宗、因、喻三支中的若干支。二、支失，即三支虽不缺，却有过失(即有似宗、似因、似喻诸过)。古因明师中如世亲将论式约为三支，就认为缺支可有七种情况(缺一支有三，缺二支有三，缺三支有一)，也有人认为三支既全缺，便无过失可言，故说缺支唯六种，而无缺三有一的情况。陈那以后以缺因三相为能破的对象，故从三相上来考虑，也说有六种情况(缺一相有三，缺二相有三)，但也还有人认为可以有三相俱缺的情况，如此则可合为七种。然后指出能破的作用在于悟他，即正确地显示上述缺减等过失，“令知其失，舍妄起真。”

第六大段释似能破(卷八页二十九左~三十右)。指出似能破也有两种情况：一、立者量圆，妄言有缺；二、因喻无失，虚语过言。然后说明“何故于圆满能立显示缺减性言等，为似能破”，这是因为“彼实无犯，妄起言非，以不能显他宗之过”。第二大部分释长行至此结束。

第三部分释末颂(卷八末)。指出末颂“已宣少句义，为始立方隅”两句系“显略”，意谓“略显如前少句文义，欲为始学立其方隅”；而“其间理非理，妙辩于余处”两句系“指广”，意谓上述对能立、似能立、现量、比量、似现量、似比量、能破、似能破的说明是概括简略的，其中讲到的正与误，在其他因明论如《正理门论》、《因门论》、《集量论》等都有具体精辟的论述。

三、窥基在因明研究上的贡献

从《大疏》丰富精湛的阐说中可知，窥基不仅具体地诠解了《入正理论》所阐发的基本理论，还在许多问题上作了重要的发挥。这里面固然大都是依据玄奘口义而来的,但也不乏他自己的见解,不过不论是师说还是己见,既然都形诸于窥基的笔端,则均可看作是窥基逻辑思想的组成部分。兹就其比较明显地为窥基所引申、发展的部分以及论述欠当之处略述如下。

1. 发展了六因的理论

新因明从立敌对扬的角度将因分为生因和了因两种,新因明东传以后,唐初诸师又将二因敷演为六因,如神泰、文轨、窥基、玄应、定宾诸疏中都有六因的阐说,当是同禀奘传所致。但从玄奘门人所述来看,他们对六因的理解并不相同。神泰只强调三种了因(义了因、言了因、智了因),而于三种生因并未正面提及,因为他认为因明所要分辨的主要是了因,〔1〕而且他把言了因看作就是三支论式中的因支。〔2〕 文轨的诠解进了一步,正面阐述了三种生因和三种了因,而以言生因为三支论式中的因支。〔3〕 定宾亦以因支为言生因,他认为言生因是"对宗辨因"的产物,其发言之智及言中之义,均以言生因为所缘,故亦名因。他强调指出,生因并非能生敌论者智而得名。〔4〕 玄应则以敌论者解因之智生解宗之智为智生因。〔5〕 上述神泰以因支为言了因,文轨、定宾则以因支为言生因,玄应更将了因混同于生因,说法虽不一,实质却相同,都未能跳出狭义因论的藩篱。而窥基则不同,他对六因之说有全新的解释,如云:

> 因有二种:一生,二了。如种生芽,能别起用,故名为生因;……如灯照物,能显果故,名为了因。生因有三:一、言生因;二、智生因;三、义生因。言生因者,谓立论者立因等言,能生敌论决定解故,名曰生因。故此前云:"此中宗等多言名为能立,由此多言开示诸有问者未

〔1〕 参见《正理门论述记》神泰自序,内院本,1923 年。

〔2〕 参见《正理门论述记》卷一页十八左右,内院本,1923 年。

〔3〕 参见《庄严疏》卷一页十二左,内院本,1934 年。又,《〈文轨疏〉校补》卷一,见拙著《敦煌因明文献研究》第 325 页,上海古籍出版社,2008 年。

〔4〕 参见善珠《明灯钞》卷二本引定宾语,《大正藏》第 68 卷 256c。

〔5〕 参见善珠《明灯钞》卷二本引玄应语,《大正藏》第 68 卷 255b、c。

> 了义故。”智生因者，谓立论者发言之智，正生他解，实在多言，智能起言，言生因因，故名生因。义生因者，义有二种：一、道理名义；二、境界名义。道理义者，谓立论者言所诠义，生因诠故名为生因；境界义者，为境能生敌证者智，亦名生因。根本立义，拟生他解，他智解起，本籍言生，故言为正生，智、义兼生摄……智了因者，谓证、敌者能解能立言，了宗之智，照解所说名为了因。……言了因者，谓立论主能立之言，由此言故，敌、证二徒了解所立，了因因故，名为了因；非但由智了能照解，亦由言故照显所宗，名为了因。……义了因者，谓立论主能立言下所诠之义，为境能生他之智了，了因因故，名为了因；亦由能立义，成自所立宗，照显宗故，亦名了因。……立者之智，久已解宗；能立成宗，本生他解，故他智解正，是了因；言义兼之，亦了因摄。分别生、了，虽成六因，正意唯取言生、智了：由言生故，敌、证解生，由智了故，隐义今显。〔1〕

从这一大段论述可知，窥基所说的言生因即三支论式中的前提部分，亦即因与喻，故文中一再强调“因等言”、“多言”、“能立”等，旨在突出言生因的“因”已不再是狭义的因（三支式中的因支），而是宽义的因（指称由因喻合成的前提）了。当然这个解释还是不完全的，还未能将宗（所立）包括进去，这是非常可惜的；如果能如其中所引《入正理论》的话去解释就完美了。《入论》不是明言“此中宗等多言名为能立”吗？此“多言”即是由宗因喻三支组成的能立（论式）。然而《大疏》对言生因的解释毕竟已跳出狭义因论的藩篱，比文轨、神泰、玄应、定宾等人的阐说大大前进了一步。

下面我们就从《大疏》的阐说中来察看窥基的六因理论。

（1）关于六因的界说

在六因理论里，生因以言生因为“正生”，智生因与义生因则为“兼生”，因为在整个论诤过程中话语所宣达的因喻是用来开悟他人的主要手段，也就是说，思想如不表现在言语上，便无从使人领解。然而立论者的言语行为

〔1〕《大疏》卷二页十六左~十七右，金陵本，光绪二十二年（1896）。

受其“发言之智”的支配,因为“智能起言”,所以智生因即组织因喻的智慧。立论者凭借自己的智慧,以言语来陈述理由,其语句的内里自然都是有意义的,这就是义生因。义有两个方面:一是道理名义,一是境界名义。道理名义即是言语所陈述的抽象意义,境界名义即言语所陈的具体意义,这智生因和义生因较之言生因,地位弱一些,故为“兼生”。

在了因中,则以智了因为正,以言了因和义了因为兼。所谓智了因,即敌论者和证义者能够领解立论者所陈述的因喻从而了悟宗义的智慧和知识,因为立论者论议(vāda)的目的在开悟他人,而他人终于“由智力了所说义”,这岂不是达到了论议的目的?故了因中以智了为主要的元目。但智了的前提是言了和义了。所谓言了因,即立论者通过所示之因喻,令敌论者和证义者得以了解所立。义了因即立论者言语所示的因喻之中令敌论者和证义者得以了悟的涵义。

(2)关于六因之间的因果关系

六因之间具有多层次的因果关联。首先,生因为了因之因,其中智生因为根本的因,因为只有立论者具有智慧和知识,才能晓明义理,并用言语来传布,所以智生因是产生言、义二生因的因,而言、义二生因则是智生因的果,但为智了因的因。从了因来说,言、义二了因为智了因的因,智了因则为言、义二了因的果。再从言、义二因来看,它们具有双重的因果关系:从言语显示意义的角度说,言为显了因,义为显了果;从意义导生言语的角度来说,义为能生因,言为所生果。六因之间就这样构成多重因果关系。

再从生、了的关系(生为因、了为果)来说,《大疏》又归结出四句例:“有唯生因而非了因,谓智生因;有是了因而非生因,谓智了因;有是生因亦是了因,谓言、义;有非生因亦非了因,谓所立宗。”〔1〕

(3)关于六因、四体的划分根据及其模型

据窥基说,生、了二因是从其“得果”的不同来划分的,所谓“智境疏宽,

〔1〕《大疏》卷二页十八右,金陵本,光绪二十二年(1896)。

照显明了；言果意狭，令起名生，果既有差，因分生、了”。〔1〕 如上所述，六因中以言生因和智了因为正，而言生、智了为广义因中的不司果：生果、照果（即了果）；据此不同的果而将宽义的因的因分为生因、了因，生、了二因又各分言、义、智三种，合为六因，这六因的分别乃基于“义用”的不同。但是窥基认为，据“义用”虽可分为六因，就其本体而言，实唯四种，因为立论者发出的言语和言语的涵义即是敌论者所接受到的言语信息及其涵义，故言生因、义生因与言了因、义了因四者可约为二体，加上智生因和智了因，共为四体。据此，其六因四体的模型如下：

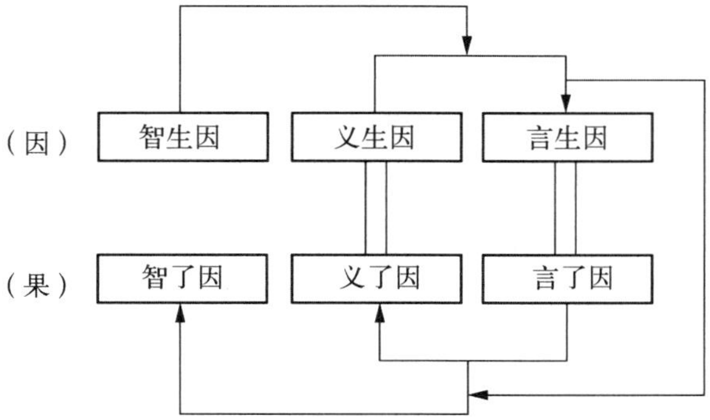

窥基的四元语言交际（论辩）模型是对因明的发展，是值得在中国逻辑史上大大书上一笔的。当然由于时代的限制，窥基的宽义因论仍有界说欠明白和论说欠周密的缺陷。

首先，指谓语用关系的因，究竟指的是三支论式中的因和喻（即前提），还是宗、因、喻三支都包括在内的整个论式？从窥基解释“言生因”时引用《入正理论》所云“此中宗等多言名为能立，由此多言开示诸有问者未了义故”的话来看，当是指的整个论式，这一点在他解释“智生因”时又一次得到证明，因为他说：“智生因者，谓立论者发言之智，正生他解实在多言。”按梵文名词变化有一数、二数、多数三种，宗、因、喻三支属多数，故称“多言”或

〔1〕《大疏》卷二页十八右~十九左。

"宗等多言",指的自是整个论式。据此,言生因即为整个论式似无疑义了。但是不然,《大疏》在诠解"言生因"时却说"立因等言",并在诠解"言了因"时说"言了因者,谓立论主能立之言,由此言故,敌、证二徒了解所立",这就又有排除宗的嫌疑;加上他又将能立与所立对立起来讲,这"能立"就显然只是指成立宗(所立)的理由而言了。"能立"有两义:一指整个论证式,如上引《入论》所云"此中宗等多言名为能立"中的"能立"就是;一指前提,即因和喻。此处既与"所立"对举,当指因喻无疑。更有甚者,《大疏》在上述"四句例"中说道:"有非生因亦非了因,谓所立宗。"这就明白无误地将宗排除在生因和了因之外了。这就显出他的六因理论还是有其局限性的。

其次,将六因约为四体也欠精当。本来六因的分别正好构成一个完整的六元模型。经《大疏》"约体成四"以后,便不免残缺。因为立论者所说的话语与敌论者听到的话语常有不完全一致的地方,同时立论者话语中的涵义与敌论者所领解的涵义也时有出入,所以将六因约为四体是不妥的,于此亦显出他的六因理论尚不完善。

2. 总结了简别的方法

简别是论辩中不可或缺的制限方法。窥基依据玄奘法师的口义加以研究阐发,对三种比量及其简别的方法作了总结,使之条理化并形成语用规则,更显示出因明作为论辩逻辑在语用问题上有其独特的要求。窥基对因明的简别方法作了如下概括的说明:

> 凡因明法,所、能立中若有简别,便无过失。若自比量,以"许"言简,显自许之,无他随一等过;若他比量,"汝执"等言简,无违宗等失;若共比量,以"胜义"言简,无违世间、自教等失。随其所应,各有标简。〔1〕

此谓按因明的规定,如果在所立宗和能立因喻中加上简别语,即可避免诸种由不极成而引起的过失。如立自比量,则可以"自许"等来标明宗上有法或

〔1〕《大疏》卷五页二右,金陵本,光绪二十二年(1896)。

因喻之概念原本出于自宗，这样就可避免“他随一不成”等诸种过失。又如立他比量，则可以“汝执”等词来标明此量中的一些概念乃借他而用之的，这样就可避免违自宗的种种过失。再如立共比量，有时须加上“胜义”等简别语，以防“世间相违”、“自教相违”等过失。当然这里所说的一些过失只是举例性的，因为通过简别所能够避免的过失远不止这些。

窥基曾就宗上有法与因法由于“不极成”而产生的过失作过分析：

> 如胜论师对经部立“虚空实有”宗，“德所依”因。凡法、有法必须极成，不更须成，宗方可立；况诸因者皆是有法宗之法性。标“空实有”，有法已不成；更复说因，因依于何立？故对无空论，因所依不成。〔1〕

这是假设胜论对小乘经部立量说：“虚空实有，德（属性）所依故。”由于胜论以虚空为实有体，并且认为虚空具有数、量、别性、合、离、声六种属性（六德所依），所以因云“德所依故”。然而经部却不许“虚空”为实有，而以“虚空”为空无，且不同意有“德”这一哲学范畴，所以胜论所立的乃是自比量，但是在这一自比量里却未加标明自比量的简别语，由此《大疏》指出：“标‘空实有’，有法已不成；更复说因，因依于何立？”故对于无空论经部而言，此因有“所依不成”之过。同时由于宗上有法“虚空”亦为经部所不许，故还有“所别不极成”的宗过。据此，窥基进一步指出：

> 宗因不极，须置简言，不简立以为宗，所别便成不极。说因依立，即成因过，况俱不极，无因更依不极有法，许是宗过非因过耶！〔2〕

此谓作为宗上有法（主词）与因法的概念如未得到共许极成，就须加上标明自比量或他比量的简别语；如果不加简别而径自立以为宗，宗上的所别（主词）就“不极成”，也就是说，此有法乃随一无体的概念。在这种情况下，因法要依随一无体的有法而立，即有“所依不成”的因过；更何况因法也未得到敌论者的共许，使随一无体之因去依附随一无体的有法，就又有随一不成等因过了。

〔1〕《大疏》卷六页七左，金陵本，光绪二十二年（1896）。

〔2〕《大疏》卷六页七右。

简别是作为论辩逻辑的因明所特有的制限方法，除了要按不同的比量运用不同的简别语来限制外，窥基还指出在一比量的内部还须保持它的前后一贯性：

> 凡因明法，若自比量，宗、因、喻中皆须依自；他（比量）、共（比量）亦尔。立依自、他、共，敌对亦须然，名善因明，无疏谬矣。〔1〕

此谓按因明的规定，如果所立的是自比量，其宗、因、喻三支均须依自而立；若他比量，则应三支皆借他而立；若共比量，则须依共而立。立论者是如此依着自、他、共来立量，敌论者的对答亦须如此，这样才称得上是正确的因明，可以避免各种疏谬。

《大疏》的这一阐说的基本精神是正确的，但说得过于死板，因为在实际立量过程中常有变通，即在自、他比量中均可间以共许的成分，如《大疏》卷五引声生论对佛家所立自比量云：

> 声是其常，（宗）
> 所闻性故，（因）
> 如自许声性。（喻）

此量宗依及因法均为立敌双方所共许极成，只有第三支上的同喻依“声性”是声生论自许的概念。可见自比量中并不一定三支“皆须依自”，而可间以依共的成分。他比量的情况亦是如此，如《庄严疏》引内道破外道云：

> （汝）我非常住，（宗）
> 以动作故，（因）
> 如灯焰等。（喻）

这是他比量，宗依“我”是敌论者所许的概念，为立者所不许，故特地加上“汝”这个标明他比量的简别语，但因法“动作故”和同喻依“灯焰”却是立敌共许极成的。可见他比量亦并非一定三支均借他而立的。在自比量或他比量中虽可间以依共的成分，却绝不可杂以对立的成分，即在自比量中不可杂

〔1〕《大疏》卷五页四右，金陵本，光绪二十二年（1896）。

以借他的成分，在他比量中也不可杂以依自的成分，这就是《大疏》要求三支保持一致的原因。当然，异喻依可以不受自、他的限制，而只要能起到止滥的作用就行。这一点窥基说得很清楚：

> 故于异品，若萨婆多（即小乘有部）立有体空为异（品），若经部等（无空论）立以无体空为异（品），但止宗因诸滥尽故，不要异喻必有所依。〔1〕

这就是说，小乘有部许“虚空”为有体，而小乘经部则以“虚空”为无体，但这并不妨碍将“虚空”用作异喻依，因为异喻只要能起到止滥的作用就可以了，而不必问它是依自还是借他的。

窥基关于简别方法的论述是简明的，为后人提供了一份宝贵的语用思想资料。

3. 明确划分宗同、异品和因同、异品

新因明论证式的逻辑本质是演绎与归纳的结合，其规则就是因三相。因三相的后二相通过同品、异品从正反两方面来检验因法（相当于中词）与宗法（相当于大词）是否具有不相分离的关系，因此这同、异二品是证成一个正因相的重要因素，也是组织同、异二喻体的凭依。唐初诸大师对此都给予相当的重视，其中尤以窥基的诠解最为精辟，他明确提出同品分宗同品、因同品两种，异品亦分宗异品、因异品两种。如云：

> 同品有二：一、宗同名，故下《论》（即《入正理论》）云“谓所立法均等义品”，是名同品。二、因同品，下文亦言“若于是处显因同品决定有性”。〔2〕
>
> 异品……亦有二：一、宗异品，故下《论》云“异品者，谓于是处无其所立”。二、因异品，故下《论》云“异法者，若于是处说所立无，因遍非有”。〔3〕

〔1〕《大疏》卷四页十一左，金陵本，光绪二十二年（1896）。

〔2〕《大疏》卷三页六左。

〔3〕《大疏》卷三页十四左。

从上面的话里还可以看到,窥基认为《入正理论》对同品所下的“谓所立法均等义品”的定义仅是指宗同品而言的,故他在说因同品时便借用《入论》对同法所下的定义来揭示其特质,因为一个恰当的因同品与同法喻的逻辑特质是相同的。这实际上是发展了陈那和商羯罗主对同品所作的分析,因为陈那师弟所创立的新因明虽亦含寓着因同品的思想,但并未形成明确的概念。如陈那说因三相、说九句因,涵蕴着丰富的因同品(以及因异品)的思想,但他并未直截地说出因同品的名目来;商羯罗主虽说过“若于是处显因同品决定有性”的话,并且还说过其他有关因同品的话,〔1〕但人们可以觉察到,他还不是清晰地在使用“因同品”这一概念。而窥基则明确将同品、异品各分为二,并且用概念的形式将它固定下来,这于把握同品、异品的特质,深入理解因三相的规则是有其理论意义的。

4. 丰富了过失论的内容

因明对论辩中出现的各种过失和产生的原因有深入的研究,形成独特的过失论。正理派只注重因过的分析,佛家则认为在因过之外还须研究宗过和喻过。陈那将宗、因、喻三方面的过失说为二十九种,商羯罗主补充了四种,合共为三十三过。窥基所释即本于陈那师弟所说,但他根据玄奘的口义,大加发挥,对三十三过从自、他、共,全分、一分,有体、无体等方面作了更为深入细致的分析,划分为三百多种过失,并大都加以例释。这样精心的划分和阐释,说明窥基对过失论的探讨是深入细密的,在很大程度上丰富了新因明的过失论。不过窥基在过失论上也存在经院式的繁琐分析,详见下文,此处暂略。

〔1〕 如《入正理论》云:“若是所作,见彼无常,如瓶等者,是随同品言。”又云:“此因(指‘无常’因)以电、瓶为同品。”又云:“是故此因(指‘无质碍’因)以乐、以空为同法故。”这里的同品、同法都是指的因同品。

第六章　净眼的《略抄》与《后疏》

一、净眼的因明论疏及《略抄》与《后疏》写卷

净眼法师系唐慈门寺沙门，亦玄奘门下大德，身世不详。他对玄奘所传之因明深有研究，撰有《因明正理门论疏》、《因明入正理论略抄》和《因明入正理论后疏》。这三种因明疏抄早在唐代即已由遣唐日僧传回东瀛，如完成于公元914年（后梁乾化四年）的《华严宗章疏并因明录》（日释圆超撰）就记有净眼所撰《理门疏》三卷。〔1〕后来日释藏俊的《注进法相宗章疏》除记有净眼《理门论疏》三卷外，更记有净眼《因明入正理论别义抄》（或直云《抄》）一卷。〔2〕日释永超的《东域传灯目录》则除记有上述两种疏抄外，更记有《因明入正理论疏》一卷。〔3〕在以上三种疏抄中，《理门论疏》三卷已亡佚，《因明入正理论别义抄》当即《因明入正理论略抄》（以下简称《略抄》），《因明入正理论疏》现仅存末后部分，并改题为《因明入正理论后疏》（以下简称《后疏》）。在日释善珠《明灯抄》和藏俊《大疏抄》等因明疏抄中时见引录《略抄》文字，《明灯抄》并全段引述《后疏》中释十四过类的文字。然传至日域之《略抄》与《后疏》最终亦

〔1〕《大正藏》第55卷1134c。

〔2〕《大正藏》第55卷1143a、c。

〔3〕《大正藏》第55卷1159c，1160a、b。

散佚不存。

在中国,唐代因明随慈恩宗的兴起勃然而兴,复随慈恩宗的衰落而渐趋式微,后又经会昌灭佛之劫和唐末、五代时期的战乱兵燹,佛教典籍损毁甚多,因明论疏湮灭更甚,净眼诸疏亦皆遁迹不闻。直至清末发现敦煌藏经洞,净眼法师的《略抄》与《后疏》写卷才重现于世。然二疏的写卷与其他许多写卷一起被法国汉学家伯希和(Paul Pelliot,1878~1945)于20世纪初从敦煌取走,现藏于法国国立图书馆。

《略抄》与《后疏》合为一个写卷,写卷的前半部是《略抄》,后半部是《后疏》。此写卷除卷首残破外,保存基本完好,现存954行,共计25842字。其中《略抄》为446行,计12478字;《后疏》为508行,计13364字。此卷全长1396.4厘米,高约29厘米。通卷由佚名草书高手一人所写,且落笔审慎,脱误涂改之处不多。

此写卷产生的年代当与净眼撰成《略抄》与《后疏》的年代相去不远,即初唐时期。这一点从其所书草字带有隶意可以推知,主要表现在字间不连绵,与章草的风格接近,然而又与章草不甚相同,即书写时已不分波磔,这是今草在普及过程中未能完全摆脱章草影响的一种特殊风格。虽然今草早在东晋二王时代即已形成,但其时章草的势力仍然很大,后来章草逐渐向今草靠近,便有了写卷中今、章相融的草书风格,这种风格的草书大概延续的时间不会太长。加上净眼的因明疏抄在唐代流传的时间也不长,所以此写卷产生的年代当在初唐时期,至迟当不会晚于盛唐。

二、关于《因明入正理论略抄》

1.《略抄》的著者问题

由于年代久远,写卷在敦煌藏经洞沉睡了千百年之久,其外层自然朽蚀,致使《略抄》卷首残损,不仅残损了篇名和撰者名号,亦残损了一些文字。无篇名倒无妨,尚有尾题可资了解;无撰号则不知著者为何人,令人一时难明此篇的写作背景。幸而在日释善珠的《明灯抄》,藏俊的《大疏抄》等著作中引录了《略抄》中的一些文句,并明言系净眼法师所云,从而可以确定,《略抄》的著者是净眼法师。〔1〕如《明灯抄》卷一本云:

眼法师云:西方内道、外道一百余部,皆申立破之义,总号因明。〔2〕

又《明灯抄》卷一末云:

眼法师云:西方内道、外道,总有一百余部,皆申立破之义,总号因明。〔3〕

《大疏抄》据此亦云:

眼法师云:西方内道、外道一百余部,皆申立破之义,总号因明。〔4〕

这几处引文可见于《略抄》〔5〕:

言通名者,且西方内道、外道总有一百余部,皆申立破之义,总号因明,虽是五明之中别名,仍是一明之中通号也。

从上述引例来看,《略抄》为净眼所作当无疑义了。更何况在《明灯抄》和《大疏抄》里还有多处引文明确申明系净眼所云,而查检原文,亦大都出自《略抄》。这一点留待下文比照,此不赘述。

2.《略抄》的主要内容是对《文轨疏》的批评

确定了《略抄》的著者为净眼以后,就可以对《略抄》的写作目的作一些

〔1〕日本学者武邑尚邦就是借助《明灯抄》和《大疏抄》的引文来确定《略抄》为净眼所撰的。武邑氏的论述令我深受启迪。参阅武邑尚邦《因明学的起源与变迁》第250~254页。京都市法藏馆,昭和六十一年。2008年中华书局出版了杨金萍、肖平的译本。

〔2〕《大正藏》第68卷214a。

〔3〕《大正藏》第68卷232a。

〔4〕《大正藏》第68卷440a。

〔5〕《略抄》写卷第13~15行,见拙著《敦煌因明文献研究》第244页,上海古籍出版社,2008年。

分析了。

玄奘于贞观二十一年(647)在长安弘福寺译出商羯罗主的《入正理论》以后,又于贞观二十三年(649)在慈恩寺译出陈那的《正理门论》。商羯罗主的《入正理论》是诠释陈那《正理门论》的逻辑体系的,此论篇幅不长,然对陈那早期的逻辑体系阐说精当,层次分明,因此深受奘门弟子推崇。在玄奘译传倡导之下,诸大德纷纷依据玄奘口义,结合各自的理解,竞造文疏。如神泰、靖迈、明觉、文轨、文备、玄应、灵隽、净眼、璧公、窥基、利涉、元晓、玄范、顺憬、道证、慧沼等均撰有《因明入正理论》的文疏。诸师虽同禀玄奘,然执见并不一致,甚至时有所诤。其中文轨的《因明入正理论疏》由于时久流行,"人多信学",甚至"依文诵习,未曾辄改",〔1〕故遭到同门中一些大德的批评也更为强烈。净眼的《略抄》就是针对《文轨疏》中的一些解释提出批评最为集中的一部著作。

《略抄》对《文轨疏》的批评略有十四条:

(1)批评《文轨疏》判"古师以一切诸法自性、差别总为一聚为所成立";

(2)批评《文轨疏》关于"等无我、苦、空"的判语;

(3)批评《文轨疏》解"显因同品决定有性";

(4)批评《文轨疏》对"随同品"的诠释;

(5)批评《文轨疏》关于"遣诸法自相门"的解释;

(6)批评《文轨疏》对"随一不成"的诠释;

(7)批评《文轨疏》对"大种和合火"的解释;

(8)批评《文轨疏》对不共不定因的解释;

(9)批评《文轨疏》对不共不定与共不定的比较性论述;

(10)批评《文轨疏》释"所闻性"因是他不共;

(11)批评《文轨疏》以"众疑"判相违决定为不定;

(12)批评《文轨疏》以现量和圣教量断"声常"宗;

〔1〕《大疏》卷六页九左,金陵本,光绪二十二年(1896)。

（13）批评《文轨疏》对自相和差别的解释；

（14）批评《文轨疏》对“无体俱不成”似喻的诠释。

净眼对《文轨疏》的十四条批评，有的正确，有的不甚正确或者错误，宜加辨析，兹举数例以明之。

例一，净眼破《文轨疏》判“古师以一切诸法自性、差别总为一聚为所成立”

在能立问题上，新、古因明见解不一。古因明家认为一个比量所要成立的是宗上的自性（主词）和差别（谓词），所以宗支也是能立，只有自性和差别才是所立。陈那不同意这样的划分，指出自性和差别仅仅是组成宗体的两个宗依（概念），并非所要成立的论题，只有将这两个宗依组成宗，才是所立；而因喻是用来成立宗的，故是能立。对陈那的这一思想，初习者有不理解者，故文轨释云：

> 古师以诸法自性、差别总为一聚为所成立，于中别随自意所许，取一自性及一差别，合之为宗，宗既合彼总中别法，合非别故，故是能立。今陈那意云，本合别法为宗，欲以因喻成立，因喻既是能立，能立必立所宗，故知宗是所成立也。此则古师以宗望其别法，故是能成；陈那以宗望其因、喻，即是所立。〔1〕

文轨意云，古因明师以诸法（一切事物）自性（主体）的总集及差别（属性）的总集为所立，而以自性中某一别法（如声）和差别中的某一别法（如无常）结合起来成为宗，并将宗称之为能立。陈那认为，宗本来就应该合别法而成，但它须由因、喻来成立，所以只有因、喻才是能立，宗只是所立而已。古师以宗相对于别法而言，说宗是能立；陈那则以宗相对于因、喻而言，故说宗是所立。

〔1〕《庄严疏》卷一页五右，内院本，1934 年。又，《〈文轨疏〉校补》卷一，拙著《敦煌因明文献研究》第 321 页，上海古籍出版社，2008 年。《略抄》写卷第 67~70 行引此文略有删节，个别文字有出入。

然而，净眼不同意文轨的这一诠释，他批评云：

若作此解古师义者，理恐不然，岂可一切自性、差别皆此宗、因之所成立，即一能立？又，若合法为能立者，宗之所立为为合、为离？若言合者，何殊能立？若言离者，何益所成？进退推征，皆成过失，故知不得作此解也。（《略抄》写卷70~73行）〔1〕

净眼的责难提出两点：第一，他不同意文轨说古因明家以一切事物的总自性和总差别为所立，从而以宗、因为能立的解释。第二，他也不同意文轨说古因明家合别法（即总集之一分）以为宗，从而以宗为能立的解释。于是他提出自己的解释：

今解，古师言声与无常本不相离，敌论不解，妄谓为常，今立论者以彼宗云显和合之理，能显之言，名为能立，所显之义，名为所立。陈那云，声无常言但显所立，非正能立。又，为因、喻所成立故，亦非能立也。〔2〕

净眼的解释与文轨不同，他是以"能显之言"亦即显示声无常和合之理的言语为能立的，而以所显之义，亦即声与无常这两个概念为所立。这当然只是古因明的说法，而按陈那的说法，声无常宗只是所立，并且宗是为因、喻所成立的，故不是能立。

净眼的上述论述较之文轨究竟如何呢？其实他们二人虽在这个问题上各持己见，然均有所本。据窥基介绍，关于古因明的宗，陈那以后共有三种不同的解释：

一云，宗言所诠义为所立，故《瑜伽论》第十五云，所成立义有二种：一、自性；二、差别。能成立法有八种，其宗能诠之言及因等言、义皆名能立……

---

〔1〕《略抄》写卷第70~73行，见拙著《敦煌因明文献研究》第247页，上海古籍出版社，2008年。

〔2〕《略抄》写卷第73~77行，见同上。

二云，诸法总集自性、差别……俱是所立……总中一分，对敌所申，若言、若义，自性、差别俱名为宗，即名能立……

三云，自性、差别合所依义，名为所立；能依合宗，说为能立……〔1〕

净眼的“今解”，所本的就是上述第一种解释，文轨所言，则属上述第二种解释。〔2〕在这三种解释中，文轨所持的第二种解释似不合古师原旨，因为古师所说的以自性、差别为所立是赋予了具体意义的，如在自性中以“声”为例，差别中则以“无常”为例，也就是说古师所说的自性、差别是实有所指的，而并非如文轨所言的“总为一聚”的自性、差别，这样的自性、差别只能表示主、谓两个空位，空位是不可能成为所立的。〔3〕如果“诸法自性、差别总为一聚”并非如上分析的是两个空位，而是概括了“诸法”的、外延极大的概念范畴，那就更其说不通了。慧沼《义纂要》对此有一段批评：

若无简别，总以“诸法自性、差别总为一聚为所（成）立”者，如别立声为无常宗，既云能立，立彼总聚，总聚之中有常、无常，立常为无常，违自教过等。立无常宗，非遍不许，有相符过。若言诸法但取无常，犹有一分相符之过。若云但别自意所许，一自性、差别，别为所立，合为能立，即不应言以“诸法自性、差别总为一聚为所成立”。〔4〕

〔1〕《大疏》卷一页十二左右，金陵本，1896年。又，《大正藏》第44卷94a、b。

〔2〕日释秋篠山善珠云：“此三释者是谁所传？第一释者，净眼师之所传也。第二释者，文轨师之所传也。第三释者，大乘基之所传也。前二传者，各见彼疏，第三传者，即此文（指《大疏》）耳。”这是将这三种说法归属于净眼、文轨和窥基三人了（见《明灯抄》卷一末，《大正藏》第68卷226a）。又，《纂要钞》云，言慈恩唯识法师亦有三释，指疏中三解。初、二古师，第三解是陈那解。这是将第一、二释归于古师所说，将第三释归于陈那所说（见《瑞源纪》卷一页十五左）。

〔3〕当然，按照陈那的论述，在自性、差别这两个变项上即使赋予了意义，也只是组成宗的两个宗依，而不是所立，因为宗依必是立、敌共许极成的，如果以此为所立，岂不是有相符极成之失？故陈那认为所立必是“随自意乐”建立起来的宗（论题）。

〔4〕《大正藏》第44卷159c。

这段批评指出以“诸法自性、差别总为一聚为所(成)立”可能出现的种种过失,其中最主要的是两点:一、自教相违。二、自语相违。自教相违是指“诸法自性、差别总为一聚”的外延太大,它将常与无常这样一对矛盾概念都包摄进去了,立论者既立声无常,又包容了常,这无异于“立常为无常”,所以有违自教过。而且这也有不定等因过和不遣等喻过。自语相违是指若持论者辩称,我所说的诸法自性、差别,乃取有具体意义的自性和差别,分则为所立,合则为能立。如此,则“不应言以‘诸法自性、差别总为一聚为所成立’”,因为这会导致自语相违。所以慧沼总结说:“慈恩唯识法师(即窥基)亦有三释(即前引窥基所介绍的三释),初、后无违,中释似过。”〔1〕这“中释”即文轨所持的一种。后来唐道邑《义范》也对“三释”有所评论:“所叙三释,义各不同,源其慈氏、无著大师所说宗为能立,不必具有此之三意,故此所论三释,不可俱契圣心。以余管见所窥,初释理应为当。”然后他对二、三两释均提出批评。〔2〕日释善珠对此三释曾作归结:“此三释中,第一能诠所诠对,亦名言义对;第二总聚一分对,亦名总别对;第三能依所依对,亦名合离对。”他对第二总别对亦持否定态度。〔3〕综上所述,诸师对文轨所释(即第二总别对)均有批评,而净眼是最早提出诘问的。在这个问题上,净眼的难破当是正确的。

例二,净眼难《文轨疏》对不共不定与共不定的比较性论述

净眼复对《文轨疏》关于不共不定与共不定所作的比较提出质疑,如《略抄》云:

> 又《疏》中问答云:“问:‘所量’通二品,遍属异品不定收;‘所闻’同虽无,不属异品非不定。”广如《疏》说。“答:此因唯属有法之声,不通同、异,故是不定。又如山中草木,无的所属,然有属此人、彼人之义,即

〔1〕《大正藏》第44卷159c。

〔2〕《义范》已佚,引见日释凤潭《瑞源记》卷一页十五左右,商务印书馆,1928年。

〔3〕《明灯抄》卷一末,《大正藏》第68卷225c~226a。

> 名不定。今此‘所闻性’因亦尔,不在余品;若在余品,即空(‘空’当系‘容’之误)通在同、异品义,故是不定。”〔1〕
>
> 若作此释,理恐不然。山中草木,虽无的属,然有可属此人、彼人,故许草木有不定义。“所闻性”因唯属声宗,毕竟不通同、异二品,云何同彼解不定耶? 故此不得作此释也。若尔,共不通同、异,如何同共解不定耶?〔2〕

此中引《庄严疏》的问答,意云,问者谓《入论》说共不定因时所举的“所量”因通向同、异二品,导致同品遍有、异品遍有,正由于它包含了全部异品而成为不定之因;而“所闻”因虽无同品,但它于异品遍无,应是非不定。对此,文轨答复说,“所闻性”因只属于有法声而不及其余,因既无同品又无异品而成不定。接着又以山中草木为例,说明草木本无所属,而一旦有属此人或彼人之义即会产生不定的因素。“所闻性”因也是这样,它本不在余品,若在余品的话,即是容它通向同、异品,也是不定因。

净眼不同意文轨的这番解释,故破斥说,山中草木虽可属此人或彼人而有不定之义,“所闻性”因则唯属有法声而不及同、异二品,怎能当作共不定因来诠解呢? 净眼的质难是正确的。不共不定与共不定虽然同属不定因,但二者在表现形式上却是截然相反:不共不定因是于同、异品遍无,共不定因则是于同、异品遍有,二者不容混淆。文轨释不共因时横生枝节,以山中草木为例作两可的解释,使本来简单易辨的问题复杂化了,实无必要! 所以净眼作今解云:

> 共过通彼同、异品,俱为同法;是因不共,不通同、异品,各为异法,成不定。〔3〕

---

〔1〕 此段引文为《庄严疏》佚文,文字与敦煌本《文轨疏》基本相同。参见《〈文轨疏〉校补》卷二,见拙著《敦煌因明文献研究》第355页,上海古籍出版社,2008年。

〔2〕《略抄》写卷第269~274行,见拙著《敦煌因明文献研究》第256页,上海古籍出版社,2008年。

〔3〕《略抄》写卷第277~279行,见同上。

这是对共不定和不共不定二因的确切厘定。也就是说共不定因既通及同品和异品，那么同、异二品即可“俱为同法”成不定；不共不定因既不通同品、异品，那么设赋以同、异品，这同、异二品必“各为异法”而成不定。为了作进一步的说明，他还假借设难来作释，如云：

何者？且如共过通彼同品、异品故，即以虚空、瓶等为其同法成常、无常故；是不共之因不通同品、异品中故，还以色等、虚空为异法故，亦显常、无常是不定也。〔1〕

这里的设难其实一无难破的意味，甚至亦无反质的口气，除了“何者?”是设问外，以下却是回答此问的判断句。意谓共不定因通向同、异二品，如以虚空或瓶作同法，可成立声常宗和声无常宗。不共不定因不通同品、异品，设以色等或虚空为其异法，亦显出此因在常和无常之中不定。这一设难实际上是例示共不定和不共不定在表现形式上的差别。然而共不定过中同、异二品“俱为同法”尚易理解，而不共不定过中设赋以喻例“各为异法”却不易理解，故净眼又设难作解云：

若用此难，应云色等是无常，色等非所闻，显声有所闻，声即是常住；亦可虚空是常住，虚空非所闻，显声有所闻，声应是无常住。〔2〕

“色等”即除声以外的色、声、香、味、触、法，即是“常”宗的异品，亦是“所闻性”因的异品，通过“色等”可显“声即是常住”。“虚空”是“常”宗的同品，却是“所闻性”因的异品，通过“虚空”可显“声”应是无常住。这样，两个对于因来说“各为异法”的喻例，却可推出两种不同的结果，而成不定。净眼的这一例析相当深刻，而由此作出的总结更具有理论意义：

准此难，故知共过约同有、异有为同法，故顺成不定；不共过约同无、异

〔1〕《略抄》写卷第279~281行，见拙著《敦煌因明文献研究》第256页，上海古籍出版社，2008年。

〔2〕《略抄》写卷第281~284行，见同上。

无为异法，故反显成犹预也。〔1〕

例三，净眼难《文轨疏》释“所闻性”因是他不共

《文轨疏》释“声常，所闻性故”云：

> 《论》所陈量，此即是他不共过，以声论师对佛弟子立此比量，声论自许声外大有、同异亦是所闻，敌论佛弟子不许故也。……如佛弟子对声论立宗云“声是无常”，因云“所闻性故”，此因望自同、异二品皆悉非有，望他声论即于异品声性是有，故是自不共也。〔2〕

文轨的这两段话分自、他两方面来揭示“所闻性”因在此量中的谬误性质。也就是说，《入正理论》在说不共不定时所陈之例乃是声论对佛家所立，因声论在声外自许大有（事物的总和：概念范畴）和同异（概念的属种关系）也具有所闻性，所以此量对声论来说乃是三相具足，对于敌论佛家来说便有不共不定之过，这就是他共不定。反之，如果佛家对声论立“声是无常，所闻性故”，望自同、异二品全无，望他则是三相具足，因为声论自许在声外尚有声性具所闻性（声论以“声性”为同品，佛家则以“声性”为异品），这就是自不共不定。文轨的这番解释可谓简洁明了，并无不当。然而净眼不同意文轨关于他不共和自不共的解释。如《略抄》云：

> 理亦不然。且如他方佛声等，既（疑为“虽”之误）是异品，其所闻性因于彼既有，何得名为他不共也。若尔云何名为不共？〔3〕

净眼首先否定了文轨的解释，然后举出“他方佛声”来反破，意谓佛家自许的他方佛声虽是“无常”宗的异品，却是“所闻性”因的同品，怎么能名之为他不共呢？如此，又怎能名之为不共因？净眼以一个“他方佛声”不仅否定了文轨“他不共”的解说，也否定了“所闻”因是不共因的论断。然而《正理门

〔1〕《略抄》写卷第284~285行，见拙著《敦煌因明文献研究》第256页，上海古籍出版社，2008年。

〔2〕《庄严疏》卷三页二右，“支那”内学院，1934年。又，《〈文轨疏〉校补》卷二，见拙著《敦煌因明文献研究》第356页。

〔3〕《略抄》写卷第292~294行，见拙著《敦煌因明文献研究》第257页。

论》和《入正理论》都以“所闻性”为例来阐述不共因，陈那并特地就不共不定问题与古因明师有过一番论辩。陈那论述了为什么“所闻性”因是不共因的理由。〔1〕这个问题似乎已经成了铁案，现在净眼竟提出“云何名为不共”的问题，岂不是与陈那的定论相悖？那么净眼所给出的“他方佛声”的涵义是什么呢？据大乘佛教说，世外尚有化身佛，化身佛的言语就是他方佛声。他方佛声虽发自无执受之四大种，与有情众生的言语发自有执受之四大种不同，但是均总属于声，所以具有所闻性。既如此，他方佛声并非声外别有，何得以之为同品？故“所闻性”因在立者声论看来虽是三相具足的正因，在佛家看来应是同、异品俱无的不共因，具体来说就是他不共，由此，净眼所破似有不当。

接着，净眼又作了今解。按《略抄》惯例，净眼在作了难破以后，即以“今解云”来正面表述自己的见解与解释，然而这一回却破了例，竟在“今解”中继续难破自不共，而这一点本来应该在破他不共时一起说的。如《略抄》云：

> 今解云，望共同品、异品无，名为不共，准此佛法对声论师立“所闻性”因，既于他方佛声上有，故知亦共同、异品无，名为不共(“亦共同、异品无，名为不共”十字疑为衍文，以与上文不合)，《疏》判为自不共者，非也。〔2〕

“今解”破自不共仍以“他方佛声”为例，只是立论者换作了佛家，所以成了破自不共的用例，从而否定文轨的说法。但净眼并未表明他的正面见解是什么，他就是说，文轨的自不共说既然有误，那么应该是什么呢？按理净眼当有所论述，而这里却没有！净眼对“所闻性”因为自不共的难破自然也是不对的，理由已如上述，此不赘言。

---

〔1〕 参见《正理门论》，《大正藏》第32卷2b。又，参见拙释《因明正理门论译解》Ⅰ-2-9B，中华书局，2007年。藏译《集量论》金本同此。

〔2〕 《略抄》写卷第294~297行，见拙著《敦煌因明文献研究》第257页，上海古籍出版社，2008年。

例四，净眼难《文轨疏》解“显因同品决定有性”

《入正理论》说同法时云：“若于是处显因同品决定有性。”〔1〕文轨解释云：

“处”谓有法；“显”为显说；“因”者，谓即遍是宗法因；“同品”谓与此因相似，非谓宗同名同品也；“决定有性者”，谓决定有所立法性也。〔2〕

对于文轨的这段解释，净眼破云：

若作此解，理即不然。“因同品”言可显瓶上所作，“决定有性”文中不显，云何知是瓶上无常？若言“此下指体”，文言：“‘谓若所作’，即是（前）显因同品（也），‘见彼无常’，即是（前）决定有性也”。据下次第知上必然者，此亦不然。“悬解”既先言是处指体，何因复说如瓶？故知不得以下次第显上亦然。

又，宗同品既不取无常，其因同品云何乃取所作？

又，作此解违《理门论》故，彼论云：“由录是说，能显因同品定有，异品遍无，非颠倒说。”准此文，故知同喻显因同品定有性，异法喻（显）因异品遍无性，故知不得作此解也。

应解云，“若于是处”者，谓于瓶等处也。“显”谓说也。显说何事？谓“显因”也。显因何相？显第二同品定有性也。若作此解，不违《论》文，亦无如上所有过失也。〔3〕

净眼的这一大段批评文字，有的切中要害，有的则是逞臆之笔。为了论述的方便，兹从其给出的结论亦即“应解云”说起。

净眼的结论系基于文轨的解释而来。文轨将《入论》的“同法者”，“若

〔1〕《大正藏》第32卷11b。

〔2〕《庄严疏》卷一页二十二右，内院本，1934年。又，《〈文轨疏〉校补》卷一，见拙著《敦煌因明文献研究》第332页，上海古籍出版社，2008年。《略抄》写卷146～148行引此段文字，文字略有出入，文意相同。

〔3〕《略抄》写卷148～159行，见拙著《敦煌因明文献研究》第250～251页。

于是处显因同品决定有性”一句读作“若于是处显因同品,决定有性”,故在逐字诠释此句后,复述《论》意云:

> 此谓随有有法处有与因法相似之法,复决定有所立法性,是同法喻。此则同有因法、宗法名同法喻。〔1〕

这里所说的“随有有法处”即“是处”,亦即同喻依如瓶。因为瓶与声一样,都具有所作性和无常性,故瓶虽为喻依,其实也可称作有法。当然这“随有有法处”是指“除宗以外”有与因宗双同者,〔2〕亦即作为同喻依的“有法”,须具有因法所作的性质,并且具有宗法无常的性质。净眼不同意文轨的诠释而提出自己的解释,主要有三点不同:第一,他不将“是处”说为有法,而径直解作“于瓶等处”,第二,他不同意将同品释为“与因相似”并“决定有所立法性”,而是按《入论》说因三相时对同品所作的界说解作与宗法相似。第三,他将此句读作“同法者,若于是处显因,同品决定有性”。

在上述三点不同中,第一,同品是否可称作有法,只是一个角度问题。文轨将同品称作有法,是从同品瓶与有法声一样,都具有所作性和无常性的角度而名之的。从逻辑的角度考虑,如果我们以 S 代表有法,则瓶、盆、碗、缶等具有所作与无常属性的同类例可以表示为 S_1、S_2、S_3、S_4……Sn,文轨所说与此无异,具有一定的理论意义。净眼不取此说,将有法与同品分别处之,自亦无可厚非。二者应无原则分歧,所以净眼并没有在“有法”二字上做文章,只是在诠释时不予理会罢了。第二,关于同品的界说,《入论》在说因三相时将同品界定为“与所立均等义品”,亦即同品须同于宗法。在说同法

〔1〕《庄严疏》卷一页二十二右~二十三左,内院本,1934 年。又,《〈文轨疏〉校补》卷一,见拙著《敦煌因明文献研究》第 332 页,上海古籍出版社,2008 年。

〔2〕《庄严疏》卷一页十七左解“均等义品”(即同品)云:“除宗以外一切有法俱名义品,不得名同;若彼义品有所立法(即宗法)与宗所立法(即因法)均等者,如此义品,方得名同。”又,《〈文轨疏〉校补》卷一,见《敦煌因明文献研究》第 329 页。此即同品同于因法和宗法之谓。

时则倾向于将因与同品联在一起，揭示"说因宗所随"的逻辑关系。后来窥基明确将同品分为宗同品与因同品两种，阐说就益为精确方便。但是文轨在释因三相时就将同品释为"若彼义品有所立法（即宗法）与宗所立法（即因法）均等者"，〔1〕这样来界定同品显然是不妥当的，因为这一界说与第二相同品定有性有矛盾。因于同品须定有，这个同品就是宗同品，要不然就不会说作同品定有。如果将此同品视作因同品，"定有"的规定就是多余。而且说同"所立法与宗所立法均等"，词序也不对，应是先因后宗而不能先宗后因，这与其"正取所作，兼取无常"〔2〕的主张亦不相吻合。但是文轨在释同法喻时将同品说为因同品倒是符合《入论》原意的。如《入论》说同法喻云："若是所作，见彼无常，如瓶等者，是随同品言。"〔3〕这"随同品言"就是随因之同品而言，瓶这个同喻依正是因同品。在正常情况下，因的同品必是宗的同品，因为因法与宗法之间具有真包含关系。陈那云："说因宗所随，宗无因不有。"〔4〕即揭示了这种不相离的关系。然而净眼似乎也没能抓住同品与同法的区别，将《入论》关于同品的界说移到了对同法的理解上，亦是欠缺的。第三，是如何来理解"同法者，若于是处显因同品决定有性"一句。文轨将此句读作"同法者，若于是处显因同品，决定有性"，净眼则将此句读成"同法者，若于是处显因，同品决定有性"。这两种读法有何不同呢？文轨以"显因同品"为读，强调了同法"正取因同，兼取宗同"的特点，是符合《入论》"随同品言"之原意的。净眼以"显因"为读，则有偏取宗同、淡化因同之嫌。下面我们再进一步来检讨他们在这个问题上是如何论述的。文轨在释《入正

〔1〕《庄严疏》卷一页十七左，内院本，1934年。又，《〈文轨疏〉校补》卷一，见拙著《敦煌因明文献研究》第329页，上海古籍出版社，2008年。

〔2〕《庄严疏》卷一页十五左。又，《〈文轨疏〉校补》卷一，见拙著《敦煌因明文献研究》第327页。

〔3〕《大正藏》第32卷11b。

〔4〕《正理门论》，《大正藏》第32卷2c。又，拙释《因明正理门论译解》Ⅰ-3-1，北京，中华书局，2007年。

理论》"谓若所作,见彼无常"一句时云:"此下指体(即喻体)……'谓若所作',即前显因同品也。'见彼无常',即前决定有性也。"〔1〕将"显因同品,决定有性"与"谓若所作,见彼无常"结合起来诠释,这是合理的,且益显"因同品"三字须连读。净眼反对这种前后对照的做法,认为"不得以下次第显上亦然",似无道理,因为"谓若所作,见彼无常"是同喻体,这同喻体正是体现了"若于是处显因同品,决定有性"的。净眼的诠释和破斥似是而非,他据《理门论》所云作出"同喻显因同品定有性,异法喻显因异品遍无性"的断语,虽将同、异二喻与第二、三相的逻辑关系诠释得很明白,然在解释"同法者,若于是处显因同品决定有性"一句时却走了样,他将此句的意思理解为于瓶等处显因,即显第二相同品定有性。这样解释虽然显得有点牵强,却又让人难以指其要害,只是觉得其间可能预设着一个前提。果然,他在结能立体的讨论中说到"随同品"的问题时终于解开谜底说:"同法喻言是显所作因随逐宗之同品处有,即是显因同品定有性之言。"〔2〕原来他在讲"同喻显因同品定有性"的时候,那个预设的前提是"因随逐宗之同品处有",强调的乃是宗同品!然而瓶这个同法首先是因同品,其次才是宗同品;正由于它是因同品,所以也是宗同品,这也是同法正取因同兼取宗同的缘故。由此说同喻体时须先说其因法,后说其宗法,这是合式归纳的程序,不容颠倒的。

现在再回过头来对净眼的破斥要点略作分析。

第一,净眼难文轨云:"因同品言可显瓶上所作,决定有性文中不显,云何知是瓶上无常?"此言不实,《入论》明明说"谓若所作,见彼无常,如瓶,"怎么能说"决定有性文中不显"呢?又缘何不能与瓶联系起来呢?这可以说是以有为无的难结。

---

〔1〕《庄严疏》卷一页二十三左,内院本,1934年。又,《〈文轨疏〉校补》卷一,见拙著《敦煌因明文献研究》第333页,上海古籍出版社,2008年。

〔2〕《略抄》写卷174~175行,见拙著《敦煌因明文献研究》第251页。

第二,净眼不许"以下次第显上亦然",理由是:"悬解既先言是处指体,何因复说如瓶?"这一难诘令人费解,文轨明明按《入论》先"悬解"后"指体"的,并且在悬解时将"是处"解作"有法"的,何来悬解中指体?更无将"是处"指为体,亦无"复说如瓶"之事,这样的难诘岂非无中生有?

第三,净眼破文轨云:"宗同品既不取无常,其因同品云何乃取所作?"这一批评切中了问题之所在。上文已指出,文轨释同品时没有严格遵照《入论》所界定的须具有宗法的性质这一点来说,而是释为与宗法和因法双同。净眼抓住了这一点来破斥,意谓你释宗同品时既然说要宗、因双同而不是单取宗法无常,那么说因同品时何以又单取因法所作?这一诘问不但很有力度,而且将同品区分为宗同品和因同品两种,富有理论意义。〔1〕

第四,净眼斥文轨的诠解有违《理门论》,此言不确。《理门论》云:

(问:)复以何缘第一说因宗所随逐,第二说宗无因不有,不说因无宗不有耶?

(答:)由如是说能显示同品定有、异品遍无,非颠倒说。〔2〕

问者意谓,同喻体既是按先因后宗的次序说的,异喻体何不也按先因后宗的次序说呢?陈那答复说唯有如此说才能充分体现因于同品定有、异品遍无,而不能颠倒过来说。这说明同、异喻体要按照合作法和离作法来组织,这样才能准确显示因的第二、三相。而按文轨的解释,正体现了同法喻"说因宗所随"的逻辑次序,所以文轨作此解并不违《理门论》。

在上述四例中,例一、例二的批评是正确的,例三属不甚正确一类,例四则系错误的批评。

〔1〕以往学者都说将同品明确地分为宗同品和因同品的是窥基,这一提法需略作修正,因为净眼提出宗同品与因同品的名目早于窥基。但净眼没有展开论述,所以窥基对宗同品与因同品的论述仍然具有领先地位。

〔2〕《大正藏》第32卷2c。又,参见拙释《因明正理门论译解》Ⅰ-3-2B、C,中华书局,2007年。

3.《略抄》中的散论

《略抄》除了针对《文轨疏》进行难破外,还就二十余个问题以助解和答疑的形式进行论释,其所论所释,亦是良莠互见,兹以例明之。

例五,净眼提出,相违决定可有两种难法

对于相违决定量,净眼认为,他人可从两方面来揭示它的不确定性,如《略抄》云:

> 又,《论》文中先举胜论宗、因、喻,后举声论宗、因、喻者,且依因明法作相违决定难也。若依此因难势因("势因"疑为"斯因"之误),相违决定有二:一总约三相难,应云所作之因具三相,声即是无常;亦可所闻之因具三相,声应是常住。二别约二喻难,难同喻云,瓶有所作故无常,显声所作亦无常;亦可声性所闻是常住,显声所闻即是常。难异喻云,虚空是常无所作,声有所作即无常;亦可电等无常非所闻,声既所闻应是常。若顺此方,应用斯难。[1]

此中所谓"相违决定有二",非指有两种相违决定,而是指他人可从两个方面对相违决定量作问难,此即总约三相难和别约二喻难。通过这两种难,相违决定疑惑不定的实质就会更清晰地呈现出来。这两种难似乎是净眼最早予以总结阐发的。净眼赋予其名称并予以例示,这是对因明研究的一种贡献。但净眼说"相违决定有二"在表述上似不准确,易滋误解。

例六,净眼解同品何故不说遍有,异品何故泛说无因

关于因的第二、三相,净眼只作了简单的答问,而未展开。如云:

> 问:何故《论》文解同品中不泛明有因,解异品中泛说无因耶?
>
> 答:因于同品不遍亦是第二相,故解不明有因;异品遍无方是第三

〔1〕《略抄》写卷第310~317行,见拙著《敦煌因明文献研究》第258页,上海古籍出版社,2008年。

相，故解异法说无因。〔1〕

这一番答问主要解释了两点，即因的第二相只要因于宗同品上有即可，哪怕是“不遍”的；而因的第三相则必须是因于宗异品上遍无。净眼的答问虽简略了一些，但富有启迪性：“因于……”清楚地揭示，因三相是从因出发的，而不是从宗出发。这一点非常重要，因为现在一些学者在说因三相时往往忘记须从因出发来看待因与有法、同品、异品的逻辑关系，竟说第二相是指“有些宗同品是因同品”，其命题形式是有P是M，将分析的角度倒转了过来，这就偏离了因三相的原旨。

例七，净眼混淆了两种“能立”

在陈那的新因明里，“能立”这个语词有二义：第一，当能立与能破相对待时，能立指谓整个论证式，故陈那《正理门论》云：“‘宗等多言说能立’者，由宗、因、喻多言，辩说他未了义。……由此应知有所阙名能立过。”〔2〕如果我们将能立的第一义称为能立a的话，那么陈那的这段话就是对能立a的界定。从这一界定可以清楚地看到，能立a指谓的是由宗、因、喻三支组成的论证式。而且陈那还反过来强调一句：在宗、因、喻三支中如有所阙，即有能立上的过失。这更具体地指出能立a指谓的是整个论证式，而不是论式中的一部分。

第二，当能立与所立相对待时，能立指谓论式中的前提部分，即因和喻，而不包括宗，因为宗是所立，它是因、喻亦即前提所要成立的论题。我们不妨将这一指谓前提的能立称为能立b。陈那《正理门论》云：“乐为所立，谓不乐为能成立性。”〔3〕这里所说的“乐”，就是“随自意乐”所成立的宗，“乐为所立”即宗是所立。“不乐”即是因、喻，因为因、喻须为论辩双方所共

〔1〕《略抄》写卷117~120行，见拙著《敦煌因明文献研究》第248~249页，上海古籍出版社，2008年。

〔2〕〔3〕《大正藏》第32卷1a。又，参见拙释《因明正理门论译解》Ⅰ-1-2~3，中华书局，2007年。

许极成,非随自意乐所设,故谓“不乐为能成立性”,“能成立性”即是能立,此指因和喻亦即前提。这是陈那对能立与所立的厘定。〔1〕

以上能立 a 与能立 b 是两个不同的概念,不得混淆,然而净眼在思想上恰恰混淆了两种不同的能立,所以导致引述上的矛盾。当然,这里存在明显的矛盾净眼并非不知道,他力图通过答问来弥合这一矛盾:

> 问:既取所等因、喻名为能立,何故《论》云“由宗、因、喻多言开示(诸有问者)未了义”耶?
>
> 答:由宗之因、喻开晓问者未了义,故无有过?〔2〕

在这段答问里,问者提出的问题很尖锐:既然只取因、喻为能立,那为什么《入论》要说“由宗、因、喻多言……”呢?对此,净眼的回答是没有说服力的,意谓《入论》所说的“宗、因、喻多言……”实乃宗之因喻之谓。但他在这里似乎忘了“多言”(vada)一词,“多言”即指三数,宗、因、喻正合三数,故称“多言”,如按净眼臆解,则能立唯因、喻二支,何来三数?于是又作问答云:

> 问:宗若非能立者,何故《论》文解能立体中释宗耶?
>
> 答:为解能立之所立故,又对所立辨能立故,故解能立便释所立也。〔3〕

这一答问可以说是答非所问,并不能说明为什么《入论》在解释“能立”时要将宗、因、喻三支作为一个整体来说的问题。而且陈那明明说“以一言说能立者,为显总成一能立性”,〔4〕即将宗、因、喻三支合为一个能立,换言之,这个能立就是三支论证式,这显然有别于作为前提的能立!所以净眼的

〔1〕 除此两种能立之外,有时“能立”还借用来指称因,这时的“能立”其实是能立法的省称,与其对应的“所立”,则是指宗之法,故亦是所立法的省称。

〔2〕《略抄》写卷第83~84行,见拙著《敦煌因明文献研究》第247页,上海古籍出版社,2008年。

〔3〕《略抄》写卷第85~86行,见同上。

〔4〕《正理门论》,《大正藏》第32卷1a。又,参见拙释《因明正理门论译解》I-1-2,中华书局,2007年。

两段答问，并不能弥合矛盾，而益显其概念的混乱。

在上述三例中，例五和例六的论述是正确的，例七则属不正确之类。

《略抄》的内容相当丰富，它涉及能立与似能立的许多问题，如上所述，其中相当一部分是借着对《文轨疏》的批评提出来的，或者是他认为在《文轨疏》的解释之外尚须作助解的，也有一部分是他认为需要厘清而单独提出来讨论的。综合起来看，他提出来论诤和讨论的问题多达三十余个，其中不乏对一些重要理论问题的探讨。所以《略抄》比较全面地阐明了净眼在真、似能立问题上的见解。

另外，《略抄》还具有文献学上的价值，因为净眼在对《文轨疏》提出批评和作助解时引录了《文轨疏》的许多文句，其中更有不少为今之残本所无，乃弥足珍贵的佚文，可用以校补《文轨疏》。

三、关于《因明入正理论后疏》

1.《后疏》系节录本，《略抄》与《后疏》写卷形成互补关系

《因明入正理论后疏》一名在诸经录中均未出现，只是敦煌写卷改题为此名，原因恐怕与写卷只是节录了净眼疏的末后部分有关。此疏应该就是《东域录》所记的净眼《因明入正理论疏》，虽然只有一卷，篇幅却不会短，因为就《后疏》写卷所节录的内容来看，其所疏者不及商羯罗主《因明入正理论》五分之一篇幅，而疏文却长达一万三千余字。可惜此疏除《后疏》所录之外，余皆不存于世，不能得窥全豹了。《后疏》中曾归纳说：

> 此一部论，文有三分：初一行颂名总标纲要分；二、“如是”下长行名依标别解分；三、此一行颂（即末尾四句颂）名结畧示广分。〔1〕

这就是说，《入正理论》的第一部分为开首的四句颂，旨在揭示全篇的纲要

〔1〕《后疏》写卷第502～503行，见拙著《敦煌因明文献研究》第299页，上海古籍出版社，2008年。

(“八门两悟”)。第二部分是长行,即用散文的形式来分别解释能立与似能立,现量与似现量,比量与似比量,能破与似能破的。第三部分是末颂,即以四句颂来结略示广。《后疏》的随文解释就是按《因明入正理论》的三个部分来展开的。这一点亦可从《后疏》的陈述中得到引证,如其在文末结云:

上来总是依标正解,释颂文中“八门”义讫。〔1〕

这一结语清楚地表明,净眼在书中确是按《入论》的论述脉络(“八门二益”)一一诠释下来的,而非仅仅是《后疏》写卷中所节录的这些内容。也可能是抄写者只节录了净眼《入论疏》的末后部分,故将写卷题为《后疏》亦未可知。

《后疏》的写卷虽然只抄录了诠释“如是等宗、因、喻非正能立”以下的文字,但从内容上看,除开头一句系总结似能立外,以下的《论》文却覆盖了“八门”中的六门,即现量与似现量、比量与似比量、能破与似能破。《后疏》除随文疏解外,还对现、比二量和十四过类作了专题阐说,其所涉及的面很宽,包括知识论和逻辑论的诸多问题,引述的思想资料亦颇为丰富,这都是值得细加披剥品味的。

《略抄》与《后疏》合写在一个卷子里,《略抄》在前而《后疏》在后,《略抄》当是全文抄录的,《后疏》则是节录。那么写卷为什么只录末后部分文字呢?究其原委,恐有三点:第一,净眼的《因明入正理论疏》全文较长,不堪全录。第二,净眼的《因明入正理论疏》末后部分具有引人注目的内容,即净眼在疏释《入正理论》的文字之外,结合定心与散心,八识和四分说,对现、比二量作了专题论述,并补叙和例解了十四过类,这些内容份量殊重。第三,如此节录,似有与《略抄》接续互补之意;因为《略抄》只疏解了真、似能立二门,末了连个小结都没有,《后疏》写卷从小结似能立的这句话抄起,恐非偶然,而且自此以下便是论真、似现量,真、似比量,真、似能破六门,这

〔1〕《后疏》写卷第496行,见拙著《敦煌因明文献研究》第298页,上海古籍出版社,2008年。

正是《略抄》所未涉及的，如此，因明八门就齐全了，二疏写卷具有了互补的性质。

2. 净眼论现、比二量

净眼在解释《入正理论》对现、比二量的阐说之前，先对现、比二量作了概论性的阐述：一是明立二量意，即阐释陈那为什么只立现、比二量，以及现、比二量与自、共二相的对应关系。二是释二量名，即阐释现、比二量的界说。三是出二量体，净眼从三个方面来阐释现、比二量的体性，即从定心位和散心位上来分别现、比二量，从八识上分别现、比二量，从四分说上来分别能量、所量和量果。这部分内容非常丰富，尤其是"出二量体"中的"约八识辨体"和"约四分及能量、所量、量果分别"两方面的论述值得细加品味。如云：

> 第二约八识辨体者，眼等五识及阿赖耶识，若定、若散，若因、若果，若漏、无漏，皆现量摄，以离名言、种类、分别，证自相境故。〔1〕

这段话实际上只是概括地诠释了前五识和第八识与现量的关系，而未涉及第六意识和第七末那识（盖因第六识与第七识情况比较复杂，故留待下文再说）。净眼谓眼、耳、鼻、舌、身五识与第八阿赖耶识无论处于定心位还是散心位，无论为因还是为果，有漏还是无漏，都属现量所摄；因为前五识和第八识缘境不介入名词概念和种类分别等思维活动，故所缘皆为自相境。净眼的这一诠释似欠精当。现量有两个必要条件，即无分别和不迷乱，此中虽以无分别为现量的第一要义，但亦同时须以正智亦即无迷乱的能量之智〔2〕去缘对境的自相。这两个必要条件是缺一不可的。故净眼在诠释中只说无分别不说无迷乱，当是不完整的。然而唯识家在说到前五识与现量的关系

〔1〕《后疏》写卷第119~121行，见拙著《敦煌因明文献研究》第283页，上海古籍出版社，2008年。

〔2〕商羯罗主《入正理论》关于现量的界说中称之为"正智"（参见《大正藏》第32卷12b），慧沼释云："此中正智即彼无迷乱，离旋火轮。"（《大疏》卷八页十七右，金陵本，1896年）

时,往往只强调"无分别"这一点,所以净眼的阐释本亦无可厚非。不过下面的答难却反映出他对现量须"无迷乱"这一必要条件是缺乏充分认识的。如有人质难云:

> 五识烦恼与无明俱,即迷境起,何名现量?〔1〕

此中所云"五识烦恼"即"无明"("烦恼"是"无明"的别名),"无明"即无智慧,无智慧则生障碍,陷入迷乱之境。故问难者反质说,既如此何以名现量?对此净眼答云:

> 烦恼自缘顺违境起,终不迷色等,谓非色等。迷顺违边,自是无明;称色等边,终是现量。〔2〕

净眼意谓,烦恼生于顺缘其境还是与此相违,决非以迷乱之智缘色等境的结果,所以说并非色等境自身有什么问题。在顺与违的范围里迷乱,自是无智慧的表现;而缘色、声、香、味、触等境,终究是现量。净眼的这番答问似乎否定了现量须以无迷乱的正智去缘境这一必要条件,而将缘境的方式即顺违其境当作产生烦恼亦即无明的原因,这实在是颠倒了因果关系!

以上净眼已就前五识和第八识与现量的关系作了诠释和答难,以下转入对第六识和第七识与二量关系的考察。净眼云:

> 末那散位见分唯是非量;自证、证自证分一向现量,以内缘离分别故;若在定位,一向现量,平等性智唯内缘故。第六意识若在定位,一向现量;若在散位与率尔五识同时俱运缘境,是现量摄,以离名言、种类、分别,缘自相境故;若起闻、思两慧称境比知,意识见分是比量摄,以比度心缘共相故;若自证分、证自证分,是现量摄,以内缘故;若起人、法二执之心,见分唯是非量所摄。……此中八识既如此别,同时心所一准《识论》。〔3〕

---

〔1〕《后疏》写卷第121~122行,见拙著《敦煌因明文献研究》第283页,上海古籍出版社,2008年。

〔2〕《后疏》写卷第122~123行,见同上。

〔3〕《后疏》写卷第123~131行,见同上。

第六意识和第七末那识与现、比二量的关系颇为复杂，故净眼结合四分说来审视，并依据先简后繁的原则，先说第七末那，后说第六意识。净眼指出末那识与现、比二量的关系有三种情况：第一，当末那识处在散心位上，其见分唯是非量（即似现量或似比量）；第二，然而其自证分和证自证分总是现量，因为此二分乃内缘自相，离开名言种类等分别活动；第三，当末那识处在定心位时，有漏的末那识转成无漏的平等性智，唯是缘自相不作分别，故亦总是现量。然后净眼指出第六意识与现、比二量的关系有五种情况：第一，意识在定心位中总是现量所摄；第二，意识在散心位上如果与五识同时缘境，亦是现量所摄（即五俱意现量），因为其所缘者为自相境，是远离分别活动的；第三，如果依据闻慧（由见闻经教而生的智慧）和思慧（由思维道理而生的智慧）来推度比知的话，那么意识的见分就属于比量了，因为其所缘者为共相境；第四，若从意识的自证分和证自证分上来说，由于此二分始终内缘自相境，故为现量；第五，意识执着于人我和法我，其见分必是似现量或似比量。末了净眼归结说，八识与二量的关系既如上所判，与八识相应的心所亦一一按《成唯识论》所云。净眼对第六意识和第七末那与现、比二量的关系的判定系依据《成唯识论》作出，分析清晰无误。

> 第三约四分及能量、所量、量果分别者，于中有二：初约诸大小乘废立四分，后正约四分分别。〔1〕

此谓以下分两部分来阐说：先就大小乘认识学说之不同作论介，指出由于大小乘认识学说之不同，在四分（相分、见分、自证分、证自证分）问题上有六种不同的说法：

第一，唯立见分，不立相分，如小乘正量部；第二，唯立相分，不立见分，如大乘中清辨之说；第三，相、见二分俱不立，如大乘论师安慧的主张；第四，

〔1〕《后疏》写卷第131～132行，见拙著《敦煌因明文献研究》第283页，上海古籍出版社，2008年。

相、见二分俱立,如无著及难陀之论;第五,三分说,如陈那立有相分、见分、自证分;第六,四分说,如护法和亲光在陈那三分说的基础上又加了一种证自证分,成其四分。净眼在阐释这六种说法的过程中还根据《成唯识论》对上述六种说法作了评析,颇有启发性,然亦有失误之处,为省篇幅,此处就不一一论例了。

接下来净眼又结合四分说来分别能量、所量和量果:

> 自下第二正明分别现、比二量及能量、量果等义。先明二量,后明能量等。〔1〕

此谓以下分两方面来阐说,先约四分出现、比二量体,后约四分辨能量、所量及量果等分别。净眼云:

> 明二量者,此四分中相分一向是二量所量,非是量体。见分一种,若是意识,通其现量、比量及非量,如前以(已)说;意识自证分、证自证分皆是现量。其末那识散心见分一向非量,散心自证、证自证分,及平等性智相应见分、自证分、证自证分一向是其现量所摄。其五识及赖耶见分、自证、证自证分一切皆现量所摄。此则是其约四分出二量体也。〔2〕

这是从四分上来说现、比二量。首先指出四分中的相分唯是所量,而非现、比二量本身,然后分述其余三分,皆结合八识来谈属何种量。第一,意识的见分可以是现量,也可以是比量,甚至是似现量或似比量,这一点在前文"约八识辨体"中已说过;意识的自证分、证自证分皆是现量。第二,末那识散心位的见分均为似现量或似比量,然而散心位上的自证分和证自证分则是现量;从其定心位看,有漏的末那识已转为无漏的平等性智,故其见分、自证分、证自证分均为现量。第三,前五识和阿赖耶识的见分、自证分、证自证分

---

〔1〕《后疏》写卷第193~194行,见拙著《敦煌因明文献研究》第286页,上海古籍出版社,2008年。

〔2〕《后疏》写卷第195~200行,见同上第286~287页。

皆为现量。净眼的这一概括与前文“约八识辨体”别无二致，只是更为简约而已。由于八识的每一识均有四分，所以八识辨体时必然要结合四分来分别；反过来，当约四分来辨二量体时，亦必然要结合八识来作分别。由此，本处与前文所述基本重复，只是详略不同，次序有异罢了。以下转入第二个方面的阐说，净眼云：

> 次约四分辨能量、所量及量果等分别者，相分一向是所量；见分唯通能量、所量，不通量果；自证、证自证分通能量、所量及量果也。且如相分是所量，见分是能量，自证分是量果；见分是所量，自证分是能量，证自证分是量果；自证分是所量，证自证分是能量，自证分是量果；证自证分是所量，自证分是能量，证自证分是量果也。〔1〕

这是从四分上来分别能量、所量和量果。总分三类，第一，相分唯是所量；第二，见分可为能量，亦可作所量，但不能作量果；第三，自证分、证自证分既能作能量和所量，亦能作量果。具体来说，可以组成四种关系，如下表所示：

所　量	能　量	量　果
相分	见分	自证分
见分	自证分	证自证分
自证分	证自证分	自证分
证自证分	自证分	证自证分

净眼从四分说上来分别能量、所量和量果，清晰地揭示了其中的多重关系，皆据《成唯识论》而言，正确无误。

〔1〕《后疏》写卷第200~206行，见拙著《敦煌因明文献研究》第287页，上海古籍出版社，2008年。

3. 释《入论》说现、比二量

净眼在对现、比二量作了概论以后,即就《入正理论》说现、比二量文作疏解,其释文显得一般,还时有不确之说。其中最典型的错误,是他对量果的解释:

《论》曰:"于二量中即智名果,是证相故"者。

述曰,……谓二量中智最为胜,同聚心等,总就智名。智之见分名能量智,自证分名曰量果,见分、自证,用别体同,故言"即智"名为果也。"是证相故"者,现、比二量如其次第,是证自相、共相境故也。〔1〕

这段话着重诠释了"即智名果""证相"等概念,然似有未当。第一,净眼说在现、比二量中"智"最为胜妙,但他并没有明确揭示"即智名果"中的"智"究系何物,只是笼统地说"同聚心等,总就智名",这就是说,智有多种(如前所云有因智、果智等),同聚在阿赖耶识和心所有法中,总名为"智"。但从他将见分称作能量智,将自证分视作依智而生者来看,他对比量智的理解可谓谬之甚矣!他并不理解"即智名果"乃是量果不离量智之意,用慧沼的话来说就是"即用此量智,还为能量果",〔2〕而这能量智就是自证分,而并非净眼所说的见分。按陈那的三分说,见分唯能缘于相分,而不能反缘自证分,且见分通于现、比、非三量,怎么可能成为自证分的能量智呢?其实净眼于前文释护法四分说时,对见分能不能还缘自证分的问题,从见分于一时中亦量非量、亦现亦比、缘内复缘外三个方面作了详尽的分析,给出否定的回答,殊为深刻,然未知缘何,净眼在这里竟又作出了与前说相牴牾的论断!再说自证分与能量智本系同一概念,同为心识的主体,故"护法等云,谓诸识体即自证分"。〔3〕 见分和相分就是作为心识主体的自证分亦即能量智变现的,

〔1〕《后疏》写卷第277~282行,见拙著《敦煌因明文献研究》第290页,上海古籍出版社,2008年。

〔2〕《大疏》卷八页十六左,金陵本,1896年。

〔3〕 窥基《唯识述记》卷一本,《大正藏》第43卷241a。

故《成唯识论》卷一云："变谓识体转似二分，相、见俱依自证起故。"〔1〕自证分（能量智）与相、见二分具有主从关系于此可明，能量智与自证分同是识体亦从其同为量果可知。第二，净眼将"是证相故"释为按现、比二量的次序来证自相、证共相境，似亦失于肤浅，未能深入究竟。文轨云："'于二量中即智名果，是证相故'，谓现、比证诸法自相，证诸法共相，自、共二相是所量（相分），二量之体为能量（见分），即（不离）此能量证二相智，自照明白为量果，故云是证相（自证分）故。"又云："既于证相一心之上有此能量、所量之义，故证相量果亦名为量也。"〔2〕从文轨的这两段诠释可知，"证相"一词在这里乃是自证分的异名，这从证相与智和量果的关系可以看出，也可以从证相与能量、所量的关系上看出。

问：阿赖耶识既无别境，云何同聚总就智名耶？

答：据实二量未必以智为名，今显立破之元故，约智为论。〔3〕

这一质疑是就净眼所云："同聚心等，总就智名"而提出来的。问者意谓，阿赖耶识与别境心所并无关联，为什么要说"智"同聚于阿赖耶识之中？此问切中了净眼诠释中的逞臆之处。原来净眼所云的"同聚心等"，此中"心等"乃指第八阿赖耶识及其心所。〔4〕按大乘的主张，第八阿赖耶识的心所是五遍行，即阿赖耶识只与触、作意、受、想、思这五种普遍存在于认识活动中的心所相应，而不与别境心所相应。别境心所即在各别特定的境界中引生的心理活动，也有五种，即欲、胜解、念、定、慧，问难者显然是将慧心所当作

〔1〕《大正藏》第31卷1a。

〔2〕《庄严疏》卷三页二十二右～二十三左，内院本，1934年。又，《〈文轨疏〉校补》卷三，见拙著《敦煌因明文献研究》第376页，上海古籍出版社，2008年。

〔3〕《后疏》写卷第282～283行，见拙著《敦煌因明文献研究》第290页，上海古籍出版社，2008年。

〔4〕虽八识皆可泛称心王，以与心所相应，然据胜义，唯第八阿赖耶识可独得"心"之名，故问者直指此处所说的"心"为阿赖耶识，净眼并未否认。

了能量智而有此问的。固然,慧心所具有判别抉择的性质和断除疑惑的作用,〔1〕但并非因明所说的现量智或比量智。净眼在问者的质疑之下并未作出正面的回应,其答殊为勉强,意谓现量智和比量智这些名目其实未必成立,只是为显示立与破的缘故才以"智"为名的。这一答辩可谓答非所问,实际上是默认了问难者的质疑。问者的质难确是切中了净眼诠释中的弊病,然而问者将二量之智理解为别境心所中的慧也是不正确的。如上所述,《理门论》和《入论》所说的现量智和比量智即是识的主体——自证分。唐道献《义心》亦云:"(智)有二解:一云,由智用胜,就智彰名,据实量果,实通同聚诸自证分。二云,证审决定,故名为智,诸自证分等名智何违也?"〔2〕此释直截明了地将当时对智的两种解释介绍出来,以此表明他是赞同智即自证分之说的,此释深中肯綮。

4. 净眼说十四过类

在《后疏》中还有一项重要内容,就是净眼在随《入正理论》文诠释了能破与似破以后,增释了十四过类。十四过类为陈那在总结前人成果的基础上提出,显示过类说已臻于成熟期;商羯罗主则在陈那将十四过类按形式分类的启示下,将十四过类化归到六类似能破中去。净眼根据陈那《正理门论》所云,补叙了十四过类。但他不像《文轨疏》那样以长行详释十四过类,而是基本上采用偈颂的形式来诠释,兹以净眼说"同法相似"为例:

瓶有所作故无常,显声所作亦无常;亦可空有无碍故是常,显声无碍亦是常。

正解云,我以所作证无常,无有所作非无常;汝以无碍证声常,乐等

〔1〕《成唯识论》卷五云:"云何为慧?于所观境简择为性,断疑为业。谓观得、失、俱非境中,由慧推求,得决定故。"然而慧心所并非普遍存在的心理现象,如"于非观境、愚昧心中"就不存在慧。(《大正藏》第31卷28c)

〔2〕道献乃慧沼门人,所著《义心》早佚,引见日释凤潭《瑞源记》卷八页十七左,商务印书馆,1928年。

无碍应是常。〔1〕

在上例中,先是敌论者的似破,然后是净眼的正解。由于用偈颂式的语句来诠释,只能要言不烦,不能充分地诠释,所以不及《文轨疏》释十四过类来得具体确切。但也正因为净眼释十四过类的部分比较简洁,所以后来被日释善珠的《明灯抄》卷六末全文引录。〔2〕

〔1〕《后疏》写卷第376~378行,见拙著《敦煌因明文献研究》第294页,上海古籍出版社,2008年。

〔2〕见《大正藏》第68卷432c~434c。

第七章　唐代诸师关于因明的歧见与论难

唐代诸师注释和研究《因明正理门论》、《因明入正理论》，蔚然成风。诸师虽大都秉承奘传，然因明义奥，诸家于探赜索隐之中，不免异见迭起，歧说纷纭，其互相探讨、诘难的盛况，在中国逻辑史上是罕有的。可惜诸师的撰述大都散佚，传世者不多，今日只能根据现存的唐代疏记及引录的片断材料加以勾稽，整理出一些有分歧或有过论难的问题来，以略见端倪。

一、关于“互相差别”的讨论

有法与法互相差别的论断是窥基从文轨那里汲取过来的，但与文轨所论不同，并引起玄应等人的论议。兹将文轨与窥基关于互相差别的论说引录对照如下。文轨云：

> 陈那……但取声及无常不相离性以之为宗，以敌论者不许不相离故。谓声是何声，为常、无常声？此以无常别常声。无常是何无常，为色为声？是声无常，此以声别色无常，故言差别。如言青莲华，青是何青，为叶为华？是莲华青。花是何华，为白为青？是青莲华，青与莲华相差别也。〔1〕

文轨的这段论述将互相差别限定在主词的领有性和谓词的从属性上面，应该说是正确的。唯有“青莲华”一例只是概念而已，不能作为命题来举例，可

〔1〕《庄严疏》卷一页九右，内院本，1934 年。又，《〈文轨疏〉校补》，见拙著《敦煌因明文献》第 324 页，上海古籍出版社，2008 年。

以说是小小的失误。再看窥基所云：

> 差别者，谓以一切有法及法互相差别。性者，体也。此取二中互相差别不相离性以为宗体。如言色蕴无我，色蕴者有法也，无我者法也。此之二种，若体若义，互相差别。谓以色蕴简别无我：色蕴无我，非受无我。及以无我简别色蕴：无我色蕴，非我色蕴。以此二种互相差别合之一处，不相离性方是其宗。〔1〕

窥基的这段论述从表面上看与文轨所说的相似，其实很不一样。按因明的理论，宗的主词是体（主体），谓词是义（属性），而且二者只能是真包含关系。可是窥基却说“此之二种，若体若义”，亦即可以互为体义，简单换位，这种意义上的“互相差别”，自然与文轨所述大相径庭了。然而窥基的论说在当时代表了一种倾向，故其同门师兄玄应批评说：

> 诸人释云：“声与无常互相简别，故名差别。……”尔者立宗，应有说言：“无常是声。”或应有言：“是声无常。”既无此事，故但依前。〔2〕

这里的“诸人释云”，就是指窥基等人关于“差别”的疏解。玄应认为声与无常如果可以互为体义、互相差别的话，那么也就可以倒过来说成“无常是声”了，但这是不可能的，因为声与无常的外延不一，无法简单易位。可见只能用无常来差别声，而不能以声来差别无常。

纵观以上三家关于“差别”的论说，文轨所主张的主词与谓词之间的互相差别，乃是明确主从关系的一种提法，当无可厚非。然窥基说的互相差别却是互为体义，这在因明中是绝不允许的，故玄应对窥基的批评无疑是正确的。

二、关于“是遍而非宗法”的讨论

唐代诸师曾讨论过因与有法之间各种实际存在的情况。文轨认为有四

〔1〕《大疏》卷二页十左，金陵本，光绪二十二年(1896)。

〔2〕引见日释善珠《明灯钞》卷二本，《大正藏》第68卷249a。

种情况：

（一）是遍非宗法（即因虽周遍于有法，却非有法的法）；

（二）是宗法非遍（即因虽为有法的法，却不能周遍于有法）；

（三）亦遍亦宗法（即因既周遍于有法，又确是有法的法）；

（四）非遍非宗法（即因不周遍于有法，也不是有法的法）。〔1〕

可是璧公认为只能有三种实际的情况，而无"是遍非宗法"句。〔2〕璧公的看法得到窥基的赞同，如云：

> 必无是遍非宗法句。但遍有法，若有别体，若无别体，并能成宗；义相关故，必是宗法。〔3〕

意谓只要因遍及于有法，不管是不是"别体"，均能证成宗，而且二者之间的内在联系也决定了因必是宗上有法的法。

然而玄应和定宾却不同意璧公和窥基的说法，而是赞同文轨的主张，〔4〕慧沼与其后的北川茂林则支持璧公和窥基的分析。〔5〕

另外，还有人认为只存在两种情况的，即将"是宗法而非遍"句也加以排除。如云：

> 无"是宗法而非遍"。如立"一切声是无常"，"勤勇发"因望内声上，遍是宗法；若望外声，非遍非宗法。〔6〕

〔1〕 参见《庄严疏》卷一页十四左、右。内院本，1934年。又，参见《〈文轨疏〉校补》第327页，上海古籍出版社，2008年。

〔2〕 参见善珠《明灯钞》卷二末，《大正藏》第68卷264b、c。

〔3〕《大疏》卷三页四左，金陵本，光绪二十二年（1896）。其中所谓"别体"，如立"此山有火"宗，以"有烟故"为因，这"此山"与"有烟"在外延上无必然的包含关系，就被认作是"别体"。

〔4〕 玄应和定宾说因有四句的话，见《明灯钞》卷二末所引，《大正藏》第68卷264b、c。

〔5〕 参见《瑞源记》卷二页三十二右夹注。

〔6〕 引见慧沼《义纂要》，《大正藏》第44卷163c。慧沼只说"或立二句云"，没有具体指明系何人所说。此派根据因明三支式的特点作出上述结论，当是可取的。

此意谓因如果是宗上有法的法，就不可能不周遍于有法；如果因不能周遍于有法，则一定不是有法的法。故绝不会有“是宗法而非遍”的情况。如立“一切声是无常”宗，以“勤勇无间所发性”（指意志的不断努力）为因，此因对于内声（人或其它动物的呼叫声等）来说是遍亦是宗法，而对于外声（如风吼雷鸣等自然界发出的声音）来说，则为非遍非宗法。

但是，慧沼不同意此说。他反驳道：

> 此亦不然。总立内、外“一切声”宗，“勤勇发”因不可别望内、外声，分为是、为非，故勤勇发，必是无常，得名宗法，但非遍故。〔1〕

慧沼是赞同有“是宗法而非遍”句的，所以他对“二句派”的观点公开表示反对。他抓住“二句派”用例上的弱点作文章，指出“二句派”既立“一切声是无常”，则“勤勇发”因就不能分别对待内、外声，说它对内声周遍而对外声不周遍。他指出，有了“勤勇无间所发”因，声音就必是无常。这就是因“得名宗法”的缘由；但“勤勇发”因相对于“一切声”来说却不周遍，因为声中的外声是非“勤勇发”的。

慧沼抓住“一切声”与“勤勇发”在外延上无包含关系这一点来证明“是宗法而非遍”的存在，是缺乏说服力的。要做到“是宗法而非遍”，因与有法之间只能是交叉关系，但是在因明三支论证式中不存在特称命题，它总是以全称命题来进行推导的。所以实际上因与有法的关系只能如二句派所说的，要么“是遍是宗法”，要么“非遍非宗法”；也就是说，只要因遍及于有法，因就必然是宗之法，反之就不可能是宗之法。如此看来，还是“二句派”要显得高明些。当然“二句派”在论证中是有缺点的，如能改“一切声”为“内声”，以说明“勤勇发”因是遍是宗法；或改为“外声”，以说明“勤勇发”因非遍非宗法，这就无懈可击了。

综上所述，文轨、玄应和定宾都持因有四句说；璧公、窥基、慧沼及北川茂林则力主因与有法只有三种关系，排除文轨“四句”中的“是遍而非宗法”

〔1〕 慧沼：《义纂要》，《大正藏》第44卷163c。

句,这是一个进步;而另外有人则持“二句”说,更不同意有“是宗法而非遍”句,这就又前进了一步。

三、关于“同品”的讨论

初唐诸师对“同品”有不同的界说。玄应《正理门论疏》云:

> 与所立法均等义品说名同品者,总有四家:
>
> (一)庄严轨公意,除宗(指有法)以外一切有法俱名义品,品谓品类,义即品故。若彼义品有所立法(即宗法)与宗所立法(即因法)邻近均等,如此义品,方名同品;均平齐等,品类同故。
>
> (二)汴周璧公意谓,除宗以外一切差别(即法)名为义品。若彼义品与宗所立(即宗法)均等相似,如此义品说名同品。谓瓶等无常与所立无常均等相似,名为同品。
>
> (三)有解云,除宗以外有法、能别与宗所立(指总宗)均等义品,双为同品。
>
> (四)基法师等意谓,除宗以外法与有法不相离性为宗同品。

玄应将诸师所说概括为上述四种,并云:“后解为正。”〔1〕表明他是同意窥基所说的。

窥基的《大疏》较为晚出。《大疏》对上述一、二两种界说曾提出批评,如云:

> 且宗同品,何者名同?若同有法,全不相似,声为有法,瓶为喻故;若法为同,敌不许法于有法有,亦非因相遍宗法中,何得取法而以为同?〔2〕

此中意谓,文轨所说的“除宗以外一切有法……有所立法(宗法)与宗所立法

〔1〕 玄应《理门疏》已佚,引见凤潭《瑞源记》卷三页二左,商务印书馆,1928年。
〔2〕《大疏》卷三页六右,金陵本,光绪二十二年(1896)。

(因法)均等者”名为同品,是不能成立的;因为声为有法而瓶为喻依,二者“全不相似”,怎么可以将喻依说为“除宗以外”的有法呢?而璧公所说的“除宗以外一切差别(法)……与宗所立法(宗法)均等相似”名为同品,也不能成立;因为论敌本不许“无常”法为“声”这个有法所具有,而同品“瓶”上有“无常”法却是立敌共许的,如此,一许、一不许,又怎能构成同品?另外,因法也不能遍及于宗法,如以瓶上的“无常”为声上“无常”的同品,就会构成“无常是所作”的命题,但“无常”的外延大于“所作”,因法无法遍及宗法,故不能取宗法以外的法为其同品。

窥基对文轨与璧公的上述批评可以说毫无道理。第一,文轨将喻依称作有法,这似是当时的习称,事实上“瓶”与“声”一样,都具有因法“所作”和宗法“无常”的性质,它当然就是宗以外的一个有法(具有因法和宗法,故名为有法)。第二,璧公将瓶之无常这个共许法去类声之无常这个不共许法,本是无可非议的说明,正因为“敌不许法于有法有”,才需要以同品来验证宗因之间的因果联系。而按照窥基所说的“敌不许法于有法有”,便不能以相类事物去作同品,那就无法建立同品,因为立宗必须“违他顺自”,总是立许敌不许的。再说“亦非因相遍宗法中”更是有冒说强加之嫌,因为璧公说的原是瓶上“无常”与声上“无常”相似,以此而可作为宗的同品,其瓶上的“所作”与声上“所作”亦相似,以此而又是因的同品,他并没有要构成“无常是无常”或“无常是所作”等命题的意思。

文轨与璧公的意见本质上一致,都是以瓶与声具有某些共同的属性(如所作性与无常性等)而成为同品的,只是在具体表述上有所不同:文轨从事例出发,再探求其属性与有法的属性相类;而璧公则直接着眼于事例的属性与宗法相类。相比之下,当以璧公的说法更高明些,更直接地体现了《正理门论》和《入论》的原意。

第三种“双为同品”说也受到窥基一派的批评,如《略纂》云:

理亦不然。以天主(商羯罗主)等但取极成法及有法二不相离义为宗性,故瓶与无常别二(即文轨、璧公二家之说)、总一(即“双为同品”

说)既(当系“概”之误)非同品。〔1〕

《略纂》将窥基的“二不相离”为同品的说法说成是陈那、商羯罗主的理论,这是冒说,陈那师弟并没有说过这样的话。但“双为同品”说也确有明显的缺陷,它将“瓶是无常”一起说为“声是无常”宗的同品,这就将事例及其属性双双当作了同品,失之于笼统。

最后一派以“除宗以外法与有法不相离性为宗同品”,窥基首主其说,如云:

> 且宗同品,何者名同?……此中义意,不别取二,总取一切有宗法处名宗同品。故《论》说言:“如立无常,瓶等无常,是名同品。”有此宗处,决定有因,名因同品。〔2〕

窥基在这段话里明确表明“不别取二”(即不单取除宗以外的有法或法为同品),强调要“总取”,以与有法与法之互不相离性的相似种类为同品。

窥基的“二不相离”说其实并不比文轨、璧公的说法高明,因为其本质还在于同品同在属性相似这一点上。实际上窥基有时也承认这一点:

> 若一物有与所立总宗中法齐均相似义理体类,说名同品。〔3〕

> 虽一切义(属性)皆名为品,今取其因正所成法(指宗法,即为因法所成立的宗法)。……随应有此所立法(宗法)处,说名同品。〔4〕

综上所述,关于同品的四家之说并无本质上的不同,但在表述上却有高低。璧公的解说当最为精当,文轨次之,“双为同品”说和“二不相离”说当更次之。

四、关于“异品”的讨论

文轨、璧公和窥基等对“异品”也有不同的界说。如文轨云:

---

〔1〕 见《瑞源记》卷三页二左引,商务印书馆,1928年。

〔2〕 《大疏》卷三页六右,金陵本,光绪二十二年(1896)。

〔3〕 《大疏》卷三页二十左右。

〔4〕 《大疏》卷三页五右。

除宗以外一切有法皆名为处，处即是品。若于是有法品处但无所立宗中能别，即名异品。〔1〕

文轨意谓，只要某事例不具有宗法所示的性质，即是异品。如立“声是无常”宗，可以“虚空”作异品，因为“虚空”不具有宗法“无常”的性质。

璧公对异品的界说今已不详，但可从其对同品的主张推知，亦可从窥基对他的批评证知，他当是持异品的属性异于宗法之说的。

对于文轨、璧公的界说，窥基同样持批评的态度。如云：

且宗异品，何者名异？若异有法，同法所依有法必别，亦应名异；若异于法，敌本不许所立之法于有法有，一切异法皆应名同。此异品者，不别取二，总取一切无宗法处名宗异品。〔2〕

这与他在说同品时对文轨、璧公的批评出于同样的立场。他将文轨的意见歪曲为只是有法在形式上的相异，如“声是无常”、“瓶是无常”，二者宗法虽同，其所依有法却各别，这样声与瓶岂不成了异品？这是明显偷换论题。接着又对璧公作了批评，认为异品并非如璧公所说的异于宗法。其实窥基有时也说过类似于异品异于宗法的话，如云：

如无常宗，无常无处即名异品，不同先古。〔3〕

此“先古”即指持“相违”论的古因明师的见解。窥基在批判“相违”论时，按照陈那对异品的界说，也认为异品既异于所立法，这就与璧公的界说别无二致了。所以他又说什么异品“不别取二”、“应总取”云云，径直与他在批判“相违”论时所厘定的界说相乖角。

关于“异品”界说的讨论，当以文轨、璧公的论说为确切。

〔1〕《庄严疏》卷一页十八左，内院本，1934年。又，《〈文轨疏〉校补》卷一，见拙著《敦煌因明文献研究》第329页，上海古籍出版社，2008年。

〔2〕《大疏》卷三页十四右，金陵本，光绪二十二年(1896)。

〔3〕《大疏》卷三页十三右。

五、关于“不成因”的讨论

关于“不成因”的界说，当时有两说：一说因体不成名“不成”，一说因不成宗名“不成”。文轨持前说而窥基执后说。所谓因体不成，指的是立敌双方或一方不同意此因能周遍宗上有法，或疑惑而不能决定此因能周遍有法，或有法无体而使因无所周遍。故文轨厘定其界说云：

> 若所立因于其宗上俱不许有，或随一不许，或复犹豫，或无宗所依，如此之因名为不成。〔1〕

这是从外延上厘清其界说，它指谓的范围很清楚，是着眼于因体自身的不成来说的，所以文轨接着又指出：

> 如宗过中“俱不成”等，此即因体名不成也。〔2〕

此意谓，犹如宗过中的诸“不成”过，是从宗的自体来考虑的那样，因的四种“不成”过，是就因的自体而言的。文轨并对“因不能成宗名不成”的说法加以破斥，如云：

> 若言因体不能成宗名不成者，不然。如“所闻性”因不能成宗，然非四种不成所摄，何得言（因）不成宗故名不成耶？〔3〕

文轨在破斥中所用的论据是强有力的，如声论对佛家立“声常”宗，以“所闻性”为因，此因既无同品，亦无异品，不能成宗；但它缺的是因的第二相，故是“不定”过，而不是缺第一相的“不成”过，故“非四种不成所摄”。由此可见，不能成宗的过失很多，不应将不能证成宗的过失都说为是“不成”。“不成”是一个专名，有它特定的内涵与外延。窥基当然也知道“不成”是仅指因过中的四种不成过而言的，但他在具体阐释时却又从因是否能证成宗这样一

〔1〕〔2〕《庄严疏》卷二页十三左，内院本，1934年。又，《〈文轨疏〉校补》卷一，见拙著《敦煌因明文献研究》第346页，上海古籍出版社，2008年。

〔3〕《庄严疏》卷二页十三左右，见同上。

个宽泛的角度来立说，这就模糊了缺第一相还是缺第二、三相的界线。如窥基给“不成”立界说云：

能立之因不能成宗，或本非因，不成因义，名为不成。〔1〕

这里所说的“不能成宗”，“或本非因，不成因义”，清楚地表明他是将“不成”仅仅解释为“不能证成”的。他厘定界说时似乎忘了因过中的六种不定过和四种相违过也是“不能成宗”、“或本非因”的。可见窥基厘定的“不成”界说过于宽泛了，而文轨的界说是贴切的。

六、关于“所依不成”的讨论

所依不成是因过之一。文轨认为这所依不成过可分为三种，即两俱所依不成、随一所依不成、犹豫所依不成。窥基则只同意有前两种而不同意有第三种犹豫所依不成，他的理由是“所依若无，不犹豫故”。确实如此，所依不成者，即宗上有法未为立敌共许而成无体有法，于是因法无宗可依而无法周遍于宗。这宗上的有法既是无体，那还有什么犹豫可言呢？所以窥基接着批评道：

时或有释：亦有犹豫所依不成。《疏》既盛行，〔2〕人多信学，依文诵习，未曾辄改。所依之法，〔3〕有法皆有，何名此过？〔4〕

这里一针见血地指出，只有当有法（即所依）是有体的时候，才谈得上犹豫的问题，但有法（和因法）既是有体，又怎么能称作“所依不成”呢？窥基的这一反诘是强有力的。

---

〔1〕《大疏》卷三页二十一右，金陵本，光绪二十二年(1896)。

〔2〕此指文轨的《因明入正理论疏》。

〔3〕所依之法：即因，因也是有法的一种法，而且是“共许法”。

〔4〕《大疏》卷六页九左，金陵本，光绪二十二年(1896)。

七、关于“相违决定”之二量如何断胜负的讨论

不定过中的“相违决定”之二量各具三相，如何来断其胜负呢？神泰云：

若论胜负，前负后胜，如煞迟棋。〔1〕

但神泰又根据陈那以理断胜负的原则指出：

此陈那师理胜负……是以现、比教力胜故。……依此现、教二胜，思求二量无问前后。〔2〕

此意谓，根据陈那以理断胜负的方法，则应以现量和比量教（教或释为“至教”，即圣教量）判断胜负的标准，而不问是谁先立量、谁后立量。这样，神泰又否定了以先后定胜负的原则。

文轨在论及“相违决定”之二量如何定胜负的问题时干脆持二元的态度，如云：

论其胜负，一如前办（指前负后胜的原则）；理之是非，依现、教断。〔3〕

这是将两种标准加以并存的意思，与神泰先主张以先后定胜负，继而又转向以现量和比量教定胜负的摇摆态度略有不同。

窥基不同意上述两种定胜负的原则，他据商羯罗主《入正理论》所云，认为“相违决定”之二因应该“俱是不定”。如云：

《（入）论》说此二俱不定摄，故不应分别前后、是非。凡如此二因，二皆不定故。古有断云：“如杀迟棋，后下为胜。”若尔，声强，胜论应负。然《正理门论》傍断声、胜二论义云：“又于此中现，教力胜，故应依此思求决定。”……今此与彼前后相违，故不应尔。……令依现、教，现谓世

〔1〕《正理门论述记》卷三页十三右，内院本，1923年。

〔2〕《正理门论述记》卷三页十三右～十四左。

〔3〕《庄严疏》卷三页四右，内院本，1934年。又，《〈文轨疏〉校补》卷二，见拙著《敦煌因明文献研究》第361页，上海古籍出版社，2008年。

> 间见声闻断，有时不闻，众缘力起；教谓佛教说声无常，佛于说教最为胜故。由此二义，胜论义胜。……“若尔便决定，云何名不定?”由此论主……结之云：“二俱不定。”〔1〕

从窥基的阐释可知，若是按照“如杀迟棋，后下为胜”的办法来定胜负，那么《入正理论》所列的相违决定量是胜论在先而声论在后，而在《正理门论》中却是声论在前而胜论在后，如此，究以何者为胜呢？如果按陈那所说以现量和圣教量来定胜负的话，则是非既可定，又何名“不定”呢？故窥基主张采取商羯罗主的办法，将相违决定之二因均视为“不定因”。窥基的阐说当是中肯的、合理的。

八、关于“相违因”的讨论

在什么是“相违因”的问题上，当时有两说：一指因与宗相违，一指与相违之宗为因。如文轨《庄严疏》卷三云：

> 此则宗、因两形为相，因返宗故名违。……宗言“常住”，过失未生，因言“所作”，方乖所立，故因说违，宗无此过。又释，如立“常”为宗，无常返“常”名为相违。立因为欲成“常住”宗，其因乃成无常宗义，与相违为因，故名相违因也。〔2〕

这是以纯客观的态度将两说并存了。其实以上第一说（因与宗相违）是正确的。因为从《入论》说“法自相相违”过时所举的例子来看，立的本是“声常”宗，却以“所作性故”为因。这“所作性”因原本是成立无常宗的理由，现在却用来证明“常”宗，这岂不矛盾？然而窥基却不同意“宗因相违说”，而力主与相违宗为因说。如云：

> 与相违法而为因故，名相违因。因得果名，名相违也；非因违宗，名

〔1〕《大疏》卷六页二十四左～二十五左，文中所说“古有断云”，即指古师及文轨所云，金陵本，光绪二十二年(1896)。

〔2〕《庄严疏》卷三页六左，内院本，1934年。又，《〈文轨疏〉校补》卷二，见拙著《敦煌因明文献研究》第363页，上海古籍出版社，2008年。

为相违。〔1〕

这就是说,常与无常是一对相违的宗,“所作性”虽被用来作为“常”宗的因,但它所能成立的却是无常宗义,于是“所作性”因就成了这一对相违宗的因了。显然,这样的解释未能很好地揭示相违因的本质,不如因与宗相违说来得贴切。

九、关于对过失作再划分的问题

文轨与窥基对宗、因、喻上三十三种过失所作的再划分存在着差异。文轨的《庄严疏》早出,窥基的《大疏》晚出,二者写作年代相距约二三十年。二书对过失所作的更细密的划分之不同,反映了文轨与窥基对过失问题的不同见解,也可能玄奘在不同时期有过不同的传述。兹将《庄严疏》与《大疏》对过失的再划分对照说明如下:

1. 对九种宗过的再划分

文轨将宗过中的现量相违、比量相违、自教相违按自、他、共作了划分,文轨说此三过中的违他不是过失,只有违自、违共才是过,所以每种宗过实际生成两种过失。窥基则将上述三种宗过按自、他、共和全分、一分划分,其中违他不是过失,故每种宗过实际生成四种宗过,划分得更为细腻了。

对于宗过中的世间相违和自语相违两过,文轨的处理较之窥基似更合理些。文轨认为世间相违无论是违于非学世间(世俗共知的道理)还是违于学者世间(圣者所知的深、浅二法),都只能是违共世间,因为违自即主要是违自教,违他则不是过失。文轨的处理简洁明了,合乎逻辑。至于自语相违,文轨亦不再划分,并且将“一切言论皆是妄语”的悖论也放在自语相违里来处理。窥基对这两种宗过的处理则失于烦琐:对世间相违中的违于非学

〔1〕《大疏》卷七页一左,金陵本,光绪二十二年(1896)。

世间，窥基认为虽不能按自、他、共来划分，但仍可按全分、一分来划分，故有违共世间和违共一分世间两种；而违于学者世间的，则仍可按自、他、共和全分、一分来划分，其中违他不是过，实际生成的是四种。这种划分完全是多余的，因为世间相违不管是违于非学世间还是学者世间，都只有违共世间一种，由此派生出来的违共一分世间当然也是可能存在的，但并不主要。其余违自世间即违自教，违他世间则不是过失。不过窥基亦曾正确地指出："是过非过，皆如自教相违中释，违学者世间必违自教故。"〔1〕这就是说，违于学者世间的情况与自教相违中所阐释的一样，即违他不是过失，唯违自、违共是过，违自世间即自教相违，违共世间则必违自教，因为在学者世间里，如违共世间，当然也包括立论者所奉的教义在内。关于自语相违，窥基节外生枝地从是否违于自教复按全分、一分和自、他、共进行划分，这就与自教相违过无异了，实是蛇足之举。

文轨对宗过中的能别不极成、所别不极成、俱不极成三过均按自、他、共作了划分，这样，每种宗过各可生成三种。窥基的处理有所不同，他对能别不极成、所别不极成均按自、他、共和全分、一分来划分，各生成六过，在这点上，要比文轨细腻。但他对俱不极成过的划分又陷于烦琐，他按能别、所别、自、他、两俱，全分、一分的标准作多重划分，列出全分的五种四句和一分的五种四句，这样全分俱不成和一分俱不成便各生成了二十种，其实大都重复，甚至将属于能别不极成（第八句）和所别不极成（第十六句）的过失也列了进去。真正站得住的唯全分九种和一分九种而已。

文轨对相符极成过未再作划分。窥基则仍按自、他、俱和全分、一分来划分，列出六种相符极成，其实只有两种可以成立，即俱相符和俱符一分，其余都不是相符极成过，如"符自非他"本非过失，"符他非自"、"俱不符"、"俱不符一分"三种均系自教相违过，而"符他一分非自"和"符自一分非他"则有"所别不成"或"能别不成"的过失。由此可见，文轨对相符极成的处理是

〔1〕《大疏》卷五页五右，金陵本，光绪二十二年（1896）。

正确的,而窥基的处理则显得芜杂。

对上述宗九过,窥基指出还可以在一个宗上或多或少地交叉出现,从二过同现至九过同现,可以合成246种四句,加上每一种似宗还可以从自、他、共和全分、一分来划分,这样,每一种四句又可敷演成64种四句。仅以二过相合者为例来说,就可敷演成2304种四句。于是窥基"恐忧文繁,所以略止",不再计算下去了。

2. 对十四种因过的再划分

文轨释两俱不成过按全分、一分划为两种。窥基则更从因的有体、无体结合全分、一分划为四种。这四种不成过,都是假设宗上有法为有体而言的,因为有法如果为无体,就是所依不成过了。

对随一不成过,文轨按全分、一分划分为两种,然后又各按自、他来划分,共生成六种。窥基更结合有体、无体来考虑,共生成八过。

对犹豫不成过的处理,文轨先按两俱、随一划分为两种,复按全分、一分各分为二,共生成四种。窥基则更从自、他来分,计生成六种。

对所依不成过,文轨与窥基的处理更有较大不同。如前所述文轨先将所依不成大分为三种:两俱所依不成、随一所依不成、犹豫所依不成。文轨对前两种复按全分、一分各分为两种;对后一种,又按两俱、随一和全分、一分划分。合共生成八过。窥基则按两俱、随一和全分、一分以及有体、无体划分,共生成九种。窥基不同意文轨所设立的"犹豫所依不成"过,认为正是由于宗上有法(所依)为无体,令因失去了所依,才会产生所依不成的因过。既然此过的所依必为无体,就无犹豫可言。〔1〕

统观以上四种不成过的处理,窥基比文轨分得更为细腻,也更合理。

对于六种不定过,二人的处理亦有所不同。文轨在释共不定和不共不定两种因过时,均按自、他、共来划分,各生成三种。窥基亦按自、他、共来划分,各生成三种。但他进一步认为,还可再按自、他、共作二级划分,这

〔1〕 详见本书关于"所依不成"过的讨论。

样共不定和不共不定二过各可生成九种，只是“恐文繁故”，不再往下划分了。

对不定过中的同分异转、异分同转、同异俱分以及相违决定四过，文轨似不再作划分；窥基则均按自、他、共来划分，然后复以自、他、共作二级划分，各可生成九过。其中，窥基认为相违决定过还可按有法和法的自相与差别来划分，另外生成四种相违决定。窥基并认为上述六种不定各可生成九种，合共为 54 种，但自比量中的他不定、他比量中的自不定均非过失（如此，六不定中每种只能生成七种过失，合共为 42 过）。窥基还认为六不定过又可一一按两俱、随一、犹豫、所依四种不成来划分，似四不成的 27 过乘以 54 种不定，总成 1458 种不定过（实际上应该是 27 种不成乘 42 种不定，总成 1134 种不定过）。

至于因过中的四种相违过，文轨似未再作划分。窥基则认为每种相违过“有他、自、共比，各亦说有违他、自、共”。这样，每种相违可生成九种，合共为 36 种；再与两俱、随一、犹豫、所依结合，更可复成 144 种相违过。

总观窥基对十四种因过的处理，虽甚细腻，但陷于烦琐，尤其对于六不定和四相违的划分，更是叠床架屋，撩人眼乱，并无实用价值！

3. 对十种喻过的再划分

文轨将同喻过中的能立法不成和所立法不成按两俱、随一、犹豫各分为三种，复可按全分和一分划分，这样每过可生成六种。文轨并认为，此二过中无“所依”过，因为对于能立法不成来说，“所立既成，必有所依”，而且对于所立法不成来说，“既有能立，必有所依”。对此，《大疏》的续疏者慧沼提出不同的看法，他认为“所依有二：一、自体依；二、所助依”。〔1〕自体依即喻依，所助依即因法或宗法。这里所说的所依不成即指因法或宗法由于无体致使喻依无所依的过失，而不是像因过中的所依不成那样是指有法无体导致因无所依的情况，因此他是按两俱、随一、犹豫、所依不成对能立法不

〔1〕《大疏》卷七页二十六右，金陵本，光绪二十二年（1896）。

成和所立法不成作划分的，各可生成四种。

对于俱不成过，文轨按有体与无体分为两种，每种是否再按两俱、随一、犹豫来分，疏本原文不详。慧沼亦按有体与无体分为两类。有体俱不成又按两俱、随一、犹豫、所依不成来划分，其中随一有体俱不成又分自、他两种，这样就生成了五种。对无体俱不成，则只按两俱、随一、所依来划分，无犹豫不成。慧沼说，同喻依既然是无体，"决无二立，疑决既不异分"，故无犹豫可言。〔1〕 如此，无体俱不成只有四种。

对上述三种同喻过，慧沼认为还可按自、他共和全分、一分来划分，总可生成十二种。

至于无合、倒合文轨与慧沼均未再作划分。连同上述三种同喻过生成的十二种过失，共为十四种同喻过。慧沼认为将这十四种过失再按自、他、共划分，就可复成四十二过；如果更从全分和一分来划分，甚至"以似因问似喻过数，数乃无量"，故慧沼不再细分下去了。

对五种似异喻的处理，因文轨原疏不全，难知其详。慧沼则按两俱、随一、犹豫、无依不遣四种对所立不遣、能立不遣和俱不遣作了划分，各可生成三过。慧沼并指出上述异喻过还可按自、他、共和全分、一分来划分。其中俱不遣不再分有体与无体两种，因为异喻无体不是过失。另外，慧沼认为不离和倒离两种异喻体上的过失可不再作划分。以上共十一种异喻过，还可再按自、他、共来划分，这样总可复成三十六种似异喻。〔2〕 如果再从全分、一分上去分，或更以似因问似喻，其过数亦就甚为可观，所以慧沼亦"恐繁且止"了。

总观文轨、窥基等人对三十三过的阐发，既有相同的部分，也有不小的差异。相同的部分当可视作玄奘的口义，差异的部分有的或是玄奘在不同时期的不同发挥，有的则是文轨和窥基等人执见不一所致，这从窥基对文轨

〔1〕《大疏》卷八页二右，金陵本，光绪二十二年(1896)。

〔2〕 慧沼说："总计似异中亦四十二，如同喻说。"(《大疏》卷八页十右)此说有误，因为俱不遣中既无无体俱不遣，其数必不同于似同喻过(似同喻过中有无体俱不成四种)。

的批评中尤可辨知。文轨与窥基等人的发挥瑕瑜互见，但从总体上看，窥基对三十三过的阐说要高明些。

十、关于有体与无体的讨论

1. 宗、因、喻的有体与无体问题

宗的有体或无体是以有法（主词）为标志的，如作为有法的概念为立敌双方所共许极成，整个宗就是有体宗；反之，如有法不为双方所共许，即为无体宗。如慧沼《义纂要》云：

> 有法无义，有义因依，此即为过；有法有义，无义因依，亦即为过。意有义宗必有遮表，因若无义，唯遮无表，故亦为过。〔1〕

这里所说的"无义"、"有义"即无体和有体，有法无体即成无体宗，有法有体即是有体宗，故慧沼将有法有体之宗直称为"有义（体）宗"。

因的有体与无体决定于作为因法的概念是否为立敌双方所共许极成，如极成的就是有体因，不极成者则为无体因。如窥基云：

> 若胜论师对声显论立："声无常，所作性因。"其声显论说声缘显，不许缘生。"所作"既生，由斯不许，故成（有体他）随一。〔2〕

此释有体他随一不成过。意即"所作性"这一概念虽为立敌双方所共许，故为有体因，但声显论由于主张声以缘显发，不同意以缘产生，而"所作"既含有由无而生的意思，故声显论不认为它与"声"具有包摄的关系，这就有因虽为有体而仍有他随一不成的过失。这里对过失的分析与本节内容无关，可暂置勿论，引用这段话主要在于说明"所作因"是立敌双方所共许为有的，故是有体因。再看为双方不共许极成而成无体因的例子，如云：

> 如胜论师对诸声论立："声无常，德句摄故。"声论不许有"德句"

---

〔1〕《大正藏》第44卷173a。

〔2〕〔3〕《大疏》卷六页二右～三左，金陵本，光绪二十二年（1896）。

故〔3〕。

此释无体他随一不成过。意谓“德句摄”因胜论许有而声论不许有,故此因是随一无体之因。

喻的有体与无体决定于作为喻依的概念是否为立敌双方所共许极成,如极成的就是有体喻,不极成的就是无体喻,故喻的有体与无体实际上是指喻依的有体与无体。这在玄奘门人的注疏中均无异议。

以上关于宗、因、喻有体与无体的分别,均是以概念是否为立敌共许极成为标准来确定的,具有统一性。窥基等人均是这样来区分有、无体的。但是奘门弟子及其后学对因体的有、无还有以表诠、遮诠为区分标准的。如玄奘门人文备云:

有体因者,谓表诠因,即显诠因。……无体因者,谓遮诠因。〔1〕

又如玄奘的三传弟子智周亦谓:

且如立:“声定是无我,非一常故,如色、香等。”即此“非一常故”因,而是无体也。意云无一常之体故名无体。……如立声无常,举所作因,此即是有体因。〔2〕

文备与智周均明确指出,有体因即表诠因,无体因即遮诠因。也就是说,像“所作性故”这样用肯定命题表述的(表诠)因是有体因,而像“非一常故”这样用否定命题表述的因是无体因。以表、遮标准来判别因体的有无,与以是否极成为标准来判别因体的有无相去甚远,因而甚至可以得出相反的结论。如《大疏》释“所依不成”云:

如胜论师对经部立:“虚空实有宗,德所依因。”凡法、有法,必须极成,不更须成,宗方可立。况诸因者皆是有法宗之法性,标“空”实有,有法已不成,更复说因,因依于何立?故对无空论,因所依不成。〔3〕

〔1〕 文备的因明论著早佚。此处引文系据日释音石明诠的《入正理论》所引,见《瑞源记》卷五页三右,商务印书馆,1928年。

〔2〕 智周:《后记》卷中,《卍续藏经》第53册861c。

〔3〕 《大疏》卷六页七左,金陵本,光绪二十二年(1896)。

这里指出，小乘经部乃无空论者，他们不承认“虚空”这一概念，当然也不同意“虚空”有数、量、别性、合、离、声这六“德”的属性，所以此量的有法和因均属随一无体。然而若以表遮为标准来分别，则“德所依”因就成了有体因，如智周云：

> 今论所举（“德所依”因），即是有体因依无体有法（指“虚空”），故是过也。〔1〕

有体因、无体因的划分存在以上两种不同的标准，其中当以是否共许极成的标准来区分为是。因为如果以表、遮为区分因体有、无的标准，因明就不应该有无体因，原因很明显：因明三支作法只限于逻辑三段论的第一格 AAA 式和 EAE 式，其大前提（喻体）和结论（宗）可以是肯定的（AAA 式），也可以是否定的（EAE 式），而小前提却必须肯定；因为小前提如果否定，结论便跟着要否定，这样大词在结论中就会不当周延。三支作法中的因相当于三段论中的小前提，所以因若是遮诠（否定），宗就带有或然性甚至陷于荒谬。但是文备等人似乎未尝意识到用遮因推遮宗会有什么不当，因此又进而认为“遮因必依遮宗”，这显然是不合逻辑的。由此可知，以表诠和遮诠来定因体之有、无是不恰当的，而以是否极成来定有、无体既可保持前后一贯，又不致自陷于逻辑混乱。

2. 宗、因间有体、无体之关系

有体宗、无体宗与有体因、无体因之间具有一定的逻辑关系，《大疏》释异法喻时对此曾作过概括：

> 因明之法，以无为宗，无能成立。
>
> 若无为宗，有非能成，因无所依，……以有为宗，有为能成，顺成有故；无非能立，因非能成。〔2〕

此谓若以无体为宗，无体因就能成立宗，有体因则不能成立宗，这是因为宗

〔1〕 智周：《因明入正理论后记》（以下简称《后记》）卷中，《卍续藏经》第 53 册 862a。

〔2〕 《大疏》卷四页十右～十一左，金陵本，光绪二十二年（1896）。

上有法既是无体,因若是有体,就无可以依存的对象,而有"所依不成"之过。反之,如以有体为宗,则须以有体因来成立,而无体因则不能用来成立有体宗。《大疏》的意思很清楚,就是有体宗须用有体因成立,无体宗则应由无体因来成立。其语用关系如下:

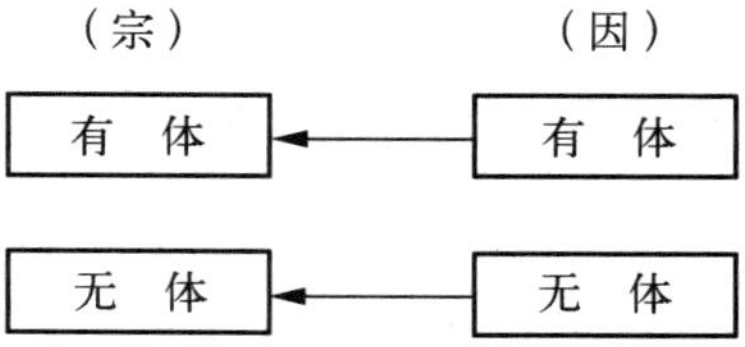

但是《大疏》在释"所依不成"时又提出了另一种说法:

> 无因依有法,有法通有无;有因依有法,有法唯须有,因依有法无,无依因不立。〔1〕

此谓无体因所依之有法,无论有体还是无体,都是允许的;但有体因所依之有法则必须有体,这是因为有体因若依无体宗,因就会失去可依的对象而难以成立。根据《大疏》的这一说法,宗因间有体、无体关系的语用关系又应该这样:

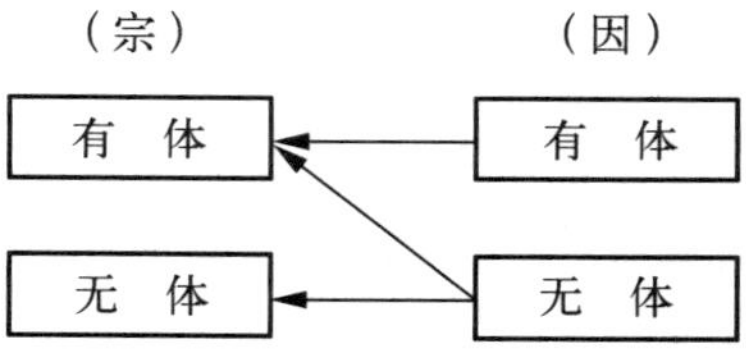

这两种说法不尽一致,据说玄应与定宾亦是主张后一说的,如日释秋篠山善珠说:

> 应、宾等云,有义(有体因)唯依有体(宗),无义(无体因)通依有体、无体。〔2〕

那么究竟以哪一种说法为是呢?其实这两种说法只是角度不同而已,并无

〔1〕《大疏》卷六页一右,金陵本,光绪二十二年(1896)。

〔2〕善珠《明灯钞》卷三本,《大正藏》第68卷297c。

本质的区别。其第一个模型揭示的是宗因间有体、无体的基本关系，即以有立有、以无立无的关系；其第二个模型揭示的则多了一层特殊关系，即认为无体因也可以成立有体宗。然而以无体因成立无体宗也好，以无体因成立有体宗也好，都有一些限制的条件，但窥基等人所作的概括过于简约，未能详列这些限制性条件。兹为说明：

第一，所谓“以无为宗，无能成立”的“无”，乃泛指无体，然实际上两俱无体不得为宗，因为立敌双方既不同意宗为有体，宗就不能成立，否则就有“俱所别不成”的宗过；而且立敌如果都不同意因是有体的话，因又如何能成立宗呢？可见这里所说的无体宗和无体因只能是随一无体而不能是两俱无体。

第二，以随一无体的概念为宗和因，必须加以简别，而且宗和因上的自、他须相顺相应，不能淆乱：即自随一无体因只能依于自随一无体宗，他随一无体因只能依于他随一无体宗，否则就有“所依不成”的因过。

第三，既然通过简别可以用无体因来成立有体宗或无体宗，那么同样道理，通过简别也可以用有体因来成立有体宗或无体宗了。所以窥基所云“有因依有法，有法唯须有”，玄应、定宾所云“有义（因）唯依有体（宗）”，也就显得过于死板了。从基本的关系来说，理应是“有因依有法，有法唯须有”，但特殊来说，有法如果是随一无体的话，只要经过简别，标明自、他，仍可以用有体因来成立的。

3. 宗喻间有体无体之关系

有体宗、无体宗与有体喻、无体喻之间也有一定的逻辑配合关系，窥基云：

> 同喻能立（宗为所立，喻是能立），成有必有，成无必无；……异喻不尔，有体、无体一向皆遮，性止滥故。〔1〕

此谓成立有体宗必须用有体同喻依，成立无体宗必须用无体同喻依；而对于异喻来说情况就不同，无论有体还是无体，都是对宗、因二法的排除。依据窥基的阐说，其语用关系如下：

〔1〕《大疏》卷四页十一左，金陵本，光绪二十二年（1896）。

（两俱）有体宗：同喻—有体；异喻—有体、无体

（随一）无体宗：同喻—无体；异喻—有体、无体

《大疏》关于同喻“成有必有，成无必无”，异喻“有体、无体一向皆遮”的概括揭示了宗与同喻间的有体、无体的基本关系，而且简明易记；但也有一些特殊的情况，受人质疑。

例如，所谓异喻“有体、无体一向皆遮”，不尽合实际，如对无体遮宗（即有法无体，能别遮诠）来说，异喻依不得两俱无体，因为两俱无体的“异喻依”实际上已不是异喻依，而是同喻依了。所以有人曾提出质疑说：“异喻但遮，异无非过，遮有立异，无岂非过？如立：‘虚空定应非有，以非作故，如龟毛等。’……岂非‘无体俱不遣’耶？”〔1〕质者意谓，如果说异喻的作用在于排除（遮遣），故异喻无体都无过失，那么当异喻遇到“遮有立异”的无体遮宗时，异喻依无体难道也没有过失？质者并以例说明，其两俱无体异喻“龟毛”只能遮有（是为宗之同品），而不能遮非有（即非宗之异品），因为“龟毛”既是“非有”的（宗同品），且是“非作”的（因同品），所以如果以此为异喻，就会犯所立宗及能立因“俱不遣”之失。质者的这一分析深中肯綮，说明《大疏》中关于异喻无体没有过失的概括不够全面。慧沼在作《续疏》时虽曾对上述质疑作答，认为“立无异无，即无不遣，异有必遣”。意即若立无体宗而以无体的概念为异喻依，就有不能遮遣宗法的可能，而如以有体的概念为异喻依，则定能遮遣宗法。此说较之异喻“有体、无体一向皆遮”的提法表面上要客观一些，但在理论上仍然难以自圆〔2〕。慧沼还作了另一种解释，他说：“或可亦有以同影异，故略不论。”意即在说同喻俱不成时，是分有体俱不成

〔1〕《大疏》卷八页九左，金陵本，光绪二十二年（1896）。

〔2〕参见《大疏》卷八页九左右。这里慧沼所说的“若无必遣”中的“无”显得笼统，可以理解为包括两俱无体和随一无体两种，而随一无体的概念是既可作同喻依又可作异喻依的，如此，就与“若无必遣”的话有了矛盾。

和无体俱不成两类来说的,现在异喻俱不遣过中虽也存在无体俱不遣的情况,但“以同影异”,故略而不论了。这样的解释差可自圆,但毕竟不能看作理论的概括。

十一、关于似同法喻中“无体俱不成”的论难

净眼在《略抄》中就似同法喻中的无体俱不成过对文轨的疏释予以难破。如《略抄》云:

> 《疏》中解无俱不成中云,若声论救云,声上无碍,取遮及表;虚空喻上,唯取其遮;或空与声,唯遮非表。作此救者,不阙能立。有余大德不许此,故立破云,如《疏》中述。此两家义何者正耶?〔1〕

净眼所概述的《庄严疏》中的这番话,过于简略,不易索解。净眼说文轨对无体俱不成的解释为其他大德所不许,往返论净的情况俱“如《疏》中述”。然而文轨对无体俱不成的疏文已全部佚失,故内院本《庄严疏》在俱不成条下只能付诸阙如。幸而慧沼的《因明入正理论续疏》(以下简称《续疏》)对文轨释无体俱不成时引起的论诤有较详的记述并予批评,加上其弟子智周《前记》所述,以及智周的二传弟子日释善珠《明灯抄》的注释,关于无体俱不成的论诤起由、过程和内容才具体地呈现了出来。

1. 论难的起由

论诤的起由是《入论》说似喻俱不成时云:“俱不成者,复有二种:有及非有。若言如瓶,有俱不成;若说如空,对无空论无俱不成。”〔2〕此意谓,俱不成过分两种,即有体俱不成和无体俱不成。例如声论立“声常,无质碍故”,若以瓶为同喻,以瓶既非常,复有碍,故是有体俱不成,若以虚空为同

〔1〕《略抄》写卷第429~432行,见《敦煌因明文献研究》第263页,上海古籍出版社,2008年。

〔2〕《大正藏》第32卷12b。

喻，则此喻对小乘无空论者（经部师）来说，便是无体俱不成，因为无空论者不承认虚空为实有，虚空既为随一无体，就不能成就能立因法和所立宗法。《入论》对俱不成的阐说是浅显易懂的，疏家本来只须稍加解释即可，然而偏有人提出一些偏执古怪的问题来，将浅显的道理弄得复杂化。如有人问："真如常有，故说为常；虚空恒无，设对无空（论），常何非有？又，虚空无，何非无碍？"〔1〕这是说真如恒常和虚空恒无都是一种常，即使对无空论者说，亦是如此。而且虚空既然是无，岂非无碍？所以以虚空为同喻，并无无体俱不成过。这是典型的诡辩，以偷换概念的手法混淆恒常与恒无的关系，混淆无（不存在）与无质碍（无形的存在）之不同，从所立与能立两方面对《入论》关于无体俱不成的例解作反破。也有人承认无体同喻"虚空"有所立不成之过，但认为应无能立不成之失。如玄应疏中有人问难云："无空论者立'空无'，可说虚空非常住；无体之空非质碍，能立'无碍'应极成"。〔2〕《庄严疏》中亦有此问难："虚空体无，可非常住；无体非碍，能立应成。"〔3〕此二问均承认"虚空"既为无体，便无所立法之"常"性，故为所立不成；但"虚空"既为无体，即无质碍，应与能立法"无质碍故"相合，故无能立不成之失。此说仍然是将"无体"混同于"无质碍"！然当时似并未讨论概念偷换的问题，而是专注于宗、因、喻上的遮表关系。〔4〕 如慧沼云："夫立宗法，略有二种：一者，但遮而无有表，如言'我无'，但欲遮我，不欲立无，喻亦但遮而不取表；二，遮亦表，如说'我常'，非但遮无常，亦表有常体，喻即具遮、表。依前，喻无体，有遮亦得成；依后，但有遮无表，二立阙。今立'声常'，是有遮、表，对无空论，（虚空）但有其遮而无其表，故是喻过。"〔5〕此说代表了当时的一般见解。意谓，宗如果是否定命题，便只有遮（否定）而无有表（肯定），此时用来成立宗的

〔1〕 见慧沼《续疏》卷一页八右，内院本，1933年。

〔2〕〔3〕 《明灯抄》卷六本引，《大正藏》第68卷403~404a。

〔4〕 《明灯抄》卷六本云："先德皆约具遮、表说二立（能立、所立）有无，乃是同喻俱不成义，除此以外更无异义。"《大正藏》第68卷404a。

〔5〕 见慧沼《续疏》卷一页八右~九左，内院本，1933年。

喻依亦须是但遮而无有表的无体概念；宗如果是肯定命题的话，按因明的说法就是“亦遮亦表”，即在肯定某物具有常性的同时，亦否定某物具有无常性，此时的喻依则须是有体的概念（喻依有体即有遮、表）。而上述对无空论者立量时如果以“虚空”为喻依去证成亦遮亦表的“声常”宗，则由于随一无体的“虚空”唯遮不表，故有同喻俱不成之过。此下的论诤即是围绕宗、因、喻的遮表关系展开的。

2. 文轨叙声论问并答

《续疏》引文轨叙声论辩白云：“有云：‘声宗上遮、表，虚空喻上遮，别既两俱成，总非能立阙。’”〔1〕声论意谓，“声常”宗上虽亦遮亦表，而“虚空”喻上唯遮不表，然分别而言，所立宗上和能立喻上既然皆有其遮，即是立、敌两俱极成，从总体上看并非能立喻阙无。对此文轨答云：“若声论师作此立者，即是所立不成过。”〔2〕意谓声论师虽辩称无两俱不成过，然考察其立量，确有所立不成过，而能立因得有。文轨此答仍然坚持声论对无空论者的立量只是所立法不成而无能立法不成的解释，换言之，他认为《入论》对无体俱不成所举的例其实应是所立法不成的例子。

3. 别师与文轨的论难

上述文轨的解释引起其他大德的批评：“‘声无碍’有遮有表，喻遮非表，喻不似因，亦不得成。”〔3〕此谓声论立量中的能立因“声无碍”是有遮有表的，而“虚空”以是无体而唯遮不表，所以喻依“虚空”与因法也不合，不得助成能立法。文轨对此批评不予同意，提出反破云：“如咽等所作，杖等所作，虽不相似，所作义同，亦得成喻。”〔4〕此谓咽与杖二种所作虽然不同，然所作之义相同，故可用作同喻。意即声既无碍，空亦无碍，岂非与能立相合，亦得成喻？故复转述声论云：“声宗无碍，但取其遮，故空同喻，

〔1〕〔2〕〔3〕　见慧沼《续疏》卷一页九左，内院本，1933 年。所引文轨疏文，经善珠核对《庄严疏》，仅“总非”二字次序颠倒，“今云‘非总能立阙’，即似谬也”。见《明灯抄》卷六本，《大正藏》第 68 卷 404c。

〔4〕　见慧沼《续疏》卷一页九左右。

能立得有。"〔1〕意谓"声无碍"因乃是遮诠,唯遮不表,同喻"虚空"亦是唯遮不表,所以不阙能立。于是更有别师难文轨并声论救量:"宗、喻具二,取遮非表,亦无能立者。"〔2〕意谓宗和喻的遮与表应该相应,宗上既亦遮亦表,喻上也应亦遮亦表,今之同喻虚空唯遮非表,故与宗不能相应,不能成为宗的助能立。这一批评似有转换论题之嫌,前面文轨和声论说的是喻与因的关系,此难却转到了喻与宗的关系上了!但文轨并没有理会这一点,只是从能立不成与遮表是否有关系上来反破别师。如云:"亦应小乘对大乘立'虚空是常,以非作故',立者许具遮、表,敌者即唯有遮,望自应有随一不成过。故知能立不成者,不约具遮、表。"〔3〕文轨意云,若依汝见须从遮、表关系上来判断同喻"虚空"是否能助成能立因,则小乘对大乘如立"虚空是常,以非作故",此因立者许有遮、表,敌者则认为唯遮不表,如此便有他随一不成之过,故知不能从遮、表关系上来衡量是否有能立法不成过。文轨此破采用了归谬,旨在破斥从遮、表关系上来检讨同喻依与能立因和所立宗是否相顺相应的做法,这是有意义的;但是他未能从概念的有体和无体上来考察同喻依与因、宗二法的相应关系,故其论述仍不足取。

4. 净眼对文轨的批评

净眼在无体俱不成问题上对文轨的批评就是在上述背景下展开的。由于他对声论师和文轨的言辞取否定的态度,故只作简述,然后明确表态,支持"余大德"对声论和文轨的批评。如《略抄》云:

> 答:余师义正,顺理、教故;依疏主解,有违理、教失。(《略抄》写卷第432~433行)

此谓"余大德"的难破顺乎理义和教义,而文轨的解释则于理义和教义上都说不通。然后他从违理和违教上作了具体分析。如《略抄》云:

> 言违理者,有义宗、因、同法喻体,具取遮、表,遮余表此,显有义故;无义宗、因、同法喻体,唯取其遮不取表者,是无义故。若"虚空"喻是无

〔1〕〔2〕〔3〕 见慧沼《续疏》卷一页九右,内院本,1933年。

义喻，可许唯遮，不阙能立；既取“虚空”为有义喻，故“空无碍”，何得唯遮？又，声、瓶上“所作”能立是有义法，不可唯遮；声、空之上“无质碍”法既证有义，如何非表？故不取表违理失也。〔1〕

这段话分析了为什么是“违理失”。净眼首先对有体、无体和表诠、遮诠的关系作了界定，认为有体的宗、因和同喻体均为亦遮亦表的表诠（肯定命题）；无体的宗、因和同喻体则为唯遮不表的遮诠（否定命题）。然后将话题转回到同喻依“虚空”上，认为“虚空”如果是无体喻，可许其唯遮而能立得成；然而立者既以“虚空”为有体同喻，怎么能说“空无碍”因是唯遮不表的呢？另外，声与瓶上的“所作”因是有体法，所以不能说是唯遮不表；声与空上的“无质碍”因既是有体的，又如何说它是唯遮不表的呢？故取遮不取表是违于理的。净眼此破的基调仍不离遮、表关系，而且还将遮、表与有体、无体联系起来，将二者混为一谈，更是谬之甚矣！如上所述，文轨对无体俱不成的解释虽不正确，而别师对他的批评亦并不正确。净眼的上述破斥更可谓以谬纠谬，颇多舛错，约其要者，略有三点。第一，净眼对宗、因、喻有体、无体的界定是以表诠还是遮诠为界划的，即以表诠为有体，以遮诠为无体。这显然不正确，因为按这种分法，因明只须讲表、遮即可，又何必另设有体、无体这些名目？其实有体、无体与遮表遣立并不是一回事。以宗的有、无而言，乃决定于有法是否共许极成：若宗上有法为立、敌所共许，即是有体宗；若有法为任何一方所不许，便是无体宗。当然结合遮、表来看，可以划分出有体表宗、有体遮宗、无体表宗、无体遮宗四种，但遮、表只是划分根据，并非有体宗和无体宗的本质属性，所以不能将遮表等同于有、无体，对因和喻的有、无体亦是如此。因的有、无体是看因法是否共许极成，喻的有、无体是看喻依是否共许极成。净眼在说到同喻的有、无体时，总是说“同法喻体”，这是一个差错，因为新因明以普遍命题为喻体，以

〔1〕《略抄》写卷第433~438行，见《敦煌因明文献研究》第263页，上海古籍出版社，2008年。

事例为喻依,喻体本身并不存在有、无体的问题,只有喻依才有有体与无体的分别。[1] 第二,净眼说:“若‘虚空’是无义喻,可许唯遮,不阙能立;既取‘虚空’为有义喻,故‘空无碍’何得唯遮?”此言亦殊为不当。胜论对无空论者以“虚空”为喻例,“虚空”既为无体,何来有体之说?“虚空”既属无体,又怎能在亦遮亦表的能立因上“唯取其遮”?即使从声论一方来说“虚空”为有体,也只是随一有体,与随一无体并无本质之不同。净眼以随一有体可有遮、表,以难文轨于“空无碍”因上“唯取其遮”,这更是说不通。文轨的“唯取其遮”说本来就是一种误导,现在净眼竟反从声论以“虚空”为有体来相难,于是又出现了新的矛盾:“虚空”既为有体,则因、喻各具遮表,又何来无体俱不成之失?第三,净眼以声与瓶上的“所作性”可有遮、表,去类比声与空上的“无质碍”法亦有遮、表,从而认为取遮不取表有违理之失。这样的类比未免失之牵强,因为声与瓶上有所作性是得到立、敌共许的,而声与空上有无质碍性却得不到完全断定。试想,“虚空”既为无空论者所不许而成随一无体的概念,它与“无质碍”因之间的联系自亦无从确定,复何从谈其遮、表?总之,净眼给出“违理失”的破斥,其本身同样违理,不足为训。以下再看净眼所批评的“违教失”,如《略抄》云:

> 言违教者,《理门论》云,前取遮、表,后唯取遮。[2] 解云,有义比量喻中前同法喻有义,故具取遮、表,后异法喻异二立故,许取遮故。依彼《论》,此《论》亦云:“此中‘常’言,表非无常;‘非所作’言,表无所作。”既有义喻,《论》取遮、表,故唯取遮,违教失也。[3]

此谓声论和文轨的言论之所以有违教之失,是由于不合《理门论》的言教。

---

[1] 关于有体与无体的问题,请参阅本书第二编第五章:有体与无体。又,喻体是由因、宗二法组成的,因此喻体的有、无体已在因支和宗支上体现。

[2] 此乃意引《理门论》文,原文应是:“前是遮诠,后唯止滥。”见《大正藏》第32卷2c。

[3] 《略抄》写卷第438~442行,见《敦煌因明文献研究》第263~264页,上海古籍出版社,2008年。

净眼解释“前取遮、表，后唯取遮”时，仍将遮、表与有义、无义结合在一起说，强调“同法喻有义，故具取遮、表”，等等，不通之处，已如前说，此不赘述。净眼在意引了《理门论》的话后，复引《入论》的话来印证，然而他所引的“此中‘常’言，表非无常；‘非所作’言，表无所作”，乃《入论》说异喻时的一个注脚，引在这里说明什么呢？要引也不应该引这么一段注脚来与《理门论》的话对应！其实《入论》关于同法喻和异法喻都有界说，〔1〕这是对《理门论》说同、异二喻的很好补充，引作印证最为恰当，可惜净眼没有予以重视。关于是否违教的问题，应分两方面来看：先说声论，声论乃外道，陈那的因明理论对其没有约束力，所以后来慧沼批评说：“此难亦非，以彼外道不以《理门》为定量故。”〔2〕再说文轨是否违教的问题，《理门论》作为佛家新因明的奠基之作，自属圣教之言，文轨自亦不能违《理门》之教言。然文轨在解释论义时略有偏差，甚至说了一些误导初学的话，并非就是违教，而且类似情况在其他大德身上也普遍存在，这是研习过程中难免会产生的现象，对此据理分析即可，不必以违教论之，更何况净眼所难亦属不当，岂不亦有“违教”之嫌？

净眼虽对文轨关于无体俱不成的阐释作了上述批评，但最后也不得不承认文轨以归谬法反破别师的用例中有随一不成过，如《略抄》云：

> 问：萨婆多对无空论者立“空是常，非所作故”，敌论“非作”不许有表，此因应有随一不成耶？
>
> 答：既用“非作”为有义因，故对无空（论）是随一不成（过）也。〔3〕

问者以“空是常，非所作故”为例，与文轨所设的论例相同，净眼承认“非所

〔1〕《入论》给出的界说是：“同法者，若于是处显因同品，决定有性。……异法者，若于是处说所立无，因遍非有。”《大正藏》第32卷11b。

〔2〕慧沼《续疏》卷一页十左，内院本，1933年。

〔3〕《略抄》写卷第442~445行，见《敦煌因明文献研究》第264页，上海古籍出版社，2008年。

作”因有随一不成过，此随一不成是指立者既许“非所作”因有遮、表，敌者却认为此因唯遮不表，从而成为随一无体之因。这正好是文轨用以反破别师的理由，净眼承认此因有随一不成过，无异于支持了文轨对别师的反破。其实“非所作”因并非随一无体，因为立、敌双方都不会不承认“非所作”这一负概念。问题在于净眼将表诠等同于有体（有义），将遮诠等同于无体（无义），敌者既认为“非所作”是遮诠，净眼便只得承认“非所作”是随一无体之因了。

奘门诸师在因明研究上有许多歧见与论争，不遑一一尽述。然从以上所列诸端即可察知，唐初诸师的因明思想十分丰富，这是中国逻辑史的一份宝贵财富，有待于人们去挖掘和研究。

第八章　吕才与唐代因明的一场僧俗之争

一、吕才的行状与撰述

吕才(600~665),博州清平(今山东高唐)人,是唐初著名的学者。他的生平在新、旧《唐书》中记载得较为简略,人们无从了解其家世谱系。

吕才少好学,善阴阳方伎之书。他入仕稍晚,行年三十(贞观三年,即629年)才靠着中书令温彦博和侍中王珪、魏征的引荐而为唐太宗召见,进弘文馆参加乐律的修订工作。不久,唐太宗读周武帝所撰的《三局象经》,不明其旨,问及太子洗马蔡允恭,蔡年少时虽略知其法,然而老来遗忘,竟不能答。于是唐太宗召问吕才,吕才经过一宿的寻绎,居然能图之以解,蔡允恭验看之下,引起旧时记忆,与之正相吻合。后来吕才又奉诏解释扬雄的《太玄经》,他虽然从未读过《太玄》,但既经诏问,须臾之间就能从容作答,以其天悟绝人而知名,遂逐步擢升为太常寺博士。虽然这只是个七品官,但唐代的太常博士均以饱学之士为之,也算是得到器重的了,同时唐代的太常寺属下有太医、太卜、太乐等六署,为吕才提供了广泛施展才能的机会。

之后,吕才又奉诏与学者十余人刊正《阴阳书》,削其浅俗,存其可用者,勒成五十三卷,加上旧书四十七卷,合共为一百卷,于贞观十五年(641)诏颁行之。由于吕才多以儒家经义为据,指出诸阴阳术书往往事不稽古,义理乖僻，巫史的言说附妄凭妖，以售其术，比较充分地表达了唯物的观点，所以受到阴阳术士的激烈反对，但也由于他对阴阳家的批判“颇合经义”〔1〕，故能见容于当世。接着，唐太宗又命吕才造《方域图》及《教飞骑战阵图》，由于屡皆称旨，又擢升为太常寺丞。

大概在贞观二十年(646)时吕才曾代理过司天台少监(司天台副主管)，具体负责历书的修订工作。官阶已进至朝请大夫〔2〕。

唐高宗永徽元年(650)，吕才又参与修撰《文思博要》及《姓氏录》。永徽六年(655)，吕才在太医署任尚药奉御时受到至友栖玄法师的激发，于公务之暇研习因明，并著《因明注解立破义图》三卷，受到佛门弟子的激烈攻讦，后奉诏与玄奘对质而谢退。

显庆年间(656~660)，唐高宗以古代有琴曲《阳春白雪》而不幸失传，特诏令太常寺增修旧曲。吕才遂依琴中旧曲，定其宫商，并以高宗的《雪诗》为白雪歌词，又取太尉长孙无忌、仆射于志宁、侍中许敬宗等的《奉和雪诗》以为送声，合十六节，并亲自进行教习。高宗因而大悦，重作《白雪歌词》十六首，交付太常寺编入乐府。之后，吕才又奉诏与中书令许敬宗、太史令李淳

---

〔1〕《旧唐书》第七十九卷《吕才传》，《二十五史》第5册327a，上海古籍出版社、上海书店出版社，1986。

〔2〕吕才《进大义婚书表》(见《全唐文》卷一六〇)表首列出自己的官阶为“朝请大夫”，职务为“权知司天少监兼提点历书”，文末所具上表时间为“贞观岁次柔兆执徐仲秋望日”。“柔兆执徐”即丙辰年，可是唐太宗贞观年间并无丙辰年，须至高宗显庆元年(656)干支丙辰才得相遇。我疑“贞观岁次柔兆执徐”乃“贞观岁次阏逢执徐”(甲辰)或“贞观岁次柔兆敦祥”(丙午)之误。理由是：一、假设“柔兆执徐”(丙辰)的年份没错，只是误写了年号，那么吕才任司天少监的时间当在显庆元年，然而据《慈恩法师传》卷八所说，吕才至少在永徽六年(656)已任太医署的主管官员尚药奉御(正五品)了，级别要高于司天少监(从五品)，所以吕才任司天少监的时间不可能在显庆元年(656)。更何况此处明言“贞观岁次”，是在唐太宗时代无疑。二、吕才擢太常寺丞(六品)的时间在贞观十五年(641)刊正《阴阳书》及造《方域图》、《教飞骑战阵图》之后，权知司天少监当在其后。其间岁阳中有丙或岁阴中有辰者。一为贞观十八年(644)的甲辰，一为贞观二十年(646)的丙午。因此我疑丙辰当为甲辰或丙午之误。

风、礼部郎中孔志约并名医多人共同修订南朝齐梁时陶弘景所撰的《本草经集注》七卷，并加图解，合成五十四卷。

吕才于高宗龙朔之岁（661～663），为太子司更大夫。晚年著有《隋记》二十卷。麟德二年（665）卒。

吕才一生的著述甚多，除上述见之于本传及《慈恩法师传》者外，据《旧唐书·经籍志》、《新唐书·艺文志》、《宋史·艺文志》以及清人的考辑所著录，吕才的撰述尚有多种，但是除《全唐文》所辑录的八篇遗文外，其余均已散佚无存。这八篇是：

（一）《因明注解立破义图序》（录自《大慈恩寺三藏法师传》卷八）；

（二）《叙宅经》（录自《旧唐书·吕才传》）；

（三）《叙葬书》（同上）；

（四）《叙禄命》（同上）；

（五）《进白雪歌奏》（同上）；

（六）《议僧道不应拜俗状》（录自彦悰：《集沙门不应拜俗状》卷五）；

（七）《进大义婚书表》；

（八）《东皋子后序》。

二、吕才的义理逻辑

纵观吕才的生平及其著述，我们可以发现，吕才不愧是一位博学之士，他不仅“研味于六经，探赜于百氏，推阴阳之愆伏，察律吕之忽微”〔1〕，而且精于医药、历算、乐律史学、逻辑等。他的逻辑才能是中年以后在对阴阳术士的批判以及对因明的研究中充分显示出来的。可惜经他修订过的《阴阳书》如今只剩下了录存于《唐书》的三篇残文，他的因明著作也只剩下了引

〔1〕 慧立本、彦悰笺：《大唐大慈恩寺三藏法师传》卷八，《大正藏》第50卷263a。

录于《大慈恩寺三藏法师传》中的一篇序了。但这几篇文字毕竟可令我们约略地了解他的一些逻辑思想和所惯用的逻辑方法。

首先,我们注意到吕才的逻辑有一大特点,就是好稽古,重义理。例如他在《叙宅经》中批判"五姓之说"云:

> 《易》曰:"上古穴居而野处,后世圣人易以宫室,盖取诸大壮。"迨于殷周之际,乃有卜宅之文,故《诗》称"相其阴阳",《书》云"卜维洛食",此则卜宅吉凶,其来尚矣。至于近代师巫,更加五姓之说。言五姓者,谓宫、商、角、徵、羽等,天下万物,悉配属之,行事吉凶,依此为法。至如张、王等为商,武、徵等为羽,欲似同韵相求;及其以柳姓为宫,以赵为角,以非四声相管。其间亦有同是一姓,分属宫、商,后有复姓数字,徵、羽不别。验于经典,本无斯说,诸阴阳书,亦无此语,直是野俗口传,竟无所出之处。唯《堪舆经》,黄帝对于天老,乃有五姓之言。且黄帝之时,不过姬、姜数姓,暨于后代赐族者多。至如管、蔡、郕、霍、鲁、卫、毛、聃、郜、雍、曹、滕、毕、原、酆、郇,并是姬姓子孙,孔、殷、宋、华、向、肖、亳、皇甫,并是子姓苗裔。自余诸国,准例皆然。因邑、因官,分枝布叶,未知此等诸姓是谁配属?又检《春秋》以陈、卫及秦并同水姓,齐、郑及宋皆为火姓,或承所出之祖,或系所属之星,或取所居之地,亦非宫、商、角、徵共相管摄。此则事不稽古、义理乖僻者也。〔1〕

这段话一开始先征引《易》、《诗》、《书》的话,说明"卜宅吉凶"虽然起源甚早,但"五姓之说"乃近代师巫所加,"验于经典,本无斯说",就连"诸阴阳书,亦无此语",所以吕才指出"五姓之说直是野俗口传"。接着又退一步说,虽然在《堪舆经》上黄帝曾对臣子天老说过"五姓之言",但黄帝之时不过姬、姜等数姓,"五姓之说"尚可概括,到后代"赐族"多了,"因邑、因官,分枝

〔1〕《旧唐书》七十九卷《吕才传》,影印武英殿本,《二十五史》第五册327a、b,上海古籍出版社、上海书店出版社,1986年。

布叶”，姓氏也渐渐多了起来，就难以一一与宫、商、角、徵、羽五姓配属了。又据《春秋》所云，许多姓氏“或承所出之祖，或系所属之星，或取所居之地”，故亦非“五姓之说”所能统摄。由此，他最后对“五姓之说”作了“事不稽古，义理乖僻”的八字结论。这“稽古”就是所说要合乎历史的事实，而“义理”正是从事实中概括出来的逻辑规律，吕才对“五姓之说”的批判正是紧紧抓住其不合事理、自相乖角之处来剖析的，所以我们不妨把吕才的逻辑称为“义理逻辑”。

吕才所说的义理，多出自儒家经典。他以儒家的经义来批判阴阳家的伪谬浅恶，伐人守己，持之有故，甚得士人的赞赏，所以《旧唐书·本传》说他“多以典故质正其理，虽为术者所短，然颇合经义”。吕才当然不是食古不化的人，他把经义纳入自己的思想轨道，常常作出一些新的解释，所以他的义理逻辑没有经院恶习，而富有时代的气息和批判的精神。

其次，吕才对逻辑的工具性质有相当的认识。如《因明注解立破义图序》云：

> 此因明论者，即是三藏所获梵本内之一部也。理则包括于三乘，事乃牢笼于百法。……虽词约而理弘，实文微而义显。……以其众妙之门，是以先事翻译。〔1〕

吕才明确地把因明看作是一种事理，这种事理包括在佛教所说的引导众生获取解脱的三种途径之中，也包括在万事万物之中，这正好是他的义理（事理）逻辑的一个注脚。接下来他把这种事理逻辑归之为“众妙之门”，这是多么精辟的概括！所谓“众妙之门”，就是获取各种知识的门径，因明的工具性质于此可见。

当然，唐初的学者对因明的工具性质并不存在怀疑，吕才只是将这种性质清楚地揭示出来的人之一。过去，一些学者认为唐初一般的佛教徒对因明并不重视，这是不合事实的。玄奘西游天竺，亲受圣教，是新因明之祖

〔1〕《大慈恩寺三藏法师传》卷八，《大正藏》第50册262c。

陈那的三传弟子，所以他返回长安之初，即在正译之余先后逡译了陈那和天主的两部因明论。译场僧众在他的影响下竞造文疏，怎会对这门学问不予重视呢？可以这样说，当时佛门中人是以懂得因明这门新学问为荣的，更何况因明还能"诠论难之旨归，序折邪之轨式"，〔1〕是"初学之方隅"，"立论之标帜"〔2〕。虽然明濬等人还说过"因明小道"之类的话，但这是为了突出灵枢秘键备在奥册，非造次之可知的，而并非要贬低因明的作用。

第三，吕才义理逻辑的基点是矛盾律。吕才善于从矛盾律出发来剖析敌论之义理乖僻，陷敌论于困境。例如《叙禄命》云：

> 案《春秋》，鲁桓公六年七月，鲁庄公生。今检《长历》，庄公生当乙亥之岁，建申之月。以此推之，庄公乃当禄之空亡。依禄命书，法合贫贱，又犯勾绞六害，背驿马三刑，当此三者，并无官爵。火命七月，生当病乡，为人尫弱，身合矬陋。今案《齐诗》讥庄公"猗嗟昌兮，颀若长兮。美目扬兮，巧趋跄兮"，唯有向命一条，法当长命。依检《春秋》，庄公薨时计年四十五矣。此则禄命不验一也。〔3〕

按禄命说，鲁庄公生于乙亥年七月，"乃当禄之空亡，法合贫贱"，"并无官爵"，且患鸡胸，身材矮小，然而事实上鲁庄公贵为一国之君，而且身材颀长，面貌秀美。又按禄命庄公当长寿，但事实上鲁庄公寿数不长，只四十五岁而终。这都说明禄命与事实往往不合。《叙禄命》除以鲁庄公的事例来破斥禄命说外，又列举秦始皇、汉武帝、魏孝文帝、宋高祖等反例来揭发禄命之不验。如秦始皇生于壬寅年正月，按禄命书，其为人当是"无始有终，老而弥吉"，"法合长寿"，然而检之史实，始皇乃是有始无终，老而弥凶，享年不过五十。又如汉武帝，他生于乙酉之岁七月初七，按禄命法，乃"少无官荣，老而

〔1〕〔2〕《大慈恩寺三藏法师传》卷八，《大正藏》第50册263b。

〔3〕《旧唐书》第七十九卷，《二十五史》第5册327b，上海古籍出版社，上海书店出版社，1986年。

方盛，但是汉武帝偏偏是十六岁就即位，而晚年时却户口减半，老而不盛。再如魏孝文帝，生于丁未年八月，按禄命书，他命定是遗腹子，见不到生父，但孝文帝偏偏是'身受其父显祖之禅，躬率天下以事其亲"。最后如南朝宋高祖，生于癸亥年三月，依禄命说，其次子早卒，然而事实偏偏是其长子先被篡弑，而次子刘义隆（宋文帝）却享国达三十年之久！又按禄命，宋高祖应得嫡孙、财禄。但检之史实，其嫡孙刘劭、刘浚因犯篡逆大罪而被诛杀，几失宗祧。〔1〕凡此种种反例，都是与禄命说正相乖违的，依据矛盾律，O 真即 A 假，所以卜士巫史按生日干支矫言祸福，只是"多言或中"而已，并非出于必然。

在《叙葬书》中，吕才更交叉运用 E 真则 A 假和 O 真则 A 假的论证方法来驳斥巫士的阴阳葬法，充分发挥矛盾律的破斥力量。例如：

> 《葬书》云："富贵官品，皆由安葬所致；年命延促，亦曰坟垅所招。"然今按《孝经》云："立身行道，则扬名于后世，以显父母。"《易》曰："圣人之大宝曰位，何以守位曰仁。"是以日慎一日，则泽及于无疆；苟德不建，则人而无后。此则非由安葬吉凶而论福祚延促。臧孙有后于鲁，不关葬得吉日；若敖绝祀于荆，不由迁厝失所。此则安葬吉凶不可信用，……〔2〕

这里先列出被破斥的论题（A），然后以经义为据，得出"非由安葬吉凶而论福祚延促"（E）的结论，根据矛盾律，E 真则 A 假，这就间接地破斥了论题 A。接着，又以鲁国大夫臧孙达和楚国的若敖氏为例，说明祸福在于是否守仁建德。依据矛盾律，O 真则 A 假，这就进一步驳斥了以安葬言吉凶的论题。

吕才重义理的逻辑观以及善于以矛盾律来破斥敌论，都反映了他的逻辑一无经院恶习，而注重于实际的破斥效果。另外，吕才还在因明研究上显示出引人注目的才华，甚至引出一场僧俗之间的争论，这在中国佛教逻辑史

〔1〕《旧唐书》第七十九卷，《二十五史》第 5 册 327b，上海古籍出版社、上海书店出版社，1986 年。

〔2〕《旧唐书》第七十九卷，《二十五史》第 5 册 327d。

上是应该大大地书上一笔的。

三、关于因明的一场僧俗之争

唐贞观十九年(645),吕才四十六岁时,玄奘大师自天竺返回长安,奉敕在京师设译场翻译佛经。他在正译之余,先于贞观二十一年(公元647年)译出商羯罗主的《因明入正理论》,又于贞观二十三年(649)译出陈那的《因明正理门论》,并在译场向僧众口授因明义理,其门下诸大德各录所闻,竞作义疏。渊源于婆罗门教派而经过佛教改造发展的印度古典逻辑——因明,终于在中土创行了。其时,吕才的幼少之旧栖玄法师将玄奘所译的因明论抄送给他,并附书云:

> 此论极难深究玄妙,比有聪明博识,听之多不能解,今若复能通之,可谓内外俱悉矣![1]

这封信似乎是语带讥刺的,因为在此之前,吕才看到栖玄过着清苦的修道生活,经常曲为劝说,有时甚至引用内典上的话来激发他。然而终因"内外不同,行已各异"而"言戏之间,是非锋起"。[2]栖玄曾反唇相讥云:

> 檀越复研味于六经,探赜于百氏。推阴阳之愆伏,察律吕之忽微。又闻生平未见《太玄》,诏问须臾即解;由来不窥象戏,试造旬日即成。以此有限之心,逢事即欲穿凿,但以佛法玄妙量,谓未与彼同,虽复强学推寻,恐非措心之所,何因今将内论翻用见讥者乎?[3]

吕才虽然是无神论者,但他对内论倒颇为熟悉。如他在《议僧道不应拜俗状》中曾引用《仁王般若经》、《无量寿观经》等内典来论说,在《因明注解立破义图序》中,更多处活用内学词句,所以他与栖玄对话,不时援引佛典以佐申说,也就不足为奇了,而且这恐怕也是唐初士人的一种时髦

[1][2][3] 《大慈恩寺三藏法师传》卷八,《大正藏》第50卷263a。

风尚。但在栖玄眼中，吕才毕竟是世俗外道。他虽然钦服吕才聪慧过人，却又认为以此有限之心来穿凿外典尚可，而于“佛法玄妙量”则“恐非措心之所”。所以后逢因明创行，栖玄见其“义趣幽隐”，遂将译本抄送吕才，意在设难。

吕才既以聪明博识见闻于世，耻于被试不知，于是强加披阅，反复再三，终于略微了解到因明的旨趣。在此基础上，吕才又借得神泰、靖迈、明觉三法师的义疏进一步究习，发现三法师虽然同禀玄奘亡义，却因执见不同，所说互相矛盾。于是吕才以公务之余，着手注疏。他吸收三法师“所说善者”，对其矛盾分歧之处，则“立而破之”，计上、中、下三卷，名之为《立破注解》。〔1〕吕才还于文理隐伏不易理解之处，画为义图，共相比较，另外他还画了一张一丈见方的义图，将自己的近注存列于其中，可能是张一览表之类的东西。后来他的论敌将这部著作连文带图合在一起称之为《因明注解立破义图》，〔2〕这是当时佛门外学者所撰的唯一的因明义疏。

此书既出。由于对三家法师义疏有四十多条主要的批评，引起佛门弟子的竭力攻讦，并由此而引出了一场辩论。是年秋天的七月初一，译经僧慧立（原为幽州照仁寺沙门，此时为玄奘译场中的缀文大德）致书左仆射于志宁，对吕才进行攻击：

> 近闻尚药吕奉御，以常人之资，窃众师之说，造因明图，释宗因义，不能精悟，好起异端，苟觅声誉，妄为穿凿，排众德之正说，任我慢之偏心。媒炫公卿之前，喧嚣闾巷之侧，不惭厚颜，靡倦神劳，再历炎凉，情犹未已。然奉御于俗事少闲，遂谓真宗可了。何异鼷鼠见釜　灶之堪陟，乃言昆阆之非难；蛛蝥睹棘林之易罗，亦谓扶桑之可网。不量涯分，

〔1〕　日释凤潭《瑞源记》卷二页十八左亦称吕才义疏为《立破注解》，书末所附震旦书目中书名同此。唐段成式《酉阳杂俎》续集卷六则简称为《破义图》。

〔2〕　沙门慧立本、释彦悰笺的《大慈恩寺三藏法师传》卷八称吕才的义疏及图解为《因明注解立破义图》。

何殊此焉！〔1〕

从慧立激烈的言辞中我们可以看到，吕才在“公卿之前”和“闾巷之侧”对三家义疏曾有议论，从治学的角度来看，这原本是正常的事，但从奘门中人看来，这是对“众德正说”的亵渎。奘门弟子万万没想到，本来只是想拿因明这门新传入的学问来留难吕才的，却不意被吕才在“未之前闻”又“无处道听途说”〔2〕的情况下独立究习后，居然写出了三卷《注解立破》，还对众师的“正说”横加批评起来。尽管吕才在序言中郑重申明“佛以一音演说，亦许随类各解，何必独简白衣，不为众生之例？……法师等若能忘狐鬼之微陋，思句味之可尊，择善而从，不简真俗，此则如来之道，不坠于地，弘之者众”，〔3〕但还是被奘门弟子视作一种挑战，群起而攻之。

当时在玄奘的译场里确是人才济济，高僧云集。如吕才所批评的三家法师义疏，其中一种的著者神泰原是蒲州（今山西永济一带）栖岩寺沙门，奉诏来京师助译，是玄奘译场中十二位证义大德之一。又如吕才的“幼少之旧”栖玄法师，原来栖遁于嵩岳，后为普光寺沙门，此时亦奉诏助译，是玄奘译场中九位缀文大德之一。攻击吕才甚为凌厉的慧立原为幽州（今北京市）照仁寺沙门，奉诏参加译场工作，亦为缀文大德之一。另一位攻击吕才最力的译经僧明浚，系京师弘福寺沙门，亦为译场缀文大德之一。这些大德中的一些人恃才气傲，又有较深的文字功夫，他们虽然对吕才的博学聪悟也颇为叹服，但又欺吕才是世俗，于内学毕竟浅薄，所以一面对《立破注解》一书中的某些问题加以嘲讽，一面恣意进行人身攻击。此事在当时大概闹得很凶，曾引起一些士人的不满。如太史令李淳风曾讥讽云：

仆心怀正路，行属归依，以实慧为大觉玄躯，无为是调御法体。……然贤僧阐法，实裨天师妙道，是所信受，是所安心？但不敢以

〔1〕《大慈恩寺三藏法师传》卷八，《大正藏》第50卷263c。

〔2〕〔3〕《大慈恩寺三藏法师传》卷八，《大正藏》第50卷263a、b。

黄叶为金、山鸡成凤。南郭滥吹，淄渑混流耳。〔1〕

李淳风是唯物论者，所以他首先宣告自己是以"实慧"（客观实际）为宇宙世界的本源，以"无为"（自然）为事物运动之规律的。然后话锋一转，直刺"贤僧阐法"，实在是对"天师妙道"的补益〔2〕，只是自己不愿错把黄叶当作金子，误将山鸡看成凤凰，因为如果"以黄叶为金，山鸡成凤"的话，就无异于让南郭先生滥竽充数，令淄水与渑水去混流了。这是多么尖锐的嘲讽！

另外，太常博士柳宣亦于是年冬十月初一写了一篇长达一千五百言的《归敬书偈》以檄译经僧众。其中云：

尚药奉御……立破因明之疏，若其是也，必须然其所长；如其非也，理合指其所短。今见僧徒云集，并是采石他山，朝野俱闻。吕君请益，莫不侧听。……然吕君学识该博，义理精通，言行枢机，是所详悉。……但以因明义隐，所说不同，触象各得其形，共器饭有异色。吕君既已执情，道俗企望指定。〔3〕

柳宣的书偈，一方面为吕才辩护，一方面批评译经僧众缺乏雅量："今见僧徒云集，并是采石他山（此指群起而攻之），朝野俱闻。吕君请益，莫不侧听（不屑一听之意）。"不平之情，溢于言表。

柳宣的书偈写出以后的第四天（十月庚子，即初四），译经僧明浚写了一篇答柳宣的《还述书》。明浚真不愧是玄奘门下的缀文大德，一封信竟亦洋洋洒洒地写了两千余言！他在信中虽也称颂吕才智慧超常，赞誉他是"晋代茂先（张华），汉朝曼倩（东方朔），方今蔑如也（如今的人都及不上他）"，然

---

〔1〕《大慈恩寺三藏法师传》卷八，《大正藏》第50卷264a、b。

〔2〕天师：明俊《还述书》中有"天师妙道，幸以再期。且寇氏天师……"的话，此天师当指北魏时新天师道的创立者寇谦之（365～448）。寇谦之借北魏太武帝对道教虔诚的信奉，排斥佛教。所以此谓"贤僧阐法，实裨天师妙道"，乃是对僧徒的极大讥讽。

〔3〕《大慈恩寺三藏法师传》卷八，《大正藏》第50卷264a、b。

而话题一转又对吕才大肆攻讦起来：

吕奉御……比因友生戏尔，忽复属想因明，不以师资，率已穿凿，比决诸疏，指斥或非。谊议于朝廷，形言于造次，考其志也，固已难加，核其知也，诚为可惑。

（吕才）研机三疏，向已一周，举非四十，自无一是。自既无是，而能言是；疏本无非，而能言非。言非不非，言是不是。言是不是，是是而恒非；言非不非，非非而恒是。非非恒是，不为是所是；是是恒非，不为非所非。以兹贬失，致惑病诸。

寻夫吕公达鉴，岂孟浪而至此哉？示显真俗，云泥难易，楚越因彰。佛教弘远，正法凝深，譬洪炉非掬雪所投，渤澥岂胶舟能越也。

从明浚对吕才的非难可以看到，这纯粹是出于维护门墙利益而发出的攻击。诸大德把自己放在掌握"真谛"的地位上，而视吕才为异端，所以他们从吕才《立破注解》一书中的某些问题来"示显真俗"，得出"云泥难易，楚越因彰"的结论，并且还嘲讽吕才的研究犹如捧积雪投之于洪炉，驾胶舟越之于渤海，真是极尽讥刺挖苦之能事了。

明浚在《还述书》中除攻击吕才外，还对太史令李淳风反唇相讥：

太史令李君……既属吕公余论，复致间言："以实际为大觉玄躯，无为是调御法体。"此乃信薰修容有分证，禀自然终不可成，良恐言似而意违，词近而旨远。天师妙道，幸以再期！……虽谓不混于淄渑，盖已自滥于金鍮耳。

最后，自然也不放过柳宣，他比较含蓄地讽刺说：

惟公……属斯喧议，同耻疚怀，故能投刺含胶，允光大义，非夫才兼内外，照冥邻几，岂能"激扬清俗"，"济俗匡真"者耶？〔1〕

十月初七（癸卯日），柳宣接读了明浚的《还述书》后，便激发吕才与玄奘当面对质。吕才于是向唐高宗奏明其事，并奉敕与群公学士前往慈恩寺。

〔1〕 以上引文均见《大慈恩寺三藏法师传》卷八，《大正藏》第50卷265b、c。

对质的详细情况史阙有间，无可追溯，只知道是玄奘讲了数千言，而吕才终于词屈而退。此事过去以后大约两百年，段成式在《酉阳杂俎·续集》卷六中略有所述：

初，三藏翻《因明》。译经僧栖玄以《论》示尚药奉御吕才，才遂张之广衢，指其长短，著《破义图》，……立难四十余条。诏才就寺对论。三藏谓才云："檀越平生未见太玄，诏问须臾即解；白来不窥象戏，试造旬日即成。以此有限之心，逢事即欲穿凿。"因重申所难，一一收摄，折毫藏耳，衮衮不穷，凡数千言。才屈不能领，辞屈礼拜。

段成式的追述较慧立、彦悰的《大慈恩三藏法师传》对辩论经过的叙述要略微具体些，〔1〕然而三藏法师玄奘究竟是如何"重申所难，一一收摄"的，不免仍付阙如。

四、论争简析

吕才就因明问题与玄奘对定，自然不是玄奘对手。且不说吕才对因明义理的理解可能存在着问题，即使对三家法师义疏批评得正确的部分，玄奘出于维护宗派利益的需要，也定能巧辞掩饰，反指吕才有错的。玄奘对吕才在因明研究上作了哪些具体的批评，虽难以详悉，但从明濬的《还述书》"试举二三，冀详大意"中略可窥知一些：

且据生因、了因，执一体而亡二义；能了、所了，封一名而惑二体。又以宗依、宗体，留依去体以为宗；喻体、喻依，去体留依而为喻。缘斯两系，妄起多疑。迷一极成，谬生七难，但以钻穷二论，师己一心。滞文句于上下，误字音于平去。复以数论为声论，举生城为灭城。岂唯差离

〔1〕《大慈恩寺三藏法师传》卷八记述吕才与玄奘对质的情况极简略，只是说："癸卯宣得书，又激吕奉御。因奏其事，敕遣群公学士等往慈恩寺，请三藏与吕公对定。词屈谢而退焉。"（《大正藏》第50卷266a）

合之宗因,盖亦违倒顺之前后。又探鄙俚讹谬以拟梵本啭音,虽复广援七种,而只当彼一啭,然非彼七所目,乃是第八呼声,舛杂乖讹,何从而至。又案:胜论立常极微,数乃无穷,体唯极小,后渐和合生诸子微,数则倍减于常微,体又倍增于父母,迄乎终已,体遍大千,究其所穷,数唯是一。吕公所引《系辞》云:"太极生两仪,两仪生四象,四象生八卦,八卦生万物。"云此与彼,言异义同。今案:太极无形,肇生有象,元资一气,终成万物,岂得以多生一而例一生多?引类欲显博闻,义乖复何所托!设引大例,生义似同,苦释同于邪见,深累如何自免;岂得苟要时誉,混正同邪?非身之雠,奚至于此!凡所纰紊,胡可胜言,特由率己,致斯狼狈。根既不正,枝叶自倾;逐误生疑,随疑设难,曲形直影,其可得乎?〔1〕

从上引的一大段话里可以归纳出玄奘门人对吕才的批评有九条:

(一)不能区分生因与了因、能了与所了,以为既然有"了因"之名,就不应再有"生因";

(二)误将宗依当作宗,而忽略了宗体;

(三)误以为喻依就是喻,忽略了喻的重要组成部分喻体;

(四)擅自将"此中宗者,谓极成有法,极成能别,差别性故"中的"差别性故"改为"差别为性";

(五)读错句读和字音;

(六)误将数论当作声论;

(七)颠倒了合作法与离作法;

(八)不懂梵文;

(九)以《易传》之说与胜论"极微"之说相附会。

以上九条批评所指,不一定即是吕才的错误,何况作为论敌的明浚在援引和归纳材料时还可能曲解吕才论意乃至故意割裂吕才文句,以有利于

〔1〕《大慈恩寺三藏法师传》卷八,《大正藏》第50卷265b。

自己对吕才进行批评。由于吕才的三卷《立破注解》早已亡佚，故很难肯定上述批评中哪些确是吕才的错误，论敌单方面的责难毕竟是不足为据的。

但是我们也不妨对上述批评作一些剖析。明浚的九条批评有一些当是正确的，有一些则未必正确，甚至还有以对为错的。

先说其批评得正确的部分。例如明浚说吕才“生因、了因，执一体而亡二义；能了、所了，封一名而惑二体”，就是一条正确的批评。吕才对生、了二因的具体看法明浚没有详说，但日释善珠的《明灯钞》卷二本里有一段话可资参考：

居士吕才云：谓立论言，既为“了因”，如何复说作“生因”也？《论》文既云由“宗等多言开示诸有问者未了义故”，说名能立果。既以“了”为名，“因”亦不宜别称；不尔，岂同一因之上，乃有半“生”半是“了”因？故立论言，但名“了因”非“生因”。〔1〕

从这段介绍可以知道，原来吕才认为因只有一个，它的作用在使他人了悟立者之宗，从这点上既称为“了因”，就不应再名为“生因”，岂能在同一个因上面，而有半“生”半“了”的分别？吕才的这一质疑反映了他对生、了二因是缺乏了解的，他将反映语用关系的生因和了因混同于言三支中的因。其实，一般所谓的因，是指论式中的因支，即是狭义的因；而生、了二因中的生因（尤其是其中的言生因），指的却是由宗、因、喻三支组成，用来开悟他人的论式，这一点在窥基的《大疏》中说得很明确，如云：

言生因者，谓立论者立因等言，能生敌论决定解故，名曰生因。故此前云（按此指商羯罗主《入正理论》所云）：“此中宗等多言名之为能立，由此多言开示诸有问者未了义故。”〔2〕

窥基所谓的“立因等言”，即商羯罗主所说的“宗等多言”，都是指的整个三

〔1〕《大正藏》第68卷258b。
〔2〕《大疏》卷二页十六左右。

支论式〔1〕,所以必须分清论式中的因与表示论式的因,二者并不一样。在表示论式的因中,根据立论者和敌论者的对立,又有生因和了因二义的分别,对这个问题,吕才"执一体(立、敌二体中之一体,指敌论者)而亡二义(生、了二义)",确实是一种失误。因明赋予因以语用的涵义(二因和由此衍生出来的六因理论),旨在建立起一种"立敌对扬"时立者开悟他人和敌者、证者为之了悟的一种模型。在这一模型中,生因是从立论者方面来说,了因则是从敌论者和证义者方面来说的。生因和了因就其施受的过程或关系来剖析,又各分言、义、智三种,这就成了六因。在生因中,言生因如上所述就是言语所宣达的论式;义生因就是上述论式的涵义;智生因就是根本立义和建立论式的智慧。在了因中,言了因就是立论者建立论式以后,敌者和证者接收到的言语信息;义了因就是这种言语信息反映出来的意义;智了因就是敌者和证者了悟言语信息及其意义的智慧。在这六因中,以言生因和智了因最为主要,因为立者要使他人解悟自己的论旨,必须用言语陈述出来,而敌论者要了悟立者的理由和论题,则必须通过自己的智慧才能实现,当然敌论者的了悟智慧是在立论者言论的启发下才产生的。由此可知,言生因与智了因之间具有因果关系。进一层说,整个六因具有一定的因果关系,而正是这种因果关系构成了立敌对诤时的施受模型,如下所示:

(因)智生因→义生因→言生因

(果)智了因←义了因←言了因

由此模型可知,生因是因,了因是果,而其中的智了因则是这一模型的终端。大概吕才以为二因或六因之"因",即三支论式中的因支,于是便有"岂同一因之上乃有半'生'半是'了'因"的发问。这固然反映出吕才对"因"这个语词所表达的不同概念缺乏全面的认识,也反映了因明术语雷同所带来的弊病。由于术语"因"既表达"推理论证的根据"这个概念,又作为

〔1〕 在梵文中,名词变化有一数、二数、三数三种,一言称"婆达南",二言称"婆达尼",三言称"婆达"。三言即"多言",故"宗等多言"即指宗、因、喻三支论式。

一种语用模型来指称，对于未透彻了解这种区别的吕才来说，自不免会犯“执一体”而惑的错误。不过这种错误在玄奘门人中也是存在的〔1〕。

其次，说其批评得未必正确的部分。例如明浚指责吕才“迷一‘极成’，谬生七难”，这“极成”恐即指《入论》“此中宗者，谓极成有法，极成能别，差别性故”一句，“七难”则极言谬误之甚，即指吕才将上述句中的“差别性故”改为“差别为性”一事。此事明浚语焉不详，而窥基则有一番专门的批评：

> 或有于此（指“差别性故”）不悟所由，遂改论云“差别为性”，非直违因明之轨辙，亦乃谙唐梵之方言。辄改论文，深为呵责。弥天释道安法师尚商略于翻译，为“五失”“三不易”云。结集之罗汉兢兢若此，末代之凡夫平平若是，改千代以上微词，同百王之下末俗，岂不痛哉！况非翻经之侣，但是肤受之辈。诳后徒之幼识，诱初学之童蒙，委率胸襟，回换圣教。……诸有学者，应闲此义，依旧正云“差别性故”。〔2〕

将“差别性故”改作“差别为性”的，除吕才之外还有窥基的同门师兄文轨。据慧沼说，这番话是针对吕才和文轨说的。〔3〕由于文轨亦是亲禀玄奘传灯的，所以后来定宾出来委婉解说，以平抑这一萧墙之衅〔4〕。但是吕才却“非翻经之侣”，又未亲禀玄奘，所以“但是肤受之辈”而只得坐受其责了。

---

〔1〕如嵩山镇国道场的定宾律师与问难者有这样一段对话：“问：此中所云生因义者，但就于宗名为生因，谓由宗先立，敌论不许，立者立因成先宗义，故名生因；然以因言，生彼敌智，应是了因，非于生因。若谓生敌智故名为生因者，宗及喻言亦应生因，皆是能生敌论解故。言因如是，智、义应尔。答：此难不然。先立宗言，以敌不许，未生他智，方申因言，解先宗义，亲生敌智，故名生因；同异喻言，虽亦能令生敌论者智，但助顺因，令他究竟见所立边故。宗、喻等言非亲生智，故但立论因正能亲生他决定智，名为生因。智生、义生、准此应思。”（见《瑞源记》卷二页二十四左）从定宾的答辩中也可以看到“忘二义”的错误。神泰、文轨等都有类似的错误。

〔2〕《大疏》卷二页十一左右。

〔3〕参见慧沼《义断》，《卍续藏经》第53册，756c。

〔4〕定宾《理门论疏》云：“然轨法师本亲禀三藏译论，云‘差别为性’；后有慈恩法师（即窥基）亦云亲承三藏论本，应云‘差别性故’。今详梵本盖有两异，两本会通不相异也。”见日释善珠《明灯抄》卷二本引，《大正藏》第68卷249c~250a。

窥基完全是以经院哲学派的顽固态度来指责别人的，其实“差别性故”与“差别为性”并没有实质上的不同，严格说都译得不够明确。此句在梵文中的原意应是“由极成能别之所差别”，意即命题的主词是由谓词来揭示其属性的，藏译本也是按这样的意思翻译的〔1〕。而“差别性故”与“差别为性”的语意就较为含混，可以作上述解释，也可以解释为主词与谓词互相差别（相互揭示属性）。如窥基虽然指责文轨“辄改论文”，然而他们二人对这一句的解释都取“互相差别”说〔2〕。由是以观，原译既欠精当，吕才的改动又并未改变原译的意思，因此就谈不上有什么错误。

再次，谈一下以对为错的问题。如明浚批评吕才以《易传》之说与胜论极微之说相附会，就属此类。胜论的极微说即原子论。胜论是印度婆罗门教六大正宗之一，胜论认为极微是无所不在的，有地、水、火、风、空五种，这是不可再作分割的物质元素，因此永恒不灭；而由极微组合而生成的物质由于是可以分割的，所以是非永恒的。窥基在《唯识二十论述记》下卷里对极微的组合过程作过一些说明：成劫时，每两极微合生一子微，其子微在量上与父母体相等。子微与其本生父母合为三微，如是又与另外三微合生第七子微，这第七子微的量也等于其本生父母六子微的量。如是七微复与另七微合生第十五子微，这第十五子微的量又与其本生父母十四子微的量相等……如是转辗，便衍生出三千大千世界。这“三千界”就其整体来说只是一个大实体。〔3〕 所以明浚说极微的组合“迄乎终已，体遍大千，安其所穷，数唯是一”，也就是明浚所谓的“多生一”。吕才认为胜论极微说与《易·系辞上》所云的“太极生两仪，两仪生四象，四象生八卦”，言虽异而义实同。太极即浑然一元之气，是宇宙万物的根本。由太极而生出天地两仪，由两仪而生出金、木、水、火四象，由四象而生出天、地、雷、风、水、火、山、泽（即乾、坤、

〔1〕 据支那内学院《藏要》第二辑第二十四种《入论》的校勘。

〔2〕 参见本编第七章第一节：关于“互相差别”的讨论。

〔3〕 《大正藏》第43卷992b。

震、巽、坎、离、艮、兑)八卦，并由此八卦相重而生出六十四卦、三百八十爻，如是而涵盖宇宙万象。这即是明浚所谓的“一生多”了。明浚认为:“以多生一而例一生多”，是比附不当，是吕才为了显示自己的博学才这么做的。其实明浚只看到了“多生一”与“一生多”这一对表面上的矛盾，而没有弄清楚这二者确实在本质上是相同的。吕才却是天才地将二者联系起来了，因为胜论说的散在处处的极微实即《易传》说的浑然一元之气(太极)，由太极而两仪，而四象，而八卦，以至于生成宇宙万象(佛教谓之“三千界”)，岂不也是以多生一？这“多生一”与“一生多”的共同实质是揭示了世界的物质根源。吕才认识到了这一点，因而是正确的。

最后还须说明的是，明浚对吕才的有些批评，由于吕才的《因明注解立破义图》早佚，已难以论其长短。如明浚说吕才“留依去体以为宗”，“去体留依以为喻”，“滞文句于上下，误字音于平去”，“以数论为声论”，“差离合之宗因”，“探鄙俚讹韶以拟梵本啭音”，等等，这些或属于因明的基本原理，或属于唐梵文字上的问题，可能确是吕才有错，也可能是明浚等人强加给他的。但引人深思的是，受到吕才批评的神泰、靖迈、明觉三法师却没有与吕才直接展开论战，这是否意味着吕才对三法师义疏的四十条批评意见确有一些道理呢？因为吕才是根据矛盾律对三法师义疏中互相“执见参差”而“自相矛盾”的地方进行批评的，即使吕才于因明还不十分精通，仍可立于不败之地。

吕才在逻辑上的贡献是引人注目的，他在中国佛教逻辑史上应该占有一席地位。

第九章　藏传因明概观

一、吐蕃佛教的兴废及前弘期的因明传译

1. 佛教初传期的兴废

西藏的佛教最初由汉地传入，时间在七世纪中叶，起因于蕃唐和亲。公元629年，吐蕃王朝日论赞被叛臣毒死，造成动乱。其子松赞干布（617～650）时年十三，临危即赞普位。然松赞虽未成年，却骁勇而多英略，终于平定内乱，将叛臣全部族灭，受到群臣拥戴。唐太宗贞观八年（634），松赞干布十八岁时向唐室请婚。贞观十四年（640）复遣大论（大相）禄东赞使唐，以黄金五千两及珍宝数百件为聘礼，请唐室许婚。次年（641），唐太宗命江夏王李道宗护送文成公主进藏。并送去释迦牟尼觉卧像、三百六十卷佛经，以及各种珍宝、金玉饰物、营造工技著作、医药典籍、医疗器械乃至锦缎垫被、芜菁种子等。随行者中不仅有各种工匠，还有佛僧。文成公主是一位虔诚的佛教徒，她入藏后先后在逻些（今拉萨）建造了大昭寺、小昭寺。从长安请去的觉卧佛像就安置于大昭寺的觉卧康（释迦佛殿）内。这是佛教传入西藏的开端，所以后来赤松德赞赞普所立的《兴佛证盟碑》说，先祖弃松赞（松赞干布）在位，于逻些（拉萨）之贝噶建佛寺，是为吐蕃有佛教之始。

但是佛教初传吐蕃并没有形成影响，因为吐蕃朝野信奉苯教的人甚众。苯教崇奉天神和魔神，吐蕃俗信自己的始祖乃天神中的第六父王天神，且崇拜龙神、宁神和地神等三类魔神，祈求禳灾免祸。在这种信仰热情驱动下形

成的阻力，是不易撼动的。试想，吐蕃南邻泥婆罗（尼泊尔），西邻克什米尔和北印度，这些地方佛教已盛行上千年，且西藏各部中的吐谷浑亦是崇奉佛教的，却未能动摇吐蕃的崇苯热情，可见苯教的传统势力极大。松赞干布虽然在和亲中输入汉族文化和佛教文化，但他身边的教法大臣依然是苯教大师，他对佛教不过是采取一种包容的态度，并无意去扶植推广。而且文成公主入藏不过九年，即遭松赞干布英年早逝（三十三岁），其子芒松芒赞幼年继位，大权旁落噶氏家族手中。佛教失去了王室的支持，于是沉寂长达半个世纪，连释迦佛像也被埋入地下。

噶氏禄东赞原为松赞干布的大论（大相），在幼主芒松芒赞于公元 650 年即位后，禄东赞即把持朝政十七年。公元 667 年禄东赞卒，其子尊业多布继任大论，尊业多布死后又由其子论钦陵继任大相，直至公元 699 年论钦陵兵败自杀，噶氏祖孙三代为相，专擅国政长达半个世纪。在此期间吐蕃王权受到莫大威胁，而且由于连年用兵，徭役过重，民众苦不堪言。芒松芒赞赞普在位二十六年，一无作为。其子都松芒波杰于公元 676 年继赞普位后，有心改变这种局面，但一时也奈何不了噶氏的权势。公元 699 年，都松芒波杰乘论钦陵去青海，发兵诛杀噶氏亲党两千余人，并亲自率兵讨伐论钦陵所率叛军，论钦陵兵败自尽。都松芒波杰虽然收回了权力，但苯教势力不减，苯教的万物有灵论、占卜禳祓之术依然深入人心。

公元 704 年都松芒波杰去世，其子赤德祖赞继位。他是一位有为的赞普，制订了不少有利于稳定吐蕃社会的政策。其中一条是重新引入佛教。他接受吐谷浑王坌达延的赞助兴佛，佛教又一次从东方传入吐蕃。唐中宗神龙三年（707）他遣使入唐要求和亲，唐中宗景龙四年（710），金城公主（？～739）入藏完婚，亦带去汉僧、佛书、法物，以及杂伎百工和龟兹乐等。在赤松德赞的支持下，金城公主将埋在地下的释迦佛像重新请回到大昭寺供奉。她还收留了一批从于阗流亡而来的僧人，为他们建造了七座小寺，后又接纳络绎远来的尼泊尔和中亚一带的僧人。赤德祖赞也于扎玛的噶菊建寺容纳僧人，并于晚年遣使赴唐取经，并请来汉僧传法。由此，佛教在吐蕃终于得到了初步流布。

2. 赤松德赞对佛教的建树

公元755年赤德祖赞去世，其子赤松德赞嗣位时才十二岁，信奉苯教的掌权大臣乘机发动吐蕃历史上的首次灭佛。据赤松德赞所立《兴佛证盟碑》说："父王（赤德祖赞）去世，少数大臣魔迷心窍，祖先对佛法的敬信既已寝息，又宣令佛法不善，内外臣民不许信奉。"他们并驱逐僧人，拆毁佛寺，甚至将大昭寺改作屠宰场，于是供奉在大昭寺觉卧康的释迦佛像又一次被埋入地下。以大论马尚·仲巴结为首的贵族大臣乘唐朝发生安史之乱，发兵攻占河西陇右，甚至一度攻入京师长安，并立金城公主之侄为帝，但不久被郭子仪虚兵布阵吓退。此时赤松德赞已长大成人，他不满仲巴结等权臣居功自傲，分庭抗礼的作为，认识到苯教乃是一种异己的力量，于是暗中与亲佛大臣定计翦除仲巴结等，重新扶持佛教。据《兴佛证盟碑》云："赞普陛下（赤松德赞）年二十时，双手麻木，梦兆亦恶，乃废禁佛法之律，敬信三宝，病苦全除，于是大兴佛教。"他将埋入地下的释迦佛像请回大昭寺供奉，并派巴赛囊去长安取经和迎请汉僧入藏。约公元763年前后又派巴赛囊去尼泊尔邀请寂护（约700~760，又译静命）到钦浦讲法四月。时值藏地瘟疫流行，反佛者便借口寂护来藏传法引起灾难，煽动民众的不满情绪，寂护只得被迫离开。临行时寂护建议赤松德赞邀请莲花生入藏弘法。

莲花生（八世纪人）是乌仗那国（今巴基斯坦瓦特河谷一带）人，据玄奘《大唐西域记》说，该国人自古擅长咒术。所以寂护推荐莲花生意在借用他的咒术来制伏苯教徒。相传莲花生应邀来藏时一路"降伏鬼怪"，来到桑耶附近。同时赤松德赞又派人将寂护从尼泊尔再请回来，在桑耶建造第一座有规模的寺院。此寺的主殿有三层，底层是藏式建筑，殿中的塑像是藏人的面貌；中层是唐式建筑，殿中的塑像是汉人的面貌；上层是印度式建筑，殿中的塑像是印度人的面貌。这反映了藏传佛教来自汉印两地。建寺以后，又剃度贵族子弟七人为僧，其中就有迎请寂护来藏的巴赛囊（法名意希旺波）。这是第一批藏族僧人。稍后，又有赞普妃没庐氏等贵族妇女约三十人出家为尼，为她们剃度的是汉僧摩诃衍。后来又有约三百名藏人出家，藏地的佛教有了较大发展，苯教则受到很大打击。

赤松德赞还在敦喀尔召开了一个佛、苯的辩论会，请寂护、莲花生、无垢友等印僧与苯教师香日乌仅、唐纳苯波、黎希达仁等公开辩论，最后赤松德赞宣布苯教理屈而败。赤松德赞并下令禁苯，命苯教徒弃苯崇佛，如不愿弃苯则流放边鄙。但他还是允许苯教中之占卜推算、祈福禳祓等术在民间继续流行。

赤松德赞还与贵族大臣盟誓兴佛，并立碑证盟。又下令吐蕃上下必须崇信佛教，还为赞普子弟、贵族子弟各延一名僧人为师传授佛学，又选任僧人为却论（教法大臣），这样，佛教逐渐取得了国教的地位。

但是佛教在战胜苯教之后，内部亦起纷争。由于寂护去世后蕃僧大都倾附汉僧摩诃衍的禅法，从寂护受戒的意希旺波以及印度僧人为维护中观教法，建议赤松德赞迎请莲华戒来与大禅僧摩诃衍辩论。莲华戒（约730～800）是寂护的弟子，是瑜伽中观宗的代表人物。他应邀入藏，在赤松德赞主持下与摩诃衍对辩，时间长达三年（约792～794），各有胜负，所以以后汉地禅宗与印度瑜伽中观宗并行于西藏，各有深远的影响。

赤松德赞大力支持译经事业。他派人去印度留学，培养译经人才。他还组织译场，请人从多种文字译出一大批佛典，据《丹噶目录》所记的就有六百余种，有些还不在其列，如由寂护和蕃僧法光（曲吉囊瓦）合译的《因轮论》（陈那造，是藏地最早译出的因明论），就未收入目录。由此也可见当时译经的盛况。

但是赤松德赞在位的后期，吐蕃内外矛盾重重，国势由盛转衰。所以公元797年赤松德赞一死，吐蕃内乱即表面化。其后赞普更迭频繁，就是内乱白热化的集中表现。公元797年，长子牟尼嗣位。牟尼与赤松德赞可能由于家事或政见不同而有怨隙，〔1〕他即赞普位后，曾三次平均属民财富，然

〔1〕 赤德松赞立《缽阐布纪功碑》云："父王与长兄怨隙既盛，我于未掌国政之前颇多魔障，端赖钵阐布为之消解。"

均告失败。可能是触犯了贵族利益,在位仅一年又七月即被母后哲蚌氏毒死。公元798年,牟尼的次弟牟如即赞普位,这就是赤德松赞赞普。

赤德松赞在位十七年(约798~815),全赖其师僧班第娘定内增波(时任钵阐布,即掌国政的僧官)的辅佐。因此这一时期继续遵行佛教,在译事上开始译本的勘定工作,还兴建了噶穹寺。并且在主政僧官钵阐布和内地和尚居间调处之下,唐蕃和盟的会商亦在进行之中。

3. 赤祖德赞时期佛教的发展与朗达玛灭法

公元815年,赤德松赞去世。他生有五子,长子已出家为僧,二、三子已亡,四子达磨品行欠端,故钵阐布与大论等重臣议立第五子赤祖德赞嗣位。然赤祖德赞长期患病,实际由钵阐布代理国政。〔1〕 所以这一时期对佛僧的供养甚为优厚,规定每一僧人给予七户属民负责供养。还制订法令,凡对僧人轻侮不满者给予严厉惩处。又遵照佛书上所云的度量衡来改制现有度量衡器。

这一时期的译经事业也有了更大发展,令人瞩目的有如下几方面:第一,派人从印度请来多名大班智达,与本地译师合作,使译经质量大为提高。第二,统一译例和译名,勘定以往所译经论。勘定译本的工作始于前代,成于当朝。第三,编纂目录,先后编了三次,今仅存完成于公元824年的《丹噶目录》一种(见《藏文大藏经·丹珠尔》)。编入此目录中的经论,均系经过勘定的译籍,作为范本流通,这就减少了不必要的重译,且方便研读。第四,此时的译经主要是由梵译藏,且以显宗经论为主,对密宗经典则加以限制。对小乘经论,则限于说一切有部。第五,开始重视因明著作的迻译(详见下一节)。

这一时期还发生长庆和盟的历史大事。此事始于赤德松赞的师僧钵阐布娘定内增桑波的筹划调处,成于赤祖德赞的师僧钵阐布贝吉云丹的不懈努力。早在唐宪宗元和四年(809)吐蕃即遣使求和。元和五年(810)唐宪宗

〔1〕《新唐书·吐蕃传》说,赤祖德赞“立几三十年,病不事,委任大臣”掌政。

遣徐复往使吐蕃，特赐敕书于钵阐布。可见钵阐布在唐蕃会盟中所起的重要作用。至唐穆宗长庆元年（821），吐蕃复三次遣使求和请盟，唐穆宗最终同意蕃方提出的"蕃汉二邦各守现管本界，彼此不得相征，不得相为寇雠，不得侵谋境土"的盟约，以大理寺卿刘元鼎为会盟使，右司郎中刘师老为副使，与吐蕃使臣论罗纳在京师长安西郊王会寺举行结盟仪式，预盟的唐大臣有宰相等十数人。长庆二年（822）唐穆宗又派刘元鼎使蕃，复与其会盟使论罗纳就盟于逻些（今拉萨）东哲堆园，蕃方钵阐布等众大臣皆预盟。会盟碑于公元823年立，碑上所列预盟大臣中，钵阐布贝吉云丹名列第一，可见其在和盟中所起的作用有多么重要。这次会盟，具有重要的历史意义，开创了如《会盟碑》所云"甥舅商量社稷如一统"的新局面。蕃僧所作的贡献符合佛家非战弭争的根本教义。

但是佛僧主政国事亦为亲苯大臣未杰刀热等人所不满，他们密谋铲除赤祖德赞另立赞普，就先设计陷害贝吉云丹，污其与赞普妃昂粗有染，借赤祖德赞之手诛杀了贝吉云丹，又乘赞普醉酒将其扼死，时间约在公元838年。

同年，未杰刀热等立达磨为赞普，未杰刀热自任大论。达磨系赤祖德赞之兄，因其"嗜酒好畋猎，喜内且凶愎"，故早年未被钵阐布等权臣选立为赞普，自然怀恨在心。达磨继立后即与亲苯大论未杰刀热等反佛扶苯，开展大规模灭法。他们停止对僧人的供养，故僧人只得四处流亡。他们封砌大招、桑耶等寺的寺门，画上僧人饮酒图，并撤下佛像埋入沙中，不能移动者则用绳索捆绑严实。他们还销毁所译经论（幸大部分已先此被僧人藏于岩洞，得以保存）。他们还强迫未逃散的僧人还俗，或驱使他们去打猎杀生，灭法的手段无所不用其极。《新唐书·吐蕃传》说，由于达磨"少恩"，其"政益乱"。唐文宗"开成四年（839）遣太子詹事李景儒往使吐蕃"，亲见吐蕃天灾人祸不断，"地震烈，水泉涌，岷山崩，洮水逆流三日。鼠食稼，人饥疫，死者相枕藉。鄯廓间，夜闻鼙鼓声，人相惊"。

据《新唐书·吐蕃传》记载，达磨于唐武宗会昌二年（842）死。达磨是在逻些（拉萨）《甥舅会盟碑前》读碑文时被护法僧人贝吉多吉用箭射杀的。

达磨在位不过四年，却倒行逆施而死。又因其死时无子嗣，王族由争位而分裂。各地将领也拥兵自重，一些属部更是乘机纷纷独立，吐蕃瓦解而亡。然而达磨灭法的消极影响却延续了百余年。

从七世纪中叶松赞干布时期佛教初传至九世纪中叶赤祖德赞时期大兴佛教，史称前弘期。前弘期由达磨灭法告终。

4. 前弘期的因明传译

吐蕃佛教前弘期的因明迻译始于八世纪中叶寂护与藏人法光合译陈那的《因轮论》。

寂护不仅是瑜伽中观宗的创始人，也是法称以后著名的因明学者。他曾为法称的《诤正理论》写了《诤正理论广显义疏》，还依据法称的因明学说，写了《真理要集颂》，这是一部有三千六百四十五颂的钜著，概括了各哲学派别对真理要义的见解，并对数论、胜论、正理论、弥曼差、耆那教和小乘说一切有部、犊子部等的观点一一破斥。他的学生莲花戒也是一位精谙陈那、法称因明的学者。他写过《正理滴论序品要略》等，反破正理派理论家乌地阿达克拉和弥曼差理论家枯马里拉对陈那和佛教的攻击，还为其师的《正理要集颂》作了评注。寂护和莲花戒在传法弘教之余，当亦会讲授因明之学。如《滂塘目录》所记书目中就有两部听讲因明的备忘录。而且据《丹噶目录》所记，赤松德赞著有多种佛学著作，其中《经教佛语正量论》（七卷）今尚存其略本，内有现量、比量、圣教量等专章，可见当时对因明的迻译虽然刚刚起步，但因明的传习亦已开始。嗣后可能是由于研习的需要，一些简明的因明典籍便首先迻译为藏文，如当时三大译师之一的吉祥积（噶瓦贝孜）就译出了九种：法称的《因滴论》、《观相属论自注》、《成他相续论》，律天的《因滴论疏》、《成他相续论疏》、《观所缘缘论疏》，莲花戒的《正理滴前品摄》，善护的《一切成就颂》、《成外境颂》。三大译师中的智军（尚·盖西德）译出的因明著作有三种：法称的《正理滴论》、律天的《正理滴论疏》、胜友的《正理滴论摄义》。在三大译师中，只有龙幢译师未译过因明。另外，最早与寂护合作译出陈那《因轮论》的吐蕃译师法光，还译出了法上的《正理滴论广注》。又有一位空护译师译出了法称的《观相属论》和律天的《观相属论疏》。加上一些没有传下来的因明译籍，前弘期所译的因明典籍约近三十种（今存十九种）。据《丹噶目录》所记，当时还计划逐译法称的《释量论》、寂护的《正理要集颂》以及莲花戒的《真理要集评注》等大部头的著作，可惜后来发生达磨灭法事件，计划遂成泡影。

【附表】　前弘期吐蕃赞普世系表

1. 松赞干布（617～650，629～650 年在位），亦称弄宗弄赞。

2. 芒松芒赞（子，650～676 年在位），亦称弃芒论芒。

3. 都松芒波杰（子，676～704 年在位），亦称弃都松、器弩悉弄。

4. 赤德祖赞生于 742 年（子，704～754 年在位），亦写作弄迭祖赞、弃隶缩赞、赤德祖月。

5. 赤松德赞（子，754～797 年在位），亦写作弃松德赞、弃立赞。

6. 牟尼（长子，约 797～798 年在位），亦称摩尼赞、足之煎。

7. 牟如（次子，牟尼二弟，约 798 年继位，继位即被杀）。

8. 赤德松赞（第三子，牟尼三弟，约 798～815 年在位），亦写作弃猎松赞，通常称作色拉累。

9. 赤祖德赞（第五子，约 815～838 年在位），亦写作弃足德赞、墀足德赞、彝泰赞普（彝泰是其年号），常称可黎可足、热巴巾。

10. 朗达玛（兄、第四子，约 838～842 年在位），亦写作达磨。

按：吐蕃赞普名号颇多近似，复多异译、异名，令人颇费索解，兹列此表以裨查考。

二、后弘期的因明传译和著述

自达磨灭法，吐蕃瓦解以后，经历了百年纷争，形成了地方割据局面，其中势力较强的是永丹(达磨死后元妃立养子永丹为赞普)一系的子孙在前藏建立的政权,以及峨松(达磨的遗腹子,为妾妃所生,被反对立养子为赞普的贵族所另立)一系的子孙在阿里建立的政权,后弘期的佛教主要是在这两大政治势力的推动和支持下逐步重建起来的。

永丹的六世孙耶喜坚赞赞普与后藏的一位小王先后派出鲁梅等卫藏十人去青海丹底(在西宁塔尔寺东南、循化以北黄河岸边)从名僧公巴饶赛学法,学成归来后,分别在卫藏乃至康区建寺度僧弘法,史称下路弘法,起始的时间在宋太宗太平兴国三年(978)。

另一路史称上路弘法,即佛教从阿里传入卫藏。峨松的五世孙古格王柯热笃信佛教,自己在佛像前出家为僧,取法名耶喜峨(智光)。他派出二十一人去克什米尔留学,虽仅仁钦桑布和玛·雷必喜饶二人学成归来(其余皆于途中病故),但二人在重弘佛教、再传因明中发挥了重要的作用。耶喜峨晚年为请阿底峡来阿里传法,竟牺牲了自己的生命。阿里的古格王朝为后弘期佛教作出了重要的贡献。

随着佛教在西藏的重兴,因明的译传著述也进入空前繁荣的局面。

1. 因明在阿里地区复兴

达磨妾妃所生的儿子峨松死后,他的儿子伯柯赞在位十八年,被奴隶平民起义军杀死。伯柯赞的次子利玛贡带着三名亲信和百骑马队逃到阿里,在布让建立起地方割据政权。利玛贡死后,他的三个儿子分主阿里三围:长子在芒城(海子围)一带为王,次子在布让(雪山围)一带为王,三子德珠贡在古格亦即香雄(崖围)一带为王。德珠贡死后,由长子柯热继位,古格王朝由此著称于世。

柯热是一位笃信佛教的古格王,后来他自己在一尊佛像前出家,取法名耶喜峨(智光,史称拉喇嘛),并将政权交给他的兄弟松额。耶喜峨一心要以佛教来兴国,但他对当时一些修密法的僧人以淫乐为解脱的邪行深为不满,怀疑他们的行径是否合乎佛法。所以他选派了二十一名青年去克什米尔学习佛法,结果只有仁钦桑布和玛·雷必喜饶学成归来,其余十九人均客死他乡。

仁钦桑布(宝贤,958~1055),藏人尊称“大泽师”,他是一位精通显密教法的大师。仁钦桑布是古格人,十三岁出家。他曾三次去克什米尔留学,学习了不少显、密经论。他并请来印度班智达多人共同翻译显密经论。他在古格王室的支持下,修寺建塔,讲经说法,为维护律仪、匡正时弊做了许多事情。他一生在译经上所作的贡献最大,据说他译出显教的典籍计有十七部经、三十三部论,译出密教的重要典籍达一百零八部之多。他还依据获得的梵本改订了一些吐蕃时代的旧译。由于他新译和改订的佛典数量巨大,影响深远,所以时人和后世均尊称他为大译师。藏人并将他和公巴饶赛的弘法视作上路弘法和下路弘法之始,于此可见仁钦桑布在藏传佛教史上的卓越地位。但是,仁钦桑布没有迻译过因明典籍,也未见有因明方面的著述。但是他的门徒曾翻译过因明典籍。〔1〕

玛·雷必喜饶(生卒年不详)年龄较仁钦桑布要小许多,因此也有人说他是仁钦桑布和阿底峡二人的弟子。玛·雷必喜饶的主要贡献在译传因明。他奉古格王室绛秋峨(菩提光)之命,译出了法称的煌煌巨著《释量论》。《释量论》分四品:第一为自比量品,第二成量品,第三现量品,第四为他比量品。由于全部是用偈颂写出(共一万二千颂),故法称又自注了第一品,后三品则由其门人帝释慧(藏人称其为“拉汪罗”)作的注。法称师弟二人作的注合起来,构成《释量论注》的完本(藏人称此完本为《一万二千颂》)。玛·雷必喜饶将这四品的注也全部译出,这是《释量论注》最早的藏译本。后来他又译出法称的《诤正理论》和法称的二传弟子释迦慧写的《释量论广注》。

释迦慧是法称后学释文派中最优秀的学者,他的这部书的内容殊为富赡,因此玛·雷必喜饶迻译此书对深入理解《释量论》的文义有重要的意义。

〔1〕　布顿大师《佛教史大宝藏论》说,仁钦桑布的门徒诺穹·执厥协饶翻译过《因明》(书名不详),参见第191页,民族出版社,1986年。

法称的《释量论》在吐蕃时代未及译出，现在玛·雷必喜饶不仅译出其本文，且译出两种重要的注疏，遂了古格王室一个殷切的心愿。玛·雷必喜饶还设讲筵为僧人解说《释量论》，为弘扬法称的因明作出了贡献。后来玛·雷必喜饶的后学琼卜扎塞还到拉萨一带去讲授《释量论》，阐释皆依据玛·雷必喜饶所译的两种注本及其讲授记录。

因明在达磨灭法百余年后能在阿里复兴，是与阿里古格王室的积极支持和参与分不开的。除了菩提光命玛·雷必喜饶迻译法称的《释量论》以及两部大疏外，菩提光之兄、古格王希瓦峨（寂光）还亲自译出寂护所著的《量论摄真实论颂》，这也是一部篇幅较大且很重要的量理著作。后来，据说古格王孜德（希瓦峨之侄）还派人从克什米尔请来遮纳西（智吉祥）与藏人却季准珠（法进精）共同译出法称的《定量论》和另一部释论《定量论广释》。又请来克什米尔真扎惹呼那大师与藏人顶恩正让波（定贤）合作译出陈那的《集量论》。另外，定贤还与虚空僧合译了法称的《观相属论》，虚空僧并独译了律天的《观相属论释》，定贤则独译了金刚宝的《正理相合论》。可惜这些书都未能留存于世。从《丹珠尔》中现存《释量论》及庄严派所撰释论的译籍上的题记来看，大都明言译事与古格王室有关。古格王室为因明的复兴作出了重要的贡献。

古格王朝为重弘佛教和因明可谓不遗余力，还有两件大事不能不提：一是迎请阿底峡来阿里，一是举办丙辰法会。

阿底峡（982~1054）是东印度萨护罗国（今孟加拉国达卡地区）人，出身王家。曾任印度名寺超戒寺首座，是精通声明、因明和显、密经典的大师。因古格老国王耶喜峨（智光）一心要请他来阿里传法译经，甚至不惜为此丧生异乡。其侄孙绛秋峨（菩提光）遵其遗命派人用重金请来阿底峡。阿底峡在阿里住了三年，后又被仲敦迎至卫藏，直至去世，前后一共住了十二年。阿底峡对西藏后弘期的佛教有深远的影响，其间，从他受学的人甚多，后弘期三大译师枯敦、俄·雷必喜饶、仲敦都是他的弟子。仲敦追随阿底峡九年，最得其传承，后建热振寺，创立了噶丹派。俄·雷必喜饶则创建了桑朴寺，后来形成以桑朴寺为中心的因明传承。

丙辰法会是公元1076年由古格王孜德（菩提光之侄）为施主举办的，聚集了卫、藏、康三区的众多僧人来阿里参加，其中包括俄·雷必喜饶和俄·罗丹喜饶叔侄。会后，在孜德王的资助下，不少青年僧人去克什米尔留学，从而造就了一批佛学和因明学者，使这次法会在西藏佛教史上留下了可圈可点的一页。

可以这样说，古格王室迎请阿底峡来藏传法和举办丙辰法会，或间接或直接地为后来桑朴寺一系的因明传承播下了种子。

2. 以桑朴寺为中心的因明传译和著述

阿底峡去世十九年后，俄·雷必喜饶于公元1073年在桑朴（拉萨以南、聂当以东）建内邬托寺，后通称为桑朴寺，俄·雷必喜饶为首任座主。他的侄子俄·罗丹喜饶（1059～1109）亦随侍在桑朴寺从其受学。俄·雷必喜饶除向其传授显、密经教外，还重视因明的讲授。并且有意让俄·罗丹喜饶去克什米尔留学。

1076年丙辰法会召开，他们叔侄二人同往参加。会后古格王孜德资助俄·罗丹喜饶去克什米尔学习因明和慈氏诸论。数年后，孜德王之子旺求德应其请求又给他资助，并要求他迻译因明论典。于是俄·罗丹喜饶与他的老师吉庆王合作，首先译出智生护的《释量论庄严释》，智生护是法称后学中教义派（亦称庄严派）的创始人。这部书注释了《释量论》中除法称自注的第一品外的其余三品，篇幅较大，有六十卷之多，是教义派的代表作。然后他又与另一位老师利他贤合作，译出了法称的《定量论》，法上的《定量论详解》（又称《大疏》）和《正理滴论疏》（又称《小疏》）。法上是法称后学阐义派的创始人，他的这两部疏以精审而著名，故俄·罗丹喜饶要选此而译。他在克什米尔住了十七年，还与其他班智达翻译了许多经教。

他于公元1093年返藏，在桑朴等寺讲授经教、因明。后又受古格王之命，在聂塘寺迻译耶麻黎对智生护《释量论庄严释》的三品注文所作的详疏。耶麻黎的疏文是宏篇巨制，他为原书三品注文各写了一部疏，全书共八十二卷,是印度量论中篇幅最大的一部,译成藏文在《丹珠尔》中占了四包之多,总称《释量论庄严释极园正疏》,其翻译工作量之大当不言而喻。在法称后学中,阐义派和庄严派的主要著作由俄·罗丹喜饶迻译为藏文者较多。他还译了却雀的三种量理小论:《观量略论》、《成就刹那灭论》和《成就破他论》,又译出牟底奔巴(珍珠瓶)的两种因明论:《成就破他论》、《成就相续论》。〔1〕他并对勘梵文,校订了玛·雷必喜饶所译的法称的《释量论》。在藏人的心目中,俄·罗丹喜饶的译文最为精当,故备受推许。

俄·罗丹喜饶在其叔父俄·雷必喜饶去世后,继任桑朴寺座主。他除了在桑朴寺讲授因明,还到拉萨、桑耶等地讲学。“据他的弟子卓龙巴说,从他学经的僧人多达两万三千人。卓龙巴还说,在他的副讲中能讲《释量论庄严释》、《定量论疏》等的人就有五十五人,能阐释《定量论》的达二百八十人,可见桑朴寺当时传习因明的盛况。”〔2〕在法称后学三大派中,法上的阐义派和智生护的庄严派的主要著作由俄·罗丹喜饶译为藏文者较多,他在讲授因明时则以法上阐义派的学说为主。据《布顿佛教史》说,俄·罗丹喜饶所著的因明论有近二十种,王森先生认为这可能是他的门人听他讲授时所作的笔记,有些可能经过他的修正,所以一般传记中未提这些书。〔3〕

俄·罗丹喜饶对因明的译传,偏于推崇法称及其后学的著作,而对更为本源的陈那因明论却无涉及。这一点恰好有其同时代的两位译师作了弥补,一位是待比喜饶,一位是亚玛·僧吉,二人先后译出陈那晚年畅生平心得之作的《集量论》。待比喜饶亦曾参加丙辰法会,且会后与俄·罗丹喜饶同赴克什米尔留学。他所译的《集量论》可能早出。亚玛·僧吉是一位居

〔1〕 俄译师所译却雀和珍珠瓶的五种因明论疏,均见布顿《佛教史大宝藏论》,第294~296页,北京,民族出版社,1986年。

〔2〕 剧宗林:《藏传因明史略》第25页,民族出版社,1994年。

〔3〕 参见王森《藏传因明》,《中国逻辑史·唐明卷》第133页,甘肃人民出版社,1989年。

士，生平不详。他所译的《集量论》可能是在待比喜饶译本的基础上订正其讹略后的重译本。〔1〕这个译本多为藏人所推许，后世格鲁派贾曹杰注释《集量论》，即以他的译本为底本。而待比喜饶的译本采用的人就不多，唯后世萨迦派的名著《正理藏论》中所引用的《集量论》原文取自其译本。

因明的译传高峰至俄·罗丹喜饶大体告一段落，此时陈那的大部分因明论著和法称的因明七论以及法称后学释文、阐义、庄严三派的主要著作均已译出，有的甚至重译了多次。在引入文献已具规模的背景下，义理的探讨研究便成为趋势，其最早的代表人物就是俄·罗丹喜饶的三传弟子恰巴曲森。

恰巴曲森（1109～1169，意译法师子）是桑朴寺的第六任座主。他幼年即在桑朴寺出家，由于天资聪慧，博闻强记，擅长中观和因明，所以早年即在桑朴寺和其他寺院讲学。他著述宏富，重在释义。他对印度清辨一系所谓东方三中观师智藏、寂护、莲花戒的主要中观著作都作了注释。可见他在中观学上是追随俄·罗丹喜饶的，属于瑜伽中观宗。所以他不赞成印度中观宗的另一系亦即月称的中观学说。他就任桑朴寺座主以后，曾与从印度回来的巴曹·日称译师就月称的中观学说举行过一次辩论，巴曹·日称的观点是倾向月称一系的，结果输给了恰巴曲森。

恰巴曲森在因明方面的成就尤为引人注目。他写了一部《定量论释》，〔2〕这当是藏人最早的因明释论。他还写了《量论摄义去蔽论》，这是藏人最早的概论性因明著作。此书本法称以经部识外有境之义立论，对法称因明论中涉及的许多基本问题一一列出，分别论释。其目如下：1. 显色白红；2. 实有法与假立法；3. 相违与不相违；4. 总与别；5. 相属与不相属；6. 异与不异；7. 合遍与离遍；8. 因与果；9. 有法、能别、因；10. 能相与所相；11. 多

〔1〕吕澂《集量论释略抄》云：“二者先后无考，审其文义，似金本（即待比喜饶译本）先出，故多讹略，宝本（即亚玛·僧吉译本）乃重新订正。”《内学》第四辑，1928 年。

〔2〕日本今存其写本。

因与多宗法;12. 彼此相违;13. 直接相违与间接相违;14. 彼此互遍;15. 是与非;16. 是的反面与非的反面;17. 确知是与确知非;18. 了知事与了知常。〔1〕 这些问题在恰巴曲森的著作中是散在各处的,且其对每个问题的论述亦往往并不集中,法称经过梳理归纳,再予论释,上例各项要义即显明朗,便于掌握。而且此书在体例上开创摄类辨析的方法,为后世的因明讲习提供了范例。故西藏各大寺院扎仓(佛学院)都编有仿其体例所写的因明教材,在学习实践上,则取对辩的形式。不过后来各大扎仓所编的同类教材太多,反倒淹没了祖本,恰巴曲森的原著今已不复存世!

恰巴曲森有众多弟子,其中以八大狮子为杰出,即藏拿巴·精进狮子、丹拔巴·说法狮子、朱受·福狮子、玛如·辩论狮子、碴·自在狮子、娘湛·法狮子、丹麻·三宝狮子、涅巴·功德狮子。〔2〕 在这八大狮子中,又以藏拿巴·精进狮子最为杰出。精进狮子不泥师说而善于独立思考,他在中观学说上接受月称一系的观点,在因明方面则引入月称一系破斥敌论时常用的应成论式。

俄·罗丹喜饶及其三传弟子恰巴曲森在因明方面的译传和著述,奠定了桑朴寺的因明传统,且历久不衰。恰巴曲森去世后不久,桑朴寺分成上院和下院两部分。上院至甲清汝娃为座主时,与其兄弟兼弟子的桑日在楚普寺创建了般若因明扎仓。至十四世纪初还出了一位著名学者一切智者(1290~1364)。当时不仅在桑朴寺、楚普寺,甚至在夏鲁寺,也都依据恰巴曲森的《定量论释》来讲授法称的《定量论》。这也是桑朴寺的因明传统之一。在桑朴寺的下院,至十五世纪洛桑尼玛为座主时,复加强了与黄教的联系。洛桑尼玛是黄教创始人宗喀巴·罗桑扎巴的侄子,他任桑朴寺下院的座主以后,又任甘丹寺第九任座主。甘丹寺是格鲁派四大寺之一。处于前

〔1〕 此据王森先生所译述。参见《中国逻辑史·唐明卷》第134~135页,甘肃人民出版社,1989年。

〔2〕 在这八位门人的名字后面都有“僧格”二音,“僧格”即狮子。

藏的甘丹、哲蚌、色拉三大寺的学僧每年夏天都要聚集在桑朴寺举办夏学，讲习因明，而且主要是通过辩论的形式来学习，以继承桑朴寺的因明学风。地处后藏的扎什伦布寺的学僧虽不必来桑朴寺参加夏学，但同样继承桑朴寺的因明学风。

3. 以萨迦寺为中心的因明传译和著述

在桑朴寺因明学风的熏陶下，至十三世纪初，又形成了萨迦派的因明传统。

萨迦派是昆氏家族衮乔杰布（1034~1102）所创立。昆氏于1703年建萨迦寺，其所创教派世称萨迦派。

萨迦派的因明传承从其二祖索南孜摩（1142~1182）开始。他曾师从桑朴寺第六任座主恰巴曲森受学显密教法和因明，由此重视因明的研习。萨迦三祖扎巴坚赞（1147~1216）则不仅重视传习因明，更与印度僧人智吉祥在萨迦寺重译了《入正理论》。在此之前已经有玄奘大师的汉译《入正理论》转译为藏文的本子，是汉僧祥曲与藏族格西顿驯在临洮合译的。萨迦二祖和三祖对因明的讲授和译传，还只是萨迦派弘扬因明的开篇，到萨迦四祖时，萨迦派才树立起了自己的因明学风。

萨迦四祖萨班·贡噶坚赞（1182~1251）自幼随从三伯父扎巴坚赞和萨迦寺诸师僧学习藏·梵文字和经教，十八岁开始研习因明，二十岁时又从促尔·熏奴僧格（恰巴曲森的二传弟子）学习《定量论》，由此也体悟到了桑朴寺以法上阐义派的学说来讲解《定量论》的传统。公元1204年，印度大班智达释迦吉祥贤（1127~1225）与其弟子施戒等来藏。释迦吉祥贤是那烂陀寺最后的座主，那烂陀遭伊斯兰军洗劫后来藏避难，在藏十年，于公元1214年才返回克什米尔。在此期间，萨班专程去曲弥仁摩寺谒见释迦吉祥贤，向他求教因明。三十五岁时，萨班又从释迦吉祥贤受了具足戒。后来萨班又从施戒等师潜心研习法称的《释量论》，进而又与释迦吉祥贤并施戒等师用中印度传承的梵本《释量论》来订正经俄·罗丹喜饶修改过的玛·雷必喜饶所译的《释量论》。这一修订本后来就成了通行译本。萨班还向释迦吉祥贤和施戒等师学习法称其他因明著作。他向施戒等学习因明,从而也学到了庄严堪布的学说系统。公元 1216 年萨迦三祖入灭,三十五岁的萨班继任座主。

萨班一生著述甚丰,广涉五明,计有十九种之多,其中在因明方面卓有影响的是他的《正理藏论》(亦译《量理藏论》)。此书共十一品,兹列品目如下:第一观境品、第二观慧品、第三观总别品、第四观显现与遮诠品、第五观所诠能诠品、第六观相属品、第七观相违品、第八观相品、第九观现量品、第十观为自比量品、第十一观为他比量品。以上十一品从内容上看可分为两大部分:前七品属第一部分,具体论述了所知境与能知智的关系,智了境的方式和途径。后四品为第二部分,阐述现、比二量的性相以及因明的知识论和逻辑论。此书承前启后,奠定了藏传因明的理论基础。它对印度诸"外道"、小乘某些派别的主张,以及大乘和西藏学者一些旧说所作的批评,虽非尽当,然留下了丰富的思想资料,可资借鉴。〔1〕

萨班精通五明,且殊善辩。他曾与六位印度教的学者辩论十三天,终于令对方服输,甘愿削发为僧,从而声名远播。萨班是西藏历史上第一位获得班智达称号的大师。

萨班晚年还为西藏回归祖国版图作出重大贡献。公元 1244 年,萨班应成吉思汗之孙阔端之邀离藏去凉州(今甘肃武威)谈判。经他与西藏各教派及各地方割据势力的书信往还,终于统一了思想,于公元 1247 年归顺蒙古,使西藏纳入元朝的版图。从此,萨迦寺主便成了西藏全区的领袖人物。萨班于公元 1251 年七十岁时逝世于凉州。

萨班的门人众多,有三人最得其意,即东院的智生,西院的正理狮子,中院的交顿·无垢。其中正理狮子在因明上的造诣最高。正理狮子承师说写

〔1〕 萨班的《正理藏论》,有罗炤的汉译本(前八品),见《中国逻辑史资料选·因明卷》,兰州,甘肃人民出版社,1991 年。又,台湾明性法师译有全本,书名《量理宝藏论》,东初出版社,1994 年。

了《释量论广释》,也融入了自己的心得,是一部精粹之作,受到时人和后世的高度评价。

萨迦派自萨班·贡噶坚赞去世后逐渐衰落,但仍然保持其因明传习的学风。南宋末帝(宋恭宗)赵㬎(1274~1323),法名法宝,曾任萨迦寺座主。他依据玄奘所译的《因明入正理论》校订顿训的藏译本,此校订本受到藏人普遍重视。后赵㬎被元英宗所杀。另外,萨迦寺西院邬由巴·正理狮子一系也于十四世纪后半叶涌现出两位著名的学者,一是绒敦·释迦坚赞,一是仁达瓦·熏奴罗卓。

绒敦·释迦坚赞(1367~1449)十八岁到桑朴寺学习显教经论和因明,二十二岁受具足戒,二十七岁以后受学萨迦派显密教法和因明。学成以后讲授显教经论和因明论,著有《定量论疏》等。公元1435年,年近七十的他在拉萨彭玉地方建那兰陀罗寺,模仿桑朴寺的因明研习体制,创办萨迦派的显教研习中心。

仁达瓦·熏奴罗卓(1352~1416)出生于后藏拉孜附近的仁达,后因其学识过人,名冠一时,故世人以其出生地名之,以示敬意。他是萨迦寺西院邬由巴·正理狮子的四传弟子。他博通显密教法,又善因明,从学者甚多。宗喀巴、贾曹杰、克主杰均曾从他受教。他为宗喀巴讲了三遍《释量论》,还为他讲了《集量论》,对宗喀巴因明思想的形成有一定影响。

4. 格鲁派对因明的弘扬

西藏后弘期的佛教在十三、四世纪之交出现严重衰退的现象。由于僧徒卷入世俗权力和利益的漩涡,戒律废弛、修学无心,乃至耽于享乐、迷恋淫邪,从而导致教内外的信仰危机。在这样的背景下,以整顿戒律、革新佛教为己任的格鲁派应运而生了,它的创始人就是宗喀巴·罗桑扎巴。

宗喀巴(1357~1419),本名罗桑札巴,生于青海湟中县塔尔寺地方。湟中一带藏语称作"宗喀",罗桑札巴成名后,时人以其出生地名尊称之。他自幼在噶当派的甲穹寺出家,公元1373年十七岁时至卫藏深造。他转益多师,曾从噶当派、萨迦派、噶举派诸多名僧学习显密教法和因明。从因明来说,宗喀巴曾在公元1378~1380年的三年中听仁达瓦讲了三遍《释量论》,他还从仁达瓦受学了《集量论》,后来他又从顿桑瓦学过一遍《释量论》。之后他又研读了邬由巴·正理狮子的《释量论广释》。宗喀巴从法称的《释量论》和正理狮子的《释量论广论》中体悟到,《释量论》不仅仅是量论,"还包含着佛徒修法成佛的教义和修习次第阶位之说"。〔1〕公元1386~1387年,宗喀巴在拉萨东郊的蔡贡塘寺遍读了《释量论》的各派注疏,尤其是法称后学庄严派的注疏,更坚定了自己在六、七年前形成的看法。由此,他将因明纳入内明,认为学因明的目的在依其修道次第直至解脱。

宗喀巴对因明的研习用力甚勤,用心殊专,且从其佛教情结出发,对因明的功用作出独特的评价,这对整个格鲁派的因明学风有决定性的影响。但是宗喀巴只写了一部《因明七论入门》〔2〕,篇幅不大。此论从处境、有境及证境等三个方面概括法称量论的要义。这部书只是为初学因明者写的基础教材。他将因明列为内明,将《释量论·成量品》的旨趣演绎到极致,以量论为修道证悟的阶渐等思想,在讲授法称量论时作具体阐发,这多记于其门人的听讲备忘录中。由于宗喀巴培养出了众多杰出的佛教人才和因明学者,他的门下大德又忠实地贯彻着他务实修的因明思想,终于形成了格鲁派的因明学风。格鲁派重视因明的研习,是与他将《释量论》列入显宗院必读的五大部的学制分不开的。

在宗喀巴门下诸大德中,列为首位的是贾曹杰·达玛仁钦(1364~1432)。"贾曹杰"也是尊称,意为宗喀巴代理胜尊。他是后藏仰垛日囊人,十岁时在内宁寺出家,取法名达玛仁钦。稍长即从仁达瓦·熏奴罗卓等名僧受学,后复依止熏奴罗卓受具足戒。他聪慧过人,学养不凡,先后在萨迦、桑朴、孜塘等大寺依十部大论立宗答辩,语惊四座,从而获得"噶希巴"(能以

〔1〕王森:《藏传因明》,《中国逻辑史·唐明卷》第140页,甘肃人民出版社,1989年。

〔2〕《因明七论入门》有杨化群的汉译,见《中国逻辑史资料选·因明卷》,甘肃人民出版社,1991年。

四部大经立宗答辩获胜的学者）的称号。据说他在辩论中曾令享有答辩大师之称的绒敦服输，便心生傲慢。此时又闻宗喀巴有盛名，又欲与之一辩。他在与宗喀巴会宗时，进门不脱帽，显出倨傲之态。但是当他听了宗喀巴所讲的一番见解非凡的道理后，自知为己所不及，便拜在宗喀巴的门下。本来贾曹杰与宗喀巴均为仁达瓦·熏奴罗卓的弟子，是师兄弟一辈，现在贾曹杰拜在宗喀巴门下，成了宗喀巴的上首弟子，而且从此追随宗喀巴二十余年而不渝。贾曹杰在公元 1409 年以后建甘丹寺，作为宗喀巴的道场。公元 1419 年宗喀巴将其僧帽（班底达帽）和袈裟授予贾曹杰后入灭。贾曹杰升座为甘丹寺第一任赤巴（寺主）。藏人以宗喀巴为甘丹赤巴的始祖，故贾曹杰为第一任甘丹赤巴。

贾曹杰以量论见长，著述甚丰。今存《集量论详解》、《释量论能显解脱道论》、《定量论广注》、《正理滴论善说心要》、《观相续论解说》、《相属与相违之建立》、《释量论摄义显解脱道实义论》、《量论导论》、《量论正理藏论释善说心要》以及《量论备忘录》、《现量品备忘录》等，这后二种是听宗喀巴讲量论的笔记。贾曹杰忠实继承宗喀巴的量论思想，亦视因明为内明，将研习因明作为通达正量之道，作为修持以达证悟的阶梯，故他在解说《释量论》时以“能显解脱道”为其论旨。从其疏文中所含的解脱思想来看，他似乎属于法称后学三派中智生护的庄严派（教义派）一系，但按藏人的传统说法，则将贾曹杰归入法上阐义派一系。公元 1431 年，贾曹杰应邀赴后藏江孜讲法，与在江孜当仅寺静养的克主杰相会，并邀克主杰同回甘丹寺。贾曹杰提前退位后，由克主杰继任甘丹寺赤巴。

克主杰·格雷贝桑（1385～1438），出生于后藏西部拉堆羌多。格雷贝桑是法名，克主杰是尊称，“克”是指他精通显宗，“主”是指他复善密宗，“杰”有法王之义。他自幼出家，从仁达瓦·熏奴罗卓等诸多名师学习显、密教法和因明诸论。学成后在后藏各大寺院立宗辩论。公元 1401 年在昂仁寺遇到有“无畏胜尊”之称的博东·乔列南杰在寺中立宗破萨班的《正理藏论》，克主杰雄辩滔滔，驳倒了博东，因而声名远播。公元 1405 年克主杰依止仁达瓦·熏奴罗卓受具足戒。公元1407年克主杰持仁达瓦的推荐信谒见宗喀巴，成为宗喀巴的弟子。他随侍宗喀巴十数年后又回到后藏江孜一带讲法，被推荐为江惹寺座主，后因与江孜法王意见相左而离开江惹寺，到自建的小寺静养著述。其所撰的因明著作有《释量论广理海论》、《因明七论除暗庄严注》、《广立量果论》、《现量品疏》、《量论解脱道》、《三种分别解说》等，另有听受宗喀巴讲量论的笔记一、二种。由于克主杰在注释量论著作中注重文义的疏解，故被认为属于法称后学三派中的释文派，甚至将他说为是释文派创始人帝释慧的转世。公元1431年他四十七岁时任甘丹寺第二任赤巴。公元1432年贾曹杰入灭后，克主杰在甘丹寺建立扎仓（讲习院），以弘扬宗喀巴的教法。由于克主杰对格鲁派的发展有重大贡献，故在他身后被追认为班禅一世。

宗喀巴、贾曹杰和克主杰，藏人习称“师徒三尊”，三人的著作汇刻为一个总集。

格鲁派除师徒三尊外，还有一位重要人物——达赖一世根顿珠巴。

根顿珠巴（1391～1474），生于后藏萨迦附近的霞堆牧场，出身贫苦，八岁在乃塘寺出家，十五岁在乃塘寺受沙弥戒，得根顿珠巴的法名。二十岁受具足戒和菩萨戒，二十五岁去前藏学法，曾从绒敦·释迦坚赞等名师受学。适值宗喀巴应阐化王之邀赴札希朵卡讲法，根顿珠巴前去听法，并请决《定量论》。宗喀巴见他天资聪悟，赠他一件穿过的衣服以示嘉许，并嘱他回塘波迦寺依止尼玛坚赞。后根顿珠巴又回到甘丹寺，从宗喀巴受学历时十年，其间亦受学于贾曹杰，咨疑因明等。三十六岁时回到后藏，在乃塘等寺讲经传法。四十岁时开始著书立说。四十五岁（1447）时他先塑造了一座佛像，内藏宗喀巴的舍利，同年十月他在桑主孜（今日喀则）之旁建札什伦布寺来安置佛像。他是此寺首任座主，在他的努力下，札什伦布寺成为格鲁派在后藏的最大寺院（是格鲁派四大寺之一，另外三大寺在前藏，即甘丹寺、色拉寺、哲蚌寺），而且在他的倡导下，札什伦布寺也形成了格鲁派的因明学风。他著有《释量论正解》和《量理庄严疏》。今仅存《释量论正解》一书，全书分四品，每品自成一部。〔1〕此书是他四十七岁时所撰，后以此在各大寺院讲授《摄量论》。此书至今仍为西藏各大扎仓研习因明的必备典籍。由于他在扩大格鲁派影响和树立宗喀巴权威上作出了重大贡献，所以在他身后被追认为达赖一世。

5. 结语

后弘期藏传因明的发展轨迹可以由三个中心人物来概括，藏人简称为“玛、俄、萨”。“玛”就是后弘期之初的玛·雷必喜饶，他是译传法称《释量论》及其后学释文派注疏的第一人，有开创之功。“俄”即是俄·罗丹喜饶，他在玛·雷必喜饶旧译（藏人称“旧量论”）的基础上倡成新译（藏人称“新量论”）的第一人，而且开创了桑朴寺的因明传承。他的三传弟子恰巴曲森又树立了摄类辩论的因明学风，对后世影响很大。所以“俄”不是一个人，实际上代表了桑朴寺的因明传统。最后，“萨”也不是仅指萨班·贡噶坚赞个人，是指以他为代表的萨迦派的因明传统。萨班虽然是恰巴曲森的三传弟子，亦沐恩于桑朴寺的传承，但他在萨迦寺的因明传授中打破桑朴寺以研习法称《定量论》为主的做法，改弘法称的《释量论》，开创了萨迦寺的因明学风，又著《正理藏论》，奠定了藏传因明的理论基础，所以他在藏传因明史上有承前启后之功。宗喀巴师徒三人都是萨班后学仁达瓦·熏奴罗卓的弟子，在量论上继承了萨迦派弘扬《释量论》的学风，又继承了桑朴寺摄类辩论的学风，使之成为制度。从因明发展的轨迹上来说，玛、俄、萨厥功乃伟；从藏传因明在嗣后数百年里能久传不衰而言，则应归功于宗喀巴师徒的倡导及其格鲁派的弘扬。但是宗喀巴师徒三人将因明视作内明，将法称《释量论》成立“量士夫”的思想推向极致，终于将因明演变成了解脱道，这就抹杀了因明作为思辨工具的性质，因明也就失去了活力，犹如欧洲中世纪的亚氏逻辑，在教会和经院哲学的膜拜下，止步不前了。

---

〔1〕　此书有法尊法师的摘译本，书名为《释量论略解》，中国佛教协会印行。

【附录】 关于扎仓的组织形式和学僧的学习与生活

一、藏传因明的学制与教材

藏传因明作为一门学问，它本身是无所谓学制的。但当它作为西藏各大寺院扎仓（僧院）中学僧必修的一门学科时，就存在了学制。格鲁派各大寺院扎仓都将法称的《释量论》列为显宗院必读的五大部（即法称的《释量论》、弥勒的《观庄严论》、月称的《入中论》、功德光的《戒律本论》、世亲的《俱舍论》）之一，并规定因明是五年的课程，前三年学习小理路、中理路、大理路，总称为“摄类学”，第四年学心理和因理，第五年学习《释量论》。

从第一年到第四年所学的因明，各扎仓都编有堆扎体的教材，其内容大同小异。一般来说，前三年所学的小理路、中理路、大理路内容细琐难记，第四年所学的心理和因理反倒有理论条理，容易把握。在经过四年的基础训练后，到第五年才有能力去研读《释量论》。

各大扎仓所编的堆扎体因明教材非常多，其中著名的有：十五世纪达仓热堆巴·协饶仁钦所著的《热堆堆扎》；十七世纪宝·阿旺扎西所著的《量论要义根本释智者颈饰》（此书本为拉卜楞寺的因明教材，后为格鲁派各大寺院的必读书）；十九世纪普觉·强巴的《量论析义理路幻钥》（此书是为十三世达赖喇嘛学习因明所编的教材）。

二、扎仓的组织形式

“扎仓”的原义为“僧院”，是各大寺院组织僧人从事学习和修持活动的管理单位。各扎仓在寺院里有相对独立性，它有自己的土地、牲畜、房舍等经济实体。扎仓的主持人是堪布（亦称扎仓堪布）。下设翁则、格贵和强佐等执事僧。翁则负责学僧学经事务；格贵负责学僧纪律等事务；强佐负责行政和经济事务，是堪布的总管。扎仓有一位总经师，通常由扎仓堪布亲自担任，也可以由协助堪布的经师担任。每个班级都有主讲老师和辅导老师。

格鲁派所属大寺的扎仓可以有若干个，而且每个扎仓由于规模较大，所以又按来源地（籍贯）将学僧组成若干康村（僧团）来管理。康村的主持人称吉根（长老）。康村之下又设密村，即同地区或同部落的学僧合住的僧舍（约一二十人合住一僧舍）。密村亦有执事人员管理。这种按乡籍来组织管理单位的模式，当有助学僧的学习交流，如甘、青的藏族学僧与卫藏的学僧在语言上颇有差异。

三、学习与生活

1. 拜师学习。学僧入学后，一般是自由拜师学习。学僧在老师的住处席地而坐，先由老师念诵课文，学僧跟着念熟以后，老师再进行讲授。然后又通过问答或辩论的形式来加深学僧对所学内容的理解。也通过考试再检查学僧的学习情况。

2. 扎仓中学习经典的主要方法除了听主讲老师讲课、听辅导老师讲课和自修外，辩论是最重要的学习方法。班级辩论由班长维持秩序，由学僧轮流立宗答辩。立宗答辩者坐在全班中央。其他学僧将僧服披单缠于腰间，争先恐后地起来诘问，诘问时拍掌蹬足以助声势。答辩者则须端身正坐，头戴黄色鸡冠形僧帽，一一答辩，或有答非所问、强词为辩时，诘问者则用念珠在答辩者头上连绕三圈，口念“科尔松”（意为“转三轮”）或“擦”（意即“羞”）！辩论场上的气氛十分热烈。

3. 晚间学习。平日晚上，在康村所属僧舍居住的学僧须出舍按年资排坐在院坝内背诵课文，有康村执事巡察，如发现有不出舍者，则给予处罚。

4. 辩论场。每一个扎仓都有一个露天林荫大辩论场，场地用碎石铺成。去辩论场的学僧在扎仓学监的指导下分班席地而有次序地坐下。

5. 四季大辩论。扎仓在春、夏、秋、冬四季都要举行班际大辩论，每次为期一月。其间安排辩论半个月，堪布会亲临现场检查指导。其余时间，学僧可自由安排生活和学习，如磨糌粑面、背水、拉牛粪等燃料，或在僧舍里按老师的要求背诵课文、翻阅参考书。有的为了避免干扰，干脆背起书箧，带点糌粑面到附近山间岩穴中专心背书、看书,用凉水揉糌粑面度日。

6. 背诵面试。扎仓每年要举办两次背诵面试活动,由堪布亲自主持,一次是在夏季,一次是在冬季。规定每次每位学僧要背诵贝叶经五十页,超过者在大经堂受奖,背诵不足五十页则须受罚,夏季背碎石铺露天辩论场,冬季则背冰块浇辩论场的树木。

7. 夏学和冬学。格鲁派在前藏的三大寺(甘丹、哲蚌、色拉)的扎仓除遵行正常的学制外,每年还有两个特殊的学期:一个是桑朴寺的夏学,一个是绛饶朵寺的冬学。桑朴寺的夏学时间很短,至时三大寺所属扎仓的学僧聚集于桑朴寺的大辩论场,因人数太多,难以安排生活,故只辩论一天即告结束。绛饶朵寺的冬学则时间较长,历时一个半月。参加者是三大寺扎仓中成绩优秀的学僧。各扎仓在那里都修建了房舍,供自己选派来的学僧食宿。每天大辩论都在露天辩论场上举行,一、二千人在那个荒山坡上展开辩论,真有震撼山谷、惊骇禽兽的气势。

四、学位

按格鲁派的学制,学僧在规定年限内学完五大部且通过大辩论的测试后,可争取到考格西学位的资格。格西分四个等级:一等为拉然巴格西,二等为曹然巴格西,三等为林瑟格西,四等为日让巴或度然巴格西,按考试成绩分等授予。

(本附录系据杨化群、德勒格、黄明信、剧宗林诸先生有关文字摘编改写而成。)

第二编
佛 教 逻 辑 学

第一章 引 论

一、释 名

佛教逻辑主要是由大乘瑜伽行宗在汲取正理派逻辑理论的基础上发展起来的逻辑系统,《瑜伽师地论》称之为"因明"。后来经过陈那大师的改造,臻于成熟。

"因明"是梵语"hetuvidyā"的意译。"因"指推理论证的依据,"明"即学问之意。因明作为印度古典逻辑中的一个逻辑系统,除研究推理、论证等逻辑形式外,也着意探讨论辩中的语用问题、语义问题和诸种过失,以及如何认识对象、获取知识等问题(量论)。

因明这门古老的学问,被大乘佛教列为印度五明之一。故云:

> 明者,五明之通名;因者,一明之别称。〔1〕

什么是"五明"呢?在古印度,大乘佛教是把学术分为五大类的:"一曰声明,释诂训字,诠目疏别。二工巧明,伎术机关,阴阳历数。三医方明,禁咒闲邪,药石针艾。四曰因明,考定正邪,研核真伪。五曰内明,究畅五乘,因果妙理。"〔2〕

把学术分为这样五大类,无疑是粗略的;但因明却在其间独占一类,这

---

〔1〕《大疏》卷一页三右,金陵本,光绪二十二年(1896)。

〔2〕玄奘:《大唐西域记》卷二,《大正藏》第51卷876c。

反映了大乘教人对它特有的重视。印度的古典逻辑虽然不是创自佛家,但佛教特别是大乘唯识宗对印度逻辑的发展作出了极为重要的贡献——发展为新因明的系统。这一系统超过了印度正理派所构造的逻辑系统。

因明,就其为佛教所创立的角度而言,现代学者习称其为佛教逻辑(佛家逻辑)。佛教逻辑在印度古典逻辑中具有代表性。

在汉传因明中,因明一词有时也用来统指印度逻辑,因此因明当有泛指与狭指之分,宜须分清。

二、因明纲目

统观新、古因明,讲的无非是能立、能破和现量、比量的真似问题,故商羯罗主《因明入正理论》初颂云:

> 能立与能破,及似唯悟他;现量与比量,及似唯自悟。如是总摄诸论要义。〔1〕

这一段话概括了因明的全部内容。

能立与能破,现量与比量,都分真与似两种,所谓真,即正确;所谓似,即错误。正确无误的立、破、现、比,称为真能立、真能破、真现量、真比量,亦可省去"真"字,直呼能立、能破、现量、比量,总称"四真";但对错误的立、破、现、比,则必须冠以"似"字,称为似能立、似能破、似现量、似比量,总称"四似"。因明论述的就是这"四真"、"四似"八个门类,简称为"八门"。其中能立与能破,都是用语言文字组成论式表达出来,以启发别人接受自己的论点或辩驳对方论点的,故称为"悟他",即令他人了悟的意思。而现量与比量都

〔1〕《大正藏》第32卷11a。初颂,是开头颂,它的作用在揭出全书的提纲。颂是梵语"伽他"(gāthā)的意译,也译作"偈"。在梵文典籍中,于散文前后常有便于记诵的四、五、六、七言句式整齐的句子,作为提纲或结语,这就是所谓的"颂"或"偈"。"颂"常低格分句,每二、三、四句为一行,以区别于散文。由于有这种格式上的差别,因此散文相对颂来说,又称为"长行"。

是不形诸口头或书面语言的认识和思维活动，是个人取得知识的方法，故称为“自悟”。这“悟他”和“自悟”的方法，都是于人或于己有益的，故因明家称为“二益”。一部因明，说的就是这“八门二益”。

《入论》初颂的概括是精确的。然而毕竟过于简略，不免有难以索解之处。例如有人认为能立与能破固然可以开悟他人，那似能立与似能破则是谬误的东西，“悟自”尚且不能，复何以“悟他”，更何“益”之有？再如现量与比量虽有益于“自悟”，但似现量与似比量亦是虚妄谬妄的东西，又岂能“自悟”？其实，似能立、似能破、似现量、似比量乃是多义词，既可用来指称错误的立、破、现、比，也可用以指称揭示谬误的方法。“八门二益”中的似立、似破、似现、似比指的就是有关过失的理论。过失论不等于过失，似能立与似能破旨在揭露敌论的过失，都有开悟他人的作用，故曰“悟他”；似现量与似比量旨在纠正个人认识和思维中的谬误，故也有“自悟”的作用。故文轨云：

> 言申立破，明是为他，虽复正似不同，发言皆为济物。〔1〕

这“发言皆为济物”六字，揭出了能立、能破与似立、似破亦有“悟他”的作用。

三、“四真”、“四似”略说

现在再进一步来谈谈这“四真”和“四似”。

1. 真能立和似能立

真能立（sādhana）就是合乎规范的论证。它必须具备两个条件：第一是“支圆”，就是宗、因、喻三支要圆满无缺。因明三支与逻辑三段非常接近，宗相当于论题或结论，因相当于小前提，喻即带有例证的大前提。所谓三支圆

〔1〕《庄严疏》卷一页三右，内院本，1934年。又，《〈文轨疏〉校补》卷一，见拙著《敦煌因明文献研究》第320页，上海古籍出版社，2008年。

满无缺就是结论和大小前提在推论时必须具足。当然在具体表述时可以运用省略式,这不能看作是缺支。第二是"成就",就是宗、因、喻各要无过;宗、因、喻的过失,按商羯罗主(Śankarasvamin)的划分,共有三十三种,其中宗有九过,因有十四过,喻有十过,所谓"成就",就是不犯这三十三过。以上两个条件,是一个正确的推论不可或缺的。如果不具备以上两条,或是缺支,或是犯过,推论就不能成立,这就是似能立(sādhanabhāsa)。真能立和似能立是因明"八门"中最主要的两大门类,本书在以下各章中将要详论,这里就从略了。

2. 真能破和似能破

真能破(dūṣaṇa)是用来反驳谬误的。真能破有两种:一种是"出过破",一种是"立量破"。窥基云:

> 敌申过量,善斥其非,或妙徵宗,故名能破。〔1〕

这里所说的"善斥其非",就是出过破;"或妙徵宗",就是立量破〔2〕。所谓出过破,就是自己不组织论式,仅就对方论式上的过失而加以破斥;所谓立量破,就是组织论式以破斥敌论。真能破的两种方法,以出过破为主;因为真能破主要在于破斥论敌的谬误,至于是否组织论式倒是不重要的。

与真能破相反的,是似能破(dūṣaṇābhāsa)。窥基释云:

> 敌者量圆,妄生弹诘,所申过起,故名似破。〔3〕

这就是说敌者的论式(量)本来圆满无过,却妄加弹诘,以致自己反倒陷入了过失,因此叫作似能破。

但是《大疏》只看到"敌者量圆,妄生弹诘,所申过起"一种情况;事实上还有另外一种情况,就是文轨所说的:

> 亦有于他有过量中不知其过,而更妄作余过类难,亦是似破。〔4〕

---

〔1〕〔3〕《大疏》卷一页八右,金陵本,光绪二十二年(1896)。

〔2〕唐智周《因明入正理论疏后记》云:"善斥其非者,出过破也;或妙徵宗者,立量破也。"(《卍续藏经》第53册843c。)

〔4〕《庄严疏》卷四页一左,内院本,1934年。又,《〈文轨疏〉校补》卷三,见拙著《敦煌因明文献研究》第393页,上海古籍出版社,2008年。

这就是说,敌者的论式虽然有过,但破者不知其过失之所在,而于无过之处,妄加指责,这也是似能破的一种。由此可见,似能破有两种情况:一是敌论无过而妄加破斥,二是敌论有过而破斥不当;并非如《大疏》卷一所说的"似破之境,即真能立"(真能立必"量圆",故又称"圆满能立")。但是《大疏》的解释,系本于商羯罗主的《因明入正理论》。《入论》云:

> 若不实显能立过言,名似能破。谓于圆满能立,显示缺减性言;于无过宗,有过宗言;于成就因,不成因言;于决定因,不定因言;于不相违因,相违因言;于无过喻,有过喻言。如是言说,名似能破,以不能显他宗过失,彼无过故。〔1〕

此谓如果不能显示论敌能立的过失,就叫似能破。也就是说,对于圆满能立(即真能立),却说它有缺减过;对于无九种过失的宗,却把它当作有过失的宗;于无四不成、六不定、四相违(即因十四过)等过失的因,却说它是不成因、不定因或相违因之类;对于无十种过失的喻,却说它是有过喻。像这样的言说,总称为似能破;因为敌论本来无过,所以不能显示他宗的过失。按《入论》的说法,也仅指出似破的第一种情况,并未涉及似破的第二种情况。所以《庄严疏》在这个问题上的解释,实际上是弥补了《入论》的不足。当然《庄严疏》的解释也是有依据的。《因明正理门论》云:

> ……似能破,由彼多分于善比量为迷惑他而施设故。〔2〕

这段话的意思是,似能破多数是由于把善比量(真能立)当成了似能立而设施的。这里只讲"多分"(多数),不讲全分,这就是说除此之外还有另一种情况,即"若于非理立比量中如是施设,或不了知比量过失,或即为显彼过失门",亦即虽破斥的是有过比量,却破非其过,这也是一种似能破(见同上)。《庄严疏》的解释,是把《理门论》的论述具体化了。

---

〔1〕《大正藏》第32卷11c。

〔2〕《大正藏》第32卷3c。又,参见拙释《因明正理门论译解》Ⅱ-2-1,中华书局,2007年。

3. 真现量和似现量

印度各哲学派别在量论上说法不一，这里只就因明“八门”中涉及的现量和比量作简要的说明〔1〕。

现量（pratyakṣapramāṇa）就是由感官和对象（所量）接触所产生的知识。

关于现量，印度各哲学派别的说法很不相同。正理-胜论以及数论派和弥曼差派把现量分为无分别的（即无思维现量）和有分别的（即有思维现量）两种；文法学派和耆那教不承认无分别现量，认为一切现量都是有分别的；佛教则认为具有概念思维成分的有分别现量是似现量（虚假的感觉），只有不加入思维活动、不能用语言表述出来的纯粹感觉即无分别现量才是真现量。我们可以举例来说明。譬如人们最初从树上摘下梨子来，手触摸到它是椭圆形的，眼看见它是黄褐色的，鼻嗅到它有香气，咬一口，舌头马上品尝到它的滋味。这时，各个感觉器官感受到的各种个别属性是尚未在人们头脑里联系起来的，更还没有形成确定的概念，这样获得的知识，只是纯粹感觉的知识，是尚未加入思维构造活动的知识。所以商羯罗主《入论》云：

> 此中现量，谓无分别。若有正智于色等义，离名、种等所有分别，现、现别转，故名现量。

这是对现量所下的定义，强调了要“无分别”，即“离此名言分别，种类分别”〔2〕等一切概念的思维分别活动，而且是“现、现别转”的。

当然，作为一个真现量，首先必须是“无迷乱”的，即感觉器官不发生错乱（商羯罗主《入论》称之为“正智”）。而患翳目者在视觉上发生错乱，如将旋转着的火光当作轮子等，就不能形成真现量。佛教逻辑家认为，“无迷乱”

〔1〕 印度各哲学派别在“量”的问题上有许多不同的说法。总起来约有十余种量：现量、比量、圣教量、譬喻量、假设量、无体量、世传量、姿态量、外除量、内包量、随生量、义准量等。《遮罗迦本集》、《方便心论》和《正理经》只同意其中前四种量；大乘弥勒、无著、世亲等古师则立前三种量，陈那不取圣教量及譬喻量，只立现量和比量，他认为现、比二量足以概括其他的量。

〔2〕 《大疏》卷八页十七右～十八左，金陵本，光绪二十二年（1896）。

与“无分别”是形成真现量不可或缺的必要条件。如果感官发生了迷乱，即使离开了名言、种类等所有分别，也不是真现量；反过来如果加入了名言、种类等思维的分别活动，即使感官并不迷乱，仍然不能视作真现量。

如上所述，佛家以“无迷乱”、“无分别”的纯感觉知识为真现量；因此，它将迷乱的“邪智”和有分别现量一概看作是似现量（pratyakṣapramāṇābhāsa）。

感觉产生迷乱，如看见一条绳子却误以为是蛇，这自然不是“正智”；而认识如果已达到思维阶段，形成了关于事物的概念等，由于概念不是事物本身所具有的，所以佛家认为其本质是错误的。

必须指出，佛教逻辑家如陈那和法称都是瑜伽行派的大师，按照瑜伽行的观点，一切事物莫不是“识”的变现，因此知识对象是不存在的。但是陈那在谈及现量问题时，却离开了唯识论的立场，把认识和对象分别了开来。法称则更进一步，提出要像普通人那样考察对象的本质，即采取常识的作法。正是这种暂时的离开，使他们能认真地去思考获取知识的方法和规律，从而对印度的古典逻辑作出了贡献。

4. 真比量和似比量

比量（anumānapramāṇa）就是推理。但是佛教与正理派的逻辑家对比量的说法并不一致。

首先是关于比量的基础。正理派（Nyaya）的代表人物如富差耶那（Vātsyāyana，公元四到五世纪）和乌地阿达克拉（Uddyotakara，约六世纪）认为比量的基础是直接能够经验到的具体事物（包括实际上属于思维领域的概念，正理派认为概念也与具体事物一样，是能够直接感受到的）。而佛教则从陈那开始以因（中词）与宗上能别（大词）之“不相离性”为比量的基础。陈那《因明正理门论》云：

……此因与所立宗不相离念，由是成前举所说力。〔1〕

〔1〕《大正藏》第32卷3c。又，参见拙释《因明正理门论译解》Ⅰ-4-4B，中华书局，2007年。

这就是说,正是由于因上的“所作性”(中词)与宗法“无常”(大词)具有不可分离的关系,才得以进行推理。唐慧沼在阐释陈那这一思想时说得很清楚:

知有“所作”处即与“无常”宗不相离。〔1〕

陈那以“凡所作皆无常”这样的普遍命题为推理的基础,是对印度逻辑向演绎法迈进的一大贡献。但是乌地阿达克拉却竭力反对陈那的主张,而认为属性总是存在于具体事物之中的,如“所作性”与“无常性”就是共存于“瓶子”的两大属性,如果把“所作性”与“无常性”从“瓶子”这个具体事物中抽出来,二者便失去了联系,因而也就谈不上“不相离性”了。由此他认为“不相离性”不能成为推理的基础。〔2〕不过后世的正理派并未追随乌地阿达克拉,反倒吸收了佛教等逻辑家以“不相离性”为推理基础的主张。

其次是关于比量的形式。正理派所说的比量,如有前、有余、共见等〔3〕,在形式上是不严格的;而陈那以来的新因明,则强调比量要遵守“因三相”的规则,具有严格的形式。商羯罗主《因明入正理论》云:

言比量者,谓藉众相而观于义。相有三种……由彼为因,于所比义,有正智生,了知有火或无常等,是名比量。〔4〕

这就是说,比量须借“因三相”(“众相”)去推断。因的第一相为“遍是宗法性”(因[中词]是宗的主词[小词]的属性,即中词的外延必须包含小词);因的第二相为“同品定有性”(因[中词]必须存在于具有宗的谓词[大词]那种属性的事例的一部或全部之中,换言之,即中词必须被大词所包含,或与大词的外延完全重合);因的第三相为“异品遍无性”(因[中词]必须完全不存

〔1〕《大疏》卷八页二十一右。

〔2〕参见梶山雄一:《印度逻辑学的基本性质》第37页,商务印书馆,1980年。

〔3〕《正理经》Ⅰ-1-5说“比量分三种:(1)有前比量;(2)有余比量;(3)平等比量”。

〔4〕《大正藏》第32卷12b、c。

在于与宗的谓词[大词]相排斥的事例中)。比量借助于因三相而由已知推及未知,如由烟知火,由所作知无常等,因而具有必然性。关于因三相,本书第三章将要详论。

由以上两点的不同可知佛教逻辑家关于比量的理论是较正理派略胜一筹的。

佛教逻辑家还将比量分为为自比量(svārthānumāṇa)和为他比量(parārthānumāṇa)两种。为自比量即不形之于语言文字的内心推度,它的功能在自悟;为他比量即用语言文字表述出来的论证式,它的作用在开悟他人。但无论是为自比量还是为他比量,都一样地以“不相离性”的普遍命题为基础,都要受“因三相”说的制约。唯有如此,才是真比量。

这里需要特别指出,上述为他比量其实就是因明“八门”中的能立;作为“八门”之一的比量,当是为自比量。故《大疏》云:

> 现、比因果唯自智,故二(按:即现量、比量)刊定,悟自非他。〔1〕

由此可见,比量当有广、狭二义,广义的比量包括为自和为他(即能立)两种,狭义的比量(因明“八门”中所指的“比量”)即为自比量。

那么什么是似比量(ānumānapramāṇābhāsa)呢? 商羯罗主《因明入正理论》云:

> 若似因智为先,所起诸似义智,名似比量。〔2〕

又云:

> 似因多种……用彼为因,于似所比,诸有智生,不能正解,名似比量。〔3〕

这两段话的意思是一样的,就是如果以似因(即违反因三相中的一相或两相的因)去证成宗,这个宗就是“似义智”(错误的结论),所以称为似比量。换言之,就是在内心推度的过程中,出现了过失因,因而“不能正解”。

---

〔1〕《大疏》卷一页十左。

〔2〕〔3〕《大正藏》第32卷12c。

四、新、古因明的差异

从古因明的历史沿革来看,可分为两大阶段:世亲以前的因明是古因明,陈那以后的因明为新因明。古因明与新因明究竟有哪些不同呢?就因明的整体来看,有两点是最为明显的:一是由五支改为三支,一是能立所立的重新确定。从论式的每一个组成部分及其规则来看,更有许多具体的不同之处:如新因明把宗和宗依区别开来,以“不顾论宗”为正宗,发展“因三相”说,区分喻体和喻依,采用合作法和离作法等。这里主要是就整体上阐述新古因明的差异之处,至于宗、因、喻各部分上的新古不同,将在有关章节里具体论说。

1. 变五支为三支

因明的论式,在古因明行五支作法,在新因明则行三支作法。兹举例对照如下:

五　　支	支名	三　　支
声是无常,	宗	声是无常,
所作性故,	因	所作性故,
犹如瓶等,于瓶见是所作与无常,	同喻	若是所作,见彼无常,犹如瓶等,
声亦如是,是所作性,	合	
故声无常;	结	
犹如空等,于空见是常住与非所作,	异喻	若是其常,见非所作,犹如虚空。
声不如是,是所作性,	合	
故声无常。	结	

上面所引的五支例,最早见于富差耶那(Vātsyāyana)的《正理经疏》。是正理派用来反驳声论派的。由于上述两式是因明论中的重要论例,我们

在下面各章中也将一再援引，故有必要先在这里作一个大概的说明。

这个五支例的意思是：

声音是无常的，（宗，即陈说）

因为它是人工造作出来的，（因，即理由）

好比一只瓶子，它也是人工造作出来并且是无常的，（同喻，即同类比喻）

声既然和瓶一样，也是人工造作出来的，（合，即应用）

所以声音是无常的；（结，即结论）

又好比虚空，我们可以于虚空中看到它是常住不灭和非人工造作的，（异喻，即异类比喻）

而声音不是这样，是人工造作出来的，（合，即应用）

所以声音是无常的。（结，即结论）

在我们今天看来，声音是人工造作出来的，刹那即灭，这是常识，似乎没有讨论的价值；但是在古印度却不然，在声音究竟是无常的还是常住的问题上，却展开了一场激烈的争论。主张声是常住不灭的声论派企图通过声常说来论证吠陀之声（圣贤之言）常住不灭。

主张声是常住不灭的声论派并不是一个独立的哲学派别。据窥基说，声论有两种：一是声显论，一是声生论。印度婆罗门教中的弥曼差派和吠檀多派就主张声显论，而声生论则不知属于哪一个哲学派别。声显论认为常住的声音是由三个方面构成的：一是发出的音，二是意义（这是先于音而存在的），三是所指的事物。人们发出的音虽刹那即灭，但它所表达的意义却长久留在听者的头脑里，而且由于声的意义是先于音而存在的，只是在具备了"勤勇无间"（继续不断地努力）这样的条件以后声才显发出来，所以声音是无始无终，常住不灭的。故《法苑义林》卷二曰："声显论者，声体本有，待缘显之，体性常住。"至于声生论，它虽然也认为声音是常住不灭的，但却持有始无终论，即认为声音本来是没有的，在一定条件下（如人发音）产生以后，就常住不灭了。故《法苑义林》卷二又云："其声生论，计声本无，待缘（一定条件)生之,生已常住。由音响等,所发生故。”对于这种“声常住”论,正理派、数论派、胜论派以及佛家等都竭力反对,站在物理的立场上加以批驳。

在大体上了解了这个推论的意思后,我们就可以进一步来论述五支与三支的优劣了。上述五支作法所包含的五个命题中,宗就是陈说,因就是根据和理由,喻就是比喻和例证,合是在前三者基础上的具体应用,结就是结论。五者之中,以宗、因、喻三者为最主要,因为结论只是宗的重复,而合也已经包含在比喻之中。故陈那显略除繁,改五支为三支,创立了新因明的论式。陈那的三支作法,除了删去合、结两支外,还对喻作了改造。在五支作法里,喻只起比喻和例证的作用,意义不大;但在陈那的三支作法里,喻在例证之上,说出它的普遍意义(如:凡是造作出来的,都是无常的,犹如瓶等),这就提高了喻的地位,使喻变成因果关系的带例说明,约当于逻辑推理的大前提。

从五支改为三支,这是因明史上的一项意义重大的变革,它使因明的论式趋向完善成熟,更切合人类思维的逻辑过程。这里试以新因明的三支作法同形式逻辑的三段论作一比较:

【三支作法】

声音是无常的,

因为是人工造作出来的,

凡人工造作的都是无常的,犹如瓶等。

【三段论】

凡人工造作的都是无常的,

声音是人工造作出来的,

所以声音是无常的。

由以上的比较可以看到,因明三支与逻辑三段主要在前提和结论的次序上不同,其实质并没有什么不同;它们在思维形式上是一致的。这充分说明,三支论式较之五支论式具有更普遍的意义,因此因明学自演进为三支作法以来,它的论式就定型化了。

2. 重新划分能立与所立

因明是讲推理论证的。推理论证的主要目的是成立命题,这所要成立的命题,在因明术语上称为"所立"。而命题要得到确立,就必须凭借一定的理由,这能够帮助命题成立的理由,在因明术语上称为"能立"〔1〕。如上述论例中,"声是无常(宗)"是所要成立的命题,故系所立。"所作性故(因),若是所作见彼无常,犹如瓶等(同喻),若是其常见非所作,犹如虚空(异喻)",是能够帮助命题成立的理由,故系能立。这里关于能立、所立的划分,是明确的和合理的,这是陈那以后的新因明所主张的。

在古因明,这能立、所立的划分却并非如此,而是把宗也归在能立之中,另以"自性"、"差别"二者为所立。什么是"自性"、"差别"呢?所谓"自性",就是命题的主词;所谓"差别",就是命题的谓词。如"声是无常"这一命题,主词"声"就是"自性",谓词"无常"就是"差别"。古因明家认为,"声"和"无常"这两个概念正是所要成立的对象,是所立。那么能立是由哪些成分组成的呢?这在古因明家有好几种说法:据弥勒《瑜伽师地论》卷十五和无著《显扬圣教论》卷十一,能立有八种之多,即:一立宗,二辨因,三引喻,四同类,五异类,六现量,七比量,八圣教量〔2〕。无著《阿毗达磨集论》卷七和安慧《阿毗达磨杂集论》卷十六所引的八能立略有不同,即:一立宗,二立因,三立喻,四合,五结,六现量,七比量,八圣教量。这八能立,反映了古因明初创阶段的面貌,它还没有形成严密的体系。

〔1〕"能立"一词在陈那的《正理门论》中出现过二十四次,在天主的《因明入正理论》中出现过十二次,有两种意义:第一是指整个论式,即宗、因、喻俱全的论式。第二是指与"所立"(宗)相对的"因"和"喻",因为因、喻是能够成立宗的。

〔2〕圣教量包含两个方面:一是指吠陀经上的话,一是指值得信赖的人所说的话。这本来是正理派所立的量,佛教古因明家也同意立此圣教量,但把吠陀经改成了佛典。陈那改革古因明时略去了圣教量,陈那认为:如果把某一值得信赖的人说的话看作是圣教量,总不外有两个原因:一是从现量得到的,即感觉到他说的话与实际相符;二是从比量得到的,即从他所说的其他话的可靠推知此话的可靠。因此圣教量可归摄于现、比二量。

八能立包括两个方面：一是宗、因、喻、合、结，这是属于“悟他”的五支；一是现量、比量、圣教量，这是属于“自悟”的思维活动。古因明把用文字言说表达出来的五支论式和不形诸文字言说的思维活动糅合在一起列为能立，说明它在体系上还是比较杂乱繁复的。因明的目的重在悟他，论式必须用文字言说表述出来才能晓谕他人，而现量、比量、圣教量不是论式的组成部分，故不应该包括于能立之中。于是印度古因明家又有四能立的说法，即：一宗、二因、三同喻、四异喻。这四能立较之八能立无疑是一个进步。这里有两点是值得注意的：第一，从能立中排除了属于“自悟”的现、比等量；第二，删去了《瑜伽》、《显扬》八能立中的“喻”这一项，这就免去了重复。但是四能立说还是不够简洁，如喻和同、异喻本来就是一回事，现在把同、异喻分列二支是没有必要的；如果能合起来由喻总摄，就显得简洁了。所以到世亲的《论轨》，就又进了一步，变成了三能立，即：一宗、二因、三喻。这喻，就包含了同、异喻两方面。

但是，世亲及其以前的古因明家尽管在能立的说法上逐渐趋向简洁，但他们有一点是共同的，即仍然把宗视为能立，这反映了古因明家关于能立的说法还是不成熟的。迨及陈那，关于能立的说法才臻于完善。窥基云：

世亲以前，宗为能立，陈那但以……因、同、异喻而为能立。〔1〕

这段话概括了陈那新因明的特点。陈那认为，宗是立者和敌者所要讨论的命题，如“声是无常”这个宗，是为立者所主而为敌者不许的，这样就有了争论。有争论才有拿出理由来成立它的必要，因此只有宗才是所立。而自性、差别不过是构成命题的两大成分罢了，它还不能引起争论，因此是不能视作所立的。为什么这样说呢？拿“声是无常”这一命题来说，我们如果单说“声”，或单说“无常”这样一个个孤立的概念，并不能引起听者的异议，因为立、敌双方都同意有“声”和“无常”这样的概念。但是如果在“声”和“无常”中加进联系词“是”，使之形成“声是无常”这一命题，论敌就会表示异议，双

〔1〕《大疏》卷一页二十一右，金陵本，光绪二十二年(1896)。

方就会产生争论。因此窥基云：

所立即宗，有许不许，所诤义故。〔1〕

立敌双方有一许一不许，产生争论，才是所要成立的；宗正是这样被新因明家确认为所立的。

兹将新、古因明关于能立、所立的不同划分，列表比较如下：

	所　立	能　立
弥勒《瑜伽师地论》十五 无著《显扬圣教论》十一	（一）自性 （二）差别	（一）立宗　（二）辨因　（三）引喻 （四）同类　（五）异类　（六）现量 （七）比量　（八）圣教量
无著《阿毗达磨集论》卷七 安慧《阿毗达磨杂集论》十六	（一）自性 （二）差别	（一）立宗　（二）立因　（三）立喻　（四）合　（五）结　（六）现量　（七）比量　（八）圣教量
印度古论师		（一）宗　（二）因　（三）同喻 （四）异喻
世亲《论轨》		（一）宗　（二）因　（三）喻
陈那	宗（自性 差别}宗依）	（一）因　（二）喻

〔1〕《大疏》卷一页二十二左，金陵本，光绪二十二年（1896）。

第二章　立　　宗

一、什么是宗

大体说来,在新因明的三支论式中,宗(siddhānta)就是论题。

在“声是无常”这个宗中,“声”和“无常”是组成宗体〔1〕的材料,因明术语称为宗依。宗依又称为别宗,由宗依组成的宗体,又称总宗。总宗就是别宗有机的结合。

宗依有一个很重要的特点,就是“必须两宗至极,共许成就”〔2〕。所谓“两宗”,就是立论者和敌论者双方;所谓“至极”“共许成就”,就是立敌双方对宗依取得认识上的一致,在同一理解的基础上来使用概念,因明术语常简称为“共许极成”或“极成”。如上述“声是无常”宗,“声”和“无常”这两个宗依(概念)就是为正理派和声生论者双方所共同认可的。如果宗依不是立敌双方所共同认可的概念,由此而组成的宗,就要犯“能别不成”和“所别不成”等宗过,宗就不能成立。

宗依必须共许极成,但是由共许极成的宗依组织而成的宗体(宗的整体)却又是必须为立者所主张而为敌者所反对的。如“声是无常”宗,就是为正理派所主张而为声论派所反对的。这在因明学上称为“违他顺自”。

---

〔1〕“体”有两个意义:一是指宗的整体,一是单指宗中的主词,此指整体。

〔2〕《大疏》卷二页二右,金陵本,光绪二十二年(1896)。

按照“违他顺自”的要求成立的宗，叫作“不顾论宗”；这是立宗的正格。立宗如果不是“违他顺自”，就会犯“相符极成”的过失，宗体同样不能成立。例如西方逻辑常说的“凡人皆有死”这样的命题，在因明学看来，这是人人都承认的，无须特地来论证一番的，若以此为论题，就有过失。总之，宗依必须共许极成，而由宗依组成的宗体则必须违他顺自，这就是因明立宗的准则。

但是从因明的历史来看，对于立宗的原则并不是一开始就把握住的，而有一个发展的过程。文轨云：

> 古因明师或有以声为宗，以成立声为无常故；或有以无常为宗，以不许声有无常故；或有以声、无常合以为宗，以声、无常别非宗故。陈那破云：声及无常元来共许，何得为宗？故我但取声及无常不相离性以之为宗，以敌论者不许不相离故。〔1〕

这段话阐述了从古因明家到新因明家对宗的认识的演进。古因明家对什么是宗的问题有三种说法：第一种说，在“声是无常”中，“声”是宗，因为“声”是讨论的主体，“无常”是用来成立“声”的。第二种说，应该以“无常”为宗，因为“无常”是争论的焦点，敌论者就是不同意“声”有“无常”的属性。第三种则说“声”和“无常”都是宗，因为如果把“声”和“无常”分开的话就不成其为宗了。很明显，这里前面两种说法是片面的，因为二者错把宗依当成了宗。只有第三种说法近于正确，但还不够完善，所以陈那的新因明不仅不同意前两种意见，还对第三种说法作了重要的补充。陈那认为，“声”也罢，“无常”也罢，就这两个宗依来说，原是立敌双方所共同承认的；宗的任务在于引起争论，古因明家所说的“宗”既然只是立敌共同认可的宗依，又怎么能称为宗呢？于是陈那提出了立宗标准：只有当“声”和“无常”构成为一个整体（这就是“不相离性”），组成“声”是“无常”，才能成为宗。这是因为，在

〔1〕《庄严疏》卷一页九右，内院本，1934 年。又，《〈文轨疏〉校补》卷一，见拙著《敦煌因明文献研究》第 324 页，上海古籍出版社，2008 年。

"声"和"无常"发生不相离的关系以后，才会引起敌论者的反对，敌论者可以承认"声"这个宗依，也可以承认"无常"这个宗依，但就是不能承认"声"可以是"无常"的。而引起敌论者的异议，这正是立宗的基本要求。

这一点是值得注意的。从逻辑推理来说，它的任务在于推出新命题；而作为结论的新命题，只要对事物作出断定就行，并不需问敌论者是否同意。但是因明却很讲究"违他顺自"这一点，把这看作是立宗的准则。因明立宗的这一特点，是由论辩的需要决定的；因为三支论证的目的在开悟论敌及证义者，如果立宗不是"违他顺自"，就不能达到这个目的。然而我们可以说，宗和结论，从它们的地位来看是相同的，因为它们都是由已知的命题推导出来的。

二、体三名与义三名

任何一个宗，都是由前后两个宗依加上联系词组成的，这一点与直言命题的结构完全一样。例如"声是无常"，"怀兔非月"〔1〕。但是在术语上，

〔1〕 这个命题包含了一则古印度的神话。据《大唐西域记》卷七云："（婆罗尼斯国）烈士池西有三兽窣堵婆（即'率都婆'，意译为佛塔），是如来修菩萨行时烧身之处。劫初时，于此林野有狐、兔、猿，异类相悦，时天帝释欲验修菩萨行者，降灵应化为一老夫，谓三兽曰：'二三子善安稳乎，无惊惧耶？'曰：'涉丰草，游茂林，异类同欢，既安且乐。'老夫曰：'闻二三子情厚意密，忘其老弊，故此远寻。今正饥乏，何以馈食？'曰：'幸少留此，我躬驰访。'于是同心虚己，分路营求。狐沿水滨衔一鲜鲤；猿于林树采异华果，俱来至止，同进老夫；唯兔空还，游跃左右。老夫谓曰：'以吾观之，尔曹未和。猿、狐同志，各能役心，唯兔空返，独无相馈。以此言之，诚可知也。'兔闻讥议，谓狐、猿曰：'多聚樵苏，方有所作。'狐猿竞驰，衔草曳木，既已蕴崇，猛焰将炽。兔曰：'仁者，我身卑劣，所求难遂，敢以微躬，充此一餐。'辞毕入火，寻即致死。是时，老夫复帝释身，除烬收骸，伤叹良久，谓狐、猿曰：'一何至此！吾感其心，不泯其迹，寄之月轮，传乎后世。'故彼咸言，月中之兔，自斯而有，后人于此建窣堵婆。"（《大正藏》第51卷907b）又：新罗国（古朝鲜）僧太贤（唐玄奘的三传弟子）所著的《古迹记》据《本生经》亦云："昔狐、兔、猿共为亲友，行仁义，时天帝欲试，为饥渴人，兔烧身供贵而象月。"（见《瑞源记》卷四页十二右）古代印度人大都相信月中的暗影就是玉兔。因此如果有谁提出相反的见解，说"怀兔非月"，就被看作是一种过失，在因明上称为"世间相违"，属于宗的九种过失之一。其实，说"怀兔非月"，倒是真命题；这里援引此例，就是作为正面例子来使用的。

因明有自己的称谓，它称主词为自性，称谓词为差别。自性又有两个别名，一为有法，一为所别。差别也有两个别名，一为法，一为能别。自性是用来指称事物的，因此是“体”；差别是揭示事物属性的，因此是“义”。至于联系词“是”，在因明学上则没有专门的名称，这是因为按照梵文语法，在主词和谓词间并无联系词，而是以啭声来表示这两个宗依之间的联系；只要两者啭声相同，就能构成命题，如“声”（那赊薄陀）为第一啭，“无常”（阿尼陀）也是第一啭，就构成了“声是无常”的命题。所以在因明中，我们当然就看不到关于联系词的专称了。下面就把体三名与义三名作逐一的介绍。

1. 自性、差别

自性（Svabhāva）、差别（Viśeṣa）这一对名称始出于《瑜伽师地论》。什么叫自性、差别？窥基解释道：

> 《佛地论》云：彼因明论，诸法自相，唯局自体，不通他上，名为自性；如缕贯华，贯通他上诸法差别义，名为差别〔1〕。

这是说，世上万物（诸法）都有它自己特殊的性质（自相），这特殊的性质只局限于某一事物本身，而不涉及其他事物，这就叫自性；如果像用线把花儿贯串起来那样，从一事物贯通到他事物，这就是一类事物的差别义了，称作差别。例如在“声是无常”中，“声”这个概念只局限于声自体，而“无常”这个概念却通向其他许多事物，如瓶、盆、碗、罐等，因为这一类事物都具有无常的属性，所以无常要比声的外延为大。打一个比方，无常就好比是串花的线，声、瓶、盆、碗、罐等就好比是花。因此窥基进一步概括说：

---

〔1〕《大疏》卷二页三右，金陵本，光绪二十二年（1896）。《佛地论》即《佛地经论》，印度亲光著，唐玄奘译。这里是转述《佛地经论》论自相、共相的话，不是照引原文。按《佛地经论》卷六云：“彼因明论，立自相、共相，与此（指佛典中所说的自相、共相的内涵）少异。彼说一切法上实义，皆名自相，以诸法上自相、共相，各附己体，不共他故。若分别心，立一种类，能诠所诠，通在诸法，如缕贯华，各为共相。此要散心，分别假立，是比量境。一切定心，离此分别，皆名现量。”（《大正藏》第36卷318b。）

局体名自性，狭故（外延小）；通他名差别，宽故（外延大）。〔1〕

自性和差别的关系，可用下图表示。从这个图例中可以看到，自性实际上就是种概念，差别实际上就是属概念。在因明术语上，种概念又称为自相，属概念又称为共相〔2〕。自相、共相是相对而言的，自相在一定条件下可以成为共相，共相在一定条件下也可以成为自相。如以树和松树的关系来说，这树就是共相，松树就是自相；松树中又有黑松、红松等分别，这松树相对于黑松、红松等来说就成了共相，而黑松、红松等则是自相；由此类推下去至于单独概念为止。再从树往上概括的话，树是植物，植物是共相而树成了自相；植物又是生物，这样生物是共相而植物成了自相；由此上推，可至于范畴。自相、共相的这种关系，与形式逻辑所谓的属种关系相同。

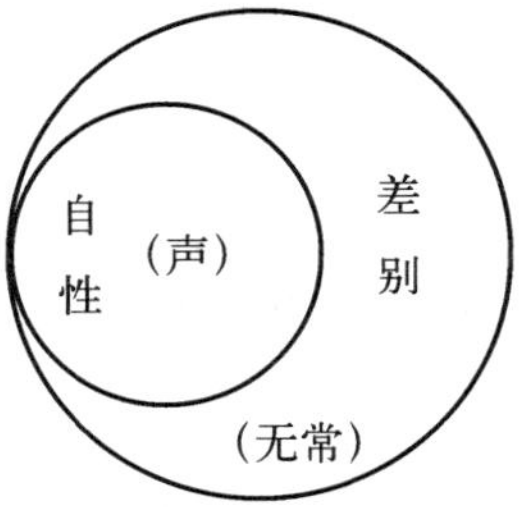

这里需要说明的是，窥基还用前陈、后陈作为自性、差别的标志。如云：

先陈名自性，前未有法（事物）可分别故；后说名差别，以前有法（事物）可分别故。〔3〕

以上说的是作为主词和谓词的自性和差别。在因明术语上，自性、差别还有另一种意义：自性（又称"自相"）指言陈，差别指意许。窥基云：

---

〔1〕《大疏》卷二页四左，金陵本，光绪二十二年（1896）。

〔2〕熊十力《因明大疏删注》云："余以为稽诸经论，察类秉要，凡言自、共，当分三种。……三种云何？一于量中凡由分别心于境安立分齐相貌者，此为共相……凡离假智及诠，恒如其性，谓之自相。……二于名言中凡概称者为共相，特举者为自相。……三于因明法中立一义类，通在多法，如以因法，贯通宗、喻……此为共相；特举一法，匪用通他，是为自相。"（页十一右，商务印书馆线装排印本，1926年）按熊十力归纳的三种自相、共相，实际上只有两种：一是大乘佛教所说的自、共相，就是熊文所列的第一种；二是因明上所说的自、共相，即熊文所列的第二、第三种，这两种实际上是一回事。"如以因法，贯通宗喻"，仍然涉及属概念和种概念的关系问题。关于这一点，可参看第三章中"因三相"的部分。

〔3〕《大疏》卷二页四左右。

言中所带名自性，意中所许名差别，言中所申之别义故。〔1〕

这里所说的自性和差别已不再是主、谓的意思了，而是言陈和意许的意思。所谓言陈，就是言语文字所直接表达出来的意义；所谓意许，就是在言语文字中暗含的意义（“言中所申之别义”）。如说男人的力气比女人大，这句话从文字上看（自性）是全称，是指所有的男人都比女人力气大，但实际上却只是指大多数，这一点不言自明，听的人绝不会误解，这就是“言中所申之别义”，是差别。因明学认为，在命题中，主词有自性和差别两方面，谓词也有自性和差别两方面。作为言陈、意许的自性和差别，在讲到因十四过中的“四相违”时还要提到，兹不赘述。

2. 有法、法

什么是有法（dharmin）和法（dharma）呢？窥基释云〔2〕：

法有二义：一能持自体，二轨生他解……初之所陈，前未有说，径廷持体，未有屈曲〔3〕生他异解。后之所陈，前已有说，可以后说分别前陈，方有屈曲生他异解〔4〕。

这里指出：法有两种性质，一是支持自体，二是轨范他人产生异解。如说“声是无常”，其中“声”是有法，“无常”是法。在“声”这个有法的前面没有别的什么成分，所以它只有挺直地支持自体的一种性质，而不具备使人产生异解的性质。至于后面所陈说的“无常”这个法，由于前面已有了作为有法的“声”，于是就可以起分别有法的作用，从而使人有所解悟，产生异解。

我们也可以把有法和法这两个概念解释得更为直截了当些：所谓法，就

〔1〕〔2〕《大疏》卷二页四右，金陵本，光绪二十二年（1896）。

〔3〕 径廷，即挺直。只有主词而尚未说出谓词者叫径廷。屈曲，说了主词又说谓词，叫屈曲。

〔4〕《瑞源记》卷二页十一右引日释音石明诠云：“生他异解者，他前执常，由后说故生‘无常’解，异前解‘常’，故云生异解，余可准之。”意思是，所谓“生他异解”者，是指论敌原来主张“声常”，而立者所立宗中之“无常”法，使论敌产生了解悟，这新的解悟异于原先的理解，所以叫作“异解”。

是事物的属性,而领有这属性的,就叫作有法。有法比较简单,它只要能站住脚就行了;至于法,则不仅要能够支持自体,而且还要对有法起分别的作用。比如你单说一个“声”,人家听了,并不能明白你的意思是什么,必待说出“是无常”以后,才能使人明白你的意思。而且听的人原来若是认为“声常”,听你说了“声是无常”以后产生与自己原来主张不同的新见解,这就是法之“分别前陈”“生他异解”的作用。

3. 所别、能别

什么是所别、能别呢?窥基释云:

> 立敌所许,不诤先陈,诤先陈上有后所说。以后所说别彼先陈,不以先陈别于后,故先自性名为所别,后陈差别名为能别。〔1〕

这是说,立敌双方对宗上的有法应是共同承认的,他们所争论的不在先陈的有法,而在有法应具有何种法(属性)。这是因为后说的法可以分别前陈的有法,而不是以先陈的有法来分别后陈的法。因此先陈的自性(有法)名为“所别”,后陈的差别(法)名为“能别”。

简言之,有法是所分别的对象,故称“所别”;法则是能够分别有法具有什么属性的,故称为“能别”。

说到这里,或许有人会问:既然自性、有法、所别都指的是“体”,而差别、法、能别都指的是义,何不省去两对名称,径用一对名称来表示呢?是的,因明术语确有许多不必要的重复,而且过多的名词术语,确也给因明家的论述带来很多不便,所以在因明学上主要以有法来称主词,以能别来称谓词。如《入论》云:

> 此中宗者,谓极成有法,极成能别。〔2〕

就是以第二重的“有法”与第三重“能别”配成一对。但取名如是之错综,势必会引起人们的疑问,故有问难者言曰:

---

〔1〕《大疏》卷二页五左,金陵本,光绪二十二年(1896)。

〔2〕《大正藏》第32卷11b。

> 前陈后说既各三名,何故极成初言有法,后言能别,不以自性、差别名显?又复不以法及有法,能别、所别相对为名,而各举一有法、能别?〔1〕

对此,窥基作了解释。它首先承认:"设致(如果推及)余名,必有此难(问难)。"接着解释道:

> 自性差别,诸法之上,共假通名。有法能别,宗中别称,偏举别名,隐余通号……前举有法,影显后法;后举能别,影前所别。二灯二炬,二影二光,互举一名,相影发故,欲令文约而义繁故。〔2〕

这就是说,自性、差别这一对术语,是各种事物共同具有的名称,而有法、能别,则是宗的别称。现在各各偏举一名,就可省去其余的名称。因为前面举出"有法",可以隐约显示出后面的"法";后面举出"能别",可以影射前面的"所别"。这就好比二灯有二炬,二影必有二光那样,各举一名,可以互相影响,从而既节省了文字,又可以保持原来众多的意义。

但是,《大疏》的解释仍然难圆其说,因为它不能从根本上来解答,为什么"体"和"义"必须各有三个名称的问题。体三名或是义三名,它们的外延完全同一,虽说"互举一名"可"相影发",但这毕竟是一种补救的办法,如果能够删繁就简,去其多余,岂不更好?

现仍按《大疏》所述,将体三名与义三名列表例示于下:

声 (体)	是	无常 (义)
自　性(自相)	……	差　别(共相)
有　法	……	法
所　别	……	能　别
前　陈	……	后　陈

〔1〕《大疏》卷二页六右,金陵本,光绪二十二年(1896)。

〔2〕《大疏》卷二页七左。

三、所谓“互相差别”

关于体三名与义三名的关系，上面已讲了很多，但这里还需要着重搞清一个问题，就是有法和法是否“互相差别”的问题。在这个问题上，窥基的说法是自相矛盾和牵强附会的。它先是说但以法来差别有法，而不以有法来差别法，如在阐说体三名时就说：

先陈名自性，前未有法可分别故；后说名差别，以前有法可分别故。

以后所说别彼先陈，不以先陈别于后。

以后法解前，不以前解后。〔1〕

这里说得很清楚，在宗里，体和义是各有职守的，有法并不能对法起差别的作用，而只是法可以用来分别有法。但是在解释《入论》所云“差别性故”一句时却又说：

差别者，谓以一切有法及法互相差别；性者，体也。此取二中互相差别不相离性以为宗体。……以此二种互相差别合之一处，不相离性方是其宗。〔2〕

这就又成了有法和法可以互相差别了。像这样的自相矛盾，窥基当然不会不看到，更何况还有人提出了问难〔3〕：

先陈（前面说）能别唯在法中，何故今言互相差别？

因此窥基又调和设解云：

立敌相形，法为能别；体义相待，互通能所。〔4〕

---

〔1〕《大疏》卷二页四左右，页五左，页六左，金陵本，光绪二十二年（1896）。

〔2〕《大疏》卷二页十左。

〔3〕此问难者是奘门大德玄应，如日释凤潭《瑞源记》云：“今谓此中问意，即依应法师（玄应）义而设问。”（卷二页十七左）按：玄应不同意有法及法互相差别说，详见下文。

〔4〕问难者的话和窥基的答问均见《大疏》卷二页十右，金陵本，光绪二十二年（1896）。

这是说，在立论者、敌论者两相对照的情况下，立敌所争论的唯在后面的法，所以只是法能够对有法起差别的作用；但是从体与义两相对待的角度来说，有法和法是可以互为能别、所别的，也就是说可以互相差别。

但是，窥基的解释并不能自圆其说，因为因明立宗旨在“悟他”，离开“立敌相形”，宗又何由而立？因此分什么“立敌相形”和“体义相待”是完全没有必要的。退一步说，即使“体义相待”这种情况可以成立，也早为窥基自己所否定了。《大疏》所说的“先陈名自性，前未有法可分别故；后说名差别，以前有法可分别故”，就是从“体义相待”的角度来谈的。在“体”的前面没有别的事物，故无从分别起；而在“义”的前面，正因为有了“体”这个事物，因此就可以分别了。这不是明指“义”具有分别“体”的作用，而“体”却不具有分别义的功能吗？对于窥基调和两全的解说，他的四传弟子日释善珠就表示过异议。善珠还引用窥基的师兄玄应的话来批评窥基，《明灯钞》卷二本云：

> 说差别言，谓立论者说声无常，以无常言简别有法，是无常声，非常性故，即显无常与声和合不相离性之宗体也。诸人释云：“声与无常互相简别，故名差别……”尔者立宗，应有说言：“无常是声。”或应有言：“是声无常。”既无此事，故但依前……立者但以“无常”别“声”，故“声”“无常”非互相简。由此能别唯在无常，不尔便应有相滥失〔1〕。

这段话里的“诸人释云”，便是窥基等人的解释。玄应认为如果真像窥基等人所说的那样，“声”与“无常”可以互相差别的话，那么你在立宗时也可以随便把宗依变换位置，说成“无常是声”或“是声无常”了。但事实上不可能如此，所以还是只能依照“声是无常”的组合次序来说。可见只能用“无常”来分别“声”，而不能互相简别。因此，能别只在“无常”上面，不然就会混淆界限。

玄应的话确是说得很中肯的。因为声和无常这两个宗依，前者外延小，

〔1〕《大正藏》第68卷249a。

后者外延大,前者周延,后者不周延,这就决定了它们不能互相简别。特别是在因明中,谓词的外延一定要大于主词的外延才能成为宗,这一点与形式逻辑不同。西方传统逻辑告诉我们,全称肯定命题主词和谓词间的关系可以有两种:一是属种关系,如“声是无常”;二是同一关系,如“生物都是有机物”。在主词与谓词处于同一关系的时候,由于“生物”和“有机物”的外延是一样的,所以可以不改变原概念的外延而随意变换位置,说成“有机物都是生物”,在这种情况下,才谈得上互相差别的问题。而因明立宗其有法(主词)和能别(谓词)在外延上却只有属种关系,而不得是同一关系,因为宗上的能别(谓词)须通过“同品”才得建立,如果主词和谓词的外延同一,就不可能为宗找出“同品”来印证,那就要犯缺同喻的过失〔1〕。由此可知,窥基关于有法及法可以互相差别的说法是不正确的,不符合因明立宗的要求。

四、表诠与遮诠

宗有表诠与遮诠之别。表诠与遮诠这两个术语为法相宗所创。何谓表诠、遮诠?宋延寿《宗镜录》卷三十四云:

> 遮谓遣其所非,表谓显其所是。

这就是说,“遮”的性质在于排除与主词相矛盾或反对的性质,相当于逻辑的“否定”(我国名学称为“异”);“表”的性质在于显示主词的性质,相当于逻辑的“肯定”(我国名学称为“同”)。唐代宗密《禅源诸诠集都序》卷三云:

> 如说盐,云不淡是遮,云咸是表。说水,云不干是遮,云湿是表。

盐本来是咸的,因此如果说“不淡”,就是否定盐具有“淡”的属性,这在因明术语上称为“遮”;如果说“咸”,就是肯定盐具有咸的属性,因明术语称为表。至于诠,是阐明事理的意思。表诠,就是用肯定的方式来阐明事理;遮诠,就是用否定的方式来阐明事理。

---

〔1〕 参见《瑞源记》卷三页二右,玄应举四家释同品之说,商务印书馆,1928年。

因明的表诠、遮诠虽然与逻辑的肯定、否定在性质上相当，但其作用并不完全相同。因明的遮诠虽然只具有否定的作用，与否定命题的作用无异，但表诠的情况就不同了，它除了主要表示肯定外，还兼具否定的作用，即在肯定“声”具有“无常”属性的同时，也就排除了“声”具有“常”的属性。从这一意义来说，因明的表诠与肯定的区别判断相似，因为凡肯定的区别判断都是肯定和否定的综合。不过因明立宗其谓词外延一定要大于主词，而不能同一；而单称和全称肯定的区别判断其主词和谓词的外延则必须完全同一。

慧沼对因明遮表的职能有过概括的说明：

> 立宗法略有二种：一者但遮非表，如言“我无”，但欲遮“我”，不别立“无”……二者亦遮亦表，如说“我常”，非但遮“无常”，亦表有“常”体。〔1〕

在这里，慧沼以“我无”为例来说明遮诠的“但遮非表”，即在“我无”这一否定命题里，谓词“无”是对主词“我”的否定（遮），而不是要另外去肯定有一个“无”，因为“无”既是不存在的东西，就没有必要也无法指出“无”的具体内容了，所以遮诠只有遮（否定）的一面，而没有表（肯定）的一面。《大疏》这个说明是简括明白的。它所举的例，宣达了佛教的无我论。佛家认为，“我”就是主宰着人身和事物的东西（灵魂），这是不存在的，因为人的身体只是色（形骸）、受（感觉）、想（观念）、行（行动）、识（知识）等“五蕴”和合而成的虚假的实体，所以《佛地经论》卷一云：“‘我’谓诸蕴世俗假者。”《大智度论》卷一云：“佛弟子辈等，虽知无‘我’，随俗法说‘我’，非实‘我’也。”而世上万物，也只是由于“因”（事物产生和灭坏的主要条件）与“缘”（事物产生和灭坏的辅助条件）而产生或消灭，并无独立实在的个体。既然人身和万物的实体并不存在，所以主宰人身和万物的“我”（灵魂）也是不存在的。

《大疏》所引的第二个例子“我常”是用来说明表诠（肯定）为什么是“亦

〔1〕《大疏》卷八页三左。

遮亦表”的。原来它既从正面肯定了主词“我”具有“常”的属性，同时也从反面指出“我”并不具有“无常”的属性。“我”是数论派提出的二十五谛之一〔1〕。数论派主张世间万物包括人类都是实有的，由地、水、风、火、空五种物质元素组合而成，因此数论派是印度的重要哲学派别。但是数论派毕竟是印度婆罗门教的六大正宗之一，所以它在承认物质是世界的基础之外，又承认独立于物质之上的“我”（即“我知”，即“思”，即“神我”，也即通常所说的灵魂）的存在，认为人死了，灵魂却可以继续存在，并提出灵魂按生前行为轮回的规律，以及通过修行来求得解脱的方法。这就给数论派的哲学思想带来了极大的矛盾。

综上所说，表诠相当于肯定，但在因明学上，表诠的作用兼有遮的一面，即“亦遮亦表”；遮诠相当于否定，遮诠的作用比较单一，即“唯遮不表”。

五、“全分”、“一分”非量说

表诠、遮诠讲的是判断的质，至于判断的量，西方传统逻辑和我国的名学都作了研究，但在因明学上却未尝谈及。因明学上讲的“全分”、“一分”，过去有的学者以为就是全称、特称，这是一大误解〔2〕。

因明学所说的“全分”、“一分”，从字面上来看，虽然是全部和一部的意思，但它指的是立论者和敌论者对宗因是全部还是一部分极成的问题，而不是命题本身所反映的事物的量。例如窥基释“所别不极成”云：

> 此有全分、一分四句。全四句者，有自所别不成非他，如佛弟子对数论言“我是无常”，“是无常”法，彼此许有；有法“神我”，自所别不

〔1〕 数论派（Saṃkhya，音译为“僧佉”）立有二十五谛，即自性，觉，我慢，五唯（色、声、香、味、触），五大（地、水、风、火、空），五知根（眼、耳、鼻、舌、皮），五作根（手、足、大遗、男女、语具），心根，神我。数论派的经典，汉译名《金七十论》。

〔2〕 如陈望道《因明学》及石村《因明述要》所说，中华书局，2006年。

成。……有他所别不成非自,如数论者立"我是思"。有俱所别不成,如萨婆多对大众部立"神我实有","实有"可有,"我"两无故。……唯俱不违,非是过摄,余皆是过。〔1〕

"所别不极成"是宗的九种过失之一,对于"所别不极成"这种过失,我们将在第七章里讨论,这里暂且不谈。我们引录这段文字,只是借以说明"全分"、"一分"的问题。所谓"全四句者",即疏中所列"自所别不成非他","他所别不成非自","俱所别不成"及"俱所别极成"("俱不违");前三种是过失,"俱所别极成"不是过失(按照古印度的习惯,总是用四句例来进行概括,因而这里把不是过失的"俱所别极成"也拿来凑数)。所以《大疏》只列举了前三种的例子。从这些例子中我们可以看到,因明所说的"全分"与逻辑的量词是很不相同的。以"佛弟子对数论言'我是无常'"为例,谓词"无常",是立敌双方共许极成的;但主词"我",却是佛家所不承认的概念,现在"佛弟子"用"我"这个宗依作所别(主词),就犯了"自所别不成非他"的过失,也就是说,宗中的"所别"(主词)对于立者自己来说是全部不能同意的,而不是对方不极成。再以"我是思"为例,数论派所立二十五谛中有"神我"谛,因此数论派以"我"为所别(主词)是与自己的主张一致的,但这只是自己极成,而全然不为佛家所极成,所以叫作"他所别不成非自"。又以"萨婆多对大众部立'神我实有'"为例,萨婆多(又称"说一切有部")与大众部均属小乘佛教,都是"无我"论者,所以对这两家来说,所别(主词)"我"是全然不极成的,这就叫作"俱所别不成"。以上《大疏》所列的三种过失,都是全分所别不极成的表现。很明显,这里所谓的"全分",是从宗中的所别(主词)与"自""他""俱"的关系上来看的:这所别或是为自己所全部不极成,或是为对方所全部不极成,或是为双方所全部不极成。"全分"的问题还可以从《大疏》对"一分"的引例中得到反证。《大疏》释"所别不极成"中的"一分四句"云:

〔1〕《大疏》卷五页十左右,金陵本,光绪二十二年(1896)。

一分四句者，有自一分所别不成非他，如佛弟子对数论言“我及色等皆性是空”，“色”等许有，“我”自无故……有他一分所别不成非自，如数论师对佛弟子立“我、色等皆并实有”，佛法不许有“我”体故；有俱一分所别不成，如萨婆多对化地部说“我、去、来皆是实有”，“世”可俱有，“我”俱无故。〔1〕

这就是说，所谓“一分”，在“所别不极成”这类过失里，也有四种情况，可以归纳成四句话，即“自一分所别不成非他”，“他一分所别不成非自”，“俱一分所别不成”及“俱一分所别极成”。前三种是过失，“俱一分所别极成”不是过（这也是为了凑成四句例），所以这里也只举了前三种的例子。如佛弟子对数论言“我及色等皆性是空”一例，所别（主词）由“我”与“色”联合组成，其中“色”为佛家所承认，而“我”却为佛家所不许有，故佛弟子立此宗，即犯“自一分所别不成非他”的过失。又如“数论师对佛弟子立‘我、色等皆并实有’”，这里的所别（主词）与上例一样，也是“我”与“色”的联合，因是数论对佛家说的，故称“他一分所别不成非自”。再如“萨婆多对化地部说‘我、去来皆是实有’”，化地部也是小乘二十部之一，而且本由萨婆多部分化出来，当然也是不许有“我”的，但对于“去来世”则共认为实有，因此是“俱一分所别不成”。从以上三例可以看出，如果所别是由几个并列的成分构成的（亦即联言命题的主项），立论者或敌论者如果只承认其中的一部分而不承认另一部分，这就是“一分所别不成”了。简言之，所谓“一分”，即多分中的一分。由此，我们也可以回过来看“全分”，“全分”就是立者对所立的东西全部认可或全部不认可的意思。

我们还可以从西方传统逻辑中“量”的位置来看。传统命题中的量，是指主词具有怎样的外延，因此量的标志总是与主词相联系的，而“全分”“一分”则不同，它并不是用来指谓主词的外延有多大的，所以它不限于在所别（主词）里有，在能别（谓词）里也有“全分”、“一分”的问题。如《入论》云：

---

〔1〕《大疏》卷五页十左右。

能别不极成者，如佛弟子对数论师立“声灭坏”。〔1〕

《大疏》释云：

此有全分、一分四句。全四句者……有“他能别不成非自”，如论所陈，立“声灭坏”。〔2〕

这是“全分能别不极成”的例子。“灭坏”是宗中的能别，能别与所别一样，也须立敌共许极成，现在只是佛家许有而为数论所不许有（数论派虽承认“声是无常”的，但指的是由转变而无常，而不是指由灭坏而无常），因此对于数论派来说，佛家给出的“灭坏”概念为“全分能别不极成”。再看“一分能别不成”的例子，《大疏》云：

一分四句者……有他一分能别不成非自，如佛弟子对数论师立“耳等根灭坏、有易”。“有易”彼宗可有，一分“灭坏”无故。〔3〕

在此宗中，“灭坏”和“有易”是组成能别的两个成分（亦即联言命题谓项的两个成分），对佛家来说，是全分极成的，但对数论派来说，却是一分不极成，因为数论只承认事物有变易，不承认事物会“灭坏”。

综上所述，因明中的“全分”、“一分”，与逻辑中量的概念并无共同之处：“全分”、“一分”是从立论者和敌论者对宗因的态度来推究的，而全称、特称指的是主词外延是否周延。因此，把“全分”、“一分”说成就是全称、特称，是不恰当的。

〔1〕《大正藏》第32卷11c。

〔2〕《大疏》卷五页九左，金陵本，光绪二十二年（1896）。

〔3〕《大疏》卷五页九左右。

第三章　辨　因

一、什么是因

因(hetu)有狭义和广义两方面的意义。

狭义的因即推理论证的依据。在因明中,宗为所立,因和喻为能立。在能立中,因是正能立,喻是助能立。作为正能立,因担负着证成宗的主要职能。这是因为,宗中的法与因之间存在着不相离的因果关系,传统称作"回转"〔1〕。如"所作"因与"无常"法之间就存在这样的关系,因此可以说"凡所作者皆无常"。"烟"与"火"之间也有这种"回转",故可以从"烟"推知"有火"。可知只有当因与宗中之法具有一定的因果关系时,宗上的有法与法之间的关系才能确立。因就是这样来证成宗的。

拿因明三支与逻辑三段来比较,因,相当于小前提;喻,相当于大前提。不过在形式逻辑中,大小前提并无主次之分;而在因明中,因却占有正能立的地位,作为大前提的喻,却处于助能立的地位。由是以观,因在因明中占有特殊重要的地位。

为什么在三支论式中,因要占有重要的位置呢?这是因为,在三支推论中,因不仅是小前提,更重要的是它起着媒介的作用。在形式逻辑中,担负

---

〔1〕　此语梵语称 vyāpti(毗阿布提),《般若灯》译作"回转"。日本学者译作"遍通"或"遍充"。

媒介任务的是中词，而中词分见于大小前提之中，其中只要有一次周延，就能起媒介的作用。如：

凡所作者(M)均系无常，

声是所作(M)，

∴　声是无常。

在这个三段论中，中词(M)就是“所作”。“所作”在全称命题的大前提里是主词，因而是周延的；在肯定命题的小前提里是谓词，因而是不周延的。由于中词“所作”周延了一次，这就把小词“声”与大词“无常”联系了起来，组成“声是无常”的结论。从中词的媒介作用，过去一些研究因明的学者就很自然地把因与中词联系起来考虑，认为因就是中词。但是这种看法失之于笼统。其实，因与中词虽然都具有媒介的性质，但它们在媒介的方式上是不同的。中词是通过自身的周延来担负它的媒介任务的，而因却是通过包含宗中的有法来达到媒介的目的（因明称之为“遍是宗法性”，详见下文“因三相”部分）。中词分见于大小前提中，故起媒介作用的不限于小前提，而因明三支作法由于是论证的形式（先提出论题再援引根据），而且以因作为立宗的主要根据，所以因明家是只把因看作联结宗中有法和法的媒介物的。如窥基云：

别名宗喻，通即称因，遍是二之法故。又因必宽；宗喻性狭，如贯花缕，贯二门故。〔1〕

这是说宗的有法和喻依虽然有自己的不同名称，如声（有法）和瓶（喻依），但声和瓶却由所作性这个因联结成了一类，因为所作性既是瓶的法，也是声的法，可以构成“瓶是所作性”、“声是所作性”这样两个命题，并使人从瓶是无常，联想到声自然也是无常的了，因就是这样来沟通宗和喻的关系，从而达到成立宗的目的。由此可见，因涉及的面宽，而宗、喻的性质就相对地显

〔1〕《大疏》卷二页十九左，金陵本，光绪二十二年(1896)。

得狭了;因,就像串花的丝线那样,贯串着宗和喻。喻,当然也是立宗的依据,也是一种因,但在因明家的眼中它只不过是助顺因而已。所以《大疏》说它"虽亦顺益,非是正释宗之所以",意思是,喻虽然和因一样是顺益于宗的,但不是立宗的主要依据。日释善珠更从因和喻在启发论敌智慧的作用上进行评价,认为因最重要:

同异喻言,虽生敌智,是疏远故……但令敌智见所立边……非如言因,亲生敌智。〔1〕

这段话的意思是,同喻和异喻,虽然也能使敌论者产生智慧,然而它只是一种助因,只有立论时所用的因,才是使论敌产生正确智慧的主要因素。另外,我们还可以把三段论和三支作法的省略式作一些比较,来旁证因的重要。在形式逻辑中,三段论的省略部分可以是大前提,也可以是小前提或结论;但在因明中,三支作法的省略部分一般限于喻中的喻体,从未见有省略因的。如:

声是无常,

所作性故,

若是所作,见彼无常,犹如瓶等。

这一三支论式可以省略为:

声是无常,

所作性故,

犹如瓶等。

在这里,"若是所作,见彼无常"这一喻体省略掉了,剩下的只是"犹如瓶等"的喻依。以喻依来代表喻,这是常见的三支作法省略式。从这一省略中,我们可以清楚地看到因明重因轻喻的倾向。

通过上面的分析可以看到,因,约相当于小前提,但从它作为立宗的主要依据、推论的决定因素来看,又有异于小前提。因,具有媒介的性质,但从

〔1〕 善珠:《明灯抄》卷二本,《大正藏》第68卷256c。

它媒介的方式来看(不是从媒介的本质来看),又不同于中词。所以只能说它只是大体上与小前提或中词相当。相比之下,因明中的因,与墨辩中的“故”倒是更为接近的,因为墨辩所说的“故”,即成立命题的主要依据。

以上所述只是从狭义的方面来探究什么是因(包括因的地位),因还有广义的一面,这就是相对于所立(即论题)而言的能立也可以名之为因。能立是由因和喻结合而成的,是推理论证的前提,所以喻也是所由推出结论、证明论题的理由的组成部分。陈那《正理门论》云:

> 然此因言,唯为显了是宗法性,非为显了同品、异品,(定)有性、(遍)无性,故须别说喻言。〔1〕

陈那在《集量论》里亦云:

> 所说三相因,(其第一相)已善成宗法,次余二种相,由喻能显示。

陈那并自释云:

> 诸因明论中说因方便,唯诠宗法,如说“所作性故”,知属于“声”;所余二相;彼未详故,今以喻显。〔2〕

陈那的这两段论述都揭示了同异二喻的喻体其实是因的组成部分,也就是说因和喻结合起来,才能充分体现因三相,所以同、异二喻的喻体也是因。故窥基云:

> 陈那以后,说因三相即摄二喻,二喻即因,俱显宗故,所作性等贯于二处故。〔3〕

窥基明确地指出“二喻即因”。由此可见,因和喻是不可分割的整体,这个整体在因明中称作“能立”,也就是广义的因。

这里还须特别指出,“因”这个语词具有多义性,它还可以指称由宗、因、喻三支构成的整个论式,亦即因明“八门”中与“能破”相对应的“能立”(这

---

〔1〕《大正藏》第32卷3a。又,参见拙释《因明正理门论译解》Ⅰ-3-6B,中华书局,2007年。

〔2〕吕澂译:《集量论释略抄》第34页,《内学》第四辑,1928年。

〔3〕《大疏》卷四页四左,金陵本,光绪二十二年(1896)。

“能立”也是个多义词，与所立相对应时指称前提，即因喻，与能破相对应时指整个论式），如生因和了因，并由此衍生出来的六因，都是从整个论式的角度立意的，所以这个因所表达的概念与上述狭义或广义的因完全不同，是一个具有语用意义的概念，而狭义或广义的因则是从语法（逻辑句法）意义上来说的。关于六因，留待本章第四节再作专题阐释。

二、因 三 相

因明学是极其讲究论证中的因果关系的，它从因与宗及同喻、异喻内在的关系上，概括出了因三相（trairūpya）的理论。

因三相说为正理须摩（Nyāysoma）或正理修摩（Nyāyasaumya）亦即正理派的后学最早提出，其名称初见于《顺中论》。无著在论中排斥因三相云：

> 彼因三相，若何者法（事物）语为缘具（三相具足叫“缘具”），复以何者是因三相？

又云：

> 一切作法（五支论式）无三种相。〔1〕

这就一口否定了因三相。

但《顺中论》所提到的因三相，与后来陈那所概括的因三相很不相同。因三相的理论自世亲以后才被佛家所接受并得到了发展。世亲《如实论》云：

> 我立因三种相是根本法，同类所摄，异类相离，是故立因成就不动。〔2〕

又云：

〔1〕《顺中论》卷上所列的因三相是：一、朋中之法（pakṣadharmatva）；二、相对朋无（vipakṣanāstita）；三、复自朋成（svapakṣasattva）。“朋”是（pakṣa 的略称）就是朋分，即宗的异译。参见《大正藏》第30卷42a、b。

〔2〕《大正藏》第32卷30c。

我立义者依三种相。〔1〕

《如实论》对于因三相的态度较之于《顺中论》有了根本的转变，对于因三相的论述，也有了明显的演进。

但在陈那以前，因三相说还只是一个雏形而已。直至陈那、天主改革古因明、创立新因明以后，因三相说才完善起来，有了详备的解释。

陈那的因三相，说的是因对宗及同、异喻必须具备的条件，这也是因所包含的三个方面。故窥基云：

相者向义……又此相者，面也，边也，三面三边……一因所依贯三别处。〔2〕

因的这三个方面，就好像一根线把宗及同、异喻贯串起来了。

前面说过，在古因明也有讲因三相的，不过古因明对这个"相"字的解释与新因明完全不同。古因明家认为，相就是体，体就是指的宗上有法及同异喻体（古因明以事例为喻体）。陈那不同意这种说法，认为因的第一相涉及的虽然是宗上有法，但二、三两相并非实指"同、异有法（同、异事例，即喻依）"，而只是取喻依所含的属性与宗法相同或相异之处，即所谓"但取彼义"而已。可见陈那所说的三相，在于因与宗及同法和异法的内在联系，意在归纳出具有普遍意义的命题来。

可能有人会问，新因明讲的是宗、因、喻三支论式，这里讲的因三相又关涉到宗及同、异二喻，这三支与三相究竟有何区别？是的，研究因三相，必须弄清它与三支的区别。从语言表达形式上来看，因只是三支中的一支，它必须连同宗和喻才能组成论式；因此所谓三支，又称"言三支"，就是用言语表达出来的三支论式，也就是指的论证的结构；而因三相则是从内在的联系上来考察因是如何贯串宗及同、异二喻的，故又称为"义三相"，它揭示的是推理论证的规则。可见，言三支讲的是形式结构，而义三相讲的则是内在的规

〔1〕《大正藏》第32卷31a。

〔2〕《大疏》卷二页十九右，金陵本，光绪二十二年（1896）。

则,二者是划然有别的。

那么新因明所说的因三相的具体内容是什么呢?《入论》云:

因有三相……谓遍是宗法性,同品定有性,异品遍无性。

"遍是宗法性"就是因的第一相,这是立因的正相;"同品定有性"是因的第二相,"异品遍无性"是因的第三相,这是立因的助相。

1. 因的第一相"遍是宗法性"

因的第一相叫"遍是宗法性"(pakṣadharmatva)〔1〕。所谓"遍",即周遍,即一范围较大的概念包含一范围较小的概念;"宗",这里专指宗上的有法;"法",即因法,因是宗上有法的一种法〔2〕;"性"即特性的意思。把这些意思连贯起来就是:因必须在外延上包含宗上的有法。换言之,因周遍有法,是因法的特性。

那么为什么说这里所说的"宗",指的是宗上有法呢?文轨云:

宗是总称,别亦名宗;如见城之一面,亦名见城。〔3〕

文轨的解释是比较简明的。他指出"宗"虽是有法和法合起来的总称,但按因明的惯例,常常把别宗(有法或法分别称为"别宗",合起来称为"总宗")径直称为"宗";就如人们虽然只看见城墙的一面,也可以叫作见城一样。《大疏》更把"宗"和"法性"联系起来解释:

有法既为二法总主,总宗一分,故亦名宗。……若以宗中后陈名法,则宗是法,持业为名。总宗之法,亦依主释,具二得名;今因名法,宗

〔1〕 陈那因三相的原语系从黄贤(Haribhadra)的《六见集》(Ṣaddarśana Samuccaya)取来。

〔2〕 因明常把"因"称作"宗法",这"宗法"就是宗上有法的法的简称,但"宗法"这个术语易与宗中之法相混,因此下面我们专称因为因法,"宗法"这个概念则专指宗中之法。

〔3〕 《庄严疏》卷一页十四左,内院本,1934 年。又,《〈文轨疏〉校补》卷一,见拙著《敦煌因明文献研究》第 327 页,上海古籍出版社,2008 年。

之法性，唯依主释。〔1〕

《大疏》先指出把有法称作宗的原因是有法“为二法总主”，因为宗法和因法都是宗上有法的法，也就是说宗的主词有两个谓词，一是宗中的法，一是因中的法（按因明的习惯，因只叙谓词而省去主词，因为因的主词就是宗的主词）。有法既然作为总宗的一个主要成分，所以就把它叫作宗。接着《大疏》又指出，宗中的法，也可以称作宗，法和宗名称虽然不同，其实指的是同一个东西，所以这叫作“持业为名”；但是相对于有法来说，这宗法与因法又都称作“法”，这是用“依主释”〔2〕的方法来解释的。可见，把宗中一分称作宗，用的是“持业释”的方法，把宗法和因法都看作有法的法，月的是“依主释”的方法。这不过是解释的方法不同而已，并不改变概念原有的外延。

明确了“遍是宗法性”的“宗”即是指的宗上有法以后，就可以进一步来解释因是怎样周遍宗上有法的了。因周遍宗上的有法就是因的外延须大于有法，与有法构成真包含关系。试以“声是无常，所作性故”为例（见右图）。

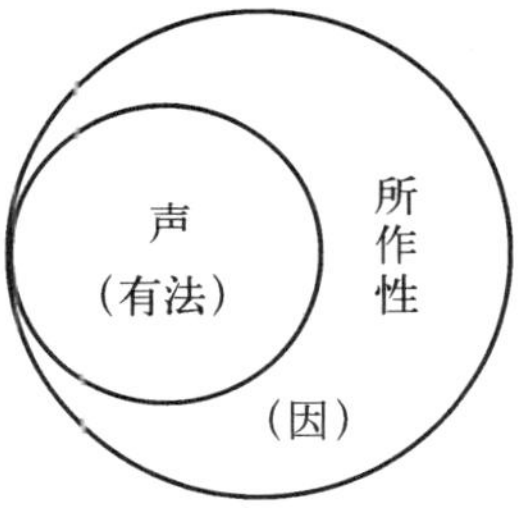

因的外延何以必须包含宗的有法呢？文轨云：

有法“声”上有二种法：一、不成法，谓“无常”；二、极成法，谓“所作”。以极成法在“声”上，故证其“声”上不成“无常”亦令极成。〔3〕

这就是说，以“声”作为主词的话，它有两个谓词，一是“无常”，二是“所作”。根据因明的规定，立宗必须“违他顺自”，即立论者主张“声”有“无常”的属性，而敌论者却不同意如此，所以这宗上的“无常”法就叫“不成法”〔4〕。

〔1〕《大疏》卷三页一右~二左。金陵本，光绪二十二年（1896）。

〔2〕持业释、依主释是佛教“六离合释”中的第一、第二两种方法。

〔3〕《庄严疏》卷一页十三右~十四左，内院本，1934 年。又，《〈文轨疏〉校补》卷一，见拙著《敦煌因明文献研究》第 327 页，上海古籍出版社，2008 年。

〔4〕“不成法”当然不是指作为宗依的“无常”不极成；因为作为宗依的“无常”与另一个宗依“声”一样，也是为立敌所共许极成的。问题是在组成宗以后，论敌不许这声上有无常，因明学称此为“不成法”。

因明虽然规定立宗必须立许敌不许，但对因法的规定却相反：必须立敌共许因周遍于宗有法。如“所作性”因，就是为立论者和敌论者所共同认可周遍于“声”的，故叫作“极成法”。“极成法”与“不成法”之间有着因果关系，这就是所谓“回转”。正因为“所作”因与“无常”法之间能够“回转”，故可以“所作”来证成“无常”。

再说有法“声”与“所作”因之间的关系。在全称肯定命题中，谓词的外延一般要大于主词的外延，当然有时主词的外延也可以与谓词相等，构成同一关系。但在因与宗有法的关系上，这种情况却是不允许的。因作为宗上有法的一种法，它的外延必须要比有法的外延为大。这样，通过外延上的包含与被包含，可以使人们确认因是宗上有法的一种法，从而完成“证其声上不成无常亦令极成”的使命。所以窥基也说：

以因体共许法，成宗之中不共许法。〔1〕

关于因也是宗上有法的法这一点，我们如果拿逻辑三段论来比较，就更清楚了。试将三支换成三段来看：

凡所作均系无常（大前提——喻）

声是所作性　（小前提——因）

故声无常　（结论——宗）

在这里“所作性”因是小前提。小前提的主词即结论的主词，结论的主词既然是“声”，那么小前提的主词也必然是“声”，这样，“声”就具有了两个谓词：“所作”和“无常”。而“所作”因在这里由于起着中间媒介的作用，所以得以证成宗的存在，把“声”和“无常”有机地联系在一起。

但是这里有一点值得注意：在直言三段论中，中词的媒介作用是通过自身的周延（至少周延一次）来完成的；而在因明学上，因的媒介作用则是通过包含宗中有法（因与有法在外延上构成属种关系）来完成的，这就是所谓的

〔1〕《大疏》卷三页一右，金陵本，光绪二十二年（1896）。

“遍”。因此在中词与因究竟如何起媒介作用这一点上，形式逻辑与因明所强调的方向是不同的。试以下面二图作比较说明：

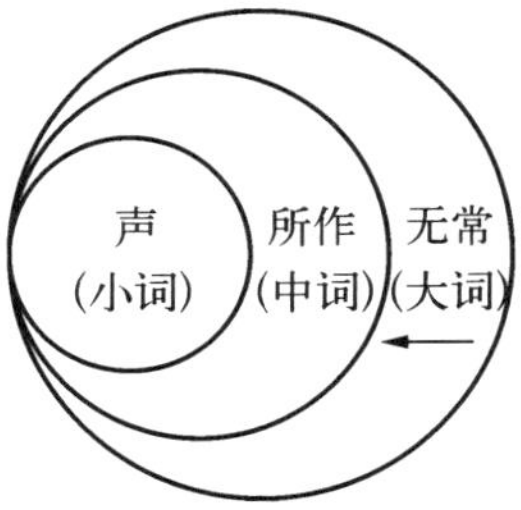

（图一）

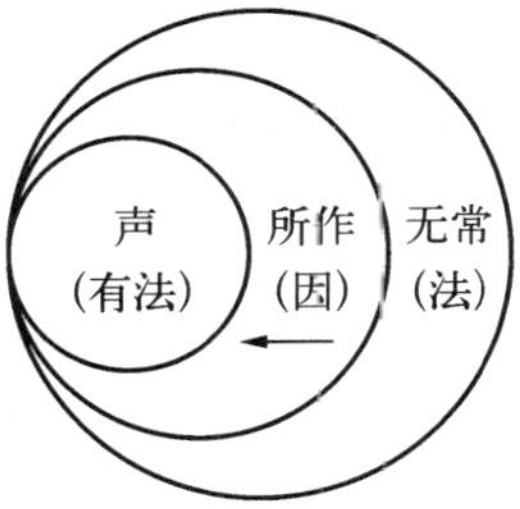

（图二）

形式逻辑强调的是中词应被大词包含，这样，中词就周延了（见图一）；因明强调的是因必须周遍（包含）有法（见图二）。由此可见，中词与因在媒介的职能上虽然是一致的，但形式逻辑与因明在关于中词与因如何起媒介作用的说明上，却表现了不同的风格〔1〕。

但是因明所概括的“遍是宗法性”有其局限性，它只适用于下列公式：

有法——宗法（宗　支）

因法（因支）

因法——宗法（喻　支）

M（因）——P（法）

S（有法）——M（因）

S（有法）——P（法）

上列三支式可以很自然地转换为三段论的第一格：因明三支只限于第一格，甚至只限于第一格里的 AAA 和 EAE 两种式〔2〕。因为因明三支不存在特

〔1〕　然而有人认为这“其实也没有任何独特的地方，因为第一相‘凡 S 是 M’与三段论第一格第一式 AAA 的规则之一‘小前提总是肯定的’完全相同。……第一格 AAA 式共有两条规则，还有一条‘大前提必须全称’，这一条就是为了保证中词必须周延一次”（见郑伟宏《佛家逻辑通论》第 72 页）。这就完全忽略了第一相遍是宗法性中“遍”字的重要作用，令人殊觉惊异！

〔2〕　这只是从宗、因和同喻的组合形式来说的；如果从宗、因和异喻的组合形式来说，则可组成第二格的 EAE 式。因为按因明的传统，以同喻为主，异喻常可省略，所以因明比量的结构形式主要是第一格的 AAA 式和 EAE 式。

称命题,故第一格的 AII、EIO 两种式,在因明中就没有出现过。

如果因明三支也像直言三段论那样有四个格的话,“遍是宗法性”这条规则就不适用了。如第三格的中词都处在主词的位置上,它的外延小于小词的外延,因此中词不可能做到“周遍”小词。再如第四格,中词在小前提中处于主词的位置上,其外延一般也小于小词,因此同样不可能做到“周遍”小词。

因此我们可以说,“遍是宗法性”完全是按照因明的论式所立下的规则。根据这一规则,因与宗上有法的关系必然是属种关系,因的外延一定要大于宗上有法。如果因的外延不能全部包含宗上有法,而只是涉及有法一部分外延的话,这个因就不能成立。窥基云:

> 若因不遍宗有法上,此所不遍,便非因成。〔1〕

对此,日释善珠还作了具体的阐释:

> 如其因性不遍有法者,宗宽因狭,不足为成。如外道说:“一切草木,皆有心识,有眠觉故,言眠觉者,如合欢树。暮时叶合曰眠,朝旦还开曰觉。”然此眠觉因,不遍草木故,不能成皆有心识,此有过因,便非因成〔2〕。

这就是说,如果宗上有法的外延大,而因的外延小,这个因就不能证成宗。日释善珠举“外道师”所立的推论说明,“有眠觉故”因的外延狭,而宗上有法“一切草木”的外延却太宽。因为草木中有“眠觉”的虽然不少(如豆科植物等),但不是所有的草木都有“眠觉”。这样,“有眠觉”因自然就不能证成宗上的法为有法所有了。〔3〕 因此这一类因都是有过失的因。

我国唐代的因明家,曾研究过因是否遍于宗上有法的种种可能情况,概

---

〔1〕《大疏》卷三页三右,金陵本,光绪二十二年(1896)。

〔2〕 善珠:《明灯抄》卷二末,《大正藏》第 68 卷 263c。

〔3〕《如实论》也举过相同的例子:“譬如有人立义:‘一切树有神识。何以故?树能眠故,譬如尸利沙树。’有人虽言:‘树神识不成就,何以故?因不遍故。一尸利沙树眠,余树不眠,是眠不遍一切树,是故眠不能立一切树有神识。’”(《大正藏》第 32 卷 32a)但《如实论》不同意以此例来说明因不遍宗的问题。

括出了四种类型：

（1）是宗法而非遍；

（2）是遍而非宗法；

（3）非遍亦非宗法；

（4）是遍亦是宗法。

第一种“是宗法而非遍”是说，因虽然可以算作宗上有法的一种法，但却没有遍于有法上，而只是与有法的一部分外延发生联系，构成交叉关系。如上述“一切草木皆有心识（宗），有眠觉故（因），如合欢树（喻）”就是。

第二种“是遍而非宗法”是说，因虽然遍于宗之有法，但却不是有法的一种法。其实，这种因是没有的，因为因如果真能遍于有法上，就绝不会不是宗上有法的法。但是唐代总持寺的玄应、庄严寺的文轨与嵩山镇国道场的定宾却认为有这一类因，并且还举了例子（他们举的例子比较艰深，兹不录）。〔1〕这里以一条古印度因明家常用的例子来作说明：

> 此山谷决定有火，（宗）
>
> 现见烟故。（因）

这里举此例所要说明的是，有烟与有火固然有必然的因果联系，但与山谷却无必然的联系，因为山谷只是一个“出事地”而已。烟虽然可以遍于山谷这个有法，却与山谷是“别体”，因此不能成为山谷的法。然而玄应、文轨、定宾等人以“别体”为理由来证明“是遍非宗法”之存在的说法不能令人信服，窥基、璧公以及稍后的茂林（唐北川人）等都竭力反对玄应等人的说法。如窥基云：

> 必无是遍非宗法句。但遍有法，若有别体，若无别体，并能成宗；义相关故，必是宗法。〔2〕

这段话的意思是，为什么说一定不存在“是遍非宗法”这种情况呢？因为只

〔1〕参看《瑞源记》卷二页三十二右，商务印书馆，1928 年。

〔2〕《大疏》卷三页四左，金陵本，光绪二十二年（1896）。

要因能够遍及于有法，是“别体”也罢，不是“别体”也罢，都能证成宗；并且由于宗因间的内在联系，因必定是宗上有法的法。我们不妨以上面所举的例子来作分析。“此山谷”与“烟”，这两个概念虽然在外延上没有可比较的关系，即是所谓的“别体”，但在一定条件下，这两个概念也可产生可比较的关系，即当此山谷有烟时，“有烟”与“此山谷”就构成属种关系。因为有烟之处不仅是此山谷，还可以发生在别处别地，故“有烟”的外延大，它包含“此山谷”的全部外延。从这个意义上来说，把“此山谷”与“有烟”看作是“别体”显然是不妥当的。“有烟”在外延上包含“此山谷”，而它又被“有火”这个概念所包含，“此山谷”、“有烟”、“有火”这三个概念在外延上的关系如图三。正由于这个概念在外延上构成多重的属种关系，所以“有烟”这个因就能证成“此山谷有火”这个宗。再说，凡一概念在外延上包含另一概念时，它就可以用来说明被包含的概念具有某种属性，即充任被包含概念的谓词（法）；“有火”包含“此山谷”，“有烟”也包含“此山谷”，所以它们都可以充任“此山谷”的谓词（法）。那种认为“有烟”在外延上虽包含“此山谷”却又不是“此山谷”的谓词（是遍而非宗法）的说法，是不足取的。由此可见，把“别体”看作“非宗法”的根据是不对的。这里应该只有两种选择：如果因确是周遍有法的话，就一定是宗上有法的一种法，而且不能再把它看作是“别体”；如果因不是宗上有法的法，那就绝不可能遍于有法，而这已是属于下面所说的第三种类型了。

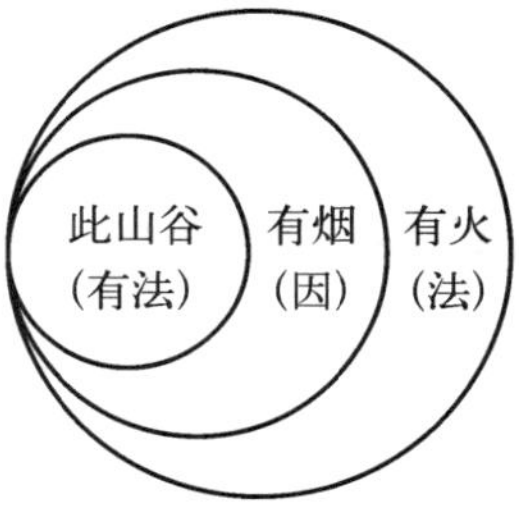

（图三）

第三种“非遍亦非宗法”是说，因既没有遍于宗上的有法，也不是有法的法。窥基云：

> 非遍非宗法者，四不成中并全分过。如声论师对佛弟子立“声为常，眼所见故”。俱说此因于声无故。〔1〕

这段话的意思是，因如果“非遍非宗法”，就要犯因十四过类中的“两俱不成”、

〔1〕《大疏》卷三页五左，金陵本，光绪二十二年（1896）。

“随一不成”、“犹豫不成”、“所依不成”中的全分(全部)不极成的过失(详第八章“四不成”)。如立“声为常”宗,却以眼所见为因,因为立敌双方都认为声不是眼所能见的,“眼所见”因不能遍及于有法。“非遍非宗法”句是合乎逻辑的概括,“非遍”就必然是“非宗法”;与此相反,“是遍”就必然“是宗法”。

第四种“是遍亦是宗法”是说,因既遍于宗上有法,又是有法的法。窥基云:

> 唯……遍亦宗法,是正因相。为简非句(指以上非遍非宗法等句),故说遍是宗法性。〔1〕

《大疏》指出,只有“遍亦宗法”才是正因相。它的作用在于简除因不遍于宗上有法而产生的种种过失,所以因明首先要作出“遍是宗法性”的规定。

在以上所说的四种情况中,第一种“是宗法而非遍”是把特称命题说成了全称,如果把“一切卉木”改为“有些卉木”,因就能遍及有法了,但因明没有特称命题,所以会有“是宗法而非遍”的矛盾。其实,因若“非遍”,也就不能成其为宗法,因此可以把这一类因与“非遍非宗法”合并。第二种“是遍而非宗法”的情况是不存在的,因为因如果遍于有法,就一定是有法的一种法,所以可以把这一类因与“是遍是宗法”一视同仁。因此只有第三种“非遍非宗法”和第四种“是遍是宗法”才是合乎逻辑的概括。

“遍是宗法性”是建立一个正因的首要条件,但是单有这第一相的规定是不够的,它还需要有第二相和第三相的襄助,才能对因作出全面的衡量。

2. 因的第二相“同品定有性”

因的第一相着重研究了因与宗上有法的关系(即中词与小词的关系),因的第二相则着重从正面来研究因与宗中之法的关系(即中词与大词的关系),以此来检查因与宗法之间是否真正存在一定不相离的因果关系。

确定因与宗法之间是否具有因果性这一点在论证中是很重要的,因为

〔1〕《大疏》卷三页五左右。

因果性虽然只是世界性联系的一个极小部分,然而这不是主观联系的一小部分,而是客观实在联系的一小部分。如果因与宗法之间的因果性不是客观实在联系的表现,而是一种人为的主观联系的话,整个论证便丧失了存在的价值。如说"鲸鱼是鱼,因有鳍故",这个论证中的因与宗法就缺乏必然的联系;因为鲸鱼是哺乳动物,鲸鱼的鳍实是前肢的变异,而鱼却不是哺乳动物。正是为了确定因与宗法间的必然联系,因明作出了"同品定有性"(sapakṣe vidyamānatā,或 sapakṣe sattva,或 sapakṣe eva sattva)的规定。

那么什么是"同品"呢? 同品就是具有宗法所示性质的事物。商羯罗主《入论》云:

> 谓所立法均等义品,说名同品。如立无常,瓶等无常,是名同品。〔1〕

这里所说的"所立法"即宗中之法,即能别;"均等义品"即属性相同,以宗法"无常"来说,由于瓶、盆、碗、罐等事物都具有无常的属性,因此都是无常的同品。但必须指出,同品只是指两个事物在某些属性上的相同,而不是要求所有的属性都相同。如声与瓶,只是在"无常"和"所作"上相同,在其他方面则有很大的不同。正因为如此,我们才能在一事物之外找出另一事物来作同品;如果要求两事物的属性全部相同的话,那就找不出同品来了。因此窥基云:

> 若全同有法上所有一切义者,便无同品,亦无异品。〔2〕

同品有两种,即宗同品和因同品〔3〕。凡具有宗法之性质者,称宗同品;凡具有因法之性质者,称因同品。如瓶具有宗法"无常"的性质,所以是宗同品;瓶又具有因法"所作"的性质,故又是因同品。再如电,它只具有宗法"无常"的性质而不具有因法"所作"的性质,故电只是宗的同品而不是因

〔1〕《大正藏》第32卷11b。
〔2〕《大疏》卷三页六左,金陵本,光绪二十二年(1896)。
〔3〕因明常称宗的同品为"同品",称因的同品为"同法"。

的同品。由于宗法的外延比因法大，因此宗的同品不一定是因的同品，而因的同品则必定是宗的同品。如雷、电、雾、雨等虽是"无常"宗的同品，却非"所作"因的同品，而瓶、盆、碗、罐等，既是"所作"因的同品，就必然是"无常"宗的同品。

窥基把同品明确地划分为宗同品和因同品。如《大疏》云：

> 同品有二：一宗同品……二因同品。〔1〕

《大疏》把同品明确地分为宗同品和因同品两种，有助于人们深入地认识和区分同品的种类和认识其相互间的联系。但是吕澂先生不同意有"因同品"的名目，他说：

> 窥师所据，在小论（即商羯罗主的《因明入正理论》）解同喻处"显因同品决定有性"一句，以"显因同品"为读，遂立名目。……立因同异，法相淆然，故彼解非，应知简别。〔2〕

按吕澂先生此说，是以窥基把《入论》中的"显因同品决定有性"一句读作"显因同品，决定有性"为谬误的。吕澂先生认为，此句中"同品"一词应属下，即"显因，同品决定有性"。这样，"因同品"一词就不成立，而只是窥基的误解而已。吕澂先生的这一看法，得到熊十力先生的赞同，他说：

> 疏以因同品为名词，解作因同品处决定有宗，甚谬。同品当属下，谓显示因之"同品定有性"，即显因之第二相也。〔3〕

其实，窥基并没有读错，此句应该在"显因同品"之后以读号分开。按《入论》原文云：

> 同法者，若于是处显因同品决定有性。谓若所作，见彼无常，譬如瓶等。〔4〕

---

〔1〕《大疏》卷三页六左。

〔2〕《因明纲要》页二十五左："附说五"，商务印书馆，1926年。

〔3〕《因明大疏删注》页三十二右，商务印书馆，1926年。

〔4〕《大正藏》第32卷11b。

意思是,所谓同法喻,如果在喻依上显出它是因的同品,那它就一定也是宗的同品,例如"瓶"这个喻依,它既是"所作"因的同品,那就一定也是"无常"宗的同品,因此"瓶"就是所谓的"同法"。《入论》所阐述的这个道理是很清楚的,正符合《理门论》指出的"说因宗所随"的规律。故窥基以"显因同品"为读,完全符合《入论》的原意。而且如此分读,并不始于窥基,文轨释"显因同品决定有性"时亦云:

因者,谓即遍是宗法因;同品谓与此(因)相似,非谓宗同名同品也。

又云:

谓若所作,即前显因同品也。〔1〕

这就清楚地告诉我们,文轨也是以"显因同品"为读的,所以他明确地指出,这里的"显因同品","非谓宗同名同品也",而是指具有"所作"因性质的事物。

关于因同品,在《入论》中除"显因同品"句外,尚有数处提及,兹胪列于下,以资佐证。《入论》说同法喻曰:

若是所作,见彼无常,如瓶等者,是随同品言。〔2〕

这里的"随同品言"就是"说因宗所随"的意思,"随同品"就是随的因同品,就是说喻依上若有"所作"因的性质(因同品),就定然有"无常"宗的性质(宗同品)。又《入论》说同品一分转异品遍转云:

此因(无常因)以电、瓶为同品故,亦是不定。〔3〕

《入论》说俱品一分转曰:

是故此因(无质碍因),以乐、以空为同法故,亦名不定。〔4〕

"此因以……为同品"、"此因以……为同法"(这里的同品和同法是同一概

〔1〕《庄严疏》卷一页二十二右、二十三左,内院本,1934 年。又,《〈文轨疏〉校补》卷一,见拙著《敦煌因明文献研究》第 332、333 页,上海古籍出版社,2008 年。

〔2〕《大正藏》第 32 卷 11b。

〔3〕《大正藏》第 32 卷 11c~12a。

〔4〕《大正藏》第 32 卷 12a。

念），都清楚地说明，立因同品的思想在《入论》中早已有之。由此可见，文轨、窥基立因同品之目，系有所本，绝非误读。而且将同品分为宗同品和因同品，确于阐述二同品之关系益增方便〔1〕。

再说什么是"定有性"。文轨云：

> 定有性者，其遍是宗法所作性因于同品瓶中定有其性，方是因相。〔2〕

这里指出，所谓"定有性"，就是所作因的性质一定要为宗的某些同品如瓶等所具有。也就是说，瓶不仅具有宗法的性质，而且也具有因法的性质；不仅是宗的同品，而且也是因的同品。因此我们可以说，"瓶有所作性，故瓶是无常"，以此来证明"声有所作性，故声是无常"之可成立。"同品定有性"就是这样通过因同品和宗同品来检证宗法与因法之间因果性的存在以建立因相的。不过这里有一点值得注意，第二相所说的同品，是以因同为主，兼取宗同的。这是因为，第一，因的同品必然是宗的同品，如瓶与所作性为同品（因同品），所作性被包含在无常的外延之中，因此瓶亦必然被无常所包含，与无常构成同品（宗同品），如图四。这也就是《理门论》说的"说因宗所随"的原

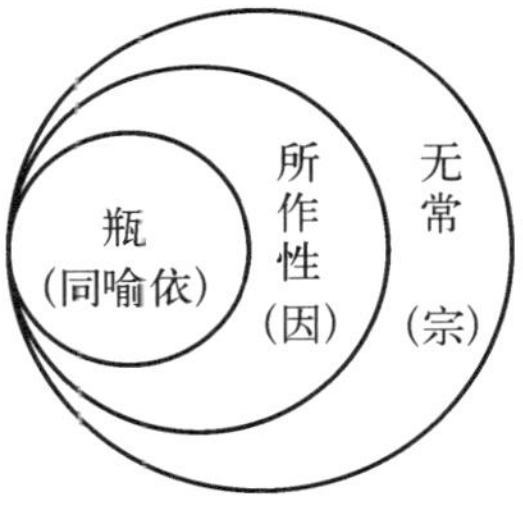

（图四）

〔1〕 然而有人认为这是窥基的错误发挥，并错误地理解了窥基说的下列三段文字：（1）"虽一切义皆名为品，今取其因正所成法"。（2）"若聚有于宾主所诤因所立法聚相似种类，即名同品"。（3）"此中但取因成法聚，名为同品"。认为这是窥基在另立关于同品的标准，即同品须同于因法。我在上文已论证了窥基将同品分为宗同品和因同品乃有所本，可见这并非是"错误的发挥"。至于窥基另立标准一说，更是极大地误解。上引窥基的三句话不都是在解释同品即是与宗之法相似种类的事物吗？这一解释与陈那和天主的定义别无二致。批评者所以要指责窥基"另立标准"，缘于其错误地理解了原文的意思，竟将"因所成法"、"因所立法"、"因成法"当作了就是"因法"（见郑伟宏：《佛家逻辑通论》第41～42页），其实因所成立的法乃是宗法！未读懂原著即对古人横加批评，岂非无益于人而有损于己！上引《大疏》三段文字，（1）见卷三页五右，（2）见卷三页二十右，（3）见卷三页二十一左。

〔2〕《庄严疏》卷一页十五左，内院本，1934年。又，《〈文轨疏〉校补》卷一，见拙著《敦煌因明文献研究》第327页，上海古籍出版社，2008年。

因。神泰更以比喻来作说明：

> 犹如牛母去处，犊子必随。此意所作性者至瓶等上，其无常性亦必随至瓶、盆等上；故知所作性因成至声上，其无常性亦来其声上也。〔1〕

第二，虽然因同品必然是宗同品，但宗同品却并不一定是因同品，原因是宗法的外延一般大于因法，宗法与因法之间构成属种关系。如立"无常"宗，无常的同品有瓶、盆、碗、罐，雷、电、雾、雨等，其中瓶、盆等无常物（即宗的同品）具有所作性（即兼作因的同品），而雷、电等宗同品，却不具有所作性，不能成为因同品，如图五。正因为宗法的外延大于因法，构成属种关系，因此因的第二相只说"定有性"，不说"遍有性"；即只要求宗同品中有一部分（哪怕是个别的）兼有因法的性质，成为因同品就行，而不需全部宗同品都是因同品。当然同品有时也可以"遍有"，例如：

树均有死，
为生物故，
如彼禾等。

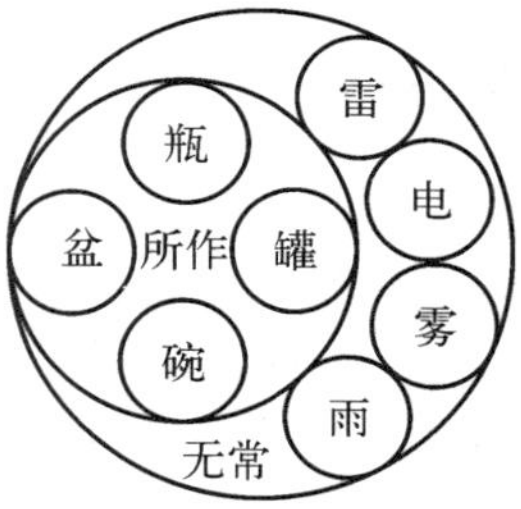

（图五）

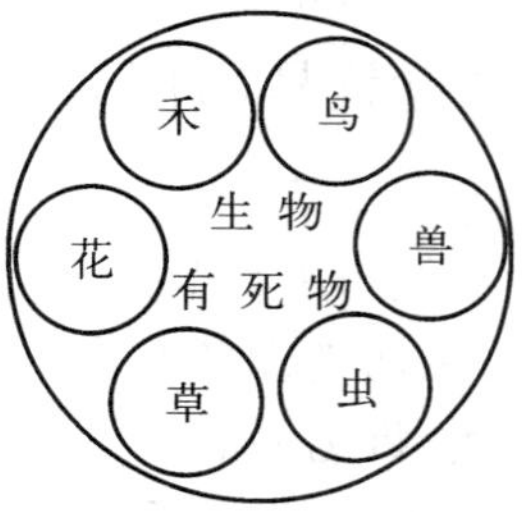

（图六）

在此立量中，宗法"有死"与因法"生物"外延同一。因为凡是"有死"之物都是"生物"，而"不死"之物均非"生物"。在这种情况下，所有的宗同品就都是因同品，如图六。不过这种由于宗因外延上的同一而形成的同品"遍有"的情况，是比较少的。

〔1〕《因明正理门论述记》卷三页十六左，内院本，1923年。

“同品定有性”是立因必不可少的规则。如果在立因时不能从宗的同品中找出因的同品，那就有两种可能：一种是宗因间缺乏真正的因果性，如立“声常，所作性故”，在“常”的同品中就找不出有“所作”因的性质者。由此说明，在此立量中宗因间不发生因果关系，如图七。

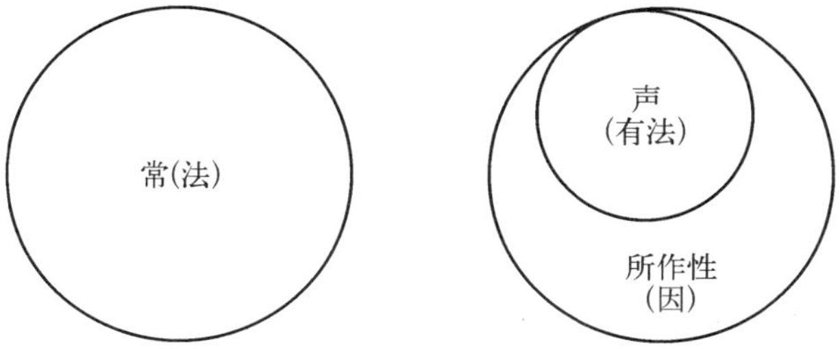

（图七）

这是比较多见的一种可能。另一种情况是宗因间或是有因果关系，或是没有因果关系，但由于宗上的有法与法在外延上是同一关系，因此找不出同品来检证，如立“人能劳动”宗，以“有意识故”为因，宗中有法“人”与法“能劳动”外延同一，因而无法在“人”之外找出“能劳动”的事物来作同品，但其宗因间的因果关系却是确实的，如图八。又如立“人能劳动”宗，以“有四肢故”为因，此因外延太大，超出了宗法的范围，（因的外延只能小于或等于宗法，而不能大于宗法）因而不能证成其宗；但从宗本身却找不出同品来检验因之正与不正，如图九。当然，像这一类（如图八、图九所展示的）情况是比较少的。

（图八）

（图九）

至此,我们可以将因的第二相作一简明的概括:"同品定有性"就是为了考察因法与宗法之间是否真正具有因果性,即当因法出现时宗法是否也必然随之出现,必须在宗的同品中再找一物(哪怕只有一物)来检证,而此物必须兼有因的性质。如果在宗的同品中找不出可以兼作因同品的事例来,因相的建立就缺乏根据。第二相"同品定有性"的全部道理就是这样,简单而明白。

但是唐代诸因明家对什么是"同品"却作了种种解释,唐玄应《理门论疏》把它概括成四种〔1〕:

与所立法均等义品说名同品者,总有四家:

(一)庄严轨公意,除宗以外一切有法俱名义品,品谓品类,义即品故。若彼义品有所立法(即宗法)与宗所立法(即因法)邻近均等,如此义品,方名同品;均平齐等,品类同故。

(二)汴周璧公意谓,除宗以外一切差别(即法)名为义品。若彼义品与宗所立(即宗法)均等相似,如此义品说名同品。谓瓶等无常与所立无常均等相似,名为同品。

(三)有(泛指有人)解云:除宗以外,有法、能别与宗所立(即总宗)均等义品,双为同品。

(四)基法师等意谓,除宗以外法与有法不相离性为宗同品。

玄应是同意窥基之说的,所以他明确表态说:"后解为正。"

其实,在这四种意见中,窥基的解释最不高明,而以文轨与璧公的解释为中肯,其中尤以璧公之说为精当。窥基的疏释较为晚出,他曾对第一、二两种解释提出了批评。先看他是怎么批评文轨同品同于有法之说的:

且宗同品,何者名同?若同有法,全不相似;声为有法,瓶为喻故。〔2〕

---

〔1〕 玄应的《理门论疏》已佚,此处引文见日僧凤潭《瑞源记》卷三页二左所引。商务印书馆,1928年。

〔2〕 《大疏》卷三页六右,金陵本,光绪二十二年(1896)。

窥基的批评是说，同品如果是指“除宗以外一切有法”“有所立法（宗法）与宗所立法（因法）均等者”〔1〕，那么你所举的“瓶”就与有法“全不相似”，因为“声”是宗上的有法，而“瓶”却是喻中的喻依。喻依不是有法，怎么能把它归在“除宗以外一切有法”之中呢？

窥基对文轨的批评实在没有道理，因为“瓶”在三支作法中虽然只是喻依，但喻依的作用在于说明它和宗上的有法一样，也具有因法和宗法的性质，它和因法和宗法都可以构成命题，组成“瓶是所作”和“瓶是无常”，以此来检验宗因间的关系。在瓶是所作与无常的命题中，“瓶”就是有法，怎么能说它只是喻依而不是有法呢？称“瓶”为喻依，是指它在三支中的位置；说它是宗以外的有法之一，是指它与宗法或因法构成命题时的地位。窥基抹杀喻依与有法可以相互转化的一面，而片面强调它们名称上的不同，是难以令人首肯的。

再看他是怎么批评璧公同品同于宗法之说的：

> 若法为同，敌不许法于有法有，亦非因相遍宗法中，何得取法而以为同？〔2〕

窥基认为：如以璧公所说的“除宗以外一切差别（法）”“与宗所立（宗法）均等相似”为同品，那就有两个问题讲不通：其一，按因明立宗的规定，必须是立许敌不许；既然论敌不许宗上的法为有法所有，那么同于宗法的法又怎么被论敌所认可？如立“声是无常”宗，以“瓶”上的“无常”作为宗法“无常”的同品；宗上“无常”法论敌不许有法“声”上有，却同意“瓶”上有“无常”法。这样，两个“无常”法，一个不共许，一个共许，就不能构成同品。慧沼《略纂》补充说：

> 立论“声无常”，瓶上“无常”是同品；敌论许“声常”，瓶中“无常”应异品。〔3〕

〔1〕　此处引文系《文轨疏》原文，非玄应转述者（《〈文轨疏〉校补》卷一，见拙著《敦煌因明文献研究》第329页，上海古籍出版社，2008年）。

〔2〕　《大疏》卷三页六右，金陵本，光绪二十二年（1896）。

〔3〕　据日释圆超（862～925）《华严宗章疏与因明录》所记，慧沼著有《略纂》四卷。此书早佚，这段话引自日释凤潭《瑞源记》卷三页二左，商务印书馆，1928年。

这就是说,从立论者来说,立“声是无常”,这样,瓶上的“无常”固然是同品;但从论敌一面来说,他本不同意“声是无常”的断案,而主张“声常”,但瓶上有无常的属性他倒是同意的,这样,瓶上的“无常”岂不成了声上“常”的异品了吗?其二,就是“亦非因相遍宗法中”,这是说,若以瓶上“无常”为声上“无常”的同品,那么固然可以说“无常”是“无常”,怎么能说“无常”是“所作”呢?因为“无常”的外延大,“所作性”不能包含“无常”(非因相遍宗法),因此不能以宗外之法为宗法的同品。对此,慧沼《略纂》也补充道:

> 又不可因依(遍)无常,(故)言同品定有性,以初相因(遍是宗法之因)不依(不遍)宗中能别法故。〔1〕

这里明指如果以宗外之法为宗法的同品,就会造成“因依无常”即构成“无常是所作”的荒谬命题。正因为宗法一般比因法的外延大,因法不能作宗法的法(“初相因不依宗中能别法”),所以说同品只讲“定有”而不讲“遍有”。

窥基及其弟子慧沼对璧公的批评同样是站不住脚的。第一,正是因为“敌不许法于有法有”,才需要立因来证成宗;而立因就需要以同品来检验宗因之间是否具有因果性。因此在宗以外觅取兼有宗法和因法性质的事物作为同品来检验因相之正与不正,与立宗的“违他顺自”并不矛盾。如果一定要以“敌不许法于有法有”为理由来衡量同品的话,那么同品就建立不起来。因为任何一个宗都是立许敌不许的,立论者说的同品在敌论者看来都是异品,这样,因的第二相何由得以建立?纵使按窥基的主张,以“法与有法不相离性”为“宗同品”也不行,因为宗上有法与法的不相离性既然是为立者所许而为敌者所不许的,那么“瓶”与“无常”的不相离性在立者看来是宗的同品,而在敌者看来就是宗的异品了。由此可见,窥基批评璧公时所持的理由实在是不成其为理由,倒是反过来把他自己关于同品的主张否定掉了!第二,所谓“亦非因相遍宗法中”,则是道道地地的偷换概念,强加于人。璧公

---

〔1〕 引见《瑞源记》卷三页二左,商务印书馆,1928年。

说的是瓶上的"无常"与宗法"无常"相似，因此瓶可以成为宗的同品；瓶上的"所作"与因法"所作"相似，因此瓶又是因的同品。并没有以此来构成"无常是无常"乃至"无常是所作性"等命题的意思。

其实，璧公与文轨关于同品的解释是一致的，他们都以瓶上的"无常"与声上的"无常"相似而认其为宗同品，又以瓶上的"所作"与声上的"所作"相似而认其为因同品。所以他们尽管在具体表述上有所不同，如文轨强调的是事例（喻依）本身（故说同品同于有法），璧公则着眼于事例（喻依）所具有的属性（故说同品同于宗法），但其基本的理解并无实质上的差别。当然，比较之下，璧公的说法是更直接地体现了《理门论》和《入论》的原意的。陈那《理门论》云：

> 此中若品（义类，即属性）与所立（宗）法邻近均等（相似），说名同品，以一切义（属性）皆名品故。〔1〕

商羯罗主的《入论》据陈那上述论意亦云：

> 谓所立（宗）法均等义品（属性），说名同品。〔2〕

这都明指，如果某物具有宗法的属性，就是宗的同品。问题在于这里所说的"品"（即属性），究竟是何物之"品"？由于《理门论》和《入论》的文句简约，在同品问题上又说欠明畅，致使唐代诸疏家产生种种的解说。其中璧公之说能直截了当地揭出陈那师弟的论意，是较为高明的；文轨之说要从事例（喻依）上去转一个弯，再联系到属性的相同，因此要稍逊一步。至于第三种"双为同品"说虽与璧公、文轨的意见在实质上别无二致，但在表述上抓不住要害，失之于粗疏。

"双为同品"说是把"瓶是无常"（有法和法）一起看作宗上"声是无常"（有法和法）的同品的。它虽然也注意到了同品必须"均等义品"（即属性相

〔1〕《大正藏》第32卷1c~2a。又，参见拙释《因明正理门论译解》Ⅰ-2-6A，中华书局，2007年。

〔2〕《大正藏》第32卷11b。

似),但又不能紧紧地把握住这一点而把属性所依附的客观对象也一起归入于同品之中。这就未免眉毛胡子一把抓而使人不得要领了。而且这样还会使人产生误解,以为同品除了在某些属性上相同外,其属性所依附的对象本身还需要有某种相同。但这种相同是不可能有的,因为对象间的任何类似之处,都是属性上的"邻近均等"。也可能双为同品者是想说,声与瓶都有"无常"的属性,它们在属性上是同品;但属性是不能离开事物而存在的,所以声与瓶也是同品。如果这样,就与窥基的"二不相离"说类似了。但是不管怎样,"双为同品"说还是以属性的相似为同品基础的。在表述上,它与"二不相离"说近似。

"双为同品"说与文轨、璧公二说一样,也受到窥基一派的批评。《略纂》云:

> 以天主(商羯罗主)等但取极成法及有法二不相离义为宗性,故瓶与无常别二(指文轨、璧公二说)、总一(指"双为同品"说)既(当作"概")非同品。〔1〕

《略纂》的批评带有明显的门户之见,它一口气否定了上面所说的三家解说,而认定窥基的"二不相离"说为正解。

但是,《略纂》把"二不相离"为同品说成是陈那、天主所规定的,这是冒称。陈那师弟之说已如上引,其中并无"二不相离"为同品的提法。"二不相离"为同品说应该是窥基一派的见解。如云:

> 且宗同品,何者名同?……此中义意,不别取二(不分别取宗中有法或法),总取(即取"不相离性")一切有宗法处名宗同品。〔2〕

又云:

> 有此所立中法,互差别聚不相离性相似种类,即是同品。〔3〕

〔1〕 引见《瑞源记》卷三页二左,商务印书馆,1928年。
〔2〕 《大疏》卷三页六右,金陵本,光绪二十二年(1896)。
〔3〕 《大疏》卷三页二十右。

这里特别强调“不别取二”，要“总取”；指出“互差别（即有法与法）聚不相离性相似种类”才是同品。窥基此说在《理门论》和《入论》中是看不到的。

但是，用“二不相离”说来解释同品，还是可以勉强说通的，因为某物的属性既然与宗法相似，但属性不能离物而存在，正如宗法不能离开有法而存在一样，这就在“不相离”上证明它们是同品。

其实，说来说去，还是离不开同品同在属性相似这一点上。所以窥基有时又说：

若一物有与所立总宗中法齐均相似义理体类，说名同品。〔1〕

虽一切义（属性）皆名为品，今取其因正所成法（指宗法，即为因法所成立的宗法）。……随应有此所立法（宗法）处，说名同品。〔2〕

类似说法还可以举出很多，仅这两条就足以说明：窥基有时也直认只要一物的属性与宗法相似，就是同品了。

综上所说，关于同品的解说虽有四家之多，但诸家之说在实质上并没有多大分歧，只是在表述上有优劣之分罢了，其中以璧公之说与大小二论最为相契。慧沼《义纂要》曰：

即以瓶上无常与声无常法法相似，名为同品。〔3〕

“法法相似”为同品正是璧公所主张的，它最能揭示同品的内涵。

3. 因的第三相“异品遍无性”

因的第二相通过同品从正面检证当原因出现时，结果是否也随之出现（“说因宗所随”）；因的第三相则通过异品从反面进一步考察如果结果不存在，原因是否也一定不存在（“宗无因不有”），以制止“似因”的混入（因明称作“止滥”）。这就是“异品遍无性”（vipakṣenāstitā）。

那么什么是“异品”呢？对于“异品”的解释新古因明有很大的不同。

---

〔1〕《大疏》卷三页二十左右，金陵本，光绪二十二年（1896）。

〔2〕《大疏》卷三页五右。

〔3〕《大正藏》第44卷164a。

先看新因明是怎么说的。陈那《理门论》云：

若所立无，说名异品。〔1〕

商羯罗主《入论》也云：

异品者，谓于是处无其所立。〔2〕

按陈那师弟所说，异品就是异于"所立"。"所立"这个术语，在因明上本来指的是总宗(宗的整体)，是相对于因喻之为能立而言的。但是在这里却不能解作总宗，应该看作只是宗的一部分，即宗中之法。如神泰云：

若于空等品别法，法上所立无常宗无，说名异品也。〔3〕

神泰以"空"作为"无常"宗法的异品为例，说明"空"具有"常"的性质，而不具"无常"的性质。这就明确指出异品是异于所立宗中之法，"所立"即是宗中之法。这一点文轨说得更其明确：

所立者，即宗中能别法也。……若于是有法品处，但无所立宗中能别，即名异品。〔4〕

文轨就是如此直截了当地指出这里的"所立"即宗中之法的。因此只要某物不具有宗法所表述的性质，即可用来作为异品。

既然这里的"所立"即宗法，陈那、商羯罗主何不直言"所立法"而偏要省去一个"法"字？本来，陈那师弟在说同品时都明言同品同于"所立法"，说异品时也应明言异品异于"所立法"才是，现在缘何措词不一，以致令人多费揣摩？但反复披读大小二论之后可以发现，此中并无什么特别的用意，不过是陈那师弟论说时的一种承前省略罢了。我们不妨把陈那、商羯罗主说同异品的话完整地引录在下面。《理门论》云：

---

〔1〕《大正藏》第32卷2a。又，参见拙释《因明正理门论译解》Ⅰ-2-6A，中华书局，2007年。

〔2〕《大正藏》第32卷11b。

〔3〕《理门论述记》卷二页十一右，内院本，1923年。

〔4〕《庄严疏》卷一页十八左，内院本，1934年。又，参见《〈文轨疏〉校补》卷一，见拙著《敦煌因明文献研究》第329页，上海古籍出版社，2008年。

此中若品与所立法邻近均等，说名同品，以一切义皆名品故；若所立无，说名异品。〔1〕

《入论》云：

谓所立法均等义品，说名同品，如立无常，瓶等无常，是名同品；异品者，谓于是处无其所立，若有是常，见非所作，如虚空等。〔2〕

这两段话说同品异品都是一气呵成的，上下文衔接得很紧，下文承前省略是合乎情理的。这一点窥基也看到了，故云：

此中不言无所立法，前于同品已言均等所立法讫，此准可知。〔3〕

但是，窥基虽然知道“所立”即“所立法”的省称，却又释云：

所立谓宗不相离性。〔4〕

这就又把“所立”解释成了总宗（宗的整体）。窥基一会儿承认“所立”即“所立法”的省称；一会儿又把“所立”说成是总宗，是宗上有法和法的不相离性，其自相牴牾竟至于此！

其实这也不足怪，把“所立”解作“所立法”，这是窥基揣摩到的陈那、商羯罗主的本意；但按他自己的意思，却是主张异品异于有法及法“二不相离”的，以与他对同品的解释（同品同于有法及法二不相离）相契合。故释云：

且宗异品，何者名异？若异有法，同法所依有法必别，亦应名异；若异于法，敌本不许所立之法于有法有，一切异法皆应名同。此异品者，不别取二，总取一切无宗法处名宗异品。〔5〕

这段话与他对同品的解释出于一个模式。他首先批评文轨的说法，认为异品不是异于宗上有法，因为即使两个法完全相同，它们所依的有法也必然是不同的，如“声是无常”，“瓶是无常”，“无常”法虽相同，有法“声”、“瓶”别异，这样岂不是“声”与“瓶”成了异品？接着又批评璧公，窥基认为异品也不

〔1〕《大正藏》第32卷1c~2a。又，参见拙释《因明正理门论译解》Ⅰ-2-6A。
〔2〕《大正藏》第32卷11b。
〔3〕〔4〕《大疏》卷三页二十一右，金陵本，光绪二十二年（1896）。
〔5〕《大疏》卷三页十四右。

是异于宗法,因为论敌本来就不同意宗上的法为有法所具有,如果说异品是异于宗法,那岂不是意味着一切相异的法都可以视作同品了吗?于是窥基归结说,异品不应异于宗中的某一部分("不别取二"),应总取一切无宗法处。所谓"总取",即是取宗的整体,取有法和法的不相离性。但尽管如此,异品还是以属性的相异为首要,故窥基在强调"总取"的前提下,落脚点仍然在"一切无宗法处"。由此也可以看到窥基对文轨、璧公的批评是带有片面性的。

文轨对异品的解释是中肯的,他认为只要某一有法没有宗法的性质,就是异品("若于是有法品处但无所立宗中能别,即名异品")。如立"声是无常"宗,可以"虚空"作异品,因为在"虚空"上不具有宗法"无常"的性质。窥基把文轨的意见歪曲为不顾属性是否相异,只是有法单纯在形式上的差异,并以归谬法强加于人,主观地引导出"声"、"瓶"由同品变为异品的荒谬结论。这是明显的偷换概念!璧公的意见与文轨的意见在实质上一致,只是更直接地指出异品在属性上必须异于宗法〔1〕。窥基对璧公的批评,主要理由是:"若异于法,敌本不许所立之法于有法有。"但这一点,与同品、异品本来是并不矛盾的,因此不成其为理由。我们在上一节阐述同品时已说过,此处不再赘述,而且这也与他自己说的话互相矛盾。他在什么是异品的问题上批评古因明家以"相违"为异品(详见本节有关"相违论"的论述)时说:

> 陈那以后皆不许然。如无常宗,无常无处即名异品,不同先古。〔2〕

这不是明以无所立法处为异品的吗?这与璧公的说法又有什么不同?由此可见,窥基批评璧公,不正是在批评自己吗?披读《大疏》,像这样前后牴牾、自相矛盾之处,是屡见不鲜的。

什么是"遍无性"呢?"遍"者全部之意,"遍无性"是说所有的宗异品都

〔1〕 璧公的因明论著早佚。《瑞源记》引录了玄应转述璧公关于同品的论述。这里所说璧公关于异品的见解,是著者从玄应关于同品的转述中引申出来的。

〔2〕《大疏》卷三页十三右,金陵本,光绪二十二年(1896)。

与因法不发生关系，因为凡宗的异品应该都是因的异品。异品也分宗异品和因异品两种，凡与宗法相异的，叫宗异品；凡与因法相异的，叫因异品。由于宗法的外延比因法大，宗法包含因法，所以凡与宗法相异的宗异品，也都是与因相异的因异品，这也就是《理门论》说的“宗无因不有”的原因。神泰更以譬喻来解释“宗无因不有”的规律：

犹如牛母不行之处，犊子不行。此处无有无常宗，如虚空等，其所作因必定非有。故知音声有所作因，定是无常也。〔1〕

故窥基亦云：

无此宗处，定遍无因。〔2〕

如图十：

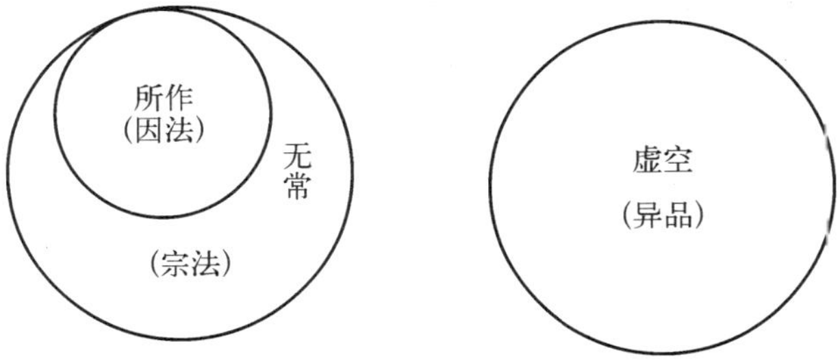

（图十）

“虚空”不具有“无常”的性质，因此是宗异品；宗法“无常”既然包含因法“所作”，作为宗异品的“虚空”，也必然是没有因法“所作”的性质的，因此是当然的因异品。故文轨云：

遍无性者，其遍是宗法所作性因于异品空中遍无其性。〔3〕

这里明确指出“所作性”这个因法在异品“虚空”中完全不存在，故称“遍无性”。《大疏》亦云：

〔1〕《理门论述记》卷三页十六左，内院本，1923 年。

〔2〕《大疏》卷三页十四右，金陵本，光绪二十二年（1896）。

〔3〕《庄严疏》卷一页十五右，内院本，1934 年。又，《〈文轨疏〉校补》卷一，见拙著《敦煌因明文献研究》第 328 页，上海古籍出版社，2008 年。

其因于彼宗异品处决定遍无，故言异品遍无性也。〔1〕

可能有人要问，为什么同品言“定有”，而异品要言“遍无”呢？对此，《庄严疏》作了简明的回答：

顺成立同有，但定即顺成；止滥立异无，非遍滥不止。故同言定，异言遍也。〔2〕

此话的意思是，因的第二相同品定有性是用来从正面成立宗的，所以只要宗的同品中有一部分（哪怕只有个别的）兼有因的性质就能证明宗因之间确实具有因果关系，因相就得以成立宗。而因的第三相异品遍无性则是用来从反面制止因法之滥用的，所以要求宗的异品必须全部不具有因法的性质；如果不是全部宗异品同时都是因异品的话，那就不能制止因法的滥用。所以对同品来说，只须“定有”即可，而对异品来说，则必须“遍无”。我们还可以通过下面的例子来说明：

铜是固体；（宗）

系金属故；（因）

凡金属均系固体，如铁；（同喻）

若非固体，定非金属，如水……水银。（异喻）

“铜是固体”，这是一个真实的命题，但“金属故”因却是似因。为什么说它是似因呢？这是通过第二相检查出来的。因为从第一相来看，“金属”因大于宗上有法“铜”，是做到遍及的；从第二相来看，“金属”中大都是“固体”，所以符合“定有性”的规定（如宗同品中的“铁”，就兼有因法的性质，证明因法与宗法确实在外延上有一定程度的重合）；但如果用第三相从反面再来检验的话，就会发现，在宗的异品里居然存在具有因法性质的事物，如水银。水银虽然是非固体（宗异品），但水银却是金属的一种（因同品），这就不符

〔1〕《大疏》卷三页十五左，金陵本，光绪二十二年（1896）。

〔2〕《庄严疏》卷一页十六左，内院本，1934年。又，《〈文轨疏〉校补》卷一，见拙著《敦煌因明文献研究》第328页，上海古籍出版社，2008年。

合第三相“异品遍无性”的规定。第三相正是这样从反面予以证伪，指出“金属”因原来只是一个“不定”的似因，如图十一。从图十一中可以看出，“金属”因原来并未全部包含在“固体”法中，而只是与“固体”法部分重合，构成交叉关系；它的另一部分则与“非固体”构成交叉关系。这样，“金属”因就成了兼及宗同品和宗异品的“不定”之因。

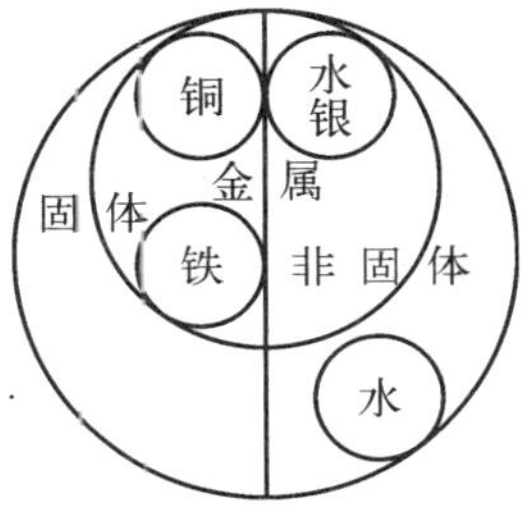

（图十一）

由此可见，如果因的第三相不要求“遍无”，就不能真正起到“止滥”的作用；而只有规定所有的宗异品都不得具有因的性质，才能制止因的滥用。事实上，作为一个正因，其外延必然被宗法所包含，构成属种关系；这样，某物既是宗的异品，就必然也是因的异品。所以窥基强调说：

异品止滥，必显遍无，方成止滥。〔1〕

至此，我们可以把因的第三相作一概括了：“异品遍无性”是为了进一步从反面考察因法与宗法之间是否真正能够回转，即结果如不存在，原因是否也不存在而作出的规定。如果在所有宗的异品上都找不出因法的性质，即所有的宗异品同时都是因异品的话，那么就符合第三相的要求了；如若不然，在宗异品中居然存在因同品的话（哪怕只有一个），这个因对于宗来说就只是一种“不定”的因。“异品遍无性”的内容和作用就是如此。

但是印度古代的因明家对于因的第三相并不是一下子就认识清楚的，就以什么是异品来说，新古因明家的理解就很不一样。我们上面介绍的，是陈那以后新因明家的主张，世亲以前的古因明家对异品的解释就不同了，而且古因明家们本身的意见也不统一。据陈那的概括，古因明家有两种说法：一是相违论，一是别异论。

先看“相违论”是怎么说的。神泰云：

初师（即相违论者）云：“如立声是无常，以瓶等为同品，空等为异

〔1〕《大疏》卷三页二十三右，金陵本，光绪二十二年（1896）。

品,其空等上能违害宗及同品上无常,说名相违。”此相违说名异品,犹如怨家相害名为相违。及至暖为宗,则以冷为相违,为异品。〔1〕

窥基也说:

如立善宗,不善违害,故名相违;苦乐、明暗、冷热、大小、常无常等一切皆尔。要别有体,违害于宗,方名异品。〔2〕

从神泰和窥基的介绍中可以看出,以“相违”为异品,就是以反对概念为异品。反对概念的特点之一是两个概念的外延互相排斥,这就是所谓的“相违”,“相违论”者就取此以为异品的标准。这从表面上看来,似乎有些道理,因为两个反对概念既然在外延上直接排斥,当然是“犹如怨家相害”,不能共存的了。但是“相违论”者忽略了很重要的一点,即两个反对概念虽然外延互相排斥,但它们的外延相加,却小于其属概念的外延;即在两个反对概念之外,还存在着处于中间状态的概念。如冷与热是其属概念“温度”之下处于两个极端的种概念,其间还存在不冷不热(温)的情况。其余如苦乐、明暗、大小等等〔3〕,莫不有其中容之品。如果以处于两个极端的反对概念为异品,那么将置中容性的概念于何地?岂不是要在同品、异品之外,更建立第三品来处理中容性的概念?所以陈那《理门论》云:

非与同品相违或异。若相违者,应唯简别。〔4〕

陈那首先总的指出,异品并非与同品相违或者别异。接着批评“相违论”,指出以“相违”为异品的说法,只不过是选择两概念的“相违”之处说明它们是

〔1〕《理门论述记》卷三页十一右,内院本,1923年。

〔2〕《大疏》卷三页十三左,金陵本,光绪二十二年(1896)。

〔3〕“常”与“无常”应是矛盾概念。因为在“常”与“无常”中间,不存在既非常又非无常的东西。故此处将“常”与“无常”这一对矛盾概念略去,只以“苦乐”、“明暗”、“冷热”、“大小”等反对概念来剖析。

〔4〕《大正藏》第32卷2a。又,参见拙释《因明正理门论译解》Ⅰ-2-6B。其中“唯”字是梵语“摩怛喇多”(mātratā)的意译。主要有两个意思,《唯识述记》一本曰:“‘唯’言显其二义:一简别义,二决定义。”这里是简别的意思。简别即简择差别的意思,即分别事物的不同之处。

不同的而已，这样的异品不能摄尽一切中容之品，故《大疏》亦云：

若许尔者，则一切法（事物）应有三品。如立善宗，不善违害，唯以简别名为异品；无记法无简别故，便成第三品，非善非不善故。此中容品，既望善宗非相违害，岂非第三？〔1〕

这段话的意思是，如果以"相违"为异品的标准，那么一切事物都应该有三品，即同品、异品、中容品。以立"善"宗为例，如以"恶"（原文是"不善"，但不妥，因为"不善"的外延大，除"善"以外都是"不善"，这样就不存在中容之品而符合异品的要求；故此处应以"恶"为异品，这样才会出现存在中容之品的问题）来违害"善"，就是以简择差别的方法来确定异品的，这样，异品的范围就显得过窄，像"无记之法"〔2〕，既不同于善，又不同于恶，岂不是成了第三品？于是《大疏》接着说：

由此应知，无所立处即名异品，不善无记，既无所立，皆名异品。〔3〕

这就是说，凡是无宗上所立法性质的，都是异品，"不善"（包括中容的"无记之法"）没有所立法的性质，而且概括了"善"的所有异品，这样才能称作异品。换言之，异品必是矛盾概念，异品必须包摄中容之品。如立"暖"宗，则以"不暖"为异品，"冷"与"温"都包摄于"不暖"之中，共同成为"暖"的异品。据此我们可以组成这样的论式：

此处有暖；（宗）

以有火故；（因）

诸有火处悉皆有暖，犹如厨上；（同喻）

诸无暖处并皆无火，如雪。（异喻）

在这里，我们可以通过同喻从肯定因的存在以肯定宗的存在，又通过异喻

〔1〕《大疏》卷三页十三右，金陵本，光绪二十二年（1896）。

〔2〕无记，佛教名词，即不可断定之意。《大乘义章》卷七曰："中容之业……不记为善、为恶，故名'无记'。"这里指非善非恶的中间状态。

〔3〕《大疏》卷三页十三右～十四左。

从否定宗的存在以否定因的存在，宗因之间的回转十分清楚。由此可知，因明学上的同异二品，应该是运用排中律进行两分法的结果，而对概念用两分法加以划分，必然是出现一对矛盾概念，由此就绝不会出现中容的第三品，就能有效地行使自己的职能；反之，如果按照相违论者的说法，把反对概念视作异品，异品就“不能返显宗定随因”（神泰语），因的可靠性就会成问题。故神泰云：

若准相违异喻，诸有冷处即无有火，其中庸处既非有冷，复应有火，异喻乃返合有火之因，成不定过。〔1〕

这段话的意思是，如果依据“相违”为异喻的说法，以“冷”作为“暖”的异喻，说成“诸有火处悉皆有暖，诸有冷处即无有火”的话，那么作为中容之品的“温”，既然不是“暖”，理应无火，但又不是“冷”，复应有火，这样，“温”这个异喻竟然可以返回来合成“有火”之因，使“有火”之因既通向“暖”，又通向“不冷”，以至成为“不定”之因。神泰抓住以相违为异喻“不能返显宗定随因”的症结进行剖析，是相当深刻的。

上面介绍了“相违论”以及陈那以后的新因明家对它的批评。下面再来看“别异论”是怎么一回事。文轨云：

更一师（别异论者）云：“如立声是无常，但异无常即是异品。”〔2〕

“别异论”者把异品的范围放得很宽，他们认为只要是异于宗法的，就都是异品，而不问这两个概念是否相容。如立“声是无常（宗），所作性故（因）”，按照“别异”为异品的原则，“所闻性”异于“无常”，当可作为异品。但“所闻性”也是有法“声”的一种属性，“所作”因可兼通“无常”和“所闻”；这样，“所作”因岂非兼通同异两品而成“不定”之因了吗？故陈那《理门论》云：

〔1〕《理门论述记》卷二页十二右，内院本，1923年。

〔2〕《庄严疏》卷一页十九左，内院本，1934年。又，《〈文轨疏〉校补》卷一，见拙著《敦煌因明文献研究》第330页，上海古籍出版社，2008年。

若别异者，应无有因。〔1〕

神泰释云：

然所作性因于……异品义中有，若尔此因便是不定因，以于异品有故，便无唯同品有、异品无。〔2〕

这就是说，作为一个正因，本来应该是只通同品而不通异品的，现在既然通向了同异二品，就成了不定之因，变成了似因。文轨说得更具体：

随一有法悉有别义，其因皆于别义中转，此即毕竟无正因也。〔3〕

这是说，任何事物都不止一个属性，而有几个属性，并且都与因发生因果关系；如果把同一事物的某一属性作为另一属性的异品来对待，使因作为同异二品共同的因，这就没有正因可言了。由此可见，以"别异"为异品的说法是不能成立的，它失之于太滥，不能起到异品"止滥"的作用。

综上所说，以"相违"为异品也罢，以"别异"为异品也罢，都说得不准确；前者失之于过窄，后者失之于过宽。因此陈那以后的新因明都不取以上两说，而主张"无常无处即名异品"，也就是以矛盾概念作为异品。这一认识是正确的，它划清了异品的界限，使因相的建立愈臻周密，因而是值得细细揣摩的。

因三相是新因明的核心问题，它是新因明从古因明脱颖而出的标志。因三相缜密周到地研究了原因和结论之间的必然联系，揭示了宗因之间客观存在的"回转"关系。在因三相中，以第一相"遍是宗法性"最为重要，是正因相，第二相"同品定有性"和第三相"异品遍无性"则是助因相。故文轨云：

初相为主，正为能立；藉伴助成，故须第二；虽有主伴，其滥未除，故须第三异品无相。主、伴、止滥，其义既同，足能显宗。〔4〕

〔1〕《大正藏》第32卷2a。又，参见拙释《因明正理门论译解》Ⅰ-2-6B。

〔2〕《理门论述记》卷二页十三左，内院本，1923年。

〔3〕《庄严疏》卷一页十九左右，内院本，1934年。又，《〈文轨疏〉校补》卷一，见拙著《敦煌因明文献研究》卷一第330页，上海古籍出版社，2008年。

〔4〕《庄严疏》卷一页十六左。又，《〈文轨疏〉校补》卷一，见同上第328页。

这段话概括而确切地指明了因三相中各相的地位和作用。

三、九 句 因

九句因是为验证因之正与不正而建立的。它概括了因于同品、异品的九种可能的关系，所以称为九句因。

传说九句因为正理派始祖足目所创，但在《正理经》中却不见有九句因。或云九句因当为陈那所创〔1〕。然此说似忽略了陈那在《正理门论》中所说的“故本颂言：‘于同有及二，在异无是因；翻此名相违，所余皆不定’”等话，陈那明明说他是根据“本颂”而言的，这“本颂”根据神泰《述记》说是“根本论正颂”，据慧沼《义纂要》说，这“根本论正颂”是从足目所著《因明论》或世亲所著《论轨》等中引来。由此可见，在陈那以前九句因说即已存在。不过，陈那将九句因阐发得最为具体，他根据九句因所提供的建立正因的基本条件（即第二句同品有、异品非有和第八句同品有非有、异品非有为正因的基本要求），揭示了第二相“同品定有”和第三相“异品遍无”的规则。九句因常常用来作为说明因相和分析过失的一种手段；同时，通过九句因，我们还可具体看到因三相说产生的根据，加深对因三相的认识。

九句因偏重于现象的罗列，有点像三段论的式的排列，不管正与不正，一一加以考察，然后确定何者为正，何者为非〔2〕。因三相则是规律性的总结，寥寥数语，概括了三支作法的基本规则。所以因三相较之九句因，是从现象的罗列，进入到了对规律的把握。但是不管怎样，九句因毕竟是因三相

〔1〕 吕澂先生在《因明纲要》中说：“旧传九句因足目所说，然今寻《正理经》文无此。唯陈那《因论》、《理门》广辨其相，以理推征，应创自彼。”

〔2〕 我这里仅仅是作了一个比喻，故说九句因与三段论的式的罗列“有点像”，像在二者都穷尽了各种可能的组合，但我并无将二者等同起来的意思，因为二者毕竟各有自己的具体内容和组合方式。此点务请注意，因为有人曲解我的意思，作了无谓的分析。

的准备；没有九句因，新因明的因三相说也不可能凭空产生。当然，陈那据九句因建构的因三相说已大不同于正理修摩所说的因三相，正理修摩的因三相说只是类比的规则，而陈那的因三相说则是演绎与归纳的规则，具体地说，其第一相是演绎法的规则，而第二、三相则是合式归纳与离式归纳的规则。新、古因明的因三相虽有渊源关系，然在性质上大不相同〔1〕。

那么什么是九句因呢？陈那《理门论》云：

> 宗法于同品，谓有、非有、俱；于异品各三，有、非有、及二。〔2〕

窥基释云：

> 言宗法者，谓宗之法，即因是也。于同品者，宗同品也。……谓能立因于同品喻成其三种：一有；二非有；三亦有亦非有，彼名为“俱”。此三种因，于宗异品异法喻上，亦各有三：一有；二非有；三亦有亦非有，彼名“及二”。且同品有、异品三者，谓因于同品有、异品亦有，于同品有、异品非有，于同品有、异品有非有。如是因于同品非有、异品亦三，于同品有非有、异品亦三，故成九句。〔3〕

这段话概括了九句因中同品与异品的各种组合方式以及因与宗同品、宗异品种种可能的关系。在因明学上，因常称作宗法，因为它也是宗上有法的一种法（属性）。因对同品的关系有三种可能：一是“有”，即遍有、全部有联系之意；二是“非有”，即遍无、全部无联系之意；三是“亦有亦非有”，即定有、一部分有联系一部分无联系之意，略称为“俱”。因对宗异品的关系也有三种可能：一是“有”；二是“非有”；三是“亦有亦非有”，略称为“二”〔4〕。先拿同品“有”与异品的三种情况组合，可成三句：

---

〔1〕 详见本编第十四章：印度古典论法的逻辑性质的第二部分。

〔2〕《大正藏》第32卷1b。又，参见拙释《因明正理门论译解》Ⅰ-2-1，中华书局，2007年。

〔3〕《大疏》卷三页八右~九左，金陵本，光绪二十二年（1896）。

〔4〕“俱”即有非有兼具之意；“及二”同“俱”的意思一样，是及于有、非有二者之意，有时也径称“二”。如《理门述记》云：“此‘俱’与‘二’，即是有非有。”

（一）同品有，异品有；

（二）同品有，异品非有；

（三）同品有，异品有非有。

再拿同品“非有”与异品的三种情况组合，也有三句：

（四）同品非有，异品有；

（五）同品非有，异品非有；

（六）同品非有，异品有非有；

然后拿同品“有非有”与异品的三种情况组合，又有三句：

（七）同品有非有，异品有；

（八）同品有非有，异品非有；

（九）同品有非有，异品有非有。

如此组合，共成九句。

《理门论》还以九宗配九因，对九句因作了例解：

> 如是九种，二颂所摄：常、无常、勤勇，恒、住、坚牢性，非勤、迁、不变，由所量等九。所量、作、无常，作性、闻、勇发，无常、勇、无触，依常性等九。〔1〕

这段话把九句因化为实例来推演。话是分两步说的，先说九个宗法，次说九个因法，我们只要把九个宗法和九个因法依次组合起来，加上有法“声”领属，就是九句因所说的情况。下面我们把九宗和九因组合成论例，并加图解和说明。

（一）同品有、异品有：

如立声为常宗，所量性故因，以虚空为同品，以瓶为异品。所量即人的

---

〔1〕《大正藏》第32卷2a、b。又，参见拙释《因明正理门论译解》Ⅰ-2-7E。其中第一个颂说的是九宗，所谓九宗实际上只有常、无常、勤勇无间所发、非勤勇无间所发这四个宗法。因为其中恒、住、坚牢性、不变，都是常的异说，迁则是无常的异说。第二个颂说的是九因，所谓九因实际上只有六因，因为其中所作性因、无常因、勇发（勤勇无间所发）因各重复了一次。九因中的闻即所闻因，无触即无质碍。

意识所反映的客观对象。此因与同品和异品全部都有联系，因为同品虚空和异品瓶都是人的意识所反映的客观对象；以此为因，就不能断定声是常还是无常，因此是“不定”因，如图一。

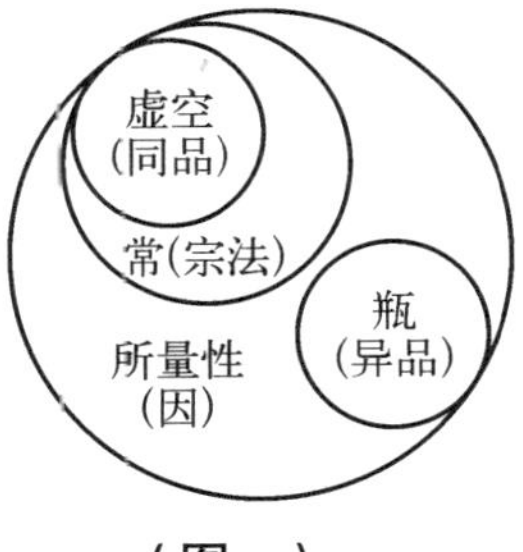

（图一）

（二）同品有、异品非有：

如立声无常宗，所作性因，以瓶为同品，以虚空为异品。此所作性因与同品有联系，于异品无联系，所以是正因。但《理门论》以此作为“同品有”的例证似有不当。因为所作性因与宗的同品并非全部有联系，而只是部分有联系（“有非有”），如雷、电、雾、雨都有无常宗的性质，都是宗的同品，但却没有所作因的性质，如图二。可见，所作因只与宗同品中的瓶等有联系，而与雷等则无联系，因此只能是“定有”而非“遍有”。

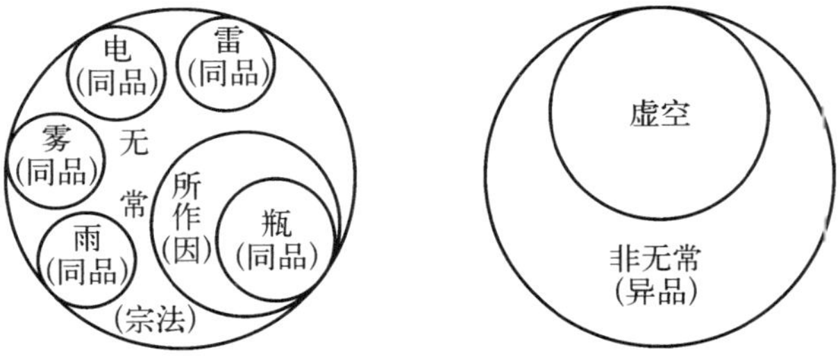

（图二）

为了更确切地解释这第二句“同品有、异品非有”，试换例说明。如立树均有死宗，生物故因，以鸟、兽为同品，以铁、石为异品。由于宗法有死与生物故因的外延同一，所以凡宗的同品全都具有因的性质，都是因的同品，这就是因于宗同品遍有的情况。而铁、石等宗异品都无死，因而也都不具有生物的性质，这就是因于异品遍无的情况，如图三（见下页）。

（三）同品有、异品有非有：

如立声是勤勇无间（意志的不断努力）所发宗，无常性因，以瓶等为同品，以电、空等为异品。无常性因，于同品遍有，因为所有宗的同品都与无常因有

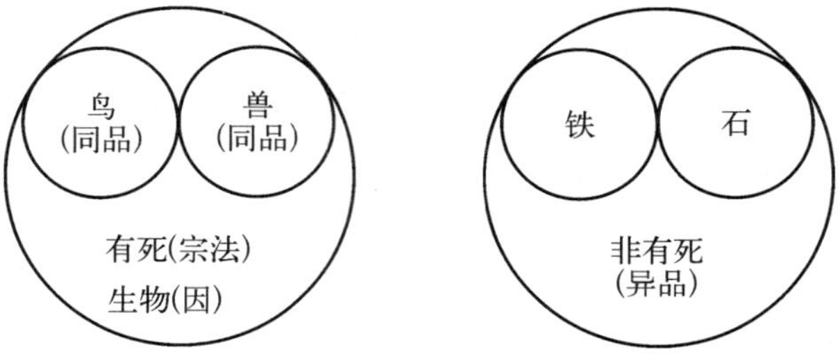

(图三)

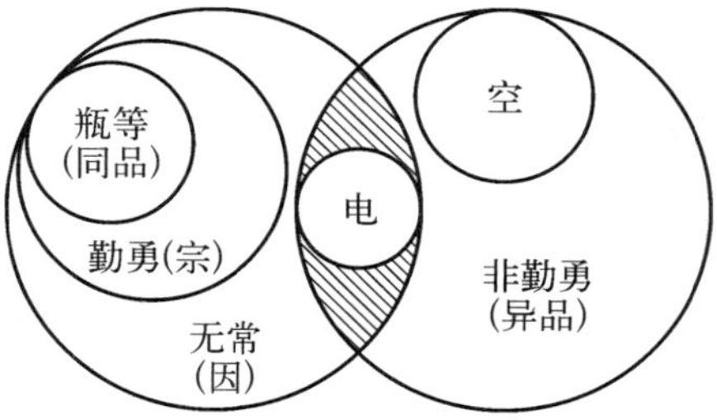

(图四)

联系;无常性因与异品中的电有联系,与空则无联系。因于异品应该是遍无,现在却是有非有,这样的因,不能据以断定宗,是“不定”之因,如图四。

以上三句都是从“同品有”出发,结合异品的三种情况组成的。这是第一个三句。以下再说第二个三句。

(四)同品非有、异品有:

如立声为常,所作性故,以虚空为同品,以瓶为异品。所作性因于同品虚空无,于异品瓶上却有,把因与同品异品的关系颠倒过来了。这种因是相违因,如图五。

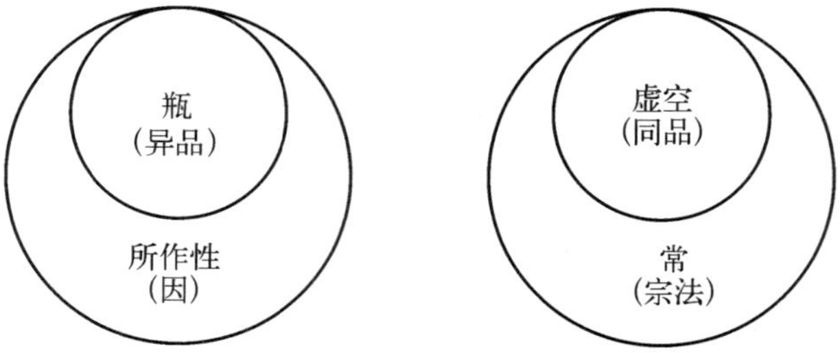

(图五)

(五)同品非有、异品非有:

如立声为常,所闻性故,以虚空为同品,以瓶为异品。所闻性与声外延同一,因为世上万物只有声具所闻性。按因明的规定,同品(例证)应在宗上有法声之外觅取，这是因为以声作为声的同品（例证）是毫无意义的，不能起到检证的作用。故这里以“虚空”为同品，因为“虚空”具有常住的属性，是宗同品。然而“虚空”却不具有“所闻性”，而且其他具有常住性质的事物亦都不具有“所闻性”，故此因于同品（例证）非有。“所闻性”因于异品亦是如此，“瓶”等无常物均无“所闻性”，故因于异品亦非有。因于异品非有虽不是过失，然于同品非有则违反第二相，故属“不定”之因，如图六。

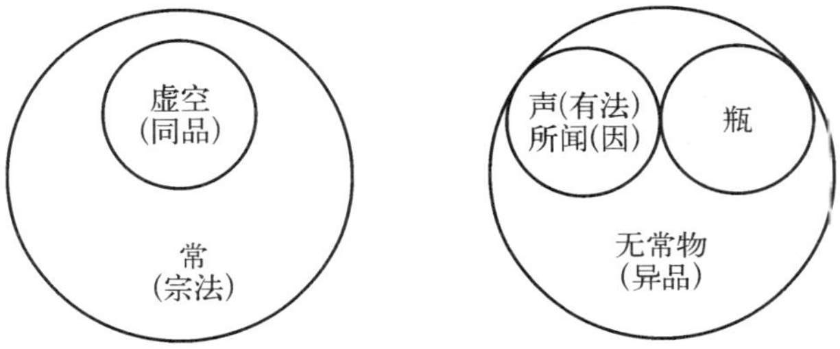

（图六）

（六）同品非有、异品有非有：

如立声为常宗，勤勇无间（意志的不断努力）所发性因，以虚空为同品，以电、瓶为异品。我们知道，凡勤勇无间所发者，都是无常之物；所以此因与宗的同品毫无联系。再从因与宗异品的关系来看，“电”上虽无“勤勇无间”的性质，而“瓶”上却有；这就违背因于异品应该遍无的原则。这个因既然与同品没有联系，与异品却有部分联系，因此是“相违”之因，如图七。

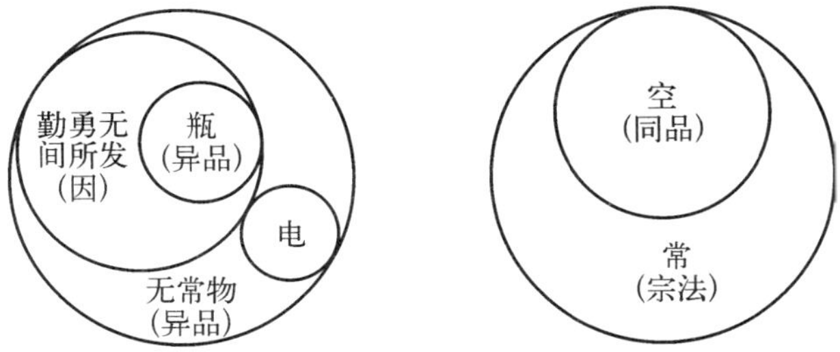

（图七）

以上是从同品非有出发结合异品的三种情况组成的三句。按宗因之间的关系,因于同品应该是定有,现在却是非有,因此是与宗因间应有的关系相违的。故第四、第六两句都是“相违”之因。唯第五句因于同品非有而成“不定”之因。下面再说第三个三句。

(七)同品有非有、异品有:

如立声非勤勇无间所发宗,无常性因,以电、空为同品,以瓶为异品。在这个论证中,无常因于宗同品电上有(电有无常性),于空上无(空性常),不过这不要紧,因为因于宗同品上本来只须“定有”即可。再从因与异品的关系来看,瓶有无常性,故因于异品有,这就成问题了。这样,因就兼通同异二品,成了“不定”之因,如图八。

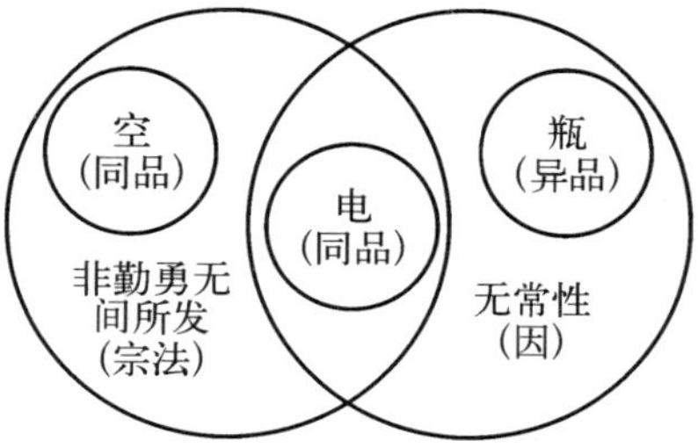

(图八)

(八)同品有非有、异品非有:

如立内声〔1〕无常宗、勤勇无间(意志的不断努力)所发性因,以瓶和电为同品,以虚空为异品。勤勇无间所发性因于同品瓶上有,但于同品电上无。不过这符合“同品定有”的要求。再看因与异品的关系,勤勇无间所发性因与异品虚空完全没有联系,因为虚空不是人为的。由是以观,勤勇因于同品定有,于异品遍无,是为正因,如图九。

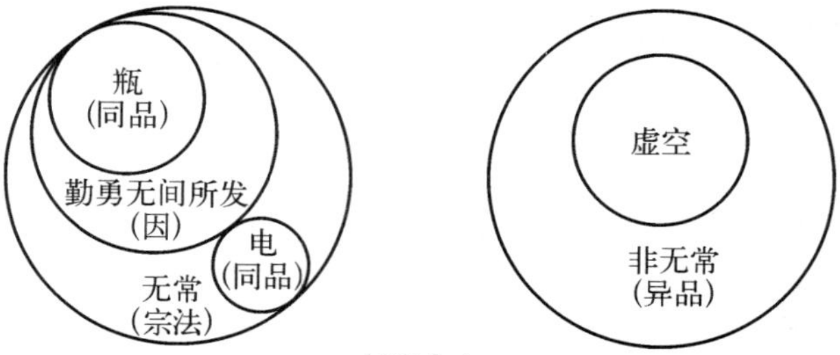

(图九)

〔1〕 智周《前记》卷上末云:“且声生中有其二类:一执内外声皆是常;二执内声常、外声无常。”(《卍续藏经》第53册814c)内声指人语及动物的鸣叫,外声指自然界的声响,如风雨之声。

（九）同品有非有、异品有非有：

如立声为常宗，无质碍（即为人的感官所不及者）故因，以虚空和极微（原子）为同品，以瓶和乐〔1〕为异品。无质碍因于宗同品虚空上有，于极微上无。从因与异品的关系来看也是这样，瓶是有质碍的，而乐却无质碍。这样，因就兼通同异二品，成了“不定”之因，如图十。

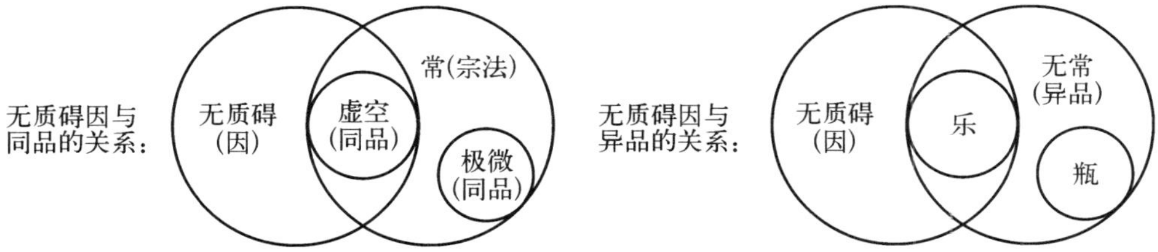

（图十）

以上就是从同品有非有出发组成的三句。在这三句中，只有中间一句（第八句）是正因，其余两句都是似因。

总观九句因，可以略分为二：一是正因，即第二句和第八句所说的情况；一是似因，即其余七句所说的情况。似因中又分两类：即相违因和不定因。相违因是第四句和第六句所说的情况，不定因是其余五句所说的情况。陈那《理门论》云：

> 如是分别，说名为因、相违、不定。故本颂言：于同有及二，在异无是因；翻此名相违，所余皆不定。〔2〕

意思是，按此分别九句因，可分为正因、相违因、不定因三种。因此陈那引本颂说，因于同品有或有非有、于异品无才是正因；与此相反的（即因于同品无、于异品有或有非有），就是相违因；其余一、三、五、七、九句是不定因。

慧沼《义纂要》根据陈那的阐述及“本颂”的意思，进一步指出：

---

〔1〕 乐：梵语“素佉”，《佛地经论》卷五云：“适悦身心名乐。”

〔2〕 《大正藏》第32卷2b。又，参见拙释《因明正理门论译解》Ⅰ－2－8A，中华书局，2007年。

故知二、八而为正;第四翻第二,第六翻第八,故说为相违;余因遍同异,第五俱非有,故说为不定〔1〕。

这就是说,第二、第八两句是正因相;第四句正好与第二句正因相反,第六句正好与第八句正因句相反,所以都是相违因;其余一、三、七、九句,因相遍及同品、异品,第五句则是因于同品、异品遍无,所以都是不定之因。为了便于记忆,《义纂要》还作了一颂来小结:

二、八是正因,四、六相违摄,所余皆不定,正似应当知。〔2〕

此颂对九句因作了很好的概括;但似乎还可具体,试改作如下:

二、八是正因,四、六相违摄,一、三、五、七、九,奇数皆不定。

这样改来,似有续貂之嫌,但对初学者说来,恐怕更有助于记忆。

九句因研究了因对同品、异品正反两方面的关系,得出这样的结论:作为一个正因,必须如《理门论》所反复强调的,“谓于同品一切遍有,异品遍无;及于同品通有非有,异品遍无”。〔3〕正因为因于同品可以一切“遍有”,也可以“通有非有”,所以后来发展为因三相中的“同品定有性”的规定;也正因为在二、八两句正因中异品都是绝对非有的,所以后来在因三相中便作出了“异品遍无性”的规定。这是正面的结论。它还有反面的总结:即如果因“于异品有及二种(即有非有),于其同品一切遍无”〔4〕,那么这因就与前面所说的正因恰好相反(陈那称此为“能倒立”),是与宗相违的因。如果这因通于同品、异品,或与同异二品都无关涉,这就是《理门述记》所说的“望前二正因及二相违因,皆不决定是正因,亦不决定是相违故,是疑因之义也”。〔5〕疑因即“不定”之因。“相违”因和“不定”因是九句因从反面总结出来的两种似因。

九句因只涉及因的第二相和第三相,而没有涉及因的第一相(故亦未涉

---

〔1〕〔2〕《大正藏》第44卷165a、b。

〔3〕〔4〕《大正藏》第32卷2b。又,参见拙释《因明正理门论译解》I-2-8B~C,中华书局,2007年。

〔5〕《理门述记》卷三页七左,内院本,1923年。

及“不成因”的问题）。它着重告诉我们，如果因与宗法的关系不正，此因就不能担负起证成宗的职能；因此必须按照二、八两句的要求来建立正因。

四、论辩的六元语用理论和模型——生因、了因与六因辨析

1. 二元关系及其六要素

因明作为论辩逻辑，它也关注立论者与敌论者在言语传递过程中诸要素之间的关系。

因明将立论者与敌论者两相对待的关系概括为生因和了因两大元目。生因即是论辩时开悟他人的诸要素，其中包括言生因、义生因和智生因三要素；了因即是论辩中得到解悟的诸要素，其中包括言了因、义了因和智了因三要素。这六要素，因明称之为六因。这六因的理论和由此构建的六元论辩模型，乃是语用理论和语用模型，因此它与三支式中的因（包括狭义的因和广义的因，即理由和前提）分属不同的领域，在概念上不能混淆。

生因、了因，原系一般佛教用语，如《大般涅槃经》中就说生因本是法性之理，能发生一切善法，如谷、麦等种子，能发芽萌生；了因以智慧照法性之理，如灯照物，了然可见。后来这生、了二因的用语引入因明论，用以指称立论者与敌论者在论辩中二元对待的关系。如陈那在《正理门论》中云：

> 今此唯依证了因故，但由智力了所说义，非如生因，由能起用。〔1〕

陈那将“生因”与“了因”两个用语引入新因明是有重大意义的，他在充分发展因三相说的同时，开始注意到论辩时立敌对扬过程中表意和解意的二元基本关系。但陈那对生、了二因没有详加阐说。

---

〔1〕《大正藏》第32卷1b。又，参见拙释《因明正理门论译解》Ⅰ-2-2c，中华书局，2007年。

唐初玄奘从印度游学东归，传回了陈那和商羯罗主的新因明论，生、了二因的分别不仅更为明确，且衍生出了六因，这一点从其门人的著述中可以看到。如文轨云：

> 因有二种：一生因，如种生芽等；二了因，如灯焰照物等。生因有三：一、言生因……二、智生因……三、义生因。……了因亦三：一、智了因……二、言了因……三、义了因。〔1〕

窥基的《大疏》所述，在六因的次序上和一般阐说上与文轨《庄严疏》相同。神泰在其所著《因明正理门论述记》卷一开首也说："因者，有其二种：一者生因，二者了因。"然后又将"了因"分为三种："一者义因，……二者言因，……三者智因。"〔2〕而对另外的三种生因则略去不说。他们都有关于二因和六因的阐说，当是同禀玄奘所致。

然而文轨、神泰与窥基的阐释并不一致，对基本概念的阐发甚至存在原则的分歧，这也说明他们虽然亲受奘传，但由于理解和见解之不同，发挥自亦有异，其中或以窥基关于六因的阐说较优。如窥基云：

> 言生因者，谓立论者立因等言，能生敌论决定解故，名曰生因。故此前云（指商羯罗主《入正理论》所云）："此中宗等多言名为能立，由此多言开示诸有问者未了义故。"〔3〕

这就是说，六因中的言生因，即立论者所宣达的因喻两个支分中包含的理由。窥基特意强调"立因等言"，这"等"字的引入当非寻常，它标志着在窥基的因明论里，"因"有狭义与宽义的分别：因虽然一般用来指称三支式中的因，但有时也用来指称前提（因和喻）。换言之，窥基对言生因的解释已不

---

〔1〕《庄严疏》卷一页十二左右，内院本，1934年。又，《〈文轨疏〉校补》卷一，见拙著《敦煌因明文献研究》第325～326页，上海古籍出版社，2008年。

〔2〕《大正藏》第44卷77a。

〔3〕《大疏》卷二页十六左右，金陵本，光绪二十二年（1896）。按：窥基所引《入论》文中"由此多言"句，《入论》原文作"由宗、因、喻多言"，意思更为明确。参见《大正藏》第32卷11b。

是狭义的因,而是宽义的因。这就比文轨、神泰的阐释前进了一步,因为文轨将言生因仅说为是三支中的因,而神泰则将言了因看作是三支中的因。他们二人的说法均自囿于狭义的因。

下面就让我们来介绍和评价窥基的六因理论。

2. 窥基关于六因的界说

在窥基的六因理论里,生因中以言生因为"正生",智生因与义生因则为"兼生"。在整个论辩过程中话语所宣达的因、喻是用来开悟他人的主要手段,因为思想如不表现在言语上,便无从使人领解,这就是言生因具有"正生"地位的原因。然而立论者的言语行为受其"发言之智"的支配,因为"智能起言",所以智生因即组织因、喻的智慧。〔1〕立论者凭借自己的智慧,以言语来陈述理由,其话语的内里自然都是有意义的,这就是义生因。义有两个方面:一是道理名义,一是境界名义。道理名义即是言语所诠释的抽象意义,系即无本质相分之义。境界名义即言语所陈的具体意义,即有实物可以凭依的有本质相分之义。〔2〕这智生因和义生因较之言生因,地位弱一些,是为"兼生"。故窥基云:"根本立义,拟生他解,他智解起,本藉言生,故言为正生,智、义兼生摄。"〔3〕

在了因中,则以智了因为正,以言了因和义了因为兼。所谓智了因,即敌论者和证义者能够领解立论者所陈述的因喻从而了悟宗义的智慧和知识。〔4〕因为立论者论议的目的在开悟他人,而他人终于"由智力了所说义",这岂不是达到了论议的目的?故了因中以智了为主要的元目。但智了的前提是言了和义了。所谓言了因,窥基认为即立论者所示之因喻。敌论

〔1〕《大疏》卷二页十六右云:"智生因者,谓立论者发言之智。正生他解,实在多言,智能起言,言生因因。"金陵本,光绪二十二年(1896)。

〔2〕《大疏》卷二页十六右云:"义生因者,义有二种:一、道理名义;二、境界名义。道理义者,谓立论者言所诠义,……境界义者,为境能生敌、证者智。"

〔3〕《大疏》卷二页十六右。

〔4〕《大疏》卷二页十六右云:"智了因者,谓敌、证者能解能立言、了宗之智。"

者和证义者通过这些因喻得以了解所立。〔1〕 义了因即立论者言语所示因喻之中令敌论者和证义者得以了悟的涵义。〔2〕

3. 六因之间的因果关系

窥基认为,六因之间具有多层次的因果关联。首先,生因为了因之因,其中智生因为根本的因,因为只有立论者具有智慧和知识,才能晓明义理,并用言语来传布。所以智生因是产生言、义二生因的因,而言、义二生因则是智生因的果,但为智了因的因。从了因来说,言义二了因为智了因的因,智了因则为言、义二了因的果。再从言、义二因来看,它们具有双重的因果关系:从言语显了意义的角度说,言为显了因,义为显了果;从意义导生言语的角度来说,义为能生因,言为所生果。这样就构成了多重的因果关系。

再从生、了的关系(生为因、了为果)来说,窥基又归结出四句:"有唯生因而非了因,谓智生因;有是了因而非生因,谓智了因;有是生因亦是了因,谓言、义;有非生因亦非了因,谓所立宗。"〔3〕

4. 六因、四体的划分根据及其模型

据窥基说,生、了二因是从其"得果"的不同来划分的。所谓"智境疏宽,照显明了:言果亲狭,令起名生,果既有差,因分生、了。"〔4〕如上所述,六因中以言生因和智了因为正,而言生、智了为不同的果:生果、照果(即了果)。据此不同的果而分为生因、了因。生、了二因又各分言、义、智三种。合为六因。这六因的分别乃基于"义用"的不同。但是窥基认为,据"义用"虽可分为六因,就其体制上看,实唯四种,因为立论者发出的言语和言语的涵义或所指即是敌论者所接受到的言语信息及其涵义。故言生因、义生因

〔1〕《大疏》卷二页十七左云:"言了因者,谓立论主能立之言,由此言故,敌、证二徒了解所立。"

〔2〕《大疏》卷二页十七左云:"义了因者,谓立论主能立言下所诠之义,为境能生他之智了。"金陵本,光绪二十二年(1896)。

〔3〕《大疏》卷二页十八右。

〔4〕《大疏》卷二页十八右~十九左。

与言了因、义了因四者可约为二体，加上智生因和智了因，共为四体。据此，其六因四体的语用模型如下：

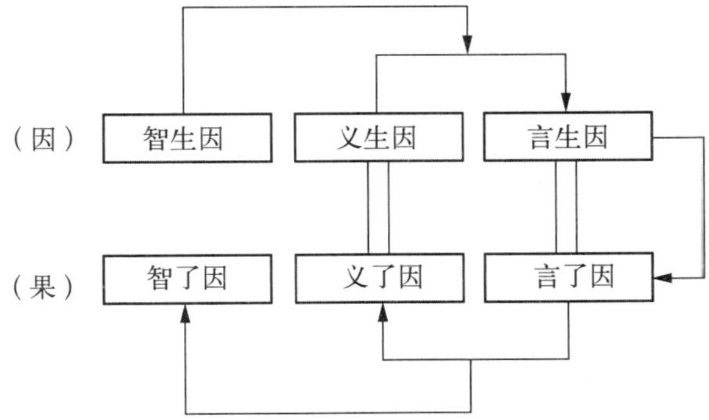

5. 窥基阐发的六因理论之局限性

窥基阐发的六因理论是值得在中国逻辑史上书上一笔的。当然由于时代的限制，他的六因理论仍有界说欠明白和论说欠周密的缺陷。

首先，言生因究竟指的是三支中的因和喻，还是宗、因、喻三支都包括在内的整个论式？从窥基解释“言生因”时引用《入正理论》所云“此中宗等多言名为能立，由此多言开示诸有问者未了义故”的话来看，当是指的整个论式，这一点在他解释“智生因”时又一次得到证明，因为他说：“智生因者，谓立论者发言之智，正生他解实在多言。”按梵文名词变化有一数、二数、多数三种，宗、因、喻三支属多数，故称“多言”（vada）或“宗等多言”，指的自是整个论式。据此，言生因即为整个论式似无疑义了。但是不然，窥基不仅在诠解“言生因”时说“立因等言”，而且在诠解“言了因”时又说：“言了因者，谓立论主能立之言，由此言故敌、证二徒了解所立。”这“立因等言”就有排除宗的嫌疑；加上他又将能立与所立对立起来讲，这“能立”就显然只是指成立宗（所立）的理由而言了。“能立”主要有两义：一指整个论式，如上引《入论》所云“此中宗等多言名为能立”中的“能立”就是；一指广义的因，即因和喻。此处既与“所立”相对举，当指因喻无疑。更有甚者，窥基还在上述“四句例”中说到“有非生因亦非了因，谓所立宗”，这就明白无误地将宗排除在生因和了因之外了。这表明他是倾向于将生、了二因解释为仅指因、喻而言的。

其次，窥基将六因约为四体也欠精当。本来六因的分别正好构成一个完整的六因模型，经窥基"约体成四"以后，便不免残缺。因为立论者所说的话语与敌论者听到的话语常有不完全一致的地方，同时立论者话语中的涵义与敌论者所领解的涵义也时有出入，所以将六因约为四体是不妥的。

综上所述，生、了二因和六因的理论其实是给出了一个论辩的六元语用模型，在这一模型里，生因和了因代表立敌对诤的二元关系，而这一关系是建立在整个为他比量（能立）之上的。所以言生因是由宗、因、喻"多言"组成的论式，而绝不会仅仅是狭义的因（因法），也不会是广义的因（因和喻）。而且从立论者建立比量去开悟敌论者，致令敌论者由之解悟，这一施受的过程应该是由六个元素组成的，而不能约为四体。由此，其六元语用模型应如下图所示：

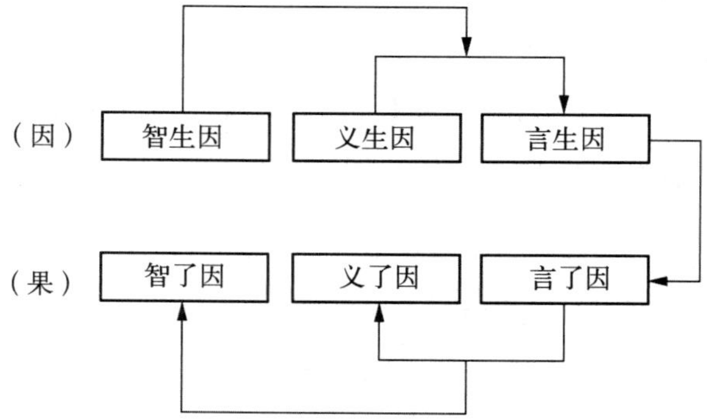

第四章　引　　喻

一、什么是喻

1. 喻的意义和组成

喻（udāharaṇa）也是推理论证的依据。据《大疏》说，喻梵语又称"达利瑟致案多（drṣṭānta）"，本义是"见边"，就是以喻例这个所见之边，去推断宗法这个未见之边（adrṣṭāsyānta）。故无著《阿毗达磨集论》卷七云：

立喻者，谓以所见边与未所见边和合正说。〔1〕

如以瓶喻声，瓶就是所见边，声就是未所见边。从瓶有所作性因而是无常的，比知声有所作性因而必定也是无常的，这就是以所见边比知未所见边。这种比知的方法，在汉语中叫作譬喻，因此"见边"一词按汉语习惯意译为"喻"。窥基释云：

喻者，譬也，况也，晓也。由此譬况，晓明所宗，故名为喻。〔2〕

譬况就是比喻；晓，则是使人了解的意思。喻就是通过譬况来使人了解所立之宗的。

不过因明学上的喻与修辞学上的比喻并非一回事。如我们形容一个人

〔1〕《大正藏》第31卷693c。宗与喻相随顺叫"和合"，因与喻无过失名为"正说"。

〔2〕《大疏》卷四页一右，金陵本，光绪二十二年（1896）。

力气很大,就说某人力大如牛,这并不是说某人的力气真的像牛那样大,可见修辞学上的比喻只是从形象生动出发而并不讲究严密。因明学上的比喻则不要求形象生动而要求严密,如以瓶喻声就是。从表面上看,瓶子与声音并无可以比喻的地方,但在这两个事物的内部,却存在所作和无常这样一些共同的属性,因明的喻正是取两事物属性上的某些共同点来作比的。

但是把喻解释为"见边"也罢,"譬况"也罢,都只是古因明中喻的涵义,用以说明喻这个名称的由来是可以的,但用来说明新因明中喻的本质却不够。在古因明,喻只是宗、因、喻、合、结五支中的一支,它只起例证的作用;而在新因明,喻却是宗、因、喻三支中的一支,它已不仅仅是例证的援引,而还有因果关系的表述。因此,新因明中的喻,实是喻、合二支的综合体,是因果关系的带例说明。这样,它就与三段论的大前提在性质上大体相当了。

由于新古因明中喻的性质发生了变化,因而在喻的组成上也有很大的不同。古因明把例证当作喻体,如立声是无常,所作性故,譬如瓶等,这瓶就是喻体。新因明则把瓶仅仅看作是喻依(喻体之所依的意思),而把瓶所具有的所作因而无常之义抽出来作为喻体(即具有普遍意义的命题)。兹将新古因明的喻对照如下:

古因明	新因明
声是无常,(宗)	声是无常,(宗)
所作性故,(因)	所作性故,(因)
譬如瓶等。(同喻体)	若是所作,见彼无常,(同喻体)
	譬如瓶等。(同喻依)

把喻分为喻体和喻依两部分,这是陈那的一大贡献,标志着由他开创的新因明是以宗因二法的"不相离性"(大词包摄中词,如"无常"包摄"所作")为推理基础的。胜论派的重要理论家赞足受到陈那逻辑理论的影响,也主张以"不相离性"为推理的基础(然而他仍坚持五支论式)。这"不相离性"与"遍充"(即"回转")是同义词,意指"包含",即全体包含部分,类似于传统逻辑所谓的"遍有遍无公理"(曲全公理)。

2. 喻的地位与功能

喻大体相当于大前提，但是喻的地位却不及大前提重要。在演绎推理中，大、小前提的地位是不分上下的，但在因明中，喻却只是助能立，是助因，是因的辅助成分。故文轨释云：

以因显宗未极，立喻令义至边。〔1〕

“显”是显示，“极”就是边际。这就是说，喻是在因未能充分证明宗得以成立时用来协助因达到成立宗的目的的。因而按因明的惯例，如果立论者说了宗与因，对方即已解悟，这喻就可省略不说。故窥基云：

若敌、证等闻此宗因，如其声上两义同许，即解因上二喻之义，同异二喻俱不须说。〔2〕

当然，演绎推理也常有省略的情况，但它的省略比较自由，或省略大前提，或省略小前提，或省略结论不定，可视需要进行。因明三支的省略却只限于同异二喻，由此也可见这喻在三支中的地位是逊于因支的，不及演绎推理中的大前提。

不过，从喻的功能上来看，又略胜于大前提。三段论的大前提是如何获得的并未加以说明。这样，大前提如果虚设，就不易发觉。因明三支作法中的喻就不同了，它不仅提出据以论证的普遍命题（喻体），还对这普遍命题的来源进行说明，即求证于喻例（喻依），从正（同喻）、反（异喻）两方面审察普遍命题的可靠性，因而能及时发现错误，予以纠正。这一点可以拿三段论和三支作法的例子加以分析说明，例如：

凡金属均系固体，
铜是金属，
————————
故铜是固体。

〔1〕《庄严疏》卷一页二十二左，内院本，1934年。又，《〈文轨疏〉校补》卷一，见拙著《敦煌因明文献研究》第332页，上海古籍出版社，2008年。

〔2〕《大疏》卷四页十六左，金陵本，光绪二十二年（1896）。

这个三段论从结构上来看完全符合推理规则,但是它的大前提却是虚假的,而且很容易为人所忽略,因为在人们的头脑里,金属的一般特点是坚硬的固体。而在三支作法中,理由与推断之间如果缺乏必然的联系,往往可以通过喻支的正反归纳得到检证和否证。例如:

铜是固体,(宗)

以是金属故,(因)

凡金属均系固体,譬如铁,(同喻)

凡非固体均非金属,譬如水……水银(?)。(异喻)

在这个例子中,"金属故"因周遍有法"铜",符合第一相遍是宗法的规定;同喻"如铁"也符合第二相同品定有的规定;但到了异喻,归纳中却发现了问题,因为水固然不是固体而且也不是金属,但水银虽非固体却是金属,有了这个例外,就违反"异品遍无"的原则,足以把"凡金属均系固体"的普遍命题推翻。在提出普遍原则时立即用归纳的方法加以审察,表明因明更注重于知识的真理性,而不只是推导形式的正确。

在三支作法中,演绎与归纳的结合主要体现在喻支上,因此喻支较之三段论的大前提要复杂得多。大前提一般由一个命题充任,而喻支按其法式须由两个命题(同喻体、异喻体)和两个概念(同喻依、异喻依)组成。这是喻在组成形式上不同于大前提的地方。倒是在《墨辩》中,常见有与喻支相类似的、以归纳来推证普遍命题的作法。例如:

负而不挠;(类于宗)

说在胜;〔1〕(类于因)

衡木,加重焉而不挠,极胜其重也;(类于同喻)

右校交绳,无加焉而挠,极不胜重也。〔2〕(类于异喻)

当然,像这样的论式是《经》与《经说》的结合体,其中"负而不挠,说在胜"属

〔1〕《经》(下)。

〔2〕《经说》(下)。

于《经》(下),“衡木,加重焉而不挠,极胜其重也;右校交绳,无加焉而挠,极不胜重也”,属于《经说》(下)。在《墨辩》中,把《经》与《经说》结合起来看,有不少这样的论式,一般是《经》说了相当于宗、因的部分,《经说》则补充相当于喻的部分。与喻相当的这一部分,《墨辩》称之为“类”;其中相当于喻体的部分,《墨辩》称为“推”,相当于喻依的部分,《墨辩》称作“譬”〔1〕。可见,在论式的组成上,《墨辩》与因明有不少类似之处。

喻依的作用在于考察事物间是否具有真正的因果关系,以确定作为演绎的前提的喻体是否得以成立。亚里士多德就说过:“三段论假定了前提,仿佛听众已理解了似的,归纳推理则根据每个具体事物的明显性质证明普遍。修辞学家说服人的方法也与此相同:他们要么运用例证(这是一种归纳),要么运用论证(这是一种三段论)。”〔2〕陈那的三支因明正是将演绎与归纳结合起来运用的。

在穆勒所倡导的判明因果关系的五种归纳方法中,以差异法为最重要,它常用来检验契合法所得的结论,使之获得最大的可靠性;穆勒自己也最推崇差异法,认为它是最“完全的”。从我国的《墨辩》来看,似乎也是以差异法为主的,如在该书《经》与《经说》中,就独以“它者异”(异喻)为多,而“它者同”(同喻)则反为少见。但是因明却以同喻为主,以异喻为助,因为因明学认为同喻实际上已包摄异喻(同喻以表诠为主,凡表诠总是亦遮亦表的),而异喻则只是从反面防止因的滥用罢了。因此在因明立量中,省略同喻的很少,而异喻则常常被省略。

〔1〕《墨子·小取》云:“以类取,以类予。”即取彼物所具之属性,以喻此物也有某属性之意,其功用同于因明之喻。又云:“辟(譬)也者,举它物而以明也。”“它物”即喻依,《小取》名之为“辟(譬)”。又云:“推也者,以‘其所不取之(者)’,同于‘其所取者’予之也。”这“其所不取之(者)”,即因明所谓的立敌“不共许”的宗法,“其所取者”,即立敌共许的因法;以“所取者”证“所不取之(者)”,就是以“共许法”证“不共许法”,指明两者的因果关系。这正与喻的作用相当。

〔2〕《亚里士多德全集》第一卷:《后分析篇》71a,6~10,中国人民大学出版社,1990。

如上所述，所谓喻，就是因果关系的带例说明，同异二喻就是论证的依据，与演绎推理的大前提大体相当；其地位虽不及大前提，但其功能却兼及归纳，同喻体与同喻依相结合，体现了合式归纳，异喻体与异喻依相结合，体现了离式归纳，因此在组成形式上较大前提为复杂。

陈那合、离二法的并用，在论式上就表现为喻支中的同法式（sādharmyavat）与异法式（vaidharmyavat）的并举。至七世纪时，法称认为合、离二法可单独运用，他并将三支论式按喻、因、宗的次序排列，例如：

有烟处必有火，如灶；（合作法）
今此山有烟，
故此山有火。

无火处必无烟，如湖；（离作法）
今此山有烟，
故此山不是无火。

从陈那的合、离并用，到法称将合、离二法分开使用，这就出现了三种归纳方法。后来，正理论也说有三种归纳方法：同现法（anvaya）、同隐法（vyatireka）、同隐同现法（anvaya-vyatireka）〔1〕后来又有人将这三种归纳方法与穆勒的因果五法相比附，将同现法、同隐法说为与契合法相当，将同隐同现法说为即契合差异并用法〔2〕。其实这种比附是牵强的，因为它至多只是在某些场合下类似而已，而在另一些场合却又并不一致。如从前例中的“若是所作，见彼无常，如瓶；若是其常，见非所作，如空”这一对同、异法式来看，倒是很像契合差异并用法的；但是西方传统逻辑一般不以空类为对象，而因明则常以空类为对象，特别是它的异喻依，不仅可以是空类，

〔1〕 柯特利雅著，杨国宾译《印度因明学纲要》第八章，华东师大出版社，2007年。

〔2〕《印度因明学纲要》第八章。另外，我本人在1985年版《因明学研究》第四章中也作过类似的比附，特作自我更正。

而且还允许缺无。如将上述异法式中的异喻依“空”（除小乘无空论者外，印度许多哲学派别都认为虚空是实有的）改成“兔角”的话，异喻依就成了空类。这样，就与契合差异并用法不相一致了。因为其异法式相当于负事例组的求同，然而异喻依既为空类（无体），负事例组的求同从西方传统逻辑的角度来看岂不缺乏事实根据？这在契合差异并用法中是不允许的。那么将上述论例仅仅看作是契合法的运用行不行呢？这仍然是一种牵强的比附，因为在因明的同法式中，同喻依也有是空类（无体）的。例如：

公孙龙子应非人；（宗）

以有肤色故；（因）

凡有肤色者非人，如汝非马之白马；（同法式）

凡人皆无肤色，如活的水晶人。（异法式）

这同喻依“非马之白马”和异喻依“活的水晶人”便都是空类，这就与契合差异并用法或是契合法都相去甚远了；但作为合作法和离作法仍然是可以成立的。

另外，“因果五法”是凭借先因后果的次序来进行归纳的，而因明论法中却常有以“果性因”进行推断的情况，即先果后因，以果为因。例如“此山有火，以有烟故，凡有烟处皆有火，如灶”。烟本为火的产物，火是因，烟是果；现在据烟推火，以烟为因，以火为果了。当然，如仅就其演绎部分言，在逻辑中也不乏其例；但因明论式中演绎与归纳紧紧地联系在一起，其喻体所展示的既是据以演绎的普遍命题，又是一种体现因果联系的方式。其基本的方式无非是先因后果和先果后因两种；不过从概念的外延关系来看，无论是按先因后果的方式来结合还是按先果后因的方式来结合，都只能是 $M \subseteq P$ 的形式，亦即由种到属的包含于关系（或同一关系）。正因为因明的归纳有先果后因、以果为因的作法，它就更与“因果五法”相异了。但因明的合作法与亚里士多德所说的归纳三段论倒是颇为相似的，如《前分析篇》说：

> 归纳或归纳推理,就是通过另一个端项确立一个端项与中项的联系;例如B是A和C的中项,通过C证明A属于B,我们就是这样进行归纳证明的。〔1〕

亚氏的这段论述,可用一句话来概括,归纳法就是"通过第三个词项(即小项——引者)证明大项属于中项"。〔2〕这正与因明合作法的主旨不谋而合;因为同喻体正是由中词(因法)与大词(宗法)结合而成的,而其中词被大词所包含之得到证明,正在于事例。然而二者又有明显的不同:第一,归纳法的第三个名词C(即小词)"是一切特殊事例的总和"〔3〕,即将所有要观察的对象穷尽无遗地列入,使C(小词)的外延与B(中词)同一,以致能够互换;而因明的同喻依则必须排除宗上有法(小词),虽然同喻依实质上是小词,却又肩负着证明宗上有法(小词)也具有同样的属性的任务,可以说喻依应是第四个名词D(这一点与亚氏所说的例证法不异其趣),因此它的外延必小于因法(中词),而不能与因法作等值的置换。第二,亚氏的"归纳法是借一切事例的枚举进行的",是完全的归纳法,其结论是必然的;因明合、离二法所作的全类概括亦具有必然性是通过"同品定有""异品遍无"这两条规则得到保证的。从上述比较可知,因明的合、离二法与亚氏所说的三段论式的归纳法既相似又不完全相同。它有自己的特点,很值得我们作进一步的探讨。

二、同法喻、异法喻

商羯罗主《入论》云:"喻有二种:一者同法,二者异法。"这里所说的同法就是同喻,异法就是异喻,是喻的正反两个方面。下面分别来诠释这两

〔1〕《亚里士多德全集》第一卷:《前分析篇》68b,15~17,中国人民大学出版社,1990年。

〔2〕《亚里士多德全集》第一卷:《前分析篇》68b,35~36。

〔3〕《亚里士多德全集》第一卷:《前分析篇》68b,28。

种喻。

1. 二喻与因三相的关系

喻分同喻和异喻两种，但是合为一支，总称为喻。二喻与因三相有什么关系呢？在这个问题上新古因明家的看法很不一致，并有过激烈的争论。古因明家认为喻不是因，同、异二喻是离因独立的；新因明家认为喻就是因，是因的有机组成部分，但喻依只是例证，不是因。故《大疏》云：

古因明师因外有喻，如胜论云：声无常宗，所作性因，同喻如瓶，异喻如空。（古因明师）不举诸所作者皆无常等贯于二处，故因非喻。（古因明师以）瓶为同喻体，空为异喻体。陈那以后，说因三相即摄二喻，二喻即因，俱显宗故；所作性等贯于二处故。〔1〕

这就是说，古因明家所说的同、异二喻只是拿类似和不类似的两事物（瓶、虚空）作为喻体，并不指出“诸所作者皆无常”的属性，不能很好说明瓶是如何贯通于声的，因而古因明的喻不是因。陈那以后的新因明则只以瓶、虚空为同、异喻依，而以“诸所作者皆无常”为喻体，以此来贯通瓶与声二事物，因此新因明的同、异二喻成了因的有机组成部分。

既然喻体即是因，因相包摄二喻，那么为什么在三支作法中，于因支外还要另立一个喻支呢？这是一个必然要提出来的问题。古因明家在这个问题上曾与陈那展开过辩论，《因明正理门论》中曾有记载：

若尔，喻言应非异分，显因义故。〔2〕

这是古因明家问难的话。意思是，如果喻包含于因之中，也是显示因义的话，那么就不应该在因外分立，另有一个喻支。这样，就应该只有宗、因二支了。针对这个问题，陈那答辩道：

然此因言，唯为显了是宗法性，非为显了同品、异品，有性（定有

〔1〕《大疏》卷四页四左，金陵本，光绪二十二年（1896）。

〔2〕陈那《集量论》作“成因相应义，故说二喻者，喻应为异分”（吕澂《集量论释略抄》，《内学》第四辑，1928年）。敌论者问难的角度与此不同，意谓，因如果只是用来显示第一相的，而要用喻来显示第二、三相，那么喻就与因不同了。

性)、无性(遍无性),故须别说同异喻言。

这是说,因在语言表述上,只能显示出它的第一相遍是宗法(即表明因法也是宗上有法的法),而难以显示第二相同品定有性和第三相异品遍无性,故须另外用语言文字把同、异二喻表达出来。陈那的答辩告诉我们,在因外另立喻支只是语言表达上的需要,而不是另外增添了什么内容。由于因的内容比较丰富,它不仅要表明自己确是宗上有法的共许法,而且还须指出因法存在的地方宗法必然也存在,而宗法不存在的地方因法就决然不存在,这样丰富的内容单单在因支里是不可能全部体现出来的,因此在用文字表达时就只能另立喻支来协助显示,因支本身负起了显示第一相即正因相的责任,而把显示第二、三相即助因相的责任借助喻支来分担。这就是从意义上来说二喻即因,而在语言表达上却须另立喻支的原委。

陈那的答辩是中肯的,但古因明家却不愿就此首肯,又反问道:

若唯因言所诠表义说名为因,斯有何失?

这是说,如果就以所作性为因,把瓶体、空体仅仅看作是同喻、异喻而不看作是因,这样又有什么不好呢?对此陈那先不作正面答复,也向古因明家反问道:

复有何德?(如此又有什么好处?)

古因明师讲不出充足的理由,便只好强词为辩:

别说喻分,是名为德!(把喻与因分开来就是好处!)

陈那于是嘲笑道:

应如世间所说方便,与其因义都不相应!

意思是,你这种说法同“世间外道”(指胜论派)所主张的一样,“世间外道”也认为因、喻是各自独立的,喻只是助成因义的权宜成分。既然你不把喻看作是因的组成成分,而只是一种助成因的权宜成分,那么喻(无常)与因(所作)就不发生联系了。古因明师复云:

若尔何失?(如此又有什么过失?)

陈那于是对因、喻分别的过失进行分析:

此说但应类所立义，无有功能，非能立义。由彼但说所作性故所类同法，不说能立所成立义。〔1〕

这是说，如果只是以瓶体为喻，那么瓶体只是类于宗上无常之义，这样的同喻就丧失了它的功能，缺乏能立的意义；因为在古因明中，举因的时候只局限于所作性，以瓶为同喻时，只类于声上无常的属性，而不能把所作因与它所要成立的无常法联系起来，指出其间的因果联系。陈那的批评，抓住了因喻分别论的症结之所在。

但是请注意，陈那在这里论述的，是二喻从本质上说也是因的道理，而不是如窥基所说的那样“因一喻二即因三相”〔2〕。

可能是由于窥基的误传，他的门下亦持此说。如慧沼《义纂要》云：

问：同、异二喻为即因耶？为当有别？

答：应言二喻体即是因后之二相。〔3〕

慧沼的解答比他的业师略见高明一些，他对概念作了限制，将同异二喻“缩小为”二喻体，这就将喻依排除了出去。但是同、异二喻的喻体并不就是因的第二、三相；因的第二、三相需要借重同、异喻体来体现，但内在的法则却并不是靠着语言文字才得以存在的。同时，慧沼还犯了一个错误，明明问的是“二喻为即因耶”，回答时却转移到了“因后之二相”，这未免有些答非所问。

慧沼的弟子智周可能认识到老师的答问有偷换概念的毛病，故他在《后记》卷上里改作如下设问：

问：因后二相为即是喻，为非喻耶？

答：据喻所依名为喻者，喻非是因；取正喻体名为喻者，后之二相即是其因。〔4〕

---

〔1〕以上陈那与古因明师的论辩，见《大正藏》第32卷3a。

〔2〕《大疏》卷一页十三左，金陵本，光绪二十二年（1896）。

〔3〕《大正藏》第44卷167c。

〔4〕《卍续藏经》第53册844a。

智周的答问又比慧沼的要具体,他明确指出,你如果是以喻依为喻的话,这样的喻便不是因;你说的喻如果指的是喻体,那么"后之二相即是其因"。并且特地关照一句"古今有异",以引起注意。智周的答问,从排除例证、突出喻体这一点来看,是有意义的,但他仍然混淆言、义之间的差别,把同异喻体等同于因之后二相,又把因之后二相等同于因!

然而现在又有另一种说法,认为因之第二、三相与同、异喻体的不同不仅在言义之别,而且它们的命题形式也不尽相同,其中主要是第二相与同喻体的命题形式有所不同:第二相"同品定有性"的命题形式应是PIM,即有P是M,而同喻体的命题形式应是MAP,即凡M皆P。我认为这样的分析背离了陈那的原意,陈那不是明明说"然此因言,唯为显了是宗法性(第一相),非为显了同品、异品,有性、无性(第二、三相),故需别说同、异喻言"来显示第二相和第三相的吗?关于这一点,陈那在《集量论》中说得更为清楚:"所说三相因,(其第一相)已善成宗法(因),次余二种相,由喻能显示。"并自释云:"诸因明论中说因方便,唯诠宗法,如说'所作性故',知属于'声';所余二相,彼未详故,今以喻显。"〔1〕这都说明同、异二喻是为了显示第二、三相而设的,具有对应关系,怎么能逞臆而论,将两者的命题形式判为不同呢?

综上所述,陈那关于二喻即因的论述是正确的。窥基及其门人却将二喻即因说为二喻即因之后二相,混淆了三支与三相的界说;今人将因的第二、三相与同异二喻的命题形式判为不同,更是大谬不然。对此,应予分辨。

2. 同法喻

在因明中,同法这个词可以反映两个不同的概念,一个是因同品的别称,另一个就是同法喻,这是必须分别清楚的。如《大疏》云:

> 宗之同品名为同品,宗相似故;因之同品名为同法,宗之法故〔2〕。

〔1〕 吕澂:《集量论释略抄》页三十四,《内学》第四辑,1928年。

〔2〕 《大疏》卷三页六右,金陵本,光绪二十二年(1896)。

这里明确指出同法即是因同品的别称。其实,把因同品称为同法是多此一举;宗同品、因同品,本已名各有专,何必再在因同品上另立别名?更何况同法一词关涉同喻,易滋混淆!所以我们在阐述因同品时,不取同法之名,而只把同法作为同喻的专称。那么什么是同法喻呢?《入论》定义云:

同法者,若于是处显因同品决定有性。〔1〕

文轨释云:

此谓随有有法(同喻依)处,有与因法相似之法(因同品),复决定有所立法性(宗同品),是同法喻。〔2〕

这就是说,如果通过同喻依显现出与因法以及宗法相似的法,就叫同法喻。故《入论》举例云:

谓若所作,见彼无常,譬如瓶等。〔3〕

瓶就是同喻依,瓶上既有因法所作的属性,又有宗法无常的属性,通过瓶这个同喻依便把因法与宗法(理由与推断)的必然联系确定了下来。由此可见,所谓同法,就是同于宗因二法的意思。故文轨又云:

此则同有因法、宗法名同法喻。〔4〕

因明关于因、宗二同为同法喻的说法,与《墨子·经》(上)所说的"法同则观其同,巧转则求其故"(从谭戒甫《墨辩发微》校)正不谋而合。《经》(上)所谓的"法同"即因明的"同法";"观其同"者,即观其因、宗二同的意思,为什么说是观其因、宗二同呢?"巧转则求其故"说明了这一点。"巧转"就是宗与因之间的"回转",用文字表达出来就是喻体。这"故"就是宗因间得以"回转"的客观基础,就是理由与推断得以联系的必然性。因此《经说》(上)云:"法取同,观巧传("传"与"转"通)。"就是同法要看因、宗二法的回转。

〔1〕〔3〕《大正藏》第32卷11b。

〔2〕《庄严疏》卷一页二十二右~二十三左,内院本,1934年。又,《〈文轨疏〉校补》卷一,见拙著《敦煌因明文献研究》第332页,上海古籍出版社,2008年。

〔4〕《庄严疏》卷一页二十三左。又《〈文轨疏〉校补》卷一,见同上。

同法必须因宗双同,如果只是同于宗法或只是同于因法,就不是同法而是同品了。故《大疏》云:

因、宗二同异名法(同法、异法),别同异名品(同品、异品)。〔1〕

因、宗双同是同法的本质属性。但在因、宗双同中又有主次之分,其中以因同为正,宗同为兼。因为作为一个正因(如所作性),它的外延一般要小于宗法(如无常),因此如果一事物具有因法的性质,就必然也具有宗法的性质。当然,在种种似因之中也会出现是因的同品而不是宗的同品的情况,如《入论》说"俱品一分转"云:

如说声常,无质碍故。……此因以乐以空为同法,亦名不定。〔2〕

这就是说"乐"与"空"都是无质碍的,因而都是因的同品,其中"空"虽同时是宗法"常"的同品,但"乐"却只是因同品而不是宗同品,因为"乐"是无常的。这就说明此因系"不定"之因。但这毕竟是似因,也只有在似因中才会产生同因不同宗的"怪胎"。由此也从反面告诉我们,凡是出现单一的因同品,此因必是似因;凡是正因,其喻必是正取因同兼取宗同的。

因、宗双同是事物间因果关系的客观反映,这一反映用语言文字表达出来就是喻体。喻体的确立是通过归纳得到的,用来归纳的事物就是喻依。

新因明的喻就是由喻体和喻依这两个部分组成的;而同喻,就是由同喻体和同喻依组成的。例如:

此山有火,(宗)

以有烟故,(因)

凡有烟处必有火,(喻体)如灶。(喻依)

这一点与古因明五支作法有很大的不同。例如:

此山有火,(宗)

〔1〕《大疏》卷四页二左,金陵本,光绪二十二年(1896)。

〔2〕《大正藏》第32卷12a。

以有烟故，（因）

如灶，于灶见有烟与有火，（喻）

此山亦如是，是有烟，（合）

故此山有火。（结）

这个例子告诉我们，五支作法中的喻仅仅是一个例证而已，它虽然也指出灶中“有烟与有火”，但并未指明二者的关系，并未显示“说因宗所随”的必然联系；而是以“灶”为喻体，就事论事地来证明“此山亦如是，故此山有火”，因而尽管整个作法有五支之多，仍不能概括出普遍性的命题来。所以到陈那改革古因明，创立新因明，就“显略除繁”，把喻支和合支合为一支，“双陈宗因二种”作为喻体（普遍性的命题），而以用作归纳的例证为喻依（喻体之所依）。把喻分为喻体和喻依两个部分是有重大意义的，因为这不仅简化了论式，而且使喻具有较大的概括能力，以揭示宗、因之间客观的因果关系，这样，喻就与因紧紧地联系在了一起，成为因的有机组成部分了。

但是切勿以为提高喻支的功能是简化论式的结果。简化推论形式与提高喻支的功能并无必然的联系。古因明家对五支作法也曾简化过，如世亲在《论轨》中就阐述过三支作法，但世亲《论轨》所说的三支与陈那的三支不同，如文轨云：

此师立量云：“声是无常，因云所作性故，同喻云如瓶。”谓如瓶是无常也。〔1〕

可见世亲是以瓶与声都有无常的属性进行归纳的，这样自然不能概括出据以演绎的普遍命题来。直到世亲著《论式》，以“所作无常为同喻体”，才与陈那的新因明相似。故文轨转述陈那《集量论》语云：

《论轨论》中以瓶有法为同喻者，其论非是世亲所造，或是世亲未

〔1〕《庄严疏》卷一页二十五左，内院本，1934年。又，《〈文轨疏〉校补》卷一，见拙著《敦煌因明文献研究》第334页，上海古籍出版社，2008年。

学时(按:此指世亲未学大乘时,世亲原学小乘,后随其兄无著改习大乘)造。学成以后造《论式论》,即以所作无常为同喻体,不异我义。〔1〕

世亲在《论轨》中还只以瓶上无常与声上无常相类为同喻,到《论式》中才改成以瓶上和声上都有所作而无常为同喻体,这是一个飞跃,说明世亲从《论式》开始,对宗、因间"回转"的认识已与陈那接近,故陈那承认《论式》所说已"不异我义"。

由此可见,把喻改造成为因的有机组成部分,这并非单纯的技术问题,而是反映了以陈那为首的新因明家对事物因果关系的认识较古因明家为深刻。

陈那在改造喻支的时候,还在《集量论》和《理门论》中对古因明家提出的种种问难进行答辩和反驳。如陈那对古因明家批评道:

此等师云:"瓶有无常,同彼声宗,故名同法。"此即瓶体是同喻也。……陈那破云:"若直以瓶为同法喻,以瓶体是无常故类声亦是无常者,亦应瓶是四尘〔2〕,可见、烧,声亦四尘,可烧、见。若如我释,诸所作者皆是无常以为喻体,瓶等非喻(体),但是所依,即无此过。"〔3〕

这是说,古因明家认为瓶上有无常的属性,与声上无常相同,所以称为同法。《庄严疏》指出这就是把瓶体当作了同喻。对此,陈那批评道:如果简单地以瓶为同法喻,以瓶体有无常的属性去比声上的无常,那么也应该把瓶是"四尘"所造和可见、可烧等属性拿来比声,说声也是"四尘"所造成并且可烧、可见的。但这样的类比是极其荒谬的,陈那把这种可能导致的错误称作

〔1〕 见《庄严疏》卷一页二十四右,内院本,1934年。又,《〈文轨疏〉校补》卷一,见拙著《敦煌因明文献研究》第333~334页,上海古籍出版社,2008年。

〔2〕 "四尘",即色、香、味、触(声有无不定,故不在内)。佛教将山河草木以及器物等说为"四尘"所造。"瓶是四尘",即瓶为四尘所造之意。

〔3〕 见《庄严疏》卷一页二十四右~二十五左。又,《〈文轨疏〉校补》卷一,见同上第334页。

“一切皆相类失”。要求两事物的一切属性都相同，这当然是不可能做到的，因为以瓶与声来说，它们既然是两个概念，就至多只能在一部分属性上相类。那么如何才能避免“一切皆相类失”呢？陈那认为如果取“诸所作者皆是无常”为同喻体，而只以瓶为喻依，就可避免此失；因为喻体的建立为同法确定了相类的范围，即“说因宗所随”。瓶与声的相类正在于此，而不是把彼此不相干的属性都拿来比较。

以瓶体为同喻的弊病之一就是上面所说的“一切皆相类”，弊病之二是会导致譬喻辗转无穷。如《理门论》云：

> （陈那云：）又因喻别，此有所立同法、异法，终不能显因与所立不相离性，是故但有类所立义，然无功能。
>
> （古因明家反问：）何故无能？
>
> （陈那答云：）以同喻中不必宗法（即因法）宗义（即宗上之法）相类，此复余譬所成立故，应成无穷！〔1〕

这是陈那与古因明家辩难的实录。辩论是从喻究竟是因的一部分还是离因独立的问题开始的，至此已逐渐转入以瓶体为同喻有何弊病的问题了。陈那说，如果把因、喻看作是两码事，同喻只同于宗法无常，异喻也只是异与宗法无常，那就不能显示所作性因与无常宗法之间不相离的因果关系。因此同喻如果只是“有类所立（宗法）义”，它的功能就丧失了。古因明家反问，为什么会没有功能呢？陈那答道，这是因为你们不主张同喻以因法和宗法的不相离性相类，而只说“如瓶”。如果有人进一步问，瓶又是如何无常的？又说“如灯”。那么灯又是如何无常的呢？如此辗转，就不免譬喻无穷了！

陈那的分析是深刻的，因为以瓶体为同喻只是就事论事地进行比喻，而不能从归纳中推出新命题，即通过归纳提供普遍性的结论，作为演绎推理的前提。归纳法的作用在于找出现象间的因果联系，指出这是事物间的固有

〔1〕《大正藏》第32卷3a。又，参见拙释《因明正理门论译解》Ⅰ－3－6H～J，中华书局，2007年。

联系,从而为演绎法提供推论的依据。陈那给宗、因间的因果联系下的定义是:说因宗所随,宗无因不有。这种因果(包括理由与推断)规律是通过归纳得到,并以喻体和喻依的形式表现出来。古因明既然仅以瓶体为同喻,只指出瓶与声都有无常的属性,而未进一步指明所作与无常之间有什么联系,这就失去了归纳的意义,使归纳法不能发挥它应有的作用。故陈那指出同喻如果"但有所立义,然无功能"。而且这样也为敌论者的反诘开了方便之门,论敌可以乘机追问到底,迫使立论者疲于应付,犯譬喻辗转无穷的错误,故陈那一针见血地指出:"此复余譬所成立故,应成无穷!"

一切皆相类和譬喻辗转无穷是古因明以瓶体为同喻的一对孪生子,前者失之于太宽,后者失之于太狭。故唐道邑《义范》云:

> 若但以瓶为喻体者,便有太宽、太狭之过。何者?若以瓶上所烧、可见一切皆类便为太宽;余依灯等诸品类中皆有[所作](疑为衍文)无常摄之不尽,便为太狭。〔1〕

《义范》的话是对以瓶体为喻的古因明所可能产生的结果的一个很好总结。

3. 异法喻

异法这个词和同法一样,也可以反映两个不同的概念:一是因异品的别称,另一个就是异法喻。如《大疏》云:

> 宗之异品名为异品,宗类(即宗上之法)异故;因之异品名为异法,宗法(即因法)异故。〔2〕

这段话明确提出异法就是因异品的别称。把异法作为因异品的别称实在是没有必要的;因为"因、宗二同异名法,别同异名品",这个界说本来很清楚,现在忽然让异法兼作因异品的别称,这就又把这个界说打乱了。

不但如此,《大疏》有时甚至还把异品说成就是异法喻。如云:

> 此(指异品)亦有二:一、宗异品,故下论(《入论》)云:"异品者,谓

〔1〕 道邑《义范》已佚,引见《瑞源记》卷三页三十二右,商务印书馆,1928年。

〔2〕 《大疏》卷三页十四右,金陵本,光绪二十二年(1896)。

于是处无其所立。”二、因异品，故下论（《入论》）云：“异法者，若于是处说所立无，因遍非有。”〔1〕

《大疏》先以异品的定义来解释宗异品，这还讲得过去；接着却以异法的定义来解释因异品，这就把因异品看作就是宗、因双异的异法喻了。

其实，从《入论》对异品和异法下的定义来看，原是界限分明的。如说异品云：

异品者，谓于是处无其所立（即宗法）。

又说异法云：

异法者，若于是处说所立（即宗法）无，因遍非有。〔2〕

在以上两则定义中，异品的种差只是“无其所立”，即只要没有宗法的性质就是异品；而异法的种差却要兼无宗、因二法，不仅是“说所立无”，而且要“因遍非有”。当然，凡宗的异品也必然是因的异品，但因的异品却不一定是宗的异品，因此异品的本质还在于单项之异，而异法的本质则在于双项之异。

明确这样的分别是很重要的。而《大疏》有时也把因异品限制在单单异于因的范围内的。如《入论》云：“若有是常，见非所作，如虚空等。”《大疏》释云：

此中既说宗之异品，唯应说云：“谓若是常，如虚空等。”复云“见非所作”者，举因异品，兼释遍无。〔3〕

这里明确指出，宗的异品是“常”（异于宗上“无常”），因的异品是非“所作”（异于因法“所作”）；这就把因异品与异法喻区别开来了。

甚至《大疏》还对文轨关于异法的错误解释提出过批评。如文轨释“异法”云：

〔1〕《大疏》卷三页十四左，金陵本，光绪二十二年（1896）。

〔2〕《大正藏》第32卷11b。

〔3〕《大疏》卷三页二十二左。

此则正取所无因法，兼取能无宗法名异法喻。若但无因法即名异法者，同品非有，应是异喻。〔1〕

文轨的解释是说，在异法喻中，应以因异为正，以宗异为助。如果只是无因法(因异品)而名异法，那就必然是同品非有(宗异品)，应是异法喻。在这段话里，文轨不仅认为异法应以因异为正，而且干脆认为因异品就是异法喻。文轨的这一看法是不正确的，与窥基把因异品说成就是异法喻别无二致。但是，窥基却似乎忘记他自己也曾说过类似之言，忽然来了一个一百八十度大转弯，竟批评起文轨来了。如云：

有解(指文轨和神泰之说)正取因之异品，由无此(因法)故宗必随无，故亦兼取无宗(宗异品)名异，合名异法。复自难(设问)言：若但无因(因异品)即名异法，同品非有(因于宗之同品无)，应是异喻者。若尔，声无常宗，以电、瓶等而为同喻，勤勇之因，于电非有，应成异品，宗定随无。由此应言……异品离故，宗为正异，因为助异，偏取非异。〔2〕

窥基的批评主要指出，如按文轨的说法以因异决定宗异，那么若立声无常宗，以电和瓶为同喻，其中电虽是宗上无常的同品，但却是勤勇无间所发因的异品(非勤勇)，因异既然可以决定宗异，这电也就由宗同品变成宗异品了。但这是十分荒谬的。由此可见，应以宗异为正，因异为助；因为凡宗的异品必是因的异品，而因的异品却不一定是宗的异品。所以偏取因的异品为异法喻的说法是不正确的。请特别注意窥基所说的“偏取非异”四个字，所谓“偏取”，自然是指偏取因的异品，所谓“非异”，就是否定因异为异法喻。窥基对文轨和神泰的批评是正确的，但与他原来的说法大相径庭！

时而混淆，时而区别，这说明窥基在解释异法时是摇摆不定、缺乏主见的(文轨、神泰等疏家也有这种情况)。愚见以为，必须把异法喻与因异品严

〔1〕《庄严疏》卷一页二十六左，内院本，1934年。又，《〈文轨疏〉校补》卷一，见拙著《敦煌因明文献研究》第335页，上海古籍出版社，2008年。

〔2〕《大疏》卷四页八右~九左，金陵本，光绪二十二年(1896)。

格地区别开来。异法喻的本质应是宗、因双异，而以宗异为正、因异为助。就是陈那说的“宗无，因不有”，寥寥五字非常精确地概括了异法喻的特点。如果只是异于因法而不异于宗上之法，那就只是因异品而不是异法喻了。

在异喻必须宗、因双异这个问题上，有一个有趣的巧合是值得注意的，即《入论》关于异法的定义与《墨子·经》(上)对“法异”所下的定义竟是极其相似的。兹将两个定义对照说明如下：

《入论》云：

异法者，若于是处说所立无，因遍非有。

《经》(上)云：

法异，则观其宜止，因以别道。(从谭戒甫校)

《经》(上)所谓的“法异”，就是因明的“异法”。“其”就是“是处”，就是与宗法相矛盾的概念。正因为“其”是异于宗法的矛盾概念，故堪称“宜止”；“宜”是适宜，“止”即制止，“宜止”即“其”适宜于止滥之意。所以《经说》云：“取此择彼，问故观宜。”这“故”就是“因以别道”之因，与因明中的因是一个东西，都是指的推理根据。“别道”就是别异，即别异于因，也即因明所谓的“因遍非有”。由此可知，“墨辩”所说的“法异”也是以宗、因双异为原则的，与《入论》的定义异曲同工、巧相契合。

陈那不仅强调异法喻必须宗、因双异，而且还要求把宗因双无的规律具体表述出来，作为异喻体，而把异喻体所凭依的事例，称为异喻依。例如：

声是无常；(宗)

所作性故；(因)

诸有常住见非所作，(异喻体)如虚空等。(异喻依)

这与古因明五支作法中的喻有很大的不同。如：

声是无常，(宗)

所作性故，(因)

犹如虚空，于空见是常住与非所作，(异喻)

声不如是，是所作性，(合)

故声无常。(结)

在五支作法中,异喻主要是提供例证,它虽然指出虚空非无常(即常住)与非所作,但只是就事论事地加以说明,并未指出"宗无因不有"的规律。即使是世亲以后经过简化的古因明也与新因明不很相同的。文轨云:

陈那以前诸师皆以空等有法为异法喻体,彼立量云"声是无常";因云"所作性故";同喻云"如瓶",谓如瓶是无常也;异喻云"[非](疑是衍文,下同)如空",谓[非]如空是常住也。〔1〕

《庄严疏》所举之例,就是世亲《论轨》中所用之式,也是胜论派等古因明家所用的论式。为了清楚起见,不妨将其论式列之于下:

声是无常,(宗)

所作性故,(因)

如瓶,(同喻体)

如空。(异喻体)

按世亲等古因明家的论式,是以虚空上有常住的性质与宗上无常恰好相反而径直作为异喻体的,但这也仍然没有指明"宗无因不有"的规律。这样,用来作为异喻的事例就缺乏说服力。这正如陈那《理门论》所云:

世间(即胜论派)但显宗、因异品同处有性为异法喻,非宗无处因不有性,故定无能。〔2〕

这就是说,胜论派等古因明家所用的论式,其异喻只是表明宗异品"常"及因异品"非作"同在空体上,而没有进一步指出"常"与"非作"之间的联系("宗无处因不有性"),所以这样的喻是没有功能的。文轨据陈那的论意,分析古因明的异喻如何无能:

如第三句云"声是勤勇无间所发",因云"无常性故",同喻云"如

〔1〕《庄严疏》卷一页二十八左,内院本,1934年。又,《〈文轨疏〉校补》卷一,见拙著《敦煌因明文献研究》第336页,上海古籍出版社,2008年。

〔2〕《大正藏》第32卷3a、b。又,参见拙释《因明正理门论译解》Ⅰ-3-6L,中华书局,2007年。

瓶”,如瓶是勤勇所发也;异喻云“[非]如空”,[非]如空非勤勇所发。又如第九句云声常,因云无障碍故,同喻云如空,异喻云[非]如瓶。若汝指空(与瓶)为异喻者,如此二因(即无常性故及无障碍故)应是正因;既以异品一分转,故成不定因,何得单指有法为体?若如我立,但总相云:谓若是常,见非所作,如虚空等。即简异品一分转因。〔1〕

在这里,陈那以“九句因”中的第三句例和第九句例说明,如果异喻只说事例而不指出“宗无处因不有性”(异喻体),就不能起到止滥的作用。如“九句因”中的第三句例:

声是勤勇无间所发,(宗)

无常性故,(因)

如瓶,(同喻体)

如空和电。(异喻体)

在异喻中,“空”虽然是宗异品(非勤勇无间所发)也是因异品(非无常),但“电”却只是宗异品而不是因异品,因为“电”虽非勤勇所发,却是无常性的。这就不符合“宗无因不有”的原则,由此也可证知“无常性”因原来只是一个不定之因而已!如果按照新因明的办法以事例为喻依、以事例所反映的因果性为喻体的话,就能比较清楚地看出此因是否能在宗上“回转”。而如果按照古因明的办法只以事例为喻体的话,就会把注意力集中在空体上,只注意空体非勤勇所发和非无常,而不能从反面来检证普遍命题的真理性,因此不能有效地制止似因的滥用。陈那所举的第九句例也说明这一点。如云:

---

〔1〕《庄严疏》卷一页二十八左右,内院本,1934年。又,《〈文轨疏〉校补》卷一,见拙著《敦煌因明文献研究》第336页,上海古籍出版社,2008年。这段话当据《理门论》所云“若于尔时所立异品非一种类(即“有非有”),便有此失,如初、后三各最后喻(即九句因中第三、第九句)”(《大正藏》第32卷3b)阐发而成。其中“非如空”似应为“如空”,“非”字疑为衍文。又,“若汝指空为异喻者”一句也讲不通,似应为“若汝指空与瓶为异喻者”;兹寻绎文意,补入“与瓶”二字。

声为常,(宗)

无质碍故,(因)

如虚空和极微,(同喻体)

如瓶和乐。(异喻体)

在这个例子中,异喻瓶是宗的异品(无常),也是因的异品(有质碍),但乐却只是宗的异品而不是因的异品,因为"乐"是一种心理活动,是无质碍的东西。由此可见,如果单以"空"与"瓶"为以上两例的异喻体,那么"无常故"和"无质碍故"二因就应该是正因了,但事实上这两个因在一部分事例上不能跟着宗的消失而消失,却使异品中的一部分竟转向了同品("异品一分转"),因此这两个因实是不定之因。所以陈那反问道:"何得但指有法(事例)为体(喻体)?"于是陈那提出他的主张,即把异喻分为异喻体和异喻依两部分,异喻体表述"谓若是常,见非所作"的普遍原则,由异喻依"如虚空等"提供检证的依据。陈那认为只有这样,才能简择分别"异品一分转"的不定之因,使异喻真正起到止滥的功效。

把异喻分为异喻体和异喻依两个部分同样不是单纯的技术问题,而是对喻的本质有了深刻认识的表现。古因明不把喻看作是因的有机组成部分,所以喻的作用只在举出事例而已。新因明却把喻看作是因的有机组成部分,所以它不仅举例,还指出宗、因二法是如何"回转"的;因为只有这样,同异二喻才能成为因的一部分。正如《大疏》所云:

> (古师以)喻非因故,不别简言"谓若是常,见非所作,如虚空等",便有不定;若别简别,喻即是因,便无彼失。〔1〕

意思是说,古因明的喻不作为因的组成部分,不以"谓若是常,见非所作"来简别,所以会产生不定之因;而新因明由于有简别之词(喻体),喻就成为因的组成部分,就可以制止似因的混入。这说明是否用喻体来简别,也是对喻的本质是否认识的问题。

---

〔1〕《大疏》卷四页七右,金陵本,光绪二十二年(1896)。

三、合作法、离作法

喻分同喻和异喻两种，组成同、异二喻的方法是不同的。组成同喻体的方法是合作法，组成异喻体的方法是离作法。合作法是先说其因同后说其宗同，离作法是先说其宗异后说其因异。例如：

声是无常，（宗）

所作性故，（因）

若是所作，见彼无常，（同喻体）如瓶等。（同喻依）

（先因同，后宗同＝"说因宗所随"）

若是其常，见非所作，（异喻体）如空等。（异喻依）

（先宗异，后因异＝"宗无因不有"）

这是陈那新因明所竭力推行的方法。陈那提出合作法和离作法是符合事物间原因与结果或理由与推断之客观关系的。以上例的同、异二喻来说，"所作"是"无常"的充分条件，故凡所作的均是无常的；而"无常"则是"所作"的必要条件，故凡非无常（常住）者，就必然是非所作的。由此可见，同喻先因后宗，正是由因为宗的充分条件所决定的；异喻先宗后因，则由宗为因的必要条件所使然。我们还可以从概念间的关系来考察合、离二法。因明中的因法外延一般小于宗法，二者构成属种关系，如"所作"因就是"无常"宗的种概念。由种概念"所作"的存在，当然可以证知其属概念"无常"之存在；而由属概念"无常"之不存在（非无常），则可推知其种概念"所作"之不存在（非所作）。由是以观，合作法必是先因合而后宗合，离作法则必是先宗离而后因离，而绝不会相反〔1〕。所以《理门论》云：

---

〔1〕　只有当宗法与因法是同一关系概念的时候，其先后次序才能不受限制。如云"树是生物，以有死故"，"生物"与"有死"是同一关系，因此如说"凡有死者皆生物"或"凡生物皆有死"均可。但这种例子是很少的，而且即使如此，因明也仍然要求它按合、离二法的规定次序组织喻体。

由如是说,能显示因(于)同品定有、异品遍无,非颠倒说。〔1〕

意思是,按照上面所说的那样用合作法和离作法组织同、异二喻体,才符合同品定有、异品遍无的规定;而决不能颠倒过来说。因为按因明的规定,凡把合作法和离作法颠倒过来说的,就会犯倒合和倒离的错误(详见第九章倒离和倒合的过失),使推论违反原来的论旨。故《理门论》云:

应以非作证其常,或以无常成所作,若尔应成非所说,不遍非乐等合离。〔2〕

陈那的话说得极其简略,但却概括了丰富的内容。他认为,如果把离作法的先宗后因改为先因后宗,说成"诸非作者皆是常",就会出现三种可能:第一是"成非所说",因为若以"非作"为先,以"常"为后,就是"以非作证其常",成立了非自己所要成立的"常"(原来要成立的是"无常"宗)。第二是"不遍",因为一般说来,谓词的外延要比主词为大,而在"诸非作者皆是常"这个命题里,"常"的外延却比"非作者"为小,因为"非作者"中不但有常住之物(如空),也有无常之物(如电),见图一。第三是"非乐",即成立自己所不乐意成立之宗的意思。"非所作"的外延既然包含"常",也涉及无常之物如电等,电虽然是非所作的,但却是无常的。若以非所作为因来成立常,那么也可以非所作为因来成立无常宗了。正是由于非作因的外延大于常宗,因而是不定之因,用不定因来成立宗,就有成立"己所不乐"之宗(诸非作者皆无常)的可能。

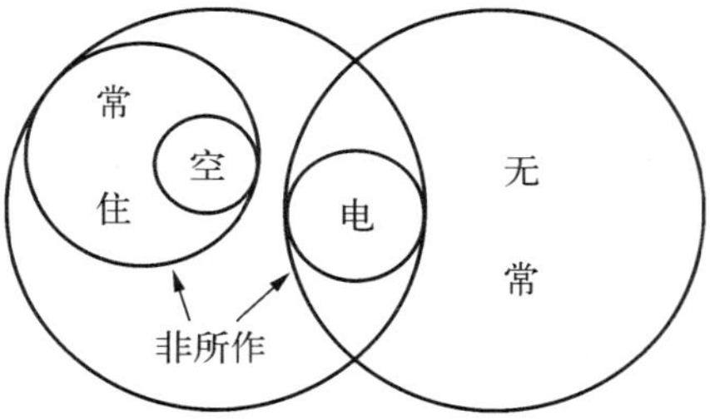

(图一)

以上三种情况是"以离类合"造成的。再看另一方面,如果把合作法的先因后宗改为先宗后因,也就是"以合类离",说成"诸无常者皆是所作",也

〔1〕〔2〕《大正藏》第32卷2c。又,参见拙释《因明正理门论译解》I-3-2C~D,中华书局,2007年。

会出现这样三种可能：第一是“成非所说”，因为若以“无常”为先，“所作”为后，就是“以无常成所作”，而不是以所作来成立宗上的无常了，这岂不是转换了立敌原来所争论的中心（声是无常）？第二是“不遍”，因为在“诸无常者皆是所作”这个命题里，主词“无常”的外延比谓词“所作”为大，无常之物有所作的（如瓶），也有非所作的（如电），如图二。第三是“非乐”，也即成立为自己所不乐之宗。“无常”的外延既然包含所作之物如瓶，也涉及非所作之物如电，电虽然无常，却是非所作者，若以无常为因来成立所作，那么也可以无常来成非所作了。可见，由于无常因的外延大于所作宗，因而是不定之因，用这样的不定因来成立宗，其结果将会成立己所不乐之宗（诸无常者皆非所作）〔1〕。

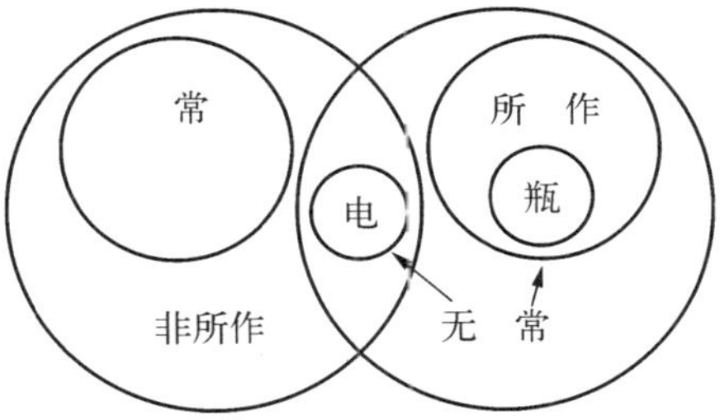

（图二）

陈那的概括是精深周到的，他把犯“倒离”和“倒合”之过所可能产生的种种后果都考察到了，以此来提醒人们切勿以合类离（倒合）或以离类合（倒离），而应按照同喻先因后宗、异喻先宗后因的次序来组织喻体。

但是必须说明，异喻先宗后因的说法只是与同喻的先因同后宗同对照而言的，即先离开宗（宗异）再离开因（因异）的意思。而实际上就异喻来

〔1〕　陈那的这四句颂按《述记》《庄严疏》《大疏》等唐代诸疏所说，包括两个例子：一是以“所作”为因，成立“无常”之宗；一是以“勤勇无间所发”为因，成立“无常”之宗。但从陈那的文句本身来看，并未提到“勤勇无间所发”之因，可能是初唐诸疏家传释的是玄奘口义，所以才如此一致。愚意以“所作”例就足以说明问题，而没有必要像初唐诸疏那样专以“勤勇”例来说明“不遍”“非乐”的问题。而且《庄严疏》以“所作”例说明犯“倒合”“倒离”的后果有二：一、别成异宗过（即“成非所说”）；二、重立已成过（即“相符极成”）。又以“勤勇”例说明犯“倒合”“倒离”的后果有二：一、别成异宗过（即“成非所说”）；二、非自所爱过（即“非乐”）。《庄严疏》的这种划分似有烦琐和机械割裂之嫌。《大疏》与《述记》在疏解时也有类似的毛病。

说，在“诸常住者皆非所作”这个喻体之中，“常住”是因法，“非所作”却是宗法。异喻只把同喻的因果关系倒转过来，从反面来检验宗、因之间是否确实存在因果关系。

其实，这种把同喻转化为异喻的方法，在逻辑学上就是直接推理的换质位法，它是先将 SAP 换质为 $SE\overline{P}$，再换位为$\overline{P}ES$ 的。例如：

（同喻）诸所作者皆是无常。（SAP）

经过换质后可得：

诸所作者皆非非无常。（$SE\overline{P}$）

再经过换位后可得：

（异喻）诸非无常者皆非所作。（$\overline{P}ES$）

由此可见，异喻实际上是从同喻通过换质位直接推出的，因此同喻如果是表诠，是按合作法先因后宗的顺序组织而成的，异喻就必是遮诠（换质），并按离作法先宗后因的顺序组织而成（换位）。

异喻虽然由同喻经过换质位而成，它的思考对象由“所作”换成了“非无常”（常住），思考对象的内容性质也由“无常”换成了“所作”，但两个命题却是等值的，因而同、异二命题能从正反两方面对同一思考对象进行审察。而以合类离和以离类合虽然放在一起配对时也是等值的，但由于同喻以合类离本身已导致命题虚假，故与之等值的异喻也必是虚假的。

如上所述，同喻必由合作法组成，这就是“说因宗所随”；异喻必由离作法组成，这就是“宗无因不有”。由合作法组成的同喻变为由离作法组成的异喻，必是等值的：如果以合类离，便会犯倒合过；如果以离类合，便会犯倒离过。因此同喻先因后宗和异喻先宗后因的次序不能不遵守。

陈那的新因明就是通过同法式和异法式来实现其归纳与演绎相结合的。而且新因明用不完全归纳法得出的结论，还具有必然性。这是因为三支作法在论式上有同异二法，在义蕴上有因之第二、三相，同异二法式是受因相所制约的。因的第二相说，凡是具有因法（中词）性质的事物必具有宗法的性质；因的第三相说，凡是不具有宗法性质的事物都不具有因法的性质。因的第二、三相是等值的，据此而构作的同、异二法式自亦为等值。如同法喻云“若是所作，定见无常”；异法喻云“若是其常，见非所作”。这同异二喻体用现代逻辑的公式来表述，即$(p\to q)\leftrightarrow(\bar{q}\to\bar{p})$，正是异质换位律的体现。

第五章　有体与无体

在因明学上，宗、因、喻都有有体与无体的分别。什么是有体、无体？陈那师弟没有论及，唐代诸疏也没有作专章的释论，而后世解者又众说纷纭，令人颇难索解。细读散见于《大疏》各卷关于有体与无体的片断论说和例证，以及我国和日本不少疏记所述，所谓有体，就是立敌对诤时所使用的概念是为双方所共同认可的（即宗依、因法、喻依为双方"共许极成"）；所谓无体，就是与此相反的情况，即立敌不共许。无体有两种：如果立敌双方都不同意某一概念为真实，这一概念在因明学上就称为"两俱无体"；如果一方认为真实而另一方认为不真实，这一概念在因明学上就称为"随一无体"（一般不称作随一有体）。例如，"虚空"这个概念，反映的是实有的物质，本属有体，但在胜论与小乘无空论〔1〕辩论时，胜论认虚空为实有，"无空论"却以虚空为乌有，这样，"虚空"就成了随一无体的概念。我们于此也可见，因明的有体、无体，带有主观的、因人而异的性质；它所要求的概念真实，也不是以事物的质的规定性为基础的，而以一派的哲学观点为依据。

因明的有体与无体既然只是主观的产物，那么它究竟有什么作用呢？我们知道，因明是产生于论辩并为论辩服务的，论辩的目的在于开悟他人和制服论敌，因此它十分强调在论辩中不得强加于人，要求论辩双方使用的概

〔1〕 小乘经量部论师认为虚空是非实有的，此即"无空论"，人们因此称经量部论师为无空论师。

念必须“共许极成”。如果对方不承认某一概念或对概念的含义有不同的理解，立论的一方就须用简别的方法来明确概念，以避免过失。由是以观，作为一种论辩的方法，区分有体、无体是有其特殊作用的，值得我们认真地加以研究。

一、有体宗、无体宗

明确了有体、无体的涵义以后，就可以进而研究什么是有体宗和无体宗了。

宗是由有法（主词）和能别（谓词）两部分组成的，有法和能别都有有体和无体的分别。但从宗的整体来看，宗的有体、无体究竟以有法为准呢，还是以能别为准呢？抑或二者兼而依之？对于这个问题，《大疏》和《庄严疏》等均没有明确指出以何为准，唯窥基的大弟子慧沼偶或提出过一点尚算明确的看法，如慧沼《义纂要》云：

> 有法有义，无义因依，亦即为过。意云有义宗必有遮表，因若无义，唯遮无表，故亦为过。〔1〕

按《义纂要》所谓之“有法有义”，亦即有法有体。这段话的意思是：有体宗的有法必是有体的，而且它的能别一定是“亦遮亦表”的表诠（肯定）；如果有体宗竟配上无体因的话，就有过失，因为无体因“唯遮无表”（否定），不能与有体的有法构成命题。从《义纂要》的这段说明里可以看出，慧沼是把有法和能别结合起来考虑的，即有体宗必是有法有体、能别兼表〔2〕的，按照这个标准，无体宗就是有法无体，能别唯遮了。

但是，慧沼的三传弟子日释善珠却持另一种说法，如《明灯钞》卷三

〔1〕《大正藏》第44卷173a。

〔2〕兼表，即亦遮亦表。凡表（肯定）都是兼遮（否定）的，如“声是无常”，这个肯定命题的谓词不仅断定了“声”具有“无常”的属性，同时也断定“声”不具有“常”的属性。

本曰:

若无为宗等者,即无义法,如立“我无”,此但遮有,不别证无。……以有为宗等者,即有义法,如成立言“声是无常”,非但遮常,诠表声体是生灭故。〔1〕

这是明确主张以能别为准来区别有体宗和无体宗的。能别如果是遮诠(无义法),就是无体宗;能别如果是表诠(有义法),就是有体宗。这样,有法是否有体就是无足轻重的了。然而善珠的说法是片面的,因为宗的有体、无体与遮诠、表诠并无必然的联系;如果把它们等同起来,因明学就只须讲遮表,又何必另立有体、无体的名目?

那么究竟以何为准来区分有体宗或无体宗呢?唐道邑《义范》云:

如胜论“和合”句义,佛法都不许,名无体宗。〔2〕

这里所说的胜论“和合”句义,就是胜论派提出的“六句义”〔3〕之一。“和合”为佛家所不许,是为无体宗,由此看来,所谓有体宗、无体宗,似应以有法为准。

以有法为准来区别宗之有体、无体是合理的。这也就是说,能别的遮表遣立与宗的有体、无体不相关涉。因此如果以有法的有体、无体,配合能别的遮表遣立,有体宗应有二式,无体宗也有二式,一共是四式:

第一,有法有体,能别表立。如立“声是无常”宗,有法“声”是有体,能别“无常”表立。这是有体宗的典型形式。

第二,有法有体,能别遮立。如立“牛中无马”宗,有法“牛”是有体,能别“无马”是遮诠,但只是别遮能别“马”,而不直遣有法“牛”。根据以有法为准的原则,此例自然也是有体宗,但由于能别遮诠,因此它是有一定局限

〔1〕《大正藏》第68卷297b。善珠所说的有义、无义,是指能别(谓词)而言的。宗分两个部分,有法(主词)是体,能别(谓词)是义,有义、无义之名就由此而来。

〔2〕见《瑞源记》卷三页三十六左引。商务印书馆,1928年。

〔3〕胜论派立有六句义(六大范畴):一、实(实体);二、德(性质);三、业(运动);四、同(共同性);五、异(个性);六、和合(内属)。

性的。这个局限性就表明在能别虽遮而不得直遣有法,因为有法“牛”是有体,能别如直遣“牛”的话,就是否定“牛”的存在,这个宗就不能成立了。这里不妨举一个直遣有体有法的例子,如立“声非所闻”宗,有法“声”明明是有体,而能别“非所闻”却直遣有法,所以因明把它看作是似宗的例子。可能有人会问,在这个宗里,能别所否定的并非有法“声”,而是“所闻”,这难道不是“别遣”吗?不,这不是别遣。因为人们所能听到的,唯有“声”而已;否定了“所闻”,也就否定了“声”,所以这仍然是一种直遣。由是以观,运用有体宗的第二式,要特别注意它的局限性,以防误立似宗。

第三,有法无体,能别遮遣。如立“怀兔非月”宗,有法“怀兔”本无是物,当是无体,能别“非月”遮遣,这是无体宗的典型形式。但是运用这种形式应注意,按因明的规定,如果立敌双方共认有法为无体的话,能别复遣,就有“相符极成”的过失。如立“兔角定非实有”宗,立敌均知兔子无角,“兔角”这一概念应是无体,能别复遮其“实有”,这就是“相符极成”(宗九过之一),多此一举了。可能有人会问:“怀兔非月”宗不是也有“相符极成”的问题吗?这里需要说一下,在古代印度,有相当多的人相信月中有兔,因此有人如果提出“怀兔非月”来,当然就不会“相符极成”。由此也可见,运用有法无体,能别遮遣这一形式时其有法必是“自随一无体”,即只是立论者一方认为是无体,而不能是立敌双方都以之为无体的。

第四,有法无体,能别表立。如《成唯识论述记》卷四破斥数论派主张的“我常”论说:“我应无常”。数论派主张有常住不灭的“神我”(灵魂)存在,认为人死了,“神我”却可以脱离人的肉体继续存在下去。佛家是不主张有灵魂存在的,所以它针对数论派的“我常”论加以破斥。在这里,有法“我”既非实有,当然是无体了;而能别“应无常”则是表诠,既肯定了“我”是“无常”的,又否定“我”具有“常”的属性。这一无体宗的形式无疑是正确的。运用无体宗的第二式也须注意,这里所说的有法无体,也还是一种“自随一无体”,而且这种形式只适用于破斥敌论,除此之外,若用此式,便有过失。

二、有体因、无体因

宗有有体与无体之分，与之相应，因也有有体与无体之分。那么有体因和无体因又是如何来分别呢？分别有体因和无体因历来有两种不同的标准：一是以立敌是否极成作为区别因体有无的准则，一是以表诠、遮诠作为分别因体有无的依据。两种说法截然不同，有时却又纠缠在一起，令人莫衷一是。

窥基是以第一种标准来判别有体因、无体因的。他把立敌共许之因称为有体因，把立敌共（两俱）不许或有一方（随一）不许者，称作无体因。如《大疏》云：

> 如声论师对佛弟子立声是常，实句摄故。此实摄因，两说无体。〔1〕

这是以声论师及佛弟子都不许有“实句”而判定此因为无体。这种立敌共不许的无体因，叫作两俱无体因。又如《大疏》云：

> 如数论师对佛弟子立思受用诸法宗，以是神我故。……今言以是神我故因，佛法不许，故随一无。〔2〕

这里明言因“佛法”一方不许有“神我”，故“神我”为随一无体之因。以上两则说明，凡两俱或随一不许者，即是无体因。现在再来看有体因，有体因必是立敌两俱许有，如《大疏》云：

> 如声论师对佛弟子……立一切声皆常宗，勤勇无间所发性因，立敌皆许此因（于内声上有）。〔3〕

又如《大疏》云：

〔1〕〔3〕《大疏》卷六页二左，金陵本，光绪二十二年（1896）。

〔2〕《大疏》卷七页二十五右。

（声论对佛弟子）以立声常宗，无质碍因。……宗因俱有体……〔1〕

以上两则都以声论对佛弟子立量为例，立敌俱许“勤勇无间所发性因”和“无质碍因”为有，故是有体因。当然这里所说的“立敌皆许”，是指共许因体本身为有，也意含着共许因在外延上包含宗上有法，但并不涉及因与宗上能别的关系。从宗上能别与因的关系来看，这两例中的因，都是有过失的，但这并不妨碍它们为有体之因。这是需要分辨清楚的。

以立敌是否共许极成为准则来区分因体的有无，是与分别宗上有法有体无体的标准相一致的，也与分别喻依有无的标准相一致（详下节“有体喻、无体喻”），这是窥基用来判别有体、无体的一贯准则。以这一准则来判别有法与喻依的有体、无体各家还比较一致，但是在判别因体的有无时却出现了分歧，不少疏家认为分别因体有无的标准应是表、遮。凡表诠因即有体因，凡遮诠因即无体因，如唐弘福寺僧文备云：

有（体）因者，谓表诠因，即显诠因。……无（体）因者，谓遮诠因，即示遮因必依遮宗。〔2〕

唐报城寺僧智周《后记》卷中亦云：

且如立声定是无我，非一常故，如色、香等。即此非一常故因，而是无体也。意云无一常之体，故名无体。……有体因依有体有法者，如立声无常，举所作因，此即是有体因……〔3〕

这都是明确地把有体因与表诠联系在一起，把无体因与遮诠联系在一起；因为“所作因”是肯定命题（“非所作故”是否定命题），“非一常故因”则是否定命题（“一常故”是肯定命题）。文备、智周等疏家以表、遮作为判别因体有无的准绳当是有依据的，如《广百论释》卷三就将肯定命题“所

〔1〕《大疏》卷八页一左～二右。

〔2〕文备的因明论疏早佚。此处引文系据音石明诠《入正理记》所引，见《瑞源记》卷五页三右，商务印书馆，1928年。

〔3〕《卍续藏经》第53册861c～862a。

作”说为有体因,将否定命题“非所作”说为无体因。故善珠《明灯钞》卷四本云:

> 准《广百论》第一卷中,因有三种:一、有体法,如所作等;二、无体法,如非作等;三、通二法,如所知等。〔1〕

这就很清楚了,按表、遮来区分因体的有无是早已有之的不成文法。不过《广百论释》在有体因(表因)和无体因(遮因)之外又弄出一个可以通于有无的“俱二法”,却又使人百思不得其解了!

“通二法”,《庄严疏》称作“通二因”,即可以通于有体和无体的因。《明灯钞》卷四本云:

> ……通二法,如言诸法皆是所知,所知宗法既言通二,通知有无。〔2〕

这是说,如佛家立诸法无我宗(一切事物是虚假的存在),以所知性为因。文轨等认为诸法这个概念的外延大到无所不包,有体、无体都被囊括于其中,故所知性因可以通向有体、无体,是为通二之因。然而有体因与无体因既以表、遮为区别,那就必是矛盾关系。矛盾关系只能两分,不能三分,如此,通二之法何由得生?显然,所谓“通二法”是违反排中律的。所以如果说按表、遮来判别因体有无的办法可以成立的话,因也只能有有体、无体两种。

正因为在区分有体因和无体因上存在以上两种不同的标准,所以对于同一个因,却可以有两种截然不同的说法。如《入论》说“所依不成”时举例云:

> (胜论派立)虚空实有,德所依故,对无空论,所依不成。〔3〕

这“德所依故”是有体因还是无体因?窥基认为是无体因,因为“无空论”者

---

〔1〕《大正藏》第68卷342b、c。

〔2〕《大正藏》第68卷342c。

〔3〕《大正藏》第32卷11c。

既然不承认有虚空，当然也不承认胜论派所说的虚空为数、量、别性、合、离、声等六德所依。所以《大疏》云：

况俱不极（指宗上有法“虚空”与因法“德所依故”都为“无空论”者所不许），无（体）因更依不极有法。〔1〕

这里明指“德所依故”为无体因。但是窥基的再传弟子智周却以“德所依故”为有体因，因为智周是把表、遮作为区别因体有无之准绳的；“德所依故”表立，是肯定命题，故智周认它为有体因。《后记》卷中云：

今论（《入论》）所举，即是有体因依无体有法，故是过也。〔2〕

这里明指“德所依”因为有体。智周的再传弟子日释善珠也是以表、遮为划分有体因、无体因的标准的，如《明灯钞》卷四末云：

空体既无故，不得与胜论宗中德所依故有义因法而作所依。……此因乃是有义因法，必不得依无体有法；有法既非共许有体，是故因无所依之处。〔3〕

这就是说，对于“无空论”者来说，虚空既然是无体，就不能作为胜论所说的“德所依故”这个有体因所依的对象。有体因能不能依无体有法？这个问题放在下面去谈。这里有一点是明确的，即善珠也肯定“德所依故”为有体之因。

有体因、无体因的划分既然存在两种标准，岂非令人无所适从？各家在确立标准上尽管有分歧，但正确的只能有一个。我们认为当以窥基所说的堪称可行。理由是：

第一，判别有法和喻依的有体、无体，各家标准基本一致，都是看立敌是否共许极成，那么为什么在区分因体有无上却偏要另立标准呢？如果按窥基的标准来区分因体，岂不清楚划一？

第二，以共许与否为标准来判别因体之有无，虽然带有纯主观的色彩，

〔1〕《大疏》卷六页七左，金陵本，光绪二十二年（1896）。

〔2〕《卍续藏经》第53册862a。

〔3〕《大正藏》第68卷348c~349a。

往往会置事物质的规定性于不顾,但作为论辩的一种方法来看,以立敌共许为出发点来组织论式,可以避免强加于人的弊病,尽可能使论敌心悦诚服地“解悟”。所以作为一种论辩方法来看,还是有可取之处的;当然这要防止陷入纯主观的泥坑中去。

第三,更其重要的是,如果以表、遮为准则来划分有体因和无体因,那么无体因就没有存在的价值了。因为因明三支作法只限于逻辑直言三段论的第一格 AAA 和 EAE 两式,第一格的大前提和结论可以是肯定命题,也可以是否定命题,但小前提却必须肯定;因为小前提如果是否定的,结论就必然也是否定的,这样,大词在结论中就会不当周延。因明三支作法中的因,相当于逻辑三段论第一格中的小前提,所以因若是遮诠(否定),宗就带有或然性甚至陷于荒谬,如云:“其非善书者,非书家故。”把此例列成三段论式,就是:

书家善书,

其非书家,

故其非善书者。

在这个三段论里,就因为小前提否定,故在结论中有大词不当周延的逻辑错误。“善书者”在大前提里只以部分外延与“书家”发生联系,是不周延的;而结论中却以全部外延来指“书家”了,把“善书者”中的“非书家”全部排斥了出去。由此可见,以表、遮来区分因体之有无,就等于取消无体因的存在价值。

但是,唐代的因明家除了讲因三相外,他们似乎从来也没有想过用遮因推出遮宗会有什么不当。因此文备就理所当然地说出“遮因必依遮宗”这样的糊涂话来。而且在因明推论中,确也存在不少以遮因推遮宗的例子。如云:

涅槃非实,(宗)

非所作故,(因)

如兔角等。(喻)〔1〕

〔1〕 文备把“涅槃非实,非所作故”看作是以无体因成立有体宗的例子,参见《瑞源记》卷五页三左,商务印书馆,1928 年。

又如：

　　汝执和合定非实有，（宗）

　　非有实等诸法摄故，（因）

　　如毕竟无。（喻）

这大概就是所谓“遮因必依遮宗”所使然的吧！由此也从反面告诉我们，以表诠、遮诠为标准来判别有体因和无体因是不恰当的。而如果按窥基的分法，以是否共许成为因体有无的划分标准，则既可避免强加于人的缺点，又不至于前后不一，自乱体例。

有体因、无体因与有体宗、无体宗是有一定联系的。关于这个问题，《大疏》释异法喻时云：

　　因明之法，以无为宗，无能成立，有无皆异……

　　若无为宗，有非能成，因无所依，喻无所立……以有为宗，有为能成，顺成有故；无非能立，因非能成。〔1〕

意思是：按照因明的法则，以无体为宗，无体因、喻就能成立宗。如果宗是无体的话，有体因、喻就不能成立宗，这是因为宗上有法既是无体，因若是有体的话，这有体因就没有了可以依存的对象，就要犯“所依不成”的过失。反过来看，如果以有体为宗的话，有体因、喻就能成立宗，因为这是以有体因来顺成有体宗；这时，无体因、喻就不能作为能立了，因为因既是无体，就不能成立有体宗。根据《大疏》的这段解释，可以得出这样的结论：有体宗要以有体因来成立它，无体宗则由无体因来成立它，如下图：

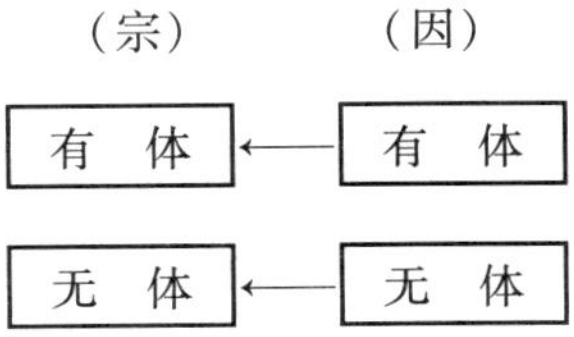

但是《大疏》释“所依不成”时又提出了与此相矛盾的说法：

〔1〕《大疏》卷四页十右～十一左，金陵本，光绪二十二年（1896）。

无因依有法，有法通有无；有因依有法，有法唯须有，因依有法无，无依因不立。〔1〕

这就是说，为无体因所依的宗上有法，可以是有体，也可以是无体；而为有体因所依的有法，则只能是有体，因为有体因如果依的是无体宗，因就没有可依的对象，从而不能成立。按照《大疏》的这一说法，宗因间有体、无体的关系又似乎应该如下：

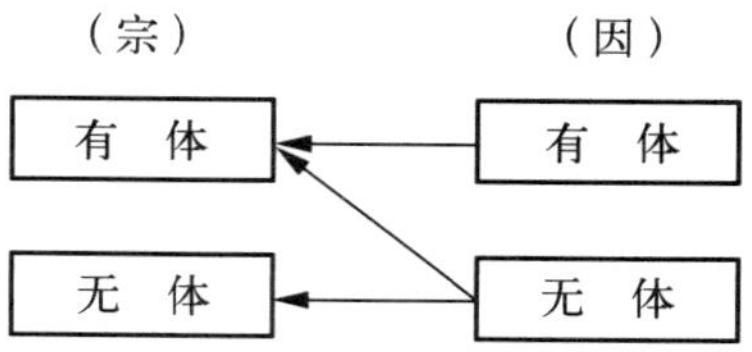

这两则解释显有自相矛盾之处，且又不尽符合事实。试略作辨析：

第一，前一则说“以有为宗，有为能成，顺成有故；无非能立，因非能成”，这是只承认有体因能够成立有体宗，而不同意以无体因来成立有体宗的。但是后一则却又说：“无因依有法，有法通有无。”这就又认为无体因也可以成立有体宗了。其前后抵触竟至于此！为什么会出现这种自相矛盾的情况呢？原来这两则解释本非出自一家，其中前一则可能是窥基本来的看法，后一则可能是受了玄应、定宾等疏家的影响而来。《瑞源记》云：

篠山（即日释秋篠山善珠）意云：……而疏主（指窥基）意谓有义因（有体因）依有体宗，或无义因（无体因）依无体宗。……若依应师及宾公解，谓有义（有体因）应唯依有体（宗），若无义法（无体因），通依有无。〔2〕

可见这后一则解释原来出自玄应、定宾。窥基拿来兼容并蓄于一身，以致造成读者的费解！当然玄应、定宾所说的“若无义（体）法，通依有无”是正确

〔1〕《大疏》卷六页一右，金陵本，光绪二十二年（1896）。

〔2〕《瑞源记》卷三页三十六左，商务印书馆，1928 年。

的，而窥基“无义（体）因依无体宗”的说法则是片面的。

第二，所谓“有因依有法，有法唯须有”的说法也是不能成立的。在因明中，以有体因成立有体宗虽然是基本的形式，但也不乏以有体因来成立无体宗的。如云：

汝怀兔非有，

神话故。

“怀兔”是随一无体有法，“神话”则是两俱有体之因。下面再从疏记中引一些例子以资参证。如《大疏》卷六引数论对佛弟子立量云：

（我）自性有，

生死因故。〔1〕

有法“自性”数论许有而佛弟子不许有，故是随一无体；“生死”则是两俱有体之因。类似例子还可以举出很多，恐烦不录。仅以上述例证足以说明，以有体因成立无体宗这种情况还是不少的，因此“唯须有”三字说得未免过于主观，不合实际情况。

第三，既然可以用有体因来成立无体宗，那么《大疏》所说的“若无为宗，有非能成，因无所依”，“因依有法无，无依因不立”当然也是不能成立的了。因为有体因既然能成立无体宗，那就必然也能与无体有法组成命题。如上面举过的“汝怀兔非有，神话故”这个例子，有体因“神话”就可与无体有法“怀兔”组成“汝怀兔是神话”的命题，可见“因依有法无”也并不一定“无所依”的，只须加上简别语即可。再如小乘对大乘立量云：

汝阿赖耶识非实有体，

以是极成六识（即眼、耳、鼻、舌、身、意）所不摄故，

如兔角。

此宗有法“阿赖耶识”为小乘所不许，故系随一无体；以此无体有法与有体因

〔1〕《大疏》卷六页八左，金陵本，光绪二十二年（1896）。

“六识所不摄”结合，可以组成“汝阿赖耶识是极成六识所不摄”的命题〔1〕。有体因既然可以与无体有法组成命题，这就有力地证明“因依有法无，无依因不立”的提法是不尽符合事实的。只有当宗上有法是两俱无体的时候，才会产生因无所依的情况。但有法两俱无体，必有“俱所别不成”之过〔2〕，此宗应不可立。

第四，所谓“因明之法，以无为宗，无能成立”的提法，也未有尽当。“以无为宗，无能成立”的无，当是泛指无体；但事实上两俱无体应不得为因。因为立敌双方既然都不承认此因为实有，又怎么能用来成立宗呢？这个道理窥基当然也是知道的，故《大疏》云：

> 如胜论师对佛弟子立声是常，实句摄故。此实摄因，两说无体，共说于彼有法无故。〔3〕

正是由于“实摄因”为立敌俱不许，当然也就“于彼有法无”了。可能有人会说，既然凡无体有法必是随一无体，凡无体因法也必是随一无体，那么《大疏》说的“以无为宗，无能成立”当是指的以随一无体之因来成立随一无体之宗。我们认为，即使《大疏》指的是以随一无体因来成立随一无体宗，也还是不免失之于粗疏。假如佛弟子破数论云：

> 汝我无常，
>
> 藏识所现故。

其中有法“我”是数论许有而佛家不许有，为（他）随一无体；“藏识所现”是佛家许有而数论不许有，为（自）随一无体。数论既不承认佛家所持的“藏识所现”为有体，佛家以此来成立宗，就必然犯“所依不成”之过。可见以随一无体因成立随一无体宗也应该是有条件的，这个条件就是自他必须相顺；自随一无体因，只能依于自随一无体有法；他随一无体因，只能依于他随一无

〔1〕 这里的“极成”是简别语，参看本编第六章第2节相关内容。

〔2〕 参见本编第七章中释“所别不极成”。

〔3〕 《大疏》卷六页二左，金陵本，光绪二十二年（1896）。

体有法。如果不受这个条件制约，以自依他，或以他依自，就有“因无所依”之失。

综上所述，判别有体因、无体因应如《大疏》所说以立敌是否共许为准则，而不应按表诠、遮诠来划分。至于宗因间有体、无体的关系，《大疏》的概括似不可取。我认为正确的概括应该如下：

第一，有体因必是两俱有体（有体有法也必是两俱有体），而无体因必是随一无体（无体有法也必是随一无体），两俱无体不得为因。

第二，有体因可以成立有体宗，也可以成立无体宗。

第三，无体因可以成立有体宗，也可以成立无体宗；但以无体因成立无体宗，必须自他相顺，不得交错成立。

三、有体喻、无体喻

喻也有有体与无体的分别。喻的有体、无体实际是指喻依的有体、无体，因为喻体不存在有体与无体的问题。

喻的有体、无体是以概念的是否极成为准绳的。凡以立敌双方共同认可的概念为同喻依的，是有体同喻；如仅只单方面认可的，就是无体同喻了。运用无体同喻必须加简别语，否则就有过失。凡以立敌双方共同认可的概念为异喻依的，是有体异喻；而若有一方不许，便是无体异喻了。

有体喻、无体喻与宗的有体、无体有什么样的联系呢？《大疏》云：

> 同喻能立（宗是所立，喻是能立），成有必有，成无必无……异喻不尔，有体、无体一向皆遮，性止滥故。〔1〕

这就是说，对于同喻来说，成立有体宗必须用有体同喻依，成立无体宗必须用无体同喻依；而异喻就不是这样，不论有体还是无体，都是对宗、因二法的否定，因为异喻的性能在于制止似因的混入。按照此项规定，兹列表

〔1〕《大疏》卷四页十一左，金陵本，光绪二十二年（1896）。

如下：

（两俱）有体宗 { 同喻——有体；异喻 < 有体 / 无体 }

（随一）无体宗 { 同喻——无体；异喻 < 有体 / 无体 }

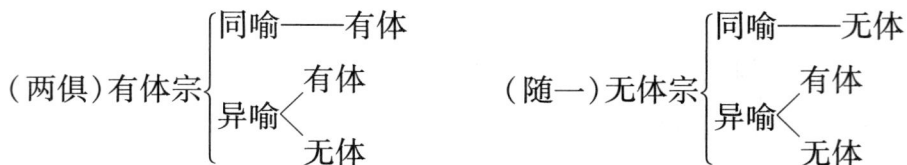

这里说的有体宗，当是立敌共许为有体（两俱有体）之宗；因为如果立敌中有一方不同意，就不能称为有体了。但在无体宗，必是一方认为有体、另一方却认为是无体（随一无体）之宗；因为如果立敌一致认为是无体（两俱无体）的话，此宗就不能成立。总的说来，《大疏》关于同喻“成有必有、成无必无”，异喻“有体、无体一向皆遮”的概括是简明易记的，兹更以例明之。先从有体宗来看，如胜论对声论立声无常宗，以所作性为因，同喻如瓶，异喻如空。这就是以有体同喻、有体异喻来成立有体宗的，如下表。

有体宗 < 有体同喻 / 有体异喻　　　有体宗 < 有体同喻 / 无体异喻

如果此量是小乘经部对声论立，经部虽持无空论，以虚空为无体，但作为异喻，仍能止尽滥失。这就是以有体同喻和无体异喻来成立有体宗的，如上右表。再从无体宗来看，假定胜论破佛家云：

汝阿赖耶识应非实有；（无体宗）

妄言虚词故；

凡妄言虚词均非实有，如怀兔；（无体同喻）

凡实有者均非妄言虚词，如我实句。（无体异喻）

此中异喻“如我实句”，指明是“我”所许而为佛家所不许；“实句”是胜论派“六句义”之一，为大乘佛教所竭力攻击，故系随一无体。此例是以无体同、异喻来成立无体宗的，如下左表。

无体宗 < 无体同喻 / 无体异喻　　　无体宗 < 无体同喻 / 有体异喻

如果将此量中的异喻依换成“如极微”,“极微”两俱许有,这就是以有体异喻来成立无体宗了,如上右表。

以上是按照《大疏》的概括演以实例,于此可见《大疏》所说基本可行。我们之所以说“基本”,是因为《大疏》的概括仍不免有些以偏概全。

先看同喻的情况。就以同喻“成有必有”来说,这“必”字就说得太死,因为成立有体宗也有用无体同喻的。设有人破公孙龙子“白马非马”论云:

公孙龙子应非人,(有体宗)

以有色故,

如汝非马之白马。(无体同喻)

此宗有法两俱有体,是有体宗;能别虽遮立(非人),但能别本身(人)是为有体则是无疑的;而同喻“非马之白马”为公孙龙子所许而为立者所破斥,故是自随一无体。这说明以自随一无体同喻成立有体宗不是不可以的,“成有必有”只能大体如此而已!至于同喻“成无必无”之说,“必”得更无道理。如《庄严疏》问者引“内道”破“外道”云:

(汝)我非常住[宗],(无体宗)

以动作故[因],

如灯焰等[喻]。(有体同喻)〔1〕

此宗有法“我”为随一无体,而同喻依“灯焰”却是两俱有体,这说明有体同喻也可以成立无体宗。

以上两则例子打破了同喻“成有必有,成无必无”过于死板的限制,说明以有体同喻成立有体宗、以无体同喻成立无体宗虽然可以视作一般情况,但决不是非如此不可,因而不能用“必”来作硬性规定。

再来看异喻的情况。《大疏》说:“异喻不尔,有体、无体一向皆遮,性止滥故。”用《大疏》的话来概括,就是“有无皆异”四个字。《大疏》对宗与异喻

〔1〕《庄严疏》卷二页二十一左,内院本,1934年。又,《〈文轨疏〉校补》卷一,见拙著《敦煌因明文献研究》第351页,上海古籍出版社,2008年。

有体、无体关系的概括是基本符合实际情况的;这里之所以说“基本符合”,是因为其中也还有一些例外的情况。例如对于无体遮宗(有法无体,能别遮遣)来说,异喻依就不得两俱无体。兹以例明之:

怀兔非月,(无体遮宗)

无体故,

如兔角。(两俱无体异喻依)〔1〕

“兔角”是两俱无体的喻依,它是立敌共同认为不存在的东西。作为异喻,以非有去遣除实有是可以的,如以兔角为异喻去遮声上的无常性和所作性是合乎止滥要求的;但却不能以非有去遮非有,非有对非有来说只能是同喻而不是异喻,如兔角就是因法“无体”和宗法“非月”的同喻,因而对无体遮宗来说,两俱无体只能作同喻而绝对不能作异喻。

《大疏》记述了一次答辩,清楚地告诉我们无体遮宗决不能由两俱无体作异喻:

异遮非表,依无俱遣,故无非过。

(问难者:)异喻但遮,异无非过,遮有立异,无岂非过?如立虚空定应非有,以非作故,如龟毛等。……岂非无体“俱不遣”耶?〔2〕

论者意谓,异喻的任务在于否定(遮)而不在于肯定(表),异喻依凡是无体的都能起遣除的作用,因此异喻依无体不是过失。问难者反诘道:如果说异

〔1〕 此量系根据《理门论》所引“世间相违”例改写。《理门论》引“世间相违”例云:“如说怀兔非月,有故。”“有”即有体,就是说月是有体之物,而怀兔却是无体,故怀兔非月。此量所要表述的思想是正确的,但以“有故”为因,在逻辑上却犯了四名词的错误,因为“有故”的主词不是怀兔而是月。因此这里将“有故”改为“无体故”,“无体故”的主词是怀兔,这才符合三名词的规则。另外还须说明,这里的异喻依“兔角”为《理门论》引例所无,是著者补充上去的,用以说明两俱无体的概念不得充当无体遮宗的异喻依。对于无体遮宗,只能以有体或随一无体的概念来作异喻依。但在“怀兔非月”宗,异喻依却无法找出,因为从异喻体“若是其月,见非无体”来看,要找出与月同样的事物来是很困难的。这是特殊情况,不过按因明的规定,缺异喻依不算过失。

〔2〕《大疏》卷八页九左,金陵本,光绪二十二年(1896)。

喻的作用只是在于否定(遮),故异喻无体都无过失,那么当异喻遇到“遮有立异”的无体遮宗时,异喻依无体难道也没有过失？并以例说明,两俱无体异喻依“龟毛”只能遮有(即为宗的同品),但不能遮非有(即不是宗的异品)。因为龟毛既是“非有”(宗同品),且是“非作”(因同品),所以如果以此为异喻,就会犯所立(宗)及能立(因)“俱不遣”的过失。

这问难者的分析是中肯的、深刻的。由此可见《大疏》所作的异喻无体没有过失的概括不全面,也证明异喻“有无皆异”只能是大体如此而已。

《大疏》也曾企图对宗与异喻有体无体的关系作一具体的界说,如答上述问难者云:

> 立有异有,即有不遣;若无必遣。立无异无,即无不遣;异有必遣。〔1〕

意思是,如立有体宗而以有体为异喻依的话,就有不能遮遣宗上之法的可能;若是以无体为异喻依的话,那就一定能遮遣宗法。如果立无体宗而以无体为异喻依的话,也有不能遮遣宗法的可能;而如果以有体为异喻依的话,则一定能够遮遣宗法。《大疏》的这一概括,不但不如“有无皆异”四字简明,而且是越说越叫人糊涂！揣摩疏意,原来它是把只能作异喻依不能作同喻依者视为“必遣”,而把既能作同喻依又能作异喻依者视为“不遣”(即或可遣,或不可遣)的。如立有体宗,两俱无体的概念只可作异喻依而不可作同喻依,因而《大疏》说“若无必遣”。又如立无体遮宗,有体的概念只能作异喻依而不能作同喻依,因而《大疏》说“异有必遣”。但这样的概括实在是挂一漏万！试问,“若无必遣”中的“无”,包不包括随一无体？按理说,笼统地说“无”,当然不仅是指两俱无体,应该也包括随一无体。但这样问题就出来了,随一无体对有体宗来说是既可作同喻依又可作异喻依的。如前面已举过的“公孙龙子应非人”一例,就是以随一无体为同喻来成立有体宗的;而在“声是无常”一例中,如对“无空论”,“虚空”为随一无体,照样可以用来作

〔1〕《大疏》卷八页九右,金陵本,光绪二十二年(1896)。

为异喻以成立有体宗。随一无体既然可以兼作同喻依和异喻依,那就是“不遣”了,但这就又与“若无必遣”的提法发生了矛盾!再说“异有必遣”,当然也不仅是对无体遮宗如此,对无体表宗亦应如此;但这一来却又产生了问题:因为对于无体表宗,有体不仅可作异喻依,而且还能作同喻依。如对佛家立“汝许之阿赖耶识是无”,这是无体表宗,以“极微”为异喻,“极微”乃两俱有体;又如立“汝我无常”宗,以“灯焰”为同喻,这是以有体为同喻了。对于无体表宗来说有体既可兼作同、异喻依,岂不是“不遣”了吗?但这又与“异有必遣”的提法发生了矛盾!

由《大疏》所说的“必遣”之挂一漏万,可以想见“不遣”云云更是一笔糊涂账。为了避免烦琐,这里就不一一举例分析了。总之,所谓“不遣”、“必遣”并非是科学的概括,反不如“有无皆异”四字简明易记,虽粗疏而尚为可取!

宗与同、异喻有体、无体的关系已如上述。大体说来,同喻基本上与宗相顺,异喻则是“有无皆异”。立这样的界说也就可以了,大可不必去作过细的规定。作过细的规定一是容易烦琐,二是不易周到;因此即使《大疏》的概括还比较粗疏,但只要不把它看作是刻板的公式,遇到具体情况能具体掌握,一般是不会产生问题的。

第六章　三种比量与简别方法

一、自比量、他比量、共比量

从广义说，比量有为自比量（svārthānumāṇa）和为他比量（parārthānumāṇa）两种。为自比量即不形之于语言文字的内心推度，用以自悟（即因明八门中的“比量”）；为他比量即用语言文字表达出来的论式，用以悟他（即因明八门中的“能立”与“能破”）。《大疏》云：

然诸比量略有三种：一他，二自，三共。〔1〕

这自、他、共三种比量都属于为他比量（即“能立”与“能破”）的范围：

1. 典型的自、他、共比量

那么什么是自比量、他比量、共比量呢？我们知道因明立宗虽然必须违他顺己，但宗依、因法和喻依必须立敌共许极成。按这个要求组织起来的论式，就是共比量。如胜论派对声生论者立量云：

声是无常，（宗）

所作性故，（因）

譬如瓶等。（喻）

这就是公认的共比量的典型例子。因为“声是无常”宗虽然违他顺己，但“声”“无常”这两个宗依及“所作”因、“瓶等”喻却是立敌共许极成的。如果

〔1〕《大疏》卷六页十二右，金陵本，光绪二十二年（1896）。

宗依及因、喻只是立者所许而为敌者所不许，就是自比量。如胜论派对小乘经部立量云：

虚空实有，(宗)

德所依故，(因)

如同异性。(喻)

此量宗依“虚空”，因法“德所依故”以及喻依“同异性”均系胜论自许而为经部所不许，整个比量乃依自而立，故是自比量。而如果宗依及因、喻系敌者所许而为立者所不许，则是他比量。如佛家破胜论云：

所言有性应非有性；(宗)

有一实故，有德、业故；(因)

如同异性。(喻)

此量宗依“有性”，因法“实、德、业”及喻依“同异性”，均系胜论“六句义”中的概念，为佛家所不许，这里佛家引来加以破斥，是以子之矛攻子之盾的意思，所以是借他而立，是他比量(这个比量的内容这里暂不分析，请参阅第八章“有法自相相违”一节)。

《大疏》云：

凡因明法，若自比量，宗因喻中皆须依自；他共亦尔。〔1〕

这就是说，按因明的规定，在自比量中，宗因喻三支均须依自而立；在他比量中，宗依与因喻都须借他而立；在共比量中，宗依与因喻则应共许极成。上面所举的共、自、他三种比量的例子，就是符合这一规定的。

2. 自、他、共比量的变通

但上述规定只概括了典型的自比量、他比量、共比量的情况，在实际运用中宗依和因喻却往往不尽一致而有所变通。如《大疏》卷五引声生论对佛家立自比量云：

声是其常，(宗)

〔1〕《大疏》卷五页四右，金陵本，光绪二十二年(1896)。

所闻性故,(因)

如自许声性。(喻)

此量宗依及因法均为立敌共许,唯同喻依“声性”为佛家所不许,故仍为自比量。可见自比量并不一定三支“皆须依自”,而允许杂以依共的成分。他比量也是如此,如《庄严疏》引内道破外道云:

汝我非常住,(宗)

以动作故,(因)

如灯焰等。(喻)

此量宗依“我”是敌者所许而为立者所不许,虽然因法及喻依是立敌共许的,但由于三支中有借他的成分,故仍为他比量。可见他比量也并非宗依和因喻一致借他的。

由上可知,自比量和他比量虽须依自和借他而立,但在宗依或因喻中,也可间有共许的成分。不过,在自比量中决不能间以借他的成分,在他比量中也不能间以依自的成分。当然,异喻可以不受自、他的限制,而只要能起到止滥的作用就行。如《大疏》云:

故于异品,若萨婆多(小乘说一切有部)立有体空为异,若经部等(无空论)立以无体空为异,但止宗因诸滥尽故,不要异喻必有所依。〔1〕

这里清楚地告诉我们,小乘有部许“虚空”为有体,而小乘经部则以虚空为无体,但这并不妨碍他们以“虚空”为异喻,因为只要异喻能制止宗因的滥失就行,而不必问它是依自而立还是借他而立的。

上面已经说了自比量和他比量可以变通的范围,现在再来看共比量是否可以变通。

按照《大疏》的意见,共比量应是宗依和因喻一致共许的,不得有不相符顺之处。例如:

〔1〕《大疏》卷四页十一左,金陵本,光绪二十二年(1896)。

（胜论派对声生论立）　　（胜论派对声显论立）
声是无常，（宗）　　声是无常，（宗）
所作性故，（因）　　勤勇无间所发性故，（因）
譬如瓶等。（喻）　　譬如瓶等。（喻）

以上二量都是共比量。由于胜论与之论辩的对手有声生和声显的区别，故须根据不同对象所能共许的情况来确定其因。声生主张声在一定条件下产生以后即常住不灭（有始无终），故同意声是所作的；声显则认为声是本来就有的，只是在一定条件下才显发出来罢了（无始无终），所以对声显论就不能用"所作"因，而改用立敌都能接受的"勤勇无间所发"因。如果把"所作"因用于对声显立量，就必须标明自许而成自比量，否则就有"他随一不成"的过失。由此也可见，在共比量中只要宗依或因喻之一转为依自而立或借他而立，那么整个比量就变为自比量或他比量了。

但是共比量的宗依和因喻之一致依共而立，也还是有它一定伸缩余地的。如小乘说一切有部对大乘立量云：

过未体是实有，（宗）
自许世所摄故，（因）
犹如现在。（喻）

这是共比量，因上却冠以"自许"；但这里的"自许"与上面所说的表示自比量的自许是不同的，它是用来简别共因之中尚有某些不一致的。这个比量的意思是说，"过去"或"未来"都是实有体，因为是"三世"（过去世、现在世、未来世）所统摄的，就如"现在"为"三世"所摄，因而是实有体那样。小乘有部立这个共比量是有针对性的，因为大乘以及小乘中的大众部、化地部、经量部等都只承认"现在"为实有体，而把"过去""未来"视作非实有体，所以有部立"过未体是实有"加以破斥。此宗虽然违他顺己，但宗依为立敌共许，因喻也是立敌共许的，因为大乘等也认为过去和未来为"三世"所摄。所以这个比量当是共比量。但此量因法虽然共许，却又并不尽然共许，因为大乘等只以"三世"中的"现在世"为实有体，而有部却以全部"三世"为实有体。

立敌双方对于“三世”在理解上既有这样的差异，有部在立量时就须以“自许”来明确概念，表明这里的“世所摄”是按有部的理解来使用的。这就是说，在共因之中立敌如果存在某些不一致的地方，可以通过简别来明确概念或去异存同。当然，如果立敌根本就没有一点共许的地方，那就不再是共比量，而只能通过简别来表明是自比还是他比了。

综上所述，凡自比量须依自而立，凡他比量须借他而立；但自、他比中均可杂以共许的成分。至于共比量，则必须宗依和因喻尽共，其伸缩的范围只在于共中有异而已。

二、简　　别

因明立量，很讲究简别，简别是立敌对诤时借以明确概念、避免过失的一种手段。故《大疏》云：

> 凡因明法，所能立中（宗是所立，因喻是能立），若有简别，便无过失。〔1〕

那么因明是怎样简别以及怎样通过简别来明确概念、避免过失的呢？下面就分别来回答这两个问题。

1. 怎样简别

《大疏》云：

> 自比言许，他比言执，而简别之，故无不极。〔2〕

又云：

> 若自比量，以许言简，显自许之……若他比量，汝执等言简……若共比量等，以胜义言简……随其所应，各有标简。〔3〕

这就是说，如立自比量，就用“自许”来简别；如立他比量，就用“汝执”来简

〔1〕〔3〕《大疏》卷五页二右，金陵本，光绪二十二年（1896）。

〔2〕《大疏》卷二页九左右。

别;如立共比量,就以“胜义”〔1〕来简别。

当然,《大疏》所说的只是一个概括的情况。这里有必要作几点具体的说明:

第一,简别语在实际运用中是有变化的。以“自许”来说,这是用于自比量的典型简别语,但在不少自比量中,并不直用“自许”二字。如《大疏》卷六设量云:

我我是常。

这第一个“我”字就是表自许的简别语。又如《般若灯》卷一设量云:

我立此意自性有彼内入等。

这“我立此意”四字也是表示自许的。再如《伦记》卷五十四立量云:

如我所言过未无法亦应名去。

这“如我所言”也就是自许之意。

至于他比量的简别语“汝执”,倒是不大有变化的,只是因明家在立量时常喜欢单用一个“汝”字或“执”字。

如《大疏》卷六破胜论云:

汝我无常。

这个“汝”字就是“汝执”。又如《成唯识论》卷一破“外道”云:

执我应不随身受苦乐等。

《唯识述记》卷三释云:“文言‘执’我,意道‘汝执’。”明确指出这里的“执”就是“汝执”的省称。当然有时也略有变化,如《大疏》卷七破胜论云:

所言有性应非有性。

这“所言”就是表示他许的。另外,他比量的因喻,如果需要简别,一般是单用一个“许”字,即表示他许的意思(表示自许的话,不能单独用一个“许”字的)。

---

〔1〕 胜义谛,法相宗所立二谛之一,相对于“世俗谛”而言,意谓胜于世俗之义,即真理,故又称“真谛”。

第二，简别语不一定三支全用，允许有所省略。如《大疏》破数论云：

汝我无常，（宗）

许谛摄故，（因）

如许大等。〔1〕（喻）

这是三支都有简别语的例子，如要省略，这喻依上的“许”字就可省去。再要省略，这因上的“许”字也可不要，因为有法上已标明是他比量了，因喻的简别语自可承前省略。

第三，关于共比量的简别问题。共比量的宗依和因喻应是立敌共许极成的，因此一般无须简别。但有时立共比量为避免“世间相违”之过，可以“真故”“真性”“第一义”等简别语冠于有法之上，表明此宗系依“胜义”而立。有时立敌虽然共许，但共许的范围大小不一，这时就须以“极成”“自许”等来简别，以确定共许的范围。如小乘有部对大乘立共比量云：

过未体是实有，（宗）

自许世所摄故，（因）

犹如现在。（喻）

这个共比量我们在上面已作了分析，此处从略。

2. 简别的效用

《大疏》云：

凡因明法，所、能立中若有简别，便无过失。若自比量，以许言简，显自许之，无他随一等过。若他比量，汝执等言简，无违宗等失。若共比量等，以胜义言简，无违世间、自教等失。〔2〕

这段话扼要地阐述了简别的效用。这里所谓“无他随一等过”“无违宗等失”“无违世间、自教等失”，都是举例性的，因为通过简别得以避免的过失，

〔1〕《大疏》卷六页十二右，金陵本，光绪二十二年（1896）。

〔2〕《大疏》卷五页二右。

远不止这些,故文中以“等”来概括其余。总之《大疏》所要强调的是,“凡因明法,所能立中若有简别,便无过失”。当然这里指的是通过简别可以避免的过失,而不是一切过失,因为简别也并不是万能的。下面就自、他、共三种比量如何通过简别来避免多种过失的情况,分别举例说明。

先看自比量的简别。自比量是依自而立的,必须加以简别。《大疏》云:

> 宗因不极,须置简言,不简立以为宗,所别便成不极。说因依立,即成因过。〔1〕

如《入论》所引胜论对小乘经部立量:

> 虚空实有,(宗)
> 德所依故,(因)
> 如同异性。(喻)〔2〕

宗依“虚空”,胜论许为有体,但经部却不许其为有体,因此首先要予以简别,“若有所简,即便无过”;如果不加简别,就有“他所别不成”〔3〕的过失。“德所依”因也为经部所不许,更不许此因遍及宗上有法,这样,“说因依立,即成因过”〔4〕,这因过就是“他随一不成”和“他随一所依不成”〔5〕。但如果有所简别,标明依自而立,即可无过。喻依“同异性”也为经部所不许,如不简别,就有“他随一无体两俱不成”〔6〕之失。由此可见,对于宗依和因喻都是依自而立的自比量来说,通过简别至少可以免去上述几种过失。

再看他比量的简别。他比量的宗依和因喻是借他而立的,立者的意图

〔1〕〔4〕《大疏》卷六页七右,金陵本,光绪二十二年(1896)。

〔2〕“同异性”是胜论六句义之一,“同”指范畴,是外延最大的属概念;“异”指相对于“同”而言的种概念,也指除范畴以外的概念间的各级属种关系。按:这一喻依为《入论》原文所无,系著者为了说明喻的简别而增补。胜论六句义为佛家全盘否定。

〔3〕参见本编第七章“所别不成”。

〔5〕参见本编第八章“随一不成”和“所依不成”。

〔6〕参见本编第九章“俱不成”。

是要以敌论来否定敌论，而不是要承认敌论，因此在借用敌论的宗依和因喻时必须标明他许，以避免由于宗依和因喻的不极成而产生种种过失。如佛家破数论云：

汝我无常，（宗）

许谛摄故，（因）

如许大等。（喻）

此例我们在前面已经引用过，现在结合简别的效用再作一些说明。比量“我”系数论所立，佛家借他立量加以破斥，故以“汝”言简，以避免“自所别不成”〔1〕的过失。因法“谛摄”，也为佛家所不许，因为佛家根本不承认二十五谛中有常住不灭的东西，这里借以为因，是以子之矛攻子之盾的一种手法。按数论的说法，在二十五谛中除“我”以外都由“自性”转变而出，因而是无常的，而唯独这个“我”却是不生不灭、常住不变的。这个“我”，就是起主宰作用的灵魂。佛家不同意有常住不灭的灵魂，所以就以“许谛摄故”从反面来证明“我”亦应无常。意思是，如你所说二十五谛中有二十四谛是无常的，那么为什么唯独这“神我”是常住的呢？按情理推断，这“神我”必然也是无常的。“谛摄故”因是从敌论中借来，故以“许”言简（可承前省略），以避免“自随一不成”和“自随一所依不成”之过。〔2〕喻依“大”即“觉”，为二十五谛之一，相当于人的心理职能。佛家借他立量，故以“许”言简（亦可承前省略），以避免“自随一无体两俱不成”之过。从上述例子可以看出，他比量必须简以他许，通过简别，可以避免由违自而产生的种种过失。

最后看共比量的简别。共比量的宗依和因喻是立敌所共许极成的，本来无须简别，但有时立敌在共许中有不共许的成分，就须以简别来明确概念、确定范围。如前所引小乘有部对大乘立“过未体是实有，自许世所摄故，

〔1〕参见本编第七章“所别不成”。

〔2〕参见本编第八章“随一不成”和“所依不成”。

犹如现在”的共比量即是。

简别是因明特有的制限方法。正确地运用简别的方法有助于明确概念和防止强加于人。但要注意，有时也有利用简别的方法来偷换概念、进行诡辩的，如护法《广百论释》卷五破小乘说一切有部“过未体是实有”云：

去、来共所许法非离现在别有实体，（宗）

自宗所许世所摄故，（因）

犹如现在。（喻）〔1〕

比量虽然在宗上标明“共所许”，但显然被大乘偷换了概念。因为对“过去”和“未来”大乘与小乘的理解并不相同，大乘不许其为实有体而小乘有部却把它们看作同“现在”一样为实有体，如此，又何以共许？可见此处所谓的“共所许”乃是强加于人的一种说法。

又如《大疏》卷六、《三十述记》卷二十二引古印度胜军论师所立的比量云：

诸大乘经皆佛说，（宗）

两俱极成非诸佛语所不摄故，（因）

如增一等阿笈摩。（喻）〔2〕

据说这一比量是胜军经过四十余年的深思熟虑才最后写成的。意思是说，大乘的经典也是佛说，因为它也是属于佛语所统摄的范围，就如同小乘的增一等阿含经是为佛语所统摄的那样。很明显，胜军立此比量是要提高大乘的正统地位。由于小乘一向不承认大乘的经典是佛说，所以胜军在“非诸佛语所不摄故”之上加上“两俱极成”的简别语，表示此因是大小乘共许的，是共因，适用于大小乘两家。

---

〔1〕《大正藏》第30卷215a。

〔2〕《大疏》卷六页三右～四左，金陵本，光绪二十二年（1896）。按：小乘的经典可分为四部：一、《增一阿含经》，计五十一卷；二、《长阿含经》，计二十一卷；三、《中阿含经》，计六十卷；四、《杂阿含经》，计五十卷。这四部书合称为“四阿含经”。阿笈摩就是“阿含”。

胜军的立量其实是顾此失彼、不能成立的。小乘不许大乘的经典为佛说，胜军却标出“两俱极成”的简别语，小乘当然不会同意，因此这里就有“他随一不成”的过失。再说大乘承认小乘的经典为佛说，但却不同意小乘说一切有部的根本论《阿毗达摩发智论》及“六足论”〔1〕为佛说，这就又有“同品遍转异品一分转”的过失。而且小乘中的许多派别也不承认“发智”、“六足”为佛语，所以此因又有“一分两俱不成”之失。但就是这样一个存在多种过失的比量，据说竟“时久流行，无敢征诘”者！直至玄奘游学印度，从胜军习因明，才提出了自己的修改意见，即将“两俱极成”改为“自许极成”：

诸大乘经皆佛说，（宗）

自许极成非佛语所不摄故，（因）

如增一等阿笈摩。（喻）

经玄奘这么一改，才把自比量的性质明确了起来。既然公开申明立的是自比量，就可避免由于立敌不极成而造成的种种过失以及由于违自而造成的“不定”之过〔2〕。看来玄奘要比他的老师胜军高明一些，略略一改就把胜军推敲了四十余年而没有发现的漏洞堵住了。

三、三种比量与能立、能破的关系

我们在本章一开头就概括地指出，自比量、他比量、共比量都是为他比量，也就是能立与能破。这里我们要进一步来加以分别，看看这三种比量与能立、能破的具体关系究竟是怎样的。关于这个问题，窥基有过一些零星的

〔1〕　小乘萨婆多的根本论共有七论，其中以《发智论》最重要，故后代论师称为“身论”。其余如《集异门足论》、《法蕴足论》、《施设足论》（据说以上三论为佛在世时之作），以及《识身足论》、《品类足论》、《界身足论》（据说以上三论为佛灭后之作），相对于“身论”来说，较为次要，故后代论师称为“足论”，就是以“六足论”来助成“发智论”的意思。

〔2〕　参见《大疏》卷六页四左右，金陵本，光绪二十二年（1896）。

阐述,但比较混乱。如《大疏》云:

> 又因明法有自比量及他比量能立、能破。〔1〕

这是什么意思呢?《瑞源记》释云:

> 谓若立自量,共许三支顺于宗,则设他不成,无以为过,本立自宗而非破他故,故自比量名为能立。立他比量,例此当知;又他比量名为能破。〔2〕

就是说,如果立自比量,三支都可顺于立者自宗而立,就是敌论者不肯与之极成也不算是过失,因为它立的原本是自宗而不是要破斥敌论,所以自比量名为能立;如果立他比量,其情况可从自比量类推而知(它的任务在于破斥而不是建立自宗),所以又称为能破。《大疏》的阐述和《瑞源记》的解释明确地告诉我们:自比量就是能立,他比量就是能破。

但是,《大疏》又云:

> 自、共有过,非真能立,何名破他?……立他违他及共有过,既非能破,何成能立?〔3〕

这是说,在自比量和共比量中,如果有过失,就不是真能立,又怎么还能破斥敌论?或是立他比量却"违他",以及立共比量有过失,既然都不是真能破,又怎么能成为真能立?《大疏》的这段话,就又把自比量说成既是能立又是能破,把他比量说成既是能破又是能立了。这与前面所说的自比量即能立、他比量即能破显相抵触。

那么这互相矛盾的两种说法以何者为是呢?我认为当以前者为是。善珠《明灯钞》卷四末对《大疏》的这番话就提出了批评:

> "自、共有过,非真能立,何名破他"者,共比破他,其义可知;自量唯立自宗,非破他义,云何合云"自、共有过,何名破他?"……他量唯

〔1〕《大疏》卷二页九左,金陵本,光绪二十二年(1896)。
〔2〕《瑞源记》卷二页十五左,商务印书馆,1928年。
〔3〕《大疏》卷六页二十七右。

破他宗，不立自义。共量俱立自宗，亦破他义；若其有过，既非能破，何成能立？〔1〕

这是说，共比量兼有能立与能破的双重性质，说共比量破他，这个道理是可以理解的；但自比量只在建立自宗，而不在于破斥敌论，如此，怎么能笼统地说“自、共有过何名破他”呢？至于他比量，则只是在于破斥敌论而非建立自宗，因此也不能与共比量合在一起，说它有了过失便不成其为能破也就不成其为能立等，而只有共比量，才可以这样说。《明灯钞》的阐述是精当的，它把自比量、他比量与共比量分别了开来，具体指出自比量只具有能立的性能，他比量只具有能破的性能，而共比量则可兼有能立与能破的双重性能。

凤潭《瑞源记》对他比量、共比量与能立、能破的关系也说得比较确切：

立他违他，共等亦尔。谓违他有过，非真能破；违共有过，既非能破，何成能立也。〔2〕

这是说，如果立他比量却有违他之过，这就不是真能破；如果立共比量来破斥敌论却犯了违他之过，这当然也不是真能破，而且也不是真能立。《瑞源记》的解释也把他比量与共比量明确而具体地区别了开来，把他比量仅仅限制在能破的范围内，而共比量则可兼有能破与能立的双重资格。

综上所述，我们可以将自、他、共三种比量与能立、能破的关系归纳如下：

自比量（功在自立）＝能立

他比量（功在破他）＝能破

共比量（既可自立又可破他）＝{能立、能破}

在以上三种关系中，惟共比量兼有能立与能破双重性能这一点是没有争论的；对其余二种的关系，因明家的看法确有分歧。如《大疏》云：

〔1〕《大正藏》第68卷367b。

〔2〕《瑞源记》卷五页三十九右，商务印书馆，1928年。

有是能立而非能破，如真能立建立自宗；有释无此，能立自宗，即能破敌，必对彼故。

有是能破而非能立，如显过破；有释无此，但破他宗，自便立故。〔1〕

这里把几种不同的意见胪列了出来：有人认为真能立在于建立自宗不在于破他，所以只是能立而不是能破；但有人却认为不是这样，因为"能立自宗，即能破敌"，所以能立也就是能破。另外，有人认为真能破在于抓住敌论的谬误之处加以破斥，而不是要成立自宗，所以只是能破而不是能立；但有人却认为不是这样，因为只要是破斥了敌论，自宗也就建立了起来，所以能破必兼能立。既然因明家的意见如此相背，那就有必要进一步通过实例来考察，以辨究竟。

先看自比量与能立的关系。如数论派对佛家立量云：

我自性有，（宗）

生死因故，（因）

如五唯。（喻）

这就是个自比量。有法"自性"是数论二十五谛之首，为佛家所不许；因法"生死因故"为立敌共许；同喻"五唯"即佛家所说的色、声、香、味、触五境，亦为立敌所共许。虽然此量因、喻均为立敌共许，但由于宗上的"自性"是依自而立的，所以以"我"来简别，标明整个比量的性质仍是自比量。这个自比量的主要任务就在于成立"自性有"这个命题，而并不是要对佛家进行破斥。因为佛家原没有"自性"这个概念，当佛家不承认数论二十五谛中的"自性"为实有时，这"自性"才成了有争执的概念，这时数论就以共因、共喻来成立自宗，其立量的目的显然在于答辩。由此可见，自比量应是能立而非能破。当自比量有过失时，就只能说它不是真能立，而与是不是真能破并无关系。

再看他比量与能破的关系。如佛家破数论云：

---

〔1〕《大疏》卷一页十七左，金陵本，光绪二十二年（1896）。

汝我非常住,(宗)

以动作故,(因)

如灯焰等。(喻)

这是个他比量。有法“我”系数论二十五谛之一,起主宰的作用,为佛家所不许;因、喻虽为立敌共许,但由于有法“我”系借他而立,故佛家以“汝”言简,标明整个比量的性质仍为他比量。这个他比量的主要任务在于破斥数论“神我是常”的观点,而不是要建立佛家自宗的“非常住”。可见他比量的目的在于破而不是立。当他比量有过失时,只能说它不是真能破,而与是不是能立并无关系。

当然立与破有其辩证的关系,是不能截然分割的。但我们这里讲的只是论式的性质和功能,每一种论式应该有它主要的性质和功能,从这个角度来分析,自比量与能立,他比量与能破,应该有其确定的关系。

自、他、共三种比量与简别的方法是密切不可分的。正是由于因明学把比量按照不同的立论角度划分为自比量、他比量、共比量,这才产生了简别的方法。三种比量的划分以及与之相应的简别方法,又是适应于论辩需要的产物,因为论辩时要求立敌双方不强加于人,对所提出的概念要确定共许的范围,等等。因此,三种比量的划分以及简别的方法,是因明学所特有的。但简别的方法有时却又被利用来作为诡辩的手段,这是违反简别本旨的,是一种恶劣的变态,应细加辨察。

第七章 谬误论(上):似宗

一、概 说

因明学非常注重研究论辩中产生的诸种过失。上古和中古时代印度因明学家所指出的论辩中的各种谬误,数量相当可观。《正理经》提出有五类似因,三大曲解,二十四种误难,二十二项负处等。但这些并不都是逻辑上的错误,其中不少是辩论术上的过谬(如语无伦次和所言太烦或过简等)。小乘等古因明家提出的谬误表是:似宗六种,似因十一种,似喻十种,共二十七种过失。陈那在此基础上加以增删,提出有似宗五种,似因十四种,似喻十种,共二十九过。陈那的弟子商羯罗主又补充似宗四种,这样合起来就是三十三种过失。到了法称,又进行增删,计有似宗五种,似因约十种,似喻十八种,共约三十三过。这里,我们主要依据商羯罗主在《入论》中所列的三十三种过失进行阐释。

现在来谈谈似宗。正理派是不主张有宗过的,但佛教及耆那教等都认为有宗过。小乘等古因明家所说的似宗是:

1. 现量相违;2. 比量相违;3. 世间相违;

4. 自教相违;5. 自语相违;6. 宗因相违。

陈那认为其中“宗因相违”不是宗过,而是喻过或是因过。因此陈那只取前面的五种相违为宗过。陈那的弟子商羯罗主在“五相违”的基础上又补充了下列四种宗过:

1. 能别不极成；2. 所别不极成；

3. 俱不极成；4. 相符极成。

这样，宗过就成了九种。至七世纪时，法称又将上述九过中的“自教相违”“能别不极成”“所别不极成”“俱不极成”四过删除，宗的过失便成了五种。兹列表对照如下：

正理派	小乘等古师	陈　那	商羯罗主	法　称
无	现量相违	现量相违	现量相违	现量相违
无	比量相违	比量相违	比量相违	比量相违
无	自教相违	自教相违	自教相违	无
无	世间相违	世间相违	世间相违	世间相违
无	自语相违	自语相违	自语相违	自语相违
无	宗因相违	无	无	无
无	无	无	能别不极成	无
无	无	无	所别不极成	无
无	无	无	俱不极成	无
无	无	无	相符极成	相符极成

本章要介绍的就是陈那所立的“五相违”和商羯罗主补充的“四不成”，合起来一共是九种宗过。那么为什么陈那以前不说“四不成”呢？这是因为从宗依来看，立宗如果在能别上不能极成，必然要连带着犯“不共不定”等因过以及“所立不成”等喻过；立宗时如果在所别上不极成，在因上就必犯“所依不成”过；如果立宗时所别与能别都不极成，则必然在因喻上兼有上述两方面的过失；而且从宗的整体来看，如果立宗不能“违他顺己”，而是立敌“相符极成”，那就不成其为宗，也无须说它是什么过失了。但是商羯罗主认为，因明的过失本来就存在重复的现象，如因过中有“不定”等过，喻过中复说“能立不成”；因上有“同全异分”过，喻中又有“能立不遣”过。由此可见，因、喻的过失既然存在重复，宗上的过失自当另立。再说“相符极成”的问题，与似因中的“两俱不成”，似喻中的“俱不成”、“俱不遣”等过性质相似，

因此在似宗之中,也理应把"相符极成"列为过失。总之,商羯罗主的意思是,宗的九种过失,是单从宗上来考虑的,正如因、喻中的过失,是从因喻本身来考虑的一样〔1〕。当然,这九种宗过毕竟显得繁复,因此法称又删繁就简只保留其中五种。但在我国,《入论》和《大疏》历来是研究因明的主要依据,故我们还是按《入论》所列的过名进行阐述。

二、五 相 违

1. 现量相违

现量相违就是以与感觉经验相矛盾的命题为宗而造成的过失。如《入论》云:

> 此中现量相违者,如说声非所闻。〔2〕

把声音说成不是能听见的,这显然是违背人的直接经验的。如果以这样的命题为宗,就犯现量相违之过。

根据《大疏》的说法,现量相违还可以从自、他、共上来划分。为什么要从自、他、共上来分别呢?因为有时从立论者一方来说是现量相违,而从敌论者一方来说却不违现量。如《大疏》假设了这样一个例子:

> 胜论师对大乘云:同异、大有非五根得。〔3〕

胜论认为"大有"(即上位概念"同"的极限)概括了一切事物,同(即属概念)与异(即种概念)也体现在各式各样的事物上面,因此通过人的感官可以现知"同异""大有"的存在。现在胜论如果立"同异、大有非五根(感官)得"宗,这就违反了自己的现量,但并不违反大乘的现量,因为大乘根本就不承认胜论的"六句义",当然不会认为通过五根(感官)能感知它。《大疏》把这

---

〔1〕 参阅《大疏》卷一页十三右~十四右,金陵本,光绪二十二年(1896)。

〔2〕《大正藏》第32卷11b。

〔3〕《大疏》卷四页二十一右。

种情况称作“违自现非他”。也有相反的情况，就是违反敌者的现量而不违自己的现量。如《大疏》云：

佛弟子对胜论云：觉、乐、欲、瞋非我现境。〔1〕

觉、乐、欲、瞋在佛家的理论中称为“心所有法”，就是心所具有的作用，因此佛家不把这些看作是“现境”。但是胜论却认为这些都是“现境”，因为是通过感官得到的。由此，上述命题不违立者而违敌者，《大疏》称此为“违他现非自”。当然也有违反立敌双方现量的，如《入论》所举“声非所闻”一例就是，因为立敌一致认为声音是能够听见的。《大疏》把这种情况称作“违共现”。

现量相违还可以从全分、一分上来分别。全分就是全部，一分就是一部分。宗上有法有时指的是单一的事物，立宗如犯现量相违过，当然是全分都相违，如上面所引的违自、违他、违共的三个例子也都是在全分上相违。在宗过中，凡全分相违的都不标明“全分”二字，但一分相违的都须标明“一分”。什么是一分相违呢？因为有时宗上有法是几项事物的联合，或是一项事物却包含了几个方面，这时立宗如犯现量相违，就有可能只是其中的一分相违。

《大疏》设例云：

如胜论立：一切四大非眼根境。〔2〕

“四大”就是地、水、火、风。胜论认为“四大”中的风和极微是眼睛看不见的，而由极微（原子）合成的地、水、火等粗色，是眼睛看得见的。因此如果胜论立“一切四大非眼根境”，就有一分相违之失。当然在一分相违中也有自、他、共的分别，上述例子就是违反自现量的，《大疏》把这种情况称为“违自一分现非他”。与此相反的是“违他一分现非自”，《大疏》云：

如佛弟子对胜论云：地、水、火三，非眼所见。〔3〕

---

〔1〕《大疏》卷四页二十一右，金陵本，光绪二十二年（1896）。

〔2〕〔3〕《大疏》卷四页二十二左。

佛家是不认为地、水、火三元素能为肉眼所见的，所以上述命题不违背佛家的自现量；但是却有一分不合胜论的现量，因为胜论认为地、水、火有两种，作为极微的地、水、火是肉眼看不见的，但由极微合成的地、水、火三个粗色却是肉眼能看到的。现在佛家不加区别地说“地、水、火三，非眼所见”，显然有一分违他。当然，也有立敌共违一分的，《大疏》设例云：

如胜论师对佛弟子立：色、香、味皆非眼见。[1]

“色”是眼睛所能看见的，彼此共知，现在说“色、香、味皆非眼见”，就有一分违共之失，《大疏》称这种情况为“俱违一分现”。

参照《大疏》的划分，现量相违共有六种情况。现将《大疏》所开的名称及所举的例子列表如下：

名　　称	举　　例
违自现非他	如胜论师对大乘云：同异、大有非五根得。
违他现非自	如佛弟子对胜论云：觉、乐、欲、瞋非我现境。
违共现	如《入论》所举例：声非所闻。
违自一分现非他	如胜论立：一切四大，非眼根境。
违他一分现非自	如佛弟子对胜论云：地、水、火三，非眼所见。
违共一分现	如声论师对佛弟子立：色、香、味皆非眼见。

在上述六种现量相违中，凡是违反自现和共现的，都是过失，凡违他的，在因明学上不作为过失；因为因明立宗必须违他顺己，违反他现量符合立宗的要求。《大疏》在上述六种之外还列有“俱不违”和“俱不违一分”两种，但这是为了凑满两个四句例而硬加进去的，因为既然是“俱不违”和“俱不违一分”，就不是过失，不能放到现量相违中去。这个问题，在对以下几种过失的划分中也存在。

[1] 《大疏》卷四页二十二左，金陵本，光绪二十二年（1896）。

2. 比量相违

比量相违就是立宗与推论相矛盾的过失。如《入论》云：

比量相违者，如说瓶等是常。〔1〕

说瓶是常存的，这从现量上来说可以通过，因为一只瓶或许可以存在几千年，当它还完好地存在着的时候，这样说并不违背现量。但从比量上说，却存在明显的矛盾；因为从其他比量可以得知，凡所作者均系无常，瓶是所作者，故瓶应是无常，现在说瓶是常存的，这就与比量相违背。

不妨再举一个例子。假如有人这样说，物质不是无限可分的。如果单凭现量，我们并不能断定上述命题是否虚假，因为物质的微观世界肉眼无法看到；但是我们可以从比量得知上述命题有比量相违的错误。由此可知，比量的范围比现量宽广，在现量上无法衡量其正误者，往往可通过比量来断定。凡与比量相矛盾者，就称为比量相违。

参照《大疏》的划分，比量相违也有四种，为了避免烦琐，我们不再对这四种比量相违一一解释说明了，只是列表介绍如下：

名　　称	举　　例
违自比非他	如胜论师立：和合句义非实有体。
违共比	如《入论》所陈：瓶等是常。
违自一分比非他	如胜论师对佛法云：我六句义皆非实有。
违共一分比	如声论师对佛法者立：一切声是常。

上述四种比量相违揭示，违自比和违共比都是过失。但违他比在因明学上不算过失，如大乘从比量得出第七识“末那”为实有的结论，而小乘则从比量得知第七“末那”识定非实有，这虽然违反大乘的比量，但正由于此宗违他比，所以才有了立宗的价值；如果立宗不能违他，就有“相符极成”之失，也

〔1〕《大正藏》第32卷11b。

就没有立宗的必要了。另外,《大疏》在上述四种之外还列有“俱不违”和“俱不违一分”两种,但这也是凑数的,因为既然是“俱不违”,就不应作为比量相违的事项。

3. 自教相违

自教相违(又名“自宗相违”)就是立宗有违于自己的教义和学说的一种过失。从逻辑上来说,就是自相矛盾的错误。如《入论》云:

> 自教相违者,如胜论师立声为常。〔1〕

胜论派一贯主张声是无常的,现在《入论》假设为例,用以说明,如果胜论立“声为常”,就是违反了自己的学说,犯自教相违之过。

立者如犯自教相违之过,敌者就没有必要再去探究那因喻是否正当,而只要抓住其违教之处即可奏捷。正如《大疏》所云:

> 对他异学,凡所竞理,必有据凭。义既乖于自宗,所竟有何凭据?〔2〕

立论“乖于自宗”,就失去了凭依,就站不住脚,如此,又怎么能用它来与异派“外道”“竞理”呢?

参照《大疏》的划分,自教相违只有四种情况,兹列表如下:

过　　名	举　　　　例
违自教非他	如《入论》假设胜论师对声论师立:声为常。
违共教	如胜论师对佛弟子立:声为常。
违自一分教非他	如化地部对萨婆多立:三世非有。
违共一分教	如经部师对一切有部立:色处色皆非实有。

以上四种都是过失。在上述四种之外,《大疏》还列有“违他教非自”和“违他一分教非自”,但既然明言“违他教”,当然就不应计算在自教相违之

〔1〕《大正藏》第32卷11b。
〔2〕《大疏》卷四页二十四左,金陵本,光绪二十二年(1896)。

内。此外,《大疏》还列有“俱不违”和“俱不违一分”两种,但这也是凑数的,理由已如上述。

4. 世间相违

世间相违就是违反公众舆论的过失。佛家认为世间有两种:一是非学世间,一是学者世间。非学世间包括世俗及佛家所说的“外道”,学者世间即佛家各宗派、学派。立宗如果违反非学世间或学者世间,就有世间相违之失。如《入论》云:

世间相违者,如说:怀兔非月,有故。〔1〕

《入论》所举的这个例子是与世间相违的。因为在古代印度,一般人都认为“月是怀兔”,所以如果有人(神泰《述记》称之为“愚人”)竟说“怀兔非月”,这就犯“世间相违”之过。其实,说“月是怀兔”,纯粹是受了印度古代神话的影响。但是因明学的过失论并不问命题本身是否真实,而把凡是违反公众舆论的,一概列入“世间相违”的过失之中;所以《入论》将“怀兔非月”作为“世间相违”的例子。不过因明学允许简别,“若有简别,便无过失”。如果是共比量,立论者认为自己是依据真理立论的,可以“真故”“第一义”等标志来简别;是自比量,就以“自许”言简;如是他比量,则以“汝执”言简。上述共比量如果列成下式,即可无违世间。

真故,月非怀兔;

以有体故;

如日星等。

上面说过,所谓世间,佛家分非学世间和学者世间两种。违于非学世间的过失,不能再从自、他和全分、一分上来划分,故违于非学世间的过失只有全分俱违一种。但是违于学者世间的过失,据《大疏》说却有自、他、共和全分、一分的分别。这样,违于学者世间者就可以分别为六种情况:

〔1〕《大正藏》第32卷11b、c。

（1）违自世间非他；

（2）违他世间非自；

（3）违共世间；

（4）违自一分世间非他；

（5）违他一分世间非自；

（6）违共一分世间。

对于这六种情况，何者为过，何者非过，《大疏》有一个概括的说法：

是过非过，皆如自教相违中释，违学者世间必违自教故。〔1〕

这就是说，违于学者世间的六种情况与自教相违中说的一样，即违自、违共是过，违他不是过；而违自世间和违共世间，必然也是自教相违。

其实，《大疏》对违于学者世间的过细划分完全是多余的。世间相违不论是违于非学世间还是违于学者世间，都只能有全分俱违的一种。试想，在学者世间中，如果是违自，就是自教相违，与违学者世间的关系并不大。这一点文轨说得比较确切些，如云：

如佛弟子立"有我"等，此但望自所宗名违自教，违世义微，非违世间。〔2〕

就是说，佛弟子如果立"有我"（佛家本主张"无我"），这对于自己的宗派来说，就是一种违自教的过失；因为它违于"世义"甚微，所以不是世间相违。由此，违自世间这一点可以从世间相违中排除。至于违他世间，这是符合立宗"违他顺己"的原则的，不能说是过失。剩下来只有违共一种才是过失，因为系违背学者世间共同的认识。故文轨云：

若立义违共……唯此是违世间过摄。〔3〕

由是以观，世间相违过是比较单一的，没有必要对它作进一步的划分。

---

〔1〕《大疏》卷五页五右，金陵本，光绪二十二年（1896）。

〔2〕《庄严疏》卷二页六左右，内院本，1934年。又，《〈文轨疏〉校补》卷一，见拙著《敦煌因明文献研究》第341页，上海古籍出版社，2008年。

〔3〕《庄严疏》卷二页六右。

但是,《大疏》有一点是讲对了,就是“违学者世间必违自教”的问题。因为在学者世间中,如果违共,当然也包括立论者的自宗在内,这就是“必违自教”的原因。当然,违于非学世间就不存在自教相违的问题。

5. 自语相违

自语相违是宗上的有法与法发生矛盾的过失,从逻辑上说,这也是违反矛盾律的错误。如《入论》云:

> 自语相违者,如言我母是其石女。〔1〕

在这个例子中,“我母”是有法,“石女”是法。既言“我母”,就决不会是“石女”,因为石女在生理上有缺陷,不能生育。有法“我母”与法“石女”不相依顺,存在明显的矛盾。故《大疏》云:

> 有法与法,不相依顺,自言既已乖返,对敌何所申立,故为过也。〔2〕

可知立宗如有自语相违之过,就不能对论敌申明自己所要成立的主张。

关于自语相违,陈那举例云:

> 如立一切言皆是妄。〔3〕

《大疏》释云:

> 谓有外道立“一切言皆是虚妄”。陈那难言:若如汝说,诸言皆妄,则汝所言,称可实事?既非是妄,一分实故,便违有法“一切”之言。若汝所言自是虚妄,余言不妄,汝今妄说,非妄作妄,汝语自妄,他语不妄,便违宗法言“皆是妄”。故名自语相违。〔4〕

这段话说得很清楚,它指出“一切言皆是妄”之所以是自语相违,亦在于有法与法自相乖角。

〔1〕《大正藏》第32卷11c。

〔2〕《大疏》卷五页五左,金陵本,光绪二十二年(1896)。

〔3〕《正理门论》,《大正藏》第32卷1a。又,参见拙释《因明正理门论译解》I－1－4,中华书局,2007年。

〔4〕《大疏》卷五页六左右。

自语相违与自教相违有密切的关系,因为从逻辑上看,自语相违与自教相违都是违反矛盾律的,只是因明学对它们作了过细的划分,以一般叙述中的矛盾为自语相违,以与自宗的学说相矛盾为自教相违罢了。其实,自教相违与自语相违并无实质性的差别,所以自法称以后便只讲自语相违而不讲自教相违。

自语相违不能再作划分。但是《大疏》说自语相违从其是否违于宗派学说来看,仍可划分。不过这样划分的结果,自语相违却又变成自教相违了,所以窥基也承认:

> 此依违教方有诸句。故此一分句,亦即是前一分自教相违,义准应悉。〔1〕

这就是说,这里对自语相违的划分实际上是以是否违自教为标准的,所以它在列举了全分句的例子后,就不再举一分句的例子,干脆叫读者去看"前一分自教相违"的例子了。由此可见,《大疏》对自语相违所作的划分是完全多余的。在这一点上,文轨比较实事求是;《庄严疏》对自语相违就没有再作划分。

以上介绍了陈那所立的《五相违》过。这五种相违过可以概括为两类,《大疏》云:

> 自教、自语,唯违自而为失;余之三种,违自、共而为过。〔2〕

总之,这都是与客观的事或物相违背的。故《入论》云:

> 如是多言,是遣诸法自相门故……名似立宗。〔3〕

"多言"就是上面所说的多种过失,"遣"就是相违,"诸法自相"就是宗上有法。"门"指敌论者和证义者的智慧之门。意思是,立宗如果有法与法相违,就不能启发敌论者和证义者的智慧之门,因此这五种相违都是似宗。

---

〔1〕《大疏》卷五页六右~七左,金陵本,光绪二十二年(1896)。

〔2〕《大疏》卷四页二十右。

〔3〕《大正藏》第32卷11c。

下面再来介绍商羯罗主所补充的“四不成”。

三、四 不 成

1. 能别不极成

能别不极成就是立宗时作为能别（法）的宗依不能得到立敌共许极成的过失。按照因明的规定，立宗虽应“违他顺己”，但充当所别（有法）和能别（法）的宗依，则须共许极成。宗依如不极成，在宗前陈者，称为所别不极成；在宗后陈者，称为能别不极成。所别不极成在下一节讲，这里先谈能别不极成。《入论》云：

> 能别不极成者，如佛弟子对数论师立声灭坏。〔1〕

在“声灭坏”这个命题中，“声”是所别（有法），“灭坏”是能别（法）。佛家许有“灭坏”，但是数论只许有“转变”而不许有“灭坏”，因此是能别不极成。

我们在前面已介绍过，数论有二十五谛。数论认为，二十五谛的首尾二谛“自性”、“神我”，是组成世界的两大本源，中间的二十三谛都由“自性”转变而来，而为“神我”所受用。这虽然是一种二元论的哲学观点，但属于古代印度唯物论的学说。问题的关键在于，数论和佛家虽然都说事物有无常的一面，但数论说的无常是转变义，佛家说的无常却是灭坏义。现在佛家直说“声灭坏”，“灭坏”这个宗依就为数论所不许。故《大疏》云：

> 今佛弟子对数论师立声灭坏，有法之声彼此虽许，灭坏宗法他所不成……总（指总宗）无别依（即能别），应更须立。非真宗故，是故为失。〔2〕

这就是说，“灭坏”这个能别（宗法）既然为数论所不极成，这总宗上就无能

〔1〕《大正藏》第32卷11c。

〔2〕《大疏》卷五页八右～九左，金陵本，光绪二十二年（1896）。

别可依,须得重新成立。所以能别不极成就不是真宗,而是过失。

参照《大疏》的划分,能别不极成可划分为六种,列表于下:

过　名	举　　例	《大疏》的说明
自能别不成非他	如数论师对佛弟子云:色、声等五,藏识现变。	有法"色"等,虽此共成;"藏识变现",自宗非有。
他能别不成非自	如《入论》所陈,立声灭坏。	
俱能别不成	如数论师对佛弟子说:色等五,德句所收。	彼此世间无"德摄"故。
自一分能别不成非他	如萨婆多对大乘者说:所造色,大种藏识二法所生。	一分"藏识",自宗无故。
他一分能别不成非自	如佛弟子对数论师立:耳等根,灭坏有易。	"有易"彼宗可有,一分"灭坏"无故。
俱一分能别不成	如胜论师对佛弟子立:色等五皆从同类及自性生。	"同类"所生,两皆许有,"自性"所起,两皆无故。

以上六种,均为过失。另外,《大疏》还列有"俱能别成"和"俱一分能别成"两种,但既说"能别成",就不应列入"能别不成"之中。

2. 所别不极成

所别不极成就是立宗时作为所别(有法)的宗依不能得到立敌共许极成的一种过失。《入论》云:

> 所别不极成者,如数论师对佛弟子说我是思。〔1〕

在"我是思"这个命题里,能别"思"为立敌共许极成;但所别"我"却仅为数论所许而为佛家所不立,因为佛家除小乘正量等部都不许有"我"。因此上述命题有所别不极成之失。

据《大疏》的划分,所别不成有其六种,列表说明如下:

〔1〕《大正藏》第32卷11c。

过　名	举　　例	《大疏》的说明
自所别不成非他	如佛弟子对数论言：我是无常。	“是无常法”，彼此许有；有法“神我”，自所不成。
他所别不成非自	如数论者立：我是思。	
俱所别不成	如萨婆多对大众部立：神我实有。	“实有”可有，“我”两无故。
自一分所别不成非他	如佛弟子对数论言，我及色等，皆性是空。	“色”等许有，“我”自无故。
他一分所别不成非自	如数论师对佛弟子立：我色等皆并实有。	佛法不许有“我”体故。
俱一分所别不成	萨婆多对化地部说：我去来皆是实有。	世可俱有，“我”俱无故。

以上六种所别不成都是过失，除俱所别不成和俱一分所别不成外，自、他所别不成如果有所简别即可免过。在上述六种之外，《大疏》还列有“俱所别成”和“俱一分所别成”两种，但这不属于“不成”的范围，理由已如上述。

3. 俱不极成

俱不极成就是作为所别和能别的两个宗依都不能为立敌共许极成的过失。《入论》云：

俱不极成者，如胜论师对佛弟子立我以为和合因缘。〔1〕

“我”是所别，“和合因缘”是能别。佛家不许有“我”，也不许有“和合因缘”，因此是两俱不成。不妨再举一个浅近些的例子。如基督教徒对无神论者说：

上帝是造物主。

无神论者既不承认有所谓的“上帝”，也不承认有什么“造物主”，因此此宗从因明学上来说，是犯了俱不极成的过失。

〔1〕《大正藏》第32卷11c。

《大疏》对俱不极成过也作了划分，但它在划分上却玩弄烦琐哲学，搞概念的游戏，因此所列名称很多是重复的。例如它以能别、所别，自、他、两俱，以及全分、一分等为标准作多重的划分，认为全分、一分各有五种四句；其实在全分的五种四句中，去掉重复的和凑数的，不过九种而已！一分的五种四句可从全分类推。现将全分的五种四句列表说明如下：

序数	过　名	说　　明
（一）1	自能别不成他所别	＊此过名意为：自能别不成、他所别不成，这后面的“不成”二字省略，下同。
2	他能别不成自所别	＊
3	俱能别不成自所别	＊
4	俱能别不成他所别	＊
（二）5	自能别不成俱所别	＊
6	他能别不成俱所别	＊
7	俱能别不成俱所别	＊
8	俱能别不成俱非所别	这一句是凑数的。既然只是能别不成，就不应放在俱不成过中。
（三）9	自所别不成他能别	以下 9～15 句与上述 1～7 句重复。这一句即前(一)2 句。
10	他所别不成自能别	此句与(一)1 句重复。
11	俱所别不成自能别	此句与(二)5 句重复。
12	俱所别不成他能别	此句与(二)6 句重复。
（四）13	自所别不成俱能别	此句与(一)3 句重复。
14	他所别不成俱能别	此句与(一)4 句重复。
15	俱所别不成俱能别	此句与(二)7 句重复。
16	俱所别不成俱非能别	此句是凑数的，既然只是所别不成，就不属于俱不成的范围。

续　表

序数	过　名	说　明
（五）17	自两俱不成非他	*
18	他两俱不成非自	*
19	俱两俱不成	此句与(二)7 和(四)15 重复。
20	俱非自他两俱不成	这一句也是凑数的。既然不是自他两俱不成,就是无过之宗。

从表中可以看出,俱不成之过如果要细加划分,实际只有九数,就是第一、二两个四句例中的前七句和第五个四句例中的前二句(有 * 号者)。在划分上,《大疏》先是以能别为首组成两个四句例,接着反过来以所别为首再组成两个四句例,然后又从能别、所别、两俱不成的角度上考虑,组成了一个四句例,这样,一共是五个四句例。这五个四句例虽然胪列了各种可能,但由于反过来倒过去地说,所以就有不少重复,甚至把属于能别不极成(如第八句)和所别不极成(如第十六句)的过失也列入凑数。

4. 相符极成

相符极成就是立敌对于所立之宗竟无异议的过失。按因明的规定,立宗必须“违他顺己”,宗依必须共许极成;立宗如果是符合敌论或共许的,就犯相符极成之过。如《入论》云:

相符极成者,如说声是所闻。〔1〕

“声是所闻”是人所共知的,如果有人以此为宗,别人听了当然没有异议,像这样的宗就没有成立的必要。故《庄严疏》云:

夫论之兴,为摧邪义,拟破异宗。声之所闻,主宾咸许,所见既一,岂藉言成,故此立宗有符同过。〔2〕

〔1〕《大正藏》第 32 卷 11c。

〔2〕《庄严疏》卷二页十右,内院本,1934 年。又,《〈文轨疏〉校补》卷一,见拙著《敦煌因明文献研究》第 344 页,上海古籍出版社,2008 年。

这就是说,因明立宗的目的,在于“摧邪义”“破异宗”。立宗如果立敌相符,就违背了立宗的本旨。《大疏》亦云:

对敌申宗,本诤同异;依宗两顺,枉费成功。〔1〕

可见相符极成之宗在因明学上是没有存在价值的,是一种似宗。

《大疏》对相符极成过按自、他、俱以及全分、一分来划分,列有八种:

(1)符他非自

(2)符自非他

(3)俱相符

(4)俱不符

(5)符他一分非自

(6)符自一分非他

(7)俱符一分

(8)俱不符一分

实际上,相符极成过只有上述第三“俱相符”和第七“俱符一分”两种,其余或不是过失,如第二“符自非他”,这合乎因明立宗的准则;或原系其他过失,如“符他非自”“俱不符”和“俱不符一分”都属于自教相违过,而“符他一分非自”和“符自一分非他”则有“所别不成”或“能别不成”的过失。因此《大疏》将相符极成过划分为八种并非科学。

以上就是商羯罗主所说的“四不成”过。这“四不成”的名称是后人加上去的,并不确切。“四不成”实际只有三不成,即第一能别不极成,第二所别不极成,第三俱不极成。至于第四相符极成,并非是不极成,只是在不该极成的地方(宗体)反倒极成了。所以严格地讲,应该说是“三不成、一相符”,但这样又未免啰唆;而且“相符极成”既是似宗,就不应成立,从这个意义上来说,也是一种“不成”,所以我们还是因循旧说,把它归在“四不成”之中。然而这是两种不同性质的“不成”,故《大疏》云:

〔1〕《大疏》卷五页十四右~十五左,金陵本,光绪二十二年(1896)。

初三阙依，后一义顺。……宗非两许，依必共成。依若不成，宗依何立？……故依非有，宗义不成。

对敌诤宗，本由理返；立宗顺敌，虚弃已功。〔1〕

这里指出，在“四不成”中，前三种过失的性质是“阙依”，即宗依由于不极成而付阙如；后一种过失的性质是“义顺”，即宗体由于立敌相符而丧失了它的功能。在因明比量中立宗（宗的整体）不得立敌共许，但宗依却必须共许极成。如果宗依不能极成，这宗依又怎么能成立呢？所以宗依如果因不极成而付阙如，这宗也就不能成立了。而从宗体上来看，对敌论者应成立有争议的宗，并通过比量中所显示的道理使敌论者解悟才是；如果立宗与敌论相顺，那么就徒然丧失所立之宗的功能。因此，三不极成的结果是“所立宗不容成也”；相符极成的结果则是“所立无果”〔2〕。

〔1〕《大疏》卷四页二十一左，金陵本，光绪二十二年（1896）。

〔2〕《大疏》卷五页二十右。

第八章　谬误论(中)：似因

一、概　　说

按因明的规定，立因须三相兼备，如有违反，即成似因。似因就是有过失的因，它的具体表现是多种多样的，古今的说法也不尽一致。创立因明的正理派将似因分为五类九种：

（一）不定或歧异：

（1）共不定（因于同品有，于异品亦有）；

（2）不共不定（因于同品无，于异品亦无）；

（3）不决（宗上有法外延极大，因此找不出同异品）。

（二）相违（相违因实际成立的是与宗相反的命题）。

（三）不成：

（1）所依不成（宗上有法不极成，因无所依）；

（2）因自身不成（因与宗上有法无关）；

（3）回转性不成（因与宗法无必然的关系，这实在就是“共不定”过）。

（四）实有违宗（一因证明宗之成立，恰有另一因证明相反的结果，即佛家所说的“相违决定”）。

（五）自违（因所要成立的宗，是违背感觉经验的、自相矛盾的，这实在就是宗过“自语相违”）。

正理派很重视对因过的分析，他们认为论证中的各种谬误都可由因过来概括，因此不主张另立宗过和喻过。但是从正理派所立的五类九种因过来看，不仅有重叠不当之处，而且也较为粗疏。近代印度正理论也只立因过，而且也将因过分为五类九种，内容完全一致，只是所使用的术语不同而已。如：

（一）差异推理（即“不定或歧异”）：

（1）太广（即“共不定”）；

（2）太狭（即“不共不定”）；

（3）无所不包（即“不决”）。

（二）自相矛盾推理（即“相违”）。

（三）平衡推理（即“实有违宗”）。

（四）不确实推理（即“不成”）：

（1）出事地不实（即“所依不成”）；

（2）事端不实（即“因自身不成”）；

（3）因果关系不确（即“回转性不成”）。

（五）背理推理（即“自违”）。

但是印度中古时代的因明家大多不取五类似因说，他们将因的过失分为三类：1. 不成；2. 不定；3. 相违。此中随着时间的推移，又有变化，可分三个阶段：

先是佛教古因明家和其他古因明师将似因分为三类十一种，即：

（一）不成（缺因第一相的过失）：

（1）两俱不成（立敌均不承认此因能证明宗）；

（2）随一不成（立敌有一方不承认此因能证明宗）。

（二）不定（缺因第二或第三相的过失）：

（1）共不定（因于同异二品均有）；

（2）同品一分转、异品遍转（因于同品有非有，于异品遍有）；

（3）异品一分转、同品遍转（因于异品有非有，于同品遍有）；

（4）俱品一分转（因于同异二品均为有非有）；

（5）相违决定（一因证明宗之成立，同时有另一因却证明相反的结果）。

（三）相违（同时缺失第二和第三相的过失，此相违因所成立的不是本宗，而是他宗）：

（1）法自相相违（因与宗法的自相相违）；

（2）法差别相违（因与宗法的差别义相违）；

（3）有法自相相违（因与有法的自相相违）；

（4）有法差别相违（因与有法的差别义相违）。

后来，陈那又在此基础上增补，于“不成”中别开“犹豫不成”和“所依不成”二过，又在“不定”中另设“不共不定”一过，这样，就成了三类十四种似因。陈那的弟子商羯罗主继承了这种划分，并作了具体的阐发。陈那所主而为商羯罗主所阐发的因十四过，对后世的影响很大。本章主要介绍的，就是陈那和商羯罗主所说的因十四过。

七世纪时，法称又对因过作了删订，删除“不定因”中的“相违决定”过，又对“相违因”作了取舍。在“相违因”的问题上，法称在《释量论》中似保留了陈那的四种相违过，但在《正理一滴》中，法称又否定了法差别相违和有法差别相违过。如此，法称似乎只承认法自相相违过，将似因减为三类七种。

为了便于查考，我们以《入论》所列的因十四过为次序，让各家所说的似因“对号入座”（这就不可避免地要打乱正理派等原来所列的次序）；凡对不上“号”的，以空档表示，列成下表。

	正理派	古因明家	陈那和天主	法称	近代正理论
似因类别	*不成	*不成	*不成	*不成	*不确实推理
	因自身不成	两俱不成	两俱不成	两俱不成	事端不实
		随一不成	随一不成	随一不成	
			犹豫不成	犹豫不成	
	所依不成		所依不成	所依不成	出事地不实
	回转性不成				因果关系不确
	*不定或歧异	*不定	*不定	*不定	*差异推理

续 表

	正理派	古因明家	陈那和天主	法称	近代正理论
似因类别	共不定	共不定	共不定	共不定	太广
	不共不定		不共不定	犹豫不定	太狭
	不决				无所不包
		同品一分转、异品遍转	同品一分转、异品遍转		
		异品一分转、同品遍转	异品一分转、同品遍转		
		俱品一分转	俱品一分转		
	* 实有违宗	相违决定	相违决定		* 平衡推理
	* 相违	* 相违	* 相违	* 相违	* 自相矛盾推理
		法自相相违	法自相相违	法自相相违	
		法差别相违	法差别相违		
		有法自相相违	有法自相相违		
		有法差别相违	有法差别相违		
	* 自违				* 背理推理
附注	“回转性不成”，实即“共不定”。“自违”即佛家所云之宗过“自语相违”。				“因果关系不确”，实即“差异推理”中的“太广”。“背理推理”，即佛家所云之宗过“自语相违”。

有 * 者为类名(包括类名兼别名者)，无 * 者为别名。

二、四 不 成

《入论》云：

不成有四：一、两俱不成；二、随一不成；三、犹豫不成；四、所依不成。

这“四不成”系陈那所确定。在陈那之前，印度的“外道”古因明家是只讲“二不成”的。如神泰《理门述记》云：

然外道因明中唯有前二不成，谓两俱不成、随一不成。若异同彼所立，其后二并摄于前二不成中，谓两俱犹豫不成及随一犹豫不成，两俱所依不成及随一所依不成。是陈那救别义故，遂开为四也。〔1〕

这就是说，“外道”因明只承认有两俱不成及随一不成，而把犹豫不成和所依不成分别并入两俱、随一之中，但是陈那却认为犹豫与所依二不成应单独成过，遂将不成过划分为四种，总称“四不成”。

那么什么是“不成”呢？“不成”有两层意思：一是因的自身得不到立敌双方的共许极成，或者是犹豫而无有法可依，因此不能证成宗法；二是因法与宗法在外延上无属种关系，因此不成其为因法。故慧沼《略纂》卷三云：

不成有两解：一云因体不成，名不成因，……其因于宗，俱不许有，随一不容，或复犹豫、无宗可依，如此之因，皆体不成，名不成因。……二云因不证宗，名不成因。〔2〕

凡立因兼有上述两方面或有其中一方面弊病的，即犯“不成”过；简言之，“不成”过就是违反因第一相而造成的谬误。下面就分别来介绍这四种“不成”过。

1. 两俱不成

两俱不成就是立敌都不同意此因能周遍于宗上有法的过失。《入

〔1〕《理门论述记》卷一页二十左，内院本，1923年。

〔2〕 慧沼《略纂》早佚，引见《瑞源记》卷五页一左，商务印书馆，1928年。

论》云：

如成立声为无常等，若言是眼所见性故，两俱不成。〔1〕

这就是说，如果立“声是无常”宗，以“眼所见性”为因，就犯两俱不成之过。

按因明的规定，因法必须是立敌共许之法，它在外延上应该周遍于宗上有法，这样它才能“依宗有法而成随一不共许法（宗法）”（《大疏》卷六）。现在立敌都认识到“眼所见性”因与有法“声”毫不关涉，当然就不能证成宗，因此是两俱不成似因。

两俱不成正理派称为“因自身不成”，即近代印度正理论所谓“不确实推理”中的“事端不实”，“事端不实”就是推理中之原因与宗上有法无关。他们举例说：

此湖有火，

以有烟故。

这因法“有烟”是不会出现于“湖”上的，所以是“因自身不成”，亦即“事端不实”。

据《大疏》的划分，两俱不成之因还可细分为四种，如下表：

过　名	举　　例	《大疏》的说明
有体全分两俱不成	如《入论》所举之例：声无常，眼所见性故。	
无体全分两俱不成	如声论师对佛弟子立：声是常，实句摄故。	此“实摄”因，两说无体，共说于彼有法无故。
有体一分两俱不成	如立一切声皆常宗，勤勇无间所发性因。	立敌皆许此因于彼外声无故。
无体一分两俱不成	如声论师对佛弟子说声常宗，实句所摄、耳所取因。	“耳所取因”，立敌皆许于声上有，实句所摄一分因言，两俱无故，于声不转。

〔1〕《大正藏》第32卷11c。

以上四种都是过失。这四种两俱不成过的划分，都是以宗上有法为有体作为前提的，因为有法如果是无体，就又有所依不成（详本章第四节）之失。

2. 随一不成

随一不成就是立敌中有一方不承认此因能周遍于宗上有法的过失。如《入论》云：

所作性故，对声显论，随一不成。〔1〕

这是假设胜论对声显论立声无常，以所作性为因，但是"其声显论说声缘显，不许缘生；'所作'既生，由斯不许，故成随一，非为共因"〔2〕。

前面说过，在比量中，因法必须是立敌共许之法。如果因法只为一方所许，就不成其为共因了；既非共因，也就不能证成"随一不共许"的宗法，这就有随一不成之失。

随一不成也可按全分、一分来划分；但既然是"随一"，就又有自、他的分别，称为"自随一"和"他随一"。因此《大疏》将随一不成过又细分为八种，列表如下：

过　名	举　　例	《大疏》的说明
有体他随一不成	如《入论》所举例：声无常，所作性故。	若胜论师对声显论立。
有体自随一不成	如声显论对佛弟子立：声为常，所作性故。	
无体他随一不成	如胜论师对诸声论立：声无常，德句摄故。	声论不许有"德句"故。
无体自随一不成	如声论师对胜论立：声是其常，德句摄故。	

〔1〕《大正藏》第32卷11c。

〔2〕《大疏》卷六页二右，金陵本，光绪二十二年（1896）。

续　表

过　名	举　　例	《大疏》的说明
有体他一分随一不成	如大乘师对胜论者立：声无常，佛五根取故。	大乘佛等诸根互用，于自可成，于他一分四根不取。
有体自一分随一不成	如声论师对大乘者立：声为常，佛五根取故。	
无体他一分随一不成	如胜论师对声论者立：声无常，德句所摄，耳根取故。	耳根取因，两皆许转。德句摄因，他一分不成。
无体自一分随一不成	如声论师对胜论者立：声为常，德句所摄，耳根取故。	

以上八种全是过失。我们在阐释宗的过失时曾反复指出，宗若违自定是过失，违他却不是过失；但立因时，违自、违他都是过失。

可能有人会问，因明立量，既然以“共许法（因法）成不共许法（宗法）”为原则，那么是不是所有的“随一”因都有过失，都不能用了呢？对此，因明学回答说，如果对“随一”因有所简别，即可免过。如《大疏》云：

> 他随一全句，自比量中说自许言；诸自随一全句，他比量中说他许言，一切无过，有简别故。若诸全句，无有简别，及一分句，一切为过。〔1〕

这就是说，凡是全分他随一不成之因，只要以“自许”言简，标明是自比量，就可免犯他随一不成之过；凡是全分自随一不成之因，只要以“他许”言简，标明是他比量，就可免犯自随一不成之过。但如果不加简别的话，无论是全分还是一分，都不免陷于过失。这一点也是根据论辩的实际需要确定的。因为在论辩中，共因是最有说服力的；立敌既然一致认为共因能周遍于宗上有法，它就能把有法与宗法联系起来，达到证成宗的目的。但在实际上，并不常有现成的共因可据，从而不得不出之以自比量或他比量，这就产生了简别的问题，以消除由此而可能发生的强加于人的弊病。可见，“随一”因只要有

〔1〕《大疏》卷六页三右，金陵本，光绪二十二年（1896）。

所简别,仍然可用;当然其效用终不如共因。

3. 犹豫不成

犹豫不成就是立敌对于此因是否能周遍于宗上有法尚有疑惑的过失。如《入论》云:

于雾等性起疑惑时,为成大种和合火有而有所说,犹豫不成。〔1〕

印度上古和中古的哲学家把火分为两种:一为性火,一为事火。性火就是蕴含在草木等事物中的极微(原子)"火大",是随处都有的一种潜热;事火即燃烧之火,是由地、水、火、风四大种结合而成的,所以《入论》称为"大种和合火"。由于古印度气候湿热,地多丛草,既足蚊虻,又丰烟雾,因此如果几个人在一起远望,"或雾、或尘、或烟、或蚊,皆共疑惑"。这时如果有人竟凭藉不能十分肯定的观察立量云:

远处"大种和合火"是有,(宗)
以现见烟故,(因)
犹如厨等处。(喻)

就有犹豫不成之失;因为"现见烟故"只是一个犹豫因,它或许是错把雾、尘和蚊群当作了烟,当然也可能真的是烟。总之,以不能肯定的现象为依据而遽下断语,因明学是把它作为犹疑不定的似因来看待的。

犹豫不成之因都是有体的,因为无体的因不存在犹疑的问题。所以《大疏》对它只是按自、他和全分、一分来划分,成其六种,列表如下:

过　　名	《大疏》的举例并说明
两俱全分犹豫不成	远处大种和合火有(宗),以现见烟故(因),犹如厨等处(喻)。
两俱一分犹豫不成	如有立敌俱于近处见烟决定,远处雾等疑惑不定,便立量云:彼近远处定有事火(宗),以有烟等故(因),如厨等中,近处一分见烟决定,远处一分俱说疑故。

〔1〕《大正藏》第32卷11c。

续　表

过　　名	《大疏》的举例并说明
他随一全分犹豫不成	如有立者从远处来,见定是烟,(而)敌者疑惑。(立者)立初全分比量(即上述第一例)。
自随一全分犹豫不成	如有敌者从远处来,见烟决定,(然)立者疑惑,立初全分比量(即上述第一例)。
他随一一分犹豫不成	如有立者于近远处见烟决定;(而)敌者近定,远处有疑。(立者)立第二一分比量(即上述第二例)。
自随一一分犹豫不成	如有敌者俱于近远(处)见烟决定,(然)立者近定,远处有疑,立第二一分比量(即上述第二例)。

以上六种均是过失。《大疏》云:

此因(犹豫因)不但立者自惑,不能成宗,亦令敌者于所成宗疑惑不定。夫立共因,成宗不共……于宗共有疑,故言于雾等性起疑惑时更说疑因,不成宗果,决智不起,是故为过。〔1〕

这段话清楚地告诉我们,犹疑之因不能成宗,也难以悟他,因此是过。

4. 所依不成

所依不成就是宗上的有法不极成,使因失去所依的过失。所依即宗上有法,因法是有法的"共许法",因此是能依。立宗时有法如果不极成,能依之因就失去了所依,故称为所依不成。换言之,立宗如有所别不成之过,因必随之而有所依不成之失。如《入论》云:

虚空实有,德所依故。对无空论,所依不成。〔2〕

这是假设胜论对小乘经部立量。胜论以虚空为实有体,属于实句义(胜论"六句义"之首)。胜论认为虚空有六德(六种属性):数、量、别性、合、离、声,故因云"德所依故"。但是小乘经部所说的虚空,却是一切皆无的意思,

〔1〕《大疏》卷五页十一右~十二左,金陵本,光绪二十二年(1896)。

〔2〕《大正藏》第32卷11c。

因而是无体，这样，宗上的有法就不极成，对于因来说，必然有所依不成之失。故《大疏》云：

凡法、有法，必须极成，不更须成，宗方可立；况诸因者，皆是有法宗之法性。标空实有，有法已不成，更复说因，因依于何立？故对无空论，因所依不成。〔1〕

所依不成过即近代正理论所说“不确实推理”中的“出事地不实”，“出事地”即宗上有法。因明学认为有法如果不极成，不真实，又怎么能确定其原因与有法间的联系呢？对此，正理派举例说：

空中莲花香，

以似他莲花故。

“空中莲花”是不存在的东西，既然如此，这因法就无从证成有法是不是“香”的了。

《大疏》按有体、无体，全分、一分和两俱、随一对所依不成作了划分，有其九种，列表如下：

过　　名	举　　例	《大疏》的说明
两俱有体全分所依不成	如萨婆多对大乘师立：我常住，识所缘故。	所依我无（体），能依因有（体）。
两俱无体全分所依不成	如数论师对佛弟子立：我实有，德所依故。	
两俱有体一分所依不成	如数论师对大乘者立：我业实，有动作故。	此于“业”有，于“我”无故。
他随一有体全分所依不成	如数论师对佛弟子立：自性有，生死因故。	
自随一有体全分所依不成	如数论师对大乘者立：藏识常，生死因故。	

〔1〕《大疏》卷六页七右，金陵本，光绪二十二年（1896）。

续 表

过 名	举 例	《大疏》的说明
他随一无体全分所依不成	如《理门论》举例云：我其体周遍于一切处，生乐等故。	数论虽立，大乘不许，亦如此论所说者是。
自随一无体全分所依不成	如经部师立此论义。	
他随一有体一分所依不成	如数论师对大乘者立：五大常，能生果故。	四大生果，二俱可成；空大生果，大乘不许故。
自随一有体一分所依不成	如大乘者对数论立：五大非常，能生果故。	

上述九种所依不成可以分为两大类：一是两俱，计有三种；二是随一，计有六种（其中自随一为三种，他随一为三种）。在这九种所依不成中，有体有全分、一分之别，无体则只有全分而无一分；所以在两俱中，无“两俱无体一分所依不成”，在随一中，无“他随一无体一分所依不成”和“自随一无体一分所依不成”。为什么在无体中没有一分过呢？《大疏》认为：

若许自他少分，因于宗有，必非一分随一（无体）所依不成。〔1〕

这就是说，如果承认因对于宗上多种有法有部分联系的话，那就是有体一分了。因此在所依不成中，无体因只有全分过而无一分过。

三、六 不 定

《入论》云：

不定有六：一、共；二、不共；三、同品一分转异品遍转；四、异品一分转同品遍转；五、俱品一分转；六、相违决定。〔2〕

〔1〕《大疏》卷六页九右，金陵本，光绪二十二年（1896）。

〔2〕《大正藏》第32卷11c。

《入论》所列的这“六不定”，系依陈那所说。古因明家是不讲“不共不定”过的，他们认为不定过的特征是因通于同异二品，但“不共不定”则是因无同品、亦无异品，无同品则与“九句因”中第四、第六句相违因类似，无异品则与“九句因”中第二、第八句正因相一致，因此不存在不定的问题。但陈那不同意这种看法，他认为“不共不定”缺第二相，其他不定过（除“相违决定”过外）缺的是第三相，都是只缺一相的过失；而相违过则是同时缺第二、第三两相所造成的过失。而且“不共不定”既然无同品也无异品，就“不能令宗体性决定”，所以是不定过〔1〕。这样，不定过就有了六种。

前面说过，四不成过是缺因的第一相遍是宗法性造成的；这里要说的六不定过，则主要是缺因的第二相同品定有性或第三相异品遍无性所使然。作为正因来说，必须于同品定有，于异品遍无；如果不是这样，或于同品遍无，或于异品遍有或有非有，就犯不定之过。

这六种不定过可以概括为三类：

第一，共不定、同品一分转异品遍转、异品一分转同品遍转、俱品一分转，这四种不定过系缺因的第三相，即本来应该是异品遍无的，但这四种不定过却是异品遍有或有非有，使因通于同异二品；

第二，不共不定系缺第二相，即本来应该是同品定有的，但在不共不定因中却是同品遍无，致使此因无所摄属；

第三，相违决定，这种不定过并不缺因相。

在这三类不定之中，第一、第二两类五种不定与“九句因”中的五种不定是完全对口的：

不定过名	九句因
1. 共不定	第一句同品有、异品有（缺第三相）
2. 不共不定	第五句同品非有、异品非有（缺第二相）

〔1〕 神泰：《理门述记》卷三页十左，内院本，1923年。

续　表

不定过名	九句因
3. 同品一分转异品遍转	第七句同品有非有、异品有(缺第三相)
4. 异品一分转同品遍转	第三句同品有、异品有非有(缺第三相)
5. 俱品一分转	第九句同品有非有、异品有非有(缺第三相)

第六种不定过“相违决定”不缺因相,故不在九句因之内。下面我们就分别来介绍这六种不定过。

1. 共不定

共不定就是因的范围过大、把同品和异品全都包括了进去的过失,与“九句因”中的第一句相当。如《入论》云:

此中共者,如言声常,所量性故,常无常品,皆共此因,是故不定。〔1〕

这是以声论对佛家立“声常,所量性故”为例,来说明此因于同异二品遍有,因而是共不定因。“量”就是人的意识对客观外界的量度,“所量性”就是反映到人脑中来的客观事物。可见这个因的范围是很大的,它简直可以囊括一切同品、异品;这种由于同、异品共存于因而造成的不定过,就称为共不定。

也正由于共不定因的外延太广,故近代印度正理论又称它为“太广”,“太广”是差异推理中的一种。他们举例说:

此山有火,

因其可知故。

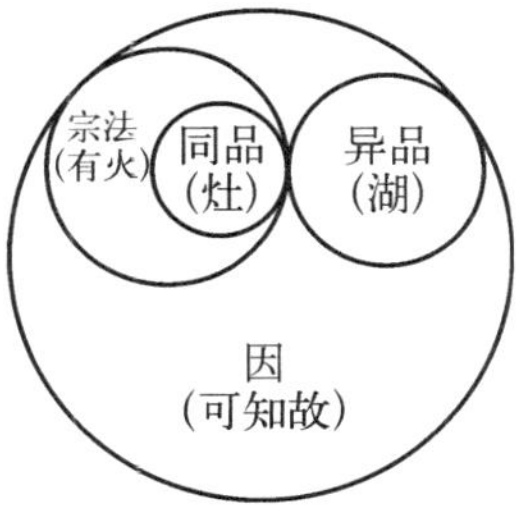

(图一)

这“可知”因的外延就极广,有火的同品如灶是可知的,其异品如湖之无火也是可知的,所以根据“可知故”来推断“此山有火”是不可靠的,如图一。

由此可知,在因与宗法的关系上,因的外延不得

〔1〕《大正藏》第32卷11c。

大于宗法(一般来说,因的外延应小于宗法,至多也只能与宗的外延同一);如果不是这样,因的外延"太广",就会出现同品异品共存于因法的情况。

宗有宽宗和狭宗两种,因也有宽因和狭因两种。如《大疏》云:

> 所量、所知、所取等名宽,无有一法(事物)非所量等故;勤勇、所作性等名狭,更有余法非勤勇发、非所作故。〔1〕

这就是说,像"所量性"一类的概念,由于它概括了一切事物,因此其外延极宽;而像"勤勇""所作"之类的概念,外延就较狭,因为在"勤勇""所作"之外别有"非勤勇""非所作"的东西。当然这里举的例子未免有些绝对,好像非要大到无所不包才能名之为宽似的;其实所谓宽狭,是就宗法与因法相比较而言的,故《大疏》云:

> 非勤因宽,常住宗局,局宗不遍常住宽因。……无常因宽,勤发宗狭,宗狭因宽亦是不遍。〔2〕

正由于宗因有宽狭之不同,所以就产生了一定的搭配关系。如《大疏》云:

> 因狭若能成立狭法,其因亦能成立宽法;同品之上虽因不遍,于异品中定遍无故。因宽若能成立宽法,此必不能定成狭法;于异品有,不定过等随此生故。〔3〕

这段话告诉我们,在宗因宽狭关系上何者为正,何者为误。第一,狭因能成立狭宗,也能成立宽宗。例如:

> 牛是哺乳动物;(宗)
> 以是偶蹄故;(因)
> 凡偶蹄者均为哺乳动物,如羊;(同喻)
> 凡非哺乳动物均非偶蹄,如鱼。(异喻)

---

〔1〕《大疏》卷六页十二右,金陵本,光绪二十二年(1896)。

〔2〕《大疏》卷四页十四右~十五左。

〔3〕《大疏》卷三页二十四右~二十五左。

在此比量中，“哺乳动物”是狭宗，“以是偶蹄故”是狭因，这是以狭因成立狭宗的例子。但“偶蹄动物”这个狭因，也可以成立比“哺乳动物”外延更宽的宗，因为这是合乎逻辑概括方法的，如图二。由此可见，以“偶蹄动物”为因可以成立一系列外延更宽的宗，这样，“同品之上虽因不遍，于异品中定遍无故”，完全符合因第二、三相的规定。第二，《大疏》又指出，宽因能成立宽宗，但不能成立狭宗。例如：

凡牛皆有死，（宗）

以是生物故。（因）

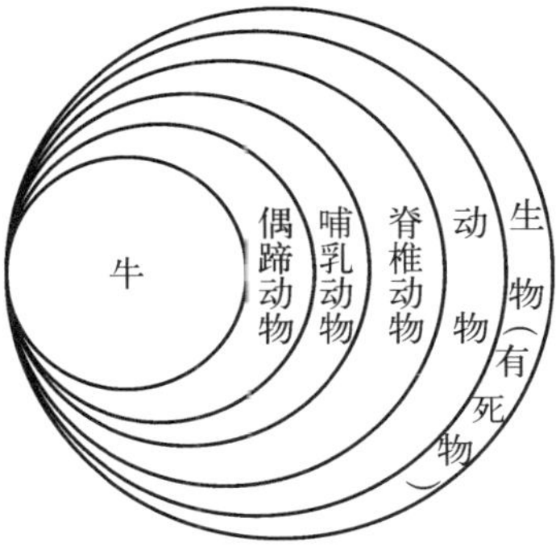

（图二）

这可以说是以宽因来成立宽宗。因法“生物故”与宗法“有死”在外延上都是比较宽的，且是同一关系；按因明的规定，宗法与因法可以宽狭相等。但是如果以宽因去成立狭法，即因法的外延如果大于宗法，就有不定之过，具体说，就是共不定和异品一分转同品遍转之过。

在正理派所说的“不成”过中，有一“回转性不成”过，亦即近代印度正理论所谓“不确实推理”中的“因果关系不确”。此过实在就是共不定过。从正理派和近代印度正理论所举的例“此山有烟，以有火故”来看，火的外延比烟大，因为有烟必有火，但有火不一定有烟，有火须伴以湿薪才会有烟。可见，由火推烟，就是以宽因成立狭法，是不定过。由此可知，凡共不定过，都是以宽因成立狭宗所造成。故《大疏》云：

> 若立其狭常、无常宗，说前宽因（即“所量性故”），同异二品，因皆遍转，故成（共）不定。〔1〕

《大疏》对共不定过也作了划分。不定过是不按有体、无体、全分、一分来划分的，而只是从自比、他比、共比的角度来分。据《大疏》说，自、他、共三种比量每种又可细分为自、他、共三种，这样就演成了九种。只是因为“恐文繁故”，

〔1〕《大疏》卷六页十二右，金陵本，光绪二十二年（1896）。

所以“今此举三”，以自比量中的自过、他比量中的他过、共比量中的共过为例：

过　名	举　　例	《大疏》的说明
他共不定	如以佛法破数论云：汝我无常，许谛摄故，如许大等。	此他比量无常之宗，二十三谛为同品，以自性为异品，许谛摄因，于同异品皆悉遍有，故是他共。
自共不定	数论计我我是常，许谛摄故，如许自性。	此自比量立我常宗，自性为同，大等为异，许谛摄因二皆遍转，故是自共。
共共不定	如《入论》所举例。	

2. 不共不定

不共不定就是因的外延与宗上有法一样大小，容纳不了同品（当然也不能容纳异品）的过失。此过与共不定正好相反，共不定是同异全有，不共不定则是同异双无，与“九句因”中的第五句相当。故《入论》云：

> 言不共者，如说声常，所闻性故。常无常品，皆离此因。〔1〕

这是以声论对除胜论以外的各派立量为例，声论立“声常”宗，以“所闻性”为因。所闻即听觉的对象，即声，因为唯有声才具有所闻性。此量有法与因的外延正好是同一关系，因此“所闻性”因除有法“声”外，再不能容纳“常”的同品或异品“无常”了。因法不容异品固然符合第三相异品遍无的要求，但因法不容同品却是违反第二相同品定有的规定的，而缺第二相的过就称为不共不定，即同品异品共不存于因法所造成的不定。

由上例可知，因明立量，因法必须大于宗上有法，这样才能在有法之外别取同品以资佐证。这也是因明所特有的要求。故《大疏》云：

> 夫立论，宗因喻能立，举因无喻，因何所成？其如何等，可举方比；因既无方，明因不定，不能生他决定智故。〔2〕

〔1〕《大正藏》第32卷11c。

〔2〕《大疏》卷六页十三右，金陵本，光绪二十二年（1896）。

这是说，凡立论，宗、因、喻合为能立。如果只举因而无喻，此因又如何得以成立？本来，要知道因法与什么事物同类，可以通过比喻（同喻）来确定；现在因法如“所闻性”既然无同喻可举，就陷于不定之中，不能对敌论者和证义者有所开悟了。这“举因无喻（无同喻依）”是因明所不能容许的，其所以“无方”，就在于因法的外延太狭，不符合因法大于有法的要求。

正是由于不共不定因的外延太狭，所以近代印度正理论就径直把不共不定称为“太狭”，“太狭”也是差异推理中的一种。当然，这里所谓的狭不是绝对的，而是从因法与宗上有法相对的关系来说的。即使因法的外延很宽，但如果宗上有法的外延与其相等，这因法仍然可以名之为“太狭”。

但是，对于以外延极宽的范畴充当有法和因法从而无法找出同异品来的过失，正理派另外给了它一个名称，叫作“不决”；近代印度正理论则称之为“无所不包”或“无外除”，亦属差异推理之一。如云：

凡物是常，（宗）

以是可知故。（因）

此量有法“凡物”和因法“可知”就都是外延极宽、无所不包的范畴，因而无法找出同异品来。然而在佛教因明家的过失论里，却没有“不决”、“无所不包”或其他相应的过名，细细推究起来，这有法与因法既然都是无所不包的范畴，外延岂不同一？因此将其纳入不共不定过中似亦未尝不可。总之，这不共不定因的特点就是外延太狭，而只要因法与宗上有法外延同一就可视为太狭，而不问它是不是外延极宽的范畴。

其实，从逻辑的角度来看，中词（因法）与小词（有法）的外延是否同一是无关紧要的，即使中词与小词是同一关系的概念，并不妨碍它组成正确的推理。例如：

凡有高级意识者都会劳动，

人有高级意识，

所以，人会劳动。

在这个推理里，中词“意识”与小词“人”是同一关系，因为只有人才具有高级意识。但是这一正确的推理在因明学上却被认为是犯了不共不定过的，因为它缺第二相，找不出同品来佐成因法，如图三。

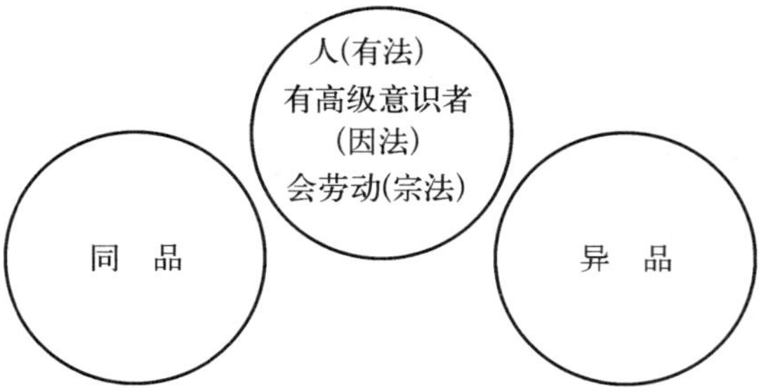

（图三）

在这个问题上，我们拿逻辑论证与因明比量作比较，并不是要说明因明设不共不定过没有必要。这里只是要指出，因明是很讲究归纳与演绎相结合的，它把缺乏归纳的推断一概看作或然的，目的在于要提高推断的可靠性、必然性，这也是由因明主要作为论辩逻辑的性质所使然的。

《大疏》对不共不定也作了举例性的划分，如下表：

过　名	举　　例	《大疏》的说明
他不共不定	如佛弟子对胜论立他比量云：彼实非实，执德依故。	非实之宗，彼德句等以为同品；虽无异体，许德依因，于同异品皆非有故，名他不共。
自不共不定	若胜论立：我实有，许德依故。	于同异品二皆非有，名自不共。
共不共不定	如《入论》所举例：声常，所闻性故。	

3. 同品一分转异品遍转

同品一分转异品遍转即“九句因”中的第七句。所谓同品一分转，就是因法具有一部分宗同品的意思；所谓异品遍转，就是因法具有全部宗异品的意思。这“转”字约相当于“有”的意思。但是这个过名讲起来比较麻烦，所以习惯上简称作“同分异全”过。

同分异全缺第三相。因明学规定：同品定有，异品遍无。同分虽然符合第二相的要求，但异全却与第三相完全相背，此因遂成不定。如《入论》云：

> 同品一分转异品遍转者，如说声非勤勇无间所发，无常性故。此中非勤勇无间所发宗，以电、空等为其同品，此无常性于电等有，于空等无；非勤勇无间所发宗，以瓶等为异品，(无常性因)于彼遍有。此因以电、瓶等为同品故，亦是不定：为如瓶等，无常性故，彼是勤勇无间所发？为如电等，无常性故，彼非勤勇无间所发？〔1〕

这是说，如立“声非勤勇无间所发”宗，以“无常性故”为因，就犯同分异全过。“非勤勇无间所发”宗的同品有电和空等，“无常性”因能包含电等，但不能包含空等，这就是同品一分转(同分)；同品一分转符合第二相同品定有的规定。“非勤勇无间所发”宗的异品是瓶等，按第三相的规定因法应该于异品遍无，但“无常性”因却把瓶等异品全部包括进来了，这就是异品遍转(异全)；异品遍转与第三相异品遍无恰好相反。因法“无常”既然把部分宗同品(电等)和全部宗异品(瓶等)列为自己的同品，在下述两方面就陷入了不定；即究竟是像瓶那样由于有无常性而可证成声是勤勇无间所发的，还是像电那样由于也有无常性从而又可证成声非勤勇无间所发的？由于“无常性”因可以通向同异二品，所以无法作出明确的断定。

不妨再举一个浅近的例子：

　　鲸鱼非鱼，(宗)

　　水生动物故。(因)

宗的同品有海豹和金钱豹等，海豹是生活在水中的，金钱豹则生活在陆地，因此“水生动物”因于海豹上有，于金钱豹等却无。宗的异品如各种鱼类则全部概括在“水生动物”因内，如图四。

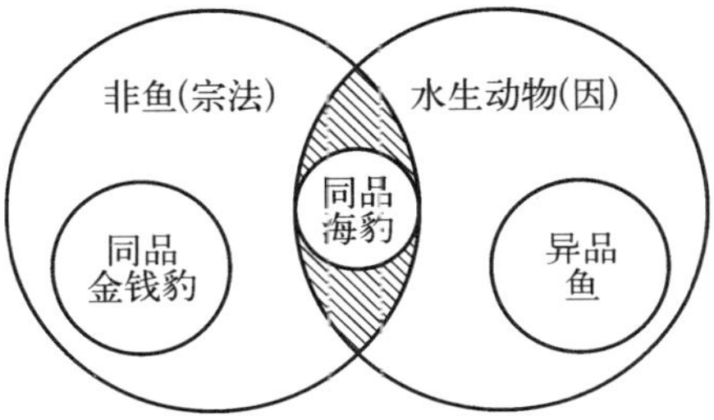

(图四)

《大疏》对同分异全也作了举例性的

〔1〕《大正藏》第32卷11c~12a。

划分,如下表:

过　名	举　　例	《大疏》的说明
他同分异全	如小乘对大乘立他比量云:汝之藏识非异熟识,执识性故,如彼第七等。	此"非异熟识"宗,以除异熟六识外余一切法而为同品;"执识性"因,于第七等有,于色、声等无。异熟六识而为异品;"执识性"因,于彼遍有,故是他同分异全。
自同分异全	如萨婆多对大乘立自比量云:我之命根定是实有,许无缘虑故,如许色、声等。	此"实有"宗以余五蕴无为等为同品;"无缘虑"因,于色等有,于识等无。以瓶、盆等而为异品;无缘虑因,于彼遍有,故是自同分异全。
共同分异全	如《入论》所陈:声非勤勇无间所发,无常性故。	

4. 异品一分转同品遍转

异品一分转同品遍转即"九句因"中的第三句,简称为异分同全过。从名称上就可以看出,异分同全过与同分异全过在表现形式上恰好相反,它是因法涉及异品的一部分并概括了全部同品的过失。《入论》云:

> 异品一分转同品遍转者,如立宗言声是勤勇无间所发,无常性故。勤勇无间所发宗,以瓶等为同品,其无常性于此遍有;以电、空等为异品,于彼一分电等是有、空等是无。〔1〕

这是说,如立"声是勤勇无间所发"宗,以"无常性故"为因,就有同全异分之过。"勤勇无间所发"宗的同品如瓶等全部为因法"无常性"所包含,这就是同品遍转(同全);另一方面,宗的异品如电等亦在因法的范围之中,宗的其他一些异品如空等则与因法无所关涉,这就是异品一分转(异分)。从《入论》所举的例子中可以看到,由于因法的外延大于宗法,所以因法不仅包含了全部宗同品,而且也包含了部分宗异品。因法于同品遍有并不与第二相

〔1〕《大正藏》第32卷12a。

牴牾,但因法与宗异品有一部分关涉则不合异品遍无的规定,因此也是缺第三相的过。

这里仍以鲸鱼为例进一步来说明:

鲸鱼是鱼,(宗)

水生动物故。(因)

这"水生动物"因的外延太宽了,因为它不仅可以包摄宗的全部同品即各种鱼类,而且还涉及宗的部分异品如海豹等,如图五。

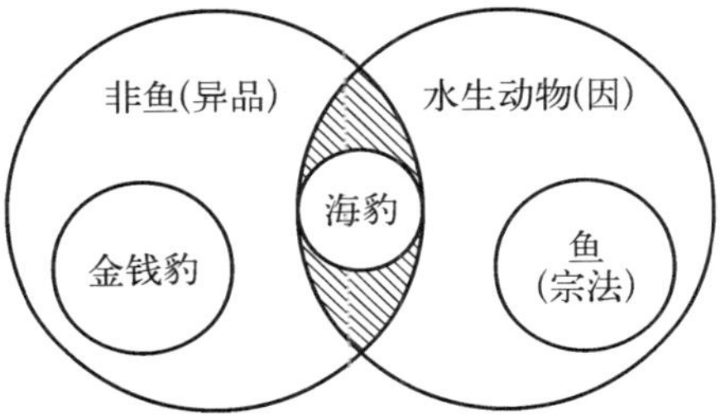

(图五)

由图五所示可知,因法如果大于宗法而涉及宗异品的一部,就是同分异全之过(因法如果再宽,把不相关涉的那一部分宗异品也包括进来,就是共不定过了)。

《大疏》对同全异分过所作的举例性划分如下表:

过　名	举　　例	《大疏》的说明
他异分同全	如大乘师对萨婆多立他比量云:汝执命根定非实有,许无缘虑故,如所许瓶等。	"非实有"宗,以瓶等为同品,"无缘虑"因于彼遍有;以余五蕴无为为异品,"无缘虑"因于彼一分色等上有,心心所无,故是他异分同全。
自异分同全	如胜军论师立:大乘真是佛语,两俱极成非佛语所不摄故,如增一等。	此中佛语宗,以增一等而为同品……因于此遍有;以"发智""六足"等而为异品……因于"发智"有,于"六足"无。以发智论等小乘自许亦是佛语,大乘不许,亦汝大乘及余小乘两俱极成非佛语所不摄故因,既于彼有,亦此因过摄。
共异分同全	如《入论》所陈:声是勤勇无间所发,无常性故。	

5. 俱品一分转

俱品一分转又名同异俱分,就是因法与同品的一部分和异品的一部分都有关涉而产生的不定过，即“九句因”中第九句所说的情况。《入论》云：

俱品一分转者，如说声常，无质(碍)等故。此中常宗，以虚空、极微等为同品，无质碍性于虚空等有，于极微等无；以瓶、乐等为异品，于乐等有，于瓶等无。是故此因以乐、以空为同法故，亦名不定。〔1〕

这是说，如立“声常”宗，以“无质碍”为因，就有俱品一分转之失。因为“常”宗的同品有虚空和极微等，其中虚空是“无质碍”因的同品，但极微则是因的异品；宗的异品有瓶和乐等，其中瓶是有质碍之物，因此是因的异品，乐无质碍，因此是因的同品。由于“无质碍”因可以把宗的一部分同品如空和一部分异品如乐作为自己的同品，所以是不定之因，如图六。

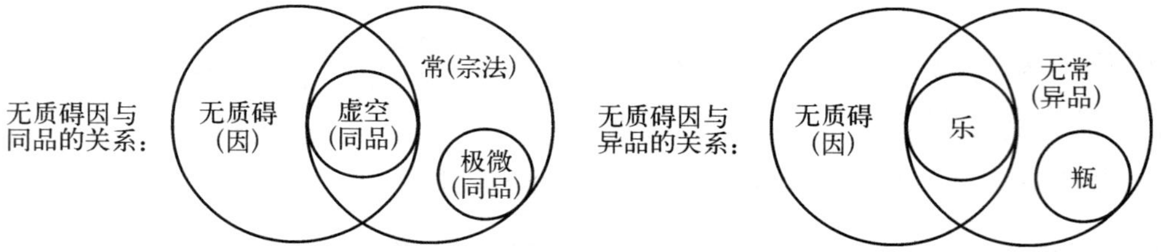

(图六)

那么为什么因法包含部分宗同品和部分宗异品就会陷于不定呢？这里的关键问题就在因“于一分异品上转”。故神泰《理门述记》云：

望异品一分无边即成决定，望异品一分有边即是犹豫。〔2〕

这就是说，如果因法不在一分异品上转，这就是正因；如果因法于一分异品上转，这就是不定之因。具体地说，因法如于一分异品上转，就可以同一个因推出截然相反的结论来，如下述两则论证就是：

声常；(宗)

无质碍故；(因)

诸无质碍皆悉是常，犹如虚空；(同喻)

〔1〕《大正藏》第32卷12a。

〔2〕《理门论述记》卷三页十二右，内院本，1923年。

若是无常即有质碍，犹如瓶等。（异喻）

声是无常；（宗）

无质碍故；（因）

诸无质碍皆悉无常，如乐；（同喻）

若是其常即有质碍，犹如极微。（异喻）

由此可见，因于宗同品、宗异品都处于交叉关系，虽然不违反同品定有的规则，但却不合异品遍无的规则，由缺第三相而致不定。

《大疏》对同异俱分过也作了举例性划分，如下表：

过　名	举　　例	《大疏》的说明
他俱品一分转	如大乘师对萨婆多立他比量云：汝之命根非是异熟，以许非识故，如许电等。	此“非异熟”宗，以非业果五蕴无为而为同品，许非识因，于电等有，于心等无；以业果五蕴而为异品，许非识因，于心等无，于眼等有，故是他俱品一分转。
自俱品一分转	如小乘对大乘立：我许之命根是异熟，以许非识故。	小乘返立，即自俱品一分转。
共俱品一分转	如《入论》所陈：声常，无质碍故。	

6. 相违决定

相违决定就是立者立一比量，说S是P，敌者也立一比量，说S非P，两个比量针锋相对，不相上下，而所用的因又各具三相，无懈可击，以至令人不能决定。如《入论》云：

相违决定者，如立宗言，声是无常，所作性故，譬如瓶等；有立声常，所闻性故，譬如声性。此二皆是犹豫因故，俱名不定。〔1〕

《入论》所引的“声是无常，所作性故”本来是“九句因”第二、第八句中所说

〔1〕《大正藏》第32卷12a。

的正因;"声常,所闻性故"则本是"九句因"第五句所说的不共不定因,因为此因与有法的外延同一,无法找出同喻来助成因义。但这里作为胜论派和声生派对诤时所立的两个比量来看,这正与不正的二因却都成了犹豫因,"故俱名不定"。这是怎么一回事呢?原来,声生派认为在声以外别有声性,所以声生派以声性为同喻来助成因义;但是,除胜论派以外的各哲学派别都不讲声性,所以声论如与胜论之外的其他宗派论辩时以"所闻性"为因就缺同喻,有不共不定之过。然而当声论与胜论对诤时情况就不同了,因为声、胜二论都讲有声性,所以声生派立"声常,所闻性故,譬如声性",就成了三相具足的无过比量,而可以用来与胜论派所立的"声是无常,所作性故,譬如瓶等"相抗衡了。既然两个比量各具三相而旗鼓相当,以致"令他不定",所以就都成了不定之因。

佛家所说的相违决定,确切地说应该是"决定相违","决定"即因,"相违"乃宗,就是由各自所持的因决定着相违的宗的意思。

相违决定过在正理派称为"实有违宗",近代印度正理论则名之为"平衡推理"。但相违决定与平衡推理又略有不同之点,相违决定指的是"此二(即"所作性"和"所闻性")皆是犹豫因",而平衡推理则是指先立者的因如果被后立者的因"中和"时,则先立之比量为平衡推理,大有以先立者为负方的味道。这一点与古师的做法倒是相似的。《大疏》云:

古有断云:如杀迟棋,后下为胜。〔1〕

神泰《理门述记》亦云:

此所立宗常与无常虽不可定,若论胜负、前负后胜,如煞迟棋。〔2〕

这就是说,在处理相违决定比量的胜负时,古来的惯例是像下棋走杀着一样,以后下者为胜。近代印度正理论以被中和了的先立的比量为平衡推理,恐怕也就是"后下为胜"的意思。

〔1〕《大疏》卷六页二十四左,金陵本,光绪二十二年(1896)。
〔2〕《理门论述记》卷三页十三右,内院本,1923年。

但是这一来又产生了新的问题，即以声论和胜论所立的比量为例，究以何者为先，何者为后？按陈那《理门论》所说，是声论先立，胜论后立；但按天主《入论》所列，乃胜论先于声论。而且以“先负后胜”为原则也不合理，因为据此并不能真正判别孰是孰非。加之在相违决定中如果能判别出孰是孰非的话，也就不是“不定”了。

陈那在阐述相违决定过时似乎存在着思想上的矛盾。他一方面指出相违决定之因是犹豫不定之因，另一方面却又认为在相违决定中仍然可以判别孰是孰非。陈那似乎不赞成“如杀迟棋，后下为胜”的办法，因此他提出另外的判别标准。《理门论》云：

又于此中现、教力胜，故应依此思求决定。〔1〕

在这里陈那提出了两条标准，一是“现”，即现量；二是“教”，即圣教量。凭藉现量人们共知声有间断，因此是无常的；借重“一切世间所有言教合其理者”〔2〕的圣教量可知胜论的立量是“合其理”的。由此，“现、教”是最有说服力的，于是陈那认为应该“依此思求决定”。但是反对者却提出了问难，他们说：

若尔便决定，云何名不定？〔3〕

这话问得很有道理，因为既然能够决定是非真假，那就不能作为“不定”过来看待。所以到天主阐释相违决定时，就改变了说法，认为“此二俱不定摄，故不应分别前后是非。凡如此二因，二皆不定故”。〔4〕

相违决定因各具三相，因此与前面所说的五种不定过或缺第二相、或缺第三相者不同，并非缺相过。

按照《大疏》所说，相违决定有两种划分方法，一是按三种比量来分，二

〔1〕《大正藏》第32卷2b。又，拙释《因明正理门论译解》Ⅰ-2-9F，中华书局，2007年。

〔2〕《理门述记》卷三页十四左，内院本，1923年。

〔3〕《大疏》卷六页二十四右，金陵本，光绪二十二年（1896）。

〔4〕参见《大疏》卷六页二十四左。

是按有法与法的自相和差别来分。按自、他、共三种比量来分，可以复成九过，《大疏》以其中三过为例，列表如下：

过　名	举　　例	《大疏》的说明
他相违决定	如大乘破萨婆多云：汝无表色定非实色，许无对故，如心心所。萨婆多立量云：我无对色定是实色，许色性故，如许色、声等。	此他比量相违决定。初是他比，后必自比。
自相违决定	如萨婆多先立自义：我无对色定是实色，许色性故，如许色、声等。大乘破云：汝无表色定非实色，许无对故，如心心所。	若立自比，对必他比，名自比量相违决定。
共相违决定	如《入论》所举例。	

另外，按有法与法的自相、差别来划分，又有四过，兹姑从略。

四、四相违

《入论》云：

> 相违有四：谓法自相相违因，法差别相违因，有法自相相违因，有法差别相违因等。〔1〕

这就是古因明家和陈那、天主等新因明家所说的四种相违过。

但是在正理派的过失论中，却只有一种“相违”过，他们把凡是成立与宗相反的命题的因，总称为“相违因”。近代印度正理论继承古代正理派的说法，也只说一种相违过，名之为“自相矛盾推理”。他们说，如果一比量要证明某结果之存在，但其用以证明的根据却与结果之不存在相伴随，从而得出与宗相反之命题，这就是推理过程中的自相矛盾。正理派举例说：

声常，（宗）

所作性故。（因）

〔1〕《大正藏》第32卷12a。

这“所作性”因就是只能证明“声是无常”的，“无常”与“常”，恰好相反。近代印度正理论也举过这个例子。这个例子也正是陈那、天主用来说明“法自相相违”的，由此可知，古代正理派所说的“相违”、近代正理论所说的“自相矛盾推理”，实际就是“四相违”中的“法自相相违”。七世纪时佛教因明家法称改革因明，废去“四相违”中“法差别相违”“有法差别相违”两种，只保留“法自相相违”和“有法自相相违”两种。不过，不管怎么样，各家确认似因中存在着“相违因”这一点却是一致的。

那么什么是“相违因”呢？这本来是不难解释清楚的，但是在《大疏》等疏记中，却把这个问题搞得复杂化了。文轨云：

> 此则宗因两形为相，因返宗故名违。〔1〕

这是说，相违因者乃因与宗相违，因为因所要成立的是与宗相反的命题。本来，这样的解释大体上也就可以了，但文轨又补充说：

> 又释，如立常为宗，无常返常，名为相违。立因为欲成常住宗，其因乃成无常宗义，与相违(宗)为因，故名相违因也。〔2〕

这就又把相违因解释成是“与相违为因”了。具体地说，就是“常”与“无常”是一对相违的宗，“所作性”因本来是要成立“常住”宗的，结果却成立了“无常”宗，因此“所作性”因就成了这一对相违宗的因了，相违因就是相违宗之因的意思。这第二种解释是比较牵强的。

然而，窥基取的却正是这第二种解释。《大疏》云：

> 相违因义者，谓两宗相返。此之四过(即四相违)，不改他因，能令立者宗成相违。与相违法而为因故，名相违因。因得果名，名相违也；非因违宗，名为相违。〔3〕

这是说，相违因是从“两宗相返”得名的，是作为相违的宗法之因而名为相违

〔1〕〔2〕《庄严疏》卷三页六左，内院本，1934年。《〈文轨疏〉校补》卷三，见拙著《敦煌因明文献研究》第363页，上海古籍出版社，2008年。

〔3〕《大疏》卷七页一左，金陵本，光绪二十二年(1896)。

因,相违是"果"(即宗),所以说"因得果名"。这一段话反复强调相违因就是相违宗之因;这样说了还怕别人误解,所以又特地叮嘱一句:"非因违宗,名为相违。"这就彻底否定了第一种解释。《大疏》所持的相违因就是相违宗之因的解释是说不通的。因为两宗既然相违,其中就只能有一个可以与因法发生联系,这就不能笼统地说"与相违法而为因"了。既然因法不能同时是相违的两个宗的因,因此将相违因解释为相违宗之因,就有些牵强附会。

其实《大疏》有时也把相违因作因违于宗解的。如《大疏》云:

> 能立之因违害宗义,返成异品名相违。〔1〕

这里说的"因违害宗"就是因与宗相违的意思。

我认为相违因就是与宗相违之因,也就是与正因相违之因。这是一个问题的两个方面,因为因与宗相违,也必与正因相违。如所作因与声常宗是相违的;作为一个正因,应该同有异无,现在却成了同无异有,这岂不就是与正因相违? 故《理门论》本颂云:

> 于同有及二,在异无是因;翻此名相违。〔2〕

《入论》也云:

> 此因唯于异品中有,是故相违。〔3〕

这都是明确地指出相违因由于与宗相违,所以也与正因相违。所谓"于同有及二,在异无是因",正是"九句因"中第二、第八句所说的正因,即"同品有、异品非有"或"同品有非有,异品非有";所谓"翻此名相违",即"九句因"第四、第六句所说的相违因,相违因与正因相反,所以"名相违"。

相违因与宗相违,这只是一种总的说法。具体地说,相违因有时是与宗法的自相或差别相违,有时则是与有法的自相或差别相违,这就是我们将要分别介绍的四种相违。

---

〔1〕《大疏》卷五页二十一右~二十二左,金陵本,光绪二十二年(1896)。

〔2〕《大正藏》第32卷2b。又,参见拙释《因明正理门论译解》Ⅰ-2-8A,中华书局,2007年。

〔3〕《大正藏》第32卷12a。

那么什么是自相、差别呢？我们已经在第二章的“自性、差别”一小节中作了简要的解释，这里再补充说几句。《大疏》云：

准相违中，自性、差别，复各别有自相、差别。谓言所带名为自相，不通他故；言中不带，意所许义名为差别，以通他故。〔1〕

这就是说，自性、差别（不是作为主词和谓词的自性、差别）在相违过中又称自相、差别。凡直接说出来的意思名为自相，凡话中暗含的意思名为差别。换句话说，凡自相都是言陈的，凡差别都是意许的。这当然是就一般情况而言的；相违过中所说的差别相违，还有它自己的规定。如《大疏》云：

凡二差别名相违者，非法、有法上除言所陈余一切义皆是差别，要是两宗各各随应因所成立、意之所许、所诤别义，方名差别。〔2〕

这就是说，相违过中所说的差别，并非指除去言陈的意义之外的一切意义都是差别义。试以“无常”为例，“无常”这个词古代印度各哲学派别曾赋予“一期无常”“刹那无常”“转变无常”“灭坏无常”等种种意义。如立声无常宗，佛家意中所许的是“灭坏无常”；数论派意中所许的则是“转变无常”，因为数论不承认事物有灭坏义，而只承认事物可以互相转变，事物由于其转变而成无常。所以当某一学派在使用某一概念时，都限于一定的意许的范围，而不能把所有的“别义”都看作是它的差别义。由此《大疏》特地指出，必须是立敌两宗各自通过因来成立的意许之义，而且正是立敌针锋相对有争议的那部分含义，才名之为差别义。可见，相违过所说的差别相违，是局限于立敌所诤的那部分差别义，其范围是比较明确的。

那么为什么有时立论者不愿直截地把意思讲出来，而要用影射和暗指的方法来表达呢？这大多是由于在某个问题上如果明说对方就不能接受，因此就只好借重这种迂回曲折、旁敲侧击的手法了。如数论说“我”，佛家不许，有时便用“他”来代替（见“法差别相违”节）。又如玄奘所立的“真唯识

〔1〕《大疏》卷二页四左，金陵本，光绪二十二年（1896）。

〔2〕《大疏》卷七页五左。

量”,也是以暗许“色”为相分色的手法来欺骗小乘的。当然,差别义并不完全是故意掩饰的产物,有时是在一定的语言环境里自然形成的;但相违过中说的“差别相违”,则是人为掩饰的结果。

下面,就分别来论析四种相违过。

1. 法自相相违

法自相相违就是立因与言陈的宗法相违的过失。《入论》云:

> 此中法自相相违因者,如说声常,所作性故,或勤勇无间所发性故。此因唯于异品中有,是故相违。

这里用了两个例子来说明法自相相违,为了便于说明,兹列式如下:

> 声生论云:
>
> 声常,(宗)
>
> 所作性故。(因)
>
> 声显论云:
>
> 声常,(宗)
>
> 勤勇无间所发性故。(因)

这两个例子中的因,都与宗法的自相相违。“所作”因和“勤勇”因原是“声无常”宗的正因,现在用来成立“声常”,当然是同品无而异品有,与宗法相违。

法自相相违是“四相违”中最有代表性的过失,故《大疏》云:

> 问:相违有四,何故初说法自相因?答:正所诤故。〔1〕

这就是说,相违过主要在于因与宗法的自相相违,因为立敌所争论的正是这宗上的法是否为有法所具有。所以正理派把法自相相违作为唯一的相违过来看待。

法自相相违与比量相违(宗过之二)是很近似的,初学者往往不易分辨其细微之差别。试看《入论》所举的例:

---

〔1〕《大疏》卷七页三左,金陵本,光绪二十二年(1896)。

比量相违者，如说瓶等是常。〔1〕

法自相相违因者，如说声常，所作性故。〔2〕

前者以瓶常为例，后者以声常为例，瓶常、声常，何其相若？为什么说瓶常就是比量相违，而说声常则是法自相相违呢？《义心》云：

比量相违，遍乖一切，立瓶是常，无因成故。此（法自相相违）立声常，不乖众解，对声性因，许成立故。〔3〕

这段话较好地把比量相违与法自相相违区别了开来。《义心》意为，比量相违是立宗已见与因相违，所以瓶常宗无因可成；而法自相相违则是立宗尚未有失，因为立声常宗还可以用“声性因”来成立它。这一诠释是中肯的〔4〕，当是归纳了文轨、窥基等人的意见而来的。窥基提到比量相违时云：

……比量相违，彼但举宗，已违因讫。〔5〕

文轨说相违因云：

宗言常住，过失未生，因言所作，方乖所立。〔6〕

从这些片断的论述中，我们可以了解到比量相违与法自相相违的主要差别在于瓶常宗的错误比较明显，声常宗的错误则不明显，须立因后才返显出它的错误来。由此我们可以更明确地说，比量相违的错误在于宗，而相违因的过失主要在于因，从宗的本身来看，不一定是荒谬的。印度正理论者曾举过这样一个例子：

---

〔1〕《大正藏》第32卷11b。

〔2〕《大正藏》第32卷12a。

〔3〕唐道巘的《义心》已佚，这段话转引自《瑞源记》卷五页三十四左。商务印书馆，1928年。

〔4〕不过《义心》将“声性”说为“声性因”却不正确，“声性”是同喻依，喻依不是因，只有喻体才是因的组成部分。

〔5〕《大疏》卷一页十六左，金陵本，光绪二十二年（1896）。

〔6〕《庄严疏》卷三页六左，内院本，1934年。又，《〈文轨疏〉校补》卷二，见拙著《敦煌因明文献研究》第363页，上海古籍出版社，2008年。

水是冷的,(宗)

因其放在火上故。(因)

此宗并非不能成立,问题是出在因法与宗法相违上面,因此此因于宗的同品遍无,却于宗的异品遍有,是犯了法自相相违过。

相违过与相违决定也容易混淆,也有加以区别的必要。其不同主要表现为下列三方面:

第一,相违过是“不改他因,能令立者宗成相违”,即以同一之因,以成相违之宗,使其自证矛盾;相违决定则是立敌各执一因,各成一宗,在对立者所立比量的牵制与抵消中令因不定。如胜论派立量云:“声是无常,所作性故,譬如瓶等。”声生论则立“声常,所闻性故,譬如声性”来抗衡。由于这两个比量各具三相而旗鼓相当,所以就都成了不定之因。

第二,相违过是因违于宗,因此缺第二、三相;相违决定则是二因“各自决定,成相违之宗”,因此从立敌各自所立的比量来看,倒是“三相具足”的。

第三,相违过属“九句因”第四、第六两句,相违决定则不在“九句因”之中。

由以上三方面的不同,使相违过与相违决定过明显地区别了开来。

明确法自相相违与比量相违、相违决定的区别有助于我们深入理解相违因的本质。

如上所述,法自相相违是立者的因与宗法相违,因此敌者可以不改其因,出相违量对立者的比量进行破斥。兹将立敌所出的前后二量对照如下:

(声生论立前量云:)	(胜论立后量云:)
声常,	声是无常,
所作性故,	所作性故,
同喻如空,	同喻如瓶,
异喻如瓶。	异喻如空。

由以上二量可以看到,敌者所出的相违量确是不改其因,但却“返成无常”;在喻上,则是将立者的同异二喻倒换过来。故《大疏》云:

(破)此一似因(指法自相相违因),因仍用旧,喻改先立(即改前量之喻的先后次序)。〔1〕

法自相相违以及法差别相违、有法自相相违、有法差别相违,均不能再作细微的划分。但是一个相违因却可以同时犯各种相违过,故《大疏》云:

所乖返宗不过此四……能乖返因有十五类。违一有四:谓各别违;违二有六:谓违初二、违初三、违初四、违二三、违二四、违三四;违三有四:谓互除一;违四有一。故成十五。〔2〕

把《大疏》所说相违因交叉犯过的十五类情况分别开列,应如下述:(按四种相违过的排列次序,简称为1、2、3、4)

违一有四:违1,违2,违3,违4;

违二有六:违1、2,违1、3,违1、4,违2、3,违2、4,违3、4;

违三有四:违1、2、3,违1、2、4,违1、3、4,违2、3、4;

违四有一:违1、2、3、4。

为避免烦琐,就不再一一举例说明。

2. 法差别相违

法差别相违就是立因与意许的宗法相违的过失,此过历来的疏家都感到难解,原因是《入论》所举的例比较艰深难懂。诸疏记因而对此例作了繁芜的解释。其实,如果撇开《入论》的例子,法差别相违因本身是并不难解的。兹试为设例而解之,如世界模式论者说:

世界由静止不变的状态转入运动和变化当有第一次推动,(宗)

以是自在之物故。(因)

这个例子就犯法差别相违过。从因法与宗法的自相来看,似乎并不相违,但从宗法的差别义来看,则存在着明显的矛盾。宗法"第一次推动"的差别义是什么呢?"第一次推动"就是外力,就是上帝。折衷主义者不敢直言而求

〔1〕《大疏》卷七页四左,金陵本,光绪二十二年(1896)。

〔2〕《大疏》卷七页二右~三左。

助于暧昧之语。此时，就须揭示它的差别义，指出其因法与宗法上的差别义相违；因为“自在之物”与“第一次推动”即上帝之间并无因果联系，相反，既是“自在之物”，就不受上帝主宰，所以它只能证成与前宗相违的命题：

运动着的世界无须“第一次推动”，（宗）

“自在之物”故。（因）

法差别相违从上述例子可知。现在我们再来看《入论》所举的例。《入论》云：

法差别相违因者，如说眼等必为他用，积聚性故，如卧具等。此因如能成立眼等必为他用，如是亦能成立所立法差别相违积聚他用，诸卧具等为积聚他所受用故。〔1〕

据说此量是数论所立。宗上有法“眼等”即数论所说的“五知根”（眼、耳、鼻、舌、皮），宗法“必为他用”中的“他”，暗中意许的差别义是数论所说的“神我”（即灵魂）。此句意为眼等五知根是为神我所受用的。这反映了数论派的一个重要观点，即认为神我是实有的。数论派说，神我是常住不灭的，因此是“实我”；神我所附着的有情之身（肉体）是由“自性”按照一定的顺序转变而来，由“五唯”（色、声、香、味、触）积聚而成，因此是无常的，名之为“假我”。由此，“我”应有两种：一是神我，二是假我。神我是非积聚性的，因而是非物质性的；而假我则是由五唯积聚而成，因而是物质性的。自性转变的另一面是器世间，器世间之大者如山河大地，小者如床席卧具等，无不为“神我”所受用。数论认为，当神我思用时，自性就转变成二十三谛，这二十三谛都是为神我所受用的。（二十三谛加上自性、神我二谛，就是数论所说的二十五谛。）

佛家不承认有神我，但同意有假我。其实佛家与数论所说的假我并不相同。数论的假我指物质性的人身；佛家的假我则指由色（形质）、受（感觉）、想（观念）、行（行动）、识（意识）五蕴和合而成的“我”的假象，而并非自我的实

〔1〕《大正藏》第32卷12a。

体。但在假我具有积聚性这一点上，两家的看法在表面上是一致的。

也正因为数论的神我为佛家所不许有，所以数论在立宗时就以“他用”来代替“我用”，转弯抹角地说眼和卧具等由五唯积聚而成的事物，必为另一对象所受用等等，当然，这另一对象的他，就是意中暗许的非物质非积聚的神我。

佛家看出为暧昧之词所掩饰的数论的真意，所以就抓住此量因法与宗法上差别义相违这一点进行反驳，指出“此因如能成立眼等必为他用，如是亦能成立所立法差别相违积聚他用，诸卧具为积聚他所受用故”据《庄严疏》说，佛家出的差别相违量是：

眼等唯为积聚他用，（宗）

积聚性故，（因）

诸积聚性者皆唯为积聚他用如卧具等。（喻）

这里的差别在“他用”之前加了“积聚”二字。什么是“积聚他”呢？积聚他就是五蕴和合积聚而成的“他”，就是假我。佛家认为凡积聚性的事物都只是为假我所受用的，如积聚性的眼和卧具等均是。另外，原量的“必为”这里改作“唯为”，这也是有道理的。如文轨云：

彼宗亦执眼等实法为假他用，同佛法宗。然成相违者，此中立宗应云“眼等唯为积聚他用”，因云“积聚性故”，“诸积聚性者皆唯为积聚他用，如卧具等”。“唯”言即简眼等为无积聚他用，故成相违。〔1〕

这就是说，数论也认为眼等积聚性的事物是可以为假我所受用的，因此不能以“眼等必为积聚他用”作为相违量。而要成为相违量，就应说“眼等唯为积聚他用”，这个“唯”字，就是用来把非积聚性的“神我”排除出去的。由此可知，这个“唯”字也是一个关键性的字眼。但是唐代的疏家之中，有的却没有注意到这一点，如定宾立的差别相违量就作“眼等必为积聚他用”，仍然用了

〔1〕《庄严疏》卷三页八左，内院本，1934年。又，《〈文轨疏〉校补》卷二，见拙著《敦煌因明文献研究》第364页，上海古籍出版社，2008年。

个“必”字!〔1〕

除了用“必”以外,西域诸师还有用“应”的,这还是不对。《大疏》云:

西域诸师有不善者,此直申差别相违过云:眼等应为积聚他用,因喻同前。数论难云:汝宗相符,谁说眼等积聚他不用!〔2〕

这是说,西域诸师中有不善于因明者,他们对数论立的相违量就是“眼等应为积聚他用”。这时数论就会反驳说:你立的宗犯相符极成过,谁又说过眼等不能为积聚性的假我所用呢?因为数论虽然主张积聚性的事物为神我所受用,但并不否认积聚性的事物也可以为积聚性的假我所受用。既然数论也主张可为“积聚他用”,西域诸师出的相违量便犯相符极成的宗过。当然,如果把“应”改为“唯”,就不存在相符极成的问题了。但《大疏》没有从这方面去阐释,反而另外立了一个“眼等必为积聚他用胜”宗,以所谓胜、劣来简除相符极成过,这似乎是舍本逐末、节外生枝的办法,兹不赘述。

总之,法差别相违过并不难解,难解的是《入论》所举之例,因为它牵涉印度哲学史上数论派哲学思想的一些问题;加之诸疏记在解释时又见仁见智地各说一通,使问题越发复杂化了。日本近代的一些学者采取不作解释、另设新例的办法,但他们设的新例并不确切。当然另设新例这个办法还是好的;但《入论》所举的例子仍然需要尽可能通俗具体地加以解释,因为此例确实相当典型。

3. 有法自相相违

有法自相相违就是立因与言陈的有法相违的过失。此过也自来难解,主要原因在例句的费解,以及由于佛家的哲学偏见而对例句作了歪曲的解释,致使本来就不易索解的问题更增添了一层复杂的色彩。因此,我们还是另设新例来说明此过,如云:

金刚石是最坚硬的碳素物,(宗)

〔1〕 见《瑞源记》卷六页十四左所引。

〔2〕 《大疏》卷七页七右,金陵本,光绪二十二年(1896)。

不可燃故。(因)

“金刚石”既是碳素物,应可燃烧;现在因法说“不可燃”,就与宗法的自相“最坚硬的碳素物”相违,因法于宗的同品无,于宗的异品有;由于此宗宗法与有法是同一关系,所以因法与有法的自相也存在相违。由此可不改其因喻,出有法自相相违量云:

汝说之金刚石应非最坚硬的碳素物,(宗)

不可燃故。(因)

现在我们再来探讨陈那、天主在阐述此过时所举之例。如《入论》云:

有法自相相违因者,如说有性非实、非德、非业,有一实故,有德业故,如同异性。此因如能成遮实等,如是亦能成遮有性,俱决定故。[1]

这里包含着三个比量,现在把它分别列在下面:

有性非实,(宗)

有一实故,(因)

如同异性。(喻)

有性非德,(宗)

有一德故。(因)

如同异性。(喻)

有性非业,(宗)

有一业故,(因)

如同异性。(喻)

传说这三个比量是胜论派的创始人迦那陀[2],对其弟子五顶所立。《大

[1] 《大正藏》第32卷12a。

[2] 迦那陀(Kaṇāda),意思是“食原子者”。《大疏》称迦那陀为“优楼迦”(Ulūka),意思是“鸺鹠仙人”,“鸺鹠”即是猫头鹰。

疏》卷七还引述了鸺鹠仙人(即迦那陀)立量经过的神话故事,当然,它的真实性是很成问题的。

为了说明上述三个比量,有必要先对胜论的“六句义”作一概略的介绍。

胜论派是古印度的唯物主义哲学派别。胜论派哲学家认为,世界是物质的,是不依赖于人的意识的客观存在。胜论派把对客观世界的解释概括为“六句义”,即六个基本范畴:实(实体)、德(属性)、业(机械运动)、同(共同性)、异(差异性)、和合(统一性)。在这六个基本范畴中,实是存在的基础,德是事物的性质并以实为自己的本体,业则是事物存在的方式。但是世界万物是多样的,它们有共同的一面,也有差异的一面;当然事物的同异是相对而言的,如牛性对于黄牛、水牛来说是同,但对于偶蹄动物来说则是异。换言之,同就是属概念,异就是种概念。同的极限是“有性”,又称“大有”,即物质存在;异的极端是“有边异”,即最小的物质极微(原子)。事物的实体与它的属性以及运动方式总是不可分割地统一在一起的,胜论派把事物的这种内部联系称之为和合。

胜论“六句义”诸籍所传不一,上述“六句义”系依《胜论经》。佛教典籍如印度护法所著的《广百论》等所说的“六句义”与上述稍有出入(即“实、德、业、有、同异、和合”),把“有性”单独列出,而把“同异”合而为一。

佛家一直对胜论派的“六句义”发动全面的攻击,佛家将上述迦那陀“有性非实、非德、非业”三比量看作犯有法自相相违过并立相违量加以攻击,这是一个典型的例子。其相违量云:

所言有性应非有性,(宗)

有一实故、有德业故,(因)

如同异性。(喻)〔1〕

这个相违量的意思是:胜论所说的有性应该不是有性,因为胜论认为有性能有于每一种实(胜论说实有九种,有一实并非只有一实,而是能有于一一实

〔1〕《大疏》卷七页十二右,金陵本,光绪二十二年(1896)。

的意思),也能有于每一种德(胜论说德有二十四种)和每一种业(胜论说业有五种),就像同异句义那样。同异性能有于每一种实德业,但同异性非有性;以此类推,有性能有于一一实德业,因此有性也非有性。

陈那的相违量当是一种诡辩,为什么同异性能有于实德业,因此同异性可以是非实德业而仍然不失其为同异性;到了有性能有于实德业,并且是非实德业时,却不成其为有性了呢?有性不就是大有、大同吗?不就是同的极限吗?同既然可以在实德业外别有,有性又为什么不可以在实德业外别有呢?这显然是难以自圆其说的。

那么胜论派迦那陀所说的"有性非实、非德、非业,有一实故、有德业故"的比量究竟是什么意思呢?如上所述,有性即"物质存在",这是一个外延最为广泛的概念,是从各种事物的总和中抽象出来的纯粹的思想创造物,因此当然不同于各种具体的事物实体(实)、本质属性(业)和运动形式(业)。胜论派可能也初步地认识到了这一点,所以他们把有性与实、德、业区分了开来。但是,有性既然是上位概念的极限,它的性质以及和运动不可分割的关系,就必然要为一切具体的事物所具有,所以只有认识个别的实物和个别的运动形式,才能认识物质和运动本身。这恐怕也就是胜论派所说的有性能有于各种实德业的缘由吧。

综上所说,胜论派所立三比量的意思是说:正因为有性是一个外延最为广泛的抽象概念,它的性质为一切具体事物所普遍具有(因),所以它不同于各种事物的实体、本质属性和运动形式(宗),就如同同异性那样,同异性能有于实德业,所以同异性不同于实德业(喻)。由此也可见,胜论的三比量应该是没有过失的"真能立",而佛家的相违量则是"似能立",因为它既以"有性"为主词,又以"非有性"为谓词,犯了自语相违过。

有法自相相违是比较少见的一种过失。因为因法所要证成的是宗法与有法的联系而不是有法,因此相违过也主要表现为因法与宗法的相违;即使是因法与有法相违,似乎也须先通过与宗法的相违再转到与有法的相违上来。如我们在前面假设的"金刚石是最坚硬的碳素物,不可燃故"一例所表现出来的那样,因法“不可燃故”首先与宗法“最坚硬的碳素物”相违,而这个宗法又与有法“金刚石”是同一关系,所以因法“不可燃故”与有法“金刚石”也发生相违。由此看来,有法自相相违因的产生似乎是有条件的,即有法与宗法在外延上必须同一。但这样一来,就找不出同、异二喻依来了,有不共不定之失,而如果让有法的外延小于宗法,那就只能是因法与宗法的相违了,如将上述比量改为“金刚石是碳素物,不可燃故”,“碳素物”的外延便较“金刚石”广,因为石墨、石油等也都是碳素物。这样虽然可以找出同、异品来,但却不成其为有法自相相违的例子。

那么因法与有法直接相违的情况是不是可能有呢?这当然是有的,如云:

电是无常,(宗)

所作性故,(因)

如瓶。(喻)

此量“电是无常”宗无过,“所作性”因与宗法“无常”也并不相违,但与有法“电”却是相违的。然而这不是有法自相相违过,而是“两俱不成”因过,因为它只是缺第一相而并不缺第二、三相,不存在同无异有的问题。只有当因与宗法相违时,才会产生同无异有的情况。由此可见,有法自相相违过当是因法与宗法以及有法同时相违的,而也只有当宗法与有法是同一关系时才会同时相违。

总之,因法与有法相违还是离不开与宗法的相违,它只是因与宗法相违的派生物而已,在实践上并无多大的作用。

4. 有法差别相违

有法差别相违就是立因与意许的有法相违的过失。此过也不易索解,原因还是在例句的费解。如《入论》云:

> 有法差别相违因者,如即此因,即于前宗有法差别作有缘性;亦能成立与此相违作非有缘性,如遮实等,俱决定故。〔1〕

〔1〕《大正藏》第32卷12a。

这就是仍以胜论三比量为例来说明有法差别相违。陈那认为“有一实”等三因与宗上有法“有性”的差别义“有缘性”是相违的。什么是“有缘性”呢?“有缘谓境”〔1〕,“境”就是能引起人们认识活动的客观对象,就是各种实物以及它们的属性和运动形式等,也即胜论所说的实、德、业。而实、德、业既然为大有所概括,所以大有也就是能引起人们认识活动的“境”,也就是说,大有是可以“作有缘性”的。

但是佛家本不承认有什么大有,当然也不会认为大有可“作有缘性”,所以出差别相违量云:

有性应作非大有有缘性,

有一实故,有德业故,

如同异性。

把有性说为“作非有缘性”,即是认为大有不是能引起人们思维活动的客观对象。从上述差别相违量可以看到佛家对胜论派的哲学观点是竭力否定的。因明家总是以胜论三比量和佛家所出的相违量来说明有法自相相违因和有法差别相违因,而不敢越雷池一步!其实佛家关于后二相违的用例及阐述是不足为训的。这一点我们于上一节已分析过,此处不再赘述。

由此,我们须用另外的例子来说明有法差别相违。如玄奘所立的“真唯识量”云:

真故极成色,不离于眼识;(宗)

自许初三摄,眼所不摄故;(因)

犹如眼识。(喻)

此量犯诸多过失,其中之一就是有法差别相违,这里仅就这一点作一些说明。〔2〕此宗有法“色”的自相即有形质的事物,而“色”的差别义按大乘的说法有“本质色”和“相分色”之分。有法“色”上冠以“极成”的简别语,就是

〔1〕 见《大疏》卷七页十五左,金陵本,光绪二十二年(1896)。

〔2〕 详见本书附论二:《真唯识量》略论。

表示这里所说的“色”是大小乘共同认可的本质色(尽管玄奘主观意许的是相分色)。但本质色并非不离于眼识的色,因此“初三摄,眼所不摄”因与宗上有法的差别义存在相违,是有法差别相违因。玄奘以此因来成立相分色不离于眼识,敌论者就可以抓住这个有法差别相违因进行破斥,出相违量云:

所说极成之色,应非极成之色;(宗)

许初三摄,眼所不摄故;(因)

犹如眼识。(喻)

大小乘共许极成的色应是本质色,而且大小乘共同认为本质色是离于眼识的,现在玄奘立因说是“初三摄,眼所不摄”的(即眼识所摄),如此宗因岂不相违?因此敌论者可据以问难:你说的极成色(本质色)并非极成色,因为你认为这个色是眼识所摄的。这一问问得很有力,把“真唯识量”的有法差别相违因揭示出来了。

以上介绍了四相违过。在四相违中,法自相相违是主要的,其他三种相违特别是因与有法相违的过失,在实践上独立的作用较小。相违过的特点是因法缺第二、第三两相,因此敌者可不改立者之因出相违量难破。在喻上,“法自相相违,改他同喻为异,改他异喻为同;后之三违(法差别相违、有法自相相违、有法差别相违)以他同为同、以他异为异”〔1〕,所以敌论者出相违量除了须将法自相相违的同异喻颠倒过来外,对于后面三种相违,不仅不要改变其因法,连同异二喻也可不必改动。总之,相违因“立必同无异有,破必同有异无”〔2〕,这应该是一条重要的原则。

〔1〕〔2〕《大疏》卷七页十九左~右。

第九章　谬误论（下）：似喻

一、概　　说

古代正理派以至近代正理论是把论证中的一切过失都概括为因过的，所以他们不讲宗过和喻过。佛教和耆那教的因明家们则主张单独设立宗过和喻过。陈那、天主及其以前的古因明家都认为喻有十种过失，可分为两类，每类五种：

1. 似同法喻：

① 能立法不成；② 所立法不成；③ 俱不成；④ 无合；⑤ 倒合。

2. 似异法喻：

① 所立不遣；② 能立不遣；③ 俱不遣；④ 不离；⑤ 倒离。

至七世纪，法称改革因明，在十种似喻的基础上补充了四种似同法喻和四种似异法喻：

1. 补充四种似同法喻：

① 能立犹豫不成；② 所立犹豫不成；③ 两俱犹豫不成；④ 缺合。

2. 补充四种似异法喻：

① 所立犹豫不遣；② 能立犹豫不遣；③ 两俱犹豫不遣；④ 缺离。

这样，就使喻过增加到十八种之多。但是法称的增补并不科学，因为按照窥基所说，"能立法不成""所立法不成"和"俱不成"这三种似同法喻，以及"所立不遣""能立不遣"和"俱不遣"这三种似异法喻都可进一步划分为两俱、随一、犹豫、所依四种情况，这样，自然就不必把三种"犹豫不成"和三种"犹豫不遣"单独列为过失了，而由其分别归摄于以上所述六种喻过即可。至于"缺合"和"缺离"二过，其实是同法喻和异法喻的省略式，只要喻依符合第二、三相的要求，就不应看作过失。兹综合各家关于似喻种类的意见，列表对照如下：

古代正理论及近代正理论	古因明家、陈那及天主	法　　称
	似同法喻五种：	似同法喻九种：
	能立法不成	能立法不成
		能立犹豫不成
	所立法不成	所立法不成
		所立犹豫不成
	俱不成	俱不成
		两俱犹豫不成
	无合	无合
		缺合
	倒合	倒合
	似异法喻五种：	似异法喻九种：
	所立不遣	所立不遣
		所立犹豫不遣
	能立不遣	能立不遣
		能立犹豫不遣
	俱不遣	俱不遣
		两俱犹豫不遣
	不离	不离
		缺离
	倒离	倒离

本章所要介绍的，就是古师和陈那、天主所说的十种似喻。

似喻与似因有一定的联系，因为在因上如缺第二、三相，也必同时犯喻过。但二者亦颇有不同：似因属于“少相缺”，即从三相门上来检查，缺第一相者犯不成过，缺第二相或第三相之一者犯不定过，同时缺第二、三相者犯相违过。而似喻则属于“义少缺”，即从三支门上来检查其过失，缺同喻者就是俱不成，缺异喻者就是俱不遣。固然，似因与似喻有重复的部分，如上所述，因缺第二、三相必同时犯“义少缺”；但有义少缺者，则不必定同时有少相缺，如无合、倒合，不离、倒离等过就纯属义少缺，也就是说从三相门上看，并不缺相，但从三支门上看，“虽陈其体，义少名缺”。〔1〕可见，在陈那的过失论中，是先从三相门上来检查似因，然后又从三支门上来检查似喻的，这种反复考核的方法，似比单从似因一方面来考虑要周到细密一些。

二、似同法喻

《入论》云：

> 似同法喻有其五种：一、能立法不成；二、所立法不成；三、俱不成；四、无合；五、倒合。

《入论》为这五种似同法喻安排的次序是很有些讲究的，如它首先提出“能立法不成”，其次才是“所立法不成”，为什么不是先所立后能立呢？我们知道，在新因明的三支比量中，宗为所立，因和同异二喻为能立。在能立中，因为正能立，同异二喻为助能立，即帮助因去成立宗。同喻的助成作用是通过它与因（能立法）宗（所立法）二法的性质相合来体现的，即同喻依必须首先是因（能立法）的同品，同时也是宗（所立法）的同品才能起助成的作用。如果同喻依与因（能立法）宗（所立法）二法不合，就不能起助成的作用。所以

〔1〕《大疏》卷三页十七左，金陵本，光绪二十二年（1896）。

《入论》在探究似喻时,自然就把“能立不成”的问题放在居先的位置,然后再说到“所立不成”的问题。“俱不成”是上述二过的综合,因此列为第三。这三种似同法喻都是缺同喻造成的。“无合”和“倒合”则并非缺同喻,而是在喻体的表达上有过失,所以放在后面说。

下面我们就分别来介绍这五种似同法喻。

1. 能立法不成

能立法不成就是同喻依虽与宗法相合,却与因法不合,从而失去助成作用的过失。如《入论》云:

> 能立法不成者,如说声常,无质碍故,诸无质碍,见彼是常,犹如极微。〔1〕

这是以声论对胜论的立量为例。此例同喻依“极微”虽然具有宗法“常”的性质,是宗的同品,但却不是“无质碍”的,因而并非因的同品。故《入论》又云:

> 然彼极微,所成立法(即宗法)“常”性是有,能成立法(即能立)“无质碍”无,以诸极微质碍性故。〔2〕

“极微”即原子,它虽然细微到一般不为肉眼所见,但却仍然是有质碍的物质,因而以“极微”为同品是不能有助于因的。

不妨再举一个浅近些的例子:

> 鲸鱼是脊椎动物;(宗)
> 有脊椎故;(因)
> 凡有脊椎者均系脊椎动物,如文昌鱼。(同喻)

在这个例子中,同喻依只有宗的性质而无因的性质,因为文昌鱼却被发现是一种具有未分化的中央神经索并且没有脊椎骨的脊椎动物。这就有能立法

〔1〕〔2〕《大正藏》第32卷12b。此例在说不定因中的“俱品一分转”中也出现过,但在“俱品一分转”中,同品一分有不违反第二相,异品一分有才违反第三相而成不定。在本过中,极微单独来证声常宗,虽为所立“常”宗的同品,却是能立“无质碍”因的异品,故为能立法不成之例。

不成之失。

据《大疏》卷七说，能立法不成可划分为两俱、随一、犹豫、所依四种，如下表：

过　名	举　　　例	《大疏》的说明
能立两俱不成	如《入论》所云：声常，无质碍故，诸无质碍见彼是常，犹如极微。	
能立随一不成	声论师对佛弟子立：声常宗，无质碍因，举喻如业。	举喻如业，佛法不许，即是随一。虽俱所立无，且辩能立随一。
能立犹豫不成	如于雾等性起疑惑时，为烟为雾（尚不能定），即立：彼处定应有火，以现烟故，如厨舍等处。	（著者按：此即因过犹豫不成例，从喻来看，因为因法犹豫，喻也就失去了助成的作用。）
能立所依不成	如数论师对佛弟子立：思受用诸法宗，以是神我故，如眼等根。	若言“假我”，因喻无过；今言“以是神我故因”，佛法不许，故随一无。此因既无，故喻无依……名所依不成。

以上所说的四种能立法不成之中，能立犹豫不成据《大疏》说又有三种情况：一是犹豫在因上，二是犹豫在喻上，三是因和喻都犹豫。《大疏》只举犹豫在因上的一例，这是“举一例余”，以此类推的意思。又关于能立所依不成，《大疏》说有人认为应无此过，因为似因中的所依不成是指宗上有法无体，使因法失去所依，现在所说的能立所依不成，从所举例子可知，宗上有法并非无体。《大疏》不同意这种说法，指出：

所依有二：一、自体依；二、所助依。〔1〕

什么是自体依呢？自体依就是喻依自体。如果所举的喻连其自体都不能成

〔1〕《大疏》卷七页二十六右，金陵本，光绪二十二年（1896）。

立,又怎么能起到助因的作用呢?那么什么是所助依呢?所助依就是因法,因法正是喻所要相助的对象。如果因法是随一无体,喻同样也无法起助成的作用。但在能立所依不成中,只有所助依不成而无自体依不成的情况,因为若是自体依不成,同喻就成无体,而同喻无体必犯“俱不成”过,就不再是能立法不成了。《大疏》在这里所举的例,就是因法随一无体而使同喻无所依,也就是所助依不成的例子。

2. 所立法不成

所立法不成就是同喻依虽与因法相合而与宗法不合,从而失去助成作用的过失。如《入论》云:

> 所立法不成者,谓说如觉。〔1〕

这是仍以前量为例而改变同喻,此量如下:

> 声常;(宗)
>
> 无质碍故;(因)
>
> 诸无质碍,见彼是常,如觉。(喻)

“觉”即精神现象的总称,它是看不见摸不着亦即“无质碍”者,所以是因(能立)的同品;但“觉”又是无常的,因而并非宗(所立)的同品。故《入论》又云:

> 然一切觉,能成立法(即因法)“无质碍”有,所成立法(即宗法)“常住性”无,以一切觉皆无常故。〔2〕

因此在上述立量中举喻“如觉”就犯所立法不成过。再如:

> 鲸鱼是鱼;(宗)
>
> 生于水中故;(因)
>
> 凡生于水中者均是鱼,如海豹。(喻)

海豹是生活在水中的,但并不是鱼;因此它只是因的同品而不是宗的同品。这样,以海豹为同喻就有所立法不成之过。

---

〔1〕〔2〕《大正藏》第32卷12b。

根据《大疏》的划分，所立法不成也有两俱、随一、犹豫、所依四种分别，兹列表说明如下：

过　名	举　　例	说　　明
所立两俱不成	如《入论》所举例：声常，无质碍故，如觉。	因为立敌双方都以“觉”为无常。
所立随一不成	如声论对佛家立：声常，无质碍故，如极微。	声论虽以极微为无质碍和常住，但佛家不许，佛家以极微为有质碍和无常的，所以此因是随一无体，同喻也就无所依了。
所立犹豫不成	这批书定然好看，以是小说故，如其它文艺作品。	如果某人在没有弄清这批书是否全是小说和是否真的好看以前，贸然作出这样的推断，就犯所立犹豫不成之过，因为在一批小说中可能有好看的，也可能有不好看的，其它文艺作品也是如此。
所立所依不成	如数论师对佛法者立眼等根为神我受用，同喻如色。	《大疏》云：此即能别不极成，故喻无所立，亦无所依；由无所依，喻上所立亦不得成。

上述所立犹豫不成与能立犹豫不成一样，也有三种情况：或犹豫在因、或犹豫在喻、或因喻均犹豫。这里所举的是因喻都犹豫的例子。由于《大疏》的举例不宜转引，故特改例。

另外，所立所依不成也和能立所依不成一样，也只有所助依不成一种，理由已如前述，此处不复赘言。这里要说明的是，所立所依不成中的所助依，是指的宗上能别（宗法）。由于此量能别不极成，所以同喻便失去了所依，犯所立所依不成之过。

3. 俱不成

俱不成就是同喻依与因法（能立法）和宗法（所立法）都不相合，从而失去助成作用的过失。俱不成有两种：一种是有体喻犯俱不成过，一种是无体喻犯俱不成过。故《入论》云：

> 俱不成者，复有二种：有（有体）及非有（无体）。若言“如瓶”，有（有体）俱不成；若说“如空”，对无空论，无（无体）俱不成。

这是仍以前量为例，用改变同喻的方法来说明有体和无体两种俱不成。我们先来看有体俱不成的例子：

声常，（宗）

无质碍故，（因）

如瓶。（喻）

这“瓶”立敌都许其为有体，但却是有质碍和无常性的，因而不能作为能立法和所立法的同品。这就是有体喻而犯俱不成过。再看无体俱不成的例子，如对无空论立如下比量：

声常，（宗）

无质碍故，（因）

如空。（喻）

“虚空”是无质碍而且常住的，这为印度大多数哲学派别所共认，因此以虚空为同喻本来应该是无可非难的；但如果对无空论者立量也以虚空为同喻的话，情况就完全不同了，因为无空论者不同意虚空为实有，虚空既非实有，又怎么能作为因宗二法的同喻呢？由此知道，同喻决不能是不加简别的无体，否则必有俱不成之过。

据《大疏》的划分，有体俱不成又有两俱、随一、犹豫、所依四种分别，其中随一又分自、他两种，兹列表说明如下：

过　名	举　　例	说　　明
两俱有体俱不成	如《入论》所举例：声常，无质碍故，如瓶。	
自随一有体俱不成	如声显论对胜论立：瓶是无常，所作性故，如声。	声显论认为“声”是常住和非所作的，因此不能用“声”来作所作和无常的同品；但胜论以“声”为所作和无常之物，故是自随一有体俱不成。

续　表

过　名	举　　例	说　　明
他随一有体俱不成	如胜论对声显论立：瓶是无常，所作性故，如声。	从立者一方来看虽然可以如此说，但在敌者一方通不过，因此是他随一有体俱不成。
犹豫有体俱不成	如说彼厨等中定有火，以现烟故，如山等处。	同喻“山等”，或烟或雾犹存疑惑，故是犹豫有体俱不成。
所依有体俱不成	如数论师对萨婆多立：思是我，以受用二十三谛故，如瓶盆等。	此量宗因二法均是随一无体，同喻虽是有体，但无所助依。

在以上四种（自、他随一算作一种）有体俱不成中，自随一有体俱不成照一般的理解应该就是他随一无体俱不成，他随一有体俱不成应该就是自随一无体俱不成。因为按因明的规定，宗依、因法和喻依必须立敌共许极成，如果有一方不极成，就是随一无体（亦即随一有体）。可以举一个《大疏》中的现成例子来说明：

声常，（宗）

所闻性故，（因）

如空。（喻）

这个比量如果是声论师对无空论立的，就是自随一有体俱不成；也是他随一无体俱不成。如果是无空论对胜论立的，就是他随一有体俱不成；也是自随一无体俱不成。由此可见，自随一有体与他随一无体，他随一有体与自随一无体，原来是重复的。那么是不是可以说，有了随一有体俱不成以后，就可以省去随一无体俱不成了呢？我认为这要作具体分析：像上述的随一有体和随一无体如果是一回事，那就大可不必分作两起说；但窃意这里的随一有体俱不成，除了相对于随一无体俱不成之外，还有另一层意思，就是我们在上表中举例说明的，同喻“声”立敌双方虽然共认其是有体，然而由于双方对其属性的理解不同（常与无常、非所作与所作），按一方的理解可为宗因二法的同喻，而另一方却不同意它作为同喻，由此产生的随一有体俱不成，其“随一”的重点就不在有体或无体上，而在能不能成其为助因上面，像这样的随一有体俱不成与随一无体俱不成并不重复，当然就是不可或缺的了。

另外，我在前面说过，所依不成分自体依不成和所助依不成两种。所依有体俱不成属于所助依不成一类，因为同喻既是有体，就不会是自体依不成，自体依不成指的是同喻自身为无体。所以下面要讲的无体俱不成才是属于自体依不成一类。

现在就来看无体俱不成。《大疏》云：

> 无（体）俱不成亦有两俱、随一、犹豫及所依不成。〔1〕

但在实际划分中，却只有两俱、随一及所依不成三种，缺犹豫无体俱不成。所以《大疏》又云：

> 犹豫无（体）俱不成者，既无喻依，决无二立，疑决既不异分，故缺此句。〔2〕

这就是说同喻既是无体，就不再存在或此或彼犹疑不决的问题了，因而只有当同喻是有体时才有犹豫的可能。兹据《大疏》的划分，列表说明如下：

过　名	举　　例	说　　明
两俱无体俱不成	如声论对胜论立：声常，所闻性故，如第八识。	《大疏》云：“二俱不立有第八识故。”
自随一无体俱不成	如声论师对大乘者立：声常，所闻性故，如第八识。	《大疏》云：“彼自不许有第八识故，是自随一。”
他随一无体俱不成	如声论师对无空论云：声常，所闻性故，如空。	《大疏》云：“举喻如空，对无空论，即他随一。”

〔1〕〔2〕《大疏》卷八页二右，金陵本，光绪二十二年（1896）。

续　表

过　名	举　　　例	说　　　明
所依无体俱不成	数论师对无空论者云：思是我，以受用二十三谛故，如虚空。	此"虚空"是他随一无体，且未加简别，因而不能作为宗、因二法的同喻。

上述三种（自、他随一算作一种）无体俱不成的同喻既然都是无体的，便同时又有自体依不成的过失。

前面说过，所依有体俱不成只有自体依不成一种；但所依无体俱不成却可以是自体依和所助依都不成的，如上表所举的例，除了自体依不成外，由于宗因二法都是随一无体，因此还有所助依不成的问题。

4. 无合

以上所说的能立法不成、所立法不成和俱不成都是关于喻依的过失，以下要阐述的无合和倒合是关于喻体的过失。

按新因明的规定，喻体须将事物间的因果关系表述出来，即将因法和宗法结合起来，组成具有普遍性质的命题，从而证知个别性的事物都具有一类事物的共同性质。新因明的这一规定是总结了古因明的失误而来的；因为古因明五支作法的喻、合、结三支只是由一具体事物（如瓶）所具有的某种性质去推知另一具体事物（如声）也具有某种性质，如古因明云：

声是无常；（宗）

所作性故；（因）

犹如瓶等，于瓶见是所作与无常；（喻）

声亦如是，是所作性；（合）

故声无常。（结）

它没有能概括出"诸所作者定是无常"的因果性来，新因明把这种失误称作无合。故《入论》云：

> 无合者，谓于是处（即同喻）无有配合，但于瓶等双现能立（因）、所立（宗）二法，如言于瓶见所作性及无常性。〔1〕

陈那对无合的批评更为具体，如《集量论》云：

> 若直以瓶为同法喻，以瓶体是无常故类声亦是无常者，亦应瓶是四尘可见、烧，声亦四尘可烧、见。若如我释，诸所作者皆是无常以为喻体，瓶等非喻，但是所依，即无此过。〔2〕

陈那还同古因明家辩论过同喻无合所可能导致的后果，事见《理门论》，我们在第四章第二节已作了介绍，这里就不多说了。

总之，无合是古因明五支作法的一种失误，因为它只指出个别事物的相类，而没有概括出事物间的因果联系，因此为新因明所不许。

5. 倒合

按新因明的规定，同喻用合作法，即先因同后宗同。倒合则是先宗同后因同。如《入论》云：

> 倒合者，谓应说言"诸所作者皆是无常"，而倒说言"诸无常者皆是所作"。〔3〕

这里的谬误很明显，因为"正应以所作证无常，今翻无常证所作，故是喻过"。〔4〕

倒合的错误不仅在词序上颠倒，也是一种因果关系的倒置，属种关系的倒置。以《入论》所举例来看，"所作"原是"无常"的充分条件，因此在表述上只能从肯定前件（因同）到肯定后件（宗同），说成"若是所作，见彼无常"；如果倒过来说成"若是无常，见彼所作"，就混淆了事物间的因果关系。而且从概念间的关系来看，因明比量的因法其外延一般要小于宗法，如因法所作

〔1〕《大正藏》第32卷12b。

〔2〕见《庄严疏》卷一页二十五左引，内院本，1934年。文轨所引《集量》语，当系据玄奘口义而来。

〔3〕《大正藏》第32卷12b。

〔4〕《大疏》卷八页六左~右，金陵本，光绪二十二年（1896）。

是种概念,宗法无常则是属概念,由种概念所作的存在,可推知其属概念无常亦必存在;如果倒过来说的话,就必然要搞乱概念间的关系,从而无法作出正确的判断。

陈那曾全面地分析过倒合所可能产生的种种后果,归纳起来约有三种:一是"成非所说",二是"不遍",三是"非乐"。我们在第四章第三节已作了详细阐释,这里就从略了。

以上五种似同法喻,前三种可作进一步的划分,后二种不能再作划分。据《大疏》说把前三种似同法喻划分为两俱、随一、犹豫、所依不成还只是基本的分法,如要进一步分,还可以按自、他、共和全分、一分来划分,计可分成四十二种之多,但《大疏》没有再作这种烦琐的划分。

三、似异法喻

《入论》云:

> 似异法喻亦有五种:一、所立不遣;二、能立不遣;三、俱不遣;四、不离;五、倒离。〔1〕

《入论》为五种似异法喻安排的次序也是很有讲究的。同喻是先因同后宗同,而以因同为正;异喻则是先离宗再离因,而以宗异为正。如果异喻不能离于宗因,就有不遣过。不遣就是不能遮遣、排除和远离的意思。异喻如果不遣宗因二法,就不能起返成的作用。异喻既然以宗异为正,所以《入论》以所立不遣为首,其次才是能立不遣。俱不遣是以上二过的综合,故列为第三。以上三过是关于喻依的。不离、倒离则是关于喻体的,因此放在最后讲。

1. 所立不遣

所立指的是所立法,即宗法。所立不遣就是异喻依不能远离宗法的过

〔1〕《大正藏》第32卷12b。

失。按因明的规定，异喻必须首先远离宗法，即与宗法不发生任何联系。如果异喻而不能远离宗法，这个异喻本身就站不住脚，当然就不能从反面来制止因的滥用了。《入论》云：

> 似异法中，所立不遣者，且如有言：诸无常者，见彼质碍，譬如极微。〔1〕

这还是以声论对胜论的立量为例：

> 声常；（宗）
>
> 无质碍故；（因）
>
> 诸无常者，见彼质碍，譬如极微。（异喻）

但是"极微"虽然有质碍，能远离（遣）因法（能立），却具有常性，因此并不能远离宗法（所立法），而犯所立不遣之过。故《入论》又云：

> 由于极微所成立法常性不遣，彼立极微是常住故；能成立法无质碍无（即有质碍）。〔2〕

按《大疏》的划分，所立不遣亦可分为两俱、随一、犹豫、无依不遣四种。但事实上，异喻无体一般并不妨碍它起遮遣的作用，故一般不会有无依不遣的情况。《大疏》对此也采取比较灵活的态度，如云：

> 或无第四过，以异喻但遮非表，依无非过，但有前三。或亦有四，如立我无，许谛摄故，异喻如空，对无空论虽无所依，亦不遣其所立法故。〔3〕

这是用了两说并存的办法。但后一说所举之例不能成立。试为分析如下：第一，此量当是佛家破数论所立，因为数论二十五谛中有"神我"谛，且以"神我"为常住不灭者。因此把此量说成是大乘对小乘经部（无空论）所立是毫无道理的。第二，小乘经部与大乘一样，也不同意有"我"，因此如大乘对小乘经部立此量就有相符极成之过。第三，大乘在因法上加一"许"字，指明是

〔1〕〔2〕《大正藏》第32卷12b。

〔3〕《大疏》卷八页七右，金陵本，光绪二十二年（1896）。

他比量，但小乘并不以“我”为“谛摄”，因此这是强加于人。第四，如果把这个比量说成是无空论者对数论所立，这“空”也不是异喻而是同喻；因为根据合作法，此量同喻体应是“诸谛所摄定皆是无”，这“空”属于二十五谛所摄（因同），而且无空论者又以其为无（宗同），所以它只能是同喻而不会是异喻。异喻的无依不遣过乃是一种个别情况。

现将所立不遣过按两俱、随一、犹豫加以划分，列表说明如下：

过　名	举　　　例	说　　　明
所立两俱不遣	如声论对胜论云：声常，无质碍故，诸无常者见彼质碍，譬如极微。	声、胜二论都以极微为常住，故是两俱不遣于所立。
所立随一不遣	如声论对小乘萨婆多立：声常，无质碍故，诸无常者见彼质碍，譬如极微。	萨婆多认为极微是无常的，故只是从声论一方面来说有所立不遣之过。
所立犹豫不遣	如言：彼山等处定应有火，以现烟故，如余厨等处。异喻：诸无火处皆不现烟，如余处等。	《大疏》云：“然有火处亦无其烟，故怀犹豫；不现烟处，火为有无，故犹豫不遣。”

2. 能立不遣

能立指的是因法，能立不遣就是异喻依不能远离因法的一种过失。因明学规定，异喻必须远离宗因，即与宗因二法都不发生任何联系。如果异喻只异于宗法而不异于因法，这个异喻还是不能起到止滥的作用。《入论》云：

> 能立不遣者，谓说如业，但遣所立，不遣能立，彼说诸业无质碍故。〔1〕

这仍是以声论对胜论所立的前量为例，只是改异喻为“如业”。为便于分析，还是将整个比量照录在下面：

> 声常；（宗）

〔1〕《大正藏》第32卷12b。

无质碍故;(因)

诸无常者,见彼质碍,如业。(异喻)

“业”即机械运动,它虽然无常,可为宗的异品,但却无碍,与因法相合,故不遣能立。再举一个例子:

鲸鱼非鱼;(宗)

以是用肺呼吸故;(因)

凡鱼均非用肺呼吸,如肺鱼类。(异喻)

过去一般总以为鱼的特点之一是用鳃呼吸,可是出现了一些动物,这些动物的鱼的特征差不多是大家公认的,但是他们除去鳃,还有很发达的肺。肺鱼类就是这样的一种鱼,因此用“肺鱼类”作异品,虽遣所立,却不遣能立,有能立不遣之失。

能立不遣亦可按两俱、随一、犹豫来划分,兹列表说明如下:

过　名	举　　例	说　　明
能立两俱不遣	如云:声常;无质碍故;诸无常者见彼质碍,如业。	如声论对胜论立此量,就犯能立两俱不遣,因为声、胜二论都以业为无质碍者。
能立随一不遣	同上例。	如声论对佛家立此量,就犯能立随一不遣,因为佛家认为“业”是有质碍的。
能立犹豫不遣	如云:远处应有火,似有烟故,异喻如湖。	如果某人在没有真正弄清远处究竟是烟还是雾的情况下便作此比量,就有能立犹豫不遣之失,因为远处如果是雾而不是烟,这湖就成了因的同品。

3. 俱不遣

俱不遣就是异喻依不能远离宗因二法的过失。这也就是说,立者所用的异喻,其实是同喻,因而不能遣除所立与能立。如《入论》云:

俱不遣者,对彼有论说如虚空;由彼虚空不遣常性无质碍故,以说

虚空是常性故，无质碍故。〔1〕

《大疏》释云：

此……即声论师对萨婆多（有论）等立声常，无碍，异喻如空。……两宗俱计虚空实有，遍常无碍，所以二立不遣也。〔2〕

小乘萨婆多持有论，它与声论一样，以“虚空”为实有，而且是常住不灭，无形无碍的。“虚空”既为常住而且无碍，就与上述比量的宗因二法正好相合，因此声论用它来作异喻，便有“二立（所立与能立）不遣”之失。

异喻俱不遣有时也在一定程度上反映了归纳法的局限性。例如：

乳房是哺乳动物的标记；（宗）

因为要给幼兽哺乳；（因）

凡无此标记者均不给幼兽哺乳，如鸭嘴兽。（异喻）

“鸭嘴兽”是哺乳动物，但其母兽无乳房，只在腹部有乳腺，哺乳时母兽仰卧，小兽伏在上面吮吸乳汁。因此以鸭嘴兽为异喻则于所立、能立俱不遣。由此也可看到归纳法并不是万能的，它常常被相反的事实所否定。

在同喻俱不成中，分有体俱不成和无体俱不成两种，异喻则不分有体、无体，因为异喻无体不是过失。《大疏》对此有一简要的说明：

同约遮表，无依成过；异遮非表，依无俱遣，故无非过。〔3〕

这就是说，同喻是亦遮亦表的，所以一定要有体；异喻是但遮非表的，即使是无体也无妨，照常能起遮遣的作用，因而异喻无体不是过失。

俱不遣亦可划分为两俱、随一、犹豫三种，兹列表说明如下：

过　名	举　　例	说　　明
两俱俱不遣	如云：声常，无质碍故，异喻如空。	如声论对萨婆多部立此比量。

〔1〕《大正藏》第32卷12b。

〔2〕《大疏》卷八页八右～九左，金陵本，光绪二十二年（1896）。

〔3〕《大疏》卷八页九左，金陵本，光绪二十二年（1896）。

续 表

过 名	举 例	说 明
随一俱不遣	如云：乳房是哺乳动物的标记，因为要给幼兽哺乳，异喻如鸭嘴兽。	如果归纳万能论者对动物学家立此比量，就有随一俱不遣之失。
犹豫俱不遣	如云：远山有火，似有烟故，异喻如雾。	如果某人没真正弄清究竟是雾还是烟就作此比量，那么异喻如雾也有可能是因的同品。如果因法有可能不是烟而是雾的话，那么远山也可能无火，异喻便又是宗的同品了。如此，则异喻有犹豫俱不遣之失。

以上所立不遣、能立不遣以及俱不遣三过是关于异喻喻依的，下面不离和倒离二过是关于异喻喻体的。

4. 不离

新因明规定，异喻必须从反面将事物的因果关系表示出来，这就需要建立异喻体来担当这个任务。但是在古因明，却没有喻体，它的异喻加上合、结两支只是从某一具体事物不具备某种性质去反证另一具体事物具备某种性质。如古因明云：

> 声是无常；(宗)
> 所作性故；(因)
> 犹如空等，于空见是常住与非所作；(异喻)
> 声不如是，是所作性；(合)
> 故声无常。(结)

它没有能概括出“若是其常，见非所作”的普遍命题来。这是古因明的不足之处，新因明把这种不足看作是失误，把这种失误称作“不离”。

陈那曾深刻指出古因明在异喻上的无能，如《理门论》云：

> 世间但显宗、因异品同处有性为异法喻，非宗无处因不有性，故

定无能。〔1〕

这就是说，当时流行的古因明只是以某一事物可为宗因二法的异品而为异法喻，而不是要提供“宗无因不有”的普遍性命题来作为前提，因而它的作用是微弱无能的。对此，商羯罗主在《入论》中也举例云：

不离者，谓说如瓶，见无常性，有质碍性。〔2〕

《大疏》释云：

今既但云见彼无常性，有质碍性，不以无常属有碍性，即不能明无宗之处因定非有。〔3〕

这就是说，如果声论立“声常”宗，以“无质碍”为因，异喻说“如瓶”，于瓶见彼无常性与有质碍性，就犯不离之过，因为它“不能明无宗之处因定非有”，也就是未能把结果消失其原因也必然消失的一定不离之关系给揭示出来。

由此可见，异喻必须从反面说明宗因一定不离的回转关系，而犯有不离过的喻却未能反映这种关系，因此无能。

5. 倒离

按新因明的规定，异喻用离作法，即先宗异后因异，而以宗异为正、因异为助。倒离则是与此相反，先因异后宗异。如《入论》云：

倒离者，谓如说言，诸质碍者皆是无常。〔4〕

《大疏》释云：

宗、因、同喻，皆悉同前。异喻应言：“诸无常者见彼质碍”，即显宗无因定非有……返显有因宗必随逐。……今既倒云“诸有质碍皆是无

〔1〕《大正藏》第32卷3a、b。又，参见拙释《因明正理门论译解》Ⅰ-3-6L，中华书局，2007年。

〔2〕《大正藏》第32卷12b。

〔3〕《大疏》卷八页九右~十左，金陵本，光绪二十二年(1896)。

〔4〕《大正藏》第32卷12b。

常”，自以“碍”因成“非常”宗，不简因滥，返显于“常”。〔1〕

这就是说，如果立“声常”宗，以“无质碍故”为因，以“瓶”为异喻，异喻体应说成“诸无常者见彼质碍”，这样就能显出“宗无因定非有”的规律，从而也可反证“有因宗必随逐”的规律。但是现在既然把宗异因也必异的关系倒过来说，说成“诸有碍者皆是无常”，这就是以因异为正、宗异为助，以“有质碍”（因异品）为因来成立“无常”（宗异品）之宗了，结果是异喻非但不能制止因的滥用，反倒可以用来成立宗法“常住”了。因为“诸有碍者皆是无常”这个命题可以成立的话，那么“诸有碍者皆是常住”的命题也可以成立，如“极微”，它是有质碍的，但却又是常住的，这样，就有“不定”之失，因此异喻倒离，是一种失误，为因明学所不许。

倒离的错误不只是一个词序上的颠倒而已，还是一种因果关系的倒置，属种关系的倒置。以“声是无常；所作性故；若是所作见彼无常，如瓶；若是其常见非所作，如空”为例，“所作”是“无常”的充分条件，“无常”即是“所作”的必要条件，因此只能从否定“无常”（即“常”）到否定“所作”（即“非所作”），而不能倒过来推论。而且从概念间的关系来看，“非所作”的外延要比“常住”为大，“常住”只是“非所作”的种概念，由种概念“常住”的存在，可推知其属概念“非所作”的存在，如果倒过来说的话，就必然会搞乱概念间的关系，使命题归于荒谬。

陈那曾详细地分析了倒离所可能产生的种种后果，我们在第四章第三节已作了具体阐述，兹不赘说。

以上五种似异法喻，前三种作进一步的划分，后二种则不能再作划分。把前三种按两俱、随一、犹豫来分还只是基本的分法，如要进一步，还可按自、他、共等来划分，也有四十二种之多，但《大疏》没有再作这样的划分。

* * * * *

以上介绍了新因明所总结的三十三种过失，列表归纳如下（见下页）：

〔1〕《大疏》卷八页十右。

- 三十三过
  - 宗九过
    - 五相违
      - 现量相违
      - 比量相违
      - 自教相违
      - 世间相违
      - 自语相违
    - 四不成
      - 能别不极成
      - 所别不极成
      - 俱不极成
      - 相符极成
  - 因十四过
    - 四不成
      - 两俱不成
      - 随一不成
      - 犹豫不成
      - 所依不成
    - 六不定
      - 共不定
      - 不共不定
      - 同分异全
      - 异分同全
      - 俱品一分转
      - 相违决定
    - 四相违
      - 法自相相违
      - 法差别相违
      - 有法自相相违
      - 有法差别相违
  - 喻十过
    - 似同法喻五种
      - 能立法不成
      - 所立法不成
      - 俱不成
      - 无合
      - 倒合
    - 似异法喻五种
      - 所立不遣
      - 能立不遣
      - 俱不遣
      - 不离
      - 倒离

第十章　公理、规则和谬误性质的探讨

一、三支论法的公理

陈那的三支论法作为一个逻辑系统，自有作为其推导出发点的初始命题，亦即公理。但是以往的学者似乎没有注意及此，故亦未尝论及；现时有的学者注意到了，这是一大进步，但却将因三相当作了公理，似有未当。其实，陈那在论述其三支因明的过程中反复强调的因、宗之“不相离性”〔1〕，才是三支论式的公理。

陈那的“不相离性”公理可以从两个层面上来诠释。第一，从概念关系的层面上看，因法和宗法作为三支论式中的两个概念，则因法相当于中词M，宗法相当于大词P，二者具有包含关系，即M被P包含，设某类事物S被M包含，则亦必被P包含。因、宗之不相离性即反映这种以类为推的逻辑关系。第二，从命题关系上来看，陈那还将这种“不相离性”解释为“说因宗所随，宗无因不有”〔2〕，他并以同、异二喻的喻体来体现这种不相离性：“若是所作，定见无常；若是其常，见非所作。”这是两个充分条件的命题，其中逆否

〔1〕　陈那《因明正理门论》云：“显因与所立（宗法）不相离性。”《大正藏》第32卷3a。又，参见拙释《因明正理门论译解》Ⅰ-3-6H。中华书局，2007年。引文的序号系我所加，以便查检，下同。

〔2〕《大正藏》第32卷1c、2c。又，参见拙释《因明正理门论译解》Ⅰ-2-5E，Ⅰ-3-1，Ⅰ-3-2B。

命题的题设和结论正是其原命题题设和结论的异质和换位，二者等值。所以，“说因宗所随，宗无因不有”也可以看作是“不相离性”公理的公式。这样的推导思想与西方传统逻辑的遍有遍无公理如出一辙。

不相离性的推导原则是陈那最早提出来的，曾遭到古因明师的质疑，陈那在与之辩驳的过程中对不相离性作了反复强调。如陈那批评古因明师不以普遍命题为推理和论证的基础，只是以个别事例与宗法所示的属性相类而推出结论，“终不能显因与所立不相离性，是故但有类所立义（宗法），然无功能”〔1〕。陈那在这里明确地指出，古因明的论式不能显示因法与宗法之不相离性，所以只是模拟于宗法所示的属性（如以瓶上的无常性去模拟声上的无常性），而这样的模拟是无有功能的。然后陈那又深入剖析由古因明的“无能”所导致的缺陷云：

> 以同喻中不必宗法（此指因法）、宗义（此指宗法）相类（不相离的因果联系），此复余譬所成立故，应成无穷。〔2〕

此谓由于古因明师不认为因法与宗法之间具有不相离的因果联系，而只是以事例瓶有无常性来与声之无常性模拟，这就很容易产生“辗转无穷”的弊病，因为当别人对瓶之无常提出质疑时，立论者可能又要以别的事例如灯来喻瓶，说如灯是无常，如此层层诘问下去，就会“辗转无穷”了。这即是扩充了的循环论证。

通过对古师的批评，陈那对不相离性公理作了深刻地阐释。这说明他是印度逻辑史上具有以类为推的自觉意识并且作了理论概括的当之无愧的第一人，因为当时不仅古因师和“世间外道”如胜论派等都没有认识到因宗之不相离性，印度的逻辑学派正理论也竭力反对陈那的说法，如乌地阿达克拉（Vddyotakara）在《正理释》（Nyāyarttika）一书中还批评陈那以不相离说为

〔1〕《大正藏》第32卷3a。又，参见拙释《因明正理门论译解》Ⅰ-3-6H，中华书局，2007年。

〔2〕《大正藏》第32卷3a。又，参见拙释《因明正理门论译解》Ⅰ-3-6J。

推理基础的理论。〔1〕

不相离性公理的提出,是印度逻辑走上演绎与归纳相结合的道路并演进为纯演绎法的前提。

二、三种不同性质的规则

因三相是三支论式的规则,这似乎是研究者的共识。但现在有质疑说,一种逻辑规则应是一种逻辑形式的充分必要条件,而因三相却不是三支论式的充分必要条件,因为因明三十三过中的许多过失都是因三相所不能制约的,亦即并非违反因三相所造成。〔2〕 这是一种大胆的质疑,因为否定因三相是三支论式的规则确乎是标新立异的;但质疑者认为因明过失论中所列的不少过失并非因三相所能制约却说得不错,这似乎也是一些学者存疑已久的问题,所以值得深入探讨。

佛家逻辑是论辩逻辑,涉及的面较广,因为论辩时立敌双方不仅要建立论式来对诤,而且还有其特殊的规定,如须遵守违他顺自的立宗原则、概念共许的原则、简别的原则和不矛盾的原则等等,这就涉及到了语法(语形)、语用和语义等问题,需要用语法(语形)规则、语用规则和语义规则来规范。所以论辩过程中出现的诸种过误,不仅仅是语法(语形)谬误,还涉及违反语用规则和语义规则而导致的语用谬误和语义谬误。因三相只是建立三支论式的语法规则,只能制约语法谬误。质疑者将所有的因明过失不加分析地总为一类,质疑因三相不能制约全部过失,从而否定因三相是三支论式的规则,这是失之偏颇的。

其实,陈那不仅发展了因三相的理论,将其深化为演绎与归纳相结合的

〔1〕 参见梶山雄一著,张春波译《印度逻辑的基本性质》第 37 页,中华书局,1980。乌地阿达克拉的原文参见 Nvado NS 1,1,5(P153~155)。

〔2〕 参见黄自强《佛家逻辑比较研究》第 77~79 页,新风出版社,2002 年。

三支论式的规则，而且还继承和发展了古因明和正理论有关语用、语义的传统规定，来防止和揭示论辩中可能会产生的种种语用谬误和语义谬误，无疑，陈那及其继承者有着丰富的语用和语义思想，但由于时代的局限，他们还未能从理论上作出概括，明确地用概念来区分三类不同性质的规则和谬误。所以长期以来一些研究者会受其过失论之纷繁的困惑，亦难以厘清因三相与诸种过失的关系。不过时至今日，我们只要从逻辑符号学（logical semiotics）的层面上重新审视因明的各种规则及因明的过失论，这些看来纷繁的现象和关系原来是可以从语法学（syntactics）、语用学（pragmatics）和语义学（semantics）三方面得到厘清的。〔1〕 有关因明过失论的问题留待下文阐说，这里先谈三种不同性质的规则。

1. 语法规则——因三相

语法规则亦称语形规则。三支论式的语法规则就是因三相，这是陈那在正理派后学所说的因三相的基础上发展而成的，是陈那及其继承者所着重阐发的核心理论。陈那《理门论》云：

> 又比量中唯见此理：若所比处此相审定，于余同类念此定有，与彼无处念此遍无，是故，由此生决定解。〔2〕

这段话揭示了建立一个三支论式所须遵循的三条语法规则：

（1）因法须与有法具有真包含关系；

（2）因法须与有法之外的宗同品具有包含关系（至少有一个）；

（3）因法须与宗异品完全排斥。

这三条规则后来在玄奘所译的商羯罗主《因明入正理论》中表述为："遍

---

〔1〕 语法学、语用学、语义学是组成逻辑符号学亦即语言逻辑（linguistic logic）的三个分支学科。语法学亦称语形学、句法学，专事研究语言的逻辑句法，即语言表达式之间的逻辑结构关系。语用学研究语言符号与其解释者的关系。语义学研究语言符号与其所指谓的对象的关系。

〔2〕《大正藏》第32卷3a。又，参见拙释《因明正理门论译解》Ⅰ－3－5A，中华书局，2007年。

是宗法性（第一相），同品定有性（第二相），异品遍无性（第三相）。”〔1〕语句更为凝练，成了汉传因明中因三相的通行语。

因三相是从因出发作出规定的，每一条规则的主词都是“因”，只是在字面上省略了这个“因”字。也就是说，因三相即是因的三个方面（相者向也）〔2〕，所以在说每一相时自然就承前省略了这个“因”字。但古人何尝会想到，这一字之省，却引发了后人的不少臆读，更空费了许多笔墨！

2. 语用规则

因明主要是论辩逻辑，必然涉及许多语用问题，陈那之前的古师就已经注意及此，并产生了一些约定俗成的做法。陈那及其门人等继承了传统的约定，也赋予了一些新的解释，从陈那及其门人的论述以及论辩实例中可归纳出如下语用规则：

（1）立宗须“随自意乐”，所立之宗必须是“不顾论宗”，即立论者所立的论题须是敌论者所反对的，亦即不得以立敌双方无争议的命题为论题。如陈那云：“‘随自意’，显不顾论宗随自意立。”〔3〕又云：“此中非欲成立火、触有性，共知有故。”〔4〕这就是说，像‘有烟必有火’，‘有火必生热’这样的论题无须再立，因为这是世人共知的事情，没有论诤的价值。

（2）组成宗的两个宗依须是立敌共许极成的，即作为论题主词和谓词的两个概念必须为立敌双方共同认可。这一点陈那没有明确提出来，只是在说“所依不成”因时带到一句：“或于是处有法不成。”〔5〕这说明他是主张宗依须极成的。后来他的门人商羯罗主在《入正理论》中才明确提出“极成有法，

---

〔1〕《大正藏》第32卷11b、c。

〔2〕 窥基《因明大疏》云：“相者向也……又此相者，面也，边也。三面三边……一因所依，贯三别处。”见《大正藏》第44卷102b。

〔3〕《大正藏》第32卷1a。又，参见拙释《因明正理门论译解》Ⅰ-1-3，中华书局，2007年。

〔4〕《大正藏》第32卷1c。又，参见拙释《因明正理门论译解》Ⅰ-2-40。

〔5〕《大正藏》第32卷1b。又，参见拙释《因明正理门论译解》Ⅰ-2-3。

极成能别”。这就将两个宗依（有法、能别）都明确纳入必须共许极成的范围。

以上（1）（2）两条是关于立宗的语用规则。规则（1）要求建立起来的论题为立许敌不许，这样才有对诤的价值；规则（2）要求组成宗的两个概念必须为立敌共同认可，这是对诤的必要条件，因为在论辩时如果双方对概念不能取得一致理解，就无法合乎逻辑地展开对诤。

（3）因法必须共许。作为因法的概念（如所作性）应为论辩双方所共许，这是陈那所反复强调的。如陈那云：“此中宗法，唯取立论者及敌论者决定同许，于同品中有非有等亦复如是。”〔1〕“因必无异，方成比量。”〔2〕此谓因法必须立敌无异议，方能证成比量。这也就是陈那说的：“此中唯取彼此俱定许义，即为善说。”〔3〕

（4）因法须是宗上有法的共许法。在三支论式中有两种法：一、不共许法，即宗法；二、共许法，即因法。共许法就是用以证成不共许法的。故陈那云：“但由法故成其法。”〔4〕即指由共许法来证成不共许法。故因法必须是立敌共许为宗上有法所有的，如声有所作性即是胜论与声生论对诤时共同认可的因法。故陈那云：“唯有共许决定言词说名能立（因），或名能破（因）。非互不成犹豫言词，复待成故。”〔5〕这就是说，因法必须是共许法，否则，就会产生随一不成和犹豫不成之过，还需“复待成”，即还要再来成立这未能共许之因。

（5）因法还须是因同品的共许法。如陈那云：“此中宗法，唯取立论及敌论者决定同许，于同品中有、非有等，亦复如是。”〔6〕在因明用语中，“宗

〔1〕《大正藏》第 32 卷 1b。又，参见拙释《因明正理门论译解》Ⅰ－2－2c，中华书局，2007 年。

〔2〕《大正藏》第 32 卷 2a。又，参见拙释《因明正理门论译解》Ⅰ－2－6I。

〔3〕《大正藏》第 32 卷 1b。又，参见拙释《因明正理门论译解》Ⅰ－2－2E。

〔4〕《大正藏》第 32 卷 1c。又，参见拙释《因明正理门论译解》Ⅰ－2－4E。

〔5〕《大正藏》第 32 卷 1b。又，参见拙释《因明正理门论译解》Ⅰ－2－3。

〔6〕《大正藏》第 32 卷 1b。又，参见拙释《因明正理门论译解》Ⅰ－2－2C，中华书局，2007 年。

法”一词有时指能别，即宗上之法；但也常常用以指因，因为因也是宗上有法的一种法。此处引文中的“宗法”一词即指因而言。

（6）同喻依必须共许极成。同喻依的极成也就是同品的极成，如果一个同品既具有因法所示的属性，又具有宗法所示之属性，则可用作同喻依。关于同喻依（同品）的极成问题，陈那和商羯罗主均未正面指出，但从他们的论述中可间接了解到，同喻依是须共许为有的。如陈那云：“由此已说同法喻中有法（指同喻依）不成，谓对不许常虚空等。”〔1〕此谓若有人对无空论者立量时以“虚空”为同喻依的话，就有同喻依不极成的过失。这也就是说，同喻依须立敌共许才能用来证成因宗二法。不过对异喻依而言却无共许极成的要求。〔2〕

以上（3）（4）（5）（6）条是关于因和喻亦即前提、论据的语用规则，主要是概念的共许问题，加上（2）宗依的极成规则，充分显示因明极其重视论辩中立敌双方在概念使用上要求取得基本一致的原则。但是论辩中也不可避免地会出现一些概念不一致的情况，如反映各哲学派别不同哲学主张的基本概念和范畴就难以强求一致，由此产生了一些补救的措施，这就是如下语用规则所规定的：

（7）用限定语简别自比量和他比量。因明学将论辩中的各种比量（论证、反驳）按其概念是否共许分为三种，即共比量（其概念为双方所共许，可用以论证或反驳）、自比量（其概念为立者所许而为敌者所不许，用以论证自宗的主张）、他比量（其概念为敌者所许而为立者所不许，用以反破他宗的主张）。共比量一般不须加限定语来标简比量的性质，自比量则需要用“自许”一类的限定语来标简，他比量则需要用“他执”一类的限定语来标简。本规

〔1〕《大正藏》第32卷2c。又，参见拙释《因明正理门论译解》Ⅰ-3-3C。

〔2〕关于异喻依，陈那认为立敌不共许亦无妨，如云：“由是虽对不立实有太虚空等，而得显示无有宗处无因义成。”《大正藏》第32卷2c。又，参见拙释：《因明正理门论译解》Ⅰ-3-2A。

则未见陈那和商羯罗主论及。〔1〕但在佛典中可见到论辩实例对自比量和他比量等用简别语“自许”、“他执”等加以限定的情况，可见这是为各哲学派别所约定俗成的不成文法。窥基归结云：“凡因明法，所、能立中若有简别，便无过失。若自比量，以‘许’言简，显自许之，无他随一等过；若他比量，‘汝执’等言简，无违宗等失；若共比量等，以胜义言简，无违世间、自教等失。随其所应各有标简。”〔2〕他指出，在因明中只要在所立宗和能立因、喻上加上限定语来简别，即便三支上有概念不极成的情况也不会犯过。如自比量标明“自许”，就可以避免“他随一不成”（概念不为论敌认可）的过失；又如他比量只要标明“汝执”，就可避免违背自宗主张的过失；共比量虽不必加简别语，但有时为了避免与世人或本宗的一般认识相违，也须标明系据“胜义谛”立说的。窥基的归结当据经典中的实例和玄奘的口义而来，玄奘游学五天竺时经历大小论辩无数，对简别的语用规则自然一清二楚。

以上七条规则是论辩时语言符号的使用者和解释者在特定的语境里使用语言符号的诸项约定，但陈那等大师未对此作过专项论述，因此并不像因三相那样以规则的面貌呈现，而是在论述中分别提到的，或在论例中反映了某种约定，经过我们的梳理，归纳出如上七条语用规则。下文要介绍的语义规则也是这样的情况，系据陈那的论述和所举实例梳理而成。

3. 语义规则

论辩时涉及的语义问题不少，包括语词、句子的意义以及语用意义的诸多问题。作为论辩逻辑的因明，对语义尤其是语用意义赋予颇多关注。但是这种关注主要还是从论辩实践中来探究一些语义问题。陈那继承了古因

---

〔1〕 但陈那使用过“简别”等概念来解释不加限定语的简择分别，参见《大正藏》第32卷1a。又，参见拙释《因明正理门论译解》Ⅰ－1－3，中华书局，2007年。

〔2〕《大疏》卷五页二右，金陵本，光绪二十二年（1896）。《大正藏》第32卷115b、c。

明师和正理论的有关学说,在语义问题上也只是从反例中提出问题,加以判定,尚未上升至理论的层面。兹据陈那所说,归纳出五条语义规则:

(1) 宗义不得自相矛盾。在宗的建立上,陈那提出须排除五种"相违义":a. 自语相违;b. 自教相违;c. 世间相违;d. 现量相违;e. 比量相违。其实上列五种"相违义"可分作两类,a、b 是自我相违,c、d、e 是与共识相违。自我相违即是自相矛盾,故应单列一条语义规则来制约。

(2) 宗义不要与共识相违。陈那《理门论》云:"若于中由不共故,无有比量,为极成言相违义遣。"意谓若与公众的共识相违,即无有道理可成比量,反而会被公众的共识所排斥。又云:"又于有法,即彼所立为此极成现量、比量相违义遣。"〔1〕意谓立论者于论题的主词上赋予为人所共许的感觉量和推理量所排斥的属性,都会使论题不成立。因此宗义(论题)不能与共识相违,这也就是说,论题应在合乎逻辑的语用意义上建立。

(3) 宗义中不得含有差别义。陈那在说相违过时云:"邪证法、有法,自性或差别,此成相违因。"〔2〕在这里提出了"自性"和"差别"两个语义概念。自性也称自相,指言辞的字面意义亦即本来意义;差别则指言外暗许之意。相违过本来属于语法谬误,但如果其宗义不是言陈的本来意义(自相),而暗含着言外之意(差别义),那就是在语法谬误之上,又平添了一层语用意义的谬误。

(4) 须从整体意义上使用概念建立比量,而不能分割概念的涵义。陈那云:"唯取总法建立比量,不取别故。若取别义,决定异故,比量应无。"〔3〕此谓必须从整体意义上来运用概念,而不能随意分割取舍,如果割裂概念的涵义,各取所需,就无法展开论证。陈那的这番批评是针对诡辩而言的,因为一些论者常用或割裂宗法、或割裂因法、或割裂同喻依涵义的手法来诡辩,颇有

〔1〕《大正藏》第 32 卷 1a。又,参见拙释《因明正理门论译解》Ⅰ-1-4 及注释,中华书局,2007 年。

〔2〕《大正藏》第 32 卷 2b。又,参见拙释《因明正理门论译解》Ⅰ-2-10。

〔3〕《大正藏》第 32 卷 5c。又,参见拙释《因明正理门论译解》Ⅱ-2-18G 及注释③。

迷惑性。如“所作性”因，其整体意义就是人工造作的意思，不再分析用何种工具、何种方式来制造的。然诡辩者却偏要分割因义来难诘，说瓶是绳轮所作，声是咽脐所作，二者并不一样，故瓶之无常与声无涉。基于这种分割概念涵义的难诘手法，陈那指出要在概念整体性的意义上来理解概念、使用概念，而不能分割。所以这应是一条遏止诡辩的语义规则。

（5）不得以宗义一分为因。陈那云：“依烟立火，依火立触，应成宗义一分为因。”〔1〕意谓若有人立“有烟必有火”宗，以“有烟故”为因，这是以宗之有法一分义为因了。又若立“火有热触”宗，复以“火”为因，这也是以有法一分宗义为因。以一分宗义为因，就会导致语义上的循环论证。

在上述三种规则中，以语法规则亦即因三相的建构最为精致，这也是陈那所着重论述的，是其因明理论的核心部分。然而印度古代的逻辑家们尽管已有丰富的语用思想和语义思想，但尚未能从理论上加以总结。陈那似亦受此局限，虽然在语用和语义问题上的许多散说常常透现出他的睿智，但还是局处于就事论事的层面上。当然我们不能苛求古人，因为语用学和语义学毕竟到了现代才发展成为专门知识的。

三、三类不同性质的谬误及其交集

印度古典逻辑的过失论是至为复杂庞大的系统，从正理论至世亲的古因明，再至陈那的新因明，几经增删改订，渐趋合理有序的状态。如陈那不取《正理经》和《如实论》所列的二十二种负处，并在世亲将《正理论》所说的二十四种误难删订为三类十六种的基础上，进一步改订为十四过类说，这些都是他在改造因明过失论上所作出的贡献。另外，陈那还在古因明所列似宗六种，似因十一种，似喻六种的基础上，在宗过中芟除宗因相违一种，成其

〔1〕《大正藏》第32卷1c。又，参见拙释《因明正理门论译解》Ⅰ-2-4D，中华书局，2007年。

五种，在因过中增设三种，成其十四种；喻过则增为十种。如此而总成二十九过。后来其门人商羯罗主复补充四种宗过，总成三十三过。并且他将陈那的十四过类说化归为缺支和宗、因、喻三支上的过失，从此误难论不再具有独立的地位。因明的过失论原本夹杂着许多论辩术的成分，经陈那芟夷后，其逻辑性质虽突显了出来，但仍然是多种性质的并和交，须得细加分析。

1. 语法谬误

语法谬误即违反语法（语形、句法）规则而导致的过失，主要是因和喻的过失。

陈那列有三类十四种因过，其中第一类不成因四种是违反第一相遍是宗法性的过失。第二类不定因有六种，除相违决定过外，都是违反第二相同品定有性或第三相异品遍无性的过失；相违决定并非违反因三相的过失，故不是语法谬误，留待语用谬误一节再说。第三类相违因四种，是违反第二相和第三相的过失。简言之，上述十四种因过有十三种是语法谬误，受因三相制约，只有一种是语用谬误，不受语法规则制约。

陈那列有似同法喻五种和似异法喻五种。喻是因的组成部分，是助因，是用来显示因之第二相和第三相的，〔1〕故若是违反第二、三相，不但因有不定过或相违过，而且会殃及喻支，令同喻犯不成过，令异喻犯不遣过。兹试为比较之。

（1）共不定。共不定是同品遍有、异品也遍有的过失，同品遍有合乎第二相，异品遍有则违反第三相。这也就导致异喻有俱不遣过，即异喻依既与所立宗不相排斥，复与能立因不相排斥。

（2）不共不定。这是同品遍无、异品亦遍无的过失，异品遍无合乎第三相，同品遍无则违反第二相。从而亦致同喻有俱不成过，即无同喻依可成就能立因，亦无同喻依可成就所立宗。

〔1〕 陈那《正理门论》云："为于所比显宗法性，故说因言；为显于此不相离性，故说喻言。"又云："然此因言唯为显了是宗法性，非为显了同品、异品，有性、无性，故须别说同、异喻言。"参见《大正藏》第32卷3a。又，参见拙释《因明正理门论译解》Ⅰ-3-5C，Ⅰ-3-6B，中华书局，2007年。

(3) 同品一分转异品遍转(同分异全)。这是同品有非有、异品遍有的过失,同品有非有合乎第二相,异品遍有则违反第三相。此过牵连异喻有俱不遣过,即异喻依不能与所立宗相排斥,也不能与能立因相排斥。

(4) 同品遍转异品一分解(同全异分)。这是同品遍有、异品有非有的过失,同品遍有合乎第二相,异品一分有则违反第三相。此过牵连异喻有俱不遣过,即异喻依既不能与所立宗相排斥,亦不能与能立因相排斥。或仅为能立不遣过,即异喻依虽遣所立宗,却不遣能立因,如云"声常,无质碍故,如业",业虽非常,可遣所立,却无质碍,不遣能立。

(5) 俱品一分转(同异俱分)。这是同品有非有、异品有非有的过失,同品有非有合乎第二相,异品有非有却不合第三相。此过牵连异喻犯俱不遣过或能立不遣过,例析如上。

(6) 相违过,陈那所列法自相相违、法差别相违、有法自相相违、有法差别相违四种相违过,其因或是同品遍无、异品遍有,或是同品遍无、异品有非有,都是违反第二、三两相的过失。此四相违过亦令同喻有俱不成过或能立不成过,异喻有俱不遣过或能立不遣过。

从以上五种不定过和四种相违过所连带产生的六种喻过可知,因喻关系之密切如孪生子,宗与因之同品和异品,即喻之同喻依和异喻依,故因有不定或相违之失,喻亦必有不成或不遣之过。因、喻共同受制于第二、三相于此可见。

另外,同、异二喻中尚有 4 种关乎喻体的过失,虽与因过无涉,然也属语法谬误;无合和不离是同喻体和异喻体缺无的过失,倒合和倒离是喻体组成上不合"说因宗所随,宗无因不有"这种先合因后合宗,以及先离宗后离因的次序关系的过失,所以全是不合语法规则的谬误。

综上所述,在三类似因中,除不定因中的相违决定过外,其余十三种皆是语法谬误,加上似喻中的十种,共二十三种语法谬误可受语法规则制约。不过,在这二十三种语法谬误中还夹杂着一些语用或语义的成分,这就又需要语用或语义规则来兼治了,留待下文再作论析。

2. 语用谬误及其交集

语用谬误是不合语用规则而导致的过失。似宗中的“四不成”即是典型的语用谬误。因为在“四不成”宗过中,都含有符号使用者对符号的解释的因素,这就不是单纯符号与符号之间的关系(语法)问题了。如能别不极成、所别不极成、俱不极成三过,都是宗依(所别、能别)未得到立敌双方共许极成的过失。(极成与否即是符号使用者对符号的各自解释过程,合则极成,不合则不极成。)因明规定,组成论题(宗)的两个概念亦即宗依必须得到立敌双方的共许,所以宗依之一不极成或两者全不极成都是语用谬误。而且因明还规定,由共许的宗依组成的论题亦即宗又必须是为立者所不许的,而相符极成的宗正与此相反,故也是语用谬误。

除上述四种宗过是典型的语用谬误外,因过中的相违决定也是颇为独特的语用谬误。相违决定虽列在不定因中,但它并非由于违反因的第二相或第三相而致不定者,而是立敌双方所出相违量互相对抗,模糊了是非,以致两败俱伤,故是语用谬误而非语法谬误。

在语用谬误的集合里,还存在一大批成员,这就是陈那所概括的十四过类(可细分为二十一种)。这些都是诡辩的产物。〔1〕

此外,在前述语法谬误中亦有兼为语用谬误者,如不成因虽然主要违反第一相遍是宗法性的过失,但两俱不成、随一不成中的“两俱”“随一”却是涉及到了符号使用者对符号的解释和态度是否一致的问题。犹豫不成的“犹豫”也有解释举棋不定的问题。所依不成则视情况而定,如立“空中莲花香,以似他莲花故”,这“空中莲花”本不存在,因便无所依存,这是纯粹的语法谬误;而如果是胜论对小乘无空论者立“虚空实有,德所依故”,胜论许有虚空,无空论者却不予认可,这宗上的所别既不极成(即似宗所别不成过),因便无所依了,这种由宗有所别不成过而牵连因有所依不成过者,便是语法兼语用的谬误了。由此可见,上述四种不成因,都可成为语法谬误和语用谬

〔1〕 参阅本编第十一章《误难论》。

误之交集的元素。后来,玄奘所传的因明经窥基等门人演绎,对似因、似喻中的许多过失复按全分、一分,两俱、随一,自、他、共,有体、无体,犹豫、所依等作二级乃至三级划分,这一来,上述交集的子集成员就更其繁多了。

3. 语义谬误及其交集

语义谬误是不合语义规则而导致的过失。似宗中的自语相违是典型的语义谬误。陈那举例说:“一切言皆是妄。”商羯罗主的例子是:“我母是其石女。”都是主谓词的语义相悖,以致自相矛盾。似宗中的自教相违、世间相违、现量相违、比量相违也都是语义谬误,但不如自语相违单纯。自教相违是与本派教义相悖,这也是一种自相矛盾,但含有语用因素,是语用意义的自我矛盾。世间相违是与众人的共识相违,现量相违和比量相违是与一般公认的认识相悖,因此都有预设的参照对象即公众的共识、业已为早先的现量和比量证知的事实等。同时,世间相违、现量相违、比量相违都还兼有语用上的问题。如在古印度,世人共知“怀兔是月”,若有人主张“怀兔非月”,即违世间,而不问这世人的共识是否合乎真理,这就带有主观判定的倾向,兼属语用谬误。再如现量相违和比量相违都有违自和违他的分别,这种分别也属语用上的判定,而非根据客观标准来判定的。由此,世间相违、现量相违、比量相违也都是语用和语义谬误之交集的成员。

在十四过类里也有这样的成员,如所作相似、分别相似和犹豫相似,这三种相似过类都是通过割裂概念的涵义来提出难诘的:所作相似是分割因义来非难,分别相似是分割同喻依的意义来非难,犹豫相似是或分割宗法的意义,或分割因法的意义进行非难,所以它们既是语义谬误,又是语用谬误,是二者之交。

此外还有一种语义谬误,它既未列入三十三过之中,也不属误难之列,这就是受到陈那批评的“以宗义一分为因”的错误,即立宗以后复以宗上的一分义为因,如云“火是热的,因为有火”,形成语义上的循环论证。

综上所述,因明的过失论虽然庞大而复杂,因三相与诸过的制约关系也扑朔迷离,难以把握,但只要将其置于逻辑符号学的层面上重加审视,许多似是

而非的问题便迎刃而解。为便于检索,兹将三十三过列表综合说明如下:

		过名	关联过失	谬误性质
似宗	五相违	自语相违		语义谬误
		自教相违		语义谬误∩语用谬误
		世间相违		语义谬误∩语用谬误
		现量相违		语义谬误∩语用谬误
		比量相违		语义谬误∩语用谬误
	四不成	能立不极成		语用谬误
		所立不极成	所依不成	语用谬误
		俱不极成		语用谬误
		相符极成		语用谬误
似因	不成因	两俱不成		语法谬误∩语用谬误
		随一不成		语法谬误∩语用谬误
		犹豫不成		语法谬误∩语用谬误
		所依不成		语法谬误∩语用谬误
	不定因	共不定	俱不遣	语法谬误
		不共不定	俱不成	语法谬误
		同分异全	俱不遣	语法谬误
		同全异分	俱不遣或能立不遣	语法谬误
		同异俱分	俱不遣或能立不遣	语法谬误
		相违决定		语用谬误
	相违因	法自相相违	能立法不成和能立不遣	语法谬误
		法差别相违	能立法不成和能立不遣	语法谬误∩语用谬误
		有法自相相违	能立法不成和能立不遣	语法谬误
		有法差别相违	能立法不成和能立不遣	语法谬误∩语用谬误

续　表

		过　　　名	关　联　过　失	谬　误　性　质
似喻	似同法喻	能立法不成		语法谬误
		所立法不成		语法谬误
		俱不成		语法谬误
		无合		语法谬误
		倒合		语法谬误
	似异法喻	所立不遣		语法谬误
		能立不遣		语法谬误
		俱不遣		语法谬误
		不离		语法谬误
		倒离		语法谬误

第十一章　误 难 论

一、误难论的递嬗与终结

误难(jāti)即是错误的诘难,亦译倒难,属于似能破(dūṣaṇābhāsa)的范围。对误难的研究是陈那以前过失理论的组成部分。

从现存文献来看,对误难的论述可能始于小乘古师,如产生于公元二世纪的《方便心论》的“相应品”中列有“问答相应”二十种,这当是最初的误难论。小乘论师所概括的二十相应法后来为正理派吸取,约于公元三世纪时演进成为《正理经》V-1 所阐发的二十四种误难〔1〕。其后,大乘瑜伽行派的始祖弥勒及二祖无著也说及反破的过误,如《瑜伽师地论》和《显扬圣教论》在论堕负中都列有“非义相应”十种,其第五为“招集过难”,这当是误难的总称,惜未展开,更无例解。无著之弟、三祖世亲对误难有充分的研究,他在《如实论》中立有“道理难品”一章,专论反破的过误,将误难约为三类十六种,虽取之于《正理经》,但更为精审。之后,其弟子陈那在《正理经》和《如实论》的基础上又加删订,约为十四种过类。所谓“过类”,即是与能破相类而实有过误之意,所以陈那释云:

> 若本无过而说(为)缺(减)等者,此则有失,(又)与难(破)相类,(故)名为过类。〔2〕

---

〔1〕 参见本书附译一:《正理经》第五卷第一章。

〔2〕 吕澂译:《集量论释略抄》第 42 页,《内学》第四辑,1928 年。

陈那的十四过类说与《正理经》的误难论颇异其趣，而同《如实论》的“道理难品”相当接近，然过数与分类均不同。陈那是误难论的集大成者，也是最后一位重要论师。自此以后，反破的谬误论在佛家逻辑里不再占有独立的地位，如陈那的弟子商羯罗主就不取十四过类说，而将此类反破的谬误纳入缺减和宗、因、喻的过失之中。他在《入正理论》中明确宣告：

> 若不实显能立过言，……于圆满能立显示缺减性言，于无过宗有过宗言，于成就因不成因言，于决定因不定因言，于不相违因相违因言，于无过喻有过喻言，如是言说名似能破。〔1〕

这就将十四过类似能破归为似缺减过破、似宗过破、似不成因破、似不定因破、似相违因破、似喻过破六个方面。这六个方面可大分为二：一是似缺减过破，就是立者的论式原本圆满无缺，敌者却当作有所缺减（缺支或缺相）来破斥；二是似三支过破，即立者本无似宗、似因（不成因、不定因、相违因）、似喻等过失，敌者却误作上述过失来难破。商羯罗主将似能破归为上述六方面之后就取消了十四过类的细目，这自是一种化繁为简的进步，不过商羯罗主所说的这六个方面，乃本于陈那对十四过类的划分（陈那的划分详下文）而来的，但亦略有不同，陈那所说的似缺减过破乃指似因缺而言，而商羯罗主说的似缺减性破则并不专指似因缺破，而是泛指对任一支分的似缺减破。不仅如此，它还包括似缺相过破，这就与陈那的十四过类说更显殊异了。

如上所述，印度古代的逻辑家们对误难的研究大致可以分为三个时期：初创期、成熟期、化归期。初创期以《方便心论》和《正理经》的误难论为标志，此时的误难论偏重于现象的罗列，即依据少分差异建立过类，缺乏一定之规，这样就难免枝蔓芜杂，可以建立“无边差别过类”〔2〕，所以说这时误难论还处于比较原始的状态。成熟期以世亲和陈那为代表，此时的误难论

〔1〕《大正藏》第32卷12c。

〔2〕陈那《正理门论》语，《大正藏》第32卷5c。又，参见拙释《因明正理门论译解》Ⅱ-2-21A，中华书局，2007年。

在前人成果的基础上大大前进一步，作了分类整理。对误难进行分类的思想，是成熟期的标志。但世亲与陈那的分类思想又有不同：世亲主要依据误难的内容来归类，虽然亦收到了去芜存菁之效，但并未真正抓住误难的要害；陈那受到老师世亲分类思想的启发，又加发展，从论式着手进行分类，这就抓住了误难的实质，即诸种误难不外是缺减和宗、因、喻三支上的过失，这就为误难的化归打下了基础。化归期当以商羯罗主为先导，他在陈那对十四过类分类的基础上，进而将十四过类化归到佛家逻辑的一般过失论中去，于是误难论的独立地位由此告终。

二、误难的过数和次序变化

误难的过数，《方便心论·相应品》列为二十种，《正理经》V-1 列为二十四种，然而《方便心论》的梵本已佚，其译名与例解又与《正理经》颇不相同，故难以将二者作全面比较，只能就一些可以认定为相通的误难加以比较，兹列表说明如下：

表　一

《方便心论》	《正理经》
1. 增多	3. 增益相似
2. 损减	4. 损减相似
3. 同异	18. 无异相似
4. 问多答少	
5. 问少答多	
6. 因同	
7. 果同	24. 果相似
8. 遍同	

续　表

《方便心论》	《正理经》
9. 不遍同	
10. 时同	16. 无因相似
11. 不到	10. 不到相似
12. 到	9. 到相似
13. 相违	
14. 不相违	
15. 疑	14. 疑惑相似
16. 不疑	
17. 喻破	12. 反喻相似
18. 闻同	
19. 闻异	
20. 不生	13. 无生相似

由上表可知，在《方便心论》所说的20种相应法中，至少有10种可以认定被《正理经》所吸收。从误难的排列次序来看，二者也很不相同，但均缺乏严格分类的思想，排列上随意性较大。当然这也是误难论初创期所难免的现象。

随着时光的流转，误难论也逐渐成熟了起来，世亲和陈那都对误难问题作了再思考。世亲首先对《正理经》V-1所列的二十四种误难加以审订，主张分为三类十六种。具体方法和内容是：

第一，合并。即将《正理经》中的（9）到相似和（10）不到相似合并为《如实论》所云的（Ⅰ-5）至不至难〔1〕，又将（14）疑惑相似和（24）果相似合并

〔1〕　至不至难是《如实论》第一类误难即“颠倒难”中的第五种过失，故以“Ⅰ”表示第一类，以“5”表示第五种，写作（Ⅰ-5），其余（Ⅰ-8）（Ⅱ-1）（Ⅱ-3）可以此类推。

为(Ⅰ－8)疑难,再将(8)所立相似和(11)无穷相似合并为(Ⅱ－1)显不许义难,更将(12)反喻相似和(15)问题相似合并为(Ⅱ－3)显对譬义难,这样就将八种误难合成了四种误难。

第二,删除。《如实论》删去《正理经》(3)增益相似、(4)损减相似、(5)要证相似、(6)不要证相似、(19)可能相似、(21)不可得相似、(22)无常相似等七种误难。

第三,增补。《如实论》中增立了(Ⅰ－9)未说难、(Ⅰ－10)事异难、(Ⅲ－3)自义相违难三种。

兹以下表示之:

表　二

《正理经》	《如实论》
1. 同法相似	Ⅰ－1. 同相难
2. 异法相似	Ⅰ－2. 异相难
3. 增益相似	删除
4. 损减相似	删除
5. 要证相似	删除
6. 不要证相似	删除
7. 分别相似	Ⅰ－3. 长相难
8. 所立相似	Ⅱ－1. 显不许义难
11. 无穷相似	
9. 到相似	Ⅰ－5. 至不至难
10. 不到相似	
12. 反喻相似	Ⅱ－3. 显对譬义难
15. 问题相似	
13. 无生相似	Ⅲ－1. 未生难

续　表

<table>
<tr><th>《正理经》</th><th>《如实论》</th></tr>
<tr><td>14. 疑惑相似</td><td rowspan="2">Ⅰ－8. 疑难</td></tr>
<tr><td>24. 果相似</td></tr>
<tr><td>16. 无因相似</td><td>Ⅰ－6. 无因难</td></tr>
<tr><td>17. 义准相似</td><td>Ⅱ－2. 显义至难</td></tr>
<tr><td>18. 无异相似</td><td>Ⅰ－4. 无异难</td></tr>
<tr><td>19. 可能相似</td><td>删除</td></tr>
<tr><td>20. 可得相似</td><td>Ⅰ－7. 显别因难</td></tr>
<tr><td>21. 不可得相似</td><td>删除</td></tr>
<tr><td>22. 无常相似</td><td>删除</td></tr>
<tr><td>23. 常住相似</td><td>Ⅱ－2. 常难</td></tr>
<tr><td></td><td>Ⅰ－9. 未说难(增立)
Ⅰ－10. 事异难(增立)
Ⅲ－3. 自义相违难(增立)</td></tr>
</table>

由上表可见,《正经理》所说的二十四种误难,经过世亲的删并在其《如实论》中实际吸收了十三种,加上世亲所增立的三种,共为十六种。世亲将这十六种误难归为三类:一、颠倒难,含十种误难;二、不实义难,含三种误难;三、相违难,亦含三种误难。其误难的次序即按此三类排列(详见下页表三)。

世亲这种将误难分类的思想是陈那十四过类说的前引,陈那顺着这个方向发展,参照《如实论》,对《正理经》所述二十四种误难重行审订,合(9)到相似、(10)不到相似为《正理门论》中的(8)至不至相似〔1〕,又合(14)疑惑相似、(24)果相似为(6)犹豫相似,再合(8)所立相似、(11)无穷相似为

〔1〕　陈那的十四过类在《正理门论》与《集量论》中排列次序各异,故此处特标明是《正理门论》中的(8),以下所说同此,不再一一标明。

(13)生过相似,并删除(3)增益相似、(4)损减相似、(5)要证相似、(6)不要证相似、(12)反喻相似、(15)问题相似、(19)可能相似、(21)不可得相似、(22)无常相似九种误难。以上通过合并和删除,陈那从《正理经》实际吸收了十二种误难,与《如实论》吸收的十三种基本相同,不同者只是《如实论》将《正理经》中的(12)反喻相似和(15)问题相似合并为(Ⅱ-3)显对譬义难,而陈那干脆删去(12)反喻相似和(15)问题相似,因此也未取《如实论》由上述二过合成的(Ⅱ-3)显对譬义难。陈那在此基础上又吸取《如实论》增立的(Ⅰ-9)未说难和(Ⅰ-10)事异难,组成十四种过类。兹列表对照说明如下:

表　三

《正理经》	《如实论》	《正理门论》
	Ⅰ. 颠倒难	
1. 同法相似	Ⅰ-1. 同相难	1. 同法相似
2. 异法相似	Ⅰ-2. 异相难	2. 异法相似
7. 分别相似	Ⅰ-3. 长相难	3. 分别相似
18. 无异相似	Ⅰ-4. 无异难	4. 无异相似
9. 到相似 10. 不到相似	Ⅰ-50. 至不至难	8. 至不至相似
16. 无因相似	Ⅰ-6. 无因难	9. 无因相似
20. 可得相似	Ⅰ-7. 显别因难	5. 可得相似
14. 疑惑相似 24. 果相似	Ⅰ-8. 疑难	6. 犹豫相似
	Ⅰ-9. 未说难	10. 无说相似
	Ⅰ-10. 事异难	12. 所作相似
	Ⅱ. 不实义难	13. 生过相似
8. 所立相似 11. 无穷相似	Ⅱ-1. 显不许义难	

续　表

《正理经》	《如实论》	《正理门论》
17. 义准相似	Ⅱ－2. 显义至难	7. 义准相似
12. 反喻相似 15. 问题相似	Ⅱ－3. 显对譬义难	
	Ⅲ. 相违难	
13. 无生相似 23. 常住相似	Ⅲ－1. 未生难 Ⅲ－2. 常难	11. 无生相似 14. 常住相似
	Ⅲ－3. 自义相违难〔1〕	

由上表可明，陈那对误难的取舍与世亲几无二致，唯存小异而已，然其过名则多本自《正理经》，亦称之为“相似”（samā），而《如实论》的过名就其梵字来看虽亦多与《正理经》相同，如《正理经》的“分别相似”，《如实论》中作“长相难”，“分别”与“长相”只是译名不同而已，其梵字则同为 vikalpa，却另以“难”（kaṇḍana）名之，为陈那所未取。

另外，世亲的分类思想虽为陈那继承，但二人的实际分类方法却迥异：世亲侧重从误难的内容来分类，陈那则注重于从论式上来考量。故陈那不取世亲的三类误难说（颠倒难、不实义难、相违难），而主张将误难分为六类。但这六类的次序，在《正理门论》与《集量论》中不同，兹列表说明如下：

表　四

《正理门论》	《集量论》
1. 似不定因破 2. 似缺因过破 3. 似不成因破	1. 似缺因过破 2. 似宗过破 3. 似不成因破

〔1〕 自义相违其实是至非至难和无因难所派生，其过失已包含在上述二过之中，故为陈那所不取，详见下文“似因缺过破”。

续 表

《正理门论》	《集量论》
4. 似相违因破 5. 似喻过破 6. 似宗过破	4. 似不定因破 5. 似相违因破 6. 似喻过破

上述两种不同的次序当以《集量论》的先后安排更为合理，因为《集量论》的次序与因明一般过失论的分类次序相吻合，这也为商羯罗主最终将十四过类化归为宗、因、喻的过失奠定了基础。

由于六类相似过类的次序有上述之不同，所以《正理门论》与《集量论》所述的十四过类的次序亦随之有异，兹以下表比较说明：

表 五

<table>
<tr><th>类 别</th><th>《集量论》序数</th><th>过 名</th><th>《正理门论》序数</th><th>类 别</th></tr>
<tr><td rowspan="2">1. 似缺因过</td><td>（1）</td><td>至不至相似</td><td>（8）</td><td rowspan="2">2. 似缺因过破</td></tr>
<tr><td>（2）</td><td>无因相似</td><td>（9）</td></tr>
<tr><td>2. 似宗过破</td><td>（3）</td><td>常住相似</td><td>（14）</td><td>6. 似宗过破</td></tr>
<tr><td rowspan="3">3. 似不成因破</td><td>（4）</td><td>无说相似</td><td>（10）</td><td rowspan="3">3. 似不成因破</td></tr>
<tr><td>（5）</td><td>无生相似</td><td>（11）</td></tr>
<tr><td>（6）</td><td>所作相似（理门论）
果相似（集量论）</td><td>（12）</td></tr>
<tr><td rowspan="5">4. 似不定因破</td><td>（7）</td><td>同法相似</td><td>（1）</td><td rowspan="5">1. 似不定因破</td></tr>
<tr><td>（8）</td><td>异法相似</td><td>（2）</td></tr>
<tr><td>（9）</td><td>分别相似</td><td>（3）</td></tr>
<tr><td>（10）</td><td>无异相似</td><td>（4）</td></tr>
<tr><td>（11）</td><td>可得相似</td><td>（5）</td></tr>
</table>

续　表

类　别	《集量论》序数	过　名	《正理门论》序数	类　别
4. 似不定因破	（12）	犹豫相似	（6）	1. 似不定因破
	（13）	义准相似	（7）	
5. 似相违因破	（6）	第二所作相似（理门） 第二果相似（集量）	（12）	4. 似相违因破
6. 似喻过破	（14）	生过相似	（13）	5. 似喻过破

按：在陈那的十四过类说中，无生相似、可得相似和犹豫相似又各分两种，所作相似和无异相似则各分三种，所以陈那所说的过类实际上有二十一种之多。上表为简明起见，本不拟将细分出来的过类列入，但这样的话，“似相违因破”一类里就会出现空缺，因为只有第二所作相似（果相似）属于此类过破，为此而只好将其列入表内。其他细分出来的过类仍暂时不予列入，容下文具体阐释了二十一种过类后再以另表概括，以显示全貌。

三、陈那的十四过类说

如上所述，误难的理论从《方便心论》到《正理经》，又从世亲到陈那有了很大的发展，陈那关于十四过类的学说是误难理论臻于高度成熟的标志，故下文着重就十四过类作进一步阐释〔1〕。

第一类是似因缺过破，计有两种：至非至相似和无因相似。此类似破是难诘者在立论者以正确的前提和确定的推理智所组成的论证中横加责难，企图用二难法来否定立者之因的存在，立者之因既然不存在，立量便有缺因之过；然而立者的论证实际上未犯缺因之过，故难者的破量乃是似因缺过破。

〔1〕 以下说十四过类，按《集量论》的次序。

1. 至非至相似(prāptyaprāptisamā)

此过类在《方便心论》中原分作到(prāpty)、不到(aprāpti)二过。《正理经》虽亦分作到相似与不到相似二过,却是合在一起说明的。V-1-7经说:“(难破者指责道:)‘因应同所立结合呢,还是不应结合?如果结合,因(与所立宗就)没有差别了;如果不结合,因就成为非论证性的东西了。’所以说存在到相似和不到相似。”此引难者的破斥,其实是一则二难论证,将到与不到连成了一个二肢的选言命题来推断,世亲大概有鉴于此,故将二过合为一过,名之为至非至难(prāptyāpraptikhaṇḍana)。陈那同意将二过合为一过,但依《正理经》取名,称至非至相似,就是敌者以立者的因法无论是否周遍有法都不能成其为能立来相难。如有人立“声是无常(声音是非永恒的)”宗,以“勤勇无间所发性故(因为是意志的不断努力所发出的)”为因,敌者破云:“若能立因至所立宗而成立者,无差别故应非所立,如池、海水相合无异;又若不成,应非相至,所立若成,此是谁因?若能立因不至所立,不至、非因无差别故,应不成因。”〔1〕《集量论》对此过类的阐释更为明白:“如有说言:‘勤发性故,声是无常。’此因有喻(意谓此因合乎因三相)。(敌者)即设难言,若因至彼所立而成能立者,如河至海两水无异,其因即应与宗不别;又若不尔即不相至,云成所立,知是谁因?”〔2〕此过的错误在于前提不相干,反而导致“自我违害”,所以陈那一针见血地指出,敌者所说的“至非至”,同样适用于其自身〔3〕。这一点世亲早就指出过:“汝难若至我义,与我立义同,则不能破我义;若不至我立义,亦不能破我义,汝难则还破汝义。”〔4〕这是以其人之道还治其人之身,揭出了“至不至”

〔1〕《正理门论》,《大正藏》第32卷5a。又,参见拙释《因明正理门论译解》Ⅱ-2-12A,中华书局,2007年。

〔2〕吕澂译:《集量论释略抄》第42页,见《内学》第四辑,1928年。

〔3〕《正理门论》云:“此中有违害过,遮遣同故。”见《大正藏》第32卷5a。又,参见拙释《因明正理门论译解》Ⅱ-2-13B。

〔4〕《如实论》说“自义相违难”,《大正藏》第32卷34a。

的谬误实质。

2. 无因相似(ahetusamā)

无因相似就是敌者以立者之因无论说在立宗前、立宗后、还是立宗之间都不成其因来相难。如立者以“勤勇无间所发性”因来证成“声是无常”宗，难破者反诘道：“若能立因在所立前，未有所立，此是谁因？若言在后，所立已成，复何须因？若俱时者，因与有因(即宗)皆不成就，如牛两角。”〔1〕此难意谓，“勤勇所发性”因如说在“声无常”宗之前，则所立宗既然还未建立，能立因又以何者为成立的对象？而能立因如果说在所立宗之后，则“声无常”宗既已建立，其因岂非多余？而如果因与宗同时并举，则犹如牛角左右而立，互不相干。此过在《方便心论》中译作“时同”。不过“时同”所说的三种时态是指现在、过去、未来。《方便心论》释云：“(难破者言：)‘若言过去，过去已灭；若言未来，未来未有；若言现在，则不为因，如二角并生，则不得相(互为)因。’是名时同。”〔2〕由此可见，难者所持的诡辩十分生硬，故《正理经》改三时的内容为由说在立宗前、立宗后和立宗之同时〔3〕。《如实论》称此过为无因难(ahetukhaṇḍana)，其三时的内容同于《正理经》，陈那吸取《正理经》和《如实论》所说，在阐说上则更为精当，他进一步指出无因相似亦有“自违”的弊病，因为敌者用来非难对方的三时无因这一前提也适用于其自身〔4〕。这一点世亲也早就指出过：“若汝难在前我立义在后，我义未有，汝何所难？若我立义在前汝难在后，我义已立，汝难复何用？若汝言汝已信我难，故取我难更难我，若作此说，是亦不然，何以故？我显汝难还破

〔1〕《正理门论》说“无因相似”，《大正藏》第32卷5a。又，参见拙释《因明正理门论译解》Ⅱ-2-12B，中华书局，2007年。

〔2〕《大正藏》第32卷28a。

〔3〕参见富差耶那《正理疏》Ⅴ-1-18经疏。本章所引富差耶那《正理疏》皆据宫坂宥勝《ニヤーヤ・バシュヤの論理学》一书的日译转译。

〔4〕参见《正理门论》，《大正藏》第32卷5a。又参见《因明正理门论译解》Ⅱ-2-13B。

汝义,不依汝难以立我义。”〔1〕这也是以其人之道来还治其身,揭出了“三时无因”的谬误实质。

世亲对“至非至”和“三时无因”的批判是深刻的,但他意欲在此基础上创立一种误难,特名之为“自义相违难”(svārthavirudhakhaṇḍana)。但是“自义相违”既已包含于至非至相似和无因相似之中,就无必要另立一过,陈那当有鉴于此,故未取“自义相违难”。另外,对以上两种相似过类以往各家均未视作一类,陈那从论证形式着眼,审察到此二过类的非难前提虽不同,但实质却一致,都是要否定立者之因的存在,因而犯了似因缺过破,故将它们合为一类来阐说。为此陈那申明道,上述两种相似过类的次序之所以与正理派论师等前人所说的不同,是因为二者都属于“似因缺”一类。为什么这样说呢?因为此二过类都不是按正常道理来破斥一切因的〔2〕。另外,下文似不成因破中的(4)无说相似也兼可看作似因缺过破。第一类相似过类就说至此,以下说第二类相似过类。

第二类是似宗过破,只有一种,即常住相似。似宗过破是难破者指斥立者犯有比量相违的宗过,然而立者之宗实际上并未犯比量相违的过失,而是难破者用偷换概念的手法强加于立者的,故是似破。

3. 常住相似(nityasamā)

常住相似就是敌者以声与无常既有恒常不离性,故反立声有常住性(永恒性)来相难,如立者立“声是无常”宗,敌者难破说,由你的宗可知,声与无常既然恒常相合,则可作如下反推:因为诸法的自性与诸法恒常不离,所以声音应该是常住的。〔3〕 敌者的这种误难,在富差耶那的《正理疏》中概括得更为

〔1〕《如实论》说“自义相违难”,《大正藏》第32卷34a。

〔2〕《正理门论》云:“此中如前次第异者,由俱说名似因阙故,所以者何?非理诽拨一切因故。”《大正藏》第32卷5a。又,参见拙释《因明正理门论译解》Ⅱ-2-12C,中华书局,2007年。

〔3〕 参见《正理门论》,《大正藏》第32卷5c。又,参见《因明正理门论译解》Ⅱ-2-20B。

具体:“所谓‘声是无常的’这种无常性在声音上是常住的呢,还是无常的呢?首先如果是常住的话,那么无常性就是恒有的,根据这一点,具有这一性质的声便是恒常的了,因此(应该说)声是常住的。但是无常性如果不在声上常存的话,那么由于无常性的不存在,声音也就成为常住的了。”〔1〕这是一个采用偷换概念手法组成的二难推理,具有一定的迷惑性,但在明眼人面前却是很难立足的,所以陈那批评说,常住相住这种似宗过破是在对方的论题“声是无常”中偷加了一个恒常实有的“无常性”。由于并非真有一个恒常实有的“无常性”依存于声体,故立者所说的声音的自性乃是指“本无今有、暂有还无”的一种非永恒状态而言的〔2〕。如上所述,第二类似宗过破只此常住相似一种,以下阐释第三类相似过类。

第三类是似不成因破,计有六种:无说相似、第一无生相似、第一所作相似(果相似)、第二无异相似、第二可得相似、第二犹豫相似〔3〕。此类似破是敌论者将立者宗上的有法说为不存在或与因无涉,又或者分别因义,企图造成立者之量犯有所依不成或随一不成等过失的假象,但立者的比量并未违反因的第一相,不存在不成过,故敌论者的非难乃是似不成因破。

4. 无说相似(anuktisamā)

无说相似就是敌论者以未说因前无有因,宗自亦不存来相难,如立者立“声无常”宗,以“勤勇无间所发性”因来证宗。敌者非难说,在上述理由尚未说出来以前,理由也就不存在,理由既然不存在,声音自亦非无常〔4〕。

---

〔1〕 富差耶那《正理疏》V－1－18 经疏。

〔2〕 参见《正理门论》,《大正藏》第 32 卷 5c。又,参见拙释《因明正理门论译解》Ⅱ－2－20C,中华书局,2007 年。

〔3〕 后三种过类将在下文说似不定因破中的无异相似、可得相似和犹豫相似时一起阐释,此略。

〔4〕 参见《正理门论》,《大正藏》第 32 卷 5b。又,参见《因明正理门论译解》Ⅱ－2－15。

敌论者的这一难破玩弄了转移论题的手法，所以陈那批评说，无说相似是在立者的论证中偷加了“未说前”这一层与原论题无关的意思来难破的，即在立者立“声是无常”时，敌者破云，如果“勤勇无间所发性”因可以证成“声是无常”宗的话，那么在未说“勤勇”因以前，其因即不存在，因既无有，即不能周遍宗上有法，故有两俱不成或随一不成过。陈那指出，敌者的破斥属似不成因破，或是似因缺过破。〔1〕 此过不见于《方便心论》和《正理经》，在《如实论》中，此过称作“未说难”（anuktikhaṇḍana）。陈那对无说相似的阐释，即本于此。

5. 无生相似（anutpattisamā）

无生相似就是敌论者以声音未显生前其因或无所依，或不存在来相难。无生相似有两种：第一无生相似和第二无生相似。

第一无生相似是似不成因破，如立者立量云：“声无常，勤勇无间所发性故。”敌者非难说：“声未显生前无勤勇所发因故声非无常。”〔2〕从破斥的内容可知，敌者即声显派论师，声显派认为声音是常住不灭的，它无始无终，永恒存在，只是通过人们咽脐的不断努力可使它显发出来罢了，因此当人们未作“勤勇无间”之努力的时候，声音虽未显发，却是依然存在着的。声显派正是基于这样的认识而对立者作如是难破的。声论派在难破中以“声未生前”这一层与立者论旨本无关系的意思强施于对方，意欲指斥立者宗上有法既不存在，则其因即无所依，有所依不成过。但立者无意论及声音显生以前“勤勇”因是否存在的问题，并没有犯所依不成过，故敌者的难破即自陷于似不成因破。

第二无生相似是似不定因破，就是敌者在作出上述难破后，又出相违量云：“声常，非勤勇无间所发故，如虚空。”这就又自陷于似不定因破，因

〔1〕 参见《正理门论》，《大正藏》第32卷5b。《集量论》亦如是说。又，参见拙释《因明正理门论译解》Ⅱ－2－18B，中华书局，2007年。

〔2〕 参见《正理门论》，《大正藏》第32卷5b。又，参见《因明正理门论译解》Ⅱ－2－16A。

为这一相违决定量乃基于一种错误的反推：声依勤勇显发可立为无常，声未依勤勇显发则应为常。〔1〕由此陈那批评说，由于敌者出难时用了错误的反推方法（即似义准的方法），可导致多种推断结果，所以属于似不定因破。〔2〕陈那的这一批评乃本自世亲，《如实论》云："'若不依功力（即非勤勇）则（声）应是常。'此义不实。何以故？不依功力（勤勇）者有三种：常、无常、不有。常者如虚空，无常者如雷电等，不有者如空花等，此三种悉不依功力（勤勇），而汝偏用一种为常。"这就是说，由"非勤勇所发"可推出常，也可推出无常，还可推出子虚乌有的东西，如空中的莲花，它既然是不存在的东西，当然就是"非勤勇所发"的了。由于断案之多样，故相违决定量中的"非勤勇所发"因乃是不定之因，以此不定之因来破斥他量，故是似不定因破。无生相似最早见于《方便心论》，译名"不生"。《正理经》的梵名与之同，译作"无生相似"。《如实论》改称"未生难"（anutpattikhaṇḍana），阐说较《正理经》深刻。陈那在取名上与《正理经》同，阐说则从《如实论》。

以上无说相似与无生相似二过十分近似：无说相似通过说与无说立难，无生相似通过生与无生立难。但二者并不相同：无说相似是说，因未说前无有，故宗亦不得成立；无生相似是说，有法未生前则无其因。此点差别务须分清。

6. 所作相似（krtakatvasamā）〔3〕

所作相似在《集量论》里改称果相似（kāryasamā），阐说则完全相同。所作相似是敌者以割裂因的涵义的方式来非难。如立者立："声是无常，所作性故，如瓶。"敌者非难道："瓶之所作与声之所作并不一样（瓶是绳轮所作，声是咽脐所作），故瓶之可有无常又与声何涉？"〔4〕敌者这种割裂所作因的

---

〔1〕〔2〕　参见《正理门论》，《大正藏》第32卷5b。又，参见拙释《因明正理门论译解》Ⅱ－2－16B、Ⅱ－2－18D，中华书局，2007年。

〔3〕　所作相似的梵字据宇井伯寿说，见《印度哲学研究》第五卷第683页。

〔4〕　参见《正理门论》，《大正藏》第32卷5b。又，参见拙释《因明正理门论译解》Ⅱ－2－17。

涵义,将它分为绳轮所作、咽脐所作等等的破斥,是不对的,因为因明所取之因是就其整体意义而言的,如所作因,即是凡人工所作者皆在其列,而不必分别出各种不同的造作方式和手段来,如果用割裂因法的涵义来难破,便无法论证了。〔1〕所作相似这一过名不见于《方便心论》和《正理经》,在《如实论》中称作"事异难"(karyabhedakhaṇḍana)的误难在内容上与所作相似同,可见陈那对所作相似的阐释是取之于《如实论》的。陈那在此基础上将所作相似明确分为三种:〔2〕

第一所作相似是似不成因破,上述例析即是用以说明此种相似过类的。

第二所作相似是相违因破,如敌者非难说,声上的咽脐所作于瓶上无,〔3〕这是要将同品排除在因法之外。因法既于同品非有,则有两种可能:如果因于异品有或有非有(即九句因中第四、六句的情况),就是相违因了,如果因于异品非有(第五句),就是不共不定因了。这里说的第二所作相似所欲非难的是上述第一种情况(即九句因第四、六句所说的情况)。但如上所述,因明之法不容分割因义,故敌者的非难乃是似相违因破。

第三所作相似是似不定因破,如敌者进一步非难说,不仅同品瓶上无此咽脐所作,而且异品虚空上亦无此咽脐所作。因既于同品非有、异品非有,便是不共不定因。然如上所述,敌者以分割因义的手法来难破是不对的,而异品非有本无过失,故敌者的指斥乃是似不定因破。陈那说也可以将它看作似喻过破,因为敌者认为同品既与因法不合,也就有能立法不成的喻过,

〔1〕 参见《正理门论》,《大正藏》第32卷5b、c。又参见拙释《因明正理门论译解》Ⅱ-2-18G,中华书局,2007年。

〔2〕 参见《正理门论》判"所作相似"。陈那虽将所作相似分为三种,但并未冠以序数,今人按其阐述的先后次序名之为第一所作相似、第二所作相似、第三所作相似。《大正藏》第32卷5b。又,参见拙释《因明正理门论译解》Ⅱ-2-18E。

〔3〕 参见《正理门论》,同上书Ⅱ-2-18F。

从这个角度说，敌者的非难即是似喻过破了。〔1〕

以上说了第三类似不成因破中的三种相似过类，其中无生相似又分两种，所作相似又分三种，而只有第一无生相似和第一所作相似才属似不成因破。其余如第二无生相似属不定因破，第二所作相似属似相违因破，第三所作相似则属似不定因破，亦可看作是似喻过破，应分别归入各自的类别里，这一点我们将在下文中用总表的形式加以归类。属于似不成因破的第二无异相似、第二可得相似和第二犹豫相似也是这样，它们虽放在似不定因破中的无异相似、可得相似和犹豫相似中阐释，但在总表中将归入似不成因破一类里。第三类相似过类就说至此，以下说第四类相似过类。

第四类是似不定因破，计有九种：第二无生相似、同法相似、异法相似、分别相似、第一和第三无异相似、第一可得相似、第一犹豫相似、义准相似。此类似破是敌者以多种手法欲诬立者之因不定，然立者之因本系正因，并未违反因的第二相或第三相，故敌者的非难乃是似不定因破。

7. 同法相似（sādharmyasamā）

同法相似是以异法为同法来颠倒成立矛盾宗的难破，如立者立："声是无常，勤勇无间所发性故，同喻如瓶，异喻如空。"敌者非难说，立者既以声与瓶都有勤勇无间所发性而说声也与瓶一样是无常的，那么我也可以说，声与空都是无质碍的，故声与空都有常住性。〔2〕此难的目的在于指斥立者之因为不定因。此时如果有人指出敌者用来破斥的无质碍因既通及常住性的同品虚空，又通及无常性的异品乐（即愉悦，愉悦亦是无质碍的），乃是俱品一分转的不定之因，敌者就会狡辩说，我正是通过不定因来

〔1〕 参见《正理门论》，《大正藏》第32卷5c。又，参见拙释《因明正理门论译解》Ⅱ-2-18G，中华书局，2007年。

〔2〕 参见《正理门论》，《大正藏》第32卷4a。又，参见《因明正理门论译解》Ⅱ-2-3D。

破不定因，以显示彼此俱有不定之过。〔1〕但立者之因并未犯不定过，故敌者的破斥乃是似不定因破。如果此时敌者再据此因立相违决定量说：“声常（宗），无质碍故（因），如空（同喻）。”更有似相违决定之过，〔2〕因为相违决定的二量均应是三相俱足的，现在敌者之因既为不定因，就失去与立者之正因对抗的力量，它仍属于似不定因破。〔3〕同法相似这一过名取自《正理经》，《如实论》则称同相难（sādharmyakhaṇḍana）。陈那吸取前人的例解，阐发得更为深刻。

8. 异法相似（vaidharmyasamā）

异法相似就是以同法为异法来颠倒成立矛盾宗的难破。如立者立：“声是无常，勤勇无间所发性故，同喻如瓶，异喻如空。”敌者难破道，你以异喻虚空上无勤勇所发性从而常住，来反证声既为勤勇所发就定是无常，然依我之见，同喻瓶倒可作为异喻，因为瓶是无常而有质碍的，声既无质碍就应常住不灭。〔4〕这种以立者的同喻为自己的异喻以成立矛盾宗的难破，是以不定因“无质碍”为基础的，故是似不定因破。异法相似与同法相似是孪生兄弟，因为以同法为异法就必以异法为同法，二者是密切相连的。异法相似一名取自《正理经》，《如实论》则称异相难（vaidharmyakhaṇḍana）。

9. 分别相似（vikalpasamā）

分别相似就是敌者通过分别同喻的差别义来难破。如前所举例，立者以瓶为同喻，敌者非难说，此同喻瓶由于有可烧制等属性故而无常，然声却不是这样，无可烧、可见之属性，故声应是常住。〔5〕由于敌者通过同相来

〔1〕〔2〕 参见《正理门论》，《大正藏》第32卷4c。又，参见拙释《因明正理门论译解》Ⅱ-2-10E，中华书局，2007年。

〔3〕 陈那将似相违决定划属似不定因，故有似不定因破的名目，而无似相违决定因破的名目。

〔4〕〔5〕 参见《正理门论》，《大正藏》第32卷4a。又，参见《因明正理门论译解》Ⅱ-2-4B。

显示别相，企图倒转来成立矛盾宗，因此名为分别相似。分别相似的过名当取自《正理经》，《如实论》则称之为长相难（vikalpakhaṇḍana）。分别相似与同法相似、异法相似有共同点，都是通过“颠倒所立”来成立矛盾宗的，而且其因亦通及同、异二喻，是不定因，故敌者的难破亦是似不定因破。

10. 无异相似（aviśeṣasamā）

无异相似就是敌者或以宗与喻的属性应无差异、或以宗与因的属性应无差异、或以二宗应无差异来相难。无异相似这一过名取自《正理经》，但《正理经》对无异相似的阐说比较简单，只说了宗喻无异一种，对后二种并未涉及，另外，在《正理经》里还有无常相似，所说与无异相似甚为接近。由此《如实论》删去无常相似而取无异相似，且在阐说上亦大为丰富，除了承《正理经》说宗喻无异（第一无异相似）外，又增说宗因无异（第二无异相似），过名则改称为无异难（aviśeṣakhaṇḍana）。陈那则取《正理经》的过名而在阐释上吸收《如实论》的说法加以扩展，进一步提出二宗无异（第三无异相似）的似不定因破，这样，无异相似就有了三种，兹分述之：

第一无异相似是似不定因破，如立者说：“声是无常，勤勇无间所发性故，如瓶。”敌者非难道，你既然以瓶喻声，则瓶上的诸属性（如可烧、可见等）声上亦应一一皆有，此即宗喻应无异的意思，甚至说，如此则一切事物可互为同类而成一体。〔1〕这一点《如实论》说得相当具体，敌者认为：“若依同相，瓦器等无常、声亦如是者，则一切物与一切物无异。何以故？一切物与异物有同相故。何者同相？有一‘可知’等，是名同相。”〔2〕由此可知，敌者是以“可知”为一切物之同相的，这就将同相提到了极限，已无异喻可资遮遣了，有共不定的错误。敌者当然也知道宗喻无异乃至一切物的属性皆无异

〔1〕参见《正理门论》，《大正藏》第32卷4a、b。又，参见拙释《因明正理门论译解》Ⅱ-2-6A，中华书局，2007年。

〔2〕世亲：《如实论·道理难品》，《大正藏》第32卷31b。

是荒谬绝伦的，他之所以要如此反破，旨在强调瓶与声的差别，以抑制立者的比量。这一点又与上述分别相似很少有差别了，但二者毕竟不完全一样：分别相似之因犯俱品一分转过，而第一无异之因是共不定因，加上无异相似尚有宗因无异和二宗无异等，故还是需要立无异相似过的。

第二无异相似是似不成因破，如前立量，敌者出难道，勤勇无间所发因与无常宗都有不恒常（亦即无常）的意思，故以此因证此宗无异于以无常证无常，有宗因无别异（即宗义一分为因）之过。〔1〕按敌者所云，立者的宗因既无别异，其因便是随一不成因。但立者之因本是正因，是敌者为抑制立者的论证而强加罪名的，故是似不成破。

第三无异相似是似不定因破，如前立量，敌者非难说，勤勇所发因如能成立声无常宗，就也可以用来成立声常宗，因为声与瓶共有此因，然声不可烧而瓶烧，由此，声是勤勇所发自成其常，瓶是勤勇所发则成无常。〔2〕敌者以同一勤勇所发因双成二宗（矛盾宗），使之无异，所据的"不可烧"因乃是不定因，因为不可烧因可通及于乐，然乐却是无常的。如此，不可烧因有俱品一分转之失，故是似不定因破。

以上所说的同法相似、异法相似、分别相似、无异相似四种过类均从古因明的论式出难的。由于古因明的同异喻以事例为喻体，而未能概括出因与宗之间不可分离的普遍关系来作为喻体，因此敌者乘隙以同异喻中的一分义来难破，遂成上述四种相似过类。

这四种相似过类还有一个共同点，就是违反现量。陈那指出，当人们凭借现量可以断定其虚假时，敌者的破斥决不能作出相反的结论，〔3〕所以当

〔1〕 参见《正理门论》，《大正藏》第32卷4b。又，参见拙释《因明正理论译解》Ⅱ-2-6C，中华书局，2007年。

〔2〕 参见《正理门论》，《大正藏》第32卷4b。又，参见《因明正理门论译解》Ⅱ-2-6D。

〔3〕 参见《正理门论》，《大正藏》第32卷4c。又，参见拙释《因明正理门论译解》Ⅱ-2-10H。

敌者说什么“声非所闻，犹如瓶子”时，人们凭现量即可知道其虚假。

11. 可得相似(upalabdhisamā)

可得相似就是敌者在立者以因证宗时横加指责说，立者的宗用其他因法亦可证得的误难。可得相似一名当取自《正理经》，《如实论》则称显别因难(upalabdhikhaṇḍana)。但《如实论》在阐说上大有发展，它不仅承袭了《正理经》所说的因不遍同品的那层可得相似义，而且增说了因不遍宗的可得相似义，这样就将可得相似析为了两种。陈那完全继承世亲的阐说，也将可得相似说为两种，分述如下：

第一可得相似是似不定因破。如立者立“声无常”，以“勤勇无间所发性”因来证成，敌者非难说，此勤勇因非是正因，因为自然界的闪电、日光等就不是勤勇所发的，却也具有无常性。如此，则可知勤勇所发因不一定是无常宗的正因，由“现见”等因亦可证知无常性。〔1〕 敌者以因法不遍宗同品为由来难破是毫无道理的，因为立者之因只要于同品定有即可，而不必一一遍有。现在敌者以遍有来强行出难，指斥立者之因于同品不定，便自陷于似不定因破之中。〔2〕

第二可得相似是似不成因破。敌者又有从因不遍宗上有法的角度提出非难的，说勤勇所发因之所以不能成为无常宗的正因，主要是它未能周遍宗上有法声中的外声，因为外声不是勤勇所发的。敌者的这一难破是说立者的勤勇所发因有两俱一分不成过(此一分即指外声)，但双方所诤者原本限定在内声的范围内，立者并无以勤勇所发因去成立一切声皆无常的意思，现在敌者横加责难，自成似不成因破。〔3〕

〔1〕 参见《正理门论》，《大正藏》第32卷4b。又，参见拙释《因明正理门论译解》Ⅱ-2-7B，中华书局，2007年。

〔2〕 参见《正理门论》，《大正藏》第32卷4c。又，参见拙释《因明正理门论译解》Ⅱ-2-10L。

〔3〕 参见《正理门论》，《大正藏》第32卷4b和4c。又，参见《因明正理门论译解》Ⅱ-2-7C、Ⅱ-2-10M。

12. 犹豫相似(saṁśayasamā)

犹豫相似就是敌者分别宗法的差别义来难破,或分别因法的差别义来难破,然而这种分别是敌者强加于人的,故其非难乃是似不定因破(分别宗法义)或似不成因破(分别因法义)。陈那说的犹豫相似过类,多吸收世亲的阐说。世亲《如实论》中称此过为疑难(saṁśayakhaṇḍana),系综合《正理经》中的疑惑相似和果相似(saṁśayasamā and kāryasamā)两种误难而成,阐释也远较《正理经》充分,并已提及分别宗法和分别因法的两种情况(但未明确分析为两种疑难相似)。陈那在此基础上明确将犹豫相似分为两种,〔1〕又较世亲进了一步。兹将陈那所分别的两种犹豫相似过类例析如下:

第一犹豫相似是似不定因破,如敌者以同时分别因宗二义的方法来难破,说从"声是无常,勤勇无间所发性故"这一比量可以看到,勤勇所发因有显发义和生起义之不同,无常宗也有隐显和生灭的区别。你所要成立的无常属哪一种?是说声瓶等勤勇所生,故是生灭无常呢,还是像井水那样由勤勇所显(意即井水原在地下,只是经过人们的努力挖井使之由隐而显罢了),故是隐显无常呢?所以不应以并非单一意义的勤勇所发因来证成意义并不单一的无常宗,〔2〕因为勤勇因是不定之因。敌者的上述难破是似不定因破,因为立者之因并不只是以生起之义来证成灭坏无常,而是不论生出还是

〔1〕 参见《正理门论》,《大正藏》第32卷4b。又,参见《因明正理门论译解》Ⅱ-2-8A。但是,据文轨《庄严疏》说,犹豫相似应有三义:一、分别宗义而成似不定因破;二、分别因义而成似不成破;三、分别因义而成似不定因破(详见卷四页十五左~十六右,又《〈文轨疏〉校补》卷三,见《敦煌因明文献研究》第386~387页)。但文轨在阐释时,没有明确作出划分,故后之学者也未对犹豫相似作进一步划分。以下我们根据陈那之意分作两种来介绍。

〔2〕 参见《正理门论》,《大正藏》第32卷4b。又,参见拙释《因明正理门论译解》Ⅱ-2-8B和《庄严疏》卷四页十五左右。又,《〈文轨疏〉校补》卷三,见《敦煌因明文献研究》第286页。

显发皆可证成灭坏无常,〔1〕或者敌者通过单纯分别宗义的方法来难破,说无常可分为生起无常和灭坏无常两种,勤勇所发因究竟要成立哪一种?〔2〕这种难破也"但是妄施",是"于宗外妄益其生"〔3〕故也是似不定因破。

第二犹豫相似是似不成因破,如敌者通过分别因义难破道:"汝言勤发者为约生故名发,为约显故名发?若约生,勤发即声、瓶等上成,井水上不成;若约显,勤发即井水上成,声、瓶上不成,有随一不成过也。"〔4〕然而敌者的难破不成立,因为立者总言勤勇所发因,即可包含声、瓶、井水等一切由人工勤发得生或得显者,而不应割裂肢解。

文轨《庄严疏》还列有犹豫相似的第三义,即敌者分别因义而设难,成似不定因破。敌者难破道:"其声为如瓶等勤发生故是无常耶,为如井水勤勇发显而是常耶?有不定过。"〔5〕这第三义为陈那所未说,而且从上述实例来看,也并非仅仅由分别因义导致似不定因破的,而是暗设了一个前提:凡勤发而显者都是常住的。此难所设的不定,正由此而生。

13. 义准相似(arthāpattisamā)

义准就是传统逻辑所说的直接推理的换质位法,也相当于现代命题逻辑中的假言异质换位律。义准相似则是敌者以歪曲了的义准量来指斥立者之因是不定因;然而立者之因本为正因,故敌者的这种颠倒出难是似不定因破。如立者立"声是无常"宗,以"勤勇无间所发"为因,敌者难破道,既然凡

〔1〕〔2〕　参见《正理门论》,《大正藏》第32卷4c、5a。又,参见《因明正理门论译解》Ⅱ-2-10N。

〔3〕　引文系《庄严疏》语,见卷四页十六左。又,《〈文轨疏〉校补》卷三。

〔4〕　《庄严疏》卷四页十五右。

〔5〕　参见《庄严疏》卷四页十五右。吕澂《因明纲要》以此为犹豫相似的第二义,而不取陈那所说的由分别因义而成似不成因破的第二犹豫相似(参见页五十一左)。丘檗《正理门论校疏》则据吕澂所说的第二义(似不定破)去注释陈那所说的第二义(似不成破),混淆了二者的区别(参见卷六页八右)。

勤勇无间所发者是无常的,那么非勤勇无间所发者如电光等就应该是常住的了。〔1〕敌者的这种破斥,采用了倒离的手法,〔2〕不是正确的义准,故称义准相似。义准相似的过名当取自《正理经》,《如实论》称显义至难(arthāpattikhaṇḍana),显义至即义准。

以上说似不定因破已讫。在三种无异相似中,第一和第三无异相似是似不定破,其第二无异则属似不成因破。另外,在两种可得相似、无生相似和犹豫相似中,唯第一可得、第二无生和第一犹豫是似不定因破,其第二可得、第一无生和第二犹豫相似则为似不成因破。再者,第三所作相似兼可看作似不定因破和似喻过破。这些在上文阐说到有关的相似过类时均已有所交代,此处再加以归纳,以裨对照。

第五类是似相违因破,只有一种,即第二所作相似,这在说三种所作相似时已阐释过,此不赘述。

第六类是似喻过破,计有两种:第三所作相似、生过相似。此类过破是敌者诬指立者的比量犯有能立法不成或所立法不成等喻过,然立者的喻并未犯过,故敌者的难破是相似过类。第三所作相似上文已予阐释,此从略,这里只就生过相似作一些阐说。

14. 生过相似(prasaṅgasamā)

生过相似是敌者以立者比量中之同喻尚未得到证明来相难,如立者论证说:"声是无常,所作性故,如瓶。"敌者非难道:你说同喻瓶上有无常之属性,又有何因可予以证明?〔3〕敌者的意图是要以此来说明立量有所立法不成过,即认为同喻瓶上是否有无常性这一点尚未得到证明。但是立者的

---

〔1〕参见《正理门论》,《大正藏》第32卷4b、c。又,参见拙释《因明正理门论译解》Ⅱ-2-9A,中华书局,2007年。

〔2〕参见《正理门论》,《大正藏》第32卷5A。又,参见《因明正理门论译解》Ⅱ-2-10O。

〔3〕参见《正理门论》,《大正藏》第32卷5c。又,参见拙释《因明正理门论译解》Ⅱ-2-19B~C。

喻本属共许，因为这凭借现量即可得到证实，无须另因证成，所以敌者于喻设难是毫无道理的，是似喻过破。〔1〕 生过相似一名与《正理经》的过相似（又译无穷相似）梵名原字相同，其内容则合《正理经》之过相似和所立相似而成。此过于《如实论》称显不许义难（prasaṅgakhaṇḍana），生过相似的内容与显不许义难相同。

四、结　　语

印度古代误难论的发展轨迹已如上述。应该看到，对误难的研究不仅有其重要的理论意义，而且在实际论诤中有利于识破诡辩、展开反斥。世亲对误难的研究已相当成熟，陈那则将其推向更臻完善的程度。虽然商羯罗主最终取消了误难论，这从理论上说有化繁为简之功，但从实践上来看似非必要，因为商羯罗主将误难化归为一般过失，乃基于陈那对误难的分类，既然陈那明明认识到误难很容易化归为一般过失而未取消它的独立地位，甚至在《正理门论》中以五分之二的篇幅专论十四过类的手法和实质，当出于在实际论诤中便于操作的考虑。就商羯罗主所提出的一般过失论来看，也存在这样的情况，在三十三种宗过、因过和喻过中，有不少是交叉的，如宗上有所别不极成过，因上就必有所依不成之失，而因上如有不定过之失，则其喻必犯俱不成或俱不遣等过失。佛家逻辑主张在三支上全面追究过失，而正理论却认为论证中的诸种过失均可归约为因的过失，故只说因过而不论宗过和喻过。二者孰优孰劣？就过失理论的简约性来说似以正理为上，但从实践来看，佛家的过失论似更为直观，何况似宗皆为语义谬误和语用谬误，非因三相所能制约，理应予以单列。陈那的十四过类亦多为语用谬误和语义谬误，将

〔1〕 参见《正理门论》，《大正藏》第 32 卷 5c。又，参见拙释《因明正理门论译解》Ⅱ－2－19B～C，中华书局，2007 年。

其作为似能能破来单列，当是很有必要的。由是以观，误难论的独立价值是不应该忽视和抹杀的，即使在今天，它仍然可以为逻辑的发展提供许多有借鉴意义的思想材料和例证，我们或许可以在此基础上建立起现代的误难理论来。

第十二章 堕负论

一、堕负论的提出及其嬗变

堕负(Nigrāhasthānaprāpta)即堕入负处(负处亦称“负门”),指在论辩中由于误解或不解对方的论旨,或违反逻辑,或缺乏论辩的技术等而导致败北。

堕负论在古因明的过失论中占重要的地位,它至少在贵霜(Kushan)王朝的迦腻色迦王(Kaniska 约公元二世纪上半叶)时代就已纳入古因明的体系之中。例如在《遮罗迦本集》(Carakasaṃhitā)中列有负处十五种,在《方便心论·明负处品》中列有负处十七种。〔1〕 这两部书近人一般认为是迦腻色迦王时代的作品。〔2〕

《遮罗迦本集》是一部古印度的内科医书,全书共八卷,其第三卷第八章是讲逻辑和辩论术的,其中第 44 目归纳了十五种负处:1. 不了知;2. 无可诘而诘;3. 可诘而不诘;4. 坏宗;5. 认容;6. 过时语;7. 非因;8. 缺减;9. 增加;

---

〔1〕 宇井伯寿将《明负处品》所述负处归为十七种,并作了简要的说明(见《印度哲学研究》第 2 卷第 549~554 页)。本文则将《明负处品》所述负处分为四类十七种,与宇井伯寿的分法略有不同,解说则更异其趣。

〔2〕《方便心论》相传为公元三世纪时佛教中观派始祖龙树所撰,不确。宇井伯寿认为此书当是龙树以前的小乘论师所造,参见《印度哲学研究》第 2 卷第 475 页。此说后被日本《佛书解说大辞典》和《望月佛教大辞典》所采用。

10. 离义;11. 无义;12. 重言;13. 相违;14. 异因;15. 异义。这十五种负处的基本内容在第 29 目至 43 目中大都作了说明。

《方便心论·明负处品》所列的十七种负处,其本身未标明序数,在阐说举例方面都显得较为稚拙,后来,正理派大概是对《遮罗迦本集》《方便心论》的堕负论进行扬弃,整理成二十二种负处,编入其根本经典《正理经》之中(即第五卷第二章),其时间当在公元二至三世纪间。《正理经》的堕负论较之佛家《方便心论》的堕负论从体系到阐述都有进步,只是《正理经》文句简约,亦欠明畅,至公元四世纪富差耶那的《正理(经)疏》(Nyāyabhāṣya of Vātsyāyana)问世,对二十二种负处作了进一步地阐释,正理派的堕负论复得完备。稍后,与富差耶那差不多同代的世亲又吸取为正理派所发展了的堕负论,写成"堕负处品"一章编入他的《如实论》之中,其所列负处从数量到排列次序与《正理经》V-2 完全相同,只是在某些解释上与正理派略有不同。由此我们可以这样说,堕负论至公元四世纪的富差耶那和世亲时已形成了较为完备的体系。

另外,世亲的兄长无著(Asaṅga)在其所撰的《显扬圣教论》卷十一里也论述了堕负问题,但无著所论述的堕负乃本于其师弥勒的《瑜伽师地论》卷十五,即舍言十三种、言屈十三种、言过九种。其中"以十三种词谢对论者,舍所言论",实际上并不能说是有十三种舍言,而只是论辩时可能会说的一些认输的话,因此所谓的舍言,其实只是一种负处,而不是一类负处。言屈十三种是关于论辩术的,多有重复枝蔓之处,只有言过九种才与《方便心论》及《正理经》的堕负论较为契合,但其中仍不免芜杂,如有时与言屈的负处重复等,因此它在分类上显得相当粗疏。世亲不取其兄的堕负论而接受正理派的堕负论,这是值得注意的发展倾向。

但是从佛教因明来看,堕负论至世亲也就告了终结;后来陈那(Dinnāga,400~480)改革因明,并不取古因明和正理论的堕负论,他认为所谓的负处,有的原本已包含在宗、因、喻各支的过失之中,有的在归类上很粗疏,是否属于负处还很难说,有的则属诡辩一类,因此他把属于宗、因、喻上的负处归到论式中去解决，而不另立专章来讲所谓的堕负问题了。如《正理门论》云：

> 又于堕负处，旧因明师诸有所说，或有堕在能破中摄，或有极粗，或有非理如诡语类，故此不录。……又此类过失言词，我自朋属论式等中，多已制伏。〔1〕

这以后，新因明家都承袭陈那的做法，不再专论堕负问题，也将"此类过失言词，朋属论式等中"去处理了。

二、《方便心论》的"明负处品"

《方便心论》中有"明负处品"一章，列有负处十七种，但多数只说了过名而未作例解，因此我们只得依据《正理经》第五卷第二章和《如实论·堕负处品》等来诠解《方便心论》中未作具体说明的部分，并作必要的比较分析。

《方便心论》所说的十七种负处约可分为四类：

（一）关于理由错乱的负处。《方便心论》云：

> 问曰："何者之言而可难耶？"答曰："若语颠倒，立因不正、引喻不同，此则可难。如言'想能断结'。"问者曰："云何以'想'便'断结'耶？""以不先言'智'从'想'，发，直言'想'故。此语颠倒，则可为难。"〔2〕

这里提出了三种负处：1. 语颠倒；2. 立因不正；3. 引喻不同。下面分别诠释之。

1. 语颠倒

从《方便心论》所举的例来看，所谓语颠倒，指陈述理由时舍近而求远。

〔1〕《大正藏》第32卷5c～6a。又，参见拙释《因明正理门论译解》Ⅱ－3－1～2A。中华书局，2007年。

〔2〕《大正藏》第32卷26c。

所谓“想能断结”，断结即佛家所说的断尽烦恼（“结”为烦恼之别称），“断结”是智慧产生的结果〔1〕，而智慧从“想”而起；也就是说“想”只是产生智慧的原因，而智慧才是“断结”的直接原因。因此舍弃直接的原因不说而求之于原因的原因，这就颠倒了原因之间的层次。这一负处未为正理派的堕负论所吸取〔2〕。

2. 立因不正

立因不正就是以似因为论证的根据而致堕负。《方便心论·明造论品》列有似因八种，并云“凡似因者，是论法中之大过也”。〔3〕

3. 引喻不同

引喻不同当即《正理经》V－2－2所说的“坏宗”，即“由于在所立（宗）的谓词同与其相矛盾的谓词发生对立的场合，有人却把反对的譬喻的谓词放到自己的实例上加以承认，这种对自宗的破坏，就是坏宗”。〔4〕这里须注意，在古因明的五支作法里，所谓喻，就是喻例，因为当时在论式中还未出现普遍命题的喻体，所以“引喻不同”只是指在喻例上把反喻的性质（如瓶上的所作性）放到自己的实例上（如虚空，虚空本非所作）来承认，这就否定了自己的实例，从而破坏了宗义。

（二）关于论辩时智慧短缺的负处。《方便心论》云：

> 复次，应问不问，应答不答，三说法要不令他解、自三说法而不别

---

〔1〕《大乘义章》卷十三曰：“烦恼尽处，名之曰断；断是智果。”

〔2〕宇井伯寿认为“语颠倒”即《遮罗迦本集》第37目的“过时”和《正理经》V－2－11经所说的“不至时”，愚见以为此说或有不当，因为“过时”和“不至时”主要指未依支分的次序来说，而“语颠倒”是指不直接说近因而说了远因，与上述二者显然有别。

〔3〕《方便心论·明造论品》所列的八种似因为：（1）随言生过；（2）同异生过；（3）疑似因；（4）过时语；（5）类同；（6）说同；（7）言异；（8）相违。参见《大正藏》第32卷25b、c。然宇井伯寿认为“立因不正”或与《正理经》V－2－4经所说的“矛盾宗”相同，即指因与宗相矛盾。此恐不确。

〔4〕富差耶那：《正理疏》V－2－2疏b。本章所引富差耶那《正理疏》，皆据日本宫坂宥胜《ニヤーヤ・バーシュヤの論理学》一书的日译转译。

> 知，皆名负处。又共他论，彼义短缺而不觉知。余人语曰："此义错谬汝不知乎"即堕负处。又他正义而为生过，亦堕负处。又有说者，众人悉解而独不悟，亦堕负处。问亦如是。如此负处是议论之大棘刺，为深过患，应当觉知，速宜远离。〔1〕

这段话提出了六种负处：4. 应问不问；5. 应答不答；6. 三说法不令他解（自三说法而不别知）；7. 彼义短缺而不觉知；8. 他正义而为生过；9. 众人悉解而独不悟。兹分述之：

4. 应问不问

这一负处从名称上看当是论辩时在该诘问的时候未加诘问，以至失去了主动进攻的时机。如果是这样，那么它与下面要说到的，"彼义短缺而不觉知"或相重复。如果它是指在不明了对方的话的时候未及时发问，那就与"彼义短缺而不觉知"不同，但这在《正理经》的堕负论中未见提及，倒是与《遮罗迦本集》中的"对所难诘的无诘问"这一负处相对应。

5. 应答不答

此负处当为《正理经》V－2－16 所说的"不能诵"，即论辩的对方虽然作了三次说明，听众都已理解所说的意思，而这一方还是答对不出，从而堕入负处。或与V－2－18 经所说的"不能难"，即"不知道如何回答"相当。〔2〕

6. 三说法不令他解（或自三说法而不别知）

这个负处与上述"应答不答"差可成对。《正理经》V－2－9 列有"不可解义"的负处，意谓有人尽管把话说了三遍，但仍不能使听众和论辩的对方听明白，这就堕入了负处。说话故意不让人听懂，这是掩饰无能的一种表现。〔3〕

---

〔1〕《大正藏》第 32 卷 26b、c。

〔2〕宇井伯寿认为此过或与《遮罗迦本集》等 41 目的"认容"相当，然"认容"与《正理经》V－2－20 所说的"认许他难"相同，即"由于看到自己宗上存在的过失，便认为他人的宗上也当然存在过失"，故与"应答不答"似无关系。

〔3〕宇井伯寿将"三说法不令他解"和"自三说法而不别知"分作二种负处，似不当。二者实一也。

7. 彼义短缺而不觉知

这当就是《正理经》V－2－21所说的“忽视应可责难处”，即论辩的对手已堕负处却不能及时察觉、加以反诘，终于使自己也堕入了负处。

8. 他正义而为生过

此即《遮罗迦本集》所说的第二种负处“对无难诘的诘问”，亦即《正理经》V－2－22所说的“责难不可责难处”，就是对方本无过失而妄说为犯过。此负处与“彼义短缺而不觉知”正好构成两个极端。

9. 众人悉解而独不悟

此即《正理经》V－2－17所说的“不知”。富差耶那解释说：“意思（指对方的主张）听众已经了解，对方也作了三次说明，但他却仍不了解，这就是‘不知’的负处。”〔1〕据此，众人悉解而独不悟者，即不悟对方所立的宗义，因此是愚昧的表现。然此过与上述第5种“应答不答”的负处似有重复。

（三）关于答问缺乏针对性的负处。《方便心论》云：

> 问曰：“问有几种？”答曰：“有三种：一说同，二义同，三因同。若诸论者不以此三为问答者，名为违错。此三答中若少其一，则不具足。”〔2〕

这段答问提出了两种负处：10. 违错；11. 不具足。这两种负处《正理经》等的堕负论均未提及，幸好《方便心论》对这两种负处阐述尚详，兹分别说明之：

10. 违错

《方便心论》认为问和答都要有针对性，要做到三个同一，即说同、义同、因同。所谓说同，如一方言“无我”，另一方不了解，便应“还依此语，后方为问”，并作出回答；所谓义同，即不只取其音、形上的相同，还要求在意义上取得同一；所谓因同，即“知他意趣之所因起”，就是真正了解对方之所以会这么说的原因。如果问答时完全违反这三个同一，就堕入违错的负处。

---

〔1〕 富差耶那：《正理疏》V－2－12疏。

〔2〕《大正藏》第32卷26c。

11. 不具足

回答问题时不能完全满足上述三个同一的要求，三者少其一，即堕入不具足的负处。不过在别人提问题时若事先申明自己没有把握完全满足三个同一的要求，而问者犹问，此时即便答者在三个同一上有所欠缺，仍不算堕负。这一点《方便心论》特意作了交代："若言'我不广通如此三问，随我所解，便当相问'，是亦无过。"这种做法是符合因明择言简过的传统的。然而若是不作申明而"经疾"（径直）地回答，致令听者不能领解，便堕负处。〔1〕

（四）关于不善于论辩术的负处。《方便心论》云：

> 有所谓语少、语多、无义语、非时语、义重、舍本宗等，悉名负处。若以此等为前人说，亦堕负处。〔2〕

这段话一气提出六种负处：12. 语少；13. 语多；14. 无义语；15. 非时语；16. 义重；17. 舍本宗。除最后一种舍本宗《方便心论》作了具体阐说外，前五种都未作说明。兹参稽《遮罗迦本集》、《正理经》、《如实论》等分别诠解如下：

12. 语少

语少当为《遮罗迦本集》第33目语失中的"缺减"和《正理经》V－2－11所说的"缺减"，即论式不完整，缺少五支论式中的某一个支。"缺减"只是nyūna（语少）的异译而已。

13. 语多

语多当为《遮罗迦本集》第33目语失中的"增加"和《正理经》V－2－13所说的"增加"，即指理由（因和喻）说得太多，显得啰嗦，而堕入负处。富差耶那在V－2－13经的疏中说："当提出一个以上的因或喻时，可根据其中的

〔1〕 宇井伯寿未将"违错"和"具足"归入堕负，而将"经疾"视为堕负名，并猜测说"经疾"或与《正理经》所列第十七种堕负"回避"相同，此说实为臆测。循之此段文意，"若言经疾，听者不悟，亦堕负处"一句乃紧承上文而来，意谓答问者如不能满足三个同一的要求须先加申明，如不申明而"经疾"答之，即堕"不具足"之负处。故"若言经疾"一句是说明之辞，非过名也。

〔2〕 《大正藏》第32卷26c。

一个来证明,因此(其余的,不管是)两者中的哪一个,都是无意义的。”也就是说,只要说一个原因和一个喻例就能论证宗的时候,多说一个因或喻就堕入语多的负处。

14. 无义语

无义语可能是《正理经》V-2-8说的“无义”和V-2-10的《缺义》(二者合取),或是仅指前一种亦未可知。《正理经》所谓的“无义”,如立“声常住”宗,以“ka,ca,ta,pa就是ja,ba,g a,da,da,satva”为因,用这种按顺序来表示音韵的方法进行论证,就是无意义的。《正理经》所说的“缺义”,即说话缺乏整体意思所造成的负处。《遮罗迦本集》第33目语失中也有“无义”和“缺义”二过,意思与《正理经》类似。

15. 非时语

此当为后人所说的“不至时”或“不及时”,但《正理经》和《如实论》所说的“不至时”似乎不完全相同。《正理经》V-2-11所说的“不至时”是指不按宗、因、喻、合、结的次序表述论式;而《如实论·堕负处品》中所说的“不至时”是指有人“立义已被破,后时立因”,犹如“屋被烧竟,更求救之”,“非时立因”,为时已晚。从《如实论》所说的“非时立因”等语猜想,《方便心论》的“非时语”即指此。

16. 义重

《正理经》V-2-14论负处“重言”,指出它有“声音和意义的重复”两种情况,此义重当是“重言”中“意义的重复”一种。

17. 舍本宗

对于舍本宗,《方便心论》特地作了具体阐说,可分为两种。先说第一种,《方便心论》云:

> 问曰:“云何名为违(舍)本宗耶?”答曰:“如言:‘识是常法,所以者何?识体二种:一识体生,二识体用。瓶亦二种:一瓶体生,二瓶体用。然识生时即有用故,故名为常,瓶体生以后方有用,故是无常。’难曰:‘若以生便有用名为常者,灯生时即用,应当是常?’答曰:‘灯为眼见,声

为耳闻,云何为喻?'是舍本宗,名堕负处。"〔1〕

这里举例阐说的第一种舍本宗就是"立已复毁,毁而复立,速疾转换,难可了知",〔2〕用逻辑术语来说,就是转换论题。如有人立"识是常法"宗,理由是识体生时即有用,而瓶是无常的,因为瓶须得产生以后才有用(瓶在造作的过程中还不能使用)。按照立论者的这种说法,划分常与无常的标准应是"生时即有用"还是"生以后方有用"。所以责难者反问道,按照你的标准,那么灯在点明的时候就有用,灯就是常住的了?经过这一反诘,立者的理由显然已不能成立,但他却"速疾转换",强辞为辩,说什么"灯为眼见,声为耳闻",不能比喻,这样就舍弃了本宗,本宗说的是"识是常法",这里却说到声音上面去了,转移了论题。同时,既然由于瓶为眼见而声为耳闻,不得比喻,那么瓶与识也就同样不得比喻的了。然而论者却是先自己作了比喻,后又不让别人作同样的比喻,如此出尔反尔,就堕入了负处。这种负处,《正理经》V-2-3称为"异宗",《遮罗迦本集》第40目的"坏宗"恐亦与此略同。

再看第二种舍本宗。《方便心论》云:

复次,有说:"神常,何以知之?非根觉故,如虚空,不为根觉,故常。"难曰:"微尘不为根得而是无常!"答曰:"神非作,故常;微尘造作,故无常。"难曰:"汝前言非觉,今言不作,是违本宗。"答曰:"汝言我违,汝乖我言,岂不违乎?"难曰:"如此之相可有斯理!我言违者,汝之所说自乖前义,故言违耳;又汝前言,不大分别,故我生疑,非我违汝。"如是,以疑为违,亦堕负处。〔3〕

这是将转换论题作了进一步的发挥,变成你说我有错,我说你也同样有错,这种舍本宗可以称之为"以疑为违"。从所举的例子来看,其过程是这样的,假设有人立"神常"(即灵魂永恒不灭)宗,理由是灵魂"非根觉"(非感

〔1〕《大正藏》第32卷26c。

〔2〕《瑜伽师地论》卷十五,《大正藏》第30卷360b。

〔3〕《大正藏》第32卷26c~27a。

官所能觉知),并以“虚空”为喻,因为虚空也不是感官所能觉知的。论辩的对手反问道:你说不为感官觉知者便是常住的,那么“微尘”(原子)也不是感官所能觉知的,难道它也是常住的?(彼此都知道微尘是无常的。)论辩至此立者应可宣告败北了,但立者却又“急速转换”论题,改口说:“神非作,故常。(灵魂非人工造作出来的,所以常住不灭)微尘造作,故无常。”难破者因此指出:你先是以“非觉”为理由,现在却又以“不作”为理由,这是转换了论题!此时立论者进一步转换论题说:你说我违本宗,你的话与我相背乖,岂不也相违?于是难破者道:“我所说的相违,是指你的话前后自相背乖;而且由于你先前说的话令人难以分别,故我生疑,并非是我来违你。”从“以疑为违”的整个过程中可以看出,它与一般的转移论题略有不同,即在“急速转换”的最后一个层次里加入了反诬对方也犯有违宗的同样错误,这到后来就成为一种新的负处,即《正理经》V-2-20所说的负处“认许他难”。在《遮罗迦本集》里,单列“认容”一过(第41目),意思与“认许他难”相同。

从上面的叙述可知,《方便心论·明负处品》共列出四类十七种负处。但是由于《方便心论》文简义幽,术语繁多,索解非易,有的学者便参照英译本来进行解释,将其中的“明负处品”析为九节:〔1〕

(一)不易理解;(二)不善巧;(三)隐秘;(四)陈述过少;(五)陈述过多;(六)毫无意味;(七)不及时;(八)不连贯;(九)伤及命题。

这样来分节显然是值得商榷的。首先,这所谓的九节,究竟是指九类呢,还是九种?如果指的是类,上述第(三)(四)(五)(六)(七)显然不表示五类负处;如果说的是种,则又嫌过于粗疏,其(一)(二)种还须作进一步的划分,如“(一)不易理解”恐怕至少包括了“语颠倒”、“立因不正”、“引喻不

〔1〕 虞愚:《因明学发展过程简述》,《因明论文集》第14~15页,甘肃人民出版社,1982年。

同”等负处；“（二）不善巧”则至少包含着“应问不问”、“应答不答”两种负处。其次，上述“（八）不连贯”在《方便心论》也未见提及，大概是指与《正理经》中的“缺义”和《如实论》中的“无道理义”相应的负处吧？至于“（九）伤及命题”，既列在最后，想必是指“舍本宗”而言的。但“伤及命题”亦可作一类负处的总名，因为像“无义语”、“非时语”乃至“立因不正”、“引喻不同”等都是会伤及命题（违害宗）的，因此尽管后魏吉迦夜的汉译本“拙涩不能达意”，〔1〕我们还是应该将它作为主要文献来进行研究。

三、《正理经》与《如实论》的堕负论

《正理经》第五卷第二章，共列有负处二十二种。至公元四世纪，世亲作《如实论》，又吸取《正理经》的堕负论，写成“堕负处品”一章，也列有二十二种负处，而且二者所列负处的次序也相同。因此过去有的学者便认为《如实论·堕负处品》与《正理经》V－2 的内容完全相同，其实这是不尽恰切的。确实，《如实论》明显地继承了《正理经》的堕负论，但它并非全盘照抄，而是作了较为具体的诠解，并且在诠解中还时时提出一些不同于《正理经》和富差耶那《正理疏》的解释，进一步发展了堕负论。这里还须指出一点，在世亲著《如实论》之前（或同时），弥勒和无著在《瑜伽师地论》、《显扬圣教论》里也提出了自己的堕负论，这又是一种体系。世亲没有接受无著的堕负论，而吸取了《正理经》的堕负论，这是值得注意的。无著的堕负论需另文阐述，这里先就《正理经》和《如实论》的二十二种负处作一些阐释和比较（以下以《正理经》的负处名称为目）。

1. 坏宗（pratijñāhāni）

坏宗就是损坏自己的主张，所以又称“破坏命题”。《如实论》作“坏自

〔1〕　虞愚：《因明学发展过程简述》，《因明论文集》第 14～15 页，甘肃人民出版社，1982 年。

立义”。《正理经》V-2-2云:“把反对者提出的反喻的性质放到自己的实例上加以承认时,就是坏宗。”这一负处当是《方便心论》所说的“引喻不同”的负处,二者名称虽别异,然所指的堕负情况却是一致的。《如实论》也定义云:“于自立义许对(立)义,是名坏自立义。”〔1〕这一定义虽不如《正理经》具体,但《如实论》的例解比较具体。如有人立“声常住”,以“声是无形相的”为理由,以“虚空”为同喻。对方反驳说,“如果声音与虚空有同样的性质就证明它是常住的话,那么与声音有不同性质的话,就是无常的了?从不同性质上来看,声音是造作出来的,而虚空是非造作的;声音是感官所能觉知的,而虚空不是感官所能觉知的,由此倒可以证明声音是无常的。”立者说:“我说的是与常住同性质者,只要是与常住同性质的事物自然是常住的。”对方反驳道:“以与常住同性质者为因,是不定之因,因为无形相者也有与无常同性质的,如烦恼与欢乐心绪等,所以你用‘无形相’作为‘声常住’的理由是不能成立的,而如果在性质上完全不相同的话,就一定能显示出所有无常的东西与常住的东西均相分离,所以我从声与空的相分离来成立‘声是无常’的命题”。辩论至此,立者表示:“我也相信声上有所作性,而凡常住的东西都是非所作的。”这里立者竟将对方所持的反喻的性质(即瓶子的性质,瓶上有所作性)放到自己的实例(虚空)上来加以承认(即承认有所作性),这样就必然破坏了自立义,因为承认声有所作性,就必定要承认声是无常的,以及承认常住的东西都是非所作的,于是堕入了负处。

2. 异宗(pratijñāntara)

异宗就是改变主张,所以又称“转移命题”,《如实论》作“取异义”和“取异自立义”,此种负处即《方便心论》“舍本宗”之一种。《正理经》V-2-3云:“原先陈述的理由遭到否定时,则通过对譬喻的性质的分别来加以说明,这就是异宗。”《如实论》也定义云:“自义已为他所破,更思唯立异法为义,

〔1〕《大正藏》第32卷34c。

是名取异自立义。”〔1〕并作具体例解如下：有人立“声常”宗，以“无触”（非触觉所能感知）为因，以“虚空”为喻。对手问难道：“你立‘声常’宗，依据的是‘无触’因，但‘无触’因是不定之因，如心、欲、嗔（意识、欲望、恶念）等都是‘无触’而且无常的，而虚空虽‘无触’却是常住的，所以不能以‘无触’因来确定‘声是常住’的。‘无触’因既是不定因，就不能用来成立宗。”立者辩解道：“声与常不是我所要立的宗，我所要立的是常与声相摄，我说的声是为排除色法（即五根、五境等）的，我所说的常是为排除无常的；常性不离声，但离开色法，声不离常性，而离开耳根的制约。不相离即相摄，这就是我的所立义；我不立声也不立常，你难破声、难破常，可并未难及我所立之义。”在这里，立论者由于“自义已被他所破”而偷换了论题，还说对手的问难未针对自己的所立义，这就是取异自立义，从而堕入了负处。

3. 矛盾宗（patijñāvirodha）

矛盾宗即指因与宗法相矛盾，故又称“违反命题”。《如实论》作“因与立义相违”。此种负处《方便心论》未提及，《正理经》V－2－4 云：“论题与理由有矛盾时，就是矛盾宗。”《如实论》的定义与此一致，云：“因与立义不得同，是名因与立义相违。”〔2〕如有人立量曰：“声常，一切无常故。”这声既包摄在“一切”之中，就应是无常的了；如果不在这“一切”之中，此因就不能用来证成宗。因此，因与宗法相矛盾，堕入负处。

4. 舍宗（pratijñāsaṁnyāsa）

舍宗即舍弃自己的主张，又称“放弃命题”，《如实论》作“舍自立义”。《正理经》V－2－5 云：“自己的论题遭到否定时，便放弃已经陈述的意思，这就是舍宗。”《如实论》的定义与此相同，云：“他已破自所立义，舍而不救，是名舍自立义。”〔3〕此种负处在《方便心论》中未见论及，但在无著的《显扬圣教论》的堕负论中名列第一。

〔1〕〔2〕《大正藏》第 32 卷 34c。
〔3〕《大正藏》第 32 卷 35a。

5. 异因(hetvāntara)

异因即改变理由,又称"转移理由",《如实论》作"立异因义"。此过在《方便心论》中未提及。《正理经》V-2-6云:"说出没有差别的理由而被对方否定时,又想要(找些理由来)使之差别,这就是异因。"富差耶那疏云:"当没有差别的那些理由被否定时,如果说到它有差别的话,那就是立异因。而如果存在其他差别的理由,那么原先所说的理由就没有证明性,所以是堕负。"〔1〕《如实论》也定义云:"已立同相因义,后时说异因,是名立异因义。"〔2〕很明显,《如实论》的定义是根据《正理经》而来的。《如实论》对此并作了例解:有人立量云:"声常住,何以故?不两时显故(即'一时显',意指声音无始无终,在一切时里都是相续显示的),一切常住(者),皆一时显,譬如虚空等,声亦如是。"反对者说:"你所持的因不对,因为'一时显'者不一定就'常住',譬如风是一时显的,但它却是无常的,声也是如此。"立论者急起而救道:"声与风不同,风属于身根所感知的,而声属于耳根所感知的。"反对者说:"你先时说只要'一时显'便是常住的,因此说'声常住',现在又说声与风由于为不同的感官所感知而不同,你这岂不是舍弃了前因而立异因?"从这个例子可见,立论者在受到反驳时急忙改变理由,掩饰谬误,就堕入了负处。

6. 异义(arthāntara)

异义即理由与论题(因与宗)不相关涉。《正理经》V-2-7云:"具有会产生与(本来的)目的无关的其他目的(的论证),就是异义。"这一定义较为简略而费解,故富差耶那特举例诠解:如有人立"声是常住"宗,以"无触性"(不是触觉所能感知的)为因,后又觉得此因不妥,便改口掩饰:"所谓 hetu(因),就是由 $\sqrt{hi}$ 语根和 tum 后接字组成的、在 krt 后接音上结尾的一个词(动词状名词)。再说 Pada(单词),它指的是 nāma(名词)、ākhyāta(动词)、

〔1〕 富差耶那:《正理疏》V-2-6经疏。

〔2〕 《大正藏》第32卷35a。

upasarg a(前置词)以及 nipāta(不变词)等。其中名词因为同别的运动相结合,所以可以解释,它是一种具有限定形式的声音。动词则是(1) 运动与行为者结合起来的;(2) 可以说,行为者的运动受到特定的时和数的限制;(3) 只是语根的意思和对特定的时的解释。不变词是(名词、动词的)用法上的一种形式,即 ar thāt,abhidya,māna 形式。前置词是附加在动词上,使动作明确的一种词。"〔1〕如此等等,这些所谓的理由,与所要论证的论题相去甚远。从《正理疏》的诠解可知,异义之理由与论题不相关涉,是出于立论者发觉自己先前说的一番理由不能成立,急中胡乱编造一些"理由"来搪塞。对此,《如实论》的解释却略有些不同,它定义云:"说证义与立义不相关,是名异义。"这一定义甚为简明,证义就是理由,立义就是论题,二者不相关就堕入负处异义。同时《如实论》还举例云:"外(道)曰:'声常住,何以故? 色等五阴十因缘。'是名异义。"〔2〕这里的"色等五阴十因缘"("五阴"即"五蕴"的旧译,"十因缘"即"十二因缘",指三世轮回的过程),与"声常住"毫无关涉。由此可以察见,《如实论》所说的异义,并不包含立论者自知理由不成立而以他语搪塞等过程,而只是指因与宗不相关涉这一点。这种负处与逻辑论证中所说的论据与论题不相干的逻辑错误相同。

7. 无义(nirarthaka)

无义即在论辩时说一些无意义的话。《如实论》亦称"无义",《方便心论》称作"无义语"。《正理经》V-2-8 云:"如同按顺序来表示音韵的那种情况,就是无义。"这只是通过比喻来说明无义,而不是定义。对于"按顺序来表示音韵的那种情况",富差耶那举例道:"例如这样说是无意义的,'声常住,因为 ka,ca,ta,pa,就是 ja,ba,ga,da,satva,譬如 jha,bha,na,gha,dha,sa。'如果词汇同对象之间的关系不能成立,那么音韵的意思就无法了解,因

〔1〕 富差耶那:《正理疏》V-2-7 经疏。

〔2〕《大正藏》第 32 卷 35a、b。

此按顺序表示出来的东西,只不过是单纯的音韵罢了。”〔1〕这当然就是无意义的。对于无义,《如实论》也未下定义,大概是因为无义的意思很清楚,无须多加说明了,所以它只是说:“欲论议时诵咒,是名无义。”〔2〕这是一个举例性的说明。

8. 不可解义(avijñatārtha)

不可解义即某一方立论时说话大家都听不懂,也称“不可理解”。此当就是《方便心论》的“三说法不令他解”,《如实论》称“有义不可解”,《正理经》V-2-9云:“即使说了三遍,仍不能使听众和辩论的对方了解的话,就是不可解义。”《如实论》的定义亦云:“若三说听众及对人不解,是名有义不可解。”〔3〕由此可见,《如实论》与《正理经》对此的定义完全一致,而且是与《方便心论》一脉相承的。那么为什么论者说了三遍“听众及对人不解”便是堕负了呢?富差耶那一针见血地指出:“某一主张即使讲了三次仍不为听众及对手了解,而且讲话的声音带有双重的意思,它的实际用法得不到肯定,……此举的目的是为掩盖无能。”〔4〕这是“不可解义”之所以是负处的实质所在。

9. 缺义(apārthaka)

缺义即立论时缺乏统一的义旨,所以也称“不贯通”,《如实论》则称作“无道理义”。《正理经》V-2-10云:“因为没有前后的结合,所以没有统一的意思,这就是缺义。”富差耶那释云:“许多单词在文章中前后没有联系,所以不能掌握统一的意思。那是缺乏整体意思造成的,所以是缺义。”〔5〕《如实论》的定义和解释与《正理经》及富差耶那的《正理疏》相同,如云:“有义前后不摄是名无道理义。”并举例云:“譬如有人说言食十种果、三种酕、一种

〔1〕 富差耶那:《正理疏》V-2-8经疏。

〔2〕〔3〕 《大正藏》第32卷35b。

〔4〕 富差耶那:《正理疏》V-2-9经疏。

〔5〕 富差耶那:《正理疏》V-2-10经疏。

饮食,是名无道理义。"〔1〕其中"氎"是不可食之物,与"十种果""一种饮食"并列作"食"的对象,缺乏统一的义旨,诚无道理!

10. 不至时(aprāptakāla)

不至时按《正理经》V-2-11经的说法是"把论式颠倒过来说"了。富差耶那解释说"在由宗等组成的论式上,按其特征和根据对象来说存在着顺序,因此,把论式倒过来说,论式的语句就会失去时态,也就是说,支离破碎的论式是一种堕负。"〔2〕这里着重指出,五支论式的次序本来应该是宗、因、喻、合、结,有谁立论时如果违反了这个固定的次序,"论式的语句就会失去时态",从这个意义上说,不至时也就是"不及时"。《正理经》I-2-9经说似因中的"过时"云:"过时就是时间过去以后再提出理由。"所指与此相同,但这与佛家对不至时的解释不尽契合。例如《如实论》云:"不至时者,立义已被破,后时立因,是名不至时。"并举例云:"外(道)曰:'声常住。何以故?譬如邻虚,圆依常住故圆常住,声亦如是。'论曰:'汝立常义不说因,立五分言不具足,汝义则不成就。'此义已破。外(道)曰:'我有因但不说名,何者为因?依常住空故。'论曰:'譬如屋被烧竟,更求水救之。非时立因救义亦如是,是名不至时。'"〔3〕《如实论》的这段解释很具体,指出立论时如论式缺因支,经论敌难诘后再补说,这就犹如"屋被烧竟,更求水救之",为时已晚。《如实论》的解释本于《方便心论》所说的八种似因的第四种"过时",如论云:"此语过时,如舍烧已尽,方以水救,汝亦如是,是名过时。"〔4〕由此可知,《正理经》所谓的"不至时"是指颠倒论式的次序而失去了时态;《如实论》等所谓的"不至时"则指由缺支失败而企图补救,乃指理由说得不及时。

〔1〕《大正藏》第32卷35b。

〔2〕富差耶那:《正理疏》V-2-11经疏。

〔3〕《大正藏》第32卷35b。其中外道所云,当是胜论派的立量。邻虚,又译"极微",即原子,邻似虚空之谓。胜论派认为它是常住不灭的。《百论疏序》曰:"外道计:邻虚无十方分,圆而是常。"

〔4〕《大正藏》第32卷26a。

《瑜伽师地论》卷十五、《显扬圣教论》卷十一都有“非时者”一过，并云“谓所应说，前后不次”，这一解释语焉不详，不能据此而区分与正理派的说法有何不同。

11. 缺减(nyūna)

缺减就是论式残缺，亦即缺支。《正理经》V-2-12云：“从缺少论式中的任何一支来说，它又是缺减，”所以缺减又称“说得太少”。《如实论》则称之为“不具足分”，并云：“五分义中一分不具，是名不具足分。”〔1〕此定义与《正理经》完全相同。

12. 增加(adhika)

增加与缺减正好相反，就是立论时理由说得太啰嗦，故又称“说得太多”。《如实论》则称作“长分”。《正理经》V-2-13云：“包含多余的因和喻，就是增加。”富差耶那释云：“当提出一个以上的因或喻时，可根据其中的一个来证明，因此(其余的，不管是)两者中的哪一个，都是无意义的。”〔2〕《如实论》的定义与《正理经》别无二致：“说因多，说譬多，是名长分。”不过《如实论》把“长分”(增加)又分为两种，一是长因，一是长譬。为什么长因(说了多余的因)和长譬(说了多余的譬喻)都是负处呢？《如实论》说明道：“汝说多因、多譬，若一因不能证义，何用说一因？若能证义，何用说多因？多譬亦如是，多说则无用。”〔3〕长因和长譬之所以是负处的实质即在此。《如实论》的阐释较《正理疏》进了一步。

13. 重言(punarukta)

重言也作“重说”、“重复”，它与复说不同。在语言交际中，人们有时需要对一些概念下定义，或对一些语词作出解释，此时主词与谓词在意义上必然重合，正理论将这种现象称为复说。复说不是过失，所以富差耶那疏云：“在复说的场合就不是重言，因为声的反复会出现特殊的意思，例如：‘结

〔1〕〔3〕《大正藏》第32卷35b。

〔2〕富差耶那：《正理疏》V-2-13经疏。

就是根据所叙述的理由将宗重述一遍。’”〔1〕那么什么是重言呢?《正理经》V-2-14云:“声音和意义的重复,与复说不同,因此是重言。”这里将重言分为声音的重复和意义的重复两种。富差耶那在疏释这两种重言时特地举了例子来说明:“‘声常住,声常住’,这样说就是声音的重言;‘声是无常的,音是由灭的性质构成的’,这种说法就是对(无常的)意义的重言。”〔2〕本来,这样解释也就够明白的了,但富差耶那又说:“例证——在说完‘(声)是无常的,因为它具有生起性’这句话之后,……又说‘没有生起性的东西而是常住的’,那也是重言。应该知道,用声音来传达意思时,是可以由义准(必然的结论 arthapatti)来实现其目的的。”〔3〕这样一来,在意义的重复上似乎又派生出一种在义准上的重言来,但富差耶那没有明确将它列为第三种重言。至世亲撰《如实论》,这种义准的重言才独立出来成为第三种重言,世亲称之为“重义至”。《如实论》云:“重说者,有三种重说:一重声,二重义,三重义至。重声者,如说‘帝释、帝释’;重义者,如说‘眼、目’;重义至者,如说‘生死实苦,涅槃实乐’,初语应说,第二语不须说。”以上三种重言中,前两种与《正理疏》相同,第三种“重义至”即指在义准上重复。所谓“重义至”,即前一句在意思上如果已包摄后一句,那么这后一句就是多余的、无用的。从《如实论》所举的例来看,佛家在说“生死实苦”时,已意含着他们所追求的最高境界“涅槃”之乐,所以说了前句,意义上已隐含后句(义至),后句就大可不必说了,如果再说,就是重于“义至”。“重义至”作为一种负处,其弊病就在于“若前语已显义,后语何所显?若无所显,后语则无用”。〔4〕

〔1〕 富差耶那:《正理疏》V-2-14经疏,此中所引的话乃《正理经》I-1-39经。

〔2〕 富差耶那:《正理疏》V-2-14经疏。

〔3〕 富差耶那:《正理疏》V-2-15经疏。

〔4〕 以上均见《如实论》释“重言”,《大正藏》第32卷35c。

14. 不能诵(ananubhāṣaṇa)

不能诵又称作“缄默不言”,《正理经》V－2－16 定义云:“听众已经了解,(对方)也作了三次说明,对此仍不能作出回答,就是不能诵。”《如实论》也定义云:“若说立义大众已领解,三说有人不能诵持,是名不能诵。”〔1〕二者定义相同。

15. 不知(ajñāna)

不知又称“愚昧”。《正理经》V－2－17 云:“不了解(宗)就是不知。”《如实论》则称作“不解义”,并定义云:“若说立义大众已领解,三说有人不解义,是名不解义。”〔2〕从《如实论》对“不能诵”和“不解义”(不知)所下的定义来看,二者是极其相似的,不同处唯在“不能诵”者乃“三说有人不能诵持”,“不解义”者乃“三说有人不解义”。富差耶那也是从这样的角度对二者作出区分的。他说:“论敌的主张听众已经了解,对方也已作了三次说明,对此仍不能作回答的,就是不能诵负处。不作出回答,将以什么为所依来否定别人的主张呢?”〔3〕又说:“意思(即论敌的主张)尽管听众已经了解,对方也已作了三次说明,而他却仍不了解,这就是不知的负处。说实在的,他不了解论敌的主张,难道还能提出什么样的否定吗?”〔4〕从富差耶那的疏解中可以看到,“不能诵”的要害在于面对对方的主张不能作出回答,而“不知”的要害在于根本不了解对方的主张。

16. 不能难(apratibhā)

不能难又称“不善巧”。《正理经》V－2－18 定义云:“不知道如何答难就是不能难。”富差耶那指出:“所谓答难,乃是否定别人的主张。”〔5〕从《正理经》及其疏解来看,“不能难”与“不能诵”又极为相似,都有面对论敌的主张,不知如何回答的成分在内。还是《如实论》的定义明确,它说:“见他

〔1〕〔2〕《大正藏》第 32 卷 35c。

〔3〕富差耶那:《正理疏》V－2－16 经疏。

〔4〕富差耶那:《正理疏》V－2－17 经疏。

〔5〕富差耶那:《正理疏》V－2－18 经疏。

如理立义不能破,是名不能难。”所谓“如理立义”就是立论合乎实际,所谓“不能破”就是不能难破,这与富差耶那的疏解吻合,但更为明确。也就是说,“不能诵”的要害在于不能回答,“不能难”的要害在于不能破斥。另外,“不能难”与“不解义”(“不知”)也是既有区别又有联系的。二者的区别很明显,不须赘述,对于二者的共同点,《如实论》分析得很深刻:“论曰:不解义、不能难,是二种非堕负处,何以故?若人不解义、不能难,不应与其论议。论曰:是二种极恶堕负处,何以故?于余堕负处若言说有过失,可以别方便救之,此二种非方便能救,是人前时起聪明慢,后时不能显聪明相,是愚夫可耻。”〔1〕这是从两个角度来揭示二者的共性,指出“若人不解义、不能难”,便丧失了与人论议的资格,并且是无法挽救的,因为这是智力愚钝的表现。

17. 避遁(vikṣepa)

避遁就是有人面临败局,遂以种种借口来逃避论辩,故又称“逃避”。《如实论》称之为“立方便避难”。《正理经》V-2-19定义云:“以工作为借口中止辩论,就是避遁。”富差耶那疏云:“如说我有这样那样的事要做,待我做完后再争论吧,以此为借口,中止辩论,遂堕入避遁的负处。”〔2〕《如实论》说得更具体:“立方便避难者,知自立义有过失,方便隐避说余事相,或言我自有疾,或言欲看他疾,此时不去事则不办,遮他立难。”〔3〕

18. 认许他难(matānujñā)

认许他难,又译“承认一种意见”。《正理经》V-2-20定义云:“由于看到自己宗上存在的过失,便认为他人的宗上当然也存在过失,这就是认许他难。”这一定义显得简略了些,它至少没有交待清楚是立论者自己觉察到自宗有过失,还是受了论敌的破斥才认识到的。所以富差耶

〔1〕 以上均见《如实论》释“不能难”。《大正藏》第32卷35c。

〔2〕 富差耶那:《正理疏》V-2-19经疏。

〔3〕 《大正藏》第32卷35a。

那补充道:“在承认自己宗上存在他人所说的那种过失后,不指出(自己宗上的过失),而说这是共同的过失,(你的)宗上也存在,他在承认自己宗上的过失的情况下,推测对方宗上也存在同样的过失……就是认许他难。”〔1〕这里明确指出是在论敌的难破下认识到自宗上有过失的。但如果仅仅如此,便与前述第四种负处“舍宗”无异了,所以《正理疏》又强调指出:认许他难还必须是在承认对方难破的同时反诬对方也犯有同样过失,这是一个问题的两方面。对此,《如实论》的说明与《正理疏》相同:“于他立难中信许自义过失,……若有人已信许自义过失,信许他难如我过失……是名信许他难。”〔2〕

19. 忽视应可责难处(Paryanuyojyaupekṣaṇa)

忽视应可责难处,也作“忽视可责”,《如实论》称之为“于堕负处不显堕负”。《正理经》V-2-21云:“堕入负处的人没有败北,就是忽视应可责难处。”这一定义意谓,有人已经堕入负处,却被难破者忽视了,以致负者不负,反令难破者堕入“忽视应可责难处”的负处。这一点在《如实论》里说得更为直截,但似乎又有横生枝节之嫌,如云:“若有人已堕负处而不显其堕负,更立难欲难之。彼义已坏,何用难为?此难不成就,是名于堕负处不显堕负。”〔3〕在这段话里,第一句“若有人堕负处而不显其堕负”非常明确地揭示了这一过失的实质,但以下的话,却横添出一层意思来,就是难破者的破斥未能击中要害等,这就与《如实论》所阐述的第20种负处“非处说堕负”的第二义相混淆了。

20. 责难不可责难处(niranuyojyānuyoga)

责难不可责难处,又作“责难不可责”,《如实论》作“非处说堕负”。《正理经》V-2-22云:“不是负处而指责为负处,就是责难不可责难处。”这一定义还是存在模糊之处:一、是否指对手本来没有堕入负处而误认人家堕

〔1〕 富差耶那:《正理疏》V-2-20经疏。

〔2〕〔3〕 《大正藏》第32卷35c。

负？二、是否对手虽然堕负而所破非其处？富差耶那的解释是："根据对负处的特征的虚妄的认识，对手本来没有堕负，他却指责说：'你输了。'由于责难了不可责难处，反倒使他自己堕入负处。"〔1〕据此，正理派所说的"责难不可责难处"，乃是指的上述第一种意义。这恐怕也是受《方便心论》影响而来的，因为正理派所说的"责难不可责难处"与《方便心论·明负处品》中的"他正义而为生过"别无二致。不过佛家到世亲时立"非处说堕负"的负处，包摄的内容有了扩大，它将上述两种意义都概括进去了。《如实论》云："他不堕负处说言堕负，是名非处说堕负；复次，他堕坏自立义处，若取自立异义显他堕负而非其处，是名非处说堕负处。"〔2〕这"复次"以下的话，就是将"非处说堕负"扩大到了难破者不能击中要害的方面。

21. 离宗义（prasiddhānta）

离宗义又作"溢出论旨"，《如实论》称"为悉檀多所违"（"悉檀多"即宗义）。《正理经》V－2－23 云："承认宗义后又无限制地论议，这就是离宗义。"这一定义不甚明确，所谓"承认宗义后"（siddhāntam-adhyupetya），是承认自己的宗义，还是承认他人所立的宗义？所谓"无限制地论议"（aniyamāt-kathā）是在论题范围内论议，还是作溢出论旨的诡辩？富差耶那疏云："对于某一事物在指出其真实性质后，又无限制地、出尔反尔地持续论议，须知这就是离宗义。"〔3〕这就是说，有人提出某一主张，在论议中如不加限制，出尔反尔，就堕入"离宗义"的负处。《如实论》的说明与富差耶那的疏基本一致，云："先已共摄持四种悉檀多，后不如悉檀多理而说，是名为悉檀多所违。"〔4〕此即指有人不按彼此共许的四种宗义论议，以致使论议溢出了论旨。

〔1〕 富差耶那：《正理疏》V－2－22 经疏。

〔2〕 《大正藏》第 32 卷 35c。

〔3〕 富差耶那：《正理疏》V－2－23 经疏。

〔4〕 《大正藏》第 32 卷 36a。

22. 似因(hetvābhāsā)

似因又译“错误的理由”。《正理经》Ⅰ-2-4~9专门阐述过似因,所以Ⅴ-2-24经在说及第22种负处似因时不再作具体阐述,只是简单交待一句:“如同已叙述的那样,似因也是堕负处。”《如实论》亦云:“似因者,如前说有三种:一不成就,二不定,三相违,是名似因。”〔1〕这三种似因是佛教因明家所主张的。由于似因是印度古典逻辑过失论中的主要问题,正理论和佛教都对它作了详密的研究和阐述,所以当把它列为负处第22种时,只是举了三个例子来简析不成因、不定因、相违因,未加详述。

通过上面的阐述与比较分析,可以知道《如实论·堕负处品》确实比较全面地吸收了《正理经》第五卷第二章的内容,但并非全盘接受下来,在许多问题上它表达了自己的见解,而且由于它晚出,故对负处的论述也较《正理经》和《正理疏》要成熟得多。因此可以这样说:《如实论》的著者世亲是堕负论的集大成者。当然,对堕负是否有独立存在的必要,陈那是持否定态度的,因此世亲也是最后坚持堕负论的佛教学者。

〔1〕《大正藏》第32卷35a。

第十三章　知 识 论

一、古印度诸哲学派别的知识论概述

古印度各派哲学家对知识的来源亦即获取知识的途径等问题有过许多讨论。古印度的哲学家将获取知识的途径或方法称为知量或量(Pramāṇa)。各派哲学家提出来的知量约有十数种,兹简述如下:

现量(pratyakṣa),亦译感觉量,即由感官与认识对象相接时所获取的知识。

比量(anumāna),亦译推理量,即由现有的知识推导出新的知识。

譬喻量(upamāna),即以一事物与他事物在性质上的相似点来类推,从而获得新知识。

圣教量(śabdā),亦译声量,即从圣典中或从可信的言论中获得知识。

假定量(arthapatti),即对未知之事先作出必要的可能性假设,然后再作出进一步求证。

无体量(aunpalabdhi),亦译无性量,如言房中无物,果如所言。

传承量(aitihya),亦译世传量,指世代相传的古贤教言,实即圣教量之一。

义准量(arthaprapti),此量各家说法不一,约指一件事的成立意含着另一件事的成立,如从无云则无雨可反推有雨则有云。

随生量(sambhava),又译内包量,即甲生自乙时,甲与乙具有所生与能生的关系,故随生量具有内包的逻辑性质。由随生量获得的知识是相当可靠的。

姿态量(chesta),因见姿态而获得的知识,如聋哑人以手势令人了知其诉求。正理派不同意这是一种新知的来源,认为这仅是一种符号。

外除量(pariśeṣa),亦译排除法,即通过排除的方法来确认对象,实即选言推理否定肯定式的运用。

此外还有一些,就不一一罗列了。以下再分别简介各哲学派别所主张的量数。

顺世论(Lokāyata,音译“路迦耶陀”),又称斫婆伽(Carvāka),只承认一种量,即现量。顺世论认为只有从现量获取的知识才是最真实的,而从比量获取的知识是不可靠的。

大乘佛教(陈那以后),胜论派(Vaiśeṣika,音译“吠世师迦”),耆那教(Jaina)只承认两种量,即现量和比量。

大乘佛教(弥勒、无著、世亲)、数论派(Sāṃkhya,音译“僧佉”)、瑜伽派(Yoga)承认有三种量,即现量、比量、圣教量。

小乘佛教和正理派(Nyāya,音译“尼耶也”)承认有四种量,即现量、比量、圣教量、譬喻量。

吠檀多派(Vedānta)认为有六种量,即现量、比量、圣教量、譬喻量、假定量、无体量。

弥曼差派(Mīmāṃsā)认为有八种量,即现量、比量、圣教量、譬喻量、传承量、义准量、随生量、无体量。

史学派(Puranas)也认为有八种量,基本与弥曼派相同,但不承认义准量,而同意有假定量。

当得拉迦(Tantras 的门徒)认为有九种量,即现量、比量、圣教量、譬喻量、假定量、无体量、传承量、随生量、姿态量。

另有一些哲学家认为在上述诸量外,还有外除量等。〔1〕

〔1〕 参阅阿特利雅著,杨国宾译:《印度因明学纲要》第 11~12 页(本章在取舍上有所不同),华东师范大学出版社,2007 年。

各派哲学家所承认的量数略如上述。其实在上述诸量中，有不少量是重复的，有一些则可不必独立成量。如《正理经》Ⅱ－2－2经云："传承量与圣教量并无不同，而义准量、随生量以及无体量和比量也无不同。"〔1〕确实，传承量就是圣教量，而义准、随生、无体三种量皆可纳入比量而不必单列。比量的外延甚大，凡属间接证知的诸量皆可纳入其中，故佛教至陈那时便只立现、比二量。

二、量与所量之对应关系

如上所述，各哲学派别在知识论上立有众多的量数，且未能厘清量与所量之间的对应关系。直至陈那厘定在认识方法上只有现、比二量，在认识对象亦即所量上只有自相（sva-lakṣaṇa）和共相（sāmānya-lakṣaṇa），才真正揭示了现、比二量与自、共二相之间的逻辑对应关系。如陈那《正理门论》云：

为自开悟唯有现量及与比量，彼声、喻等摄在此中，故唯二量。由此能了自、共相故；非离此二别有所量，为了知彼更有余量。〔2〕

陈那的这段论述清楚地揭示了二量与二相的对应关系：现、比二量是能量，自、共二量是所量；由此现、比二量，可了自、共二相。也就是说，人们所欲了知的对象唯有自相和共相两种，所以认识这两种对象的方法亦唯有现量和比量两种，除此以外别无其他所量和能量。这一点陈那在《集量论·现量品》中说得更具体：

现与比是量，二相是所量。

量唯二种，谓现、比二量。圣教量与譬喻量等皆假名量，非真实量。

〔1〕　本章所引《正理经》文，均见拙译《正理经》（见本书附译一）。

〔2〕　《大正藏》第32卷3b。又，参见拙释《因明正理门论译解》Ⅰ－4－1A，中华书局，2007年。

何故量唯二种耶？曰：所量唯有二相，谓自相与共相。缘自相之有境心即现量，现量以自相为所现境故。除自相、共相外，更无余相为所量故。〔1〕

在这段论述里，陈那先以二句颂来概括现、比二量与自、共二相具有能量和所量的关系，然后进一步诠释为什么认识方法只有现量和比量两种，这是因为我们的认识对象（境）概括而言只有自相和共相两种，现量以自相为所缘之境，比量以共相为所缘之境。除此之外，更无其他认识对象（所缘境）了。

陈那的这一概括，具有重要的理论意义，是佛教知识论的一大进步，因为以二量对应二相不仅"为破他妄计量故"（破斥诸多所谓的"量"），亦是"为显自身功德"（突显现、比二量的功用）。〔2〕上文已说及《正理经》在量数上已破诸多邪执，将传承量归为圣教量，将义准、随生、无体三种量纳入比量的范围。陈那则进一步简化量数，更是揭示了认识方法与认识对象之间的逻辑关系，即认识方法的确立决定于认识对象的性质，现量以自相为对象，比量以共相为对象，他们在整个认识活动中各司其职，而不能擅越雷池。这正是陈那知识论的精粹所在。而正理派等哲学家却远未认识到这一点，所以他们甚至认为可以用不同的认识方法去认识同一对象，对所量与能量之间的对应关系缺乏深刻的理解。

那么为什么说我们的认识对象只有自相和共相两种呢？世上的事物千姿百态，不胜枚举，都是世人所欲认识的对象，但在认识这无穷对象的过程中，世人无非是采用直接经验的方法去认识个体对象的自相，这自相就是局限于个体自身的表征；或是通过间接经验的方法去认识一类对象的共相，这共相就是遍及于一类事物的共同属性和本质属性。所以从这个意义上说，我们认识的对象只有自相和共相两种，我们的认识方法也只有现量

〔1〕〔2〕 参见法尊法师译编：《集量论略解》第2页，中国社会科学出版社，1982年。

和比量两种。这两种认识方法，亦即是两种获取知识的途径或手段，合起来就称为量或知量。量既是获取知识的途径、手段或方法，亦可用以指称知识本身。

三、现量与似现量

1. 现量的界说

古印度的哲学家将现量分为无分别现量和有分别现量两种。佛教、早期正理派和吠檀多派只说一种无分别现量，即直观的、不与名词概念相结合的纯粹感觉量。然而另一些哲学派别则不同意无分别现量的存在，如文法学派（Śābdika）和耆那教认为，现量必与名词概念相伴，因而只能是有分别现量。也有一些哲学派别承认无分别现量和有分别现量同时存在，如数论派、弥曼差派和正理–胜论（Nyaya – Vaiśeṣika）等认为现量应有两种。不过后期正理派所说的无分别现量与佛家的无分别现量在性质上并不相同。因为后期正理派中的一部分哲学家并没有将无分别现量当做一种独立的现量，而只是将它作为现量形成过程中的第一步，此时的现量是纯感觉的、不清晰的、无分别的，然后进入第二步，成为清晰的、有分别的，亦即与名词概念相结合的现量。陈那只以无分别现量为真现量，而以有分别现量为似现量。所以他对现量的界定是建立在无分别之基础上的。《正理门论》云：

> "现量除分别者"，谓若有智于色等境，远离一切种类、名言、假立、无异、诸门、分别，由不共缘，现、现别转，故名现量。〔1〕

这一现量的界说，是以解释"本颂"所云"现量除分别"来表述的。陈那在《正理门论》中一共引用过三次不同内容的"本颂"，这是第三次引用"本

---

〔1〕《大正藏》第32卷3b。又，参见拙释《因明正理门论译解》Ⅰ–4–2A，中华书局，2007年。

颂"。陈那没有说明这"本颂"的出处。据日本学者宇井伯寿的查考,这句颂言不见于陈那以前的古颂,但亦曾为陈那以后的正理派哲学家乌地阿达克拉(Uddyotakara)所引用(见 NV. P. 41),后又为婆恰斯巴提·弥室罗(Vacāspati Miśra)所引用(见 NVT.P.154)。〔1〕这说明此句关于现量的根本论颂所揭示的乃是现量的本质属性。"除分别"即是"离分别"、"无分别",就是在纯感觉的认识过程中要远离一切名言、种类的分别活动。为此陈那特意列举了六点,即种类、名言、假立(假予立名)、无异(共相)、诸门(诸范畴)、分别(有分别现量和比量),这些都是在必须远离之列。当然,以上六点大都是重复或交叉的,一一列举出来,可能是意在反复强调。后来商羯罗主秉承师说所做的现量界说就简约了,如《入正理论》云:

此中现量,谓无分别。若有正智于色等义,离名、种等所有分别,现现别转,故名现量。〔2〕

在这一界说中,"离名、种等所有分别"一句就概括了陈那所列举的六点,可谓要言不繁。也就是说,作为一个真现量,必须是纯粹的感觉量,不得介入一切种类、概念等思维活动;而一与名词概念发生联系,就成了有分别现量。佛家将之视为似现量。

在上述界说中,陈那和商羯罗主提出了一个重要概念,就是"现、现别转"。对这个"现、现别转",据净眼说"诸大法等略有三释",净眼认为"诸大德"的解释皆"不当其理"。〔3〕于是他提出了自己的解释:

今解云,色等诸法,一一自相不为共相之所覆故,各各显现,故名"现、现";五识等色("色"疑为衍字)于显现境各别转,故言"现、现别转"。此则量现之量,故名现量,此即依仕释也。〔4〕

---

〔1〕参见宇井伯寿:《印度哲学研究》第五卷第 634~635 页。

〔2〕《大正藏》第 32 卷 12b。

〔3〕净眼:《因明入正理论后疏》,参见拙著《敦煌因明文献研究》第 133~136 页,上海古籍出版社,2008 年。

〔4〕净眼:《因明入正理论后疏》,参见拙著《敦煌因明文献研究》第 136~137 页。

此释意谓,“现、现”就是色、声、香、味、触诸法的自相各别显现,并且是未经名词概念所分别的。“别转”就是眼、耳、鼻、舌、身五识于所显现的认识对象(色、声、香、味、触的自相境)上各别有。这就是说,现量即量现之量,是采用六离合释之一的依仕释的方法来解释的。净眼此释说了两点:第一,所谓“现、现”即五境的自相各自显现;第二,所谓“别转”即五识各别有于所显之境。此释较之“诸大德”的三种解释当要略胜一筹,然亦非尽善。据梵本和藏译本所云,此处乃指五境于一一根各别而有,互不相杂。〔1〕的确,在现存《集量论》的梵文残句中有与“现、现别转”相应的文字:“akṣam akṣam prati vartata”,意即根根别转(akṣam 即感官、即根之意)。〔2〕奘门大德文轨释“现、现别转”云:

> 五根照镜分明,名之为“现”;五根非一,故云“现、现”;别依五现根,别生五识,故云“别转”。〔3〕

此谓眼、耳、鼻、舌、身五根如镜照物,清楚分明,所以名之为“现”;而且五根各别,故云“现、现”;五识依五根各别而起,故云“别转”。也就是说五识是依五根分别生起,各自认识自己的对象(境)。所以“现、现别转”即是根根别转的意思。文轨的这一解释是最为贴近论意的。

“现、现别转”是无分别的深层涵义。既然在现量中五识依五根各别取境,是互不联系的,是纯感觉的认识活动,还没有达到知觉的层面,自然就与名词概念等分别活动无涉了。

无分别是现量的必要条件之一,现量的另一个必要条件是不迷乱。这是保证现量真实性的条件。就现存文献来看,最早提及这一点的大概是《方便心论》,其《明造论品》云:

> 问:今此现见(即现量)何者最实?

---

〔1〕参见吕澂:《因明入正理论讲解》第52页,中华书局,1983年。

〔2〕参见吴汝钧:《陈那的知识论》,《正观》杂志第49期(2005.6)。

〔3〕《庄严疏》卷三页二十一左右,内院本,1934年。又,《文轨疏校补》卷三,见拙著《敦煌因明文献研究》第375页,上海古籍出版社,2008年。

答：五根所知有时虚伪，唯有智慧正观诸法名为最上。又如见热时焰、旋火轮、乾闼婆城，此虽名现而非真实。又根不明了，故见错谬，如夜见杌疑谓是人，以指按目则睹二月。

此谓五根在感知各自的对象时，有时因产生错觉而造成虚伪，须以智慧来保证，令五根得以"正观诸法"，保持认识的真实性。并列举两类情况为例：一是错以幻影为真，如热时焰、旋火轮和海市蜃楼；一是感觉不明了，故所见有误，如夜间见杌误以为人，以指按目则睹二月。这些现量虽然大都是无分别的，却仍属虚假的现量。故只有以智慧去正观，才能"名为实见"。〔1〕后来《正理论》Ⅰ-1-4经在现量的界说中也明白地说到了这一点，正理派是实在论者，其现量界说与观念论者自有不同，但在现量无分别和非错乱上却是所见略同的。所以后来弥勒和无著也都将"非错乱境界"或"非错乱所见相"作为现量的要义。并列出五种或七种错乱相，以示警戒。〔2〕无著并在《阿毗达磨集论》中明确指出：

现量者，谓自正、明了、无迷乱义。〔3〕

在《瑜伽》、《显扬》所列的众多错乱相或迷乱相中，有一些属于无分别心的迷乱，如白内障患者"于一月处见多月像"，"迦末罗病损坏眼根，于非黄色见黄相"等，即属此类无分别似现量。基于这类情况的存在，所以陈那在《集量论》里也特意指出：

现量虽皆是离分别，但有无分别心非现量者，如由翳膜见二月之眼识，是无分别之似现量。〔4〕

陈那也以白内障患者错数月亮的例子来说明仅仅除分别尚不足以保证现量的真实性，但他没有直截地说"不虚妄"或"无迷乱"或"非错乱"，而是像《方

〔1〕 以上《方便心论·明造论品》中关于现量的论述，见《大正藏》第32卷25a、b。

〔2〕 参见《瑜伽师地论》卷十五，《大正藏》第30卷357c。又，《显扬圣教论》卷十一，《大正藏》第31卷532b、c。

〔3〕《大正藏》第31卷693c。

〔4〕 法尊译编：《集量论略解》第3页，中国社会科学出版社，1982年。

便心论》那样从正面立论，在关于现量的界说中强调要“有智于色等义”，也就是在认识活动中要以“智慧正观诸法”。由此，其高弟商羯罗主在现量的界说中便明确地将“智”说为“正智”，以此来简除邪智即迷乱之心。慧沼释云：“此中正智即彼无迷乱。”〔1〕将陈那师弟所说的“正智”与无著所说的：“无迷乱义”联系了起来，可谓一语破的。

那么陈那为什么不像无著那样直接地说现量须“无迷乱”呢？这是因为他曾对《正理经》关于现量的界说作过猛烈地抨击，其中就包括了对“不错乱”的批评。《正理经》Ⅰ-1-4说：“现量是感官与对象接触而产生的认识，它是不可言说的，不错乱的，且是以实在性为其本质的。”这一界说指出现量有四个特征（差别义）：一是感官与对象接触而产生认识，二是不可言说的，三是不错乱的，四是以实在性为其本质的。陈那对这四种差别义一一加以批驳。如他在《集量论》中对“不错乱”作这样的批评：

根觉亦无迷乱之差别，迷乱唯在意识，以彼是迷乱之有境故。〔2〕

此谓纯粹感性认识的现量不存在迷乱的问题，迷乱的认识唯是意识构造的结果，因为意识错乱成为认识对象。这就是说无分别的纯感觉本就不存在迷乱的认识，不需要将“不迷乱”作为差别义提出来。陈那既然对正理派关于现量界说中的“不错乱”作了否定，所以他在界定现量时，就特意避开“不迷乱”的提法。

然而这里也存在着一个矛盾。陈那对《正理经》的现量界说中包含“不错乱”的特征提出批评，因而在自己的现量界说中有意回避“无迷乱”的提法；但他也批评过《正理经》的现量界说中包含“不可言说”是多此一举，说“诸根觉绝无名言之境，不须简滥”，〔3〕却在自己的现量界说中强调要“远离一切种类、名言、假立、无异、诸门、分别”，“简滥”简得比正理派还彻底！

---

〔1〕《大疏》卷八页十七右，金陵本，光绪二十二年（1896）。又，《大正藏》第44卷139a。

〔2〕〔3〕　法尊译编：《集量论略解》第11页，商务印书馆，1982年。

一方面刻意回避"无迷乱"的提法,一方面又在所谓"无须简滥"的地方大简特简,形成有趣的自我矛盾!

其实,无分别而迷乱的情况是客观存在的,不必刻意回避,所以后来法称又将"无错乱"重新恢复,他说:"此中现量,谓无分别,复无错乱。"〔1〕因为陈那以正智简邪智的做法固然可以简除许多由意识错误引导所致的有分别迷乱心,却难以涵盖无分别的迷乱认识(无分别的迷乱认识非意识的误导所造成),所以在现量的界说中揭示"无迷乱"的特征是殊为必要的。

2. 现量的种类

在陈那的现量论里,只要是以自相为认识对象的,概属现量。因此陈那将现量化为四种,即五识现量、意识现量、自证现量、瑜伽现量。

(1) 五识现量。这是最基本的现量。上述现量界说中界定的就是五识现量。陈那有四句颂对五识现量作了小结:

有法非一相,(主词所指称的事物可以有多种属性,)
根非一切行。(感官最初只能了知其自相而非共相。)
唯内证离言。(这种感觉知识是内证的且远离名言,)
是色根境界。(然心识所变的诸境须寄托于诸感官。)〔2〕

这四句颂概括了五识现量的特征:现量以自相为认识对象,其认识过程是在识体的内部进行的(内证),而非由五根来直接认知。然而由主观的识变现的相分(境)须寄托于五根,显现于五根,如由阿赖耶识变现的色境即寄托于眼根上(从这个意义来说,眼根就是能生,即能生起色的感觉,眼根与眼识是同时作用于相分境的)。当然这完全是按唯识教义作出的解释。

〔1〕 法称撰、王森译:《正理点滴论》,《世界宗教研究》1982年第1期。

〔2〕《正理门论》,《大正藏》第32卷3b。参见拙释《因明正理门论译解》Ⅰ-4-2B,中华书局,2007年。《集量论》也有相似的四句颂:"若法有多事,非根悉分明,各自所触证,离名言根境。"见吕澂译《集量论释略抄》页八,《内学》第四辑,1928年。

（2）意识现量。陈那《理门论》云：

意地亦有离诸分别，唯证行转。〔1〕

“意地”即第六意识，佛家认为意是支配全身和产生万事的场所，故称之为“地”。意识的主要作用是分别对象，形成概念，作理性的思考，但它在五识的见分缘第八阿赖耶识的种子所变的相分（境）时，可以与五识的纯感知活动结合，继续其第二刹那的直观。这种直观由于依然局限于对象自相的行相上面，所以仍属现量的范围。“我们可以称第一瞬间为纯的感觉刹那，第二瞬间为意识的感觉刹那，因为这第二刹那的意识感觉是介于纯感觉与知性之间的中间步骤”。〔2〕 由于意识的活动多为概念的分别活动，只有继五识直观的短暂意识直观是离分别的，故陈那说意识“亦有离诸分别”，这“亦有”二字即指此而言。根据法尊法师说“法称论师说意现量，唯是根识最后念、续起、缘色等境之一念意识，乃是现量。以后再续起，则不能亲缘色等，是有分别，便非现量。”〔3〕此说与陈那的论意一致。

（3）自证现量。陈那《集量论》云：

“贪等，自证无分别。”是说自证现量。谓贪嗔痴、苦乐等心，不得根故，是自证现量。〔4〕

“贪等”，指贪、嗔、痴三毒和苦、乐等心。“不得根故”指上述三毒和苦乐之心皆非根现量。意谓五识与五根缘境时，即使由于意识引导上的错误陷入贪、嗔、痴三毒或生苦、乐等心，其时见分缘相分境时“不得根故”，必非现量，但并不妨碍自证分缘见分时仍为现量。对于这一点有人质疑云：

若贪等自证是现量者，岂分别识亦现量耶？实无是义。

---

〔1〕《大正藏》第32卷3b。又，参见拙释《因明正理门论译解》Ⅰ－4－2C，中华书局，2007年。

〔2〕 舍尔巴茨基著，宋立道、舒晓炜译：《佛教逻辑》第188页，商务印书馆，1997年。

〔3〕 法尊译编：《集量论略解》第4页，中国社会科学出版社，1982年。

〔4〕 法尊译编：《集量论略解》第5页。

陈那答云：

> 但许自证性，非境分别故。彼于境义有贪爱等虽非现量，然说自证则无过失，此等亦显现故。〔1〕

此谓自证现量是就其自证而言的，它并没有对境义作概念分别。五识缘境时尽管陷入贪爱等分别心而不再是现量，但自证分所显示的仍然是现量。为什么在一个似现量中，其自证分仍然是现量呢？要说清楚这一点，还须对陈那的三分说略作介绍。《成唯识论》卷二云：

> 达无离识所缘境者，则说相分是所缘，见分名行相，相、见所依自体名事，即自证分。此若无者，应不自忆心所法，如不曾更境，必不能忆故。〔2〕

此谓通晓认识对象不离于识者（即唯识论者），则以相分（显现于内心的影像）为所缘（认识对象），以见分（主观的认识能力）行于所对之境，相分与见分所依之识体即自证分。如果没有这自证分，心识与心所有法当不能自忆其认识活动，犹如未曾身历其境一样，必不能忆其事。这段话着重指出确立自证分的意义在于记忆，心识与心所有法的活动（心识与心所的活动主要在见分的缘虑活动），因为见分缘境，瞬间即逝，如无自证分来忆念见分的认识过程，亦即对见分的认识过程若无自证，则见分的能缘作用无以确认，甚至会像什么事也没有发生过一样。所以陈那在《集量论》里有四句颂说：

> 似境相（相分）是所量，能取相（见分）及自证（自证分），即能量及量果，此三（相分、见分、自证分）体无别（是识体的三种成份）。〔3〕

从上述《成唯识论》和《集量论》关于三分说的阐说可知，当认识生起之时，必有认识的主体（能缘）、认识的对象（所缘）以及能缘、所缘所依之自

〔1〕 吕澂：《集量论释略抄》第九页，《内学》第四辑，1928年。

〔2〕《大正藏》第31卷10b。

〔3〕《集量论》的这四句颂见《成唯识论》卷二所引。《大正藏》第31卷10b。

体。认识的主体即见分,认识的对象即相分,见分与相分所依的自体名自体分,亦即自证分。此自体分的作用在于缘见分的自相,以自证所知,故称自证分。在三分中,构成双重的能、所关系:从见分与相分的关系来说,见分是能缘,相分是所缘;从自证分与见分的关系来说,自证分是能缘,见分是所缘。陈那认为自证分以见分的自相为所缘,故必是现量。陈那特意以极端的例子来揭示,尽管见分缘相分时由于意识的错误引导陷入贪、嗔、痴三毒而起分别心,所得非现量,但以自证分缘见分来说,所缘仍为自相,这就是自证现量的由来。自证现量是内省性质的认识活动,是对认识的认识,是对认识主体见分自相的直观,是非构造的,因此其性质也必然是现量。

(4) 瑜伽现量,又称定心现量。陈那《正理门论》云:

诸修定者离教分别,皆是现量。〔1〕

"诸修定者"就是修习瑜伽者。此谓修瑜伽者在得定以后会离开之前的教相分别(共相境),直观义理,这种直观就是现量。陈那在《集量论》里也有类似的论述:

诸修瑜伽者,不杂师长言教分别,见唯义理,亦是现量。〔2〕

为什么诸修瑜伽的人在定中所缘的是现量境呢?定宾《理门论疏》释云:

谓定加行,闻、思位中依教分别;今已得定,在定位中修慧所摄,离前闻、思教相分别于定心境,谓内亲证。〔3〕

此谓在修定前的"加行"阶段,即入正位前的准备、须加力修行的阶段,是依据"闻慧"(由见闻经教而生的智慧)和"思慧"(由思维道理而生的智慧)来分别教义之同异的,其所缘的是共相境;而得定之后的修定者是以修慧(由修习瑜伽而生的智慧即定智)来缘自相境的。由于在定位中不再对教相作分别,唯是以"修慧"直观教义,所以定心所亲证的是现量境。日释善珠对瑜

〔1〕《大正藏》第32卷3b。参见拙释《因明正理门论译解》I-4-2C,中华书局,2007年。

〔2〕法尊译编:《集量论略解》第5页,中国社会科学出版社,1982年。

〔3〕日释藏俊:《因明大疏抄》卷三十九引,《大正藏》第68卷760b。

伽现量亦有简洁的解释，云：

若生得慧，及闻、思慧，带教缘故，了共相境，即非现量；若修慧中，一向离教缘自相故，即是现量。〔1〕

此谓如依据“生得慧”亦即与生俱来的智慧以及闻、思二慧且带着对教相的分别来缘境，其所了知的是共相境，此即非现量；如果在定中以修慧来缘境，就定然是离开教相分别而缘自相境的，此即是现量。定宾和善珠两位高僧对修定有深切的体会，所以他们的诠释当有助于了解瑜伽现量的实质。

瑜伽现量是一种特殊的现量。现量的特征是感性直观，而瑜伽现量却与感官无涉，所以不是感性的直观。现量应是直观现前的，而瑜伽直观却不受时空的局限，可以透视以往，遥知未来，所以是一种神秘的内观，它超越从感性到知性的认识阶段，以理性的直观直证所量境的真相或本质。

3. 似现量的界说

似现量（pratyakṣābhāsa）即是虚假的现量。陈那《正理门论》云：

但于此中了余境分，不名现量。〔2〕

此谓在自相境中如不能如实亲证，而分别为其余境分如虚妄境相或共相境界，就不能名之为现量，而是似现量了。这只是关于似现量的性质的简略说明，而非严谨的界说。商羯罗主在《入正理论》中对似现量的界说如下：

有分别智于义异转，名似现量。〔3〕

这一界说揭示了似现量的两大特征：一是“有分别智”，即以名言、种类等分别心缘境；二是“于义异转”，“义”即境。即是不以自相为境界，而别依共相为所缘。故商羯罗主释云：

---

〔1〕《明灯抄》卷六末，《大正藏》第68卷760b。

〔2〕《大正藏》第32卷3b。又，参见拙释《因明正理门论译解》Ⅰ－4－3，中华书局，2007年。

〔3〕《大正藏》第32卷12c。

谓诸有智了瓶、衣等分别而生，由彼于义不以自相为境界故，名似现量。〔1〕

此谓由分别名言、种类等构造出来的“瓶”、“衣”等概念只是虚妄的共相而非真实的自相，似现量就是以虚妄分别的共相为认识对象而产生的。

4. 似现量的种类

陈那对似现量作了上述简略说明后，接着列出了六种似现量。如云：

由此即说忆念、比度、悕求、疑智、惑乱智等，于鹿爱等皆非现量，随先所受分别转故。如是一切世俗有中，瓶等、数等、举等、有性、瓶性等智皆似现量，于实有中作余行相，假合余义分别转故。〔2〕

此谓由此而要说及忆念过去、比较现在、希求未来、疑智（不能决定过去、现在、未来之事），以及惑乱智等，如鹿热渴时误以阳焰为水就是惑乱智的例子。以上五种都不是真感觉量，因为这些都是对以往的经验作了名词、种类的分别而产生的。这种虚假的感觉量还表现在一切世俗人所习有的观念上，可称之为“俗有智”虚假感觉量。如胜论所立的“六句义”中的实体如瓶等、属性如数等、运动方式如举等、范畴大有、共同性与差异性如瓶等五句义所体现出来的俗有智就都是虚假的感觉量，因为在世俗见到瓶子、衣服等实物时，心识如同镜子照物那样生起了种种差别相，假设出瓶类、衣类等种类并以名词来指称它们。陈那在这里列出了六种似现量：一、忆念；二、比度；三、希求；四、疑智；五、惑乱智；六、世俗有。慧沼解释说，第一种“忆念”是散心（散乱、放逸之心，与定心相对）缘过去（忆念总是追念过去之事）；第二种“比度”是独头意识（独起而泛缘十八界之意识，专门思构立名，所得必为比量或非量）缘现在（比度即比量，比量总是据共相而进行分别的）；第三种“悕求”是散意（即散心中之独头意识）缘未来（悕求即对未来的

〔1〕《大正藏》第 32 卷 12c。

〔2〕《大正藏》第 32 卷 3b、c。又，参见拙释《因明正理门论译解》Ⅰ-4-3，中华书局，2007 年。

追求);第四种"疑智"是于三世不决智(于过去、现在、未来三世均不能决定,故为疑智);第五种"惑乱智"就是于现世诸惑乱智(于现在发生的诸种错乱智)。慧沼在说了上述五种似现量后也引用了《理门论》说"世俗有"的一段文字,但没有将"世俗有"列为似现量的一种,〔1〕这恐怕与《理门论》在说似现量时表达层次不够清楚有关。陈那在《集量论·现量品》中则明确地将"世俗有"列为似现量之一。如颂云:

错乱、俗有智,比量及所生,念、欲似现量,谓于阳焰等。〔2〕

这里所列的六种似现量是:一、错乱智(即惑乱智);二、俗有智(即世俗有);三、比量(即比度);四、比量所生智(《理门论》没有提到);五、忆念;六、欲(即悕求)。但据法尊法师所译编之《集量论略解》说,陈那将似现说为七种,即在上述六种似现量外又加上第七种"有翳膜"(即因患眼疾而产生视觉上的迷乱)。陈那并对这七种似现量作了说明:

此说七种似现量。前六种是有分别,第七种是无分别。(1)迷乱心,如见阳焰误为水等之有分别迷乱心。(2)世俗心,如见瓶、衣等物,认为有瓶、衣等物,认为有瓶、衣等实体之心。瓶、衣等唯是由分别心所假立,是世间约定俗成之声义、其实体自相并无所谓瓶、衣等名。故此等心就世俗说,是不错误,是正确智。但约实体观,则属虚妄,是分别心,是似现量。(3)比量与(4)比量后所起心,皆分别先所领受义,皆属分别。(5)忆念缘过去事。(6)悕求想未来境,皆无实义,纯属分别,皆似现量。(7)有翳膜等所根识,见空华、毛轮、二月等,虽无分别,然非有体,故亦成似现量。由根识不分别执著,故仍是无分别也。〔3〕

说似现量有七种是合理的,因为陈那将前六种划为有分别似现量,而将第七种划为无分别似现量,这样,违反现量的两个方面的错误都提到了。所以七

〔1〕 参见《大疏》卷八页二十四左~二十五左,金陵本,光绪二十二年(1896)。

〔2〕 吕澂:《集量论释略抄》第九页,《内学》第四辑,1928年。

〔3〕 法尊译编:《集量论略解》第5~6页,中国社会科学出版社,1982年。

种似现量说较六种似现量说更为全面。

四、比量与似比量

1. 比量

比量（anumana），亦称为自比量（svarth anumāna），是不形之于言说的内心推度。

在陈那以前，比量分为三种。就现存文献来看，最早明确将比量分为三种的是佛教的《方便心论》，此论将比量分作前比、后比、同比三种。〔1〕后来龙树在《中论·观法品》里也说到比知（比量）有如本、如残、共见三种。〔2〕《正理经》I－1－5 经与数论派的《金七十论》也都说比量分有前、有余、平等三种。〔3〕各书的译名虽略异，所指其实相同。第一种的梵名 pūrvavt，其字义是如前。第二种的梵名 śeṣvat，意谓剩余。第三种的梵名 samamyato dṛṣta，即平等之意。不过各家对前两种比量的解释有所不同。大体上说，第一种比量是由因推果，第二种比量是由果溯因，第三种比量是类比。由此可知，在陈那以前比量尚无严谨的界说，也无定式，当然也还没有认识到比量与已经发展得较为成熟的论证有何本质的联系。

陈那对比量的认识较其前人要深刻多了。他将比量（广义的）分为两种，即为自比量（svarth anumāna）和为他比量（parārth anumāna）。为自比量即是用以自悟的内心推度，称之为比量（狭义的）；为他比量即是用以悟他的、以言语表达出来的论证和反驳，称之为能立和能破。陈那认为，为自比量和为他比量在本质上一样，有共同的形式——三支式，须遵守同样的形式规则——因三相。所以他在《正理门论》中对比量界定如下：

〔1〕 参见《大正藏》第 32 卷 25b。

〔2〕 参见《大正藏》第 30 卷 24b。

〔3〕 参见《正理经》I－1－5 经（见本书附译一）。又，参见真谛译：《金七十论》，《大正藏》第 54 卷 1246b。

"余所说因生者",谓智是前智余,从如所说能立因生,是缘彼义。〔1〕

"余所说因生者",是陈那引自根本论颂的后一句,原颂是"现量除分别,余所说因生"。前一句在说现量时已作诠释,后一句是说比量的,故放在界定比量时诠释。颂中的"余"是指现量智之余,此即比量智。比量智是在现量智的基础上产生的,系由所说的三相具足之能立因所引生,并以此筹虑其共相境。陈那在《集量论》中对比量的界说更为赅要:

谓由具足三相之因,观见所欲比度之义。〔2〕

"所欲比度之义"即共相境,意谓比量是由合乎因三相的理由来"观见"共相境的(得出比量的结果)。这一界说为商羯罗主所继承,如《入正理论》云:

言比量者,谓藉众相而观于义。相有三种,如前已说。由彼为因,于所比义有正智生,了知有火或无常等,是名比量。〔3〕

此谓由藉于三相义者为因,在共相境上有正智生,能了知"有火"或"无常"这些共相境者,才能称之为真比量。对于这一补充说明,慧沼认为其中有"正智生"的限定是十分必要的,因为如不以"正智"为必要条件,则"虽有智","彼智或生疑",如此即使"藉三相因而观于境",仍会有犹豫不定之失,如胜、声二论所立的相违决定量,虽各具三相,却互相对抗,以致"犹豫解起",成为因过。慧沼说商羯罗主正是有鉴于此,故作此补充说明,以示"虽具三相,有正智生方真比量"。〔4〕 其实"正智生"只是比量智由此而生的意思,并没有特殊的简别作用。慧沼突出"正智生"的限定作用有所不当,因为比量是不形之于言语的内心推度,不可能出现胜、声二论各以三相具足的比量互相对抗以致犯相违决定的不定因过。

〔1〕《大正藏》第32卷3c。又,参见拙释《因明正理门论译解》I-4-4A,中华书局,2007年。

〔2〕法尊译编:《集量伦略解》第29页,中国社会科学出版社,1982年。

〔3〕《大正藏》第32卷12b、c。

〔4〕《大疏》卷八页二十右,金陵本,光绪二十二年(1896)。

在对比量作了上述界定以后，陈那又进一步揭示引生比量智的两个原因。《正理门论》云：

> 此有二种，谓于所比审观察，智从现量生或比量生；及忆此因与所立宗不相离念，由是成前举所说力，念因同品定有等故。是近及远比度因故，俱名比量。〔1〕

此谓引生比量智的原因有两种：一是远因，一是近因。在审察宗义时，比量智不外从现量因（如“有烟”，佛家认为“有烟”是眼识亲取自相境而得，故是现量因）〔2〕或比量因（如“所作”，佛家认为“所作”是意识缘虑共相境所得，故为比量因）所引生。这两种因都是引生比量智的远因。引生比量智的近因则是记忆起因、宗二法具有不相离关系的“念”，此“念”能增强上述现量因和比量因的力度，因为这是依据因三相将因、宗二法联系起来的。近因和远因都是引生比量智的原因，所以都可以称之为比量。

那么为什么说现量因和比量因是远因，而“念”是近因呢？陈那在《理门论》中用了一个比喻来说明：

> 此依作具、作者而说。〔3〕

“作具”就是工具，如以斧伐木，这斧子就是伐木的工具。“作者”就是操斧伐木之人。这个比喻的意思是，近因与远因的分别是根据原因与比量智的亲疏关系来确定的，犹如人持斧伐木，令木倒地，人是近因，斧是远因。不过也有解释说：“斧亲断树为近因，人持于斧，疏非亲因。此现、比量为作具，忆因之‘念’为作者。”〔4〕这是要将现、比二因视作近因，将“念”视作远因。但这样的理解似欠妥，因为现量因和比量因都是现成的因，理应是远因，及

〔1〕〔3〕《大正藏》第32卷3c。又，参见拙释《因明正理门论译解》Ⅰ-4-4B，中华书局，2007年。

〔2〕现量因：这是从其原生状态而言的。其实现量一旦作为因，即与名言、种类发生联系，这就离开了自相而进入共相，已不再是现量了。

〔4〕参见《大疏》卷八页二十一右~二十二左，金陵本，光绪二十二年（1896）。

至“念”起来之后，才将现量因或比量因与宗法联系到了一起，所以这忆念生起在后，理应是近因。

为自比量的性质和引生比量智的原因已如上述，然后陈那进一步指出，为他比量与为自比量从性质上说并无不同。如《理门论》云：

如是应知悟他比量亦不离此得成能立。〔1〕

陈那的这一断语包含两层意思：第一，为自比量是先于为他比量而有的，是为他比量的先导；第二，为他比量与为自比量的推导形式及其规则是一致的。这一断语表达的是一种创见，在印度逻辑史上具有里程碑的意义。

2. 似比量

似比量（anumānābhāsa）是虚假的比量。商羯罗主《入正理论》云：

若似因智为先所起诸似义智，名似比量。

这是关于似比量的界说，其中包含了两个要件：一是“似因智为先”，一是由此“所起诸似义智”，二者具有条件关系，即前件“似因智”是后件“所起诸似义智”的充分必要条件。那么何谓“似因智”呢？此即缘似因之邪智，亦即以错误的理由为因而不自知，或虽知犹犯而不能自已。那么何谓“自义智”呢？“义”即“宗义”，即在似因智的作用下所产生的似宗之智，亦即以似宗为正宗的惑乱之心，所以似因智和似宗智是一对连体儿，是独散意识在随念分别和计度分别中误入歧途，为邪智所摄的产物，形成的比量是似比量。

似比量既然是以“似因智为先”来推导的，势必违反因三相，所以商羯罗主将似比量的过失归结为“似因多种”，这本不错，但由于说得过于笼统，易滋误解。如唐代的一些疏记，依据他说的“似因多种，如先已说”，便想当然地与似能立中的四种不成因、六种不定因和四种相违因联系了起来。其实这是一大误解，混淆了为自和为他二类比量！疏家们似乎忘了，这里讲的为自比量只是一种内心的推度，不存在“两俱”、“随一”等立敌对诤时才有的

〔1〕《大正藏》第32卷3c。又，参见拙释《因明正理门论译解》Ⅰ-4-4C，中华书局，2007年。

问题，也不需要用“差别义”来掩饰真意，模糊对手，更不可能产生“相违决定”的似因。也就是说，在似能立中有十四种似因，在似比量中不必一一皆有。那么似比量究竟有几种似因呢？陈那在《集量论》里说得很清楚，一共有六种。不过不再按似因的性质（不成、不定、相违）来确定，而是按其缺相的多寡来统计。陈那云：

其有一相者，谓若因于所比有，于同品无，于彼无非无。……又于同品有，于所比无，于彼无非无。……又于彼无为无，于所比无，于同品亦无。……

有二相者，谓若因于所比有，于同品亦有，于所比非无。……又于所比有，于彼无无，于同品非有。……又于同品有，于彼无无，于所比亦无。……

当知此等以义了知非是因义，即成立为六种似因。〔1〕〔2〕

上述陈那列出的两组共六种似因兹简释如下：

第一组，具有一相而缺两相者三种：

（1）符合第一相而不合第二、三相者。

（2）符合第二相而不合第一、三相者。

（3）符合第三相而不合第一、二相者。

第二组，有两相而缺一相者三种：

（1）符合第一、二相而不合第三相者。

（2）符合第一、三相而不合第二相者。

（3）符合第二、三相而不合第一相者。

陈那最后归结说，以上所列从其不具足三相义可知非是正因，而成六种似因。

〔1〕　如慧沼即作此解。参见《大疏》卷八页二十六右，金陵本，光绪二十二年（1896）。

〔2〕　法尊译编：《集量论略解》第34页，中国社会科学出版社，1982年。引文略去了所举的例子，以省略号表示。

确实,似因只能是上述六种,因为不可能有三相俱缺的似比量。若是三相俱缺的话,则连似比量也算不上,纯粹是胡思乱想罢了。

五、量　　果

在陈那的知识论里,现量和比量是获取知识的两种途径或方法,经由现量或比量获得的知识就是量果(pramāṇa phala),也可以称作量(pramāṇa)。也就是说,认识是由能量、所量和量果三部分组成的。现量和比量是能量,自相和共相是所量,那么什么是量果呢?据说陈那在量果的问题上曾遭到论敌的质疑。如实在论者问难说:"如尺、秤等为能量,绢、布等为所量,记数之智为量果。汝此二量,(以)火、无常等为所量,现、比量智为能量,何者为量果?"又如小乘有部等也难破说:"我以境为所量,根为能量(有部以感官认知对象,而不同意由识来认知),依根所起心(指心王,即识体,亦即精神作用的主体)及心所(相应于心王而起的精神现象)而为量果。汝大乘中即智为能量,复何为量果?"再如数论派等则主张以外境为所量,诸识为能量,神我(灵魂)为量果(数论以"神我"为能受用一切的知者),所以他也问难说:"汝佛法中既不立'我'(灵魂),何为量果?智即能量故。"〔1〕对于这种种问难,陈那作出的回答是:识体就是量果。如《理门论》云:

此中无别量果,以即此体似义生故,似有用故,假说为量。〔2〕

意谓现量和比量的量果不在别的地方,就在心识之中,因为所量和能量都是心识变现的,心识假设出有相分之义和见分之用,并由心识自证其所知(量果),故相分、见分、量果都假说为量。对此陈那在《集量论》中说得更清楚:

〔1〕参见《大疏》卷八页二十二右~二十三左,金陵本,光绪二十二年(1896)。

〔2〕《大正藏》第32卷3b。又,参见拙释《因明正理门论译解》Ⅰ-4-2D,中华书局,2007年。

此中所说量果，非如外道所计，离能量外别有量果，是即能量心而为量果。如以斧砍木，木断为果，非离木外有别断果。以识缘境，了境即果。〔1〕

“即能量心”中的“即”就是不离之意，“能量心”就是能量智，亦即识体。“即能量心而为量果”就是“即用此量智，还为能量果”。〔2〕故“以识缘境，了境即果”，心识的主体(自证分)即是量果。陈那还列出了对量果的三种解释：

初说境为所量，能量度之心为能量，心了证境之作用即为量果。……

第二说以自证为量果，心之相分为所量，见分为能量。……

第三说以行相为所量，能取相为能量，能了知为量果。〔3〕

这三种解释实质上没有什么不同，故陈那说“此三一体，非有别异”。的确，这三种解释只是用词不同，基本意思别无二致：“境”、“相分”、“行相”是所量，“能量度之心”、“见分”、“能取相”是能量，“心了证境之作用”、“自证分”、“能了知”是量果，这三组概念，每组的意思无大差别。

再联系到陈那的知识论和三分说来看，现量证诸法自相，比量证诸法共相。这自、共二相就是所量，亦即相分；现、比二量即是能量，亦即见分；现量智和比量智即量果，亦即自证分。故商羯罗主《入正理论》云：

于二量中，即智名果。〔4〕

这也即是量果不离量智(自证分)的意思。为什么量果不离量智而有呢？按唯识宗的说法，量智就是心识的主体，也就是识体，“诸识体即自证分”，〔5〕相分和见分就是作为识体的自证分亦即能量智变现的，故《成唯识论》卷一

〔1〕 法尊译编：《集量论略解》第6页，中国社会科学出版社，1982年。

〔2〕 《大疏》卷八页二十三左，金陵本，光绪二十二年(1896)。

〔3〕 法尊译编：《集量论略解》第6~7页。

〔4〕 《大正藏》第32卷12c。

〔5〕 窥基：《成唯识论述记》卷一本，《大正藏》第43卷241a。

云:“复谓识体转似二分,相见俱依自证起故。”〔1〕就是说在整个认识活动中,由自证分生出相分和见分,并由自识所变的见分去认识相分,并由自证分来自证见分认识的结果。而且这相、见二分也只是“转似二分”,假说为量而已。何谓“转似二分”呢?就是这相分和见分乃是假立的二分。“外境虽无而有内识似外境现,为所缘缘,许眼等识带彼相起及从彼生”,〔2〕这带相而起的就是见分,见分所缘的即是“似外境现”的内境相——相分。所以这能缘与所缘的关系乃是自己认识自己,而证知这种认识结果的还是心识自体,即自证分。所缘、能缘、量果,相分、见分、自证分,三者一体,不可分离,所以量果不离量智。

陈那作为一位划时代的唯识论大师,他的知识论主要是建立在观念论基础上的,〔3〕因此与实在论的知识论在一系列问题上有着根本的分歧。他在晚年所写的巨著《集量论》中对所谓的“异执”曾一一予以破除,但也遭到婆罗门各派的猛烈抨击。正理派攻击陈那的唯识无境义。“他们认为,唯识无境论强调不涉及事实,就会使因明变为空洞的言辞,于事无补,于人无益。弥曼差等婆罗门各派哲人,也不遗余力地攻击陈那的唯识无境说是空言无物。”〔4〕这是实在论对观念论的抨击,在当时有较大的影响力,威胁到大乘佛教的生存空间。

到法称时,佛教在印度已呈颓势,民众对佛教的热情正逐渐转向婆罗门诸神。为了争取信众,法称审时度势,改唯识无境论为识外有境义。据西藏萨迦派四祖说,法称曾宣称:“若转观察外,吾依经部梯。”〔5〕但法称的这两

〔1〕《大正藏》第31卷1a、b。

〔2〕陈那:《观所缘缘论》,《大正藏》第31卷888c。

〔3〕但陈那有时也会不自觉地离开唯识的立场,而作出具有经部倾向的论断,如关于引生比量智的两个原因的论述就是。

〔4〕王森:《藏传因明》,《中国逻辑史》(唐明卷)第156页,甘肃人民出版社,1989年。

〔5〕萨班・贡噶坚赞撰、罗炤译:《量理藏论・观境品》,《中国逻辑史资料选》(因明卷)第277页,甘肃人民出版社,1991年。

句至关重要的话并不见于《释量论》、《定量论》和《正理滴论》诸书。不过从法称多次强调二量之境皆为外界事物可知，他确实是舍弃了陈那的唯识无境说，改以经部外境实有之义为阶梯。由此，在知识论的问题上他与陈那的论述颇不相同。如陈那在界定现量时只说“无分别”，不说“无错乱”，法称则重提现量须“无错乱”。法称还认为，不仅现量之所量的自相是外物的自相，而且比量所量之共相尽管由分别而生，以名言而立，也还是基于外界事物而来，并非全然虚幻不实。尤其是关于量果的说法，二者更是各异其趣。

法称关于量果的学说比较复杂，简而言之，“他认为外境是所量，外境有功能，此功能能将自己的形相赋予缘己之识中，此带外境形相之识即外境之能量，识的自证分，才能明确了知外境，故为量果。举例来说，青、黄等色原为外境色相，实有外境（排除幻境等不实之物，故加‘实有’二字）皆有功能，此功能在此外境作眼识所缘缘时，能将自己的形相赋予眼识之中，使眼识带有与外境青、黄等色相似之青、黄形相。识以知为性。识中带有此青、黄形相，则识自能直接证知青、黄等相，如果眼根无色盲、复视等病，则此证知即为现量，此知对青、黄等色之为所量，亦称能量。识有自证，此自证能知了境之知，同时也就能知带有境相之知。此时对境相之知当更为明确，也就是说，对外境有更明确的了知，所以眼识中自证分即为量果。”〔1〕由于法称是在承认外境实有的基础上来谈量果的，所以更清晰地揭示了所量、能量和量果三者的关系，也更能令人了悟相分、见分和自证分同上述三者的对应关系。

法称与陈那在量果问题上虽然给出了相同的结论——自证分即为量果，但由于论述的出发点不同，故实质上有很大差异。

〔1〕　王森：《藏传因明》，《中国逻辑史》（唐明卷）第152~153页，甘肃人民出版社，1989年。

第十四章　印度古典论法的逻辑性质

印度古典论法主要是五支式和三支式。正理派(Nyāya)始终坚持五支论证式,佛教古因明,亦取五支论证式,至古因明的最后一位大师世亲的晚年才创出三支式,但仍未脱古因明的巢臼。世亲的弟子陈那改革因明的理论和论式,创立新因明,使三支论式摆脱古因明的羁绊,在新的理论基础上使三支论式定型化。

那么五支式与三支式有什么不同呢?首先,二者在支分上是明显不同的;其次,更为重要的,是二者在论证方式上有很大的不同,当然这里所说的是古正理和古因明的五支论证式,因为新正理的五支论证式与新因明的三支论式除了在支分上不同外,其逻辑性质已别无二致。本文主要就五支式与三支式的逻辑性质加以阐说。

一、古正理五支论证式的逻辑性质
——例证(类比)法

古正理及古因明的五支论证式属于比较原始的类比法,亦即是亚里士多德所说的例证推理。为什么这样说呢?请看下列论证:

宗:此山有火;

因:以有烟故;

喻:如灶,于灶见是有烟与有火;

合:此山亦如是(有烟);

结：故此山有火。

在这一论式中，值得注意的是第三支的喻："如灶，于灶见是有烟与有火。"说灶之有烟与有火相接，这是一个经验命题。以这一经验命题为前提，与"此山有烟"的经验相结合而推导出"此山有火"的结论，这岂不是从特殊到特殊的类比推理吗？

但是有人认为上述五支论式"并不是类比，而是更具有归纳的性质"，其理由是："类比和归纳的差别只在几微之间，即它们涉及的特殊事物类似性程度的高低。高程度类似性已基本上决定了两个特殊事物的同类性质，具备了归纳的基础。……早期正理派的这种推论式与现在普通逻辑教本中讲的类比推理不同，它更多地肯定两个事物的类似性。当然这种推理也包含有演绎的因素，在那里普遍的原则虽然尚未被明确揭示出来，但已被初步把握住了。"〔1〕这种看法反映了一部分学者对古正理五支论式的误解。

早期的五支论证式究竟是类比还是归纳？我觉得还是应根据思维方向的不同来确定。在上述五支论式中，前提和结论既然都是经验命题，是以事例来进行类比的论证，这就显然不同于从特殊到一般的归纳法，而是从特殊到特殊的类比法。因此那种仅依据"涉及的特殊事物类似程度的高低"来划分归纳和类比，并据此而认为早期正理论的五支论式是归纳而不是类比的说法就不免逞臆而言了。试想，不同的类比，必然存在不同程度的类似性，有的类比由于两对象的共有属性较多，而且其共有属性与推出属性之间的连续紧密，所以结论的可靠程度也较高，但即使如此，它仍未脱出从特殊到特殊的巢臼，还只能是类比法；更何况五支论法在作类比时，只是根据两项共有属性就进行类推的，其结论的可靠程度不高，换言之，就是"它们涉及的特殊事物类似性程度"是较低的，怎么能据此而断言其为归纳呢？

对于古正理五支论法的类比本质，陈那亦进行过批评。如《正理门论》云：

〔1〕 周文英：《印度逻辑推论式的基本性质》，《因明新探》第72页，甘肃人民出版社，1989年。

此说但应类所立义，无有功能，非能立义。由彼但说所作性故所类同法，不说能立、所成立义。

陈那此谓，如以“瓶”类比“声”，这只是以瓶上有所作与无常的属性，便类推出声上亦有无常的属性，这种类比没有什么功能，不能起到“能立”（前提、论据）的作用。因为它只是说出“所作性”与“无常”这两个属性共存于瓶上，由此而进行类比，并没有揭示出因法（能立）与宗法（所立）之间的必然联系（如“凡所作皆无常”）。陈那的这番批评深刻地指出五支论法的本质是类比的，因为它没有能从特殊事例的相类中概括出普遍命题来。

五支论证式的喻支只是以事例为喻体，而不是以普遍命题为喻体，这是它形式上的不够完善之处。实际上，从其论证的过程来看，有时还是暗含着一个普遍命题的。例如富差耶那（Vātsyāyana，约四世纪）《正理疏》Ⅰ-1-36疏云：“造作出来的东西即是有所作性的，因为它存在以后又会灭坏，所以无常。这样的所作性便是能立，无常性便是所立。这两个谓词同处一个场合，（二者间）具有所立与能立的关系。”〔1〕富差耶那在引用以上论例说明所作性（因法）与无常性（宗法）之间具有能立与所立的关系时朦胧地概括出普遍命题：造作出来的东西是要灭坏的。只是在五支论式中这样的普遍命题并未明白写出，所以古正理的五支论式虽有时意含演绎，其本质还是从特殊推及特殊的类比。因为“从《正理经》的作者，经过富差耶那一直到乌地阿达克拉（Uddyotakara，六世纪人），正理派的传统立场始终是拒绝演绎法的理论的。这并不意味着富差耶那和乌地阿达克拉对演绎的理论完全无知。特别是乌地阿达克拉很熟悉它，但他显然有意识地反对这种理论”。〔2〕

如上已述，五支论证式的本质是从特殊到特殊的类比推理，但它又与现

〔1〕 本章所引富差耶那《正理疏》，均据日本宫坂宥勝《ニヤーヤ・バーシュヤの論理学》的日译转译。

〔2〕 梶山雄一著，张春波译：《印度逻辑学的基本性质》第36页，商务印书馆，1980年。

今逻辑教科书上所说的类比法并不完全相同。运用类比法，一般要求两对象的共有属性愈多愈好，但五支论证式中的类比却只是根据某一项属性之相同就加以类推的。

但是五支论证式中的类比法倒是很像亚里士多德所说的例证法。例证法是一种比较原始的类比推理。亚里士多德曾举例说明这种推理：如以 A 表示坏事（大词），B 表示与邻国打仗（中词），C 表示雅典人与底比斯人打仗（小词），D 表示底比斯人与弗西斯人打仗（事例），如果要论证雅典人与底比斯人打仗是坏事，就须先假定与邻国打仗是坏事，这一假定的前提可从类似的事例获得，如底比斯人与弗西斯人打仗是与邻国打仗且是坏事，与邻国打仗既是坏事，而雅典人与底比斯人开仗乃是与邻国打仗，所以雅典人与底比斯人打仗是坏事。〔1〕根据亚氏的这一说明，试列出例证法的论式如下：

（论题）雅典人与底比斯人打仗是坏事，（$C \in A$）

（理由）因为雅典人与底比斯人打仗是与邻国打仗，（$C \in B$）

（事例）（假定：与邻国打仗是坏事）如底比斯人与弗西斯人打仗是同邻国打仗且是坏事，（（设：$B \in A$，）如 D，$D \in B$，并且 $D \in A$）

（结论）所以，雅典人与底比斯人打仗是坏事。（$C \in A$）

上述论式从提出论题开始，通过中词 B 包含小词 C，而事例 D 既被中词包含且又被大词 A 包含（从而假设出凡 B 皆 A 的前提），得 C 是 A 的结论。其中假设的普遍命题"与邻国打仗是坏事"（$B \in A$）是值得注意的，但亚氏明确指出"A 属于 B〔2〕是通过 D 得到的"，这就突出了事例的作用，而且亚氏特地说明："借例证去论证既不同于从部分到全体的推理，也不同于从全体到部分的推理，而是从部分到部分的推理。"〔3〕这更进一步告诉我们，虽

〔1〕《前分析篇》69a，第 1~19 页，《亚里士多德全集》第一卷，中国人民大学出版社，1990 年。

〔2〕此实指 B 属于 A（$B \in A$）。

〔3〕《前分析篇》69b，第 14~16 页，《亚里士多德全集》第一卷。

然在例证法里包含着一个普遍命题,但由于它是事例引申出来的假设前提,所以不能因此而视作从一般到特殊的演绎推理。

从上述例证式可以看到,只要稍加补充就可改成五支论式:

宗:雅典人与底比斯人打仗是坏事;

因:因为是与邻国打仗;

喻:如底比斯人与弗西斯人打仗,于此可知与邻国打仗是坏事;

合:雅典人与底比斯人打仗也是与邻国打仗;[补入]

结:所以雅典人与底比斯人打仗是坏事。

在这改作过的论式里,只有合支是补入的,其它均可一一对应。

不过需要指出,古正理的五支式只是论证而不是推理。古正理派并未认识到论证与推理在本质上是一回事,因而在论证式之外又另设有前(Pūrvavat)、有余(Chesavat)、平等(Sāmāmyatoḍrṣṭa)三种形式的推理。〔1〕但是正理派所说的三种推理却无固定的论式,连定义也不甚确定,每一种推理竟都有两种不同的解释。据富差耶那介绍,有前推理或云从前提推论结果,或云系依据已经知觉到的两事物间的联系进行推理。有余推理或云从结果推论原因,或云乃排除法。平等推理或云相当于类比推理,如基于人由走动而变更位置,从而类推天上日月之东出西没虽不见其动而知必行;或云这是当表征之间的联系不能凭借现量(感性认识)感知时,便以属性依存于实体的普遍关系为出发点作出推理。〔2〕在推理理论上,古正理论是远不及新因明的。新因明一直强调推理与论证本质上的一致,推理与论证的分界只在于是否用言说表达出来而已;推理是一种内心的推度,而论证则是形诸于语言文字的论式,二者的语法规则完全相同。因此本文在分析正理论的论证式时,不包括其推理式(因其无定式),下文分析新因明的论证式时,

〔1〕这三种推理在佛教典籍《方便心论》中作前比、后比、同比,《中论》作如本、如残、共见。

〔2〕参见富差耶那:《正理疏》I-1-5经疏。

同时指其推理式。

二、新因明三支论式的逻辑性质——演绎与归纳相结合

佛教逻辑以陈那为界碑，陈那以前的称古因明，以小乘因明论师、大乘弥勒、无著、世亲等为其代表；陈那以后的因明为新因明，以陈那、天主、法称等为其代表。陈那改革因明，将五支论式改造为三支论式，删去五支中的合、结二支，保留宗、因、喻三支，其中特别值得称道的，是他删去合支而大大提高喻支的功能，使佛教逻辑摆脱古因明五支论证式（例证式）的羁绊而向演绎与归纳结合的形式迈进。

当然，在陈那以前演绎法就已经为哲人所注意，如前所述，正理派理论家富差耶那，特别是乌地阿达克拉对演绎法是并不陌生的。因三相的理论至少在富差耶那之后就已为若耶须摩（Nyāyasauma）〔1〕所提出，但作为正理论代表人物的富差耶那和乌地阿达克拉等都拒绝因三相的理论。佛教学者如龙树和无著也反对因三相说，无著曾明确表示："一切作法无三种相"，〔2〕无著的弟弟世亲接受了因三相说并使古因明论式向演绎法靠拢。不过在世亲时，三支论式尚未成为定式，利用喻支展示普遍命题以为推理基础的做法，也还只是初露端倪，〔3〕而作为一种定式，并且以因三相的理论来解释它，则是从陈那开始的。在陈那以前，作为定式的五支论法为例证

〔1〕　若耶须摩：亦译"正理须摩"，意为"正理论的门徒"。但似乎不是正理派的正系，而为某一支系。

〔2〕　无著：《顺中论》卷上，《大正藏》第30卷42b。

〔3〕　据唐文轨云，世亲在《论轨论》中还只是以"瓶"为有法"声"的同喻，直至后来写《论式论》时，才初以"所作皆无常"为同喻体（参见《庄严疏》卷一页二十四左）。又文轨云："比寻此论（指世亲《如实论》），似同陈那立三相义，同《论式论》。"（同上十六右）

法，而不是演绎，尽管它有时也杂有演绎的成分，但从整体来看，就其基本性质而言，还只是从特殊到特殊的例证法。〔1〕 直至陈那创立三支式以后，印度的古典论证式才具有演绎与归纳相结合的性质。〔2〕

三支论式采取演绎与归纳相结合的形式，集中体现在喻支上。喻支中的喻体既是演绎的前提，又是归纳的结论，同时还是归纳方法的标志；而喻依作为喻体之所依的实例，既是普遍命题的前提，又是衡量普遍命题真理性的尺度。

那么三支因明的喻支又体现了怎样的归纳法呢？陈那首创合（anvaya）、离（vyatireka）二法，〔3〕不过他是将合、离二法结合起来运用的。例如：

声是无常；

所作性故；

若是所作，见彼无常，犹如瓶等；（合作法）

若是其常，见非所作，犹如虚空。（离作法）

合作法是凭借同喻依（事例），先显示其因同，后显示其宗同；离作法是援

〔1〕 许地山在《陈那以前中观派与瑜伽派之因明》（《燕京学报》第九期）一文中，将古因明分为比论法与演绎法两种，其演绎法的例子仅举出《顺中论》之一例，且是经过他整理改造的。这是将古因明的基本性质（例证）与个别现象（演绎）并列而言了。

〔2〕 郑伟宏《论因三相》（载《复旦学报（社会科学版）》1986 年第 2 期）根据许地山的引例和论述，作了进一步的发挥，认为“许多因明著作所主张的观点，即改造喻支、增设同喻体，从而把类比推理变成演绎推理作为陈那新因明的一大贡献，这一评价是需要重新研究的”。这种看法比许地山的看法似更为片面，因为仅仅根据古正理或古因明的个别用例带有演绎的成分便贬低陈那创立三支式的贡献是轻率的。更何况若耶须摩所说的因三相以及后来古因明家对因三相的解释与陈那的并不完全相同，此点请参阅文轨《庄严疏》卷一页十六左，《大疏》卷二页十九亦有相同的论述。郑文中似将古师所说的因三相混同于陈那的因三相了。

〔3〕 合：也称合作法，离，也称离作法，它们既是组成同、异二喻体的方法，也是两种归纳的方法。

引异喻依,先显示其宗离,后显示其因离。也就是说,从同喻依所具有的属性证知,凡是合于因法者,也必合于宗法;从异喻依所具有的属性亦证知,凡不合于宗法者,亦必不合于因法。上例中的同喻依“瓶子”正因为具有因法所作的属性,所以也必定具有宗法无常的属性;而异喻依“虚空”正因为不具有宗法无常的属性,所以也必不具有因法所作的属性。因与宗之间的这种关系,因明称之为“回转”(vyāpti,今译“遍充”)或“不相离性”(avinabhava),这正是通过合与离的归纳方法所概括出来的普遍规律。

陈那合、离二法的并用,在论式上就表现为喻支中的同法式(sādharmyavat)与异法式(vaidharmyavat)的并举,当然在运用中常有单举同法的情况,但这只是论式的省略,而不是合作法的单独运用。至七世纪时,法称认为合、离二法可单独运用,他并设想将为他比量(论证)的论式按喻、因、宗的次序排列,〔1〕例如:

有烟处必有火,如灶;(合作法)

今此山有烟,

故此山有火。

无火处必无烟,如湖;(离作法)

今此山有烟,

故此山有火。

从陈那的合、离并用,到法称设想将合、离二法分开使用,这就出现了三种归纳方法,后来正理论也说有三种归纳方法:同现法(anvaya)、同隐法(vyatireka)、同隐同现法(anvaya-vyatireka),〔2〕后来又有人将这三种归纳方法与穆勒的因果五法相比附,将同现法、同隐法说为与契合法相当,将同

〔1〕 参见法称《正理滴论·为他比量品》。

〔2〕 柯特利雅著,杨国宾译:《印度因明学纲要》第63~66页,华东师大出版社,2007年。anvaya,即合;vyatireka,即离;anvaya. vy. atireka,即合、离并用法。此据杨国宾译,以示与佛家的区别。

隐同现法说为即契合差异并用法。〔1〕其实这种比附是牵强的,因为它至多只是在某些场合下类似而已,在另一些场合却又并不一致。如从前例中的"若是所作,见彼无常,如瓶,若是其常,见非所作,如空"这一对同、异法式来看,倒是很像契合差异并用法的,但是西方传统逻辑不以空类为对象,而因明则常以空类为对象,特别是它的异喻依,不仅可以是空类,而且还允许缺无。如将上述异法式中的异喻依"空"(除小乘无空论者外,印度许多哲学派别都认为虚空是实有的)改成"兔角"的话,异喻依就成了空类。这样,就与契合差异并用法不相一致了。因为其异法式相当于负事例组的求同,然而异喻依既为空类(无体),负事例组的求同从传统逻辑的角度来看岂不缺乏事实根据?这在契合差异并用法中是不允许的。那么将上述论例仅仅看作是契合法的运用行不行呢?这仍然是一种牵强的比附,因为在因明的同法式中,同喻依也有是空类(无体)的。设小乘对大乘立:

汝异熟识应非实有;(宗)

妄语故;(因)

诸妄语皆非实有,如龟毛。(同喻)

这同喻依"龟毛"即是空类,这就与契合法相去甚远了,但作为合作法和离作法仍然是可以成立的。

另外,"因果五法"是凭借先因后果的次序来进行归纳的,而因明论法中却常有以"果性因"进行推断的情况,即先果后因,以果为因。例如"此山有火,以有烟故,凡有烟处皆有火,如灶"。烟本为火的产物,火是因,烟是果;现在据烟推火,以烟为因,以火为果了。当然,如仅就其演绎部分言,在逻辑中也不乏其例,但因明论式中演绎与归纳紧紧地联系在一起,其喻体所展示的既是据以演绎的普遍命题,又是一种体现因果联系的方式。其基本的方

---

〔1〕参见柯特利雅著,杨国宾译:《印度因明学纲要》第八章,华东师大出版社,2007年。另外,我本人也作过类似的比附,见大百科全书版《因明学研究》(1985年)第102页。这一错误,我在台湾版《因明学研究》(1994年)中已删正。

式无非是先因后果和先果后因两种；不过从概念的外延关系来看，无论是按先因后果的方式来结合还是按先果后因的方式来结合，都只是 $M \subseteq P$ 的形式，亦即由种到属的包含于关系（或同一关系）。正因为因明的归纳有先果后因、以果为因的作法，它就更与"因果五法"相异了。但因明的合作法与亚里士多德所说的归纳三段论倒是颇为相似的，如《前分析篇》说：

> 归纳或归纳推理，就是通过另一个端项确立一个端项与中项的联系：例如B是A和C的中项，通过C证明A属于B，我们就是这样进行归纳证明的。〔1〕

亚氏的这段论述，可用一句话来概括，归纳法就是"通过第三个词项（即小项——引者）证明中项属于大项"。〔2〕这正与因明合作法的主旨不谋而合；因为同喻体正是由中词（因法）与大词（宗法）结合而成的，而其中词被大词所包含之得到证明，正在于事例。然而二者又有明显的不同：第一，归纳法的第三个名词C（即小词）"是一切特殊事例的总和"，〔3〕即将所有要观察的对象穷尽无遗地列入，使C（小词）的外延与B（中词）同一，以致能够互换，而因明的同喻依则必须排除宗上有法（小词），虽然同喻依亦可成为小词，但它的职能是证明宗上有法（小词）也具有同样的属性，可以说喻依应是第四个名词D（这一点似与例证法不异其趣），因此它的外延必小于因法（中词），而不能与因法作等值的置换。第二，亚氏的"归纳法是借一切事例的枚举进行的"，是完全的归纳法，其结论是必然的；因明合、离二法所作的全类概括亦具有必然性是通过"同品定有"、"异品遍无"这两条规则得到保证的。从上述比较可知，因明的合、离二法与亚氏所说的三段论式的归纳法既相似又不完全相同，它有自己的特点，很值得我们作进一步地探讨。

---

〔1〕《前分析篇》68b，《亚里士多德全集》第一卷第15~17页，中国人民大学出版社，1990年。其中"通过C证明A属于B"，实指B属于A（B ∈ A）。

〔2〕《前分析篇》65b，《亚里士多德全集》第一卷第35~36页。

〔3〕《前分析篇》68b，《亚里士多德全集》第一卷第28页。

三、余　　论

因明的归纳方法给我们以深刻的启示。

我们知道,不完全归纳推理的结论是盖然的,因明所取的也是不完全归纳,然而它却追求结论的必然性,以求得演绎部分的圆满展开。作为一种不完全的归纳而竟能使其结论摆脱盖然性而臻于必然性,乃受惠于其论式上有同、异二法式,义蕴上有因之第二、三相。同、异二法式是受因相所制约的。因的第二相说,凡是具有因法(中词)性质的事物必具有宗法(大词)的性质,据此,同法式就表述为 $M \subseteq P$,〔S_2〕,〔1〕例如"凡人工造作出来的事物都是非永恒的,如瓶子"。因的第三相是,凡是不具有宗法性质的事物都不具有因法(中词)的性质,据此,异法式就表述为$\overline{P} \subseteq \overline{M}$,〔$\overline{S_1}$〕,〔2〕例如"凡永恒的事物都是非人工造作的,如虚空"。因的第二、三相是等值的,据此而构作的同、异二喻体自亦为等值。按常理,第二相"同品定有性"既与第三相"异品遍无性"等值,则可任意舍去其一,但因明却不愿"删繁就简",这自有其深意,因为如果仅按第二相"同品定有性"作出全类概括的结论(即同喻体),则其必然性往往不易得到保证。于是再赋以第三相"异品遍无性"由宗及因加以遮除,这就大大提高了全类概括的可靠程度,例如:"凡哺乳动物都是胎生的,如牛、马等",我们如果按第二相"同品定有性"的规定,恐怕很难审察出这一全称命题有什么不当,但如果从反面审察一下:"非胎生的都不是哺乳动物,如鸭嘴兽",就比较容易发现问题,因为鸭嘴兽虽系卵生,却是哺乳动物。由此可见,"凡哺乳动物都是胎生的"这一全称命题有以偏概全的错误。因明第二、三相从正反两方面来建立规则是科学的做法,因为按传

〔1〕　方括号表示列举,〔S_2〕即"如 S_2"。设小词为 S_1,〔S_2〕即与小词具有因法和宗法相同属性的同法。

〔2〕　〔$\overline{S_1}$〕为完全不具有宗法和因法属性的异法。

统的见解，归纳而欲使结论具有必然性，只有借助于尽数枚举才行，不完全归纳的结论总不免盖然。然而因明的精髓在于论辩，论辩中需要举出事例来加强论证性，又不可能尽数枚举，但又必须使其论证具有必然性，于是它采取“同品定有、异品遍无”这种正反双举的办法来弥补，使形式上的不完全归纳法具备完全归纳的功能。也就是说，一个概括了无穷分子的全称肯定命题是难以验证其是否必然真实的，但可以利用否证的方法来证伪，只须举出一个反例来，即可推翻一个全称肯定命题；而如果找不到反例来否证，则此全称肯定命题的真实性可以获得承认。所以这种由合、离二法相配合而形成的独特的归纳风格，正是美国哲学家皮尔斯（Charles Sanders Peirce, 1839~1914)所揭示的归纳之“自我纠正”能力的体现。皮尔斯曾总结出三种归纳方法，其第一种天然归纳（crude induction）与陈那合、离二式相结合的归纳方法近似。天然归纳所凭依的主要不是简单枚举，而是反例之不存在，从而证成普遍命题之真理性。这与合、离二法的结合运用何其相似乃尔！

沈剑英全集

沈剑英　著

下册

上海古籍出版社

论　丛

目　　录

与林庚先生商讨关于“《离骚》中窜入的文字”及其他问题 …………… 1215
关于旧体诗的答问 ………………………………………… 1222
《真唯识量》略论 ………………………………………… 1228
论连珠体 ………………………………………………… 1241
鲁胜《墨辩注》的逻辑意义 ……………………………… 1252
因明三论 ………………………………………………… 1256
因明古籍整理刍议 ………………………………………… 1268
玄奘是中国逻辑史上的一块里程碑 ……………………… 1277
关于《因的三相可以缺一吗?》……………………………… 1281
因明的语用学 ……………………………………………… 1291
Pragmatics of Hetuvidyā （沈海燕译） ………………… 1306
《方便心论》是反逻辑著作吗? …………………………… 1341
为他比量三题 ……………………………………………… 1346
因三相答疑 ………………………………………………… 1372
舒眉任笔酬
——改革开放30年来我的因明研究回顾 ………………… 1386
关于辞赋问题答程本兴先生问 …………………………… 1393
论“除外说”（共同作者沈海燕）
——与复旦大学郑伟宏研究员商榷 ……………………… 1397
《因明入正理论后序》考辨 ……………………………… 1412

关于中国逻辑史的五个问题
——答 Automatic Press 编者问 …………………………………… 1420
East China Normal University, Shanghai （沈海燕译） ……………… 1427
佛教逻辑的渊源、发展和传入中国的三个时期 ………………………… 1428
因明在古代朝鲜和日本的传承 ……………………………………… 1457
因明研究的学理要义与现实使命 …………………………………… 1475
略评郑伟宏《因明大疏校释、今译、研究》 …………………………… 1487
因明六因理论辨析 …………………………………………………… 1493
附：北大因明论坛｜沈剑英主讲《因明六因理论辨析》 ………………… 1504
因明六因语用理论研究
——印度中世纪的言语行为理论 …………………………………… 1508

与林庚先生商讨关于“《离骚》中窜入的文字”及其他问题

林庚先生在《诗人屈原及其作品研究》一书里说：“‘九歌’是楚辞里最诗化的形式，也是楚辞里最进步的形式。‘橘颂’的体裁，到‘离骚’的体裁，到‘九歌’的体裁，诗才从散文里独立起来……而押韵到了‘九歌’，比方：

帝子降兮北渚
目渺渺兮愁予
嫋嫋兮秋风
洞庭波兮木叶下

便渐渐地恢复了诗的常态；因为它在形式上已离开过渡的阶段而渐次是纯粹的诗了。”（页九七）这就是说：屈原的作品，到了“九歌”才算是“纯粹的诗”；而“橘颂”、“离骚”这一类的诗，因为还未脱散文的窠臼，所以还不能称为“纯粹的诗”。我觉得这个见解未免有些形式主义。

我们知道；所谓诗者，是决定于它内在的诗意的，没有诗意的“诗”，是没有人会承认它是诗的。然而这种内在的诗意，也只有取得了一定的适合的形式之后，才能真正加强它感人的力量。所以诗意和诗的形式是不能截然分割开来理解的。形式应当是为诗的内在要求来服务的。由此，我们说：“离骚”的形体和“九歌”的形体，都自然有它们内在的要求支配着的。所以我们决不能单从表面上来下论断，说这一种形式是“纯粹的诗”，那一种形式便不是“纯粹的诗”。

林先生在这本书的另一篇文章《〈离骚〉中窜入的文字》中说：“离骚”在

最好的诗句中，却杂有一段非常不和谐的文字，不过一向因为当作是屈原作品，没有人加以非难罢了。

按照林先生的研究，好像是个新发现！但是，我觉得这个新发现的立论点还不是很牢固的。林先生说：

这一段共有十四句：

民好恶其不同兮惟此党人其独异
户服艾以盈要(按即腰字)兮谓幽兰其不可佩
览察草木其犹未得兮岂珵美之能当
苏粪壤以充帏兮谓申椒其不芳
欲从灵氛之吉占兮心犹豫而狐疑
巫咸将夕降兮怀椒糈而要之
百神医其备降兮九疑缤其并迎
皇剡剡其扬灵兮告余以吉故
曰勉升降以上下兮求矩矱之所同
汤禹俨而求合兮挚咎繇而能调
苟中情其好修兮又何必用夫行媒
说操筑于傅岩兮武丁用而不疑
吕望之鼓刀兮遭周文而得举
宁戚之讴歌兮齐桓闻以该辅

这十四句，自“民好恶其不同”到“谓申椒其不芳”是一段。自“欲从灵氛之吉占”到“挚咎繇而能调”是一段。自“苟中情其好修”到“齐桓闻以该辅”是一段。

林先生考证第一段文字为窜入的理由是：

“离骚”通篇以美人芳草象征生命的高洁，然而从没有单独提到“玉”一类的话过，如“折琼枝以继佩”，“琼”仍不过是形容“枝”而已，这正是“离骚”文字上的完整性，然则在这一段里，像“苏粪壤以充帏”，“户服艾以盈腰”的妙文，固未免见笑大方；而“岂珵美之能当”又何以见得便足以自高于“览察草木其犹未得”呢？对于一般穷酸文人，“白璧一双”当然比什么草木都来得值钱，然而这可不又露出了马脚来吗？何况“览察草木其犹未得”的句子，也未免“直木无文”了。

又说：“在‘离骚’里屈原的人格是坚定独立的……与屈原对立的‘时俗’或党人正是占着多数，这是无可怀疑的……‘党人’是‘众’，是‘周容以为度’的。屈原是‘独好修以为常’而‘不周于今之人’的。”所以林先生便下论断说：“而这一段里的第一句却反而说惟此党人其独异！’这真是跟屈原抬杠了，我们想屈原自己何至于如此矛盾呢！”

林先生在下这一论断的时候，完全是出乎大胆的假想，没有丝毫的硬证为依据。同时，林先生对这一问题的基本论点也是比较模糊的。考证没有证据，论点模糊不清，要使人首肯是很难的。现在，我就我个人认识提出不同的看法来，以供林先生参考：

第一，“离骚”里单独提到“玉”的地方不止一处。如“何琼佩之偃蹇兮”的“琼”字是完全独立的。这一点我不知道林先生何其如此大意，竟会没有发现到！

第二，屈原在这里用了“览察草木其犹未得兮，岂珵美之能当”正是屈原在文字结构上的完整性。因为屈原的意思是说：“那些‘党人’连草木都分辨不清，怎么能够分辨玉的美好呢！”这里“玉”的含义是比较草木的意思更进了一层，在修辞造句上看，是十分合理的。至于“览察草木其犹未得兮”一句，林先生说它是“直木无文”；“苏粪壤以充帏”，“户服艾以盈腰”二句林先生嘲笑其为“妙文”，是“见笑大方的”，但是却没有提出一点点理由来。这我有些不可解！

第三，“惟此党人其独异”一句，林先生说也是窜入的，理由说得不少（前面我已简要抄录了），但是说得含含混混，论点不清：我们不知道林先生是在说：因为和屈原对立的“党人”占多数，而且是“周容以为度”的；屈原是孤立的，但是是“独立不移”的。所以不能称“党人”为“独异”呢？还是在说：因为“惟此党人其独异”上句是“民好恶其不同兮”，所以“独异”和“不同”在抬杠？如果说林先生说的是前一个问题，那我觉得党人虽多，但在人民中到底只能算是极少数，他们的一切都和人民不一样，所以屈原批评他们为“独异”，这是完全可以理解的；如果说林先生说的是第二个问题，那我想只要再好好读一读原文就可以解决的。因为“民好恶其不同兮，惟此党人其独异”二句的意思是：“人的好恶虽然有所不同，但是那批‘党人’却更加古怪！”由此，它们的意思是没有什么矛盾的。至于林先生是否还有其他含义，则我实在看不出了，因为林先生把问题说得太含混不清了，但是林先生却又偏偏要否定这个句子是“离骚”原文。

关于第二段林先生认为是窜入的理由是：

“离骚”本文上原有：“索琼茅以筳篿兮，命灵氛为余占之。”下段又有：“灵氛告予以吉占兮，历吉日乎吾将行。”可见求占于灵氛原是一个整段文章。然则中间何以会钻出一个巫咸来呢？

……“灵氛”或即指“灵山”的“巫盼”而言，其与巫咸同属十巫之一，那么既有灵氛又何必再有巫咸呢？何况这里说：“欲从灵氛之吉占兮心犹豫而狐疑”，而“离骚”原文却说：“灵氛既告余以吉占兮，历吉日乎吾将行。”岂不根本在矛盾着。又何况巫咸出现之后，却从此没有下文，下文仍是只说灵氛。这于巫咸岂非太没有面子吗？然而这里又想替巫咸装门面……抄袭了“九歌”里……一类敬神的词句来形容巫咸。巫咸无论如何不过是一个巫而已，如何当得起这神的描写，而巫咸之来既是没头没脑的，巫咸之去又去得无影无踪。屈原似乎不会写出这样不可解的文章来。

对于第二段，林先生的理由好像是充足些，但是实际上也是不牢固的。

首先，林先生认为：“‘灵氛’或即指‘灵山’的‘巫盼’而言。”这也仅仅是假想而已，并无真根实据可证。林先生说：“巫咸无论如何不过是一个巫而已，如何当得起这神的描写。”因此便肯定这一段的描写是窜入的。我认为这也未免太轻率了。按“山海经”“大荒西经”云：

大荒之中，有山名曰丰沮玉门，日月所入，有灵山、巫咸、巫盼、巫彭、巫姑、巫真、巫礼、巫抵、巫谢、巫罗十巫，从此升降，百药爰在。

这里的十巫都是神话中的“神灵”,他们从天上下来,便在此灵山采药。“山海经”说他们是“神灵”,那么屈原把“巫咸”当作“神灵”来描写又有什么不可呢?其次,林庚先生强调“欲从灵氛之吉占兮,心犹豫而狐疑”一句和“灵氛既告予以吉占兮,历吉日乎吾将行”一句有矛盾。不错,如果照现在这样把这二句单独抽出来看,当然是有矛盾的,因为一句说要走;一句又说正在犹豫不决。但是,我们如果把它们放回到“离骚”里去,仔细考察一下,这矛盾就一点也没有了。因为这二句各在一段的开端,按照它们原有的结构来理解是:屈原请灵氛占卜,灵氛叫他远离故乡,但屈原是一个热爱祖国,热爱故乡的人,要他远走他国他当然是要“犹豫狐疑”的,这时恰好天上的“神灵”下凡来了,所以屈原又去向他叩问行止,而结果神灵也劝他远离。本来正在“犹豫狐疑”的屈原,听了神灵的指示,他的狐疑便消失了。所以他在第二段的开首又改换了口气:“灵氛既告予以吉占兮,历吉日乎吾将行”表示他愿意相信灵氛的话而远走了。这是非常合理的。这样也就把诗人思想发展的曲折状况告诉了我们。所以当诗人向“灵氛”问卜之后又插入了一段向“巫咸”求教的描写完全不是多余的。它只有加重了“离骚”的艺术气氛,凸出诗人的思想感情和性格特征。至于“巫咸”的来踪去迹倒是不必要的,因为“神灵”的来踪去迹在这里和屈原的思想感情毫无关联,所以就没有必要去叙述它。林先生自己也说过:“‘离骚’的文章尽管驰骤变化,可是在变化中却有严密的结构。”但是,在这里为什么林先生又要强求屈原把一切无关关!紧要的事都写进去呢!

林先生关于第三段为窜入的理由是:

《离骚》是屈原不得志的抒情之作,这是没问题的。但屈原的不得志自有一个屈原的思想在……一个“少年得志”的贵族,他的牢骚绝不同于“贫士失职而志不平”的宋玉,更不同于一般没有做过官的穷酸文人,穷酸文人只想平步登天,姜太公钓着鱼,忽然“飞龙兆梦”“直上青云”了,这就是穷酸文人们可意的梦想;可是屈原绝不会做这样的梦。那些卖肉的,贩牛的,忽然做了大官的故事,对于他是另一种人的事情。他早已是“入则与王图议国事以出号令,出则接遇宾客应付诸侯”,不过因为:怀王“初既与余成言兮后悔遁而有他”。于是乃愤慨地“远道以自疏”,这与“吕望鼓刀”等一连串传说正是风马牛不相及,而这正是一般文人的想头,屈原既没有这个想头,他如何会写出这样的文章来。

对于这个问题,我认为如果再仔细。读一下“离骚”,问题是很容易解决的。

屈原在政治上的失意,虽不同于一般“穷酸文人”的做不到官,但这时给他精神上的打击终究是相当深重的。君王“初既与余成言兮”,为什么又忽然“后悔遁而有他”了呢?为什么忠良要被贬放逐而奸佞倒反被君王任用不疑了呢?这一切都是那样的使人不平,使人愤慨。在愤慨与不平之下,屈原一方面批评党人的无耻;一方面也谴责君王的昏庸。但这种批评和谴责并不等于是诗人的牢骚,而是从诗人心灵深处所发出来的感伤的调子。有时候诗人也往往假借着自己的不幸,或者假借着古人来斥责当时的统治者。这里屈原提出了“吕望鼓刀”、“宁戚讴歌”等等一连串的传说,也就是用来批评当时楚国的统治者的那种“好蔽美而称恶”的。

因为楚国到了熊槐父子,昏聩得连“人材”的好恶都分辨不清了。所以屈原在“离骚”的第一部分里就已经假借着古人来批评当世的统治者了:

汤禹俨而求合兮,
周论道而莫错。
举贤而授能兮,
循绳墨而不颇。

这里我们同时可以看出:屈原是主张“举贤授能”的,而“举贤”,“贤者”是谁呢?不是“贵人”而是一般的普通人。因为在普通人里面才有真正的贤才,他们要比那帮无知的“贵人”高明得多。所以屈原就以“吕望”、“宁戚”、“傅说”等人为例,来提醒当时的统治者。由此可知,屈原提出“吕望鼓刀”等一连串传说,一方面表示他对“前王”的那种“圣明”的政治的怀慕,悲叹着目前的统治者的昏庸;一方面也是对熊槐父子的一个批评和忠告。而并不是什么如同“贫士失职而志不平”的牢骚。所以林先生说这段文字不是屈原所作，我想，还是考虑得有点不够妥切吧？

以上是我个人的一些不成熟的看法，对与不对，还请林庚先生和爱好楚辞的读者们多加指正。

（原载《文学遗产增刊》二辑，作家出版社，1955 年）

关于旧体诗的答问

按：早年我曾讲授中国古代文学史的课程，应学生询问，写了此文以应答。

问：旧体诗有哪几种？

答：旧体诗分两大类，即古体诗和近体诗。古体诗又称古诗、古风，主要是指先秦和汉魏.南北朝的诗，如诗经、楚辞、汉赋、乐府歌辞等等。那时格律还未形成所以古体诗是不讲究格律的。如曹操的《观沧海》《龟虽寿》就没有什么格律，甚至连押韵也不讲究。另外，唐代以后的文人摹拟汉代乐府写曲、辞、歌行等也属于古体一类。可以说，古体诗就是古代的自由体或半自由体诗。

近体又称今体，就是唐代以后出现的律诗和律绝。律诗和律绝有严密的格律，在字数、平仄、押韵，对仗上都有规定。

旧体诗从字数来看，有四言、五言、七言和杂言等。"言"就是字，杂言就是各句字数不等，如李白的《蜀道难》。

问：请具体谈谈近体诗的格律。

答：近体诗的格律，主要是平仄规则，其次是用韵和对仗。先说平仄规则。平仄是就汉字的声调说的。声调也叫字调，就是汉字的四声。古代的四声分为平、上、去、入，在现代汉语的普通话里，入声字已消失，四声就分为阴平、阳平、上声、去声。平仄这两个概念，是格律中的术语。"平"就是四声中的平声（阴平、阳平），"仄"就是不平的意思，除去平声都是仄声（上声、去声）。要弄清律诗的平仄规则可从五言律诗着手。例如：

塞下曲六首(之一)　李白

塞虏乘秋下,	首联	仄仄平平仄
天兵出汉家。		平平仄仄平
将军分虎竹,	颔联	平平平仄仄
战士卧龙沙。		仄仄仄平平
边月随弓影,	颈联	仄仄平平仄
胡霜拂剑花。		平平仄仄平
玉关殊未入,	尾联	平平平仄仄
少妇莫长嗟!		仄仄仄平平

从这首诗里可以看出:第一,在一联(两句为一联)诗句里,平仄的运用是相对的,上句是"仄仄平平仄",下句必是"平平仄仄平",这叫作"对";违反这条规则的叫作"失对",失对是律诗所忌讳的。第二,在上下两联之间,平仄要有相重之处,平粘平,仄粘仄。因此人们将此称作"粘"。具体地说,就是后一联上句的第二字,必须与前一联下句的第二字平仄相粘,例如在《塞下曲》中,第三句的"军",粘第二句的"兵"(平粘平);第五句的"月",粘第四句的"士"(仄粘仄);第七句的"关",粘第六句的"霜"(平粘平)。违反这条规则的,叫作失粘。第三,这首律诗虽有八句,其实只有四个句型,即;仄仄平平仄,平平仄仄平(首联)。平平平仄仄,仄仄仄平平(颔联)。下半首诗按照首联和颔联的平仄次序,重复一遍就行了。

了解了律诗的粘对规律和五律的四种句型,就可以由此生发开去,掌握五律的两种基本格式了。上面所举的《塞下曲》属于第一种格式,它的特点是仄起首句不入韵,这是五言律诗最常见的一种格式。如果需要首句入韵,只需将首句改为"仄仄仄平平"就行,其余各句平仄如旧。第二种基本格式是平起首句不入韵,即把第一种格式的首、颔两联倒换一下,然后将颈、尾两联也同样倒换一下。例如:

送友人　李白（下列第一种格式供对照）

青山横北郭，	平平平仄仄	仄仄平平仄
白水绕东城。	仄仄仄平平	平平仄仄平
此地一为别，	仄仄平平仄	平平平仄仄
孤蓬万里征。	平平仄仄平	仄仄仄平平
浮云游子意，	平平平仄仄	仄仄平平仄
落日故人情。	仄仄仄平平	平平仄仄平
挥手自兹去，	仄仄平平仄	平平平仄仄
萧萧班马鸣。	平平仄仄平	仄仄仄平平

如果需要首句入韵，只需将首句改成“平平仄仄平”就成，其余各句平仄依旧。

七律的平仄是在五律平仄的基础上递增九，就是在五字句的头上加上两个字，把仄起变成平起，平起变成仄起。它的句型也只有四个，即：

（下列五律的四种句型对照）

平平仄仄平平仄	仄仄平平仄
仄仄平平仄仄平	平平仄仄平
仄仄平平平仄仄	平平平仄仄
平平仄仄仄平平	仄仄仄平平

它也和五律一样，由这四种平仄句型，构成两种基本格式。

第一种是平起首句入韵式（正好和五律的第一种基本格式仄起首句不入韵相反），例如陆游《出近村归偶作》：

朝骑小蹇出烟村，	平平仄仄仄平平
拥路争看（kān 刊）八十身。	仄仄平平仄仄平
似我犹为一好汉，	仄仄平平平仄仄
问君曾见几闲人。	平平仄仄仄平平
杨梅浅薄紫开园晚，	平平仄仄平平仄
尊菜丝长入市新。	仄仄平平仄平平

莫笑坚顽推不倒，　　　　仄仄平平平仄仄

天教(jiāo 交)日日享常珍。　　　　平平仄仄仄平平

平起首句入韵式，是七言律句最常见的格式。如果首句不入韵，则只需将首句改为“平平仄仄平平仄”就行，其余各句仍旧。

第二种是仄起首句入韵式（正好和五律第二种基本格式平起首句不入韵相反），例如文天祥《过零丁洋》：

辛苦遭逢起一经，	仄仄平平仄仄平	首联
干戈寥落四周星。	平平仄仄仄平平	
山河破碎风飘絮，	平平仄仄平平仄	颔联
身世浮沉雨打萍。	仄仄平平仄仄平	
惶恐滩头说惶恐，	仄仄平平平仄仄	颈联
零丁洋里叹零丁。	平平仄仄仄平平	
人生自古谁无死？	平平仄仄平平仄	尾联
留取丹心照汗青！	仄仄平平仄仄平	

如果首句不入韵，只需把首句改成“仄仄平平平仄仄”就成了。但在七律里，仄起首句不入韵的比较少见，这正好与五律相反，五律是以仄起不入韵为常见的。

律诗平仄的粘对规则，造成律诗声调的变化，便于朗诵和歌咏。这是我国古代的诗歌作者在长期的创作实践中总结出来的。但是诗人在创作过程中有时却不能完全按照标准的平仄格式来写，于是又产生了在一定原则下活用的情况。过去有一个口诀，叫作“一三五不论，二四六分明”（如果是五律则是“一三不论，二四分明”），概括地说明了平仄活用的原则。

为什么七律中的二、四、六字（当然也包括第七字）的平仄必须分明（即不能灵活处理）呢？因为律句是以两个字为一个节奏单位的（五、七言最后一个字单独作一个节奏单位），律句中二、四、六、七字是一个节奏单位落脚的地方，因此它们的平仄是不能随便变易的。这样，可以灵活处理的地方，就只能是一、三五字了。但是在一、三、五字的平仄活用上，也还是有原则

的,这就是不能犯孤平。例如五律“平平仄仄平”一句,第一字不能不论,如果第一字改成仄声,这一句的平声字就孤立在仄声字之中了。这就是犯了孤平。同样,在“仄仄平平仄”里,第三字也不能不论。总之,在五律里,两个紧靠着的平声字是不允许更易的。在七律里,则至少要保留一对紧靠在一起的平声字,如“平平仄仄平平仄”,一句里有两对平声字,如果第一字活用的话,第五字则不能再活用,反之,如果第五字活用,那么第一字就不能活用。另外,如果三个平声字连在一起,如五律“平平平仄仄”,第一字和第三字只能有一个可以不论。同样,七律“仄仄平平平仄仄”,第三字和第五字也只能有一个可以不论。上面说的是对待平声字的原则;至于仄声字,都没有这样的限制,因此在“仄仄平平仄仄平”一句里,第一字和第五字可以同时不论。

概括上面所讲的平仄活用原则,可以简要地列式说明如下:

五律	七律
仄仄平平仄	平平仄仄平平仄
平平仄仄平	仄仄平平仄仄平
平平平仄仄	仄仄平平平仄仄
仄仄仄平平	平平仄仄仄平平

(按:“＝”表示可以不论,“＿”表示两者只能有一个可以不论。)

问: 每请谈谈律诗的对仗问题。

答: 律诗是讲究对仗的,对仗就是对偶,它是律诗的重要组成部分,它的作用是造成诗的形式美。对仗有两种:宽对和工对。所谓宽对,就是名词对名词,动词对动词,形容词对形容词等。这是用得最普通的一种对仗。例如李白《塞下曲》里的“将军分虎竹,战士卧龙沙。边月随乡影,胡霜拂剑花”两联。“将军”对“战士”,“虎个个”对“龙沙”都是名词相对;“边月”对“胡霜”,“乡影”对“剑花”都名词性偏正词组相对。“分”对“卧”,“随”对“拂”都是动词相对。还有更宽一点的就是半对半不对的,如李白《登金陵凤凰台》:

凤凰台上凤凰游,　　凤去台空江自流。
吴宫花草埋幽径,　　晋台衣冠成古邱。

三山半落青天外　　二水中分白鹭洲。
总为浮云能蔽日，　　长安不见使人愁。

这首诗的颈联“三山”对“二水”，“落”对“分”，但“半”与“中”，“青天外”与“白鹭洲”却不对。

所谓工对，就是用同一事类的词相对(颜色对颜色、数字对数字、地理对地理等)，如文天祥《过零丁洋》里的颈联“惶恐滩头说惶恐，零丁洋里叹零丁”，就是地名相对。

律诗的对仗一般用在中间二联，首联可用可不用，尾联则不用对仗。

律诗的对仗不如平仄粘对那样严格，诗人有时为了不以辞害意，也可以只用一联对仗。如李白《宿王松山下荀媪家》：

我宿五松山，　　寂寒无所欢。
田家秋作苦，　　邻女夜舂寒。
跪进雕胡饭，　　月光明素盘。
令人惭漂母，　　三谢不能餐。

这首五律就只有颔联用了对仗，颈联却没有对仗。

问：押韵方面有什么讲究？

答：押韵的问题说复杂很复杂，说简单也简单。古人写诗，却要按韵书来押韵，所以古代的读书人大都需要背韵书。但唐宋时期的韵目有二百零六部之多，写诗的时候如记不清了，就得查韵书。到了南宋，根据语音变化作了修行，约成一百零六部，也为数不少，这就是平水韵。古人写律诗必须作韵书的分部来押韵，否则就是出韵，贻笑大方。这就是押韵的复杂之处。但是今人写律诗，我认为不必拘泥于古音古调，只要按现汉语的语言规律，以同一韵母的字来押韵就可以，这就是今人押韵的简单之处。当然律诗中的韵脚一般都是平声韵，很少有仄声韵的情况，这一点还是要注意的。

(写于1965年，后发表于《中文自修》1990年第2期)

《真唯识量》略论

《真唯识量》是杰出的佛经翻译家、逻辑学家玄奘大师游学印度期间，应戒日王之请，在十八日“无遮大会”上“坐为论主，称扬大乘”之作。窥基《因明入正理论疏》云：

……大师周游西域，学满将还。时戒日王王（统治）五印度，为设十八日无遮大会，令大师立义。遍诸天竺简选贤良，皆集会所，遣外道、小乘，竞申论诘。大师立量，时人无敢对扬（反驳）者。大师立唯识比量云：

真故极成色，不离于眼识，（宗）

自许初三摄，眼所不摄故，（因）

犹如眼识。（喻）〔1〕

玄奘的《真唯识量》，被唯识宗奉为“万世立量之正轨”，但却十分费解，连玄奘的诸高弟如文轨、净眼、元晓（新罗国僧）、窥基、定宾等在解释它时都是各自为说，不尽一致。嗣后智周、道邑、太贤（新罗国僧）、善珠（日僧）等人更是逞臆而说，难以据信。

现在就让我们来看看这个三支比量究竟说些什么，它的论证过程是否合乎因明的规范。

真故极成色，不离于眼识，（宗）

这第一句是宗支。宗就是论题。这一命题的主词（有法）是“色”，谓词（法）是“不离于眼识”。“色”就是视觉的对象，即有形质的事物；“眼识”即

---

〔1〕《大疏》卷五页二左。金陵本，光绪二十二年（1896）。

视觉。它的意思是说，事物是不能离开人的视觉而独立存在的。很明显，这一命题宣扬了唯识哲学的基本观点，集中表现了大乘唯识宗对现实世界的否定。

但是，现实世界的物质性是常人都能感触得到的。根据因明的规定，立宗如违背一般人的认识，就会犯“世间相违”之过；而如果立论者所据的是常人尚未认识的真理，则须用简别语加以简别，申明本宗系依“胜义”而立，这样就可免犯“世间相违”之过。这“真唯识量”一开头就冠以“真故”二字，就是用来自我标简，以逃避过失的。

佛教把“世间”分为“非学世间”和“学者世间”，“非学世间”即世俗，其中包括佛教以外的哲学派别（即所谓“外道”）；“学者世间”即大、小乘佛教各宗派、学派。由于“非学世间”“生而知之色离识有”，“学者世间”如小乘“亦许色离识有……共计心外有其实境”，〔1〕因此玄奘以“真故”来简别，“明依胜义，不依世俗，故无违于非学世间。又显依大乘殊胜义立，非依小乘，亦无的阿含（小乘经典名，这里借指小乘）等教色离识有，亦无违于小乘学者世间之失”。〔2〕 就这样，玄奘运用因明以简别语简过的惯例，在这个三支比量中迈出了半步。

为什么说只是半步呢？因为在共比量中虽然可以“真故”来简除“世间相违”等过失，使主词（有法）及谓词（法）的联系合乎因明规则，但如果单从主词“色”来看，大乘与小乘在理解上并不一致，“色”的外延仍然存在不确定的因素，因此还须进一步确定双方在使用这个概念时能够共同承认的范围，才算是迈出了完整的一步。

那么大、小乘佛教对“色”这个概念的理解有何不同呢？原来在小乘二十部中，除了一说部、说出世部、鸡胤部、说假部等四部外，其余各部都认为

〔1〕《宗镜录》卷五十一，《大正藏》第48卷718a。

〔2〕《大疏》卷五页二右，金陵本，光绪二十二年（1896）。

这“色”中应包括“最后身菩萨染污色”〔1〕以及“佛有漏色”,〔2〕但是大乘不同意有“后身菩萨染污色”和“佛有漏色”,他们认为“后身菩萨”残思已断,不能再说它有“染污色”和“有漏色”了,更何况是佛?因此大乘反过来认为这色中应包括“佛”所具有的“无漏妙色”,这“无漏妙色”就是离开了烦恼的佛身。此外,大乘还说有“他方佛色”。但小乘除经部外都不承认有“他方佛”。同时小乘认为一切事物都是“有漏”的,连大乘认为是最完善、最幸福的精神境界“涅槃”也只不过是“空寂之理”罢了,故不同意有所谓“无漏妙色”。

由于大小乘对“色”的理解不同,因此玄奘才要在论证形式上进行补救的。

按因明的规定,立论者与敌论者在论辩时所使用的概念必须一致,具体说来就是宗依、因法、喻依必须得到立敌双方的“共许极成”(即共同承认),如果立敌之中有一方不同意,这个三支比量就要犯过。但如果加上简别语,就可简除由“不极成”而引起的过失。因明比量有三种,因此简别也有三种情况:一是依自而立,叫自比量,用简别语“自许”来简别。二是依他而立,叫他比量,用“汝执”来简别。三是立敌共许,这叫共比量,共比量既为立敌所共许,因此一般不须简别;但有时立敌在共许之中略有出入,或所依的是“真谛”,这时就要以“极成”、“真故”等来简别。玄奘把“真唯识量”作为共比量来简别,所以用的都是共比量的简别语。这“极成”二字要简除的正是立敌在“色”上理解不一致的地方,而把它的外延确定在双方共许的范围内。如果对“色”的外延不加确定,那就等于承认了小乘所说的“后身菩萨染污

---

〔1〕“后身菩萨”即“最后身”,即肉体之最后。小乘佛教认为,释迦牟尼在做太子(悉达太子)时也追求五欲,娶妻生子。后虽出家修道“成佛”,但其肉身已染污,故云“后身菩萨染污色”。

〔2〕“有漏”即烦恼。小乘认为佛坐在菩提树下之金刚座上,虽以三十四心断绝而到达无漏智(即离开烦恼之清净智)的境界,但佛之丈六金身仍然是由有漏善业所得的有漏善果,故云佛身是“有漏色”。

色”和“佛有漏色”，这在立者来说，无异于违背自己的教义，因明称此为“自教相违”；而且也有“自所别一分不成”的过失，这“所别”就是有法（主词）的别称，“一分”就是一部分，“自所别一分不成”就是主词在立者一方来说有一部分通不过。另一方面，大乘所说的“佛无漏色”和“他方佛色”小乘也不予承认，如果不简除这部分，就有强加于人的嫌疑，这在因明上称为“他所别一分不成”，即主词在论敌这方面有一部分通不过的意思。

总之，玄奘立宗时，利用了因明简别的形式，先以“真故”二字把这个唯识比量定位为真理，复又以“极成”二字从表面上简去不共许的部分，而把主词“色”的真正含义隐蔽起来（这一点下详），把一个显然是自比量的命题说成为共比量。

自许初三摄，眼所不摄故，（因）

这第二句是因支，它的主词按因明的习惯总是省去不说的，如果补足，应是：“色，自许初三摄，眼所不摄故。”

什么是“初三摄”呢？为什么说色是“眼所不摄”的呢？“初三”即佛教所说的六根、六境、六识十八界中的第一个组合，“初三摄”就是说色是为十八界中第一个组合所统摄的。这十八界有六个组合，每一个组合都是根、境、识三者的统一，如下表：

类别／序数	（初三）	（二三）	（三三）	（四三）	（五三）	（六三）
六根	眼根	耳根	鼻根	舌根	身根	意根
六境	色	声	香	味	触	法
六识	眼识	耳识	鼻识	舌识	身识	意识

六根即人的六种感觉器官，六境即人的认识对象，六识即人的六种主观认识能力。在根、境、识的相互关系上，小乘与大乘的看法是不同的。小乘佛教从其哲学基础来说，与大乘并没有什么两样；但小乘属于早期佛教，它

在理论上还保存了某些直观的质朴因素，还承认物质的客观存在性。因此小乘认为认识要通过一定的感觉器官（根）来实现，如通过眼睛可以看到色，通过耳朵可以听到声，等等。这就是说外境通过六根的摄取，才能产生精神作用的六识，六识是六根对六境的反映。对此，大乘唯识宗表示反对。唯识宗不承认外境是真实的客观存在，不承认有主观与客观的对立，而认为一切事物不过是众多感觉经验的复合体，是主观的识所变现出来的“相分”罢了！而所谓认识，只是先由识变现出所要认识的对象——“相分”，然后再以自己的“见分”去认识它！而物质的感觉器官却是不重要的，它只能起辅助的作用而已！如眼根的本身并不能见色，它的作用只是在于让主观的识在它的网膜上映现出山河大地等相分色来罢了！这样，大乘就把眼根的认识能力否定掉了，而让物质性的眼根去依附主观精神的眼识！也正是由于此，所以唯识宗认为色是不能离开眼识而独立存在的。

这因法所包含的意思就略如上述。但是，这因法在因明立量中是比较特别的。诸疏家于是分析说“初三摄”和“眼所不摄”是如何相互补充、相互制约的，乃是浑然一体而不可分割！当然，如果撇开此因为什么要转弯抹角这一点不谈，单就这字面上的因法来看，也确是浑然成为一个整体，而不能缺少其中任何一部分的。如只说“眼所不摄”而略去“初三摄”部分，在因明上就会犯“不定”之过。

按因明的规定，因法的外延不能超过宗法的外延。如果以“眼所不摄”为因，就大大超过宗法的范围；因为“眼所不摄”的东西很多，如声、香、味等也不是眼根所能摄的。如果以这样的宽因来推断“色不离眼识”，那么也可以以此来推断“色定离于眼识”，因为声、香、味等都是离于眼识的。由此可见，由于因法太宽，竟把异品也囊括进来了，这在因明上就是犯了“共不定”的过失。

如上所述，“眼所不摄”因太宽，那么如果以“初三摄”为因又如何呢？据《大疏》说，这也不行，因为“初三摄”因的外延还是宽过于宗法；宗法“不离于眼识”的范围只涉及“色”，而不及于眼根，而“初三摄”因则涉及了眼根。按大乘的说法,眼根与眼识的关系是“非离非即”的。为什么是“非离非即”的呢?因为眼根虽不能摄色,但主观的识所变现的相分色却显现在眼根上,从这个意义上说,眼根是“能生”,即能生起色的感觉,眼根与眼识是同时在起作用的,因而二者是“非离”的;但是眼根与眼识又分属于不同的“法”,眼根属于自然领域的“色法”,眼识属于精神领域的“心法”,从这个意义来说,眼根与眼识又是“其体各别”,因而是“非即”的。《大疏》根据这种“非离非即”的关系,以如下命题来表述:眼根“非定不离眼识”。〔1〕 正由于“初三摄”因宽过于宗法,涉及了眼根,因此同一个“初三摄”因,就可以推出两种相矛盾的结论:“色不离于眼识”和“色非定不离眼识”,因为眼根也是“初三摄”,而眼根就是“非定不离眼识”的。这在因明上犯的也是“共不定”之过。

据《大疏》说,如果单以“初三摄”为因,还有“法自相相违”和“决定相违”之过,但这话说得不准确。故《宗镜录》卷五十一云:

> 夫法自相相违之量,须立者同无异有,敌者同有异无,方成法自相相违;今立敌两家同喻有、异喻有,故非真法自相相违过。……夫决定相违不定过,立敌共诤一有法,因喻各异,皆具三相:遍是宗法性,同品定有性,异品遍无性;但互不生其正智,两家犹豫,不能定成一宗,名决定相违不定过。今“真故极成色”虽是共诤一有法,因且是共,又阙第三相,故非决定相违不定过。〔2〕

《宗镜录》的分析是很精辟的,它指出了窥基在分析中的疏误。

如上所述,如果单以“初三摄”或“眼所不摄”为因,都有“共不定”之过,因此玄奘立因时是把两者结合起来考虑的,即以“初三摄”来限制“眼所不摄”,指出这里所说的“眼所不摄”者,只是“初三”中的“色”及“眼识”,而不涉声、香、味等。反过来,“眼所不摄”对“初三摄”也是一种限制,它指出在“初三摄”中,其实只是色与眼识有不能分离的关系,而并不能通过眼根来摄

〔1〕《大疏》卷三页三右,金陵本,光绪二十二年(1896)。

〔2〕《大正藏》第48卷719a。

取外境。

但是,就这样仍有过失,此因有“有法差别相违”过。而欲避免此过,则须“寄言简过”,这就是因上“自许”二字的由来。

为什么说此因仍有“有法差别相违”过呢?原来,在因明学上,用语言文字明白表示出来的叫“自相”,而言下暗许的意思则称“差别”。以“色”来说,唯识宗分相分色和本质色两种。唯识宗认为,相分色为眼识的种子所变,并为眼识的见分所认识,因此是不离于眼识的;本质色则是阿赖耶识的种子所生的实质色法,为眼识变现的相分色所依托,是离于眼识的。小乘同意有离于眼识的本质色,但不同意有不离眼识的相分色。玄奘立宗时,以“真故极成色”为有法,并未区分是相分色还是本质色。小乘按自己的理解,作为本质色来“共许极成”,矛盾似还可含糊过去,到了说因时,此中矛盾就不能再含糊下去了。因为玄奘所说的“不离于眼识”的色,并非本质色,而实在是暗中意许的相分色,而“初三摄,眼所不摄”因成立的应该是立敌共许的本质色“不离于眼识”,这与立论者的意图正好相反,此时若不以“自许”来简别,论敌就可不改立者之因,出差别相违量进行反驳:

极成之色,非是不离眼识色,(宗)

初三所摄,眼所不摄故,(因)

犹如眼识。(喻)〔1〕

这就是抓住立论者的“有法差别相违”因来推断与其意愿相反的结论。玄奘立量时自然是考虑到这一点的,所以在因上置“自许”之言加以简别,表明“初三摄,眼所不摄故”因要成立的原是大乘所许的相分色,而不是立敌共许的本质色。但实际上这因上的“自许”二字只能简因法本身的不极成,而不能遥控到宗上,因此并不能摆脱“有法差别相违”的困境。

犹如眼识。(喻)

这第三句是省略了喻体的喻支,如果补足,应是“诸初三摄眼所不摄者,

〔1〕 小乘以眼识离中取境,故以眼识为同喻来助成“色非是不离眼识”宗。

皆不离于眼识,犹如眼识”,其中前半部分是同喻体,后半部分“犹如眼识”是同喻依(即例证)。按因明的习惯,三支比量的喻支常有省略,而且总是省略喻体而只说喻依。

那么“眼识”这个同喻依又是什么意思呢?玄奘又为什么要以“眼识”来作为有法“色”的同喻呢?原来,按佛家的分类,在十八界中,唯眼识能亲缘色境。玄奘既提出“色不离于眼识”这样的命题,在色之外就再也找不到与眼识不相分离的事例来作同喻了,缺同喻在因明学上是不允许的,所以玄奘只得拿“眼识”来作为同喻。但眼识不离眼识并不能起到归纳的作用。

然而《宗镜录》解释说,这同喻“眼识”与宗法中的“眼识”只是字面上相同,而内里是颇有些不同的:宗法“眼识”指的是自证分,〔1〕同喻“眼识”指的是见分,加上宗上有法“色”意许的是相分,这“色不离于眼识”就是相分不离自证分的意思;而同喻所暗许的意思则是见分不离于自证分。就是说同喻“眼识”所要告诉人们的是:正如见分不能离开自证分那样,宗上的相分色也必不离于自证分。这个解释当然只是一种猜测,因为玄奘自己并没有留下什么说明,但这恐怕也是最合乎玄奘本意的解释了,除此则无法说明玄奘为什么要以与宗法完全相同的语词来作同喻。

“真唯识量”虽然只有短短的三句话,只是一个三支比量,但却集中地表述了唯识宗所竭力推崇的唯识哲学。玄奘是印度瑜伽行宗的忠实继承者,又是我国法相宗的创始人。这“真唯识量”既是玄奘的代表作之一,对它进行深入的研究是很有必要的。要研究它就首先要弄清它的具体内容和论证形式,而这个三支比量又被玄奘弄得复杂化了,好像是有意要把人引入五里雾中分不清南北东西一样,因此上面我们用了较多的篇幅尽可能就它原来的意思进行具体的阐释。现在就管见所及,再对这个比量作一些分析。

〔1〕 陈那创立“三分”说,即将“识”分为三部分:一是相分,即心识所变现的认识对象;二是见分,即心识所具有的认识能力;三是自证分,即心识自体,故亦称自体分。自体分不仅能变现见分和相分,并能自证见分认识相分的结果,故亦为量果。

唯识哲学的核心是取消主观与客观的对立,主张“万法唯识”,认为客观世界是主观精神的一种幻觉,是心识所变现的假象。唯识宗在大小乘所共同承认的眼、耳、鼻、舌、身、意六种识的基础上,又提出末那识和阿赖耶识,建立了八识的学说。唯识宗的八识学说是最精致的唯心主义,它否定一切客观存在。如《成唯识论》卷七云:

> 彼实我、法,离识所变,皆定非有;离能、所取(能取即见分,所取即相分),无别物故。非有实物,离二相(相分、见分)故。是故一切有为(法)、无为(法),若实若假,皆不离识。〔1〕

这段话清楚地告诉我们,世上一切事物都是识所变现的假象,“色不离眼识”这一命题就集中地反映了这个观点。

玄奘的“真唯识量”在当时就有不同的意见。窥基说玄奘在五天竺无遮大会上立“真唯识量”,“时人无敢对扬(反驳)者”,这可能是事实,但并不能证明“真唯识量”是颠扑不破的真理,以致别人竟不能对它进行难破。试想,玄奘当时应统一北印度的戒日王之请做无遮大会的论主,势焰是何等的炙人?加上当时论辩条件的苛刻,输者须“斩首”、“截舌”相谢,而戒日王又明显地偏袒玄奘,这些恐怕就是“时人无敢对扬”的真正原因。但事实上,后来还是有人对他的唯识比量进行难破的。据玄奘的高弟新罗(古朝鲜)僧元晓《判比量论》说,小乘曾立比量破“真唯识量”〔2〕云:

> 真故极成色,定离于眼识;
>
> 自许初三摄,眼识不摄故;
>
> 犹如眼根。

这与玄奘的唯识比量正好针锋相对。后来玄奘的另一新罗高足顺憬看到这个比量,不能通释,就于唐高宗乾封年间(666—668)托新罗使臣捎书玄

〔1〕《大正藏》第31卷38c。

〔2〕关于这个比量的作者是谁,有好几种不同的说法,俱见《瑞源记》卷四页十九左右所引。愚意元晓的说法较为可信。

奘,请决所疑。但这时玄奘已去世两三年,故由玄奘的继承人窥基代为答书。通过这件事情可以看出,当时还是有人对“真唯识量”提出批判的。

大乘对小乘中的某些派别还愿意承认物质世界的客观存在性极为不满,小乘为了维护自宗的教义,也对大乘进行反击。它们之间的矛盾斗争虽然并不是哲学上两条基本路线的对立,而主要还是宗派间的斗争,但小乘所立的“相违决定”量,在对唯识比量的批判上还是相当有力的。

“真唯识量”在论证方式上是以严谨缜密著称于世的,而且越捧越高,到后来就捧成所谓“千圣同遵”的“万世立量之正轨”了。当然也有人说过一些老实话,如玄奘的门外弟子定宾就说过:

> 今详三藏一时之用(指“真唯识量”),将以对敌,未必即堪久后流行。三藏所译经论盛行,其《会中论》今何所在?故但一时之用也。〔1〕

《会中论》也是玄奘在无遮大会上提出来的一部著作,洋洋三千颂,颇为壮观,但在玄奘生前就已散佚无存;所以定宾认为“真唯识量”也不过是“一时之用”罢了,“未必即堪久后流行”。但他没想到此量在《大疏》的推崇下,使不少人对它产生了迷信!直至今日,一些学者对它的内容虽然不予苟同,但还是泥于旧说,承认它在论证形式上的严密性。

愚见以为,这个三支比量在论证形式上并不像想象那样天衣无缝。

我们不妨先来分析它的宗。从表面上看,这宗上有法“色”的前面叠用了两个简别语:“真故”二字从宗的整体上着想,简去了“世间相违”之失;“极成”二字又专从有法着眼,简去了“所别不成”和“自教相违”等过,似乎是很严密了;但在事实上,宗上有法仍然是不极成的,并不能避开“所别不成”之过。因为玄奘立“色不离于眼识”宗,指的是相分色不离于眼识,而不是指的本质色;小乘只同意有本质色,而不承认有相分色,立敌双方对有法“色”的理解显然不一致。“极成”二字虽对有法作了简别,但它只能简除小

---

〔1〕 定宾《因明正理门论疏》中语。此疏早佚,引见日释善珠《明灯抄》卷三末,《大正藏》第68卷315a。

乘主张的“后身菩萨染污色”、“佛有漏色”和大乘所主张的“他方佛色”、“佛无漏色”等,而不能简除“本质色”,因为一去掉“本质色”,有法便完全不极成,这简别语“极成”岂不成了空话?可见在“极成”名下的有法“色”,其实是并不极成的。立宗既有“所别不成”之过,那么到说因时也必有“所依不成”之失,这是一母同胎的孪生子。而要避免这些过失,只能借重于简别语“自许”了;按因明的规定只要公开表明本宗系依自而立,是自比量,有法不极成也无妨。但玄奘立宗时却偏要以共比量来标榜,而不愿以“自许”来表明是自比量,这就把有法“色”限制在了本质色的范围内。于是,从字面上看,说“色不离于眼识”就等于说本质色不离于眼识,但唯识宗也承认本质色是离于眼识的,〔1〕这样岂不又犯了“自教相违”的过失?总之,这头一步立宗就横竖都讲不通,以“真故”、“极成”来简别并不能改变其似宗的性质。

其次来分析它的因。玄奘在说因时是颇费苦心的,但正如前面介绍过的,由于宗上有法“色”的涵义有言陈与意许的不同,所以此因实在是“有法差别相违”因。虽然玄奘在因上以“自许”言简,但因上的简别语“自许”并不能简除宗上不共许的部分,而只能简除因法本身的不极成。从玄奘所用的因法来看,色为“初三摄”是立敌共许的,但说色是“眼所不摄”的,则为论敌所不许。按因明的规定,因法应该是“共许法”,从而才能用来成立作为“不共许法”的宗法,如果立者所说的因为论敌所不许,此因就犯“随一不成”之过。要弥补这种过失,可以用“自许”来简别,以表明此因是“随一有体”。所以“初三摄”前面的“自许”二字只能用来简别“眼所不摄”这一部分的不极成。由此可见,因上的“自许”只能简除“随一不成”过,但并不能简去“有法差别相违”过。而且这“初三摄,眼所不摄故”因,也大可不必说得

〔1〕 唯识宗所说的不离眼色的色,乃是相分色,即无本质相分,如第六意识思维道理、计度过去、未来之事,乃至幻想空类等均是,唯识宗认为无本质相分系由眼识的种子所变,故是不离于眼识的。而本质色亦即有本质相分,则是实质色法,如五根、五境等,均是第八阿赖耶识的种子所变,所以是离于眼识的。参见《成唯识论述记》卷六末,《大正藏》第43卷456c。

这样转弯抹角，因为它用的是排除法，类似于选言推理的否定肯定式，兹试为列式如下：

色或者是眼识所摄，或者是眼根所摄；

色不是眼根所摄；

故色是眼识所摄。

排除的结果，无非就是“色是眼识所摄”的，如果照此直说，岂不直截？但这样一来问题就明朗了，原来这因法与宗法竟是同一个概念！这在因明学上叫作“宗义一分为因”，从逻辑来看，就是犯了“循环论证”的错误。另外，此因还犯有“他随一不成过”。经过玄奘精心设计的这个因，竟是个“似因”！

再看它的喻。它的喻是一个虚假的命题，这一点从对“真唯识量”内容的剖析中可知，此处不再赘述。这里要着重分析的是它的同喻依。这“真唯识量”的同喻依是比较特别的，在因明比量中，像“真唯识量”那样以宗法作为同喻依的情况确是极少见的。这里不妨先举一个众所公认的因明三支作法的典型例子来说明：

声是无常，（宗）

所作性故，（因）

譬如瓶等。（喻）

这“瓶”由于也具有“所作”（人工造作的意思）和“无常”（即产生和灭坏的过程）的属性，并且是为论辩的双方所公认的，所以可以拿来作为“声”的同喻，从瓶是所作和无常的，以证知声也是所作和无常的。这个例子清楚地告诉我们，同喻依必须在宗、因二法所表述的属性上与有法相同，才能起到契合的作用。但是“真唯识量”的同喻依“眼识”就不符合这个要求，因为拿同喻依“眼识”和宗法“不离眼识”组成命题，就是“眼识不离眼识”，这不是同语反复吗？当然玄奘是有苦衷的。本来，玄奘可以以“见分”来作“色”的同喻，因为在唯识宗来说，见分同相分色一样也是不离于眼识的。但是这样又行不通，因为无论相分还是见分，小乘及“外道”都是不承认的，而因明规定喻依必须立敌双方"共许极成"才能成立,因此玄奘如以见分为同喻依,此喻就有"两俱不成"之过,而要弥补此失,就须简以"自许",表明此喻系依自而立。但是玄奘却偏要给"真唯识量"插上共比量的标签,不肯承认是自比量,于是就只好硬拿"眼识"来充作同喻依,暗许"见分"为它的差别义,但这是徒然的,这个唯识比量的喻,毕竟只是个"似喻"!

按照因明的标准,这"真唯识量"实在是道道地地的自比量,但是历来的纂家疏主都根据玄奘自己所标简的,说它是共比量,可谓谬之甚矣!玄奘以自比量充作共比量,这就使它在宗、因、喻三支上普遍犯过。那么玄奘为什么要以自比量去充作共比量呢?原来按因明的规定,论辩应有针对性,如一方立的是自比量,另一方应以他比量来破斥;而回答他比量的,则应是自比量。如果一方立的是共比量,另一方也须以共比量来答辩。故《大疏》云:

立依自、他、共,敌对亦须然,名善因明,无疏谬矣。〔1〕

玄奘在无遮大会上立量时面对的敌论是"色定离于眼识",这无疑是一个共比量,因为连唯识宗也承认"色"中的本质色是离于眼识的。根据以共对共的原则,玄奘也必须立共比量来答辩。大概正是出于这样的需要吧,玄奘才在自比量上加上共比量的标记,但这只能略略改变它的外貌而不能改变它的本质,以自比量去对共比量,终究算不上是"善因明"!

玄奘的"真唯识量"集中地表述了唯识哲学的基本观点,不仅在理论上站不住脚,从因明学的角度来说,它也绝不是"万世立量之正轨",而只是"似能立"(错误的论证)而已!因此这个所谓"无有一人敢破斥者"的唯识比量,是并不难破的。

(原载《哲学史论丛》,吉林人民出版社,1980年)

〔1〕《大疏》卷五页四右,金陵本,光绪二十二年(1896)。

论 连 珠 体

连珠体是我国古代一种综合性推论的表述形式。它往往融演绎、归纳和类比于一体而不同于一般的省略式和复杂式。后来，连珠体又融入了文学的成分，遂衍变为一种文学体裁，成了文艺性的推论，逻辑的成分相应减弱了。

连珠体启创于西汉的扬雄（前53—公元18），但可上溯至战国时的韩非子（前280？—前233）。《艺文类聚》引录沈约《德制旨连珠表》云："窃闻连珠之作，始自子云。……班固之命世，桓谭以为绝伦。"任昉《文章缘起》亦谓连珠肇自扬雄。但陈樊仁注云："《北史·李先传》：'魏帝召先读韩子连珠（按：《李先传》原为"连珠论"，陈樊仁注引时脱"论"字）二十篇。'韩子，韩非子。书中有联语，先列其目而后著其解，谓之连珠。据此，则连珠又兆韩非。"其实，《韩非子》一书并无《连珠论》是篇，所谓"书中有联语，先列其目而后著其解"者，乃指《内外储说》中的三十三则论式（韩非子称之为"经"）〔1〕及其解释（韩非子称之为"说"）。《韩非子·内外储说》中的三十三则论式在当时虽然并不叫作连珠，也不用华词丽句，但与扬雄的连珠具有共同的逻辑形式，故完全可以把它看作是连珠体的滥觞。而且正因为是草创，反倒较为质朴，逻辑的性质比较单纯，不像后来的连珠体兼重文学，反

〔1〕《内储说上》有七则推论，《内储说下》有六则推论，《外储说左上》有六则推论，《外储说左下》有六则推论，《外储说右上》有三则推论，《外储说右下》有五则推论，合计三十三则。《北史·李先传》谓韩非有"连珠论二十二篇"，而《内外储说》中却有三十三则推论，二与三易误，"二十二"当是"三十三"之舛误也。

而丧失了作为逻辑形式的独立性。扬雄首先吸取韩非子的逻辑成果，使之与文学结合，并赋以连珠之名，从这个意义上来说，称扬雄是连珠体的实际开创者也是符合实际的。

过去也有把连珠体的时代更推向前的，如孙德谦《六朝丽指》认为连珠体始于邓析子就是。邓析（前545—前501）是春秋时人，《汉书·艺文志》著录邓析两篇，然早已亡佚，今本《邓析子》是战国时人伪撰，并且在流传的过程中又经后人掇拾重编。孙德谦曾列举《无厚篇》中的两首连珠为证，但这两首连珠排偶之迹甚显，不可能是春秋甚至战国时人的手笔，也不可能早于扬雄的连珠〔1〕。

也有认为连珠是班固等人受诏作之的，如傅玄《连珠序》曰："所谓连珠者，兴于汉章之世，班固、贾逵、傅毅三子，受诏作之。"〔2〕傅玄虽然没有说连珠为〔3〕何人所创，但从"兴于汉章之世"一语可见，他是认为连珠兴起的时代在东汉章帝（76—88）时的。这显然是把连珠的拟作者视为始作者了。

无论从逻辑形式还是从文学体裁来考察，连珠体都是颇有特色的。沈约云："连珠者，盖谓辞句连续，互相发明，若珠之结排也。"〔4〕此语揭示了连珠的特征。所谓"辞句连续"，当然不是指语句间的一般承接关系，而主要是指命题间的逻辑联系，所以紧接着就指出这种连续的辞句是"互相发明"的。"互相发明"四字确切地点出了连珠式推论前提与前提，前提与结论之间的逻辑关系。如《韩非子·内储说上》中的"观参第一"云：

〔1〕《邓析子·无厚篇》云："夫负重者患涂远，据贵者忧民离；负重涂远者身疲而不功，在上离民者虽劳而不治。故智者量涂而后负，明君视民而出政。"又云："猎罴虎者不于外国，钓鲸鲵者不于明池。何则？圂非罴虎窟也，池非鲸鲵之泉也。楚之不沂流，陈之不东麾，长卢之不仕，吕子之蒙耻。"从这两首连珠可以看出作者运用骈俪文字的功夫远远胜于扬雄。

〔2〕见《艺文类聚》五十七、《昭明文选》五十五。

〔3〕见《艺文类聚》五十七、《昭明文选》五十五。

〔4〕《注旨制连珠表》。

观听不参则诚不闻，听有门户则臣壅塞。（假言前提）

其说在：侏儒之梦见灶，哀公之称“莫众而迷”。故齐人见河伯，与惠子之言亡其半也。（正面例证，列举了四则故事）

其患在：“竖牛之饿叔孙，而江乙之说荆俗也。嗣公欲治不知，故使有敌。”（反面例证，列举了三则故事）

是以明主推积铁之类，而察一市之患。（结论，包含两则故事）〔1〕

这一推论的前提由两个假言命题组成，接着用一系列历史故事从正反两方面加以归纳，最后以两则故事作结。整个推理过程竟然列举九则故事，每则故事都是独立的，但显然有着内在的联系。“其说在……”中的四个故事和“其患在……”中的三个故事是用来从正反两方面证明概括性前提的，用的是归纳法，是概括性前提得以成立的根据；而从每一则故事与结论的关系来看，又具有类比的性质；再从结论与假言前提的关系来看，又显然是演绎的关系。这种融归纳、类比和演绎于一体的错综的逻辑关系，用“互相发明”四字来概括，真是再确切不过的了。同时，正由于它把许多事例用逻辑方法贯串起来，在语言形式上又“若珠之结排”，故后来就称其为连珠。

连珠这个名称最初大概是扬雄提出来的。扬雄所作连珠，惜已大部散佚，其幸存者唯二首，兹录如下：

臣闻：明君取士，贵拔众之所遗；忠臣荐善，不废格之所排。（前提）

〔1〕 整个推论的意思是：人君观行听言如不参稽于众人，则不能了解到真实的情况；人君听言如偏信一人，则言路堵塞。然后从正面列举了侏儒讽喻卫灵公勿专宠弥子瑕的故事、孔子（又云晏子）劝谏鲁哀公勿偏听权臣季氏一家之言的故事、齐人以鱼充为黄河之神来欺蒙齐王的故事以及惠施谏魏王勿只听一面之词而“亡其半”的故事。又从反面列举叔孙因宠信竖牛而先后诛杀自己的两个儿子、最后自己竟饿死在竖牛手里的惨痛教训，江乙指出楚国姑息养奸酿成白公之乱的历史教训以及卫嗣君欲治国而不知治国之术，反而培植了一些蒙蔽自己的臣下的教训。这就从正反两方面证明了假言前提的真实性。最后，从假言前提推出结论：明主要像聚铁为屏障来防备飞矢那样从多方面来制服下，使其不能生奸；要像辨察三人皆言市内有虎而盲目信从之弊那样，来辨察众人之言而勿轻信。这结论具有比喻的性质。

是以岩穴无隐，而侧陋章显也。（结论）

臣闻：天下有三乐，有三忧焉：阴阳和调，四时不忒，年谷丰遂，无有夭折，灾害不生，兵戎不作，天下之乐也；圣明在上，禄不遗贤，罚不偏罪，君子小人，各处其位，众臣之乐也；吏不苛暴，役赋不重，财力不伤，安土乐业，民之乐也。乱则反焉，故有三忧。

从这两首连珠可以看出，扬雄仿韩非作连珠，运用了文学语言，体式也简短了；但从逻辑的角度看，扬雄的这两首作品仅得韩非连珠的外形，并不十分高明。如第一首只是假言推理的省略式（省去了大前提“明君取士贵拔众之所遗，忠臣荐善不废格之所排，则岩穴无隐而侧陋章显也”），推理过程比较单一，不存在“互相发明”的问题。第二首却是判断，至多是因果定义，说不上是什么推理，当然更不存在“互相发明”的事。但是有一点是值得注意的，就是他在第一首连珠中取二段式，这在后来竟成了连珠体的主要形式。故刘勰《文心雕龙·杂文》云：“扬雄覃思文阔，业深综述，碎文琐语，肇为连珠。其辞虽小而明润矣。”

扬雄是大赋家，他的赋思理密察，气态沉雄，以说理见长。但他后来又不满于赋“劝百而讽一”的作用，〔1〕曾一针见血地指出：“往时武帝好神仙，相如上《大人赋》欲以讽，帝反飘飘有凌云之志，由是言之，赋劝而不止，明矣！”〔2〕因此他后来悔于作赋，说辞赋是“童子雕虫篆刻”“壮夫不为”的东西。〔3〕确实，汉赋虽标榜讽谏，但往往失于烦琐堆砌，把本来只需几句话就可说完的，偏要铺扬成长篇大论，其实不过千言而百名，越显得内容的空泛。这样，扬雄弃赋而作连珠就是很自然的了。连珠作为一种文体是脱胎于汉赋的，但它是直陈的讽谏，而汉赋则是寓意的讽谏；连珠是碎而不碎，而汉赋却是不碎而碎；连珠是逻辑与文学的结合，而汉赋

〔1〕《汉书·司马相如传赞》。

〔2〕《汉书·扬雄传》。

〔3〕见扬雄《法言·吾子篇》。

却只是文学表现的样式。因此无论从逻辑上还是从文学上来看,连珠都有它自己独特的价值。

扬雄“肇为连珠”是一大贡献,虽然从他仅存的两首连珠来看在逻辑上并没有多大价值,但毕竟是草莱初辟,为继作者提供了一种可供探讨的逻辑表述形式;因此在表述上连珠体“易睹而可悦”,较之韩非子之所作更为洗练畅达。

从扬雄首倡连珠以后,东汉仿作的人不少,但有影响的作品不多。刘勰云:“自连珠以下,拟者间出。杜笃、贾逵之曹,刘珍、潘勖(xù)之辈,欲穿明珠,多贯鱼目。可谓寿陵匍匐,非复邯郸之步,里丑捧心,不关西施之颦矣。”〔1〕刘勰把杜笃、贾逵、刘珍和潘勖等人仿作的连珠视为鱼目混珠、邯郸学步和东施效颦,批评是很尖锐的,但似未必尽当。杜笃、贾逵和刘珍的连珠早佚〔2〕。今已无从考见其优劣,但潘勖的连珠,《艺文类聚》五十七还辑存一首,兹录如下:

> 臣闻:媚上以布利者,臣之常情,主之所患;忘身以忧国者,臣之所难,主之所愿。(前提)
>
> 是以忠臣背利(按:即背常情)而修所难,明主排患而获所愿。(结论)

这是二段的演绎推理。它从前提到结论均由联言判断组成,但又不同于一般所说的联言推理,因为它的前提与结论的关系比较复杂:第一,这首连珠的前提是两个逆态的联言判断(“虽然……但是……”式),结论则是两个顺态的联言判断(“不但……而且……”式),这样,结论就必然要打乱前提中联言肢的组合次序,以“忠言”与“明主”重新归类;第二,前提中的主项是“媚上以布利者”和“忘身以忧国者”,结论中的主项则是“忠臣”和“明主”,判断的对象变换了;第三,前提中说的是一般的“臣”和“君”,结论则限

〔1〕《文心雕龙·杂文》。

〔2〕杜笃的连珠,《全后汉文》仅辑得“能离光明之显,长吟永啸”十字。贾逵的连珠,《全后汉文》仅辑得“夫君人者不饰不美,不足以一民”十三字。刘珍的连珠全佚,据《后汉文苑传》载,刘珍著诔、颂、连珠凡七篇。

制为“忠臣”和“明君”，前提中的“常情”“所难”以及“所患”“所愿”，在结论中一律加上动词，成“背利（即背常情）”“修所难”和“排（所）患”“获所愿”，这有点像附性法却又不是附性法。由此可见，从逻辑上分析，潘勖所作的这首连珠比扬雄存留下来的两首连珠要复杂得多，虽然这首连珠的基本性质不外是演绎，甚至可以断定它是联言推理；但它的推理过程较复杂较新颖，不是一般所说的组合式或分解式所能概括得了的。像这种类型的联言推理，在今天仍然是值得探讨的。

在连珠的写作上，刘勰最推崇的是陆机（261—303）。陆机字士衡，是西晋太康文坛最有声望的人物。《文选》收录了他的许多作品，其中就有《演连珠》五十首。陆机的《演连珠》无论从逻辑上看还是从文学上看，都具有很高的水平。因此刘勰称赞他：“士衡运思，理新文敏，而裁章置句，广于旧篇，……夫文小易周，思闲可赡；是使义明而词净，事圆而音译，磊磊自转，可称珠耳！”（同上）

陆机所作的《演连珠》，立意构体胜于扬雄，遣词造句则开骈俪之先。固然，骈俪显于汉赋之末流，然在陆机的《演连珠》中无疑得到了进一步的表现。

当时太康诗人中年岁最长的傅玄曾说过，连珠体的特点是“辞丽而言约，不指说事情，必假喻以达其旨，而览者微悟，合于古诗劝兴之义。”〔1〕陆机的《演连珠》与傅玄所述正相契合。陆机所演连珠，本文不遑全录，兹略举数例以见一斑。例如：

臣闻：目无尝音之察，耳无照景之神。（前提）

故在乎我者，不诛之于己；存乎物者，不求备于人。（结论）

（〔释文〕臣闻：眼睛不能听见声音，耳朵不能看见影子，它们各有自己的功用而不能互通。所以，人们不能要求自己的耳目互易其用，也不应该违背事物的本性而对他人求全责备。）

---

〔1〕《连珠序》，见《艺文类聚》五十七，《昭明文选》五十五。

这是一则二段的连珠推论。前提“假喻”，结论“达旨”，言简意赅，发人深思。它是归纳，又兼有演绎，并寓类比于不言之中。从前提来看，通过对耳目各有职守的归纳，可以得出事物各有其功用而不能苛求其互易的普遍性命题，只是这普遍命题被省略了。结论就是从这一省略的普遍性命题中演绎出来的。南朝学者刘孝标注此首连珠云：“言为政之道也，恕己及物也。”这就点出了“在乎我者，不诛之于己；存乎物者，不求备于人”原来是暗寓为政之道须恕己及人的。寥寥四句，包含着富赡的内容和复杂的推理过程。用陆机自己的话来说，这大概就是“函緜邈于尺素，吐滂沛乎寸心”〔1〕吧。

这种二段的连珠虽然一般只有两联，第一联表前提，第二联表结论，但其推理过程却富于变化，并不拘泥于一格。如：

臣闻：春风朝煦，萧艾蒙其温；秋霜宵坠，芝蕙被其凉。（前提）

是故威以齐物为肃，德以普济为弘。（结论）

（〔释文〕臣闻：春风朝拂，使恶草也得其温暖；秋霜夜降，连芳草也受到寒冷。所以施威济德理应一视同仁。）

这也是一则二段的连珠。前提首先归纳，以萧艾与芝蕙作譬，归纳的结论被省略了。刘孝标注云：“春秋不以善恶殊其凋荣，人君不以贵贱革其赏罚。”这不仅补出了被省略的归纳的结论（“春秋不以善恶殊其凋荣”），而且指明这是以事物来类比人事的（“人君不以贵贱革其赏罚”）。这一类比的过程具有哲理的意味，然而却隐含于不言之中，令人玩味无穷；然后以“人君不以贵贱革其赏罚”这一省略的类比结论为前提，演绎出了“威以齐物为肃，德以普济为弘”这一结论来。由此可以看到，这首连珠虽然只有前提与结论两段，但其前提具有归纳的性质，其结论则具有演绎的性质，前提与结论并不具有直接的推导关系，其间还隐含着一个类比的过程，类比的前提原来就是从归纳得出的结论，类比的结论则又作了演绎的前提。而且其类比又是

〔1〕 陆机《文赋》语。

异类相比,与一般类比推理的同类相比显然不同。

一般来说,连珠的推理过程都比较复杂,但亦有较为单一的,例如:

臣闻:利眼临云,不能垂照;朗璞蒙垢,不能吐辉。(前提)

是以明哲之君,时有蔽壅之累;俊乂(yì)之臣,屡抱后时之悲。(结论)

(〔释文〕日月被云遮蔽,就不能直照四方;美玉被尘垢所封,就不能吐出光辉。所以明君也时有受壅蔽的过失,有才能的臣子则往往得不到应有的任用。)

这就是一则单纯的类比推理,而且也是异类相比。在连珠里,异类相比是类比的主要手段。再如:

臣闻:绝节高唱,非凡耳所悲;肆义芳讯,非庸听所善。(前提)

是以南荆有寡和之歌,东野有不释之辩。(结论)

(〔释文〕臣闻:绝妙的乐曲、高亢的歌声,不是凡夫的耳朵所能领悟的;陈述大义,诉以美好的言辞,不是庸人所愿意倾听的。所以楚国有"阳春""白雪"这样的曲高和寡之歌,东野的农夫却不理会子贡说的那许多道理。)

这是一则演绎推理,它包含了具有相同性质的两个大前提和两个结论,而省略了小前提。推理过程还是比较单纯的。

连珠推理也有三段的。这有两种情况:一种是"臣闻……何则……是以……"式,一种是"臣闻……是以……故……"式。现在先看第一种,例如:

臣闻:寻烟染芬,薰息犹芳;征音录响,操终则绝。(论题)

何则?垂于世者可继,止乎身者难结。(理由)

是以玄晏之风恒存,动神之化已灭。(喻证)

(〔释文〕用香料薰染,烟息了香气犹存;五音在弹奏的时候很动听,然而曲终即止。这是为什么呢?因为留影响于后世的必有迹可循,而止乎自身行为的,过了时候就难以延续。譬如何晏的谈玄说理之风长存不息,而他那举止神态则早已化为乌有了。)

这种三段的连珠主要用演绎法，只是在第三段列举例证时用的是归纳法，因此很像印度的因明三支推论。不过三支推论的“因”相当于小前提，而上述连珠的“何则？……”则是大前提（小前提省略）。三支推论的“喻”相当于大前提，喻支包含着喻体（作为大前提的普遍性命题）和喻依（例证）两部分，但亦往往只说喻依而省去喻体。上述连珠体的第三段却只是例证而不可能成为大前提。

再看第二种“臣闻……是以……故……”式。例如：

臣闻：音以比耳为美，色以悦目为欢。

是以众听所倾，非假百里之操；万夫婉娈，非俟西施之颜。

故圣人随世以擢佐，明主因时而命官。

（〔释文〕臣闻：凡比耳的声音都是动听的，凡悦目的颜色都是美好的。因此众人所喜爱的，不一定只是一曲百里奚，大家所恋慕的，也不一定只是西施的美貌。所以圣人能随着时世的变迁而提拔辅佐的人才，明主也能根据当时的需要而任命官吏。）

这个三段的连珠用的推论方法比较特殊。第一、二段是演绎关系，但它从凡是比耳的声音和悦目的眼色都是美好的这一点直接推出人们不一定非爱好某一种比耳之声或悦目之色（如百里奚的演奏、西施的绝色）。这种演绎确是很奇特的，它决不同于一般的演绎法。然后，又以一、二两段合为前提，类比出另一组演绎推理来：如果能做到不拘一格地选用人才，就能“随世以擢佐”“因时而命官”，圣人与明主是能做到不拘一格选用人才的，故圣人与明主“随世以擢佐”和“因时而命官”。于此可见，这首三段式连珠主要是由两则演绎推理组成的（后一则省去了大小前提），两则演绎推理之间又具有类比的关系。

陆机驾驭语言的能力是相当高超的。钟嵘《诗品》将陆机的诗列为上品，并称赞他“才高词赡，举体华美”。其实他的诗往往过于雕琢而流于空泛，不及文和赋可读；但如果以“才高词赡，举体华美”八个字来评价《演连珠》的语言特色倒是并不为过的。而且他察事辩理也相当深刻，因此他的连

珠常能击中时弊,并且富有哲理性,具有积极的意义。不过,陆机的连珠还是免不了雕琢烦冗的毛病。例如:

臣闻忠臣率志,不谋其报;贞士发愤,期在明贤。(前提)

是以柳庄黜殡,非贪瓜衍之赏;禽息碎首,岂要先茅之田。(结论)

这首二段的连珠在结论部分一口气用了四个典故:柳庄(恐系“史鱼”之误)黜殡、瓜衍之赏、禽息碎首、先茅之田。特别是“瓜衍之赏”和“先茅之田”两个典故,主要是借用来表述“不谋其报”的,本来无须用典,但他刻意求工,又喜故作高深,以一系列的典故来表述本来很简单的意思,这就显得艰深而芜杂了。〔1〕

另外,由于连珠的文学性太强,有时反而把逻辑推论的特性置于不顾。例如:

臣闻:性之所期,贵贱同量;理之所极,卑高归一。是以准月禀水,不能加凉;晞日引火,不必增辉。

这就只是一则格言,“是以”的前后并不构成推类的关系。它的意思是说,贵贱、高低本来是不一样的,但到了它们的极点,也就殊途同归了。所以方诸从月亮里取水,并不能增加水的凉意;阳燧取火于日,也不能增添火的光辉。这首连珠所体现出来的哲理确是深刻的,但却并非推理,“是以”以下的句子只是用了两个典故作夸张的比附。

陆机演连珠以后,后世有不少人仿作,有的就称作拟连珠、广连珠等。作得较好的,有葛洪、庾信、刘基、王祎等人,本文限于篇幅就不一一论列了。

综上所述,连珠是一种运用文学手段进行综合性推论的表述形式,而陆机的《演连珠》则是连珠体的代表作,它所提供的活泼多样的推论形式和所体现的“互相发明”的逻辑特点,很值得我们研究。在墨辩中,在因明中,不

〔1〕 前人曾一再批评陆机作文的深芜。如孙绰云:“陆文深而芜。”(《世说新语·文学》)刘勰也批评云:“陆机才欲窥深,辞务索广,故思能入巧,而不制繁。”(《文心雕龙·才略》)又云:“士衡才优,而缀辞尤繁。”(《文心雕龙·镕裁》)

是也存在取譬相成、“互相发明”的推论形式吗？这样的推论形式是否也存在于现代人的思维中，它的语言表述形式又是怎样的？这些都是可以作进一步探讨的。

（原载《中国逻辑史研究》，中国社会科学出版社，1982 年）

鲁胜《墨辩注》的逻辑意义

鲁胜,字叔时,代郡(治所在今山西阳高西南)人。生卒年不详。他生活的时期约在公元三世纪中叶至四世纪上叶之间。他“少有才操”,年轻时曾在京都洛阳做过佐著作郎,至晋惠帝元康初(公元292年前后),调任为建邺(治所在今南京市秦淮河以北)令。鲁胜精通天文历法,他到建邺任职不久,即撰《正天论》,并上书请求修订历法。后来他预感到政坛将多变故,便称疾去官,隐居山林。当时中书监张华曾派自己的儿子去劝说鲁胜重新出来做官,但鲁胜终于不肯复仕。故《晋书》将鲁胜列入“隐逸”一类。

鲁胜的著作“为世所称”。他在天文历法上的贡献,表明他是一个唯物主义者。他对先秦名辩思想的研究,具有开创性的意义。因为先秦时名辩思想虽然极其活跃,但自秦汉以迄魏晋五百年间,许多先秦名家的著作却“莫复传习”甚或亡绝。于是鲁胜将《墨子》一书中的《经》上下、《经说》上下四篇抽出来,“引说就经,各附其章”,加以注疏,名之为《墨辩注》。另外,鲁胜又从众多的著作中博采逻辑言论,“集为《刑名》二篇”。鲁胜这样做的目的就是要“兴微继绝”(以上引文均见《墨辩注叙》),发展先秦的名辩思想。可惜的是这两部逻辑著作后来竟“遭乱遗失”(《晋书·隐逸传》),幸而《墨辩注叙》辑存在《晋书·隐逸传》里,使我们、得以略见鲁胜注疏墨辩的良苦用心和他对先秦逻辑思想的评述。

《墨辩注叙》篇幅不长,然言简意赅,启人深思。叙文开宗明义就提出了关于名学的定义:

"名者所以别同异,明是非,道义之门,政化之准绳也。"这个定义反映了先秦名学的特点和作用,指出名学是用来分别同异,明辨是非,从而有助于人们认识真理,把握政教德化之准绳的。这个定义,与《墨子·小取》所说的"夫辩者,将以明是非之分,审治乱之纪,明同异之处,察名实之理,处利害,决嫌疑",基本相同。接着叙文从逻辑史的角度指出:

孔子曰:"必也正名,名不正则事不成。"墨子著书,作辩经以立名本。惠施、公孙龙祖述其学,以正刑名显于世。孟子非墨子,其辩言正辞则与墨同。荀卿庄周等则非毁名家而不能易其论也。

在这段话里,有两点是值得注意的:

第一,鲁胜认为墨子是先秦名家最主要的代表,是名辩理论的奠基人,因此他最推崇墨子。在鲁胜之前,史家谈到名家,只列邓析、尹文、惠施、公孙龙等人,还从没把墨子列为名家的;现在鲁胜首先提出墨子作辩经以立名本,就是说把墨辩理论视为名学的根本,并且认为后来的名家如惠施、公孙龙都是"祖述其学"的,这无疑是一种创见。关于孔子,更是没有人将他与名家联系起来的,但鲁胜却指出孔子的"正名"思想也属于名学的范畴;不过孔子在逻辑上并没有提出系统的理论,这里只是作为渊源提示一下而已。

第二,鲁胜注重于逻辑形式的探讨。他在阐述名学渊源时,是撇开各家学说的政治伦理内容以及对具体命题的论争情况而专就其逻辑形式的共同点来说的。例如孔、墨两家的哲学观点和政治思想都有很大的分歧,即以孔子的"正名"来说,其具体的政治伦理内容就素为墨子所反对。墨子生于鲁国,早年也曾"学儒者之业",但后来因"其礼烦扰而不说,厚葬靡财而贫民,久服伤生而害事"(见《淮南子·要略》),转而对儒者取批判的态度。而墨子所批判的这些东西,正是孔子正定名分的主要内容。再如墨家曾激烈地批判惠施、公孙龙的"合同异"、"离坚白"等命题,鲁胜注《墨辩》,这一点当然不会不知道,而鲁胜却说惠施、公孙龙"祖述其学"。这充分说明鲁胜是撇开这些命题的具体论争而着眼于逻辑形式的共同性的;因为尽管惠施、公孙龙与墨家的哲学观点不同，但其逻辑上的归趋却别无二致。因此“孟子非墨子，其辩言正词则与墨同。荀卿、庄周皆非毁名家而不能易其论”。

墨家逻辑是在先秦名辩思想的论争中逐渐建立起科学系统的。《墨辩注叙》对先秦逻辑思想的论争作了如下的概括：

> 名必有形，察形莫如别色，故有坚白之辩。名必有分明，分明莫如有无，故有无序之辩。是有不是，可有不可，是名两可。同而有异，异而有同，是之谓辩同异。至同无不同，至异无不异，是谓辩同辩异。同异生是非，是非生吉凶，取辩于一物，而原极天下之污隆，名之至也。

鲁胜告诉我们，关于坚白、有无、两可、同异的辩论，虽然常“取辩于一物”，即借助于某一具体的事物（如石之坚硬与白色）来辩难，但它的逻辑意义却并不局限于一事一物，而是关乎于政治之盛衰兴替的。这就又涉及了名辩的作用。事实确是如此，当时许多辩难并不只为搞清楚某个具体概念的含义或判断的真假，而是涉及如何运用逻辑的方法去正定名实。故公孙龙说“欲推是辩，以正名实，而化天下”（《公孙龙子·迹符》）；墨家也说：“辩者，将以明是非之分，审治乱之纪，明同异之处，察明实之理。”（《墨子·小取》）他们就往往是从“取辩于一物”开始，“而原极天下之污隆”的。

鲁胜关于名辩的性质和作用的论述是相当精彩而富有启发性的；但他认为《墨辩》为墨子一人所写，则是不对的。惠施、公孙龙生活于战国后期，而墨子则生活于春秋战国之交。《墨辩》对惠施、公孙龙提出的许多命题进行了驳斥。如惠施主张“合同异”，《经说上》则提出异议，它将“同”区分为四种：即“重同”“体同”“合同”“类同”。公孙龙提出“离坚白”，《经上》则说“坚白，不相外”。这类例子很多，它明确地告诉我们，《墨辩》中肯定有相当一部分为墨家后学所撰，《墨子》一书并非墨子一人的著作，而是包括了墨家后学的撰述在内的。

鲁胜的《墨辩注》一书在中国逻辑史上是一部划时代的著作。然而这部著作问世不久即毁于兵燹之中。从幸存的叙文中,我们虽可看到鲁胜逻辑思想之一斑,但毕竟语焉不详,很难据以考察鲁胜逻辑思想的全貌。但是,就从叙文提供的资料来看,鲁胜的逻辑思想也是富有创造性的,他不失为是一位杰出的逻辑学家,在中国逻辑史上无疑占有重要的位置。

(原载《中国历史上的逻辑家》,人民出版社,1982 年)

因 明 三 论

一、"能立"析义

"能立"何义？古说纷纭，今说不一，试为辨析。唐神泰云：

颂中"宗等多言"总说名"能立"者，为显一因二喻总成一能立性。〔1〕

这里明确指出，陈那《正理门论》本颂所说的"宗等多言说能立"中的"能立"，是指"一因二喻"而言的，其中并不包括宗支。但又云：

宗、因、喻三支中随一种缺减，名能立性过。〔2〕

意谓宗、因、喻三支中随便缺少哪一支，都会犯能立性的过失，这就又把宗支纳入了能立的范围里，于是后先抵忤，出现了明显的矛盾。其实神泰是把"能立"看作只是指称"一因二喻"的，神泰所说的"宗、因、喻三支中随一种缺减，名能立过"，只是对《理门论》中"随有所阙，名能立过"一句的直解，并特地申明，"陈那以前若言阙宗或随阙因、喻，名能立过"，而陈那则"但于因、同喻、异喻能立之中有减性过"。也就是说，陈那以前的古因明师是将宗支也看作能立的，而陈那则将宗排除出能立，成为所立了。

那么"能立"究竟包括还是不包括宗呢？陈那是否唯以因及同喻、异喻

〔1〕《理门述记》卷一页三右页四左，"支那"内学院刻本，1923 年。又，《大正藏》第 44 卷 77c。

〔2〕《理门述记》卷一页三右页四左。又，《大正藏》第 44 卷 77c。

为能立呢？要回答这个问题，须对论意作全面考察。

在陈那的《正理门论》中，"能立"这个词共出现了二十四次，在天主的《入正理论》中，"能立"出现了十二次。寻绎二论原意，"能立"这个词略有二义：一、表示由宗、因、喻三支所组成的论证式；二、表示据以成立宗的"一因二喻"。先看第一义的例子：

[1] 为欲简持能立、能破义中真实，故造斯论。〔1〕

[2] 能立与能破，及似唯悟他。〔2〕

[3] "宗等多言说能立"者，由宗、因、喻多言，辩说他未了义。

[4] 已说宗等如是多言，开悟他时，说名能立。如说"声无常"，是立宗言；"所作性故"者，是宗法（按：即因）言；"若是所作，见彼无常，如瓶等"者，是随同品言；"若是其常，见非所作，如虚空"者，是远离言。唯此三分（指宗、因、喻三支），说名能立。

以上例[1][2]都以"能立"与"能破"对举，显然是从论式的总体来说的，例[3]则明言由宗、因、喻三支组成的论证式名之为"能立"，例[4]说得更具体，举出了宗、因、喻（包括同喻和异喻）三支的实例，并归结说"唯此三分说名能立"，"能立"包括宗支，由此当无可置疑。我们可以将"能立"所表示的第一种意义称为能立所表示的概念 a。

再看第二义的例子：

[5] 谓于是处所立、能立及不同品，虽有合离而颠倒说。或于是处不作合离，唯现所立、能立俱有，异品俱无。

[6] 无合者，谓于是处无有配合，但于瓶等双现能立、所立二法。

[7] "余所说因生"者，谓智是前智，余从如何说能立因生，是缘彼义。

[8] 能立法不成者，如说："声常，无质碍故。诸无质碍，见彼是常，

〔1〕 此下例[1][3][5][7]均引自《理门论》，分见《大正藏》第32卷1a，1a，2c，3c。

〔2〕 此下例[2][4][6][8]均引自《入正理论》，分见《大正藏》第32卷11a，11b，12b，12b。

犹如极微。"然彼极微,所成立法常性是有,能成立法无质碍无,以诸极微质碍性故。

以上例[5][6]以"能立"与"所立"对举,"所立"指宗,"能立"就显然指因喻而言。例[7]明言"能立"指的是因。例[8]则指出同喻依"极微"只与宗上的法相合而与因不合,从而产生喻过。这四例清楚地告诉我们,"能立"一词有时是用来指称因喻的。宗为所立,因喻为能够成其所立的,故称"能立"。我们将"能立"所表示的第二种意义称为"能立"所表示的概念 b。

由"能立"这个词表达的概念 a 是宗、因、喻及其构成方法的总括,当然包含宗支,而概念 b 既然只指因和喻,自不包摄宗支。神泰的错误,就在于偏执一义,以为"能立"只指因、喻,不含其宗。

窥基对"能立"的解释除了继续胶执于"一因二喻"说外,又说陈那还把"能立"说为是指称因三相的。如云:

> 世亲以前宗为能立;陈那但以因之三相,因、同异喻而为能立。〔1〕

说陈那"以因之三相"为能立,恐怕只是窥基的一种推想。如《大疏》云:

> 《理门论》云:"又比量中,唯见此理:若所比处,此相审定(遍是宗法性也),于余同类,念此定有(同品定有性也),于彼无处,念此遍无(异品遍无性也);是故由此生决定解。"即是此中唯举三能立。〔2〕

这是从陈那《理门论》中关于比量亦不离因三相,推想到能立即指因三相,这在逻辑上是很难说得通的。首先,陈那说的是比量(泛指为他比量和为自比量)不离因三相,能立即为他比量,自然不能离开因三相〔3〕,但陈那并未说"能立"即指因三相。把"能立"仅仅说为是因三相,实在是窥基的误解。其次,论证由论题、论据、论证方式三要素组成,与论证相当的能立,也

〔1〕 窥基:《大疏》卷一页二十一右,金陵刻经处本,光绪二十二年(1896)。

〔2〕 《大疏》卷四页十八右。

〔3〕 如《理门论》云:"如是应知悟他比量亦不离此得成能立。"

应由宗(论题)和一因二喻(论据)以及因三相(论证方式)组成,窥基却只将因三相说为能立,岂不是有以一分代全分之失?

这里须得补充说一下,窥基所谓的"但以因之三相,因、同、异喻而为能立",这"因三相"与"因、同、异喻"又是什么关系呢?原来窥基是将二者视而为一的。如《大疏》卷一云:"陈那菩萨,因一喻二说有六过,即因三相六过也。……因一喻二,即因三相。"〔1〕因和喻是否即因三相,这个问题比较复杂,牵涉到新古因明家的一场争论,待下文再予阐说,但有一点是可以肯定的,因和喻是形诸语言文字的,属于言三支(形式)的范围,而因三相是因与宗前后陈的联系方式,属于内在的构造方法。窥基简单地把二者等同起来,岂不混淆了言三支与义三相的区别?

那么陈那在《理门论》本颂中明明说的是"宗等多言说能立",又怎么能解释到"唯一因二喻为能立"这上面去呢?又将怎样来处理这个"宗"字呢?窥基解释道:

> 今言"宗等"名能立者,略有二释,一云,宗是所立,因等能立,若不举宗以显能立,不知因、喻谁之能立,恐谓同古自性差别二之能立,今标其宗,显是所立,能立因、喻,是此所立宗之能立,虽举其宗,意取所等一因二喻为能立体;若不尔者,即有所立滥于古释,能立亦滥彼能立过,为简彼失,故举"宗等"。二云:陈那等意,先古皆以宗为能立,自性、差别二为所立,陈那遂以二者为宗依;非所乖诤,说非所立。所立即宗,有许、不许所诤义故。……因及二喻,成此宗故,而为能立;今论若言因、喻多言名为能立,不但义旨见乖古师,文亦相违,遂成乖竞。陈那、天主,二意皆同,既禀先贤,而为后论,文不乖古。举宗为能等,义别先师。取所等因、喻为能立性,故能立中举其宗等。〔2〕

窥基的这番解释是难以成立的。第一,古因明师以宗为能立,这是因为

〔1〕《大疏》卷一页十三左,金陵刻经处刻本,光绪二十二年。
〔2〕《大疏》卷一页二十一右—二十三左。

他们将宗的自性、差别(即作为论题的主词和谓词)说为所立了。[1] 陈那认为,自性、差别只是组成宗的材料,并非立敌双方所要讨论的论题——宗,因此陈那改以宗为所立(论题),以因和同喻、异喻为能立(论据)。从所立与能立的对待关系上来看,陈那的创见是正确的、深刻的,但陈那并非将"能立"局限在这样的意义上来使用。因为当"能立"与"能破"相对待时,"能立"表示由言语所表述的三支论证式,而能破则表示对似能立的反驳了。由此,窥基所谓"若不举宗以显能立,不知因、喻谁之能立,恐谓同古自性、差别二之能立",就完全是逞臆而说了。

第二,窥基所谓陈那虽然不同意古师将自性、差别说为所立,而提出以宗为所立,但为了在表述上尽量不违乖于古师,故措辞上不能不含糊一点,这更是难以自圆的了。如窥基在释"随自乐为所成立性"时云:

> 问:"何独宗标'所成立性'?……"答:"又宗违古,言'所成立'以别古今。"[2]

窥基通过问答,把陈那、天主将宗标为"所成立"一事说作是为了"以别古今"。如此,先说陈那、天主"文不乖古",又说陈那、天主故意标新,前后抵忤竟至于此!可见"文不乖古"并非陈那的原意。

综上所述,"能立"一词至少表述了两个概念,兹图示如下:

能立{概念 a——论证或推理(包括宗支)
　　　概念 b——论据或前提(不包括宗支)

二、"二喻即因"辨

因有三相,谓遍是宗法性,同品定有性,异品遍无性。作为能立之一的

---

〔1〕 如弥勒《瑜伽师地论》卷十五,无著《显扬圣教论》卷十一,以及安慧《阿毗达摩杂集论》卷十六,就是以宗的自性、差别为所立,以宗等为能立的。

〔2〕 《大疏》卷二页十四左—右。

因，必须三相具足，但是因的字面意义却是有限的。陈那《集量论·观喻似喻品》云：

所说三相因，已善成宗法，次余二种相，由喻能显示。〔1〕

这就是说，因虽然三相具足，但从字面上来看，因支本身只能显示它是宗上有法的一种法（谓词），即第一相“遍是宗法性”，而要显示第二相“同品定有”和第三相“异品遍无”，则需要借重同、异二喻。《大疏》卷四云：

陈那以后，说因三相即摄二喻，二喻即因，俱显宗故〔2〕

正由于因的第二、三相要通过同、异二喻来显示，所以二喻也就是因了。这反映了新因明家对二喻本质的认识。

然而古因明家却持相反的看法，他们把喻看作是离因独立的成分：他们认为，二喻如果也是用来显示因相的话，那又何必在因支之外另立喻支呢？于是古因明家对陈那进行问难：

若尔喻言，应非异分，显因义故。〔3〕

陈那答辩道：

然此因言，唯为显了是宗法性，非为显了同品、异品，有性、无性，故须别说同异喻言。

这是说因支在语言表述上只显示出它的第一相遍是宗法（即因的外延包摄宗上有法，因此也是宗上有法的一种法），而不能显示第二相同品定有第三相异品遍无，故须另外用同，异二喻来表达。陈那的答辩告诉我们由于因的内容比较丰富，它不仅要表明自己确是宗上有法的共许法，而且还须指出因法存在的地方宗法必然也存在，而宗法不存在的地方因法就决然不存在，像这样丰富的内容单单靠因支是不可能表达清楚的，而只能另立喻支来

〔1〕 吕澂译：《集量论释略抄》第34页，《内学》第四辑，1928年。

〔2〕 《大疏》卷四页四左，金陵刻经处刻本，光绪二十二年。

〔3〕 引见《正理门论》，《大正藏》第32卷3a。此句《集量论》作“成因相应义，故说二喻者，喻应为异分”。问题的角度与此不同。意谓如果因只是用来显示第一相的，而要用喻来显示第二、三相，那么喻就与因不同了。

显示。这就是从内在联系上来说“二喻即因”，而在语言表达上却须另立喻支的原委。

陈那的答辩是深刻的，但古因明家却不愿就此首肯，又反问道：

若唯因言所诠表义说名为因，斯有何失？

意谓如果就以“所作性”为因，而把“瓶”“空”仅仅看作是同喻，异喻而不看作是因，这样又有什么不好呢？对此陈那先不作正面答复，而是向古因明家反问道：

复有何德？（如此又有什么好处？）

古因明师讲不出充足的理由，便只好强词夺理了：

别说喻分，是名为德！（把喻与因分别开来就是好！）

陈那于是嘲笑道：

应如世间所说方便，与其因义都不相应！

意谓你这种说法同“世间外道”（指胜论）所主张的一样，“世间外道”也认为因、喻是各自独立的，喻只是助成因义的权宜成分。你既然不把喻看作是因的组成部分，而只是助成因义的权宜成分，那么喻与因就没有包含关系了。古因明师复云：

若尔何失？（如此又有什么不好？）

陈那于是对因、喻分离的过失进行分析：

此说但应类所立义，无有功能，非能立义；由彼但说所作性故所类同法，不说能立所成立义。又因喻别，此有所立同法、异法，终不能显因与所立不相离性。是故但有所立义，然无功能。〔1〕

这是说，如果只是以瓶体为喻，那么瓶体只是类于宗上无常之义，既然同喻不指出“诸所作者皆是无常”，这样的同喻就丧失了它的功能，缺乏能立的意义，因此在古因明中，举因的时候只局限于“所作性”，以瓶为同喻时类于声上无常的属性，而不能把所作因与它所要成立的无常法联系起来。而

〔1〕 以上陈那与古师论难的话，均见《理门论》，《大正藏》第32卷3a。

且因与喻分离以后，与宗上无常法相类的同喻瓶子及异喻虚空，都成了彼此孤立的东西，不能显示因上所作与宗上无常的不相离性，所以仅仅以喻来类同于宗法是反映不出存在于二者内部的普遍联系的。陈那的批评，抓住了因喻分别论的症结之所在，具有深刻的理论意义。

但是请注意，陈那在这里论述的，是二喻从本质上说也是因（论据或前提）的道理，而不是如窥基所说的那样“因一喻二即因三相”。

可能是由于窥基的误传，他的门下亦持此说。如慧沼《义纂要》云：

问：同、异二喻为即因耶？为当有别？

答：应言二喻体即是因后之二相。〔1〕

慧沼的解答比他的业师略见高明，他对概念作了限制，将“同、异二喻”缩小为“二喻体”，这就将喻依排除了出去，但是同、异二喻的喻体并不就是因的第二、三相，因的第二、三相需要借重同、异喻体来体现，但内在的规则并不就是喻体。同时，慧沼还犯了一个错误，明明问的是“二喻为即因耶”，回答时却转移到了“因后之二相”，这未免有些答非所问。

慧沼的弟子智周可能认识到老师的答问有偷换概念的毛病，故他在设问时作了改动。

问：因后二相为即是喻，为非喻耶？

答：据喻所依名为喻者，喻非是因；取正喻体名为喻者，后之二相即是其因。〔2〕

智周的答问又比慧沼的要具体，他明确指出，你如果是以喻依为喻的话这样的喻便不是因；你说的喻；如果指的是喻体，那么“后之二相即是其因”，并且特地关照一句“古今有异”，以引起注意。智周的答问，从排除例证，突出喻体这一点来看，是有意义的，但他仍然混淆言、义之间的差别把同异喻体等同于因之后二相，又把因之后二相等同于因！

---

〔1〕《大正藏》第 44 卷 167c。

〔2〕《续藏经》第一辑第八十六套第五册，《后记》卷上页二右下。

综上所述,陈那关于二喻即因的论述是正深刻的,但窥基及其门人却将喻即因说为喻即因之后二相,混淆了三支与三相的界说。对此应予分辨。

三、说“不相离性”

“不相离性”(avinābhāva)亦即包含关系,是因明三支比量的推理基础。“不相离性”观念的确立究系始于何人,今已难以考定,〔1〕依据一般推测,陈那当是最早提出和阐述了能立与所立之“不相离性”原则的人〔2〕。陈那《理门论》云:

为于所比显宗法性,故说因言。为显于此不相离性,故说喻言。〔3〕

意谓为了显示宗上有法(即小词,如“声”)具有某种为人们所共同理解的属性(如“所作”),故须说出因(中词)来。又为了显示因(中词)在真包含有法(小词)以后又与宗上能别(大词)具有不相离(包含)的关系(如“所作皆无常”),故须以喻体来表述。

在陈那的三支因明里,喻分喻体和喻依两部分,其中同喻体就是用作大前提的普遍命题,反映了中词与大词的包含关系。这种关系,就是陈那说的“不相离性”,亦称之为“遍充”(vyāpti)。〔4〕

---

〔1〕 印度学者一般以陈那和与陈那同时代的胜论派哲学家赞足(Prasastapada,约公元450—550)为最早提出“不相离性”说的人,或认为赞足只是受了陈那的影响,也有人认为正理派的重要理论家富差耶那(Vātsyayāna,约四世纪)早就提出了“不相离性”,等等。不过我认为有一点是可以肯定的,世亲在《如实论》中已明确提出:“我说因不为生所立义,为他得信,能显(能立义与)所立义不相离故。”

〔2〕 公元6世纪时,正理派哲学家乌地阿达克拉(Uddyotakara)的《正理释》(Nyāyavārttika)竭力批评陈那以“不相离性”为推理基础的说法。由此可以推测陈那当为最早系统论述“不相离性”观念的逻辑学家。

〔3〕 《大正藏》第32卷3a。

〔4〕 法称(Dharmakirti,公元600—680)以后,“不相离性”(avinābhāva)与“遍充”(vyāpti)成了同义词,意即包含。

在古因明的五支作法里，喻支的地位是不重要的，只是作为例证而存在。与它相配合的合支也只是显示宗上有法与例证具有相同的属性，这实际上是类比推理的运用。如：

声是无常；（宗）

所作性故；（因）

犹如瓶等，于瓶见是所作与无常；（喻）

声亦如是，是所作性；（合）

故声无常。（结）

这五支作法中的宗，就是论题的陈说，因是论证的主要依据，喻则提供例证，合为应用（即将声之有所作性同瓶之有所作性与无常性相类比）。最后通过结支表示结论。这五支作法的后三支，显示出五支古因明原来是以较为原始的类比观念为论证基础的，具有很大的局限性，陈那批评道：

如说瓶所作故无常，声亦如彼，……此唯类同。瓶是无常，复当说所类故，则成无穷。〔1〕

陈那意谓，这种依据类比的论证由于其同喻只是显示出它具有与宗的主词相类同的属性（所作与无常），而未能揭示凡所作皆无常的普遍关系。所以若是有人问为什么同喻瓶是所作与无常时，便只得另举一例，如灯，于灯见是所作与无常，若再要问它为什么灯亦所作且无常时，就只得再举例证……如此追问下去，就没完没了，永无尽期。这是古因明五支论证式的根本弱点。

经过陈那改造过的喻，就不只是例证及其属性的简单反映，而是把隐含在类比过程中的普遍命题揭示了出来（如“凡所作皆无常”），这是印度古典的论证式朝着演绎的方向大大推进了一步。同时，由于经过陈那改造过的喻支反映了“不相离”的普遍关系，成了演绎的基础，可以总担合支，所以合支已没有存在的必要了。而且第五支结与第一支宗原本重复，在五支论证

〔1〕 引自吕澂《集量论释略抄》第37页。

式里之所以要这样重复,乃是出于心理因素的需要,现在陈那追求建立较为纯粹的逻辑形式,自然不再考虑论证过程中的心理因素,这样,陈那就确立了新因明的三支论式。但陈那保留了喻例,使之作为喻的组成部分,并名之为喻依,即喻体之所依的意思。喻依具有归纳推理之前提的性质,喻体可视为归纳的结论。因此三支新因明是主张演绎与归纳相结合的,这表明陈那在改革因明中所持的外遍充论(bahirvyāpti)的立场,即他在确立遍充的命题观念的同时,仍然关心着命题实质上的真理性,要求随时运用喻依来验证因宗之间是否真正具有“不相离性”。〔1〕

从外遍充论的立场出发,陈那系统地整理了因三相的理论。他创立了“九句因”说,并在“九句因”的基础上,深入阐发了因三相的规则〔2〕。

陈那提出“不相离性”的理论,在印度逻辑史上具有划时代的意义,因为印度的古典逻辑由此跨入了演绎的领域。同时,陈那还认为因明八门中的能立(用语言表述出来的论式,用以悟他,故又称为他比量)与比量(存在于思想里的推理,用以自悟,故又称作为自比量)都是以“不相离性”的普遍命题为逻辑基础,按因三相的规则来组织论式的,它们具有共同的性质。所以陈那云:

> 如是应知悟他比量亦不离此(按:此指因三相)得成能立。〔3〕
>
> 为他比量者,显自所观义。
>
> 如自以因知有三相法,欲他亦知,说三相言,是谓为他比量。〔4〕

这表明陈那认识到为他比量(论证)即是推理的运用。而正理派似乎并

〔1〕 取消喻例的纯粹演绎推理,出现得较晚,是由佛教和耆那教的内遍充论逻辑家改革完成的。

〔2〕 无著《顺中论》说到正理须摩(Nyāyasoma)或正理修摩(Nyāyasauma)提出因三相说。无著是反对派。世亲《如实论》也说因三相,并持赞成的态度。但那都还是因三相的原始形式。陈那的因三相说经过玄奘和法称的整理,更趋完整。后来与陈那同时的胜论派哲学家赞足也说因三相,与法称所说相同。

〔3〕 陈那:《因明正理门论》,《大正藏》第32卷3c。

〔4〕 引自吕澂译:《集量论释略抄》第21页。

未想到这一点，一直认为论证与推理不同，因而始终坚持五支论式，保留论证过程中的心理因素。

“不相离性”的理论揭示了以概念外延的包含关系为出发点的推理原则，这与墨辩“类以行之”的推理原则以及西方传统逻辑的遍有遍无公理不异其趣〔1〕。

但是需要指出，统观三家逻辑，因明之“不相离性”较之墨辩的以类为推和传统逻辑的遍有遍无公理要晚出将近千年〔2〕。

（原载《社会科学战线》1986年第1期）

〔1〕《墨子·小取》云：“以说出故；以类取，以类予，有诸已不非诸人，无诸已不求诸人。”又《经下》云：“止，类以行之，说在同”。这些论述都揭示了以类为推的法则。遍有遍无公理则指出：“凡可以肯定或否定一全类的，亦可以之而肯定或否定其类之任何一事物。”

〔2〕在现有的亚里士多德著作中并无遍有遍无公理的条文，但有相关内容的阐说。据说这公理是公元5或6世纪时波亚提奥斯（Boethius）确定为亚氏所创立的。

因明古籍整理刍议

一、汉传与藏传因明鸟瞰

因明是一门古老的学问，它渊源于印度，随着佛教东渐而传入我国至今已有一千五百多年的历史。从流传地域来看，又可分为两大系脉：流传于中土者，为汉传因明；流传于西藏及其附近地区者，为藏传因明。

汉传因明　因明传入中土的时间从译传的典籍来看，似以公元421年（北凉玄始十年）前后昙无谶迄译的《北本涅槃经》四十卷为其开端，昙无谶还译有《菩萨地持经》十卷，这两部书中都含有因明的资料。稍后，南朝刘宋时慧严、慧观与谢灵运根据《北本涅槃经》改作，成《南本涅槃经》三十六卷，这恐怕是因明传入南方的最早标志。

因明论的专著最早译传到中土来的当是佛陀跋陀罗于东晋末译出的《方便心论》，惜此译面世不久即佚失。后来吉迦夜与昙曜于公元472年（北魏孝文帝延兴二年）又合译了《方便心论》。之后，公元550年（梁简文帝大宝元年）真谛又译出了《如实论》。这两部书比较系统地介绍了佛教古因明。

汉传因明的极盛时期在初唐。由于玄奘的倡导，陈那、天主师弟的新因明体系传入我国。陈那（Dinnaga，约公元400—480）是新因明的开祖。玄奘就是陈那的三传弟子〔1〕，他在因明上的造诣是非同一般的。玄奘遥译的

〔1〕　其师承关系是：陈那—护法—戒贤—玄奘。

新因明论典主要有三部，就是公元647年（贞观二十一年）所译的《人正理论》（天主撰），公元649年（贞观二十三年）所译的《正理门论》（陈那撰），以及公元657年（显庆二年）所译的《观所缘缘论》（陈那撰）。另外，他译的《瑜伽师地论》卷十五、《显扬圣教论》卷十一、《阿毗达摩杂集论》卷十六，则是阐述古因明的。

玄奘除了迄译因明论外，还向门下僧众讲授因明。其门人根据玄奘口义，融会自己的理解，撰写了大量义疏，如弘福寺文备、总持寺玄应、嵩山镇国道场定宾、蒲州栖岩寺神泰、慈门寺净眼、慈恩寺普光、黄龙寺元晓（新罗人）、西明寺圆测及其弟子道证和再传弟子太贤等都对《正理门论》作了疏解；又如总持寺靖迈、唐兴寺灵隽、荐福寺胜庄、汴周壁公、庄严寺文轨、蒲州栖岩寺神泰、慈恩寺窥基、安国寺利涉（西域人）以及文备、神泰、明觉、净眼、玄范（新罗人）、顺憬（新罗国人）、都对《人正理论》作了疏解，此外，慈恩寺普光撰有《对面三藏记》，新罗僧元晓撰有《判比量论》等等，一时颇呈壮观。可惜上述玄奘门人所作文疏大都散佚，我们今天能看到的，唯窥基的《因明人正理论疏》（世称《大疏》）、文轨的《因明入正理论疏》（世称《庄严疏》，据残本整理）和神泰的《因明正理门论述记》（残本）等数种而已！然而值得庆慰的是窥基的《大疏》由于在日本研究的人很多，所以保存得最为完全；文轨的《庄严疏》经过整理，亦已初步恢复原貌。

当时除玄奘门人竞作文疏外，佛门外的学者如吕才也对因明有浓厚的兴趣，并写了《因明注解立破义图》三卷，惜此书未得流传下来！

唐代的因明译典，除玄奘译的几种外，后来义净从印度游学归来，又译出陈那晚年的重要著作《集量论》，但是这部译典未能保存下来。

唐代的因明论疏较为重要的还有窥基的门人、淄州大云寺慧沼所撰的《义纂要》三卷，《义断》二卷，《续疏》二卷（今仅存下卷）；慧沼还有《二量章》一卷和《略纂》三卷，早佚。另外，慧沼的弟子，濮阳技城寺智周的《因明论疏前记》三卷和《后记》三卷、《抄略记》一卷，均较重要，且均幸存至今；与智周同门的开元寺僧道邑也撰有《义范》三卷，道撰有《义心》一卷，福聚寺僧如理撰有《纂要记》一卷,都已不存于世。

唐代因明研究的高潮至慧沼师弟告一段落,以后便随着法相宗的逐渐衰落而趋于式微。从引录来看,尚有天台清干编的注疏,北川传量、恒州明量合述的《入正理疏》,章敬寺僧择邻的《糅钞》,慧首、智颖、清素等各人所撰的《纂要记》,俊清所集的《义断记》、云俨所述的《疏钞》以及茂林、法清、从芳等各人所撰的《疏记》等,数量不多,且均未流传下来。

宋代的因明疏记,数量不多,见于引录书名的不过十七种,其中除《宗镜录》尚存外,其余均已散佚。

明代的因明疏记,数量更少,今仅存六种:明昱的《因明人正理论直疏》一卷和《三支比量义钞》一卷,智旭的《因明人正理论直解》一卷和《真唯识量略解》一卷,真界的《因明入正理论解》一卷,王肯堂的《因明人正理论集解》一卷。同时由于唐代的全部因明疏记和宋代的因明疏记至元季已沦亡几尽,故明代诸种疏记"不无摸象之消,未足为法"(《大疏》松岩跋)。可以这样说,自明代以降,因明在中土几成绝学。直至1895年(光绪二十一年)春杨文会从日本取回窥基《大疏》,金陵刻经处于1896年(光绪二十二年)锓梓刊行,因明研究才又逐渐为学者所注目。之后,"支那"内学院于1923年刊行神泰《正理门论述记》,1934年又刊行文轨《庄严疏》。至此,幸存于东瀛的三部唐疏复又流传于我国,引起佛学学者和逻辑学者的广泛兴趣。因此从二十至三十年代出版了数十种介绍因明的论著。可惜的是从四十年代以后对因明的研究又渐趋沉寂。

藏传因明　因明传入西藏的时间要晚一些,但至迟在八世纪当已传人,因为印度那烂陀寺的首座寂护(Santaraksits,约700—760)应吐蕃王赤松德赞的迎请,曾两次入藏传法。寂护是因明大师法称的门人,于因明有很深的造诣,他入藏传法,亦弘传了法称的因明理论。之后,寂护的门人莲花戒(Kamalasila,约730—800)也到西藏来传法,他也是一位因明学家,也弘传法称的因明理论,只是当时西藏使用文字不久,尚未能为我们留下文字记载。后来西藏佛教又受到了赞普朗达玛(九世纪中叶)的禁灭,更不能有弘传因明的资料流传下来。直至十世纪末藏传佛教战胜苯教进入了后弘期，因明研究才活跃起来，如北宋后期，藏族翻译家俄洛乍瓦（1059—1109）译出了法称的七部因明论；至南宋初，又由俄洛乍瓦的三传弟子法师子（恰巴曲森，1109—1169）写出了西藏人最早的因明论著《量论略义去蔽论》和《摄类辩论》，西藏寺院中研习因明时的摄类辩论的学风，就是由此而开创的；至南宋后期，萨迦派第四代祖师萨班·贡噶坚赞（1182—1251）撰《正理藏论》，对印度和西藏的各种旧说加以全面地总结，奠定了藏传因明的理论基础；至元代时，夏鲁派的创始人布顿·仁钦珠（1290—1364）又撰《量句义明显注》等，西藏人译传和撰述的因明论著渐渐多了起来。

在藏传因明的历史上，特别引人注目的是明初时西藏格鲁派的创始人宗喀巴·罗桑札巴（1357—1419）及其弟子的因明著述。宗喀巴撰有《因明七论除暗记》，这是一部格鲁派因明论的纲要。他的门人据此弘传，著述颇多，如贾曹杰·达玛仁钦（1364—1432）记录师说，写成《量论备忘录》和《现量品备忘录》，另外还著有《释量论解脱道论》、《定量论广注》、《正理滴论善说心脏注》、《现量品》、《量论现量品大疏》、《集量论释》、《释量摄义显解脱道论》、《观相属论释太阳心要》《矛盾关系论》等多种因明论，又如克主杰·格雷贝桑（1385—1438，后被追认为班禅额尔德尼一世）除记录宗喀巴口义写成《现量品述记》外，并撰有《释量广理海论》、《因明七论除暗庄严疏》、《广立量果论》等；再如根顿珠巴（1391—1474，后追认为达赖一世）撰有《量理庄严疏》和《释量论广注》等。上述格鲁派的因明论著对后世影响甚大。

总之，在藏传因明的宝库中，译传和撰述都非常丰富，译传总数达六十六种〔1〕，其中译传陈那的著作计有六种（另有天主的《入正理论》一种、西藏误传陈那所著，不计在内），法称的论著共七种，其余均为印度中古时代学者阐释陈那、法称因明论的著作。这六十六种译著，构成了藏传因明极为珍贵的一部分，因为其中有的梵文原本已不存，藏译本成了传世的珍本。另

〔1〕 据德格版《丹珠尔》（意译为《论藏》）所列。

外,西藏人的撰述见诸文献记载的就达六十种左右〔1〕,各寺院自编的因明教材更是难以统计,但是这些论著中的一部分已经失传,也有毁于十年浩劫的,虽然大部分还幸存着,但查找亦复不易。

藏传因明有其自身的特点,它主要弘扬法称的因明理论,重视知识论(量论)的研究,格鲁派甚至把因明与内明联系起来,主张运用因明求取解脱的途径。而汉传因明则只继承陈那、天主的因明系统,而于法称的理论基本上没有涉及,而且从玄奘开始,都是把知识论基本上排除在外的。

二、关于因明译籍的整理与注疏

如上所说,我国有丰富的因明译籍,其中一部分已成为世界上研究印度逻辑的学者的主要研究文献。如陈那晚年的代表作《集量论》,梵文原典已不传,〔2〕今仅存《集量论》梵文片断和完整的藏译本,因此研究《集量论》主要须依据藏译本。过去,印度学者曾作过从藏译本《集量论》还原为梵文的尝试,然均未能竟愿。如早在三十年代印度的埃因迦尔(H. R. lyengar)依据朗德尔(H. N. Randle)辑录的《集量论》梵文片断,从藏文译回了《集量论》"现量品"一章;后来另一位印度学者贾姆布维贾雅(Jambuvijaya)也尝试从藏文《集量论》译转为梵文,但也只完成了三分之一左右。于此可见藏译《集量论》的重要价值。

当然,就我国乃至世界范围来说,唐代义净大师从印度游学回来后,于景云二年(711)译出的《集量论》应该是最早的译本,遗憾的是这一汉语本

〔1〕 据西藏大学杨化群教授的考证,藏族学者的因明著作见诸文献记载的有55种。(见《藏族学者的因明著作初探》,此文系全国首届因明学术讨论会论文,已收入甘肃人民出版社出版的《因明新探》一书)。我认为还可以补充几种进去。

〔2〕 其实印度早已亡佚的许多梵文因明原典却深藏于我国西藏寺院,数百年来束之高阁,不闻于世。近世经过考察,原来许多以往以为亡佚的梵文因明典籍均处于沉睡状态。

未能流传下来！因此藏译已成为现存最早也是最有权威性的本子。

藏译本《集量论》具有重要的地位，因此亟待我们去发掘整理。藏译本有两种：一为金铠与信慧所译（见德格版“丹珠尔”），一为持财护、雅玛参贾所译（见北京版“丹珠尔”）。这两种译本出人颇多，很难断定哪一种更接近于陈那原著的面貌，因此又需要我们对藏译本《集量论》进行精心的比较研究。同时为了使更多人能够投入这项研究，最好能组织力量将两种藏译本全部译出来。

在将《集量论》译成汉文的工作中，吕澂先生和法尊法师作了很大的努力。吕先生早在1928年就根据那塘、卓尼版本译出《集量论》节本，然而人们感到不足的是节本把“破异执”的部分都删节了。1980年法尊法师又应西藏佛教研究会之请以持财护与雅玛参贾本为主，参照金铠与信慧本译成《集量论略解》一书，这是一个全译本，使人得窥《集量论》全豹，然而此本译笔不如吕本酣畅，且译者时已年迈，体力不济，一些难解的地方均未澄清。

现在亟待精谙藏传因明的积学之士来从事因明译籍的整理与研究，并将一些重要的藏译本译成汉文。如上述《集量论》两种藏译本就可先分别译成汉文，经过更多人的比较研究后再整理成一个本子，似更合适些。

另外，对现存的各种藏译本，如梵文原典尚在的，则应该据梵文原典重加校刊，不过这一工作量当是很大的。

同时，在翻译的基础上，还须加强诠释工作。如对《集量论》的诠释，古代的西藏学者给我们留下了不少很有价值的资料，可据以整理研究。

再从汉译的因明著作来看，玄奘所译的《入正理论》与《正理门论》等具有权威性。其中《入正理论》诠释者甚多；而《正理门论》则注释较少，征诸唐疏，略有十数种，今则仅存唐代神泰的《正理门论述记》残本。虽然1927年吕澂与释印沧合撰《因明正理门论本证文》，1930年欧阳竟无撰《因明正理门论本叙》，对陈那的《正理门论》作了简要的阐说，近人丘檗又著有《因明正理门论校疏》六卷，析疑释义，有助理解，但是今天看来研究者仍然迫切需要有更详备的注释以资参考。

三、关于汉、藏因明论疏的整理与注释

我国自唐代以来,产生了不少因明论疏,虽然其中有许多已散佚不传,但幸存下来的重要论疏亦复不少。从汉传因明来看,当以《大疏》最为重要。

据我所知,我国学者研究《大疏》,主要凭借两种版本,一是金陵刻经处于光绪二十二年(1896)冬镂版刊行的本子,我们不妨称之为“金陵本”。“金陵本”是依据杨文会先生从日本觅到的本子翻刻的,分八卷;另一是日本《大正新修大藏经》(简称《大正藏》),其中有《大疏》,分三卷。但这两种书都不好找,因为“金陵本”印数甚少,而《大正藏》卷帙浩繁,在一般图书馆亦不易得到。近年看到台湾佛教出版社将“金陵本”影印出版,改线装为平装,合两册为一册,翻检甚为方便。我由此而想,我们的出版部门对这样一部重要的著作是否也应该将它整理出版呢?至少可以先搞影印本,因为这比较便捷。另外,《大疏》不易理解,亟须详为注疏。我认为可以搞两种注本,即普及本与集注本。严格地说,普及本以往从未出过;商务印书馆虽于1925年出版了梅光羲的《因明入正理论疏节录集注》,于1926年又出版了熊十力的《因明大疏删注》,但上述二书介于普及与集注之间,不具备一定的基础,捧读殊难。我的想法是,普及本可以取删注的形式,即只节录其最基本的内容加以注释,注释文字必须浅显,甚至可逐句串讲,不仅解释其字面上的意思,还讲解文句连贯的意思,对于《大疏》这样一部重要的著作,不如此就不能推广其读者。再说集注本,这是供研究者用的。商务印书馆于1928年出版的日释凤潭所撰的《因明论疏瑞源记》八卷就属于这种。这部书引录了许多现今已失传的研究资料,有很高的学术价值,但此书在引用其他著作的文句时往往只取句意而录之,在文字上时有出入,而且《瑞源记》现在也不易觅得。我曾想过,完全可以在《瑞源记》的基础上,核对现存的各种原著,更正其误录或意录之处,对于原著已失传的,则可从日本古代学者的引录中去互参,因为除《瑞源记》外,日本不少注释《大疏》的著作中也保存了许多今天

已亡佚的研究资料,可资以互参或补充。

再从藏传因明来看,西藏学者的论著十分丰富,亟须译介和注释,但是过去却从未有人做过译介工作。近年来喜见西藏大学杨化群教授在致力于这项极有意义的工作,并已译出四部藏传因明的代表作:宗喀巴的《因明七论入门》(即《因明七论除暗论》)、工珠·元旦嘉措的《量学》、仲钦·阿旺达杰和比丘·阿旺洛桑的《因明学名义略集》普觉·强巴的《摄类辩论——因明学启蒙》〔1〕。另外,杨先生还打算译介萨旺·贡噶坚赞的《量理藏论》(即《正理藏论》),后因病中辍。我衷心希望杨先生康复后能译介更多西藏学者的重要因明论著〔2〕,使更多的研究者也得以一窥藏传因明的菁华。

四、结　　语

前些年中国社会科学院在一份简报中曾发出“抢救因明”的呼吁,听说中央领导同志很快作了批示,国务院古籍整理规划领导小组的领导同志也极为关注,这是十分鼓舞人心的。回顾历史,自唐玄奘倡导因明而呈现研究的盛况以来,汉传因明曾几度起落,几成绝学!藏传因明虽然递嬗久远,然近二三十年来亦已渐趋式微。目前研究因明的专家大都年事已高,而后继者却寥若晨星,本来就流传不广的研究资料在十年动乱中被作为“四旧”焚毁了不少,长此以往,因明在我国真有再度成为绝学的可能!我国是因明学的第二故乡,我们怎么能让这份融合了中国人民智慧的宝贵文化遗产在我国自行湮灭呢?所以中国社会科学院发出“抢救因明”的呼吁是卓有远见的表现。

---

〔1〕 杨化群先生所译的上述四部因明代表作曾打印成册,在1983年于敦煌召开的全国首届因明学术讨论会上作过交流。

〔2〕 本文应《古籍整理研究》之约,写于1986年,其时杨化群先生正在养病,我去西藏考察曾去其府上探望,见他还坚持用左手修改文稿,很受感动。杨先生于1993年故世。

当然，整理好因明古籍，不使其散佚湮没，并不仅仅是为了抢救因明，它还有更深广的意义。因为因明之学从北凉时传入中土以来，在思想界产生了一定的影响，不仅佛门弟子讲习因明，连诗人谢灵运，文学批评家刘勰也受其影响，而哲学家吕才更是下了一番研究工夫的。因此要对我国的思想史进行总结，尤其是要理清中国逻辑史嬗变的脉络，都离不开对因明的研究，而要研究因明首先要做的工作自然也是对因明典籍的搜求与整理。另外，我国的名辩、希腊的逻辑和印度的因明鼎足而三，成为世界逻辑的三大源流，清末民初时梁启超尤其是章太炎都做过三家逻辑的比较研究，我们无论从探源上着眼还是从比较上着眼，都是需要有充实可靠的资料来作为研究基础的。由此可见，做好因明古籍的整理工作，对抢救因明，保存资料，理清和总结思想史、逻辑史的脉络，以及进行比较逻辑的研究，都是有着重要意义的。

（原载《古籍整理研究》1987年第1期，上海古籍出版社出版）

玄奘是中国逻辑史上的一块里程碑

开展玄奘研究是一项具有深远意义的事业，因为玄奘不仅是我国历史上妇孺皆知的传奇人物，而且还是一位享誉世界的文化名人。他呕心沥血地传译了一千三百三十五卷梵文经典，为后世也保存了许多今日不复存在于印度的珍贵典籍；他具体而生动地介绍了中亚和印度次大陆的风土佚闻，这是研究中印交通史的圭臬。他策杖孤行，历尽艰险；执着求索，好学博闻；才智超群，独步海外；译述弘法，鞠躬尽瘁。他的业绩是前无古人的，尽管在他之前已有觉贤（佛驮跋陀罗）、功德贤（求那跋陀罗）、道希（菩提流支）、慧光、慧远等对大乘有宗的理论作了评价，鸠摩罗什和真谛早已译名甚盛，法显、智严、宝云和智猛等高僧亦曾西游求法，然均不如玄奘之为世人所共仰。尤其在逻辑方面，玄奘得陈那新因明之真传，造诣甚深，更是他人难以望其项背的。

玄奘在逻辑方面的杰出成就给中国逻辑史增添了光辉的一页，使得汉魏以来显得空寂的逻辑论坛呈现一派欣欣向荣的景象，虽然延续的时间不算长，但玄奘及其门人却树起了一块逻辑的里程碑。概括地说，玄奘在逻辑上的贡献有以下几方面：

第一，迻译和倡导新因明。玄奘东归以后，在最初的几年即迻译了两部新因明的代表作：一部是天主的《入正理论》，于贞观二十一年（647）译出；一部是陈那的《正理门论》，于贞观二十三年（649）译出。这两部书后来就成了汉传因明的研究基础。玄奘在翻译这部著作的同时，还将新因明的理论和方法向其门人传述。当时一些从玄奘受业的高僧均以掌握这门新鲜的学问为荣，并录其口义，广撰论疏，各抒己见，令时人注目，开因明研究的风气。

第二，将因明的基本性质限制在思辨工具的范围之内。玄奘迻译因明的主旨在介绍佛教工具论，因为佛徒要深入理解大乘经论的幽义微旨得借助因明这个工具，它正是“法户之枢机”“玄关之钤键”（《大疏》卷一）；同时，在内外道的斗争中，因明可以帮助佛弟子去“诠论难之旨归，序折邪之轨式”（慧立：《致左仆射于宁书》）。玄奘正是从工具论的立场来看待因明的，所以他选译了陈那的早期著作《正理门论》和天主为阐说《正理门论》而撰的《入正理论》两书，而未译陈那晚年汇集自己所撰的关于知识论和因明论的诸种散论加以扩充而成的《集量论》。因为《正理门论》的重心在于论述立破之道，将现量与比量视为只是立破的必要条件；而《集量论》却将现、比二量提到立破之前阐说，加重了知识的分量。玄奘的这种立场，影响了整个汉传因明的风格。

第三，由于玄奘的倡导，因明由我国传入日本与朝鲜。日本的法相宗有四传，即从齐明天皇朝至圣武天皇朝先后来唐从玄奘及其门人窥基以及玄奘的三传弟子智周受业的日本高僧道昭、智通和智达、智凤和智鸾以及智雄、玄昉等南寺二传、北寺二传。他们在玄奘及其门徒的倡导下，在传回法相宗的同时亦都重视因明的研究：第一传中有护命（三传弟子）、明诠（五传弟子）、三修和贤应（六传弟子）等因明大家；又如智凤的第三传中，神睿、春德、空操、平忍、真兴、僧都、永超、赖信、藏俊、贞庆等众多高僧都有因明的撰述；再如玄昉的第四传，其门人秋篠山善珠是有名的因明家，所著《明灯钞》十二卷是日本深有影响的巨著。再说朝鲜的法相宗。在玄奘的门人中，要数窥基和圆测最为杰出，圆测是新罗国（古朝鲜）人，他著有《正理门论疏》，他的门人道证以及二传弟子太贤也有因明著述。从玄奘受学的新罗国僧人还有元晓、顺璟、义寂等，其中元晓著有《判比量论》，顺璟撰有《因明入正理论疏》，这些新罗高僧将玄奘所授的因明义理传回了本国。

第四，尤为可贵的是，玄奘发展了新因明的理论和方法，从玄奘的译文和诸高弟的文疏中可以略见数端：

1. 修正了因三相说。因三相说是陈那新因明的核心理论，但陈那在阐说时限制不严，只是指出因是所讨论的对象（有法）上必然具有的，而在相同性质的事物上（同品）也具有，在相反性质的事物（异品）上则不具有。玄奘在翻译时加入了限制的词语，译成“遍是宗法性（第一相），同品定有性（第二相），异品遍无性（第三相）”。其中的“定”字规定了同品不仅同于宗法，而且至少要有一个同时同于因法；“遍无”的“遍”字则遣除了一切异品，使语意更为肯定。

2. 提出六因的模型。陈那的新因明提出生因与了因相区别的二因理论，它初步揭示了论辩中立者与敌者的二元关系。玄奘在此基础上加以扩充，提出了一个六因的模型，即在生因中又分出智生因、义生因和言生因三种，在了因中则分出言了因、义了因和智了因三种。这六因的模型在陈那和天主的撰述中未见备述，而在玄奘几位弟子如神泰、文轨、窥基、定宾的文疏中则普遍对六因的关系作了阐说，这说明他们都是依玄奘的口义立说的。

3. 阐说了简别的方法。简别的方法在因明中是用于论辩时的几种限制的方法。如建立能立与能破，有时立敌双方难以在概念上取得“共许极成”，就成了自比量或他比量，这时就须“寄言简过”，即借用一些语词来表明所立的是自比量或他比量，以避免“不极成”所导致的过失。有时概念虽为共许，然为指出其所具的真理性，亦须简别，以示所立乃为依真理而立的共比量，这一系列的简别方法在陈那和天主的著作未见提及，然在实际论辩中，恐早已约定俗成。玄奘在传述因明的过程中对此作了阐说，故窥基在《大疏》中对三种比量和“寄言简过”的方法亦作了阐发。

4. 丰富了过失论。因明对过失的研究非常丰富，至陈那时立了二十九种过失，另有能破的过失六类十四种（细分为六类二十一种）。天主则将宗、因、喻的过失立为三十三种，但将似能立十四过类化归为宗、因、喻的过失，不再单列。玄奘在此基础上又按有体、无体，自、他、共，全分、一分等深入划分，使因明的过失论更为细腻。

以上我们对玄奘在逻辑上的贡献作了极粗略的介绍,从这一介绍可以看出我们对这样一位彪炳中外文化史册的大学者的研究还是比较肤浅的,这是由于玄奘东归后主要致力于译经事业,除《大慈恩寺三藏法师传》和《大唐西域记》系玄奘口授,由其门人整理成书外,别无专论宗教理论和逻辑思想的著作,他在印度时用梵文写成的《会中论》三千颂和《制恶见论》五千六百颂在他回国时即已亡佚,故今人研究玄奘的哲学和逻辑思想只能从其译籍的字里行间钩稽出一些属于玄奘的思想见解(如对因三相的译改),或从其门徒的众多著述中梳理玄奘口义。但这一工作有较高难度,主要是不易分辨,这是由于许多梵典今已无存,令人无从对照,从其门人的著作中观察玄奘的思想固然要容易得多,但亦颇难一一区别何者为玄奘的本意,何者系其门人的发挥。

然而正是有其难度,才更需要我们花大力气去深入发掘。玄奘研究中心的成立顺应了这种需要,定能组织各方面的力量,搜集资料,开展研究,使玄奘研究进入一个较高的层次。

(原载《玄奘研究》首刊,为玄奘学术讨论会而作)

关于《因的三相可以缺一吗?》

周云之先生在《因的三相可以缺一吗?》一文(以下简称周文)中提出了一系列看法,我认为比较重要的有下面一些:一、因三相中的同品只是同于宗的后陈;二、“同品定有性”的命题形式是“有 P 是 M”;三、同喻体是按照“说因宗所随”组成的,它的命题形式是“所有 M 是 P”,所以与“同品定有性”并不对应;四、因三相不能缺一。上述问题涉及因明理论比较核心的部分,有必要深入探讨。

一、同品只是同于宗之后陈吗?

同品同于什么?周文说:“商羯罗主在《因明人正理论》中指出:‘同品’即是‘谓所立法均等义品,说名同品。如立无常,瓶等无常,是名同品。’这里的同品就是指的与宗法(即宗后陈)同类之物。”〔1〕周文认为,大家都承认“异品遍无性”中的异品就是指的与宗后陈相异之物,因此“同品定有性”中的同品理应是指与宗后陈相同之物。“不应当一会儿是指与因相同之物为同品,一会儿又是指与宗后陈相异之物为异品,这样就必然陷入前后矛盾的困境。”我认为这样来理解同品未免失之偏颇了。

确实,商羯罗主说过“谓所立法均等义品,说名同品”的话,但这只是说及了一个方面,商羯罗主还说到同品须同于因的一面。《入正理论》云:

---

〔1〕《因明新探》第 131 页,甘肃人民出版社,1989 年。

同法者，若于是处显因同品，决定有性，谓若所作，见彼无常，譬如瓶等。〔1〕

此句意谓：凡同法喻，当它显示出是因同品时，就定然同时显示出它也是宗的同品，如瓶有“所作性”亦定有“无常性”。

正因为同品有同于因和同于宗两个方面，所以窥基将同品明确分为因同品和宗同品两种。《大疏》卷三云：

同品有二：一宗同品，……二因同品。〔2〕

当然，过去有的学者不同意另外分出一个因同品来，他们认为这是由于窥基错将“若于是处显因同品决定有性”一句，以“若于是处显因同品”为读了。如吕澂先生云：“窥师所据，在《小论》（按：即《入正理论》）解同喻处‘显因同品决定有性’一句，以‘显因同品’为读，遂立名目……立因同异，法相淆然，故彼解非，应知简别。”〔3〕又如熊十力先生云：“疏以因同品为名词，解作因有处决定有宗，甚谬。同品当属下，谓显示因云‘同品定有性’，即显因之第二相也。”〔4〕

其实，以“显因同品”为读的，并非始于窥基，至少文轨就先此为读了，如文轨释“显因同品决定有性”一句云：

因者，谓遍是宗法因；同品谓与此（因）相似，非谓宗同名同品也。

这里说得很清楚，此“同品”谓因同品。接着，他还更为具体地指出：

谓若所作，即前显因同品也。〔5〕

这里明白地告诉我们：如果具有所作性，就显出它是因的同品！

但是这还不足为凭，因为在不承认有因同品者看来，文轨的解释仍然可以是一种误读。现在就让我们再从《入论》中找一些资料来佐证，如《入论》

---

〔1〕《大正藏》第32卷11b。

〔2〕《大疏》卷三页六左，金陵刻经处本，光绪二十二年（1896），下同。

〔3〕《因明纲要》页二十五右“附说五”，商务印书馆，1926年。

〔4〕《因明大疏删注》页三十二左，商务印书馆，1926年。

〔5〕《庄严疏》卷一页二十二右、页二十三左，内院本，1934年。

说同法喻云:

若是所作,见彼无常,如瓶等者,是随同品言。

《理门论》曾云:"说因宗所随",此"随同品"显然就是随因之同品,故能构成"若是所作,见彼无常"的因宗不相离的关系。又如《入论》说"同品一分转异品遍转"云:

此因以电、瓶为同品故,亦是不定。

这里的"此因以……为同品"不是清楚地表明因亦有同品的吗?再如《入论》说"俱品一分转"云:

是故此因以乐、以空为同法故,亦是不定。〔1〕

这里又有一个"此因以……为同法",此"同法"即因同品的别名(或指宗因双同者为同法),不是指的同法喻。类似的例子还有一些,此处不遑尽录了。

同品既有因同品和宗同品之分,似乎不应该只是说同品须同于宗。商羯罗主所说的同品与"所立法均等义品"实际上涵盖了宗同品与因同品,因为宗因之间具有真包含关系。

顺带说一下,与同品一样,异品亦有宗异品与因异品之分。不过同品以因同为主,因为凡同于因者必同于宗;异品则以宗异为主,因为凡异于宗者必异于因。所以《入论》在说似同法喻时以"能立法不成"为第一种,以"所立法不成"为第二种,而在说似异法喻时,则变为以"所立法不遣"为第一,以"能立不遣"为第二了。我们从这种精心安排的次第中不是也可略窥其端倪的吗?

二、何谓"同品定有性"?

同品已如上述,现在再联系"定有性"的问题来加以讨论。周文将"同品

〔1〕 上引《入论》的三段文字,分见《大正藏》第32卷11b,11c—12a。

定有性”说为“属于宗后陈之同品中一定有物(可以是全部,也可以是有些)具有因的性质”〔1〕。这一解释,似也未中肯綮。如文轨云:

> “定有性”者,其遍是宗法所作性因,于同品瓶中有其性,方是因相。〔2〕

窥基说得更具体:

> 其因于彼宗同品处,决定有性,故言同品定有性也。〔3〕

这都是说,因须于宗同品上定有或者说因定有于宗同品,这与周文所说的宗的同品中一定有同于因者是略有差别的。本来,存在这种细微的差别(如果仅仅是表述上的差别)并没有什么关系,因为从“SAP”到“有P是S”仅仅是作了限制性的换位而已;但周文的解释却包含着特定的见解,令人注目。如周文又说:“同品定有性,只肯定了宗后陈(大词)中定有属于因(中词)的事物,并没有肯定凡属于因的事物都具有宗后陈的性质,即并不能断定属于因的事物都在宗后陈的外延之中。〔4〕”于是将同品定有性的命题形式规定为“有P是M”〔5〕(注意:这不是从“凡M是P”经过限制换位而得出来的)。从“有P是M”出发,当然是推不出“凡M是P”的。

然而,按文轨和窥基所云,是明确断定因的全部外延存在于所立法(宗后陈)的外延之中的,只是对宗的同品究系全部还是一部具有因的性质尚未断定而已。所以《大疏》又云:

> 但欲以因成宗,因有宗必随逐;不欲以宗成因,有宗因不定有。〔6〕

这里再清楚不过地表明了因法与宗法的关系为“因有宗必随逐”(这也是陈那的话),即因法必被宗法的外延所包含;而由于“有宗因不定有”,所以

〔1〕《因明新探》第131页。
〔2〕《庄严疏》卷一页十五左,内院本,1934年。
〔3〕《大疏》卷三页六右—七左,金陵刻经处,光绪二十二年(1896)。
〔4〕《因明新探》第132页。
〔5〕《因明新探》第133页。
〔6〕《大疏》卷三页八右。

对宗法的外延是否亦为因法所包含,则是尚未断定的。由此可见,同品定有性的命题形式一般应为M是P(M∈P),当然有时也可以是M即P(M=P)。但绝不可能如周文所说的那样,同品定有性"只肯定了宗后陈中定有属于因的事物,并不能断定属于因的事物都是在宗后陈的外延之中",因为按照这样的解释,宗因二法的关系就只能是交叉关系,而不是包含关系(这恐怕连周文也不会同意的)。

三、因的第二相是否与同喻对应?

周文还提出了这样一个问题:"能不能因为第一相和第三相都找到了相对应的关系,就可以必然地推出因的第二相'同品定有性'就一定完全是对同喻体的逻辑规定呢?"周文的答案是否定的,理由是"'同品定有性'实际上只断定了宗后陈中定有物具有因的性质(即断定了'有P是M'),并没有断定具有因性质的事物都属于宗后陈(即并没有断定'所有M是P')。而同喻体则必须是'说因,宗所随',……它的命题形式是'所有M是P'或'如果M,则P'。"〔1〕一个是"有P是M",一个是"凡M是P",自然不相对应了。

关于因三相与言三支的关系,历来为注家关注,尤其是因之后二相与同异二喻的关系说法很不一致,我在拙文《因明三论》的第二部分中已略述愚见。但现在周文又有第二相与同喻体不相对应的新见解,这是我以往所未曾想过的问题,谨就此再谈点看法。

我认为对因之第二、三相应作整体考虑,既然第三相与异喻有对应关系,第二相当亦与同喻具有对应关系。陈那就是将二相与二喻联系起来考虑的。兹列举三点,以撮其要。

第一,陈那是以同异二喻来显示因之后二相的。如《理门论》云:

---

〔1〕《因明新探》第134—135页,甘肃人民出版社,1989年。

然此因言,唯为显了是宗法性,非为显了同品、异品,有性、无性,故须别说同异喻言。〔1〕

此谓因虽有三相,然因支本身只能显示第一相遍是宗法性(即显示因也是宗上有法的一种法),而并不能显示同品有、异品无的情况,因此须另外构造同、异喻体来显示二相。这一点是陈那所再三强调的,如《集量论》亦云:

所说三相因,(其第一相)已善成宗法,次余二种相,由喻能显示。

陈那并自释云:

诸因明论中说因方便,唯诠宗法,如说"所作性故",知属于"声";所余二相,彼未详故,今以喻显。〔2〕

这是进一步从古今因明之不同来说明二相与二喻之关系的。陈那认为古因明论式中的因只能说明它也是宗之法,可与宗上有法"声"构成上属关系,但其余二相却未论其详。故陈那特地以同异二喻的喻体来显示二相。从陈那的阐说可知,二喻与二相具有表里关系,喻体所体现的逻辑规则即为二相,也可以说,二相就是对喻体的逻辑规定。

第二"说因宗所随,宗无因不有",是对第二,三相的具体说明。如《集量论》云:

若第一同法说因为宗所随,第二异法何不亦说因无宗不有,乃作宗无因非有耶?以如是说能显彼因同品有,异品则无;倒说则非。〔3〕

他在《理门论》中也说过相同的话:"复以何缘第一说因宗所随逐,第二说宗无因不有,不说因无宗不有耶?由如是说能显示因同品定有,异品遍无,非颠倒说。"〔4〕陈那的意思是很清楚的,同法的"说因宗所随",异法的"宗无因不有"能显示同品定有性,异品遍无性。这也就是说,"说因宗所随,

〔1〕《大正藏》第32卷3a。

〔2〕吕澂译:《集量论释略抄》第34页,《内学》第4辑,1928年。

〔3〕同上,第36页。

〔4〕《大正藏》第32卷2c。

宗无因不有”乃是对第二、三相的具体说明,是二而一的东西。

第三,因的第二、三相揭示的是因宗二法不相离的关系,同异二喻体揭示的也是这种不相离的关系。如《理门论》云:

> 及忆此因与所立宗不相离念,由是成前举所说力,念因同品定有等故。〔1〕

意谓,正是由于想到因法与宗法具有不相离的关系,可以成为推理的基础,所以想到因之同品定有,异品遍无的规则。关于这一点,陈那在《集量论》中说过:

> 有因宗所随,宗无因不有。一切喻中说,同法及余(即异法)二。

接着,陈那有一句重要的自注:

> 具此二喻,决定显因宗不离。〔2〕

正是由于二相要二喻来显示,所以这里把不相离性的逻辑关系直接归到了二喻的名下。再如:

> 如是于显宗法性义中说因言,显于所比不相离性义中说喻言。〔3〕

根据上述三点,二相与二喻具有对应关系当是毋庸置疑的了。对此,文轨说得很精辟:

> 所作性正因唯能诠显初相,后二未了,故以两喻明之,论其体性,即前因也。〔4〕

文轨从因的三相须通过一因二喻来显示这一点,一下子抓住了二喻即因的实质,是颇有眼力的。因有三相,这是因的内在规则;但因并不就是因支,以因支来说,它只能显示因的第一相,余下的第二相、第三相,因支无力体现,所以须构造同异二喻来显示。因一喻二,才组成完整的因。陈那《集

---

〔1〕《大正藏》第32卷3c。

〔2〕吕澂译:《集量论释略抄》第34页,《内学》第4辑,1928年。

〔3〕同上,第36页。

〔4〕《庄严疏》卷一页二十二左。内院本,1934年。

量论》云:“是则喻言应非异分,说因义故。”又云:“虽喻于因法,不当言有异。”〔1〕此均将二喻看作是因的组成部分。以完整的因的三个组成部分(因、同喻、异喻)与因相的三个方面(三相)一一对应,这是陈那依据三相构造一因二喻的初衷。论者阐发三相与三支的关系,当不能不考虑到陈那删订论式之本意。

四、三相或三支是否可以缺一?

周文以提出因的三相是否可以缺一的质疑开始,复以三支是否可以缺一的质疑殿后,从而直抒己见,认为三相是缺一不可的,三支也是缺一不可的,但又认为喻依是“可有可无的”。〔2〕

我并不知道有人说过三相或三支可以缺一的话,至少从周文引用的话里看不出有可以缺一的意思。但我觉得问题既然提了出来,就此问题加以探究也还是有意义的。

周文所说的三相或三支是否可以缺一,其实是指因的第二、三相或同喻、异喻是否可以缺一。对此,我认为应该作具体分析。

从因明的角度来说,三相或三支自然是不得缺减的。这一点陈那《理门论》早就指出过:

> 又以一言说能立者,为显总成一能立性,由此应知,随有所阙名能立过。〔3〕

神泰释云:

> 陈那以前,若言阙宗或随阙因、喻,名能立过。〔4〕

〔1〕 吕澂译:《集量论释略抄》第36页,《内学》第4辑,1928年。

〔2〕 参见《因明新探》第138页,甘肃人民出版社,1989年。

〔3〕 《大正藏》第32卷1a。

〔4〕 《理门述证》卷一页四左,内院本,1923年。

此谓陈那以宗、因、喻总为一能立,所以在宗、因、喻中随有所缺,即为能立性的过失。

在贤爱论师以前,缺减过又有两种:一是无体阙,一是有体阙。所谓无体阙单指言陈的宗、因、喻三支上有缺减;所谓有体阙是指三相上有所缺减。贤爱和陈那不承认无体阙而只说有体阙。很明显,缺支而不缺相是不可能的,因为因三相要由一因二喻来显示。由此也可见,陈那是把义三相与言三支联系起来考虑的。我们在讨论三相或三支是否可以缺减时,也应将二者联系起来考虑。因的三相与三支上的一因二喻对应,三相不能阙减,一因二喻自也不可或缺。

但是对于喻依,周文却以蛇足视之,这一点我却不敢苟同。陈那的新因明以喻例为喻依(即喻之所依),并不是没有道理的,作为喻体的普遍命题不正是从归纳中得到的吗?即使从使用普遍命题的角度来说,以喻例来加以检证,"前是遮诠,后唯止滥"〔1〕,岂不更能防止似因的混入?何况因明有严格的规定,缺同喻依有"不共不定"(因过)和"俱不成"(喻过)之失。当然缺异喻依不是过,因为"异法本止滥非,滥止便成宗义",所以"异法无依亦成"。〔2〕或者视情况虚构一个异喻也成,如因明中常用的"兔角""龟毛"就是。(后期佛教因明家从外遍充论转变为内遍充论,也主张取消喻依,这样,缺喻依就不犯过了。)

如果从逻辑的角度来看,同异二喻的命题形式分别为 M 是 P 和 $\overline{P}$ 是 $\overline{M}$,后者正好是从前者依据换质位法推出来的,或将同异二喻的逻辑关系表述为 $(p\rightarrow q)\leftrightarrow(\overline{q}\rightarrow\overline{p})$,则符合异质换位律的推导形式。而如上所述,同异二喻是用来显示因的第二相和第三相的,也正如周文所说,"只有喻体的存在,才能反映出因是符合第二相和第三相之逻辑要求的",〔3〕所以

〔1〕《大正藏》第 32 卷 2c。

〔2〕《大疏》卷三页十六右,金陵刻经处本,光绪二十二年(1896)。

〔3〕《因明新探》第 137 页,甘肃人民出版社,1989 年。

我认为第二相和第三相是等值的。不过我并不主张废除哪一相或哪一支,因为因明有它自己的风格,我们应该科学地、历史地来分析它,评价它。

(原载《因明新探》,甘肃人民出版社,1989年)

因明的语用学

因明（Hatuvidyā）是发源于印度的论辩逻辑，它当然也可以用来“自悟”，此时立论者所形成的推论纯粹是一种内心的思维活动，因此称作为自比量（svarthanmāna）：然而因明主要的功能在于“悟他”，即是在论辩中进行论证和反破，这种旨在悟他的比量，称作为他比量（parārthanumanā）。因明作为主要作用于论辩的逻辑对语用问题甚为关注，因此它对论辩的语用规则有具体的阐说，还建构了一个语言交际的六元语用模型，并揭发了一系列语用谬误。

一、论辩的语用规则

论辩的语用规则主要表现在简别（mātratā）上，简为分别、选择之意，别即差别，简别就是分别事物的同异以明其差异，从而决定取舍。简别有两种形式，一种是不加限定语的简别，一种是加限定语的简别，以下分述之。

1. 不加限定语的简别　不加限定语的简别就是依据一定的语用规则来建立论题（宗 paksa）和前提（因 hetu 和喻依 drstānta）〔1〕而在形式上不加任何限定语的简别。如因明对建立论题的规定是须“随自意”而立，即只需根

〔1〕 因明的前提包括因（hetu）和喻（udaharana）两部分，喻相当于三段论的大前提，它是由喻体（普遍命题）和喻依（事例）组成的。组成喻体要依据语法规则，确定喻依则要依据语用规则，本处说的是语用规则，故略去喻体而只是说喻依。

据自己的意愿来成立论题而不必顾及他人的反对。因明将宗义(siddhanta)分为四种:a. 遍所许宗,即所立论题为人所共许。如立"眼睛能看见事物"宗,这是人尽皆知的事情,故无意义。b. 先业禀宗,即以本门教义立宗,还对本门成员。如佛家本认为"诸法皆空",假如有佛弟子对其他佛弟子立"诸法皆空"宗,亦是毫无论诤意义的。c. 傍凭义宗,即立宗者欲以宗的差别义(言下暗许之义)来晓谕他人。如佛弟子立"声无常"宗,意在由此"无常"而显"无我"之义,这样的宗义,由于曲折隐晦,亦不可取。d. 不顾论宗,即唯以自己的意愿立论而不顾论诤对手的反对,这样建立起来的宗义才是有论诤意义的。经过这样区分以后,明确了前三种宗义由于无论诤意义而不值得建立,从而择取了后者,这就是一种简别活动。在立敌二元对立的论诤情景中的这种对宗义的取舍,正是一种论辩语用规则的体现,谁如果违反了这一规则,立了前三种宗义的一种,谁就会遭到别人的耻笑,不战而自败。

再如因明对前提(因和同喻依)的建立也有规定,即与立宗的规则相反,不再是依据自意所乐来建立,而要求为立敌双方所共同认可。如佛家对声论(语言不灭论 Sabdanityatāvādin)立:"声无常(宗),所作性故(因),如瓶(喻)。"在这一论证中,论题"声无常"是佛家所主张而为声论所反对的;其理由"所作性故"与譬喻"瓶"则为立敌双方所共同认可所以这一论证中的论题和前提均符合论辩的语用规则。印度中古逻辑之父陈那(Dinnāga,约公元400—480年间人)说,不顾论宗体现了随自意而立的原则,而前提(理由和譬喻)则不是按自意所乐的原则来确立的,须建立在双方共同认可的基础上,这一点必须分辨清楚,陈那还特别用一个"唯"(mātratā)字来强调区分宗与因喻的不同特性的重要。〔1〕 这是关于前提的语用规则的权威说明。

因明将宗的随自意而立与因喻之为双方所共许的特性加以严格区分的

〔1〕 详见《因明正理门论译解》1-1-3条(本文所引《正理门论》条次序数,均据《译解》的序数)。

做法，就是一种简别，当然这只是内蕴的简别，即形式上不加限定语的简别。下文再论析一种加限定语的简别。

2. 加限定语的简别　加限定语的简别就是宗、因、喻上冠以限定语，以示其比量性质的语用方法。为了说明的方便，须先介绍因明关于有体、无体以及三种比量的区分。有体（bhāva）即存在，无体（abhāva）即非存在，但并非是客观意义上的存在与否，而是一种纯粹主观的区分。如数论派（Samkha）对佛家建立"神我（atman 灵魂）是常（永恒）"的论题，佛家不承认有"神我"，于是"神我"这一概念对佛家来说就是无体的。再如胜论派（Vaisesika）认为虚空（space）实有，而小乘经部却持虚空非有的观点，胜论如对小乘经部立"虚空实有"的论题，这"虚空"的概念就成了无体的概念。

因明规定，在论辩的双方中，无论哪一方如果使用了无体的概念而又未加限定，那就自陷于过失之中。这是一种很苛刻的要求，因为论辩的目的在于开悟他人制服论敌，因此十分强调论辩的各方不得强加于人，所使用的概念必须为双方所共同认可。这也可以说是基于同一律原则的一项约定。当然，在实际论辩的过程中，有时很难做到这一点，难免要使用一些只为立者或敌者中的一方所承认的概念来组成命题，这就出现了自比量或他比量；如果在一个论证中出现了仅为立论者一方所承认的概念，那么，这一论证就为自比量；如果在论证中使用了仅为敌论者所承认的概念，那么这一论证就是他比量。也就是说，在一个论证中只要出现一个自许或他许的概念，就决定了整个论证的性质是自比量或是他比量。但是，一个论证不得既使用自许的概念又出现他许的概念，因为一个比量的性质应是单一的、确定的。就自比量和他比量的功能而言亦是如此，自比量功在宣传本门的主张，他比量则旨在破斥他宗的观点，二者有原则的区别，不容混淆。此外还有一种共比量，它的所有概念（即作为主词、谓词、理由和同类例的四个概念）均为立敌双方所共许，因此共比量有双重功能，既可用以自立，复可用以破他。

对于上述三种比量中的自比量和他比量，因为均含有无体的概念，故必须加上“自许”或“汝执”等限定语,否则就会犯过;对于共比量,由于不含无体的概念,故一般不需要加限定语,但有时亦可以冠以限定语。由此,产生了三条简别的语用规则,

(1) 若是自比量,则须加上“自许”等标志自比量的限定语;

(2) 若是他比量,则须加上“汝执”等标志他比量的限定语;

(3) 若是共比量,可以不加限定语来简别,但有时为了强调它是依据真理立量的,亦可以“胜义”等限定语来简别。〔1〕

以下再举例作一些说明(例中句首或句中括号中的词是限定语)。

(1) 简别自比量的例子。设胜论对佛家立:

(我许)虚空实有,(宗)(我说的)虚空是实有的,(论题)

(自许)德所依故,(因)因为是(我主张的)属性所依的主体,(理由)

如(我)同异性。(同喻)譬如(我说的)范畴及属种关系概念。(同类例)

这是一个地道的自比量,因为其中“虚空”、“德所依故”、“同异性”均只是立论者一方的概念,而不为佛家所认可。所以须加上限定语标明其自比量的性质,否则其宗因喻三支上都有过失。不过也可以采取简洁的办法,即只在论题的头上加限定语,而省去因喻的限定语。

(2) 简别他比量的例子。如佛家破数论云:

(汝)我无常,(宗) (你说的)灵魂是非永恒的,(论题)

(许)谛摄故,(因) 因为属于(你所主张的)二十五个范畴之中,(理由)

如(许)大等。(同喻) 如同(你二十五个范畴中)司心理职能的“大”那样。(同类例)

这是地道的他比量,因为佛家根本不同意胜论提出来的二十五谛,所以

---

〔1〕 对三种比量简别的语用规则,见于唐窥基《因明入正理论疏》(以下简称《大疏》)卷五页二右(光绪二十二年金陵刻经处刊本,下同)。

对之批判。在批判中必然要引述对方的一些概念,故须加上限定语以示是他比量,这样就可避免许多麻烦。当然,他比量的限定语亦可承前省略,只标在论题头上即可。

关于共比量的简别,由于共用例往往涉及深奥的哲学问题,故不再举出实例来说明。

依据论辩的语用规则在形式上作限定,是因明所特有的制限方法,它有利于明确概念和比量的性质,防止强加于人的弊病。不过在论辩中也有利用简别方法来为论辩服务的,主要表现在将自比量混充作共比量,以提高所立比量的地位,因限于篇幅就不详述了。

二、论辩的六元语用模型

因明作为论辩的逻辑,它也关注立论者与敌论者在言语传递过程中诸要素之间的关系。

因明将立论者与敌论者两相对待的关系概括为生因和了因两大元目。生因即是论辩时开悟他人的诸要素,其中包括言生因、义生因和智生因三要素;了因即是论辩中听受者得到解悟的诸要素,其中包括言了因、义了因和智了因三要素。这六要素,因明称之为六因。在陈那的著作中,六因已初露端倪,然关于六因的系统理论,是玄奘东归后传述的。兹根据窥基《因明入正理论疏》关于六因的论述略作介绍。

1. 关于六因的界说。在六因理论里,生因以言生因为“正生”,智生因、义生因则为“兼生”,因为思想如不表现在言语上,便使人无从领解。然而立论者的言语行为受其“发言之智”的支配,因为“智能起言”,所以智生因即组织论证的智慧。立论者凭借自己的智慧。以言语来陈述,其中的因果关系,六因之间具有多层次的因果关联,首先,生因乃了因之因。其中智生因为根本的因,因为只有立论者具有智慧和知识,才能晓明义理,并用言语来传布。所以智生因是产生言、义二生因的因,而言、义二生因则是智生因的果,但为智了因的因。从了因来说,言、义二了因为智了因的因,智了因则为言、义二了因的果。再从言、义二因来看。它们具有双重的因果关系:从言语显示意义的角度说,言为显了因,义为显了果;从意义导生言语的角度来说,义为能生因,言为所生果。六因之间就是这样构成了多重的因果关系。

2. 关于六因、四体的划分根据及其模型。据《大疏》说,生、了二因是从其"得果"的不同来划分的。如上所述,六因中以言生因和智了因为正,而言生、智了为广义因中的不同果生果、照果(即了果);据此不同的果而将广义的因分为生因、了因。生、了二因又各分言、义智三种,合为六因,这六因的分别乃基于"义用"的不同。但是窥基认为,据"义用"虽可分为六因,就其体相上看,实唯四种,因为立论者发出的言语和言语的涵义都是敌论者所接收到的言语信息及涵义、故言生因、义生因与言了因、义了因四者可约为二体,加上智生因和智了因,共为四体。据此,其六因四体的语用模型如下:

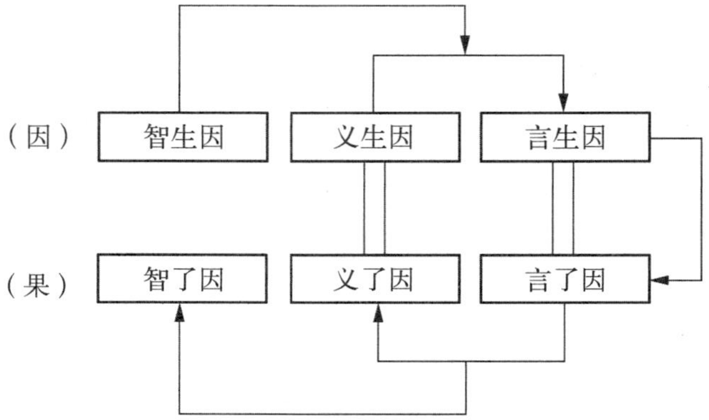

由于时代的限制,窥基的宽义因论仍有界说欠明白和论说欠周密的缺陷。

首先,作为宽义的因,究竟指的是三支论式中的因和喻,还是宗、因、喻三支都包括在内的整个论式?从窥基解释"言生因"时引用《入正理论》所云"此中宗等多言名为能立,由此多言开示诸有问者未了义故"的话来看,当是指的整个论式,这一点在他解释"智生因"时又一次得到证明:"智生因者,谓立论者发言之智，正在他解实在多言。”（《大疏》卷二页十六右）按梵文名词变化有一数、二数、多数三种，宗、因、喻三支属多数，故称“多言”，指的自是整个论式。据此，言生因即指整个论式似无疑义了，但是不然。《大疏》在诠解“言了因”时又说“言了因者，谓立论主能立之言，由此言故，敌、证二徒了解所立”（《大疏》卷二页十七左），在这里他又将能立与所立对立起来讲，这“能立”就显然只是指成立宗（所立）的理由而言了。“能立”有两义：一指整个论证式，如上引《入正理论》所云“此中宗等多言名为能立”中的“能立”就是；一指论据，即因和喻。此处既与“所立”对举，当指因喻无疑。更有甚者，窥基曾说：“有非生因亦非了因，谓所立宗。”（《大疏》卷二页十八右）这就明白无误地将宗排除在生因和了因之外了，显出他的宽义因论还是不彻底的。

其次，将六因约为四体也欠精当。本来六因的分别正好构成一个完整的六因模型，经《大疏》“约体成四”以后，便不免残缺，因为立论者所说的话语与敌论者听到的话语常有不完全一致的地方，同时立论者话语中的涵义与敌论者所理解的涵义也时有出入，所以将六因约为四体是不妥的，于此亦显出他的六因理论尚不彻底。由六个元素组成的六元模型应如右图。

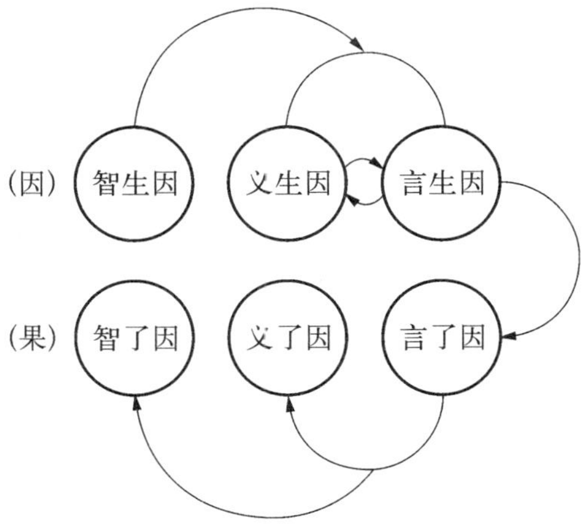

三、论辩的语用谬误

因明的谬误论是一个庞大而的系统，其中关于语用谬误的阐说，集中于对误难的论述中。误难就是错误的非难，即是立论者并未犯过，敌论者却用种种诡辞指斥对方的论证不能成立。这种非难使论者自己陷入了不相干的谬误之中,因此属于语用谬误。陈那是古印度误难理论的集大成者,他将误难分为六类十四种。下面我们将以佛家与声论派(Sabda)论辩声音是否永恒存在的问题为例来具体介绍陈那所概括的十四种(复细分为二十一种)误难,声论派不是一个独立的哲学派别,它分声显论和声生论两种,声显论当隶属于印度婆罗门教的弥曼差派(Mimamas)和吠檀多派(Vedanta),声生论则不知隶属于哪一个哲学派别。声显论认为声音(指语言)是常住不灭的,它包含三个要素:一是通过咽喉发出来的声音,二是先于语音而存在的意义,三是所指谓的事物。人发出的语音虽刹那即灭,但它所表达的语义却是常住不灭的,而且由于语义先于语音而存在,故在"勤勇无间"(意志的不断努力)的条件下声音(言语)即可显发出来。由此声显论认为声音是无始无终的,即没有产生的时候,也没有灭无的时候。声生论也主张声音(语言)是常住不灭的,但与声显论的无始无终说稍异,而取有始无终说,认为声音原本是没有的,在一定条件下(如人说话)产生以后,就常住不灭的。声显论和声生论的观点受到婆罗门教的其他派别如正理派、胜论派、数论派和佛家的批判,他们一致认为声音是无常(非永恒)的。如佛家批判声论派时立有两则比量:

对声显论所立的比量	对声生论所立的比量
声是无常,(宗)	声是无常,(宗)
勤勇无间所发性故,(因)	所作性故,(因)
如瓶,(同喻)	如瓶,(同喻)
如空。(异喻)	如空。(异喻)

这两则比量除了因支外其余各支内容完全相同。在这里佛家之所以要采用不同的因,完全是出于论辩的需要。因为对声显论如果用"所作"因,声显论本不同意声音(语言)是所作的,在概念上就不能取得一致;而对声生论,如用"勤勇无间所发"因,亦不能取得共许,因为声生论认为声(语言)是人工造作出来的。为此,佛家立量时必须根据不同的对象选用不同的因。

当然，经过如此精心组织起来的论证也并不一定能令敌论者首肯，设声论派不甘服输，而以种种诡辞来反破，便陷入陈那所概括的十四种误难之中，兹一一分述之。〔1〕

1. 至非至相似（prāptyapraptisamā）。至非至相似就是敌论者以立者的因（相当于中词）无论是否周遍（sambhava）有法（dharmin，主词）都不能成立宗（paksa，论题）来难而导致的过失，假如声显论难破说："如果因包含了有法，那么因与有法就没有什么差别了，就像河水流入大海与海。水无异一般；如果因不能包含有法，则此因又是谁之因？"（参见吕澂：《集量论释略抄》，第42页）这是一则含有不相干前提的二难论证，其原则自亦可以运用于敌论者自己，故世亲还以其人之道，反破说："你的难破如果已到达我的宗义，那就与我的宗义相同，怎能破斥我的宗义？如果没有到达我的宗义，则不能难破我的宗义，而且反过来倒可以破斥你自己的宗义！"（世亲：《如实论》说"自义相违难"）这是对至非至相似至为深刻的批判。

2. 无因相似（ahetusamā）。无因相似就是敌论者指斥立论者的因无论说在立宗前、立。宗后抑或立宗的同时都不能成立而导致的过失。假如声显论破佛家的立量说："此因如说在立宗前，则所立之宗既然尚未出示，因又以何者为成立的对象？如果因说在立宗之后，则宗既立又何须因来成立？如果因与宗同时说出，则如牛之双角，左右而立，互不相干。"这种无因相似的语用谬误亦有"自违"的弊病，因为三时无因的荒谬前提反过来亦适用于敌论者自己，正如世亲深刻指出的："若你的难破在我立论之前，则我论未有，你的难破也没有了对象。若你的难破在我立论之后，则我论既立，你的难破又有何用？若你说你已明了我的难破，故取我难更难我，则我仍可揭露你的观点以反破你，而不依你的难破来立我的宗义。"（同上书）

3. 常住相似（nityasamā）。常住相似是敌论者诡称声与无常（非永恒）既然有恒常不分离之性质，那么亦可据此反立"声音是常住（永恒）的"论题。

〔1〕 这里所说的误难的次序，按陈那《集量论》所述。

如声显论破佛家的立量云“所谓‘声是无常的’。这种无常性在声音上常住的呢,还是无常的呢?如果是常住的话,那么.……具有这一性质的声便是恒常的了,因此应该说声是常住的;如果无常性不在声上常住,那么,由于无常性的不存在,声音也就成了常住的了。”[富差耶那:《正理疏》(Vātsyāyana Nayabhäsya),V・1・35经疏]。敌论者的这一反破采取偷换概念的手法,在对方的论题中偷加了一个恒常实有的“无常性”,并组织二难推理来非难,企图制造迷惑来取胜。然而明眼人不难发现,立论者所说的声之自性是指“本无今有,暂有还无”的一种非永恒的状态,而非敌论者所偷换的恒常实有的“无常性”,所以常住相似只是一种错误的论难,属于似宗过破(paksadūsanābhāsa)一类。

4. 无说相似(anuktisamā)。无说相似是难破者诡称立论者未说因前既无有因,则宗义就不存在了。假如声显论破斥佛家的立量说:“在理由尚未说出以前,其理由既然不存在,则声音自亦非无常。”在这里,敌论者玩弄了转移论题的手法,在立论者的论题里偷加了“未说前”这一层与原论题无关的意思,因此是似不成因破(asiddhahetuka dūsanabhäsa)。

5. 无生相似(anutpattisama)。无生相似就是敌论者以声音未显生前其因即无有法可依来非难而导致的过失。无生相似可分为两种:第一无生相似和第二无生相似。

第一无生相似属似不成因破(asiddhahetuka dūsanābhāsa)。如声论非难说:“声非无常,未显生前无勤勇所发因故。”意谓声在显发时虽然要凭借意志的不断努力,但在未显发时则无须借助意志的不断努力而存在。如此,声音在未显生前因既然无有法可依,则立者之因即是不成因(asiddnahetuka)。然而立论者的因本为正因,声显论以声未显生前其因无有法可依这一层外加的意思来难破,便陷于似不成因破了。

第二无生相似是似不定因破(anekantahetuka dusanābhāsa)。如声显论在作上述难破之外,又立相违决定量(samanyatodrista anumāna)云:“声常,非勤勇无间所发故,如虚空。”这就又自陷于似不定因破,因为这一反破乃基于一种错误的推导：声依勤勇显发可立为无常那么声若不依勤勇显发则应为常。对此，陈那批评说，由于敌论者的难破用了错误的反推方法故可导致结论的多样。[参见陈那：《正理门论》（Nyayadvara）Ⅱ·2·18D]因为由"非勤勇显发"因可推出常住性也可推出无常性，甚至可推出子虚乌有之物。如虚空，是常住的；如雷电，是无常的；如空中的莲花，是不存在的，而这三者皆非勤勇所显发。由此可知，敌论者用以反破的因乃是不定因（anekantahetuka），故这种反破乃是似不定因破。

6. 所作相似（Krtakatvasamā）。所作相似亦称果相似（Kāryasamā），就是敌论者以割裂因的涵义的方式来非难而导致的过失。如声生论者非难佛家的"所作"因说："瓶之所作与声之所作并不一样，瓶是绳纶所作，声是咽脐所作，故瓶之无常又与声何涉?"声生论这种割裂所作因的涵义，将它分为绳轮所作与咽脐所作等等，自然是不对的，因为立者之因的涵义具有整体性，如所作因，即是凡人工所作的皆在其列，而不必分出各种不同的造作方式和手段来，如果割裂因法的涵义来难破，则可逞臆而言，永无休止。所作相似分三种。

第一所作相似是似不成因破，上述例析即属此种。

第二所作相似是相违因破（viruddhahetuka dūsanābhāsa），如声生论非难说："声上的咽脐所作于瓶上无。"这是要将同品排除在因法之外。因法既于同品非有，而异品如果有或有非有，那就是相违因（viruddhahetuka）了；如果异品亦非有，那就是不共不定因（asādhärana）了。第二所作相似所欲非难的是前者。但是如上所述，因法是不容分割的，故声生论的难破乃是似相违因破。

第三所作相似是似不定因破，如声生论进一步难诘说："不仅同品瓶上无此咽脐所作，而且异品虚空上亦无此咽脐所作。因既于同品非有、异品非有，便是不共不定因。"然如上所述，敌者以分割因义的手法来难破是错误的，而异品非有本非过失，故声生论的指斥乃是不定因破。

7. 同法相似（sādharmyasamā）。同法相似是以异法为同法来颠倒成立矛盾从而形成的误难。如声显论非难云：你既以声与瓶都有勤勇无间所发性而说声也与瓶一样是无常的，那么我可以说，因为声与空都是无质碍的，故声与空都有常住性。此难的目的在于指斥立者之因为不定因。此时如果有人指出声显论用来破斥的无质碍因既包含具有常住性的同品虚空，也包含具有无常性的异品乐（即愉悦，愉悦是精神现象，是无质碍的），乃是不定之因，声显论会狡辩说，我正是通过不定因来破不定因，以显示彼此俱有不定之过。但如上所述，立者之因并未犯不定过，故敌者的破斥乃是似不定因破。

8. 异法相似（vaidharmyasamā）。异法相似就是以同法为异法来颠倒成立矛盾宗而形成的误难。如声显论难破云："你以异喻虚空上无勤勇所发性从而常住，来反证常既为勤勇所发就定是无常；我则认为同喻瓶子倒可作为异喻，因为瓶是无常而有质碍的，声既无质碍就应常住不灭。"这种以立者的同喻为自己的异喻以成立矛盾宗的难破，是以不定因"无质碍"为基础的，故是似不定因破。异法相似与同法相似是密切相连的，因为以同法为异法就必以异法为同法。

9. 分别相似（vikalpasamā）。分别相似就是敌论者通过分别同喻的差别义来难破而导致的过失。如声论非难说："同喻瓶由于有可烧制等属性故而无常，然声却不是这样，无可烧、可见之属性，故声应是常住。"分别相似与上述同法相似、异法相似有共同点，都是通过颠倒所立来成立矛盾宗的，而且其因亦包含同、异二喻，是不定因，故敌者的难破亦是似不定因破。

10. 无异相似（avisesasamā）。无异相似就是敌论者或以宗与喻的属性应无差异，或以宗与因的属性应无差异，或以二宗的属性应无差异来相难而导致的过失。无异相似分三种：

第一无异相似是似不定因破，如声显论非难说："你既然以瓶喻声，则瓶上的诸属性如可烧、可见等于声上亦应一一皆有。"此即宗喻应无差异的意思。甚至更进一步说："如此，则一切事物可互为同类而成一体，因为一切事物都是可知的。”非难者当然也知道宗喻无异乃至一切事物的属性皆无异是不可能的，他之所以要如此反破，旨在强调瓶与声之不同，以抑制立论者的比量。但立者的比量本无过失，故敌者的破斥是似不定因破。

第二无异相似是似不成因破，如声显论非难道：勤勇无间所发因与无常宗都有不恒常的意思，故以此因证此宗，无异于以无常证无常，有宗因无别异的过失。按此种非难，立者的宗因既无别异，其因便是不成因。但立者之因本是正因，故声显论的难破是似不成因破。

第三无异相似是似不定因破，如声显论非难说：“勤勇所发因如能成立声无常宗，就也可以用来成立声常宗；因为声与瓶共有此因，然声非烧制而瓶是烧制成的，由此，声是勤勇所发自成其常，瓶是勤勇所发可可.成无常。”声显论以同一勤勇所发因去成立一对矛盾宗，使之无异，其所据的“不可烧”因乃是不定因而已，故是似不定因破。

11. 可得相似（upalabdhisamā）。可得相似就是敌者在立者以因证宗时横加指斥，说立者的宗用其他因法亦可证得的误难。可得相似分为两种：

第一可得相似是似不定因破，如声显论非难说：“勤勇所发因非是正因，因为自然界的闪电、日光等就不是勤勇所发的，却也具有无常性，如此，则可知勤勇所发因不一定是无常宗的正因，由‘现见’等因亦可证知无常性。”声显论以因法没有周遍同品为由来难破是毫无道理的，因为因只要于同品定有即可，而不必一一遍有，故声显论的非难是似不定因破。

第二可得相似是似不成因破。如声显论又从因未能周遍宗上有法的角度进行难破，说勤勇所发因之所以不能成为无常宗的正因，主要是它未能周遍宗上有法声中的外声（自然界的声响），因为外声不是勤勇所发的。声显论的这种指责亦是站不住的，因为双方所诤的原本限定在内声（语言）的范围内，立论者并无以勤勇所发因去成立一切声皆无常的意思，故声显论的难破是似不成因破。

12. 犹豫相似（samsayasamā）。犹豫相似就是敌论者分别宗法的差别义或因法的差别义来难破而导致的过失。犹豫相似有两种：

第一犹豫相似是不定因破。如声显论以同时分别宗因二义的方法来难破:“勤勇所发因有显发义和生起义之不同,无常宗也有隐显和生灭的区别。你所要成立的无常究属何种?是说声和瓶乃勤勇所生,故是生灭无常呢?还是像井水那样由勤勇所显(意即井水原来就在地下,只是经过人们不断的努力打成井,使之由隐而显罢了),故是隐显无常呢?所以不应以并非单一意义的勤勇所发因来证成意义同样并不单一的无常宗。”或者声显论通过单纯分别宗义的方法来难破,说:“无常可分为生起无常和灭坏无常两种,勤勇所发因究竟要成立哪一种?”这两种难破都是错误的,因为立论者之因并不是以生起之义来成立灭坏无常,而是不论生出或是显发皆可证成灭坏无常,而灭坏的过程自然包括从生出到灭坏的整个过程。声显论通过分别宗义企图将立者之因归为不定之因,结果自陷于似不定因破。

第二犹豫相似是似不成因破。如声生论通过分别因义难破道:“你所说的勤勇所发因是取其生出义还是取其显发义?如取生出义,此因可证成声和瓶,但不能证成井水;若取显发义,此因可证成井水,但不能证成声和瓶。总之,此因有一分不成之过。”声生论的这一难破也不成立,因为立者是从整体上说勤勇所发因的,可包含声、瓶、井水等一切由人的努力使之生出或显发者,而不容割裂肢解,故声生论的难诘是似不成因破。

13. 义准相似(arthapattisamā)。义准相似就是敌论者以歪曲了的义准量来指斥立论者的因是不定因而导致的过失。义准量相当于现代逻辑中的假言换质换位律(law of contraposition)。如说“凡勤勇无间所发者皆无常”,按义准法,可反推“凡非无常(即常住)者皆非勤勇无间所发”,这是正确的义准量。然声显论却歪曲地动用义准量非难说:“既然凡勤勇无间所发者是无常的,那么非勤勇无间所发者如雷雨等就应是常住了!”这样的非难是似不定因破。

14. 生过相似(prasangasamā)。生过相似是敌论者以立论者比量中之同喻尚未得到证明相难而导致的过失。如声生论者非难说:“你说同喻瓶子上也有无常的属性,又有何因可予证明?”这是将同喻瓶的无常属性置于尚未证明的地位，然而立论者的同喻本属双方共许，其无常的性质凭借经验（如将瓶子打碎）即可证明，无须另因证成，所以声生论的非难是毫无道理的，是似喻过破（drstanta dūsanabhāsa）。

因明中涉及的语用学研究当不止本文所述，限于篇幅，不遑一一论列，然仅从上述语用研究的内容即足以看出因明对语用问题的重视程度了。

（原载《哲学研究》1998 年第 1 期）

Pragmatics of Hetuvidyā

(沈海燕译)

European Journal for Semiotic Studies Revue Européenne d'Études Sémiotiques Europaische Zeitschrift fir Semiotische Studien

Vol. 10 (3) 1998

SHEN Jianying

Pragmatics of Hetuvidyā

Summary: This paper surveys the theory of pragmatics of Buddhist Hetuvidya to comply with the need of logical debate, Hetuvidya concerns greatly the use of pragmatics. It sums up a set of pragmatic rules for debate, viz., the rules of selec tion of difference (jian bie), in terms of content and of form, from which derive distinctions among three types of anumana (inference). Furthermore, it provides a four-dimensional pragmatic model for language-communication, elaborating the relations of variousfactors in the process of language transmission during argumentation. The pragmatic fallacies which occur during debates are also exposed in depth by Hetuvidyā Résumé: La pragmatique du Hetuvidyā Dans cet article nous examinons la théorie pragmatiste du Hetuvidya bouddhiste. Pour les nécessités du debat logique le Hetuvidya insiste sur l'utilisation de la pragmatique et dresse une série de règles pragmatiques à utiliser dans ce débat, à savoir: les règles pour la sélection des différences (jian bie) en termes de contenu et de forme, d'où dérivent des distinc tions entre trois types d'anumana (inférence). En outre il fournit un modele pragmatique quadri-dimensionnel pour la communication linguistique et élabore les relations de différents facteurs du processus de la transmission par le langage pendant l'argumentation. Les raisonnements fallacieux qui surviennent au cours des débats font aussi l'objet d'un examen minutieux dans le Hetuvidyā.

Hetuvidyā originates from Indian logic for debate. One may utilize it fon "self realization" from which the inference derived, is purely the activity of thinking, therefore. it is called the anumana for self (Skt., svarthanumana; Ch., weizibilian). Nevertheless, the major function of Hetuvidya is to "enlighten others", i.e., to carry out argument and objection in de bate, therefore, it is called the anumana for others (Skt., pararthanumana; Ch., weita bi liang).

Whereas Hetuvidyais mainly applied for the logical debate, and very much concerns the pragmatic problem, it has detailed elaboration on the pragmatic rules for debate. In addition, it builds up a four-dimensional pragmatic pattern in terms of language-communication, and exposes a se ries of pragmatic fallacies.

The pragmatic rules for debate

The pragmatic rules for debate are mainly embodied by the selection of difference (Skt., Matrata; Ch., jian bie). Matrata is for distinguishing the similarity and distinction of things, so that differences can be demon strated, from which selections can be made. There are two forms of Matrata, one is "not to prescribe a term limit", and the other is "to prescribe a term limit".

1. The Matrata that is "not to prescribe a term limit" refers to the estab

lishment of the proposition of argument (Skt., paksa; Ch., zong) and of the premise (Skt., betu; Ch., yin)[1] and of the example (Skt., drstanta; Ch., yu yi) according to certain pragmatic rules, but in formality, it is "not to pre scribe a term limit". For instance, Hetuvidya defines the establishment of the proposition of argument as "according with one's own intention" without having to take the opposition of others into account. Hetuvidya classifies the proposition (Skt., siddbanta; Ch., zong yi) into four kinds:

a. Bian suo xu zong. This means that the proposition of argument is ac cepted unanimously by everyone. For example, it is nonsensical to assert an argument that "Eyes can see things", for it is known to all.

b. Xian yebing zong. This is to establish the argument based on the doctrine of one's own school, which is for the audience of one's own school. For example, in regard with the Buddhist doctrine "All dharmas are void", it would be senseless for the purpose of debate if this argument were asserted byone of the Buddhists in confronting the other Buddhists.

c. Bang ping yi zong. This refers to the person who intends to convey his viewpointthrough different meanings implied in his argument. For example, the proposition of argument asserted by the Buddhist "Sound is impermanent" intends to reveal the meaning of "non-self" (anatman) through the view of "impermanence". Such a proposition (siddhanta) is not valid either, since it is too obscure.

d. Bugu lun zong. This is to assert the argument only in compliance with one's own view without giving consideration to the objection of one's opponents. Such a proposition is substantial in the case of debate, there fore, it is the most recommendable one.

After the above differentiation, it is clear that the first three types of propositions (Skt, siddhanta; Ch., zong yi) are not worth establishing since there is no significance in terms of argumentation, and that the last one appears to be the only choice. This is the type of activity of Matrata. This kind ofaccepting and rejecting certain types of siddhanta, in the case of contending with the opposite side, demonstrates a type of pragmatic rule for debate, i.e., the proposition of argument asserted by the two combating sides has to entail the efficacy of disputation. Whoever violates this rule, i.e., asserts one of the first three types of siddhanta, would be ridi culed and defeated automatically.

Furthermore, in Hetuvidya, there is a stipulation in establishing the premise which consists of the reason (or justification) (Skt., betu; Ch. yin) and similar example (Skt., drstanta; Ch., tong yu yi). In contrast with the rule for the establishment of the proposition of argument, the establishment of the premise cannot be based on one's own view, but is required to be acknowledged by both of the contending sides. For instance, to confront the view held by the school of sbeng lun (Sabdanityatavadin, sound without extinction)[2], the Buddhist asserts:

Sound isimpermanent (proposition, Skt., paksa): it is because of its property of being originated (reason, Skt., betu), just like the bottle (example, Skt., drstanta).

In this argument, the proposition is what the Buddhist advocates and the Sabdanityatavada opposes; the reason (betu) and example (drstanta) are accepted by the two contending sides. Hence, in this demonstration, the proposition and premise conform to the pragmatic rule of debate. The founder of the Middle Indian Logic, named Dinnaga (Ch., Chen Na, approx. 400 – 480BC) said that the bu gu lun zong represents the rule which is to assert the proposition according to one's own view; in the meantime, the premise (reason and example) are not formed by one's own view, but by the acceptance of two sides. This is the point that has to be made clear. He especially employed the word "only" (Skt., Matrata; Ch., wei) to place emphasis upon the significance of distinguishing different properties be tween the proposition (Skt., paksa) and the reason and example (Skt., betu and drstanta[3]). This is the most authoritative illustration of the pragmatic rule of the premise (i.e., hetu and drstanta).

In Hetuvidya, the method of strictly distinguishing the characteristics between the proposition, which is established with one's own view, and the reason and example, which have to be acknowledged by both parties, is cate gorized as the Matrata. Of course, this is only the internal Matrata, i. e., formally, it is "not to prescribe a term limit". In the following discussion, we shall analyze the kind of Matrata that is "to prescribe a term limit".

2. The Matratathat is "to prescribe a term limit" refers to the term limit prescribed for the proposition, reason and example, in order to reveal the nature of anumana (Ch., bi liang)[4]. Of course, this pragmatic method is subject to the pragmatic rule of debate. For the convenience of illustration, it is necessary to introduce the differences between existence (Skt., bhava) and non-existence (Skt., abhava), as well as the three kinds of anumana (bi liang).

Existence (bhava) and non-existence (abhava) are not referred to as objective reality, but as subjective differentiation. For instance, to oppose the Buddhist, the Samkha school asserts the proposition "The soul (Skt., atman) is permanent". To the Buddhist, the notion of "soul" embodies non-existence, because he does not admit that there is an atman. Another example concerns the issue of "space". The Vaisesika school holds that "space" is existent, and the Sautrantika school of the Sravakayana main tains that "space" is non-existent. If the former asserts the argument that "Space is existent" in order to confront the latter, the notion of "space becomes the notion of non-existence (abbava)"

The rule in Hetuvidya is that, for both the contending sides, whoever usesthe notion ofnon-existence (abhava) without prescribing a term limit, would lose himselfin fallacy. Although the requirement is quite strict, it is based on the need in debate. Since the purpose of debate is to enlighten others and to defeat the enemy, it is very important for the combating par ties not to impose their views on others, in other words, the concept ap plied has to beacknowledged by both sides. This can also be considered as the convention founded on the law of identity. Sometimes in practice, however, it is quite difficult to comply with this rule. One may utilize a certain conception that is only sanctioned by one party, in composing the proposition of argument, hence there appear the svarthanumana and parartbanumana. The svartbanumana refers to the concept, appearing in the demonstration, that is only approved by the challenging party. The pararthanumana refers to the concept, appearing in the demonstration that is only acknowledged by the opposite party. In brief, as long as there appears one notion that is either self-acceptance or other-acceptance, the nature of the whole demonstration is rendered to be either the former or the latter. However, it is untenable to use the concept of self-acceptance as well as the notion ofother-acceptance in one demonstration, for the nature ofan anumana should be coherent and determined, so it is the same with regard to the function of the svarthanumana and pararthanumana. The svarthanumana serves to propagate the idea of one's own school; the pararthanumana aims at refuting the contrary views of another school- these two anumanas are differentiated fundamentally, and are not allowed to be confused. Furthermore, there is another anumana, called common anumana (Ch., kong biliang) in which all concepts (i.e., the four concepts that are applied to the subject, predicate, reason, and similar example) are sanctioned by the two contending parties. This is the most standard type of anumana. Nevertheless, it contains both functions for establishing one's own views as well as for refuting others.

In view of the above first two anumanas, because they contain the notion of non-existence, it is indispensable to prescribe the term limit like "zi xu" (I hold) or "ju zhi" (you insist); otherwise, one would commit a fallacy with regard to the third anumana, as it contains no concept of non existence, normally, it is not essential to prescribe a term limit. But for the purpose ofreinforcing one's argument, one may also prescribe a term limit to show that one's anumana is founded upon the truth. From these three anumanas, there resulted three pragmatic rules in terms of Matrata.

(1) If it is the svarthanumana, a term limit "I hold" has to be prescribed which is taken as a mark for this anumana.

(2) If it is the pararthanumana, a term limit "you insist" ought to be prescribed, which is taken as a mark for this anumana.

(3) If it is the common anumana, it is not necessary to prescribe a term limit to distinguish the difference. However, the term limit such as "the supreme truth" and so on may also be prescribed in order to stress that this anumana is founded on the truth[5].

Further explanations are provided in the following examples (the phrases in brackets in the beginning and middle of the sentences are the term limit).

(1) The example of distinguishing the difference in svarthbanumana. Suppose, to confront the Buddhist, the Vaisesika school asserts:

(Isay) Space is existent, (argument; Skt., paksa; Ch., zong)

Becauseit is (you insist) the substance which the property depends on, (reason; Skt., hetu; Ch., yin)

Such as (what I say) the concept of category and relation of genus and its species. (similar example, Ch., tong yu)

This is the typical svarthanumana, for "space", "the substance the prop. erty depends on", and "the concept of category and relation of genus and its species" are the notions of the challenging side, but are rejected by the Buddhist.

This is why it is essential to prescribe a term limit to reveal the characteristic of svarthanumana, otherwise there would be error in all three branches ofthe argument, reason, and example. And yet, one might choose a succinct method of only prescribing a term limit at the beginning of the argument, and omit the rest for the branches of the reason and ex ample.

(2) The example of distinguishing the difference in pararthanumana Suppose, to refute the Samkha school, the Buddhist asserts:

(What you say about) atman is not permanent, (proposition)

Because it belongs to (what you claim) the twenty-five categories, (reason)

Just like (in your twenty-five categories) the "big" (dai) which manages psychological function. (similar example)

This is a typical pararthanumana. The Buddhist disagrees with and criti cizes thetwenty-five truths, which are advocated by the Vaisesika school. In his critique, quoting certain notions of the opposite side is unavoidable thus, a term limit has to be prescribed to show that it is the pararthanu mana. By doing so, one is able to avoid many troubles. Of course, the term limit prescribed can also be omitted like the above mentioned, and only be placed at the beginning of the argument.

In the matter of distinguishing the difference in the common anumana, in most cases its examples concern profound philosophical issues, explanation isimpossible in a few words. Therefore, we are not going to present any examples here.

To prescribe a term limitin form which is on the basis of the pragmatic rules for debate, is the particular method of restriction that is only engaged in Hetuvidya. It is advantageous in defining the nature of conception and anumana, prevents the drawback of imposing one's views on others, by which one could find oneself in a tight corner; and enables the debate to proceed n due order.

However, it is not unusual for someone to use this method of Matrata in debate to serve his sophistry, which is manifested mainly by palming the svarthanumana off as common anumana in raising the status of the anumana he presents. Due to the limited space, we are un able to offer a detailed description.

A six-dimensional pragmatic model for debate

Hetuvidya as the logic for debate, is also concerned with the relation of various factors in terms of language communication between the chal lenger and his opponent. Hetuvidya epitomizes the relationship of the two contending parties as shengyin, (the cause that originates) and liao yin (the cause that leads to a result). In argumentation, sheng yin embodies various factors ofenlightening others, including yan sheng yin (yan means language), yisheng (yin yi means meaning), and zhi sheng yin (zhi means wisdom); liao yin represents various elements by which the person is able to realize things, consisting of yan liao yin, yi liao yin, and zhiliao yin. In Hetuvidyathese sixelements are called the six causes (Skt., sad dhetavab) Although we can already detect the embryo of the six causes in Dinnaga's writing, the systematic theorization of them is possibly brought forward by Xuan zang (660 – 664) and Kui ji (632 – 682). The following is a brief introduction on the exposition of the six causes in Kui ji's book Yin ming ju zheng li lun shu (Commentary on Nyaya pravesa).

1. The definition ofthe six causes

In the theory of the six causes, sheng yin takes yen sheng yin as the "major origination" (zheng sheng), and the zhi sheng yin and yi sheng yin, the"minor origination" (jian sheng). Because, in the whole process of confrontation, the reason and example, which are presented by language, are the fundamental tools in enlightening others, since thought cannot be grasped without being revealed by means of language. However, the challenger's language and behavior are subject to his own "knowledge of speech". Because "knowledge produces speech", zhisheng yin refers to the knowledge that composes the reason and example. With the challenger's knowledge, he uses language to state the reason. It is obvious that the inherence of the sentences signifies meanings, which are classified as yisbeng yin.There are two aspects concerning the meaning: one is related to the initial meaning contained in sentences, and the other is in regard to the meaning, signified by sentences, which the opponent and witness understand. Compared to the firstsheng yin, the last two ones are in a weak po sition, therefore, they are considered as the "minor origination".

As in the case ofliao yin, chi liao yin is in a principal position, and yan liao yin and yiliao yin are less important. Zhi liao yin designates the wis dom and knowledge of understanding the proposition (siddbanta), which results from the opponent's and the witness's ability to comprehend the reason and example expressed by the challenger. Because the goal for the challenger to dispute (Skt., vada) is to enlighten others. Others would fi nally grasp the meaning in discourse with their power of wisdom, which is exactly the goal of vada That is why the major unity under the category of liaoyin is zhiliao yin. Nevertheless, it relies on the two other causes as its prerequisite. Socalled yan liao yin refers to the challenger, who, by means of the reason and simile, causes the opponent and witness to understand what is being established. Yiliao yin refers to the implication the opponent and witness are empowered to realize, through the reason and simile conveyed by the speech of the challenger.

2. Relationship of cause and effect among the six causes

Among the sixcauses, there are several layers of the connection in terms of cause and effect. Firstly, sheng yin is the cause for liao yin, in which the zhi sheng yin is considered as the fundamental cause. Because only when the challenger is endowed with wisdom and knowledge, can he clearly express his thinking, and communicate by means of language. Hence, zhi sheng yin is the cause that produces the other two causes. Consequently, yan sheng yin andyisheng yin become the effect of zhi sheng yin, but the cause of zhi liao yin. Secondly, from the perspective of liao yin, yen liao yin and yi liao yin are the cause of zhiliao yin, and vice versa, the last one comes to be the effect of the firsttwo. Thirdly, in view of the two causes of yan and yi, they are designated by the dual relation of the cause and the effect. In what concerns language as manifesting meanings, language (yan) functions as the cause, and yiserves as the effect; from the angle of the meaning which leads to the origination of language, meaning (vi) is the cause that can produce and language is the effect that is created. With such connections, a plural relation of cause and effect among the six causes comes to be constructed.

3. On the basis of delimiting the six causes, four units, and their formality

According to Yin ming ju zheng li lun shu, sheng yin and liao yin are defined on the basis ofthe different effects at which they arrive. In the light of the above description, in the six causes, the yan sheng yin and zhi liao yin are the essential causes; but in the broad sense of the cause, these two become different effects, i.e., the former is the effect in sheng yin (sheng guo) and the latter the effect in liao yin (liao guo) respectively. According to these different effects, the broad sense of the cause is divided into sheng yin (the cause that originates) and liao yin (the cause that leads to a result), from which both are subdivided into three types of causes, including yan (language), yi (meaning), and zhi (wisdom) respectively, adding up to the six causes. The distinction of these six causes is founded on the basis of differences of the pragmatic function. Kui ji asserts, however, that although the pragmatic function can be divided into the six causes, in practice, it actually consists of four kinds, for the speech and its meaning, sent by the challenger, are exactly the information that is received by the opponent Therefore, yangsheng yin, yi sheng yin and yan liao yin, yiliao yin can be united into two units, and together with zhi sheng yin and zhi liao yin, add up to the four units. In view of the six causes and four units, the following is their pragmatic formality:

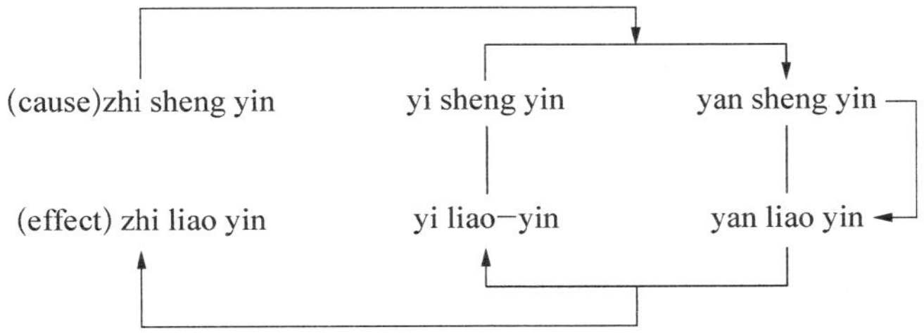

The studies of the causes in a broad sense by Xuan zang and Kui ji contrib ute to the development of Hetuvidya, but, because of the limitation of time, their theory is not yet perfect in terms of clear definition and thorough demonstration.

Firstly, as the cause in a broad sense, does it point to the reason and simile in syllogistic formality or to the whole formality including three sorts of proposition: in argument, reason and simile? In the light of Kui ji's elucidation of yan sheng yin, supported by the quotation from the scripture Nyaya pravesa (Yin ming ju zheng li lun), written by Sanakarasvamin (around the 6th century), which says: "The argument and the rest of the branches are named as being able to establish (neng li). These branches (i.e., argument, reason and simile) demonstrate to the questioner the theme that has not been understood"[6], the cause in a broad sense should be totally formal. This point is once again evidenced by his definition of the zhi shengyin. Hesays: "Zhisheng yin refers to the wisdom of speech by the person who asserts an argument. It is these branches which directly cause others to understand."[7] Based on the above citation, there seems no doubt that yan sheng yin is equivalent to the whole formality of demonstration. But it is not so when we see him defining yan sheng yin as "the reason and so on that can establish" in Yin ming ju zheng lun sbu. Furthermore, when he explainsthe yan liao yin, he states that "it is the speech, the person who asserts the argument, that can establish (neng li), and because of this speech, the opponent and witness are capable of comprehending what is established (suoli).[8] His statement gives us the impression that it excludes the proposition of argument. In addition, he speaks of neng li and suo li in opposite terms, the former obviously only refers to reason and simile (i.e. premise) which establish the argument (i.e., suo li). There are two aspects as far as the neng li is concerned: one indicates the whole formality of demonstration, such as the neng li in the above citation from Nyaya pravesa; one refers to the ground of argument, i.e., reason and simile. In this context, Kui ji talks about the neng li in contrast with the suo li and there should be no doubt that it refers to the reason and simile. To be more clear, he makes an assertion "what is neither sheng yin nor liao yin is predi cated to the argument that is established"[9], which explicitly eliminates the argument from the sheng yin and liao yin. Apparently, his studies of the cause in a broad sense are not very thorough.

Secondly, grouping the six causes into four units fails to be accurate. Originally, the distinction of the six causes consists of a perfectly exact model of the sixcauses. After the formality, however, is reduced to the fourunits, itunavoidably becomes incomplete. Whereas the speech of the person who asserts the argument and the message the opponent receives often differ somewhat. Meanwhile, the message signified in the speech of the person who asserts the argument is not precisely the meaning the opponent understands. Therefore, it is not appropriate to reduce the six causes into the four units, which also conveys the incompleteness of his theory on the six causes.

Pragmatic fallacy in argumentation

The study of fallacy made in Hetuvidya is a huge and complex system which concerning the analysis of pragmatic fallacy focuses on elaborating erroneous objection (Skt., jati) which means that even though the challenger does not commit any fault, the opponent, nevertheless, with various sophistic words, accuses his demonstration of being invalid. This kind of objection causes the opponent himself to be responsible for a fallacy of irrelevance, which is rendered as the pragmatic fallacy. Dinnaga, who classifies erroneous objections into six categories and fourteen kinds (further divided into twenty-one kinds), epitomizes the theory of jati in ancient India. In the following, we shall give a detailed description of the fourteen kinds (further divided into twenty-one kinds) of erroneous objections Din nāga summarized, with examples of the issue of whether or not sound is eternally existent which is debated between the Buddhist and the Sound Group (Skt., Sabda; Ch., Sheng lun pai).

Sabda is not an independent philosophical group. It is divided into two subgroups of Sound Manifested (Ch., Sheng xian lun) and Sound Originated (Ch., Sheng sheng lun). The former belongs to the Mîmāmsā and Vedanta, and it is unknown to which philosophical group the latter belongs. Sound Manifested holds that sound (referring to language) is permanent without extinction. It contains three elements: the first is through the throat which generates sound; the second is the meaning that exists preceding sound; the last is the object at which sound is directed. Although the speech sound the person generates disappears instantly, the meaning it signifies permanently remains without extinction. In addition, because of the meaning that exists preceding sound, sound (speech) can be manifested under the condition of continuous effort of will. Hence, Sound Manifested asserts that sound has no beginning and end, i.e., neither is there a time when itis produced nor extinguished. Sound Originated also declares the permanence of sound (language), but differs slightly from the former by claiming that sound has beginning but end. They admit sound is originally non-existent, but becomes permanent without extinction after it is created under certain conditions (as when a person talks). The ideas of these two sub-groups are criticized by the Buddhist as well as by the other schools of Brahmanism, such as Nyaya, Vaisesika, and Samkha. They unanimously agree that sound is impermanent. For instance, to challenge Sabda, the Buddhist asserts two anumanas. The anumana that opposes Sound Manifested is:

Sound is impermanent (paksa),

because of its property of being manifested by the continuous effort of will (betu),

like a bottle (similar example), like space (dissimilar example).

The anumana that opposes Sound Originated is:

Sound is impermanent (paksa),

because of its property of being originated (hetu) like a bottle (similar example), like space (dissimilar example).

These two anumanas are basically the same in terms of the content except the betu branch. The reason the Buddhist chooses different hetu is due to the need ofargumentation. Because if he uses the hetu of "being originated" in confrontation with Sound Manifested, who never admits that sound (language) is generated, then the identity of notions cannot be reached; if inopposing Sound

Originated, he uses the betu of "being manifested by the continuous effort of will", a common consent can also not be obtained because the latter holds that sound (language) is a man-made product. Thus, when the Buddhist asserts anumana, he has to present different betu to the particular audience so that the identity of notions may be acquired. Of course, such a painstakingly organized demonstration would not necessar ily obtain the agreement of the opponent. Suppose the Sabda is unwilling to accept failure and tries to retort with various sophistic words, he then leads himself into fourteen kinds of erroneous objections or refutations summarized by Dinnaga, which are to be described one by one.

1. Tbe identity between reaching and non-reaching (Skt., praptyapraptisama; Ch., zhi fei zhi xiang si)

Praptyapraptisama refers to the fallacy commited by the opponent, who objects to the challenger's hetu (equivalent to the middle term in syllo gism), bysaying whether or not it covers (Skt., sambhava; Ch. zbou bian) a subjectterm (Skt., dharmin, Ch. you fa), it cannot function to establish the proposition ofargument (Skt., paksa; Ch., zong). Suppose Sound Mani- fested retorts: "If betu encompasses dharmin, then there is no distinction between these two terms, just as river-water is no longer different from sea-water when it flows into the sea; if hetu cannot encompass dharmin, then whose betu is this?"[10] This is a dilemma consisting of an irrelevant premise, the principle can just as well be applied to the opponent himself. Hence, to refute the opponent with his own method, Vasubandhu (around 320 - 400) counter-charges: "If your objection has reached my proposition, then it should beidentical with my proposition. How could you discredit my proposition? If my proposition has not been reached, then in turn, your own proposition is discredited."[11] This is a rather profound criticism about the identity between reaching and non-reaching.

2. The identity of non-hetu (Skt., abetusama; Ch. wu yin xiang si)

Abetusama refers to the fallacy committed by the opponent, who objects to the challenger's betu by saying that whether it is proposed, before or after or simultaneously, if the paksa is asserted, it cannot be sanctioned. Presumably, to refute the Buddhist, Sound Manifested asserts an anumana: "If this betu is proposed before the paksa is asserted, then, since the paksa is to be asserted before being composed, what is the object for which the betu establishes itself? If the hetu is proposed after the paksa then, since the paksais already established, why does it need hetu for its establishment? If the hetu and paksa are asserted simultaneously, then they are like ox horns, standing left and right, mutually independent." This pragmatic fallacy of the identity of non-betu results in a drawback of "self-contradiction", for the absurd premise of non-betu in the past, present, and future times canin turn be applied to the opponent himself, the aspect which is pointed out sharply by Vasubandhu. He states: "If your objection precedes my setting forth the argument, then, since my argument is not present, your objection has no object. If your objection follows my setting forth theargument, then, since my argument has already been established, what is the use of your objection? If you say you have already understood my objection, which is why you take my objection to retort to me, then I can still counter-charge you by exposing your opinion, and not constituting my proposition according to your objection."[12]

3. The identity of permanent abiding (Skt., nityasama; Ch., chang zhu xiang si)

This refers to the fallacy committed by the opponent, who declares in a sophistic way that since sound and impermanence have the property of eternal non-separation, then, according to it, one can also conversely assert the proposition of argument: " Sound is eternally abiding". For example, to re fute the Buddhist, Sound Manifested establishes an anumana: " So called Sound is impermanent, is this property of impermanence eternally or non-eternally abiding to sound? If it is eternally abiding, then sound that has this property should be eternal, with which one should say that sound is eternally abiding; if the property of impermanence is not eternally abiding to sound, then, because of the non-existence of the property of impermanence, sound should become permanently abiding."[13] This counter-charge by the opponent resorts to the method of disguised substitution of concept adding clandestinely onto the proposition of the opposition a no tion of "the property of impermanence" which is eternal and substantial. Furthermore, heformulates a dilemma to make an accusation, intending to win victory by provoking a confusion. Still, it is not difficult for the clear minded person to notice that the property of sound indicates a kind of im permanent state of affairs, which implies "It is originally non-being but comes into being presently; it is temporarily existent but returns to non-existence." In other words, it is not the "property of impermanence" which is eternal and substantial, as is inferred by the opponent, who has covertly substituted one concept for another. Therefore, the identity of permanentabiding is only a erroneous objection, which is predicable of the objection ofapparently erroneous paksa (Skt., paksa dusanabhasa; Ch., si zong guo po).

4. The identity of non-speech (Skt., amuktisama; Ch., wu shuo xiang si)

This refers to the opponent who claims in a sophistic way that since there is no hetu before it is proposed by the challenger, then paksa does not exist either.

Suppose, in order to refute the Buddist, Sound Manifested asserts an anumana: "Before the above reason has been stated, since the reason is not existent, then sound is also non-impermanent." In this case, the oppo nent plays a trick bychanging the argumentative issue, and inserts covertly in the challenger's argument a layer of "before speaking", the meaning which is irrelevant to that of the original argument, making it the refuta tion of apparently illegitimate hetu.

5. The identity of non-origination (Skt., anutpattisama; Ch., wu sheng xiang si)

This refers to the fallacy committed by the opponent, who accuses that the hetu has no dharmin (a subject term) to rely on before sound is manifested. There are two types of the identity of non-origination

(1) The identity of non-origination is categorized as the objection of apparently illegitimate betu (Skt., asiddhabetuka dusanabhasa; Ch., si bu cheng yin po). For instance, Sound Manifested may make the objection "Sound is notimpermanent, because, before it is manifested, there is no betu of being manifested by the effort." It means when sound is being manifested, though it relies on the continuous effort of will, its existence, however, does not need such a condition. So, before sound is manifested since the betu has nodharmin to rely on, the challenger's hetu is judged to be the illegitimate one (Skt., asiddhabetuka; Ch., bu cheng yin). Actually, the challenger's hetu is a legitimate one, and when Sound Manifested makes an accusation, by inserting an additional meaning about the betu that has no dharmin to rely on before sound is manifested, he falls into the objection of apparently illegitimate betu.

(2) The identity of non-origination is categorized as the objection of ap parently uncertain betu (Skt., anekantabetuka dusanabbasa, Ch., si bu ding yin po). Suppose Sound Manifested, besides the above objection, asserts a further

contrary anumana to balance (Skt., samanyatodrsta anumana; Ch., xiang weijue ting liang), by saying: "Sound is permanent, not being mani festedbythe continuous effort of will, like space." This anumana falls into the objection ofapparently uncertain hetu, for this counter-charge is based on an erroneous inference: sound can be established as impermanent which relies on the effort of will for its manifestation, on the contrary, if sound does not rely on the effort of will for its manifestation, it should be considered as permanent. Dinnaga criticized such an inference, stating that the wrong counter-inference, which is employed by the opponent for his objection, can result in a multiple conclusion.[14] Because from the betu of "not being manifested by the effort of will", the property of permanence as well as that of impermanence can be inferred, even something unreal can beinferred. The property of permanence is embodied by space; impermanence, thunder and lightning; the unreal, the lotus in air. These three conclusions are not manifested by the effort of will, from which we know that the betu used by the opponent for his counter-charge, is the uncertain betu (Skt., anekantabetuka;Ch., bu ding yin), rendering this type of counter-charge the objection of uncertain betu.

6. The identity of what is produced (Sk., krakatvasama; Ch., suo zuo xiang si)

It is also called the identity of the effect (Skt., karyasama; Ch., guo xiang si), referring to the fallacy committed by the opponent, who makes an ac cusation by dissociating the meaning of the betu. For example, to refute the betu of "what is generated", proposed by the Buddhist, Sound Created argues: "What makes a bottle is not the same as what makes sound, for the formeris made byusing the tools of rope and wheel, and the latter the effort from throat and navel. Thus, has the impermanence of a bottle anything to do with sound?"

This kind of way of dissociating the meaning of the hetu of being originated, used by Sound Created, is undoubtedly wrong, for the meaning of the challenger's hetu is constituted as a whole, such as the betu of what is being generated, which includes everything that is man-made, i.e., it does not need to separate different methods and means of production. If one objects by dissociating the meaning of betu, then one may say whatever one pleases. The identity of what is produced is divided into three kinds:

(1) The identity of what is produced is the objection of apparently illegitimate hetu, which is indicated in the above example.

(2) The identity of what is produced is the objection of contrary betu (Skt., viruddhabetuka dusanabhasa). Suppose, Sound Created objects: "What makes sound by the effort of throat and navel is not what makes a bottle." This is to exclude the similar example from betu. Since hetu is not contained in the similar example, and if, on the other hand, it is contained or partially contained in the dissimilar example, then it is contradictory betu (Skt., viruddbabetuka; Ch., xiang weiyin); if it is also not contained in the dissimilar example, then it is uncertain betu of neither example (Skt., asadharana; Ch., bu gong bu din yin). What this second type of objection is directed atis the former, but as it is stated above, betu is not allowed to be separated, so the objection made by Sound Created is classified as the objection of contradictory hetu.

(3) The identity of what is produced is the objection of uncertain betu (Skt., anekantabetuka dusanabbasa; Ch., si bu din yin po). For instance, Sound Originated further objects: "Not only the 'bottle' in the similar example, but also 'space' in the dissimilar example, have no such production by the effort of throat and navel." Since the betu is not contained in the similar example, nor in the dissimilar example, it is definitely the uncertain betu of neither example. As indicated above, it is obviously not right for the opponent to make an accusation

by using the method of dissociating the meaning of betu, for it is not a fallacy for the hetu not to be included in the dissimilar example. Therefore, the objection which is made by Sound Originated is the objection of uncertain hetu.

7. The identity of similar example (Skt., sadharmyasama; Ch., tong fa xiang si)

This is an erroneous accusation formed by taking the dissimilar example as thesimilar example, by which a contradictory paksa is asserted in a converse way. Forinstance, Sound Manifested argues: "Since you insist that sound is the same as a bottle, which are both impermanent, based on the fact that both of them have the property of being manifested by the continuous effort of will, then I could also say since both sound and space are not materially hindered, they should possess the property of being permanently abiding." The purpose of this objection is to accuse the challenger's betu of being the uncertain hetu. If someone points out, at this moment, that the betu of non-material hindrance that Sound Manifested uses to re tort, which, since it entails both the similar example about space which possesses the property of permanence and happiness which has the charac teristic of impermanence, should be the uncertain betu, Sound Manifested probably would quibble by saying: I refute the uncertain betu by means of the uncertain hetu, in order to convey that both of them have the fault of uncertainty. But in fact, as described above, the challenger's hetu does not commit the fallacy ofuncertainty, which makes the objection of the opponent the refutation of apparently uncertain hetu.

8. The identity of dissimilar example (Skt., vaidharmyasama; Ch., yi fa xiang si)

This is the erroneous accusation, formed by taking the similar example as the dissimilar example, in order to establish a contradictory paksa in a con verse way. Suppose Sound Manifested counter-charges by saying: "In or der to prove the impermanence of sound which is rationalized by its prop erty of being manifested by effort, you use the dissimilar example of space which is permanently abiding because it is not manifested by effort; then say that the similar example of a bottle could in turn be taken as a dissimilar example: because a bottle is impermanent with material hindrance, sound should be permanent and undistinguished with its non-material hin drance." This type of argument, which establishes a contrary paksa by taking the challenger's similar example as his own dissimilar example, is based onthe uncertain hetu of "non-material hindrance, therefore, it is the refu tation ofapparently uncertain hetu. The identity of the dissimilar example is closely related to the identity of the similar example, for taking the simi lar example as the dissimilar example inevitably results in taking the dis similar example as the similar one.

9. The identity of differentiation (Skt., vikalpasama; Ch., fen bie xiang si)

This is the fallacy derived from the opponent who refutes through differt entiatingthe disparity of the meaning of the similar example. For example, the Sabda argues: "A bottle, in the similar example, because of its feature of being made by fire, is predicable of impermanence, sound, on the other hand, since its feature is not being man-made and not being seen and so on should bepermanently abiding." The identity of differentiation has something in common with the above identity of similar example and identity of dissimilar example, for all of them establish the contrary paksa through "converse to what is asserted". In addition, the hetu also entails both the similar and dissimilar examples which are uncertain betu making the objection of the opponent the refutation of apparently uncertain betu.

10. The identity of non-distinction (Skt., avisesasama; Ch., wu yi xiang si)

This is the fallacy derived from the opponent who makes an accusation by insisting that neither the property of paksa and drstanta should be distinc tive, nor that of paksa and hetu should be different, nor that of the two paksas should bedissimilar. There are three kinds of the identity of non distinction:

(1) The identity of non-distinction is the objection of apparentlyuncer tain betu. For example, Sound Manifested argues: "Since you use a bottle as an analogy for sound, the properties of a bottle, such as being made by fire and seen and so on, should also be applied to sound." This signifies that paksa and hetu should not be differentiated. Furthermore, they claim "Thus, all things can be considered under the same category and be identified, for all of them can be known." Of course, the opponent knows very well that the non-distinction between the paksa and drstanta and the fur ther identification of the property of everything are impossible. The reason he refutes in such a way aims at emphasizing the difference between a bottle and sound, in order to depreciate the challenger's anumana. But the challenger's anumana is originally correct, making the objection of the opt ponent the refutation of apparently uncertain betu.

(2) Theidentity of non-distinction is the objection of seemingly illegitimate betu. Suppose Sound Manifested argues: "Both the hetu of being manifested by the continuous effort of will and the paksa of impermanence entail the meaning of non-permanence, therefore, using this betu to demonstrate this paksa is like using impermanence to demonstrate impermanence, which is to commit a fallacy of non-distinction between paksa and betu." According to such an accusation, because of this non-distinction between challenger's paksa and

hetu, his hetu becomes the uncertain betu. Nevertheless, the challenger's betu is originally the legitimate one, which makes the refutation of Sound Manifested the objection of apparently ille gitimate hetu.

(3) The identity of non-distinction is the objection of apparently uncertain hetu. Suppose Sound Manifested maintains: "Since the betu of being manifested by effort can establish the paksa of impermanence of sound, it should just as well be utilized to assert the paksa of the permanence of sound. Because sound and a bottle share the same betu, but sound is not made by fire, and vice versa, a bottle is. Therefore, sound should become permanent and a bottle impermanent with the property of being mani fested by effort." Sound Manifested employs the same betu of being mani fested by effort to establish two contradictory paksas and erases the difference between them. The betu of "not made by fire" as his foundation is but the uncertain betu, which makes it the refutation of apparently uncer tain hetu.

11. The identity of demonstration (Skt., upalabdhisama; Ch., ke te xiang si)

This is theerroneous accusation resulting from the opponent's making un warranted charges when the challenger uses hetu to demonstrate paksa, saying that the challenger's paksa can also be demonstrated by using another hetu. There are two types of the identity of demonstration:

(1) The identity of demonstration is the refutation of apparently uncer tain betu. For example, Sound Manifested refutes as follows: "The betu of being manifested by effort is not the legitimate one, for the thunder, lightning, sun and light and so on in nature are not manifested by effort, but possess the property of impermanence, from which one gets to know that this hetu is not necessarily the legitimate betu for the paksa of imperma nence. The betu of

perception can also demonstrate the property of imper manence." It is irrational for Sound Manifested to accuse betu of being un able to applythoroughly to the similar example, for it is only required for betu to apply to the similar example but not necessarily thoroughly. So the objection made by Sound Manifested is the refutation of apparentlyun certain betu.

(2) The identity of demonstration is the refutation of apparently illegiti mate betu. For instance, Sound Manifested may further argue from the an gle that hetu does not thoroughly apply to the dharmin (a subject term) in paksa, by saying that the reason the betu of being manifested by effort can not become the legitimate hetu for the paksa of impermanence is due to its incapability ofapplying to extenal sound (sound in nature) in the dharmin about sound in paksa, since the external sound is not manifested by effort This objection of Sound Manifested is also not tenable, for what both sides argue is originally confined to the scope of internal sound (language), and the challenger never intends to assert the argument that all sound is impermanent with the betu of being manifested by effort. Therefore, the objection of Sound Manifested is the refutation of apparently uncertain betu.

12. The identity of ambiguity (Skt., samsayasama; Ch., you yu xiang si)

This is the fallacy derived from the opponent who differentiates the dist tinctive meaning of paksa or that of hetu. There are two kinds of identity of ambiguity:

(1) Identity ofambiguity is the refutation of uncertain betu. For instance Sound Manifested argues by simultaneously employing the method of dif ferentiating the meanings of paksa and betu, saying: "The betu of being manifested by effort implies the different meaning of manifestation and that of

origination, with which the paksa of impermanence also differs by concealment and distinctness and origination and extinction. Which one of the paksas of impermanence do you want to establish? Is it the one about sound and a bottle which are originated by effort, rendering the impermanence of life and death? Or is it like well-water which is manifested by effort (referring to the effort of excavating a well, by which when the well is made, water becomes apparent from its concealed position), rendering the impermanence of concealment and distinctness? Hence, one should not use the hetu of being manifested by effort which entails multiple meanings to demonstrate the paksa of impermanence which also contains not a single meaning." Or Sound Manifested may attack through merely singling out the meaning of paksa, saying: "Impermanence can be divided into the impermanence of origination and that of extinction, which one of them does the hetu ofbeing manifested by effort intend to establish?" These two re torts are wrong, for the challenger's betu does not use the meaning of origination to establish the impermanence of extinction. Whether it is about origination or manifestation, they can all demonstrate the imperma nence of extinction. The process of extinction naturally includes the whole process from the origination until the extinction. Sound Manifested tries to bring the challenger's betu into the uncertain betu through singling out the meaning ofpaksa, which only leads him into the refutation of apparently uncertain hetu.

(2) The identity of ambiguity is the refutation of apparently uncertain betu. For instance, Sound Originated refutes by singling out the meaning ofbetu: "Which meaning do you choose from the betu of being manifested that you propose the meaning of origination or that of manifestation? If you choose the former, then this hetu can demonstrate sound and a bottle but cannot prove well-water; if you choose the latter, then this betu can prove well-water, but cannot prove sound and a bottle. In short, there is one part in this hetu that cannot be

established." The objection of the Sound Originated cannot be sanctioned either for the challenger, who asserts the hetu of being manifested by effort, is considering the whole, including everything, such as sound, a bottle, well-water, and so on that are produced or manifested by the effort of man, which cannot be dissociated Therefore, his accusation is the refutation of apparently uncertain betu.

13. The identity of arthapatti (Skt., arthapattisama; Ch., yi zbun xiang si)

This is the fallacy resulting from the opponent's use of deviated anumana of arthapatti (Ch., yizhun liang) to accuse the challenger's betu of being the uncertain betu. The anumana of arthapatti is equivalent to the law of contra-position in modern logic. For example, "All manifestations by the continuous effort of will are impermanent." According to the law of contra-position, one can counter-infer "All non-impermanent (i.e., permanent) creations are not produced by continuous exertion" which is a cor rect arthapatti Nevertheless, Sound Manifested uses arthapatti in a twisted way, arguing: "Since all creations by continuous effort are imper manent, then the ones that are not created by it should be permanent." This kind of objection is the refutation of apparently uncertain hetu.

14. The identity of the unexpected fault (Skt., prasargasama; Ch., sheng guo xiang si)

This is the fallacy committed by the opponent, who argues by asserting that the similar example in the challenger's anumana has not been proved. For example, Sound Originated says: "You insist that a bottle in the simi lar example also has the property of impermanence, which hetu can prove this point?" This is to put the property of impermanence of a bottle in the similar example in the position of not yet being proved. However, the challenger's similar example is originally accepted by both sides, the propt erty of impermanence can be proved by means of experience (such as breaking a bottle), and has not to be demonstrated by another betu. Therefore, the accusation of Sound Originated is not tenable, making it the refu tation of apparently the fault of the example (Skt., drstanta dusanabbasa Ch., si yu guo).

The studies of pragmatics that Hetuvidya concerns are not, of course, cont fined to this paper. Due to the limited space, we are unable to scrutinize each of them. Still, from what has been said above, it is undoubted that Hetuvidyāattaches importance to the problems of pragmatics.

Notes

1 Thepremise of Hetuvidyaincludes yin (betu) and yu (udabarana), the latter is equivalent to the major premise in syllogism, which consists of the substance of example (yu ti), i.e., general proposition and example (yu yi). The grammatical rule is what the construction of the example is based on, and what establishes the example is in accordance with pragmatic rule. In the context, we leave out the substance of example and only discuss the example since what we talk about here concerns pragmatic rule.

2 The sound is defined to be of two kinds the internal sound which is gener ated from human voice, and the external one which is produced by nature.In this context, this sound refers to the former one.

3 See futher in detail Buddhist Logic by Shen Jianying. Beijing 1992: 242 & Tai pei: 1994: 183.

4 The anumana (= inference) refers to the demonstration that is composed of proposition, reason, and example.

5 About the pragmatic rule for distinguishing the difference of three types of anumanas (piliang), see the commentary on Nyaya pravesa (Yin ming ru zheng lilun shu) by Kui

ji, Chuan 5: 2.

6 See Chuan 2: 18 – 19.

7 See Chuan 2: 17.

8 Ibid.

9 Ibid., fascicle 2: 18.

10 See further Ji liang lun shi lue chao by Lu chen, 42.

11 Seefurther Rushilun by Vasubandhu about balancing the presumption (Skt. svarthavirudha khandana).

12 Ibid.

13 Seefurther Nayabhasya (Ch., Zheng li sbu) by Vatsyayana, V.3.5. sutra dredge.

14 See Nyayadvara (Ch., Zheng li men lun) by Dinnaga, II.2.18.D

Glossary

bang ping yizong 比量　傍凭义宗

bi liang bian suo xu zong 遍所许宗

bu ding yin bu gong bu din yin 不定因　不共不定因

bu gu lun zong 不顾论宗

chang zhu xiang si 常住相似

Chen Na 陈那

dai 大

fen bie xiang si 分别相似

gong bi liang 共比量

guo xiang si 果相似

Ji liang lun shi lue chao 集量论释略抄

jian bie 简别

ju chih jian sheng 兼生　汝执

ke de xiang si 可得相似

kui ji 窥基

liao guo 了果

neng li liao yin 能立　了因

pu cheng yin 不成因

ru shi lun 如实论

sheng lun 声论

sheng gui xiang si 生过相似

si bu cheng yin po 似不成因破

si bu ding yin po 似不定因破

si yu guo po 似喻过破

si zong guo po 似宗过破

sheng yin sheng guo 生因　生果

suo li 所立

suo zuo xiang si 所作相似

sheng lun pai 声论派

sheng sheng lun 声生论

sheng xian lun 声显论

tong yu tong fa xiang si 同喻　同法相似

wei 唯

wei ta pi liang 为他比量

wei zi bi liang 为自比量

wu sheng xiang si 无生相似

wu shuo xiang si 无说相似

wu yi xiang si 无异相似

wu yin xiang si 无因相似

xian ye bing zong 先业禀宗

xiang wei yin po 相违因破

xiang wei yin 相违因

xiang wei jue ting liang 相违决定量

Xuanzang yan liao yin 玄奘　言了因

yan sheng yin 言生因

yi fa xiang si 异法相似

yi liao yin yi sheng yin 义生因　义了因

yi zhun liang 义准量

yi zhun xiang si 义准相似

yin 因

Yin ming ju zheng li lun shu 因明入正理论疏

you fa 有法

you yu xiang si 犹豫相似

yu yu ti yu yi 喻　喻依　喻体

Zheng li men lun 正理门论

Zheng li shu 正理疏

zheng sheng 正生

zhi fei zhi xiang si 至非至相似

zhi liao yin 智了因

zhi sheng yin 智生因

zhou bian 周遍

zi xu 自许

zong zong yi 宗　宗义

DEGRES

Revue de synthèse à orientation sémiologique.

Publication internationale trimestrielle

Editor: André Helbo

International advisory board: Michel Butor, Noam Chomsky, Umberto Eco, Michael Riffaterre, Françoise Van Rossum-Guyon, a.o.

1. L'oeuvre ouverte

2. La notion de rupture

3. Théorie du referent

4. Pratique du referent

5. Forme et transaction

6. Théorie et pratique du code

7/8. Théorie et pratique du code

9. Le significant

10. Les modèles sémiologiques

11/12. Linguistique, rhétorique, idéologie

13. Thé¢tre et sémiologie

14. La segmentation

15. Le signe iconique

16. Semiosis-Mimesis

17. Transformation(s)

18. Sémiologie de la musique

19/20. Sémiotique urbaines

21. Communication et sujet

22. Lieux du contemporain

23. Le conte populaire esthéliques

24.25. Texte et idéologie

26/27. Langage et ex-communication

28. Théorie et pratique de la reception

29. Sémiologie du spectucle I

30. Sémiologie du spectacle II

31. Sémiologie du spectacle III

32. Sémiologie du spectacle IV

33. Frontières du savoir

34. Lire l’image

35/36. Approches de l’espace

37. Figures de lu sociélé

38. Sémiologie er didactique des langues

39/40. L’histoire litéruire et le texte.

41. Théorie linéruire

42/43. Semiologle et sciences exactes

44. Le discours publicitaire I

45. Le discours publicitaire II

46/47. Science(s) du texte

48. La captation

49/50. Virages de la sémiologie

51. Signes et pratiques sociales

52. La musique comme langage I

53. La musique comme langage II

54/55. Lectures'de Peirce

56. Spectacle et communication

57. Signes el medias

58. Images et médias

59. Figures de la bande dessinée

60/61. L'afiche urbaine

62. Sémiologie e1 intelligence artificielle

63. Le texte spectaculaire

64. Approches du cinéma I

65. Approches du cinéma ll

66. Culture portugaise

67. Sémiotiques visuelles

68. Sémiologie et pratiques

69/70. L'image cachée dans l'image

71. L'Interprétation (I)

72. L'Interprétation (ll)

73. Théâtre e1 cinéma

74. Verbal, non verbal

75/76. Emotions et complexité

77. Enseigner la sémiologie

78. Sémiologies en Belgique I

79/80. Sémiologies en Belgique II

81. Paradigmes I

82. Puradigmes II

83. Etudes de réception

84. Pragmatique et poétique

85/86. Cercle de Prague

87. Le sens du rythme

88. Magritte I

89/90. Mugritte II

91. Énonciations

92/93. Penser le multimédiu

94 La lecture

95/96. Dramaturgie de l'uctrice

Address：Pl.C. Meunier 2，bte 13.1190 Brussels-Belgium

Subscription rates：

1300 BF year + postage（150 BF Europe）

300 BF（non European subscr.）

Account Degrés 310－0149537－49 Banque Bruxelles-Lambert

CCP 000－1188802－67 de Degrés，A.S.B.L.

International post order Deerés

（原载《欧洲符号学杂志》1998 年第 3 期）

《方便心论》是反逻辑著作吗?

梶山雄一教授在佛教逻辑的研究上造诣甚深,他的论文《佛教知识论的形式》(《普门学报》第十五、十六、十七期连载和汉对照)令我获益良多,但文中的某些论点却也令我不敢苟同。兹就其荦荦大者而言之,梶山雄一教授将《方便心论》说为"反逻辑学的著作",这是令人难以信服的下面谨顺着梶山氏的论述思路作一些分析。

一、关于《方便心论》的著者

在宋版《大藏经》中,《方便心论》具名为龙树所造,然此前诸经录均未说及龙树是此论的著者,只是记此论有二译,第一译出自东晋末年佛陀跋陀罗之手,第二译则由吉迦夜于北魏延兴二年译出。〔1〕 宇井伯寿在其《方便心论的注释性研究》中认为"宋版之说全谬,不足为信","此论当出自龙树以前崇奉小乘佛教者之手",理由很简单,即此论第一品广明八种相时,将"佛正义"界定为十二因缘,苦、集、灭、道,三十七品,四沙门果等法,而这样的界定当不为龙树所取。〔2〕 宇井氏的这一见解后来为一般学者所认可。

---

〔1〕 梁慧皎《高僧传》记佛陀跋陀罗译有《方便心论》,然未几即佚,在隋费长房所撰之《历代三宝记》中,即已不见此译,而仅据《高僧传》而述。此后诸经录均据《高僧传》和《长房录》而称佛陀跋陀罗的译本为第一译。道宣《大唐内典录》称吉迦夜所译之《万便心论》为重译。

〔2〕 参见《印度哲学研究》第 2 卷第 475 页和 493 页,东京,岩波书店。

然而梶山氏不同意此说,认为“佛的正义不能够依大、小乘来区分”,而且在列举内、外道诸多“定说”为例证时,其所给出的“佛正义”即使“不是出自著者的自说,亦是无可厚非的。”

梶山氏的说法未免有强词为辩之嫌,因为小乘与大乘虽然都持缘起说,但贯注的对象和层面有所不同,小乘主张“人我空”,而大乘主张“法、我二空”,尤其是龙树,按照他的“空、假、中”三谛原理,自不会认可上述侧重于“人我空”的“佛正义”的界说了。

为了进一步否定宇井氏的说法,梶山也从《方便心论》中找出三条“反映大乘或龙树空思想”的句段来作例证:有人计识是我,以诸行空无我故,非一切行皆是于识。此非道理,行是识因,因无我故,识云何我。

若为愚者分别深义,所谓诸法皆悉空寂,无我无人,如幻如化,无有真实,如斯深义,智者乃解,凡夫若闻,迷没坠落,是则不名应时语也。若言诸法有业、有报,及缚、解等,作者、受者,浅智若闻,即便信受,如钻和合,则火得生。

如言诸法皆空无主,现见万物众缘成故。

其实在这三段文字中,只有二、三两段与大乘或龙树所说的“空”有关。但这能说明什么呢?能据此将《方便心论》与龙树联系起来吗?我看不能。何况这其中还包含着一些复杂的因素。如慈齐就认为空论“并非大乘所独有,而且有些内容还可能是后代加上去的”。[1] 当然,慈齐的话含有猜测的成分,但确实不能完全排除后世增益用例的可能。上述第二、三两例都是论主解释“应时语”的用例,而恰恰在说“应时语”的部分出了问题,按序数,“应时语”位居第六,却窜到第四位“言失”的前面去说了,这大段文字的移位不知出于何因!这样的错乱可能是翻译的失误,也可能是传抄中的失误。文字上既然存在这样的错乱,后世增益用例亦不是没有可能的,但这些都并不重要,重要的是《方便心论》究竟是一部什么样的著作,是佛家

〔1〕 此据梶山氏引。

的逻辑著作,还是反逻辑著作?

二、关于《方便心论》的性质

梶山雄一教授说:“此书与《遮罗迦·医道论集》、《正理经》不是同一性质的逻辑学著作,而是一部由佛教学者所撰的‘反逻辑学著作’。”为了说明这一点,他又提出两大理由:第一《方便心论》没有提及五支作法本身,“是著者有意识地不去写它”,“此书并非以记述当时的论证学为宗旨,而是为了批判它们才撰写的”。第二、《方便心论·相应品》“并非在记述逻辑学的理论,而是对其进行批判”,“通过逆用误难和诡辩来否认逻辑学”。

梶山氏的上述论点和理由有逞臆之嫌。《方便心论》作为佛家最早的逻辑学专论乃为一般学者所公认,其论法当与《遮罗迦本集》第三编第八章所说的论议原则有不少相同之处,有时连用例亦相似,这说明二者都取材于前人积累的论法,并在此基础上加以取舍和总结而成的。〔1〕 怎么会一个讲的是逻辑,一个倒是“反逻辑”的呢?仅凭《遮罗迦·医道论集》和《正理经》中正面论述了五支作法,而《方便心论》无此项内容便断言其为“反逻辑”,岂不轻率?须知上述三书毕竟是出于不同学派之手,它们之间虽有相通乃至继承的关系,但在内容上各有千秋,怎能要求《方便心论》必须将五支论式列为专题?何况《方便心论》中也说及了喻,而且还列为八种论法的第一种,其所云与遮罗迦所下的界说别无二致。如遮罗迦说:“喻就是不管愚者和贤者对某一事物具有相同的认知。”《方便心论》也说“喻者,凡圣同解,然后可说……不知者不得为喻。”二者何其相似乃尔!《方便心论》还将喻分为“具足喻”和“少分喻”两种,只是未作解释,难明究竟,但总是进了一步吧。遮罗迦与《方便心论》关于喻的界说后来被《正理经》所吸收,故 I·1·25 经说:“实例(譬喻)是一般人和专家具有相同认识的事物。”这也就是“凡圣同解”

〔1〕 详见《〈遮罗迦本集〉的逻辑学说》。

之意，由此可证，《方便心论》与遮罗迦和正理论的逻辑学说，在性质上是一致的，而非逆反的。

再来看《方便心论》的二十种相应是否旨在“反逻辑”。梶山氏认为：“‘相应’虽说相当于‘误难’，但在用法上则完全相反。”这一看法是自相矛盾的，既然说“相应”与“误难”相当，又说它们在用法上完全相反，岂不让人莫名所以？梶山氏还说：“《正理经》中的误难是属于针对诡辩错误的反论，而《方便心论》中的相应，则是作为正当的批判被记述下来。”这一说法也不符合事实。二十种相应并非都是“正当的批判”，大概只有第5、13、16、17少数几种属于立论者有过，而被难破者予以“正当的批判”；其余则均为难破者所误难的情况。梶山氏曾列表将二十种相应与《正理经》第五卷第一章所论的二十四种误难加以对照，居然对上了十一种之多，〔1〕既然有这么多是对应的，怎么又说它们在“用法上完全相反”呢，岂非自相矛盾么？更不要说梶山氏也承认《方便心论》的“相应品”是《正理经》误难理论的先声了！

其实，《方便心论》作为佛家逻辑的专论，在首颂中即已明言其旨趣：

若能解此论，则达诸论法。如是深远义，今当广宣说。

这显然是从方法论的角度立言的，即立论的要旨在“达诸论法”。所谓论法，在当时是逻辑、知识论和论辩术的总和。各家各派都在运用论法进行论辩，其中也不失诡辞邪论。《方便心论》的著者站在佛家的立场上，“欲显善(论)恶(论)诸相，故造此论”。而且论主针对问难者所说造论会“(助)长诤论”的话明确指出：“为护法故，故应造论。”这就是说为维护佛教的正法而应该总结正确的论法。论主并概括他所总结的论法云：

此论分别有八种义，若有能通达解其义趣，则广为其余诸论。如种稻、麦，以水灌溉则嘉苗滋茂；不去稗，善穀不生。若人虽闻此八，不解

〔1〕《正理经》第五卷第一章说二十四种误难，确是对《方便心论·相应品》的继承和发展，但在具体的对应关系上，似不尽如梶山氏的列表所说。请参阅《佛教逻辑研究》第十一章《误难论》“表一”。

其义,则于诸论皆生疑惑;设有明解斯八义者,决定能达一切论法。〔1〕

这里说得最明白不过,《方便心论》所概括的八种论法"决定能达一切论法",它们是相通的,而不是逆反的。也正是因为如此,所以《方便心论》并不排斥遮罗迦所总结的论法(遮罗迦是崇奉数论的),也承认胜论的"六句义"为论法,甚至后来被《正理经》所吸收,演化成的较为成熟的论法体系。

三、结　　语

《方便心论》的逻辑性质如此明了,为什么梶山氏偏要说它是反逻辑的呢?原来这与龙树有关。梶山认为龙树是反逻辑的,"如果可以明确《方便心论》在论证方法上与龙树类似或接近的话,就会为前节讨论的《方便心论》的作者及其性质等问题提供启示"。所以除了给出前述从反面摭取的两条理由(所谓1.没有关于支分的专题论述,2.相应与误难在用法上完全相反)外,梶山氏又从正面胪列了一些例子来说明《方便心论》与龙树之间的关系。然而遗憾的是梶山氏所给出的例子并不能说明其所欲说明的问题,如在《方便心论》中有生因与了因的区分,有四种认识的论述等,龙树在《回诤论》等著作中也有这方面的表述或论述。这样的比照能说明什么呢?梶山意欲通过比照来说明"此书即使出自龙树之手亦不足为怪",他人则可以通过这样的比照来说明《方便心论》早于龙树而出,故对龙树产生影响!

总之,梶山氏给《方便心论》所下的断语缺乏事实依据,不足为训。而宇井伯寿关于《方便心论》的时代及作者的推定,则是颇有说服力的,为一般学者所认可。

(原载《普门学报》第19期)

〔1〕 以上所引均见《大正藏》第32卷23b、c。

为他比量三题

理由的辨析

一、概　　说

1.“因”的几种涵义

推理和论证都有一个理由的问题。推理的前提就是理由,论证的论据也是理由。这个理由在因明当中,在佛家逻辑当中就叫作“因”。佛家逻辑的三支论式由宗、因、喻组成,宗就是论题,因就是理由,喻是譬喻。喻是辅助的理由,叫助因,也是理由的一部分。也就是说,因有狭义的和宽义的两个涵义:狭义的因就是三支论式中的因;宽义的因就是前提,就是论据,包括因和喻二支。逻辑三段论有大前提、小前提与结论三部分。它的结论就是从大前提、小前提之中推导出来的。因明三支论法的前提就是因和喻,因相当于小前提,喻相当于大前提。这两个前提合起来就是宽义的因。

另外,因还有一个含义,它不是用来指称理由的。是用来指称一种关系、一种模型的。比如两个人在论证过程当中,在论议的过程当中构成了一种二元关系,即立论者与敌论者的语言交流关系。如果再加上一个证义者,好像是一种三元关系,但是我们仍然可以把它归纳成二元关系,就是一方为说的,一方为听的。一个是施,一个是受,由施受双方构成的一种二元关系。这种反映施受关系的“因”,分为生因和了因,生因指立论者所立之量,了因指敌论者所受之量。所以这个“因”是就整个论式而言的,并非是狭义的因(因法)或宽义的因(因和喻)。这种表示论辩中立敌对待的二元关系的“因”,是语用意义上的因,尽管字面上与狭义的因和宽义的因相同,却指谓不同的概念这第三种语用意义上的,将另文阐说。〔1〕

2. 推理和论证的基础

推理和论证都是建立在一定的基础上面的。先秦的名辩家们就提出来要以类为推,这就是说推导过程是在一类事物的属种关系当中展开的。因明的推导同样也有这样一个。基础,这也就是推导的出发点。

那么因明三支论法的推导基础是什么呢?陈那在《正理门论》中指出,是“显因与所立不相离性”。〔2〕“显”就是显示,“因”就是因法,“所立”的本义是指宗,这里指的是宗上的谓词亦即宗法。“不相离性”揭示了因法与宗法这两个概念具有包含关系,即因法被宗法所包含。举例来说,如立“声是无常”宗,以“所作性”为因,这“所作”因就被“无常”宗所包含。“声”如果被“所作”包含,那么亦必被“无常”所包含,由此“声是无常”这个宗就可以得到成立。因宗之不相离正是推理和论证的基础。用现代逻辑的术语来说,因宗之“不相离性”正是因明推理和论证的公理。

以上是从概念关系上来考察的,我们还可以从命题关系上来考察“不相离性”公理。陈那的《正理门论》中有两句颂言:“说因宗所随,宗无因不有。”这原本是对同、异喻体的诠释,因为同喻体和异喻体合起来正是“不相离性”公理的体现,所以这两句颂言也可以看作为“不相离性”公理的一个公式。这里我们就同、异喻体与“不相离性”的问题再作一些解释。例如佛家立:“声是无常(宗);所作性故(因);若是所作,定见无常(同喻体),如瓶(同喻依);若是其常,见非所作(异喻体),如空(异喻依)。”现在我们就将其中的同、异二喻体和陈那所说的两句颂言列出来作一些分析:

〔1〕 请参阅《印度中世纪的言语行为理论》一文,有详述。

〔2〕《大正藏》第32卷3a。

若是所作,定见无常;(说因宗所随,)

若是其常,见非所作。(宗无因不有。)

这是两个充分条件的假言命题,其异喻体正是同喻体的逆否命题,是原命题题设和结论的异质和换位,因此同、异二喻体等值。陈那睿智地对此作出概括,用“说因宗所随,宗无因不有”来刻画这种“不相离性”,非常生动形象。所以我们可以将它看作是“不相离性”公理的公式。它与西方传统逻辑的遍有遍无公理有异曲同工之妙。西方传统逻辑的遍有遍无公理是这样表述的:“凡可以肯定或否定一全类的,亦可以之而肯定或否定其类之任何一事物。”其理论核心体现了以类为推的思想。陈那的“不相离性”公理在表述上有自己的风格,然在以类为推这个出发点上与遍有遍无公理别无二致。

这个宗因不相离性的公理就是因明推导的基础。因,之所以能够成为一个因,之所以能够由因来推宗,就是因与宗之间这种不相离的关系。没有这种关系,又怎么能推导呢?

二、因 三 相

1.因三相溯源

狭义的因,在三支论式中担任了重要的角色,所以三支论式的形式规则就从它的身上展开,这就是因三相。

先说一说它是怎么来的。因三相最早是尼耶修摩或尼耶须摩提出来的。尼耶修摩或尼耶须摩是正理派门徒、后学的意思,好像是正理派的一个旁支。“尼耶”即“尼耶夜”,“尼耶夜”就是正理。所以也有把它翻成“正理修摩”和“正理须摩”的。尼耶修摩或尼耶须摩最早提出因三相,他们的因三相就是“朋中之法,相对朋无,复自朋成”这样三句话。这三句话不大好理解。什么是“朋中之法”?“朋”是什么意思?朋友啊?不是。这个“朋”实际上是一个音译,是pakṣa(博克萨)亦即宗的异译,大概音有点相近吧,所以“朋”就成了宗的异译。不过这是旧译名,后来就不见再用了。这第一句“朋中之法”就是宗中之法的意思，就是说因法也是宗上有法的一个法。这句话的意思实际上是指因法与有法在外延上有包含关系。如“声是所作”，这“所作”不就包含“声”了吗？那么什么叫“相对朋无”呢？就是因在与宗相违的事物上必须是没有的，也就是因跟与宗相违的东西必须不发生联系。这是指异喻而言的，如异喻“虚空”，这“虚空”就与“所作”因毫无瓜葛。最后是“复自朋成”，这是从同喻的角度来讲的，就是要借助同喻来成就宗。尼耶修摩或尼耶须摩提出的因三相大概就是这样的意思，我不具体展开来解释了，因为它本身还只是一种比较原始的类比推理规则。这三句话出来以后，正统的正理派并不承认它。这个因三相可能是正理派的一个旁支的后学提出来的，并没有得到正理派正统的承认。

“因三相”最早见于无著的《顺中论》。《顺中论》里讲到，尼耶修摩或尼耶须摩提出因三相，并引了“朋中之法、相对朋无、复自朋成”这三句话，但无著取反对的态度。他说：“彼因三相，若何者法（事物）语为缘具，（三个具足叫缘具），复以何者是因三相？”这就是他的反诘：你这个因三相说的是什么东西？然后，他又讲：“一切作法无三种相。”这“一切作法”，是指五支论式，因为在无著那个时候还是古因明时期，正理派也是用的五支作法。

但是，无著的弟弟世亲却是赞同因三相的。他跟其兄不一样，尽管世亲跟无著都是大乘瑜伽行宗的重要理论家，他们的基本理念是一样的，但是在逻辑主张上面他们又不完全相同。世亲在他所写的《如实论》里讲：“我立因三种相是根本法。”根本法是什么？就是推导的规则。这个规则是什么呢？叫“同类所摄，异类相离，是故立因成就不动”。这样，因就站得住了，因为它是同类相摄，以类为推的，是异类相离，与异类相排斥的。但是，世亲的因三相，仍然只是古因明的因三相，因为世亲还没有跳出类比法的藩篱，尽管世亲有时候也采用三支式，但他在《如实论·堕负处品》中说“不具足分”过时指出，只要缺失五支式中的任何一支就是“不具足分”，这说明他并没有将三支式作为定式，而只是作为一种省略式来使用。但是世亲的思想当中已经有了三支论法的萌芽，为陈那改造因三相打下了基础。

后来，陈那发展了因明，将五支式改革成为三支式，并且完成了对因三相的改造，使它成为三支论式演绎与归纳相结合的规则。

2. 新因明的因三相

因三相，顾名思义是因的三个相。什么叫相？相者，向也。三相就是三个方向，也就是说要从三个维度来确定因与宗的联系。是哪三个维度呢？仍以“声是无常，所作性故”这个例子来说明。“所作”因与宗上有法“声”之间具有真包含关系，这是第一方面；又跟宗上的那个“无常”法有包含于关系，这是第二个方面；然后又跟与“无常”法的矛盾关系概念（“非无常”，亦即“常住”）在外延上完全排斥，这是第三个方面。如果一个因法具有这三个方面的关系，因与宗的联系就成立了，这个因就是正因；如果一个因法不具有其中任何一项关系，那么这个因就不是正因。陈那用经他改造过的因三相理论来揭示因的这三个方面的关系，他在《正理门论》中说：

> 又比量中唯见此理（因三相）：若所比（宗有法）处此相（因）审定（周遍），于余同类（除宗有法之外的宗同品）念此（因）定有，于彼（宗法）无处念此（因）遍无，是故，由此生决定解。〔1〕

这段话里涉及的一些概念以后都会讲到，这里暂且不作具体解释。后来陈那的弟子商羯罗主（亦称天主）在《入正理论》中将因三相表述为这样三句话：

> 因有三相，……谓遍是宗法性，同品定有性，异品遍无性。〔2〕

天主的表述加上玄奘大师在翻译时所作的一些修饰限定，显得更加简洁严谨。这三句话已成为汉传因明对因三相的规范表述。

因三相是一个整体，是互相联系不可缺少任何一相的，它虽然说的是因的三个方面，其实就是因明推导的形式规则。下面我们就来分别诠释这三句话。

〔1〕《大正藏》第32卷3a。

〔2〕《大正藏》第32卷11b、c。

（1）因的第一相：遍是宗法性

因的第一相揭示因与宗有法在外延上具有真包含关系。

不过按照梵文原文的本义，第一相只是指出因是宗上有法之法（论题主词的谓词）的意思，因法与有法的外延关系还是比较笼统的。玄奘在翻译时加上了一个“遍”字，“遍”就是周遍，有了这个“遍”字，因法与有法的外延关系就比较明确了，即因法的外延要比有法大，二者具有真包含关系。接下来的这个“宗”也要作一些说明，在因明中，“宗”这个词一般指称论题，有时也用来偏指有法（主词，“如声”）或宗法（谓词，如“无常”），在这里指的是有法（主词）。“法”指因法，因为因也是宗上有法的一个法。“性”就是特性。这句话省略了主语“因”，由于这里讲的是因三相，所以这个主语就承前省略了。这第一相的整体意思是：因周遍宗上有法，是因法的特性，简而言之，就是因法必须真包含有法。请注意我这里说的是“真包含”，即因法的外延大于有法，例如“所作”因的外延比有法“声”大，“所作”是属概念，“声”是种概念，二者是属与种的关系。所以这第一相中的“遍”是因法周遍〔包含〕有法，而不是因与有法互相周遍。这是绝对不可以错位的；因为如果因法与宗有法可以互相周遍的话，说明二者的外延有时同一，这时候就不可能举出同品来作例证了，这样也就无法遵行接下来要说的因的第二相。

（2）因的第二相：同品定有性

因的第二相揭示因法与宗法之间具有包含关系。

按照梵文原文，第二相只是说因于同品中有，还是显得笼统。玄奘在翻译时加了一个“定”字，变成“定有”，意思就明确了，指明因法与宗法在外延上具有包含关系。包含关系是指因法或者包含于宗法之中，或者因法与宗法互相包含；这就与真包含关系不同，真包含关系指属概念包含种概念，没有两个概念互相包含的情况。不过在因、宗二法的包含关系中，多数情况是因法被宗法所包含，因法与宗法互相包含的情况很少。所以因明从多而论，只要求“定有”而不要求遍有。这就是说，第二相只要求因“定有”于宗的同品就可以了，哪怕因法只与极少数的宗同品发生联系。但“定有”不排斥遍有,因法遍有于宗的同品也是可以的,因遍有于宗的同品,就是因法与宗法的外延同一,处于互相包含的状态。

说到这里还需要回过头来解释一下“同品”的问题。这个“同品”就是宗同品,就是具有宗法属性的东西。天主在《入正理论》中定义说:

> 谓所立法均等义品,说名同品。如立无常,瓶等无常,是名同品。〔1〕

这个定义中的“所立”就是宗,“所立法”就是宗法。“均等”即相同,“义”即属性,“品”是品类,“均等义品”就是属性相同的同类事物。这个定义的意思是说,同品就是与宗法属性相同的事物。例如立“声是无常”宗,以“所作性故”为因,凡是具有无常性质的事物都是宗的同品,如瓶子会打碎、衣服会穿破、雷电一闪过、雨雪过去天又放晴,这瓶子、衣服、雷电、雨雪都是无常的,所以都是宗的同品。“所作”因就是至少要与宗同品中的一部分(至少一个)发生联系,如瓶子和衣服都有无常性(都会损坏),而且具有所作性(都是人工制造出来的),故瓶子和衣服同时也是“所作”因的同品。由此,凡是因同品必然都是宗同品。反过来说,宗同品却不一定是因同品,因为宗法的外延一般要大于因法,如雷电、雨雪都是自然现象,不具有所作性。正因为如此,所以第二相只要求定有而不要求遍有。“所作”因既然“定有”于“无常”宗法,就显示因法被宗法包含的实质,也显示出因法与宗法的不相离性;因的第一相已经揭示因与宗有法具有真包含关系,这就表明有法“声”也必然被宗法“无常”所包含。现在我们再借助逻辑符号将因与有法和宗法的关系作一些说明。因法在逻辑三段论里相当于中词,用 M 表示;有法是小词,用 S 表示;宗法是大词,用 P 表示。小词 S 既然被中词 M 所包含,M 又被大词 P 所包含,那么小词 S 自然也被大词 P 所包含。作为一个三段论,推导过程已完成,但是因明三支论法的推导过程尚未结束,它还要进一步来审察前提是否真正站得住脚,所以增加了一个步骤,就是再从反面来考察因与宗法的不相离关系,这正是第三相的职责所在。

---

〔1〕《大正藏》第 32 卷 11b。

（3）因的第三相：异品遍无性

因的第三相揭示的是因法与宗法的矛盾概念必须在外延上完全排斥。

按照梵文原文，第三相说的是因在异品中无，玄奘翻译时加上一个“遍”字，使它的意思更为明确了，即必须在外延上与异品毫无瓜葛。那么什么是“异品”呢？天主《入正理论》定义说：

> 异品者，谓于是处无其所立。〔1〕

这就是说，异品就是与所立宗法矛盾对立的东西。如宗法“无常”的矛盾对立面就是“常”，就是永恒，凡永恒不灭的事物就是“无常”的异品，如“虚空”就是常住不灭的，所以“虚空”是“无常”的异品。总之，“无常”和“常”是一对矛盾关系的概念，凡属于“无常”这个集合的分子，对于“所作”因来说可能是同品，凡属于“常”这个集合的分子，对于“所作”因来说必然是异品。第二相要求因于同品定有，而第三相则要求因于异品遍无；因为因既然通过定有于同品显示了被宗法所包含的逻辑关系，它的外延就必然与宗的矛盾概念相排斥，从而与所有的宗异品不发生联系。这第三相从反面来考察因与宗法不相离性的意义即在于此。

印度的逻辑家们有一个共识，就是认为因最重要。陈那的新因明更是将因三相作为因明的核心理论，更加强了因的规范性。陈那的因三相使印度古典逻辑从类比法迈进到了演绎与归纳相结合的层面。

3. 需要厘清的几个问题

因三相的理论本身并不复杂，具有普通逻辑知识的人对此并不难理解。不过还有几个与因及因三相有关的问题需要厘清一下，以免初习者陷入迷雾。

（1）因三相的主语是“因”

我们在解释因的每一相时都指出“因”如何如何，也就是说因三相中每一相的主语都是“因”，这一点千万不能忽视。玄奘大师的译文说：“因有三

〔1〕《大正藏》第32卷11b。

相……谓遍是宗法性,同品定有性,异品遍无性。”这段话里领头的一句“因有三相”中的“因”是主语,以下三句的主语就承前省略了(当然,古今语法有异,要补上主语的话,并不是在每句话的头上简单补一个“因”字,而是需要改变句式的)。但是有的论者却并未真正理解玄奘的译文,更未正确理解因三相的理论涵义,却想当然地将第一相的主语说成是“有法”,将第二相的主语说成是“同品”,将第三相的主语说成是“异品”。这种诠释,搞乱了因三相的理论体系,给因三相蒙上了重重迷雾,使初习者摸不着方向。其实只要看一下“九句因”就可以知道,“九句因”中每一句都是从因出发的,如第二句“同品有,异品非有”,就是指因在同品上有,在异品上非有。余皆准此。

(2)因明中无特称命题

我们在前面讲过,在因明中只有全称命题而无特称命题。因三相就是基于宗因喻三支皆为全称的情况设计的,所以它只适合在相当于三段论第一格的AAA式和EAE式中使用,而不可能用于第一格的AII式或EIO式上,换句话说,它在有特称命题的论式中是无能为力的。可是现在有的论者却丢开因三相的适用范围,认为三支论式中的喻支是特称命题,这就又一次搞乱了因三相。由于牵涉到许多理论问题,只能放到以后讲同、异喻体的时候再具体来谈,但是我们必须厘清:因明中只有全称命题而无特称命题。

(3)宗同、异品与因同、异品

我们在前面介绍第二相的时候讲过同品同于宗法所示之属性,如雷、雨、瓶、衣等都具有宗法无常的属性,都是宗同品,不过其中的瓶子和衣服又具有所作因的属性,所以也是因的同品。由此窥基等奘门大德都将同品分为两种:宗同品与因同品。但是有的学者不同意有因同品,只承认有宗同品一种。这种见解似乎不能成立,我在《因明学研究》这本书中提出过商榷的意见,这里就不再展开讨论了。同品分为宗同品和因同品两种,这是客观存在的事实,但是二者不是并列关系,因为所有的因同品其实都是宗同品,所以它只是宗同品分子集中的子集,在极少数的情况下,才会有因同品的分子集与宗同品的分子集等值的可能。不过就推导中的作用来说,因同品却是更为重要的。由于因须于宗同品定有,而同于因者必同于宗,所以同品以因同为主。异品也分两种:宗异品和因异品品。这也是窥基等奘门大德早就明确提出来的。上面说过,同品以因同为主,现在我们要说,异品则以宗异为主,因为异于宗者必异于因,因与所有的宗异品必然不会发生任何联系。这反映了条件与结果之间的两种蕴涵关系:如果条件存在,则结果亦必存在;如果结果不存在,则条件亦必不存在。

（4）第二相与第三相等值

因的第二相与第三相正揭示了因法与宗法之间的蕴涵关系:第二相揭示的是因与宗的充分条件关系(有因必有宗),第三相揭示的是宗与因的必要条件关系(无宗则无因)。而且这两种语句蕴涵又作为一个整体提出来,这就形成了语句间的等值关系(有因必有宗与无宗则无因等值)。但是有的学者却不认为因的第二相与第三相是等值的,他们将第二相解释为“有 P 是 M”(有的宗同品是因同品),这样自然就与第三相不等值了。其实第二、三相用直言命题的公式来表达应该是“凡 M 皆 P”和“凡非 P 皆非 M”,二者等值。在一般情况下,将“凡 M 是 P”说成“有 P 是 M”,只是作了限制换位,表达的角度稍有变化而已,意思却是一样。但是以“有 P 是 M”作为第二相的公式却不正确,因为这是错将宗同品当作了主词,是从宗同品出发来建立公式的。从凡 M 皆 P 可通过限制换位,得出有 P 是 M,但是从有 P 是 M 却推不出凡 M 皆 P。由此可见这不是一个表述上的问题,而是立论的差异,并由此而导致一系列理论上的混乱。如果因的第二相与第三相不等值,那么又如何来揭示宗因之不相离性呢?又怎样来对应同异二喻呢?当然主张第二相与第三相不等值的论者同时认为第二、三相与同、异二喻并不相应。但是这样的主张岂不是无视陈那的论旨了么?关于这一点我们将在讲同、异二喻的时候再作具体分析,这里只是先作些提示。

（5）因三相与语用要求

因三相作为因明三支论式的句法规则(形式规则)是建立在语用要求基础上的。印度中世纪虽然还没有形成系统的语用理论,但是已经有了丰富的语用思想,所以在推导的过程中又附加了一些语用要求。如第一相遍是宗法性规定了因必须周遍宗上的有法。周遍就是包含,包含有两种情况:真包含或相互包含。从字面上讲,第一相所说的周遍并没有就这两种情况作出明确区分,但第一相实际上是专指因须真包含有法而言的,因为论辩的双方都有以同品来验证因与宗是否具有不相离性关系的要求,如果有法与因法的外延相等,就无法列举同品来验证,这就显示出第一相的内里是受语用要求制约的。上面我们说过,玄奘在第二相的译语中加了一个“定”字,正是依据这一语用要求来增益的。

(6)共许法与不共许法

因明有以共许法证不共许法的说法,如文轨《庄严疏》说:“有法‘声’上有两种法:一、不成法,谓‘无常’;二、极成法,谓‘所作’。以极成法在‘声’上,故证其‘声’上不成‘无常’亦令极成。”〔1〕这段话里的“不成法”就是不共许法,“极成法”就是共许法,一般就称作以共许法来证不共许法,也就是以“所作”因这个共许法来证“无常”宗这个不共许法。请注意,这里所谓的共许法和不共许法都是从命题的层面上来说的,而不是从概念的层面上来说的。从概念来说,三支论式中的每一个概念都必须是立敌共许的,宗法与因法既已共许为有,何来不成与极成之说?所以这里是从命题的层面上来作区分的。例如当我们以因证宗时实际上是以一个立敌共许为真的命题来证另一个有争议的命题为真。如声上有所作性,是立敌共许的命题,而声上有无常性,则是立许敌不许的。现在立者以声是所作这个命题为因来证声是无常这个宗,就是以共许法来证不共许法,以使敌者了悟宗法无常亦为有法声的属性。这里我们再强调一句,所谓不共许法,并非对“无常”这个概念不共许,而是指宗法“无常”处在有争议的命题之中。这个问题本来不难理解,学者一般不会将命题的不共许混同于概念的不共许,但是有的学者(不仅是今人,连奘门弟子)有时候也会犯糊涂,竟将不共许法当作了宗法

〔1〕《庄严疏》卷一页十三右—十四左。

这个概念未共许,从而作了错误的发挥,对初习者有误导作用,这是需要厘清的。

三、九 句 因

1. 九句因的来源

九句因是很有意思的一个问题,它跟因的第二相和第三相有密切的关系。它是第二相、第三相理论的一个准备,或者可以讲是检验这个理论的一个测度。

九句因这个名称好像是挺古怪的,过去有人把它翻译成英文的时候,就变成“九个理由的逻辑”,因为在九句因当中,要举出九个理由来证明九个宗,然后从这里边来看哪个是正确的,哪个是错误的。

九句因是谁提出来的?过去有这样的一种说法:九句因是正理派始祖足目所创。足目就是乔答摩,在我们的汉传佛典里称他为足目。但是我们今天看到,整个《正理经》并没有讲到过九句因,连九句因这个名称都没有出现过。所以说九句因是足目所创,好像不太确实。也有人说九句因是陈那所创,因为在陈那的《正理门论》里头讲了九句因。确实,陈那讲了九句因,而在陈那以前的文献中却看不到有讲九句因的。但是,陈那在它的《正理门论》里边又明明说,他的这个九句因,是根据《本颂》所言。什么叫《本颂》?就是《根本论颂》。陈那自己讲他所说的“九句因”是根据《根本论颂》来的。《根本论颂》到底出自何人之手?史阙有间,今天已无从考知了。可见,把九句因说为陈那所创也不太合适。我们只能说,九句因应该创自陈那之前,陈那是我们今天能看到的将九句因讲得最具体的人。也可以说,九句因在陈那这里整理得最完整,或者说是陈那把它发展得更完整。

2. 因与宗同、异品的九种组合形式

那么这个九句因是一种什么样的理论呢?它主要排列出了因与宗同品和宗异品的各种关系。从因与宗同品的关系来看,有三种情况:因或者在宗同品上有(遍有),或者在宗同品上非有(遍无),或者在宗同品上有非有(定有)。这就是说,因跟宗同品可以发生这么三种关系:因的外延包含全部宗同品,或者因跟宗同品完全不发生关系,或者因跟宗同品的一部分有联系。再从因跟宗异品的关系上来看,也有三种情况:因或者于异品遍有,或者于异品遍无,或者于异品定有。九句因将因与宗同品的三种关系和与宗异品的三种关系相互组合起来,可以排列出九个组合式,这就是所谓的"九句"。这九个组合式又可分为三组,即三个三句。

第一组的三句(1—3)是以因于宗同品上有来跟因于宗异品上的有、非有、有非有三种情况分别组合而成的三个式:

第一句　同品有,异品有。(因于同品遍有,于异品亦遍有。)

第二句　同品有,异品非有。(因于同品遍有,于异品遍无。)

第三句　同品有,异品有非有。(因于同品遍有,于异品定有。)

第二组的三句(4—6)是以因于宗同品上非有来跟因于宗异品上的有、非有、有非有三种情况组合而成的三个式:

第四句　同品非有,异品有。(因于同品遍无,于异品遍有。)

第五句　同品非有,异品非有。(因于同品遍无,于异品遍无。)

第六句　同品非有,异品有非有。(因于同品遍无,于异品定有。)

第三组的三句(7—9)是以因于同品上有非有来跟因于异品的有、非有、有非有三种情况组合而成的三个式:

第七句　同品有非有,异品有。(因于同品定有,于异品遍有。)

第八句　同品有非有,异品非有。(因于同品定有,于异品遍无。)

第九句　同品有非有,异品有非有。(因于同品定有,于异品定有。)

因与宗同品和宗异品所组成的这九个式,揭示了因与宗同、异品的九种关系,这就是所谓的九句因。

3. 九句因的逻辑意义

九句因所列的这九个组合式,就好像是三段论里把各种式都列出来,不管它正确不正确,将 A、E、I、O 四种判断任意组合成六十四个式,穷尽了各种组合的可能，然后依据规则，从中遴选出十九个正确的式来。九句因也是如此，它也穷尽了因与宗同、异品的各种可能的组合式。这样做有什么意义呢？其意义在于从中审察哪个是错误的，哪个是正确的。

现在我们可以依据因明的语法规则即因三相来审视九句因中所列的因与宗同品和宗异品的九种关系何者为真（正确）、何者为似（错误）了。这里需要说明一下，九句因只与第二、三相有关，与第一相无关。我们可以根据第二相来审视因与同品的关系是否正常，并可以根据第三相来审视因与异品的关系是否正常。

我们先来看第一组三句（1—3）的情况。根据第二相，这三句中的“同品有”都符合因于同品定有的规则。前面已经讲过，因法与宗法在外延上可以是真包含关系，也可以是同一关系，所以定有不排斥遍有，第一组三句中的因于同品遍有不违反因的第二相。但是从异品来看，第一句中的“异品有”和第三句中的“异品有非有”却违反第三相，因为第三相规定因于异品必须遍无，不可以有一丝瓜葛。只有第二句的“异品非有”是符合第三相的。因此在第一组三句中只有第二句显示的是正因相，第一句和第三句都是似因。

再看第二组三句（4—6）的情况。根据第二相，四、五、六句中的“同品非有”不符合因须定有于宗同品的规则，因此违反第二相。从异品的情况来看，第四句中的“异品有”和第六句中的“异品有非有”都不符合因于异品须遍无的规则，违反了第三相。只有第五句中的“异品非有”合乎第三相，但是第五句还是似因，因为它毕竟不合第二相。而第四句和第六句则是同时违反了第二、三相。由此可见，第二组的三句全部都是似因。

最后看第三组的三句（7—9）的情况。根据第二相，七、八、九句中的“同品有非有”符合同品定有的规则。但是从异品的情况来看，第七句的“异品有”和第九句的“异品有非有”都不合第三相异品遍无的规则。只有第八句“异品非有”符合同品定有的规则。所以在第三组的三句中，第八句显示的是正因相，第七句和第九句皆为似因。

从上面的分析可以看到,在九句因里面,只有第二和第八两句是正因,是符合第二相和第三相的。其余七句全部是似因。其中的第一、三、五、七、九句,都是违反二、三两相中的一相,这样的因就是不定因,也就是说,在二、三两相中只要违反了其中的一相,便是不定因。另外,第四句和第六句是同时违反了第二相和第三相,这与正因正好相反,所以是相违因。

唐代慧沼将九句因的这三类情况用四句颂来概括:

二、八是正因,四、六相违摄,所余皆不定,正似应当知。

这四句颂对九句因作了很好的概括,但我想将它改得更具体一些:

二、八是正因,四、六相违摄,一、三、五、七、九,奇数皆不定。

九句因看起来好像是在玩游戏一样,实际上这样的排列是很有意思的,将来我们讲到过失论的时候,就会从九句因的游戏规则里得到很多启发。而且我们了解了九句因,更有助于我们对第二、三相的深刻理解。

陈那《理门论》还对九句因作了例析,就是以九宗配九因组成的九个例子。这些例子在讲似因时都会用到,这里就不讲了。

普遍命题的检证与否证

一、概　　说

1. 普遍命题和喻

首先把这个题目解释一下。普遍命题就是以普遍概念为主词的命题,它反映全类事物的属性,而不是一类事物中某些分子的属性。所以普遍命题从逻辑上说就是全称命题。但形式逻辑一般会将单称命题归入全称命题,而普遍命题的主词却排斥单独概念,即排除只有一个分子的概念,它所断定的品类至少包含两个的分子。普遍命题有两种:肯定和否定。学过逻辑的人都知道,命题有四种,就是 A、E、I、O。A 就是全称肯定命题,E 就是全称否定命题，I就是特称肯定命题，O就是特称否定命题。但是，在因明里面没有特称命题，也就是说没有特称肯定命题（I），也没有特称否定命题（O），只有全称肯定命题（A）和全称否定命题（E），而且如上所说是不含单称的（因明喻体的主词必是一个包含了两个以上分子的集），为了避免歧义，所以我们称它为普遍命题，而不称它为全称命题。普遍命题所断定的对象有的是有限的，如宗教、大洋等；有的却是无限的，如瓶子、雷电等。陈那所构建的喻的主体就是一个普遍命题，如立三支比量云：

声是无常；（宗）

所作性故；（因）

诸所作者皆无常，如瓶。（喻）

这喻支中的前半部分就是一个普遍命题，称作喻体，它相当于逻辑三段论的大前提。后面还带着一个喻例，称作喻依。

当然，宗也可以是个普遍命题，因也可以是个普遍命题，为什么偏偏要在讲喻的时候强调它的主体是普遍命题呢？这是因为在陈那以前，喻体本来只是一个事例，如“瓶子”就是喻体，陈那则以普遍命题为喻体，旨在揭示其宗因不相离的推理基础，将事例视为喻依，这一重大的改革具有里程碑的意义。另外，喻体必然是普遍命题，因为作为喻体主词的是因法，因法必是一个包含两个以上分子的普遍概念，所以我们要将普遍命题作为喻体的标志加以强调。

2. 喻的涵义与组成形式

唐代窥基大师在《大疏》中说，喻在梵文里叫作“达利瑟致案多”，并做了解释，他说：

喻者，譬也，况也，晓也。由此譬况，晓明所宗，故名为喻。

这就是说，我们把它翻成中文来讲，喻就是“譬况”，就是譬喻，这是因明论式中喻的本义，在古因明五支论式中，喻就是举出实例来作譬喻，喻的名称即由此而来。陈那的新因明虽然沿用旧称，仍然称之为喻，但从形式到性质大为不同。这里不妨将古因明与新因明的喻加以对照来作说明：

古因明	新因明
声是无常(宗),	声是无常(宗);
所作性故(因),	所作性故(因);
譬如瓶等(同喻),	诸所作者皆无常(同喻体),如瓶(同喻依);
譬如虚空(异喻)。	诸非无常者皆非所作(异喻体),如虚空(异喻依)。

从上面古因明与新因明两个论式的对照可以清楚地看到,古因明的喻只是以事例来譬喻,以事例为喻体。而新因明的喻体却是一个普遍命题,而将事例视为喻之所依,名为喻依。这是形式上的变革,这一革新旨在提升推导的性质,使因明的论法从类比法迈进到了演绎与归纳相结合的高度。

二、同法喻、异法喻

1. 同、异二喻与因三相的关系

喻由同喻和异喻两部分组成,合称喻支。在喻支的问题上,“外道”论师与陈那的看法截然不同。窥基在《大疏》中阐述说:

> 古因明师因外有喻,如胜论云,声无常宗,所作性因,同喻如瓶,异喻如空。(古因明师)。不举“诸所作者皆无常”等贯于二处,故因非喻。(古因明师以)。瓶为同喻体,空为异喻体。陈那以后,说因三相即摄二喻,二喻即因,俱显宗故,所作性等贯于二处。〔1〕

这段话告诉我们,古师所说的喻是独立于因之外的,它只是以“瓶”为同喻体,以“空”为异喻体,而不以“诸所作者皆无常”这样的普遍命题为喻体来贯穿宗因,所以他们不把同、异二喻看作是因的一部分。而陈那所说的因三相,就将同、异二喻看作是因的有机组成部分。

因明家们都认为因最重要,但在对待喻的问题上却持有不同的见解,其

〔1〕《大疏》卷四页四左,金陵刻经处,光绪二十二年(1896)。

根本的原因在于陈那发展了因三相的理论，将同、异二喻纳入因三相的范围，将一因二喻视为是因三相的外化。如陈那《正理门论》云：

然以因言，唯为显了是宗法性，非为显了同品、异品，有性（定有性）、无性（遍无性），故须别说同、异喻言。

这就是说，从语言的直观性来说，“因言”只能显示第一相同品定有性，而难以显示第二相同品定有性和第三相异品遍无性，所以须“别说同、异喻言”来显示第二、三相。陈那的这番论述，将一因二喻与因三相的关系表述得非常清楚，同时也揭示了二喻的喻体之所以是因的组成部分的原委。关于这一点，陈那后来在《集量论·观喻似喻品》中又一次加以说明：

所说三相因，（其第一相）已善成宗法（因），次余二种相，由喻能显示。诸因明论中说因方便，唯诠宗法，如说“所作性故”，知属于“声”，所余二相，彼未详故，今以喻显。〔1〕

这段话的意思很好理解，就是反复强调同、异二喻是为了显示第二、三相而设立的，与二、三两相具有对应关系。

同、异二喻与因的第二、三相既然有如此紧密的关系，那么是否可以将同、异二喻与二、三两相混为一谈呢？答案是否定的。因为因三相是内在的规则，属于义，故又称义三相；而三支论式却是言语表达式，属于言，故又称言三支。言三支与义三相有言与义的区别。如上面所分析的，一因二喻体现了因三相，反过来，则是因三相制约着一因二喻。所以一因二喻与因三相有着对应关系，但不能混淆言与义的区别，将二者视为一物。窥基《大疏》就有“一因二喻即因三相”的误判。他的弟子慧沼在《义纂要》里也说过“二喻体即是因后之二相”的话。慧沼虽然将范围限定在喻体，说得比老师高明，但还是混淆了言义之别。慧沼的弟子智周在《因明论疏前记》中也说：“据喻所依名为喻者，喻非是因；取正喻体名为喻者，后之二相即是其因。”智周将“后之二相”亦即第二、三相说成为“因”，犯了与乃师同样性质的错误，也是

〔1〕 吕澄：《集量论释略抄》，《内学》第四辑，1928年。

混淆了言义之别。所以在这个问题上我们必须严格厘清言与义的界限，不能混淆二者的性质。

另一方面我们也要防止无视一因二喻与因三相具有对应关系的说法。现在有的论者竟然不顾陈那论述的原旨，想当然地认为二喻与后二相并无对应关系，如说第二相同品定有性的命题形式是有 p 是 M（PIM），而同喻体的命题形式则是凡 M 皆 P（MAP）。这明显地篡改了陈那的原意。因三相是从因出发的，三相的主语都是因，第二相就是因于宗同品定有的意思，这本来十分清楚，可是这些论者却将第二相的主语换作了宗同品，所以才会将第二相说成是"有宗同品是因"，真可谓差之毫厘，失之千里！

2. 同法喻与检证

同法喻就是同喻，那为什么又称同法喻呢？这是因为陈那构建的喻由喻体和喻依组成，喻依具有因宗双同的性质。如"所作性"是因法，"无常"是宗法，同喻依"瓶"既同于因法所作性（瓶是人工造作出来的），又同于宗法无常（瓶易损毁），这就是因宗双同，就是同法。也就是说同法就是同喻依，包含了同喻依的喻就是同法喻。可能有人会问，因同品具有因宗双同的特点，是否也可称作同法呢？确实，窥基大师就说过："宗之同品名为同品，因之同品名为同法，宗之法故。"〔1〕所以同法也就是因同品的别称，因为同于因者在正常的情况下必然也是同于宗的。甚至可以这样说，同喻依其实就是因同品，只是放在喻依的位置上而称作喻依罢了。不过一般不称因同品为同法，同法主要指同喻依。以后在讲到过失论的时候你将会看到这种用法。那么有没有不是因宗双同的因同品和同喻依呢？有。但这是不正常的，只有在似因和似喻中才会出现这种情况。

同法喻中的喻体是一个由因法和宗法联结而成的普遍命题，如"诸所作者皆无常"。新因明以这样的普遍命题为推导的基础，具有涵盖一类事物的功能。这一普遍命题是由以往经验的累积而形成的。出于思辨的需要，因

〔1〕《大疏》卷三页六右，金陵刻经处，光绪二十二年（1896）。

明在提出“诸所作者皆无常”这一普遍命题的同时，又回过头来，以“瓶等”这样的同品作为同喻依来检证普遍命题的真理性。

请注意，我在这里说的是“检证”而不是“验证”。那么为什么不是验证呢？因为对于一个具有无穷分子的普遍命题来说是不可能验证的，人们无法穷尽地去考察它的所有分子，而验证的含义是必须对它的分子作全部考察，这只有在有限外延的普遍命题中才能做到。检证则是对一类对象的分子作抽样考察，以此来审视普遍命题中的因宗二法是否具有不相离性。以同法喻“诸所作者皆无常，如瓶等”来说，此中喻依“瓶等”就是既具有所作性又具有无常性的事物，故可以用来作检证的事例。由于喻体中的普遍命题是凭借先前的经验得出的，当下的检证只是出于思辨的需要如论辩的严谨性和说服力等而特设的，所以形式上要求简洁，因明规定一般只举一个例子，用一个“等”字来代表类似事例即可，而不允许多举一些。有些论者没有弄清楚喻依的检证作用，一味强调单凭一个喻例怎么能归纳出普遍命题来呢？这不是轻率概括吗？有人更质疑说，在论辩的时候仅凭一个事例当场推出普遍命题来作论证的前提，这是不可思议的事情。这些说法其实都是误解。检证的方法其实是一种溯原法，也就是归纳回溯推理的运用，其作用在证实普遍命题的真理性，而不在“当场”推出普遍命题。当然，仅凭检证是难以完全证实普遍命题的，所以还需要借助于否证的方法来配合，这是异喻的功能。

陈那对喻支的改造，曾受到胜论派的诘难。胜论派古师认为瓶子是无常的，与宗法无常相同，所以瓶体就是同喻。陈那批评这种以瓶体为同喻的主张，指出如果直接以瓶体是无常去类比声也是无常的，那么瓶子是“四尘”所造的、是烧制出来的、是可以看见的实物，难道声音也具有“四尘”所造、可烧、可见的属性吗？可见以瓶为同喻体是不严谨的。陈那指出它有两大弊病：一切皆相类和譬喻转展无穷。上面分析的就是一切皆相类的例子。再说以瓶体为同喻，它的功能很有限。若是论辩的对手诘问瓶何以是无常的，立者又须以如灯来譬喻；若又问灯何以是无常的，立者又要以别的事例来譬喻。这样来立量,岂不是要譬喻转展无穷了么?于是陈那进一步指出,导致这些弊病的根由就在于古师仅以事例为同喻体,不能显示因法与宗法的不相离性。所以陈那说若是以普遍命题“诸所作者皆无常”为同喻体,就能涵盖一类事物的全体,就不会再有一切皆相类和譬喻转展无穷的弊端了。而事例“瓶”只是作为同喻依保留,是同法喻之所依而已。

但是同喻依在同喻中却是不容忽视的元素,就是在同喻中同喻依不得缺无,而且必须是在主词有法之外另举的。如在“声是无常,所作性故,如瓶”这个比量中,就是在“声”外另举“瓶”来作同喻依的。如果一个比量竟不能在有法外举出同品来作同喻依,就违反第二相同品定有性的规则。如九句因中第四句的例子:“声常,所闻性故。”这个比量就举不出同品来作同喻依,因为只有声才具有所闻性,二者的外延同一。举不出同品来的比量犯有不定过。

3. 异法喻与否证

异法喻就是异喻。“异法”这个词也表达了两个概念:一是因异品的别称,一是异喻依。陈那构建的异喻由异喻体和异喻依组成,所以称异法喻。“异法”的关键在于宗因双异,道理与同法类似,只是性质相反。同法要求与因宗双同,以同于因为主,因为同于因者必同于宗;而异法要求与宗因双异,以异于宗为主,因为异于宗者必异于因。当然这是就正常情况而言的,如果出现异于宗而不异于因,或者异于因而不异于宗的情况,这是似异法喻了。

前面在说同法喻时已说过,陈那将喻分为喻体和喻依两部分受到胜论派等论师的质疑,陈那批评了古因明的同喻之无能;同样,陈那也批评古因明的异喻无有功能。陈那指出,古因明的异喻只是说“如虚空,于虚空见是常住与非所作”,这样的异喻只能个别地显示异喻“虚空”上有与宗法无常和因法所作相矛盾的两种属性(常住和非所作),而没有揭示结果如不存在,其原因亦必不存在的普遍因果律,因而是无能的。而且由于不以普遍命题来遮遣全类,就容易把反对概念当作矛盾概念来用作异喻依,陈那将这种可能出现的弊病称作“遮遣异品”。“遮遣”就是排斥,“遮遣异品”就是以与同品的外延相排斥的概念为异品。与同品的外延相排斥的概念可能是矛盾概念,也可能是反对概念。作为异品,必须是同品的矛盾的子概念,而不可以是反对概念中的一员,因为两个反对关系的概念不能摄尽全部外延。如说“火是热的”,以“冷”为异品,其中就存在着不冷不热的中容之品,这样的异品遮遣不尽,当然是无有功能的。所以陈那的异喻以普遍命题“诸非无常者皆非所作”为异喻体来遮遣全类,以与“无常”和“所作”双异的“虚空”为异喻依,这样就遮遣殆尽了。

异喻的作用在止滥,就是制止似因的混入,用逻辑的话来说就是运用否证的方法来证伪。我在讲“同法喻与检证”的时候说过,检证的作用在证实,但检证不是验证,单靠同喻的检证仍不足以完全证实普遍命题的真理性,故需要借重异喻的配合,也就是通过否证的路径从反面来考察一下。这是一个非常聪明的做法,因为我们虽然无法验证一个具有无穷分子的普遍命题的真理性,但是我们可以从反面去考察它,我们只要找到一个反例,就可以推翻这个普遍命题。例如俗话所说的“天下乌鸦一般黑”,这就是一个普遍命题,由于它的分子数量无穷地多,我们无法将天下的乌鸦一一加以考察,也就是说我们无法从正面来对它进行验证,但是我们只要找到一只其他颜色的乌鸦,如在日本发现了白色的乌鸦,于是“天下乌鸦一般黑”的普遍命题就被证伪了。但如果我们找不到一个反例来证伪,那就得承认普遍命题的相对真理性。这里需要说明一下,异喻依本身并不是用以否证的反例,它只是从反面考察宗法如果不存在因法是否也随之不存在的一个事例,也就是说它是一个与宗法和因法所示属性双异的事例。但也有表面上是与宗因双异的事例却并非真正的异品,故而并不能达到止滥的目的。例如:

铜是固体(宗);

金属故(因);

凡金属均为固体,如铁(同喻);

凡非固体皆非金属,如水……水银(异喻)。

这个异喻中的“水”是异喻依,但它并非用作否证的反例,而是用来归证异喻体的。但是这个异喻依实际并不能从反面来归证宗因之不相离性，因为发现了反例“水银”，水银虽然是液体，却是金属，这就否证了上述同、异喻体的真实性。

窥基大师说：“必显遍无，方成止滥。”〔1〕这就是说因于宗异品上必须遍无，才能达到止滥的目的。所以一个比量如果举不出异品来作异喻依倒是不要紧的，因为这不违反第三相异品遍无性的规则。在这种情况下，只要杜撰一个异品如“龟毛”“兔角”之类的虚概念来充任异喻依，以满足其形式上的完整性即可，反正这个异品与因法本来就一无瓜葛。

讲到这里，我们可以归结两点：第一，异喻旨在找出反例来否证，如若找不出反例，则喻体所显示的普遍命题成立。第二，同喻依（同品）不可或缺，否则违反第二相；异喻依（异品）如无，不违反第三相异品遍无的规则，只需以虚概念替代即可。

4. 合作法与离作法

合作法与离作法是组成同、异喻体的两种方法，组成同喻的喻体的方法是合作法，组成异喻体的方法是离作法。陈那对同异二喻曾作了生动的刻画：“说因宗所随，宗无因不有。”这其实就是对合、离二法的描述。我们可以举例来说明：

声是无常（宗）；
所作性故（因）；
诸所作者皆是无常（同喻体），如瓶（同喻依）；
（先因同，后宗同＝说因宗所随）
诸非无常者皆非所作（异喻体），如空等（异喻依）。
（先宗异，后因异＝宗无因不有）

从上面的例解可以看到，同法喻必然是按照先同于因、后同于宗的次序组织喻体的，这就叫作“说因宗所随”；异法喻必然是按照先异于宗、后异于

〔1〕《大疏》卷二页十二右，金陵刻经处，光绪二十二年（1896）。

因的次序组织喻体的，这就是“宗无因不有”。这个次序不容颠倒。我们如果将上例中的同、异喻体转换成假言命题就可以看得更清楚了：

若是所作，定见无常（同喻体）；

若是其常，见非所作（异喻体）。

从上面两个假言命题可以清楚地看到，“所作”是“无常”的充分条件，“无常”则是“所作”的必要条件，所以从肯定其前件就可以肯定其后件，从否定其后件即可否定其前件，合作法和离作法正是按照这样的普遍因果律来组织同、异喻体的。而且从命题的逻辑关系上来说，异喻体正是同喻体的逆否命题，用现代逻辑的公式来表述，就是$(p\rightarrow q)\leftrightarrow(\neg q\rightarrow\neg p)$，二者等值，是符合异质换位律的，是恒真的命题。

同法式和异法式的语句结构是严格有序的，它体现了同品定有性和异品遍无性，不容颠倒，所以陈那在《理门论》中指出：

由如是说，能显示因（于）同品定有、异品遍无，非颠倒倒说。〔1〕

陈那并进一步指出，如果“颠倒说”的话，也就是将同喻体的先因同后宗同变成先宗同后因同，就会犯倒合的错误；如果将异喻体的先宗异后因异变成先因异后宗异，则会犯倒离的错误。有倒合或倒离错误的同、异喻都会产生三种消极的后果：一是“成非所说”，二是“不遍”，三是“非乐”。所谓“成非所说”，即是颠倒了前后件的次序，倒因为果了。所谓“不遍”，就是同喻体中的“所作”本来应被“无常”包含，而异喻体中的“常”（非无常）亦应为“非所作”所包含，但颠倒以后，却变成让外延较小的概念“常”去包含外延较大的概念“非所作”（非所作者既有常住的事物，也有无常的事物），从而不能周遍。所谓“非乐”，就是成立自己所不乐意成立的宗，即本来是要以“所作”去成立“无常”的，结果却成了以“无常”去证“所作”了；异喻本来是以“常”去证“非所作”的，现在却以“非所作”去成立“常”了。以上第一“成非所说”与第三“非乐”的意思实际上是一样的。总之，我们只要记住以离类合

〔1〕《大正藏》第32卷2c。

和以合类离是同、异喻体的非正常形式,有倒合和倒离的过失即可。

由合作法和离作法组成的同、异喻体,相互间的逻辑联系非常紧密,可以互推。加上喻依的归纳回溯,进一步来证明喻体的真理性,从而加强了说服力。

5."除宗有法"问题

"除宗有法"的提法最早见于唐代的一些因明论疏,如窥基的《大疏》就根据陈那的论意指出同品要"除宗有法"。陈那《理门论》在说因三相时指出:

> 又比量中唯见此理:若所比处此相审定,于余同类念此定有,于彼无处念此遍无,是故,由此生决解。〔1〕

这段话里的"于余同类念此定有",就是指因法应该在宗有法之外的同品上定有其性,也就是在举喻证宗时,必须在有法"声"外另举一个喻依"如瓶"来表示因法定有于"余同类"。这个道理是不言而自明的,就是譬喻总是以乙来喻甲的,而不可能以甲喻甲。

但是有的论者却将这样简单的道理弃之不顾,竟曲解语义,将"除宗有法"说成是要"除去"有法,"剔除"有法,也就是要将有法从作为普遍命题的喻体中剔除出去,不仅同喻体要剔除有法,而且异喻体也要剔除有法,同、异喻体竟变成这样两句话:

> (除声以外,)诸所作者皆无常。
>
> (除声以外,)诸非无常者皆非所作。

普遍命题本来是对一类事物的全类概括,"除去"一类事物中的一个分子,就不再是普遍命题了,而成了所谓的"除外命题",实即特称命题,新因明的三支论式也不再具有演绎的性质,而是类比论证了!

这是何等荒谬,真可谓差之毫厘,失之千里,与陈那的论旨相去何其之远!但这种误断对初学者来说却像重重迷雾,使之难辨方向,所以我们有必

〔1〕《大正藏》第32卷1/b、c。

要一一加以厘清。

第一,需要再次强调一下,“除宗有法”不是除掉、除去有法,而是须在宗有法之外举例的意思。这是一个常识问题,而不是什么理论问题。只要清醒地保持这样的认识,就不会堕入五里雾中。

第二,我在前面讲过,因明论式中只有全称命题而没有特称命题,所以同、异喻体必然是全称的,是概括全类的普遍命题。因三相是建立在普遍命题基础上的,如果因明中竟然出现了特称命题,那么因三相对论式的制约作用也就失效了。

第三,陈那说过因必须定有于有法之外的宗同品,但没有说过异品也要“除宗”的话,因为异品与有法本非同类,何来“除宗有法”的问题。那些说“同、异品都要除宗有法”的论者,不免陷入自相矛盾。试想,说“同、异品都要除宗有法”,岂不是意味着宗有法既是同品又是异品?这是一个恒假的矛盾命题(A 并且非 A),根本不能成立,稍有逻辑常识的人都懂得这个道理。

第四,而且如果将有法“声”从具有“无常”属性的宗同品中剔除,又将它从具有“非无常”属性的宗异品中剔除,“无常”与“非无常”这两个集合之间并不存在中容之集,这有法“声”又将立锥于何处呢?这不是又成了一个悖论!

总之,将“除宗有法”作不当的解释并进一步将其推向极致的论断是不利于抢救绝学因明的,更是设在研习者面前的一道迷障,所以必须予以廓清。

(原载《党群·学术论文集》,商务印书馆,2001 年)

因三相答疑

因三相是因明理论中的核心部分，因此多为习因明者和治因明者所关注，近几年我受邀在各地讲授因明，针对听讲者提出的有关因三相的问题在析疑解难之余，深感这些问题可能亦为其他学人所困惑，故特整理如次，祈能展开研讨，以臻共识。

一、是规则还是公理？

问：一般认为因三相是为自比量（推理）和为他比量（论证）的规则，但有的学者却认为因三相不是规则而是公理，不知以何者为是？

答：因三相是因明三支论式的主要规则。将因三相视为逻辑公理恐怕是有欠考虑的。因明作为一个逻辑系统自有其公理，这就是陈那所说的"不相离性"，亦即因法与宗法之不相离的关系，换言之，亦即因法与宗法具有包含关系。这正是因明三支作法的基础，所以后来法称更直接地将因宗二法间的包含关系称为"遍充"，"不相离性"与"遍充"成了同义词。在三支论式中，具体体现这种"不相离性"的就是同异喻体，如同喻体"凡所作皆无常"，异喻体"凡非无常皆非所作"。故陈那《正理门论》云：

为显于此不相离性，故说喻言。〔1〕

---

〔1〕《大正藏》第32卷3a。又，参见拙释《因明正理门论译解》Ⅰ-3-5C，中华书局，2007年。

这里所说的“喻言”，即指以正反两个普遍命题组成的同异喻体。而在五支作法中，喻体只是一个事例，缺乏全类概括的功能，当然也难以反映因、宗二法不相离的关系，所以只是类比推理而已，即使有时在类比的过程中得出了普遍性的结论，也只能视作非自觉状态下产生的个案，仍不能列为演绎的滥觞。甚至在陈那明确提出“不相离性”的理论之后，正理派哲学家乌地阿达克拉在《正理释》一书中还竭力批评陈那以“不相离性”为比量基础的说法。这说明陈那当是最早提出“不相离性”公理的人，这一公理与亚里士多德的“遍有遍无”公理以及墨辩的“以类为推”公理别无二致，陈那在《正理门论》中曾形象地说明因宗二法不相离的关系：

说因，宗所随；宗无，因不有。〔1〕

这岂不也是“遍有遍无”公理的诠释？这自然也是“以类为推”的结果。

问：有人认为，一种逻辑规则应是一种逻辑形式的充分必要条件，而因三相却不是三支论式的充分必要条件，因为所有的宗过和因过里的“四不成”等都是因三相所不能制约的，亦即并非违反因三相所造成，从而不能视之为规则。这种看法是否能成立？

答：此说似难成立。因三相作为逻辑规则，它与三支论式具有充分必要条件的关系。因明的过失主要是因的过失，因的过失分三类：第一是“四不成”，第二是“六不定”，第三是“四相违”。违反第一相者，即属不成因；违反第二或第三相中之一相者，即属不定因；同时违反第二和第三相者，则属相违因。由此可知：立量必须遵守因三相，违反者必犯因过，并可连带产生宗过和喻过，如因上有所依不成过，宗上必有所别不极成过，又如因上犯不定之过，喻上即有俱不成或俱不遣等过。如此等等，互相牵连，于此可知似因是因明过失论中的主要部分，而因三相对上述三类似因（不定因中的“相违决定”除外）具有制约的作用。但是因明三十三种过失并非全是语法谬误，

〔1〕《大正藏》第32卷1c。又，参见拙释《因明正理门论译解》Ⅰ-3-5E，中华书局，2007年。

有些则属语用谬误,如“六不定”因过中的“相违决定”,即是纯粹的语用谬误,它与其余五种不定过有很大的区别:第一,它有两个完整的比量;第二,立、敌各自所立的比量均三相俱足,并不违反哪一相;第三,两个比量互相抗衡,难分胜负,结果是两败俱伤,同归于尽。由上述三点可知,“相违决定”并非语法谬误,故非因三相所能制约,而须以语用规则来定其胜负。古师所定的语用规则是“如杀迟棋,后下为胜”。〔1〕陈那《理门论》则认为应依“现教力胜”,〔2〕即凭依现量和圣教量来断胜负。至商羯罗主,又改变规则,认为“此二俱不定摄,故不应分别前后是非。凡如此二因,二皆不定故”。〔3〕这是不分前后,亦不问是非,一概作不定因看待的做法。“相违决定”是十四种因过中唯一不受因三相制约的过失。这种情况在似宗中也存在,如立宗“相符极成”,本来不是什么过失,但因明立宗要求违他顺自,而相符极成恰好相反,违反了这一语用规则,故属语用谬误。在似宗中,还有一些过失属语义谬误,也不属因三相的管辖范围,如自语相违、自教相违等,这两种过失本质上没有区别,故法称将自教相违并入自语相违。陈那例释自语相违云:“如立‘一切言皆是妄’。”这是一个典型的语义悖论,与著名的“伊壁孟德悖论”如出一辙。这样的语义悖论亦非因三相所能解决。又如“世间相违”,是立宗与公众的见解相违;“现量相违”和“比量相违”,是立宗与经验知识和推理知识相违,这涉及公认的知识或认识的问题,亦非语法谬误。总之,在因明三十三过中,不仅有语法谬误(这占多数),也有语用和语义谬误,而因三相只是建立正确论式的规则,是语法规则而不是语用规则和语义规则,因此它对语用和语义方面的谬误是难以制约的,但不要因为它制约不了因明三十三过中的某些过失而否定它是三支论式的有效规则。

---

〔1〕《大疏》卷六页二十四左,金陵本,光绪二十二年(1896),下同。

〔2〕《大正藏》第32卷2b。又,参见拙释《因明正理门论译解》Ⅰ-2-9F,中华书局,2007年。

〔3〕《大疏》卷六页二十四左。

二、因三相的涵义

问：对因三相的涵义现在有些不同的解释，令人莫衷一是。如第一相“遍是宗法性”，有学者解为凡因法遍是宗法性，即凡因法都普遍具有宗法性。这样的解释是否能成立？

答：将第一相“遍是宗法性”解作凡因法都普遍具有宗法性，似有未当。这里面恐怕有两点误解。第一是“遍”字，作为因明术语，“遍”有两义，即周遍和普遍。在第一相中，“遍”指周遍；在第三相“异品遍无性”中，“遍”字才作普遍解。第二是“宗法”，“宗法”即宗有法之法的略称。宗有法有两个法，即共许法和不共许法，因法就是立敌共许为有法所有之法，宗上能别则是立许而敌不许为有法所有之法，这两种法都可称为“宗法”。第一相中的宗法，即指因而言，揭示因与有法具有真包含关系。为什么这么说呢？因为从原始的因三相到新因明的因三相，都是一致这么说的。在《顺中论》里若耶须摩所说的第一相是“朋中之法”，“朋”即pakva（宗）的音略，与梵本《入正理论》中表述第一相的原字正好相同。其原文为pakvadharmatvbm，直译“宗中之法”。原文省略了主词“因”，故全句的意思为因是宗（有法）之法。玄奘将此句意译为“遍是宗法性”，意为因周遍宗有法从而成为它的法，这就更精确地揭示了因与有法之间的逻辑关系。你或许会问，为什么要将“宗法”的“宗”解作有法而不解作宗后陈的能别呢？除了上述中、梵文献已明白显示其文意外，这里再以陈那《正理门论》说因三相的话来印证：

若所比处此相审定，……为于所比显宗法性，故说因言。〔1〕

“所比”即梵文anumeya的意译，anumeya虽非“有法”的梵文原字，但译作“所比”，正与作为能比的同品相对待，这“所比”岂不是指有法而言？而

〔1〕《大正藏》第32卷3a。又，参见拙释《因明正理门论译解》Ⅰ－3－5A、Ⅰ－3－5C，中华书局，2007年。

且陈那在《集量论》中更将“所比”直接解释为有法，如云：

言“所比”者，谓由法差别之有法。〔1〕

由此可以明确，所谓“宗法性”，即指因是宗有法之法，而非指宗之能别（尽管宗之能别在通常情况下亦称为“宗法”）。

问：有学者将因的第二相“同品定有性”解释为同品定有因法性，亦即同品必定具有因法性，并将因的第三相“异品遍无性”解释为异品遍无因法性，亦即凡异品都不具有因法性。此说是否切合因之后二相的本义？

答：因三相是从“因”出发作出规定的，每一相的主词都是“因”，只是在字面上省略了这个“因”字，所以第二相是说因于同品定有，第三相是说因于异品遍无，而不能将同品、异品置于主词的位子上。那么什么是“定有”呢？“定有”就是“有非有”，就是部分有、部分非有。这是对因于宗同品上有的最低要求，低到哪怕因只有于一个宗同品（除有法之外）。然而按照同品必定具有宗法性的解释，“定有”成了“必定具有”，这样的“定有”，实际上成了单纯的“遍有”！如果认为因于同品必须遍有，这就大错特错了。为什么这么说呢？首先要分清楚什么是“同品”。同品有两种：一、因同品；二、宗同品。第二、三相中所说的同品都是宗同品，这从陈那对同品所下的定义即可知晓。既然第二、三相中的同品是指宗同品，那么因与宗同品的关系就有两种情况：或定有，或遍有。因定有于宗同品是常见的，遍有于宗同品则是偶见的，所以因的第二相从多为论，规定“同品定有”，何况同品定有并不排斥同品遍有。正因为如此，所以九句因的第二、八句均为正因。这第二句说的是因于同品遍有，于异品遍无；第八句说的是因于同品有非有，于异品遍无。这两种情况都是符合第二、三相的。

问：可是有学者认为九句因中第二句因与第八句因是互相矛盾的，理由是：既然第二句中已明确说明凡同品都具有因法性，而第八句因中却说有的同品不具有因法性，那么就表明这两句是互相矛盾的，不可能同为正因，而

〔1〕 法尊译：《集量论略解》第33页，中国社会科学出版社，1982年。

且所谓同品就是具有因法性的同品,不具有因法性的“同品”就必然犯“能立法不成”的过失。

答:问题还是出在对同品的误解上。因三相也好,九句因也好,其中所说的同品均指宗同品而言,而上述说法,却将同品误作因同品来看待!就宗法与因法的外延关系来看,宗法的外延一般大于因法,在少数情况下,二者的外延同一。九句因的第二句是就二者外延同一的情况而言的,而第八句则是就宗法包含因法的情况而言的,二者并不矛盾,不要错将第二句和第八句当作A与O的矛盾对档关系来看。而且说第二句和第八句为正因,这是陈那的断语。《正理门论》明确地宣示:

> 此中唯有二种名因:谓于同品一切遍有,异品遍无;及于同品通有非有,异品遍无。于初、后三各取中一。〔1〕

这“初、后三各取中一”,就是第二、八句。由此可见,认为第二、八句相矛盾,显然与九句因原旨不合。还可以从梵文来看,耆那教论师柯利贤(Haribhadra,1112)的《入论疏》里有这样一段问答:问:这里(按:指对因三相的阐说)表示强调语气的eve是要说明什么?答:此中eve是为了说明“于一处有”,在同品中,“因”于一处有,无有过失。其次表明勤勇无间所发性等是正确因;遍于同品一处,而此一处远离异品。〔2〕

对柯利贤论师的这一解释,巫白慧先生又作了以下说明:“这段释文中有两个关键性的词……‘遍vyapin’和‘一处ekanta’。一处,是说同品范围内的一部分,而不是要遍及同品中所有部分,而这一部分恰恰又是与其异品绝缘的。”〔3〕这段话当可佐证第八句亦是正因。

问:以上的解释都是从因法与宗法的关系来说的,然而有学者认为,第二相表示的只是因法与同品的关系,而不可能是因法与宗法的关系;第三相

〔1〕《大正藏》第32卷2b。又,参见拙释《因明正理门论译解》Ⅰ-2-8B,中华书局,2007年。

〔2〕巫白慧:《印度哲学》第481页,东方出版社,2000年。

〔3〕巫白慧:《印度哲学》第481页。

表达的只是因法与异品的关系,也不可能是因法与宗法的关系。又有学者说:新因明在喻依之外增设喻体,确立了因法与同品的不相离性,即因法与同品的普遍联系。这两位学者的见解基本一致,未知然否?

答:第二相"同品定有性"并非如两位学者所言是表达因法与同品之不相离关系的,而是揭示了因法与宗法之不相离的关系。这种因法与宗法的不相离关系,是通过同品和异品从正反两方面来检证以后并未得到否证的情况下加以证实的,所以同品和异品在第二、三相中只起佐证的作用。由此,按照第二、三相的规则建构起来的同、异喻体是因的一部分,而喻依则是辅助成分,不是因的一部分,更不能说第二、三相反映了因与同、异品的不相离关系。如前所述,陈那对宗、因二法的不相离关系曾作过形象的刻画:"说因,宗所随;宗无,因不有。"这里说的因和宗,即指因、宗二法。正因为因、宗二法具有包含关系,所以有因亦必有宗,无宗则必无因。而因法与同品(宗同品)则不一定具有包含关系,故不能说有因即有宗同品,无宗同品则无因之存在。如所作因与同品瓶固然有包含关系,然宗同品雷、雨等自然现象却无所作性。

三、三相与三支的关系

问:三相是义理,三支是论式,在二者的对应关系上诸说不一,应如何理解?

答:这个问题既简单又复杂,说它简单,是因为陈那对此已有明确的论述,只需按陈那的原旨来理解即可;说它复杂,是因为一些学者各按自己的意思来解释,人为地使之复杂化了。可以先看看陈那是怎么论述的:

> 然此因言,唯为显了是宗法性,非为显了同品、异品,有性、无性,故须别说同、异喻言。〔1〕

〔1〕《正理门论》,《大正藏》第32卷3a。又,参见拙释《因明正理门论译解》I-36-B,中华书局,2007年。

这段话清楚地说明,因支在文字上只能显示第一相“遍是宗法性”,而难以显示“同品定有性”和“异品遍无性”,故需另设同、异喻言来显示第二相和第三相。陈那在《集量论》中也强调了这一点,他说:

所说三相因,已善成宗法,次余二种相,由喻能显示。〔1〕

由陈那的一再申述可知,因三相与言三支中的一因二喻是一一对应的,即因支主要显示第一相,喻支中的同喻显示第二相,异喻则用以显示第三相。按陈那所述,因三相与言三支的对应关系就是如此简单而明白;然而有些说法却未谙陈那的原旨,把问题搞复杂了,归纳起来,略有三说:1. 第二相与同喻不对应;2. 第二相与同喻间接对应;3. 因三相只与二喻对应。

问:何谓第二相与同喻不对应?

答:所谓第二相与同喻不对应,就是说因的第二相与同喻的命题形式不一样,故不对应。此说认为,不能因为第一相和第三相都找到了相对应的关系,就可以必然地推出因的第二相“同品定有性”一定是对同喻体的逻辑规定。“同品定有性”实际上只断定了宗后陈中定有物具有因的性质,亦即只断定“有 P 是 M”,并没有断定具有因性质的事物都属于宗后陈,亦没有断定“所有 M 是 P”,而同喻体的命题形式是“所有 M 是 P”,一个是“有 P 是 M”,一个是“凡 M 是 P”,所以二者不相对应,〔2〕这是将第二相与同喻割裂开来的说法。首先,这种说法存在着一个很大的误解,就是将第二相同品定有性理解为宗后陈(即宗法)中定有物具有因的性质,亦即“有 P 是 M”(P 是宗法,M 是因法)。之所以会产生这样的误解,关键在于持此说者忽视了第二相的主词也还是“因”(因三相的主词都是因),而误将“同品”当作了主语。宗同品的外延一般大于因法,所以他们又在句首加了特称量词,就这样,同品定有性就成了“有 P 是 M”!其实第二相的正确读法应该是因于宗同品定有其性,其形式为“所有 M 是 P”,这样就与同喻体之先因后宗完全一致了。

〔1〕 吕澂译:《集量论释略抄》第 34 页,《内学》第 4 辑,1928 年。

〔2〕《因明新探》第 134—135 页,甘肃人民出版社,1989 年。

其次,这种说法误将"说因宗所随,宗无因不有"仅仅当作喻体的组成方式,而没有认识到"说因宗所随,宗无因不有"其实也是对第二、三相的形象刻画。如《正理门论》云:

问:复以何缘第一(即同喻)说因宗所随逐,第二(即异喻)说宗无因不有,不说因无宗不有耶?

答:由如是说能显示因(于)同品定有,(于)异品遍无,非颠倒说。〔1〕

这段话清楚地说明,同喻的"说因宗所随"和异喻的"宗无因不有"能显示因于宗的同品定有,于宗的异品遍无。这也就是说,同、异二喻与因的第二、三相是一一对应的,所以,决不能说第三相与异喻对应而第二相不与同喻对应,因为这与陈那的原意相去太远了!

问:那么,说第二相与同喻间接对应是否在理呢?

答:此说还是将第二相理解成"有 P 是 M",所不同的是此说承认第二相与同喻对应,但须从第三相曲折地推出来。其具体步骤是,先将第三相"异品遍无性"符号化为 PAM,然后换质成 PEM,再换位成 MEP,再换质成 MAP,最后用限制换位法,推出 PIM,即"有 P 是 M"。确实,按上述步骤可以从第三相的 PAM 推出 PIM 来,但从 PIM 却不能反推出 PAM,这明显不合陈那的原旨。从陈那对第二、三相的论述来看,此说亦未中肯綮。第一,"有 P 是 M"不能正确刻画第二相,第二相的正确形式应是"凡 M 是 P",理由已如上文所述,此不赘言。第二,因的第二、三相是等值的,故可互推。设将第二相符示为 MAP,第三相符示为 PAM,则从 MAP 可经过换质位推出 PAM;反之,亦可从 PAM 经过换质位反推出 MAP。然而,如果将第二相解作"有 P 是 M"(PIM),那么从第二相就不能经过换质位推出第三相的"凡非 M 都是非 P"(MAP),因为 PIM 虽可换质为 POM,但到此为止了,POM 却是不能再换位的!第三,陈那说第二相和第三相总是连在一起阐述的,因为二、三两

〔1〕《大正藏》第 32 卷 2c。又,参见拙释《因明正理门论译解》I-3-2B—C,中华书局,2007 年。

相须结合起来借助同、异二喻来揭示因法和宗法的不相离性，且是先说第二相后说第三相的，其目的在于第二相先通过同喻来揭示因法和宗法的不相离性，第二相先通过同喻来“顺成”，然后第三相再通过异喻来“止滥”，这“止滥”的功能类似于证伪。故对于因明来说，第二相是正因相，第三相则是助因相，也就是说，有了第二相“顺成”，才有第三相“止滥”的必要。顺便说一下，三支因明是演绎与归纳相结合的形式，它的归纳前提只是一个同喻依和一个异喻依，而且明确规定不得多举例。这种采取不完全归纳而又要求其结论臻于必然性，以使其获得圆满的演绎前提，实在是受惠于其意蕴上有因之第二、三相，论式上有同、异二法式。如果第二、三相与同、异二喻不能一一对应和互推，又怎能使论证圆满地展开呢？

问：说因的三相只与二喻对应，是否与陈那的论述不合？

答：是的。上文已经说及，陈那曾反复强调因三相与一因二喻相对应的关系，所以说因三相只与二喻对应显然是不合陈那论旨的。那么为什么会误将因三相只与同、异二喻去对应，而忽略第一相与因支的对应关系呢？问题还是出在对因三相的理解有错误。如将第一相理解为“凡因法都普遍具有宗法性”，这岂不就是 $M \subseteq P$，正与同喻体的命题形式一致？又如，将第二、三相理解为“凡同品必定具有因法性”和“凡异品都不具有因法性”，这也都是要通过二喻来显现的，所以能与因三相对应的，自然只有同、异二喻了！这种对因三相的误解，在上文已作了剖析，此不赘述，由此而引申的对言三支与义三相关系的误解，也只需对照上引陈那的陈述便可了然。

四、何谓“除宗有法”？

问：有人说，“按照陈那的因明体系，同、异品是要除宗有法的。根据形式逻辑的同一律，九句因、因三相中的同、异品亦应除宗有法，而根据九句因、因三相构造的三支作法的同、异喻体，亦不可能是全称命题，只能是除外命题。因此三支作法还没有最终跳出类比推理的窠臼，离演绎推理仍有一步之遥”。他的自我评价是,“这些见解在国内前无古人,独树一帜”,是一种“理论贡献”。难道“除宗有法”问题真有那么重要的理论意义吗?

答: 是不是理论贡献应由时间来作出评判,切忌匆忙下结论,更不能学“老王卖瓜”。其实,“除宗有法”问题还称不上理论,只是人所共知的一种作譬的方法而已。如说“苹果有营养”,为了进一步说明这一点,有时还须举例来作譬,这作譬的事例当然是苹果(宗有法)之外的一种水果,如梨子(同品)等。这种以乙喻甲的方法,即是作譬时“除宗有法”的方法。“除宗有法”就这么简单! 然而,这种属于常识范围的取譬方法经过人为的玄化以后,倒是导致了理论上的混乱,亟须加以厘清。

问: 那么陈那和天主对“除宗有法”是如何论述的呢?

答: 陈那和天主都没有对“除宗有法”的问题作过专门的论述。大凡举譬总是以另一相类的事物为喻例的,这是尽人皆知的事情,故毋庸特别交代。不过陈那在《正理门论》说因三相时倒是带到过这一点:

> 又比量中唯见此理:若所比处此相审定,于余同类念此定有,于彼无处念此遍无,是故,由此生决定解。〔1〕

其中,“若所比处此相审定”说的就是第一相,“于余同类念此定有”是第二相,“于彼无处念此遍无”是第三相。在说第二相时有“于余同类”四字,即指“于有法之外的宗同品”,“余”即是有法之外的意思。这也就是说,在列举宗同品(同喻依)时要“除宗有法”。

问: 那么宗的异品是不是也要“除宗有法”?

答: 宗有法与宗异品属于矛盾关系的两类事物,本来就不在一个集合里,又何来除不除的问题? 所以主张异品也要“除宗有法”,并声称这是“陈那的因明体系”所规定,恐怕是想当然之言,因为陈那从未说过异品要“除宗有法”的话,而且,说同、异品都要“除宗有法”还会出现悖论。记得华东师大

---

〔1〕《大正藏》第32卷3a。又,参见拙释《因明正理门论译解》Ⅰ-3-5A,中华书局,2007年。

的姚南强教授在一次讨论会上对此发表了精辟的见解：要在同、异品的逻辑外延中同时排除宗有法，则不知宗有法何处存身？实际上，如果要从同品的外延中“除宗有法”，则其必进入异品的外延，反之亦然。同、异品“除宗有法”在逻辑外延上是悖论，在同一语言层次内是无法解决的，既然这只是一种“理发师悖论”，那么由此而根据“同一律”所作的在九句因、因三相中异品亦要“除宗有法”的推论自亦不能成立。我赞同这一分析。

问：那么是否如此人所言，可以根据同一律推出同、异喻体也要“除宗有法”，进而得出同、异喻体是“除外命题”而不是全称命题的结论来呢？

答：不能如此推断。同、异喻体都无须“除宗有法”，更不是什么“除外命题”。同、异喻体应是概括全类的普遍命题，亦即全称命题。陈那在设立同、异二喻体的问题上曾与胜论古师有过一番辩论，陈那《理门论》批评胜论古师云：

> 此说但应类所立义，无有功能，非能立义；由彼但说所作性故所类同法，不说能立、所成立义。〔1〕

陈那在这里说得很清楚，古因明以事例（如瓶）为喻体，只是显示此事例具有“所立义”（如无常性）和能立法“所作性”，也就是说这种喻体只是显示一个事物具有因法和宗法的性质，而未说“诸所作者皆无常”这种能显示因法与宗法不相离关系的普遍命题，故无有功能。胜论派古师不服，反问道：“何故无能？”陈那便进一步分析说：

> 以同喻中不必宗法、宗义相类，此复余譬所成立故，应成无穷。又不必定有诸品类。〔2〕

这段话说设立喻体的理由，即如古师所主张的不以普遍命题为同喻体，而以同类事例为同喻体的话，则有两大弊病：一是“譬喻展转无穷”，一是

〔1〕《大正藏》第32卷3a。又，参见拙释《因明正理门论译解》Ⅰ-3-6H，Ⅰ-3-6J，中华书局，2007年。

〔2〕《大正藏》第32卷3a。又，参见拙释《因明正理门论译解》Ⅰ-3-6H，Ⅰ-3-6J。

"一切皆相类"。这两种弊病的名称是根据陈那所论概括出来的。何谓"譬喻展转无穷"？如立者云:"同喻如瓶。"敌者反问:"瓶复如何无常?"立者只得补充说:"如灯,因为灯与瓶一样有无常性。"若再问,便再举例说明,如此辗转以致无穷。所以陈那要以普遍命题为喻体,意在作出全类概括,使之涵盖一切。什么是"一切皆相类"呢？如古师立"声无常"宗,因云"所作性故",同喻云"如瓶"。陈那破云:"若直以瓶为同法喻,以瓶体是无常故类声亦是无常者,亦应瓶是四尘(即色、声、香、触四种因素)可见、烧,声亦四尘可烧、见。"〔1〕这是用归谬法来破斥,使之推出"一切皆相类"的荒谬结果。所以陈那要以普遍命题为喻体,以示同品只需在因、宗二法所示的属性如所作与无常上相类即可,而不必在一切属性上都相同。上述两大弊病是以同类例为同喻体所产生的一对孪生子,前者失之太狭,后者失之太宽,所以必须如陈那所主张的那样以事例(陈那称之为喻依)所反映的因果性组成的普遍命题为喻体,才能避免上述弊病。以上说的是同喻体。接着陈那又指出异喻也要以普遍命题为异喻体。如《理门论》批评胜论师云:

> 世间(即胜论)但显宗、因异品同处有性为异法喻,非宗无处因不有性,故定无能。〔2〕

此意谓,胜论派论师的异喻只显示宗与因的异品具有与宗法和因法相矛盾的属性(如非无常与非所作),而并未揭示结果无有原因亦随之非有的普遍规律,所以这样的异喻也是无能的。由上述论述可知,陈那所设的同、异喻体,不可能是所谓的"除外命题"。同品须"除宗有法",并非将宗有法从它所在的集合中清除出去,而"除外命题"却是要将它清除出赖以存身的集合,这是有悖于陈那原旨的！须知举譬时虽需在有法之外另找一个与其同类的事物,举譬以后得出的结论,亦即喻体,却是总揽全类(包括有法在

〔1〕 参见《庄严疏》卷一页二十五左。又,《〈文轨疏〉校补》卷一,见拙著《敦煌因明文献研究》第334页,上海古籍出版社,2008年。

〔2〕 《大正藏》第32卷3a、b。又,参见拙释《因明正理门论译解》I-3-6L,中华书局,2007年。

内)的。在这里并不能运用"同一律"来推断,因为同品是同品,喻体是喻体,二者不能混淆。在喻支中,同、异品担任的角色是同、异喻依,它们是归纳出同、异喻体来的前提,同、异喻体则是归纳的结论,用作演绎法的前提。从同喻依归纳出同喻体,运用先因同、后宗同的合式归纳法;从异喻依归纳出异喻体,运用先离宗、后离因的离式归纳法。这合、离二法是受第二、三相制约的,第二、三相从正反两方面来揭示因、宗二法之不相离,具有科学性,因为不完全归纳的结论本来是或然的,然而因明之要,在于论辩,为加强论辩的力度,须以事例来检证作为演绎前提的喻体的真理性,这就又要求喻体具有必然性,在不可能作尽数枚举的情况下,三支因明采取同品定有和异品遍无这种正反双举的办法来弥补,使不完全归纳法通过异喻止滥(证伪)的作用,具备了完全归纳法的功能,为演绎法提供了可靠的前提,这是陈那里程碑式的创举!强加于陈那的"除外命题"贬低了印度中古逻辑之父陈那的历史功绩,还将好端端的同、异二喻分解得支离破碎,陷入悖论。例如同喻成了"除张三外,凡人皆有死,如李四",好像张三不是人且不死!如果照此办理,异喻当为"除张三外,凡不死者皆非人,如石头",这样,张三似乎又并非不死且非人了,张三岂不成了一个悖论怪胎!由于这样的同、异喻体都不包括张三,因而就不再是全称命题了,也不再是归纳加演绎,而竟成了"类比推理"!从不是理论问题的"除宗有法",拼凑出凌乱的"理论贡献",又有什么意义呢?

(原载《觉群·学术论文集》,商务印书馆,2001 年)

舒眉任笔酬

——改革开放30年来我的因明研究回顾

一、缘　　起

我的治学经历颇为曲折。我原本从事文学创作和文学研究，后来却转向了抽象世界，改治语言和逻辑，这是过去严酷的政治环境所使然。为避祸我自毁了多部文学作品和文学研究的手稿，自是痛心之极！但是在那个极“左”思潮猖獗的年代，那些手稿一旦被造反派抄走，经过他们上纲上线地歪曲，莫须有的罪名便会落到我的头上。运动革掉了我的文学梦，所以我决心远离文艺这个“阶级斗争的晴雨表”以求自保。后来我总算是走出“牛棚”，从此改行搞起了语言和逻辑的教学，并且开始涉猎印度逻辑，尤其是因明。但因明毕竟是佛家逻辑，带有一点宗教色彩，所以我只是从图书馆借来参考书闭门研习，从不与外人道，遇有疑义，亦无处可以请益咨疑。

我真正开始研究因明，是在粉碎“四人帮”以后。1976年春我第二次下放“五七干校”劳动，在劳动的后期，突然传来“四人帮”倒台的喜讯，真是“初闻涕泪满衣裳”，“漫卷诗书喜欲狂”！当年杜甫听到安史之乱终于平息时的那种极度喜悦的心情，我亦真正地领略到了。从“五七干校”回来以后，我即注入较多的时间来研究因明，后来我又从专营旧书的上海书店买到尘封已久的多种因明旧籍以及比较逻辑一类的书，更增益了我对因明的了解。

至 1978 年，我已将研习因明的心得整理成《因明学概论》一稿（后来正式出版时更名为《因明学研究》）。

二、际　　遇

1979 年 8 月，首届全国逻辑代表大会在北京通县召开，逻辑界的名宿耆旧皆来与会，盛况空前。我当时提交的就是《因明学概论》的打印稿，此稿受到与会同仁的关注，我也因之被推举为中国逻辑学会创会伊始的理事。

会后我又重新修订了书稿，但书稿在谋求出版的过程中却经历了挫折。最初是商务印书馆表示愿意将此书列入选题计划，后来又突然变卦，且态度傲慢。然后送到一家地方出版社，当时出版社里还在闹派性，一派力主采用，一派却持反对态度，两派相持不下。如此相继，前后拖延了将近五年，至 1983 年才有了转机。那时王元化先生正任中国大百科全书出版社上海分社的总编辑，计划编一套《中国学术丛书》，他对因明研究甚为关注，就将拙著列入该丛书。我也将《因明学概论》易名为《因明学研究》，这乃是拜商务印书馆 W 编辑之所赐，因该编辑对“概论”二字颇有微词，我就只得改称“研究”了，只是少了一些自谦的意涵！《因明学研究》于 1985 年 5 月正式出版，是这套丛书中出得最早的一本。这是我的一大际遇，其背景是改革开放已进行到第七个年头，人们已从极“左”年代的政治枷锁和思想桎梏中逐渐解脱出来，思想观念和行为准则发生了很大变化，中国传统文化越来越受到青睐。所以这套丛书陆续又出版了熊十力的《佛家名相通释》、吕思勉的《先秦学术概论》和《中国民族史》、柳贻徵的《中国文化史》（上、下两册）、伍蠡甫的《名画家论》等，都是一些享有盛名的前辈学者的传世名著，拙著能忝列其中，自是莫大的荣幸，也说明这套丛书具有不拘一格的开放度，这也是时代观念更新的结果，改革初期余毒犹存的那种局面已一去不复返了。

《因明学研究》出版以后，受到各方的关爱：如此书于 1986 年获得上海市哲学社会科学著作奖;1991 年,我国台湾编纂《中华佛教百科》时,从此书中采撷了数万字(经我同意授权);1994 年,台湾智者出版社出版了此书的繁体字本(经我同意授权);1996 年,东方出版中心重印此书(连同第一次印刷,印数达 17 500 册);2002 年,东方出版中心又出版了此书的修订本。这都是在改革开放新形势下才能出现的事情,要在过去,这种纯学术的冷门著作连出版都难,更不用说评奖、再版和两岸交流之事了。

三、开　　垦

随着国家的发展、思想观念的深刻变化,我们的治学条件和生活环境均大为改善,得以心情舒畅地从事研究和著述。而且对因明深入研究以后发现,其有待开垦的草荒之地很多,需要投入相当多的精力去做,要不惜耗时费力才能成其一隅。所以我给自己定下了一个原则,就是抓大放小。顺着既定目标走下去,尽量不要为一些具体问题的争论而分散精力。准此,多年来我主要致力于下列六个项目的研究和著述:

1. 译解《因明正理门论》

《因明正理门论》是印度中古逻辑之父陈那创立新因明的奠基之作,是汉传因明的基础文献。但是这样一部重要论典,由于文简义奥,历来解者不多,且散佚几尽,今唯存神泰《因明正理门论述记》残卷一种,释文至"倒离"止,以下佚失,仅存五分之二左右。民国时期丘檗曾作过《校疏》然较简略,少有影响。1988 年,为了给研究生开"《因明正理门论》研究"这门课,我用了年余时间写出了《因明正理门论译解》,后来收为《佛家逻辑》的下卷(上卷为《佛家逻辑论》)。拙著《佛家逻辑》由北京开明出版社于 1992 年出版,嗣后,台湾商鼎文化出版社将此书列入"佛家名著选刊",于 1994 年印行了台湾版(事前经我同意授权)。2007 年我又应中华书局之邀,将《因明正理门论》从《佛家逻辑》一书中抽出来,重加修订,补写了导言,单独成书(《真如·因明学丛书》之一)。

2. 主编《中国佛教逻辑史》

印度的古因明早在东晋末即已译传至我国；唐代时，玄奘又译传了陈那的新因明，在当时产生了较大的影响；至宋代，汉传因明衰落，而藏传因明崛起，成果璀璨；民国时期，借着一些因明文疏从日本取回重印。汉传因明的研究终于复苏再兴。但是这一历史以往缺少总结，所以我在 20 世纪 80 年代中期即计划着编撰一部《中国佛教逻辑史》。然就我而言，难度最大的是藏传因明部分。早在撰写《中国逻辑史·唐明卷》时我与藏传佛教专家王森先生就建立了良好的合作关系，此卷由我担任责任编委，其中我负责写汉传因明史，王老则负责撰写藏传因明史。后来我想请王老在此基础上再加展开，作为《中国佛教逻辑史》的第二编，不幸王老病体日衰，不久即与世长辞！我也曾亲赴拉萨想邀请杨化群先生担纲藏传因明部分，但他那时已中风偏瘫，待《中国逻辑史》被国家社会科学基金批准立项不久，杨先生也溘然离世了。最后只能由我们自己来克服编写的困难，由编写组成员姚南强挑起藏传因明的编撰重任。《中国佛教逻辑史》于 1992 年批准立项，至 1998 年结项，用了 6 年时间。此书于 2001 年由华东师大出版社出版。

3. 译介《遮罗迦本集》第三编第八章

《遮罗迦本集》(Carakasamhita)是古印度内科学的一部医书，其中第三编第八章专门阐说论议原则(古印度逻辑和论辩学说)，这是印度最为古老的逻辑文献，与其同时代的佛教逻辑文献则为《方便心论》。《方便心论》早在东晋末年即由佛陀跋陀罗译传来华，而《遮罗迦本集》的逻辑学说则迄未译介。所以我于 1998 年据宇井伯寿的日译转译为中文，并据《方便心论》、《正理经》、《正理疏》、《如实论》等古印度重要的逻辑文献诠释和论析遮罗迦的逻辑学说，撰写了 3 万字的长文，题为《遮罗迦本集的论议学说》。此文最初发表于台湾《正观》杂志第八期(1999 年 3 月)，后又刊于岳麓书社出版的《戒幢佛学》第一期(2001 年)。

4. 校释唐净眼两种因明疏抄的敦煌写卷

净眼乃奘门大德，撰有三种因明著作，其中两种录存于敦煌藏经洞。安然度过了千余年。这两种写卷就是《因明入正理论略抄》、《因明入正理论后疏》,由佚名书法高手以草书抄写在一个卷子里。写本保存较为完好,唯草书不易辨识,故此卷虽于清末即已出土,然乏人研究。1986 年,日本学者武邑尚邦曾对此卷作过初步研究,并写出释文,但由于我孤陋寡闻,而未能从一开始就借鉴他的成果,所以做了许多重复劳动的事!不过从另一方面来看,亦未必一无好处,因为我独立完成释文后再看到武邑氏的释文,就很容易发现彼此释文的长短,从而弃其所短,取其所长,补己之不足。拙释《敦煌藏经之净眼法师因明论疏写卷》由杭州华宝斋书社于 2002 年公开出版,最为难得的是此书系线装本(一函二册),十分精美,而且赶在我七十初度之际出版,该社还如期送来七十册赠书,价值堪称不菲。我原以为像这种高价书(定价 580 元)恐怕不会有多少人问津的,数年后我到杭州清河坊步行街游览,在街首华宝斋门市部见到陈列的此书,问起销售情况,不意答称已售罄,仅剩这一部样书了,惊讶之余亦感一丝快慰。

5. 对敦煌遗书中的因明写卷作全面考察

净眼《略抄》与《后疏》的敦煌写卷的释文出版后,一些学者(如刘培育先生)建议我对净眼二疏作诠释。但这项工作难度甚大,而且要诠释还必须随文论析、指其长短,我并无把握做好此事,只能试着一步步地去探其幽径。幸亏我对陈那《因明正理门论》作过研究,又对《唯识论》有所涉猎,而且对文轨《庄严疏》和窥基《大疏》等皆所熟悉,终于写出《〈略抄〉研究》上、下两文和《〈后疏〉研究》上、下两文,这几篇文章都比较长,每篇约三、四万字,依次刊于台湾《正观》杂志第 31 期(2004 年)、第 37 期(2006 年)、第 43 期(2007 年)、第 44 期(2008 年)。

诠释和评析净眼因明二疏的目的总算达到了,在这一过程中,我又确立了新的目标,即扩大审视范围,对敦煌遗书中的因明文献作全面考察。于是我又校点了敦煌写本文轨《因明入正理论疏》卷上残本和《过类疏》断片,并写出二本的释文。在此基础上,我又撰写了《文轨及其〈因明入正理论疏〉》一文,对《文轨疏》的历史地位、流传和散佚的年代以及《文轨疏》复原等问题作了论述,此文刊于《世界宗教研究》2007 年第 1 期。在敦煌遗书中,除了上述四种因明写卷外,据我所见,尚有《因明论三十二过》写本、《因明入正理论》写本残卷、《能立能破俱正智所摄》写本残卷三种。以上第一种是学习札记之类,其本身学术性不高,但抄录在《因明论三十三过》之后的《金刚经纂读诵功德记》中却出现了一个时间坐标,即此卷乃形成于元代天历元年(1328)之后,比藏经洞的封洞时间晚了三百余年,故虽属敦煌遗书,却非藏经洞中之物,由此可知,晚至元代中期犹有僧人在研习《因明人正理论》。第二种写本抄录的是因明论典,由于此论定本流传至今未尝佚失,故写本的研究价值亦属一般。第三种写本则是一件古废品,当是宋以后的东西,只能说是信手写来而已,没有什么研究价值。对此我在《唐代因明研究与敦煌因明写卷》一文中均作了概括的论介,此文载于《西南民族大学学报》2008 年第 1 期。

6. 校补《因明入正理论文轨疏》

在全面考察敦煌遗书中的因明写本以后,我又萌生了一个新的计划,就是重新校补《文轨疏》。文轨所撰的《因明入正理论疏》是唐代因明研究鼎盛期中较早也是卓有影响的一部文疏,但它早在两宋之际即已散佚,流传至日域的《文轨疏》至 18 世纪后半叶也仅存第一卷了。1933 年在山西赵城发现《金藏》,其中有《因明论理门十四过类疏》一卷,经考证,这就是《文轨疏》第三卷的后半部分。于是南京"支那"内学院在 1934 年根据《续藏经》所收的《文轨疏》卷一和赵城本《过类疏》残卷,并辑录善珠《明灯抄》、藏俊《大疏抄》等文献所引《文轨疏》文句,整理成《因明人正理论庄严疏》四卷,这是当时所能达到的比较完备的一个文本,它在今人的因明研究中发挥了积极的作用。现在,随着对敦煌因明文献的整理,又发现了不少《文轨疏》的佚文,具备了再次校补《文轨疏》的条件,所以我就着手校补工作。首先,我据经录所记,将《文轨疏》按三卷复原,将新发现的佚文依次辑入各卷。其次,校订《庄严疏》辑自《明灯抄》、《大疏抄》、《大疏裹书》等所引《文轨疏》的佚文,并补入一些漏辑的佚文。第三,校勘时遇有异文、脱漏、衍字和错字等,皆选优择正纳入文本，并出校记说明；对《文轨疏》中引用经论之处，则加注释指明出处。我所出的校记和引文出处注释达173条。《〈文轨疏〉校补》发表于甘肃民族出版社出版的《因明》第一辑（2008年3月）。

以上4、5、6项成果最终汇编成一书，即《敦煌因明文献研究》，由上海古籍出版社于2008年6月出版。

我研究因明已35年，真正出成果的时间还是改革开放以来的30年。我常暗自庆幸，我遭逢阳九之厄时年纪还轻，还经得起折磨，甚至在自胜的心态下，苦难还有励志的一面，我相信总有苦尽甘来的一日，这正是支撑我在艰苦的岁月里坚持读书积累知识的力量。要是到老了再受难，那才是真苦，很难再有作为了。

30年来我们的国家终于一步步进入万象更新、政通人和的盛世。我们欣逢其时，受益甚多，感受至深。所以我的感怀诗中有句云："欣逢晚岁多晴日，始得舒眉任笔酬。"我虽然已届暮年，然心态不老，思维犹健，依然乾乾终日，犹欲于有生之年在学术研究上多尽一己之绵力。若能为后人做一些铺路的工作，则是我之所愿。

（原载《逻辑·思维·语言》，学林出版社，2008年）

关于辞赋问题答程本兴先生问

程本兴先生：手翰并大著欣接，至为感荷！正欲奉复，又接电子邮件，因老伴朱碧莲教授病重不克奉复，故由我代复。我们的主要意见前已在电话中奉达，为表郑重，兹再以书面奉告，供足下参考。

一、从您提出的六个要点中可以看出，您是将辞与赋分作两种文体来看待的，这恐怕欠当。辞与赋乃是同一关系的概念，其外延相等，所以司马迁在《史记》中有时称辞，有时称赋，所指乃一，不分彼此。班固则干脆将辞赋合在一起说，构成双音节词，如其《离骚序》云："其文弘博丽雅，为辞赋宗。"可见辞赋乃一种文体，不应将其割裂成两种文体。

二、辞赋虽然指谓同一文体，但它'确也包含了不同的文学样式。明代的徐师曾在《文体明辨序说》中将辞赋分为四种样式：（一）为古赋，即骚体赋，如《离骚》《九辨》等，（二）为俳赋，即骈体赋，如《离骚》中有"制芰荷以为衣兮，集芙蓉以为裳"这样的骈句，后人模仿以骈体句式写赋即成骈体赋。（三）为文赋，即散体赋，屈原《卜居》《渔文》即是散体赋之祖。（四）为律赋，这是从骈体赋化出，结合了"四声说"，对偶更为严整的赋。徐师曾所列的四种赋体，基本上揭示了"辞赋"这一概念的外延。由此可知，"赋"即是"辞"，其所指为同一概念。

三、您将辞与赋分开，意在确立宋玉是辞的元祖地位，从而得以与屈原比肩而立。其实散体赋的始作者还是屈原，如屈原的《卜居》《渔父》就是散体赋的滥觞，虽然其篇题中并无"赋"字。篇题中加上"赋"的做法，应是宋玉首创，如《高唐赋》《神女赋》等，但不宜因之而视宋玉为赋的元祖，因为宋玉只是继承和发展了屈原首创的散体赋而已。或者我们可以将宋玉视为楚辞文学的奠基者之一，因为其辞赋确是楚辞的重要构成部分，同样对后世产生了深远的影响。如《高唐赋》，其主体部分铺饰夸张，然后在篇末点出讽谏主题的写法，后来成为汉赋的一种普遍格式。但《高唐赋》劝百讽一的弱点也被汉赋“发扬光大”了，汉赋中极尽夸饰之能事，堆砌词语，以致主体部分的描写与篇末的讽谏主题脱节，这一流弊当是宋玉所始料未及的。

四、您认为“不宜把《九辨》定为宋玉的代表作”，这一观点似有所不妥。《九辨》之为宋王的代表作乃是历史的定评，而非今人的评说，更非个别人的断语。因此要推翻这一历史定评是难以令人信服的。《九辨》在中国文学史上占有重要地位，它是仅次于《离骚》的抒情长诗，虽不及《离骚》激越和深广，想象力也逊于《离骚》，但它有自己独特的风格，是中国文学史上第一首悲秋诗，它将天之秋气、物主秋容与人之秋思三合而怀之情抒发得淋漓尽致。首句“悲哉，秋之为气也”更有石破天惊的震撼力，真是千古绝叹，一读而终生难忘。历代文人雅士乃至诗仙、诗圣无不为之倾倒！如杜甫就有“摇落深知宋玉悲，风流儒雅亦吾师”之句。像《九辨》这样的千古绝唱，除《离骚》外，可谓绝无仅有了。郭沫将此诗贬为无病呻吟，只能贻笑大方，为学者所诟病。

以上四点浅识，仅供参考而已。建议下一届宋玉学术研讨会似可将此专题列入讨论范围。我已经有半个世纪没有研究楚辞了，过去我也醉心过楚辞研究，我还能背诵楚辞中不少篇章，但如今荒疏已久，只记得个别句段了，可能说出来的话有些不合时宜，让您见笑了！耑此

顺候

撰祺

沈剑英 2010 年 9 月 19 日

附程本兴先生的电子邮件：

朱碧莲教授好！由于您的支持、帮助和鼓励，经过努力，《论文集》的最后清样已进印刷厂。按计划，10 月 22 日与会者报到时将会收到由学苑出版的 64 万余言的成书。会后，将尽快寄赠您一本。敬请放心。

近月来，我越来越觉得，把《九辩》定为宋玉的代表作不妥。很想将这一看法写成文章以就教于方家。无奈实在太忙，特别是看不清书写。只好记录几个要点，呈交您烦请过目。当否，企盼多多赐教。谢谢！

不宜把《九辩》定为宋玉的代表作

① 所谓文学的“代表作”，应当是最能体现作者创作特点、技巧、风格、水平和成就的佳作。而《九辩》则不然。

② “屈原既死之后，楚有宋玉、唐勒、景差之徒者，皆好辞而以赋见称。”“屈平联藻于日月”，屈原是以“辞”见长的楚辞宗师；“宋玉交彩于风云”，宋玉是以“赋”见称的楚赋鼻祖！宋玉正是凭着其奠立的楚赋的光辉成就，才有资格与屈原“并称”、以至于“屈宋逸步，莫之能追”的；屈原之辞，宋玉之赋，各领风骚，“辞赋”齐名，正是“屈宋并称”之要义所在。

③《九辩》虽是“千古绝唱”之“悲秋”佳作，但其中有些语句明显地模仿甚至照搬了屈原楚辞的作品；并且，《九辩》系楚辞，其原创性和成熟性比屈原之代表作《离骚》实在不可同日而语。若以《九辩》为宋玉代表作，则“屈宋并称”难矣。

④ 以《九辩》为宋玉的代表作，不符合宋玉的创作实际，实际上贬低了宋玉。宋玉的“长项”在于楚赋。应当从《高唐赋》《神女赋》《登徒子好色赋》等力作中，研定最体现宋玉创作特点、技巧、风格、水平和成就的代表作。

⑤ 屈原那充满着阳刚之气的楚辞，宋玉那洋溢着阴柔之美的楚赋的客观存在，昭示着——宋玉、屈原，一阴、一阳，一柔、一刚，阴阳互补，刚柔相济，相辅相成，各放异彩，相得益彰！这正是民族文化多元化的生动体现，亦为和谐文化包容共赢的应有之义。

⑥ 把实际上是宋玉"短项"的楚辞《九辨》定为代表作,并使之与屈原的"长项"作比较,显然会贬低宋玉,割裂"屈宋",违背历史,破坏和谐。

恳请先生及时指教,以释悬念;越批评,我越高兴!

恭祝

安康!

程本兴上

2010 年 10 月 8 日

论“除外说”

（共同作者沈海燕）

——与复旦大学郑伟宏研究员商榷

在因明学中有列举同品时须在宗有法外觅取的规定，这就是所谓的“除宗有法”。但有学者对此作了不当的解释，将“在宗有法之外”解释成了“除去有法”“剔除有法”，并加以扩展，认为异品亦须“除宗有法”。更有学者将其扩展到极致，认为同、异喻体亦须“除宗有法”，并由此引出同、异喻体既除去宗有法，即为“除外命题”，故陈那的因明不可能具有演绎性质的结论。持这种观点的学者，当以复旦大学郑伟宏研究员为代表，他的所有因明著述几乎都贯穿了“除外说”。他的这种观点，我们不敢苟同。

一、同、异品均须除宗有法吗？

所谓“除宗有法”，是指在以因（理由）证宗（论题）的过程中，需要在宗上的有法（主词）之外，另外举出一个事例（同类例，即同喻依）来检证因法与宗法（宗的谓词）之间是否具有不相离的关系，即因法是否真包含于宗法的外延之中。这就是所谓的同品须除宗有法，其中的道理很简单，即譬喻总是以乙喻甲，而不可能以甲喻甲。如陈那《因明正理门论》云：

又比量中唯见此理：若所比处此相审定，于余同类念此定有，于彼

无处念此遍无，是故，由此生决定解。〔1〕

这里特地指出，因法须“于余同类念此定有”，即是指因法须有于宗有法之外的同类事物。但是陈那只说同品要除宗有法，不说异品也要除宗有法，因为异品本与宗有法不属一类，并不存在除宗的问题，所以陈那只强调因于异品必须遍无，而不说除宗；如果宗有法在外延上居然与异品有联系而亦须除去的话，陈那又怎么会不作特别交代？

但是郑伟宏主张同、异品皆要除宗有法。他完全赞同陈大齐关于异品亦要除宗的论述，并指出陈大齐在20世纪60年代又进一步发挥了异品必须除宗的思想。和陈大齐说：

> 宗异品中亦须除宗有法。因为在举因证宗的时候，宗中有法不过是他异品，并不是共异品，故不能为共比量的宗异品。如立“声是无常”宗，在敌未了悟此一正理以前，声音亦只是自同他异品。此一他异品若不剔除，则任何正因都将失其为正因。因之遍是宗法，是立敌共许的。宗中有法若列入宗异品之中，便至少有一小部分的宗异品为能立法所依转而不是异品遍无了。如立“声是无常”宗，以“所作性故”为因，声音之无一不具有所作性，是立敌共许的。今若以声音列入宗异品之中，则至少此一部分的宗异品是所作的，于是所作的不一定是无常，而所作性便无力证明无常性了。故宗异品若不除宗有法，将使敌者获得一种便利，只要取宗有法为例，即足以使立者的证明归于无效。不过如此反破，亦是一种循环论证。宗同品中既除宗有法以避免循环论证的弊病，宗异品中自亦应当同样剔除，以期论辩精确而公允。〔2〕

郑君认为这番话说得很明白透彻，无需多加解释。所以完全赞同。然而陈大齐的这段论述却颇有问题。

---

〔1〕《大正藏》第32卷，3a。

〔2〕郑伟宏《论同异品除宗有法》，载《因明》第五辑，甘肃民族出版社，2012年。

第一，陈大齐说：“宗中有法不过是他异品”，“如立‘声是无常宗，在敌未了悟这一正理以前，声音亦只是自同他异品。”此言差矣，他似乎忽略了立宗须“极成有法，极成能别”（商羯罗主《入正理论》）的古训。即组成宗体的两个宗依（有法、能别）必须极成。有法“声”和能别“无常”本为立敌所共许，何来“自同他异品”之说？宗义须“违他顺自”并不影响宗依之共许极成，如果由宗义的“违他顺自”而将宗依指为“自同他异品”，岂不是一切比量皆成自比量或他比量，共比量将不复存在？

第二，陈大齐由此而主张“宗异品中亦须除宗有法”，因为声音既“列入宗异品之中，则至少此一部分的宗异品是所作的，于是所作的不一定是无常，而所作性便无力证明无常性了”。此说似乎陷入二难的境地：“声音”既然已列入宗异品之中，怎么还能包含于“所作”因？若说声音依然包含于“所作因”，那么将声音作为“宗异品”剔除出去以后，所作因将依何而立，岂不有所依不成之因过？

第三，陈氏说“宗异品若不除宗有法，将使敌者获得一种便利，只要取宗有法为例，即足以使立者的证明归于无效”。这也是甚玄之论。且不说异品无需除宗有法，即使是同品须除，亦只是举喻证宗时在同喻依上暂除宗有法，宗与因都不存在“除去宗有法”的问题。从足目的《正理经》到陈那的《正理门论》《集量论》，都未见有因法也须“除宗有法”的论述（陈那所云因之第二相“于余同类念此定有”，指的就是同喻依要除宗有法。九句因中所说的同品、异品，实为同、异喻依）所以说，不除便会给敌者以可乘之机的说法是毫无根据的，在论辩实践中也不会有此实例。

第四，说同、异品均须除宗有法，不免陷入逻辑矛盾：假设“同、异品均须除宗有法”这一命题为真，则意味着宗有法既是同品又是异品。然而同一对象绝不可能兼有两种截然相反、互不相容的性质，故知同、异品均须除宗有法的命题为假。对于上述逻辑矛盾，我们可以运用归谬律的公式来刻画它：$(p\rightarrow(q\wedge\neg q))\rightarrow\neg p$。从这一公式可以看到，p（同、异品均须除宗有法）蕴涵着矛盾式 $q\wedge\neg q$（宗有法既是同品又是异品），而矛盾式是恒假的，一个充分条件的蕴涵推理不可能前件真而后件假,所以可以否定其前件 p 真而得¬ p(同、异品均须除宗有法这一命题为假)。

陈大齐关于异品除宗的问题如上所析乃有不当,然郑伟宏不仅全盘予以肯定,而且发挥得更其淋漓尽致,进一步认为同、异喻体也要除宗有法。

二、喻体也要除宗有法吗?

说喻体也要除宗有法,原系明治时期日本净土宗僧人林彦明(后任大僧正)的主张,〔1〕比郑伟宏的主张早出了一百年。郑伟宏与林彦明虽然"所见略同",但郑君似乎并不知所出之源头,自以为是"喻体"也要"除宗有法"的首创者。而且在论述上郑君确实要比林彦明略胜一筹,也繁复得多。郑伟宏说:"宗有法是因同品,同喻体中的能立因法可不必除宗。由于同喻体中的因法和宗法不相离之义,就是同喻依上积聚的因、宗双同之义,同喻依除宗,同喻体中的因同品也不得不除宗。"〔2〕

这一诠释存在明显的逻辑矛盾。试想,因法与宗法既然具有"不相离之义",即说明因法与宗法的外延为包含关系,其同喻体的命题形式为"所有 M 是 P"(MAP);而所举的同喻依亦具有"因、宗双同之义",从正面检证了因宗之不相离性得以成立,怎么可以又从同喻依之除宗有法返求同喻体也要除宗有法呢?同喻体的主项(M)如果除去有法,其命题形式即成了"有的 M 是 P"(MIP),其主谓项在外延上只是交叉关系,这又如何体现因宗不相离的包含关系呢?更何况因的第一相规定因法须周遍有法,即所作因必须真包

---

〔1〕 林彦明在日本佛学会主办的《佛教》杂志第五十八号上载文说:"因明之喻体非如泰西论理之大前提之为全称命题,实特称命题也。"并作了论述。此说当即遭到大西祝的破斥。参见大西祝《论理学》(胡茂如译)。《民国时期因明文献研究丛刊》第 1 辑第 293 页,北京,知识产权出版社,2015 年。

〔2〕 郑伟宏《因明大疏校释、今译、研究》第 18 页,上海,复旦大学出版社,2010 年。

含有法声，怎么还能从作为同喻体主项的所作中将声剔除出去？再说既立“声是无常”宗，又要在“凡所作皆无常”这个喻体中除去宗有法“声”，试问这个“声是无常”宗又如何能成立？前后牴牾竟至于此！

郑伟宏说：“喻体要除外，说喻体是除外命题，这隐而未显的道理确实不太好理解。”〔1〕岂止是“不太好理解”，而是根本无法理解这种“隐而未显的道理”！郑伟宏说在窥基《大疏》释《入论》“同法者，若于是处显因同品决定有性”一句时，“隐含着同喻体也必须除宗有法的思想”。〔2〕遗憾的是，这只是郑君的臆测，他并没有能举出有力的证据来佐证。

其实，喻体是不应该除宗的。《大疏》中有一段喻体要不要除宗的问答：

> 问：“诸所作者皆是无常”，合宗因不？有云不合，以“声无常”他不许故，但合宗外余有所作及无常。今谓不尔，立喻本欲成宗，合既不合于宗，立喻何关宗事？故云“诸所作者”即合声上所作皆是无常，即以无常合属所作，不欲以瓶所作合声所作，以瓶无常合声无常。若不无常合属所作，如何解同喻云“说因宗所随”？〔3〕

在这段问答中，问者意谓，有人认为喻体“诸所作者皆是无常”不包含“声无常”宗，因为“声无常”宗为敌者所不许。答者慧沼意谓，此说不能成立，立喻本欲成宗，故云“诸所作者”即包含声上所作皆是无常，而不是仅以瓶之所作来合声之所作，以瓶之无常来合声之无常。正是无常与所作具有包含关系，所以陈那指出同喻有“说因宗所随”的伴随关系。慧沼十分明确地告诉咨疑者，喻体是不该除宗的。但是郑伟宏对此报以不屑，认为这是“窥基的弟子慧沼未遵师说，在《续疏》中说喻体不除宗有法，不足为训”。郑伟宏对慧沼答问的否定，缺乏具体剖析，没有说服力，反而让人觉得他一

〔1〕 参见郑伟宏《论同、异品除宗有法》，《因明》第五辑，甘肃民族出版社，2012 年。

〔2〕 郑伟宏《论同、异品除宗有法》，《因明》第五辑。

〔3〕 《大疏》卷八页五左。《大正藏》第 44 卷 136a。慧诏《续疏》中有相同的文字，稍详，见《卍续藏》第 53 册 588c。

味地固执己见,难以正视自己的偏执。

郑伟宏大概没有意识到,在同、异二喻的喻体中均除去宗有法,宗有法将无处存身。设同喻体为A集合,异喻体为非A集合,说宗有法既不属A集的分子,又不属非A集的分子,岂非陷入悖论?〔1〕

三、九句因能证明喻体要除宗有法吗?

为了否证喻体为普遍命题,郑伟宏又以九句因中的第五句为据。他说:"要证明陈那三支中的同喻体除宗,这只要找到一个实例证明它不是普遍命题就可以了。"例如:声常(宗),所闻性故(因),诸有所闻性者,见彼是常(除声外,缺同喻依)(同喻),诸无常者,见彼无所闻性,如空(异喻)。这是以九句因中第五句因组织的似比量。在上述比量中,不缺同喻体。同喻体"诸有所闻性者,见彼是常",如果不除宗,则此同喻体等于"声常",用"声常"证"声常",犯循环论证错误。如果除宗,则此同喻体的主项是空类。这一同喻体反映的普遍原理便不适合任何对象,形同虚设。陈那规定,"所闻性"因不满足第二相同品定有性。正确的同喻依是满足第二相的标志,缺同喻依便缺第二相。仅此一例,便可知陈那新因明三支作法中的同喻体也是除宗有法的。〔2〕

郑伟宏提出来的这个新论据在喻体是普遍命题的问题上并不能起到证

〔1〕 张忠义、张家龙教授在《论印度陈那新因明体系的逻辑性质》一文中也深刻地指出:"根据陈那的定义,异品就是'没有与所立法相同性质的对象类'(记为¬ p),在元语言中,异喻体的逻辑结构是'宗无因不有',等于说'所有异品都没有因法';它所遵循的因的第三相是异品遍无性,也等于说'所有异品都没有因法'。……在对象语言中,我们可以用'所有¬ p不是M'(M代表因法)表示两者。这是地地道道的全称否定命题,主项'¬ P'已除宗有法了。郑伟宏的'除外说'却要在没有宗有法的主项¬ p中除S,这是一个悖论。"载《哲学研究》2017年第2期。

〔2〕 郑伟宏《论同、异品除宗有法》,《因明》第五辑,甘肃民族出版社,2012年。此例郑君在多篇文章中反复使用过。

伪的作用,因为同喻依须在宗有法外举例正是为了证明有法从属于宗法,更不能将其从喻体中“剔除”。兹以经典的共比量“声是无常,所作性故,诸所作者皆是无常,如瓶”为例来说明,“声是无常”宗乃为立敌所诤,在举喻证宗时自然要在有法声之外的同品中去觅取,瓶就是“声”的同类事物。同品瓶上有所作性和无常性是立敌共许的,声上有所作性也是立敌共许的,由此可推出声亦有无常性。陈那并由声、瓶等都有所作与无常之属性且所作与无常具有包摄关系(不相离性)而扩展到全类:凡所作者皆无常,即声、瓶等一切所作的事物皆从属于无常这个集合,无一例外。如此,怎么可能在“总摄一切”亦即得出普遍命题以后还要将有法声剔除出去呢?这样浅显的道理是不难弄明白的。

现在让我们再回过来分析郑伟宏引以为据的九句因中的第五句。第五句即因于同品非有,于异品非有。因于异品非有不违反第三相异品遍无的规则,因于同品非有则违反第二相同品定有的规则,故有不共不定过。此例是从佛家的立场出发设立的。佛家认为声论所立的“声常,所闻性故”,其因法“所闻性”唯在声上有,除声之外别无他物为耳所闻,所以此因缺同品,违反因的第二相。郑伟宏抓住所闻因缺同品这一点,认为正是由于除去了有法声才导致缺同品,由此可证同喻体“诸有所闻性者,见彼是常”中的“所闻性”是要除去有法声的。如此,则其喻体不再是普遍命题,而是除外命题,即“(除声之外,)诸有所闻性者,见彼是常”。郑伟宏还用二难法来加强他的论证:“如果不除宗,则此同喻体等于‘声常’,用‘声常’证‘声常’,犯循环论证错误,如果除宗,则此同喻体的主项是空类,这一同喻体反映的普遍原理不适合任何对象,形同虚设。”〔1〕在这里郑伟宏作了过度发挥,因为在九句因里,陈那只讲因与同、异品的关系,并未涉及喻体。现在郑伟宏却补出喻体,在喻体除宗上大做文章,并且移花接木,偷换概念,将“同品非有”,偷换成了“有法非有”。同品非有是指以“所闻性”为因,在有法“声”外举不出同

〔1〕 郑伟宏《论同异品除宗有法》,《因明》第五辑,甘肃民族出版社,2012 年。

品来;而"有法非有"是指"所闻性"因已排除了有法"声"。但事实是有法"声"并不会因"同品非有"而非有,它依然存在于"所闻性"的外延之中,由此,"所闻性"怎么可能变为"空类"呢?将同喻依须在宗有法外觅取,曲解成同喻依要剔除宗有法,进而推及喻体亦要剔除宗有法。其所说之二难推理亦都是从剔除宗有法的角度来说的。第五句因本是似因,用二难法质诘又有什么必要呢?再说,郑伟宏补设的同喻体"诸有所闻性者,定见无常"亦并不需要剔除有法声,它的过失只是在举不出同喻依而已。既然喻体不必除去宗上有法,故此例中的喻体主项"所闻性"也不会成为空类。再说在因明中空类概念称为无体,概念的有体、无体是以立敌双方是否共许为划分标准的。"所闻性"既是立敌共许为声上有的,就是共许因,亦即有体因,怎么到了喻体中就变成无体(空类)了呢?如上所析,郑君引以为据的九句因中的第五句因并不能证明"陈那新因明三支作法中的同喻体也是除宗有法的"。

郑伟宏还扩而大之,将除宗有法问题扩大到了九句因各句。郑君引述其学生汤铭均的话说:"假如允许同品不除宗,则九句因中四、五、六句因不存在,因为这三句中的同品不再是没有因;假如允许异品不除宗,则九句因中二、五、八句不复存在。因为这三句中的异品不再是没有因。"郑君在引述汤铭均的话后还下了断语:"同、异品不除宗显然违背九句因理论。"〔1〕

关于同品除宗的问题,我们在上文一再强调,必须厘清这个"除"字的含义。按陈那所说因法"于余同类念此定有",此中的"余"字是指"在宗有法之外",说作"除宗有法外"亦可,意思别无二致。然而"余"绝无"除去"或"剔除"的意思。同品要在宗有法外去觅取,这是不言而喻的道理,不会有人反对;但是若主张同品须除去宗有法,甚至主张喻体也要剔除宗有法,这就大谬不然了。而郑君断言"同、异品不除宗显然违背九句因的理论",正是建立在后一种意义上的。这里面存在着两个问题:其一,郑君将陈那所说的

〔1〕 郑伟宏《论同、异品除宗有法》,《因明》第五辑,甘肃民族出版社,2012年。

“于余同类”，说作同品要除去、剔除有法（而并非暂除），这是偷换概念。其二，进而又说同品不除宗会如何如何，其言下意思乃指喻体之除宗有法，这是偷换论题。否则就很难理解，为什么要无的放矢地作出“假如允许同品不除宗”的设问。至于异品除宗的问题，我们已在上文作了具体剖析，宗有法（如声）与异品（常住不坏之物如虚空）本不属一类，又何除之有？故不可能出现“九句因中二、五、八句”不复存在的情况。

综上所述，将同、异品是否除宗视作决定九句因存亡的主要因素，未免过于夸张。九句因穷尽了因与同、异品的各种关系，为厘定正因相，建构因的第二、三相打下基础。除宗有法（不是除去有法）只是九句因涉及的有关选择同品的一种方法，而与异品无关，更非决定九句因存废的关键，所以郑君断言“同、异品不除宗显然违背九句因理论”，只是一个伪命题而已。

四、是除外命题还是普遍命题？

郑伟宏一再强调同、异喻体都要除宗，说同、异喻体都是除外命题。那么，陈那新因明中的喻体是不是普遍命题呢？我们还是应该追本溯源，考稽陈那的论旨。陈那《理门论》对胜论派等“世间外道”的五支式有一段批评说得很明确：

> 此说但应类立义，无有功能，非能立义；由彼但说所作性故所类同法，不说能立、所成立义。又因喻别，此有所立同法、异法，终不能显因与所立不相离性，是故但有类所立义，然无功能。……以同喻中不必宗法、宗义相类，此复余譬所成立故，应成无穷。〔1〕

这段话的意思是说，若如世间外道那样仅以实例“瓶等”为譬喻的话，譬喻便只类同于宗法无常，缺乏普遍涵盖的功能，非如我所说的因的第二、三

〔1〕《大正藏》第32卷3a。

相中所揭示的譬喻作为前提的那种涵义;由于它只说如瓶,因瓶上有人工造作的属性,故与有法(声)属于同品类的事物,而不揭示因与宗的不相离关系。又如果将因与喻分离,同、异二喻也只同、异于宗法无常,这就不能显示所作因与无常宗之不相离的关系,所以仅仅类同于宗法无常是没有用处的。也正是由于古师所立的同喻中不揭示因法与宗法的不相离性,而只以同类例来成立宗,这就有譬喻辗转无穷的弊端。

陈那对古师的批评很深刻,他清楚地表明,新因明的同、异二喻体现了因、宗之不相离性,在以同喻依瓶证宗时,并以“诸所作者皆是无常”的普遍命题为同喻体,这就涵盖了所喻的全类事物。而古师只是以瓶喻声,以二者均有无常性作类比,就会转展无穷,类比不尽。对此,《大疏》释云:

> 我若喻言“诸所作者皆是无常,譬如瓶等”,既以宗法、宗义相类,总遍一切瓶、灯等尽,不须更问,故非无穷成有能也。〔1〕

郑伟宏在《因明大疏校释、今译、研究》一书中对这段话译述如下:“如果我把喻说成‘诸所作者皆是无常,譬如瓶等’,就使因法与所立法相联而不分离,把瓶、灯等一切类比对象统统囊括进来,不必再问,因此不是以没完没了的类比来成立能立。”〔2〕这段译述是与原文论意基本一致的。

陈那的论述、窥基的诠释都充分地揭示新因明是以因宗之不相离性为推理基础的,其喻体是普遍命题,“总遍一切瓶、灯等尽”。对此,郑伟宏在译述时也做到了忠于原意,但是,当他说起“除外”来,却又臆说窥基“隐含着同喻体也必须除宗的思想”。〔3〕 又说“窥基在解释同、异喻体时明言除宗以外”。〔4〕 一会儿是隐含着要除,一会儿是明言要除,甚至冒称异品除宗有法是陈那因明体系的题中之义云云,就是拿不出陈那和窥基的原话作依据,不过是郑君的臆说罢了!胡适有“大胆假设,小心求证”的箴言,郑君则大胆

〔1〕《大正藏》第44卷110b。

〔2〕郑伟宏《因明大疏校释、今译、研究》第263页,复旦大学出版社,2010年。

〔3〕郑伟宏《论同、异品除宗有法》,《因明》第五辑,甘肃民族出版社,2012年。

〔4〕郑伟宏《因明大疏校释、今译、研究》的“研究”部分第65页。

有余,小心不足。

陈那既明言因宗之不相离性为其比量的基础,这就体现了以类为推的思想,其同、异喻体乃是两个具有逆否形式的普遍命题。如果要在这种类推的逻辑系统里对喻体动手术,从普遍命题里剔除有法,说为“除外命题”,降作存在命题,因三相又怎样来制约三支论式?一百年前明治维新时期的林彦明,刚接触了一点西方传统逻辑,便在因明与逻辑的论式上作出很不严谨的比较,顾了东头,却忘了西头,显得稚拙。郑伟宏的“除外说”却有点不一般,由于他不断地撰文反驳与他有不同主张的学者,使简单问题复杂化了,导致理论上的混乱,所以我们必须从理论上加以厘清。

五、陈那的因明只是“最大限度的类比”?

郑伟宏“除外说”的目的是要将陈那因明的逻辑性质贬低为“最大限度的类比”,亦即认为陈那的新因明与古因明并无本质差别,只有量变上的不同而已,陈那的因明离“演绎推理尚有一步之遥”。也就是说,郑伟宏从同品须除宗有法,主观地延伸至异品亦须除宗有法,乃至同、异喻体亦须除宗有法,并由此引出喻体是“除外命题”的结论,从而否定陈那在印度逻辑史上首创演绎法的历史功绩。说到这里,我们不免联想起郑君早年受许地山影响的事来。许地山将古因明分为比论法与演绎法两种,然其所谓的演绎法仅举出《顺中论》中的一例,且是经过他改造的。这是将个别现象当作定式来论列了。〔1〕 由此,郑君认为演绎推理在古因明中既然早已有之,所以不同意将“改造喻支,增设同喻体,从而把类比推理变成演绎推理作为陈那因明的一大贡献”。〔2〕 后来又来了个180c大转弯,改口说“无论从陈那的正面

〔1〕 参见许地山《陈那以前之因明》(《老北大讲义》)第71页,时代文艺出版社,2009年。

〔2〕 参见郑伟宏《论因三相》,《复旦学报(社会科学版)》1986年第2期。

论述还是对古师的批评,都看不出陈那有从毫不例外的全称命题推出个别结论的演绎思想”。〔1〕 这一进一退,观点截然相反,但在否定陈那创立演绎法的历史功绩上却是别无二致的,其间夹杂着个人主观的价值取向从而背离了科学求证的态度。

作为印度中世纪逻辑之父,陈那创立的新因明,将印度古典逻辑从古因明的类比论法推进到带有归纳论证的演绎论法。陈那的因明是印度逻辑史上的里程碑,这是历史的定位,不是哪个人可以凭一己之价值取向予以否定的。这里再征引陈那的论述展开来分析。陈那在《正理门论》云:

> 喻有二种:同法、异法、同法者,谓立“声无常,勤勇无间所发性故,以诸勤勇无间所发皆见无常,犹如瓶等”;异法者,谓“诸有常住见非勤勇无间所发,如虚空等”。前是遮、诠,后唯止滥;由合及离比度义故。……复以何缘第一说因宗所随逐,第二说宗无因不有,不说因无宗不有耶?由如是说,能显示因同同品定有、异品遍无,非颠倒说。〔2〕

陈那的这段论述,清晰地揭示了三点:第一,他所建构的三支论式中的同、异二喻,均由喻体和喻依两部分组成,其同、异喻体都是普遍命题,喻依则为实例。以普遍命题为推理的前提是演绎法的标志,这就大不同于古因明仅以事例为喻体的类比法。第二,同、异二喻的喻体是按合作法和离作法建构的,即同喻体必须先因后宗地与同品相合,异喻体则必须先宗后因地与异品相离。二者紧密结合,由此得以比度宗义(推导出论题)。第三,“说因宗所随,宗无因不有”是同、异二喻的公式,充分显示第二相同品定有和第三相异品遍无这两条规则,绝对不容颠倒过来说。所以陈那又特地以偈颂强调:“说因宗所随,宗无因不有,此二名譬喻,余皆此相似。”〔3〕这最后一句

〔1〕 郑伟宏《因明正理门论直解》第57页,中华书局,2008年。

〔2〕 《大正藏》第32卷2b。

〔3〕 《大正藏》第32卷2b。

警示人们,如果违反了第二、三相的规则,那就是似喻。上述三点足以体现陈那的演绎思想。他对因明的改革,不是一种改良,而是一种革新。他建立起了一个开放性的演绎系统,为了加强其论证的力度和保持印度传统的论辩习惯,所以他保留了喻例(喻依),以此来保证喻体的正确性。喻例的存在标志着陈那的因明中含有归纳论证的成分,但不能因此而否定陈那因明的主要性质是演绎(郑君认为法称取消了喻依才达到演绎的程度,但法称虽有此主张,而实际上并未真正取消喻例)。然而郑君认为“陈那新因明仍然是在类比推理的范围内提出并解决了最大限度提高结论可靠程度的理论方案,离演绎推理只有一步之差”〔1〕,显然背离史实,曲解了陈那的因明理论。

出于业已形成的思维定式,郑君自然也不同意陈那的因明具有演绎与归纳相结合的性质,他说:“必须指出,演绎与归纳合一说是一种调和折中的观点,既不敢原原本本地按照陈那因明的体系,与传统的演绎说作彻底的告别;又总想在‘演绎’的三支作法中找出归纳的因素,以此作为因明与西方三段论的区别。事实上,演绎与归纳的区别是质的区别。是演绎就不是归纳,即便是归纳,也只有完全归纳才达到了演绎的效果。”“从一个事例概括出一个普遍命题,太不可靠了。”〔2〕

郑君在对他人作这番充满自信的批评时大概没有意识到,这也同时展示了自己颇为落伍的逻辑观念和逻辑上的混乱。以下谨提几点看法:

第一,否定陈那因明中的归纳成分是没有意义的。按现代归纳逻辑的观点,非演绎逻辑皆为归纳逻辑,类比即归纳逻辑之一种。在今天仍将类比与归纳视为两种逻辑,是否不合时代的节拍?

第二,即使从西方传统逻辑的观点来看,郑君所谓的“最大限度的类

〔1〕 郑伟宏《因明正理门论直解》第55—56页,中华书局,2008年。

〔2〕 郑伟宏《论同、异品除宗有法》,《因明》第五辑,第28页,甘肃民族出版社,2012年。

比”,应该是“最大限度的归纳”之误。因为在传统逻辑里,类比论证是指两个或两类事物间的猜想性的属性类比,而不是在一系列相同经验的重复中的因果归纳。而“最大限度的类比”云云,恰恰就是指相同经验最大限度(按郑君的说法是除宗有法一例之外)叠加以后得到的因果归纳。郑君在逻辑上的混乱于此可见。

第三,演绎与归纳是按不同的评价标准(演绎有效、归纳强度)来划分的,但并不妨碍二者的结合。郑君所谓的“是演绎就不是归纳,即便是归纳,也只有完全归纳才达到了演绎的效果”,更是说得过于绝对。在现代归纳逻辑中,因果陈述句逻辑(亦即因果模态逻辑)就是因果条件句研究与模态逻辑的结合,是在一阶谓词理论的基础上结合逻辑模态词和因果模态词的演算构建的公理系统。它的推演就具有逻辑必然性。虽然对归纳逻辑而言,从整体上说依然未能摆脱概然性的局限,然其某些系统的公理化、形式化,说明它与演绎有效论证并非是不相容的。

第四,我们应该将视野进一步放大开来,从广义逻辑的层面来考察陈那的因明。我国已故著名逻辑学家周礼全先生一贯主张要用大逻辑的观点来研究语言交际活动,日本著名佛教逻辑学者桂绍隆(K. Shoryu)教授认为:“使用在西方发展起来的逻辑术语来界定印度逻辑,包括陈那的逻辑,毫无意义。我以为印度逻辑与图尔敏模式有更多的相似之处。”图尔敏(S. E. Toulmin,1922)以法学为模型提出一个复杂的论证模式,在欧美引起巨大反响,被认为是弗雷格开创数理逻辑,即逻辑的第一次转向以来的又一次转向,即逻辑的实践转向的开端。这些主张和实践都是值得肯定的,可以作为我们的研究取向。

因明作为一门绝学,需要众多学人来呵护,对它作深入地研究,将其奥微的义理加以具体诠释和阐发,且应忠实于陈那、天主的原旨。在此基础上我们可以从纵向探究其渊源和沿革,从横向比较剖析其与诸家逻辑之同异。而且由于陈那的因明是一个开放性的逻辑系统,它不仅有严密的语法规则来规范论式,而且有语用和语义上的规定来保证论证的合理性和有效性,所以我们不应该局限于从形式逻辑的层面上来考察它，也不能单纯用数理逻辑的方法将其符号化，而应该从广义的论证逻辑角度对它作深入地研究。

然而现在有些学者的研究却背离了正确的方向，不按陈那的原旨来阐发，而是代古人立言，逞臆而说，给因明研究蒙上层层迷雾，有碍于绝学抢救工作的顺利展开，宜予廓清，还因明以本来的面目，还陈那以应有的地位。

（原载《哲学研究》2014年第6期，以小女沈海燕的名义发表）

《因明入正理论后序》考辨

一、《后序》的撰写背景及其内容

唐三藏法师玄奘游印东旋，于贞观二十一年(647)八月六日先期译出商羯罗主的《因明入正理论》。其时，玄奘从贞观二十年(646)五月至二十二年(648)五月，正在艰苦逐译瑜伽行宗的根本论典——皇皇一百卷的《瑜伽师地论》，他在极为繁重的译经间隙，插译《因明入正理论》一卷，自有其良苦用心，即要深入理解瑜伽行宗的理论，必须借助于因明这一佛教方法论。

《因明入正理论》是一部篇幅不长的小论，然而译经阵容颇为可观，除玄奘为译主外，由缀文大德明浚笔受并证文，梵文大德玄谟证梵语，字学大德玄应正字，证义大德道洪、明琰、慧贵、法祥、文备、道深、神泰详证大义。唐太宗还派遣银青光禄大夫许敬宗来监译。许敬宗为此还写了一篇序附在译文后面呈唐太宗御览。这是非比寻常的现象，玄奘译《瑜伽师地论》时亦由许敬宗监译，但他只记载了译经班子的组成情况，并没有为这部长篇巨著附上序文，却为仅有二千五六百字的因明小论写下了六百余字的《后序》，这是为什么呢？恐怕是因为因明初传中土，佛门内外倍感新奇，引得“异方秀杰，同秉亲承”，都想得风气之先，尽早掌握这门闻所未闻的佛教方法论。许敬宗身在译场，亲闻玄奘口义，体察到诸大德殷切向学的心态，有感而作此序，题为《因明入正理论后序》。全文如下：

因明入正理论者，盖乃抗辩标宗，摧邪显正之闳阈也。因谈照实，明彰显理,入言趣本,正以离邪,论之者较言旨归,审明要会也。

昔应符道树,兹义备焉;登庸鹿林,斯风扇矣。六师稽颡而卷舌,十仙请命以知归。非夫灵曜寝光,邪津鼓浪;同恶孔炽,实繁有徒。所以世亲弘盛烈于前,陈那纂遗芳于后,扬真殄谬,夷难解纷。至矣神功!备详余论。粤有天主菩萨亚圣挺生,博综研详,聿修前绪,撰略精秘,逗适时机。启以八门,通其二益,芟夷五分,取定三支,其义简而彰,其文约而显。西方时彦,钻仰弥深,自非履此通轨,未足预其高论。

大唐皇帝乘时启圣,阐金镜而运金轮,纳录嗣明,振玉鼓而调玉烛。洞敷玄化,载缉彝章,爇慧炬而鉴昏城,舣智舟而济苦海。我三藏法师玄奘神悟爽拔,峻节冠群,行四勤如不及,瞻三宗而好问。汉地先达,各擅专门,寓目必察其微,纳心并殚其妙。嗟乎,圣迹绵远,像教陵夷,未尝不临讹文以喟然,抚疑义而太息!望葱山而高视,期鹫峰而远游,既而冒险乘危,询师访道。行达北印度迦湿弥罗国,属大论师僧伽耶舍,稽疑八藏,考决五乘。论师以大义盘根,〔1〕嘉其素蓄,唯因明妙术,诲其未喻,梵音觏止,冰释于怀。后于中印度摩竭陀国遇尸罗跋陀罗菩萨,更广其例,触类而长,优而柔之。于是遍谒遗灵,备讯余烈,虽遇鍱腹,纵辩无前,风偃邪徒,抑兼兹论。旋弘周化,景福会昌。

粤以贞观二十一年秋八月六日于弘福寺承诏译讫。弘福寺沙门明浚笔受证文,弘福寺沙门玄谟证梵语,大总持寺沙门玄应正字,大总持寺沙门道洪、实际寺沙门明琰、罗汉寺沙门慧贵、宝昌寺沙门法祥、弘福寺沙门文备、廓州法讲寺沙门道深、蒲州栖岩寺沙门神泰详证大义。

银青光禄大夫行左庶子高阳县开国男臣许敬宗奉　诏监译

此序略分四段:

第一段是释题目,开宗明义揭示了因明具有“抗辩标宗,摧邪显正”的性质,然后逐字诠释题目。

〔1〕《大正藏》作“磐根”,兹据金陵本改。

第二段是溯源流，从佛陀悟道菩提树下，于鹿野苑初转法轮而教义风披说起，指出有外道六师闻法而缄口，复有外道十大德（十仙）先后与佛陀论议，最后一一皈依佛陀并证成阿罗汉，以此说明当时论辩之频仍。然后指出，虽然异端难以蔽日，邪说也鼓不起浪来，但诡辩之徒气焰炽烈，犹如盗金者充斥于闹市，所以世亲与陈那要弘扬因明。之后又有天主来传承陈那的因明，令“西方时彦”为之“钻仰弥深”。

第三段是赞玄奘，但开首不忘先赞大唐皇帝，然后再赞玄奘。序文从品评其“神悟爽拔，峻节冠群”，到述说玄奘西游访道之艰，乃至学习“因明妙术”的事迹。玄奘在印度研习因明曾转益多师，这里只着重说了玄奘初至北印度迦湿弥罗国向僧称学习因明，以及到达目的地中印度摩揭国那烂陀寺以后，拜在戒贤法师门下研习因明的事迹。然后概括地说了玄奘遍游天竺和“纵辩无前，风偃邪徒”的情况，以及东归后弘化佛教与因明，令大福汇聚而昌盛。

第四段是叙翻译，记述了译场组成人员的分工情况。

从序文内容来看，玄奘在翻译此论之前当向译场僧众宣讲因明及其简史，而且《大唐西域记》亦已于贞观二十年（646）成书，许敬宗或可从中取材。

二、《后序》作者考

我们在上文已明确，《后序》的作者为许敬宗。然而现今有学者认为此序系出自奘门大德明浚之手，如《因明大疏校释、今译、研究》（以下简称《大疏校释》）〔1〕所附录的《因明入正理论后序》，题下标明作者为明浚，并将一段七十三字的另篇文字当作了《后序》的最后部分。兹将紧接着许敬宗落款之后的这段另文抄录如下：

---

〔1〕 郑伟宏：《因明大疏校释、今译、研究》，复旦大学出版社，2010年。

【银青光禄大夫行左庶子高阳县开国男臣许敬宗奉　诏监译】三藏法师以虚已应物，辟此幽关。义海淼其无源，词峰峻而难仰，异方秀杰，同禀亲承，笔记玄章，并行于世。余以不敏，妄忝吹嘘，受旨证文，偶兹嘉会。敢录时事，贻诸后昆，胜范鸿因，无泯来际。

这段另文之后未具撰号，那么为什么说是明浚所作的呢？《大疏校释》的编著者并未作出说明，可能是文中说到“余以不敏，妄忝吹嘘，受旨证文，偶兹嘉会”，翻译《因明入正理论》时担任证文兼笔受者正是明浚，从而以为《后序》乃明浚所写的吧？这其中存在着误读和误解。理由如下：

首先，许敬宗的《后序》和末了的另文并非写于同一时间。许敬宗的《后序》应写于贞观二十一年(647)八月初六《入论》译出后不久，因为许敬宗作为监译，须在《入论》译出后不久即向唐太宗禀报。而这段另文说及“异方秀杰，同禀亲承，笔记玄章，并行于世”，这是《入论》译出若干年后才会有的情况，因为《入论》甫出，奘门大德当有一个研习过程，然后才会有笔记玄章的先后问世，没有几年的时间是不可能形成“并行于世”之局面的。所以《后序》与另文的写作时间当相隔数年之久。而之所以会将二者连接起来，恐怕是传抄中的失误所致。《大疏校注》的编著者将两篇文字当作一篇来读，显然是误读。

其次，我们将《后序》说为许敬宗所作的根据就在于序末的落款“银青光禄大夫行左庶子高阳县开国男臣许敬宗奉　诏监译”一句。那么为什么此句是落款而非译场分工名单中之一呢？区分这一点的关键在正确理解这个“臣”字。“臣”在这里非是官称，而是自我的指代，是臣下对皇上的自称。《大疏校释》的编著者似乎将“开国男臣”当作了官职，这是一大误解。其实“开国男”是爵位名，唐代有开国公、开国侯、开国伯、开国子、开国男等爵位，其后并无“臣”字，这在新、旧《唐书》中随处可检。新近北京发现的幽州节度使刘济墓中的墓志铭第一行即有“开国男归登书”等字样，表明刘济的封爵亦为开国男，其后亦无“臣”字。可见《后序》中的“开国男”与“臣”应分读，而且在书写时，冠于“许敬宗”名字前的“臣”字应略小偏右(直行书写时),以示恭敬。虽然传抄者在书写时未合规范,但幸而没有漏抄这个“臣”字,使我们得以据此判定《后序》的作者为许敬宗,且为呈请唐太宗御览而作。同时,这个落款一经确定,《后序》之后多出来的七十三字应为另文也就明确了。这另篇文字系何人所作?从“受旨证文”的口气来看,说它是明浚所写的也说得通,《入论》翻译时毕竟只有明浚一人担任证文之职。

再次,前后两篇文字的风格也不一样。许敬宗是文人出身的高官,辞彩富赡,善于用典,如“同恶孔炽,实繁有徒”等即是。“同恶孔炽”极言奸人气焰之盛,是《左传》“同恶相求”的变用。“实繁有徒”语出《书·仲虺之诰》,《淮南子·泛论训》云:“齐有盗金者,当市繁之时,至掇而走。”许敬宗借用这些典故来说明在印度诡辩盛行,导致规范论辩、抑制邪论的因明应运而生。同时,他的身份地位习于运用庙堂语,如颂扬大唐皇帝一节充分展示了这一点。所谓“乘时启圣,阐金镜而运金轮”,“阐金镜”语出南朝梁刘孝标《广绝交书》“圣人握金镜,阐风烈”,譬喻善于明道。“运金轮”本指金轮王,是尊帝王而言。所谓“纳录嗣明,振玉鼓而调玉烛”,是歌颂唐太宗继承大统后四时清明,风调雨顺。所谓“洞敷玄化,载缉彝章”,乃是令普天洞晓玄奥之理,再加会辑合理的规章之意。这些都是庙堂之上的套话,只有末后两句“爇慧炬而鉴昏城,舣智舟而济苦海”是借用了佛教之喻,如《寄归传》就有“舣法舟于苦津,秉慧炬于长夜”的譬喻,当然前面的“运金轮”亦借用了佛教譬喻。这说明许敬宗也是读了不少佛典的。而误抄在《后序》之后的另篇文字,没有庙堂套话,文字清新素朴,显与前文风格有异。综上所述,《后疏》为许敬宗所撰当无疑义,后附的七十三字或出于明浚之手,然不知为什么明浚竟未具名。

三、断句辨谬

《大正藏》所收的《因明入正理论》的《后疏》原用句读号断句,虽然时有误读之处,但并不显眼。《大疏校注》的编著者改用新式标点对《后疏》重新

断句以后，不仅承袭了原句读号断句的误读之处，还增加了新的错讹，令人不堪卒读！本文不遑一一胪列，兹举数例以辨其谬。〔1〕

例一：

昔应符道树，兹义备焉。登庸鹿林，斯风扇矣。六师稽首而卷舌，十仙请命以知归，非夫？灵曜寝光，邪津鼓浪，同恶孔炽，实繁有徒。

在这段文字中，“非夫”之前的一句没有句断，“非夫”之后加了个问号（意即“不是吗?”），似乎是对前两句所述内容的诘问。但这样一来整个句子的逻辑关系就变得不好理解，因为“六师稽首而卷舌，十仙请命以知归”乃是正面陈述，并无人对外道六师、十仙服膺乃至皈依佛陀的事提出怀疑，此处突然冒出一个“非夫?”来，岂非没头没脑，无的放矢?

其实，“非夫”与上句并无关系，而是领属下句的成分，其前之“十仙请命以知归”应该句断。“非夫灵曜寝光，邪津鼓浪”合成一句，此时“夫”处于句中，就不再是表诘问的语助词，而是指示代词了，相当于“那”，意为并非那阳光寝息了（并非暗无天日），也并非那些邪说掀起了风浪，“非夫”的领属作用就终止于此。接下来语气一转，指出“同恶孔炽，实繁有徒”，意谓：但是邪说炽盛，犹如盗贼充斥于闹市。以此来说明世亲和陈那倡导因明之由来。当然，这是“非夫”句之后的意思，但于此可见其语言层次之有序展开。

例二：

所以世亲弘盛烈于前，陈那纂遗芳于后。扬真殄谬，夷难解纷，至矣！

神功备详余论，粤有天主菩萨，亚圣挺生，博综研详，聿修前绪。

在此例中，“至矣”的后面居然加了个叹号，并以此作为一个段落的结尾，这显然是欠妥的。当然，这里的错误是承袭了《后疏》原句读中的错误，但用叹号点断并成段落的末句，问题就显得更加突出。

〔1〕 以下所举四例，均见《因明大疏校释、今译、研究》第764页，复旦大学出版社，2010年。

其实此例不应分为两个段落，“至矣神功”原系一句，岂能身首分离，列在两段之首尾？“至矣神功！”是主谓倒装的变次句，虽非常格，然在古文中并不乏见。如《论语·述而》：“甚矣吾衰也！久矣吾不复梦见周公！”一口气用了两个主谓变次句。“矣”是个语气词，常置于句末表感叹。但在主谓倒置句中，“矣”字处于句中，故“矣”字的身后不能加叹号，而要移至句末。从形式上看，“矣”的感叹中心是“至”，而实际上它的感叹中心乃是“神功”。

“至矣神功！备详余论。”意谓因明所具的神奇力量至高至深，这高深的道理备详于余论。于是接下来着重叙说了天主对因明的贡献。世亲、陈那、天主一脉相承，应合为一段陈述，不宜分为两段，更不该将“至矣神功！”句腰斩拆分。

例三：

> 嗟乎！圣迹绵远，像教陵夷。未尝不临讹文以喟然，抚疑义而太息。

在此例中，“嗟乎！”之后的四句话用了两个句号来句断，好像“嗟乎！”止于第一个句号，与以下两句无关，实际情况显然并非如此。

“嗟乎”是古文中常见感叹词，常用在句首作感慨的发端，“嗟乎”之后可用逗号或叹号点断，感慨所披及的句子末端须用叹号断句，以与“嗟乎”呼应。从上例文义来看，“嗟乎！”的感慨所披，应及于其后的四个句子，故应作如下标点：“嗟乎！圣迹绵远，像教陵夷，未尝不临讹文以喟然，抚疑义而太息！”其中“嗟乎”处亦可改用逗号，但句末必须用叹号，整个感慨句不宜出现句号。

例四：

> 行达北印度迦湿弥罗国属。大论师僧迦耶舍，稽疑八藏，考决五乘。

此例的问题出在“国属”处，尤其是“国属”后的句号，句得很盲目。将“国属”勉强凑合在一起，好像是指国之界或国之属地，但玄奘已经行至北印度境内的迦湿弥罗国，再用一个“属”来明确地界并无必要。再说将“属”字断在上句，下句的动词谓语就没了着落，只剩下“大论师僧迦耶舍”这个名词性偏正词组，不成句子。难道是“大论师僧迦耶舍”在“稽疑八藏，考决五乘”？显然不是。所以此处的盲目断句，搞乱了上下文的逻辑关系。需要指出的是，《后疏》原句读号在此并未出错，是《大疏校释》的编著者断错了句子。

其实，“属”字应是下一句的谓语，“属大论师僧迦耶舍”是省略了主语的动词谓语带宾语的句子，其承前省略的主语是“玄奘”，“属”是依止的意思，“僧迦耶舍”是梵名 Saṁghayasas 的音译，即大论师众称，亦译僧称。上例数句意谓，玄奘行至北印度迦湿弥罗国，依止大论师僧称稽疑考决。“八藏”“五乘”在这里只是泛指稽疑考决的内容之广。玄奘向僧称请益的事，在《大慈恩寺三藏法师传》卷二和《因明大疏》卷一均有记载，请益的内容也略有所述，如《顺正理论》和因明、声明等。

点校古籍并非易事，更是一件十分严肃的事情，点校者须对文本有所理解，对句式有所把握才能着手点校。但是从《后疏》的标点来看，犹如盲人指途，自己尚未摸清方向，却要助他人识途，岂非失诸草率？

（原载《觉群佛学》，宗教文化出版社，2014 年）

关于中国逻辑史的五个问题

——答 Automatic Press 编者问

1. 您为什么开始中国逻辑史的研究?

我原本是从事文学创作和文学研究的,我对中国古典文学尤其先秦文学更为爱好。但是一场延续了十年的“运动”粉碎了我的文学理想。在严酷的政治氛围中,我为躲避横祸临头,在造反派扬言要来抄家之后,连夜忍痛自毁凝聚了多年心血的两部文学作品手稿和一部文学史讲稿,我将它们撕碎泡烂,冲入化粪池灭迹,我决定与文学分手了。经历了一系列的痛苦折磨我终于又重新走上了讲坛,心有余悸的我,改行教起了逻辑,我认为这是一个比较安全的学术领域。起始我虽然只是出于明哲保身的目的改治逻辑,但后来我对中国逻辑史逐渐产生了兴趣,因为我原本对中国古典文学特别是先秦文学情有独钟,对先秦诸子的哲学思想还是比较了解的,在这样的基础上转入先秦名辩思想的研究当较为容易。但经过一段时间的研究后,我从文献中看到一些学者用因明和西方传统逻辑与墨辩作比较研究,其中最早的一位当推章太炎。他在《国故论衡·原名》中说:“辩说之道,先见其情,次明其柢,取譬相成,物故可形,因明所谓宗、因、喻也。印度之辩,初宗、次因、次喻。大秦之辩,初喻体,次因,次宗,其为三支比量一矣。《墨经》以因为故,其立量次第,初因、次喻体、次宗,悉异印度、大秦。……大秦与墨子者,其量皆先喻体后宗,先喻体者,无所容喻依,斯其短于因明立量者常则也。”章太炎如此推崇因明,令我对因明产生了探究一番的兴趣,于是我借来窥基的《因明大疏》等书披览,但不要说《大疏》不容易读,连《大疏》的节注本如熊十力的《因明大疏删注》亦不容易读。当时还在“文革”期间，人际关系极度紧张，所以我在研习中遇到的许多疑义无处可以请益咨疑，只能靠自己反复推求。因此我的研习过程特别艰难，但每有所得，体会也更为深刻。尤其是当我了解到因明几成绝学以后，我决定要继前贤的踵武，为重振绝学尽一己之绵力。而且更重要的是我对因明的兴趣越来越浓厚，因为我发现因明研究有着广阔的空间，如因明义理的阐发，因明典籍的整理与注释，因明传入我国史实的考稽，重要文献的译介等等，这些领域均有待我们去开拓，可做的事情太多太多，犹如面对一片胜景，我情不自禁地被它吸引，步步深入，流连忘返。就这样，我从先秦名学的大门口，不知不觉地移步到了因明的殿堂之中，从而也研究起了中国佛教逻辑史——一个中国逻辑史的重要组成部分。由我主编并参与撰写的《中国佛教逻辑史》问世已十年，那只是一个阶段性的研究成果，草莱初辟而已。如有可能，我将在此基础上重编，使它更为完善。

2. 您认为界定您所从事的研究领域最好的方式是什么？是历史阶段、文献资料、方法论或其他的要素？

我的研究领域可以界定为如下几方面：首先是文本研究，这是最基本的研究。我的文本研究从方法论上来说大致有四种情况。一是对文本作语文学的研究。因明文献艰涩难解，因此亟须对文本作语文学的研究，以厘清脉络和诠释名相和文句。如陈那的《正理门论》，以其难解而历来研究者不多。我在20世纪80年代末为研究生开《正理门论》研究课，即主要从语文学的角度对这部新因明的奠基之作作了诠释。〔1〕二是对文本作文献校勘学的研究。如我对《因明入正理论文轨疏》的校补，就是在“支那”内学院于1933年整理刻印的《因明入正理论庄严疏》的基础上，依据敦煌写本等文献校勘

〔1〕 这就是1992年开明出版社出版的《佛教逻辑》下卷所收的《因明正理门论译解》。此书中国台湾版于1994年由台北商鼎文化出版社出版。2007年又由中华书局出版了《因明正理门论译解》的单行本。

增补而成的，大体恢复了它三卷本的原貌。并且我还对《文轨疏》从历史文献学的角度作了考证，弄清了其在本土和日域流传和散佚的年代。三是对文本从语文学和理论上作双重考察。如我对玄奘门人净眼所撰的《因明入正理论略抄》和《因明入正理论后疏》两种敦煌写本的研究即是采用解析文义与理论分析相结合的方式，从而揭示和评价其所论之长短和对错。不过，这项研究的难度很大，投入的时间是比较漫长的。〔1〕 四是迻译和比较研究。印度正理论的根本经典《正理经》和印度逻辑史上最古的文献《遮罗迦本集》第三编第八章过去未尝译介来华，在20世纪80年代初，我先译介了《正理经》，并据富差耶那的《正理疏》等作了一些注释。〔2〕 至20世纪90年代中期，我又译介了《遮罗迦本集》第三编第八章全文，并据《方便心论》、《正理经》、《正理疏》、《如实论》等古印度的重要逻辑文献诠释此论，并作比较研究，以考察诸家逻辑学说之同异以及印度古典逻辑的嬗变过程。〔3〕

其次是因明原理的研究。我研究因明近40年，对原理的探究始终不懈。最早的系统研究成果早在20世纪70年代末就已形成，这就是《因明学研究》一书〔4〕。后来又以专题研究的形式在刊物上发表了不少论文，例如早在20世纪80年代后期，我就完成了对误难和堕负问题的研究，先后发表《误难论》和《堕负论》二文，这是以往很少有人问津的专题。又如近年我又对因三相是否能制约三十三过的问题作了专题研究，发表了《新因明的公

〔1〕 以上二、三所述研究成果均收入拙著《敦煌因明文献研究》一书，上海古籍出版社2008年出版。

〔2〕 我所译的《正理经》最初收入拙著《因明学研究》的附录，此书由中国大百科全书出版社于1985年出版；后经修订，收入拙著《佛家逻辑丛论》，由甘肃民族出版社于2011年1月出版。

〔3〕 此项成果最初发表于台湾《正观》杂志第8期（1997年6月），现收入拙著《佛家逻辑丛论》，甘肃民族出版社2011年1月出版，题为《〈遮罗迦本集〉的论议学说》。

〔4〕 《因明学研究》由中国大百科全书出版社于1985年出版，1992年台湾智者出版社出版中国台湾版。

理、规则和过失论》一文，从逻辑符号学的层面上重新审视了相关的问题，提出因明三支作法的公理应是陈那所反复强调的因与宗之不相离性，因三相是组成三支论证式的语法规则。因明作为一种论辩逻辑，它涉及语法、语用和语义等问题，所以除了语法规则外，还需要语用规则和语义规则来制约。但是陈那没有像说因三相那样来总结语用规则和语义规则，只是分散地在相关论说乃至论难中提出过一些有关语用和语义的原则意见。我将这些意见抽绎出来，整理成新因明的语用规则和语义规则。同时我将因明的诸种过失亦分解为三类，即语法谬误、语用谬误和语义谬误，而且指出，这三类谬误并非截然分割的，有时一种过失往往兼具两类性质，是两类谬误的交集。〔1〕

再次，是中国佛教逻辑史的研究。我对中国佛教逻辑史的研究始于20世纪80年代中期。我在参加《中国逻辑史资料选》和《中国逻辑史》〔2〕的编写后，产生了写一部《中国佛教逻辑史》的计划。这是一项繁重的工作，我带领研究生集体完成了这个项目的研究和撰写工作。〔3〕我本人主要分担绪论和唐代因明研究部分以及全书规划和统稿等工作，当然我们对中国逻辑史的研究还只是草莱初辟而已，期望着将来能集思广益，写出一部更完整的中国佛教逻辑史来。

3. 您能给出一个您最喜欢、展示中国早期思想家逻辑敏锐性的例子吗？

在中国早期的思想家中，生于战国后期的公孙龙的“白马非马”之论，是一个很有论争意义的命题。公孙龙提出并阐发“守白之论”，意在“假物取譬”，“欲推是辩，以正名实，而化天下”。〔4〕可见他是有感而发，而非戏论。

---

〔1〕上述专题研究的论文均收入《佛家逻辑丛论》一书，甘肃民族出版社，2011年。

〔2〕《中国逻辑史》五卷本和《中国逻辑史资料选》六卷本先后由甘肃人民出版社于1989年和1991年出版。

〔3〕《中国佛教逻辑史》由华东师大出版社于2001年出版。

〔4〕《公孙龙子·迹府篇》。

所以在当时不仅有不少辩者与其同声相应，而且门徒盛于一时。然而并世诸家的诘难亦迭见不鲜，如庄子讥讽公孙龙“饰人之心，易人之意，能胜人之口，不能服人之心”。〔1〕墨家后学更是对公孙龙的学说全面否定。时至今日，不少论者对公孙龙的学说依然存在一定的偏见；究其原因，不外是以常识的眼光去评说，或是以理性思维去分析，故难以作出恰如其分的评价。其实，公孙龙的学说应放在知性思维的层面上来考察，其理论主体是分析的语言哲学和逻辑学。有学者认为，公孙龙通过语言分析突破了传统的观点，建立起发达的形而上学或本体论，进而构造了一个相当丰富的关于语言本身的哲学理论。近现代西方语言哲学的许多学说可以在它之中找到思想胚芽。〔2〕我同意这种分析，因此我认为公孙龙是中国早期具有逻辑敏锐性的思想家。

4. 在您看来，对中国逻辑史的研究最困难或最大的问题在哪里？

中国逻辑史研究中最大的困难是在秦汉以后难以围绕一条绵延的主线来整理史料，阐发其发展进程。不像西方逻辑史，在19世纪中叶以前基本上是以西方传统逻辑为主干的发展史，印度逻辑史则是以正理论和佛教因明的交融为主干的发展史，而中国逻辑史上最为辉煌的先秦名辩逻辑则自秦汉以降后继乏人而归于亡绝！

甚至时隔五百年，西晋的隐士鲁胜志在“兴微继绝”，写出《墨辩注》和汇编《刑名》二篇并“略解指归”，希望能得到时人的响应，重兴名辩学说，竟亦未能如愿，最后连《墨辩注》一书和《刑名》二篇也散佚无存。〔3〕名辩逻辑崇尚思辨，在辩风甚盛的魏晋时期亦遭冷遇，这是颇为遗憾的。汉代重经训而轻名辩，这是可以理解的。魏晋反经训而重义理，则理应是名辩逻辑重

〔1〕《庄子·天下篇》。

〔2〕参见周昌忠：《公孙龙子新论》最后结论部分。上海社会科学院出版社，1991年。

〔3〕幸亏《晋书·隐逸传》录存了鲁胜的《墨辩注叙》，世人才得以略知他的逻辑思想和为重兴墨辩学说所做的一些事情。

兴的温床，可惜魏晋的清谈堕于“理赌”，至南渡名士的末流更流于“嘲戏之谈”，在这种背景下，名辩逻辑之乏人问津，也就不足为奇了。名辩逻辑既然未能作为中国逻辑史的主干学说得到传承，而后来的本土逻辑思想又比较零散，难以形成系统的逻辑学说。所以唐代传入中国的因明和明清时期传入中国的西方传统逻辑便反客为主，填补起中国逻辑史的空白了。

另外，就目前的研究情况而言，还存在着一些颇为严重的问题。如少数学者心浮气躁，没有读通经典文献即逞臆而言，妄下断论，曲解了经典原旨，导致理论上的混乱。一些学者甚至不加论证即对前人的研究结论作总体上的否定，以显示自己的论断之前无古人。这些都是缺乏严谨学风的表现。经典文献是需要沉下心来细细研读的，不可急于求成，仅凭一知半解即遽下断语，未免过于轻率。另外，知识具有历史积淀的性质，做学问的人总是站在前人的肩膀上才看得更高更远，不能为了“标新立异”而对前人的某项研究成果轻易地作总体上的否定，妄说前人全都错了，唯我独是。本来，在学术研究中不泥旧说、自创新见是应有的学术品格，但需有翔实的论据和严谨的论证来支持。前人的论断尤其是共识必有其所由产生的基础和理由，所以，要否定前人的某项结论，必须逐层破除其论据或论证方法，如果仅凭自己的妄言臆说去否定前人，那就是一厢情愿，不仅难以令人首肯，也暴露出这些人其实是对学术缺乏敬畏之心的。

5. 您认为哪个领域会从对中国逻辑史的研究中获益？反过来，中国逻辑史的研究可以从哪些学科的研究中获益？

中国逻辑史与中国思想史、中国哲学史、中国佛教史以及藏学研究都有密切的关系，所以中国逻辑史的研究将有裨于充实和深化上述诸领域的研究。例如中国逻辑史研究佛教东渐以后古因明与新因明传入中土的两段史实，是对中国思想史和中国佛教史的重要补充，其中对藏传因明史的研究，则深化了藏学研究的内涵。当然反过来中国逻辑史的研究在草莱初辟的阶段更是大量地从中国思想史、哲学史、佛教史和藏学研究中检索资料，发掘史实，以构建本史的框架。中国逻辑史的研究甚至还可以从中国文学史里觅取史料。如汉代以后出现的连珠体,是一种意含深刻、文字优美的小赋,原本专呈君主御览,意在讽谏的,后来这种连珠文字被许多文士仿效,扩展而成劝喻性质的文体,称作连珠体,它虽然是一种文学样式,但由于其“辞句连续,互相发明,若珠之结琲”〔1〕,而且“必假喻以达其旨”,从而令“览者微悟”〔2〕,因此具有论证的性质。值得注意的是,这是一种专门用于讽谏和劝喻的小赋,且有一定的形式,与抒情、叙事、咏物的小赋明显不同。连珠体作为一种逻辑论证虽然尚未作出完整的理论概括,但连珠体的作者却是在自觉地运用这种逻辑方法论说事理,这种历史现象是值得中国逻辑史研究者分析总结的。

[原载《中国逻辑史:五个问题》(英文),Automatic Press,美国马萨诸塞州,2015 年。这是中文稿,由沈海燕英译]

〔1〕 参见沈约:《上连珠表》,《艺文类聚》卷五十七。
〔2〕 参见傅玄:《叙连珠》,《昭明文选》卷五十五。

East China Normal University, Shanghai

（沈海燕译）

Chapter 5

Shĕn Jiànyīng 沈剑英

East China Normal University, Shanghai

1. Why did you begin working on the history of logic in China?

Originally, I dedicated myself to creative writing and the study of literature, favoring classical Chinese literature especially from the pre-Qin period. But my dream was destroyed by the Cultural Revolution. I had to tear up two of my manuscripts, and after that I decided to part from my dear literature. Having gone through all kinds of suffering, I was finally able to teach again. With such painful experiences in the past, I wanted to change my subject and so started teaching logic, an area that causes less trouble politically. Although my reason for studying logic was just to play it safe, I gradually developed great interest in history of Chinese logic. Studying this subject was relatively easy for me as I always enjoyed pre-Qin literature, and had a good understanding of pre-Qin philosophy. After some time, I became aware of the work of scholars such as Zhang Taiyan〔1〕

〔1〕 Zhāng Tàiyán 章太炎, 1868－1936, philologist, philosopher, journalist and revolutionary author of Guogulunheng.

who compared western traditional logic with Mohist logic using the terminology of *yīnmíng*, [1] the Chinese interpretation of Indian Hetuvidyā (theory of reason). In his *Guogulunheng* Zhang Taiyan states:

> The way of *biàn*[2] is first to see the point, then to clarify its foundations, making the connection by choosing examples which make things plain. In *yīnmíng* these are called zōng 宗 (*pakṣa*, thesis), yin 因 (hetu, reason) and yù 喻 (*dṛṣṭānta*, example). In India, zōng comes first, then yīn, then yù. In the far West, the yùtǐ 喻体 (*dṛṣṭāntakāya*, example-statement) comes first, then the yīn, then the zōng. This is similar to inference by trayāvayava.[3] The Mojina uses yin to give reasons, the claim comes later: first yin, then yùtǐ, then zōng, which is quite different from India and the far West. The zōng of the Mohists and those from the far west, always comes after the yùtǐ, leaving no room for a dṛṣṭāntāśraya (example-base, yùyī 喻依), and so are at a disadvantage compared to of those using the rules of *yīnmíng*.

That Zhang Taiyan thought so highly of *yīnmíng* aroused my interest and I

---

[1] *yinming* 因明 (*hetuvidya*, theory of reason), style of reasoning originating in India and introduced to China in the 7th century, also known as "Buddhist logic", divided into an ancient phase including the Nyayasutra and a new phase from Dignaga and onwards; the sanskrit term "*hetuvidyā*" is reserved for the later phase.

[2] biàn 辩 (disputation), also interpreted as "distinction-drawing", one of the Mohist *míngcishuōbiàn*.

[3] *trayāvayava* (form of three branches, *sānzhīlùnshì* 三支论式), *yīnmíng* term for the form of argumentation proposed by Dignāga as an improvement of the *wǔzhizuòfǎ* 五支作法 (*paññcāvayava*, five-membered argument), composed of zōng 宗 (*pakṣa*, thesis), yīn 因 (*hetu*, reason) and yù 喻 (*dṛṣṭānta*, example).

wasted no time in borrowing some books on the subject, including Kuiji's *Yinmingdashu*.〔1〕But I wouldn't say it's easy reading. Even the abridgement *Yinmingdashu Shanzhu*〔2〕is hard, and when I had a question I had no one to ask, because of the tensions between people due to the Cultural Revolution. So in studying, I had many problems and only myself to solve them. The positive side of such hardship was to deepen my understanding of the subject, and when I came to know that *yīnmíng* was virtually extinct in China, I resolved to revive it.

I became more and more fascinated by *yīnmíng* since there was plenty to get involved in: elucidating its doctrinal aspects, collating and annotating the literature, studying the history of how Indian *hetuvidyā* spread to China, translating important texts, etc. These tasks awaited us; there was so much to do. Facing such a glorious landscape, which attracted me deeply, I began by taking small steps and eventually moved deep into the territory. From the gateway of the pre-Qin *míngxué*.〔3〕I had arrived unwittingly in the grand palace of *hetuvidyā*, where I began my research on Chinese Buddhist logic, one of the most important parts of history of Chinese logic. The book *History of Chinese Buddhist Logic* that I edited over ten years ago, reflects only the initial stages of research in this subject; in fact, I would like to re-edit and improve it.

〔1〕Kuījī 窥基, 632 – 682, student of Xuan Zang and author of *Yīnmíngdàshū*. *Yīnmíngdàshū*《因明大疏》(Great Exegesis of yīnmíng), by Kuījī, an influential commentary on the *Ruzhenglilun*.

〔2〕*Yīnmíngdàshū Shānzhù*《因明大疏删注》(*Great Exegesis of Yinming: Abridged with commentary*), by Xiong Shili, first published at *Shangwu Yinshuguan* in 1929, later published at *Shanghai Shudian Chubanshe* in 2008.

〔3〕*Míngxué* 名学 (study of names), term for "logic" dating from 1895 (Yan Fu).

2. What is the best way to define your area in terms of historical period, textual sources, methodology or other factors?

There are several aspects to my research:

(1) Textual study, the basis of all research. In terms of methodology, I have four kinds.

Firstly, philology. The Indian *hetuvidyā* texts are very difficult to understand, and need philological methods to clarify the structure and interpretation of words and phrases in the text. For example, at the end of the1980s, when I was teaching Dignāgas[1] in graduate course, there had been very few studies of his *Nyāyamukha*[2] because its content is just too difficult. But this is a fundamental work of *hetuvidyā*, and so I gave an interpretation of it from the perspective of philology.

Secondly, textual emendation. For example, I have corrected the text of *Ruzhenglilun Wenguishu*, [3] restoring it to its original size composed in three volumes, based on the Dunhuang manuscripts and the edition of *Ruzhenglilun Wenguishu* published by the Cheen Institute of Inner Learning in 1933. This work also required verification based on historical documents, used to determine the time when it was spread within China and Japan and the time when it was lost. This work is described in my article "The Interpretation of the *Hetuvidyānyāyadvārasāstra*".

Thirdly, combining philological and theoretical perspective. For example,

---

[1] Dignāga (Chén Nà 陈那), c. 480 – c. 540, Indian scholar and Buddhist logician, pioneer of *hetuvidvā*.

[2] *Nyāyamukha* (Gateway to Logic, *Zhènglǐménlùn*《正理门论》), translation by Xuan Zang in 649 of Dignāga's primary text on *hetuvidyā*.

[3] *Rùzhènglǐlùn Wénguǐshū*《入正理论文轨疏》(*Wen Gui's Commentary on the Nyāyapraveśa*) also known as the *Zhuāngyánshū* 庄严疏, named after Wen Gui's temple.

when examining the *Ruzhenglilun Luechao* and *Ruzhenglilun Houshu* by Jingyan, I used both an analysis of both the language and theoretical content of the texts to evaluate their strengths, weaknesses and errors.〔1〕This study was very difficult and it took me a long time to finish. A report of this work is given in my *A Study on Hetuvidyā Manuscripts in Dunhuang*.

Fourthly, translation and comparative studies. The *Zhenglijing*〔2〕is the fundamental scripture of the Nyaya school, and the eighth chapter in the third part of zheluo Jiabenji〔3〕is the oldest text in history of Indian logic Yet it had not yet been translated into Chinese. At the beginning of the1980s, I made a start on this project, annotating the text following the *Zhenglishu*.〔4〕In the mid-1990s, I completed my translation and provided an interpretation based on important texts of ancient Indian logic, such as *Fangbianxinlun*,〔5〕*Zhenglijing*, *Zhenglishu* and *Rushilun*.〔6〕I also conducted a comparative study, relating it to different logical theories and the historical development of ancient Indian logic. This work has been re-edited and collected in my recent

〔1〕 *Rùzhènglǐlùn Luèchāo*《入正理论略抄》(*Commentary on the Nyāyapraveśa*), by Jingyan. *Rùzhènglǐlùn Hòushū*《入正理论后疏》(*Commentary on the Final Part of the Nyāyapraveśa*), by Jingyan. Jìngyǎn 净眼, a student of Xuan Zang.

〔2〕 *Zhènglǐjīng*《正理经》*Nyāyasūtra* (*Aphorisms on Correct Principles*), ancient philosophical text composed in 2nd century B.C.E. by Akṣapāda Gautama of the Nyāya school, containing the theory of *wǔzhīzuòfǎ* (five-membered argument).

〔3〕 *Zhēluó Jiāběnjí*《遮罗迦本集》*Charakasamhitā* (*Compendium of Charaka*), ancient Indian medical text with a chapter on logic.

〔4〕 *Zhènglǐshū*《正理疏》(*Commentary on Nyāya Sūtra*), by Vātsyāyana.

〔5〕 *Fāngbiànxīnlùn*《方便心论》*Upāyakauśalyahṛdaya śāstra* (*On the Heart of Skilful Means*), 5th century translation of an Indian text controversially attributed to Nagarjuna.

〔6〕 *Rúshílùn*《如实论》*Tarkaśāstra* (*On Reasoning*), translation by Zhen Di of a text about argumentation by Vasubandhu.

published book Essays on *Buddhist Logic*.

（2）Principles of *Hetuvidyā*. Throughout my 40 years of doing research, this has always been an important topic for me. My early work, completed in the 1970s, is published in my book, *Studies of Hetuvidyā*, but I also published many articles, such as a study of wùnán (erroneous refutation) and duòfù (falling into failure), both of which had scarcely been touched by other scholars. In recent years, I have focused on the issue of whether the rule of *trairūpya* can be used to avoid the thirty-three fallacies of *hetuvidyā*. In my article, "On the axioms, rules and fallacies of *hetuvidyā*" I used formal logic to study this and related issues, proposing that the main axiom should be the inseparability of *hetu* and *pakṣa*, as was repeatedly emphasized bv Dignāga, and that *trairūpya* is a syntactic rule for the formation of the *trayāvayava*. *Hetuvidya* is a logic for argumentation which involves syntax semantics and pragmatics, and so the *trayāvayava* should not only be governed by syntactic rules, but also by pragmatic and semantic rules. Yet Dignāga does not give any details except for a few references, scattered throughout his works. But I was able to extract some explicit rules from a close analysis of his text, and thereby categorize all three types of fallacy in *hetuvidyā*: syntactic, semantic and pragmatic. These three kinds of fallacy are not completely distinct, because some fallacies contain more than one aspect, e.g. semantic and pragmatic. They are not separated either, for one fallacy may contain the other fallacy as well, and could be the intersection of the two types of fallacy. The articles are also included in my *Essays on Buddhist Logic*.〔1〕

（3）The history of Chinese Buddhist logic. This massive undertaking,

〔1〕"*báimǎfēimǎ*" 白马非马 (white horse not horse), thesis defended by Gongsun Long.

begun in the mid-1980s after writing some contributions to the *History of Chinese Logic*, was completed by my graduate students and published as *History of Chinese Buddhist Logic* in 2001. I wrote the introduction and the part on *hetuvidyā* in the Tang dynasty, as well as planning and editing of the whole book. Of course, this is an initial study, and we hope that a more comprehensive book on the subject will come into existence in the near future.

3. What is your favourite example of logical acumen by an early Chinese thinker?

Among early Chinese thinkers, the discussion of *báimǎfeimǎ*〔1〕by Gongsun Long is a significant albeit controversial topic. We read that "the purpose of this *biàn* is to regulate the relationship between *míng* and *shí* and to educate the people."〔2〕We can see that it is a heartfelt and purposeful discourse, not mere trickery. So at the time, more than a few dialecticians agreed with Gongsun Long and became his disciples, But criticism from members of the various schools was also not uncommon. He was mocked by Zhuang Zi as having "the heart of a decorator, the ideas of a simpleton, the mouth of one capable of victory, but the mind of one incapable of dressing himself." And the Later Mohists were even more comprehensively negative about his doctrines. Up until the present day, there have been many theorists whose views of his doctrines were clearly prejudiced, judging them with mere "common sense". In fact, this theory more properly belongs to analytic philosophy of language and logic. Some scholars believe that Gongsun Long used linguistic analysis to break through the traditional point of view, setting up

〔1〕《公孙龙子·迹府》欲推是辩,以正名实而化天下焉。

〔2〕《庄子·天下》:饰人之心,易人之意,能胜人之口,不能服人之心。

an advanced metaphysics or ontology, by which he constructed a rich philosophical theory in terms of language itself. In Gongsun Long's thought one can find the seeds of many ideas from modern and contemporary analytic philosophy. I agree with such a view and so regard Gongsun Long, among all early Chinese thinkers, as having considerable logical acumen.

4. In your opinion what is the most difficult or problematic aspect of studying logical thought in China?

The most difficult thing is that Chinese logic lacks one main continuous line of development unlike the traditional of logic in the West before the 19 century Indian logic is the history of the integration of *nyāya* and Buddhist *hetuvidyā*. In China, *míngbìanxué*〔1〕 was the most glorious part of the history of Chinese logic, but it died after the Qin period, lacking any followers. Well, there was one person, the hermit Lu Sheng〔2〕 in the West Jin period, who was determined to revive *míngbiànxué* after a five hundred year lapse. He annotated and compiled Mohist works in a vain attempt to revitalize Mohist logic. The situation was so bad that even the original texts of Mohist logic no longer existed. Fortunately, the chapter on hermits in the *Jinshu*〔3〕 included Lu Sheng's introduction to his annotation on the from which we are able to know his thoughts on logic and what he tried to do to revive Mohism. It was

〔1〕 *míngbiànxué* 名辩 (study of names and argument), combination of *míngxué* 名学 and *biànxué* 辩学 used by modern scholars to refer to discussions of logical thought in ancient China.

〔2〕 Lǔ Shèng 鲁腾, scholar of jin period, known for his *Mobianzhuxu* in the *jinshu*; he tried but failed to revive an interest in Mohist logic.

〔3〕 *jìnshū*《晋书》(Book of jin), official record of the Jin dynasty compiled in 648, containing the *Mobianzhuxu*.

unfortunate that *míngbiànxué* was ignored at that time, even though the scholars of the Wei and Jin periods were constantly engaged in debate; it should have been a perfect context for the revival of logic. But perhaps what happened is not so surprising: the intellectual big shots of the time were too busy ridiculing each other to pay attention to logic. And then, since míngbiànxué did not become the major tradition, its scattered thoughts were too sparse to form a systematic theory, and it wasn't until much later that hetuvidyā and, later still, western logic came to China to fill the space.

Aside from this troubled history, there are serious problems in contemporary scholarship. Some scholars today do not give adequate attention to the classics and rush to make false claims that distort the original meaning and create theoretical chaos. Some scholars totally reject the existence of relevant research by others, without argument, in order to show that their own results are unprecedented. All of this just shows how these scholars lack rigorous scholarly training. In reality, it takes a long time and enormous patience for one to understand the classics; one needs to sit down, read and study. One shows very little respect for scholarship b rushing to conclusions, misinterpreting classic literature and by denying previous work. Scholars should come up with their own views only if they can provide enough evidence to sustain their arguments. Unfortunately this is not the present situation.

5. Which other areas of study could benefit from a better understanding of Chinese logic, or vice versa?

The history of Chinese logic is closely related to and can therefore be expected to enrich and deepen the history of Chinese thought, the history of Chinese philosophy, the history of Chinese Buddhism, and Tibetology. For example, the introduction of *hetuvidyā* to China involved two phases, corresponding to the old and the new versions of Indian logic, and there is also the introduction of *hetuvidyā* to Tibet. Relating the history of these events requires an understanding of Chinese logic, which thereby contributes to the wider concerns of history and philosophy. And in the opposite direction, of course, even our initial investigation into history of Chinese logic has both drawn materials from and is framed in terms of the history of Chinese thought, philosophy, Buddhism and Tibetology.

We have even sought historical materials from the history of Chinese literature such as the *liánzhūtǐ*, 〔1〕 which appeared after the Han dynasty This is a genre of short, beautifully written essays, each having a profound meaning. They were originally composed to be presented to the emperor, so as to make suggestions and offer advice in subtle ways. The literati of later eras imitated and expanded the style. Now these essays, although only as a matter a literary style, are also a form of argumentation, using intricate analogies to manifest their hidden conclusions, revealing deeper meanings with words and sentences strung like beads on a thread. The constraint of criticizing and offering advice within a fixed style makes these essays very different from other lyrical, narrative and chanting prose. No one ever developed an explicit systematic theory of *liánzhūtǐ* as logical demonstrations, but its writers consciously used logical methods in their compositions. This phenomenon should be given more attention by those studying the history of Chinese logic.

---

〔1〕 *Liánzhūtǐ* 连珠体 (*genre of thread beads*), literary genre appearing after the Han dynasty, in which argumentation's disguised by means of various conventional devices within a fixed form.

East China Normal University, Shanghai

Related publications

Yīnmíngxué Yánjiū《因明学研究》(*Studies on Hetuvidyā*), Beijing: *Zhongguo Dabaike Quanshu Chubanshe*, 1985, Tainan: *Zhizhe Chubanshe*, 1992.

Yīnmíng Zhènglǐménlùn Yijiě《因明正理门论译解》(*The Interpretation of the Hetuvidyānyāyadvarasastra*), Buddhist Logic, Beijing: *Kaiming Chubanshe*, 1992, Taipei: *Shangding Wenhua Chubanshe*, 1994.

Zhōngguó Fójiào Luójíshǐ《中国佛教逻辑史》(*History of Chinese Buddhist Logic*), Shanghai: *Huadong Shifan Daxue Chubanshe*, 2001.

Dūnhuáng Yīnmíng Wénxiàn Yánjiū《敦煌因明文献研究》(*A Study of Hetuvidyā Manuscripts in Dunhuang*), Shanghai: *Guji Chunbanshe*, 2008.

Yīnmíng Lùnwénjí《因明论文集》(*Essays on Buddhist Logic*), *Lanzhou Gansu Minzu Chubanshe*, 2011.

Fójiào Luójí Yánjiū《佛教逻辑研究》(*A Study of Buddhist Logic*), Shanghai: *Guji Chunbanshe*, 2013.

佛教逻辑的渊源、发展和传入中国的三个时期

一、佛教逻辑的渊源与遭递

佛教逻辑，大乘瑜伽行宗谓之“因明”（Hetuvidyā），是印度逻辑的一个门类。

印度逻辑不是凭空而来的，早在印度产生吠陀圣典的时代，就有它的萌芽，后来更成熟于印度各派哲学的大辩论之中。那时不仅佛教和婆罗门教有论辩，而且婆罗门教又有六大派别的不同，还有耆那教等其他的教派，相互间都有激烈的论辩。在这个大论辩的过程中，逻辑、知识论和论辩术得到了充分发展。这一点跟希腊逻辑、中国古代名辩思想的产生和发展具有共同性，都有在哲学大辩论、思想大交锋的过程当中产生和发展成熟起来的历史背景。在古印度，婆罗门教的一些宗派对论辩过程，所产生的一些思辨方法问题作了研究。如推理和论证以及反驳的形式、论辩术、知识论等作了多维度的研究，形成了一门思辨方法论，可以称之为印度逻辑，但它是多维度的思辨方法论，并非纯粹的逻辑，用现代术语来表述，即为“非形式逻辑”（非纯粹形式的逻辑）。希腊逻辑也是这样，开始也是一种多维度的思辨方法论。

（一）古印度早期的两部逻辑文献

从印度古代的文献来看，现存系统阐述逻辑方法的最古的文献应该存在于《遮罗迦本集》（Caraka-saṃhita，亦译《遮罗迦医道要集》）之中。《遮罗

迦本集》是印度内科学的一部医书,医书中怎么会含有印度逻辑最古的文献呢?因为在《遮罗迦本集》的第三编第八章里面专门讲了论议(vada)的问题,一共有四十四项原则,保存了比较原始的古印度逻辑系统。当然在它之前可能会有一些零散的文献,但是没有传下来。由于印度这个地方比较湿热,有很多东西不容易保存,所以我们今天能看到的最古的、记载着古老逻辑系统的书是《遮罗迦本集》。

遮罗迦(Caraka)是印度贵霜王朝(Kushan)时期迦腻色迦王(Kanīska)的御医,生活的年代大概在公元二世纪上半叶。他把印度古代的一部内科学的医书整理成了今天我们所看到的《遮罗迦本集》。他在书中说到医生需要学一点思辨方法。确实,医生给人治病要用到思辨方法,如中医通过望闻问切来辨证施治,望闻问切就含有逻辑推理,医生看到一种什么样的现象,可以推出病人可能得了什么病。当然逻辑这个名词在印度古代是没有的。遮罗迦把当时流传在思想界的一些逻辑方法作了整理,融入自己的见解,称之为"论议的原则"。对佛教来讲,这是外道逻辑,是婆罗门教的原始逻辑系统。遮罗迦崇奉婆罗门教数论派(Sāṃkhya)哲学,他在《遮罗迦本集》里还系统阐述了原始数论思想。

那么这个"论议的原则"跟佛教逻辑有什么关系呢?佛教逻辑最早的一部论书叫作《方便心论》(Upāya-Kauśalya-hṛdaya śāstra)。《方便心论》跟《遮罗迦本集》差不多是同时代的,可能略晚于《遮罗迦本集》。根据印度一般学者的研究,二者大概是在公元二世纪的上半叶先后问世的。

《方便心论》是何人所写?传说是龙树(Nāgārjuna)写的。但是不大可能,因为在各种经录里讲到《方便心论》时都没有提到龙树的名字。龙树是大乘佛教中观宗(Sunyavadin)的始祖,他是反逻辑的,他不可能写这部书。而且龙树是三世纪时人,《方便心论》产生的年代则在二世纪上半叶。根据日本著名佛教学者宇井伯寿的研究,认为《方便心论》是小乘写的。〔1〕学

〔1〕 宇井伯寿:《印度哲学研究》第2卷第475页,岩波书店。

者一般同意这种说法。

小乘的《方便心论》吸收了论议的原则里面的一些内容，这说明《遮罗迦本集》在前，《方便心论》稍后，但二者应是同时代的，所以二者搜集的资料有时相同，用例有时也相同。《遮罗迦本集》把这样的思辨方法称之为“论议的原则”，而《方便心论》把这样的思辨方法称之为“方便心”，当时并没有统一的名称。

（二）从《正理经》到《如实论》

《正理经》的其实足目的名字叫乔答摩（Gautama），在中国的古籍里头称他为足目（Akṣapāda，音译恶叉波陀）。他是印度婆罗门教正理派（Nyaya）的始祖，是正理派根本论书《正理经》（Nyāyasūtra）最初的作者。这个学派可以称之为逻辑学派，它的《正理经》阐述了正理论的逻辑系统，以及知识论和哲学问题，还有辩论术等，但是逻辑、知识论和辩论术是它论述的重点，这就是著名的十六句义，十六句义也就是正理论的十六个哲学范畴。这部论书，是印度哲学史和逻辑史上最重要的文献之一。足目是公元一世纪时的人，虽然足目是《正理经》的始作者，但并不是唯一的作者。《正理经》应该还有后续的作者，它最后完成的时间当在公元三世纪。为什么？因为在这部书里边，批判了龙树（Nāgārjuna）的中观（Mādhyamaka）哲学。龙树约为公元三世纪时人，所以此书完成的时间必在龙树创立大乘中观宗之后。而且这部书中有一些内容是吸收了《遮罗迦本集》和《方便心论》的，这也说明此书完成于它们之后。这部书里边的一些逻辑方法，后来也为佛家所汲取，当然只是批判地吸收。在古代印度诸哲学学派之间，在逻辑主张方面互相批判、互相借鉴的现象是非常普遍的。这种现象也促进了古代印度逻辑的发展。

佛教到了弥勒（Maitreya）的时候创立了大乘佛教的“瑜伽行宗”（Yogācāra）。弥勒是瑜伽行宗的始祖。瑜伽行宗的根本论书《瑜伽师地论》（Yogācārabhūmiśāstra）据说是由他的弟子无著（Ārya Asaṅga）记录弥勒的口义而撰写的。这是一部巨著，有一百卷之多，系统地论述瑜伽行的理论。《瑜伽师地论》的第十五卷就专门阐述了大乘佛教最初的逻辑思想，书中称之为“因明”(Hetuvidyā)。

无著的弟弟世亲(Vasabandhu)是一位承前启后的古因明家,当然也是瑜伽行派最主要的理论家。

佛家逻辑分古因明和新因明。古因明集大成的大师就是世亲。他写过一部《如实论》,据说还写过《论轨》《论式》《论心》这三部与因明有关的书,但世亲的弟子陈那在《集量论》中说:“《论轨》(Nādavidhi)非师造。”〔1〕并且对《论轨》中的一些观点提出批评。

世亲的《如实论》原有三卷,今天我们所能看到的只有一卷,即“反质难品”。就这一卷来看,他对古因明做了一个总结。古因明的论式由宗、因、喻、合、结,五个支分组成,而世亲却常常只用宗、因、喻这三个支分,这是一个重要的省略,是从古因明向新因明过渡的一个迹象、一个先兆。更值得注意的是,当时正理派的一个旁支正理修摩(Nyāyasaumya)或正理须摩(Nyāyasoma)曾提出“因三相”(Trairūpya)的规则。这“因三相”最早引录于无著的《顺中论》,但无著说“我不取因三相”。而他的弟弟世亲却取“因三相”说,这个“因三相”是什么呢?它是古因明的规则,是一种类比论证的规则。但世亲将因三相纳入自己的因明体系,这也为陈那的因明改革打下了基础。另外,《如实论》还借鉴《正理经》第五卷关于堕负(Nigrāhasthānaprāpta)和误难(Jāti)的理论,其第二道理难品所论列的三类十六种倒难,是对《正理经》V·1所说的二十四种误难的删订和增补;而其第三堕负难品所述的二十二种堕负,则与《正理经》V·1所列的堕负几无二致。

从无著到世亲,古因明在发展,世亲是古因明的集大成者,也是一位由古因明趋向新因明的过渡人物。到了他的弟子陈那(Dinnāga 约440—520),古因明始告终结,演进为新因明的系统。

(三)陈那与商羯罗主

陈那,这是一个被誉为“中古印度逻辑之父”的人物,他在无著、世亲的

〔1〕 法尊译编:《集量论略解》第8页,中国社会科学出版社,1982年。

基础上发展了瑜伽行派的唯识理论，所以，他是唯识宗的重要理论家。他改革了因明，以三支论式为因明的定式，使因明从比较原始的类比论法走向了演绎与归纳相结合的论证形式。

陈那在因明方面有两部代表作极其重要。一部是《正理门论》(Nyāyamukha)，一部是《集量论》(Pramāṇasamuccaya)。《正理门论》是陈那新因明的奠基之作，《集量论》是陈那晚年的一部总结性的量论著作，这两部书在印度逻辑史上是具有里程碑意义的文献。尤其是这个《正理门论》，唐三藏法师玄奘译出后一直保存至今。梵文本过去认为早已亡佚，现在终于在西藏发现了。《集量论》是稍后由义净翻译的，但译本没能流传下来，非常可惜。好在《集量论》的两种藏译本还保存在《西藏大藏经》的"丹珠尔"(论藏)里。《集量论》的梵文本过去也以为早已亡佚，现在也在西藏发现了。〔1〕

商羯罗主(Śaṅkrasvāmin，约六世纪)是陈那的弟子。因为《正理门论》很深奥，索解匪易，所以商羯罗主写了一部入门书《入正理论》(Nyāyavatāra)。《正理门论》与《入正理论》史称因明大小二论，都是汉传因明的经典文献。《入正理论》是玄奘先于《正理门论》迻译的。商羯罗主在中国很有名气，但在印度却是一个被遗忘掉了的人物，人们都不知道在印度逻辑史上有商羯罗主这个人。倒是唐代窥基大师写的《因明入正理论疏》里头，讲了商羯罗主写作《入正理论》的缘起和一段出生的历史。这肯定是据玄奘的口义而来的。书中说，商羯罗主的父母因为一直没有生孩子，就去求大自在天(Maheśvara)，大自在天就是印度婆罗门教三大主神之一的湿婆(Śīva)。湿婆的造像是很瘦的，裸露着胸膛，肋骨一根一根地凸出来，好像连锁在一起，所以叫"骨锁"。"骨锁"在梵文里叫"商羯罗"(Śaṅkra)，所以商羯罗主的父

〔1〕《正理门论》和《集量论》梵本贝叶经均保存于拉萨布达拉宫。参见李学竹：《西藏贝叶经中有关因明的梵文写本及其国外的研究情况》，载《藏传因明研究文集》，中国藏学出版社，2013年。

母就把大自在天那种骨锁的样子给儿子取名叫“商羯罗”，而且是以大自在天为主的，所以全名叫“商羯罗主”。

（四）法称及其后学

法称（Dharmakīrti）在印度佛教史和逻辑史上是一个重量级的人物。他是陈那以后最重要的一位大师。

法称是谁的弟子，其实不大搞得清楚。据说，他是护法或自在军的弟子，但是不大可信。因为如果是护法或自在军的弟子的话，就与玄奘的老师戒贤成了师兄弟，而且法称也是那烂陀寺的一位重要学者，玄奘应该对法称很熟悉，但是玄奘从来没有提到过法称这个人。在我们中国最早提到法称的，是玄奘以后的一位译经大师义净，那是在武则天的时代，他写的《南海寄归传》里头讲到了法称。所以我们推想，可能法称是跟义净同一时代的人物。

法称这个人极其聪明，他写过七部很有影响的著作，史称“法称七论”。这七部著作是《释量论》（Pramāṇavārttika）《定量论》（Pramāṇaviniścaya）《正理滴论》（Nyāyabindu）《因滴论》（Hetubindunāmaprakaraṇa）《观相属论》（Sambandha-pariksa）《成他相续论》（Santānāntarasiddhi）《诤正理论》（Vādanyāyanāma prakaraṇa）。

这七部著作里边为首的一部《释量论》，是最重要的一部著作，是诠释陈那《集量论》的。《释量论》分四品，即第一为自比量品，第二成量品，第三现量品，第四为他比量品。当然，法称在解释《集量论》的过程当中，不仅仅是诠释，还将自己在量论方面的学说也融入进去了。所以这是他的一部代表作，是“七论”中的主体论著，其余六部书都是围绕这个主体论著而来的。

以下六部书中的《定量论》是《释量论》的简本；《正理滴论》则简要地将《释量论》的观点作了一个阐述，是初学者的入门之书；《因滴论》则论述因的分类、因三相和言三支等问题，并反驳因有六相或三相合一等说法；《观相续论》主要论述宗因间有自性因和果性因两种关系；《诤正理论》论述探求真理、破除邪见等逻辑问题；《成他相续论》专论他人心识之存在，以及如何通过立量使他人了悟并使之转变。除《定量论》和《正理滴论》外,其余皆为局部之论。

法称的学说执瑜伽行-经部立场,使量学更为佛学化。他意欲改造三支论式使之更为简洁,但他最终未能真正取消喻依,仍然停留在陈那的遍充(vyāpti)理论范围之内。

法称的成就是举世瞩目的,他是大乘佛教的最后一位大师,堪与龙树、提婆、无著、世亲、陈那并称为六庄严的。在法称之后再也没有一位佛教学者能与之比肩了。

法称的后学是以法称的学说为主要对象来进行研究的,由于观点的分歧和研究角度的不同,可分为三大派:第一派是释文派,也叫语言学派,主要以帝释慧(Devendrabuddhi)、释迦慧(Sakyabuddhi)为代表。第二派是阐义派,又称迦湿弥罗派,主要以法上(Dharmottara,约九世纪)为代表。第三派是庄严派,又称教义派,因为法称论著里边有些宗教思想方面的论述,他们这一派着重研究这方面的内容,其创始人是智生护(Prajñākara Gupta,约七世纪后半叶)。庄严派在智生护以后又分成三个支派:第一支派的代表人物是日护(Ravi Gupta,约七世纪后期)。第二支派的代表人物是胜者(Jina,约十一世纪)。第三支派的代表人物是耶麻黎(Yamāri,约十一世纪)。

在印度佛教学者中,还有在法称著作的基础上来发展其体系的,代表人物是寂护(Sāntarakṣita,725—784 或 788)、莲花戒(Santirksita,约 730—800)宝积静(Ratnakara Śānti,约十一世纪)等。寂护曾于八世纪中叶(唐代宗时期)应吐蕃王赤松德赞之邀两次赴藏弘法,藏传因明就是从他开始的。莲花戒是寂护的弟子,亦随师赴藏弘法。宝积静这个人也很重要,他完成了法称想要做而没有做到的事,即法称想取消喻依,使三支式更为简明,但是法称并没有真正做到,直至四百年以后的宝积静才把喻依真正取消掉,使三支论式的归纳成分消除,成为纯粹的演绎法,完成了由外遍充论向内遍充论转变的改革。

二、佛教逻辑传入中国的三个时期

佛教逻辑传入中国分三个时期：第一个时期是在东晋末年到南北朝，这个时期传译的因明，主要是“古因明”。第二个时期是唐朝，三藏法师玄奘译传了新因明，他不仅翻译，还向译场僧众传授新因明。第三个时期是藏传因明的崛起。佛教传到西藏以后，西藏开始了对陈那和法称以及法称后学众多著作的翻译和研究。

（一）古因明的传入

第一个时期传入的因明是古因明。东晋末年，印度有一位高僧叫佛驮跋陀罗（Buddhabhadra），他与我国高僧法宣差不多是同一时代的人。法宣曾到印度去求法，另外还有一批到印度去求法的僧人。在印度法宣没有跟佛驮跋陀罗见过面，另外一些人，如智严和宝云在大乘佛教的发源地羁宾，也就是现今的克什米尔斯利那迦一带遇见了佛驮跋陀罗，向他从受禅法，然后又邀请他一起回中国。

佛驮跋陀罗在东晋义熙四年（408）到达当时北方的佛教中心长安弘扬小乘禅数之学，智严、宝云和慧观等高僧都从他受学，后来因为与鸠摩罗什见解不合，被鸠摩罗什的门人排斥，便带领慧观等四十余人投奔庐山东林寺。东林寺是南方佛教的中心之一，他在住持慧远的支持下翻译了一些经论。后来，佛驮跋陀罗又离开东林寺，到当时南方的另一个佛教中心建康（今南京），他在建康道场寺与刚从印度回来的法显会晤，并且一起合作译经弘法。佛驮跋陀罗在东林寺和道场寺一共译出十五部经论，其中有一部书引起我们的注意，就是《方便心论》。《方便心论》在佛驮跋陀罗翻译出来以后，似未流传，所以不久就散佚了，十分可惜！佛教是一个外来的宗教，被我们接受的时候必有一个本土化的过程。而东晋时期佛教传来才不久，古因明文献《方便心论》却早早地译传了过来，人家根本就不理解，自然受到冷落，于是也就逐渐地散佚掉了。过了半个世纪，《方便心论》又有了一个译本，这就是我们今天所看到的重译本，是北魏文成帝延兴二年（472）由西域沙门吉迦夜（Kekaya）和时任沙门统的昙曜（汉僧）合译的文本。

这之后，世亲的《如实论》也翻译过来了。那是真谛（Paramārtha 499—569）在南朝梁文帝大宝元年（550）翻译过来的。真谛是佛经四大翻译家之一，他不仅翻译了《如实论》，还为《如实论》写了三卷注释。但是《如实论》和真谛写的《如实论疏》，后来都散佚了。《如实论》只剩下了《反质难品》一卷，《如实论疏》则散佚无存，这说明当时对古因明还是不重视！

在当时的知识界里只有少数人与因明有一定的关系，如《方便心论》重译时担承笔受者是刘孝标。刘孝标是名著《世说新语》最重要的注释者。刘孝标是南朝梁代人，曾经流落在北魏，所以重译《方便心论》的时候，刘孝标诚邀为笔受。另外，还有一个人物是刘勰（约465—532），也是南朝梁代人。他是名著《文心雕龙》的作者。《文心雕龙》是中国最早的一部文论。它有一个令人注目的特点，就是全书有系统的纲目。而在它之前的书，如先秦两汉的著作都是单篇的集合。刘勰是佛教徒，他做过官，后来再出家为僧。《文心雕龙》是他寄居在寺院里的时候写的。他受佛教的影响很深，佛教的典籍都是有纲目的，尤其是因明的著作，重视批判性，讲究系统性。但是，因明仍然在当时的思想界没有引起波澜。这说明什么？这说明不管是刘孝标也好，刘勰也罢，他们与因明有某种联系，只是个案而已。从整体上看，古因明在当时乃是波澜不惊。

（二）新因明的传入

因明传入的第二个时期在唐代初期，即三藏法师玄奘译传了陈那开创的新因明。从东晋末年到南北朝，这个时期传进来的著作是古因明，因为新因明还没诞生或生成不久。而玄奘大师是公元七世纪的人，此时陈那创立的新因明已广为流传。他到印度去求法，就是奔着摩揭陀国（Magādha）那烂陀（Nālandā）寺的住持戒贤（Śīlabhadra）法师去的，想弄清大乘瑜伽行宗的根本论书《瑜伽师地论》（Yogācārabhūmi-śāstra）去的。戒贤是护法（Dharmapāla）的嫡传弟子，亦即陈那的再传弟子。他精通陈那的新因明，玄奘在向他学习唯识教义的时候，也学习了新因明。何况他在到达那烂陀寺之前，就曾转学多师，向一些印度的高僧请教关于因明的学问。

玄奘在印度佛教的最高学府那烂陀寺研习七年，他的老师戒贤法师那时据说已九十多岁，还亲自为他讲授《瑜伽师地论》和《集量论》等。玄奘后来又游历印度各地，然后重回那烂陀寺。玄奘在那烂陀寺，曾参与多次辩论，包括跟外道的辩论，每次都取得了胜利。最后，他应戒日王（Śīlāditya）之邀去参加了“无遮大会”，在“无遮大会”上又取得了论辩的胜利，获得了极高的荣誉，寻即旋踵东归。

玄奘回到长安以后，在唐太宗和唐高宗的支持下翻译了很多佛典。其中有两部很重要的因明论书，一部是陈那的《正理门论》，一部是商羯罗主的《入正理论》。这两部书，玄奘翻译时在书名上加了“因明”两个字。这两部书是汉传因明的经典文献。不过玄奘逡译的时候，首先译的是《入正理论》，时间在唐太宗正观二十一年（647），这期间他正在翻译皇皇一百卷的《瑜伽师地论》，在百忙之中竟然插译了《因明入正理论》这部小论。此论虽为短篇，翻译费时仅一日而已，然译场规模却不小，除译主玄奘外，尚有缀文大德明浚笔受并证文，梵文大德玄谟证梵语，字学大德玄应正字，证义大德道洪、明琰、慧贵、法祥、文备、道深、神泰详证大义。太子左庶子许敬宗奉诏监译，还为这篇只有二千余字的译文写了六百多字的《后序》。这都是非同寻常的，说明玄奘及其门下大德乃至朝野对这门佛教思辨方法论的重视。两年后，即贞观二十三年（649）玄奘在译完《瑜伽师地论》不久，又立即逡译《因明正理门论》。从中我们可以看出他倡导因明的迫切心态。

为什么玄奘要先译商羯罗主的著作，后译陈那的著作呢？因为商羯罗主的《入正理论》比较简明，此书就是为了使人容易进入陈那《正理门论》的理论系统而写的，《正理门论》确实不易索解。

玄奘不仅译出了因明大、小二论，还在译场中传授因明。当时他在唐太宗的支持下建立译场来翻译佛典，译场中汇聚了许多高僧，大都是奉了唐太宗的诏命前来助译的，这些高僧进入到译场以后，大都拜在玄奘的门下。其实他们都是学问僧，本身都是很有名望的大德。这些高僧有个特点，对新事物很关注,他们对新鲜的学问,有一种强烈的求知欲望。所以,在玄奘翻译传授这两部因明论书的时候,他们不仅参与译场工作,而且经常出入丈室,听受玄奘的口义。这些人的领悟能力极强,他们将玄奘的口义记录下来加以研究,然后纷纷撰写因明文疏。

稽诸经录、引录和现存文献所见,奘门大德撰写的因明文疏有三十七种之多,兹列如下:

神泰(646):《因明正理门论述记》一卷(现存残卷)、《因明入正理论疏》二卷、《因明入正理论述记》一卷。

靖迈(646):《因明入正理论疏》一卷。

明觉(646):《因明入正理论疏》(卷数不详)。

文轨(615? —675?):《因明入正理论疏》三卷(残卷,现据敦煌抄本及引录,已校补成不完全的三卷本)、《因明正理门论疏》三卷。

净眼:《因明正理门论疏》三卷、《因明入正理论略抄》一卷(现存敦煌写本)、《因明入正理论后疏》一卷(现存敦煌写本)。〔1〕

文备(646):《因明理门论疏》三卷、《因明正理门论抄》一卷、《因明理门论注释》一卷、《因明入正理论抄》一卷。

灵隽(646):《因明入正理论疏》(卷数不详)。

普光(大乘光,645—664):《大因明论记》(《对面三藏记》)二卷。

光师之师:《正理门论疏》二卷。〔2〕

玄应(646):《因明入正理论疏》三卷。

壁公:《因明入正理论疏》三卷。

利涉(646—695):《因明入正理论要抄》一卷、《因明入正理论义疏》三卷。

〔1〕 日释藏俊《注进法相宗章疏》记有净眼《入正理论别义抄》一卷,此当为《略抄》之异称;日释永超《东域传灯目录》记有《入正理论疏》一卷,此当为《后疏》之原本。

〔2〕 著者名号不详,据《东域传灯目录》记:"光师之师亲对三藏记之。"见《大正藏》第55卷1159c。

定宾:《因明正理门论疏》六卷。

窥基(632—682):《因明入正理论疏》(《因明大疏》)三卷(现存)。

圆测(新罗人,613—696):《因明正理门论疏》二卷。

元晓(新罗人,617—686):《因明入正理论记》一卷,《判比量论》一卷(现存残卷)。

憬兴(新罗人,681):《因明正理门论义抄》一卷。

玄范(新罗人,650—683):《因明正理门论疏》一卷(或上、下二卷)、《因明入正理论疏》一卷(或云三卷)。

顺憬(新罗人):《因明入正理论抄》一卷。

胜庄(新罗人,圆测门人,701):《因明正理门论述记》二卷。

道证(新罗人,圆测门人):《因明正理门论抄》二卷、《因明正理门论疏》二卷、《因明入正理论疏》二卷。

慧诏(650—714):《因明入正理论续疏》一卷(现存)、《因明入正理论义纂要》一卷(现存)、《入正理论略纂》四卷、《二量章》一卷(现存)、《因明入正理论义断》一卷(现存)。

在上述诸师中,慈恩宗二祖慧诏系窥基弟子,然其初亦是玄奘门人。新罗僧胜庄和道证都是圆测的弟子(一说胜庄为玄奘弟子),然胜庄因参与玄奘译事,与奘门大德普光、法宝比肩;道证则参与圆测同窥基的论诤,以回护师说而名闻京邑。此三大德都是玄奘时代的人,故一并列名于此。如果将玄奘之外的吕才(600—665)所撰《因明立破注解》和法藏(642—712)所撰《因明入正理论疏》六卷也算入,则玄奘时代所出的因明疏记达四十一种。许敬宗云:“三藏法师以虚己应物,辟此幽关,义海淼其无源,词峰峻而难仰,异方秀杰,同禀亲承,笔记玄章,并行于世。”〔1〕这是对因明译传初期出现的盛况的概括写照。确实,诸师疏记多为亲承玄奘大师口义之作。如文轨

〔1〕《因明入正理论后序》,《大正藏》第32卷13b。

云:“轨以不敏之文,慕道肤浅,幸同入室,时闻指掌,每记之汗简,书之大带。”〔1〕这段话最为清楚地记述了他有幸忝为入室请益之列,得以恭录三藏法师教言的情况,说明他的因明文疏乃是依据奘师口义撰成的。又如日释永超《东域传灯目录》所记普光《大因明论记》后注云:“永徽三年六月日大乘光对面三藏记。”又在佚名所撰《理门论疏》后注云:“光师(即普光)之师亲对三藏记之。”再如神泰的《理门论述记》,胜庄的《理门论述记》,元晓的《入正理论记》,均以“记”为题,其录奘师口义的本旨于此可明。

在奘门诸师众多的因明疏记中,当数文轨与窥基的两种《因明入正理论疏》最为著名。后人为区分这两种同名论疏,习称轨疏为《庄严疏》或《文轨疏》,习称基疏为《大疏》。轨疏早出,是因明译传初期颇具影响力的一部著作,此时窥基尚年少,师事玄奘未几。而《大疏》是窥基晚年所撰,且未能终篇而卒,后得门人慧诏续成。〔2〕《大疏》较《庄严疏》晚出约三十年,故窥基称《庄严疏》为“古疏”窥基大量吸纳《庄严疏》的疏解,却也不时提出批评。由于窥基能博采诸疏之长,故其《大疏》内容富赡,最为引人注目。

嗣后,自慈恩宗三祖智周(668—723,二祖慧沼门人)及其同门道献、道邑以下续有因明疏记问世,亦颇具影响,兹列如下:

智周:《因明入正理论疏记》(《前记》)三卷(现存)、《因明入正理论疏后记》三卷(现存,下卷未完)、《因明入正理论疏抄》(《因明略记》,现存)、《纂要记》、《义断记》。

道献(慧诏门人):《纂要抄》一卷、《因明入正理论疏记》三卷、《因明入正理论义心》一卷、《理门论导论抄》一卷。

道邑(慧诏门人):《因明入正理论疏记》(《义范》)三卷。

---

〔1〕《庄严疏》卷一页二左,“支那”内学院刻本,1934年。

〔2〕慧诏《续疏》卷二末云:“于师曾获半珠,缘阙未蒙全宝,因训刍重之次,举莹而助曦光,其中文理是非,有智幸为详定。”(“支那”内学院,1933年)

如理（智周门人）：《纂要记》一卷。

清素（智周门人，780）：《因明入正理论义衡》二卷、《因明入正理论基疏记》三卷、《纂要记》一卷。

崇俊（智周门人）：《因明理门论注释》四卷、《正理注释》一卷。

从芳（或为智周门人）：《因明疏记》。

净首：《因明纂要记》一卷。

誓空：《因明入正理论义翼》三卷。

俊清：《因明疏抄》一卷、《因明疏纂要记》一卷。

圆悟：《因明入正理论糅抄》一卷。

清干：《因明入正理论疏》三卷。

利明：《因明入正理论义疏》三卷。

智颖（或作智频）：《因明入正理论疏记》三卷、《因明入正理论纂要记》一卷。

择邻：《因明入正理论糅抄》三卷、《义断记》三卷。

林法师（北川茂林?）：《因明入正理论疏抄》二卷、《纂要记》一卷、《义断记》一卷。

以上计三十一种，另外还有一些因明疏抄因不明著者的时代，甚至未具著者名号，故均未予列入。然仅从上列书目可知，玄奘时代及其后均出现了不少因明疏家。但是这些文疏后来大都散佚，保存至今的仅仅只有十三种，非常可惜！

唐代是因明最为盛传的时候，仅仅几十年的时间，就写出了七十余种疏记，这说明当时佛门内外的许多人对因明产生了很高的热情。

当时在士人中间，吕才（606—665）对因明曾有关注并引起一场僧俗之间的论诤，很具代表性。吕才是唐高宗时候掌管太医院的上药奉御。他不仅懂医学，还懂天文历算乃至乐理。他是一位极其聪慧的人，他不懂的东西往往一学就会。如他有个少好之交栖玄法师，是玄奘译场里的一名缀文大德。吕才走上仕途，栖玄出家为僧，而今同在京师。栖玄法师将玄奘逐译的

《因明入正理论》抄录一份送他研读，并云："此论极难深究玄妙，比有聪明博识，听之都不能解，今若复能通之，可谓内外俱悉矣！"吕才耻于被试不知，就强加披阅，在有了一点初步了解后，又借来神泰、靖迈、明觉三家法师的注疏作进一步研习。他发现三家法师虽然均系依据玄奘法师的口义来作注释的，却因各自的理解不同而所说颇有歧异，于是他也写了一部义疏，在书中，他取三家法师所说善者而用之，对三家法师互相矛盾的说法，一一加以批评，据说有四十多条，并用图解来说明。吕才的批评引起佛门大德的强烈不满，如玄奘译场中的缀文大德慧立和明浚都写了长篇文章来攻讦吕才。佛门大德恃才气傲的反击，也引起了士人的不满，如太史令李淳风和太常博士柳宣也都写了文章来为吕才鸣不平。这件事闹得朝野上下都有议论，甚至惊动了唐高宗，下旨让吕才与玄奘当面对质。当然最后以吕才败北而告终。但是吕才对三家法师的批评并非完全没有道理。吕才所云有一些是外行话，有一些不见得不对。从逻辑的角度讲，根据矛盾律，在同一个问题上三家法师的说法既然有矛盾，那么总有一个是对、一个是错的，所以不能完全否定吕才的批评。

因明的极盛期在盛唐。中唐以后，随着慈恩宗的衰落因明也不再为人们所重视了。至宋代，许多因明论疏已散佚。至元代，因明更是几成绝学。

因明的式微至少有如下几个原因：第一，武则天崇奉禅宗和华严宗，对慈恩宗不再扶持；第二，唯识与因明有密切联系，慈恩宗的衰落，影响僧侣研习因明的热情；第三，唯识论与因明的理论过艰深，一般人不敢望其项背：第四，唐武宗会昌年间灭法，令佛教受到很大打击；第五，佛教信仰流于浅层次的民俗文化形式，信徒的信仰热情付之于拜佛祈祷而不重修学。第六，因明文献至宋代本已留存无多，复遭宋元之交的兵燹之祸，毁损殆尽，致令明季以降的因明研究难以为继，终成绝学。

汉传因明虽然在宋元之际衰颓而成绝学，但此时因明在西藏却开出了奇葩。

(三) 藏传因明的崛起

藏传佛教分前弘期和后弘期两大历史时期。前弘期从七世纪中叶松赞干布时期佛教初传开始到九世纪中叶朗达玛灭法、吐蕃瓦解为止,约有两百年的时间。然后经历了百年纷争的局面,至十世纪后叶,佛教才在西藏重兴,开始了藏传佛教的后弘期。

早在前弘期因明就已经传入吐蕃,最初的传入者是从印度到吐蕃来弘法的寂护。寂护是瑜伽中观宗的创始人,他和藏人法光共同翻译了陈那的《因轮论》(Hetuca Kradamaru),这是因明最初传入吐蕃的标志。这之后法称和法称后学的不少因明著作被藏族译师迻译了过来。前弘期所译的因明论典共有三十种左右,保存至今的有十九种。据说原来还计划翻译一些大部头的因明著作,因为发生朗达玛灭法的大事件,计划成了泡影。

后弘期的藏传佛教从一开始就很重视因明人才的培养和因明典籍的迻译。早期的代表人物是玛·雷必喜饶,他是古格王朝最早选派到克什米尔去学习的学人之一。当时派出去学习的青年学人有二十一名,学成回来的却只有仁钦桑布和玛·雷必喜饶二人,其他人都客死他乡了。仁钦桑布在弘法和翻译佛典上贡献很大,被藏人尊为大译师。玛·雷必喜饶则在因明典籍的翻译上作出了很大贡献,他是旧量论的代表人物。

后来,在藏地先后出现了两个弘传因明的中心:桑朴寺和萨迦寺。

先说桑朴寺的因明传译和著述。桑朴寺的第二代座主俄·罗丹喜饶对藏传因明的发展作出了重要贡献。他在古格王室的资助下到克什米尔去留学,在那里住了十七年。受王室的嘱托,俄·罗丹喜饶与他的老师合作,翻译了法称及智生护和法上等人的一些重要因明著作。返藏后,他又奉古格王之命翻译了耶麻黎对智生护《释量论庄严释》(Pramāṇa vārttikālaṅkāra)三品注文所作的《释量论庄严释极圆正疏》(Pramāṇa vārttikālaṅkāratika),这是一部巨著,是印度量论中篇幅最大的,有八十二卷之巨,所以翻译工作量之大也是不言而喻的。在法称后学中,阐义派和庄严派的主要著作由俄·罗丹喜饶译为藏文的比较多。他还校勘了玛·雷必喜饶所译的《释量论》,使之更为精确。他的译文备受学者推许,他被奉为新量论的代表人物。

因明文献迻译的高峰期到俄·罗丹喜饶大致上告一段落。在引入文献已初具规模的情况下,藏人便开始作义理的探讨,其最早的代表人物便是俄·罗丹喜饶的三传弟子恰巴曲森。他是桑朴寺的第六代座主。他写了一部《定量论释》,这是藏人所写的第一部因明释论。他还写了一部《量论摄义去蔽论》,这是藏人最早的概论性因明著作,对后世的影响极为深远,他开创的摄类辩论的方法,直至今日还在藏地寺院中遵行。俄·罗丹喜饶和恰巴曲森的因明译传和著述奠定了桑朴寺的因明传统,经久不衰。

这之后,又形成了另一个因明中心,这就是萨迦派的因明传承。萨迦派二祖索南孜摩是恰巴曲森的弟子,故重视因明的研习。三祖扎巴坚赞更与印度僧人智吉祥重译了商羯罗主的《入正理论》(在这之前已经有由玄奘的汉译转译为藏文的本子)。在萨迦二祖和三祖弘扬因明的基础上,萨迦四祖萨班·贡噶坚赞更进一步地树立起了萨迦派的因明学风。

萨班·贡噶坚赞在因明上最有影响力的著作是《正理藏论》,此书承前启后,奠定了藏传因明的理论基础。他的门人很多,其中正理狮子的因明造诣最高,他所写的《释量论广释》受到后世的高度评价。后来,正理狮子的四传弟子仁达瓦·熏奴罗卓又是一位重要人物,他精通显密教法和因明,从他受教的人很多,其中就包括宗喀巴、贾曹杰和克主杰。

宗喀巴是格鲁派的创始人。他生于元代末期至正十七年(1357),长于明代初期,卒于明成祖永乐十七年(1419)。宗喀巴是青海人,幼年出家,十七岁入藏深造,曾受业于诸多名师。就因明而言,他在仁达瓦·熏奴罗卓那里听过三遍《释量论》,还学了《集量论》。又研读了正理狮子的《释量论广释》。宗喀巴体悟到,法称的《释量论》不仅仅是量论,还是修道证悟的阶梯。所以他视因明为内明(佛学),在讲授法称量论时强调因明在修道证悟上的作用,由此奠定了格鲁派的因明学风。他将《释量论》列为显宗院必读的五大部之一,可见他对法称量论的重视。不过宗喀巴的因明著作不多,只写了一部《因明七论入门》。

在宗喀巴的门人中，列首位的是贾曹杰，其次是克主杰，他们二人也是仁达瓦的弟子，与宗喀巴本属同门，但后来因崇仰宗喀巴，便都拜在他的门下。

贾曹杰在宗喀巴入灭后继任甘丹寺的座主。他以量论见长，写了不少因明著作，保存至今的有《集量论详解》等十一种。贾曹杰忠实继承宗喀巴的量论思想，也将因明视作内明。其著作的风格，按藏人的传统说法，归入法称后学阐义派一系。

克主杰在贾曹杰之后继任甘丹寺座主。他也写了不少因明著作，有《释量论广理海论》等七、八种。他的释文注重文义的疏解，故被藏族学者归入法称后学释文派一系。后来他被追认为班禅一世在宗喀巴师徒三尊外，还有一位重要人物，就是后来被追认为达赖一世的根顿珠巴。他在甘丹寺从宗喀巴受学十年，后来在后藏的桑主孜（今日喀则）之旁建札什伦布寺，任此寺的首任座主。他撰写的《释量论正解》至今仍然是西藏各大扎仓研习因明的必备典籍。

格鲁派对因明的传承做出了贡献，但是他们将因明视为内明，当作证悟的阶梯，却使因明失去了发展的活力。正如欧洲中世纪的亚氏逻辑，在教会和经院哲学的顶礼膜拜下止步不前一样。

佛教逻辑传入中国的三个时期实际上是分两条路径走过来的：一条是汉传因明的路径，一条是藏传因明的路径。第一和第二两个时期传入的因明属于汉传因明，第三个时期传入的因明属于藏传因明。从汉传因明来说，南北朝时期传入的是古因明系统，唐初玄奘译传的是新因明系统，是陈那早期著作《正理门论》和商羯罗主《入正理论》阐发的以立破为纲的因明。而藏传因明则从一开始传承的就是陈那后期的著作《集量论》特别是法称《释量论》等以知识论为主的量学，二者传承的侧重点有着明显的区别。

汉传因明起始（第一个时期）波澜不惊，影响甚微。其盛传期（第二个时期）在唐太宗、唐高宗父子二朝，后来随着慈恩宗的衰落而式微，至元代几成绝学。明代中后期虽有真界、王肯堂、明昱、智旭的十种因明疏解问世，但由于他们所掌握的因明文献资料极为匮乏，所以舛误甚多。有清一代崇唯识的学者同样在因明文献十分贫瘠的情况下继续对因明做力所能及的探究，如康熙时的慧善、乾隆时的吴树虚、嘉庆时的钱林等都撰有因明著作，然所释所论局限甚多，其学术价值有待研究。汉传因明直至清末杨文会从日本引回窥基《因明大疏》等唐代注疏，锓版流通，因明研究才有了复苏和重兴的基础。

藏传因明的命运比汉传因明好得多，它虽然在藏传佛教前弘期末遭受朗达玛灭佛的打击，隐息了一百多年，但在后弘期，西藏阿里地区的古格王朝从重兴佛教开始就十分重视因明典籍的译传，之后因明研习的传统一直保持下来。到宗喀巴时期，因明更被纳入内明，宗喀巴将法称的《释量论》列为扎仓（僧院）中必读的五大部之一，这就大大地提高了因明的地位，所以因明在西藏得以绵延不绝，不过它的发展步伐亦处于停滞状态。

（原载《粤海风》2017 年第 2 期）

因明在古代朝鲜和日本的传承

佛教逻辑源自印度，但传入中国后，中国成了它的第二故乡，因为中国是大乘瑜伽行宗和陈那新因明的主要传承国，唯识学派和新因明的理论在中国得到了充分的诠释和研究，而且许多珍贵文献保存在汉文和藏文的论藏里，尤其在西藏的寺院里，至今还完整地保存着大量在印度本土早已亡佚的梵文贝叶经因明文献，为国际因明研究提供了丰富的养料。

（一）新罗国（古朝鲜）的法相宗与因明研究

因明最早是由中国传入新罗的。如圆测（613—696，圆测文雅）、神昉（诏命入驻玄奘译场的十二位证义大德之一）、知仁（智仁）、玄范、胜庄、义寂、神廓、顺憬、元晓、道伦（窥基门人）、道证（圆测门人）和太贤（道证门人）等都是新罗国人，他们都继承法相宗的法统，撰写了大量有关唯识论和因明论的疏记，其中许多人早年入唐修习佛法，后拜入奘门受业，所以新罗诸高僧的因明研习和撰述起步甚早，与奘门诸大德可谓同步。法相宗传入新罗的时间也很早，如圆测的门人道证于公元 692 年（武则天如意元年、新罗孝昭王元年）归国，于忠州月光寺弘传法相学说，是新罗法相宗第一代祖师（因圆测、神昉、智仁、玄范，神廓、胜庄、义寂等均未回国）。道证撰有十三种著作，对因明大小二论都有疏释。其弟子太贤更是著作等身，与元晓、憬兴并称新罗三大著作家。元晓是否入唐拜在玄奘门下史无定论，太贤与憬兴虽继承法相学说，但均未入唐学法。

元晓（617—686）在新罗三大著作家中名列首位，业已查明的著作即达八十六种（现存二十二种）。所论涉及法相，成实，涅槃、摄论，三论，律宗、华严、净土诸宗,故人称八宗之祖。他不独尊一经一论,主张诸宗融和。但他有关唯识和因明的著作多达十余种。

太贤学问渊博,于唯识学造诣尤深,而且机智善辩。他的著作多达五十二种,在新罗三大著作家中位列第二。他的撰述内容广泛,多以"古迹记"为题名,如《瑜伽论古迹记》、《显扬论古迹记》、《杂集论古迹记》、《百法论古迹记》、《因明论古迹记》等,独具风格。太贤继承圆测和道证的学说,对窥基多持批评态度,但持论比较温和。他也被海东后世尊为瑜伽之祖。

憬兴是道证与太贤之间承上启下的人物。他的著作多达四十种,在新罗三大著作家中位列第三。他的撰述多为唯识和因明的疏抄。

除上述三大著作家外,还有一位高僧在新罗弘扬唯识学说和因明论方面做出了贡献,那就是顺憬。顺憬曾入唐从玄奘受业,后返回新罗弘法。〔1〕他撰有唯识和因明方面的著作多种。他看到元晓在《判比量论》中针对玄奘在天竺无遮大会上所立的"真唯识量"提出异议,并作决定相违量。为此顺憬于唐高宗乾封年间(666—668)请新罗遣唐使捎书奘师问业。其时玄奘已入灭两、三年,故由窥基代为作书相答。可见顺憬问业之勤以及窥基与顺憬同门之谊。但顺憬与窥基虽同禀玄奘,却是倾向圆测的西明系,与窥基的慈恩系见解不同。

新罗法相宗在太贤时臻于极盛,太贤曾应景德王之召入宫讲法。他的著作也得到时人的推重,并传入大唐,获得赞许。但是新罗圆测系的法相宗在太贤之后却渐趋式微,直至新罗灭亡也未有起色。

公元918年新罗灭亡,高丽建国,佛教成为国教。高丽王室虽推崇禅宗,法相宗也得到重兴,然而不是圆测一系,而是窥基的慈恩系得到发展。在高丽前期,有韶显(1038—1096)、鼎贤(972—1054)、海麟(984—1067)等

〔1〕 关于顺憬是否曾经入唐的问题,有云难作定论。但窥基在《大疏》中明言顺憬曾"蕴艺西夏(此指中国),传照东夷(此指新罗)",可证顺憬确曾入唐受业,然后归国弘法。窥基与顺憬共事玄奘,所云非虚。参见金陵刻经处刊本卷五页四右,光绪二十二年(1896)。又,《大正藏》第四十四卷116a。

名僧弘扬唯识法相之学，门徒甚众，但他们没有留下因明的著作。

与上述诸师同时代的大觉国师义天（高丽文宗第四子，1055—1101）于北宋哲宗元祐初（元祐元年为1086年）入宋求法，广涉诸宗。他虽然依止天台宗，但于唯识和因明也甚为关注。他曾寻研《唯识述记》，并勒为三卷。他孜孜不倦二十载，将所得新旧章疏汇成《新编诸宗教藏总录》一书，其中也记载了他当时搜集到的法相唯识和因明的疏记。

但是慈恩宗在高丽中期又趋衰退，直至高丽后期始获复苏。其代表人物为受封为国尊的弥授（1240—1327）、受封为国尊的惠永（1228—1294）和受封为重大匡古世君的海圆（1262—1340）等。但这一时期也未见有因明著述问世。

公元1392年（明洪武二十五年）高丽灭亡。李氏朝鲜立国，开始排佛崇儒。慈恩宗门虽在，然已一蹶不振，朝鲜佛教各宗最后归并为禅，教二宗，慈恩宗由此消失。

综上所述，因明最早在盛唐时期即已传入朝鲜半岛，但传承的时间不长，至中唐时即已衰落。嗣后法相宗的法脉虽有起伏，然因明研究却从此匿迹。

（二）日本古代的因明研究

1. 接受期

日本的因明传承与法相宗的传承同步，始于飞鸟时代中期（我国盛唐时期），因明研究则起步于奈良时代中后期（我国中唐时期），虽略晚于新罗，然传承久远，至今不衰。

日本法相宗以玄奘和窥基创立的慈恩宗为祖庭，先后有四传。

日释道昭（629—700）于公元653年（唐高宗永徽四年，日本孝谦天皇白雉四年）入唐从玄奘大师受学八载，于661年（唐高宗显庆六年，日本齐明天皇七年）归国，在京城飞鸟的法兴寺驻锡，是为日释入唐学习法相宗的第一传。但是道昭在法相唯识学说的弘扬和因明的阐发上并未留下著述。

日释智通、智达于公元658年（唐高宗显庆三年，齐明天皇四年）亦入唐从玄奘受学，亦从窥基学法。回国后在奈良元兴寺弘扬法相唯识之学，是为第二传。但是智通、智达亦未留下唯识论和因明论方面的著述。以上两传均以法兴寺和元兴寺（元明天皇从藤原京迁都平城后，随迁的法兴寺改名元兴寺）为弘法道场，故合称南寺传。

日释智凤、智鸾、智雄于公元703年（武则天长安三年，文武天皇大宝三年）入唐学法，本欲拜在玄奘或窥基门下，然二师均已入灭多年，便从慈恩三祖朴扬大师智周学习法相唯识之学。约于公元706年（唐中宗神龙二年，文武天皇庆云三年）前归国，讲学于维摩堂，是为第三传。

日释玄昉（？—746）于公元716年（唐玄宗开元四年，元正天皇灵龟二年）入唐谒智周大师学法相宗七载。智周于开元十一年（723）圆寂，玄昉继续在唐学法十二年。玄昉于公元735年（唐玄宗开元二十三年，圣武天皇天平七年）归国，驻锡奈良兴福寺弘扬法相唯识和因明之学，是为第四传。以上三、四两传合称北寺传。

日本的因明研究与日本法相宗的建立应该是同步的，但是以上四传的祖师并没有留下任何著作，可能是当时注重口传密授的缘故。不过玄奘大师所译的因明大小二论以及奘门内外大德所撰因明文疏，已先后由四传祖师请回日本，以资研习。这一时期可视为接受期。

2. 探索期

上述法相宗四传的大师入唐的时间均在我国盛唐时期。不过从日本历史来说，前三传均属飞鸟时代，玄昉的第四传则在元明天皇迁都平城之后，已属奈良时代。但是无论南寺系还是北寺系，有关因明的撰述均始于奈良时代中期之后。不过日本古代因明研究的起点甚高。从奈良时代中期至平安时代四百余年的因明研究，是日本古代因明研究的探索期。也就是说，探索期是以日本学者撰有因明著作为起点的。

探索期撰有因明疏记的学者众多，在南寺系中，法隆寺孝仁（767）和元兴寺平备（750）似为最早撰有因明疏记的学者，孝仁撰有《因明入正理论疏记》三卷，平备更撰有《因明入正理论疏记》九卷。

法隆寺的道诠（790？—876）则是最早对因明作专题研究的学者，他撰有《四种相违义》一卷、《四相违肝心》三卷、《大义钞》三卷以及《破乘章》。其中《大义钞》列出内明和因明中的疑难之义，有关因明的有三十六条，人称因明硕。

其后，护命（750—834）的撰述最受瞩目，所著《大乘法相研神章》（现存）是护命奉敕命而撰的重要著作，其中第十门“略显因明正理门”是专述因明的部分。另外护命还撰有《因明正理门论解节记》六卷，《因明正理门论十四过类记》一卷。这两种著作虽已不存，然从篇题可以窥知，他能直探陈那《正理门论》的堂奥，而且对《理门论》中的主要难点十四过类作了专题研究，这不仅具有开创性，而且在很长的时期内都是独领风骚的。所以护命是南寺系的代表人物。

音石明诠（789—868）是护命的再传弟子，他被誉为南寺系护命以后的第一人。但他并未全盘继承护命的衣钵，在对唯识学说的阐发上却与北寺系颇多相似之处，故明诠也得到后世北寺系学者的崇敬。他在因明研究上，撰有著名的《因明大疏导》三卷和《因明大疏里书》六卷（以上均现存），这两部著作也都是在北寺系善珠所著《明灯抄》的影响下写出来的。他还撰有《四种相违私记》二卷，这也是针对因明难点的专题研究。

另外，庆俊（688—778）撰有《因明入正理论文轨疏记》，愿晓（874）撰有《因明义骨》，均对文轨的《因明入正理论疏》（《文轨疏》）作了注解，这是少见之事。因为日本因明研究的范本是窥基的《因明大疏》，从奈良时代到明治时代主要是围绕着《大疏》来展开研究的。由于《文轨疏》曾遭窥基批评，故被日本法相宗学者视为非正统著作，此后不再有人对此疏作专门的疏解。

东大寺是南寺系因明研究的劲旅，首开因明研究之风的是出身于兴福寺修圆（771—834）门下的惭安（生卒年不详）。惭安被尊为“根本因明师”，有《因明入正理论疏记》一卷。接续惭安因明传承的是长载（生卒年不详），长载有《三量撮》一卷，对玄奘的唯识比量、胜军比量和清辨比量作探讨。长载的因明著作虽然不足道，但他的门下出了不少因明人才。如药师寺的忠继(生卒不详)、隆光(812—890)和真惠(797—870)。忠继本人虽无因明著作,但他的门下出了因明硕学音石明诠大僧都,隆光和真惠均撰有《四种相违记》。隆光的门下出了兴福寺的空操(849—904?)和东大寺的惠畛(815—900)。空操撰有《因明入正理论疏记》,惠畛撰有《四相违记》。惠畛的门下为圆超(862—925),圆超撰有《因明章疏录》(现存)。此外,延义、延敞、三修均撰有《因明入正理论疏记》。法藏(908—969)是村上天皇应和三年(963)在宫内举行北岭天台与南都佛教论辩时南都一方的代表,他因妙辨而受好评,他撰有《因明人正理论疏》三卷。观理(894—974)是应和宗论的发愿导师,撰有《四相违私记》(现存)和《因明入正理论疏记》、《因明别传》等。泉球(生卒年不详)撰有《九句义记》。还有撰有《九句义记》的平忍(生卒年不详)和撰有《因明入正理论疏记》的长朗(801—879)等。本来南寺系的因明传承要早于北寺系,然而南寺系的因明研究后来渐渐失去活力,北寺系的因明研究便成了主流。当然,其间有相当长的一段时期是平行发展且在师承关系上是有交集的。

在北寺系中,最早撰有因明著作的,是善珠(723—797),他堪称北寺系最早撰有因明著作、且对后世卓有影响的学者。善珠是赴唐求法第四传玄昉大师的亲授弟子,他在五十九岁那年写了皇皇大著《因明入正理论疏明灯抄》六卷,每卷又分本、末两部分,所以实际上是十二卷的规模(现存)。这是一部集注性的著作,用善珠自己的话来说就是“述而不作”,就是从当时传来日本的诸多唐疏如神泰、文轨、玄应、定宾、圆测、元晓,净眼、壁公、文备,靖迈、顺憬、太贤等人的因明著作中选录疏文来诠释窥基的《因明大疏》。《明灯抄》以严谨的态度来选“抄”诸家之释,在选择中体现善珠对各家注疏的评判。此书的恢宏,奠定了北寺系因明研究的基础,而且对南寺系以及后世因明研究的影响也十分巨大。由此也可见,北寺系的因明研究是在一个很高的起点上迈进的。

与善珠差不多同时代的行贺(729—803)于公元753年(唐玄宗天宝十二年,孝谦天皇天平胜宝五年)入唐修学法相宗和天台宗,于公元759年(唐肃宗乾元二年,孝谦天皇天平宝字三年)携经疏五百余卷回国。他撰有唯识和法华方面的著作八种,其中《唯识比量遣伪兴真章》一卷开北寺派因明专题研究之先河。稍后的修圆在因明研究上也有其特色。他撰有《纂要记抄集》二卷和《纂要记秘心》一卷,这是最早诠释慧沼《因明入正理义纂要》的著作。他又撰有《清辨量决》一卷,对中观自续派的创立者清辨在空有之争中所立比量进行剖析,这恐怕也是前人未曾做过的。

愿建(848)是北寺系中因明著作较多的学者,他写了《因明入正理论疏集记》六卷、《因明六因义集记》一卷、《纂要集记》三卷、《义断集记》一卷、《唯识比量集记》一卷、《胜军比量集记》一卷等六种,均以"集记"冠名,有其特色。

空晴(876—957)是兴福寺喜多院的开基者,是善珠的曾孙弟子,也是在因明研究上颇有成就的学者。他撰有《因明入正理论疏记》十卷和《四相违私记》三卷。

松室仲算(935—976)是空晴从小收养的高足,曾出任应和宗论南都一方的代表,在反驳北岭代表良源(北岭天台宗慈慧大师)的论点时,令良源"杜口瞩目而座",充分显示出他的辩才。他对因明深有研究,著有《因明四种相违私记》五卷(现存残卷)、《因明义断导》、《九句义私记》、《无性比量私记》等四种因明著作。空晴的另一弟子是守朝(932—?),但守朝的因明是跟师兄仲算学的,他著有《四种相违记》。

山阶寺真喜(931—1000)也是空晴的高足,他亦是应和宗论中南都的代表,撰有《因明四相违记》。在真喜的弟子中,有主恩(933—989)、春稳(960—?)、林怀(951—1025)三位因明学者。主恩撰有《因明入正理论私记》,春稳撰有《四相违私记》,林怀撰有《三十三过本作法》(林怀此著于六百年后因慧晃为之作《纂解》而备受观注)。受教于主恩的是永超(1014—1095),他撰有著名的《东域传灯目录》(现存)和《因明入正理论疏记》。永超的再传弟子觉晴(1089—1148)也撰有《因明入正理论疏记》,他很优秀,后来藏俊曾从他受教。

仲算和真喜的弟子子岛寺真兴(935—1004)也是因明硕学,他撰有《纂要略记》一卷、《四种相违断略记》一卷、《四种相违略私记》二卷、《义断导里书》上下两卷(以上四种均现存)、《纂要导里书》二卷(仅存下卷)、《因明同学记》五卷等著作。

真兴的弟子是清水寺的清范(962—999),他亦就"四种相违"的问题写了《因明四种相违义记》、《四种相违私记里书》二卷。

赖信(1010—1076)是清范的再传弟子,著有《因明入正理论疏记》,又从专题研究回到对《大疏》诠释的探究。赖信的弟子为永缘(1048—1025)和赖尊(生卒不详),永缘与赖尊的弟子惠晓(1084—1162),三人均撰有《因明私记》,说明赖信的因明研究传承不竭。

在上述日本法相宗南北二系之外,北岭天台宗对因明研究亦有所关注。日本天台宗由传教大师最澄(767—822)开阐。公元804年(唐德宗贞元二十年,恒武天皇延历二十三年),最澄携弟子义真等随遣唐使入唐,向天台六组湛然大师的门人道邃(天台宗七祖)和行满学习天台教法,又转学多师,学习禅法和密法。回国后在比睿山创立融合圆、密、禅、戒的天台宗。后来慈觉大师圆仁(794—864,第三代座主)、智证大师圆珍(814—891,第五代座主)也先后入唐学法,将天台宗密教化,人称"台密"。日本天台宗的因明研究较晚,在上述南寺系和北寺系之后,三代祖师入唐求法后均携回不少因明典籍,说明天台宗出于护教和教学的需要也关注因明的研习。据说,最澄撰有《新集因明宗因喻通集》四卷、《新集因明》一卷、《因明论议疏目录》一卷、《因明眼等必为他用私记》一卷。这四种著作虽均已不存,然从题目可知,前三种属资料性质,后一种是读书笔记。另外,圆珍也撰有《四相违记》一卷。据佐伯良谦《因明谱系图》所示,北岭天台因明的传承主要有两条脉络:一条源自南寺系,即东大寺的惠珍律师传同寺圆超僧都,圆超传药师寺增佑已讲,增佑传延历寺(北睿天台宗本寺)的玄日律师,玄日传基增已讲,基增传良源僧正,良源传源信僧都,源信传慈增。另一条源自北寺系,即兴福寺的空操律师传同寺荣佑已讲,荣佑传延历寺信静律师,信静传禅榆僧都,禅榆传实因大僧都，实因传教圆大僧都。在上述两路传承中，北睿天台延历寺方面只有源信（942—1017）撰有《因明论疏四相违略注释》三卷，其他大德只是口传言教而无因明著作。但值得注意的是，慈惠大师良源（902—985）重兴辩经的传统，所以天台宗的竖义活动此时臻于极盛。继承良源因明的是源信，源信的《四相违略注释》正是在这样的背景下为加强竖义活动而作的。不过，源信之后，天台宗内部分裂，后在安土时代遭织田信长的清剿，延历寺也被焚毁。天台宗的因明传承从此一蹶不振。

3. 成熟期

日本传统的因明研究至平安末年逐渐进入成熟期。最早的标杆性人物是兴福寺的藏俊（1104—1180）。他生活的年代在平安末期。上文已提及，他是兴福寺惠晓的弟子，亦受教于觉晴。藏俊撰有《因明大疏抄》四十一卷、《唯识比量抄》二卷、《有法差别相违略抄》一卷（以上均现存）、《因明广文集》三十八卷（现存残卷），《胜军比量抄》一卷。此外与因明有关的著作有《唯量抄》二卷、《注进法相宗章疏》（以上现存）等。藏俊的《大疏抄》是继善珠《明灯抄》之后最具影响力的一部因明巨著。全书一改《明灯抄》对《大疏》逐句集释的做法，而是按《大疏》的文序设定问题，作专题性的集释。藏俊在《明灯抄》的基础上广泛援引当时他所能接触到的中日因明前哲的著作，不仅深化了对许多疑难问题的认识，而且由此保存了大量后来逐渐湮灭的文献中的部分内容，这些资料对于后人的因明研究显然是十分珍贵的。藏俊的同门藤原赖长（1120—1156）也是引人注目的人物。他是惠晓的在家弟子，曾任左府大人。他对因明有浓厚兴趣，撰有《左府抄》（原题为《自抄问惠晓》）三卷（现存），书中记述其师惠晓的答问，这是日本古代出自居士之手的唯一因明著作。藤原赖长亦曾就玄奘的《唯识比量》向藏俊咨疑，藏俊的《唯识比量抄》二卷就是应左府赖长之命而撰写的。藏俊的系列专题研究方法对后世的因明研究影响深远。其门人觉宪（1131—1212）是他忠实的继承人。他撰有《因明抄》五卷、《因明教授抄》三卷，据说均系根据藏俊的口义整理而成。由于觉宪的忠实弘传，藏俊设定系列问题的诠释方法终于成为因明研究的一种模式，为后世所沿用。觉宪另著有《三国传灯记》一书，后来凝然著《三国佛法传通缘起》和《八宗纲要》即以此为蓝本。

觉宪门下有两位弟子，即信宪（1145—1225）和贞庆（1155—1213）。信宪的因明著作只有《法自相要文抄》一种（现存），而且其门下传承不广，在因明研究上只有其弟子英弘（—1199—）撰有《因明抄》五帖（现存），三传弟子辨范（—1297—）撰有《因明三不见抄拔书》（现存）等数种；而；而‘贞庆及其门下在因明研究上却作出了很大贡献。

贞庆撰有《明本抄》十三卷、《明要抄》五卷、《二卷私记指事》、《因明因诫》（以上均现存）、《因明要义钞》二卷（现存上卷）、《四种相违义》三卷（现存上、下卷）等六种因明著作。其中以《明本抄》和《明要抄》二书最为重要，是贞庆的代表作。《明本抄》意在明确因明之根本意义，亦即明确藏俊《大疏抄》之本旨。此书系步其师觉宪之踵武，就藏俊《大疏抄》中对四种相违过的解释作进一步的诠释；《明要抄》则是委陈己意，进而阐发《明本抄》的未尽之义，二书实为上下编。在贞庆的门人中，有良算，兴玄、觉遍三位因明学者。

良算（1170—1218?）是因明硕学，他撰有《八门秘要抄》一帖、《因明四相违略文集》四卷、《因明劝学抄》、《四种相违目录》六帖、《因明抄》（良算抄）二十三卷（以上现存）、《胜军比量》、《唯识比量》等。良算深得贞庆的器重，故贞庆晚年专门委托良算助其编定《明本抄》和《明要抄》二书。兴玄（1060—?）可能卒于中年，他的因明撰著仅三种：《八门秘要抄》一帖、《因明指事抄》二帖、《二卷私记谈义抄》（以上均现存）。觉遍（1175—1258）的因明研究以因过中的四种相违过为对象，撰有《法自相短释》、《有法自相短册》、《有法差别光明院短释》、《有法自相续义记》、《法自相短册私示》、《有法差别》、《法差别短册私示》等短篇。但他培养了一位出类拔萃的弟子良遍。

良遍（1194—1252）是一位精擅法相之学且能贯通各宗的硕学，他著作等身，撰有唯识方面的著作十四部、戒律方面的八部、净土方面的三部。他的因明著作有四种:《因明大疏私抄》九卷、《因明相承秘要抄》一卷、《唯识比量》(以上三种现存)以及《法自相精义抄》。其中以《因明大疏私抄》九卷最为重要,世称《因明大疏良遍抄》。良遍以后,兴福寺的因明研究再无可圈可点的继承者,如良遍的弟子缘圆(生卒不详)和专英(1186—1271)以及缘圆的弟子缘宪(1245—?),在因明研究上都只写了一些零散的短文而已。这大概与贞庆以降秘密口传倾向的加强有关,贞庆嘱咐不得将他的《明本抄》抄成复本,而且不要传于"无真实之器者"。其门人忠实地履行师训,于是后继者难免不众。

这一时期,东大寺的因明研究也延续了下来。较早的有珍海(1093—1152),撰有《因明大疏四种相违抄》一卷(现存);藏圆(1183—?),撰有《法差别文集》、《相违因短释》。真正具有代表性的人物是稍后出现的宗性(1202—1292),据说他于华严、因明、俱舍、法相无不通晓,在因明研究方面,撰有《法相宗主因明论义本抄》二卷、《因明对面抄第四》一卷、《因明相承秘要抄第五》一卷、《因明本卷第十二》一卷、《维摩会竖义二明问题》、《二明对面抄》一卷(以上均现存)等,从其著述来看,他颇注重因明与内明关系的阐发。宗性有弟子实弘(1220—?),年方十九即撰有《大疏上卷宝胜残义抄》、《大疏义断文集》、《纂要义断宝胜残义抄》三种因明著作,惜不久英年早逝。东大寺系统的因明传承一直延续至16世纪室町时代。其间与宗性同时代的有圣禅(1201—1268?),他在因明研究上撰有《有法差别》、《先陈后说对短释》、《因明口传》(上)、《慈恩会精义用觉抄》(以上均现存)等。据说宗性在《俱舍》研究中遇有疑义会向圣禅去求教。后来又有良信(1233),他撰有《大疏抄题语录》一册(现存);御草(1255—?),撰有《法自相立敌》一卷(现存);圣宪(1307—1392),撰有《因明闻记》一册(现存)、《大疏百条论草》十卷;圣守(生卒不详),撰有《因明四种相违略文集》下一卷(现存);延真(生平不详),撰有《因明秘要钞》(门弟承性写)一卷(现存);光英(生卒不详),撰有《四相违私记》;竟空(1312),撰有《因明极凡初学钞》一卷(现存);英训(1476—1524),撰有(因明一因违三私)一卷、《法差别文集》一帖、

《因明末题指示》六帖(以上均现存)等;英宪(十六世纪后半叶人),撰有《因明抄物类集》一册(内含《醯都费陀》、《因明习学抄》、《因明广文集问题篇目》四部)、《因明一因违三极秘》二卷(以上均现存)等;义范(生卒不详),撰有《因明入正理论俗诠》一册(现存)。

以上陈述了成熟期前半期即从十二世纪后叶至十六世纪后叶的因明研究情况。成熟期是有起伏的,藏俊是成熟期前期的顶峰,他开创的系统性的专题研究形成这一时期的基本研究风格,但是又令后继者难以超越。后来,日本经历了室町、安土、桃山时代及江户时代前期约三百多年的动乱,百姓生活动荡不安,佛教成为救赎的工具,信众重祈祷而轻修学,所以因明作为高深的佛教方法论自亦问津者寡;加上佛门内秘密私授传统的持续(从上述许多著作以"口传"、"闻记"、"私记"、"秘要抄"、"习学抄"可见),亦影响因明在僧徒间的普及;而且日本的因明研究"从十二世纪中叶以后加强了为讲会竖义而作的倾向,大都围绕着四种相违过的问题展开,趋于固定化,这对因明研究来说是一种不幸"。〔1〕 于是因明研究也就由盛转衰了。

这种踯躅不前的状况直至江户时代中期才获得转变。因为德川幕府为了"防止佛教徒像真言宗一向一揆那样在室町幕府末期发动农民造反,所以推行奖励僧侣修学的政策,以僧侣的学识来决定寺格和荣誉,于是各寺建立檀林、学林、学寮等,以振兴僧侣的学业。""在这种针对各宗僧侣的学术奖励中,一般最受重视的就是自古以来被称作佛教基础学问的性相学。……在这样的风气之下,因明研究也就卓有成果了。"〔2〕

在江户时代中期,代表南都(奈良)佛教传统因明研究的学者有仁和寺慧晃、东大寺凤潭和药师寺基辨等。

---

〔1〕 参见武邑尚邦:《因明学的起源与变迁》第151页,法藏馆,昭和61年(1986)。此书有杨金萍、肖平的中译本,书名为《因明学的起源与发展》,中华书局,2008年。

〔2〕 参见武邑尚邦:《因明学的起源与发展》第165页,法藏馆,昭和六十一年(1986)。

慧晃(1656—1737),撰有《因明三十三过本作法纂解》三卷(现存)。慧晃的著作,是对前述兴福寺喜多院林怀所撰《因明三十三过本作法》的诠释,此书在江户时代引起热烈的论议,形成因明研究的一股潮流,有响应的,也有批判的,其影响远远盖过喜多院林怀的原文本。其中最早对慧晃的《纂解》提出批评的就是真言宗丰山派快道的《纂解鼓攻》,并由此形成一种批判性研究的文风。

凤潭(1659—1738),撰有《因明入正理论疏瑞源记》八卷(现存)。这是一部从长期以来盛行专题分类研究的风气中冒出来的、回归到对窥基《因明大疏》作全面注释性研究的重要著作,流传甚广。但是历来对此书褒贬不一。例如此书在引用唐疏时虽能照录原文,但在引用《明灯抄》等日本文疏时往往随意削改,以致时有与原意不符之处。而且此书大量抄录藏俊《大疏抄》而未作说明,亦为人所诟病。更有学者指出《瑞源记》在引文中有三百余处谬误。〔1〕尽管如此,《瑞源记》毕竟是江户中期领时代之风气的一部皇皇大著,其后虽也涌现出一批对《因明入正理论疏》作整体注释的著作,但似乎并无出其右者,因此《瑞源记》应该有其不容小觑的历史地位。

基辨(1718—1798),撰有《因明有法自相四箇秘事》一卷、《因明大疏融贯抄》九卷、《因明三十三过本作法西室记》、《因明大疏图》(以上均现存)、《因明智解融贯抄》二十卷等。在上述著作中,《因明大疏融贯抄》九卷是其代表作,但它大概只是《因明智解融贯抄》二十卷中的九卷。基辨的因明著述涉及江户中期因明研究的两大关注点:对慧晃《三十三过本作法纂解》的探讨和对凤潭《瑞源记》的评判。其后,新义真言宗丰山派对南都佛教因明研究的批判,实际上也是对基辨因明研究的批判。〔2〕

新义真言宗在德川幕府学术奖励政策的刺激下,在江户中期以后涌现

---

〔1〕参见真言宗智山派贤敞于享保三年(1718)刊行的《瑞源记正文》。

〔2〕参见武邑尚邦:《因明学的起源与变迁》第169页,法藏馆,昭和六十一年(1986)。

出不少因明学者。新义真言宗分丰山和智山两派，丰山派在因明研究上的影响力要大于智山派。

在丰山派的因明学者中，较早的有周海（？—1789），周海撰有《因明三十三过本作法指要钞》一卷、《因明三十三过本作法纂解义苑》五卷、《因明三十三过本作法纂解纪文》六卷（以上均现存）等。与周海同时代的还有觉融（？—1788），据说觉融曾随周海学习俱舍论。觉融撰有《因明纂解讲录》二卷。

丰山派的因明学者以快道（1751—1810）最为杰出。快道撰有因明著作十二种：《因明正理门论量议钞》九卷、《因明入正理论详定记》二卷、《因明正理门论海镜》一卷、《因明三十三过本作法纂解讲义》五卷、《因明三十三过本作法纂解鼓攻》（“鼓攻”又作“鸣鼓”）三卷、《因明纂解纲要》五卷、《因明门念钞》一卷、《因明杂章记》一卷、《因明大疏序》一卷、《因明大疏序钞》一卷、《因明入正理论图》一卷、《大疏序钞·清辩量解·过性集·三支齐等录·诸钞得意》一册（以上均现存）。在上述十二部著作中，《因明入正理论量议抄》九卷是快道的代表作，分量也最重。《因明三十三过本作法纂解鼓攻》三卷也是快道的力作，此文胪列慧晃的《纂解》有三百余处错误，影响很大。快道的因明著作充满了批判精神，开创了一种时代风气。另外，快道还在《因明入正理论文轨疏》的保护上做出了贡献，现收录于《续藏经》的《文轨疏》上卷就是快道请人抄录并写了跋语的文本。〔1〕 快道的跋语极具史料作值。

此后，丰山派的因明学者还有无相、荣性、惠隆、风健、相宪等人。无相（1757—1825），他所撰的《因明科注》在《因明入正理论》的文句下概括《大疏》的释意作脚注，比较简明。他还撰有《因明三十三过本作法纂解正误》一册、《因明科注》和《因明图注》（以上均现存）。荣性（1768—1837?），撰有《因明正理门论注释》三卷。这是江户中期敢于迎难而上、在为陈那的《正理

〔1〕 见《卍续藏》第53册894a、b。

门论》作注释性研究上起了领先作用。惠隆(1881),撰有《因明正规》一卷、《因明别记》三卷(以上现存)、《因明大疏记》四卷(仅存一卷)。光隆凤健(? —1854),撰有《因明入正理论科注照量记》四卷(现存)、《因明瑞源记发挥私记》一卷、《因明大疏序助解》一卷、《因明十义书不忘记》一卷。光隆的《照量记》四卷是对无相《因明入正理论科注》的讲义,旨在据因明大小二论的正意,以纠正窥基的误释。但其批评失当之处甚多。〔1〕 相宪(1832—1898),撰有《因明入正理论玄谈》一卷、《因明宗过并不抉择》一卷、《因明入正理论讲录》一卷等。

快道以来丰山派的因明研究者皆承续批判的精神,这对因明研究来说是一种转机,但是其批判并未触及因明的根本问题。〔2〕

智山派的因明研究起步较早,早在室町末期智山第二代传人佑宜就著有《因明三十三过本作法直谈钞》。但是接下来日本进入了安土、桃山的战国时代,直到二百多年后的江户中后期,智山派才涌现出亮海等一批因明学者。

亮海(1753—1828)是智山派较早崭露头角的因明学者,撰有《因明三十三过本作法纂解讲录》、《因明论大疏判谈记》(以上现存)、《因明十义书愚案记》三卷等。海应(1777—1833),撰有《因明瑞源记抉择记》八卷,并抄录了《因明正理门论本》(以上均现存)。良俊(1804—?),撰有《科注因明入正理论》一卷(现存)。弘现(1818—1878),撰有《因明三十三过本作法纂解分科》(现存)。芳胜(1843—1896),撰有《因明入正理论科注私记》(现存)。存教(1879—?),撰有《因明三十三过纂解私记》。教如(1874—?),抄写了《因明入正理论瑞源记》(现存)。由上述智山派的撰述可知,智山学者的因明研究比较一般,不如丰山派的因明研究有深度,有张力。

〔1〕 参见武邑尚邦《因明学的起源与变迁》第184页,法藏馆,昭和六十一年(1986)。

〔2〕 同上。

在江户中后期,净土真宗的因明研究也值得关注。净土真宗在德川幕府学术奖掖政策的激励下,也举办了学寮。著名的有东本愿寺大谷派创立的高仓学寮(京都大谷大学的前身)和西本愿寺派创立的学林(京都龙谷大学前身)。

高仓学寮系最早的因明学者是圆澄(1685—1726),他师从凤潭,撰有《纂解研精考》二卷、《因明正理门论记》二卷(以上均现存)。著述较多的是德成(1750—1816),他曾师从基辨学习因明,撰有《因明正理门论讲义》一卷、《因明正门论闻记》二卷、《因明入正理论讲义》六卷、《因明正理门论科》、《因明入正理论考决》五卷,《因明论疏四种相违略私记闻薰钞》一卷(以上均现存),据传他还撰有《因明大疏考决》二十二卷。圆澄和德成的因明研究继承了南都佛教的因明传统。与德成同时的宣明(1750—1821)撰有《因明三十三过本作法讲义》一卷。晚出的祐秀(1803—1873)撰有《因明大疏辛卯录》六卷,以及广陵了荣(1819—1900)撰有《因明大疏科》、《因明入正理科注》(现存),他们的撰述都比较一般。

西本愿寺学林系的因明研究似与每年的结夏安居讲座有关。据记录,早期在学林系安居讲座上讲授因明的先后有四人,即月灯(1750 年讲授)、广州(1758 年讲授)、筌蹄(1760 年讲授)、慧云(1767 年讲授),他们讲授的题目都是当时颇受关注的《因明纂解》。之后出来了一位因明学者道隐(1741—1813),他撰有《因明大疏闻书》七卷(现存),就是据其五十七席讲授内容整理而成的。道隐一反以往偏于狭窄的专题研究,而以《因明大疏》为讲授主题。道隐是与快道同时代的先辈,他在因明研究上的方式值得注意。〔1〕 道隐之后,又有南纪芳英(1763—1828)也讲授《因明大疏》,撰有《因明入正理论大疏口记》(现存)。

学林系最杰出的因明学者是宝云(1791—1847)。宝云著作等身,有三

〔1〕 参见武邑尚邦《因明学的起源与变迁》第 188 页,法藏馆,昭和六十一年(1986)。

十五六部之多，其中的因时撰述有十七部，均系讲录，去其重复者，则可约为十二种：《因明正理门论新疏》四卷，《因明正理门论新疏闻记》一卷，《因明入正理论大疏》十五卷、《因明入正理论闻书》七卷，《因明入正理论大疏听记》六卷，《因明入正理论要录》三卷，《因明入正理论听记》三卷，《因明入正理论闻书》二卷，《因明入正理论疏陈幽记》一卷，《因明入正理论纂要略记》一卷，《因明入正理论记》二卷，《因明入正理论义断略记》一卷（以上均现存）。上述前九种皆为讲授的笔录。从宝云的著述中可以体察到，他在因明研究上继承了南都佛教的传统。嗣后，受宝云影响的学者有：

丰前学派的田丸庆忍（1824—1884），撰有《因明大疏秘诠》六卷、《因明戊申录》、《因明正理门论新疏》、《因明入正理论己卯录》，其中《己卯录》已是明治初期的作品。

肥后学派的杂云（1824—1884），撰有《因明人正理论讲赞》（现存）。

越中空华的印顺（1818—1889），撰有《因明入正理论疏听记》（现存），据说还撰有《因明大疏略赞》、《因明四相违略赞》、《因明三十三过略赞》、《因明人正理论略赞》等。

越后学派的百睿（1787—1871），撰有《因明入正理论闻书》（二十讲的讲义）。

学林派的因明研究重在讲授，具有崇尚古德研磨的学风，然缺乏丰山派快道的批判精神。不过也有例外，如龙华学派的宝观（1812—1881），他曾师从丰山派学者，所以他的因明学说兼有继承快道的批判精神，又在一定程度上倾向南都的传统两方面。他撰有《因明入正理论本义抄》一卷、《因明入正理论略量议》一卷、《因明入正理论略量义玄谈》（以上均现存）。

另外，在江户后期，天台宗的因明学者慧澄痴空（1780—1862）也是受人关注的。他在江户幕府末年撰有《因明三十三过本作法犬三支》一卷（现存），此书以日文撰写，打破了历来以汉文撰写佛教著作的传统，在当时的确冒着很大的风险，评价不一，但后来受到日本学者的高度肯定。

日本传统的因明研究是以唐代的汉传因明文献为研究对象的，且以古汉语作为书面表达工具,这种传统保持了一千二百余年,至十九世纪末才基本结束。这是因为明治以后,特别是进入二十世纪后,云英晃耀、村上专精、大西祝等人将因明与西方逻辑进行比较研究,走出了一条新的研究路子。从明治时代开始,日本历史进入近代。

(原载《法音》2018 年第 3 期)

因明研究的学理要义与现实使命

一、三次传入及其式微

因明传入我国约一千六百年，几经沉浮，几成绝学。其传入和式微的过程约可分为三个阶段。

第一个阶段是南北朝时期古因明的传入和无果而终。

东晋末年至刘宋初年（418—421），佛驮跋陀罗在庐山东林寺和建康（今南京）道场寺译出十五部佛教经论，其中就有一部《方便心论》。这是小乘论师于公元二世纪时所撰的一部古因明论著，可惜未引起时人的重视，故不久散佚未传。过了半个世纪，西域僧人吉迦夜与汉僧昙曜（时任沙门统）于北魏文成帝二年（472）又重译了《方便心论》，这部论书终于流传至今。嗣后，世亲的因明论典《如实论》三卷亦由佛教四大翻译家之一的真谛于南朝梁文帝大宝元年（550）译出，真谛并撰《如实论疏》三卷，但不幸的是真谛的疏已散佚不存，《如实论》也只剩下了《反质难品》一卷。这说明古因明传入的时机尚不成熟。不过当时也有名士与因明有所交集，如《方便心论》重译时，流落在北魏的南朝梁代名士刘孝标（他是南朝宋代刘义庆《世说新语》最重要的注释者）即受邀为此译的笔受；〔1〕之后南朝梁代的名士刘勰（后出家为

〔1〕 刘孝标为重译《方便心论》笔受一事，见唐道宣《大唐内典录》卷四，《大正藏》第55卷 p.268。

僧)在所著《文心雕龙》中也有受因明影响的痕迹。但这些只是个案而已，从总体上看古因明的传入波澜不惊，犹如“芙蓉生在秋江上，不向东风怨未开”。

第二个阶段是盛唐时期新因明的传入及因明式微于中唐以降。

新因明是玄奘游印东归后传入的。新因明为陈那所创。陈那是古因明集大成者世亲的弟子，他在世亲所总结的古因明基础上作了重大改革，创立了新因明的体系。玄奘是陈那的三传弟子(陈那—护法—戒贤—玄奘)。他竭力倡导陈那开创的新因明。唐太宗贞观二十一年(647)，他首先译出商羯罗主的《入正理论》。商羯罗主是陈那的弟子，他的这部论书是为研习陈那《正理门论》所写的入门之作，比较简明，所以玄奘先译此论。贞观二十三年(649)，玄奘进而又译出陈那新因明的奠基之作《正理门论》。此论文简义奥，索解匪易。玄奘不仅迻译了上述大小二论，还向译场僧众尤其是入门弟子传授新因明。奘门大德及其后学对这门新传入的佛教方法论怀有极大的研习热情，故各据奘师口义结合自身之理解作疏写记，一时蔚为壮观。据诸经录所记，奘门大德所撰文疏有三十九种，加上非奘门大德的法藏与吕才所撰的两种，共为四十一种，其中当以文轨和窥基的《因明入正理论疏》(二疏同名，后人尊称文轨此疏为《庄严疏》，尊称窥基此疏为《大疏》)最为著名。《庄严疏》在因明初传时期影响甚大；窥基《大疏》晚出，却是后来居上，最为慈恩宗人追崇。嗣后慈恩二祖慧沼及其门人智周(慈恩三祖)等人以下大德所撰因明文疏复有三十一种。在唐高宗时期，还发生了太医署尚药奉御吕才作《因明立破注解》三卷，质疑神泰、靖迈、明觉三家法师虽同禀玄奘法师，然所撰文疏执见不一，有所矛盾。此事引发了一场影响不小的僧俗之争，双方各有多位重要人物卷入，最后吕才奉唐高宗之诏命与玄奘当面对质，才告终结。盛唐时期是研习新因明的高峰期，中唐以后慈恩宗衰落，因明研习亦随之式微，由此因明文疏逐渐散佚，至宋代已所存无几。据北宋哲宗时来华学法二十载的高丽僧义天所记，至北宋末叶，唐代的因明疏记只存下了十种，甚至连玄奘所译陈那《因明正理门论本》此时亦已不存。〔1〕元季以降,因明文献几尽,终成绝学〔2〕。明代中后期虽有真界、王肯堂、明昱、智旭的十种因明疏解问世,但由于其时他们所能掌握的因明文献资料极为匮乏,所以舛误甚多,不无摸象之诮。有清一代崇唯识的学者同样在因明文献十分贫瘠的情况下继续对因明作力所能及的探究,如康熙时的慧善、乾隆时的吴树虚、嘉庆时的钱林等都撰有因明著作,然所释所论局限甚多,其学术价值有待研究。汉传因明直至清末杨文会从日本引回窥基《因明大疏》等唐代注疏,锓版流通,因明研究才有了复苏和重兴的基础。

唐代汉传因明的式微有其多方面的历史文化原因。第一,武则天崇奉禅宗和华严宗,对慈恩宗不再扶持。第二,玄奘译传陈那一系的因明论,目的在弘扬唯识学说,唯识论以因明为方法论,二者关系密切。慈恩宗的衰落,也影响僧侣研习唯识论和因明的热情。第三,唯识论和因明理论过于艰深,玄奘的译文又拘于格式,更是索解不易,令一般人不敢望其项背,更何况因明传习中带有私授的倾向,世迁时移,高高在上的诸大德文疏,终由乏人问津而逐渐散佚。第四,唐武宗会昌年间灭法,令佛教受到很大打击,因明文献当亦受损毁。第五,佛教信仰流于浅层次的民俗文化形式,信徒的信仰热情付之于救赎祈祷而不重修学,更何谈因明这种高深的学理。第六,宋代幸存下来的少量因明文疏或毁于宋元之交的兵燹之中,令元季以降的因明研习难以为继。

我们说因明是绝学,主要是指我国的汉传因明而言。当然佛教因明在它的诞生地印度,也早在十三世纪随着佛教之湮灭而不传,所以才有印度僧人罗睺罗从1929—1938年四次到西藏查找佛教和因明的贝叶经梵文文献并部分复制回印之举。古朝鲜(新罗国)所传的也是汉传因明,圆测、顺憬、

〔1〕参见《新编诸宗教藏总录》,《大正藏》第55卷1176a、b。

〔2〕唐宋因明文疏传之于今者仅十三种,其中宋代有关因明的文疏仅延寿《宗镜录》中一种存世,其余十二种乃晚清至20世纪30年代从日本引回及从敦煌和赵城金藏中发现。

元晓等许多新罗僧人都是玄奘的亲传弟子，圆测的门人道证是新罗法相宗的开山祖师，其弟子太贤对唯识和因明均有深厚造诣。但新罗国的因明传承到太贤而止，后继乏人，这与法相宗在新罗式微有关。后来高丽建国，窥基的慈恩一系虽得以重兴，但因明的传承却未见恢复。不过汉传因明在日本却不是绝学。日本的法相宗以玄奘和窥基创立的慈恩宗为祖庭，绵延不绝，无论南寺系或北寺系均继承汉传因明的传统，以因明大小二论为根本文献，且主要以窥基《大疏》为参照和研究的对象。后来甚至连其他宗派的因明传承亦复如是，千余年来，除了在日本中世时期室町幕府灭亡前后约三百年的动乱年代因明研究踯躅不前外，至江户时代中期，由于德川幕府鼓励僧侣修学，故因明研究又得到了长足的发展。日本学者的因明研究绵延至今，令人瞩目。

第三个阶段是藏传因明的传入及归入内明。

藏传因明的传入始于藏传佛教前弘期，以印度僧人寂护与吐蕃译师法光合译陈那的《因轮论》为开端。其时汉地因明正渐趋式微，藏传因明则随着藏传佛教的兴起而逐渐为藏人所重视。这之后法称和法称后学的不少因明著作被吐蕃译师迻译了过来。前弘期所译的因明论典共有三十种左右，保存至今的有十九种。据说原来还计划翻译一些大部头的因明著作，因为发生朗达玛灭法（约 838 年）的大事件，计划成了泡影。朗达玛是吐蕃最后一个赞普，他下令灭法以后，被僧人射杀，于是发生王族争位、地方势力拥兵自重，征战不息，吐蕃由此瓦解，前弘期告终。百年后，由于西藏阿里地区的古格王朝重兴佛教，藏传佛教进入后弘期。后弘期的藏传佛教从一开始就很重视因明人才的培养和因明典籍的迻译。早期的代表人物是玛·雷必喜饶，他是古格王朝最早选派到克什米尔去学习的学人之一。他在因明典籍的翻译上作出了很大贡献，是旧量论的代表人物。后来，藏地先后出现了两个弘传因明的中心：桑朴寺和萨迦寺。桑朴寺的第二代座主俄·罗丹喜饶对藏传因明的发展作出了重要贡献。他在克什米尔学习期间，曾与他的老师合作，翻译了法称及智生护和法上等人的一些重要因明著作。返藏后，他又翻译了耶麻黎对智生护《释量论庄严释》(Pramāṇa vārttikālaṅkāra)三品注文所作的《释量论庄严释极圆正疏》(Pramāṇa vārttikālaṅkāratika),这是印度量论中篇幅最大的一部巨著。在法称后学中,阐义派和庄严派的主要著作由俄·罗丹喜饶译为藏文的比较多。他还校勘了玛·雷必喜饶所译的《释量论》,使之更为精确,被奉为新量论的代表人物。因明文献迻译的高峰期到俄·罗丹喜饶大致上告一段落。在引入文献已初具规模的情况下,藏人便开始作义理的探讨,其最早的代表人物便是俄·罗丹喜饶的三传弟子恰巴曲森。他是桑朴寺的第六代座主。他写了一部《定量论释》,这是藏人所写的第一部因明释论。他还写了一部《量论摄义去蔽论》,这是藏人最早的概论性因明著作,对后世的影响极为深远。他开创的摄类辩论的学习方法,直至今日还在藏地寺院的扎仓(佛学院)中遵行。这之后,又形成了另一个因明中心,这就是萨迦派的因明传承。其代表人物是萨迦派四祖萨班·贡噶坚赞,他最有影响力的因明著作是《正理藏论》,此书,奠定了藏传因明的理论基础。其后格鲁派的创始人宗喀巴出世,他在研习因明中体悟到,法称的《释量论》不仅仅是量论,还是修道证悟的阶梯,所以他视因明为内明(佛学)。他在诠释法称量论时强调因明在修道证悟上的作用,故将法称的《释量论》列为显宗院必读的五大部之一,由此奠定了格鲁派的学风。继承他衣钵的三位大弟子贾曹杰、克主杰(后追认为班禅一世)、根顿珠巴(后追认为达赖一世)也都有不少因明著述,并均以研习因明为修道次第、证悟的阶梯。格鲁派在因明传承上做出了贡献,令其灯灯不息,但是他们将因明归为内明,却使因明失去了独立发展的空间,正如欧洲中世纪的亚氏逻辑,在教会和经院哲学的顶礼膜拜下止步不前一样。从此,藏传因明的研究以诠释法称的《释量论》为主。寺院所藏的大量因明梵本和藏译本,由此束之高阁、乏人问津,直到印度僧人罗睺罗于20世纪30年代四次来西藏考察,才发现西藏寺院中竟藏有这么多贝叶经梵文写本。这沉睡了数百年的梵文因明写本,正是藏传因明明盛暗衰的见证。

佛教逻辑传入中国的三个时期实际上是分两条路径走过来的:一条是

汉传因明的路径,一条是藏传因明的路径。从汉传因明来说,除南北朝时期传入的是古因明系统外,唐初玄奘译传的是新因明系统,是陈那早期著作《正理门论》和商羯罗主《入正理论》阐发的以立破为纲的因明。而藏传因明则从一开始传承的就是陈那后期的著作《集量论》以及法称《释量论》等以知识论为主的量学,二者传承的侧重点有着明显区别。

二、因明要义及需要厘清的几个问题

因明是论辩逻辑,所以它采用论证的形式,即先提出论题(宗),再给出理由(因和喻),这就是由宗、因、喻组成的新因明的三支论式,但三支式中的喻支比较复杂,它有同喻体和异喻体,还带着同、异喻依(喻例)。典范的用例如佛家云:“声是无常(宗)。所作性故(因)。诸所作者皆无常(同喻体),如瓶(同喻依);诸非无常者皆非所作(异喻体),如空(异喻依)。”三支论式用于论辩时,即是为他比量(论证);用于自我推度时,即是为自比量(推理)。为自比量是不形之于言语的内心活动,而形之于言语的则是为开悟他人而立的为他比量。

陈那的三支作法以“因三相”为其规则。陈那说因三相云:“又比量中唯见此理:若所比处此相审定,于余同类念此定有,于彼无处念此遍无。”〔1〕但后来商羯罗主对因三相的表述比较通行,其云:“因有三相,何等为三,谓遍是宗法性,同品定有性,异品遍无性。”〔2〕二者所云,含义别无二致。要言之,第一相揭示因法与有法(宗的主项)的逻辑关系,即因法的外延必须周遍(真包含)宗有法。第二相是从正面来揭示因法与宗法(宗的谓项)须具有不相离性(因法被宗法包含,有因必有宗),而这种不相离性,是通过同品(如瓶)来检证〔3〕的,

〔1〕《因明正理门论》,《大正藏》第32卷3a。

〔2〕《因明入正理论》,《大正藏》第32卷11b。

〔3〕检证是在一类事物的部分分子中取得证明(即因明所谓之“定有”),验证则是在一类事物的全部分子中获得证明(即因明所谓之“遍有”)。一类事物若有无穷多的分子,不可能一一考察到,便只能作检证。但检证不排斥验证(定有不排斥遍有)。

同品须兼具因与宗的性质(瓶有所作性,亦有无常性)。第三相则从反面来揭示宗与因的逆否关系(无因必无宗),即因法须与宗法(无常)的异品(如空,空具有常住的性质)毫无瓜葛。具备上述因三相的论式,才是形式正确的论证或推理。陈那的因三相使印度古典逻辑从类比法迈进到了演绎与归纳相结合的高度。

因三相是因明的核心理论,具有普通逻辑知识的人对此并不难理解。但是有些学者却对此有颇多误解,兹举要者言之。

其一,对因三相的主语有误读。我们在解释因的每一相时都指出“因”如何如何,也就是说因三相中每一相的主语都是“因”,这一点千万不能忽视。玄奘大师的译文说:“因有三相……谓遍是宗法性,同品定有性,异品遍无性。”这段话里领头的一句“因有三相”中的“因”是主语,以下三句的主语就承前省略了(当然,古今语法有异,要补上主语的话,并不是在每句话的头上简单补一个“因”字,而是需要改变句式的)。但是有的论者却并未真正理解玄奘的译文,更未正确理解因三相的涵义,却想当然地将第一相的主语说成是“有法”,将第二相的主语说成是“同品”,将第三相的主语说成是“异品”。这样的诠释,搞乱了因三相的理论体系。

其二,认为第二相与第三相不等值。我们认为因的第二相与第三相揭示了因法与宗法之间的蕴涵关系:第二相揭示的是因与宗的充分条件关系(有因必有宗),第三相揭示的是因与宗的必要条件关系(无宗则无因)。而且这两种语句蕴涵又作为一个整体提出来,这就形成了语句间的等值关系,符合异质换位律。但是有的学者却不认为因的第二相与第三相是等值的,他们将第二相解释为“有的宗同品是因同品”(有 p 是 M),这样自然就与第三相不等值了。其实第二、三相用直言命题的公式来表达应该是“凡 M 皆 P”和“凡非 P 皆非 M”,二者等值。在一般情况下,将“凡 M 是 P”说成“有 P 是 M”,只是作了限制换位,表达的角度稍有变化而已,意思却是一样。但是以“有 P 是 M”作为第二相的公式却不正确,因为这是错将宗同品当作了主词,是从宗同品出发来建立公式的。从凡 M 皆 P 可通过限制换位得出有 P

是M,但是从有P是M却推不出凡M皆P。由此可见这不是一个表述上的问题,而是立论角度的误差。如果因的第二相与第三相不等值,那么又如何来揭示宗因之不相离性呢?

其三,认为第二相与同喻不相应。主张第二相与第三相不等值的论者同时认为第二相与同喻不对应,他们将第二相同品定有性的命题形式写作有p是M(PIM),而将同喻体的命题形式写作凡M皆P(MAP),由此得出二者不相应的结论。这明显地篡改了陈那的原意。如陈那云:“然此因言,唯为显了是宗法性,非为显了同品、异品,有性(定有性)、无性(遍无性),故须别说同、异喻言。”〔1〕这就是说,从语言的直观性来说,“因言”只能显示第一相“遍是宗法性”,而难以显示第二相“同品定有性”和第三相“异品遍无性”,所以须“别说同、异喻言”来显示第二、三相。陈那的这番论述,将一因二喻与因三相的关系表述得非常清楚,同时也揭示了二喻的喻体之所以是因的组成部分的原委。由此可见,同、异二喻的喻体实系第二、三相的外化,彼此不可分割。

其四,更有论者认为同喻体是特称命题。他们以陈那说因三相时所云因须“于余同类念此定有”〔2〕为根据。何谓“于余同类”?这是指因法应该在宗有法“声”外另举一个喻依(如瓶)来显示因法定有于宗。这个道理不言自明,就是譬喻总是以乙来喻甲,而不可能以甲喻甲。但是有的论者却将这样简单的道理置之不顾,竟曲解语义,将“于余同类”说成是要“除去”有法,也就是要将有法从喻体中剔除出去,不仅同喻体要剔除有法,异喻体也要剔除有法,同、异喻体竟变成这样两句话:(除声以外,)诸所作者皆无常。(除声以外,)诸非无常者皆非所作。他们并认为,既然在全类中除去其一,那就不再是全称,而是特称。但这种说法与因三相矛盾,因为按照第二、三相建立起来的喻体必是普遍命题。并且陈那虽指出同喻依要在有法(声)

〔1〕《因明正理门论》,《大正藏》第32卷3a。

〔2〕《因明正理门论》,《大正藏》第32卷1b、c。

外另举，但并没有说异喻依也要如此，因为有法声原本不与异品同属一类，何来除外？而且说“同、异品都要除宗有法”，意味着宗有法既是同品又是异品（A 并且非 A）？但这是一个恒假的矛盾命题，不能成立。再说将有法“声”从同品中剔除，又将它从异品中剔除，同品与异品两个集合之间并不存在交集，这有法“声”又将立锥于何处？这不是又成了一个悖论！

其五，有学者认为因三相并非三支论法的规则，而是公理。理由是因明三十三过中的许多过失并非违反因三相所造成。这一观点虽然不正确，但有思考价值，因为它注意到了为一般学者所忽略的三支论法的公理问题，还质疑因三相与三十三过是否具有完全的制约关系（这恐怕也是不少学者心中的疑窦）。对此，我曾撰文详为解析，此处仅作简要说明。〔1〕关于三支论法的公理，陈那有清晰的论述，即“显因与所立（宗法）不相离性”〔2〕。以因法与宗法之“不相离性”为推导的出发点（公理），也即是《墨辩》所说的“以类为推”。陈那将这种因宗不相离的逻辑关系，还表述为“说因宗所随，宗无因不有”，具体来说，即“宣说其因，宗（法）定随逐；及宗（法）无处，定无因故”。〔3〕这与西方传统逻辑演绎推理的遍有遍无公理如出一辙。由此可见，将因三相说为公理乃是一大误解。至于因三相为什么不能完全制约三十三种过失的问题，下文将会说及，此略。

三、因明研究的现实使命及意义

研究因明的学者都有一种使命感，就是要令绝学不绝，重兴于世。具体而言，我认为以下几方面是值得我们去做的，做好了意义非凡。

第一，古文献整理。唐代诸大德的因明文疏散佚严重，亟待挖掘整理。

〔1〕详见拙著《佛教逻辑研究》第十章《公理、规则和谬误性质的探讨》（第472—487页），上海古籍出版社，2013年。

〔2〕《因明正理门论》，《大正藏》第32卷3a。

〔3〕《因明正理门论》，《大正藏》第32卷1c。

如文轨《庄严疏》于20世纪30年代经“支那”内学院学者的努力，依据《续藏经》中所收文轨疏第一卷和赵城《金藏》中署名为窥基的《十四过类疏》，以及藏俊《大疏抄》中大量引录的轨疏文句，整理出四卷本《庄严疏》，这是一个范例，学者长期研读和引述的就是这个文本。后来我在内院本《庄严疏》的基础上，复依据敦煌写本中的文轨《因明入正理疏》上卷和《过类疏》残本，并辑录《大疏抄》中为《庄严疏》漏辑的引文，整理出三卷本《文轨疏》（按经录所记文轨疏为三卷），在恢复其原貌上似进了一步。〔1〕在日释善珠《明灯抄》、藏俊《大疏抄》等著作中都引录了大量唐疏，有志者不妨分门别类地去作一番钩沉爬梳的工作，定可获得丰硕成果。另外，过去我们认为有清一代已无因明著作问世，近年发现康熙时的慧善、乾隆时的吴树虚、嘉庆时的钱林皆有因明著述，都有待我们去深入研判。从事文献整理虽然枯燥烦琐，耗时费力，但在保存和评价古文献上有着深远的意义，亦可为因明研究提供文献依据。

第二，梵文原典的迻译和研究。西藏布达拉宫、罗布林卡、萨迦寺、夏鲁寺等处所藏的大量贝叶经中有不少梵文因明写本，这些梵文写本是藏族众多译师艰辛抄录的遗存。因明文献在印度本土早已基本绝迹，而在我国西藏则保存良好，重要的梵文写本如陈那的《正理门论》、《集量论》、法称的《释量论》等因明七论，以及法称后学的许多释论均较好地保存了下来，这在世界上可以说是独一无二的，亟待我们组织力量去保护、整理、迻译和研究。目前维也纳学派是因明梵本研究的重镇，那里聚集了以斯坦因凯勒（Steinkellner）为首的一大批来自许多国家的学者，研究成果卓著。我想，我国既然拥有世上最丰富的梵本因明写本，理应赶上去，成为另一个梵文因明文献研究的重镇。希望年轻一代的因明学者能挑起这个重任，果真如此，则不仅能大幅度提高我们的因明研究水平，也有利于提升我们在因明研究上

〔1〕 参见拙著《敦煌因明文献研究》校补篇《因明入正理论文轨疏校补》，上海古籍出版社，2008年。

的国际学术地位。

第三,藏文因明文献的迻译和研究。西藏的因明文献很丰富,分为两类:一是古代藏传佛教学者迻译的印度陈那、法称及其后学的因明著作,有六十七种之多,许多重要的因明文献都有藏译本,不少释论性的译本体量往往很大,常见有二、三百万字的巨制。二是藏人所撰的因明释论,清代以前的约有一百八十余种,这是我国又一因明宝藏,亦亟须开发。现在不少高校尤其是民族院校已培养出一批因明专业的藏族硕,博士,他们具有藏语文和汉语文的学术修养,又具备一定的外语能力,应是研究藏文因明文献的主力。据我所知,致力于藏传因明研究的汉、藏学者在藏传因明史和概论性的著述上收获了多项成果,也在藏传因明文献的迻译上作出了一定的贡献,但仍然是任重道远,需要有更多学者投入其中来开发这一宝藏。如果经过若干年的努力能将藏传因明中的重要文献整理并迻译出来,可为梵藏文对勘研究提供文献支持,亦会引发国内和国际学术界产生新的研究贯注点,进一步开拓因明研究的道路。

第四,作比较研究。因明作为世界三大逻辑渊源之一,体系严整,理论丰富,有其自身的特点。以往学者往往将之与西方传统逻辑作比较研究,或与墨辩作比较研究,或以数理逻辑为工具来解析因明,这都是值得肯定的。如果我们将视野再扩展开来,可能在因明研究上会更深入一些。譬如我们将因明的六因理论与西方语言哲学的言语行为理论作比较研究,就会发现,因明的六因理论实际上就是印度中世纪的言语行为理论,但它在时间上要早出一千多年,而且其模型比西方语言哲学的言语行为理论的模型更完整;当然在语义的形式化上印度中世纪的因明家们还做不到。再譬如因三相是否能完全制约三十三过的问题,是为许多因明学者难以解释的问题,但如果以逻辑符号学为工具,从语形、语义和语用三个维度上来审视,问题就可以得到解答。概括地说,因三相只是形式规则,它只能制约三支论式的语形,而三十三过中的许多过失并非形式谬误,而是语义谬误或语用谬误,须由语义规则和语用规则来制约,这些规则陈那也都作了阐明,但没有像因三相那样作专题论说，而是分散作出规定的，故人们误以为只有因三相是因明的规则。而且许多过失往往是两种谬误的交集，并非为单一的规则所制约，导致问题更为错综复杂。经过如上的比较分析，难题就迎刃而解了。由此可此可见，我们必须突破传统研究方法的局限性，吸取西方现代哲学的精髓，作比较研究或借鉴其方法，这将有利于开阔我们因明研究的视野，加深理论思考，也有利于因明研究走上现代化的道路。

我国是因明的第二故乡，有丰富的汉、藏因明研究成果和梵文因明原典的汉、藏译本，并保存着大量在印度早已亡佚的珍贵因明梵典。我们凭借这些已有的优势，在国家扶植偏门绝学政策的鼓励下，必能弥补我们的不足，在重兴因明的道路上迈出大步，做出贡献。多年前我曾写过一首古风，兹录奉作结："因明盛衰事，堪为史之鉴。绝学庆复苏，幸赖诸前贤。今朝期再兴，任重吾侪肩。唯愿后来人，灯灯传无间。"

（原载《中国社会科学评价》2020年第3期）

略评郑伟宏《因明大疏校释、今译、研究》

郑伟宏《因明大疏校释、今译、研究》一书由复旦大学出版社出版。此书大分为二,第一部分是一篇长达四万余字的论文《因明巨擘　唐疏大成——窥基〈因明大疏〉研究》,第二部分是《大疏》校释、今译。郑伟宏在第一部分中的论述基调仍然是"除外说",然展开得比较充分,意在引导读者按照其"除外说"的思路去阅读《大疏》。关于他的"除外说",我另有专文与之商榷,这里仅就其论证不当和疏释舛误之处略举数例以见一斑。

其一,杜撰。如郑君在《研究》中说:"在唐疏中,文轨《庄严疏》是较早明确诠释同、异品必须除宗有法的。文轨说:'除宗以外一切有法俱名义品,不得名同。若彼义品有所立法与宗所立法均等者,如此义品方得名同。'该疏对异品也作了同样的规定。"〔1〕的确,同品是要除宗有法的,文轨也作了如是之诠释,但文轨何尝说过异品也要除宗的话?这岂不是假先贤之名为自己立言么?又如,郑君说:"神泰《因明正理门论述记》还强调以同、异品都除宗有法为前提的九句因中的第五句因,为古因明所无,而为陈那所独创。这又是在替古人捉刀,神泰的《述记》中并无此番言论。"

其二,曲解。郑伟宏曲解窥基《大疏》中的三段文字:①"虽一切义皆名为品,今取其因正所成法。"(卷三页五右)②"此中但取因成法聚,名为同品。"(卷三页二十一左)③"若聚有于宾主所诤因所立法聚相似种类,即名

〔1〕 郑伟宏《因明大疏校释、今译、研究》第12页,复旦大学出版社,2010年。

同品。”(卷三页二十右)他在引述了这三段话后指出:“《理门论》、《入论》关于同品的定义是有所立法,与因正所成无关。这是另立标准。”〔1〕在这里郑伟宏将窥基三段话中的“因正所成法”、“因成法”、“因所立法”一概曲解为“因法”,所以他批评窥基“同品为因正所成”(这里少了一个中心词“法”)的说法。其实因正所成的法就是宗法,郑在批评时有意略去中心词“法”,将“因正所成法”曲解成了“因法”。然后,他又将结论推向极致:“如果说‘因正所成’才是同品,则……九句因不复存在,陈那因明的整个体系都将被推翻。可见,‘正所成’是窥基的错误发挥”〔2〕这是通过偷换概念(将‘因正所成法’偷换成‘因正所成’)并用反证法来反推窥基所犯错误之严重程度。早在1996年出版的《佛家逻辑通论》中郑伟宏就对《大疏》中的上述三段话作了错误的批评,沈剑英在《因明学研究》的修订版中亦曾指出其不当误读,〔3〕然其不知自省,依然故我。这就不是误读而是有意曲解了。又如,郑伟宏将窥基所云“今明一切有宗法处,其因定有”一句,解作“凡宗同品皆有因”〔4〕。他将原句中的“定有”曲解为“皆有”,连因明常识都不顾了。

其三,武断。郑伟宏说:“要证明陈那三支中的同喻体除宗,这只要找到一个实例证明它不是普遍命题就可以了。这就是九句因中的第五句因。第五句因被陈那判定为似因。第五句因的实例是:声是无常,所闻性故,诸有所闻性者,见彼无常,(除声外,缺同喻依),诸是其常,见彼无所闻性,如空。”(按:郑君所述之第五句例舛误甚多。《大疏》原文如下:“同品非有、异品非有”,如声论师对佛弟子立:“声为常,所闻性故,喻若虚空。此中常宗瓶为异喻,所闻性因同、异品中二俱非有。”)郑君接着分析说:“在上述的比量中,不

〔1〕《因明大疏校释、今译、研究》第62页。

〔2〕同上,第63页。

〔3〕参见《因明学研究》[修订本]第77页注解①,东方出版中心,2002年。又,《佛教逻辑研究》第293页注解①,上海古籍出版社,2013年。

〔4〕参见郑伟宏《因明大疏校释、今译、研究》第24页,复旦大学出版社,2010年。

缺同喻体诸有所闻性者见彼无常（系“是常”之误），如果不除宗，则此同喻体等于声是无常（系“常”之误）……如果除宗，则此同喻体的主项是空类。”〔1〕九句因中的第五句本来就是似因，此例旨在揭示如果在宗有法外举不出同品，就违反了因的第二相。郑君将第五句中同品非有的情况引作反证喻体也要除宗有法的论据，显然是移花接木，即将“同品非有”，转换成了“有法非有”。同品非有是指以“所闻性”为因，在有法“声”外举不出同品来；而郑伟宏所说的“有法非有”是指“所闻性”因已排除了有法“声”。但事实是有法“声”并不会因“同品非有”而非有，它依然存在于“所闻性”的外延之中，由此，“所闻性”怎么可能变为“空类”呢？郑君说“只要找到一个实例证明它不是普遍命就可以了”，这第五句例本来就是个似因，似就似在它举不出同品来，举不出同品的同喻体就不可能是普遍命题，因为普遍命题的主项应是一个普遍概念，普遍概念至少包含两个的子概念，第五句例中“所闻性”与“声”是同一关系的概念，以“所闻性”为喻体的主项，自然举不出同喻例来，这就不成其为普遍命题了，所以成了同品非有的似因，但它仍不失为是全称命题（即使以单独概念、专名为主项的命题也是全称命题）。郑君大概将普遍命题与全称命题混为一谈了吧！

其四，错判。《大疏校释、今译、研究》的《附录》中收有《因明入正理论后序》和一段未具名的另篇文字，郑伟宏未加细审便将二者连为一体，并错判其作者为明浚，且未加考证说明。对此沈剑英在《〈因明入正理论后序〉考辨》一文中指其为错判，理由有三：第一，《后序》文末有“银青光禄大夫行左庶子高阳县开国男臣许敬宗奉诏监译”的落款，落款中的“臣”字是臣下对皇上的自称，说明《后序》乃是许敬宗呈皇上御览之作。郑君大概将“高阳县开国男臣”当作了官职，不知“臣”乃自我指代之词。在唐代，史籍中称开国公、开国侯、开国伯、开国子、开国男者比比皆是，是一种爵位，其后均无“臣”字。第二，接抄在《后疏》之后的七十三字另篇文字的作者未具名，古人传抄时将

〔1〕 参见郑伟宏《因明大疏校释、校释、研究》第18—19页。

此另篇文字误接在许敬宗落款之后，但就其内容来看，可知《后疏》应写于玄奘译出《因明入正理论》不久，而这段另文则写于数年后才会有的“笔记玄章，并行与世”的时期。第三，《后疏》的文风与另篇文字截然不同。许敬宗久居庙堂，习用庙堂套语；而接抄在《后疏》之后的另篇文字则没有庙堂套话，文字清新素朴、显与前文风格有异。〔1〕

其五，误读。《大正藏》所收的《因明入正理论后序》原用句读号断句，虽然时有误读之处，但并不显眼。《大疏校注》的编著者改用新式标点对《后序》重新断句以后，不仅承袭了原句读号断句的误读之处，还增加了新的错讹，令人不堪卒读！兹举四例以辨其谬。〔2〕

> 例一：“昔应符道树，兹义备焉。登庸鹿林，斯风扇矣。六师稽首而卷舌，十仙请命以知归，非夫？灵曜寝光，邪津鼓浪，同恶孔炽，实繁有徒。”

在这段文字中，“非夫”之前的一句没有句断，“非夫”之后加了个问号（意即“不是吗?”），似乎是对前两句所述内容的诘问。但这样一来整个句子的逻辑关系就变得不好理解，因为“六师稽首而卷舌，十仙请命以知归”乃是正面陈述，并无人对外道六师、十仙服膺乃至皈依佛陀的事提出怀疑，此处突然冒出一个“非夫?”来，岂非没头没脑，无的放矢？其实，“非夫”与上句并无关系，而是领属下句的成分，其前之“十仙请命以知归”应该句断。“非夫灵曜寝光，邪津鼓浪”合成一句，此时“夫”处于句中，就不再是表诘问的语助词，而是指示代词了，相当于“那”，意为并非那阳光寝息了（并非暗无天日），也并非那些邪说掀起了风浪，“非夫”的领属作用就终止于此。接下来语气一转，指出“同恶孔炽，实繁有徒”，意谓：但是邪说炽盛，犹如盗贼充

〔1〕 参见拙文《〈因明入正理论后序〉考辨》一文中的“三、《后序》作者考”，《觉群佛学》（2013）第23—24页，宗教文化出版社，2004年。

〔2〕 以下所举四例，均见《因明大疏校释、今译、研究》第764页，复旦大学出版社，2010年。辨析其断句谬误的文字，全部引自拙文《〈因明入正理论后序〉考辨》一文中的“三、断句辨谬”，《觉群佛学》（2013）第24—26页。

斥于闹市。以此来说明世亲和陈那倡导因明之由来。当然,这是“非夫”句之后的意思,但于此可见其语言层次之有序展开。

例二:“所以世亲弘盛烈于前,陈那纂遗芳于后。扬真殄谬,夷难解纷,至矣!”“神功备详余论,粤有天主菩萨,亚圣挺生,博综研详,聿修前绪。”

在此例中,“至矣”的后面居然加了个叹号,并以此作为一个段落的结尾,这显然是欠妥的。当然,这里的错误是承袭了《后序》原句读中的错误,但用叹号点断并成段落的末句,问题就显得更加突出。其实此例不应分为两个段落,“至矣神功”原系一句,岂能身首分离,列在两段之首尾?“至矣神功!”是主谓倒装的变次句,虽非常格,然在古文中并不乏见。如《论语·述而》:“甚矣吾衰也!久矣吾不复梦见周公!”一口气用了两个主谓变次句。“矣”是个语气词,常置于句末表感叹。但在主谓倒置句中,“矣”字处于句中,故“矣”字的身后不能加叹号,这叹号应移至句末。从形式上看,“矣”的感叹中心是“至”,而实际上它的感叹中心乃是“神功”。“至矣神功!备详余论。”意谓因明所具的神奇力量至高至深,这高深的道理备详于余论。于是接下来着重叙说了天主对因明的贡献。世亲、陈那、天主一脉相承,应合为一段陈述,不宜分为两段,更不该将“至矣神功!”句腰斩拆分。

例三:“嗟乎!圣迹绵远,像教陵夷。未尝不临讹文以喟然,抚疑义而太息。”

在此例中,“嗟乎!”之后的四句话用了两个句号来句断,好像“嗟乎”止于第一个句号,与以下两句无关,实际情况显然并非如此。“嗟乎”是古文中常见感叹词,常用在句首作感慨的发端,“嗟乎”之后可用逗号或叹号点断,感叹所披及的句子末端须用叹号断句,以与“嗟乎”呼应。从上例文义来看,“嗟乎!”的感慨所披,应及于其后的四个句子,故应作如下标点:“嗟乎!圣迹绵远,像教陵夷,未尝不临讹文以喟然,抚疑义而太息!”其中“嗟乎”处亦可改用逗号,但句末必须用叹号,整个感叹句不宜出现句号。

例四:“行达北印度迦湿弥罗国属。大论师僧迦耶舍,稽疑八藏,考决五乘。”

此例的问题出在“国属”处,尤其是“国属”后的句号,句得很盲目。将“国属”勉强凑合在一起,好像是指国之界或国之属地,但玄奘已经行至北印度境内的迦湿弥罗国,再用一个“属”来明确地界并无必要。再说将“属”字断在上句,下句的动词谓语就没了着落,只剩下“大论师僧迦耶舍”这个名词性偏正词组,不成句子。难道是“大论师僧迦耶舍”在“稽疑八藏,考决五乘”?显然不是。所以此处的盲目断句,搞乱了上下文的逻辑关系。需要指出的是,《后序》原句读号在此并未出错,是《大疏校释》的编著者断错了句子。其实,“属”字应是下一句的谓语,“属大论师僧迦耶舍”是省略了主语的动词谓语带宾语的句子,其承前省略的主语是“玄奘”,“属”是依止的意思,“僧迦耶舍”是梵名 Saṁghayasas 的音译,即大论师众称,亦译僧称。上例数句意谓,玄奘行至北印度迦湿弥罗国,依止大论师僧称稽疑考决。“八藏”“五乘”在这里只是泛指稽疑考决的内容之广。

点校古籍并非易事,更是一件十分严肃的事情,点校者须对文本有所理解,对句式有所把握才能着手点校。但是从郑君对《后序》的标点来看,犹如盲人指途,自己尚未摸清方向,却要助他人识途,岂非失诸草率?

(原载《近现代中外因明研究学术史》第二编,上海书店出版社,2023 年)

因明六因理论辨析

一、因明之六因理论由三藏法师玄奘首传我国

因明的六因理论源于生、了二因。生因又衍生出三个要素，即言生因、义生因和智生因。了因也衍生出三个要素，即言了因、义了因和智了因，这就是“六因”。六因是生、了二因的具体化，组成了论辩的六元语用模型。由于六个要素之间存在着多重的因果关系，所以因明赋以“因”的名称，这个“因”所指称的概念，不同于狭义的因概念（三支论式中的因，即理由），也不同于宽义的因概念（即因和喻组成的前提）。狭义的因和广义的因均属语法（语形）的范畴，而由生、了二因衍生的“六因”，则属于语用的范畴。

将生、了二因引入因明，始见于世亲《如实论·道理难品》，如云：

> 因有二种：一生因，二显不相离因。……我说因不为生所立义，为他得信，能显所立义不相离故。立义已有，于立义中如义、智未起，何以故？愚痴故，是故说能显因，譬如已有色，用灯显之，不为生之。〔1〕

在这段论述中我们可以看到，世亲虽说及生因与显因（了因），然尚未将生、显二因视为立敌对待的二元关系，而是将生因视作由此生彼的事物因，而将显因视作由此及彼的逻辑因，所以其着重点落在显因上面。世亲所说的显因，其主要功能在“为他得信，能显所立义不相离故”，这显然是将立论

---

〔1〕《大正藏》第32卷31c。

者所持的理由(因)看作就是"言因"了;而他所提及的"于立义中如义、智未起",这"未起"的"义、智",当即"义了因"与"智了因"之谓。如此,世亲所说的"显因",既包含了立论者的"言生因",亦包含了敌论者和证义者的义了因与智了因。所以世亲的显因不仅只是一种狭义因论,而且实际上是生、了混淆的。这说明世亲尚未完构六因的概念。

世亲的门人陈那对生、了二因亦有所论及,从其散见的论述中可知,他对生、了二因的阐发似已跳出狭义因论的藩篱,而倾向于语用层面的阐发。如《正理门论》云:

> 今此唯依证了因故,但由智力了所说义,非如生因,由能起用。〔1〕

在这段话里,陈那已将了因与生因对举,从"但由智力(智了因)了所说(言生因)义(义生因)"一句,可以推知陈那指谓的当是立敌对待的二元关系。但他没有对生、了二因作出界定。不过他在判定"至非至相似"和"无因相似"这两种过类时又提及言生因、智生因和义生因等三个要素。如云:

> 又于此中有自害过,遮遣同故。如是且于言因及慧(智生因)所成立中有似因阙、于义因(义生因)中有似不成;非理诽拨诸法因故,如前二因于义所立俱非所作、能作性故,不应正理。〔2〕

此谓敌论者的难诘有自害过,当敌论者指斥他人有"至非至"和"三时无因"过时,其实也会反过来危害到自己。陈那并进一步指出,难破者在立论者以正确的论式(言生因)和推求决定的智慧(智生因)所成立的论证中横加诘难,说它有阙因过,又对论式所表达的意义指为有不成因过,这些都是不正确的诘难。但这些涉及生、了二因及其衍生要素的论述均系零星的表述。不过从陈那的零星表述可知,六因理论在陈那创立新因明时当已有其雏形。而且陈那对六因理论并未作系统论述,说明陈那只是使用六因的概

〔1〕《大正藏》第32卷1b。又,参见拙释《因明正理门论译解》Ⅰ-2-2c,中华书局,2007年。

〔2〕《大正藏》第32卷5a。又,参见拙释《因明正理门论译解》Ⅱ-2-13B。

念来阐说。六因理论可能在陈那以后又逐渐发展起来,其过程虽文献不足征,难以考定,但也并非无迹可寻,因为从玄奘大师传回的六因理论来看,较之陈那所述要具体而且完整,说明其间应该存在一个发展的过程。

将六因理论首传于我国的是玄奘大师,他西游十七年,转学多师,且积累了丰富的论辩实践经验。他对生、了二因及其衍生的六因理论当是了然的,所以他在译场或丈室中向门下弟子讲授及此,这从其门人所撰的因明疏记均有六因的内容可知。如神泰、文轨、窥基、玄应及“员外弟子”定宾等师都有关于六因的诠释,当均系依据玄奘口义而来。正是由于玄奘对六因理论作了阐释,复由其门下大德的传述诠释,六因理论才不致湮灭无闻(六因理论不见于其他文献)。

二、奘门诸师对六因理论诠释之同异及其价值

奘门诸师诠释的六因理论,虽同禀玄奘口义,然由于各人的体悟不同,故各家所云颇有差异,详略不一。其中神泰、文轨和窥基的诠释体现了奘门大德在不同阶段的研习程度。如神泰的《因明正理门论述记》,撰成于因明初传阶段,此书在诠释生因和了因时就未能正确地概括玄奘所传述的六因理论。如云:

> 因者,有其二种:一者生因,二者了因。今此所辨,正说了因,兼辨生因。就了因中复有三种:一者义因,谓是宗法所作性义;二者言因,立论之者所作性言;三者智因,诸敌论之者及证义人解前义因及言因,心心数法,通名为智。此之三因,并能显照“声无常”,如灯照物,故名明也。〔1〕

从神泰所述的三种了因来看,似与世亲所云不异其趣:第一,其了因乃指狭义的因,即“所作”因。第二,其所谓的了因却包含了立论者的言因,即言生因。第三,在生、了二因中,以了因为正,以生因为兼。这与其后的文轨

〔1〕《大正藏》第44卷77a。

和窥基的传述差异颇大,也就是说,神泰的诠释与玄奘所传的六因理论有所不符。

文轨也是玄奘大师的入室弟子,其所著《因明入正理论疏》(后世称之为《文轨疏》或《庄严疏》)为唐代早期因明论疏的代表作,当撰于神泰的《述记》之后。他在这部疏中较为具体地记述了玄奘所传的六因理论,如云:

因有二种:一、生因,如种生芽等;二、了因,如灯照物等。生因有三:一、言生因,谓立论者以立因言能生敌论决定之解,故是生因,故此论(按即《入正理论》)云:"由宗因喻多言开示诸有问者未了义故。"二、智生因,即立论者发言之智、生因因故,名为生因;又远生他解,亦名生因。三、义生因,即立论者言所诠义,生因诠故,名为生因;又为境能生敌论解故,亦名为生因。此释既以敌论了宗智为果,故言是正因,智、义依诠,通名因也。故《论》唯云"由宗因喻等多言开示问者",不言智、义能生他解。……了因亦三:一、智了因,谓敌论者有解所作等智故,便能显了无常等义,故是了因。故《理门》云:"但由智力了所说义。"二、言了因,谓由因言了所说义,故名了因;又敌论者了宗之智,正是了因。立者言说能生此智,了因因故,亦名为了因。故《理门》云:"若尔既取智为了因,是言便失能成立性。此亦不然,令彼忆念本极成故。"三、义了因,谓以有所作等义,故能显无常等宗。故《理门》云"如前二因,于义所立"也。又敌论智正是了因,其所作义是了因境,亦名了因。〔1〕

这一大段疏文为我们提供了多个重要信息:第一,文轨列出了六因的全部名目,即由生因衍生出来的言生因、智生因和义生因,由了因衍生出来的智了因、言了因和义了因。第二,文轨还对六因作了诠释,令我们对六因的涵义有了初步的认识。其中最为重要的是他在诠释言生因时引用了《入正

〔1〕《庄严疏》卷一页十二左右,内院本,1934 年。又《卍续藏经》第 53 册 683c、b。

理论》所说的“由宗因喻多言开示诸有问者未了义故”，这当是记于奘师口授时所引。这一引文给予我们极大的启示：所谓“言生因”，应该是“由宗因喻多言”组成的整个三支论式，而不应该局限于三支论式中的因支（狭义的因）。第三，正由于此，我们可以断定，文轨对其所引《入论》的这句话并未真正理解，他仍然是从狭义因论的角度来给出解释的，也就是说，文轨只是将六因之“因”视作三支论式中的因，与他所记引的“由宗因喻多言开示有问者未了义故”的原义相去甚远。

窥基对六因的诠释取自文轨疏者颇多，但有重要的区别。《大疏》云：

因有二种：一生二了。如种生芽、能别起用故，名为生因。故《理门》云：“非如生因，由能起用。”如灯照物，能显果故，名为了因。生因有三：一言生因，二智生因，三义生因。言生因，谓立论者立因等言，能生敌论决定解故，名曰生因。故此前云：“此中宗等多言名为能立，由此多言开示诸有问者未了义故。”智生因者，谓立论者发言之智，正生他解，实在多言，智能起言，言是因因，故名生因。义生因者，义有二种：一、道理名义；二、境界名义。道理义者，谓立论者言所诠义，生因诠故，名为生因。境界义者，为境能生敌、证者智，亦名生因。根本立义，拟生他解，他智解起，本藉言生，故为正生，智义兼生摄。故《论》上下所说“多言”，开悟他时名能立等。智了因者，谓证、敌者能解能立言，了宗之智，照解所说，名为了因。故《理门》云：“但由智力了所说义。”言了因者，谓立论主能立之言，由此言故，敌、证二徒了解所立，了因因故，名为了因，非但由智了能照解，亦由言故照显所宗，名为了因。故《理门》云：“若尔既取智为了因，是言便失能成立义。此亦不然，令彼忆念本极成故。”因喻旧许，名本极成，由能立言，成所立义，令彼智忆本成因喻，故名了因。义了因者，谓立论能立言下所诠之义，为境能生他之智了，了因因故，名为了因。亦由能立义成自所立宗，照显宗故，亦名了因。故《理门》云：“如前二因，于义所立。”立者之智，久已解宗，本生他解，故他智解，正是了因。言、义兼之，亦了因摄。分别生、了，虽成六因，正

意唯取言生、智了：由言生故，敌、证解生；由智了故、隐义分显，故正取二为因相体，兼余无失。〔1〕

从窥基的这一大段论述中可知，他与文轨最大的不同点在于文轨囿于狭义因论，窥基则持宽义因论，即认为六因之“因”乃论证中的前提部分，亦即因和喻，所以他在释言生因时强调的是“立论者立因等言”，这个“等”字就将喻包括在六因之“因”中了。窥基这么说是依据商羯罗主《入正理论》所云“由宗、因、喻多言，开示诸有问者未了义故”的论断。陈那在《理门论》首颂中也说“宗等多言说能立”。商羯罗主所云与陈那所说别无二致，这一点窥基也是清楚的。但《理门论》与《入论》说的“多言”指的是宗，因、喻三支齐全的整个论证式，而窥基说的却是“立因等言”，是以一因二喻为“多言”的，这与《理门论》、《入论》的原旨就不甚一致了。其实一因二喻只能算作二支（同喻和异喻合为喻支），不能称作“多言”（三数以上才称“多言”）。与“多言”相应的“能立”，即是立论者建立的三支论式。固然，“能立”有二义：一指由宗因喻组成的整个论式，即是因明八门中所说的“能立”；二指由因和喻组成的前提，这个“能立”（因和喻）与“所立”（宗）相对。窥基在这里所谓的“能立”即指前提而言，所以他会说“由能立（因和喻）言，成所立（宗）义”，将“能立”（因喻）与“所立”（宗）对举。这一方面说明他已跳出狭义因论的藩篱，是从宽义因论的层面上诠释六因的；另一方面也表明他尚未真正理解陈那和商羯罗主的原意，尚未把握住语用意义上的因。

不过窥基的宽义因论对我们来说具有启示作用，它引导我们从更高的维度上去思考：按《入论》所说，“多言”也罢，“能立”也罢，都是指的整个论证式，即包括前提（因喻）和结论（宗）在内的完整论证。这是从立论一方来说的，也就是生因一方。而敌论者听到立论者的论证并由此知晓立论者的主张，这就是了因。生因和了因都是就整个论证而言的。从生因到了因其实是一个立敌论辩的施受过程。窥基曾明确指出：“有果不同，疏成生、

〔1〕《大疏》卷二页十六右—十七左，《大正藏》第四十四卷101b—102a。

了。……体异便成立、敌二。”〔1〕六因理论就是对这一施受过程的高度概括。

三、六元语用理论及其模式

由于时代的局限，奘门诸师还不能完全从语用范畴来理解六因之“因”，但文轨尤其是窥基在诠释六因间的关系时初步概括出了论辩的六元语用理论及其模型。在此基础上，我们试将六因置于语用的维度上重加审视。

在立敌对诤的语境中，从立论者立量论证到敌论者了悟对方的主张，整个施受过程包含六个要素，这就是所谓的六因。从立论者一方的论证亦即生因来说，首先是要建立论式来论证自己的主张，这就是言生因。在这里我们需要再次强调，按照《入论》所云“此中宗、因、喻多言名为能立，由此多言开示诸有问者未了义故”的论述，言生因绝非狭义的因（因支），亦非广义的因（因和喻），它是指整个论证式，这一点决不能混淆。澄清了这一点，六因的语用意义也就昭然可鉴了。言生因是论辩的施受过程中最主要的元素，因为语言是思维的载体，论者的主张必须通过言语来论证才能使论敌领悟。第二，立论者所立比量的每一句话语都有其意义，意义有两种：一是道理名义，一是境界名义。道理名义即言语所诠之抽象意义，境界名义即言语所陈之具体意义。整个比量的涵义即是义生因。第三，立论者的论证是受其“发言之智”支配的，“智能起言”，立论者提出论题并加以论证的智慧就是智生因。言生因、义生因、智生因是组成生因的三个要素。再从敌论者一方所听受到的信息亦即了因来说，也包含了三个要素，即言了因，义了因，智了因。所谓言了因，就是敌论者所听到的立论者论证的话语；所谓义了因，就是其听到的话语所涵之义；所谓智了因，就是敌论者了悟立者论证的智慧。上述三种生因和三种了因构成论辩中语言交际的六元理论和模型。

〔1〕《大疏》卷二页十八左，《大正藏》第四十四卷102a。

我们将三种生因按言、义、智的次序列出；同样，三种了因亦是按言、义、智的次序来排列（窥基有时亦称“言、义、智”）。这是因为以言立论，是论辩的首务，无论是立论者的施出还是敌论者的接受，都是通过论辩语境中的话语来交流的，所以文轨与窥基也都将言生因放在首位。接下来便是论辩语境中话语所蕴含的意义了，话语是载体，意义是内容，二者紧密相连，放在一起说比较恰当。立论者的话语及其意义都产生于论者的智慧，所以归根到底，智生因是原因，义生因与言生因是其结果。如此，生因中言、义、智的排列是先果后因的次序。再看三种了因，言了因是敌论者所听到的立论者的言论，义了因是敌论者领会的立论者所说话语的意义，智了因是敌论者从而了悟的智慧。其中言了因与义了因是智了因的原因，智了因则是言了因与义了因的结果，这是由因及果的次序。其实排列的次序只是技术问题，只需有利于记忆即可，重要的在于分清生、了二因及其六种要素间的因果关系。六因间具体的因果关系如下：

从生、了二因来说，生因是了因的因，了因则是生因的果。从六因间的关系来说，智生因是根本的因，由智生因产生义生因与言生因。从言生因与义生因来看，二者具有双重的因果关系：从言语显了意义来说，言生因是显了因，义生因为显了果；从意义导生言语来说，义生因是能生因，言生因是所生果。言、义二生因与言、义二了因又具有因果联系：从义生因到言生因导出言了因和义了因，后者是前者的果。这一因果链的终端是智了因，智了因是论辩过程中言语传输的结果。这一因果链构成论辩的六元语用模式：

智生因→义生因→言生因→言了因→义了因→智了因

这是成功论辩的六元语用模式。这一模式是直观的、简洁的，它只从施受关系上来揭示话语发出和接纳的施受过程，而暂时排除了传输过程中必须遵守的规则。

这里还需要澄清一个问题，即在上述由生、了二因衍生出来的六因中，言生因与言了因、义生因与义了因是否等同呢？窥基认为言生因与言了因是一体的，义生因与义了因也是一体的。如云：

> 得果分二(生因与了因),约体成四(言生因=言了因,义生因=义了因,加上智生因和智了因,故唯四体),据类有三(言、义、智),望义为六(六因)。……问:何故六因,体唯有四?答:顺果别,分成六因;立者义、言,望果二用(立者的言、义,即敌者所了知的言、义),除此无体,故唯有四。〔1〕

窥基将言生因与言了因视为一体,将义生因与义了因也视为一体的论断,实乃误断。实际上,立论者所说的话语与敌论者听到的话语不一定完全相等,因此其所领解的话语含义亦会有所差异;尤其是在复杂的理论语境中,听受者甚至会不解或误解对方的言论。兹举数例以明之。例一,《遮罗迦本集》第44目所列负处的第一种便是"不了知":"许多人都已知解,他却不了知。"〔2〕这种过失在《方便心论·明负处品》里称为"众人悉解而独不悟。"〔3〕《正理经》V-2-17经则称之为"不知",并说:"不了解就是不知。"富差耶那《正理经疏》V-2-17经疏解释说:"意思尽管听众已了解,对方也已作了三次说明,而他仍不解,这就是不知的负处。"〔4〕世亲《如实论·堕负处品》也列有此过,名为"不解义",释云:"若说立义大众已领解,三说有人不解义,是名不解义。"〔5〕以上引例为敌论者完全不解立论者之言的极端例子。例二,世亲《如实论》列有"非处说堕负"的过失,世亲指出这有两种情况:一种是"他不堕负处说言堕负",另一种是"显他堕负而非其处"。〔6〕尤其是这第二种情况,更揭示出听受者未能深刻理解对方的言论从而抓不住要害。由此,言生因与言了因、义生因与义了因均不应视为一体。六因语用模式中的每一个节点,都是其因果链当中具有独立意义的要

〔1〕《大疏》卷二页十八左—右。《大正藏》第44卷102a。

〔2〕参见《遮罗迦本集》第44目负处的"不了知"。《遮罗迦本集》第三编第八章是印度现存的最古老的逻辑文献,我于1997年译出并作诠释。

〔3〕参见《大正藏》第32卷26c。

〔4〕《正理经》是古印度婆罗门教正理派的根本经典,我于1984年译出,并在第五卷的部分经文的注释中附译了富差耶那《正理经疏》的疏文。

〔5〕参见《大正藏》第32卷35c。

〔6〕参见《大正藏》第32卷35c—36a。

素,它们是六元关系,而非“四体”的形态。

四、六因理论与言语行为理论之比较

言语行为理论是20世纪50年代英国语言哲学家奥斯汀(J. L. Austin,1911—1960)首先提出来的,他的学生、美国语言哲学家塞尔(J. R. Searle,1930—)后来修正和发展了言语行为理论,并为欧美语言哲学家们所肯定。这一理论与印度中世纪的六因理论有许多相似之处,在这里有必要作一些基本的分析。

第一,言语行为理论是将说话视作人的一种行为,这种行为不是以词语或句子为基本单位,而是以施行一次言语行为为基本单位的。这与六因理论以一个论证式(包含宗、因、喻三支)为基本单位颇为相似。而且六因理论所刻画的从生因到了因的传递模式,实际上也是揭示了语言交际的一种施受行为,所以六因理论实际上就是印度中世纪的言语行为理论,它比欧美的言语行为理论要早一千五百余年。

第二,奥斯汀将言语行为分为三种:语谓行为、语旨行为、语效行为。所谓语谓行为,就是说话者S在语境C中对听话者H说出表达完整意思的一串话语“U(FA)”来,也就是说,语谓行为就是发布了一串言语表达式。所谓语旨行为,就是S在语境C中说出的一串话语“U(FA)”中所表达的意义U(FA)。所谓语效行为就是说话者S通过语谓行为表达了自己的语旨用意以后,对听话者H所产生的影响,亦即所获得的效果。奥斯汀的言语行为三分法,大体上可对应于六因理论中的言生因、义生因和智了因,即语谓行为相当于言生因,语旨行为相当于义生因,语效行为相当于智了因。至于六因中的智生因、言了因和义了因,在言语行为理论中就无所对应了,因为言语行为理论持使用论的语义观,奥斯汀认为“说什么也就是做什么”,所以他们将说与做视为一体。这意味着说话者说出来的一番话语,就是听话者所听到的话语,二者并无不同,所以语谓行为与语旨行为均不需要从施受关系上作进一步地区分。将说话者的话语视作就是听话者所了悟的,显然不恰当,这与窥基的“立者义、言,望果二用”的说法如出一辙,这一点我在上面已举例作了说明,此不赘言。因明的六因理论既从论辩时立敌对待的施受关系中将言生因、义生因与言了因与义了因相对,表示言生因与言了因、义生因与义了因在施受过程中不一定是完全一致的。就因明的六因与言语行为理论的三分来说,六因之分更合乎语言交际的实际情况。

第三,言语行为理论以语旨行为(义生因)为核心,而六因理论则以言生因(语谓行为)为主要元素,这是因为,言语行为理论以社会交际中的言语为研究对象,而六因理论则以论辩双方的言语交锋为研究对象。由此,塞尔对交际语境中的话语,按说话者对命题的态度,亦即附在命题上的思想感情,将语旨行为分为断定式、指令式、许诺式、表达式、宣告式等,因明的六因理论则无须作这样的分类,因为在论辩的语境中,只有断定式一种情况。而且论辩中必须以简洁明白的话语来论证自己的主张(能立)或破斥对方的主张(能破),所以言生因具有首要的地位。

第四,言语行为理论虽然给出语效的概念,但在阐发上并不充分,奥斯汀和塞尔似乎觉得说话者的语旨行为与其语效行为应当是相应的。所以他们注重语旨行为的分类,注重分析语旨行为的恰当性条件及其对意义的影响,而忽视对语效行为的深入研究。而六因理论虽以言生因为主要元素,然其终端却是智了因,因为论诤以悟他为目的,言生因是悟他的因,智了因则是由此了悟的果。

言语行为理论构建的实际上是一个语旨(语义)逻辑系统,它在对语旨行为的分类以及形式化上作出了很大的贡献,这是值得肯定的,也是因明六因理论无法与之比拟的。不过这也并非是六因理论的短处,六因理论探索的是论辩中的施受模式,重点在以言悟他的施受过程,无需对义生因(语旨)作过细的刻画;而且由于六因理论产生于一千五百多年前,受时代的局限,未能在形式化上作出建树,这是可以理解的。

因明之六因理论作为印度中世纪的言语行为理论,是值得我们深入探析的。

(这是我在北京大学宗教系主办的“因明论坛”上所作的学术报告)

附：北大因明论坛｜沈剑英主讲《因明六因理论辨析》

人文宗教研究

2018.8.24

主讲人：沈剑英先生

86岁高龄的沈剑英先生，精神矍铄，声若洪钟，是我国最著名的因明学专家之一。2018年6月22日晚，老先生应“北大因明论坛”之邀，专程从上海赶到北大哲学系、宗教学系，在学术界众多粉丝的期待中，发表该论坛第二讲“因明六因理论辨析”。北大因明论坛，由北京大学宗教学系主办，北京大学佛学教育研究中心承办。因为沈先生的到来，原本一个很抽象的讲座，竟把北大哲学系最大的会议室变得座无虚席。

沈先生是华东师范大学教授，他对因明六因理论的研究始于早年所著《因明学研究》一书。他认为，因明中的“因”有狭义、宽义和语用三方面的意义。狭义的因概念即三支论式中的因，即理由；宽义的因概念即三支论式中由因和喻组成的论证前提；因明六因理论中的“因”则是从语用的角度来说的，是语用意义上的“因”，指由宗、因、喻三支组成的整个论证在论诤中的施受过程。六因源于佛教的生因和了因。在《大般涅槃经》中说：“因有二种：一者生因，二者了因。能生法者名生因；灯能了物，故名了因。”后来引入因明，用以指谓论辩中立敌对待的二元关系。生因又衍生出三个要素，即言生因、义生因和智生因。了因也衍生出三个要素，即言了因、义了因和智了因，这就是所谓的“六因”。六因是生、了二因的具体化，组成了论辩的六元语用模型。因明的六因理论是由三藏法师玄奘首传我国的，在唐代文献中奘门弟子对此有所阐发，但在国外（除古代日本）尚未发现对因明六因理论的文献和相关研究。唐代三藏法师玄奘译出一批因明著作之后，使中国成为因明的第二故乡。在汉传因明发展史上，六因理论是因明播种在中土大地之后所结出的重要成果之一，亦是汉传因明的重要特色之一。

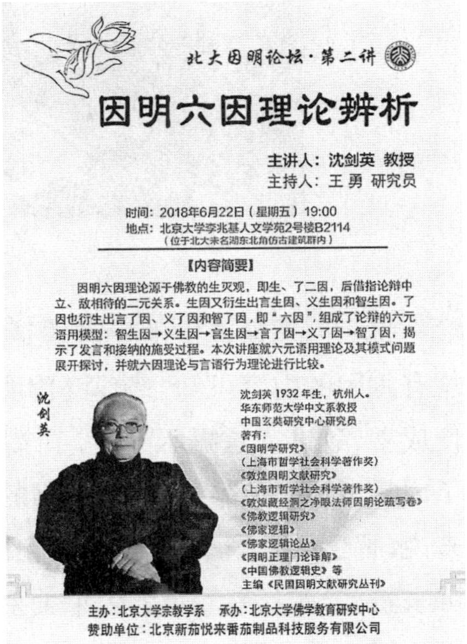
北大因明论坛·第二讲
因明六因理论辨析
主讲人：沈剑英 教授
主持人：王勇 研究员
时间：2018年6月22日（星期五）19:00
地点：北京大学李兆基人文学苑2号楼B2114
（位于北大未名湖东北角仿古建筑群内）
【内容简要】
因明六因理论源于佛教的生灭观，即生、了二因，后借指论辩中立、敌相待的二元关系。生因又衍生出言生因、义生因和智生因。了因也衍生出言了因、义了因和智了因，即“六因”，组成了论辩的六元语用模型：智生因→义生因→言生因→言了因→义了因→智了因，揭示了发言和接纳的施受过程。本次讲座就六元语用理论及其模式问题展开探讨，并就六因理论与言语行为理论进行比较。
沈剑英
沈剑英 1932 年生，杭州人。
华东师范大学中文系教授
中国玄奘研究中心研究员
著有：
《因明学研究》
（上海市哲学社会科学著作奖）
《敦煌因明文献研究》
（上海市哲学社会科学著作奖）
《敦煌藏经洞之净眼法师因明论疏写卷》
《佛教逻辑研究》
《佛家逻辑》
《佛家逻辑论丛》
《因明正理门论译解》
《中国佛教逻辑史》等
主编《民国因明文献研究丛刊》
主办：北京大学宗教学系 承办：北京大学佛学教育研究中心
赞助单位：北京新茄悦来番茄制品科技服务有限公司

沈剑英先生在前人的基础上对六因理论作了深刻的辨析和推进，他在讲演中认为，世亲《如实论》中说“因有二种：一生因，二显不相离因”，已经涉及二因的论述，但并没有将生因、显因视为立敌对待的二元关系，而是将

生因视作由此生彼的事物因,而将显因视作由此及彼的逻辑因,所以其着重点落在显因上面。世亲的门人陈那对生因、了因的论述散见于其著作中,尤其是在《因明正理门论》中,陈那已将了因与生因对举,但他并没有对生因和了因作出界定,不过从他关于二因的表述中,六因理论在陈那创立新因明时已有雏形。六因理论在陈那以后当又有发展,但文献不足征,难以考定。

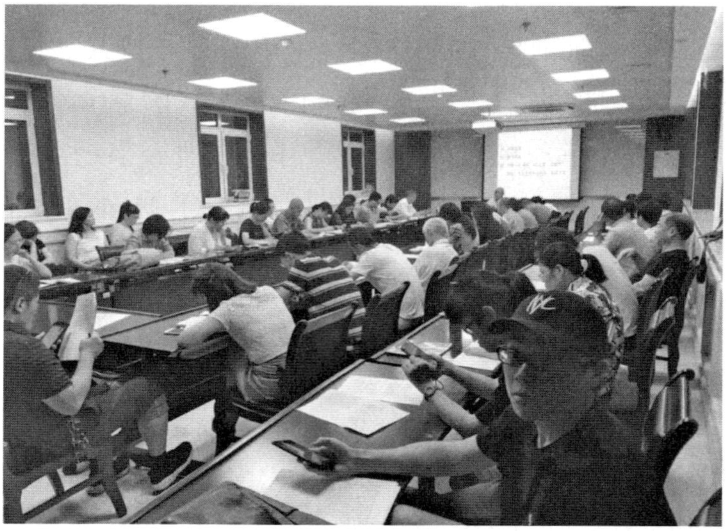

讲座现场

将六因理论首传于我国的是玄奘大师,这从其门人所撰写的因明疏记均有六因的内容可知。窥基《因明大疏》云:“有果不同,疏成生、了……体异便成立、敌二。”这揭示了生,了二因指谓的是立敌对立的二元关系。生因与了因具有因果关系,生因是了因的因,了因则是生因的果。从六因间的关系来说,智生因是根本的因,由智生因产生义生因与言生因。从言生因与义生因来看,二者具有双重的因果关系:从言语显了意义来说,言生因是显了因,义生因为显了果;从意义导生言语来说,义生因是能生因,言生因是所生果。言、义二生因与言、义二了因又具有因果联系:从义生因到言生因导出言了因和义了因,后者是前者的果。这一因果链的终端是智了因,智了因是论辩过程中言语传输的结果。这一因果链构成论辩的六元语用模式:

智生因 → 义生因 → 言生因
↓
智了因 ← 义了因 ← 言了因

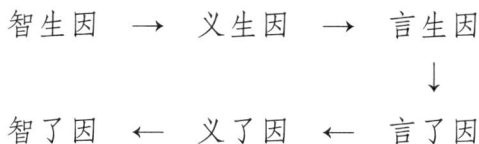

以因明六因理论为基础的语用模式与二十世纪五十年代产生的言语行为理论相较而言，沈先生认为言语行为理论构建的实际上是一个语旨（语义）逻辑系统，它在对语旨行为的分类以及形式化上做出了很大的贡献，这是值得肯定的，也是因明六因理论无法与其比拟的。不过这也并非是六因理论的短处，六因理论探索的是论辩中的施受模式，重点在以言悟他的施受过程，无需对义生因（语旨）作过细的刻画。尤其是从论辩时立敌对待的施受关系中将言生因、义生因与言了因与义了因相对，表示言生因与言了因、义生因与义了因不一定是完全一致的。就此，因明的六因与言语行为理论的三分来说，六因之分更合乎语言交际的实际情况。六因理论其实就是印度中世纪的言语行为理论。

北京大学人文学部副主任、北京大学佛学教育研究中心主任李四龙教授在讲座上致欢迎辞，本次论坛主持人北京大学中国社会与发展研究中心王勇研究员做了总结，他指出，亚里士多德关于三段论的思想只是其逻辑思想的一个部分，探讨的核心是偶然与必然的关系问题；因明不同，核心是偶然与目的的关系问题。三段论致力于建构结构的稳定，而因明更关注结构之间的博弈。讲座前，在外地调研的中国藏学研究中心主任郑堆先生发来贺电，中国社科院刘培育研究员来北大探望了沈先生。北京新茄悦来番茄制品科技服务有限公司提供了支持。

（汪楠　疆生）

因明六因语用理论研究

——印度中世纪的言语行为理论

一、唐代奘门大德对六因理论之传述和诠释

印度中世纪的因明论师们在论辩中创立了二元对立的生因与了因,〔1〕并由此衍生出来六因的理论,即由生因衍生出言生因、义生因和智生因三种,由了因衍生出言了因、义了因和智了因三种,合为六因。六因的具体涵义是什么呢?这要从玄奘译传陈那(Dinnāga 约440—520)的新因明论说起。唐太宗贞观二十一年(647),玄奘法师在翻译皇皇一百卷《瑜伽师地论》(*Yogācārabhūmiśāstra*)时,因时时触及因明问题,所以不得不在繁忙的译事中插译了商羯罗主(Śaṅkrasvāmin)的《入正理论》(*Nyāyavatāra*)。〔2〕这是研习陈那新因明的奠基之作《正理门论》(*Nyāyamukha*)的入门之作。玄奘在迻译此论以后,还对门下大德讲授此论。这是一门初传中土的佛教

〔1〕 因即原因,凡能产生结果的均称之为因。生因与了因原系一般佛教用语。如《大般涅槃经》卷二十八云:"因有二种:一者生因,二者了因。能生法者是名生因,灯能了物故名了因。"(《大正藏》册12,页530上。)印度中世纪的因明论师将生、了二因引入因明,不再是指谓两种不同的因,而是将生、了二因用以指谓论辩中立、敌二元对立的逻辑关系,生因指施方,了因指受方,二者具有因果阙系。

〔2〕 陈那的《正理门论》,玄奘译作《因明正理门论》(简称《理门》或《理门论》)。然此论文简义奥,故陈那门人商羯罗主撰《入正理论》(简称《入论》),玄奘译作《因明入正理论》。

思辨方法论，令诸大德倍感新奇，纷纷记录奘师口义并结合自己的理解撰写疏记。早期最有影响力的一部因明文疏是庄严寺文轨的《因明入正理论疏》（以下简称《文轨疏》，亦称《庄严疏》）。此疏记录了玄奘大师对生因与了因及其所衍生之六因涵义的阐述，并按文轨自己的理解予以诠释。《文轨疏》对生.了二因及其衍生的六因作了如下疏释：

因有二种：一、生因，如种生芽等。二、了因，如灯焰照物等。生因有三：一、言生因。谓立论者以立因言能生敌论决定之解故，故是生因。故此《论》云："由宗因喻多言开示诸有问者未了义故。"〔1〕二、智生因。即立论者发言之智，生因因故，名为生因；又远生他解，亦名生因。三、义生因。即立论者言所诠义，生因诠故，名为生因；又为境能生敌论解故，亦名生因。此释既以敌论了宗智为果，故言是正因，智、义依诠，通名因也。故"论唯云由宗因喻等多言开示问者"，不言智、义能生他解。……了因亦三：一、智了因。谓敌论者有解"所作"等智故，便能显了"无常"等义，故是了因。故《理门》云："但由智力了所说义。"〔2〕二、言了因。谓由因言了所说义，故名了因；又敌论者了宗之智，正是了因。立者言说能生此智，了因因故，亦名为了因。故《理门》云："若尔既取智为了因，是言便失能成立性。此亦不然，令彼忆念本极成故。"〔3〕三、义了因。谓以有"所作"等义，故能显"无常"等宗。故

〔1〕 此论：即商羯罗主《入正理论》。所云乃本于陈那《正理门论》所云。陈那云："由宗因喻多言辩说他未了义。"（《大正藏》册32，页1上）多言：梵文 *Vada* 的意译，梵文名词变化有一数、二数、多数三种，三数以上即为多数，故宗因喻三支称多言。

〔2〕 《大正藏》册32，页1中。此句意谓，唯由（敌论者的）智力才能了知（立论者）所说之义。

〔3〕 《大正藏》册32，页1中。引文上句为敌论者的问难，意谓如你所说，既以（对论者的）智慧为了悟之因，则（立者之）论述便失去能成立的意义。下句是陈那的答难，意谓你的说法不对。（立论者的论证）能使敌论者忆念起其理由本系共许的。

《理门》云"如前二因,于义所立"〔1〕也。又敌论智正是了因,其"所作"义是了因境,亦名了因。此释既以"无常"等义为所了宗,故敌论智正是了因,言、义因境,通名因也。〔2〕

在这一大段疏文中,文轨不仅简要地对生、了二因作了诠释,还从外延上对生、了二因的子目作了划分,并且揭示了六因的内涵,令我们对六因及其涵义有了初步的认识。文轨记述奘师对六因的阐说,功莫大焉,因为六因理论已不见于梵文文献之中,我们现今对六因理论的了解,主要依据文轨等奘门大德所记之奘师对六因的传述,当然,玄奘大师将陈那创立的新因明以及印度中世纪发展起来的六因理论传入我国,更是厥功至伟!但文轨对六因的诠释却并未完全体现玄奘大师的论旨,而是从狭义因论的视角来理解的。这要从他对言生因的诠释说起。言生因是六因中的一个主要元素,言生因的性质决定了六因的性质。按文轨的诠释,言生因是"立论者以立因言能生敌论决定之解"。这就是说,言生因即是立论者用以论证的理由,亦即宗因喻三支中的因支,如他在释义了因时说:"谓有'所作'等义,故能显'无常'等宗。"这明确地说明他是以"所作"因来证"无常"宗的。但紧随着他对言生因的诠释之后,又引用了《入正理论》的一句话:"故此《论》云:'由宗因喻多言开示诸有问者未了义故。'"这就出现很大的矛盾:言生因究竟是三支论式中的因支呢?还是宗因喻三支的总体,亦即整个论证式?文轨的诠释显然在前者。因为玄奘大师在讲授《入论》"因有三相"一句时,插入了对生、了二因及其所属六因的阐说,这就容易使听讲者将生、了二因和六因的

〔1〕《大正藏》册32,页10中。这是陈那在转述的敌论者的观点,但文轨没引用完整。敌论者意谓,言生因、智生因与义生因之间当没有因果关系。文轨将敌论者的观点引作义了因的证言,并略去了后半句和陈那批评敌论者"不应正理"的断语,这表明文轨似未理解《正理门论》中这段文字的涵义而妄引之。以上文轨所引《因明正理门论》文句的具体涵义,请参阅拙著《因明正理门论译解》,北京,中华书局,2007年。

〔2〕《庄严疏》卷1页12右—13左,"支那"内学院,1934年。《卍续藏经》册53,页683下。

"因"与因三相的"因"混淆起来。在这样的错觉下，尽管文轨在听受时"每记之汗简，书之大带"，〔1〕但他对所记的奘师口义中引述《入论》"由宗因喻多言开示诸有问者未了义故"一句却并未理解其深义，即不理解奘师为什么要在讲言生因时引述"由宗因喻多言开示诸有问者未了义故"这句话，更回避引文与自己对言生因的诠释之间的矛盾。由此，他对六因的诠释当不合奘师口义的原旨。

文轨从狭义因论出发对六因的诠释在当时颇具代表性，窥基说文轨"疏既盛行，人多信学，依文诵习，未曾辄改"，〔2〕可见其影响力之大。奘门大德似亦多持狭义因论的观点。直至许多年后(可能是三十余年后)，窥基晚年撰《因明入正理论疏》(世称《大疏》)时，企图解决上述矛盾，故对六因作出新解：

因有二种：一生二了。如种生芽，能别起用故，名为生因。故《理门》云："非如生因，由能起用。"〔3〕如灯照物，能显果故，名为了因。生因有三：一言生因，二智生因，三义生因。言生因，谓立论者立因等言，能生敌论决定解故，名曰生因。故此前云："此中宗等多言名为能立，由此多言开示诸有问者未了义故。"智生因者，谓立论者发言之智，正生他解，实在多言，智能起言，言是因因，故名生因。义生因者，义有二种：一、道理名义；二、境界名义。道理义者，谓立论者言所诠义，生因诠故，名为生因。境界义者，为境能生敌、证者智，亦名生因。根本立义拟

〔1〕《庄严疏》卷1页2左。"支那"内学院，1934年。《卍续藏经》册53，页680下。

〔2〕《大疏》卷6页9左。金陵刻经处，光绪二十二年(1896)。《大正藏》册44，页122下。

〔3〕《大正藏》册32，页1中。意谓非如生因由……种子能生芽那样地起作用。这句话是接着上句"今此唯依证了因故，但由智力了所说义"说的，意谓这可以从了因来证知，因为只有敌论者的智慧了知立论者的论证，了因才得以确立；不像生因，由种子能生芽一般地起作用。其实这里引征《理门论》的这句话并无必要，这并非是生因的界说，而且语气上是承接上文而言的，故有"非如"的字眼，似有为引而引之嫌。

生他解，他智解起，本籍言生，故言为正生，智、义兼生摄。故《论》上下所说“多言”，开悟他时名能立等。智了因者，谓证、敌者能解能立言，了宗之智，照解所说说，名为了因。故《理门》云：“但由智力了所说义。”言了因者，谓立论主能立之言，由此言故，敌、证二徒了解所立……了因因故，名为了因。非但由智了能照解，亦由言故照显所宗，名为了因。故《理门》云：“若尔既取智为了因，是言便失能成立义。此亦不然，令彼忆念本极成故。”因喻旧许，名本极成，由能立言，成所立义，令彼智忆本成因喻，故名了因。义了因者，谓立论主能立言下所诠之义，为境能生他之智了，了因因故，名为了因。亦由能立义成自所立宗，照显宗故，亦名了因。故《理门》云：“如前二因，于义所立。”立者之智，久已解宗。能立成宗，本生他解，故他智解，正是了因。言、义兼之，亦了因摄。〔1〕

窥基的这一大段论述，取自文轨所述颇多，连引用《理门论》的话也基本相同，文轨错引的《理门论》文句之处，窥基竟也照录不误！〔2〕但他在对言生因的诠释中作了值得重视的修正，即文轨是从狭义因论来诠释六因的，窥基则改从宽义因论来诠释六因。

首先，窥基将文轨所云“言生因，谓立论者以立因言能生敌论决定之解”的“立因言”改作“立因等言”，加上一个“等”字，就将喻也“等”入了其中。从广义上说，因和喻都是论证的理由，是推理的前提，在因明中有时也将因和喻合称为因。喻分同、异二喻，窥基将因与同、异二喻相结合，就视同三数而堪为“多言”了。但是同、异二喻实为一个喻支，与因结合只是二支，须加上宗支才成三数而可称多言。而且《入论》已明示：“此中宗等多言名为能立，由宗因喻多言开示诸有问者未了义故。”窥基将“宗等多言”改为“立因等言”，并不符合《入论》的原旨，有偷换概念之嫌。

其次，窥基还常用“能立”一词来表达他的宽义因论。“能立”有二义，

〔1〕《大疏》卷2页16左—1717右，《大正藏》册44页101中、下。

〔2〕窥基照录文轨所引的《理门论》文句，请参阅前文注4、5、6，不再一一作解。

如《入论》所云“此中宗等多言名为能立”的“能立”，即是“宗因喻多言”之谓。能立的另一义是指因和喻的合称，因喻具有能成立宗的涵义，故亦可称之为“能立”。窥基以相对于所立宗而言的“能立”，来替代宗因喻多言的“能立”，混淆了概念。如窥基释智了因云：“智了因者，谓证（证义者）、敌（敌论）者能解能立言，了宗之智，照解所说。”又释言了因云：“言了因者，谓立论者能立之言，由此言故，敌、证二徒了解所立。因喻旧许，名本极成，由能立言，成所立义。”又释义了因云：“义了因者，谓能立主能立言下所诠之义。”在这些诠释中的“能立言”，都是就因喻而言的，与所立宗相对，故此会有“由能立（因和喻）言，成所立（宗）义”这样的表述。

不过，窥基对义生因的诠释比文轨所说更为明确。文轨云：“义生因，立论者言所诠义……又为境能生敌论解故。”窥基在此基础上，明确将义分为两种：“义有二种：一、道理名义；二、境界名义。道理义者，谓立论者言所诠义……境界义者，为境能生敌、证者智。”何谓道理名义，何谓境界名义？唯识宗是不承认有外境的，如陈那云：“外境虽无，而有内识似外境现。”〔1〕所以上述道理名义和境界名义皆为内识的外现。按唯识论的观点，道理名义乃意识所生的各种现象之意义，如思维道理、计度过去或未来之事，乃至幻想一些空类概念如兔角、龟毛、空中莲花等的含义。境界名义是话语谓述事物时所含之意义。唯识宗虽不承认客观事物的独立存在，但认为山河大地、五谷杂粮人体的五官四肢等世上一切事物皆为第八阿赖耶识种子的外化。唯识宗将此称作有本质色。〔2〕有本质色皆有实用价值，而思维道理等无本质色只能作为认识的对象〔3〕。义生因即是言语谓述有本质色或无本质色所含的

---

〔1〕 陈那《观所缘缘论》（*Ālambana-parīkṣā*），《大正藏》册31，页888下。

〔2〕 窥基《成唯识论述记》卷2云：“若除影（像）外别有所托名本质……无之者，如空华、兔角等。”《大正藏》册43，页456下。按：“无之者”即无别有实体可依托者，系无本质色。

〔3〕 护法(Dharmapāla)云：“初必有用，后但为境。”见玄奘糅译之《成唯识论》卷2。《大正藏》册31，页11上。

意义。但是窥基对义生因的诠释仍囿于宽义因论，说的只是因喻之义，与陈那和商羯罗主所云的“宗因喻多言”却是失之毫厘，差之千里。

二、六因理论的性质及其模型

六因之因，既然不是文轨所执的狭义之因，也并非窥基所持的宽义之因，那么它究竟具有什么样的性质呢？依据陈那和商羯罗主所云“由宗因喻多言开示诸有问者未了义”的论断，六因之因其实是就三支论证式的整体而言的，立论者（生因一方）为开悟他人而立三支比量，而敌论者（了因一方）听受了对方的立量而得到解悟，所以六因之因乃是语用意义上的因，六因即是论辩中施受过程的六个元素：

从立论方（生因）来说，智生因即是其立论者的智慧；义生因即是其论证所含的意义；言生因即是其言语所表述的三支论证式，也就是“开示诸有问者未了义”的“宗因喻多言”。

从敌论方（了因）来说，言了因即是敌论者所听到的立者之言，即整个三支论证式；义了因班是敌论者叫班是敌论者自个理解的立论者立量所含的意义；智生因即是敌论者得以由此了悟的智慧。

在上述六因中，生因以言生因为主，因为立论者须以言语表述论题和理由，如“声是无常（宗）；所作性故（因）；凡所作皆无常，如瓶（同喻），凡非无常者皆非所作，如空（异喻）。”立论者以言语阐明自己的思想观念并加以论证后才能开悟他人。了因则以智了因作为终端，敌论者通过论辩获得解悟，这是敌论者的智慧所使然。故窥基云：

> 分别生、了，虽成六因，正意唯取言生、智了。由言生故，敌、证解生；由智了故，隐义今显。〔1〕

文轨与窥基在说六因时，都以言生因，智生因、义生因，言了因、智了因、

〔1〕《大疏》卷22，页17右，《大正藏》册44，页101下—102上。

义了因为次序，这样有将言与义割裂之弊。言是载体，义是涵义，放在一起表述更好，故应以言、义、智为序。其实窥基有时也说言、义、智的，如云：

疏成生、了，各类有别，为言、义、智。〔1〕

生因与了因之间具有因果关系，生因是了因的因，了因是生因的果。关于生因与了因，这里还需作一些厘清。文轨和窥基对生因和了因的诠释均系承袭佛教的传统说法，亦即生因与了因乃是两种不同性质的因：生因具法性之理，如种生芽等；了因则是以智慧照了法性之理，如灯照物。因明引入生、了二因的用语，初期也是指两种不同性质的因，如世亲（Vasabandhu，约4—5世纪）所撰的《如实论》（*Tarkasāstra*）云：

因有二种：一生因，二显不相离因。……我说因不为生所立义，为他得信，能显所立义不相离故。立义已有，于立义中如义智未起，何以故？愚痴故。是故说能显因，譬如已有色，用灯显之，不为生之。〔2〕

在这段话里，世亲是将生因与显不相离因（显了因）分别为两种因的，生因即由此生彼的事物因，了因则是由此及彼的逻辑因。他认为，在论证时“不为生所立（宗）义”，而是要显示宗与因之不相离性（因与宗之有法具有真包含关系），故而须用“能显因”（显了因），而不需要“生所立义”的生因。这说明他并没有将两种因看作具有因果关系，更没将两种因视作论辩中立、敌对立的二元关系。但是到了玄奘所传的因明，生、了二因则用于指谓论辩中的立、敌二元对立关系，成了具有因果关系的一对概念，所以窥基又云：

智了因唯是生因果，而非生因因。智生因唯是生因因，而非了因果。〔3〕

这就与他原来承袭的生、了二因的传统界说产生矛盾，但窥基似乎并未意识到这一点。

〔1〕《大疏》卷2，页18左。《大正藏》册44页102上。
〔2〕《大正藏》册32，页31下。
〔3〕《大疏》卷2，页1818左。《大正藏》册44，页102上。

六因之间更具有多重的因果关系。先看生因,智生因是言、义二生因的因,言,义二生因则是智生因的果。言、义二生因之间又有双重的因果关系,言语是意义的载体,从以言表意的角度来说,言是显了因,义是显了果;而从言由意发的角度来说,义为能生因,言则是所生果。再看了因,言、义二了因是从言、义二生因而来,故言、义二生因是言、义二了因之因,言、义二了因,则是言、义二生因的果。言、义二了因亦具有因果关系,言了因是能了因,义了因则为所了果,二者仅有此单向的因果关系。由言、义二了因,最终产生智了因,故智了因是言、义二了因的果,亦是六因因果链的终端。这一因果链给出了如下言语传输的六元语用模型:

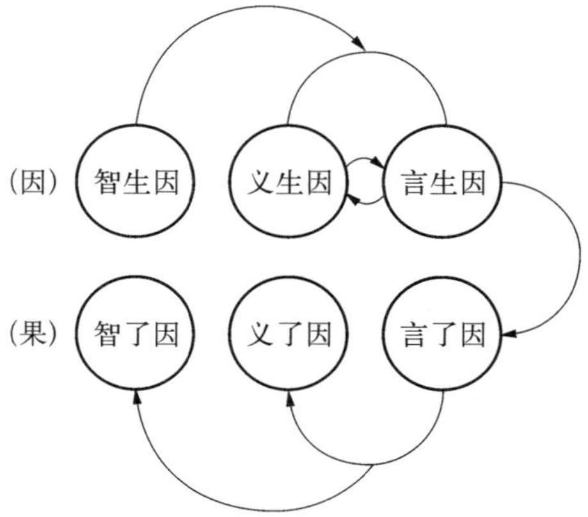

这一六元语用模型只从施受关系上来揭示话语发出和接纳的过程,而暂时排除了传输过程中必须遵守的规则。

但是对于六元模型,窥基却持六因四体的见解,如云:

> 得果分两(生因与了因),约体成四(言生因=言了因,义生因=义了因,加上智生因和智了因,故唯四体),据类有三(言、义、智),望义为六(六因)。……问:何故六因,体唯有四?答:顺果别,分成六因;立者义、言,望果二用(立者的言、义,即敌者所了知的言、义),除此无体,故唯有四。〔1〕

〔1〕《大疏》卷2,页1818左。《大正藏》册41页11.02上。

窥基认为，生因与了因各为一体（这里应该是智生因与智了因各为一体），而言生因与言了因可约为一体，义生因与义了因也可约为一体，这样六因就唯为四体。窥基约体为四的论断当不可取，因为与事实不符。举个简单的例子，父亲命儿子拿把钳子来，儿子却拿来了剪子。钳、剪音近，儿子听错了。这说明言生因与言了因并不能合为一体。尤其是在复杂的论辩语境中，立论者所说的话语，敌论者不一定听得真切，甚至会不解或误解对方的言辞。兹举例以明之：

例一，有时候因词语的多义性有可能导致误解。在印度，“那婆”（nava）一词就是个多义词，它有新、九、非汝所有、不着等义。在《遮罗迦本集》（*Caraka-samhita*）里举了这样一个例子，有人看见某医生穿了一件新衣服，便说：“医生穿了那婆（nava）衣。”医生说：“我没穿九件衣服呀！”这就是一词多义产生的误解。后来此例引申为诡辩的用例，称作“言辞的诡辩”。《方便心论》（*Upāya-Kauśalya-hṛdaya śāstra*）则称之为“随言生过”，亦以“那婆”为例。如云：“言‘那婆’者凡有四名（义），一名新，二名九，三名非汝所有，四名不着。如有人言：‘我所着者是那婆衣。’难曰：‘今汝所着唯是一衣，云何言九？’答曰：‘我言那婆乃新衣耳，非谓九也！’难曰：‘何名为新？’答曰：‘以那婆毛作，故名新。’难曰：‘实无量毛，云何而言那婆毛耶？’答曰：‘我先已说新名，那婆非是数也！’难曰：‘今知此衣是汝所有，云何乃言非我衣乎？’答曰：‘我言新衣，不言此物非汝所有！’难曰：‘今眼见汝身着此衣，云何而言不着衣耶？’答曰‘我言新衣，不言不着。’”〔1〕后来富差耶那（Vātsyāyana）在《正理经疏》（*Nyāya-sūtra-bhāśya*）中也以“那婆”为例来诠释“言辞的诡辩”。

例二，在论辩的语境中，有时立论者遇到愚蠢的敌论者，他竟听不懂立论者所说的话。《遮罗迦本集》第44目所列负处的第一种“不了知”，即“许

〔1〕 参见《明负处品》，《大正藏》册32页25下。

多人都已知解,他却不了知”。〔1〕 这种过失在《方便心论·明负处品》里称为“众人悉解而独不悟。”〔2〕《正理经》(*Nyāya sūtra*)V－2－17 称之为“不知”,并解释说:“不了解就是不知。”富差耶那在《正理经疏》V－2－17 经疏解说:“意思尽管听众已了解,对方也已作了三次说明,而他仍不解,就是不知的负处。”〔3〕世亲《如实论·堕负处品》也列有此过,名为“不解义”,释云:“若说立义大众已领解,三说有人不解义,是名不解义。”〔4〕以上引例为敌论者完全听不懂立论者之言的例子。

上述例证充分说明言生因与言了因不应视为一体,义生因与义了因也不应视为一体。六因语用模式中的每一个节点,都是其因果链当中具有独立性质的元素,它们是六元关系,而非“四体”的形态。

三、因明中的言语行为理论

现代语言哲学的言语行为理论是 20 世纪 50 年代英国语言哲学家奥斯汀(J. L. Austin, 1911—1960)首先提出来的,他的学生、美国语言哲学家塞尔(J. R. Searle, 1930—)后来订正和发展了言语行为理论,并受到欧美语言哲学家们的推崇,甚至参与深化这一属于语用学范畴的理论。其实在印度

---

〔1〕《遮罗迦本集》是古印度内科学的一部医书,著者遮罗迦(Caraka)认为医生应该学一点论议学说。(逻辑),故他在第三编第八章专门论述当时流传的论议学说。我于 1997 年据宇井伯寿《哲学研究》册 2,《チャラカ本集に于ける论理说》的日译转译为中文,并作诠释和论述,题为《遮罗迦本集的论议学说》,原载《正观》杂志第八期(1999 年 3 月),后收入拙著《佛教逻辑研究》附论 1,上海,上海古籍出版社,2013 年。

〔2〕 参见《大正藏》册 32,页 26 下。

〔3〕《正理经》是古印度婆罗门教正理派的根本经典,我于 1983 年据宫坂宥胜的《＝ャーヤ・バーシュヤの论理学　印度古典论理学》一书由日译转译为中文,并在第五卷的部分经文的注释中附译了富差耶那《正理经疏》的疏文。后收入拙著《佛教逻辑研究》附译 1。

〔4〕 参见《大正藏》册 32,页 35 下。

中世纪的因明学说中早有关于言语行为方面的理论性阐述，因为古印度哲学家已具有丰富的语用思想，对一些语用问题能从理论上加以概括。不过现代语言哲学的言语行为理论研究的对象是社会生活中语言交际活动中的言语行为，而因明研究的对象则是哲学论辩中的言语行为。下面试作一些比较分析。

奥斯汀将言语行为一分为三，即当人们在语言交际中说出某一话语时，就包含了三种行为，即语谓行为（locutionary，亦译以言表意行为）、语旨行为（illocutionary，亦译以言行事行为）、语效行为（perlocutionary act 亦译以言取效行为）。所谓语谓行为，就是说话者在一定的语境中对听话者说出表达完整意思的一番话语。所谓语旨行为，就是在一定的语境中说出的话语所涵蕴的意义。所谓语效行为就是说话者通过语谓行为表达语旨用意以后，在听话者一方所反馈的效果。〔1〕 奥斯汀的言语行为三分法，大体上可对应于六因理论中的言生因、义生因和智了因，即语谓行为相当于言生因，语旨行为相当于义生因，语效行为相当于智了因。至于六因中的智生因、言了因和义了因，在言语行为理论中就无所对应了。奥斯汀认为“说什么也就是做什么”，所以他们将说与做视为一体。这意味着说话者说出来的某一话语，就是听话者所听到并受纳的话语，二者并无不同，所以语谓行为与语旨行为均不需要从施受关系上作进一步地区分。将说话者的话语视作就是听话者所了知的，这显然不恰当，这与窥基的“立者义、言，望果二用”的说法如出一辙。因明的六因理论既从论辩时立、敌对立的施受关系中将言生因、义生因与言了因，义了因相对，表示言生因与言了因、义生因与义了因在施受过程中不一定是完全一致的。就因明的六因与言语行为理论的三分来说，六因之分更合乎语言交际的实际情况。

言语行为理论以语谓行为为核心，用以表示指称和断定；六因理论亦以

〔1〕 此处采用周礼全主编的《逻辑——正确思维和有效交际的理论》（人民出版社，1984 年）一书中的译语。

言生因为主要元素，以之表达其论题和理由，二者的共同点是以言语传递思想为首要。而且言语行为理论认为，语言交流的最小单位不是指号、词语和句子，而是一次言语行为的完成。这与六因理论以一个论证式（包含宗、因、喻三支）为基本单位颇为相似。

言语行为理论虽然给出语效的概念，但在阐发上并不突出。奥斯汀和塞尔持行为论的语义观，将语效行为视为是在语旨行为的激发下所引起的反应。所以他们十分注重语旨行为的分类，注重分析语旨行为的恰当性条件及其对意义的影响，而忽略对语效行为的分析研究。由此可见，奥斯汀和塞尔的言语行为理论偏重对说话者说出的话语作单向分析，其语效行为只是说话者一方的愿望，而不是听受者一方所产生的实际效果。如前文所述，如果听受者不理解或误解说话者的话语，就难以达到原定的语效。在这一点上印度中世纪的因明家则能从立、敌双方的施受关系来构建言语传递的六元语用模型，而且对生、了二因及其衍生的六因之因果关系进行多层次的分析，显得更为精当。

言语行为理论中有直接言语行为（direct speech acts）与间接言语行为（indirect speech acts）之分。所谓直接言语行为，就是说话者所说的话语，其意义是直白施行的。所谓间接言语行为，是说话者说出的话语，其意义是间接施行的。言语行为理论因为主要研究日常生活中的语言交流，所以其所云之间接言语行为，大都是以婉辞谦语之类的修辞用语，以及成语，谚语、歇后语之类的传统和民间用语来间接表达语旨用意。这种间接言语行为的意义是自明的，并不隐晦。

因明作为论辩逻辑，它对论辩语言有严格的要求，如立、敌双方使用的概念，必须共许极成，清楚明白。〔1〕这就相当于要求施行直接言语行为。例如，有声生论者与佛教论师就声音（人语）是否永恒不灭的问题展开了一

〔1〕 美国语言哲学家格赖斯（H. P. Grice，1913—1988）所提出的对话的合作原则与此颇为相似。

场论辩。在场的还有证义者(裁判)和听众。声生论者立量云:"声常(宗),所闻性故(因),若是所闻定见常住,譬如声性(喻)。"但是声生论者的立量有过失,因为此量中的喻依(喻例)"声性",在印度诸宗派中除声论和胜论派外,其余各派都不承认有"声性"这个概念。因此声生论师必须另换一个喻例。然而"声"与"所闻性"却是同一关系的概念,除去声论所主张的"声性"外,再也举不出其他喻例,这在因明中是不允许的。于是证义者判声论师犯"不共不定"〔1〕之过。接着佛教论师立量云:"声是无常(宗),所作性故(因),若是所作定见无常,如瓶(喻)。"在佛教论师所立的三支论式中,所有的概念皆为立、敌双方所共许,而且论证符合因三相的规则,令声论师无可辩驳,亦令敌论者、证义者及听众从中领悟到其宗因原是不相离的。〔2〕故证义者判其为胜。佛教论师的立量就是直接言语行为的表现。

因明中也有类似间接言语行为的施行情况,但并非某种修辞行为,而是针对不同对象,使用不同的概念。例如佛教论师与声显论师辩论声音是常住还是无常的问题,佛教论师立量云:"声是无常(宗),勤勇无间显发性故(因),如瓶(喻)。"在这个比量中,佛教论师将与声生论师论辩时所用的因支"所作性故",改成了"勤勇无间显发性故",就是因为声显论师不承认声音有"所作性",而认为声音原本就存在,只是经过努力将其显发出来而已。而"显发性"这一概念佛教也认许,便借用"显发性"为因,以求双方在概念上达成一致,最终还是证明"声是无常"的。这就是换一种方式来证明原论题的间接言语行为。因明中还有一种诡谲的间接言语行为,立量者为了避免说出对方所不许的概念,而采用以隐晦的字眼来表达语旨用意,但这是一种非正常的言语行为。由于因明中所举的例子比较复杂,这里先用一个比较浅近的例子来作说明。如世界模式论者对唯物论者说:"世界由不变静止的状态转入运动和变化,当有第一次推动。"这句话中的"第一次推动",暗中

〔1〕 因明过失论中"六不定"之一。

〔2〕 "不相离性"系陈那所提出,同于《墨辩》所云类以行之,以类为推。

意许的是“存在上帝”。因为唯物论者不承认上帝的存在,故世界模式论者以“第一次推动”来暗指上帝的存在。这种暗中意许的含义,因明称之为“差别义”。再来看因明中揭示差别义的例子,商羯罗主《入正理论》云:

> 法差别相违因者,如说“眼等必为他用,积聚性故,如卧具等”。此因如能成立“眼等必为他用”,如是亦能成立所立法差别相违积聚他用,诸卧具等为积聚他所受用故。〔1〕

这个例子解释起来要费很多笔墨,为避免枝蔓,就不予详解了。〔2〕这里只作简要说明。《入论》的引例是对婆罗门教数论派的批评。数论派立量的意思是眼等五知根(眼、耳、鼻、舌、皮)皆为神我所受用。其中“他用”二字的实际意思是“我用”。数论派所说的“我”即“神我”,亦即不灭的灵魂,为数论二十五谛之首。数论派认为“神我”是受用一切的,大到山河大地,小到床席卧具等器世间皆在其内。佛家不同意有精神性质的“神我”,所以数论师以“他”用来代替“我用”。数论师的立量属于诡辩,故被商羯罗主在过失论中引作“法差别相违”〔3〕的典型例子。

言语行为理论的重点在构建一个语旨(语义)逻辑系统,它在对语旨行为的分类以及形式化上作出了很大的贡献,这是值得肯定的。但相对于因明来说,言语行为理论是一个比较.小的系统。因明涉及的范围很广,包含逻辑、知识论、辩论术等,并构建了语形规则、语义规则和语用规则。因明的过失论也甚为庞大、枝纷叶繁。本文论及因明中与言语行为理论相关的部分,主要是就六因理论及一些可作比较的表达方式而言的。

(载 A&HCI 学术期刊 2024 年 1 月)

---

〔1〕《大正藏》册 32,页 12 上。

〔2〕此例的详细解释请参阅拙著《佛教逻辑研究》页 442—444,上海古籍出版社,2013 年。

〔3〕因明过失论中“四相违”之一。

译　丛

目　　录

正理经 …… 1527
《正理经疏》研究・序论 …… 1581
《遮罗迦本集》的逻辑学说 …… 1595
陈那的因明 …… 1644
《正理门论》《入正理论》与欧洲及印度的学者 …… 1658

正 理 经

乔答摩 等著

沈剑英 译 陈家麟 校

译者按:《正理经》是印度逻辑史上最重要的文献之一,世界上有多种译本,然我国习因明者每叹无汉译本问世。今据日本宫坂宥勝《ニャーヤ・バーシュヤの論理学》〔1〕一书中对《正理经》的日译转译,以飨同好。由于此经文简义奥,故译文中经常需要补入一些词句加以疏通。其中凡宫坂宥勝教授补入的,均加方括号表示;凡由我补入的,则以圆括号表示。此外,译者还在必要处加了一些注释,以助阅读。其中凡属宫坂宥勝教授加的注,一律在注前标明"日译者注"的字样以示区别。

宫坂宥勝教授曾参考多种梵文原典和英、德等国的译本进行取舍校订,均有注解说明,今恐繁不录。

又按:本篇译于1983年夏天,后编为《因明学研究》一书的附录,于1985年面世(1987年台北华宇出版社将拙译收入《印度逻辑学论集》,世界佛学名著译丛第21册)。嗣后我曾对拙译加以校订,以期更贴近《正理经》的论意。

---

〔1〕 宫坂宥勝《ニャーヤ・バーシュヤの論理学》,山喜房佛书林,1956年。

第一卷　第一章

第一节　序论

［Ⅰ-1-1］由认识(1)量、(2)所量、(3)疑惑、(4)动机、(5)实例、(6)宗义、(7)论式、(8)思择、(9)决定、(10)论议、(11)论诤、(12)论诘、(13)似因、(14)诡辩、(15)误难、(16)负处等真实相,可以证得至高的幸福。

［Ⅰ-1-2］苦、生、行为、过失、虚妄的认识,如果［从下］往上依次断灭的话,由这样的一一断灭,就可以得到解脱。

第二节　量

［Ⅰ-1-3］量分为现量、比量、譬喻量和声量。〔1〕

［Ⅰ-1-4］现量〔2〕是感官与对象接触而产生的认识,它是不可言说的,是不错乱的,且是以实在性为其本质的。

［Ⅰ-1-5］所谓比量〔3〕是基于现量而来的,比量分三种:(1)有前比量;(2)有余比量;(3)平等比量。〔4〕

［Ⅰ-1-6］所谓譬喻量,就是以共许极成的同喻去论证所立宗。

---

〔1〕　量:一译"认识方法"。正理派认为在四种认识方法中,现量是最基本的认识方法。

〔2〕　现量:一译感觉,亦有译作"知觉"者。

〔3〕　比量:一译"推理"。

〔4〕　日译者注:关于三比量,从汉译诸文献上可以举出二、三译语例,如次:

方便心论	前比	后比	同比
中论(观法品)	如本	如残	共见
共见金七十论(卷上)	有前	有余	平等

［Ⅰ-1-7］所谓声量〔1〕,就是令人信赖的人的教言。

［Ⅰ-1-8］声量有两种：可见对象的声量和不可见对象的声量。〔2〕

第三节　所量〔3〕

［Ⅰ-1-9］所量就是灵魂、身体、感觉器官、感觉对象、觉、意、行为、过失、再生、果报、苦、解脱。

［Ⅰ-1-10］灵魂〔4〕(存在)的特征是欲望、厌恶、勤勇、乐、苦,以及知觉作用等。

［Ⅰ-1-11］身体〔5〕就是行为、感觉器官以及知觉对象之所依。

［Ⅰ-1-12］嗅觉器官(鼻)、味觉器官(舌)、视觉器官(眼)、触觉器官(皮)、听觉器官(耳)诸种感官〔6〕是由元素〔7〕组成的。

［Ⅰ-1-13］元素即地、水、火、风、空。

［Ⅰ-1-14］地、水、火、风、空等元素相应的属性香、味、色、声、触就是感觉[器官]的对象〔8〕。

［Ⅰ-1-15］觉〔9〕、悟得、认识,是同义词。

［Ⅰ-1-16］意〔10〕的特征是不能同时产生许多认识。

［Ⅰ-1-17］行为〔11〕就是言语、意识和身体的活动。

---

〔1〕　声量：又译“言量”、“圣教量”。

〔2〕　可见对象的声量,即根据可见事物所作的教言。不可见对象的声量即吠陀或圣者所说的箴言等。

〔3〕　所量：一译“认识对象”。

〔4〕　灵魂：又译“我”,音译“阿托曼”。

〔5〕　身体：亦译“身”。

〔6〕　感官：一译“根”。眼、耳、鼻、舌、身五种感官总称“五根”。

〔7〕　元素：又译“原子”、“大种”。

〔8〕　感觉对象：一译“境”。

〔9〕　觉：又译“统觉”、“知性”、“知觉”,即广义的认识活动。

〔10〕　意：一译“心”。

〔11〕　行为：一译“作业”。

［Ⅰ－1－18］各种过失〔1〕是以它的活动为特征的。

［Ⅰ－1－19］再生〔2〕就是轮回。

［Ⅰ－1－20］果报〔3〕就是由行为及过失产生的。

［Ⅰ－1－21］苦〔4〕是以苦恼为其特征的。

［Ⅰ－1－22］解脱就是从苦中完全脱离。

第四节　疑惑〔5〕

［Ⅰ－1－23］疑惑是忽略了事物性质上的差别而产生的思虑。疑惑的产生或者是由于对许多对象共有属性的认识(不足),或者是由于对某一对象用以区别于其他对象的性质的认识(不足),或者是由于矛盾的见解,或者是由于知觉的不确定或不知觉。

第五节　动机〔6〕

［Ⅰ－1－24］动机就是人对于某一对象的精神活动。

第六节　实例〔7〕

［Ⅰ－1－25］实例是一般人和专家具有相同认识的事物。

第七节　宗义〔8〕

［Ⅰ－1－26］宗义就是根据学说、蕴涵、假设而确立的主张。

［Ⅰ－1－27］由于有不同的意义,宗义可分为:(1)一切学派都承认的宗义;(2)只为某一学派承认的宗义;(3)蕴涵其他事项的宗义;(4)假说的宗义。

---

〔1〕　过失:又译“罪过”“烦恼”,即贪、嗔、痴等。

〔2〕　再生:又译“彼有”“彼岸的存在”。

〔3〕　果报:亦译作“果”。

〔4〕　苦:一译“不快”。

〔5〕　疑惑:亦译做“疑”。

〔6〕　动机:又译“目的”,《百论疏》译为“用”。

〔7〕　实例:又译“基准”“见边”,《百论疏》译为“譬喻”。

〔8〕　宗义:又译“定则”“定说”,《百论疏》按音译,作“悉檀”,即自己一派的主张。

［Ⅰ-1-28］所谓一切学派的宗义就是与一切学派的学说没有矛盾的学说，并且是在某一学派中确立下来的。

［Ⅰ-1-29］所谓特殊学派的宗义，就是为同一学派所承认，而为其他学派所不承认的学说。

［Ⅰ-1-30］所谓蕴涵其他事项的宗义，就是某一事项成立的话，那么其他事项也会成立。

［Ⅰ-1-31］假说的宗义就是在还没有对对象进行研讨的情况下就假定它存在，从而去研究它具有什么性质。

第八节　论式〔1〕

［Ⅰ-1-32］论式分宗、因、喻、合、结五部分。〔2〕

［Ⅰ-1-33］宗就是提出来加以论证的命题（即所立）。

［Ⅰ-1-34］因就是基于与譬喻具有共同的性质来论证所立（宗）的。

［Ⅰ-1-35］即使从相反的喻上来看也是同样。

［Ⅰ-1-36］喻与所立同法，是具有（宗的）属性的实例（同喻）。

［Ⅰ-1-37］或者是与其（宗）相反的事例（异喻）。

［Ⅰ-1-38］合就是根据譬喻说它是这样的或者不是这样的，再次成立宗。

［Ⅰ-1-39］结就是根据所叙述的理由将宗重述一遍。

第九节　思择〔3〕

［Ⅰ-1-40］思择就是在未知对象真实性时，根据一个假设的理由而认

---

〔1〕　论式：又译“支分”，也译作“推理式的肢”，《百论疏》译为“语言分别”。

〔2〕　宗：又译“主张”、“提案”、“论题”等。因：又译“理由”。喻：又译“喻例”、“譬喻”。合：又译“适合”、“应用”。结：又译“结论”、“归结”。

〔3〕　思择：对这一范畴存在不同的解释，因此也有译作“辩驳”的。《百论疏》说为思择道理。梁漱溟《印度哲学概论》说：“如今据《经》所明，盖对论式之合法不合法加以吟味审查之意。”（第209页）黄心川根据S. C. Vidyabhusana校订的英译本将Ⅰ-1-40经译出如下：“辩驳的进行是为了确定未知性质的事物的真实性质。它 （转下页）

识真理的深思熟虑。

第十节　决定〔1〕

［Ⅰ-1-41］决定就是根据主张和反对主张进行考虑后确定取舍。

第一卷　第二章

第一节　论议〔2〕

［Ⅰ-2-1］论议就是根据辩论双方的立量和辩驳来论证和论破，它须与宗义没有矛盾，并且在提出主张以及反对主张的论式时，必须具备五支的形式。

第二节　论诤〔3〕

［Ⅰ-2-2］论诤就是具备上述论证的形式，而从诡辩、误难以及负处上来论证和论破。

第三节　论诘〔4〕

［Ⅰ-2-3］论诘就是在提出反对主张时不建立论式。

（接上页）是一种推理，借这种推理指明一切相反性质的悖谬而显示所要知道的性质。”这是将“思择”看作“是辩论者用间接的方法去揭露对方的矛盾而证实自己的论证”的方法。并认为它经常是一种归谬法。（参见《印度哲学史》第372页，商务印书馆，1989年）。日本梶山雄一博士也把“思择”说为就是“依据归谬的间接论证”（参见《印度逻辑学的基本性质》第33页，商务印书馆，1980年）。

〔1〕　决定：又译“决了”，《百论疏》译作“决”。

〔2〕　论议：一译“真论议”。

〔3〕　论诤：一译“纷论议”，意指诡辩。《百论疏》译为“修诸议”。意谓立真实义。两种说法大相径庭。

〔4〕　论诘：《百论疏》译为“坏义”，意谓由立难难他义。但也有认为“据经所明，盖与纷论议同性质”者（参见梁漱溟《印度哲学概论》第389页，商务印书馆，1919年）。

第四节　似因〔1〕

［Ⅰ-2-4］似因就是：(1) 不定；(2) 相违；(3) 问题相似；(4) 与所立相似；(5) 过时。

［Ⅰ-2-5］不定(因)就是两端不确定。

［Ⅰ-2-6］相违(因)就是违反所提出的宗义。

［Ⅰ-2-7］问题相似(因)就是由于要作出决定而提示出来的问题，它实际上并未成其决定。

［Ⅰ-2-8］与所立相似(因)就是(理由)同所要论证的东西(所立)不能区别，原因在于所立［的理由］还有待证明。

［Ⅰ-2-9］过时(的理由)就是时间过去以后再提出来。

第五节　诡辩〔2〕

［Ⅰ-2-10］诡辩就是在本来确定的意思里故意进行歪曲，使之与原命题相反。

［Ⅰ-2-11］它有三种：(1) 言辞的诡辩；(2) 概括的诡辩；(3) 譬喻的诡辩。

［Ⅰ-2-12］所谓言辞的诡辩，就是在不能作别的意思讲的时候，故意违背说话人的原意而解释为别的意思。

［Ⅰ-2-13］所谓概括的诡辩，就是扩大语词的意义，把不可能有的意思解说为有。

［Ⅰ-2-14］所谓譬喻的诡辩，就是在判断并提出某一性质的时候，又根据言辞本来的意思来否定那个意思的存在。

［Ⅰ-2-15］［反对者责难说：］譬喻的诡辩，不外乎是言辞的诡辩，因为二者没什么差别。

---

〔1〕 似因：一译“错误的理由”。《百论疏》译作“自证”。说有下列五种似因：一、不定；二、相违；三、相生疑；四、未成；五、即时。与Ⅰ-2-4经所述不尽相同。

〔2〕 诡辩：又译“曲解”，《百论疏》译为“难难”。

［Ⅰ-2-16］［答：］不是的，因为譬喻的诡辩与言辞的诡辩不是一回事。

［Ⅰ-2-17］如果基于某一相同的性质而说二者没有差别，那么就只能看作是同一种诡辩了！

第六节　误难〔1〕

［Ⅰ-2-18］误难是根据同法和异法来反对。

第七节　负处〔2〕

［Ⅰ-2-19］负处就是误解和不解。

［Ⅰ-2-20］误难和负处是不同的。误难和负处又各有许多种。

第二卷　第一章

第一节　疑惑的探讨

［Ⅱ-1-1］对许多事物的共性有了认识，或者对任一事物的性质有了认识，都不会产生疑惑。

［Ⅱ-1-2］（有人认为：）"疑惑不是从见解的相违以及不确定的认识中产生的。"

［Ⅱ-1-3］"因为见解相违就是各自具有确实的见解。"

［Ⅱ-1-4］"因为不确定的见解就其自身来说乃是被确定了的。"

［Ⅱ-1-5］"这样便产生无限的疑惑，因为疑惑的性质是连续产生的。"

［Ⅱ-1-6］只根据宗义的差别而缺少上述（Ⅰ-1-23）的认识所产生的疑惑，在这种场合下不是没有疑惑，也许并不存在无限的疑惑。

［Ⅱ-1-7］不论在何处，凡有疑惑的地方，就有上述的质疑问答。

---

〔1〕　误难：又译"倒难"、"错误的非难"。误难有二十四种，详第五卷第一章。

〔2〕　负处：又译"堕负"、"失败的原因"。负处有二十二种，详第五卷第二章。

第二节　量的全面探讨

[Ⅱ-1-8]“由于跟三种时态[的任何一种的结合]都是不能成立的，所以现量等量不是量。”〔1〕

[Ⅱ-1-9]“假如量在(对象产生)以前成立的话，现量就不可能根据感觉器官与对象的接触产生。”

[Ⅱ-1-10]“假如[量在对象]以后成立的话，那么所量的成立就不是根据量而来的。”

[Ⅱ-1-11]“假如[量和所量]同时成立的话，那么由于各自的认识受到各自对象的限制，所以诸种认识就不存在顺序的相互作用性。”

[Ⅱ-1-12](既然量在)三种时态中都不能成立，(那么你的)否定也不能成立。

[Ⅱ-1-13]由于否定了所有的量，所以否定[的本身]也就不可能存在了。

[Ⅱ-1-14](如果你的)量(成立，那么就)不存在对一切量的否定。

[Ⅱ-1-15]从三时态上不能否定[量和所量的问题]，因为如同根据声音而[证明]乐器[的存在]那样，那是可以成立的。

[Ⅱ-1-16]又，所称的东西，就是所量。

[Ⅱ-1-17]“如果种种量根据量来成立的话，那么此量又应由另一种其他的量来成立。”

[Ⅱ-1-18]“如果这是不必要的，那么如同量的成立[不需要借助另一量]那样，所量也不需借助其他量来成立。”

[Ⅱ-1-19]不然。因为正如灯能照明一样，那是能成立的。

[Ⅱ-1-20]原因是在某一东西上看不见其他手段的作用，而在某些场

〔1〕　日译者注：自Ⅱ-1-8—20的论难应答中先陈述主张的是中观派的龙树，在《广破经》以及《广破论》中有内容相同的文句。参见宇井伯寿：《印度哲学研究》第五卷第264—269页以及第一卷第206—208页。

合则看到了作用,所以不定。

第三节　现量的探讨

［Ⅱ－1－21］“［上述Ⅰ－1－4经］对现量所下的定义是不可能成立的,因为叙述得不完全。”

［Ⅱ－1－22］“现量如果不同灵魂(我)和心(意)接触,则不能产生。(这在Ⅰ－1－4经中没有说到。)”

［Ⅱ－1－23］“在方向、场所、时间、虚空这些场合也是一样。”

［Ⅱ－1－24］因为认识是灵魂的表征,所以并没有(将灵魂)除外。〔1〕

［Ⅱ－1－25］另外,认识是以非同时为表征的,所以也不存在意的除外。〔2〕

［Ⅱ－1－26］而且因为感觉器官与对象的接触是构成现量的原因,这可以根据其本身的声音来说明的。〔3〕

［Ⅱ－1－27］而且无论意识处于休眠或注意力分散时,感官与对象的接触总是［现量的］原因。

［Ⅱ－1－28］并且,从这里还显示了一种特殊的认识。

［Ⅱ－1－29］(反对者所说的话)不是正确的理由,因为存在着矛盾性。

［Ⅱ－1－30］(我们的见解是)不［矛盾的］,因为是根据特殊对象的能力而言的。

［Ⅱ－1－31］“［上述］现量就是比量,因为它是从已知的一部分来推知全体的。”

［Ⅱ－1－32］并非如此,因为那个范围的事物还是靠现量来知觉的。

［Ⅱ－1－33］另外,所谓的一部分知觉并不存在,因为全体原是实在的。

〔1〕此根据Ⅰ－1－10经关于灵魂的定义而言。

〔2〕此根据Ⅰ－1－16经关于意(心)的定义而言。

〔3〕正理派认为:灵魂与意的接触是现量、比量、譬喻量、声量的能动因,而感官与对象的接触只是现量的能动因。二者是有区别的。

第四节　全体的探讨

［Ⅱ－1－34］“［上述］所成立的理由，在全体的问题上存在着疑问。”〔1〕

［Ⅱ－1－35］如果没有全体的话，那么要把握一切也就不可能了。

［Ⅱ－1－36］另外，还因为握持和牵引（物体的整体）是可能的。

［Ⅱ－1－37］如果把对多个当中的一个的把握说成如同对军队、森林（的把握）一样，那是不正确的，因为微尘就具有超感官性。

第五节　比量的探讨

［Ⅱ－1－38］“比量并非量，因为在说明三种比量时，〔2〕根据阻挠、破坏以及类似而引用的实例存在着谬误。”

［Ⅱ－1－39］［答：］并非如此。因为某一场所、恐怖、类似都是不同的。

第六节　现在的探讨

［Ⅱ－1－40］“现在是不存在的，因为落下时有落下和就要落下的那一时间。”〔3〕

［Ⅱ－1－41］［对佛教徒陈述的回答：］如果现在时态不存在的话，那么［其他］二时态［过去与未来］也就不存在了，因为这些时态与现在时态具有相对性。〔4〕

［Ⅱ－1－42］过去与未来不存在相互依存（的关系）。

［Ⅱ－1－43］如果现在时态不存在，那么一切的把握也就不复存在，因

---

〔1〕日译者注：34—37经，请参照《百论·破一品》。特别是在37经中提出的军队和森林的譬喻，常常出现在部派佛教有部的论著里。沈按：日译者在《正理经疏研究·序论》（见本书［附译二］）第三节中认为Ⅱ－1－34—37批判了中观派和经量部的观点。

〔2〕三种比量指有前比量、有余比量及平等比量。

〔3〕日译者认为这是中观派的观点（参见本书附译二：《正理经疏研究·序论》第三节）。

〔4〕日译者注：没有过去和未来，也就没有现在。这一点在《中论》第十九章的时间论中可以看到。

为不可能产生现量。

[Ⅱ-1-44][现在时态的观念]的确要在已经做的和将要做的这二者的结合中去把握。

第七节 譬喻量的探讨

[Ⅱ-1-45]“譬喻量不能根据(1)完全(类似)、(2)不完全(类似)、(3)一部分类似而成立。”

[Ⅱ-1-46]上述指责是不可能成立的。因为譬喻量是根据一般承认的共性来成立的。

[Ⅱ-1-47]“譬喻量和比量都是非现量的,然其成立是根据现量而来的。”

[Ⅱ-1-48]当“加瓦雅”(牡牛的一种)在没有成为现量的时候,我们不承认(以“加瓦雅”作为)譬喻量有量的意义。

[Ⅱ-1-49]譬喻量是根据“如此一般”来再次成立论题的,因此(它与现量)并非没有差别。

第八节 声量的探讨

[Ⅱ-1-50]“[上述]声量就是比量,因为对象不是根据现量来知觉的,而是由推理成立的。”〔1〕

[Ⅱ-1-51]“原因是知觉没有双重作用。”

[Ⅱ-1-52]“还由于(声量和比量)有关联性。”

[Ⅱ-1-53]对于对象的正确认识可根据足以信赖的人的教导而获得。

[Ⅱ-1-54]声音和它的对象之间的关系不存在,(因为一个语词并非即是其所指,如说“火烧”和“刀劈”),并非(一定在)火烧和刀劈。〔2〕

[Ⅱ-1-55][反对者:]“声音(所指称)的对象是确定的,所以不能

〔1〕 日译者注:49—56经是按照卫世史迦(胜论)的学说论述的。(参见宇井伯寿:《印度哲学研究》第一卷第78页。)

〔2〕 日译者注:参见《阿毗达磨大毗婆沙论》(《大正藏》第27卷73a)。

否定。”

［Ⅱ－1－56］并非如此，因为根据声音来认识对象只是习惯性的做法。

［Ⅱ－1－57］而且在不同的人群当中会成为不定。〔1〕

第九节　特殊声的探讨

［Ⅱ－1－58］“［上述］声音（吠陀之声）并非量，因为有（1）虚假（2）矛盾（3）重复这类过失。”〔2〕

［Ⅱ－1－59］并非如此，因为谬误来自行为，行为者以及工具方面的缺陷。

［Ⅱ－1－60］因为谬误（发生）在容许时间变更上。

［Ⅱ－1－61］另外，还因为它能够进行有效的复说。

［Ⅱ－1－62］［吠陀］文本的分类可以根据目的的不同而掌握。

［Ⅱ－1－63］（吠陀的）言语按其作用分（三类）：（1）仪轨；（2）释义；（3）复说。〔3〕

［Ⅱ－1－64］所谓仪轨就是对行为的规定。

［Ⅱ－1－65］所谓释义，就是称赞、非难、实例的说明。

［Ⅱ－1－66］所谓复说就是重述仪轨所规定的内容。

［Ⅱ－1－67］“复说与重述没有差别，因为都是声音的反复。”

［Ⅱ－1－68］不是没有差别的。复说就是反复，如同（催人）更快地行进那样。

［Ⅱ－1－69］那［吠陀经］上面的话是根据足以信赖的人的话而来的，正

〔1〕 日译者注：婆恰斯巴提密斯拉为了否定斯瓦维卡论，提出了下列很有趣味的一个实例，“亚瓦”在阿鲁亚民族中间意思是大麦，但在蛮族中间则指一种胡椒。另外，“吐利维利特”在圣仙之间是用来表示九支赞歌的，而在阿鲁亚民族中间则是为表示一种特定的爬行。如果语言没有约束性，那么上述现象就很难解释。

〔2〕 日译者注：从 58 经起，都是论述正理学派的吠陀观的。参见宇井伯寿：《印度哲学研究》第一卷第 42—47 页。

〔3〕 仪轨：即命令的言语；释义：叙述的言语；复说：复说的言语。

如咒语、医书那样,吠陀的声音是值得信赖的。

第二卷 第二章

第一节 量数——四量的确立

［Ⅱ－2－1］“［量数］并不是只有四种,因为传承量、义准量、随生量以及无体量也都是量。”〔1〕

［Ⅱ－2－2］这不矛盾,因为传承量与声量并无不同,而义准量、随生量以及无体量和比量也无不同。

［Ⅱ－2－3］(反对者:)“义准量是非量,因为它没有确定性。”

［Ⅱ－2－4］(答:)那不是义准量,而是错认为义准量了。

［Ⅱ－2－5］另外,(你的)否定［本身］并不是量,因为它没有确定性。

［Ⅱ－2－6］或者说,如果那［否定］是量的话,那么义准量就不是量了。

［Ⅱ－2－7］无体量并不是量,因为其所量是不成立的。

［Ⅱ－2－8］因为在带有特征的事物上,诸种不带有特征的东西是通过非特征而成为带特征的,所以它是作为无体量的所量而存在的。

［Ⅱ－2－9］如果说“假如对象不存在,‘非存在’也就不存在”,那是不对的,因为其他的特征是可能存在的。

［Ⅱ－2－10］［反对者说:］“在不带有特征的东西上,不存在［理解它的］原因,因为(理解)是基于它的产生而来的。”

［Ⅱ－2－11］并非如此,因为［理解和认识的可能性］是根据［其他］被确定的特征而来的。

［Ⅱ－2－12］还因为非存在在(事物)产生前是有可能形成的。

〔1〕 日译者注:据僧佉派(数论)的乔荼波陀所传,这是弥曼差派的主张。针对这一主张,僧佉派提出了批判。这一批判,在婆恰斯巴提密斯拉《僧佉哲学真理的月光》一书中也可以看到。

第二节　声的无常性

[Ⅱ-2-13] 可以这样主张：(1) 有原因性；(2) 可以用感官来掌握；(3) 有所作性。[1]

[Ⅱ-2-14] [反对者说：]“并非如此，可以譬喻来说明：(1) 因为瓶的非存在[具有常住性]；(2) (瓶的)共性也具有常住性；(3) 常住的东西如同无常的东西一样。”

[Ⅱ-2-15] (答：)由于在重复表达那东西的时候存在着种种的阻隔，所以[Ⅱ-2-13 所说的]并无谬误。

[Ⅱ-2-16] 因为那是根据相继的特殊的比量而来的。

[Ⅱ-2-17] 由于一部分言词而使原因的实质得以说明。

[Ⅱ-2-18] 因为发音前知觉不到，也没有知觉到(声的)覆障。

[Ⅱ-2-19] “没有知觉到覆障就是非知觉，所以覆障是存在的。”

[Ⅱ-2-20] “[正如立论者所说的，即使覆障]不能知觉，[覆障的]无知觉也是实际存在的，因此，从(覆障)不能知觉这一点看，覆障也不是不存在的。”

[Ⅱ-2-21] [对Ⅱ-2-19 及 20 的回答：][19 的]理由是不正确的。因为[覆障的]不能知觉是以无覆障的知觉为本质的。

[Ⅱ-2-22] [反对者的回答：]“原因在(声有)不可触性。”

[Ⅱ-2-23] “声是不可触摸的，因而是常住的”这种说法不对，因为行为是无常性的。

[Ⅱ-2-24] 并非如此，因为微尘(原子)是常住的。

[Ⅱ-2-25] (反对者为“声常说”辩护道：)“因为声音能传递下去。”

[Ⅱ-2-26] 这不是正确的理由，因为不能认为声音存在于(间隙)

[1] 宫坂宥勝说，Ⅱ-213—39 经是批判声显论的。参见本书附译二：《正理经疏研究·序论》。按《毗卢成佛经·住心品》疏云：“若声显者，计声体本有，待缘显之，体性常住。”声显论即弥曼差论。

之间。

[Ⅱ-2-27]“[上述Ⅱ-2-25]是不能否定的,因为声音是老师对弟子进行教导的工具。”

[Ⅱ-2-28]“否定是不正确的,因为(在传授中师生)双方的主张对任何一方都是有启示的。”

[Ⅱ-2-29]“(声是常住的)因为可以重复。”

[Ⅱ-2-30]并非如此。因为重复的言词在其他情况下也可以用作譬喻性的说明。

[Ⅱ-2-31][有人说]“他是从他来的,所以他就变成了他。不能变成他则因为他的本身不具有他性。所以说,纯粹的他是不存在的。”〔1〕

[Ⅱ-2-32][立论者的回答:]如果他不存在,非他性也就不存在,因为这两者是互相依存的。

[Ⅱ-2-33](反对者认为:)声常是理所当然的,〔2〕“因为不承认(声)有灭坏的原因。”

[Ⅱ-2-34]由于不承认听不见的原因,所以[就认为声音是常住的],这就等于一直在听。

[Ⅱ-2-35]如果不承认声音灭坏的原因,那就是无知觉,因此不是正确的理由。

[Ⅱ-2-36]当声音不存在的时候,可以通过手的接触(如击鼓等)的能动因(去检验),所以不承认行为是不正确的。

[Ⅱ-2-37]并且由于不承认灭坏的原因,所以在(声音)持续存在的情

〔1〕 日译者注:这里的“[有人说]”,指的是佛教中观派论师,可能就是龙树。根据下一条经文和《疏》可以看出,正理学派是借用佛教中观派的他性和自性问题中的他性否定论(他的自性称为他性)来攻击弥曼差学派的。

〔2〕 据富差耶那:《正理经疏》Ⅱ-2-33疏a。本篇所引富差耶那的疏文,均据宫坂宥勝《ニヤーヤ・バーシュヤの論理学》一书中的日译转译。以下不再一一注明所据书名。

况下，必然以为声音是常住不灭的了。

［Ⅱ－2－38］不能因为声音是不可触摸的而否定（声的无常性）。

［Ⅱ－2－39］［把声音和颜色等］结合起来也不行，因为声音是不会显露出来的（它有自己的特性）。

第三节　声的变化

［Ⅱ－2－40］（在这一问题上是）有疑惑的，因为它有变化和置换的（语法）规则。〔1〕

［Ⅱ－2－41］变化是在原形增加时增加的。

［Ⅱ－2－42］“那不是正确的理由，因为要看到变化的情况：要么比（原来）少，要么相等，要么更大。”

［Ⅱ－2－43］由于（上述）两种东西（同法和异法）还没有成为理由，所以不能用实例来加以论证。

［Ⅱ－2－44］（有人认为实体的变化是正确的譬喻。〔2〕立论者说：）不是，因为变化是根据不相等的原形而分别的。

［Ⅱ－2－45］［对方提出异议：］“如同在实体的（情态）变化上有差异性那样，声的变化也有（情态的）分别。”

［Ⅱ－2－46］［答：］并非如此，因为文字不具有变化的性质。

［Ⅱ－2－47］完成变化的不能再还原。

［Ⅱ－2－48］“那不是正确的理由，因为黄金等（制品）可以还原。”

［Ⅱ－2－49］并非如此，因为它的变化并不能离开黄金的性质。

［Ⅱ－2－50］［异议：］“因为不能离开声的性质，所以声音的变化不存在矛盾。”

［Ⅱ－2－51］［答：］事物的特性在于与一般性结合，不与一般性（自身

〔1〕宫坂宥勝说Ⅱ－2－40—59经中论辩对方是文典学派（参见本书《正理经疏研究·序论》）。

〔2〕参见富差耶那：《正理经疏》Ⅱ－2－44疏a。

结合)。

[Ⅱ-2-52] 声音如果是常住的,那就不存在变化;同时如果声音具有无常性,那么它就不是常住的。

[Ⅱ-2-53]"由于常住的事物具有超感官性,而且其性质可以分别,所以否定声音的变化是不正确的。"

[Ⅱ-2-54]"而且如果是非常住的,那么它就有变化。这就同(我们)所知道的声音的情况一样。"

[Ⅱ-2-55](1)如果有变化的性质,那么它就是非常住的。(2)并且在不同的时间都会有变化,因此[对Ⅱ-2-52的]否定是不正确的。

[Ⅱ-2-56] 因为许多声音的变化,本来是不定的。

[Ⅱ-2-57]"由于在不定中有一定,所以不存在不定。"

[Ⅱ-2-58][答:]一定与不定是矛盾的,另一方面又是在不定的情况下产生的,所以不能否定。

[Ⅱ-2-59] 然而,由于有(1)声调变化、(2)替换、(3)缩短、(4)拉长、(5)音的脱落以及(6)词干的扩展这些情况的存在,所以说声音是有变化的。

第四节　语言及其能力的探讨

[Ⅱ-2-60] 声音在语尾的添加部分停止时便成为单词。〔1〕

[Ⅱ-2-61] 有疑惑,因为单词同事物的个体、形相、类联系起来时(才能)使用。

[Ⅱ-2-62](个体论者说:)"(Ⅰ)单词的对象是事物的个体,因为(a)方言(b)集合(c)舍与(d)所持有(e)数(f)成长(g)瘦(h)色(i)合成语(j)出生,都是同事物的个体联系起来加以使用的。"

[Ⅱ-2-63] 并非如此。因为[如果没有类属]事物的个体与单词的结

〔1〕 宫坂宥勝说,Ⅱ-2-60—71经的论辩对方是文典学派,文典学派主张个物论、形相论以及类论(参见本书《正理经疏研究·序论》)。

合关系就不能确定。

［Ⅱ－2－64］（a）同行（b）位置（c）用途（d）态度（e）重量（f）含有（g）近傍（h）结合（i）原因（j）主权等，也可以用于不属于它的（a）婆罗门（b）坛（c）席（d）王（e）面粉（f）檀香（g）恒河（h）布（i）食物（j）人等方面。

［Ⅱ－2－65］（形相论者说：）“（Ⅱ）要有形相，因为存在物的确立，是依靠它来成立的。”

［Ⅱ－2－66］（类论者说：）“（Ⅲ）单词的对象是类，因为作为供献的，不能用黏土制成的牛，即使它同事物的个体和形相结合，也是不适当的。”

［Ⅱ－2－67］并非如此，因为类的显现要依靠形相和事物的个体。

［Ⅱ－2－68］［立宗义者：］单词的对象实际上是事物的个体、形相及类。

［Ⅱ－2－69］个体是本质属性所依存的实体。

［Ⅱ－2－70］形相就是说明类和［类的］性状的标志。

［Ⅱ－2－71］类是以引起共同观念为本质的。

第三卷　第一章

第一节　灵魂与感官的不同

［Ⅲ－1－1］同一对象是通过视觉器官（眼）和触觉器官（皮）来把握的。

［Ⅲ－1－2］“并非如此。因为客观的对象是确定的。”

［Ⅲ－1－3］（你的）否定是不对的，因为对象的确定要取决于灵魂的实际存在。

第二节　灵魂与身体的不同

［Ⅲ－1－4］如果身体是灵魂的话，那么烧杀他人的身体时，就没有罪孽。

［Ⅲ－1－5］［反对者说：］“即使把带有灵魂的东西［即活的躯体］烧掉

也不存在过错,因为那(灵魂)是永恒不灭的。"〔1〕

[Ⅲ-1-6][立论者说]并非如此。(1)因为杀害是损伤了业的所依[即身体]和能作者[的感官]。(2)[杀害]是损伤能作者的业的所依[=身体]。〔2〕

第三节　对"视觉器官是独一的"这一见解的探讨

[Ⅲ-1-7]左视觉器官看到的东西,可以由另一视觉器官再认识。

[Ⅲ-1-8][反对者的意见:]"并非如此。因为(它们本来是)一个感觉器官,由于鼻梁将它们分隔开,就误认为是两个感觉器官了。"

[Ⅲ-1-9][立论者:]那不是独一的东西,因为缺损其一时,第二个并不缺损。

[Ⅲ-1-10][反对者的反驳:]"即使部分(感官)消灭了,但从总体上看,知觉也还是存在的,因此(你的)理由不正确。"

[Ⅲ-1-11][答:]否定不了(我的理由),因为(你所举的)实例(与我所说的)有矛盾。

[Ⅲ-1-12]因为在其他的感觉器官上(情况)就有变化。〔3〕

[Ⅲ-1-13][反对者的意见]:"并非如此,因为记忆应具有令人想起的相应的对象。"

[Ⅲ-1-14][答:]那(记忆)是作为灵魂的属性而存在的,所以(你仍然)不能否定(我的意见)。

第四节　灵魂与意的不同

[Ⅲ-1-15][反对者的意见:]"不是这样的,因为有关灵魂见解的种种

---

〔1〕 日译者注:根据乌地阿达克拉所说,可以认为这里的反对者就是僧佉学派(数论)。

〔2〕 富差耶那《正理经疏》关于Ⅲ-1-6经有两种解释,日译者据此分别译出。

〔3〕 如通过舌头来品尝果实的味道时,并不能同时把握要由眼睛来感受的颜色和由鼻子来感受的香气。也就是说,眼睛如果瞎了,舌头是不能产生视觉的;鼻子如果失灵,舌头也不能产生嗅觉。参见富差耶那:《正理经疏》Ⅲ-1-13疏b。

理由在意（的问题）上也是可以成立的。”〔1〕

［Ⅲ－1－16］［答：］认识的工具存在于认识者之中，所以那只是名称不同而已。

［Ⅲ－1－17］另外，（你的）限制不合比量。

第五节　灵魂的永恒性

［Ⅲ－1－18］婴儿根据以前反复经历过的事情的连续记忆，所以也会有喜乐、惧怕和忧愁。

［Ⅲ－1－19］［反驳者说：］“正如红莲花等有花开花落的变化那样，（灵魂）也有如此的变化。”〔2〕

［Ⅲ－1－20］（答：）并非如此。因为由五种元素〔3〕构成的事物的诸种变化是以冷热两季为能动因的。

［Ⅲ－1－21］由于反复哺乳，轮回后（婴儿）也会产生吃奶的欲望。

［Ⅲ－1－22］［反驳者说：］（婴儿）对它（奶头）的接近，就像铁接近磁石一样。

［Ⅲ－1－23］不是（这样），因为在其他情况下就不起作用了。

［Ⅲ－1－24］还因为脱离欲求的人估计不会出生。

［Ⅲ－1－25］“它的发生，正如实体及其属性的发生那样。”

［Ⅲ－1－26］并非如此，因为欲求等是以（前世的）思维为能动因的。

第六节　身体的性质

［Ⅲ－1－27］身体是由地元素构成的，因为（从其）特殊的属性〔4〕可以作出断定。

［Ⅲ－1－28］“身体是由地、水、火（三元素）构成的，因为从其属性可以

〔1〕　宫坂宥勝认为这是有部和部派佛教的一般思想。

〔2〕　意指灵魂亦是无常的。

〔3〕　正理派认为事物是由地、水、火、风、空五种元素构成的。

〔4〕　正理论认为地有香的特殊属性，人也有香的属性，所以人是由地元素构成的。这也是《吠陀经》所说的思想。

作出断定。”〔1〕

［Ⅲ-1-29］“又，［身体］是由四种元素构成的，因为可以从其呼吸作出断定。”〔2〕

［Ⅲ-1-30］“［身体］是由五种元素构成的，因为（它）有香、湿气、热、流通性及空间等属性。”〔3〕

［Ⅲ-1-31］另外，还由于是圣典所说的量。

第七节　感官与那些元素

［Ⅲ-1-32］对下列说法有疑惑：有眼睛才能有知觉（视觉），并且，即使眼睛远离对象也能知觉。

［Ⅲ-1-33］因为有掌握大与小的问题。〔4〕

［Ⅲ-1-34］掌握大小要基于视线与对象的特殊接触。

［Ⅲ-1-35］（有人反驳说：）“这不是正确的理由，因为那（视线）是看不到的。”

［Ⅲ-1-36］［答：］不能由现量知觉并不能成为非存在的理由，因为可由比量得知。

［Ⅲ-1-37］另外，存在实体与属性的知觉与非知觉，其性质是不同的，所以并非都是（现量）所能知觉的。

［Ⅲ-1-38］对颜色的知觉是因为它同许多实体之间存在着内属关系，而且有特殊的颜色。

［Ⅲ-1-39］诸感官是根据人的行为和能动性排列的，这有利于实现人的目的。

---

〔1〕“三大”所成是吠檀多派的思想。

〔2〕四种元素当指地、水、火、风。宫坂宥勝认为这是小乘有部和毗婆沙论师的观点。参见本书《正理经疏研究·序论》第三节。

〔3〕香、湿气、热、流通性、空间分别为地、水、火、风、空的属性。宫坂宥勝说“身体为五大所成”是僧佉（数论）派的看法。见本书附译二：《正理经疏研究·序论》。

〔4〕日译者注：微尘（小）大，胜论派所说。参见迦那陀：《胜论经》Ⅶ-1-8ff。

［Ⅲ－1－40］这种无知觉，恰似白昼知觉不出星辰的光芒一样。

［Ⅲ－1－41］（有这样的说法："黏土的光芒在白天被太阳光超过，所以知觉不到。"对此，〔1〕）并非如此，因为夜间也知觉不到黏土的光芒。

［Ⅲ－1－42］对客观外界的知觉，要借助于外部光线的帮助，所以（眼睛）的无知觉，就是［色的］未显现。

［Ⅲ－1－43］又因为显现时会出现压倒。

［Ⅲ－1－44］还因为夜间步行时可以看到别人眼睛里闪动的光。

［Ⅲ－1－45］（反对者说："感官与对象的接触不是认识的原因。"〔2〕并且提出理由）"因为被玻璃、云母、水晶等物体遮蔽的东西仍然可以知觉到，所以不接触也能把握。"

［Ⅲ－1－46］否定是不正确的，因为被墙壁遮住的东西就不能被知觉。

［Ⅲ－1－47］由于［玻璃等］不能成为遮蔽物，所以（感官与对象）还是能发生接触的。

［Ⅲ－1－48］因为即使水晶遮蔽住了燃烧的东西，也遮不住太阳的光线。

［Ⅲ－1－49］［反驳者说：］"并非如此，因为任何一种性质总是［属于任何一种实体的］。"

［Ⅲ－1－50］镜和水是以明澄为本质的，因此它就像知觉颜色一样可以被知觉。

［Ⅲ－1－51］诘问的是经验上能知道和类推而知的东西，不能强加否定。

第八节　感官的多样性

［Ⅲ－1－52］对下列说法有疑惑：（感官）在多种场所具有多样性，而且就整体来说也具有多种场所性。

〔1〕据富差耶那：《正理疏》Ⅲ－1－41疏a。

〔2〕据富差耶那：《正理疏》Ⅲ－1－45疏a。

［Ⅲ－1－53］“（这一感官）就是触觉器官，因为一切感官都离不开触觉器官。”

［Ⅲ－1－54］［宗义］说感官是独一的，这不合事实，因为（感官）不能同时感知（不同）对象。

［Ⅲ－1－55］并且触觉器官也不是唯一的感官，因为存在冲突的情况。

［Ⅲ－1－56］因为感官的对象有五种，（所以感官也有五种）。

［Ⅲ－1－57］［反驳者说：］“不对，因为其对象是多样的。”

［Ⅲ－1－58］许多香的东西等与香性等不能分离，所以不能否定香等东西。

［Ⅲ－1－59］“感官是单一性的，因为（它）不能离开客观对象的性质。”

［Ⅲ－1－60］并非如此。因为存在（1）知觉的特征、（2）对象的本体、（3）过程（或作用）、（4）形相、（5）种类等五个方面。

［Ⅲ－1－61］［答：］感官与元素具有统一性，因为元素的特殊属性是通过感官知觉的。〔1〕

第九节　感官的对象

［Ⅲ－1－62］在香、味、色、触、声当中，具有到触为止的地（以及）（译者按：下接Ⅲ－1－63）

［Ⅲ－1－63］——水、火、风（的属性），将上述东西（元素及其属性）一一对应地排除后，虚空便是最后的东西（即声）了。〔2〕

［Ⅲ－1－64］［反驳者说：］“并非如此，因为一切属性并不都是通过感官来知觉的。”

［Ⅲ－1－65］［反驳者说：］“由于每个属性是顺次依存于每个实体之中

〔1〕宫坂宥勝认为，以上Ⅲ－1－32—61经中的论辩对方是僧佉（数论）派。因为僧佉派主张感官由变异构成。感官是遍在性的东西，感官由一种未显现的本性产生。参见本书《正理经疏研究·序论》。

〔2〕Ⅲ－1－62与63要合起来读，意谓：香、味、色、触、声分别是地、水、火、风、空五种元素的属性。

的，因此不能知觉。”

［Ⅲ－1－66］“因为元素的互相渗透，（所以更难知觉）。”

［Ⅲ－1－67］［立论者说：］并非如此，因为由地与水构成的东西有现量性［＝直证性］。

［Ⅲ－1－68］由于感官超过前述的各个属性，所以各个感官在其属性上显示了卓越性。〔1〕

［Ⅲ－1－69］［答：］［就像一个感官是由地元素构成的说法那样］，确定的确是根据卓越性而来的。

［Ⅲ－1－70］因为具有对属性的知觉，所以感官是存在的。

［Ⅲ－1－71］它（感官自体的属性）不能通过它（感官）来把握。〔2〕

［Ⅲ－1－72］“并非如此，因为声的属性可以知觉。”

［Ⅲ－1－73］［答：］那一知觉是根据相互矛盾的实体［＝虚空］和属性［＝声］而来的。

第三卷　第二章

第一节　觉的无常性

［Ⅲ－2－1］疑惑是由于［觉］既作行为的同法又作虚空的同法［而产生的］。〔3〕

〔1〕 感官超过属性是指感官在表现对象时的一种能力。如嗅觉器官由于超过了香的属性，所以就成了香的掌握者。这也就是所谓的“卓越性”。

〔2〕 正理论认为不能笼统地说感官能把握一切属性，而只能说某一感官能把握与其相应的属性，如嗅觉器官能把握香这种属性；但这也只是指把握外在事物的属性。至于感官自体的属性，却不能由感官自体来把握。

〔3〕 觉即广义的认识活动，有生灭变化，是无常的，这与行为有无常性一样，所以可以构成同法关系，而虚空则无生灭变化，它是常住的，与觉的性质相矛盾。现在由于把觉看作与行为和虚空都相通，所以产生了疑惑。又，日译者注：有关觉的常和无常的论难应答，是与僧佉派（数论派）进行的。沈按：僧佉派主张人的内官的觉具有永恒性。

［Ⅲ－2－2］“因为有对象的再认识问题。”〔1〕

［Ⅲ－2－3］［立宗义者的回答：］（你的理由与）所立相似［即所提出的主张又由其本身来证明］，所以不能成为正确的理由。

［Ⅲ－2－4］（并针对僧佉派所说的“觉被确定在对象上从而显出诸种认识作用，而不是从其他东西上有作用”的话，〔2〕提出不同看法：）并非如此，因为不能同时掌握。

［Ⅲ－2－5］另外，如果没有再认识，［觉］就消亡了。

［Ⅲ－2－6］不能同时掌握，因为（认识）存在作用性的次序。

［Ⅲ－2－7］另外，没有再认识，是因为（心）被其他对象占有了。

［Ⅲ－2－8］（针对“内官如果是遍在性的东西，那么就与感官结合”的说法〔3〕——）不，因为不存在运动。

［Ⅲ－2－9］（僧佉派说：）“那矛盾的谬见就像在水晶上的矛盾谬见一样（清楚）。”〔4〕

第二节　刹那灭

［Ⅲ－2－10］（刹那论者说：）“说在水晶上相互间还会进一步产生新的水晶，因此诸个体都是刹那性的。这种说法不能成为正确的理由。”〔5〕

［Ⅲ－2－11］因为没有一定的理由，所以在任何情况下都可被承认。

［Ⅲ－2－12］（又有一种说法：“在实体的相续上是取决于完全的破坏而不是原物的产生；联结而被切断，就是刹那性。”对此，立宗义者说：〔6〕）并

〔1〕 意谓由于需要不断地认识对象，所以觉具有常住性。参见富差耶那：《正理经疏》Ⅲ－2－2 疏 b。

〔2〕 据《正理疏》Ⅲ－2－4 疏 a。

〔3〕 据《正理疏》Ⅲ28 疏 a。又，所谓遍在的内官，即意。参见本条经疏 b。

〔4〕 日译者注：富差耶那（在疏中）作为前陈者而预设的僧佉论（数论）者，恐怕是属于无神论的僧佉论。

〔5〕 宫坂宥勝认为Ⅲ－2－10—17 是刹那灭论者与僧佉（数论）派论师的论辩。

〔6〕 据富差耶那：《正理疏》Ⅲ－2－12 疏 a。

非如此。因为可以认为是生、灭的原因。

[Ⅲ-2-13] [刹那论者说:]“正如在乳的腐效(即灭坏)上不知其原因和不知酪产生的原因一样,它的产生即使没有原因,也是有原因知觉的。”

[Ⅲ-2-14] [立宗义者说:]由于可以根据(其)表征来把握,因此不会无知觉的。

[Ⅲ-2-15] “牛奶并没有[灭坏],因为它转变成了[另一事物],显现出其他的属性。”〔1〕

[Ⅲ-2-16] [立宗义者说:]从不同事物的排列上可以看到,其实体的产生是由于以前实体的破坏,所以可类推。

[Ⅲ-2-17] 破坏的原因有时能认识,有时则不能认识,因此不能绝对化。

第三节 觉是灵魂的属性

[Ⅲ-2-18] 觉不存在于感官以及对象上,因为它们(感官和认识对象)即使被破坏,认识还是继续存在的。

[Ⅲ-2-19] 而且认识不是意的属性,因为所知[即认识的对象]不能同时被知觉。

[Ⅲ-2-20] [反对者说:]“在灵魂的属性上(即认识)也同样如此。”

[Ⅲ-2-21] 不存在它的[同时]产生,因为不存在[一切]感官与心的接触问题。

[Ⅲ-2-22] (或许有人认为对香等的认识只是随着灵魂、感官与对象的接触而产生的,〔2〕立论者进一步表示了不同的意见:)不然,因为[不同意接触,认识]产生的原因就不能显示出来。〔3〕

[Ⅲ-2-23] [反驳者说:]“再说,如果认识是能够继续存在下去的话,

---

〔1〕 这是僧佉派(数论派)说的话,僧佉派只承认转变,不承认灭坏。

〔2〕 据富差耶那:《正理疏》Ⅲ-2-22 疏 a。

〔3〕 正理派认为,诸种认识不能同时产生,也并非所有的感官都与意发生接触;但也不是所有的感官都不与意接触。

那么它就应该是常住的；因为看不到（它有）消灭的原因。”

［Ⅲ-2-24］［答：］觉若是无常性的就能把握，所以一个觉的消灭是从另一个觉（的产生）实现的，恰如声音那样。

［Ⅲ-2-25］“记忆是随着意同内属于灵魂部分的认识的接触而产生的，所以许多记忆不能同时产生。”

［Ⅲ-2-26］并非如此，因为意存在于身体内部。

［Ⅲ-2-27］［反对者说：］“这不成其为正确的理由，因为存在尚须证明的问题。”〔1〕

［Ⅲ-2-28］［答：］否定是不正确的，因为记忆的人保持着身体。

［Ⅲ-2-29］［答：］“不然，因为意具有迅速的运动性。”

［Ⅲ-2-30］不是这样，因为回想的时间（或短、或长）是不一定的。

［Ⅲ-2-31］［针对上面Ⅲ-2-25中所述的一方论者的主张，另一方论者说：］“不存在特殊的结合。也就是说，要根据：（1）灵魂的冲动；或（2）偶然性；或（3）知者性。”

［Ⅲ-2-32］［对Ⅲ-2-31的反驳］［特殊的接触］就像心意专一的人产生脚痛时的那种特殊的结合一样。〔2〕

［Ⅲ-2-33］［答：］回想不是同时产生的，因为注意表征等的认识不能同时存在。

［Ⅲ-2-34］因为活动及活动的停止是以认识者的欲求和嫌恶为能动因的。（欲求和嫌恶不能不说是认识者的属性）。

［Ⅲ-2-35］“由于活动和活动的停止有欲求和嫌恶的表征性，因此在由地元素构成的东西（即身体）等上面不存在否定。”

---

〔1〕 富差耶那《正理疏》Ⅲ-2-27疏引反对者的意见说：“生只不过是一种正在成熟的行为的意志力。而如果这样的话，那么意存在于身体内部这件事就是所要成立的东西。”

〔2〕 富差耶那《正理疏》Ⅲ-2-32疏说：“在某一场所，心意专注的人被小石子刺破了足，此时由于灵魂与意的特殊结合而可以不被察觉。”

［Ⅲ－2－36］因为在斧子等东西上可以看到活动和停止。

［Ⅲ－2－37］不过，区别元素的性质和欲求、嫌恶有一定和不定两种情况。

［Ⅲ－2－38］因为意有三方面的性质：（1）已经说过的理由（见Ⅰ－1－10）；（2）他存性；（3）偶然性。

［Ⅲ－2－39］（上述证明的结论即是：）（1）根据排除法；（2）已述的理由可能成立。［或（2）已述的理由；（3）产生。］

［Ⅲ－2－40］记忆在灵魂中的确可以存在，因为是把认识者作为自体的。

［Ⅲ－2－41］（记忆是以）（1）注意，（2）结合，（3）反复，（4）表征，（5）特征，（6）类似，（7）拥有，（8）所依者，（9）能依者，（10）关系，（11）持续，（12）分离，（13）相同的事业，（14）矛盾，（15）卓越，（16）获得，（17）被覆物，（18）快感、不快，（19）欲求，嫌恶，（20）恐惧，（21）乐欲，（22）所作，（23）贪欲，（24）法，（25）非法为能动因的。

第四节　觉的生灭性

［Ⅲ－2－42］（觉的生、灭性如）运动的非持续性，可以把握。

［Ⅲ－2－43］［异议：］觉如果是非存续性的，那么就不能清晰地把握，就像闪光时不能清晰地把握颜色那样。

［Ⅲ－2－44］［答：］有时，根据提出的理由，可以肯定那些被否定的东西。

［Ⅲ－2－45］这种把握，就像在灯火持续时看得一清二楚地那种把握一样。

第五节　觉不是身体的属性

［Ⅲ－2－46］由于在实体上，自己的属性和其他的属性能够知觉，所以存在疑惑。〔1〕

〔1〕宫坂宥勝说Ⅲ－2－46—55中的持异议者是唯物论派，因唯物论派主张认识的起动者为身体的属性。参见本书《正理经疏研究·序论》。

［Ⅲ－2－47］（立论者说：认识起动者不是身体的属性。为什么呢？〔1〕——）因为（这与颜色与身体的不可分关系不同，）只要身体存在，颜色等东西就存在。

［Ⅲ－2－48］（有人会这样想："例如陶瓶，一个具有暗黑色等属性的实体，那实体长期存在下去，其暗黑的颜色也会消失。认识起动者的停止活动就像颜色的消失那样。"〔2〕）并非如此，因为通过燃烧可以产生其他属性。

［Ⅲ－2－49］又因为经过燃烧产生的东西，通过反作用力而成立，所以否定是不正确的。

［Ⅲ－2－50］身体上存在遍充性。

［Ⅲ－2－51］（有异议的人说：）"这种说法不对，因为毛发、指甲等就没有知觉。"〔3〕

［Ⅲ－2－52］［答：］身体被皮肤所围裹，毛发、指甲等不会附错地方的。〔4〕

［Ⅲ－2－53］因为身体的属性（与认识起动者）有矛盾。〔5〕

［Ⅲ－2－54］"不对，因为颜色等相互间存在着矛盾性。"〔6〕

---

〔1〕 据富差耶那：《正理疏》Ⅲ－2－47 疏 a。

〔2〕 据富差耶那：《正理疏》Ⅲ－2－48 疏 a。

〔3〕 富差耶那《正理经疏》Ⅲ251 疏 b 说，持异议者（唯物论者）以毛发和指甲不会产生认识而推论觉在身体上不可能有遍充性。

〔4〕 意谓身体被皮肤围裹，毛发、指甲附着在皮肤上；毛发、指甲虽无认识作用，但全身的皮肤等感官是有认识作用的。

〔5〕 富差耶那《正理疏》Ⅲ－2－53 疏 b 说，身体的属性有二：（1）非现量；（2）可以通过感官来把握颜色等。而认识起动者则是：（1）不是非现量的；（2）不能通过感官来把握。所以它与身体的属性相矛盾，不能把它看作是身体的属性。

〔6〕 这是持异议者（唯物论者）的进一步反诘，意谓：正如颜色等相互间也存在矛盾性而并不妨碍它们成为身体的属性一样，不能由此而认为认识起动者不是身体的属性。

[Ⅲ-2-55][答:]颜色等身体的属性可由感官来把握,所以否定这种性质是不正确的。

第六节　意

[Ⅲ-2-56]意是单一的,因为认识是非同时的。

[Ⅲ-2-57][持异议者:]不然,因为可以看到许多认识作用同时存在。

[Ⅲ-2-58][答:]这种知觉,正像看到的旋火轮一样,因为能迅速地旋转。〔1〕

[Ⅲ-2-59]又根据上述理由,所以意是微量的。

第七节　身体由于不可见力而形成

[Ⅲ-2-60]它(即身体)的产生是由于以前所作事情的结果(业)的"随缚"。〔2〕

[Ⅲ-2-61](无神论者说:〔3〕)"由元素构成的身体,就如由诸元素构成的有质碍的东西一样。"

[Ⅲ-2-62]不然,因为其理由有所立相似的问题。

[Ⅲ-2-63]之所以不对,是因为双亲是产生身体的原因。

[Ⅲ-2-64]食物也是同样的。

[Ⅲ-2-65]另外,夫妇交媾时产生的结果则是不定的。

[Ⅲ-2-66]行为是产生身体的能动因,同样,也是身体与灵魂结合的能动因。

[Ⅲ-2-67]所谓不定的问题(指Ⅲ-2-65)可以通过这一点来说明。

[Ⅲ-2-68]如果说"它[=身体的生成]是基因于阿杜里秀特[即(1)无知觉,或(2)不可见]",那么在解脱上还要再次具备这一条件。

〔1〕　旋火轮是一种错觉,意指所谓的认识同时存在,乃是由错乱的认识引起的知觉诸作用迅速的运动性,结果并不能把握现实的情况。

〔2〕　随缚是内属于灵魂的东西的继续存在。

〔3〕　据富差耶那:《正理疏》Ⅲ-2-61疏a。

［Ⅲ－2－69］还因为不断地结合是以意的活动为能动因的。

［Ⅲ－2－70］又因为死是不可能的，所以身体是永恒的。〔1〕

［Ⅲ－2－71］“那就如同微尘的暗黑色那样是永恒的。”

［Ⅲ－2－72］不然，因为：（1）（那样说）等于承认做不到的事情；（2）或者认为做不到的事情竟可以发生。

第四卷　第一章

第一节　行为与过失

［Ⅳ－1－1］行为的问题已如上述（Ⅰ－1－17）。

［Ⅳ－1－2］这样，还有过失（的问题需要研究）。

第二节　三类过失

［Ⅳ－1－3］过失有三类，包括欲望类、嫌恶类、无知类。〔2〕

［Ⅳ－1－4］“并非如此，因为可看作是同一类的东西。”

［Ⅳ－1－5］这不是正确的理由，因为不确定。

［Ⅳ－1－6］这里指的是，由无知而构成过失；因为只有无知的人才会产生（另外两种）过失。

［Ⅳ－1－7］“由于存在能动因和因果关系，所以［无知］与各种过失是不同的。”

［Ⅳ－1－8］［答：］不是这样，因为无知包含在过失的定义之中。

［Ⅳ－1－9］［上述Ⅳ－1－7的］否定是不正确的，因为在属于同类的东西中，因果关系是可能存在的。

---

〔1〕　宫坂宥勝说Ⅲ－2－68—70经反映了耆那教的思想。参见本书《正理经疏研究·序论》。

〔2〕　日译者注：对三类过失的论说，并不局限于正理派。值得注意的是，正理派的论说与佛教有一致的地方。沈按：正理派所说的三类过失，即佛教所说的贪、嗔、痴三毒。

第三节　再生

［Ⅳ－1－10］再生在灵魂常住时方能成立。〔1〕

［Ⅳ－1－11］各种能显现出来［即能认知］的东西［的发生］是基于能显现出来，所以现量是认识的手段。

［Ⅳ－1－12］［反驳者：］“不然，因为瓶不能从瓶性中产生。”

［Ⅳ－1－13］否定是不正确的，因为瓶是由能显现出来的东西产生的。

第四节　世界并非以空性为质料因

［Ⅳ－1－14］“存在是由非存在产生的，因为没有破坏就不可能显现。”〔2〕

［Ⅳ－1－15］这不正确，因为存在矛盾。

［Ⅳ－1－16］“不然，因为格关系的言语适用于过去和未来。”

［Ⅳ－1－17］［答：］并非如此，因为不会从被破坏中生出东西来。

［Ⅳ－1－18］它显示的是一种顺序（即继起的关系），所以不能加以否定。

第五节　以主宰神［自在天］为原因的世界观探讨

［Ⅳ－1－19］主宰神就是原因，因为人的行为有时候看不到结果。〔3〕

［Ⅳ－1－20］［反驳者：］“并非如此，因为没有人的行为，也就不会产生结果。”

［Ⅳ－1－21］并非正确的理由，因为要由主宰神来主宰。

第六节　“偶然性所产生”的世界观探讨

［Ⅳ－1－22］“存在的发生没有能动因也存在，因为看一下荆棘的刺便

---

〔1〕　日译者注：参照鲁宾的德译本（Ⅳ－a－10）111a—117f。根据灵魂的永恒性而作的再生的论述，据鲁宾说，就是正理派针对唯物论者和佛教徒说的。

〔2〕　Ⅳ－1－14 和 16 经可能是佛教中观派哲学家说的话。

〔3〕　日译者注：婆恰斯巴提密斯拉将其理解为是主宰神婆罗门的论式，并认为是吠檀多派哲学的立量。

可明白。”〔1〕

[Ⅳ-1-23] [答:]没有能动因也是由能动因性而来的,所以存在的产生,并非没有能动因。

[Ⅳ-1-24] 否定是不正确的,能动因和没有能动因是不同的。

第七节　“一切皆无常”的世界观的探讨

[Ⅳ-1-25] “一切皆无常,因为这是由生、灭的性质决定的。”〔2〕

[Ⅳ-1-26] 并非如此,因为无常住性本身乃是常住的。〔3〕

[Ⅳ-1-27] “那不是常住的,正如火在燃烧着的柴薪熄灭后也随之而灭一样。”

[Ⅳ-1-28] [最后的结论]不能反对常住,因为[常和无常的]确定,如同承认存在一样。

第八节　“一切皆常”的世界观探讨

[Ⅳ-1-29] “一切皆常,因为五种元素是常住不灭的。”〔4〕

[Ⅳ-1-30] 不然,因为(我们)知觉到了生灭的原因。

[Ⅳ-1-31] “否定是不正确的,因为[一切]都有五种元素的表征。”

[Ⅳ-1-32] 并非如此,因为发生和发生的原因是可以知觉的。

---

〔1〕　日译者注:“问曰:何等外道说一切物自然而生名涅槃?”答曰:“第十六外道无因论师作如是说:无因无缘生一切物,无染因、无净因。我论中说,如棘刺针无人作。”(《大正藏》第32卷第158页上)沈按:无因论即偶然论。

〔2〕　日译者注:虽然由此可以使人想起原始佛教的《无常偈》,但乌陀衍那在《正理经释补疏记补正》中则认为不是刹那论者的主张。然而kadacidbhavah是作为佛教的“四相”(生、住、异、灭)之一而符合的,因此,可以估计为是部派佛教的经量部或毗婆沙论师的无常观。

〔3〕　意谓:你说“一切皆无常”,那么这“无常”本身岂不成了“常住”的东西了吗?

〔4〕　日译者注:这里的永恒论者就是原子(元素)永恒论。因此他们的论点可以说是唯物论者中广泛存在的一种见解。这种思想,如果追溯一下,可以发现就是渊源于佛陀在世时的六师外道中的一人,如像阿吉塔凯沙坎巴利那样的人。不过在这里应视为论理学派的某一人的看法。

［Ⅳ－1－33］（其他哲学家说："即使质料因是存续的，也仅仅是甲的性质消失从而乙的性质产生罢了，这种情况实际上是生、灭的客观过程。也就是说，生的东西在发生前已经存在；灭的东西即使灭了，作为同一本性来说，仍然存在。所以说一切皆无常。"〔1〕）不然，因为确定［即差别的知识］是不可能的。

第九节　"一切皆个别"的世界观探讨

［Ⅳ－1－34］（佛教徒说：）"一切皆是个别的，因为存在的表征具有个别性。"〔2〕

［Ⅳ－1－35］并非如此，因为完全统一的存在是由许多表征完成的。

［Ⅳ－1－36］否定是不正确的，因为表征的确可以确定。

第十节　"一切皆非存在"的世界观探讨

［Ⅳ－1－37］"一切皆非存在，因为相互的非存在是在诸存在的情况下成立的。"〔3〕

［Ⅳ－1－38］不是这样的，诸存在是由自性成立的。

［Ⅳ－1－39］（反驳：）"自性是不存在的，因为都是相对性的东西构成的。"

［Ⅳ－1－40］［答：］不合理，因为还有矛盾性。

第十一节　关于事物之数的诸见解探讨

［Ⅳ－1－41］不管论证手段如何，数的决定也是不能成立的。〔4〕

---

〔1〕　据富差耶那：《正理疏》Ⅳ－1－33 疏 a。

〔2〕　宫坂宥勝认为这是小乘经量部和毗婆沙论师的观点。参见本书《正理经疏研究・序论》第三节。

〔3〕　"相互的非存在"是指两事物的互相否定。如牛与马，牛没有马的本性，所以牛非马；马没有牛的本性，所以马非牛。又，据宫坂宥勝说，"一切皆非存在"（诸法无自性）论是中观派的观点，可与下面Ⅳ－2－18 经结合起来看。参见本书《正理经疏研究・序论》第三节。

〔4〕　据富差耶那：《正理疏》Ⅳ－1－41 疏 a，关于事物的数有四种主张：（1）把一切事物看作是唯一的，因为持这种主张的人认为存在是无差别的；（2）把一切事物分为两种，持这种主张的人认为存在有常与无常的区别；（3）把一切事物分为三种，持这种主张的人认为存在有认识者、认识、认识对象之分；（4）把一切事物分为四种，因为持这种主张的人认为存在有量者、量、所量、量果之别。

[Ⅳ-1-42]“不然,因为论证手段作为[所成立]的一部分是能·存在的。”

[Ⅳ-1-43](答:)理由并不正确,因为不存在部分性的问题。

第十二节　结果的探讨

[Ⅳ-1-44]“结果很快发生,还是在另一时间发生,(对此)有疑惑。”

[Ⅳ-1-45][立宗义者:][结果(的发生)]不可能很快,因为另一时间应当是享受结果的时候。

[Ⅳ-1-46][异议者:]“结果在另一时间不会发生,因为(产生结果的)原因已经断灭。”

[Ⅳ-1-47][答:]结果的产生是必然的,恰如树木结果那样。

[Ⅳ-1-48]([反对者:]“于是发生以前或现在产生的结果是”:〔1〕)“(1)不存在非有;(2)不存在有;(3)不存在有和非有,因为有和非有是矛盾的。”

[Ⅳ-1-49]([立宗义者:]按照发生的性质构成的东西,在发生以前是非有的,这是可以确定的。“什么原因呢?——”〔2〕)因为可以看到生与灭。

[Ⅳ-1-50](有人说,[如同Ⅳ-1-48中所说的那样,]在发生以前,结果不是非有的,因为存在一定的质料因。〔3〕)[答:]然而,那个非有是可以依据觉来确定的。

[Ⅳ-1-51][反驳者:]“说行为发生结果时就像树木结出果实一样。这种说法不正确,因为其所依不一样。”

[Ⅳ-1-52][答:]幸福是以灵魂为所依的,因此(你的)否定不正确。

[Ⅳ-1-53][反驳者:]“并非如此,因为小孩、妻子、动物、衣服、黄金、

〔1〕 据富差耶那:《正理疏》Ⅳ-1-48疏a。

〔2〕 据富差耶那:《正理疏》Ⅳ-1-49疏a。

〔3〕 据富差耶那:《正理疏》Ⅳ-1-50疏a。

食物等[的获得],都是作为行为的结果表现出来的。”

[Ⅳ-1-54][答:]结果产生于(行为),因为结果同它关联。说成像果实一样,是譬喻性的说明。

第十三节　苦的探讨

[Ⅳ-1-55]生[即身体]的发生不过是苦罢了,因为它与种种苦恼联结在一起。

[Ⅳ-1-56]“并非如此,因为乐也间生(于苦中)。”

[Ⅳ-1-57]否定是不正确的,因为[感受乐的人],只要有欲求的过失,就不可能停止苦恼。

[Ⅳ-1-58]又因为在辨别苦时,还会产生一种谬见,认为那是乐。

第十四节　解脱的探讨

[Ⅳ-1-59]“[如前所述,]因为有(1)债务的缠绕,(2)烦恼的缠绕,(3)行为的缠绕,所以不能解脱。”

[Ⅳ-1-60]复说来自重复的言语,因为第一义的言语不被理解,[从这一意义上说,]非难和称赞都是可能的。

[Ⅳ-1-61][圣火]可使灵魂调换位置,所以[对解脱的]否定是不正确的。

[Ⅳ-1-62]对死者的收殓(在他们的情况下)是不可能的,因此[已述的]结果[除家长外]不存在。

[Ⅳ-1-63](又有这样的说法:因为“烦恼的缠绕不能中断”,〔1〕[所以不会有解脱。]对此,立论者说)睡得好而又不做梦的时候就没有烦恼,所以可以解脱。

[Ⅳ-1-64]抛弃了烦恼的人的行为不再导致“结生”。〔2〕

[Ⅳ-1-65][提出异议者:]“不然,因为烦恼的连续是固有性的。”

〔1〕据富差耶那:《正理疏》Ⅳ-1-63疏a。

〔2〕所谓结生,就是前生停止后又再生。不结生也就是到达了解脱的境地。

[Ⅳ-1-66]（于是，有人回避说：〔1〕）就如在产生前非存在具有无常性那样，固有的东西也具有无常性。

[Ⅳ-1-67]（另外的人说：）或者，像微尘的暗黑色的无常性那样。〔2〕

[Ⅳ-1-68][反对者的意见]是不对的，因为欲望等是以[虚妄的]意念为能动因的。

第四卷　第二章

第一节　真理性认识的产生

[Ⅳ-2-1] 从种种过失的原因的真理性认识上来消灭错误意识。

[Ⅳ-2-2] 由（虚妄的）思维形成颜色等对象，就是（导致）过失的原因。〔3〕

[Ⅳ-2-3] 在全体（问题）上存在的谬见也是那[过失]的原因。

第二节　部分与全体

[Ⅳ-2-4]“对[前面所说的]理解和不理解都具有两重性的问题有疑惑。”〔4〕

[Ⅳ-2-5][立宗义者：]对有关全体的说法没有疑惑，因为根据前述理由（即Ⅱ-1-33以下几条），完全可以成立。

---

〔1〕 据富差耶那：《正理疏》Ⅳ-1-66疏a。

〔2〕 富差耶那在《正理疏》Ⅳ-1-67疏b中对66和67两条都作了批评，他说：“常和无常是事物存在的性质，这些东西在存在上说是真实的，在非存在上说则是间接的，Ⅳ-1-66是从间接的角度来说的，所以不正确。Ⅳ-1-67的说法也不正确，是不合理的。”

〔3〕《正理疏》Ⅳ-2-2疏b说：人们在虚妄地进行思维时，会产生欲求、嫌恶、无知。

〔4〕 宫坂宥勝认为这里的前陈者是中观派论师。参见本书《正理经疏研究·序论》第三节。

［Ⅳ－2－6］（异议者：）“因为全体的存在是不可能的，所以关于有和无的问题不存在疑惑。”

［Ⅳ－2－7］［异议者继续说：］“因为诸部分无论在总体上还是部分上都不存在［于全体之中］，所以全体是不存在的。”

［Ⅳ－2－8］［异议者继续说：］“而且在那些方面（即许多部分上）［全体］不能存在，所以全体不存在。”

［Ⅳ－2－9］［异议者继续说：］“而且［全体］不能个别地存在于许多部分之中。”

［Ⅳ－2－10］［异议者继续说：］“再说，全体和诸部分不是［同一的东西］。”

［Ⅳ－2－11］［立宗义者的回答：］单一的东西不能再划分，用言语来划分也不可能，所以所提的质问不正确。

［Ⅳ－2－12］虽然［全体的］各部分可以存在，但又否定（它）的存在，因此这理由不正确。

［Ⅳ－2－13］（［立宗义者在证明Ⅱ－1－35全体存在的问题时］说：“如果没有全体，也就不存在把握一切的问题。”对此［上述异议者］虽表示反对，但却说了下列一番话：〔1〕）“那是可以知觉的。正如患眼病的人仍能知觉到一团毛发那样。”

［Ⅳ－2－14］掌握对象的如此情态是由感官上［起作用的］锐、钝的情态决定的，［而这些情态］若不能超过自己的认识对象，便不能对非认识对象的东西起作用。

［Ⅳ－2－15］又部分与全体的结合，如同上述那样，将会导致“还殁”〔2〕的结果。

---

〔1〕 据富差耶那：《正理疏》Ⅳ－2－13疏a。

〔2〕 “还殁”是一种矛盾：本来只是要否定全体的存在而不否定部分的存在，结果是由于否认全体的存在而同时否定了部分的存在，陷入自相矛盾之中。

［Ⅳ-2-16］（然而）不存在“还殁”的问题，因为微尘是确实存在的。

［Ⅳ-2-17］或者说［微尘］是超越微体的东西。

第三节　无部分的微尘〔1〕

［Ⅳ-2-18］（不可得论师认为“一切是不存在的”，他说：〔2〕）“那是不可能的，因为充满着虚空。”

［Ⅳ-2-19］“（否则，）虚空就不是遍在性的。”

［Ⅳ-2-20］内与外是对结果的实体提出的诸原因，〔3〕在非结果的［微尘］上，它（内与外诸因）是不存在的。

［Ⅳ-2-21］虚空的遍在是根据与声音的结合和遍在而来的。

［Ⅳ-2-22］不变位，没有障碍，而且是遍在的，这就是虚空的诸种性质。

［Ⅳ-2-23］［无知觉论者说：］“然而［微尘的］部分是实际存在的，因为有质碍的东西是可能存在形态的。”

［Ⅳ-2-24］“又因为（微尘）的结合是可能的，［所以它不能不带来部分］。”

［Ⅳ-2-25］［答：］这会产生无限逆退性（分离微尘），然而无限逆退是不可能的，故不能否定［微尘之不可分］。

第四节　驳否定外界存在

［Ⅳ-2-26］（［前陈者：］“如果你们认为‘依靠觉，觉的诸对象就存在’

---

〔1〕　日译者注：Ⅳ-2-18—25经为微尘论，不必说成是以卫世史迦（胜论）派的学说为基调的。

〔2〕　富差耶那《正理疏》Ⅳ-2-18疏a说，此话是Anupalambhika说的，日译者宫坂宥勝译作“不可得论师”，并认为即中观派论师。参见《ニヤーヤ・バーシュヤの論理学》（《正理经疏的論理学》）第367页第三节注（2）。东京，山喜房佛书林，昭和三十一年（1956）出版。

〔3〕　富差耶那《正理疏》Ⅳ-2-20疏说：“所谓‘内’，就是指被其他原因遮盖起来的那一原因，所谓‘外’，则是指其本身不被遮盖的那一原因。”不过“内”、“外”不是“微尘”的原因，“因为它不是结果性的东西”。

的话,那么这些觉便是虚妄的;如果的确是真实的觉,那就可以通过觉在辨别存在时,认识到觉的对象的本体。"〔1〕)

［前陈者:］"然而,诸存在的实体都不是由于觉的辨别而知觉的,正像对一块抽掉了纱线的布知觉不出它的实际存在一样。"

［Ⅳ-2-27］［答:］这不正确,因为存在矛盾。

［Ⅳ-2-28］［部分］不能分别地掌握［全体］,因为［部分］为它［即全体］所有。

［Ⅳ-2-29］而且,对对象的理解是根据量而来的。

［Ⅳ-2-30］根据量或者不根据量,［前陈者的主张都是不能成立的］。

［Ⅳ-2-31］［佛教徒说:］"那种量与所量的谬见,就像关于梦境的谬见一样。"

［Ⅳ-2-32］"或者像那种关于幻觉、乾闼婆城和海市蜃楼的谬见一样。"

［Ⅳ-2-33］［答:］［佛教徒的论题］缺乏理由,因此不能成立。〔2〕

［Ⅳ-2-34］另外,梦境的谬见如同记忆和思维一样。

［Ⅳ-2-35］通过认识真理,虚妄的知觉消灭了,恰如觉醒以后,关于梦境中的谬见也会消灭一样。

［Ⅳ-2-36］如上所述,觉［的存在］也是［不能否定的］,因为原因的实际存在是可以认识的。

［Ⅳ-2-37］另外,可根据真实的存在同显现的区别,说明虚妄的统觉存在双重性。

---

〔1〕 据富差耶那:《正理疏》Ⅳ-2-26疏a。又,宫坂宥勝认为此"前陈者"是中观派论师。参见本书《正理经疏研究·序论》第三节。

〔2〕 日译者注:根据婆恰斯巴提的观点,可以把这一条经作为"一切的存在不是不可能的"理由来理解。

第五节 扩大真理的认识

［Ⅳ－2－38］（真理的认识是如何产生的呢？）要对特殊的三昧〔1〕进行修习。

［Ⅳ－2－39］（异议者：）“并非如此，因为特殊的对象（会产生干扰）力。”

［Ⅳ－2－40］“（妨碍三昧修习的）觉是由饥饿等引起的。”〔2〕

［Ⅳ－2－41］那（三昧修习）是可能的，因为由以前造成的结果的追逐可以导致。〔3〕

［Ⅳ－2－42］要教导（人们）在森林、洞穴、河边修习瑜伽行。

［Ⅳ－2－43］（异议者：）“在解脱的情况下，也同样会有干扰。”

［Ⅳ－2－44］不然。［统觉］在已形成的［身体上］必然存在。

［Ⅳ－2－45］而在解脱时它（身体）是不存在的。

［Ⅳ－2－46］为此，根据夜摩、尼夜摩〔4〕以及由于把握了瑜伽内在目标的修炼法门，灵魂的净化是可以做到的。〔5〕

［Ⅳ－2－47］在掌握知识方面，要进行修习，而且还要同那些学者对话。

---

〔1〕“三昧”，亦作“三摩地”；意译为“定”、“等持”。富差耶那：《正理疏》Ⅳ238疏b解释“三昧”说：“由诸感官回收下来的意，由于专注的意志活动而保持时，意同灵魂便会结合起来，随着觉知真理的欲望而抓住它的特征。这时由于三昧的关系，觉在感官的对象上便不能产生；真理的认识（就这样）依靠修习（三昧）而产生了。”

〔2〕持异议者意谓，许多统觉是由于饥饿、干渴、寒冷、暑热以及疾病而引起的，所以保持专注的意志活动是不可能的。见富差耶那：《正理疏》Ⅳ－2－40疏。

〔3〕据富差耶那《正理疏》Ⅳ－2－41疏b说，所谓“以前造成的”是指“他生时积累起来的、认识真理的方法和智慧”。所谓“结果的随逐”，是指产生修习瑜伽的能力。

〔4〕富差耶那《正理疏》Ⅳ－2－46疏说：“所谓夜摩，是一般隐栖者为了得到法门而采取的一种手段。”所谓尼夜摩，则是一种特殊的方法。

〔5〕宫坂宥勝说，Ⅳ－2－38—46经反映了瑜伽的思想，三昧修习，是瑜伽的推理肢。参见本书《正理经疏研究·序论》。

［Ⅳ－2－48］如果是学者，那么弟子、老师、梵行者和追求真善的贤者们就一定会知道（他）。

［Ⅳ－2－49］（可能有人会有这样的思想："主张和反对主张的论辩，对其他人［老师等人］来说会不喜欢的。"〔1〕）也许，只要是追求真理的人，即使没有反对的主张，也会为目的而辩的。

第六节　拥护真理的认识

［Ⅳ－2－50］为了拥护真理的认识，论诤和论诘就像为了保护种子的生长而覆盖在它上面的一层带棘刺的枝条一样。

［Ⅳ－2－51］要通过双方［论诤、论诘］大吆大喊地来进行论战。

第五卷　第一章

第一节　误难的分类〔2〕及（1）同法相似（2）异法相似

［Ⅴ－1－1］（1）同法相似（2）异法相似（3）增益相似（4）损减相似（5）要证相似（6）不要证相似（7）分别相似（8）所立相似（9）到相似（10）不到相似（11）无穷相似（12）反喻相似（13）无生相似（14）疑惑相似（15）问题相似（16）无因相似（17）义准相似（18）无异相似（19）可能相似（20）可得相似（21）不可得相似（22）无常相似（23）常住相似（24）果相似。

［Ⅴ－1－2］立论者的结论根据同法和异法而来时，［在反对者方面］却

〔1〕据富差耶那：《正理疏》Ⅳ－2－49疏a。

〔2〕误难的分类：《正理经》分二十四种，如Ⅴ－1－1经所述。《如实论·道理难品》分三类十六种：一、颠倒难：1. 同相难；2. 异相难；3. 长相难；4. 无异难；5. 至不至难；6. 无因难；7. 显别因难；8. 疑难；9. 未说难；10. 事异难。二、不实义难：1. 显不许义难；2. 显义至难；3. 显对譬义难。三、相违难：1. 未生难；2. 常难；3. 自义相违难。陈那《正理门论》分十四种：1. 同法相似；2. 异法相似；3. 分别相似；4. 无异相似；5. 可得相似；6. 犹豫相似；7. 义准相似；8. 至不至相似；9. 无因相似；10. 无说相似；11. 无生相似；12. 所作相似；13. 生过相似；14. 常住相似。

存在与法(即谓词)相反的情况,〔1〕因此存在同法相似和异法相似。〔2〕

[Ⅴ-1-3] 那[一主张]的成立,正像根据牛性来成立“牛”一样。

第二节　误难:(3) 增益相似(4) 损减相似(5) 要证相似(6) 不要证相似(7) 分别相似(8) 所立相似

[Ⅴ-1-4] (透过对所立和譬喻的性质的分别),存在(3) 增益相似、(4) 损减相似、(5) 要证相似、(6) 不要证相似、(7) 分别相似(等错误的非难);而且根据所成立的[所立和譬喻]两方面情况可以看到还存在(8) 所立相似的错误非难。〔3〕

[Ⅴ-1-5] 结论是根据所立与譬喻中的某一个同法成立的,因此仅仅依靠异法来否定是不正确的。

[Ⅴ-1-6] 另外,譬喻则要通过说明所立的存在才能成立。

第三节　(9) 到相似(10) 不到相似

[Ⅴ-1-7] (难破者指责说:)“[论证所立的]因应同所立结合呢,还是不应结合?[究竟根据哪个来对所立进行论证呢?]如果结合,[因就与所立]没有差别了;如果不结合,因就成为非论证性的东西了。”所以说存在(9) 到相似和(10) 不到相似。〔4〕

[Ⅴ-1-8] 否定是不正确的,因为(a) 可以看到瓶等的完成情况,这时

---

〔1〕 即论敌将同、异喻颠倒以成立相反的结论,使决定因成为不定因。

〔2〕 (1) 同法相似,(2) 异法相似:《如实论》作同相难、异相难。《正理门论》与《正理经》同。

〔3〕 (3) 增益相似,(4) 损减相似:《如实论》合为“事异难”,《正理门论》合为“所作相似”。(5) 要证相似:《如实论》的“未说难”,《正理门论》的“无说相似”与此可能有相通之处。(6) 不要证相似:《如实论》、《正理门论》均无。(7) 分别相似:《如实论》作“长相难”,《正理门论》作“分别相似”。(8) 所立相似:或与《如实论》的“显不许义难”和《正理门论》的“生过相似”有所相通。

〔4〕 富差耶那《正理疏》Ⅴ-1-7 疏 b 说:“由于结合而出现相反情况,那就是‘到相似’;反之,由于不结合而出现相反情况,那就是‘不到相似’。”按:(9) 到相似,(10) 不到相似,《如实论》合作“至不至难”,《正理门论》合作“至不至相似”。

那些原因都是与完成了的东西结合的;(b) 杀害时,系依靠咒语进行,这时候,杀害者即使不同被害者结合,杀害也能完成。

第四节 (11) 无穷相似(12) 反喻相似

[Ⅴ-1-9](指责立论者)不提示譬喻的理由以及根据相反的譬喻来反对,就是无穷相似和反喻相似。〔1〕

[Ⅴ-1-10] 就像通过取灯(的譬喻)可使无穷(的质问)停止下来那样,它(譬喻)是静止的。〔2〕

[Ⅴ-1-11] 再说,如果相反的譬喻有道理的话,那么譬喻就不能不是正确的理由了。〔3〕

第五节 (13) 无生相似

[Ⅴ-1-12](那种认为)在[声音]产生以前(证明"声是无常"的)因便不存在,就是无生相似。〔4〕

[Ⅴ-1-13] 因为产生出来的东西是真实的,(而且用来成立宗义的)因也是可能成立的,因此(由"声"之尚未产生而)否定其因(之存在)是不正确的。

---

〔1〕 (11) 无穷相似:又作"归谬相似"。无穷相似与(8) 所立相似在《如实论》中合作"显不许义难",《正理门论》则合为"生过相似"。而(12) 反喻相似,《如实论》作"显对譬义难"。所谓无穷相似,就是责难者无理地要求立论者说出所举譬喻的理由;如立"声是无常,所作性故,如瓶",论敌便认为立论者既以瓶来证声之无常,那么瓶之无常由什么来证明呢?所谓反喻相似是论敌进一步提出相反的譬喻来反对,如以虚空证声之常住,并认为你既可以不交代所举譬喻的理由,我亦自可不说明理由。

〔2〕 意谓:一个正确的论证所举的譬喻为人所共知,不必再作说明,所以"它是静止的",就如一个人取灯一样,反对者如要问灯是谁取走的,为什么要取灯等,只须简单地回答说"是那个想要看东西的人取走的"就可以了。如再问:为什么不拿别的灯呢?只须回答为了看东西而拿这盏灯已够了,再拿其他灯就没有意义了。通过取灯的譬喻说明无穷地追问下去是没有意义的。(参见富差耶那:《正理疏》Ⅴ-1-10 疏 b。)

〔3〕 这是对(12) 反喻相似的批评。

〔4〕 (13) 无生相似,又作"不生相似"。《正理门论》亦作"无生相似"。《如实论》作"未生难"。此过类意谓,如声音未出现前,其因"勤勇所发"亦不复存在。既然"勤勇所发"因不存在,那么"声是无常"的宗义就不能成立。既然"声是无常"不能成立,那么声就是常了。

第六节 (14)疑惑相似

[V-1-14]普遍和譬喻都具有能用感官来把握的相同性质,[异议]就是来自常和无常的同法上面,这就是疑惑相似。[1]

[V-1-15](a)[单单]根据同法喻会产生疑惑的时候,根据异法喻就不会产生疑惑;或者,(b)在两方面都会产生疑惑而成为无限疑惑,而且(c)不能认为同法喻是无常性的。因此否定是不正确的。

第七节 (15)问题相似

[V-1-16]以(声)在两方面(常与无常)都存在共同点为理由而产生动摇,因此是问题相似。[2]

[V-1-17]问题是根据反论题形成的,所以否定是不可能的。因为[在问题提出来以前]反论题就可能存在了。

第八节 (16)无因相似

[V-1-18](认为)因在三种时态(的任何一种时态中)都不能成立,所以是无因相似。[3]

---

[1] (14)疑惑相似与(24)果相似,在《如实论》里合作"疑惑",《正理门论》合作"犹豫相似"。这里所说的异议"来自常和无常的同法",可以例明之:如立"声是无常"宗,以"勤勇无间所发性"为因,异议者认为这"勤发"因可通向常和无常两方面;如以"瓶"为同喻,瓶有生灭,勤发因就通向了无常;如以"井水"为同喻,水本来就在地下,只是经过"勤勇无间"的开发,才显露出来成了井水的,这"勤发"因就通向了常住。这种把本来是确定的因从不定的方面去理解,便犯了疑惑相似的过失。

[2] 《正理门论》不列此过失,《如实论》则作"显对譬义难"。《正理经疏》V-1-16疏说:"因为(声)在常与无常两方面都存在共同点,所以存在论题和反论题的作用,(这种作用)就是动摇。如说'声是无常(宗),勤勇无间所发性故(因),如瓶(喻)',这是一种主张。而根据常住不灭的东西(与声)同法,会提出第二种[主张]。在这种情况下,上述'勤勇无间所发性故'因可通过无常的东西(与声)同法来说明,并不超出问题的范围。正是因为没有超出问题的范围。所以因就决定不下来。声的情况也是如此,可根据它同常住不灭的东西同法来说明理由。因此不离开问题而进行反对的,就是问题相似。这一点在异喻上也一样,因为根据两方面的异法,可以产生动摇,因此是问题相似。"

[3] 无因相似:又作"非因相似",《正理门论》亦作"无因相似",《如实论》则作"无因难"。

［Ⅴ-1-19］说［因］在三种对态中都不能成立是不对的，因为所立可根据因来成立。

［Ⅴ-1-20］另外，还因为（离开三种时态的）否定是不可能成立的，所以被否定的东西否定不了。

第九节 （17）义准相似

［Ⅴ-1-21］根据义准来成立相反的论题，这就是义准相似。〔1〕

［Ⅴ-1-22］由于不能论述的东西竟借助于义准（来成立），故这种反论题将被抛弃；因为（a）那一论题原本是无法说明的，（b）义准又具有不确定的性质。

第十节 （18）无异相似

［Ⅴ-1-23］如果以同一性质的可能存在为理由，而认为（声与瓶）无差别的话，那么也可以实际存在为理由，说一切都是无差别的了。这就是无异相似。〔2〕

［Ⅴ-1-24］否定是不可能的，因为在有的场合（瓶和声的）性质不相同，在有的场合则有可能相同。

第十一节 （19）可能相似

［Ⅴ-1-25］（以为）双方（用来证明宗）的理由都可能成立，所以这是可能相似。〔3〕

---

〔1〕（17）义准相似：《正理门论》亦作“义准相似”。《如实论》作“显义至难”。此过意谓：如立“声是无常，勤勇无间所发性故，譬如瓶等”，此比量如果可以成立，那么根据义准，电光等既为非勤勇所发，便是常住的了；电光与声为同品，所以又可据以推断声是常住的。

〔2〕无异相似：又作“无相违相似”，《正理门论》亦作“无异相似”，《如实论》作“无异难”。

〔3〕可能相似：《如实论》、《正理门论》均不列此过。富差耶那：《正理疏》Ⅴ-1-25疏说：“假使声音是无常的，所以无常性的理由就可能成立的话，那么作为无触性的声，它是常住的那一理由也可能成立。这样，根据无常性和常住性的两种理由的可能成立来进行难破，就是可能相似。”

［V-1-26］否定是不正确的，〔1〕因为可以断定可能的理由（之一）为正确的。

第十二节 （20）可得相似

［V-1-27］（那种认为）在不提示理由的时候也可以进行断定（的说法），就是可得相似。〔2〕

［V-1-28］由于（认为）那一谓辞也可以根据其他原因而来，所以否定不正确。〔3〕

第十三节 （21）不可得相似

［V-1-29］无知觉的覆障是不能认识的，当非无知觉的情况成立时，与之相反的覆障则可能存在，（这种说法）就是不可得相似。〔4〕

［V-1-30］因为无知觉是以不能认识为本质的，所以（以此为）理由是不正确的。

［V-1-31］而可以断定在内我（灵魂）上是能分别认识之有无的。

---

〔1〕 意谓以常住性的可能理由来否定无常性的可能理由是不正确的。

〔2〕 可得相似：《正理门论》同，《如实论》作"显别因难"。《正理疏》V-1-27疏说："（反对者认为，）作为无常性的原因，即使不提示'勤勇无间所发性故'因，也会在例如风吹断树枝时发出的声音上断定其无常性的。根据即使不提示因也可以承认其宗的谓辞（无常）这一点来进行难破，就是（似能破）可得相似。"

〔3〕 如立"声是无常（宗），勤勇无间所发性故（因）"。有人认为风吹断树枝的声音，并非"勤勇无间所发"，然而人们仍可知其"无常性"，这谓辞的成立当另有其因，如"可见性"，因为树枝的折断是可见的，于是可以说"声是无常，可见性故"。这样，宗的成立就没有一定原因了。难破者以显示余因来难破"声是无常"宗，因此这种否定是不正确的。

〔4〕 （21）不可得相似：又作"无感觉相似"。《如实论》、《正理门论》不列此过。据《正理经疏》V-1-29疏a说，主张"声常"的人认为在发音以前，现存的声音不是不可知的，只是由于覆障等缘故而没有被知觉到罢了。疏b进一步解释说："这种无知觉的覆障是不能认识的，由于不能认识，所以它不存在，不成立。在不能成立的情况下就不成其为理由，因此诸覆障便成为与之相反的东西。即成为存在性的东西，这一点是可以确定的。因为与之相反的东西可能存在，所以'现存的声音在发音以前不是不可知的'那一主张（命题）是不能成立的。……根据无知觉来难破的，便是不可得相似。"

第十四节　(22) 无常相似

[Ⅴ-1-32] 以(声)与同法(瓶)存在类似的性质为理由,(类推说)一切都是无常性的,因此这是无常相似。〔1〕

[Ⅴ-1-33] 如果不成立是由于具有共同性质的话,那么反对者的否定也不能成立,因为否定与被否定的东西有共同的性质。

[Ⅴ-1-34] 根据所立和因的关系得知的那一性质,就是理由性,而且理由双方都有,所以说不存在无差别的情况。

第十五节　(23) 常住相似

[Ⅴ-1-35] (那种认为)由于无常(在声上)恒有,因此从无常本身来说是常住的说法,乃是常住相似。〔2〕

[Ⅴ-1-36] 在所要否定的东西(如声音)上,由于无常性常存,所以在无常的东西(如声音)上,存在无常性。因此否定是不存在的。

第十六节　(24) 果相似

[Ⅴ-1-37] (认为)勤勇无间所发的结果是多样性的,这就是果相似。〔3〕

[Ⅴ-1-38] 在出现其他许多结果时,无知觉的原因可能存在;因此勤勇无间不能成为声音显现的理由。

---

〔1〕(22) 无常相似:《如实论》、《正理门论》均不列此过类。《正理经疏》Ⅴ-1-32 疏说:"由于与无常的瓶子有共同的属性,所以说'声是无常的',这样说时,一切的存在也都与无常的瓶子有了共同的属性,由于这一原因可以得到一切无常这一令人不快的结论。这就是根据无常性来难破的,所以是无常相似。"

〔2〕(23) 常住相似:《正理门论》同,《如实论》作"常难"。《正理经疏》Ⅴ-1-35 疏说:"所谓'声是无常的'这种无常性在声音上是常住的呢,还是无常的?首先如果是常住的话,那么无常性就是恒有的,根据这一点,具有这一性质的声便是恒常的了,因此(应该说)'声音是常住的'。但是无常性如果不在声上常存的话,那么由于无常性的不存在,声音也就成为常住的了。这样,由于是根据常住性来难破的,所以是常住相似。"

〔3〕(24) 果相似与(14) 疑惑相似在内容上颇为雷同,都是从所谓"勤勇无间所发性故"因可以产生两方面的结果,即从发生和显现上来进行难破的。故《如实论》和《正理门论》将(24)和(14) 合为一过,称作"疑难"(《如实论》)或"犹豫相似"(《正理门论》)。

第十七节　六种立量论法

[Ⅴ-1-39] 反对者在否定时也有共同的过失。

[Ⅴ-1-40] 在一切场合下都一样。

[Ⅴ-1-41] [第四种宗]在对否定(误难)的反否定上就像犯有否定(误难)的过失一样,也有过失。〔1〕

[Ⅴ-1-42] [第五种宗]在认识到[自己向对方]提出的难破有过失以后,也可以看到论敌对难破提出的责难也存在共同的过失。这就是认许他难[即对矛盾宗的容忍]。〔2〕

[Ⅴ-1-43] [第六种宗]对自己宗中可能说明的东西加以预计,对对方宗上可能存在的共同性的过失加以归结,而后对同一的东西提出自己的理由时,就会在自己的宗上看到他人的过失,因此认许他难的过失有其共同性。

第五卷　第二章

第一节　负处的概述及(1) 坏宗—(5) 异因

[Ⅴ-2-1] (1) 坏宗,(2) 异宗,(3) 矛盾宗,(4) 舍宗,(5) 异因,(6) 异义,(7) 无义,(8) 不可解义,(9) 缺义,(10) 不至时,(11) 缺减,

---

〔1〕 富差耶那:《正理疏》Ⅴ-1-41 疏说:“(对第二种宗上的)不确定性,反对者在否定时也犯了共同的过失。”这种情况在否定的否定上也完全一样。在这里,论证者就‘声是无常(宗),勤勇无间所发性故(因)’进行立量,这就是第一种宗。敌论者就‘勤勇无间的结果是多样性的,所以是果相似’的说法提出了否定的理由,这就是第二种宗。而且此宗被说成是否定的。所谓“在否定上也犯了同样过失的那一论点则是第三种宗,《经》上称作反否定。第四种宗指的是‘不确定的过失在那否定的反否定上也是一样的’那一提法。”

〔2〕 富差耶那:《正理疏》Ⅴ-1-42 疏说:“否定的第二种宗就是在看到存在过失后不提出消除过失的意见,而是容许它存在。同样,在对不确定性的共同过失进行难破的反难破的第三种宗方面,也存在这种情况。这一点,对论破者来说,乃是共同的过失,这就是第五种宗:认许他难。”

(12) 增加,(13) 重言,(14) 不能诵,(15) 不知,(16) 不能难,(17) 避遁,(18) 认许他难,(19) 忽视应可责难处,(20) 责难不可责难处,(21) 离宗义,(22) 似因,(以上 22 种)就是负处。〔1〕

[V-2-2] 把反对者提出的反喻的性质放到自己的实例上加以承认时,就是(1) 坏宗。〔2〕

[V-2-3] 原先陈述的理由遭到否定时,则通过对(实例和反对的譬喻的)性质的分别来加以说明,这就是(2) 异宗(即主张的变更)。〔3〕

[V-2-4] 论题与理由(即宗与因)有矛盾时,就是(3) 矛盾宗。〔4〕

[V-2-5] 自己的论题遭到否定时,便放弃已经陈述的意思,这就是(4) 舍宗(放弃命题)。〔5〕

[V-2-6] 没有差别地说出理由而被(对方)否定时,又想要(找一些理由来)使之差别,这就是(6) 异因(即立了其他的理由)。〔6〕

第二节　负处(6) 异义—(9) 缺义

[V-2-7] 具有会产生[与本来的]目的无关的其他目的的(论证),就

---

〔1〕《如实论·堕负处品》所列 22 种负处与此次序相同,名称略异。

〔2〕 坏宗:又译"破坏命题"。《如实论》作"坏自立义",并定义云:"于自立义,许对立义,是名坏自立义。"富差耶那:《正理疏》V 22 疏 b 说:"由于在所立(宗)的谓辞同与其相矛盾的谓辞发生对立的场合,有人却把反对的譬喻的谓辞放到自己的实例上加以承认,这种对自宗的破坏,就是坏宗。"

〔3〕 异宗:又译"转移命题"。《如实论》作"取异义",并定义云:"自义已为他所破,更思唯立异法为义,是名取异自立义。"

〔4〕 矛盾宗:又译"违反命题"。《如实论》作"因与立义相违",并定义云:"因与立义不得同。是名因与立义相违。"

〔5〕 舍宗:又译"放弃命题"。《如实论》作"舍自立义",并定义云:"他已破自所立义,舍而不救,是名舍自立义。"

〔6〕 异因:又译"转移理由"。《如实论》作"立异因义",并定义云:"已立同相因义,后时说异因,是名立异因义。"富差耶那:《正理疏》V-2-6 疏云:"……当没有差别的那一理由被否定时,如果再说到它有差别的话,那就是立异因。而如果存在其他差别的理由,那么原先所说的理由(即没有差别的那一理由)就没有证明性,所以是堕负。"

是(6) 异义。〔1〕

[Ⅴ-2-8] 如同按顺序来表示音韵的那种情况,就是(7) 无义。〔2〕

[Ⅴ-2-9] 即使说了三遍,仍不能使听众和辩论的对方了解的话,那就是(8) 不可解义。〔3〕

[Ⅴ-2-10] 因为没有前后的结合,所以没有统一的意思,这就是(9) 缺义。〔4〕

第三节 负处(10) 不至时(11) 缺减(12) 增加

[Ⅴ-2-11] 把论式[的顺序]颠倒过来说,就是(10) 不至时。〔5〕

〔1〕 异义:又译"转移论题"。《如实论》作"异义",并定义云:"说证义与立义不相关,是名异义。"富差耶那:《正理疏》Ⅴ-2-7疏举例说,有人立"声常住(宗),无触故(因)",后又觉得其因不妥,又改口说:"所谓hetu(因),就是由hi语根和tum后接字组成的、在krt后接音上结尾的一个词(动词状名词)……"这样来论证,就转移了论题。

〔2〕 无义:《如实论》亦作"无义",即无意义。富差耶那:《正理疏》Ⅴ-2-8疏云:"例如这样说是无意义的:'声常住,因为ka,ca,to,pa就是ja,ba,ga,da,satva。譬如jha,bha,na,gha,dha,sa。'如果词汇和对象之间的关系不能成立,那么音韵的意思就无法了解,因此按顺序表示出来的东西,只不过是单纯的音韵罢了。"

〔3〕 不可解义:又译"不可理解"。《如实论》作"有义不可解"。并定义云:"若三说,听众及对人不解,是名有义不可解。"富差耶那:《正理疏》Ⅴ-2-9疏说:"因为此举的目的在掩饰无能,所以它是堕负。"

〔4〕 缺义:又译"不贯通"。《如实论》作"无道理义",并定义云:"有义前后不摄,是名无道理义。"富差耶那:《正理疏》Ⅴ-2-10疏说:"许多单词在文章中前后没有联系,所以不能掌握统一的意思。那是由于缺乏整体意思造成的,因此是缺义。"

〔5〕 不至时:又译"不及时"。《如实论》作"不至时",并定义云:"立义已被破,后时立因。是名不至时。"按:这一定义与《正理经》似乎不完全一致。《正理经》指的是将宗、因、喻、合、结的次序颠倒说,即成"不至时"。而《如实论》意谓,有人如只说宗、喻、合、结,没有说出因,经人难诘,再补说因支,这就像房子烧光以后再以水救火那样,是谓"不至时"。富差耶那:《正理疏》Ⅴ-2-11疏没有举例说明,只是说:"在由宗等组成的论式上,按其特征和根据对象来说存在着顺序,因此,把论式倒过来说,论式的语句就会失去时态,也就是说,支离破碎的论式是一种堕负。"

［V－2－12］从缺少论式中的任何一支来说，它又是(11) 缺减。〔1〕

［V－2－13］包含多余的因和喻，就是(12) 增加。〔2〕

第四节　负处(13) 重言

［V－2－14］声音和意义的重复，与复说不同，因此(它)是(13) 重言。〔3〕

［V－2－15］根据义准，将已知的话用它本身的声音再说，就是重言。

第五节　负处(14) 不能诵—(17) 避遁

［V－2－16］(意思尽管)听众已经了解，［对方］也作了三次说明，对此仍不能作出回答的话，就是(14) 不能诵。〔4〕

［V－2－17］另外，不了解［宗］就是(15) 不知。〔5〕

［V－2－18］不知道如何回答，就是(16) 不能难。〔6〕

---

〔1〕 缺减：又译为"说得太少"。《如实论》作"不具足分"，并定义云："五分中一分不具，是名不具足分。"

〔2〕 增加：又译为"说得太多"。《如实论》作"长分"，定义云："说因多、说譬多，是名长分。"并解释道："汝说多因、多譬，若一因不能证义，何用说一因？若能证义，何用说多因？多譬亦如是，多说则无用。"富差耶那：《正理疏》V－2－13 疏说："当提出一个以上的因或喻时，可根据其中的一个来证明，因此(其余的不管是)两者中的哪一个，都是无意义的。"

〔3〕 重言：又译"重复"。《如实论》作"重说"。富差耶那：《正理疏》V－2－14 疏说："有(a) 声音的重言和(b) 意义的重言。(a)'声常住，声常住。'这样说，就是声的重言。(b)'声是无常的，音是由灭的性质构成的。'这种说法就是［无常的］意义的重言。"《如实论》则分为三种："一重声，二重义，三重义至。"前二种与《正理疏》所说同。对第三种"重义至"，《如实论》解释说："重义至者，如说'生死实苦，涅槃实乐'。初语应说，第二语不须说。何以故？前语已显义故。若前语已显义，后语何故显？若无所显，后语则无用。"

〔4〕 不能诵：又译为"缄默不言"。《如实论》作"不能诵"。并定义云："若说立义大众已领解，三说有人不能诵持，是名不能诵。"

〔5〕 不知：又作"愚昧"。《如实论》作"不解义"，并定义云："若说立义大众已领解。三说有人不解义，是名不解义。"

〔6〕 不能难：又作"不善巧"。《如实论》作"不能难"。并云："见他如理立义不能破，是名不能难。论曰：'不解义'、'不能难'，是二种非堕负处。何以故？若人不解义，不能难，不应与其论义。论曰：是二种极恶堕负处。何以故？于余堕负处若言说有过失，可以别方便救之，此二种非方便能救，是人前时起聪明慢，后时不能显聪明相，是愚夫可耻，是名不能难。"

［Ⅴ-2-19］以工作为借口停止论辩，就是(17) 避遁。〔1〕

第六节　负处(18) 认许他难—(20) 责难不可责难处

［Ⅴ-2-20］由于看到自己宗上存在的过失，便认为他人的宗上当然也存在过失，这就是(18) 认许他难。〔2〕

［Ⅴ-2-21］堕入负处的人没有败北，就是(19) 忽视应可责难处。〔3〕

［Ⅴ-2-22］不是堕负而指责为堕负，就是(20) 责难不可责难处。〔4〕

第七节　负处(21) 离宗义(22) 似因

［Ⅴ2-23］同意宗义以后无限制地进行诡辩，这就是(21) 离宗义。〔5〕

［Ⅴ-2-24］如同已叙述的那样，(22) 似因也是堕负处。〔6〕

---

〔1〕 避遁：又译"逃避"。《如实论》作"立方便避难"。并云："立方便避难者，知自立义有过失，方便隐避说余事相。或言我自有疾，或言欲看他疾，此时不去事则不办，遮他立难。"

〔2〕 认许他难：又译"承认一种意见"。《如实论》作"信许他难"，并定义云："于他立难中信许自义过失……若有人已信许自义过失，信许他难如我过失，汝过失亦如是，是名信许他难。"富差耶那：《正理疏》Ⅴ-2-20 疏说："凡是在承认自己宗上存在他人所说的那种过失后，不指出(自己宗上的过失)而说这是共同的过失，(你的)宗上也存在……这就是认许他难的堕负。"

〔3〕 忽视应可责难处：又译"忽视可责"。《如实论》作"于堕负处不显堕负"，并定义云："若有人已堕负处而不显其堕负，更立难欲难之，彼义已坏，何用难为？此难不成就，是名于堕负处不显堕负。"

〔4〕 责难不可责难处：又译"责难不可责"。《如实论》作"非处说堕负"，并包括两种情况：第一是"他不堕负处说言堕负"，第二是"他堕坏自立义处，若取自立异义显他堕负而非其处"。这第二种情况在《正理经》及富差耶那的注疏中都未谈到。

〔5〕 离宗义：又译"溢出论旨"。《如实论》作"为悉檀多所违"，并云："先已共摄持四种悉檀多，后不如悉檀多理而说，是名为悉檀多所违。"富差耶那：《正理疏》Ⅴ-2-23 疏说："对某个事物，以真实的性质为宗义以后，又无限制地出尔反尔地持续进行论议，须知这就是离宗义。"

〔6〕 似因：又译"错误的理由"。《如实论》作"似因"，并云："似因……有三种：一不成就，二不定，三相违。"

《正理经疏》研究 · 序论

宫坂宥勝　著

沈剑英　译

一、《正理经》的诞生

《正理经》是印度标榜为逻辑学派的正理派制定的一部根本经典。作者是这一学派的开祖乔答摩（Gautama，又名恶叉波陀 Akvapada），但是富差耶那在《疏》中没有直接称他为"乔答摩"和"师"（acarya），而是称他"圣仙"（rvi）、"经作者"（sūtrakara）或"世尊经作者"，而且如同富差耶那在解释有关经文时常常提到"圣仙们"，使用了复数的称呼，从这一点看，则暗示出自开祖以来已有许多圣仙在传授正理学说。〔1〕乔答摩在汉译佛典上提到的次数不多，没有像吠世史迦（胜论）学派的开祖嗢露迦（Ulūka）那么频繁。据说在世亲以后写成的《楞伽经》（Lalkavatarasūtra）和大致同时代的《风神往世书》（Vayu Purana）〔2〕上可以看到恶叉波陀的名字。

关于《正理经》，根据现存最古的注释书《正理经疏》，可以知道富差耶那注疏的共有 532 条经（ChowkhSS.），但根据婆恰斯巴提 · 密斯拉的《正

---

〔1〕 原注：参见 NBh.adNS.Ⅱ158。按本文据宫坂宥勝著《ニヤーヤ・バーシュヤの論理学》（东京山喜房佛书林，1956 年）译出。文中凡宫坂宥勝所加的注，均标有"原注"二字；凡无特别注明者，均系译者所加的注。

〔2〕 原注：Vayu Puraoa（AnandaSS.p.66）。

理指针》(Nyayasūcīnibandha),则为528条经,缺少4条经。整个经文分五卷,每卷两章。在这全部五卷中,一般认为以新古的层次为前提,把经的完成按年代顺序排定下来是可能的。但在第二、三、四卷中,因为同其他诸学派进行了论难应答,所以这部分经文学者们一致认为是在比较后期、即在编纂现存的《经》时完成的。的确在现存的《经》中常常可以看到同佛教中观派的论诤情况,而且如同日本学界的前辈所搞清楚的那样,〔1〕在中观派开祖龙树的《回诤论》,以及《广破经》和《广破论》上存在着对正理学说的批判。因为他们当中某个人在一方现存的《经》中已被再记录下来,所以现行经典是在中观派成立后完成的,这一点乃是无可置疑的。恐怕现在的《经》就是在中观派龙树等人和正理派之间进行激烈论战的时候,或者在其后不久的年代完成并形成一个学派的吧?那么构成正理学说基干的十六范畴究竟是何时完成那种形态的体系的呢?因为龙树根据空观彻底批判和论破了这一体系,所以从这一点看可以确切地知道,它是在三世纪以前完成的,不过由于它比视为迦腻色迦王〔2〕时代的作品《遮罗迦本集》(Carakasamhita)及《方便心论》中的论理学体系完整得多,学说上也有显著进展,因此不能认为正理学说的十六谛体系是在上述较为稚拙的两部作品之前完成的。

下面从部派佛教方面来考察一下有关建立正理学说的一些情况。贵霜(kushan)王朝的迦腻色迦王时代在西北印度克什米尔土地上编纂的《阿毗达摩大毗婆沙论》,是一部二百卷的庞大论书。这部书确实具有堪

〔1〕 原注:山口益博士《中观佛教论考》所收“三、龙树针对正理学派的论书:关于Vaidalya”。

〔2〕 迦腻色迦(Kanivka)约公元78年—120年(一说144年—170年)时人,为古印度贵霜王国国王。据玄奘《大唐西域记》卷二云,他本来不信罪福,轻侮佛法,后得牧童启示,皈依佛法。又据卷三云,王于机务余暇,日请一僧入宫说法,诸师各异其说,王问于胁尊者,接受胁尊者的建议,精选五百人去迦湿弥罗国结集三藏,以世友为上座。这就是佛教的第四次结集。

称小乘佛教百科全书的那一性质,不过有不少情况引起我们的兴趣:书中有二三处与正理学说完全相同。首先,《正理经》Ⅱ-1-41—43 上说,现在时不存在,过去和未来也就不存在。然而《正理经》Ⅱ-1-44 根据富差耶那的注释,"三时"是根据作用的地位来把握的。另外,他还认为现在时可以根据实体等存在的位态和运动的相续来把握。例如前者知觉到"实体存在"时,便是现在时。这些如果分别借用《阿毗达摩顺正理论》的术语来说的话,相当于"唯有体"和"有作用"。〔1〕于是,如同后者要考虑运动的相续情况时,就非要以所依实体的持续性为前提不可,所以在"三时"上,与阐说法体恒有的说一切有部的教义,甚至与《大毗婆沙论》中所传四师〔2〕异说中的世友〔3〕的"位有异"说完全相同。〔4〕婆薮盘豆(世亲)采取了四师说中的世友说,不过这种论说,在正理派的经典中也能找到。

还有在《正理经》Ⅲ-1-7 中,对视觉器官究竟是一个还是两个的问题的争论,采取了后者。〔5〕本来这个问题在论证灵魂存在的那条经文时已

〔1〕 原注:《大正藏》29 卷 62 页《阿毗达摩顺正理论》第五十卷:"实复有二,其二者何?一、唯有体;二、有作用。此有作用复有二种:一、有功能;二、功能阙。

〔2〕 四师:法救、妙音、世友、觉灭为小乘佛教说一切有部四大论师。

〔3〕 世友:梵文 Vasumitra 的意译,音译"筏苏密呾罗",公元 1 至 2 世纪时人。贵霜王朝的迦腻色迦王召集佛教第四次结集,请世友为上座,主持编著《阿毗达摩大毗婆沙论》等。他另著有《异部宗轮论》,唐玄奘译,一卷。

〔4〕 原注:"说一切有部有四大论师,各别建立三世有异。谓尊者法救说'类有异',尊者妙音说'相有异',尊者世友说'位有异',尊者觉灭说'待有异'。"(《大正藏》第 27 卷 396a)"以作用故立三世别,即依此理设有行义,谓有为法未有作用名'未来',正有作用名'现在',作用已灭名'过去'。"(《大正藏》第 27 卷 393c)。

〔5〕《正理经》Ⅲ-1-7 说:"左视觉器官看到的东西,可以由另一视觉器官再认识。"经Ⅲ-1-8 引反对者的话说:"并非如此。因为(它们本来是)一个感觉器官,由于鼻梁将它们分隔开,就误认是两个感觉器官了。"经Ⅲ-1-9 反驳了这种看法:"那不是单一的东西,应为缺损其一时,第二个并不缺损。"

作过解释,不过在《大毗婆沙论》第十三卷中也提道:

> 当言一眼见色,二眼见色耶?乃至广说?问:何故作此论?答:为止他宗,显己义故。谓或有执眼识见色,如尊者法救;或复有执眼识相应慧见色,如尊者妙音;或复有执和合见色,如譬喻者;或复有执一眼见识,如犊子部。为止如是他异执,显示己宗二眼见色,故作斯论。〔1〕

由此可见,针对诸异说,有部世友提出的宗义是"二眼见色"。其理由之一,就是指出了这样一个事实,认识的同一性是由二眼产生的:

> 问云:何二眼相去甚远,一识依之令俱见色?答:俱是眼识所依根故。设有百眼一一相去百踰缮那,亦可依之生色,令俱时见。〔2〕

这一点如果征诸正理学派的主张,那就是左视觉器官看到的东西,要通过右视觉器官加以再认识,只有在这一点上认识的同一性才能得到承认。但是正理派又认为,要有灵魂,因为它是上述认识作用的统一者,而且必须与视觉器官分别开来。所以说,在这种情况下世友与正理派思想上的明显亲近,恐怕可以得到确证了吧!

按以上情况,要是根据《正理经》Ⅱ-1-44和Ⅲ-1-7两条经文来说明正理学说就是世友,从而把它的成立追溯到迦腻色迦王以前的话,那是不能想象的。应该看到,在编纂《大毗婆沙论》后,说一切有部已完成阿毗达磨文献的许多著作,这时候世友的思想逐渐得到重视。不久,在看到《俱舍论》著述以前的一段时期里,又受到说一切有部的思潮的影响,这样,上述思想便成为正理学说的一个组成部分。原因是这一派原来不存在特有的思想,而且前面提到的那些论说,都不是从吠世史迦派(胜论)哲学那里借用来的。另外,在《大智度论》中,还引用《正理经》Ⅲ-1-5及Ⅲ-1-6,〔3〕对后

〔1〕 原注:《大正藏》第27卷61c。

〔2〕 原注:《大正藏》第27卷62a。

〔3〕 《正理经》Ⅲ-1-5引述反对派(数论派)的话说:"即使把带有灵魂的东西烧掉,也不存在罪孽,因为灵魂是永恒不灭的。"然后经Ⅲ-1-6反驳了这种观点:"并非如此。因为杀害是损伤了结果的所依[即身体]和能作者[的感官]。"

来的经进行了反驳。〔1〕 此论是《大品般若》的注释书,虽然著者是谁还存在问题,但根据古来所传,这部书为龙树所著。不管怎么说,应该看到在编写这部论书时有些地方已经引用了《正理经》,这一点应该是肯定无疑的。

根据以上所述,可以推定:十六谛的体系自不必说,就是以此为中心展开的正理学说,乃至《正理经》的某种程度的原始形态,也都是从贵霜王朝迦腻色迦王统治时起,到中观派的开祖龙树出现时止的那一段时间里大体形成的。后来同龙树进行了论战,以此为契机,促进了现在形态的《正理经》的完成。

二、关于《正理经》的构成情况

为便于了解,不妨根据九世纪时婆恰斯巴提・密斯拉(Vacaspatimisra)的《正理指针》(Nyayasūcīnibandha)一书来概观一下经的整个组成情况。首先看看下列编排数字:

第一卷第一章计 7 节 41 经

第一卷第二章计 4 节 20 经

以上第一卷合计 11 节 61 经

第二卷第一章计 7 节 68 经

第二卷第二章计 6 节 69 经

以上第二卷合计 13 节 137 经

第三卷第一章计 9 节 73 经

第三卷第二章计 7 节 72 经

以上第三卷合计 16 节 145 经

〔1〕《大智度论》从佛教"无我"论出发,反驳数论的"我常"论:"若我是常不应有杀罪。何以故?身可杀非常故;我不可杀,常。"(《大正藏》第 25 卷 149a)

第四卷第一章计 14 节 67 经

第四卷第二章计 6 节 51 经

以上第四卷合计 20 节 118 经

第五卷第一章计 17 节 43 经

第五卷第二章计 7 节 24 经

以上第五卷合计 24 节 67 经

总计：5 卷 10 章 84 节 528 经

对《正理经》经数的计算方法，根据已出版的《正理经疏》的各种版本，以及译为现代语者等情况看，都不是完全一样的。〔1〕

如上所述，九世纪的婆恰斯巴提·密斯拉是把全部经数计为 528 条的。如果依据 ChowkhSS.的 NBh.以及 NV.,〔2〕再同富差耶那及乌地阿达克拉的计算方法对照一下，即如下表：

富差耶那：《正理经疏》	乌地阿达克拉：《正理经释补》	婆恰斯巴提：《正理指针》
Ⅰ－1－41	Ⅰ－1－41	Ⅰ－1－41
Ⅰ－2－20	Ⅰ－2－20	Ⅰ－2－20
Ⅱ－1－69	Ⅱ－1－69	Ⅱ－1－68
Ⅱ－2－71	Ⅱ－2－70	Ⅱ－2－69
Ⅲ－1－73	Ⅲ－1－72	Ⅲ－1－73
Ⅲ－2－72	Ⅲ－2－73	Ⅲ－2－72
Ⅳ－1－68	Ⅳ－1－68	Ⅳ－1－67
Ⅳ－2－51	Ⅳ－2－51″	Ⅳ－2－51
Ⅴ－1－43	Ⅴ－1－43	Ⅴ－1－43
Ⅴ－2－24	Ⅴ－2－25	Ⅴ－2－24

〔1〕 原注：试看一下阿尔塔·鲁宾教授的德文翻译和沙迪斯·恰得拉·维道雅布夏纳的英文翻译，便可知道译者已明显地进行了主观上的选择舍取。

〔2〕 印度贝纳拉斯《周坎博梵文丛书》、富差耶那的《正理经疏》及乌地阿达克拉的《正理经释补》。

如上表所示,在各篇各章上,三者的看法未必都一致。首先看看第一章和第二章。这两章的经数,三者的计算都相同,因为这两章是全篇的基干,其经数自古以来就是确定的,所以没有发生什么问题。接下去再看看第二卷第一章。这一章的数字《正理经疏》和《正理经释补》相同,均为 69 经,而《正理指针》却少了一经。但是《正理经疏》和《正理经释补》的经数即使相同,在内容上也还存在差异。这些差异是:

第一, Kvacinnavrttidarsanadanivrttidarsanaccakvacidanaikantah.〔1〕一段,乌地阿达克拉把它纳入注释中(印度贝纳拉斯《周坎博梵文丛书》p.200),而NBh.(《正理疏》)却作为《正理经》的Ⅱ-1-20。同样,NSN.(《正理指针》)根据富差耶那的见解,也将其作为一条经。

第二,nacaekadesaupalabdhiavayavisadbhavat.〔2〕一段,富差耶那的《正理经疏》把它作为《正理经》的Ⅱ-1-33,而乌地阿达克拉的《正理经释补》将其作为《正理经》的Ⅱ-1-32,婆恰斯巴提的《正理指针》则不把它看作经文。

第三,在富差耶那的《正理疏》中提出的 Pramaoato' nupalabdheh"因为不能根据量来认识"这一段(ChowkhSS.p.321),在《正理经释补》上则作为《正理经》的Ⅱ-1-53,但在《正理指针》上却没有这段话。〔3〕

综上所述,大体可以得出这样的结论:富差耶那和乌地阿达克拉对经的算法见解不一,存在很大差异。其次是婆恰斯巴提 · 密斯拉,站在批判的立场上对上述二人的见解进行了选择舍取。从经的整个文脉上看,婆恰斯巴提 · 密斯拉的《正理指针》对章节的划分和经的算法可能是最妥当的。由于各种抄本和后世的诸种注释不一,所以经的数字未必相同,因此在经的算法

〔1〕 这段话的意思是:原因是在某一东西上看不见其他手段的作用,而在某些场合则看到了作用,所以不定。

〔2〕 这段话的意思是:另外,所谓的一部分知觉并不存在,因为全体原是实在的。

〔3〕 以下宫坂宥勝教授还一一指出在第二卷第一章,第三卷第一、二章,第四卷第一章、第五卷第二章中,富差耶那的《正理疏》、乌地阿达克拉的《正理经释补》、婆恰斯巴提的《正理指针》三书在文字处理上也有差异。兹恐烦不译。

上应始终以上述三者的数字为准。

三、《正理经》所涉及的其他各种思想

1. 吠世史迦(胜论)的学说

《正理经》是论述形而上学的逻辑学和存在论的逻辑学的。而上述两种逻辑学几乎都是以吠世史迦的哲学思想为基础的。现将《正理经》和《胜论经》两者在思想内容上的一些关系,列表说明如下:〔1〕

NS.Ⅰ-1-4=VS.Ⅲ-1-18,VS.Ⅲ-2-1

NS.Ⅰ-1-10=VS.Ⅲ-2-4

NS.Ⅰ-1-14=VS.Ⅱ-1-1—3,cf. VS.Ⅶ-1-2

NS.Ⅰ-1-16=VS.Ⅲ-2-1,VS.Ⅲ-2-13

NS.Ⅱ-1-24=VS.Ⅲ-2-4

NS.Ⅱ-1-56=VS.Ⅶ-2-20,VS.Ⅶ-2-14—19

NS.Ⅱ-2-24,Ⅳ-2-16—25=VS.Ⅱ-2-1—5,VS.Ⅱ-1-11—13,VS.Ⅵ-1-2—5etc.

NS.Ⅲ-1-12=VS.Ⅲ-2-4

NS.Ⅲ-1-27=VS.Ⅳ-2-1—4

NS.Ⅲ-1-33=VS.Ⅶ-1-8ff

NS.Ⅲ-1-37=cf. VS.Ⅳ-1-6—13

NS.Ⅲ-1-38=VS.Ⅳ-1-8

NS.Ⅲ-1-61,Ⅲ-1-68,Ⅲ-1-69=VS.Ⅳ-2-1—4,VS.Ⅷ-2-5—6

NS.Ⅲ-1-62—63=VS.Ⅱ-1-1—4,VS.Ⅶ-1-2etc.

NS.Ⅲ-1-72—73=VS.Ⅱ-2-21,cf. VS.Ⅱ-1-27

---

〔1〕《正理经》梵文为 Nyayasutras,在下表中缩写为 NS.;《胜论经》梵文为 Vaisesikasutra,在下表中缩写为 VS.。

NS.Ⅲ-2-48—49,Ⅲ-2-71,Ⅳ-1-67=VS.Ⅶ-1-6—7

NS.Ⅲ-2-59=cf. VS.Ⅶ-1-8—25

NS.Ⅳ-2-4=cf. VS.Ⅱ-2-17—20

经　数	主　张	摘　要
NS.Ⅱ-1-8—20	否定量。	参照《回诤论》及山口博士《中观佛教论考》所收《三、关于正理学派对龙树的论书卫达尔耶(Vaidalya)》。
NS.Ⅱ-1-34—37	关于全体和部分,否定全体的实在性。	除中观派外,经量部等也有相同的主张。
NS.Ⅱ-1-40—44 NS.Ⅳ-1-14—18	时间的无自性。 一切产生于非存在。	
NS.Ⅳ-1-37—40 NS.Ⅳ-2-4—17 NS.Ⅳ-2-18—25 NS.Ⅳ-2-26—37	一切都是非存在的(诸法无自性)。 否定全体的实在性。 否认无部分的微尘。 一切都是非存在的。	参照Ⅳ-2-18 经。 参照Ⅱ-1-31—37 经。

2. 其他各种学派、各种思想

正理学派初期究竟同哪些哲学学派和哪些思想发生过关系或进行过交锋?这可以从《正理经》中窥其端倪。经中的许多地方,扼要地谈到论敌的主张,概括地介绍如下:

(1) 中观派

(2) 其他佛教各派

a. 经量部和毗婆沙论师

经　数	主　张	摘　要
NS.Ⅳ-1-34—36	一切都是个别的。	

b. 有部及整个部派佛教

经　　数	主　　张	摘　　要
NS.Ⅳ－1－25—28	一切都是无常的。	记忆并不是灵魂的属性，而是意的属性。
NS.Ⅲ－1－15—17	灵魂就是意。	
NS.Ⅲ－1－1—3	感官就是灵魂。	唯物论（？）。相当于有部和毗婆沙论师把感官看作是识的凭依。
NS.Ⅲ－1－4—14	身体即灵魂。	唯物论者均如是说。青目释《中论》引此说：“谓离身无我，但身是我。”（《大正藏》第30卷28a。）
NS.Ⅲ－1－29	身体为“四大”所成。	相当于有部和毗婆沙师所说的身体是“四大种”所造的“色”，或者说是唯物论的思想。
NS.Ⅲ－1－32	视觉器官由瞳（眼球）组成。	视觉器官与对象不直接接触也可以产生知觉的说法，跟有部以扶尘根为所依，就可以使胜义根产生识的说法相同。

c. 刹那灭论

经　　数	主　　张	摘　　要
NS.Ⅲ－2－10—17	个体是刹那灭坏的。	这是同刹那灭论以及僧佉论（数论）的争论。

（3）僧佉（数论）的思想

经　　数	主　　张	摘　　要
NS.Ⅲ－1－30	身体为“五大”所成。	古老的说法是“五大”产生自我意识。关于“五大”，即关于身体的问题，参照《埃塔利亚·阿拉奴亚卡》2，3，1。
NS. Ⅲ NS. Ⅲ－1－32—61	感官来自变异。它是遍在的，是由未显现的一种本性产生的。	
NS.Ⅲ－2－1—9	内官的觉是永恒的。	1—9是预想布拉提宾巴学说的，参照论证觉的生灭性的NS. Ⅲ－2－42—45。

(4)瑜伽思想

经　数	主　张	摘　要
NS.Ⅳ-2-38—46	三昧的修习,瑜伽的论式。	瑜伽的思想并不是被排斥,而是受到喜爱。

(5)弥曼差学派

经　数	主　张	摘　要
NS.Ⅱ-1-50—57	关于 Sabdartha 的 Sambandha-Vada。〔1〕	
NS.Ⅱ-2-1—12	确立传承量等四量〔2〕。	
NS.Ⅱ-2-13—39	声显论。	正理派将它包摄于自宗的四量中。

(6)吠檀多思想

经　数	主　张	摘　要
NS.Ⅲ-1-28	身体为"三大"所成。	"三大"的思想古时已为魏达拉卡·阿尔尼所承认。

(7)唯物论

经　数	主　张	摘　要
NS.Ⅲ-1-29 NS.Ⅲ-2-46—55	身体为"四大"所成。 认识起动者是身体的属性。	与有部、毗婆沙论师说法相同。

〔1〕 Sabdartha:声的对象。Sambandha-Vada:关系论。
〔2〕 Vikara 学说:变化的学说。adesa 学说:置换的学说。

（8）吠陀思想

经　　数	主　　张	摘　　要
NS.Ⅱ1－58—69	各种吠陀文献所说。	在正理派的吠陀观中提到的吠陀思想。
NS.Ⅱ－1－31	身体为“地大”所成。	以吠陀经为依据来论证Ⅲ－1－27的主张。

（9）文典学派

经　　数	主　　张	摘　　要
NS.Ⅱ－2－40—59	adesa学说。	正理派与弥曼差派相反，不接受Vikara学说，而采取adesa学说。
NS.Ⅱ－2－60—71	个体论、形相论及类论。	正理派采取折中论。

（10）耆那教

经　　数	主　　张	摘　　要
NS.Ⅲ－2－68—70	身体的生成来自不可见力。	与胜论哲学学说不同，认为不可见力是物质的属性。

（11）其他

a. 有神论

经　　数	主　　张	摘　　要
NS.Ⅳ－1－19—21	主宰神是世界的原因。	有神论者。

b. 无因论(偶然论)

经　数	主　张	摘　要
NS.Ⅳ-1-22—24	一切都是无原因的。	无因论者。

c. 布拉那

经　数	主　张	摘　要
NS.Ⅲ-1-66	关于感官的对象。	

d. 其他

经　数	主　张	摘　要
NS.Ⅳ-1-29—33	一切是永恒的。	永恒论者。
NS.Ⅳ-1-41—43		对将万有作种种分类的论者进行了批判,不过经里没有举出特定的哲学思想。
NS.Ⅱ-1-47	譬喻量就是比量。	唯物论、佛教、僧佉及瑜伽(?)。

《正理经》就是由这样一些素材组成的,其中对龙树的中观派以及经量部、毗婆沙、说一切有部等部派佛教的论战,占最重要的部分。其次,它还大量论述了弥曼差学派的声显论观点,之所以论述这一观点,是因为正理派和胜论派都采取"声无常"论的立场。经中同僧佉(数论)派的论战也占了很大部分,这可能是因为这一学派在古时候就与胜论派一起,作为哲学学派的一种思想发展起来并形成一股强大的"双壁"势力的缘故吧?至于瑜伽学派是不是已经形成则不详。还有夜摩·尼夜摩等是不是在巴丹加利的八支瑜伽之中,或者在此之前是不是已经预想到六支瑜伽等,也都难以断定。再有正理派是把吠陀作为立论的一贯依据的,所以身体由"三大"所组成的说法

就未被采纳。〔1〕不过，当时胜论经似乎尚未形成。而文典学派方面这时候已把公元前就已存在的。又提了出来，即在 adesa（置换）的学说上使之与文典学派的见解相同上、在辞语指明什么对象的问题上将巴丹加利提出的折衷论进一步搞彻底。此外还介绍了有神论的思想，认为主宰神就是世界的原因。主宰神的思想和对它的信仰，到迦腻色迦王的时代已发展到顶峰，这一点在《大毗婆沙论》第一百九十九卷和马鸣《佛所行赞》中已有记载，〔2〕从这里可以看出为什么会出现这一情况。《佛所行赞》说主宰神是能动者，所以有行为，那么人也有行为，岂不就是共业的了？这是不合理的指摘。因此以这一问题的争论为媒介，就必然有 NS.Ⅳ-1-19 的考虑。接下去在 NS.Ⅳ-1-22 上，又提出无因论虽然也被看作是《佛所行赞》的同所，但《经》的主旨却是与提婆在《提婆菩萨释楞伽经中外道小乘涅槃论》中，作为无因论师提出的那一思想一致。

还有一点恐怕也是值得注意的，即对唯物论和唯物论思想，经过一番推敲后提出了批评。说来，唯物论在菩提鲁雅编纂《实利论》时已同僧佉和瑜伽等列在一起，被称为一门哲学（Anvīkvikī），在这方面只要看一下《大毗婆沙论》便可以知道它在当时还被看作是外道的一种有力思想。另外，同部派和中观派的论战虽然也不停地进行，但却丝毫未涉及唯识思想，因此，编纂这部《正理经》的时代，不要说无著没有出现，就连被视为瑜伽行派的开宗鼻祖的弥勒也还未出现。所以根据这一点，可以把《正理经》编纂的时代看作是在瑜伽行派成立之前。

---

〔1〕 正理派认为“身体是由地元素构成的”（NS.Ⅲ-1-27），因为吠陀经也是这么说的（NS.Ⅲ-1-31）。而吠檀多派认为身体是由“三大”（即地、水、火三元素）所构成的。

〔2〕 原注：参照第十八化给孤独品。《大正藏》第4卷35a。

《遮罗迦本集》的逻辑学说

一、遮罗迦与《遮罗迦本集》

《遮罗迦本集》(Carakasaṁhita)是古印度关于内科学的一部医书,是遮罗迦(Caraka,古译遮勒)在阿古尼维沙(Agniveśa,公元前 5 世纪人)所写的一本内科学著作的基础上增补而成的。

遮罗迦是大月氏贵霜(Kushan)王国迦腻色迦(Kaniṣka)王时代的名医。据《付法藏因缘传》卷五所云,遮罗迦"善解方药,聪敏多闻,利智辩才,慈仁和爱,罽昵妊王(即迦腻色迦王)素闻其名,每常推觅"。他曾挽救王妃母子生命,并劝喻国王不要"纵情极欲任放身口",后因迦腻色迦王未能舍离淫欲,遮罗迦便辞王而去。〔1〕

遮罗迦的生卒年份难以确定,只能从与他同时代的迦腻色迦王和佛教理论家马鸣(Aśvaghoṣa)等人的生活年代来推知,〔2〕然而事实上迦腻色迦和马鸣的生活年代亦难以确知,只能大体推断为公元 2 世纪上半叶。〔3〕

---

〔1〕 参见《大正藏》第 50 卷 316c—317a。

〔2〕 据《杂宝藏经》卷七说,遮罗迦与马鸣同为迦腻色迦王的智臣,王视之如亲友,待遇隆厚。参见《大正藏》第 4 卷 484b。

〔3〕 有云迦腻色迦王的年代为公元 70—102 年,有云在 129—152 年间,有的笼统说为公元 2 世纪前。一般认为迦腻色迦王当是公元 2 世纪上半叶时人。马鸣与迦腻色迦王同时,迦腻色迦王征服中天竺国后将其请回说法,据说听者莫不开悟,连马匹亦解其音而为之动容,故名马鸣。

《遮罗迦本集》在遮罗迦之后又有过一次增补，大约在公元7至10世纪之间一位克什米尔的医生杜里达巴拉（Dṛḍhabala）加以增补，他写了第六编后部的十七章和第七、第八两编，并对前六编也作了一些修改。这就是现存的《遮罗迦本集》，根据此书前后曾有三位作者这一点，有人或许会问：此书第三编第八章的逻辑学说究竟是哪位作者提出来的？宇井伯寿认为："只要广泛地查阅一下印度逻辑学史的资料和看一看它的发展情况，便可知道在现今的（遮罗迦本集）里读到的那种逻辑学不可能在纪元前5世纪就存在，……不管从哪一点看都不能认为存在于阿古尼维沙的原书中。当然也可能产生另外一个疑问，会不会是杜里达巴拉在7世纪到10世纪之间增补此书时加进去的？其实这个疑问也是没有任何根据的，因为在7世纪后不可能再有这种体系的逻辑学。由此看来逻辑学这部分内容一定是遮罗迦论述的，但也不能就此将这部分逻辑学说全看作是遮罗迦一人的创见。"〔1〕此说甚是。在公元前5世纪的印度只有关于逻辑的零星论说而无系统的学说，系统性的逻辑学说至迦腻色迦王时才出现，除遮罗迦的逻辑学说外，还有小乘论师所撰的因明专著《方便心论》〔2〕可资参证。当然《遮罗迦本集》中的逻辑学说也不可能迟至公元7至10世纪之间再提出来，因为在公元3世纪以后《正理经》（Nyāyasūtra）已经问世，至公元5世纪，印度中古逻辑之父陈那（Dignāga）改革古因明，创立了新因明，印度的古典逻辑已臻于成熟，自不可能再出现像《遮罗迦本集》和《方便心论》这样透露出原始气息的逻辑学说来了，可见《遮罗迦本集》中的逻辑学说当为遮罗迦所说无疑。然而诚如宇井伯寿所说，不能就此论定这一逻辑学说全是遮罗迦的创说。遮罗迦只是在论述医理时觉得医生应当懂得一些逻辑而论及逻辑的，这说

〔1〕 宇井伯寿：《印度哲学研究》第2卷第429页。

〔2〕《方便心论》旧传为大乘空宗创始人龙树（Nāgārjuna，约3世纪）所造，然此说不见经录，宇井伯寿认为当是迦腻色迦王时小乘论师的著作。《方便心论》于东晋末年由佛陀跋陀罗译出，惜早已佚失。后于北魏延兴二年（472）再由西域三藏吉迦夜与沙门昙曜合译为汉文。此论梵本今已不存。

明逻辑在当时已发展到初具规模的程度。遮罗迦只是在此基础上加以整理和作系统阐说的初期学者,当然他的论说也会包含他在逻辑理论上的一些创见。

《遮罗迦本集》第三编第八章是印度逻辑史上最早的重要文献,第二部就是佛家的《方便心论》了,但《方便心论》的梵本已佚,汉译又简略不全,有些地方不易理解,《遮罗迦本集》和《方便心论》具有互补的作用。在遮罗迦之前,印度逻辑从萌生到初具规模经历了一个漫长的时期,但并没有产生反映这种逻辑的理论著作,因此遮罗迦将当时的逻辑学说加以总结论述,是极具重要意义的。〔1〕

二、论议的原则

遮罗迦在《遮罗迦本集》第三编第八章里专门阐说了论议的原则,〔2〕这一原则包含下列44目;1. 论议;2. 实;3. 德;4. 业;5. 同;6. 异;7. 和合;8. 宗;9. 立量;10. 反立量;11. 因;12. 喻;13. 合;14. 结;15. 答破;16. 定说;17. 语言;18. 现量;19. 比量;20. 传承量;21. 譬喻量;22. 疑惑;23. 动机;24. 不确定;25. 欲知;26. 决断;27. 义准量;28. 随生量;29. 所难诘;30. 无难诘;31. 诘问;32. 反诘问;33. 语失;34. 语善;35. 诡辩;36. 非因;37. 过时;38. 显过:39. 反驳;40. 坏宗;41. 认容;42. 异因;43. 异义;44. 负处。遮罗迦认为这44个项目是医生在获取论议知识时必须了解的。以下即按遮罗迦所开列的44目以及他对这些项目的论述分别加以阐释。

〔1〕《遮罗迦本集》也是目前我们可以看到的对原始数论思想作系统论述的最早的一部著作。遮罗迦非常推崇数论思想,他曾把数论比作“如同光辉的太阳一般辉煌”(遮罗迦语,见本文第二部分第12目)。

〔2〕遮罗迦将古印度的逻辑称作论议原则,一般亦称作论议道,从遮罗迦所列的44个项目来看,当是印度逻辑文献诸系统中最为原始的。

1. 论议(vāda)〔1〕

论议是上述44个项目中最为主要的一项,其余43项都是围绕它展开的,所以遮罗迦将这44个项目合称为论议原则。那么论议的含义是什么呢?遮罗迦定义说:"所谓论议,就是甲和乙都依据论典相互展开论诤。"接着他又揭示其外延云:"论议可大分为两种:论诤和论诘。"然后他又分别定义并举例说明:"其中论诤是用言辞来表示双方的主张,论诘则与之相反,例如甲主张'再生',乙则认为不能'再生',双方对自己的主张都提出理由,并根据各自的理由分别立量,相互提示,这就叫论诤。至于论诘则相反,只是单单以言辞来指斥对方主张中的过错和谬误。"从遮罗迦的定义和说明来看,论议的内涵定义侧重于论诤(jalpa)一面,而未能揭示论诘(vitandā)的一面,这是有欠缺的,不如《正理经》对论议的定义来得全面。《正理经》Ⅰ-2-1经对论议的定义是这样的:"论议就是根据辩论双方的立量和辩驳来论证和论破(upālambha),它须与宗义没有矛盾,并且在提出主张以及反对主张的论式时,必须具备五支的形式。"〔2〕这一定义不仅涵盖了立与破两者,而且还规定不得与宗义矛盾以及提出论式上的要求等。但是《正理经》定义论议时所说的论证并不就是论诤,论破也不等于论诘,也就是说它不将论议分为论诤和论诘两方面,它所说的论诤乃另有含义,如《正理经》Ⅰ-2-2经云:"论诤就是具备上述论证的形式,而从诡辩、误难以及负处上来论证和论破。"这样一来,论诤也就成了论破的一种,即建立论式加以难破,亦即因明所说的立量破了。这显然与遮罗迦关于论诤的定义不同。《正理经》虽然也提及论诤可以用来论证,但它既然是从敌论者的诡辩、误难和负处上来立量的,那么这种论证在本质上与论破也就别无二致了,至多只是形式上

---

〔1〕 现存的《遮罗迦本集》有多种版本,各本异文互见,差别甚大。本文所引《遮罗迦本集》文字,均据宇井伯寿校订后的日译转译。宇氏所译《遮罗迦本集》第三编第八章,见《印度哲学研究》第2卷第431—440页。本文所附《遮罗迦本集》中的梵文名词均据宇井氏校订的《本集》原文。

〔2〕 本文所引《正理经》文句,均见本书所收之拙译《正理经》。

的论证而已。〔1〕 至于论诘,《正理经》的定义倒是与《遮罗迦本集》相同的,如《正理经》Ⅰ-2-3经云:“论诘就是在提出反对主张时不建立论式。”〔2〕但《正理经》将它与论议和论诤并列看待,所以又与《遮罗迦本集》有所不同。《遮罗迦本集》关于论议的定义虽然不够充分,但它将论议分为论诤和论诘两方面则略胜于《正理经》一筹,是合乎划分原则的,尽管它没有将建立论式的论破概括进去,而是在第10目用一个“反立量”〔3〕来补充说明,亦有与论议并列之嫌。

2—7. 实(dravya)、德(guṇa)、业(karma)、同(sāmānya)、异(viseṣa)、和合(samāvāya)

实即实体、物质,德是事物的属性,业即运动,同即普遍性,异即特殊性,和合即事物、属性和运动的内在联系。这六个概念乃胜论派的基本范畴,称为“六句义”,故这里合在一起分析。遮罗迦在本章没有具体阐释“六句义”,只是说“实、德、业、同、异、和合的定义在第一编休劳卡斯塔那(ślokasthāne)一章已论述过”,所以本章略而不论了。但值得注意的是遮罗迦将胜论六句义列为论议原则的第2—7目,与《方便心论》将六句义视为论法竟不异其趣。所不同的是,《方便心论》并没有将它列入自己的八种论法里,而只是将它视作外道的论法。如《方便心论·明造论品》云:“问曰:……今诸外道有论法不耶?答曰:有。如卫世师(胜论)有六谛,所谓陀罗骠(实)、求那(德)、总谛(同)、别谛(异)、作谛(业),不作谛(和合),如斯等比,皆名论法。”〔4〕为什么胜论六句义可以看作论法呢?这是因为胜论是印度最早认真研究日常生活中知识的可靠性、知识的种类及其区分的标志等等问题的学派,其六句义即是对各种事物现象加以考察和概括而成的六大范畴,富具逻辑意味。

〔1〕 例如采用共比量的形式来论破,因为共比量既可用来论证,亦可用以论破。

〔2〕 这种不建立论式的论诘亦即因明所说的“显过破”。

〔3〕 反立量即是建立论式来论破,与因明所说的“立量破”相当。

〔4〕 《大正藏》第32卷23c。

“所谓‘句’(pada)是‘言语’或‘概念’的意思,‘义’(artha)是‘客观实在’或‘事物’的意思”,〔1〕故“句义”(padārtha)即是概念与客观实在对应的意思。提出六句义的胜论派不仅以概念的形式概括了客观世界的诸种关系,而且通过概念的推演来把握知识,认识真理,因此六句义具有相当高的思辨性,视其为论法当是毫不为过的。然而据宇井伯寿说,在古印度也只有《遮罗迦本集》和《方便心论》二书将其与论法相联系,在其他书里却找不到。〔2〕

8. 宗(pratijñā)

宗就是论题,故遮罗迦定义并例释云:“所谓宗就是以言辞来表述所立。例如‘神我常住(灵魂是不灭的)’等。”这是印度逻辑史上最早提出来的关于宗的定义,后来为《正理经》所吸收,如Ⅰ-1-33经云:“宗就是提出来加以论证的命题(即所立)。”但它进一步明确了宗的性质:宗是被论证的命题。为什么说宗是被论证的命题呢?因为古印度的五支论式是论证而不是推理。〔3〕由此可知五支论证式中的宗乃是论题而不是结论,五支式中的。结支才是结论。这与新因明三支论式中的宗既是论题又是结论不同。〔4〕

9. 立量(sthāpanā)

立量就是建立一个五支论证式。遮罗迦云:“所谓立量就是根据因、喻、合、结来证明其宗,盖先有其宗然后有立量,因为不能成立的宗就不能立量。例如以‘神我常住’为宗,以‘非所作性’为因,以‘空’为喻,合云‘空既为非所作(而常住),神我亦然’因此结论便是‘(神我)常住’了。”这是关于五支

---

〔1〕 黄心川:《印度哲学史》第345页,商务印书馆,1989年。

〔2〕 宇井伯寿:《印度哲学研究》第2卷第443页,岩波书店。

〔3〕 古因明将论证与推理视为不同的形式,故在五支论证式外另立三种推理式(比量):即前比、后比、同比。

〔4〕 陈那的新因明虽亦分论证(能立)和推理(比量)两种,但他认为论证与推理本质上无异,故他将二者从论式到规则加以统一,均以三支式和因三相来规范。

作法最古的说明之一，并用数论的五支例来解释，简明而扼要。〔1〕 大概与此同时，马鸣在《大庄严论经》卷一引桥尸迦言云："如《僧佉经》说有五分论议得尽：第一言誓（即宗），第二因，第三喻，第四等同（即合），第五决定（即结）。"〔2〕这也明确指出数论有五支作法之论。可见五支论证式在当时已有较普遍的运用，且已成为定式，故当时所谓的立量即是以五支式来论证。

10. 反立量（pratiṣṭhāpanā）

反立量就是建立一个与原宗相矛盾的五支论式来反破。故遮罗迦云："所谓反立量就是以与原宗完全矛盾的宗义所进行的论证。如以'神我无常'为宗，因云'所感觉性'，举喻'如瓶'，合云'瓶为所感觉而无常，此（神我）亦然'，故结云'（神我）无常'。"从遮罗迦的例释可知，如甲的立量中原宗为"神我常住"（灵魂是永恒的），则乙的反立量中的矛盾宗应为"神我无常"（灵魂不是永恒的），然后乙也以因、喻、合、结来证明其宗，这证明的过程即是反破甲的立量的过程，故反立量亦即是论破（能破）中的立量破，它与第1目中说到的论诘为不立量的反破方法不同，然而正好构成论破的两种方法。

11. 因（hetu）

因是五支论式中的一支，它具有特殊的地位。历来的因明家都十分重视因的重要作用，从不同的角度揭示它的内涵，使人们对因有了深刻的认识。遮罗迦关于因的定义当是最为原始的："所谓因就是获得认识的原因，它指的是现量、比量、传承量和譬喻量，通过这样的因可以认识真理。"这是从所以获得知识的角度来揭示其内涵的。定义中的"认识"，梵文为乌帕拉布迪（upalabdhi），原义是感觉，宇井伯寿考虑到印度语文在习惯上是将感觉

〔1〕 数论（Sāṃkhya，音译僧佉）是婆罗门教六大正宗之一。"神我"（ātman）即灵魂，数论认为是无始无终永恒不变的，故云"神我常住"。遮罗迦对原始数论的学说深有研究，他在《遮罗迦本集》里曾系统阐说原始数论的学说，当是现存的最古老的原始数论的文献。

〔2〕 《大正藏》第4卷259c。其中言誓、等同、决定乃宗、合、结的异译。

的过程和由此得到知识的结果这些意思均包含在内的，故译作“感觉知”。据宇井伯寿说，感觉知不只是指纯粹通过感官获得的直接经验知识，还包括由推理论证获得的间接经验知识。然据梶山雄一说：“宇井将 upalabhikarana 译为获得感觉知的原因，但是 upalabdhi 一般指认识，比感觉更为确当。”〔1〕因作为获得认识的原因，就是从现量、比量、传承量和譬喻量上来证明宗的，〔2〕故这里所说的“原因”（kārana）一词，也不仅仅是指一般因果关系中先于结果而存在的原因，还具有逻辑上所说的理由和根据等含义。遮罗迦对因的定义是比较特别的，此后也不见有何影响。稍后出现的《正理经》就没有吸纳这一定义。《正理经》对因的定义是：“因就是基于与譬喻具有共同的性质来论证所立（宗）的。”“即使从异喻来看也是同样。”〔3〕于此可见，《正理经》与遮罗迦的定义角度很不相同。很明显，遮罗迦侧重于从知识来源的角度作界定，而《正理经》则是从逻辑关系上来界定的，相比之下，《正理经》的定义自要成熟得多。

12. 喻（dṛṣṭānta）

喻就是以实例作譬喻，所举的实例须是彼此共同认可的。所以遮罗迦云：“喻就是不管愚者和贤者对某一事物具有相同的认知，并根据这一认知来论证一切所要论证的事。例如烈火、流水、坚硬的土地、光辉的太阳、或如同光辉的太阳一般辉煌的数论知识。”唐代窥基大师对喻的梵字达利瑟致案多（dṛṣṭānta）有一段很确切的解释：“达利瑟致云见，案多云边。由此譬况，令宗成立究竟名‘边’；他智解起，照此宗极名之为‘见’。故无著云：‘立喻者，谓以所见边与未所见边和合正说。’师子觉言：‘所见边者，谓已显了分，未所见边者，谓未显了分，以显了分显未显了分，令义平等，所有正说，是名

〔1〕 以上参见宇井伯寿：《印度哲学研究》第2卷第446页，东京，岩波书店。以及梶山雄一：《佛教知识论的形成》（《普门学报》第15期）。

〔2〕 关于现量、比量、传承量和譬喻量，请参看下文第18—22目。遮罗迦对这四种量均有阐说。

〔3〕 《正理经》Ⅰ-1-34和Ⅰ-1-35经。

立喻。'今顺方言,名之为喻。喻者,譬也,况也,晓也。由此譬况,晓明所宗,故名为喻"。〔1〕 这段阐释告诉我们,达利瑟致案多(dṛṣṭānta)的本义是"见边",即由一个人所共知的实例(所见边)去譬况论题(宗)的主词(未所见边),使之明了二者在某些属性上原来是相同的,从而产生"和合正说",获得新知。这种以实例作喻体来譬况的方法,即是类比法,与亚里士多德所说的例证推理颇为相似。〔2〕 但亚氏的例证推理在举例时包含一个假设的普遍命题,类似于演绎法的大前提,而遮罗迦在第9目阐说立量时所举的五支例的喻支中并无假设的前提,可以说是标准的五支用例。不过在当时也偶有不标准的五支用例出现,如《方便心论》云:"我常(宗:灵魂是永恒不灭的);非根觉故(因:因为不是感官能觉知的);虚空非觉,是故为常(喻:[如空]空非感官能觉知且是永恒的),一切不为根所觉者尽皆是常(喻支中出现的普遍命题:一切不为感官觉知的都是永恒的);而我非觉(合:灵魂也不是感官所能觉知的);得非常乎(结:所以灵魂是永恒不灭的)!"〔3〕这一非标准的五支例便在喻支中加了一个普遍命题,从表面上看,好像在五支古例中已有了演绎法,然而实际上只是不自觉的、偶然出现的一种作法而已,因为当时还没能产生演绎法的理论和定式。即使后来无著在《顺中论》引述了若耶须摩(Nyāyasauma)的因三相说和用例,其中虽也含有普遍命题,〔4〕但仍然

〔1〕 窥基:《因明入正理论疏》卷四页左右(金陵刻经处刊本)。其中所引无著言见《阿毗达磨集论》卷7(《大正藏》第31卷第693页)。师子觉是无著的弟子,他解释《集论》的著作是《阿毗达磨杂集论》,今糅入安慧的《杂集论》,引语见卷十六,《大正藏》第31卷771b。)

〔2〕 请参看本书《佛教逻辑研究》第十四章《印度古典论证式的逻辑本质》。

〔3〕 《大正藏》第32卷28a。

〔4〕 其例云:"声无常(宗);以造作故,因缘坏故,作已生故,如是等故(因);若法造作,皆是无常,譬如瓶等(喻);声亦如是,作故无常(合):诸如是等,一切诸法作故无常(结)"。(《大正藏》第30卷43a)此例文字很不标准,喻支出现普遍命题,结支又出现普遍命题,真正的结论反倒淹没了。因支很噜苏,本来只要"以造作故"就够了,却又说了"因缘坏故,作已生故,如是等故"的赘言。

不能将其看作是演绎法的运用,因为若耶须摩所说的因三相仍然未脱类比法的窠臼。真正意义上的演绎法要到陈那改造五支论式,取消合、结二支,明确将喻支分为喻体和喻依两部分,即以普遍命题为喻体,以实例为喻依,并从九句因和因三相上作理论分析以后才形成定式的。〔1〕遮罗迦关于喻的界说揭示的是标准五支古法中喻支的本质。然而严格说来这只是关于同喻的定义,而并未涉及异喻。早期关于喻的较为完善的定义当推《正理经》,如Ⅰ-1-25经云:“实例是一般人和专家具有相同的认识的事物。”这与遮罗迦所说的“不管愚者和贤者对某一事物具有相同的认知”别无二致。〔2〕它对喻的界定分为同、异两条,但没有出现同喻和异喻的名目。如Ⅰ-1-36经云:“喻与所立同法,是具有(宗)的属性的实例。”Ⅱ-1-37经又云:“或者是根据其相反的一面而具有相反(性质)的事例。”不过在《正理经》的时代虽有了关于异喻的定义,但似乎并未要求同、异二喻并用。大概在遮罗迦的时代更无此种要求,甚至连异喻还未融入论式也说不定。《方便心论》倒是明确将喻分为两种的,名为具足喻和少分喻,但没有作说明,也未举例。许地山认为具足喻当为同喻,少分喻当为异喻,〔3〕然并未说出其根据何在。宇井伯寿认为不能将具足喻和少分喻说为同喻和异喻,因为这是完全不同的概念。他认为具足喻和少分喻乃是喻与所喻的事物之间相似程度的不同:具足喻是在全体上相似,少分喻则只是部分相似而已。〔4〕由此看来,在遮罗迦与《方便心论》的时代,还未明确将喻分为同、异两种,所以在当时

---

〔1〕陈那将五支式演进为三支式,使演绎法与归纳法相结合。正理—胜论学派吸收佛家新因明的学说,虽仍坚持五支论式,然而也在五支式中融入了演绎与归纳相结合的方法,从而跳出类比的藩篱。

〔2〕《方便心论》也有类似的说法,如云:“若说喻者,凡圣同解,然后可说。”《大正藏》第32卷23c。

〔3〕参见《燕京学报》第9期第1754页。

〔4〕参见《印度哲学研究》第2卷第485页,岩波书店。然而此说多有不当,因为“具足喻”如果真是在全体上相同的话,就不能成为喻了,A怎么能比喻A自体呢?这失却了比喻的作用。

遮罗迦只能对喻作出以同类例来譬喻的定义。

13—14. 合(upanaya)和结(nigamana)

关于合和结,遮罗迦虽列名目而未界定,只是交代一句:"合和结已在立量和反立量的说明中说过了。"其实在第9目立量和第10目反立量中遮罗迦也只是在举例中说到那是合支这是结支而已,并未对其作用等作具体阐释。《方便心论》也没有论及合与结,故对合和结的最古的界说当推《正理经》了。如Ⅰ-1-38经云:"合就是根据譬喻说它是这样的或不是这样的,再次成立宗。"Ⅰ-1-39经云:"结就是根据所述的理由将宗重述一遍。"这里不妨再看一下上文第9目所举之数论五支例:

宗:神我常住(灵魂是永恒不变的);

因:非所作性故(因为不是人工所造作出来的);

喻:如虚空(犹如虚空,意即于虚空可见非所作和常住的属性);

合:虚空既为非所作[而常住],神我亦然(灵魂也是如此,是非造作的);

结:[神我]常住(因此灵魂是永恒的)。

在这五支例中,喻支说"如虚空",因为无论贤愚共知虚空是非所作而且常住不灭的,合支根据这一譬喻紧接着说"神我亦然",也是非所作的,于是结支根据上述理由,就很自然地得出"神我常住"的结论来了。

15. 答破(uttara)

何谓答破?遮罗迦解释说:"答破就是(敌者在立者)用同法表示因时说异法(来破斥)。用异法表示因时说同法(来破斥)。……这种含有反对性质的(论证)就是答破。"按照这一界定,答破似与能破(upālambha)相当。故宇井伯寿说:"答破就是对立论者的能立在意识到要反对时所作的能破。"[1]梵字乌托拉(uttara)本是"回答"的意思,如《正理经》Ⅴ-2-18经云:"不知道如何回答,就是不能难。"这其中"回答"的梵字就是乌托拉,

[1] 宇井伯寿:《印度哲学研究》第2卷第448页,岩波书店。

据此,它亦可引申作难破的意思。又如《如实论》解“不能难”云:“不能难者、见他如理立义不能破,是名不能难。”〔1〕这干脆将“不能回答”译作“不能难”了!但是遮罗迦在例示的时候却是举了一个似能破的例子,也就是敌者针对的“如理立量”作出错误的难破:“如生病是与因同性质的。因为受了严重的风寒会得感冒,所以它与因是同性质的。若有人说生病是与因异性质的,如说受了严重的风寒四肢会产生高热、溃烂、冻伤(?),就是与因异性质的。”从此例可知,立者本以同法“如理立量”,敌者偏要以异法来反对立者的同法,结果只能乱说一通,说什么“受了严重的风寒四肢会高热,又说会溃烂和冻伤,语无伦次,不知所云”。可见敌者所立的能破只是个似能破而已!

16. 定说(siddhānta)

定说就是某种学说或某种研究的结论,亦译结论。古译宗义、随所执,音译悉檀多。遮罗迦对定说的解释比较具体、清晰,云:“所谓定说是由研究者经过种种研究后根据因来立论,然后通过论证将其决定下来。定说有四种:(1)所有学说都认可的定说;(2)特殊学说认可的定说;(3)包含其他事项的定说;(4)假设的定说。”这是从内涵和外延两方面对定说作出界定。将定说分为四种大概是古印度流行的见解。除《遮罗迦本集》外,《方便心论》《正理经》以及玄奘门人如窥基《大疏》等所传述的新因明,也都说有四种定说,尽管在定说的内容上有所出入。试列表比较如下:

《遮罗迦本集》四种定说	《方便心论》四种随所执	《正理经》四种宗义	窥基《大疏》等四种悉檀
(1)所有学说都认可的定说	(1)一切同	(1)一切学派都承认的宗义	(1)遍所许宗
(2)特殊学说认可的定说	(2)一切异	(2)特殊学派承认的宗义	(4)不顾论宗

〔1〕《大正藏》第32卷35c。

续 表

《遮罗迦本集》四种定说	《方便心论》四种随所执	《正理经》四种宗义	窥基《大疏》等四种悉檀
(3) 包含其他事项的定说	(3) 初同后异(无可对应)	(3) 包含其他事项的宗义	(3) 傍凭义宗
(4) 假设的定说	(4) 初异后同(无可对应)	(4) 假说的宗义	(2) 先业禀宗(无可对应)

从上表可知,《正理经》的四种宗义与《遮罗迦本集》完全相同。《方便心论》则别具一格,不过其(1)(2)两种随所执与《遮罗迦本集》的(1)(2)两种定说可对应,唯(3)(4)两种随所执无可对应。《大疏》等所说的四种悉檀则是(1)(4)(3)可与《遮罗迦本集》和《正理经》的(1)(2)(3)对应,唯(2)无可对应。下面我们再就上表所示的对应与否作具体的比较说明。

(1) 所有学说都认可的定说(sarvatantrasiddhānta)

遮罗迦云:"所有学说都认可的定说已在各个学说中形成权威,这里有病原、疾病和医治疾病的方法。"《正理经》Ⅰ-1-28 经的解释比遮罗迦更细腻一些:"所谓一切学派的宗义就是与一切学派的学说没有矛盾的学说,并且是在某一学派中确立下来的。"然而《方便心论》对"一切同"的解释却略有不同:"一切同者,如说者言,'无我(亦无)我所',问者亦说'无我(亦无)我所',名一切同。"〔1〕这是将"一切同"局限在言者和问者双方,范围要小得多了。《大疏》所说的"遍所许宗"亦是如此:"遍所许宗,如眼见色,彼此两宗皆共许故。"〔2〕《大疏》的这段解释向人们提示了两点:第一,遍所许宗乃是指宗义为论诤双方所共许,这与《方便心论》的说法相一致;第二,从其所举的例子来看,被共许的宗义不一定是权威性的结论,如眼睛能看见事物这样的常识性的命题也是为所有的学派共同认可

〔1〕《大正藏》第 32 卷 24a。
〔2〕《大疏》卷二页十二左。

的。由此我们更可进一步体味到,《遮罗迦本集》与《正理经》只是从意义上的不同来划分宗义的,〔1〕而因明尤其是新因明则是从取舍的角度来划分宗义的。论诤的目的在于明真假是非,遍所许宗既为一切学派所共许,就失去了论诤的意义,故云:"遍所许宗若许立者,便立已成,元来共许,何须建立。"〔2〕而《遮罗迦本集》与《正理经》没有从这样的角度来提出问题。

(2) 特殊学说认可的定说(pratitantrasiddhānta)

遮罗迦解释说:"特殊学说认可的定说是在各自的学说上形成各自的权威。例如别的学说认为味有八种,而我的学说认为只有六味。另外,我的学说认为有五根,别的学说则认为有六根。别的学说认为所有的疾病都是由风等引起的,我的学说则认为是由风和鬼引起的,如此等等,各有各的说法,形成了各自的权威。"《正理经》的解释与此无异但更为简明,如Ⅰ-1-29经云:"所谓特殊学派的宗义,就是为同一学派所承认,而为其他学派所不承认的学说。"《方便心论》则以最为简单通俗的方式来解释:"一切异者,说者言异,问者说一,是名俱异。"〔3〕立者言异,敌者说同,立敌各执一词,这样的宗义实是最具有论诤意义的但《方便心论》没有明确提示这点,虽然《方便心论》将随所执(宗义)按立敌共许的程度之不同来划分,似已有了据此决定取舍的倾向。至新因明则直截了当地将取舍作为划分的标准,故《大疏》释不顾论宗云,"不顾论宗随立者情所乐便立,如佛弟子立佛法义,或若善外宗,乐之便立,不须定顾。"〔4〕在佛家看来,这是最值得建立的宗义,也是唯一具有论诤意义的宗义,故《大疏》又云:"唯有第四不顾论宗可以为宗,是随立者自意所乐。"〔5〕

---

〔1〕《正理经》Ⅰ-1-27经云:"由于有不同的意义,宗义可分为:(1)一切学派都承认的宗义;(2)只为某一学派承认的宗义;(3)蕴涵的宗义;(4)假说的宗义。"

〔2〕《大疏》卷二页十二左右。

〔3〕《大正藏》第32卷24a。

〔4〕《大疏》卷二页十二左。

〔5〕《大疏》卷二页十二右。

（3）包含其他事项的定说（adhikaranasiddhānta）

遮罗迦释云："包含其他事项的定说是在提出某一事项时也会促使其他事项成立，例如在解脱者未和业结合时提出离欲性，会使如业、果解脱、神我、来世也得以成立。"撇开他所举的例不说，《正理经》的解释与此相同，其Ⅰ－1－30经云："所谓蕴涵其他事项的宗义，就是某一事项成立的话，那么其他事项也会成立。"然而这样的宗义也是缺乏论诤意义的。论诤要求论题直接明了，A就是A，B就是B，而不取以B寓于A的灰色论题，故《方便心论》未论及此类宗义，新因明则以此作为不屑取的宗义列出，如《大疏》云："傍凭义宗，如立'声无常'，傍凭显'无我'。"〔1〕为什么不能以"无常"来旁显"无我"呢?"《大疏》解释说，"无我"乃"非言所诤"，"傍显别义，非为本成，故亦不可立为正论。"〔2〕

（4）关于假设的定说（abhyupagamasiddhānta）

遮罗迦解释说："假设的定说是指一切未成立的、未研究的、未提出过的，或者医生在发言时将无因的宗义作为假设来说的，即（有时）吾人认为实是主要的，德是主要的，或者业是主要的，并根据这一想法来进行论述。"《正理经》对此的解释更为清晰，如Ⅰ－1－31经云："假说的宗义就是在还没有对对象进行研讨的情况下就假定它存在，从而去研究它具有什么性质。"这种假设的命题确实具有很重要的逻辑意义，但从论诤的角度看，以此为宗义同样是没有意义的，因为假设有待于证明，而且其证明的过程或许是漫长的，故不宜仓促作出结论进行论诤。严格说来，处在假设状态中的命题既不具有结论的性质，那么就不能作为宗义，故佛家古、新因明均未将假设列入四种宗义之中。如前所述，佛家是从取舍的角度来划分四种宗义的，故佛家认为遍所许宗（大众共许的宗义）是没有必要再提出来讨论的，傍凭义宗（包含其他事项的宗义）则由其晦暗性而不可取。另外，上文我们未及说明先业

〔1〕《大疏》卷二页十二左。

〔2〕《大疏》卷二页十二右。

禀宗(即以本门教义立宗,还对本门成员的宗义),如佛家教义中本有"诸法皆空"的学说,假设有佛弟子对其他佛弟子立"诸法皆空"宗,就不能引起论诤,故这样的宗义在本派成员中也是毫无论诤意义的。剩下来只有不顾论宗(唯以自己的意愿立宗而不顾他人反对的宗义)才是佛家所乐取的宗义了。佛家以取舍来论宗义较遮罗迦和《正理经》要高明得多,对今人的论辩依然富有启示性。但遮罗迦关于四种定说的阐述毕竟是印度最古老的宗义说。有其历史价值。

17. 语言(śabda)

遮罗迦云:"所谓语言就是指文字的集合。这有四种:(1)可见义;(2)不可见义;(3)真;(4)伪。其中(1)可见义,如说'病原可用三种因根除、六种方法净化''耳朵存在时就会感觉到有声音';(2)不可见义,如说'存在来世和解脱';(3)真,它是作为实相存在的,如阿由吠陀的教言、医治疾病的方法、手术的成果;(4)伪,它是与真相背反的。"将语言单独列目,并从语义上析为四种,这说明遮罗迦对语义问题的重视。遮罗迦另外还阐说了语失(第33目)和语善(第34目)等问题,这都表明印度古典逻辑从一开始就注意到了逻辑与语言的关系而加以探讨的。本目所说的四种语义,宜应分为两类:一是可见义与不可见义,一是真与伪。所谓可见义就是可以现证的,所谓不可见义即难证的或由虚概念组成的命题;真伪则取决于是否作为实相存在。这两类语义又是交叉的,因为可见义与不可见义都有真伪问题。如耳能闻声,这是可见之义,又是真实之义(除聋子外)。又如遮罗迦所云病原有三种根除因,〔1〕六种净化的方法,〔2〕其真假当在医学不断发展的过程中受到检验,或真或假亦都是可见的。

---

〔1〕 宇井伯寿说:"在印度将导致疾病的原因分为三种:风(vāta)、胆汁(pitta)、痰(slesma),医生就是针对这三种病因治疗的。"《印度哲学研究》第2卷第453页,岩波书店。

〔2〕《方便心论》云:"明药有六:一药名,二药德、三药味,四药势力,五和合,六成熟,是名医法。"宇井伯寿说这可能就是遮罗迦说的六种医法。(同上)

18. 现量(pratyakṣa)

现量指的是由灵魂和感官获得的直接经验知识。遮罗迦云:"所谓现量,指的是一切都根据我和五根来自我感觉的。其中我的现量为乐、苦欲、瞋等,与此相反,根的现量则是声等。"在这里遮罗迦将现量分为两方面:由"我"(灵魂)来感受乐、苦、欲(欲望)、瞋(恼怒)等心理方面的现量,由"五根"(眼、耳、鼻、舌、身)来感知色、声、香、味、触等物质方面的现量。据宇井伯寿说,这是采取了胜论派的说法,而且遮罗迦主张"五根"说,〔1〕这也与胜论相同。〔2〕关于现量,印度古代各哲学派别有不同的解释:佛教与早期正理派(Nyāya)以及吠檀多派(Vedānta)只说一种现量,即直观的、不与名词概念相结合的无分别现量;文法学派(Śābdika)和耆那教(Jainism)则不同意有无分别现量,认为现量必与名词概念相伴,因而只能是有分别现量;数论(sāṁkhya)、弥曼差派(Mimāmsā)和正理—胜论(Nyāya-Vaiśeṣika)等则认为现量应有两种:即无分别现量和有分别现量,不过后期正理派所说的无分别现量与佛家的无分别现量在性质上并不相同。遮罗迦对现量的解释并未涉及有无分别的问题,但从其在解释现量时采取胜论的说法来看,可能也是主张无分别现量与有分别现量并行的吧。另外,遮罗迦在解释中也未论及如何保证现量的真实性以及现量在获取知识途径中的地位等问题,在这一点上,与其同时代的《方便心论》的解释似要略胜一筹的。《方便心论·明造论品》云:"五根所知有时虚伪;唯有智慧正观诸法,名为最上。"这就是说五根在感知各自的对象时有时并不真实,还须以智慧来保证,使五根得以"正观诸法"。如"热时焰、旋火轮、乾闼婆城(蜃楼)等,虽名现见,而非真实。"又如"夜见杌疑谓是人,以指按目则睹二月"这都是错谬的现量,是缺乏正智指导的结果。故只有以"智慧正观诸法",从而获得真实的知识,才能"名为实

〔1〕 在第16目的特殊学说认可的定说中.遮罗迦曾说道:"我的学说认为有五根,别的学说则认为有六根。"五根即五种感官。所谓"六根",就是除五根外加上意(manas)。

〔2〕《印度哲学研究》第2卷第453页。东京,岩波书店。

见”。而且《方便心论》认为在获取知识的四种途径(现知、比知、喻知、随经书)中,当以现量的地位为第一。为什么呢?“后三种知由现见故,(现量)名之为上”。这就是说,先有现量才有比量、譬喻量和圣教量(随经书),现量乃是其余三种量的基础。〔1〕

19. 比量(anumāna)

比量就是推理知,即由推理获得的知识。遮罗迦云:“所谓比量就是根据如理来证知。如根据消化能力来证知消化火,根据精进的能力来证知发展的趋势,根据对声音的感觉来证知耳等(器官的功能)。”遮罗迦对比量只是作了一个笼统的界定,没有再作分别。其实在当时比量已经分为三种,如《方便心论》将比量分作前比、后比、同比三种,后来龙树《中论》也说到比知有如本、如残、共见三种,《正理经》与数论派的经典《金七十论》都说比量分有前、有余、平等三种。各书的译名虽不同,所指是相同的,举例亦颇多雷同。如《方便心论·明造论品》云:“前比者,如见小儿有六指,头上有疮,后见长大,闻提婆达,即便忆念本六指者,是今所见,是名前比。后比者,如饮海水得其咸味,知后水者皆悉同咸,是名后比。同比者,如即此人行至于彼,天上日月东出西没,虽不见其动而知必行,是名同比。”〔2〕又如《中论·观法品》云:“如本,名先见火有烟,今见烟知如本有火。如残,名如炊饭,一粒熟知余皆熟。共见,名如眼见人从此去到彼亦见其去,日亦如是,从东方出至西方,虽不见去,以有人去相故,知日亦有去。”〔3〕《中论》在举例上显然较《方便心论》为贴切,尤其是如本(有前)的举例。《正理经》只对比量作了划分而未例释,富差耶那(Vatsyayana)解释说:有前就是从原因类推结果,如从浓云密布推知即将有雨。有余就是从结果推原因,如过去见到大雨后河水满涨,后来遇到河水涨溢即可推知上游必曾下大雨。对第三种平等比

〔1〕 以上《方便心论》对现量的论说见《大正藏》第32卷25a、b。

〔2〕《大正藏》第32卷25b。

〔3〕《大正藏》第30卷24b。

量富差耶那的举例与上述同比和共见的例子相同，亦是从人的行走来类比日月的移位，兹不赘引。〔1〕显然富差耶那的解释又进了一步。再看《金七十论》的例释：“如人见黑云，当知必雨；如见江中满新浊水，当知上源必有雨；如见巴咤罗国庵罗树发花，当知侨萨罗国亦复如是。”〔2〕此中有前和有余二例与《正理经》同，唯第三平等比量是新例。介绍了上述诸家对比量的解释以后再回过头来看遮罗说的例释，其第一例当是从结果推原因，是后比的例子；其第二例当是从原因推结果，是前比的例子；其第三例以对声的感觉来测知耳的功能是否健全，从而推知对色、香、味、触的感觉亦可测知眼、鼻、舌、身的功能是否健全，当是同比的例子。遮罗迦作为一名医生，他所举的例常与医学相关。但第一、二例似次序颠倒，第三例说得不大清楚，总起来又无三种比量的分别，均略逊于《方便心论》，当然更不及稍后出现的诸家对比量的解释。不过古师将比量分为三种，也还是一种粗疏的原始形态，既无固定的推理形式，也未可遵循的规则，各家均未认识到推理与论证在本质上原来相一致：论证的论式与规则即是推理的论式与规则。这一认识要到陈那改革因明时才完成，然已经是公元6世纪的事了。

20. 传承量（aitihya）

传承量又译世传量。遮罗迦对此量只简单地界定云：“传承量就是作为达者之教而奉为吠陀者。”他虽没有展开来阐说，但意思很清楚：传承量就是流传下来的古贤的教言，这种教言已被视为吠陀那样地具有权威性了。〔3〕这一界说表明，传承量实际上与圣教量（śabda）别无二致，故在《遮

〔1〕参见富差耶那：《正理疏》（Nyāyabhāṣya of Vātsyāyana），Ⅰ-1-5经疏［Ⅰ］（1）。

〔2〕《大正藏》第54卷1246b。《金七十论》为公元3、4世纪时自在黑所撰《数论颂》的释论，真谛译。

〔3〕吠陀：梵字veda的音译，我国古籍中原先音译为“韦陀”，后音译为“吠陀”。吠陀原义为知识，后用以指称用吠陀梵文撰写的古代西北印度的一些文献，如吠陀本集、梵书、森林书、奥义书等。

罗迦本集》里不再另立圣教量。而《正理经》则将传承量纳入圣教量,如I1－7经云:“所谓圣教量,就是令人信赖的人的教言。”〔1〕Ⅱ－2－2经又云“传承量与圣教量并无不同。”《方便心论》亦不说传承量而只说“随经书”(āgama),即依据经典和圣贤的教言之谓。《方便心论》解释云:“从诸贤圣听受经法,能生知见,是名闻见。譬如良医善知方药,慈心教授,是名善闻。又诸圣贤证一切法有大智慧,从其闻者是名善闻。”〔2〕“闻见”和“善闻”即“随经书”的别名。从这段解释中可知“随经书”与圣教量名异而实同。

21. 譬喻量(aupamya)

遮罗迦云:“譬喻量是以一事物与他事物相类似来作说明的。例如痉挛直立与棒相似,痉挛屈身与弓相似,阿罗给达病(?)与持矢者相似,以这种相似类比的方法对各个事物进行说明。”这是对譬喻量的早期界定。从其所举的例子来看,所谓“一事物与他事物相类似”的“类似”,是比较宽泛的,连两事物情状的相似亦可用来类比,这就与修辞上的譬喻无异了。《方便心论》的解释亦与此类似:“问曰:‘喻相云何?’答曰:‘若一切法皆空寂灭,如幻如化:想如野马,行如芭蕉,贪欲之相如疮如毒,是名为喻。”〔3〕这一番譬喻也只是修辞上的比喻而不是逻辑上的类比。由此表明,譬喻量在早期并非纯粹的逻辑概念。将譬喻量置于逻辑的范畴并使之成为《比为论》式的一部分,当肇始于《正理经》。如Ⅰ－1－6经云:“所谓譬喻量,就是启以共许极成的同喻去论证所立宗。”Ⅱ－1－46经云:“譬喻量是根据一般承认的共性来成立的。”Ⅱ－1－49经云:“譬喻量是根据‘如此一般’来再次成立论题的。”《正理经》对譬喻量的界说一再强调要“以共许极成的同喻去论证”,要“根据一般承认的共性来成立”等,突出地显示了譬喻量的逻辑性质。在五支古式中,“共许极成的同喻”还只是一个具体事例(或一类事例),其逻辑性质

〔1〕 富差耶那认为将传承量定义为足以信赖的人的教言,就与圣教量的定义无异了,参见《正理疏》Ⅲ－2－2经疏b。

〔2〕《大正藏》第32卷25b。

〔3〕《大正藏》第32卷25b。

必是类比法。此后，大乘佛教如弥勒、无著和世亲等都不再立譬喻量，而将其纳入论式之中（同喻、异喻），陈那也不立譬喻量，他在改五支论式为三支论式时，提高了譬喻的逻辑性质，使之成为归纳法，并以之与演绎法相结合。可见，成熟的譬喻量名义虽亡而逻辑的实质益显卓著。

22. 疑惑（saṁśaya）

遮罗迦云："疑惑是对有疑问的宗义不能作出决定。例如对一个人的死产生怀疑，认为会不会是意外的死，因为有的人具有长命的特相，有的人不具有；同样，有的人生了病难以治疗，有的人则容易治好；有的人命中注定早逝，有的人则长寿。如此相对的两种情况寓于人们的脑海以后，对一个人的猝然消逝，便会怀疑是不是死于意外了。"在遮罗迦的时代，人们对疑惑的问题大概作过探讨，所以遮罗迦会将疑惑列为一目来阐释，当然他的解释还只是粗浅的。迨至《正理经》的时代，人们对疑惑的探讨深入了一层，故《正理经》对疑惑的解释颇为具体而深刻。如I-1-23经云："疑惑是忽略了事物性质上的差别而产生的思虑。疑惑的产生或者是由于对许多对象共有属性的认识，或者是由于对某一对象用以区别于其他对象的性质的认识（不足），或者是由于矛盾的见解，或者是由于知觉的不确定或不知觉。"这里首先提出疑惑的界说，然后对疑惑的产生作出分析，思理很清楚。在《正理经》第2卷第1章，从II-1-1经—11-1-7经又对疑惑问题作专门的探讨，可见其重视的程度。〔1〕

23. 动机（prayojana）

动机又译"目的"，《百论疏》译作"用"。遮罗迦云："动机就是为某件事有所作为。也就是说如果存在意外的死，那么我就要亲自用长寿法来养生，以消除那些使之不能长寿的隐患，以求意外之死不至于降临到我身上。这就是动机。"遮罗迦将动机界定为针对某件事而"有所作为"似较贴切，因为动机应该是一种思维活动，故《正理经》I-1-24经界定云："动机就是对于

〔1〕 宇井伯寿说："《正理经》里的疑惑定义与胜论派的定义有着密切的关系，与《遮罗迦本集》则不存在直接关系。"《印度哲学研究》第2卷第456页。

某一对象的精神活动。”宇井伯寿说：“与其说它是激起行动的本源，毋宁说它是思维活动为好。”〔1〕这当是恰如其分的评析。

24. 不确定（savyabhicāra）

关于不确定，遮罗迦只是简单地解释说：“不确定就是动摇不定，例如这种草药能治其病还是不能治其病。”从他的解释可知，这种不确定乃是就一般意义而言的，故《正理经》用不确定来解释‘不定’（anaikāntika），如Ⅰ-2-5经云：“不定（因）就是两端不确定（anaikāntikaḥ savyabhicāraḥ）。”《正理经》所讲的不定专指因的不定：即因的外延过宽，大于宗法的外延；或因的外延偏狭，竟与有法等值。而遮罗迦说的不确定则是泛指各种不确定的，这是二者不同的地方，然则所指宽泛的不确定与第22目的疑惑又有什么不同呢？二者确是很难区分。宇井伯寿说：“如果硬要区别，那就要将各个例子都考虑进去。概括地说，疑惑是面对许多相反的事例究竟如何归结处于不明确的状态，而不确定则是对一件事例究竟适合于相反的两件（或多件）事例中的哪一件处于动摇的状态。总之，与疑惑是引起动机的情况相同，不确定则是引起欲知的因素。”〔2〕这一解释大致区分了二者的不同。尤其是最后两句话，清楚地指出疑惑与动机、不确定与欲知之间的条件关系，有助于把握疑惑同不确定的区别之处。

25. 欲知（jijñāsā）

欲知是想要知道某一事物或事件的真理或真相所作的研究。遮罗迦云：“所谓欲知就是研究。例如对药剂的研究，日后就会知其结果。”第24目所说的“不确定”，正是引发欲知的充分条件；换言之，欲知就是要通过研究使不确定的认识变为确定。欲知作为一种行为，必然要运用某些逻辑方法来实现其行为目的，然而欲知本身并非逻辑概念。《方便心论》和《正理经》等均未论及。

---

〔1〕《印度哲学研究》第2卷第456页。

〔2〕《印度哲学研究》第2卷第457页。

26. 决断（vyavasāva）

遮罗迦解释说："决断就是决定。例如这种病只能是风病，这样断定了就能对症下药。"按上文的逻辑关系，疑惑可以萌发动机，不确定于是产生欲知，那么决断当是上述思维和行为的结果，即在经过思考和研究以后作出决定。《正理经》也论及"决定"（nirṇaya），然角度似有不同，如Ⅰ-1-41经云："决定就是根据主张和反对主张进行考虑后来确定对象。"这是从立敌对诤的角度来谈如何作出决定的，而遮罗迦似乎是从自我思考和进行研究的角度来谈作出决断的问题，角度稍有不同。当然，"决断就是决定"，二者本质上并无区别，都是对是非真假作出抉择，明确地得出断案。

27. 义准量（arthaprāpti）

遮罗迦云："所谓义准量就是一件事说出后能推知未说出的另一件事的成立。例如当谈到这种病不能用进食的办法治疗时，根据义准量推知可以用绝食的办法来治疗。另外，在谈到他白天不能进食时，根据义准量可以推知他宜在晚上进食。"在遮罗迦的时代，可能只是简单地将义准量规定为一种意含的关系，即一件事的成立意含着另一件事的成立，而且从其举例来看，当是一种自由度比较大的意含关系。正是因为如此，有人便认为义准量缺乏固定的形式，故不能看作量。后来一般就将义准量归人比量，不再单列。如《正理经》就只说现量、比量、譬喻量和声量四种，不列义准量等。Ⅱ-2-2经云："传承量与声量并无不同，而义准量、随生量以及无体量也无不同。"但是《正理经》虽不列义准量，亦未对其作深入的解释，不过还是认为义准量具有一定的形式。〔1〕那么义准量的形式是什么呢？《正理经》没有说，富差耶那在《正理疏》中举例说："无云则无雨，有云则有雨。"〔2〕从此例来看，好像是要从"无云则无雨"推出"有云则有雨"来，这显然是不正确

---

〔1〕 如Ⅱ-2-2经引反对者的话说："义准量是非量，因为它没有一定性。"Ⅱ-2-3经针对此言反驳说："那不是义准量，而是错认为义准量了。"《正理经》中义准量的原语为阿尔塔巴提（arthāpatti）。

〔2〕《正理疏》Ⅱ-2-3经疏b。

的。正确的推导关系应是"无云则无雨,有雨则有云",这是假言异质换位推理,或者将义准量说成是直接推理的换质位法也可以。〔1〕但当时似并未明确把握住它的逻辑形式,如窥基《大疏》云:"义准量,谓若法无我,准知必无常;无常之法必无我故。"〔2〕这是将概念的互相统摄即全同关系作为义准量的互推形式。难怪有人会说义准最没有一定的形式,其实不是没有一定的形式,而是形式较复杂,较难把握罢了。

28. 随生量(sambhava)

又译内包量。遮罗迦云:"随生量是指甲生自于乙时,甲就是乙的随生量。例如母、父、我、健康、食味、力等六要素是胎儿的随生量,不快是疾病的随生量,愉快就是健康的随生量。"从遮罗迦对随生量的界说和举例来看,甲与乙具有所生和能生的关系,结合事例来说,不快的产生源于疾病缠身这个能生,愉快的产生源于所幸健康这个能生,同样,母、父等六要素的产生源于胎儿的存在这个能生。据宇井伯寿说,随生量的原语沙姆巴瓦(sambhava)具有在一处、包含、产生等意思,其中产生还含有能产生之意。〔3〕所以提到乙这个能生时,甲也随之产生,甲就是乙的随生量。上节已说及《正理经》指出随生量与比量并无不同,故将随生量纳入比量之中,不再解释。但富差耶那在注释时还是对随生量作了界定:在获知具有互不相离性的一事物的存在后,进而就能获知另一事物的存在;或者是不相离关系中的整体和部分的关系,通过其整体而了解其部分。〔4〕这一界说进一步揭示了随生量内包的逻辑性质。故宇井伯寿认为"由随生量获知的东西是非常

〔1〕宇井伯寿说:"一般说来,它是直接推理,是换质换位。在《遮罗迦本集》的例示中,对换质换位未作明确表示,但意思相同。"《印度哲学研究》第2卷第457—458页。

〔2〕《大疏》卷一页十六右。

〔3〕《印度哲学研究》第2卷第459页。

〔4〕参见《正理疏》Ⅱ-2-1经疏b及Ⅱ-2-2经疏b。

确实的"〔1〕。

29. 所难诘(anuyojya)

所难诘就是所可难诘的言语。遮罗迦云:"所难诘是指言语与语失相结合,这种结合就称之为所难诘。或者对某一事物只作了一般性的论述,被从特殊性的意义上来理解了,这种言语也是所难诘。例如说:'这种病可以用清肠的办法治疗。'对此有人难诘道:'究竟是用呕吐的药还是用腹泻的药来清肠?'"遮罗迦对难诘的界说分两方面:一是言语犯了第33目语失(vākyadoṣa)中所列的五种过失之一者,这种言语便称为所难诘,亦即所可难诘者;二是言语过于笼统(一般性),本应具体说出的意思却未能明白地说出来,这种过于笼统的言语也名为所难诘(所可难诘者)。从遮罗迦所举的例子来看,是属于第二种所难诘的,说要用清肠的办法来治疗,却不具体说出通过何种途径来清肠,未免失于笼统,因而招致他人的难诘。遮罗迦对第一种所难诘没有举例,这恐怕是因为关于语失的情况较为复杂,且语失在第33目中将要评论,故此从略也说不定。这两种所难诘导致的结果是一样的,都会在论诤中堕入负处。〔2〕

30. 无难诘(ananuyojya)

无难诘正好与上述所难诘所说的情况相反,是指明白无误的言语,也就是说这种言语是无可难诘的。故遮罗迦云:"无难诘与前面(第29目)所说的正相反,如说:'这种(病)是不治之症。'"此例中的言语就是清楚明白的。既无语失之处,又未涉笼统之弊,当是无可挑剔的。如果有人竟去责难这样的言语,便会如《正理经》V-2-22经所说的堕入"责难不可责难处"(niranuyojyānuyoga)的负处。

31. 诘问(anuyoga)

遮罗迦云:"诘问是指某一专家学者对同学科的专家学者就其学说或学

〔1〕《印度哲学研究》第2卷第459页。

〔2〕宇井伯寿说:"据《正理经》V-2-21-22经和《如实论》的解释,所难诘的原语就是受到对方的诘难而堕负的意思。"《印度哲学研究》第2卷第460页。

说的一部分提出质问,或者为了知、识、说、答、研究而将其中的一部分作为质问予以提示。在有人立'神我常住'宗时,对方会问此宗的因是什么,这就是诘问。"根据遮罗迦的这一解说可知,诘问主要是学者间的事。它大体上可以分两方面来看:一是在同行学者中一方对另一方的学说提出的诘问,一是为辨明真似而在论诤中将对方立量的缺减之处提出来加以诘问。前者遮罗迦没有举例,后者遮罗迦举例说,如有人立"神我常住"宗,未及时说因,这就犯了阙减过,因此论诤对手就抓住此点进行诘问,以使立论者堕入负处。然而诘问的目的也不全在于使人败北,因为遮罗迦在解说中除了说到"说、答"(论辩)外,还说到"知、识"和"研究",这主要是获取知识的途径,诘问在其中也有它的作用,不过不具有论诤性,而具有促进思考的作用。这种诘问的目的大概不在于致人堕负,而在于深化讨论吧。

32. 反诘问(pratyanuyoga)

遮罗迦云:"反诘问就是对诘问的诘问。如说:现在提出诘问的理由是什么?"这一界说简单明了。为什么要对他人的诘问提出反诘问呢?不外是他人的诘问理由不充分,意思不清楚,或者指鹿为马而未能切中要害等等。如第44目堕负中的对无难诘的诘问就是如此,立论者的言语本无过失,敌论者却横加难诘,这样的诘问本身就站不住脚,故立论者可提出反诘问,要其充分说明理由,经过反诘问以后,诘问者如说不出理由。就自堕负处了。

33. 语失(vākyadosa)

语失又译言失,指言语的失误,但不是泛指言语的一切失误。遮罗迦所说的语失主要有五种,他说:"所谓语失,举例来说,就是存在其意义之中的(1)缺减、(2)增加、(3)无义、(4)缺义、(5)相违。"这与《方便心论》中语善与言失所列的细目大致上相同,唯"相违"一过,在《方便心论》中乃单列一项,与语善和言失并列,而不是包摄于言失之中。另外,在具体论述上《本集》与《方便心论》亦有所不同,这将在以下的分述中再作比较。

(1)缺减(nyūna)

缺减又译说得太少、不具足分。遮罗迦云:"缺减指的是在宗、因、喻、合、结中缺支。”另外,本可提示好几个因的,却说成一个因,这也是缺减。这将缺减分为两种:一是缺支,二是将多因说成一因。缺支是指五支中任缺一支的过失。《方便心论》也在语善和言失中强调不能缺减的问题,但着重指因、喻、言三种,其中涉及支分上的缺减,只有因和喻两种。为什么只讲因和喻的缺减而不讲其他支分上的问题呢?《方便心论》恐有其道理:第一,宗支应不可能缺减,因为没有宗就不会有论诤;第二,合支在五支中的地位本是辅助性的,时可省略不说;第三,结是宗的重复,亦时可省略。由此,《方便心论》虽然只强调因喻之不可缺减,但在实际上与遮罗迦所说的不异其趣。不过,《正理经》与《如实论》关于缺支的提法倒是与《遮罗迦本集》完全一致的。《正理经》V-2-12经云:“从缺少论式中的任何一支来说,它又是缺减。”《如实论》云:“五分义中一分不具,是名不具足分。”〔1〕至于多因提示一因的问题,这是《遮罗迦本集》非常特殊的提法。按印度古典逻辑的惯例,一个论证即使有多项的因也不必一一列出,只须举其与论题有直接逻辑联系的那一个因即可。如《正理经》的注释者富差耶那说:“当提出一个以上的因或喻时,可根据其中的一个来证明,因此(其余的不管是)两者中的哪一个,都是无意义的。”〔2〕又如《如实论》云:“汝说多因、多譬,若一因不能证义,何用说一因?若能证义,何用说多因?多譬亦如是,多说则无用。”〔3〕即使在遮罗迦的时代亦是如此,如《方便心论》有例云:“声法无常,和合成故,如瓶造作,则为无常。”这一论证说到这里本已可以了,其中“和合成故”因已是“声法无常”宗的充足理由,可是立论者偏要啰啰嗦嗦地接着说什么“声是空之求那,空非对碍,声是色法”等。“求那”(guṇa)即属性之意,说声是虚空的属性,虚空是无形碍的,又说声是有形的事物等,如此而将“声法无常”宗的理由说得十分繁复,结果反而导致了自相矛盾(空之无形与声之有

〔1〕《大正藏》第32卷35b。

〔2〕富差耶那:《正理疏》V-2-13经疏。

〔3〕《大正藏》第32卷35b、c。

形矛盾),故《方便心论》是将其作为“因增”的病例来列举的。[1] 由此可见,在遮罗迦的时代也并不要求论证时同时列举几个因的。遮罗迦关于因的说法不知有何依据,为什么与其同时代和后世的说法很不一致,实令人费解!

(2) 增加(adhika)

增加又译为说得太多、长分。遮罗迦云:“增加指的是与缺减相反的东西。或者说在论述阿由吠陀(Ayurveda)时大谈布利哈斯巴蒂的书、乌夏纳斯的书或其他没有任何关系的事,或者所述虽有关系,也只是反复讲同样意思的话,如此重复,便是增加。不过重复有两种情况:(a) 意思上的重复,(b) 言语上的重复。其中(a) 意思上的重复,例如‘药剂、药草、药饵’;(b) 言语上的重复,如‘药剂、药剂’。”这将增加分作三类:一是与缺减中的缺支相反,反复地述说五支中的任何一支。在《方便心论》《正理经》和《如实论》中都只讲因和喻的增加,而不讲宗、合、结的增加,如前已述。二是大谈无关论旨的话。如在论述阿由吠陀即寿命吠陀亦即医典的时候,大谈布利哈斯巴蒂和乌夏纳斯所著的政事论亦即治国安邦术等著作,以及其他不相干的事,这也是一种增加,与《方便心论》所说的“言增”过如出一辙。如《方便心论》举言增例云:“又说声是无常,众缘成故。若言常者,是事不然,所以者何?有二种因:一从形出,二为根了。云何言常!又同,异法皆无常故,是名言增。”[2] 立论者的论旨为“声是无常”,但在说了“众缘成故”因以后,转入“若言常者”如何如何上去了,说了许多题外之言,是为言增。这言增与遮罗迦所说的第二种增加属同一类型的过失。三是重复。遮罗迦将重复分为 a. 意思上的重复,b. 言语上的重复两种,《方便心论》与此相同,也分为两种,称“义无异而重分别”和“辞无异而重分别”。并举例说,前者如侨尸迦(Kauśika),亦言天帝释(Devendra Śakra),亦言富兰陀那

[1] 引例见《大正藏》第 32 卷 24c。
[2] 参见《大正藏》第 32 卷 25a。

（Puramḍara），这三个同义词指称的是同一个对象—天帝，这即是意思上的重复；后者如“因陀罗，因陀罗”，这两个“因陀罗”（Indra）是同一个词，意即“帝”，亦指天帝，此即言语上的重复。〔1〕 但是《遮罗迦本集》与《方便心论》都没有区分重复与复说的不同。至《正理经》，开始将二者区分了开来。如Ⅴ－2－14 经云：“声音和意义的重复，与复说不同，因此是重言。”《正理经》的作者已认识到重言与复说是不同的，重言是过失，复说则不是过失。故富差耶那疏云：“在复说的场合就不是重言，因为声的反复会出现特殊的意思，例如‘结就是根据所述的理由将宗重述一遍。’”〔2〕区分重言和复说的不同性质，是一种语用上的进步。如Ⅴ－2－14 经所云，《正理经》也将重言分为声音的重复和意义的重复两种，富差耶那在疏释中除了对上述两种重言以例明示外，又按Ⅴ－2－15 经所说的“根据义准，将已知的话用它本身的声音再说就是重言”作了疏释：“例证一在说完‘（声）是无常的，因为它具有生起性’这句话之后，……又说‘没有生起性的东西而是常住的’，那也是重言。应该知道，用声音来传达意思时，是可以由义准（必然的结论 arthāpatti）来实现其目的的。”〔3〕这似乎在意义的重复上又派生出了义准的重复来，不过这种义准的重复还未单列成为第三种重言。至世亲的《如实论》，这种义准的重言才真正单列出来，在《如实论》中，重言译作重说。《如实论》云：“有三种重说：一重声，二重义，三重义至。重声者，如说‘帝释、帝释’；重义者，如说‘眼、目’；重义至者，如说‘生死实苦，涅槃实乐’，初语应说，第二语不须说。何以故？前语已显义故。若前语已显义，后语何所显？若无所显，后语则无用，是名重说。”〔4〕以上三种重说，除第一、二两种与《遮罗迦本集》《方便心论》以及《正理经》相同外，第三种重说是在前人论说的基础上的发展。《正理经》的重言和《如实论》的重说都属于负处中的第

〔1〕 参见《大正藏》第 32 卷 25a。

〔2〕 富差耶那：《正理疏》Ⅴ－2－14 经疏。

〔3〕 富差耶那：《正理疏》Ⅴ－2－15 经疏。

〔4〕 《大正藏》第 32 卷 35c。

13种过失,《遮罗迦本集》在第44目负处中也列有重言,不过不再解释。而《方便心论》则只将义重(即意义的重复)列为负处中的过失。

(3)无义(anarthaka)

遮罗迦云:"所谓无义,只是将文字集合起来的言辞,如'五列',很难理解其义。""五列"即梵文的五列字母,本身没有意义,故《正理经》V-2-8经云:"如同按顺序来表示音韵的那种情况,就是无义。"富差耶那解释说:"例如这样说是无意义的:'声常住,因为Ka,Ca,ta,pa就是ja,ga,da,Satva,譬如,jha,bha,na,gha,dha,sa。'如果词汇同对象之间的关系不能成立,那么音韵的意思就无法了解,因此按顺序表示出的东西,只不过是单纯的音韵罢了。"〔1〕《如实论》亦称此为无义,〔2〕都采纳了《遮罗迦本集》的过名。《正理经》与《如实论》都将无义列为负处的第七过,《遮罗迦本集》在第44目负处中也列有无义一过,不再作解释。《方便心论》则未作为负处的过失来论述,甚至没有采用无义的过名,只是说:"凡所言说,但饰文辞,无有义趣,皆名为失。"〔3〕而且也没有举例。

(4)缺义(apārthaka)

缺义又译不贯通。遮罗迦云:"(一些词本身)虽然有意思,但相互间没有意义上的联系,如熟酥、车轮、竹、金刚棒、月。"《方便心论》称此为"虽有义理而无次第"的无次第语,并举偈例云:"如人赞叹:天帝释女,名曰金色,手足殊胜,而便说于,释提桓因,坏阿修罗,三种之神,如是名为,无次第语。"〔4〕此偈中的词语之间缺乏逻辑联系,故不能构成完整的意思。《正理经》V-2-10经也指出此过的症结在于词语"没有前后的结合,所以没有统一的意思"。《如实论》称此过为无道理义,并举例云:"譬如有人说食十种

〔1〕 富差耶那:《正理疏》V-2-8经疏。

〔2〕 参见《大正藏》第32卷35b。

〔3〕 《大正藏》第32卷25a。

〔4〕 《大正藏》第32卷25a。

果、三种毡、一种饮食,是名无道理义。”〔1〕“三种毡”是不可食之物,将之与可食之物并列作食的对象,是不可思议的。此例虽亦属极端之例,但似乎与上述缺义例略有不同,它比较切合论辩或日常语言可能出现的错误,作为主语或谓语或宾语的联合词组确实常有搭配不当的情况。

(5)相违(viruddha)

遮罗迦云:“相违是与喻、定说、教义存在矛盾的。其中喻和定说已在前面论述过,至于教义,兹举三种为例:(a)阿由吠陀的教义;(b)祭祀学者的教义;(c)解脱论学者的教义。其中(a)阿由吠陀的教义,有药剂、医师、患者、护士四要素的知识。(b)祭祀学者的教义,是祭主为了祭品而将诸兽杀死。(c)解脱论学者的教义是对一切众生均不能杀生。在这些教义中,都说别的教义与自己的教义有矛盾,这就是相违。”这里将相违分为三种:即与喻相违,与定说相违以及与教义相违。《方便心论》也列有相违过,但归为似因八过之一,分喻相违和理相违两种。如云:“我常,无形碍故,如牛。”牛是有形之物,用来作“无形碍”因的同喻,故是喻相违。又“如婆罗门统理王业,作屠猎等教,刹利种坐禅念定。”婆罗门本应坐禅念定,而统理王业按古印度的种姓制度则由刹帝利人专任,上例将二者说颠倒了,故名理相违。〔2〕《方便心论》的这两种相违与遮罗迦所说的三种相违只有喻相违一种相合。《正理经》也将相违过列为五种似因之一,Ⅰ-2-6经界定云:“相违(因)就是违反所提出的宗义。”这就将相违限于因与宗义相矛盾的范围内,同遮罗迦所说的与定说(宗义)相违一致,但遮罗迦所说的第三种相违即与教义相违未见有人赞同。从遮罗迦对与教义相违的解释来看,当不能作相违过看待,因为“说别的教义与自己的教义有矛盾”不仅不是过失,而且正是立宗的充分必要条件,是展开论诤的基石。而如果是指举因与自己的教义相违,那就是与定说相违了,完全可以归入与定说相违之内。由此可见,

〔1〕《大正藏》第32卷35b。
〔2〕参见《大正藏》第32卷26a。

遮罗迦所说的与教义相违这一种当是不必要的。

34. 语善(vākyapraśaṃsā)

遮罗迦云:“所谓语善,举例来说就是与前述(语失)相反,从这一意义上来说就是具有不缺减、不增加、有意义、非缺义和不相违以及令人了然通达的句义,因此被誉为无可难诘的言辞。”由于遮罗迦已在语失中详述了缺减、增加、无义、缺义和相违等过,故在阐释语善时只作概括的说明,不再一一细释。在《方便心论》里则是先说语善再说言失的,故在语善里详论不违于理和不增不减等问题,而在论言失时只作概括的说明。正因为语失与语善是一个问题的正反两面,故只要具体阐释了其中的一面,另一面自可承上作概述。《遮罗迦本集》和《方便心论》正是这样做的,将语失和语善作为独立项目列出的,似只有《遮罗迦本集》和《方便心论》,以后未见如此列目论述的,故宇井伯寿说:“从这一点看,《遮罗迦本集》与《方便心论》是同一系统的,由此也可以推定其时代不会相隔太远。”〔1〕

35. 诡辩(chala)

诡辩又译曲解。遮罗迦云:“所谓诡辩,全然是一派虚言,话里好像有意思,其实毫无意义,只是由一些词语组合起来构成的。诡辩分两种:(1)言辞的诡辩;(2)概括的诡辩。”遮罗迦将诡辩分为两种大概是当时流行的说法,因为与其同时代的《方便心论》也将诡辩分为如此两种。后来《正理经》在两种诡辩的基础上又增设了一种譬喻的诡辩(upacārachala)〔2〕,从而将诡辩分成了三种。下面分别论析遮罗迦所说的两种诡辩:

(1)言辞的诡辩(vākchala)

遮罗迦云:“例如有人说:‘这位医生穿新(九)衣。’这时医生说:‘我没有穿九(新)衣,我穿的是一衣。’那人说:‘我没有说你穿九衣,不过你做了(九件)新的。’医生说:‘我没有做九件衣呀!’如此说来说去的,就是言辞的

---

〔1〕《印度哲学研究》第2卷第463页。

〔2〕参见《正理经》1-2-11经,Ⅰ-2-14—17经。

诡辩。"这是利用"那婆"(nava)一词的多义性来作诡辩的例子。"那婆"例在当时大概颇为著名,故《遮罗迦本集》用了此例,《方便心论》也用了此例,不过《方便心论》的"那婆"例述说得更为具体:"言'那婆'者凡有四名(义):一名新,二名九,三名非汝所有,四名不著。如有人言:'我所服者是那婆衣。'难曰:'今汝所著唯是一衣,云何言九?'答曰:'我言那婆乃新衣耳,非谓九也!'难曰:'何名为新?'答曰:'以那婆毛作,故名新。'问曰:'实无量毛,云何而言那婆毛耶?'答曰:'我先已说新名,那婆非是数也!'难曰:'今知此衣是汝所有,云何乃言非我衣乎?'答曰:'我言新衣,不言此物非汝所有!'难曰:'今眼见汝身着此衣,云何而言不着衣耶?'答曰:'我言新衣,不言不着。'"〔1〕《方便心论》称此为"随言生过",即言辞诡辩之异译,其梵文原字当是相同的。《遮罗迦本集》和《方便心论》对言辞的诡辩(随言生过)均只以例示而未下界说,这是有所不足的。《正理经》弥补了这一不足,如1-2-12经云:"所谓言辞的诡辩,就是在不能作别的意思讲的时候,故意违背说话人的原意而解释为别的意思。"富差耶那在注释此条经文时也举了"那婆"例,〔2〕此不赘述。

(2)概括的诡辩(sāmānyacchala)

亦译一般化的诡辩。遮罗迦云:"概括的诡辩,如有人说:'药草是用来医治疾病的。'这时另一人说:'实有的东西是用来医治实有的东西的。'(接着第一人问第二人:)'因为你患病,所以将它视为实有的东西,那药草不也是实有的东西吗?如果实有的东西可以医治实有的东西,那么支气管炎也可以视为实有的东西,进而言之,哮喘也是实有的东西了。由于实有具有共同性,所以支气管炎必然会成为旨在医治哮喘的东西了。'像这样的论辩就是概括的诡辩。"这就是利用不适当的概括手法来作诡辩的例子。《方便心论》亦说此过,但名称不同,称"同异生过"(savyab-hicāra,不确定),例示云:

〔1〕《大正藏》第32卷25c。
〔2〕富差耶那:《正理疏》Ⅰ-2-12经疏b。

"如言:'有为诸法皆空寂灭,犹如虚空。'难曰:'若尔,二者皆是空无,无性之法便同虚空。'如是名为同异生过。"又如"问曰:'何故名生?'答曰:'有故名生,如泥有瓶性故得生瓶。'难曰:'若泥有瓶性,泥即是瓶,不应假于陶师、绳轮,和合而有。若泥是有故生瓶者,水亦是有应当生瓶,若水是有不生瓶者,泥云何得独生瓶耶?'是名同异寻言生过。"〔1〕以上所示二例与遮罗迦的例子具有相同的性质,都是滥用概念概括的方法,以致混淆同异而生过误。以上述第一例而言,佛家所说的"有为诸法"乃指在一定条件下具有生、住、异、灭四种变化的诸现象,从有为诸法最终皆归于空寂灭这一点来看,与虚空相同,故立者以虚空为喻。然而难破者利用不当概括的方法,抹杀有为诸法(亦即无性之法——因为佛家认为有为诸法终无实体)与虚空之间的差异性,即混淆有为法的造作性与虚空的非造作性的本质区别,这显然是极其荒唐的。第二例亦是如此,泥土虽是制瓶的原料,但不等于瓶,现经难破者的任意概括,居然达到了"有"(存在)的范畴,于是水亦是有,水亦可以生瓶了!这种概括的诡辩大都采用归谬法的形式。以上数例都有归谬法的倾向,问题在于难破者采取了不当概括的方法,致使其所用的归谬法徒有其表而已,反自陷于不当概括的谬误之中!《遮罗迦本集》与《方便心论》对概括的诡辩仅是例示而未作界说,《正理经》弥补了这一缺憾,其Ⅰ-2-13经云:"所谓概括的诡辩就是扩大语词的意义,把不可能有的意思解说为有。"

36. 非因(ahetu)

非因即是谬误的理由,亦称似因(hetuābhāsa)。似因为数甚多,由于各家归类不同,故列入似因的谬误亦有多寡之不同。遮罗迦将似因分为三种,他说:"非因是指(1)问题相似,(2)疑惑相似,(3)所证相似而言的。"《方便心论》则将似因分为八种:(1)随言生过;(2)同异生过;(3)疑似;(4)过时;(5)类同;(6)说同;(7)言异;(8)相违。在这八种似因中,包含了遮罗迦所说的三种似因。《正理经》则将似因分为五种:

〔1〕《大正藏》第32卷25c。

（1）不定；（2）相违；（3）问题相似；（4）所立相似；（5）过时。兹以下表比较之：

《遮罗迦本集》	《方便心论》	《正理经》
（1）问题相似	（5）类同	（3）问题相似
（2）疑惑相似	（3）疑似	
（3）所证相似	（6）说同	（4）所立相似
	（1）随言生过	
	（2）同异生过	
	（4）过时	（5）过时
	（7）言异	（1）不定
	（8）相违	（2）相违

从上表可知，遮罗迦所列的三种似因完全包含在《方便心论》的八种似因中，也与《正理经》所说的五种似因中的两种相同。兹分述如下：

（1）问题相似（prakaraṇasamā）。

遮罗迦云："问题相似的似因，例如持'我与身体相异而常住'立论者对他人说：'我与身体相异，因而常住。因为身体是无常的，所以我与它必定具有不同的性质。'这就是似因，因为主张（宗）不可能就此成为因。"遮罗迦对问题相似的说明只以例示而未下界说，从其例示和简单的说明来看，似乎如宇井伯寿所说的"问题相似是将主张原封不动地作为主张的根据，"〔1〕因为持"我（灵魂）与身体相异而常住（永恒）"主张的人，在论证这一主张时以

〔1〕《印度哲学研究》第2卷第465页。

“我(灵魂)与身体相异”为因。这样的论证用陈那的话来说就是“以宗义一分为因”,用逻辑术语来说,就是循环论证!问题相似在《方便心论》中译作“类同”,但是上例在《方便心论》中的表述有所不同,如云,“我(灵魂)与身异,故我(灵魂)是常(永恒),如瓶异虚空,故瓶无常,是名类同。难曰:‘若我异身而名常者,瓶亦异身,瓶应名为常;若瓶异身犹无常者,我虽异身云何常乎?’”〔1〕按此例所示,除了以“我与身异”为因推“我是常”的结论完全与《遮罗迦本集》的例示相同外,又引入“如瓶异虚空,故瓶无常”的譬喻,并增设了难破者的反诘。许地山分析此例说:“论者用未经证明的‘虚空或无身为常’,与‘有身为无常’来做断语底理由,故难者可以驳他……”〔2〕他并认为,这种“类同”的谬误“今当译作丐词”。丐词即预期理由,上例即是以未经证明的事理为因亦即以预期理由为根据来推断结论,因而导致过失。那么问题相似究竟如宇井伯寿所说的是循环论证呢,还是如许地山所分析的是预期理由的谬误呢?我认为其中固然有预期理由的问题,但主要恐怕还是循环论证,因为“‘我与身体相异’一语是在主张(宗)中说的,所以即使拿它来作理由,其理由也与问题没有什么不同之处”〔3〕,所以说是问题相似。但是《正理经》的解释颇为不同。Ⅰ-2-7经云:“问题相似就是由于要作出决定而提示出来的问题,它实际上并未成其决定。”这一界说似太宽泛,没有说出为什么“并未成其决定”的症结所在。Ⅴ-1-16经云:“以(声)在两方面(常与无常)都存在共同点为理由而产生动摇,因此是问题相似。”富差耶那解释说:“因为声在常与无常两方面都存在共同点,所以存在论题与反论题的作用,(这种作用)就是动摇。如说:‘声是无常(宗),勤勇无间所发性故(因),如瓶(喻)。’这是一种主张,而根据常住不灭的东西(与声)同法,会提出第二种(主张)。在这种情况下,上述‘勤勇无间所发性故’因可

〔1〕《大正藏》第32卷26a。

〔2〕《陈那以前中观派与瑜伽派之因明》,《燕京学报》第9期第1759页。

〔3〕《印度哲学研究》第2卷第465页。

通过无常的东西(与声音)同法来说明,并不超出问题的范围。正是因为没有超出问题的范围,所以因就决定不下来。声的情况也是如此,可根据他同常住不灭的东西同法来说明理由。因此不离开问题而进行反对的,就是问题相似。这一点在异喻上也是一样,因为根据两方面的异法,可以产生动摇,因此是问题相似。"〔1〕按《正理经》V-1-16经及《正理经疏》的解释,问题相似乃是似不定因过破,故《正理经》及《疏》于此处所说的问题相似与《遮罗迦本集》的问题相似相去颇远。嗣后,《如实论》将《正理经》的问题相似和反喻相似两种误难合为显对譬义难(pratidṛṣṭāntakhandana),此过着重在"对譬"亦即异喻上做文章,这就与遮罗迦所说的问题相似相去更远了。

(2)疑惑相似(saṁsayasamā)

遮罗迦云:"疑惑相似的似因,即以疑惑因作为消除疑惑的因。例如某人解说了《阿由吠陀》的一部分,于是就对他产生疑惑:究竟是不是医生?针对这一疑惑另一人说:'因为他解说了《阿由吠陀》的一部分,所以他就是医生。'而未能出示可以消除疑惑的因,这就是似因,因为疑惑因不能成为清除疑惑的因。"此例说得比较具体清楚:以他人引起疑惑的缘由(某人解说了《阿由吠陀》即医典的一部分)作为消除他人疑惑的因(因为他解说了《阿由吠陀》的一部分),就是疑惑相似。此过在《方便心论》中译作疑似,《论》云:"如有树杌似于人故,若夜见之便作是念:杌耶?人耶?是则名为生疑似因。"〔2〕此例说得太简单,不及遮罗迦的例示清楚。《正理经》V-1-14—15经也从误难的角度说疑惑相似,是敌论者分别立者之宗法和因法的差别义来难破,属似不定因破和似不成因破,与《遮罗迦本集》和《方便心论》所说的疑惑相似不是一回事。

(3)所证相似(varṇyasamā)

遮罗迦云:"所证相似的似因,是指因与所要论证的东西(所证)无区别。

〔1〕 富差耶那:《正理疏》V-1-16经疏。

〔2〕 《大正藏》第32卷26a。

例如有人说:‘觉(认识活动)是无常,无触性故(因为是触摸不到的),如声。’其中声是所证,觉也是所证,对这两者来说,因与所证是无区别的,因此所证相似也是似因。”从遮罗迦的解释可知,所证相似的要害在于能证之因与所证之宗无区别。那么因与宗又怎么会无区别的呢?以上例而言,觉固然是无触性的,但具有无触性的事物是否均为无常者则是有待于证明的。换言之,所证“觉是无常”须由能证“无触性”因来证明,而“无触性”因与宗上的“无常”法是否具有包含关系又是有待于证明的。如此,所证之宗与能证之因在均有待于证明上竟无分别了。《方便心论》也说此过,译作“说同”,其梵字当与所证相似同,或与所立相似的梵字 sadhyasamā 相同。《方便心论》说此过时未下界说,只例示云:“如言‘虚空是常,无有触故,意识亦尔’,是名说同。”〔1〕此例与遮罗迦所云之例大同小异。《正理经》称此过为所立相似,其Ⅰ-2-8经云:“所立相似就是同所要论证的东西(所立)不能区别,原因在于所立性(的理由)。”这一界说亦与《遮罗迦本集》相同。

37. 过时(atitakāla)

遮罗迦云:“所谓过时是指应该在前面讲的却放到了后面讲,因为所说的时机已经过去,所以得不到承认。或者在先已堕负的东西仍不肯舍弃,还想将其竖立起来,结果其主张即便尚有可取之处,最后原可保留也只得放弃,因为过了时效,所以它就变成负言性的东西了。”这段解释将过时分为两种情况:一是论证时不按论式的次序来说,使论证失去时态,二是先时由于缺因支已堕负,后时欲救,为时已晚。将过时分为这样两种情况是比较全面的,但遮罗迦没有举例,其解释也略嫌不足。不过从《方便心论》《正理经》和《如实论》对此过的解释可以比较具体地诠释上述两种过时。关于第一种颠倒论式的过时,《正理经》说得很明白,Ⅴ-2-11经云:“将论式颠倒过来说,就是不至时。”不至时(aprāptakāla)亦即过时之谓。富差耶那解释说:“在由宗等组成的论式上,按其特征和根据对象来说存在着顺序,因此,把论

〔1〕《大正藏》第32卷26a。

式倒过来说，论式的语句就会失去时态，也就是说，支离破碎的论式是一种堕负。"〔1〕这就是说，按五支论式的本来顺序应是宗、因、喻、合、结，如果颠倒或打乱其次序，就会失去时态而堕入不至时的负处。关于第二种过时，《方便心论》举例云："如言：'声常，《韦陀》经典从声出故，亦名为常。'难曰：'汝今未立声常因缘，云何便言《韦陀》常乎？'答曰：'如虚空无形色故常，声亦无形，是故为常。言虽后说，义亦成就。'难曰：'此语过时，如舍烧已尽，方以水救，汝亦如是。'是名过时。"〔2〕此例所示，乃论证时缺因支，经难者指出后方补救说"如虚空无形色故常"［规范的说法应是"无形色故（因），如虚空（喻）"］，然而由于论者未及时说因，即使其主张尚有可取之处，亦已无济于事，堕负已成定局，犹如"舍烧已尽，方以水救"，于事无补了！后来，《如实论》采纳《方便心论）的说法，亦云："立义已被破，后时立因，是名不至时。"并举例云："外曰：'声常住。何以故？譬如邻虚，圆依常住故圆常住〔3〕，声亦如是。'论曰：'汝立常义不说因，立五分言不具足，汝义则不成就。'此义已破，外曰：'我有因但不说名，何者为因？依常住空故。'论曰：'譬如屋被烧竟，更求水救之，非时立因救义亦如是。'"〔4〕从这段解释来看，除了例证是新设的，说明多取自《方便心论》。佛家所示的上述二例，具体地诠解了上述第二种过时。《正理经》似乎对第二种过时没有论及，Ⅰ-2-9经说第五种似因"过时"云："过时（的理由）就是时间过去以后再提出来。"这一界说是从似因的角度来说的，从其字面意义看，亦可视为是对第二种过时的界定。然而富差耶那对Ⅰ-2-9经的解释仍然将之说为是第一种颠倒次序的过时。

38. 显过（upālambha）

遮罗迦云："所谓显过就是指摘因的过误的言辞。如前面已提出的非

〔1〕 富差耶那：《正理疏》Ⅴ-2-11经疏。

〔2〕《大正藏》第32卷26a。

〔3〕 邻虚又译极微，即原子，邻似虚空之意。《百论疏序》曰："外道计：邻虚无十方分，圆而是常。"

〔4〕《大正藏》第32卷35b。

因,说它不过是与因相似而已。”遮罗迦对显过的解释很简单,也没有举例,这恐怕是因为显过限于对因过的责难,而因过在非因一目中已加论述和例示,故已没有必要再加赘说。按照显过的界说,似与论诘相近,因为论诘是以“言辞来指斥对方主张中的过错和谬误”的(参见第1目论议所述)。论诘与显过虽然都是以言辞来指摘对方立量中之过误的,但细加辨析,可以发现二者确有不同:论诘是指斥对方主张(宗)的过误的言辞,显过则是指摘对方理由(因)的过误的言辞。不过,既然同是指摘过误的言辞,又何必如此细分呢?而且在《遮罗迦本集》二者还有一个共同点,即都只是以言辞来指摘对方的过失,而不必如第10目反立量那样须建立起论式来反诘。由此,二者完全可以合并而说,如《正理经》就只说论诘而不说显过。

39. 反驳(parihāra)

遮罗迦云:“反驳就是把指摘为过的言辞顶回去。例如:‘当我(灵魂)一直存在于身体之中时,我(灵魂)就能感知生命的特征。可是我(灵魂)一离开就无法感知,因此我(灵魂)是与身体相异而常住的。’”从遮罗迦对反驳的界说来看,反驳就是一种能破。从这个意义上来说,反驳与前述第15目的答破在本质上别无二致,也就是说,能破—答破—反驳乃是相同性质的逻辑形式。但是遮罗迦未立能破的概念,只说答破和反驳,而且着意于将二者区分开来。答破是针对对方的立量进行难破,反驳则是“把指摘为过的言辞顶回去”,也就是对答破的反驳。但是由于二者性质相近,都是对过失的反破,故似无必要作如此的分别。另外,反驳与上述论诘和显过也同属一类,都在指摘对方的过失。不过,如上所述,论诘和显过都是不立论式的难破,即后世所谓的“显过破”,而反驳的界说虽未明言是否要建立论式来破斥,但从其例示可知,它是要建立论式来反驳的,即后世所谓的“立量破”。例如关于“我与身体相异而常”的主张,是数论的观点,数论师为立此宗义曾以“我与身异故”为因来论证。此量遭到佛家等论师的破斥,认为其因犯了“类同”亦即问题相似的过失。现在遮罗迦又以此宗为例,但引述了新的因支内容，说为“当我一直存在于身体之中时，我就能感知生命的特征，可是我一离开就无法感知”，此例似乎意在反驳对方“指摘为过的言辞”。此例有宗有因，虽省去了喻支，仍可看作是建立起论式的立量破，由此可知，反驳与答破相通而与论诘和显过不同。

40. 坏宗（pratijñāhāni）

遮罗迦云：“坏宗就是被诘问后舍弃前面所立的宗。例如前面立了‘我是常住’宗，然而被诘问后又改说‘我是无常’。”从遮罗迦的界说和例示来看，相当于《方便心论》的舍本宗、《正理经》的舍宗（pratijñāsaṃnyāsa）和《如实论》的舍自立义，但与《正理经》所说的坏宗、《如实论》的坏自立义并不相同。也就是说，遮罗迦虽用坏宗的原字来指称舍宗，但又不完全是《正理经》和《如实论》所说的舍宗和舍自立义，而兼有异宗（pratijñāntara）的性质。《正理经》V－2－5经界定舍宗云：“自己的论题遭到否定时便放弃已经陈述的意思，这就是舍宗。”V－2－3经界定异宗云：“原先陈述的理由遭到否定时，则通过对（实例和反对的譬喻的）性质的分别来加以说明，这就是异宗。”舍宗即放弃论题，异宗即转换论题。遮罗迦所说的坏宗就其界说而言属舍宗，就其例示而言则为异宗，正是在舍宗兼异宗的意义上遮罗迦采用了坏宗的原字 pratijñāhāni 来表示的。坏宗即损坏自己的主张（坏自立义），放弃和改变自己已立的论题自亦可看作是坏自立义的。

41. 认容（abhyanujñā）

遮罗迦云：“认容就是认许（他人）将所欲成立的东西变为不能成立。”这一界说显得过于简略。从字面上看，似与《正理经》所说的舍宗即舍弃自己的主张相通，而实际上应与《正理经》所说的认许他难（matānujñā）和《如实论》的信许他难相通。从《正理经》和《如实论》对此过的解释里，当可比较具体地了解认容的性质。《正理经》V－2－20经云：“由于看到自己宗上存在的过失，便认为他人的宗上当然也存在过失，这就是认许他难。”《如实论》的解释更为具体，云：“于他立难中信许自义过失，是名信许他难。若有人已信许自义过失，信许他难如我过失，汝过失亦如是，是名信许他难。"〔1〕从上述的界说尤其是《如实论》的界说可知,此过的特点是:第一,在受到对手的难诘以后,承认自己有错,这就是认容了他人的难诘,但如果仅仅如此,就与舍宗没有什么区别了;第二,在承认有过失的基础上,又反过来说对方的难诘也存在相同的过失,这是认许他难区别于其他过失的要害所在。遮罗迦所说的认容当是认许他难的雏形,加上其原始界说的过于简略,故令人颇费猜详。从遮罗迦到世亲对此过的解释经历了由简略到具体、由灰暗到明朗的过程:遮罗迦的界说简略而不完整,易滋混淆;《正理经》的界说也欠具体,没有说出立者是怎样觉察到自宗有过的,是自己发现的,还是他人指出的。后来经富差耶那的解释才使人明了。〔2〕至世亲的《如实论》,才以明白的界说揭示了此过的特点。

42. 异因(hetvantara)

异因即转移理由。遮罗迦云:"所谓异因就是本该叙述原来的因,结果改说其他的因。"这一界说亦显得简略,它至少没有说明为什么会改变理由。此过在《正理经》和《如实论》中都有说及,《如实论》称之为立异因义。《正理经》V-2-6经云:"没有差别地说出理由而被(对方)否定时,又想要(找一些理由来)使之差别,这就是异因(即立了其他的理由)。"这一界说点明了立者转移理由的原因在于受到对方的否定。《如实论》不仅据此立界说,而且详加例释,云:"立异因义者,已立同相因义,后时说异因,是名立异因义。外曰:'声常住,何以故?不两时显故(按:即一时显,意谓声音无始复无终,相续显示于一切时间);一切常住(者)皆一时显,譬如虚空等,声亦如是。是义已立。'论曰:'汝说声常住,不两时显,譬如虚空等。是因不然,何以故?不两时显者不定常住,譬如风与触一时显,而风无常,声亦如是。'外

〔1〕《大正藏》第32卷35c。

〔2〕富差耶那:《正理疏》V-2-20经疏云:"凡是在承认自己宗上存在他人所说的那种过失后,不指出(自己宗上的过失)而说这是共同的过失,(你的)宗上也存在。他在承认自己宗上的过失的情况下,推测对方宗上也存在同样的过失……就是认许他难。"

曰：'声与风不同相：风，身根所执；声，耳根所执。是故声与风不同相。'论曰：'汝前说不两时显故声常住，汝今说声与风不同相，别根所执故，汝舍前因立异因，是故汝因不得成就。'是名立异因义堕负处。"〔1〕此例说得很具体：外道原以"不两时显"因来证"声常住"宗，当论者指出"不两时显者不定常住"，如风与触均非常住者，然风与触都是"一时显"的时外道辩称，声与风不同相，因为声与风为不同的感官所感受。这就是弃前因而立后因，堕入了异因的负处。《正理经》和《如实论》对此过的阐释，可作为遮罗迦对异因的简略界说的诠解。

43. 异义（arthāntara）

遮罗迦云："所谓异义就是在论述一件事当中论述了别的事。例如在论述热病的特性当中，说了尿病的特性。"这一界说比较清楚，举例也简洁明了。《正理经》的界说与此相同，如V－2－7经云："具有会产生与（本来的）目的无关的其他目的（的论证），就是异义。"富差耶那举例诠解云："如有人立'声是常住'宗，以'无触性'为因，后又觉得此因不妥，便改口掩饰说：'所谓hetu（因），就是由$\sqrt{hi}$语根和tum后接字组成的、在krt后接音上结尾的一个词（动词状名词）。再说pada（单词），它指的是nāma（名词）、ākhyāta（动词）、upasarga（前置词）以及nipata（不变词）等。其名词因为同别的运动相结合，所以可以解释，它是一种具有限定形式的声音。动词则是（1）运动与行为者结合起来的；（2）可以说，行为者的运动受到特定的时和数的限制；（3）只是语根的意思和对特定的时的解释。不变词是（名词、动词的）用法上的一种形式，即arthāt，abhidya，māna形式。前置词是附加在动词上，使动作明确的一种词。'"〔2〕这一段例示告诉我们两点：第一，立者初立"无触性"因，后自觉不妥，临时搪塞，改立他因；第二，所改之因与宗风马牛不相及，因不证宗。嗣后《如实论》亦说异义，然解释有所不同，云："证义与立义

〔1〕《大正藏》第32卷35a。

〔2〕富差耶那《正理疏》V－2－7经疏。

不相关,是名异义。"证义即因,立义即宗,因与宗不相关涉故其因即为无意义之因。如例云:"外曰:'声常住。何以故?色等五阴十因缘。"[1]这"色等五阴十因缘"因就与"声常住"宗不相关涉。《如实论》的解释说明,只要论证时因与宗不相关,即为异义,而不问是否自知理亏以改因来搪塞。

44. 负处(nigrahasthāna)

负处即败局。遮罗迦云:"所谓负处就是失败。就是说,(1)尽管把话重复了三遍,许多人都已知解,他却不了知;或者(2)对无难诘的诘问;(3)对所难诘无诘问;(4)坏宗;(5)认容;(6)过时语;(7)非因;(8)缺减;(9)增加;(10)离义;(11)无义;(12)重言;(13)相违;(14)异因;(15)异义等。这些都是负处。"遮罗迦在这里列出15种负处,《方便心论》则列有17种负处,《正理经》与《如实论》均列有22种负处。在遮罗迦所列的15种负处中,有12种已在上述各目中作过专门的阐说,唯前3种未作过专门介绍。以下按其顺序或加阐释,或加说明。

(1)不了知(avijñāna)

这第一种负处是上列各目所未曾涉及的,故遮罗迦特地附释了几句:"尽管把话重复了三遍,许多人都已知解,他却不了知。"由此带出了过名"不了知"。此过在《方便心论》里称作"众人悉解而独不悟"[2]。《正理经》Ⅴ-2-17经称此为不知(ajñāna),并界定云:"不了解就是不知。"富差耶那释云:"意思尽管听众已经了解,对方也已作了三次说明,而他仍不解,这就是不知的负处。……他不了解论敌的主张,难道还能提出什么样的否定吗?"[3]《如实论》称此过为不解义,界定云:"若说立义大众已领解,三说有人不解义,是名不解义。"[4]其解释与上述诸说不异其趣。在《方便心论》中还有"应答不答"的负处,然未下界说。《正理经》所说的不能诵和不

[1]《大正藏》第32卷35a、b。

[2]《大正藏》第32卷26c。

[3]《正理疏》Ⅴ-2-17经疏。

[4]《大正藏》第32卷35c。

能难或与“应答不答”相同。V－2－16经释云：“听众已经了解，（对方）也已作了三次说明，对此仍不能作出回答的话，就是不能诵。”接着，V－2－18经又云：“不知道如何回答，就是不能难。”这不能诵、不能难与不知三种负处在《正理经》里是紧连在一起阐说的，说明三者性质相似，都是智慧短缺的表现。《如实论》对这两种负处也有论说，如云：“若说立义大众已领解，三说有人不能诵持，是名不能诵。”又云：“见他如理立义不能破，是名不能难。”《如实论》并且将不解义（不了知）与不能难的共同性质加以揭示：“不解义、不能难……是两种极恶堕负处，何以故？于余堕负处若说有过失，可以别方便救之，此二种非方便能救，是人前时起聪明慢，后时不能显聪明相，是愚夫可耻。”〔1〕《方便心论》、《正理经》及《如实论》对不了知和与其相近的不能诵、不能难也都作了论述，而《遮罗迦本集》的论述则只局限于不了知，相对范围要小一些。

（2）对无难诘的诘问（ananuyojysyānuyoga）

此过在上述诸目中亦未作专门的说明，但在第30目和31目中诠释的两个概念“无难诘”和“诘问”与说明此过有关。参照上述两目即可了解此过的实质是对于无可难诘的言语却横加诘问。《方便心论》称此过为“他正义而为生过”，但未作诠释。《正理论》称此过为“责难不可责难处”（nironuyojyānuyoga），V－2－22经云：“不是负处而指责为负处，就是责难不可责难处。”富差耶那释云：“根据对负处的特征的虚妄的认识，对手本来没有堕负，他却指责说：‘你输了！’由于责难了不可责难之处，反倒使他自己堕入负处。”〔2〕以上从《遮罗迦本集》到《方便心论》和《正理经》《正理疏》对此过的说明可谓别无二致。然而至世亲的《如实论》，此过的内容有所扩大，纳入了无可诘而诘和虽可诘而诘非其处两方面的内容，称之为“非处说堕负”。《如实论》云：“非处说堕负者，他不堕负处说言堕负，是名非处说堕

〔1〕《大正藏》第32卷35c。

〔2〕富差耶那：《正理疏》V－2－22经疏。

负。复次,他堕坏自立义处,若取自立异义显他堕负而非其处,是名非处说堕负。"〔1〕这其中先说了无可诘而诘,内容与诸论相同,"复次"以下为可诘而诘非其处,亦即对手立量虽已堕负处,这一方却未能击中要害,结果反使自己也堕入负处。

(3)对所难诘无诘问(anuyojyasyānanuyoga)

此过在上述诸目中亦无专题论述,唯在第29目和31目中诠解了与此过有关的"所难诘"和"诘问"两个概念。所难诘就是过失,对有过失的言语却未能及时提出诘问,这就使自己也堕入了负处。此过在《方便心论》中称"应问不问"。大概是过名本身足以说明此过的特点了吧,故《方便心论》与《遮罗迦本集》一样,没有再作进一层的说明。此过也与《正理经》和《如实论》所说的"忽视应可责难处"(paryanuyojyaupekṣaṇa)和"于堕负处不显堕负"相当。《正理经》V-2-21经云:"堕入负处的人没有败北。就是忽视应可责难处。"《如实论》亦云:"若有人已堕负处而不显其堕负更立难欲难之。彼义已坏,何用难为?此难不成就。是名于堕负处不显堕负。"《如实论》的界说不及《正理经》明确,主要是横生枝节,又提出"更立难欲难之,……此难不成就"等,因为如果"更立难欲难之",就不存在忽视的问题了;如果是"立难欲难"而未中的,那就与《如实论》所说的"非处说堕负"中的第二种情况即诘非其处重复,未免有蛇足之嫌!

(4)坏宗(pratijñāhāni),见第40目所述。

(5)认容(abhyanujñā),见第41目所述。

(6)过时语(kālātītavacana),见第37目过时(atitakāla)所述。

(7)非因(ahetu),见第36目所述。

(8)缺减(nyūna),见第33目(1)所述。

(9)增加(adhika),见第33目(2)所述。

〔1〕《大正藏》第32卷35c—36a。

（10）离义（vyartha），即缺义（apārthaka）见第 33 目（4）所述。

（11）无义（anarthaka），见第 33 目（3）所述。

（12）重言（punarukta），见第 33 目（2）所述。

（13）相违（viruddha），见第 33 目（5）所述。

（14）异因（hetvantara），见第 42 目所述。

（15）异义（arthāntara），见第 43 目所述。

本目所列的 15 种负处可以说是对上述诸目中所说过失的总结。但是不知出于什么考虑，对第 33 目中的五种语失均一一作为负处独立出来，甚至连 33 目（2）增加中的“重言”也单列为负处，而第 36 目中的三种非因却仍合说为一种负处！

三、结　　语

现在我们再回过头来讨论一下作为论议原则的 44 个项目的论述次序。它给人的初步印象似乎是凌乱无序、随意胪列的，但经过仔细审视以后，当可以发现，它大致上是有序的，因此只需调整少量项目即可显现其脉络。兹按其原有顺序略加调整列表说明如下（以 A、B……为大目序数）：

A. 论议：1. 论议（论诤、论诘）；

B. 论法：2. 实；3. 德；4. 业；5. 同；6. 异；7. 和合；

C. 论证与反驳：8. 宗；9. 立量；10. 反立量；11. 因；12. 喻；13. 合；14. 结；15. 答破；39. 反驳；38. 显过；31. 诘问；32. 反诘问；

D. 定说：16. 定说［（1）所有学说都认可的定说、（2）特殊学说认可的定说、（3）包含其他事项的定说、（4）假设的定说］；

E. 知识来源：18. 现量；19. 比量；20. 传承量；21. 譬喻量；27. 义准量；28. 随生量；

F. 思择决定：22. 疑惑；23. 动机；24. 不确定；25. 欲知；26. 决断；

G. 语言问题：17. 语言；29. 所难诘；30. 无难诘；33. 语失［（1）缺减。

(2)增加,(3)无义,(4)缺义,(5)相违];34. 语善;

H. 诡辩:35. 诡辩[(1)言辞的诡辩、(2)概括的诡辩];

I. 虚假理由:36. 非因[(1)问题相似,(2)疑惑相似,(3)所证相似];

J. 负处:44. 负处[(1)不了知,(2)对无难诘的诘问,(3)对所难诘无诘问。(4)40. 坏宗,(5)41. 认容,(6)37. 过时语,(7)36. 非因,(8)缺减(33 目(1)),(9)增加(33 目(2)),(10)离义(33 目(4)缺义),(11)无义(33 目(3)),(12)重言(33 目(2)),(13)相违(33 目(5)),(14)42. 异因,(15)43. 异义]。

以上将 44 目归为 10 个大目,以 A、B、C……表大目序数,此序数及大目标题为我所按。大目标题之后的小目乃至细目均按原序数标出,顺着其序数,当可看出遮罗迦对论议原则的论述并非是无组织的随意胪列。但是亦须指出,原安排尚欠严密,至少有如下几点是需要提出来的:

1. 有关反驳问题的安排较乱。在论议中讲到的论诘与第 38 目的显过同为不立论式的难破(即显过破);而第 10 目反立量、第 15 目答破、第 39 目反驳都是建立论式的难破(即立量破);加上第 31—32 目的诘问和反诘问,有关反驳的项目如此众多,却未集中,有枝蔓之嫌!

2. 与语言有关的项目也比较多,且殊为重要,却分散在第 17 目语言、第 29 目所难诘、第 30 目无难诘、第 33 目语失和第 34 目语善中论述,目次不连贯,颇显散漫。

3. 有关知识来源问题,从第 18 目至 21 目论述了现量、比量、传承量、譬喻量,从 28 目至 29 目又论述了义准量和随生量,这中间不知为什么要隔开五个目次,而将关于思择决定的五个项目嵌入其中!如果说遮罗迦是站在数论派的立场上来作取舍的,那么应当只取现量、比量、传承量(圣言量)三种,现在从 18 至 21 目却列了四种量(增加了譬喻量),与《方便心论》和《正理经》的说法相同。不过从 27 目至 28 目他又补说了义准量和随生量,这又好像他主张立六种量,却又不将六种量连在一起说,其用意难以测知!

4. 有关负处的立目重叠,目次安排也有随意性。如 36 目非因、37 目过时、40 目坏宗、41 目认容、42 目异因、43 目异义既然在第 44 目负处中罗列了上述几项，又何必在前面——单独列目？其中至少第 40 目至 43 目是不必单独列目的。而且第 44 目中所列的十五种负处的次序与原有目次的先后也不相符合，可见其安排上有随意性的一面。当然，我们不能苛求于古人，论述一个如此繁复的逻辑系统，在无前人著作可资借鉴的情况下实在是很不容易的事。

遮罗迦论述的论议原则涉及 44 个项目，其中除了重点阐明立破的形式与方法外，亦非常关注语言与逻辑的关系乃至语用和语义问题等等，犹可为今日之研究借鉴和汲取。

附　　记

《遮罗迦本集》在我国尚未获得介绍，因此多年来我一直想将其译介过来，现在总算实现了夙愿，即译出了《遮罗迦本集》第三编第八章全文，并据《方便心论》《正理经》《正理疏》《如实论》等古印度的重要逻辑文献诠释此文，其间也融入了我的见解。但愿所尽之绵力能有助于同道者作深入研究。

1997 年 6 月

陈那的因明[1]

宇井伯寿 著
沈剑英 译

一、《因明正理门论》的地位

《因明正理门论》是陈那的真撰，这一点是确凿无疑的。这部书的内容完全是论述因明逻辑的，在中国和日本都称它为“大论”。此论在《缩刷藏经》[2]里不过占了九页的位置，在《大正大藏经》[3]里更是只有五页多一点，对这样一部字数不多的论著竟世称“大论”，这是颇为奇特的。大概由于陈那是新因明的缔造者吧。当然，他在因明方面的代表作应是《集量论》（pramāna-samuccaya），这一点在玄奘时期就已为中国所知。

玄奘在印度曾多次学习因明，后来还携回三十六部因明论[4]，一般推

〔1〕 译自宇井伯寿《印度学研究》第5卷，岩波书店。

〔2〕 全称《大日本校订缩刷大藏经》，亦称《缩藏》《弘教藏》。1880—1885年在东京出版。1913年上海频伽精舍以此为底本，印行《频伽精舍校利大藏经》。

〔3〕 全称《大正新修大藏经》，日本大正十三年（1924）至昭和九年（1934）在东京编辑出版。

〔4〕 据《大唐大慈恩寺三藏法师传》卷六记载，玄奘在携回的六百五十七部经卷中，有三十六部因明论。

测,其中当包括《集量论》,但他并未将其译出。之后,义净〔1〕于景云二年(711)译《因明正理门论》和《观总相论颂》时也一度将它翻译出来,可惜这四卷译本在《开元录》〔2〕完成前,亦即开元十八年(730)之前就已散佚了,因此在中国几乎没有什么人来研究《集量论》。由于中国和日本都只能依靠《因明入正理论》来了解陈那的因明逻辑的全貌,所以不得不把它视为新因明研究的基础,出于这种原因,才把它和《大智度论》一百卷、《瑜伽师地论》一百卷等一样通称作"大论"的,就这样,此论受到人们的极大重视。实际上,人们是通过此论获知新因明的主要内容的,不过中国和日本很少有人直接研究此论,而大都是根据陈那的弟子商羯罗塞缚弥即商羯罗主(又称天主和骨锁主)的《因明入正理论》来研究和讲述的。这主要是因为《正理门论》颇为难解,而《入正理论》较易理解所致。从某一意义上说,这样来研究也是可行的,因为《入正理论》概述了新因明论,对《集量论》和《正理门论》来说亦是一本入门性质的书。当然要进一步直接了解陈那的学说,就要研究《正理门论》。

注解《正理门论》的著作,目前只有玄奘弟子神泰的《正理门论述记》和我国乌水宝云的《正理门论新疏》。而且前者残缺不全,在本论九页中还剩下前面的三页半弱〔3〕,其余均已失传,故非完本;后者虽是完本,

---

〔1〕 义净(635—713),中国佛教四大翻译家之一。义净于唐高宗咸亨二年(671)从海道去印度求法,历时二十四年,游历三十余国,于证圣元年(695)携带梵本经典四百余部回到洛阳毕生从事译经工作。

〔2〕 全称《开元释教录》,二十卷,唐开元十八年(730)智升撰,此书总录部分记载了自东汉至盛唐共十九个朝代所译经典的目录和译者传记。《开元录》将《集量论》列入"有译无本"一类,由此可知《集量论》在智升撰《开元录》时已佚失,离义净译出《集量论》不过十数年的时间。

〔3〕 此依《缩刷大藏经》的页数而言。按:神泰《理门述记》残本今仅存似喻中倒合和倒离以前的注释文字,自无合、不离以下均佚,三分中失其二也。

但从注解的质量来看，绝非优良。然而值得庆幸的是，在慈恩的《因明大疏》〔1〕中发现有许多地方是引《正理门论》的本文加以诠释的，因此如与神泰《述记》结合起来阅读，对本论的理解将可以得到许多帮助。《新疏》我曾读过一次，其内容看来大体是根据《大疏》来解释的。由于目前此书不在我手边，所以只好参照以前我记下来的一点内容作一解说。

二、《正理门论》译于何时

《慈恩传》〔2〕卷八一开头就写有这样的题目："起永徽六年(655)夏五月译《理门论》，终显庆元年(656)春三月，百官谢示，御制寺碑文"，接着叙述说："六年夏五月庚午，法师以正译之余又译《理门论》，又先于弘福寺译因明论〔3〕。此二论各一卷，大明立破方轨，现比量门，译寮僧伍竞造文疏。时译经僧栖玄将其论示尚药奉御吕才〔4〕，才遂更张衢术，指其长短，作因明注解立破义图。"接下去在引录了吕才的《因明注解序》全文后，又将秋七月慧立〔5〕就这一序文写给左仆射燕国于公〔6〕的一封信记载下来。另外还记述了这样一件事：冬十月，太常博士柳宣写给译经僧们一篇檄文，对此，译经僧中的一人明浚提出了答文，接着柳宣就此事奏问唐高宗，高宗敕命群

〔1〕 此指窥基的《因明入正理论疏》。因窥基继玄奘开创了慈恩宗，故亦以"慈恩"称窥基；其《因明入正理论疏》内容富赡博大，故世称"大疏"。

〔2〕 全称《大唐大慈恩寺三藏法师傅》，十卷，慧立本，彦悰笺。

〔3〕 此因明论即指商羯罗主的《入正理论》，玄奘在贞观二十一年(647)于弘福寺译场先译出《入正理论》，题名《因明入正理论》。

〔4〕 吕才(600—665)，博州清平人，唐初著名的博学家。永徽六年(655)，吕才在太医署任尚药奉御(主管官员)时受到幼少之旧栖玄的激发而研习因明。栖玄原为京师普光寺沙门，时任玄奘译场的缀文大德。

〔5〕 慧立原为幽州照仁寺沙门，其时为玄奘译场中的缀文大德。

〔6〕 于公：于志宁，时任尚书左丞相，此按旧时习称名为左仆射。

公学士去玄奘处,让吕才与之对论,结果吕才词屈谢退。如果草草阅读这段内容,给人的印象好像是:《因明正理门论》本是玄奘在永徽六年五月翻译的,《因明入正理论》是在此之前、即贞观二十一年(648)八月六日翻译的。但仔细想来,《慈恩传》所说的并非如此,永徽六年夏五月应是吕才完成《因明注解》的时候,这一点只要读一下吕才的序文即可知道。吕才与栖玄自小是好朋友,因此栖玄抄下因明论后送给吕才,吕才反复阅读后略知其义,后借来神泰、靖迈、明觉三家义疏进一步研习,终于完成了《立破注解》三卷,指出三家义疏的过失四十余条,另外还制作了一张一丈见方的大图〔1〕。这里虽然只是说他注解的是"因明论",但显然指的是注解《入正理论》,因此吕才的因明注解就是《入正理论》的注解。吕才是在贞观二十一年到永徽六年这段时间里研究因明论的,此间在借阅的三家义疏中,神泰一家就有《入正理论》和《正理门论》的述记各一卷〔2〕,这一点从注进《法相宗章疏》、《华严宗章疏并因明录》〔3〕中可以得知,因此玄奘传中所指的或许是《入正理论述记》。如果《正理门论》是在永徽六年翻译的,那么神泰就没有时间写《正理门论述记》这部书了。再从明濬所说的吕才"穷钻二论"〔4〕的话来看,吕才也就没有时间来写《立破注解》了,因此决不会在永徽六年五月译出《正理门论》,应是如《开元录》所说的,于贞观二十三年(或二十二年)十二月二十五日译出。《慈恩传》题目中所说的于永徽六年夏五月译《理门论》云云,当是后人误解附会之言。顺便再说一下,在三家义疏中,明觉的著作后来不见著录,不过靖迈的义疏后来在慈觉大师、智证大师的目录中是有记载的,这里指的就是《入正理论》的注解〔5〕,其片段曾被《瑜伽论记》所引

〔1〕 此图存列吕才的近注,可能是张一览表之类的图表。

〔2〕 神泰还著有《入正理论疏》一书。

〔3〕 见《大正藏》第55卷。

〔4〕 见明濬《还述书》,全文录存于《大唐大慈恩寺三藏法师传》卷八。

〔5〕 在永超《东域传灯目录》和藏俊《注进法相宗章疏》中,亦云靖迈有《因明入正理论疏》一书。

用（见《论记》卷五上页四十二—四十五）。

还须说明的是，《理门论》这一略称在《慈恩传》中已出现，且为义净所使用。如果考虑到梵文原语的话，我觉得这个略称是不适当的，因此下面我就不再用此略称。

三、关于义净所译的《因明正理门论》

玄奘所译的书称《因明正理门论本》，义净的译本称《因明正理门论》，现在都保存着，不过后者在论文的开头部分有336字的释文，并在颂和论的头上都标有“颂曰”和“论曰”，除此而外，二本几乎完全相同，文字不同之处极少。既然这两本书是不同时译者所译，似应看作同本异译，但实际上恐怕很少有人将二者称之为异译，这也是非常奇怪的。在义净翻译时很明显已见到了玄奘的译本，而绝不是偶然与玄奘所译的相同，按理说不能将后者说成是义净所译。恐怕是义净拿了玄奘的译本对照自己带回的梵本，加上三百三十六字并附上“颂曰”“论曰”，只不过改动了极少数的几个字而已。而且这少数文字的不同很难保证不是在传写的过程中发生的变化，即使是义净所改，也几乎没有改变文义。尽管那样，自古以来作为两本书传下来的主要依据即在于开头是否有注解性的附加文。除了附加文以外，可以说完全一样。

然而玄奘译的特在书名下加一“本”字，而义净译者无此“本”字。从玄奘所译的其他书来看，只有无著自己写的《摄大乘论》特别称之为《摄大乘论本》，其本论和注结合在一起即称之为《摄大乘论释》：而《广百论本》只是提婆所造的颂文，它与护法所造的释论合在一起即称为《大乘广百论释》；《辩中边论》和《显扬圣教论》是颂和释的集合，如果仅指其颂，就称《辩中边论颂》和《显扬圣教论颂》；而对于《俱舍论》的颂，则称之为《俱舍论本颂》。所以“本”也好，“颂”也好，或“本颂”也好，都意味着是无注解的本论，《因明正理门论本》也不外乎是这个意义，这当是显而易见的。

四、梵 语 题 名

在《至元录》〔1〕里,上述玄奘和义净的两个译本梵名均称:“你牙压涂瓦啰怛啰迦沙悉特啰”,而称《因明入正理论》的梵名为“你牙压必罗尾沙怛啰迦沙悉特啰”,这三本书和蕃本〔2〕相同。从音译上看,前者为:

Nyāya——dvāra——tarka——śāstra

你牙压·涂瓦啰·怛啰迦·沙悉特啰《至元录》

尼耶夜·涂瓦拉·达拉迦·夏司持拉(今译)〔3〕

后者为:

Nyāya——praveśa——tarka——śāstra

你牙压·必啰尾沙·怛啰迦·沙悉特啰(《至元录》)

尼耶夜·布拉尾夏·达拉迦·夏司特拉(今译)

在这里,“尼耶夜·涂瓦拉”相当于“正理门”,“尼耶夜·布拉尾夏”相当于“入正理”。“达拉迦”相当于“因明”,因此“达拉迦·夏司特拉”就是“因明论”。如果将《至元录》所说的《正理门论》的梵名直译的话,就是《正理门因明论》;《入正理论》的梵名直译应是《正理入因明论》或《入正理因明论》。因明的原语究竟是不是“达拉迦”(Tarka)尚是一个疑问。因明本是“五明”中的一个名称,“五明”也称“五明处”,所以称“五明处”时因明也随之称因明处。从原语上看,称因明时为“海都·维迪耶”(Hetu-Vidyā),称因明处时为“海都·维迪耶司特那(Hetu-Vidyāsthāna)。在慈恩的《因明大疏》里是将《因明入正理论》的梵名写成“醯都费陀·那耶·钵罗吠奢·奢萨怛

〔1〕《至元法宝勘同总录》的略称,十卷,元代吉庆祥撰。此书校勘藏汉两种佛典的异同,并用汉字音译佛典的梵文题目。

〔2〕西藏古称吐蕃,故藏文本佛典亦称蕃本。

〔3〕今译根据宇井伯寿的日语音译以及汉字音译的习惯用法译成。以下统一按此今译,以音译对应的梵名。

罗”(Hetu-vidyā-nyāya-pravesa-sāstra)。在这里是将原语“醯都费陀”(即海都·维迪耶)当作“因明”、将“奢萨怛罗”(即夏司特拉)当作“论”来解释的,因此可以设想,《因明正理门论》这一书名如果按《至元录》的顺序来排列,那就是:

尼耶夜·涂瓦拉·海都·维迪耶·夏司特拉。

如果按《因明大疏》的顺序则为:

海都·维迪耶·尼耶夜·布拉尾夏·夏司特拉。

由于(至元录)是对照蕃本即藏文本音译的,所以用“达拉迦·夏司特拉”这一原语表示因明论是错误的,正确的写法应是:

海都·维迪耶·夏司特拉

考虑到这里既然已将“海都·维迪耶·夏司持拉”放在“尼耶夜·涂瓦拉”的后面,故《因明论》即是指的《正理门论》。因明是这门学科的一个通名,而《尼耶夜·涂瓦拉》就只是因明论中的一个别名。

陈那曾写过《集量论》的颂和释,此颂和释现存有西藏的译本。看看这一译本便可知道在《归敬序》中有“根据自论的总集”或“根据所有的自论”(Svanibandhavrndatah)和根据自己所撰的《正理门》(rigs-paḥi-sgo = Nyāya-dvāra)等等的话〔1〕。另外,在吉能德拉菩提(Jinendrabubbhi)的《集量论注》中也说这是根据《正理门》等自论写的(Nyāyapraveśa of Ȧcārya Dinnāga, Part Ⅱ, Jibetau Jext, PP.xiii－xiv)。因此,“尼耶夜·涂瓦拉”就是此论的特有名称,这一点是无可置疑的。可以想见,根据《因明大疏》的写法,“海都·维迪耶·尼耶夜·涂瓦拉·夏司特拉”〔2〕的顺序显然是通名在前、别名在后,这是符合中国的习惯而不符合梵语的惯例。因此作为梵名,毫无疑问是

〔1〕《集量论·归敬颂》云:“为成量故从自论,集诸散说汇为一。”其自释云:“为欲成立诸正量故,……从自所著《理门论》等诸部论中,集诸散说汇于一处,造此《集量论》。”(法尊译编《集量论略解》第1页)

〔2〕 这是按《大疏》对《因明入正理论》音译的次序来安排《因明正理门论》的音译次序,但《大疏》实际上并未说到过《正理门论》的梵名。

慈恩在完成汉译后加上的,而绝不是玄奘带来的《入正理论》的梵本上就有这样的题名。再说玄奘译的题名里有一个“本”字,究其原语,恐怕如《南条目录》〔1〕所说的当是“莫拉”(mūla),至于陈那原来的题名中是不是有此“本”字,则是一个疑问。例如(摄大乘论本),是相对其释论而言特地加上一个“本”字的。《摄大乘》原是无著著作本身的名字,在无著的原题中并无“本”字。“论”字当然是按中国的翻译惯例加上去的,因此没有必要来考虑这个本字的原语。如果把“本”字看得重一些,那就是表示其中有陈那自己的注解或其他几个人的注解,不过这一设想目前尚无法证实。从义净的译本来看,不能认为只局限在这一点上,当然也不能抓住这一点就认为《正理门论》原来只有二十七颂半的颂文,因为读过全文后可以发现,这种说法无论如何也不能成立。

五、果真是“尼耶夜·莫卡”吗?

以往认为《正理门论》的梵名是“尼耶夜·涂瓦拉”,可是最近有一种说法,认为它的真实梵名该是别的。1928 年,在一份英国亚细亚协会的杂志上,意大利学者杜芝(G. Tucci)曾指出,《入正理论》不是陈那的著作,他并认为《正理门论》的原语不是“尼耶夜·涂瓦拉”。理由是:第一,“门”字是与西藏语“告”(sgo)相同的“涂瓦拉”的译字,也是“莫卡”(mukha)的译字,这同将“费摩克夏·莫卡”(Vimoksa-mukha)译作“解脱门”的情况是一样的。因此从中文翻译来看,不译成“尼耶夜·涂瓦拉”而译作“尼耶夜·莫卡”亦未尝不可。另外,在最近出版的梵本《泰托瓦·桑古拉哈》(Tattva-Samgraha)〔2〕的 1237 颂(372 页)里,也有这样的字句:

〔1〕《南条目录》全称为《日本真宗南条文雄译补大明三藏圣经目录》,日本佛教学者南条文雄撰。此书对《大明三藏圣教目录》进行翻译并作汉、梵、英的译音对照。

〔2〕 意译为《真理要集》或《摄真实论》,寂护撰。

evain Nyāyamukhagrantho vyākhyātavyo disānayā, jñānamity abhisambandhāt Pratitis tatra eoditā.

很清楚,其中就有"尼耶夜・莫卡"。在其注解中还有这样一段话:

tatrāya ṁ Nyāy amukhagranthah: ——"yat jñānam artharupadau viseṣaṇābhid hāyakabhedopacareṇāvikalpakaṁ tad akṣaṃ akṣaṃ Prati varttata iti Pratyakṣam" viśeṣam jatyādi, abhidhāyakaṁnama, ……

(其中《尼耶夜・莫卡》这本书说:"所谓现量,就是以能量之智去认识色等对象,且不介入一切种类、概念等思维分别活动,由五识的见分缘虑其相分是各别进行、互不联系、互不相杂的。"在这里讲到要远离名言、种类等。)

这种说法,正是在《正理门论》的现量部分将"现量除分别,余所说因生"这半个颂作为本颂提出来后所作的解释:

若有智于色等境,远离一切种类、名言、假立、无异、诸门、分别,由不共缘,现现别转,故名现量。

因为上面的解释大体一致,所以根据这一解释《正理门论》的原名毫无疑问地就是"尼耶夜・莫卡"。前面提到的《泰托瓦・桑古拉哈》是生活在公元700—760年的夏太拉苦细答或夏梯拉苦细答(Śāntarakṣita Śāntirakṣ ita,寂护)所著,此书的注解是其弟子莲花戒(Kamalaśila,约730—800间)所作。宋法天译的《菩提心观释》(Bodhicittabhāvanā),宋施护译的《广释菩提心论》(āvanākrama)都是莲花戒的著述,他在中国很有名气,而其师却不大为人所知,不过他们都是很重要的论师。

"门"字确有两种译法:一是"涂瓦拉",一是"莫卡"。典型的例子就是《大乘百法明门论》的汉译被西藏移译。其中的"门"字藏语译作"告",将它套用在梵文上,就成了"莫卡"(Cordier, Cat 3. P.386)。另外,再看一下(泰托瓦・桑古拉哈),其中提到"海都・莫卡"(Hetu-mukha)中的一段话(ajñeya ṁ kalian krtvā tad vyavacchedena jñeye' numānam, P.312),这段话在同书中的其他地方(P.359)又称为阿阇梨所言,另外还引用了"海都・莫卡"的一句话

(asambhavo vidher, P.339, ef. PP.307,339),也说是阿阇梨所说的。“海都·莫卡”很明显是一本书名,阿阇梨(ācārya)在《泰托瓦·桑古拉哈》中指的是法称(Dharmakirti),不过指陈那的时候也不少,然而这里大概是指陈那。所以可以设想,《海都·莫卡》就是义净所说的陈那八论中的第四《因门论》。如果是这样的话,那么将“莫卡”译成“门”是适当的。或者即使“海都·莫卡”不是《因门论》的原字,也应是“因门”的意思。这样,《正理门论》的原名就是“尼耶夜·莫卡”了,从《泰托瓦·桑古拉哈》这本书及其注解中所说的可以推出确是指的《正理门论》。我发现,在《泰托瓦·桑古拉哈》的注解中可以认为是陈那的话且与《正理门论》相一致的,至少有如下三例:

P. 411, yatrāpy asādhār aṇatvād anumānābhāve ś abdaprasiddhena viruddhenārthenāpohyate yathā, candraḥ sāsī sattvād iti nāsau pakṣa (-ity……)

又若于中由不共故,无有比量,为极成言相违义遣,说如“怀兔非月,有故”。

P.419, sādhyadharmasāmānyena samāno' rthaḥ Sapakṣa(ity……)

(此中)若品与所立法邻近均等,说名同品。

P. 48, kāryatvānyataleśena yat śadhyāsiddhidarśanam tat kāryasanam (iti)

所作异少分,显所立不成,名所作相似。

从以上三例来看,可以设想在《集量论》里也有相同的内容,它是与《正理门论》相通的,总之,梵文与汉译是完全一致的,没有任何增删,是从梵文原典中原封不动地照引的。此类例子在下列文字中也可以看到:

P.369, yady evaṁ katham ayam ācāryīyo vrttigrantho niyate tadyathā-“yadṛcchāsabdeṣu nāmnā Viśiṣṭo' stka ucyate ḍittha iti. jātiśabdeṣu jātyā gaur iti guṇaśabdeṣu guṇena śukla iti, Kriyāśbdeṣu kriyayā pācaka iti, dravyaśabdeṣu dravyeṇa daṇdr Viṣaṇī-iti”

此中引号内的话,学者们都认为是陈那自己写在《集量论》现量部分中的注解,引文照录陈那原文,未作增删。这一点在婆恰斯巴提密斯拉的《尼耶夜瓦鲁提卡·塔特爬利亚·提卡》〔1〕(Vācaspatimiśra, Nyāyavārttikatātparyaṭīkā, Benares edition, P.153)一书的引文中可以看出,在这里他是作为陈那的话引用的。由此可见,《泰托瓦·桑古拉哈》一书在引用《正理门论》《集量论》时完全是照录原文,没有丝毫改动。另一方面也可看出,前面引用的《尼耶夜·莫卡》的文句与汉译《正理门论》的文句并不完全吻合。第一,从《正理门论》汉译本的角度来看,《尼耶夜·莫卡》的引文与《正理门论》的文字不大相同,例如"种类"和"名言"的原语,从陈那在解释现量时所用词语和其他书引用陈那原文的情况来看,应是"贾提"(jāti)和"那马"(nāma),然而《尼耶夜·莫卡》用的却是"维秀夏那"(viśeṣaṇa)和"阿毗达耶卡"(abhidhāyaka),"贾提"和"那马"是注解者解释时使用的词语。第二,存在省略的情况。例如在玄奘译的《正理门论》中有远离、诸门、不共缘这些词语,而在上述《尼耶夜·莫卡》对现量的解释中却没有这些词。很难设想,这些词语是玄奘在翻译《正理门论》时作为自己的义释增加进去的。若是如此,那么义净将会忠实地依据原文再译的。与此相反,也很难设想这是《泰托瓦·桑古拉哈》的注解者增删的,另外在其他地方也未发现引用上的这种情况,即注解者引用原文时用其他字句作解释,而其他字句反而被当作原文的文字,而且也未见有省略重要文字的情况。因此说这只是在称作《尼耶夜·莫卡》的书中出现的'恐怕不确切,而且颇为奇怪。《尼耶夜·莫卡》不一定指《正理门论》,很可能是一本与之类似的书'当然不会是《入正理论》,这一点杜芝先生也早已指出了。这里还有一个奇怪的现象,就是时常可以见到特地称其为《尼耶夜·莫卡书》。这在《海都·莫卡》及其他地方很少见的,只有在上述《集量论》注解的引文头上有"阿阇梨所造的注解书"(ācāryīyo Vṛttigranthaḥ)。据此

〔1〕 意译为《正理释补》。婆恰斯巴提密斯拉,又作婆恰斯巴提,9世纪人。他针对法称对乌地阿达克拉的批评,非难了法称。

可以推测《尼耶夜·莫卡》也许是一本书的固有名称。因此可以设想,《尼耶夜·莫卡》有两种可能:一种是指与《正理门论》不同的另一本书;一种是在解决了引文不一致的问题后,认为《尼耶夜·莫卡》就是指的《正理门论》,不过这种可能即使成立,也未必是将《正理门论》的真正原名照原样表示了出来。因此眼下我还不能将《正理门论》的原名直接说成《尼耶夜·莫卡》,我还需要暂时保留一下。

六、《集量论》与《正理门论》

《至元录》所说的似乎也不能一概加以排斥。《至元录》是根据元世祖的敕命由二十九位学者从至元二十二年到二十四年(1285—1287)将西藏《大藏经》的目录与汉译《大藏经》对勘而成的。因此根据梵文音译录存的书名,也保存在《西藏大藏经》里。当然那些梵名有的是西藏杜撰的,有的则是未能正确地保存下来,但也不是全然没有根据的。另外,正因为梵名未能完全保存下来,故而都将它译成了藏语。那些学者很可能在这种情况下以与之相当的梵语加以音译而写入《至元录》。因此,认为《正理门论》的梵名就是"尼耶夜·涂瓦拉"的说法可能是出于两种考虑:一是其梵名在藏译中有,二是《至元录》的编纂者们看到"门"字已被译成"告"(sgo)就认为它相当于梵语的"涂瓦拉"而予以音译。看来二者必居其一,而非单纯凭想象音译的。然而奇怪的是,《至元录》里明明有藏译的《正理门论》,而现在的《西藏大藏经》里却没有相当于《正理门论》的译文标题。与之相反,相当于《入正理论》的倒是有两个。一个是从梵文译出的,将梵名音译为"尼耶夜·布拉尾夏·那马·布拉马那·布拉卡拉那"(Nyāya-praveśa nāma pramāṇa-prakaraṇa),如果将这一藏译题名还原成梵语就是"布拉马那·尼耶夜·布拉尾夏·涂瓦拉·那马·布拉卡拉那"(Pramāṇa-nyāya-praveśa-dvāra nāma prakaraṇa);另一本是从汉译《入正理论》译出的,如果将藏语的题名对照梵语来看,就是"布拉马那·夏可特拉·尼耶夜·布拉尾夏·那马"(Pramāna-śāstra-nyāya-praveśa nāma)，另外还有一个梵名，即“尼耶夜·布拉尾夏·那马·布拉马那·夏司特拉”（Nyāya-praveśa nāma pramāna-śāstra）（Cordier，Cat，3，P.435）。将二者比较一下，后者的题名接近《至元录》，前者的梵名从藏语的题名来看，可以发现漏掉一个“涂瓦拉”，或者是将“布拉尾夏·涂瓦拉”两字只用“布拉尾夏”一字来表示。《至元录》却与之相反，只写了“涂瓦拉”一字而省去了“布拉尾夏”，或者将两个字合为“涂瓦拉”一字。必须指出，科尔迪那的目录与至元录虽然大体相同，但绝非完全一样。《至元录》很可能是把这两个题名中的前者视为《正理门论》，而将后者视为《入正理论》。《至元录》未提到究竟是从梵文译成藏文还是从汉文译成藏文的，而科尔迪那的目录却明确指出是从玄奘译的汉译本译成藏文的，而且提到在译文的尾题上有汉译题名《入正理》（Rigs-Pa-la-ḥjug-Pa，i.e. Nyāya-Praveśa）只是在译成藏文时把它变成了《正理门》（Rigs-Paḥi-sgo＝Nyāya-dvāra）。在目录中还特意加了下列一段话，以提醒人们注意：不要把这本《正理门》与《集量论》注解中的《正理门》混同起来，它与现在的《正理门》不一样。由这段说明可知，在西藏翻译《正理门论》《入正理论》等时尚未得到梵语的《正理门论》，而只得到了《入正理论》，于是就将其译出，后来在求助于汉译时又得到《入正理论》，此时看来仍未得到《正理门论》，所以就硬把《入正理论》当作是《正理门论》。这一点其他学者也都在推测。不过既然已经如此看待了，所以目录里特地提醒人们不要和《集量论》注释中所说的《正理门论》混同起来。前面已经讲过，在《集量论》的批注中已指名道姓地提到《正理门论》是陈那自己写的，所以西藏方面就更加把汉译《入正理论》视为《正理门论》，虽然其内容与汉译《入正理论》没有什么两样，但那绝不是《正理门论》。西藏翻译时之所以把它看作是《正理门论》，也正是出于这样一种看法，结果硬把它说成是陈那之作。其实当初进行藏文翻译时，在中国是找不出任何证据来证明汉译《入正理论》是陈那所著的，而且中国的任何时代也未曾把《入正理论》看作是陈那的著作。另外，在因明逻辑方面，为了避免发生此类错误，也都在有关的书上严格地作了说明。在西藏把梵文《入正理论》译成藏文的译者之一是1147—1216年间的一个人〔1〕,这一点已大致弄清。但汉译《入正理论》是什么年代译成藏文的,却至今不明,很可能是在梵文译成藏文的工作开始后的晚些时候,估计是在1200—1280年间〔2〕。因此可以断定,到12、13世纪为止,西藏也罢、中国也罢,都是把《正理门论》的梵名视为"尼耶夜·涂瓦拉"的。

七、玄奘与《集量论》及《正理门论》

《正理门论》为陈那所著,这一点从《集量论》中陈那的自释可知。同样,《入正理论》是陈那弟子商羯罗塞缚弥(Śaṅkarasvāmin)写的,这通过《玄奘传》亦可明了。玄奘的情况,看一看《慈恩传》便可知道,他在迦湿弥罗国曾向僧迦耶舍(Saṁghayaśa)学习《因明论》;在至那仆底国向毗腻多钵腊婆(Vinītaprabha)学过《理门论》;在摩揭陀国那烂陀寺两次从戒贤学习《因明论》《集量论》;在南萨罗国向一婆罗门请教《集量论》;接着又去摩揭陀国的底罗择迦寺向般若跋陀罗(Prajñābhadra)咨决所疑以及向杖林山的胜军(Jayasena)学习因明。因此在因明书的著者问题上那些误传是没有道理的,即使除了《入正理论》的著者是商羯罗主外其他一无所知的人,也会认为《玄奘传》是完全正确的。学习了《正理门论》再反复学习《集量论》后就会确切地知道,熟悉《正理门论》的玄奘决不会将内容不同的《入正理论》和《正理门论》二书视为同一人所著。

---

〔1〕 此人即是萨迦派的第三代祖师札巴坚赞(名称幢),他与印僧一切智吉祥护(汤吉卿伯松瓦)共同翻译梵文本《入正理论》,但误译为《正理门论》,并改作者名为陈那。由此辗转,以讹传讹而未能纠正。

〔2〕 从汉译《因明入正理论》转译为藏文者是西藏学者顿寻在甘肃临洮完成的,后又由南宋末帝赵㬎(法名法宝,藏名却吉仁钦)在西藏萨迦寺据玄奘译本校订过。其翻译和校订的时间比宇井伯寿估计的要略晚一些,至少在13世纪末、14世纪初,因为赵㬎被元世祖忽必烈遣送到吐蕃出家是在1288年,他在萨迦寺做主持并译校《因明入正理论》等更是以后的事了。1323年他因文字狱被杀。

《正理门论》《入正理论》与[1]欧洲及印度的学者

宇井伯寿　著

沈剑英　译

一、印度沙提修·强德拉·威迪亚布夏那的论述

在现今的《西藏大藏经》中,没有与《正理门论》相当的篇目,而与《入正理论》相当的却有两本,这一点在前面已经说过。然而这是目前所弄清楚的情况,在数年前是并不确切知道的。1909年,沙堤修·强德拉·威迪亚布夏那(Satiś Candra Vidyābhūsana)先生写了一本印度中世纪逻辑学的历史书,其中根据藏译本简要地介绍了陈那的(尼耶夜·布拉尾夏)[2],并指出陈那所撰的《布拉马那·夏斯特拉·布拉尾夏》有藏译本,而且是从玄奘的汉译本移译为藏文的(Santiś Candra、Vidyabhūṣaṇa, History of the Madieval School of Indian Logic, PP.88－99,100)。由于当时很少见到有人以藏译本作为资料进行研究和论述,所以我国对此十分重视,其中与汉译本不同之处都原封不动地保持下来,而且倾向于依据藏译本。我认为威迪亚布夏那先生所说的《尼耶夜·布拉尾夏》实际上是藏译本保存的梵名,藏译时的全名

---

〔1〕 译自宇井伯寿《印度哲学研究》第5卷。

〔2〕 这是梵语 Nyāyaprveśa 的音译,意译为“入正理”。

为《尼耶夜·布拉尾夏·那马·布拉马那·布拉卡拉那》，再翻译成梵文时则变为《布拉马那·尼耶夜·布拉尾夏·涂瓦罗·那马·布拉卡拉那》，因为其中有一个“门”（dvara）〔1〕字，所以一看就误认是陈那的《正理门论》。从威迪亚布夏那先生所说的情况来看，他所简述的《尼耶夜·布拉尾夏》的内容恐怕是从汉译藏的本子里概括出来的。但他认为原题上有“门”字，故是《正理门论》，对此我有怀疑。我认为他搞错了，此事在1917年英译《十句义论》的序论脚注中我曾指出过，因为，在这篇最后校正的文章里有我提供的一些情况，所以他根据我的意见又查阅了西藏译的两个本子，结果发现其内容完全相同，而且一本译自梵文，一本译自汉文。西藏传说两个本子都是陈那写的，因为其中都有陈那所论的十四过和九句因，于是威迪亚布夏那先生便对上述著作加以改订增补，于1921年出版了《印度逻辑学史》一书（History of Indian Logic，P.300）。不幸的是，这本书竟成了他的遗著，是由其友人帮助他出版的。

当时我对西藏译的同一本书竟有译自梵文和汉文的两个本子感到奇怪，所以对威迪亚布夏那先生的新著结合译书中的十四过、九句因进行研究，我认为如果是真的，那就得从汉译方面来考虑，这样就没有理由看成《入正理论》而可以考虑是接近《正理门论》的，因为从他的新著里依然不能解决我以前的疑点，所以在大正十三年（1923）出版的《印度哲学研究》第一卷的附录上，我又将上述问题提了出来。我的疑问主要有以下几点：

1. 既是同一本书，为什么要从梵文和汉译两方面译为藏文，而且题名不一样？

2. 从梵文译过来的题名为什么带有“门”字？

3. 为什么又说及十四过和九句因？

现在看来已经十分清楚，这些都是我的误解所致，应予全部取消，并向威迪亚布夏那先生的亡灵致歉。同一本书为什么有两种译本？这个问题已

〔1〕“门”的梵文音译即为“涂瓦罗”。

如上述，不再赘说。不过威迪亚布夏那先生所说的十四过，通过其著作可了解到指的乃是《入正理论》所说的十四种因过，而我却轻率地断定是《正理门论》中似能破的十四过类。由于威迪亚布夏那先生在宗因喻的三十三种过失中特地将十四种因的过失分别出来称之为十四过，所以很容易与似能破中的十四过类混淆；另外也可以作这样的想象，威迪亚布夏那先生会不会错把通常所称的十四过类与因的十四种过失当作同一回事了。不管怎么说，这是不能混同的，这一区别是应该明确的。关于涉及一部分九句因的问题，不过是提到一点九句因所含的意趣罢了，并非如《正理门论》那样具体地来论述九句因。

然而两个藏译本内容相同这一点是威迪亚布夏那先生最早弄清楚的，现已为部分学者所承认。不过他所说的《尼耶夜·布拉尾夏》一书与汉译《入正理论》的内容一致这一点，则是我最早提出来的，现今已在学者中间得到承认。对于威迪亚布夏那先生的观点，我在《印度哲学研究》第一卷上又作了第二次论述。这是因为威迪亚布夏那先生的继嗣人将他的遗著惠赠于我，我是在八月六日收到书的，同年九月《印度哲学研究》第一卷出版，在这本书的《因明四相违的逻辑学解释》一文中，我没有取消和订正对威迪亚布夏那先生的错误批评，这就需要说明其原因，而绝不是要掩盖自己的错误或故意装作不知，并引导其他学者去作错误的断定，也不是对学者的那种失礼之处抱着毫不在意的态度。然而对于我的论述有人竟说成是喜欢跟死者进行论争，还有人说我只是根据西藏的题名来推测，他们对我的批评都是不正确的。其实我绝非像他们所说的那样喜欢争论，也绝不是仅仅根据题名来进行推测，这一点只要阅读一下我写的那篇文章便可明了。这些人想必是读过我那篇文章的，既然如此，为什么还要说那样的话，其用意令人费解。我与学者讨论问题一向是很注重礼节的，然而有人竟说我似乎喜欢跟亡灵论争，实在令人感到意外。对他人的论述若有不同意见是可以提出来的，这对研究并无不利影响.但是歪曲对方的意思或不提出反对的依据就作出论断，这种态度对从事学问的人来说无论如何不可取。特别是采用他人的研究成果而不加任何说明的话，那就会使人误以为这一成果是你自己独立研究出来的。另外对他人论说简单地加以否定，不提出理由，只凭一句话就断定是错误的，这种做法也是相当不好的。还有，只掌握第二、三手资料的人对他人根据第一手资料所作的论说加以否定，说人家的看法是错误的，这也不是真正做学问的作风。此外，自己研究的课题如果已被他人所研究，这时倘若他人不愿提供信息，说自己的研究不足以给人参照，那也无可奈何，不能责怪人家。

二、俄国米洛诺夫的贡献

关于《正理门论》和《入正理论》之间的异同以及著者是谁的问题，沙堤修·强德拉·威迪亚布夏那先生和我之间的分歧发生后，仍在继续探讨和研究，特别是最近，在一般的学人中议论得相当热烈。这里需要指出的是，《入正理论》的梵文连同知名的耆那教徒哈里巴督拉（Haribhadra）及其他人的注释，都保存在耆那教徒之间。其写本已收在皮友拉（Bühler）、吉鲁霍伦（Kielhorn）和跋达鲁卡尔（R. G. Bhandarkar）等人搜集的资料中，但是第一个发现这一情况并将其抄录下来准备出版的人则是俄国人米洛诺夫先生。米洛诺夫先生于1911年在印度拜那来司发行的一份杂志上发表了一篇题为《陈那的〈入正理论〉和哈里巴督拉的注释》的论文（Dignaga's Nyāyaprave'sa and Haribhadra's Commentary on it, Jaina. shasama, divālī issue, 1911），这份杂志看来未被西方所知，结果这份很有意义的论文就此进入冷宫，不过我对这篇论文十分重视，加上一些附录后于1927年发表在（加鲁拜教授纪念论文集）里（Aus Indiens Kultur, Festgaba für Richard Von Garbe, Erlangen, 1927），我收到他们寄赠的这篇论文的抽印本。如此重要的一篇论文竟在相当长的一段时间里未为学术界所知，实在是学者们的大不幸，对此我深感遗憾！

过去我在俄国出版的“比利奥台卡·布迪卡”的新书预告中看到有哈

里巴督拉的《尼耶夜·布拉尾夏》一书，该书书名与汉译《入正理论》相同，然著者不一样，为此我感到奇怪。我一直在琢磨这究竟是一本什么书，直到今天才弄清，原来就是米洛诺夫先生所发现的《因明入正理论》的梵文本连同哈里巴督拉的注解，那本行将出版的书，当时我正在写《十句义》英译本的序言，此时欧洲一般的学者根本不知道上述米洛诺夫的论文和《入正理论》的梵本，当然我也不知道有梵文本，对米洛诺夫所提出的这一梵文本的著者是陈那的意见也是不清楚的。据米洛诺夫先生说，此梵文本不论在正文里或注解里都未写明著者是谁，但是在序偈的批注里可以看出注解者并非原论本的著者，可见著者和注解者不是一个人，而且论文的最后一偈云：

Parārtha-matram ākhyātam ādau din-mātra-Sid-dhaye

（已宣少句义，为始立方隅。）

Yā'tra yuktir ayuktir vā sányatra suviearita.

（其间理非理，妙辩于余处。）

其中“于余处”一语的注解说这是指于《集量论》等中有，而《集量论》乃陈那所著，陈那还著有《尼耶夜·布拉尾夏》，这本书的内容威迪亚布夏那先生已从藏译本中弄清楚，它与梵文本的内容相一致，其首尾二颂藏译《入正理论》与梵文本完全相同。基于上述理由，米洛诺夫先生得出结论说，应当将《入正理论》一书视为陈那所著。此外米洛诺夫先生还就哈里巴督拉的年代问题发表了一番令人值得倾听的议论。虽然他提出《入正理论》是陈那所作的看法还有待于进一步论证，但我推察到他对此事也许感到不便论述，所以还是要向他遥表敬意。

1923年左右，在《盖克华特东方丛书》（Gaekwad Oriental Series, Baroda）中，载有一项新书预告，将出版由印度学者威特谢卡拉·巴特恰利亚和另一位学者所编的梵本《尼耶夜·布拉尾夏》与两种藏译本对照的书，预告也提到《尼耶夜·布拉尾夏》是陈那所撰，但此书以后很长时间未能出版，直到1927年藏译本才勉强问世，而梵文本却至今未见出版。在藏译本的序言里有论证陈那所撰的内容,关于这个问题我将在后面论述。

三、俄罗斯妥比安斯基的论述

1926年俄国学士院学报刊载了一篇妥比安斯基(M. Tubianski)先生写的、题为《关于〈尼耶夜·布拉尾夏〉的著者问题》的论文,我是收到寄赠的该论文的抽印本得悉的 M. Tubianski, on the Authorslup of Nyāyapravesa Bulletinde L'Academie des Sciences dc LURSS, 1926, pp.975－982)。在这篇论文中,妥比安斯基先生首先叙述了问题的大致经过,指出研究这方面的书在中国有四本,即:

1. 商羯罗主的《入正理论》;
2. 陈那的《正理门论》;
3. 陈那的《尼耶夜·布拉尾夏·涂瓦拉》的藏译本:
4. 陈那所著《尼耶夜·布拉尾夏》由汉译转为藏译的藏译本。

而从威迪亚布夏那先生的旧著所述来看则分为三本:

1. 藏译的《尼耶夜·布拉尾夏·涂瓦拉》,就是汉译的《正理门论》,此乃陈那所著;
2. 藏译《尼耶夜·布拉尾夏》,是陈那的另一本著述;
3. 汉译《入正理论》为商羯罗主所著。

这里把《入正理论》看作是另一本书,于是就分成了三本。再就米洛诺夫先生的看法来说,他认为梵文《入正理论》与威迪亚布夏那先生所说的第一点的内容一致,同是陈那所著。接下去妥比安斯基先生又谈到我,他说根据我的英译《十句义论》序文的脚注,问题又出现新的转折,上述威迪亚布夏那先生所谈的第一点中的藏译《尼耶夜·布拉尾夏·涂瓦拉》与《正理门论》全不相干,而与汉译《入正理论》是同一本书,因此第一点中藏译本的内容应与第三点相同。这就又可分为下列三本:

1. 汉译的《正理门论》;

2. 藏译的《尼耶夜 · 布拉尾夏 · 涂瓦拉》即汉译的《入正理论》;

3. 藏译的《尼耶夜 · 布拉尾夏》。

其中最后一本的内容需要弄清楚。对此,由于威迪亚布夏那先生的新著已把藏译《尼耶夜 · 布拉尾夏》和《尼耶夜 · 布拉尾夏 · 涂瓦拉》二书内容相同的问题弄明白了,所以书的册数由原先的四本、三本而减少为两本。剩下的问题是,要把西藏译的两本书,即译自汉文的《入正理论》和译自梵文的《入正理论》的内容同汉译《正理门论》的内容加以比较,从而研究《入正理论》的著者为何人。妥比安斯基先生在介绍了上述诸家的说法以后,进一步根据中国、西藏、印度的资料论证《正理门》确实为陈那所著,又指出《入正理论》与《正理门论》并非出自同一人之手,《入正理论》乃商羯罗主所著。这一论述是正确的。凡正确的议论,其他学者即使要反对,也只能是以反对者的错误而带来错误的论难告终。

四、英国兰特勒的论述

1926 年英国的兰特勒(Randle)先生搜集陈那《集量论》的片段材料进行研究,认为威迪亚布夏那先生在新著中就《正理门论》《入正理论》所谈的看法未必正确,而是同意我的说法。而且认为从书的情况来看,《正理门论》造于前,《入正理论》造于后,前者为陈那所著,后者为商羯罗主所造的传说也是正确的,没有理由加以怀疑(Randle, The Fragments from Diṅnāga, 1926, pp.2,61)。但由于他无意就这个问题详细论述,故未特地予以展开。

五、印度威特谢卡拉 · 巴特恰利亚的论述

1927 年,《盖克华特东方丛书》出版了西藏译的《尼耶夜 · 布拉尾夏》,载在该丛书的第三十九册上(Vidhushekhara Bhattacharyya, Nyayapraveśa of

Ācārya Diṅnāga, Baroda, 1927)。在威特谢卡拉·巴特恰利亚(Vidhushekhara Bhattacharyya)先生所写的序言第一节有《入正理论》的梵名三个：

《伲耶夜·布拉尾夏》

《尼耶夜·布拉尾夏卡》

《伲耶夜·布拉尾夏卡·司特拉》

在这三种注解性的题名中,被认为可取的是《尼耶夜·布拉尾夏》。另外,哈里巴督拉搜集的《六派哲学集》(ṢaḍdarSanasamuccaya)里注解所说的古那拉特那的(塔鲁卡拉哈斯耶·迪比卡)(Guṇaratna, Tarkarahasya-dīpikā, Bibl. Ind. p.47)和拉贾谢卡拉的(六派哲学集)(Rājaśekhara, Ṣaḍdarśanasamuccaya, P.14, V.46)内均有"尼耶夜·布拉尾夏卡"的名字,可是出版者〔1〕都未提到。这里所要论述的是藏译题名和汉译题名以及把它还原成梵文的问题,不幸的是还原后的梵文几乎不可能和原来的一样,因为多半为出版者的臆说,缺乏有力的根据。例如将"正理"译成"沙末耶古尤克堤"(Samyagyukti)或"达拉迦"(tarka),而把"尼耶夜"当作"因明",这完全是由脱离原文和穿凿附会造成的。由此又出现另一种错误,即认为《尼耶夜·涂瓦拉·达拉迦·夏司特拉》就是《尼耶夜·达拉迦·涂瓦拉·夏司特拉》。这个错误是由于出版者不知道书名中含有别名与通名的缘故。另外,出版者依据《南条目录》还把《正理门论》的著者说成是龙树,而高楠先生〔2〕也跟着这样说,其实这是南条先生在将汉字还原为梵文时弄错的——应该是陈那,结果却说成了龙树。这里是由于出版者依据不足反导致了错误。《南条目录》是根据伦敦印度局图书馆收藏的黄檗版《明藏》〔3〕编写的,这黄檗版明藏当时只有英国才有,其他地方难以看到,就连《缩刷藏经》中也未见

〔1〕"出版者"指印度学者威特谢卡拉·巴特恰利亚,下同。

〔2〕即高楠顺次郎(1866—1945),日本佛教学者,属真宗西本愿寺派。早年留学英国牛津大学,曾任东京大学教授、东洋大学校长等职。

〔3〕黄檗版明藏：日本黄檗宗铁眼禅师所翻刻的明代《大藏经》,计6 771卷,一般简称为《黄檗藏》,又称《黄檗板》《铁眼板》。

到。而且在明刻《大藏经》里,将《正理门论》误说为是大域龙树所造。明代的因明学者也认为是龙树著的,这一点从真界、王肯堂、明昱等人的《入正理论》的注解中可以看出。因为出版者不了解这些而《南条目录》又把“域龙”理解成了“龙树”,本来出版者对这些应该作进一步探索的,可是他们忽略了,所以遭到了非难。另外,出版者说在中文里通常都是将陈那译作“方象”的,这当系依据科尔迪耶先生的《目录》第三卷第436页和罗振贝尔戈先生的《佛教研究名辞集》第229页的内容而下此断语的。不过稍许读过一点汉译佛教书的人都知道,“方象”决不比“域龙”用得多。在《序言》的第二节里,提到只有西藏翻译的两本书〔1〕提到《尼耶夜·布拉尾夏》的著者是陈那。此外,从陈那《集量论·归敬序》的自论总集等话中也可看出〔2〕,这是陈那的自释,而且其中提到《尼耶夜·涂瓦拉》等(即《尼耶夜·布拉尾夏》等)。又,季奈恩德拉布迪(Jinendrabuddhi=Jinendrabodhi)的《集量论注》里也提到《尼耶夜·涂瓦拉》等(即《尼耶夜·布拉尾夏》等),这也是证据;而且库马利拉(Kumārila)的帕鲁塔色拉堤(Parthasārathi)是引用陈那的话进行反驳的。以这些事实来证明是陈那所著。但是这一论点同中日两国认为是商羯罗主所著的说法有矛盾,再说玄奘在其旅行记〔3〕中虽然说到许多人,但谈到商羯罗主时,既未说他是陈那的弟子,也未说他是《入正理论》的著者。另外,义净也未提到商羯罗主的情况。义净所谈的是陈那的八论。他说的这八论中第四是《因门论》,第五是《似因门论》,第六是《理门论》,其中第六《理门论》即陈那的《正理门论》,第五不详,第四是《海都·维迪耶》(Hetu-Vidvā,这恐怕是《海都·涂瓦拉》的误植)的义译,这很可能与《尼耶

〔1〕 即《入正理论》《尼耶夜·布拉尾夏》的两种藏译本。

〔2〕 此指陈那自释《集量论·归敬序》中说道:“从自所著《理门论》等诸部论中,集诸散说汇于一处,造此《集量》”等话(引文译者从法尊译:《集量论略解》,中国社会科学出版社,1982年)。

〔3〕 即玄奘《大唐西域记》。

夜·布拉尾夏》相同〔1〕,《海都·涂瓦拉》(具体地说应该是《海都·维迪耶·涂瓦拉》)和《尼耶夜·涂瓦拉》(即《尼耶夜·布拉尾夏》)实际上具有相同的意思〔2〕。按理说,在这里应当提出商羯罗主是著者的问题,可是义净并未提,于此可见,在义净的时代里印度虽有许多研究因明的书,但在这些书的著者中却很少有人知道商羯罗主这个人。由此,认为《入正理论》为商羯罗主所著的说法是难以得到承认的。《入正理论》一书虽从汉文译成藏文后又经过汉藏两种文字的对照订正〔3〕,但仍未将此书视为商羯罗主所著。商羯罗主其人在西藏和当时的中国都不被人所知。

然而遗憾的是,在上述《序言》第二节的这些重要议论中,几乎没有一处是正确的。他们之所以要如此详细地作上述论议,是由于认为《入正理论》不是商羯罗主所著而是陈那所著的说法具有代表性。如前所述,将西藏翻译的两本书视为陈那所著是不正确的。出版者虽然把陈那和季奈恩德拉布迪所说的《尼耶夜·涂瓦拉》与《尼耶夜·布拉尾夏》视为相同的东西,但他们对此了解不够,有的地方甚至陷入混乱。出版者将《尼耶夜·涂瓦拉》与《尼耶夜·布拉尾夏》等同起来不容说是一个错误,他们除了凭空想象外是没有任何根据的。但另一方面出版者又排斥了威迪亚布夏那所持的《尼耶夜·布拉尾夏》与《正理门论》相同的说法,而认为二者完全不一样,《正理门论》不包括散文,它只有二十八颂。其实在《正理门论》中含有二十七颂半,出版者大概是只把这些颂文视为《正理门论》的,虽然赋予它《尼耶夜·

〔1〕 海都·维迪耶(Hetu-Vidyā)即“因明”,海都·涂瓦拉(Hetu-dvāra)即“因门”,尼耶夜·布拉尾夏(Nyāya-Pravesa)即“入正理”。巴特恰利亚在《序言》中猜测义净所说的第四《因门》即指《入正理论》。

〔2〕 海都·维迪耶·涂瓦拉(Hetu-Vidyā-dvāra)即“因明门”,巴特恰利亚认为“因明门”与“正理门”(尼耶夜·涂瓦拉,Nyaya-dvāra)意思相通,此处当指“入正理”(尼耶夜·布拉尾夏)。

〔3〕 汉族学者僧祥炬与西藏学者顿寻在甘肃临洮将汉译《入正理论》转译为藏文,后,南宋末帝赵㬎(时被元世祖忽必烈遣送至吐蕃出家为僧,住萨迦大寺,并做过住持)对照玄奘汉译本校订过藏译本。

达拉迦·涂瓦拉》的名称，但不难看出，出版者是以之作为汉译《正理门论》的原名看待的。然而出版者为什么要把《集量论》中所说的《尼耶夜·涂瓦拉》说成就是《尼耶夜·布拉尾夏》呢？其用意在于告诉人们，《集量论》所说的《尼耶夜·涂瓦拉》不是别的，而是行将出版的《尼耶夜·布拉尾夏》，它与汉译的《正理门论》并非完全没有关系。出版者将陈那明确提出的《尼耶夜·涂瓦拉》一下子转为《尼耶夜·布拉尾夏》，不免过于武断。另外，说汉译《正理门论》只有颂文也是一种大胆的论断。出版者虽然有上面这些说法，但其意思是并不明确的，只是臆说或武断罢了，凭这些显然不能证明《尼耶夜·布拉尾夏》是陈那所撰的。而且以库马利拉和珀鲁塔沙拉提引用陈那的话进行反驳一事作为证据来论证亦无济于事，因为其他学者都说那并不是什么证据。

再说玄奘在别处只字未提商羯罗主一事，这固然是事实，但他是《入正理论》的著者这一点，在其译书中已有明确的记载，而且玄奘的门下也都如此说。玄奘在《西域记》里没有谈到此事，说明商羯罗主作为《入正理论》的著者及其历史的存在是毋庸置疑的，《西域记》未谈及此一定有其原因，不过这方面的资料很缺乏，从学术上看，对那些没有论证资料的问题进行论议是没有意义的，不过是没有价值的"阿久门脱姆·爱克斯·希连提奥"(argumentum ex silentio〔1〕)罢了。实际上同一个例子也会出现不同的情况，如《佛地经论》的著者亲光和《摄大乘论释》的著者无性〔2〕。至于义净没有说到商羯罗主也是理所当然的，因为对于《入正理论》义净一句话也未说。关于出版者，虽然不大了解他议论陈那八论中的第四、第六的意思是什么，但如果他的意思是要把第四《因门论》说成《正理门论》即《入正理论》的话，那么第六《理门论》与《尼耶夜·涂瓦拉·达拉加·夏司特拉》亦即出版者所说的《入正理论》究竟是同一的东西还是非同一的东西？这一点亦不明

〔1〕 意为缺乏反证的论证。

〔2〕 亲光所著《佛地经论》是对《佛地经》的释论：无著的《摄大乘论》，有世亲的《摄大乘论释》，还有无性的《摄大乘论释》。

确。大概将《因门论》译成“海都.维迪耶”是不妥当的,当然,如果将其视作“海都·涂瓦拉”的误植也未尝不可,但把“海都·涂瓦拉”说成“海都·维迪亚·涂瓦拉”就不对了,如果将其与“尼耶夜·涂瓦拉”(即“尼耶夜·布拉尾夏”)等同起来,那就更是逞臆而言的了。《因门论》恐系“海都·莫卡”,它在塔特瓦·桑古拉哈的注解里已被引用过两次,这一点在前面已讲过,这里退一步来说,即使不是“海都·莫卡”,也应当是“海都·涂瓦拉”,随便怎么说也不可能是“海都·维迪亚”,因为“海都·维迪亚”就是因明,出版者自己有时也将它作为因明来看待的。由此,“海都·维迪亚·涂瓦拉”就是因明门,“因门”绝不是“因明门”的简称。如果“海都·涂瓦拉”与“尼耶夜·涂瓦拉”二者是一样的话,那么第四和第六恐怕也就一样了。然而为什么要把它分为两种作为八论中的二论呢?这不过是因为二者都有一个“门”字并由此产生臆说而已。

另外,所谓在对藏译本进行对照改订后仍未将其视为商羯罗主所著的问题,如上所述这种说法是没有任何根据的,在中国,后世不承认商羯罗主的著作权或不知道商羯罗主的人,实际上是不存在的。退一步说,即使存在,其论述不会比《玄奘传》更令人信服当是不言而喻的。商羯罗主是陈那的弟子和《入正理论》的著者这一说法,并非如出版者所想象的那样是中、日两国的观点,实际上这完全是玄奘传述当时印度的一种说法。

出版者还跟南条、高楠一起把陈那说成“季那”(Jina),这个错误瓦塔兹早已订正过,以后没有人再主张“季那”说,因此这个问题现在已不复存在。将陈那说成“季那”的并非始于南条、高楠等先生,这乃是埃泰尔先生的旧调重提罢了,这一点从当时的情况看应予充分理解,但如果在现在的情况下还要作如此说,那就显得太幼稚、太缺乏大人气派了。

出版者已将与上述《序文》完全相同的一篇文章发表在加尔各答出版的一家杂志上(Indian Historical Quarterly, Vol. Ⅲ, No. Ⅰ, 1927, pp. 152 - 160),但由于许多议论不是以上述事实为根据的,结果将《入正理论》与《正理门论》说成是同一的,而且使陈那的著作权难以落实。

六、德国杰科比的论述

1927年,波恩的杰科比(Jacobi)先生在论述马尼麦卡莱(Manimekhalai)的年代中连带地提到《尼耶夜·布拉尾夏》的著者问题,他认为《玄奘传》所述是正确的,而西藏传说《入正理论》为陈那所著是错误的,他说这一点妥比安斯基先生已论述过(Jacobi, Über die. Alter der Manimekhalai, Zeitschrift fur Indologie und Iranistik, Band 5, Heft 3, 1927, S.307—310)。

七、塔特瓦·桑古拉哈的序文以及克里修那斯瓦米·埃扬戈尔的论述

1926年出版的塔特瓦·桑古拉哈(Tattva-Saṁgraha, Gackwad Oriental Series, No.XXX)的序文中也认为《尼耶夜·布拉尾夏》是陈那所著,因为这是从当时经过校正的一部分印刷物中采用过来的上述印度学者威特谢卡拉·巴达恰利亚先生的说法,所以此不赘述。

另外,马德拉斯的克里修那斯瓦米,埃扬戈尔(Krishnaswami Aiangar)先生于1928年根据历史出版了《马尼麦卡莱》(Maṇimekha lai in its His torical Setting, London, 1929),也认为玄奘和义净一句也未说及商羯罗主。所以《尼耶夜·布拉尾夏》应是陈那所著。《马尼麦卡莱》是用泰米尔语写的一部诗集,说的是一个主人公出家为僧接受种种教义,其中第29章说到了佛教因明,其内容与《入正理论》完全一样。关于这个问题,印度其他学者也有过论述,这一点通过本书著者的说明可以知道。著者于1925—1926年间所作的演讲阐明了自己的意见,然后将这些内容整理成本书而公之于世。著者还特地将此书寄赠给我,所以得知其内容。著者的看法是:这本《马尼麦卡莱》里叙述的因明论介乎正理派和陈那之间,这点已从《马尼麦卡莱》所记的历史与其他历史材料的对照中证知,结果是陈那将其《入正理论》中的因

明论传到其故乡南印度后，保存在建于“康栖”即建志城附近的马尼麦卡莱里，后来进入中印度才组织整理成《入正理论》一书。

埃扬戈尔在《马尼麦卡莱》一书中还对投书批评他的杰科比作了详细的辩解和反驳，并将上述杰可比论文中有关《尼耶夜 · 布拉尾夏》的部分译成英文后列举出来，还刊载了妥比安斯基的论文，又介绍了杜芝先生的论文梗概。杜芝先生的论文容后另述。

我对著者惠赠本书的回礼是寄去了一封信，信中申述了这样的意思：《尼耶夜 · 布拉尾夏》是陈那所造的说法难以令人信服：而且本书中说因明的部分有误解和不正确的地方，这可从泰米尔译文或英译上看出，而正确的说法应该如何如何等。

著者收到此信后给我寄来一封回信，信中说到，他并不坚持《尼夜耶 · 布拉尾夏》是陈那所造这一说法，只要陈那的因明学说来源于马尼麦卡莱并传播于南印度这一点得以成立就够了。

但他在确定马尼麦卡莱的成立年代时所提出的历史资料是不确切的，令人难以认定其性质，其中如果将因明说来自《入正理论》这一点弄清，那么其年代大体可以确定为最上年限。不过杰科比先生根据其因明说断定那本书是在陈那以后写成的，而埃扬戈尔先生却认为是在陈那之前。在陈那所说的新因明中最为重要的是因三相说，这是从世亲那里继承过来的，这一点我在《陈那以前的佛教逻辑学说》的论文中已大体上论述过了。《入正理论》的内容绝不是第一次阐述陈那独特的学说，它是在有了《正理门论》和《集量论》这样的著述后才出现的，因此不能设想与《入正理论》同一内容的因明说就是陈那学说的源泉。佛教因明的主潮流我在上述论文中已说过，我认为《马尼麦卡莱》所说的，就是根据《入正理论》而来的，也就是说，《入正理论》是在南印度建志城附近传述的，一直传到后世，然后还用泰米尔语言写成书。由此可见，以往认为只对中国和日本有影响而在西藏也很流行的《入正理论》，实际上已影响到南印度及其后世，当然这一点直到最近才知道，使我们增加了全新的知识。

八、意大利杜芝的论述

1928年,杜芝(G. Tucci)先生发表了一篇题为《尼耶夜·布拉尾夏》是陈那的著作吗?(Is the Nvyāpraveśa by Diṅnāga? JRAS. 1928)的论文,指出威特谢卡拉·巴特恰利亚先生的说法不能成立,而证明中国所传著者为商羯罗主的说法是正确的。他给我寄来一份论文的抽印本。他参照神泰的《述记》,读破了《正理门论》,已把它译成英文即将出版,他并且读了《入正理论》,因此其论述几乎全部是正确的。在这篇论文里,他认为《正理门论》的梵名不是"尼耶夜·涂瓦拉",而是"尼耶夜·莫卡"(Nyāya mukha)。这篇论文的内容梗概此处不作介绍了,其论议中使用的资料大体上是威特谢卡拉·巴特恰利亚先生使用过的,以及《正理门论》《入正理论》中译本的注解等。

九、英国凯斯的论述

1928年,凯斯(Keith)先生发表了一篇题为《〈尼耶夜·布拉尾夏〉的著者》的论文,主要针对妥比安斯基先生和威特谢卡拉·巴特恰利亚先生的论点进行论述(Keith, The Authorship of the Nyāyapraveśa, Indian Historical Quarterly, Vol.IV. No.1. pp.14-22)。凯斯先生认为,妥比安斯基论述的根据是在汉译《正理门论》与《入正理论》的对照上,其议论并非是决定性的,如果所有的论点都主张《正理门论》在前、《入正理论》在后的话,问题就可以得到解决。这种看法也是要排斥威特谢卡拉·巴特恰利亚先生所说的《集量论》注解〔1〕里指的不是《正理门论》,而是《入正理论》这一说法的,因为在其他方面还有不当,所以从威特谢卡拉·巴特恰利亚先生和妥比安斯基先生的论据来看,不可能得出怎么样正确的结论。

〔1〕 这里指陈那在《集量论》中对归敬颂的自释。

妥比安斯基先生虽然根据中国的传记来说明《入正理论》的著者是商羯罗主而不是陈那,并指出西藏没有《正理门论》而只有《入正理论》西藏由于不知道《正理门论》而把《入正理论》当作陈那所著。可是《入正理论》的藏译本中有一种译自汉语而且被认为是陈那的著作,这表明在中国当也有陈那所造的传说,因此只根据中国的《传记》,就很难说不是陈那所著。另外,妥比安斯基先生虽然说到在义净所述的陈那八论中不包括《入正理论》,但因为第四《因门论》就是《海都·涂瓦拉·夏斯特拉》或《海都·维迪亚·涂瓦拉》,所以很难说不是《入正理论》。对这一点,威特谢卡拉·巴特恰利亚先生认为,《海都·涂瓦拉》和《尼耶夜·涂瓦拉》(即《尼耶夜·布拉尾夏》)是相同的。由于这种看法更具有正确性,因此可以断定义净是知道《入正理论》和《正理门论》的。妥比安斯基还认为,藏译本之所以错误地将《入正理论》归到陈那的名下,是因为西藏没有《正理门论》,结果将两个译本中的一本断为陈那所著。这种说法也欠当,因为在西藏。的目录里已提出不要将《入正理论》与《正理门论》混淆起来的警告,这证明西藏对两书的区别已很了解〔1〕。所以要解决这个问题可以这样来看待,即《正理门论》只收存在汉译本中,它是陈那所著,而且是先出的,《集量论》及其注解均取自陈那自己的著作。《入正理论》是陈那后来所著,只是在琐细之处做了一些改良。《入正理论》是义净所说的八论中的第四,那是陈那的著作,但中国则译为商

〔1〕 此指西藏《大藏经·论藏》的目录。在《论藏(丹珠尔)》目录中有一段重要的记载说明西藏的先辈学者早就注意到了两个藏译本均为《入正理论》,与《正理门论》不同。这段记载说:“《入正理门论》,作者陈那,由学者汤吉卿伯松瓦与译师札巴坚赞在具祥萨迦寺翻译。所谓《因明入正理论》,是大亲教师厥吉浪波(即陈那)作,唐三藏曾从梵文译为汉文,后由汉族格西僧祥炬与藏族格西敦寻(即教童)合译成藏文。继而又由从说一切有部出家的大支那圣僧却吉仁钦(意译法宝,即宋末帝赵㬎)于具祥萨迦寺将汉译本与藏译本妥为修订而成。汉文本名《入正理论》,而今藏族通称为《正理门论》。将此书与《正理门论》视为同一书是不合理的。……在诸量(因明)的大注疏中,云从《理门》诸引文于此书中不见故。”引文参看杨化群:《藏传因明学》,西藏人民出版社,1990 年。

羯罗主所造,这里存在着矛盾,不过藏译本上明确地说是陈那所造。凯斯先生的论文还谈到其他一些事情,今因关系不大,就省略不说了,这里只就其对《尼耶夜·布拉尾夏》的意见谈一些看法。令人遗憾的是他的议论没有一处是根据原始资料来的,而只是将别人言论中对自己有利的部分拿来使用,而不问别人的意见是否正确。不过他的看法中有自相矛盾之处,如对威特谢卡拉·巴特恰利亚先生将《正理门论》和《入正理论》视为同一的看法,他认为应该同意。凯斯先生的论点在我以往的论述中已加以批评,这里就不再赘言,但需要指出的是,凯斯先生在否定别人的意见时在资料使用上总是赋予超出通常意义的解释,作适合于自己的引申,这在他的论述中是常见的。而且他认为上述二论的不同不过是陈那先写后写哪一篇的问题,这种说法也是完全不能成立的,这只要将二论对照起来读一下就可知道。

以上是最近许多学者就《正理门论》和《入正理论》问题论述的一些情况。这些情况是在我知道的范围内,按发表的顺序介绍出来的。其中主张《入正理论》是陈那所撰的,只有印度的学者和英国的凯斯先生。这一说法的共同点是:玄奘在《西域记》等书里一字未提商羯罗主。而且印度的学者认为,《入正理论》为商羯罗主所造的说法是中国和日本提出来的。其实如上所述,它是传到中国和日本来的印度说法,是玄奘时代的印度学者都承认的,而绝不是中国和日本想象出来的。

印度学者在七世纪中叶承认的说法,到了二十世纪其本国的学者竟不予承认,而且在学术讨论上把一些不必要的论据搬了出来,这真是一种奇异的现象!不,这是非常可悲和可惜的!如果把那些论据统统抛弃,而好好地将《正理门论》和《入正理论》对照地读一下,并正确理解西藏目录中提出的要注意的警告,就不会出现滔滔不绝的议论,在真理面前不得不承认《正理门论》为陈那所著,而《入正理论》乃商羯罗主所造。总之问题的关键在对读二论。在上述学者的论说中,凡是对读过二论的人,都会根据其实际情况来正确立论,而不会被其他说法所困扰。只有没有将二论加以对照阅读的人,才会提出异说而导致过错。

散文和序跋

目　　录

坎坷治学途 …………………………………………………………… 1681
水月明静绝世尘
——怀念水月长老 …………………………………………………… 1693
慈善家沈公锦甫先生墓志铭 ……………………………………… 1695
留得华章在人间
——怀念朱碧莲教授 ………………………………………………… 1696
我与王力和欧阳中石的一段交往 ………………………………… 1705
论学未名湖 …………………………………………………………… 1713
忆苏青 ………………………………………………………………… 1725
感念王元化先生二三事 …………………………………………… 1738
我与周谷城先生的学术交往 ……………………………………… 1745
《因明学研究》初版和重版序 ……………………………………… 1753
《因明学研究》中国台湾版序 ……………………………………… 1755
《因明学研究》(修订本)序 ………………………………………… 1757
《佛家逻辑》序 ……………………………………………………… 1760
《佛家逻辑》中国台湾版序 ………………………………………… 1762
公孙龙子的语言哲学
——周昌宗《公孙龙子新论》序 …………………………………… 1764

科学与创造
——熊舜时《哲学·科学·创造》序 …… 1766
勤勉出真知
——姚南强《因明学说史纲要》序 …… 1767
《中国佛教逻辑史》序 …… 1769
敦煌藏经之净眼法师因明写卷前言
（线装本一函两册） …… 1772
愿唐风长存　灯灯不熄
——刚晓法师《〈正理经〉解说》序 …… 1774
因明不再寂寞
——张忠义《因明蠡测》序 …… 1776
切磋学问五十年　相濡以沫半世纪
——朱碧莲《还芝斋读楚辞》序 …… 1778
白云相伴二三僧
——《汉传因明史论》序 …… 1781
《佛家逻辑丛论》跋 …… 1783
思故追远　古之遗德
——续修《萧山长巷沈氏宗谱》序（线装本四函三十六册） …… 1785
概念研究是基础性的研究
——张秀廷《逻辑概念新论》序 …… 1787
直觉、灵感和非语言思维
——何名申《创新思考方法》跋 …… 1789
晨钟暮鼓读《楞严》
——智觉法师《〈楞严经〉解说》序 …… 1790
拙朴与“巧进”

——姚南强《因明论稿》序 …………………………………… 1792
《世说新语详解》序言 ……………………………………………… 1794
以语句逻辑引导因明研修
——水月法师《因明新引》序 ………………………………… 1796
《近现代中外因明研究学术史》序言 ……………………………… 1797
附录一　沈剑英教授访谈录(《觉群》编者) ……………………… 1800
附录二　躬身因明苦耕耘
——与沈剑英先生关于因明研究的笔谈 ……………………… 1807

坎坷治学途

（《当代百家话读书》之一）

一、未圆的文学梦

我自小爱好文学，梦想着有朝一日也能成为一名文学家，因此不仅喜读文学名著，也常常试笔写诗作文，偶或也有披露于报章者。后来我考入上海中国新闻专科学校，又进复旦大学中文系学习，都是为了圆这个文学梦。不过 1948 年春我进中国新闻专科学校读书时，年仅 16 岁，那时一心只想当记者、当作家，中华人民共和国成立后我参了军，在部队当文化教员、当编剧，这其间又在复旦大学中文系修读本科，文学爱好的面也更为广泛了，尤其对先秦文学产生了浓厚的研究兴趣。为了觅取研究资料，于是又有了逛书店淘旧书的癖好，星期天我多半是在书店里度过的。上海四马路（福州路）一带的古旧书店是我常去的地方。但我只能捡一些便宜的古旧书买，对一些有收藏价值的善本书自是不敢问津的。其实在当时许多善本书也绝非高不可攀的，因为书源非常丰富。如 1954 年我在南京夫子庙一带的旧书店里看到一部木刻版套朱的《山带阁注楚辞》，店主开价 15 万元（旧人民币 1 万元折合新人民币 1 元），还可还价，我虽爱不释手，然那时我享受供给制，津贴费很少，终于舍不得买下，至今想来仍后悔不已！还有一些丛书和成套书，亦是我向往已久的，只因阮囊羞涩，更无力购买，如清代鲍廷博的《知不足斋丛书》，连带一只刻有“知不足斋丛书”六个隶书大字的书柜在内，店主只开价60万元；另有一部《百衲本二十四史》，店主说原是有钱人家置于客厅点缀风雅的，其实根本没有动过。我抽开书箱门板一看，果真如此，里面牛皮纸的原包装还未拆开过！像这样全新的“旧书”，连同古色古香的书箱，也只开价150万元！不过陆陆续续我也淘到不少廉价的古旧书，如一部扫叶山房石印本《楚辞集注》，才1万元，一大册精装的钱穆《先秦诸子系年》只1.5万元，《胡适文存》一集4卷和二集4卷共约4万元钱。那时的古旧书真是琳琅满目，置身其中，有一种说不出的惬意，让人流连忘返！

然而嗣后20年的坎坷经历，使我终于难圆文学之梦。

1955年5月，我受某些问题的牵连，被关进了上海警备司令部的拘留所。但我的身份不是犯人，所以负责审查的干部在押我进拘留所前，让我带上所有的个人生活用品和两大箱书籍。我一人住一间监房，房中有一张木床、一张桌子和一把椅子，看书写字倒很方便，我住的监房不上锁，哨兵也不限制我去院子里散步，更不必参加犯人打扫厕所等劳动，就是不能跨出大门一步。我第一次尝到隔离审查的滋味。所幸的是，在审查期间除了“交代问题”之外，尚可看我带去的书，其中《离骚》、《九章》、《九歌》等是我反复诵读的，差不多都能背诵了。两个月后，我总算走出了拘留所，被分配到一所初中文化补习学校去当语文教师。在那里教了一年书，因略有成绩，于1956年暑期调入上海教育学院中文系任教。一边教学，一边研究，写了几篇有关楚辞的论文，也编了一部中国现代文学史的讲稿，这使我的学识水平和研究能力有所提高。然而好景不长，一场新的风暴袭来，又将我击倒在地，于是我只得离别妻儿，到农村去接受劳动改造。

农村的生活自然是艰苦的，何况又处在“大跃进”的号角下，白天黑夜地拼命干！苦难可以令人消沉，也可以磨砺人的意志。我消沉过，但在农村生活的时间长了，逐渐适应了艰苦的环境，便也觉得这于磨砺自己的意志有好处，竟也可以苦中作乐，偷闲读点书了。最好的时间是下雨天，雨天不出工，可以躲在房间里看书。我住的房间很小，房中靠墙放着一横一竖两张床和一只放洋油灯的小方柜。北墙是一张芦苇编的席子，席的另一面是羊圈，从羊圈透过来的膻臭常常令我有作呕之感，但这毕竟是我的栖身之地呀！我总是半躺在用门板搭成的床上，陶醉于书本所呈示的境界里，好像外面的世界只是一片空灵，充耳不闻檐下水柱敲打石础的声响；当然有时伴着淅沥的雨声，心中也不免会泛起一股淡淡的凄苦之情来，感喟韶华易逝，盛年不再，耿耿徒怀勤苦之志！但这只是短暂的愁绪而已，“甘苦常从极处回”，我深信总有出头的一日。

除了雨天，不出夜工的晚上亦是读书的好时光，油灯虽幽暗，然而我所爱读的书却常可令我的心智敞亮。有时在劳动中竟亦可以捧捧书本，如夏日抗旱，我总是踏水车的主要劳力，脚穿木拖板，踩在水车的踏脚上，一手搭在横杆上，一手拿着书本，竟然劳动、看书两不误，踏水车是很累的活，所以需两档人轮换，每档两人，在踏水车时看书往往可以忘记疲劳，换下来休息时更是可以席地坐在树荫下专心看书了，此亦是苦中一乐。农民朋友大都对我们同情体贴，常偷偷地照顾我们这些“老右”，所以在劳动中看点书倒没有成为问题。

后来，我们这班人又被调到饲养场去养猪。饲养场设在上海西郊一所盲童学校的一隅，这里条件好多了，吃的是食堂，住的是楼房，有电灯照明，校园宽大，绿草如茵。学校老师对我们都比较客气，学生更不容说。在那里，白天劳动，晚上各自躺在床上看书，大家似乎都没有放弃对所学的追求。

在我们这班人中间，我最为佩服的是杨廷福兄〔1〕，他不仅擅长书法，工于诗词，有着深厚的文史学养，而且竟在最为艰难的日子里写成了《玄奘年谱》和《唐律初探》二书。《玄奘年谱》属笔于 1959 年，正是我们移来饲养场劳动之时，完成于 1965 年。廷福兄曾将此书手稿借我参阅，使我在撰写

---

〔1〕 我与廷福兄共事近 30 年，他于 1984 年事业上正如日中天的时候不幸卒于肺癌。他曾任上海教育学院历史系教授、国务院古籍整理规划小组成员、华东师大历史系客座教授等职。所著《唐律初探》于 1982 年由天津人民出版社出版。《玄奘年谱》于 1980 年交中华书局，1988 年才得问世，时廷福兄已谢世四载！他还参加了《大唐西域记》的校注工作，另有著作多种。

《因明学研究》一书时获益良多,当然这是后来的事了。与廷福兄相比,我是自愧不如的。我当时虽亦读了不少书,也有过创作的冲动,却是只读不写,因为写了无处发表。然而廷福兄就不问是否能发表,以坚韧不拔的意志,在常人难以做到的情况下孜孜于著述,他这种宁可"束之高阁、藏之石匮"的精神令我钦敬!司马迁《报任少卿书》中有一段话说得很深刻:"文王拘而演《周易》;仲尼厄而作《春秋》;屈原放逐,乃作《离骚》;左丘失明,厥有《国语》;孙子膑脚,兵法修列……"对于一个矢志不渝的学者来说,艰苦的岁月难不住他,却反而造就了他奋斗的品格。廷福兄受的磨难比我多,"帽子"戴了差不多有20年,大部分时间处在"战天斗地"的劳动改造之中,只有短短几年时间在资料室工作,而且还因为他写《唐律初探》的事泄露,被批斗了一阵,幸而浩劫中他被视为"死老虎",两部书稿才得以幸存。

1960年下半年,我总算脱掉了沉重的"帽子",但仍在饲养场劳动。不过,心底终于透出一片曙光,有了写作的愿望。我在劳动之余查阅资料、进行创作,完成了十场话剧《武昌起义》的剧本,这部作品写出来后自然只能"束之高阁"。第二年夏天我调回学校,因为教学的需要,我开始涉足逻辑与语言的学术领域,但仍注心于文学研究与文学创作。我写了一些有关屈宋的论文和一个大型话剧剧本《屈原之死》。我对屈宋的看法与郭沫若先生有所不同,尤其是对宋玉,郭老说他是个"无耻文人",我认为这是历史冤案,故为宋玉做翻案文章,并通过剧本描绘我所认识到的屈宋形象。

转眼灾难再次降临到了头上!于是我连夜找出秘藏的《武昌起义》《屈原之死》和一部《中国现代文学史》的手稿,在水里浸烂、撕碎、丢进抽水马桶冲掉。我亲手毁掉融入多年心血写成的文稿,自是痛心之极!于是我决意与文学分手了。

二、转向抽象世界

1972年我正式改行搞逻辑与语言的教学了。这是一个抽象思维的世界，尤其是逻辑，比语言更彻底，不用说阶级性，连民族性也没有，而只有全人类的共性。在社会科学范围里，这是一个比较“安全”的学术领域。

这时，华东师大、上海师院、上海教育学院等五所高校合并，我得以利用华东师大图书馆丰富的藏书。当时的图书馆流通组长陈素娥女士是一位非常热心的人，我要查阅的图书资料在大库里找不到，她便从小库（种子书库）里找出来供我参阅。小库里的书只能在教师参考室里看，一般不外借，但一到周末也通融让我借回家用一二天。我当时看的主要是逻辑学与语言学方面的书，也读了不少有关因明和印度哲学方面的书。我对因明的兴趣更为浓厚些。

因明是一门冷僻的学问，但它是世界上三大逻辑源流之一，与中国的名辩、希腊的逻辑鼎足而三。早在一千多年前就随着佛教的东渐而传入我国，后来经过唐玄奘的传译倡导而在唐太宗、唐高宗时期盛极一时，然至中唐以迄宋元，逐渐式微而成绝学，迨及清末，杨文会先生始从日本取回在我国失传多年的唐代因明论疏，这门学问才又为学者所重视。不过自四五十年代以来，研究它的人越来越少，致使这门绝学又现危机。作为一种思辨方法，因明对我国思想界产生过积极的影响，所以今日研究中国思想史、逻辑史、佛教史乃至中国文学批评史当不能离开对因明的研究；同时因明作为一门逻辑科学，它所总结的规律和方法以及对诸种过失的研究，对指导今人正确思维仍然具有积极的作用，对发展普通逻辑、语言逻辑也有可资借鉴的意义。我正是在这样的历史背景和认识基础上，发愿要为抢救这门濒临绝亡的古老学问一尽绵薄之力的。

然而师大图书馆所藏的因明资料毕竟是有限的，于是我又经常跑上海图书馆，我查阅了上图馆藏的所有因明资料，并不断通过馆际交流的渠道，调阅上海图书馆所藏的部分因明著作。当时在师大图书馆具体负责馆际借书业务的，是资深的图书管理学者冷福志女士（“文革”后任华东师大图书馆馆长），她也帮了我不少忙，一次次到上图去借书、还书，使我在查阅资料上节省了许多时间和精力。长期来每念及两位女士对我的帮助，我总是怀着深深的感佩之情。要知道当时还是“严寒”时期，我所借阅的因明资料多属佛典一类，还未完全解冻。有些书在现在来说虽很普通，在当时却是不易得的，如丁福保的《佛学大辞典》，线装本20册，我从师大图书馆借来放在手边时时查阅，每次可借两个月，还了再借。又如日释凤潭的《瑞源记》，我是通过馆际渠道从上海图书馆借阅的。也有两周的限期，到期还书，过几日再去借。这些当然都要麻烦他们，她们却不嫌其烦地为他人作嫁衣，在那个年代，是何等的难能可贵！

1976年后，我即着手撰写蓄积已久的《因明学研究》一书。那时专营旧书的上海书店里封存已久的古旧书也逐渐启封了，我赶紧跑去查找所需的参考书。上海书店一位老职工听我说要找因明资料，马上就说：“哦，那是印度的逻辑。”很是内行。他答应替我到库房里去翻查，但尘封已久，不易找到，故需等一段时间。过了半个月，他打电话来约我去，拿出晚清金陵刻经处镌版印刷的唐代窥基的《因明大疏》和民国时期刻本神泰的《正理门论述记》，以及今人吕澂的《因明纲要》、熊十力的《因明大疏删注》和周叔迦的《因明新例》等书，我不禁大喜过望，全部买下。这些珍贵资料的价格出奇便宜，如《因明大疏》八卷两册，是光绪二十二年的原刻本，才卖1元2角。其他书均几角钱一部，其中熊十力的《删注》仅售1角8分，几近奉送。这些书堆在库房里多年，拿出来当亦少人问津，可是对于我来说，无异于瑰宝。过去我曾从图书馆借来手抄过一些，现在有了原本，可以随时披阅，岂非天赐方便！另外还有一套《续藏经》，收录了未入《大藏经》的许多佛教典籍，其中就有因明论疏多种。这套书价格要1 500元，在当时我根本无力购买，我知道师大图书馆有好几部《大藏经》却无《续藏经》，便介绍师大图书馆买下。这之后我经常跑上海书店，买回许多语言学、逻辑学和文学方面有价值的参考书，有些还是民国早期的初版书，富有收藏价值，书价均极低廉，以我当时菲薄的收入，居然每次都能买回一大摞！这一时期新华书店还买不到什么书，可是在上海书店二楼，摆出来的旧书却令人目不暇接。

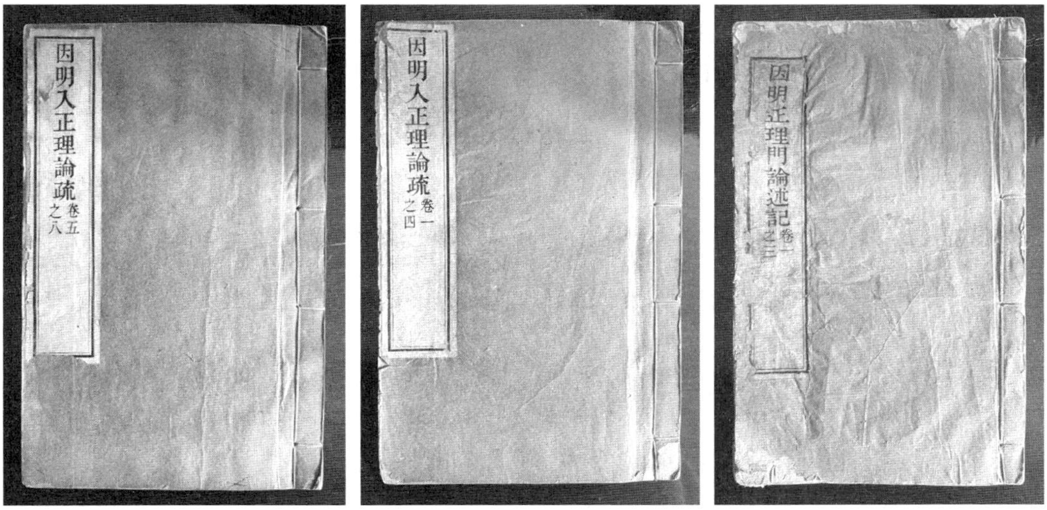

初刻本《大疏》

《因明学研究》一书的初稿我写了两年才完成，当时我的居住条件很差，一家四口人挤在一间不足16平方米的房间里，我和内子只能合用一张小书桌，内子让我坐正面，她则坐在侧面，桌上又是稿子又是书，摆不开，连桌边的床上也摊满了书籍资料。我平日喜欢买书，日积月累，仅有的两只书架容纳不下了，便只好利用床下的空间，但当需要查找时就很麻烦，打着电筒钻床肚，真不是滋味！同时由于陋室处于顶层，所以冬天寒风瑟瑟，夏日暑气蒸蒸，更增添了几分写作的艰辛！就在这间陋室里，在这张小小的书桌上，我完成了《因明学研究》一书，接着又主编了《逻辑学》一书。内子朱碧莲在这期间也撰成《杜牧诗文选注》和《宋玉辞赋译解》二书。〔1〕

此后随着整个大环境的好转，我的治学条件也逐渐得到了改善。从1981年至今，我的居住条件四次获得改善，前两次是学校分配给我的房子，后两次是我向房产商购买的小别墅，有前庭和后院，还有一间较大的书

〔1〕 朱碧莲，华东师大中文系教授。除上述著作外，还著有《楚辞论稿》（台北版改题《楚辞论学丛稿》）《楚辞讲读》《中国辞赋史话》《杜牧选集》《秦汉文学史五十论》《还芝斋读楚辞》《世说新语详解》等，主编《中国古代文学事典》，校注《留青日札》等。

房。从此长期堆放在床下的书籍终于见了天日，上了书架。并且随着经济能力的提高，又添置了不少大型工具书、套书、丛书及许多专集等，竟摆满了一屋书架，而且还是里一层外一层地排列书籍，充分利用了书柜内的空间。柳宗元有“处则充栋宇”的描写，极言藏书之丰富。现在许多大型丛书、类书采用缩印技术，如《二十五史》《佩文韵府》等，合起来放在书柜里不过大半格，可如果是线装书，得摆满一大书柜，由此，我这满壁书柜里的藏书，当亦够得上充栋之势了！

这里还有两段赠书佳话特别值得一提：

从20世纪30年代起就从事戏剧工作的吴仞之教授〔1〕，有一套由不同版本拼合而成的经史子集，其中特别是戏剧与词曲一类的书搜罗颇齐，这是吴老在几十年的治学生涯中精心搜集起来的，大都为线装书。1994年时吴老年届期鲐背，便欲将这批书赠送给能继续使用它的人。吴老的高弟王昆副教授来找我与内子，希望由我们来接受赠书。我与内子久慕吴老的道德学问，只是无缘谋面，经王昆女士的引荐，我们奉访了吴老，彼此相谈甚洽。吴老是一位朴实无华的老人，他那高尚无私的思想境界令我们深受感动。

三年后我又一次意外地获得厚赠。1997年5月我应邀去苏州灵岩山中国佛学院分院讲学，有一次与院长明学大和尚闲谈中，我不经意地讲到多年来一直想求一套《大正大藏经》而不能得时，明学法师竟表示可以赠送我一套，这令我大感意外：我初来灵岩山讲学，何功之有，孰能得此厚赠！这套由日本学者编纂的《大正新修大藏经》有百卷之多，装满整整五大箱，在我讲学结束时院方派车送我回上海，果真将五大箱书随车送到了我家中。我当时的兴奋心情真是无以言表！《大正藏》是国际佛学研究通用的版本，早先我

〔1〕 吴仞之（1902—1995），原上海戏剧学院副院长、教授。20世纪30年代初加入上海剧艺社等，是“孤岛”四大导演之一。著有《吴仞之艺文集》5卷和《导演全程经纬录》等。

为查阅资料只能跑到上海图书馆去翻看《大正藏》，颇为不便。后来中国大百科全书出版社上海分社进了一套台湾影印的《大正藏》，我就借来所需部分复印了不少资料，使用时方便多了，但局限性仍然很大，因为我不能将所需资料全部复印下来。这次一下子获得整部《大正藏》，令我治学倍感方便。在感荷明学法师和中国佛教学院灵岩山分院的同时，我也感悟到了“缘分”二字的分量！

以往环境艰苦，虽抱关击柝，尚可自养而不害于学，现在条件改善了，资料也比较齐备了，我们更是唯日孜孜，无敢逸豫了。然而我的工作压力也越来越重，形成了新的矛盾，如我自 1984 年起兼任行政职务，特别是创办了《中知报》并出任总编辑以后，非专业的活动占去了我大量的时间。我还先后担任上海市人大代表和政协委员等社会公职，要参加不少社会活动，这就迫使我去挤时间。时间，对于每一个人来说都是平等施与的，一天 24 小时，一年 365 天，就看人们如何合理地安排了。所谓岁月不居，时节如流，如不好好利用，日月便会掷人而去，因此，在行政事务和社会活动比较繁重的情况下，我只有夙兴夜寐，工作与读书并进，教学与科研相济了。这样，我终于如愿地完成了一些重要的课题研究计划，并以论文和著作的形式呈献于世。我的书文，虽属浅陋，但反映了我在抽象世界里所走过的路程，而且还在走下去。

三、我的“读书经”

以往我在被迫无奈中虚掷过许多时日，所以认真地说，读书不够多，读书的经验也不丰富，当然点滴体会还是有一些的。本节称之为“读书经”，实系常人通晓之理，区区无足高论也，谨陈之于次，愿与青年朋友共勉之。

1. 持之以恒，用志不分。

读书苦，苦读书，首要的是一个“志”字。《抱朴子》说：“不倦在于固志。”志不固，万事难竟，何况乎读书！读书乃是一辈子的事情，故立志必须恒久。有人天赋不低,然而立志不坚,反不如资质平常而能坚持不渝者。古人云:“学者不患才之不赡(富),而患志之不立,是以为之者亿兆,而成之者无几。”(徐干:《中论》)这是说得很深刻的,读书的人虽达亿兆,学有成就者毕竟是少数,这与意志是否坚定有密切关系。所以“君子之学,不为则已,为则必要其成。”(朱熹语)同时,用志还须专注,青年朋友在接受了普通教育的基础上,应根据自己的志趣和工作需要确定读书方向。如果用志不专,任由兴之所至地漫读,虽亦能增长知识,然不过是浮光掠影而已。杜牧有句云:“学非探其花,要自拔其根。”泛泛而读就不可能“拔其根”。曾见有些朋友好读书,却不能读好书,其原因就在于此。当然用志不分亦是相对而言的,并非不能同时有几方面的追求,但应有主次,或在不同的阶段有不同的主次,否则就会平均施力,难以攻其尖端。

2. 学用互济,博观约取。

读书之法,春诵夏弦,因人而异。以我的体会,以用带读,由读致用,二者当可互济。例如陈那的《正理门论》,佶屈聱牙,令人难以卒读,许多佛学研究者均视为道旁苦李,少有问津者。我早年曾硬着头皮披阅多遍,仅明大概而已,迷惘难决之处甚多。后来为研究生开讲此论,我给自己规定了一个相当高的要求:厘定此论的篇、章、节和句段,弄清每句的文义,不仅解释要尽可能具体,而且要将玄奘的原译改译为语体文。开始我并无把握一定能做到这些,但既然定下了目标,就得想方设法去实现它。于是黄卷青灯,对照同样难读的《集量》等论,逐字逐句地琢磨,积年余之功,总算破解了此论奥义,并写了《今译》和《详解》。如果没有这样的功利目的,我似乎不大可能花如此大的气力来研读它的。而且也正是在破解了此论以后,又促使我进一步写下了《误难论》等文字。所以我认为从某种意义上说,要真正读深读透一部书,有时须有一定的功利目的来激发。同时,为了释疑解难或考旧论新,总是需要阅读许多文献资料,以便从中遴选出所需的材料,作出有说服力的阐释和论证,所以有时一小段文字的形成是以许多材料为其后盾的。苏轼尝云:“博观而约取,厚积而薄发。”此话深中肯綮。故此,读书虽要有目的，却也不能过于狭窄，没有十分材料，写不出五六分文章，这就是博观与约取、厚积与薄发的辩证关系。

3. 学贵心悟，守旧无功。

读书贵于心悟。所谓“读书百遍，其义自见”，亦是须由心悟而令义显的；小和尚念经有口无心式的读书，是难以真正了其旨归的。如因明典籍，艰涩难懂，初读时无异于有字天书，每个字都认识，合在一起则不知所云。因明虽属逻辑，然风格迥异，要弄清其义理乃至生僻的名词术语，就须以毅力去反复披阅，多方对照，仔细查检，在这个过程中更重要的是入乎目，箸乎心，要用心来领略和分析。读其他艰深的书亦当是如此。韩愈说得好：“手批目视，口咏其言，心惟其义。”正是此理。然而读古人书仅仅心悟其义还不够，更须不泥旧说而有所发明，故清魏源指出：“学古之道犹食笋而去其箨（tuo 笋壳）也。”生吞活剥，食古不化，绝不是可取的读书方法。高明的学者往往能于常人所不疑处发现疑问，令新知在与旧学商量中脱颖而出。许多杰出的学人都具有这种善于思考、濯去旧见的品格。

4. 讲求规范，激发创造。

读书人都要作文，作文必须讲求语言文字的规范、严谨，所以语文老师总是从语法、修辞、逻辑以及章法上来规范学生的写作。有一次上海青少年写作研究中心召开座谈会，与会的教师都强调要抓基础训练，以规范青少年的写作。然而与会的几位作家几乎一致认为规范性的训练在一定程度上压制了学生创造性的表达能力，因此写出来的作文往往干巴巴的，千篇一律，没有活力。我则认为规范化与创造性应该是相容的，不能将二者对立起来，在语文教学中，有时确实存在强调语言文字的规范性而忽略了激发学生创造性能力的倾向，但我们也常见一些作家的作品虽错彩镂金、别出机杼，而于文法上颇为欠缺。因此对于青少年来说，多在规范性上下点功夫，打好基础，又不要束缚自己的创造性思维，当是很重要的，这样做自然有一个过程，起初难免会邯郸学步，顾此失彼，放不开手脚，经过长期训练，基础打好了，创造性能力同样可以得到发展。由此我建议青年朋友切莫忽视基础训练，要学习语法、修辞和逻辑知识，因为语法可以帮你规范文字，修辞可以助你活用语言，逻辑则能令你严密思维。当你将这些知识学到手并且转化为自己的技能时，它们又会与你的创造性能力结合起来，在更高的层次上形成一种综合能力，从此，鹣鹣鲽鲽，再难割舍了。

我最喜爱的书

编者要我开列几部我最喜爱读的书，对此我考虑良久，觉得很难着笔，原因是我最喜爱读的书不一定为一般青年读者所接受，难免有误导之嫌。我读书时亦曾求教过先生应读些什么书，先生十分肯定地说："去通读《资治通鉴》。"可见先生很重视这部历史名著。然而以我当时的学识水平和时间条件，难以做到通读全书。许多年以后，因研究的需要，我常查阅《资治通鉴》乃至读《通鉴》，也只是披读一定时段的史实，未能按先生的话去通读。更何况书海茫茫，莘莘学子志趣各异，本人偏执一隅，实难开出良方，谨请编者和读者鉴谅！

（原载《当代百家话读书》，广东教育出版社、辽宁人民出版社 1997 年出版）

水月明静绝世尘

——怀念水月长老

接到台南湛然寺住持云庵法师的电话，得悉水月老和尚已于农历八月十六日明静迁化，顿时思绪万千，不胜感慨！

我与月公可谓文字之交。早在20世纪80年代末，月公从香港杂志上看到我撰写陈那《因明正理门论》今译和详解的消息后，即有与我交往切偲之意。后中国台湾现代佛教学会会长蓝吉富先生于1992年6月来沪，至舍下小叙，捎来月公手翰，备陈思慕之意，并邀我将《因明学研究》一书交付智者出版社在台梨枣重刊。后来月公复将拙著《佛家逻辑》推荐给正在主编《商鼎佛学名著选刊》的江灿腾博士。以上二书的台湾版均于1994年面世。此后月公亦多次将其所撰、所编的因明文集、因明论藏馈赠于我。我亦每有新著出来即乞月公玉斧。我与月公的友谊就是这样逐步增进的。

我与月公曾二度谋面。第一次在1997年秋，东亚符号学第二次国际学术研讨会在上海华东师范大学举行，我作为组委会主任诚邀月公出席，月公不仅欣然莅会，还专门写了论文在会上宣读。在沪期间，月公并枉驾寒舍小叙，相谈甚洽。第二次在1998年春，我与内子朱碧莲教授访台，在嘉义南华管理学院讲学后，专程赴台南市造访月公。我们在台南湛然寺和新化虎头埤佛陇茅棚各住了一晚，月公的师妹云庵法师、徒弟香光法师等引领我们观瞻了各处名胜古迹。更值得怀念的是能与月公剪烛西窗，畅叙量理的情景，月公拿出了凝聚了多年心血书成的《会本因明论疏明灯抄》稿本，述说他校点《明灯抄》和将《因明大疏》全文分段补入的艰辛和体会。我们还参观了他收藏的几万册书籍，不免叹为观止。后来月公又多次委请云庵法师、香光法师、依观法师等来沪云游时至舍下探视，我亦多次命长女海燕（上海大学哲学系教授）在赴台开会、讲学时专程去台南看望月公以及诸位法师。

月公是一位坚毅的学问僧，他对因明情有独钟，享誉学界，荣获香江大学荣誉博士学位。他独自一人创办《因明杂志》十年，为寂寞的因明振臂呼吁，令人肃然起敬！这是在中国佛教逻辑史上值得大书一笔的事情。他学养不凡，又善精研深思，对古因明、新因明的研究均有建树。近日，《会本因明论疏明灯抄》亦终于问世了。此书凝聚了月公近二十年的心血，书写校点前后历时四年，然后又在十五年里边讲边校，直至迁化前数月才讲毕校完付梓。现在厚厚两大册《会本明灯抄》供奉在月公的遗像前，亦堪慰月公在天之灵了！月公辛勤耕耘的果实是因明研究殿堂里的一份宝贵财富。我想，若是天假以年，月公如能再将十五载讲授《明灯抄》的内容整理成书，岂不更是一部皇皇巨著！

水月长老明静迁化，令我忆及寒山子的一首诗：

吾心如秋月，碧潭清皎洁。
无物堪比伦，教我如何说。

公之道德人品，正如诗所写照。谨以此诗代一炷清香，遥祭月公。

慈善家沈公锦甫先生墓志铭

公讳锦甫，萧山长巷粮长支第三十四世文忠公长子，生于清光绪十九年（一八九三年）农历七月初二。公幼时家道中落而失学，及长，于杭州城站作搬运工谋生。后公以诚实勤劳得贵人相助，赴上海创业。公苦心经营多年而事业发达。抗战爆发后，民生凋敝，路有饿殍，公宅心仁厚，乐善好施，在杭州创办普缘社，广作善事。如普缘社大门外设有大缸数口，每日清晨施粥以赈饥民，又于冬季制作大量棉衣袄，救助冻馁之人，复打造大批棺木，遣专人于每日清晨巡街收敛路尸。如此大规模之慈善事业，终非个人财力所能支撑，故公借上海电台之力，作空中募捐，复在杭州邀名伶举行义演，所得善款尽付善举之用，由是公之善名日隆。公晚年定居萧山丁村，于一九七四年一月十五日安然离世。享年八十有二。公之发妻周氏，生于光绪二十二年（一八九六年）农历八月十五日，卒于民国三十三年（一九四四年）农历六月六日，终年四十八岁。周氏相夫教子，贤淑达理，育有七女二男。公之继室傅氏复育有三男三女。公子嗣甚茂，后继有人。铭曰：噫！公之善举，寒馁普惠。公德在人，荫福子孙。公迹垂世、亘千万祀。

二〇一四年清明　文渊堂敬立

（碑文由沈公讳锦甫先生长子沈剑英草拟）

留得华章在人间

——怀念朱碧莲教授

一

华东师范大学中文系朱碧莲教授驾鹤西归已经五年，但是她的学问人品依然活在喜爱她的友人、学生和读者的心目中。正如复旦大学中文系徐志啸教授说的："我虽然不是朱先生的亲炙弟子，也没有听过她一次课，但我们的师生关系，却有着四十多年的时间。……朱碧莲先生走了，但她生前曾经展示和表现的令人感佩钦敬的精神的东西，还是继续存在于怀念她的生者的心中。"〔1〕她早年的学生、文汇新民报业集团高级记者钱汉东撰文说："那时的朱先生短发齐耳，笑眯眯的细眼里透着沉稳和自信。课堂上朱先生总是神采奕奕，妙语连珠，她对作品人物的评说，客观、真切，入木三分，她的智慧和才华给学生们留下了深刻的印象。"〔2〕兰州大学中

〔1〕 徐志啸：《念朱碧莲老师》，2013 年 10 月 13 日《文汇读书周报》。

〔2〕 钱汉东：《朱碧莲和〈世说新语译解〉》，2013 年 12 月 8 日《新民晚报》。

又系林家英教授写了一首《缅怀朱碧莲学姐》的七律来寄托自己的哀思:“秋风塞雁南飞日,佳节重阳思故人。论学弘文甘寂寞,滋兰树蕙奉辛勤。书香雅室穷经典,闹市浮华远俗尘。宏著精深堪笑慰,清莲碧水葆芳魂。”华东师大中文系九十有五高龄(如今已是百岁人瑞)的王淑均教授,亦撰挽联志哀:“数百万字著作等身斯人已去文犹在,五十余载莫逆于心志趣相投谊难忘。”

朱碧莲教授尝言:“生前治学甘寂寞,死后何须敲钟鼓。”这后半句是变用《诗经》中“子有钟鼓,弗鼓弗考(敲)”的句意,表达她处世低调的心愿。家人遵其遗愿不举行劳师动众的追悼告别仪式,这正彰显了一位不矜不伐的学者之高洁情怀。曾受业于她的一些二三十年前的老学生不忘师恩,在她的墓地边上敬立了一块纪念碑,碑文为著名书法大师欧阳中石教授所题。上镌“朱碧莲教授安息,高文懿德永留馨”两行遒劲的大字。

二

朱碧莲教授1932年出生于浙江省青田县鹤城镇。父亲早亡,寡母带着五个子女依靠十几亩薄田度日。青田是山城,主要的种植物是番薯,由于家里又缺乏劳动力,所以家境比较清寒。后来其大姐初中毕业考入青田县邮局工作,算是捧上了铁饭碗,生活才略有改善。

1945年,她在大姐的资助下考入浙江省立温州中学。这是一所历史悠久的学校,是前清国学大师孙诒让在温州府属中山学堂的基础上,于光绪二十八年(1902)改制而成的(原名温州府学堂,1933年改名浙江省立温州中学)。该校学风素来谨严,郑振铎、苏步青、夏鼐、夏承焘、谷超豪、陈功甫等著名学者均出自该校。该校校歌由曾在此执教的朱自清作的词,并由李叔同(弘一法师)作曲。校训"英奇匡国,作圣企蒙"即撷取自校歌歌词。她在温州中学度过六年寄宿生活,从而打下了扎实的知识基础。

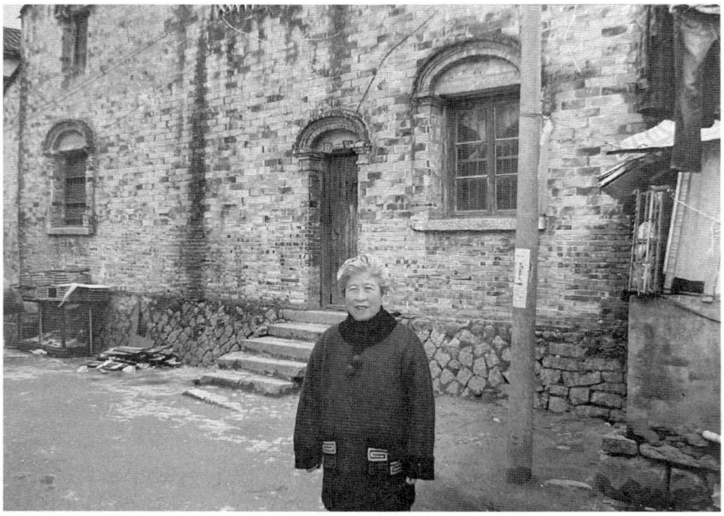

朱碧莲2005年清明前　摄于青田县城厢新寺巷27号老屋前

1951年,她大姐卖掉了一只戒指给她作盘缠,到杭州参加高考,她以优异成绩考入复旦大学中文系。在校期间,由于她学行优秀,曾两次获得陈望道校长的嘉奖。在大学里,学的是俄语,由于她发音正确,前后卷音都发得好,苏联专家总是要她作示范朗读。她有语言天赋,中学时英语学得不错,大学里学俄文又深得苏联专家的肯定。她普通话说得挺标准,上海话也说得很地道,完全没有乡音。由于经济拮据买不起车票,寒暑假她大都在校度过,其时女生宿舍里只剩下

沈剑英与朱碧莲结缡时所摄(1957年春)

她一个人，只能独自沉浸在书堆里。

1956 年，上海师范学院与上海教育学院两所高校大发展，她有幸被人事部门选拔至上海教育学院中文系工作，我也于是年暑假前同时调入中文系工作。她与我本是校友，共同语言自然就多，加上文学志趣相投，所以半年后我们就组成了家庭。

三

她是一个具有传统美德的知识女性，不仅有自己的学术追求和高远的志向，而且还以相夫教子为己任。我与她结缡五十六载，前二十年一直处于困顿之中，其间我两度遭罹阳九之厄，她待我如一，不离不弃。我第一次遭难时我女儿出生才几个月，这家庭的重担就落在她一个人身上。党支部书记还诱导她与我离婚，她以孩子尚在哺乳期为由推托未就。接下来就是所谓的三年困难时期，大家的生活都很艰苦，我又身在农村，无法替她分忧，她还要将省下来的粮票拿来补贴我的口粮，真正是难为了她。我在上海郊区劳动，每两周总算可以回家休整一天，她往往会将有限的肉票用在这一天，尽可能为我做一些可口的菜肴，晚上还要为我缝补衣袜。她从小未曾学过针黹，小学毕业后即离开山城青田考入浙江省立温州中学寄宿在校，在这样的环境里，她自然不谙女红，所以她缝补衣服针脚甚粗，歪歪扭扭，但妻子手中的线，令我深感温暖。那时生活清苦，孩子身上的衣服也都是她亲手做的。她还学着打毛线，我与孩子身上的毛衣都是她一针一针结成的。

我第二次遭难时我女儿才九岁，又添了个儿子，她的日子过得有多艰辛！我被关在“牛棚”里，怀着无罪之耻苟且忍辱；她则是孤肩挑重担，还要为我提心吊胆，愁人过着愁日子。但她还算坚强，这难熬的日子记不清是怎么挺过来的。断奶之后，她将幼子送到青田母亲家，自己带着女儿苦度日子。后来，我总算被“解放”回家了，但隔不了多久又被下放劳动，家里的事情还是要由她独力承担。半年后她也下放了，孩子没人管，我才被放回来。

1972 年,上海五所高校合并,我们进入了华东师大(其时改称上海师范大学),才又从事一些教学活动。

1976 年我们总算过上了安定的生活。才又重新开始治学的生涯。但头几年我们的生活条件还比较艰苦,一家四口挤在一间容膝小居里,一只小方桌给两个孩子做功课,我与她合用一张小书桌,她让我坐在正面,自己则坐在侧面床上,既无靠背,腿又伸不出去。由于桌面狭小,许多参考书和稿纸就只能摊在床上,正应了杜甫"摊书解满床"之句。就在这张小书桌的一侧,她先后撰成《杜牧诗文选注》《宋玉辞赋译解》和《楚辞讲读》等书。嗣后,随着整个大环境的好转,我们的治学条件和生活质量均大为改善。我们曾四次迁居,一处优于一处,最后搬进了一幢小洋楼,还有前庭后院,更有了一间大书房,书房中的藏书亦颇有充栋之势。以往环境艰苦,虽抱关击柝,尚可自养而不害于学,现在条件大为改善,我们更是唯日孜孜,无敢逸豫了。在卸下政治包袱、去除思想桎梏以后,她的才华开始迸发了出来,得以舒眉任笔酬了。这期间,她除了写出一系列楚辞研究和唐诗研究的论文外,还完成了多部著作。

朱碧莲教授的五本楚辞著作

她对子女的教育也很严格，培养他们自强、勤奋、上进。一双儿女从小跟随父母过着屈辱的生活，知道世事艰辛，也幸而两人都很有志气，先后考上大学，考研、读博，后来也都成了大学教授，不枉了她含辛茹苦地养育他们。

我时时在心中感念：她不仅有聪敏博识之才，而且其贤堪比孟光。但孟光毕竟只是一个家庭妇女，并无事业的牵挂，而她却是位女学者，更有着事业上的追求，辛劳自会更多。

四

她从事中国古典文学的教学与研究半个多世纪，学术积累丰富，教学口碑甚佳。例如她开楚辞研究选修课，不仅选修的学生从不缺席，后来连一些原本未选修的学生也慕名前来听讲，济济一堂，常盛不衰。她的讲课之所以具有吸引力，与她的楚辞研究与日俱进有着密切的关系。她不仅博采众长，且能发微知著，厚积薄发，得大兼小，成其一家之言，加上她普通话说得好，表达生动，她的授课自然就具有学术的魅力。她在楚辞研究上先后出版了《楚辞讲读》《宋玉辞赋译解》《楚辞论稿》《中国辞赋史话》等著作。其中《宋玉辞赋译解》一书是“文革”后最早为宋玉作翻案文章，并将宋玉全部作品搜集在一起加以注译和评析的著作，写成于20世纪70年代末（1987年出版），此书面世后深得楚辞学界的好评。《楚辞论稿》是她于20世纪80年代所写的楚辞论文集（1993年出版，2000年出台北版，改题《楚辞论学丛稿》）。她在此书序言中说到，“其时我为学生开设楚辞研究选修课”“在与同学共同探讨的过程中，也陆续写下了这些文字。虽然卑之无足高论，却也以为并未人云亦云，而是发表了个人的一得之愚”。她并举例说：“记得在一次楚辞学术研讨会上，有人认定屈原有恋母情结，有人以为他是同性恋者，也有人认为他是自恋狂者，等等。后又看到有人把《离骚》当作太阳神家族衰亡之歌，是颂扬生殖之歌，云云。古云‘诗无达诂’，见仁见智亦所难免，然把屈原随意化到如此程度，实在不敢苟同。”

所以她撰文一一提出质疑。她还依据地下考古发掘材料作考辨，撰《唐勒残简考》考辨残简的作者应是宋玉而非唐勒，其精辟的见解为学界所重视。

她不仅是一位楚辞专家，在唐代文学研究上也赋予了较多关注。例如她与王淑均先生合写的《杜牧诗文选注》早在1982年就出版了（修订后的香港版出版于1996年）。她选注的《杜牧选集》，是上海古籍出版社编审何满子先生于1984年在成都参加杜甫学术讨论会期间向她约的稿，她用了一年时间写就，但出版搁置的时间很久，直至1995年才问世（2016年又获重印）。此外她还写了多篇有关唐代诗人及其作品的论文发表在《文学遗产》等重要刊物上，如《论杜牧与牛李党争》《杜牧与元和体诗》《千首诗轻万户侯——评张祜的诗》《形胜有余风土恶，哀哀血泪化诗篇——读杜甫夔州诗》等，体现了她对唐诗研究的热情。

朱碧莲教授在还芝斋（2005年摄）

她还点校了明代田艺蘅的《留青日札》，这部书是她在20世纪80年代初应上海古籍出版社之约点校的。为此她特地跑到杭州浙江图书馆去查阅明刻本，她在杭州住了一星期，带回来一卷缩微胶卷。那时电脑尚未普及，技术手段落后,她只能请照相馆将缩微胶卷一张张放大,在照片上点校。田艺蘅学识渊博,征引甚多,而且古人征引文字只写书名卷数,甚至有时连卷数都不写,所引文字起讫往往不明,是直引还是意引也不易分辨,所以必须一一查核原著,工作量很大。她花了差不多一年时间才将这部书点校"力完毕。交稿后,出版也遥遥无期地拖了下来,直至1992年才问世。2012年朱碧莲教授八秩华诞时,杭州浙江古籍出版社重版了她点校的田艺蘅的《留青日札》,颇有纪念意义。

20世纪80年代后期,她应中州古籍出版社之约,主编了《中国古代文学事典》一书。此书在林立的文学辞书中别具一格,即以"事"为中心,将有关我国古代文学方面的创作本事、流派特点、传闻轶事、趣谈掌故等等,以一事一条的形式编写出来,搜纳广博,融学术性、知识性,实用性于一炉。此书于1992年出版,深得读者喜爱。

她的晚年生活依然是潜心于学术研究。她与儿子沈海波一起,于20世纪90年代中期撰成《秦汉文学史案》一书(2009年出版时改题为《秦汉文学史五十论》)。此书的特点是以秦汉文学史上的个案为线索,以展示历代学者的研究成果为手段,从研究的角度来审视秦汉文学。全书分五十个专题,不仅纵向勾勒出秦汉文学发展的历史脉络,而且从横向展现了秦汉文学的面貌,文笔流畅而老辣。

她生前的最后一部著作是八十余万言的《世说新语详解》。《世说新语》是中国古代志人笔记的滥觞,记载了东汉末年以迄南朝刘宋初年近三百年的人物故事,保存了大量珍贵的历史资料,而且它语言精美,含蓄隽永,所以后世的诗文创作从中取典者不胜枚举,流传至今的成语亦非常之多。她为撰写《世说新语详解》一书,心瘁十年,直至七十五岁那年才初稿甫成。其间,她每日品读原文,查阅资料,注释评析,笔耕不辍。此书最大的特点是在前人注释、研究的基础上,深入解析,将学术性与通俗性密切结合起来。如对原著文字的考定上,能博采诸家校勘成果,力求保持原著的本来面貌;在注释方面,则力求详确,不回避疑难之处,能发前人之未发,甚至对生僻字均注音助读;语译部分则取直译,不添枝加叶,以利读者与原文对照阅读;评析部分则是此书的重点所在,注重历史事件、社会背景与人物关系的交代,起到钩深致远、充分阐发原文本旨的作用。真是“十年辛苦非寻常”,她在晚年还留下了这么一部用心血凝成的皇皇大著。

她的一生,在坎坷中透露出坚毅的性格,在处变中展现了贤淑的品德,于平凡中显出其高远的志趣,于治学中示人以卓荦的识见。我能同她患难与共、相伴终生,实乃此生之大幸!儿女得有这样一位宽严相济、以身为范的慈母,则是今世的福分!

(原载《粤海风》2018年第1期)

我与王力和欧阳中石的一段交往

一张老照片勾起的琐忆

近日整理文稿，不意翻出了一张颇有纪念意义的老照片，是1983年在北京参加中国逻辑与语言函授大学工作会议时我与王力先生（右）和欧阳中石兄（中）叙谈的留影（图一），不禁勾起我的一些琐忆。

图一

王力先生（1900.10—1986.5）是中国现代语言学的奠基人之一，是语言学界泰斗级的学者。他是作为中国逻辑与语言函授大学的名誉校长出席这次会议的。当时中石兄任教于首都师大，兼任中国逻辑与语言函授大学逻辑教研室主任。我当时是中国逻辑与语言研究会副会长，是专程从上海赶来与会的。

这是在会议开始前，我告诉王力先生，他1981年初应邀在香港大学作学术讲演，我正在香港大学访问。他在讲演中有一位听讲者起立质疑说，你怎么知道某字的古音读某音，依据是什么？诘问的语气有欠礼貌。我当时就对坐在身边的香港大学中文系的黎先生说："此人怎么这样鲁莽？"黎说："此人是校外来听讲的，他常来听学术讲演，几乎每次都会提些怪问题。”王力先生听我提起此事，笑着说：“此事我还记得，我当时不是回答他了吗，古音的问题，可以从《广韵》往上推么，古代的读书人都读韵书，对古音都有关注。”我应和说：“是的，古音学的研究在清代就最为盛行，章太炎和他的弟子黄侃是近代古音学的集大成者。”欧阳中石很贯注地在听我们说话，还未及插话，会议要开始了，我们只得匆匆入座。自此以后，我竟无缘再度与王力先生谋面，三年后王力先生驾鹤西归，天人永隔，令我深为抱憾！

王力先生是我敬仰的学界前辈，他一生著作等身，尤以语言学的研究彪炳史册。我读过他的《汉语音韵学》，那是他 1935 年在清华大学为讲授音韵学所编写的教材，此书深入浅出，汲取西方大学教材的编写方法，各章节正文简短明白，注释具体，所列参考资料颇为详尽，且并非只是胪列书目，而是引述各书的相关内容，以开阔学生的眼界。记得“文革”结束以后，上海福州路专营旧书的上海书店刚恢复营业，我就常去那里淘书，凭高校教师证可上二楼选购内部书。我选了不少语言学和逻辑学方面的参考书，其中就有中华书局 1956 年出版的《汉语音韵学》一书。更早的时候，大概在 1963 年我从学校图书馆借得王力先生的力作《汉语诗律学》一书，读后还写了数千字的心得，印发给学生参考，后稍作修改，发表在上海《中文自修》杂志上。1981 年，王力先生主编的《古代汉语》由中华书局出版后，我立即购买了一套，我与内子朱碧莲（华东师大中文系中国古代文学教授）更是常置于案头查阅的。王先生的《中国语法理论》、《汉语史稿》等早先我也都拜读过，对他治学之严谨，学养之深厚素所仰慕。尤其是他能在杖朝之年应我会之邀，于 1982 年 4 月在中国逻辑与语言函授大学创办之始出任名誉校长，令我深为感动。他对函大怀有深厚的感情，不顾年高，常来参加活动。1986 年他还特意为中国逻辑与语言函授大学首届毕业生大会书赠条幅，上书自撰的七律一首：“高山岌岌水泱泱，大好河山是我乡，禹迹芒芒多宝藏，原田每每足菰梁。献身甘愿为梁柱，许国当能保富强。永矢弗谖心似铁，匹夫有责系兴亡。”下落双款：“丙寅立春后三日，书以赠中国逻辑与语言函授大学。

王力，时年八十有六。”（图二）“丙寅年立春后三日”即1986年2月20日。没想到，两个多月后，王力先生竟溘然与世长辞，唯有永志纪念了！

我与欧阳中石相识于40年前。1979年夏天，中国逻辑学会在北京通县召开成立大会，我与他就是在这次会议期间相识的。欧阳中石1954年毕业于北京大学哲学系，主攻中国逻辑史，但毕业后没能从事逻辑专业研究，而是分配到中学去任教，我们相识时，他还在北京市171中学任教，在教学上已卓有成就。1981年，他调入北京师范学院（首都师范大学前身）教育系从事教学工作。这一年的暑假，我们同在天津南开大学参加中国逻辑史学术讨论会。晚间休会时欧阳中石与虞愚在房间里为求字的与会同仁写条幅。中石兄的书法，中锋用笔，高雅隽秀，书法气息扑面，令我心仪；虞公的书法，偏锋用笔，似少规范，属一般文人字。我见他们忙于应酬作书，只是站在一边欣赏。会后我与中石同车回北京（我为申办中国逻辑与语言函授大学去京），在火车上我们畅谈了近两小时，主要谈的是书法。他告诉

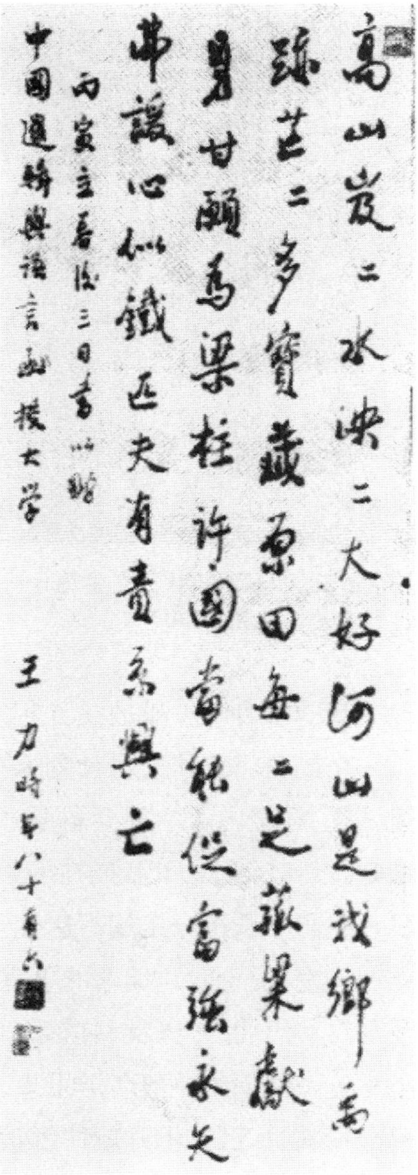

图二

我，早年学书法，启蒙老师是山东肥城老家的武岩法师，当时家贫买不起纸，常蘸水在石板上习字。上大学后，又师从国学名家吴玉承先生。吴先生博学多识，写得一手好字，为京师学界所重。我说：“我也爱好书法，但

图三　与欧阳中石先生摄于北京(2003 年)

没有下苦功夫习字,只是喜欢读帖揣摩而已。'文革'刚结束,我于 1977 年夏天便在学校(华东师范大学)的支持下举办了一个上海教育界书法展览会,之后又在华东师大举办了书法讲座,邀请胡问遂、任政、赵冷月、周慧珺、张森等书法家前来讲学,由此深受教益,也结识了不少书法界人士,并获得诸多书家馈赠的墨宝。"我又对他说:"那天晚上不少人向你们求字,你们即兴而书,不免是应酬字,所以我没有凑这个热闹,我想请你在静下心来的时候专门为我写一幅字。"他很爽快地答应了。但是他兑现这个承诺,却是在五年后我们合作编书的时候。

中国逻辑史研究会计划编写一部《中国逻辑史》,这是一项填补空白的研究课题,经全国哲学社会科学领导小组批准,列入"六五"国家社科重点项目计划。1985 年夏天,我们在庐山疗养院开筹备会,讨论编写大纲和进行分工。我和欧阳中石按分工编写唐代至明代的部分,因此会议执事者安排我们二人同住一室,便于商讨编书的事宜。按分工,这一分册由我负责,撰稿人共三位:我写汉传因明,中国社科院宗教所的王森老前辈(特邀)写藏传因明,欧阳中石写这一时期的一般名辩思想,唐一明卷由我统稿。我对他说:"中石兄,你这部分资料匮乏,弄不好就往哲学思想上靠了。"他说:"是啊,我也在思考怎么写才好。"那天中午我躺下睡午觉,他却展纸写起了毛笔字,我一觉醒来,他正好写完。只见一张四尺宣纸上写得密密麻麻的,原来是《公孙龙子·指物论》全文,落款是"剑英兄补壁可于枕上仰而读也　　中石",并钤有名章。我不禁大喜,连忙作揖道谢:"辛苦辛苦,你中午不休息,原来是在为敝人写字啊!"他笑道:"你要我静下心来专门为你写一幅字,欠了好几年的债,今天总算还上了。”这幅字他写得确实很认真，花了一个多小时，写了近三百字，一气呵成，竟无一字错漏，说明他对《指物论》已娴熟于胸，书写专注而又心态放松。其用笔或轻或重，字形或大或小，虚实相间，挥洒自如，一如行云流水，无拘无束，飘逸畅达，灵动的风格跃然纸上，绝非一般应酬字可比。而且《指物论》的最后一字恰好落在末后第二行的终端，只留下一行空白落双款，紧凑得颇有险中求胜的味道，这也说明他对整幅字的布局是胸有成竹的(图四)。我一边欣赏一边赞叹，钦佩他真是书法高手。他谦虚地说：“谬奖了，谬奖了！”

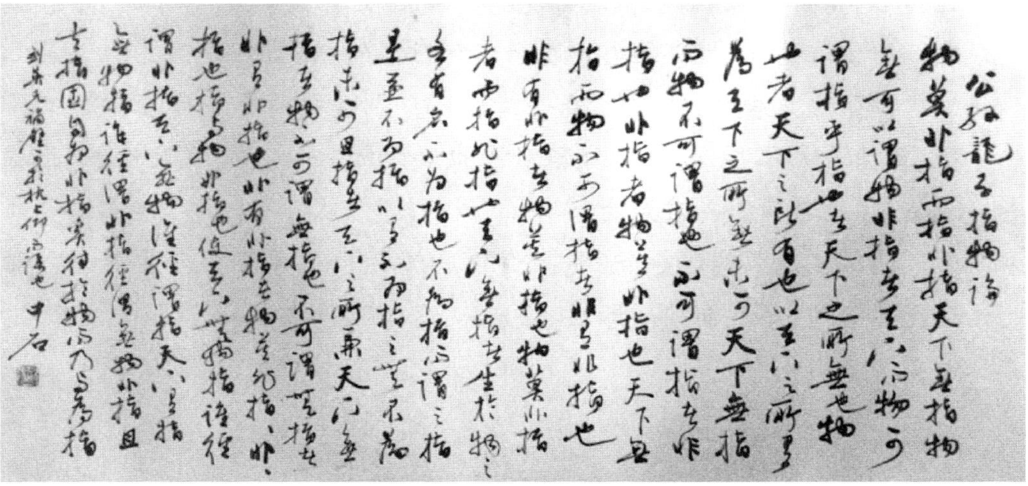

图四

返回上海后，我即请相熟的裱画师裱成镜片，配上红木镜框，悬挂在卧室里。说来也有趣，多年后，我遇车祸，整整卧床两月，真的是日日“于枕上仰而读”他所书的《指物论》，对他的书法造诣有了更深体会，真可谓是文心书面，一无匠气！后来我在电话中告诉他此事，他说：“抱歉，没想到竟是一言成谶了！”彼此哈哈笑过。当然这是后话。

1987 年秋天，他寄来所写的初稿，我看了以后觉得哲学味道还是重于逻辑，所以奉翰函，提出一些修改意见并璧还原稿。我没有留下信件的底稿，所以具体提了什么意见已记不清了。1988 年春节过后，我收到了他的复翰，原文如下：

剑英学长雅鉴：

大札奉读，不胜惶愧，恰值龙头，谨以顿首，既谢罪又拜春釐可也。拙稿已于年前交付　　云之先生（按：即中国社科院哲学所的周云之研究员他是《中国逻辑史》的第一副主编），学长所提各款均已如嘱改正。谢谢

长兄相教。惟关于陆九渊及王守仁者，颇费思索。我又细读了汉明卷之资料（《中国逻辑史资料选》的汉至明卷，其时尚未正式出版，系打印稿），亦觉诚然皆属哲学之者，最后决定此二节索性删去。征之　　云之意见，他亦同意。现全稿皆在他处，我已将

阁下之意告之，想他定会将绪论部分及全稿寄您一审。如仍有不妥，深望吾兄不吝刀斧，径直剪修可也。改稿时见　兄审校极细，正我疏漏，由衷钦敬。再次谢谢。

近闻上海闹病（按：当时上海甲肝流行），望兄多方珍摄是幸。暂时无由会晤，不胜向往。即颂

春安

中石顿首

戊辰元月初六日

戊辰年元月初六即 1988 年 2 月 22 日。这封信写得古朴典雅，中规中矩，在尊称他人时均抬行或空格，足见他是一个颇具古风的学者。我是一个不善于保存信件的人，但这封信却被我珍藏至今（图五）。

是年 12 月初，我乘赴京开会之便去他家造访。其时他家还住在四合院的一间房里，没有电话（当时一般住户都还没有装电话），我无法事先通过电话与他联系，结果空跑了一次，只见到嫂夫人，没见到他本人。嫂夫人说他与票友们唱京戏去了。我知道他多才多艺，曾师从京剧名家奚啸伯（后四大须生之一）学戏，对京剧颇有研究。于是我只坐了一会就告辞出来。由于会议时间很紧，我没能再去造访。后来听说他乔迁至首都师大教工宿舍，我虽然每年都会去京参加会议，但也仅是与他在电话里互致问候，却再未谋面，

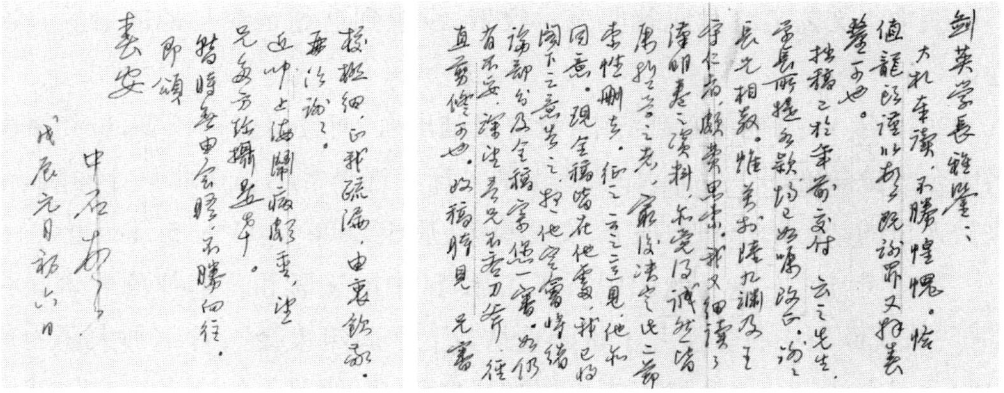
剑英学长雅鉴：

大札奉读，不胜惶愧。

……

即颂

春安

中石

戊辰元月初六日

图五

主要是彼此都很忙，我是教学、研究和杂事缠身，来去匆匆，加上此时他已是书法名家，找他的人很多，我也不便去打扰他。

欧阳中石在调入首都师大后，创建了一个书法教育的平台，获得了极大成功。从开办成人书法大专班开始，逐步发展为本科、硕士教育，1993 年首都师大更是获准建立美术学（书法教育）博士点，1998 年又获准设立博士后流动站。这与他的努力和培养出许多优秀的书法人才是分不开的，他是将书法艺术引入高等教育的第一人。加上他博学多才，书法功底深厚，上法魏晋并汲取历代名家的书法精髓，形成自己独特的书法风格，所以为各界所看重，从而追慕者甚众，他亦因此而于 2006 年获得中国书法兰亭奖——终身成就奖，2013 年又获得中华文艺奖终身成就奖。

2013 年 9 月我老伴朱碧莲辞世，她的学生们要在她的墓地上立碑纪念。我将老伴八十余万言的遗作《〈世说新语〉详解》和拙著《佛教逻辑研究》（二书均为上海古籍出版社 2013 年五、六月间出版）寄赠给他，并请他赐题碑文。蒙他不弃，没过多久即寄下一幅题字：

朱碧莲教授　安息

高文懿德长留馨

中石　拜

我收到题字后即去电致谢，他对我老伴谢世向我致以慰问，我则对他前不久获中华文艺奖终身成就奖表示祝贺，没想到这竟是我与他的最后一次通话。

2014 年 12 月他应邀赴济南，竟突发脑出血，而且出血量较多，虽经济南名医全力抢救挽回了生命，却从此告别书坛。现今常年住在北京疗养院，在医护人员的精心治疗和护理下，安度晚年(后于 2020 年 11 月 5 日辞世)。

2018 年 10 月 28 日欧阳中石年届鲐背，中国文联和首都师范大学联合举行“庆祝欧阳中石教授九十华诞暨从教七十周年大会”，首都师大还为他出版了纪念文集。他虽然不能再握如椽之笔，但他留下的众多墨宝依然焕发着具有深厚文化底蕴的光彩，留存在人们的记忆中。

2019 年 1 月 30 日写毕

论学未名湖

一、受邀与回顾

去年四月初，华东师范大学姚南强教授来电告知，北京大学王勇研究员来沪，要来看望我。我与王教授素昧平生，他既欲屈驾枉顾，我唯有扫径以迎。几天后的一个傍晚，王勇研究员带着他的助手来访。他告诉我，北大宗教系拟举办因明论坛，特邀我去作专题讲演，我听了自然很高兴。因明是一门思辨方法论，唐代玄奘大师由天竺东旋，将之传入中土，曾盛极一时，然宋元以降渐成绝学。后又几经沉浮，故如今亟须作抢救性的研究，北大举办因明论坛，在推动因明研究和培养研究人才上无疑增添了一份重要力量，这是一件大好事，我自然倾力支持，而且我主持的一个国家社科重点项目恰好在前不久完成，可以抽出时间来准备讲稿，所以欣然接受了邀请。

其实早在一百年前，北京大学就在唯识论和因明学的研究上有所作为了。1916 年底蔡元培先生主政北京大学堂，他很重视印度哲学和佛教哲学，尤其是唯识论，故他不拘一格地延请梁漱溟先生至北大任教。梁漱溟先生于 1917 年在北大讲《印度哲学概论》，又于 1919 年讲《唯识述义》，其中均讲及因明，并由此引生吕澂先生与梁漱溟先生关于《理门论》现、比二量颂文诠释的讨论，梁氏起初不服吕氏的批评，后来弄清吕氏所说有据，即表示信服。甚至表示：“我请大家若求真佛教、真唯识，不必以我的话为准据，最好去问南京的欧阳竟无先生。”“还有欧阳先生的弟子吕秋逸先生，欧阳先生的朋友梅撷芸先生也都比我可靠。"〔1〕显示出一个学人求真求实的学术风度。

当时在北大师生中还出现过研讨因明的情况。1919年3月，北大学生陈嘉蔼在同学傅斯年、罗家伦主办的《新潮》上发表《因明浅说》第一品。陈嘉蔼少时学过论理之科，进入北大以后，由学习印度哲学而旁及因明。他在北大学习六年（预科2年本科4年），比较逻辑与因明的长短，撰成《因明浅说》。《浅说》第一品发表后，陈嘉蔼将《新潮》分赠梁漱溟、太虚、冯友兰等人。太虚给以礼节性的好评，梁漱溟和冯友兰则致信对《浅说》第一品中存在的问题提出批评。梁漱溟并在信中对傅斯年在《新青年》和《时事新报》上有关因明的一些说辞提出批评。陈嘉蔼节引梁漱溟和冯友兰原信中的话并给予相应的答诤，由此展开了一场论诤。论诤主要在梁漱溟与陈嘉蔼、梁漱溟与傅斯年、冯友兰与陈嘉蔼之间通过书信往来展开。这些通信的大部分内容由陈嘉蔼整理后，以《因明答诤》为题，刊于《新潮》第十卷第5号。然而陈嘉蔼与傅斯年当时年轻气浮，均强词为辩。在《因明答诤》发表后，梁漱溟又写信给陈嘉蔼作进一步阐述，但陈嘉蔼未作答复，《新潮》也没有刊出此信。当时梁漱溟虽任北大讲席，但很年轻，仅26岁，只比陈嘉蔼、傅斯年大二、三岁而已，冯友兰与陈嘉蔼则是1915年同时考入北大文科中国哲学门的同窗，可见其时年轻的师生与同学之间对因明的讨论还是有相当热度的。

1922年梁漱溟受蔡元培校长的委托，专程去南京"支那"内学院礼聘吕澂至北大任教，但吕澂是欧阳竟无先生的得力助手，结果欧阳先生未予同意，便改请熊十力去北大讲授唯识论。1923年，熊十力所撰《唯识学概论》讲义由北大讲义课出版。1925年，熊十力复在北大开讲因明学，并编撰讲义《因明大疏删注》，随讲随编，当年完成初稿，后经多次修改，于1926年7月由上海商务印书馆出版。《北京大学日刊》于11月中旬连续刊出通讯，宣传

〔1〕 梁漱溟：《东西文化及其哲学·自序》，《梁漱溟全集》第一册第2页，山东人民出版社，2005年。

说:“此书已经商务印书馆印行,较北大讲义课所印者,颇多增改。是书综括纪纲,删削繁芜,简明博大,于佛教因明之精采,阐发无遗。其间颇有创解新知,足以裨益读者神思,诚为希有之名籍,凡治逻辑者,当以是为参考,研内典者,必以是为指南。”确实,熊十力的《因明大疏删注》出版后为治因明者常备。但是,熊十力后来撰《新唯识论》却引发了一场论净,其中也涉及一些因明问题。起初,熊十力在北大讲唯识论,并将《唯识学概论》讲稿络绎寄到南京支那内学院与师友交流,得到支那内学院诸公的支持,并在出版《内学》第二辑时刊出其《境相章》。但是后来熊十力逐渐对唯识学说繁复的名相产生忧疑,决定重砌炉灶,弃旧说而另创新唯识学,著《新唯识论》。他在《自叙》中说:“《境论》初稿,实宗护法,民十一授于北庠,才及半部。翌年,而余忽盛疑旧学,于所宗信极不自安,乃举前稿尽毁之,而《新论》始草创焉。”〔1〕1932年,《新唯识论》由浙江省立图书馆出版后,当即遭到很多质疑,最有代表性的批评是支那内学院刘衡如所写的《破新唯识论》,此文所述承继了欧阳竟无先生的观点,欧阳先生还特为《破新唯识论》作了序,明确表态:“衡如驳之甚是,应降心猛醒以相从。”〔2〕然熊十力不服,又作《破破新唯识论》来反驳,在刘恒如与熊十力的论净中,也涉及若干因明问题的讨论。熊氏的《新唯识论》虽为唯识学重镇之南京支那内学院诸公所不容,却得到蔡元培、马一浮等名流的支持,马一浮还为《新唯识论》作序推介。由于蔡元培校长的支持,1933年2月,熊十力的《破破新唯识论》由北大出版部出版。这一年的秋天,正在北大讲唯识和因明的周叔迦撰写了《新唯识三论判》一书,由北平直隶书局出版,对熊十力的《新唯识论》、刘恒如的《破新唯识论》以及熊十力的《破破新唯识论》都提出了批评。他在自序中说:“余昔年通读三藏,而独苦唯识之书难读,闻黄冈十力前辈,方授唯识于北庠,只以缘悭,无由请益。继而余授唯识于北庠之翌年,熊君自南来,讲说其所著之《新唯

〔1〕《熊十力全集》第2卷,第9页,湖北教育出版社,2001年。
〔2〕《熊十力全集》附卷上,第3页,湖北教育出版社,2001年。

识论》，余购而读之，未竟，友人有以刘定权（刘恒如）君之《破新唯识论》见遗者，熊君因复有《破破新唯识论》之作。纵观三论，始知熊君非真见道者。”“熊君造论，而刘君破之；刘君述破，不唯熊君再破之，余亦非之。”〔1〕其时，太虚法师和印顺法师也都写过评论，熊氏还对印顺的评论写了答辩文章。

周叔迦先生是1930年到北平的，他比熊十力先生年轻15岁。来京后曾任教于北大、清华、辅仁、中法、民国大学、中国大学等高校。1931年，他在北大讲授因明，所撰《因明学表解》讲义，用表解的方法来介绍因明学的理论，讲义由北大出版部印行。1932年他在北大讲唯识论，所撰讲义《唯识哲学》由北大出部印行。后来又讲《因明入正理论释》，用的是他在民国大学讲学的讲义。后来他又用《因明新例》的讲义来讲因明，讲义由北大初印，1936年由上海商务印书馆出版。《因明新例》比较通俗，流通较广。

此外，还有一位陈大齐先生也是老北大的因明重镇。他在北大的时间更早、更长，1914年就任教于北京大学堂了，曾任教授、系主任、院长、代理校长等。他原本教的是心理学，后来研究兴趣转向了逻辑学，并由逻辑涉猎因明。曾撰《因明入正理论浅释》一书，1933年戴季陶为之作序。他在北大讲逻辑时常与因明作比较。后来又撰《因明大疏蠡测》一书，这是他于1929年当代理校长前后开始着笔的，他在代理校长任内一年有余，然后调任国民政府考试院从政，一直到1938年才在国民政府考试院考选委员会委员长任上利用公余之暇完成此书的。出版则更晚，迟至1945年8月才由私人助印面世。此书有重要的学术价值，虽非完全在北大任职时撰成，毕竟始于北大，故亦在此记上一笔。1950年代以后，陈氏在台湾又有因明著作问世，就不在此列了。

5月下旬，北京大学王勇研究员发来微信见示，我讲学的时间定在6月22日。过了一段时间，他又发来海报，是彩色的，有我的半身像，以及讲

〔1〕 周叔迦：《佛学论全集》第2册，第605页，中华书局，2006年。

演题目和时间地点等。

我由内人陪同，乘6月21日东航班机赴京，抵达北京已是将近下午2点，来接机的是博士生汪楠。她在出口处一见到我隔着老远就机灵地招手。从机场到北京大学乘出租车要一个多小时，从闲谈中得知，原来她是中国人民大学哲学系杨武进教授的博士生。杨武进教授我是熟识的，我与杨教授的导师孙中原教授也有三十多年的交谊。车子开到北大，王勇研究员已在我下榻的光华管理学院宾馆等候多时了。一番寒暄后，王勇研究员陪我们乘电梯上3楼登记入住，嘱我好好休息，晚间参加欢迎宴会。

左起：王勇、刘培育、沈剑英、李四龙

下午5时许，博士生汪楠来接我们去不远处的北大博雅国际酒店，在一间宽敞的包房内，中国社会科学院哲学所的刘培育教授和北京大学人文学部副主任、佛学教育研究中心主任李四龙教授，以及王勇研究员等几位师生都已先期到达。我与刘培育先生40年前相识于杭州西湖边上的蝶来饭店，此后也经常见面。去年夏天在浙江大学参加第二届因明学国际会议时，我们有幸在蝶来大酒店（原蝶来饭店）聚餐，又重温旧事，我还即席吟咏了怀念故友的一首七律。这次他听说我来北京，特意赶过来看望我。北大的李四龙教授是一位中年人，我们虽是初会，但他告诉我与小女沈海燕（上海大学哲学系教授)相熟,二人是同行,学术上有交流,我们的关系一下子就拉近了,彼此相谈甚洽。席间,王勇研究员谈到他在中东阿拉伯国家的文献中发现有印度因明的相关内容,我殊感好奇,希望他能将相关情况整理出来,进行研究。刘培育教授得知我这次演讲的题目后说:“这个题目可是有点深!”我说:“确实比较深,不过讲的时候我会由浅入深、深入浅出的。”晚宴后,又合影留念,体现了邀请方的一片热情。

二、重游未名湖

第二天早餐后,我在内人陪同下从光华管理学院宾馆出来,重游了北大未名湖。1979 年秋,我第一次来北大访友,曾匆匆参观过未名湖,只觉得博雅塔挺雄伟,未名湖则有些荒凉,大概是经历十年动乱,年久失修之故吧。我那次来北大,主要是造访南亚研究所副所长王心川先生的。那时的南亚研究所由北京大学与中国社会科学院联合主办,所址就设在北大。后来王心川教授来上海公干,亦顺道至华东师大一村舍下小叙。岁月如流,数十载匆匆而过,王先生如今年届鲐背,听说已回到江苏常熟老家去安度晚年了。而我则以杖朝之年来北大讲学,得以重游未名湖,怀旧之心油然而生。

沈剑英与夫人时桂芬摄于未名湖西岸,背景是博雅塔

未名湖的早晨,一片宁静,只有几个年轻人坐在博雅塔下湖边的长椅上喁喁私语。湖边最引人注目的要数博雅塔了,它挺拔地耸立在未名湖东南角岗丘上的松柏丛中。朝曦将塔影印在湖面上,晨风习习,水波漾漾,涟漪映光,恰如

给塔影披上了一层轻纱。博雅塔并非真正意义上的佛塔,它其实是一座建在水井上的水塔,建成于 1924 年,屹立在岗丘上至今已近百年。当初是为燕京大学供水所需而建。为了与周边的古典建筑群相协调,所以将水塔建成仿通州燃灯古塔密檐十三层的样式。

站在博雅塔下的湖边向西望去,可见偎依在湖心岛东岸的石舫基体,光秃秃的,有几个青年男女在那里走动。据说石舫义。义上原有画舫式样的木构建筑物,1860 年英法联军火烧圆明园时被毁。

我沿着南岸小径漫步而行,时值初夏,湖周岗丘上树色森森,亦令人心怡神爽。走了没多时就见到一座红色的单体建筑,这就是所谓的花神庙。花神庙其实是原慈济寺的山门,慈济寺失火焚毁,仅存此山门孤立于湖边。据说当年莳花太监常来此处祈求花神护花,故后来又称此山门为花神庙。从花神庙南面拾级而上,在被焚的慈济寺原址,埋葬着著名美国记者埃德加·斯诺的骨灰,碑文为周恩来所拟。汉白玉的墓碑上镌刻着"中国人民的美国朋友埃德加·斯诺之墓"16 字,系叶剑英所题。

从斯诺墓下来,复沿着南岸往西而行,经过一座小石桥,便来到建在岗丘上的临湖轩。临湖轩是一座掩隐在翠竹与青松之中的三合院古典建筑,是未名湖畔享有盛名的处所,原系燕京大学校长司徒雷登的住所,它的厅堂常用来举办舞会和婚庆,如 1929 年吴文藻和冰心的婚礼,1935 年费孝通夫妇的婚礼都是在这里举行的。"临湖轩"之名是 1931 年由冰心所起,后来又请北大文学院院长胡适题匾额,悬挂在大厅的门楣上。

从临湖轩出来,继续沿着湖边小道漫步而行,不远处可见一石碑,就近细看,原来是乾隆诗碑。碑身横立,碑身两面均有乾隆题于丁未年(乾隆五十二年,1787)的诗各一首,此时乾隆已是七十八岁的古稀老人。诗虽写得平平,但各记一事,并加自注,亦颇可读。一首是七言诗《种树》,记种松有感;一首是五言诗《土墙》,记昔年为练虎神枪而筑五尺土墙以防枪子伤人。题诗之后均钤有"古稀天子之宝"和"犹日孜孜"二印。这座碑非常精致,碑身与碑座四边均饰有双龙戏珠的浮雕,尽显皇家气派。据说原系圆明园畅春园的遗物,燕京大学建校后移至此处。

在乾隆诗碑旁不远处,立有蔡元培先生的铜像。蔡先生在北大人的心目中是“永远的校长”。他任北大校长将近十一年(他自称“实际在校办事不过五年有半”),对北大乃至全国的教育事业影响深远。蔡元培先生的铜像后面树木葱茏,铜像前鲜花铺地。我在像前徘徊凭吊良久。

在乾隆诗碑西侧小丘上有一座尖顶圆亭,走近一看,原来是一座钟亭、内悬大铜钟,钟体上雕饰着多幅二龙戏珠的图案,并有满汉两种文字纪年,汉文是“大清国丙申年捌月制”,可见这是一件古物,铸造精美。钟亭的构造很精致,有六柱围绕,梁上内外均画有花鸟、山水、人物等彩绘。后来得知,这钟亭之所以建在山丘上,是为老燕大报时所用,钟声可响彻全校,现在则纯为未名湖畔一景(可惜钟内有不雅涂鸦)。

从钟亭下来,沿湖走去,可见湖中有一翻尾石鱼置于水面,下有石基。石鱼体形硕大,鱼口朝上,翻尾及背,雕工精美,栩栩如生。据说翻尾石鱼原系圆明园旧物,圆明园被焚毁后,几经转展移置于未名湖。然“文革”中又遭劫难,被推翻沉入湖底而受损,后经修补重立于湖中。湖边立有“未名湖”石碑,然只是一块铭石,并非文物。

再往前走,就到了未名湖的北岸,这里排列着两个坐北朝南呈品字形的古建筑群,这就是德、才、均、备四斋,每两斋的中间有一座庑殿顶的二层正房,左右两斋则是歇山顶的二层楼房,正房与两斋间有上、下两层走廊相连。四斋的南面山墙外均有廊柱,气势壮观。据说当时购买燕大校园的地价是四万银圆,而德、才、均、备四斋的建造费用却大大超过购地的总价!

在备斋前的湖岸边,有一座西式束腰平桥通向湖心岛,我过桥时漫不经心,没仔细观察,只觉得其束腰的桥形有些奇特。事后一查,原来此桥也颇有来历,乃圆明园西洋楼方外观的遗物,方外观是乾隆所宠爱的香妃做礼拜的清真寺,此桥是香妃去方外观时的必经之桥。此桥当在 20 世纪 20 年代移至此处。过了桥就是湖心岛,湖心岛上遍植松、枫,岛上筑有一座八角亭、雕梁画栋,廊柱环绕,古色古香。岛亭外观为一层,实际上有台阶可通地下一层。此亭建于 1930 年,是为纪念燕大副校长鲁斯义而建,故又名鲁斯亭。走下岛亭,我在岸边近距离又仔细观察了石舫,然后返回备斋。

在备斋的左后方,又有体、健、全三斋,形制各异。其中体斋是一座八角亭式的两层楼房,比较小巧;其后的健斋则体型较大,体、健两斋间有廊梯相连。全斋更在北面,我没有再过去,便又折返湖边。

沿着湖岸往东走去,可见嵌立在小丘边山石之中的石屏风。石屏风由四块长条青石组成,每块条石上题有一句诗,每句诗的四周有浮雕的边框,边框上端雕有卷边荷叶和回云,下端雕有两排莲花(均为浮雕),很精致,形似四扇条幅,故此景亦称四扇屏。四扇屏上所刻的四句诗很有意思:第一句"画舫平临蘋岸阔"(似指泊在湖心岛边的石舫),第二句"飞楼俯映柳阴多"(似指其旁的古典建筑群)。第三句"夹镜光澄风四面"(似指未名湖碧波荡漾),第四句"垂虹影界水中央"(似指未名湖沿岸柳丝依依)。其实四扇屏并非此处旧物,据说乃是圆明园福海南岸"夹钟鸣琴"的遗物,圆明园被焚毁后,四扇屏几经转展才移至未名湖边。上述四句诗当是咏"夹钟鸣琴"景色的,所云乃与未名湖畔景色巧合而已。四扇屏的题诗之后未落款,有云为乾隆御笔,故又称乾隆四扇屏。

沿着未名湖东岸向南而行,只见在假山和树木的掩映下有一排颇为壮观的古典建筑,由主楼和两侧耳楼组成,上盖庑殿顶,下有须弥座式样的台基,很有气派。原来这是一座体育馆,内分地上、地下二层。据说此馆建于 1931 年,原名华纳体育馆(因由美国人富兰克林·华纳捐资所造),现名第一体育馆。在此馆后面,有一很大的操场,我来的时候,就是沿着操场东边的小路走到博雅塔下的。

从体育馆出来,沿着未名湖东岸又走回到了博雅塔下。我走上浓荫环抱的塔基,在长靠椅上稍憩。近旁立有一碑,记载着国务院于 2001 年 7 月 18 日公布北大未名湖燕园建筑群为第五批全国文物保护单位,吾心不由肃然。游览了一上午,有些累了,便原路返回宾馆。

三、走进“哲学门”

因晚上有讲学任务，下午在宾馆客房内休息，并对晚上的讲学内容再作一些思考。现在讲学时兴用 PPT，我们老一辈的人只会粉笔加黑板的老一套，不知道怎么做 PPT。临来北京前，儿子根据我的讲稿帮我做了一个，输入我的平板电脑（我 82 岁时才学用平板电脑写文章），说是讲学时可由接待我的博士生按照我讲学的进程代为操作。但是来北京后我一看不太合意，又来不及重做，故决定弃用。反正北大宗教系已将我的讲稿打印出来，听讲者人手一份，我需要引用文献时只需照着讲义讲即可。但是我讲的题目确实有点深，所以一下午我都在思考如何深入浅出地来讲演的方案。

晚饭后博士生汪楠来接我，乘电梯到底层大厅，见汪楠的博导杨武金教授也来了。寒暄过后一起向镜春园走去，大约走了十来分钟就来到了未名湖东北侧镜春园遗址内的人文学苑。这是包括哲学系、宗教系、中文系和历史系等所在的一组古典建筑群，红墙黛瓦，错落有致，辅以开阔的庭院，并有碧水相依，景观颇为优美。王勇研究员和李四龙教授已在“哲学门”的楼前迎候，我们快步上前。趁着天色未暗，博士生汪楠赶紧给我们合影留念。

这是一幢二层的古典式建筑，门楼上方悬挂着褐底金字的门额，上书“哲学门”三字，正门两侧挂着褐底金字的“哲学系”和“宗教学系”两块直牌。“哲学门”是北大早期设立科系的名称之一，如冯友兰于 1915 年考入北大文科中国哲学门，所以当我看到门额上的“哲学门”三字，忽生怀旧之感。

我随着众人进入哲学系最大的一间会议室，此室约可容纳百人。参加听讲者多为北大、清华、中国人民大学等校的硕博士生和老师。讲演开始前，有好几位听讲者拿着我写的几种著作来要求我题签。其中多为中华书局出版的《因明正理门论译解》一书。我深为好奇，这么冷僻艰涩的书他们居然也会买来读，我一问才知道，清华大学书法研究所有一个读书小组，参

加者多为清华、北大、中国人民大学的硕博士生和博士后，正在借助我的译解学习《因明正理门论》（这是印度中古时代逻辑之父陈那的奠基之作），令我颇为感动。

论坛由王勇研究员主持，人文学部副主任李四龙教授致欢迎辞，显得颇为隆重。我的学术讲演，原题是《因明六因理论与西方言语行为理论》，邀请方在出海报时改成了《因明六因理论探析》，大概是出于文字上简约的考虑吧，我没有反对，但是我讲演的时候，还是将二者作了比较阐发，反正“探析”的范围可大可小，不妨碍作比较研究。

我在讲演中首先指出，自唐代三藏法师玄奘西游东旋，引入印度的新因明以来，因明之学曾盛传一时，后来几经沉浮，几成绝学。但它毕竟是世界三大逻辑源流之一，何况它已经融入中华文化，更在藏传佛教中享有重要地位，故亟须拯救和弘扬。然后转入正题，诠释了几个问题：

一、因明中用到“因”这个词，大致分别指谓三个概念：一是狭义的因，即三支论式中的因（相当于逻辑三段论中的小前提甚或中词）；二是宽义的因，即将因和喻（喻相当于大前提）合称为因，亦即推理的前提；三是语用意义上的因，这个“因”指的是由宗（宗相当于论题或结论）和因、喻三支组成的整个论证式。这个语用意义上的“因”，正是本次要讲的六因理论所谓的

“因”。它是从论辩中立论者与敌论者二元对立的层面来剖析其言语施受的过程,将施出的过程分为言生因、义生因和智生因三种,将听受的过程分为言了因、义了因和智了因三种。

二、六因理论在印度本土已不见于文献记载,最早的记载见于玄奘门下大德文轨和窥基等人据奘师口义所撰的论疏,所以六因理论当由玄奘大师首传于我国。国外研究印度逻辑的学者包括印度本国的量论学者并不了解六因理论。所以我们在参加尼泊尔召开的量论国际学术会议上所作的关于六因理论的学术报告,引起与会各国学者的浓厚兴趣。

三、我将因明的六因理论与西方语言哲学家奥斯汀和塞尔的言语行为理论作了比较分析。奥斯汀和塞尔将言语行为分为语谓行为、语旨行为,语效行为三种,大体上对应于六因理论中的言生因、义生因和智了因三种,不及因明六因理论详备。当然,言语行为理论所构建的是一个语旨(语义)逻辑系统,这是六因理论无法与之比拟的。不过二者都是从言语施受过程着眼的,只是侧重点不同,各有短长而已。因此六因理论实际上也就是印度中世纪的言语行为理论。

然后是提问和答问。看来整个报告会的气氛还不错,令我颇为自慰。散会后又有几位要求与我合影,然后谦恭握别。

我在北京只住了两晚,第三天一早就离京去了秦皇岛。乘着讲学之便,顺道游览了北戴河和山海关,圆了我多年来的心愿。

(原载《上海民进》2020 年第 3 期)

忆　苏　青

一、苏青是海派作家的代表人物

苏青是20世纪三四十年代海派作家的代表人物，不过湮没已久，直到20世纪80年代末张爱玲重新受到热捧，苏青才又受到人们的关注。张爱玲和苏青是文坛知己，张爱玲在为苏青的《浣锦集》所作的序《我与苏青》中说："把我同冰心、白薇她们来比较，我实在不能引以为荣，只有和苏青相提并论我是甘心情愿的。"确实，当年苏青受读者热爱的程度要高于张爱玲，如苏青的首本散文集《浣锦集》重印了19版之多，《结婚十年》竟重印了36版，书贩和日本浪人的盗版更是不计其数，远超张爱玲出版于1944年的散文集《流言》和短篇小说集《传奇》。但是如今说及苏青反倒要拿张爱玲来反衬她了！不过张爱玲于1952年去了香港，并于1957年赴美定居，后续的创作时间很长，产出的作品繁多，又被频频搬上银幕和荧屏（如《半生缘》《色·戒》等），受众更多，影响亦就更大了。

苏青原名冯和仪，字允庄。1914年出生于浙江鄞县（今宁波鄞州区）。1933年考入中央大学外文系，后随其夫李庆后移居上海而中断学业。

但由于婚姻之不如意，婚后十年终于与其夫分手。她过去写稿，最初是为了排遣心绪，后来也为了贴补家用，“绝没有做一个终身写作者的愿望”（《结婚十年序》），不过与丈夫分手后，她找不到工作，不得已只能卖文为生。苏青说：“这时的上海已成为沦陷区，所谓正义文化人早已跟着他们所属的机关团体纷纷避往内地去了，上海虽有不少报章杂志，而写作的人数却大为减少起来，我试着去投稿，自然容易被采用了。……不过我以前写文章署名总用‘冯和仪’的，从那时起便改用‘苏青’了。……我的意思大概是预备把卖稿当作一个短时期的生活方法，不久以后仍希望能有固定的职业，有固定的收入可以养活自己和孩子。”后来“文章愈写愈多起来了，‘苏青’这个名字也渐渐有人知道了……我只好死心塌地地做职业文人下去了。”（《关于我——〈续结婚十年〉代序》）

苏青所处的时代，正是上海孤岛时期和日伪时期，沦陷区的作家大都只能以市民生活和世俗人情为主题来写作，苏青也是如此。苏青说由于生活经验不太丰富，“于是文章材料便仅限于家庭学校方面的了，就是偶尔涉及职业圈子，也不外乎报馆、杂志社、电影戏剧界之类。至于人物，更非父母孩子丈夫同学莫属。”（《自己的文章——〈浣锦集〉代序》）“我没有高喊打倒什么帝国主义，那是我怕进宪兵队受苦刑。”但“我在上海投稿也始终未曾歌颂过什么大东亚”。（《关于我——〈续结婚十年〉代序》）

确实，苏青没有写过媚日的文章，她的作品大都是饮食男女一类，她揭露附庸于男性的女人之辛酸与不幸，率性而论，大胆直白，笔触尖锐，入木三分，妙语如珠，扣人心弦，因此她的作品能引得广大读者的共鸣，苏青之名也就不胫而走了。

苏青的第一本散文集是《浣锦集》，出版于 1944 年 4 月，其中收录了她 8 年来所写的散文五十余篇。同年 7 月，她又将 1943 年 4 月开始在《风雨谈》杂志上连载的长篇小说《结婚十年》结集成书。1945 年 2 月苏青又出版了她的第二本散集《涛》，其中有几篇是以小说的形式写的散文。同年 7 月，苏青的《饮食男女》出版。同年 8 月《逝水集》出版，但这本散文集中所收的文字除了《一个梦》外其余皆与《饮食男女》和《涛》中的文章重复。1947 年春节后《续结婚十年》出版。1946 年 5 月 12 日至 23 日在《新夜报》副刊《夜明珠》上连载小说《九重锦》。1948 年长篇小说《歧途佳人》出版。另外还有《鱼水欢》、《荇小眉》等集子。苏青的作品以散文为多,小说次之;张爱玲则是以小说为主,散文并不多见。

除了写作,苏青还创办杂志。1943 年 10 月,她创办了《天地》月刊。该刊第二期发表了张爱玲的文章,二人由此相交相知。

苏青与张爱玲是文坛姐妹花

《天地》月刊自 1943 年 10 月创刊至 1945 年 6 月停刊,共出版 21 期,存续的时间较长。但 1944 年 8 月她另外创办的《小天地》,却只出了两期便停刊。1945 年 8 月,她又与周文玑合办《山海经》杂志,亦遭冷遇,仅一期而终。

与此同时,她又办了天地出版社,除出版发行《天地》杂志外,还出版自己的作品。《浣锦集》《结婚十年》《涛》《饮食男女》《逝水集》都是天地出版社出版的。1947 年她又办四海出版社,出版《续结婚十年》。1948 年办天地书店,出版《歧途佳人》。她编杂志、办书店、跑印刷、搞发行,管财务收支,杂事缠于一身,非常辛苦,表现出她是一个能吃苦、善经营、独立自强的女性。

二、难忘的交往

我与苏青在20世纪50年代有过一段交往,岁月匆匆,虽已过去六十余载,往事却时时萦绕心头,难以忘怀。

1953年夏,我奉命从部队文化学校调到部队文工团搞创作。部队文工团的驻地是处于市中心贵州路北京路口的湖社(贵州路263号),这座房屋建于1931年冬,原为陈英士(民国首任沪军都督)纪念堂,是一座具有历史意义的建筑。湖社的近邻是两座同样历史悠久的戏院:门对面是隔着贵州路的金城大戏院(今黄浦剧场),建成于1933年,开始专放电影,有"国片之宫"的称号,1935年上映《风云儿女》,首次奏响了《义勇军进行曲》。隔着北京路的对面是丽都大戏院(贵州路239号),建成于1926年,原名北京大戏院,1935年更名为丽都大戏院。此时正是尹桂芳领衔的芳华越剧团长驻演出的剧场,身处这样的环境,我与苏青不期而遇了。

当时丽都大戏院正在上演《卖油郎》,戏院大门旁的大海报写着编剧冯允庄,导演司徒阳的大名,我便想去拜会这两位先生。一天上午我去丽都大戏院,守在后台门边的工作人员听我说明来意,又见我是解放军,便进去通报。没多少时间,出来一位穿着朴素的中年女性,说:"我是冯允庄,请问有什么事吗?"我原以为冯允庄是位先生,不意是位女士。忙说:"我是对面湖社里部队文工团的编剧,特地来拜访讨教的。"她连说"哪里哪里",便引我进入后台一间办公室。她向我介绍了改编《卖油郎》的大致过程。我感到她说话很直率,容易亲近。那天导演司徒阳不在,我与苏青互留了电话,便告辞出来。数日后,我终于见到了导演司徒阳。他似比冯允庄年轻一些,身材微胖,颇为干练的样子,我们相谈甚洽。当时芳华越剧团是私营剧团,盈亏全靠票房收入,所以每天都演日夜两场,星期日还要加演早场,演员非常辛苦。而且上演新戏之前的一段时间,上午还要参加排练。我有暇时就会去看司徒阳给演员排戏,有时编剧冯允庄也与我坐在一起看排练,互相交流一些看法。我也邀请冯允庄到湖社来参观叙谈，如此一来二去，我们就成了忘年之交。她那时也只有39岁，不过比我年长不少，我就尊称她为冯大姐。

一次她来湖社，送了我一本书，是《结婚十年》，我说："这本书我在1948年读大学的时候从同学手里借来看过的。"苏青笑着说："这是我写的书，送给你留个纪念吧。"我这才知道冯允庄原来就是名噪一时的苏青！于是我们便聊起过去有关《结婚十年》的一些评论问题。我说："人家说你是'大胆女作家'，你怎么看？"她说："说我直爽、坦白，我的个性确实如此，但有些人说我'大胆'却含有贬义，意思是我书中有什么不雅的描写似的，其实是这些人阅读时动机不纯。"我同意她的说法，彼此谈得很投缘，所以她也就滔滔不绝地说起一些人如何攻讦她，为此她也曾在文章中反唇相讥过。听了她的一席话，我对她有了多一层了解。她比我年长18岁且社会阅历丰富，却能与我这个阅世不深的年轻人作如此坦露心迹之谈，令我内心生起对她的好感。那时我正根据屈原的《九歌》编写了一部大型歌舞剧，于是我拿出剧本来向她请教，她欣然接下剧本，答应拿回去细看。

几天后，我应约去丽都大戏院与她会面。她说她饶有兴致地看完了我的剧本，问我："你怎么对屈原的作品这么熟悉？"我说："我非常喜欢楚辞，最早是受了郭沫若《今昔蒲剑》的影响，后来便常向复旦大学中文系蒋天枢教授请益。"她说："我想将郭沫若的《屈原》改编成越剧，但屈原的《离骚》很难懂，你能帮我解解疑吗？"我说："你的古文底子比我厚，我怎么敢为你解疑答难呢？不过《离骚》我倒是钻研过的，我们可以一起讨论。"于是她约我星期日去她家谈。

苏青住在八仙桥一带的自忠路244弄7号，星期日那天我应约前往。这是一幢假三层的石库门房子，门楣上还镌有"乐石"二字，进了大门就是天井。我从小生活在石库门里，这是上海最为普遍的住宅楼。苏青住在二楼，亭子间也是她家的。二楼前楼摆着一张八仙桌和几把椅子，陈设简单朴素。一上午我们都在讨论《离骚》，中午时她留我吃饭，我也不推辞。我们边吃边谈，话题就转移到改编郭沫若的历史剧《屈原》上面来了。我说郭沫若的历史剧《屈原》写于抗战期间，宣扬屈原的爱国主义精神是有时代意义的，但他在剧本里将宋玉描写为无耻小人却是歪曲历史的。宋玉悲秋是千古绝唱，《九辨》与《离骚》一脉相承，所以自古屈宋并提，不应该一褒一贬。我见苏青含笑不语，便问她是否同意我的意见。苏青说："这是戏剧艺术，艺术是允许虚构的。"我说："宋玉是历史人物，将他虚构成无耻小人总是不应该的。"苏青说："曹操是一个政治家，在历史上作出过贡献，应该是个正面人物，但《三国演义》却将他塑造成挟天子以令诸侯的奸臣，后来各种戏曲也都是将曹操作为奸臣来表演的。"我说："《三国演义》的作者罗贯中是明朝末年的人，他出于正统观念将曹操塑造成奸臣可以理解。现在时代不同了，应该以历史唯物主义的观点来塑造历史人物，应该在这样的基础上作艺术虚构。"苏青说："你的话是不错的，但我改编郭老的剧本，很难作太大的改动。"我想想也是，郭沫若身份显赫，改编他的作品怎么能作大的变动呢？我的这些看法，说说而已，难道还能写文章去与郭沫若商榷吗？

一天苏青告诉我，她与尹桂芳要去北京观摩赵丹主演的《屈原》。但她这一去却在北京待了半个多月，原来经北京的一位记者介绍，她认识了文怀沙并在其家里住了半个月，似乎颇有收获。她还将文怀沙书赠予她的一张条幅拿给我看。我说文怀沙的《九章今译》《九歌今译》《离骚今译》我都有，质量还可以。她见我对文怀沙著作的评价一般，便说："人家可是楚辞专家。"我说："'今译'之类的书只是普及性读物，文怀沙好像还没有学术性著作。"

大概过了两个月，她的剧本写成，向我征求意见。我坐在后台的一间屋里一口气读完，觉得剧本改编得挺不错的，唱词通俗，韵脚整齐，朗朗上口。我提不出什么修改建议，只是礼节性地赞扬了几句。这时导演司徒阳走了进来，他说正在研究排演方案，不日即可开排。

《屈原》一剧终于开排了，导演司徒阳很辛苦，不仅给演员讲剧情，解释人物间的关系，有时还要一招一式地指导。主演尹桂芳也很虚心地听导演的指导，长期以来，她擅长演风流小生，总是一出场就获满堂彩，现在要扮演屈原,这是她从未接触过的角色,有些不知所措。在北京观摩赵丹主演的话剧《屈原》时,她向赵丹请教,赵丹告诉她:“你不要单单注意我的舞台动作,要领会我内心的表现。”赵丹的话说得很中肯,但她觉得这很难把握。一日午后我去丽都大戏院后台,见尹桂芳在她的化妆室里静坐,我进去跟她招呼后坐在她的化妆桌边,她说:“在北京时田汉对我们说,你们要把《屈原》改编成越剧,勇气不小啊!”我确实心中没底,不知道如何演屈原这个角色。有人劝我读点屈原的作品,但我文化低,不要说原文,就是读译文也很难理解。这时苏青也进来了,我们一起劝她不要犯愁,并为她讲屈原的生平和历史背景,让她对屈原所处的时代和屈原的经历以及精神世界有所了解,后来她的心态似乎放松了许多。

《屈原》在进入彩排阶段前,又发生尹桂芳演屈原这个角色要不要戴胡须的问题。尹桂芳不想戴胡须,因为她一向以风流潇洒的小生面貌出场,装上胡须就改变了形象,怕老观众不接受。苏青和导演的意见是屈原这个角色应该有胡须。正相持不下之时,文怀沙来到上海,大家征求他的意见,他认为屈原此时的年龄在 40 岁左右,不算老,有没有胡须都可以,但画中的屈原都是有胡须的。苏青认为,赵丹扮演的屈原就是有胡须的,这在观众的心目中已留下深刻的印象,所以她力劝尹桂芳鼓起勇气戴上胡须,一定会得到观众认可的。在众人的力劝下,尹桂芳终于同意戴胡须了。

我向苏青要了三张彩排观摩票,告诉她要请复旦大学蒋天枢先生和蒋师母一起来看戏,蒋师母挺喜欢看越剧的。苏青听了很高兴,她也很想与蒋天枢先生谋面。彩排那天,蒋先生夫妇如约而至,我们的座位是第 5 排贵宾席,离舞台近而又无需仰首。剧终以后苏青赶过来与蒋先生寒暄,蒋先生对此剧称赞不止,然后彼此握别。但此后苏青似乎并没有与蒋先生有什么联系。

《屈原》一剧于 1954 年 5 月在丽都大戏院上演以后,天天客满。我的宿舍是湖社 4 楼一间朝南的房间,每晚站在窗前便可见丽都大戏院大门口灯火辉煌,门边售票窗口外的人行道上排着长长的队伍(其中不乏众多“黄牛”），等着买第二天的票子，这可是通宵排队！为此苏青很兴奋，她告诉我：“前几天田汉先生也来看过戏了，特地跑到后台来找我，说我改编得很成功。他对尹桂芳的表演更是赞不绝口。”

同年10月，《屈原》一剧参加华东六省一市的戏曲会演，演出阵营强大，合作越剧团的戚雅仙、云华越剧团的商芳臣、新新越剧团的许瑞春等主要演员均来加盟出演角色。当时我作为一名部队文艺工作者亦每日忙于观摩，常常是一日要跑两个剧场，不免有点疲惫，但《屈原》观摩演出时我还是重看了一遍。这场演出确实更为精彩，好评如潮，也荣获了不少奖项。苏青本来应该获得编剧奖的，评委会讨论再三，还是碍于她的“历史问题”而未通过，而且为了求平衡，连导演奖也不给了。但苏青还是想不通，曾向我吐过苦水：“我做得再好也讨不到好！”说是这么说，接着她又在计划下一部戏的创作了。

1954年10月，毛泽东发起批判俞平伯以所谓资产阶级唯心论的观点研究《红楼梦》的运动，《人民日报》也发了社论，于是《红楼梦》这部古典名著便成为广大群众新的关注点。苏青抓住这一热点，着手编写越剧《红楼梦》，至成稿时觉得内容主要写宝玉与黛玉的爱情悲剧，便改名为《宝玉与黛玉》。经我介绍，她将剧本寄给复旦大学中文系贾植芳教授征求意见。贾先生于1955年元月5日给她回了信并寄还剧本，剧本上附有一些修改意见，是贾先生请即将毕业的学生潘行恭代劳的，潘行恭茶对古典文学有一定造诣。这时《宝玉与黛玉》排练已近尾声了。

彩排那天，苏青要我请贾植芳先生来观剧，贾先生欣然接受邀请。开场前苏青与贾先生见了面（这是二人首次谋面）。苏青告诉我们，这天扮演王夫人的演员生病不能上场，导演司徒阳临时拉了一位并未参加过排练的丑角演员来救场，只是在化装时给她讲了与王夫人有关的剧情、对话和唱词内容，还不知道演出时会不会出纰漏。听了苏青的内幕消息，我在观剧时很为这位临时拉来救场的演员捏把汗。没想到这位经验丰富的演员竟然能从容上场，即兴编唱应付下来，好在王夫人的戏不多，演员没有露出马脚。看完戏苏青赶过来说，她与导演司徒阳、作曲连波邀请几位嘉宾去天香楼吃饭。

天香楼好像就在贵州路，离丽都大戏院不太远。入席后经苏青介绍，另两位嘉宾原来是著名导演苏灵和女作家赵清阁。苏灵，四十五六岁的样子。他执导的电影很多，我在银幕上常见其大名，但还是第一次见到其本人，听苏青介绍，他是上海电影制片厂导演，善于将戏曲拍成电影。赵清阁是作家兼剧作家，与苏青同庚，四十刚出头。苏青介绍说，赵青阁在重庆时曾将《红楼梦》改编为话剧，当年受到众多好评。席间大家边吃边聊，对《宝玉与黛玉》一剧作了颇多肯定，也提出了一些具体的建议。通过这次见面，苏青与贾植芳先生建立了联系，但也埋下了意料不到的政治隐患。

《宝玉与黛玉》一剧更迎合越剧观众的口味，上座率一直居高不下，竟连演了三百多场。剧团里人人兴高采烈，苏青在剧团里更受重视，这使她从过去的委屈情绪中解脱了出来。一次她告诉我："剧团给我三百元一月的工资，我也对得起剧团了！"在当时能拿到三百元工资的人并不多，这相当于 1956 年工资改革后二级教授的工资了！但她的工资在剧团里尚属中等水平，导演司徒阳的工资是 500 元，尹桂芳最高，月薪 900 元（旧时戏曲界称"包银"）。从 1953 年到 1955 年，是新中国成立以来她过得最顺畅的一段时间。

1955 年上半年部队搞正规化，我所在的文工团即将与另一文工团合并，我也即将转入地方工作，苏青知道后便欲推荐我去芳华越剧团当艺术指导，但我不想去，因为我的志趣是想到高校去从事文学研究兼搞创作。此时不意一场运动将我牵连了进去，自此以后我与苏青便"动如参与商，此生不相见"了。这之后苏青的不幸遭遇，我是在 20 世纪 80 年代后期才获悉的。虽然改革开放以后我重获政治上的新生，在工作上、事业上都有了很大发展，但当时我还以为她已随芳华越剧团去了福建。

三、"歧途佳人"终以悲剧落幕

缠在苏青身上的历史绳索，还是她与陈公博以及周佛海夫妇的关系。陈公博与周佛海都是政治变色龙。二人早年皆信奉共产主义,并参加中国共产党的成立大会(一大),周佛海还被选为副总书记。但陈公博于1922年退党,周佛海于1924年退党,并相继参加国民党,他们都曾追随蒋介石并受信用,其间陈公博又曾追随汪精卫,成为改组派的代表人物,后来又投蒋成为蒋氏侍从室(相当于中枢机构)副主任。周佛海也是蒋氏侍从室副主任。抗日战争爆发以后,二人皆属投降派,1938年底随同汪精卫逃离重庆,与日寇勾结,并于1940年3月协同汪精卫在南京成立伪国民政府。陈公博是汪伪政府二号人物,周佛海是汪伪政府的重臣。二人均先后担任过伪上海特别市市长。抗战胜利后陈公博于1946年被枪决,周佛海则于1948年病死于南京老虎桥监狱。那么苏青又怎么会与这与这样两个大汉奸有交往呢?

事情要从1943年说起,这一年的早春,苏青与丈夫李钦后决裂,暂住于友人平襟亚家中的亭子间里,想找一份工作能有固定的收入,但一时竟难以找到工作。此时她也想去大后方或回老家宁波,但去大后方却是一无投奔之处,怕去了无所着落;回老家又怕加重老母的负担;她也舍不得远离三个孩子(三个孩子此时在李钦后处),于是只好留在上海。其时她写了一篇《论离婚》的杂文,发表在《古今》上。这篇文章妙语连珠,见解深邃,堪称美文。不意此文竟受到时任伪上海市市长陈公博的青睐,陈公博向《古今》杂志主编朱朴询问此文作者的情况,并对此文大加赞赏。于是朱朴将陈公博的话转告苏青,苏青听了竟受宠若惊。朱朴于是嘱咐她写篇文章回报陈公博,这对她找工作会有所帮助。正愁找不到工作的苏青觉得这是一个机会,便应承了下来。其时正值《古今》创刊一周年,苏青便写了《〈古今〉的印象》一文,发表在《古今》"周年纪念特大号"上,其中写到读了陈公博发表在《古今》上的《上海的市长》和《了解》二文的感受,多有美誉之辞。不久,周佛海之妻杨淑慧想请人代笔写回忆文章,朱朴推荐了苏青,苏青由此结识杨淑慧,杨给了苏青一万元代笔费。与此同时,陈公博从朱朴口中得知苏青与丈夫分居,借住在友人家中的事,也资助了她八万元(这是一笔巨款)。这解了苏青的燃眉之急,她花了4万元顶下了八仙桥自忠路的一幢石库门房子,并花了1万元买了家具什物,总算有了安身之所。后来陈公博又从杨淑慧口中了解到，苏青很想找一份稳定的工作，便给苏青写了一封亲笔信，邀请她去市政府工作，或做不负具体责任的专员，或做陈的私人秘书，任选其一，月薪是一千元。信未所具日期是6月19日。陈公博写得一手好字，且信中言辞恳切，令苏青更生敬慕之心。她为了生活，为了感恩，竟接受陈公博的邀请去市政府秘书处当了一名空头专员。虽然只做了三个月便辞职，但也由此落下了“汉奸”的骂名。其实陈公博对苏青的资助和邀请都是出于对苏青的占有欲，苏青却不自觉地陷了进去，曾应陈公博的邀约去国际饭店私会（这一点她在与我的交谈中并未否认）。但幸亏她及时止步，没有深陷火坑，不像陈公博的私人秘书兼情妇莫国康，死心塌地跟着陈公博，抗战胜利后被国民政府以汉奸论罪，判刑十年。但从思想感情上说，苏青还是未能与陈公博、周佛海夫妇划清界限的，例如她在1947年出版的《续结婚十年》中对“金总理”（即陈公博）的死有这样一段感叹：“我回忆灯红酒绿之夜，他是如此豪放又诚挚的，满目繁华，瞬间竟成一梦。人生就是如此变幻莫测的吗？他的一生是不幸的，现在什么都过去了，过去了也就算数了，说不尽的历史的悲哀啊。”再如，她对周佛海的羁押受审以及杨淑慧的奔波求情怀有深切的同情，在蒋介石对周佛海下了特赦令免其死刑后，苏青给时在南京的杨淑慧写了慰问信，并寄去刚出版的《续结婚十年》，以表关切，这令杨淑慧深为感动。过年时苏青为了慰藉落寞的杨淑慧，还不避嫌地去她家拜年。这些更是留下了不少被人非议的话题。她后半生的不幸遭际均与这一段历史有关。

苏青于1955年底被上海市公安局从家中带走后，在牢里待了一年半才被释放回家，是“事出有因，查无实据”不给审查结论的“宽大释放”。但这对苏青往后的工作与生活遗患无穷。1957年夏天她回到芳华越剧团，团里再不敢用她当编剧，而让她去看门。1959年初芳华越剧团支援去福建，苏青不愿随团赴闽，便被分配到黄浦区文化局所属的红旗锡剧团去做编剧兼打杂，她亦曾配合政治形势编过《雷锋》《王杰》等剧本，但锡剧只是小剧种，上座率不高，故演出难有影响。

退休前的苏青

1976年苏青退休，退休工资仅43.19元，其晚年生活极为困顿。她所住的房子，原是花了4万元顶下来的整幢石库门，不知何时竟住进了几户人家。苏青属于“有问题”的人，常受邻居欺负，于是她通过住房交换从市中心八仙桥搬到普陀区近郊一带居住，以求安宁。次女李崇美和外孙与她同住，住房仅十几平方米。1953年苏青在家中请我吃饭时我见过李崇美，那时她还在上海幼儿师范学校念书。据说1980年苏青38岁的儿子从安徽回来，实在住不下，崇美便搬出去，由其弟陪母亲住。苏青的儿子没有工作，靠她这点退休工资，生活更是艰难。

苏青晚年贫病交加，她患有严重的糖尿病和肺结核等多种疾病，时常卧床，最后两年她没有去黄浦区结核病防治所拍片复查，只是改请中医上门问诊，但要出诊费一元，又不能报销，她连付这点钱也感到吃力。她在给友人王伊蔚老大姐的信中说：“我病很苦，只求早死。”“人生一世，草生一秋，‘花落人亡两不知’的时期也不远了。”

晚年苏青

1982年12月7日，卧床不起的苏青终于口吐鲜血，含恨而亡，卒年69岁。

苏青过早地离开了这个世界，那时改革开放的大门正徐徐打开，她却已病入膏肓，难以有所作为了。如果天假其年，在宽松的政治环境里，生活条件又获得改善，她定能再续前弦，创作出一些好作品来的。

1948年她出版的自传体小说取名《歧途佳人》，若以“歧途佳人”这个名称来称谓苏青自己，是最切合不过的。而且在这部小说的扉页上，苏青还题了颇有哲理意味的两句话：

人生无几时，颠沛在其间。

这是她对人生的感悟，也正是对自己一生的写照。那时她才风华正茂的35岁，不意竟预言到自己后半生的遭际了。

1984年，11月9日，上海市公安局终于作出《关于冯和仪案的复查决定》，对苏青（冯和仪）的历史问题有了明确的结论："经复查，冯和仪的历史属一般政治历史问题，解放后且已向政府作过交代。据此，1955年12月1日以反革命案将冯逮捕是错误的，现予以纠正，并恢复名誉。"然而逝者长已矣，离世已两载的苏青再也感受不到平反的喜悦了。一个与张爱玲结为姊妹花的海派代表作家，其人生的结局却是如此凄凉，留给世人的唯有无限的叹息！

2020年10月27日改定，是年八十有九。

（原载《世纪》杂志2021年第3期）

感念王元化先生二三事

王元化先生是上海文化界的一面旗帜。先生自 2008 年离开我们已有 14 年时间,似乎他的身影渐行渐远,但对于已与先生相识 27 年,学术研究得到其鼎力相助的我来说,他似乎每天都会出现在我的脑海中。

一

我与王元化先生相识于 1981 年。记得是春夏之交的季节,复旦大学中文系贾植芳先生蒙难二十余载后,终于正式平反、恢复教授职称并迁入复旦六舍 51 号新居,我与内子朱碧莲(1955 年毕业于复旦中文系,后任华东师范大学中文系教授)同去探望,恰逢耿庸先生亦在贾府。耿庸先生我是久仰大名的,他两次被评为上海市劳模,并任全国政协委员。我们与耿庸先生相谈甚洽,当他了解到我在因明研究上有所著述时,便说王元化先生对因明学颇有兴趣,要介绍我认识王元化先生,我当然乐意。他立即打电话与王先生联系,约定见面日期。

大概过了两三天,我与内子朱碧莲便趋府造访。王元化先生了解到内子朱碧莲在复旦中文系读书的时候曾听过他的选修课,非常高兴,这毕竟是 20 世纪 50 年代初期他在复旦中文系兼职任教的事了,二人竟还有师生之谊。王先生对我的因明研究很感兴趣,他告诉我,他主持的中国大百科全书出版社上海分社正计划出一套《中国学术丛书》,其中计划列入一部因明研究著作。我告诉他,我于 1979 年已完成《因明学研究》一书,原本商务印

2005 年 3 月 5 日，王元化先生（中）与作者夫妇在庆余别墅畅谈

书馆已列入出版选题，并提出一些修改建议。但当我将修改稿寄去后，却突然被退了回来。责任编辑 W 先生附了一封退稿信，说是 Y 先生对拙稿提出不同意见，故此作罢。我对商务印书馆这位 W 编辑的偏听感到很失望。于是转而求其次，在友人的介绍下，送到一家 S 省人民出版社，但其时该社派性斗争还很严重，两派意见不一，一拖就拖了三年。王先生听我这么一说，便让我将稿子要回来，送中国大百科全书出版社看看。过了一段时间，王元化先生派资深记者姚芳藻女士同我联系，我将手头留存的一部复写稿（当时尚无复印，故存底便用复写纸复写）交给她，并将当初商务印书馆请南亚研究所副所长黄心川先生写的审稿意见也一并交给了她。黄心川先生的审稿意见对拙稿作了充分肯定，正由于此，商务印书馆起初会将拙著列入出版选题。中国大百科全书出版社上海分社也很慎重，特地请了上海古籍出版社的老编审叶笑雪先生来审读拙稿，叶先生对佛学深有造诣。后来叶先生也给予拙稿充分肯定的审读结论。1983 年，中国大百

科全书出版社决定将拙作列入《中国学术丛书》。1985年,《因明学研究》一书终于出版。尽管在此之前我已在《哲学研究》《社会科学战线》等刊物上发表了诸多论文,但此书一出,加强了推动力,我终于被聘为教授。

二

1986年9月,上海市哲学社会科学优秀成果获奖名单公布,拙作《因明学研究》忝列"著作奖"。其时我去王元化先生家造访,谈及此次评奖,王先生说市委宣传部新任部长来看望他(王元化先生是前任部长),王先生对获奖项目略有微词,说《因明学研究》为什么只给了一个"著作奖"而不是"优秀著作奖"。我一听忙说:"能获得'著作奖'就不错了!"确实,《因明学研究》乃初创之作,还不够成熟,我后来作了多次修订,并且从原来的九章增写到十四章,收为《佛教逻辑研究》一书的第二编(改题为《佛教逻辑学》)才显得比较成熟。1995年冬天,王元化先生赠送我一副对联,上联是"呕血心事无成败",下联是"拔地苍松有远声"。含意颇深:既喻己志在高远,复励人孜孜以求,且笔法苍劲,力透纸背。我一直将其挂在客厅墙上。

1995年冬天,王元化先生赠送我一副对联

2002年春寒料峭的一天,我与内子朱碧莲一同到吴兴路王元化先生的新居去看望他,闲谈中他问起我近来在搞什么研究,我说正在研究敦煌的因明写卷,其中唐代净眼法师的两种因明文疏失传已一千多年,直至清末才在敦煌藏经洞出土,后被法国考古家伯希和从王道士手中买走,现在收藏于法国国家图书馆。这两种文献是敦煌无名草书高手抄录而成，不仅书法价值高，其文献价值更高，可惜至今无人能解。王先生听了很有兴趣地问：“那你的研究进展得如何了？”我说：“我花了两年时间，终于根据草书写卷写出了释文。我将释文寄到台南湛寺，请这座寺院的大和尚水月长老指正。水月长老是中国台湾著名的因明专家，他告诉我日本龙谷大学校长武邑尚邦教授早在1986年就已经写出了释文，并附来武邑氏释文的复印件。当时我觉得很惭愧，白花了两年时间竟炒了人家的冷饭！我心有不甘，便通过老友日本东京大学名誉教授滕本隆志要来了武邑氏的《因明学的起源与变迁》全本复印件，细读释文，发现我的工作也没有白费精力，二者有互补之处。”王先生说：“你的研究还是很有意义的，可以将释文印行成书，征求各方面的意见。我介绍你去找一下蒋放年，他创办的华宝斋书社很不错。华宝斋书社专印线装书，将净眼的两种因明论疏印成线装本更合适。”我说：“这自然最好。”于是王先生就拿起电话与蒋放年通了话，在通话中他回过头来问我：“大后天你能到富阳去同他直接面谈吗？”我点点头，就这样约定了见面时间。

三天后我一早出门去浙江富阳（今杭州富阳区），到达富阳已是中午时分，我在车站附近匆匆吃了点东西，便乘出租车去文化村。这时蒋放年先生久等我不来，便陪其他客户外出用餐了。我只得在其女儿安排下参观了他创办的中国古代造纸印刷文化村，内设造纸、印刷和古籍陈列室等，已颇具规模。后来蒋总回来了，我们便回到办公室洽谈。他大致翻阅了文稿，提出初步想法，可以做成一函两册，上册是释文，下册是写卷原文。然后他说：“不过做这本书成本要好几万，稿费就不给了，务请沈教授谅解。”我当然不会要稿酬，但我提出要七十部赠书，作为我年届古稀的一个纪念，

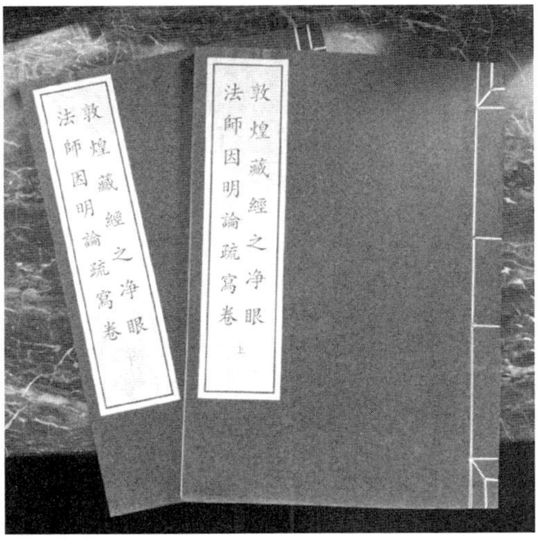

而且希望在中秋节前出书,以应我七十初度之需。这两点他都很爽快地答应了。他一并叫来了他的女婿张经理,要他负责落实。后来他们很守信用,中秋节我在浙江大学参加学术会议时,他派人将一部分样书送到我所住的宾馆,以应我赠送友人之用。这部线装书确实做得很精美,令人艳羡不止。读书一辈子,能出这样一部古色古香一函两册的线装书,真可谓于愿已足了!回沪后不久,我又收到两大箱书,补足了七十函书。

过了一段时间,我听说王元化先生住在瑞金医院,便前往探视。王先生告诉我蒋放年去世了,我大吃一惊,我的书才出版不久,怎么他这个人就没有了呢?王先生说他得了胃癌,只当是一般胃病,仍一心忙于工作,延误了治疗,入院已是晚期,不到一个月就不治而亡了!我不禁想起在出书过程中,我有点不放心,曾两次给他打电话询问进度,一次他说正在香港出差,一次说是在北京出差,但他总是保证不会误事。可见他四处奔波,确实太忙,但他做事很认真,讲诚信,所以他能创出一番事业来。

三

《敦煌藏经之净眼法师因明论疏写卷》面世后,中国社会科学院哲学研究所的刘培育研究员向我提出,这释文还是不容易看懂,最好予以详解。我觉得难度太高,正在犹豫之中,一次与王先生谈及此事,他认为这是件很有意义的事,力主我一试。他的话帮助我坚定起了信心。于是我不顾年迈,决心要啃下这块硬骨头。我花了整整四年时间,写了四篇长文,前两篇是疏释和评点净眼法师《因明入正理论略抄》的,分上、下篇,每篇约三四万字。后两篇是诠释并评点《因明入正理论后疏》的,每篇亦为三四万字。基本上是每年一篇,发表在台北《正观》杂志上。在研究解析净眼法师两种因明写卷的过程中,我每次去王先生处(王先生后来又在衡山宾馆和衡山路庆余别墅长住),他都会关心地问起研究进度。

后来我又花了一年时间,依据敦煌石窟出土的文轨《因明入正理论疏》

上卷写本，并参考支那内学院整理的四卷本《庄严疏》，进一步爬梳剔抉，整理复原了三卷本《文轨疏》，这样就形成了《敦煌因明文献研究》一书。一天我去庆余别墅探望王元化先生，他正躺在床上吸氧，病情好像严重了一些。当我告诉他我终于完成了《敦煌因明文献研究》一书时，他笑着说："不容易啊，五年辛苦不寻常啊！"然后抓起床边柜上的电话，拨通上海古籍出版社王兴康社长的电话，说了我这本书的大概情况，希望能由上海古籍出版社来出版。然后将电话交给我直接与王社长通话。我与王社长当即约定第二天面洽。就这样，连出版的事也有了眉目，我非常高兴。但王先生抱病为我的书联系出版事宜，又令我非常不安。

2008 年 5 月 9 日，当我将《敦煌因明文献研究》最后一遍校样送还编辑部时，突然传来不幸的消息，王元化先生病故了！我本来在自序中有这样的表述："本书之出版得上海市古籍整理规划领导小组组长王元化教授鼎力支持……特致谢忱"的话，得知噩耗后，第二天我又急忙补记了如下一段话：

"本书即将付印之际，当代学术巨匠王元化先生与世长辞，百身何赎，感慨怆然！然先生之学术思想永存，先生生前络绎惠赠之十数种大著堪慰我心。先生曾对本书之撰写深为关切，时相问及。拙稿甫成，复承先生抱病亲为致电联系出版事宜，此景此情，感人肺腑。谨以本书作一瓣心香，遥致哀思！"

过了一个月，也就是 2008 年 6 月，《敦煌因明文献研究》出版了。我拿到样书后即向设在华东师范大学中山北路校区的王元化纪念馆奉献了一册，以表对他的怀念和敬重。

2010 年 12 月，此书被上海市哲学社会科学优秀成果评奖委员会评为一等奖。2011 年 12 月,复被中华人民共和国新闻出版总署选入第三届“三个一百”原创出版工程。

这两个奖项的获得,亦可告慰于王元化先生的在天之灵了。

2022 年 11 月 21 日写毕　时年九十

(原载《世纪》杂志 2023 年第 1 期)

我与周谷城先生的学术交往

周谷城先生是学术界的翘楚，是我所敬仰的前辈学者。我有幸在 1982 年至 1983 年与周谷城先生有过一段交往。

1982 年 2 月，我国第一部《因明论文集》面世，由甘肃人民出版社出版。这件事情不简单，标志着改革开放以后，抢救绝学因明的序幕正徐徐拉开，甘肃人民出版社助力敲响了第一鼓。书中收录了吕澂先生“等发表在刊物上的 21 篇论文和译文，其中包含了我的 4 篇论文。正好此时华东师范大学张孟文教授应周谷老之约去周府小叙，我就写了一封信，连同《因明论文集》一起拜托张孟闻先生面交周谷老。张孟闻先生原是复旦生物系二级教授，与周谷城先生是老同事、老朋友，后遭政治打击，受了不少罪。改革开放后被华东师大党委书记施平引入华东师大（另一位是原复旦外语系著名教授孙大雨）。过了几天，我收到周谷老的信，约我到他府上会面。来信如下（图一）：

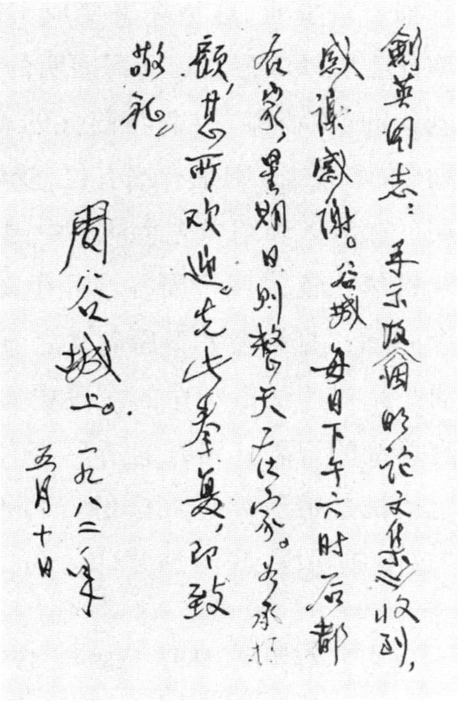
剑英同志：手示及《因明论文集》收到，感谢感谢。谷城每日下午六时后都在家，星期日则整天在家。如承枉顾，甚所欢迎。先此奉复，即致敬礼

周谷城上。一九八二年五月十日

图一

剑英同志：手示及《因明论文集》收到，感谢感谢。谷城每日下午六时后都在家家，星期日，则整天在

家,如承枉。顾,甚所欢迎。先此奉复,即致敬礼。

周谷城上。
一九八二年
五月十日

于是我按周谷老所示,星期天去泰安路周府造访。这是一幢老式花园洋房,客厅外面是花园,地上绿草如茵,清新的空气从室外透入室内,令人甚感惬意。这显然是公家的房子,花园的大草坪有专人修剪,周谷老是社会名流,自然享有这样的待遇。

寒暄过后,周先生说:“因明可是绝学啊,你研究因明可不简单!”我告诉他,我本来是搞文学的,经过一系列的运动,我对文学有所戒心,所以我就改行搞起了语言与逻辑,从而涉猎到因明,引起兴趣,便一头钻进去了。周谷城先生说,运动毁掉了多少人的追求与梦想,但它促使你改行,成就了你另一番事业,这是坏事变成了好事。这时周谷城先生问我:“听说郭绍虞先生〔1〕认为刘勰受到因明的影,你怎么看?”我说:“这事史无记载,但刘勰的《文心雕龙》确与前代的著作不同。前代的著作都是散篇的集合,而《文心雕龙》则是有纲有目,受佛教经论的影响很明显,也可能是受了因明的影响。郭绍虞先生从事中国文学批评史研究,对刘勰是否受因明时影响自然比较关心。”周谷城先生似乎对因明的话题颇感兴趣,又提出了一个问题:“据说吕才奉唐高宗之命与玄奘法师有过一次对质?”于是我讲了唐高宗时期僧俗对诤的一段史实,此事在《大慈恩寺三藏法师传》卷八中有详细的记载。周谷老听后高兴地说:“吕才固然是绝顶聪敏,奘门大德也不愧是辩驳高手!这份资料很值得一读,能否借给我看一下?”我说:“这不成问题,我给您复印一份寄来就是。”这时我趁机说:“我写了一部

〔1〕 郭绍虞(1893—1894),1952年全国高校院系调整后,担任第一任中文系主任、复旦图书馆馆长等职。1956年被评为一级教授。郭绍虞先生以研究中国文学批评史著称。

《因明学研究》,王元化先生准备将拙稿收入《中国学术丛书》,不知是否可以请周谷老为这本书题写书名?”周谷老爽快地答应了,站起来走向书桌,用毛笔给我题了一横一直两张,还钤上名章。于是我向周谷老再三道谢,告辞出来。周谷老一直送到门口,还说了一句:“相见恨晚!”我不免心中一暖。

过了一段时间,我去古北路大百科全书出版社上海分社,将周谷城先生的书名题字交给编辑姚芳藻女士,没想到姚告诉我:“这套丛书的封面是统一设计的,你白请周谷城先生题签书名了。”我虽然感到很失望,但也只得如此。然后我又到该社图书室(我与图书管理员相识),借了《大正藏》第50卷,复印了其中收录的《大慈恩寺三藏法师传》卷八。回家后附上一封信寄奉周谷城先生。过了两个月,忽接周谷城先生大函云(图二):

剑英同志:诚于上月离沪,本月九日始还,接读

手示,无任快慰。有暇枉顾,甚所欢迎。现在无事,大驾于每日下午六时左右莅此,较为方便。专复,即致敬礼

周谷城

一九八二年七月十一日

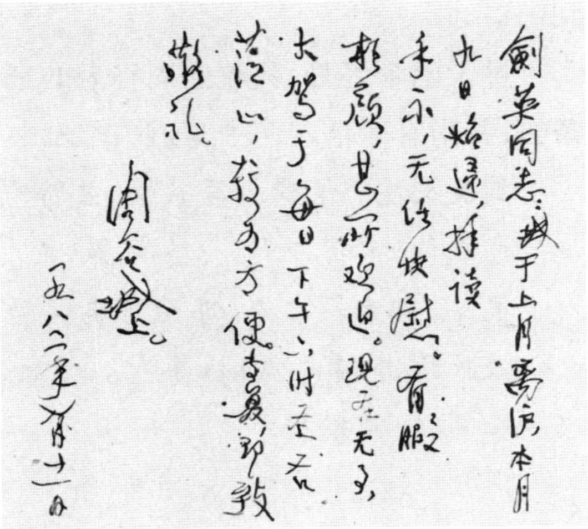

图二

接信后我即去周府拜望。周谷城先生说:“你寄来的资料我已经看了,吕才素以聪明博识见闻于世,连从未接触过的因明也被他大致弄明白,尤其是他抓住三家法师对因明的诠释互相矛盾之处进行批评,很有道理。三家法师既然同禀玄奘大师,所说竟互相抵牾!”我响应说:“吕才虽然在因明上只是初学,但他抓住三家法师诠释上的矛盾之处列出有四十余条之多,的确厉害。但也引起译场僧众对他的不满。译场缀文大德慧立和明浚对吕才的

攻讦最为凌厉,也引起朝中大臣们的不满,如左仆射于志宁、太史令李淳风、太常博士柳宣都写了文章来为吕才辩护,批评僧众缺乏雅量。由此惊动唐高宗,遂有高宗下旨让吕才和群公学士与玄奘对质的事情。”我们就唐代僧俗对诤的话题议论了好一会。周谷老犹然余兴不减。于是我将“中国学术丛书”的封面统一设计的事情向周谷老作了汇报,并致歉意。周谷老笑笑说:“没关系!”我趁机提出,希望周谷老为拙著《因明学研究》作写一篇序。周谷老沉吟说:“写序的事情容我考虑一下再说。”我理解周谷老的意思,写序要花心思,所以他一时没有答应下来。这时我见到墙上挂着几幅画,是周师母画的,题字却是周先生的手笔。于是我又要求周谷老为我写一张条幅,他爽快地答应了,但要过一段时间寄给我。告辞出来时,周谷老又是亲自送到门口。

过了两个多月,我收到周谷老的来信,厚厚一叠,拆开一看,原来是一张条幅,并附有一信。信中写道(图三):

剑英同志:承嘱为写条幅,兹特写就一纸寄呈请　　教。　　尊著早已拜读,觉得很好,令人敬佩,而甘肃人民出版社竟能出版《因明论文集》一类专门之书,亦殊可贵。据说还有逻辑史及逻辑丛书之类将为该社续出,甚(诚)盛事也。于精神文明的推进亦将有大帮助。专此奉复,即颂撰祺

周谷城

一九八二年九月廿三日

接到条幅,我不胜欣慰。但中并无约我面叙之辞。我猜想他近日必然公务繁忙,近期岁末各党派换届,要总结一年来的工作,还要确定换届人选等等,确是要够他忙一阵子的,在百忙之中,他还抽时间给我写了条幅,令我感动不已。所以我只是回信表示感谢,没有再次奉访。

1983年初,甘肃人民出版社的编辑李果来访,他想为《老人》丛书采访周谷城先生,希望我能引见一下。我当即给周谷老打了电话,他正好在家,答应下午六时左右与我们见面。

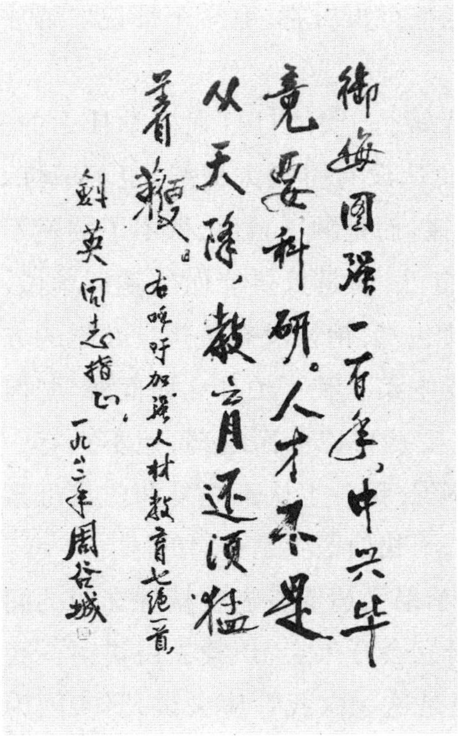

御侮图强一百年，中兴毕竟要科研。人才不是从天降，教育还须猛着鞭。

右呼吁加强人材教育七绝一首

剑英同志指正

一九八二年 周谷城

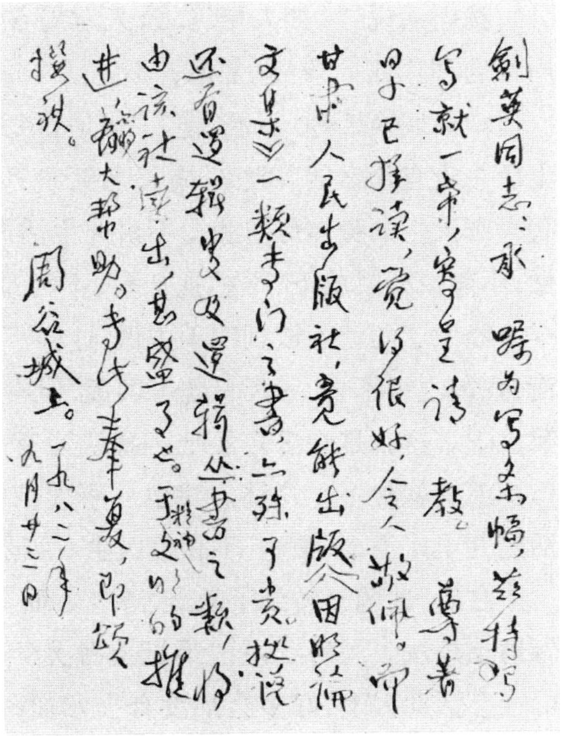

剑英同志：承

嘱为写条幅，兹特写就一帧，寄呈请

教。尊著早已拜读，觉得很好，令人敬佩。甘肃人民出版社，竟能出版《[illegible]》一类专门之书，亦殊可贵。拙著还有《逻辑史》及《逻辑丛书》之类，将由该社出书，甚盛了也。于[illegible]的推进，大有帮助。专此奉复，即颂

撰祺。

周谷城上。

一九八二年九月廿三日

图三

我们按时赶到周府，见面寒暄过后，李果直达主题，说明甘肃人民出版社出版《老人》丛书的目的，并送上《老人》第一期。

周谷老接过《老人》翻阅了一下，连口称赞：“《老人》办得好，给老年人办《老人》丛书是好事情。”

李果说：“周先生这么大年纪了，身体还这么健康，一定有什么养生之道。”

周谷老笑笑说：“我身体倒是不错，血压、心脏都正常。我认为，老年最要紧的是思想要放得开，丢得下。”这时我说：“六十年代初周谷老就挨批，十年动乱更是受折磨，幸亏周谷老放得开。”

周谷老点头说：“是啊，运动中批我，那么大的政治压力，可我沉得住气，想得开，丢得下，否则早就垮了。”

我插话说:"'四人帮'一伙人对周谷老整得很厉害,毛泽东都说要解放周谷老,但'四人帮'就是拖着不办。"

李果调换话题问周谷老:"您是否每天锻炼,譬如打打太极拳什么的?生活一定有什么规律吧?"周谷老笑答:"我从没有打过太极拳,也不锻炼。我大概天生的身体好。我也不讲究生活规律,而是顺乎自然,做不了的就不做,不能持久就放下,不勉强从事,不为难自己,但是只要能做的就抓紧做,今天能做了的就不放到明天去做,这样不背包袱,精神没有负担。在吃的方面,我饭吃得不多,一天只吃三两饭,但喜欢吃菜。我不怕什么胆固醇,肥肉我也吃。这就是顺乎自然吧。我认为有了毛病可以问医吃药,但不宜有一点小毛病就找医生拿药。我也从不迷信补药,我一生从不吃补药。我母亲活到九十多岁,不怕病,不相信医生。当然,不相信医生是不对的。"

之后,话题又转到了敬老、尊老方面。李果又请周谷老就精神文明的问题请点想法。周后者说:"最近上海美学研究会开年会,让我去讲讲话。我的社会活动太多,好多会都没有去参加,但是这一次我答应去讲几句,因为精神文明和四个现代化关系十分密切。我们的国家过去有一点精神文明,但是'四人帮'将之打得粉碎了。物质文明也有一点,也受到了破坏。今后我们的文明可能会在世界上走到前面去。我们的精神文明历史十分悠久,内容极其丰富,我们民族具有这方面的优良传统。有人说'五讲四美'太烦琐,我说太好了,它是精神文明的具体化,现在大家一点一点,一个人一个人地做下去,整个社会的文明程度就会提高。我们老了,别的事不能做,在精神文明的建设中还能做一点事。"

李果又问:"您的演讲题目是什么?"

周谷者说:"我要讲的题目是《精神文明与心灵美》,但是还没有成文。"

李果说:"那就请周先生大概说说。"

周谷老说:"我认为宇宙总是向着好的方向发展的,人类从藻类演变到今天,就是向上的、向前的,在这个演变过程中,丑的东西也有不少,但总的趋势是向着真、善、美发展的。人类如果向下,是向着这样一个方向发展,心灵美就站不住脚。精神文明的核心是心灵美，心灵美没有了，也就无所谓精神文明了。”

这时我插言道：“周谷老的意思是说，宇宙向好的方向发展是心灵美的客观基础。”

周谷老颔首称是，并说：“宇宙总是倾向于善，人的本性也总是善的。”

李果于是又问：“您所说的人性善，与孟子的性善说是否一样？”

周谷老说：“有相似之处，但不完全一样。”但周谷老并没有就此作进一步的说明，又往下说道：“过去提出这么一个问题，美产生于人类社会之前还是之后？其实美有自然美和艺术美之分，艺术美是人类创造出来的，但自然美早在人类出现之前就已经存在了。”

时间过得很快，已接近晚上8时，李果这时不再提问，却提出一个请求，希望周谷老能为《老人》丛书题词。周谷老答应了，便从沙发上起身，思索着说：“就写‘老人要长寿，《老人》杂志更应当长寿‘怎么样？愿它长寿，不要办了几期就不办了。”他当即走到书房，润笔展纸，一挥而就。还怕墨迹未干，放在灯下烘了一会儿。我们告辞出来，周谷老又亲自送到大门口。

1983年6月，第六届全国人民代表大会在北京召开，周谷城先生当选为副委员长，兼任科教文委主任。我衷心为他高兴，周谷老是实至名归，当之无愧。但我也有一点忧虑，周谷老身居国家领导人的高位以后，还有时间为我作序吗？过了两个月周谷老回到上海，邀请老友张孟闻教授去他家吃饭，我托张先生询问为拙著作序的事是否还有可能落实。张孟闻教授赴宴回来后告诉我：“周谷老想请你过去面叙，你打电话同他约见面时间吧。”于是我致电周谷老，先是祝贺他当选全国人大常委会副委员长，然后与他约定见面的时间。三天后我按时到周府，周谷老与往常一样热情地接待了我。他关切地问起因明研究开展的情况。我向他汇报了大致情况：因明自玄奘法师译传以来，唐初虽因奘门大德弘扬而盛于一时，然因其内容深奥，加之慈恩宗的衰落，因明文献散佚几层，所以成了绝学。清末杨文会自日本引回窥基《大疏》以来，经欧阳竟无、吕澂等先贤的重兴，因明又有重兴的希望，等先贤的重兴，因明又有重兴的希望，但是1949年以后因明研究又处于停滞状态。改革开放以来又产生了抢救因明的自觉，这其中我是最早写出《因明学研究》抢救绝学因明一类著作的人。今年春天，中国社会科学院哲学所逻辑研究室在北京召开了因明学术座谈。我因事未到会，但提交了书面发言。会后的《纪要》中提出：“抢救因明遗产、推动因明发展是当前学术界和出版界的一项重要急迫的任务。”这个纪要刊登在社科院内部的《要报》上，呈送到了高层，引起重视，据说陈云同志做了批示。

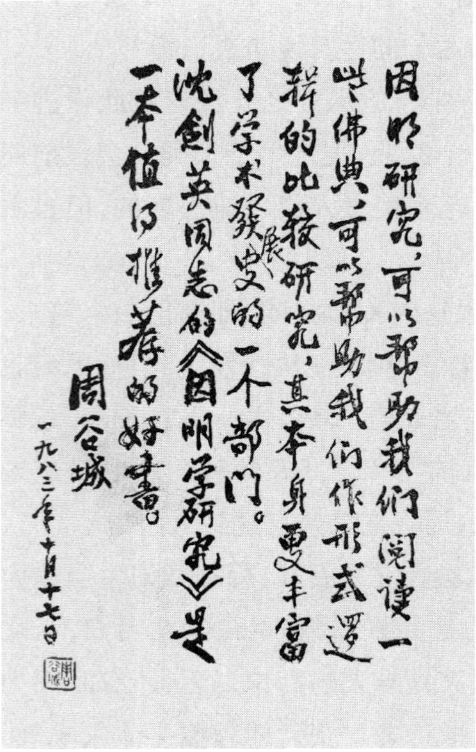

图四

周谷老说：“好啊，绝学是该抢救，因明作为世界三大逻辑源流之一，何况自玄奘从印度传回中国，已成了中国文化宝库中的一员，更不该乏人问津。过去讲唯识论的学者、必讲因明，因为不懂因明，也就看不容易读懂唯识论的文献。”说到这里，周谷老若有所悟地说：“有了，题词的内容有了！”他从沙发中慢慢起身，走向书房，拿出一张纸笺、润笔写下了如下题词（见图四）。

《因明学研究》初版和重版序

余少时好文学，迨壮岁改治逻辑，始涉猎因明。然因明义理，古人尝叹“极难深究玄妙”；唐代诸师论疏，博大精深，索解匪易，骤读之，如览天书，茫然不能明其指归也。时余厄于阳九，幽居索漠，独学无友，用勉推寻，而时续时辍。顾内子苦口，每以“悬头苦劬劬”相勖，坚我研习之志。于是黄卷青灯，呵寒抗暑，悉心披阅；参稽诸家学说，比照逻辑原理，渐悟因明之义。间或欻然有得，辄记之于册，温故而乐亦在其中矣！积累既多，进欲董理探赜，以裨检索。其时，适四妖显形，普天同庆；未几，余亦自“干校”返，乃寸阴是竞，以偿夙愿。越二岁，甫蒇其事，适值全国逻辑讨论会在京召开，宿学耆旧咸集于斯，余携稿赴会乞教，谬承与会诸公厚爱，期勉有加。归而重行修订，或断或续，复历四载，遂成是编。兹将以公诸同好者，匪余敝帚自珍，强作解人，实缘俭腹未敢自是，庶几借他山之石以攻错也。

覆瓿之作承中国社会科学院、北京大学南亚研究所副所长黄心川研究员审阅全稿，并蒙复旦大学贾师植芳教授审阅《正理经》译稿，均惠予湜政。老友杨廷福教授于拙稿撰写之初，即以十数万言之玄奘年谱手稿付我参阅，获益匪浅；复承同济大学陈从周教授惠赐手绘兰花一幅，三瓣心香，意味隽永。又辱诸老不弃：周谷城教授特为拙著题签，华东师范大学苏渊雷教授为拙著撰序，黾勉之情，跃然纸上。拙著得以付梓，多承王元化教授推勉；此前，亦曾叨惠于刘培育、林铭钧、张春波、郭廷贤诸兄并香港大学李家树博士之鼎力相助。凡此宠惠多矣，并志谢忱！

沈剑英

1983年孟夏识于沪上还芝斋

（中国大百科全书出版社1985年出版）

《因明学研究》中国台湾版序

《因明学研究》系余十数年前之旧著，由中国大百科全书出版社收入《中国学术丛书》，出版于 1985 年，第面世未几即告售罄，故绝版已多年。1991 年 10 月，我国台湾现代佛教学会理事长蓝吉富先生函告，该会拟采撷《因明学研究》中之文字编入《中华佛教百科全书》，希予同意。1992 年 6 月蓝先生曾来舍下一叙，并转致台南湛然寺水月老方丈之盛意。予亦奉函托蓝先生转递。七月远辱长老手翰，示知欲将《因明学研究》列入因明藏，交付智者出版社梨枣重刊。予虽怀无盐之惭，然感承垂注，爰是将旧著修订一过，于己所误述不当之处尽力修正，并订正手民误植若干，以期此修订本较旧稿能有所补正〔1〕。

吾与长老乃文字之交，虽未尝谋面，然知长老学养深广，识见非凡，尤于因明造诣甚高，故钦敬之心常怀。惟愿他日有缘，得访佛陇〔2〕，共剪西窗

〔1〕 拙著中国台湾版于 1994 年 2 月由台南智者出版社出版。

〔2〕 佛陇：佛陇茅篷，在台南新化口埤风景区，水月法师常住于此。我于 1998 年 3 月与内子朱碧莲教授曾访问湛然寺和佛陇茅篷以及一些学术机构和大学。

之烛，畅论量学之理，宜亦人生之一大乐事也。

沈剑英

1993年元月叙于沪上还芝斋

（台南智者出版社1994年出版）

《因明学研究》(修订本)序

拙著《因明学研究》承各方学者和大德的关爱,竟得以重版、再版,这是我始料所不及的。

拙著成稿于20世纪70年代后期,初版于1985年。虽然我本人曾饱受“批判”之苦,但在那种严酷的政治环境里,亦多少受到极左思想的侵蚀,所以在撰写《因明学研究》一书时便有所流露,如以浅陋眼光轻事测评佛家思想,时以“神学唯心主义”妄作断语就是;尤其是对玄奘《真唯识量》的批判,更是言词失当,殊为不恭;加之事后发现有个别问题论述欠妥,如将新因明的同、异二喻的合式归纳和离式归纳与穆勒因果五法作简单比附,还下了错误的结论〔1〕。这些都令我深感不安,一直期望着有一个修订再版的机会。1994年拙著由台湾智者出版社出版繁体字本,我借机对旧著作了修订,私心方始稍安,然而大陆读者却很难见到我国台湾出版的《因明

〔1〕 这一点我在本书出版不久就发现了,故早在十余年前即撰文作自我纠正,该文后来收入《归纳逻辑导引》一书(王雨田主编,上海人民出版社,1992年),题为《印度因明中的归纳理论》,后又收入拙著《佛家逻辑》(开明出版社,1992年)上卷,题为《印度古典论证式的逻辑本质》。

学研究》,不免仍存遗憾!1996年初,东方出版中心(原中国大百科全书出版社上海分社)重印拙著,由于时间紧迫,事先未及与我商洽,使我不无遗憾地失去了一次修订的机会,后幸承东方出版中心惠允再出拙著修订本,为此我在已作过初步修订的台湾版的基础上再加修订,还在有关章节(如第三、四章)里添加了若干必要的注释,又对附录中的《正理经》译文和注解也作了一些修订。但愿这部修订本能弥补旧版之不足。

20世纪80年代以来,我国的因明研究渐见活跃,令人欣慰无既!然亦尝见个别研究者急功近利,逞臆而言,亦复令人忧虑!如有人信口指斥诸家说:“本世纪(指20世纪)自有逻辑与因明比较研究以来,绝大多数因明研究者都误以为陈那的三支作法是演绎推理,是对古因明的根本性改造。我认为这种看法不是一种严肃精确的逻辑分析,而是马虎的粗略的结论。”理由是:“按照陈那的因明体系,同、异品是要除宗有法的。根据形式逻辑,九句因、因三相中的同、异品亦应除宗有法,而根据九句因、因三相构造的三支作法中的同、异喻体,亦不可能是全称命题,只能是除外命题。因此,三支作法还没有最终跳出类比推理的窠臼,离演绎推理仍有一步之遥,可谓差之毫厘,失之千里。”此说不仅歪曲了诸家的成说(因为一般认为陈那的三支作法是演绎与归纳的结合,而不是单纯的演绎法),而且还以一个想当然的理由,即不适当地借助于同一律来推出结论。然而为什么连喻体也要排除宗的有法呢?同一律在这里适用吗?打个比方,母亲得了天花留下麻子,是否可以运用同一律要求儿子也得天花留下麻子呢?再说列举同品(喻例)时须在宗上有法(论题的主词)之外去择取,这是在陈那以前就有的不成文法,因为譬喻总是以乙事物来喻甲事物的,如果以甲喻甲也就不成其为譬喻了。陈那改革古因明,在以事例作譬的基础上概括出了普遍性的命题(喻体),使因明论式从类比演进为归纳与演绎相结合,因此陈那被后人誉为印度中古逻辑之父,这是一般学者的共识,不是哪一位随心所欲可以否定的。不能因为举喻依时须暂时排除有法,就误以为喻体也须排除宗上的有法,这一点必须弄清楚。更不能以同一律为名混淆喻依(事例)与喻体(普遍命题)的不同特点,造成理论上的混乱。当然,如果论者只是一时疏忽,将列举同喻依须排除宗上有法的方法(请注意,这不过是设譬的通例,充其量只是一种方法,而不是什么“陈那体系”)混用到喻体身上,倒也不过是一笑而置之的事,然而这位研究者却是以此作为“主要的理论贡献”的,并郑重宣告说:“这些见解在国内前无古人,独树一帜。”这就显得极不一般了!而且为了解决他所说的喻体为“除外命题”与汉译《因明正理门论》中喻体为全称命题的明显矛盾,这位研究者竟怀疑玄奘在翻译时“改动了喻体的命题形式”〔1〕,亦即将所谓的“除外命题”改作了全称命题,其逞臆竟至于此,更无待他人之辞费了,读者从中自可洞察。

记得一位先哲说过:未之一门深入,岂免不惑他歧。复未尝淹贯群籍,即以洞察诸家得失自居而妄加断语,诚为轻率!这番话对于治学的人来说至今仍有警策作用。是为序。

沈剑英

1998年12月叙于上海华东师大寓所还芝斋

2002年8月校于沪北新居止园

(东方出版中心2002年10月出版)

〔1〕 从商羯罗主的《入正理论》梵本可知,其喻体亦作全称命题,可见玄奘翻译时并未“改动了喻体的命题形式”。

《佛家逻辑》序

佛家逻辑,《瑜伽师地论》谓之因明,盖源于婆罗门教之正理论,嗣后演进为独立之系统,得与正理逻辑并驾齐驱,相映成辉。

予治因明有年,素感陈那《正理门论》与《集量论》弥足艰涩,籀读为难。然陈那造论四十余部,唯此二论为要最,此中尤以《正理门论》为其逻辑理论奠基之作,彼改五支为三支,变类比为类推,演九句因,衍三相义,概出于兹。由是予久有志于诠释此论〔1〕,唯因缘未合,一时难成。及至一九八三年八月,首届因明学术讨论会于敦煌揭幕,会间,执事诸兄推予注疏此论,顾其后吾以文债在身,而所事亦有更急迫者,故复延宕数载而未果,然耿耿此心,未尝稍忽。迨及一九八八年冬为研究生开《正理门论》研究之课,爰是舍弃琐事,撰述相济以进,至一九八九年秋,甫成注译之初稿。其间,日籀深思,使向之迷惘难决之处,胥砉然而解,其快慰何如也!

〔1〕 此论梵本早佚,唯玄奘之原译流存于世,吾所欲作者,乃以奘译为底本详为疏解也。

初稿既出，如释重负。其时欣逢藏汉因明学术交流会于北京召开，余即以此稿呈请与会诸公郢政。感承存注，转益歉怀，后复几番改订，遂成本书下卷之《今译》与《详解》。稿既改定，复觉若仅以此付梓，似有褊狭不广之弊，故另立上卷，以广其量。上卷所收文章除附篇为译文外，余者多为历年发表之论文，唯首篇《佛家逻辑的渊源与沿革概观》一文为新撰。尚须申明者：此文之第三部分即《法称及其后的佛教逻辑家》，系予之研究生姚南强与徐东来二君〔1〕所合撰；《陈那逻辑体系简说》一文，乃姚南强君按愚意草成；《论法称与陈那逻辑思想之差异》，为徐东来君所作；译文则承陈家麟先生校阅。

陈那之学，详稽内外，明辩真似，缜密周详，诚佛家思维之工具也。由是立敌对诤，宏昌正理，破谬销疑，舍此无怙。然因明之时代毕竟已成历史，今日研究因明，旨在总结此一历史现象，庶可从中借鉴，汲取教益尔。

甲子轮转，今岁复值壬申；人生易老，予忽忽焉年届花甲。回首往事，碌碌于教坛亦已四十寒暑，虽无悔于既往，亦少建树之可言，唯日孜孜，无敢逸豫，可谓云尔已矣。是故愿假初度之际，特不揣简陋复以此拙著呈献同好，苟能自补点滴，亦可聊慰于将来耳！幸期海内贤达智镜明悬，有以教之。

沈剑英

1992年6月叙于海上寓庐还芝斋

（开明出版社1992年10月出版）

〔1〕 姚、徐二君均已毕业。姚南强君时任教于上海教育学院政教系，徐东来君时任教于华东师大哲学系。

《佛家逻辑》中国台湾版序

拙著佛家逻辑于去年十月在大陆出版，未及一年，又将在我国台湾地区印行，这有一段缘起：此书下卷《因明正理门论译解》曾在1989年10月于北京召开的藏汉因明学术讨论会上作过交流，会后一些传媒和《哲学研究》等学术刊物作了报导和综述，《香港佛教杂志》亦据以刊出述评文章，不意引起台南湛然寺住持水月长老的关注。法师对因明素有研究，著述颇丰，对研究动态亦所知甚详。他借台湾现代佛教学会理事长蓝吉富先生来沪之便，托问是否愿将此书委付台湾出版。长老的这番盛意令我深受鼓舞，然其时我已将书稿交北京开明出版社付梓，故只能留待出书以后再谋出台湾版了。1992年10月，我将刚出版的《佛家逻辑》寄请长老郢政，12月获长老翰示，建议出《佛家逻辑》的台湾版。果然，新春伊始，复接台湾大学江灿腾先生手札，告以商鼎文化出版公司拟将本书列入《商鼎佛学名著选刊》之中，征予同意。江先生兼任商鼎文化出版公司宗教丛书的总编辑，本书就是在水月法师的推荐下由江先生向公司提议列入《商鼎佛学名著选刊》的，拙著能在台湾印行，我自然分外地高兴，但我更为得遇知音而欣慰！

今年今日是先严沈公讳锦甫先生一百周年诞辰。先父一生笃信佛教，中年盛举慈善事业，施粥、施棉衣、收殓露尸，在沪杭一带享有善名。在本书台湾版即将付梓之前，谨略缀数语以志纪念，并敬献台版书以祭在天之灵。

钱塘沈剑英识于沪上寓庐还芝斋

癸酉年(1993)七月初二日(先父百岁冥诞之日)

(台北商鼎文化出版社1991年出版)

公孙龙子的语言哲学

——周昌宗《公孙龙子新论》序

我大概是本书的第一个读者了。

记得是五月初的一天,周昌忠君〔1〕携稿来访。他正欲为新著《公孙龙子新论》的出版向上海社会科学院黄逸峰科研出版基金会申请资助,故希望我能为他写推荐意见。周君是位撰述颇勤的人,我见他又有新著出来,自然深为钦羡,当时我手边虽然杂事甚多,但听了周君的一番简要陈述后便直感到他的这部著作立意很新,构思甚奇,于是不加犹豫地接受了下来。此后我花了差不多一星期的时间将这部书稿通读了一遍,在披阅之际,我时时感受到字里行间透露出来的新鲜气息,它吸引着我很有兴味地读了下去。读毕合卷冥思,深感作者的思想之妙如理乱之方,博采之巧如馈贫之粮,于是欣然写下了我的推荐意见。到了九月初,周君复告我其申请已获通过,上海社会科学院出版社已决定出版他的著作,我听了同他一样感到高兴。

生于衰周之世的公孙龙可算得上是中国哲学史上争论分歧最大的人物之一。公孙龙以"白马非马"、"离坚白"之论著称于世,当时不仅有兒说、桓团、毛公诸辩者与其声应气求,更有綦母子、魏公子牟之属承述其学,门徒或盛于一时。然并世诸家诘难亦迭见不鲜,如《庄子·天下篇》讥讽公孙龙"饰人之心,易人之意,能胜人之口,不能服人之心"。墨家后学更是对公孙龙的学说加以全面地批判,不容立锥。迨及近世,论者对公孙龙的学说亦是见仁

〔1〕 为上海社会科学院哲学研究所研究员。

见智,执说不一,然不外是以常识的眼光或从理性思维的角度去衡量比度、分析评价其理论,故难以中其肯綮。周君的《公孙龙子新论》则是将公孙龙的哲学思想和逻辑学说放在知性哲学和知性逻辑的层面上加以考察剖析,并与西方哲学作深入地比较,认为公孙龙的理论主体是分析的语言哲学和逻辑学,因为他通过语言分析突破了传统的观点,“建立起发达的形而上学或本体论,进而构造了一个相当丰富的关于语言本身的哲学理论。这个语言分析并不比差不多同时代的亚里士多德哲学逊色,并且近现代西方语言哲学的许多学说可以在它之中找到思想胚芽”(引见本书结论)。著者的这一结论是中肯而深刻的,极富启迪性。

此书成其一家之言,其辞宏,其旨永,达变识次,抑引适会,将公孙龙子的研究推向了一个新的境界。“文章自得方为贵”,《公孙龙子新论》的学术价值即在于此。

沈剑英
序于华东师范大学一村寓庐还芝斋
1990 年中秋

(上海社会科学院出版社 1992 年出版)

科学与创造

——熊舜时《哲学·科学·创造》序

科学蕴涵于创造,科学的创造归根结底在于修正旧概念、发展新概念,而科学创造活动又总是在一定的社会文化背景下进行的,必然以某种哲学为指导,反过来,哲学也需要从自然科学的成果中汲取养料,以充实和发展自己,因此,科学、创造和哲学三者具有不可分割的关系。本书正是紧紧把握住这一关系展开论述的。同时,科学创造活动既然凭借概念思维的方式来进行,就有其逻辑方面和非逻辑方面(这非逻辑方面即是创造性思维),本书对这两方面都作了比较充分的阐述,给人以启迪。由此,我认为《哲学·科学·创造》是一本有深邃思想内容的好书。

我与熊舜时教授共事多年,平日虽过从不密,却也略知其人。他早年毕业于湖南大学,长期在高校从事哲学教学与研究工作。他博学审问,慎思明辨,且笔耕不辍,故著述甚丰。他安于有学之贫而不求无学之富,故虽年逾花甲而依然强学力行,在完成本书以后又有了新的写作计划。这种锲而不舍、孜孜以求的精神,令我钦佩。

在《哲学·科学·创造》一书付梓之际,重承著者垂委,谨略缀数语以应命,是为序。

沈剑英

叙于华东师范大学寓庐还芝斋

1991年9月

(上海社会科学院出版社1993年出版)

勤勉出真知

——姚南强《因明学说史纲要》序

因明传入我国千六百余年以来，几经浮沉，步履维艰。南北朝时佛学虽盛极一时，而因明初传，犹如“芙蓉生在秋江上，不向东风怨未开”，并未在思想界产生多大影响。仅见之个案如北魏延兴二年，刘孝标(《世说新语》最重要的注释者)参与了《方便心论》的重译工作(任笔受)；南朝梁刘勰《文心雕龙》深受佛家思辨方法之影响，为分章立目、系统论述之滥觞。至初唐，玄奘传译新因明，始在思想界激起微澜。嗣后因明复又随着慈恩宗的式微而衰落，至明清几成绝学！清末以迄三四十年代，由于长期湮没的因明典籍之发现和法相唯识学之复苏，因明研究又一度中兴，然20世纪五六十年代又归沉寂。70年代末以来，因明研究又逐渐受到学术界的重视，从事因明研究的学者也渐有所增。本书著者姚南强就是涌现于80年代后期的因明学者。

南强君在华东师大哲学系读研究生时就是专攻因明的，我作为他的导师对他自有相当地了解。他是一个刻苦勤奋的读书人，常常为了一个问题而反复披阅古人论疏，尽管籀读这些论疏是极为吃力的事。毕业后他担负了较重的课务，但他利用课余点滴时间著书撰文。他的笔头很快，经常在境内外的刊物上发表因明论文。他脚踏实地，老老实实地做学问，不搞哗众取宠的事，我很欣赏他的这种治学态度。

记得早在1994年他就将刚撰成的《因明学说史纲要》付我先睹，我利用暑期去烟台和威海开会的旅途中通读了全稿，觉得他的论著写得相当不错，虽非百锻千炼之作，却也是沿波讨源，体大思深，其中不无探骊得珠之笔。

当然我也给他提出一些修改的建议。嗣后他曾作过多次修改补充,但后来因出版受阻,一搁就是好几年。在市场经济下,有关因明研究的学术著作由于读者面不广,出版数量有限,自然就难以赢得出版商的青睐。但是学问总得有人来研究,何况因明几成绝学,更在抢救之列!现在南强君幸得学校出版基金的赞助,又获上海三联书店的支持,这本书终于可以与读者见面了,我为其庆幸,亦为因明研究的又一项成果得以流布而由衷地高兴!

但愿这部著作能得到四海贤达的关注,获得众多读者的厚爱。

沈剑英

序于华东师大一村寓庐还芝斋

1998年12月13日

(上海三联书店2000年出版)

《中国佛教逻辑史》序

佛教逻辑源于印度,它的正式名称冠为“因明”。〔1〕因明译传入我国可分为三个阶段:第一阶段在公元5—6世纪,即东晋末以迄南北朝时期,这期间传入的主要是古因明,对当时思想界的影响并不大。第二阶段在7世纪上半叶,即初唐时期,传入的是陈那创立的新因明,由于玄奘的译传和倡导,对佛门弟子和思想界都产生了一定的影响。第三阶段在公元8世纪以降,即中唐以后西藏地区传入的法称一系的新因明,它对藏传佛教和思想界均产生很大的影响。由于8世纪以后佛教在印度本土已渐趋衰落,至13世纪初至于消失,由此我国在佛教逻辑的研究上已超过印度,并保存了许多在印度失传了的因明典籍,而且早在唐代,因明即通过奘门弟子的传授而传入日本和新罗(古朝鲜)等国,故中国堪称因明的第二故乡。基于此,对中国佛教逻辑史作深入的研究当是很有必要的。

但是,要撰写一部中国佛教逻辑全史的难度很高,如藏传因明部分,由于其绵延的历史漫长,译、撰丰富,等闲之人岂敢望其项背!为此我在20世纪80年代中期就做了一点准备工作。如我在参加《中国逻辑史》的撰写时,主要负责唐明卷。此卷的主要部分是阐说汉传因明和藏传因明的简史,我

〔1〕《瑜伽师地论》第十五卷首次以“因明”指称佛家逻辑。

负责汉传因明部分，藏传因明部分则由中国社会科学院的王森教授撰写。〔1〕王老是西藏佛教和藏传因明专家，承他抱病撰稿，写了三万多字的藏传因明简史，使此书大为生色。我原想在此基础上请王老展开来写，作为《中国佛教逻辑史》的第二编，但那时王老病躯日衰，已力不从心了，不久即与世长辞（1991），真是百身何赎！对藏传因明深有研究的还有一位杨化群先生，他是西藏大学教授，在西藏生活、工作了数十年。我于1985年去西藏考察。曾到其府上造访，那时他已中风右瘫，只能用左手勉强写字。我们畅谈了藏传佛教和因明的许多问题，令我深受教益。后来，《中国佛教逻辑史》的研究课题获准立为国家社会科学基金项目，而杨先生的病体仍未见好转，但值得庆幸的是，他勉力用左手修改出来的《藏传因明学》终于问世了。令人痛惜的是，1993年杨先生也溘然离世，这是因明学界的又一损失！之后，我又邀中央民族大学的剧宗林先生担任藏传因明史的撰写。剧先生曾在西藏工作17年之久，精通藏文，后在中央民族大学教授藏文和因明。他为本书写了约八万字的稿子，我也多次乘赴京开会之便，同他讨论书稿。但后来由于可以理解的原因，他将这部分书稿连同《正理滴论译解》合为一书，先行出版了（题为《藏传佛教因明史略》），于是本书只能割爱，而由姚南强副教授另起炉灶，补上了这一部分。但我还是要感谢剧宗林先生。因为他给了我们先期的支持，同时他的大著对后继者来说也有很多的参考价值，提供了撰述上的便利。

我们还要感谢华东师范大学出版社副社长范剑华先生，他为本书的出版给予了鼎力支持。

本书的写作虽经历了漫长的时日，然毕竟是草莱初辟，疏漏之处。在所难免。若本书得有发凡起例、抛砖引玉之功，则于愿已足。尚祈读者不吝珠玉，有以教之。

---

〔1〕此书中的一般逻辑思想史部分由著名书法家、博士生导师欧阳中石教授撰写。

本书梨枣刊世之期，适值新世纪首年，这是一个百载难逢、千年一遇的日子，至幸，至幸！谨以此书向21世纪献礼！

沈剑英

叙于沪上寓庐还芝楼

2000年11月4日

（华东师范大学出版社2001年出版）

敦煌藏经之净眼法师因明写卷前言

（线装本一函两册）

佛教东渐于两汉之际，迨及东晋末年，佛陀跋陀罗逯译《方便心论》，是为古因明传入中国之滥觞。然佛家因明得以山川出云、勃然而兴者，当推三藏法师玄奘传译因明大小二论，首开研习因明之学风。其门下诸大德执卷承旨，各录口义而竞造文疏，一时蔚为大观。

净眼法师者，唐慈门寺沙门，亦奘门大德也。其所撰《因明入正理论略抄》并《因明入正理后疏》两种，皆为后出之作。《略抄》以时久流行、人多信学之文轨《因明入正理论疏》为所破，其后出于轨疏自不待言，《后疏》或后于先出诸疏而名之“后”。此疏详备，当参稽先出诸疏而成。

唐初因明盛于慈恩一门，复随慈恩宗之衰落而式微，后罹武宗灭佛，复历五代之战乱，因明论疏幸存无几，净眼二疏亦遭湮灭，幸二疏写本藏于敦煌石窟而得以保存之，弥足珍贵！

此两种敦煌所藏写本于20世纪初外流至巴黎，系由法国汉学家伯希和（Paul Pelliot，1878—1945）从敦煌取走。两种写本合为一卷，《略抄》在前而《后疏》居后。以卷首残破，故《略抄》缺首题并著者名，幸开首所缺无多，几近完本，现存四百四十六行，计一万二千四百七十八字。《后疏》保存完好，然系节本，计五百零八行，共一万三千三百六十四字。全卷长一仟三百九拾六点四厘米，高约二十九厘米。通卷以圆熟之草书写成，字迹清晰，鲜有脱误涂改之处，书写时当经细心校对。

净眼法师之因明疏抄亦由遣唐日释录回东瀛。据圆超《华严宗章疏并因明录》、永超《东域传灯目录》、藏俊、《注法相宗章疏》、凤潭《瑞源记》书末所附目录，净眼所撰因明论疏计三种，其中《因明正理门论疏》三卷今未见传世，《因明入正理论疏》当即写卷中之《因明入正理论后疏》，《因明入正理论别义抄》当即写卷中之《因明入正理论略抄》。此二疏曾为日释善珠《明灯抄》、藏俊《大疏抄》等多所引用。由其引用文字，亦佐证《略抄》确系净眼遗文。

此写卷系由佚名书法高手一人所书，字体浑厚流转，结字简练规范，用笔酣畅纯熟，然字与字之间无牵丝、不连笔，其草书风格有异于二王之今草，亦有别于章草，以其字无波磔，可谓别具一格，为书法史上罕见之作。

沈剑英涵之谨识于沪上还芝楼

壬午年八月仲秋

愿唐风长存　灯灯不熄

——刚晓法师《〈正理经〉解说》序

《正理经》是产生于印度次大陆经书时期后期的一部著作,是婆罗门教正宗之一正理派的根本经典。此经非一人一时之作,大体上说,其第一卷中十六范畴当系正理派始祖恶叉波陀·乔答摩(Akṣapāda Gautama 公元50—100 年)所提出,后复经正理派论师汲取《遮罗迦本集》和《方便心论》等著作中的论法发展定型,并增补了有关误难和负处的内容,成为《正理经》第五卷。此经第二、三、四卷主要是写正理派与佛教中观宗以及其他哲学派别论争的,由此可知,其成书年代当不会早于 3 世纪,所以《正理经》最早的注释者富差耶那(Vātsyāyana 约 5 世纪)常有"圣仙们"的提法,显示出此经融入了正理论师的集体智慧。

此经在编纂过程中也受到了佛教中观宗的批评,如龙树的《广破论》和《制服量论论》,都对《正理经》所论述的十六范畴提出全面破斥。但后来佛教瑜伽行宗的世亲和陈那则对《正理经》的论法采取批判吸收的态度。发展其合理的部分,舍弃其不足的部分,形成佛教因明特别是新因明的体系。

《正理经》迻译到我国还是比晚近之事。20 世纪 70 年代末,我从日译本转译《正理经》,并引译了富差耶那的《正理疏》(Vātsyāyana: Nyāyabhāsya)中的一些注释,后来,刘金亮和姚卫群先生又分别从梵文译出《正理经》,这样就有了三个完整的译本,有裨于学人通过比较来理解文义。刚晓法师对这三个译本作了仔细的对比,并在此基础上对《正理经》作了解说。这是一项很艰辛的工作,但愿他的解说对初习者有所启迪。然而,这只是简释,且是讲课实录,受到课时的制约,不可能面面俱到。如《正理经》中涉及印度众多哲学派别的思想观点,有佛教部派哲学、大乘中观教义,有婆罗门教正统的数论、瑜伽、弥曼差、吠檀多思想,以及耆那教、唯物论、文典学派、无因论等学说,简释只能点到为止,不克深入论析。也正由于是讲课实录,它的优缺点均十分显然。优点是心之所至,想到就说,不加矫饰,但又并非信口开河,而是有备而讲,事先作过深沉地思考;缺点是严谨性不足,即兴式的发挥和信手拈来的例子有时不免枝蔓之嫌!但我很欣赏刚晓法师客观的治学态度——在解读《正理经》时,暂时离开佛教徒的立场,这就避免了将简释写成批判性的疏解。

刚晓法师笃志好学,博览深思,勤于撰述,锲而不舍。我为佛门中能有这样一位前途未可限量的年轻学者而感到无任欣慰,为他在因明研究上取得不俗的成绩而由衷高兴。因明本是佛家所倡导的一门学问,佛门中人理应为继承和发展这门学问而做出贡献,然而实际的状况是,除了藏传佛教各寺院札仓的学僧比较重视因明理论的学习并形成摄类辩论的良好学风外,汉传佛教各寺院却并不很重视这门由玄奘大师传回来的佛教方法论,尽管因明初传时有过一时之盛,玄奘大师及其门下大德为此作出了具有里程碑意义的贡献。因此,当今亟须热心弘扬因明的佛教学者来继承和推广这门佛教方法论,使之不再重沦绝学之境。刚晓法师正是从事这项工作的佼佼者。我期望佛门中能涌现出更多的因明学者来,裨使唐风长存,灯灯不息。

沈剑英
写于沪上寓庐还芝楼
2005 年 6 月 27 日

(宗教文化出版社 2005 年出版)

因明不再寂寞

——张忠义《因明蠡测》序

因明是一门古老而艰深的学问，它是在佛家汲取“外道”论法的基础上发展起来的一个逻辑系统，尤其是印度中古逻辑之父陈那所缔造的新因明，更是后来居上，独领风骚。唐三藏法师玄奘取经东归，传译了新因明，开汉传因明之滥觞。其时奘门弟子研习因明蔚为风气，诸大德更竞造文疏，盛于一时。然而好景不长，因明即随着慈恩宗的衰落而式微，犹如“山僧独在山中老，唯有寒松见少年”，其年少时意气风发的身影唯有山中的寒松曾见。许多重要的因明论疏记钞历经虫蠹鼠啮，祸乱兵燹，损毁几尽。幸存的几种残卷或遁迹于敦煌石室，或尘封于赵城《金藏》，原本孤寂的因明更从世人的视线淡出，庶几成为绝学！所幸清末以降，在杨文会、欧阳竟无、章太炎、太虚、吕澂等先德的推动弘扬之下，汉传因明得以复苏，为今日重兴绝学奠定了基础。自20世纪八九十年代迄今，关注因明的学者日渐增多，其中不乏卓有成就者，因明后继有人，从此不再寂寞。

近承燕山大学张忠义教授惠示《因明蠡测》书稿一部，并嘱为序，拜读之下，获益良多。著者以新的视角、严谨的治学态度，运用现代逻辑、符号学和比较的研究方法，全方位、多层次地审视因明研究诸问题，循其已然之迹而评之，推其未然之理而辨之，如操五音不同声而协调，金石丝竹，动皆悦耳。著者谦称此书为“蠡测”，其实这是一部颇有分量的专著，充分展现出著者的沉潜之思和不凡的学养。有道是思无定契，理有恒存，本书著者之所思、所论当会受到学界贤达的关注，如能引得慧炬明照，定将有裨于因明研究的深入开展。

唐诗人刘禹锡有句云:“芳林新叶催陈叶,流水前波让后波。”但愿更多有志于因明研究的年轻学者加入到振兴因明的行列中来,他们必将超越前人,收获更多的硕果。

沈剑英

2007年2月4日

于沪上华东师范大学

(人民出版社2008年出版)

切磋学问五十年　相濡以沫半世纪

——朱碧莲《还芝斋读楚辞》序

呈献在读者面前的这本《还芝斋读楚辞》，是朱碧莲教授所撰有关楚辞的四种著作的汇编。这四种楚辞著作是：《楚辞讲读》（华东师范大学出版社，1986 年 4 月）、《宋玉辞赋译解》（中国社会科学出版社，1987 年 10 月）、《楚辞论稿》（上海三联书店，1993 年 1 月，台湾版书名《楚辞论学丛稿》，由台北文史哲出版社于 2000 年 6 月印行）、《中国辞赋史话》（黄山书社，1997 年 8 月）。其实在这四种著作中写得最早的是《宋玉辞赋译解》一书，完成于 70 年代之末，《楚辞讲读》写在其后，结果后来居上，《楚辞讲读》反倒出在了前面。

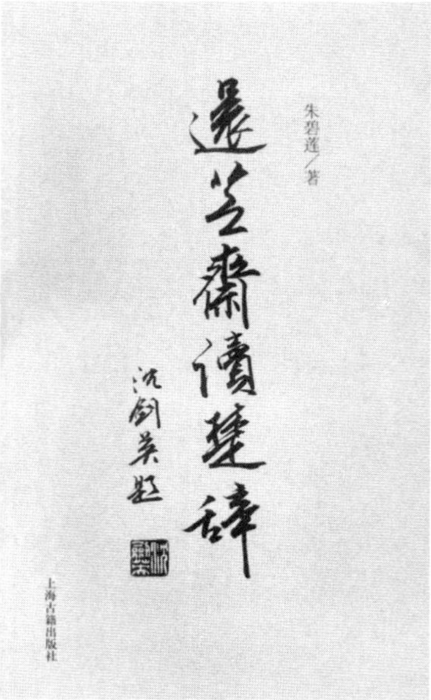

本书并非将上述四种著作作简单地汇编，而是重新整理编排的。全书分为上、下两卷，上卷辑录楚辞研究的论文，以《楚辞论学丛稿》为总题，下卷则辑录楚辞注译的篇章，以《楚辞讲读》为总题，芟去原各书中交叉重复的篇章。另外，原《楚辞论稿》书末所收之《〈离骚〉之"西海"与西方乐土》、《〈九歌〉为旱祭之乐歌考》、《东君之神格考》、《〈天问〉新释》、《〈楚辞〉札记》等五篇论文，则作为上卷的附录辑入。原《楚辞讲读》的附录及《宋玉辞赋译解》书末所辑的有关宋玉的传记资料，一并作为下卷的附录。另外，《宋玉辞赋译解》附录列有《笛赋》等六篇，仍作为附录收入下卷。在体例上，原《楚辞讲读》是有注无译，只是在某条注释中概括前面几句的文意，而《宋玉辞赋译解》则是先注后译，注译分列的，现在合为一卷，却又很难令其一致。不过这只是枝节问题，无伤大雅，故本书一仍其旧，敬希鉴谅！

这里还要交代一下本书书名的来由。"还芝斋"是我与内子朱碧莲共用的斋名，楚辞又是我们两人的共同爱好，时有切磋，在她的文章中自然也含蕴了我的一些浅识陋见。现在她身患重病，又由我来整理其旧著，故特取名《还芝斋读楚辞》，含寓着一些眷怀往昔的意思。

我与内子都是率性之人，我并因此以言获罪，遭受阳九之厄多年。我们那时的境遇可借用唐元稹的一句诗来概括，是"贫贱夫妻百事哀"！但是我们没有在逆境中消沉，却是贫贱犹存翰墨趣，时相勖勉，在逆境中依然坚守拳拳勤苦之志。在拨乱反正、改革开放之初，我们更是看到了希望，将自己的住所命名为"还芝斋"，以表达我们的喜悦与期待。不过那时的还芝斋只是一间容膝小居，我与内子共用一张小书桌，她总是谦让地坐在书桌的侧面写东西。由于桌面狭小，许多书籍和稿子便只能摊在床上，正应了杜甫"摊书满床"之句。就在这张小书桌的一侧，她撰成了《宋玉辞赋译解》和《楚辞讲读》两书。嗣后，随着整个大环境的好转，我们的治学条件和生活质量均大为改善。还芝斋亦曾四迁其所，一处优于一处，至今已成了一栋楼（故亦称"还芝楼"），书房中的藏书亦颇有充栋之势。这期间，她除了写出一系列楚辞研究的论文外，还完成了多部著作，在思想桎梏解除和治学条件改善以后,她的才华得到了充分的展现,尽管她还承担了诸多家务琐事。每忆及此,我不禁会在内心深处赞她:不仅有孟光之贤,更有聪敏博识之才,且能终日乾乾,勤勉不辍!近日我去医院探视,告诉她此书拟名为《还芝斋读楚辞》,她一面点头首肯,一面紧紧握住我的手表示很满意。她的示意是我所意料到的,因为我与她切磋学问五十年,相濡以沫半世纪,心灵自是息息相通的。

但愿本书面世之时著者的病情已转危为安,并从这本展示其楚辞研究成果的著作中得到一些安慰。

本书在汇编出版的过程中得到上海古籍出版社王兴康社长、高克勤副社长的热情帮助,特此致谢!

沈剑英叙于沪上寓庐还芝楼

2008年1月28日,是时窗外大雪纷飞

(上海古籍出版社2008年出版)

白云相伴二三僧

——《汉传因明史论》序

《汉传因明史论》是燕山大学张忠义教授带领他的研究生集体完成的一部著作，我有幸先睹为快，受益良多。这部书做到了史、论结合，引述的史料丰富翔实，而且著者的思想活跃，视野开阔，见解独到，论述有序，文字畅达。我为因明的研究队伍又增添了这样一批思维敏捷、具有一定研究能力和论述能力的青年才俊而感到无任欣慰。

我曾为张忠义教授的专著《因明蠡测》写过一篇《因明不再寂寞》的小序，读了《汉传因明史论》，我更为因明后继有人而由衷地高兴。我想借兹寄语本书的青年著者，你们要走的路还很长，其间或许要穿过荆棘丛生的原始地带，需要你们以极大的勇气去面对，以不拔的毅力去坚持。唐三藏法师玄奘有诗云：

孤峰绝顶万余嶒，策杖攀萝渐渐登。
行到目边天上寺，白云相伴二三僧。〔1〕

这首诗寓意甚深，反复吟咏，回味无穷。我想做学问犹如登万绝顶，一路行来困难重重，及至一览众山小，能坚持在此与白云相伴者又有几人呢？与白云相伴之二三僧，其定力决非常人所能及。所以，青年学人如果志在登顶，不妨细细吟味“白云相伴二三僧”这句诗，这是整首诗的点睛之笔。

---

〔1〕 玄奘：《题中岳山七言》，录存于敦煌写卷，现藏伦敦英国图书馆，编号为S373号。

现在关注因明、研究因明的学者多了起来，研究成果也颇为可观，所以说因明不再寂寞。但是因明作为一门艰深的学问，研究它的人还须耐得住寂寞，坐得住冷板凳，甘愿与黄卷青灯为伴，而贯穿其中的，就是学术理想的追求，这当是认真做好学问的必要条件。

诸位青年学人天资聪悟，又有坚实的理论素养，若再磨炼出超常的毅力，庶几可成出蓝之色耳！

沈剑英

叙于寓庐还芝楼

2010 年 9 月 19 日

（甘肃民族出版社 2010 年 12 月出版）

《佛家逻辑丛论》跋

《佛家逻辑丛论》是在拙著《佛家逻辑》上卷的基础上扩充而成的。

《佛家逻辑》一书是我十数年前的旧著，由北京开明出版社于1992年出版，分上下两卷，上卷是《佛家逻辑论》，下卷是《因明正理门论译解》。1994年复由台湾商鼎文化出版社收入《佛学名著》丛书。此书绝版已多年，学人欲购不得，时承求索，促使我有修订重版之想。三年前北京中华书局的编辑陈平小姐与我联系，希望我能将《佛家逻辑》一书中的《因明正理门论译解》抽出来独立成书，列入该社出版的《真如·因明学丛书》。她的邀稿正合我意，我借此机会对《译解》作了修订，并增写了《导言》，此书已于2007年底出版。《佛家逻辑》一书既然作了拆分，我就又想将其上卷《佛家逻辑论》扩充后另成一书，这就是现在呈献在读者面前的《佛家逻辑丛论》，它较之《佛家逻辑》上卷，在篇幅上增加了约三分之二，按总论、史论、原理、过失论、札记、译文、序跋的顺序编排篇次。不少论文在收入本书时均作了修改，因为时隔多年，随着研究的深入，我对一些问题的认识也有所变化，需作必要的修正，以补旧文之不足。另外，译文《正理经》原收于拙著《因明学研究》一书，这次作了全面校订，故亦收入本书。此外还需要说明，本书所收序跋十一篇，除四篇为因明专著所作外，其余涉及逻辑、思维、语言哲学、佛学、文学等，为便检索，故一并汇编于此，并一一加了篇题和副题，文字上也略有改动。

关于本书的封面设计，小孙沈怡文曾提出一些构想，承社方美意，要他试着设计。沈怡文是上海大学美术学院数码设计专业的学生。他以古印度最负盛名的佛教大学那烂陀寺遗址为封面背景，调整了画面的比例，并在色彩上作了处理,使遗址画面的色泽更为柔和、更有层次。我觉得他的设计还有点意思;因为那烂陀寺是中古印度逻辑之父陈那住过较长时间并写出百余篇小论的地方,而且陈那的门人护法,以及护法的弟子戒贤都在那烂陀寺做住持,玄奘西行求法的目的地就是那烂陀寺,法称也是那烂陀寺出来的因明大师,由此也可以说那烂陀寺是新因明的发祥地,以此遗址为封面背景,对本书来说无疑是颇为贴切的。

本书得以顺利出版,幸承甘肃民族出版社社长刘新田先生和杭州佛学院、广东尼众佛学院的鼎力支持,并得到责任编辑张文海先生的热情帮助,复承李延宁和俞永伟二君为本书的校对工作付出了辛勤的劳动,谨此并致谢忱!

沈剑英

写于沪上寓庐还芝楼

2010年仲秋

思故追远　古之遗德

——续修《萧山长巷沈氏宗谱》序（线装本四函三十六册）

夫人以文传，文以人继，修谱续牒，思故追远，此古之遗德也。

吾沈氏之始，源于文王封建藩周，季载食采于沈，以地为氏，沈氏宗族由此绵延。后族人南迁至江、浙为多，且名人辈出，以人史传者计，略有400余人。其中名重天下者，如南朝梁代文学家沈约，为吴兴（湖州）人，其所创四声八病之说，开律诗之先声；又如北宋科学家沈括，为钱塘（杭州）人，括公博学多才，于天文、地理、律历、医药乃至音乐造诣皆深，所著《梦溪笔谈》殊富史料价值，素为学界所重；再如明画家沈周，为江苏吴县人，画名与唐寅、文徵明、仇英齐肩，时人并称明四家。翁文恭公尝赞云："沈氏望族也……绵蔓鼎盛，声震南邦。"〔1〕诚非虚辞。

余生于申城，长于沪杭，而虽寻将耄耋，唯知杭州乃吾故里，萧山有吾祖茔，于宗系出身则愦然未明也。幸今岁清明归里扫祭，偶知长巷沈氏宗谱续修事，旋率长女海燕、次子海波亲谒长巷沈氏宗祠查谱，始悉吾家乃长巷沈氏粮长支之后也。

---

〔1〕　翁文恭公即翁同龢（1830—1904），咸丰状元，同治、光绪两朝帝师，历任刑部、工部、户部尚书，军机大臣，总理衙门大臣等。因支持戊戌变法而被西太后革职。在任户部尚书期间，公为《长巷沈氏宗谱》作序，手迹镌于卷首。《长巷沈氏宗谱》（承裕堂藏版）共四十卷，今藏浙江绍兴市图书馆。除翁序外，尚有明英宗时吏部尚书魏骥和清同治时吏部尚书汤金钊等人所写的序。

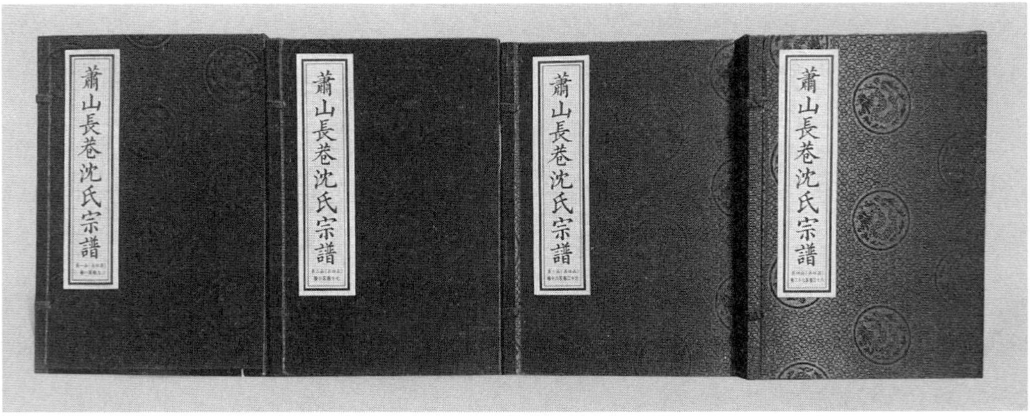

长巷沈氏宗谱创辑于道光二十年(1840年),经光绪十九年(1893年)重修,迄今已逾百年。其间世事沧桑,转徙难稽者在所多矣,故今次续修之艰何异擿埴索途也。

族谱续修既成,重承执事诸公垂委,谨缀数语以为序。

沈剑英拜识

庚寅年(2010年)五月端午

概念研究是基础性的研究

——张秀廷《逻辑概念新论》序

人们在日常思维和相互交际的过程中都离不开逻辑，而概念正是组成判断、进行推理或论证的基本要素。概念还是思维结晶的形式，如关于科学和哲学的概念等等均是人类在长期的社会实践中形成的。因此对概念的研究素为世界哲人所重视。如我国早在先秦时代就有刑名（名实）之说、正名之论，及至《墨辩》，更是从名实关系、名言关系、名的种类、名之间的关系以及定义与划分等方面展开全面地论述。在欧洲，亚里士多德对概念的论述也很丰富，他总结了古希腊哲人对概念问题的研究成果，提出了本质属性、固有非本质属性、类与偶性的“四旌”说，亚氏关于概念的论述，成为欧洲中世纪哲理的出发点。在古印度，婆罗门和佛教哲学家们对概念的形成，概念的共许极成、概念的有、无体和简别的语用方法，以及概念间的包摄关系是论证的基础等问题，都作了深刻细致的研究。由此可见，在世界三大逻辑源流中，关于概念的研究都居于基础性的位置。

《逻辑概念新论》就是一部专门研究概念的著作。张秀廷教授在逻辑教学之余，经过悉心地研究，撰成此书。著者不仅从传统逻辑的角度来剖析概念的性质与逻辑功能，也从辩证逻辑的角度对概念的辩证本性，也就是概念的主观性与客观性、抽象性与具体性、灵活性与确定性的关系加以阐说。同时著者还很注重语词与概念的关系的研究，其论析时中肯綮,启人深思。近悉本书即将梨枣镌印,欣慰之余,谨遵著者之嘱,特缀数言为序。

沈剑英

写于华东师范大学寓庐还芝斋

1996年3月

(人民出版社2013年出版)

直觉、灵感和非语言思维

——何名申《创新思考方法》跋

人类是善于创造的,人类在长期的创造活动中呈现出多彩的创新思考方式——既有逻辑的方面,也有非逻辑的方面。遗憾的是,人们往往注重于逻辑方法的研究,而忽略非逻辑方法的探讨。其实人们在创造性思维过程中常常要借助于直觉、灵感和非语言思维等非逻辑的创新思考方法。何名申教授的近著《创新思考方法——怎样想新点子》,给我们展现了丰富多样的非逻辑创新思考方法,令人大开眼界,为之叹服!

尤为可贵的是,本书采摭了大量创新思考的典型事例,经过精心地分类解说,生动而又具体,极富启发性,较之单纯的理论分析具有更广泛的影响力。

沈剑英

写于华东师大寓庐还芝斋

1996 年 6 月

晨钟暮鼓读《楞严》

——智觉法师《〈楞严经〉解说》序

《楞严经》者，以明心见性为旨归，诸法皆备，无机不摄，诚法苑之洪范也。

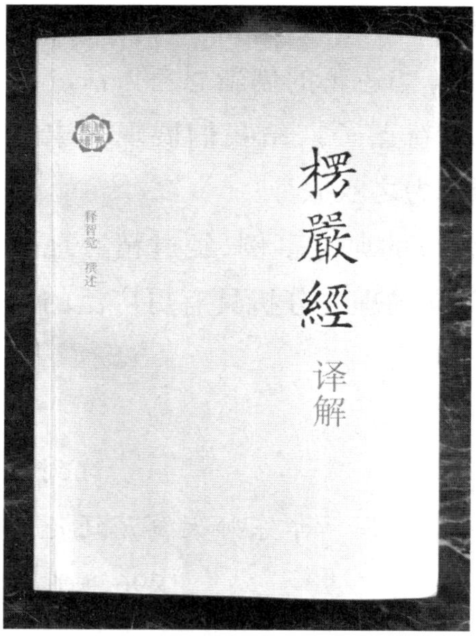

自唐般刺密谛迄译本经后，历代所出注疏甚多。《楞严》疏家中，当以宋楞严大师子瑞、元天如禅师惟则、明真鉴法师、明智旭大师、清海印弟子蒙叟（钱谦益）、近人圆瑛大师等为翘楚。诸疏或荟萃诸家要解以通大途，或机辩纵横披剥陈言以申正见，或博雅明辨发微彰隐而资后学。然古疏艰涩，今人颇难探其幽径，且诸疏长短互见，取舍亦复不易。

智觉法师者，宁夏石嘴山人。高中毕业后修学佛法，亲近清定上师。一九九四年剃度出家，一九九六年毕业于闽南佛学院本科，是年并受三坛大戒，后参学于五台山普寿寺。一九九八年应聘至广东尼众佛学院任教。广东尼众佛学院地处陆丰清云山，学院所在之定光寺依山而筑，层层叠叠，气势雄伟，佛学院即深居于山之高处。是处缁流翕集，三百比丘尼发心修学于晨钟暮鼓之中，孜孜弗懈。智觉法师于此殷勤讲授《楞严》

有年，参稽诸家古疏旧注，探经义之奥微，寻坠绪之渺茫，积六载之功而成是书。

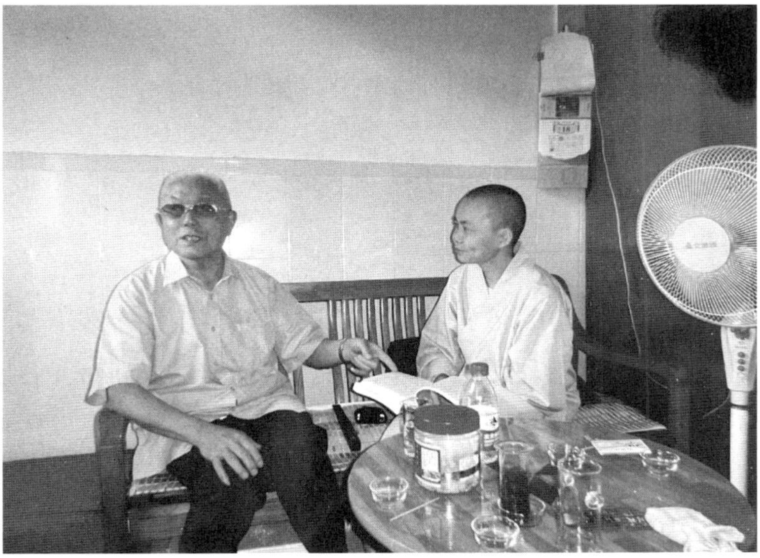

辱以大稿示余，欣见言之本色，不假华词，考实阙疑，而决后滞，张皇幽眇，隐义昭然。是以乐为推荐，爰述片言，以为弄引。

沈剑英

识于沪上寓庐还芝楼甲申

2004 冬至日

（上海古籍出版社 2013 年出版）

拙朴与“巧进”

——姚南强《因明论稿》序

因明是玄奘游印东旋时传回的一门佛教逻辑学，曾极盛于初唐，但后来几经沉浮，几成绝学。所以改革开放以来，一些学者投入很大的精力来抢救这门绝学，并且取得了丰硕的成果。本书著者潜心因明研究二十余年，著述颇丰。本书所收论文涉及印度逻辑、汉传因明、藏传量论以及因明义理的辨正等诸方面，征引广博，识见卓荦，伐人守己，启人深思。

《宋史·苏轼传》云：“今之拙朴之士愈少，巧进之人益多。”本书著者正是一位拙朴的学者，他对因明义理的研究，均据原典而言，不作一己之臆测；行文简洁明白，不弄玄虚之笔。他的这种治学态度在因明研究中尤为重要，抢救因明绝学，就是要用朴实无华的文字去诠释文简义奥的原典。

然而现在却有一些学者将原本不是问题的问题问题化，将本来可以直白说清的道理复杂化，乃至撇开原典逞臆而言，动辄冒称这是陈那因明体系的题中应有之义云云，令初习者如堕五里雾中，不知所从。如关于“除宗有法”问题，这原本就不成其为问题，却有学者于此大做文章，将举譬时需“除宗有法”，扩充到喻体也要“除宗有法”，从而又冒出一个所谓的“除外命题”来，以否定陈那因明具有演绎的性质。又如因三相，《入论》梵本与玄奘汉译均明言因于有法、同品、异品具有何种关系，其间均系从因出发，以因为主语，然有学者却不顾原旨，别出心裁，竟以有法为第一相的主语，以同品和异品分别为第二、三相的主语，从而否定因三相与一因二喻的对应关系。至于动辄称陈那题中应有之义云云，竟不引陈那原话，也不说明语出何处，实乃空穴来风，不足为凭。有些学者似乎欺人读不懂因明，将因明当作可以任意打扮的小姑娘，更是可悲复可叹，于拯救绝学何益之有？相比之下，本书著者之拙朴殊为可贵，本书的拙朴也益显其学术价值。

吾有感于斯，谨志所思以为弁首。

沈剑英
叙于沪上寓庐还芝楼
2013 年 7 月 25 日大暑之天

《世说新语详解》序言

《世说新语详解》是内子朱碧莲教授完成的最后一部著作，因其重病在身，只能由我代作弁首，对本书的相关问题做一些说明。

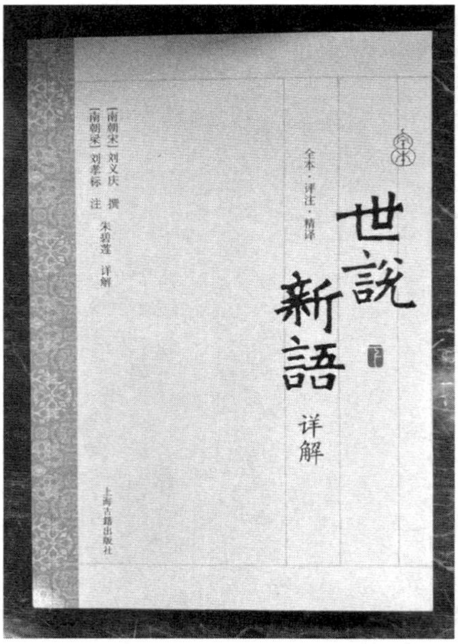

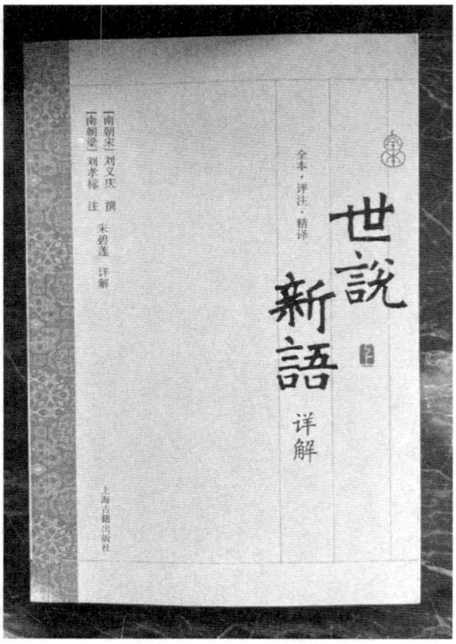

本书包括《世说新语》原文、刘孝标注、今注、今译、评析五个部分，《世说新语》原文和刘孝标注以涵芬楼影印嘉趣堂本为底本，同时参考了余嘉锡《世说新语笺疏》等著作的校勘成果，以求保持原著的面貌。今注部分力求详确，不避疑难之处，对生僻字均注音助读。今译部分基本采取直译，避免添枝加叶。评析部分则注重历史事件、社会背景和人物关系的交代，以期钩深致远，充分阐发其本旨。

内子晚年的书斋生活主要是与《世说新语》为伴，她每日品读原文，查找资料，注释解析，数年如一日，笔耕不辍。迨至书稿初成之时，不幸恶疾暗侵，日久而显，终至不克握管。此书稿虽然倾注了内子晚年的心血，然在体例及内容上尚存诸多有待完善之处，为此犬子沈海波（上海政法学院文学院教授）投入大量精力对书稿加以整理，除补撰若干原稿未竟之处外，还对文字作了润饰，对体例加以统一。此番付梓，复承海南师范大学中文系主任杨清之教授代拟二万余言的《前言》，为本书增色。清之是朱碧莲教授二十多年前的研究生，对魏晋南北朝文学深有研究，其《前言》殊富学术性。

内子自 2007 年患重病至今已五年有余，其间几度病危，幸得上海华山医院老年科诸位良医的妙手救治，终于助她安然度过生命危浅之境。复承上海古籍出版社王兴康社长的美意，在内子八十初度之际出版本书以志纪念；复承四编室田松青主任和责任编辑的热情帮助，令本书得以优质、如期面世；并承李越奇、任姿南硕士和研究生岳磊为之付出补录、校对之劳，谨此并致谢忱！

沈剑英
2012 年 7 月 20 日于还芝楼

以语句逻辑引导因明研修

——水月法师《因明新引》序

《因明新引》是水月法师于一九七六年在屏东东山佛学院讲授"初等数理逻辑"时所写的一部讲义。时间已过去三十八年,水月法师亦已明静迁化两年有余,现在将此旧稿整理出版,殊有纪念意义。

本书写得非常浅明,内容限于语句逻辑的一些基本推导方法及其规则,并设计了大量的习题,以俾学生通过练习将知识转化为技能。

水月法师为什么要在东山佛学院讲授"初等数理逻辑"这门课程呢?这是因为学一点数理逻辑的基础知识,将可引领我们更好地去学习和探究因明的理论和方法。本书取名《因明新引》的初衷当在于此。

水月法师早年爱好数学和逻辑,后来复专注因明。他深知因明与逻辑皆为人类共同思维形式及其规律的学说,二者是相通的,是人们正确思维和认识真理的工具。他在创办《因明杂志》时表达了这一观点:"我们认为因明不属于某一学派,不论过去它为某一学派学者所熟悉,现在以新的精神,新的态度,新的估量,因明是佛教共同的思想方法,甚而它是一切学术思想的共同方法。"所以他在讲授因明时常会联系到形式逻辑来作比较分析。

水月法师是一位学养殊深的学问僧,是一位修学并重的高僧,他的道德文章是我所企仰不及的。重承湛然寺住持云庵法师垂委,谨作此序以表纪念。

沈剑英

2014年2月22日于上海华东师范大学

《近现代中外因明研究学术史》序言

新因明传入我国已一千三百多年，几经沉浮，几成绝学，恰似寥落烟中一雁寒。当年，我经历了风暴的摧迫之后，于幽居索漠之中接触到了因明。其时我犹如萧萧茅屋下的一个落魄书生，暗自捧着一部佶屈聱牙的《因明大疏》死啃硬读，无师无友，更无处问益，两个孤独者邂逅，“唯君怜我我怜君”，研读之艰可想而知！后来，随着运动寿终正寝、大环境的根本性改善、学术研究春天的到来，因明被列入亟待拯救的学术门类，绝学因明终于得到众多学人的关注，从此不再孤寂。

我们久有意编纂一部由汉、藏、蒙古族和国外学者参加撰写的百年因明学术史，这个愿望如今终于实现了，而且本课题作为国家社会科学基金重点项目立项，更鞭策着我们加倍努力地去完成，务使本书能有裨于读者清晰地了解近现代因明从复萌到晏息到重兴的过程以及诸多中外学人在此期间所做出的贡献。

在编纂本书的过程中，我越发觉得因明的发展过程颇多曲折，其间有社会历史的原因，也有人为的原因。社会历史的原因如佛教于13世纪在印度湮灭，佛教因明亦随之匿迹；唐玄奘创立的慈恩宗于中唐前后式微，因明亦随之不振，凡此皆非个人能力所可抗拒。人为的原因则是因明译典文字过于艰涩，唐贤文疏又复聱牙，且奘门诸师虽同禀玄奘而所释不一，令人无所适从，望而生畏。然这些都是时代和个人素养的局限所致，今人亦是不可苛求于古人的。不过人为原因中也有难以原宥者，如近代以来出现的“除外说”，尽管源自东瀛，然在我国亦有影响。近来更有力售此说者，膏唇拭舌，欲以之为青云之梯,独步于“不仅国内,而且国外的最前沿”。殊不知喻体除宗有法一分之说日释林彦明早于19世纪80年代日本明治维新时期即已提出,且林氏更在1934年以“日华佛教研究会总干事”的身份受太虚大师之邀来华作《因明论式之批判》的演讲并印发小册子,按理“最前沿”之誉应归于林大僧正,不料竟被今之大言者掠美,不过林大僧正已寂灭于七十五年前,再不能与之理论。但林氏的喻体除外说确实只是起了个头,不及今之“除外说”者连篇累牍重复抄卖来得张扬。不过他们有一点是相同的,就是只顾了东头却忘了西头:说喻体要除宗有法,因之而令其失去全称命题的资格,那么因三相又如何来制约三支论式呢?在因三相制约下建立起来的喻体,必然是普遍命题(即命题的主项概念是普遍概念,它至少要包含两个以上的子概念),略有逻辑常识的人当不难发现此中的矛盾。存在如此明显矛盾的“理论”,还能站在“不仅国内,而且国外的最前沿”吗?孔子曰:“攻乎异端,斯害也已。”这是至理名言,当为治学者戒。

“除外说”是因明研究中的杂音,它采用曲解的手法来立说,扰乱了本来严谨的因明理论体系,对初习者无异于布下了一道五里长雾,令其更难窥得因明之堂奥,于拯救绝学因明危害极大,故本书于有关章节予以详析,以厘清是非。

因明虽是一门古老的学问,但我们在研究中却不能故步自封,而应用新的思路、新的方法去探索,汲取诸家之长,进行比较分析,以求融会贯通。为此我们特邀请国外学者一起来编纂本书,以期了解世界各国研究因明的概况,从而有裨于开阔我们的视野。在这里我要特别感谢参加本书撰写的外国学者:

印度摩揭陀大学巴特那商学院院长库马尔(Pramod Kumar)教授是印度逻辑专家,他在百忙之中为本书所写的《印度的因明研究》曾两易其稿,颇耗精力。

日本京都花园大学师茂树教授是日本因明研究的中坚,他为本书所写的《明治时期的因明研究》亦曾两易其稿,并指导李薇博士译成中文,费力颇多。

日本广岛大学和龙谷大学名誉教授桂绍隆是资深的因明学家，他为本书撰写的《明治之后的因明研究》用力甚勤，尤其是他还担任着日本佛教传道协会理事长一职，事务繁杂，承他拨冗赐稿，实属不易。

俄罗斯国立高等经济研究大学娜塔利亚·卡奈娃（Nataliya Kanaeva）教授是印度哲学专家，她为本书写了《欧洲和俄罗斯的因明研究》一章，还在我们原本约请的一位美国教授因另有他务而中途退出时，卡奈娃教授又主动承担了撰写《美国的因明研究》一章，而且以上两文均用英语写就，以方便我们翻译，令我们感动且感激。通过这次合作，我们对因明研究的中外合作交流有了更大的信心。

在此我还要感谢复旦大学哲学学院的刘宇光教授，承他慨允，使我们得以在编译本书第四编《近现代国外的因明研究》中多处摘引他著译的论著中的相关内容，令本编生色不少。

本书之出版，得到浙东佛教文化研究院院长、宁波七塔禅寺住持可祥法师以及上海佛教百寺基金的鼎力支持，并承上海人民出版社原社长王兴康先生倾力相助，敝人铭感在心，深致谢忱！

本书乃抛砖之作，《诗》云："嘤其鸣兮，求其友声。"若承哲人诸公不吝赐玉，则何幸如之！

沈剑英叙于沪上寓庐还芝楼

2020 年 2 月 4 日改定，是年八十有八

（上海书店出版社 2023 年出版）

附录一、沈剑英教授访谈录

（《觉群》编者）

一、沈教授，您是国内外著名的佛教学者、因明学研究专家，您早年从事文学创作和古典文学研究，后来改治逻辑与语言，并致力于佛家逻辑的研究。是什么因缘促使您转向佛教因明学研究的呢？能否简略地给我们介绍一下您研究佛教因明学的经历？

答：我从文学创作和文学研究转入抽象思维的研究，是因为严酷的政治氛围破灭了我的文学梦。为避祸，我只得将花费多年心血的两部文学作品和一部新文学史手稿撕碎浸烂，冲入化粪池灭迹！虽然心中滴血，但在那个“极左”思潮十分猖獗的年代，人命危浅，不如此不足以自保。后来我总算从“牛棚”里走出来，并在 1972 年跻身于“复课闹革命”的行列，从此改行搞起了语言学和逻辑学的教学。这是社会科学领域里比较安全的学科。从这里开始,我又涉猎了印度逻辑,尤其是对因明逐渐产生深入钻研下去的兴趣。但那时我能借到的因明书籍只有数种,遇有疑义,也无处可以咨疑。而且那时的人际关系紧张,彼此心存戒备,故我只是从图书馆借书来看,从不与他人交流。由此我在因明研习阶段特别费力,但也终于无师自通了,而且由于经历了长期的摸索,心得也就比较多一些。

我真正开始研究因明,是在粉碎“四人帮”以后。在一段时间里,我从各种渠道获得不少因明研究的文献资料,如专营古旧书的上海书店为我在刚启封的库房里翻检出一批珍贵的原刻、原版因明图书。有些书我手头没有的,就通过馆际借书渠道,由师大图书馆向上海图书馆去借调,借满两周就还,然后再去借。这都对我的因明研究有很大帮助。至 1978 年,我已将研究因明的心得整理成《因明学研究》一书。

二、您在因明学研究方面取得了可喜的成绩,出版了《因明学研究》、《佛家逻辑》等因明学方面的专著,在教内外产生了广泛的影响。请谈谈您的主要研究方向和感触最深的事情。

答:我想先谈一下感触最深的事情,这就是改革开放。今年是改革开放的 30 周年,30 年来我们的国家发生了巨大的变化,我们今天所取得的一切成就都与这变化有关,我个人在学术上的一点成就自亦与此不可分离。例如拙著《因明学研究》早在 1978 年就送交商务印书馆,他们起先说要用,已列入年度选题计划,后来听了 Y 先生的话,突然变卦,退回了拙稿。后来我又将书稿送交一家省级出版社,谁知该社还在闹派性斗争,一派主张用,一派则反对,如此又搁置了两、三年!直到 1983 年,王元化先生主持的中国大百科全书出版社上海分社计划出一套《中国学术丛书》,《因明学研究》终于获得了出版的机会,于 1985 年面世。这是我的一大际遇,其背景是改革开放已进入到第七个年头,人们已从“极左”年代的政治枷锁和思想桎梏中逐渐解脱出来,思想观念和行为准则均发生了很大变化,中国传统文化越来越受到青睐,所以《因明学研究》才有机会列入这样一套规格很高的学术丛书。

这之后的二十余年,我虽然对语言逻辑颇有研究兴趣,却逐渐将研究重心转移到了因明研究上,因为我发现因明中有待开发的地域甚广,需要尽一生之力去耕耘才能成其一隅。所以我给自己定下了研究方向,就是抓大放小,即在确定了要开发的地域之后,就坚定不移地去做,尽量不为一些具体的争论问题分散精力,耗费时光。例如陈那新因明的基本之作《正理门论》,由于文简义奥,历来解者不多,文疏也散佚几尽。所以后之学者大都视它为道旁苦李,望而却步。我早年虽勉力披阅数遍,由于用功不深,所以仅粗知其义。1988 年我借着为研究生开讲此论的机会,给自己定了一个相当高的目标,就是要厘清此论的篇章结构和段落,弄清每一句的文义,解释要尽可能具体,而且不回避难解之处,在此基础上再将玄奘的原译改译为语体文。为了实现这一目标,我搜集了当时所能搜集到的资料细加披阅、对照、爬梳,积年余之功,终于写出了《因明正理门论译解》。而在这段时间里有的学者正提出一些问题来与我商榷,我没有作正面回应,好在将来总归会有人出来评说孰是孰非的。

三、沈教授,因明学是佛教的五明之一,是佛家逻辑思想的具体体现。因明学在中国的传播经历了曲折的发展过程,想请您对因明学在中国的发展历史作简要的介绍。

答: 先说一下因明传入我国的情况,大致分三个阶段:第一阶段是古因明的传承,时间在东晋末年以迄南北朝时期,佛驮跋陀罗是最早将古因明译传来华的,可惜他所译的《方便心论》在当时未引起重视,很早就散佚无存了。幸而北魏延兴二年(472)吉迦夜与昙曜重译了《方便心论》,终于流传了下来。后来真谛又于梁大宝元年(550)迻译并注释了《如实论》。《如实论》是世亲集古因明之大成的重要论典。然而古因明传入以后并未在当时的思想界产生多大的影响,虽然《世说新语》最具权威的注释者刘孝标参与了《方便心论》的重译工作,担任笔受,刘勰作《文心雕龙》也深受因明方法的影响,但这只能说是个例。

因明传入的第二阶段在唐代前期,玄奘东归后很早就译出了新因明的代表作大、小二论,并在译寮倡导传授,其门下大德依据玄奘口义竞造文疏,加上后出的疏抄,仅见之于经录、引录和现存的约有六十种以上,可惜极大多数散佚无存,今仅存神泰、文轨、净眼、窥基、慧沼、智周、太贤等大德的部分文疏,有些还是残卷。但从当时的盛况来看,玄奘所传的新因明确实具有较大的社会影响,而且奘门大德对因明的阐发和弘扬亦有不可磨灭的功绩。但是嗣后因明随着慈恩宗的衰微而逐渐受到冷落,在中原几成绝学。

因明传入的第三阶段在中唐以后,印度瑜伽中观派的创始人寂护到西藏弘法,与藏人法光合译《因轮论》,这当是因明传入西藏的开端。在西藏佛教的前弘期和后弘期约三百年的时间里,译出的因明典籍达八十种之多,而且保存得较好,至今尚存六十八种。其中法称的《因明七论》在北宋末年即已全部译出。当时翻译因明典籍的代表人物是俄·罗丹喜饶。这之后就产生了藏人对陈那、法称所造量论的注疏,最早也是最有影响的注家是俄·罗丹喜饶的三传弟子恰巴曲森。恰巴曲森是桑朴寺的第六任座主,他开创了摄类辩论的学习方法,一直沿袭至今。他在因明方面培养出了八大弟子,但他的大弟子藏拿巴·精进狮子与他观点相左,在因明中引入月称系中观宗破异执的应成论法。桑朴寺是一个传授因明的中心。另一个研习因明的中心是萨迦寺,其代表人物是四祖萨班·贡噶坚赞,其因明代表作是《正理藏论》,西藏各派都公认此论的重要地位。后来,南宋灭亡后,末帝赵㬎即在此寺出家为僧,曾据玄奘所译的《因明入正理论》校订藏人顿训的译本。藏传佛教将因明视为成道的必由途径是由黄教的创始人宗喀巴首倡的,他将法称的《释量论》列为札学僧必读的五大部之一。在宗喀巴的弟子中,数贾曹杰的因明著作最多,今能见到的就有《释量颂能显解脱道论》等八种以及听宗喀巴讲因明的两种备忘录。他也力主学习因明可以获得解脱之道。另一位是赤巴克主杰(后被追认为班禅一世),他著有《因明七论除暗庄严注》等六种以及笔记一、二种。再一位是根敦珠巴(后被追认为一世达赖喇嘛),著有《释量论正解》和《量理庄严疏》等因明释论。由于格鲁派(黄教)从明末清初起掌握了西藏的地方政权,使之政教合一,故宗喀巴将《释量论》列为显教必读之书的规定便沿袭了下来，凡西藏、甘、青乃至四川、蒙古等地的黄教大寺，其堪布多有为法称《释量论》作注者，著述之多，难以胜数。

现在再回过头来看汉传因明。汉传因明自中唐以降逐渐衰落，至元、明几成绝学！直至清末从日本迎回窥基《因明大疏》等并锓版流通，汉传因明便由此复苏，主要表现在因明典籍的重新刊印、注释以及初步的比较研究等。至20世纪三四十年代，终于迎来了因明研究的高潮，并进入大学的课堂。因明复苏和再兴期的代表人物主要有杨文会、章太炎、欧阳竟无、太虚、熊十力、吕澂等。然而自20世纪50年代以迄70年代因明研究又归于沉寂，直至改革开放以来的三十年，因明研究复呈活跃的态势，出版了一大批因明研究著作，发表的论文更是不胜枚举，成果十分喜人。一些高校还培养了一批因明研究人才，有的还非常优秀；在出家人里也出现了很多优秀的因明研究人才，所以因明研究后继有人，研究成果会越来越丰硕。

四、听说这些年您对敦煌的因明写卷作了全面考察，取得了可喜的成果，可否谈谈这方面的情况？

答：我对敦煌因明写卷的研究用了七年时间，分为三个方面。第一方面是点校和写出释文，首先是点校并写出净眼法师《因明人正理论略抄》和《因明人正理论后疏》的敦煌写本，这两种写本合为一个卷子，保存比较完好。此卷虽于清末即已被伯希和携至巴黎，由于是用草书写成，不易辨识，故乏人研究。1986年，日本学者武邑尚邦曾对此卷作过初步研究并写出释文，但由于我的孤陋寡闻，故未能从一开始就借鉴他的成果，多费了很多工夫。不过这也有好处，因为当我独立完成释文后再看到武邑氏的释文，就很容易发现彼此释文的长短，如武邑氏在断句上错讹甚多，辨识草字亦时有差错；但也有一些字是他对我错的，而且他的一些技术处理方法对我启迪不小。接着我又点校了文轨《因明人正理论疏》的敦煌写本，并写出释文。这一次是先读了武邑尚邦的释文再写的，用力较省。我借鉴了武邑氏的成果，但也纠正了他的一些错谬与不足。武邑氏在点校时用的是句读号，包括对净眼二疏的点校亦是如此，我则一律用新式标点。我还点校了文轨的《过类疏》断片，这是武邑氏没有做的。第二方面是对敦煌因明写卷作全面考察分析，写了七篇考论。其中一篇是总论，概括论述了唐代的因明研究，并对敦煌的全部因明写卷一一作了评介。另一篇专论文轨及其《因明入正理疏》，对《文轨疏》的历史地位、传播和散佚的情况作了考证，并论述了复原《文轨疏》的文献依据。其余五篇则着重考辨净眼二疏的发现和文献价值，净眼对《文轨疏》的批评之长短，净眼对现、比二量以及能、似二破的诠释之贡献与不足，等等。这些文章的篇幅大都很长（三、四万字），我用了三年时间才完成考论的写作。第三方面是校补《文轨疏》。文轨所撰的《因明入正理论疏》是唐代因明研究较早也是卓有影响的一部文疏，但它早在两宋之际即已散佚，流传至日本的《文轨疏》至 18 世纪后半叶也仅存第一卷了。1934 年，南京"支那"内学院依据日本残存的《文轨疏》第一卷和 1933 年在山西赵城发现的《过类疏》，并辑录《明灯抄》、《大疏抄》等的大量《文轨疏》引文，初步复原了此疏，这是当时所能整理出来的一文本。现在，随着敦煌因明文献的出土和整理，又发现了不少《文轨疏》的佚文，具备了再次校补《文轨疏》的条件，所以我就着手校补工作。首先，我据经录所记，将《文轨疏》按三卷复原（内院本整理成四卷），将新发现的佚文依次辑入各卷。其次，校订内院本《庄严疏》辑自《明灯抄》、《大疏抄》、《大疏裹书》等所引《文轨疏》的佚文，并补入一些漏辑的佚文。第三，我所出的校记和注明引文出处有 173 条。以上就是我对敦煌因明写卷研究的大致情况，我已将这一研究成果汇编成书，题为《敦煌因明文献研究》，近日已由上海古籍出版社出版。

五、沈教授，您在因明学研究中不泥古说，在许多重要问题上提出了自己的独到的见解，既充分吸收前人的研究成果，又敢于指出前人之不足，在学术上采取了求实的态度。请您谈一下现在因明学研究应当关注哪些问题，从何处入手？

答：因明研究要关注的主要有三方面：一是原理研究，二是文献研究，三是史实研究。在原理方面，如陈那的宗因之不相离性为推理的基础，以因三相为推理的规则，这是新因明的核心理论，应深入探究，但是恰恰在这个核心问题上，一些研究者执见不一，给出了许多令人遗憾、致人疑惑的言论，其是非有待时贤来评说和澄清。在文献方面，有待深入诠释、梳理乃至钩稽者还很多，如《文轨疏》的校补目前虽暂告段落，但尚须进一步疏解与考辨。在因明史实方面，我虽然主编了《中国佛教逻辑史》，但也只是草莱初辟而已，希望有更多的学者来研究因明史，特别是藏传量论，最好有藏族和蒙古族的学者作更深入的发掘。汉、藏、蒙三家合作编撰一部中国佛教逻辑史，当是最为理想的。

至于因明研究从何处入手的问题，我认为首先还是应该从读原典入手，要从第一手资料中获取研究素材，而不能仅从别人的论说中套取资料，这种拾人牙慧的研究就很难有真正的创见。现在还常见一些人心气浮躁，没有读通原典即妄下断语，甚至只有结论而缺乏论证，这就不是严谨的学风。另外，知识具有历史积淀的性质，做学问的人总是站在前人的肩膀上才看得更高更远的，不能因为急于求成而对前人的成果作总体的否定，而说前人全都错了，唯我独是。在学术上标新立异并非坏事，但必须有翔实的论证来支持。前人的成果尤其是共识必有其产生的基础和论证的支持，所以要否定前人的某项结论，必须逐层破除其论据或论证方法才行；如果仅凭自己的逞臆之言去否定前人，那就是一厢情愿，难以服众的，也不合应有的学术品格。

（原载《觉群》2008年第4期）

附录二、躬身因明苦耕耘

——与沈剑英先生关于因明研究的笔谈

郭　桥

摘要： 玄奘把印度新因明传入中国标志着汉传因明迎来新的阶段，唐代成为汉传因明研究史上的第一个高峰期。近现代是汉传因明史上的第二个高峰期。这一时期，僧俗共同研习因明，因明的影响范围明显扩大。改革开放以来，沈剑英和其他众多学者一起，把中国的因明研究引向深入。沈著《因明学研究》系1949年以后第一本比较系统地介绍因明的专著。拓宽因明研究的范围也是，以先生着力之所在。熊十力、沈剑英等关于阅读因明典籍的论述，成为研习因明的津梁。

关键词： 汉传因明、沈剑英、因明文献、因明学习

因明源自古印度，学界曾称之为“绝学”。在当代中国的因明研究史上，涌现了一批杰出的学者。正是由于他们的不懈耕耘，作为因明“第二故乡”的中国，在继唐、近现代以后，在近三十年来再现因明学研究蓬勃发展的局面。《真如·因明学丛书》之《总序》指出：“改革开放后，百废俱兴，因明学在中国大地得到了重视和发展，出现了一批优秀的研究学者。他们以继承古学为己任，博采众长，使我国的因明研究取得了很大提高，特别是在逻辑与因明比较研究方面取得了长足的进步。”（[1]）这些学者当中，沈剑英先生是一位杰出的代表。

沈剑英先生1932年生于上海，现为华东师范大学教授，兼任中国逻辑

学会因明专业委员会顾问，曾任国际符号学会理事、东亚符号学会理事、中国逻辑学会理事、中国逻辑与语言研究会副理事、中国逻辑学会语言逻辑专业委员会主任、上海逻辑学会副会长等。自1978年《因明学概论》（出版时改名《因明学研究》）成稿，到2013年《佛教逻辑研究》出版，沈剑英先生的因明研究影响广泛，有学者誉之为“拼命硬干的因明学家”。关于沈先生的因明研究，他曾这样写道：“我研究因明已数十年，真正出成果的时间还是改革开放以来的三十年。”（[2]）沈剑英先生的因明研究涉及诸多方面，现择取几个问题，函邀其简要地谈一谈，希望对因明学研究有所助益。

背景1：2016年9月17—18日，第12届全国因明学术研讨会在陕西铜川举行。会议的6个讨论主题中，第一个是“玄奘大师生平及其贡献研究”。玄奘游学印度的一个重要成果，就是把新因明传播到了中国。关于玄奘和新因明的关系，沈剑英先生曾这样断语：“玄奘是陈那的三传弟子，故此深得新因明的要旨。”（[3]第66页）之所以称玄奘是陈那的三传弟子，原因是他在印度留学期间，师从那烂陀寺的主持戒贤，以及胜军；戒贤和胜军均是护法的弟子，而护法是陈那的弟子。

问题1：如何评价玄奘把新因明输入中国这一中印文化交流史上的事件？

答问1：这无疑是一件具有重要历史意义的事件。回答这个问题我想应该略为扩展来谈，因为因明传入中国并非玄奘一人之功，在他之前就有古因明的传入，在他之后又有西藏佛教学者对因明的译传，所以因明传入我国应分为三个时期：第一个时期在南北朝，当时传入的是古因明文献，如《方便心论》和《如实论》等，但在思想界影响不大。而且《方便心论》最早的译本在东晋末或刘宋初由佛驮跋陀罗译出后，由于未能流传，不久亡佚。今天看到的《方便心论》系五十年后由吉迦夜与昙曜于北魏延兴二年（472年）重译的。另外，《如实论》原有三卷，至今只存一卷残本。至于真谛所撰的《如实论疏》更是早已亡佚。但即便如此，古因明文献的传入还是有其历史意义的，在中国思想史、逻辑史上毕竟留下了它的脚印，它更是玄奘所开创的汉传因明的先声。因明传入的第二个时期在唐初,就是玄奘传回来的新因明。这一回产生的影响不小,形成了汉传因明的传统。第三个时期始于中唐,盛于宋、元,即西藏的佛教学者从印度传回来的量论,后形成西藏量论的传统,即藏传因明。因明传入的这三个时期具有历史延续性:南北朝一唐代一宋、元,正好填补了中国逻辑史近千年的空白。对于这个问题,我曾做过这样的论述:"中国逻辑史研究中最大的困难是在秦汉以后难以围绕一条绵延的主线来整理史料,阐发其发展进程。不像西方逻辑史,在19世纪中叶以前基本上是以西方传统逻辑为主干的发展史,其后则是以现代逻辑为主干来展开。印度逻辑史则是以正理论和佛教因明的交融为主干的发展史。中国逻辑史上最为辉煌的先秦名辩逻辑则自秦汉以降,后继乏人而归于衰微。甚至时隔五百年,西晋的隐士鲁胜志在'兴微继绝'写出《墨辩注》和汇编《刑名》二篇并'略解旨归',希望能得到时人的响应,重兴名辩学说,竟亦未能如愿,最后连《墨辩注》一书和《刑名》二篇也散佚无存,唯鲁胜的《墨辩注叙》幸录于《晋书·隐逸传》而令今人得见(幸亏《晋书·隐逸传》录存了鲁胜的《墨辩注叙》,世人才得以略知他的逻辑思想和为重兴墨辩学说所做的一些事情)。名辩逻辑崇尚思辨,在辩风甚盛的魏晋时期亦遭冷遇,这是颇为遗憾的。汉代重经训而轻名辩,这是可以理解的。魏晋反经训而重义理,则理应是名辩逻辑重兴的温床,可惜魏晋的清谈堕于'理赌',至南渡名士的末流更流于'嘲戏之谈'。在这种背景下,名辩逻辑之乏人问津,也就不足为奇了。名辩逻辑既然未能作为中国逻辑史的主干学说得到传承,而后来的本土逻辑思想又比较零散,难以形成系统的逻辑学说。所以唐代传入中国的印度因明和明清时期输入中国的西方传统逻辑便反客为主,填补起中国逻辑史的空白了。"(这段话的英文文本载于 History of Logic in China:5 questions, Automatic Press, United kindom, 2015, p.39)由此,因明的传入具有何等重要的历史意义当是不言而喻的。

再谈玄奘传译新因明在中印文化交流史上的丰功伟绩。玄奘西行求法,志在弄清大乘瑜伽行宗的根本论典《瑜伽师地论》的真义。此论长达一百卷,其中第十五卷专门论述了大乘有宗的因明体系,所以玄奘十分重视学习因明。他在行程中即已向迦湿弥罗国的大德僧称和至那朴底国的大德调伏光学习陈那的《理门论》等。到达那烂陀寺后,玄奘受业于戒贤。戒贤是陈那的二传弟子,其时年已九十,仍不辞辛劳,为玄奘讲解《瑜伽师地论》三遍,陈那的《正理门论》和《集量论》两遍,《显扬圣教论》和《对法论》各一遍。由此玄奘不仅深入领悟了《瑜伽论》的真义,也全面了解了瑜伽行派的古因明和新因明体系。贞观十年(636年)玄奘暂别那烂陀寺,到印度各地游学。其间他在南憍萨罗国参谒龙树和提婆的圣迹时,又向一位婆罗门研习《集量论》一月余,还专程去案达罗国瞻仰陈那撰《正理门论》的石窣堵波遗迹。贞观十三年冬天,玄奘结束远游,回到那烂陀寺。他听说不远处有一位般若跋多罗大德精通有部教义和因明、声明等,便去向他咨决所疑。后来又去杖林山胜军论师处住了两年,向他请教《瑜伽论》和《因明论》等。由于玄奘好学不倦,转益多师,他在瑜伽论和因明论上都有非凡的造诣,从而在论辩中时操胜券。

玄奘深知因明作为一种思辨工具与瑜伽学说有着密切的关系,所以他在长安译经的初期即逡译了《因明入正理论》和《因明正理门论》。其中令人瞩目的是,《入正理论》是在逡译皇皇一百卷《瑜伽师地论》的间隙插译的,它虽然只是一部只有二千五六百余字的小论,但译场的组织规模却不小,而且监译大臣许敬宗还特地为它写了一篇六百余字的《后序》,显示玄奘逡译此论有着非比寻常的意义。由于新因明初传中土,佛门内外倍感新奇,译场大德向学之心甚为殷切。玄奘向译场僧众悉心传授,门下大德记录大师口义,纷纷撰述,出现笔记玄章并行于世、研习因明蔚为风气的盛况。正是由于玄奘的译传,陈那的新因明在中土得到了传承,形成汉传因明的架构,在佛门内外的精英层面产生广泛的影响。

汉传因明注重立破的格局,即注重陈那的逻辑理论和论辩方法,而以知识论为“立具”,即立量之必要条件,这是继承了陈那前期的因明思想。汉传因明的这一特色,反映了玄奘的逻辑观念是以立破为纲的。这就将汉传因明制限于逻辑和论辩方法的范围之内,尽量不向认识论方向延伸,从而保持了因明比较单纯的逻辑性质。玄奘在迻译和传授因明的过程中,有所发明和发展,这通过文轨和窥基等人以他的口义为基础所撰的因明论疏可以详知。玄奘译传新因明的功绩,在中印文化交流史上竖起了一块丰碑。

释答1:《方便心论》、《回诤论》和《如实论》是汉传因明在古因明传播阶段出现的三部典籍。(1)《方便心论》:472年被译成中文。“其书虽是以反驳胜论派理论为主,同时也构造了佛家因明的第一个论辩逻辑体系,在因明的‘正’‘似’‘立’‘破’等方面都有系统阐述,在因明史上地位可与《正理经》相比。”([4]第261页)关于该书的作者,相传为大乘佛教中观派论师龙树,宇井伯寿认为是龙树之前的小乘学者。全书分四部分:明造论品、明负处品、辩证论品、相应品。其中,明造论品阐述论辩的方法,提出如下立论方法:“譬喻”“随所执”“语善”“言失”“知因”“应时语”“似因”“随语难”;明负处品论论辩中的过失;辩证论品说明辨别正邪论法的方法;相应品讲问答相应的方法。在相应品中,“列有20种问答法,《正理经》中的二十四倒难与此基本相同。”([5]第121页)(2)《回诤论》:541年译成中文,“此书是龙树批评正理派的量论之作”。([5]第194页)(3)《如实论》:全称《如实论反质难品》,世亲著,550年由真谛译成中文。现存中译本是全书的最后一部分,其余内容完全遗失。现仅存《反质难品》分三个部分:“无道理难品第一”、“道理难品第二”、“堕负处品第三”。这三部分涉及各种无道理的论说、误难与正难类型,以及诸过失。其中,“堕负处品”列22种负处,“世亲吸收了《正理经》对负处的分类,又有新的创造,可说是集佛家堕负论之大成。”([6]第81页)

《瑜伽师地论》是印度大乘佛教瑜伽行派主要的经典,“瑜伽师地,意即瑜伽师修行所历的境界(十七地),故亦称《十七地论》”。([7]第66页)全书100卷,玄奘译成中文。奘译之前有该书的节译本。全书分五部分:“本地分”、“摄抉择分”、“摄释分”、“摄异门分”、“摄事分”。其中“本地分”是主要部分,其余四部分是对该部分的释论。在《本地分》第15卷中首次提出因明的概念:“谓于观察义中诸所有事。”意思是“对于所观察的事物建立一种意见,其中关于能立与能破的一切论证的历程便是因明。”([5]第632页)此外,又分别从论体性、论处所、论所依、论庄严、论堕负、论出离、论多所作法七个方面来讲述因,史称“七因明”。“七因明”涉及辩论中使用的语言的体性、辩论的地点、辩论所采用的具体方法、辩论双方应该具备的条件、关于被击败的论点、辩论前对是否立论的判断、辩论者的自信心等。

“大小二论”是对《因明正理门论》和《因明入正理门论》的简称。(1)《因明正理门论》之所以被称“大论”,“由于分量比商羯罗主的《因明入正理门论》大”([5]第621页)“《因明正理门论》是汉传因明的根本论典”([8]导言)该书是“印度中古逻辑之父”陈那早年创立新因明的奠基之作,它和陈那晚年的《集量论》一起,是新因明的两部要籍。贞观二十三年(649年)玄奘译出《因明正理门论本》。书名中的“本”字,恐系后人所加,意在突显以玄奘所译之作为本。“事实亦是如此,后世均以奘译的《因明正理门论本》为经典,而很少提及义净的译本(陈那的《正理门论》有两个汉译本:玄奘的《因明正理门论本》和义净的《因明正理门论》——引注),而且常常省称玄奘的译本为‘因明正理门论’。”([8]导言)《因明正理门论》的内容,第一部分述真能立、似能立,及现量、比量;第二部分述能破、似能破,及堕负问题。《因明正理门论》阐述了陈那早期以立破(论证和反驳)为核心、以现量和比量(获取知识的方法,属于知识论范畴)为辅,即视现量和比量为立量的必要条件这一主张。这一倾向和其后期著作《集量论》有明显的不同。在《集量论》中,“他一反以立破为核心的格局,而是先说现量和比量(为自比量),再说能立(为他比量)和能破的,这样的论述格局,显然是将逻辑纳入知识论的范畴,侧重点有所不同。”([8]导言)(2)《因明入正理门论》之所以被称“小论”,“与《因明正理门论》相比,分量较小”([5]第618页),它“是探幽‘大论’的阶渐之作”。([8]导言)唐太宗二十一年(647年),玄奘译出《因明入正理论》。其中,“因明”二字系玄奘添加,《因明正理门论本》中的“因明”二字亦如此。玄奘为何在汉译标题中添加“因明”二字,今人或谓“为示本论的性质”([3]第75页),“以标举其方法论的性质”([8]导言),或谓“以标明其为佛家逻辑书”([5]第618页)。韩廷杰先生的解释比较具体:“‘因明’两个字是玄奘加的,用以说明这篇论文是因明著作。原文‘入正理经’,很容易让人把佛教的因明著作误认为外道正理派的著作。由此可见,这篇论文的题目不能死译。‘正理’一词的梵语原文是(音译尼夜耶),意谓‘引导’,即引导出正确结论。这里指的不是正理派或《正理经》,而是陈那的《因明正理门论》,所以商羯罗主的《因明入正理论》是《因明正理门论》的入门著作。”([9])“大小二论”对比量的讨论限于共比量,它们都是新因明的重要典籍。其中,《入论》“并非单纯解释《门论》,亦有商羯罗主的发挥创造,如《门论》讲的九句因,《入论》略去不讲,却讲‘因三相’,并详释宗九过、因十四过和喻十过。”([10])就汉传因明的实际情况而言,由于《正理门论》言简义奥、艰涩难懂,“以往治因明者大都依据商羯罗主的《入正理论》来研究陈那所创立的新因明”。([8]导言)

背景2: 1985年,沈剑英先生的《因明学研究》被中国大百科全书出版社列为“中国学术丛书”之一种出版。此次列入中国学术丛书的共计七种,另外六种是:熊十力的《佛家名相通释》、吕思勉的《先秦学术概论》、吕思勉的《中国民族史》、柳诒徵的《中国文化史》、伍蠡甫的《名画家论》、陈登原的《颜习斋哲学思想述》。1994年,台湾智者出版社出版《因明学研究》一书的繁体字版。2002年,东方出版中心出版《因明学研究》的修订版。

问题2:《因明学研究》“是建国以后第一本比较系统介绍因明学的学术著作”,([10]第286页)听说这部著作是您在一个比较困难的时期撰写的,而且在1978年即已完稿,但1985年才出版,可否请沈先生谈谈其间的曲折过程?三十多年后的今天,您如何看《因明学研究》一书?

答问2: 我本来是从事文学创作和文学研究的,为此我在以往的政治运动中吃了不少苦头。后来我便趁机转向,从事语言与逻辑的教学。期间我接触到了因明学,认识到这是一门绝学,有着广阔的研究的空间,于是我着手搜集资料,试着去啃这块硬骨头。既然是块硬骨头,当然就不容易啃,因为因明典籍文字艰涩，索解匪易，而且参考资料在当时不易觅得，遇有疑义更是无处可以请益咨疑，所以我研习因明的过程特别艰难。但每有所得，体会也更为深刻。粉碎“四人帮”以后，我即着手著述，花了两年时间，于1978年完成《因明学概论》的初稿。它的出版过程有些曲折。稿子最早是通过复旦大学老校友冀勤（她是中华书局资深编辑）送到商务印书馆的（两家出版社同在王府井的一幢楼里办公）。商务印书馆请北京大学与中国社会科学院南亚研究所的印度哲学专家黄心川先生审稿，黄先生的审稿意见对拙稿作了肯定的评价，由此商务同意列入选题计划，并提出了一些修改意见。但等我将修改稿寄去后，商务的W编辑却将稿子退了回来，从退稿函知悉，原来是一位Y先生对我在玄奘《真唯识量》上的论述有看法，从而影响到对全稿的评价。W编辑还说书名亦有不妥，既称“概论”，则应包含更广泛的内容，原稿却未涉及云云。这令我殊感无奈。于是只得退而求其次，在友人的介绍下，将书稿送到一家省级S出版社。谁知这一回遇上了不死不活的局面，因该社还在闹派性，两派对是否采用拙稿持不同意见，于是搁置两年有余还是难作定论。这一拖，就到了1983年，巧逢中国大百科全书出版社要出一套“中国学术丛书”，由主持上海分社的王元化先生统筹其事。王元化先生派编审姚芳藻女士来将我的书稿要了过去，并特邀上海古籍出版社的编审叶笑雪老先生来审稿。叶先生对佛学深有研究，承其对拙稿作出肯定的评价，于是王元化先生决定将拙著列入丛书。我的书稿本来取名《因明学概论》，含有自谦的成分，既然商务W编辑对此颇有微词，我就只好收起谦逊，改题为《因明学研究》了。拙著于1985年出版，叶笑雪先生还为拙著写了书评，发表在《中国社会科学战线》上，其过誉之辞令我汗颜。“中国学术丛书”是大百科全书出版社出版的一套规格甚高的丛书，正如你所列的，它收入了熊十力、吕思勉、柳贻徵、伍蠡甫、陈登原等诸多大家的名作，拙著得以忝列其中，事出意外，实乃“毋望之福”也。

拙著成稿于20世纪70年代，限于我当时的学识水平和思想状态，1985年版的《因明学研究》存在不足之处甚夥。如陈那新因明同、异二喻的合式归纳和离式归纳，是陈那的创新，我却将其与穆勒因果五法作简单比附，还作出错误的结论。这一点我早有反省，所以我在撰写由王雨田主编的《归纳逻辑导引》（上海人民出版社，1992 年）一书中的《印度因明中的归纳理论》一章时，就作了自我修正。1994 年由台南智者出版社出《因明学研究》的台湾版时，我将上述错误在书中正式作了修订。还改掉了一些大批判式的言辞，这是我受"文革"思潮影响的表现。但仅在台湾版上作了修订还是不够的，因为大陆读者不容易见到台湾版。所以我一直怀着再出修订版的愿望。1996 年初，东方出版中心（原中国大百科全书出版社上海分社）重印《因明学研究》，印数达一万册之多，但社方事先未及与我商洽，使我遗憾地失去了一次修订的机会。后来承出版社惠允，在销完这批重版书后再出拙著修订本。为此我即在已作过初步修订的台湾版的基础上再加修订，还在有关章节（如第三章、第四章）里加了若干必要的注释，以回应某些批评。还对附录中的《正理经》译文和注释也作了一些修订。这是第二次修订了，这次修订工作早在 1998 年即已完成，但直到 2002 年修订本才得以出版。十年后，我年届八十，承蒙上海古籍出版社王兴康社长和赵昌平总编辑的盛情邀稿，我将部分旧作整理成一部《佛教逻辑研究》，其中第二编《佛教逻辑学》即是在《因明学研究》一书的基础上扩充而成的，即新增五章（从原书的九章扩充为十四章），而且对原文又作了一次内容上和技术上的修正。这可以说是第三次修订了，也是修订量最大的一次。

释答 2：1979 年 8 月，第二次全国逻辑讨论会在北京通县召开，来自全国的 230 余名逻辑工作者参加了会议。沈剑英先生当时提交的交流材料就是《因明学研究》一书的原始打印稿，此稿受到与会学者的关注，他也因此被选为第一届中国逻辑学会的 45 名理事之一。（参见[11]第 590 页；[2]）

《因明学研究》以《理门论》和《入论》为主要依据，征引唐初诸疏，"从横剖面探讨因明的体例规律、推理格式和立言过失等等，并与西方传统逻辑作比较研究，以明二者异同"。（[12]出版说明）以西方逻辑为参照进行因明学的研究，这是近代以来汉传因明研究的基本框架。在《因明学研究》中，沈剑英先生既承接了这一研究思路，又着意分析西方逻辑和因明的不同之处。比如，在以三段论解释三支论式时，他一方面认为“宗”和三段论的“结论”相当，另一方面指出二者不但在形式结构上的地位不同，而且意义也有分别，这是因为因明的产生是基于古印度宗派之间激烈的论诘，因明的论式贯穿了“立”与“破”的精神。具体而言，“宗”是立敌双方所争的论题，具有我“违他顺自”的特点，这就和三段论的“结论”不同。温公颐先生指出：“这样的解释，既说明了因明的逻辑共性，即逻辑科学的全人类性，同时又说明了因明的逻辑特性”。([13])

背景 3：陈那的《因明正理门论》和商羯罗主的《因明入正理论》，汉传因明史上或简称“大小二论”。“大小二论”是玄奘据梵文翻译的译本，也是自有唐至民国期间汉传因明研究的经典文献。沈剑英先生拓宽了汉传因明的文献范围，使得更多的古印度因明文献能够为学界所了解。

问题 3：在拓宽汉传因明的研究文献范围方面，沈先生主要做了哪些工作？

答问 3：我主要做了两件事：一是迻译《正理经》，二是迻译《遮罗迦本集》第三编第八章。这两种古印度的逻辑文献是研究印度逻辑不可或缺的原始资料，但长期以来在我国却未见有汉译本问世。

《正理经》是古印度婆罗门教六大正宗之一的正理派的根本经典，也是印度逻辑史上的重要文献之一。世界上有多种语言的译本，但在我国却无汉译本问世。所以我在 1983 年夏天据日本学者宫坂宥胜的日译将其转译为汉文。由于《正理经》文简义奥，所以我又译出富差耶那《正理经疏》中的部分注疏，以资参考。《正理经》汉译本作为《因明学研究》的附录于 1985 年面世。由于我的汉译本是国内最早的译本，所以 1987 年台湾华宇出版社将其收入“世界名著译丛”第 21 册《印度佛学论集》之中。后来我又将宫坂宥胜的《〈正理经疏〉研究 · 序论》一文也翻译了出来，有裨于学人研读《正理经》。

《遮罗迦本集》是古印度的一部医书，遮罗迦是大月氏贵霜王朝时代的名医,他主张医生要学点逻辑,所以他在《遮罗迦本集》第三编第八章中专门讲了“论议的原则”,共有 44 目。这部分内容是遮罗迦所整理的流传于印度当时(约二世纪上半叶)的原始逻辑方法。《遮罗迦本集》流传至今有多种版本,各本异文互见,差别很大。日本著名佛教哲学家宇井伯寿对此作了校订并译成日文,我即据宇井氏所译,于 1997 年春将其转译成中文,并据产生于与《遮罗迦本集》差不多同时代的《方便心论》及稍后的《正理经》、《正理经疏》、《如实论》等古印度的逻辑文献作了委细之比较研究。实际上,这已是论译结合的长篇论文了。因篇幅较长,搁置了差不多有两年时间,后发表在台湾《正观》杂志 1999 年 3 月出版的第 8 期上。现今我已将其收为《佛教逻辑研究》的“附论一”。

我认为《正理经》和《遮罗迦本集》中论议的原则一章是因明研究者必读的印度逻辑古文献,它可以帮助我们溯源和厘清因明发展的脉络。窥基《因明大疏》说:“劫初足目,创标真似,爰暨世亲,咸陈轨式,虽纲纪已列,而幽致未分,故使宾主对场,犹疑立破之则。……陈那于是覃思研精,作《因明正理门论》。”这段话概括地阐明,陈那的新因明源于世亲,而世亲的因明汲取了足目及其后学的部分逻辑学说。如世亲《如实论》中的因三相说,即是正理派后学最早提出来的;他所列举的三类十六种误难,是对《正理经》所说二十四种误难的删订和增补;他所胪列的二十二种堕负,更与《正理经》所列几无二致。陈那则在世亲的基础上对因三相作了全新论述,构建成新因明的学说,还删除了二十二种堕负,对世亲的三类十六种误难也作了改革,成其十四过类说,等等。所以要弄清楚他们之间的继承和发展关系,必须从原始文献中去理出头绪。

释答 3: 作为印度“因明之源”的《正理经》,“在印度是很重要的一部典籍,它不但贯穿整个印度因明史,而且还能让我们知道古印度的论难方式。”([14]前言)《正理经》现有三个中译本:沈剑英本、刘金亮本(参见[15]),以及姚卫群本(参见[16])。1983 年夏,沈剑英先生据日译本《正理经》转译成汉文;1985 年《因明学研究》一书出版时,附录即《正理经》的汉译本。2013年《佛教逻辑研究》出版时，作者又根据姚卫群和刘金亮的译本进行校订，校订本《正理经》系《佛教逻辑研究》一书的“附译一”。在中译本《正理经》的注释中，沈先生“引译了富差耶那的《正理经疏》中的一些注释”（[17]）《佛教逻辑研究》的“附译二”即汉译《〈正理经疏〉研究·序论》。一个有趣的现象是，在刚晓的《〈正理经〉解说》一书中，解说的经文依据是刘金亮译本，附录则是沈剑英译本。“二经一说”的著作结构，为人们在对照、比较中理解经文的含义提供了方便。《正理经》的基本内容是十六句义，或称十六谛。（1）量：获得知识的手段和方法。（2）所量：认识的对象。（3）疑：疑惑。（4）目的。（5）见边：即实例，指由已知的一边，推测未知的一边。（6）宗义。（7）论式：指正理派的五支作法，“其实五支作法不单单是正理派的，当时好多派都是用的五支作法，甚至佛教也是。”（[14]第4页）（8）思择：推理论证。（9）决断。（10）论议。（11）诡论议。（12）坏义。（13）似因。（14）曲解。（15）倒难。（16）堕负。

《遮罗迦本集》第三编第八章，有两个中译本：沈剑英本和肖平本。沈剑英先生的译本系根据日文版转译成中文的。肖平先生的译本题名是《遮罗迦本集·论议道轨》，它系根据梵文译成中文的。为了与梵文进行对照，作者“采取逐字翻译并加注释的译注形式”。（[18]）作为印度逻辑史上最早的重要文献，“遮罗迦将古印度的逻辑称作论议原则（亦译论议道），从遮罗迦所列的44个项目来看，当是印度逻辑文献诸系统中最为原始的。”（[3]第578页）44项论议原则，包括：论议、实、德、业、同、异、和合、宗、立量、反立量、因、喻、合、结、答破、宗义、语言、现量、比量、传承量、譬喻量、疑惑、动机、不确定、欲知、决断、义准量、随生量、所难诘、无难诘、诘问、反诘问、语失、语善、诡辩、非因、过时、显过、反驳、坏宗、认容、异因、异义、负处。这些原则涉及逻辑、知识论和论辩术，“与可能稍后产生的《方便心论》所阐述的逻辑学说，基本上属于同一体系，有时连论列也相同。”（[6]第69页）

背景4：唐代是中国因明研究的巅峰时期。在玄奘大师的影响下，涌现出一批研究因明的学问僧，包括净眼法师等。净眼撰写了三种因明著作，其中两种,即《因明入正理论略抄》、《因明入正理论后疏》抄存于敦煌藏经洞。写本虽于清末即已出土,但由于写本系被佚名书法家以草书抄写,不易辨识,故以往研究者甚稀。2002 年,杭州华宝斋书社出版了沈剑英先生"破译"敦煌因明的著作《敦煌藏经洞之净眼法师因明论疏写卷》。2008 年,上海古籍出版社出版《敦煌因明文献研究》一书,沈先生进一步对抄存于敦煌的因明文献作了深入论释和校订。

问题 4:请沈先生谈一谈敦煌遗书中有关因明文献的情况。

答问 4:关于敦煌遗书中有关因明文献的情况,我在《敦煌因明文献研究》一书中作了比较详细的论述。概略的说明请参阅拙著中《敦煌的因明写卷》和《敦煌写卷出土的意义》两节。

释答 4:出土文献研究是因明研究过程中一个重要侧面。敦煌遗书中的因明文献,在当代因明研究史上处于薄弱状态。钟东教授在《因明古籍叙要》一文中附有敦煌因明古籍目录,计 5 种:《因明入正理论》一卷,S4956;《因明入正理论义疏》,P2063b;《因明入正理论略抄》,P2063a;《因明正理门论本》,P3292a;《因明论三十三过》,P3024b。他指出:"此上之敦煌遗书,可与传世诸本,加以比照。"([19])相对而言,沈剑英先生在《敦煌因明文献研究》一书中关于敦煌的因明写卷之介绍更加具体。他介绍了 7 种文献:(1)《因明入正理论疏》卷上残本,唐文轨撰。该写卷于 20 世纪初被英国考古探险家斯坦因(Marc Aurel Stein,1862—1943)收走,现藏伦敦英国图书馆,编号 S2437。(2)《过类疏》断片,唐文轨撰。"过去将此断片拟为《因明入正理论疏释》,不确。"([20]第 7 页)该断片是文轨《因明入正理论疏》第三卷中释十四过类中的第五可得相似和第六犹豫相似的部分文字。(3)《因明入正理论略抄》,唐净眼撰。该写本除了诠释《入论》的一些问题,更多是对文轨《因明入正理论疏》提出批评和进行补充,"体现了奘门弟子研习因明时善辩的学风"。([20]第 8 页)(4)《因明入正理论后疏》,唐净眼撰。"《后疏》除随《入论》文句诠释外,还对现、比二量和十四过类作了专题阐说,这是颇不寻常的。"([20]第 8 页)。以上两种论疏合写在一个卷子里,于20世纪初被法国考古探险家伯希和(Paul Pelliot1878—1945)收走,现藏巴黎法国国家图书馆,编号P2063。(5)《因明论三十三过》一卷,现藏法国国家图书馆,编号P3024。(6)《因明入正理论》一卷,现藏伦敦英国图书馆,编号S4956。(7)《能立能破俱正智所摄》残卷,"此写卷当产生于宋以后。"([20]第11页)上述7种文献,为汉传因明研究提供了重要史料,尤其是有关净眼的因明疏抄,因为"净眼所撰的三种因明疏抄早在唐代后期即已不传于世,流传日本的这三种疏最晚至南宋时亦先后散佚。"([20]第12页)

背景5: 沈剑英先生除了在华东师范大学招收研究生,讲解因明之外,还先后到山东大学、南开大学、河南大学、西南民族大学、中国佛学院灵岩山分院、戒幢佛学研究所、广东尼众佛学院、香港大学、台湾南华管理学院等地教授因明。

问题5: 针对想学习因明的青年学子,您认为应该注意哪些问题?

答问5: 研习因明首先应该研习原典,但陈那的《正理门论》很难读懂,商羯罗主的《入正理论》也不容易读,现在已出版了几种讲解大小二论的书,可供参考。切勿因畏惧原著的艰深,视其为道旁苦李,而只读二手资料,因为二手资料所论述的不一定准确,有时甚至会起误导作用,将简单问题复杂化,反而会使研习者堕入五里雾中。

经典文献是需要沉下心来细细研读的,不可急于求成,仅凭一知半解即遽下断语,未免过于轻率。另外,知识具有历史积淀的性质,做学问的人总是站在前人的肩膀上才看得更高更远,不能为了标新立异而对前人的某项研究成果轻易地作总体上的否定,妄说前人全都错了,唯我独是。本来,在学术研究中不泥旧说、自创新见是应有的学术品格,但需要有翔实的论据和严谨的论证来支持。

释答5: 大小二论是汉传因明的经典之作。近现代以来诠释二论的著作,举其要者如下。《正理门论》类:(1)《因明正理门论校疏》,丘檗撰,20世纪20年代中期成书,这是一部完整注疏《正理门论》的著作。(2)《因明正理门论译解》,沈剑英著,收入《佛家逻辑》下卷,1992年北京开明出版社出版。后独立成书,列入"真如·因明学丛书"由中华书局于2007年出版。(3)《因明正理门论研究》,巫寿康著,三联书店1994年版。(4)《〈因明正理门论〉直解》,郑伟宏著,复旦大学出版社1999年版。《入正理论》类:(1)《因明入正理论悟他门浅释》,陈大奇著,台湾中华书局1970年出版。该书原为作者在政治大学教育研究所讲授因明课的讲义。后列入"真如·因明学丛书",由中华书局2007年再版。(2)《因明入正理论讲解》,吕澂著,张春波整理,中华书局1983年出版。该书原为吕澂先生1961年在南京佛学班上的讲稿。(3)《因明入正理论释》,周叔迦著,社会科学文献出版社1989年版。(4)《因明入正理论导读》,李润生著,1993年香港博益出版社出版。(5)《汉传因明二论》,刚晓著,2003年宗教文化出版社出版。

唐窥基撰、慧沼续《因明入正理论疏》,或称《因明大疏》、《大疏》。"本疏内容丰富,几乎涉及因明的所有方面,成为汉传因明的纲领性著作。"([6]第106页)近代以来,有关《大疏》的研究著作时有出版,这些著作,对于理解《入论》以及整个因明理论体系具有重要的参考价值。择其要者如下:(1)《因明入正理论疏节录集注》,梅光羲著,1925年商务印书馆出版。(2)《因明大疏删注》,熊十力著,1926年出版。"本书系熊先生在北京大学讲授因明学的讲义,删注窥基《因明入正理论疏》,为治因明之津梁。1926年由北大印成讲义,并于同年7月经熊先生稍加修订后由商务印书馆出版发行。"([21])(3)《因明大疏蠡测》,陈大齐著,1945年由书商于重庆铅印出版;后收入"真如·因明学丛书"由中华书局2006年再版。(4)《因明大疏校释、今译、研究》,郑伟宏著,复旦大学出版社2010年版。

在阅读因明经典文献的过程中,熊十力先生关于《因明大疏》的"读法"建议值得借鉴。他说:"读者必须心气澄定,方可悟入。"([22])"初读不了,勿便置之,一往直前,了一义便记取一义,于所不了,但知存疑。如此读竟,又往返数番,则凡宗庙百官之富美,莫不尽见。"([22])关于读书过程中的"存疑"和解疑,他另有阐述:"每读一次,于所未详,必谨缺疑,而无放失。缺疑者,其疑问常在心头,故乃触处求解。若所不知,即便放失,则终其身为盲人矣。学问之事,成于缺疑,废于放失,寄予来学,其慎于斯。”([23]撰述大意)至于“触处求解”,王元化先生这样解释:“这四个字说的不仅是反复思量,查阅有关参考书,而且也包括把问题和实际联系起来去追究,去推敲,以便使书中窒碍皆去,脱尔神解。”([24])

注释:

[1] 释妙灵:《真如·因明学丛书总序》,载沈剑英著《因明正理门论译解》,中华书局2007年版。

[2] 沈剑英:《舒眉任笔酬:我的因明研究回顾》,《因明》第二辑,甘肃民族出版社,2008年版。

[3] 沈剑英:《佛教逻辑研究》,上海古籍出版社,2013年版。

[4] 彭漪涟、马钦荣主编:《逻辑学大辞典》,上海辞书出版社,2004年版。

[5] 周礼全主编:《逻辑百科辞典》,四川教育出版社,1994年版。

[6] 姚南强主编:《因明辞典》,上海辞书出版社,2008年版。

[7] 郑伟宏:《汉传佛教因明研究》,中华书局,2007年版。

[8] 沈剑英:《因明正理门论译解》,中华书局,2007年版。

[9] 韩廷杰:《梵本〈因明人正理论〉(续)研究》,《法源》,2002年总第20期。

[10] 韩廷杰:《梵本〈因明人正理论〉研究(一)》,《法源》,2001年总第19期。

[11] 杜国平主编:《改革开放以来逻辑的历程:中国逻辑学会成立30周年纪念文集》,中国社会科学出版社,2012年版。

[12] 沈剑英:《因明学研究》,中国大百科全书出版社,1985年版。

[13] 温公颐:《温序》,载沈剑英著《因明学研究》,大百科全书出版社,1985年版。

[14] 释刚晓:《正理经解说》,宗教文化出版社,2005年版。

[15]《灵山佛学研究会论文选》(第一集),2003年。

[16] 姚卫群编译:《古印度六派哲学经典》,商务印书馆,2003年版。

[17] 姚南强:《潜心之作,嘉惠后学——沈剑英先生〈佛教逻辑研究〉述评》,《古籍新书报》,2013-8-26。

[18] 肖平:《〈遮罗迦本集·论议道轨〉译注》,载肖平主编《珠玑古巷论因明——首届

全国因明学培训班论文集》，中山大学出版社，2009 年版。
[19] 钟东：《因明古籍叙要》，载肖平主编《珠玑古巷论因明——首届全国因明学培训班论文集》，中山大学出版社，2009 年版。
[20] 沈剑英：《敦煌因明文献研究》，上海古籍出版社，2008 年版。
[21]《因明大疏删注·题记》，载熊十力著《唯识学概论·因明大疏删注》，上海书店出版社，2008 年版。
[22] 熊十力：《因明大疏删注·附读法二则》，载熊十力著《唯识学概论·因明大疏删注》，上海书店出版社，2008 年版。
[23] 熊十力：《佛家名相通释》，东方出版中心，1985 年版。
[24] 王元化：《序：读熊十力札记》，载熊十力著《唯识学概论·因明大疏删注》，上海书店出版社，2008 年版。

（本文写作得到沈海波教授的帮助，特此致谢！）

（郭桥：哲学博士，河南大学哲学与公共管理学院教授，中国逻辑学会中国逻辑史专业委员会副主任，教育部哲学学科教学委员会委员。）

（载《学术研究》2018 年第 2 期）

附：九十自述

沈剑英先生简介

沈剑英先生，1932 年出生于上海，祖籍浙江杭州。华东师范大学中文系教授，中国逻辑学会因明专业委员会顾问，全国玄奘研究中心研究员。曾任国际符号学会（IASS）理事，东亚符号学会（EASS）理事，中国逻辑学会理事、学术咨询委员，中国逻辑与语言研究会副理事长、中国逻辑学会语言逻辑专业委员会主任，上海逻辑学会副会长。中国民主促进会第八届、第九届中央委员，民进上海市委常委、高教委员会主任、顾问，上海市九届人大代表，八届政协委员。享受国务院特殊津贴。著有《因明学研究》（中国大百科全书出版社，1985 年出版，获上海市 1979—1985 年哲学社会科学著作奖）；《佛家逻辑》（北京，开明出版社，1992 年）；《敦煌藏经之净眼法师因明论疏写卷》（线装本，一函两册，杭州，华宝斋书社，1992 年）；《因明正理门论译解》（北京，中华书局，2007 年）；《敦煌因明文献研究》（上海古籍出版社，2008 年，获上海市第十届哲学社会科学优秀成果奖著作类一等奖）；《佛家逻辑论丛》（兰州，甘肃民族出版社，2011 年）；《佛教逻辑研究》（上海古籍出版社，2013 年）等。主编《逻辑学》（上海教育出版社，1978 年）；《中国佛教逻辑史》（国家社科基金项目，华东师范大学出版社，2001 年）；《民国时期因明研究文献丛刊》（全 24 册，北京，知识产权出版社，2015 年）；《近现代中外因明研究学术史》（国家社会科学基金重点项目，国家出版基金项目，上海书店出版社，2023年）。合著有《中国历史上的逻辑家》（人民出版社，1982年）；《中国逻辑思想史教程》（兰州，甘肃人民出版社，1988年）；《中国逻辑史·唐—明卷》（兰州，甘肃人民出版社，1989年）；《玄奘研究》（河南大学出版社，1997年）等。在海内外发表论文逾百篇。

（摘自华东师范大学“丽娃档案”丛书《丽娃记忆》第221页，上海三联书店出版社，2015年。此简介收入本书时略有修补）

目　录

沈剑英先生简介 …… 1827
一、追远…… 1831
二、思故…… 1834
三、小时候的事…… 1837
四、提前进入大学…… 1840
五、参军…… 1843
六、不幸中之大幸…… 1845
七、风雨同舟…… 1846
八、还芝斋—还芝楼…… 1848
九、参政议政…… 1851
十、学术交流…… 1854
十一、讲学…… 1866
十二、敦煌之旅…… 1872
十三、两位贤内助…… 1882

一、追　　远

我是南朝梁太师沈约(441—513)的直系后裔。约公字休文,吴兴郡武康县(今浙江湖州德清县)人。是南朝梁代开国功臣,历任尚书左仆射、中书令,尚书令等。公是文坛领袖,是永明体诗人代表,精通音律,与周颙创四声八病之说,开律诗之先河。公奉诏著《宋书》,被后世奉为二十四史之一。

浙江湖州德清沈约雕像

我沈氏本姬姓,周文王第九子季载封于汝南平舆之沈亭。传至第十七世子嘉,因未与召陵会盟,晋唆使蔡国灭沈并杀国君子嘉(前506),国人便以地为氏,改姓为沈。

嘉公之子尹戌逃亡楚国任楚令尹,其孙诸梁封于叶,护楚有奇功。诸梁公之子沈文为楚令尹。文公之曾孙沈犹行受业于曾子之门,仕于齐,任大夫。犹行公之曾孙沈郢，秦始皇曾召其为相，郢公坚辞不就，避居于颍水之上（今安徽颍上县一带），渔游终身。今安徽寿县刘岗镇，怀远县城关镇、荆茨乡，利辛县马店镇和马店孜镇均有同名沈郢村，以志纪念。郢公之曾孙沈保在汉文帝时以征蛮有功，封竹邑侯。保公之子沈遵仕齐国任太子太傅，封敷德侯。遵公之孙沈乾为尚书令。乾公之来孙沈谦为尚书、关内侯。谦公之孙沈戎，在东汉光武帝时立大功，封为海昏侯，戎公辞不就，避居会稽乌程余不乡（今浙江德清县武康镇）。卒后追封述善侯。戎公次子沈礼为东汉尚书令。其兄沈酆之子沈浒为安平王相。浒公之孙沈仪累召不起，事见列传。仪之子沈曼封定阳侯。曼公之曷孙沈林子封汉寿县伯。林子公之孙即五十三世沈约，亦即休文公。

休文公以下，其仍孙沈亮于唐中宗时拜相。亮公之孙沈士衡及士衡公之子沈介福皆因介福公之女沈珍珠为唐德宗之生母（谥号睿真皇后），而追封为太师。介福公之曾孙沈彦金任知平章事。彦金公之来孙沈景木为北宋尚书左仆射、金紫光禄大夫（其堂兄沈义伦为北宋开国功臣，宋太宗时擢宰相）。景木公曾孙沈遂远为北宋刺史。遂远公之子沈操为荣禄大夫、郇国公。操公之曾孙沈衡，即萧山长巷沈氏始祖。

以上所列，皆我萧山沈氏一族之直系远祖，封侯拜相者即已甚众（沈氏旁支封侯拜相身居高位者尚未列入）。

唐宋名贤重臣所赠赞言亦复甚夥。

如唐名贤吕洞宾（人称“八仙之首”）赞云：“休文树帜，天壤同绵。”

南宋经学家胡安国赞云：“卓者休文……创造诗韵，词坛独登。郊居一赋，声价飞腾。”

米芾（北宋四大家之一）赞宋代开国功臣沈义伦云：“学探四圣之奥而近不敬遗于稗官，才擅两汉之长而胸罗乎诸子。伐蜀东归，行装止有图帙；拜相致仕，家居独乐林泉。吁嗟义伦，真迈绝等而垂范后祀者欤！”

张九成（宋高宗绍兴二年状元）赞宋少师文肃公沈绅云：“任重致远，敷奏竭诚。朝廷宠眷，百世名臣。”

苏轼赠我长巷始祖沈衡公云:“文武名家,公侯巨族。”

岳飞赞我沈氏谱牒为“世珍”。

王十朋(宋高宗绍兴二十五年状元)赞云:“簪缨继美,谱牒重光。”

建于浙江德清县莫干山镇东沈村沈约祖宅旁的沈约祠

此屋原系休文公为恩师沈麟士所造,梁武帝天监二年(503),麟士公卒于此,享年85岁。当年村民为沈约替尊师造屋的德行所感,将此屋命名为“尊师堂”。梁武帝天监十二年(513)休文公于京城建康辞世。沈氏族人复将“尊师堂”改建为“沈约祠”。后世族人为避休文公名讳,尊称“太公堂”。“沈约祠”年代久远,屡毁屡建,世代守护。

沈衡(1006—1074),字公持。北宋仁宗景祐元年进士。历任台州、临海、钱塘知县,官至兵部职方郎中。公在浙江三县任上,对浙江风土人情有深入了解,故致仕后从苏州长巷举家迁移至浙江萧山航坞山东南麓定居,并将原住地长巷的地名移植于此。

萧山始祖沈衡画像

萧山长巷沈氏一族自北宋以迄有清一代已繁衍成当地大族。族中人才辈出。中进士者有十一人,武进士四人。举人三十三人,武举人五人。贡生则有六十一人。继承了诗礼传家的优良传统。

二、思　　故

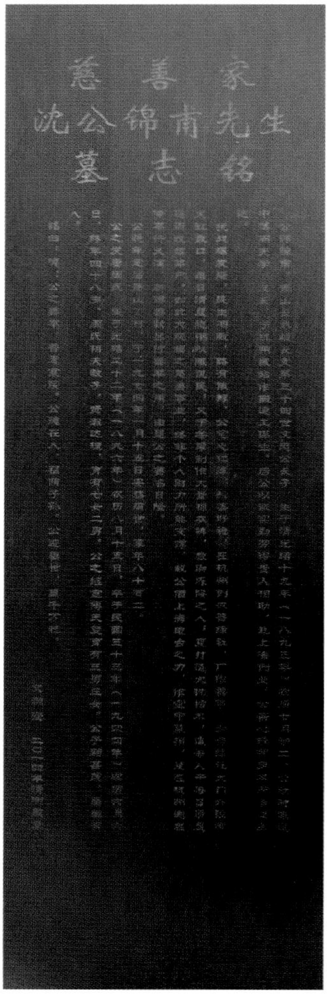

墓志铭

先严沈公讳锦甫先生，生于清光绪十九年(1893)，卒于1974年，享年81岁。家父出身贫寒，自幼失学，及长，依靠劳作为生。从我家的世系来看，家父的曾祖即已家道中落。我祖父文忠公迁居杭州凤山务农。

家父母结缡后，先是开了一家小烟杂店，平日主要由家母打理，家父则在杭州城站当搬运工。因其工作勤劳，为人忠厚，幸遇贵人，为一方姓大纸商赏识，助其到上海开办运输公司。经过多年辛勤经营，终于发展壮大，有了上海总公司和杭州、南昌等地的分公司。

当时日寇侵华，民不聊生，家父在杭州设立普缘社，劝募善资。在普缘社大门外立有三口大缸，每日早晨向饥民施粥。又制作大批棉衣、棉裤，寒冬季节施于衣不蔽体之人。还制作大批薄棺，遣人于每日清晨拉着板车沿街收敛路尸。故家父在杭城是享有善名的士绅。

我本保存着家父一张相片，不幸于“文革”中失落，真乃痛心万分！无奈之下只能以竖于墓边的墓志铭碑来替代。

慈善家沈公锦甫先生墓志铭

公讳锦甫，萧山长巷粮长支第三十四世文忠公长子，生于清光绪十九年（一八九三年）农历七月初二。公幼时家道中落而失学，及长，于杭州城站作搬运工谋生。后公以诚实勤劳得贵人相助，赴上海创业。公苦心经营多年而事业发达。抗战爆发后，民生凋敝，路有饿殍，公宅心仁厚，乐善好施，在杭州创办普缘社，广作善事。如普缘社大门外设有大缸数口，每日清晨施粥以赈饥民，又于冬季制作大量棉衣裤，救助冻馁之人，复打造大批棺木，遣专人于每日清晨巡街收敛路尸。如此大规模之慈善事业，终非个人财力所能支撑，故公借上海电台之力，作空中募捐，复在杭州邀名伶举行义演，所得善款尽付善举之用，由是公之善名日隆。公晚年定居萧山丁村，于一九七四年一月十五日安然离世。享年八十有二。公之发妻周氏，生于光绪二十二年（一八九六年）农历八月十五日，卒于民国三十三年（一九四四年）农历六月六日，终年四十八岁。周氏相夫教子，贤淑达理，育有七女二男。公之继室傅氏复育有三男三女。公子嗣甚茂，后继有人。铭曰：噫！公之善举，寒馁普惠。公德在人，荫福子孙。公迹垂世、亘千万祀。

二〇一四年清明　　文渊堂敬立

家母沈周氏

先慈生于清光绪二十二年（1896），姓周，家母平日总是自称沈周氏。娘家住在杭州艮山门外的小山上。家母不识字，但遇事镇定不乱，调度有方。育有七女二男，我与弟弟殿后。由于前期一连生了七个女儿，第八胎才生下了我，所以宠爱有加。家母由于长期操劳，生育又过多，不幸罹患子宫癌，于民国三十三年（1944）在上海辞世，享年48岁。家父将灵柩运回杭州后，葬于萧山沈氏坟山（此山系明代沈氏先祖婚娶时女家的陪嫁山地）。

（从左至右）前排：五姐沈芝英、大姐沈曼娟、二姐沈曼倩。后排：弟弟沈荣钦、七姐沈曼英、我（三姐和六姐早夭，四姐远在台湾，这是当年我姐弟五人难得的合影）

1998 年摄于台北四姐家。左起：我老伴朱碧莲、我、四姐沈芝棣。如今除我和五姐（今已百岁）之外，其余姐弟及我老伴朱碧莲均已作古

三、小时候的事

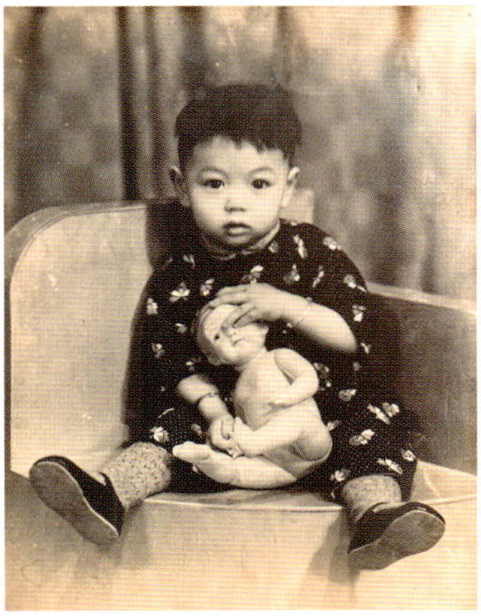

1935 年三岁时

我出生于 1932 年 9 月 5 日(农历八月初五日),出生地是上海。在我出生前后上海发生了两次重大事变:一二八事变和八一三事变。1931 年 1 月 28 日,日军图谋侵占上海而发动进攻,遭到十九路军的奋勇抵抗。后蒋介石对十九路军增援,令日军死伤万人。日军被迫宣称停战,经国联调停,中日签订了《淞沪停战协定》。这场战争延续了一个多月,令人民损失惨重。我这时尚在娘胎之中,还不知道外面的世界所发生的事,但是父母经历了战争的惊恐,尤其是我家住在闸北,闸北是日军进攻的目标之一,父母只能带着几个姐姐逃到租界暂避。

《淞沪停战协定》签订后总算平静了几年,父亲的事业也有了起色,谁知到了 1937 年 8 月 13 日,又发生第二次事变,即中日淞沪会战爆发。这场战役是整个抗日战争中第一场大决战,其规模最大、最惨烈。由于日方装备精良,中方虽奋战三月,终于不敌而作战略转移。上海沦陷!

那一年我 6 岁,记得才听大人们说过卢沟桥"七七事变"(1937 年 7 月 7 日)的事,怎么上海又"事变"了!父母带着一家人从位于浙江北路的家逃到浙江中路南京东路口的一家旅馆暂住。我很奇怪,我家离这里很近,母亲常常带我来玩,坐电车才几站路。姐姐告诉我,这里是苏州河的南边,属于公共租界，日本人暂时不想与英美为敌，所以不可能打过来的。母亲有时也带我到南京路走走，马路上依然车水马龙，川流不息。而苏州河北面却时不时传来炮火声，令人心惊。但战争越打越激烈，看家的伙计跑来说，我家附近的铁路大楼也被炸出了个大洞，他也吓得不敢住下去了。父母感到无望，于是带着一家人开始逃难。好像到过绍兴、宁波乡下暂避。直到看家的伙计找来告知上海的战事已结束，父母才带着一家人回到上海。

1937 年五岁时

1939 年七岁时

上海已被日军占领，剩下中间的公共租界和法租界依然为英、美、意、法等国控制。这就是所谓的孤岛时期。住在苏州河北岸的人过苏州河桥去南岸，车上乘客必须下车，在桥上人行道步行过桥，而且要向驻守在桥堍的日军哨兵脱帽躬身行礼，我年幼，躲在大人身后没有行礼混了过去，但有几个成年人不想行礼，则被罚跪在桥头。更有甚者，有人无意中在哨兵前吐了口痰，罚跪不算，还要他舔尽地上的痰！这都在我幼小的

五姐搂着我弟弟（左）与我（右，8 岁）

心灵中留下了耻辱的印记：我们都成了亡国奴！

我与弟弟沈荣钦，摄于 1943 年

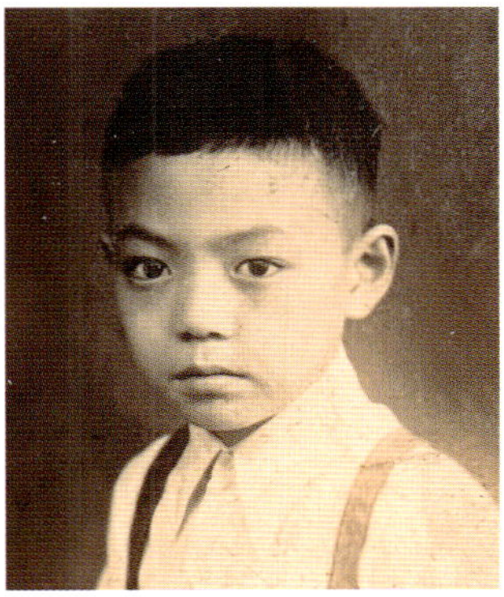

摄于 1944 年

上学后，小学就有日语课。记得小学 2 年级时，我们的音乐老师还慷慨激昂地教我们唱“我的家在东北松花江上……”表露出抗日的情绪。

四、提前进入大学

1942年母亲病重，无法再照看我，父亲就将我送到杭州由姆娘带领。后来我考上杭州市立中学。但我偏科严重，特别爱好文学，理科成绩较差。1947年我中学还未毕业，父亲就将我接到上海，让我拜师学医。我学了半年，还是想回学校读书，父亲也不反对。1948年初，父亲的一位朋友马一笠，是报馆的记者，他见我文章写得不错，也发表过几篇散文和诗歌，便建议我去考中国新闻专科学校，还热心地带我去报了名，是春季班。当时我才16岁，便虚报了两岁。入学考试时，我语文得了85分，英语得了65分，很幸运，终于被录取了。

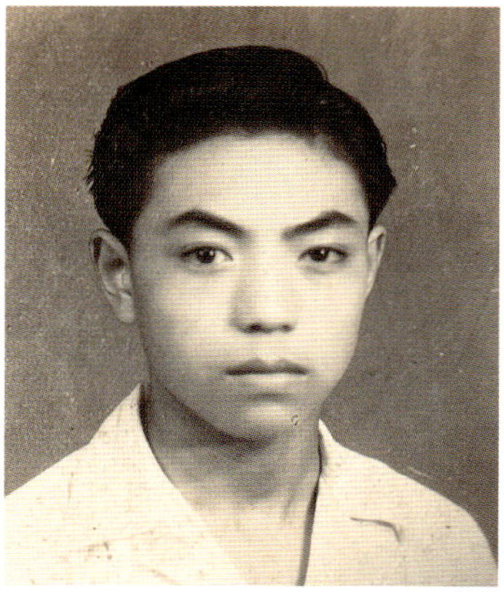

摄于1947年夏学医时

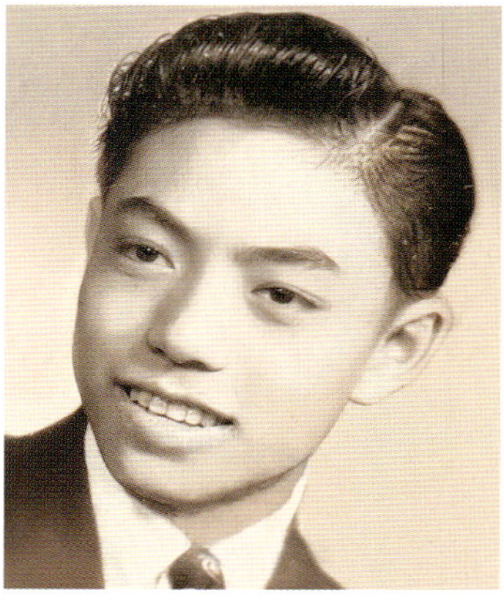

摄于1948年春考入中国新专后

开学后，我按学号坐在教室的第二排。第一排全是女生，穿着时髦，还抹口红，花枝招展的样子，一点不像女学生！男同学也大都显得老成。后来才知道，同学中不少是在报馆里工作的。班级里年龄最大的一位同学已经 37 岁,比我年长 21 岁！坐在我右侧的一位同学原是沪江大学英语系二年级的学生,好像是参加学运被开除,再来中国新专上学的。上课时他用英语记笔记,令我十分羡慕(1950 年我还接到过他的来信,说是在台湾警察局工作,我也回了信,以后就断了音讯)。

1949 年 4 月与同学游虎跑

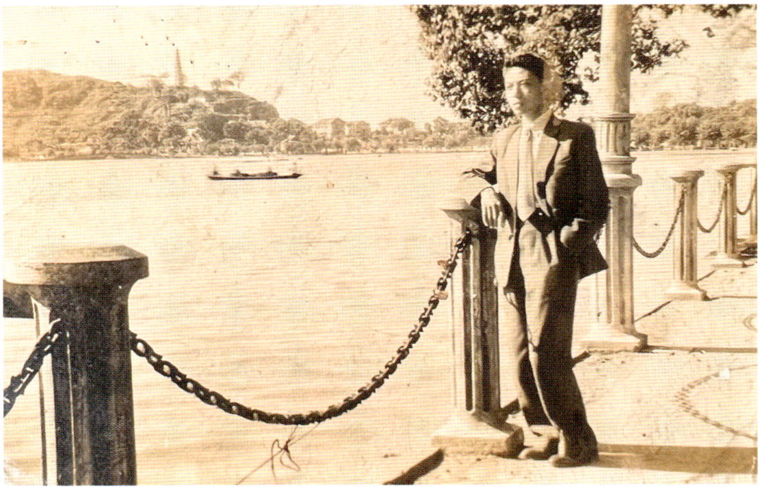

1949 年 4 月摄于西湖边

中国新闻专科学校的师资力量还不错，校长陈高镛邀请来了一批名师，如储玉坤、费彝民、王季思、赵景琛、陈俊英、卢莽、程仲文、张耀翔、盛叙功、王季深等先生来讲授课程。储玉坤是教务长，他为我们讲新闻编辑，记得有一次说及淮海战役时，他说，"国军"败退，报上都写作"转进"，这就是用词的巧妙之处，转过身来前进，不就是败退吗？同学们都笑了。

学校里也有中共地下党的活动，同学徐诚是中共地下党员（中华人民共和国成立后我才确知）。他在班级里组织了一个"未名社"，参加者约十人。我也是其中一员，利用星期天搞活动，在我家也聚会过一次。我还与部分同学一起参加了"反美扶日"大游行。游行队伍约有万人，队伍边上有全副武装的警察跟着行进。我是第一次参加大游行，很激动。游行队伍行进到西藏路凤阳路口就停止行进了，一位青年人爬上路口一人多高的水泥小建筑作了几分钟的演讲就宣布游行结束。我很佩服那位演讲者，竟不怕散会后被特务盯上抓进去！

1949年4月摄于杭州陈英士纪念塔下

中华人民共和国成立后，我才知道，徐诚真是中共地下党员，因为公交车上都挂着有徐诚签章的布告，这时他是公交公司的工会主席。后来我与他还有过多次交往。

五、参　　军

1949年5月解放军进入上海，受到市民热烈欢迎。我也以满腔的热情去拥抱这新世界的到来，积极参加各种活动。1950年10月我响应号召，报名参加抗美援朝，但被告知要到下一批才会批准入伍。1951年2月，我获准参加中国人民解放军，驻地就在上海。入伍后，先是做了两年文化教员，后来政治部文化科领导见我文字能力不错，便将我调入文工团搞创作。1952年部队领导批准我去复旦大学中文系进修。我先是插班到三年级听课，后来这个班提前一年毕业（是为53届），于是我在系主任郭绍虞先生安排下，单独跟随贾植芳、蒋天枢等先生学习。

贾植芳教授为人热情，所以我到他家去得更多，一谈就是半天，还时常在他家喝酒吃炸酱面。我也请贾先生来部队参访。

1952年任文化教员时

1953年任编剧时

1955年告别部队时

1955年贾植芳先生因冤案入狱，我们这些与他关系密切的人都受到审查，我也因此被关进上海警备司令部拘留所，审查结束，给了个结论，离开了部队。

1952年摄于驻地黄家（上海青帮头子黄金荣的私邸，后改为桂林公园）

六、不幸中之大幸

离开部队后，我被分配到提篮区霍山路一所初级补习中学去当语文教师。上海市教育局汪亚明副局长在动员会上说："现在中学急需教师，有什么意见，一年后再说。"我在那所学校工作了一年后，被评为区里的先进工作者。这时恰逢上海师范学院和上海教育学院扩容，需要新增师资。我得到消息，便写信给汪副局长，并寄上所写论文，要求调入高校工作。结果竟然如愿。1956年暑期，我终于调入上海教育学院中文系工作，是年24岁。在这里我遇到了校友朱碧莲。

她是复旦大学中文系55届毕业的高才生，曾两次获得陈望道校长的嘉奖，但是因为她颇受贾植芳教授的赏识，受牵连被分配到一所初级中学去教语文。1956年她与我同时调入上海教育学院中文系。我们是校友，又有同样的经历，所以共同语言较多，1957年初，我们组成了家庭。我在逆境中竟能得遂所愿，调入高校工作并喜结良缘，真是不幸中之大幸！

摄于1957年2月

七、风 雨 同 舟

摄于 1971 年南汇教育系统“五七干校”

摄于 1971 年南汇教育系统“五七干校”

然而好景不长，我在 1958 年下放农村劳动改造。这时我们刚有了一个女儿，我下乡，家里事都由内人操持。1960 年底，组织上认为我表现不错，为我摘了“帽子”，并于 1961 年暑假将我调回学校从事教学工作。在这风风雨雨的二十年里，家里主要由她支撑。她在精神上鼓励我坚强地挺住磨难，在生活上对我关心备至，从无怨言。尤其是 1966 年，她又生下了儿子，这时我身陷困境，她又要为我担忧，真是雪上加霜，增添了许多忧愁和艰辛！但是她对我不离不弃、始终如一（我有《留得华章在人间——怀念朱碧莲教授》一文，见本书 1696—1704 页）。

1975 年冬摄于奉贤

1975 年冬摄于奉贤

八、还芝斋—还芝楼

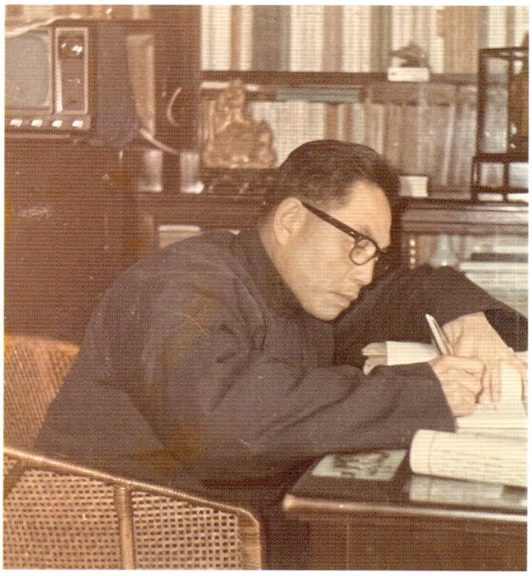

1978 年冬摄于天山二村不足 16 平方米的小居室

1976 年学术的春天终于到来！我与内人朱碧莲将自己的容膝小居取名为“还芝斋”，涵意是从此还我以芝兰之室，可以过上正常的治学生涯了。事实也是如此，我们二人在还芝斋里孜孜矻矻，写出了不少论文和著作。但是，当时的还芝斋实在过于局促，只能放一张小书桌，供我与朱碧莲合用，我坐正面的藤椅，她则坐在侧面的床沿上，参考书等也摊在床上，增添了写作的艰辛。女儿和小儿子放学回家后，就在吃饭的小方桌上做功课。在这样艰苦的条件下，我完成了《因明学研究》一书的初稿；老伴朱碧莲写出了《宋玉辞赋译解》和《楚辞讲读》二书，还与人合写了《杜牧诗文选注》。

1980 年，华东师大分配给我家一套两居室的房子，孩子与我们终于可以分居两室，我与老伴朱碧莲这才有了各自的书桌，也增添了书籍和书橱。在这里我译出了印度正理派的根本经典《正理经》，完成并出版了《因明学研究》，还翻译并论析了《遮罗迦本集的论议学说》（3 万余字的长文）。老伴朱碧莲则点校了明代田艺衡的《留青日札》，并选注了《华东游记选》。

1980 年摄于师大一村 207 号

1987 年摄于师大一村 218 号

1987 年，华东师大又将我家调配到三室一厅的居所，加上女儿留学美国，我们就有了一间较大的独立书房，书籍和书橱占了两堵墙面。这期间我主编了《中国佛教逻辑史》，并撰成自古难解的《因明正理门论译解》，并以此为基础编成《佛家逻辑》一书。老伴朱碧莲则主编了《中国古代文学事典》，并出版了《杜牧选集》《楚辞论稿》《中国辞赋史话》等，并参与《中国古代文学作品选》等教材的编写。

1998 年，我们将师大一村的房子留给儿子沈海波一家，另外购买了一处商品房，是联体小别墅。面积比师大一村旧居大了一倍。因为是三层楼房，故“还芝斋”易名“还芝楼”。书房阳台面对小区大花园，视野开阔。大花园里雪松高大、绿草如茵，还点缀着摇椅等设置，一眼望去，心情格外舒畅。在这里，我开始撰写《敦煌因明文献研究》。老伴朱碧莲则与儿子沈海波合作，撰成《秦汉文学史五十论》一书，然后开始撰写《世说新语详解》。

2002 年摄于锦秋花园 1 区楼外

2002 年，女儿沈海燕回国，就在我家近旁购买了一幢双拼别墅，女儿把这幢新房子留给我们住，她则住进我原来那幢小别墅里，因此“还芝楼”更为宽敞了。在这里，我出版了《佛教逻辑研究》一书，并领衔主编大型丛书《民国时期因明研究文献丛刊》（全24册）。2012年以后，又领衔主编了国家社科基金重点项目《近现代中外因明研究学术史》，此书编成于2017年末，至2023年6月才出版，其时我已是鲐背老人了。现在我又在编自己的文集，写《九十自述》，这大概是我最后的著述了。我老伴朱碧莲于2007年初步完成80万言的《世说新语详解》后，竟然一病不起。此书最后由儿子沈海波整理成书，于2013年6月出版，是年9月老伴谢世。我在2008年老伴病危时，曾将她的全部楚辞著作汇编成《还芝斋读楚辞》一书，以祝愿她转危为安。然而她病危虽暂时转安了，却卧床6年后终于离我而去！

2003年摄于还芝楼书房

2005年摄于锦秋6区还芝楼大门口，儿子沈海波（左）、女儿沈海燕（右）。

九、参 政 议 政

我是 1956 年参加中国民主促进会的。1984 年我当选第九届民进上海市委委员。1988 年又当选第十届民进上海市委常委，兼任高教委员会主任，1992 年又连任第十一届常委和高教委员会主任。

1988 年，我更当选为第八届民进中央委员，后又连任第九届民进中央委员，直至 1997 年到龄卸任。

在此期间，我于 1988 年到 1993 年，当选为上海市第九届人民代表大会代表。在担任人大代表期间，我与其他代表一起以香港九龙为例，写出书面意见，要求上海开发浦东，最终被确认为议案。

向全国人大常委会副委员长，中国民主促进会中央委员会主席雷洁琼介绍与会代表（**1997** 年摄于人民大会堂）

1993 年到 1998 年，我担任中国人民政治协商会议上海市第八届委员会委员。在担任政协委员期间，我以民进市委的名义写出提案，建议上海市公安局设立经侦总队以打击商业诈骗，此提案后被上海市人民政府采纳。

与民进中央几位副主席交谈［从左至右：楚庄（中央副主席，原河北省会石家庄市副市长）；陈舜礼（中央常务副主席，原山西大学校长）；叶至善（叶圣陶先生之子，中央副主席，中国少儿出版社社长）］**1997** 年摄于人民大会堂

与几位中央委员议政（**1992** 年摄于人民大会堂）

1988 年 **4** 月摄于上海市第九届人民代表大会第一次会议

1998 年 **3** 月市政协委员任期届满时摄(联合时报摄影记者摄)

十、学 术 交 流

1978 年，在中国社会科学院哲学所牵头下于北京召开了全国逻辑大会，会后，一些志同道合的逻辑学者自发组织编写逻辑教材，于 1978 年夏天在杭州西湖边的蝶来饭店（今蝶来大酒店）召开编写会。这时我也在主编一部供中学教师进修用的逻辑学教材，所以也参加了讨论。1979 年 3 月大家又聚集在广西桂林，除继续讨论编书事宜外，更动议成立研究会。经过讨论，定名为“中国逻辑与语言研究会”，并推选杭州大学王维贤为理事长，湖北大学李先焜和河北师范学院孙煜为副理事长，我是理事之一。并在桂林师范学院的独秀峰下举行成立大会。

左起：朱志凯、沈剑英、傅季重、彭漪涟（傅季重先生为会长，其他三人为副会长，1991 年摄）

1979 年 8 月中国逻辑学会在北京通县(今通州区)召开成立大会,名宿耆旧尽皆到场。大会推举逻辑泰斗金岳霖先生为会长。我有幸当选理事。中国逻辑与语言研究会被中国逻辑学会确认是其下属的一个专业性组织。

1979 年 11 月,上海逻辑学会成立,冯契先生为会长、傅季重、彭漪涟为副会长,我当选理事。1983 年上海逻辑学会换届,傅季重先生当选会长,彭漪涟继任副会长,我当选副会长。

我主持上海逻辑协会的一次会议(1983 年)

1983 年夏,中国逻辑与语言研究会换届,我当选副理事长。

1986 年,中国逻辑学会根据有关部门要求,拟改组下属研究会。会长周礼全先生接受我的建议,将下属研究会改组为“专业委员会”。中国逻辑与语言研究会拆分为符号学专业委员会和语言逻辑专业委员会,符号学专业委员会以湖北大学李先焜教授为主任,语言逻辑专业委员会以我为主任。

1997 年 10 月在华东师范大学召开第二次东亚符号学研讨会,我是组委会主席。在这次会议上,成立了东亚符号学会,以日本大学坂本百大教授为会长,李先焜教授为副会长,我当选理事。会议很隆重,国际符号学会会长、波兰华沙大学佩尔茨教授,国际符号学会秘书长奥地利贝尔纳德教授和副秘书长格罗莉娅教授皆莅会指导。参会者有日本、美国、韩国、印度、匈牙利等国的专家和国内的众多学者。

符号学专业委员会到会理事和成员与日本符号学会会长坂本百大教授合影于怀柔龙山宾馆（1989 年 10 月 20 日）

1989 年 9 月摄于在北京中联部召开的藏汉因明学术交流会。徐东来（左一）、姚南强（左二）、何应灿（左三）、我（左四）

坂本百大携夫人来我家访问(1986 年)。左起：坂本百大、沈海燕、朱碧莲、坂本百大夫人、翻译

我和坂本百大教授在东亚符号学会会议上(1997 年)

左起：国际符号学会会长波兰华沙大学佩尔茨教授、沈海燕

在第二届东亚符号学学术交流会暨东亚符号学会成立大会上，左起：国际符号学会秘书长奥地利贝尔纳德教授、沈海燕、沈剑英

1999 年 10 月，我和女儿沈海燕与佩尔茨摄于国际符号学大会期间

第二届东亚符号学国际会议全体照（1997 年 10 月 20—23 日）

应邀出席东亚符号学会的中国台湾著名因明学家水月法师来我家做客（摄于 1997 年 10 月 21 日）

1998 年日本东京大学名誉教授藤本隆志（左一）来访

1999年10月，我与老伴朱碧莲和女儿沈海燕应邀出席了在德国德累斯顿大学召开的国际符号学大会，同时出席此次大会的国内学者共有10名。会上，因李先焜教授让贤，推举我为国际符号学会理事。

在开幕式酒会上，左起：韩国学者、我与老伴朱碧莲、美国学者

在中国代表团召开的学术交流会议上

中外学者在会议后合影

2009 年 10 月 24 日在四川大学召开的中国逻辑学会成立 30 周年纪念大会

2009 年 **10** 月在四川大学召开的中国逻辑学会成立 **30** 周年纪念大会上，上海代表团合影。左起：宁莉娜、曹予生、贺善侃、王耀堃、彭漪涟、沈剑英、朱水林、贝新祯、吴德清、孟自黄、张毅攀

2008 年 **5** 月 **10** 日在上海逻辑学会成立三十年学术讨论会上，何应灿（左一），彭漪涟（左二），我（左三）

但是在学术研究方面，我的主要精力还是专注于因明研究，尤其是我从语言逻辑专业委员会主任的位子上退下来以后。因明研究在中国逻辑学会中原本并没有成立专业委员会来组织学术交流活动，只是在中国社会科学院哲学研究所刘培育等学者的努力下，推动了两次全国因明学术研讨会。第一次是1983年8月在敦煌召开的首届全国因明学术研讨会，开幕式后，又移师酒泉，在酒泉宾馆继续研讨并闭幕。第二次是1989年9月在北京中联部召开的藏汉因明学术研讨会。我在会上提交的《因明正理门论译解》受到关注，中国国际广播电台当场采访了我并播发了报道，香港刊物转载了此消息，引发港台因明学者的兴趣。

在中国逻辑学会因明专业委员会成立会上，专业委员会主任张忠义教授与我交谈

与日本著名佛教逻辑家桂绍隆教授合影（摄于2017年7月22日）

在陕西法门寺举行的全国因明学术讨论会期间与法门寺住持宽严大和尚交谈（2023年6月18日）

2006年11月，中国逻辑学会因明专业委员会才由中华人民共和国民政部批准成立。由此开展了有组织的学术研讨会活动。期间，我前后向研讨会贡献了三部著作：一、2008年7月在甘肃兰州召开的第四届年会上我向与会者赠送了《敦煌因明文献研究》（上海古籍出版社，2008年）。二、2013

年11月在广东肇庆召开的第九届年会上我向与会者赠送了《佛家逻辑研究》一书(上海古籍出版社,2013年)。三、2003年6月在陕西扶风法门寺召开的第十七届年会上我向与会者提供了《近现代中外因明研究学术史》(上海书店出版社,2023年),由于书价昂贵,噶尔哇活佛捐助了部分购书资金。

第2届国际因明学术研讨会暨第13届全国因明学术研讨会

十一、讲　　学

我原本从事文学研究和教学，后来对文学已心灰意冷，便改治语言和逻辑，更属意于因明。所以我的教学便以语言、逻辑和因明为主。后来我又担任了学校里的行政工作和社会公职，所以教学活动就相应减少。以下只列举一些讲学的事例，有些则是退休以后的事。

1982 年，我为华东师大中文系语言学研究生讲授命题逻辑和谓词逻辑。

1983 年，我为哲学系博士生开因明讲座。

1984 年，我应邀为河南师范大学（今河南大学）政教系逻辑专业研究生讲授因明。

1984 年 9 月在河南大学为研究生讲授因明

1986 年 2 月我应邀在香港大学的高级论坛上作因明专题报告。

1986 年 5 月我应温公颐先生之邀为南开大学哲学系逻辑方向的研究生讲授因明。

1988—1990 年，我给华东师大哲学系逻辑专业、中逻史/因明方向的研究生讲授因明。

1986 年 2 月在香港大学讲学时摄

1986 年 6 月在南开大学为研究生讲因明

1986 年 **5** 月，我在南开大学哲学系给研究生讲完因明后，坂本百大教授（左）接着讲符号学，我们一起去温公颐先生（中）家造访时合影。

1987 年 12 月，我应邀为山东大学哲学系逻辑专业研究生讲授因明。

1988 年，我为华东师大中文系文艺理论研究的博士生开因明专题课。

1988 年为华东师大哲学系逻辑专业研究生讲课

在北大哲学系作《因明六因理论探析》的学术报告讲演（2018年5月）

1997—1999年，我为苏州西园寺戒幢佛学研究所两届研究生讲授“因明学研究”。

1999年、2003年、2012年应邀三次登上广东陆丰清云山，为广东尼众佛学院学僧讲授因明。

2009年10月，应邀为西南民族大学因明逻辑的硕士生、博士生们作敦煌因明文献的研究报告。

2018年，我应邀在北大中教系主办的因明论坛上做学术讲演。听讲者有硕士、博士、博士后100余人。

1995年6月在中国佛学院灵岩山分院为毕业班学僧讲授《因明入正理论》后摄（前排小孩乃小孙沈怡文）

1998 年在苏州西园寺戒幢佛学研究所讲学时摄

在西园寺戒幢佛学研究所讲学后与学僧合影(2000 年 11 月 13 日)

在广东陆丰清云山尼众佛学院为三、四年级学僧讲授因明后摄(1999 年 5 月 17 日)

在广东陆丰清云山尼众佛学院为研究生讲授因明(2011 年 6 月 12 日摄)

我的学生广东尼众佛学院德祺法师来沪求教(2004 年 7 月 30 日摄于还芝楼书斋)

十二、敦 煌 之 旅

初识敦煌—酒泉

1983 年 8 月 3 日，首届全国因明学术讨论会在敦煌开幕。我在老伴朱碧莲陪同下赴会。我们在敦煌大概住了三天，参加了会议开幕式，游了鸣沙山、月牙泉，参观了敦煌石窟并留下了与会者的珍贵合影。正是参观了敦煌石窟，藏经洞引起了我的兴趣，法国汉学家伯希和与英国探险家斯坦因由此

1983 年时莫高窟的原始模样

1983 年 8 月 4 日我与老伴朱碧莲摄于莫高窟牌坊前

进入了我的眼帘(后来我因之深入研究被二人收罗而去的众多敦煌文献中的因明写卷,著成《敦煌因明文献研究》一书)。

《全国首届因明学术讨论会》摄于敦煌莫高窟牌坊前

第一排:刘培育(左一)、周山(左五)、高银秀(左七)、李茂盛(左八)、崔青天(左九)、周云之(左十)第二排:巫白慧(左一)、周文英(左二)、刘树勋(左三)、虞愚(左四)、韩志德(左五)、段文杰(左六)、伏耀祖(左八)、杨化群(左九)第三排:刘延寿(左三)、沈剑英(左五)、孙中原(左七)、方广锠(左八)、葛黔君(左十)

第四天,与会者乘大巴走兰新(兰州—新疆)公路,经过嘉峪关,最后到达酒泉继续开会。一路上,印象最深的有几件事:一是我第一次见识到了海市蜃楼。我忽然发现窗外远处有一片大海,海面上船帆幢幢。我好奇地招呼邻座众人快看,果然大家也都看到了!可能这在荒无人烟的戈壁滩上是常有的事,但在我们这些连戈壁滩也没有概念的人眼里,总算在现实生活中见识到了海市蜃楼!二是快到中午时分,车子来到玉门镇一家旅店,大家下车小憩。刚进入餐厅,我不觉眼睛一亮,只见里面放着若干张大圆桌,每张桌子都铺着绣花桌布，餐具也颇为精致，每座都摆着香茶一杯。我本以为进入的当是一家鸡鸣小店，哪想到竟然是这样的场面，这里毕竟是前不着村后不着店的戈壁荒野之地呀！

用完餐在客房小憩了一下，继续上车前行，经过一个多小时就到了古"边陲锁钥"的嘉峪关。嘉峪关号称"天下第一雄关"，两边城墙横跨沙漠戈壁，北边连接黑山悬壁长城，南边与"天下第一墩"相连，真是名不虚传的河西咽喉，也是丝绸之路的要塞。嘉峪关始建于明洪武年间，比山海关早建九年。我们一行观瞻嘉峪关的雄姿并留影纪念，但是我们所见到的嘉峪关毕竟是一副历经沧桑的面貌，远不如1984年以后屡经修缮的那么光鲜。

1983年8月5日与会众摄于嘉峪关前（这是嘉峪关修缮前饱经沧桑后的原貌）

最后，我们来到了目的地酒泉。我们在酒泉继续开研讨会。中国社会科学院宗教所驻西藏的研究员杨化群先生向会议提交了他所迻译的四种藏传因明的经典文献，引起与会同仁的浓厚兴趣。我则与中国社会科学院哲学所的周云之关于因三相的观点执见不一，有过论辩。后来应论文集编者

站在嘉峪关城楼上(1983年8月5日摄)

之约,我又写了专文发表在论文集《因明新探》(兰州,甘肃人民出版社出版,1989年)上,题为《关于〈因的三相可以缺一吗?〉》。当年参会者约40人,真正研究因明的学者还不多。

在酒泉除了开研讨会外,还参观了泉湖公园,内有千年古泉、西汉胜迹以及李白诗碑和左宗棠所书"大地醍醐"匾额等。据说汉武帝派遣霍去病率军征讨匈奴,大获全胜,汉武帝赐御酒一坛,霍去病将酒倒入泉中与众将士共饮,汉武帝也因之封霍去病为酒泉侯。故后世名此泉为酒泉,更以酒泉为地名。我们还参观了祁连山下的一家制作夜光杯的玉石厂。我不由想起唐王翰"葡萄美酒夜光杯"的诗句,便好奇地买了两对用锦盒包装的夜光杯留作纪念。8月10日研讨会闭幕,我与老伴从酒泉坐火车返沪。

又见敦煌

2021年10月,时隔38我又重游了敦煌,这是为参加第16届全国因明学术讨论会而来的。此时我的老伴朱碧莲谢世已多年,我也已是89岁的高龄了,但身体尚健,在续弦夫人时桂芬的陪同下第二次来到了敦煌。这次会议是兰州大学社会哲学学院协办的，一切安排都很紧凑。会议期间我又一次参观了敦煌石窟，发觉石窟修建保护得非常好。我 1983 年参观敦煌石窟时，大概还是比较原始的状态，现在大变样了，令人惊叹！参观莫高窟的那天晚上，我们又应甘肃省人大科教文卫委员会主任范鹏先生之邀，观看《又见敦煌》的大型演出，这是一场集灯光秀、影像、和演员舞台表演为一体的新型演艺活动，让人大开眼界！

2021 年 10 月 17 日与会众摄于敦煌石窟前。我的右侧是慧观法师（肖平教授）、左侧是噶尔哇·阿旺桑波活佛

会后，我多留了一天，与姚南强夫妇（南强是我学生，华东师范大学社会发展学院教授）一起，包了一辆小轿车去凭吊玉门关和阳关，也顺道参观了敦煌雅丹地貌。

从敦煌市区到玉门关大约 90 公里，公路两边是茫茫戈壁滩。唐代诗人王之涣的千古名句“羌笛何须怨杨柳，春风不度玉门关”，诗意深入人心。玉门关是汉武帝时所建的重要城隘，是中原与西域的交通要道，是古代丝绸之路上的重镇，当年商旅甚众，至唐宋衰落，今仅存耸立在沙石岗上以黄土夯筑而成的一座四方形的小城堡，俗名“小方盘城”，据考证实际上是古玉门关都尉府遗址，我还入内观瞻了一番，大概有七八十平方米。其近旁有“玉门关遗址”刻石一座，其实真正的玉门关遗址至今尚未确定。

从左至右：噶尔哇·阿旺桑波活佛、我和妻子时桂芬（摄于 2021 年 10 月 17 日下午莫高窟山下的路上）

摄于敦煌博物馆石墙前（2021 年 10 月 18 日）

摄于古都尉府（俗称小方盘城）遗址前（2021 年 10 月 18 日）

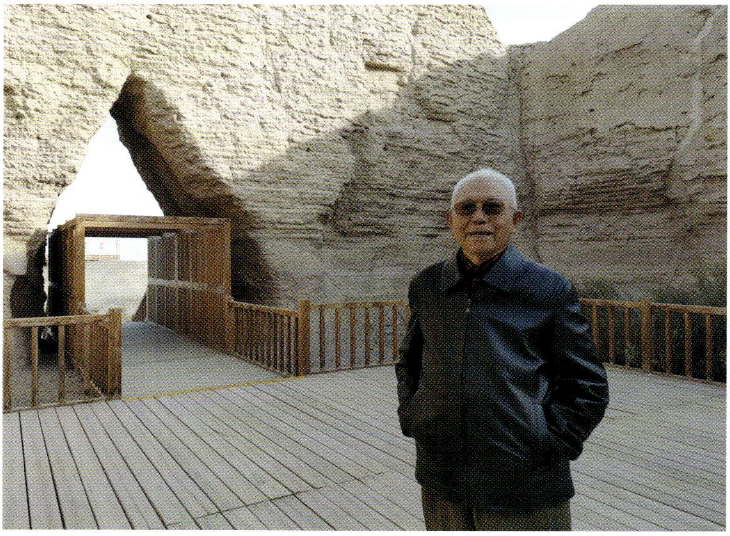

摄于小方盘城内（2021 年 10 月 18 日）

然后又乘车前行，来到了汉长城遗址，只见竖立茫茫沙漠中的长城残垣绵延不断。我走近细细体察，不禁感喟古人的伟大辛劳！

然后又乘车来到离玉门关约 10 公里处俗称“大方盘城”的地方，实际上是汉代“昌安仓”遗址,是一座大型粮仓。在甘肃全境仅发现此一处,今仅存外墙断壁,是全国重点文物保护单位。

摄于汉长城一石碑前(2021 年 10 月 18 日)

站在汉长城前(2021 年 10 月 18 日)

摄于大方盘城石碑前。背景是大方盘城外墙残垣，内部的隔墙已不存

离开玉门关，我们来到玉门关西北约100公里处的敦煌雅丹国家地质公园（俗称“魔鬼城”）。它是古罗布泊的一部分。我们乘地质公园的游览车沿路参观，一座座天然雕塑在几千万年间由风沙刻蚀而成，令人叹为观止！

雅丹地貌——狮首人身

摄于敦煌雅丹石碑前

从“魔鬼城”出来，小车又行驶了100公里，终于来到了王维千古绝句中“劝君更尽一杯酒，西出阳关无故人”的阳关。王维出塞时到过阳关一带，但后来阳关已颓废而被风沙掩埋。其真实的位置直至近年才经考古学家几经艰辛踏查，后来又采用卫星遥感以及航拍等高科技手段才得以揭晓，其遗址在今南湖乡俗称古董滩附近。现今已新建了一座仿古的阳关，城内塑有王维骑马持节出塞的高大雕像。

出了城便是茫茫大漠。我们乘观光车来到阳关故址，在石碑前留影纪念，回味着王维“劝君更尽一杯酒，西出阳关无故人”的文学意象。

然后继续乘车来到俗称“阳关耳目”的现存唯一烽燧。我们只是远距离地观瞻了一番，约二层楼房高，七八平方米见方。因天色已晚，我们也总算凭吊了这处名闻遐迩的古丝绸之路的南道关隘，便打道回敦煌市区了。第二天，我们便乘飞机返回了上海。

阳关王维雕像

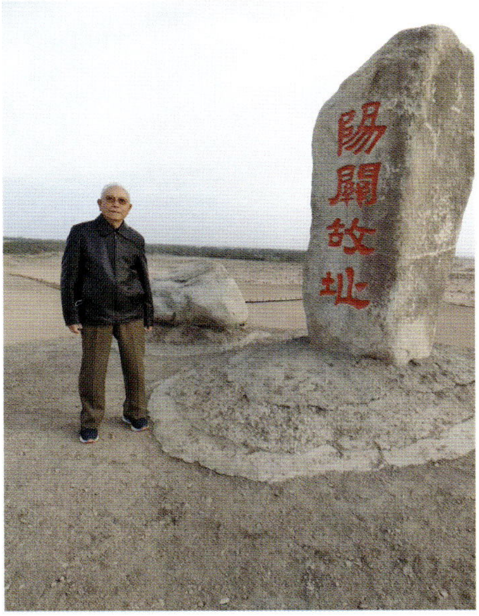

摄于阳关故址石碑前

十三、两位贤内助

我前后有两位贤内助，这是我的福分。原配夫人朱碧莲与我结缡五十六载，病故于2013年。2014年我82岁时，由于因缘巧合，并在女儿和儿子的推动下，得以鸾胶续弦，与60岁还未曾婚配的时桂芬结为夫妇。

朱碧莲与我都生于1932年，但她的月份比我早。我们结缡于1957年初。婚后不久，我罹于阳九，她与我风雨同舟20载。我们在治学上共同奋进，先后被聘任为教授。她相夫教子，还要在学术上有所成就，确实非常不容易。膝下一双儿女也成长起来，考研读博，最后在他们的奋发努力下，两人亦都评上了教授职称。女儿和儿子先后成家，又让我们抱上了孙子，得以含饴弄孙，享尽天伦之乐。我们还一起参加国际学术会议，畅游欧洲多国，并去中国香港、台湾地区访问讲学。所以我们的晚年生活是丰富多彩的。最后她在病倒前还勉力完成了80万言的《世说新语详解》一书。

朱碧莲教授遗像

我与老伴朱碧莲相濡以沫一辈子，感情非同一般，我有专文《留得华章在人间》怀念她，这里再以图片来回顾。

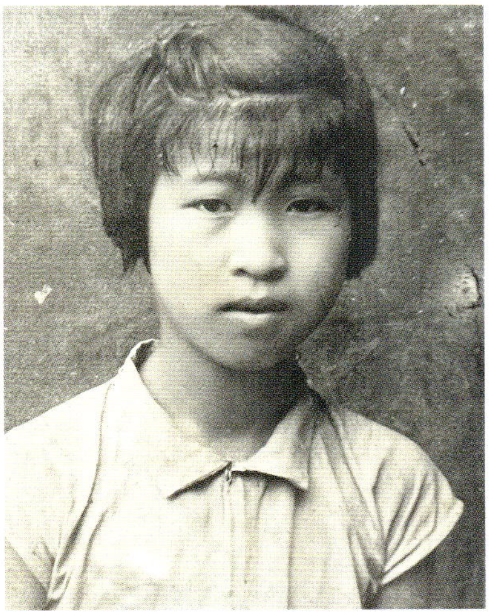

朱碧莲家境寒微,在青田读小学时所摄

朱碧莲在温州中学读初中时摄

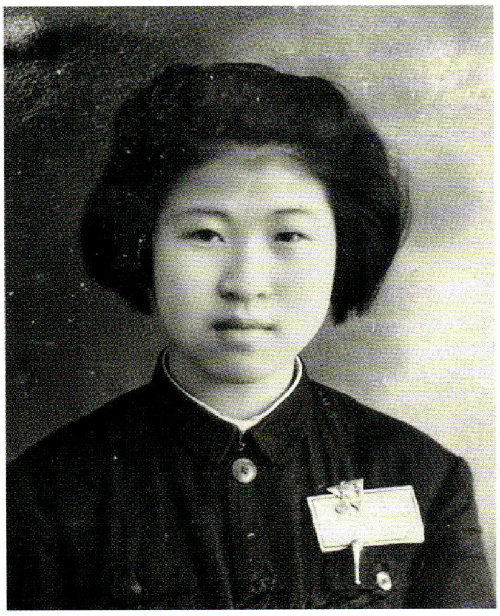

朱碧莲在温州中学读高中时所摄

1955 年朱碧莲在复旦大学中文系读书时所摄

1955 年复旦大学中文系毕业前全班女同学合影（前排中间的是朱碧莲）

复旦大学毕业 **50** 周年返母校团聚联欢会集体成员合照（前排：左一朱碧莲、左四章培恒、左五贾植芳先生）

2005 年复旦大学 **100** 周年校庆时摄。左起：朱碧莲、沈剑英、贾植芳先生

复旦大学 **100** 周年校庆时与同学聚会，左起：范伯群、章培恒、朱碧莲

朱碧莲与王元化先生（左）（**2005** 年摄于上海复兴中路庆余别墅）

我与老伴朱碧莲抱着出生不久的女儿沈海燕。

老伴抱着小儿子沈海波。

1977 年春节时，我们怀着喜悦的心情到照相馆去拍了全家照。前排中是儿子沈海波，后排是女儿沈海燕

儿女都长大成人，女儿已大学毕业，正准备去美国留学。儿子正是大学二年级的学生（1986 年春节摄于华东师大校园丽娃河畔）

合家照，前排左起：小孙沈怡文、沈行之，后排左起：沈海波、我和老伴朱碧莲、女儿沈海燕（1998 年 10 月摄于长风公园）

我和老伴摄于 1990 年春

在家中含饴弄孙，手中抱的是两周岁的沈怡文（1992 年摄）

老伴朱碧莲膝上坐着两个小孙子，左：三岁的沈行之，右：六岁的沈怡文（摄于 1996 年 9 月 8 日）

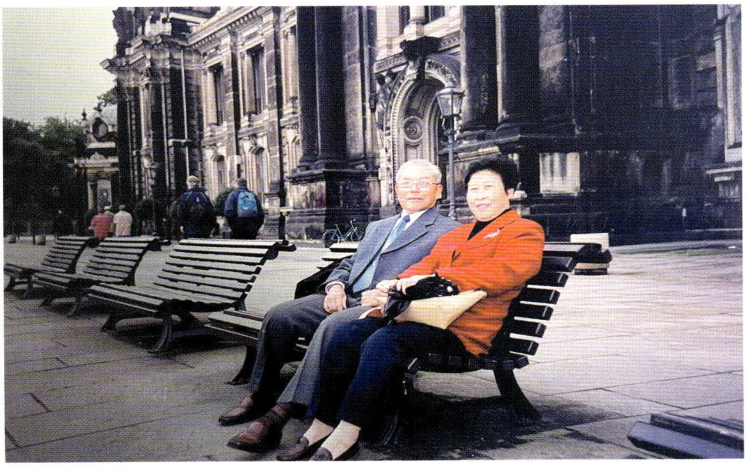

1999 年 10 月 14 日摄于德国德累斯顿

在维也纳五星级酒店(在茜茜公主夏宫对面,摄于 1999 年 10 月 19 日)

在维也纳步行街与音乐模特握手(摄于 1999 年 10 月 19 日)

在罗马斗兽场（摄于1999年10月20日）

在意大利佛罗伦萨（摄于1999年10月16日）

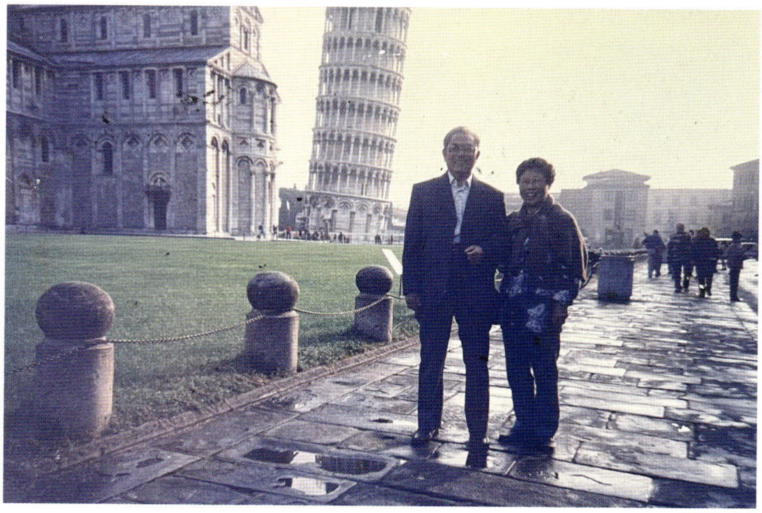

在比萨斜塔（摄于1999年10月16日）

在威尼斯(摄于1999年10月20日)

在威尼斯圣马可大教堂前的广场上(摄于1999年10月20日)

在卢浮宫内,一位画家在临摹(摄于1999年10月21日)

在巴黎凯旋门(摄于 **1999** 年 **10** 月 **21** 日)

在巴黎铁塔前(摄于 **1999** 年 **10** 月 **21** 日)

在比利时布鲁塞尔(摄于 **1999** 年 **10** 月 **25** 日)

参观台北“故宫博物院”后合影，左起：四姐沈芝棣、沈剑英、秦孝仪、朱碧莲、友人杨亚男（摄于**1998**年**3**月**12**日）

与中国文化大学几位资深教授聚餐，左起：哲学系李志夫教授、中文系主任罗敬之教授、朱碧莲、沈剑英、史学系蒋义斌教授（或哲学研究所所长黄庆明教授）

在嘉义中国佛光大学讲学时摄

在新北县（今新北市）邓丽君墓前凭吊一代歌后（**1998** 年 **4** 月 **5** 日清明节）

我与老伴朱碧莲金婚纪念照（**2007** 年春节摄）

80 岁生日纪念。这是老伴朱碧莲生前的最后一张照片，后立者为女儿沈海燕和其子沈怡文（**2011** 年中秋节摄）

2024 年是朱碧莲教授逝世十周年的忌辰，我们合家去杭州扫墓，女儿沈海燕及其子沈怡文特地从美国回来祭扫。全家在墓侧的朱碧莲教授纪念碑前合影。碑左前排是我与时桂芬，后排左起：孙媳张春晖、孙子沈行之、儿子沈海波、儿媳瞿蒙蜜。碑右为女儿沈海燕及其子沈怡文。（摄于 2024 年 4 月 4 日）

时桂芬，1954 年农历八月二十七日出生于上海，退休公务员。她年轻时慎于择偶，且忙于工作，直到 60 岁依然孑然一身，待字闺中。大概姻缘天定吧，等到我老伴去世，我们在友人的撮合和儿女的积极推动下，终于走到了一起，虽然我比她年长 22 岁，却未成障碍。常听人说，老姑娘往往性格孤僻，但她却不是这样。由于她退休前在多个市场从事管理工作，当了 20 年的场长，与各色人等甚至地痞流氓都打过交道，积累了丰富的社会经验，从而养成了她开朗坚毅的性格。

她小时候家境贫寒，所以生性节俭，很会持家，这正是我所期盼的。在找不到保姆的时候，她包揽了全部家务。对外事务，也都由她一力承办。我外出开会讲学，更是需要她陪同前往。近年我听力甚差，更是需要她为我传声，我对她的依赖度愈来愈高。前些年，她还经常陪我到国内外去旅游。如果没有她的陪同，我哪里也去不了。

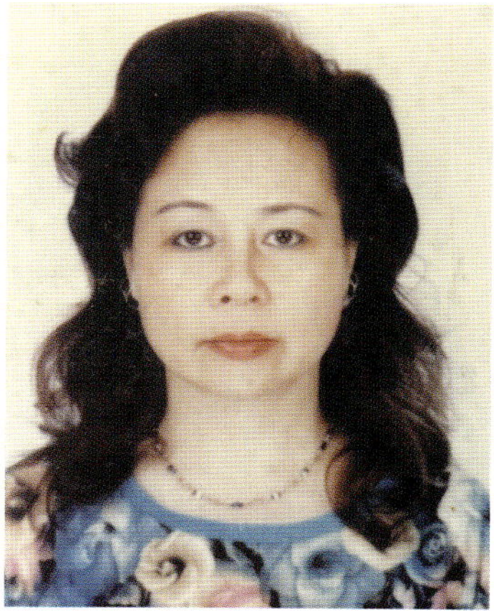

摄于 2011 年

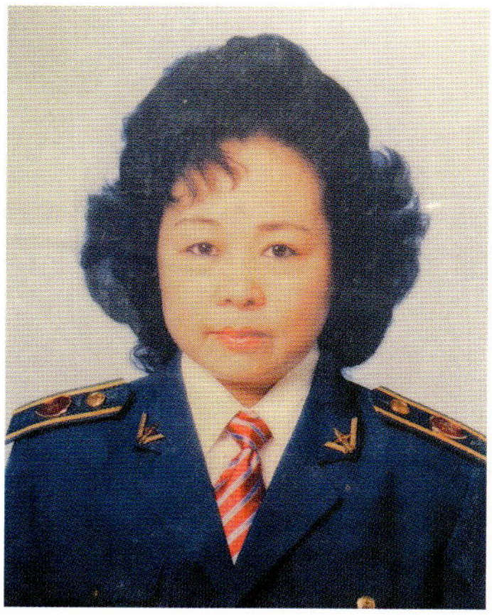

时桂芬的工作照

杨振宁先生 82 岁娶了翁帆女士，他说这是“上帝赐给我的最好礼物”。我也是 82 岁鸾胶续弦，居然天赐良缘，喜得一位如意夫人。

我续弦后的合家照，和谐的一家人（左起：女儿沈海燕、我和时桂芬、儿子沈海波。2014 年 11 月摄）

我与夫人时桂芬摄于 2019 年

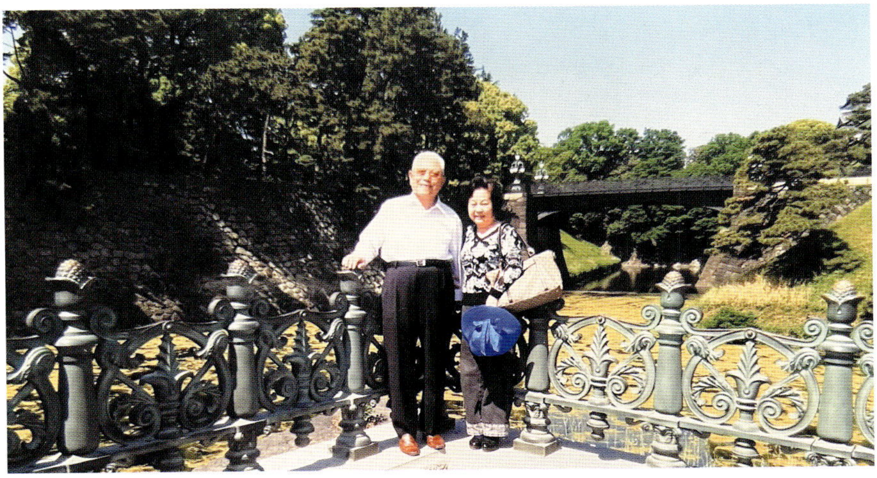

在东京皇宫前(摄于2015 年 5 月 11 日)

在富士山温泉酒店用晚餐（摄于 2015 年 5 月 11 日）

在日本大阪城墙前（摄于 2015 年 5 月 13 日）

2015 年摄于柬埔寨吴哥窟

2015 年摄于柬埔寨首都金边

2016 年 11 月 11 日摄于泰国曼谷鳄鱼湖,骑大象

2016 年摄于新加坡

2016 年摄于马来西亚古炮台

2016 年在马来西亚的游船上

2018 年 2 月 19 日在云南丽江走茶马古道

烟花三月下扬州，时桂芬回原籍扬州怀旧（摄于 2018 年春）

北大未名湖畔（摄于 2018 年 6 月 22 日在北大讲学时）

2018 年 6 月 24 日午后游山海关老龙头

美国大峡谷(摄于2018年11月2日)

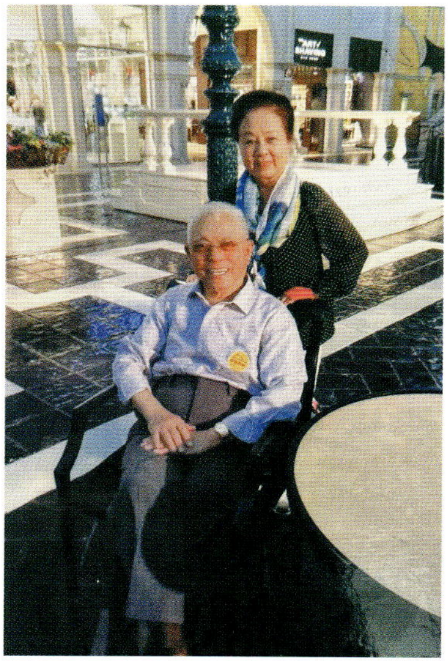

在美国拉斯维加斯百乐宫音乐茶座大厅内。虽是室内,但有人造天空,蓝天白云,犹如处身于露天茶座之中(摄于2018年11月3日)

在去爱尔兰的渡轮上(摄于2019年12月18日)